张焕乔

张焕乔（1933—），重庆人，核物理学家，中国科学院院士，中国原子能科学研究院研究员。1956年北京大学毕业。曾任“北京串列加速器国家实验室”主任；中国物理学会核物理分会主任委员。参与中国第一台中子晶体谱仪和中子衍射仪的建立，以及参与发现压电振动石英单晶中子衍射增强现象。负责测量了国防需要的部分重要核数据，提供一些测量手段和方法；主持研究了自发裂变和中子诱发裂变的瞬发中子平均数及其与碎片特性的关联，提供高精度的$^{252}Cf$自发裂变瞬发中子平均数，被国际上作为初级标准原始数据收录；主持测量了垒下重离子熔合裂变反应角分布，发现碎片各向异性的异常现象，参与提出新的预平衡裂变模型的理论解释；提出用测量转移反应角分布探寻晕核的方法，首次揭示了稳定核激发态中子晕；在近滴线区开展了探寻质子晕核及丰质子核激发态的双质子发射实验；研究了弱束缚核破裂和中子转移对垒下熔合过程的影响；首次观测到熔合势垒劈裂成三个峰，揭示了核表面振动对垒下熔合增强的贡献。获中国物理学会1990—1991年吴有训物理奖；1982年、1999年两次获国家自然科学奖三等奖；2004年获何梁何利基金科学与技术进步奖。

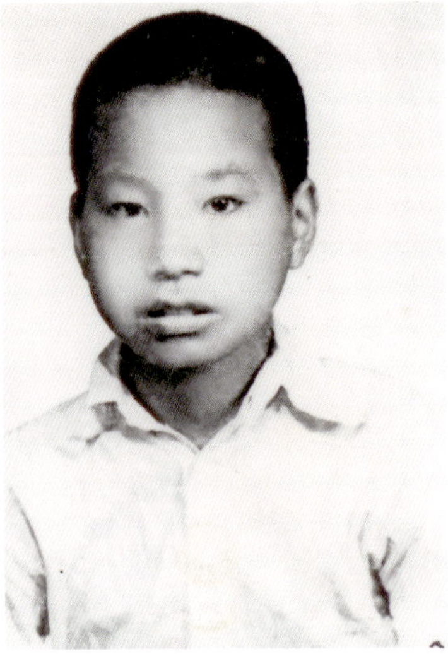

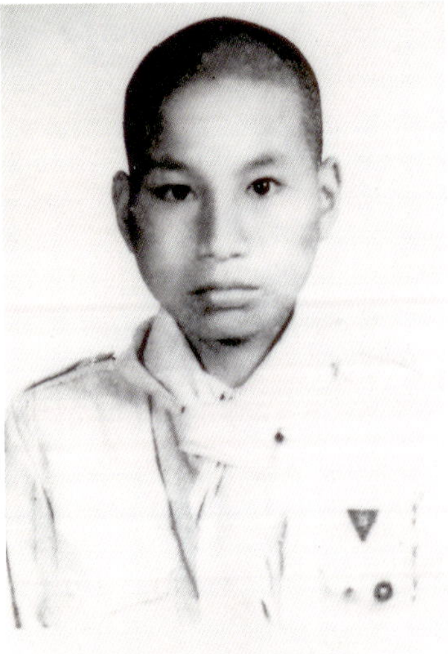

① ② ③ ④ ⑤

①1944年在四川巴县兴隆场张焕乔（前排右1）与大哥张钧陶抱着他女儿及其同学在读书
②1945年在重庆兴隆小学照片
③1948年在重庆读初中的照片
④1953年在武汉大学的照片
⑤1958年在库尔恰托夫所实习游莫斯科红场

| | |
|---|---|
| ① | ② |
| ③ | ④ |
| | ⑤ |

①1960年与组里部分同志在中国原子能科学研究院（右2张焕乔）

②1972年在兰州参加第一届全国核物理大会与卓益忠留影

③1978年8月在江西庐山参加全国物理大会在五老峰与何泽慧先生（前排右1），王淦昌先生（前排右2），李寿楠（前排右3），顾以藩（前排右4），洪润生（后排右1），张焕乔（后排右2）合影

④1982年夏天参加费米暑期学校

⑤1983年4月在美国LBNL访问A.Ghiorso教授

| | |
|---|---|
| ① | ② |
| ③ | ④ |
| ⑤ | |

①20世纪80年代在意大利Legnano National Laboratory (LNL)参加该实验室串列加速器落成典礼（前排左4张焕乔）

②20世纪80年代在意大利LNL用的实验装置

③1984年5月在瑞典乌普萨拉参加IAEA超钢系核数据顾问组会

④1984年8月在日本富士参加国际重离子核物理讨论会与法国恩哥（NGO）教授在一起

⑤1984年在意大利里亚诺国家实验室工作留影

| | |
|---|---|
| ① | ② |
| ③ | ④ |
| | ⑤ |

①1985年在北京参加串列加速器物理国际讨论会

②1985年在北京国际串列加速器物理讨论会上张焕乔（右1），美籍华人李一阳（右2），杨春祥（右3）

③1995年8月在北京国际核物理大会上与Henning教授在一起

④2001年8月在青海西宁核数据大会上做邀请报告

⑤2001年在日本原子能所第二次ASR国际会上与德国Munzenberg教授合影

① ②

③

④

①2005年在北京世界物理年中美物理学家联谊会上与M.Blume教授交谈

②2005年在威尼斯国际熔合会与挚友斯约里尼（Signorini）教授和他夫人露易莎（Luisa）在一起

③2007年在北京中关村探望何泽慧先生

④2009年11月在日本筑波大学出席日中核物理双边会与有马·朗人（Arima）教授交谈

① ②

③ ④

①2009年在北京国际核核碰撞会上与德国格雷纳（Greiner）教授合影

②2009年在北京主持国际核-核碰撞会上致辞

③2010年在意大利密苏里国际准裂变会上与美国同行贝克（Back）教授合影

④2012年6月与出席国际核核碰撞会的同行在一起，左起：斯特发尼尼（Stefanini）、亨德（Hinde）、张焕乔、梁君健（美籍）、蒙塔略莉（Montagnoli）

| | |
|---|---|
| ① | ② |
| ③ | ④ |

①2012年6月在美国圣安东尼奥参加核–核碰撞会与俄罗斯扎格里巴耶夫（Zagrebaev）教授在一起

②2012年在北京大学与俄罗斯奥格讷芬（Oganessian）教授合影

③2014年9月在中国原子能科学研究院与自己设计建造的靶室和静电偏转分离器留影

④2015年10月在桂林中俄核物理研讨会上做邀请报告

# 张焕乔文集

张焕乔　编

科学出版社
北　京

# 内 容 简 介

本书汇集了张焕乔院士发表的159篇学术论文。内容涉及：中子物理实验，发现压电振动石英单晶中子衍射增强；配合核武器研制，测量重核对裂变谱中子的裂变截面、异形 α 放射源强度及 $^{239}Pu$ 快中子裂变的中子平均数随能量的变化；系统研究自发和中子诱发裂变的中子平均数与碎片质量、电荷和总动能的关联，提供高精度 $^{252}Cf$ 自裂中子平均数；系统研究垒下熔合裂变反应，首先采用折叠角技术将熔合裂变与转移裂变分开，确证垒下熔合裂变碎片角异性异常和发现异常峰；在垒下熔合研究中，揭示了核表面振动、正 $Q$ 值中子转移和弹核破裂对垒下熔合过程的影响；提出用转移反应为探针，发展ANC方法，首次在稳定核激发态发现中子晕态；在质子滴线区研究了质子晕核和双质子发射，观测到 $^{18}Ne$ 和 $^{29}S$ 的 $^{2}He$ 发射；研究张量力对原子核激发态性质的影响，观测到明显效应；与俄罗斯理论家合作，用扩散模型研究近垒熔合反应。本书还收录了作者经历概况和纪念中国核物理前辈的文章，具有重要历史价值。

本书适合核物理专业读者阅读学习，也可供相关领域的科技工作者查阅参考。

**图书在版编目(CIP)数据**

张焕乔文集 / 张焕乔编. —北京：科学出版社，2017.1

ISBN 978-7-03-051507-0

I. ①张… Ⅱ. ①张… Ⅲ. ①张焕乔-文集 ②核物理学-文集 Ⅳ. ①O571-53

中国版本图书馆 CIP 数据核字（2016）第323298号

责任编辑：钱 俊 周 涵 / 责任校对：邹慧卿
责任印制：肖 兴 / 封面设计：耕者设计工作室

科学出版社 出版
北京东黄城根北街16号
邮政编码：100717
http://www.sciencep.com
中国科学院印刷厂 印刷
科学出版社发行 各地新华书店经销
*
2017年2月第 一 版 开本：889×1194 1/16
2017年2月第一次印刷 印张：69 1/2 插页：4
字数：1 495 000

**定价：398.00元**

（如有印装质量问题，我社负责调换）

# 自　　序

在中国科学技术协会开展“老科学家学术成长资料采集工程”活动中，今年我被选作对象，其中包括收集一生学术文章的内容。采访组有同志建议将文章编成文集，这样既方便保存，也方便查找和交流。我接受他们的意见，请科学出版社付梓。

经过收集有241篇文章，约1600页，为了控制本书篇幅，删除了其中82篇文章。好在总体不影响文集内容，大多是学术会议报告文章，这都有正式发表文章收录，还有个别专著文章，已有图书在那里。这样，本文集涉及我的主要工作有：

（1）早期开展中子物理方面的工作，包括建立中子晶体谱仪和中子衍射仪，有关中子截面和中子能谱测量。

（2）建立大型载钆液体闪烁体中子探测器开展瞬发裂变中子平均数及数目分布的测量，提供高精度 $^{252}$Cf自发裂变的瞬发中子平均数精确值，被国际收入《热中子常数和 $^{252}$Cf自发裂变中子产额》这组标准的原始数据的唯一中国数据；系统研究 $^{252}$Cf自发裂变中子数与碎片质量、电荷数和总动能的关联，得到一些规律性的结果，揭示了4π几何与π/3几何实验测量中存在的一些问题。

（3）系统研究近垒和垒下重离子熔合裂变反应的碎片角分布，首先采用裂变碎片折叠角分布将全熔合裂变与转移裂变分开，从而确证垒下熔合裂变碎片角异性普遍存在，并发现异常峰的结构。提出新的低角动量相依的预平衡裂变模型，解释了碎片角异性的异常。

（4）系统研究近垒和垒下重离子熔合反应，包括截面激发函数和平均角动量激发函数及势垒分布，揭示了核表面振动和正 $Q$ 值中子转移对垒下熔合增强的影响。在弱束缚弹核引起的熔合反应中研究了弹核破裂对熔合过程的影响，发现背角准弹激发函数抽取的势垒分布与熔合激发函数抽取的势垒分布不一致，这时需要考虑破裂效应将常规的 $T=1-R$ 用 $T=1-R-B$ 代替（$T$ 是透射系数，$R$ 是反射系数，$B$ 是破裂系数）。

（5）探寻中子晕核与质子晕核。提出用转移反应角分布做探针，发展ANC方法，用于寻找原子核激发态的中子晕态，发现稳定核 $^{12}$B和 $^{13}$C激发态的单中子晕态；用透射法测量相互作用截面研究质子晕核，观测到 $^{27}$P和 $^{29}$S为质子晕核，首次揭示 $^{27,28}$P核心增大现象。开展在质子滴线区寻找丰质子核2质子发射，发现 $^{18}$Ne和 $^{29}$S的 $^{2}$He发射。

（6）后期与理论家合作，首次把张量力加入到Skyrme力的自洽HF+RPA理论框架，研究了张量力对 $^{90}$Zr和 $^{208}$Pb中Gamow-Teller (GT)跃迁的影响，发现强度函数主峰下移约2MeV和近10%跃迁强度移到40MeV以上的高能区，后者对GT跃迁中存在的淬灭效应有重要影响，并找出产生这些效应的机制是来自于 GT 和自旋四级 $1^+$ 跃迁的耦合。在对 $^{90}$Zr 和 $^{208}$Pb 自旋偶级跃迁研究中，预言张量力对不同分波有非常不同的影响，得到实验证实。与俄罗斯理论家合作，用他们的扩散模型计算近垒重离子熔合反应，研究了正 $Q$ 值中子转移和弹核破裂对垒下熔合增强的影响以及对极深垒下熔合障碍的重现等。

所有这些文章都是与我的合作者及学生们一起共同齐心协力和团结合作的结晶，没有他们的参与和支持，是不可能有这本文集的。应当说，这本文集是我们共享的，我衷心感谢他们的大力合作。在我成长的过程中，得到老一辈科学家的热情指导和培养，特别是何泽慧先生和戴传曾先生的直接领导，我深深地感谢他们亲切的指导和培养。最后，我也感谢我的学生张春雷博士，他为我收集这些文章，付出了大量劳动。

張煥喬

2016 年 10 月 16 日

# 目　录

# 第一篇

## 张焕乔传记

们兄弟姐妹七人，他排行第五，除他大哥和他长大成人外，其余都夭折。5岁时生母辞世，他和前母周氏一起在农村生活。母亲不识字，父亲读过7年私塾，一直在重庆经商。由于深知文化知识之重要，父母十分重视孩子的培养和教育，要求甚严。他和大哥相差11岁，皆好学，先后大学毕业。抗日战争时期，其父兄皆在重庆，他留在偏僻农村读小学。学校无住宿条件，每天上学，来回需走18里路。5岁的他就开始在这山间崎岖小路上来回行走，不管是烈日炎炎，还是风霜雪雨。放学回家，生活上由前母照顾，学习上则无人督促辅导，只能独自一人点灯夜读。这从客观上培养了他的独立能力、自学意识和克服困难的毅力。那时的农村没有汽车、电灯、电话，也没有收音机，更没有电影……他感受到的是大自然的奇妙风光。幼年的张焕乔极具好奇心，喜欢观察，思想活跃，常提出一些“不懂”的问题，比如，太阳为什么从东方升起，西方下落？天上为什么会出现彩虹？为什么能看见星星在夜空中飞逝（流星）？荷叶上水滴为什么成球形？等等。这些在他心灵中的“不解之谜”，在老师那里得不到解答，只能遗憾地把这些朦胧的问题留在脑海里，继续寻求答案。小学毕业后，他到了重庆，这是一个崭新的世界，在这里他看到了许多新东西。1946年夏，他考入重庆巴蜀中学。学校条件好，师资力量强。在学习上他是一个不甘人后、奋力争先的学生，为了弥补小学在农村受教育的不足，他利用一切课余时间努力学习，成绩逐年上升，初中毕业时在班上已名列前茅。小学时他心中的“不解之谜”在中学得到了答案。初中时数学老师蔡翩静和化学陈老师在数理化方面给了他启蒙教育，高中时经过数学老师吴常健、物理老师董贞熙和化学老师王仲文的精心教导，他对数理学科产生了浓厚兴趣。他常去学校图书馆阅读科普书籍和杂志，如饥似渴地吸取知识；也常去物理、化学实验室，除了老师课堂演示的实验外，他还自己动手做一些实验，去了解、探索大自然的奥秘。那时，他有一些天真朴素的思想，看到杂志上说原子核可以嬗变，就想要把贱金属变成黄金，让国家富强，百姓富裕。1949年5月，父亲病逝，9月，父亲留下的纸店在重庆“九二”大火灾中被焚烧殆尽，他学费的来源就此终结，面临着辍学的危险。但是天无绝人之路，这时他大哥已大学毕业工作了3年，负担了他继续读书的全部费用。1952年他考入武汉大学物理系，学习成绩在全年级中仍保持前列，二年级时是获得各科满分的4位学生之一。他除了学习学校规定的课程外，还自学了伏拉索夫（Власов）著作的俄文版《中子》一书，一心向往读核物理专业。1955年秋，国家为了发展原子能事业，决定从国内几所大学物理系里抽调99名三年级学生去北京大学物理研究室学习。张焕乔被选中，实现了他想学核物理专业的愿望（因武汉大学没有设此专业）。从武汉大学到北京大学对他又是一次挑战，因为学生来自不同的大学，各校课程教学进度不一，有的比武汉大学的进度快，他又面临自学补课的问题。他想，这次也不能落在众人之后，需奋力一搏。在胡济民、虞福春、朱光亚、卢鹤绂等教授的教诲和指点下，加上他的刻苦努力，他掌握了原子核物理方面的基础知识，为进入中国原子能科研阵地打下了良好的基础。

2. 科研历程

1956 年秋大学毕业后，张焕乔被分配到中国科学院物理研究所二室工作，在组长戴传曾领导下从事中子物理实验研究，参加核反应堆上两台中子晶体谱仪的建立。1958 年 10 月，他被派往苏联科学院库尔恰托夫原子能研究所实习，师从彼伏斯涅耳（М. И. Певзнер)，参加在实验研究反应堆旁的中子晶体谱仪和机械单色器上的实验，分别测量了 $^{229}$Th 和 $^{241}$Am 的中子裂变截面。1959 年钱三强所长到该所参观时决定让他延长半年，参加用热中子非弹性散射研究固体声子谱的工作，还在苏联科学院理论与实验物理研究所极化中子衍射仪上参加液氦低温 Fe-Co 合金反铁磁性的实验。彼伏斯涅耳对他很友好，经常带他到其他研究所参加一些固体物理的学术报告会。使他特别难忘的是，导师彼伏斯涅耳用了整整两天时间带领他参观了库尔恰托夫原子能所，全面详细地给他介绍了该所的核物理研究工作，包括回旋加速器、电子直线加速器以及物理技术反应堆、水－水反应堆和实验研究堆上的工作。这次参观大大开阔了他的眼界，对该所的创新意识和及时调整研究方向的应变能力（日内瓦会议后主要转向核聚变）给他留下了深刻印象。在这里他还有幸两次见到了库尔恰托夫原子能所所长、苏联原子弹之父——伊戈尔·库尔恰托夫（Игор. Курчатов）院士。第一次是 1959 年 7 月，库尔恰托夫院士到实验研究反应堆检查迎接美国核物理学家代表团访苏的准备工作，院士询问了他在这里的工作学习情况，并鼓励他好好学习。第二次是 1959 年 10 月 1 日，库尔恰托夫所长前来祝贺中华人民共和国成立十周年国庆节。所长热情洋溢的讲话，深深表达了老一辈苏联科学家对中国人民的诚挚友谊和对中国青年科学工作者的殷切期望，年轻的张焕乔大受鼓舞。初到苏联实习时，刚从国内“大跃进”形势下出来的张焕乔，头脑还发热，不适应苏联正规的研究环境，不到 3 个月就写信要求回国。当时二室主任何泽慧给他回了一封短信，明确指示他要注意学习人家的科研方法和先进经验，并告诫他，这正是他所欠缺的。何先生的忠告使他冷静下来，于是他安心地工作，并且更加有意识地去学习人家在研究工作中的思路和方法。

1960 年 2 月张焕乔回国后，任二室中子衍射组组长，负责将一台晶体谱仪改建成中子衍射仪。同年 8 月，所领导为了适应国家研制核武器的需要，将他由中子衍射组调到核裂变物理组。在何泽慧领导下负责完成了裂变谱中子引起的 $^{235}$U 、$^{238}$U 和 $^{239}$Pu 的平均裂变截面及异形钋 α 放射源绝对强度的测量任务。1965 年底他承担检验国产核用石墨性能的任务，为军用天然铀石墨生产堆的安全运行提供了必要的数据。在 1966 年 6 月含热核材料的原子弹和同年 12 月氢弹原理爆炸试验中，他在原子能研究所负责测定现场取样的铀含量，为确定爆炸当量提供了所需要的可靠数据。20 世纪 70 年代中期，由于核武器发展的需要，他负责完成了快中子诱发 $^{239}$Pu 裂变瞬发中子平均数随入射中子能量变化的精确测量，最先揭示出在 0.15～2.0 MeV 能区瞬发中子平均数随入射中子能量变化的斜率有减小的趋势，该数据被美国核数据中心收集。

20世纪80年代初，原子能研究所在筹建串列式静电加速器，张焕乔开始把注意力转移到将来在该加速器上如何开展垒下重离子熔合反应的研究。在国内设备未建立之前，他利用国际上同类实验装置进行合作研究，积累经验，以便在自己加速器建成的时候能立即开展实验工作。1982年1月他应邀访问意大利核物理研究院里亚洛国家实验室，参加在XTU-16串列加速器上重离子熔合反应的实验研究，合作建成了静电偏转分离器，负责完成了重离子熔合反应的检验实验。后来，他还多次访问该实验室，合作开展了垒下重离子熔合反应的平均角动量激发函数和势垒分布的研究。1984年2月回国后，他提出垒下重离子熔合裂变反应角分布的实验计划，并打算同时开展重离子裂变的中子多重性和垒下重离子熔合反应激发函数的研究。他和他的合作者从建立实验条件开始，持续8年，系统深入地研究了熔合裂变反应角分布，发现了碎片各向异性的异常现象。

1999年张焕乔提出用转移反应角分布做探针研究稳定核激发态中子晕，并首次在$^{12}$B和$^{13}$C激发态中观察到中子晕的存在。同时，利用兰州近代物理研究所建成的放射性次级束流线，开展了在质子滴线区探寻质子晕核及丰质子核激发态双质子发射的实验研究。近年来，在北京HI-13串列加速器上研究了弱束缚核破裂和中子转移对垒下熔合增强的影响。

除科研工作外，张焕乔曾任中国原子能科学研究院科学技术委员会常委，核物理研究所科技委主任，国家自然科学基金委员会数理科学部第一届专家咨询委员会委员，多次应邀担任国际学术会议的国际顾问委员会成员并主持了2009年国际核-核碰撞会议；目前兼任中国国防科工局科学技术委员会委员，核工业集团公司科学技术委员会高级顾问，中国科学技术名词审定委员会常委，《中国科学》《中国物理快报》《高能物理与核物理》《原子核物理评论》和《物理》5种杂志编委，《中国大百科全书·物理卷》（第二版）副主编，“现代物理基础丛书”编委。在科技成果评定、学术咨询、项目建议、稿件评审等方面作了许多细致的工作。

张焕乔已获得1978年全国科学大会奖5项、国家自然科学奖三等奖2项、部级科技进步奖一等奖1项、三等奖3项、国防科委重大成果奖二等奖1项、国防科学技术进步奖二等奖1项、吴有训物理奖（1990～1991）和何梁何利基金科学与技术进步奖（2004）。1991年被评为核工业总公司优秀科技工作者。在国内外一流杂志上发表了213篇文章。在国际学术会议上做30多次邀请报告。多篇权威评述文章引用和评价了他的工作。他合作编著专著三部和合作翻译专著一部。他还十分重视青年科技人才的培养，至今已培养硕士生5名，博士生23名。

张焕乔是新中国培养的知识分子，具有新中国知识分子的一些优秀品质。他热爱祖国，并把爱国心贯彻到具体的研究工作中去，始终把国家需要和国防任务放在第一位。在核武器研制急需核数据的测量中，他高精度地完成了数项国防任务；在核物理基础研究中，他参与国际竞争，完成了多项创新性的研究工作，为祖国争光。他有强烈的事业心，深爱所从事的工作。从中学时代起，他就爱上了核物理专业，从此便矢志不移，能为从事核物理研究工作感到无比的高兴。在学习上遇到一次又一次的挑战时，他总是信心百倍。在由他很熟悉的核数据测量转向较为陌生的重离子反应研究时，他不理会这种转换带来的困难，相反，他知难而进，为在这一新领域里从事研究而感到愉快。他已把核物理研究看成了他生活的第一需要。他非常勤奋刻苦，在二室工作时是出了名的。60年代，室里党支部书记曾在全室会上表扬他勤奋刻苦的事迹。除了吃饭和睡觉外，其余时间他几乎全用到了科研工作上。他总是那样精力充沛地工作，似乎科研文献中的启示、实验中的发现、对疑难现象悟出的解释驱散了他的疲劳、给他带来了乐趣。他身为中国科学院院士，至今仍每天骑自行车上下班；为了充分利用时间，中午在职工食堂吃饭，饭后即继续工作。他科学作风严谨踏实，实事求是。在科研工作中他高标准、严要求，一丝不苟，精益求精，从不允许在实验和论文中有疑点存在。他十分重视青年科技人才的培养。他深知年轻人是科研的未来。因此，对年轻人总是诲人不倦，悉心指导，帮助他们尽快成长。他长期埋头在科学实验第一线上，始终把实验室当成研究战场，把主要时间和精力全放在实验研究上。他深知，只有在科研第一线才会有真知和发现。他非常注重勤俭节约，善于利用国内有限的条件自力更生地做出创新水平的工作。张焕乔院士为发展中国核科学事业作出了重要贡献。

## 三、主要学术成就

### 1. 参与中国第一台中子晶体谱仪和中子衍射仪的建立

张焕乔在戴传曾领导下参加了将原中央研究院留下闲置多年的一台X光衍射仪改建成了一台高分辨率中子晶体谱仪的工作，采用轴与转体轴套研磨保证精度，充分发挥了原精密度盘的作用。在与长春光学精密机械研究所合作建造的另一台中子晶体谱仪的组装过程中，张焕乔提出采用金属箔局部补偿钢带厚度的方法，解决了因钢带轮圆度难以保证晶体单色器与中子计数管支承臂的转角严格保持1∶2联动精度的难题，终于使联动精度达到当时国际最佳水平［与美国哥伦比亚大学（Columbia University）在布鲁克海文国家实验室（Brookhaven National Laboratory，简称BNL）建造的中子晶体谱仪相当］。1960年7月，他负责将这台谱仪改建成了中子衍射仪。这些谱仪的建成为在核反应堆上开展慢中子谱学和固体物理的实验研究创造了条件。后来正是在这两台谱仪上，分别发现了压电振动石英单晶中子衍射增强和α碘酸锂晶体在外电场下中子衍射增强的现象。还在中子衍射仪上完成了中国第一颗原子弹用的点火中子源小球均匀性的检验。

### 2. 参与发现压电振动石英单晶中子衍射增强现象

张焕乔在杨桢领导下，参加在重水反应堆上发现压电振动石英单晶中子衍射增强的现象。他撰写了《压电振动石英单晶中子衍射增强现象的解释》一文，指出晶体压电振动时产生应变，引起晶面间距变化，使衍射中子在振动石英晶体内次级消光减弱。为检验这一原因，他提出了实验验证方案，结果表明衍射中子增强不是中子能量展宽所致、而是中子次级消光减弱引起的效应，因为在单色中子束入射下仍观测到了衍射中子强度的增大。

“在外电场作用下某些单晶的中子衍射强度异常增大现象的发现”项目获 1982 年国家自然科学奖三等奖。张焕乔是该项目第二获奖人。

3. 负责对裂变瞬发中子数进行了高精度测量

（1）核武器研制需要 $^{239}$Pu 裂变瞬发中子平均数随入射中子能量变化的精确数据。张焕乔负责开展了这项测量。当时国内没有合适的实验手段，他带领题目组人员，自己动手创造条件，用两年多时间，在国内首次制成了大体积载钆液体闪烁探测器、载量达 105 毫克钚的快裂变室（过去仅 1 毫克钚水平）和高稳定性的脉冲多重性分析器。最后测得 $^{239}$Pu 裂变瞬发中子平均数的相对精度达 0.8% 的数据，与当时国外最好水平相当。并最先揭示出在 0.15～2.0 MeV 能区该值随中子能量变化的斜率有减小的趋势。

（2）张焕乔及合作者精确测量了 $^{252}$Cf 自发裂变的瞬发中子平均数及中子数目分布，其结果是国际核数据委员会推荐的 13 个数据中精度最高的四个数据之一，多次被国外引用和评价。他们的结果对澄清历史上用液体闪烁法测得的高、低两组数据的判断起了重要作用。他们的文章发表后不久，美国橡树岭国家实验室的斯潘塞尔（R. R. Spancer）发表了一个精度更高的数据，但数值明显偏高，经过随后 20 多年的考验，证明其结果确实偏高，而张焕乔小组的结果是正确的，与后来锰浴法和硼堆法得到的新数据也很好地一致，是至今国际上“热中子常数和 $^{252}$Cf 自发裂变中子产额”重要初级标准中被收入的唯一中国数据。

“自发裂变和中子诱发裂变的瞬发中子多重性研究”项目获 1990～1991 年吴有训物理奖，张焕乔是该项目第一获奖人。

4. 开创国内垒下和近垒重离子熔合反应研究

（1）张焕乔主持垒下和近垒重离子熔合裂变反应碎片角分布的研究。他首次提出通过测量熔合裂变碎片角分布、提取复合核自旋分布方均值 $\langle J^2 \rangle$ 的方法来严格检验模型理论的思想。开拓了垒下熔合研究的新内容，使研究从熔合蒸发进入到熔合裂变。从用云母探测器的单举测量发展到用两块大面积二维位置灵敏雪崩气体计数器遍举测量裂变碎片折叠角分布，由此实现全熔合裂变与转移裂变事件的区分，从而得到全熔合裂变的激发函数和碎片角分布。实验证明了在 $^{16}$O+$^{232}$Th 、$^{238}$U 和 $^{19}$F+$^{232}$Th 三个系统中裂变碎片角分布各向异性的异常的确存在。为了探寻异常的起因，实验比较了形成相同复合核 $^{248}$Cf 的 $^{11}$B+$^{237}$Np 和 $^{16}$O+$^{232}$Th 两个系统在相同激发能下的数据，观察到两个系统的裂变碎片各向异性明显不同，存在着入射道效应，揭示出质量不对称自由度的重要性。表明质量不对称小于临界质量不对称的 $^{16}$O+$^{232}$Th 系统的裂变未经历球形复合核阶段，对入射道保持某些记忆，存在着非复合核裂变。这为解释上述异常提供了一个物理原因。基于上述实验结果与多兴和兰德鲁普（Døssing and Randrup）的理论框架，张焕乔等人提出了一个新的预平衡裂变模型，圆满解释了裂变碎片各向异性的异常现象，由此抽取的 $<J^2>$ 值与耦合道理论重现熔合激发函数得到的 $<J^2>$ 值普遍一致。

“垒下重离子熔合裂变反应的碎片角分布异常”项目获 1991 年中国核工业总公司部级科技进步奖一等奖；“近垒和垒下重离子全熔合裂变的碎片各向异性的异常”项目获 1999 年国家自然科学奖三等奖，张焕乔是此二项目第一获奖人。

（2）张焕乔在国外合作研究垒下和近垒重离子熔合反应的平均角动量激发函数和熔合势垒分布。首次在 $^{58}$Ni +$^{60}$Ni 反应中观测到熔合势垒劈裂成 3 个峰的实验结果，揭示出在熔合反应中存在双声子激发耦合，这表明复杂的核表面振动对垒下熔合过程的影响。

（3）张焕乔及合作者研究了弱束缚核破裂和中子转移对近库伦势垒熔合过程的影响，首次给出了 $^6$Li + $^{208}$Pb 熔合激发函数和准弹散射激发函数的实验数据。在得到的势垒分布中观测到准弹势垒分布宽度比熔合势垒分布宽度大，且趋向更低能量。但考虑弹核的破裂效应后，二者的结果一致。而熔合激发函数数据支持垒上能区熔合截面压低的结论，证实了哈基诺（K. Hagino）等的理论预言。

为了研究 $Q>0$ 的多中子转移的效应，他们分别测量了 $^{32}$S+ $^{90,96}$Zr 熔合反应和背角准弹散射的激发函数，从中分别抽取了熔合和准弹的势垒分布，得到 $^{32}$S+ $^{96}$Zr 反应的势垒分布比 $^{32}$S+ $^{90}$Zr 反应的宽而平坦、且趋向低能的实验结果。对 $Q>0$ 的（1–6）个中子转移的 $^{32}$S+ $^{96}$Zr 反应，在用耦合道程序 CCFULL 计算熔合激发函数中，没有考虑中子转移耦合，不能重现实验激发函数，但在扎格雷巴叶夫（V. Zagrebaev）的半经典理论中考虑了多中子转移耦合后，则可重现实验激发函数。这些结果都表明存在着 $Q>0$ 的多中子转移耦合导致垒下熔合增强的效应。

### 5. 发展晕核的探寻方法，扩大晕核的研究范围

张焕乔提出用测量转移反应角分布和发展波函数渐进归一化系数（ANC）的方法来研究晕核。他们研究组最先在稳定核激发态寻找中子晕，发现 $^{12}$B 第二、第三激发态和 $^{13}$C 第一激发态为单中子晕态，从而扩大了晕核的研究范围。他们利用这个方法得到了处于 S 态的核子形成晕核的条件为 $B_nA^{1/3}\leqslant 10$ MeV，这比国外给出的条件宽松 5 倍，这里 $B_n$ 是晕核子的结合能，$A$ 是晕核的质量数。此外，他们还用 ANC 方法，推出了天体物理感兴趣的 $^{11}$B（n, γ）$^{12}$B 和 $^{12}$C（n, γ）$^{13}$C 反应的中子辐射俘获截面的新数据。同时，鉴于兰州近代物理研究所建成放射性次级束流线，张焕乔相继申请了三项国家自然科学基金，他们开展了在质子滴线区探寻质子晕核及丰质子核激发态双质子发射的实验，除观测到 $^{27}$P 和 $^{29}$S 是质子晕核外，还观测到 $^{27}$P 和 $^{28}$P 核芯增大的新现象。在 $^{17}$Ne、$^{18}$Ne 和 $^{29}$S 激发态的双质子发射运动学完全测量中，得到了两个质子的动量关联、角关联和不变质量的分布等，结果表明可能存在 $^2$He 集团发射。

6. 研究张量力对原子核集体激发性质的影响

近年，张焕乔及合作者首次把 Skyrme 的张量力加入到基于 Skyrme 力的自洽 HF+RPA 理论框架中。他们研究了张量力对 $^{90}$Zr 和 $^{208}$Pb 中 Gamow-Teller（GT）跃迁的影响，发现主峰下移约 2 MeV 和约 10% 的跃迁强度移到 30 MeV 以上的高能区，这对 GT 跃迁中存在的猝灭效应有重要影响，并揭示其机制是来自于 GT 和自旋四极 1+ 跃迁的耦合。在对 $^{90}$Zr 和 $^{208}$Pb 自旋偶极跃迁研究中，发现张量力对不同分波有非常不同的影响，他们的这个预言得到新近实验证实。

## 四、张焕乔主要论著


张焕乔，刘祖华. 1979. $^{252}$Cf 自发裂变瞬发中子平均数及中子数目分布. 原子核物理，1: 9.

Zhang H Q, Xu J C, Liu Z H, et al. 1989. Anomalous anisotropies of fission fragment angular distributions in sub-barrier fusion-fission reaction. Phys Lett B, 218: 133.

Zhang H Q, Liu Z H, Xu J C, et al. 1990. Fission fragment angular distributions for the $^{19}$F + $^{208}$Pb near-and sub-barrier fusion-fission reaction. Nucl Phys A, 512: 531.

Zhang H Q, Xu J C, Liu Z H, et al. 1990. Anomalous anisotropies of fission fragments for the $^{16}$O + $^{232}$Th sub-barrier fusion-fission reaction. Phys Rev C, 42: 1086.

Zhang H Q, Liu Z H, Xu J C, et al. 1992. Anomalous anisotropies of fission fragments in near-and sub-barrier fusion-fission reactions. Nucl Phys A, 538: 229c.

Zhang H Q, Liu Z H, Xu J C, et al. 1994. Anomalous anisotropies of fission fragments in near-and sub-barrier complete fusion-fission reactions of $^{16}$O + $^{232}$Th, $^{19}$F + $^{232}$Th, and $^{16}$O +$^{238}$U. Phys Rev C, 49: 926.

Liu Z H, Zhang H Q, Xu J C, et al. 1995. Preequlibrium for low angular momentum. Phys Lett B, 353: 173.

Stefanini A M, Ackermann D, Corradi L, et al. 1995. Influence of complex surface vibrations on the fusion of $^{58}$Ni+$^{60}$Ni. Phys Rev Lett, 74: 864.

Zhang H Q, Yang F, Lin C J, et al. 1998. Barrier distributions for $^{16}$O + $^{152}$Sm quasielastic and elastic scattering. Phys Rev C, 67: R1047.

Lin C J, Xu J C, Zhang H Q, et al. 2001. Threshold anomaly in the $^{19}$F + $^{208}$Pb. Phys Rev C, 63: 064606.

Zhang H Q, Lin C J, Liu Z H, et al. 2002. Asymptotic Normalization Coefficients and Neutron Halo of the Excited States in $^{12}$B and $^{13}$C// Norman E, et al. Nuclear Physics In 21$^{st}$ Century. AIP 810, Melville, New York，668.

Wu Y W, Liu Z H, Lin C J, et al. 2003. Near barrier fusion excitation function of $^{6}Li + ^{208}Pb$. Phys Rev C, 68: 044605.

Liu Z H, Ruan M, Zhao Y L, et al. 2004. Evidence for enhancement of the total reaction cross sections for $^{27,28}P$ with a $^{28}Si$ target and examination of possibly relevant mechanisms. Phys Rev C, 69: 034326.

Zhang H Q. 2006. Nuclear halo and its related reactions. J Nucl Rad Sci，7: R7.

Lin C J, Zhang H Q, Yang F, et al. 2007. Effects of breakup of weakly bound nuclei and neutron transfer on fusion reactions around coulomb barrier. Nucl Phys A, 787: 281c.

Bai C L, Sagawa H, Zhang H Q, et al. 2009. Effect of tensor correlations on Gammow-Teller in $^{90}Zr$ and $^{208}Pb$. Phys Lett B, 675: 28.

Bai C L, Zhang H Q, Zhang X Z, et al. 2009. Quenching of Gamow-Teller strength due to tensor correlations in $^{90}Zr$ and $^{208}Pb$. Phys Rev C, 79: 041301(R).

Zhang H Q, Zhang C L, Lin C J, et al. 2010. Competition between fusion-fission and quasifission process in the $^{32}S+^{182,184}W$. Phys Rev C, 81: 034611.

Yu N, Zhang H Q, Jia H M, et al. 2010. Unusual potential behavior for the weakly bound nucleus $^{9}Be$ in elastic scattering from $^{208}Pb$ and $^{209}Bi$ near the threshold. J Phys G, 37: 075108.

Bai C L, Zhang H Q, Sagawa H, et al. 2010. Effect of the tensor force on the charge exchange spin dipole excitations of $^{208}Pb$. Phys Rev Lett, 105: 072501.

**主要参考文献**

Vandenbosch R. 1992. Angular momentum distributions in subbarrier fusion reactions. Annu Rev Nucl Part Sci, 42: 447.

钱兴. 1994. 张焕乔与垒下熔合裂变 // 卢嘉锡. 中国当代科技精华·物理学卷. 哈尔滨：黑龙江教育出版社：361.

Signorini C. 1996. Heavy ion reactions around coulomb barrier// Sun Z, Xu J C. Nuclear Physics at the Frontiers of Knowledge. Singapore: World Scientific Publishing: 375.

Kailas S. 1997. Heavy-ion induced fission at near-barrier energies. Phys Rep, 284(6): 381.

王若珏. 2006. 张焕乔 // 杨国桢. 中国科学技术专家传略·理学编·物理学卷 3. 北京：中国科学技术出版社：413.

**撰写者**

唐洪庆（1937～），中国原子能科学研究院研究员，与传主 50 多年同事。

# 第二篇

## 纪念文章

# 为核物理发展殚精竭虑[①]

胡济民先生是我们尊敬的老师。万万没有想到，他竟突然离开了我们，使我们失去了一位德高望重的师长。胡先生在40多年的教学与科研生涯中为新中国的核科学事业培养了大批人才。我们就是在他的谆谆教诲下步入科研之路的。他孜孜不倦地教诲后生的情景，至今回忆起来仍历历在目。

胡先生治学如他的为人，严谨而朴实。他常教导我们做学问一定要有老实的态度。记得他曾对我们说，考试时如果你哪道题不会，就写“不会”或空在那里，不要乱猜乱答。阅读外语文献，如果别人用十分钟读完一段，你需要一个小时，这不要紧，重要的是要读懂。

胡先生不仅是身体力行、诲人不倦的导师，更是一位积极支持、参与中国原子能科学研究发展工作的科学家。

他在1956年曾担任中国原子能科学研究院核理论研究室的兼职副主任。1958年，我院起步搞等离子体装置，胡先生受聘为兼职教授，从事热核反应理论研究，对这一事业的起步起了积极的推动作用。

胡先生受聘担任我院学术委员会委员之职达十多年之久。在学术委员会中，他直言不讳，对我院核物理发展方向的确定、学术工作的评价等做出了积极贡献。

记得1971年在兰州第一次全国核物理大会上，他和老一辈科学家赵忠尧、杨澄中、金星南、程晓伍等先生就大力倡导在我国建立串列式静电加速器，努力为我国核科学研究的发展开创新局面。

20世纪70年代后期，当我院为引进串列加速器而努力争取时，胡先生等老一辈科学家伸出了援助之手，他们联名致函领导，支持我院建立串列加速器实验室。

胡先生曾两度被选为串列加速器核物理国家实验室学术委员会主任。他坚持“公正、择优”安排课题，做到“基础、数据、应用”恰当结合，以确保国家实验室的高水平成果。

经常听他说起，像HI-13这种串列加速器，应当充分利用，尽量安排相当数量的优秀研究课题，力求取得好的成果。有的应用课题，可以安排在国内小加速器上开展，不要过多地占用HI-13串列加速器的束流时间，一定要保证国家投资有最好的效益。的确，在胡先生的主持下，国家实验室的工作对发展我国的核物理事业起到了良好作用。

---

① 张焕乔，周书华. 现代物理知识，1999，11(02)：44-46。

胡先生一直关注我院核物理研究工作。20 世纪 70 年代初期，开始酝酿成立核数据中心。胡先生认为，核物理事业要发展，必须推动核技术应用，必须要有核数据支持核科学及其应用的发展。所以，他对在我院成立核数据中心鼎力支持。核物理实验研究的每一个进展，他都极其关心。

就我们组来说，当我们最初观察到垒下熔合裂变碎片各向异性异常时，他立刻用他发展的扩散裂变模型来计算 $K$ 自由度分布的方差，并写信建议我们考虑较轻的重核体系的实验以免除转移裂变的影响。在开始取得一定阶段结果之后，他和杨立铭老师安排我们去北京大学与他们一起讨论。

总之，胡先生始终关心着事业，关心着我们后生的成长。在串列加速器上高自旋态研究取得奇质子带交叉反常的可喜实验成果后，胡先生主动来信鼓励；对在串列加速器上开展原子核质量测量，胡先生在学术委员会的评审会上积极加以支持。他总是希望在 HI-13 串列加速器上能不断开展新的有意义课题。

在胡先生离开我们之前的 8 月 29 日，我们前往医院探望他。虽然他已深受淋巴癌病魔的折磨，可我们发现他的病床上仍放着专业书籍。他深情地关心着原子能院的发展，询问着串列加速器研究工作的进展情况，他说："你们的放射性核束装置计划应当获得国家的批准，我们这样大一个国家，有北京、兰州两个核科学基础研究中心是不多的，ISOL（在线同位素分离）和 PF（弹核碎裂）方法是并行的两条技术路线，各有侧重，ISOL 有它独到之处，你们还要努力争取。"胡先生的这些话对我们是极大的鼓舞，他对原子能院的深情厚意将永远铭记在我们心中。我们决不辜负先生的期望，我们要用实际行动去实现先生发展我国核科学事业的遗愿。

# 王淦昌先生与核物理基础研究[①]

王老是一位德高望重、享誉世界的科学家。他是我国粒子物理、核物理和惯性约束激光物理的主要奠基人和卓越开拓者之一，做出了重大的开创性科学贡献。他在我国发展核武器的事业中立下了不朽功勋，获得“两弹一星”功勋奖章。他光辉的一生已载入史册。

王老在推动中国原子能科学研究院核物理基础研究方面也做出了一些重要业绩。

记得 1978 年王老从九院重新回到原子能所（中国原子能科学研究院的前身），担任我们的所长，当时正值“文革”后的困难时期，各方面的工作均未步入正轨。他到任后立即着手成立所学术委员会，聘请专家来所兼职，狠抓原子能所的研究工作。他亲自组织学术报告会，活跃学术讨论，引导大家关心科学发展动向。他到任不久，面临我院从美国引进一台大型串列式静电加速器的决策，这是从 1972 年提出、因“文革”而拖延下来的问题。王老要用先进实验设备来装备我们的研究队伍，所以大力支持这项引进工作，亲自邀集核物理界专家共同呼吁领导批准这个项目，为了尽可能多地利用这台加速器开展研究工作，争取多增设束流管道，他不辞辛苦地多次到二机部主管局要求增加科研投入。

加速器建成后，为了充分发挥这台加速器在我国核物理研究中的作用，他以个人名义向国家科委和国家计委领导直至总理写信，建议设立串列加速器核物理国家实验室。1987 年年底，他和钱三强等 25 位专家联名给国务院总理写报告并请转报小平同志，提出“关于充分发挥大型科研装置的作用，组建国家实验室的建议”。1988 年 12 月，我院终于成立了北京串列加速器国家核物理实验室。他为我院核物理研究营造了一个好的环境，支持在串列加速器建成之前召开了一次“串列加速器物理国际讨论会”，邀请美、英、德、法、日、瑞典等 11 个国家的 35 位科学家出席会议，他亲自主持了国内核物理界首次举行、有 150 多人出席的这次国际会议，为串列加速器上首批设置的课题赢得国际声誉。王老亲自提笔为北京串列加速器国家核物理实验室题词“创新求实”指引方向，他对串列课题设置，提出“要有创新精神，在基础研究中要勇于提出新思想，采用新方法，努力做出新的高水平的成果”。王老在百忙的工作中，抽出时间主持串列加速器上取得的重要成果鉴定会，主持了周书华等合成 $^{90}$Ru 新核素和杨春祥等在高自旋态研究中首次观察到带交叉反常推迟的成果鉴定会等。他及时肯定了串列加速器国家核物理实验室取得的各项成果，鼓励大家充分利用现有条件，开展前沿课题，多出创新成果。我们作为该实验室的工作者，对王

---

① 张焕乔. 现代物理知识，2007，19(3)：65.

老为串列加速器实验室的发展不辞辛苦所做的多方努力铭记在心并深表敬意。

王老领导实现了重水堆的改造，扩大了重水堆的应用能力。他认为堆外围的物理实验是一项很重要的工作，只有把外围实验设施搞上去，才能充分利用反应堆产生的中子。他主张吸引所外科研人员来做工作，提出不能把中子白白浪费掉。他支持成立中子散射研究室，促成原子能院、中科院物理所共同与法国原子能总署合作，建立冷中子源，开展凝聚态物理研究。

20 世纪 80 年代，国际上掀起测量电子中微子质量的热潮，原有理论一直假定电子中微子质量为零，但暗物质与太阳中微子失踪都预示电子中微子质量可能不为零。苏联科学家曾发表测量氚 β 衰变谱得出电子中微子质量大于 17 eV 的结果，激起世界各国竞相测量氚 β 谱。王老不失时机地抓住这个前沿课题，要孙汉城负责开展这一工作，并要孙准备十年磨一剑。王老还请中科大退休的老专家梅镇岳教授来原子能院指导这项工作。结果得出电子中微子质量小于 10 eV 的结论，与同期国际水平相当。

总之，王老非常关注我院核物理基础研究的发展，虽然他的主要精力放在激光惯性约束上，但为核物理的发展也倾注了不少心血。

# 深切怀念尊敬的戴传曾院士[①]

今年适逢我们尊敬的名誉院长戴传曾院士八十诞辰，我深深地怀念我所敬重的这位导师和长者。

戴先生是我国著名的核物理学家、反应堆物理学家、堆工程和核电安全专家，为发展我国原子能事业做出了重大贡献。

我一踏上工作岗位，就有幸在他的领导之下，得到他的指导和教诲，这使我的科学研究工作一开始就有了一个良好的开端。记得他第一次给我布置工作时，要求我在一个月内读完五篇文章和 Hughes 写的 *Pile Neutron Research* 一书的两章内容，写出读书笔记交他审阅，并作报告。当时我英文很差，全靠一本词典，经过日以继夜的努力，总算提前几天完成了任务。虽不知戴先生如何评价，但我受益匪浅。戴先生当时是气体探测器大组的组长，除在气体探测器方面指导四位大学生外，同时还要指导六位大学生研制中子晶体谱仪、NaI(TL) 晶体及闪烁谱仪、栅网电离室、锰浴法的中子源强度标定等多项课题。每周一、二他找每个课题的人讨论工作，检查和解答工作中的问题，并布置新的工作。有时他为我们讲课，有时由我们作报告，他向我们提问，生动活泼地讨论，紧张愉快地工作。我们就是这样在戴先生亲自指导下成长起来。他是一位要求严格、平易近人、待人热情、可亲可敬的师长。

1956 年，他领导叶春堂和我承担中子晶体谱仪的研制任务。由于当时精密机械加工的困难，经钱三强所长和中科院长春光机所王大珩所长商定合作研制，由光机所设计加工。戴先生领导我们立即开展工作，制定和比较各种方案，兼做电子学工作、学习谱仪上的物理工作。一年后，鉴于当时李政道、杨振宁提出弱相互作用宇称不守恒理论，戴先生提出利用等待光机所信息的这段空隙时间开展极化中子仪的研制工作，并通过测量极化中子 β 衰变来验证李、杨的理论。计划上报所里，我们立即做了计算，绕制了电磁线圈，试验成功了电镀钴的工艺。可惜这项工作被批判作为黑题目而夭折了。后来，每当我看到被他精心保存在书柜中准备制作钴镜的两块磨光的铜镜时，我不仅深深地感到惋惜，同时也十分佩服戴先生敏锐的眼光和活跃的学术思想。

1958 年年初，眼看所内重水反应堆在半年内将建成，而由光机所设计加工的中子晶体谱仪仍无消息，我们非常着急。在此关键时刻，戴先生智慧超群，提出利用原中央研究院留下长期闲置的一台 X 光衍射仪将其改造成中子晶体谱仪。由我院实验工厂加工，并提出两个绝招解决加工

① 张焕乔. 原子能院报，纪念戴传曾院士诞辰八十周年专版，2001-10-17.

精度不足的问题，一是晶体台与计数管长臂 2∶1 精密联动由两者分立精细调整来完成；另外是晶体台与计数管长臂转动同心度由两者轴套互相研磨来保证。这样，一台谱仪不到半年就加工出来，建成了在重水反应堆上的第一台成型谱仪。

我在戴先生领导下工作的两年里，有许多这样的亲身经历，使我对他越来越敬佩。戴先生是一位基础深厚、治学严谨、勇于开拓的学者。他常常教育我们在工作一定阶段后要再去系统阅读基础知识，这样有利于融会贯通，开扩思路，拓宽知识领域。先生的言传身教给我们留下深刻的印象。

王淦昌院士在为《戴传曾论文选集》写的序言中指出："在与他多年的交往中，我们深深地感到，他在实验核物理、反应堆物理、反应堆工程和核电安全等宽的专业领域内，知识渊博、造诣很深；他爱国热情高，事业心强，哪里需要他就到哪里，对工作认真负责，为人光明磊落，坦诚直爽，坚持真理，无私无畏；他生活艰苦朴素，廉洁奉公，善于团结同志，热心培养人才。"当此纪念戴传曾院士八十诞辰之际，我们应当学习和发扬他的科学精神和道德风范，为继续发展我国原子能科学事业做出新的贡献。

# 深切怀念我所尊敬的虞福春老师①

今年是我们尊敬的虞福春老师诞辰 100 周年，他离开我们 11 年了，但他的音容笑貌仍活在我心中，我十分怀念我所敬重的虞老师。

我们都知道虞先生在留学美国期间，追随诺贝尔奖得主布洛赫教授从事核磁实验研究，发现了著名的“化学位移”和“自旋耦合劈裂现象”，这些发现成为后来核磁共振应用的基础，引领了核磁共振谱学的发展。同时，还精确测量了 26 个稳定核的磁矩，确定 $^{17}O$ 自旋为 $5/2^{+}$，为检验后来的核壳层模型提供了重要的实验证据。布洛赫教授高度评价了虞先生的工作，宣称“以极高的精度测量了许多核素的磁矩，特别是磁矩的符号，其中有些过去连近似值都不知道。而这些测量结果的意义在于和后来提出的新核壳层模型相关”。虞先生在核磁研究中的重大成果已载入科学史册，他已成为国际公认的杰出科学家。

我是 1955 年被调到北京大学物理研究室读书的学生，虞先生是物理研究室的副主任，负责教学业务管理工作。在我们一年的学习中，上学期他教我们“记录质点”课程，讲授核物理实验方法；下学期教核谱学，他负责讲授 β 谱学和 γ 谱学。虞先生教学精湛，注重教学法，讲课很有条理，非常清晰，容易让学生接受。我有幸作为这两门课的课代表，这样，差不多每周都有时间与虞先生接触。那时国内核物理刚起步，学生没有课本，也没有讲义，只能随堂记笔记。学生记笔记是件非常关键的事。如果记不好笔记，课后复习就成大问题。虞先生写得一手漂亮的黑板字，整齐有序，字迹公正，非常适合我们记笔记。因为我们是集中一年学习核物理，课程门类多，合理安排每门课程的复习是不轻松的。虞先生经常了解我们的学习情况，给予具体指导。他教学深入细致，每周安排时间亲自为学生答疑，使同学们在学习上能够紧跟教学进度，他为帮助学生花费了不少时间和精力。大家都很尊敬他。由于物理研究室是刚成立的单位，实验条件跟不上，在正常教学过程中只能做少量的初级实验，专业实验老师一时准备不及，我们毕业后，学校为了弥补专业实验训练的不足，专门安排了两个月做“中级物理”实验。在我们参加这些实验时，深深体会到虞先生给我们讲授的两门课程对完成这些实验起重要的作用，使我们在不长的时间里，集中做了一系列核物理实验，这是不容易的。至今回忆起来，在物理研究室一年的学习，对我一生的工作有了一个好的起步，想到自己的成长，非常感谢虞福春老师给我的启蒙教育。

---

① 本文摘自《虞福春先生诞辰一百周年纪念文集》. 2014: 168, 169.

我尊敬的虞老师是国际公认的杰出科学家，他回国后一直在教育战线上从事第一线的教学工作，他言传身教培养学生，桃李满天下，他心境坦荡，淡泊名利，严谨求实，勇于创新，他做人、做事、做学问的典范已活在我们心中。

# 钱三强院士的指点与教导①

中国科学院是一个大熔炉，我曾在这个熔炉里受到锻炼和成长，这里有许多著名的科学家。这里写一点对钱三强院士的回忆来表示我对科学院学部成立60周年的敬意。

## 一、鼓励我走上工作岗位

记得1953年武汉大学邀请钱先生与物理系师生见面，作为学生这是我第一次见到钱先生，记忆中，他手提一个满载的大公文包，精力充沛地走进会场，作了一个精彩的报告，让我了解到国家核物理事业正百废待兴，急需一大批人才。我在物理系学习前就对核物理很感兴趣，听完报告后更是深受鼓舞，坚定了自己学习核物理的信心。1955年，国家为了发展原子能事业，培养人才，决定从几所重点大学选拔学生到北京大学物理研究室（技物系前身）学习，我有幸被选中。在此期间，钱先生给我们作过两次报告，一次是入学动员报告，另一次是毕业分配动员报告。他生动而精彩的报告给了我们极大鼓舞和力量。钱先生对青年学子寄予极大希望，教育我们要努力学习，掌握科学知识，报效祖国；要求我们服从国家分配，响应国家急需，积极投入工作。在钱先生的谆谆教导下，我愉快地走上工作岗位，被分配到中科院物理所（原子能所前身）中子物理研究室。钱先生是室主任，何泽慧先生是副室主任。1956年9月上旬的一个晚上，钱、何二位先生自费买了许多糖果、点心和水果，开了一个迎新会。一开始钱先生简单介绍了一下情况并宣布中子物理研究室成立，欢迎新生力量，希望大家团结一致，努力完成国家任务。随后就是新老同志自由谈，生动活泼、畅所欲言的轻松氛围令我终身难忘。之后，我分到戴传曾先生领导的研究组，参加他负责的中子晶体谱仪课题，戴先生曾提到，因当时国内精密加工条件差，需要多单位协作开展研究，为此，钱先生与中科院光机所王大珩所长商定由两家合作研制谱仪。我听了很吃惊，心想钱先生那么忙，还能亲自出面，仔细关心一个课题，确实令人佩服。我心想，有这样的好所长，又有戴先生这样的好老师领着干，自己一定要加倍努力把事情做好。

## 二、敏锐的科学眼光

1959年，我在苏联库尔洽托夫研究所实习，有次，钱先生、朱光亚和力一他们去杜布纳联

---

① 张焕乔. 学部通讯，2015, 3 (总187期): 7-9.

合核研究所出席成员国全权代表会议，会后，他们在莫斯科短暂停留，一天晚上，我向钱先生和朱先生汇报在苏实习情况，报告了除在库尔洽托夫所参加中子晶体谱仪和机械单色器上裂变截面测量外，还在苏联理论与实验物理研究所参加在极化中子衍射仪上研究低温反铁磁性实验。钱先生当即强调要我们眼光放远一些，学习知识不要局限，多关注反应堆上研究工作的新动向。过两天，钱先生他们来库尔洽托夫所参观，我的导师彼伏日涅尔陪同。当钱先生看到他们正在反应堆上用热中子非弹性散射来研究固体声子谱时，他很感兴趣。当场向彼伏日涅尔提出，请他将我学习时间延长半年，参加这项工作。当时，我国反应堆刚启动正进行核物理实验研究，钱先生就深谋远虑地考虑到下一步。1960 年 2 月我回国后，他还安排我到当时中科院新技术革命领导小组会上介绍中子衍射工作的发展动态，并要求制定规划。可惜，后因原子能所中心工作转为研制核武器服务，这方面工作有所停顿。1971 年和 1972 年，钱先生先后陪同杨振宁教授和美国高能物理代表团来我所访问时，我向来访者介绍了压电振动石英晶体中子衍射增强现象的发现，引起来访者的兴趣。当钱先生了解到我所这方面工作仍处于停顿时，他多次建议李寿枬副所长尽快恢复这方面工作。后来，钱先生还极力推动我所与法国合作建立冷中子源。

## 三、谆谆教导，为“两弹”出力

由于苏联背信弃义撕毁协议，撤走专家，中央决定自力更生开展“两弹”研制。当时，我所上下一心全力支持国家“两弹”任务，钱先生费尽心血，日夜操劳，他大力推荐了一批高级科学家和优秀青年科学骨干人才直接参加核武器研制工作。在原子能所里，他成立了相应的任务组。1960 年秋，钱先生提出将我从中子衍射组调到裂变物理组，承担核武器研制计划第一批中子核数据——重核对裂变谱中子的平均裂变截面的测量任务。在这期间，钱先生经常来到我们研究室，给我们讲国家需要，给大家鼓劲，还用数学上的矢量作比喻来讲又红又专的关系，感觉挺形象，希望我们做又红又专的人。我还记得有一次他来到研究室传达陈毅元帅的讲话：“如果你们把原子弹搞出来了，我这个外交部长的腰杆子就硬了，外交部长也好当了。”听到这样的话，我们内心不由热血沸腾，攒足了劲干活。1962 年夏天的一个深夜，我回宿舍路上碰到钱先生在散步，他关切地问起我工作进展，我告诉他：“我们刚测出 $^{235}$U 裂变截面比国外仅有的一个数据大 5% 左右，似乎我们的结果可信。”钱先生说：“你们做科学研究，一定要反复推敲，提供可靠的数据。重要的数据不要轻易相信国外的，他们也不轻易给。要自己做工作，相信自己。还要抓紧工作，有紧迫感。”钱先生的教诲，让我小心做事，踏实工作，对国家负责，对人民负责。

## 四、最后的教诲

1992 年 1～2 月份，我最后两次见到钱先生，一次是他让我带口信给黄胜年，另一次是我去与钱先生和何先生辞行，因三月份我要去意大利工作一年半。见面时，钱先生教导说：“现代的科学研究都规模很大，搞原子弹氢弹不只是少数人奉献，主要是党的领导，大力协同，这是集体创造……，任何时候，科学研究都要大力协作，既要发挥个人才能，也要发挥集体的智慧，努力创新……”钱先生还告诫我们：“在谈自己工作时，一定要实事求是，切忌不要夸大，不要把别人的工作说成是自己的工作，更不要把身边年轻人的工作说成自己的。”这些教诲，我牢记终身。

钱先生离开我们 25 年了，他不仅为我们留下了宝贵的科学成果，还为我们树立了光辉榜样。他生前的许多教诲，继续不断地鞭策着我努力奋进。

# 花中真君子　风姿寄高雅

## ——感念恩师何泽慧先生[①]

2015 年 11 月 22 日的北京，大雪纷飞。纪念铀核“四分裂”发现 69 周年暨《何泽慧传》《何泽慧文选与纪念文集》新书发布会在清华大学理科楼郑裕彤讲堂举行。150 多位何泽慧先生的同事、朋友、学生冒雪前来，深情缅怀这位著名的女科学家。

漫天飞雪忆师尊。我有幸在何泽慧先生身边长期工作过，得先生之教诲，受益终生。

何泽慧先生晚年照

## 一、非凡家世育雏凤

何泽慧 1914 年生于苏州。父亲何澄早年留学日本，是山西省第一个留日学生，后在孙中山先生的影响下加入同盟会，为同盟会最早的成员之一。他对子女的教育思想是：“科学、自由、

① 张焕乔. 物理，2016，45(3)：155-161.

平等、独立”，要求子女“对技术要精细周到，对事物要明快通达，对人要忠厚宽大。”母亲王季山出自苏州书香门第之开明家庭。何泽慧的外祖母王谢长达是清末妇女运动领袖，深受“科学治国”思想的影响，1906年创办了著名的“振华女校”；大舅王季烈为清末民初物理学著作翻译家，翻译出版了中国第一本以物理学命名、具有大学水平的教科书，编著了中国第一本中学物理课本，主持编印了《物理学语汇》，为近代物理在中国的传播做出了重要贡献；三姨王季玉乃著名女教育家，留美归国后继承母志，出任振华女校校长，学校办得十分出色。著名社会学家费孝通、物理学家何怡贞、医学和妇产科专家王淑贞、作家杨绛、新闻学家彭子冈等年少时都曾在此就读，可谓人才辈出。何泽慧于1920年进入振华女校，在该校学习了12年，从小学一直读到高中毕业，德智体美、诗文书画得到了全面发展，同时在理科和英文方面也打下了坚实的基础。

## 二、求学路上赤子心

1932年，何泽慧考入清华大学物理系。入校后，物理系主任和一些教授大约受了传统偏见的影响，认为女生读物理难以学有所成，动员她们转系。从小生活在男女平等的家庭和力争女权的振华女校的何泽慧先生认为，这不合理。她与其他女同学一起找老师理论。老师说服不了她们，只好按“第一学期普通物理成绩必须70分以上才可继续读物理”的规定处理此事。她们这个班第一年有28名学生（其中女生8名），第二年剩下12名，第三、四年只有10名学生，女生仅剩3名——何泽慧、许孝慰和戴中扆（后参加革命，改名黄葳）。

年轻时代的何泽慧先生

20 世纪 30 年代的清华大学物理系，名师云集。除了萨本栋教授用自己编写的中文教材讲授普通物理外，其他专业课均为英文教材。给何泽慧所在的第八级授课最多的是赵忠尧先生，很多重要课程，如大学物理、光学、现代物理等，都由他讲授，因此他对学生的影响较大；叶企孙教授讲三、四年级的热力学、气体分子运动论和统计物理。他注重引导学生理解物理概念，并引用世界上最新的成果，有世界名校教授讲课之作风；周培源教授讲授力学，作为理论物理学家的他，以开放的胸怀鼓励学生们向广阔的实验物理和应用物理方向发展，并勉励学生们多读课外参考书、多作独立的思考和研究。1935 年华北局势紧张，周培源教授还有意增设了“弹道学”课程；吴有训教授开设了“近代物理学”，他把国际最新物理学研究成果系统地引入大学课堂，在中国播下了核物理学的种子。他还倡导技术独立，增强学生们自主发展科技的民族自尊心和自信心；回国不久的任之恭老师讲授无线电；霍秉权老师讲授大气物理学……

当时的清华大学仿照英美之“自由教育”，实行选课制和学分制，按院系编制分年课程表。四年级时做毕业论文，这是学生们理论联系实际极好的锻炼机会。任之恭教授指导何泽慧完成《实验室用电流稳压器》一文。当时，稳压器在市场上没有现成商品，也无可用配件，需要自己动手制作。何泽慧上机床、拿锉刀、持焊枪、拆卸、装配，无所不能。调试线路时，为了找出稳定的最佳数值，她多次调整，反复实验，终于选出了最佳设计方案，稳压器实验获得成功。她的毕业论文得到了 90 分的高分，与钱三强的毕业论文并列第一。那时清华大学的本科毕业论文质量很高，众人评价“堪比美国大学的硕士论文”。

何泽慧在清华求学期间（1932—1936 年），正是九一八事变之后、七七事变之前，日军步步紧逼、蚕食中国之时。1935 年 12 月 9 日，为反对日本侵略者而策划的华北五省“自治”运动，北平学生 6000 余人举行游行示威，爆发了“一二·九”运动。何泽慧面对复杂艰难的时局，遵照父亲和老师的教导“专心学习，好好读书，用知识去强国，去战胜敌人”。在校期间她虽然没有积极参加学生运动，但并非麻木不仁，而是真正实践着她在中学时期就提出的“静默地想方法救国”。1936 年，在学校组织赴南京、上海做毕业考察的火车上，何泽慧目睹日本人和替日本人干事的朝鲜人对中国人非常粗暴无礼，座位上堆满了向中国推销的日本人造丝，而不许中国人入座，只好在列车夹道里一直站到南京的悲愤情形。何泽慧先生后来说：“1936 年的南方之行使我感受很深，这就是我留学为什么选择了弹道学的初衷。当时只有一个念头——为了打击日本侵略者。”经过清华大学四年的学习，在众多名师的教育和指点下，通过研写毕业论文的历炼，于“自强不息、厚德载物”的校训熏陶下，何泽慧不仅在现代物理知识方面打下了坚实的基础，而且激发了其自尊自强的民族精神，她的抗日爱国之心愈加强烈了。

清华毕业前夕，学校帮助男同学联系就业，女同学则要靠自己张罗。何泽慧从山西同乡处得知，阎锡山有一条规定：国立大学毕业的山西籍学生可获出国留学 3 年的经费资助。她与父亲商量后便与山西省取得联系。当时德国的科学技术先进，中德两国关系不错，德国专家还曾任职中国政府兵工署，何泽慧的3位清华同窗杨镇邦、陈亚伦、王大珩先后去了兵工署弹道研究所工作。“科学救国”之心促使何泽慧决定赴德国留学，她选择了柏林高等工业大学技术物理系“实验弹道学”专业。曾在南京军工署当过顾问的系主任克兰茨教授起初并不接受何泽慧所选的志愿。何泽慧对他说，“您可以远赴中国出任我们军工署顾问，帮助我们打击日本侵略者，我为了同样的目的，专程到德国来学习，您为什么拒绝我呢？”克兰茨教授觉得她言之有理，也很同情中国正在遭受日本入侵，便破例接收了何泽慧。这是该系第一次招收外国学生，也是弹道学专业第一次招收女学生。

清华大学物理系第八级毕业生留念（1936年）。前排左起：王大珩、戴中扆（黄葳）、许孝慰、何泽慧、郁钟正（于光远）；后排左起：钱三强、杨镇邦、陈亚伦、杨龙生、谢毓章

1940年，何泽慧以论文《一种新的精确简便测量子弹飞行速度的方法》获得博士学位。此时“二战”爆发，她已无法回国，只得进入柏林西门子公司弱电流实验室工作。在那里，何泽慧见到了南京安全区国际委员会主席、西门子公司驻华主管拉贝先生。拉贝将他的日记和他搜集的日军暴行照片给何泽慧看，她成为拉贝这一历史性义举的见证人。惨绝人寰的照片使她义愤填膺、热泪盈眶，更加坚定了一定要回国“报效祖国”的决心。1943年，帕邢教授介绍何泽慧到海德堡威廉皇家学院核物理研究所，在博特教授（1954年诺贝尔物理学奖获得者）指导下从事原子核物理的实验研究。

## 三、科研生涯齐比翼

1945年，何泽慧在研究正电子能谱时，用磁云室观测到有近似于S形的径迹，她测量分析后发现这是正负电子弹性碰撞而不湮没的稀有现象。1945年11月3日，英国*Nature*杂志评价“何博士的发现是一项科学珍闻”。

1946年春，何泽慧来到法国巴黎探望钱三强。4月8日，两人在中国驻法大使馆办理了结婚手续，晚上举办了简朴的婚宴。约里奥-居里夫妇双双出席，约里奥先生在婚宴上即席致辞祝贺。此后，何泽慧在法兰西学院原子核化学实验室和居里实验室从事核物理研究，与丈夫开始了共同的科研生涯。

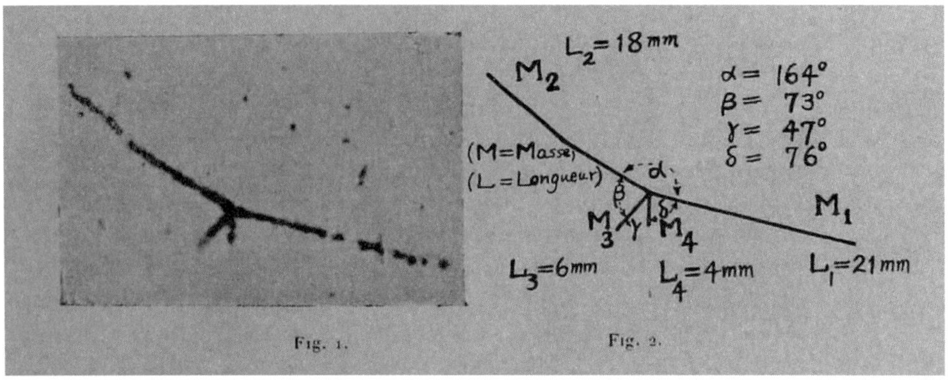


（左）第一个四分裂的径迹照片；（右）各夹角数值，L径迹长度在空气中的等效值

1946年下半年，钱三强与何泽慧用核乳胶发现了铀原子核在中子轰击下发生的三分裂现象；1946年11月22日，何泽慧发现了第一个四分叉径迹事例；随后，又发现了第二个四分叉事例，即发现了概率更小的四分裂现象。约里奥-居里先生于1947年春在巴黎召开的一次国际科学会议上宣布了这项发现。钱三强、何泽慧夫妇的重大发现，揭示了新的裂变模式，提供了研究裂变断点的新探针，为裂变动力学的研究提供了重要信息。

尽管在科研上取得了重要成就，钱三强与何泽慧没有忘记出国学习的初衷，决定要回到祖国，和其他科学家一起，使原子核物理这门新兴科学在自己的土地上生根、开花、结果。1948年5月2日，他俩带着不满半岁的女儿动身回国，8月回到北平。彼时，清华大学欲聘钱三强担任物理系教授，但因当时大学规定夫妇不能在同校任教而作罢。旋即，北平研究院原子学所聘用何泽慧出任研究员，聘钱三强兼任该所所长。

起初，研究所只有3人。为了置办仪器，何泽慧与钱三强不辞辛苦，常常骑着自行车穿行在北平的大街小巷，旧货摊点，还在天桥旧货市场买回一台旧车床，自己制作了一些简单的仪器。

自1950年2月起，何泽慧指导并亲自开展了原子核乳胶、威尔逊云室和电子放大器的研制及重元素分离方法的研究。她领导的小组在十分简陋的条件下开展核乳胶的研制工作，经过几百次试验，终于在1956年制成了主要性能达到英国伊尔福C-2乳胶水平的核乳胶。这项工作获得了1956年度中国科学院奖（自然科学部分，暨首次国家自然科学奖三等奖）。1957年进一步研制成功电子灵敏的核乳胶。

1955年1月，在毛泽东主席主持的中央书记处扩大会议上决定研制核武器。

1955年10月19日，钱三强团长率领“热工实习团”赴苏联热工研究所考察学习。11月4日，作为副团长之一的何泽慧第二批赴苏。她负责在加速器及反应堆上进行核物理实验研究，并亲自在回旋加速器上开展研究工作。

1956 年 9 月，中国科学院物理研究所（原子能所前身）成立了中子物理研究室。其研究内容开始的涵盖面较广，由钱三强所长兼任室主任，何泽慧任副主任，后来部分专业分了出去，成立了另外几个研究室。从 1959 年起，何泽慧担任室主任，她领导建立了一个专业集中的中子物理研究室，培养出一支严谨踏实、能打硬仗的科研队伍。研究室在以下几个方面开展了研究工作：一是建立了从热中子（0.0253eV）到 18MeV 能区的中子源；二是建立了全截面、弹性散射截面、非弹性散射截面、去弹截面、激发曲线、裂变产额、裂变截面、裂变动能分布、平均裂变中子多重性及其分布等中子微观参数测量技术和中子宏观参数测量方法；三是建立了包括毫微秒快中子飞行时间谱仪在内的多种中子能谱测量方法；四是建立了中子源强和单能中子注量率标准。

1958 年 7 月，二机部成立九局，何泽慧兼任其中子点火委员会的委员，负责在原子能所组织点火中子源的研制。她作为中子物理室主任，负责组织完成了九局和 21 所交给的多项任务，为核武器研制提供了一系列关键核数据、测试设备及测试方法。同时，何泽慧也为九局和 21 所培养、输送了多名科技骨干及一批青年科技人才。

何泽慧先生在中国科学院物理研究所图书馆（1957年）

1965 年 2 月 13 日，二机部刘西尧副部长将氚－锂同位素反应截面测量的紧急任务下达给原子能研究所，即“35＃任务”。要求在第二季度先提供一部分数据。何泽慧率领科技人员只用了不到半年的时间，出色并提前完成了氚—锂核反应截面数据的系统测量，这对中国氢弹研制起到了重要作用。

“35＃任务”完成没多久，何泽慧被下放到河南安阳农村参加“四清”运动。1966 年回所不久，“文化大革命”开始。钱三强、何泽慧被作为“反动学术权威”在全所遭到批判。在批判她的大会小会上，她从不违心承认对自己的不实批判之词，有的只是无声的反抗。那时，何泽慧的办公室被造反派查抄，将她赶到楼梯过道的小隔间，每天负责拔草、扫地、刷厕所。接着，他们家也被查抄，钱三强珍藏的几十年积累的日记本也被“带”走了。

1969 年 12 月 1 日，何泽慧获批到陕西合阳“五七干校”与钱三强一起劳动。因为她身体比较“老弱”，受到组织照顾，只分配她做些打钟、看场、看水等工作。她敲钟，仍像对待科学实验那样，认真负责，分秒不差；她看场，不是坐着不动，而是不停地围着场院走动，猪、鸡、牛、羊、麻雀全都难以接近。1970 年 3 月下旬的一天，凌晨 4、5 点钟左右她早起到屋外，忽然在东北天空发现了一颗明亮美丽的彗星朝东北方向移动，彗尾拖向西南。她将此事告诉了钱三强，他们每天早起，跟踪观察了 2～3 周。她凭着肉眼，利用北斗和仙女星座对这颗彗星定位，在台历上记下它的运动轨迹和一些计算判断，后来证实这是与贝内特彗星吻合的。何泽慧的发现虽然比南非天文学家贝内特用天文望远镜的发现晚了 3 个多月，但她却是通过肉眼实现观测的。即使在干校这样的环境中，何泽慧依然不失科学家的本色。

1973 年，原子能所一分为二，原子能所一部成立了高能物理研究所，何泽慧担任副所长，分管宇宙线和图书情报等部门，重点放在宇宙线方面。在她的支持下，高能所宇宙线研究室通过国内和国际合作，在西藏建成了世界上海拔最高的高山乳胶室。她倡议发展中国的高空科学气球系统，为我国开展空间宇宙线和高能天体物理实验研究建立了必要的空间运载手段，使中国成为世界上少数几个能独立研制和发放科学气球的国家之一。高空气球项目上马时，她顶住了某些领导的压力，确保该项目得以进行；当一些领导人指责高能所不应该搞天体物理时，何泽慧再度充当了“何（核）保护伞”，使刚刚起步的高能天体物理免于夭折。

1984 年，何泽慧卸任中国科学院高能物理研究所副所长职务，照理，她可以歇歇了。但是，对于一个热爱科学、把终身献给科学的人来说，是难以办到的。正如同窗王大珩诗言：“春光明媚日初起，背着书包上班去。尊询大娘年几许，九十高龄有童趣。”何先生心系科研，退而不休，像往常一样，天天坚持上班。她做了一些科学史的考证工作，如裂变发现史，德国为什么发现了裂变现象却没有造成核弹？她仍指导培养研究生，与中青年科研人员研讨问题。作为学界前辈，她继续关心着中国高能物理与核物理事业的发展。许多在外地举办的学术会议，何先生同年轻人一起坐长途卧铺汽车，不辞长途跋涉的辛劳。莅会发言，奖掖后学，给予年轻一代极大的鼓励。

## 四、言传身教勉后学

1956 年秋，我从北京大学核物理专业毕业分配到中国科学院物理研究所，有幸进入钱三强、何泽慧先生领导的中子物理研究室，当时在戴传曾先生研究组参加建立中子晶体谱仪的工作，并着手中子截面测量方面的储备。一开始何先生便提醒我，除了准备中子截面测量外，还要及早学习中子衍射方面的知识，为中子晶体谱仪的进一步发展早做准备，使我在组里较早开始了这方面的学习。1958 年 9 月，何泽慧先生作为我们的室主任，通知我去苏联实习。我到了莫斯科库尔恰托夫原子能研究所，由于是从国内“大跃进”形势下出来的，一时不适应苏联正常的研究环境，头脑还在“发热”中，不到 3 个月便写信给何先生，要求回国继续参加献礼活动。非常感谢何先生及时给我回信，明确指出要注意学习人家积累的科学研究方法和先进经验，并告诫这些正是我所欠缺的。何先生的忠告使我冷静下来，不仅安心努力工作，也更有意识地学习对方的思路、方法和特长，“以人之长补己之短”，从中获得不少收益。

钱三强、何泽慧夫妇在中关村（1986年）

1960 年秋，为了适应国家研制核武器的需要，钱三强所长知道我在苏联参加过中子裂变截面的测量，决定将我从中子衍射组调到裂变物理组，在何泽慧先生领导下开展工作。何先生常常鼓励我们年轻人，要相信自己，多动脑筋，不要迷信外国人，走自己的路，要在现实条件不足的情况下想办法做出高水平的工作。她的言传身教，使我更加明白做科学工作“贵在创新”的道理。1961 年下达测量 $^{238}$U 裂变谱中子平均裂变截面的任务，当时中子物理研究室初建，中子源强度标定工作刚刚开始，中子通量测量技术还未开展，正是在何先生领导下，我们想出用热中子平均裂变中子数来代替中子通量的测量，确立了一个好的方案。但是，在实际工作中需要制备一块约 12 cm × 58 cm 大面积的均匀铀样品，这是一个难点。为了解决这个问题，我想先调研不同制靶方法的文献，进行比较。当时找到一篇用电化置换法制备铀样品的德文文章，那时我不懂德文，硬着头皮去请教何先生，她从头到尾详细讲解了这篇文章，最后还告诫我，“以后你要先自己阅读，把看不懂的地方记下来，再来找我，这样会使你印象深刻。”这使我再次懂得做科学研究工作一定要自我锻炼，下苦工夫。这次总算用电化置换法制成 3 块样品，顺利完成测量任务。那时组里经常有学术报告，何先生都来参加，有时还请理论家一起来讨论，帮助年轻人尽快成长。

作者与何泽慧先生合影（2002年）

何泽慧先生是原子能所中子物理研究室主任，建室后的大发展期，室里科技人员逐渐增多，而且绝大多数是年轻人，对研究工作和中子物理都不熟悉，当时又经历“大跃进”的影响，年轻人工作热情很高，有些人想赶快出成绩，出现急于求成的倾向。针对这种情况，何先生组织大家学习苏联科学家巴甫洛夫写给青年科学工作者的一封信，她又与陆祖荫先生一起翻译了德国科学家波特的《对青年物理学家的忠告》一文，发表在《原子能科学技术》上，推荐给大家阅读，从中受到教益。引导青年科学工作者沉下心来，做好调研，细心工作，做好记录，抓住新奇，认真总结，写出文章。20 世纪 60 年代初，何先生主持了一次别开生面的全室科技人员考试，事前没有通知，由室里出题，由组长组织在同一时间考试。何先生此举并不是想为难谁，而是想了解大家的真实水平。考题由一般内容到新文献工作，比如推导二体碰撞的能量公式到综述当时文献上测定自由中子半衰期的方法和结果等。这种突击考试能够反映出一个人掌握科学知识的深浅，真实体现科技工作者水平的层次。考试结果的确说明问题，当时流传的几位能人并没有取得好成绩，反映出年轻人掌握知识不牢固和不全面。这次考试成绩不张榜，不入档，不与职位晋升挂钩。将成绩告知本人，使自己明白自身的不足，各自制订今后的学习计划，室里和组里也增加了学术活动，开展互教互学，共同提高，几年下来，成效显著，年轻人进步很快。可见何先生为培养年轻一代尽心竭力。

何泽慧先生曾多次谈起，“1957年日本学者到中科院物理所参观，那时日本人还不会做核乳胶，我们告诉其制作方法，后来他们学会并超过了我们，2002年日本用自制的乳胶在美国费米实验室的加速器上发现τ中微子。”为什么我们没有做上去？这是何先生心里的一大憾事。到了90年代，她得知原子能院核乳胶组难以生存，曾多次与孙汉城和我谈起她的意见，要我们转陈领导。当她获悉山西师范大学刘福虎教授和张东海教授都在用核乳胶做高能实验时，她便与孙汉城商量，委托孙汉城向原子能院领导报告，要求将核乳胶工作转至山西师大，后来得到了原子能院同意。2004年6月7日，何泽慧先生亲自带队，指定孙汉城、郭仕伦、郑文艺和我随同前往山西师大做最后考察，90岁高龄的何先生与大家一起乘坐硬卧夜车赶赴临汾，吃过早餐，马上在师大现代物理研究所2楼实验室与师生们见面，讨论核乳胶转移研制事项，她问起乳胶实验室放在哪里？张东海告知在6楼。何先生二话没说，要上6楼去看实验室，楼里没有电梯，大家怕她太累，劝她不要去，她说我来干什么的！结果她走上6楼，仔细查看了实验室环境，这才放心。当天下午她又在旅馆与师大老师一起详细讨论，决定由郑文艺驻守师大一段时间，教会他们制作出核乳胶。何先生看事情都办妥了，便乘坐当晚的硬卧回到了北京。这就是我们的何泽慧先生，怎能不令人钦佩！

## 五、风姿高雅永流传

钱三强先生曾说，“科学界好的传统应是学术和道德的统一。”何泽慧先生是这一科学传统的践行者。她不仅在学术上取得了巨大成就，在道德方面也堪称楷模。她热爱祖国：平时不接受媒体采访的她，当得知日本有人不承认“南京大屠杀”时，她挺身而出在记者招待会上证实她读过《拉贝日记》。她留学德国学习弹道学，就是为了“抗日”；她投身国防科研，就是为了“强国”。她一身正气：坚持男女平等，为此，在其全国政协委员提案中对男女退休年龄不一样的规定提出意见；她看准的研究方向，如高能天体物理、高空气球等，不管别人如何，该坚持的她便坚持到底。她淡泊名利：无论在原子能所还是在高能所，她指导的研究工作，经她修改过的论文，不计其数，但她从不署名；她是中国核物理界的象征性人物，也是女科学家的杰出代表，然而她始终谦虚低调，质朴无华，很少接触媒体，更不愿意被拔高宣传。她爱才惜才：敢于破格提拔人才，有人受了委屈，她会挺身而出，打抱不平。无论是工作还是生活，她都十分节俭：用旧牙刷柄自刻印章，用剩余的皮料自制钱包，用穿糖葫芦的竹棍自制掏耳勺……

令我印象最深的是，在对科研工作作出评价时，何泽慧先生主张，成绩要用所花的钱来除一下。

何泽慧先生具有敏锐的科学洞察力，工作细致、耐心，在科学实验中从不放过任何一点异常迹象的探索精神，以及对新现象作出正确分析的本领高于常人。她经常告诫和鞭策我们：“立足常规，着眼新奇”，要求我们在脚踏实地中做出创新水平的工作。

在接受中央电视台《大家》栏目采访时，主持人问她是怎样实现那些“著名发现”的，何先生淡然一笑平静作答，“只要细心工作，总是有发现的”。

2006 年，92 岁高龄的老人欣然提笔为振华女校百年校庆写下了“爱国奋进”，这四个字也正是钱三强、何泽慧夫妇毕生之写照！

何泽慧先生为苏州振华女校百年校庆题词（2006年）

## 后记

我大学毕业时年 22 岁，有幸进入何泽慧先生领导的中子物理研究室，之后伴随研究机构的变化，一直跟随何先生学习和工作了 17 年，那些难忘的岁月留给我太多珍贵的记忆。作为亲历者，何其有幸！

世上走得最快的便是时间，转眼我也从青年步入暮年。今日诉诸笔端的虽然只是浮光掠影，但我想，何泽慧先生那一辈人所代表的新中国第一代科学家们的事迹和贡献早已深入人心，载入史册，永远定格在真正懂得他们价值的人们的心中！

谨以此文，献给各个历史时期奋斗和奉献在科研战线上的中国女科学家们！

写于 2016 年春节前夕

# 第三篇

## 主要研究论文

# "跃进一号"中子晶体譜仪①

戴傳曾 葉春堂 張煥乔 黄治俭 周友樸 朱家瑄

去年大跃进中，我們設計并制成了一台平面中子晶体譜仪. 本文将簡略地介紹这台仪器的概貌和初步調整后的性能以及在調整过程中所得到的初步結果.

限于篇幅，我們不准备再重复許多文献(例如[1])中已談得很多的基本原理.

**1. 仪器机械結构及工作概况的簡单描述**

图1是"跃进一号"的工作示意图. 从反应堆水平实驗孔道内引出的中子束經过准直后入射到平面单晶体上，經过晶体的布拉格(Bragg)衍射而产生的单能中子束通过另一个准直器后再入射到探测器上.

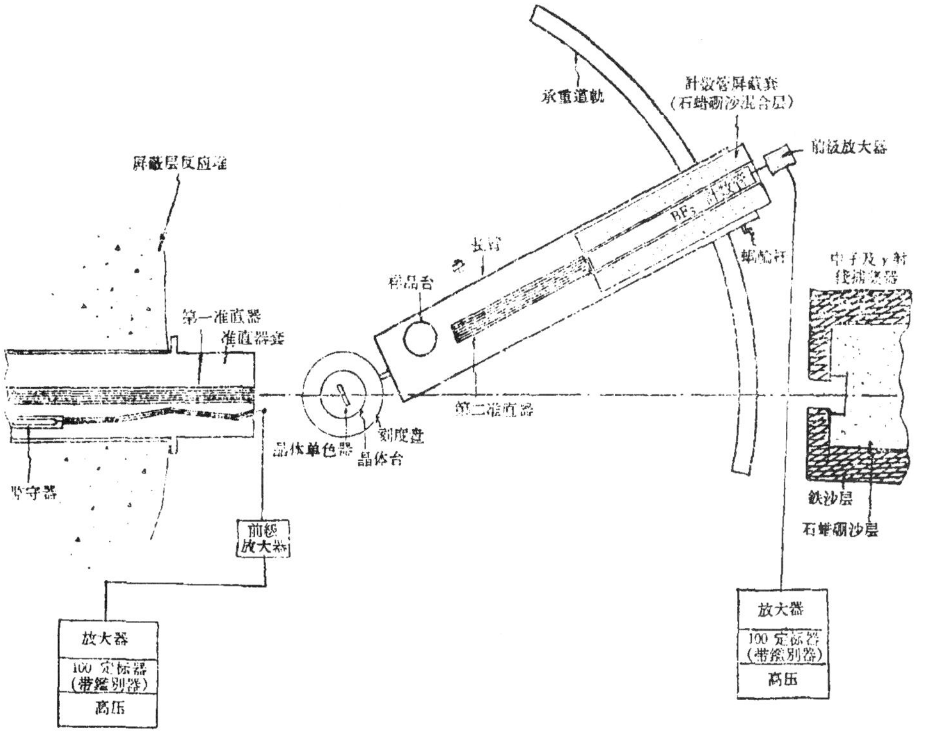


图1 "跃进一号"中子晶体譜仪工作示意图

用来准直入射中子束的是安装在重水反应堆水平实驗孔道中的第一准直器. 这个准直器长180厘米，是Soller型的，由19个平行狹縫組成，狹縫高5厘米，寬0.15厘米. 狹縫間用0.015厘米厚的鋼片隔开，狹縫通道的上下二端用0.15厘米厚的硬鋁固定鋼片的位置. 整个准直器用冷装配方法[2]在液体氮中加工制成. 它的水平发散角 $\alpha_1 \sim 2.8'$. 第二准直器长100厘米，水平发散角 $\alpha_2 \sim 5'$，其它結构和加工都与第一准直器相仿. 这个准直器放在探测器前面，用来防止非相干散射的本底及限制由于晶体的嵌鑲結构(mosaic)而引起的分辨率的变坏.

样品台、第二准直器、探测器和沉重的探测器屏蔽套都放在二米长的长臂上. 长臂和晶体台都可以繞垂直于晶体台的中心軸分别旋轉. 为了保証仪器的精度，承受长臂轉动軸套的中

---

① 原子能科学技术，1959(2)：100-104.

心軸是用直径为 20 厘米的工具鋼，并与軸套研磨制成． 晶体台下面有一对度盘，分别指示出晶体台或长臂的角位置．利用讀数显微鏡可以估讀度盘的刻度到 1 秒．

为了防止长臂由于負荷太重而可能引起的軸的形变，在长臂距軸心約 1.5 米处用万向接头連接了一对滚輪，滚輪在一个弯成圓弧状的承重道軌上滚动．道軌平整度在 ±0.05 毫米以内，并用地脚螺絲与地基相連固．利用滚輪可以驅动长臂旋轉，滚輪是用蝸輪桿轉动的．后者每旋轉一圈約相当于长臂旋轉 1 分．蝸輪桿必要时也可以装上馬达，用馬达带动．晶体台的旋轉是用一个微調机构来控制的．

仪器的轉角范围被道軌大小所限制，现用范围为 $-8° \lesssim \theta \lesssim 40°$． 由于 $\theta$ 在 8° 范围内可正可負，所以可以用同一样品在 $\theta < 0$ 和 $\theta > 0$ 两种情况下对称地测量共振吸收，定出入射中子束的中心綫位置．除此之外，也可以在反应堆功率較低时，直接測量未經布拉格反射的中子束强度随探测器位置的变化，定出入射中子束的中心綫．后一种方法比較簡便，但不如前一种方法精确．我們在初步調整过程中采用了后一种方法，中子束的中心定准到 $\theta \leqslant 30''$．

用鉛垂綫掛綫的方法定出了旋轉軸的中心． 准直器中心与旋轉軸中心的偏离不大于 0.1 毫米．軸的垂直度調整到 2′ 以内．

用来記录衍射中子束的探测器是用并列的两支直径为 3 厘米，长为 100 厘米的 $BF_3$ 中子計数管．采用了浓縮 $B^{10}$ 达 80% 的 $BF_3$ 气体以增加管子的探测效率． 充气压力为 40 厘米汞柱．工作电压約为 2300 伏．

**2. 分辨率**

和其它类型的中子譜仪一样，分辨率是中子晶体譜仪的重要特性之一． 中子晶体譜仪主要作用是給出单能中子束，分辨率表示仪器所給出中子束单能化的純度． 分辨率影响仪器有用的能量范围及共振参量测量的精确度．

晶体譜仪的分辨率是能量 $E$ 的函数，通常用 $\Delta E/E$ 表示在能量 $E$ 时的分辨率．

由
$$2d \sin\theta = \lambda = \frac{0.286}{\sqrt{E}},$$
得
$$2d \cos\theta\, \Delta\theta = \frac{0.286}{2E^{3/2}} \Delta E,$$
或
$$\Delta E = 4d \cos\theta\, (0.286)^{-1} E^{3/2} \Delta\theta \sim 14d \cos\theta E^{3/2} \Delta\theta;$$

其中 $d$ 为晶体单色器所用的晶面間距，以 Å 为单位；$E$ 是单色中子能量，以电子伏为单位；$\theta$ 是与 $E$ 相应的布拉格衍射角．而 $\Delta\theta$ 是由于中子束的发散（一般与中子束的有限准直程度和晶体的嵌鑲結构有关）所貢献的布拉格角的偏离，常用中子束发散角的半寬度表出．

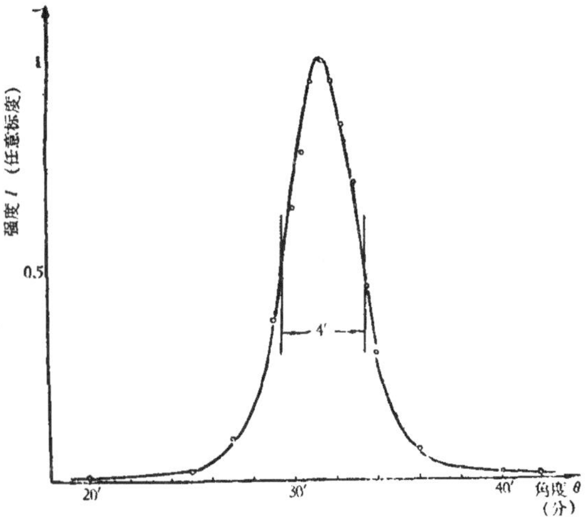

图 2　$CaCO_3$ (100) 单色器的搖动曲綫

对于双准直器系統（沿入射中子束及衍射中子束方向各放一准直器）的譜仪，$\Delta\theta$ 可由准直器发散角 $\alpha_1, \alpha_2$ 求出，而近似地与嵌鑲結构无关。类似文献 [2] 中所用的方法可算出，$\Delta\theta \sim \alpha_1\alpha_2/\sqrt{\alpha_1^2 + \alpha_2^2}$． 我們用 $CaCO_3$ (100) 作了一些搖动曲綫，典型的搖动曲綫如

图 2 所示，$\Delta\theta$ 值为 4′，与理論計算值 $\Delta\theta \sim \alpha_1\alpha_2/\sqrt{\alpha_1^2+\alpha_2^2} \sim 3'$ 比較，实际测得 $\Delta\theta$ 略大于理論計算值.

图 3 是根据测量的 $\Delta\theta$ 用 $CaCO_3$ (100) 的 $d$ 值作出的晶体譜仪分辨率曲綫. 在低能量($\lesssim$ 0.2 电子伏)时，由于准直器鋼片对中子的全反射[2]，还会使实际的 $\Delta\theta$ 有所增加.

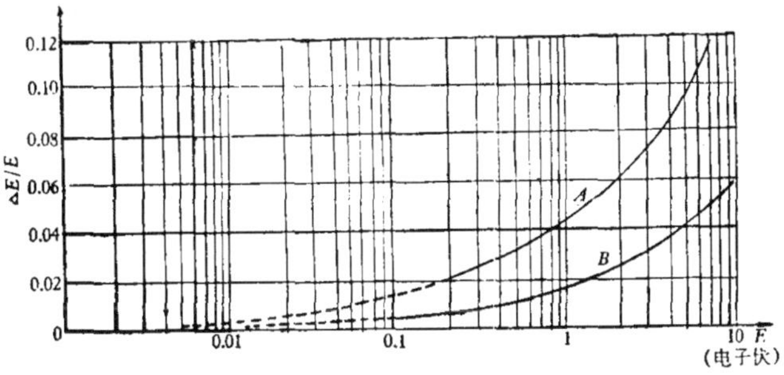


图 3　晶体譜仪分辨率曲綫

A: $CaCO_3$ (100)　B: $SiO_2$ ($31\bar{4}0$)

0.2 电子伏以下虚綫部分为未考虑全反射影响的近似部分

由曲綫可見，在 1 电子伏时，$\Delta E/E \sim 0.045$ev，相当于 1.6 微秒/米. 用 $SiO_2$ ($31\bar{4}0$) 面 ($d = 1.17763$ Å) 作为晶体单色器时，在同样的条件下，$\Delta E/E \sim 0.6$ 微秒/米.

### 3. 重水反应堆能譜曲綫

利用上述晶体譜仪测定了重水反应堆水平实驗孔道引出的中子束能譜，测量时所用的晶体单色器为 NaCl(200). 测量是在反应堆功率較小时在低能范围内进行的.

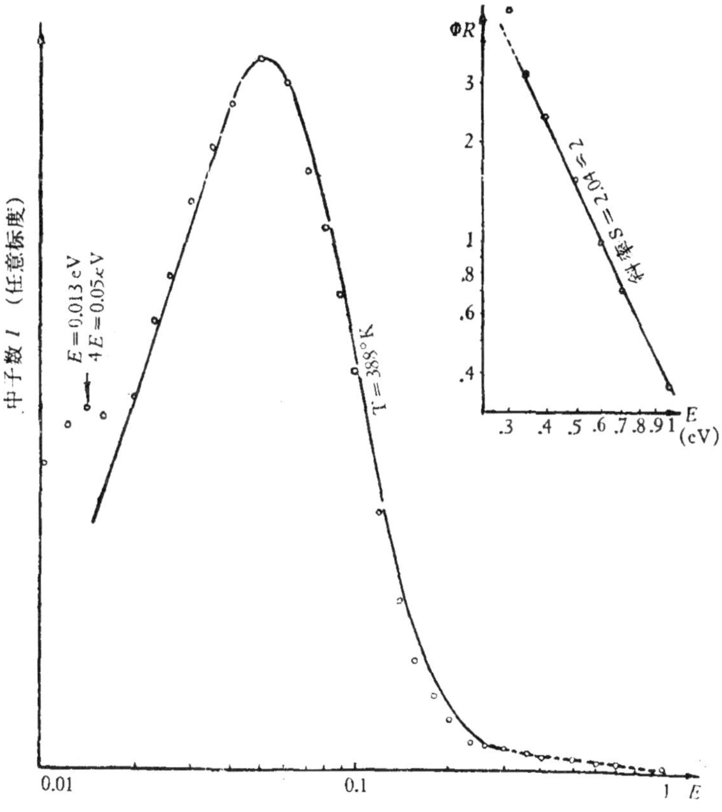


图 4　重水反应堆水平实驗管道中子能譜曲綫(低能部分)

图中圓圈为实驗数据，实綫部分为 $T = 388$°K 求得之馬克士威分布理論曲綫. 虚綫部分相应于共振区域的費米分布 ($1/E$ 分布). $E \sim 0.013$ 电子伏处是由于次級效应出現的虚綫假峯值. 右上图：在費米分布区，$\Phi R \sim E$ 在全对数坐标上为一直綫，斜率 $S \sim 2$，表示 $R \propto \left(\frac{1}{E}\right)$. 从 0.3 电子伏以下，直綫与实驗数据发生偏离，可以粗略地认为从 ~0.3 电子伏开始，馬克士威譜过渡到共振区域的 $1/E$ 譜.

测量結果如图 4 所示. 图中圓圈表示实际測量的点.

用晶体譜仪測量中子能譜分布时,最后的結果应該加上晶体反射效率 $R(E)$ 的改正. 設探測器效率为 $\eta$,中子通量分布为 $\Phi(E)$,则所記录的单色中子強度 $I\Delta\theta = C\eta\Phi(E)\ R\Delta E$[3]. $C$ 为一常数. 在費米分布区域作出 $\frac{I\Delta\theta}{\eta\Delta E} \propto \frac{I}{\eta E^{3/2}} \propto \Phi R$ 对能量 $E$ 的函数图形,在全对数标格紙上得到斜率 $S\sim2$ 的直綫(图 4 右上角),表示 $R\propto\frac{1}{E}$.

在馬克士威分布区域, $\Phi(E)\ dE \propto Ee^{-E/KT}\ dE$, 其中 $K$ 为波尔兹曼常数, $T$ 为中子温度(°K). 这样,考虑了計数效率 $\eta$ 及以上求得的晶体反射系数 $R\propto\frac{1}{E}$ 的影响后,能譜形式变为1):

$$I_0(E) = I/\eta \simeq e^{-E/KT}\cdot E^{3/2};$$

$I_0(E)$ 为經过探測器效率校正后的計数強度. 图 4 实綫表示按上式計算出的中子能譜分布曲綫,与此曲綫相应的温度 $T = 388$°K. 图 4 右上角 $\Phi R \sim E$ 的直綫中, 0.3 电子伏以上的实驗点与直綫偏离很大, 可以粗略地認为从馬克士威分布到 $\frac{1}{E}$ 分布的过渡点是从∼0.3 电子伏开始的. 0.3 电子伏以上的虛綫部分表示費米分布区域的能譜形式.

实驗点与理論計算曲綫在 $E \gtrsim 0.02$ 的区域彼此吻合. 当 $E \lesssim 0.02$ 电子伏时, 由于晶体反射的高級效应显著化, 使实驗值高于相应的理論值. $E\sim0.013$ 电子伏附近的小峯, 实际上是由于次級反射中子形成的虛假分布, 因为当 $E\sim0.013$ 电子伏时, 相应的次級反射中子能量 $E' = 4E \sim 0.05$ 电子伏, 恰好在馬克士威分布的峯值附近.

### 4. 中子全截面的测量

为了检定"跃进一号"晶体譜仪的性能,初步測量了 Rh 和 Cd 的有效全截面, 測量时所用的晶体单色器分别为 $SiO_2$ $(31\bar{4}0)$ 和 NaCl (200).

所用的样品分别为 Rh 和 Cd 的金属片. Rh 片厚度为 $3.66\times10^{20}$ 原子/厘米$^2$; $1.098\times10^{21}$ 原子/厘米$^2$; $2.196\times10^{21}$ 原子/厘米$^2$. Cd 片厚度为: $2.57\times10^{20}$ 原子/厘米$^2$; $4.73\times10^{20}$ 原子/厘米$^2$, $5.36\times$

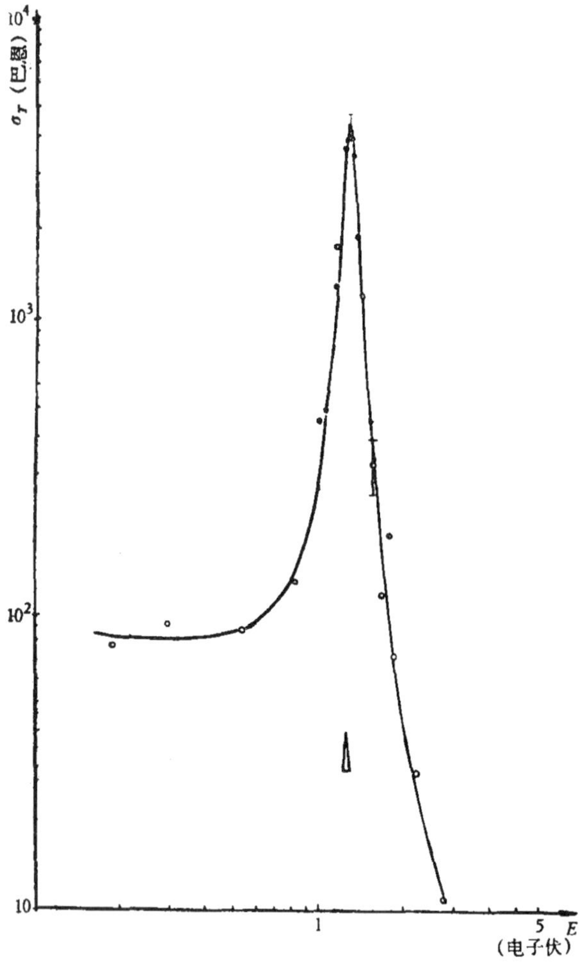


图 5　Rh 的有效全截面

1) 如不計晶体的初級、次級消損 (Extinction), 理論上 $R\propto\frac{1}{E\cos\theta}$, 由于 $\theta$ 值小,故近似地得上式. 与文献 [4] [5] [6] 中所用公式不同.

$10^{20}$ 原子/厘米$^2$.

測量采用一般的穿透法，除測量有样品和沒有样品时的单能中子束強度外，对于每一个 $\theta$ 角，还在晶体偏离布拉格角位置的情况下測量了相应的本底.

測量結果分別如图 5 、图 6 所示. Rh 和 Cd 的共振峯相应地出現在 $E_0\sim1.27$ 电子伏和 $E_0\sim0.175$ 电子伏. 实驗値的 $\sigma_0$ 相应地为 4400 巴恩及 7800 巴恩. 由于这些測量都带有初次考驗仪器性能的性質，我們沒有对样品成分进行任何分析，也沒有对高級反射效应作相应的修正. 因此，也不打算对結果作进一步的分析.

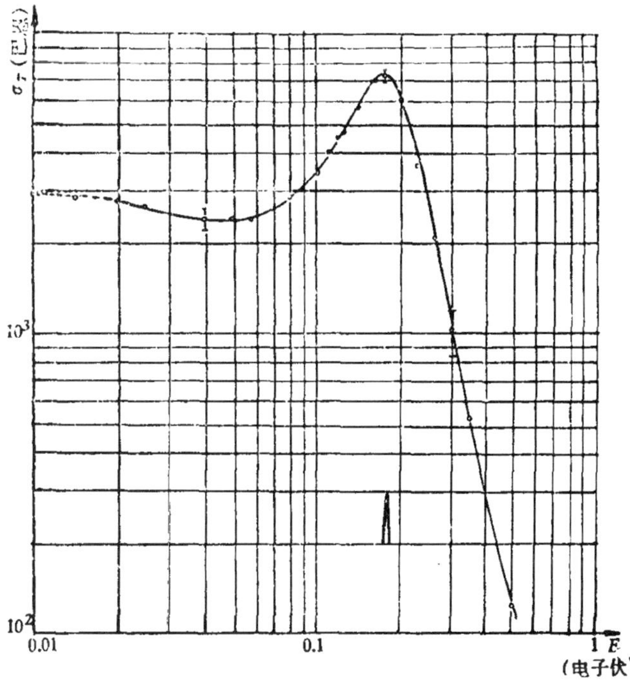


图 6 Cd 的有效全截面曲綫
(图中虛綫表示高級效应較显著部分，应加以校正)

Cd 的全截面曲綫在 0.2 电子伏以下用虛綫画出的部分表示由于高級效应的存在，測量結果受到了一些歪曲.

进一步的測量工作，正在进行中.

[致意] 作者对何泽慧先生在本工作进行中經常关怀与支持表示謝意. 并感謝龔志源、李仲芳等同志，他們直接負責譜仪設計及施工任务，給予工作很大帮助.

## 参 考 文 献

[1] Д. Юз, Нейтронные Исследования на Ядерных Котлах (Ил. Москва, 1954). стр. 203.
[2] V. L. Sailor, H. L. Foote, H. H. Landon and R. E. Wood, Rev. of Sci. Inst. **27** 26, (1956).
[3] L. B. Borst and V. L. Sailor, Rev. of Sci. Instr. **24**, 141 (1953).
[4] W. J. Sturm, Phys. Rev., **71**, 757 (1947).
[5] Ю. Я. Конахович, И. С. Панасюк, П.Т.Э. № 3. 26 (1959).
[6] M. L. Goldberger, F. Saitz, Phys. Rev., **71**, 294 (1947).

# 中子衍射仪的构造与性能①

安万寿 張焕乔 楊継廉 朱家瑄 李光定

**摘　　要**

本文描述了一台中子衍射仪，并检驗了这台仪器的性能和精确度．在采用 NaCl 单晶体作单色器，选择中子波长为 1.06 埃时，仪器的分辨率 $\frac{\Delta\lambda}{\lambda} = 0.026$．单色中子束强度为 $3\times 10$[illegible] 中子/分．利用这台衍射仪测量了 NaCl 单晶体样品和 $\alpha$-Fe 多晶样品的中子衍射图．

## I. 引　　言

原子反应堆的出現，提供了強中子束，使中子衍射的实际应用成为可能．迄今，中子衍射工作已有十五、六年的历史了，近年来，它的发展更为迅速．目前，几乎各国供实驗用的反应堆上都开展了中子衍射工作．

中子具有波性，中子衍射和X射綫衍射原理类似[1,2]，是基于波的干涉效应．中子的能量 $E$ 与波长 $\lambda$ 的关系由德布罗意公式給出：

$$\lambda = \frac{h}{mv} = \frac{h}{\sqrt{2mE}}, \tag{1}$$

式中 $h$ 是普朗克常数，$m$ 与 $v$ 分别代表中子的質量和速度．

当中子能量較低时，它的波长接近于晶体中原子間的距离，例如当 $E_n = 0.082$ 电子伏时，$\lambda = 1$ 埃，因此低能单色中子与晶体相互作用时，在滿足相干条件下就会产生衍射，相干条件用布喇格公式表示：

$$2d_{hkl}\sin\theta_{hkl} = n\lambda, \tag{2}$$

其中，$hkl$ 是产生衍射的晶面的密勒指数，$d_{hkl}$ 是 $(hkl)$ 面的面間距、$\theta_{hkl}$ 是相应的布喇格角，$n$ 是反射級数(为整数)．

在衍射方向上，中子的強度与晶体中原子的位置、排列方式以及原子的散射振幅有关．因此，我們能根据衍射峯出現的位置和峯的积分強度来研究物質的結构．

中子衍射与X射綫衍射有許多共同点，但也有自己的特点．X射綫与核外电子相互作用，散射振幅正比于原子序数 $Z$；中子主要被原子核散射，与核外电子的相互作用微小至可以忽略，散射振幅与 $Z$ 无关．利用这一特点，中子衍射在下列研究中显示出优越性：第一，在研究含有輕元素的晶体結构时，由于輕元素的X射綫的原子散射因子很小，利用X射綫衍射不容易，甚至不可能确定輕元素在晶体中的位置．对中子来說，輕元素与重元素的散射振幅相差不多，还有些輕元素的振幅超过重元素，例如：对于碳、鉄、鎢三种元素，

① 物理学报，1961，17(5)：222-228.

X 射綫的原子散射因子 $f_X$ $\left(当\frac{\sin\theta}{\lambda}=0.5 埃^{-1}时\right)$ 分別为 0.48、3.3 和 $11.4\times10^{-12}$ 厘米，而中子的散射振幅，則分别为 0.66、0.96 和 $0.47\times10^{-12}$ 厘米. 所以，要想测定鋼鉄或其他重金属合金中的碳、氮、氧等輕元素的位置，使用X射綫衍射是不容易做到的，而采用中子衍射就沒有多少困难. 同样，要想测定有机化合物中氫原子的位置，中子衍射也是很好的方法. 第二，在研究原子序数相近的原子的化合物的結构时，如过渡族元素的合金 Fe-Co 等，由于邻近元素X射綫的原子散射因子相差不大，X射綫衍射无法区别不同的原子，而邻近原子对中子的散射振幅往往有較大的差別，所以它們的分辨是比較容易的. 在相邻元素合金中，还可以根据中子衍射图上超結构綫的出現来研究合金的有序无序問題. 第三，可以研究与同位素有关的問題. X射綫根本不能区別同一元素的不同同位素，但是同一元素的不同同位素对于中子的散射振幅則不同.

由于中子具有大小为-1.91 核磁子的磁矩，中子的磁散射截面与核散射截面的数値接近，甚至比較大，中子与磁性原子的磁相互作用，使它成为研究磁性微观結构的一个直接工具. X射綫是电磁波，光子沒有磁矩，不能与磁性原子发生相互作用. 中子衍射极重要的应用是研究磁性結构，当前世界各国在这方面进行的工作很多，例如：研究順磁散射，得到磁的波形因子；研究鉄磁与反鉄磁以及亚鉄磁的磁性結构，原子磁矩的大小与取向等，还可以得到磁疇結构，磁疇取向与結晶軸之間关系等宏观特性，値得提出的，是当前各国对反鉄磁性及鉄淦氧磁物的研究最多，它的研究无論是对理論或应用都是重要的.

中子衍射也有不足之处，它比較X射綫的强度低十万倍，因此不能用中子衍射代替X射綫衍射，在有关的問題研究中，总是首先用X射綫得到一切可能得到的数据，然后再用中子衍射提供X射綫不能得到的資料，二者互相补充，使可全面地解决我們所研究的問题.

最近，中子衍射技术不断发展，除了对粉末样品研究之外，現已大量对单晶样品进行研究，并提高其精确度. 此外，引入温度控制（特别是低温），磁場和极化中子束作磁性結构研究，提供了更丰富更可靠的知識.

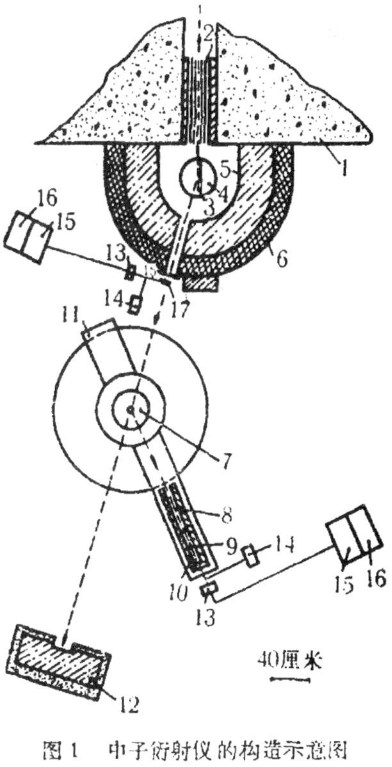


图 1　中子衍射仪的构造示意图
1.反应堆防护； 2.第一准直器； 3.NaCl 单晶体； 4.晶体台； 5.含硼石蜡防护； 6.鉛砖； 7.样品及样品台； 8.第三准直器； 9.$BF_3$計数管； 10.計数管防护； 11.反承重； 12.捕捉器； 13.阴极跟随器； 14.高压； 15.放大器； 16.定标器； 17.监守器； 18.$B_4C$ 光阑

## II. 中子衍射仪的构造

为了开展中子衍射工作，我們在反应堆旁建立了中子衍射仪. 中子衍射仪主要的部件有：（一）准直系統；（二）单色器；（三）晶体譜仪；（四）探测与記录系統；（五）防护.

中子衍射仪的构造如图 1 所示. 由反应堆水平实

驗孔道引出的方向混乱的"多色"中子束經过第一准直器准直，以 $\theta$ 角入射到单色器上，經衍射式的反射，得到单色中子束，它通过第二准直器打到样品上，在空間产生衍射花样，然后用测角仪和探测器测定各个衍射花样的强度和空間分布．下面分别介紹中子衍射仪的几个主要部件．

（一）准直系統[3,4,5]：第一个准直器在反应堆水平实驗孔道內，它的長度为 120 厘米，高度 4.2 厘米，总寬度 4.5 厘米，被鎘片分成七个平行狹縫，每一个狹縫寬 0.6 厘米，水平发散角 $\alpha_1 = 17.3'$，經实驗检驗，$\alpha_1$ 实为 $15.6'$．第二准直器放在单色器外围的防护层內，我們曾設計 $\alpha_2 = 30'$ 的一个准直器，由于 NaCl 单晶单色器的嵌鑲結构較小，由单色器上反射的中子束的发散角不大，用第二准直器后，对改进譜綫寬度效果不大，而强度損失較大，故未用第二准直器，只在单色束出口处放了一个 $B_4C$ 光栏来減少本底．第三准直器是单縫的，長 36 厘米，开口 1.0×3.2 厘米，放在探測器前．

（二）单色器：一般单色器采用鹵素金属化合物单晶：LiF、KBr 和 NaCl，或用金属单晶 Pb、Cu 等，后者比前者反射强度大 2—3 倍．我們初步选用的是 NaCl 单晶，其大小是：寬 11 厘米，高 8 厘米，厚約 1 厘米．晶体图案分布曲綫的半寬度 $\beta = 6.2'$．我們选用 NaCl 的(200)面作反射面．晶体切割时，使切割面与(200)面构成約 6° 的角，这样可以使反射束寬度只有入射束寬度的 1/3 左右．由第一准直器出来的束寬 4.5 厘米，晶体能接受的寬度被晶体本身的寬度与角度决定，这寬度为 $\frac{11}{\csc\theta} \sim 2.1$ 厘米，估計变窄后的反射束寬約 0.7 厘米，实驗測量与預計一致．

单晶体放在晶体台上，晶体台可以轉动，向前向后移动，上升下降与調整傾斜度，使晶体調到所需要的位置．

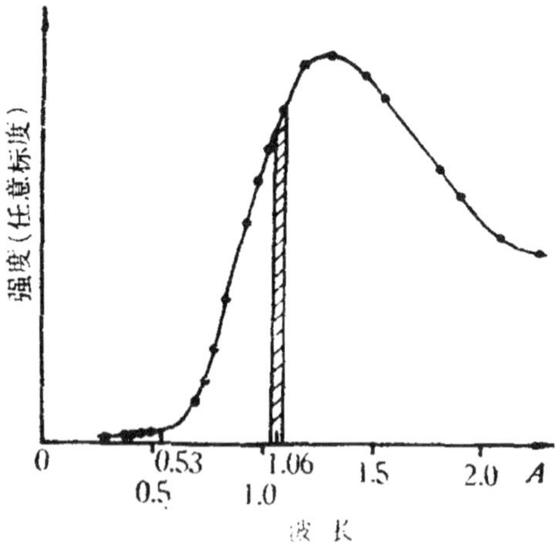


图 2　由 NaCl 晶体反射的中子按波长分布曲綫

单晶体的位置是这样选择的，根据反应堆引出的波譜（图 2 所示）来看，为了得到大的强度而次級影响又不大，应該选用波长在 1 埃附近的中子，这样，$\theta$ 差不多是 10.5°．

（三）晶体譜仪：我們所用的晶体譜仪是与中国科学院光学精密仪器研究所共同設計，并由他們加工制成的，这台晶体譜仪曾进行过能譜与截面測量工作．它具有优良的机械性能，改装成中子衍射仪，它的精确度是足够的．

譜仪的轉角范围 $-18° < \theta < +130°$．譜仪轉角是用两个搖盘进行，大搖盘（粗动）每轉一周，长臂（放計数管用的，見图 1）轉 4°，小搖盘每轉一周长臂轉 3′．样品台可以单独旋轉，也可以与长臂 1:2 联动，1:2 精确度在 150° 范围内累积偏差 0.83″，最大偶然偏差 ±5.2″．計数管与样品的位置分别用两对显微鏡讀出，能直接讀到 6″，讀角精确度正向 10.4″，反向 18.3″．重复性：正向 7.2″，反向 6.0″．

为了使工作人員少受輻射的伤害，长臂轉动由远距离操縱．在小搖盘上装一个 30 瓦的万用馬达（能調速与反向轉动），它带有一个減速比为 1:100 的齿輪減速箱．

譜仪的轉角传递系統在远距离操纵中由一对自整角器(一个发送器与一个接收器)組成. 将发送器装在譜仪的大搖盘上,通过电纜綫与实驗室的接收器相連. 接收器上装一个刻度盘,能讀出 0.5°,相应于計数管的位置可以讀到 20″,这已經够一般实驗的要求了.

(四) 探測与記录系統: 中子探測器是用 CHM-7 型 $BF_3$ 正比計数管, 管长 60 厘米, 直径 3 厘米, 含 $B^{10}$90%, 薄窗, 計数效率 90% 以上, 坪寬 300 伏, 工作电压 2300 伏, 計数管本底＜3 脉冲/分.

由計数管出来的訊号經阴极跟随器輸入到放大器,放大后的訊号被定标器記录下来. 放大器是带有甄别器的 100 型綫性脉冲放大器,定标器是一万进位的 ФЛОКС. 放大器与定标器均放在实驗室内,用电纜綫与放在計数管旁的阴极跟随器連接.

为了监守反应堆中子通量变化,在单色中子束經过的途中放一支小型 $BF_3$ 計数管作监守器用,所用的电子学仪器与上面講的相同.

(五) 防护: 由反应堆引出的中子具有連續譜, 而我們选用的只是一个窄带 (在图 2 上用斜綫表示的部分). 大部分中子透过单色器或被单色器散射到各个方向,这些中子必須吸收掉,否則不仅对人体健康有影响,而且这些中子被其他物体散射进入計数管,增加本底,对实驗有影响,因此中子的防护是一个重要的問題.

反应堆出来的粒子射綫主要有下列几种: $\gamma$ 射綫,快中子,慢中子.

我們采用 20 厘米厚的鉛砖吸收 $\gamma$ 射綫已足够,防护体外的 $\gamma$ 剂量远小于允許剂量.

对于中子,我們用混有硼酸的石蜡来防护,石蜡中含有大量的氫,是很好的慢化剂,硼的热中子吸收截面很大. 我們在单色器周圍用 35 厘米厚的含硼石蜡层,在正对反应堆孔道处,由于直穿中子束很强,而且其中有不少快中子,因此在鉛砖外又加了 15 厘米厚的含硼石蜡以加强防护.

第三准直器与計数管一起用一个防护筒装着, 以減少样品非相干散射及反应堆旁本底对計数的影响. 防护筒的直径 40 厘米,长 100 厘米,里面装的也是含硼石蜡,計数管用一层鎘片包着,鎘对慢中子吸收截面很大,可以減輕防护重量.

在单色束方向放了一个大捕捉器,里面灌有鉄砂与含硼石蜡,捕捉器后的剂量几乎等于零,工作人員可以在捕捉器后面安全走动.

## III. 中子衍射仪性能的鑑定

中子衍射仪的性能主要是:(一)分辨率 $\frac{\Delta\lambda}{\lambda}$;(二)单色中子束的强度;(三)次級成分;(四)衍射譜綫的强度、半寬度与本底.

(一) 分辨率 $\frac{\Delta\lambda}{\lambda}$: 如我們所选用的中子波长为 $\lambda$, $\Delta\lambda$ 就表示实际得到中子波长的寬度, $\frac{\Delta\lambda}{\lambda}$ 越小,表示仪器的分辨率越好. 这个数值是被准直器引出的中子束的最大水平发散角 $\alpha_1$ 及单色器所用单晶体的嵌鑲結构 $\beta$ 所决定.

由布喇格公式

$$2d\sin\theta = n\lambda,$$

得

$$2d\cos\theta\Delta\theta = n\Delta\lambda, \tag{3}$$

$$\frac{\Delta\lambda}{\lambda} = \cot\theta\Delta\theta, \tag{4}$$

其中

$$\Delta\theta = (\alpha_1^2 + \beta^2)^{\frac{1}{2}}.$$

$\Delta\theta$ 可由实驗測量，方法是将計数管固定在 $2\theta$ 的位置，然后将 NaCl 单晶体在 $\theta$ 角附近旋轉，NaCl 晶体在不同角度的反射強度在图 3 上画出．曲綫的半寬度卽是 $\Delta\theta$，它等于 16.8′，我們选用的 $\theta$ 为 10°52′，相应的中子波长 $\lambda = 1.06$ 埃，将 $\theta$ 和 $\Delta\theta$ 的值代入(4)式，得 $\frac{\Delta\lambda}{\lambda} = 0.026$，波带的寬度 $2\Delta\lambda = 0.052$ 埃．

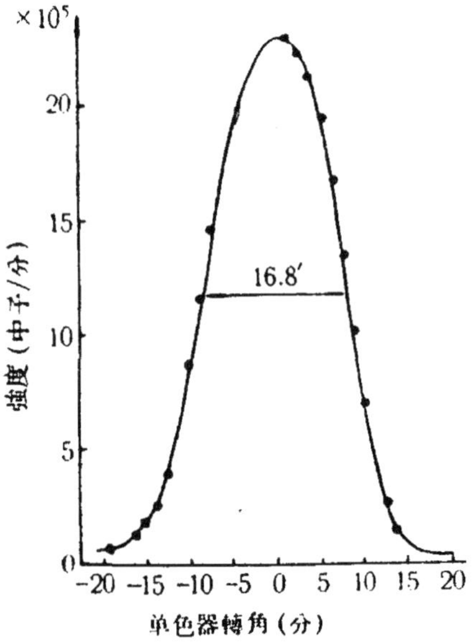


图 3　NaCl 晶体单色器的反射曲綫

（二）单色中子束的強度：在我們衍射仪的几何配置下，計数管离单色器 310 厘米，計数管开口 3.2×1.0 厘米，当計数管放在单色束的中心时，計数強度为 $3\times10^6$ 中子/分．

（三）次級成分：当波长 $\lambda_1 = 1.06$ 埃的中子在 NaCl 晶体(200)面上产生衍射时，$\lambda_2 = \frac{\lambda_1}{2} = 0.53$ 埃的中子以同样角度在(400)面上产生次級反射，因此在波长为 $\lambda_1$ 的单色中子束中摻杂有波长为 $\lambda_2$ 的次級反射中子．由中子波譜可以看出，波长为 0.53 埃的中子強度与波长为 1.06 埃的中子強度比較是很小的，不超过 4%．次級反射強度除依賴于波譜之外，还与 NaCl 晶体(200)面及(400)面的反射系数有关．我們曾用一块同样的 NaCl 单晶体作第二晶体(卽样品)得到衍射曲綫(图 4)，波长 $\lambda_1$ 的中子在(200)面上产生衍射的譜綫最大強度为 $155\times10^3$ 中子/分，波长为 $\lambda_2$ 的中子在(200)面上衍射的最大強度 700 中子/分，它的影响不到 0.5%．

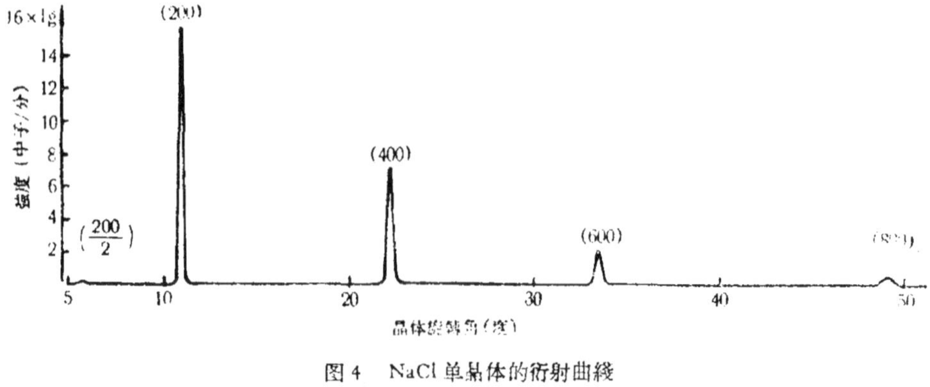


图 4　NaCl 单晶体的衍射曲綫

（四）衍射譜綫的強度、半寬度及本底水平：在中子衍射图上，衍射譜綫的強度与单色束的強度及样品有关，大的強度可以得到高精确度与縮短測量时間．衍射譜綫的半寬度与准直系統的选择（即 $\alpha_1\alpha_2\alpha_3$ 的大小）和单色器的嵌鑲結构 $\beta$ 等有关，由譜綫寬度可以确定两个衍射峯相隔多远才能在测量中分辨出来，半寬度越窄，分辨性能越好.

我們曾測量了 $\alpha$-Fe 多晶样品的衍射曲綫（图 5）. 样品装在直径 1.2 厘米，高 5 厘米，壁厚 0.05 厘米的鋁盒中，在样品位置，中子束高 3.7 厘米，寬 1.7 厘米. 为了便于說明，在下表中列出了 $\alpha$-Fe 衍射曲綫的主要数值.

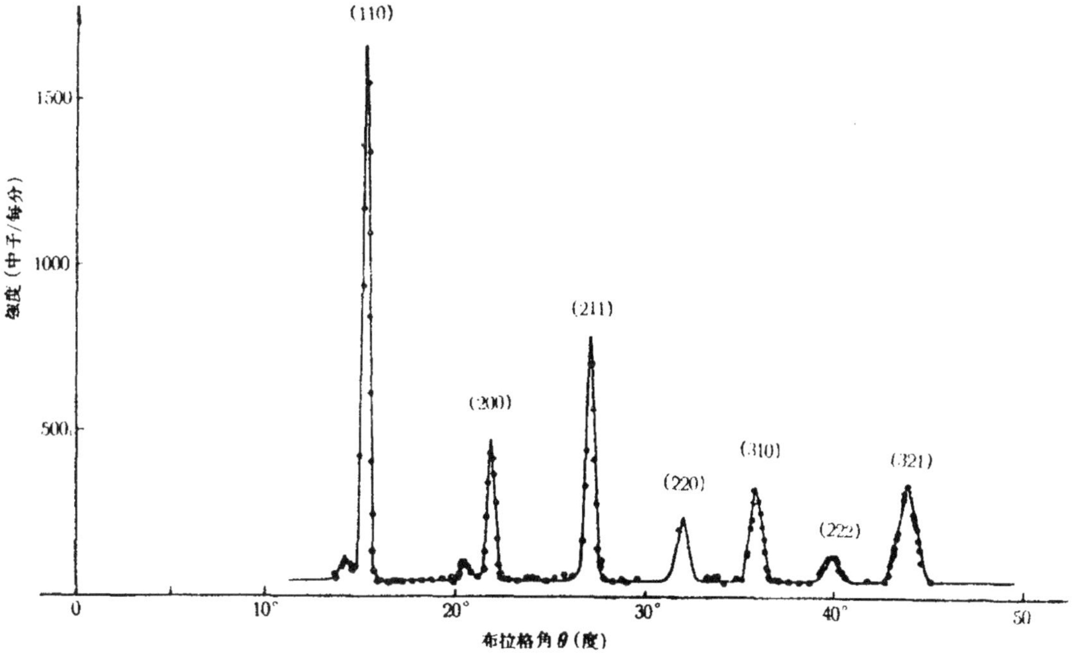


图 5　$\alpha$-鉄的衍射曲綫

表　1

| $hkl$ | 譜綫半寬度 | 譜綫的最大強度（中子/分） | 譜綫的相对強度 | |
|---|---|---|---|---|
| | | | 实验值 | 計算值* |
| 110 | 26′ | 1670 | 100 | 100 |
| 200 | 30′ | 480 | 26 | 27 |
| 211 | 32′ | 780 | 64 | 70 |
| 220 | 36′ | 250 | 21 | 30 |
| 310 | 45′ | 340 | 33 | 46 |
| 222 | 54′ | 130 | 12 | 12 |
| 321 | 64′ | 320 | 49 | 60 |

上面在防护問題中，我們曾談到一部分本底来源于多色中子在单色器及其他物体上的漫散射. 此外，样品的非弹性散射、非相干散射以及中子在样品中的多次散射引起的本底. 在 $\alpha$-Fe 衍射曲綫中，本底強度是 40—50 中子/分.

由 NaCl 单晶样品及 $\alpha$-Fe 多晶样品的中子衍射图的結果証明这台中子衍射仪是可以用来进行一般晶体結构和磁性結构等問題的研究.

本工作是在戴传曾先生指导下进行的，我們向他表示感謝.

## 参 考 文 献

[1] G. E. Bacon: Neutron Diffraction, (1955) (有俄譯本).
[2] Н. А. 弗拉索夫: 中子, 397—429 頁, 高等教育出版社出版, 1959 年.
[3] W. Soller: *Phys. Rev.* **24**, (1924) 158.
[4] V. L. Soiler 等: *R. S. I.* **27**, (1956) 27.
[5] G. Caglioti 等: *Nucl. Instr.* **3**, (1958) 183.
[6] Shull, C. G. and Koehler, W. C.: *Phys. Rev.* **84**, (1951) 912.
[7] В. Н. Быков 等: *Кристаллография*. **2**, 5 (1957), 634—638.

# УСТРОЙСТВО И ХАРАКТЕР НЕЙТРОННОГО ДИФФРАКТОМЕТРА

Ан Ван-шоу, Чжан Хуан-чио, Ян
Ци-лень, Чжу Дя-щань, Ли Гуан-дин

Резюме

Настоящая статья описывает о нейтронном диффрактометре и результатах проверки его характера работы и точности. В качестве монохроматора применяется монокристалл NaCl. Длина волны монохроматизированного пучка нейтронов равна 1.06 Å. При этом прибор имеет разрешающую способность $\frac{\Delta\lambda}{\lambda} = 0.026$. Интенсивность монохроматизированного пучка нейтронов — $3 \times 10^6$ нейтронов/мин. На данном приборе были получены диаграммы диффракции на монокристалле NaCl и на образце порешков от $\alpha$-Fe.

# 中子平面晶体譜仪的分辨寬度①

張 焕 乔


**提 要**

本文分析了中子平面晶体譜仪的分辨寬度，給出它的近似表示式为：

$$\Delta\theta=\sqrt{\frac{\alpha_1^2\alpha_2^2+\alpha_1^2\beta^2+\alpha_2^2\beta^2}{\alpha_1^2+4\beta^2+\alpha_2^2}};$$

同时对几种常見情况也作了簡略的討論．为了确定計算参量 $\Delta\theta$，又給出了晶体搖动曲綫半寬度的近似表示式为：$\Delta\gamma=\frac{1}{2}\sqrt{\alpha_1^2+4\beta^2+\alpha_2^2}$．以上两式中的 $\alpha_1, \alpha_2$ 是第一、第二准直器的散开角；$\beta$ 是晶体单色器嵌鑲結构（mosaic）分布半寬度．最后，依据上述結果，計算了我們仪器的分辨寬度，另外从該仪器测量的中子共振截面估計了它的分辨寬度，并作了比較．


## 一、引 言

中子晶体譜仪是产生低能“单色”中子的仪器，表征中子单色度的分辨率是这种仪器的一个重要性能，它是中子能量的函数，通常以 $\frac{\Delta E}{E}$ 表示能量为 $E$ 的分辨率．我們从布喇格（Bragg）公式

$$2d\sin\theta=n\lambda\doteq n\left(\frac{0.286}{\sqrt{E(\text{ev})}}\right)$$

可以求出

$$\frac{\Delta E}{E}=2\operatorname{ctg}\theta\Delta\theta\approx 14.02d(\text{Å})\sqrt{E(\text{ev})}\cos\theta\Delta\theta, \tag{1}$$

式中 $d$ 是晶体反射面族的面間距，以埃（Å）为单位；$E$ 是衍射中子能量，以电子伏(ev)为单位；$\theta$ 是能量为 $E$ 的中子衍射的布喇格角；$\Delta E$ 是能量分辨寬度；$\Delta\theta$ 是角分辨寬度，表征衍射束对布喇格角偏离的大小．决定 $\Delta\theta$ 的因素主要是 (i) 准直系統散开角；(ii) 晶体单色器嵌鑲結构分布的半寬度（在无全反射发生的范围）．对我們的 Soller 型双准直器晶体譜仪，曾用类似文献[1]中所述方法計算了 $\Delta\theta$．晶体譜仪安排的示意图如图 1 所示，其中 $A$ 是安在反应堆孔道的第一准直器；$B$ 是晶体单色器；$C$ 是中子探測器前的第二准直器．

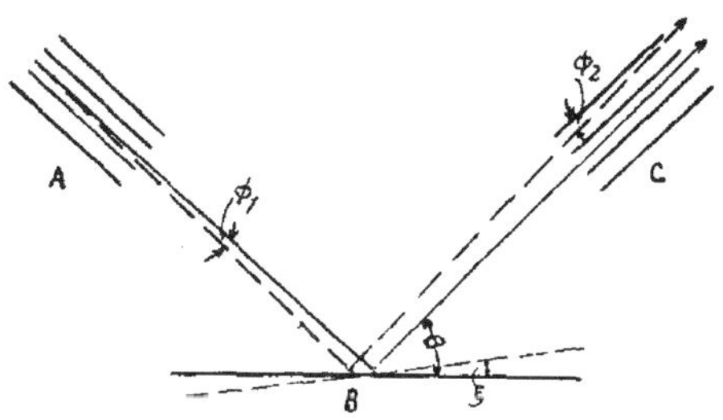


图 1 中子晶体譜仪准直器和晶体安排示意图

在晶体譜仪上，从反应堆引出的中子束經过第一准直器射到晶体上被衍射后再穿过第二准直器的几率，应該是各个过程几率的乘积．如同文献 [1] 中的考虑，一个各向同性中子源穿

① 物理学报，1963，19(8)：477-482.

过准直縫后的角分布是以中心为最強的三角形分布，但由于准直器出射端的部分“漏光”，使分布接近高斯分布．因此我們得到，中子穿过第一准直器的几率应近似地为

$$P_1(\phi_1) \sim e^{-\left(\frac{\phi_1}{\alpha_1'}\right)^2}, \text{且 } \alpha_1' = \frac{\alpha_1}{2\sqrt{\ln 2}},$$

其中 $\alpha_1 = s_1/l_1$，$s_1$ 是第一准直器縫寬，$l_1$ 是它的縫长；$\phi_1$ 是中子取向与准直器中心綫方向的夹角．

根据单晶体嵌鑲結构的考慮，設它的分布函数[2]近似地为

$$P_2(\xi) \sim e^{-\left(\frac{\xi}{\beta'}\right)^2}, \text{ 且 } \beta' = \frac{\beta}{2\sqrt{\ln 2}},$$

式中 $\xi$ 为某一取向嵌鑲反射面和理想反射面的夹角；$\beta$ 为嵌鑲結构分布角的半寬度．

同样，中子穿过第二准直器的几率也近似地为

$$P_3(\phi_2) \sim e^{-\left(\frac{\phi_2}{\alpha_2'}\right)^2}, \text{且 } \alpha_2' = \frac{\alpha_2}{2\sqrt{\ln 2}},$$

其中 $\alpha_2 = s_2/l_2$，$s_2$ 是第二准直器縫寬，$l_2$ 是它的縫长；$\phi_2$ 是中子取向和准直器中心綫方向間的夹角．因此，假定在仪器能量分辨寬度 $\Delta E$ 内，入射中子束強度与能量无关，則衍射中子的几率应为：

$$P_1(\phi_1)P_2(\xi)P_3(\phi_2) = k\exp - \left[\left(\frac{\phi_1}{\alpha_1'}\right)^2 + \left(\frac{\xi}{\beta'}\right)^2 + \left(\frac{\phi_2}{\alpha_2'}\right)^2\right]$$

## 二、中子平面晶体譜仪的分辨寬度

由衍射中子几率可知，布喇格角寬度为 $\theta' - \theta$ 的分辨函数应該为

$$P(\theta' - \theta) = k\int_{\xi_0}^{\xi_0'} \exp - \left[\left(\frac{\phi_1}{\alpha_1'}\right)^2 + \left(\frac{\xi}{\beta'}\right)^2 + \left(\frac{\phi_2}{\alpha_2'}\right)^2\right] d\xi. \tag{2}$$

設譜仪的准直系統、晶体都处于布喇格衍射条件要求下，$\theta$ 为平行于准直器中心綫方向的中子被 $\xi = 0$ 反射面衍射的布喇格角；$\theta'$ 是散开角为 $\phi_1$ 的入射中子被 $\xi$ 取向反射面衍射的布喇格角；$\xi_0$，$\xi_0'$ 是极限衍射束所相应的 $\xi$ 值．从图 1 可見：

$$\phi_1 = \theta' - \theta - \xi, \quad \phi_2 = \theta' - \theta + \xi.$$

如果令 $\delta \equiv \theta' - \theta$，則得

$$\phi_1 = \delta - \xi, \quad \phi_2 = \delta + \xi,$$

将 $\phi_1$，$\phi_2$ 之关系代入(2)中，得分辨函数为

$$P(\delta) = k\int_{\xi_0}^{\xi_0'} \exp - \left[\frac{(\delta - \xi)^2}{\alpha_1'^2} + \frac{\xi^2}{\beta'^2} + \frac{(\delta + \xi)^2}{\alpha_2'^2}\right] d\xi.$$

然后将被积函数的冪指数按 $\xi$ 配方，得

$$P(\delta) = k\exp - \left[\alpha_1'^2 + \alpha_2'^2 - \frac{\beta'^2(\alpha_1'^2 - \alpha_2'^2)^2}{(\alpha_1'^2\alpha_2'^2 + \alpha_1'^2\beta'^2 + \alpha_2'^2\beta'^2)}\right] \frac{\delta^2}{\alpha_1'^2 \cdot \alpha_2'^2} \int_{\xi_0}^{\xi_0'} J(\delta\xi) d\xi,$$

其中

$$J(\delta,\xi)\equiv\exp-\left[\frac{\sqrt{\alpha_1'^2\alpha_2'^2+\alpha_1'^2\beta'^2+\alpha_2'^2\beta'^2}}{\alpha_1'\beta'\alpha_2'}\xi+\frac{\beta'(\alpha_1'^2-\alpha_2'^2)\delta}{\alpha_1'\alpha_2'\sqrt{\alpha_1'^2\alpha_2'^2+\alpha_1'^2\beta'^2+\alpha_2'^2\beta'^2}}\right]^2$$

只要多狭縫准直器极限角 $\xi_0$, $\xi_0'$ 相当大1)，則上式积分限可以近似用$(-\infty,+\infty)$来代替．这样一来，积分上式后得到

$$P(\delta)=\sqrt{\pi}k\frac{\alpha_1'\beta'\alpha_2'}{\sqrt{\alpha_1'^2\alpha_2'^2+\alpha_1'^2\beta'^2+\alpha_2'^2\beta'^2}}\exp-\left[\alpha_1'^2+\alpha_2'^2-\frac{\beta'^2(\alpha_1'^2-\alpha_2'^2)^2}{(\alpha_1'^2\alpha_2'^2+\alpha_1'^2\beta'^2+\alpha_2'^2\beta'^2)}\right]\frac{\delta^2}{\alpha_1'^2\alpha_2'^2}. \tag{3}$$

由(3)式 $P(\delta)$最大値之半高寬度得出

$$\Delta\theta=\sqrt{\frac{\alpha_1^2\alpha_2^2+\alpha_1^2\beta^2+\alpha_2^2\beta^2}{\alpha_1^2+4\beta^2+\alpha_2^2}}. \tag{4}$$

因此，在双准直器下，分辨寬度为它們的散开角 $\alpha_1$, $\alpha_2$ 和晶体嵌鑲結构分布半寬度 $\beta$ 所确定．而我們的仪器之 $\Delta\theta$ 正为(4)式給出．下面再分別討論几种情况：

**(1) 在相同散开角的双准直器下仪器的分辨寬度**　属于这种結构的仪器，新近出現較多．这时 $\alpha_1=\alpha_2=\alpha$，以此代入(4)式，得出

$$\Delta\theta_\alpha=\alpha/\sqrt{2}, \tag{4a}$$

由此可見，这时分辨寬度与 $\beta$ 无关[1]．

此外还应看到，采用一对全同准直器和晶体对称配置，可以有較大的強度．因为这时，(i)仪器在运轉中，两准直器縫始終对应；(ii)嵌鑲結构晶体衍射，有类似粉末晶体反射那种部分"聚焦"的性能，且"聚焦"中心和入射束散开中心大致对称，例如見文献[3]．

**(2) 在完整晶体双准直器下仪器的分辨寬度**　利用完整晶体作单色器，它的 $\beta$ 很小(如常見 $\beta$ 很小的天然晶体 $CaCO_3$，就是一例)．这时 $\beta\ll\alpha_1$, $\alpha_2$，将它代入(4)式，給出相应的分辨寬度为

$$\Delta\theta_\beta\doteq\alpha_1\alpha_2/\sqrt{\alpha_1^2+\alpha_2^2}. \tag{4b}$$

**(3) 在 $\alpha_2>\alpha_1$, $\beta$ 时仪器的分辨寬度**　这类仪器如文献[3,4]中所描述，它們的第一准直器对 $\Delta\theta$ 起主要作用，第二准直器的貢献較少，因后者是用于減少本底．这时 $\Delta\theta$ 仍为(4)式表示，但要恰当选取 $\alpha_2$ 值．即令在无第二准直器下，仍存在一个 $\alpha_2$ 值，其大小为探測器限孔寬度、散开束照射晶体的寬度以及探測器和晶体二者相对位置确定．如果存在第二准直器，只有它的散开角小于这 $\alpha_2$ 时才起作用．

## 三、晶体搖动曲綫半寬度的計算

在我們考慮双准直器的情形下，当搖动晶体 $\gamma$ 角时，从相应的衍射图象中可以看出，

$$\theta'=\theta+\phi_1+\xi+\gamma \text{ 和 } \theta'=\theta+\phi_2-\xi-\gamma,$$

以 $\delta$ 代入，得出

$$\phi_1=\delta-\xi-\gamma,\quad \phi_2=\delta+\xi+\gamma,$$

把 $\phi_1$, $\phi_2$ 的表示式代入(2)中，給出搖动晶体 $\gamma$ 角后的分辨函数为

1) 在大多数 Soller 型准直器下是如此．

$$P(\delta,\gamma)=k\int_{\xi_0}^{\xi_0'}\exp-\left[\left(\frac{\delta-\xi-\gamma}{\alpha_1'}\right)^2+\frac{\xi^2}{\beta'^2}+\left(\frac{\delta+\xi+\gamma}{\alpha_2'}\right)^2\right]d\xi\approx$$

$$\approx\sqrt{\pi}k\frac{\alpha_1'\beta'\alpha_2'}{\sqrt{\alpha_1'^2\alpha_2'^2+\alpha_1'^2\beta'^2+\alpha_2'^2\beta'^2}}\exp-$$

$$-\left[\frac{(\alpha_1'^2+4\beta'^2+\alpha_2'^2)\delta^2+2\gamma(\alpha_1'^2-\alpha_2'^2)\delta+(\alpha_1'^2+\alpha_2'^2)\gamma^2}{\alpha_1'^2\alpha_2'^2+\alpha_1'^2\beta'^2+\alpha_2'^2\beta'^2}\right].$$

上式中的积分，只要极限角 $\xi_0$, $\xi_0'$ 足够大，則积分限可近似地 以$(-\infty, +\infty)$ 来代替. 至于所求的搖动曲綫是 $P(\delta,\gamma)$ 再对 $\delta$ 积分:

$$P(\gamma)\approx\int_{-\infty}^{+\infty}P(\gamma,\delta)d\delta=\pi k\frac{\alpha_1'\beta'\alpha_2'}{\sqrt{\alpha_1'^2+4\beta'^2+\alpha_2'^2}}\exp\frac{-4\gamma^2}{(\alpha_1'^2+4\beta'^2+\alpha_2'^2)}. \tag{5}$$

由 $P(\gamma)$最大値之半高得出搖动曲綫半寬度为

$$\Delta\gamma=\frac{1}{2}\sqrt{\alpha_1^2+4\beta^2+\alpha_2^2}, \tag{6}$$

可見$\Delta\gamma$也为 $\alpha_1$, $\alpha_2$ 和 $\beta$ 确定，且一般説来，$\Delta\gamma>\Delta\theta$. 下面也簡单討論几种情况.

(1)在相同散开角的双准直器下，晶体搖动曲綫的半寬度：相应这种情况是 $\alpha_1=\alpha_2=\alpha$, 以此代入(6)式，得出搖动曲綫半寬度为

$$\Delta\gamma_\alpha=\sqrt{\frac{\alpha^2}{2}+\beta^2}, \tag{6a}$$

表明 $\Delta\gamma_\alpha$ 与 $\beta$ 有关，这和文献[1]中的結果相同. 与 $\Delta\theta_\alpha$ 相比較，可知 $\Delta\gamma_\alpha\geqslant\Delta\theta_\alpha$.

(2)在完整晶体下搖动曲綫的半寬度：这时由于 $\beta\ll\alpha_1$, $\alpha_2$, 把它代入(6)式，得出

$$\Delta\gamma_\beta\doteq\frac{1}{2}\sqrt{\alpha_1^2+\alpha_2^2}. \tag{6b}$$

至于对 $\alpha_2\gg\alpha_1$, $\beta$ 时，如果有足够大的极限散开角 $\xi_0$, $\xi_0'$, $\Delta\gamma$ 仍由(6)式表之. 不过应針对每种具体仪器結构来分析該近似条件是否滿足，为此，搖动曲綫半寬度应結合相应的具体情况来加以討論.

## 四、結果的实驗检定

利用上述結果，計算了我們的仪器的分辨寬度. 虽然不能直接测出 $\Delta\theta$ 与計算进行比較，但可以通过一些包含有分辨率因素影响的实驗結果，来估計出仪器相应的分辨寬度，从而进行检定. 例如，用測量的共振中子截面，依据共振峯的分析，估計出仪器的 $\Delta\theta$, 以此判明(4)式的适用性.

对我們的仪器来說，第一准直器长 1.8 米，縫寬 1.5 毫米；第二准直器长 1 米，縫寬也是 1.5 毫米；它們相应的 $\alpha_1\approx2.86'$, $\alpha_2\approx5.15'$. 曾分別采用 $SiO_2(31\bar{4}0)$, $CaCO_3(100)$ 和 NaCl(200) 晶体，在一系列 $\theta$ 角位置測量了晶体的搖动曲綫，所得到的半寬度 $\Delta\gamma$ 皆列在表 1 中.

由表 1 可見，当中子能量較小($\theta$ 較大)时，准直器鋼片对中子产生全反射，这时 $\Delta\theta$、$\Delta\gamma$ 与全反射临界角 $\theta_c$ 有关(文献[5]中已作了詳細討論). 对无全反射时，$\Delta\gamma$ 应不随 $\theta$ 变化，实驗观測値也基本上是如此. 由表 1 中取无全反射范围 $\Delta\gamma$ 的平均値，其結果为:

表 1　用 $SiO_2(31\bar{4}0)$，$CaCO_3(100)$ 和 NaCl(200) 晶体在各种 $\theta$ 下測得的搖动曲綫半寬度 $\Delta\gamma$.

| $SiO_2(31\bar{4}0)$ | | | $CaCO_3(100)$ | | | NaCl(200) | | |
|---|---|---|---|---|---|---|---|---|
| $\theta$ | $\Delta\gamma$ | | $\theta$ | $\Delta\gamma$ | | $\theta$ | $\Delta\gamma$ | |
| 1°44′30″ | 3′21″ | $\overline{\Delta\gamma}=3'32''$ (1°44′30″～16°) | 2° | 3′52″ | $\overline{\Delta\gamma}=3'55''$ (2°～7°46′) | 1°41′ | 9′12″ | $\overline{\Delta\gamma}=9'23''$ (1°41′～7°8′30″) |
| 5°27′30″ | 3′48″ | | 3° | 3′54″ | | 2°30′30″ | 9′20″ | |
| 6° | 3′12″ | | 3°44′30″ | 3′54″ | | 7°8′30″ | 9′36″ | |
| 11° | 3′30″ | | 7°46′ | 4′ | | 15°19′ | 12′ | |
| 16° | 3′48″ | | 8°8′15″ | 5′10″ | | 28°7′30″ | 13′ | |
| 29°41′ | 5′42″ | | 13°46′15″ | 6′14″ | | | | |
| 34° | 6′24″ | | | | | | | |

$SiO_2(31\bar{4}0)\Delta\bar{\gamma}\doteq3.5'$; $CaCO_3(100)\Delta\gamma\doteq3'55''$; NaCl(200)$\Delta\bar{\gamma}\doteq9'23''$；利用这些 $\overline{\Delta\gamma}$ 和 $\alpha_1$, $\alpha_2$ 的設計值代入(6)式，分别求出各种晶体的 $\beta$，再將相应的 $\beta$, $\alpha_1$ 和 $\alpha_2$ 代入(4)式，算出各种晶体对应的 $\Delta\theta$，現將所有結果都列入表 2 中［將 $\Delta\theta$ 代入(1)式，可以算出仪器的分辨率曲綫］.

表 2　$SiO_2(31\bar{4}0)$，$CaCO_3(100)$ 和 NaCl(200) 晶体的 $\beta$ 和相应的 $\Delta\theta$（无全反射时）

| 晶　　体 | $SiO_2(31\bar{4}0)$ | $CaCO_3(100)$ | NaCl(200) |
|---|---|---|---|
| $\overline{\Delta\gamma}$ | 3.5′ | 3′55″ | 9′23″ |
| $\beta$ | 1.9′ | 2.6′ | 8.9′ |
| $\Delta\theta$ | 2.6′ | 2.7′ | 2.9′ |

一个校核以上計算的办法是：利用已知 $\beta$（例如用 X 射綫衍射法測出）的晶体，在中子晶体譜仪上測出搖动曲綫，利用 (6) 式算出 $\beta$ 与其比較. 由于我們的仪器上使用晶体的 $\beta$ 值，未曾用其他方法測定，暂无法作此比較. 下面我們將采用分析中子截面共振峯的方法，去估計出仪器的 $\Delta\theta$，以进行检驗.

为了判定 $\Delta\theta$ 表示式(4)的适用性，我們分析了較高能量（几个电子伏）的共振峯（这时无全反射），照說最滿意的情况是共振寬度 $\Gamma$ 远小于 $\Delta E$，則可通过观察共振峯形状和 $\Gamma$ 来定出 $\Delta\theta$. 如果分析共振峯的 $\Gamma$ 比 $\Delta E$ 大（或相近），共振峯形状随 $\Delta E$ 变化較弱，但这时各分辨率相近仪器，观察的共振峯形状应相近.

在我們的仪器上曾用 $SiO_2$ $(31\bar{4}0)$ 測量了 Ag, In, Rh, Au 等中子全截面，例如对銀 5.2 电子伏的共振峯（图 2），其 $\Gamma$ 已和仪器的 $\Delta E$ 相近，因而分析 $\Delta\theta$ 的灵敏性受到了一定的限制. 在我們对銀 5.2 电子伏共振峯的形状法分析中，利用了文献［6, 7］給出的共振參量. 其中銀的有效温度 $T_{有效}\doteq1.08T=318.6°K$，$T$ 是銀样品温度，这时相应的都卜勒寬度 $\Delta$ 为 0.073 电子伏. 最后分析結果表明，如果采用 $\Delta\theta$ 为 2.5′，計算与測量数据較好符合（見图 2）；但由于銀

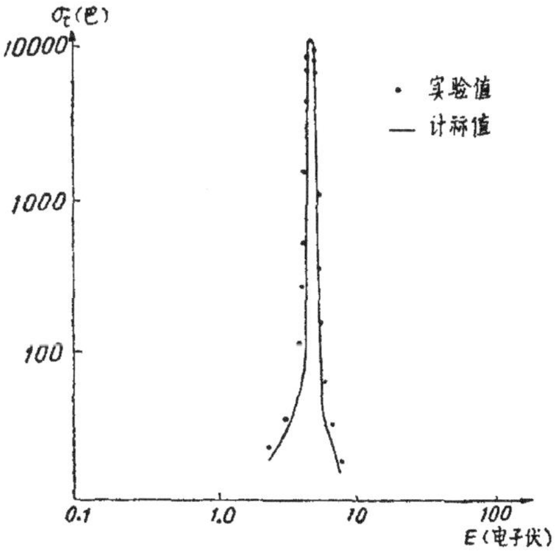


图 2　Ag5.2 电子伏的共振截面

的 $\sigma_t$ 测量精度不足(可以测得更好),例如对 $E=5.2$ 电子伏最好的 $\sigma_t$ 值, $\frac{\Delta\sigma_t}{\sigma_t}\approx 6.2\%$ ($\sigma_t=10700$ 巴),再加上銀共振峯对 $\Delta\theta$ 不够灵敏,使得 $\Delta\theta$ 的不确定范围估計約为 $\pm 0.3'$. 由此可見, 分析共振峯估計的 $\Delta\theta$ 值和从搖动曲綫定出 $\beta$ 算得的 $\Delta\theta$(見表 2)是相近的, 表明 $\Delta\theta$ 的表示式 (4) 的近似适用性. 另外从分辨寬度 $\Delta\theta$ 为 $1.6'$ 的布魯克海文晶体譜仪[7] 測出銀 5.2 电子伏共振峯 $\Gamma$ 为 $\sim 0.22$ 电子伏,而我們的仪器測出的为 0.23 电子伏,确是彼此相近的.

最后,对戴传曾先生給我热情的指导表示衷心的感謝.

## 参　考　文　献


[1] Sailor, V. G., et. al., *R. S. Instr.*, **27** (1956), 26.
[2] Zacharizen, W. H., X-ray Diffraction in Crystal, New York, 1945.
[3] Hurst, D. G., et. al., *R. S. Instr.*, **21** (1950), 705.
[4] Borst, L. B., et. al., *R. S. Instr.*, **23** (1953), 141.
[5] Bally, D., et. al., *R. S. Instr.*, **31** (1960), 640.
[6] Юз, Д., Атлас нейтронных сечений, 1959, Издво. иностр. лит.
[7] Wood, R. E., *Phys. Rev.*, **104** (1956), 1425.


# РАЗРЕШАЮЩАЯ ШИРИНА КРИСТАЛЛИЧЕСКОГО НЕЙТРОННОГО СПЕКТРОМЕТРА С ПЛОСКИМ КРИСТАЛЛОМ

Чжан Хуан-чао


**Резюме**

В статье проанализирована разрешающая ширина кристаллического нейтронного спектрометра с плоским кристаллом. Получено приближенное выражение $\Delta\theta = \sqrt{\frac{\alpha_1^2\alpha_2^2+\alpha_1^2\beta^2+\alpha_2^2\beta^2}{\alpha_1^2+4\beta^2+\alpha_2^2}}$. Произведено обсуждение для некоторых часто встречающихся случаев. Для расчета параметра $\Delta\theta$ дана формула полуширины кривой отражения $\Delta\gamma=\frac{1}{2}\sqrt{\alpha_1^2+4\beta^2+\alpha_2^2}$, где $\alpha_1$ и $\alpha_2$——углы расходимости колиматора I и II, $\beta$——полуширина мозайчного распределения кристалл-монокроматора. На конец, вычислена разрешающая ширина для нашего спектрометра по выше полученным данным и оценена таковая на основе измеренных сечений нейтронного резонанса. Сопоставляются полученные результаты.

# 研 究 簡 报

**编者按：** 在这里，我们发表一篇旧的报告．报告的作者们在1960—1961年间进行实验时，发现了一个当时没有见诸报道的新现象：高频压电振荡可以导致石英单晶的中子衍射强度显著增大．他们当时对这一现象本身和其有关的性能进行了测定，并在1963年原子能研究所学术报告会上作了介绍．但是由于当时作者和有关方面对这一发现都未给予足够的重视，没有将此工作进一步开展下去，也没有将结果送有关刊物发表．1966年以后，国外陆续出现了类似的报导(见作者所附文献[1—10])，并且对此现象进行了相当多的理论探讨，目前已得出比较合理的解释[11—13]，而我们早期的发现，却因为当时未给予适当的重视，没有及时报导，使得它无论在实验和理论方面都未能得到进一步开展，这种情况是值得我们吸取教训的，今后应该力求避免．文章仍按当时的原文发表，仅在文末请作者增加了1966年以后国外发表的有关资料和报道．

## 1960—1961年观察到的压电振荡对石英单晶片进行中子衍射的影响①

杨 桢　张焕桥　周友朴

(中国科学院原子能研究所)

在1960—1961年间，我们在试验各种晶体在不同物理条件下对衍射可能造成的影响时，测试了石英单晶在压电振荡下对中子衍射的作用．由于石英本身是一个良好的压电振荡器，它又常被用于中子晶体谱仪上作为获得单色束的衍射晶体，因而观察压电振荡石英单晶对中子衍射的效应比较容易．下面是一些实验的情况和结果．

**设备** 主要的实验是在原子能研究所一号晶体谱仪[14]上进行的．此后为了试验对单色入射束的效应，又在中子衍射仪[15]上作了一些测量．所用石英单晶的大小为72×55×5mm 施加电压的电极为两片铝箔，用有机胶粘在晶体两侧，用讯号发生器测得它在370，490及600kc附近均有共振，振荡线路(图1)是按共振最强的370kc设计的，输送到晶体上的功率最大约15W，用屏流表监视．超声振荡的机械效应很明显，例如可以通过油介将油-水混合物乳化．

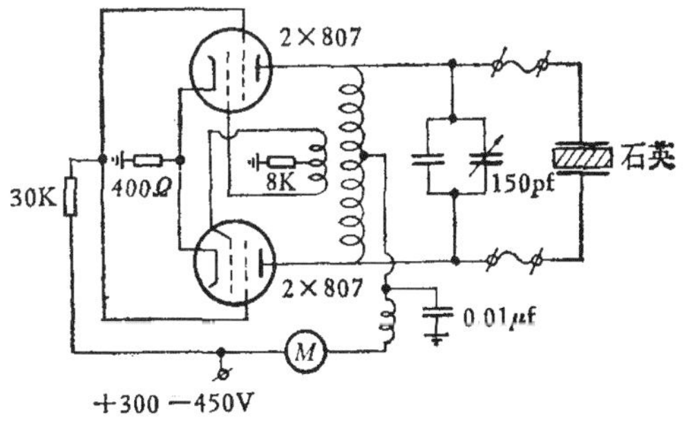


图1　晶体振荡器线路

**实验** 石英单晶底端～10mm用铜片夹持固定在谱仪的晶体台上，衍射是通过(3,1,

① 物理学报，1974，23(6)：447-450.

$\bar{4}$, 0) 面的穿透式几何. 探测器为通常的浓缩硼 $BF_3$ 正比计数管. 此时如果在石英上加以谐振电压,立即可以看到中子脉冲计数显著增加,表明衍射束平均强度增大. 其增大的程度随振荡功率和衍射中子能量而异, 在我们所用的设备上, 最高曾达到约六倍的增强. 由于大功率振荡导致石英发热和振荡不稳定, 因而一般的实验保持输出功率在 10W 以下、增大倍数约 2—3 倍的情况下进行.

关于这一现象,当时我们没有看到国内外有类似的报道,所以我们进行了尽可能慎重的假象判断, 检验了振荡器、超声波等因素对探测器和线路的影响, 并用载硼核乳胶代替 $BF_3$ 正比计数管进行了鉴定, 所有的测量都表明增大的确为衍射中子束, 不是干扰或其他效应.

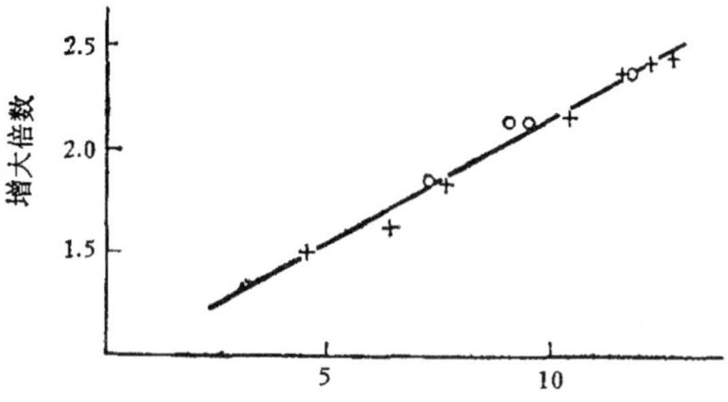


图 2　晶体振荡功率与中子束增大倍数的关系
○——409kc;　+——410kc

为了进一步探索衍射束增强的原因及增强后中子束的性质, 还进行了以下的测定:

1. *增大比例和石英振荡功率的关系*　测定了在同一衍射中子能量时, 在两个频率[1)]上中子增强比例和输出功率的关系,结果大体上呈一直线(图 2).

2. *增大比例和衍射中子能量的关系*　测定了在同一振荡功率下不同能量衍射中子束增强的比例. 测量的范围为 0.05—10eV, 所得结果如图 3 所示. 衍射束强度增大的倍数大体上随着衍射中子能量增大而下降,但在 $E_n < 0.25$eV 的区域内变化较小.

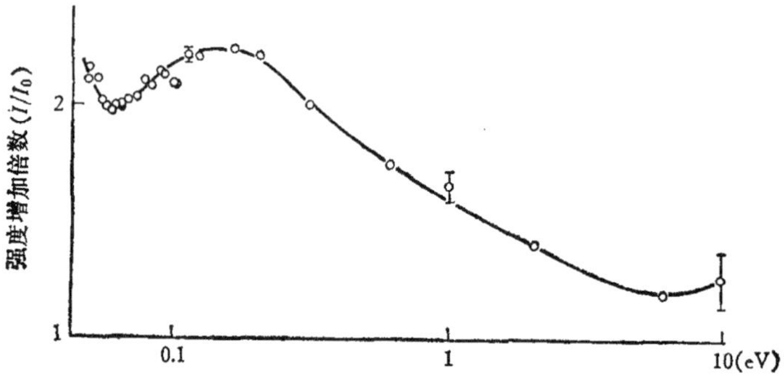


图 3　在恒定振荡功率下衍射中子平均强度变化与中子能量的关系

3. *摇动曲线半宽度*　为判断衍射束增强是否由于晶体嵌镶结构变化引起, 在几个不同能量 (0.06, 0.1 和 0.6eV) 上作了晶体摇动曲线的测量, 得出振荡与非振荡相应的半宽度相同(图 4).

4. *布喇格衍射本底强度的测定*　布喇格衍射本底主要是中子在晶体上的非相干散射所引起. 为观察在布喇格方向上衍射中子增强的同时非相干本底有无变化, 在每个布喇格角位置将晶体偏离原布喇格角 2°, 测量本底计数, 结果表明非相干散射的本底强度在

1) 在 370kc 附近有几个共振点.

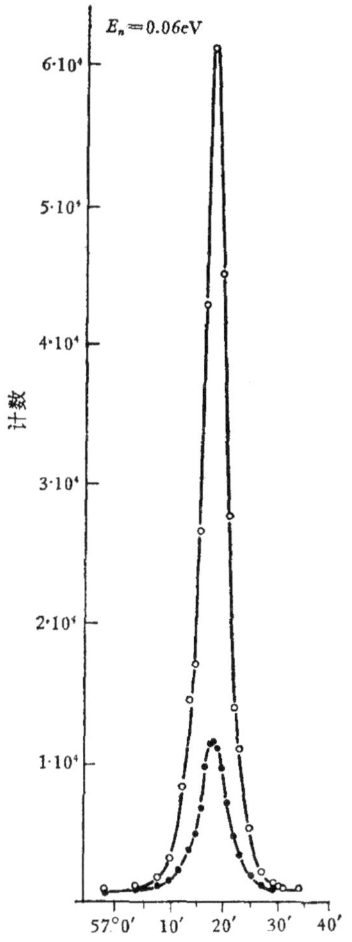


图 4　$E_n = 0.06\text{eV}$ 处摇动曲线
●——未振；　○——振

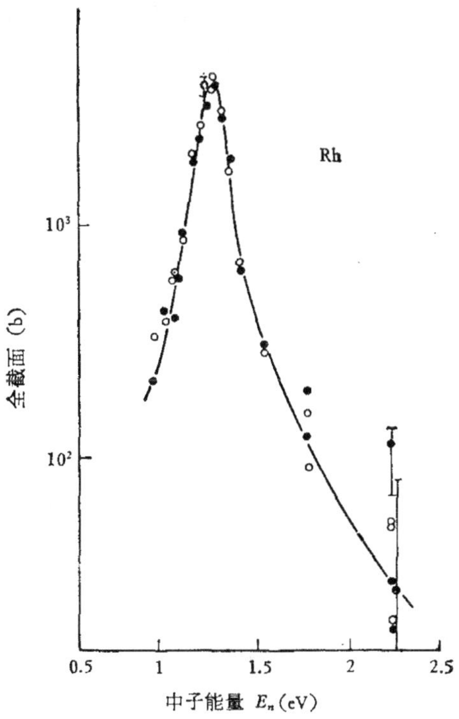


图 5　用振(○)及未振(●)石英为单色器所测定的 Rh 全截面

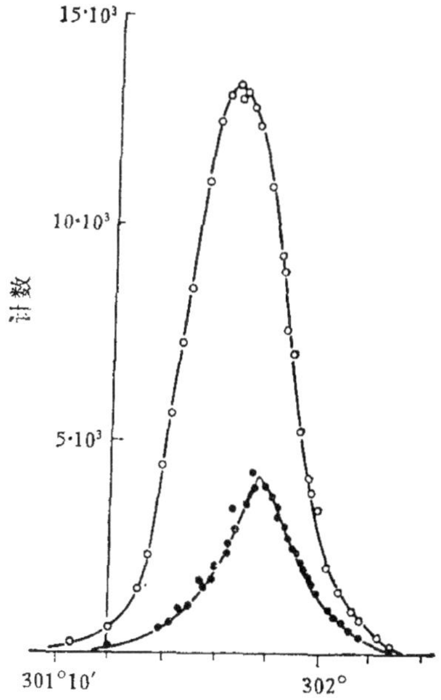


图 6　用 NaCl 单晶为单色器，石英为分析器测得的一个衍射峰
●——未振；　○——振

统计范围内无变化．

5. 作为对衍射中子束能量宽度变化的初步检验，用增强的衍射束测定了铑在 1.25eV 附近的共振峰．测得的结果与用未振荡石英为单色器时测得者相同(图5)，表明增强中子束的能散度不超过非振荡情况下仪器的能量分辨范围．

6. 1961 年，又在中子衍射仪上作了简单的测试．用氯化钠晶体作单色器，提供能量为 0.073eV、散开角约为 15° 的准直中子束，入射在压电振荡石英单晶上．由于衍射仪系单轴谱仪构成[15]，氯化钠单晶只能取一个固定位置，所以只测定了入射中子能量为 0.073 eV 的石英单晶的衍射曲线，并在它的峰顶和两侧分别测定了相应的石英晶体摇动曲线．除了同样得到摇动曲线半宽度不变的结果外，还观察到峰的位置有些移动(图 6)．

此外，在试验过程中也测试了石英在直流电场（～3000V/cm）及交流低频电场（～2000V/cm, 50c)以及氯化钠单晶在相应的直流电场下进行衍射的情况．结果观察到中子平均强度在统计误差范围内没有变化，表明衍射束的增强不是由于散射体的极化效应．

## 参　考　文　献

[1] T. F. Parkison, M. W. Moyer, *Nature*, **211** (1966), 400.
[2] V. Petrzilka, *Czech. J. Phys.*, **16** (1966), 458.
[3] A. G. Klein *et al.*, *Appl. Phys. Letters*, **10** (1967), 293.
[4] M. W. Moyer *et al.*, *Nucl. Instr. and Methods*, **53** (1967), 299.
[5] B. Chalupa *et al.*, *J. Phys. Stat. Sol.*, **29** (1968), K51.
[6] B. Chalupa *et al.*, *Nucl. Instr. and Methods*, **67** (1969), 357.
[7] R. Michalec *et al.*, *Phys. Letters*, **28A** (1969), 546.
[8] R. Michalec *et al.*, *J. Phys. Stat. Sol.*, **31** (1969), K95.
[9] J. Zelenka *et al.*, *Brit J. Appl. Phys.*, **2** (1969), 1041.
[10] R. Michelec *et al.*, *Acta Cryst.*, **A27** (1971), 399.
[11] V. Petrzilka, *Czech. J. Phys.*, **18** (1968), 1111, *Nature*, **218** (1968), 80.
[12] R. W. Englehart *et al.*, *Amer. Nucl. Soc. Trans.*, **12** (1969), 520.
[13] B. Buras *et al.*, *Phys. Stat. Sol.*, (a) **9** (1972), 423.
[14] 张焕乔，物理学报，**19** (1963), 477.
[15] 安万寿等，物理学报，**17** (1961), 222.

# 裂变譜中子对鈾-238的全截面測量①

## 摘要

用透射法測量了鈾[238]对于裂变譜快中子的平均全截面 $\bar{\sigma}_T$。为了适应寬能量范圍的中子探測，选定了 $BF_3$ 长計数管这种全波中子探測器。在不同条件下进行測量得到一致的結果，在考慮了修正之后得出 $\bar{\sigma}_T=7.58\pm0.16$ 巴恩，与从单能全截面按裂变譜积分所得 $\bar{\sigma}_T=7.56$ 巴恩符合得很好。

裂变譜快中子对分裂物质的平均截面，在实际核工程中是一个有用的参量。直接測量这个参量比用单能截面值按能譜求平均要来得簡单可靠。我們利用透射法，在重水反应堆的鈈中子轉換器上进行了裂变譜快中子对鈾-238的平均全截面的直接測量。

透射法的原理十分簡单[1]，根据中子通量在物质中按指数衰減的关系，

$$T=\frac{I-I_B}{I_O-I_{BO}}=e^{-n\bar{\sigma}_T l} \tag{1}$$

式中：T ——透射率；

$I$ ——中子束上有样品时的强度；

$I_O$——中子束上无样品时的强度；

$I_B$ 及 $I_{BO}$——中子束上有、无样品时的本底强度；

n ——样品中单位体积的原子核数目；

l ——样品的有效厚度；

$\bar{\sigma}_T$——平均中子全截面。

根据(1)式，只要用中子探測器分别測出 I，$I_O$，$I_B$，$I_{BO}$，就可按样品的重量和面积求得 $\bar{\sigma}_T$ 值。

但是在測量鈾-238对裂变譜中子的全截面时，必須考虑下面两个問題：

第一是中子譜形改变的問題。由于入射中子是一个很寬的連續譜，而样品对不同能量中子的透射率不同(因为 $\sigma_T$ 不同)，所以透射中子的能譜就将和入射中子能譜不同。这样，一般探測器对入射中子及透射中子的效率会有差别，就将使測得的T与眞值不符。为了消除这种影响，或者是应用对能量不灵敏的"全波探測器"来避免，或者是用已知效率-能量特性的探測器来改正。我們选用了 $BF_3$ 长計数管这种全波探測器，理由是它在很寬的能量范圍內(0.025—14兆电子伏)探測效率变化很小[2]，而且它的探測效率較高，对γ-射綫也不灵敏。此外，还因为此种长計数管制造方便，結构上的微小变化对它的全波性影响不大。同时，为了参考起見，我們根据已有的 $\sigma_T(E)$ 值[3]和鈈[239]的裂变中子譜[4]計算了各种透射率下譜形的变化，发現裂变譜中子的主要部分变化不多(見后)，用长計数管来作探測器已能滿足測量精确度的要求了。

第二是次級中子改正的問題。在透射率測量中，落到探測器的除了經过样品未和样品原

① 中国科学院原子能研究所(内部资料)，1962：1-10.

子核起作用的初級中子外，还有一部分次級中子，即初級中子与样品原子核起作用后又产生的中子。这一部分中子应該加以改正。在鈾[238]的情况下，次級中子的来源有以下四种：(1) 弹性散射(n,n)；(2) 非弹性散射(n,n′)；(3) 裂变(n,f)；(4) (n,2n)反应。在这四种成份里面，主要的是第一种，因为它截面較大，又具有 0° 角方向特别丰富的角分布。其他三种的次級改正比它小一到两个数量級。次級改正所占的量随着探测器距源和样品的距离而减小。为了减低它的影响，我們选擇了很远的距离(2.7 米到 3.7 米)，并且在三种不同的距离下进行了测量，以消除可能由次級改正引入的誤差。

## 二、实 驗 装 置

实驗是在我国重水反应堆 TBP-C 的水平孔道上进行的，装置見(图 1)。

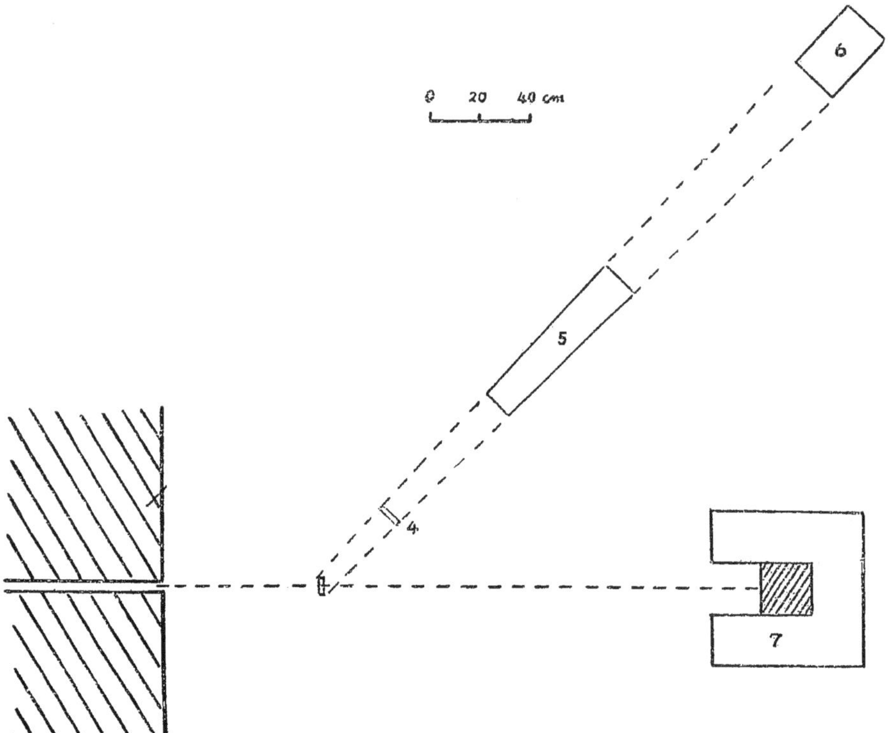


图 1 实驗装置

1.反应堆防护层 2.热中子束 3.中子轉換器 4.样品 5.吸收体 6.长計数管 7.中子捕集器

反应堆的热中子束通过鑄鉄准直器引出，准直器长 1.2 米，中心孔截面是 20×20 毫米$^2$。距反应堆表面 64 厘米处，在热中子束上安装了一个中子轉換器(鈈靶)，作为裂变譜快中子源。轉換器由装在 Φ40 毫米的鋁盒内重 5.5 克的二氧化鈈粉末組成。这个中子轉換器发出的裂变中子能譜曾用核-2 乳胶测量过[4]。

透射率测量在 45° 方位进行。在这个方向依次装有样品、吸收体和长計数管。

我們制造的 $BF_3$ 长中子計数管結构和 Hanson[5]的类似，但有两个特点：(1) $BF_3$ 中子正比計数管在石蜡块里面的位置，可以有 16 厘米范圍的軸向移动，移动位置有 32 个刻度来指示；(2) 长計数管前壁八个圓穴的深度可以改变。这种构造的目的是为了选定結构，使长計数管对裂变譜中子有最好的全波性；也为了在 $\bar{\sigma}_T$ 测量时，可以在各种結构下进行，这样可以

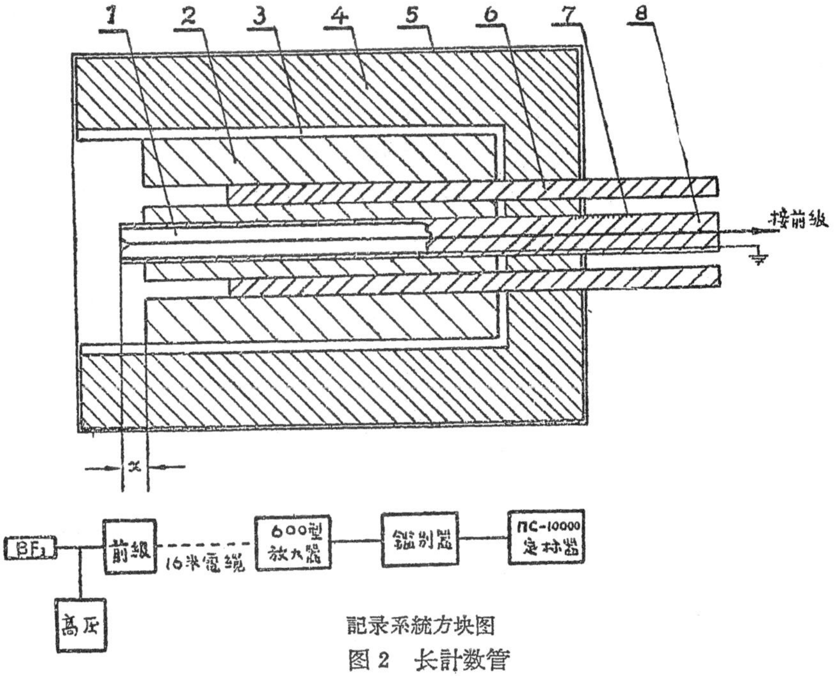


記录系統方块图

图 2 长計数管

1.$BF_3$ 計数管 2.石蜡圓柱 3.碳化硼 4.含硼石蜡 5.鎘片
6.可移动石蜡棒 7.可移动鋁管 8.石蜡

观察探测器特性对测量結果的影响。

长計数管构造如(图 2 )所示。包圍 $BF_3$ 中子計数管的石蜡圓柱外徑是 20 厘米，长 42 厘米。为了放置 $BF_3$ 計数管，石蜡柱中央开了一个 Φ3.5 厘米的圓孔。为了改善低能量方面的效率平度，在石腊圓柱的前壁上开了八个圓穴，穴的直徑为 2.5 厘米，穴深 11 厘米(深度可变，此处为实驗时所用深度)；八个穴的中心在直徑为 9.5 厘米的圓上均匀分布。$BF_3$ 計数管装在直徑 3.5 厘米的鋁管中，鋁管內壁与計数管之間的空隙用石蜡灌滿。整个鋁管可以沿着軸綫方向移动，来調节 $BF_3$ 管在石蜡柱中的位置。

为了获得好的低能效率特性，我們选用了直徑 25 毫米，长 30 厘米的 $BF_3$ 管。硼-10 的濃縮度是 80%，充气压力 60 厘米汞柱。这支計数管的坪曲綫見(图 3 )，由图可知，坪寬 300 伏，工作电压选在 2800 伏，用稳定度为万分之三的电源供給。計数管的訊号先送到前級放大器(k=20)，經电纜送入实驗室內的 600 型主放大器(k=1000)，然后送到定标器(ПС-10000) 記录(見方块图，图 2)，整个綫路的分辨时間小于 1 微秒。整套記录系統工作的稳定可靠性，曾用 $P_O$—Be 中子源进行校驗。

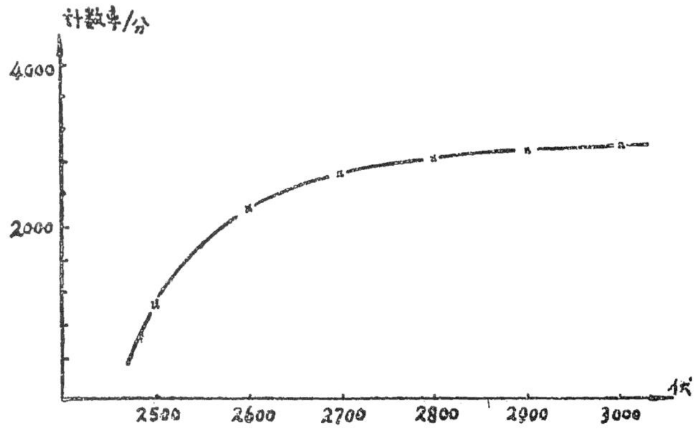


图 3 計数管坪曲綫

由于我們的长計数管是在反应堆旁工作，必須考虑减少热中子本底，为此用鎘片将长計数管四圍全部包起来。

为了測量本底，我們制造了含硼石蜡圓錐柱作为快中子吸收体。它的錐度保証在几何上剛好全部擋住从源直接进入探測器的中子，黑度是用根据实驗測量的衰減曲綫而选定长度来滿足的。我們用了长 50 厘米的純石蜡，再加 20 厘米厚的含硼石蜡(硼与石蜡比为 3:1 左右)，共长 70 厘米，这样黑度达到 98% 以上，保証測量結果可靠。

在整个实驗装置中，为了尽量减少散射体，我們采用了最少量的物质来作鈈靶、样品、吸收体和长計数管的支架。鈈靶系用 50 毫米的鋁环支在鋁杆上，样品架是支在鋁杆上的厚为 2 毫米的鋁套，吸收体用 V 型鋁座支在鋁杆上，长計数管的支架用細角鉄做成。

样品用的是金屬天然鈾片。化学純度 99.8%，形状为 Φ60 毫米的圓盘，一共有六块，总重量 1014 克。在測量前专門将表面磨平，以减少由于厚度不均匀而造成的誤差。

## 三、調 整 和 檢 定

上述实驗装置結构很簡单。但必須正确調整，保証源、样品、探測器的同心，吸收体必須剛好全部擋住探測器对源所張的立体角，否則透射率的測量就会不正确。在調整前曾估計了位置錯誤可能造成的影响。

中子轉換器(鈈靶)在热中子束上的最佳位置是用銅箔活化和长計数管最大計数两种方法来确定的。

鈈靶、样品和长計数管三者的同心，曾用拉綫的方法初步对准，再用細十字叉絲法調整，然后将位置固定下来。吸收体的位置用拉綫的方法校准。为了保証样品能把从源到探測器的立体角全部擋住，我們把样品从临界位置(即剛好全部擋住的位置)向源的方向靠近了 2—4 厘米。

为了檢驗实驗几何的正确程度，在正式測量之前，利用中子束进行了檢定。方法是将样品在沿快中子束方向和垂直于快中子束方向移动，分别記下长計数管記数率的变化曲綫。显然这两条曲綫都应該在正确位置上有极小值。(垂直方向偏心会引起“漏光”增加計数，沿中子束方向移动时，太远则也会引起“漏光”，太近則次級中子增加，見后。)測量結果如(图 4)，发現我們調整好的位置是在这两条曲綫最小值区域的中心部分。

虽然我們对实驗的几何，探測記录系統的正确性稳定性、中子的能譜以及本底(見下一节)都进行了檢定，为了檢驗整体的可靠性，在正式測量鈾$^{238}$的全截面之前，我們先測量了两个标准样品(含氫物质，用石蜡，以及銅)的平均全截面。測量結果与根据已知单能截面 $\sigma_T(E)$ 及裂变譜形积分所得相符，証实了我們的实驗装置是可靠的。

为了檢驗中子譜形改变的程度及其影响，測量时选擇了三种长計数管的結构：

(1) 結构 a ——$BF_3$ 計数管在石蜡块中的位置如图 2 所示，計数管前端与石蜡前壁的距离 x = +6.6 厘米。在这种結构下，长計数管对低能中子灵敏度較高。

(2) 結构 b ——$BF_3$ 計数管的前端与石蜡前壁的距离 x = −10.4 厘米。在这种結构下，长計数管对高能中子灵敏度較高。

(3) 結构 c ——$BF_3$ 計数管的前端与石蜡前壁的距离为 x = +0.4 厘米。在这种結构下，长計数管的效率曲綫应介于 a，b 之間，比較更平[2]。

銅的 $\sigma_T(E)$ 变化不大，所以譜形改变微小，在 a，b，c 三种結构測量时 $\bar{\sigma}_T$ 值几乎无变化。

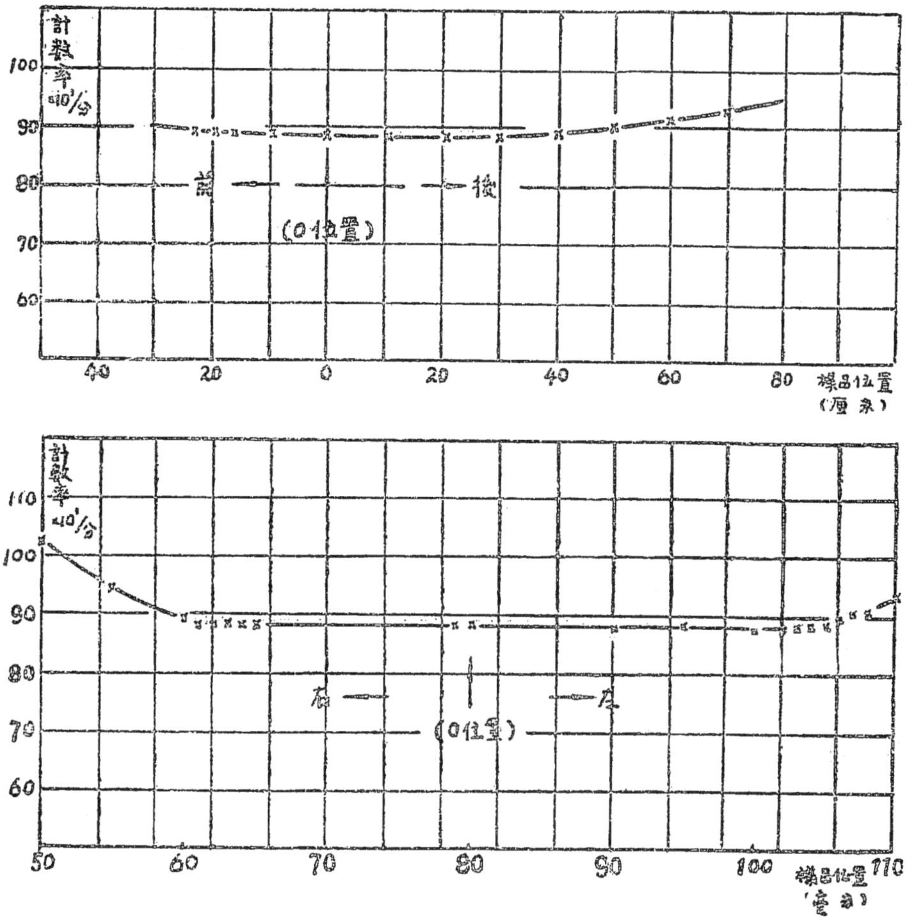


图 4　探測器計数率与样品位置之关系
上：軸綫方向　下：垂直方向

氫的截面随能量改变很剧烈，石蜡样品較厚时譜形改变比較显著，所以在 a,b,c 三种結构测量时，就反映出清晰的变化来。这些数据，我們在下面用来考虑鈾的 $\bar{\sigma}_T$ 测量中的誤差(見第六节)。

## 四、測　　量

測量时除了記录有无样品时探測器的記数率以外，还必須把本底測出来減去，才能得到眞正的透射率T。

本底的来源有以下三种：(1) 从轉換器上产生的裂变譜快中子在周圍物体上散射后从四周进入长計数管造成的本底 $\Phi_1$；(2) 反应堆引出的中子束在轉換器上散射后从正面(即在探測器对轉換器所張立体角内)进入长計数管造成的本底 $\Phi_2$；(3) 反应堆的中子在其他物体上散射后从四周进入长計数管所造成的本底(包括大厅本底) $\Phi_3$。

为了正确的定出 $\Phi_1+\Phi_2+\Phi_3$ 的値，实驗上进行三次本底測量。第一次，用吸收体擋住从源直接入射到长計数管的中子，测得的記数为 $N_{fB}=\Phi_1+\Phi_3$；第二次，移走吸收体，将轉換器用一个与它相当的低能中子散射-吸收体(用碳化硼制成的靶)来代替，此时測得的記数为 $N_B=\Phi_2+\Phi_3$；第三次，用碳化硼靶代替鈈靶，再放上吸收体，这时測得的記数 $N_{th}=\Phi_3$。这

样，連測量效应与本底之和 $N=I+\Phi_1+\Phi_2+\Phi_3$ 在內，一共測量四次。眞正的效应值

$$I=N-N_{fB}-N_B+N_{th}$$

此式在有样品、无样品时都有效。为了测出透射率T，共須測量八个記数，然后按下式計算：

$$T=\frac{N-N_{fB}-N_B+N_{th}}{N^O-N^O_{fB}-N^O_B+N^O_{th}}$$

吸收体的参数已見上节。为了測 $\Phi_2$ 及 $\Phi_3$ 而做的堆中子散射-吸收体，由装在鋁盒內的碳化硼組成，鋁盒与装二氧化鈈的完全一样，碳化硼的量是使透射的堆中子束与放二氧化鈈时相同。由于硼的吸收截面散射截面都与鈈相近，这样的碳化硼靶对堆中子的散射性能与二氧化鈈靶近似。

本底的大小与实驗几何有关。例如，当探測器与源的距离改变时，本底所占份額也随着改变。再，改变实驗装置附近的防护物体的位置，也能使各种本底的份額发生变化。我們人为地改变几何及防护，使本底从 16% 增至 30%，此时測出的透射率T不变，由此确証了我們关于本底的測量是正确的。

为了确保測量有无样品的效应及各种本底时几何重复的可靠性，拟定了最合理的測量程序。第一，把用鈈轉換器的四个数据放在一起先測，換上碳化硼靶再測另四个数据。其次，每次測量中又把有样品的两个数接連在一起測。最后，考虑到有样品与无样品的效应与本底和值(N 及 $N_O$)对实驗結果影响最大，为了避免反应堆功率与仪器性能的微小飘移，把这两个数据連在一起进行測量。这样，具体的每次測量程序是：鈈靶有样品有吸收体→鈈靶有样品无吸收体→鈈靶无样品无吸收体→鈈靶无样品有吸收体→碳化硼靶无样品有吸收体→碳化硼靶无样品无吸收体→碳化硼靶有样品无吸收体→碳化硼靶有样品有吸收体。或即 $N_{fB}\to N\to N^O\to N^O_{fB}\to N^O_{th}\to N^O_B\to N_B\to N_{th}$。

为了从各方面来校驗实驗結果的正确性，选擇了三种几何位置、三种长計数管結构和三种样品厚度来进行測量。具体的測量条件如下：

(1)　几何位置：

1)　探測器距源 $R_d=229$ 厘米，样品距源 $R_s=27$ 厘米。

2)　探測器距源 $R_d=327$ 厘米，样品距源 $R_s=37.5$ 厘米。

3)　探測器距源 $R_d=374.2$ 厘米，样品距源 $R_s=44$ 厘米。

(2)　长計数管結构：見第三节，选定 a) b) c) 三种結构进行測量并互相比較。

(3)　样品厚度：

1)　二块鈾片，总厚度为每平方厘米核数 $=3.237\times10^{22}$，透射率約为 78%；

2)　四块鈾片，总厚度为每平方厘米核数 $=5.933\times10^{22}$，透射率約为 64%；

3)　六块鈾片，总厚度为每平方厘米核数 $=9.160\times10^{23}$，透射率約为 50%。

最后的正式測量是用四块鈾片，在第 2)种几何位置下，用长計数管結构 c 进行的。測量重复了五次。

## 五、实　驗　結　果

上节所述三种几何位置，三种长計数管結构和三种样品厚度的全部測量結果此处不全部列出。需要指出的是，在不同条件下測出的 $\bar{\sigma}_T$ 值符合得很好。这些具体数据(及符合程度)将在下节討論各种誤差时引用并进行分析。現在把最后正式測量的結果列在下面：

样品与源距离 $R_s=37.5$ 厘米。

探测器与源距离 $R_d=327$ 厘米。

样品厚度(单位面积核数)$5.933\times10^{22}$ 核/厘米$^2$。

长計数管結构：結构 c 。

五次测量結果：

| | 透射率 | 全截面 |
|---|---|---|
| (1) | $T=\frac{56168.3}{87412.6}=64.257\%$ | $\bar{\sigma}_T=7.456$ 巴恩 |
| (2) | $T=\frac{57134.5}{89065.7}=64.149\%$ | $\bar{\sigma}_T=7.484$ 巴恩 |
| (3) | $T=\frac{57036.4}{89071.5}=64.034\%$ | $\bar{\sigma}_T=7.513$ 巴恩 |
| (4) | $T=\frac{58973.1}{91741.7}=64.282\%$ | $\bar{\sigma}_T=7.448$ 巴恩 |
| (5) | $T=\frac{59175.7}{92186.7}=64.191\%$ | $\bar{\sigma}_T=7.472$ 巴恩 |
| 平均 | $T=64.183\%$ | $\bar{\sigma}_T=7.473$ 巴恩。 |

这样直接测得的 $\bar{\sigma}_T$ 值尚不是最后結果，它还必須經过相应的改正。应該考虑的改正有以下两种：

(1)　漏計数的改正。由于长計数管的記数率較高(最高时达每分钟 $3\times10^5$)，所以要考虑到由于探测系統死时間 $\tau$ 的影响而引起的漏失。令 $n_O$ 为每单位时間眞記数，$n_e$ 为漏失記数，则 $\frac{n_e}{n_O}=\frac{n_O\tau}{1+n_O\tau}$。我們的探测系統死时間＜1 微秒，取 $\tau=10^{-6}$ 秒，则最高計数率为每分 $3\times10^5$ 时 $\frac{n_e}{n_O}=5\times10^{-3}$，即漏失不超过千分之五。由于测量透射率时有样品計数率与无样品計数率都要經过同方向的改正，相除以后改正量就更小得多，所以我們就把这項改正忽略掉了，由此而引起的截面誤差小于 0.5%。

为了确証我們的漏計数确实可以忽略，进行了专門的实驗。实驗方法是分别在反应堆功率为 3000 瓩与 500 瓩时改变长計数管的結构，测出二条长計数管計数率与它的結构的关系曲綫(3000 瓩时最高計数率超过 $3\times10^5$/分)。这两条曲綫在統計誤差范圍內完全相合，証明了在这样的計数率下，漏計数的改正可以忽略。

(2)　次級中子的改正。在第一节中已經指出，有四种次級中子的来源，即彈性散射(n, n)，非彈性散射(n, n′)，裂变(n, f)及(n, 2n)反应。

1)　彈性散射。在能量大于 0.25 兆电子伏时，中子在鈾上散射不再是各向同性的，而是在 0° 角方向有极大値。彈性散射微分截面随中子能量而改变，能量越高，各向异性越显著[6]。裂变譜中子对 $u^{238}$ 的 0° 角的平均微分截面 $\bar{\sigma}(0°)=3.95$ 巴恩/立体弧度，这就使得彈性散射在次級改正中占了最主要的地位。

2)　非彈性散射。在能量小于 2 兆电子伏时，非彈性散射是各向同性的，在能量大于 2 兆电子伏时，开始有各向异性，但远不如彈性散射显著。根据已有的去彈性散射截面以及角分布，估計裂变譜中子对 $u^{238}$ 0° 方向的非彈性散射截面不超过 0.30 巴恩/立体弧度，即比彈性散射小十倍以上。

3) 裂变。裂变譜中子的裂变截面为 0.309 巴恩[7]，裂变中子的各向异性不显著，$\bar{\nu}$ 是 2.84[8]，所以由此而引起的改正要比彈性散射小五十倍以上。

4) (n,2n)反应，閾能很高(将近 7 兆电子伏)，截面很小(峰值 1.5 巴恩左右)[3]，所以向前的产額比彈性散射小一百倍左右。

根据以上分析，我們只考虑了彈性散射的改正。改正应按下面的式子[9]：

$$\frac{\Delta\sigma_T}{\sigma_T}=\left(\frac{A R_d^2}{R_s^2 L^2}\right)\frac{\sigma(0)}{\sigma_T}\left[1+\frac{1}{4}\left(\frac{\alpha l}{\lambda}\right)+\frac{1}{18}\left(\frac{\alpha l}{\lambda}\right)^2+\cdots+\frac{1}{n!n}\left(\frac{\alpha l}{\lambda}\right)^{n-1}+\cdots\right]$$

式中 A——样品面积；$R_d$，$R_s$，L——分别为探测器与源，样品与源，样品与探测器的距离；$\sigma(0)$——0°方向单位立体角彈性散射微分截面；$\lambda$——总的平均自由程；l——样品厚度；$\alpha$——彈性散射积分截面与全截面之比。

因为$\frac{\alpha l}{\lambda}$很小，所以可以只取括号內的第一項，$\frac{\Delta\sigma_T}{\sigma_T}=\left(\frac{A R_d^2}{R_s^2 L^2}\right)\frac{\sigma(0)}{\sigma_T}$。

这样将我們实驗的具体数字代入，得到

$$\frac{\Delta\bar{\sigma}_T}{\bar{\sigma}_T}=1.43\%,\ \Delta\bar{\sigma}_T=0.107\ \text{巴恩}。$$

由此，改正后的平均全截面

$$\bar{\sigma}_T=7.580\ \text{巴恩}。$$

## 六、誤 差 分 析

下面我們逐項分析各种来源的誤差。

(1) 統計誤差。由于中子源很强，探測器效率又高，所以很容易获得足够的統計率。根据通常的規則計算，統計誤差为 0.30%。

(2) 核数目的誤差。

首先是样品成份問題。我們所用样品是金屬天然鈾，据分析純度为 99.8%。如果分析是正确的，則杂质引起的誤差是微不足道的。为了檢驗起見，在中子晶体譜仪[10]上，測量了样品的热中子单能全截面 $\sigma_T(E)$，結果与已知 $_{92}U$ 的数据[3]相符。至于天然鈾中 0.7%的 $U^{235}$ 引起的誤差，則因 $\bar{\sigma}_T(235)$与 $\bar{\sigma}_T(238)$几乎相等，完全可以忽略。

其次是样品称量和面积測量的誤差。称量用的天平是万分之一克的，但因天平有些损坏，只能称准到 10 毫克，就这样，称量的精确度也完全足够了。問題較大的是在面积測量上面，由于样品制备得不圓，在直徑測量上有千分之一的誤差，因而在核数目的計算結果上有 0.22% 的誤差。

最后是样品厚度不均匀可能带来的誤差。因为样品并不剛巧放在临界位置，所以并不是整个面积都在測量中起作用。如果厚度很不均匀，就会带来誤差。为此，我們事先将样品磨平，最后由于厚度不均匀性带来的誤差不超过千分之一。

綜上所述，核数目的誤差为 0.24%。

(3) 改正誤差。

关于忽略了漏計数改正而引起的誤差，小于千分之五，已見上节。

次級改正的誤差是用下列事实来計算的：当探測器距离不同时，校正的量也不同。因此从不同距离测得透射率求截面值經校正后的結果之間的相差，就代表了次級校正可能引入的誤差。我們的結果是：

$R_d=327$ 厘米，　　$\bar{\sigma}_T=7.580$ 巴恩；

$R_d=374.2$ 厘米，　　$\bar{\sigma}_T=7.596$ 巴恩；

$R_d=229$ 厘米，　　$\bar{\sigma}_T=7.649$ 巴恩。

由此得出最大改正誤差不超过 $\frac{\Delta\bar{\sigma}_T}{\bar{\sigma}_T}\leqslant 0.91\%$。

（4）　几何重复性与实驗装置稳定性。

由于测量时一共要取八个数据，几何位置的准确度与重复性如不能保証，将給測量結果带来誤差。因为我們在事先經过細致的調整，确定了最佳的几何位置，又合理地安排了測量程序，所以这方面的誤差是很小的。

另外，反应堆功率的飄移，$BF_3$ 計数管記录綫路的飄移，都可能給实驗带来誤差。但我們事先对探測系統进行了稳定度試驗（見第二节）而且測量过程很短（每一周期只需要半小时左右），所以也可預期这項誤差很小。

事实証明，实驗的几何重复性与稳定性是足够高的，这可以从历次測量的数据密切吻合这一事实得到証明，例如上节所引五次透射率測量結果，相差都在統計誤差范圍之內。其他不同条件的測量也都得到相同的結果。

关于本底測量的精确度，也可以用在不同距离、不同厚度样品測量結果的吻合来推断。具体数据表明，这方面的誤差不超过千分之五。

（5）　譜形变化引起的誤差。

在第一节中已經指出，透射中子的能譜較入射中子略有不同。长計数管对于这二种譜形的中子探測效率的差别，会給实驗結果带来誤差。由于我們沒有条件来精确地校准长計数管效率与中子能量的关系，只好用間接的方法来确定这部分誤差。

第一，譜形变化随着样品厚度而增加。当样品較薄时，譜形变化就很小。在我們測量三种不同厚度的样品时，結果符合得很好，相差不超过0.95%，由此可推断，由于譜形改变而引起的誤差不超过0.95%。

第二，我們用三种不同的长計数管結构 a、b、c（見第三节）对厚样品进行了測量，并与譜形改变較显著的含氫样品（石蜡）进行了比較。

測量結果如下表：

| 长計数管結构 | a | c | b |
|---|---|---|---|
| 鈾样品透射率 % | 50.81±0.13 | 50.65±0.12 | 50.60±0.15 |
| 石蜡样品透射率 % | 68.94±0.27 | 70.22±0.30 | 70.88±0.35 |

因为 a，b 結构分别对低能和高能中子灵敏度較高，所以譜形变化时測得的透射率就会改变。由測量結果可知，鈾样品的透射率变化不显著（在統計誤差范圍之內），而石蜡样品則有显著的改变，由此可得，鈾的譜形变化小于石蜡的譜形变化。显然，由于譜形变化引起的鈾的截面誤差，一定小于石蜡的截面誤差。

标准样品石腊的透射率测量值是(a)T=68.94%(c)T=70.22%(b)T=70.88%。石腊样品透射率的預期值(按氫、碳的已知单能全截面[3]$\sigma_T$(E)及鈈裂变中子譜[4]积分得出)为T=70.8%。由此可見，用我們的长計数管来测量标准样品，对截面的誤差不超过1.82%。由此，譜形改变对鈾平均全截面产生的誤差(用結构c)也不会超过1.82%。

为了参考起見，我們根据鈾和氫的$\sigma_T$(E)曲綫对T=50%的譜形改变进行了計算。計算結果表明，鈾的透射譜形变化为5.6%，平均能量变化2.1%。氫的透射譜形变化約为25%，平均能量变化30%。这些結果与我們的实驗事实是一致的。

綜合上面所述，譜形变化引起的誤差不超过1.82%。

根据上面对五类誤差分析的結果，可以計算出$U^{238}$ $\bar{\sigma}_T$测量的最后精确度为

$$\frac{\Delta\bar{\sigma}_T}{\bar{\sigma}_T}=2.13\% \qquad \Delta\bar{\sigma}_T=0.16\text{ 巴恩。}$$

因此，我們的最終实驗結果为

$$\bar{\sigma}_T=7.58\pm0.16\text{ 巴恩。}$$

事先我們根据已发表的$\bar{\sigma}_T$(E)值[3]与鈈裂变譜[4]积分得出

$$\bar{\sigma}_T=7.56\text{ 巴恩。}$$

可以看到，二者符合得非常好。

最后，我們感謝何澤慧先生对本工作的領导和关怀。李光定同志参加了一部分工作，也在此表示感謝。

## 参 考 文 献

[1] Hughes, *Pile Neutron Research*, Chapter 1.
[2] Marion & Fowlev, *Fast Nention Physics*, Part Ⅰ, Chapter ⅢA.
[3] Юз: *Атлас Нейтронных Сечений* 1958.
[4] 肖振喜、叶宗垣、張应 即将发表($U^{235}$及$Pu^{239}$裂变中子能譜测量)
[5] Hanson & McKibben, *Phys Rev*. **72**, 673(1947)
[6] *Progress in Nuclear Energy*, Ser. Ⅰ, Vol. Ⅱ, p.p.5—8.
[7] Leachman & Schmit, *Journal of Nuclear Energy*, **4**, 38—43(1957).
[8] 梁祺昌、王銳、陈进貴 原子能科学技术，1961年，第4期，199頁。
[9] Bratenahl et. al., *Phys. Rev*. **110**, 4, 927(1958).
[10] 戴傳曾、張焕乔、叶春堂等 原子能科学技术，1959年第2期，100頁。

# 裂变谱中子对铀-238的平均裂变截面测量[①]

张焕乔 陈进贵 崔德惠

本文描述了一个用双电离室记录裂变谱中子源强度刻度的监督裂变和天然铀样品裂变事件的方法，绝对测量裂变中子对天然铀的平均裂变截面$\bar{\sigma}_f$，其中裂变谱中子强度刻度的监督裂变事件是用测量平均瞬时裂变中子数的慢符合法和基于精确已知铀-235 热中子的平均瞬时裂变中子数$\bar{\nu}_{th}$值来确定的。测量得出:$\bar{\sigma}_f=\frac{0.769_4\pm0.014_4}{\bar{\nu}_{th}}$ 巴恩；如果采用$\bar{\nu}_{th}=2.43\pm0.02$，得出$\bar{\sigma}_f=0.318\pm0.06_5$巴恩。再根据已知天然铀的同位素成分，可以得出裂变谱中子对铀-238 的平均裂变截面$\bar{\sigma}_f^8$为$0.311\pm0.06_6$巴恩，这与单能截面按裂变中子谱积分给出的结果在误差范围内一致。

## （一）引言

铀-238 对裂变中子的平均裂变截面是核工程中需要的一个参数，对它精确测量是有实际意义的。可是迄今它的数据发表不多，仅在文献[1-3]中见及[*]。除[1] [2]结果较好符合外，其余结果在测定值和精度上都有不足；为此我们重新作了检定测量，此外，也为了建立在裂变谱中子上测量裂变截面的标准。

裂变截面的绝对测量，需要知道中子通量、裂变核数目和产生的裂变事件数，而裂变事件数可用高效率的电离室探测；裂变核的数目可用各种方式来“称量”(精度好于 1%)；至于中子强度的绝对测量，常见有两种方式，一是用已知效率的探测器来直接测量；另一种是用精确已知的某些物理量（如热中子的$\bar{\nu}_{th}$值和$\sigma_f$等）来间接测量。在用铀-235 热中子转换器作裂变中子源时，利用铀-235 精确已知的热中子$\bar{\nu}_{th}$值和记录它的裂变数来间接刻度中子源的强度，是方便可行的。其好处是既不探测中子又不需要测量裂变中子谱，实验上只需方便的记录裂变碎片，可获得高的精度。本工作就采用此种方法以双裂变电离室(以后称双裂变室)记录裂变中子源的监督裂变和天然铀样品裂变事件，从而定出天然铀的平均裂变截面，再根据已知天然铀的同位素成分，可以给出裂变谱中子对铀-238 的平均裂变截面，还可与单能截面按裂变中子谱积分给出的结果比较，借以判定测量的正确性。

## （二）实验原理和方法

在裂变截面绝对测量中，为了减少碎片在裂变物质层中的吸收，多用薄样品，这时裂变事件数为：

$$F_f=k\frac{\Omega}{4\pi}QN\bar{\sigma}_f \tag{1}$$

① 中华人民共和国科学技术委员会. 原子能科学技术文献（内部资料）1963.

＊中文“原子能”2，No. 3 (1957) 9 上附带给出$\bar{\sigma}_f^8$为 0.3 巴恩。和Pile Neutron Research in physics（1960）.P. 169. 给出$\bar{\sigma}_f^8$为 0.32±0.01 巴恩。

其中 $F_f$ 是改正了甄别阈损失后的天然铀裂变脉冲数；$k$ 是裂变室探测裂变碎片的效率；$\Omega$ 是天然铀样品对裂变中子源所张的有效立体角；$Q$ 是裂变中子源总强度；N 是天然铀样品每平方厘米上的铀核数目。

为了得到铀-238 的平均裂变截面$\bar{\sigma}_f^8$，尚需对天然铀中铀-235、铀-234 的裂变效应加以改正，设天然铀中铀-238 成分为 c，铀-235 成分为 $c_1$，则得出：

$$\overline{\sigma_f^8} = \frac{\bar{\sigma}_f - c_1\overline{\sigma_f^5} - (1 - c_1 - c)\overline{\sigma_f^4}}{c} \tag{2}$$

式中$\overline{\sigma_f^5}$和$\overline{\sigma_f^4}$分别是裂变谱中子对铀-235 和铀-234 的平均裂变截面。

然而由于天然铀中，铀-234 含量极少，何况原子量与铀-235 相近，加上$\overline{\sigma_f^4}$比起$\overline{\sigma_f^8}$很近于$\overline{\sigma_f^5}$，因此，近似可以把铀-234 的影响视为与铀-235 的一样，由此引入误差（<$10^{-7}$）完全可以忽略不计，这样得出：

$$\overline{\sigma_f^8} = \frac{\bar{\sigma}_f - (1 - c)\overline{\sigma_f^5}}{c} \tag{2a}$$

裂变谱中子源强度的测定：我们用铀-235 作热中子转换器，裂变中子强度用已刻度的监督裂变室来量度。由于天然铀对裂变中子效应较弱，实验上需要较强的裂变中子源，还希望几何形状最好接近点源。因此采用了 90% 的铀-235 厚金属圆片作热中子转换器(以后称裂变中子源)。如果直接记录它的裂变数来确定裂变中子源强度，显然是不行的，相当多的裂变碎片停在转换器中，并且裂变计数率很高，不能保证无漏失下计数。所以在实验中采用了一个和裂变中子源同样大小、同一来源的薄监督裂变样品，它与裂变中子源互相完全重合在一起，把它们和天然铀样品都装在一个钢容器中，构成一个双裂变室。由监督裂变室记录的裂变事件来量度裂变中子的强度，这里两者转换不是用源和监督样品的质量[1]实现的，因为要精确测定甚大的薄监督样品的质量(约 10 微克)是十分困难的。我们是采用已知效率的中子探测器，在无中子漏计数的条件下，同时记录监督裂变脉冲和裂变中子脉冲数目，根据这种记录的中子脉冲来刻度了监督裂变。

中子探测系统效率*是用测量平均瞬时裂变中子数$\bar{\nu}$值的慢符合法[4]和基于铀-235 的$\bar{\nu}_{th}$值来确定的。这时系统效率为：

$$\omega\eta = \frac{n_c - n_c'}{\bar{\nu}_{th} n_f} \tag{3}$$

式中， $n_c$是裂变与中子脉冲的符合计数率；$n_c'$是相应的偶然符合计数率；$n_f$裂变脉冲是计数率。然后将测量截面用的双裂变室，放在已知效率的中子探测系统中心，保证裂变中子源的位置和测量效率时裂变样品的位置完全相同(两者几何大小全同)。在没有漏计数条件下，同时记录监督裂变脉冲和中子脉冲数目，其计数率分别为$N_f$和$N_n$，相应本底计数率为$N_f'$和$N_n'$，得出两者比值为:

$$R = \frac{N_n - N_n'}{N_f - N_f'} \tag{4}$$

* 这里效率是指种子探测系统记录裂变中子效率η与手机裂变中子有效立体角ω的乘积。

由(3)(4)之结果，得出一个监督裂变脉冲相当的裂变中子数目为:

$$\frac{R}{\omega\eta}=\frac{\bar{v}_{th}\,n_f(N_n-N_n')}{(n_c-n_c')(N_f-N_f')}$$

在刻度了监督裂变之后，可以在高热中子通量(比如提高核反应堆功率)下来测量双裂变室的二种裂变脉冲计数，这时监督裂变室的脉冲记录条件(如甄别阈等)和R比值测量中一样。同时也可用中子探测系统来记录裂变中子脉冲计数(这时已有漏计数)，可由测定的漏计数曲线作改正，随时可以检查监督裂变室工作的正常性，诚然，它本身不能作为裂变中子强度的精确量度。以$F_{f0}$表示监督裂变脉冲计数率，$F_{f0}'$表示监督裂变脉冲本底计数率；$F_{fi}$表示在甄别阈$V_i$下的天然铀裂变计数率，$F_{fi}'$表示相应的本底计数率。取数据时$F_{f0}$和$F_{fi}$，$F_{f0}'$和$F_{fi}'$分别都是同时测量的，由此得出相应甄别阈$V_i$下两者计数率之比为：

$$T_i=\frac{F_{fi}-F_{fi}'}{F_{f0}-F_{f0}'}\tag{5}$$

由测出 Ti～Vi 变化的积分偏压曲线，用最小二乘法外推，给出甄别阈为零时的 $T_0$值，把它代入(1)式，得出天然铀的平均裂变截面为:

$$\bar{\sigma}_f=\frac{T_0(n_c-n_c')}{k\frac{\Omega}{4\pi}RNn_f v_{th}}\tag{1a}$$

再由(2a)即可算出铀-238 的平均裂变截面$\bar{\sigma}_f^8$。在这时裂变中子强度$Q=\left(F_{f0}-F_{f0}'\right)\frac{R}{\omega\eta}$。

## （三）实验装置

本实验是在我国重水型反应堆水平孔道上完成的。裂变中子是用铀-235 转换器来产生的。下面简述一下实验装置及调整。

**堆中子束的引出** 主要是合理选择束的大小，有效安排屏蔽，力求在可用的效应下得到最佳本底-效应比，我们曾比较了直径 6、8、9、10 毫米，长 1.2 米准直器的引出束，结果表明以Φ8 毫米最为有利。因此在实验中采用了长 1.2 米、开孔Φ8 毫米的铸铁准直器，在它出口端，配上一个“T”形碳化硼光阑，大大降低了中子本底。

堆中子束穿过探测系统后，被相距 2 米远的含硼石蜡、铁砂和铅块构成的捕集器吸收。

**测量裂变中子强度的装置**

(1)中子探测系统 这是一个圆柱形 $BF_3$-含硼石蜡中子探测系统,类似结构已在文献[4]中有所说明。现仅用 12 支长 30 厘米、直径为 2.5 厘米的 $BF_3$ 中子正比计数管，轴对称地均匀分布在中心带空腔的含硼石蜡圆柱孔中，计数管种气压力为 600mm-Hg，$^{10}B$ 丰度 80%，系统中 12 支计数管并联使用，测出坪宽为 250 伏，工作电压+2900 伏，由稳定度为 $3\times10^{-4}$的高压电源供给。 含硼石蜡圆柱中心空腔直径 20 厘米，壁上贴 1 毫米厚的镉筒，这显著降低中子本底。例如以准直孔 8 毫米引出束流，打在系统中心的裂变中子源上，中子计数是 300 多万/分，束上档镉，本底是 80 万/分，如空腔加镉筒，中子计数是 150 万/分，本底降为 7 万多/分。为了进一步减少本底，系统前端配有含硼石蜡环，四周有含硼石蜡箱将中子探测系统屏蔽。

(2) 慢符合测量用的裂变室和电子学线路　在慢符合测量中，为了有合适的裂变计数率。用了厚约 1 毫克/平方厘米的浓缩 20%的铀-235 样品，它是沉积在直径 1 厘米、厚 0.1 毫米的铝箔上，裂变室铝壳长 15 厘米、直径 5 厘米，其中，电极直径为 4.5 厘米的铝片，间距 1 厘米，充氩气，压力为 1 个大气压，在载铀电极上加负 350 伏直流电压，裂变室是以收集电子方式工作的。整个裂变室是用三角铝架支在中子探测系统中心，样品在系统中心的位置是用铜箔活化确定的，偏心不超过 5 毫米，轴向中心量度也在 5 毫米以内，这时样品和准直器端相距约 1 米。

慢符合测量用的电子线路在[4]中已有说明，实验中无大的变动。

（3）刻度监督裂变用的电离室　照说应该用测量截面的双裂变室，这既可避免监督裂变室由于二次装配带来的误差，又可保证在同一条件下计数，还可同时记录裂变中子，大致可由中子漏计数曲线给出值随时检定监督裂变室工作的正常性。但由于双裂变室直径稍大，不能装入中子探测系统空腔，因此，在 R 值测量中，把监督裂变样品装在慢符合测量的裂变室套中，二个电极直径为 4.5 厘米，间距 1.2 厘米，充氩气，压力为 730mm-Hg 柱，工作电压负 450 伏，由干电池供给。而直径均为 1 厘米的裂变中子转换器和裂变监督样品互相完全重合在一起，固定在负电极中心，入射的堆中子先打在转换器上，然后再照射裂变监督样品，在我们实验中，转换器室用重约 400 毫克的金属铀（90%$^{235}$U），监督样品是约 10 微克的同一来源的铀（90%$^{235}$U）电沉积在铝片上，铝片厚 0.08 毫米。

**测量裂变截面用的双裂变室**　根据拟定的实验方案，在设计这裂变室时，考虑了下列原则：(a)天然铀样品对裂变中子有尽可能高的利用率，应使样品对裂变中子源张大的立体角；(b)天然铀样品对裂变中子源有确定的几何，使之可方便精确地计算他们之间的立体角；(c)天然铀样品尽可能大些，保证在薄样品下任有足够的铀量，可由称重定出原子核的数目；(d)裂变中子源对天然铀样品应力求接近点源；(e)裂变室内应少用附加物质，以求减少中子散射本底。为了满足上述要求，结合加工方便，考虑到我们用的是天然铀（没有贫化）样品，最好避开堆中子束照射，因此选用了圆柱形的天然铀裂变室。

双裂变室的结构如图 1 所示，圆筒形天然铀裂变室收集极是外层的一个铝筒，直径微 17 厘米，高 16 厘米，用的铝片厚 0.1 毫米；负电极是由镉片上载有天然铀样品的内圆筒构

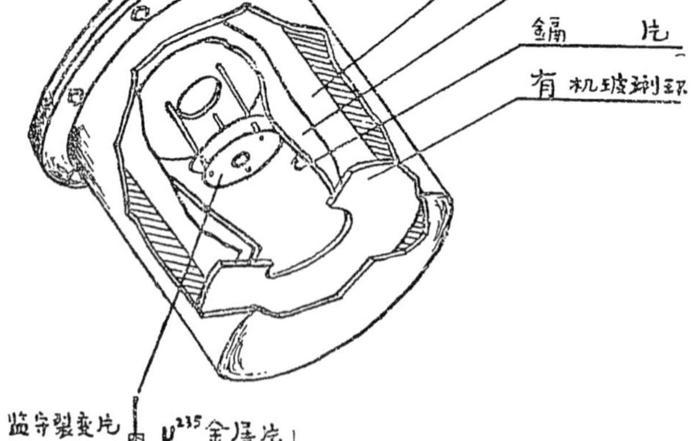


图 1　双裂变室結构图

成，直径为 15 厘米，镉片厚 0.5 毫米，高 16 厘米，加-450 伏电压。采用镉筒是为了防止散射热中子照射样品引起本底。在负电极上的样品，是用电化法沉积氧化铀在 0.1 毫米厚的铝片上得到的，经过加热使涂层成质量稳定的 $U_3O_8$，在本实验中用了两种厚度的样品，一个是大小微 12.4×47 厘米 $^2$、厚度为 0.184 毫克/厘米 $^2$ 的 $U_3O_8$ 单面样品；另一个是大小为 12×47 厘米 $^2$、厚度为 0.387 毫克/厘米 $^2$ 的 $U_3O_8$ 单面样品，它们都匀称地载在镉筒表面上，由于电极比样品高出 4 厘米，大大减少了样品边缘裂变碎片的损失，由此引起的效率降低，得到了减弱以至可以忽略。

在圆筒的中间，有一个平行板监督裂变室，电极是厚 0.1 毫米、直径 45 毫米的铝片构成，极间距离是 1.2 厘米，几何结构完全和 R 测量中一样。在负电极中心，有 1 厘米的圆孔，在孔上嵌入了裂变中子源和监督裂变样品，由加工支架保证了他们的位置严格在天然铀样品筒的中心，加在负电极上的电压也是-450 伏，双裂变室都是按收集电子方式工作的。

双裂变室内部支承很简单，监督裂变室两个电极支承在有机玻璃环上的三根铜杆上，电极绝缘是用有机玻璃套实现的，套管严格确定了电极距离，天然铀裂变室两圆筒电极两端连接在有机玻璃环上，其中一个环上还装有监督裂变室，然后靠两个环将它们维持在双裂变室钢壳内。这钢套长 22 厘米，内径 20 厘米，它的气体密封是用一个橡皮”0”圈压在黄铜的法兰盘上靠螺栓压紧的。在法兰盘上，装了一根进气的紫铜管，四个金属柯瓦，互相分立，且以铜盒和外界屏蔽。

关于这种结构的双裂变室，如图 2 所示，源对两个天然铀样品所张立体角，在不计源于天然铀样品时的厚度时应为：

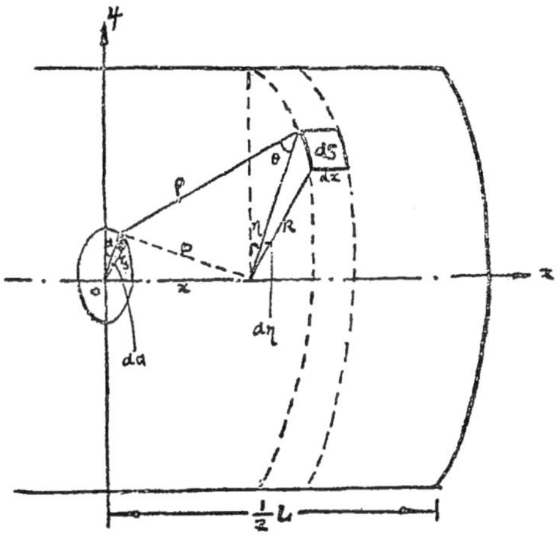

图 2 源对样品所张的立体角示意图

$$\Omega = 8R_0\int_0^{\frac{\pi}{2}}\int_0^{R_s}\int_0^{\frac{L}{2}}\int_0^{\pi}\frac{[R_0 - r_s\cos(\eta-\alpha)]r_s}{[R_0^2 + r_s^2 + x^2 - 2R_0r_s\cos(\eta-\alpha)]^{\frac{3}{2}}}d\eta dx d\alpha dr_s$$

$$= \frac{\pi}{2}\int_0^{R_s}\int_0^{2\pi}\frac{4R_0[R_0 - r_s cos\eta']r_s L dr_s d\eta'}{[R_0^2 + r_s^2 - 2R_0r_s cos\eta'][R_0^2 + r_s^2 - 2R_0\, r_s cos\eta' + \frac{L^2}{4}]^{1/2}} \tag{6}$$

这里$\eta' = \eta - \alpha$，$d\eta' = d\eta$；式中$R_s$是源的半径，$R_0$是天然铀圆筒的半径，L 是天然铀圆筒的高度。当$R_s = 0.5$厘米，$R_0 = 7.5$厘米，在 L=12 厘米时，$\Omega_0 = 6.1693$；L=12.4 厘米时，$\Omega_0 = 6.2921$。

## （四）实验测量结果

**中子探测系统“效率”的测量结果**　测量前为了检定记录系统工作的正确性，曾观测了它的统计分布，得到满意的结果。为了可靠选择慢符合电子门宽 $\tau$，又测量了系统的中子寿命曲线，由此选定电子门宽 $\tau$ 为 500 微秒，保证每次裂变产生的中子脉冲在电子门宽时间内全部被记录

在慢符合测量中，记录了$n_c$、$n_c'$、$n_f$和$n_n$，　它们分别是裂变与中子脉冲符合、裂变与中子脉冲偶然符合、裂变脉冲和中子脉冲的计数，也用中子计数率$n_n$和电子门宽 $\tau$ 算出了偶然符合数，发现与测量值$n_c'$一致。测量中经常检查二道符合线路的正确性和监视门宽有无变化，保证记录数据可靠。最后得到中子测量系统“效率”的结果列入表 1 中。

表 1 中子探测系统“效率”的测量结果

| $n_f$ | $n_c$ | $n_c'$ | $\overline{v_{\text{th}}}\omega\eta\times10^{-2}$ | $\Delta\overline{v_{\text{th}}}\omega\eta$ $\times10^{-2}$ | $\dfrac{\Delta\overline{v_{\text{th}}}\omega\eta}{\overline{v_{\text{th}}}\omega\eta}$ % |
|---|---|---|---|---|---|
| 332681 | 14391 | 1645 | 3.8332 | $0.038_6$ | 1.008 |

**R 值的测量结果**　利用定出对裂变中子“效率”的中子探测系统，装上欲刻度的监督裂变室于系统中心，在无漏计数的条件下，测量裂变中子和监督裂变脉冲计数率的比值 R。测量前为了充分掌握影响计数性能的条件和可重复程度，以便确保 R 值和 $T_i$ 测量重监督裂变室性能一样，曾多次作了改变条件(如充气压力、极间距离等)的试验，找出了这些条件许可变化的最大范围。也在选定的条件下，多次试了重复性的程度，并都得到了保证。根据试验，我们选用电离室充气压力 730mm-Hg，极间距离 1.2 厘米，测出积分偏压曲线如图 3 所示。

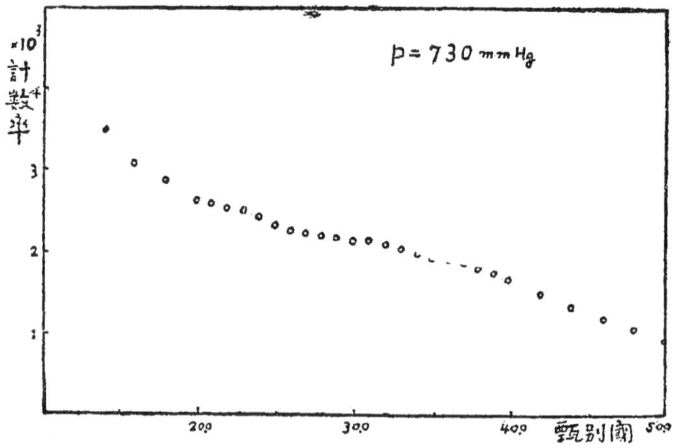


图 3　积分偏压曲綫

为了检定监督裂变室工作的正确性和实验确定中子开始出现漏计数时的监督裂变脉冲计数率，在改变堆功率下(入射热中子通量变化)测量了裂变中子脉冲与监督裂变脉冲的计数率。由裂变计数率与堆功率的直线关系证明监督裂变室工作正常。由测出 R～监督裂变脉冲

计数率变化曲线（见图 4），得出了中子脉冲发生漏计数的起始监督裂变脉冲计数率是 820 脉冲/分左右，这里也得出中子漏计数的校正曲线。

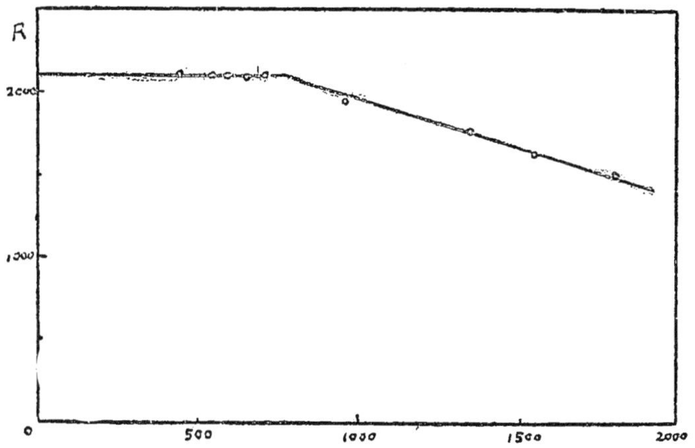


图 4　$R$ 与监守裂变脉冲变化特性

在 R 值测量中，还试验了裂变中子源位置的影响，曾将监督裂变室旋转，在 $0^{o}$、$90^{o}$、$180^{o}$、$270^{o}$ 四个位置测量了 R 值，结果表明，由于源的偏心使 R 值在统计误差范围内不变。监督裂变样品轴向偏离中心前后 2 厘米，测量 R 值也在统计误差范围内不变。整个实验中，裂变室的位置实际控制偏心和前后偏离都不超过 5 毫米。

作 R 值测量时，监督裂变脉冲计数率选在 820 脉冲/分以下，确保无中子漏计数发生。本底时在准直器孔上档 1 毫米厚的镉片测出的，这时将镉上中子产生的裂变中子也归入本底，使得是镉下中子引起裂变。为了减小测量时间内入射中子通量变化得影响，测量程序是:本底-效应-本底。测量结果列于表 2。

表 2 无漏计数下裂变中子与监守裂变脉冲计数率的比值 R

| $N_n$ | $N_n'$ | $N_f$ | $N_f'$ | $R$ | $\frac{\Delta R}{R}\%$ |
|---|---|---|---|---|---|
| 233141921/176’ | 32624693/145’ | 89394/166’ | 3361/145’ | 2133.881 $\pm$ 7.639 | 0.358% |

**天然铀裂变脉冲与监督裂变脉冲计数率的比值 $T_i$ 的测量结果**　在堆功率 3000 千瓦的引出中子束上，用双裂变室进行测量。既然双裂变室不能放进中子探测系统空腔，为了提高计数率在实验中就把它放在距准直器 25 厘米处，双裂变室除中子入口外其余全包上 0.5 毫米厚的镉片，这时它的位置是靠监督裂变的最大计数率来确定的。

在测量过程中，双裂变室的二道脉冲是同时记录的，本底测量是在入射对中子束上档镉片，测量程序也是“本底-效应-本底”，按此方式测出天然铀的积分偏压曲线 $T_i$～Vi，用最小二乘法外推给出零甄别阈的 $T_0$。对厚度为 0.387mg/cm$^2$ 的样品，结果列入表 3 中，外推出 $T_0=(1.679\pm0.006)\times10^{-2}$；对厚度为 0.184mg/cm$^2$ 的样品，结果列入表 4 中，得出 $T_0=(8.252\pm0.008)\times10^{-3}$。在薄样品时的积分偏压曲线如图 5、6 所示，响应的监守裂变室积分偏压曲线如图 7 所示。

表 3　厚度为 0.387mg/cm²$U_3O_8$样品 Ti 测量结果

| 天然铀裂变脉冲计数 | | | | | | | | $V_c$:0-90　监守裂变室脉冲计数 | | | | | | | $T_i\times10^{-2}$ | $\Delta T_i\times10^{-2}$ |
|---|---|---|---|---|---|---|---|---|---|---|---|---|---|---|---|---|
| $V_c$ | $t_f$ | $N_f$ | $n_f$ | $t'_f$ | $N'_f$ | $n'_f$ | $n_f-n'_f$ | $t_{f0}$ | $N_{f0}$ | $n_{f0}$ | $t'_{f0}$ | $N'_{f0}$ | $n'_{f0}$ | $n_{f0}-n'_{f0}$ | | |
| 0-20 | 138 | 14557 | 105.486 | 122 | 3807 | 31.205 | 74.2810 | 51 | 235811 | 4623.745 | 146 | 18701 | 128.089 | 4495.656 | 1.652 | 0.023 |
| 0-30 | 151 | 14481 | 95.901 | 149 | 3651 | 24.503 | 71.398 | 152 | 679784 | 4472.263 | 150 | 18857 | 125.713 | 4346.550 | 1.643 | 0.021 |
| 0-40 | 308 | 28653 | 93.029 | 222 | 5166 | 23.270 | 69.759 | 259 | 1141050 | 4405.598 | 238 | 29888 | 125.580 | 4280.018 | 1.630 | 0.015 |
| 0-50 | 121 | 10809 | 89.331 | 122 | 2572 | 21.082 | 68.249 | 120 | 521429 | 4345.242 | 122 | 15177 | 124.402 | 4220.840 | 1.617 | 0.023 |
| 0-60 | 115 | 10207 | 88.757 | 118 | 2607 | 22.093 | 66.664 | 115 | 508492 | 4421.670 | 120 | 15299 | 127.492 | 4294.178 | 1.552 | 0.023 |
| 0-70 | 121 | 10243 | 84.653 | 123 | 2646 | 21.512 | 63.141 | 119 | 520566 | 4374.504 | 121 | 16060 | 124.463 | 4250.041 | 1.486 | 0.022 |
| 0-80 | 125 | 10280 | 82.240 | 121 | 2452 | 20.041 | 62.199 | 96 | 424389 | 4420.719 | 119 | 15155 | 126.513 | 4294.206 | 1.448 | 0.021 |
| 0-90 | 30 | 1932 | 64.400 | 28 | 404 | 14.429 | 49.971 | 30 | 122218 | 4073.933 | 28 | 3254 | 116.214 | 3957.719 | 1.263 | 0.041 |

最小二乘法外推结果

| $i$ | $T_i\times10^{-2}$ | $a_i$ | $b_i$ | $P_i$ | $P_ia_iT_i\times10^{-2}$ | $P_ia_iT_i$ | $P_ib_i^2$ | $P_ib_iT_i\times10^{-2}$ | $T_{i计}\times10^{-2}$ | $v_i\times10^{-2}$ | $P_iv_i^2\times10^{-4}$ |
|---|---|---|---|---|---|---|---|---|---|---|---|
| 1 | 1.6523 | 1 | 2 | 0.181419 | 0.2997568 | 0.362838 | 0.725676 | 0.5995172 | 1.6553 | -0.0030 | 0.000001632744 |
| 2 | 1.6426 | 1 | 3 | 0.219444 | 0.3604587 | 0.658332 | 1.974996 | 1.0813761 | 1.6435 | -0.0009 | 0.00000017774964 |
| 3 | 1.6299 | 1 | 4 | 0.417627 | 0.6806902 | 1.670508 | 6.682032 | 2.7227608 | 1.6316 | -0.0017 | 0.00000120694203 |
| 4 | 1.6170 | 1 | 5 | 0.181510 | 0.2935017 | 0.90755 | 4.53775 | 1.4675085 | 1.6198 | -0.0028 | 0.0000014230384 |
| Σ | | | | 1 | 1.6344092 | 3.599228 | 13.920454 | 5.8711626 | | | 0.00000444047407 |

外推值$T_0=(1.6790\pm0.0056_5)\times10^{-2}$

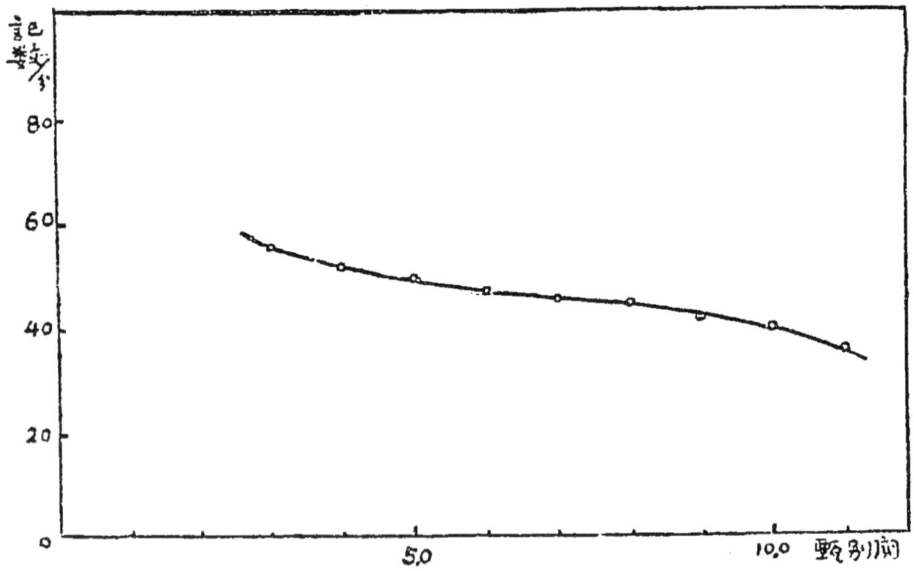


图 5　天然鈾(厚度 0.1842mg/cm²) 裂变积分偏压曲綫

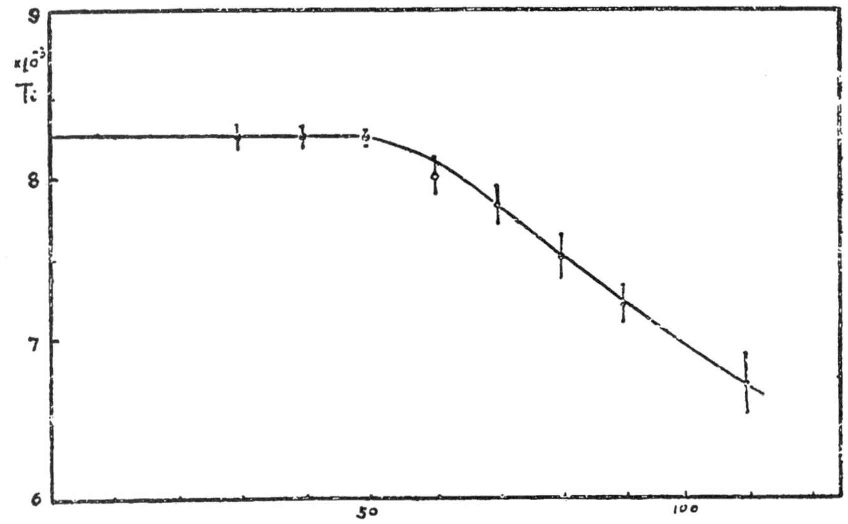


图 6　去除本底后天然鈾(0.1842mg/cm²)相对监守裂变計数 $T_i$ 的积分偏压曲綫

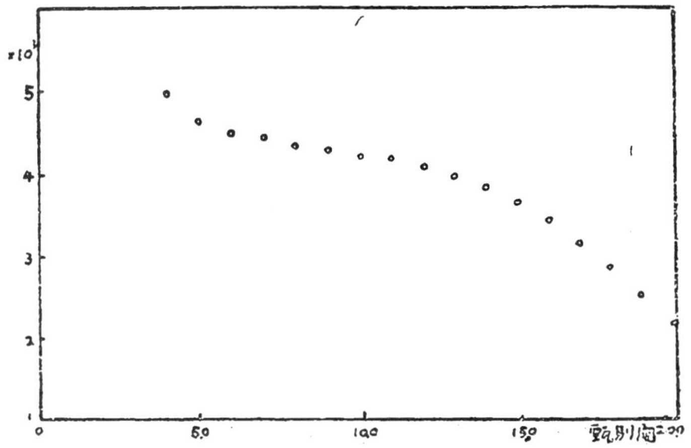


图 7　双裂变室中监守裂变室的积分偏压曲綫

表 4 厚度为 0.1842mg/cm²$U_3O_8$ 样品 Ti 测量结果

| 天然铀裂变脉冲计数 | | | | | | | | $V_c$:0-90　监守裂变室脉冲计数 | | | | | | | $T_i\times10^{-2}$ | $\frac{\Delta T_i}{T_i}\times10^{-2}$ | $\Delta T_i\times10^{-2}$ |
|---|---|---|---|---|---|---|---|---|---|---|---|---|---|---|---|---|---|
| $V_c$ | $t_f$ | $N_f$ | $n_f$ | $t'_f$ | $N'_f$ | $n'_f$ | $n_f-n'_f$ | $t_{f_0}$ | $N_{f_0}$ | $n_{f_0}$ | $t'_{f_0}$ | $N'_{f_0}$ | $n'_{f_0}$ | $n_{f_0}-n'_{f_0}$ | | | |
| 0-30 | 222 | 12199 | 54.950 | 336 | 6409 | 19.074 | 35.876 | 256 | 1148036 | 4484.516 | 966 | 123325 | 127.666 | 4356.850 | 8.2344 | 1.5406 | 0.1269 |
| 0-40 | 311 | 15735 | 50.595 | 422 | 6214 | 14.725 | 35.870 | 256 | 1148036 | 4484.516 | 966 | 123325 | 127.666 | 4356.850 | 8.2330 | 1.2429 | 0.1023 |
| 0-50 | 371 | 18156 | 48.938 | 277 | 3628 | 13.097 | 35.841 | 256 | 1148036 | 4484.516 | 966 | 123325 | 127.666 | 4356.850 | 8.2264 | 1.1850 | 0.0975 |
| 0-60 | 270 | 12484 | 46.237 | 283 | 3511 | 12.406 | 33.831 | 248 | 1080930 | 4358.589 | 966 | 123325 | 127.666 | 4230.923 | 7.9961 | 1.3744 | 0.1099 |
| 0-70 | 243 | 11036 | 45.216 | 200 | 2508 | 12.540 | 32.876 | 239 | 1033819 | 4325.603 | 966 | 123325 | 127.666 | 4197.937 | 7.8315 | 1.5234 | 0.1193 |
| 0-80 | 226 | 10046 | 44.451 | 38 | 495 | 13.026 | 31.425 | 227 | 983116 | 4330.907 | 966 | 123325 | 127.666 | 4203.241 | 7.4764 | 2.3396 | 0.1749 |
| 0-90 | 184 | 7714 | 41.924 | 54 | 637 | 11.796 | 30.128 | 209 | 902707 | 4319.172 | 966 | 123325 | 127.666 | 4191.506 | 7.1879 | 2.2200 | 0.1596 |
| 1-00 | 125 | 4977 | 39.816 | 40 | 375 | 9.375 | 30.441 | 125 | 539196 | 4313.568 | 966 | 123325 | 127.666 | 4185.902 | 7.2722 | 2.4467 | 0.1779 |
| 1-10 | 110 | 3982 | 36.200 | 25 | 203 | 8.120 | 28.080 | 110 | 474477 | 4313.420 | 966 | 123325 | 127.666 | 4185.754 | 6.7085 | 2.8836 | 0,1934 |

最小二乘法外推结果

| $i$ | $T_i\times10^{-3}$ | $a_i$ | $b_i$ | $P_i$ | $P_ia_iT_i\times10^{-3}$ | $P_ia_iT_i$ | $P_ib_i^2$ | $P_ib_iT_i\times10^{-3}$ | $T_{i计}\times10^{-3}$ | $v_i\times10^{-3}$ | $P_iv_i^2\times10^{-6}$ |
|---|---|---|---|---|---|---|---|---|---|---|---|
| 1 | 8.2344 | 1 | 3 | 0.2364 | 1.9466 | 0.7092 | 2.1276 | 5.8398 | 8.2367 | -0.0023 | 0.000001250556 |
| 2 | 8.2330 | 1 | 4 | 0.3633 | 2.9910 | 1.4532 | 5.8128 | 11.9642 | 8.2316 | +0.0014 | 0.000000784 |
| 3 | 8.2264 | 1 | 5 | 0.4003 | 3.2932 | 2.0015 | 10.0075 | 16.4651 | 8.2265 | -0.0001 | 0.000000004 |
| Σ | | | | | 8.2308 | 4.1639 | 17.9479 | 34.2691 | | | 0.000002038556 |

外推值$T_0=(8.2520\pm0.0077_5)\times10^{-3}$

为了了解本底情况，曾取出裂变中子源和裂变监督样品，而其它条件不变，测量了由于散射中子、大厅本底和非裂变$\gamma$射线在内的$\gamma$射线本底的脉冲计数，在甄别阈“4.0”处，当反应堆水平孔道关闭时，测出天然铀本底脉冲计数为 35/201 分，监督裂变室计数为149/206 分；在堆中子束上档镉片时，测出天然铀裂变脉冲数为 366/121 分，监督裂变室计数为 136/117 分；当以堆中子入射时，天然铀裂变脉冲计数为 752/170 分，监督裂变室计数为 407/170 分。由此可见，在我们 $T_i$ 测量中，天然铀裂变脉冲本底中有相当部分是超镉中子引起铀-235 裂变发射的裂变谱中子所产生(照说可不作本底)。这种测量纯系了解本底性质，它并不影响最后结果。

**天然铀样品厚度和均匀性的测量结果**　铝上沉积 $U_3O_8$ 的重量，是用万分之一克天平称量，天平实际精度不超过 0.5 毫克，对实验中用的第 1 号样品，面积为 12×47 厘米$^2$， $U_3O_8$ 重量为(218.1±1.0)毫克，定出它的厚度为 0.387 毫克/厘米$^2$，每平方厘米上的铀原子数目为 8.296×10$^{17}$/厘米$^2$；第 2 号样品，面积为 12.4×47 厘米$^2$， $U_3O_8$ 重量为(107.4±1.0)毫克，得出厚度为 0.184 毫克/厘米$^2$，每平方厘米上的铀原子数目为 3.952×10$^{17}$/厘米$^2$。为了判明样品的最大不均匀性，曾用核-2 50 微米厚度的原子核乳胶来记录铀核放射的$\alpha$粒子数目*。我们在 2 号样品上均匀分布了六块 3×5cm$^2$ 的核乳胶，“曝光”28 小时，测量结果†列于表 5 中，得到每个视野$\alpha$粒子径迹数目的权重平均值为 11.222±0.135 条，表明样品平均不均匀性视 2%，最大不均匀性小于 4.5%。用半导体测量结果也与乳胶数据符合。

表 5 核-2 50 微米原子核乳胶测得 2 号样品$\alpha$粒子的数目

| 乳胶编号 | 测量视野数 | $\alpha$粒子径迹数 | 每个视野$\alpha$粒子径迹平均数 | 统计误差 | 每个视野$\alpha$粒子径迹平均数与权平均之差 |
|---|---|---|---|---|---|
| 1 | 868 | 10164 | $11.709_6$ | $0.116_5$ | $+0.487_4$ |
| 2 | 889 | 10045 | $11.299_2$ | $0.112_7$ | $+0.077_0$ |
| 3 | 932 | 10285 | $11.036_4$ | $0.108_8$ | $-0.185_8$ |
| 4 | 805 | 9013 | $11.196_8$ | $0.117_9$ | $-0.025_9$ |
| 5 | 880 | 9609 | $10.919_8$ | $0.111_4$ | $-0.302_9$ |

## （五）平均裂变截面的计算和误差分析

**厚度为 0.387 毫克/厘米$^2$天然铀样品的结果**　为了计算截面$\bar{\sigma}_f$，由(1a)式可知，除上面测定值外，还需考虑下列几个值。

* 在 $t/2R\leq1$ 时，铀层厚度正比于$\alpha$粒子计数，这里，$t$是样品厚度，$R$是$\alpha$粒子在 $U_3O_8$ 涂层中的平均射程。

† 照射六块乳胶中，一块显影时被白片混入而未显影，所以只有五块乳胶的结果。

(1) 碎片在 $U_3O_8$ 涂层中自吸收所决定裂变室的效率 $k$：对2π收集的平行板电离室，$k=1-\frac{t}{2R_0}$，这里 $t$ 是样品厚度，$R_0$是裂变碎片在 $U_3O_8$ 涂层中的平均射程。原来[5]中给出$R_0=10$毫克/厘米$^2$，新近[6]中给出$R_0=(7.74\pm0.25)$毫克/厘米$^2$，对 1 号样品得出：

当$R_0$=7.74 毫克/厘米$^2$时，　$k$=97.50%；

$R_0$=10 毫克/厘米$^2$时，　$k$=98.07%。

(2) 立体角修正：由于双裂变室中，天然铀样品圆筒有 1 厘米宽的缝，比前面按闭合圆筒计算的立体角$\Omega_0$小，其修正量为$\frac{1}{48.1}=2.07_9\%$，所以真正的立体角应为：

$$\frac{\Omega}{4\pi}=0.0979_2\left(\frac{\Omega_0}{4\pi}\right)=0.4807$$

将得到的全部有关数据代入(1a)中，给出天然铀对裂变谱中子的平均裂变截面。

在$R_0=7.74\pm0.25$毫克/厘米$^2$时，$\bar{\sigma}_f=\frac{0.775_6}{\bar{\nu}_{th}}$，

如$R_0$=10 毫克/厘米$^2$时，$\bar{\sigma}_f=\frac{0.772_3}{\bar{\nu}_{th}}$。

现在我们来估计天然铀对裂变谱中子的平均裂变截面的误差，由(1a)知道$\bar{\sigma}_f$的相对误差为：

$$\left(\frac{\Delta\bar{\sigma}_f}{\bar{\sigma}_f}\right)^2=\left(\frac{\Delta\bar{\nu}_{th}}{\bar{\nu}_{th}}\right)^2+\left(\frac{\Delta T_0}{T_0}\right)^2+\left(\frac{\Delta\Omega}{\Omega}\right)^2+\left(\frac{\Delta N}{N}\right)^2+\left(\frac{\Delta k}{k}\right)^2+\left(\frac{\Delta\omega\eta}{\omega\eta}\right)^2+\left(\frac{\Delta R}{R}\right)^2+\left(\frac{\Delta V_c}{V_c}\right)^2 \quad (7)$$

进一步考虑起来，误差还应计入：裂变中子谱的微小畸变(如源的厚度和氧化、裂变中子少量被非弹性散射等)；测量中子探测系统效率和截面时用的裂变中子源厚度不同，裂变中子衰减略有差异，因此监督裂变刻度应作微小修正；至于记录系统分辨时间决定的计数漏失影响很小，测量中电子仪器的漂移引入误差在 $10^{-3}$ 以下，另外应加上在$R$和$T_i$测量中，由于两次装配的监督裂变室性能不同引入的误差*，这些表记为$\frac{\Delta V_c}{V_c}$. 下面分别说明尚未给出的有关误差。

(i)样品自吸收和部均匀性引入的修正误差$\left(\frac{\Delta k}{k}\right)$：因

$$\left(\frac{\Delta k}{k}\right)^2=\frac{1}{(2R_0-t)^2}\left[(\Delta t)^2+t^2\left(\frac{\Delta R}{R}\right)^2\right]$$

对 1 号样品，均匀性不超过 3%，得出：

在$R_0=7.74\pm0.25$毫克/厘米$^2$时，$\left(\frac{\Delta k}{k}\right)^2=0.01278\times10^4$，

如$R_0$=10 毫克/厘米$^2$时，$\left(\frac{\Delta k}{k}\right)^2=0.003504\times10^{-4}$。

(ii)立体角误差$\left(\frac{\Delta\Omega}{\Omega}\right)$：由于立体角的近似计算引入的误差已经限制在其它误差之下，可以忽略。但由于裂变室结构偏离理想几何条件引入的误差必须考虑，例如裂变中子源不在

* 这项误差是可以不出现在实验中，只须将二次测量都用同一次制造的双裂变室。

天然铀样品圆筒的中心，两者几何形状不圆。照说可以在各种情况下去计算立体角，但问题变得复杂，现在我们没有严格去计算。由于考虑到：设计加工条件保证了几何性偏离不大，何况出现偏离在立体角上尚有对消作用。例如源出现了偏心，对样品圆筒一部分是增加立体角，另一部分则是在减小；如源不在圆筒中间，同样一端立体角增大，另一端则减小。我们具体估算一下在我们条件下，如源离开圆筒中心 5 毫米，无偏心，这时，两端各相应 $L_1/2=6.5$ 厘米和 $L_2/2=5.5$ 厘米，算出立体角为：

$L_1=13$ 厘米时，$\frac{\Omega_{13}}{2}=3.23371sr$，

$L_2=11$ 厘米时，$\frac{\Omega_{11}}{2}=2.92032sr$，

如源在中心，$L=12$ 厘米，得出$\frac{\Omega_{12}}{2}=3.08466\text{sr}$，显见

$$\Delta\Omega_L=\left|\Omega_{12}-\frac{1}{2}(\Omega_{13}+\Omega_{11})\right|=0.0152847,$$

$$\frac{\Delta\Omega_L}{\Omega_L}=0.247_8\%,$$

如再考虑偏心 5 毫米，估计有同等的误差，最后给出立体角误差为:$\frac{\Delta\Omega_L}{\Omega_L}=0.350\%$。

(iii)铀核数目的误差：实验中样品重量误差小于1毫克，线度测量误差不超过1毫米，由此得出：$\left(\frac{\Delta N}{N}\right)^2=0.94989\times10^{-4}$。

(iv) $\left(\frac{\Delta V_c}{V_c}\right)$的估计：根据测出两次装配监督裂变室的偏压曲线和多次重复试验该裂变室性能的偏压曲线，按其坪的斜率，估计出变化约为 0.8%，与外推零甄别阈脉冲数作出的估计相近。何况其中还有测量时间内，堆中子通量的涨落和计数的统计误差因素在内。

将所有给出的各项误差值代入(7)式，得出 1 号样品的天然铀裂变截面相对误差为：

在$R_0=(7.74\pm0.25)$毫克/厘米$^2$时，$\frac{\Delta\bar{\sigma}_f}{\bar{\sigma}_f}=\sqrt{\left(\frac{\Delta\bar{v}_{th}}{\bar{v}_{th}}\right)^2+2.98338\times10^{-4}}$,

如$R_0=10$毫克/厘米$^2$，则$\frac{\Delta\bar{\sigma}_f}{\bar{\sigma}_f}=\sqrt{\left(\frac{\Delta\bar{v}_{th}}{\bar{v}_{th}}\right)^2+2.97410\times10^{-4}}$,。

最后，1 号样品测量结果为：

$$\begin{cases}\bar{\sigma}_f=\dfrac{0.775_6\pm0.013_4}{\bar{v}_{th}}, R_0=(7.74\pm0.25)mg/cm^2\\ \bar{\sigma}_f=\dfrac{0.772_3\pm0.013_3}{\bar{v}_{th}}, \qquad R_0=10mg/cm^2\end{cases}\qquad(8)$$

**厚度为 0.184 毫克/厘米$^2$天然铀样品的结果**：为了确定$\bar{\sigma}_f$，除上面给出的测定值外，还需考虑下列几个值。

(1) 碎片在 $U_3O_8$ 涂层中自吸收修正和修正误差：在$R_0=(7.74\pm0.25)$毫克/厘米$^2$时，$k=0.988_1$；如采用$R_0=10$毫克/厘米$^2$，则$k=0.9908$。根据核乳胶测量铀 $\alpha$ 粒子

得出 2 号样品厚度不均匀性为 2%，由此定出自吸收修正和不均匀性引起的误差为:

在$R_0 = 7.74 \pm 0.25$毫克/厘米$^2$时，$\left(\frac{\Delta k}{k}\right)^2 = 0.00208839 \times 10^{-4}$，

如$R_0$=10 毫克/厘米$^2$时，$\left(\frac{\Delta k}{k}\right)^2 = 0.00034488 \times 10^{-4}$。

(2) 立体角的修正: 实际用的天然铀圆筒有一条宽 7 毫米的缝，比前面按封闭圆筒计算的立体角小，修正系数为$\left(1 - \frac{0.7}{47.7}\right)$，真实立体角$\frac{\Omega}{4\pi} = \left(1 - \frac{0.7}{47.7}\right)\frac{\Omega_0}{4\pi}$=0. 49336，相应的误差与 1 号样品同样考虑，估计为$\frac{\Delta\Omega}{\Omega} = \sqrt{0.12281 \times 10^{-4}}$。

(3) 确定铀核数目的误差:与 1 号样品一样，称重精度 1 毫克，样品大小线度量度准确到 1 毫米以内，得出$\frac{\Delta N}{N} = \sqrt{1.56258 \times 10^{-4}}$。

(4) 附加项误差$\left(\frac{\Delta V_c}{V_c}\right)$的估计:与 1 号样品一样，估计为$\left(\frac{\Delta V_c}{V_c}\right)^2 = 0.64 \times 10^{-4}$。

利用所有给出值，分别代入(1a)和(7)式，算出天然铀的平均裂变截面为:

$$\begin{cases} \bar{\sigma}_f = \dfrac{0.7694 \pm 0.014_4}{\bar{\nu}_{th}}, R_0 = (7.74 \pm 0.25)mg/cm^2 \\ \bar{\sigma}_f = \dfrac{0.7649 \pm 0.014_3}{\bar{\nu}_{th}}, \qquad R_0 = 10mg/cm^2 \end{cases} \tag{8}$$

比较(8)和(9)可以看出二个样品测量结果很好符合，将两组结果组合起来，给出测量的最后结果为:

在$R_0 = 7.74 \pm 0.25$毫克/厘米$^2$时，　$\bar{\sigma}_f = \frac{\sum_{i=1}^{2} P_i \bar{\sigma}_{fi}}{\sum_{i=1}^{2} P_i} = \frac{0.7727 \pm 0.0139}{\bar{\nu}_{th}}$巴恩，

如$R_0$=10 毫克/厘米$^2$时，$\bar{\sigma}_f = \frac{\sum_{i=1}^{2} P_i \bar{\sigma}_{fi}}{\sum_{i=1}^{2} P_i} = \frac{0.7689 \pm 0.0138}{\bar{\nu}_{th}}$巴恩。

其中，$P_i$是权，采取相当的$\bar{\nu}_{th}$，可得出对应的$\bar{\sigma}_f$，现将结果列入表 6 中。

表 6 各种$\bar{\nu}_{th}$下的$\bar{\sigma}_f$和$\bar{\sigma}_f^8$

| 名称 | $\bar{\nu}_{th}$ | $\bar{\sigma}_f$ | $\bar{\sigma}_f^8$ |
|---|---|---|---|
| $R_0 = (7.74 \pm 0.25)mg/cm^2$ | 2. 43±0. 02[10] | 0. 318$_0$±0. 006$_5$ | 0. 311±0. 006$_6$ |
| | 2. 46±0. 03[8] | 0. 314$_1$±0. 007$_0$ | 0. 307±0. 007 |
| $R_0 = 10mg/cm^2$ | 2. 43±0. 02 | 0. 314$_8$±0. 006$_4$ | 0. 309±0. 006$_5$ |
| | 2. 46±0. 03 | 0. 310$_9$±0. 006$_9$ | 0. 305±0. 007 |

$^{238}$U **对裂变谱中子的平均裂变截面**$\overline{\sigma_f^8}$:利用(2a)可以从测量的天然铀对裂变谱中子的平均裂变截面$\bar{\sigma}_f$算出 $^{238}$U 对裂变谱中子的平均裂变截面$\overline{\sigma_f^8}$。这时，我们利用[7]中给出的裂变中子谱和[9]中给出的 $^{235}$U 单能中子裂变截面的数据作数值积分，得出 $^{235}$U 对裂变谱中子的平均裂变截面$\overline{\sigma_f^5} \cong 1.295$巴恩。已知天然铀中 $^{238}$U 的同位素成分 c=0.9928[10]。利用这些数据，算出 $^{238}$U 对裂变谱中子的平均裂变截面$\overline{\sigma_f^8}$=0. 311±0. 006 巴恩(列入表 6)。

关于 $^{238}$U 平均裂变截面误差的估计，由(2a)可知$\bar{\sigma}_f^8$的相对误差为:

$$\left(\frac{\Delta\overline{\sigma_f^8}}{\overline{\sigma_f^8}}\right)^2=\frac{1}{\left[1-\frac{(1-c)\overline{\sigma_f^5}}{\bar{\sigma}_f}\right]^2}\left(\frac{\Delta\bar{\sigma}_f}{\bar{\sigma}_f}\right)^2+\frac{\left(\bar{\sigma}_f-\overline{\sigma_f^5}\right)^2}{\left[\bar{\sigma}_f-(1-c)\overline{\sigma_f^5}\right]^2}\left(\frac{\Delta c}{c}\right)^2+\frac{(1-c)^2}{\left[\frac{\bar{\sigma}_f}{\overline{\sigma_f^5}}-(1-c)\right]^2}\left(\frac{\Delta\overline{\sigma_f^5}}{\overline{\sigma_f^5}}\right)^2$$

在文献[10]中给出天然铀同位素成分为：$a_1=\frac{m_8}{m_5}=139\pm 1, a_2=\frac{m_8}{m_4}=17000\pm 10$，算出 $c=\frac{m_8}{m}=\frac{1}{1+\frac{1}{a_1}+\frac{1}{a_2}}=\frac{a_1a_2}{a_1a_2+a_1+a_2}=0.992779\cong 0.9928$，相应 $\left(\frac{\Delta c}{c}\right)^2=\left[\frac{1}{a_1}-\frac{1+a_2}{a_1a_2+a_1+a_2}\right]^2\Delta a_1^2+\left[\frac{1}{a_2}+\frac{1+a_1}{a_1a_2+a_1+a_2}\right]^2=0.000026403640\times 10^{-4}$。在误差估计中，我们对$\overline{\sigma_f^5}$的相对误差采用了5%，这是根据几种裂变中子谱和$\overline{\sigma_f^5}(E)$的测量误差来估计的。得出$\Delta\overline{\sigma_f^8}$=0. 006 巴恩，相应结果列如表 6 中。

## （六）结果讨论

为了检定测量结果的正确性，我们将 $^{238}$U 单能中子裂变截面对 $^{235}$U 裂变中子谱作了积分，得出$\overline{\sigma_f^8}$=0. 310 巴恩，该值与实验测量值在误差范围内一致。另外和已有测量结果[1][2]比较，也很好符合，文献[1] 在$\bar{\nu}_{th}$=2. 46±0. 03 时给出$\overline{\sigma_f^8}$=0. 307±0. 005 巴恩，文献[2]在$\bar{\nu}_{th}$=2. 46±0. 03 时给出$\overline{\sigma_f^8}$=0. 305±0. 007 巴恩，而我们测量值在$\bar{\nu}_{th}$=2. 46±0. 03 时给出$\overline{\sigma_f^8}$=0. 307±0. 007 巴恩。这些事实说明我们的测量结果是可靠的。

另外，我们的实验结果表明，采用测量裂变中子数的慢符合法，利用精确已知的$\bar{\nu}_{th}$来标定裂变中子强度是可行的方法。应当指出，实验中用同一个双裂变室来测量 $R$ 和 $T_i$ 值，可以消除$\frac{\Delta V_c}{V_c}$这项误差，测量精度尚可提高。

最后我们衷心感谢何泽慧先生在整个工作中的指导和支持，也感谢黄胜年同志参与了慢符合测量工作。

## 参 考 文 献

[1] R. B. Leachman and H. W. Schmitt., *J. Nuclear Energy*, **4**, 38(1957).
[2] W. D. Allen and R. L. Hankel, Progress in Nuclear Energy Series. I. Physics and Mathematics, Vol. 2, 29(1958).
[3] Nend Raisic, *Nucleonics*, **13**, No. 2, 67(1955).
[4] 中国科学院原子能研究所，原子能科学技术 1960 年 1 期第 1 页.
[5] Rossi B. B. and Stub H. H., Ionization Chambers and Counters.
[6] George J. et al., *Phys. Rev.*, **113**, 1285(1959).
[7] Leuchman R. B., Proceedings of the International Conference on the Peaceful Uses of Atomic Energy, Geneva 1955, P/592, **Vol.** 2.
[8] Hughes D. J., *Nucleonics* **17**, No. 11, 132(1959).
[9] Hughes D. J. and Schwartz R. B., Neutron Cross Sections, Second edition (1958).
[10] Nier, *Phys. Rev.* **55**, 150(1939).

# 用小立体角法测量α放射源的强度①

本文描述了一台测量 $\alpha$ 放射源强度的小立体角装置，給出了它有关性能的实验結果，从而选定了工作条件，提供了估計誤差的根据。利用現有这台装置，可以测量强度为 0.001—300 毫居的 $\alpha$ 放射源，誤差为 1—2.5%。当测量具有反冲特性而无覆盖膜的强的釙-$\alpha$ 源时，是用鋁箔(～5 $\mu$)包封住源，使其测量过程中"揮发"的釙都聚集在源的附近，这样旣保証了精确的测量，又減輕了装置的放射性沾污。

## 一、引　　言

$\alpha$ 放射性强度的测量，在制备各种 $\alpha$ 放射源或天然 $(\alpha,n)$ 中子源时都是十分需要的；有时甚致在核物理实验中，对具有 $\alpha$ 放射性的重核样品，也用测量 $\alpha$ 粒子强度的方法来确定重核的数目（它同位素成分已知）。就在放射性测量中，往往也需要确定中間强度的 $\alpha$ 放射性，通常对数量級为 $10^{-3}$—$10^{2}$ 毫居范围，采用小立体角法是較合适的。因为一般量热法对毫居級 $\alpha$ 放射性测量，精确度已非最好；而 $4\pi$ 計数与电离室法对 0.01 毫居已无能为力，恰好小立体角法介于它們中間，所以特别适合测量 0.01—10 毫居的 $\alpha$ 源。看来，采用此法的好处是：(1)测量强度范围較大，精确度較高（因决定精确度的因素少，且易于测定）；(2)装置簡单，易于加工，稍增附件，即可在双光闌的条件下，测量源的均匀度；(3)测量迅速、可靠，操作簡便；(4)测量与周围环境无关。

估計現有这台装置，可测 $\alpha$ 放射源的强度范围为 0.001—300 毫居，目下我們已用它测量了 0.002—130 毫居的 $\alpha$ 源*，精确度为 1.5% 左右。当测量无覆盖膜"揮发"的釙-$\alpha$ 源时，会不断有釙反冲飞出，沾污了装置，造成了大的本底，影响了弱源的测量；可是测量强源时，又会发現在記数过程中，仅在 10—20 分钟的时間內，計数率就有 1—2%的变化（如 30 毫居的 $Po^{210}$-$\alpha$ 源），且本底也难测准。可見，如不采取措施，测量范围和精度都将减小。我們为了克服这一困难，对于强的 $Po^{210}$-$\alpha$ 源是用鋁箔(～5 $\mu$)包封住源，这时源的表面与鋁箔相距 0.5—1 毫米，于是测量过程中"揮发"的釙都聚集在源的附近，这样才保持了原有测量范围和精度，同时还減輕了装置严重的沾污。

在 $\alpha$ 放射性测量中，小立体角法 [1][2][3] 已被采用，但对装置性能都缺少完整說明，于是我們不得不进行有关的性能实驗。其中有：計数率与眞空度的关系；$\alpha$ 粒子受室壁散射对計数率的影响；源几何位置变化（包括方位变动、偏心或軸向移动）引起計数率变化的关系；計数率随光闌孔径的变化。此外还测量了探测記录系統記数的稳定性和計数率漏失曲綫，也测定了探测器的效率。根据这些結果，我們确定了工作条件，估計了有关强度测量各种誤差的大小。

在經常的强度测量中，为了方便操作、测量迅速，是用 CsI(Tl) 晶体作探测器，如需测 $\alpha$ 源的能譜，有时是用面垒型金-硅半导体探测器。

---

① 中国科学院原子能研究所（内部资料），1964：1-11.

* 测量时其它强度的源暂未获得。

## 二、实 験 方 法

用小立体角法測量 $\alpha$ 放射源的强度，是基于均匀源在空間各向同性地发射 $\alpha$ 粒子的前提下，用已知效率的探測器来記录选定立体角內的 $\alpha$ 粒子脉冲計数率，然后求出源的强度。对于現在討論的平面源*来說，計数率 $C$ 与源强 $I_0$ 的关系为：

$$C=\frac{I_0\varepsilon}{4\pi^2a_1^2}\int_0^{2\pi}\int_0^{2\pi}\int_0^{a_1}\int_0^{a_2}\frac{\cos\phi\, r_1r_2dr_1dr_2d\theta_1d\theta_2}{R^2}$$

由图(1)知：$\cos\phi=\frac{x}{R}$，$R^2=x^2+r_1^2+r_2^2-2r_1r_2\cos(\theta_1-\theta_2)+a_3^2-2a_3r_1\sin\theta_1-2a_3r_2\sin\theta_2$，然后把它們代入上式，得出：

$$G\equiv\frac{C}{I_0\varepsilon}=$$

$$=\frac{1}{4\pi^2a_1^2x^2}\int_0^{2\pi}\int_0^{2\pi}\int_0^{a_1}\int_0^{a_2}\frac{r_1r_2dr_1dr_2d\theta_1d\theta_2}{\left[1+\frac{r_1^2+r_2^2-2r_1r_2\cos(\theta_1-\theta_2)+a_3^2-2a_3r_1\sin\theta_1-2a_3r_2\sin\theta_2}{x^2}\right]^{3/2}} \quad (1)$$

在[1]中給出(1)之积分，得到：

$$G=\frac{a_2^2}{4x^2}\left[1-\frac{3}{4}\frac{(a_1^2+a_2^2+2a_3^2)}{x^2}+\frac{3\cdot5}{2^3\cdot3!}\frac{(a_2^4+a_1^4+3a_3^4+6a_2^2a_3^2+6a_1^2a_3^2+3a_1^2a_2^2)}{x^4}\right.$$

$$\left.-\frac{3\cdot5\cdot7}{2^3\cdot4!}\frac{(a_1^6+a_2^6+4a_3^6+6a_2^4a_1^2+12a_2^4a_3^2+6a_1^4a_2^2+12a_1^4a_3^2+18a_3^4a_2^2+36a_1^2a_2^2a_3^2)}{x^6}+\cdots\right] \quad (2)$$

式中 $\varepsilon$ 是探測器的效率；$x$ 是源与光闌之間的距离；$a_1$ 是源的半径；$a_2$ 是光闌孔的半径；$a_3$ 是源相对光闌孔的偏心距（見图 1）

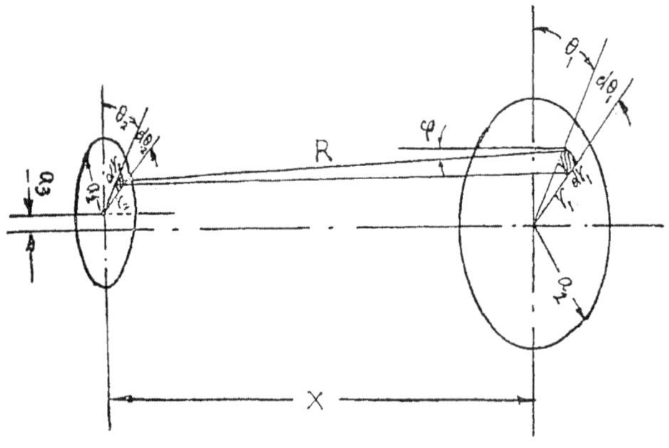


图 1

測量中为了实现近于各向同性发射（接近点源）的条件和得到适中的計数率，源和光闌的距离早已超过 $\alpha$ 粒子在空气中的平均射程，所以整个測量必需在眞空中进行；为了排除空气对 $\alpha$ 粒子散射的影响，也要求如此。

由(1)(2)二式之結果可以看出，測量强度的誤差是被几何因子誤差、效率誤差与計数率誤差所决定。而几何因子誤差的限制，在于加工保証准直孔的圓度、源和光闌之間的距离和同心度，除此之外就是精确地測量这些值，这是加工小立体角裝置的关鍵。

* 对非平面源的关系，另有总結給出。

## 三、实 驗 装 置

小立体角装置的示意图如图 2 所示，它是由二根各长 250 与 220 毫米的鋼管組成，鋼管內径为 153 毫米，壁厚 5 毫米。二管的同心度是靠联接处伸长 20 毫米的定位面来保証，而每根管子的同心度是靠座标鏜床加工实現的，源和光闌的托盘都是以紧配合方式分别装在鋼管的两端，得到源孔与准直孔偏心不超过 0.05 毫米。源是放在抽气端，当只用 A 管时，源和光闌的最大距离是 200 毫米，如利用各种精确已知高度的鋼圈組合，可使源在 200 毫米內作不連續的位置变动；如二管联用，源和光闌距离可在 200—398 毫米內选择。但距离測量

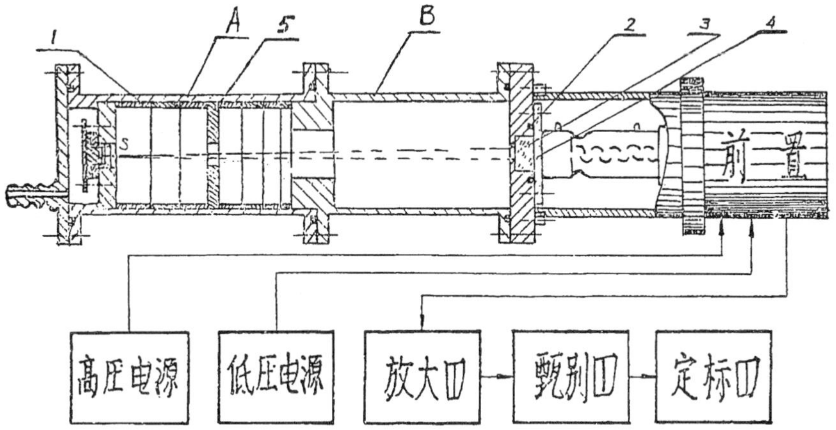


图 2　小立体角装置示意图

S——放射源；1——鋼圈；2——光栏；3——CsI(Tl)晶体；4——起密封作用的光导；5——本底光栏；A—B——真空室

誤差都不超过 0.4 毫米。装置中使用的光闌，分二批制成，第一批是在整体鋼盘上打孔，穿孔处壁厚 3 毫米；第二批改成在鋼盘上压 1 毫米厚的黃銅打孔而成，提高了钻孔的圓度，又避免了生銹。所有这些孔径，都是用精密万能工具显微鏡測量的，它的精确度是 1 微米，系統誤差是 2 微米。我們測量时，每个孔讀六个角度的直径，然后求出平均直径 $2a_2$ 与它的誤差 $2\Delta a_2$。現将測量結果列于表 1 中。

**表 1　光闌孔径測量的結果(单位：微米)**

| 編　号 | 0° | 30° | 60° | 90° | 120° | 150° | $2a_2$ | $2\Delta a_2$ | 最大不圓度 |
|---|---|---|---|---|---|---|---|---|---|
| 1 | 524 | 524 | 524 | 523 | 515 | 515 | 520.8 | 1.80 | 1.75% |
| 2 | 3029 | 3030 | 3028 | 3032 | 3030 | 3030 | 3029.9 | 0.54 | 0.13% |
| 3 | 4023 | 4022 | 4024 | 4026 | 4022 | 4023 | 4023.3 | 0.61 | 0.10% |
| 4 | 5016 | 5020 | 5018 | 5021 | 5007 | 5008 | 5015.0 | 2.48 | 0.28% |
| 5 | 8023 | 8018 | 8021 | 8019 | 8029 | 8023 | 8023.8 | 1.10 | 0.14% |
| 6 | 9996 | 9976 | 9982 | 10012 | 9995 | 10016 | 9996.2 | 4.70 | 0.40% |
| 7 | 10041 | 10029 | 10040 | 10042 | 10046 | 10026 | 10037.7 | 3.20 | 0.20% |

$\alpha$ 源是装在专門設計的有机玻璃夹中，它可嵌在托盘中心孔上用螺絲鎖紧，源的平面是靠夹子外沿平面落在托盘标准面上来保証的。当測量无覆盖膜的强的釙-$\alpha$ 源时，是在夹上压一层 5 微米厚的鋁箔包封住源，这时探測器前鋁箔去掉。无論怎样，在源的衬垫上反散射

的 $\alpha$ 粒子是不能进入探測器的，因此，强度測量时，也无需对反散射作任何改正。为了防止沾污，每次測量的源是装在新的不銹鋼盘后再夹在有机玻璃夹子上；至于整个測量室，除了选用的立体角外，其余表面都用 0.1 毫米厚的鋁箔遮住，如多次測量后发現有了沾污，就立即清理。另外在源和光闌之間，装了一个 0.3 毫米厚的鋁制本底光闌，中心孔径有 10 与 15 毫米的二种，由于采用了粗的管子，室壁散射极少，所以本底光闌作用不大。

測量室的眞空密封用了橡皮圈，抽气用了抽速为 30 立升/分的机械泵，眞空度用热电偶眞空計測量。目前裝置眞空度可达 $2\times10^{-2}$ 毫米—水銀柱高，实际測量在 $8\times10^{-2}$ 毫米—水銀柱高已足够了。

小立体角裝置的另一組成部分是探測器，它是装在紧靠光闌的法兰盘上，粒子入射孔是 10 毫米，保証通过光闌的 $\alpha$ 粒子全部进入探測器。探測器与眞空室是用橡皮圈密封的，当用閃烁計数器时，晶体是装在直径为 30 毫米的槽中，用有机玻璃光导压紧橡皮圈，且与光电倍加管、晶体保持光学接触。当用强流 $\alpha$ 粒子計数管时，眞空橡皮圈是靠它的銅环压紧的；用半导体时，是以固定它的銅盒底面压紧的。

最后在这里附带指出，我們后来加工的第二台小立体角裝置，配上了裝源的手套箱，增加了在眞空中以双光闌方式測量源的均匀性的裝置。使用表明，在移动源时眞空度不变，維持 $2\times10^{-2}$ 毫米—水銀柱高，利用这台裝置，測量强度范围将更扩大。

## 四、裝置性能实驗結果

为了确定合理的工作条件与了解各种因素的影响，进行了有关的性能实验，从而提供了各种誤差估計的根据。

**1. 探測系統的稳定度** 要精确測定 $\alpha$ 源的强度和进行各种性能試驗，首先必需检定仪器計数率的稳定性，因此我們曾前后三次測量了仪器記数的統計分布。例如在用 CsI (Tl) 晶体的情形下，对强度为 $5\times10^{6}$/分的标准鈈-$\alpha$ 源在眞空中进行測量，甄别閾选在 5 伏，每半分钟取一次数，共測量 7 小时，观察了計数率随时間的变化，得出的統計分布如图 3 所示，它和依平均值計算的高斯分布相当符合，表明仪器正常工作。至于記录系統对幅度的稳定度，是用稳定幅度脉冲产生器送入脉冲，測量表明幅度稳定度（甄别器积分測量）不超过 ±1.5%。

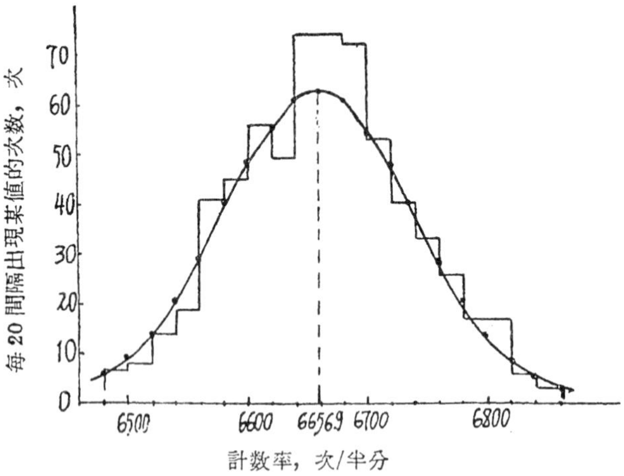


图 3 仪器計数的統計分布

**2. 探測器的計数特性和效率** 在本裝置上用过的探測器有：CsI(Tl)、塑料（联三苯+POPOP+聚苯乙稀）、ZnS(Ag) 晶体，强流 $\alpha$ 粒子計数管与半导体。它們記录綫路方块图如图 2 所示，当用閃烁計数器时，光电倍加管用的是 ФЭУ-19M，工作电压是 +850 伏，放大倍数为 50（塑料用的 250）倍，上升时間是 0.04 与 0.13 微秒，脉冲持續时間为 0.5 微秒，甄别閾可在 5—100 伏內变化，定标器用的是ПС-10000，全部仪器电源由磁飽和稳压器供給。在用半导体探測器时，工作电压为 −40 伏，由直流电池供給，前級放大 45 倍，主放

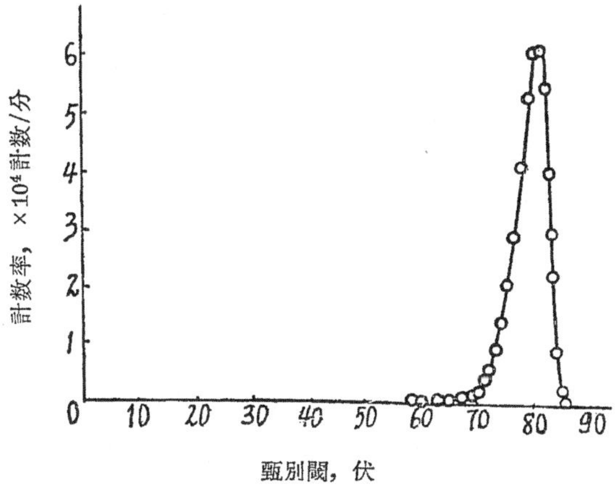


图 4*a*　用半导体测得的 $Po^{210}$ $\alpha$ 粒子微分譜

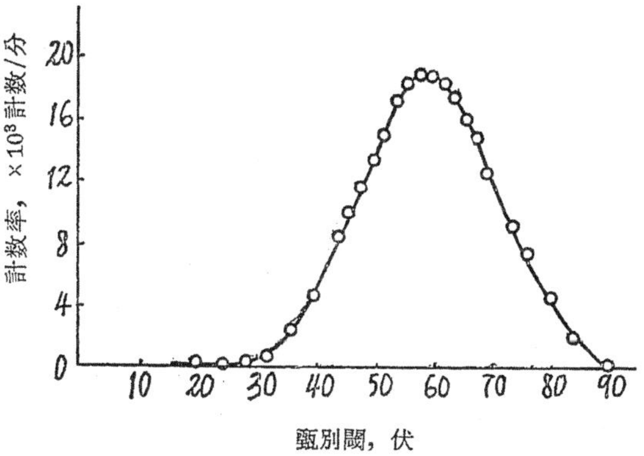


图 4*b*　用塑料体测得的 $Po^{210}$ $\alpha$ 粒子的能譜

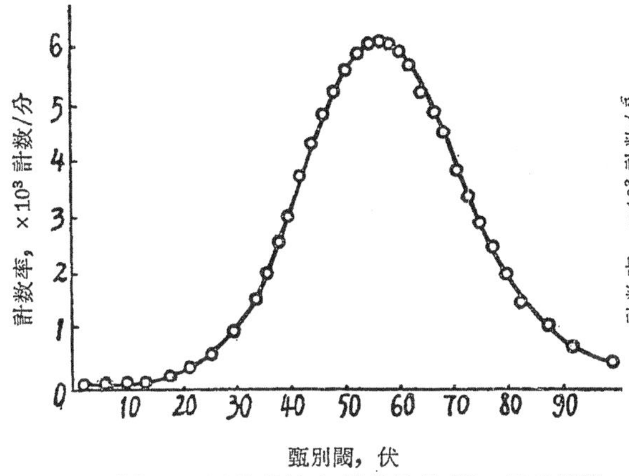


图 4*c*　用 ZnS(Ag) 测得的 $Po^{210}$ $\alpha$ 粒子能譜

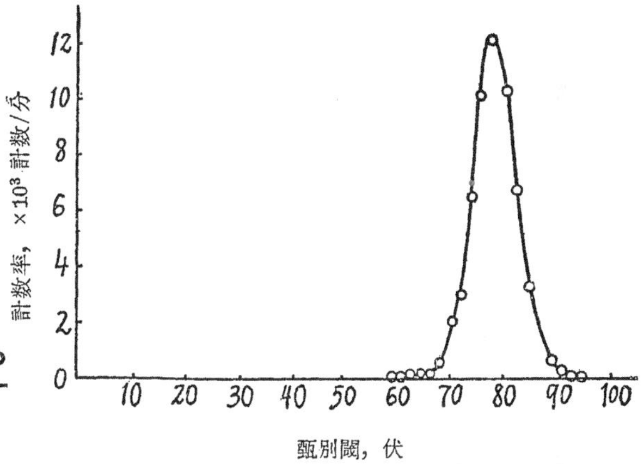


图 4*d*　用 CsI(Tl) 晶体测得的 $Po^{210}$$\alpha$ 粒子微分譜

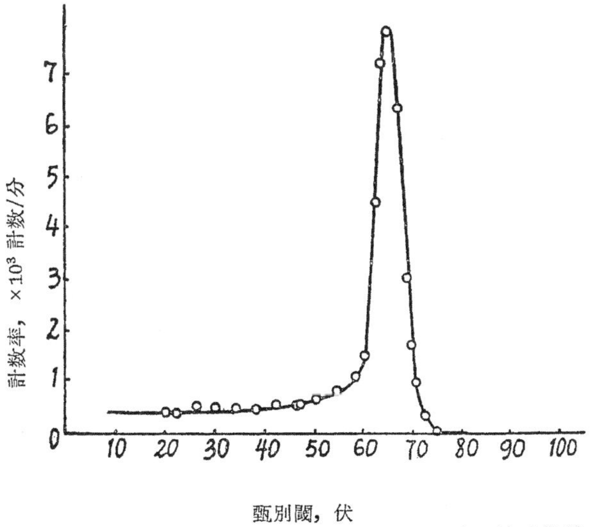


图 4*e*　用强流 $\alpha$ 粒子計数管测得的 $Po^{210}$ $\alpha$ 粒子能譜

大器是 3000 倍。当用强流 $\alpha$ 粒子計数管时，工作电压为 +500 伏，系直流稳压电源供給，計数管坪寬 300 伏，粒子入射云母窗厚为 3 毫克/厘米$^2$。它們測量釙-$\alpha$ 源能譜如图 4 $a$、4 $b$、4 $c$、4 $d$、4 $e$ 所示，結果表明半导体探測器能量分辨較好，可惜目前得到的面积太小，难于用在毫米孔径的光闌上去測量强度，但却常用它測能譜；强流 $\alpha$ 粒子計数管与 CsI(Tl) 分辨次之，但前者在抽眞空时云母窗易破，不如 CsI(Tl) 方便；塑料晶体輸出脉冲幅度小，分辨差；ZnS(Ag)效率略低，分辨最差，本底較小。所以我們在大量測量中，选用的是 CsI(Tl) 晶体。为了比較各种探測器的效率，我們在全同的几何条件下，用 3 毫米直径的釙-$\alpha$ 源，在源和光闌相距 200 毫米，准直孔径 4 毫米下作了比較，得出 CsI(Tl)：塑料：ZnS(Ag)：强流 $\alpha$ 粒子計数器的效率是 1:1:0.986:0.992。

**3. 計数率与眞空度的关系** 为了选择測量时的眞空度，測量了計数率与气压的关系，从而估計了剩余气体对 $\alpha$ 粒子散射的大小。实驗时源是用的直径为 3 毫米的釙-$\alpha$ 源，源与光闌相距 200 毫米，光闌孔径是 9.996 毫米，甄别閾为 10 伏，測量結果如图 5 所示，表明眞空度在 $8\times10^{-2}$ 毫米一汞高时，剩余气体散射引起 $\alpha$ 粒子損失已小于 0.1%，实际已在測量誤差內可以忽略。

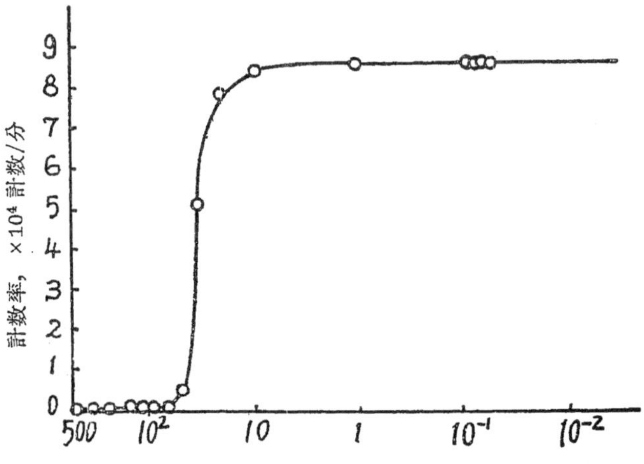


图 5 計数率与气压关系

**4. 室壁对 $\alpha$ 粒子的散射** 在强度測量中，还必需考虑室壁散射的影响，为了减弱它，加工时选用了粗的管子，但还需估計其大小。为此我們选用了二种方法来試驗，一种是观察有、无本底光闌时計数率的变化，定出上限，但由于本装置散射效应极微，难于准确估計。因此我們采用了另一办法，就是利用与眞空室相同的材料，相同管长，但不同半径，来測量計数率随管径的变化。我們在和上面相同的实驗条件下，測出結果如图 4 所示，然后与外推值相比較，得出本装置室壁散射影响計数率<0.2%，在測量誤差中貢献极少。

**5. 源几何位置变化对計数率的影响** 为了考察放源条件，必需观測源的位置变动对計数率的影响。首先測量源在中心、但方位各异的計数率，这里实驗条件同上，曾将源分别放在 0°、90°、180°、270°下，記录了脉冲計数率，結果列于表 2 中，的确表明：在測量誤差范围內，計数率与源在中心的方位无关，这是預期的。

实驗上也观察了源偏心对計数率的影响，測量数据如图 7 所示，其中实綫是按 (2) 式計算的結果，当偏心超过 20 毫米后，出现实驗值与計算值不一致，这是由于測量中，用了

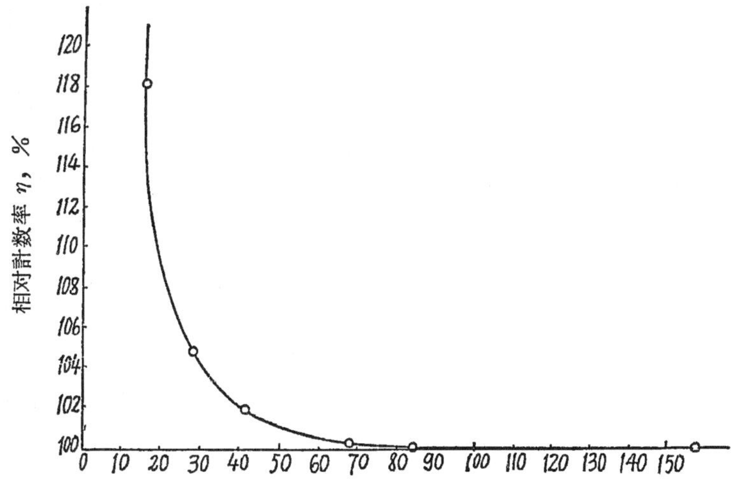


內径大小中，毫米

图 6　不同內径的室壁对散射的影响

——实測曲綫

**表 2　源在中心方位角不同时的計数率**

| | 0° | 90° | 180° | 270° |
|---|---|---|---|---|
| | 236044/$_1'$ | 470502/$_2'$ | 472067/$_2'$ | 471023/$_2'$ |
| | 236456/$_1'$ | 471097/$_2'$ | 471661/$_2'$ | 471393/$_2'$ |
| | 235858/$_1'$ | 235184/$_1'$ | 471485/$_2'$ | 472050/$_2'$ |
| | 235918/$_1'$ | 237372/$_1'$ | 471558/$_2'$ | 470120/$_2'$ |
| | 235253/$_1'$ | 471527/$_2'$ | 470400/$_2'$ | 471980/$_2'$ |
| | 237316/$_1'$ | 472435/$_2'$ | 471458/$_2'$ | 470048/$_2'$ |
| | 235537/$_1'$ | 471140/$_2'$ | 471673/$_2'$ | 471746/$_2'$ |
| | 236888/$_1'$ | 471183/$_2'$ | 470781/$_2'$ | 471943/$_2'$ |
| | 235758/$_1'$ | 471831/$_2'$ | 471309/$_2'$ | 705982/$_3'$ |
| | 235129/$_1'$ | 472140/$_2'$ | 470774/$_2'$ | 707261/$_3'$ |
| | 472140/$_2'$ | 471603/$_2'$ | 471386/$_2'$ | 470727/$_2'$ |
| | 470713/$_2'$ | 471183/$_2'$ | 471328/$_2'$ | |
| | 470921/$_2'$ | 470840/$_2'$ | 471343/$_2'$ | |
| | 470470/$_2'$ | 470242/$_2'$ | 471512/$_2'$ | |
| | 470961/$_2'$ | 470623/$_2'$ | | |
| | 471731/$_2'$ | 470668/$_2'$ | | |
| | 472350/$_2'$ | 470265/$_2'$ | | |
| | 471325/$_2'$ | 472653/$_2'$ | | |
| | 470819/$_2'$ | 471598/$_2'$ | | |
| | 471577/$_2'$ | 470656/$_2'$ | | |
| | 470650/$_2'$ | | | |
| | 469370/$_2'$ | | | |
| | 469668/$_2'$ | | | |
| 总　　計 | 8482852 | 8954742 | 6598735 | 5654273 |
| 平　　均 | 235634.7/$_1'$ | 235651.1/$_1'$ | 235669.1/$_1'$ | 235594.7/$_1'$ |

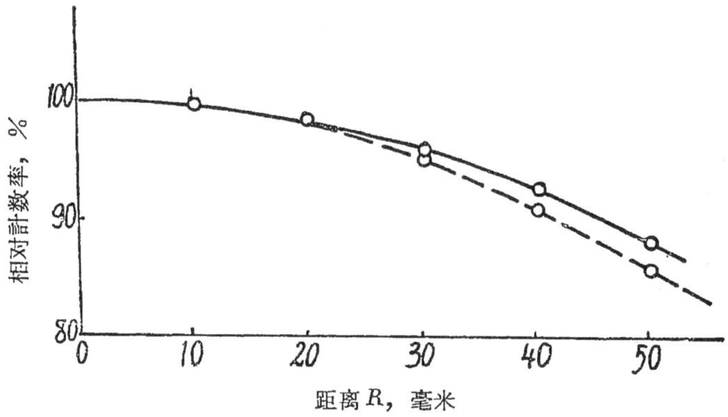


图 7　源偏离中心軸对相对計数率的影响

——理論的；－－－实驗的

3 毫米厚的准直孔的緣故。当厚度較大时，随着偏心距的增加，孔的形状发生变化，几何因子逐漸減小，实驗值变低。如果近似认为偏心距較大时，准直孔投影为椭圓形，依此計算几何因子，得出計算值与实驗值相当好符合。不过我們測量中，偏心无論怎样都不会超过 5 毫米，所以由此产生的計数率变化不超过 0.2%。

**6. 計数率随源与光闌之間距离的变化**　通过这种测量，可以了解在一定几何条件下点源性质的区域，也可估計在相应几何因子下，源軸向位置偏离所产生的强度測量誤差；同时还可提供計数率漏失的校正曲綫。我們在前述条件下，对各种源的位置进行了計数率測量，結果如图 8 所示，图中修正实綫是依（2）式計算之結果。例如在距离反平方区域，当 $x=183.4$ 毫米时，如果发生 0.4 毫米变化，由測量結果算出，相应計数率应变化 0.3%，按反平方关系算出，这时强度誤差应为 $2\left(\frac{\Delta x}{x}\right)$，它是 0.4%，因此証明（2）式估計誤差之正确性。此外根据測量値，校正了面源引起的計数率变化后，仍出现与反平方关系的差异表征了計数率漏失特性，提供了各种計数率下应作的漏失校正。

**7. 計数率随光闌孔径的变化**　我們在 $x=200$ 毫米下，仍用 CsI (Tl) 晶体測量了各种光

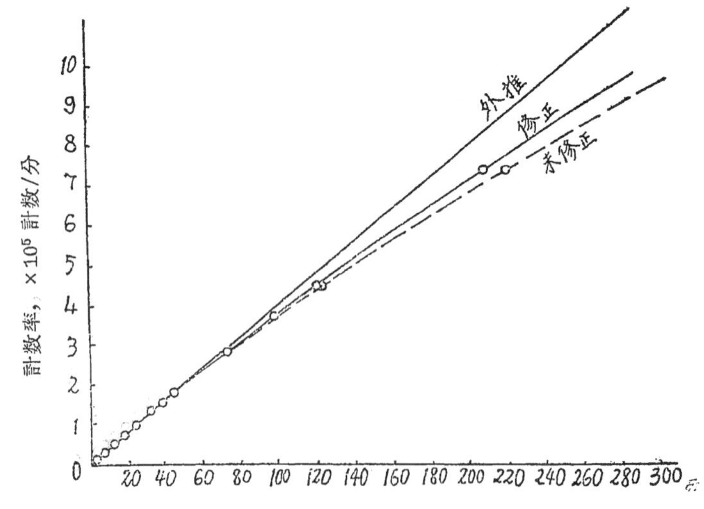


图 8　計数率与距离关系

闌孔下計数率的变化，得出曲綫如图 9 所示，当計数率无漏記数的情况下，观察到严格的直綫关系，这也是預期的。証明了孔径变化引起强度的誤差在这区域內是 $2\left(\frac{\Delta a_2}{a_2}\right)$的形式，对一定几何条件可按这直綫估出誤差。例如在 $a_2=4.0897$ 毫米时，$\Delta a_2=\pm 0.004$ 毫米，由直綫得出計数率变化是 0.2%，而按 $2\left(\frac{\Delta a_2}{a_2}\right)$算出也是 0.2%，从而提供了光闌孔径誤差估計的实驗証据。

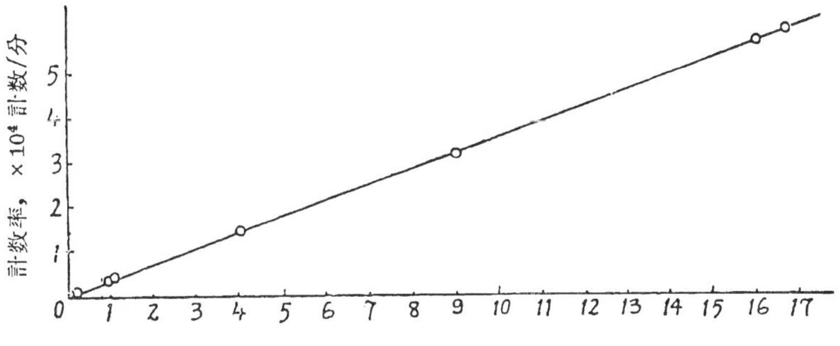


图 9　計数率与光栏孔径的关系曲綫

# 五、强度測量及其結果

在 $\alpha$ 源强度測量中，眞空度是在 $5\times10^{-2}$毫米水銀柱高下进行的，几何因子的选择視測量源的强度而定。源和光闌的距离每次都作检定測量，实驗用的甄别器的閾值，是用 0.03% 稳定幅度的脉冲产生器供給脉冲，同时送入我們甄别器和已知閾值的英国单道脉冲振幅分析器来刻度的，当时也用示波器測量作了核对，估計刻度誤差不超过 0.3 伏。

在取数据时，效应与本底都按測积分譜的方式进行，在对計数率作了漏失校正后，根据得到的淨計数率积分譜，以它平的直綫部分用最小二乘法外推至零甄别閾，再考虑到 $\alpha$ 粒子通过鋁箔的能量損失校正，作更进一步外推，然后根据这外推計数率代入 (1) 式算出 $\alpha$ 源的强度。

实驗中測量本底方式有二，对不"揮发"的 $\alpha$ 源，如我們最先測量的标准鈈-$\alpha$ 源，是使測量室为空气的情况下測本底，其它条件与測效应时全同。对"揮发"的 $\alpha$ 源，例如釙-$\alpha$ 源，測量本底是在源上盖一块与源同样大小的鋁片（現用厚度为 0.2 毫米），在眞空下測量各甄别閾下的本底計数率。总之都可将天然放射性、宇宙綫，源的 $\gamma$-射綫，室内沾污与光电倍加管噪音等本底去除。在实际測量中，往往沾污本底最大，所以随时清洁測量室是很重要的。

强度測量的誤差由 (1) 式知应为：

$$\frac{\Delta I_0}{I_0}=\sqrt{\left(\frac{\Delta C}{C}\right)^2+\left(\frac{\Delta G}{G}\right)^2+\left(\frac{\Delta\varepsilon}{\varepsilon}\right)^2}$$

其中$\frac{\Delta C}{C}$是計数率的相对誤差，包含有：計数率的統計誤差、甄别閾零点刻度誤差引起計数率的誤差、$\alpha$ 粒子通过鋁箔能量損失校正引起外推計数率的誤差、漏記数校正引起的誤差、測量仪器产生的誤差、室壁与剩余气体散射 $\alpha$ 粒子引起計数率的誤差等；$\frac{\Delta G}{G}$是几何因子相对誤差，它包含有：准直孔不圓度产生的誤差、源与光闌距离測量不准引起的誤差，源偏心大小和源本身大小測量不准产生的几何因子誤差等；$\frac{\Delta\varepsilon}{\varepsilon}$是探測器記录$\alpha$粒子效率的誤差。

現在我們将各种强度的測量結果举例如下，表 3 中給出了源的种类、几何因子、强度和誤差。

**表 3　各种 $\alpha$ 源强度測量結果**

| 源的种类 | 几何条件（毫米） | 外推計数率（1/分） | 源强 |
|---|---|---|---|
| Pu-$\alpha$ 标准源（不銹鋼衬垫） | $x=100.00$<br>$2a_1=24.6$<br>$2a_2=9.996_2$ | 3109.5 | $(5.04\pm0.05_2)\times10^6$/分 |
| Po-$\alpha$源（Au 衬垫） | $x=201.00$<br>$2a_1=8.7$<br>$2a_2=9.996_2$ | 100008.4 | $(0.291\pm0.003)$毫居 |
| Po-$\alpha$ 源（Pt 衬垫） | $x=199.5$<br>$2a_1=4.1$<br>$2a_2=0.5208$ | 125428.6 | $(132.6\pm1.8)$毫居 |

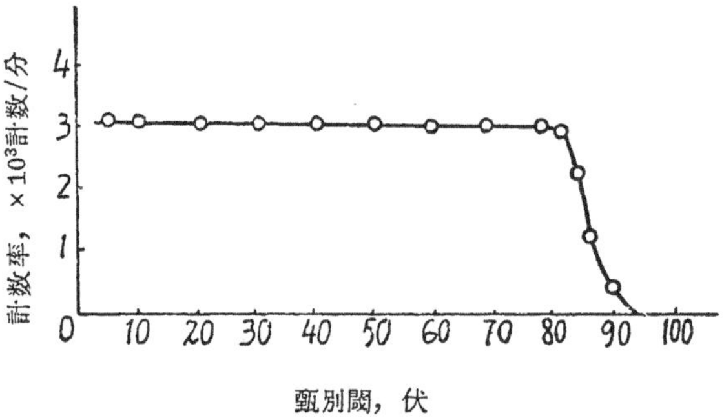


图 10　标准 $Pu^{239}\alpha$ 源积分譜

为了比較詳細說明誤差分析起見，以鈈-$\alpha$标准源測量为例。它的測量条件是：$x=100$毫米，源的直径是 24.6 毫米，光闌孔径用的是 9.9962 毫米，眞空度是 $5\times10^{-2}$毫米水銀柱高，探測器用的 CsI(Tl) 晶体，它的效率为 $(100\%\pm0.5\%)$。測量的积分譜如图 10 所示，由于計数率約为 3000/分，无需对漏記数作校正，測量中晶体上沒有包鋁箔，也无需作$\alpha$粒子

**表 4　鈈-$\alpha$ 源强度測量的各項誤差**

| | | |
|---|---|---|
| 几何因子誤差 | 光闌孔径引起的誤差 | 0.094% |
| | 源与光闌距离引起的誤差 | 0.6% |
| | 偏心及源的大小引起的誤差 | <0.1% |
| 計数率的誤差 | 統計誤差 | 0.37% |
| | 甄别閾零点刻度不准引起的誤差 | <0.3% |
| | 仪器誤差 | <0.4% |
| | 室壁散射 | <0.2% |
| | 剩余气体散射 | <0.1% |
| 效率誤差 | | <0.5% |
| 总誤差 | | 1.03% |

能量損失校正，因此这二項校正引起的計数率誤也不用估計了。按积分譜外推出零甄別閾的 $\alpha$ 脉冲計数率 $C$ 为 3109.5/分，以（2）式标出运用的几何因子为 $6.161\times10^{-4}$，将所有数据代入（1）中，求出源强为 $(5.04\pm0.05_2)\times10^6\alpha$/分，这与源的标定强度 $(5.00\pm0.25)\times10^6\alpha$/分很好符合。关于测量中各項誤差列于表 4 中。

## 六、檢 定 測 量

为了检定小立体角法测量的正确性，首先用它测量了苏联来的已知强度的标准鈈-$\alpha$ 源，我們測出結果为 $(5.04\pm0.05_2)\times10^6\alpha$/分，原来标定値为 $(5.00\pm0.25)\times10^6\alpha$/分，在誤差范围內很好符合。为了更精确检験起見，后来曾与量热法进行了比較，对 10—$10^2$毫居內的三个鉑金作衬垫的釙-$\alpha$ 源作过測量，都互相一致。例如共同测量的一个强源，量热法测出为 $(132.1\pm2.6)$ 毫居，我們小立体角法测出为 $(132.6\pm1.8)$ 毫居，表明在实験誤差內是很好一致的，从而証实了本装置工作的可靠性。

最后我們衷心感謝何泽慧先生在整个工作中給予的关心和指导；胡仁宇、黄胜年同志所作的支持，吳潤同志在設計中所付的劳动我們都十分感謝；对姚历农同志提供量热法的比較，李忠珍同志供給强流 $\alpha$ 粒子計数管也表示感謝。

### 参 考 文 献

[1] Mary Lou Cartis, J. W. Heyd, et. al., *Nucleonics* **13** (1955), №5, 38.
[2] Extumann. R. C. et. al., *Radioisatopes In Sci. Research* **1** (1958) 707.
[3] Grace. M. A. et. al., *Proc. Phys. Soc.* **64** *A* (1951) 494.

光兰厚度对测量影响的实验结果

实验条件：CsI(Tl)晶体；高压1000伏；放大倍数100；甄别阈 0—75（相当15伏）

源与光兰距离约为86mm；$Pu^{239}$源斑：φ~25mm；光兰直径~10mm.

| 紫铜光兰厚度： | 0.1mm | 0.2mm | 0.3mm | 0.5mm | 0.7mm | 1mm | 2mm |
|---|---|---|---|---|---|---|---|
| 計数/分 | 91333 | 91119 | 91260 | 90377 | 89239 | 85092 | 83483 |
| | 91328 | 90957 | 91002 | 90783 | 89628 | 85559 | 83777 |
| | 91317 | 91387 | 90947 | 90315 | 89045 | 85318 | 83910 |
| | 91635 | 90904 | 91183 | 90504 | 89836 | 85566 | 84262 |
| | 91344 | 91081 | 90814 | 90938 | 89353 | 85673 | 83931 |
| 平均值 | 91411.4 | 91097.6 | 91038.2 | 90745.4 | 89580.2 | 85479.6 | 83705.6 |
| 比值 | 1 | 0.9965 | 0.9959 | 0.9919 | 0.9800 | 0.9351 | 0.9205 |

# 铀-235和钚-239对裂变谱中子的平均裂变截面的测量①

## 目　录



## 摘　要

本文第 I 部分描述用背靠背的双平行板电离室在裂变谱中子上直接测量了浓缩铀（铀-235～90%）与天然铀的平均裂变截面比，得出 $\overline{\sigma_f^c}/\overline{\sigma_f^n}=3.89_5\pm0.08_6$；利用文献[1]中给出的$\overline{\sigma_f^n}$为 $0.318\pm0.006_5$ 巴恩，结合质谱仪分析出浓缩铀的同位素成分，对铀-234 和铀-238 的贡献作了修正，最后得到铀-235 对裂变中子谱的平均截面$\overline{\sigma_f^5}$为 $1.34\pm0.04$ 巴恩。该值与 Андреев 的结果很好符合，但与铀-235 单能裂变截面对裂变中子谱平均的结果在实验误差范围内一致，可偏高 3%

本文第 II 部分描述用背靠背的双平行板电离室在裂变谱中子上直接测量了钚样品与天然铀样品的平均裂变截面比，得出$\overline{\sigma_f}(Pu)/\overline{\sigma_f}(n)=5.8_4\pm0.1_7$；利用文献[1]中给出的$\overline{\sigma_f}(n)$为 $0.318\pm0.006_5$ 巴恩，得出钚样品对裂变谱中子的平均裂变截面为 $1.858\pm0.06_3$ 巴恩，相应钚-239 对裂变中子谱的平均裂变截面为 $1.88\pm0.06_4$ 巴恩，这值与 Андреев 的结果很好符合，也与钚-239 单能裂变截面对裂变中子谱平均的结果在实验误差范围内一致。

---

① 中华人民共和国科学技术委员会. 科学技术研究报告（内部资料），1965：1-12.

# 铀-235对裂变谱中子的平均裂变截面的测量

张焕乔 李 泽

## 引 言

铀-235 是核反应堆最常用的一种燃料，它对裂变中子谱的平均截面是反应堆与核工程设计计算中必需的参数，对它精确测定是分有意义的。至今，这类结果公布很少，就现有数据来说，Бондареко 的结果为 1.44±0.1 巴恩[2]；Андреев 的结果为 1.33±0.05 巴恩[3]；Raisic 的结果为 1.6±0.8 巴恩[4]；Richmond 结果为 1.23 巴恩[5]。这些测量结果的歧离是较显著的，并且与单能中子裂变截面按裂变中子谱平均给出值比较起来，除 Андреев 的结果外，差别度较大。

本实验是继续[1]的工作开展的，同时还考察了在核反应堆上用平均裂变截面精确已知的物质(如铀-238)为标准，来测定热裂变物质(如铀-233，铀-235 和钚-239 等)的平均裂变截面的可行性。这时遇到的主要困难是防止裂变中子谱的畸变和克服堆中子造成的巨大本底. 实验表明，只要装置的结构恰当和安排得合理，用背靠背双裂变室来测定热裂变物质的平均裂变截面是可行的。

## 实验原理

在本实验中为了避免中子通量和样品核数目的直接测量，曾分别对裂变中子和反应堆的镉下中子测量了背靠背放置相同几何形状的浓缩铀与天然铀样品的裂变计数率之比。由于泽这两种样品在镉下中子照射下产生的裂变数几乎全是铀-235 的贡献，因此两个裂变室的效率与核数目乘积之比的误差与裂变截面误差无关，而仅由两道计数率的测量误差所决定.无疑，这对实验工作是有益的。

用裂变谱中子照射背靠背的浓缩铀与天然铀样品时，得到二者计数率之比为：

$$R_f=\frac{F_f^c-F_f^{c\prime}}{F_f^n-F_f^{n\prime}}=\frac{K_cN_c\overline{\sigma_f^c}}{K_nN_n\overline{\sigma_f^n}}=\frac{K_cN_c(c_5\overline{\sigma_f^5}+c_8\overline{\sigma_f^8}+c_4\overline{\sigma_f^4})}{K_nN_n\overline{\sigma_f^n}} \tag{1}$$

这里$F_f^c$，$F_f^n$是浓缩铀与天然铀裂变效应的计数率；$F_f^{c\prime}$，$F_f^{n\prime}$是相应的本底计数率；$K_c$是浓缩铀道电离室的效率；$K_n$是天然铀道电离室的效率；$N_c, N_n$是浓缩铀与天然铀样品上铀核的数目；$\overline{\sigma_f^c}, \overline{\sigma_f^n}$是浓缩铀与天然铀对裂变谱中子的平均裂变截面；$\overline{\sigma_f^4}$，$\overline{\sigma_f^5}$与$\overline{\sigma_f^8}$分别为铀-234、铀-235、铀-238 对裂变谱中子的平均裂变截面；$c_4, c_5, c_8$是铀-234、铀-234、铀-238 的同位素成分。

将同一双裂变室放在堆中子束上照射，得到镉下中子引起两种样品的裂变计数率比为

$$R_{th}=\frac{F_{fth}^c-F_{fth}^{c\prime}}{F_{fth}^n-F_{fth}^{n\prime}}=\frac{K_cN_cc_5}{K_nN_nc_5^n} \tag{2}$$

式中$F_{fth}^c$，$F_{fth}^{c\prime}$是堆中子束上无镉和有镉时浓缩铀的裂变计数率；$F_{fth}^n$，$F_{fth}^{n\prime}$是堆中子束上无镉和有镉时天然铀的裂变计数率；$c_5^n$是天然铀中铀-235 的同位素成分。在(2)式中没有计入铀-234 和铀-238 的裂变，因为它们引入的误差小于 $10^{-4}$ 而被忽略。

综合(1)、(2)二式，得出浓缩铀的平均裂变截面为

$$\overline{\sigma_f^c}=\frac{R_fc_5}{R_{th}c_5^n}\overline{\sigma_f^n} \tag{3}$$

若引入浓缩铀中铀-234 和铀-238 的修正，得到铀-235 对裂变谱中子的平均裂变截面为

$$\overline{\sigma_f^5} = \frac{R_f \overline{\sigma_f^n}}{R_{th} c_5^n} - \frac{c_8 \overline{\sigma_f^8} + c_4 \overline{\sigma_f^4}}{c_5} \tag{4}$$

如果我们考虑到影响裂变室效率的因素有：(1)裂变碎片在样品中的自吸收；(2)一部分碎片跑出样品，但它电离形成的脉冲幅度低于甄别阈而不被记录；(3)样品衬垫片不平，引起碎片局部损失；(4)样品涂层不均匀引起碎片过多或过少的被自吸收；(5)中子形成和合核式向前运动，导致样品碎片之自吸收的增减；(6)快中子裂变碎片角分布的各向异性导致自吸收略异。但决定效率的主要是前四个因素。在本实验中，由于使用同一裂变室，在相同条件下测量，所以对裂变谱中子与堆中子来说，这四个因素决定的效率相同，至于第五个因素，与入射中子能量有关[6]，但在实验上可用背靠背的两个样品互换位置测量的方法抵消其影响。此外碎片角分布堆效率的影响可以忽略，所以我们可以把两个裂变室效率之比看作对裂变谱中子与堆中子是近似相同的。

## 实验装置

实验是在我国实验性重水反应堆的水平孔道上进行的。在设计实验装置时，主要考虑的问题是要尽量减小裂变中子谱的畸变和尽量减小堆中子本底。现将各部分装置说明如下：

**裂变谱中子的获得**

本工作采用钚靶将堆中子转换成裂变谱中子，该钚靶是一个装有 16 克 $PuO_2$ 粉末直径为 60 毫米的铝盒。由于裂变中子仅穿过 1 毫米的铝层，故而对裂变中子谱的影响很小。

**堆中子束的获得**

入射在钚转换靶上的堆中子，是在反应堆出口处放置一根直径为 5 厘米的石墨棒散射产生的中子。

**样品**

浓缩铀样品是用静电喷射法将铀涂在 0.15 毫米厚、大小为 15×25 平方毫米的铝片上制成的。铀层厚度约 0.1 毫克/厘米$^2$。质谱分析给出铀的同位素成分为：$^{235}$U 是 $C_5$=(89.7±0.04)%；$^{238}$U 是 $C_8$=(9.17±0.04)%；$^{234}$U 是 $C_4$=(1.13±0.056)%。相对比较用的天然铀样品，是用电化法将铀沉积在 0.15 毫米厚、大小为 15×25 平方毫米的铝片上。两种样品背靠背地载在直径为 45 毫米、厚度为 0.15 毫米的铝片上，作为双裂变室的阴极。

**背靠背的双平行板裂变室**

在设计裂变室时考虑到下列条件：(1)为保证测量时堆中子束不直接照射样品上和样品与靶尽可能靠近，以免造成很强的堆中子本底，并得到“高”的效应，裂变靶与双裂变室组合在一起，现选择裂变靶与样品之间的距离在 4 厘米左右；(2)裂变室的屏蔽体效率要高，厚度选择要适中，以确保裂变中子谱畸变小；(3)裂变室内和周围的物质要少，以减少中子散射。本实验使用的双裂变室如图 1 所示。裂变室用黄铜外壳，长 8 厘米，直径 5 厘米，壁厚 2 毫米，载样品电极夹在两个收集极之间，彼此相距 1 厘米，各电极皆由直径为 45 毫米、厚为 0.15 毫米的铝片构成。双裂变室的中子入射窗是 0.15 毫米厚的铝层，样品与窗相距约 2 厘米。室内充以

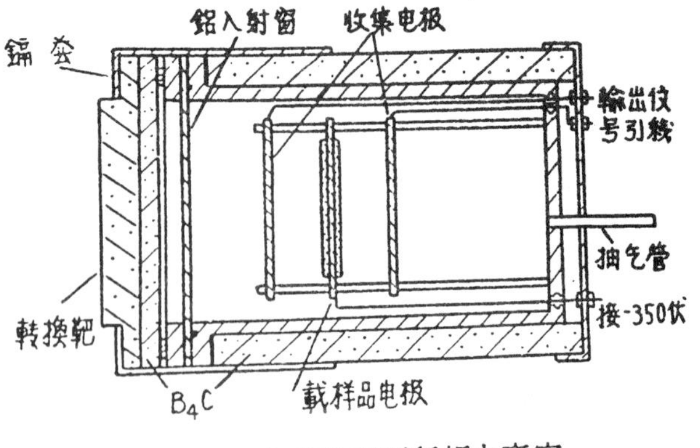


图 1 背靠背的双平行板电离室

95%Ar+5%$CO_2$ 气体，压强为 500 毫米汞高。载样品的阴极加-350 伏的直流电压。

**屏蔽**

载整个测量过程中，双裂变室均带有一个 10 毫米厚的 $B_4C$ 套。载对裂变谱中子进行测量时，钚转换靶与裂变室之间放有一块装有 $B_4C$ 的镉套用作堆中子过滤器。三者用一个中心开孔 60 毫米的镉套组合层一体。钚转换靶产生的裂变中子透过过滤器打载铀样品上，而堆中子却被过滤器和转换靶所屏蔽。

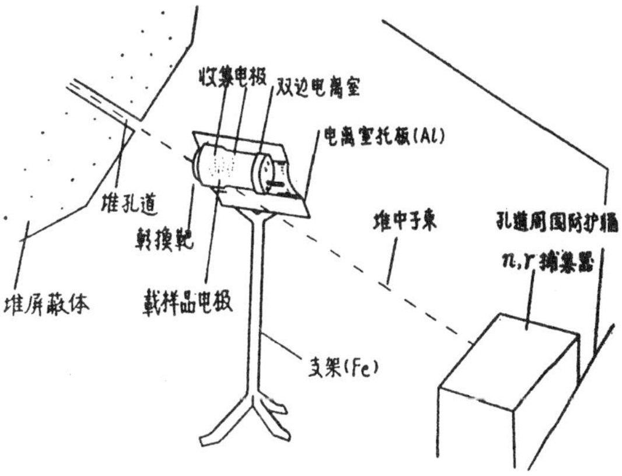

图 2　实验装置的安排

**装置安排**

在测量中裂变室与准直器出口处相距 80 厘米，双裂变室的中心轴线与堆中子束成 $80^0$，以使样品钚受堆中子束直接照射。它距四周屏蔽墙平均 2～2.5 米、距地面 1 米，双裂变室是支承在装有 0.5 毫米厚硬铝托盘的铁架上。

## 实验的测量及结果

为了在裂变谱中子和堆中子照射下对浓缩铀与天然铀样品的裂变计数率作相对测量，全部数据都是在同一个裂变室的二道积分偏压曲线的坪上，均匀选取 6 个甄别阈下测量的。浓缩铀与天然铀裂变室的偏压曲线如图 3a 和 3b 所示。

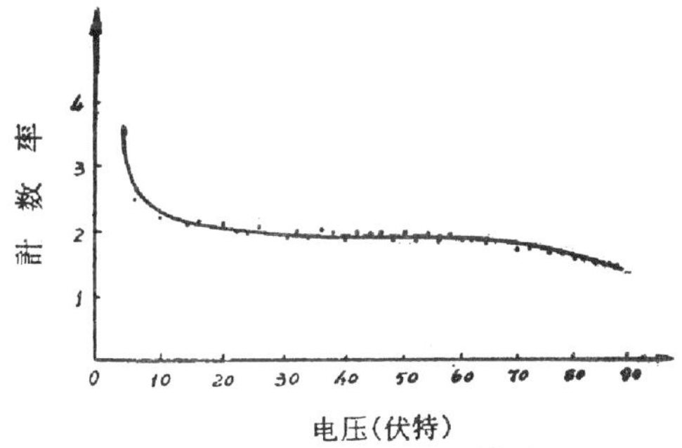

图 3 a　浓縮鈾积分偏压曲綫

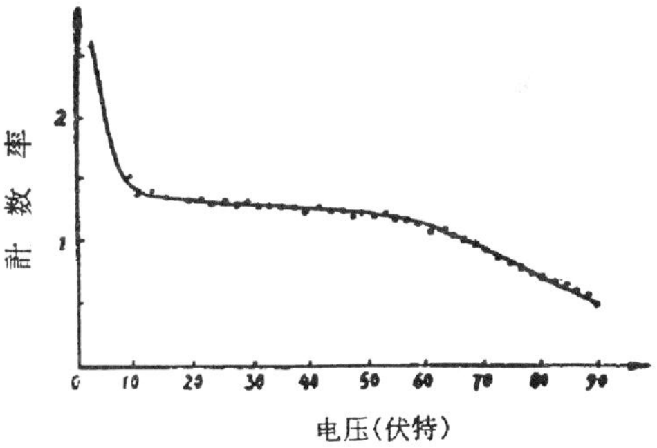

图 3 b　天然鈾积分偏压曲綫

**(1) 裂变谱中子上的测量**

裂变谱中子引起铀样品裂变的效应示在堆中子直接照射钚转换靶时测量的，本底时在堆中子束与转换靶之间档镉片后测定的。裂变室所测得效应的计数率为

$$F = F_0 + F_d + F_s + F_t + F_{cd} + F_{cd-f} + F_r .$$

这里 $F_0$ 是堆中子束的镉下中子产生的裂变谱中子在样品上引起的裂变计数率，这是待求的效应；$F_d$ 是被 $B_4C$ 过滤器和铝窗所软化的裂变中子产生的计数率；$F_s$ 是裂变中子经过裂变室壁、支架、$B_4C$ 套、墙壁、地面等散射软化后进入裂变室引起的计数率；$F_t$ 是在钚转换靶中受到非弹性散射的裂变中子引起的裂变计数率；$F_{cd}$ 是堆中子束的镉上中子引起的计数率；$F_{cd-f}$ 是堆中子束的镉上中子在钚转换靶上产生的裂变谱中子引起的计数率(包括这种裂变谱中子各种畸变部分引起的效应在内)；$F_r$ 是反应堆大厅的中子本底引起的裂变计数率。在堆中子束档镉后，测得的本底计数率 $F'$应包含下面几部分：

$$F' = F_{cd} + F_{cd-f} + F_r .$$

因此

$$F - F' = F_0 + F_d + F_s + F_t .$$

因为天然铀中的主要成分是铀-238，它是有阈裂变的，阈值约为800千电子伏，故裂变中子谱谱形畸变对它影响极少，所以$F_n - F_n' \cong F_0^n$；但对浓缩铀则必须修正$F_d, F_s, F_t$的影响，才能得到真正的$F_0$。在实验中应将它们尽量减少。现分别讨论如下：

(a)$F_d$的排除　本工作通过改变钚转换靶与裂变室之间 $B_4C$ 过滤器的厚度，观测了相应的 $R_f$值，再按照 $R_f$随 $B_4C$ 过滤器的厚度变化曲线外推出零厚度时 $R_f$之值。结果表明，$B_4C$ 过滤器的厚度在 8 毫米以下影响已较小，其修正钚超过 1%。

(b) $F_s$的影响　为了找出散射最小时样品的几何位置，我们测量了 $R_f$随样品与钚转换靶之间距离的变化，结果如图 4 所示。图中 a 线示裂变室与堆中子束成 90° 时测得的结果，b 线是成 45° 时测得的结果.由图可见，在钚转换靶与样品相距 10 厘米以内，$R_f$值基本不变，表明此时$R_f$受散射影响最小.正式测量中，转换靶与样品相距 4 厘米，这时主要散射来源是裂变室壁及其屏蔽体、支架、托盘等贡献.估计总的散射影响小于 0.5%，这可归结到误差中去.

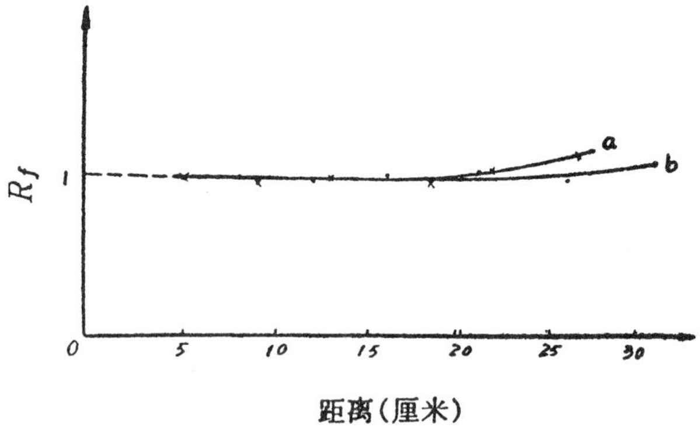


图 4　$R_f$随样品与靶之間距离的变化

(c) $F_t$的影响　裂变谱中子在 16 克 $PuO_2$ 中受到原子核的非弹性散射等引起的谱形畸变，按照裂变中子谱分成 16 群的分群理论[6]计算的结果，表明影响小于 $10^{-4}$，故这项修正完全可以忽略不计.

在裂变谱中子上测量结果如下:

| 样品 | 天然铀 | | | 浓缩铀 | | |
|---|---|---|---|---|---|---|
| 项目 | 时间（分） | 计数 | 计数率（1/分） | 时间（分） | 计数 | 计数率（1/分） |
| 效应 | 629 | 72811 | 115.76 | 616 | 329428 | 534.79 |
| 本底 | 621 | 3089 | 4.97 | 629 | 112130 | 178.27 |

由此得出 $R_f$=3.218，它的统计误差为 0.5%。根据上面的分析，加上裂变中子谱的畸变和散射的影响，估计 $R_f$的相对误差为 2%左右，最后得到

$$R_f=3.218\pm0.064.$$

**(2) 堆中子束上的测量**

堆中子是用直径为 5 厘米的石墨棒散射的束流照射样品，仍以档镉片来测量本底，目的摘要消除裂变室的 α 脉冲和记录线路噪音的影响.测量数据给出如下，

| 样品 | 天然铀 | | | 浓缩铀 | | |
|---|---|---|---|---|---|---|
| 项目 | 时间（分） | 计数 | 计数率（1/分） | 时间（分） | 计数 | 计数率（1/分） |
| 效应 | 753.5 | 68809 | 91.32 | 787.5 | 7368499 | 9356.82 |
| 本底 | 771 | 3384 | 4.39 | 781 | 260996 | 334.18 |

最后得出 $R_{th}$=103.79，它的统计误差为 0.41%。

综合上述测量数据，再利用文献[1]中给出的$\overline{\sigma_f^n}$为 $0.318\pm0.006_5$ 巴恩，以及文献[7]中给出$c_5 = 0.00714 \pm 0.00005$，将它们一并代入(3)式中得出

$$\overline{\sigma_f^c} = 1.38_1 \text{巴恩}$$

然后将铀-234，铀-238 的贡献进行修正，应用文献[1]中给出$\overline{\sigma_f^8}$为 $0.311\pm0.006_6$ 巴恩和文献[8]中给出$\overline{\sigma_f^4}$为 $0.52\pm0.003$ 巴恩，从(4)式可以得出

$$\overline{\sigma_f^5} = 1.34_2\text{巴恩}$$

$\overline{\sigma_f^c}$的相对误差为

$$\frac{\Delta\overline{\sigma_f^c}}{\overline{\sigma_f^c}} = \sqrt{\left(\frac{\Delta R_f}{R_f}\right)^2 + \left(\frac{\Delta R_{th}}{R_{th}}\right)^2 + \left(\frac{\Delta\overline{\sigma_f^n}}{\overline{\sigma_f^n}}\right)^2 + \left(\frac{\Delta c_5}{c_5}\right)^2 + \left(\frac{\Delta c_5^n}{c_5^n}\right)^2} = 3.02\%,$$

则$\Delta\overline{\sigma_f^c} = 0.04_2$巴恩。铀-235 的平均裂变截面的相对误差为

$$\frac{\Delta\overline{\sigma_f^5}}{\overline{\sigma_f^5}} = \left(\frac{\left(\frac{\Delta\overline{\sigma_f^n}}{\overline{\sigma_f^n}}\right)^2 + \left(\frac{\Delta R_f}{R_f}\right)^2 + \left(\frac{\Delta R_{th}}{R_{th}}\right)^2 + \left(\frac{\Delta c_5^n}{c_5^n}\right)^2}{\left(1 - \frac{c_4 c_5^n R_{th}\overline{\sigma_f^4} + c_8 c_5^n R_{th}\overline{\sigma_f^8}}{c_5 R_f \overline{\sigma_f^n}}\right)^2} + \frac{\left(\frac{\Delta\overline{\sigma_f^8}}{\overline{\sigma_f^8}}\right)^2 + \left(\frac{\Delta c_8}{c_8}\right)^2}{\left(1 - \frac{\overline{\sigma_f^c} - c_4\overline{\sigma_f^4}}{c_8\overline{\sigma_f^8}}\right)^2} + \frac{\left(\frac{\Delta\overline{\sigma_f^4}}{\overline{\sigma_f^4}}\right)^2 + \left(\frac{\Delta c_4}{c_4}\right)^2}{\left(1 - \frac{\overline{\sigma_f^c} - c_8\overline{\sigma_f^8}}{c_4\overline{\sigma_f^4}}\right)^2} + \frac{\left(\frac{\Delta c_5}{c_5}\right)^2}{\left(1 - \frac{\overline{\sigma_f^c}}{c_4\overline{\sigma_f^4} + c_8\overline{\sigma_f^8}}\right)^2}\right)^{\frac{1}{2}} = 3.07\%,$$

则$\Delta\overline{\sigma_f^5} = 0.04_1$巴恩。最后得到铀-235 对裂变谱中子的平均裂变截面为

$$\overline{\sigma_f^5} = 1.34 \pm 0.04\ \text{巴恩。}$$

## 讨　论

与文献[2-4]的四个结果比较，本工作的结果与 Андреев 的结果很好符合，但应用了完全不同的方法。与单能中子裂变截面对裂变谱中子平均的截面值比较，在实验误差范围内符合，但偏高 3%。这很可能表明铀-235 裂变截面的微分测量和积分测量之间存在着差别。这种差别的原因或是积分测量中得到的裂变中子谱不够纯，或是单能中子裂变截面在裂变谱中子能区的现有数据略低。

本实验表明，用背靠背裂变室依据精确地已知的平均裂变截面作为标准，在裂变谱中子上测量热裂变物质的平均裂变截面是可行的。这对我们今后工作是有益的。

# 钚-239 对裂变谱中子的裂变截面的测量

张焕乔 李泽 周书华

## 引　　言

大家知道，钚-239 是快中子增值堆的燃料，也是核武器的核材料，所以它对裂变谱中子的平均裂变截面是核工程设计和计算中必需的参数，至今这类数据发表很少，因此对这个参数的精确测量是很有价值的。就现有数据来看，Бондареко 给出的结果为 1.93±0.13 巴恩[2]，Андреев 的结果为 1.87±0.05 巴恩[3]，在文献[4]中引用 Richmond 的结果是 1800 毫巴，而按钚-239 单能裂变截面对裂变谱中子平均的结果为 1.86 巴恩。这些数据表明 Андреев 的结果较好。本工作像第一部分一样，仍以精确已知平均裂变截面的天然铀为标准*，用背靠背的双平行板电离室在裂变谱中子上进行了钚与天然铀样品平均裂变截面比的测量。两种样品的核数目与电离室效率乘积之比是靠单能热中子产生的裂变来确定的；钚样品的同位素成分是用化学确定了钚样品的核数目后，以小立体角法测量钚的总 α 放射性强度进行估计的[9]。

## 实验原理

在本实验中，为了避免中子通量与核数目的直接测量，采用了对裂变谱中子和单能热中子分别记录几何形状相同，背靠背放置的钚与天然铀样品的裂变脉冲计数率之比的相对方法。以 $R_f$ 表示裂变谱中子上两种样品的裂变脉冲计数率的比值，则有

$$R_f = \frac{F - F'}{F_U - F'_U} = \frac{K_{Pu} N_{Pu} \overline{\sigma_f}(Pu)}{K_U N_U \overline{\sigma_f}(U)} \tag{1}$$

这里$F$和$F'$是钚的裂变效应与本底计数率；$F_U$和$F'_U$是天然铀样品的裂变效应与本底计数率；$K_{Pu}$是钚电离室记录裂变的效率；$K_U$是电离室记录天然铀样品的效率；$N_{Pu}$是钚核数目；$N_U$是铀核数目；$\overline{\sigma_f}(Pu)$是钚样品对裂变谱中子的平均裂变截面；$\overline{\sigma_f}(U)$是天然铀对裂变谱中子的平均裂变截面。

在单能热中子上测量钚与天然铀的裂变脉冲计数率值之比为

$$R_{th} = \frac{F_{th} - F'_{th}}{F^U_{th} - F^{U'}_{th}} = \frac{K_{Pu} N_{Pu} c_9 \sigma^9_f(En)}{K_U N_U c_5 \sigma^5_f(En)} \tag{2}$$

式中$F_{th}$和$F'_{th}$是钚在单能热中子上裂变效应与本底计数率；$F^U_{th}, F^{U'}_{th}$是天然铀相应的裂变与本底计数率；$c_9$是钚样品中钚-239 的同位素成分；$c_5$是天然铀中铀-235 的同位素成分；$\sigma^5_f(En)$和$\sigma^9_f(En)$分别是铀-235 和钚-239 对单能热中子的裂变截面。应该指出，在热中子区域，钚与天然铀的裂变几乎全是钚-239 和铀-235 的贡献，至于它们所含的其他同位素(如钚-240，铀-234，铀-238 等)贡献极少，完全可以忽略，由此带来的相对误差小于 $10^{-4}$。

综合(1)、(2)二式，得出钚对裂变谱中子的平均裂变截面为

$$\overline{\sigma_f}(Pu) = \frac{R_f c_9 \sigma^9_f(En)}{R_{th} c_5 \sigma^5_f(En)} \overline{\sigma_f}(U) \tag{3}$$

对钚同位素作修正后，得出钚-239 对裂变谱中子的平均裂变截面为

$$\overline{\sigma^9_f} = \frac{\bar{\sigma}(Pu) - c_0 \overline{\sigma^0_f} - \sum_i c_i \bar{\sigma}_{fi}}{c_9} \tag{4}$$

---

* 工作(I)系指本篇中裂变谱中子对铀-235 的平均裂变截面的测量一文。

式中$c_0$是钚-240 的同位素成分；$c_i$是钚中第 $i$ 种同位素的成分；$\overline{\sigma_f^0}$是钚-240 对裂变谱中子的平均裂变截面；$\bar{\sigma}_{fi}$是第 $i$ 种钚同位素对裂变谱中子的平均裂变截面。因本实验所使用的钚样品除钚-240 外，其余同位素成分远小于 0.5%，因此见第三项修正归入第二项，引入误差是很小的。

为了确定$\bar{\sigma}(Pu)$或$\overline{\sigma_f^9}$，都必须知道钚的同位素成分。我们采用了小立体角法来测量已知核数目的钚样品的 $\alpha$ 放射性强度 $I_\alpha$，根据已知钚-239 和钚-240 的 $\alpha$ 衰变常数 $\lambda_9$ 与 $\lambda_0$，便可定出钚-239 与钚-240 的同位素成分。在钚中其它同位素成分很少将其略去不计时，$c_9 + c_0 \approx 1$，于是得出计算公式

$$c_9 = \frac{I_\alpha - N_{Pu}\lambda_0}{N_{Pu}(\lambda_9 - \lambda_0)} \tag{5}$$

## 实验装置

本实验是在我国实验性重水反应堆的水平孔道上进行的. 所用的裂变谱中子沅、背靠背的双平行板电离室、屏蔽体和装置的安置与第一部分测量相似.

**单能热中子的获得**

利用中子平面晶体谱仪[10]提供的单能热中子，使用了散开角为 2.86′ 的第一准直器，晶体单色器用的是 NaCl(200)反射面。

**样品**

钚样品以 $PuO_2$ 形式电沉积在直径 29.6 毫米、厚 0.15 毫米的铝片上，估计钚量约 800 微克. 天然铀样品用电化法沉积在相同尺寸的铝片上，估计铀量约微 1.2 毫克. 将两个样品背靠背地载在一个直径为 45 毫米、厚为 0.15 毫米的铝片上，并保证两个样品几何位置严格重合. 测量同位素成分用的钚样品是用同一种钚原料电镀在直径 25 毫米、厚 50 微米的铂金上构成的. 根据化学分析，给出四个样品钚量各为: $m_1$=652±12.5 微克；$m_2$=481±$9.6_2$ 微克；$m_3$=460±9.2 微克；$m_4$=436±$8.7_2$ 微克。

## 实验的测量及结果

为了在裂变谱中子和单能热中子上对钚和天然铀样品的裂变计数率作相对测量，全部数据都是在同一双电离室的各自积分偏压曲线的坪上，均匀选择六个甄别阈下测量的. 图 5 给出钚与天然铀裂变的积分偏压曲线.

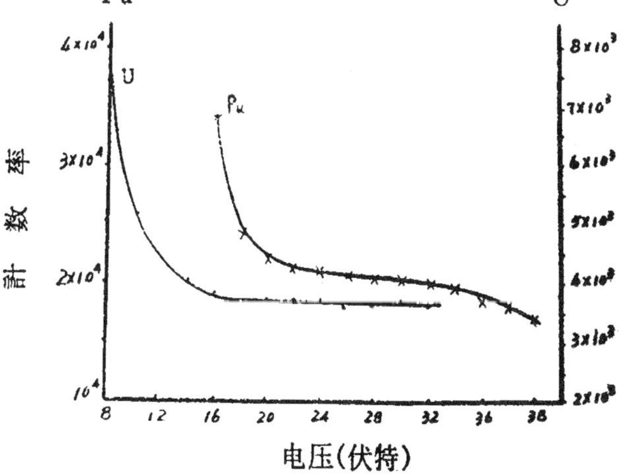


图 5　鈈与天然鈾的积分偏压曲綫

（1）**裂变谱中子上的测量**

这部分实验的条件、步骤及对各种散射本底和中子谱形畸变的修正，与第一部分对浓缩铀样品的测量相似.

现将裂变谱中子上的测量结果给出如下:

| 样品 | 天然铀 | | | 钚 | | |
|---|---|---|---|---|---|---|
| 项目 | 时间（分） | 计数 | 计数率（1/分） | 时间（分） | 计数 | 计数率（1/分） |
| 效应 | 2395 | 374304 | 156.29 | 2385 | 1808032 | 758.08 |
| 本底 | 2420 | 21207 | 8.76 | 2413 | 700387 | 290.26 |

由此得出，$R_f$=3.17，它的统计误差为 0.22%。若再考虑谱形畸变和散射的影响，$R_f$的相对误差为 1.71%，于是可得到

$$R_f = 3.17 \pm 0.05_4.$$

**（2）单能热中子上的测量**

这一测量是在中子晶体谱仪上进行的，这时本底测量是将 NaCl 晶体偏离相应布喇格角 1°时测得的。为了检查 $R_{th}$ 测量的正确性和重复性，除了在 0.0253 电子伏的热中子上测量外，还选取反应堆中子能谱峰值附近的 0.05 电子伏和 0.06 电子伏的中子进行测量。由(2)式可知，若 $R_{th}$ 测量正确，则对三种能量的中子测得的$A = R_{th}(En) \times \sigma_f^5(En)/\sigma_f^9(En)$值应在实验误差范围内一致。本工作所测得的结果给出如下：

| $E_n$ eV | $\sigma_f^5$ 巴恩 | $\sigma_f^9$ 巴恩 | 天然铀 | | | | | | 钚 | | | | | | $R_{th}$ | A |
|---|---|---|---|---|---|---|---|---|---|---|---|---|---|---|---|---|
| | | | 时间(分) | 计数 | $F_{th}^n$ | 时间(分) | 计数 | $F_{th}^{n'}$ | 时间（分） | 计数 | $F_{th}$ | 时间(分) | 计数 | $F'_{th}$ | | |
| 0.0253 | 582±6 [11] | 746±8 [11] | 1351.25 | 18938 | 14.02 | 801 | 1698 | $2.12_0$ | 1342.25 | 1762878 | 1313.38 | 803 | 161625 | 201.28 | 93.49±0.90 | 72.94±1.29 |
| 0.05 | 385 [11] | 530 [11] | 594 | 7548 | 12.71 | 189 | 380 | $2.01_1$ | 682 | 876967 | 1285.88 | 184 | 35438 | 192.60 | 102.21±1.72 | 74.25±1.67 |
| 0.06 | 344 [11] | 499 [11] | 848 | 10094 | 11.90 | 712.25 | 1393 | $1.95_6$ | 843 | 1029660 | 1221.42 | 661.25 | 108696 | 164.38 | 106.26±1.39 | 73.75±1.45 |

在计算截面中应用的 A 值，是三种能量相应 A 值的权平均值

$$A=73.37 \pm 1.24.$$

**（3）钚同位素成分的确定**

我们对化学分析定量的四个钚样品用小立体角装置分别测量了它们的总 α 放射性强度，按(5)式得出的同位素成分列于下表，

| 样品编号 | 钚量(微克) | 几何因子×$10^{-4}$ | $I_\alpha \times 10^6$分 | $\frac{\Delta I_\alpha}{I_\alpha}$(%) | $c_9$ | $\frac{\Delta c_9}{c_9}$(%) |
|---|---|---|---|---|---|---|
| 1 | 652±12.5 | 6.992 | 1.620 | 1.02 | 0.965 | 0.97 |
| 2 | 481±9.62 | 6.992 | 1.232 | 1.035 | 0.953 | 1.01 |
| 3 | 460±9.2 | 6.992 | 1.097 | 1.04 | 0.981 | 0.92 |
| 4 | 436±8.72 | 6.992 | 1.094 | 1.04 | 0.961 | 0.99 |

其中应用$\lambda_9 = (8.996 \pm 0.072) \times 10^{-13}$/秒，$\lambda_0 = (3.378 \pm 0.068) \times 10^{-12}$秒. 四个结果按加权平均，给出钚的同位素成分为

$$c_9 = 0.966 \pm 0.009_4,$$
$$c_0 = 0.034 \pm 0.008_7.$$

综合以上测量结果，再利用我们在第一部分测量给出的天然铀对裂变谱中子的平均裂变 $0.318 \pm 0.006_5$ 巴恩和文献[7]给出天然铀中铀-235 同位素成分为 $c_5$=0.00714±0.00005，用(3)和(4)式分别给出钚样品对裂变谱中子的平均裂变截面

$$\overline{\sigma_f}(Pu) = 1.85_8 \pm 0.06_3\text{巴恩},$$

和钚-239 对裂变谱中子的平均裂变截面

$$\overline{\sigma_f^9} = 1.88 \pm 0.06_4 \text{巴恩。}$$

它们的误差按下列公式计算，钚样品的平均截面的相对误差为

$$\frac{\Delta\overline{\sigma_f}(\mathrm{Pu})}{\overline{\sigma_f}(Pu)} = \sqrt{\left(\frac{\Delta R_f}{R_f}\right)^2 + \left(\frac{\Delta A}{A}\right)^2 + \left(\frac{\Delta\overline{\sigma_f}(U)}{\overline{\sigma_f}(U)}\right)^2 + \left(\frac{\Delta c_5}{c_5}\right)^2 + \left(\frac{\Delta c_9}{c_9}\right)^2}$$

而钚-239 的平均截面的相对误差为

$$\frac{\Delta\overline{\sigma_f^9}}{\overline{\sigma_f^9}} = \left(\frac{\left(\frac{\Delta R_f}{R_f}\right)^2 + \left(\frac{\Delta A}{A}\right)^2 + \left(\frac{\Delta\overline{\sigma_f}(U)}{\overline{\sigma_f}(U)}\right)^2 + \left(\frac{\Delta c_5}{c_5}\right)^2}{\left(1 - \frac{c_0 c_5 A\overline{\sigma_f^0}}{c_9 R_f \overline{\sigma_f}(U)}\right)^2} + \frac{\left(\frac{\Delta\overline{\sigma_f^8}}{\overline{\sigma_f^8}}\right)^2 + \left(\frac{\Delta c_8}{c_8}\right)^2}{\left(1 - \frac{c_9 R_f \overline{\sigma_f}(U)}{c_0 c_5 A\overline{\sigma_f^0}}\right)^2}\right)^{\frac{1}{2}} = 3.357\%$$

## 讨　论

本工作采用与第一部分测量相同的方法测出钚-239 对裂变谱中子的平均裂变截面为 $1.88 \pm 0.06_4$ 巴恩，这与 Андреев 用不同方法测得的结果很好符合，且与单能中子裂变截面按裂变谱中子平均的结果 1.86 巴恩也很好符合。

应当指出，在本实验中同位素成分的确定会受到钚定量的精确度和可靠性的限制以及钚其它同位素的忽略，这对截面测量带来一定的不确定性。

最后，我们衷心感谢何泽慧先生在整个工作中的热情指导和关心，对黄胜年同志给予的支持和帮助也表示谢意。我们对核反应堆运行人员的辛勤劳动也表示感谢。

## 参　考　文　献

[1] 张焕乔，陈进贵，崔德惠，裂变谱中子对铀-238 的平均裂变截面测量. 中华人民共和国科学技术委员会，原子能科学技术文献，原 30005/物中 001 (1963).

[2] Бондареко и Коблеб, The Pile Neutron Research In Physics, P.158, 1960 (Viena).

[3] Nend Raisic, *Nucleonics,* **13**, No.2, 67 (1955).

[4] R. Hinnes et al., *AWRE* 0-2/60 (1960).

[5] R. W. Lamphere, *Phys. Rev.,* **91**, 655 (1953).

[6] S. Viftah et al., Fast Reactor Cross Section, Pergamon Press (1960).

[7] A. O. Nier, Phys. Rev. **55**, 150 (1939).

[8] E. Jurney, *AEC* Report, *LA*-1250 (1951).

[9] 张焕乔，崔文光，翟国良，用小立体角法测量 α 放射源的强度，中国科学院原子能研究所内部资料，Z.K.Y.Y.I2RO125 (1964).

[10] 戴传曾，叶春堂，张焕乔等，原子能科学技术，**2**，100 (1959).

[11] D. J. Hughes et. Al., BNL-325, Second Edition (1958).

# $^{240}Pu$自发裂变瞬时平均中子数的绝对测量①

裂变中子数测量组

利用球形载镉液体闪烁探测器绝对测量了$^{240}Pu$自发裂变瞬时平均中子数$\bar{\nu}_{sp}$。根据单能准直中子束在茋晶体上的(n, p)散射来刻度中子探测器的效率。自发裂变事件用电离室记录。最后测得$\bar{\nu}_{sp}=2.138\pm0.034$。

## 引　　言

$^{240}Pu$自发裂变瞬时平均中子数$\bar{\nu}_{sp}$是核工程计算中用的一个数据，也是量度$^{240}Pu$自发裂变瞬时碎片激发能的参数，这些都要求精确的$^{240}Pu$自发裂变$\bar{\nu}_{sp}$值。同时为了建立我们测量一系列重核裂变瞬时平均中子数$\bar{\nu}_p$值的标准，因此进行了本工作。

绝对测量$\bar{\nu}_p$的方法主要有：(i) 利用标定裂变中子源刻度中子探测器的效率；(ii) 利用已知发射中子数目$\nu$的核反应刻度中子探测器的效率。后者常用快中子的(n, p)散射或氘核光致分裂反应($\nu=1$)。在本工作中用单能准直快中子束入射在茋晶体上产生(n, p)散射，通过测定反冲质子能量来确定散射中子能量和方向，由记录反冲质子与散射中子之间的关联，测出中子探测器的效率曲线，然后对裂变中子谱平均，求得记录$^{240}Pu$自发裂变中子的效率，再将该值引入符合法[1]测量的自发裂变数据，即得出$^{240}Pu$自发裂变的$\bar{\nu}_{sp}$值。

现将近年测定$^{240}Pu$自发裂变$\bar{\nu}_{sp}$值的结果收集在表1中，为便于比较，按汉纳(G. C. Hanna)等[2]给出的推荐值重新归一。由表1可见，新近测量的结果精度有所提高且大多在1%以内符合。

表1　近年来测量$^{240}Pu$自发裂变$\bar{\nu}_{sp}$之结果

| 作　者 | 年代 | $\bar{\nu}_{sp}$ | 原来的标准 | 重新归一的$\bar{\nu}_{sp}$ | 重新归一的标准 |
|---|---|---|---|---|---|
| 谋特(A. Moat)等[3] | 1961 | $2.13\pm0.05$ | $\bar{\nu}_{sp}(^{252}Cf)=3.69$ | $2.15\pm0.05$* | $\bar{\nu}_{sp}(^{252}Cf)=3.756$ |
| 阿斯普伦德-尼尔森(I. Asplund-Nilsson)等[4] | 1963 | $2.154\pm0.028$ | $\bar{\nu}_{sp}(^{252}Cf)=3.80$ | $2.129\pm0.028$ | $\bar{\nu}_{sp}(^{252}Cf)=3.756$ |
| 霍普金斯(J. C. Hopkins)等[5] | 1963 | $2.189\pm0.026$ | $\bar{\nu}_{sp}(^{252}Cf)=3.771$ | $2.180\pm0.026$ | $\bar{\nu}_{sp}(^{252}Cf)=3.756$ |
| 科尔文(D. W. Colvin)等[6] | 1965 | $0.888\pm0.005$ | $\bar{\nu}_p^{th}(^{235}U)=1$ | $2.137\pm0.018$ | $\bar{\nu}_p^{th}(^{235}U)=2.407$ |
| 巴伦(E. Barou)等[7] | 1965 | $2.153\pm0.020$ | $\bar{\nu}_{sp}(^{252}Cf)=3.782$ | $2.124\pm0.020$* | $\bar{\nu}_{sp}(^{252}Cf)=3.756$ |
| 博尔德曼(J. W. Boldeman)[8] | 1968 | $2.168\pm0.009$ | $\bar{\nu}_{sp}(^{252}Cf)=3.784$ | $2.151\pm0.009$ | $\bar{\nu}_{sp}(^{252}Cf)=3.756$ |
| 普罗霍罗娃(Л. И. Прохорова)等[9] | 1971 | $2.161\pm0.016$ | $\bar{\nu}_{sp}(^{252}Cf)=3.782$ | $2.146\pm0.016$ | $\bar{\nu}_{sp}(^{252}Cf)=3.756$ |
| 本工作 | 1971 | $2.138\pm0.034$ | 绝对测量 | $2.138\pm0.034$ | |

* 对裂变中子谱的差异作了$-0.67\%$修正。

① 原子能科学技术，1975(4): 285-292.

# 实验装置及方法

实验装置如图 1 所示[10]。整套装置安置在 2.5 兆伏静电加速器的实验厅内。球形液体闪烁探测器中心距加速器靶 2.2 米，在离靶 75 厘米处装有一个开孔为 $\phi$ 1.5×55 厘米的铁准直器，安装时保证靶、准直孔和液体闪烁探测器管道严格对中。为了降低本底，液体闪烁探测器四周用 30 厘米厚的含硼石蜡屏蔽，在靠准直器的石蜡墙内有一层 10 厘米厚的铅墙，在石蜡墙外有 30 厘米厚的铅锥屏蔽体，在加速器靶的周围除留中子束引出孔外，其余均用石蜡屏蔽，测量表明靶头屏蔽对降低本底有明显作用。

中子探测器效率刻度采用迪万(B. C. Diven)等[11]提出的方法，将带 n-$\gamma$ 分辨的芪晶体闪烁探测器放在液体闪烁探测器管道的中心，由静电加速器提供的 D-D 和 D-T 单能中子束入射在芪晶体上产生(n, p)散射，反冲质子由芪晶体探测器记录，散射中子由液体闪烁探测器记录。测量中用的 D-D 中子能量分别为 4.14，4.70 和 5.24 兆电子伏，D-T 中子能量为 18.26 兆电子伏。用的芪晶体大小为 $\phi$ 3×3 厘米，光电倍增管为 56 AVP，工作电压 −1900 伏，采用空间电荷饱和加抵消法[12]来实现 n-$\gamma$ 分辨，用 4096 道分析器二维调得，在所选阈值下完全甄别掉 $\gamma$ 脉冲，这时相应的中子下限能量为 0.7 兆电子伏。

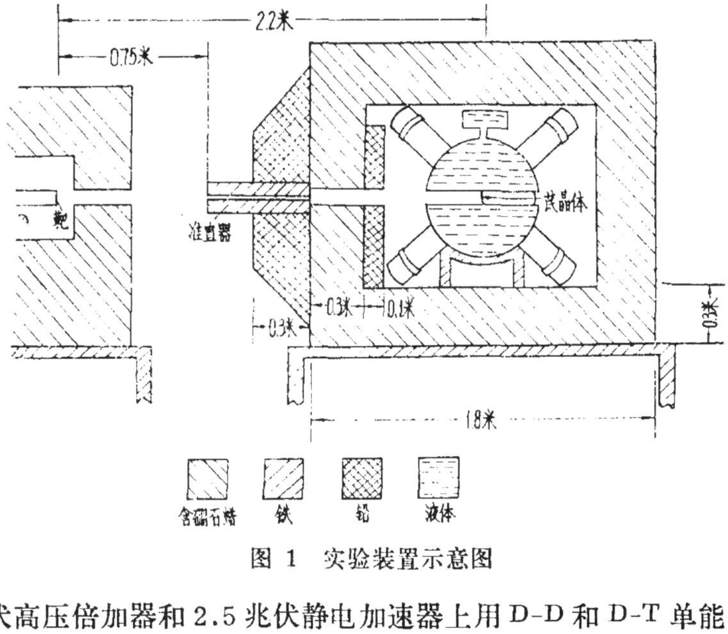


图 1　实验装置示意图

在 200 千伏高压倍加器和 2.5 兆伏静电加速器上用 D-D 和 D-T 单能中子作了芪晶体探测器的能量刻度，结果与 $kB=0.0100$ 毫克/厘米$^2$·千电子伏相应的一组数据[13]相近，因此在数据处理中引用了这组结果。

自发裂变测量情况大体与文献[10]一样，用的裂变室全同，唯记录线路采用文献[1]的方式。

测量中子探测器效率与 $^{240}$Pu 自发裂变用的电子学线路方框图如图 2 和图 3 所示。两路门宽 $T=30$ 微秒，本底门延迟 100 微秒后被打开，效应门每次打开后保证在 160 微秒内不再被触发。中子道死时间 $\tau=0.3$ 微秒，为定标器FH-408 决定。

在每轮测量中经常用脉冲产生器讯号开门，测两路门的偶然符合脉冲计数，检查两路

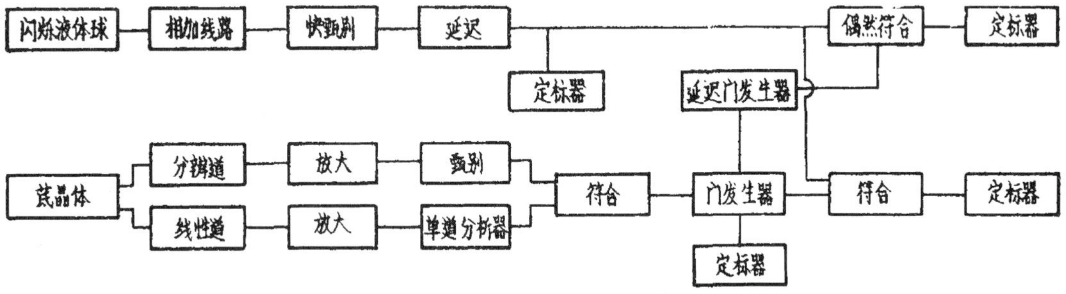


图 2　测量中子探测器效率的电子学线路方框图

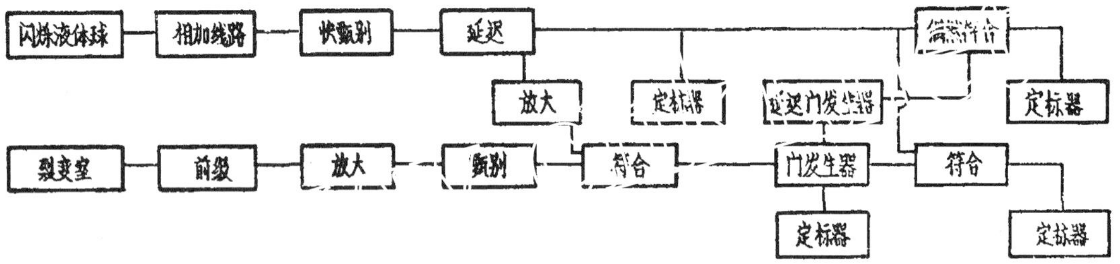


图 3　测量 $^{240}$Pu 自发裂变的电子学线路方框图

门宽的变化。为了检验系统稳定性，用 Po-Be 中子源监测。此外测试了液体闪烁探测器记录中子效率随脉冲计数率的变化，观察到计数率在 $1.5\times10^6$脉冲/分以下效率不随计数率变化，在刻度效率中，最高计数率为 $8\times10^5$脉冲/分，线路能正常工作。在效率测定中用束流积分器计数和芪晶体探测器分辨讯号计数作入射中子通量监督，观察 400 道分析器记录反冲质子谱边界有无移动来监测系统稳定性。实验中本底情况如下：对 D-D 中子平均本底计数为 0.3—0.4 脉冲/门，D-T 中子为 0.6—0.8 脉冲/门，自发裂变为 0.0093 脉冲/门。

按上述方式直接测定中子探测效率

$$\eta(E_n,\theta)=\frac{N_{c1}-N_{c2}}{N_g}. \tag{1}$$

式中 $N_{c1}$ 和 $N_{c2}$ 分别为通过效应门和本底门的脉冲计数；$N_g$ 为门脉冲数；$E_n$ 为散射中子能量，$\theta$ 为散射角。由(n, p)散射知

$$E_n=E_0\cos^2\theta=E_0-E_p. \tag{2}$$

这里 $E_0$ 为入射中子能量；$E_p$ 为反冲质子能量。

同样方式得到 $^{240}$Pu 自发裂变 $\bar{\nu}_{sp}$ 值[1]应为：

$$\bar{\nu}_{sp}=\frac{N_1-N_2}{\bar{\eta}\cdot N_f}. \tag{3}$$

式中 $N_1$ 和 $N_2$ 分别为自发裂变测量中通过效应门和本底门的脉冲计数；$N_f$ 为裂变开门脉冲数；$\bar{\eta}$ 为液体闪烁探测器记录 $^{240}$Pu 自发裂变中子的效率，即 $\bar{\eta}=\int N(E_n)\eta(E_n)\mathrm{d}E_n$，其中 $N(E_n)$ 为 $^{240}$Pu 自发裂变中子谱，$\eta(E_n)$ 为中子探测器的效率函数。

实验中还用 Po-Be 中子源测量了液体闪烁体俘获中子脉冲的时间分布 $f(t)$，以芪晶体探测器的符合输出作零时间讯号，用 400 道时间分析器分析俘获中子脉冲，得到的结果如图 4 所示。按迪万等[11]给出的方法修正门内脉冲重叠造成的计数损失，得出两个中子脉冲

叠成一个的几率

$$K_{nn}=2\tau\int_0^T f^2(t)\,dt=0.0376.$$

中子与本底或本底与本底脉冲叠成一个的几率

$$K_{nB}=K_{BB}=\frac{2\tau}{T}=0.02.$$

由于两个以上的脉冲重叠的几率很小，可以忽略不计。

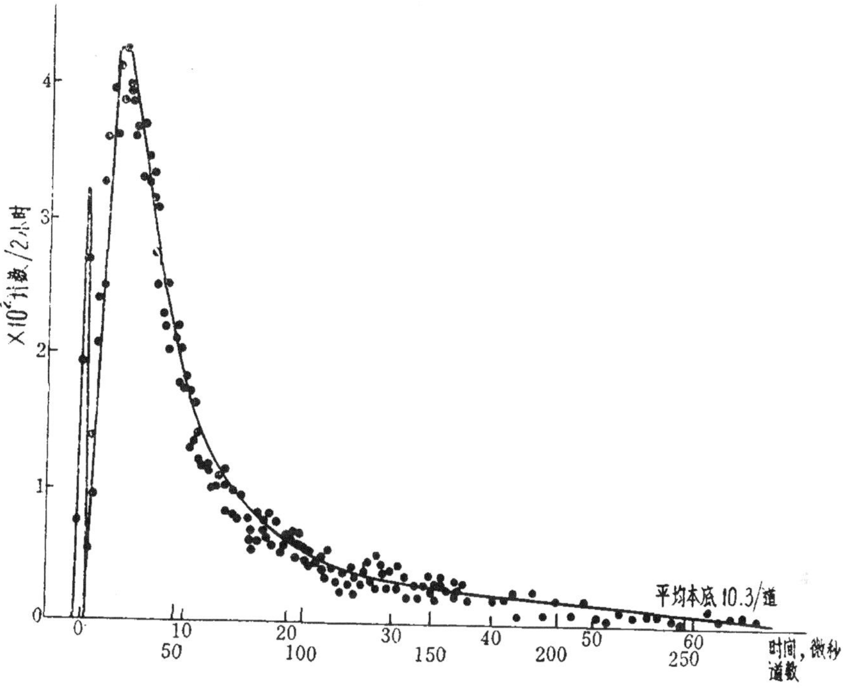


图 4　Po-Be 源中子在液体闪烁体中的时间分布

# 实　验　结　果

## 1. 刻度中子探测器效率的结果

表 2 给出了直接测定的中子探测效率 $\eta(E_n, \theta)$值，也包括中子多次散射、晶体端效应和边缘效应、脉冲重叠等修正以及修正后的效率 $\eta_{cor}(E_n, \theta)$值。有关修正已在文献[14]中详细说明。

由于液体闪烁探测器有一中心管道，记录中子效率并非完全各向同性，以不同能量的单能中子入射，而相同能量的散射中子却以不同 $\theta$ 角进入探测器，因此俘获几率不同，必须修正。为此将 $\eta_{cor}(E_n, \theta)$ 与蒙特-卡罗计算的效率比较，得出中子探测器的效率曲线 $\eta(E_n)$，结果如图 5 所示。由于中心管道漏失引起 $\bar{\nu}_{sp}$ 修正为+3.17%。

为了确定液体闪烁探测器记录 $^{240}$Pu 自发裂变中子的效率 $\bar{\eta}$，将 $\eta(E_n)$ 对裂变中子谱积分。由于 $^{240}$Pu 自发裂变中子谱直接测量不多，仅邦纳 (J. W.Bonner) [15]提供有实验数

**表 2　直接测定的中子探测效率 $\eta(E_n, \theta)$ 和有关修正**

| 中子源 | 入射中子能量，兆电子伏 | $E_n$，兆电子伏 | $\theta$ | $\eta(E_n, \theta)$，% | 堆垒效应，% | 晶体边缘效应，% | 碳核散射，% | p-p 散射，% | $\eta_{cor}(E_n, \theta)$，% |
|---|---|---|---|---|---|---|---|---|---|
| D-D | 4.14 | 0.50 | 69°40′ | 61.82±1.28 | 0.12 | 0.00 | 0.00 | 0.00 | 61.9±1.3 |
| | | 0.70 | 65°45′ | 59.86±1.64 | 0.12 | 0.00 | 0.00 | 0.00 | 60.0±1.6 |
| | | 0.90 | 62°13′ | 60.77±1.85 | 0.12 | 0.00 | 0.00 | 0.00 | 60.9±1.9 |
| | | 1.10 | 58°58′ | 61.73±2.14 | 0.11 | 0.00 | 0.00 | 0.00 | 61.8±2.1 |
| | | 1.50 | 52°59′ | 58.70±2.99 | 0.11 | 0.00 | −0.25 | 0.00 | 58.6±3.0 |
| | | 2.10 | 44°36′ | 55.18±0.83 | 0.13 | −0.01 | −0.43 | 0.00 | 54.9±0.8 |
| | | 2.50 | 38°6′ | 54.61±0.85 | 0.17 | −0.01 | −0.41 | 0.00 | 54.0±0.8 |
| | | 2.90 | 33°11′ | 51.58±0.81 | 0.16 | −0.02 | −0.34 | 0.00 | 51.4±0.8 |
| D-D | 4.70 | 0.30 | 75°22′ | 60.49±0.80 | 0.43 | 0.00 | 0.00 | 0.00 | 60.9±0.8 |
| | | 0.80 | 65°38′ | 61.38±0.92 | 0.45 | 0.00 | 0.00 | 0.00 | 61.8±0.9 |
| | | 1.30 | 58°16′ | 58.12±0.80 | 0.44 | 0.00 | −0.26 | 0.00 | 58.3±0.8 |
| | | 1.63 | 53°55′ | 57.28±0.82 | 0.40 | 0.00 | −0.36 | 0.00 | 57.4±0.8 |
| | | 1.80 | 51°46′ | 56.23±0.69 | 0.38 | 0.00 | −0.33 | 0.00 | 56.3±0.7 |
| | | 2.30 | 45°36′ | 54.54±0.55 | 0.36 | 0.00 | −0.26 | 0.00 | 54.6±0.6 |
| | | 2.63 | 42°48′ | 51.78±0.81 | 0.36 | −0.01 | −0.43 | 0.00 | 51.7±0.8 |
| | | 2.95 | 42°5′ | 49.07±0.76 | 0.35 | −0.02 | −0.49 | 0.00 | 49.0±0.8 |
| D-D | 5.24 | 0.20 | 78°44′ | 60.89±0.60 | 0.38 | 0.00 | 0.00 | 0.00 | 61.3±0.6 |
| | | 0.50 | 72°1′ | 60.25±0.74 | 0.31 | 0.00 | 0.00 | 0.00 | 60.6±0.7 |
| | | 0.65 | 69°23′ | 60.99±0.79 | 0.32 | 0.00 | 0.00 | 0.00 | 61.3±0.8 |
| | | 1.00 | 64°6′ | 60.30±0.48 | 0.32 | 0.00 | −0.05 | −0.04 | 60.3±0.5 |
| | | 1.16 | 61°56′ | 58.53±0.63 | 0.27 | 0.00 | −0.20 | −0.08 | 58.5±0.6 |
| | | 1.50 | 57°39′ | 57.55±0.54 | 0.31 | 0.00 | −0.28 | −0.02 | 57.6±0.5 |
| | | 1.80 | 54°7′ | 56.33±0.78 | 0.33 | 0.00 | −0.32 | 0.00 | 56.3±0.8 |
| | | 2.00 | 51°55′ | 55.49±0.72 | 0.32 | 0.00 | −0.31 | 0.00 | 55.5±0.7 |
| | | 2.30 | 48°31′ | 54.51±1.27 | 0.31 | 0.00 | −0.25 | 0.00 | 54.5±1.3 |
| | | 2.50 | 46°18′ | 53.11±0.74 | 0.31 | 0.00 | −0.31 | 0.00 | 53.1±0.7 |
| | | 2.80 | 43° | 51.85±1.61 | 0.30 | −0.10 | −0.28 | 0.00 | 51.8±1.6 |
| | | 3.00 | 40°55′ | 51.88±0.77 | 0.30 | −0.10 | −0.20 | 0.00 | 51.7±0.8 |
| | | 3.30 | 37°27′ | 50.09±0.72 | 0.31 | −0.10 | −0.24 | 0.00 | 47.7±0.7 |
| D-T | 18.26 | 0.30 | 82°38′ | 60.04±1.25 | 0.74 | 0.00 | 0.00 | 0.00 | 60.7±1.3 |
| | | 0.50 | 80°29′ | 61.49±1.11 | 0.85 | 0.00 | 0.00 | 0.00 | 62.3±1.1 |
| | | 0.80 | 77°55′ | 60.73±1.29 | 0.74 | 0.00 | 0.00 | 0.00 | 61.4±1.3 |
| | | 1.00 | 76°28′ | 61.24±1.38 | 0.95 | 0.00 | 0.00 | 0.00 | 62.2±1.4 |
| | | 1.30 | 74°32′ | 59.30±1.51 | 0.75 | 0.00 | 0.00 | −0.89 | 59.2±1.5 |
| | | 1.50 | 73°22′ | 59.12±1.45 | 0.97 | 0.00 | 0.00 | −0.94 | 59.1±1.5 |
| | | 1.80 | 71°42′ | 56.17±1.33 | 0.85 | 0.00 | 0.00 | −1.71 | 55.4±1.4 |
| | | 2.00 | 70°40′ | 56.79±1.21 | 0.78 | 0.00 | 0.00 | −1.72 | 55.9±1.3 |
| | | 2.30 | 69°12′ | 54.99±1.59 | 0.73 | 0.00 | 0.00 | −2.10 | 53.9±1.7 |
| | | 2.50 | 68°17′ | 55.33±0.99 | 0.93 | 0.00 | 0.00 | −1.76 | 54.1±1.1 |
| | | 2.80 | 66°57′ | 53.24±1.22 | 0.78 | 0.00 | −0.90 | −2.29 | 50.8±1.4 |
| | | 3.30 | 64°51′ | 51.03±1.16 | 0.72 | 0.00 | −1.21 | −1.99 | 48.5±1.3 |
| | | 4.30 | 60°58′ | 46.33±1.35 | 0.83 | 0.00 | −1.47 | −1.49 | 44.2±1.6 |
| | | 5.00 | 58°26′ | 44.32±2.38 | 0.54 | 0.00 | −1.23 | −1.31 | 42.3±1.3 |
| | | 5.30 | 57°24′ | 42.54±1.28 | 0.62 | 0.00 | −1.38 | −1.11 | 40.7±1.3 |
| | | 6.30 | 54°2′ | 39.28±1.34 | 0.58 | 0.00 | −1.18 | 0.00 | 38.7±1.4 |
| | | 7.30 | 50°46′ | 36.84±1.03 | 0.46 | −0.01 | −0.98 | 0.00 | 36.3±1.1 |
| | | 9.30 | 44°28′ | 36.59±1.36 | 0.47 | −0.21 | −0.19 | 0.00 | 36.1±1.4 |
| | | 10.26 | 41°27′ | 34.57±1.36 | 0.39 | −0.33 | −0.27 | 0.00 | 34.4±1.4 |
| | | 11.26 | 38°15′ | 37.07±1.56 | 0.36 | −0.34 | −0.08 | 0.00 | 37.0±1.6 |
| | | 14.26 | 27°44′ | 34.30±2.50 | 0.38 | −0.55 | −0.12 | 0.00 | 34.0±2.5 |

据，但根据特雷尔(J. Terrell)[16]对裂变中子谱的综合分析，表明用瓦特谱 $[N(E_n) \sim e^{-aE_n}\mathrm{sh}\sqrt{bE_n}]$ 与麦克斯韦谱 $[N(E_n) \sim \sqrt{E_n}e^{-E_n/T}]$ 均能很好符合实验结果，且给出一个半经验公式 $\bar{E}_n = 0.74 + 0.653\sqrt{\bar{\nu}_p + 1}$。因此我们采用马克斯韦谱，引用当时的推荐值 $\bar{\nu}_{sp} = 2.154 \pm 0.021$[17]，按 $\bar{E}_n = \frac{3}{2}T$ 算出 $T = 1.267$，最后得出 $\bar{\eta} = 53.96\%$。为了估计裂变中子谱对 $\bar{\eta}$ 贡献的误差，考虑了现有 $^{240}$Pu 自发裂变 $\bar{\nu}_{sp}$ 值的最大差异和邦纳[15]测定的马克斯韦温度 $T = 1.189$，估出此项误差 $< \pm 0.5\%$。

现将效率测定的各项修正和误差列于表 3，最后得到中子甄别阈在 2.2 伏下液体闪烁

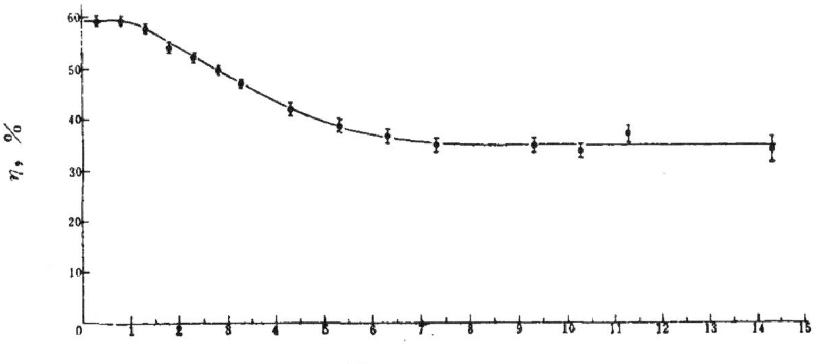


图 5　液体闪烁探测器的效率曲线

探测器记录 $^{240}Pu$ 自发裂变中子的效率为 0.5396±0.0065。

## 2. 测量 $^{240}Pu$ 自发裂变的结果

在自发裂变测量中，测得 $N_f=13439$，$N_1=15320$，$N_2=125$，按 (3) 式算出原始 $\bar{\nu}_{sp}=2.095$。但尚需作下列修正：(i) 假裂变脉冲开门，根据测量估出小于0.2%，用此值修正，引入误差小于0.1%；(ii) 脉冲重叠修正，按迪万等[11]提出方法的逆过程进行迭代，得出此项修正为+1.82%。

$^{240}Pu$ 自发裂变测量的各项修正和误差也列于表 3 中。最后得出 $^{240}Pu$ 自发裂变的 $\bar{\nu}_{sp}=2.138\pm0.034$。

表 3　效率和 $\bar{\nu}_{sp}$ 的各项修正及误差

| 项 | 目 | 修正量，% | 相对误差，% |
|---|---|---|---|
| 效率测量 | 计数统计 | | ±1.0 |
| | 脉冲重叠 | $\Delta\eta=-0.29$ | ±0.2 |
| | 多次散射 | | |
| | 端及边缘效应 | | |
| | 管道漏失 | $\Delta\eta=-1.71$ | ±0.44 |
| | 裂变中子谱 | | <±0.5 |
| | 求和 | −2.0 | ±1.22 |
| 自发裂变测量 | 计数统计 | | ±0.83 |
| | 假裂变 | $\Delta\bar{\nu}_{sp}<+0.004$ | <±0.1 |
| | 脉冲重叠 | $\Delta\bar{\nu}_{sp}=+0.038$ | ±0.18 |
| | 效率 | | ±1.22 |
| | 其它误差 | | <±0.5 |
| | 求和 | +0.042 | ±1.57 |
| | $\bar{\nu}_{sp}=2.138\pm0.034$ | | |

## 结 果 讨 论

我们将六十年以后测定 $^{240}$Pu 自发裂变的 $\bar{\nu}_{sp}$ 值列在表 1 中，迪万和霍普金斯[18]的初步结果未收入，只列入了他们的正式结果。为便于比较，当时按汉纳等[3]的推荐值归一，得出权平均值为 2.146，与本结果 $\bar{\nu}_{sp}=2.138\pm0.034$ 很好符合。我们的结果与当时国外推荐值 $\bar{\nu}_{sp}=2.154\pm0.021$[17]也在误差范围内一致，但有效值偏低。可是采用第二次 IAEA 中子标准参考数据小组会推荐的 $^{252}$Cf 自发裂变 $\bar{\nu}_{sp}=3.724\pm0.0083$[19,20] 去归一马纳娄和康欣(F. Manero and V. A. Konshin)[19]新评价的 $^{240}$Pu 自发裂变数据，得出 $\bar{\nu}_{sp}(^{240}\text{Pu})=2.133$，这与本结果符合得更好。最近沃尔什和博尔德曼 (R. L. Walsh and J. W. Boldeman)[21]测量 $^{239}$Pu 快中子裂变的 $\bar{\nu}_p(E_n)$，给出在 $E_n\leqslant0.73$ 兆电子伏能区 $\bar{\nu}_p=(2.844\pm0.007)+(0.112\pm0.013)E_n$，以 $E_n=-6.3$兆电子伏代入，算出 $^{240}$Pu 自发裂变的 $\bar{\nu}_{sp}=2.138$，这与我们的结果符合得很好。表明我们的结果支持现在采用的推荐值 $\bar{\nu}_{sp}(^{240}\text{Pu})=2.133$。

最后应当指出，由于测量时间有限，统计不够高。此外看来减少线路死时间，进一步降低在效率测量中的本底，采用薄的芪晶体和新鲜液体闪烁体以及减少系统误差［如直接测定“法国”效应(French Effect)等］，都会对提高精度带来好处。

### 参 考 文 献


[1] 中国科学院原子能研究所，科技，1，1 (1960).
[2] G. C. Hanna et al., *At. Energy Rev.*, **7**,3(1969).
[3] A. Moat et al., *Reactor Sci. Technol.*, **15**,102(1961).
[4] I. Asplund-Nilsson et al., *Nucl. Sci. Eng.*, **15**,213(1963).
[5] J. C. Hopkins & B. C. Diven, *Nucl. Phys.*, **48**,433(1963).
[6] D. W. Colvin & M. G. Sowerby, Physics and Chemistry of Fission, IAEA, Vienna, 1965, vol. 2, p. 25.
[7] E. Baron et al., Nuclear Data for Reactors (Proc. Conf. Paris, 1966), IAEA, Vienna, 1967, vol. 2, p. 57.
[8] J. W. Boldeman, *J. Nucl. Energy*, **22**,63(1968).
[9] Л. И. Прохорова и др., *Атомная Энергия*, **30**, 250(1971).
[10] 王豫生等，物理学报，23，38 (1974).
[11] B. C. Diven et al., *Phys. Rev.*, **101**,1012(1956).
[12] T. Hiromoto et al., *Nucl. Instrum. Methods*, **46**,261(1967).
T. Hiromoto et al., *ibid.*, **58**,167(1968).
[13] R. E. Marshak (Ed.), Fast Neutron Physics, Interscience Publishers, 1960, Part I,Section II. B, p. 217.
[14] I. Asplund-Nilsson et al., *Nucl. Sci. Eng.*, **16**,124(1963).
[15] J. W. Bonner, *Nucl. Phys.*, **23**,116(1961).
[16] J. Terrell, *Phys. Rev.*, **127**,980(1962).
[17] N. A. Konshin & F. Manero, INDC(NDC)-19/N(1970)——转摘自 H. Condé & M. Holmberg, *J. Nucl. Energy*, **25**,331(1971).
[18] B. C. Diven & J. C. Hopkins, Physics of Fast and Intermediate Reactors, Vienna, 1962, vol. I, p. 149.
[19] F. Manero & V. A. Konshin, *At. Energy Rev.*, **10**,637(1972).
[20] J. W. Boldeman, *Nucl. Sci. Eng.*, **55**,188 (1974), Tab. VI.
[21] R. L. Walsh & J. W. Boldeman, *Ann. Nucl. Sci. Eng.*, **1**,353(1974).

# $^{238}$U 瞬发裂变平均中子数在快中子能区随入射中子能量的变化①

裂变中子数测量組

用直径 60 厘米的载镉液体闪烁中子探测器测量了 $^{238}$U 的瞬发裂变平均中子数 $\bar{\nu}_p$ 在 1.21～5.50 兆电子伏能区的变化。实验在 2.5 兆伏静电加速器上进行。用 $^7$Li(p, n)、T(p, n)和 D(d, n)反应获得中子，质子束流约 20 微安。测量是相对 $^{240}$Pu 自发裂变进行的。根据我们过去的测量结果，$^{240}$Pu 自发裂变瞬发平均中子数 $\bar{\nu}_{sp}$($^{240}$Pu) 为 2.138±0.034[1]。

实验原理、装置、电子学线路以及 $^{240}$Pu 电离室的情况请见文献[1]。$^{238}$U 电离室内装有 28 片样品，样品底衬为铝，双面皆电镀有天然铀，镀层厚约 1 毫克/厘米$^2$。样品片间距 0.4 厘米，相邻两片样品之一亦作为收集极，极间电压为－280 伏。电离室内充一个大气压的氩气。

对测量结果所作的各项修正如表 1 所示。值得提出的是，为减少中子本底，在中子源外面围了 15～30 厘米厚的含硼石蜡，仅留一准直孔引出中子流，因而使得近单色的入射中子谱(图 1 中谱线 $a$)明显展宽并软化(图 1 中谱线 $b$)，故必须对入射能谱作修正。

**表 1　测量 $^{238}$U $\bar{\nu}_p$ 值的各项修正**

| 项　　目 | 修　正　量，　% |
|---|---|
| 样品位置 | 1.055 (1±0.05) |
| 次级中子谱 | 0.5 (1±0.10)～1.08 (1±0.20) |
| 死时间 | 0.9～3.6 |
| 次级中子各向异性角分布 | 0.04～0.09 |
| 入射能谱 | 1.5～2.8 (1±0.20) |
| $^{238}$U 自发裂变 | 0.2～0.33 |

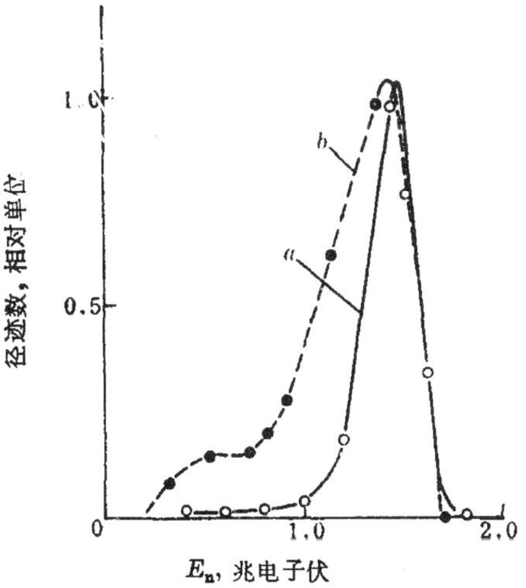


**图 1　质子能量 $E_p$=2.3 兆电子伏时核 2 乳胶置于 0°方向测得的T(p, n)反应中子谱**

$a$——靶头周围无屏蔽体、无准直器，分辨宽度主要由乳胶分辨率和靶厚决定；$b$——乳胶置于电离室位置测得的能谱。

① 原子能科学技术，1975(4): 362-366.

实验结果如表 2 及图 2 所示。由于对入射能谱作了修正，因此在结果中不再给出能量不确定值。用最小二乘法对实验点进行处理后，得到 $^{238}U$ 的瞬发裂变平均中子数 $\bar{\nu}_p$ 随入射中子能量 $E_n$ 的变化为：

$$\bar{\nu}_p=(2.237\pm0.019)+(0.1541\pm0.0045)E_n,\quad 1.21\leqslant E_n\leqslant5.50 \text{ 兆电子伏}.$$

测量误差主要有，统计误差～1%，入射能谱修正的误差 0.6%，各轮测量值归一化的误差～1%，仪器稳定性产生的误差～0.6%等。总计，一般在 2%左右。

**表 2 $^{238}U$ 瞬发裂变平均中子数**

| $E_n$, 兆电子伏 | $\bar{\nu}_p$ | $E_n$, 兆电子伏 | $\bar{\nu}_p$ |
|---|---|---|---|
| 1.22 | 2.421±0.099 | 4.48 | 2.946±0.060 |
| 1.41 | 2.444±0.042 | 4.66 | 2.940±0.048 |
| 1.62 | 2.488±0.081 | 4.94 | 3.017±0.072 |
| 4.00 | 2.846±0.062 | 5.08 | 3.024±0.043 |
| 4.14 | 2.905±0.043 | 5.50 | 3.055±0.047 |

由于 $^{238}U$ 的 $\bar{\nu}_p$ 值对快堆的设计有重要意义，因此很多实验室都在进行测量。据马纳娄和康欣(F. Manero and V. A. Konshin)[2]统计，在 1.3～28 兆电子伏间，截至 1972 年 8 月，已测得了 126 个数据。现仅取 1964 年后的四家数据与本文作一比较，如图 3 及表 3 所示。这四家都是用液体闪烁中子探测器，采用了飞行时间法确定入射中子能量(或修

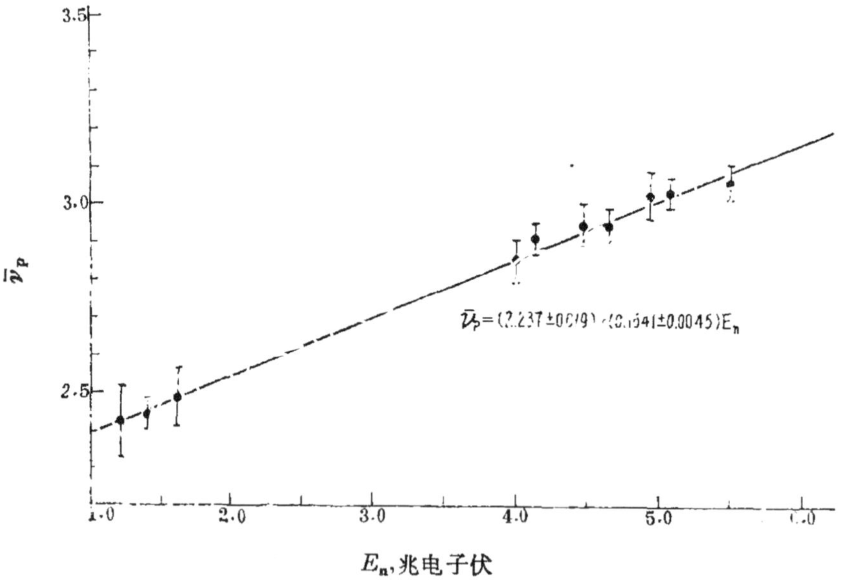


图 2 $\bar{\nu}_p$($^{238}U$)随入射中子能量的变化

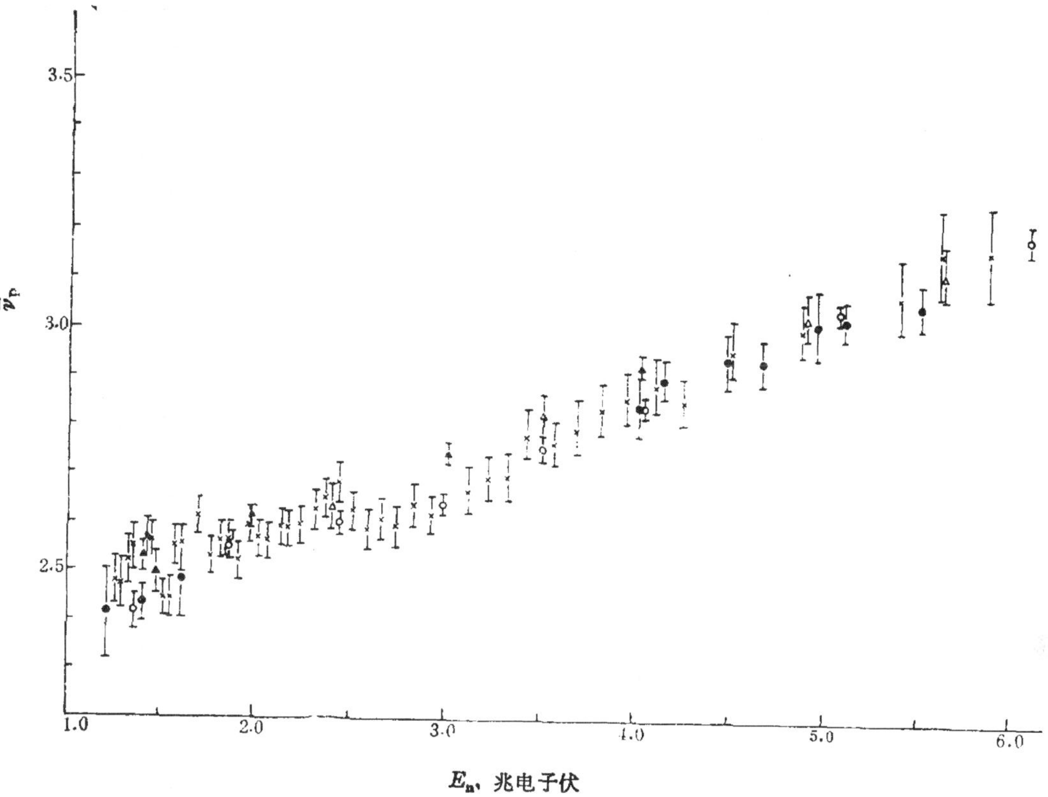


**图 3 各家 $\bar{\nu}_p$($^{238}$U)值随入射中子能量的变化**

•——本文；×——[5]；▲——[7]；△——[6]；○——[4]。图中未画出阿斯普伦德-尼尔森(I. Asplund-Nilsson)等[8]在 14.8 兆电子伏的数据和索累耳哈克等[4]在 6.08 兆电子伏以上的数据。

正入射中子谱)，相对于 $^{252}$Cf 自发裂变进行测量。在图 3 中，取 $^{252}$Cf 的自发裂变瞬发平均中子数 $\bar{\nu}_{sp}(^{252}\text{Cf})=3.724$[3] 对各家实验值进行了归一*。由图可以看出，索累耳哈克(M. Soleilhac)等[4]的测量误差较小，在 1%以下，与本文符合得相当好。萨维恩 (M. B. Савин)等[6]的误差较大，约 1.5～2%，在 2 兆电子伏以下比我们的和索累耳哈克的值偏高，个别点偏高达 4%左右，在 2 兆电子伏以上符合得较好。早期，阿斯普伦德-尼尔森[6]和马瑟[7]两家的测量值虽然在误差范围内与本文一致，但比我们的和索累耳哈克的值系统地偏高。

各家都用最小二乘法对实验点进行了处理，得到 $^{238}$U 瞬发裂变平均中子数 $\bar{\nu}_p$ 随中子能量的变化是一直线关系 $\bar{\nu}_p=A+BE_n$(萨维恩等处理为折线)。在表 3 中对各家的系数 $A$ 和 $B$ 作了比较，并按 $\bar{\nu}_{sp}(^{252}\text{Cf})=3.724$ 为归一值，对各家数据重新进行了处理，列在表 3 的后半部。可以看出，索累耳哈克等的系数与我们的很接近，在 1%范围内是一致的。

表 3 $\bar{\nu}_p$ ($^{238}U$) 随入射中子能量变化关系 $\bar{\nu}_p=A+BE_n$ 的比较

| 作者 | 归一标准 | $A$ | $B$ | 归一标准 | $A$ | $B$ |
|---|---|---|---|---|---|---|
| 阿斯普伦德-尼尔森 (I. Asplund-Nilsson)等[6], 1964年 | $\bar{\nu}_{sp}(^{252}Cf)=$ 3.782 | 2.313 | 0.1544 | $\bar{\nu}_{sp}(^{252}Cf)=$ 3.724 | 2.281 | 0.1523 |
| 马瑟 (D. S. Mather)等[7], 1965年 | $\bar{\nu}_{sp}(^{252}Cf)=$ 3.775 | 2.352±0.026 | 0.152±0.009 | $\bar{\nu}_{sp}(^{252}Cf)=$ 3.724 | 2.316±0.025 | 0.149±0.089 |
| 索累耳哈克等[4], 1969年 | $\bar{\nu}_{sp}(^{252}Cf)=$ 3.782 | 2.2823±0.0142 | 0.1545±0.0014 | $\bar{\nu}_{sp}(^{252}Cf)=$ 3.724 | 2.2472±0.0140 | 0.1521±0.0014 |
| 萨维恩等[5], 1972年 | $\bar{\nu}_{sp}(^{252}Cf)=$ 3.756 | — | 0.10 ($E_n$<3 兆电子伏) 0.18 ($E_n$>3 兆电子伏) | | | |
| 本文, 1973年 | $\bar{\nu}_{sp}(^{240}Pu)=$ 2.138 | 2.237±0.019 | 0.1541±0.0045 | $\bar{\nu}_{sp}(^{240}Pu)=$ =2.133 | 2.231±0.019 | 0.1539±0.0045 |

## 参考文献


[1] 裂变中子数测量组，原子能科学技术，4，285 (1975).
[2] F. Manero and V. A. Konshin, *At. Energy Rev.*, **10**,637(1972).
[3] IAEA, 2nd Panel Meeting on Neutron Standard Peference Data, Vienna, 1972.
[4] M. Soleilhac et al., *J. Nucl. Energy*, **23**,257(1969).
[5] B. M. Савин и др., *Атомная Энергия*, **32**,408(1972).
[6] I. Asplund-Nilsson el al., *Nucl. Sci. Eng.*, **20**,527(1964).
[7] D. S. Mather et al., *Nucl. Phys.*, **66**,149(1965).


* 马纳娄和康欣综合了十家测量 $\bar{\nu}_{sp}(^{240}Pu)$的数据，并按 $\bar{\nu}_{sp}(^{252}Cf)=3.756$ 进行归一，给出推荐值 $\bar{\nu}_{sp}(^{240}Pu)=2.151\pm0.006$[2]；而按 $\bar{\nu}_{sp}(^{252}Cf)=3.724$[3]为标准，则 $\bar{\nu}_{sp}(^{240}Pu)=2.133$。为便于比较，在图 3 中本文取后者归一。

# 测量天然硼与天然锂的热中子吸收截面①

张焕乔 赵裕民 姚锦章 汪惠慈

摘要：利用脉冲中子源技术测量天然硼与天然锂的热中子吸收截面.在实验中曾对相同几何曲率下的六种浓度的硼酸溶液、七种浓度的碳酸锂溶液和离子交换水,测量了热中子密度随时间的衰减曲线,只要将硼和锂的核数目作微小修正后,衰减常数就与修正后的核数目成线性关系,从这直线的斜率便可算出热中子的吸收截面.本实验给出天然硼与天然锂的热中子吸收截面分别为 760.3±3.2 和 70.87±0.060 巴恩. 根据两种样品的质谱分析给出 $^{10}B$ 与 $^{6}Li$ 的丰度各为 19.8%和 7.53%,由此换算出 10B 与 6Li 的热中子吸收截面分别为 3840±21 和 942.4±8. 8 巴恩.

## 引言

天然硼与天然锂的热中子吸收截面式中子物理的基本参数.当知道所用样品中 10B 与 6Li 的丰度后,就可以换算出 10B 与 6Li 的热中子吸收截面.目前清楚地知道,10B 与 6Li 的(n,α)截面在相当宽的中子能区范围内遵从 1/V 规律,V 是中子的速度.大家知道,天然硼的热中子吸收截面是中子物理的一个基准参数,一些绝对测量(例如一系列原子核的热中子吸收截面、裂变截面和中子源的强度标定等)都是以它为标准,因此精确测定这个参数是十分必要的,虽然新近发表数据[1-4]已渐趋一致,但各国都为建立自己的标准作了大量的工作.此外,10B(n,α)7Li 和 6Li(n,α)3H 反应截面常被选作千电子伏能区的标准参数,因此在这能区精准测量这些反应截面随中子能量变化的曲线后,为了判明它们的正确性,往往按 1/V 规律外推出热中子的截面值去与直接测定结果作比较.又如为了刻度一些载硼或载锂的中子探测器(如载 10B 或 6Li 的玻璃闪烁探测器等),也需要精确的 10B 和 6Li 的热中子吸收截面.可是至今 6Li 的热中子吸收截面的有用数据很少[5],并且误差较大,难以满足需要，所以目前有的实验室正在进行新的努力[6]。随着原子核物理实验技术的发展，要求进一步提高基准参数的测量精度，因此还有必要测量天然硼于天然锂的热中子吸收截面（注：暂未获得浓缩硼与浓缩锂的样品，所以未能测量）。

---

① 本工作完成于1966 年, 发表于：原子能科学技术选编第二集. 北京：原子能出版社, 1978：214.

测量热中子吸收截面的方法主要有三种，一是透射法，它是直接测定全截面，然后扣除散射截面；另一种是堆振子法，它是基于与一个标准样品作比较，这不适宜采用来测量标准样品；第三种方法是中子寿命法，它是利用脉冲源技术去直接测定热中子吸收截面，这时只需作二项小的修正，何况两者还互相抵消一部分。因此看来寿命法有可能获得较好得结果，所以我们就选用该方法进行了测量。

## 实验方法

当以一脉冲快中子束注入硼酸或碳酸锂的水溶液后，中子迅速热化，然后开始产生扩散，由于出现俘获和泄漏，热中子密度便随时间衰减。在[7]中给出了一般的衰减关系，当只有基波起作用时，相应的热中子密度随时间衰减的关系为：

$$I_i \propto \exp[-\alpha t]=\exp[-(n_a\sigma_a v+nh'\sigma_a v+D'B^2-C'B^4+\ldots)t]$$

$$=\exp[-(\alpha_0+n_a\sigma_a v+\Delta n_H\sigma_H v+\Delta DB^2-\Delta CB^4+\ldots)t] \quad (1)$$

显见

$$\alpha=\alpha_0+v\sigma_a n_a' \quad (2)$$

这里 $n_a'=[1+\Delta n_H\sigma_H/n_a\sigma_a+\Delta DB^2/\ n_a\sigma_a v-\Delta CB^4/\ n_a\sigma_a v+\ldots]\ n_a$; $\alpha_0=n_H\sigma_H v+DB^2-CB^4+\ldots\ldots$; $\Delta n_H=n_H'-n_H$; $\Delta D=D'-D$; v 是热中子的速度；$\alpha_0$ 是纯水的热中子衰减常数；$n_H'$与 $n_H$ 是溶液和水中每单位体积内的氢核数目；$n_a$ 是溶液中每单位体积内硼或锂核的数目；D'与 D 是热中子在溶液和水中的扩散系数，C'与 C 是热中子在溶液和水中的冷却扩散系数；σa 是天然硼或天然锂的热中子吸收截面；σH 是氢的热中子吸收截面；$B^2$ 是样品的几何曲率，对长方形体，$B^2=[\pi/(a+2d)]^2+[\pi/(b+2d)]^2+[\pi/(c+2d)]^2$,其中 a、b、c 为样品的长、宽、高；d 是外推长度，其值为 $d=0.71\times 3D/V$, 这里 V 为中子的平均速度。

由（2）式可以看出，只要对溶液中每单位体积内的硼或锂的核数目作适当的修正，那么在相同几何曲率下测量不同浓度的溶液的热中子密度随时间的衰减曲线，即可得出 α 与 na'的线性关系，从而求出它的斜率 $v\sigma_a$.对截面遵从 1/v 规律的硼和锂核来说，只须以热中子速度除以斜率，就可得到他们的热中子吸收截面。

应当指出，由于水中仅加入少量溶质（尤其是硼酸），可以想到中子热化后的初始能谱和分布与在水中的情况大致相同，而热中子在溶液中的扩散特性与在水中的变化不大，因此热中子在各种浓度溶液中的衰减常数的变化，主要是核的俘获特性所决定，所以 $\Delta n_H\sigma_H$ 与 $\Delta DB^2$ 的修正是不大的，至于 $B^2$ 高次方项（如 $\Delta CB^4$）的修正完全可以忽略不计，由此引入

的误差小于 $10^{-4}$ 以下。有关的 $n_a$、$\Delta n_H$ 和 $\Delta D$ 都可以从测定硼酸或碳酸锂溶液的浓度、溶液的密度、已知中子的散射截面和扩散的温度特性等来计算。

### 实验装置

实验中用的装置如图 1 所示。现在用的中子源是回旋加速器上 7Li（p,n）7Be 反应提供的脉冲中子源[8],获得中子的平均能量约为 48 兆电子伏，脉冲宽度~50 微秒，重复频率为 300 周/秒,质子束流~0.25 微安。用的天然金属锂靶，厚约 100 微米，以流水冷却，靶位于样品的中心线上，与样品表面约相距 3 厘米。中子探测器用的是 $BF_3$ 正比计数管，内充三氟化硼气体（10B－80%）一个大气压，计数管长 30 厘米，直径 2.5 厘米,它是放在样品槽底面的中心线上，沿中子束的方向。计数管外面罩一个厚为 0.5 毫米的镉套，它的中心开 3×4 平方厘米的方孔作为中子入射窗，这窗是与样品槽中心对准的。此外，还用两套长中子计数管作监视器，提供扣除本底的归一化因子。在测量中使用了一台晶体管制造的 400 道时间分析器，道宽选为 20 微秒，延持时间 100 微秒。整个探测系统的死时间 20 微秒。

样品槽死长方形的有机玻璃槽，壁厚 2 毫米，容积约 4.7 立升，测量时四周全部包 0.5 毫米厚的镉片，外面再包一层 1 厘米厚的碳化硼，在样品槽底部的屏蔽体中心处，也开有一个 3×4 平方厘米的中子出口，它与探测器的入射窗对准。然后在样品槽和探测器的整个外面，再堆一层厚约 30 厘米的含硼石蜡，把散入的本底中子降至最低。

### 测量及结果

样品：选择硼酸与碳酸锂作天然锂的样品，主要考虑到它们不含结晶水；硼和锂的含量百分比较高（按重量说）；且又是较稳定的化合物；能溶于水，这些都有利于它们的定量。本实验中选用的硼酸是上海天生永厂出品的光谱纯试剂，碳酸锂是比利时出品的分析纯试剂。首先将它们干燥称重，然后按需要称量，用二次离子交换水配成 4.2 升的溶液，在配制过程中，他们都完全溶解，用肉眼观察不到有任何不溶物存在。这些溶液除了用重量法定硼酸和碳酸锂的浓度外，还用化学分析法作了辅助测定，结果全在误差范围内一致。每次测定样品的体积都是 4.2 升，是用刻度过的一个 2 升和一个 0.2 升的标准容量来刻度的，相应的体积误差 $\delta\nabla$2.25 毫升，他们的几何曲率 $B^2$ 为 $0.106cm^{-2}$，$\delta B/B$ 为 $3.1648\times10^{-3}$。天平称重误差为 $10^{-4}$g，计算时用的是 $2\times10^{-4}$g。在测量中用的原配硼酸溶液浓度分别为 1.5g/L 和 3g/L；

然后把它们各稀释两次，分别得到浓度为 0.8708、1.1429 和 2.2857g/L 的硼酸溶液；而原配的碳酸锂溶液浓度有四种，分别为 7.4305、12.8、25.5999 和 38.5475g/L；然后再将后三种稀释一次，又得到浓度分别为 9.7525、19.5047 和 31.2051g/L 的碳酸锂溶液。相应一次稀释的体积误差 δ▽为 4.45 毫升、两次稀释的为 6.65 毫升。

严格说来，每次测量必须保证装入槽中的溶液和水有完全相同的体积，但实际上各次之间总存在微小差别。根据溶液与水的 $\alpha$-$B^2$ 曲线，估计出它带给衰减常数的误差<0.012%。

硼与锂的核数目：溶液中每单位体积内硼或锂核的数目 $n_a=lcA/M\ \mathrm{cm}^{-3}$，这里 A 是阿伏伽德罗常数，为 $6.023\times10^{23}$；c 是溶液中硼酸或碳酸锂的浓度；M 是硼酸或碳酸锂的分子量；l 是每个硼酸或碳酸锂分子中所含硼或锂的原子数目，对硼 l=1、对锂 l=2.为了得出修正后的核数目 $n_a'$，现考虑修正项的计算如下：(1)$\Delta n_H\sigma_H/n_a\sigma_a$ 项，其中 $\Delta nH=2(\rho'-\rho-c)A/m\ \mathrm{cm}^{-3}$，这里 ρ'是溶液的密度；ρ 是水的密度；m 是水的分子量。为了测定 ρ'，我们从每次测量后的溶液中取出 100ml，分装在两个 50ml 的标准容量瓶中，然后在 $10^{-4}$ 克的天平上称出溶液的重量 m'，再称出同体积水的重量 $m_H$，由相应测量温度下睡得密度和重量去定出溶液的体积，则可得出各种溶液的密度 ρ'。(2)$\Delta D\cdot B^2/n_a\sigma_aV$ 项，由 [9] 中知，$D'=\int_0^\infty \frac{e^{-E/KT}\cdot(E/KT)\mathrm{d}(E/KT)}{3\{[n_H'(\mathrm{E})\sigma_H^{\mathrm{S}}(\mathrm{E})+n_a\sigma_s(\mathrm{E})](1-\mu_0)+n_H'\sigma_H(\mathrm{E})+n_a\sigma_a(\mathrm{E})\}}$，对硼与锂来说，扩散系数可近似表示为 $\int_0^\infty \frac{e^{-E/KT}\cdot(E/KT)\mathrm{d}(E/KT)}{3n_H'(\mathrm{E})\sigma_H^{\mathrm{S}}(\mathrm{E})(1-\mu_0)}$，由此得出 $\Delta D=-\Delta n_HD/n_H'$，式中 $n_H'=2(\rho'-c)A/m\ \mathrm{cm}^3$；E 为中子能量；T 为温度(°K)；$\sigma_s(E)$是硼或锂核对能量为 E 的中子的散射截面；$\mu_0$ 是散射角方向余弦的平均值。由于扩散系数作了这一近似，结果引入了误差，但对 $\Delta D\cdot B^2/n_a\sigma_aV$ 项来说是完全许可的，在计算中做了考虑。

下面给出修正后的 $n_a'$的误差为：

$$\left[\frac{\delta n_a'}{n_a'}\right]^2=\frac{\left[\frac{\delta m_a}{m_a}\right]^2+\left[\frac{\delta V}{\delta V}\right]^2}{\left[1+\frac{\Delta n_H\sigma_H}{n_a\sigma_a}+\frac{\Delta D\cdot B^2}{n_a\sigma_aV}\right]^2}+\frac{\left[\frac{\delta(\Delta n_H)}{\Delta n_H}\right]^2+\left[\frac{\delta\sigma_H}{\sigma_H}\right]^2+\left[\frac{\delta\sigma_a}{\sigma_a}\right]^2}{\left[1+\frac{n_a\sigma_a}{\Delta n_H\sigma_H}+\frac{\Delta D\cdot B^2}{\Delta n_H\sigma_HV}\right]^2}+\frac{\left[\left(\frac{\delta D}{D}\right)^2+4\left(\frac{\delta B}{B}\right)^2+\left(\frac{\delta\sigma_a}{\sigma_a}\right)^2+\left(\frac{n_H}{n_H-n_H'}\right)^2\left(\frac{\delta n_H}{n_H}\right)^2+\left(\frac{n_H}{n_H-n_H'}\right)^2\left(\frac{\delta n_H'}{n_H'}\right)^2\right.}{\left[1+\frac{n_a\sigma_aV}{\Delta D\cdot B^2}+\frac{\Delta n_H\cdot\sigma_HV}{\Delta D\cdot B^2}\right]^2} \quad (3)$$

其中

$$\left[\frac{\delta(\Delta n_H)}{\Delta n_H}\right]^2=\frac{\left[\frac{\delta m'}{m'}\right]^2+\left[\frac{\delta m_H}{m_H}\right]^2}{\left[1-\frac{m_H}{m'}-\frac{C m_H}{m'}\right]^2}+\frac{\left[\frac{\delta m_a}{m_a}\right]^2+\left[\frac{\delta V}{V}\right]^2}{\left[\frac{\rho m'}{C m_H}-\frac{\rho}{C}-1\right]^2}$$

$$\left[\frac{\delta n'_H}{n'_H}\right]^2=\frac{\left[\frac{\delta m'}{m'}\right]^2+\left[\frac{\delta m_H}{m_H}\right]^2}{\left[1-\frac{C m_H}{\rho m'}\right]^2}+\frac{\left[\frac{\delta m_a}{m_a}\right]^2+\left[\frac{\delta V}{V}\right]^2}{\left[\frac{\rho m'}{C m_H}-1\right]^2}$$

在(3)式中，第一部分表示硼或锂的核数目的误差；第二部分为 $\Delta n_H\sigma_H/n_a\sigma_a$ 项修正引起的误差；第三部分为 $\Delta D\cdot B^2/n_a\sigma_a V$ 项修正引起的误差。在计算上述值时，我们引用了 $\sigma_H$=331±2 毫巴[10]、$\sigma_B$=760±1.5 巴恩[1]、$\sigma_{Li}$=70.8±0.7 巴恩和 36000±535 平方厘米/秒[11]。现将算出的 C 和 $n_a'$列在表 I 中。

表 I：硼酸、碳酸锂溶液和水的有关数据

| 元素 | 硼 | | | | 锂 | | | |
|---|---|---|---|---|---|---|---|---|
| i | C(g/l) | $n_B'\times10^{-19}(cm^{-3})$ | $\alpha\times10^{-4}(s^{-1})$ | $\Delta\alpha(s^{-1})$ | C(g/l) | $n_{Li}'\times10^{-19}(cm^{-3})$ | $\alpha\times10^{-4}(s^{-1})$ | $\Delta\alpha(s^{-1})$ |
| 1 | 0 | 0 | 0.82559 | 25.7 | 0 | 0 | 0.82559 | 25.7 |
| 2 | 0.8707 | 0.84808 | 0.96593 | 33.6 | 7.4305 | 1.20505 | 1.01748 | 22.6 |
| 3 | 1.1429 | 1.11310 | 1.01338 | 28.2 | 9.7524 | 1.58274 | 1.07863 | 28.0 |
| 4 | 1.5000 | 1.46095 | 1.06840 | 38.1 | 12.8000 | 2.12308 | 1.15843 | 31.4 |
| 5 | 1.7415 | 1.69616 | 1.10591 | 43.6 | 19.5049 | 3.16813 | 1.31494 | 37.6 |
| 6 | 2.2857 | 2.22619 | 1.19816 | 32.1 | 25.5999 | 4.15875 | 1.48627 | 57.1 |
| 7 | 3.0000 | 2.92190 | 1.31427 | 37.7 | 31.2051 | 5.06981 | 1.61927 | 86.1 |
| 8 | | | | | 38.5475 | 6.26349 | 1.79159 | 116.8 |

中子密度衰减曲线的测量及结果：在实验中将各为 4.2 立升的六中浓度的硼酸溶液、七种浓度的碳酸锂溶液和纯水盛在有机玻璃槽中，测量它们的热中子密度随时间的衰减曲线，相应的本底中子衰减曲线是在中子探测器的入射窗上挡镉测出，然后按监视计数提供的归一化因子 k 来扣除。测量结果表明，在衰减曲线的中段，硼的本底中子约占 0.5%，锂的约占 0.7%。现将硼酸溶液和水的热中子密度随时间的衰减曲线画在图 2a 上，碳酸锂溶液和水的画在图 2b 上，图上所有曲线皆为扣除本底后的结果。

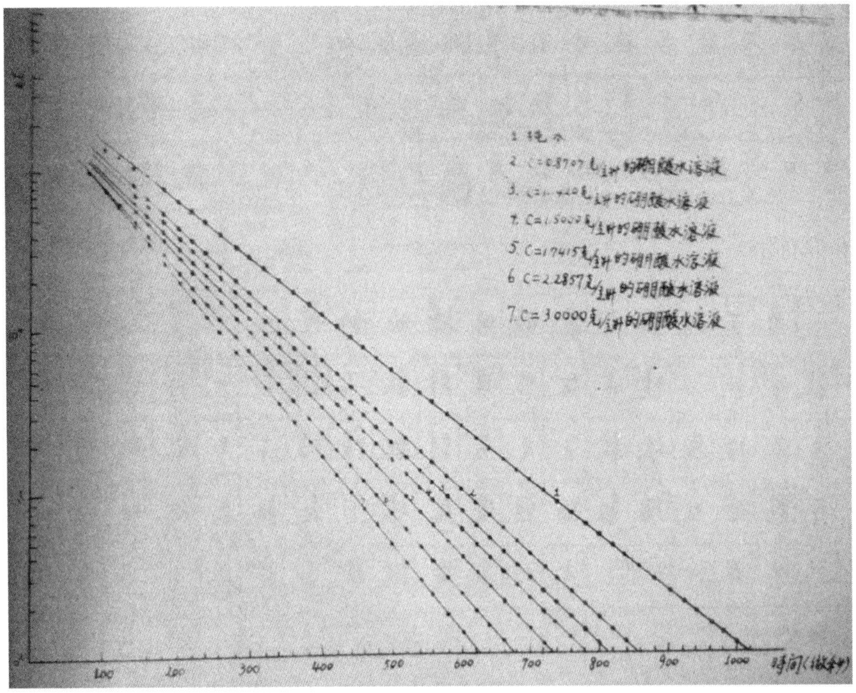


图 2a 测出 $H_2BO_3$ 水溶液及纯水的热中子密度的衰减曲线

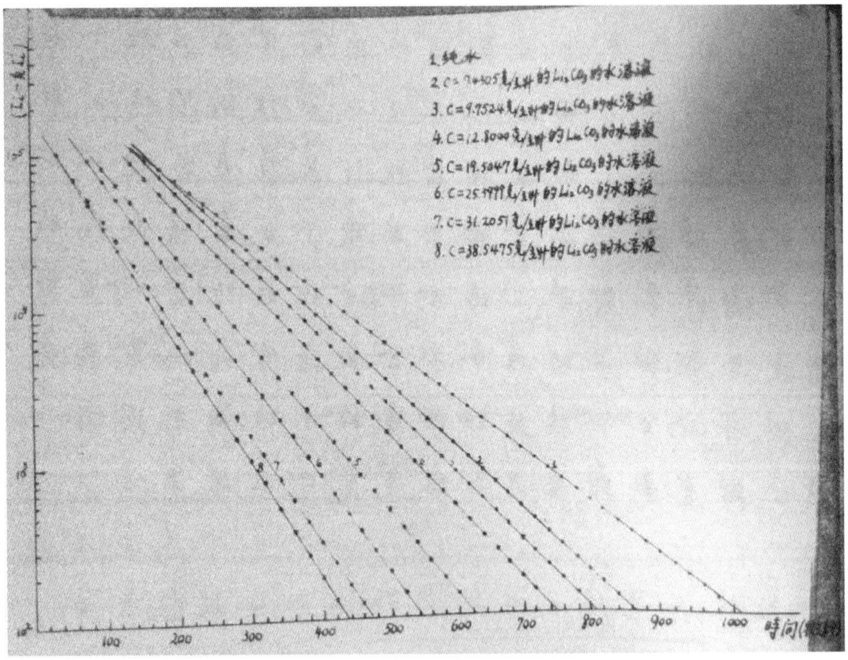


图 2b 测出 $Li_2CO_3$ 水溶液及纯水的热中子密度的衰减曲线

为了计算各衰减曲线的斜率 α，首先做漏计数修正，修正后的道计数 $I_i=I_{0i}/(1-I_{0i}\tau/t)$，其中 $I_{0i}$ 是第 i 道的计数；t 是计数时间；τ 是死时间。在我们处理数据的道区域，起始道漏计数修正一般为 $(4\text{-}5)\times10^{-4}$，过 5-6 道后就降至 $10^{-4}$ 以下。由（1）式知

$$y_i\equiv\ln(I_i-kI_i')=y_0-\alpha t$$

其中 $I_i'$是本底中子在 i 道的计数.我们用最小二乘法以(4)式的线性关系来计算衰减常数 α 和它的误差 Δα,得出各自的表示式为:

$$\alpha=(\Sigma p_i\Sigma p_iy_i-\Sigma p_i\Sigma p_iiy_i)/[(p_ii)^2-\Sigma p_i\Sigma p_ii^2]\Delta\tau \quad i=1,2,3,\ldots q \qquad (5)$$

和

$$\Delta\alpha=[\Sigma p_i\Sigma p_ivi^2/(n-m)(\Sigma p_i\Sigma p_ii^2-(\Sigma p_ii)^2)]^{1/2} \qquad (6)$$

式中 i 是处理数据用的道号:Δτ 为道宽;$p_i$是第 i 道计数的权重,由误差理论知 $p_i\propto 1/(\Delta y_i)^2$;残差 $v_i$ 为$(y_{cal}-y_i)$;$n=\Sigma i$; m=2,它是线性方程的独立参数数目。现将计算出的 α 和 Δα 列入表 I 中，同时按 α-$n_a'$数据作图，硼的画在图 $3_a$ 上，锂的画在图 $3_b$ 上。

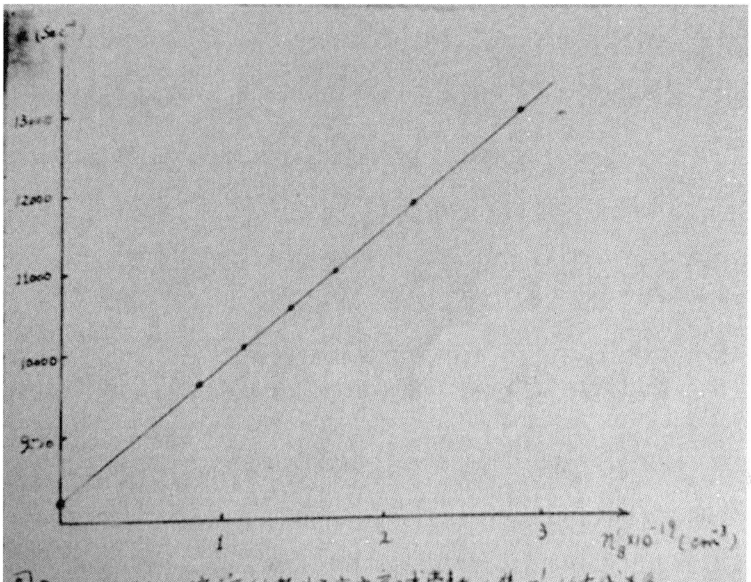


图3(a): $H_3BO_3$水溶液的热中子密度衰减常数α与$n_B'$的直线关系

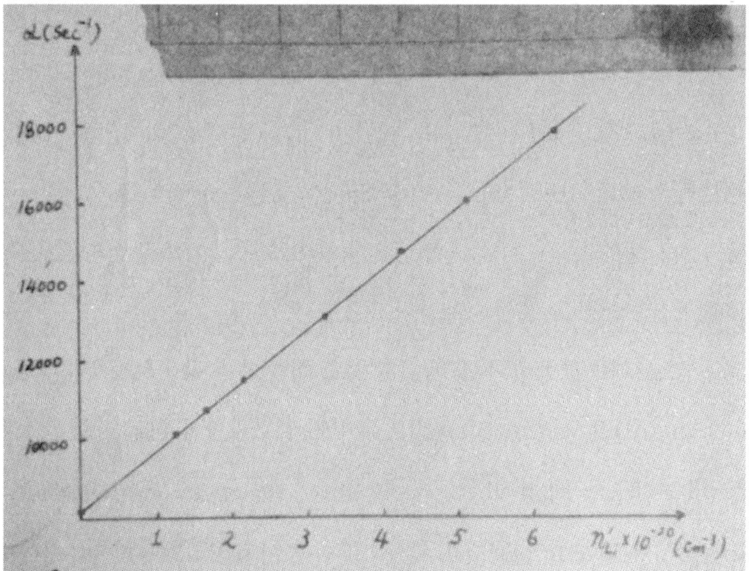


图3(b): 测出$Li_2CO_3$溶液的热中子密度衰减常数α与$n_{Li}'$的直线关系

**截面及误差的计算**

根据（2）式我们用最小二乘法来求 α—$n_\alpha$ 直线的斜率 $v\sigma_a$ 和他的误差 Δ（vσa）,得出

$$v\sigma_a=[\Sigma p_i'n_a'\Sigma p_i'\alpha_i-\Sigma p_i'\Sigma p_i'\Sigma p_i'\alpha_i n_a']/[(\Sigma pi'na')2-\Sigma p_i'\Sigma p_i'n_a'^2] \quad (7)$$

和

$$\Delta(v\sigma_a)=\{\Sigma p_i'\Sigma p_i'v_i'^2/(n0-m)[\Sigma p_i'\Sigma p_i'n_a'^2-\Sigma p_i'n_a'^2]\}^{1/2} \quad (8)$$

这里 $p_i'\propto 1/(\Delta\alpha_i)^2$;$v_i'=\alpha_{cal}-\alpha_i$; $n_0$ 为测量溶液的种类数目,对硼 $n_0=7$、锂的 $n_0=8$。将实验数据代入（7）和（8）式，算出 $v\sigma_B=1.672605\times10^{-16}cm^3/sec$, $\Delta(v\sigma_B)=6.7170\times10^{-19}cm^3/sec$; $v\sigma_{Li}=1.55924\times10^{-17}cm^3/sec$, $\Delta(v\sigma_{Li})=1.2688\times10^{-19}cm^3/sec$。再以热中子速度 $v=2.2\times10^5cm/sec$ 代入，得出天然硼与天然锂的热中子吸收截面和误差分别为：$\sigma_B=760.3$ 巴恩、$(\Delta\sigma_B/\sigma_B)_\alpha=0.401\%$; $\sigma_{Li}=70.87$ 巴恩、$(\Delta\sigma_{Li}/\sigma_{Li})_\alpha=0.813\%$。如果对核数目不做修正，按照 α-$n_a$ 直线关系用最小二乘法处理，给出 $\sigma_B^0=759.9$ 巴恩、$\sigma_{Li}^0=70.79$ 巴恩。

为了估计 $\Delta n_H\sigma_H$ 与 $\Delta D\cdot B^2$ 引起截面的修正量，曾分别将 $n_a$ 只作一项改正，然后用最小二乘法求 α - $n_a^0$ 与 α - $\bar{n}_a$ 直线的斜率，算出各自对应的截面，与上面给出的 $\sigma_B^0$ 和 $\sigma_{Li}^0$ 相比较，结果得出 $\Delta n_H\sigma_H$ 与 $\Delta D\cdot B^2$ 引起 $\sigma_B^0$ 的修正量分别为 11.88 和-1.49 巴恩；$\sigma_{Li}^0$ 的为 1.28 和 -1.15 巴恩。$\sigma_B^0$ 和 $\sigma_{Li}^0$ 的总修正量分别为 0.39 和 0.13 巴恩,这里 $n_a^0=[1+\Delta n_H\sigma_H/n_a\sigma_a]n_a$; $\bar{n}_a=[1+\Delta D\cdot B^2/n_a\sigma_a v]n_a$。

除了上面已给出用最小二乘法计算截面得到的误差$(\Delta\sigma_a)_\alpha$外，还应考虑下列一些误差：

1. 硼和锂的核数目引起的误差：由于最小二乘法的计算一般是以核数目无误差为出发点的，实际上它们是存在误差，必然给截面带来影响。我们为了估计这项误差大小，用最小二乘法计算了 α-（$n_a\pm\delta n_a$）直线的斜率，将所得的截面与 $\sigma_B^0$ 和 $\sigma_{Li}^0$ 相比较，结果表明（$\Delta\sigma_B/\sigma_B$）$n_B\approx0.065\%$; $(\Delta\sigma_{Li}/\sigma_{Li})\approx0.085\%$。
2. 样品含水引起的误差：样品干燥后在空气中称量，虽然硼酸与碳酸锂都比较稳定，但很可能吸入少量水份，估计此项误差<0.05%。
3. $\Delta n_H\sigma_H$ 与 $\Delta D\cdot B^2$ 项修正不准确引起的截面误差：为了估计这两项误差，我们按 $\alpha-[1\pm\delta n_a(\Delta D\cdot B^2)]n_a(\Delta D\cdot B^2)$直线关系用最小二乘法求它们的斜率，将得到的截面与相应的截面作比较，得出（$\Delta\sigma_B/\sigma_B$）$_{\Delta n_H}\approx0.015\%$、（$\Delta\sigma_B/\sigma_B$）$_{\Delta D}\approx0.021\%$;$(\Delta\sigma_{Li}/\sigma_{Li})_{\Delta nH}\approx0.017\%$、$(\Delta\sigma_{Li}/\sigma_{Li})_{\Delta D}\approx0.178\%$。在（$\Delta\sigma_B/\sigma_B$）$_{\Delta D}$ 和 $(\Delta\sigma_{Li}/\sigma_{Li})_{\Delta D}$ 中分别包含由于 ΔD 近似计算引入的误差 0.01%和 0.15%。

4. 每次测量样品几何曲率不完全相同引起的误差，按溶液和水的 $\alpha$-$B^2$ 曲线估计出 <0.012%。

5. 样品杂质引起的误差：估计硼酸样品杂质引起的截面误差不大于 0.05%；碳酸锂样品杂质引起的误差<0.1%。

6. 漏计数修正误差：由于修正量不大，它引起的误差很小，估计<0.01%以下。

7. 其它误差：例如时间分析器道宽引起的误差、实验中可能存在尚未考虑到的系统误差等，现估计其它误差为 0.1%。

我们将全部误差及修正量均列在表Ⅱ中。

表Ⅱ：$\sigma_B$ 与 $\sigma_{Li}$ 的误差及修正量

| 名称 | 硼 | | 锂 | |
|---|---|---|---|---|
| | 修正量（%） | 误差（%） | 修正量（%） | 误差（%） |
| 最小二乘法计算出的 | | 0.401 | | 0.813 |
| 核数目不确定引起的 | | 0.065 | | 0.085 |
| $\Delta\sigma_H*\sigma_H$ 修正引起的 | 0.244 | 0.015 | 1.817 | 0.019 |
| $\sigma D*B^2$ 引起的 | -0.199 | 0.021 | -1.610 | 0.178 |
| 几何曲率 $B^2$ 变化引起的 | | <0.012 | | <0.012 |
| 样品含水引起的 | | 0.05 | | 0.05 |
| 死时间修正引起的 | | <0.01 | | <0.01 |
| 样品杂质引起的 | | <0.05 | | 0.1 |
| 其他误差 | | 0.1 | | 0.1 |
| 总计 | 0.045 | 0.425 | 0.207 | 0.850 |

最后给出天然硼与天然锂的热中子吸收截面分别为 760.3±3.2 和 70.87±0.60 巴恩。根据质谱分析给出两种样品中 $^{10}B$ 与 $^{6}Li$ 的丰度分别为 19.8%和 7.52%，由此换算出 $^{10}B$ 与 $^{6}Li$ 的热中子吸收截面分别为 3840±21 和 942.4±8.8 巴恩。

**结果的比较**

天然硼的热中子吸收截面，近些年各国都先后发表了一些新的数据，现收集在表Ⅲ中，将我们的测量结果与之比较，可以看出是和大多数结果很好符合的。由最新数据[1-4,6]表明，天然硼的热中子吸收截面值已渐趋一致，以往出现的分歧的确有一部分可能是来源于所用天然硼样品中同位素成分不完全相同[1,4,12,20]。比较 $^{10}B$ 的热中子吸收截面，将会发现我们的数据与最新结果[3,4,6,20]相符合。关于天然理的热中子吸收截面，在[5]中给出为 71±1 巴恩、在[6]中给出为 70.7 巴恩、在[7]中给出为 70.4±0.4 巴恩，这些都与我们的结果 70.87±0.60 巴恩在实验误差范围内一致。而 $^{6}Li$ 的热中子吸收截面，仅[5]中给出有数据，为 945 巴恩，与我们的结果 942.4±8.8 巴恩也很好符合。

表III 天然硼的热中子吸收截面的新近数据

| 作者 | 年代 | 硼的来源 | 测量方法 | 吸收截面（巴） | 文献 |
|---|---|---|---|---|---|
| P. A. Eglstaff | 1956 | AERE 老的硼标准 | 透射 | 771±5 | [12] |
| Ignater et al., | 1958 | 苏联 | 透射 | 757.5±3.5 | [13] |
| H.W.Schmill et al., | 1960 | ANL-BNL 硼标准 | 透射 | 753±6 | [14] |
| G.I.Safford et al., | 1960 | ANL-BNL 硼标准 | 透射 | 764±3 | [15] |
| G.Singh&A.K.Ghatak | 1961 | 印度 | 球壳透射 | 759±11 | [16] |
| A.Prosdomiti et al., | 1963 | EURATOM 硼标准 | 透射 | 760.8±1.9 | [2] |
| JAle-Nielsen et al., | 1963 | EURATOM 硼标准 | 透射 | 759.1±2.0 | [3] |
| 袁汉镕，周菊英 | 1964 | 中国 | 透射 | 764±5 | [17] |
| C.H.Callie et al., | 1956 | AERE 老的硼标准 | 寿命 | 760±3 | [18] |
| G.Von Dardel et al., | 1958 | 斯德哥尔摩硼标准 | 寿命 | 758±4 | [19] |
| G.Von Dardel et al., | 1958 | ANL-BNL 硼标准 | 寿命 | 760±4 | [19] |
| J.W.Meadous et al., | 1961 | ANL-BNL 硼标准 | 寿命 | 758±4 | [7] |
| S.A.R.Wynchank et al., | 1965 | AERE 新的硼标准 | 寿命 | 760.1±1.5 | [1] |
| 本工作 | 1966 | 中国 | 寿命 | 760.3±3.2 | |

最后应该指出，在我们实验中还可进一步改善热中子密度衰减曲线的测量，从而提高吸收截面的测量精度。总之看来用脉冲源技术测量热中子吸收截面还是一个较好的方法。

最后我们衷心感谢何泽慧先生在整个工作中的指导，也非常感谢化学组刘樫年、周荪兰同志为我们制备和分析了硼酸与碳酸锂的溶液；十分感谢回旋加速器上的工作同志们为我们提供高品质的束流。

参考文献

[1] S. A. R. Wynchank et al., Nucl. Phys. 62(1965)491.

[2] A. Prosdomici et al., J. Nucl. Energy 17(1963)83.

[3] J. Alo-Nielsen et al., Phys. Rev.133(1964)B925.

[4] G. H. Debus and P. J. De Bierre, J. Nucl. Energy 21(1967)373.

[5]D. J. Hughes and R. B. Schwartz, BNL325(1958).

[6] J. Spaepen, Nucl. Data for Reactors Vol. Ⅰ, P.041 (1967).

[7] J. W. Meadows et al., Nucl. Sci. Engng., 9(1961)132.

[8] 中国科学院原子能研究所，原子能科学技术 1（1960）15.

[9] K. H. Beckurts and K. Wintz, Neutron Physics, P.102(1964).

[10] C. H. Westcott et al., Atomic Energy Rev., 3(1965)3.

[11] 阮景辉等，原子能科学技术 9（1964）999.

[12]P. A. Eglstaff, J. Nucl. Energy, 5(1957)41.

[13] Ignatev et al., PUAE, 16(1958)209.

[14] H. W. Schmitt et al., Nucl. Phys. 17(1960)109.

[15] G. J. Safford et al., Phys. Rev. 119(1960)1291.

[16] G. Singh and A. K. Ghatak, Proc. Nat. Inst. Sci. India, A27(1961)216.

[17] 袁汉镕、周菊英， 原子能科学技术 2（1964）127.

[18] C. H. Collie et al., Proc. Phys. Soc.69(1956)464.

[19] G. von Dardel et al., Progress In Nuclear Energy 2(1958)183.

[20] S. A. R. Wynchank et al., Nucl. Instr. And Meth. 39(1966)350.

# $^{239}Pu$ 快 裂 变 室①

張焕乔 温同庆

本文分析了平板快裂变室电流脉冲的特性，描述在充甲烷气体下电极距离 $d$、外加电场 $E$ 和充气压力 $P$ 对裂变室性能的影响。试验表明，使用所试制的快电流放大器，裂变室选取 $d=3$ 毫米，$E=1666.7$ 伏/厘米和 $P=1$ 大气压时，已使 0.24 微克 $^{242}Cm$ ($2.85\times10^7\alpha$ 衰变/秒) 的 $\alpha$ 脉冲与自发裂变脉冲分开，记录裂变效率～94%。在试验基础上最后制成一个多路 $^{239}Pu$ 快裂变室，总载钚量 105 毫克。在每路载钚量～20 毫克($4.52\times10^7\alpha$衰变/秒)的情况下，$\alpha$ 与裂变脉冲仍能分开。

## 引 言

快裂变室是一种电流脉冲电离室，是在六十年代中期研制成快电流放大器[1]以后出现的，随着七十年代改进了快电流放大器的设计[2,3]，快裂变室[4-7]才真正发展起来。目前快裂变室最佳水平是在使用 1～2 毫微秒上升时间的快电流放大器下获得底宽为 10 毫微秒的电流脉冲。快裂变室有两个好处：(1) 能提供好的定时讯号[8]，可用于中子飞行时间技术去测量有关裂变参数[如 $\sigma_f(E_n)$，$\bar{\nu}_p(E_n)$，$\alpha(E_n)$ 和裂变中子谱等]；(2) 能在强本底下探测裂变事件，因快裂变室输出电流脉冲窄，放大器响应快，所以抗本底脉冲堆积能力强，这样就可对一系列 $\alpha$ 比放射性高的锕系核进行测量，也可在有极强 $\gamma$ 辐射场的反应堆内进行裂变脉冲测量。

本工作的目的是在使用试制的快电流放大器[9]条件下寻找一个配合大液体闪烁体[10]用的 $^{239}Pu$ 裂变室的最佳条件。为了尽可能多载钚量，我们的注意力将放在提高抗 $\alpha$ 脉冲堆积能力上。

## 电 流 脉 冲 特 性

**1. 一般情况** 电流脉冲电离室的特性与核粒子(如 $\alpha$ 粒子、裂变碎片等)电离产生的离子对运动相关，其中位移电流起决定作用。减小输出电流脉冲宽度可通过两种途径：(1) 设法提高电子漂移速度 $V_e$。因电子漂移速度与单位时间内静电场供给电子的能量和电子与中性气体分子碰撞损失能量的平衡状况有关，因此 $V_e$ 与外加电场 $E$、充气压力 $P$ 和充气种类有关。显然在充气中要防止负电性气体(如水蒸汽、氧和卤素分子等)，因它们俘获电子几率大，易于形成重的负离子，其收集速度比电子的低几个量级，必然影响电流脉冲形状，减小脉冲幅度。因此一个性能良好的快电离室，要求抽气程度高(一般达 $10^{-5}$ 毫米汞柱)，充气纯。(2) 减小电极距离 $d$，使电流脉冲持续时间短，这与快电流放大器要求探测器输入电容小相矛盾。为了获得大的电流脉冲，必须选用 $V_e$ 和比电离 $\frac{dE}{dl}$ 大的工作气体。

---

① 原子能科学技术，1979(2): 113-122.

**2. 电流脉冲形状**　我们考察一个 $d \ll R$(核粒子在气体中的射程)的按收集电子方式工作的平板电离室，示意如图 1 。样品载在阴极上，讯号从阳极引出，令 $X$ 轴原点在阳极上，设核粒子在径迹 $x$ 处产生离子对密度为 $n(x)$，由于电子漂移速度一般比正离子漂移速度大 $10^2 \sim 10^3$ 倍，因此对收集电子方式工作的电离室，可近似认为在收集电子期间正离子没有发生移动，那末它们 $t$ 时刻在阳极上感生的电量为：

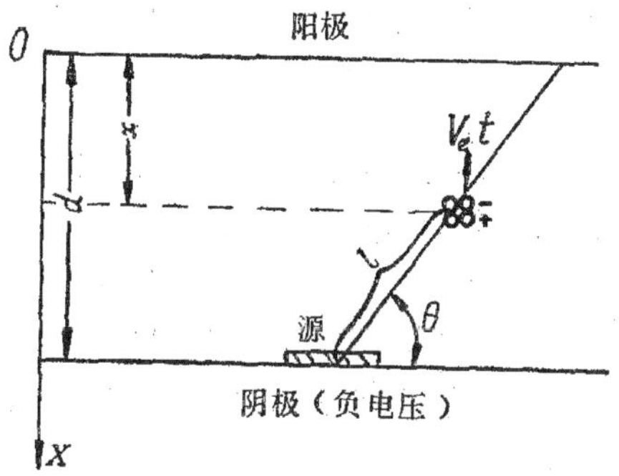


图 1　平板电离室示意图

$$\Delta q = \frac{n(x) e V_e t}{d}, \tag{1}$$

而 $n(x)$ 个电子在外电路上产生的电流为：

$$i(x,t) \equiv \frac{\mathrm{d}[\Delta q(x,t)]}{\mathrm{d}t} = \begin{cases} \dfrac{n(x) e V_e}{d}, & 0 \leqslant t \leqslant \dfrac{x}{V_e} \\ 0 . & t > \dfrac{x}{V_e} \end{cases} \tag{2}$$

在外电路上的总电流为：

$$I(t) = \begin{cases} \displaystyle\int_{V_e t}^{d} i(x,t) dx, & 0 \leqslant t \leqslant \dfrac{x}{V_e}, \\ 0 , & t > \dfrac{x}{V_e}. \end{cases} \tag{3}$$

对 $\alpha$ 粒子和轻裂变碎片，当它们径迹长度 $l \ll R$ 时，可近似认为 $\dfrac{\mathrm{d}E}{\mathrm{d}l}$ 为常数[11]，即 $n(x) = \dfrac{N_0}{d}$，$N_0 = \dfrac{\Delta E}{\varepsilon} = \dfrac{\mathrm{d}E}{\mathrm{d}l} \cdot \dfrac{d}{\varepsilon} \cdot \dfrac{1}{\sin\theta}$，式中 $\Delta E$ 是核粒子在有效体积内损失的能量；$\varepsilon$ 是核粒子产生一个离子对所需的能量；$\theta$ 为径迹与样品表面的夹角。将这些关系代入 (3) 式中得：

$$I(t) = \begin{cases} I_0\left(1 - \dfrac{V_e}{d} t\right), & 0 \leqslant t \leqslant \dfrac{d}{V_e}, \\ 0 , & t > \dfrac{d}{V_e}. \end{cases} \tag{4}$$

式中 $I_0 \equiv \dfrac{\mathrm{d}E}{\mathrm{d}l} \cdot \dfrac{eV_e}{\varepsilon} \cdot \dfrac{1}{\sin\theta}$。由 (4) 式可知，$\alpha$ 粒子和轻碎片形成的电流脉冲为三角形(少数小角度径迹成梯形电流脉冲)，脉冲幅度与 $V_e$ 和 $\dfrac{\mathrm{d}E}{\mathrm{d}l}$ 成正比，底宽 $T = \dfrac{d}{V_e}$。

对重裂变碎片，比电离随径迹长度线性下降[11]，即 $n(x) = n_0\left[1 - \dfrac{d-x}{R\sin\theta}\right]$。式中 $n_0$ 是核粒子在 $x=d$ 处产生的离子对密度；$R$ 是重碎片在气体中的射程。将这些关系代入 (3) 式中得：

$$I(t) = \begin{cases} n_0 e V_e\left[1 - \dfrac{d}{2R\sin\theta} - \left(1 - \dfrac{d}{R\sin\theta}\right)\dfrac{V_e t}{d} - \dfrac{d}{2R\sin\theta}\left(\dfrac{V_e t}{d}\right)^2\right], & 0 \leqslant t \leqslant \dfrac{d}{V_e}, \\ 0 , & t > \dfrac{d}{V_e}. \end{cases} \tag{5}$$

由 (5) 式可知，重碎片形成电流脉冲幅度与 $V_e$，$n_0$ 成正比，底宽 $T = \dfrac{d}{V_e}$。

因此，设法提高电子漂移速度、减小电极距离和选用比电离高的工作气体是完全必要的。应当指出，在上面分析中假定了：(1) 全部离子对在 $0^+$ 时刻同时出现；(2) 电子在 $0^+$ 时刻立即具有均衡的定向漂移速度。对于裂变碎片在 $d \ll R$ 的几何下，不难看出这两个假定近似成立。

**3. 数值估算** 根据 (4) 和 (5) 式可估计电流脉冲的底宽和幅度范围，从而提出设计快电流放大器的指标。设裂变室 $d=3$ 毫米，充 1 个大气压的混合气体 ($0.7\,Ar+0.3\,CH_4$)，这时最大电子漂移速度 $V_e=10^7$ 厘米/秒。轻碎片在径迹的前 6 毫米内 $\frac{dE}{dl}\simeq 6$ 兆电子伏/毫米[11]，$\varepsilon\simeq 30$ 电子伏，算出在 $\theta=90^\circ$ 方向 $I_0^{min}\simeq 3.2$ 微安，$I_0^{max}\simeq 16$ 微安；类似可估算重碎片产生的电流脉冲幅度范围；对 $\alpha$ 粒子产生的最大电流脉冲幅度 $I_0^{max}(\alpha)\simeq 0.9$ 微安。而电流脉冲底宽都为 30 毫微秒。因而，对设计快电流放大器提出指标如下：噪音小于 0.1 微安；上升时间小于 10 毫微秒；输出脉冲底宽小于 30 毫微秒（在输入电容 60 微微法时）；动态范围为 0～10 微安；输入阻抗 51 欧姆；电流增益大于 1000。

## 测试与结果

### 1. 裂变室结构的选择

我们制作的 $^{239}Pu$ 快裂变室是配合大液体闪烁体[10]用的，由于大液体闪烁体中心管道限制裂变室外径不得超过 6.3 厘米，因此电极直径选为 4.2 厘米，材料用 0.15 毫米厚的不锈钢片。为了载入 100 毫克钚，设计制作 10 路裂变室（见图 2），每路载钚～10

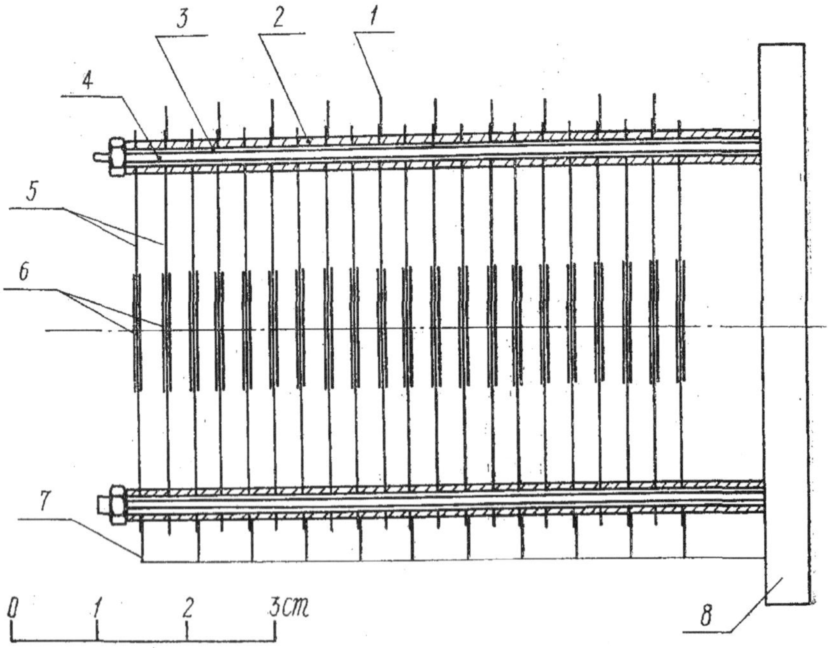


图 2　$^{239}Pu$ 多板电离室简图

1——收集极引出；2——绝缘柱；3——绝缘套筒；4——铜支柱；5——不锈钢电极片；6——$^{239}Pu$ 镀层；7——阴极引出；8——裂变室盖板。

源沉积在电极中心(单面沉积)，涂层直径 2.8 厘米，厚度～0.5 毫克/厘米$^2$。因此每路由 4 块样品构成二级平板裂变室。为了寻找这种结构裂变室的最佳工作条件，曾分别装入两个

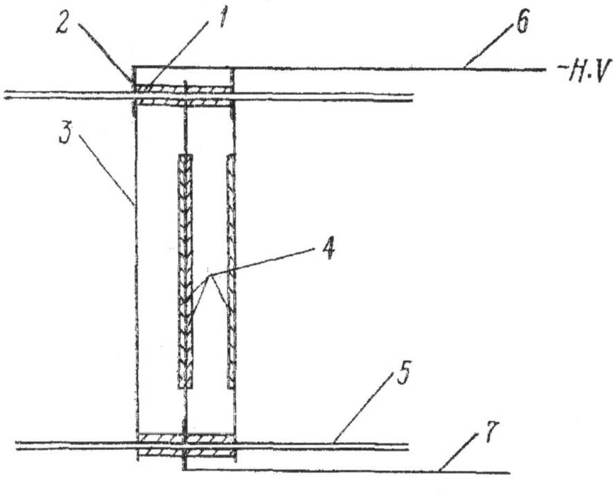


图 3 $^{242}$Cm 单路（二级）平板裂变室示意图

1——绝缘柱；2——焊片；3——样品底衬；4——$^{242}$Cm 源镀层；5——支架；6——阴极高压引线；7——收集极引线。

或三个 $^{242}$Cm 样品在一个二级平板室（图 3）内作了试验。当装 1# 和 2# $^{242}$Cm 样品时，$^{242}$Cm 量～0.17 微克（$N_\alpha \simeq 2.04\times10^7$衰变/秒）；装 1#，2# 和 3# 样品时，$^{242}$Cm 量～0.24 微克（$N_\alpha \simeq 2.85\times10^7$衰变/秒）。为了获得较快的电子漂移速度，工作气体用甲烷，裂变室曾在电极距离为 1.5、3 和 5 毫米，充气压力为 0.5、1、1.5、2 和 3 个大气压下，工作电压 $V_{HT}$ 在 −600 伏范围内变更作了试验。为了确定在配合快电流放大器下这种结构的裂变室的最佳工作条件，测试中观察了噪音、上升时间、最小和最大裂变脉冲幅度、最大 $\alpha$ 脉冲幅度和脉冲底宽（最大幅度 10% 高度的全宽度），从而得到脉冲底宽、最小裂变脉冲幅度和最大 $\alpha$ 脉冲幅度比随 $E/P$ 的变化趋势。

## 2. 快 电 流 放 大 器

测试用的快电流放大器已在文献[9]中详细描述，这里不再重复。线路主要指标如下：噪音 0.2 微安；上升时间～14 毫微秒；电流动态范围 0～7 微安；输入阻抗 250 欧；电流增益 2000。由于放大器注入级场效应管（3×2 N 4416）跨导不够高，限制了放大器的指标。应当指出，要获得好的快裂变室，研制性能良好的快电流放大器是关键。

## 3. 测 试 结 果

(1) 裂变室信号输入放大器的方式。由于放大器响应不够快，直接将裂变室讯号接放大器输入，输出脉冲底宽 ～100 毫微秒，这样大大削弱了抗 $\alpha$ 脉冲堆积能力。因此我们在放大器输入端并联一个接地的分路电阻 $R_x$，强迫减小线路输入阻抗，曾以 $R_x$=51、68、100 和 150 欧作试验，看来 $R_x$=68～100 欧较好，既可照顾到脉冲幅度又可将脉冲底宽降为～45 毫微秒。当然采用外接电阻降低输入阻抗，会造成大部份讯号电流通过 $R_x$ 到地，损失了信-噪比，因此选择 $R_x$ 要在脉冲底宽和信-噪比之间折衷。在 $R_x$ 为 51 和 100 欧时测出裂变室性能如图 4，5，6 上所示，结果表明以 $R_x$=100 欧为宜。

(2) 裂变脉冲底宽随 $E/P$ 的变化。曾在 $R_x$=0、51、68 和 100 欧下对裂变室在 $d$=1.5、3 和 5 毫米、充甲烷 $P$=0.5、1.0、1.5 和 2 个大气压以及工作电压 $V_{HT}$ 在 −(0～500) 伏内变化用 TF 2210-100 MC 示波器观察脉冲底宽随 $E/P$ 的变化，测试结果如图 4 所示，表明在 $E/P$>1.1 后裂变脉冲底宽近乎不变，估计系电流脉冲底宽小于放大器响应时间而得不到反应的缘故。

(3) 最小裂变脉冲幅度与最大 $\alpha$ 脉冲幅度比 $R$ 随 $E/P$ 的变化。裂变室在与观察脉冲底宽随 $E/P$ 变化的同样条件下作了试验，部份观察结果给出在图 5 上，这里仍表现出当

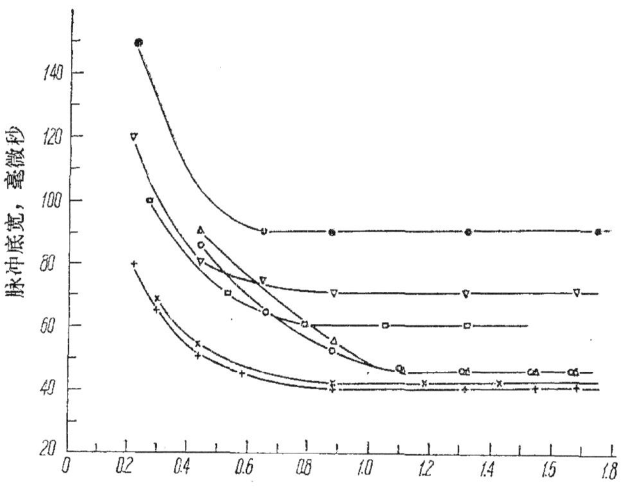


图 4　裂变室在不同条件下脉冲底宽随 $E/P$ 的变化（充气：$CH_4$）

| 图　例 | 前置放大器号 | 信 号 输 入 方 式 | $d$，毫米 | $P$，大气压 |
|---|---|---|---|---|
| ▽ | 样　机 | 直接输入 | 3 | 1.0 |
| + | 样　机 | 并联 68 欧到地 | 3 | 1.0 |
| × | 样　机 | 并联 68 欧到地 | 3 | 1.5 |
| □ | 样　机 | 并联 68 欧到地 | 5 | 1.0 |
| △ | 8# | 并联 50 欧到地 | 3 | 1.0 |
| ∘ | 8# | 并联 100 欧到地 | 3 | 1.0 |
| • | 8# | 直接输入 | 3 | 1.0 |

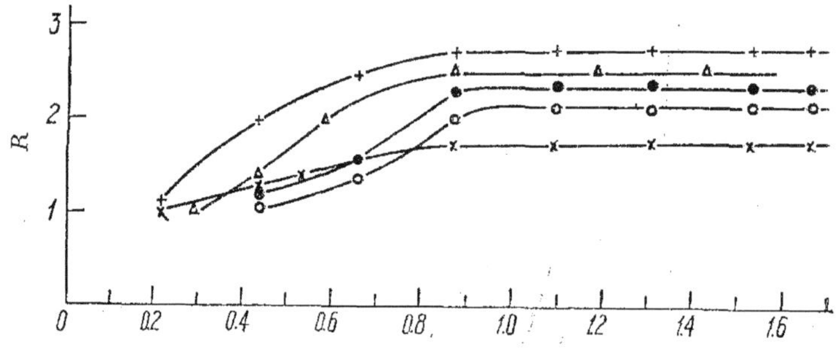


图 5　裂变室在不同条件下最小裂变脉冲幅度与最大 $\alpha$ 脉冲幅度比 $R$ 随 $E/P$ 的变化（充气：$CH_4$）

| 图　例 | 前置放大器号 | 信 号 输 入 方 式 | $d$，毫米 | $P$，大气压 |
|---|---|---|---|---|
| + | 样　机 | 并联 68 欧到地 | 3 | 1.0 |
| △ | 样　机 | 并联 68 欧到地 | 3 | 1.5 |
| × | 样　机 | 直接输入 | 3 | 1.0 |
| • | 8# | 并联 100 欧到地 | 3 | 1.0 |
| ∘ | 8# | 并联 50 欧到地 | 3 | 1.0 |

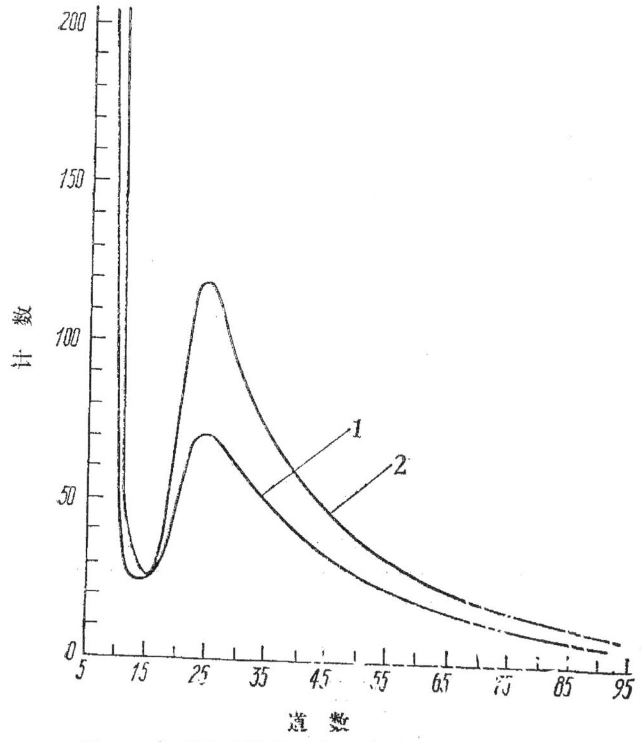


图 6 在不同分路电阻输入方式下的脉冲幅度谱

$\tau=50$ 分；$1^{\#}+2^{\#242}Cm$ ($N_{\alpha}\simeq 2.04\times 10^{7}$衰变/秒)；$d=3$ 毫米；$P=1$ 大气压；$CH_4$；$8^{\#}$ 前置放大器；$K=8\times 0.75$；1——50 欧分路输入；2——100 欧分路输入。

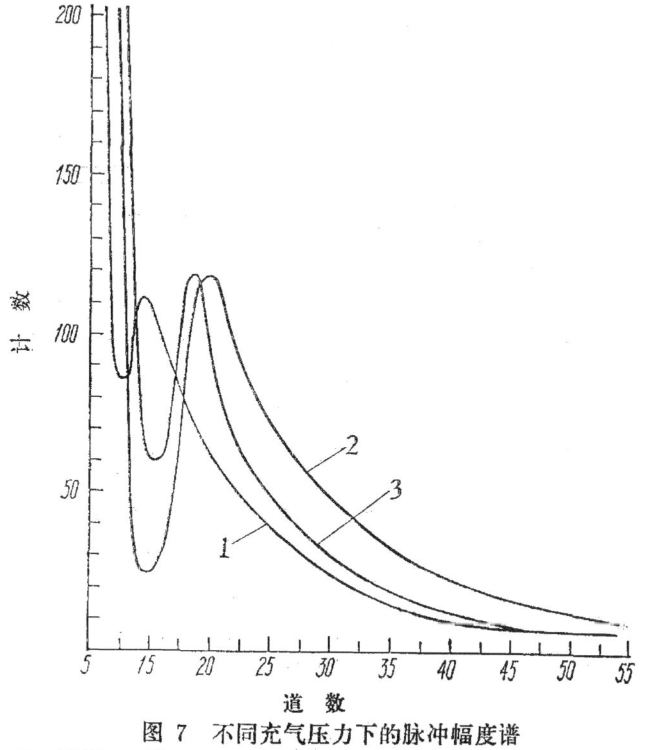


图 7 不同充气压力下的脉冲幅度谱

$\tau=50$ 分；$1^{\#}+2^{\#242}Cm$ ($N_{\alpha}\simeq 2.04\times 10^{7}$衰变/秒)；$d=3$ 毫米；$V_{HT}=-400$ 伏；$CH_4$；$8^{\#}$ 前置放大器（输入并联 100 欧到地）；$K=8\times 0.75$；道宽 80 毫伏；1——$P=0.5$ 大气压；2——1 大气压；3——2 大气压。

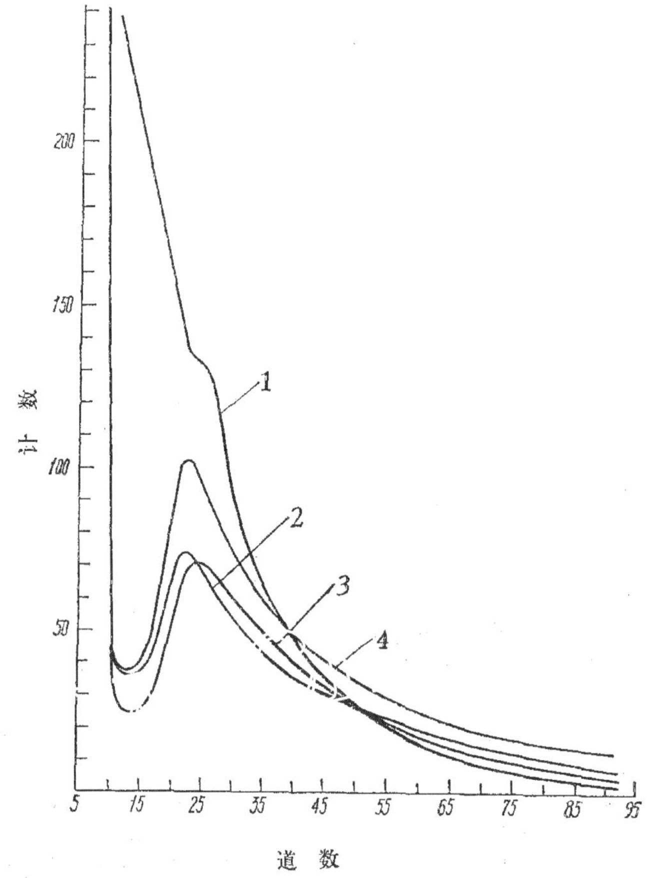


图 8　不同工作电压下的 $\alpha$ 和自发裂变脉冲幅度谱

$t=50$ 分；$1^{\#}+2^{\#242}Cm$（$N_{\alpha}\simeq2.04\times10^{7}$ 衰变/秒）；$d=3$ 毫米；$P=1$ 大气压；$CH_4$；$8^{\#}$ 前置放大器（输入并联 50 欧到地）；$K=16\times0.75$；道宽 80 毫伏；1——$V_{HT}=-200$ 伏；2——$-300$ 伏；3——$-400$ 伏；4——$-500$ 伏。

$E/P>1.1$ 时，$R$ 出现“饱和”现象，估计产生的原因也是电流放大器响应不够快造成。

(4) 抗 $\alpha$ 脉冲堆积能力。除了寻找获得最小脉冲底宽和最大 $R$ 比值的裂变室工作条件外，我们还通过观察裂变脉冲与 $\alpha$ 脉冲幅度谱分开程度来选择裂变室的最佳工作条件，当裂变室装两个 $^{242}Cm$ 样品时相当 0.9 毫克 $^{239}Pu$ 的 $\alpha$，装三个 $^{242}Cm$ 样品相当 12.8 毫克 $^{239}Pu$ 的 $\alpha$，通过观察 $^{242}Cm$ 自发裂变来判明 $\alpha$ 与裂变脉冲分开程度。测量时将快电流放大器输出讯号送脉冲拉长器，再将拉长脉冲送 512 道分析器分析，部份结果如图 7—10 所示。全部测试是在 $R_x=51$ 和 100 欧，$d=3$ 和 5 毫米，充甲烷 $P=0.5$、1、2 和 3 个大气压，工作电压 $V_{HT}$ 在 $-(0\sim600)$ 伏范围内进行的（3 个大气压下未获分开，结果在图上没有给出）。试验表明 $\alpha$ 与裂变脉冲分开程度与裂变室的结构和工作条件有关。在使用试制的快电流放大器下对充甲烷的裂变室来说，以 $d=3$ 毫米、$P=1$ 个大气压和 $V_{HT}=-500$ 伏$\left(相当 E=\dfrac{V_{HT}}{d}=1666.7 伏/厘米\right)$为宜。

(5) 记录裂变事件的效率。为了确定记录裂变事件的效率，采用固体径迹探测器。我们在 $^{242}Cm$ 样品装入裂变室之前，先在每个 $^{242}Cm$ 样品上覆盖云母，样品与云母间加一个 0.5 毫米厚的垫圈。源涂层直径 2 厘米，垫圈内径 3.4 厘米，云母完全覆盖垫圈，这近似

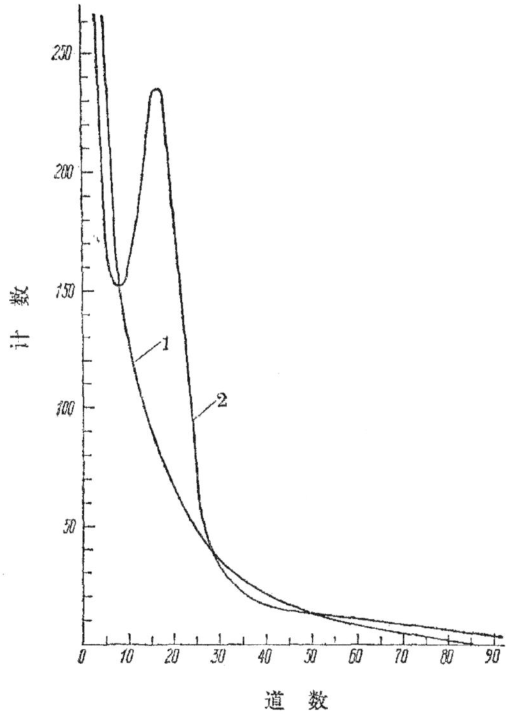


图 9 不同工作电压下的 $\alpha$ 和自发裂变脉冲幅度谱

$t=60$ 分；$1^{\#}+2^{\#}+3^{\#242}Cm$（$N_{\alpha}\simeq2.85\times10^{7}$ 衰变/秒）；$7^{\#}$ 前置放大器（输入并联 100 欧到地）；$d=3$ 毫米；$P=0.5$ 大气压；$CH_4$；道宽 80 毫伏；1——$V_{HT}=-300$ 伏，$K=16\times0.75$；2——$V_{HT}=-580$ 伏；$K=32\times0.75$

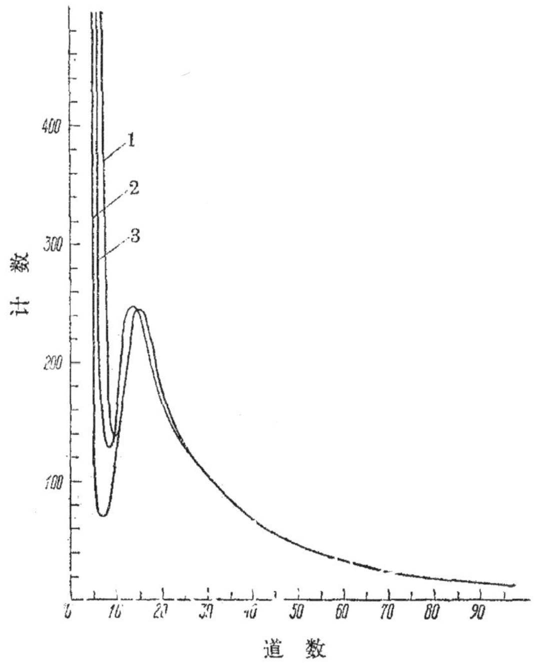


图 10 不同工作电压下 $\alpha$ 和自发裂变脉冲幅度谱

$t=60$ 分；$1^{\#}+2^{\#}+3^{\#242}Cm$（$N_{\alpha}\simeq2.85\times10^{7}$ 衰变/秒）；$d=3$ 毫米；$P=1$ 大气压；$CH_4$；$8^{\#}$ 前置放大器（输入并联 100 欧到地）；$K=8\times0.75$；道宽 80 毫伏；1——$V_{HT}=-400$ 伏；2——$-500$ 伏；3——$-600$ 伏

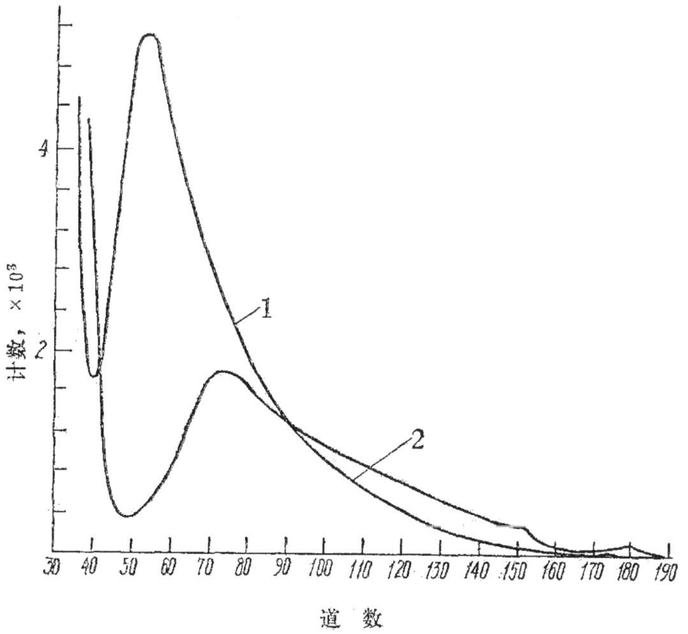


图 11 $^{239}Pu$ 快裂变室 $\alpha$ 与碎片脉冲幅度谱

$d=3$ 毫米；$P=1$ 大气压；$CH_4$；$V_{HT}=-400$ 伏；$8^{\#}$ 前置放大器（输入并联 100 欧到地）；1——20 毫克 $^{239}Pu$；2——10 毫克 $^{239}Pu$。

$2\pi$ 几何测量，通过数云母上的裂变径迹定出绝对自发裂变率。然后将 $^{242}$Cm 样品装入裂变室测定自发裂变脉冲幅度谱，将阈选在谷处，扣去 $\alpha$ 的贡献，得到裂变室记录 $^{242}$Cm 的自发裂变率，将它与云母测定的绝对自发裂变率相比较，即定出记录裂变事件的效率。在 $d=3$ 毫米、充甲烷 1 个大气压和 $V_{HT}=-500$ 伏下，裂变室对($1^{\#}+2^{\#}$) $^{242}$Cm 样品记录自发裂变效率为～97%，对($1^{\#}+2^{\#}+3^{\#}$)$^{242}$Cm 样品为～94%。

## $^{239}$Pu 快裂变室性能

在上述测试基础上，已装成一个 10 路 $^{239}$Pu 快裂变室，共 40 个样品，总载钚量～105 毫克。裂变室为黄铜圆柱形外壳，长 12 厘米，外径 6.3 厘米，壁厚 1 毫米。每路由 4 个样品组成，结构如图 2 所示。样品架在三根用塑料套管绝缘的黄铜杆上，电极距离靠 3 毫米高的有机玻璃柱保证，接负高压的阴极共线联到一个柯瓦上，10 路信号分别用导线联到各自的柯瓦上输出，各个柯瓦接头要注意单独屏蔽，防止互相干扰。在正式装入钚样品之前，曾先用铀样品和空白样品同时混合装入裂变室作信号引出实验，确证无信号干扰和互串，然后再装入钚样品。这里 10 路信号通过外接可以任意组合。我们将裂变室充 1 个大气压甲烷，在 $V_{HT}=-400$ 伏下曾用反应堆中子束观察 10 路信号单独引出和“二路混合”引出（钚量分别为 10 与 20 毫克）的 $\alpha$ 与裂变脉冲幅度谱，结果如图 11 所示。在每路载钚 20 毫克（$4.52\times10^{7}\alpha$ 衰变/秒）情况下，将钚裂变信号与大液体闪烁体记录的瞬发裂变 $\gamma$ 信号符合方式下工作，钚裂变室效率为～92%。

## 参 考 文 献

[1] C.J. Rush, *Rev. Sci. Instrum.*, **35**, 149 (1964).
[2] J.K. Milland et al., *IEEE Trans. Nucl. Sci.*, **NS-19**, 1,388 (1972).
[3] K. Andert et al., *Nucl. Instrum. Methods*, **129**, 397 (1975).
[4] R.W. Ingle et al., *Rev. Sci. Instrum.*, **41**, 1539 (1970).
[5] H. Rösler et al., *Nucl. Instrum. Methods*, **99**, 477 (1972).
[6] N.W. Hill et al., *IEEE Trans. Nucl. Sci.*, **NS-22**, 1,686 (1975).
[7] J.W.T Dabbs et al., CONF-750303-45 (1975).
[8] C. Budtz-Jorgensen et al., ANL-76-90 (1976), p. 415.
[9] 杨钟汉等，宽带电流前置放大器，待发表，1979.
[10] 王豫生、许谨诚，物理学报，**23**, 38 (1974).
[11] J.B. Marion et al., Fast Neutron Physics, Interscience Publishers, 1960, Vol. I, Chapter Ⅲ. E, p. 457 & 474.

# $^{252}$Cf自发裂变瞬发中子平均数及中子数目分布的测量①

张焕乔　刘祖华

（原子能研究所）

利用球形载钆液体闪烁探测器绝对测量了 $^{252}$Cf 自发裂变瞬发中子平均数$\bar{\nu}_p$和瞬发中子数目分布$P\nu$。根据准直单能快中子在茋晶体上产生的（$n,p$）散射，刻度了液体闪烁体探测中子的效率曲线。裂变事件用电流型脉冲电离室探测。最后得到$\bar{\nu}_p=3.743\pm0.018$。

## 引　言

$^{252}$Cf 自发裂变瞬发中子平均数$\bar{\nu}_p$是国际上测量重核裂变中子数的通用标准，进行精确测量十分重要。可是，历史上，液体闪烁体法[1,2]测量结果比硼堆[3]、锰浴[4-8]法系统偏高 2 %左右。从六十年代后期以来，人们致力寻找这两类数据中存在系统误差的来源。后来，在液体闪烁体法测量中找到两个系统误差，一个是缓发$\gamma$射线效应[9-12]（～0.3%），另一个是“法国效应”[11-13]，即液体闪烁体探测瞬发裂变$\gamma$射线的效率随裂变中子数目$\nu$有微小的变化（～0.2%）。但这两种修正只能将$\bar{\nu}_p$值降低0.5%左右，仍不能排除两类数据的系统差异。直到1974 年，博尔德曼（J. W. Boldeman）[12]重新用液体闪烁体法作了精确测量，得到的$\bar{\nu}_p$值比原来两个结果[1,2]低 1 %左右。这样才使液体闪烁体法的结果与硼堆、锰浴法的在实验误差范围内一致。但博尔德曼第一次披露的结果为3.735±0.014[7]，正式发表为3.738±0.015[12]，而1977年又订正为3.745[14]（未说明订正原因）。鉴于这种情况，以及考虑到液体闪烁体法目前仍是测量裂变中子数的主要手段，我们认为再一次用液体闪烁体法精确测量$^{252}$Cf自发裂变的$\bar{\nu}_p$值是完全必要的，因此开展了本工作。我们和博尔德曼的测量结果，已在很大程度上消除了历史上两类数据的分歧。

## 测量方法与装置

测量方法和装置与阿斯普伦德-尼尔森（I. Asplund-Nilsson）等[1]、霍普金斯（J.C. Hopkins）等[2]和裂变中子数测量组[15]的类似。在 $^{252}$Cf 自发裂变的$\bar{\nu}_p$值的绝对测量中，包括两部份实验，即测定液体闪烁体探测中子的效率和分析每次裂变发射的瞬发中子数目。

---

① 原子核物理，1979，1(1)：9-19.

实验装置如图 1 所示。为了刻度液体闪烁体探测中子的效率，整套装置安在 2.5 兆伏静电加速器的实验厅内。液体闪烁体中心距 加 速 器 靶 226 厘米。在离靶55厘米处放一个开孔 $\phi 1.5\times 55$厘米的铁准直器，埋在 60 厘米厚的铅锥屏蔽体内。为了避开加速器管道 0 °方向来的杂散中子，将球形探测器置于偏开加速器管道 10° 的方向上。用激光束使靶、准直器和球形探测器管道中心对准。在加速器靶附近，用45厘米厚的含硼石蜡球屏蔽，留有一个直径为 3 厘米的引束孔。液体闪烁体的四周用30厘米厚的含硼石蜡屏蔽，在靠近准 直 器 的 石蜡墙内，有一层10厘米厚的铅墙。

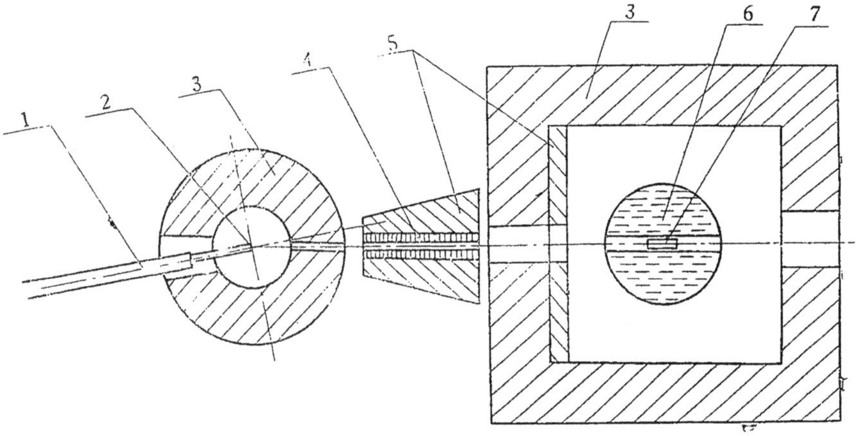


图 1　实验装置简图
1 ——加速器管道；2 ——中子靶；3 ——硼-石蜡屏蔽；4 ——铁准直器；5 ——铅屏蔽；6 ——中子探测器；7 ——$^{252}$Cf电离室。

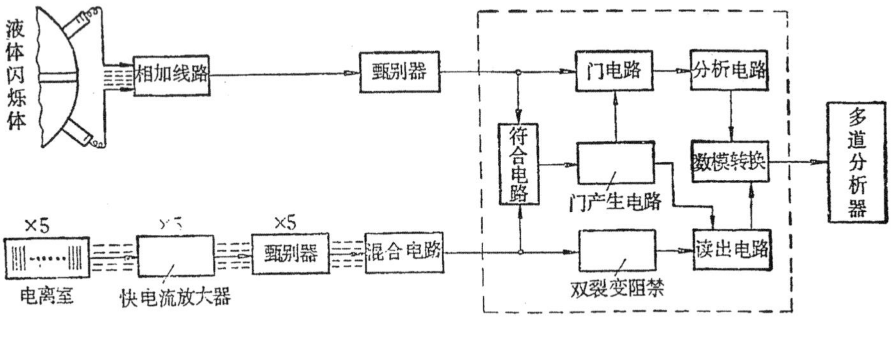


图 2　测量裂变瞬时中子数目时的线路框图
虚线方框中的电路是中子数目分析器的主要部分。

实验用的球形探测器直径为 60 厘米，内装 111 升甲苯基的载钆闪烁液体[16]，钆含量为 0.33%（重量比），钆-氢原子比为0.00023。球形探测器有一直径为 6.5 厘米的中心管道，允许加速器中子束注入和穿出，也允许在中心放置样品。在球壳表面上对称 均 匀 配 置六只 EMI9530B 光 电倍增管，收集中子在液体内（被俘获）引起的闪烁发光。中 子 平均寿命为 13.8微秒。光电倍增管引出脉冲底宽约100毫微秒。

$^{252}$Cf 自 发裂变事件用电流型脉冲电离室[17]探测，极间距离 3 毫米，充 1 个大气压的甲

烷，工作电压－500伏。$^{252}Cf$的自发裂变率为257次/秒。

测量裂变中子数用的线路如图 2 所示。测量时将$^{252}Cf$电离室放在液体闪烁体的中心。电离室的裂变信号与液体闪烁体的瞬时信号（瞬发裂变$\gamma$射线或反冲质子）符合，以符合输出去打开计数的电子门，让液体闪烁体记录的中子脉冲通过。每次裂变打开中子数目分析器[18]的两个电子门，门宽 $T=30$ 微秒，第一个门是在裂变的50毫微秒后打开，第二个门在130微秒后打开，分别记效应（包括本底）和本底脉冲。由于线路采用石英晶体振荡器分频产生电子门，且两个电子门由同一线路获得，因此保证两个电子门宽度严格相等，改善了测量精度。中子脉冲数目分析器按每次开门通过的脉冲数目进行分析，然后数字脉冲经数模变换后在多道分析器上记录。经测定，中子道线路的分辨时间$\tau$为（120±2）毫微秒，裂变道的符合时间为（220±4）毫微秒。应当指出，由于$^{252}Cf$本身自发裂变率较高，为获得适中的开门率，电离室信号经过32分频，实际测量中开门率为 8 次/秒左右。此外，为了消除二次裂变事件的影响，在中子脉冲数目分析器中设置了二次裂变阻禁电路。

液体闪烁体探测中子的效率刻度采用迪万（B. C. Diven）等[19]提出的方法，将芪晶体放在液体球管道的中心，以静电加速器的d-D和d-T准直单能中子注入，在芪晶体上产生（n，p）散射，反冲质子由芪晶体本身构成的闪烁探测器记录，散射中子由液体闪烁体记录，将两者脉冲进行符合选择测量，方式如图 3 所示。实验用的d-D和d-T中子能量分别为3.70，4.40，5.25，16.1和17.1兆电子伏。芪晶体闪烁探测器带（n，$\gamma$）分辨，晶体大小为$\phi 3\times3$厘米，光电倍增管为56AVP，高压－2000伏，在选定的阈值下，$\gamma$射线脉冲全被甄别掉，而相应的中子能量下限为0.6兆电子伏。

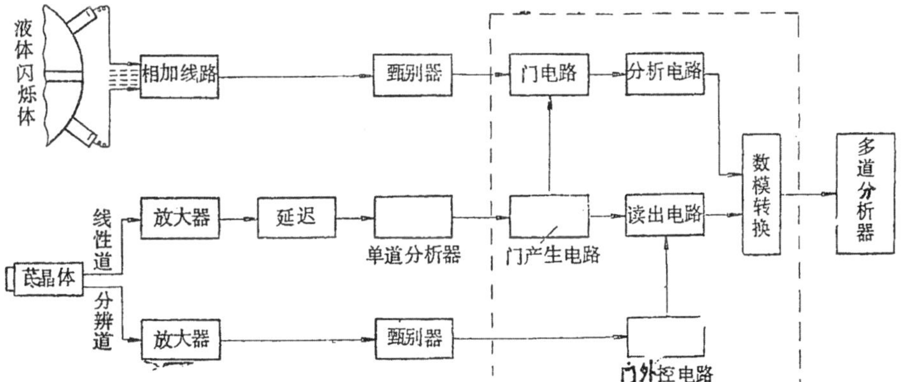


图 3　测量液体闪烁探测器效率的线路框图(虚线方框中的电路是中子数目分析器的主要部分)

在测量过程中经常监督系统的稳定性，中子道靠测液体闪烁体的天然本底率（$6.6\times10^4$脉冲/分）和裂变室在球心的固有放射性计数率（$1.3\times10^5$脉冲/分），整套系统靠测自发裂变的$\bar{\eta}\bar{\nu}_p$不变性来监督。在正式测量前，用加速器中子和天然$\gamma$放射源检查过液体闪烁体探测中子的效率随计数率的变化。实验表明，计数率直到 $1.2\times10^6$ 脉冲/分，效率不变。在实际测量中，中子道最大计数率仅 $8\times10^5$脉冲/分。本底情况大致为：d-D中子～0.2脉冲/门，d-T中子～0.45脉冲/门，自发裂变为0.06脉冲/门。

此外，用脉冲时幅变换器测量了中子在液体中的俘获时间分布。测量时芪晶体放在球心，在它前面放一个钋铍中子源，用芪晶体闪烁探测器的线性信号作起始信号，液体闪烁体的中子脉冲作停止信号进行分析，测量结果如图 4 所示。按迪万等[19]提出的方法作死时间修正，门内两个中子脉冲重叠的几率$K_{nn}=2\tau\int_0^T f^2(t)dt=0.010$；中子与本底或本底与本底脉冲重叠的几率$K_{nB}=K_{BB}=\frac{2\tau}{T}=0.008$。至于两个以上脉冲的重叠几率很小，完全可以忽略不计。

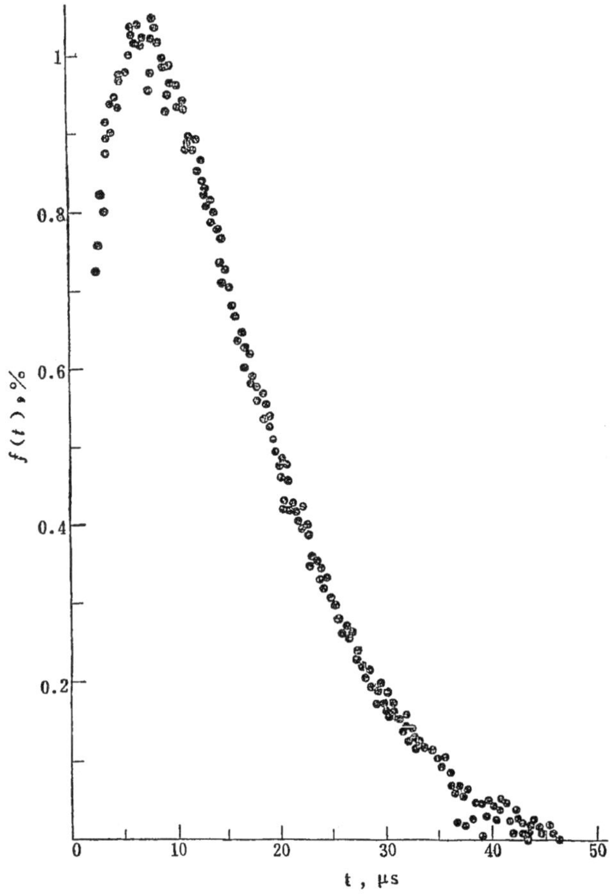


图 4　中子在闪烁液体中的俘获时间分布

## 蒙特卡罗法模拟液体闪烁体探测中子的效率

编制了一个用蒙特卡罗法模拟液体闪烁体探测中子效率的程序[20]。考虑不同能量的单能快中子点源位于球心，在实验室系中各向同性地进入液体，用蒙特卡罗法跟踪随机入射中子事件，直到它们被吸收或泄漏为止。在计算中，考虑钆和氢的中子俘获，并跟踪俘获$\gamma$射线。程序可输出：①快中子俘获几率、热群中子俘获几率和总的中子俘获几率$P(E_n,\theta)$；②中子在液体中的俘获时间分布$f(t)$；③跟踪俘获$\gamma$射线后的探测中子效率$q(E_n, \theta, E_c)$。这里$E_n$是源中子能量；$\theta$是源中子相对管道方向进入液体的角度；$E_c$为中子道的阈能。在计算中源中子能量选取 0.25，0.5，0.75，1.0，1.5，2，2.5，3，3.5，4，4.5，5，6，7，8，9，10 兆电子伏17个能点，$\theta$取6.5°，8°，10°，12.5°，15°，20°，25°，30°，40°，50°，60°，70°，80°，90°14个角度，共238个方案，每个方案跟踪（9—10）$\times10^3$个中子，在NOWA—840电子计算机上完成。在快中子慢化过程中，考虑了下列相互作用：①中子被氢、碳、钆核弹性散射，其中认为氢、钆的中子弹性散射在质心系是各向同性的，碳散射在 1.5 兆电子伏以下是各向同性的，在 1.5 兆电子伏以上有角分布；②碳的中子非弹性散射在质心系有角分布；③中子被氢、钆俘获。在跟踪过程中，遇到中子被俘获或泄漏，事件就算终结。如中子能量降到 0.1 电子伏以下，就算进入热群，继续跟踪。当中子进入热群时，考虑中子的热化、扩散和俘获。利用苯的声子谱数据[21]代替甲苯的，算出 900 个散射矩阵元，最后给出氢、碳、钆的热群截面，得到钆的热群俘获截面为30137靶。在跟踪俘获$\gamma$射线过程中，我们改进文献[22]中计算连续能区的多级联跃迁，将连续能区扩展至第一激发态$E_1^*$，还考虑了

$E_1^*$ 以下的转动能级。计算中使用的输入数据，对快中子，氢、碳引用文献[23]的数据，钆引用文献[24]的数据；对热群，氢、碳、钆的中子截面用 BNL-325[25]的数据；在跟踪俘获$\gamma$射线中，引用文献[26]的光子截面数据。

## 测 量 结 果 及 分 析

### 1. 液体闪烁体探测中子的效率

由(n, p)散射知道，入射中子能量$E_0$与反冲质子能量$E_p$和散射中子能量$E_n$之间的关系为：

$$E_n=E_0-E_p=E_0\cos^2\theta_s. \tag{1}$$

式中$\theta_s$为中子散射角，即散射中子与入射中子的夹角。实验上挑选一定能量的反冲质子，就可确定一定能量的、以一定角度进入液体球的中子。现将芪晶体(n, p)散射实验直接测量的效率$\eta(E_n, \theta, E_0)$数据给出在表1中，同时列出脉冲堆垒损失、中子二次散射、晶体端效应的修正和修正后的效率$\eta_{cor}(E_n, \theta_s, E_0)$值。这里中子道的阈值取0.5伏。有关修正的计算已有详细说明[27]。

由于液体闪烁体有一中心管道，探测中子的效率并非完全各向同性，以不同能量的单能中子入射在芪晶体上，而相同能量的散射中子却以不同$\theta$角进入液体球，因此俘获几率不同，必须修正。为此，按下式作各向异性修正：

$$\eta(E_n, E_0)=\frac{\eta(E_n,\theta_s,E_0)}{q(E_n, \theta_S)}\int_{6.3^\circ}^{90^\circ}q(E_n, \theta)\sin\theta\,\mathrm{d}\theta. \tag{2}$$

式中$\theta_s=\cos^{-1}\sqrt{E_n/E_0}$。然后，对一定散射中子能量$E_n$，将不同入射中子能量$E_0$下得到的$\eta(E_n,E_0)$加权平均，给出液体闪烁体探测中子的效率$\eta(E_n)$。结果如图5所示。图，上计算的效率曲线，是将蒙特卡罗计算的$P(E_n)$和$q(E_n)$按实验$\eta(E_n)$低能端的平均值归一得来的。效率各向异性修正为$-1.75\%$，由此引起误差为$\pm0.26\%$。

为了获得液体闪烁体探测$^{252}$Cf 自发裂变中子的效率$\overline{\eta}$，将$\eta(E_n)$对$^{252}$Cf自发裂变中子谱[28]平均，麦克斯韦中子平均能量$\overline{E}_n=2.13\pm0.027$兆电子伏，求出$\overline{\eta}$为0.5818。为估计裂变中子谱引起的误差，我们考虑了平均能量和谱的误差，得出此项误差$<\pm0.23\%$。

现将效率测量中的各项修正和误差列在表2中，最后得出中子道阈值在0.5伏下液体闪烁体探测$^{252}$Cf 自发裂变中子的效率为$0.5818\pm0.0022$。

### 2. $^{252}$Cf自发裂变的$\overline{\nu}_p$值

实验测得$^{252}$Cf自发裂变的$\overline{\nu}_p$值最终结果为$3.743\pm 0.018$。其误差等于各项误差的平方和开方。

在数据处理中，除扣除本底外，尚需作下列修正。

(1) 假门修正：由测量数据估计出中子道与裂变道的脉冲偶然符合数，给出假门修正，可以忽略。

(2) 死时间修正：按照迪万等提出的方法作中子脉冲重叠损失修正，其值为1.02%，

表 1　直接测定的中子探测效率 $\eta(E_n, \theta_s, E_0)$ 和有关修正

| 中子源 | 入射中子能量，兆电子伏 | $E_n$，兆电子伏 | $\theta_s$ | $\eta(E_n,\theta_s,E_0)$，% | 堆垒效应，% | 晶体端效应，% | 碳n-C核散射，% | n-p散射，% | $\eta_{cor}(E_n,\theta_s,E_0)$，% |
|---|---|---|---|---|---|---|---|---|---|
| D-D | 3.70 | 0.125 | 79°25′ | 65.90±0.34 | 0.07 | 0.00 | 0.00 | 0.00 | 65.97 |
| | | 0.50 | 68°27′ | 65.48±0.30 | 0.07 | 0.00 | 0.00 | −0.09 | 65.46 |
| | | 1.00 | 58°40′ | 64.35±0.27 | 0.06 | 0.00 | −0.48 | −0.47 | 63.46 |
| | | 1.50 | 50°20′ | 62.55±0.22 | 0.07 | 0.00 | −0.26 | −0.30 | 62.06 |
| D-D | 4.40 | 0.125 | 80°20′ | 63.35±0.31 | 0.12 | 0.00 | 0.00 | 0.00 | 63.47 |
| | | 0.50 | 70°15′ | 65.32±0.28 | 0.12 | 0.00 | 0.00 | 0.00 | 65.44 |
| | | 1.00 | 61°32′ | 64.90±0.26 | 0.12 | 0.00 | −0.31 | −0.20 | 64.51 |
| | | 1.50 | 54°16′ | 64.08±0.27 | 0.11 | 0.00 | −0.84 | −0.57 | 62.78 |
| D-D | 5.25 | 0.125 | 81°4′ | 64.40±0.30 | 0.24 | 0.00 | 0.00 | 0.00 | 64.64 |
| | | 0.50 | 72°2′ | 66.10±0.23 | 0.18 | 0.00 | 0.00 | 0.00 | 66.67 |
| | | 1.00 | 64°8′ | 65.64±0.28 | 0.19 | 0.00 | −0.20 | −0.15 | 65.48 |
| | | 1.50 | 57°40′ | 63.48±0.26 | 0.19 | 0.00 | −0.49 | −0.46 | 62.72 |
| | | 2.00 | 51°43′ | 58.95±0.26 | 0.18 | −0.01 | −0.96 | −0.56 | 57.60 |
| D-T | 16.1 | 0.25 | 82°49′ | 64.92±0.96 | 0.44 | 0.00 | 0.00 | 0.00 | 65.36 |
| | | 1.00 | 75°34′ | 64.17±0.75 | 0.48 | 0.00 | 0.00 | 0.00 | 64.65 |
| | | 2.00 | 69°22′ | 60.81±0.78 | 0.36 | 0.00 | 0.00 | −0.86 | 60.31 |
| | | 3.00 | 64°26′ | 57.42±0.61 | 0.35 | −0.02 | −1.79 | −1.54 | 54.42 |
| | | 4.00 | 60°1′ | 53.05±0.89 | 0.37 | −0.04 | −2.50 | −1.05 | 49.83 |
| | | 5.00 | 56°8′ | 48.20±0.72 | 0.38 | −0.08 | −3.56 | −0.67 | 44.27 |
| | | 6.00 | 52°23′ | 43.83±0.75 | 0.38 | −0.15 | −2.69 | −0.77 | 40.60 |
| | | 7.00 | 48°35′ | 37.59±0.68 | 0.36 | −0.26 | −3.12 | −0.59 | 33.98 |
| | | 8.00 | 45°10′ | 36.66±0.59 | 0.35 | −0.35 | −2.63 | −0.25 | 33.78 |
| | | 9.00 | 41°37′ | 35.83±0.73 | 0.34 | −0.47 | −2.24 | −0.19 | 33.27 |
| D-T | 17.1 | 0.25 | 83°37′ | 64.12±2.61 | 0.37 | 0.00 | 0.00 | 0.00 | 64.49 |
| | | 1.00 | 76° | 64.45±1.02 | 0.34 | 0.00 | 0.00 | −0.11 | 64.68 |
| | | 2.00 | 70° | 62.05±0.69 | 0.37 | 0.00 | 0.00 | −1.24 | 61.18 |
| | | 3.00 | 65°13′ | 60.66±0.70 | 0.36 | −0.01 | 0.00 | −1.37 | 59.64 |
| | | 4.00 | 61°4′ | 55.56±0.75 | 0.37 | −0.03 | −1.78 | −1.16 | 52.96 |
| | | 5.00 | 57°16′ | 51.36±0.89 | 0.40 | −0.07 | −2.68 | −0.78 | 48.23 |
| | | 6.00 | 53°41′ | 44.13±0.80 | 0.36 | −0.15 | −3.25 | −0.58 | 40.51 |
| | | 7.00 | 50°13′ | 39.02±0.79 | 0.34 | −0.21 | −3.13 | −0.55 | 35.47 |
| | | 8.00 | 46°51′ | 36.46±0.93 | 0.35 | −0.30 | −2.69 | −0.32 | 33.50 |
| | | 9.00 | 43°30′ | 31.04±0.77 | 0.34 | −0.40 | −2.22 | −0.18 | 28.58 |

误差为±0.1%。

（3） 缓发 $\gamma$ 射线的修正：裂变碎片同质异能态退激发射$\gamma$射线，实验测定这些同质异能态的半衰期为0.02—80微秒。当发射级联$\gamma$射线的总能量超过中子道阈能时，也会被记录下来，对此应当修正。我们选择$^{137}Cs$，$^{54}Mn$单能$\gamma$射线源和$^{46}Sc$，$^{22}Na$，$^{60}Co$，$^{88}Y$ 级联$\gamma$射

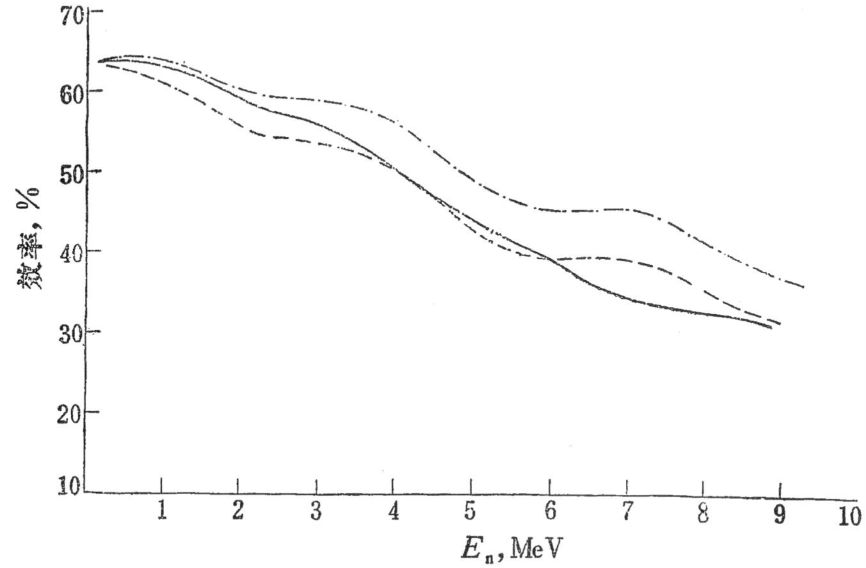


图 5　载钆液体闪烁体的效率曲线

实线为实验测定曲线；虚线为蒙特卡罗方法计算曲线，其中—·—为俘获中子效率；-------为跟踪俘获γ射线后的效率。

线源刻度在阈值0.5伏下液体闪烁体探测γ射线的能量响应，结果如图6所示。利用已有$^{252}$Cf自发裂变的缓发γ射线的产额数据[14]，按下式算出缓发γ射线在每个门内贡献的计数：

$$C=\sum_i \varepsilon_i y_i \int_{60ns}^{30\mu s} \lambda_i \exp(-\lambda_i t)\mathrm{d}t. \qquad (3)$$

式中$y_i$为第$i$群缓发γ射线的产额；$\varepsilon_i$是液体闪烁体探测第$i$群缓发γ射线的效率；$\lambda_i$为发射第

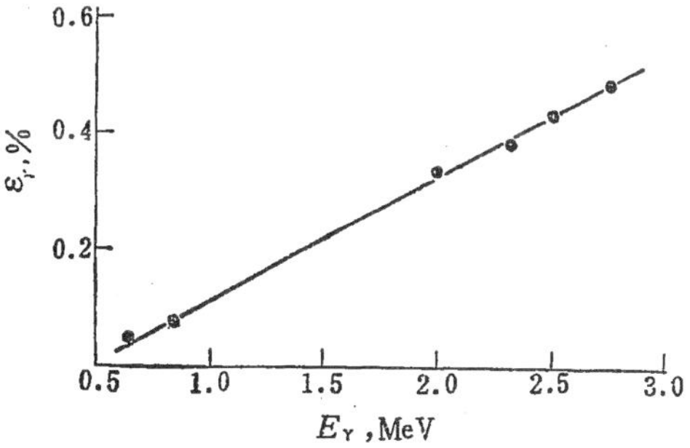


图 6　液体闪烁体探测γ射线的效率曲线

$i$群缓发γ射线的母核的同质异能态的衰变常数。得到每个门内缓发γ射线的计数为0.0065。

（4）法国效应：法国的索累尔哈克(M. Soleilhac)首先指出液体闪烁体探测瞬发裂变γ射线的效率与发射的中子数$\nu$有关[11]，这对$\bar{\nu}_p$测量产生影响，应当修正。我们在$\bar{\nu}=0.5818$情况下，按照文献[11,13]描述的方式，用符合的裂变脉冲与没有符合的裂变脉冲打开各自的电子门，进行瞬时裂变中子数目分布的测量，得到的结果列在表3上。测量给出法国效应的修正为$(-0.39\pm0.20)\%$。

表 2　　效率和$\overline{\nu}_p$的各项修正和误差

| 名 | 称 | 修正量，% | 相对误差，% |
|---|---|---|---|
| 效率测量 | 计数统计 | | ±0.10 |
| | 脉冲重叠损失 | 0.3 | ±0.06 |
| | 晶体端效应 | −0.04 | ±0.008 |
| | 碳散射 | −0.4 | ±0.08 |
| | 质子二次散射 | −0.5 | ±0.1 |
| | 裂变中子谱 | | ±0.23 |
| | 各向异性 | −1.75 | ±0.26 |
| | 求和 | −2.39 | ±0.388 |
| 自发裂变测量 | 计数统计 | | ±0.15 |
| | 脉冲重叠损失 | 1.02 | ±0.10 |
| | 假门 | 0 | 0 |
| | 效率 | +2.39 | ±0.388 |
| | 缓发$\gamma$射线 | −0.3 | ±0.07 |
| | 法国效应 | −0.39 | ±0.2 |
| | 求和 | +2.7 | ±0.48 |
| | $\overline{\nu}_p=3.743\pm0.018$ | | |

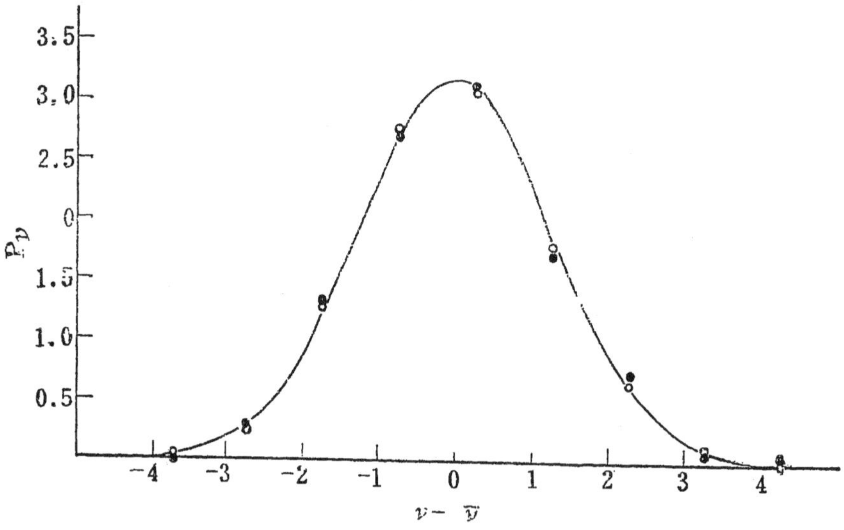


图 7　$^{252}$Cf自发裂变瞬时中子数目分布$P_\nu$
•—— 本工作；○—— 博尔德曼。

表 3　　法国效应的实验测量结果*

| $n$ | 0 | 1 | 2 | 3 | 4 | 5 | 6 | 7 | 8 | 9 | 10 |
|---|---|---|---|---|---|---|---|---|---|---|---|
| $N^n_\gamma$ | 47299 | 169036 | 239128 | 180903 | 78076 | 21725 | 4118 | 605 | 115 | 18 | 2 |
| $N^n_0$ | 2917 | 11987 | 15882 | 10034 | 3805 | 878 | 163 | 26 | 1 | 0 | 0 |

*$N^n_\gamma$是符合输出开门下测得$n$个中子脉冲数(包括本底脉冲)的裂变数；$N^n_0$是不符合下测得$n$个中子脉冲数（包括本底脉冲）的裂变数；每个门的平均本底脉冲数$b=0.0614$。

### 3. $^{252}$Cf自发裂变瞬发中子数目分布

类似文献[9,29]的方法，计算$^{252}$Cf自发裂变每次发射$\nu$个中子的几率$P_\nu$。但在算完扣除本底后，我们加进缓发$\gamma$射线的修正，根据每个门内缓发$\gamma$射线的平均计数算出相应的泊松分布，按扣本底方式修正。法国效应加到效率修正中处理，这时效率值因法国效应有了变更。最后算出$P_\nu$值。我们给出的误差，包括效应和本底计数的统计误差及死时间、缓发$\gamma$射线、法国效应和效率修正的误差。考虑到裂变开门数$N_g$在0到8个脉冲计数道中的分配是相关的，即$\sum_{i=0}^{8} N_g(i)=N_g$，因此效应和本底的计数统计误差应按协方差处理。$P_\nu$的误差为上述各项误差的平方和开方。现将测得的发射中子参数列在表4中。

表4　$^{252}$Cf自发裂变的中子发射参数

$N_f=683414$

| $\bar{\nu}_p$ | $\langle\nu^2\rangle$ | $\sigma_\nu^2$ | $P_0$ | $P_1$ | $P_2$ |
|---|---|---|---|---|---|
| 3.743±0.018 | 15.581±0.075 | 1.593±0.096 | 0.00025±0.00026 | 0.0277±0.0014 | 0.1315±0.0033 |
| $P_3$ | $P_4$ | $P_5$ | $P_6$ | $P_7$ | $P_8$ |
| 0.2713±0.0039 | 0.3113±0.0037 | 0.1714±0.0036 | 0.0738±0.0031 | 0.0091±0.0013 | 0.0038±0.0004 |

## 结　果　比　较

实验测得$^{252}$Cf自发裂变瞬发中子平均数$\bar{\nu}_p$为3.743±0.018，加上缓发中子平均数后，得到总中子平均数$\bar{\nu}_T$为3.752±0.018。这些结果与IAEA第三次编评的推荐值[30] $\bar{\nu}_p$=3.737±0.008很一致。现将我们的结果与博尔德曼[14]引用的数据列在表5上进行比

表5　有关$^{252}$Cf自发裂变$\bar{\nu}_T$值的比较

| 作者 | 方法 | 年代 | 原来值 | 订正值 |
|---|---|---|---|---|
| A. Moat 等 [4] | NPL 锰浴法 | 1961 | 3.77±0.07 | 3.727±0.055 |
| D. W. Colvin 等 [5] | NPL 锰浴法 | 1965 | 3.700±0.031 | 3.700±0.028 |
| P. H. White 和 E. J. Axton [6] | NPL 锰浴法 | 1968 | 3.796±0.025 | 3.796±0.037 |
| E. J. Axton [7] | NPL 锰浴法 | 1974 | 3.700±0.020 | 3.725±0.019 |
| | 加权平均值 | | | 3.728±0.0186 |
| J. C. Hopkins 和 B. C. Diven [2] | 闪烁液体 | 1963 | 3.780±0.031 | 3.770±0.031 |
| I. Asplund-Nilsson [1] | 闪烁液体 | 1963 | 3.808±0.037 | 3.778±0.060 |
| D. W. Colvin 和 M. G. Sowerby [3] | 硼堆 | 1965 | 3.713±0.015 | 3.713±0.015 |
| A. De-Volpi 和 K. G. Porges [8] | 锰浴 | 1970 | 3.725±0.017 | 3.725±0.030 |
| J. W. Boldeman 等 [14] | 闪烁液体 | 1977 | 3.745±0.016 | 3.745±0.016 |
| 本工作 | | 1978 | 3.743±0.018 | 3.743±0.018 |

较。表明近年液体闪烁体法测量结果已与硼堆、锰浴法的结果在实验误差范围内一致。可以说，$^{252}$Cf 自发裂变的$\bar{\nu}_p$值在过去出现的差异，在相当大程度上已消除。

现将我们测量 $^{252}$Cf 自发裂变瞬发中子数目分布的数据与博尔德曼[12]精确的数据列在表 6 上，并将两家结果画在图 7 上。不难看出两家数据在实验误差范围内一致，且都能用宽度 $\sigma=1.25$的高斯分布很好描述。

表 6　　两家精确测量结果的比较*

| 博尔德曼[12] | | | 本工作 | | |
|---|---|---|---|---|---|
| $\bar{\nu}_p$ | $\langle\nu^2\rangle$ | $\sigma_\nu^2$ | $\bar{\nu}_p$ | $\langle\nu^2\rangle$ | $\sigma_\nu^2$ |
| 3.738±0.015** | 15.541±0.006 | 1.566±0.003 | 3.743±0.018 | 15.581±0.075 | 1.593±0.096 |
| $P_0$ | $P_1$ | $P_2$ | $P_0$ | $P_1$ | $P_2$ |
| 0.00215±0.00008 | 0.02553±0.00025 | 0.1281±0.0005 | 0.00025±0.00026 | 0.0277±0.0014 | 0.1315±0.0033 |
| $P_3$ | $P_4$ | $P_5$ | $P_3$ | $P_4$ | $P_5$ |
| 0.2767±0.0008 | 0.3064±0.0010 | 0.1819±0.0007 | 0.2713±0.0039 | 0.3113±0.0037 | 0.1714±0.0036 |
| $P_6$ | $P_7$ | $P_8$ | $P_6$ | $P_7$ | $P_8$ |
| 0.0648±0.0006 | 0.0127±0.0003 | 0.0016±0.0002 | 0.0738±0.0031 | 0.0091±0.0013 | 0.0038±0.0004 |

* 博尔德曼的数据给出为计数统计误差；** 新的订正值为3.745。

最后，作者衷心感谢近代物理研究所将锎源借给我们使用。

## 参　考　文　献


[1] I. Asplund-Nilsson et al., *Nucl. Sci. Eng.*, 16, 124(1963).

[2] J. C. Hopkins & B. C. Diven, *Nucl. Phys.*, 48, 433(1963).

[3] D. W. Colvin & M. G. Sowerby, Phys. and Chem. of Fission, Vol. 2., IAEA, 1965, p. 25.

[4] A. Moat et al., *J. Nucl. Energy*, A/B15, 120(1961).

[5] D. W. Colvin et al., Nucl. Data for Reactors, Vol. 1, IAEA, 1967, p. 307.

[6] P. H. White & E. J. Axton, *J. Nucl. Energy*, 22, 73(1968).

[7] E. J. Axton, Neutron Standard Reference Data, IAEA, 1974, p. 261.

[8] A. De-Volpi & K. G. Porges, *Phys. Rev.*, C1, 683(1970).

[9] J. W. Boldeman & A. W. Dalton, AAEC/E172(1967).

[10] J. Poitou & C. Signarbieux, *Nucl. Instrum. Methods*, 114, 113(1974).

[11] D. W. Colvin, Nucl. Data for Reactors, Vol. 2, IAEA, 1970, p. 195.

[12] J. W. Boldeman, *Nucl. Sci. Eng.*, 55, 188(1974).

[13] H. Condè et al., CONF-701002(1970), p. 481.

[14] J. W. Boldeman et al., *Nucl. Sci. Eng.*, 63, 430(1977).

[15] 裂变中子测量组, 科技, 4, 285(1975).

[16] 许谨诚等, 科技, 1, 14(1978).

[17] 张焕乔, 温同庆, 科技, 2, 113(1979).

[18] 刘祖华, 科技, 3, 337(1979)。

[19] B. C. Diven et al., *Phys. Rev.*, 101, 1012(1956).

[20] 许淑艳等，用蒙特卡罗方法计算大体积载钆液体闪烁探测器的效率函数，待发表。
[21] P. A. Egelstaff & M. J. Poole, Experimental Neutron Thermalization, 1969, Oxford, Pergamon, p. 383.
[22] R. B. Walton & R. E. Sund, *Nucl. Instrum. Methods*, **68**, 163(1969).
[23] hsj-76017(hb), 1976.
[24] E. M. Pennington, ANL-7387(1968).
[25] S. F. Mughabghab & D. I. Garber, BNL-325(1973).
[26] E. Storm & H. I. Israel, *Nucl. Data Table*, **7**, 565(1970).
W. J. Veigele, *Atomic Data*, **5**, 51(1973).
[27] 张焕乔等，测量快中子引起$^{239}$Pu裂变放出瞬发中子平均数随入射中子能量的变化，待发表。
[28] J. A. Grundl & C. M. Eisenhauer, Nuclear Cross Section and Technology, Vol. I,IAEA, 1975, p. 250.
[29] 王豫生、许谨诚，物理学报，**23**, 38(1974).
[30] H. D. Lemmel, Nuclear Cross Section and Technology, Vol. I, IAEA, 1975, p. 286.

# $^{239}Pu$ 瞬发裂变中子平均数随入射快中子能量的变化①

张焕乔　许谨诚　刘祖华　温同庆　丁声跃　陈志才

（原子能研究所）

利用新研制的载钆闪液更新的球形液体闪烁体和试制的电流型脉冲电离室，以符合法测量0.1～1.5兆电子伏能区中子引起 $^{239}Pu$ 裂变放出的瞬发中子平均数 $\bar{\nu}_p$。为了获得绝对值，根据准直单能快中子在茋晶体上产生的（n，p）散射，刻度了液体闪烁体探测中子的效率。用最小二乘法直线拟合实验结果，得出 $\bar{\nu}_p(E_n)=(2.858\pm0.015)+(0.102\pm0.017)E_n$。

## 引　言

随着快堆的迅速发展，要求提供快中子引起 $^{239}Pu$ 裂变放出瞬发中子平均数 $\bar{\nu}_p(E_n)$ 的精确数据。由于快堆中子平均能量在几百千电子伏区域，因此低能区的数据十分重要。此外，考虑到 $^{235}U$ 的 $\bar{\nu}_p(E_n)$ 数据在1.5兆电子伏以下的中子能区存在有无结构的争论，$^{239}Pu$ 也值得实验上探究。基于这些理由，我们在1.5兆电子伏以下的中子能区进行了测量。为了获得精确值，直接刻度了中子探测器的效率曲线，作了绝对测量。

在七十年代以前，$^{239}Pu$ 的 $\bar{\nu}_p(E_n)$ 值仅在少数能量点有为数不多的数据。从1969年以来，才出现六家较完整的测量[1-6]，除M. SoleiLhac等在0～15兆电子伏全能区测量外，其余多在5兆电子伏以下。国外现有数据除个别能点歧离达～4％外，一般在2％以内符合。

## 测量方法和装置

$\bar{\nu}_p$ 值测量方法已有过详细描述[7]，其中需要探测裂变事件和伴随发射的瞬发中子。往往由于裂变率低，发射的裂变中子数目有限，因此宜采用高效率的中子探测器。目前看来，大的载吸收剂的液体闪烁体是较合适的。但这种探测器对中子和γ射线都灵敏，测量中出现很高的本底水平，为了克服这一困难，必须采取符合测量。实验装置如图1所示。

实验在2.5兆伏静电加速器上进行，利用 $^7Li(p,n)^7Be$ 和 $T(p,n)^3He$ 反应中子。LiF靶厚0.51和0.67毫克/厘米²，分别产生0.186和0.258兆电子伏中子；T-Ti靶厚0.96毫克/厘米²，提供0.385，0.603，0.766，1.029，1.238和1.440兆电子伏中子。液体闪烁体中心距加速器靶226厘米。在离靶55厘米处安置了一个开孔为φ1.5×55厘米的铁准直器，埋在60厘米厚的铅锥屏蔽体内。为了避开加速器管道0°方向来的杂散中子，

① 原子核物理，1980，2(1)：29-40.

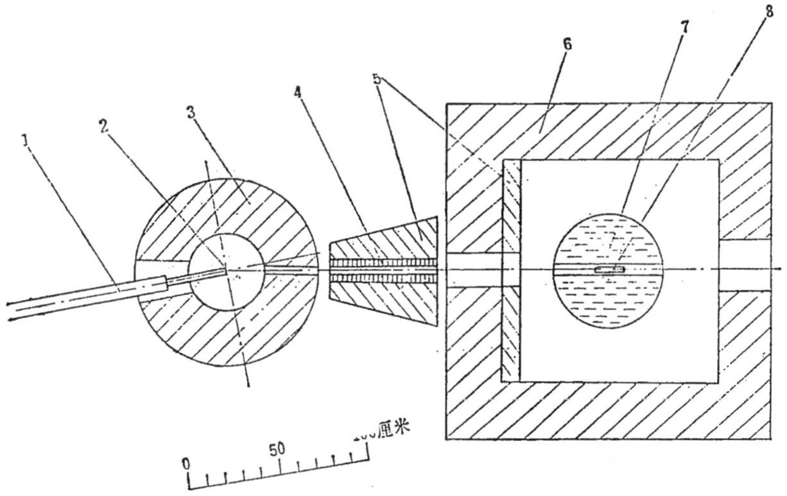


图 1 实验装置示意图

1——加速器管道；2——中子靶；3——硼-石蜡屏蔽；4——铁准直器；5——铅屏蔽；
6——硼-石蜡屏蔽；7——中子探测器；8——$^{239}Pu$电离室。

将球形探测器安置在偏离加速器管道 $10^{\circ}$ 方向上。利用激光束使靶、准直孔和球形探测器管道中心对准。加速器靶用 45 厘米厚的含硼石蜡球屏蔽，在它上面开有一个直径为 3 厘米的引束孔。液体闪烁体四周用 30 厘米厚的含硼石蜡屏蔽，在靠近准直器的石蜡墙内，有一层 10 厘米厚的铅墙。

测量时钚电离室放在液体闪烁体管道的中心。用电离室的信号与液体闪烁体的瞬时信号（瞬发裂变γ射线或反冲质子）符合输出去打开计数的电子门，让中子脉冲通过，按每次过门的脉冲数目进行分析，测量方式如图 2 所示。

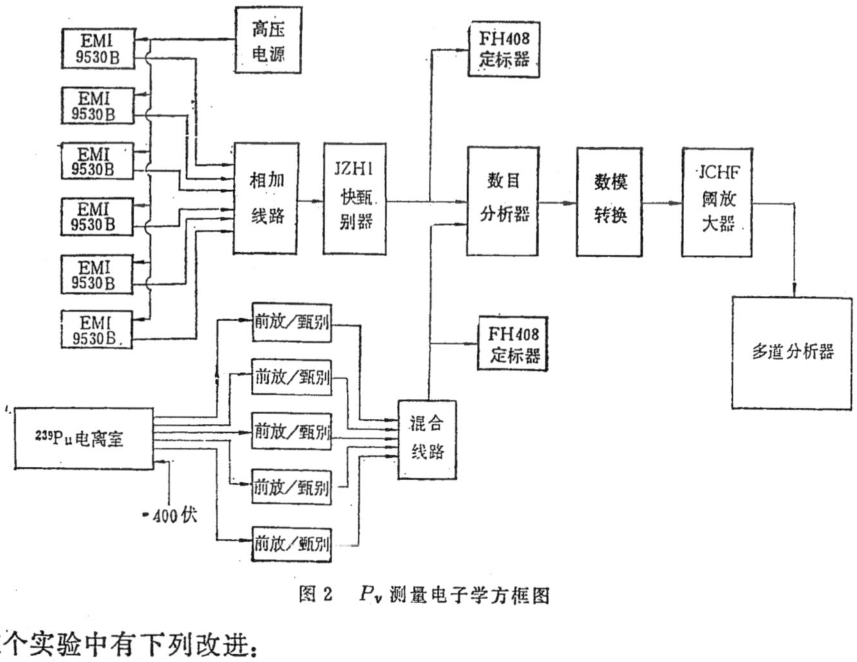


图 2 $P_{\nu}$ 测量电子学方框图

在这个实验中有下列改进：

**中子探测器** 以前为载镉液体闪烁体[8]，鉴于这种闪液稳定性较差（在几年内发生过数次结晶析出）和光幅度下降，我们研制了载钆闪烁液体[9]。现在用的中子探测器为甲苯基的载钆闪烁液体，钆含量0.33%(重量比)，钆-氢原子比为0.00023。探测器几何不变，但光电倍增管的脉冲引出和线路作了改进，引出脉冲底宽约100毫微秒。

**样品和快电离室**　为了减少 $^{240}Pu$ 自发裂变的影响，要求钚样品中 $^{240}Pu$ 含量应尽可能低。因此，在反应堆内照射了天然铀元件，然后进行分离，将提取的钚用分子电镀沉积在0.1毫米厚的不锈钢底衬上，涂层直径约28毫米，厚度约0.5毫克/厘米$^2$，共制成40片样品。经化学分析，钚中含铀（3.6±0.4)%，含钍<0.2%。根据云母测 $^{240}Pu$ 自发裂变和小立体角法定钚量，得出 $^{240}Pu$ 同位素成分为0.9%。

为获得适当的快中子裂变率，必须要有相当的钚量。因钚有强的天然α放射性，现采用电流型脉冲电离室探测裂变事件。我们制成一个10道平板快电离室[10]，每道由四片样品组成，电容为28微微法，各道配一台快电流前置放大器[11]。在实际测量中，电离室接成五道工作，这样，每道载钚约20毫克（～4.5×10⁷α/秒），总载钚量105毫克。电离室极间距离为3毫米，充1个大气压的甲烷，工作电压为负400伏。α与裂变脉冲分开的幅度谱如图3所示。在电离室信号与液体闪烁体瞬时信号符合下，探测裂变事件的效率达92%以上。

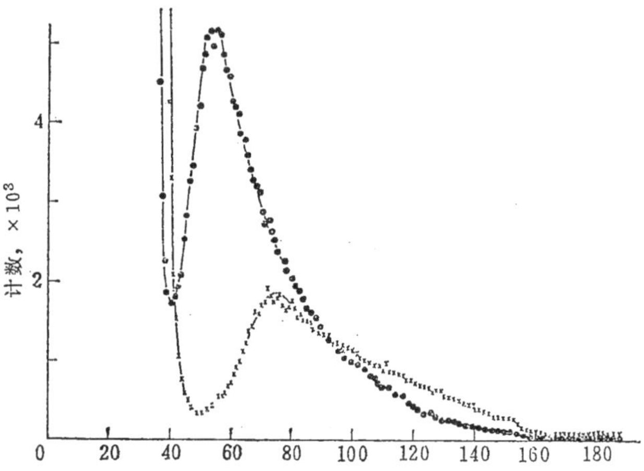


图3　$^{239}Pu$快裂变室的α与碎片脉冲幅度谱

●——20mg$^{239}Pu$；×——10mg$^{239}Pu$；$d=3mm$；$p=1atm\ CH_4$；$V_{HT}=-400V$；8#前置（$R_x=100\Omega$）。

**脉冲数目分析器**　为了分析一次裂变记录的中子脉冲数目，设计制作了一台采用固体组件的脉冲数目分析器[12]。由符合选择的裂变脉冲打开数目分析器的两个电子门，门宽$T=30$微秒，在裂变后60毫微秒打开第一个电子门，在130微秒后打开第二个电子门，分别让效应（包括本底在内）和本底脉冲通过。由于线路采用石英振荡器分频形成电子门，且两个电子门由同一线路获得，因此两个门宽严格相等，保证测量效应和本底的效率相同。此外，线路还带有双裂变阻禁。

按上述方式测量，对能量为 $E_n$ 的中子引起的裂变，得到：

$$\bar{\nu}_p=\frac{N_1-N_2}{\bar{\eta}N_g}. \tag{1}$$

式中，

$$N_1=\sum_{i=0}^{8}iN_{g1}(i);\quad N_2=\sum_{i=0}^{8}iN_{g2}(i);\quad N_g=\sum_{i=0}^{8}N_{g1}(i);$$

脚标1和2分别表示效应道和本底道；$N_g(i)$为门内有$i$个脉冲的门数目；$N_1$为通过效应门的总中子脉冲数（包括本底在内）；$N_2$为通过本底门的总脉冲数；$\bar{\eta}$是液体闪烁体探测$^{239}Pu$裂变中子的效率。

为了得到$\bar{\nu}_p(E_n)$值，实验上必须确定液体闪烁体探测中子的效率。测量时，将芪晶体放在球形探测器的中心，以静电加速器的d-D和d-T单能准直中子入射在芪晶体上，产生（n，p）散射，反冲质子由芪晶体组成的闪烁探测器记录，散射中子由液体闪烁体记录。反冲质子能量 $E_p$、散射中子能量 $E_n$ 和中子散射角 θ 之间的关系为 $E_n=E_0-E_p=E_0\cos^2\theta$，式中 $E_0$ 为入射中子能量。我们以反冲质子幅度为横座标，相应的脉冲数目分析器模拟输出为纵座标，用 4096 道分析器作二维测量，方式如图 4 所示。这比以前用单

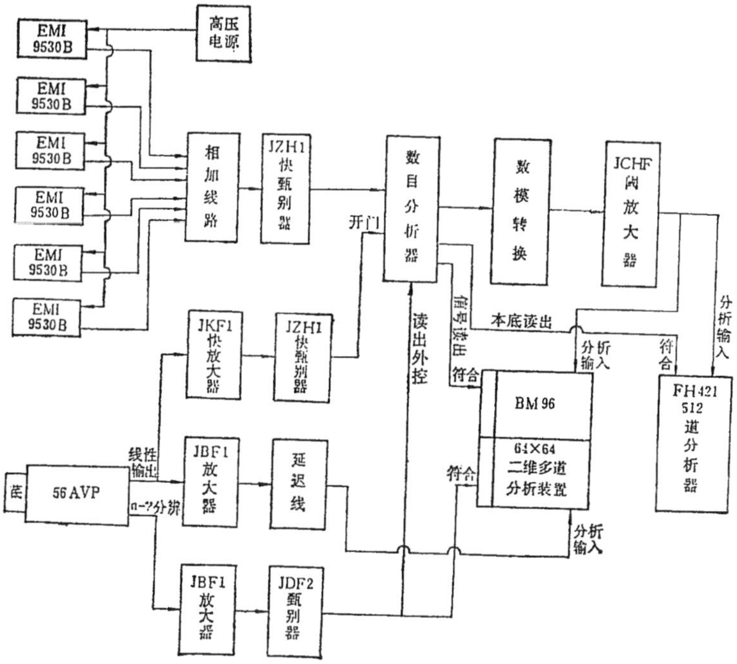


图 4 效率刻度电子学方框图

道取阈逐点测量[13]时间短，有利于提高精度。

测量中用的氘钛和氚钛靶厚度分别为 0.26 和 0.59 毫克/厘米$^2$，d－D 中子能量为 3.70，4.40 和 5.25 兆电子伏，d－T 中子能量为 16.1，17.1 和 18.3 兆电子伏。芪晶体探测器用饱和法获得（n，γ）分辨，晶体大小为 φ3×3 厘米，光电倍增管 56AVP，工作电压－2000 伏，在选定阈值下，γ 脉冲全部被甄别掉，相应的下限中子能量为 0.6 兆电子伏。

按照测量的反冲质子谱进行分道，找出对应的散射中子脉冲计数 $n_1(i)$ 和本底脉冲计数 $n_2(i)$。液体闪烁体探测能量为 $E_n$、散射角为 θ 的中子的效率为：

$$\eta(E_n,\ \theta)=\frac{n_1(i)-n_2(i)}{n_g(i)} \qquad (2)$$

式中 $i$ 表示反冲质子谱的第 $i$ 个间隔；$n_g(i)$ 为相应第 $i$ 个间隔的反冲质子脉冲开门数。

在裂变和效率测量中，中子道阈值都固定在

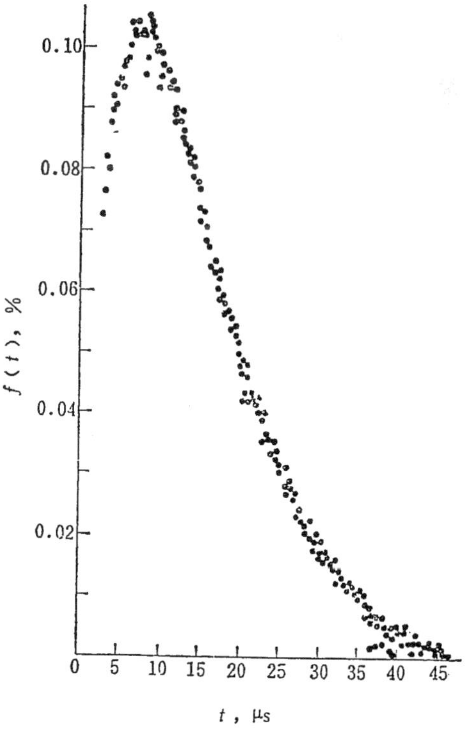


图 5 中子在液体闪烁体中的俘获时间分布

0.5 伏。经测定，中子道死时间 $\tau=(120\pm2)$ 毫微秒，裂变道符合时间为（$220\pm4$）毫微秒。中子道通过观测天然本底计数率（$6.5\times10^4$/分）和钚电离室在球心的计数率（$1.1\times10^5$/分）来实现对系统长期稳定性的监测；整套系统靠测 $^{240}Pu$ 自发裂变的 $\bar{\nu}_p\cdot\bar{\eta}$ 不变性来监督。在正式测量前，检查过液体闪烁体探测中子的效率是否随计数率变化。实验表明，计数率直到 $1.2\times10^6$脉冲/分效率都不变。

我们利用钋铍中子源以脉冲时幅变换器测量中子在液体中的俘获时间分布 $f(t)$，结果如图 5 所示。按 B. C. Diven 等[14]提出的方法修正死时间造成的中子脉冲计数损失。其中，门内两个中子脉冲重叠的几率 $K_{nn}=2\tau\int_0^T f^2(t)\mathrm{d}t=0.010$；中子与本底或本底与本底脉冲的重叠几率 $K_{nB}=K_{BB}=\frac{2\tau}{T}=0.008$。两个以上脉冲的重叠几率很小，完全可以忽略不计。

## 测量结果和误差

**1. 液体闪烁体探测中子的效率**　实验在 0.5 伏阈值下测定液体闪烁体探测中子的效率 $\eta(E_n,\ \theta)$，给出在表 1 中，也将脉冲重叠损失、晶体端效应、C-p 散射和 p-p 散射修正及修正后的效率 $\eta_{cor}(E_n,\ \theta)$ 列在表 1 中。

表 1　直接测定的中子探测效率 $\eta(E_n,\ \theta)$ 和有关修正

| 中子源 | $E_0$, MeV | $E_n$, MeV | θ° | $\eta(E_n,\theta)$ | 脉冲重叠 | 晶体端效应 | C-p 散射 | p-p 散射 | $\eta_{cor}(E_n,\theta)$ |
|---|---|---|---|---|---|---|---|---|---|
| d-D | 3.70 | 0.25 | 75 | 0.650±0.009 | 0.0015 | 0 | 0 | 0 | 0.652 |
| | | 0.50 | 68.5 | 0.664±0.009 | 0.0016 | 0 | 0 | -0.0009 | 0.665 |
| | | 1.00 | 58.8 | 0.645±0.007 | 0.0015 | 0 | -0.0048 | -0.0047 | 0.637 |
| | | 1.50 | 50.6 | 0.638±0.007 | 0.0015 | 0 | -0.0026 | -0.0030 | 0.634 |
| | | 2.00 | 42.7 | 0.641±0.007 | 0.0015 | 0 | -0.0008 | -0.0027 | 0.639 |
| d-D | 4.40 | 0.25 | 76.2 | 0.666±0.011 | 0.0003 | 0 | 0 | 0 | 0.666 |
| | | 0.50 | 70.4 | 0.673±0.006 | 0.0003 | 0 | 0 | 0 | 0.673 |
| | | 1.00 | 61.6 | 0.667±0.006 | 0.0003 | 0 | -0.0031 | -0.0020 | 0.662 |
| | | 1.50 | 54.5 | 0.643±0.006 | 0.0003 | 0 | -0.0084 | -0.0057 | 0.630 |
| | | 2.00 | 47.8 | 0.580±0.006 | 0.0003 | 0 | -0.0174 | -0.0047 | 0.559 |
| | | 2.50 | 41.9 | 0.574±0.007 | 0.0003 | -0.0002 | -0.0411 | -0.0058 | 0.527 |
| d-D | 5.25 | 0.25 | 77.6 | 0.667±0.008 | 0.0018 | 0 | 0 | 0 | 0.669 |
| | | 0.50 | 72.0 | 0.667±0.005 | 0.0018 | 0 | 0 | 0 | 0.669 |
| | | 1.00 | 64.3 | 0.663±0.006 | 0.0018 | 0 | -0.0020 | -0.0015 | 0.661 |
| | | 1.50 | 57.8 | 0.652±0.006 | 0.0018 | 0 | -0.0049 | -0.0046 | 0.644 |
| | | 2.00 | 52.0 | 0.624±0.006 | 0.0017 | 0 | -0.0096 | -0.0056 | 0.611 |
| | | 2.50 | 46.5 | 0.604±0.006 | 0.0017 | -0.0002 | -0.0123 | -0.0048 | 0.588 |
| | | 3.00 | 41.0 | 0.564±0.005 | 0.0015 | -0.0003 | -0.0169 | -0.0035 | 0.545 |
| | | 3.50 | 35.7 | 0.569±0.006 | 0.0016 | -0.0006 | -0.0066 | -0.0002 | 0.564 |
| d-T | 16.1 | 0.25 | 82.8 | 0.664±0.013 | 0.0021 | 0 | 0 | 0 | 0.666 |
| | | 1.00 | 75.0 | 0.666±0.012 | 0.0021 | 0 | 0 | 0 | 0.668 |
| | | 2.00 | 69.4 | 0.639±0.010 | 0.0020 | 0 | 0 | -0.0086 | 0.632 |
| | | 3.00 | 64.5 | 0.600±0.010 | 0.0019 | -0.0002 | -0.0189 | -0.0154 | 0.568 |
| | | 4.00 | 60.2 | 0.574±0.010 | 0.0018 | -0.0005 | -0.0226 | -0.0105 | 0.542 |
| | | 5.00 | 56.2 | 0.545±0.011 | 0.0017 | -0.0008 | -0.0233 | -0.0067 | 0.516 |
| | | 6.00 | 52.4 | 0.492±0.009 | 0.0015 | -0.0017 | -0.0279 | -0.0077 | 0.456 |
| | | 7.00 | 48.8 | 0.451±0.010 | 0.0014 | -0.0028 | -0.0290 | -0.0059 | 0.414 |
| | | 8.00 | 45.2 | 0.446±0.010 | 0.0014 | -0.0035 | -0.0200 | -0.0025 | 0.421 |
| | | 9.00 | 41.8 | 0.411±0.010 | 0.0013 | -0.0048 | -0.0195 | -0.0019 | 0.386 |
| | | 10.00 | 38.0 | 0.388±0.010 | 0.0012 | -0.0061 | -0.0163 | -0.0010 | 0.366 |

（续）

| 中子源 | $E_0$,Mev | $E_n$,Mev | $\theta°$ | $\eta(E_n,\theta)$ | 脉冲重叠 | 晶体端效应 | C-P 散射 | p-p 散射 | $\eta_{cor}(E_n,\theta)$ |
|---|---|---|---|---|---|---|---|---|---|
| d-T | 17.1 | 0.50 | 80.2 | 0.644±0.010 | 0.0025 | 0 | 0 | 0 | 0.647 |
| | | 1.50 | 72.8 | 0.662±0.012 | 0.0025 | 0 | 0 | −0.0011 | 0.663 |
| | | 2.00 | 70.0 | 0.616±0.010 | 0.0024 | 0 | 0 | −0.0124 | 0.606 |
| | | 3.00 | 65.2 | 0.598±0.012 | 0.0023 | −0.0002 | −0.0179 | −0.0137 | 0.569 |
| | | 4.00 | 61.0 | 0.562±0.011 | 0.0022 | −0.0004 | −0.0250 | −0.0116 | 0.528 |
| | | 5.00 | 57.3 | 0.501±0.011 | 0.0019 | −0.0008 | −0.0356 | −0.0078 | 0.458 |
| | | 6.00 | 53.7 | 0.497±0.011 | 0.0019 | −0.0015 | −0.0269 | −0.0058 | 0.464 |
| | | 7.00 | 50.3 | 0.448±0.009 | 0.0017 | −0.0026 | −0.0312 | −0.0055 | 0.411 |
| | | 8.00 | 46.9 | 0.428±0.010 | 0.0016 | −0.0035 | −0.0263 | −0.0032 | 0.396 |
| | | 9.00 | 43.5 | 0.402±0.010 | 0.0016 | −0.0047 | −0.0224 | −0.0018 | 0.375 |
| | | 10.00 | 40.2 | 0.356±0.010 | 0.0014 | −0.0067 | −0.0260 | −0.0017 | 0.323 |
| d-T | 18.3 | 0.15 | 84.8 | 0.656±0.018 | 0.0020 | 0 | 0 | 0 | 0.658 |
| | | 0.70 | 78.7 | 0.696±0.016 | 0.0021 | 0 | 0 | 0 | 0.698 |
| | | 1.60 | 72.8 | 0.639±0.013 | 0.0020 | 0 | 0 | −0.0080 | 0.633 |
| | | 2.65 | 67.6 | 0.623±0.013 | 0.0019 | −0.0001 | 0 | −0.0129 | 0.612 |
| | | 3.60 | 63.7 | 0.588±0.015 | 0.0018 | −0.0003 | −0.0178 | −0.0116 | 0.561 |
| | | 4.55 | 60.1 | 0.552±0.012 | 0.0017 | −0.0007 | −0.0268 | −0.0097 | 0.516 |
| | | 5.65 | 56.2 | 0.502±0.012 | 0.0015 | −0.0015 | −0.0325 | −0.0075 | 0.462 |
| | | 6.65 | 52.9 | 0.462±0.014 | 0.0014 | −0.0021 | −0.0313 | −0.0053 | 0.425 |
| | | 7.70 | 49.6 | 0.430±0.011 | 0.0014 | −0.0030 | −0.0269 | −0.0036 | 0.398 |
| | | 8.75 | 46.3 | 0.416±0.013 | 0.0013 | −0.0040 | −0.0222 | −0.0022 | 0.389 |
| | | 9.45 | 44.1 | 0.391±0.012 | 0.0012 | −0.0061 | −0.0229 | −0.0019 | 0.361 |

在作修正计算中曾用下列关系[15]：

脉冲重叠损失修正为：

$$\Delta\eta(E_n)=\frac{2\tau n_2}{Tn_{g2}},\tag{3}$$

晶体端效应*修正为：

$$\Delta\eta(E_n)=\frac{\left\{\frac{4}{5}-\frac{4}{3}\frac{E_p}{E_0}+\frac{8}{15}\left(\frac{E_p}{E_0}\right)^{5/2}\right\}}{\frac{L}{R_0}-\left(\frac{E_p}{E_0}\right)^{5/2}}[\eta(E_n)-\eta(E_0-\overline{E}_p)];\tag{4}$$

其中

$$\overline{E}_p=\frac{\left\{\frac{1}{7}-\frac{1}{5}\left(\frac{E_p}{E_0}\right)+\frac{2}{35}\left(\frac{E_p}{E_0}\right)^{7/2}\right\}}{\left\{\frac{1}{5}-\frac{1}{3}\left(\frac{E_p}{E_0}\right)+\frac{2}{15}\left(\frac{E_p}{E_0}\right)^{5/2}\right\}}E_0.$$

式中 $E_0$ 为入射中子能量，也对应反冲质子谱边界能量；$R_0$ 为能量 $E_0$ 中子在芪晶体的射程；$L$ 为芪晶体厚度；$E_p$ 为作效率修正的反冲质子能量；$\overline{E}_p$ 为进入 $E_p$ 到 $E_p+\Delta E_p$ 能量间隔的反冲质子的平均能量。

中子被C-p散射的修正为：

$$\Delta\eta(E_n)=\frac{n_c\sigma_c(E_0)Lf[a(E_0)L]n_H\sigma_H(E_1)L_1f[a(E_1)L_1]}{n_H\sigma_H(E_0)Lf[a(E_0)L]+n_c\sigma_c(E_0)Lf[a(E_0)L]n_H\sigma_H(E_1)L_1f[a(E_1)L_1]}\times$$
$$\times\{\eta(E_n)-\eta(E_1-E_p)\}.\tag{5}$$

式中 $E_1=0.85E_0$，为中子被碳散射后的平均能量；$L_1$ 为能量 $E_1$ 中子在晶体中穿行的平均路程，近似认为 $L_1=L/2$；$n_H$ 和 $n_c$ 为芪晶体单位体积内氢和碳的原子数；$\sigma_H$ 和 $\sigma_c$ 为

* Fast Neutron Physics, part I, 1960, p.224给出的公式（17）有误。

中子与氢和碳核相互作用的截面；$a=n_H\sigma_H+n_c\sigma_c$；$f[aL]$为中子穿行芪晶体的衰减因子，其值为$f[aL]=[1-\exp(-aL)]/aL$。

中子被质子二次散射的修正为：

$$\Delta\eta(E_n)=\left\{E_p^{c-1}\int_0^{E_p}\frac{n_H\sigma_H(E_0)Lf[a(E_0)L]n_H\sigma_H(E_0-E_{p1})L_1f[a(E_0-E_{p1})L_1]\mathrm{d}E_{p1}}{(E_0-E_{p1})(E_p^c-E_{p1}^c)^{c-1/c}}\Big/\right.$$

$$\left.[1-n_H\sigma_H(E_0)Lf[a(E_0)L]n_H\sigma_H(E_0-E_p)L_1'f[a(E_0-E_p)L_1']\right\}[\eta(E_n)-$$

$$-\eta(\overline{E_{p1}+E_{p2}})]. \tag{6}$$

其中

$$\overline{E_{p1}+E_{p2}}=\int_0^{E_p}[E_{p1}+(E_p^c-$$

$$-E_{p1}^c)^{1/c}]\frac{n_H\sigma_H(E_0)Lf[a(E_0)L]n_H\sigma_H(E_0-E_{p1})L_1f[a(E_0-E_{p1})L_1]\mathrm{d}E_{p1}}{(E_0-E_{p1})[E_p^c-E_{p1}^c]^{c-1/c}}\Big/$$

$$\int_0^{E_p}\frac{n_H\sigma_H(E_0)Lf[a(E_0)L]n_H\sigma_H(E_0-E_{p1})L_1f[a(E_0-E_{p1})L_1]}{(E_0-E_{p1})[E_p^c-E_{p1}^c]^{c-1/c}}\mathrm{d}E_{p1}.$$

式中$E_{p1}$是发生一次散射的反冲质子能量；$E_p$是考虑要修正的反冲质子能量；$E_{p2}$是发生二次散射的反冲质子能量；$L_1$是能量为（$E_0-E_{p1}$）的中子在晶体中穿行的平均路程；$L_1'$是能量为（$E_0-E_p$）的中子在晶体中穿行的平均路程；在作此计算中，假定电子-质子能量转换在双对数座标系中为线性关系，斜率为$c$，即$p=E_p^c$，这里$p$是脉冲幅度或电子能量。因此$p_1=E_{p1}^c$，$p_2=E_{p2}^c$，$p=p_1+p_2=E_{p1}^c+E_{p2}^c=e_p^c\neq E_p^c$.

由于液体闪烁体有一中心管道，探测中子的效率并非完全各向同性，因而对基于蒙特卡罗法计算的效率$\eta(E_n,\theta,E_c)$作此修正。利用实验测定的低能端效率数据将计算效率归一，最后得到液体闪烁体探测中子的效率函数$\eta(E_n)$，结果如图6所示。这里$E_n$是进入液体的初始中子能量；$\theta$是中子进入液体时与中心管道成的角度；$E_c$是中子道的阈值。

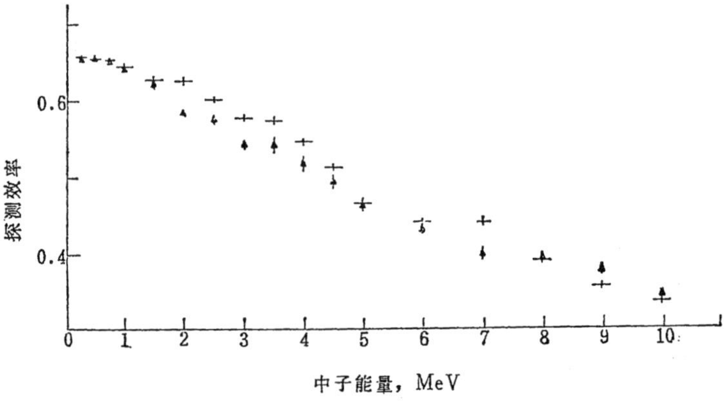


图6　球形液体闪烁体探测器中子探测效率

▲——实验值；+——计算值。

在蒙特卡罗计算[16]中，不仅计算中子的俘获儿率$P(E_n,\theta)$，还跟踪俘获γ射线在液体中的吸收，给出不同阈值下液体闪烁体探测中子的效率$\eta(E_n,\theta,E_c)$。

为了得到探测裂变中子的效率，必须将$\eta(E_n)$对裂变中子谱$N(E_n)$平均，即$\bar{\eta}=\int N(E_n)\eta(E_n)\mathrm{d}E_n$。裂变中子谱用麦克斯威分布形式。J. Terrell[17]对裂变中子谱作了综合分析，给出麦克斯威中子平均能量的半经验公式为$\bar{E}_n=0.74+0.653\sqrt{\bar{\nu}_p+1}$。对快中子引起$^{239}Pu$裂变，$\bar{\nu}_p(E_n)$用推荐数据[18]；对$^{240}Pu$自发裂变，用$\bar{\nu}_p=2.14\pm0.03$[12]。

当探测快中子引起$^{239}Pu$裂变放出的中子时，由于裂变碎片有角分布[19]，裂变中子与碎片有角关联[20]，因此，作了裂变中子各向异性的修正，其值为(0.05±0.01)%。

此外，考虑了钚样品偏离球形探测器中心对效率的影响。用载单个 $^{252}$Cf 样品的电离室，测量了样品的位置效应，结果如图 7 所示。实验表明，样品在偏开球心 ± 3 厘米以内，效率不变。因此，我们不作此项修正。

当中子甄别阈选在 0.5 伏时，液体闪烁体探测 $^{240}$Pu 自发裂变中子的效率为 0.601±0.003；探测 $^{239}$Pu 快中子裂变发射中子的效率为(0.595～0.596)，相对误差为 ±0.49%。

**2．$^{239}$Pu 的 $\bar{\nu}_p(E_n)$ 值**　为了得到 $^{239}$Pu 的 $\bar{\nu}_p(E_n)$ 值，还在停机状态下测量了 $^{240}$Pu 自发裂变，然后将其扣除。在数据处理中，除扣除本底外，还作下列修正：

（1）假门修正。由中子道与裂变道测量数据，算出偶然符合假门修正为(0.30±0.06)%。

（2）死时间修正。按照 B. C. Diven 等[14]提出的方法作中子脉冲重叠损失修正，其值为 (0.57±0.06)%。

（3）样品杂质快中子裂变的修正。对 $^{238}$U，在 $E_n$=1.44 兆电子伏处，修正量为 (0.77±0.07)%；对 $^{240}$Pu，此项修正完全可以忽略不计。

（4）缓发 γ 射线的修正。缓发 γ 射线来自裂变碎片同质异能态的退激发射，实验测定这些同质异能态的半衰期在 (0.02～80) 微秒范围。因此，当级联 γ 射线的总能量超过中子道的阈能 $E_c$ 时，它们就会被记录下来，必须修正。为此，用 $^{137}$Cs 和 $^{54}$Mn 单能 γ 射线源和 $^{46}$Sc，$^{22}$Na，$^{60}$Co 和 $^{88}$Y 级联 γ 射线源，测定了液体闪烁体在阈值 0.5 伏下探测 γ 射线的效率 $\varepsilon_\gamma(E_\gamma)$，结果如图 8 所示。利用现有 $^{239}$Pu 中子裂变的缓发 γ 射线产额数据[21]，算出缓发 γ 射线对中子计数的贡献为 0.0114 计数/门，在 $E_n$=1.44 兆电子伏处，修正为 −(0.64±0.16)%。

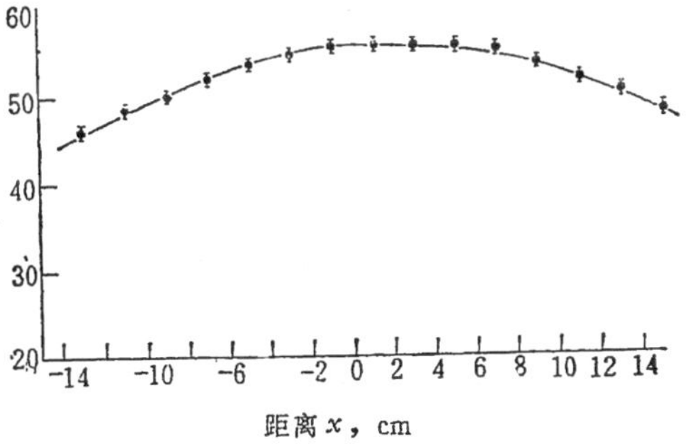


图 7　液体闪烁探测器效率随样品位置偏离中心的变化

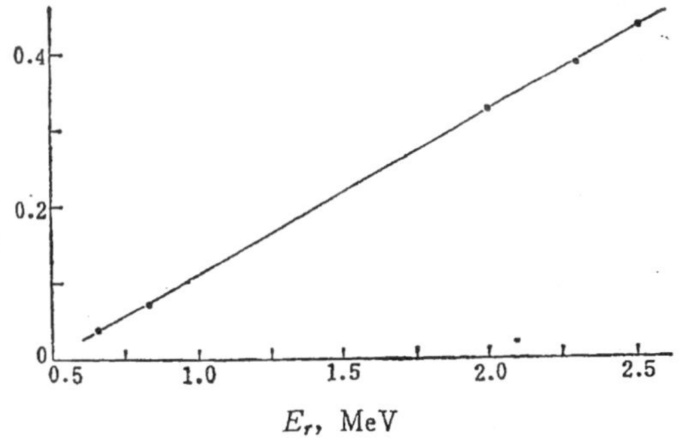


图 8　液体闪烁体探测 γ 射线的效率曲线

（5）降能中子的影响和法国效应的修正。由于中子源是非脉冲化的，实验上不能测出降能中子的份额。我们根据 d−D 中子测量的 $\bar{\nu}_p$ 值与推荐值[18]比较，对降能中子的影响作了估计。考虑到法国效应[22]的修正是使 $\bar{\nu}_p$ 增加，两者的修正是近乎互相抵消的，由此引入的误差小于 ±0.5%。

现将测量 $^{239}$Pu 快中子裂变的 $\bar{\nu}_p$ 数据列在表 2 中，将它们的有关修正和误差列在表 3 中。用加权最小二乘法以直线拟合 $^{239}$Pu 的 $\bar{\nu}_p(E_n)$ 数据，得出：

$$\bar{\nu}_p(E_n)=(2.858\pm0.015)+(0.102\pm0.017)E_n.$$

同时由实验测量结果给出$^{240}$Pu 自发裂变的 $\bar{\nu}_p=2.137\pm0.017$。

表 2 $^{239}$Pu快中子裂变的 $\bar{\nu}$ 值

| $E_n$, MeV | 0.186 | 0.258 | 0.385 | 0.603 | 0.766 | 1.029 | 1.238 | 1.440 |
|---|---|---|---|---|---|---|---|---|
| $\Delta E_n$, MeV | −0.101<br>−0.047 | +0.087<br>−0.053 | +0.071<br>−0.068 | +0.068<br>−0.068 | +0.061<br>−0.064 | +0.055<br>−0.057 | +0.048<br>−0.053 | +0.048<br>−0.052 |
| $\bar{\nu}_p(E_n)$ | 2.867 | 2.872 | 2.942 | 2.905 | 2.924 | 2.966 | 2.972 | 3.012 |
| $\Delta\bar{\nu}_p$ | ±0.026 | ±0.024 | ±0.024 | ±0.023 | ±0.024 | ±0.024 | ±0.023 | ±0.023 |

表 3 效率和 $\bar{\nu}_p$ 值的有关修正及误差

| 名称 | | 相对修正量，% | 相对误差，% |
|---|---|---|---|
| 效率测量 | 计数统计 | | ±0.16 |
| | 脉冲重叠损失 | 0.28 | ±0.06 |
| | 晶体端效应 | −0.02 | ±0.00 |
| | C-P 散射 | −0.75 | ±0.15 |
| | P-P 散射 | −0.64 | ±0.13 |
| | 裂变中子谱 | | ±0.3 |
| | 管道效应 | −1.95 | ±0.29 |
| | 裂变中子各向异性 | 0.05 | ±0.01 |
| | 求和 | −3.03 | ±0.49 |
| 中子裂变 | 计数统计 | | ±(0.3−0.5) |
| | 假门 | 0.30 | ±0.06 |
| | 死时间 | 0.57 | ±0.06 |
| | 效率 | 3.03 | ±0.49 |
| | $^{238}$U快中子裂变 | 在 $E_n=1.44$MeV 处，0.77 | ±0.07 |
| | $^{240}$Pu快中子裂变 | — | ±0.02 |
| | 缓发 γ 射线 | 在 $E_n=1.44$MeV处，−0.64 | ±0.16 |
| | 降能中子和法国效应 | — | ±0.5 |
| | 求和 | 4.03 | ±(0.8−0.9) |

## 结果比较

为便于比较，现将我们的测量结果与新近各家数据[1-6]都画在图 9 中；这里引用的数据重新按 $\bar{\nu}_p(^{252}Cf)=3.731$ 归一。总的看来，多数结果在实验误差范围内符合，且 $\bar{\nu}_p$ 随中子能量变化的趋势一致。但不难看出，我们的结果与 R. L. Walsh[4] 等的精确数据相当一致，也与 M. Soleilhac 等[1]和 Б. Нурпеисов 等[6]的数据符合。以直线拟合我们的数据，外推出 $^{239}$Pu 热中子裂变的 $\bar{\nu}_p$ 值为 $2.858\pm0.015$，与 Б. Нурпеисов[6] 和 J. W. Boldeman 等[23]直接测量的 $2.866\pm0.014$ 和 $2.863\pm0.008$ 相当好地一致。

R. L. Walsh 等[4]拟合 $E_n\leqslant0.78$ 兆电子伏能区数据给出 $\bar{\nu}_p(E_n)=(2.850\pm0.007)+(0.112\pm0.013)E_n$；Б. Нурпеисов 等[6]拟合 0～1 兆电子伏能区数据给出 $\bar{\nu}_p(E_n)=(2.851\pm0.005)+(0.126\pm0.008)E_n$。比较起来，我们测量的 $\bar{\nu}_p$ 值随中子能量的增加上升较缓慢，这是因低能端二点数据略高，高能端二点数据略低的原故。但从 R. L. Walsh 等[4]和 Б. Нурпеисов 等[6]新近结果来看，高能端数据有偏低的迹象。

值得指出，在 $E_n=0.385$ 兆电子伏处，测得的 $\bar{\nu}_p$ 数据偏离直线，比拟合值高 1.6%，

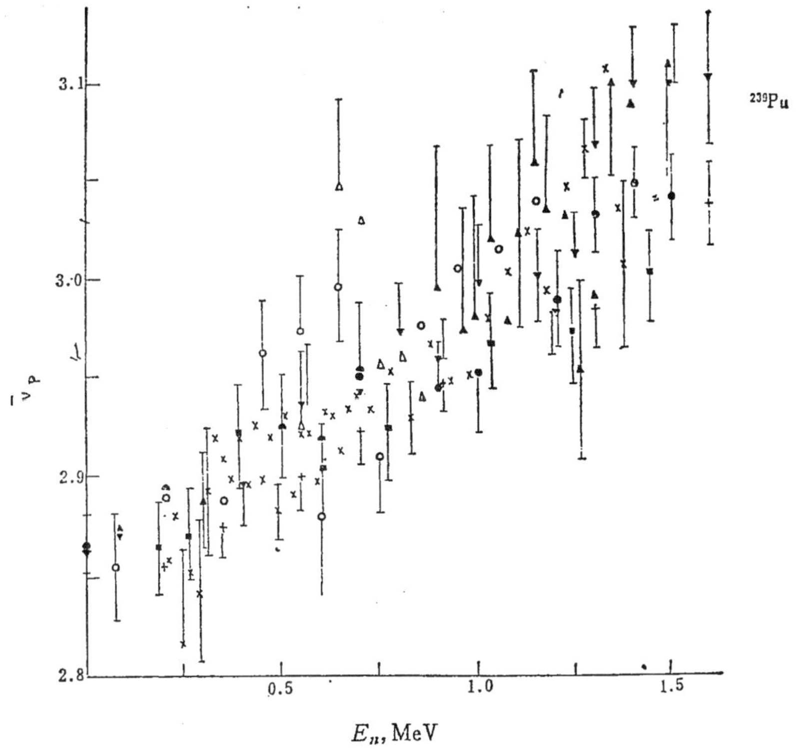


图 9　各家$^{239}$Pu 快中子裂变 $\bar{\nu}_p$ 值的比较

×——[1](1970)；▲——[2](1970)；○△——[3](1970)；+——[4](1974)；
●——[6](1975)；■——本工作；▼⏶——[5](1972)。

四轮测量数据都是如此（重复性达 0.3%），入射中子能散度为 0.139 兆电子伏。除 D. S. Mather 等[3]观察到在这能区有结构外，其余各家都声称无结构。为判明这一事实，有待选择能散度更小的入射中子在 0.385 兆电子伏附近作精细测量。

最后，作者衷心感谢章泽甫、潘宝龙等同志为我们提取钚，陈庆江、苏树新同志为我们制备钚样品。

## 参考文献


〔1〕 M. Soleilhac et al., *Nucl. Data for Reactors*, 2, 145(1970).
〔2〕 M. B. Савин и др., *ibid.*, 2, 157(1970).
〔3〕 D. S. Mather et al., AWRE-0-42/70(1970).
〔4〕 R. L. Walsh & J. W. Boldeman, *Ann. Nucl. Sci. Eng.*, 1, 353(1974)
〔5〕 К. Е. Володин и др., *Атомная Энергия*, 33, 901(1972)
〔6〕 Б. Нурпеисов и др., *Атомная Энергия*, 39, 199(1975)
〔7〕 中国科学院原子能研究所，科技，1, 1(1960)
〔8〕 王豫生、许谨诚，物理学报，23, 38 (1974)
〔9〕 许谨诚等 科技 1，14 (1978)
〔10〕 张焕乔、温同庆，科技，2，113 (1979)
〔11〕 杨钟汉等，科技，4, 369 (1979).
〔12〕 刘祖华，科技，3，337 (1979).
〔13〕 裂变中子数测量组，科技，4，285 (1975).
〔14〕 B. C. Diven et al., *Phys. Rev.*, 102, 1012(1956).
〔15〕 裂变中子数测量组，100千电子伏到1.5兆电子伏能量的中子引起$^{239}$Pu裂变的$\overline{\nu}_p$值测量总结，内部资料，1978.
〔16〕 许淑艳等，用蒙特卡罗方法计算大体积载钆液体闪烁探测器效率函数，科技，待发表.
〔17〕 J. Terrell, *Phys. Rev.*, 127, 980(1962).
〔18〕 刘祖华，hsj-75007(bp)/hyl-75.10(1976).
〔19〕 Д. Л. Шпак и др., *Ядерная Физика*, 13, 950(1971).
〔20〕 R. Ramanna & P. N. Rama Rao, Peaceful Uses of Atomic Energy, Geneva, 1958, Vol. 15, p. 361.
〔21〕 J. W. Boldeman, *Nucl. Sci. Eng.*, 55, 188(1974)
〔22〕 张焕乔、刘祖华，原子核物理，1，9 (1979).
〔23〕 J. W. Boldeman & R. L. Walsh, AAEC/E172 (1967).

# THE DEPENDENCE OF AVERAGE NUMBERS OF PROMPT FISSION NEUTRON OF $^{239}Pu$ ON INCIDENT FAST NEUTRON ENERGIES

ZHANG HUANQIAO　XU JINCHENG　LIU ZUHUA
WEN TONGQING　DING SHENGYAO　CHEN ZHICAI

*(Institute of Atomic Energy, Academia Sinica)*

## ABSTRACT

Average numbers $\bar{\nu}_p$ of prompt neutron for $^{239}Pu$ fission induced by neutron with energies from 0.1 MeV to 1.5 MeV have been measured by means of spherical Gd-loaded liquid scintillation counter. The new home-made Gd-loaded liquid scintillator and fast current fission chamber were used in this measurement. In order to obtain the absolute values of $\bar{\nu}_p$, the neutron detection efficiency was calibrated in accordance with (n, p) scattering occuring on a stilbene crystal by collimated monoenergetic fast neutron beam. The experimental data were fitted by a least square method with a straight line $\bar{\nu}_P(E_n) = (2.858 \pm 0.015) + (0.102 \pm 0.017)E_n$.

# $^{252}Cf$长程α伴随裂变瞬发中子数目分布①

刘祖华　张焕乔

利用载钆液体闪烁体探测器测量了$^{252}Cf$长程α伴随裂变瞬发中子数目几率分布$P_\nu$和每次裂变放出瞬发中子平均数$\bar{\nu}_p^{LRF}$。测得的瞬发中子数目几率分布$P_\nu$与宽度σ＝1.25的高斯曲线符合，而每次裂变放出的瞬发中子平均数$\bar{\nu}_p^{LRF}=3.033\pm0.020$。

## 一、前　言

重核裂变时，分裂成两块，偶尔，在断裂的同时，或几乎同时，还发射一轻的带电粒子，其中主要是长程α粒子。虽则这种事件非常稀少，然而，由于通过长程α粒子的轨迹计算，可以推测核断裂时刻的状态，引起了人们的兴趣。近年来，已有不少长程α伴随裂变方面的工作[1-3]。可是迄今尚未见到重核长程α伴随裂变瞬发中子数目分布的研究报告。

要正确测量长程α伴随裂变瞬发中子数目分布，有某些困难。因为核裂变时发射的中子通常用高效率的大体积载钆液体闪烁体探测器探测，而中子在载钆液体闪烁体中有一定的寿命分布$f(t)$，如图1的($a$)所示。由图可见，中子在液体闪烁体中的最长寿命可达100微秒以上。假定$t=0$时刻发生一次长程α伴随裂变，如在$-100$微秒$\leqslant t\leqslant 160$微秒内，还发生一次二分裂，那么二分裂放出的一部分中子就会与长程α伴随裂变放出的中子混在一起。图1($a$)中的两个中子寿命分布曲线的重叠部分就表示这种情况。如开两个宽度为30微秒的电子门（如图1的($b$)所示），分析裂变放出的中子数和本底脉冲数，则测得的就不是真正长程α伴随裂变瞬发中子数目。另一方面，因长程α伴随裂变约只占通常的二分裂的四百分之一，为了获得一定的计数率，需要较强的裂变源。可是，源越强，在$-100$微秒$\leqslant t\leqslant 160$微秒内发生二分裂的几率也就越大。例如，我们用的$^{252}Cf$样品强度$1.5\times10^4$裂变/分，平均来说，每测到10次长程α伴

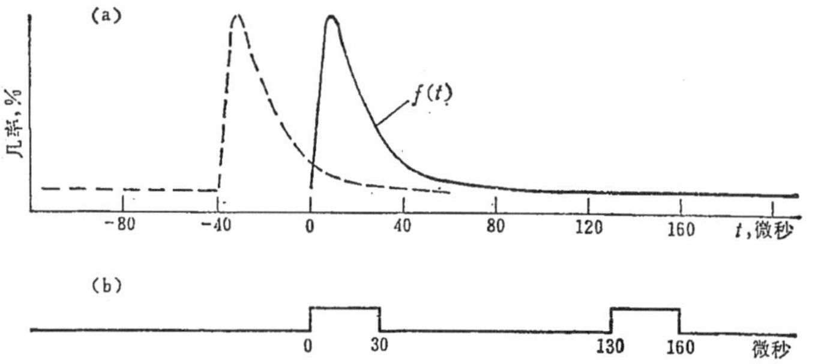


图1　($a$)中子在液体闪烁体中的寿命分布。如$t=-40$微秒和$t=0$分别发生一次$^{252}Cf$的二分裂和长程α体伴随裂变，虚线和实线分别表示各自的裂变瞬发中子在液体闪烁体中的寿命分布，曲线的交叉部分即为二者的混合。($b$)中子数目分析器的两个宽度为30微秒的电子门在开门期间分析器对来自液体闪烁体的脉冲数目进行分析。

---

① 原子核物理，1980，2(1)：53-57.

随裂变，就有一次混有二分裂放出中子。而且，核裂变是随机事件，在长程α伴随裂变瞬发中子数目的测量中，混入二分裂放出中子的成分也会是随机的。因此，如不采取适当的措施，就不可能测量到合理的长程α伴随裂变瞬发中子数目几率分布。

重核裂变时发射的中子数目分布 $P_{\nu}$，是裂变碎片激发能分布的表征，长程α伴随裂变瞬发中子数目分布的测量有助于对三分裂过程本身及核断裂过程的了解。因此，我们对 $^{252}$Cf 样品进行了这一工作。

## 二、实验安排

裂变瞬发中子用一个直径为60厘米的球形载钆(Gd)液体闪烁体探测器[4]探测。记录裂变事件的真空探测室置于球形液体闪烁体的中心，内装 $^{252}$Cf 样品、$\Delta E$ 和 $E$ 半导体探测器。整个实验装置如图 2 所示。

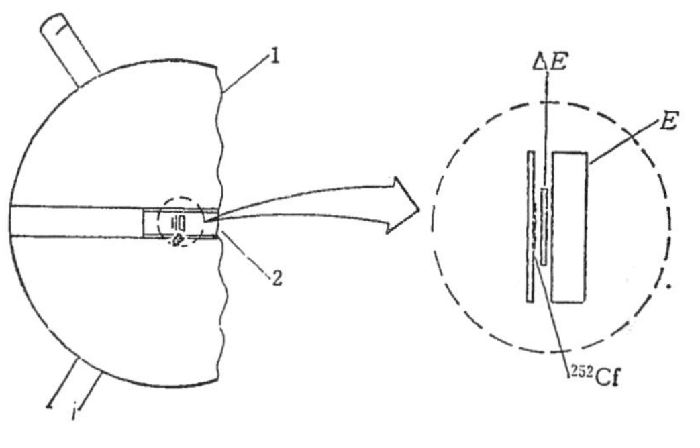


图 2　实验装置

右图是左图真空裂变探测室内部装置的放大

1——液体闪烁体探测器；2——真空裂变探测室。

为了确保长程α伴随裂变瞬发中子数目分布测量，我们从探测器安排和电子学线路两方面采取措施，将混有二分裂放出中子的事件排除掉，如图 2 所示。紧挨着 $^{252}$Cf 样品放置一个 $\Delta E$ 探测器，$\Delta E$ 探测器之后放置一个 $E$ 探测器。厚度为27微米的 $\Delta E$ 半导体探测器探测裂变碎片，并且阻止碎片进入 $E$ 探测器，1000 欧姆·厘米的金硅面垒 $E$ 半导体探测器探测 $^{252}$Cf 三分裂时发射的长程α粒子。由于 $\Delta E$ 探测器对 $^{252}$Cf 样品的张角接近 π，加之对裂变碎片的高探测效率，所以 $\Delta E$ 探测器探测到近乎全部的裂变事件。尽可能探测到所有的裂变事件是在长程α伴随裂变瞬发中子数目分布测量中排除二分裂放出中子影响的必要条件。

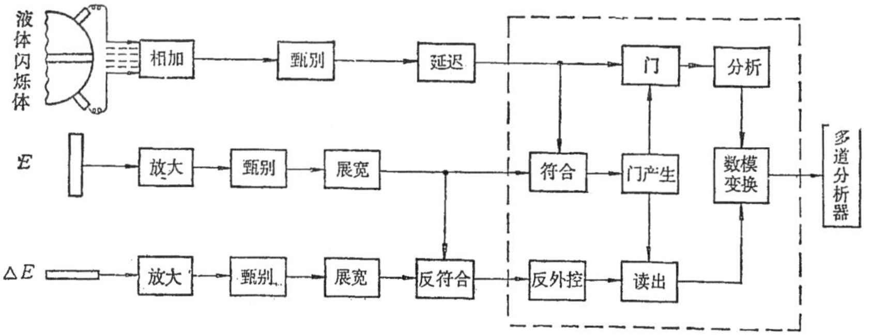


图 3　用于 $^{252}$Cf 长程α伴随裂变瞬发中子数目分布测量的电路方框图

图中虚线框内是中子数目分析器的主要内容。

图 3 是用于 $^{252}$Cf 长程α伴随裂变瞬发中子数目分布测量的电子学线路方框图。$E$ 探测器的输出经放大、甄别、展宽后与来自液体闪烁体的裂变瞬发γ脉冲符合，挑选出真正的长程α伴随裂变事件。接着，中子数目分析器[5]对裂变放出的中子数目和本底脉冲进行分析。分析结果经数模变换后，由多道分析器记录。$E$ 探测器输出的另一路与 $\Delta E$ 探测器输出脉冲反符合。反符合电路挑选出二分裂事件，其输出经中子数目分析器的反外控电路，

去控制分析器的输出。如在 $t=0$ 时刻发生一次长程 α 伴随裂变，而在 $-100$微秒$\leqslant t \leqslant$ 160微秒内反符合电路有一脉冲输出，则反外控电路将阻止分析器输出。

上述的探测器和电子学线路安排基本上达到了排除混有二分裂发射中子事件的目的，保证多道分析器记录的是真正的长程 α 伴随裂变。

## 三、测 量 结 果

载钆液体闪烁体探测器的效率由 $^{252}Cf$ 自发裂变测量[4]定出，其值为：

$$\eta = 0.5818 \pm 0.0027.$$

经八天测量，共测到 $5.2\times10^4$ 个长程 α 伴随裂变。用类似文献〔6，7〕的方法计算了$^{252}Cf$ 每次长程 α 伴随裂变发射 ν 个中子的几率 $P_\nu$，并由 $P_\nu$ 算得瞬时中子平均数 $\bar{\nu}_p^{LRF}$。结果列于表 1。

表 1　实验结果

| $P_0$ | $P_1$ | $P_2$ | $P_3$ | $P_4$ |
|---|---|---|---|---|
| $0.0249\pm0.0025$ | $0.0662\pm0.0074$ | $0.2530\pm0.0097$ | $0.3008\pm0.0101$ | $0.2410\pm0.0090$ |
| $P_5$ | $P_6$ | $P_7$ | $P_8$ | $\bar{\nu}_p^{LRE}$ |
| $0.1012\pm0.0060$ | $0.0018\pm0.0040$ | $0.0112\pm0.0015$ | $-0.0001\pm0.0005$ | $3.033\pm0.020$ |

在数据处理过程中考虑了偶然符合开门，系统死时间，缓发 γ 射线和法国效应等项修正。有关数据处理的程序见文献〔4〕。

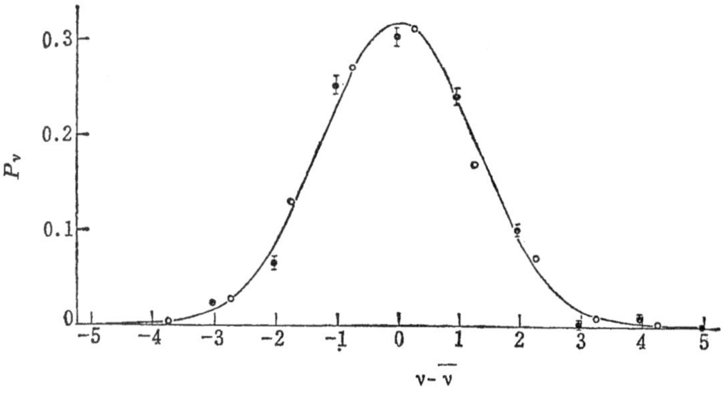


图 4　$^{252}Cf$长程 α 伴随裂变瞬时中子数目几率分布
●——长程 α 伴随裂变；○——二分裂。

图 4 是$^{252}Cf$ 长程 α 伴随裂变瞬发中子数目几率分布$P_\nu$。为了比较，也在图上标出了$^{252}Cf$ 自发二分裂瞬发中子数目几率分布[4]。由图可见，$^{252}Cf$长程 α 伴随裂变与二分裂的瞬发中子数目分布相似，都与宽度 $\sigma=1.25$的高斯曲线符合。

## 四、比较和讨论

Mehta 等人[1]，Nardi 和 Fraenkel[2]，Piekarz 等人[3]分别用多参量关联研究了长程 α 伴随裂变，都给出了 $\bar{\nu}_p^{LRF}$ 值。这三家中，只有 Mehta 等人用大体积载钆液体闪烁体探测器测量裂变中子，因而测量精度应比另外两家高。我们的 $\bar{\nu}_p^{LRF}$ 值与 Mehta 等人的结果很接近。

Mehta 等人还给出了分布宽度 $\sigma_{\nu t}$，但没有给出发射中子数目的几率 $P_\nu$。从他们的实验安排来看，由于样品和裂变探测器有相当的距离，二分裂事件不能全部探测到，因此难以排除混有二分裂放出中子的事件，因而，我们认为不大可能测到合理的长程 α 伴随裂变瞬发中子数目分布。

表 2 列出了几家$^{252}$Cf 长程 α 伴随裂变和二分裂的中子数据。表中的 $\sigma_\nu$ 值按公式[8]

$$\sigma_\nu{}^2=\sum_{\nu=0}^{\infty}\nu^2P_\nu-\bar{\nu}_p^2$$

计算。Mehta 等人给出的为 $\sigma_{\nu t}$ 值。我们按上面的公式，将他们的 $\sigma_{\nu t}$ 值换算成 $\sigma_\nu$ 值，列于表中作比较。

表 2　$^{252}$Cf 长程 α 伴随裂变和二分裂的部分中子数据*

| | 长程α裂变 | | | | 二分裂 | |
|---|---|---|---|---|---|---|
| | 本工作 | Mehta等人 | Nardi和Fraenkel | Piekarz 等人 | 张焕乔等 | Mehta等 |
| $\bar{\nu}_p$ | 3.033±0.020 | 3.063±0.006 | 3.10±0.05 | 3.09±0.08 | 3.743±0.018 | 3.757±0.002 |
| $\sigma_\nu$ | 1.26±0.13 | 1.19±0.10 | | | 1.26±0.05 | 1.24±0.07 |

* Mehta 等人[1]给出 $\bar{\nu}_t$值，$^{252}$Cf的二分裂都按 $\bar{\nu}_d=0.009$扣除后得表中的 $\bar{\nu}_p$值（$\bar{\nu}_d$ 为每次裂变放出的缓发中子平均数）。

我们的测量结果表明，$^{252}$Cf 二分裂[4]和长程 α 伴随裂变瞬发中子平均数之差($\bar{\nu}_p{}^{BF}-\bar{\nu}_p{}^{LRF}$)为0.710±0.027。如按公式

$$\bar{E}_T^*=\bar{\nu}_t(B_n+\bar{E}_{cm})+\bar{E}_r$$

计算碎片的平均总激发能，得到$^{252}$Cf 长程 α 伴随裂变的碎片平均总激发能比二分裂碎片的平均总激发能低(6.04±0.16)兆电子伏。公式中，$\bar{\nu}_t$ 为每次裂变发射的总中子平均数，$\bar{\nu}_t=\bar{\nu}_p+\bar{\nu}_d$，而二分裂和长程 α 伴随裂变的平均中子结合能 $B_n$ 都等于 3.2 兆电子伏/中子，中子质心系动能按公式[9]$\bar{E}_{cm}=0.65(\bar{\nu}_t+1)^{1/2}$ 计算，$\bar{E}_r{}^{BF}$ 和 $\bar{E}_r{}^{LRF}$的值取自文献[1]。Nardi 和 Fraenkel[2] 测得$^{252}$Cf 长程 α 伴随裂变和二分裂的中子质心系动能之差为$\langle\bar{E}_{cm}\rangle_{LRF}-\langle\bar{E}_{cm}\rangle_{BF}=0.05\pm0.02$兆电子伏，与 Terrell 经验公式[9]计算值不符。如中子质心系动能采用 Nardi 和 Fraenkel 的实验值，则两种类型裂变的碎片平均总激发能之差 $\bar{E}_T^{*BF}-\bar{E}_T^{*LRF}=5.85\pm0.17$兆电子伏。

Mehta 等人[1]，根据他们的实验结果，断定长程 α 伴随裂变与二分裂的断裂状态十分相似。我们知道，碎片发射中子的数目，直接取决于核断裂时储存在初生碎片中的能量，即形变能与内能之和。因此，裂变中子数目分布也就是储存在初生碎片中的能量分布的直接表征，因而与核断裂时的状态密切相关。如上所述，我们的测量结果表明，长程 α 伴随裂变与二分裂的瞬发中子数目分布十分相似。基于这一事实，可以断定，这两种类型的裂变，在断裂时，围绕着平均状态的统计涨落也十分相似。

最后，作者对近代物理研究所借给$^{252}$Cf 源，为实验提供了必不可少的条件，表示深切的谢意。

## 参考文献


[1] G.K.Mehta et al., *Phys. Rev.*, C7, 373 (1973).

[2] E.Nardi & Z.Fraenkel., *Phys. Rev. Letters*, 20, 1248 (1968); *Phys. Rev.*, C2, 1156 (1970).

[3] H.Piekarz et al., *Nucl. Phys.*, A146, 273 (1970).

〔4〕 张焕乔等，原子核物理，1，9 (1979).
〔5〕 刘祖华，科技，3，337(1979).
〔6〕 J.W.Boldeman, *Nucl.Sci.Eng.*, 63, 430 (1977).
〔7〕 王豫生等，物理学报，23，38 (1974).
〔8〕 黄胜年等，物理学报，23，46 (1974).
〔9〕 J.Terrell, *Phys.Rev.*, 127, 880 (1962).

# THE DISTRIBUTION OF PROMPT NEUTRON NUMBERS FOR LONG RANGE α-PARTICLE-ACCOMPANIED FISSION OF $^{252}$Cf

LIU ZUHUA　ZHANG HUANQIAO

(Institute of Atomic Energy, Academia Sinica)

ABSTRACT

The distribution of prompt neutron numbers ($P_\nu$) and average number of prompt neutrons emitted per fission($\bar{\nu}_p^{LRF}$) for long range α-particle-accompanied fission of $^{252}$Cf have been measured by means of a large Gd-loaded liquid scintillation counter. The obtained distribution of prompt neutron $P_\nu$ is in accordance with Gaussian distribution with $\sigma=1.25$, and the valaue of $\bar{\nu}_p^{LRF}$ is 3.033 ±0.020.

# 用蒙特卡罗方法计算大体积载钆液体闪烁探测器的效率①

許淑艳　張焕乔　許謹誠　刘祖华

用蒙特卡罗方法模拟中子在大体积载钆液体闪烁体的俘获和探测过程，得出中子俘获几率和探测效率随中子能量的变化。在跟踪俘获$\gamma$射线过程中，对钆的多级联$\gamma$发射的计算作了改进。在计算中子的热群截面时，考虑了液体的原子的热扰动，利用苯的声子谱算出热群中子的射散矩阵元。最后对计算效率与实验测定作了比较。

## 一、引　　言

大体积载钆液体闪烁探测器在瞬发裂变中子数的测量中，一直占有重要地位，被广泛应用。在(n, 2n)和(n, 3n)反应截面测量中，也得到使用。目前，对大多数重核，它是提供这类数据的唯一手段。近年来，又开始发展这种技术去测量快中子的(n, $\gamma$)反应截面。看来，今后在核反应的倍增中子数的研究中，它会得到越来越多的应用。可是，进行这些测量，必需知道液体闪烁体探测中子的效率。实验上，一般利用单能中子在含氢物质上的(n, p)散射来刻度效率曲线，由于实际测量只能选取有限种单能中子，因此，只能在一定散射角范围内测出探测中子的效率。对一个$4\pi$型的液体闪烁探测器，要得到真正的效率曲线，必须借助蒙特卡罗方法模拟中子的探测过程，将计算效率与实验测量效率结合，才能提供完满的效率曲线。

通常，在用载钆液体闪烁体进行测量时，一般都用$^{252}$Cf自发裂变的瞬发中子平均数$\bar{\nu}_p$值来确定效率。但是，作为国际通用标准的$^{252}$Cf自发裂变的$\bar{\nu}_p$值，长期存在系统偏差，用液体闪烁体法得到的结果比用硼堆和锰浴法的结果高2%左右。这种差异可能与计算液体闪烁体探测中子的效率函数知识不完备有关。过去，用蒙特卡罗方法计算效率函数时，就仅考虑中子俘获[1,2]，而没有跟踪俘获$\gamma$射线的记录过程。直到1974年波依托(J. Poitou)等[3]才考虑了全过程。

我们在波依托等[3]的基础上，计算了载钆液体闪烁体[4]探测中子的效率函数，但对钆的多级联$\gamma$发射的计算作了改进，考虑了低伏转动能级，将连续能区扩大到$E_4$(～1兆电子伏)。这样，能更好拟合实验测量天然钆的热中子俘获$\gamma$射线谱，从而较好地确定能级密度参数。此外，编写了计算热群中子截面的子程序，其中考虑了液体内原子的热扰动，利用苯的声子谱计算热群中子的散射矩阵元。最后，可以看到，计算效率与实验测定效率总体上符合，将这样确定的效率用到$^{252}$Cf自发裂变测量，得出的$\bar{\nu}_p$值与最新测量[5]和推荐数据[6]一致，这些都表明制作的程序正确。

---

① 原子能科学技术，1980(6): 692-702.

## 二、计算的对象和课题

**1. 液体闪烁体** 闪烁体为一个带圆柱管道的铝球槽，如图1示意。内装甲苯基的载钆闪烁液体[7]，含的成份有钆、氢、碳和氧，由于氧的贡献很小，将其忽略不计。闪烁体的圆柱管道半径 $R_0$，球半径 $R_1$，均为可变参数。

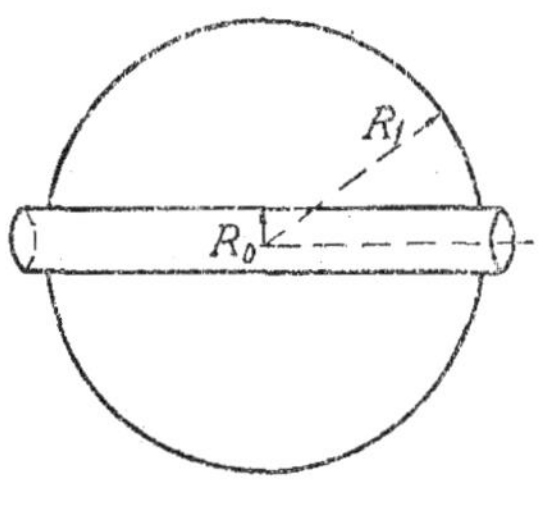

图 1 液体闪烁体示意图

**2. 计算课题** 在闪烁体内的圆柱管道中心轴上，在距球心 $x_0$ 处放一个能量为 $E_0$ 的单能中子点源，在实验室系，中子相对中心轴以固定角度 $\theta_0$ 进入液体。采用蒙特卡罗方法跟踪每个源中子事件，从而提供：(1) 载钆液体闪烁体俘获中子的概率 $P_N(E_0, \theta_0)$ 和俘获中子的时间分布 $P_N(E_0, \theta_0, t)$；(2) 载钆液体闪烁体探测俘获 $\gamma$ 射线的效率 $P_\gamma(E_0, \theta_0, E_s)$；(3) 载钆液体闪烁体探测中子的效率 $P_T(E_0, \theta_0, E_s) = P_N(E_0, \theta_0) \cdot P_\gamma(E_0, \theta_0, E_s)$。这里 $E_s$ 是选取的阈能。

## 三、中子探测过程发生的相互作用

**1. 快中子的慢化** 在零时刻从点源放出一个中子，进入液体，与原子核发生碰撞(忽略铝壁的影响)，损失能量，然后被慢化。在这过程中，主要包括下列相互作用：

(1) 中子与氢、碳、钆核的弹性散射。其中氢和钆核对中子的弹性散射在质心系是各向同性的；碳对中子的散射在1.5兆电子伏以下是质心系各向同性的，1.5兆电子伏以上为各向异性，角分布由勒让德多项式给出。

(2) 中子与碳核的非弹性相互作用。在10兆电子伏能区，有两个激发态，能量分别为4.438和7.66兆电子伏，认为中子角分布在质心系各向同性。

(3) 中子被氢和钆俘获。

**2. 中子进入热群** 中子慢化后，当能量降到0.1电子伏时，认为进入热群。为了得到氢、碳和钆的中子热群截面，考虑了液体内原子的热扰动，利用苯*的声子谱[8]计算热群中子的散射矩阵元，再用张贵山[9]编的程序，算出中子的热群截面，得到钆的热群中子俘获截面为30137靶。然后，利用热群截面，按照中子在质心系各向同性进行跟踪，计算了氢和钆对中子的俘获。

跟踪中子的终止条件为：(1) 中子被俘获；(2) 中子穿出液体；(3) 中子在液体中的寿命 $T$ 超过30微秒。

由上计算，得到 $P_N(E_0, \theta_0)$ 和 $P_N(E_0, \theta_0, t)$。

**3. 俘获 $\gamma$ 射线的跟踪** 中子在液体中的探测是通过俘获 $\gamma$ 射线引起闪烁发光，然后被光电倍增管收集来实现的。因此，模拟中子的探测，除跟踪中子俘获外，还应跟踪俘获 $\gamma$ 射线的吸收和闪烁发光的收集过程。考虑到球壳内壁涂有良好的反射层，光在球内发生漫射，又假定液体完全透明，因此，可近似认为，收集的光只与 $\gamma$ 射线在液体内损耗的能量有

---

* 因没有甲苯声子谱数据，用苯的代替。

关，与发光地点无关，即光的收集效率近于 1。

我们知道，氢核俘获热中子，发射一条能量为 2.35 兆电子伏的 $\gamma$ 射线；而热中子在天然钆中的俘获，主要是 $^{155}Gd$ 和 $^{157}Gd$ 的 $(n,\gamma)$ 反应，形成 $^{156}Gd^*$ 和 $^{158}Gd^*$ 激发复合核，以双级联和多级联方式退激，发射 $\gamma$ 射线的总能量分别为 8.53 和 7.936 兆电子伏(见附录 1)。而 $\gamma$ 光子与闪烁液体有三种作用形式，即对产生、康普顿散射和光电效应。在现有情况下，$\gamma$ 射线最大能量为 8.53 兆电子伏，对产生截面很小，计算中可以忽略；光电效应在 100 千电子伏以下是重要的，显然，这样软的 $\gamma$ 射线在大液体闪烁体中以很大几率被吸收。基于这些原因，跟踪俘获 $\gamma$ 射线只需考虑康普顿散射，当 $\gamma$ 光子经多次康普顿散射后，能量降到 100 千电子伏时，认为这部份能量全部转给电子，只要液体内电子的总能量达到阈能 $E_s$，俘获 $\gamma$ 射线就被探测。关于氢和钆的快中子俘获 $\gamma$ 射线的跟踪，由于缺乏数据，只好认为衰变纲图与热中子俘获时的相同，幸好快中子俘获的份额较低。

跟踪俘获 $\gamma$ 射线的终止条件为：(1) $\gamma$ 光子能量全部沉积在液体；(2) $\gamma$ 光子穿出液体；(3) 总的电子能量达到 $E_s$，停止对其它 $\gamma$ 光子的跟踪。

由这一计算得到 $P_\gamma(E_0, \theta_0, E_s)$。

在快中子慢化计算中，氢和碳的中子截面与角分布采用杨顺海等[10]编评的数据，钆的中子截面用潘宁顿(Pennington)[11]编评的数据；在热群计算中，氢、碳和钆的中子截面用 BNL-325[12]的数据；跟踪俘获 $\gamma$ 射线，引用斯托姆 (E. Storm) 等[13]和维吉利 (W. J. Veigele)[14]推荐的光子截面数据。

## 四、计算方法及蒙特卡罗模拟

### 1. 计 算 方 法 概 述

**中子部分** 用蒙特卡罗方法计算中子俘获概率和时间分布，从源发出的中子，在其输运过程中，每发生一次碰撞，都记录其相应的俘获概率为：

$$W\cdot\frac{\Sigma_{a,H}(\vec{r},E)+\Sigma_{a,Gd}(\vec{r},E)}{\Sigma_t(\vec{r},E)}$$

(这里，$\Sigma_{a,H}(\vec{r},E)$，$\Sigma_{a,Gd}(\vec{r},E)$ 和 $\Sigma_t(\vec{r},E)$ 分别为氢、钆核的宏观俘获截面和闪烁体的宏观总截面；$W$ 为权因子，当中子从源出发时，$W=1$，在输运过程中，只有当中子与碳核发生弹性散射时，从勒让德多项式抽取散射角，$W$ 才改变)，直到中子历史结束。对中子与原子核发生碰撞类型的选择，采取随机抽样的方法判断，一旦中子被氢或钆俘获后，以此作为 $\gamma$ 光子产生的位置。中子进入热群后，反应截面均为常数。

**$\gamma$ 光子部分** 在计算探测俘获 $\gamma$ 射线效率时，使用直接模拟法跟踪 $\gamma$ 光子。如果 $\gamma$ 光子在闪烁体内被吸收，则全部能量沉积在闪烁体内；如果发生康普顿散射，用文献[15]的办法抽取散射后的能量与方向，记录沉积能量，直到 $\gamma$ 光子的历史结束。当跟踪一个俘获中子所发射的 $\gamma$ 射线结束时，如总沉积能量超过 $E_s$，就记为 1，否则记 0，实际是同时对多个阈能进行计算，按沉积能量大小，在相应的阈能间隔记录。

跟踪$N$个源中子后，如有$M$个中子被俘获，那末，中子俘获概率为$M/N$。将每个阈能间隔记录的数目以$M$除，便得到探测俘获$\gamma$射线的效率。两者概率的乘积，就得到在不同阈能下探测中子的效率。

## 2. 蒙特卡罗模拟

**模拟中子的主要步骤**

(1) 从中子源抽取中子，使用三维直角座标系，位置与方向分别见图2和图3。

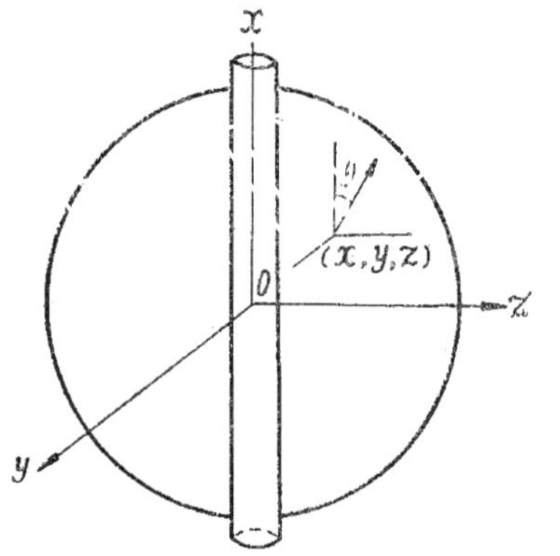


图2 中子在直角座标系中的方位

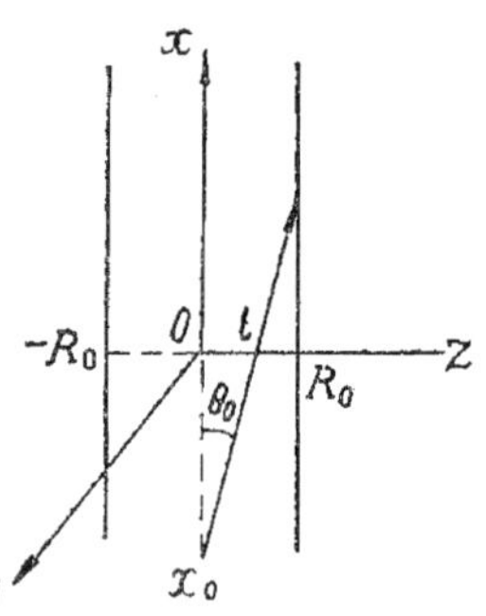


图3 中子进入液体的位置

(2) 求输运长度，确定碰撞位置，如果中子穿出系统，中子历史结束，重复(1)。

(3) 在系统中发生碰撞时，首先记录吸收概率，然后，用随机抽样方法确定与哪种核发生哪种类型核反应。如果被氢或钆俘获，该中子历史结束，转至跟踪$\gamma$光子部分，否则按相应的反应类型计算出碰撞后的运动方向和能量，重复(2)。

(4) 当中子寿命超过规定值时，该中子历史结束，重复(1)。

**跟踪俘获$\gamma$光子步骤**

(1) 求出发射$\gamma$光子的能量、位置和方向。

(2) 求输运长度、确定碰撞位置，如果$\gamma$光子穿出系统，该$\gamma$光子历史结束。

(3) 在系统内发生碰撞时，用随机抽样方法确定反应类型。如果$\gamma$光子被吸收，将其全部能量沉积，该光子历史结束，如发生康普顿散射，照文献[15]抽取散射后的能量与方向，当能量到达100千电子伏时，能量全部沉积，$\gamma$光子历史结束，否则重复(2)。

(4) 一个$\gamma$光子历史结束后，如复合核还没有退激到基态，对所发射的另一$\gamma$光子进行跟踪，重复(1)，如复合核全部退激，或所跟踪的全部$\gamma$光子沉积能量超过某一规定阈能，则转向(5)。

(5) 根据沉积能量进行记录，重复模拟中子的步骤(1)。

跟踪$N$个中子后，由相应记录的俘获中子和$\gamma$事件数，求出待求的物理量。

## 3. 各向同性入射源中子的抽样

有些情况需要对各向同性点中子源(不是固定角度入射的中子源)进行计算，在源抽样中，令$U=\cos\theta, V=\sin\theta\cos\phi, W=\sin\theta\sin\phi$。这时，$\cos\theta$不是在$(-1, 1)$上，而是在$(-\cos\alpha_1^*, \cos\alpha_2^*)$上均匀分布，抽样时$\cos\theta=-\cos\alpha_1^*+\xi(\cos\alpha_1^*+\cos\alpha_2^*)$。$\alpha_1^*$和$\alpha_2^*$见图

这样，在计算中子俘获概率时，乘上一个纠偏因子$\frac{\cos\alpha_1^*+\cos\alpha_2^*}{2}$，其它计算过程不变。

## 五、计算结果与分析

**1．检验计算**　为了检验制作程序的可靠性，对波依托等的(A)，(B)，(C)三种方案，在能量为2兆电子伏点中子源各向同性发射抽样的情况下，我们计算了探测俘获$\gamma$射线的效率。计算中，$T=36$微秒，各方案参数为：

（A）$R_0=0$，　$R_1=50$厘米，　$x_0=0$；

（B）$R_0=5$厘米，$R_1=50$厘米，　$x_0=0$；

（C）$R_0=0$，　$R_1=37.5$厘米，$x_0=0$；

探测阈能$E_s$以0.5兆电子伏为宽度，分十个间隔。计算在NOVA-840电子计算机上进行，对每种方案抽取6000个源中子，约需3小时计算时间。现将我们的计算结果和波依托等的结果画在图5、图6和图7中。从图上可见，两者很好符合。

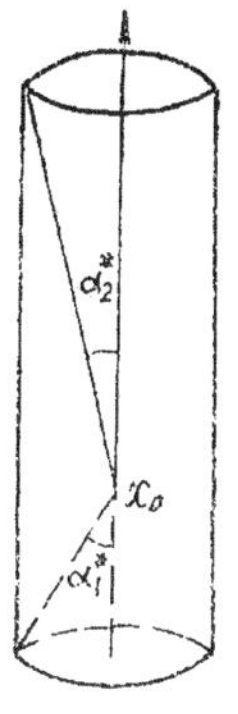


图4　$\alpha_1^*$和$\alpha_2^*$的几何表示

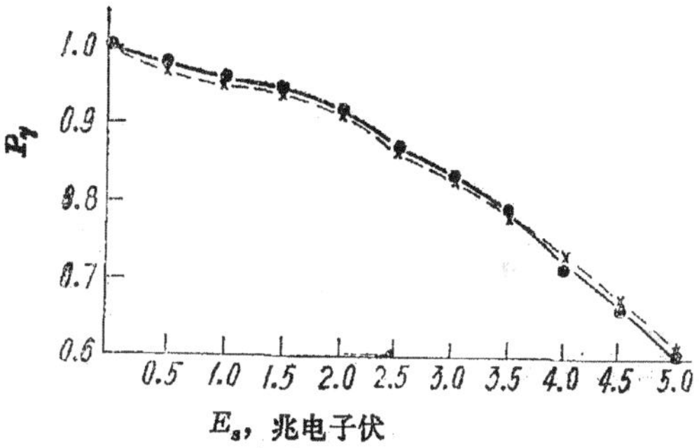


图5　方案(A)的结果
实线为本工作计算结果；虚线为波依托计算结果。图6，7同。

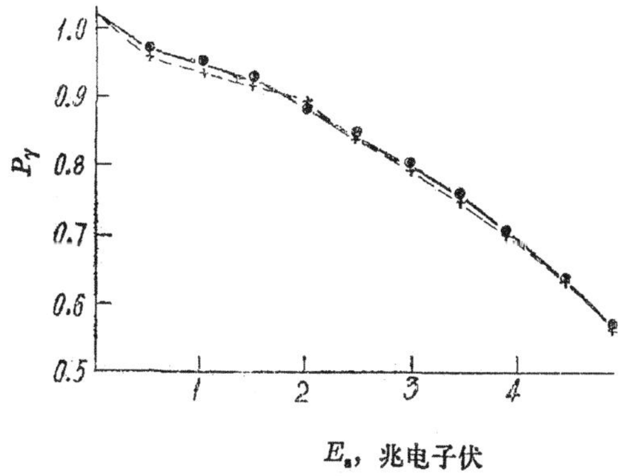


图6　方案(B)的结果

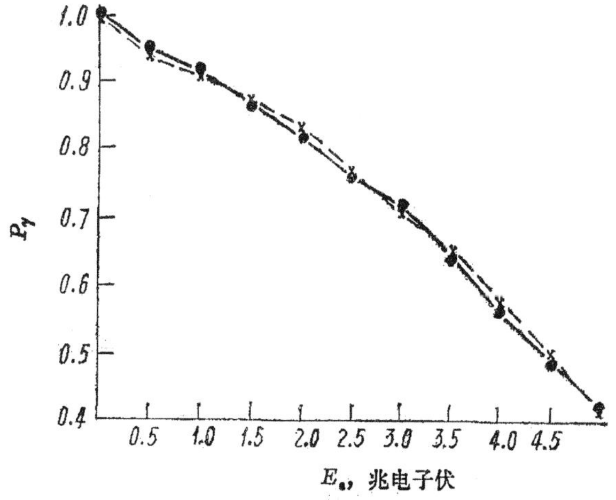


图7　方案(C)的结果

**2. 计算大体积截钆液体闪烁体[4]探测中子的效率函数**　我们的闪烁体的参数为：$R_0=3.35$ 厘米，$R_1=30$ 厘米，$x_0=0$，$T=30$ 微秒。计算的入射中子能量 $E_0$ 为 0.25，0.5，0.75，1.0，1.5，2.0，2.5，3，3.5，4，4.5，5，6，7，8，9，10 兆电子伏，共 17 个能点；源中子入射角 $\theta_0$ 为 8°，10°，12.5°，15°，20°，25°，30°，40°，50°，60°，70°，80°，90°，共 13 个角度，一共计算了 221 个方案，每个方案跟踪～$10^4$ 个中子，计算也在 NOVA-840 计算机上进行。

为了与 $E_s=0.5$ 兆电子伏下获得的实验结果比较，将对应阈能计算的中子探测效率 $P_T(E_0, \theta_0, 0.5\text{MeV})$ 对角度 $\theta_0$ 积分，再用中子能量在 1 兆电子伏以下的实验效率数据将计算曲线归一，得出理论的效率曲线。图 8 表出了在阈能 0.5 兆电子伏下用蒙特卡罗方法计算的效率曲线和实验测定的效率曲线，其中实验曲线已用计算的 $P_T(E_0, \theta_0, 0.5\text{MeV})$ 作了入射角 $\theta_0$ 的各向异性修正。由图可见，总的说来，计算效率与实验效率相符。只有 7 兆电子伏处，实验值比计算值明显偏低，这可能与使用的数据有关。因为碳的中子散射截面在 7 兆电子伏处正好是由一个凹坑突变到一个高峰的地方，而在计算中用的是点值截面，能量在间隔中间时，用线性内插求出，有可能使截面值取得不够准确。同时，在计算中发现效率曲线对截面数据较敏感。此外，图 8 中还画出用蒙特卡罗方法计算的俘获中子概率曲线，从中可以看出跟踪俘获 $\gamma$ 射线带来的影响。

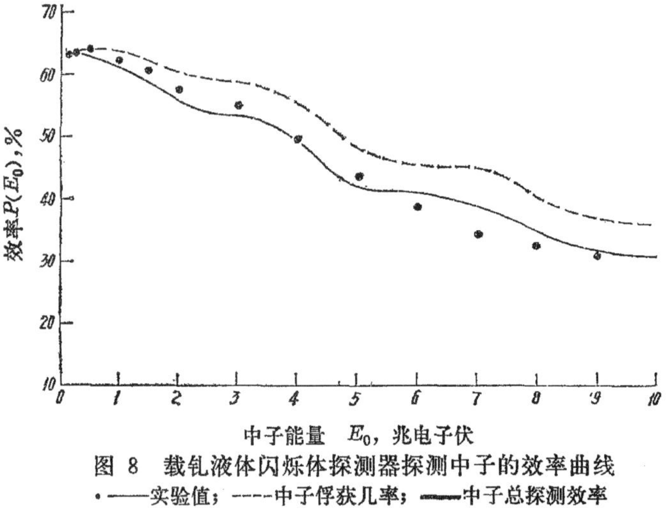


图 8　载钆液体闪烁体探测器探测中子的效率曲线

• ——实验值；----中子俘获几率；——中子总探测效率

最后，我们对萨本豪、施义晋和张竞上同志在物理方面所作的讨论，张孝泽、张贵山同志在热群截面计算上给予的帮助表示衷心感谢。丁声跃、温同庆同志参加了部分计算工作。

## 附　　录

**1. 天然钆的热中子俘获 $\gamma$ 射线的发射**

热中子在天然钆中的俘获，主要是 $^{155}$Gd 和 $^{157}$Gd（同位素丰度分别为 14.73% 和 15.68%）的 (n, $\gamma$) 反应，形成复合核 $^{156}\text{Gd}^*$ 和 $^{158}\text{Gd}^*$ 的激发能分别为 8.53 和 7.936 兆电子伏，它们的退激方式[16]如下：

(1) 双级联 $\gamma$ 发射。复合核从初始激发能 $E^*$ 退激到某一中间能级，然后，再从中间能级退激到基态，发射两条关联的$\gamma$射线，如图9中的$\varepsilon_{B1}$和$\varepsilon_{B2}$所示。$^{156}Gd^*$有两对双级联$\gamma$射线；$^{158}Gd^*$有三对双级联$\gamma$射线。它们相应的$\gamma$光子能量和分支比都列于表1(a)和1(b)上。

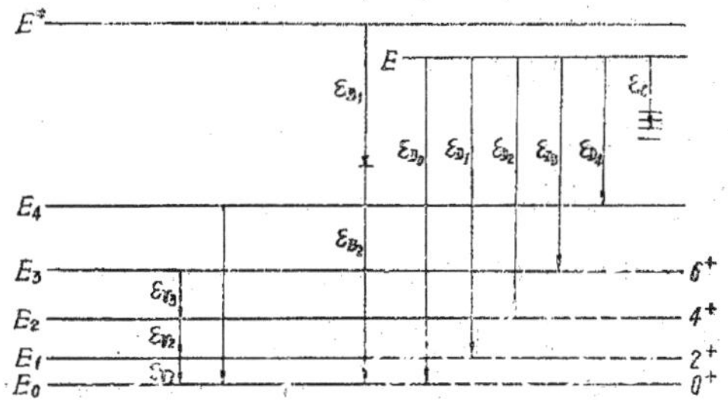

图9　双级联$\gamma$发射

(2) 多级联$\gamma$发射。由$^{156}Gd^*$和$^{158}Gd^*$的$\gamma$衰变纲图[16]知道，在低伏态存在着$0^+$，$2^+$，$4^+$，$6^+$四条转动能级，在这以上能级分布较密，从1到2兆电子伏区域，有近20条能级，基于这些事实，我们部分变更了波依托等[3]对多级联$\gamma$发射的计算，将连续能级区扩大到1兆电子伏附近的$E_4$能级，同时考虑了四条低伏转动能级，如图9所示。

表1(a)　$^{156}Gd^*$的两对双级联$\gamma$射线的能量和概率$B_l$

| 组　　号 | $E_{\gamma_1}$,兆电子伏 | $E_{\gamma_2}$,兆电子伏 | $B_l$ |
|---|---|---|---|
| 1 | 7.305 | 1.225 | 0.0073 |
| 2 | 6.406 | 2.124 | 0.0079 |

表1(b)　$^{158}Gd^*$三对级联$\gamma$射线的能量和概率$B_l$

| 组　　号 | $E_{\gamma_1}$,兆电子伏 | $E_{\gamma_2}$,兆电子伏 | $B_l$ |
|---|---|---|---|
| 1 | 6.7 | 1.236 | 0.0234 |
| 2 | 5.78 | 2.75 | 0.021 |
| 3 | 5.324 | 2.612 | 0.0062 |

连续能级区的能级密度为：

$$\rho(E)=A\exp\sqrt{a^2(E-E_4)}.$$

式中$A$和$a^2$为待定系数。

能量为$E$的能级跃迁分以下三种情况：

① 从能级$E$直接跃迁到分立能级，发射光子的能量和几率分别为

$$\varepsilon_{Di}=E-E_i,$$

$$P_{Di}=C(E-E_i)^3,\quad i=0,\ 1,\ 2,\ 3.$$

这里，$E_i(i=0,\ 1,\ 2,\ 3)$为分立的低伏转动能级的能量。出现这种情况时，相应的$\gamma$级联形式分别为：

$$\varepsilon_{D_3}\rightarrow\varepsilon_{\gamma_3}\rightarrow\varepsilon_{\gamma_2}\rightarrow\varepsilon_{\gamma_1};$$

$$\varepsilon_{D_2}\rightarrow\varepsilon_{\gamma_2}\rightarrow\varepsilon_{\gamma_1};$$

$$\varepsilon_{D_1}\rightarrow\varepsilon_{\gamma_1};$$

$$\varepsilon_{D_0}.$$

现将$^{156}Gd$和$^{158}Gd$的$E_i$、$E^*$与发射$\gamma$射线的能量$\varepsilon_{\gamma_i}$和几率分别列在表2(a)和2(b)中。

② 从某一能量$E$跃迁到$E_4$，再从$E_4$直接跃迁到基态。从$E$跃迁到$E_4$发射$\gamma$光子的

表 2(a)　$^{156}$Gd 和 $^{158}$Gd 的激发能 $E^*$ 及能级位置

| 同　位　素 | $E_0$ | $E_1$ | $E_2$ | $E_3$ | $E_4$ | $E^*$ |
|---|---|---|---|---|---|---|
| $^{156}$Gd | 0 | 0.089 | 0.288 | 0.585 | 1.05 | 8.53 |
| $^{158}$Gd | 0 | 0.079 | 0.262 | 0.539 | 0.978 | 7.936 |

表 2(b)　$^{156}$Gd 和 $^{158}$Gd 跃迁到分立能级发射 $\gamma$ 射线的能量和几率

| 同　位　素 | $\varepsilon_{\gamma_1}$ | $P_{\gamma_1}$ | $\varepsilon_{\gamma_2}$ | $P_{\gamma_2}$ | $\varepsilon_{\gamma_3}$ | $P_{\gamma_3}$ | $\varepsilon_{\gamma_4}$ | $P_{\gamma_4}$ |
|---|---|---|---|---|---|---|---|---|
| $^{156}$Gd | 0.089 | 1 | 0.199 | 1 | 0.296 | 1 | 1.05 | 1 |
| $^{158}$Gd | 0.079 | 1 | 0.182 | 1 | 0.277 | 1 | 0.978 | 1 |

注：表中能量以兆电子伏为单位。

能量为 $\varepsilon_{D_4}=E-E_4$，概率为 $P_{D_4}=C(E-E_4)^3$。相继级联 $\gamma$ 光子能量 $\varepsilon_{\gamma_4}=E_4$，概率为 1。

③ 从某一能量 $E$ 跃迁到连续能级区，发射 $\gamma$ 光子的能量和几率分别为 $E_\gamma=\varepsilon_c$，$P_c(E,\varepsilon_c)=C\cdot\varepsilon_c^3\cdot A\cdot\exp[a^2(E-E_4-\varepsilon_c)]^{1/2}$。在这种情况下，$\gamma$ 光子的能量 $\varepsilon_c$ 需要从 $P_c(E,\varepsilon_c)$ 中抽取，然后再从 $E-\varepsilon_c$ 出发，从 (1)、(2) 和 (3) 中选择退激方式，直到退出连续能级区为止。

在多级联发射 $\gamma$ 的概率中，常数 $C$ 由总概率归一给出为：

$$C=\frac{1-\sum\limits_i B_i}{\sum\limits_{i=0}^{4}(E-E_i)^3+\int_0^{E-E_4}A\varepsilon^3\exp[a^2(E-E_4-\varepsilon_c)]^{1/2}\,\mathrm{d}\varepsilon_c}.$$

式中 $B_i$ 是 $^{156}$Gd 或 $^{158}$Gd 第 $i$ 对双级联 $\gamma$ 发射的概率。

(3) 钆的连续能级密度函数抽样。对 $x^3\exp[a^2(E-E_4-x)]^{1/2}$ 作变换 $t=[a^2(E-E_4-x)]^{1/2}$，密度函数变为正比于 $(B-t^2)^3te^t$，$B=a^2(E-E_4)$。利用乘法分布抽样方法，将密度函数分为 $e^t$ 和 $(B-t^2)^3t$ 两部分。令 $t^*=\sqrt{a^2(E-E_4)}$，将 $e^t$ 归一，归一因子为 $e^{t^*}-1$。从 $e^t/(e^{t^*}-1)$ 中抽样，$t=\ln[1+\xi(e^{t^*}-1)]$。$(B-t^2)^3t$ 的上界为 $M_{\max}=\left(B-\frac{B}{7}\right)^3\sqrt{\frac{B}{7}}$.

$$(B-t^2)^3t/M_{\max}=12.2343(B-t^2/B)^3\frac{t}{t^*}.$$

因而，抽样框图为：

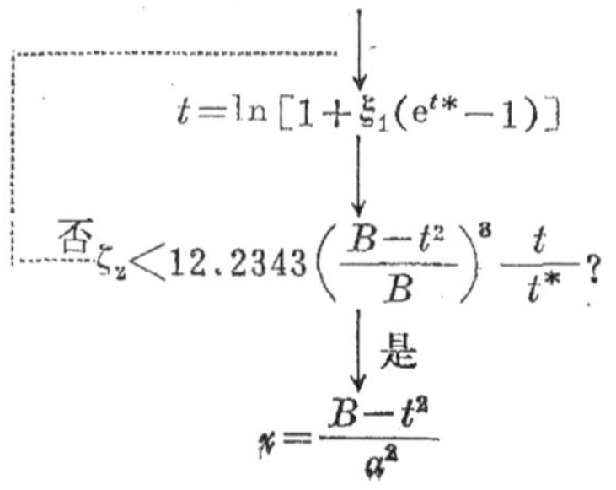

综上所述，当中子被钆俘获后，先确定是 $^{156}Gd$ 还是 $^{158}Gd$。对于确定的激发能 $E^*$，以一定的分支比发生双级联，其余为多级联。在多级联情况下，分别求出发生上述三种情况的概率，用随机抽样方法确定发生哪种情况后，按其相应的退激方式发射 $\gamma$ 光子。当第三种情况发生时，放出一个光子后，剩余能量仍在连续能级区，再重复多级联过程，直到退出连续能级区为止。

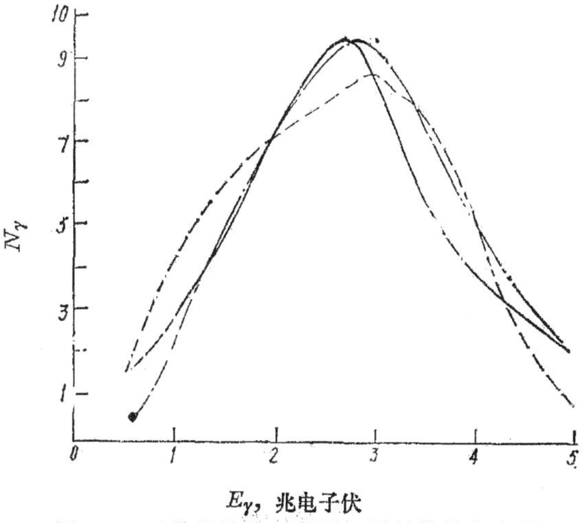


图 10　天然钆热中子俘获 $\gamma$ 谱计算值与实验值比较

——实验测定值；—·—本工作计算值；------波依托计算值

(4) 连续能级密度函数中 $A$ 和 $a^2$ 的确定。系数 $A$ 和 $a^2$ 的确定，靠蒙特卡罗方法计算天然钆的热中子俘获 $\gamma$ 谱与实验测定 $\gamma$ 谱[16]最佳一致来得到。经过计算，定出 $A=0.3$，$a^2=18$。用这组参数算出俘获 $\gamma$ 谱的连续部分与相应的实验谱画在图 10 上，图中也画出了波依托等计算的结果，表明我们的拟合程度较好。

**2．中子热群截面的计算**

在中子热群截面计算中，考虑了液体内原子的热扰动，利用苯的声子谱算出热群中子散射矩阵元，参照文献[9]给出的程序，算出热群截面。这里着重介绍求热群中子散射矩阵元和散射截面的方法。

计算中，热群中子按能量分为 30 群。由于碳的质量比氢的大，碳的束缚原子散射截面比氢的小得多，因此，只须考虑热化中子与氢的非弹性散射，作为近似，仅计及单声子交换作用，因多声子交换一般小于 5%，暂可忽略。

令 $\sigma(E\to E',\mu)$ 表示中子由能量 $E$ 散射到能量 $E'$、散射角为 $\mu$ 的中子数。则

$$\sigma(E\to E',\mu)=\frac{\sigma_d}{4\pi}\sqrt{\frac{E'}{E}}\mathrm{e}^{-K_d^2 r_d}\ \frac{K_d^2\rho_d(\hbar\omega)}{\hbar\omega}[n(\hbar\omega)+1].$$

其中，$\sigma_d$ 为散射截面；$\rho_d(\hbar\omega)$ 为苯的声子谱；

$$r_d=\int_{-\infty}^{\infty}\frac{n(\hbar\omega)}{\hbar\omega}\rho_d(\hbar\omega)\mathrm{d}(\hbar\omega)$$

$$=2\int_0^{\infty}\frac{n(\hbar\omega)}{\hbar\omega}\rho_d(\hbar\omega)\mathrm{d}(\hbar\omega)+\int_0^{\infty}\frac{1}{\hbar\omega}\rho_d(\hbar\omega)\mathrm{d}(\hbar\omega);$$

$$K_d^2=(E+E'-2\sqrt{E\cdot E'}\,\mu)\frac{m}{m_d};$$

$$n(\hbar\omega)=(\mathrm{e}^{\frac{\hbar\omega}{T}}-1)^{-1};\ \hbar\omega=E-E'.$$

$T$ 为闪烁液体的温度；$m_d$ 为元素的质量。

$\sigma(E'\to E,\mu)$ 与 $\sigma(E\to E',\mu)$ 的关系为：

$$\sigma(E'\to E,\mu)=\frac{E}{E'}\frac{n(\hbar\omega)}{[n(\hbar\omega)+1]}\sigma(E\to E',\mu).$$

该式可由关系式 $n(-\hbar\omega)+1=-n(\hbar\omega)$ 推得。

计算由第 $i$ 群散射到第 $j$ 群（$i\neq j$）的中子数时，采取由第 $i$ 群的能量中值 $\bar{E}_i$ 散射到第 $j$ 群的办法计算，即

$$\sigma_{i\to j}=\frac{2\pi}{\Delta E_j}\int_{-1}^{1}\int_{E_{j-1}}^{E_j}\sigma(\bar{E}_i\to E,\mu)\mathrm{d}E\mathrm{d}\mu,$$

$$\sigma_{j\to i}=\frac{2\pi}{\Delta E_j}\int_{-1}^{1}\int_{E_{j-1}}^{E_j}\frac{\bar{E}_i}{E}\frac{n(\hbar\omega)}{[n(\hbar\omega)+1]}\sigma(\bar{E}_i\to E,\mu)\mathrm{d}E\mathrm{d}\mu.$$

当 $i=j$ 时，
$$\sigma_{i\to i}=\frac{2\pi}{\Delta E_i}\int_{-1}^{1}\int_{E_{i-1}}^{E_i}\sigma(E\to E,\mu)\mathrm{d}E\mathrm{d}\mu.$$

这里，$K_{\mathrm{d}}^2=2E(1-\mu)$，$\sigma(E\to E,\mu)=\frac{\sigma_{\mathrm{d}}}{4\pi}\mathrm{e}^{-K_{\mathrm{d}}^2r_{\mathrm{d}}}$.

第 $i$ 群的散射截面为：

$$\sigma_{s,i}=\sum_{j=1}^{30}\sigma_{i\to j}\Delta E_j.$$

由散射矩阵元算出的热群中子截面列在表 3 中。

表 3　氢、碳和钆的热群中子截面

| $N_{\mathrm{H}}$ | $N_{\mathrm{C}}$ | $N_{\mathrm{Gd}}$ | $\sigma_{\mathrm{a,H}}$ | $\sigma_{\mathrm{s,H}}$ | $\sigma_{\mathrm{a,Gd}}$ | $\sigma_{\mathrm{s,Gd}}$ | $\sigma_{\mathrm{s,C}}$ |
|---|---|---|---|---|---|---|---|
| $4.693\times10^{22}$ | $4.057\times10^{22}$ | $1.086\times10^{19}$ | 0.2512 | 429.59 | 30136.9 | 162 | 4.7907 |

注：$N$ 单位为 $\mathrm{cm}^{-3}$；$\sigma$ 单位为靶。

表中 $N_{\mathrm{H}}$、$N_{\mathrm{C}}$ 和 $N_{\mathrm{Gd}}$ 分别为液体中氢、碳和钆核单位体积的核数目，$\sigma_{\mathrm{s}}$ 为散射截面，$\sigma_{\mathrm{a}}$ 为俘获截面。

## 参 考 文 献


[1] J. B. Parker et al., *Nucl. Instrum. Methods*, **60**, 7 (1968).
[2] J. W. Boldeman, *Nucl. Sci. Eng.*, **55**, 188 (1974).
[3] J. Poitou & C. Signarbieux, *Nucl. Instrum. Methods*, **114**, 113 (1974).
[4] 张焕乔、刘祖华、原子核物理，1，**9** (1979).
[5] J. W. Boldemat et al., *Nucl. Sci. Eng.*, **63**, 430 (1977).
[6] H. D. Lemmel, Nucl. Cross Section and Technology, vol. 1, 1975, p. 286.
[7] 许谨诚等，原子能科学技术，1，14 (1978).
[8] P. A. Eglestaff & M. J. Poole, Experimental Neutron Thermalisation, Pergamon Press, 1969, p. 383.
[9] 张贵山，均匀系统热中子能谱和截面计算程序，内部资料，1977.
[10] 杨顺海等，反应堆核数据汇编，hsi-76018 (hb), 1976.
[11] Pennington, ANL-7387 (1968).
[12] S. F. Mughabghab & D. I. Garber, BNL-325 (1973).
[13] E. Storm & D. I. Garber, *Nucl. Data Table*, **7**, 565 (1970).
[14] W. J. Veigele, *Atomic Data*, **5**, 51 (1973).
[15] 裴鹿成，机器抽样，内部资料，1971.
[16] Groshev et al., *Nucl. Data*, **A5**, 159 (1968).

# $^{240}$Pu，$^{242}$Cm和$^{244}$Cm自发裂变瞬发中子平均数及中子数目分布①

张焕乔　刘祖华　丁声跃　刘绍明

（中国科学院原子能研究所）

利用球形载钆液体闪烁探测器以符合法相对$^{252}$Cf测量了$^{240}$Pu、$^{242}$Cm和$^{244}$Cm自发裂变的瞬发中子平均数$\bar{\nu}_P$及中子数目分布$P_\nu$。得到$\bar{\nu}_P(^{240}\mathrm{Pu})=2.141\pm0.017$、$\bar{\nu}_P(^{242}\mathrm{Cm})=2.573\pm0.019$和$\bar{\nu}_P(^{244}\mathrm{Cm})=2.731\pm0.020$。测得的中子数目分布用高斯曲线拟合，给出$^{240}$Pu，$^{242}$Cm和$^{244}$Cm的高斯宽度$\sigma$分别为$1.149\pm0.047$，$1.159\pm0.074$和$1.172\pm0.098$。

## 引　言

重核裂变所发射的中子直接与断裂时形变碎片的激发能相关，每次裂变发射的平均中子数是裂变碎片平均激发能的量度，而中子数目分布则为裂变碎片激发能分布的表征，它反映碎片激发能围绕平均激发能的分布。J. Terrell[1]曾对早期测量的$P_\nu$数据作过分析，指出除$^{252}$Cf的分布宽度较大外，所有Pu、Cm偶-偶同位素自发裂变和U、Pu低能中子裂变的$P_\nu$数据都可用宽度为1.08的高斯分布来描述。从六十年代后期以来，一些精确测量[2-4]表明Pu、Cm偶-偶同位素自发裂变的$P_\nu$分布宽度偏离1.08，有迹象表明分布宽度随核素和$\bar{\nu}_P$值有微小的变化[4-5]。为此，对$^{240}$Pu，$^{242}$Cm和$^{244}$Cm偶-偶同位素自发裂变的$\bar{\nu}_P$及$P_\nu$作了测量。连同以前测量$^{252}$Cf的结果[6]，在我们所研究的核素范围，作为一级近似，给出分布宽度随平均中子数近乎线性增加。

应当指出，$^{242}$Cm自发裂变的$\bar{\nu}_P$值及$P_\nu$分布只有D. A. Hicks[7]和W. W. Crane[8]在1956年给出过两个正式测量结果，后来A. H. Jaffey[9]作为对$^{244}$Cm测量的修正，给出过$^{242}$Cm的$\bar{\nu}_P$值，但所有这些测量精度都不高。$^{244}$Cm的$\bar{\nu}_P$值测量家数虽较$^{242}$Cm为多，但新近数据仍有2—3%的差异。$^{240}$Pu的$\bar{\nu}_P$值，以前我们曾作过测量[10]，现在已大大提高了精度。

## 测　量

实验装置和安排与工作［6］相同。采用符合法相对$^{252}$Cf测量了$^{240}$Pu，$^{242}$Cm和$^{244}$Cm自发裂变的$\bar{\nu}_P$值及$P_\nu$分布。为了检验结果的可靠性，$^{242}$Cm曾在两种中子探测效率下作过测量。

① 原子核物理，1979(3): 149-155.

实验中利用一个直径为60厘米的球形载钆液体闪烁探测器探测中子，用电流型脉冲电离室探测裂变事件，电离室放在液体闪烁体管道的中心，测量方式在［6］中已详细描述。

测量用的样品由化学组提供，以分子电镀法沉积在0.1毫米厚的不锈钢底衬上，直径4.2厘米。$^{240}$Pu 约 1 毫克，装在电离室测得自裂率～20次/分。$^{242}$Cm 和 $^{244}$Cm 样品在电镀前重新进行子代产物分离和纯化，然后作分子电镀，涂层直径 8 毫米，测得自裂率约15次/分。

测量中，$^{240}$Pu，$^{242}$Cm 和 $^{244}$Cm 电离室与 $^{252}$Cf 电离室交替进行，以 $^{252}$Cf 自发裂变瞬发中子平均数$\bar{\nu}_P(^{252}Cf)=3.743\pm0.018$[6]为标准，定出液体闪烁体探测裂变中子的效率，从而确定出待测样品的$\bar{\nu}_P$值及$P_\nu$分布。至于效率确定步骤如下：将实验测定的 $^{252}$Cf 瞬发中子数目分布依次作假门、死时间和扣除本底的修正，把由此算得的实验瞬发裂变中子平均数除以3.743，然后对待测样品与 $^{252}$Cf 的裂变中子谱差异作修正，就得到液体闪烁体探测待测样品裂变中子的效率。现有实验得到 $\eta(^{240}Pu)=0.5896\pm0.0039$；$\eta(^{242}Cm)=0.5985\pm0.0042$，$0.5597\pm0.0039$ 和 $\eta(^{244}Cm)=0.5560\pm0.0039$。

## 结　　果

测量数据见表 1。其中$\eta$是液体闪烁体探测待测样品自发裂变中子的效率；$N_g$ 是相应记录$n$个中子脉冲的效应（包括本底）门数目，$N'_g$是相应的本底门数目。由于线路上有双裂变阻禁，有可能造成两个门总数不相等。

表 1　$^{240}$Pu，$^{242}$Cm和 $^{244}$Cm的测量数据

| 核　素 | $n$ | 0 | 1 | 2 | 3 | 4 | 5 | 6 | 7 | 8 | $\eta$ |
|---|---|---|---|---|---|---|---|---|---|---|---|
| $^{240}$Pu | $N_g$ | 18065 | 31197 | 21941 | 8122 | 1724 | 212 | 18 | 1 | | 0.5896 |
| | $N'_g$ | 76689 | 4358 | 149 | 9 | | | | | | ±0.0039 |
| $^{242}$Cm | $N_g$ | 21137 | 48709 | 42875 | 19202 | 4819 | 734 | 79 | 18 | 2 | 0.5985 |
| | $N'_g$ | 132315 | 5103 | 141 | 2 | 1 | | | | | ±0.0042 |
| | $N_g$ | 8914 | 19047 | 15335 | 6148 | 1293 | 182 | 16 | 0 | 0 | 0.5597 |
| | $N'_g$ | 49611 | 1300 | 19 | | | | | | | ±0.0039 |
| $^{244}$Cm | $N_g$ | 49643 | 112759 | 97108 | 42520 | 10114 | 1470 | 145 | 7 | 0 | 0.5560 |
| | $N'_g$ | 303818 | 9683 | 208 | 9 | | | | | | ±0.0039 |

实验测得的数据依次作假门、死时间计数损失、扣除本底和效率等项修正，对 $^{240}$Pu 还作了法国效应(−0.4%)和缓发$\gamma$射线(−0.89%)的修正，这些借用 $^{239}$Pu 的数据。经过这些计算，得到瞬发裂变中子数目分布$P_\nu$，然后按公式 $\bar{\nu}_P=\sum\limits_{\nu=0}^{8}\nu P_\nu$ 求出每次裂变的瞬发中子平均数。数据处理参考［6］和［11］。现在 $^{240}$Pu，$^{242}$Cm 和 $^{244}$Cm 的各项修正相应为：假门（0.1%，0.05%和0.03%）；死时间（0.6%，0.74%和0.67%）；裂变谱差异（1.26%，1.07%和0.4%）。现将测量结果列在表 2 中，表中 $\langle\nu^2\rangle=\sum\limits_{\nu=0}^{8}\nu^2P_\nu$；$\sigma_\nu^2=\langle\nu^2\rangle-\langle\nu\rangle^2=\langle\nu^2\rangle-(\bar{\nu}_P)^2$。也将$^{240}$Pu，$^{242}$Cm和$^{244}$Cm的自发裂变$P_\nu$数据画在图 1 上，实线是宽度$\sigma=1.15$的高斯曲线。

这些$P_\nu$实验数据我们还用高斯函数按最小二乘法作最佳拟合，得到$^{240}$Pu，$^{242}$Cm和 $^{244}$Cm

的高斯宽度$\sigma$分别为1.149±0.047、1.159±0.074和1.172±0.098。

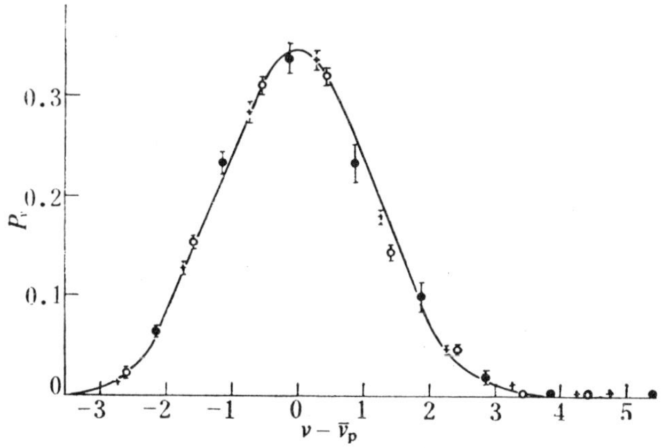


图1　$^{240}Pu$，$^{242}Cm$和$^{244}Cm$自发裂变瞬发中子数目分布

· ——$^{240}Pu$；○——$^{242}Cm$；+ ——$^{244}Cm$；———高斯曲线($\sigma$=1.15)。

表2　$^{240}Pu$，$^{242}Cm$和$^{244}Cm$的$\bar{\nu}_P$值及$P_\nu$测量结果

| | | | | |
|---|---|---|---|---|
| $^{240}Pu$ | $\bar{\nu}_P$ 2.141±0.017 | $P_0$ 0.0647±0.0028 | $P_3$ 0.2436±0.0193 | $P_6$ 0.0002±0.0031 |
| | $\langle\nu^2\rangle$ 5.8925 | $P_1$ 0.2342±0.0096 | $P_4$ 0.0989±0.015 | $P_7$ 0.0016±0.0010 |
| | $\sigma_\nu^2$ 1.3099 | $P_2$ 0.3381±0.0135 | $P_5$ 0.0191±0.0074 | $P_8$ −0.0005±0.0007 |
| $^{242}Cm$ | $\bar{\nu}_P$ 2.573±0.019 | $P_0$ 0.0219±0.0023 | $P_3$ 0.3195±0.0091 | $P_6$ 0.0023±0.0032 |
| | $\langle\nu^2\rangle$ 7.9538 | $P_1$ 0.01527±0.0064 | $P_4$ 0.1443±0.0077 | $P_7$ 0.0015±0.0010 |
| | $\sigma_\nu^2$ 1.3307 | $P_2$ 0.3100±0.0085 | $P_5$ 0.047±0.0047 | $P_8$ 0.0006±0.0001 |
| $^{244}Cm$ | $\bar{\nu}_P$ 2.731±0.020 | $P_0$ 0.0130±0.0016 | $P_3$ 0.3370±0.0103 | $P_6$ 0.0112±0.0002 |
| | $\langle\nu^2\rangle$ 8.7749 | $P_1$ 0.1281±0.0059 | $P_4$ 0.1797±0.0061 | $P_7$ 0.0007±0.0001 |
| | $\sigma_\nu^2$ 1.3167 | $P_2$ 0.2835±0.0095 | $P_5$ 0.0468±0.0037 | $P_8$ 0 |

## 讨　论

现将我们测量$^{240}Pu$，$^{242}Cm$和$^{244}Cm$自发裂变的$\bar{\nu}_P$值与文献上发表的数据进行比较，重新订正的标准为：$\bar{\nu}(^{252}Cf)$=3.743±0.018[6]，$\bar{\nu}_P(^{240}Pu)$=2.141±0.017（本工作）和$^{235}U$热中子裂变的$\bar{\nu}_P(^{235}U)$=2.384±0.007[12]。新近测量$^{240}Pu$自发裂变的$\bar{\nu}_P$值均列在表3上，可以看出，我们的结果与B. C. Diven[14]，J. W. Boldeman[2]和裂变中子数测量组[10]的数据很好符合。$^{242}Cm$自发裂变的$\bar{\nu}_P$及$P_\nu$数据只有D. A. Hicks[7]和W. W. Crane[8]等人在1956年给出的两个正式测量结果，后来A. H. Jaffey等[9]在对所测量的$^{244}Cm$作修正时，

给出过 $^{242}$Cm $\bar{\nu}_p$的辅助测量值，但所有这些结果精度都不高。由表 4 可见，我们的结果比原有数据平均值偏高 2.8% 左右，为了检验起见，我们曾在两种效率下将 $^{242}$Cm 相对 $^{252}$Cf 和$^{240}$Pu 作了测量，结果在 1% 内一致。各家测量 $^{244}$Cm 的 $\bar{\nu}_p$ 值列在表 5 中，我们的数据与 B. C. Diven[18]和H. И. Крошкин[21]等人的一致。将我们测量$^{240}$Pu，$^{242}$Cm和 $^{244}$Cm 以及原来测量$^{252}$Cf[6]的$\bar{\nu}_p$ 值对质量数$A$作图，其趋势与文献［3，4］给出的相同（见图 2）。

表 3　新近$^{240}$Pu自发裂变$\bar{\nu}_p$值的比较

| 作者 | 年代 | 原来 $\bar{\nu}_p$ 值 | 原来标准 | 新的标准 | 订正后的$\bar{\nu}_p$值 |
|---|---|---|---|---|---|
| Moat〔13〕 | 1961 | 2.13±0.05 | $\bar{\nu}_p(^{252}Cf)=3.69$ | 3.743 | 2.16±0.05 |
| Diven [14] | 1962 | 2.167±0.036 | $\bar{\nu}_p(^{235}U)=2.414$ | 2.384 | 2.140±0.036 |
| Asplund [15] | 1963 | 2.159±0.017 | $\bar{\nu}_p(^{252}Cf)=3.800$ | 3.743 | 2.127±0.017 |
| Colvin [16] | 1965 | 0.888±0.005 | $\bar{\nu}_p(^{235}U)=1$ | 2.384 | 2.117±0.012 |
| Boldeman [2] | 1968 | 2.168±0.009 | $\bar{\nu}_p(^{252}Cf)=3.784$ | 3.743 | 2.145±0.009 |
| Frehaut [17] | 1974 | 2.148±0.015 | $\bar{\nu}_p(^{252}Cf)=3.732$ | 3.743 | 2.154±0.015 |
| 裂变中子数测量组[10] | 1971 | 2.138±0.031 | 绝对测量 | | 2.138±0.031 |
| 本工作 | 1978 | 2.141±0.017 | $\bar{\nu}_p(^{252}Cf)=3.743$ | 3.743 | 2.141±0.017 |

表 4　$^{242}$Cm 自发裂变 $\bar{\nu}_p$ 值的比较

| 作者 | 年代 | 原来 $\bar{\nu}_p$ 值 | 原来标准 | 新的标准 | 订正后的$\bar{\nu}_p$值 |
|---|---|---|---|---|---|
| Crane [8] | 1956 | 2.33±0.11 | $\bar{\nu}_p(^{252}Cf)=3.53$ | 3.743 | 2.47±0.11 |
| Hicks [7] | 1956 | 2.65±0.03 | $\bar{\nu}_p(^{240}Pu)=2.257$ | 2.141 | 2.51±0.03 |
| Jaffey*[9] | 1970 | 2.51±0.12 | $\bar{\nu}_p(^{252}Cf)=3.764$ | 3.743 | 2.50±0.12 |
| 本工作 | 1979 | 2.573±0.019 | $\bar{\nu}_p(^{252}Cf)=3.743$ | 3.743 | 2.573±0.019 |

* 这组值原始结果为 $\bar{\nu}_p(^{242}Cm)/\bar{\nu}_p(^{244}Cm)=0.933\pm0.043$，$\bar{\nu}_p(^{244}Cm)=2.692\pm0.024$，而 $\bar{\nu}_p(^{244}Cm)$ 是相对 $\bar{\nu}_p(^{252}Cf)=3.764\pm0.015$等得出的。

表 5　$^{244}$Cm自发裂变$\bar{\nu}_p$值的比较

| 作者 | 年代 | 原来 $\bar{\nu}_p$ 值 | 原来标准 | 新的标准 | 订正后的$\bar{\nu}_p$值 |
|---|---|---|---|---|---|
| Diven[18] | 1956 | 2.810±0.059 | $\bar{\nu}_p(^{235}U)=2.46\pm0.03$ | 2.384±0.007 | 2.723±0.047 |
| Hicks[7] | 1956 | 2.84±0.09 | $\bar{\nu}_p(^{240}Pu)=2.257\pm0.046$ | 2.141±0.017 | 2.69±0.09 |
| Crane[8] | 1956 | 2.60±0.12 | $\bar{\nu}_p(^{252}Cf)=3.53\pm0.15$ | 3.743±0.018 | 2.76±0.05 |
| Болбшов[19] | 1964 | 2.71±0.04 | $\bar{\nu}_p(^{240}Pu)=2.17\pm0.015$ | 2.141±0.017 | 2.68±0.04 |
| Прохорова[20] | 1970 | 2.690±0.015 | $\bar{\nu}_p(^{252}Cf)=3.782$ | 3.743±0.018 | 2.662±0.015 |
| Крошкин[21] | 1970 | 2.77±0.08 | $\bar{\nu}_p(^{235}U)=2.426$ | 2.384±0.007 | 2.721±0.08 |
| Прохорова[22] | 1972 | 2.700±0.014 | $\bar{\nu}_p(^{252}Cf)=3.764\pm0.015$ | 3.743±0.018 | 2.685±0.014 |
| Голушко[23] | 1973 | 2.680±0.027 | $\bar{\nu}_p(^{252}Cf)=3.756\pm0.010$ | 3.743±0.018 | 2.671±0.027 |
| 本工作 | 1979 | 2.731±0.020 | $\bar{\nu}_p(^{252}Cf)=3.743\pm0.018$ | 3.743±0.018 | 2.731±0.020 |

重核裂变发射的中子直接与断裂时形变碎片的总激发能相关，每次裂变发射的平均中子数是裂变碎片平均激发能的量度，而中子数目分布正好反映碎片激发能围绕平均激发能的分布。正如文献［4，5］指出，一系列偶-偶同位素自发裂变的 $P_\nu$ 分布宽度随核素和瞬发中子平均数有变化。根据我们测定 $^{240}$Pu，$^{242}$Cm，$^{244}$Cm 和 $^{252}$Cf[6] 的结果，对这一核素区域，作为一级近似，得出分布宽度随瞬发中子平均数近乎线性增加，其关系为$\sigma_\nu=0.956+0.079\bar{\nu}_p$，

如图 3 所示。这反映裂变碎片激发能分布宽度有随平均激发能增加而增加的性质。

最后，作者衷心感谢庄人杰、樊芝草、居崇华为我们提供$^{242}$Cm和$^{244}$Cm样品；杨春祥提供高斯拟合 $P_\nu$ 分布的程序。

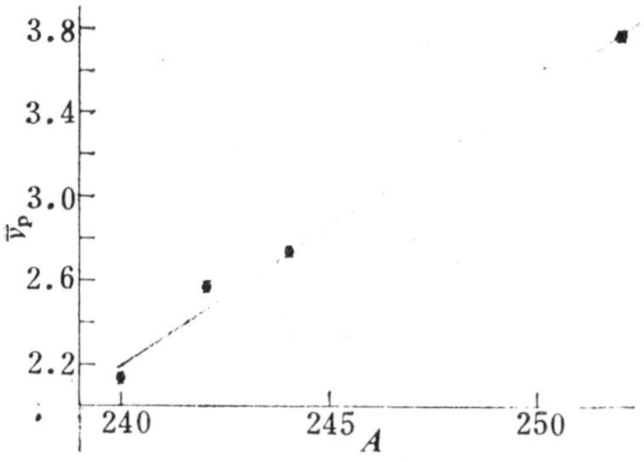


图 2 $^{240}$Pu$^{242}$,Cm,$^{244}$Cm和$^{252}$Cf自发裂变$\bar{\nu}_p$值随质量数$A$的变化

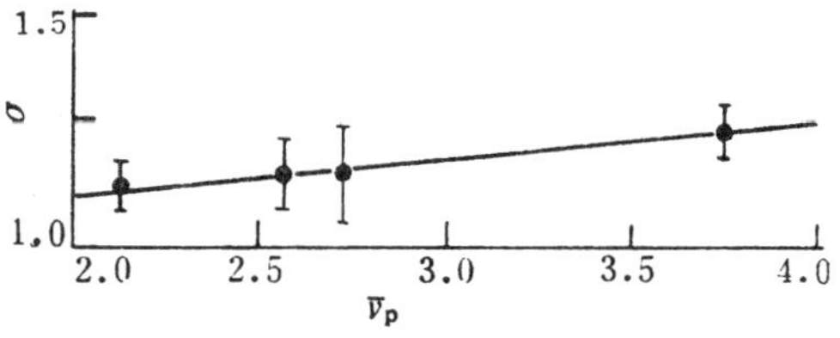


图 3 $^{240}$Pu,$^{242}$Cm,$^{244}$Cm和$^{252}$Cf自发裂变 $P_\nu$ 分布宽度随 $\bar{\nu}_p$ 值的变化

## 参 考 文 献


[1] J.Terrell, *Phys. Rev.*, **108**, 783(1957).
[2] J.W.Boldeman, *J. Nucl. Energy*, **22**, 63 (1968).
[3] R.W.Stoughton et al., *Nucl. Sci Eng.*, **50**, 169 (1973).
[4] M. Даковский и др., *Ядерная Физика*, **18**, 724 (1973
[5] 黄胜年等，物理学报，**23**, 46 (1974).
[6] 张焕乔、刘祖华，原子核物理，**1**, 9 (1979).
[7] D.A.Hicks et al., *Phys. Rev.*, **101**, 1016 (1956).
[8] W.W. Crane et al., *Phys. Rev.*, **101**, 1804 (1956).
[9] A.H. Jaffey et al., *Nucl. Phys.*, **A145**, 1 (1970).
[10] 裂变中子数测量组，科技，**4**, 285 (1975).
[11] 王豫生、许谨诚，物理学报，**23**, 38 (1974).
[12] 张焕乔，hsj-76041 (bp).
[13] A.Moat et al., *J. Nucl. Energy*, **15**, 102 (1961).
[14] B.C.Diven et al., Phys. of Fast and Intermidiate Reactor (1960) Vol.1, p. 140.
[15] I.Asplund-Nilssion et al., *Nucl. Sci. Eng.* **15**, 213 (1963).
[16] D.W.Colvin and Sowerly, Phys. and Chemistry of Fission (1965) Vol. 2, p. 65.
[17] J.Frehaut et al., CEA-4626, (1974).
[18] B.C. Diven et al., *Phys. Rev.*, **101**, 1012 (1956).
[19] Б. И. Большов и др., *Атомная Энерzия*, **17**, 28 (1964).
[20] Л. И. Прохорова и др., *Атомная Энерzия*, **30**, 250 (1970).
[21] Н.И.Крошкин и др., *Атомная Энерzия*,**29**, 95 (1970).
[22] Л. И. Прохорва и др., *Атомная Энерzия*, **33**, 767 (1972).
[23] В. В. Голушко и др.. *Атомная Энерzия*, **34**, 135 (1973).

# THE AVERAGE NUMBER OF PROMPT NEUTRON AND THE DISTRIBUTION OF PROMPT NEUTRON EMISSION NUMBERS FOR SPONTANEOUS FISSION OF $^{240}$Pu, $^{242}$Cm, $^{244}$Cm

ZHANG HUANQIAO LIU ZUHUA DING SHENGYUE LIU SHAOMING

*(Institute of Atomic Energy, Academia Sinica, P.O. Box 275, Beijing)*

ABSTRACT

The average number of prompt neutron $\bar{\nu}_p$ and the distribution of prompt neutron emission numbers $P_\nu$ per fission for spontaneous fission of $^{240}$Pu, $^{242}$Cm and $^{244}$Cm relative to $\bar{\nu}_p$ ($^{252}$Cf) have been measured by means of large Gd-loaded liquid scintillation counter with coincidence method. It has been obtained that $\bar{\nu}_p$ ($^{240}$Pu) $=2.141\pm0.017$, $\bar{\nu}_p$ ($^{242}$Cm)$=2.573\pm0.019$ and $\bar{\nu}_p$ ($^{244}$Cm)$=2.731\pm0.020$. The obtained distributions of prompt neutron emission numbers have been fitted with Gaussion Curves by weighted least-squares method. The widths of Gaussion distributions $\sigma_\nu$ for $^{240}$Pu, $^{242}$Cm and $^{244}$Cm are $1.149\pm0.047$, $1.159\pm0.074$ and $1.172\pm0.098$, respectively. According to these results as well as our previous measured $^{252}$Cf spontaneous fission[6], the width of the distribution $\sigma_\nu$ varies linearly with $\bar{\nu}_p$ at the first order of approximation. The data was fitted by least-squares method, and the result is given by $\sigma_\nu=0.956+0.079\bar{\nu}_p$.This fact reflects the trend that the width of excitation energy distribution of fission fragments increases with average excitation energy of fission fragments in above mentioned range of nuclei.

# $^{252}$Cf三分裂瞬发中子平均数与长程α粒子动能的关联①

刘祖华　张焕乔　丁声跃　刘绍明

（中国科学院原子能研究所）

## 前　　言

根据核三分裂过程中发射的长程 $\alpha$ 粒子的能谱和角分布[1-3]，人们一般认为，长程 $\alpha$ 粒子可能是在核断裂时刻，或接近断裂时刻，由两碎块之间的区域发射的。因此，长程 $\alpha$ 粒子或许是一种理想的探针，通过实验测量和相应的轨迹计算[4-6]，用以了解核断裂时的状态。

过去典型的长程$\alpha$粒子轨迹计算中，把两碎块和$\alpha$粒子看成三个点电荷。基于三个点电荷模型，已有不少人作过轨迹计算，但各家计算得到的核断裂时的初始参数，如初始$\alpha$粒子动能 $E_{\alpha 0}$，两碎块之间的距离 $D$，碎块的初始动能 $E_{f_0}$ 等，存在着明显的差异[7]。最近，Dakowski 等人[8]指出，由于忽略了核力和碎块的形变，基于三个点电荷模型的轨迹计算是不正确的。

以上的叙述表明，正确的长程 $\alpha$ 粒子轨迹计算应当考虑裂变碎块的形变。而碎块在核断裂时刻的形变在两碎块飞开过程中逐渐收缩，碎块的形变能也随着形变的收缩而转化为碎块的激发能。然后，碎块通过发射中子，释放其大部分激发能。由此可见，在某种程度上，我们可以说，裂变碎块发射的中子数目与核断裂时刻初始碎块的形变相关。

根据以上的考虑，我们认为开展重核三分裂瞬发中子数与长程 $\alpha$ 粒子动能的关联测量，对于改善长程 $\alpha$ 粒子轨迹计算，或者说，对于进一步了解核断裂时刻的状态具有一定的意义。

## 实　验　安　排

实验安排如图 1 所示。我们用一直径为60厘米的球形载钆液体闪烁探测器[9]探测裂变中子。装有 $^{252}$Cf 样品的裂变探测室置于球形中子探测器的中心。图 1 的右边显示裂变探测室的详细情况。核三分裂过程中发射的长程 $\alpha$ 粒子用一块 1000 欧姆·厘米的金硅面垒 $E$ 半导体探测器探测。$^{252}$Cf 样品和$E$半导体探测器相距 7.2 毫米。$E$ 半导体探测器前有一直径为16 毫米的光阑，阻止由裂变探测室的壁散射的裂变碎块和 $\alpha$ 粒子进入 $E$ 半导体探测器。紧

---

① 原子核物理，1981，3(3)：281-285.

挨着 $^{252}Cf$ 样品，放置了一块厚度为 26 微米的 $\Delta E$ 半导体探测器，用于探测裂变碎块，并且阻止裂变碎块进入 $E$ 半导体探测器。$\Delta E$ 半导体探测器以及其后的电子学线路起着排除混有二分裂发射中子事件的作用。有关这方面的详细考虑，可参考文献［10］。

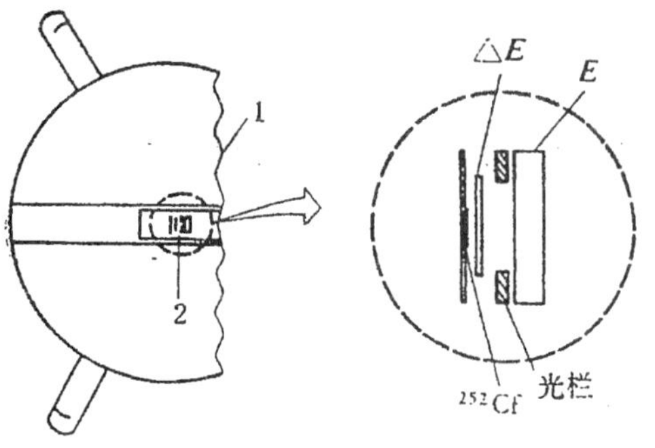


图1　实验装置

右图是左图真空裂变探测室的放大。1——液体闪烁探测器；2——真空裂变探测室。

图 2 是电子学线路方框图。4096道分析器工作在 64×64 的两维状态。要分析的量是 $^{252}Cf$ 三分裂时放出的长程 $\alpha$ 粒子能量和裂变瞬发中子数目。$E$ 半导体探测器的输出信号经放大后分成两路。一路通过甄别、展宽后与来自液体闪烁体探测器的裂变瞬发 $\gamma$ 脉冲在中子数目分析器[11]中符合，挑选出真正的三分裂事件，接着中子数目分析器开两个30微秒宽的电子门，对液体闪烁体记录的中子脉冲数目和本底进行分析。中子数目分析器的分析结果经数模转换后，输入到多道分析器的 $y$ 方向。$E$ 半导体探测器输出信号经放大后的另一路，通过展宽和衰减后，输入到多道分析器的 $x$ 方向。

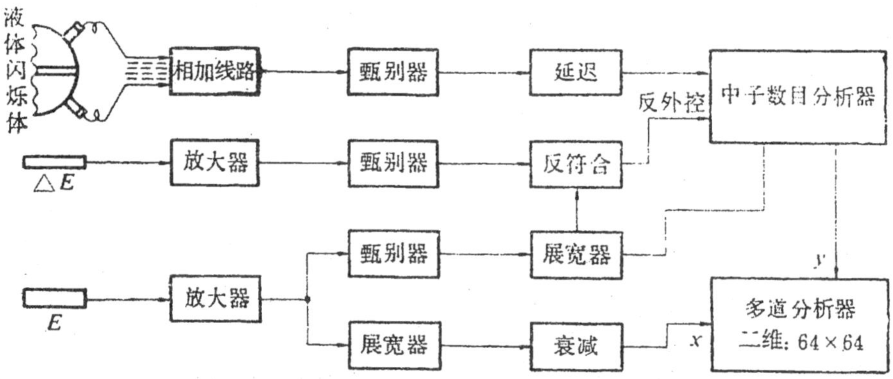


图2　用于 $^{252}Cf$ 三分裂瞬发中子数目与长程 $\alpha$ 粒子动能关联测量的电路方框图

利用 $^{241}Am$ 的 5.486 兆电子伏的 $\alpha$、$^{242}Cm$ 的 6.113 兆电子伏的 $\alpha$ 和水银开关脉冲产生器对多道分析器的 $x$ 方向进行能量和线性刻度。在 50 天的测量过程中，其稳定性由水银开关脉冲产生器进行检测。而中子路的稳定性靠裂变探测室在球心的固有放射性计数率来监督。

## 实　验　结　果

在工作［10］中，我们已经测得 $^{252}Cf$ 三分裂瞬发中子平均数 $\bar{\nu}_p^{LRF}=3.033\pm0.020$。这次我们以这个值为基准，作相对测量。由此定出液体闪烁体探测裂变中子的效率为 $\eta=0.5269\pm0.0035$。

多道分析器记录的是两维谱 $N(E'_\alpha, n)$，其中 $E'_\alpha$ 是 $E$ 半导体探测器测得的长程 $\alpha$ 粒子动能，$n$ 是中子数目分析器第一个电子门期间，来自液体闪烁体的脉冲数。对应 $x$ 方向的每一道，可计算出来自液体闪烁体的脉冲数为 $n$ 的三分裂事件数 $Y_n(E'_\alpha)$。由此可以定出相应的平均值：

$$n_s(E'_\alpha)=\frac{\sum_{n=0}^{7} nY_n(E'_\alpha)}{\sum_{n=0}^{7} Y_n(E'_\alpha)} \tag{1}$$

由（1）式算出的 $n_s(E'_\alpha)$ 可求出实验直接测定的、长程 $\alpha$ 粒子的能量为 $E'_\alpha$ 的三分裂瞬发中子平均数：

$$\bar{\nu}_p(E'_\alpha)=\frac{n_s(E'_\alpha)-n_b}{\eta} \tag{2}$$

$n_b$ 是中子数目分析器第二个电子门期间记录的本底脉冲平均数。

因为长程 $\alpha$ 粒子穿过 $\Delta E$ 半导体探测器，所以对 $E$ 半导体探测器测得的 $\alpha$ 粒子的能量 $E'_\alpha$ 必须作修正。因此，由实验直接测定的三分裂瞬发中子平均数 $\bar{\nu}_p(E'_\alpha)$ 也应作相应的修正。设修正后的三分裂瞬发中子平均数为 $\bar{\nu}_p(E_\alpha)$，那么 $\bar{\nu}_p(E'_\alpha)$ 与 $\bar{\nu}_p(E_\alpha)$ 有如下关系：

$$\bar{\nu}_p(E'_\alpha)=\frac{\int_{E'_\alpha}^{E_{\alpha,\max}} \bar{\nu}_p(E_\alpha)T(E'_\alpha,E_\alpha)\mathrm{d}E_\alpha}{\int_{E'_\alpha}^{E_{\alpha,\max}} T(E'_\alpha,E_\alpha)\mathrm{d}E_\alpha} \tag{3}$$

其中 $E_\alpha$ 是修正后的长程 $\alpha$ 粒子能量，$E_{\alpha,\max}$ 是实验测得的长程 $\alpha$ 粒子最大能量，$T(E'_\alpha,E_\alpha)$ 是变换矩阵。我们根据 $\Delta E$ 探测器的厚度以及 $E$ 探测器相对于 $^{252}Cf$ 源的几何条件算出变换矩阵 $T(E'_\alpha,E_\alpha)$，而 $\bar{\nu}_p(E'_\alpha)$ 由实验直接测定，所以从（3）式可以得到修正后的 $^{252}Cf$ 三分裂瞬发中子平均数随长程 $\alpha$ 粒子能量的变化 $\bar{\nu}_p(E_\alpha)$。实际计算中，我们按多道分析器的道宽，将（3）式中的积分改为求和。由于三分裂瞬发中子平均数随长程 $\alpha$ 粒子能量的变化缓慢，因此这一修正很小。相对修正量为 0.2% 左右。现将实验结果列于表1。

表1　$^{252}Cf$ 三分裂瞬发中子平均数随长程 $\alpha$ 粒子动能的变化

| $E_\alpha$,MeV | $\bar{\nu}_p(E_\alpha)$ | $E_\alpha$,MeV | $\bar{\nu}_p(E_\alpha)$ | $E_\alpha$,MeV | $\bar{\nu}_p(E_\alpha)$ |
|---|---|---|---|---|---|
| 10.59 | 3.246±0.066 | 15.01 | 3.031±0.053 | 19.60 | 2.838±0.066 |
| 10.85 | 3.229±0.065 | 15.30 | 3.131±0.053 | 19.88 | 2.963±0.070 |
| 11.10 | 3.198±0.063 | 15.57 | 3.042±0.052 | 20.17 | 2.864±0.074 |
| 11.38 | 3.153±0.064 | 15.86 | 2.993±0.052 | 20.48 | 2.909±0.084 |
| 11.61 | 3.167±0.062 | 16.14 | 2.988±0.051 | 20.77 | 2.817±0.085 |
| 11.92 | 3.095±0.062 | 16.43 | 2.965±0.052 | 21.06 | 2.634±0.104 |
| 12.20 | 3.174±0.061 | 16.72 | 2.956±0.051 | 21.35 | 2.867±0.114 |
| 12.48 | 3.151±0.060 | 17.00 | 3.014±0.053 | 21.64 | 2.685±0.121 |
| 12.75 | 3.084±0.059 | 17.29 | 2.967±0.052 | 21.93 | 2.796±0.155 |
| 13.05 | 3.095±0.056 | 17.58 | 2.973±0.052 | 22.22 | 2.770±0.155 |
| 13.33 | 3.146±0.058 | 17.86 | 2.941±0.051 | 22.51 | 2.854±0.211 |
| 13.61 | 3.040±0.054 | 18.15 | 2.988±0.055 | 22.81 | 2.634±0.215 |
| 13.89 | 3.106±0.057 | 18.43 | 2.967±0.054 | 23.10 | 2.698±0.359 |
| 14.16 | 3.095±0.055 | 18.72 | 2.911±0.055 | 23.40 | 2.670±0.385 |
| 14.45 | 3.039±0.054 | 19.01 | 2.935±0.057 | | |
| 14.74 | 3.069±0.055 | 19.31 | 2.909±0.060 | | |

所测得的 $\bar{\nu}_p(E_\alpha)$ 实验数据，用正交多项式最小二乘法拟合，得到最佳方程为：

$$\bar{\nu}_p(E_\alpha)=3.017-0.084x-0.018x^2-0.014x^3, \qquad (4)$$

其中

$$x=5.045\ln E_\alpha-13.906.$$

图 3 是我们测得的 $^{252}$Cf 三分裂瞬发中子平均数随长程 $\alpha$ 粒子动能的变化，图中的实线就是正交多项式的最佳拟合曲线。

## 实验结果的比较

Piekarz[12]，Nardi[13]和 Mehta[14] 三家已作过与 $^{252}$Cf 三分裂瞬发中子有关的多参数测量。我们与这三家，虽则研究的侧重面各不相同，但最后的结果中都给出了三分裂瞬发中子平均数随长程 $\alpha$ 粒子动能的变化，因而可以就这方面作比较。

我们和 Mehta 都用载钆液体闪烁体探测器测量裂变中子。Mehta作五参量测量，最后按裂变碎块的质量区间给出 $\bar{\nu}(E_\alpha)$。然而，我们这两家的测量结果似乎都表明，$^{252}$Cf 三分裂瞬发中子平均数随长程 $\alpha$ 粒子动能的变化很可能是非线性的。

Piekarz 和 Nardi 两家分别用芪晶体和塑料闪烁体 NE102A 探测裂变中子，探测效率都比载钆液体闪烁体低。他们的测量结果都用直线拟合。为了与这两家作比较，也将我们测量的 $\bar{\nu}_p(E_\alpha)$ 值用直线作最小二乘法拟合。现将这三家的 $d\bar{\nu}_p/dE_\alpha$ 列于表 2。

表 2　$^{252}$Cf 三分裂瞬发中子平均数随长程 $\alpha$ 粒子动能变化的斜率

| 作　　者 | 本　工　作 | Piekarz | Nardi |
|---|---|---|---|
| $d\bar{\nu}_p/dE_\alpha$, 1/MeV | $-0.041\pm0.003$ | $-0.045\pm0.010$ | $-0.026\pm0.015$ |

## 讨　　论

虽则只有通过长程 $\alpha$ 粒子的轨迹计算，才能得出适当的结论，但是根据实验结果，我们可以先作些定性的讨论。

前面已经指出，裂变碎块发射的中子数目与核断裂时刻的碎块初始形变相关。因此，我们认为 $^{252}$Cf 三分裂瞬发中子平均数随长程 $\alpha$ 粒子动能的变化主要反映了核三分裂时碎块的形变程度与长程 $\alpha$ 粒子最终动能的某种关联。对此，可以用画在图 4 中的 $^{252}$Cf 三分裂的两个极端情况来说明。

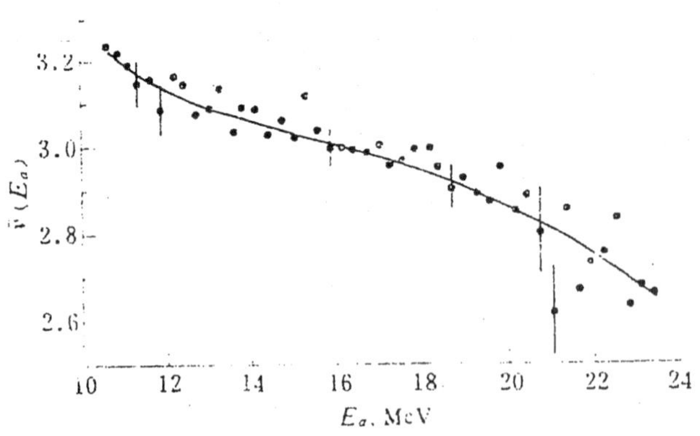


图 3　$^{252}$Cf三分裂瞬发中子平均数随长程$\alpha$粒子动能的变化
实践是正交多项式的最佳拟合曲线。

(a) 核三分裂时，两碎块的形变大，相应碎块之间的距离 $D$ 也大。虽则长程 $\alpha$ 粒子的最终动能还受多种因素的影响，但由于在这种组态下，库仑排斥力小，一般说来，$\alpha$粒子最终动能也相应地小。另一方面，由于碎块初始形变大，形变收缩后，碎块发射的中子数目也就多。这相应于图 3 中长程 $\alpha$ 粒子动能 $E_\alpha$ 小的一端。

(b) 核三分裂时，碎块的形变小，两碎块之间的距离 $D$ 小，与第一种情况相反，$\alpha$粒子

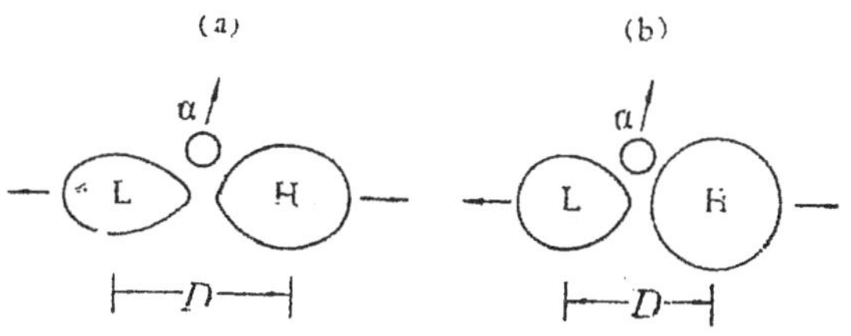

图 4　$^{252}$Cf 三分裂两极端情形的示意

最终动能 $E_\alpha$ 大，而由于碎块形变小，碎块发射的中子数目也会相应地少。这相当于图 3 中的长程 $\alpha$ 粒子动能 $E_\alpha$ 大的一端。

由以上的讨论可见，为了符合核三分裂瞬发中子平均数随长程 $\alpha$ 粒子能量的变化，$\bar{\nu}_p(E_\alpha)$，相应的轨迹计算必须考虑碎块的形变。我们相信，考虑碎块形变的模型计算将会比基于三个点电荷的模型计算，提供更合理的核断裂状态的信息。

核断裂时刻两碎块之间的距离，或碎块的初始速度的知识，是核裂变理论中非常感兴趣的一些参数。通过三分裂的详细研究有希望获得这方面的知识。虽则核三分裂的研究，无论是实验，还是理论计算，已作了大量的工作，但是直到现在还未达到对核断裂状态有确切的了解。因此，从实验和理论两方面对核三分裂现象作进一步的研究仍然很有价值。

最后，作者对近代物理所为我们提供 $^{252}$Cf 源和给予大力支持和帮助表示衷心的感谢。

## 参　考　文　献

[1] W. Loveland, *Phys. Rev.*, C9, 395 (1974).
[2] K. Tsuji, A. Katase, et al., Proc. Symp. on Physics and Chemistry of Fission, IAEA, Vienna, 1973, Vol. 2, p. 405.
[3] M. J. Fluss et al., *Phys. Rev.*, **C7**, 353 (1973).
[4] Y. Boneh et al., *Phys. Rev.*, **156**, 1305 (1967).
[5] C. Brown and P. Fong, *Phys. Rev.*, **C16**, 243 (1977).
[6] F. Fossati and T. Pinelli, *Nucl. Phys.*, **A249**, 185 (1975).
[7] R, Vandenbosch and J. R. Huizenga, Nucl. Fission, Academic Press, 1973, p. 394–395.
[8] N. Dakowski et al., *Nucl. Phys.*, **A315**, 370 (1979).
[9] 张焕乔、刘祖华，原子核物理，**1**,9(1979).
[10] 刘祖华、张焕乔，原子核物理，**2**, 53 (1980).
[11] 刘祖华，科技 3, 337 (1979).
[12] H. Piekarz et al., *Nucl. Phys.*, **A146**, 273 (1970).
[13] E. Nardi and Z. Fraenkel, *Phys. Rev.*, **C2**, 1156 (1970).
[14] G. K. Mehta et al., *Phys. Rev.*, **C7**, 373 (1973).

# THE DEPENDENCE OF THE AVERAGE PROMPT NEUTRON EMISSION ON $\alpha$–PARTICLE ENERGY IN TERNARY FISSION OF $^{252}$Cf

LIU ZUHUA　ZHANG HUANQIAO　DING SHENGYUE　LIU SHAOMING

*(Institute of Atomic Energy, Academia Sinica, P. O. Box 275, Beijing)*

## ABSTRACT

We have made a two-parameter measurement on ternary fission of $^{252}$Cf. The average number of prompt neutrons emitted per ternary fission event as a function of $\alpha$–particle energy is obtained. The curve can be approximately represented by a straight line. The slope of the line $d\bar{\nu}_p/dE_d$ is $-0.041\pm0.003$ MeV$^{-1}$ by a weighted least–squares fit. This relation is explained by considering the deformation of the nascent fragments at scission and the kinetic energy of the long range $\alpha$–particles.

# $^{252}$Cf 自发裂变中高能 γ 射线的搜索①


张焕乔　丁声耀　刘祖华　张贵山　刘绍明

（中国科学院原子能研究所）

唐孝威　李焕铁

（中国科学院高能物理研究所）



**摘　要**

为了探寻超密核存在的可能性，用铅玻璃契仑柯夫全吸收谱仪在 $^{252}$Cf 自发裂变中搜索高能 γ 射线. 给出能量在 50 到 240 兆电子伏区域的 γ 射线出现几率的上限值为 $1.4\times10^{-6}$/裂变(置信水平 95%).


## 一、引　言

自然界中除正常态核物质外，是否还存在高密度的核态，这是一个很有兴趣的问题. 工作［1-3］曾在理论上探讨过超密原子核存在的可能性. 超密原子核的特点是其密度比正常态原子核的高，每一核子的结合能特别大，可能达几十到几百兆电子伏.

在高能重原子核碰撞时，可能产生超密原子核. 在重原子核裂变时，核形变导致裂变，在过鞍点以前，遵从统计或准统计描述(慢过程)，在这阶段，难以生成超密核；一当通过鞍点到达断点，原子核就发生裂变，在断裂的瞬刻，有可能在碎片中形成超密核；在碎片退激过程中也可能会产生超密核. 因此，人们试图在重核裂变中，通过探测反常高的能量释放来寻找超密核. 近年已有若干实验在观测裂变过程中放出的高能电子[4]、高能正电子[5]、高能 γ 射线[5,6]和高能中子[7]，目前达到的最佳上限为 $10^{-8}$/裂变量级，这大多是在地下低背景环境下获得的.

我们用铅玻璃全吸收 γ 谱仪测量 $^{252}$Cf 自发裂变时放出的 γ 射线，着重搜索能量高于 50 兆电子伏的 γ 射线，来研究裂变时是否形成痕量的超密原子核. 采用铅玻璃全吸收谱仪的好处是体积小、效率高、对低能粒子不灵敏和经济，缺点是能量分辨率较差；而 В. И. Алешин 等人[5]采用的多块 NaI(Tl) 晶体阵谱仪，效率高，分辨率较好. 但经济价值昂贵.

## 二、实验装置

实验安排如图 1 所示. 在全吸收 γ 谱仪中，探测 γ 射线所用的铅玻璃是天津硅酸盐

① 高能物理与核物理，1982，6(4)：491-494.

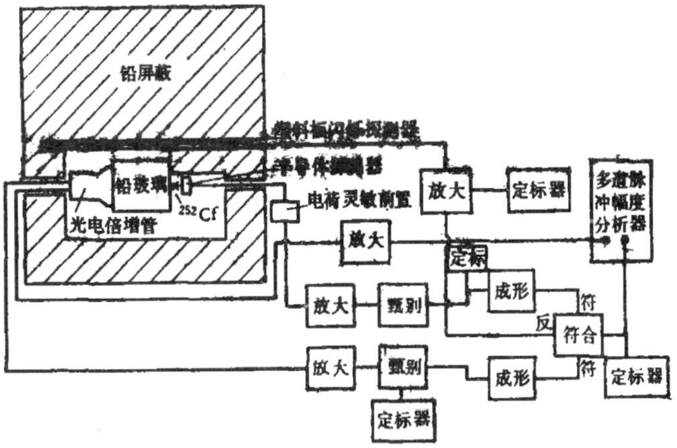


图 1 实验装置示意方块图

材料试验厂制作的 $ZF_1$ 型，大小为 12 × 12 × 20 厘米$^3$；折射系数 $n = 1.6475$；比重 $\rho = 3.86$ 克/厘米$^3$；其重量组成为 PbO 51.18%、$SiO_2$ 41.32%、$K_2O$ 7.00% 和 $AS_2O_3$ 0.50%. 相当于国外的 $SF_2$ 型铅玻璃. 用 EMI9530B 型光电倍增管直接与铅玻璃光学耦合. 它们整个装在光学密封的钢套中，钢套厚 1.5 毫米. 从光电倍增管阳极和末级打拿极同时引出脉冲，前者供符合，后者提供线性信号.

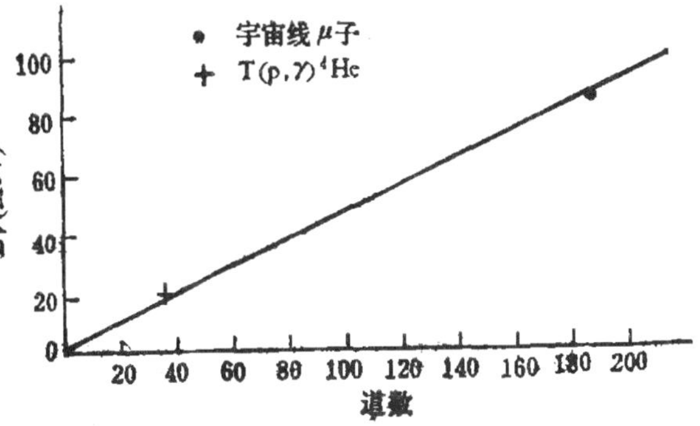


图 2 铅玻璃全吸收 γ 谱仪能量刻度

实验中用的 $^{252}Cf$ 样品，沉积在直径 3 厘米、厚 1 毫米的不锈钢底衬上，源的涂层直径 5 毫米，自发裂变率约 200 次/秒. 用面积 300 平方毫米的金硅面垒探测器紧贴在 $^{252}Cf$ 源上探测裂变碎片，用以确定总裂变事件数. 为了半导体探测器接地，在 $^{252}Cf$ 源背面用了一块同样大小的不锈钢片夹持接地引线的焊片. 而 $^{252}Cf$ 源和半导体探测器的组合体紧贴在黄铜真空室底上，铜底直径 6.2 厘米、厚1.5 毫米. 这样一来，裂变放出的 γ 射线，要穿过铁—铜—铁物质才能打到铅玻璃上. $^{252}Cf$ 源放置在铅玻璃中心线上，与玻璃表面相距 7 毫米.

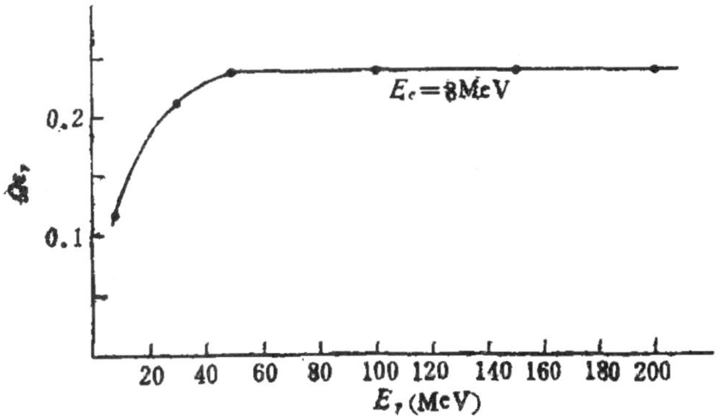


图 3 在阈值 $E_c = 8$MeV 下铅玻璃谱仪对 γ 射线接收度的能量响应曲线

为了减少宇宙线背景，用面积 50 × 50 厘米$^2$、厚度 0.5 厘米的塑料板闪烁探测器，放在 γ 谱仪的上方，以它输出的脉冲作反符合测量，排除宇宙线带电粒子的影响. 在 $^{252}Cf$ 源与塑料板闪烁探测器之间，放置 10 厘米厚的铅层，用以减少 $^{252}Cf$ 源引起塑料板探测器的计数．由于 $^{252}$Cf 源本身造成塑料板探测器计数增多约 200 脉冲/分，估计由此引起铅玻璃谱仪对裂变 $\gamma$ 射线探测的“自杀”率小于 2%．此外，整个铅玻璃谱仪是全屏蔽的，在塑料板探测器的上方堆有 32 厘米厚的铅层，在装置的侧面和底部也加 10 厘米厚的铅层，屏蔽环境 $\gamma$ 射线的影响．

测量用的电子学方框图如图 1 所示．半导体输出的脉冲经放大、甄别和成形后，与谱仪光电倍增管阳极引出脉冲(也经放大、甄别和成形)符合；同时，与塑料板探测器输出脉冲经放大后反符合，由符合—反符合线路输出控制多道脉冲幅度分析器的电子门．谱仪光电倍增管的末级打拿极输出脉冲经线性放大后由 512 多道分析器在门控方式下进行幅度分析．

## 三、测量及结果

实验中铅玻璃 $\gamma$ 谱仪的能量阈值选在 $E_c \sim 8$ 兆电子伏处，整个谱仪量程为 8—240 兆电子伏．

**谱仪能量刻度**：用两种方式进行．一是利用一个闪烁望远镜选择沿中心轴穿过铅玻璃的宇宙线 $\mu$ 子，测量 $\mu$ 子脉冲谱，可以推算峰位置相应的能量；另外是在高压倍加器上利用 T(p, $\gamma$)$^4$He 反应产生的 20.4 兆电子伏 $\gamma$ 射线提供数据，结果如图 2．

**谱仪探测 $\gamma$ 射线的响应曲线**：采用蒙特卡洛法模拟铅玻璃探测 $\gamma$ 射线的过程，得出效率 $\varepsilon_\gamma(E_\gamma)$、能量分辨函数和接受立体角 $\Omega$ 等．计算给出的 $\Omega\varepsilon_\gamma(E_\gamma)$ 如图 3 所示．由此得出阈值在 8 兆电子伏下谱仪对能量在 50 到 240 兆电子伏区域的 $\gamma$ 射线的等效接收度 $(\Omega\varepsilon_\gamma)_{等效} = 0.240$．

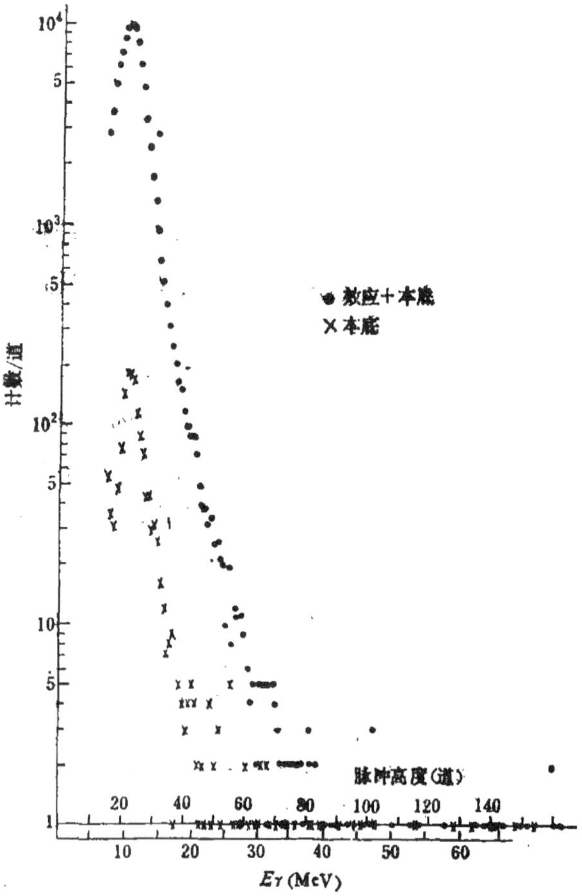


图 4　测量低端能量 $\gamma$ 射线的脉冲幅度谱

**测量结果**：实验测量有 $^{252}$Cf 源时 $\gamma$ 射线的脉冲幅度谱，持续 213 小时，共观察了 $1.034 \times 10^8$ 次裂变事件．然后，去掉 $^{252}$Cf 源，用脉冲产生器模拟半导体探测器信号，测量相应于同样裂变计数的背景脉冲幅度谱．测量低能端 $\gamma$ 射线的脉冲幅度谱如图 4．

实验中观测到有 $^{252}$Cf 源时能量在 50 到 240 兆电子伏的脉冲计数为 46 个；而无 $^{252}$Cf

源时测到相应的背景计数为 28 个．经过谱仪能量分辨函数和脉冲堆垒修正后，给出相应的 $\gamma$ 射线计数为 7±18．利用蒙特卡洛法计算的等效接收度 $(\Omega\varepsilon_\gamma)_{等效}=0.240$，得出 $^{252}Cf$ 自发裂变中一次裂变放出能量在 50 到 240 兆电子伏区域的 $\gamma$ 射线的几率上限值为 $1.4\times10^{-6}$/裂变(置信水平 95%)．而 B. И. Алешин 等人[5]也曾在地面上测量，给出能量在 50 到 170 兆电子伏区域出现 $\gamma$ 射线几率的上限值为 $(3.5\pm3.5)\cdot10^{-6}$/裂变．由这些结果表明，要进一步提高测量的灵敏度，设法降低背景是极为重要的．因此，转入地下深层测量是有益的．

作者感谢黄胜年同志、张羽同志和郑志鹏同志对本工作的支持和帮助．

## 参 考 文 献


[1] A. R. Bodmer, *Phys. Rev.*, **D4**(1971), 1601.
[2] T. D. Lee and G. C. Wick, *Phys. Rev.*, **D9**(1974), 2291.
[3] A. B. Migdal, *Phys. Lett.*, **B52**(1974), 174; A. Б. Мигдал, УФН, **123**(1977), 369.
[4] A. A. Borovoy et al., J. Phys. G: Nucl. Phys., **5**(1979), 723.
[5] B. И. Алешин и. др., ЯФ, **26**(1977), 196.
[6] B. И. Алешин и. др., ЯФ, **30**(1979), 318.
[7] A. Б. Лопов и. др., ЯФ, **32**(1980), 342,
[8] 张贵山、张焕乔，用蒙特卡洛法模拟铅玻璃全吸收谱仪探测 $\gamma$ 射线的响应和能量分辨函数（内部资料）1981.


# EXPERIMETAL SEARCH FOR HIGH ENERGY $\gamma$ RAYS IN THE SPONTANEOUS FISSIONS OF $^{252}Cf$


ZHANG HUAN-QIAO　DING SHENG-YUE　LIU ZU-HUA　ZHANG GUI-SHAN　LIU ZHAO-MING

*(Insitute of Atomic Energy, Academia Sinica)*

TANG XIO-WEI　LI HUAN-TIE

*(Institute of High Energy Physics, Academia Sinica)*



ABSTRACT

In order to investigate the poss ibility of the existence of the ultradense nuclei, we have used a lead glass Cerenkov total absorption spectrometer to search for high energy $\gamma$ rays in the spontaneous fissions of $^{252}Cf$. It follows that the upper limit of the probability of $\gamma$ rays in the energy range between 50 and 240 MeV is $1.4\times10^{-6}$/fission (95% confidence level).

# 蒙特卡罗方法计算铅玻璃探测器对高能$\gamma$射线探测效率①

张贵山　张焕乔

（中国科学院原子能研究所）

摘　要

本文使用蒙特卡罗方法模拟了铅玻璃中发生的电磁簇射过程，考虑了光收集效应，给出了铅玻璃探测器对能量为 8—300MeV 入射$\gamma$射线的探测效率函数、能量分辨曲线及光电子数目分布(脉冲辐度谱)结果满意.

## 一、引　言

在高能物理中，为探测光子和电子广泛地使用了铅玻璃 Cherenkov 全吸收谱仪. 其工作原理是电子簇射而发射的 Cherenkov 光收集. 研究铅玻璃谱仪参数及其最优化，必须弄清楚$\gamma$射线与电子级联发展、电子簇射知识. 但由于电磁簇射过程的随机性质，没有一种理论可以全面地描述它. 蒙特卡罗方法提供了处理这类问题的可能性. 在 1957 年 Wilson[1] 第一个尝试数值计算后，一些作者[2-4]使用蒙特卡罗方法计算了簇射分布和能量分辨，蒙特卡罗方法成为解决这类问题的有效工具.

本文第二节描述了光电级联簇射发展中涉及的各种相互作用；第三节介绍了蒙特卡罗方法模拟的基本过程；第四节描绘了电子簇射的 Cherenkov 光收集；最后第五节给出了铅玻璃探测器对高能$\gamma$射线的探测效率函数、能量分辨曲线及光电子数目分布(脉冲辐度谱).

## 二、级联簇射发展

描述光电级联簇射发展的各种相互作用，我们忽略了$\gamma$射线的光电效应和正电子湮没反应. 考虑了$\gamma$射线的 Compton 效应、核场中的对生成；电子的韧致辐射、电子同电子碰撞、电离损失、多次 Coulomb 散射. 各物理过程及其简化描述如下:

**Compton 效应**：令 $E'_\gamma$ 和 $\mu_\gamma$ 分别为散射$\gamma$射线的能量和散射极角余弦，它们由 Klein-Nishina 公式

$$\frac{d\sigma}{dE_\gamma}=\begin{cases}\dfrac{\pi NZr_0^2}{E_\gamma\sigma(E_\gamma)}\left[\left(\dfrac{E_\gamma+1-x}{E_\gamma x}\right)^2+\dfrac{1}{x}-\dfrac{1}{x^2}+\dfrac{1}{x^3}\right], & 1\leqslant x\leqslant 1+2E_\gamma \\ 0, & \text{其他}\end{cases}\qquad(1)$$

---

① 高能物理与核物理，1983，7(3)：370-378.

和 Compton 关系式

$$E'_\gamma = E_\gamma m_0c^2/[m_0c^2 + E_\gamma(1-\mu_\gamma)], \quad \frac{m_0c^2}{2} < E'_\gamma < E_\gamma \tag{2}$$

确定. 式中 $x=\dfrac{E_\gamma}{E'_\gamma}$, $N$ 为 Avogadro 常数, $Z$ 为原子序数, $r_0$ 为电子经典半径, $\sigma(E_\gamma)$ 为散射截面. 散射 $\gamma$ 射线的方位角在 $(0, 2\pi)$ 均匀分布.

Compton 电子的能量 $E_{el}$ 和方向 $\vec{\Omega}_{el}$, 依动量守恒由散射 $\gamma$ 射线的能量 $E'_\gamma$ 和方向 $\vec{\Omega}'_\gamma$ 解析得到

$$E_{el} = E_\gamma - E'_\gamma, \tag{3}$$

$$\vec{\Omega}_{el} = (E_\gamma\vec{\Omega}_\gamma - E'_\gamma\vec{\Omega}'_\gamma)/[E_{el}(E_{el}+2m_0c^2)]^{\frac{1}{2}}. \tag{4}$$

**对生成:** 设 $E_\pm = T_\pm + m_0c^2$ 为正、负电子的能量, $T_\pm$ 为相应的动能. 能量 $E_\gamma > 10m_0c^2$ 的 $\gamma$ 射线产生正电子的微分截面为

$$\frac{d\sigma}{dE_+} \approx \frac{1}{E_\gamma^3}\left(E_+^2 + E_-^2 + \frac{2}{3}E_+E_-\right)\left[\ln\left(\frac{2E_+E_-}{m_0c^2E_\gamma}\right) - \frac{1}{2} - C(\tau)\right], \tag{5}$$

其中 $C(\tau)$ 为屏蔽系数 $\tau$ 的修正函数[5]. 因为 $\dfrac{d\sigma}{dE_+}$ 是关于 $E_+ = \dfrac{E_\gamma}{2}$ 的对称函数, 故可把动能相等地分配给电子对

$$T_+ = T_- = \frac{1}{2}(E_\gamma - 2m_0c^2), \tag{6}$$

这种近似在低能情形下是好的.

电子对相对于入射 $\gamma$ 射线方向的散射极角,通常假定它们以平均极角发射

$$\theta_\pm = m_0c^2/(T_\pm + m_0c^2), \tag{7}$$

电子对的方位角在 $(0, 2\pi)$ 均匀分布,且相差 $\pi$.

**韧致辐射:** 能量为 $E = T + m_0c^2$ 的电子所产生的韧致 $\gamma$ 射线能谱由下式给出

$$\left(\frac{dn}{dK}\right)_{E_0} = N_0\int_{K+m_0c^2}^{T_0+m_0c^2}\left(\frac{d\sigma}{dK}\right)_{E'}\Big/\left(-\frac{dE}{dx}\right)_{E'}dE', \tag{8}$$

其中 $\left(\dfrac{dn}{dK}\right)_{E_0}dK$ 表示能量为 $E_0$ 的电子产生能量为 $(K, K+dK)$ 的 $\gamma$ 射线数目, $N_0$ 为物质的核密度, $\left(\dfrac{d\sigma}{dK}\right)_{E'}$ 表示能量为 $E'$ 的电子产生能量为 $(K, K+dK)$ 的韧致 $\gamma$ 射线的微分截面, $\left(-\dfrac{dE}{dx}\right)_{E'}$ 表示物质对能量为 $E'$ 的电子的阻止本领. 韧致 $\gamma$ 射线的发射方向, 遵从各向同性分布.

对 $\gamma$ 射线能量积分方程(8),得到韧致 $\gamma$ 射线总数[6]

$$n = N_0\int_{K_{\min}}^{T_0}dK\int_{K+m_0c^2}^{T_0+m_0c^2}\left(\frac{d\sigma}{dK}\right)_{E'}\Big/\left(-\frac{dE}{dx}\right)_{E'}dE', \tag{9}$$

其中能量下阈 $K_{\min}$ 取为 $0.04m_0c^2$, 因为 $K_{\min}=0$ 时,理论截面发散.

**电子同电子碰撞:** 这类过程通常分为近距离和远距离碰撞, 取决于转移到次级电子的能量 $E'$: 由 $E' \leqslant \eta$ 确定的远(距离)碰撞构成导致电离损失过程; 而近(距离)碰撞 $(E' > \eta)$ 处理为对静止自由电子的弹性碰撞. 待定值 $\eta$ 取为 $1.5\times10^5$eV,刚刚大过电子

在铅玻璃中 Cherenkov 辐射相元的最小能量.

关于近碰撞,一个动能为 $E$ 的负电子,由近碰撞产生一个能量为 $(E', E'+dE')$ 的次级电子的几率由 Moller[7] 公式给出

$$\Phi_{\text{coll}}^{-}(E, E')dE' = 2Cm_0c^2dE'\left[\frac{E}{E'(E-E')} - \frac{1}{E}\right]^2, \tag{10}$$

其中

$$C = \pi N r_0^2 \sum_i \frac{K_i Z_i}{A_i},$$

这里脚标 $i$ 表示混合物中的核类型,$K_i$, $Z_i$ 和 $A_i$ 分别表示 $i$ 种核成分的百分重量,原子序数和分子量. 次级电子能量变化在 $\eta < E' < \frac{E}{2}$. 在正电子情况下,(10)式变为

$$\Phi_{\text{coll}}^{+}(E, E')dE' = 2C\frac{m_0c^2dE'}{E'^2}\left[1 - \frac{E'}{E} + \left(\frac{E'}{E}\right)^2\right]^2, \tag{11}$$

式中 $E'$ 变化在 $\eta < E' < E$.

依能量守恒得到次级电子散射角余弦

$$\cos^2\theta = \frac{E'(E+2m_0c^2)}{E(E'+2m_0c^2)}, \tag{12}$$

方位角在 $(0, 2\pi)$ 均匀分布.

关于远碰撞,忽略负电子和正电子间微小差别,采用 Sternheimer[8] 公式

$$-\frac{1}{\rho}\frac{dE}{dx} = \frac{A}{\beta^2}\left(B + \ln 2 + 2\ln\frac{P}{m_0c^2} + \ln\eta - \beta^2 - \delta\right), \tag{13}$$

其中 $A = 2Cm_0c^2$, $B = \ln\frac{m_0c^2}{I}$, $I$ 为电离势, $\beta$ 为电子速度与光速之比, $P$ 为电子动量, $\delta$ 为密度效应修正.

**多次 Coulomb 散射**: 通常使用 Rossi[9] 的 Caussian 分布处理,平面 $(x, y)$ 中的角分布为

$$Q(x, \theta_y) = \frac{1}{\sqrt{\pi}}\frac{1}{\theta_s x^{\frac{1}{2}}}\exp\left\{-\frac{\theta_y^2}{\theta_s^2 x}\right\}, \tag{14}$$

而不管由上式给出的深度 $x$ 处所产生的横向位移 $y$. 在同一平面 $(x, y)$ 中不管角度,对 $y$ 的分布为

$$S(x, y) = \frac{\sqrt{3}}{\sqrt{\pi}}\frac{1}{\theta_s x^{3/2}}\exp\left\{-\frac{3y^2}{\theta_s^2 x^3}\right\}, \tag{15}$$

其中 $\theta_s^2 = \left(\frac{E_s}{\beta cP}\right)^2\frac{1}{x_0}$, 而 $E_s = 21\text{MeV}$, $x_0 = 2.76\text{cm}$.

## 三、蒙特卡罗模拟

设 $\Phi(E)$ 是能量为 $E$ 的粒子($\gamma$ 射线、电子、正电子)每单位路程长度上相互作用几率,这个函数与粒子在 $t$ 到 $t+dt$ 间相互作用几率 $f(E, t)dt$ 的关系由

$$f(E,t)dt = \Phi(E)\exp\{-\Phi(E)t\}dt, \tag{16}$$

给出. 对 $\gamma$ 射线和带电粒子分别有

$$\Phi_\gamma(E) = \Phi_{\text{comp}}(E) + \Phi_{\text{pair}}(E), \tag{17}$$

$$\Phi_e(E) = \Phi_{\text{brem}}(E) + \Phi_{\text{coll}}(E). \tag{18}$$

其中

$$\Phi_i(E) = \int 2\pi d\cos\theta' \int dE'\Phi_i(E,E',\theta'), \tag{19}$$

$$i = \text{comp, pair, brem, coll.}$$

这里的几率函数 $\Phi_i(E)$ 及本文所使用的电子能量损失、电子射程、韧致 $\gamma$ 射线能谱、韧致 $\gamma$ 射线数目等均由[10]以数值曲线的形式给出.

模拟实验装置(探测器及源几何)如图 1 所示. 铅玻璃成份由表 1 给出. 如图选取坐标系,设 $\vec{r}_n(x_n, y_n, z_n)$ 表示粒子第 $n$ 次碰撞的位置, $E_n$、$\vec{\Omega}_n$ 和 $W_n$ 表示粒子第 $n$ 次碰撞后的能量、方向和权重,则粒子的状态由参量 $S_n = (\vec{r}_n, E_n, \vec{\Omega}_n, W_n)$ 唯一确定.

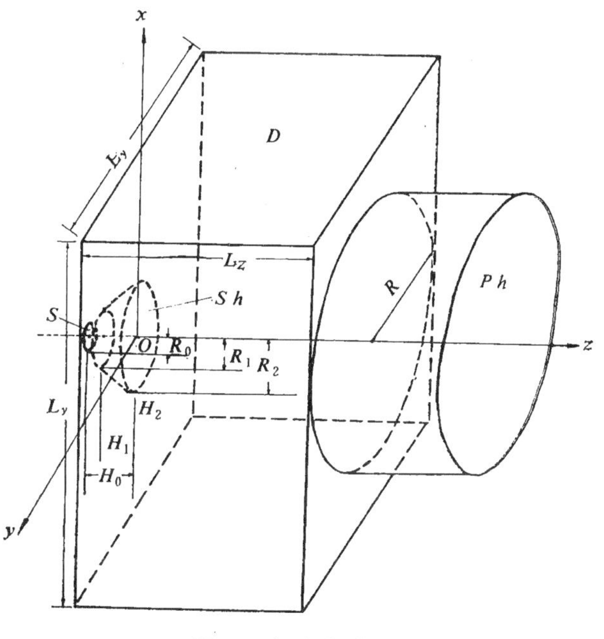


图 1 实验装置示意

$S$ 为 $^{252}$Cf 圆面源; $Sh$ 为 Fe 圆台屏蔽体;
$D$ 为铅玻璃立方体探测器; $Ph$ 为圆柱体光电倍增管.

**$\gamma$ 射线模拟:** 容易确定初态 $S_0$: $E_0$ 由 $\delta$ 分布确定 ($8 \leqslant E_0 \leqslant 300$MeV), $\vec{\Omega}_0$ 使用 Zerby[11]方法在半空间各向同性分布抽样得到, $\vec{r}_0$ 为 $^{252}$Cf 圆面源上均匀发射的 $\gamma$ 射线沿着 $\vec{\Omega}_0$ 方向到达铅玻璃的交点, $W_0$ 为经 Fe 圆台屏蔽体衰减到达铅玻璃的尚存因子.

$\gamma$ 射线一次碰撞和相继一次碰撞间的迁移长度遵从指数分布, 使用直接抽样方法由方程(16)随机抽样得到. 发生碰撞的特定类型由方程(17)所确定的相对几率随机抽样得到.

若发生 Compton 效应, $\gamma$ 射线将其部分能量传递给核外电子, 产生 Compton 电子. 次级 $\gamma$ 射线的能量和散射角余弦, 当 $E_\gamma \leqslant 1.4$MeV, 使用乘加抽样方法[12] 从方程 (1) 和

表 1 铅玻璃成分

| 混合物 | $K_i$ (百分重量) | $A_i$ (分子量) | $Z_i$ (原子序数) | $\frac{K_iZ_i}{A_i}$ | 核素 | $A_i$ | $Z_i$ | $P_i$ | $N$ (原子数目)/ $cm^3 \times 10^{22}$ |
|---|---|---|---|---|---|---|---|---|---|
| PbO | 0.5118 | 223.21 | 90 | 0.2064 | Pb | 207.19 | 82 | 0.4751 | 0.53307 |
| $SiO_2$ | 0.4132 | 60.06 | 30 | 0.2063 | Si | 28.09 | 14 | 0.2698 | 1.59947 |
| $K_2O$ | 0.0700 | 94.19 | 46 | 0.0342 | O | 16.00 | 8 | 0.1931 | 3.9418 |
| $As_2O_3$ | 0.0050 | 197.82 | 90 | 0.00227 | K | 39.10 | 19 | 0.0581 | 0.34556 |
| 密度 $\rho=3.86\text{g/cm}^3$，折射系数 $n=1.6475$，辐射长度 $x_0=2.76\text{cm}$ | | | | | As | 74.92 | 33 | 0.0038 | 0.02468 |

(2)抽样确定；当 $E_\gamma > 1.4\text{MeV}$，使用 László Koblinger[13] 抽样方法从相应的 Klein-Nishina 公式抽样得到．方位角使用对称抽样方法[14]在$(0, 2\pi)$均匀分布抽样得到． Compton 电子的能量和方向依据方程(3)和(4)解析求得．

若发生对生成，$\gamma$ 射线消失，产生电子对．电子对的能量，一般地使用乘法分布抽样方法由方程(5)抽样得到，但对高能 $\gamma$ 入射，处理为一个粒子的动能在 $(0, E_\gamma - 2m_0c^2)$ 上均匀分布，而另一个粒子获得剩余能量；对低能 $\gamma$ 入射，则由方程(6)确定．电子对的散射角由方程(7)得到，方位角在$(0, 2\pi)$均匀抽样得到，两者相差 $\pi$．

$\gamma$ 射线截断，迁移中可能飞出铅玻璃；在对生成反应中将消失；当 $E_\gamma < 1\text{MeV}$，忽略其贡献而死亡．所有这些均认为 $\gamma$ 射线生命结束．

**带电粒子（系指电子和正电子，下同）模拟：** 带电粒子在铅玻璃中不断发生多次散射过程，不断地损失能量和改变方向．直接模拟多次散射过程相当耗费机时，我们引入能量射程关系式，设能量为 $E_i$ 的带电粒子相应的射程为 $G(E_i)$，则任意能量的带电粒子可插值求得其相应射程．带电粒子每步迁移的轨迹取为一直线段，在其末端改变能量和方向，即由方程(18)随机抽样所确定的韧致辐射或电子同电子碰撞发生在这里．

带电粒子每步迁移的路程依其能量 $E_e^*$(相应射程为 $G(E_e^*)$)而异：当 $30\text{MeV} < E_e^*$，取 $S=\frac{1}{\rho\Phi_{\text{brem}}(E_e^*)}$；当 $2 < E_e^* \leqslant 30\text{MeV}$，$S$ 描述为多次散射过程，$S=\sum\limits_{j=1} S_j < G(E_e^*)$，其中 $S_j$ 定义为第 $j$ 小步带电粒子受铅玻璃阻止，其能量 $E_{e,j-1}$ 损 0.1 所决定的射程．在每一 $S_j$ 路程上考虑远碰撞而导致的电离损失方程(13)，$S_j$ 末端的方向偏转，使用 Kahn[15] 抽样方法由方程(14)，(15)随机抽样得到；当 $E_e^* \leqslant 2\text{MeV}$，忽略其空间位移．

若发生韧致辐射，依据带电粒子在路程末端的能量 $E_e^{\text{end}}$，由韧致 $\gamma$ 射线数目曲线(由方程(9)事先算得)插值得到韧致 $\gamma$ 射线条数，一般地不为整数，可作随机游戏取得邻近整数．每条韧致 $\gamma$ 射线的能量，使用线性近似抽样方法[16] 由其相应的韧致 $\gamma$ 射线能谱方程(8)抽样得到．这些 $\gamma$ 射线生成位置均在路程末端，发射方向由各向同性分布抽样得到．带电粒子韧致辐射后的能量应是韧致辐射前的能量 $E_e^{\text{end}}$ 减去所有韧致 $\gamma$ 射线能量之差，其方向不变．

若发生电子同电子碰撞，带电粒子减少能量改变方向．碰撞后的能量，对负电子使用加法分布抽样方法由方程(10)抽样得到；对正电子使用乘法分布抽样方法由方程(11)抽样得到．带电粒子散射角余弦由方程(12)算得，方位角由$(0, 2\pi)$均匀分布抽样得到．

带电粒子截断，迁移中可能飞出铅玻璃；当 $E_e < 0.5\text{MeV}$，忽略其贡献而死亡．这都

认为带电粒子生命结束.

**γ射线和电子的电磁级联的模拟**: γ射线产生带电粒子,而带电粒子又产生γ射线,这是一个多分枝的级联过程. 我们采用字典编辑分枝方法[17]实现二者间级联. 对特定的初始γ射线模拟,把可能产生的 Compton 次级γ射线存贮起来,把可能产生的正电子暂存起来,模拟负电子,然后回过来再模拟正电子. 对每个带电粒子模拟,直到生命结束,把模拟过程中产生的γ射线也存贮起来. 在对γ射线和带电粒子整个模拟过程中,采用后存先取的原则不断取出γ射线进行模拟,直到全部γ射线模拟完毕,这个特定的初始γ射线历史便告终结. 这就实现了一特定的初始γ射线(包括所有次级γ射线)同其产生的带电粒子的级联.

## 四、Cherenkov 光收集

簇射电子在铅玻璃中产生 Cherenkov 光辐射,由光电倍增管收集. 这些光子在光阴极上敲出光电子,然后这些光电子在光电倍增管的打拿极中逐级倍增,最后倍增电子形成电流脉冲转成脉冲辐度被记录下来. 真实地模拟上述物理过程是繁杂困难的. 假若光电倍增管在线性状态下工作,则脉冲辐度与 Cherenkov 光在光阴极上敲出的光电子数目成正比. 于是可用光电子数目表征脉冲辐度.

对一条γ射线来说,所收集到的 Cherenkov 光辐射,是由其所有次级带电粒子在铅玻璃内穿行的总径迹决定的. 视每条径迹为一 Cherenkov 小光源,于是相当于总径迹的光电子数目 $N_{pe}$(脉冲辐度)便为每个小光源贡献之和

$$N_{pe}=\sum_i L(\vec{r}_i,\vec{\Omega}_i)S_i\frac{2\pi\alpha}{c}\left(1-\frac{1}{(n\beta)^2}\right),\tag{20}$$

其中 $\vec{r}_i$, $\vec{\Omega}_i$ 和 $S_i$ 为第 $i$ 个小光源发射的位置,方向和路程长度,

$$\frac{2\pi\alpha}{c}\left(1-\frac{1}{(n\beta)^2}\right)$$

表示 Cherenkov 效应在单位频率间隔发射的光子数目,以带电粒子能量 $E$ 的阶梯函数给出,这里发射 Cherenkov 光的带电粒子截断能量 $E_{\min}=0.132\text{MeV}$. 函数 $L(\vec{r}_i,\vec{\Omega}_i)$ 描述了光收集效应.

这个光收集效应,是光电子数目对 Cherenkov 光波长和对相对于带电粒子发射方向的方位角的积分. 在如下假定下计算固定波长束的积分贡献:

*a*) Cherenkov 光谱是

$$I(\lambda)d\lambda=4\pi^2\frac{e^2}{hc}\frac{d\lambda}{\lambda^2}=0.0458627\frac{d\lambda}{\lambda^2},\tag{21}$$

式中 $I(\lambda)d\lambda$ 为发射波长在 $\lambda$ 到 $\lambda+d\lambda$ 间的光子数;

*b*) 认为铅玻璃表面为理想表面,光到达表面作镜面反射,其反射系数为 90%;

*c*) 在铅玻璃与光电倍增管之间,用硅油耦合,似近认为折射系数相同;

*d*) Cherenkov 光在铅玻璃中衰减为

$$I_2(\lambda)=I_1(\lambda)\exp\{-C(\lambda)l\},\tag{22}$$

其中 $C(\lambda)$ 为衰减系数(见图 2)，$l$ 为光程长度，即 Cherenkov 光(出射方向的散射角余弦为 $1/n\beta$，方位角在$(0, 2\pi)$均匀分布)经过镜面反射最后到达光阴极的路程总长度；

$e$) Cherenkov 光打在光阴极上敲出光电子

$$dN_{pe} = I'(\lambda)d\lambda D(\lambda), \tag{23}$$

其中 $I'(\lambda)d\lambda$ 为到达光阴极上的光电子数目，$D(\lambda)$ 为光阴极的光谱响应函数(图 2).

于是，得到一条 $\gamma$ 射线经电子簇射所产生的 Cherenkov 光电子数目分布

$$N_{pe} = \sum_i \int_{\lambda_1}^{\lambda_2} \text{Constent}\, \frac{1}{\lambda^2} \exp\{-C(\lambda)l(\vec{r}_i, \vec{\Omega}_i)\} S_i \left(1 - \frac{1}{(n\beta)^2}\right) D(\lambda) d\lambda, \tag{24}$$

上式归一因子即为铅玻璃探测器对 $\gamma$ 射线的探测效率，对不同能量的初始 $\gamma$ 射线进行计算，便得到探测效率函数.

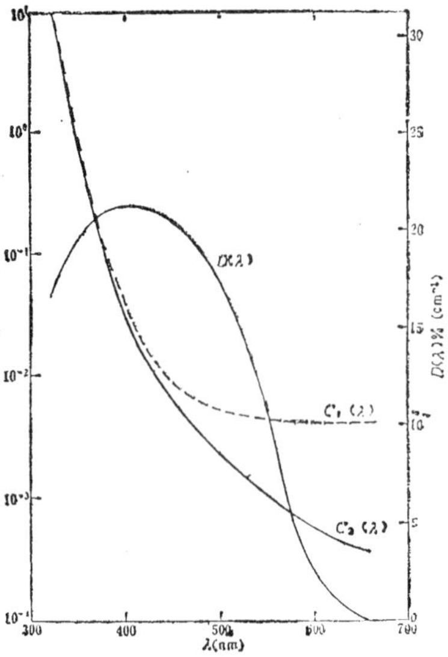


图 2　衰减系数 $C(\lambda)$
及光谱响应函数 $D(\lambda)$

## 五、结　果

使用上述方法，在 $TQ$-6 计算机上用 $BCY$ 语言编制了程序. 计算了一批方案. 每个方案取样数目三万到四万，耗费机时十到二十小时.

定义相对探测效率为：铅玻璃中探测到的 $\gamma$ 射线数目同入射到铅玻璃上的 $\gamma$ 射线数目之比. 考虑立体角因子和屏蔽体衰减因素，定义绝对探测效率为：铅玻璃中探测到的 $\gamma$ 射线数目同源发射的 $\gamma$ 射线数目之比. 图 3 给出了铅玻璃探测器 ($\rho = 3.86\text{g/cm}^3$，$n = 1.6475$，$x_0 = 2.76\text{cm}$) 的探测效率函数 $\varepsilon(E)$. 这里，半径 $R_0 = 0.25\text{cm}$ 的 $^{252}$Cf 圆面源紧靠在 Fe 圆台屏蔽体一侧，圆台高 $H_2 - H_1 = 0.7\text{cm}$，两底半径 $R_2 = 1.5\text{cm}$，$R_1 = 3.1$ cm. 铅玻璃尺寸 $L_x = 20\text{cm}$，$L_y = L_z = 12\text{cm}$. 柱体光电倍增管的半径 $R = 6\text{cm}$. 衰减系数为 $C_1(\lambda)$.

对入射 $\gamma$ 射线能量 $E_\gamma = 100\text{MeV}$ 而言，如果把铅玻璃倒放，即 $L_x = L_y = 12\text{cm}$，$L_z = 20\text{cm}$，则阈能为零的相对探测效率为 0.779，较立放的效率 0.829 小 0.60%；如果把 $^{252}$Cf 源靠在铅玻璃上，铅玻璃立放阈能为零的探测效率为 0.883，倒放效率为 0.844，后者较前者低 0.44%. 由此可见，铅玻璃立放较倒放效率稍高些.

图 4 给出了使用不同衰减系数 $C(\lambda)$ 计算得到的平均光电子数目 $\overline{N}_{pe}(E)$ 之比较(样本数目为三万)，还给出了使用 $C_2(\lambda)$ 所得到的能量分辨曲线 $\Delta E/E$. 由图 4 可见，衰减系数为 $C_2(\lambda)$ 的铅玻璃较衰减系数为 $C_1(\lambda)$ 的铅玻璃透光性能好，$\gamma$ 射线能量越高，差别越显著. 如下定义能量分辨

$$\frac{\Delta E}{E} = [(\Delta N_{pe}/\overline{N}_{pe})^2 + (2.36/\sqrt{\overline{N}_{pe}})^2]^{\frac{1}{2}}, \tag{25}$$

其中 $\Delta N_{pe}$ 为脉冲辐度谱的半宽度(FWHM)，$\bar{N}_{pe}$ 为光电子数目均值．由图 4 可见，$\gamma$ 射线能量越高，能量分辨越好．入射 $\gamma$ 射线能量 $E=50$，100MeV 时，能量分辨 $\Delta E/E=$ 0.671，0.625．这与经验公式

$$\frac{\Delta E}{E}=\frac{4.5}{\sqrt{E}},\tag{26}$$

得到的能量分辨相接近．

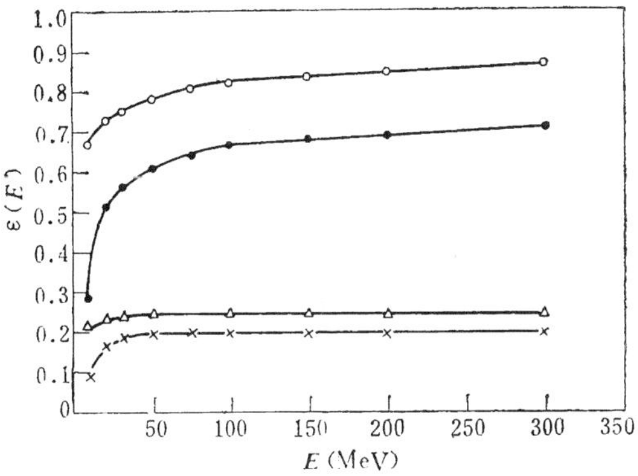


图 3　铅玻璃探测器的探测效率函数 $\varepsilon(E)$
—○—阈能为零的相对探测效率；
—●—阈能为 8MeV 的相对探测效率；
—△—阈能为零的绝对探测效率；
—×—阈能为 8MeV 的绝对探测效率．

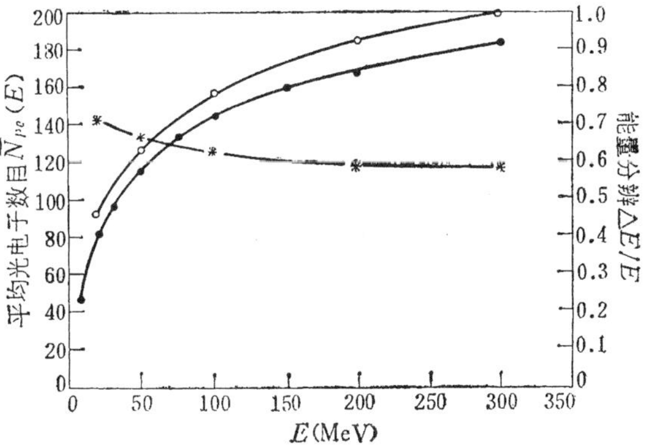


图 4　不同衰减系数 $C_i(\lambda)$ 所得到的平均光电子数目 $\bar{N}_{pe}(E)$ 之比较及能量分辨曲线 $\Delta E/E$
—●—使用 $C_1(\lambda)$得到的 $\bar{N}^{(1)}_{pe}(E)$，　—○—使用 $C_2(\lambda)$得到的 $\bar{N}_{pe}(E)$，　—*—能量分辨 $\Delta E/E$

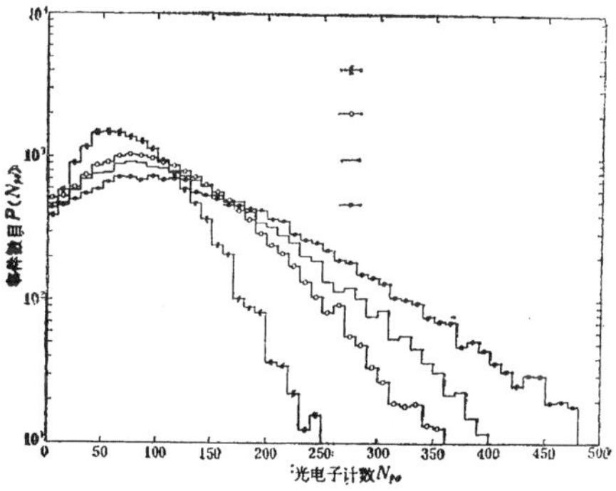


图 5　不同能量的光电子数目分布(脉冲辐度谱)
—*—入射 $\gamma$ 射线能量 $E_1=20$MeV，
—○—入射 $\gamma$ 射线能量 $E_2=50$MeV，
——入射 $\gamma$ 射线能量 $E_3=100$MeV
—●—入射 $\gamma$ 射线能量$E_4=300$MeV

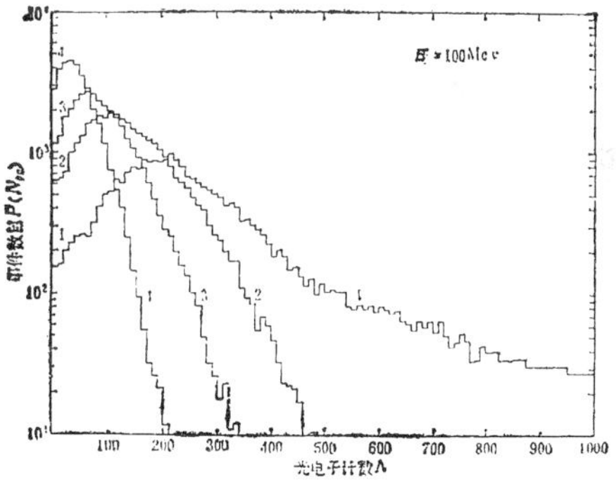


图 6　不同深度的光电子数目分布(脉冲辐度谱)
分布 1 的深度为 $x_0$；
分布 2 的深度为$5x_0$；
分布 3 的深度为$10x_0$；
分布 4 的深度为 $20x_0$．

图 5 和图 6 给出了不同能量 $E$ 和不同深度 $x_0$ 的光电子数目分布(脉冲辐度谱)．对图 5，输入参数除衰减系数外均同图 3，这里用 $C_2(\lambda)$ 代替了 $C_1(\lambda)$．取样数目为三万．考虑了屏蔽衰减因子 ($W_1(20\text{MeV})=0.6982$，$W_2(50)=0.6775$，$W_3(100)=0.6364$，$W_4(300)=0.5911$)．由图 5 可见，随入射 $\gamma$ 射线能量增高，谱的峰位后移，且分布更加展宽．图 6 输入参数除深度 $x_0=L_z$ 和 $L_x=12$cm 外均同图 5．取样数目为四万．没有考虑屏蔽衰减．图 6 结果表明，随深度 $x_0$ 增加，谱的峰值增大，峰位前移，且分布宽度显

著变窄.

本文计算结果已用于 $^{252}$Cf 自发裂变中高能 $\gamma$ 射线的搜索的研究中去[18]. 根据本文计算的探测效率和能量分辨，得出阈能为 8MeV 下铅玻璃探测器对能量 50 到 240MeV $\gamma$ 射线的等效接收度 $(\Omega\varepsilon_{\gamma})_{等效}=0.240$. 在实验基础上，使用这个结果得出：$^{252}$Cf 自发裂变中一次裂变放出能量在 50 到 240MeV 的 $\gamma$ 射线的几率上限值为 $1.4\times10^{-6}$/裂变(置信水平 95%).

## 参 考 文 献

[1] R. R. Wilson, *Nucl. Instr. and Meth.*, **1**(1957), 101.
[2] H. H. Nagel, *Z. Physik,* **186**(1965), 319.
[3] E. Longo and I. Sestili, *Nucl. Instr. and Meth.*, **128**(1975), 283.
[4] V. A. Hanin and B. E. Stern, *Nucl. Instr. and Meth.*, **157**(1978), 455.
[5] H. A. Bethe and W. Heitler, *Proc. Rey. Soc.*, **A146**(1934), 83.
[6] B. Grosswendt and E. Waibel, *Nucl. Instr. and Meth.*, **131**(1975), 143.
[7] C. Moller, *Ann. Phys.*, **14**(1932), 531.
[8] R. M. Sternheimer, *Phys. Rev.*, **103**(1956), 511.
[9] B. Rossi, High-Energy Particles, Prentice-Hall, New York, 1952, P. 17.
[10] 张贵山，张焕乔，能量从 10KeV 到 300MeV 的电子和光子在物质中若干物理参数计算程序，待发表，1981.
[11] C. D. Zerby, "Methods in Computational Physics", Vol. 1, ed. by B. Alder et al., Academic Press, New York and London, 1963, p. 109.
[12] 裴鹿成，张孝泽，蒙特卡罗方法及其在粒子输运问题中的应用，科学出版社，1980年，P.65, P.90
[13] László koblinger, *Nucl. Sci. Eng.*, **56**(1975), 218.
[14] 文献[12], p. 68, p. 102.
[15] H. Kahn, Application of Monte Carlo, AECU-3259(1954).
[16] 文献[12], p, 72.
[17] Method of Statistical Testing (Monte Carlo Method), ed. by Yu. A. Shreider, Elsevier Publishing Company, 1964, P. 84.
[18] 张焕乔等，高能物理与核物理，**6**(1982), 491.

# MONTE CARLO CALCULATION OF THE EFFICIENCIES OF THE LEAD GLASS DETECTORS FOR HIGH-ENERGY GAMMA RAYS

ZHANG GUI-SHAN ZHANG HUAN-QIAO
*(Institute of Atomic Energy, Academia Sinica)*

ABSTRACT

In this paper, the electromagnetic shower processes occured in the lead glass detector are simulated by the Monte Carlo method, the light collection effects being taken into account. The primary energy of gamma ray is from 8 to 300 MeV. The detected efficiency function, the energy resolution curve and photoelectron number distribution (the pulse-height spectra) are presented for the lead glass detector. The calculated results are satisfactory.

# The Average Number of Prompt Neutrons and the Distributions of Prompt Neutron Emission Number for Spontaneous Fission of Plutonium-240, Curium-242, and Curium-244①

Zhang Huanqiao, Liu Zuhua, Ding Shengyue, and Liu Shaoming

*Institute of Atomic Energy, Academia Sinica*
*P.O. Box 275, Beijing, People's Republic of China*

*Received March 29, 1982*
*Accepted September 10, 1983*

This research was published (in Chinese) in *Chin. J. Nucl. Phys.*, **3**, *2*, 149 (1981).

ABSTRACT

*The average number of prompt neutron $\bar{\nu}_p$ and the distributions of prompt neutron number probability $P(\nu)$ for spontaneous fission of $^{240}Pu$, $^{242}Cm$, and $^{244}Cm$ relative to $\bar{\nu}_p(^{252}Cf)$ have been measured using a large gadolinium-loaded liquid scintillation counter with a coincidence method. The results were $\bar{\nu}_p(^{240}Pu) = 2.141 \pm 0.016$, $\bar{\nu}_p(^{242}Cm) = 2.562 \pm 0.020$, and $\bar{\nu}_p(^{244}Cm) = 2.721 \pm 0.021$. The measured distributions of prompt neutron number were fitted with Gaussian curves by a weighted least-squares method. The widths of Gaussian distribution are $1.149 \pm 0.047$, $1.159 \pm 0.074$, and $1.175 \pm 0.098$ for $^{240}Pu$, $^{242}Cm$, and $^{244}Cm$, respectively. These results as well as a previous measurement of spontaneous fission of $^{252}Cf$ show the linear variation of $\sigma$ with $\bar{\nu}_p$ at the first order of approximation. The data were fitted by a least-squares method, and the result is given by $\sigma = 0.980 + 0.076\bar{\nu}_p$. This fact demonstrates the trend that the width of the excitation energy distribution of fission fragments increases with the average excitation energy of the fission fragments in the range of nuclides mentioned above.*

## INTRODUCTION

Neutrons emitted in fission of a heavy nucleus are related directly to the excitation energy of the deformed fission fragments. The average number of neutrons per fission, $\bar{\nu}$, is a measure of the average excitation energy left in the fission fragments immediately after scission. The distribution of neutron number probability $P(\nu)$ is characteristic of the excitation energy distribution in fission fragments, which reflects the fluctuation about the average excitation. In 1957 after analyzing the data, Terrell[1] pointed out that the distributions for spontaneous fission of all even plutonium and curium isotopes and low-energy neutron-induced fission of uranium and plutonium isotopes could be described by Gaussian function with a width of 1.08, except for $^{252}$Cf, which has a larger distribution width. Since the late 1960s, more accurate measurements[2-4] have indicated that the distribution widths for spontaneous fission of even plutonium and curium isotopes deviated from 1.08 and varied slightly with nuclides and with $\bar{\nu}_p$ (Refs. 4 and 5). In the present work we have measured $\bar{\nu}_p$ and $P(\nu)$ for spontaneous fission of $^{240}$Pu, $^{242}$Cm, and $^{244}$Cm. With these results and our previous work on $^{252}$Cf spontaneous fission,[6] a linear increase of the distribution width $\sigma$ is shown with $\bar{\nu}_p$ as the first order of approximation.

It is noteworthy to point out that $\bar{\nu}_p$ and the distribution of $P(\nu)$ for spontaneous fission of $^{242}$Cm were measured in 1956 by Hicks et al.[7] and by Crane et al.,[8] respectively. Afterward, $\bar{\nu}_p(^{242}\mathrm{Cm})$ was given by Jaffey et al.[9] in order to make the correction for a $^{244}$Cm measurement. But the accuracy of all these measurements is low. Although $\bar{\nu}_p$ for $^{244}$Cm has been measured by more groups than the $\bar{\nu}_p$ for $^{242}$Cm, a 2 to 3% discrepancy in the values recently published persists. We had measured $\nu_p(^{240}\mathrm{Pu})$ before,[10] but this time the accuracy of the measurement is much better.

## MEASUREMENTS

The experimental setup is the same as in Ref. 6. A current pulse ionization chamber was placed at the center of a spherical gadolinium-loaded liquid scintillator tank. Neutrons from the spontaneous fission source were detected by the scintillator, and fission events were recorded by the ionization chamber. Measurements were performed with coincidence method. The details of the experimental method were described in Ref. 6. In the present experiment, measurements of $^{240}$Pu, $^{242}$Cm, and $^{244}$Cm were done alternately with $^{252}$Cf.

For the sake of confidence, two sets of measurements for $^{242}$Cm were carried out under two different neutron

[1] J. TERRELL, *Phys. Rev.*, **108**, 783 (1957).
[2] J. W. BOLDEMAN, *J. Nucl. Energy*, **22**, 63 (1968).
[3] R. W. STOUGHTON et al., *Nucl. Sci. Eng.*, **50**, 169 (1973).
[4] M. DAKOVSKY et al., *Yadernaya Fizika*, **18**, 724 (1973).
[5] HUANG SHENGNIAN et al., *Acta Phys. Sin.*, **23**, 46 (1974).
[6] ZHANG HUANQIAO and LIU ZUHUA, *Chin. J. Nucl. Phys.*, **1**, 9 (1979).
[7] D. A. HICKS et al., *Phys. Rev.*, **101**, 1016 (1956).
[8] W. W. CRANE et al., *Phys. Rev.*, **101**, 1804 (1956).
[9] A. H. JAFFEY et al., *Nucl. Phys.*, **A145**, 1 (1970).
[10] "Measurement Group for Fission Neutrons," *KE JI(China)*, **4**, 285 (1975).

① Nuclear Science and Engineering, 1984, 86: 315-331.

detection efficiencies. The results of the two sets agreed within 1%.

The samples were electrodeposited on 0.1-mm-thick stainless steel backings, 4.2 cm in diameter. The amount of $^{240}Pu$ sample was ~1 mg. The spontaneous fission rate was ~20/min. Before electrodeposition, the samples of $^{242}Cm$ and $^{244}Cm$ were purified by separation from daughter products. The deposited layer of the samples was 8 mm in diameter. The spontaneous fission rates of $^{242}Cm$ and $^{244}Cm$ were ~15/min.

Using the average number of neutrons for spontaneous fission of $^{252}Cf$, $\nu_p(^{252}Cf) = 3.743 \pm 0.018$, as a standard, the detection efficiency of the scintillator for the measured sample fission neutrons was determined as follows. First, the raw measured neutron number distribution of $^{252}Cf$ was corrected for false gate, dead time, delayed gamma rays, background, and the Franch effect. Then the value obtained was divided by 3.743. Finally, the correction was made for the difference of fission neutron spectra between the measured sample and $^{252}Cf$. The fission neutron spectra are represented by Maxwellian distributions for which the mean energies $\bar{E}$ are given by Terrell's relationship:

$$\bar{E} = 0.74 + 0.653(\bar{\nu} + 1)^{1/2} \ . \tag{1}$$

The corrections for and various sources of error in the efficiency are listed in Table Ia. The efficiencies in the present experiment are $\eta(^{240}Pu) = 0.5856 \pm 0.0039$, $\eta(^{242}Cm) = 0.6010 \pm 0.0042$ and $0.5620 \pm 0.0039$, and $\eta(^{244}Cm) = 0.5581 \pm 0.0039$.

RESULTS

The measured multiplicities were corrected for false gate, dead time, background, delayed gamma rays, the Franch effect, and the detection efficiency. The details of the experimental data reduction are described in Ref. 6. The average number of prompt neutrons was then calculated by the equation:

$$\bar{\nu}_p = \sum_{\nu=0}^{8} \nu P(\nu) \ . \tag{2}$$

The corrections and experimental accuracies of $\bar{\nu}_p$ are summarized in Table Ib. It was assumed that the contributions of the delayed gamma rays for the isotopes in the present experiment were the same as in the case of $^{239}Pu$ (Ref. 11),

[11] ZHANG HUANQIAO et al., *Chin. J. Nucl. Phys.*, **1**, 29 (1980).

TABLE Ia

Corrections to the Efficiency and the Sources of Error

| Effect | $^{240}Pu$ | | $^{242}Cm$ | | $^{244}Cm$ | |
|---|---|---|---|---|---|---|
| | Correction (%) | Contribution to Accuracy (%) | Correction (%) | Contribution to Accuracy (%) | Correction (%) | Contribution to Accuracy (%) |
| Statistical accuracy | --- | 0.25 | --- | 0.25 | --- | 0.25 |
| False gate | 0 | 0 | 0 | 0 | 0 | 0 |
| Dead time | 1.02 | 0.10 | 1.02 | 0.10 | 1.02 | 0.10 |
| Delayed gamma rays | −0.30 | 0.07 | −0.30 | 0.07 | −0.30 | 0.07 |
| Franch effect | −0.39 | 0.20 | −0.39 | 0.20 | −0.39 | 0.20 |
| Standard accuracy | --- | 0.48 | --- | 0.48 | --- | 0.48 |
| Neutron spectra difference | 1.26 | 0.09 | 1.07 | 0.09 | 0.40 | 0.11 |
| Sum | 1.59 | 0.60 | 1.40 | 0.60 | 0.73 | 0.60 |

TABLE Ib

Corrections and Experimental Accuracy of $\bar{\nu}_p$ for the Spontaneous Fission of $^{240}Pu$, $^{242}Cm$, and $^{244}Cm$

| Effect | $^{240}Pu$ | | $^{242}Cm$ | | $^{244}Cm$ | |
|---|---|---|---|---|---|---|
| | Correction (%) | Contribution to Accuracy (%) | Correction (%) | Contribution to Accuracy (%) | Correction (%) | Contribution to Accuracy (%) |
| Statistical accuracy | --- | 0.30 | --- | 0.19 | --- | 0.14 |
| False gate | 0.10 | 0.03 | 0.05 | 0.02 | 0.03 | 0.01 |
| Dead time | 0.60 | 0.13 | 0.74 | 0.14 | 0.67 | 0.12 |
| Delayed gamma rays | −0.89 | 0.22 | −0.74 | 0.37 | −0.75 | 0.37 |
| Franch effect | −0.40 | 0.20 | −0.40 | 0.20 | −0.40 | 0.20 |
| Accuracy of efficiency | --- | 0.60 | --- | 0.60 | --- | 0.60 |
| Sum | 0.59 | 0.75 | −0.36 | 0.77 | −0.44 | 0.76 |

TABLE II

Experimental $\bar{\nu}_p$ and $P(\nu)$ Results for $^{240}Pu$, $^{242}Cm$, and $^{244}Cm$

| | $^{240}Pu$ | $^{242}Cm$ | $^{244}Cm$ |
|---|---|---|---|
| $P_0$ | 0.0647 ± 0.0028 | 0.0229 ± 0.0023 | 0.0138 ± 0.0016 |
| $P_1$ | 0.2342 ± 0.0096 | 0.1546 ± 0.0064 | 0.1296 ± 0.0059 |
| $P_2$ | 0.3381 ± 0.0135 | 0.3112 ± 0.0085 | 0.2850 ± 0.0095 |
| $P_3$ | 0.2436 ± 0.0193 | 0.3180 ± 0.0091 | 0.3359 ± 0.0103 |
| $P_4$ | 0.0989 ± 0.0150 | 0.1428 ± 0.0077 | 0.1775 ± 0.0061 |
| $P_5$ | 0.0191 ± 0.0074 | 0.0460 ± 0.0047 | 0.0468 ± 0.0037 |
| $P_6$ | 0.0002 ± 0.0031 | 0.0024 ± 0.0032 | 0.0103 ± 0.0002 |
| $P_7$ | 0.0016 ± 0.0010 | 0.0015 ± 0.0010 | 0.0011 ± 0.0001 |
| $P_8$ | −0.0005 ± 0.0007 | 0.0006 ± 0.0001 | 0 |
| $\bar{\nu}_p$ | 2.141 ± 0.016 | 2.562 ± 0.020 | 2.721 ± 0.021 |
| $\langle\nu^2\rangle$ | 5.8925 | 7.8945 | 8.7274 |
| $\sigma_\nu^2$ | 1.3099 | 1.3312 | 1.3246 |

i.e., 0.0114 count/gate as setting the tank bias at $E_\gamma$ = 0.5 MeV, and the uncertainties of the correction for the curium isotopes were empirically taken as about half the value of their corrections. Since our fission fragment detection efficiencies were ~92 and 94% for $^{240}Pu$ and the curium isotopes, respectively, the effect of the fission chamber bias on the value of $\bar{\nu}_p$ can be neglected.

Final results are listed in Table II;

$$\langle\nu^2\rangle = \sum_{\nu=0}^{8} \nu^2 P(\nu)$$

and $\sigma_\nu^2$ (= $\langle\nu^2\rangle - \bar{\nu}_p^2$) are also listed. The distribution $P(\nu)$ for spontaneous fission of $^{240}Pu$, $^{242}Cm$, and $^{244}Cm$ are shown in Fig. 1; the solid curve is Gaussian function fitting with width $\sigma = 1.15$.

These $P(\nu)$ data were fitted by a Gaussian function by a least-squares method. The Gaussian widths obtained are 1.149 ± 0.047, 1.159 ± 0.074, and 1.175 ± 0.098 for $^{240}Pu$, $^{242}Cm$, and $^{244}Cm$, respectively.

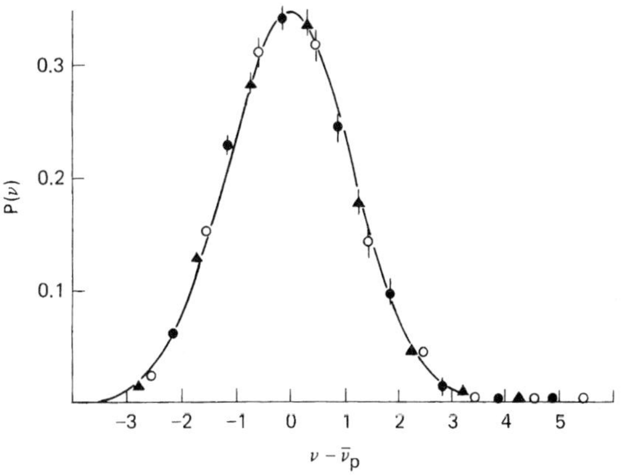


Fig. 1. The distributions of prompt neutron number probability for spontaneous fission of $^{240}Pu$, $^{242}Cm$, and $^{244}Cm$. Solid curve is the Gaussian function with $\sigma = 1.15$.

## DISCUSSION

Tables III, IV, and V list the present $\bar{\nu}_p$ results for spontaneous fission of $^{240}Pu$, $^{242}Cm$, and $^{244}Cm$ together with data published by other groups. The latter were revised in terms of the standards of $\bar{\nu}_p(^{252}Cf)$ = 3.743 ± 0.018 (Ref. 6), $\bar{\nu}_p(^{240}Pu)$ = 2.141 ± 0.016 (present work), and $\bar{\nu}_p(^{235}U)$ = 2.384 ± 0.007 (Ref. 12). Table III lists recent $^{240}Pu$ data

[12]ZHANG HUANQIAO, "$\bar{\nu}_p$ Evaluation for $^{235}U$ Fission Induced by Fast Neutrons," hsj-76041(bp), Institute of Atomic Energy, Academia Sinica (Dec. 1978).

[13]A. MOAT et al., *J. Nucl. Energy*, **15**, 102 (1961).

[14]B. C. DIVEN et al., *Phys. Fast Intermed. React.*, Vol. 1, p. 140 (1960).

[15]I. ASPLUND-NILSSON et al., *Nucl. Sci. Eng.*, **15**, 213 (1963).

[16]D. W. COLVIN and M. SOWERBY, *Phys. Chem. Fission*, Vol. 2, p. 65 (1965).

[17]J. FREHAUT et al., "Measurement of Anti $\nu_p$, the Average Number of Prompt Neutrons Emitted in The Fission of Plutonium-240 and Plutonium-241 Induced by Neutrons in the Energy Range 1.5 to 15 MeV," CEA-R-4626, Commissariat à l'Energie Atomique (1974).

[18]B. C. DIVEN et al., *Phys. Rev.*, **101**, 1012 (1956).

[19]B. I. BOLSHOV et al., *At. Energy*, **17**, 28 (1964).

[20]L. I. PROHOROVA et al., *At. Energy*, **30**, 250 (1970).

[21]N. I. KROSHKIN et al., *At. Energy*, **29**, 95 (1970).

[22]L. I. PROHOROVA et al., *At. Energy*, **33**, 767 (1972).

[23]V. V. GOLUSHKO et al., *At. Energy*, **34**, 135 (1973).

TABLE III

Recent $\bar{\nu}_p$ Data for Spontaneous Fission of $^{240}Pu$

| Author | Year | Original $\bar{\nu}_p$ Value | Original Standard | New Standard | Revised $\bar{\nu}_p$ Value |
|---|---|---|---|---|---|
| Moat et al. (Ref. 13) | 1961 | 2.13 ± 0.05 | $\bar{\nu}_p(^{252}Cf) = 3.69$ | 3.743 | 2.16 ± 0.05 |
| Diven et al. (Ref. 14) | 1962 | 2.167 ± 0.036 | $\bar{\nu}_p(^{235}U) = 2.414$ | 2.384 | 2.140 ± 0.036 |
| Asplund-Nilsson et al. (Ref. 15) | 1963 | 2.159 ± 0.017 | $\bar{\nu}_p(^{252}Cf) = 3.800$ | 3.743 | 2.127 ± 0.017 |
| Colvin and Sowerly (Ref. 16) | 1965 | 0.888 ± 0.005 | $\bar{\nu}_p(^{235}U) = 1$ | 2.384 | 2.117 ± 0.012 |
| Boldeman (Ref. 2) | 1968 | 2.168 ± 0.009 | $\bar{\nu}_p(^{252}Cf) = 3.784$ | 3.743 | 2.145 ± 0.009 |
| Frehaut et al. (Ref. 17) | 1974 | 2.148 ± 0.015 | $\bar{\nu}_p(^{252}Cf) = 3.732$ | 3.743 | 2.154 ± 0.015 |
| Previous work | 1971 | 2.138 ± 0.031 | | --- | 2.138 ± 0.031 |
| Present work | 1978 | 2.141 ± 0.016 | $\bar{\nu}_p(^{252}Cf) = 3.743$ | 3.743 | 2.141 ± 0.016 |

TABLE IV

The Comparison of $\bar{\nu}_p$ Value for Spontaneous Fission of $^{242}Cm$

| Author | Year | Original $\bar{\nu}_p$ Value | Original Standard | New Standard | Revised $\bar{\nu}_p$ Value |
|---|---|---|---|---|---|
| Crane et al. (Ref. 8) | 1956 | 2.33 ± 0.11 | $\bar{\nu}_p(^{252}Cf)$ = 3.53 | 3.743 | 2.47 ± 0.11 |
| Hicks et al. (Ref. 7) | 1956 | 2.65 ± 0.03 | $\bar{\nu}_p(^{240}Pu)$ = 2.257 | 2.141 | 2.51 ± 0.03 |
| Jaffey et al. (Ref. 9) | 1970 | 2.51 ± 0.12 | $\bar{\nu}_p(^{252}Cf)$ = 3.764 | 3.743 | 2.50 ± 0.12 |
| Present work | 1979 | 2.562 ± 0.020 | $\bar{\nu}_p(^{252}Cf)$ = 3.743 | 3.743 | 2.573 ± 0.019 |

TABLE V

The Comparison of $\bar{\nu}_p$ Values for Spontaneous Fission of $^{244}Cm$

| Author | Year | Original $\bar{\nu}_p$ Value | Original Standard | New Standard | Revised $\bar{\nu}_p$ Value |
|---|---|---|---|---|---|
| Diven et al. (Ref. 18) | 1956 | 2.810 ± 0.059 | $\bar{\nu}_p(^{235}U)$ = 2.46 ± 0.03 | 2.384 ± 0.007 | 2.723 ± 0.047 |
| Hicks et al. (Ref. 7) | 1956 | 2.84 ± 0.09 | $\bar{\nu}_p(^{240}Pu)$ = 2.257 ± 0.046 | 2.141 ± 0.017 | 2.69 ± 0.09 |
| Crane et al. (Ref. 8) | 1956 | 2.60 ± 0.12 | $\bar{\nu}_p(^{252}Cf)$ = 3.53 ± 0.15 | 3.743 ± 0.018 | 2.76 ± 0.05 |
| Bolshov et al. (Ref. 19) | 1964 | 2.71 ± 0.04 | $\bar{\nu}_p(^{240}Pu)$ = 2.17 ± 0.015 | 2.141 ± 0.017 | 2.68 ± 0.04 |
| Prohorova et al. (Ref. 20) | 1970 | 2.690 ± 0.015 | $\bar{\nu}_p(^{252}Cf)$ = 3.782 | 3.743 ± 0.018 | 2.662 ± 0.015 |
| Kroshkin et al. (Ref. 21) | 1970 | 2.77 ± 0.08 | $\bar{\nu}_p(^{235}U)$ = 2.426 | 2.384 ± 0.007 | 2.721 ± 0.08 |
| Prohorova et al. (Ref. 22) | 1972 | 2.700 ± 0.014 | $\bar{\nu}_p(^{252}Cf)$ = 3.764 ± 0.015 | 3.743 ± 0.018 | 2.685 ± 0.014 |
| Golushko et al. (Ref. 23) | 1973 | 2.680 ± 0.027 | $\bar{\nu}_p(^{252}Cf)$ = 3.756 ± 0.010 | 3.743 ± 0.018 | 2.671 ± 0.027 |
| Present work | 1979 | 2.721 ± 0.021 | $\bar{\nu}_p(^{252}Cf)$ = 3.743 ± 0.018 | 3.743 ± 0.018 | 2.721 ± 0.021 |

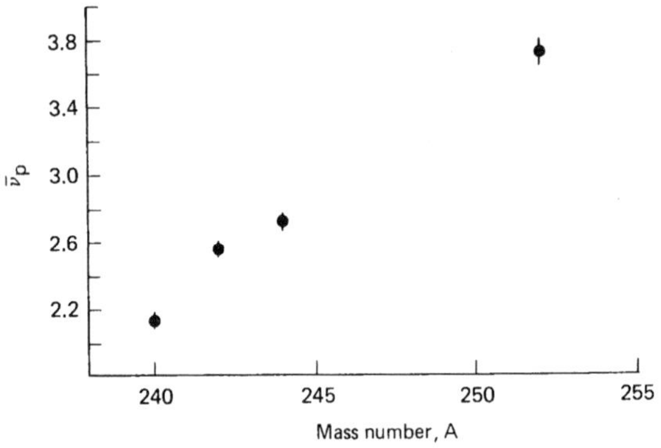


Fig. 2. Values of $\bar{\nu}_p$ for spontaneous fission of $^{240}Pu$, $^{242}Cm$, and $^{244}Cm$ versus mass number $A$.

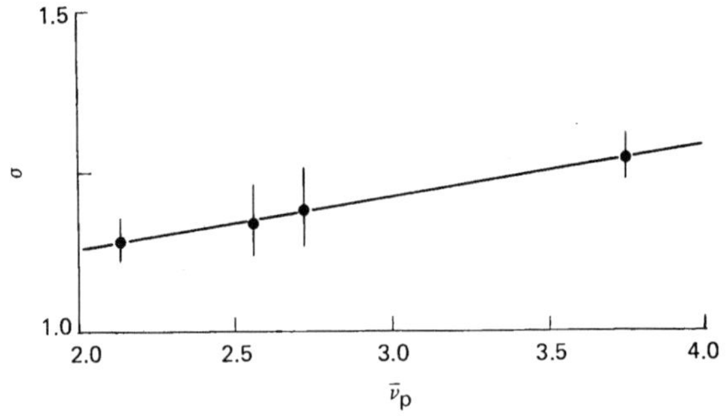


Fig. 3. Width of $p(\nu)$ distributions for spontaneous fission of $^{240}Pu$, $^{242}Cm$, and $^{244}Cm$ versus $\bar{\nu}_p$. The line is a least-squares fit to the data.

only. Our $\bar{\nu}_p(^{240}Pu)$ value is in agreement with the results of Diven et al.,[14] Boldeman,[2] and our previous work.[10] In the case of $^{242}Cm$, the present $\bar{\nu}_p(^{242}Cm)$ value is ~2.4% higher than others. As for $^{244}Cm$, our result is consistent with that of Diven et al.[18] and of Kroshkin et al.[21] Our $\bar{\nu}_p$ data for $^{240}Pu$, $^{242}Cm$, and $^{244}Cm$ as well as previous data of $^{252}Cf$ (Ref. 6) are shown in Fig. 2 as a function of mass number $A$. The $\bar{\nu}_p$ value increases with $A$, and the trend is the same as in Refs. 3 and 4.

As pointed out in Refs. 4 and 5, the distribution width for spontaneous fission of a series of even-even isotopes varies with the nuclides and with the average number of neutrons. In Fig. 3, the distribution widths $\sigma$ for $^{240}Pu$, $^{242}Cm$, $^{244}Cm$, and $^{252}Cf$ were plotted versus $\bar{\nu}_p$. It is obvious from Fig. 3 that $\sigma$ increases linearly with $\bar{\nu}_p$ in this region of nuclides. The relation could be represented by the equation

$$\sigma = 0.980 + 0.076\,\bar{\nu}_p \qquad (3)$$

obtained by a least-squares fit, which is also shown in Fig. 3. This relation shows that the distribution width of the excitation energy in fission fragments increases with the average excitation energy.

ACKNOWLEDGMENTS

The authors thank Zhuang Renjie, Fang Zhicao, and Ju Conghua for providing the samples of $^{242}Cm$ and $^{244}Cm$. We wish to acknowledge Yang Chunxiang for his Gaussian fitting program.

# 在不同碎片质量比和总动能下$^{252}$Cf自发裂变瞬发中子多重性①

刘祖华 张焕乔 丁声耀 许谨诚 刘绍明 张其欣

（中国科学院原子能研究所）

本实验利用直径60cm的球形载钆液体闪烁体探测裂变中子，两块金硅面垒半导体探测器记录互补的一对裂变碎片，作三参量关联测量。实验得到$^{252}$Cf自发裂变在不同碎片质量比和总动能下的瞬发中子平均数$\bar{\nu}_p$ $(M_H, E_K)$和瞬发中子数目分布宽度$\sigma_\nu$ $(M_H, E_K)$。

**关键词** 自发裂变，裂变碎片，瞬发中子。

## 一、前　　言

我们曾对$^{252}$Cf自发裂变瞬发中子平均数$\bar{\nu}_p$和中子数目分布$P(\nu)$，作过绝对测量[1]。虽然这些参数很有价值，但是从研究裂变过程来说，测量取平均之前的量，即固定碎片质量和碎片总动能下的瞬发中子平均数$\bar{\nu}_p$ $(M_H, E_K)$和瞬发中子数目分布$P$ $(M_H, E_K)$更有意义。

我们的实验结果表明，有些量，取平均后，使原有的规律变得模糊不清。例如，固定碎片总动能$E_K$下的$\bar{\nu}_p(M_H)$与对碎片总动能取平均后的$\langle\bar{\nu}_p(M_H)\rangle$的变化规律完全不同。因此，通过对中子数与碎片质量和动能的关联测量，使我们有可能更深入一层了解裂变碎片的激发能及其分布。

1979年，Darleane C.Hoffman等[2]作了中子数与碎片质量和动能的关联测量。对于$^{252}$Cf，她们只测量了$\sim 5.7\times10^4$个裂变事件。由于统计少，她们的质量和动能分划都比较粗糙。因此，她们得到的平均中子数及其分布宽度随碎片质量和动能的变化规律不甚清晰。我们观察了$10^6$个裂变事件，由于统计较高，我们的质量和动能分划比她们的要细。

此外，$\langle\bar{\nu}_p(M_H)\rangle$的数据，不同工作[3-4]的结果存在不一致之处，也有必要再作测量。

## 二、实 验 方 法

**1．探测系统** 探测器安排见图1。直径60cm的球形载钆液体闪烁体作为裂变中子探测

---

① 原子核物理，1984，6(1)：1-8.

器。$^{252}Cf$源置于中子探测器的中心。源强为40裂变/s，底衬是～20μg/cm²的碳膜。图1的右图是真空室的放大。两块直径20mm的金硅面垒半导体探测器用于探测两个裂变碎片。其中一块半导体探测器与$^{252}Cf$源相距3cm。为了作双裂变阻禁[5]，另一块半导体探测器紧挨$^{252}Cf$源。每个半导体探测器前有一直径为18mm的光栏。

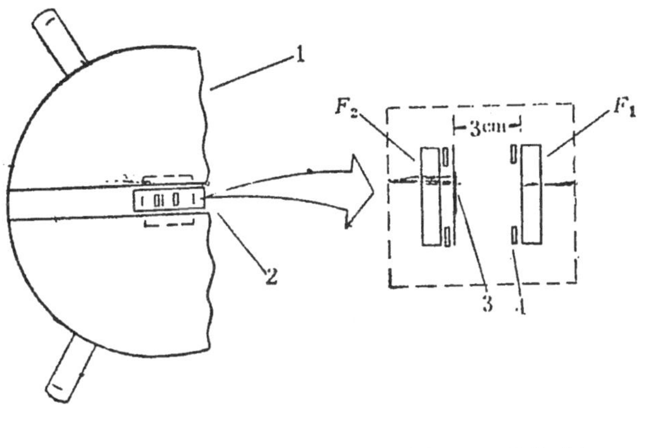


图1　实验装置（右图是真空裂变探测室的放大）

1——液体闪烁体；2——真空裂变室；3——$^{252}Cf$；4——光栏。

以$\bar{\nu}_p(^{252}Cf)=3.743$[1]为基准，确定液体闪烁体探测效率$\eta$。我们分别在$\eta=0.485$和0.590两种效率下作了两轮测量，分别观察了$0.5\times10^6$裂变事件。两轮数据在误差范围内一致。

**2．电子学安排**　实验数据用TRIDAC-C多道分析器-计算机系统获取。由于多道与计算机之间的接口只有二维编码功能，为了作三参量或四参量关联测量，采用了串行编队输入法，即先用电子学线路将要分析的信号按一定时延排成两队。

电子学线路框图见图2。来自液体闪烁体和两块半导体探测器的信号分别经过放大，甄别，然后作三重符合。其中，参与三重符合的液体闪烁体信号是裂变瞬发γ脉冲。三重符合输出分成三路。一路去开数目分析器的门，分析中子脉冲数目和本底。另一路产生一幅度恒定的标记脉冲。第三路经倒相后，去开三个线性门。在线性门开门期间，代表中子脉冲数目的模拟信号和两个裂变碎片脉冲分别通过线性门。然后，中子数目模拟脉冲和标记脉冲分别延迟80μs后与两碎片脉冲混合编队。编队情况如图2中$x$，$y$两点的波形所示。最后，两路编队脉冲输入TRIDAC-C多道-计算机系统，逐个事件地记录在磁带中。实验数据作离线处理。

标记脉冲幅度高于碎片脉冲$F_1$。加入标记脉冲是为了判别逐一记录的事件有否混乱。在数据离线处理时，加入适当的判别条件，剔除混乱事件。

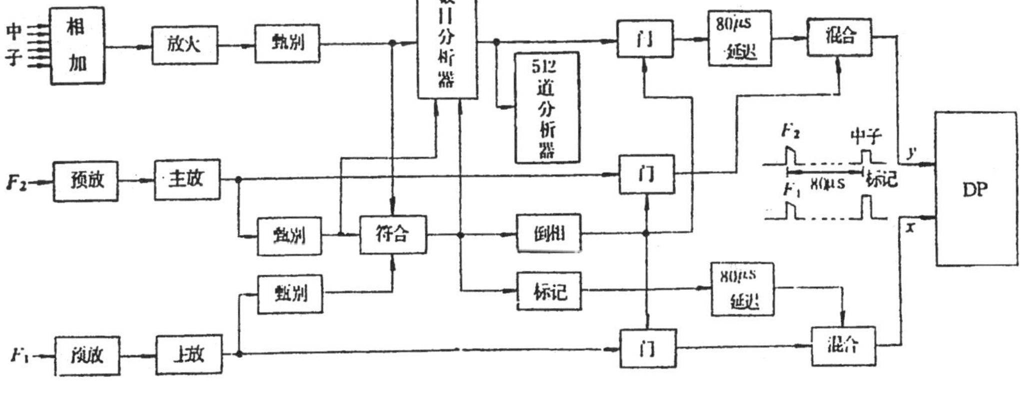


图2　电子学线路框图

图中的DP是TRIDAC-C多道计算机系统。

## 三、数 据 处 理

实验数据在NOVA-840计算机上处理。从两裂变碎片的脉冲高度到碎片质量和动能的计算方法与[6]相同。碎片发射中子前质量计算中的中子修正数据取自[6]。

我们将重碎片质量$M_H$-碎片总动能$E_K$的两维空间分成1000个小区间，其中碎片从对称值量起，按2个质量单位为间隔，分成25等分，碎片总动能从142MeV起，以2MeV为单位，分成40等分。对每个小区间，按文献[1]中的公式计算了裂变瞬发中子平均数$\bar{\nu}_p(M_H, E_K)$。

为了提高统计精度，将40个碎片总动能等分压缩成20个，然后对500个$M_H$-$E_K$区间，按公式

$$\sigma_\nu^2=\frac{1}{\eta^2}[\sigma_d^2-\sigma_b^2-(1-\eta)(\bar{\nu}_d-\bar{\nu}_b)]$$

逐个计算了裂变瞬发中子数目分布宽度的平方$\sigma_\nu^2(M_H, E_K)$。上式中的$\bar{\nu}_d$和$\sigma_d$分别是瞬发中子计数的平均值和分布宽度的实验观察值，$\bar{\nu}_b$和$\sigma_b$分别是对应的本底平均值和分布宽度。

## 四、结 果 与 讨 论

图3至图8是本实验的主要结果。图3(a)和(b)分别是$^{252}$Cf自发裂变瞬发中子平均数$\bar{\nu}_p(M_H, E_K)$和瞬发中子数目分布宽度的平方$\sigma_\nu^2(M_H, E_K)$的等高图。从图4起，除已标出误差的点外，其他点的误差都等于或小于实验点的大小。以下分几个方面进行讨论。

**1. $\bar{\nu}_p(E_K)$和$\langle\bar{\nu}_p(E_K)\rangle$**

图4是固定碎块质量下，瞬发中子平均数随碎块总动能$E_K$的变化$\bar{\nu}_p(E_K)$。由图可见，当$E_K$大于160MeV时，$\bar{\nu}_p$随$E_K$近似线性下降。我们用加权最小二乘法作拟合，得到固定碎块质量下，碎块发射一个中子消耗的平均能量$\left\langle\frac{d\bar{\nu}_p}{d\varepsilon_K}\right\rangle_{M_H}^{-1}$，如图5所示。图中的计算值为$\bar{B}+\bar{\eta}+0.75$。其中$\bar{B}$是中子平均结合能，$\bar{\eta}$是质心系的中子平均动能。由于碎块发射的$\gamma$射线能量和中子数有关联，$\bar{E}_\gamma=0.75\bar{\nu}+2$，所以在计算值中加上常数项0.75。

图6(b)是对所有碎块质量加权平均后的瞬发中子平均数随$E_K$的变化$\langle\bar{\nu}_p(E_K)\rangle$。我们将H.Nifenecker[4]的$\langle\bar{\nu}_p(E_K)\rangle$数据按$\bar{\nu}_p(^{252}\text{Cf})=3.743$归一后，也画在图中。两家$\langle\bar{\nu}_p(E_K)\rangle$数据一致。

我们测得的平均中子数随动能变化的斜率的倒数

$$\left\langle\frac{d\bar{\nu}_p}{dE_K}\right\rangle^{-1}=13.71\pm0.04\text{MeV/中子}$$

与H.Nifenecker的13MeV/中子相近。

R.Vandenbosch和J.R.Huizenga[7]把$\left\langle\frac{d\bar{\nu}_p}{dE_K}\right\rangle^{-1}$解释为碎块发射一中子所消耗的能量。由于忽略了在不同碎块总动能$E_K$下，碎块质量分布不同这一因素，因而此种解释欠妥。关于$\langle d\bar{\nu}_p/dE_K\rangle^{-1}$与碎块发射一中子消耗的能量之间的关系，H.Nifenecker已在文献[4]

中作了详细说明，本文不再叙述。

**2.　$\sigma_\nu(E_K)$**

图 6 (a)是对所有碎片质量求和后的瞬发中子数目分布宽度随$E_K$的变化$\sigma_\nu(E_K)$。我们的数据表明，中子数目分布随着碎片总动能 $E_K$ 的减少而加宽。这一事实反映了随着碎片激发能的增加，碎片发射中子数目的涨落也增加。图中的正三角是 Darleane C.Hoffman[2] 的值。她们的数据只有 4 个点。在低动能处，她们的 $\sigma_\nu$ 值比我们低。从$E_K=180\text{MeV}$ 起，两家数据一致。

**3.　固定$E_K$下的$\bar{\nu}_p(M_H)$**

固定碎片总动能$E_K$下瞬发中子平均数随重碎片质量的变化$\bar{\nu}_p(M_H)$ 如图 7 所示。

从碎片质量对称区域开始，$\bar{\nu}_p$随$M_H$增加略有上升，到$M_H$～132 后，逐渐下降。

图 8 (c) 给出了 $^{252}$Cf 自发裂变平均释放能量[8]$\langle Q\rangle$ 和我们实验测定的碎片平均总动能$\langle E_K\rangle$随重碎片质量的变化。因为 $\langle Q\rangle=\langle E_X\rangle+E_K$，对于一定的碎片质量分划，当 $E_K$ 固定时，碎片平均总激发能$\langle E_X\rangle$也随之确定，如图 8 (c)所示。$\bar{\nu}_p(M_H)$ 的变化规律反映了碎片平均总激发能$\langle E_X\rangle$，或者说裂变时平均释放总能量$\langle Q\rangle$，随碎片质量的变化趋向。图 8 (c) 的$\langle Q\rangle$曲线与图 7 中$E_K$较高时的$\bar{\nu}_p(M_H)$ 的走向一致，可以证明上述看法。

**4.　对$E_K$求平均后的$\langle\bar{\nu}_p(M_H)\rangle$**

图 8 (b)是对$E_K$加权平均后的瞬发中子平均数随重碎片质量的变化 $\langle\bar{\nu}_p(M_H)\rangle$。图中也给出了R.L.Walsh[3]和H.Nifenecker[4]的结果。对他们的值都按 $\bar{\nu}_p(^{252}\text{Cf})=3.743$ 重新归一。我们的$\langle\bar{\nu}_p(M_H)\rangle$与H.Nifenecker的结果具有相同的走向，而与 R.L.Walsh 的值有明

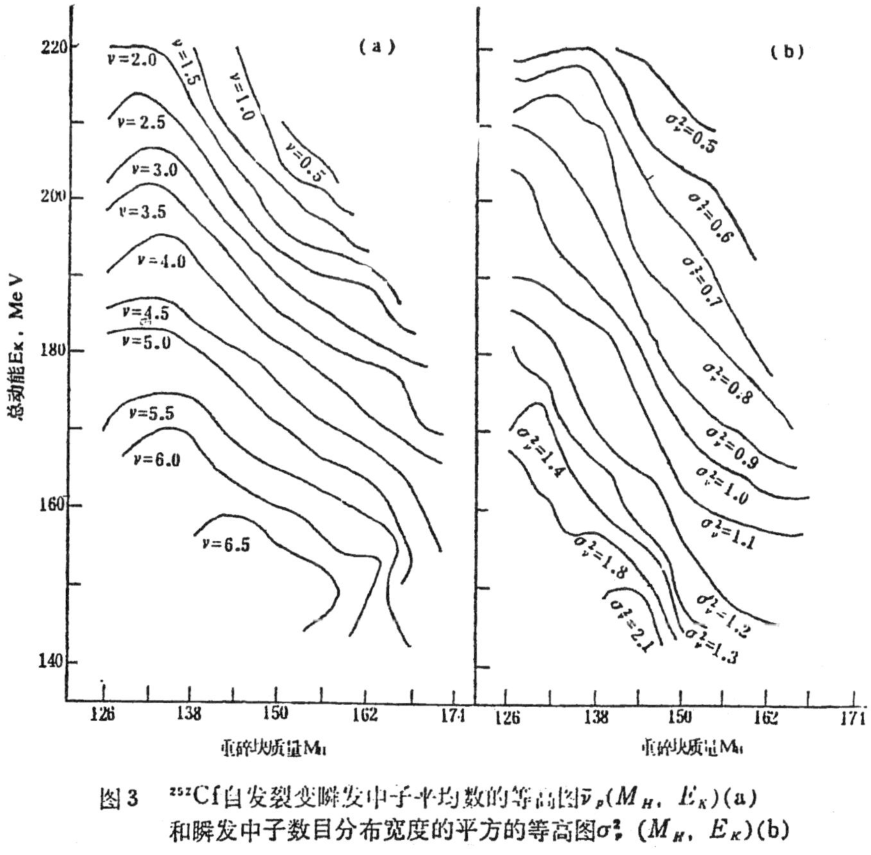


图 3　$^{252}$Cf自发裂变瞬发中子平均数的等高图$\bar{\nu}_p(M_H,\ E_K)$(a)
和瞬发中子数目分布宽度的平方的等高图$\sigma_\nu^2$ $(M_H,\ E_K)$(b)

显的差别，特别是对称质量区域和$M_H>156$以后尤为显著。我们和H.Nifenecker都是$4\pi$几何下测量，而R.L.Walsh将源置于球外。

与固定$E_K$下的$\bar{\nu}_p(M_H)$近似单调下降不同，$\langle\bar{\nu}_p(M_H)\rangle$具有振荡结构。$\langle\bar{\nu}_p(M_H)\rangle$在$M_H=130$，150处出现两个谷，而在$M_H=138$，162附近出现两个峰。极大与极小处的$\bar{\nu}_p$值相差约0.5个中子。$\langle\bar{\nu}_p(M_H)\rangle$出现振荡结构是由于不同$E_K$的$\bar{\nu}_p(M_H)$以各自的权重平均时，对平均值的贡献随着碎片质量$M_H$变化所致。

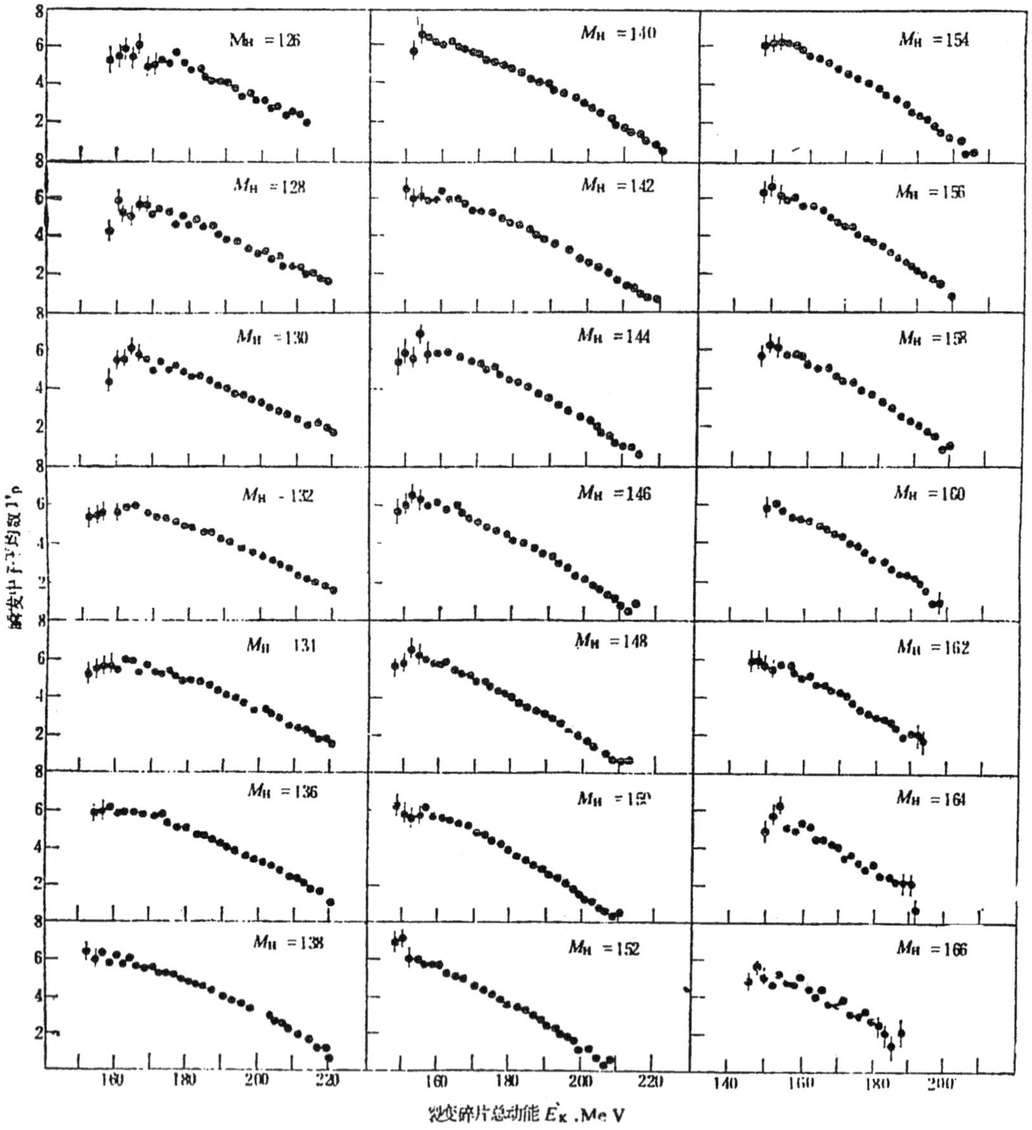


图4　$^{252}Cf$自发裂变不同碎片质量下，瞬发中子平均数随碎片总动能$E_K$的变化$\bar{\nu}_p(E_K)$

**5.　$\sigma_\nu(M_H)$**

图8(a)是对$E_K$求和后的瞬发中子数目分布宽度随重碎片质量$M_H$的变化$\sigma_\nu(M_H)$。图中

也给出了Darleane C.Hoffman[2]的数据。她们只有五个数据点，且在对称区域没有实验值。$\sigma_\nu(M_H)$ 在对称质量区域随$M_H$的减少而上升，而在其他区域$\sigma_\nu(M_H)\sim1.2$，其走向与碎片总动能$E_K$分布宽度$\sigma_{EK}(M_H)$[9]一致。

裂变中子平均数及其分布是裂变碎片平均激发能及激发能分布的表征。我们的实验结果提供了裂变碎片平均激发能及其分布随碎片质量和动能变化的清晰的图象。由图3的两个等高图$\bar{\nu}_p(M_H,\ E_K)$和$\sigma_\nu^2(M_H,\ E_K)$可见，$E_K$大于160MeV以后，碎片的平均激发能及分布宽度随着$E_K$和$M_H$的增加而逐渐减小。

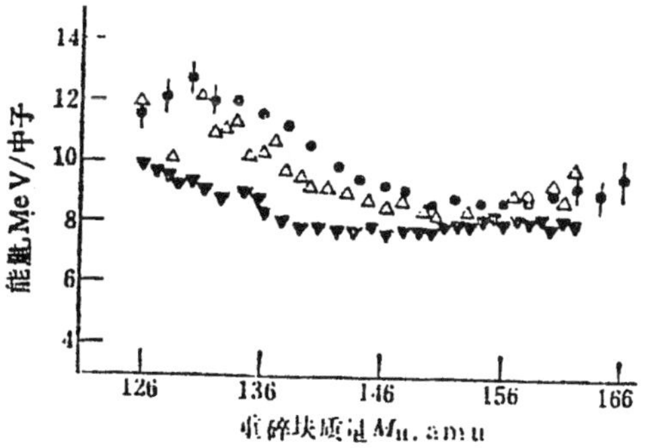


图5　碎块发射一个中子消耗的平均能量

•——由$\left\langle\frac{d\bar{\nu}_p}{dE_K}\right\rangle^{-1}_{M_H}$得到的实验值；　△——H.Nifenecker的实验值；

▼——根据$B+\bar{\eta}+0.75$的计算值，$B$为中子平均结合能，$\bar{\eta}$为中子在质心系的平均动能。

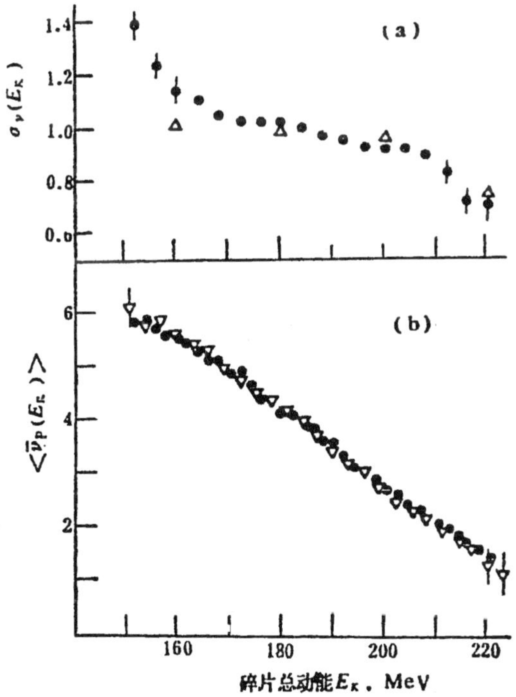


图6　瞬发中子数目分布宽度（a）及瞬发中子平均数（b）

——随碎片总动能$E_K$的变化

♦——本工作；　△——Darleane C.Hoffman；　▽——H.Nifenecker，

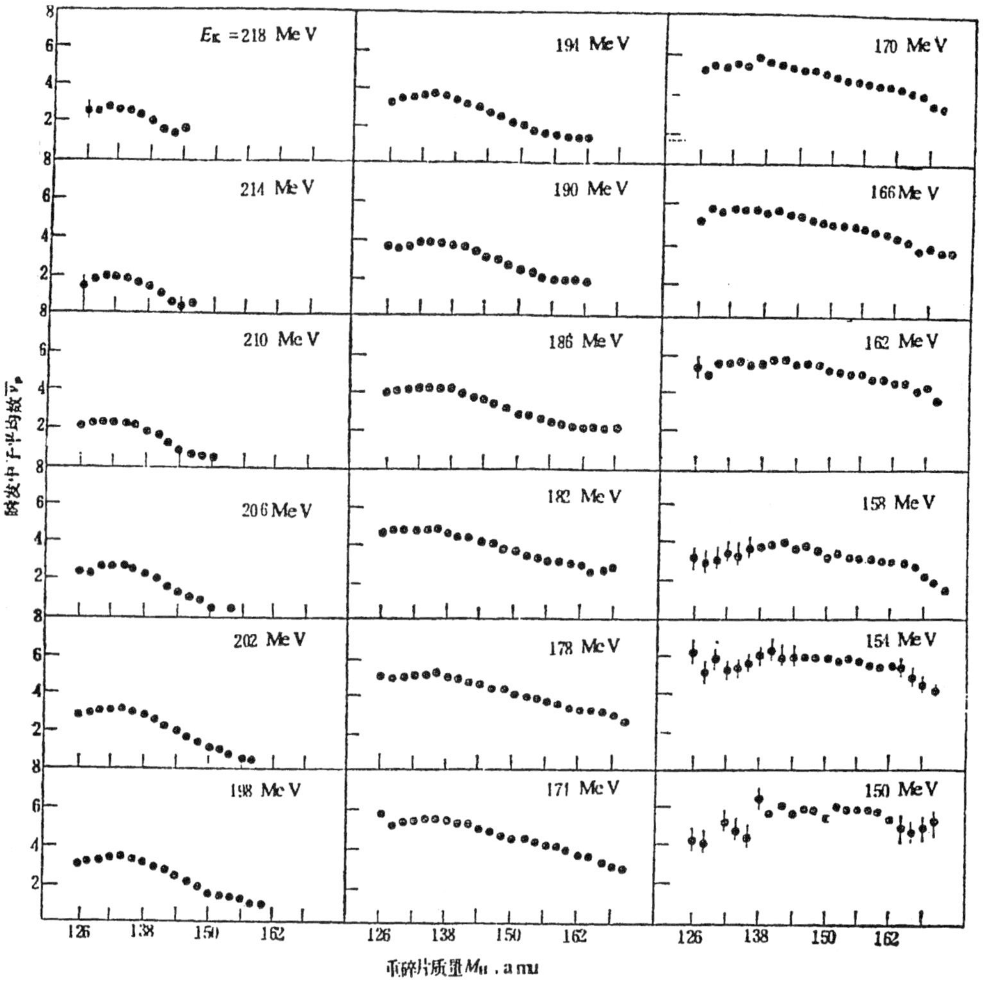


图7 固定碎片总动能$E_K$下，瞬发中子平均数随重碎片质量的变化$\bar{\nu}_p(M_H)$

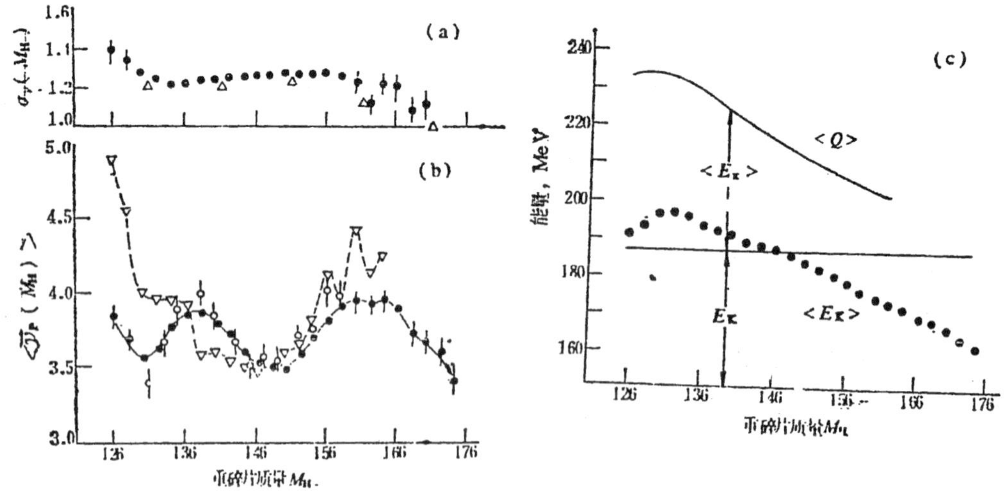


图8 瞬发中子数目分布宽度(a)、瞬发中子平均数(b)以及$^{252}$Cf自发裂变平均释放能量和碎片总动能(c)随重碎片质量的变化.

• ——本工作； △——Darleane C. Hoffman；
○——H. Nifenecker； ▽——R. L. Walsh.

## 参 考 文 献

[1] 张焕乔，刘祖华，原子核物理，1, 9 (1979).
[2] Darleane C. Hoffman et al., *Phys. Rev.*, C21, 637 (1980).
[3] R. L. Walsh and J. W. Boldeman, *Nucl. Phys.*, A276, 189 (1977).
[4] H. Nifenecker et al., Pnysics and Chemistry of Fission (Proc. Symp. New York, 1973) 2, IAEA, Vienna, 117 (1973).
[5] 刘祖华，张焕乔，原子核物理，2, 53 (1980).
[6] 丁声耀等，碎片瞬发中子的研究，待发表.
[7] R. Vandenbosch and J. R. Huizenga, Nuclear Fission, Academic Press, p. 342, New York and London (1973).
[8] M. Kildir and N. K. Aras, *Phys. Rev.*, C25, 365 (1982).
[9] H. W. Schmitt et al., *Phys. Rev.*, 141, 1146 (1966).

# PROMPT NEUTRON MULTIPLICITY DISTRIBUTIONS AS A FUNCTION OF MASS RATIO AND TOTAL KINETIC ENERGY OF FRAGMENTS FOR SPONTANEOUS FISSION OF $^{252}$Cf

LIU ZUHUA ZHANG HUANQIAO DING SHENGYAO
HSU JINCHENG LIU SHAOMING ZHANG QIXIN

*(Institute of Atomic Energy, Academia Sinica, P. O. Box 275, Beijing)*

## ABSTRACT

Prompt neutrons in coincidence with the fission fragments from the spontaneous fission of $^{252}$Cf are measured in a 60cm-diameter, Gd-loaded liquid scintillation counter. The kinetic energies of both fission fragments and the number of neutrons for each fission event are recorded. From these data, the average number of prompt neutron and variances of neutron multiplicity distributions as a function of the mass of heavy fragment and total kinetic energy of fission fragments, $\bar{\nu}_p$ $(M_H, E_K)$ and $\sigma_\nu$ $(M_H, E_K)$, are calculated and presented.

**Key words** Spontaneous fission, Fission fragments, Prompt neutron.

# $^{252}$Cf自发裂变$\bar{\nu}(Z)$的测量①

丁声耀 许谨诚 刘祖华 刘绍明 张焕乔

（中国科学院原子能研究所）

进行了$^{252}$Cf自发裂变时单碎片动能、瞬发中子平均数及KX射线的三参量关联测量。得到符合碎片中子数和由KX射线所确定的碎片核电荷数的关系，即$\bar{\nu}(Z)$分布。实验结果未观察到$\bar{\nu}(Z)$的奇偶效应。

**关键词** $^{252}$Cf自发裂变，KX射线谱，$\bar{\nu}(Z)$分布。

## 一、引　　言

本工作是继$^{252}$Cf自发裂变时单碎片瞬发中子平均数随质量变化$\bar{\nu}(A)$的测量[1]之后进行的。在工作[1]中，我们未观察到$\bar{\nu}(A)$的奇偶效应。

我们知道，当核电荷数$Z$为偶数的重核裂变时，偶-偶电荷数的一对碎片所释放的能量平均地比相邻的一对奇-奇电荷数碎片所释放的高2.7MeV[2]。人们期望这种碎片释放总能量的奇偶效应会影响到中子数的发射。到目前为止已进行了不少单碎片瞬发中子数随其质量变化的测量[3-5]，其中最常用的是双动能法。然而由于这种方法所得到的质量分辨(FWHM)限制在4—5amu[6]，因此，实验所测得的$\bar{\nu}(A)$实际上是对相邻的4—5个质量、2—3个电荷数的碎片的平均效应。

利用重核裂变时碎片所释放的特征KX射线来确定其电荷数$Z$，原则上分辨率$\Delta Z<1$。因此，研究单碎片瞬发中子数是否存在奇偶效应的较理想的实验是测量$\bar{\nu}$与碎片的两个参量$Z$和$A$的关联。由于实验技术上的困难，到目前为止，仅报道过一家测量了$\bar{\nu}(Z)$[7]。根据上述情况，我们进行了$\bar{\nu}(Z)$的实验测量。

## 二、实 验 方 法

本实验的测量装置如图1所示。$^{252}$Cf自发裂变源用自转移方法制成[8]，裂变率为$1.9\times10^4\text{min}^{-1}$。金硅面垒型半导体探测器加了$\phi$16mm的铝光阑，以消除边缘效应。中子探测器是直径为60cm的球形载钆液体闪烁计数器。$^{252}$Cf薄膜源与半导体探测器置于真空室内。裂

1983年3月21日收到。

① 原子核物理，1984，6(1)：9-14.

变源、半导体探测器和液体球的中心在一直线上，源距球心63cm。

为了减少Si(Li)探测器的本底，除底部用铜板外，真空室的盖与壁均用有机玻璃制成。源与半导体探测器相距2cm。在正对源与半导体探测器连线中点的真空室底部开了一个直径为$\phi$15mm的窗。窗用厚为10$\mu$m Mylar膜密封。探测KX射线的硅锂漂移探测器与真空室的窗邻接。探测器的体积为80mm$^2$×3mm，到Be窗的距离为3mm，Be窗厚25$\mu$m。Be窗到$^{252}$Cf源与半导体探测器中心线的距离为15mm。硅锂漂移探测器在液氮下工作，对$^{55}$Fe的5.9 keV X射线的分辨为184eV。

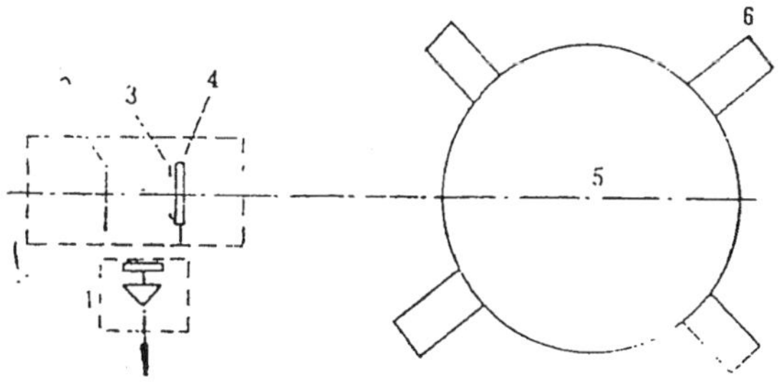


图1　实验装置示意图

1——Si(Li)X射线探测器；2——$^{252}$Cf；3——光阑；4——半导体探测器；5——载钆闪烁液体球；6——光电倍增管。

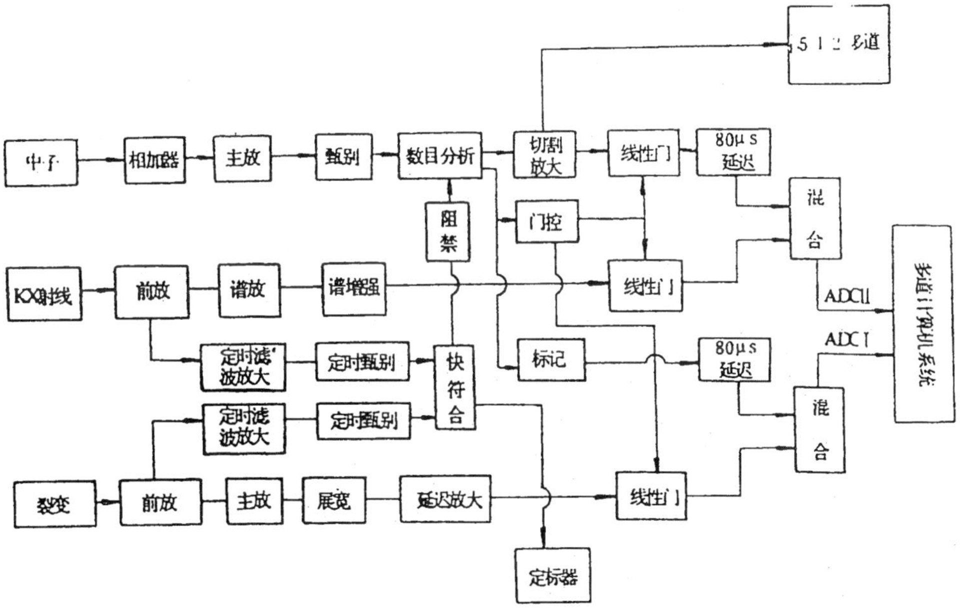


图2　中子、KX射线、裂变碎片关联测量电子学方框图

本实验的电子学线路图示于图2。中子和裂变脉冲信号所通过的电子学线路与[1]类似。KX射线信号经线性放大器、堆垒剔除单元后延迟20$\mu$s作为线性信号。另从谱仪的前级引出快信号分别经定时滤波放大器、恒比定时甄别器后与裂变的快信号符合。用这一快符合信号去触发中子数目分析器，再由中子数目分析器产生的信号去触发标记及门控信号。门控

信号分三路控制裂变、中子和KX射线的线性门。标记信号与经线性门的中子信号各延迟80$\mu$s。上述四个信号分两组送入两个混合器，按照时间次序采取两两混合编队通过ADCⅠ、ADCⅡ送入TRADAC-C多道计算机系统。计算机将每组事件逐个地记录在磁带上。

在实验过程中，用$^{241}$Am的X射线谱及定期测量$^{252}$Cf 自发裂变轻重碎片脉冲峰的位置来检查系统的稳定性。

本实验获取有效事件数共为$6.5\times10^5$。

## 三、数据处理

将记录在磁带上的实验数据在NOVA-840计算机上作离线处理。

图3(a)是实验测得的与碎片符合的KX射线谱，可以看到各元素的特征的K$\alpha$线的峰。

我们知道，裂变碎片电荷数可以由它所发射的特征KX射线来确定。但对于每一特定的电荷数$Z$，它的KX射线有四个分量即K$\alpha_1$，K$\alpha_2$，K$\beta_1$和K$\beta_2$。实验测得的谱是各个元素的KX射线谱的迭加。为了得到其它参量如中子数、碎片动能等与电荷数$Z$的关联，首先须对实验所获取的KX射线幅度谱进行解谱。

解谱的具体过程如下：

认为KX射线的每一分量可用一高斯分布表示，且K$\beta_2$分量很小，计算中忽略不计。这样，对第$j$个元素，它的归一化KX射线谱为：

$$SPF(x_i,R_j,\bar{x}_j,\sigma)=\sum_{k=1}^{3}R_{jk}\frac{1}{(2\pi)^{1/2}\sigma}\exp[-(x_i-\bar{x}_{jk})^2/2\sigma^2]. \tag{1}$$

式中，$R_{jk}$，$\bar{x}_{jk}$为第$j$个元素的K$\alpha_1$，K$\alpha_2$，K$\beta_1$的相对强度和峰的位置。$R_{jk}$值取自[9]，$\bar{x}_{jk}$由[9]所给的KX射线能量值经过能量刻度转换得到。能量刻度用$^{241}$AmX射线源进行。$\sigma$是高斯分布的方差，作为可调参数，由最小二乘法拟合中使$\chi^2$最小来确定。

设各元素的KX射线的相对强度为$S_j$，则拟合谱为：

$$Y_\sigma(x_i)=\sum_{j=1}^{N}S_jSPF(x_i,R_j,\bar{x}_j,\sigma). \tag{2}$$

设实验所测得的KX射线幅度谱为$y(x_i)$，使

$$\chi^2=\sum_{i=1}^{M}[y(x_i)-Y_\sigma(x_i)]^2/y(x_i) \tag{3}$$

取极小值，可求解$S_j$。应该提及实验谱$y(x_i)$包含本底$B(x_i)$。本底主要是由于与碎片符合的$\gamma$射线在探测器、真空室壁上散射产生的，所以在拟合之前，实验谱各道必须减去相应的本底$B(x_i)$。

$^{252}$Cf自发裂变时碎片所发射的KX射线实验谱（如图3(a)所示）的拟合谱如图3(b)。从图可见，在所拟合的范围内（对应于裂变碎片轻、重两组各8个元素，共16个元素），实验和拟合谱符合得相当好，表明解谱程序是合理的。

对应$N$个元素的峰，把KX射线谱分成$N$个间隔，由$S_j$和$SPF(x_j,R_j,\bar{x}_j,\sigma)$可以求得第$j$个元素对第$k$个间隔的贡献$\theta_{jk}$以及本底贡献$B(k)$。由实验测得的平均中子数$\bar{n}$，碎片脉冲幅度$P_f$以及KX射线幅度谱$y(x_i)$三参量关联，可以求得对应KX射线谱的第$k$个间隔内的瞬时中子数目和碎片脉冲幅度的平均值$\bar{n}(k)$和$P(k)$。那么，我们要求的第$j$个元素的相应的值

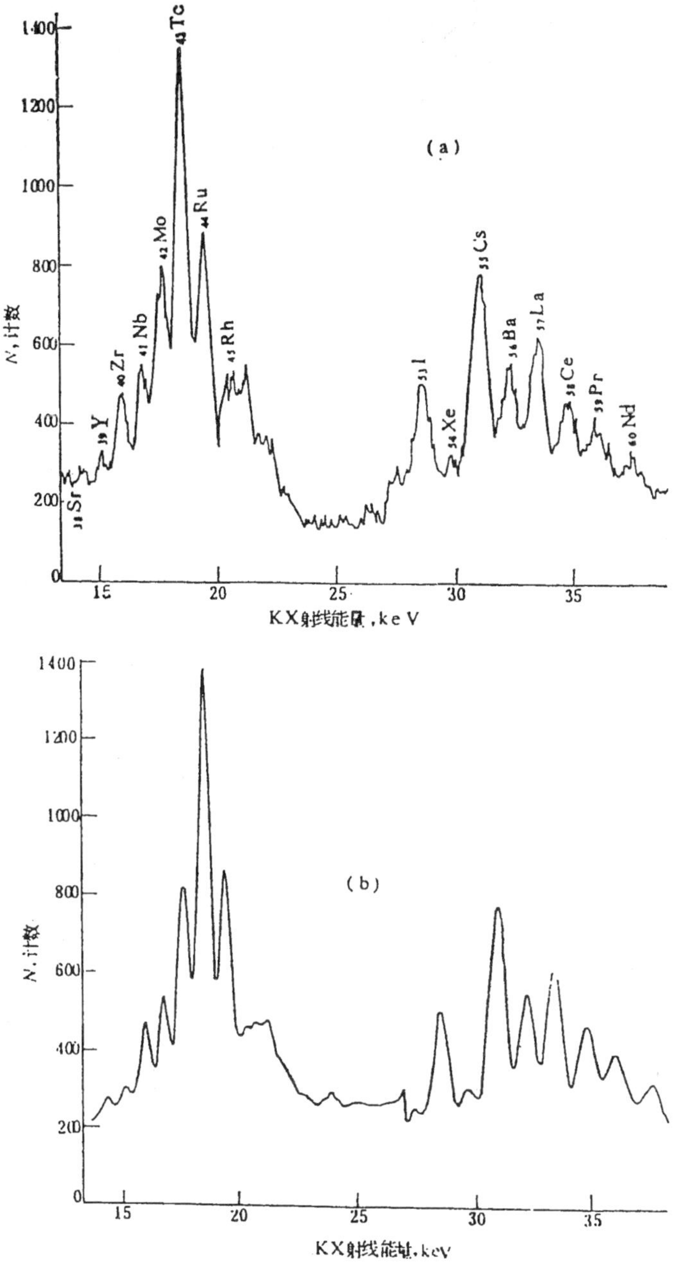


图3　KX射线实验谱（a）及拟合谱（b）

$N_i$ 和 $P_i$，可以通过解以下的方程组得到：

$$\bar{n}(k)=\left[\sum_{j=1}^{N}\theta_{jk}N_j+B(k)N_b\right]\Big/\left[\sum_{j=1}^{N}\theta_{jk}+B(k)\right],\tag{4}$$

$$P(k)=\left[\sum_{j=1}^{N}\theta_{jk}P_j+B(k)P_b\right]\Big/\left[\sum_{j=1}^{N}\theta_{jk}+B(k)\right].\tag{5}$$

式中，$B(k)N_b$，$B(k)P_b$为对应KX射线谱的第$k$个间隔内的本底事件分别对瞬时中子、碎片脉冲幅度的贡献。

对于某一裂变碎片元素 $Z$，由Reisdorf等给出的数据[10]，可以找到其平均质量 $\bar{m}_Z$，将求出的碎片脉冲幅度 $P_i$ 代入Schmitt的裂变碎片能量刻度公式[11]，就可得到每一碎片的能及互补碎片对的总动能。由所求得之碎片动能及瞬时中子平均数，采取与[ 1 ]中同样的法，对互补碎片中子的贡献及探测效率作校正，最后得到元素 $Z$ 碎片所发射 的 中 子 平均 $\bar{\nu}(Z)$。

## 四、实 验 结 果

实验所测得的 $^{252}$Cf 自发裂变碎片所发射 KX 射线谱如图 3(a)所示。谱 形 与 他人的果[2,10,12]相一致。

单碎片瞬发中子平均数随其电荷数的变化 $\bar{\nu}(Z)$示于图 4 中。在数据处理 中我们舍去KX射线产额低、误差大的实验数据，仅留下18个元素 的结果。为了便于比较，我们把迄报道过的唯一的一家数据也示于同一张图上。他们比我们少测四个元素，重 碎 片 区 符合好，轻碎片区我们系统偏高。不难发现，这两家数据有一共同的特点：在 $\bar{\nu}(Z)$分 布 中均呈现鲜明的奇偶效应。这和我们在工作[ 1 ]中的结果也是一致的。

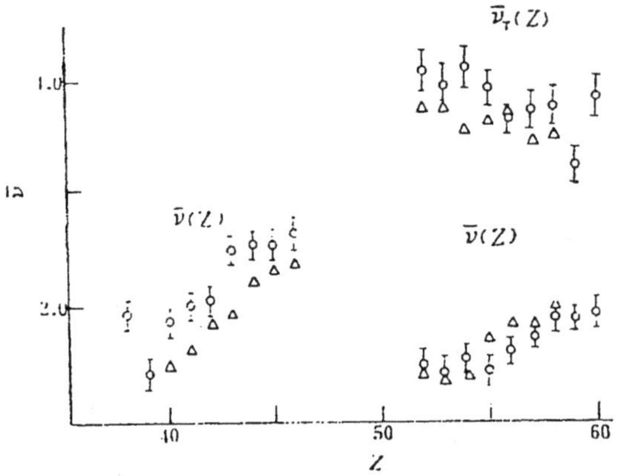


图 4　单碎片瞬发中子平均数随碎片电荷的分布
○——本工作；△——[ 7 ]。

作者谨向本所制靶组、多道组和NOVA-840计算机组的同志们深表谢意。

## 参 考 文 献

[ 1 ] 丁声耀等，$^{252}$Cf自发裂变时单碎片瞬发中子数的研究，待发表。
[ 2 ] H. Nifenecker et al., 3rd IAEA Symp. on Phys. Chem. Fission, IAEA, Vienna, 1973, Vol. II, p. 117.
[ 3 ] H. R. Bowman et al., *Phys. Rev.*, **126**, 2120 (1962).
[ 4 ] E. E. Maslin et al., *ibid.*, **164**, 1520 (1967).
[ 5 ] R. L. Walsh et al., *Nucl. Phys.*, **A276**, 189 (1977).
[ 6 ] D. W. Lang et al., *Nucl. Instrum. Methods*, **200**, 389 (1982).
[ 7 ] H. Nifenecker et al., *Nucl. Phys.*, **A131**, 261 (1969).
[ 8 ] 包宗渝等，科技，1，2 (1982).
[ 9 ] C. E. Crouthamel et al., Applied Gamma-ray Spectrometry, New York, *Pergamon*, 1970.
[10] W. Reisdorf et al., *Nucl. Phys.*, **A177**, 337 (1971).
[11] H. W. Schmitt et al., *Phys. Rev.*, **137**, B837 (1965).
[12] R. L. Watson et al., *ibid.*, **162**, 1169 (1967).

# MEASUREMENT OF $\bar{\nu}(Z)$ FOR $^{252}$Cf SPONTANEOUS FISSION

DING SHENGYAO XU JINCHENG LIU ZUHUA
LIU SHAOMING ZHANG HUANQIAO

(*Institute of Atomic Energy, Academia Sinica, P. O. Box 275, Beijing*)

## ABSTRACT

The three parameter correlation measurements, including recording a fragment kinetic energy, prompt neutron average number and KX-rays, are made for $^{252}$Cf spontaneous fission. The nuclear charge number of fragment is divided for its characteristic KX-rays and the $\bar{\nu}(Z)$ distribution is obtained. No even-odd effect in $\bar{\nu}(Z)$ is observed.

**Key words** $^{252}$Cf Spontaneous fission, KX-Ray spectrum, $\bar{\nu}(Z)$ Distribution.

# Study of prompt neutrons from $^{252}$Cf spontaneous fission fragments①

DING Shengyao, XU Jincheng, LIU Zuhua, ZHANG Qixin, LIU Shaoming, and ZHANG Huanqiao

丁声耀　许谨诚　刘祖华　张其欣　刘绍明　张焕乔

*Institute of Atomic Energy, Academia Sinica, P. O. Box 275, Beijing*

(Received 20 October 1983)
Chin. J. Nucl. Phys. 6(3), 201–209 (August 1984)

By using a three-parameter correlation measurement for $^{252}$Cf spontaneous fission, a variety of results about the variations of average neutron number related with the fragment mass and total kinetic energy ($\bar{\nu}(A, E_k)$) are obtained and some discussions are given in the present experiment, no odd-even effect is observed.

## I. INTRODUCTION

Neutron emission during the fission of heavy nuclei, especially the variations of the average number of prompt neutrons of the separate fragments related to the fragment mass and total kinetic energy ($\bar{\nu}(A, E_k)$), is one of the ineresting topics in the research on nuclear fission. Because it reflects the energy distribution at the scission point of fission, this includes the division of the total energy release into kinetic energy and excitation energy, and the division of the excitation energy between the complementary fragments. Detailed information on $\bar{\nu}(A, E_k)$ contributes significantly to understanding the mechanism of nuclear fission and nuclear structure of the fragments.

There have been systematic investigations[1–3] as well as detailed discussions[4,5] on neutron emission of heavy nuclei by many authors, both theoretically and experimentally since the 1950's. In recent years, there are two questions deserving some attention in the study of the number of prompt neutrons in the spontaneous fission of $^{252}$Cf [hereafter designated as $^{252}$Cf(sf)]: (1) Walsh *et al.* published their experimental results in 1977.[6] They presented the variation of the average number of prompt neutrons of the separate fragment in $^{252}$Cf(sf) with the fragment mass—there is fine structure in the $\bar{\nu}(A)$ curve. They observed that the average number of prompt neutrons from an even-mass fragment is higher than that of the neighboring odd-mass fragment, the so-called odd-even effect of the $\bar{\nu}(A)$ distribution. There have been no new experimental reports on this since then; in fact, the theoretical calculations by Gindler in 1979[7] and Kildir *et al.* in 1982 did not show such an odd-even effect. (2) Variation of the average number of prompt neutrons from the complementary fragments ($\bar{\nu}_T = \bar{\nu} + \bar{\nu}_{252-A}$) in the fission of heavy nuclei with the single fragment mass $A$, that is, the $\bar{\nu}(A)$ curve. There are obvious discrepancies[5,6] in the symmetric and highly asymmetric divisions of fragment mass when the measurements were made with the $^{252}$Cf(sf) source placed at the center of the spherical liquid scintillator, that is in $4\pi$ geometry, and when the source was placed outside of the sphere with about $(1/3)\pi$ geometry (see Fig. 10). Thus far no one could explain this contradictory phenomenon either experimentally or theoretically.

In order to understand further the detailed situation of the neutron emission of fission fragments, and at the same time to clarify the existing problems mentioned above concerning $\bar{\nu}(A)$ and $\bar{\nu}_T(A)$ for the fragments of $^{252}$Cf(sf), we have undertaken the investigation of the average number of prompt neutrons of the fragments both by placing the $^{252}$Cf(sf) source at the spherical center,[9] as well as outside the sphere.

## II. EXPERIMENTAL METHOD

The experimental setup is shown in Fig. 1. The thin film $^{252}$Cf source was prepared by the self-transfer method.[10] The spontaneous fission rate of the source was 100 fissions/sec. The

① Chinese Physics, 1985, 5(3): 678–688.

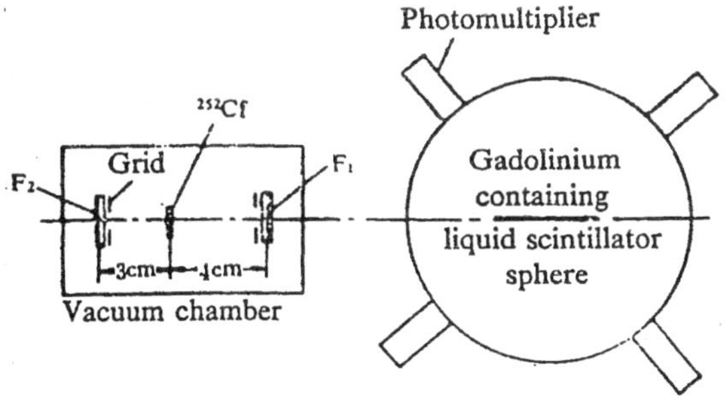


FIG. 1. Schematic diagram of experimental setup.

effective area of the gold surface-barrier silicon detector used to record the fission fragments was 300 mm.[2] In order to eliminate the edge effect, a $\phi = 16$-mm grid was added with a deflecting voltage of 150 v. The detectors were placed collinearly with the source at distances of 4 cm and 3 cm, respectively. Neutrons were recorded with a sphere filled with liquid scintillator loaded with gadolinium, with a diameter of 60 cm. Under the experimental conditions of this work, the efficiency of detecting neutrons when the fission source was placed at the center of the sphere was 58%. During the course of the experiment, the vacuum chamber was placed on one side of the sphere. The fission source, the fragment detector and the spherical center of the neutron detector were in a straight line. The distance between the $^{252}Cf$ source and the center of the sphere was 50 cm.

The experiment measured three parameters: the pulse signals of the complementary fragments $F_1$ and $F_2$, and the pulse $X_n$ that represented the neutron number. $F_1$ and $F_2$ each passed through preamp and amplifier, after which each signal was divided into two channels; one passed through the linear gate and the other passed through timing amplifier and discriminator in order to obtain a timing signal for the coincidence circuit; the coincidence signal would then open the individual linear gate for the complementary linear signals to pass through. At the same time, the coincidence signal triggered the neutron number analyzer and the pulse generator. After the neutron signal and the labeled signal were delayed for 80 $\mu$s the four signals were sent two by two into the TRIDAD-*C* multichannel computer system, the results being recorded on magnetic tape event by event. The background distribution for the neutron channel for every gate was recorded in another multichannel analyzer. The stability of the entire system was checked periodically during the course of the experiment. The procedure of data collection was similar to that of Ref. 9.

We have collected $2.3 \times 10^6$ events in toto.

## III. DATA TREATMENT

The basic purpose of the data treatment is to convert the three parameters measured experimentally, that is, the pulse amplitudes $X_1$ and $X_2$ of the complementary fragments and the related pulse amplitude $X_n$, which is directly proportional to the prompt neutron number, into the pre-neutron-emission single fragment mass $M_1^*$, the total kinetic energy $E_k$ of the complementary fragments, and the related quantity, the average prompt neutron number $\bar{\nu}(M_1^*, E_k)$ emitted from $M_1^*$. The data treatment was handled event by event.

All the data treatment was carried out on the NOVA-840 and PDP 11/34 computers in our Institute. The procedure is described below:

1. A sequential method was used to determine the mass and kinetic energy of the pre-neutron-emission fission fragment.

As the zeroth-order approximation, the pre-neutron-emission fragment mass was determined by the following equations:

$$M_1^* = 252X_2/(X_1+X_2) \tag{1.1}$$

$$M_2^* = 252 - M_1^* \,. \tag{1.2}$$

Thus, the post-neutron-emission fragment mass should be

$$M_i = M_i^* - \frac{n(X_1, X_2) - B_0}{\eta} \,, \tag{1.3}$$

where $i = 1,2$ (the same below). $n(X_1, X_2)$ is the experimentally determined value of the neutron number related to $X_1$ and $X_2$ which includes the background. $B_0$ is the average neutron background per gate determined experimentally. $\eta$ is the neutron detection efficiency of the liquid scintillator. $\eta = (\bar{n} - B_0)/\frac{1}{2}\bar{\nu}_p$, $\bar{n}$ is the average value of $n(X_1, X_2)$, $\bar{\nu}_p$ is the average value of the total prompt neutron number of $^{252}$Cf(sf), where $\bar{\nu}_p$ was taken to be 3.743.[14]

One can substitute the value of $M_1$ obtained from (1.3) into the calibration equation for the fragment pulse amplitude for semiconductor detectors[14]:

$$E_i = (a + a'M_i)x_i + b + b'M_i \,, \tag{1.4}$$

thus one can obtain the post-neutron-emission fragment kinetic energy $E_i$; from $E_i$ one can convert the pre-neutron-emission kinetic energy

$$E_i^* = [1 + \nu'(M_i^*, E_K)/M_i^*]E_i \,, \tag{1.5}$$

where $\nu'(M_i^*, E_k) = [n(X_1, X_2) - B_0]/\eta_0$. From $E_i^*$, we can obtain the total kinetic energy of the complementary fragments before neutron emission:

$$E_K = E_1^* + E_2^* \tag{1.6}$$

Based on the conservation of energy and momentum, we obtain

$$M_1^* = 252E_2^*/E_K \,, \tag{1.7}$$

$$M_2^* = 252 - M_1^* \,. \tag{1.8}$$

The post-neutron-emission fragment mass is

$$M_i = M_i^* - \nu'(M_i^*, E_K) \,. \tag{1.9}$$

Upon substituting $M_i$ thus obtained back into (1.4), and repeating the procedure from (1.4) through (1.9), we obtained new values for $M_i^*$, and $M_i$. This successive procedure was repeated until the difference of the $M_i^*$ values obtained in two successive procedures was less than 0.3 amu. The events were grouped together based on the calculated $M_i^*$ and $E_K$. We took $\Delta M = 2$ amu and $\Delta E_K = 2$ MeV. Thus we obtained the two-dimensional event-number distribution $N(M_1^*, E_K)$ and the neutron-number distribution $n(M_1^*, E_K)$ with respect to the single fragment mass and the total kinetic energy.

2. The correction of the average number of prompt neutrons from a single fragment.

Although the neutrons detected with the liquid scintillator loaded with gadolinium should be related to the pulse of the single fragment, after careful analysis, there might be four sources of neutrons:

*(1) Environmental neutron background.* Although the average neutron back-grounds in the environment were not the same for the three sets of data we obtained, the differences were nevertheless small, and they were 0.123, 0.122, and 0.117, respectively (neutrons/gate).

*(2) Scission neutrons.* The angular distribution of this type of neutrons should be isotropic in the laboratory system. This amounted to about 15% of the total number of neutrons emitted in first-chance fission.[6]

*(3) Neutrons emitted by the fragments which fly toward the liquid sphere.* This was the type of neutrons we wanted to measure. Because the angle subtended by the semiconductor detector at the source was small, in order to simplify the calculation, we used the approximation that fragments were viewed to fly along the axis connecting the source and the center of the detector.

*(4) Neutrons emitted by the fragments which fly away from the liquid sphere.* These neutrons could also enter the sphere.

Based on the above analysis, in order to obtain the average number of prompt neutrons from a single fragment, we have made the following corrections to $n(M_i^*, E_K)$:

First, we subtracted from the two-dimensional array $n(M_i^*, E_K)$ the contributions of neutrons due to background and the isotropic distribution, respectively, thus obtaining $P(M_i^*, E_K)$.

Assuming $\nu_1$ and $\nu_2$ to be the numbers of neutrons emitted from each of the complementary fragments, respectively, then

$$P_1(M_1^*, E_K) = \nu_1 P_{11}(M_1^*, E_K) + \nu_2 P_{22}(252 - M_1^*, E_K) \ , \tag{2.1a}$$

$$P_2(252 - M_1^*, E_K) = \nu_2 P_{21}(252 - M_1^*, E_K) + \nu_1 P_{12}(M_1^*, E_K) \ , \tag{2.1b}$$

where $P_{i1}$ is the recorded rate of the sphere due to neutrons emitted from fragments flying toward the liquid scintillator sphere, $P_{i2}$ is the recorded rate in the sphere due to neutrons emitted from fragments flying away from the liquid scintillator sphere.

Assuming that the fission-neutron energy spectrum in the fragment reference system could be expressed by a Maxwellian distribution[12]

$$N(E_{c.m}) = (2/\sqrt{\pi} T^{3/2}) \sqrt{E_{c.m}} \exp(-E_{c.m}/T), \tag{2.2}$$

where $E_{c.m.}$ is the neutron energy in the fragment reference system, $T$ is the fragment nuclear temperature, $T = 2/3\ E_{c.m.}$, the values for $T$ used in the calculation were taken from Ref. 16. Assuming the neutron velocities are $v$ and $V$ in the fragment reference system and the laboratory system, respectively, the fragment velocity being $w$, then

$$v^2 = V^2 + w^2 - 2V \cdot w \cos\theta \ , \tag{2.3}$$

where $\theta$ is the angle between the neutron and the fragment in the laboratory system. From $E_n = 1/2\ mv^2$, one can transform the velocity relationship into an energy relationship[2]:

$$E_{c.m} = E_n + \frac{E_1^*}{M_1^*} - 2\sqrt{\frac{E_n E_1^*}{M_1^*}} \cos\theta \ , \tag{2.4}$$

where $E_1^* = (252 - M_1^*)E_K/252$, $E_n$ is the neutron energy in the laboratory system. The transformation relation between the neutron energy spectrum in the fragment reference system and the laboratory system is[2]

$$N(E_n, \theta) = \left(\frac{E_n}{E_{c.m}}\right)^{1/2} N(E_{c.m}, \theta') \ , \tag{2.5}$$

substituting (2.1) and (2.4) into (2.5), we obtain

$$N(E_n, \theta) = \left(\frac{4E_n}{\pi T^3}\right)^{1/2} \exp\left\{-\left[E_n + \frac{E_1^*}{M_1^*} - 2\sqrt{\frac{E_n \cdot E_1^*}{M_1^*}} \cos\theta\right]/T\right\}. \tag{2.6}$$

Under the experimental conditions of this work, the angle subtended by the $^{252}$Cf spontaneous fission source at the liquid scintillator sphere was $\alpha = 36.87°$. Thus the neutron detecting efficiencies of the liquid sphere are

$$P_{i1}=\int_0^{\alpha}\int_0^{\infty}\eta(E_n,\theta)N(E_n,\theta)\mathrm{d}E_n\sin\theta\mathrm{d}\theta \tag{2.7a}$$

$$P_{i2}=\int_0^{\infty}\int_{\pi-\alpha}^{\pi}\eta(E_n,\theta)N(E_n,\theta)\mathrm{d}E_n\sin\theta\mathrm{d}\theta, \tag{2.7b}$$

where $\eta(E_n, \theta)$ is the efficiency of the liquid scintillator sphere in detecting neutrons with energy $E_n$ and incident angle $\theta$.

We have calculated $\eta(E_n, \theta)$ using the Monte Carlo method. Our method was similar to that of Ref. 13. The difference consisted in placing the neutron source outside the sphere. We used numerical integration for equations (2.7a) and (2.7b) to solve Eq. (2.1); thus we obtained the values for $\nu_1$ and $\nu_2$. When these values were divided by 0.85, we obtained the average number of prompt neutrons from single fragment $\bar{\nu}(A, E_K)$ which included the scission neutrons.

## IV. RESULTS AND DISCUSSION

After the treatment of the experimental data, we obtained the mass distribution of the pre-neutron-emission fragments, distribution of total kinetic energy, and distribution of average number of prompt neutrons of a single fragment with fragment mass and total kinetic energy, etc. The distribution for fragment mass and total kinetic energy is in good agreement with previous results. The present discussion emphasizes the distribution of the average number of prompt neutrons from fission fragments, especially with regard to $\bar{\nu}(A)$ and $\bar{\nu}_T(A)$.

### 1. Distribution of average number of prompt neutrons from a single fragment $\bar{\nu}(A, E_K)$ with mass and total kinetic energy

Variation of number of fission events measured experimentally $N(A, E_K)$ with fragment mass and total kinetic energy is shown in Fig. 2 in two-dimensional contour plots; meanwhile, two-dimensional contour plots for $\bar{\nu}(A, E_K)$ are shown in Fig. 3. To compare with the results of Schmitt *et al.*,[14] the number of fission events in our experiment is an order of magnitude higher, thus one can see some fine structure in Fig. 2. The two-dimensional contour plots for $\bar{\nu}(A, E_K)$ in Fig. 3 are basically similar to those of Bowman *et al.*[15] The main difference between our results and those of Bowman *et al.* is that the $\bar{\nu}=0.5$ curve for $A<126$ and the curves for $\bar{\nu}=0.5$ to $\bar{\nu}=4.0$ for $A>126$ all exhibit a two-branch shape for the latter; it is a well-known fact that neutron emission must deplete fragment excitation energy. For a fixed total energy release, the higher the kinetic energy of the fragment the lower its excitation energy. This means that for a fixed fragment mass, the average number of prompt neutrons decreases with an increase of the

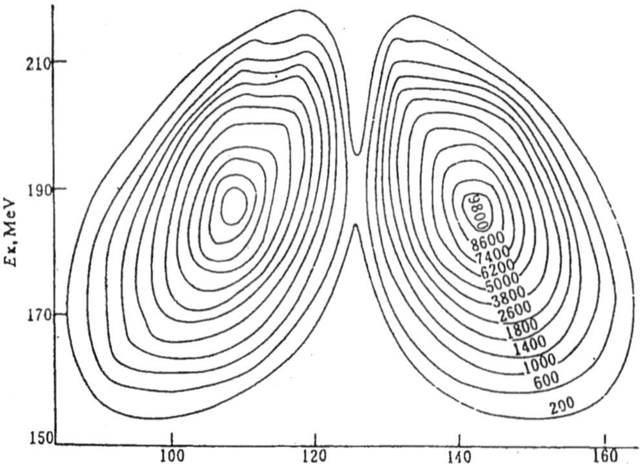


FIG. 2. Contour plots of events using fragment mass and total kinetic energy as axes.

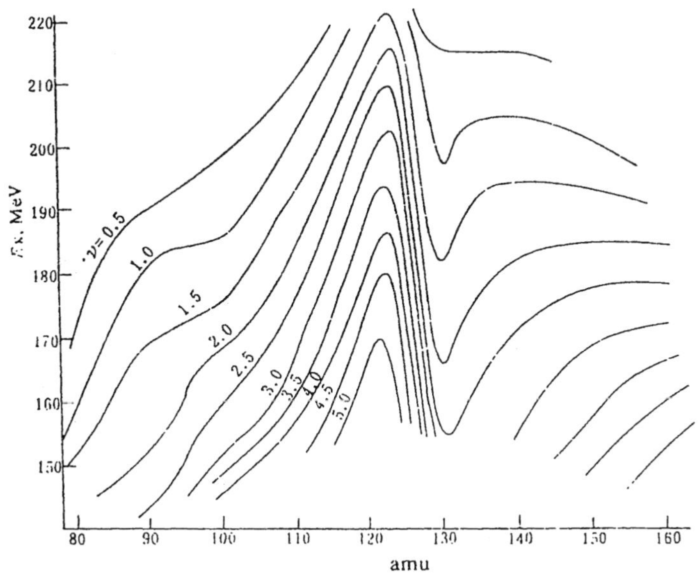


FIG. 3. Contour plots of prompt neutron numbers related to fragment mass and total kinetic energy.

total kinetic energy. In addition, the further the fragment is from a closed shell, the greater the deformation at scission, the higher the excitation energy and the number of emitted neutrons is greater than that for the fragment nearer to the closed shell. These characteristics are clearly reflected in Fig. 3.

## 2. Variation of the average number of prompt neutrons of fission fragments with total kinetic energy

Figure 4 shows the variation of the average number of total prompt neutrons of fission fragments with total kinetic energy. From this one can see that $(d\bar{\nu}_T/d\,E_k)$ is very close to a straight line. The inverse of the slope $(d\bar{\nu}_T{}^{-1}/d\,E_k) = 12.9$ MeV/neutron is very similar to the value 13.0 MeV/neutron obtained by Nifenecker *et al.*[5] but is very different from the value 6.6 MeV/neutron obtained by Bowman *et al.*[15] It should be pointed out here that $(d\bar{\nu}_T/d\,E_K)$ does not represent the energy required to emit one neutron from a pair of complementary fragments, because this is the average value for different mass distributions at different total kinetic energies. Figure 5 shows the variation of the average number of the prompt neutrons for complementary single fragments at fixed fragment mass with the total kinetic energy. If the kinetic energy of the single fragment is $E_1$, then $E_1 = (252 - A)E_K/252$, and one can deduce

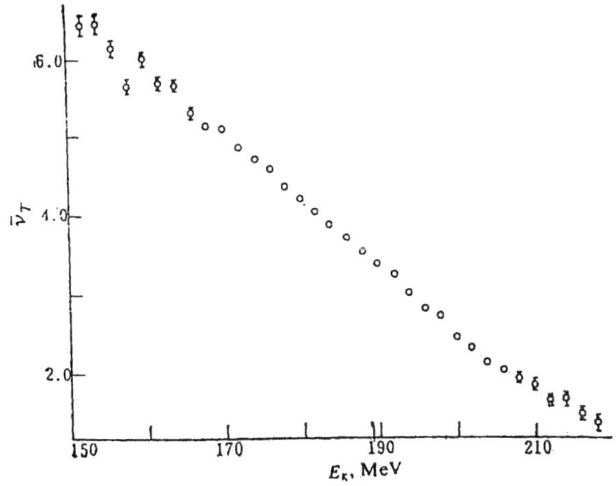


FIG. 4. Variation of the average number of total prompt neutrons of fission fragments with total kinetic energy $(d\nu_T/dE_K)^{-1} = 12.9$ MeV/$n$.

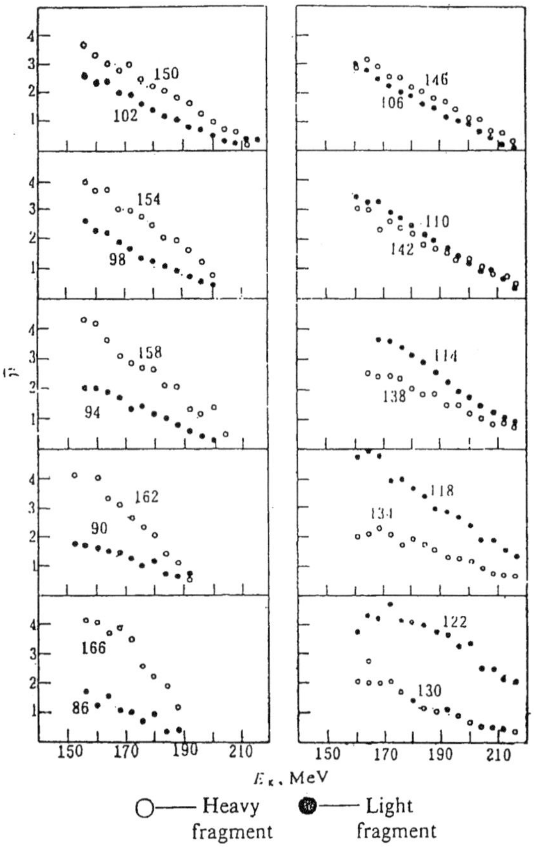


FIG. 5. Variations of average number of emitted neutrons of single fragment at different fragment masses with fragment total kinetic energy.

$$\left(\frac{d\bar{\nu}}{dE_1}\right)^{-1}=\frac{252-A}{252}\left(\frac{d\nu}{dE_K}\right)^{-1}.$$

Thus one can obtain the relationship between the average number of prompt neutrons of single fragments with their kinetic energy.

## 3. Variation of the average number of prompt neutrons from single fragments with their mass

Figure 6 shows the pre-neutron-emission mass distribution of the fission fragments (uncorrected for mass resolution). One can clearly see from the figure the "shoulders" near $A = 111$ and $A = 141$. This is the same as the results of Schmitt *et al.*[14] and Walsh *et al.*[6]

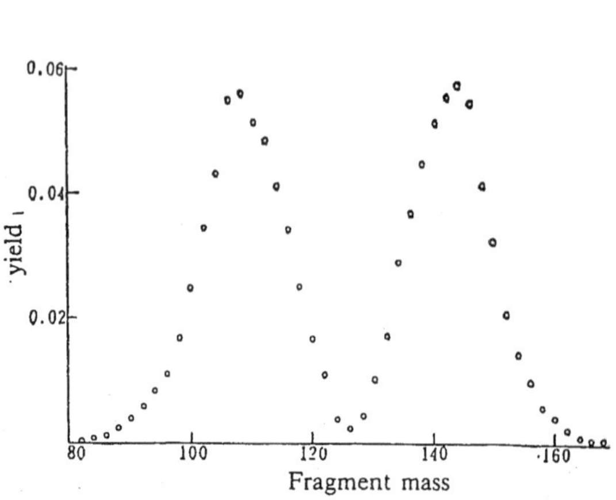


FIG. 6. Mass yield curve for pre-neutron-emission fragments.

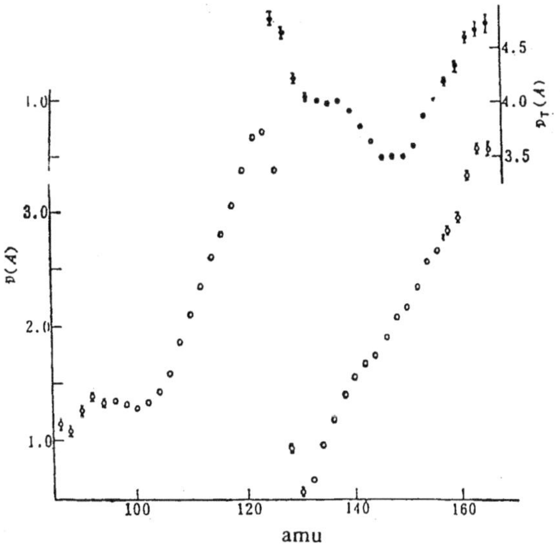


FIG. 7. Average number of prompt neutrons versus single fragment mass distribution.

We have shown the results with errors for $\bar{\nu}(A)$ in Fig. 7. For convenience of comparison, we have shown our data together with those of Walsh *et al.*[6] and Kildir *et al.*[8] in Fig. 8. Figure 9 shows the variation of the average number of prompt neutrons per fragment with fragment mass for different total kinetic energy intervals.

One can see from Fig. 8 that, with the exception of the obvious odd-even effect, the $\bar{\nu}(A)$ distribution obtained in this work is very similar to that of Walsh *et al.*[6]

Concerning the odd-even effect on the $\bar{\nu}(A)$ distribution, Nifenecker *et al.*,[5] Walsh *et al.*,[6] and Kildir *et al.*[8] all have discussed it in detail. We feel that since the fission fragments have been measured with the double-energy technique, it would be difficult to observe the odd-even effect of the $\bar{\nu}(A)$ distribution experimentally because of mass resolution.

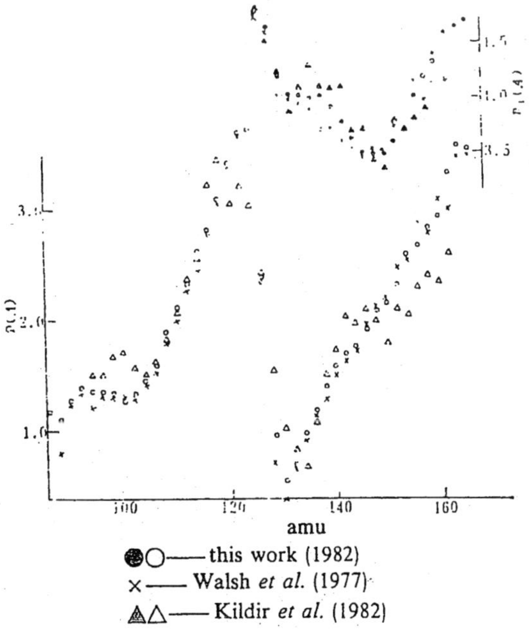


FIG. 8. Comparison of data obtained in this work and those from R. L. Walsh and M. Kildir.

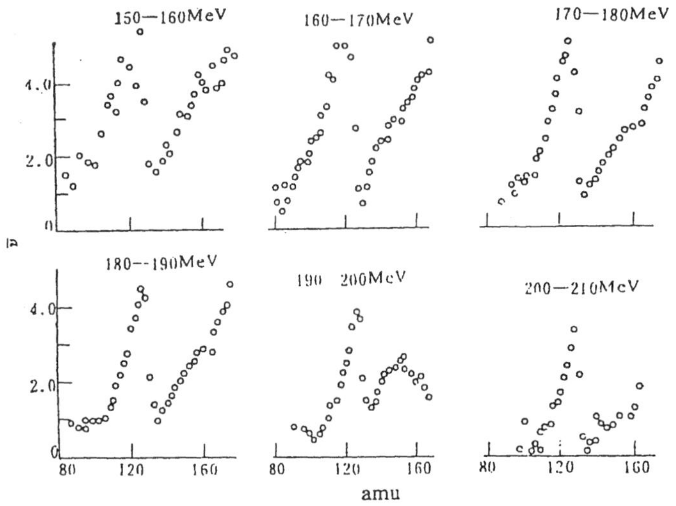


FIG. 9. Variations of average number of prompt neutrons from single fragments with mass for different total kinetic energy regions.

Lang *et al.*[16] extensively discussed the mass resolution correction for double-energy fission measurements. They have calculated the mean mass resolution for the experimental results from Walsh *et al.* to be 5.2 amu (FWHM). We have used their method to calculate the mass resolution $\langle\sigma_m^2\rangle = 5.09$ amu,[2] which can be transformed into the usual expression for FWHM, which then yields the mean mass resolution of 5.3 amu.

We know that the average odd-even effect of the total kinetic energy of a pair of fragments as function of its charge $\Delta E_K(Z)$ is 1.6 MeV,[9] and the average odd-even effect of the fission $\gamma$-ray $\Delta E_\gamma(Z)$ is 0.7 MeV.[5,6] The sum of these two is 2.3 MeV. We also know that the average odd-even effect of the total energy release for fission is 2.7 MeV; it is not difficult to figure out that neutrons only receive 0.4 MeV. Since it takes 8 MeV to emit a neutron, thus what is reflected in $\bar{\nu}(Z)$ should amount to a change of 0.05 neutron. After the averaging of the emitted neutrons from the different $Z$ fragments in the same mass chain, plus the mean mass resolution of 5.3 amu (FWHM), it would be very difficult indeed to observe the odd-even effect in the $\bar{\nu}(A)$ distribution in this experiment based on such small quantities. On the other hand, before the above-mentioned difficulty is overcome, any claim of the observation of an odd-even effect in $\bar{\nu}(A)$ based on a similar method of measurement is difficult to believe.

### 4. Variation of the average number of prompt neutrons from complementary fragments with mass ($\bar{\nu}_T(A)$)

Figure 10 shows the comparison of $\bar{\nu}_T(A)$ distributions measured with the $^{252}$Cf(sf) source placed at the center of the sphere[9] ($4\pi$ geometry) and with the source placed outside of the sphere (about $1/3\pi$ geometry). It is obvious that there are significant deviations in the two distributions at symmetric division ($A = 126$) and highly asymmetric division ($A > 156$). Such deviations existed in previous investigations (see Fig. 10) but in sufficient attention has been paid them.

In treating the experimental data, we have checked the effect of the neutron energy spectrum. We adopted the evaporation spectrum[12] $\phi(\varepsilon)\sim(\varepsilon/T^2)e^{-\varepsilon/T}(T=\frac{1}{2}\bar{\varepsilon})$ to replace the Maxwellian spectrum, $\phi(\varepsilon)\sim(\varepsilon/T^3)^{1/2}e^{-\varepsilon/T}(T=\frac{2}{3}\bar{\varepsilon})$ to treat one set of experimental data ($5.2\times10^5$ events); the agreement when using these two energy spectra for calibration is excellent. We have also replaced $\eta(E_n, \theta)$ with a constant for the neutron calibration and found no disagreement between the two within experimental errors. This indicates that $\bar{\nu}(A)$ and $\bar{\nu}_T(A)$ are not sensitive to the form adopted for the neutron spectrum, and to the change in neutron detection efficiency.

We believe that the main source of deviations of $\bar{\nu}_T(A)$ measured under the conditions of two different geometries for symmetric mass division and highly asymmetric mass division is due to the mass resolution in measuring the fission fragments with the double-energy method. The

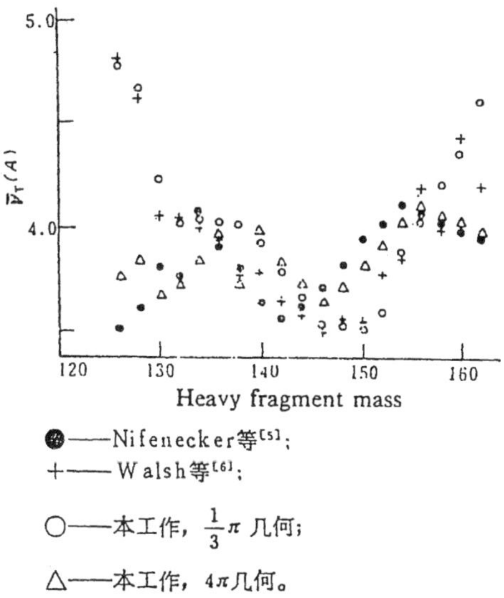


FIG. 10. Comparison of $\bar{\nu}(A)$ distributions measured at $4\pi$ and $\frac{1}{3}\pi$ geometries.

peak-to-valley ratio of the fragment mass distribution for $^{252}Cf$(sf) measured radiochemically is 600,[17] while the value obtained with out double-energy measurement is only a little more than 20[16] (the result from this work is 24, and that of Walsh *et al.* is 21). This means that in the symmetric mass division region, out of every 30 measured events, only one is from symmetric division, and the rest are fragments with other masses.

When the $^{252}Cf$ source was placed at the center of the spherical liquid scintillator, that is, the $4\pi$ geometry measurement, one can consider neutron detection efficiency and the relationship between the fragment mass and its kinetic energy are not related to the direction of neutron emission (if the effect of the central channel is neglected). Because of the difference due to mass resolution, the mass distribution was smoothed. This caused the $\bar{\nu}_T(A)$ distribution to be smoothed as well. For example, at $A = 126$, fragment excitation energy is high and neutron yield should be high. However, because of the mixing of the neutrons emitted from the neighboring mass fragments, the actually measured value of the neutron yield was lower. On the other hand, when $^{252}Cf$ was placed outside of the sphere, that is, when the measurement was made at $1/3\pi$ geometry, what was recorded in the liquid sphere were those neutrons emitted by the fragments in the forward angle cone. In order to convert this to the total number of neutrons emitted by fragments in the $4\pi$ geometry, one must perform the anisotropy correction (for details, see the calculation of neutron correction). Obviously the higher the neutron velocity, the greater the number of neutrons emitted in the forward direction, and the greater the anisotropy. Figure 11 shows the distribution of the total kinetic energy of the fragments as a function of mass measured in this work. One can see that the fragment velocities at symmetric division and the highly asymmetric division are lower than those of neighboring masses. Because of mass resolution, fragments from neighboring regions have mixed into the symmetric division and highly asymmetric division. In the correction of neutron numbers, the corrections for anisotropy for these

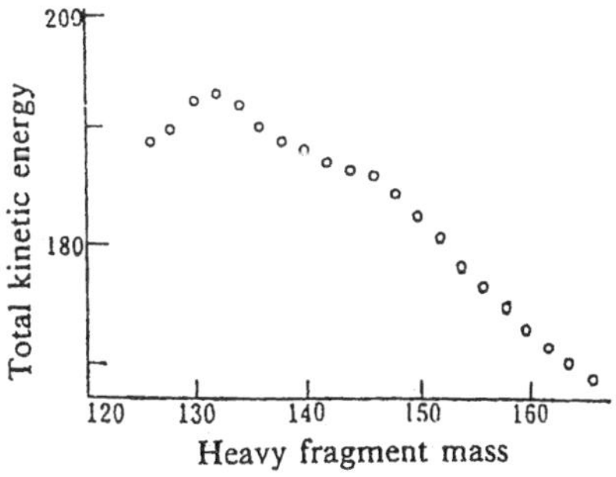


FIG. 11. Total kinetic energy versus heavy fragment mass distribution.

fragments were not sufficient, thus resulting in the final numbers being higher than the actual neutron numbers.

Based on the analysis mentioned above, because of the mass resolution problem with the double-energy method, after the treatment of experimental data, the numbers for neutrons emitted for symmetric division and highly asymmetric division for fission fragments appear to be lower than the actual yield when the measurement was done with $4\pi$ (or $2\pi$) geometry. On the contrary, the measured values for $1/3\pi$ geometry is higher than the actual yield. This seems to be the main reason for deviations in the $\bar{\nu}(A)$ distribution shown in Fig. 10.

The carbon foil used for the self-transfer $^{252}Cf$ source was supplied by the target group in our Institute. Monte Carlo calculation for neutron detection efficiency of the liquid scintillator when the source was outside of the sphere was performed by HSU Shu-Yen. We want to express our appreciation to CHU Fong-Shan and TSAI Shi-Soon of Multi-purpose Group and WANG Yeh-Yi of Computer Group for their enthusiastic support during the course of data collection and data processing.

[1]J. S. Graser *et al.*, Phys. Rev., **93**, 818 (1954).
[2]J. Terrell, Phys. Rev., **127**, 880 (1962).
[3]H. W. Schmitt *et al.*, Nucl. Instrum. Methods, **63**, 237 (1968).
[4]J. Terrell, Symp. on Phys. Chem. Fission, IAEA, Vienna, 1965, Vol. 2, p. 3.
[5]H. Nifenecker *et al.*, 3rd IAEA Symp. on Phys. Chem. Fission, IAEA, Vienna, 1973, Vol. 2, p. 117.
[6]R. L. Walsh *et al.*, Nucl. Phys. **A276**, 189 (1977).
[7]J. Gindler *et al.*, Phys. Rev. **C19**, 1806 (1979).
[8]M. Kildi *et al.*, Phys. Rev., **C25**, 365 (1982).
[9]LIU Zu Hua *et al.*, Chin. J. of Nucl. Phys. **6**, 1 (1984).
[10]PAO Chung Yu *et al.*, Sci. Tech. **1**, 12 (1982).
[11]ZHANG Huan Qiao *et al.*, Chin. J. of Nucl. Phys. **1**, 9 (1979).
[12]D. G. Madland *et al.*, Nucl. Sci. Eng., **81**, 213 (1982).
[13]HSU Shu Yen *et al.*, Sci. Tech. **6**, 692 (1980).
[14]H. W. Schmitt *et al.*, Phys. Rev., **141**, 1146 (1966).
[15]H. R. Bowman *et al.*, Phys. Rev., **129**, 2133 (1963).
[16]D. W. Lang *et al.*, Nucl. Instrum. Methods, **200**, 389 (1982).
[17]J. P. Unik *et al.*, 3rd IAEA Symp. on Phys. Chem. Fission, IAEA, Vienna, 1973, Vol. 2, p. 19.

Translated by Y. Y. Chu

# 能量从 10 keV 到 300 MeV 的电子和光子在物质中若干物理参数计算程序①

张贵山　张焕乔

（原子能研究所，北京）

本工作提供一组计算程序，可计算电子的能量损失（碰撞损失、轫致辐射损失、阻止本领）及射程、电子轫致辐射光子能谱及轫致辐射光子数目分布、电子和光子的反应几率（电子轫致辐射几率、电子同电子碰撞几率；光子康普顿散射几率、核场中对生成几率）。物质组成可分为单一元素、化合物或混合物。能量范围从 10 keV 到 300 MeV 分为 75 个间隔。以数据表的形式给出上述诸量。结果满意。

**关键词**　电子能量损失及射程，电子轫致辐射光子能谱及数目分布，电子和光子反应几率。

## 一、引　　言

在许多研究实验领域中，定量地给出电子在物质中的能量损失及射程、电子轫致辐射光子能谱及轫致辐射光子数目分布、电子和光子的各种反应几率是很有实际意义的。目前已有的成果[1-5]，由于能量范围和物质组成等方面的局限，尚不能满足研究光电级联簇射和探测粒子实验的需要。

我们采用了 Bethe 理论、Sternheimer 密度效应修正、Koch-Motz 截面表达式、Moller 和 Klein-Nishina 公式等，在 TQ-6 计算机上使用 BCY 语言编制了一组计算程序。它由四个独立的程序构成：计算电子能量损失及射程程序；计算电子轫致辐射光子能谱及数目分布程序；计算电子反应几率程序；计算光子反应几率程序。该组程序使用方便，计算量不大。可对任意物质（单一核素、化合物或混合物）计算。粒子能量从 10 keV 到 300 MeV，作为初始能量的函数以数据表的形式给出上述各物理参数，结果可靠。使用本组程序提供的数据，计算低能 $\gamma$ 射线在 NaI(Tl) 中能量沉积[6]和铅玻璃对高能 $\gamma$ 射线探测效率[7]，均得到了令人满意的结果。

## 二、公 式 及 计 算

### 1．电子能量损失及射程

碰撞能量损失，起因于穿行物质的原子的电离和激发。根据 Bethe 慢化理论，Rohrlich 和 Carlson[8]给出了电子碰撞能量损失的计算公式，考虑 Sternheimer 密度效应修正，公式为：

$$\left(\frac{\mathrm{d}E}{\mathrm{d}x}\right)_{\mathrm{coll}}=\frac{2\pi N r_0^2 m_0 c^2}{\beta^2}\frac{Z}{A}\left[\ln\frac{T^2(T+2)}{2I^2}+\frac{T^2/8-(2T-1)\ln 2}{(T-1)^2}+1-\beta^2-\delta\right].\quad(1)$$

① 原子能科学技术，1985，2：159-165.

这是对单核给出的，对化合物或混合物应当取和。式中所用的符号意义及各量单位参见文献[3]（例如 $I$ 为平均激发能，以 $m_0c^2$ 为单位）。Bakker 和 Segre[9]以 $I_{Al}=150$ eV 为标准给出了某些核素的值，在无实验值情况下，Sternheimer[10]给出了经验公式（Z⩾13）：

$$I=9.76\,Z+58.8\,Z^{-0.9}(\mathrm{eV}).\tag{2}$$

密度效应 $\delta$，Sternheimer[10]提供一理论公式：

$$\delta=\sum_{j=1}^{J}\left[f_j\ln\left(\frac{l_j^2+l^2}{l_j^2}\right)\right]-l^2(1-\beta^2),\tag{3}$$

其中 $f_j$ 表示属于 $1\leqslant j\leqslant J$ 层的电子数目与总电子数目之比，而 $l_j$ 和 $l$ 分别由

$$l_j=\frac{h\nu_j}{h\nu_p}\rho',\tag{4}$$

$$\beta^{-2}-1=\sum_{j=1}^{J}\frac{f_j}{l_j^2+l^2}\tag{5}$$

给出，这里 $h\nu_j$ 为 $j$ 壳层的结合能（原子电离势），等离子体能量 $h\nu_p$ 和多重因子 $\rho'$ 为：

$$h\nu_p=28.81\sqrt{\frac{\rho Z}{A}},$$

$$\rho'=I/\exp\left\{\sum_{j=1}^{J}f_j\ln(h\nu_j)\right\}$$

注意，当电子能量小于 $E_{\min}$ 时，方程（5）不能求解，这时假定 $\delta=0$。$E_{\min}$ 是由

$$\beta_{\min}^{-2}-1=\sum_{j=1}^{J}\frac{f_j}{l_j^2}\tag{6}$$

计算的。我们使用改进的 Pegasus 方法由方程（5）解得 $l^2$，这里初值要给得合适。

韧致辐射能量损失由

$$\left(\frac{\mathrm{d}E}{\mathrm{d}x}\right)_r=\frac{N}{A}\frac{E}{m_0c^2}\Phi_r(E)\tag{7}$$

给出其中：

$$\Phi_r(E)=\frac{1}{E}\int_0^T E_\gamma\,\mathrm{d}\sigma(E_\gamma),\tag{8}$$

这里 $\mathrm{d}\sigma\ (E_\gamma)$ 表示能量为 $E$ 的电子产生一个能量为 $E_\gamma$ 的光子的几率。函数 $\Phi_r(E)$ 可用不同的表达式来近似，我们采用 Koch-Motz[11]截面公式：

$$\begin{aligned}
&10\ \mathrm{keV}\leqslant T<2\ \mathrm{MeV}, && \mathrm{d}\sigma=Af_E\mathrm{d}\sigma^{3BN},\ E_r>0.01\,T\\
&2\ \mathrm{MeV}\leqslant T<15\ \mathrm{MeV}, && \mathrm{d}\sigma=A\,\mathrm{d}\sigma^{3BN},\ r>15\\
& && \mathrm{d}\sigma=A\,\mathrm{d}\sigma^{3BSd},\ 2<r<15\\
& && \mathrm{d}\sigma=A\,\mathrm{d}\sigma^{3BSC},\ r<2\\
&15\ \mathrm{MeV}\leqslant T<50\ \mathrm{MeV}, && \mathrm{d}\sigma=\mathrm{d}\sigma^{3BN},\ r>15\\
& && \mathrm{d}\sigma=A\mathrm{d}\sigma^{3BSd},\ 2<r<15\\
& && \mathrm{d}\sigma=A\,\mathrm{d}\sigma^{3BSC},\ r<2\\
&50\ \mathrm{MeV}\leqslant T\leqslant 300\ \mathrm{MeV}, && \mathrm{d}\sigma=\mathrm{d}\sigma^{3BN},\ r>15\\
& && \mathrm{d}\sigma=\mathrm{d}\sigma^{3CSa},\ 2<r<15
\end{aligned}\tag{9}$$

$$d\sigma = d\sigma^{3CSc},\quad r<2$$

其中$A$为修正因子，Koch 和 Motz[11]以两条曲线形式给出 Al 和 Cu 的值，文献[12]中给出了 H，Na，Al，Ge，I 和 Au 的值。依据这些曲线值，可对每一核素给出$A$的制表值。Elwert[13]给出了库仑修正因子：

$$f_E = \frac{\beta_0\{1-\exp[-2\pi z/(137\beta_0)]\}}{\beta\{1-\mathrm{erp}[-2\pi z/(137\beta)]\}}, \tag{10}$$

$d\sigma^{3BN}$，$d\sigma^{3BSd}$，$d\sigma^{3BSc}$，$d\sigma^{3CSa}$，$d\sigma^{3CSc}$表达式相当繁杂，详见[3]之附录。我们使用自动选步长的 Simpson 求积法计算(8)，对其发散点作截断处理。

对化合物或混合物，采用 Thompson[14]假设，方程(7)描述为：

$$\left(\frac{dE}{dx}\right)_f = \sum_k \rho_k \left(\frac{dE}{dx}\right)_{fk} \tag{11}$$

其中$p_k$为$k$种核的权重，$\left(\frac{dE}{dx}\right)_{fk}$为$k$种成份物质的轫致辐射能量损失。

阻止本领为碰撞能量损失和轫致辐射能量损失之和，由方程(1)和(11)计算。

根据电子连续慢化假设，射程定义为能量为$E$的电子在给定物质中所穿行的总距离：

$$P(T) = \int_0^T \left[\left(\frac{dE}{dx}\right)_{coll} + \left(\frac{dE}{dx}\right)_f\right]^{-1} dT。 \tag{12}$$

当电子能量小于 1 keV 时，上式不再成立，应由 Nelms[15]方法计算：

$$P(T) = P(T_{min}) + \int_{T_{min}}^T \left[\left(\frac{dE}{dx}\right)_{coll} - \left(\frac{dE}{dx}\right)_f\right]^{-1} dT, \tag{13}$$

其中$E_{min}=1$ keV，$P(T_{min})$如下计算：假定（12）中被积函数在$E=0$和$E=1$ keV 间是线性的，且$E=0$时，被积函数为零；$E=1$ keV 时，被积函数由方程（1）和（11）计算。

## 2．电子轫致辐射光子能谱及数目分布

定义$\left(\frac{dn}{dK}\right)_{E_0} dK$表示初始能量为$E_0$的一个电子在物质中慢化而产生的能量在（$K$，$K+dK$）间的光子数，于是初始能量为$E_0$的电子在化合物或混合物中慢化产生的轫致辐射光子能谱为：

$$\begin{aligned}\left(\frac{dn}{dK}\right)_{E_0} &= \int_{K+m_0c^2}^{E_0} \left(\frac{d\sigma}{dK}\right)_E \Big/ \left(\frac{dE}{dx}\right)_E dE \\ &= \sum_{i=1} \int_{g_{i-1}}^{g_i} \sum_{k=1} \left(\frac{d\sigma}{dK}\right)_{ik} \Big/ \sum_{k=1} \left(\frac{dE}{dx}\right)_k dE,\end{aligned} \tag{14}$$

其中$\left(\frac{d\sigma}{dK}\right)$为轫致辐射截面，$\left(\frac{dE}{dx}\right)$为物质的阻止本领，脚标$k$表示$k$种核，$g_i$积分限由(9)的约束条件确定。由于$g_i$不一定是递增的，故计算（14）颇为繁杂，最好把方程(14)简化（参见[4]的附录）。若以$K/T_0$为光子能量单位，则方程（14）写成：

$$\left(\frac{dn}{d(K/T_0)}\right)_{E_0} = \int_{K+m_0c^2}^{E_0} T_0 \left(\frac{d\sigma}{dK}\right)_E \Big/ \left(\frac{dE}{dx}\right)_E dE. \tag{15}$$

初始能量为$E_0$的电子，在能量（$K_{min}$，$T_0$）间所发射的轫致辐射光子数目为：

$$n(E_0,\ K_{min})=\int_{T\,min}^{T_0}\mathrm{d}K\int_{K+m_0c^2}^{E_0}\left(\frac{\mathrm{d}\sigma}{\mathrm{d}K}\right)_E\bigg/\left(\frac{\mathrm{d}E}{\mathrm{d}x}\right)_E\mathrm{d}E。\tag{16}$$

一般地取能量下阈 $K_{min}=0.04\,m_0c^2$，因为 $K_{min}=0$ 时，理论截面发散。

### 3．电子的反应几率

韧致辐射，动能为$E$的电子在单一物质中穿行，发射能量在（$E'$，$E'+\mathrm{d}E'$)的光子几率由[16]

$$\Phi_{brem}(E,E')\mathrm{d}E'=4\alpha\frac{N}{A}Z^2r_0^2\frac{\mathrm{d}E'}{E'}F(u,v)\tag{17}$$

给出，其中 $F$（$u$，$v$）为慢变化函数，表征屏蔽效应。对化合物或混合物，上式成为：

$$\Phi_{brem}(E,E')\mathrm{d}E'=\sum_{k=1}p_k\frac{\mathrm{d}E'}{E'}F_k(u,v),\tag{18}$$

其中 $P_k$ 为 $k$ 种核的权重。计算韧致辐射几率，应对 d $E'$积分(18)，取 $E'_{min}=0.5$ MeV为积分下限，它小于截断能量。

电子同电子碰撞几率，我们仅考虑近碰撞而忽略远碰撞(远碰撞导致能量损失)。一个动能为$E$的负电子，由近碰撞产生一个能量在($E'$,$E'+dE'$)的次级电子的几率由 Moller[17]公式给出：

$$\Phi_{coll}^-(E,\ E')\mathrm{d}E'=2\,Cm_0c^2\mathrm{d}E'\left[\frac{E}{E'(E-E')}-\frac{1}{E}\right],\tag{19}$$

其中

$$C=\pi Nr_0^2\sum_{k=1}\frac{K_kZ_k}{A_k},\tag{20}$$

这里 $K_k$ 为 $k$ 种核的百分重量。次级电子能量 $E'$变化在$\left(\eta,\dfrac{E}{2}\right)$间。在正电子情况下，方程(19)变为：

$$\Phi_{coll}^+(E,\ E')\mathrm{d}E'=2\,C\frac{m_0c^2\mathrm{d}E'}{E'^2}\left[1-\frac{E'}{E}+\left(\frac{E'}{E}\right)^2\right]^2,\tag{21}$$

次级电子能量 $E'$ 变化在($\eta$，$E$)间，这里待定值 $\eta$ 取为 $1.5\times10^5$eV。方程(19) 和(21)对 d$E'$ 积分，不难得到解析表达式，因而易得电子同电子碰撞几率。

### 4．光子的反应几率

康普顿散射，能量为$E$的光子，发生康普顿散射，产生能量在($E'$，$E'+\mathrm{d}E'$) 间的次级光子的几率由 Klein-Nishina[18]公式给出：

$$\Phi_{comp}(E,\ E')\mathrm{d}E'=C\frac{m_0c^2}{E}\frac{\mathrm{d}E'}{E'}\left[1+\left(\frac{E'}{E}\right)^2-\frac{E'}{E}\sin\theta\right],\tag{22}$$

其中 $\sin\theta$ 为光子散射前后夹角正弦。散射后能量

$$E'=\frac{m_0c^2E}{m_0c^2+E(1-\cos\theta)},\quad \frac{1}{2}m_0c^2<E'<E\tag{23}$$

计算康普顿散射几率，把(23)代入(22)并对 d$E'$ 积分，由 (23) 知积分下限取为 $E_{min}=\dfrac{m_0c^2E}{m_0c^2+2\,E}$。

对生成，能量为 $E\gg m_0c^2$ 的光子在单一物质中穿行，发生对生成的理论表达为[16]：

$$\Phi_{\text{Pair}}(E,E')\mathrm{d}E'=4\alpha\frac{N}{A}Z^2r_0^2\frac{\mathrm{d}E'}{E'}G(E,v) \tag{24}$$

其中 $G(E,v)$ 为 $E$ 的慢性化函数，考虑了屏蔽效应，$v=\dfrac{m_0c^2+E'}{E}$。对化合物或混合物有：

$$\Phi_{\text{Pair}}(E,E')\mathrm{d}E'=\sum_{k=1}P_k\frac{\mathrm{d}E'}{E}G(E,v)。 \tag{25}$$

两个生成电子的能量在 $(0,\ E-2m_0c^2)$ 间变化，所以计算对生成几率求积的积分上限取为 $E-2m_0c^2$。由于慢变化函数是多段函数，故上述求积是分段完成的。

## 三、程序及结果

本文采用上述公式设计计算程序，是在 TQ-6 机上使用 BCY 语言编制的，包括四个独立的程序：甲、计算电子能量损失及射程；乙、计算电子轫致辐射光子能谱及数目分布；丙、计算电子反应几率；丁、计算光子反应几率。本组程序主要功能是：可对任意物质(单一核素、化合物或混合物)计算；能量范围从 10 keV 到 300 MeV；计算结果以数据表的形式给出。本组程序使用方便，计算时间不长。下面给出输入输出各物理量。

甲、输入数据：由 $k$ 种核构成的物质的原子量 $A_k$、相应核的原子序数 $Z_k$、相应核的电子壳层数目 $N_k$、相应核的平均激发能 $I_k$(MeV)、相应核相对总体的成份百分重量 $K_k$(%)、该物质的密度 $\rho$(g/cm$^3$)、修正因子 $A$ 的能量取值点 $e_l(m_0c^2)$、相应核修正因子数值 $A_{kl}$、电子能量分点 $E_i$(MeV)、相应核中属于 $j$ 层电子数目与总数之比 $f_{kj}$ 和对应层的电子结合能 $h\nu_{kj}$(Ry)。

输出结果：　电子能量损失及射程表如下

ENERGY[i]　电子能量分点(MeV)；

IONIZATION[i]　电子碰撞能量损失(MeV·cm$^2$/g)；

RADIATION[i]　电子轫致辐射能量损失(MeV·cm$^2$/g)；

TOTAL[i]　电子总的能量损失，即阻止本领(MeV·cm$^2$/g)；

RANGE[i]　电子射程(g/cm$^2$)。

乙、输入数据：由 $k$ 种核构成的物质的原子序数 $Z_k$、相应核在单位体积中的原子数目 $n_k$(原子数目/cm$^3$)、该物质的密度 $\rho$(g/cm$^3$)、轫致辐射电子的初始能量 $T_{0j}(m_0c^2)$、轫致辐射光子能谱的能量分点 $(k/T_0)i'$，$(0\leqslant K/T_0\leqslant 1)$、修正因子 $A$ 的能量取值点 $e_l(m_0c^2)$、相应核修正因子数值 $A_{kl}$、电子能量损失的能量分点 $E_i$(MeV)、电子在该物质中碰撞能量损失 $(L\text{-}I)_i$(MeV·cm$^2$/g)及轫致辐射能量损失 $(L\text{-}R)_i$(MeV·cm$^2$/g)。

输出结果：对每一轫致辐射电子的初始能量，给出相应的轫致辐射光子数目及轫致辐射光子能谱数据表，最后给出作为电子初始能量函数的轫致光子数目分布。

E-Energy　电子的初始能量($m_0c^2$)；

B-Number　轫致辐射光子数目；

B-P-Spectrum($K/T_0$, $K$, $K$)　轫致辐射光子能谱分布；

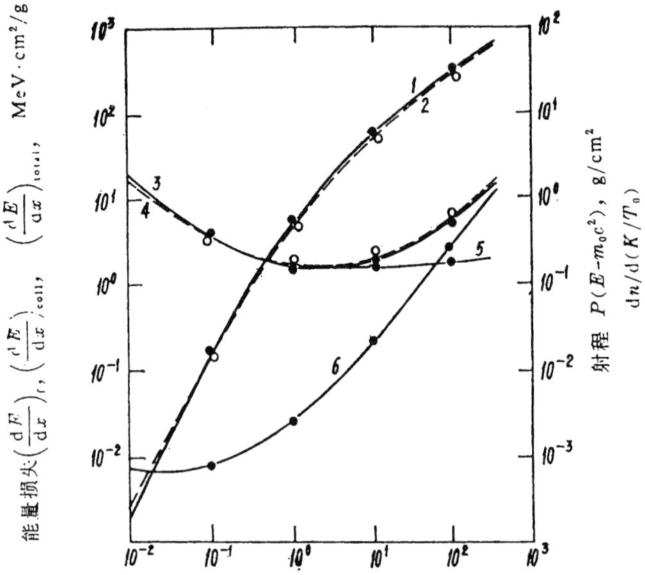


电子能量，MeV

图 1　电子在单核Ne和化合物 $SiO_2$ 中的能量损失及射程

实线和虚线为本程序计算值；● 和○ 为 Pager 等人计算值；1——$P_{SiO_2}(E-m_0c^2)$；2——$P_{Ne}(E-m_0c^2)$；3——$\left(\frac{dE}{dx}\right)^{SiO_2}_{total}$；4——$\left(\frac{dE}{dx}\right)^{Ne}_{total}$；5——$\left(\frac{dE}{dx}\right)^{SiO_2}_{coll}$；6——$\left(\frac{dE}{dx}\right)^{SiO_2}_{r}$。

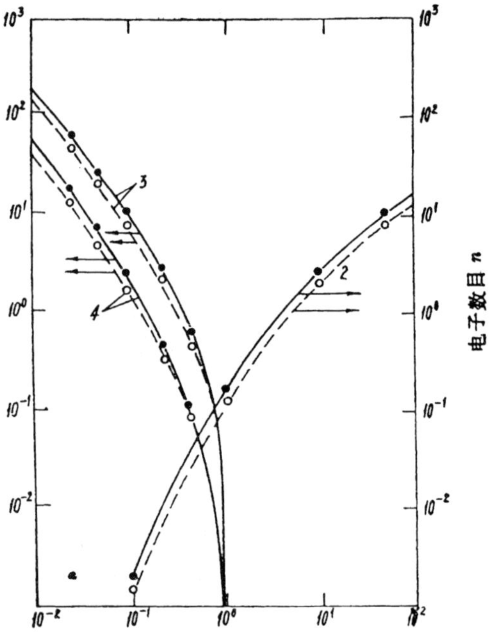


$K/T_0$（曲线 3,4），$T_0/m_0c^2$（曲线 1，2）

图 2　单核Ge和化合物NaI中电子的韧致辐射光子能谱 $dn/d(K/T_0)$ 及其数目分布 $n$

实线（NaI）和虚线（Ge）为本程序计算值；● 和○为文献[4, 10]的值；1——$n$(NaI)；2——$n$(Ge)；3——$T_0/mc^2=50$；4——$T_0/mc^2=5$。

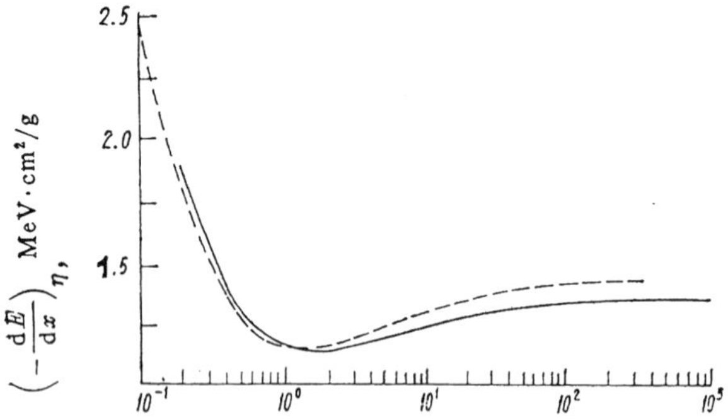


$E$，MeV

图 3　能量为 $E$ 的电子远距离碰撞导致的能量损失

虚线为本程序对铅玻璃（SF-2）的计算值；实线为Longo等人对铅玻璃(SF 5)的计算值，$\eta=0.15$ MeV。

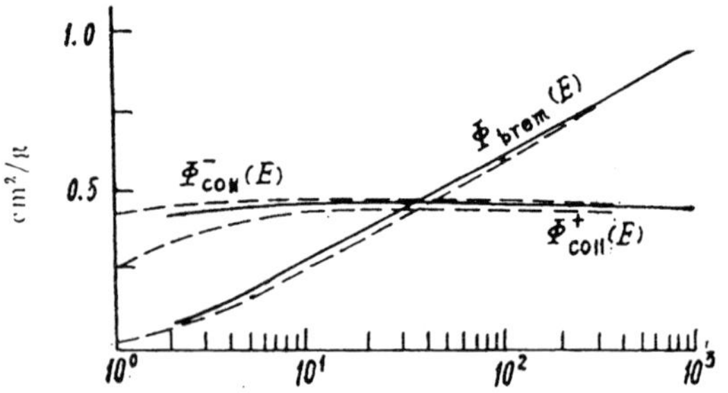


$E$，MeV

图 4　能量为 $E$ 的电子产生的韧致辐射几率 $\Phi_{brem}(E)$ 及同正、负电子碰撞几率 $\Phi^-_{coll}(E)$ $\phi^+_{coll}(E)$ 图注同图 3。

ENERGY[$i$]　　电子的初始能量（$m_0c^2$）；

NUMBER[$i$]　　韧致辐射光子数目。

丙、这个程序由甲程序改造而成，故输入数据同甲。

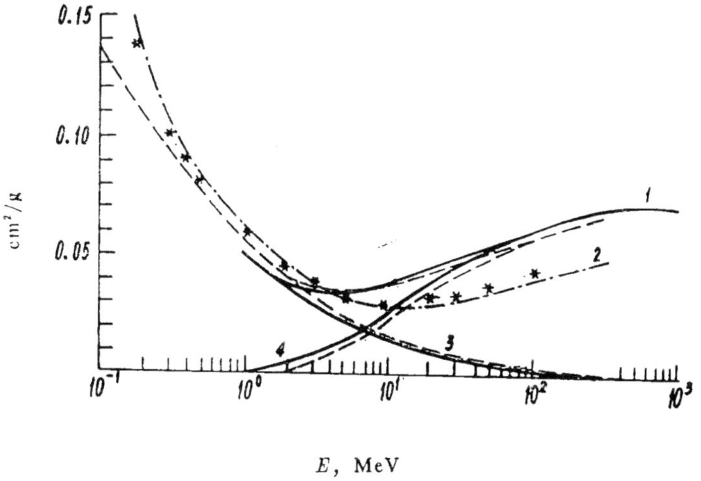


图 5　能量为 $E$ 的光子产生康普顿散射几率(曲线 3)$\Phi_{comp}(E)$，对生成几率（曲线 4）$\Phi_{pair}(E)$及总几率(曲线 1)$\Phi_{T}(E)$

中心线为本程序对 Fe 的计算值(曲线 2)$\Phi_{T}^{Fe}(E)$；*点为文献[20]的值；虚线为本程序对铅玻璃(SF-2)的计算值；实线为 Longo 等人对铅玻璃(SF 5)的计算值。

输出结果：电子远距离碰撞能耗、轫致辐射几率、近距离碰撞几率表。

ENERGY[$i$]　电子能量分点(MeV)；

IONIZATION[$i$]　电子远距离碰撞能耗(MeV·cm²/g)；

BREMSSTRAHLUNG[$i$]　电子轫致辐射几率(cm²/g)；

COLLISION⁻[$i$]　负电子近距离碰撞几率(cm²/g)；

COLLISION⁺[$i$]　正电子近距离碰撞几率(cm²/g)。

丁、输入数据：由 $k$ 种核构成的物质的原子量 $A_k$、相应核的原子序数 $Z_k$、相应核成份相对总体的百分重量 $K_k$(%)、光子能量分点 $E_i$(MeV)。

输出结果：光子康普顿散射和对生成几率表。

ENERGY[$i$]　光子能量分点(MeV)；

COMPTON[$i$]　光子康普顿散射几率(cm²/g)；

PAIRPRODUCTION[$i$]　光子对生成几率(cm²/g)；

TOTAL[$i$]　光子康普顿散射和对生成总几率(cm²/g)。

为检验程序的可靠性，我们计算了一批有代表性的方案。由于物质构成和能量范围的局限，仅给出部分计算同已有结果的比较情况。

我们计算的电子在单核 Ne 和化合物 $SiO_2$ 中的能量损失及射程，同 Pages[3]等人的结果完全一致(他们计算的能量小于 100 MeV)。

电子轫致辐射光子能谱及数目分布，对单核 Ge 和化合物 NaI 计算结果表明，同文献[4]和[12]相一致(那里计算的能量小于 30 MeV)。

电子在混合物铅玻璃(类似 SF-2)中，远距离碰撞能耗、轫致辐射几率、近距离碰撞几率，我们的计算值同 Longo[19]等人的结果符合较好。

光子康普顿散射和对生成几率，对单核 Fe 和混合物 SF-2 的计算结果同文献[19, 20]基本一致。我们计算的对生成几率较文献[19]偏低，这是由于我们仅考虑了核场中的对生成。

# ACTIVITIES OF TRANSACTINIUM ISOTOPE NUCLEAR DATA AT THE CHINESE NUCLEAR DATA CENTRE (CNDC)[①]

Zhang HUANQIAO
Institute of Atomic Energy,
Beijing, China

**Abstract**

Activities of the Chinese Nuclear Data Centre in the field of transactinium isotope nuclear data are presented, including lists of current TND evaluations and measurements performed in China.

I am very pleased to be here as the first Chinese representative to the IAEA Advisory Group Meeting on Transactinium Isotope Nuclear Data (TND). The meeting gives us an opportunity to share our experiences with each other and to discuss the further request on TND and to exchange some information of common interest. In order to improve our mutual understanding and further contact, please allow me to briefly introduce the activities on TND in the framework of the Chinese Nuclear Data Centre (CNDC).

CNDC was established at the Institute of Atomic Energy (IAE), Beijing, in 1975. Since then the activities on transactinium isotope nuclear data have been purposively and gradually developed. Up to now, we have evaluated complete sets of neutron data for $^{235,238}U$ and $^{239,240}Pu$ which are collected in "Evaluated Compilation of Neutron Data" (Vols. 1 and 2). In addition, evaluations of $\nu_p$, $\alpha$, $\sigma_f$, $\sigma_{n,\gamma}$, $\sigma_{n,2n}$, $\sigma_{n,3n}$, $\sigma_{el}$, $\sigma_{inel}$, $\frac{d\sigma s}{d\Omega}$, $\sigma_t$, $\sigma_{non}$, secondary neutron spectra, fission neutron spectra and related resonance parameters as well as fission product yields have been carried out for some transactinium nuclei. A survey of them is listed in Table 1.

Also the evaluation of nuclear data was fulfilled for some transactinium nuclei in 1981. For details, see "Decay Schemes of Commonly Used Radioactive Nuclides" (1981) in which the data for $^{228,232}Th$, $^{233}Pa$, $^{232-240}U$, $^{236-246}Pu$, $^{236-241,236m,240m}Np$, $^{241-245,242m,244m,246m,g}Am$, $^{240-246}Cm$ and $^{252}Cf$ etc. are included. Parallel to the evaluation of TND, the theoretical studies of nuclear fission have been conducted at the CNDC. Calculations for TND have been performed using spherical and deformed optical model, statistical theory,

① 提交IAEA召开的Activities of the Third Advisory Group Meeting on Transactinium Isotope Nuclear Data 会上的报告, Uppsala, Sweden, May 21-25, 1984, 文章收在IAEA-TECDOC-336, 1985: 335-342.

TABLE 1

Survey of Some TND Evaluation

| Data Type | Nuclide | Neutron Energy |
|---|---|---|
| $\sigma_f$ | $^{233-236,238}U$, $^{237}Np$, $^{238-241}Pu$<br>$^{241,242,242m}Am$, $^{249}Bk$, $^{249}Cf$ | 1 keV - 20 MeV |
| $\nu_p$ | $^{233-236,238}U$, $^{239-241}Pu$, $^{252}Cf$ | 10 keV - 15 MeV<br>spontaneous fission |
| $\sigma_{n,\gamma}$ | $^{235,236,238}U$, $^{240}Pu$ | |
| $\alpha$ | $^{235}U$, $^{239}Pu$<br>$^{238}U$ | 1 keV - 1 MeV |
| $\sigma_{n,2n}$ | $^{238}U$ | 6 - 18 MeV |
| $\sigma_{n,3n}$<br>$\sigma_{el}$, $\sigma_{in}$,<br>$\frac{d\sigma}{d\Omega}$, N(E) | $^{235,238}U$, $^{239,240}Pu$ | 1 keV - 20 MeV |
| $N_{in}(E)$ | $^{238}U$ | 1 keV - 20 MeV |
| $\sigma_t$ | $^{235,238}U$, $^{239,240}Pu$ | 1 keV - 20 MeV |
| $\sigma_{non}$ | $^{238}U$, $^{239}Pu$ | 1 keV - 20 MeV |
| Resonance Parameters | $^{232}Th$, $^{233,235,236,238}U$, $^{239-242}Pu$,<br>$^{241,242m,243}Am$, $^{243-248}Cm$, $^{249}Bk$,<br>$^{249,252}Cf$ | |
| Fission neutron spectrum | $^{235,238}U$, $^{239}Pu$ | |
| Delayed neutron absolute yields | $^{232}Th$, $^{233,235,238}U$, $^{239}Pu$ | |
| Fission product yields | $^{232}Th$, $^{233}Pa$, $^{233-239}U$, $^{237}Np$,<br>$^{239-242}Pu$, $^{241-242m}Am$, $^{245}Cm$,<br>$^{249,251}Cf$, $^{254}Es$, $^{255,257}Fm$ | thermal neutron, fast reactor neutron, fission neutron, 14.8 MeV and 1 KeV - 15 MeV monoenergetic neutron |
| Decay data | $^{228,232}Th$, $^{233}Pa$, $^{232-240}U$,<br>$^{236-241,236m}Np$, $^{240m}Np$, $^{236-246}Pu$,<br>$^{241-245,242m,244,246m,g}Am$, $^{240-246}Cm$, $^{252}Cf$ | |

exiton model and coupled channel theory. The investigation of semi-empirical systematics has been made for thermal neutron fission cross sections for transactinium nuclei. CNDC has also begun to collect and evaluate trans-plutonium nuclear data. We plan to evaluate fission product yields of evaluate fission product yields of transplutonium nuclei at first. For experimental data compilation, after analysing and evaluating, we have published a series of evaluation reports for the data which have been measured in a great number of experiments. CNDC has also carried out preliminary evaluations of data for which only a few experimental measurements are available. We made no formal publications of those preliminary evaluations.

Now I would like to give a brief account of TND measurements at the Institute of Atomic Energy (IAE) in recent years. Firstly, the fission cross section measurement program started in 1970. During the past 14 years the fission cross sections for several actinide nuclides, such as $^{233,235,238}U$, $^{237}Np$ and $^{239}Pu$, have been measured in different neutron energy regions including thermal neutron, 0.03-1.5 MeV, 3-6 MeV and 14-18 MeV neutrons which are available at IAE. The relative measurement and the absolute measurements using the hydrogeneous proportional counter, the recoil telescope and the associated particle with time correlation technique have been developed. An accuracy of 2 % for absolute measurements has been achieved. The properties of the samples of the fissile material are listed in Table 2. The measurement results and the methods used are listed in Table 3.

As an example, the comparison of fission cross section for fast neutron induced fission of $^{239}Pu$ is shown in Fig. 1.

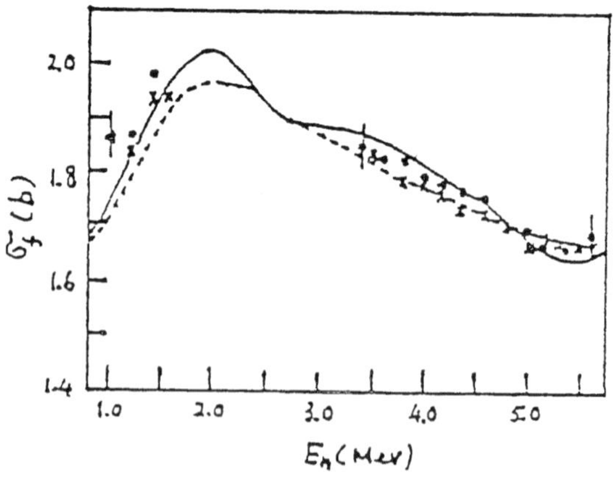


Fig. 1　$^{239}Pu$ fission cross section

ϯ This work　　_ _ _ ENDF/B-IV

x Kari　　_____ Liu's evaluation

TABLE 2

The Properties of the Samples of the Fissile Material

| Nuclide | Diameter (Cm) | Weight (mg) | Quantity Error (%) | Error from Nonuniformity of sample (%) |
|---|---|---|---|---|
| $^{233}U$ | 2.60 | ~ 1.1 | 1.1 | |
| $^{235}U$ | 2.60 | ~ 1.1 | 1-1.5 | 1.1 |
| $^{238}U$ | 2.60 | ~ 1.0 | 1.0 | |
| $^{237}Np$ | 2.60 | ~ 0.5 | 1.0 | |
| $^{239}Np$ | 2.60 | ~ 1.0 | 1.0 | 1.2 |

TABLE 3

Some Measurement Results

| Nuclide | $E_n$ (MeV) | Measuring Method | Accuracy (%) |
|---|---|---|---|
| $^{233}U$ | thermal neutron | relative to $^{235}U(n,f)$ | 2.1 |
| | 0.02-0.3 eV | relative to $^{6}Li(n,\alpha)^{4}He$ | 2.5-2.8 |
| | 0.5 and 1.0 MeV | hydrogeneous proportional counter | 5 |
| | 0.03-2.5 MeV<br>3.5-5.6 MeV<br>14-18 MeV | relative to $^{235}U(n,f)$ | 2.4-2.8 |
| $^{235}U$ | 0.0253 eV | relative to $^{10}B(n,\alpha)$ | 1.5 |
| | 0.02-0.3 eV | relative to $^{6}Li(n,\alpha)$ | 1.2-2.0 |
| | 0.5 and 1.0 MeV | hydrogeneous proportional counter | 5 |
| | 14.7 MeV | associated particle with time correlation | 2 |
| $^{238}U$ | 3.5-5.5 MeV | recoil telescope | 2.0-2.6 |
| $^{237}Np$ | 3.5-5.5 MeV | recoil telescope | 2.9-3.3 |
| $^{239}Pu$ | 0.02-0.3 eV | relative to $^{6}Li(n,\alpha)$ | 2.5-2.8 |
| | 0.03-5.6 MeV | relative to $^{235}U(n,f)$ | 2.0-2.6 |
| | 14-18 MeV | relative to $^{235}U(n,f)$ | 2.0-2.6 |
| | 1.0-1.6 MeV<br>3.5-5.6 MeV | absolute measurement with recoil telescope | 2.8 |
| | 14.7 MeV | associated particle with time correlation | 2 |

Secondly, on the aspect of the measurements of the average number of prompt fission neutrons, a large Cd-loaded scintillation counter was constructed in 1967. Then we reconstructed the large Gd-loaded liquid scintillation counter in 1978. During the past 17 years, the average number of prompt neutrons and the multiplicity distribution of prompt neutrons emitted by spontaneous fission and fast neutron induced fission have been measured. The efficiency of the large liquid scintillation counter was calibrated on the basis of occurring n-p scattering as the collimated monochromatic fast neutron incident on the stilbene crystal, combined with Monte Carlo simulation method. Therefore, the accuracy achieved was 0.48 % for $\bar{\nu}_p$ absolute measurement. The $\bar{\nu}_p$-s for spontaneous fission of some transactinium nuclides are listed in Table 4.

TABLE 4

The $\bar{\nu}_p$ for Spontaneous Fission of Some Transactinium Nuclides

| Nuclide | $\bar{\nu}_p \pm \Delta\bar{\nu}_p$ | Reference | Measuring Method | Year |
|---|---|---|---|---|
| $^{238}U$ | 1.96 ± 0.05 | $\bar{\nu}_p(^{240}Pu)$=2.154 | Loaded-Cd liquid scintillation | 1967 |
| $^{240}Pu$ | 2.138 ± 0.034 | absolute measurement | Loaded-Cd liquid scintillation | 1972 |
| $^{240}Pu$ | 2.141 ± 0.016 | $\bar{\nu}_p(^{252}Cf)$=3.743 | Loaded-Gd liquid scintillation | 1980 |
| $^{242}Cm$ | 2.562 ± 0.020 | $\bar{\nu}_p(^{252}Cf)$=3.743 | Loaded-Gd liquid scintillation | 1980 |
| $^{244}Cm$ | 2.721 ± 0.021 | $\bar{\nu}_p(^{252}Cf)$=3.743 | Loaded-Gd liquid scintillation | 1980 |
| $^{252}Cf$ | 3.743 ± 0.018 | absolute measurement | Loaded-Gd liquid scintillation | 1979 |

The dependence of $\bar{\nu}_p$ for $^{235,238}U$ and $^{239}Pu$ at fast neutron energies has been measured at Van de Graff accelerator. The results are listed in Table 5.

TABLE 5

$\bar{\nu}_p(E_n)$ for Fast Neutron Induced Fission of $^{235,238}U$ and $^{239}Pu$

| Nuclide | Energy Range (MeV) | Error (%) | Reference | Year |
|---|---|---|---|---|
| $^{235}U$ | 0.1-1.6 | 1.5-2 | $\bar{\nu}_p(^{240}Pu)$=2.151 | 1973 |
| $^{238}U$ | 1.2-5.5 | 1.5-2 | $\bar{\nu}_p(^{240}Pu)$=2.151 | 1973 |
| $^{239}Pu$ | 0.1-1.5 | 0.8 | absolute measurement | 1978 |

For example, the comparison of $\bar{\nu}_p(E_n)$ for fast neutron induced fission of $^{238}U$ is shown in Fig. 2.

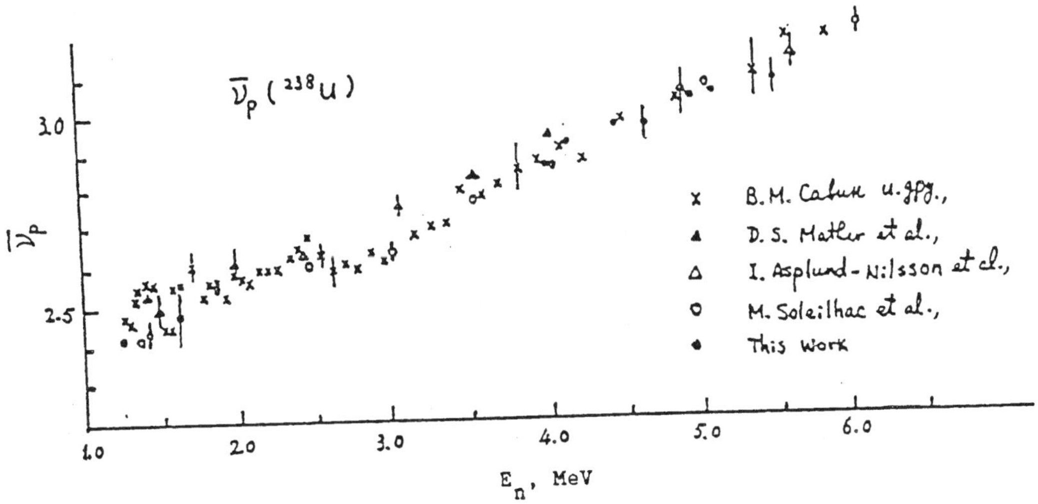


Fig. 2

During late 1950's, neutron energy spectra for thermal neutron induced fission of $^{235}U$ and $^{239}Pu$ were measured by means of emulsions. In 1980, the prompt neutron energy spectrum from $^{252}Cf$ spontaneous fission was measured in the energy range 0.45–15 MeV using the time-of-flight technique.

TABLE 6

The Results of Fission Neutron Spectra

| Nuclide | Fission Mode | N(E) | E(MeV) |
|---|---|---|---|
| $^{235}U$ | thermal neutron | const sh. $\sqrt{2.30E}e^{-E/0.96}$ | 1.867 ± 0.015 |
| $^{239}Pu$ | thermal neutron | const sh. $\sqrt{1.65E}e^{-E/1.10}$ | 1.989 ± 0.024 |
| $^{252}Cf$ | spontaneous fission | const. $\sqrt{E}\ e^{-E/kT}$ | 2.124 ± 0.035 |

In addition, neutron scattering cross sections, angular distributions and secondary neutron spectra for the interaction of 14.7 MeV neutron with $^{238}U$ have been measured by means of time-of-flight. Those data are still being analyzed. Finally, it should be noted that a set of precise reference data on TND has been obtained at IAE, including $\sigma_f(^{235}U)$, $\bar{\nu}_p(^{252}Cf)$ and $^{252}Cf$ spontaneous fussion neutron spectrum.

In recent years, half-life measurements have experimentally been carried out for a few transactinium nuclides. The half-life of spontaneous fission of $^{238}U$ was measured by a large volume multiplated ionization chamber as well as by mica detectors. The masses of the uranium deposits were determined by measuring the alpha activity with a 2π ionization chamber. The accuracy of the deposit mass measurements is about 2 %. The result with the multiplated ionziation chamber is $T_{1/2}(SF)=(8.03 \pm 0.23)10^{15}$ years. But the result from mica detector is $T_{1/2}(SF)=(8.81 \pm 0.33)10^{15}$ yr. In view of the importance of the spontaneous fission half-life of $^{238}U$ and the large divergence of this value obtained by different authors, we compiled the experimental data of $T_{1/2}(SF)(^{238}U)$ which has been published before 1977 and recommended the evaluated value $T_{1/2}(SF)=(8.19 \pm 0.15)10^{15}$ yr.

Alpha activities of $^{242}Cm$ have been measured by a low geometry device with a silicon surface barrier detector. The α-decay of $^{242}Cm$ has been followed for 309 days. The α-decay half-life for $^{242}Cm$ has been obtained $T_{\alpha}=(163.02 \pm 0.11)$ days. The method of specific activity was used to determine the half-life of the spontaneous fission of $^{242}Cm$. The mass of $^{242}Cm$ deposit was determined by measuring the alpha activity with a low geometry device. The half-life of $^{242}Cm$ spontaneous fission obtained is $T_{1/2}(SF)=(7.46 \pm 0.06)x10^{6}$ yr. The comparisons of $T_{\alpha}(^{242}Cm)$ and $T_{1/2}(SF)(^{242}Cm)$ with that of authors are listed in Tables 7 and 8, respectively.

TABLE 7

The Comparison of α-Decay Half-life of $^{242}Cm$

| Author | Year | $T_{1/2}$ (days) | Method | Measuring device |
|---|---|---|---|---|
| Hanna | 1950 | 162.5 ± 2 | follow (0.8-2.2)$T_{\alpha}$ | a low geometry device |
| Glover et al | 1954 | 162.46 ± 0.14 | follow 1.4 $T_{\alpha}$ | a low geometry device |
| Treiman | 1957 | 162.7 ± 0.1 | calorimetry | calorimeter |
| Flynn | 1965 | 163.1 ± 0.4 | follow 7.3 $T_{\alpha}$ | 2π proportional counter with flowing gas |
| Kerrigan | 1975 | 163.2. ± 0.2 | calorimetry | calorimeter |
| Diamond | 1977 | 162.76 ± 0.04 | follow 1.6 $T_{\alpha}$ | proportional counter with mid-geometry |
| Ours | 1977 | 163.02 ± 0.11 | follow 1.9 $T_{\alpha}$ | a low geometry device with Si(Au) detector |

TABLE 8

The Comparison of Spontaneous Fission Half-life of $^{242}Cm$

| Author | Year | $T_{1/2}$(SF)(y) | Measuring method |
|---|---|---|---|
| Hanna | 1951 | $(7.2 \pm 0.2)10^6$ | Ionization chamber detected fragments |
| Armani | 1967 | $(6.09 \pm 0.18)10^6$ | Detected fission neutrons |
| Ours | 1977 | $(7.46 \pm 0.06)10^6$ | Mica detected fission fragments |

So much for the brief review of the activities on TND in CNDC. We are capable of extensively measuring fission cross section, neutron radiation, capture cross section, secondary neutron spectrum, fission product yield and transactinium isotope nuclear decay data, etc. In nuclear data evaluation, we hope to make systematical evaluations for transactinium isotope nuclear data, e.g., transplutonium nuclear data, TND decay data and fission product yields etc. We would like to develop further contact and international cooperation with the IAEA.

# 裂变瞬发中子多重性研究①

许谨诚　张焕乔　刘祖华

（中国原子能科学研究院，北京　102413）

本文介绍了裂变瞬发中子多重性这一研究领域的概况，着重介绍获第二届吴有训物理奖的"自发裂变和中子诱发裂变的瞬发中子多重性的研究"成果的主要内容和意义.

1939 年核裂变现象的发现开始了大规模利用核能的新时期．核武器和核动力潜艇是核能在军事上的应用，它对人类社会在军事和政治上都产生了巨大的影响．在人类社会的经济方面，核能发电已经占全世界总发电量的 17% 以上，对不少国家核电已在能源中起着举足轻重的作用.我国第一个核电站也即将建成发电．大规模利用核能之所以可能，首先是由于在裂变时释发出大量的能量，更重要的是由于裂变可以实现自续的链式反应：当一个重核（如$^{235}U$）被一个中子击中发生裂变时能放出二个以上的中子．在合适条件下这几个中子可以引起其他一定数量的$^{235}U$ 核裂变．如果这个数目等于 1，则裂变反应在同一水平下不断进行下去．如果它大于1，就会有越来越多的核发生裂变．在链式反应中裂变中子起着链条的关键性作用，因此裂变中子数目是一个重要的核参数．

核裂变过程是一个十分复杂的过程．当重核裂变时（如$^{235}U$核被中子击中发生裂变或 $^{252}Cf$ 核发生自发裂变），绝大多数情况下首先分成两大块——裂变碎片，它们的质量数 $A$ 和原子序数有一定的几率分布，叫质量分布和电荷分布 $[Y(A), P(Z)]$，并释发出大量能量．大部分能量（170 MeV）转化成两个碎片的动能 $E_k$，其余为碎片的内激发能．处于激发态的碎片在极短的时间内（$< 10^{-14}$s）先放出中子——即裂变瞬发中子，接着发出一些 $\gamma$ 射线退激到基态．不过这些处于基态的核素大多数由于中子数相对过多而属于不稳定核素，它们还要发生数次 $\beta$ 衰变而最后变成稳定同位素．这个过程中还会发出少数中子——缓发中子，它的数目只有零点零几个．在下面我们将限于讨论对瞬发中子的研究．

因为裂变是如此复杂的过程，涉及许多统计分布，因此在一次裂变中放出的瞬发中子数并不是一个定数，而是有一个统计分布 $P(\nu)$，$\nu = 0, 1, 2\cdots$为中子数．这个分布叫中子多重性分布，它的平均值 $\bar{\nu}_p = \sum \nu P(\nu)$——平均中子数或中子多重性，是人们直接关心的一个重要核参数．在核工程的设计计算中要求知道各种裂变核，特别是$^{235}U$，$^{238}U$ 和$^{239}Pu$ 这三种核的 $\bar{\nu}$ 值随引起裂变的中子能量 $E_n$ 的变化 $\bar{\nu}(E_n)$．因为它的作用重要，在所有的核参数中对 $\bar{\nu}$ 值的精度要求是最高的．在裂变发现后的几十年中世界各国的许多实验室对 $\bar{\nu}$ 值的测量进行长期不懈的工作，其目标是不断提高数据的精度和可靠性．中子多重性的测量对了解裂变机制也起着重要的作用．

## 一、$^{252}Cf$ 自发裂变中子多重性的测量

$^{252}Cf$ 由于有合适的自发裂变寿命（$\alpha$ 衰变半衰期 2.645 年，自发裂变分支比 3.09%），可以做成强度合适的自发裂变中子源，因此它的 $\bar{\nu}$ 值被公认为一个国际标准．它可用来对各实验室的测量装置和方法进行刻度和检验，而且不少裂变核的 $\bar{\nu}$ 值是相对$^{252}Cf$ 自发裂变的 $\bar{\nu}$ 值来测量的，因此精确地绝对测量$^{252}Cf$ 的 $\bar{\nu}$ 值就十分重要．从 1965 年以后，召开过多次专门的国际会议来讨论$^{252}Cf$ 的 $\bar{\nu}$ 值，作出评价和提出新的测量要求.但是在 70 年代中期这么重要的一个数据，在三种主要测量方法得到的值之间存

① 本文介绍的工作获中国物理学会第二届吴有训物理奖. 物理, 1991, 20(9): 554-558.

表 1　$^{252}$Cf 自发裂变中子平均数 $\bar{\nu}_p$ 数据比较 (1978)

| 作　　者 | 方　法 | 年　代 | 原 来 值 | 订 正 值 |
| --- | --- | --- | --- | --- |
| Moat et al. | NPL 锰浴法 | 1961 | 3.77±0.07 | 3.727±0.055 |
| Colvin et al. | | 1965 | 3.700±0.031 | 3.700±0.028 |
| White and Axton | | 1968 | 3.796±0.025 | 3.796±0.037 |
| Axton | | 1974 | 3.700±0.020 | 3.725±0.019 |
| 权平均值 | | | | 3.728±0.0186 |
| De-Volpi and Porges | 锰浴 | 1970 | 3.725±0.017 | 3.725±0.030 |
| Colvin & Sowerby | 硼堆 | 1965 | 3.713±0.015 | 3.713±0.015 |
| Hopkins & Diven | 液体闪烁体 | 1963 | 3.780±0.031 | 3.770±0.031 |
| Asplund-Nilsson | | 1963 | 3.808±0.037 | 3.778±0.060 |
| Boldeman et al. | | 1977 | 3.745±0.016 | 3.745±0.016 |
| 本工作 | | 1978 | 3.743±0.018 | 3.743±0.018 |

在明显的系统偏差，差别达 2%(参见表 1)，尽管一些单个测量的精度已好于 0.5%．对 $\bar{\nu}$ 值的各种测量方法可以分为两大类：非符合法和符合法．非符合法分别测量$^{252}$Cf 样品的裂变率 $n_f$ 和中子发射率 $n_n$，则 $\bar{\nu}_t=n_n/n_f$，它包括了缓发中子的贡献．锰浴法和硼堆法(分别用锰浴和硼堆来测中子发射率)均属于这一类．由于裂变数和中子数分别测定，均可达到高的精度，锰浴和硼堆技术相当成熟．表 1 中给出了 1978 年以前这两种方法给出的较好的$\bar{\nu}$值．符合法中一种较先进的方法是用液体闪烁体记录中子，所用装置简要地用图 1 表示．用电离室探测到的裂变碎片信号去触发电子学线路，记录与之符合的来自中子探测器的裂变中子脉冲数．由脉冲数的平均值 $\bar{n}$ 和中子探测效率 $\eta$ 可得 $\bar{\nu}_p=\bar{n}/\eta$．这种方法的优点是还能得到多重性分布 $P(\nu)$ 以及多重性与碎片各种特性的关联．这种方法要达到高的精度很不容易，要求发展探测技术以尽可能高的效率来探测裂变和中子．绝对测量还要求对中子探测器的效率与中子能量的变化

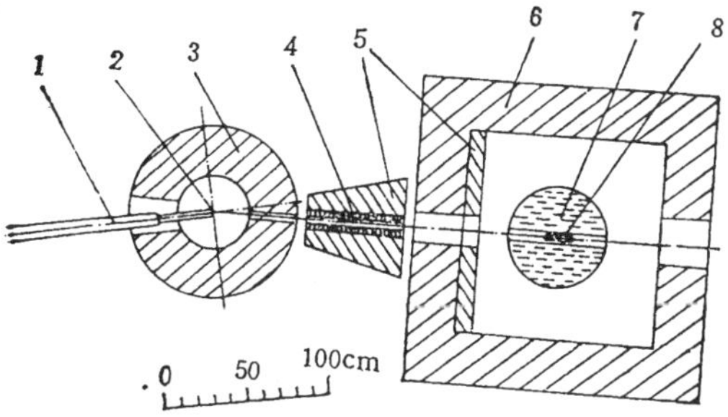


图 1　实验装置示意图

1．加速器管道；2．中子靶；3．硼-石蜡屏蔽；4．铁准直器；5．铅屏蔽；6．硼-石蜡屏蔽；7．中子探测器；8．$^{239}$Pu 电离室

表 2　有关 $\bar{\nu}_t$ ($^{252}$Cf) 数据的比较(1988)

| *Experiment* | $\bar{\nu}_t$ |
| --- | --- |
| 液体闪烁体 | |
| Asplund-Nilsson et al. (1963) | 3.792±0.040 |
| Hopkins and Diven (1963) | 3.777±0.031 |
| Boldeman (1974) | 3.755±0.016 |
| Zhang and Liu (1979) | 3.754±0.018 |
| Spencer et al. (1982) | 3.782±0.007 |
| 锰浴 | |
| White and Axton (1968) | *Superseded* |
| Axton et al. (1969) | *Superseded* |
| De Volpi and Porges (1970) | 3.747±0.019 |
| Aleksandrov et al. (1975) | *Superseded* |
| Bozorgmanesh (1977) | 3.774±0.023 |
| Aleksandrov et al. (1980) | 3.758±0.015 |
| Smith and Reeder (1984) | 3.767±0.011 |
| Axton and Bardell (1984) | 3.7509±0.0107 |
| 硼堆 | |
| Colvin and Sowerby (1965) | 3.739±0.021 |
| Edwards et al. (1982) | 3.761±0.029 |
| 推荐 | |
| Axton (1984) | 3.7661±0.0054 |

做出精确的刻度，发展到70年代中期才达到0.5%的精度。不巧的是两种方法各自的平均值之间差2%，而且液体闪烁体法又有高低两个数据，这说明存在一些未了解的因素产生系统误差。正是在这样的背景下，中国原子能科学研究院的张焕乔等同志开展对$^{252}$Cf自发裂变$\bar{\nu}_p$值的精确的绝对测量，以澄清存在的分歧.这就要求对实验作出精确合理的设计，尽可能地排除产生系统误差的因素，并对一些效应做出合理的修正。为此他们建立了大体积的球形载钆液体闪烁探测器[1]，它对裂变中子的探测效率高于70%，利用实验和Monte Carlo方法计算高精度地确定了中子探测器的效率曲线，建立了相应的高稳定电子学线路[2]。经过仔细的考虑各种效应的修正得到的测量值为$\bar{\nu}_p=3.743\pm0.018$（或$\bar{\nu}_t=3.754\pm0.018$）。这是我国第一个这方面的标准数据.表2是1988年Boldeman在日本Mito召开的裂变中子发射物理顾问会议上作的最新评价的结果[3]。可以看到，在张焕乔等人的测量之后，三种方法都有一些精度更高的测量结果，三种方法之间的分歧也已消除，国际评价推荐值为$3.7661\pm0.0054$.而张焕乔等的测量值与推荐值之间的差仅为0.3%，在液体闪烁体法的各个值中与推荐值的差别最小。经过时间的考验，表明他们的结果是精确可靠的，测量水平是高的。它为这一国际标准值的建立作出了重要的贡献.

## 二、$^{239}$Pu为快中子诱发裂变的瞬发中子平均数随中子能量的变化$\bar{\nu}_p(E_n)$

快中子使$^{239}$Pu裂变的$\bar{\nu}_p(E_n)$是70年代我国核事业发展提出的重要测量任务。这个核数据虽然重要，但到70年代中期国际上只有少数几家发表过数据(见图2)，这是因为它的高精度测量难度很大。用符合法测量要解决三个技术难点：第一，$^{239}$Pu有很强的$\alpha$放射性，在裂变探测器中频率很高的$\alpha$脉冲叠加起来会产生假的裂变信号，因此要发展裂变探测技术既克服强$\alpha$脉冲的堆垒效应，又能高效率地探测裂变碎片；第二，用加速器通过核反应中子源来产生所需能量的快中子来引起$^{239}$Pu裂变时，只有极少量中子打在$^{239}$Pu样品上，绝大多数源中子会对中子探测器造成很大的本底，因此要为中子源和探测器设置良好的屏蔽，尽可能地降低这种本底；第三，要精心地设计实验几何和中子源周围的屏蔽，减少其他能量的中子，尤其是低能中子对源中子的污染，以保证打在$^{239}$Pu样品上的中子能量的良好的单色性.也是在70年代中期开始，张焕乔等人着手发展相应的技术手段来进行这项测量。除了前面提到的液体闪烁体中子探测器之外，他们发展了一种多层快速电流电离室.整个电离室由十个分电离室组成，装载的$^{239}$Pu样品量达105mg（总$\alpha$放射性强度为$2.2\times10^8$Bq)，对裂变碎片的探测效率好于90%，达到当时国际先进水平[4]。所用实验装置示意于图1。他们经过几年的努力完成了$E_n$在0.1—1.5 MeV能区的测量。图2给出了他们的结果，也画出了其他几家较好的结果作为比较。该图取自1986年Gwin的评述文章[5]。他们测量结果的误差与其他工作结果的误差相近，但他们的结果首先揭示出在$E_n>1.2$MeV时$\bar{\nu}_p(E_n)$的斜率有减小的趋势。这一点为以后Gwin的测量所证实，并在美国的评价核数据库ENDF/B-V中得到反映，在$E_n>1.2$MeV能区，ENDF/B-V的推荐曲线低于1972年Manero等人给出的推荐曲线.

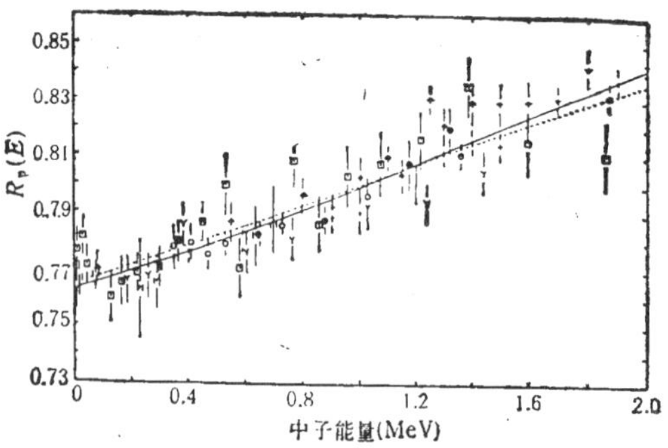


图2　$^{239}$Pu为快中子裂变时瞬发中子平均数随中子能量的变化，$\bar{R}_P=\bar{\nu}_p(\mathrm{Pu})/\bar{\nu}_p(\mathrm{Cf})$
Y 张焕乔等(1980)；□ Gwin et al. (1986)；
◇ Soleilhac et al. (1970)；△ Volodin et al. (1972)；
+ Nupreisov et al. (1975)；○ Frehaut et al. (1980)；
——Manero and Konshin (1972)；---ENDF/B-V

## 三、$^{252}$Cf 自发裂变 $\bar{\nu}_p$ 与碎片特性的关联研究

上面两节中介绍的研究是为了核数据的需要．但裂变中子多重性的测量也可为核裂变机制研究提供重要的信息．碎片放出的中子数目近似与碎片的激发能成正比，而多重性分布进一步代表了激发能的分布，因此测量 $\bar{\nu}$ 与碎片的质量 $A$、电荷 Z 和动能 $E_k$ 的关联可以反映激发能的分配与这些参量的关系．为此需要用符合法做多参量关联测量．图 3 给出了 $^{252}$Cf 自发裂变的 $\bar{\nu}_p$ 与碎片质量 $A$ 的关系，呈现出有名的锯齿形分布[6]．由此可以推断出在裂变核断开的时候，$A\sim130$ 的碎片由于接近双幻数，形状接近球形，变形能小，获得的激发能少，因此放出中子数少．与之相反 $A\sim120$ 的核容易发生变形，在断裂时变形较大，获得较多激发能，因此放出中子数多．这个例子说明了 $\bar{\nu}_p$ 的关联测量为我们提供了如此生动的一幅断裂瞬间的图象．

张焕乔小组利用前面介绍的装置对 $^{252}$Cf 自发裂变的 $\bar{\nu}_p$ 与碎片的 $A,Z,E_k$ 的关联作了较系统的测量．因为碎片的 $A,Z,E_k$ 都分布在较宽的范围，为了指示小几率处的特性，每种测量都要获取几百万个事件数以得到较好的统计．他们还对事件发生几率低近两个数量级的伴随长程 $\alpha$ 粒子的三分裂（除两个大碎片外，还伴随着一个轻带电粒子，如质子、氚、$\alpha$ 粒子等）作了测量．为了解裂变机制提供了大量的信息．下面介绍两个结果．

1977 年 Walsh 等[7]提出 $^{252}$Cf 自发裂变的单碎片瞬发中子平均数 $\bar{\nu}_p(A)$ 中存在奇偶效应，即偶质量碎片的 $\bar{\nu}$ 值比相邻奇质量碎片高．为此张焕乔等人不仅测了 $\bar{\nu}_p(A)$[6]，还测了 $\bar{\nu}_p(Z)$[8]，两者都没有显示出奇偶效应，他们并且对为什么不表现奇偶效应作出了合理的解释，澄清了这个问题．

他们的 $^{252}$Cf 自发三分裂的 $\bar{\nu}_p(E_\alpha)$ 关联测量结果表明 $\bar{\nu}_p$ 与长程 $\alpha$ 粒子的能量 $E_\alpha$ 之间存在负关联．这定性地给出了如下图象：在三分裂时如果碎片变形大，一方面碎片放出中子数高，另一方面碎片间距离较大，两碎片和 $\alpha$ 粒子之间库仑能小，从而最终 $\alpha$ 粒子的动能低．反之，碎片变形小则导至发射中子数少而 $\alpha$ 粒子高．三点电荷模型计算可以解释 $\alpha$ 粒子动能分布，但初始条件的选择缺少物理基础，而中子多重性的测量结果为此提供了物理图象．

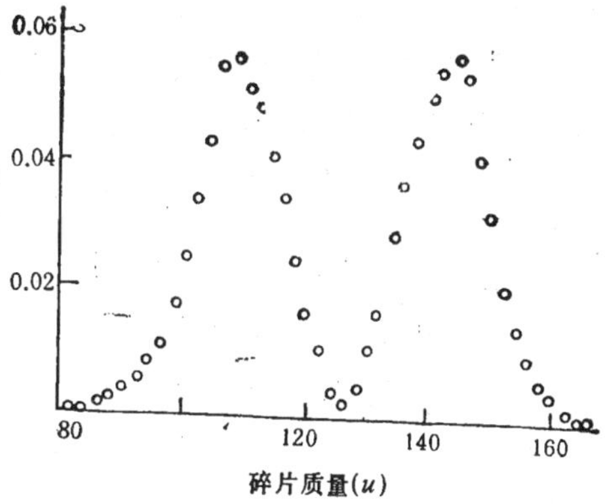


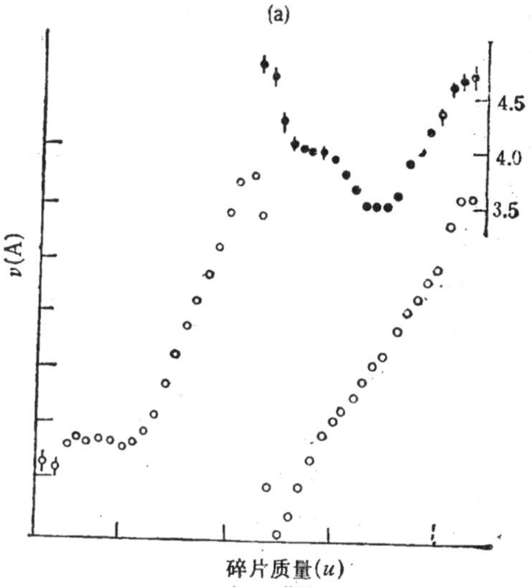


图 3　(a) $^{252}$Cf 自发裂变时发射中子前的碎片质量产额曲线
(b) $^{252}$Cf 自发裂变时瞬发中子平均数随单碎片质量的变化(○)，和两个互补碎片总中子平均数与重碎片质量的变化(●)

裂变中子多重性研究内容十分丰富，由于篇幅限制，这里仅介绍了一部分．下面简略地介绍中子多重性研究的一些最近进展作为结束语．

当核反应产生的复合核激发能足够高，如

几十 MeV 时,有可能先放出中子,剩余核激发能还高于裂变势垒而发生裂变，裂变碎片再放出几个中子．这称为多次机会裂变．裂变前放中子数目 $\bar{\nu}_{pre}$ 和裂变中子数 $\bar{\nu}_f$ 的大小反映了放中子和裂变两种过程的竞争．在 80 年代以前，这种竞争用 Bohr-Wheeler 的鞍点统计理论来描述.这两种中子由于发射源不同,因此相对于碎片的运动方向,中子的能量-角分布是不同的．实验上用关联飞行时间技术可以把它们区分开来．80 年代开始有一些实验结果表明，在重离子核反应时裂变前中子数 $\bar{\nu}_{pre}$ 比 Bohr-Wheeler 理论预言的要高出不少[10]．这种分歧是因为 Bohr-Wheeler 理论把裂变过程中核从基态越过鞍点看作瞬态过程，而实际上这个过程需要时间，理论上要用非平衡态的扩散过程来描写[11]．正是这个过程给了发射中子更多的机会，提高了 $\bar{\nu}_{pre}$．新的理论可以较好地解释 $\bar{\nu}_{pre}$,并且从中可以确定核的性质的一个重要参数——核粘滞系数的数值[12]．这个参数在其他核过程中是很难确定的．

当两个重离子发生碰撞时其轰击能量有多少可以转为激发能,有没有极限?这是重离子核反应机制研究的一个基本问题.另一方面,一个核能承载的最大激发能是多少也是一个热烈争论的问题．前面说过中子多重性是发射中子的核的激发能的一个很好的量度，因此在重离子核反应,尤其是中能区,中子多重性测量被广泛地用来研究上面提出的这些问题.例如,法国的 GANIL 实验室为此建立了一个体积为 3000 l 的载钆液体闪烁探测器系统[13]，并且得到一些重要而有趣的结果[14];当他们用能量为 1080 到 3080 MeV 的 $^{40}Ar$ 去轰击 $^{197}An$ 和 $^{232}Th$ 靶时,中子多重性测量结果表明，发生对心碰撞形成的热核其激发能在大约 650 MeV 时达到饱和,所对应的核温度约为 5 MeV．这为研究以上问题提供了很好的数据，但这些问题的明确的解答还有待进一步的系统的研究，而中子多重性的测量将起十分重要的作用．


[1] 许谨诚等,原子能科学技术 **1**(1978),14.

[2] 张焕乔、刘祖华,原子核物理 **1**(1979),9.

[3] J. W. Boldeman, Proceedings of A Consultants Meeting On physics of Neutron Emission in Fission, MITO CITY, Japan, 24-27 May (1988) INDC (NDS)-220, (1989), 21.

[4] 张焕乔等,原子核物理**2**(1980),29.

[5] R. Gwin et al., *Nucl. Sci. Eng.*, **94** (1986),365.

[6] 丁声耀等,原子核物理**6**(1984), 201.

[7] R. L. Walsh et al., *Nucl. Phys.*, A, **276** (1977), 189.

[8] 丁声耀等,原子核物理**6**(1984),9.

[9] 刘祖华、张焕乔,原子核物理**3**(1981),281.

[10] G. Gavron et al., *Phys. Rev.* C, **35**, (1987), 579. D. J. Hinde et al.,*Phys. Rev.* C, **37** (1988),2923.

[11] Wu Xizhen et al.;*Chin Phys (New York)* **1**(1981), 671.

[12] Lu Zhongdao et al., *Phys. Rev.* C, **42**, (1990), 707.

[13] J. Galin et al., Hot Nuclei Studies with A 4π-Neutron Detector, GANIL p. 89.

[14] D. X. Jiang et al., *Nucl. Phys.* A, **503**, (1989), 560.

# STUDY OF HEAVY-ION FUSION-EVAPORATION REACTIONS AT 0° BY AN ELECTROSTATIC BEAM SEPARATOR①

G. Fortuna*, C. Signorini*°, A.M. Stefanini*, Zhang H.Q.*+,
S. Beghini°, S. Lunardi°, W. Meczynski*×, M. Morando°

* I.N.F.N., Laboratori Nazionali di Legnaro, Legnaro (Italy)
° Department of Physics, University of Padova and I.N.F.N., Sezione di Padova, Padova (Italy)

The study of fusion-evaporation reactions by direct detection of the recoiling heavy products at 0° is usually made difficult by the presence of beam- or beam-like particles with rates many orders of magnitude higher than those of the nuclei of interest.

To avoid this, we built an electrostatic separator, shortly described in the following, which exploits the difference in electric rigidity between the beam particles and the evaporation residues, and allows, in principle, only the last ones to enter a suitable detection telescope.

A schematic drawing of the device is shown in fig. 1;

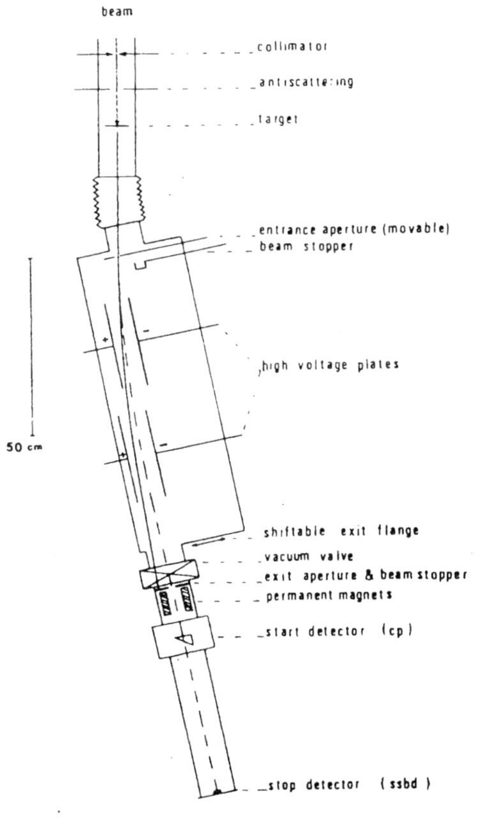


Fig. 1. - Schematic layout of the beam separator and of the detection telescope.

---

① LNL Annual Report, 1984: 76-78.

after proper collimation, the beam hits the target and proceeds, together with the fusion-evaporation residues, through an entrance collimator (9 mm wide, corresponding to ±0.7°), into the electric field region.

Here the field is produced by two pairs of parallel plates (25 cm long, 7 cm wide), with independently variable gaps to fit as well as possible different kinematical conditions for different reactions. The voltage on the plates can raise up to about ±45 kV.

After separation, the beam is stopped while the residues proceed, through the exit collimator, into the detection system, consisting of a time-of-flight-energy telescope (1) with channel plates and Silicon detectors. A set of small permanent magnets is placed in front of the channel plate detector, to bend out electrons coming from the electric field region.

The detection of evaporation residues at any angle between 0° and about 10° is moreover possible, by rotating the separator and adjusting the entrance collimator to the angle of interest. This enables the measurement of angular distributions in that angular range.

A preliminary in-beam test of the device was performed, by shooting 140 MeV of $^{28}Si$ on a $^{58}Ni$ target (100 μg/cm$^2$ on a 20 μg/cm$^2$ Carbon backing).

The separator was operated at ±18 kV, with gaps of ∿4 cm and ∿6 cm (the last one nearer to the detection telescope). Nominal space separation between the beam and the evaporation residues at the beam stopper location amounted to about 4 cm.

The resulting 0° mass spectrum, after proper analysis of the measured parameters (time of flight=TOF and energy=E), is shown in fig. 2.

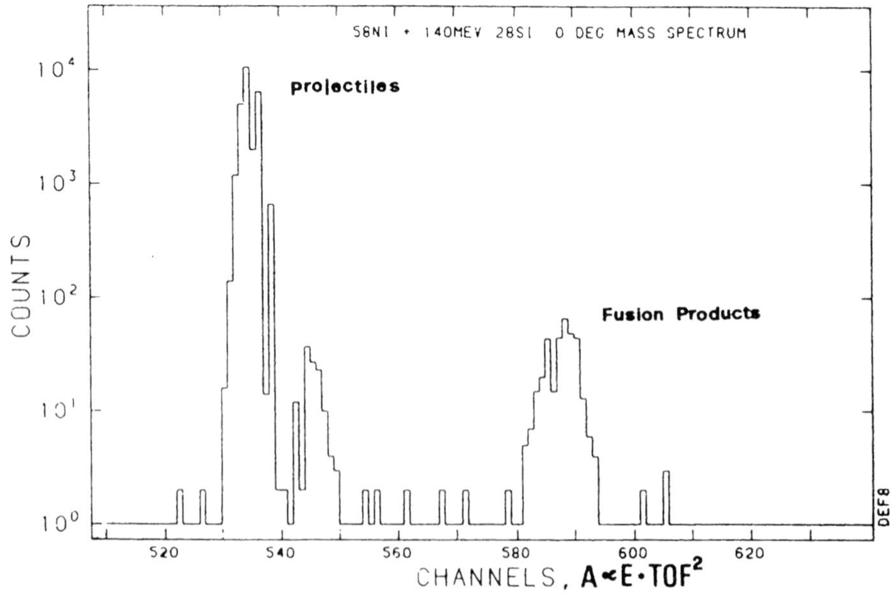


Fig. 2. - Mass spectrum recorded at 0° from the 140 MeV $^{28}Si$ on $^{58}Ni$ reaction.

The fusion products are well separated from the projectile-like particles and the spectrum is almost background free. A peak corresponding to A$\sim$28 is also observable and from the energy spectra we know it corresponds only to low energy particles (most likely slit- or collimator-scattered beam particles which happen to have the "right" electric rigidity to be deflected into the detection telescope). No full energy beam particle is observed.

The beam reduction factor thus obtained is $\sim 10^7$, which is very satisfactory for a simple device like the present one, and which, we think, can be increased at least by an order of magnitude by use of a more feasible collimation system in front of the target.

References

(1) W. Starzecki, A.M. Stefanini, S. Lunardi, C. Signorini; Nucl. Instr. and Meth. 193 (1982) 499.

+ On leave from: Institute of Atomic energy, Peking, China
× On leave from: Institute of Nuclear Physics, Cracow, Poland

# Exchange processes in the $^{6}Li(\alpha,d)^{8}Be$ reaction[①]

Liu Zuhua, Zhang Huanqiao, Xu Jincheng and Liu Shaoming

(*Institute of Atomic Energy, P. O. Box 275, Beijing*)

Received 20 February 1988

**Abstract**–The angular distributions of deuterons from $^{6}Li(\alpha,d)^{8}Be$ reactions corresponding to the $0^{+}$ground state and 2.9 MeV ($2^{+}$) state in $^{8}Be$ are measured at $E_{\alpha}=26.68$ MeV. It is found that these angular distributions have a well-pronounced diffraction structure and peak at the back angles. The experimental angular distributions are compared with theoretical prediction obtained in terms of the plane wave Born approximation which includes the exchange mode of knock-on of nucleon cluster and heavy particle stripping. It is shown that the exchange processes associated with the break-up of the $^{6}Li$ target nucleus into $\alpha \oplus$ d clusters are important.

**Key words**–Exchange mode, heavy particle stripping, knock-on of nucleon cluster.

## Ⅰ. INTRODUCTION

Nuclear transfer reactions with light nuclei are generally described as direct stripping or pickup processes. Such reactions are characterized by forward peaked angular distributions of out-going particle. Many observed angular distributions are in accord with this description and attest to the dominance of direct stripping or pickup mechanism in usual cases.

However, the above description of transfer reactions is not perfect. A complete theoretical treatment of any reaction requires antisymmetrization of the total wave function which gives rise, in general, to a variety of exchange terms in the transition amplitude. The most important one is heavy particle stripping which occurs when the incident particle picks up from the target nucleus all but the particle or cluster to be detected and retains the majority of the forward momentum. As a result, the exchange amplitude generally yields a backward peaked contribution to the angular distribution. Another important exchange term is the so called knock-on process in which the incident particle knocks a nucleon cluster out of the target nucleus and combines itself with the left part as a residue The knocked-out cluster flies out near the forward direction.

In oder to make the exchange effect significant, one has to choose such a reaction sys-

① Chinese Journal of Nuclear Physics, 1989, 11(1): 9-18. China Ocean Press, Beijing-Printed in P. R. China.

tem so that there must be a large cluster spectroscopic amplitude for the detected particle in the target nucleus as well as a high probability for the final state of the residual nucleus to be formed from the projectile plus the transferred core. On the other hand, the direct processes should be suppressed in such a reaction for certain reasons. $^6Li(\alpha,d)^8Be$ reaction would be a good example of the exchange-dominated reaction.

The present paper presents the measured results of the cross sections for $^6Li(\alpha,d)^8Be$ reactions leading to the formation of $^8Be$ nucleus in its ground ($0^+$) and first excited (2.9 MeV, $2^+$) states at the bombarding energy of 26.68 MeV. The experimental angular distributions are compared with the calculations of the plane wave Born approximation (PWBA). It is shown that the angular distributions can be described reasonably well by PWBA, including the mechanisms associated with the break-up of the $^6Li$ target nucleus. $^6Li(\alpha, d)^8Be$ reactions have already been investigated by other authors [1, 2] at different energies.

It is extremely difficult in the theoretical approach to evaluate the transition amplitude for the knock-on process. We have rather strictly deduced an expression of the matrix element for this process in terms of the addition theorem for the product of spherical Bessel function and spherical harmonics.

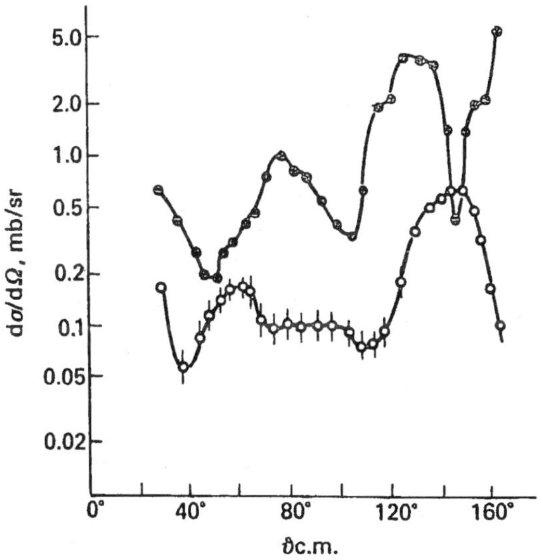


**Fig. 1.** Experimental angular distributions. ●, $^6Li(\alpha,d_0)^8Be$ reaction; ○, $^6Li(\alpha,d_1)^8Be$ reaction.

## Ⅱ. EXPERIMENTAL PROCEDURE AND RESULTS

The experiment was carried out in Institute of Atomic Energy, Beijing, using a 26.68

MeV $\alpha$-particle beam from the cyclotron. The beam intensity was 30 to 60 nA with the energy spread better than 100 keV. The targets were prepared by vacuum evaporation of $^6$LiF onto a carbon backing about 20 $\mu$m thick.

The deuterons were measured with a $\Delta$E-E particle telescope consisting of two silicon detectors 50 $\mu$m and 2 mm thick respectively. The angular resolution of the telescope was 0.8°. In the −70° direction, a E detector was set as a monitor.

The absolute normalization of the data was determined by measuring 9 MeV deuteron induced $^6$Li(d,$\alpha$)$\alpha$ reaction cross section with the same targets and by comparing it with Risler's [3] absolute value.

Fig. 1 shows the experimental angular distributions of reactions $^6$Li($\alpha$,$d_0$)$^8$Be and $^6$Li($\alpha$,$d_1$)$^8$Be. Statistical errors larger than the size of the points are shown. The curves in the figure are plotted to guide the eye.

The deuteron angular distributions have a well-pronounced diffraction structure for both $d_0$ and $d_1$ groups. The differential cross section peaking at back angles for $d_0$ group is observed, while for $d_1$ group a large peak around 140° is found. This indicates that contributions to the reactions from exchange processes are significant.

## Ⅲ. THEORETICAL ANALYSIS OF THE ANGULAR DISTRIBUTIONS

Let us consider two kinds of possible reaction modes, i. e., direct and exchange modes. For direct mode, the reaction arises from the breack-up of incident $\alpha$-particle,

$$(\alpha = d \oplus d) + {}^6\mathrm{Li} \rightarrow ({}^8\mathrm{Be} = d \oplus {}^6\mathrm{Li}) + d \tag{1}$$

It is shown from our analyses that the contributions from this mode are rather small for $\theta_{c.m.} > 20°$. The reason for this is that the wave function describing $\alpha$ as d $\oplus$ d clusters is constricted in space, as shown in Fig. 3, due to the large separation energy of deuteron from $\alpha$-particle.

In exchange mode, the reaction proceeds via the breack-up of the $^6$Li target nucleus into a deuteron and an $\alpha$ cluster,

$$\alpha + ({}^6\mathrm{Li} = \alpha' \oplus d) \rightarrow ({}^8\mathrm{Be} = \alpha' \oplus \alpha) + d \tag{2}$$

For this case, one should consider two processes, i.e., stripping of a heavy particle and knock-on of the deuteron cluster in $^6$Li nucleus by incident $\alpha$-particle. The wave functions which describe the $^6$Li and $^8$Be systems as $\alpha \oplus$ d and $\alpha \oplus \alpha$ clusters, respectively, have relatively large amplitudes, suggesting that the exchange mode is most probable. In this paper, we will focus our attention on the exchange mode.

Fig. 2 represents exchange processes in A(x,y)B reaction. Target nucleus A consists of core C and y cluster, while residual nucleus B consists of core C and incident particle x. Upper part of the figure represents heavy particle stripping, bottom part represents knock-on of y cluster by x.

We will now consider these exchange processes in more detail.

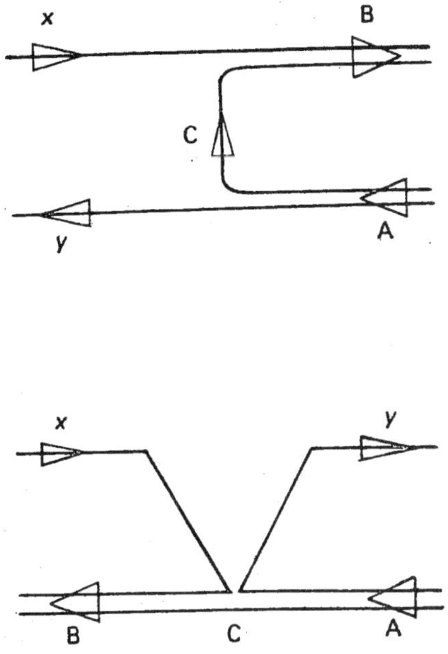


**Fig. 2.** Graphical representation of exchange processes in the A(x, y)B reaction.

1. *Relative motion wave function between clusters*

In order to evaluate the transition amplitude, one must find the wave functions describing the relative motion of two clusters, $\varphi_{\text{rel}}(\vec{r})$. A harmonic oscillator function $U_{nl}(\gamma r^2)$ is used for this purpose. However, the harmonic oscillator function decays too fast in the tail region. One can correct this defect by matching $U_{nl}(\gamma r^2)$ to a Hankel function $h_l^{(1)}(i\beta r)$.

$$\varphi_{\text{rel}}(\vec{r})=\begin{cases}AU_{nl}(\gamma r^2)Y_{lm}(\hat{r}) & r\leqq r_0\\ Bh_l^{(1)}(i\beta r)Y_{lm}(\hat{r}) & r>r_0\end{cases}\tag{3}$$

where the parameters $\beta$, $\gamma$ are determined by the equivalent binding energy between clusters and the connecting condition, respectively.

The ground state wave functions of $\alpha=d\oplus d$, $^6Li=\alpha\oplus d$ and $^8Be=\alpha\oplus\alpha$ are shown in Fig. 3. They are 1s [4], 2s [5], 3s [6] states, respectively.

The cluster wave functions for $^8Be=\alpha\oplus\alpha$ must be especially explained because of the continuum nature of these states. The $^8Be$ ground state lies above the threshold for $\alpha$-particle emission, however, due to the strong influence of the Coulomb barrier, which effectively decouples the $^8$Be interior from the asymptotic region, so it can taken as a stable state [2] approximately. For the first excited state, this approximation is no longer reasonable. Instead of Hankel function $h_l^{(1)}(i\beta r)$, we use spherical Bessel function $j_l(x)$ as relative wave function in tail region. The oscillational nature of $j_l(x)$ reflects the unstable character of the first excited state of $^8$Be. The results of the theoretical analysis indicate that these relative wave functions are rather good. For example, our ground state relative wave function for $^8\mathrm{Be}=\alpha\oplus\alpha$ is similar to the $3s$ state resonant wave function calculated by Greenfield [2]

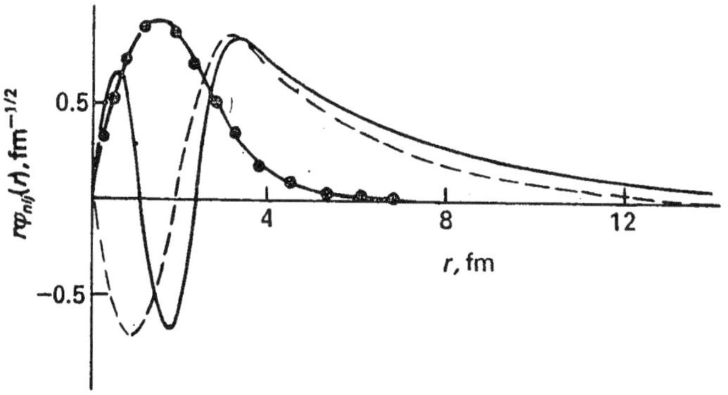


**Fig. 3.** Ground state wave functions describing the relative motion of the two clusters. — · —, $\alpha=\mathrm{d}\oplus\mathrm{d}$; ——, $^6\mathrm{Li}=\alpha\oplus\mathrm{d}$; —, $^8\mathrm{Be}=\alpha\oplus\alpha$.

2. *Knock-on process*

In the PWBA analysis for knock-on process, the following six-demensional integral has to be calculated,

$$\iint e^{-i\vec{k}_y\cdot\vec{r}_y}\varphi_{lm}(\vec{r}_{xc})|v(r_{xy})|\varphi_{00}(\vec{r}_{yc})e^{i\vec{k}_x\cdot\vec{r}_x}\,\mathrm{d}\vec{r}_{xc}\mathrm{d}\vec{r}_{xy} \tag{4}$$

where $\vec{r}_{xc}$, $\vec{r}_{yc}$ are the relative coordinates between clusters in target and residual nuclei, respectively, $v(r_{xy})$ is the interaction potential of the incident particle $x$ with knocked-out cluster $y$ of the target nucleus. In order to reduce the above six-dimensional integral into the product of two one-dimensional integrals, it is necessary to make coordinate transformation. The relative wave functions were expanded as follows in the exterior by using the addition theorem for the product of spherical Bessel function and spherical harmonics [7],

$$h_0^{(1)}(i\alpha r_{yc})Y_{00}(\hat{r}_{yc}) = -\sum_{l'}(4\pi\hat{l}')^{\frac{1}{2}}h_{l'}^{(1)}(i\alpha r_{xc})j_{l'}(i\alpha r_{xy})\left[Y_{l'}(\hat{r}_{xc})Y_{l'}(\hat{r}_{xy})\right]_0^0 \tag{5}$$

Using this kind of expansion for relative wave functions, the transition amplitude for knock-on process can be written, after manipulation, as

$$T_{(y)}^{k,\rho} = \frac{\hbar^2}{2R_3^{1/2}R_4^{1/2}\mu_{xy}}\sum_{LL'}A_{LL'l}\left[Y_L(\hat{P})Y_{L'}(\hat{Q})\right]_l^m W\left\{rj_{L'}(Qr),\ rj_{L'}(i\alpha r)\right\}_{R_3} g_{LL'l} \tag{6}$$

where

$$A_{LL'l} = -i^{L+L'}\left[\frac{4\pi\hat{L}\hat{L}'}{\hat{l}}\right]^{\frac{1}{2}}\langle L0L'0|l0\rangle \tag{7}$$

and the tensor product of two spherical harmonics,

$$\left[Y_L Y_{L'}\right]_l^m = \sum_{\mu\mu'} < L\mu L'\ \mu'|lm > Y_{L\mu}Y_{L'\mu'} \tag{8}$$

The vector relations between momenta are

$$\vec{P} = \frac{m_x}{m_A}\vec{k}_x - \frac{m_x}{m_B}\vec{k}_y \tag{9a}$$

$$\vec{Q} = \frac{m_y}{m_A}\vec{k}_x + \vec{k}_y \tag{9b}$$

The Wronskian in Eq. (6) is

$$W\{a,b\} = a\frac{\mathrm{d}b}{\mathrm{d}r} - b\frac{\mathrm{d}a}{\mathrm{d}r} \tag{10}$$

For the ground state of $^8$Be, the angular momentum $l$ of relative motion between two $\alpha$ clusters equals zero. The factor $g_{LL'l}$ appears as

$$g_{LL0} = \frac{\alpha+\beta}{\alpha\beta[P^2+(\alpha+\beta)^2]R_4}W\left\{rh_L^{(1)}[i(\alpha+\beta)r],\ rj_L(Pr)\right\}_{R_4} \tag{11}$$

where

$$\alpha^2 = \frac{2}{\hbar^2}\mu_{\alpha d}\varepsilon_{6Lid},\qquad \beta^2 = \frac{2}{\hbar^2}\mu_{\alpha\alpha}\varepsilon_{8B\varepsilon\alpha}.$$

For the first excited state of $^{8}$Be, $l=2$,

$$g_{LL'2}=\frac{\beta+P}{\beta P\left[\alpha^{2}+(\beta+P)^{2}\right]R_{4}}W\left\{rh_{L'}^{(1)}(i\alpha r),\ rj_{L+2}[(\beta+P)r]\right\}_{R_4} \tag{12}$$

$R_3$ and $R_4$ are radius parameters. Note that the two expressions of $g_{LL'l}$ for the two states of $^{8}$Be are different because of the different cluster wave functions adopted.

3. *Heavy particle stripping*

The transition amplitude for heavy particle stripping from target nucleus takes the form,

$$T_{(v)}^{h.p}=\frac{\hbar^{2}}{2\bar{R}_{3}^{1/2}\bar{R}_{4}^{1/2}\mu_{xy}}\cdot\frac{W\left\{rh_{0}^{(1)}(i\alpha r),\ rj_{0}(p_{h}r)\right\}_{\bar{R}_3}}{\sqrt{4\pi}}\cdot$$

$$\left[\frac{W\left\{rh_{l}^{(1)}(i\beta r),\ rj_{l}(q_{h}r)\right\}_{\bar{R}_4}}{\beta^{2}+q_{h}^{2}}\right]Y_{lm}(\hat{q}_{h}) \tag{13}$$

where

$$\vec{p}_{h}=\frac{M_{y}}{M_{A}}\vec{k}_{x}+\vec{k}_{y} \tag{14a}$$

$$\vec{q}_{h}=\vec{k}_{x}+\frac{M_{x}}{M_{B}}\vec{k}_{y} \tag{14b}$$

As mentioned above, we take $j_l(\beta r)$ as the relative wave function for the first excited state of $^{8}$Be. Because $j_l(\beta r)$ doesn't approach zero when $r\to\infty$, we introduce a factor $e^{-\lambda r}$ in the integrand, and let $\lambda\to 0$ after having performed the integral, as done by Huby [8]. For $^{8}$Be first excited state the quantity in the square brackets of Eq. (13) has to be replaced by

$$\frac{1}{\beta q_{h}}\left\{j_{l}\left[(q_{h}-\beta)\bar{R}_{4}\right]-j_{l}\left[(q_{h}+\beta)\bar{R}_{4}\right]\right\} \tag{15}$$

4. *Results of PWBA analysis*

The calculations have been performed by using PWBA method which takes into account all reaction processes discussed in the above sections. Fig. 4 shows the differential cross section of $^{6}$Li(α, d$_0$)$^{8}$Be reaction for heavy particle stripping process. It may be seen that heavy particle stripping mechanism reproduces the two pronounced peaks for $\theta_{c.m.}>100°$ quite reasonably. This reveals the real origin of the back peaked angular distribution for $^{6}$Li(α,d$_0$)$^{8}$Be reaction. In the forward angle region, however the calculated curve is out of phase with the experimental data, indicating that these peaks can't be derived from this process.

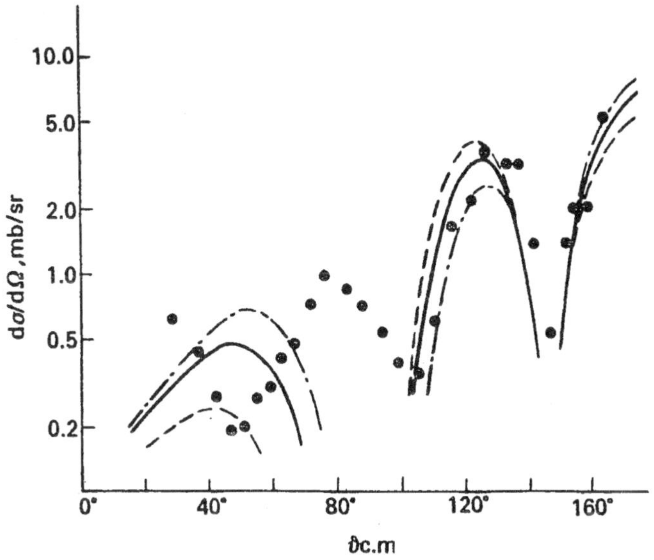


**Fig. 4.** Comparison of the experimental angular distribution from $^6Li(\alpha,d_0)^8Be$ reaction with the theoretical calculation for heavy particle stripping process. — · —, radius parameters $\bar{R}_3=3.1$ fm ; —, $\bar{R}_3=3.3$ fm ; ——, $\bar{R}_3=3.5$ fm ; $\bar{R}_4=7.15$ fm; ●, the experimental results.

The differential cross section from the knock-on process for $^6Li(\alpha, d_0)^8Be$ reaction is shown in Fig. 5. It is seen from the figure that the knock-on process is mainly responsible for the peak in the angle region $50° < \theta_{c.m.} < 100°$ . The solid line in the figure represents the differential cross section coming from the direct process. It follows that this mechanism has no significant contribution to the reaction cross section for $\theta_{c.m.}$ greater than 20° .

In Fig. 6 the experimental angular distribution of $^6Li(\alpha,d_0)^8Be$ reaction is compared with PWBA calculation, including the contributions of both the exchange and direct modes and all processes except the direct–exchange interference terms which are identically zero by virtue of the angular momentum selection rules [9] . It may be seen that the calculation provides reasonable fit to the data of $^6Li(\alpha, d_0)^8Be$ reaction.

A comparison of the experimental angular distribution from $^6Li(\alpha,d_1)^8Be$ reaction with the PWBA calculation which includes all processes and their interference terms is shown in Fig.7. For $^6Li(\alpha,d_1)^8Be$ reaction, the direct-exchange interference terms don't vanish. The theoretical analysis indicates that the peak in the angle region $40° < \theta_{c.m.} < 80°$ mainly comes from the knock–on process, while the large peak for $\theta_{c.m.} > 120°$ is roughly reproduced by heavy particle stripping mechanism. This result clearly shows that the exchange processes are very important for this reaction system.

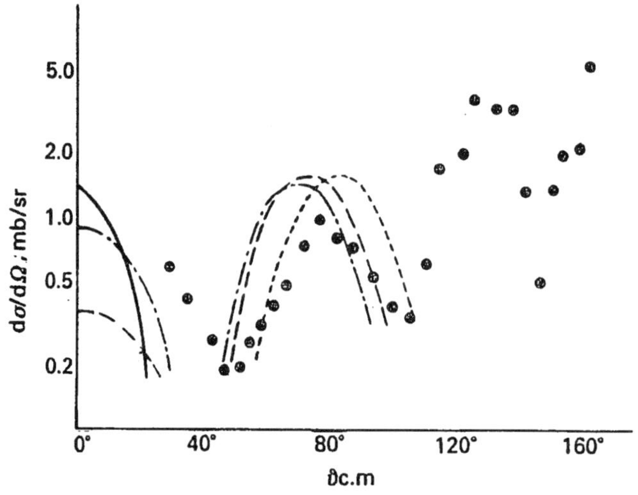


**Fig. 5.** Differential cross section of $^6$Li(α, $d_0$)$^8$Be reaction for knock-on process. — · —, $R_3$=4.9 fm; ——, $R_3$=5.1 fm; ···, $R_3$=5.4 fm; $R_4$=7.5 fm; —, the contribution from direct process; ●, the experimental results.

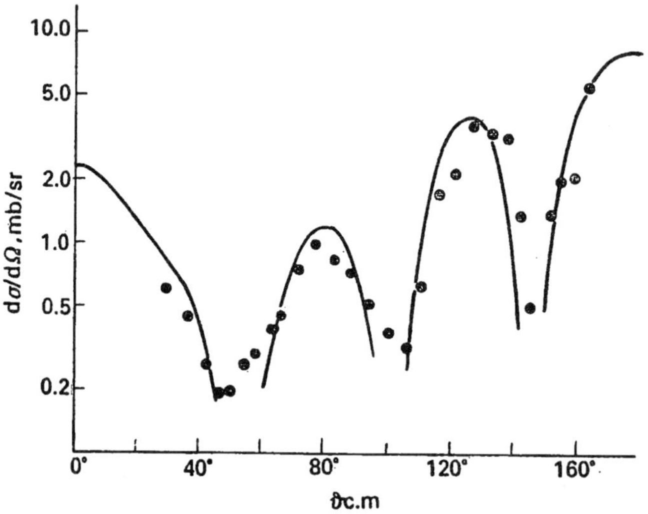


**Fig. 6.** Comparison of the experimental angular distribution for $^6$Li(α,$d_0$)$^8$Be reaction with PWBA calculation. $E_\alpha$=26.68 MeV.

## Ⅳ. CONCLUSIONS

The angular distributions of deuteron from the $^6$Li(α, $d_0$)$^8$Be and $^6$Li(α, $d_1$)$^8$Be reactions have been measured at bombarding energy of 26.68 MeV. The pronounced structure and back-angle peaked differential cross section are typical of the strong exchange processes which, on the basis of the break-up of target nucleus $^6$Li into α ⊕ d clusters, are expected to dominate the reactions. The analyses of the angular distributions in terms of PWBA method which includes both direct and exchange amplitudes are in good agreement with the experimental data. It may be seen from both the experimental results and theoretical calculations that the exchange processes including heavy particle stripping and light particle knock-on are very important for the $^6Li(\alpha,d)^8Be$ reactions.

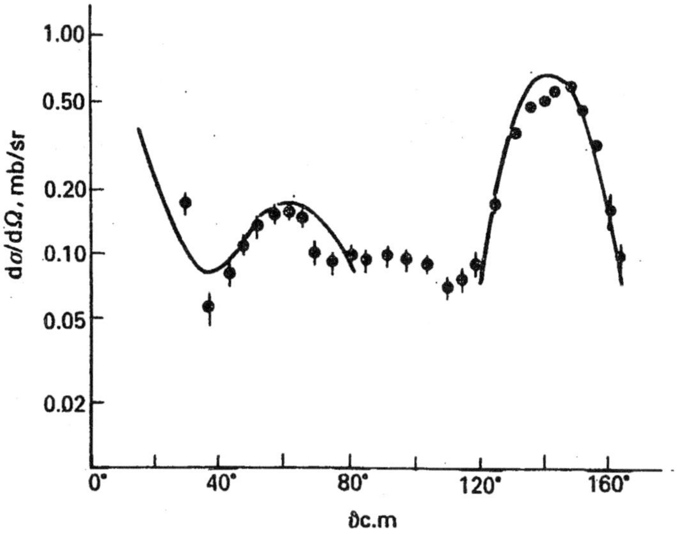


**Fig. 7.** Comparison of the experimental angular distribution from $^6Li(\alpha, d_1)^8Be$ reaction with PWBA calculation. $E_\alpha = 26.68MeV$.

REFERENCES

〔1〕 Lebedev V.M., et al., *Nucl. Phys.*, **A223**, 351(1974).

〔2〕 Greenfield M.B., et al., *Phys. Rev.*, **C10**, 564(1974).

〔3〕 Risler R., et al., *Nucl. Phys.*, **A286**, 115(1977).

〔4〕 Glendenning N.K., *Atomic and Nuclear Data Tables*, **16**, 1(1975).

〔5〕 Tang T. C. et al., *Phys. Rev.*, **123**, 548(1961).

〔6〕 Wildermuth K. and Th. Kanellopoulos, *Nucl. Phys.*, **9**, 449(1958 / 1959).

〔7〕 Buttle P. J. A. and L. J. B. Goldfarb, *Nucl. Phys.*, **78**, 409(1966).

〔8〕 Huby R. and J. R. Mines, *Rev. Mod. Phys.*, **37**, 406(1965).

〔9〕 Edwards S. et al., *Phys. Rev.*, **C8**, 456(1973).

# The importance of exchange processes in the $^6Li(\alpha, p)^9Be$ reaction ①

Liu Zuhua, Xu Jincheng, Zhang Huanqiao and Liu Shaoming

(*China Institute of Atomic Energy, P. O. Box 275, Beijing*)

Received 24 October 1989

**Abstract**–The angular distributions of protons from the $^6Li(\alpha, p)^9Be$ reactions corresponding to the $3/2^-$ ground state, 2.429 MeV ($5/2^-$) and 4.704 MeV ($3/2^+$) excited states in $^9Be$ have been measured at $E_\alpha = 26.68$ MeV. It is found that these angular distributions have a well-pronounced diffraction structure and peak at the back angles. The experimental angular distributions are compared with the theoretical prediction obtained in terms of the plane wave Born approximation which includes the exchange mode of knock-on of nucleon cluster and heavy particle stripping. It is shown that the exchange processes associated with the break-up of $^6Li$ target nucleus into $^5He + p$ clusters are important.

**Key words**–Exchange mode, Heavy particle stripping, Knock-on of nucleon cluster.

## Ⅰ. INTRODUCTION

Nuclear mass transfer reactions at energies where compound effects are expected to be minimal are generally treated as direct pickup or stripping processes. A light particle is either stripped from or transferred to the projectile which then carries away the majority of the forward momentum. Such reactions are characterized by forward peaked angular distributions. Many observed angular distributions are in accord with this description and manifest the frequent dominance of the direct stripping or pickup mechanism.

However, some angular distributions of protons [1–4] and deuterons [5–7] from the reactions of α particle on light nuclei exhibit a diffraction structure and peak at back angles. The mechanism of such reactions can not be explained either in terms of compound nucleus formation or on the basis of the above direct processes. Investigation of these reactions indicates that in order to describe the shape of the angular distributions reasonably, more complicated direct processes involving the break-up of the target nucleus, i. e., the exchange processes, has to be considered. Among them, heavy particle stripping and knock-on of nucleon cluster are the most important ones. Heavy particle stripping occurs when the incident particle picks up from the target nucleus all but the particle or cluster to be detected and retains the majority of the forward momentum. As a result, the exchange amplitude generally yields a backward peaked contribution to the angular distributions of the detected particles. While in a knock-on process, the

---

① Chinese Journal of Nuclear Physics, 1990, 12(3): 253-260. China Ocean Press, Beijing-Printed in P. R. China.

incident particle knocks a nucleon or nucleon cluster out of the target nucleus and combines itself with the rest part as a residue.

The present paper presents the measured results of the differential cross sections for the $^6Li(\alpha, p)^9Be$ reaction leading to the formation of $^9Be$ nucleus in its ground state ($3/2^-$), second (2.429 MeV, $5/2^-$) and fifth (4.704 MeV, $3/2^+$) excited states at the bombarding energy of 26.68 MeV. The experimental angular distributions are compared with the theoretical calculations in terms of the plane wave Born approximation (PWBA) which includes the exchange mode of knock-on of nucleon cluster and heavy particle stripping. It is shown that the angular distributions can be described reasonably well by PWBA, including the mechanism associated with the break-up of the $^6Li$ target nucleus. The differential cross sections of the $^6Li(\alpha, p)^9Be$ reaction in ground state of $^9Be$ nucleus have been measured by other groups [2-4] at different energies.

In the next section, the experimental procedure is described and experimental results are given. Section Ⅲ is devoted to the theoretical analysis of angular distributions. Finally, a brief summary is given in section Ⅳ.

## Ⅱ. EXPERIMENTAL PROCEDURE AND RESULTS

The experiment was carried out in China Institute of Atomic Energy, using a 26.68 MeV $\alpha$-particle beam from the cyclotron. The beam intensity was 30 to 60 $\mu$A with the energy spread better than 100 keV. The targets were prepared by vacuum evaporation of $^6LiF$ onto a carbon backing about 20 $\mu$m thick.

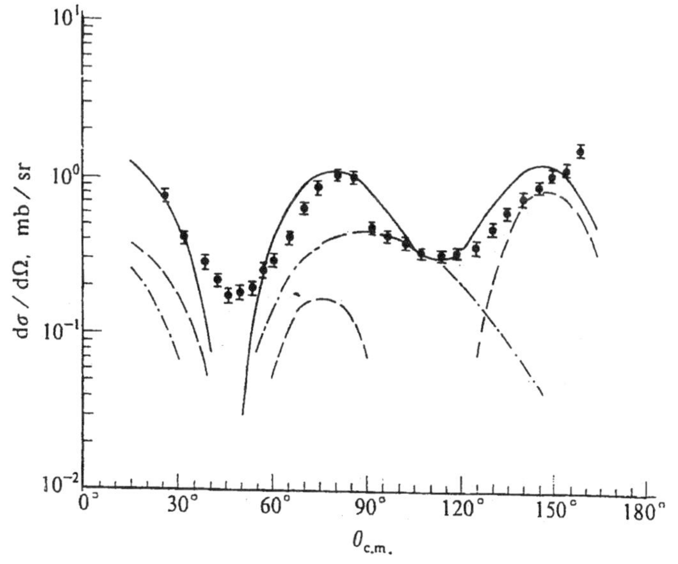


**Fig. 1.** Comparison of experimental angular distribution for the $^6Li(\alpha, p)^9Be$ reaction leading to the $3/2^-$ ground state in $^9Be$ residue and PWBA calculation. $E_\alpha = 26.68$ MeV. The dot-dashed, dashed and solid curves are the theoretical differential cross sections of the knock-on of light particle, heavy particle stripping processes and the interferential sum of the above two processes, respectively.

The protons were measured with a ΔE−E particle telescope consisting of two silicon detectors 50 μm and 2 mm thick respectively. The angular resolution of the telescope was 0.8 ° At the −70 ° direction an E detector was set as a monitor.

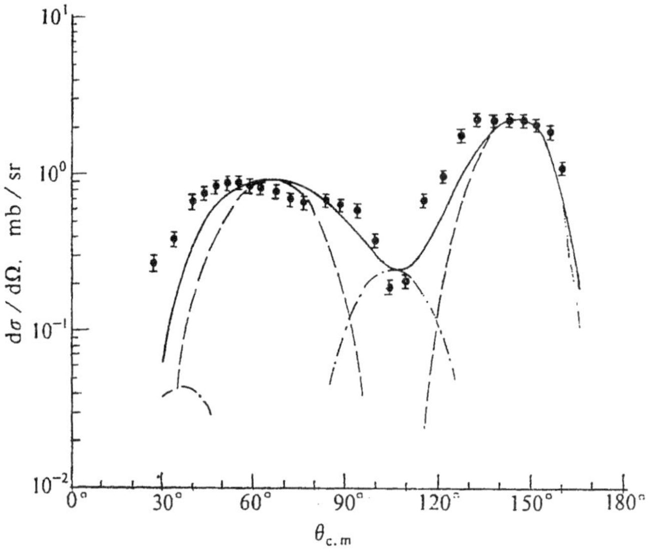


**Fig. 2.** Same as Fig. 1, except that the protons are from the $^6$Li(α, p)$^9$Be reaction corresponding to the second excited state of 2.429 MeV ($5/2^-$) in $^9$Be.

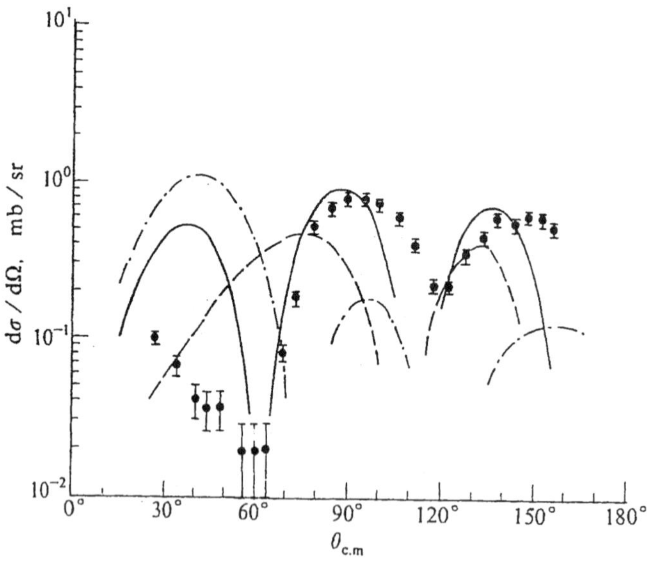


**Fig. 3.** Same as Fig. 1, except that the protons are from the $^6$Li(α, p)$^9$Be reaction leading to the fifth excited state of 4.704 MeV ($3/2^+$) in $^9$Be.

The absolute normalization of the data was performed by measuring $^6$Li(d, α)$^4$He reaction cross section with the same target induced by 9 MeV deuteron and comparing it with

Risler's [8] absolute value.

The solid dots in Figs. 1–3 show the experimental angular distributions of the $^6Li(\alpha, p)^9Be$ reaction. The angular distribution of protons corresponding to the ground state ($3/2^-$) in $^9Be$ nucleus is backward peaked, besides a peak in the vicinity of $\theta_{cm}=80°$, as shown in Fig. 1. Displayed in Fig. 2 is the angular distribution of protons leading to the second excited state of 2.429 MeV ($5/2^-$) in $^9Be$ nucleus. The angular distribution exhibits a plateau between 30° and 105°, and a pronounced peak around $\theta_{cm}=140°$. Fig. 3 shows the angular distribution of protons corresponding to the fifth excited state of 4.704 MeV ($3/2^+$) in $^9Be$. There are two peaks around $\theta_{cm}=95°$ and 145°, respectively.

As mentioned above, the proton angular distributions have a well pronounced diffraction structure and peak at back or near back angles for all the three proton groups. This indicates that the contributions to the $^6Li(\alpha, p)^9Be$ reaction from the exchange processes are significant.

## Ⅲ. THEORETICAL ANALYSIS OF THE ANGULAR DISTRIBUTIONS

The plane wave Born aproximation which includes the exchange mode of knock-on of nucleon cluster and heavy particle stripping has been described in Ref. [7] in details and here only the main features are briefly recalled.

There are two kinds of possible reaction modes, i. e., the direct and exchange modes. For the direct mode, the reaction arises from the break-up of the incident α-particle. According to our analysis, the contributions to the differential cross sections of the $^6Li(\alpha, p)^9Be$ reaction from this mode are rather small for $\theta_{cm}>20°$. The reason is that the wave function describing α-particle as $^3He$+p clusters is constricted in the space, due to the tight binding of α-particle. It follows that the direct mode is supressed, making the exchange mode much significant.

In the exchange mode, the reaction proceeds via the break-up of the $^6Li$ target nucleus into $^5He$ cluster and a proton. Because the small separation energy and large cluster probability, the exchange mode is the most probable one in the $^6Li(\alpha, p)^9Be$ reaction. In this paper, the focus of attention will be on the exchange mode.

In the description of the exchange mode, target nucleus A consists of a core C and a cluster Y emitted in the reaction, while the residual nucleus B consists of the core C and incident particle X. The relative wave functions between the clusters can be represented by a Hankel function $h_l^{(1)}(i\beta r)$ in the exterior region [9], where $l$ is the angular momentum of relative motion between two clusters. We shall present the formulae of the two kinds of exchange processes in what follows.

### *1. Knock-on process*

In the transition amplitude for knock-on process, a six-dimensional integral has to be calculated. In order to reduce this six-dimensional integral into the product of two one-dimensional integral, it is necessary to make a coordinate transformation. The relative wave functions were expanded as follows in the exterior region in terms of the addition theorem for the product of spherical Hankle functions and spherical harmonics, [10]

$$h_{l_{yc}}^{(1)}(i\alpha r_{yc})Y_{l_{yc}m_{yc}}(\hat{r}_{yc})$$
$$=\sum_{ll'}A_{ll'l_{yc}}h_l^{(1)}(i\alpha r_{xc})j_{l'}(i\alpha r_{xy})[Y_l(\hat{r}_{xc})Y_{l'}(\hat{r}_{xy})]_{l_{yc}}^{m_{yc}} \tag{1}$$

Using this kind of expansion for the relative wave functions, the transition amplitude for knock-on process can be written, after manipulation, as

$$T_{(v)}^{k.0}=\frac{\hbar^2}{2R_3^{1/2}R_4^{1/2}\mu_{xy}}\sum_{ll'L}A_{ll'l_{yc}}\langle l_{xc}\|Y_L\|l\rangle B_{ll'L}^{l_{xc}l_{yc}}(\hat{Q},\hat{P})$$
$$\times W_{l'}\left\{rj_{l'}(i\alpha r),rj_{l'}(Qr)\right\}_{R_3}g_{lLl_{xc}} \tag{2}$$

where

$$A_{ll'l_{yc}}=-i^{l+l'}\left[\frac{4\pi\hat{l}\hat{l}'}{\hat{l}_{yc}}\right]\langle ll'00|l_{yc}0\rangle \tag{3}$$

$\langle l_{xc}\|Y_L\|l\rangle$ is the reduced matrix element, and the tensor product of two spherical harmonics is:

$$\left[Y_lY_{l'}\right]_{l_{yc}}^{m_{yc}}=\sum_{\mu\mu'}\langle ll'\mu\mu'|l_{yc}m_{yc}\rangle Y_{l\mu}Y_{l'\mu'} \tag{4}$$

The $B_{ll'L}^{l_{xc}l_{yc}}(\hat{Q},\hat{P})$ in Eq. (2) is defined as follows,

$$B_{ll'L}^{l_{xc}l_{yc}}(\hat{Q},\hat{P})=\sum_{\mu}\langle ll'\mu m_{yc}-\mu|l_{yc}m_{yc}\rangle$$
$$\times\langle l_{xc}m_{xc}|Llm_{xc}-\mu,\mu\rangle Y_{l'}^{m_{yc}-\mu}(\hat{Q})Y_L^{m_{xc}-\mu^*}(\hat{P}) \tag{5}$$

The angular momentum couplings are defined as

$$\vec{l}+\vec{l}'=\vec{l}_{yc} \tag{6a}$$
$$\vec{l}+\vec{l}_{xc}=\vec{L} \tag{6b}$$
$$l+l'+l_{yc}=\text{even} \tag{6c}$$
$$l+L+l_{xc}=\text{even} \tag{6d}$$

The vector relations between momenta are

$$\vec{P}=\frac{m_x}{m_A}\vec{k}_x-\frac{m_x}{m_B}\vec{k}_y \tag{7a}$$

$$\vec{Q}=\frac{m_y}{m_A}\vec{k}_x+\vec{k}_y \tag{7b}$$

where $\vec{k}_x,\vec{k}_y$ are the momenta of the entrance and exit channels, respectively. The Wronskian in Eq. (2) is

$$W\{a,b\}=a\frac{\mathrm{d}b}{\mathrm{d}r}-b\frac{\mathrm{d}a}{\mathrm{d}r} \tag{8}$$

The factor $g_{lLl_{xc}}$ is expressed as

$$g_{lLl_{xc}}=\int_{R_4}^{\infty} j_L(Pr')h_{l_{xc}}^{(1)}(i\beta r')h_l^{(1)}(i\alpha r')r'^2\,\mathrm{d}r' \tag{9}$$

where

$$\alpha^2=\frac{2}{\hbar^2}\mu_{yc}\varepsilon_{yc},\qquad \beta^2=\frac{2}{\hbar^2}\mu_{xc}\varepsilon_{xc}$$

$\varepsilon_{yc}$ , $\varepsilon_{xc}$ are the binding energies of corresponding channels, while $\mu_{ab}=m_a m_b/(m_a+m_b)$. $R_3$, $R_4$ are the adjustable radius parameters.

*2. Heavy particle stripping*

The transition amplitude for heavy particle stripping from target nucleus takes the form of

$$T_{(v)}^{h.p}=\frac{\hbar^2}{2\overline{R}_3^{1/2}\,\overline{R}_4^{1/2}\,\mu_{yc}}W_{l_{yc}}\left\{rh_{l_{yc}}^{(1)}(i\alpha r),rj_{l_{yc}}(p_h r)\right\}_{\overline{R}_3}\times\frac{W_{l_{xc}}\{r'h_{l_{xc}}^{(1)}(i\beta r'),r'j_{l_{xc}}(q_h r'\}_{\overline{R}_4}}{\beta^2+q_h^2}\left[Y_{l_{yc}}(\hat{p}_h)Y_{l_{xc}}(\hat{q}_h)\right]_{\lambda}^{m_\lambda} \tag{10}$$

where $\lambda$ is the angular momentum transferred in the knock-on process, and

$$\vec{p}_h=\frac{m_y}{m_A}\vec{k}_x+\vec{k}_y \tag{11a}$$

$$\vec{q}_h = \vec{k}_x + \frac{m_x}{m_B}\vec{k}_y \tag{11b}$$

*3. Results of PWBA analysis*

The calculations have been performed in terms of PWBA method which takes into account the two exchange processes discussed in the above subsections. The dot-dashed curves in Figs. 1−3 represent the differential cross sections of the knock-on proton, while the dashed curves that of the stripping of $^5$He cluster from $^6$Li target nucleus, by the incident $\alpha$-particle. The solid curves in the figures are the total differential cross sections of the $^6$Li($\alpha$, p)$^9$Be reaction.

It is seen from Fig. 1 that the knock-on process is mainly responsible for the peak around 80°, while the heavy particle stripping mechanism is the real origin of the back peaked angular distribution for the $^6$Li($\alpha$, $p_0$)$^9$Be reaction. For the angular distribution of proton emitted from the $^6$Li($\alpha$, p)$^9$Be reaction corresponding to the second excited state in $^9$Be residue nucleus, the plateau in the angle region $30° < \theta_{cm} < 105°$ is from the interferential sum of the two exchange processes, and the peak around 140° originates from the heavy particle stripping. As for the case of the $^6$Li($\alpha$, p)$^9$Be reaction leading to the residue nucleus $^9$Be in the fifth excited state, the two peakes around 95° and 145° are the results of the interferential sum of the two exchange processes.

## Ⅳ. CONCLUSIONS

The angular distributions of protons from the $^6$Li($\alpha$, p)$^9$Be reactions corresponding to the $3/2^-$ ground state, 2.429 MeV ($5/2^-$) and 4.704 MeV ($3/2^+$) excited states in $^9$Be have been measured at bombarding energy of 26.68 MeV. The pronounced diffraction structure and back-angle peaked differetial cross sections are typical of the strong exchange processes which, on the basis of the break-up of target nucleus $^6$Li into $^5$He + p clusters, are expected to dominate the reactions. The analysis of the angular distributions in terms of PWBA method which takes the two exchange processes into account are in good agreement with the experimental data except for the forward angle region in Fig. 3. It may be seen from both the experimental results and theoretical calculations that the exchange processes including heavy particle stripping and light particle knock-on are very important for the $^6$Li($\alpha$,p)$^9$Be reactions.

## REFERENCES


[1] Priest J. R. et al., *Bull. Amer. Phys. Soc.* **4**, 17(1959).

[2] Makaryunas and Starodubtsev, *ZH. EKSP. TEOR. FIZ.* **38**, 373 (1960), *JETP* (Soviet Physics) **11,** 271(1960).

[3] Konstantinova et al., *ZH. EKSP. TEOR. FIZ.* **43**, 388(1962), *JETP* (Soviet Physics) **16,** 278(1963).

[4] Klein P. R. et al., *Nucl. Phys.*, **16,** 374(1960).

[5] Lebedev V. M. et al., *Nucl. Phys.*, **A233,** 351(1974).

[6] Greenfield M. B. et al., *Phys. Rev.*, **C10,** 564(1974).
[7] Liu Zuhua et al., *Chin. J. Nucl. Phys.*, **11,** 9(1989).
[8] Risler R. et al., *Nucl. Phys.*, **A286,** 115(1977).
[9] Glendenning N. K., *Atomic and Nuclear Data Tables,* **16,** 1(1975).
[10] Buttle P. J. A. and L. J. B. Goldfarb, *Nucl. Phys.*, **78,** 409(1966).

# Influence of Complex Surface Vibrations on the Fusion of $^{58}$Ni + $^{60}$Ni ①

A. M. Stefanini, D. Ackermann, L. Corradi, D. R. Napoli, C. Petrache,* P. Spolaore, P. Bednarczyk, and H. Q. Zhang†
*Istituto Nazionale di Fisica Nucleare, Laboratori Nazionali di Legnaro, I-35020 Legnaro, Padova, Italy*

S. Beghini, G. Montagnoli, L. Mueller, F. Scarlassara, G. F. Segato, and F. Soramel,‡
*Dipartimento di Fisica, Universitá di Padova, and Istituto Nazionle di Fisica Nucleare Sezione di Padova, I-35131, Padova, Italy*

N. Rowley§
*Department of Physics and Astronomy, University of Manchester, Manchester M13 9PL, United Kingdom and Department of Physics, University of Surrey, Guildford GU2 5XH, United Kingdom*
(Received 29 April 1994)

Fusion-evaporation cross sections for $^{58}$Ni + $^{60}$Ni have been measured with high accuracy in the energy range around the Coulomb barrier. The data yield an "experimental distribution of fusion barriers" around 13 MeV wide, which displays structure characteristic of strong phonon couplings with two large well "resolved" peaks, and a smaller peak at lower energies, which is essential for fitting the low-energy cross section. This is obtained only when the target and projectile double-phonon excitations are taken into account. This is the first time that such complex surface vibrations have been identified in a fusion experiment.

PACS numbers: 25.70.Jj

Heavy-ion fusion cross sections at energies below the Coulomb barrier have been extensively studied for around 15 years [1] and enhancements relative to the predictions of one-dimensional barrier penetration models have been recognized as a general phenomenon. Coupled-channels (CC) calculations can qualitatively (and in some cases quantitatively) describe these effects. What is often lacking, however, is a clear identification of the channels which act as the main doorway states for fusion. A step forward was taken with the introduction of the "experimental barrier distribution" method [2], which pointed out how the distribution of fusion barriers, originating from channel couplings, can be obtained directly from experimental data. In contrast with the generally held view that fusion excitation functions are featureless, it was shown that from sufficiently accurate data one can extract distributions which frequently display a characteristic "fingerprint" of the type of couplings involved.

The method was applied for instance to $^{16}$O + $^{154}$Sm, $^{186}$W and revealed the almost classical barrier distribution expected for stable deformed targets. Indeed an extraction of both the quadrupole and hexadecupole deformation parameters of $^{154}$Sm [3,4] and $^{186}$W [5] was possible. Different shapes of distribution are also predicted for the coupling to low-energy surface vibrations [6] and for the transfer of one or more nucleons [7].

A striking distribution is also predicted for strong coupling to a single adiabatic channel. Irrespective of the type of coupling (phonon or transfer channel) one should obtain in this case a roughly symmetric distribution possessing two peaks, one on each side of the original uncoupled Coulomb barrier [7]. Such a distribution may have been observed in the fusion of $^{28}$Si + $^{24}$Mg [8], where the presence of two bumps has been tentatively associated with the elastic transfer of an $\alpha$ particle [9]. For the non-$\alpha$ nuclei $^{30}$Si + $^{26}$Mg only a single peak is observed. In these cases, however, the experimental errors are rather large and the distributions poorly defined.

For the fusion of combinations of Ni isotopes both phonon and transfer channels may play an important role. Many results in this region already exist, though not with sufficient precision to determine the barrier distribution accurately. We decided, therefore, to perform a precision experiment on the previously unstudied system $^{58}$Ni + $^{60}$Ni. The phonon excitation energies and vibrational deformation parameters are very similar for these two nuclei and so, if the barrier distribution is mainly determined by phonon couplings (surface vibrations), the results should look very similar to those for $^{58}$Ni + $^{58}$Ni, where data already exist [10]. On the other hand, the main difference between these two systems is the existence of an elastic ($Q = 0$) two-neutron transfer channel in the former case. In the latter system this channel has a $Q$ value of $-2.08$ MeV, so any differences between the two systems could then be related to its importance. Of course if the neutron pair transfer channel was the dominant one, then we might expect to see the double-humped structure referred to above in the case ($^{58}$Ni + $^{60}$Ni) where it occurs adiabatically.

The experiment was performed at the XTU Tandem accelerator facility of the Laboratori Nazionali di Legnaro. Beams of $^{58}$Ni in the energy range 182–222 MeV, with intensities of 2–5 particle nA, were sent on a $^{60}$Ni metal target, 100 $\mu$g/cm$^2$ in thickness, evaporated on a 20 $\mu$g/cm$^2$ carbon layer, and enriched to 99.8% in mass 60. The forward recoiling evaporation residues (ER) were separated from the beam particles by means of an

① Physical Review Letters, 1995, 74(6): 864-867.

electrostatic deflector, and were subsequently detected and identified in a time-of-flight–energy (TOF–E) telescope. The whole setup is an improved version of that described in Ref. [11], and the beam rejection factor at 0° for the present experiment was typically in excess of $10^7$. Relative normalization between the various runs was ensured by two monitor counters placed at ±25°, which also allowed us to perform small corrections due to the beam direction.

Special care was devoted to the beam quality; in particular, a careful check of the beam energy calibration was performed by using the resonant reaction $^{12}C(p,p')^{12}C$, and we found [12] that the actual beam energy is lower than that given by the old calibration by 0.40%. The uncertainty in the beam energy, considering the beam transport and diagnostics from the Tandem to the energy-defining slits, is ±0.13%.

ER angular distributions were measured in the range −7° to +7° at three energies (196, 208, and 220 MeV). It was found that their shape does not change appreciably with energy, and the ER yields at 7° collapse by almost 3 orders of magnitude with respect to 0°. The total fusion-evaporation cross sections resulted from the integration of such distributions and by a simple inter(extra)polation procedure for all other energies where only the 0° ER yields were measured. The absolute cross section normalization relies in addition on the knowledge of the relevant geometric solid angles (≃0.1 msr for the TOF–$E$ telescope) and of the transmission efficiency of the electrostatic filter. This transmission was measured by switching off the filter and by detecting ER at 4° and 5° in such conditions, then comparing their yields with the results of the corresponding measurements with the electrostatic deflector on. The weighted average value of the transmission is $T = 0.75 \pm 0.07$.

The measured fusion excitation function is shown in Fig. 1 (upper panel) where the energy scale is corrected for the target thickness, and the target isotropic impurities are also taken into account. The statistical errors do not exceed the symbol size and are 2%–3% for the higher and intermediate energies and increase to ≃10% for the lowest ones. Additional systematic errors come from the geometrical solid angle uncertainties, from the angular distribution integrations, and from the transmission measurements. Altogether these contributions sum up to an estimated ±15%.

Although the excitation function looks relatively structureless, the second derivative or experimental barrier distribution, $d^2(E\sigma)/dE^2$, shows a rather interesting shape (see Fig. 1, lower panel). For adiabatic excitations, this function can be associated (analytically) with a barrier distribution for the fusion process [2]. It is essentially proportional to the underlying barrier distribution smoothed over an energy of around 2 MeV. For nonadiabatic excitations the positions of the barriers may be changed a little relative to their adiabatic values and the relative weights of

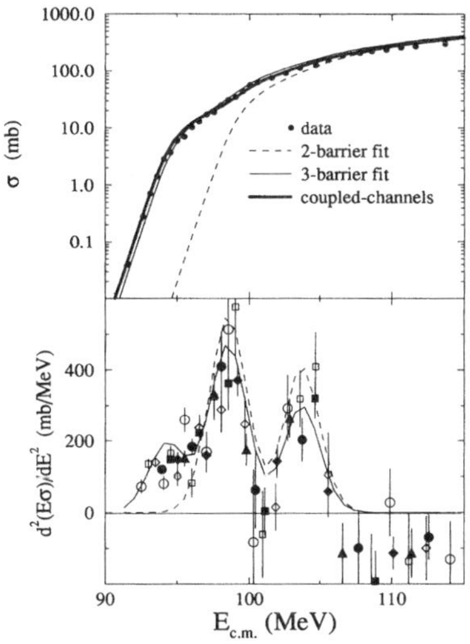


FIG. 1. Upper panel: the experimental fusion excitation function for $^{58}Ni + ^{60}Ni$ is compared with phenomenological two-barrier and three-barrier fits and also with the full CC calculations described in the text. Lower panel: the experimental barrier distribution compared with the phenomenological fits. See text for details of the evaluation of the data points.

the barriers may change, with significant differences arising for large $Q$ values and for $Q$ values of different signs.

The second derivative has been extracted using the point-difference formula of [3]; as pointed out in [9], if one uses too small an energy interval in that formula one gets rather large error bars. This is indeed the case if one uses the present experimental energy step (about 0.5 MeV for most of the energy range of interest). However, even for a single-barrier problem the second derivative is a peaked function about 2 MeV wide [9], so that little information will be lost by taking an energy step of about that value. This corresponds to taking every fourth experimental point to obtain $d^2(E\sigma)/dE^2$. This procedure has the enormous advantage that given a set of data with 0.5 MeV steps, one may derive four *independent* curves for this function. These are shown by the different closed symbols in Fig. 1. The fact that each of these curves displays the same structure gives one confidence that the peaks and dips seen are not merely an artifact of errors in one or two data points. This is further confirmed by repeating the procedure with every third experimental point, which produces a further three curves displaying the same structures (open symbols). The total number of points in Fig. 1 (lower panel) is roughly twice the number of cross section data, since both three- and four-step functions are displayed.

Two large and very well "resolved" bumps of roughly equal weight show up in $d^2(E\sigma)/dE^2$, one on each side of the unperturbed barrier (100.9 MeV according to [13]).

It is tempting to associate this with a single adiabatic channel as described above. This would, however, be incorrect for two reasons. First, the only adiabatic channel is the two-neutron-transfer channel, so this interpretation would ignore possible single and multiple phonon effects which are known to be important in this region [14]. Second, there exists another smaller structure in the distribution at a lower energy, without whose presence the cross section itself would be much smaller at low energies.

Without performing any CC calculations, it is relatively easy to parametrize discrete structures by taking the cross section to be

$$\sigma_f = \sum_\alpha w_\alpha \sigma(E - B_\alpha), \tag{1}$$

where the individual cross sections could be taken to be of the Wong [15] type with barrier heights $B_\alpha$ and "weights" $w_\alpha$. Taking a two-barrier parametrization of the data, we find the fit to the distribution shown by the dashed line in Fig. 1 (lower panel), with $[w_\alpha, B_\alpha] = [0.55, 98.5]$ and [0.45, 103.7]. However, this fit underestimates the cross sections by more than an order of magnitude at the lower energies (dashed line in Fig. 1). Taking a three-barrier fit to the distribution gives the corresponding thin solid curves on these two figures, with $[w_\alpha, B_\alpha] = [0.2, 94.3]$, [0.47,98.5], and [0.33,103.7]. Now the distribution and the cross section are both reasonably well reproduced. We must, therefore, seek physical channels which give rise to a structure containing at least three barriers.

Since the coupling generated by neutron-pair transfer can produce only two barriers, let us consider the couplings to low-lying surface vibrations. Since the single $2^+$ phonon state has roughly the same energy in each of these nuclei (1.332 MeV in $^{60}Ni$ and 1.454 MeV in $^{58}Ni$) the coupling to these two extra channels may be replaced with a single effective channel [6]. Three possible types of channel contain two phonons, i.e., the double-phonon excitations in each nucleus $|20\rangle$ and $|02\rangle$ and the mutual excitation of the single-phonon states $|11\rangle$. In both of these nuclei, $0^+$, $2^+$, and $4^+$ triplets exist with about the correct energy to be associated with the two-quadrupole-phonon states $|2\rangle$ but some of the gamma transitions to the lower $2^+$ (single-phonon state) are unknown and others do not satisfy the vibrational limit very well [16]. We shall, however, for simplicity consider these states to be degenerate (with twice the average single-phonon energy) and to satisfy vibrational couplings. In this way we may perform a calculation with a single coupling parameter and all the two-phonon states may again be replaced by a single effective channel. Though there is no real evidence for higher excitations of these phonon modes in these nuclei, we may readily introduce three-phonon channels of the form $|21\rangle$ and $|12\rangle$, i.e., by mutual excitation of the double- and single-phonon states. We may also clearly generate a four-phonon channel of the form $|22\rangle$, i.e., the mutual double excitation of the quadrupole-phonon state.

Previous fusion calculations for deformed systems show that results rapidly converge as the number of excited states in the rotational band is increased. However, we cannot assume this for phonon channels since, in that case, successive energy spacings are practically constant. We must, therefore, study carefully the convergence of the calculations in the space described above. Figure 2 shows the calculations of $d^2(E\sigma)/dE^2$ for the full four-phonon-channel space and for truncations down to the one-phonon channels. Since the full space leads to quite large calculations, we have employed the isocentrifugal approximation. However, the calculations are otherwise exact and take full account of the finite excitation energies. The calculations include Coulomb excitation and use an ingoing-wave boundary condition (IWBC). More complete details of these calculations will be given elsewhere [17], where it will be shown that the effects of the finite excitation energies of Coulomb excitation and in particular of higher-order couplings terms are essential to reproduce the features of the data.

Without discussing the details of the parameters used, it is clear that the qualitative structure of the theoretical calculations changes as one increases up to the full space described above, though there is relatively little change between the three- and four-phonon spaces. What is gratifying is that these calculations give a structure

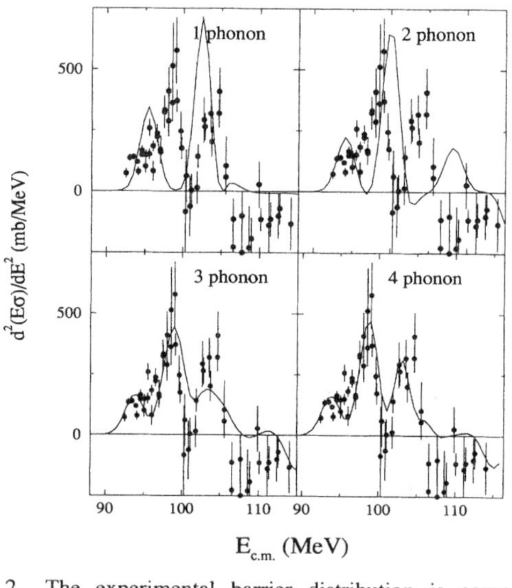


FIG. 2. The experimental barrier distribution is compared with CC calculations in the one-, two-, three-, and four-phonon-channel spaces generated by considering up to mutual double excitations. All the data points of Fig. 1 are now represented by the same symbol. The theoretical curves are generated by the same point-difference formula as the data with a similar energy step.

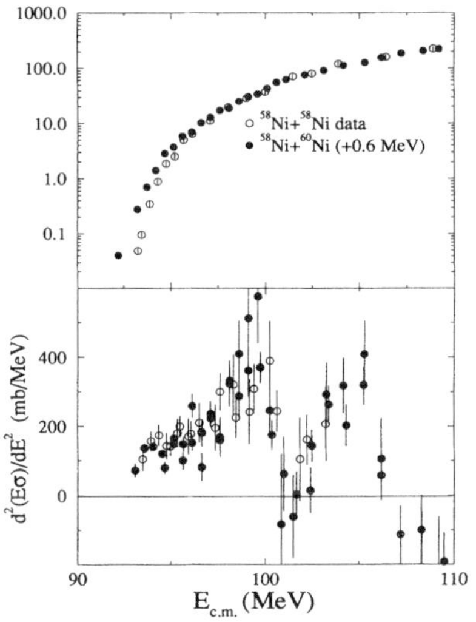


FIG. 3. Comparison of the $^{58}$Ni + $^{60}$Ni and $^{58}$Ni + $^{58}$Ni fusion excitation functions (upper panel) and barrier distributions (lower panel). For $^{58}$Ni + $^{58}$Ni the errors are derived from those in [18], by subtracting the quoted systematic uncertainties.

remarkably similar to the data and the full calculation produces the thick solid curve in Fig. 1, which gives a good fit to the experimental cross section. This fit was obtained with the real potential parameters $V = -170.2$ MeV, $r_0 = 1.0$ fm, and $a = 0.9$ fm. This yields an "unperturbed" barrier height of 99.8 MeV, and any reasonable combination of $V$ and $r_0$ which reproduces this gives very similar results. The use of a relatively deep potential, however, facilitates the use of the IWBC. The results are not very sensitive to the diffuseness parameter but a value of 0.9 fm reproduces well the fall off in cross section at low energy. The only other parameter in the calculations is the rms value of the phonon deformation parameter $\langle\beta_2^2\rangle^{1/2}$. The value obtained from quoted $B(E2)$ values and deformation lengths [16] is around 0.21. We assumed equal values for the nuclear and Coulomb couplings, and found that the best fit to the experimental cross section was obtained with a somewhat larger value of 0.26 with $R_{\text{coup}} = 1.2A^{1/3}$ ($R_{\text{coup}}$ is the nuclear radius associated with the coupling interaction). All other calculations in Fig. 2 have been performed with the same parameter set, since the purpose of this figure is merely to demonstrate the effects of truncation. One can see that the three-phonon results are rather similar to the full calculation, though the two- and one-phonon spaces manifestly fail even at the qualitative level.

We should now consider the possible effects of neutron transfer. It is clear that the data are already extremely well fitted without inclusion of neutron-transfer channels. This in itself is not a good argument for ignoring these effects, but we can try to get some idea of their possible importance by comparing the present data with the fusion data for $^{58}$Ni + $^{58}$Ni [18]. As we have already stated, the phonon couplings here are almost identical, so any differences must come from transfer channels, since the relevant $Q$ values are very different. The comparison is made in Figs. 3, where the present data have been moved up by 0.6 MeV (the barrier difference according to Ref. [13]). We see that to the precision of the experiments and within the limited energy range measured for the symmetric system, the barrier distributions are very similar, strongly suggesting that transfer effects are small and that they will not change our conclusions in any qualitative way. In particular the low-energy barrier also exists in $^{58}$Ni + $^{58}$Ni, giving us a very satisfactory confirmation of our conjectures on the dominance of surface vibrations. The relative cross section enhancement for $^{58}$Ni + $^{60}$Ni, observed only at low energies (see Fig. 3), may qualitatively indicate that neutron transfer becomes important only well below the barrier. It would be good to have more complete and detailed data on $^{58}$Ni + $^{58}$Ni, so that any possible effects of pair transfer might emerge more clearly.

---

*On leave from Institute of Atomic Physics and Nuclear Engineering, Bucharest, Romania.

†On leave from Institute for Atomic Energy, Beijing, China.

‡Present address: INFN and Dipartimento di Fisica, Universitá di Udine, Italy.

§Permanent address: DRAL Daresbury Laboratory, Warrington WA4 4AD, UK.

[1] R.G. Stokstad *et al.*, Phys. Rev. Lett. **41**, 465 (1978).
[2] N. Rowley, G.R. Satchler, and P.H. Stelson, Phys. Lett. B **254**, 25 (1990).
[3] J.X. Wei *et al.*, Phys. Rev. Lett. **67**, 3368 (1991).
[4] J.R. Leigh *et al.*, Phys. Rev. C **47**, R437 (1993).
[5] R.C. Lemmon *et al.*, Phys. Lett. B **316**, 32 (1993).
[6] A.T. Kruppa, P. Romain, M.A. Nagarajan, and N. Rowley, Nucl. Phys. **A560**, 845 (1993).
[7] N. Rowley, I.J. Thompson, and M.A. Nagarajan, Phys. Lett. B **282**, 276 (1992).
[8] A. Morsad *et al.*, Phys. Rev. C **41**, 988 (1990).
[9] N. Rowley, Nucl. Phys. **A538**, 205c (1992).
[10] M. Beckerman *et al.*, Phys. Rev. Lett. **45**, 1472 (1980).
[11] S. Beghini *et al.*, Nucl. Instrum. Methods Phys. Res., Sect. A **239**, 585 (1985).
[12] D. Ackermann *et al.*, Laboratori Nazionali di Legnaro Annual Report 1993, p. 258.
[13] L.C. Vaz, J.M. Alexander, and G.R. Satchler, Phys. Rep. **69**, 373 (1981).
[14] H. Esbensen and S. Landowne, Phys. Rev. C **35**, 2090 (1987).
[15] C.Y. Wong, Phys. Rev. Lett. **31**, 766 (1973).
[16] M.M. King, Nucl. Data Sheets **69**, 1 (1993); L.K. Peker, Nucl. Data Sheets **61**, 189 (1990).
[17] A.T. Kruppa and N. Rowley (to be published).
[18] M. Beckerman *et al.*, Phys. Rev. C **23**, 1581 (1981).

# Mean angular momenta in heavy ion fusion①

D. Ackermann[a], F. Scarlassara[b], P. Bednarczyk[a †], S. Beghini[b], L. Corradi[a],
G. Montagnoli[b] L. Müller[b], D.R. Napoli[a], C.M. Petrache[a ‡], K.M. Varier[a §], F. Soramel[c],
P. Spolaore[a], A.M. Stefanini[a], G.F. Segato[b], C. Signorini[b], H. Zhang[a ¶],

[a]Istituto Nazionale di Fisica Nucleare, Laboratori Nazionali di Legnaro,
I-35020 Legnaro (Padova), Italy

[b]Dipartimento di Fisica, Università di Padova
and Istituto Nazionale di Fisica Nucleare, Sezione di Padova, Italy

[c]Dipartimento di Fisica, Università di Udine, Italy

The results of the measurement of fusion cross sections $\sigma_{fus}$ and mean angular momenta $<l>$ for the five systems $^{16}O+^{112}Cd$, $^{28}Si+^{94,100}Mo$ and $^{58,64}Ni+^{64}Ni$ are reported. The direct comparison between the fusion excitation function and $<l>(E)$ confirms consistency of the two independent observables. By analyzing the data in the framework of the coupled channels (CC) approach a good overall agreement between experiment and model predictions has been found. In particular the influence of 2n-transfer channels with positive $Q$-values is put in evidence.

## 1. INTRODUCTION

Sophisticated theoretical models developed during the last decade have reached a level of detailed comprehension of the subbarrier heavy-ion fusion. Therefore also more detailed experimental information is needed, which goes beyond the measurement of integral fusion cross sections. The direct investigation of the single partial-wave cross sections, i.e. the measurement of complete spin distributions contains observables which are not accessible to integrated measurements, but so far only little experimental data exist [1,2]. As a first step in this direction in recent years quite a number of experiments have been performed to measure the mean angular momenta of the compound system applying different experimental techniques as the measurement of fission anisotropies, isomer ratios or $\gamma$-multiplicities. The last method has been used also in this work. A summary can be found in ref. [3].

---

①This work is part of the Ph.D. thesis of D. Ackermann. Nuclear Physics A, 1995, 583: 129-134.
†on leave from Institute of Nuclear Physics, Cracow, Poland
‡on leave from Institute of Nuclear Engineering, Bucarest, Romania
§on leave from Department of Physics, Calicut University, India
¶on leave from Institute for Atomic Energy, Beijing, China

The direct relation between the fusion excitation function $\sigma_{fus}(E)$ and the partial-wave transmission coefficients has been pointed out about ten years ago [4]. Assuming for the fusion probability $p(l, E)$ the $s$-wave fusion probability at an energy lowered by the centrifugal barrier $E_{rot}$, i.e.

$$p(E,l) = p(E - E_{rot}, l = 0), \tag{1}$$

one obtains the relation

$$p(E,l) = \frac{1}{\pi R_b^2}\left[(E - E_{rot})\frac{d(\sigma_{fus})}{dE}\bigg|_{(E-E_{rot})} + \sigma_{fus}(E - E_{rot})\right]. \tag{2}$$

In the picture of the fusion process as a coupled-channels problem [5], which results in an ensemble of individual fusion barriers for the different reaction channels, it has recently been shown [6] that the distribution of these barriers can be obtained from the second derivative of the function $E \times \sigma_{fus}$. A more immediate access to the barrier distribution could be provided by measuring a set of spin distributions. The function $\sigma_l(l)$ contains already, according to equation (2), for each $l$ the first derivative of $E \times \sigma_{fus}$ at the corresponding energy $E - E_{rot}(l)$. Deriving this distribution measured at energies around the Coulomb barrier gives the part of the barrier distribution ranging from $E' = E - E_{rot}(l_{max})$ to $E' = E$.

In this work we report on simultaneously and independent measurements of mean angular momenta and fusion cross sections by exploiting $\gamma$-multiplicities and yields of evaporation residues (ER).

## 2. THE EXPERIMENT

The five systems $^{16}O+^{112}Cd$, $^{28}Si+^{94,100}Mo$ and $^{58,64}Ni+^{64}Ni$ have been investigated using two experimental setups. The beams of $^{16}O$, $^{28}Si$ and $^{58,64}Ni$ have been delivered by the XTU-tandem accelerator of the Laboratori Nazionali di Legnaro onto target-foils with thicknesses ranging from 80 $\mu g/cm^2$ to 320 $\mu g/cm^2$. The $^{16}O+^{112}Cd$ case has been measured with a combination of an electrostatic deflector and two 4"×4"NaI(Tl) crystals and the results have been published recently [7]. The experiments regarding the other four systems have been performed at the Recoil Mass Spectrometer (RMS) with four 4"×4"NaI(Tl) detectors close to the target. In all cases the separation of the ER from the scattered beam background has been done in the t.o.f.-E plane. During the RMS runs the focalplane detector was a Bragg chamber with an incorporated multiwire parallel plate avalanche counter (MWPPAC). It provided, besides the $E$- and time-stop signal, the ER masses by detecting the ion position in the $M/q$-dispersion direction of RMS. The average $\gamma$-multiplicities have been obtained as described in ref. [7] and references therein. They have been transformed into mean angular momenta using partly the predictions of the evaporation code PACE2 [8] and partly the information on the number of evaporated particles given by the detected ER masses.

## 3. RESULTS AND DISCUSSION

The measured fusion cross sections and mean angular momenta are shown in figs. 1-3. They are compared with detailed CC-calculations and the assumptions suggested by the results of the integral cross section measurements (subsection 3.1) are generally confirmed by the complementary information extracted from the $<l>$-data.

### 3.1. Fusion cross sections

The fusion of $^{16}O$ with $^{112}Cd$ is not expected to be influenced by strong couplings to degrees of freedom other than the inelastic excitations of $^{112}Cd$, because of the rigid structure of $^{16}O$ and the absence of transfer channels with favourable $Q$-values. And in fact the measured cross sections can be reproduced by simplified CC calculations using the CCfus code [9] by including only the coupling to the lowest $2^+$- and $3^-$-states of the target nucleus, as can be seen in fig.1 a).

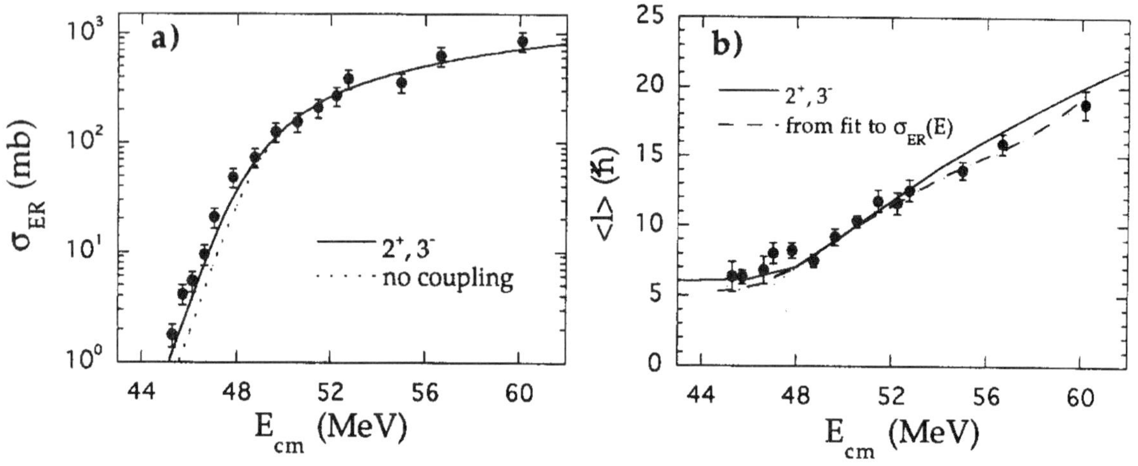


Figure 1. Fusion-evaporation excitation function (a) and mean angular momenta (b) for the reaction $^{16}O+^{112}Cd$. The measured fusion cross sections are compared with the results of CC calculations (solid line; see text), and with the no-coupling limit (dotted line). The mean angular momenta are shown together with the curves obtained from CC-calculations (solid line) and from a fit to the fusion excitation function (dashed line; see text).

Inelastic excitation channels are more important for the onset of fusion in the Si-Mo systems. The dashed line in figs.2 Ia) and IIa) has been obtained by coupling the lowest excited states ($2^+$, $3^-$) of both target and projectile. In this way the difference between the data and the no-coupling limit (dotted line) is strongly reduced. Although for $^{28}Si+^{100}Mo$ the remaining discrepancy is larger, it is obvious that in both cases an additionally enhancing effect is needed to explain the data. One candidate could be the coupling to the transfer of two neutrons which has a positive ground state $Q$-value in both cases. By coupling an additional channel with the $Q$-values of the 2n-transfer reactions $^{94}Mo(^{28}Si,^{30}Si)^{92}Mo$ and $^{100}Mo(^{28}Si,^{30}Si)^{98}Mo$ of 1.3 MeV and 4.9 MeV respectively and a relatively high coupling strength of 1.5 MeV, CCfus succeeds fairly well in reproducing the data.

As mentioned above CCfus is a very simplified treatment of the CC problem. It does not take into account mutual or higher-order couplings which play a not negligible role for the fusion enhancement [10], and the importance of nucleon transfer as "doorway-state" can be investigated quantitatively only performing "exact" CC calculations. This was done [11] for the systems $^{58,64}Ni+^{64}Ni$ shown in fig.3. The reaction $^{64}Ni(^{58}Ni,^{60}Ni)^{62}Ni$ delivers an energy excess of 3.9 MeV. Coupling to successive 1-nucleon transfer (dashed

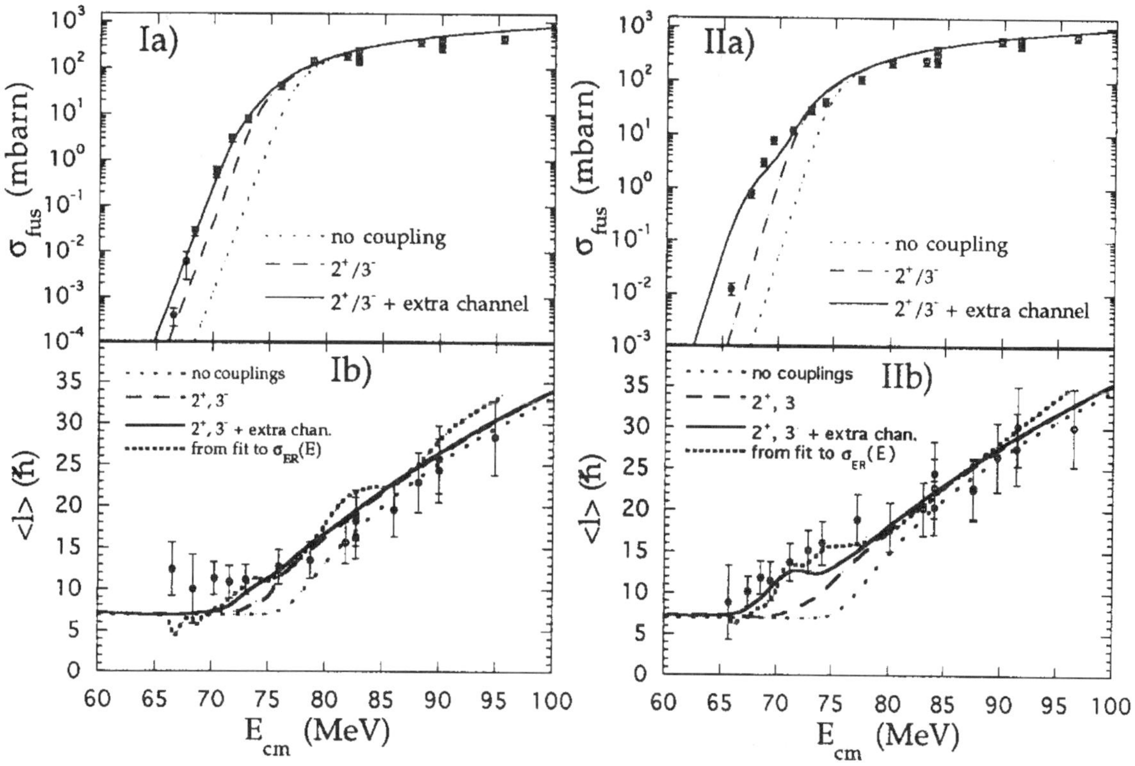


Figure 2. Fusion-evaporation excitation functions (a) and mean angular momenta (b) for the systems $^{28}Si+^{94}Mo$ (I) and $^{28}Si+^{100}Mo$ (II). The data are compared with the results of CC calculations (see text). The mean angular momenta are compared also with the curve obtained by the first derivative of the fusion excitation function (short dotted line; see text).

line) improves only a little as compared to the coupling to inelastic excitations (dotted line). Only when taking into account also the direct transfer of a neutron pair (full line) the model predictions succeed in reproducing the experimental observations.

The $^{64}Ni+^{64}Ni$ reaction (fig. 3 IIa)) has no transfer channels with positive $Q$-value. Here the calculations overestimate the data. The reaction has been remeasured in the same run of $^{58}Ni+^{64}Ni$ at five energies distributed over the whole range. These points (full circles) fall almost exactly on the points of the previous measurement (open circles) and confirm those results. The disagreement between the experimental and calculated values in this case remains an open question, but is not against the trend of the fusion enhancement in relation to the transfer $Q$-values.

The systematics of fusion between the various Ni-isotopes has been in the center of scientific interest since almost fifteen years [13] and the importance of the transfer channels has been pointed out e.g. in ref.[11].

### 3.2. Mean angular momenta

In the framework of CC calculations mean angular momenta show three main features as a function of energy [14]. Above the Coulomb barrier $\sigma(l)$ has a triangular shape and $<l>$ varies quickly with energy. For energies much below the barrier the shape of $\sigma(l)$ becomes gaussian and does not change with energy. The mean angular momentum approaches a constant value. Around the Coulomb barrier $<l>$ depends on the coupling

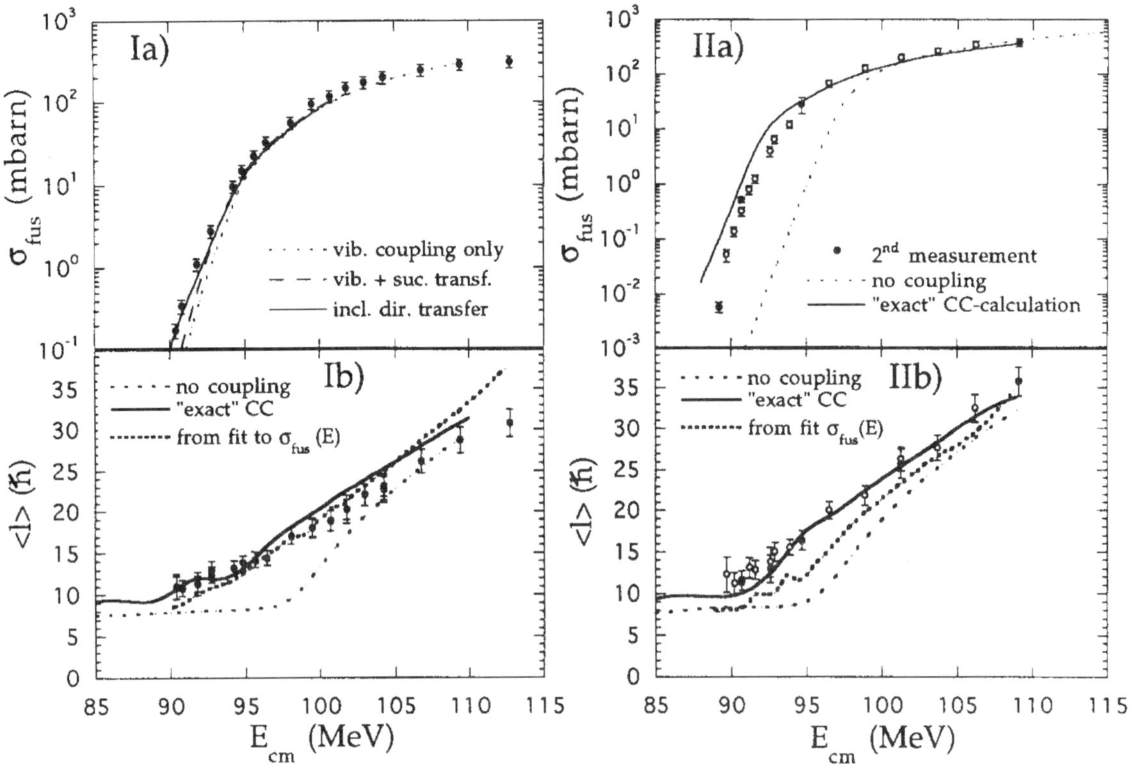


Figure 3. Fusion-evaporation excitation functions (a) and mean angular momenta (b), for the reactions $^{58}Ni+^{64}Ni$ (I) and $^{64}Ni+^{64}Ni$ (II). The data are compared with CC calculations (see text). The mean angular momenta are compared also with the curve obtained by the first derivative of the fusion excitation function (short dotted line; see text).

strengths, i.e. it will be enhanced for strong couplings and a "bump" may appear in the corresponding region.

The comparison between the measured $<l>(E)$ and CCfus calculations for the reaction $^{16}O+^{112}Cd$ using the same couplings as for the cross sections $\sigma_{fus}(E)$ in fig. 1 b) shows a satisfactory agreement. Also the curve obtained from a fit to the fusion excitation function using eq. (2) confirms the constancy between both independent measurements. The features of this system are discussed in detail in ref. [7]. This method works satisfactory also for the other four systems where coupling effects are more important. It confirms the consistency of our experimental results and suggests the application of equation (2) also in other cases, e.g. for the extraction of barrier distributions from measured spin distributions.

Although we expect from CCfus only a rough estimate, the main features of the Si-Mo systems, as the flattening out of $<l>(E)$ in the low energy range for $^{28}Si+^{94}Mo$ and the "bump" in the barrier region for $^{28}Si+^{100}Mo$ where the 2n-transfer $Q$-value is three times larger, are at least in a qualitatively good agreement with the data as can be seen from figs. 2 IIa) and b).

The "exact" calculations carried out by S. Landowne [12] for the two Ni-Ni systems using the same couplings as in ref. [11] for the fusion cross sections show almost no deviation from the data points over the whole energy range. In particular a small hump at the lowest measured energies for $^{58}Ni+^{64}Ni$, which is due to the direct 2n-transfer included in the CC-calculations, is consistent with the experiment. The total coupling strength represented by the discrepancy between the no-coupling limit (dashed curve in figs. 3 Ib) and IIb)) and complete coupling (solid line) is also found to be realistic in both cases.

## 4. SUMMARY AND CONCLUSIONS

We have reported on the measurement of fusion cross sections and average angular momenta for the five target-projectile combinations $^{16}O+^{112}Cd$, $^{28}Si+^{94,100}Mo$ and $^{58,64}Ni+^{64}Ni$. A good overall consistency between CC-calculations and the data has been found in almost all cases for both measured quantities. Only in the case of $^{64}Ni+^{64}Ni$ the theoretical predictions overestimate the experimental fusion cross sections. The main features of the average angular momentum distribution $<l>(E)$ predicted by the CC-model as the barrier "bump" and the asymptotic limit at energies far below the barrier have been observed. Indications about the important role that 2n-transfer channels play for the onset of fusion have been found, together with a systematic $Q$-value dependence. To obtain more detailed information "exact" CC-calculations should be performed also for the Si-Mo systems as a first step. Furthermore the measurement of the complete spin distribution could be very interesting, also for the more direct extraction of barrier distributions.

**Acknowledgements**

We thank Mr. A. Dal Bello for the very precious technical support. A particular acknowledgement goes to S. Landowne, for providing us with the $<l>$ calculations.

## REFERENCES

1. W. Kuehn, A. Ruckelshausen, R.D. Fischer, G. Breitbach, H.J. Hennrich, V. Metag, R. Novotny, R.V.F. Janssens, T.L. Khoo, D. Habs, D. Schwalm, B. Haas and R.S. Simon, Phys. Rev. Lett. **62** (1989) 1103
2. A.M. Stefanini, Nucl. Phys. **A538** (1992) 195c
3. R. Vandenbosch, Ann. Rev. Nucl. Part. Sci. **42** (1992) 447
4. C.C. Sahm, H.-G. Clerc, K.-H. Schmidt, W. Reisdorf, P. Armbruster, F.P. Heßberger, J.G. Keller, G. Münzenberg and D. Vermeulen, Nucl. Phys. **A441** (1985) 316
5. C.H. Dasso, S. Landowne and A. Winther, Nucl. Phys. **A407** (1983) 221
6. N. Rowley, G.R. Satchler and P.H. Stelson, Phys. Lett. **B245** (1991) 25
7. D. Ackermann, L. Corradi, D.R. Napoli, C.M. Petrache, P. Spolaore, A.M. Stefanini, F. Scarlassara, S. Beghini, G. Montagnoli, G.F. Segato, C. Signorini, Nucl. Phys. **A575** (1994) 374
8. A.Gavron, Phys. Rev. **C20** (1980) 230
9. C.H. Dasso and S. Landowne, Comput. Phys. Commun. **46** (1987) 443
10. H. Esbensen and S. Landowne, Phys. Rev. **C35** (1987) 2090
11. H. Esbensen and S. Landowne, Nucl. Phys. **A492** (1989) 473
12. S. Landowne, private communication
13. M. Beckerman, Phys.. Rep. **129** (1985) 145
14. C.H. Dasso and S. Landowne, Phys. Rev. **C32** (1985) 1094

# Cross sections and average angular momenta in the fusion of $^{28}Si+^{94,100}Mo$ and $^{58,64}Ni+^{64}Ni$ ①

D. Ackermann[a,1], P. Bednarczyk[a,2], L. Corradi[a], D.R. Napoli[a], C.M. Petrache[a,3], P. Spolaore[a], A.M. Stefanini[a], K.M. Varier[a,4], H. Zhang[a,5], F. Scarlassara[b], S. Beghini[b], G. Montagnoli[b], L. Müller[b], G.F. Segato[b], F. Soramel[b], C. Signorini[b]

[a] *Istituto Nazionale di Fisica Nucleare, Laboratori Nazionali di Legnaro, I-35020 Legnaro Padua, Italy*

[b] *Dipartimento di Fisica, Università di Padova, and Istituto Nazionale di Fisica Nucleare, Sezione di Padova, I-35100 Padua, Italy*

Received 1 May 1996; revised 31 July 1996

**Abstract**

Fusion cross sections and mean angular momenta have been measured for the four systems $^{28}Si+^{94,100}Mo$ and $^{58,64}Ni+^{64}Ni$ and can be explained in the framework of the coupled-channels (CC) approach. In particular the influence of 2n-transfer channels with positive $Q$-values shows up. The direct relation between excitation function and angular momenta has been verified.

*PACS:* 25.70.z; 25.70.Jj

*Keywords:* NUCLEAR REACTIONS $^{28}Si+^{94,100}Mo$; $E_{lab}$ = 85–118 MeV; $^{58,64}Ni+^{64}Ni$; $E_{lab}$ = 170–220 MeV; Measured evaporation residues and coincident $\gamma$-rays; Deduced excitation function $\sigma_{fus}$ and mean-spin distribution $\langle \ell \rangle (E)$ around, below the Coulomb barrier; Coupled-channels calculations; Recoil mass spectrometer

---

①This work is a part of the Ph.D. thesis of D. Ackermann. Nuclear Physics A, 1996, 609: 91-107.

[1] Supported by a grant of the Commission of the European Communities.

[2] On leave from Institute of Nuclear Physics, Kraków, Poland.

[3] On leave from Institute of Physics and Nuclear Engineering, Bucharest, Romania.

[4] On leave from Department of Physics, Calicut University, Calcutta, India.

[5] On leave from Institute of Atomic Energy, Beijing, China.

## 1. Introduction

Throughout the last fifteen years much attention has been devoted to the enhancement of subbarrier fusion cross sections, observed in a few cases in the late seventies and early eighties [1-7] and subsequently in many other experiments. The coupled-channels model [8-11] provides a rather successful description of the experimental findings for medium heavy systems.

More recently, the investigation of the compound nucleus (CN) angular momentum distribution, via its first and second moments $\langle\ell\rangle$ and $\langle\ell^2\rangle$, was used as an independent but physically correlated source of information to complement the results of the cross-section measurements. A review is given by Vandenbosch in Ref. [12].

DiGregorio and Stokstad systematically compared experimental data and theory for both cross sections $\sigma_{\rm fus}(E)$ and mean angular momenta $\langle\ell\rangle(E)$, deduced from $\gamma$-multiplicity measurements [13]. They pointed out that the CC-model predictions could explain the data very well for light and/or asymmetric systems, whereas larger discrepancies were found for heavier and/or symmetric reactions in the subbarrier region. Two subsequent studies of our group confirm that general trend. For the relatively heavy and symmetric systems $^{64}$Ni+$^{92,96}$Zr [14] a substantial discrepancy was observed in the low-energy region between data and simplified CC calculations coupling the lowest $2^+$ and $3^-$ states and additional channels simulating nucleon transfer. On the other hand, the corresponding data for $^{16}$O+$^{112}$Cd [15] can be reproduced very well by the same type of calculations.

Other recent results, however, show a good agreement between the CC approach and experimental data. For example the initially observed discrepancy for $^{64}$Ni+$^{100}$Mo [16], which was also included in the systematics mentioned above [13], was recently explained by taking into account the coupling to one and one-plus-two phonon states by Rehm et al. [17], who remeasured the excitation function for this reaction together with the three other combinations of the set $^{58,64}$Ni+$^{92,100}$Mo.

In a series of experiments similar to the one presented in this article and in Ref. [15] fusion cross sections and average angular momenta have been measured for various reactions leading to the heavier CN $^{170}$Hf [18-21]. The authors report a good agreement between CC predictions and experimental data for all three investigated cases.

In this paper we report on the measurement of fusion excitation functions $\sigma_{\rm fus}(E)$ and mean angular momentum distributions $\langle\ell\rangle(E)$ for the four systems $^{28}$Si+$^{94,100}$Mo and $^{58,64}$Ni+$^{64}$Ni. Two of these reactions lead to the same CN as $^{16}$O+$^{112}$Cd ($^{128}$Ba); all five systems span together a range of mass asymmetry from 1/1 to 1/7.

Another interesting issue is if and how nucleon transfer channels influence subbarrier fusion. The probably important role of transfer channels with positive $Q$-values has been pointed out previously [22-24,26]. The four systems studied in this work have different ground-state $Q$-values for one- and two-neutron transfer (see Table 1), and therefore we may hope to gain information in this respect.

In their systematic studies of $^{58}$Ni+$^{58}$Ni, $^{58}$Ni+$^{64}$Ni and $^{64}$Ni+$^{64}$Ni [4-6] Beckerman et al. observed, in addition to the general excess of the fusion cross section, an extra

Table 1
Mass asymmetries, reduced masses $\mu$ and neutron transfer $Q$-values

| | Mass asymmetry | $\mu$ [amu] | $Q$-value [MeV] | |
|---|---|---|---|---|
| | $A_{proj}$ : $A_{targ}$ | | 1n pick-up | 2n pick-up |
| $^{16}O+^{112}Cd$ | 1 : 7.0 | 14.0 | −5.3 | −4.2 |
| $^{28}Si+^{94}Mo$ | 1 : 3.4 | 21.6 | −1.2 | +1.3 |
| $^{28}Si+^{100}Mo$ | 1 : 3.6 | 21.9 | +0.2 | +4.9 |
| $^{58}Ni+^{64}Ni$ | 1 : 1.1 | 30.4 | −0.7 | +3.9 |
| $^{64}Ni+^{64}Ni$ | 1 : 1.0 | 32.0 | −3.6 | −1.4 |

enhancement for the asymmetric combination in the region below ≈ 10 mb. This effect was attributed to the coupling to the positive $Q$-value 2n-transfer reaction [23]. Esbensen et al. extended their higher-order couplings calculations taking into account also the 2n transfer for this system [26]. However, the data of Beckerman et al. and the results of this approach still differed considerably. An improvement was obtained by increasing the literature values for the nuclear deformation parameters by 18%. This was done on the basis of the analysis of elastic and inelastic scattering for $^{16}O+^{58,64}Ni$ [27] and was used to describe the elastic scattering data measured by Stefanini et al. [28]. The results of measurements of the quasi-elastic transfer cross sections [17,30] indicate the possibility of an influence of the neutron transfer channels on the fusion probability in the subbarrier region: Rehm et al. observed transfer cross sections around the Coulomb barrier which were a factor 4 higher for $^{58}Ni+^{64}Ni$ than for $^{58}Ni+^{58}Ni$.

In Section 2 we describe the experimental set-up and show the results. In Section 3, after comparing the Ni+Ni data with earlier results, the connection between the integral fusion cross sections and the CN average angular momenta is described using a simple analytic expression [31]. In the following discussion we compare the measured excitation functions $\sigma_{fus}(E)$ and mean angular momentum distributions $\langle \ell \rangle (E)$ with CC calculations using the simplified code CCFUS [25], and with the already existing "exact" CC calculations for $^{58,64}Ni+^{64}Ni$ [28,32]. We also compare our results with the older data by Beckerman et al. [3-5]. We conclude and summarize the results in Section 4.

## 2. Experimental set-up and results

The experiments were carried out at the LNL recoil mass spectrometer (RMS). The beams of $^{58,64}Ni$ ions with energies ranging from 170–220 MeV and $^{28}Si$ with energies from 85–118 MeV, in pulses 3–10 ns wide and 800 ns apart, were delivered by the XTU Tandem accelerator with a maximum uncertainty in the beam energy of 0.13% [33]. We irradiated targets of $^{64}Ni$ (320 $\mu g/cm^2$), $^{94}Mo$ (250 $\mu g/cm^2$) and $^{100}Mo$ (250 $\mu g/cm^2$ and 275 $\mu g/cm^2$). The targets were enriched in the nominal mass as follows: $^{64}Ni$ (93.4±0.4)%; $^{94}Mo$ (88.2±0.5)%; $^{100}Mo$ (97.42±0.05)%. A detailed description of

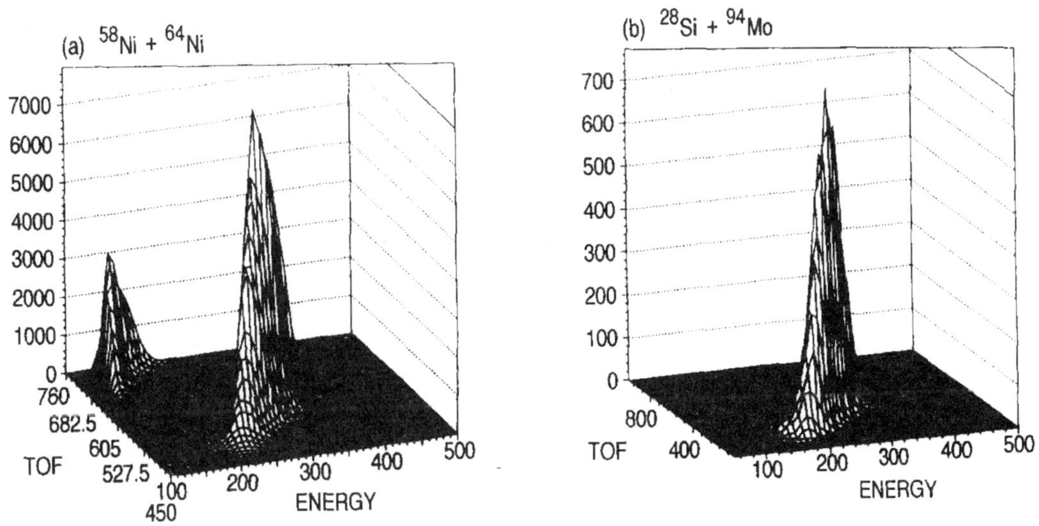


Fig. 1. Separation of evaporation residues from the scattered beam particles for (a) $^{58}$Ni($E_{\text{lab}}$ = 211.5 MeV) + $^{64}$Ni and (b) $^{28}$Si($E_{\text{lab}}$ = 108.3 MeV) + $^{94}$Mo.

the RMS is given in Refs. [34,35]. The RMS provides $M/q$ dispersion at the focal plane with a mass resolution of $\approx 1/300$, along with a strong rejection of beam and beam-like particles.

The evaporation residues (ER) were detected at the focal plane by a multiwire parallel plate avalanche counter (MWPPAC) incorporated in a Bragg chamber. This detector yields $x$- and $y$-position, $\Delta E$ and $E$ of the ER. More detailed information can be found in Ref. [36]. The separation of ER from the scattered beam particles was done by measuring their time of flight (TOF) through the spectrometer and their kinetic energy in the focal plane detector. In Fig. 1 TOF–$E$ plots are shown for the two reactions $^{58}$Ni+$^{64}$Ni and $^{28}$Si+$^{94}$Mo at energies $\approx$ 10% above the barrier. For the asymmetric case the beam particles are almost completely suppressed, but also for the other reaction the ER are well separated from the scattered beam background, although the ER to background ratio becomes less favourable. The total detection efficiency for ER was measured by comparing characteristic $\gamma$-transitions of the ER, counted in a Ge detector placed at 90° close to the target, with and without a coincidence requirement with the ER detected at the focal plane. Two Si detectors measured elastically scattered projectiles at 30° with respect to the beam direction for normalization purposes. Four $4'' \times 4''$ NaI(Tl) crystals were placed at a distance of 20 cm from the target at 55° and 125° with respect to the beam direction. The same set-up has been used in Ref. [14] where a more detailed description is given.

### *2.1. Fusion cross sections*

For the reactions $^{28}$Si+$^{94,100}$Mo two runs have been performed and normalized to each other at the overlap energy $E_{\text{cm}}$ = 108.3 MeV. In a first run an overall detection efficiency of (2.1±0.1)% was obtained for the ER from $^{28}$Si+$^{94}$Mo. This was rather low because of transmission problems through the entrance window and cathode foil of the MWPPAC. Due to the very low kinetic energy of the ER in both reactions ($E/A \approx$ 0.08 MeV at the Coulomb barrier) the signals produced in the ionization chamber were at the detection limit. This problem could be solved by tuning the chamber voltage. The remeasurement of the ratios of ER to scattered projectiles for one target ($^{94}$Mo) at all energies allowed us to match the measurements before and after the adjustment. A set of correction factors was obtained by comparing the values at the lower and higher chamber voltage. Taking into account the similar kinematics for $^{100}$Mo the same factors have been applied at the corresponding ER energies. A measurement of the ER charge state and angular distributions, which turned out to be not significantly different for both systems [37], was used as a cross check and confirmed the measured efficiency as well as the assumption of similar kinematics.

For $^{94}$Mo the cross sections had to be corrected for the target impurities by using the excitation functions calculated with CCFUS for the other Mo isotopes present in the target material. This correction was important only in the subbarrier region where this effect led to additional uncertainties of around 10%. As $^{100}$Mo is the heaviest stable Mo isotope with the lowest Coulomb barrier for fusion with $^{28}$Si, no correction was found necessary in this case (even the purity of the target material was higher). The total systematic errors consist of the uncertainties for the efficiency measurement, the geometrical uncertainties, the normalization and the impurity correction (for $^{94}$Mo) and sum up to $\approx$16% (19% for $^{94}$Mo below the barrier). The statistical error and the uncertainty for the background subtraction were important only at the lowest energy points where the total errors were 20% to 60%. However, even considering non-systematic errors only, the cross-section uncertainties and the steps in beam energy are too large for extracting reliable "experimental fusion barrier distributions" [38] from the second derivative of the excitation functions; therefore, such a procedure was not adopted in the data analysis. Cross section values have been obtained at 14 energies for $^{28}$Si+$^{94}$Mo and at 15 energies for $^{28}$Si+$^{100}$Mo. The nominal energies were corrected for the loss in the target, taking into account the non-linear behaviour of the cross section as a function of energy. The cross sections are listed in Table 2.

The ER from the reactions $^{58,64}$Ni+$^{64}$Ni had relatively high energies ($E/A \approx 0.6$ MeV at the Coulomb barrier). For these reactions higher overall detection efficiencies of (20.3±1.5)% to (23.4±2.0)% were found. Target impurity corrections were avoided by choosing in both cases $^{64}$Ni as target (the heaviest stable Ni isotope). Here also, measuring the ER charge state and angular distributions as a cross check confirmed these values. Two runs have been performed for each target–projectile combination. In the second run, the fusion excitation function was measured for $^{58}$Ni+$^{64}$Ni. In addition, five points covering the whole energy range have been repeated for $^{64}$Ni+$^{64}$Ni, which was measured in detail in the first run; no normalization has been performed between the two runs and the overlap points fall rather nicely on each other for both fusion cross sections and average angular momenta (see Section 2.2). Cross-section values have been obtained at 17 energies for $^{58}$Ni+$^{64}$Ni and at 15 energies for $^{64}$Ni+$^{64}$Ni. The results for these systems are also listed in Table 2. For all Ni+Ni and Si+Mo cases, the

Table 2
Measured fusion cross sections, mean $\gamma$-multiplicities and mean angular momenta for $^{28}Si+^{94,100}Mo$ and $^{58,64}Ni+^{64}Ni$ (* indicates values obtained in a second run)

| $E_{cm}$ [MeV] | $\langle M_\gamma \rangle$ | $\langle l \rangle$ [$\hbar$] | $\sigma_{ER}$ [mb] |
|---|---|---|---|
| $^{28}Si+^{94}Mo$ | | | |
| 66.5 | $7.1 \pm 1.5$ | $12.3 \pm 4.0$ | $(3.9 \pm 1.7) \times 10^{-4}$ |
| 67.6 | | | $(6.0 \pm 3.7) \times 10^{-3}$ |
| 68.4 | $5.6 \pm 2.2$ | $9.9 \pm 5.0$ | $(2.8 \pm 0.6) \times 10^{-3}$ |
| 70.2 | $6.5 \pm 0.6$ | $11.2 \pm 2.3$ | $0.51 \pm 0.10$ |
| 70.2 | | | $0.60 \pm 0.12$ |
| 71.6 | $6.3 \pm 0.4$ | $10.9 \pm 2.3$ | $3.0 \pm 0.6$ |
| 73.0 | $6.5 \pm 0.5$ | $11.2 \pm 2.0$ | $8.0 \pm 1.5$ |
| 76.0 | $7.4 \pm 0.5$ | $12.7 \pm 2.4$ | $41 \pm 7.8$ |
| 78.7* | $7.5 \pm 0.5$ | $13.3 \pm 2.4$ | $141 \pm 23$ |
| 81.7* | $8.4 \pm 0.5$ | $15.2 \pm 2.6$ | $183 \pm 30$ |
| 82.7 | $10.5 \pm 0.6$ | $18.7 \pm 3.2$ | $145 \pm 24$ |
| 82.7 | | | $159 \pm 26$ |
| 82.7* | $8.7 \pm 0.5$ | $15.8 \pm 2.7$ | $153 \pm 25$ |
| 82.7* | $9.8 \pm 0.6$ | $17.7 \pm 3.0$ | $225 \pm 37$ |
| 86.1* | $10.1 \pm 0.6$ | $18.8 \pm 3.2$ | |
| 88.2* | $11.7 \pm 0.6$ | $22.0 \pm 3.7$ | $369 \pm 60$ |
| 90.0 | $13.2 \pm 1.1$ | $25.1 \pm 4.2$ | $274 \pm 44$ |
| 90.0* | $12.1 \pm 0.7$ | $23.2 \pm 3.9$ | $381 \pm 61$ |
| 94.9* | $13.3 \pm 0.7$ | $26.8 \pm 4.5$ | $437 \pm 71$ |
| $^{28}Si+^{100}Mo$ | | | |
| 65.8 | $5.6 \pm 2.6$ | $9.2 \pm 5.6$ | $(1.2 \pm 0.3) \times 10^{-3}$ |
| 67.5 | $6.3 \pm 0.7$ | $10.5 \pm 2.3$ | $0.76 \pm 0.13$ |
| 68.6 | $7.5 \pm 0.6$ | $12.2 \pm 2.4$ | $3.0 \pm 0.5$ |
| 69.5 | $7.1 \pm 1.0$ | $11.7 \pm 3.1$ | $7.8 \pm 1.3$ |
| 71.2 | $8.6 \pm 0.6$ | $13.9 \pm 2.6$ | $11.9 \pm 1.9$ |
| 72.9 | $9.5 \pm 0.6$ | $15.3 \pm 2.7$ | $28 \pm 4.6$ |
| 74.2 | $10.0 \pm 0.6$ | $16.1 \pm 2.9$ | $40 \pm 6.5$ |
| 77.3 | $11.6 \pm 0.7$ | $18.8 \pm 3.3$ | $106 \pm 17$ |
| 80.0* | $10.6 \pm 0.7$ | $17.7 \pm 3.1$ | $221 \pm 36$ |
| 83.1* | $11.5 \pm 0.6$ | $19.8 \pm 3.4$ | $239 \pm 39$ |
| 84.1 | $13.8 \pm 0.7$ | $23.9 \pm 4.0$ | $232 \pm 38$ |
| 84.1* | $11.4 \pm 0.6$ | $19.9 \pm 3.4$ | $296 \pm 48$ |
| 84.1* | $12.8 \pm 0.7$ | $22.2 \pm 3.8$ | $389 \pm 63$ |
| 87.5* | $12.1 \pm 0.8$ | $21.7 \pm 3.9$ | |
| 87.5* | $12.2 \pm 0.8$ | $22.0 \pm 3.9$ | |
| 89.8* | $14.0 \pm 0.8$ | $25.7 \pm 4.3$ | $574 \pm 93$ |
| 91.5 | $15.8 \pm 0.9$ | $29.3 \pm 4.8$ | $477 \pm 78$ |
| 91.5* | $14.3 \pm 0.8$ | $26.6 \pm 4.5$ | |
| 91.5* | $14.3 \pm 0.8$ | $26.6 \pm 4.5$ | $612 \pm 100$ |
| 96.5* | $14.8 \pm 0.8$ | $28.8 \pm 4.8$ | $695 \pm 113$ |
| $^{58}Ni+^{64}Ni$ | | | |
| 90.4 | $5.6 \pm 0.5$ | $11.3 \pm 3.2$ | $0.18 \pm 0.036$ |
| 90.4 | $5.7 \pm 0.6$ | $11.5 \pm 3.4$ | $0.35 \pm 0.065$ |
| 90.8 | $5.5 \pm 0.4$ | $11.2 \pm 2.8$ | |
| 91.8 | $5.9 \pm 0.5$ | $11.5 \pm 3.2$ | $1.1 \pm 0.20$ |

Table 2 — continued

| $E_{cm}$ [MeV] | $\langle M_\gamma \rangle$ | $\langle l \rangle$ [$\hbar$] | $\sigma_{ER}$ [mb] |
|---|---|---|---|
| 91.8 | $5.9 \pm 0.4$ | $11.5 \pm 2.8$ | |
| 92.7 | $6.6 \pm 0.4$ | $12.8 \pm 3.0$ | $2.8 \pm 0.47$ |
| 92.7 | $6.9 \pm 0.5$ | $13.2 \pm 3.2$ | |
| 94.2 | $7.1 \pm 0.4$ | $13.3 \pm 3.1$ | $9.7 \pm 1.65$ |
| 94.8 | $7.7 \pm 0.4$ | $13.9 \pm 3.3$ | $15.1 \pm 2.5$ |
| 95.6 | $7.9 \pm 0.4$ | $14.2 \pm 3.3$ | $22.4 \pm 3.8$ |
| 96.4 | $8.0 \pm 0.4$ | $14.3 \pm 3.3$ | $32.9 \pm 5.4$ |
| 98.0 | $9.4 \pm 0.5$ | $17.0 \pm 3.7$ | $56.8 \pm 9.4$ |
| 99.5 | $9.7 \pm 0.5$ | $17.9 \pm 3.8$ | $95.8 \pm 15.2$ |
| 99.5 | $9.6 \pm 0.5$ | $17.8 \pm 4.0$ | |
| 100.7 | $10.0 \pm 0.6$ | $18.7 \pm 4.1$ | $118 \pm 20$ |
| 101.8 | $10.6 \pm 0.7$ | $20.0 \pm 4.8$ | $149 \pm 25$ |
| 101.8 | $10.6 \pm 0.6$ | $20.0 \pm 4.3$ | |
| 102.8 | $11.4 \pm 0.6$ | $21.8 \pm 4.6$ | $175 \pm 30$ |
| 104.2 | $11.7 \pm 0.6$ | $22.8 \pm 5.1$ | $202 \pm 34$ |
| 104.2 | $11.5 \pm 0.6$ | $22.3 \pm 5.0$ | |
| 104.2 | $11.8 \pm 0.6$ | $22.8 \pm 4.8$ | |
| 106.8 | $13.0 \pm 0.7$ | $25.7 \pm 5.3$ | $248 \pm 43$ |
| 109.4 | $13.8 \pm 0.7$ | $27.7 \pm 5.7$ | $289 \pm 46$ |
| 112.7 | $14.8 \pm 0.8$ | $29.9 \pm 6.0$ | $312 \pm 51$ |
| $^{64}Ni+^{64}Ni$ | | | |
| 89.200 | | | $(1.68 \pm 0.4) \times 10^{-2}$ |
| 89.700 | $6.9 \pm 0.9$ | $11.9 \pm 4.4$ | $(5.49 \pm 1.5) \times 10^{-2}$ |
| 90.200 | $6.3 \pm 0.5$ | $10.9 \pm 3.4$ | $0.15 \pm 0.032$ |
| 90.700 | $6.5 \pm 0.5$ | $11.2 \pm 3.3$ | $0.35 \pm 0.071$ |
| 90.700* | $6.3 \pm 0.6$ | $11.0 \pm 3.5$ | $0.60 \pm 0.11$ |
| 91.200 | $7.4 \pm 0.5$ | $12.7 \pm 3.6$ | $0.84 \pm 0.17$ |
| 91.600 | $7.2 \pm 0.5$ | $12.4 \pm 3.5$ | $1.30 \pm 0.27$ |
| 92.600 | $7.8 \pm 0.8$ | $13.3 \pm 4.2$ | $4.1 \pm 0.9$ |
| 92.600* | $7.7 \pm 0.5$ | $13.2 \pm 4.1$ | $4.4 \pm 1.0$ |
| 92.900 | $8.6 \pm 0.5$ | $14.6 \pm 3.7$ | $6.3 \pm 1.3$ |
| 93.900 | $8.9 \pm 0.5$ | $15.1 \pm 3.6$ | $10.8 \pm 2.1$ |
| 94.700* | $9.4 \pm 0.5$ | $15.9 \pm 3.9$ | $27.3 \pm 9.3$ |
| 96.500 | $10.8 \pm 0.6$ | $19.4 \pm 4.2$ | $61.7 \pm 11.3$ |
| 98.900 | $12.2 \pm 0.7$ | $21.1 \pm 4.5$ | $121 \pm 22.8$ |
| 101.30 | $14.3 \pm 0.8$ | $25.5 \pm 5.2$ | $205 \pm 38$ |
| 101.30* | $14.0 \pm 0.8$ | $24.9 \pm 5.5$ | $218 \pm 40$ |
| 103.70 | $14.7 \pm 0.8$ | $26.8 \pm 5.4$ | $288 \pm 54$ |
| 106.20 | $16.9 \pm 0.9$ | $31.4 \pm 6.1$ | $381 \pm 70$ |
| 109.10* | $18.0 \pm 1.0$ | $34.7 \pm 6.5$ | $389 \pm 77$ |

CN fission deexcitation channel is negligible; hence the ER cross sections can be safely identified with fusion cross sections.

### 2.2. *Average angular momenta*

The final values of the average angular momenta were obtained by the usual two-step process. First, the $\gamma$-multiplicities $\langle M_\gamma \rangle$ were extracted from the number of ER detected

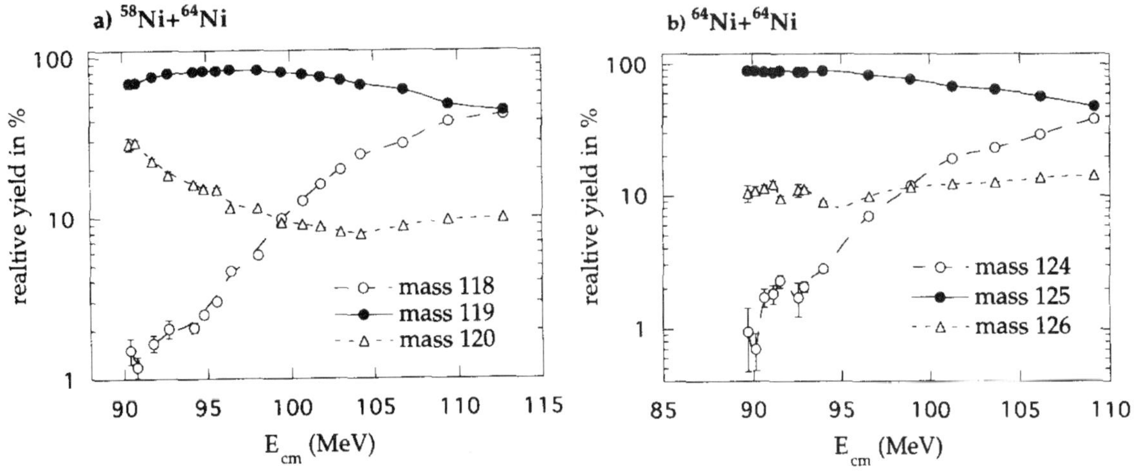


Fig. 2. Measured mass distributions versus the center of mass energy for the reactions (a) $^{58}$Ni+$^{64}$Ni and (b) $^{64}$Ni+$^{64}$Ni (the lines are only to guide the eye).

in the focal plane with and without coincidence with the $\gamma$-rays detected in the NaI crystals at the target position ($N_{\text{coinc}}$ and $N_{\text{single}}$ respectively) by

$$\langle M_\gamma \rangle = \frac{N_{\text{coinc}}}{N_{\text{single}}}\varepsilon_\gamma^{-1} - \frac{\varepsilon_n}{\varepsilon_\gamma}M_n. \tag{1}$$

Here $\varepsilon_{\gamma,(n)}$ is the efficiency of the NaI detectors for $\gamma$'s (neutrons) and $M_n$ the average number of evaporated neutrons. We used $\varepsilon_\gamma = 3.32\%$ and $\varepsilon_n/\varepsilon_\gamma = 1.2$ (see Ref. [14]). The number of evaporated neutrons was obtained from the ER distributions, calculated with PACE2L [39], by normalizing the calculated average mass to the corresponding measured mass for each beam energy. In the case of the Si+Mo reactions only an average mass value for the whole energy range could be taken because of the relatively high experimental uncertainties. The detailed mass distributions obtained for $^{58,64}$Ni+$^{64}$Ni are shown in Fig. 2.

The same procedure was used to obtain the number of evaporated protons and $\alpha$-particles $M_p$ and $M_\alpha$ which are needed, together with $M_n$, for the second step, i.e. the transformation of $\langle M_\gamma \rangle$ into average angular momenta $\langle \ell \rangle$ using the usual relation

$$\langle \ell \rangle = \Delta I_{\gamma ns}(\langle M_\gamma \rangle - M_{\gamma s}) + \sum_i \Delta I_i \times M_i + I_0 + 1\hbar, \tag{2}$$

with

$$i = \gamma s, p, n \text{ and } \alpha.$$

Here $\Delta I_{\gamma ns,\gamma s,n,p,\alpha}$ denote the CN spin removed by non-statistical $\gamma$-rays emitted in the late part of the deexcitation cascade, statistical $\gamma$-rays out of the continuum in the early stage, neutrons, protons and $\alpha$-particles, respectively. The ground-state spin $I_0$ has also been taken as the weighted average between the various residual nuclei. The angular momentum lost by internal conversion was taken into account by adding $1\hbar$ (see e.g.

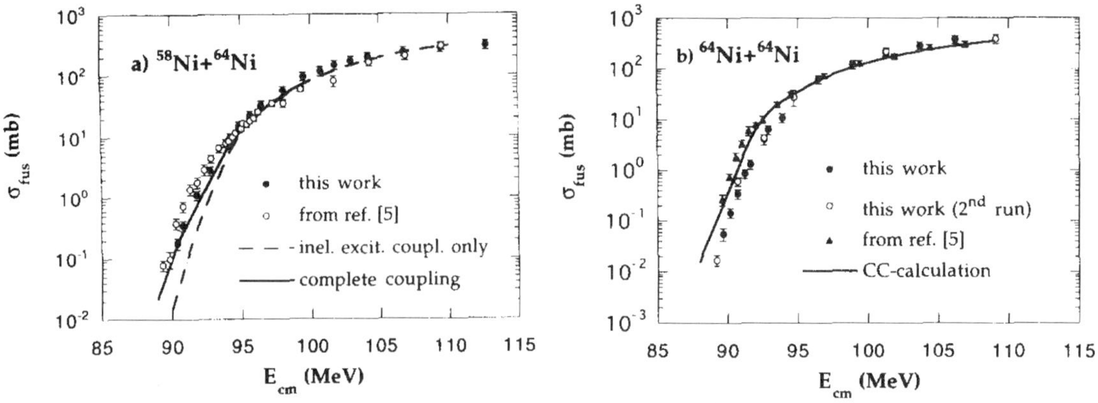


Fig. 3. Comparison of the fusion excitation function (a) $^{58}$Ni+$^{64}$Ni and (b) $^{64}$Ni+$^{64}$Ni. Results of CC calculations are also shown (see next).

Ref. [40]). The most crucial factor in Eq. (2) is $\Delta I_{\gamma ns}$, which depends on the mixture of E2 and M1 transitions in the cascade. At variance with the systems studied in Ref. [14], there are no experimental values for the mass region investigated here and we used PACE2L to calculate $\Delta I_{\gamma ns}$. The resulting values increase smoothly with energy for all systems ranging from $1.4\hbar$ to $1.9\hbar$. The uncertainty for $\Delta I_{\gamma ns}$ obtained by this procedure was estimated to be 11% by comparing calculated values with the measured ones for $^{64}$Ni+$^{92,96}$Zr of Ref. [40]. For the angular momentum taken away by statistical $\gamma$-rays we took a mean value of $(0.5\pm0.3)\hbar$, which gives with a calculated multiplicity $M_{\gamma s}$ between 2 and 4, a maximum contribution to the total error of $\pm(0.6-1.2)\hbar$.

The measured $\gamma$-multiplicities $M_\gamma$ and extracted average angular momenta $\langle\ell\rangle$ for the four systems are listed in Table 2. More detailed information on the whole experimental and analysis procedure is given in Ref. [37].

## 3. Discussion

### *3.1. Comparison with previous results*

In one of the first and pioneering experiments on subbarrier fusion Beckerman et al. investigated several combinations of Ni isotopes [3–5]. Later measurements of the cross sections for $^{58}$Ni+$^{58,64}$Ni by Schicker et al. [41] are in good agreement with these earlier data, within the large error bars for the beam energy definition in Ref. [41].

Good agreement is also found when comparing our cross sections for $^{58}$Ni+$^{64}$Ni with the values from Ref. [6], as can be seen in Fig. 3a. Less good agreement is found for $^{64}$Ni+$^{64}$Ni, where a discrepancy of up to a factor of 4 shows up in the subbarrier region (see Fig. 3b). Note, however, that the difference in cross section corresponds to a shift in c.m. energy of only $\approx$ 0.5 MeV corresponding to $\Delta E_{\rm lab}$ = 1.0 MeV. The uncertainty of our beam energy definition (see Section 2) is $\approx$ 0.3 MeV. A similar energy uncertainty in the measurements of Beckerman et al. could explain a significant

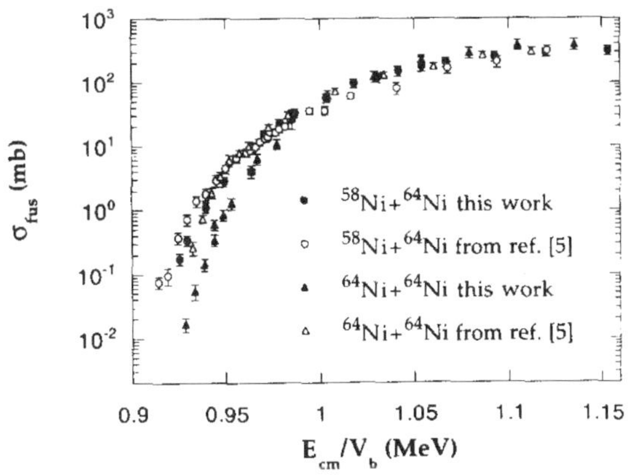


Fig. 4. Fusion cross sections as a function of the energy normalized to the Coulomb barrier $V_b$ for the reactions $^{58}$Ni+$^{64}$Ni (circles) and $^{64}$Ni+$^{64}$Ni (triangles) from this work (full symbols) and from Ref. [5] (open symbols).

part of the discrepancy seen here.

In Fig. 4 the excitation functions are shown in a reduced energy scale. The data points of this work (full symbols) show a larger isotopic effect than the data of Beckerman et al. (open symbols), i.e. a larger relative fusion enhancement is deduced from the present data for $^{58}$Ni+$^{64}$Ni.

### 3.2. *Fusion excitation function and spin of the CN*

By assuming that the transmission coefficient $T_\ell(E,\ell)$ at a certain energy $E$ for the $\ell$th partial wave equals the $s$-wave transmission coefficient $T_0$ at an energy $E' = E - E_{\rm rot}(\ell)$, where $E_{\rm rot}(\ell) = (\hbar^2/2\mu R_b^2)\ell(\ell+1)$ is the rotational energy for $\ell$, i.e.

$$T_\ell(E,\ell) = T_0(E',\ell=0), \tag{3}$$

one can show [31] that

$$T_\ell(E,\ell) = \frac{1}{\pi R_b^2}\left(\frac{d(E'\sigma_{\rm fus}(E'))}{dE'}\right). \tag{4}$$

This gives a direct connection between the fusion excitation function and the angular momentum distribution under the assumption that all the transmitted flux goes into fusion. In this way one can construct from the measured fusion cross sections $\sigma_{\rm fus}(E)$, covering the whole energy range down to $E - E_{\rm rot}(\ell_{\rm max})$, the compound nucleus angular momentum distribution $\sigma_l$ at each energy and its first moment $\langle\ell\rangle$. This has been done for all four systems by approximating the measured excitation function with an analytic function [42], which then could be easily differentiated. Below the lowest energy points we extrapolated the measured excitation function with the assumption of a constant exponential decrease.

Figs. 5a–d show the measured excitation functions (upper panel), the measured $\gamma$-multiplicities (central panel) and the experimental $\langle\ell\rangle$-values compared with the results

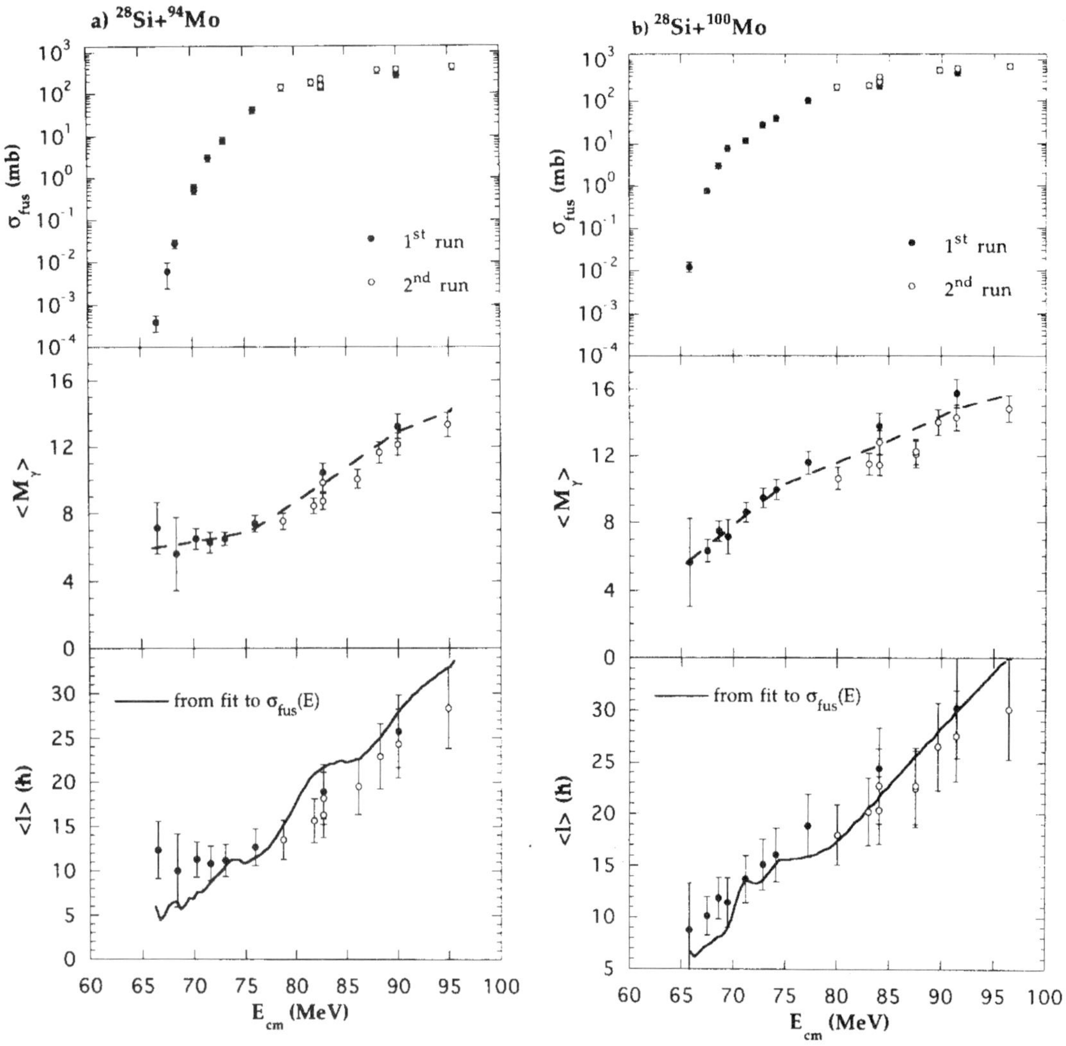


Fig. 5. Experimental fusion excitation function, average $\gamma$-multiplicities and deduced mean angular momenta for the reactions (a) $^{28}Si+^{94}Mo$, (b) $^{28}Si+^{100}Mo$, (c) $^{58}Ni+^{64}Ni$ and (d) $^{64}Ni+^{64}Ni$. The angular momenta are compared with the values generated by differentiating once the function $\sigma_{fus} \times E_{cm}$ (see text).

of the procedure described above (lower panel). In all four cases both sets of $\langle \ell \rangle$-values agree well within the error bars and confirm the direct relation existing between fusion excitation function and CN spin distribution.

### *3.3. Coupled-channels analysis*

In this section the measured fusion cross sections and average angular momenta are compared with CC calculations using the simplified code CCFUS [25]. In order to reproduce the Ni+Ni fusion cross sections measured by Beckerman et al. [4,5] Esbensen and Landowne [11,26] carried out full numerical calculations which also take into account higher-order couplings. We shall show some results of this more sophisticated approach for the interpretation of our Ni+Ni measurements. For reasons

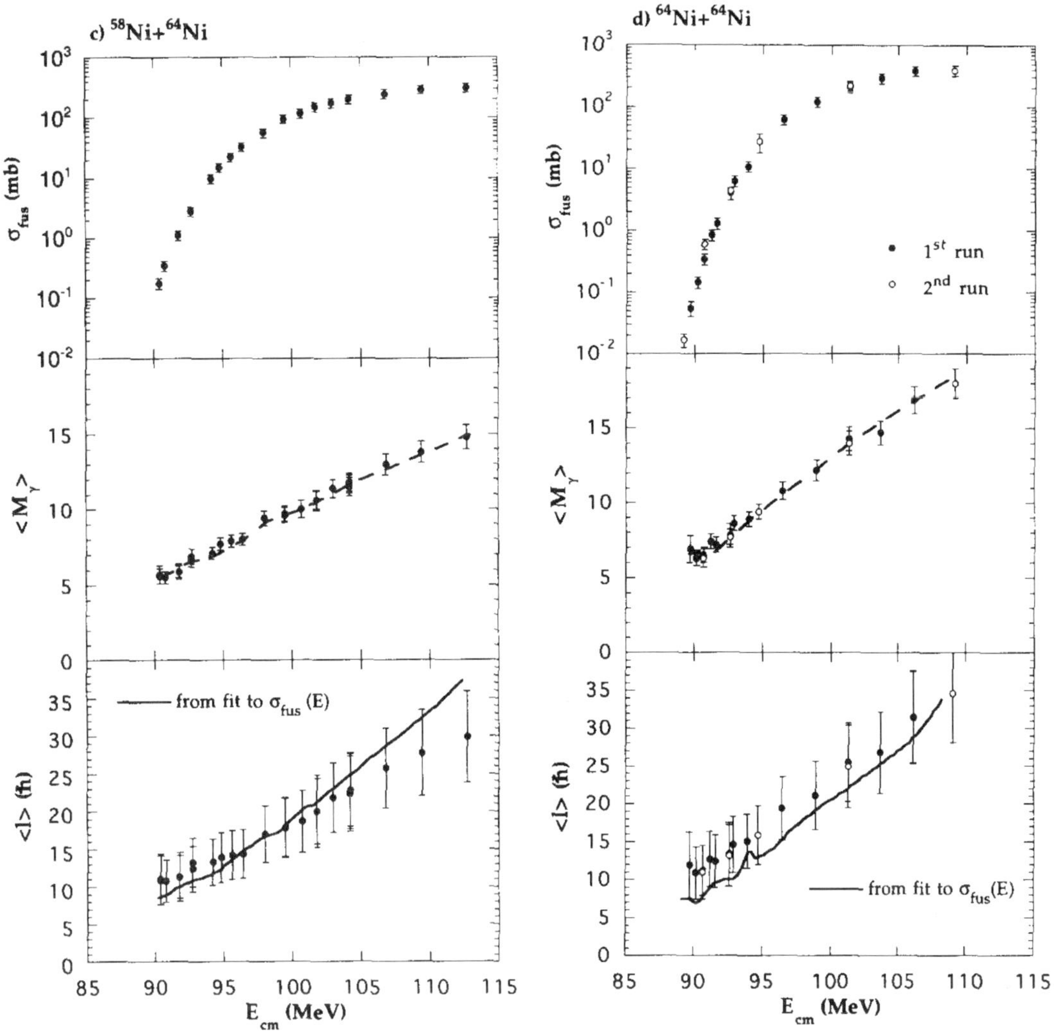


Fig. 5 — continued.

of consistency however, we use first the simple model which will already illustrate the main features for all four systems. We have used the Akyüz and Winther potential [43] without any parameter adjustment, and with the deformation parameters and excitation energies of the lowest $2^+$ and $3^-$ states of projectile and target as given in Table 3.

As can be seen from Fig. 6, for the Si+Mo systems the coupling of the lowest $2^+$ and $3^-$ states improves the agreement between data and theory very much, as compared to the no-coupling limit, but is not sufficient to reproduce the data. At a cross-section level of $\sigma_{\text{fus}}$ = 1 mb the difference is 2 MeV in the case of $^{28}$Si+$^{100}$Mo and 1.5 MeV for $^{28}$Si+$^{94}$Mo. By introducing the additional coupling of a channel with the $Q$-value of the two-neutron pick-up reaction (Table 1) and 1.5 MeV coupling strength one reproduces the trend fairly well. Note that the discrepancy without the transfer coupling is larger for the system with the larger 2n-transfer $Q$-value.

The comparison for the mean angular momenta shows a good overall agreement. The calculation exhibits, especially for $^{28}$Si+$^{100}$Mo, the "barrier bump" expected for strong coupling. However, the experimental errors do not allow a definite conclusion about the

Table 3
Excitation energies $E^*$, multipolarities $\lambda$ and deformation parameters $\beta_\lambda$ from Ref. [44] used in the CCFUS calculations

| Nucleus | $E^*$ [keV] | $\lambda$ | $\beta_\lambda$ |
|---|---|---|---|
| $^{28}Si$ | 1779 | $2^+$ | 0.410 |
| $^{28}Si$ | 6879 | $3^-$ | 0.390 |
| $^{58}Ni$ | 1450 | $2^+$ | 0.180 |
| $^{58}Ni$ | 4470 | $3^-$ | 0.220 |
| $^{64}Ni$ | 1340 | $2^+$ | 0.170 |
| $^{64}Ni$ | 3560 | $3^-$ | 0.150 |
| $^{94}Mo$ | 871 | $2^+$ | 0.128 |
| $^{94}Mo$ | 2534 | $3^-$ | 0.161 |
| $^{100}Mo$ | 787 | $2^+$ | 0.142 |
| $^{100}Mo$ | 2018 | $3^-$ | 0.155 |
| $^{112}Cd$ | 617 | $2^+$ | 0.142 |
| $^{112}Cd$ | 2005 | $3^-$ | 0.264 |

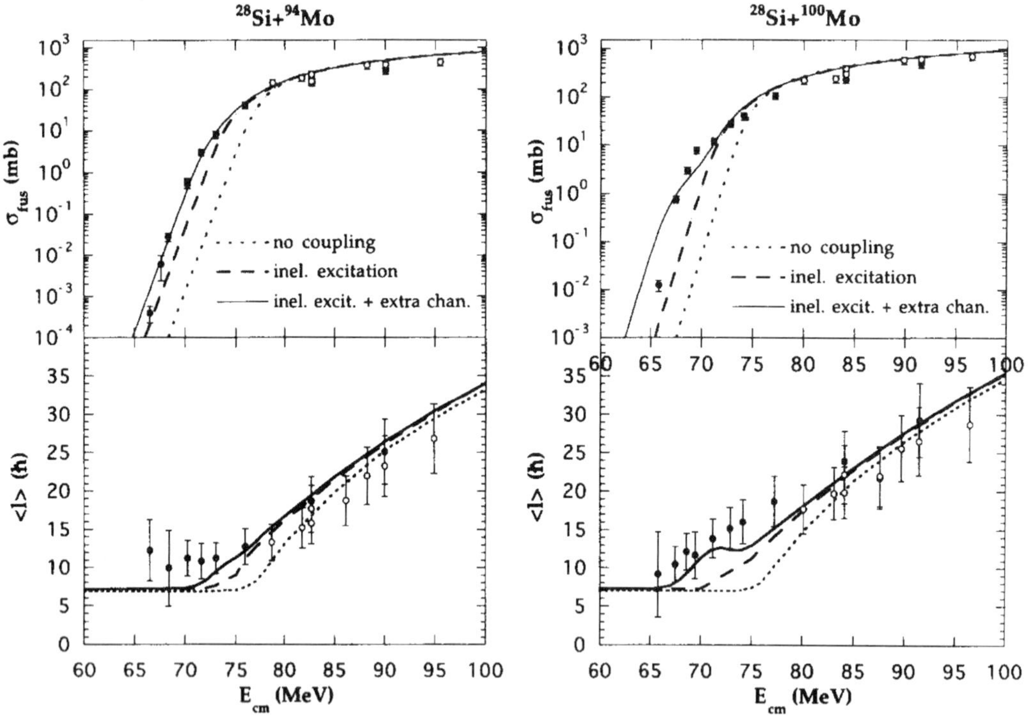


Fig. 6. Fusion excitation function and average angular momenta versus center of mass energy $E_{\mathrm{cm}}$ for $^{28}Si+^{94,100}Mo$ in comparison with CCFUS calculations (no coupling limit: dotted line; coupling to the lowest $2^+$ and $3^-$ states: dashed line; coupling to an additional channel with the $Q$-values for 2n transfer listed in Table 1: full line).

presence of this bump.

We observe a similar behaviour for the Ni+Ni reactions (Fig. 7). The symmetric system $^{64}Ni+^{64}Ni$, where no transfer channels with positive $Q$-value are present, is already well reproduced by the CCFUS calculation when coupling inelastic excitations

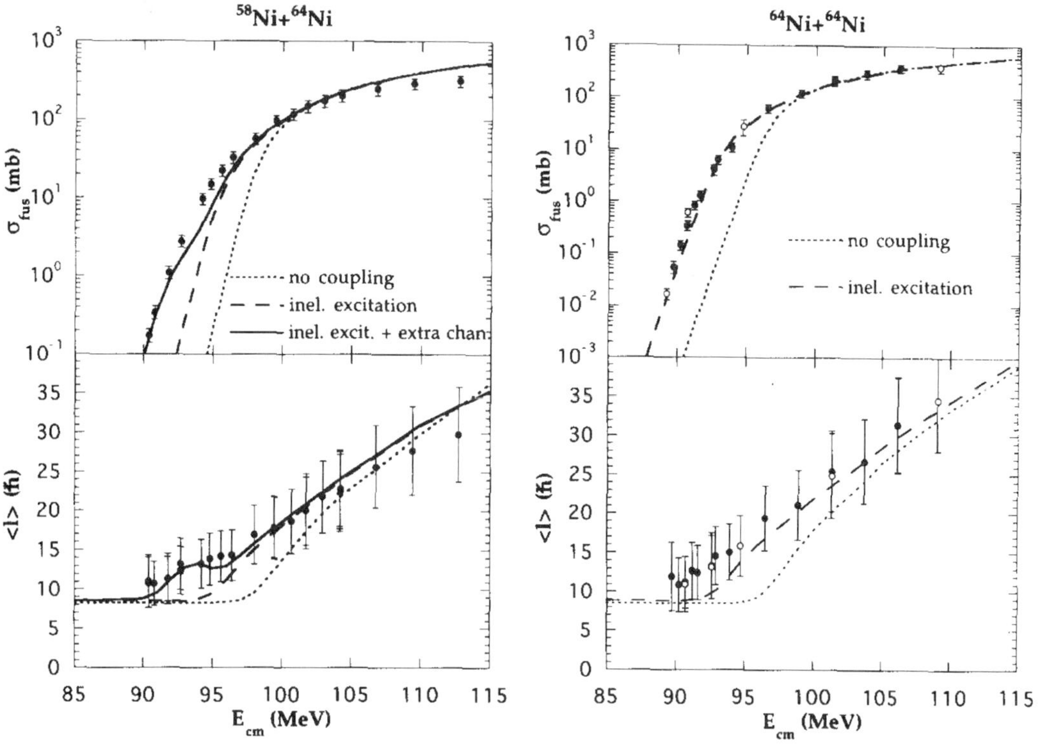


Fig. 7. The same as Fig. 6 for $^{58,64}$Ni+$^{64}$Ni.

only, whereas in $^{58}$Ni+$^{64}$Ni the additional coupling of a channel with coupling strength $F$ = 1 MeV and the $Q$-value = +3.9 MeV of the transfer reaction $^{64}$Ni($^{58}$Ni,$^{60}$Ni)$^{62}$Ni is needed for a satisfying agreement between model and experiment for both fusion cross sections and $\langle \ell \rangle$.

In Fig. 8 we compare our results for $^{58,64}$Ni+$^{64}$Ni with the above-mentioned more refined CC calculations [28]. The mean angular momenta have been calculated with the same parameterization [32]. The calculated mean angular momenta are in good agreement with the data within the experimental uncertainties. However, the large errors again do not allow for detailed conclusions. Also the measured fusion cross sections of $^{58}$Ni+$^{64}$Ni are in almost perfect agreement with the complete calculation including coupling to inelastic excitation, sequential 1n, 2n and 3n transfer and direct transfer of a neutron pair. This is not the case for $^{64}$Ni+$^{64}$Ni, where we note that the theory overestimates our data in the whole subbarrier region by a factor of 2–3.

## 4. Conclusions

For the five systems investigated in this work and in Ref. [15] both fusion cross sections as well as average angular momenta can be explained by CC calculations. In particular we have found evidence for the influence of 2n-transfer channels with positive $Q$-values on the fusion probabilities. A discrepancy remains in the comparison of the cross sections for $^{64}$Ni+$^{64}$Ni with the detailed calculations of Esbensen and

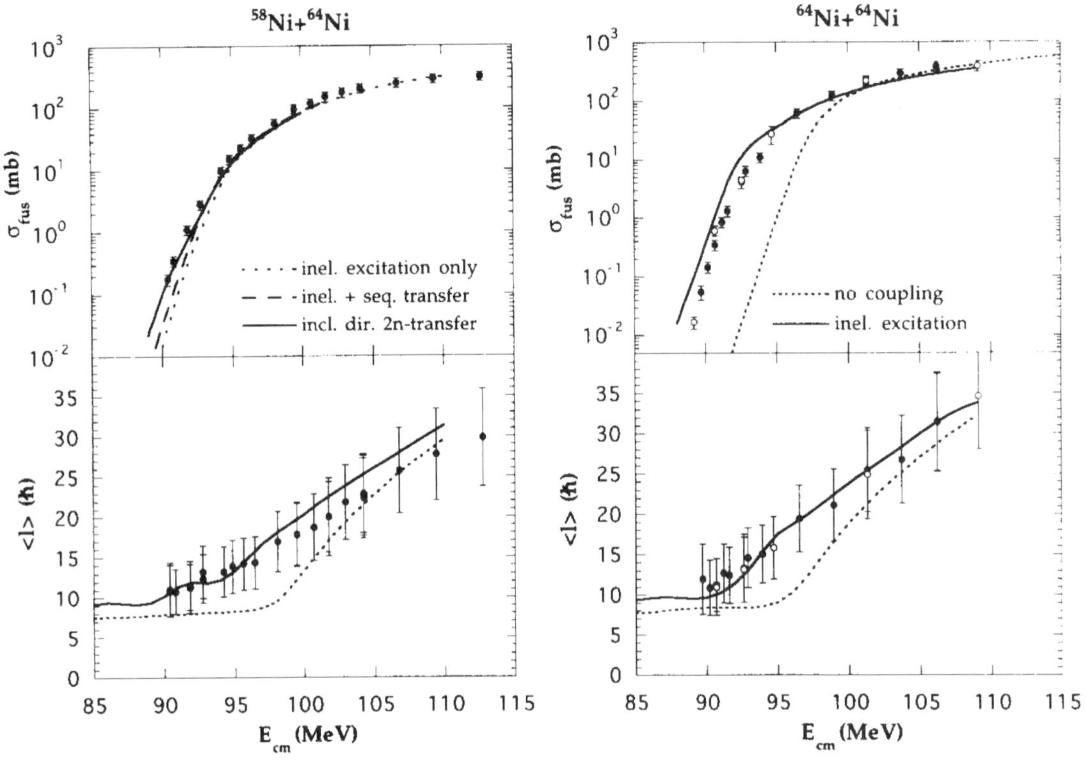


Fig. 8. Fusion cross sections and average angular momenta of this work for $^{58}Ni+^{64}Ni$ und $^{64}Ni+^{64}Ni$ compared with "exact" CC calculations [11,26,32].

Landowne [11] and with the previous data by Beckerman et al. [3,5].

The $\langle \ell \rangle$ values are in all four cases well reproduced by CC calculations using the same parameterization as for the excitation functions. In particular, the additional strength in the barrier region for $^{28}Si+^{100}Mo$ and $^{58}Ni+^{64}Ni$ is consistent with the data. The relation between the measured fusion excitation function and the experimental average angular momenta can be described consistently by using a simple analytic expression. More conclusive results could be provided by the measurement of complete spin distributions using large $\gamma$-ray spectrometers. Those data could allow for the extraction of a representation of the fusion barrier distribution produced by channel couplings [45]. Such "experimental barrier distributions" have been successfully extracted from precisely measured fusion excitation functions by differentiating twice the function $E \times \sigma_{fus}$[46–50], as proposed recently by Rowley [38].

In conclusion, it seems obvious that, when increasing the mass of a system or its grade of symmetry, more degrees of freedom become accessible and hence a larger variety of channels couples to the entrance channel in nuclear collisions close to the Coulomb barrier. When going to still higher mass systems a macroscopic description, involving the model of a neck formation, is likely to be more adequate.

**Acknowledgements**

The authors would like to thank S. Landowne for providing them with the CC calculations of the average angular momenta for the Ni+Ni systems and for carefully reading the manuscript. They also thank Mr. A. Dal Bello for his technical support, Mr. G. Manente for preparing the targets and the Tandem crew for reliably delivering the beams.

**References**

[1] R.G. Stokstad, Y. Eisen, S. Kaplanis, D. Pelte, U. Smilansky and I. Tserruya, Phys. Rev. Lett. 41 (1978) 465.
[2] R.G. Stokstad, Y. Eisen, S. Kaplanis, D. Pelte, U. Smilansky and I. Tserruya, Phys. Rev. C 21 (1980) 2427.
[3] M. Beckermann, M. Salomaa, H.A. Enge, A. Sperduto, J. Ball, A. DiRienzo, S. Gazes, Yan Chen, J.D. Molitoris and Mao Nai-feng, Phys. Rev. Lett. 45 (1980) 1472.
[4] M. Beckerman, J. Ball, H.A. Enge, M. Salomaa, A. Sperduto, S. Gazes, A. DiRienzo and J.D. Molitoris, Phys. Rev. C 23 (1981) 1581.
[5] M. Beckerman, M. Salomaa, A. Sperduto, J.D. Molitoris and A. DiRienzo, Phys. Rev. C 25 (1982) 837.
[6] M. Beckerman, M. Salomaa, J. Wiggins and R. Rohe, Phys. Rev. C 28 (1983) 1963.
[7] W. Reisdorf, F.P. Heßberger, K.D. Hildenbrand, S. Hofmann, G. Münzenberg, K.-H. Schmidt, J.H.R. Schneider, W.F.W. Schneider, K. Sümmerer, G. Wirth, J.V. Kratz and K. Schlitt, Phys. Rev. Lett. 49 (1982) 1811.
[8] C.H. Dasso, S. Landowne and A. Winther, Nucl. Phys. A 405 (1983) 381.
[9] C.H. Dasso, S. Landowne and A. Winther, Nucl. Phys. A 407 (1983) 221.
[10] S. Landowne, Proceedings of the Symposium on Heavy Ion Interactions Around the Coulomb Barrier, Legnaro, Italy, 1988, ed. C. Signorini, S. Skorka, P. Spolaore and A. Vitturi (Springer, Berlin, 1988) p. 3.
[11] H. Esbensen and S. Landowne, Phys. Rev. C 35 (1987) 2090.
[12] R. Vandenbosch, Ann. Rev. Nucl. Part. Sci. 42 (1992) 447.
[13] D.E. DiGregorio and R.G. Stokstad, Phys. Rev. C 43 (1991) 265.
[14] A.M. Stefanini, L. Corradi, D. Ackermann, A. Facco, F. Gramegna, H. Moreno, L. Müller, D.R. Napoli, G.F. Prete, P. Spolaore, S. Beghini, D. Fabris, G. Montagnoli, G. Nebbia, J.A. Ruiz, G.F. Segato, C. Signorini and G. Viesti, Nucl. Phys. A 548 (1992) 453.
[15] D. Ackermann, L. Corradi, D.R. Napoli, C.M. Petrache, P. Spolaore, A.M. Stefanini, F. Scarlassara, S. Beghini, G. Montagnoli, G.F. Segato and C. Signorini, Nucl. Phys. A 575 (1994) 374.
[16] M.L. Halbert, J.R. Beene, D.C. Hensley, K. Honkamen, T.M. Semkow, V. Abenante, D.G. Sarantites and Z. Li, Phys. Rev. C 40 (1989) 2558.
[17] K.E. Rehm, F.L.H. Wolfs, A.M. van den Berg and W. Henning, Phys. Rev. Lett. 55 (1985) 280.
[18] A. Charlop, Ph.D. Thesis, Univ. Washington (1993).
[19] A. Charlop, J. Bierman, Z. Debri, A. García, D. Prindle, A.A. Sonzogni, R. Vandenbosch, D. Ye, S. Gil, F. Hasenbalg, J.E. Testoni, D. Abriola, M. di Tada, A. Etchegoyen, M.C. Berisso, J.O. Fernandez-Niello and A.J. Pacheco, Phys. Rev. C 49 (1994) R1235.
[20] A. Charlop, J. Bierman, Z. Debri, A. García, S. Gil, D. Prindle, A.A. Sonzogni, R. Vandenbosch and D. Ye, Phys. Rev. C 51 (1995) 628.
[21] S. Gil, F. Hasenbalg, J.E. Testoni, D. Abriola, M.C. Berisso, M. di Tada, A. Etchegoyen, J.O. Fernandez-Niello and A.J. Pacheco, Phys. Rev. C 51 (1995) 1336.
[22] R.A. Broglia, C.H. Dasso, S. Landowne and A. Winther, Phys. Rev. C 27 (1983) 2433.
[23] R.A. Broglia, C.H. Dasso, S. Landowne and G. Pollarolo, Phys. Lett. B 133 (1983) 34.
[24] R.A. Broglia, C.H. Dasso and S. Landowne, Phys. Rev. C 32 (1985) 1426.
[25] C.H. Dasso und S. Landowne, Comput. Phys. Commun. 46 (1987) 187.

[26] H. Esbensen and S. Landowne, Nucl. Phys. A 492 (1989) 473.
[27] H. Esbensen and F. Videbaek, Phys. Rev. C 40 (1989) 126.
[28] A.M. Stefanini, Jincheng Xu, L. Corradi, G. Montagnoli, H. Moreno, Y Nagashima, L. Müller, M. Narayanasamy, D.R. Napoli, P. Spolaore, S. Beghini, F. Scarlassara, G.F. Segato, F. Soramel, C. Signorini, H. Esbensen, S. Landowne and G. Pollarolo, Phys. Lett. B 240 (1990) 306.
[29] K.E. Rehm, H. Esbensen, J. Gehring, B. Glagola, D. Henderson, W. Kutschera, M. Paul, F. Soramel and A.H. Wuosmaa, Phys. Lett. B 317 (1993) 31.
[30] J. Wiggins, R. Brooks, M. Beckerman, S.B. Gazes, L. Grodzins, A.P. Smith, S.G. Steadman und Y. Xiao, Phys. Rev. C 31 (1985) 1315.
[31] C.C. Sahm, H.-G. Clerc, K.-H. Schmidt, W. Reisdorf, P. Armbruster, F.P. Heßberger, J.G. Keller, G. Münzenberg and D. Vermeulen, Nucl. Phys. A 441 (1985) 316.
[32] S. Landowne, private communication, November 1992.
[33] D. Ackermann, P. Bednarczyk, L. Corradi, P. Spolaore, A.M. Stefanini, S. Beghini, A. Dal Bello, G. Montagnoli, L. Müller, F. Scarlassara, and G.F. Segato Ann. Rep. 1993, LNL - INFN (Rep) 81/94 (1994) 258.
[34] P. Spolaore, J.D. Larson, C. Signorini, S. Beghini, Zhu Xi-Kai and Si Hou-Zhi, Nucl. Instr. and Meth. A 238 (1985) 381.
[35] C. Signorini, S. Beghini, A. Dal Bello, G. Montagnoli, F. Scarlassara, G.F. Segato, F. Soramel, D. Ackermann, L. Corradi, A. Facco, H. Moreno, L. Müller, D.R. Napoli and G.F. Prete, Nucl. Instr. and Meth. A 339 (1994) 531.
[36] A. Guerrieri, G. Maron, G. Montagnoli, D.R. Napoli, and G. Prete, Nucl. Instr. and Meth. A 299 (1990) 133.
[37] D. Ackermann, Ph.D. dissertation, TH Darmstadt, March 1995 (unpublished).
[38] N. Rowley, G.R. Satchler und P.H. Stelson, Phys. Lett. B 254 (1991) 25.
[39] Code PACEL 2; A. Gavron, Phys. Rev. C 21 (1980) 230.
[40] R.D. Fischer, A. Ruckelshausen, G. Koch, W. Kühn, V. Metag, R. Mühlhans, R. Novotny, H. Stöher, H. Gröger, D. Habs, H.W. Heyng, R. Repnow, D. Schwalm, W. Reisdorf and R.S. Simon, Phys. Lett. B 171 (1986) 33.
[41] R. Schicker, N. Alamanos, P. Braun-Munzinger, J. Stachel and L. Waters, Phys. Lett. B 206 (1988) 9.
[42] F. Scarlassara, Proc. Symp. on heavy ion interactions around the Coulomb barrier, Legnaro, Italy, 1988, ed. C. Signorini, S. Skorka, P. Spolaore and A. Vitturi (Springer, Berlin, 1988) p. 79.
[43] Ö. Akyüz and A. Winther, Proc. Enrico Fermi Int. School of Physics, 1979, course on nuclear structure and heavy ion physics, ed. R.A. Broglia, C.H. Dasso and R. Ricci (North-Holland, Amsterdam, 1981).
[44] Nuclear Data Sheets, ed. J.H. Tuli and M.J. Martin, Brookhaven National Laboratory, Upton, New York.
[45] D. Ackermann, Proc. XXIX Zakopane School of Physics, Zakopane, Poland, 1995, ed. R. Broda and W. Męcyński, Acta Physica Polonica B 26 (1995) p. 517.
[46] J.R. Leigh, N. Rowley, R.C. Lemmon, D.J. Hinde, J.O. Newton, J.X. Wei, J.C. Mein, C.R. Morton, S. Kuyucak und A.T. Kruppa, Phys. Rev. C 47 (1993) R437.
[47] C.R. Morton, M. Dasgupta, D.J. Hinde, J.R. Leigh, R.C. Lemmon, J.P. Lestone, J.C. Mein, J.O. Newton, H. Timmers, N. Rowley and A.T. Kruppa, Phys. Rev. Lett. 72 (1994) 4074.
[48] A.M. Stefanini, D. Ackermann, L. Corradi, D.R. Napoli, C. Petrache, P. Spolaore, P. Bednarczyk, H.Q. Zhang, S. Beghini, G. Montagnoli, L. Müller, F. Scarlassara, G.F. Segato, F. Soramel and N. Rowley, Phys. Rev. Lett. 74 (1995) 864.
[49] A.M. Stefanini, D. Ackermann, L. Corradi, J.H. He, G. Montagnoli, S. Beghini, F. Scarlassara and G.F. Segato, Phys. Rev. C 52 (1995) R1727.
[50] J.R. Leigh, M. Dasgupta, D.J. Hinde, J.C. Mein, C.R. Morton, R.C. Lemmon, J.P. Lestone, J.O. Newton, H. Timmers, J.X. Wei and N. Rowley, Phys. Rev. C 52 (1995) 3151.

# $^{19}F+^{208}Pb$ 近垒及垒下准弹反应①

林承键　许谨诚　张焕乔　刘祖华　杨　峰　鹿立新

(中国原子能科学研究院　北京　102413)

1996-08-26 收稿

**摘　　要**

用电离室$\Delta E-E$望远镜测量了$^{19}F+^{208}Pb$体系在88、91、93、96、98、102MeV 6个能量点的准弹反应角分布．用ECIS程序拟合弹性散射角分布，得到该体系的光学势参数，观察到明显的“阈异常”现象．对转移反应角分布作了分析，得到了产物为C、N、O的转移反应的激发函数．此外，导出了3个主要转移反应道$^{208}Pb$ ($^{19}F$、$^{18}O$、$^{15}N$、$^{14}C$)的转移几率和最趋近距离的关系，得到斜率因子$\kappa$．在单核子转移的情况下，$\kappa$值与半经典计算基本符合；而对于两核子以上转移的情况，$\kappa$值小于理论值，存在着“斜率反常”的现象．同时发现$\kappa$值明显与能量相关，这无法用半经典理论解释．

**关键词**　近垒及垒下准弹反应，角分布，阈异常，斜率反常．

## 1　引　　言

八十年代以来，在近垒及垒下能区的重离子反应的研究中相继发现了垒下熔合截面增强[1—3]、弹性散射光学势的“阈异常”[4, 5]和转移反应的“斜率反常”[6—8]等现象．我们在$^{19}F+^{208}Pb$等体系观察到垒下熔合截面的增强及均方自旋值的异常[2]．现在普遍采用耦合道理论解释垒下熔合截面的增强，可以很好地再现实验激发曲线．然而，从熔合裂变碎片角分布抽取的均方自旋值尚不能用耦合道理论解释．目前，关于这方面的理论还在不断完善和发展之中[3]．

对于近垒和垒下重离子转移反应常用一维位垒穿透理论来描述．这个半经典理论能够很好地解释单核子转移反应，给出转移几率与相互作用距离的指数成反比，其衰变常数$\kappa=\sqrt{2\mu E_B/\hbar^2}$，这里$\mu$、$E_B$分别为转移粒子的约化质量和结合能．从半经典理论可知，双中子转移反应的衰变常数应是单中子转移的两倍，即$\kappa_{2n}=2\kappa_{1n}$．但是，实验上观察到双中子转移截面出现异常增大的情况[6]．这种现象被称为“斜率反常”[7]．从八十年代中期

---

① 高能物理与核物理, 1997, 21(10): 872-880.

至今，转移反应一直是近库仑位垒重离子反应研究的热点之一．研究表明，不单是双中子转移，乃至多核子转移都存在着“斜率反常”的现象[8]．

目前，人们将这些异常现象联系起来，试图寻找它们之间内在的物理原因[9]．

鉴于我们曾观测过$^{19}$F+$^{208}$Pb系统垒下熔合裂变碎片各向异性的异常，为得到该体系各个反应道的信息，有必要进行准弹反应(包括弹性、非弹和转移)的测量，从整体上研究反应机制．

迄今，研究光学势的阈异常限于球形弹核与球形或近球形靶核的体系，但是对$^{19}$F+$^{208}$Pb体系，其光学势参数、阈异常和转移反应等尚未见报道．对该体系，弹核是奇质子核，且其静态形变较大($\beta_2 = 0.44$，$\beta_4 = 0.14$)，这样，该体系的非弹和转移的成份可能较大，和球形、近球形核系统比较，可更深入了解核反应机制．

本工作主要目的是测量$^{19}$F + $^{208}$Pb体系在近垒及垒下能区的准弹反应角分布；抽取光学势参数，进行光学势与能量相依的研究以及转移反应“斜率反常”现象的研究．

## 2 实验方法

实验是在中国原子能科学研究院HI-13串列加速器上完成的．$^{19}$F束流能量为102、98、96、93、91、88MeV．进行了两轮独立的实验．测量了$^{19}$F + $^{208}$Pb各能点出射粒子角分布，角度步长为4°，范围在40°—160°之间．另外测量了44、55、66MeV $^{12}$C + $^{208}$Pb和54、68、80MeV $^{16}$O + $^{208}$Pb在36°、40°、44°的微分截面，用于质量刻度，也为了与其它实验数据比较．

在实验中，用一块Si(Au)面垒型半导体探测器作监视器，置于 − 42.4°，前加$\phi$3mm光栏，中心距靶191.2mm．用它归一各种反应的微分截面．$^{208}$Pb靶厚为100μg / cm$^2$，蒸发在厚20μg / cm$^2$的碳底衬上．采用$\phi$5mm的点靶，以限制束斑的大小和位置的漂移．

反应产物用屏栅电离室$\Delta E$-$E_R$望远镜计数器探测，该望远镜内含3块$E_R$半导体探测器，形成3路$\Delta E$-$E_R$的结构[10]．$E_R$探测器距靶214mm，前面加$\phi$6.44mm的光栏．电离室内充$2.6\times10^4$Pa左右的P10(Ar + 10%$CH_4$)气体，流气系统保证在10h内气压波动小于65Pa．对于反应产物，$\Delta E$分辨率小于3%，$E_R$分辨率小于1%，总能量分辨率小于1.5%．因此该探测器可以区分$^{19}$F基态和1.3457MeV及其以上的激发态，而两个低激发态(0.1098、0.1971MeV)因无法区分而与基态混在一起．由于$\Delta E$电离室分辨良好，所以该望远镜还有同位素分辨能力．在$\Delta E$-$E_R$双维谱上，可以看到相同$Z$值带群中不同$M$值的同位素线(见图1)．

## 3 数据处理

根据确定的电离室工作气压，计算不同产物相应能量的同位素线，与实验值比较(见图1)，可以确定反应产物的$Z$、$M$值．由图1可见，对于转移产物，C的同位素中，主要是$^{14}$C；N的同位素中，主要是$^{15}$N，其次是$^{17}$N，产额比$Y_{15}:Y_{17}\approx 30:1$；O的同位素中，$^{18}$O的产额最多，$^{16}$O其次，产额比 $Y_{18}:Y_{16}\approx 25:1$．因为其它同位素成份较小，为便于数据处理，取$^{14}$C、$^{15}$N和$^{18}$O做实际计算．

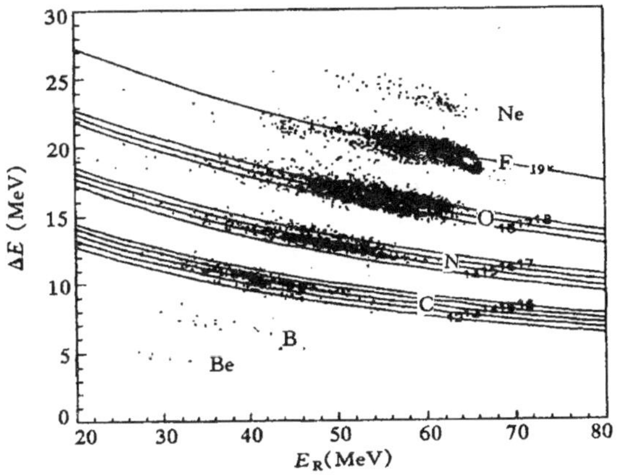


图1　$\Delta E-E_{\mathrm{R}}$双维质量刻度谱

$E_{\mathrm{lab}}$=102MeV，$\theta_{\mathrm{lab}}$=86°

角分布数据是在双维谱上开窗投影到单维谱上获得的，共开4个窗，分别对应F、O、N、C．将事件逐个转到质心系进行分析．对弹性散射谱，采用不对称高斯拟合，其中包括基态和两低激发态的非弹数据，其它非弹道的数据由F窗内总计数减去弹散道数据获得．转移道的能量分布较宽，且数目较少，因此没有进行拟合．其数目分别由各自窗内总计数获得．各角分布均由监视器计数归一化，亦采用不对称高斯拟合其弹性峰，给出弹散数目．

通常，弹性散射角分布写成与Rutherford散射比值的形式：

$$\sigma_{\mathrm{el}}(\theta_{\mathrm{c}})\ /\ \sigma_{\mathrm{Ru}}(\theta_{\mathrm{c}})=\frac{WT(\theta_{\mathrm{c}})}{WT(\theta_{\mathrm{c-mo}})}\cdot\frac{\mathrm{d}N_{\mathrm{el}}}{\mathrm{d}N_{\mathrm{mo}}}\cdot\frac{\mathrm{d}\Omega_{\mathrm{mo}}}{\mathrm{d}\Omega_{\mathrm{el}}}\cdot\frac{\sigma_{\mathrm{Ru}}(\theta_{\mathrm{c-mo}})}{\sigma_{\mathrm{Ru}}(\theta_{\mathrm{c}})}\ ,\tag{3.1}$$

$$WT(\theta_{\mathrm{c}})=\frac{1+\gamma\cos\theta_{\mathrm{c}}}{1+\gamma^{2}+2\gamma\cos\theta_{\mathrm{c}}}\ ,\tag{3.2}$$

其中

$$\gamma=\left(\frac{A_{\mathrm{a}}A_{\mathrm{b}}}{A_{\mathrm{A}}A_{\mathrm{B}}}\cdot\frac{E_{\mathrm{c}}}{E_{\mathrm{c}}+Q}\right)^{1/2},$$

在计算 $\mathrm{d}N_{\mathrm{el}}$时考虑了两项修正：①死时间修正．②效率修正：主要由探测器加工误差导致测量立体角的不同引起．在计算中，以最前角弹散和Rutherford比值*EFF*作修正．

在质心系中的转移反应微分截面由下式计算：

$$\sigma_{\mathrm{tr}}(\theta_{\mathrm{c-tr}})=\frac{WT_{\mathrm{tr}}(\theta_{\mathrm{c-tr}})}{WT_{\mathrm{el}}(\theta_{\mathrm{c-el}})}\cdot\frac{\mathrm{d}N_{\mathrm{tr}}}{\mathrm{d}N_{\mathrm{el}}}\ \sigma_{\mathrm{el}}(\theta_{\mathrm{c-el}})\ .\tag{3.3}$$

由于转移反应的$Q$值不为零，故其$\gamma_{\mathrm{tr}}$与弹散$\gamma$不同，导致质心系角度$\theta_{\mathrm{c-tr}}$和实验室系到质心系截面转移系数 $WT_{\mathrm{tr}}(\theta_{\mathrm{c-tr}})$与弹性散射的略有差别．在公式(3.3)中，$\mathrm{d}N_{\mathrm{tr}}$、$\mathrm{d}N_{\mathrm{el}}$在相同条件的情况下测量，故不必考虑效率和死时间的修正．这样，可由弹散角分布$\sigma_{\mathrm{el}}$得到转移的角分布$\sigma_{\mathrm{tr}}$．

本工作得到的$^{19}$F + $^{208}$Pb反应在各能量下的弹性和转移反应的角分布，如图2所示．图中，弹性散射的拟合线是光学模型计算的结果．在数据处理过程中，主要考虑到监视器、望远镜探测器立体角的误差、统计和拟合误差等．对于转移角分布，由于转移数目少，统计误差占主要部分．

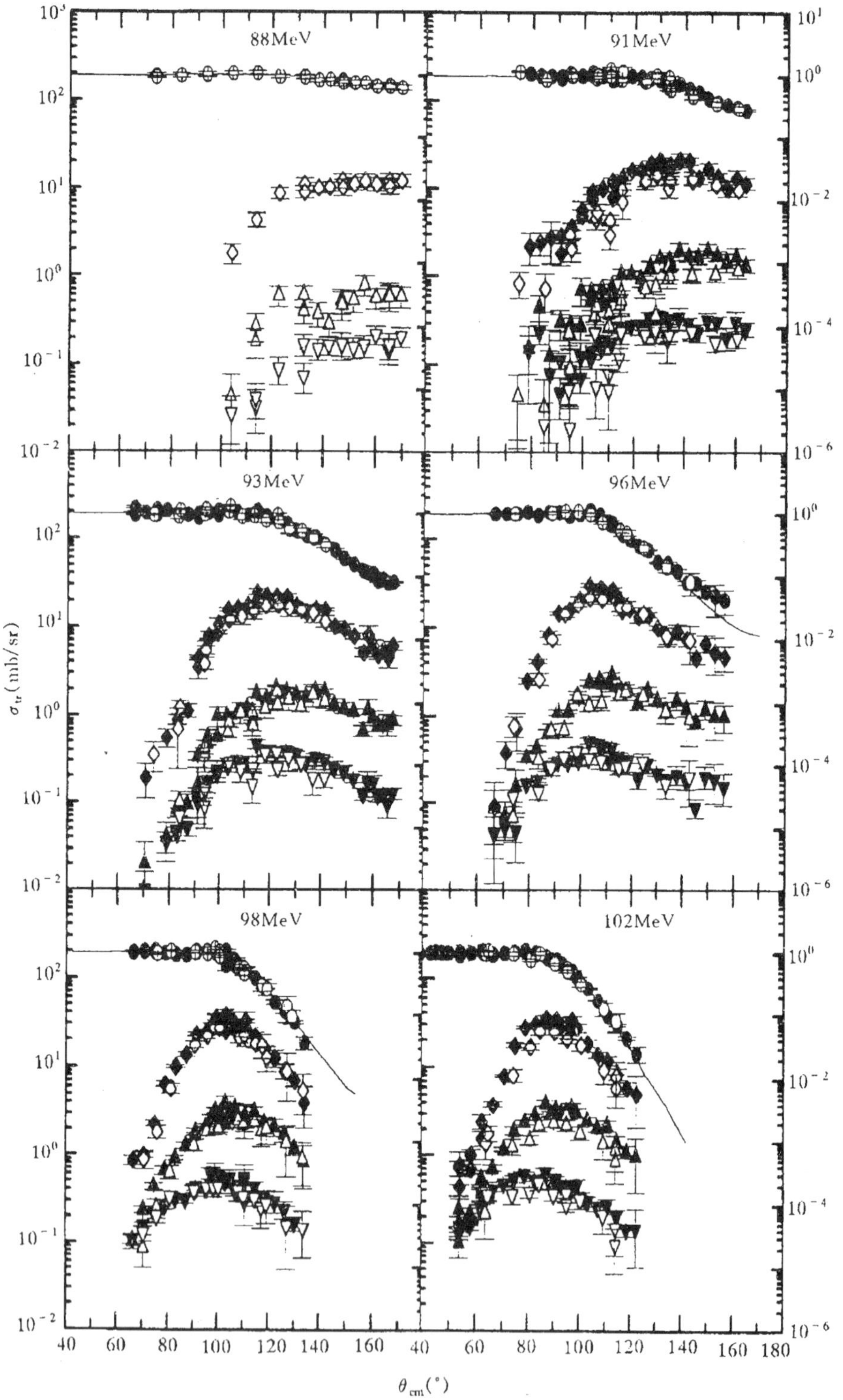


图 2　各能量点弹性和转移反应角分布

○ ● 弹性散射；◇◆ $^{208}Pb$ ($^{19}F$, $^{18}O$)转移反应；△▲ $^{208}Pb$($^{19}F$, $^{15}N$)转移反应；▽▼ $^{208}Pb$($^{19}F$, $^{14}C$)转移反应. 空心点是DEES数据；实心点是DEER数据. $^{208}Pb$($^{19}F$, $^{15}N$)和$^{208}Pb$($^{19}F$, $^{14}C$)转移反应数据分别乘以$10^{-1/2}$和$10^{-1}$.

# 4 结果分析与讨论

## 4.1 弹性散射的分析

采用耦合道光学模型的 ECIS 程序[11]对弹性散射角分布进行计算，在程序中采用 Woods–Saxon形式的光学势．为避免光学势的 Igo 模糊[12]，拟合时固定弥散参数 $a_i$，即 $a_V = a_W = a_0 =$ 定值，并且使实、虚势半径相同，即 $r_{0V} = r_{0W} = r_0 = 1.24$fm．在这种条件下，寻找实、虚势深度 $V_R$和 $W_I$的最佳值．

对 ECIS 程序的使用，必须说明几点：①在程序计算中，采用靶和炮弹交换的方式；②集体运动模式选为对称转动模型；③在弹性角分布中混杂有两个低激发态的非弹成份，故考虑了 0.19715MeV$(5/2^+)$态和基态在 $K = 1/2$ 转动带上的耦合($E2$ 跃迁)，跃迁强度由形变参数决定[13]：

$$B(E\lambda) = \left(\frac{3ZeR^{\lambda}}{4\pi}\right)^2 \beta_{\lambda}^2 , \tag{4.1}$$

其中，$\lambda$为跃迁多极性，$R$为同体积球形半径，$R \approx 1.06A^{1/3}$．另一低激发态(0.10989 MeV，1/2)和基态不在同一条转动带上，为一级禁戒，不予考虑；④在无库仑校正的情况下，匹配半径 $R_M$和最大分波数 $l_{max}$应取较大的值，我们取 $R_M = 50$fm，$l_{max} = 200$；⑤对于各个势形变取相同值：$\beta_2 = 0.44$，$\beta_4 = 0.14$．

阈异常是在近垒及垒下能区发生在灵敏半径处的行为，因此，必须确定各能量点光学势的灵敏半径 $R_S$．固定 $a_V = a_W = a_0$．在不同弥散参数 0.43、0.48、0.53、0.58、0.63 和 0.68 下拟合得到光学势 $V_R$和 $W_I$．再作出 $V_R$和 $W_I$随 $r$ 变化的关系曲线，在 $R_S$处不同弥散参数的 $V$、$W$将具有相同的值 $V_S$和 $W_S$．在 98MeV 时，实、虚势灵敏半径分别为 $R_{SV} = 12.64$fm，$R_{SW} = 12.66$fm．用这种方法确定实、虚势的灵敏半径在不同能量下稍有不同．为了能够统一描写，取 $R_S = 12.50$fm 作为这一能区光学势的灵敏半径．为找出这一能区内较适合的弥散参数 $a$，综合考虑了各能量点 $a$ 值和拟合$\chi^2$值之间的关系，取 $a_0 = 0.58$fm 作为最佳值．由此确定的该体系各能量点光学势参数和 $R_S$处的 $V$、$W$值见表 1 和图 3．

**表 1 各能量点光学势参数和灵敏半径处$V_S$、$W_S$值** (单位：MeV)

| | DEER | | | | DEES | | | |
|---|---|---|---|---|---|---|---|---|
| $E_{lab}$ | $V_R$ | $W_I$ | $V_S$ | $W_S$ | $V_R$ | $W_I$ | $V_S$ | $W_S$ |
| 102 | 60.09 | 30.00 | 2.40 | 1.20 | 56.00 | 37.32 | 2.24 | 1.49 |
| 98 | 58.42 | 15.31 | 2.33 | 0.61 | 64.94 | 9.89 | 2.59 | 0.40 |
| 96 | 59.48 | 19.01 | 2.38 | 0.76 | 60.26 | 10.42 | 2.41 | 0.42 |
| 93 | 77.36 | 6.98 | 2.93 | 0.28 | 77.39 | 0.44 | 3.09 | 0.02 |
| 91 | 82.39 | 0.24 | 3.29 | 0.01 | 88.53 | 0.16 | 3.54 | 0.01 |
| 88 | — | — | — | — | 59.68 | 5.54 | 2.38 | 0.22 |

$r_0$=1.24 fm, $a_0$=0.58fm, $R_S$=12.50fm

由图 3 可见，$^{19}F+^{208}Pb$ 体系在近垒和垒下能区有明显阈异常的现象.

根据 C. Mahaux[14]，这种能量相关的光学势可表示为：

$$U(E) = V_0 + \Delta V(E) + iW(E)\ , \tag{4.2}$$

其中，$V_0$是与能量无关的常数势，$\Delta V(E)$与能量相关. 实部与虚部通过色散关系联系起来：

$$\Delta V(E) = (E - E_b)\frac{P}{\pi} \times \int_0^{\infty} \frac{W(E')}{(E' - E_b)(E' - E)} dE'\ , \tag{4.3}$$

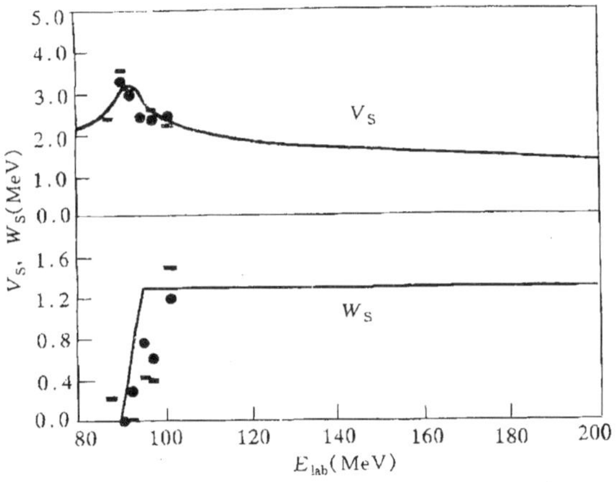


图 3　$^{19}F+^{208}Pb$体系的阈异常现象

● DEER数据；■ DEES数据.

这里，$P$代表积分主值，$W(E)$与能量的关系用折线表示：

$$W(E) = \begin{cases} 0 & E \le E_a \\ \dfrac{W_0}{E_b - E}(E - E_a) & E_a < E < E_b \\ W_0 & E \ge E_b \end{cases} \tag{4.4}$$

由色散关系可知：虚势 $W(E)$的变化引起$\Delta V(E)$的变化，从而导致 $U(E)$伴随 $W(E)$随能量的剧烈变化. 图 3 中实线是考虑色散关系(4.3)式拟合数据点后得到的，由于数据点较少，所以误差较大. 同时，得到公式(4.2)—(4.4)中涉及的参数：$V_0 \approx 2.91$MeV，$W_0 \approx 1.28$MeV，$E_a \approx 90.0$MeV，$E_b \approx 95.4$MeV.

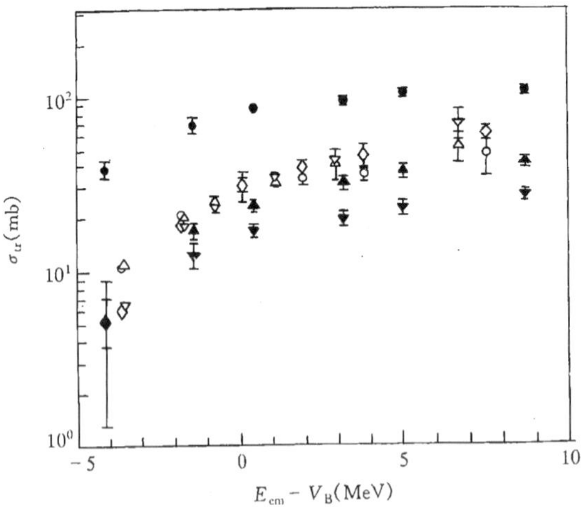


图 4　$^{19}F+^{208}Pb$转移反应的激发函数

● $^{208}Pb(^{19}F, O)$；▲ $^{208}Pb(^{19}F, N)$；▼ $^{208}Pb(^{19}F, C)$；○ $^{208}Pb(^{16}O, N)$；◇ $^{208}Pb(^{16}O, C)$；△ $^{209}Bi(^{16}O, N)$；▽ $^{209}Bi(^{16}O, C)$. 实心点是本工作的数据，空心点是取自文献[15]的数据.

### 4.2　转移反应的分析

采用不对称高斯函数拟合各转移角分布，然后代入截面积分公式得到总截面. 根据拟合结果，作出各转移反应的激发函数见图 4.

对比图中数据可知：在近垒和垒下能区，$^{19}F + ^{208}Pb$ 体系单质子转移的几率要比$^{16}O + ^{208}Pb$ 和$^{16}O + ^{209}Bi$ 体系的大，这可能是弹核$^{19}F$为奇质子核或者有较大的静态形变所致. 因此，采用耦合道理论解释垒下熔合反应异常时,应该考虑到转移道的影响.

在较大距离的核子转移中常用转移几率 $P_{tr}$来描述. 不同的作者对转移几率有不同的定义[16,17]. 这里采用 D. M. Herrick 等人[8]的定义:

$$P_{tr} = \frac{d\sigma_{tr} / d\Omega}{2\pi b db} \quad , \tag{4.5}$$

式中, $b$ 为碰撞参数. 假定碰撞沿 Rutherford 轨道,则 $bdb$ 可写为:

$$bdb = \frac{\eta}{k\sin(\theta_{cm} / 2)} \ dD \ , \tag{4.6}$$

其中, $\eta$为 Sommerfeld 参数, $k$ 为波数. 这样, 通过(4.5)和(4.6)式, 可以得到:

$$\frac{P_{tr}}{\sin(\theta_{cm} / 2)} = \frac{4}{a^2} \ \sin^3(\theta_{cm} / 2)\frac{d\sigma_{tr}}{d\Omega} \quad , \tag{4.7}$$

这里, $a = \eta / k$.

另一方面,转移反应的半经典方法给出在大相互作用距离处转移几率值[18]:

$$\frac{P_{tr}}{\sin(\theta_{cm} / 2)} = \frac{\pi\kappa}{2\eta k} \ C_{if} \exp(-2\kappa D) \ , \tag{4.8}$$

其中, 入、出射道的谱学因子 $C_{if}$是一个与能量无关的无量纲的数,$\kappa$是由结合能导出的衰变常数,即:

$$\kappa = \sqrt{2\mu E_B^{eff} / \hbar^2} \quad , \tag{4.9}$$

式中, $\mu$为转移粒子和转移后施主核的折合质量, $E_B^{eff}$是有效结合能:

$$E_B^{eff} = E_B - \frac{Z_c Z_{ac} e^2}{D_0} \quad , \tag{4.10}$$

这里, $E_B$是转移粒子和转移后施主核的结合能, $Z_c$、$Z_{ac}$分别是转移粒子和转移前受主核的核电荷数.

必须指出,在(4.7)和(4.8)式使用中应注意入、出射道平滑连接的条件,即 $D = D_i = D_f$. 这样,可以推出 $\theta_{cm} = (\theta_{cmi} / 2 + \theta_{cmf} / 2)$. 由以上分析,可以从理论和实验上得到$\kappa$值,详见表 2.

**表 2　各主要转移反应道$\kappa_{theory}$和$\kappa_{exp}$的比较**

| | $\kappa_{exp}$ | | | | | | | | | | | | $\kappa_{theory}$ |
|---|---|---|---|---|---|---|---|---|---|---|---|---|---|
| $E_{lab}$(MeV) | 102 | | 98 | | 96 | | 93 | | 91 | | 88 | | — |
| $^{208}$Pb ($^{19}$F, $^{18}$O) | 0.71 | 0.01 | 0.82 | 0.01 | 0.78 | 0.01 | 0.85 | 0.01 | 0.85 | 0.05 | 0.81 | 0.11 | 0.87 |
| $^{208}$Pb ($^{19}$F, $^{15}$N) | 0.55 | 0.02 | 0.66 | 0.02 | 0.67 | 0.04 | 0.79 | 0.02 | 0.74 | 0.03 | 0.81 | 0.08 | 1.79 |
| $^{208}$Pb ($^{19}$F, $^{14}$C) | 0.28 | 0.03 | 0.37 | 0.03 | 0.40 | 0.03 | 0.54 | 0.02 | 0.69 | 0.03 | 0.86 | 0.22 | 2.72 |

$\kappa$值的单位是$fm^{-1}$; $\kappa_{theory}$与能量无关; $\kappa_{exp}$的第一列为$\kappa$值, 第二列为其误差.

从表中$\kappa_{theory}$和$\kappa_{exp}$的比较可知: 对单核子转移(−1p)实验$\kappa$值基本上与理论符合;而对其它两种转移(−2p−2n 和 −3p−2n)的情况, $\kappa_{exp}$远小于$\kappa_{theory}$, 转移几率大于理论值,即存在显著的"斜率反常". 半经典理论所给出的斜率常数$\kappa_{theory}$与能量无关,但从实验中得出的$\kappa_{exp}$和能量存在着明显的依赖关系，而且不同数目核子的转移反应对能量的依赖关系不同，如图 5 所示．这个现象值得深入探讨，有可能是解决多核子转移反应“斜率反常”的关键所在．进一步分析有待进行．

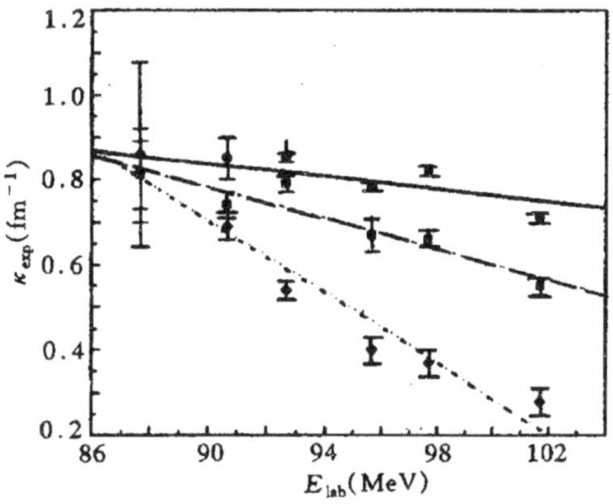


图 5 3个主要转移反应道转移斜率与能量的关系

● $^{208}$Pb($^{19}$F, $^{18}$O); ■ $^{208}$Pb($^{19}$F, $^{15}$N); ◆ $^{208}$Pb($^{19}$F, $^{14}$C).
实线、虚线和点线分别是$^{208}$Pb($^{19}$F, $^{18}$O)、$^{208}$Pb($^{19}$F, $^{15}$N)和$^{208}$Pb($^{19}$F, $^{14}$C)的实验斜率值的线性拟合线．

## 5 结 束 语

测量了 88、91、93、96、98、102MeV6个能量点$^{19}$F+$^{208}$Pb体系的准弹(包括弹性、非弹和转移)反应角分布．对这些角分布的分析，得到了$^{19}$F+$^{208}$Pb体系的光学势参数，观察到该体系在近垒能区存在光学势的“阈异常”的现象；转移反应的截面比球形或近球形核体系大，这与弹核的大静态形变有关；多核子转移反应存在着“斜率反常”的现象，而且斜率值和能量有关，这不能用半经典理论解释．关于能量相依势和垒下熔合截面增强的关系正在作进一步的分析．

感谢 HI-13串列加速器的运行人员提供良好的束流．

## 参 考 文 献


[1] R. G. Stokstad, Y. Eisen, S. Kaplanis *et al.*, *Phys. Rev. Lett.*, **41**(1978)465.

[2] H. Q. Zhang, Z. H. Liu, J. C. Xu *et al.*, *Nucl. Phys.*, **A512**(1990)531.

[3] D. Vorkapic, B. Ivanisevic, *Phys. Rev.*, **C52**(1995)1980.

[4] J. S. Lilley *et al.*, *Phys. Lett.*, **B128**(1983)153.

[5] N. Keeley, J. A. Christley, N. M. Clarke *et al.*, *Nucl. Phys.*, **A582**(1995)314; I. Martel, J. Gomeg-Camacho, C. O. Blyth *et al.*, *Nucl. Phys.*, **A582**(1995)357.

[6] K. E. Rehm, Heavy Ion Interactions Around the Coulomb Barrier, Proceedings of a Symposium, Legnaro, Italy, June 1—4, 1988, editors: C. Signorini, S. Skorka, P. Spolaore, and A. Vitturi, Lecture Notes in Physics 317, Springer-Verlag, Berlin, (1988)P. 105.

[7] C. Y. Wu, W. von Oertzen, D. Cline *et al.*, *Ann. Rev. Nucl. Part. Sci.*, **40**(1990)285.

[8] D. M. Herrick, F. L. H. Wolfs, D. C. Bryan *et al.*, *Phys. Rev.*, **C52**(1995)755.

[9] M. A. Nagarajan, Proceedings of the JAERI International Symposium on Heavy-Ion Reaction Dynamics in Tandem Energy Region, August 1—3, 1988, Hitachi, Japan, edited by Y. Sugiyama, A. Iwamoto, and H. Ikezo, Universal Academy Press, Inc, (1989)P.75.

[10] 林承键，紧凑的多路$\Delta E$-$E$电离室望远镜系统，原子能科学技术，待发表．

[11] J. Raynal, Computing as a Language of Physics, I. A. E. A., Vienna, (1972)P. 281.

[12] G. Igo, *Phys. Rev. Lett.*, **1**(1958)2; *Phys. Rev.*, **115**(1959)1665.

[13] H. Timmers, J. R. Leigh, M. Dasgupta *et al.*, *Nucl. Phys.*, **A584**(1995)190.

[14] C. Mahaux, H. Ngo, G. R. Satchler, *Nucl. Phys.*, **A449**(1986)354.

[15] E. Vulgaris *et al.*, *Phys. Rev.*, **C33**(1986)2017.

[16] R. B. Roberts *et al.*, *Phys. Rev.*, **C47**(1993)1831.

[17] C. N. Pass *et al.*, *Nucl. Phys.*, **A499**(1989)173.
[18] R. Bass, Nuclear Reactions With Heavy Ions, Springer-Verlag, Berlin, (1980).

# Quasi-elastic Scattering of $^{19}$F + $^{208}$Pb System at Near- and Sub-barrier Energies

Lin Chengjian Xu Jincheng Zhang Huanqiao
Liu Zuhua Yang Feng Lu Lixin
(*China Institute of Atomic Energy*, *Beijing* 102413)

Received 26 August 1996

Abstract

The quasi-elastic scattering angular distributions of $^{19}$F + $^{208}$Pb system at energies of 88, 91, 93, 96 and 102 MeV have been measured by means of ionization chamber $\Delta E$–$E$ telescope. The optical potential parameters of the system were obtained from the fit of the angular distributions of the elastic scattering with ECIS code, and the phenomenon of the "threshold anomaly" is clearly observed. The angular distributions and the excitation functions of the products C, N and O from transfer reactions were also obtained. The slope factor $\kappa$ were deduced from the relations between the transfer probabilities and the closest distances for three main transfer channels. The $\kappa$ values agree with the semi-classical calculation for the single nucleon transfer reaction, but are smaller than the calculation for the multi-nucleon transfer reactions, and depend on theincident energies. The "slope anomaly" and the energy dependence of $\kappa$ can not be explained by the semiclassical theory.

**Key words** near- and sub-barrier quasi-elastic scattering, angular distribution, threshold anomaly, slope anomaly.

# $^{16}$O + $^{152}$Sm、$^{184}$W 准弹和弹性散射的位垒分布①

张焕乔 杨 峰 林承键 刘祖华 胡跃明

(中国原子能科学研究院 北京 102413)

**摘要** 利用$^{16}$O束流轰击稳定形变靶$^{152}$Sm和$^{184}$W，在背角测量准弹散射和弹性散射激发函数，分别定出准弹和弹性位垒分布 $D^{qel}(E)$和 $D^{el}(E)$．将结果与从已有的熔合激发函数、自旋分布及其相邻同位素$^{154}$Sm和$^{186}$W实验得出的位垒分布进行比较，得到相互自洽的结果，同时也用 ECIS79 程序作了耦合道理论计算．实验表明，靶的变形效应导致位垒分布是非对称的．

**关键词** 垒下熔合 准弹散射 弹性散射 激发函数 位垒分布

## 1 引言

70 年代末发现的垒下熔合截面增强现象一直引起人们的广泛关注．按照现有理解，这种增强涉及碰撞核的内部自由度与入射道相对运动之间耦合的多维位垒穿透．这种耦合导致一个熔合位垒分布，其耦合强度和性质都反映在位垒分布中．通过实验上直接精确测量熔合位垒分布，可以得到耦合物理因素的定量信息，这对检验现有垒下熔合模型起着关键作用．

1991 年，Rowley 等人[1]从理论分析上提出，可以直接从精确测量熔合激发函数来确定熔合位垒分布，它相应于能量与熔合反应截面乘积对能量的二次微商．在变形核的情况下，预期位垒分布是非对称的，不同于过去理论采用的分布形式．本工作将着重研究一个球形核与一个变形核的碰撞，变形核不同的角度取向将导致一个连续的位垒分布．简单的两道耦合模型计算结果表明，任何耦合相互作用都将单位垒劈裂成一个较低和一个较高能量的位垒．较低的位垒响应于垒下熔合截面的增强．理论上已经确定熔合反应自旋分布与熔合位垒分布之间的关系[2]，从而提供了熔合激发函数、自旋分布和熔合位垒分布的实验值与理论值之间的比较，这将对现有垒下熔合模型做出严格的检验．

1991 年，Wei 等人[3]首次直接从精确测量的$^{16}$O + $^{154}$Sm 系统的熔合激发函数抽取出位垒分布，明显观察到靶核静态形变的效应，正如理论所预言位垒分布是非对称的，但拟合

① 高能物理与核物理,1998,22(9):769-779.

熔合数据得出的四极形变参数$\beta_2$显著低于库仑激发实验给出值．后来进一步测量了$^{16}O + {}^{144,148}Sm$、$^{186}W$系统的熔合位垒分布[4—6]，通过改进的理论拟合$^{16}O + {}^{154}Sm$数据[5]，得出的$\beta_2$和$\beta_4$值与从分析库仑激发和α粒子非弹散射数据给出的数值很好一致．可是用同样的理论拟合$^{16}O + {}^{186}W$熔合数据[4]，得到的形变参数值不同于库仑激发数据给出值．现有结果表明，熔合位垒分布可能是探测核形状的一个灵敏探针．

用熔合激发函数测定位垒分布的实验虽然取得了一些很好的结果，但同时也发现，由于实验上熔合位垒分布的误差正比于熔合截面，因此随着能量的增加误差迅速增大，即使熔合反应截面精度达到1%，垒上部分的位垒结构仍难以确定．这样就要求寻找新的方法来共同确定熔合位垒分布．

有人提出[7,8]，在背角测量一个反应的准弹散射激发函数可能提供位垒分布的一些信息．Rowley等人[9]又进一步提出了用弹性散射激发函数抽取位垒分布的方法．目前实验上虽然已测量了许多系统的准弹散射和弹性散射角分布，但激发函数的测量仍是寥寥无几．至今用此方法仅测量了$^{16}O + {}^{144,154}Sm$、$^{186}W$系统的位垒分布．为此，我们希望通过对$^{16}O + {}^{152}Sm$、$^{184}W$系统准弹散射和弹性散射激发函数的测量能够对这两种新方法做出检验．此外，本文利用熔合自旋分布与位垒分布之间的关系，首次实现将实验直接测量的位垒分布与从已有自旋分布抽取的熔合位垒分布作直接比较．同时，将准弹和弹性位垒分布与已有熔合激发函数及相邻同位素$^{154}Sm$和$^{186}W$得到的实验位垒分布进行比较，给出了自洽的结果．本文还用ECIS79程序做了耦合道理论计算．

## 2　理论背景

如果定义一个归一的熔合位垒分布$D^{\text{fus}}(B)$，这时熔合激发函数可写作[1]：

$$\sigma^{\text{fus}}(E) = \int_0^{\infty} D^{\text{fus}}(B)\sigma^{\text{fus}}(E,B)\mathrm{d}B, \tag{1}$$

若用$R_{\text{f}}$表示熔合位垒半径，由熔合激发函数抽取的位垒分布形式是：

$$D^{\text{fus}}(E) = \frac{1}{\pi R_{\text{f}}^2}\frac{\mathrm{d}^2}{\mathrm{d}E^2}\left[E\sigma^{\text{fus}}(E)\right]. \tag{2}$$

### 2.1　准弹位垒分布[10]

为了从背角测量的准弹散射激发函数推导出位垒分布的形式，首先我们知道，对于角动量$l = 0$时的反射系数$R_0(E)$由180°处准弹散射微分截面和Rutherford散射微分截面之比给出，

$$R_0(E) = \frac{\mathrm{d}\sigma^{\text{qel}}}{\mathrm{d}\sigma^{\text{R}}}(E,\ \theta = 180^\circ), \tag{3}$$

此时对应的透射系数$T_0(E)$表示为[11]：

$$T_0(E) = \frac{1}{\pi R_{\text{f}}^2}\frac{\mathrm{d}(E\sigma^{\text{fus}})}{\mathrm{d}E}, \tag{4}$$

上式再对能量求导即方程(2)所定义的位垒分布．考虑到通量守恒，有：

$$D^{\text{fus}}(E)=\frac{\mathrm{d}T_0}{\mathrm{d}E}=-\frac{\mathrm{d}R_0}{\mathrm{d}E}=-\frac{\mathrm{d}}{\mathrm{d}E}\left[\frac{\mathrm{d}\sigma^{\text{qel}}}{\mathrm{d}\sigma^{\text{R}}}(E,\ \theta=180^\circ)\right].\tag{5}$$

对于多维位垒，在绝热近似和等离心近似下[10]，引入权重因子 $W_k\equiv U_{0k}^2$，准弹散射微分截面表示为：

$$\frac{\mathrm{d}\sigma^{\text{qel}}}{\mathrm{d}\sigma^{\text{R}}}(E,\ \theta)=\frac{1}{\mathrm{d}\sigma^{\text{R}}}\sum_{k=0}^{n}W_k\left|\frac{\lambda\!\!\!^{-}}{2\mathrm{i}}\sum_l(2l+1)P_l(\cos\theta)\exp(2\mathrm{i}\sigma_k^l)\bar{S}_k^l\right|^2=\sum_{k=0}^{n}W_k\frac{\mathrm{d}\sigma_k}{\mathrm{d}\sigma^{\text{R}}}(E),\tag{6}$$

这里 $\mathrm{d}\sigma_k$ 是第 $k$ 本征道的准弹微分截面．再对能量求一次微商，就得到由准弹散射激发函数抽取的位垒分布：

$$D^{\text{qel}}(E)\equiv-\frac{\mathrm{d}}{\mathrm{d}E}\left[\frac{\mathrm{d}\sigma^{\text{qel}}}{\mathrm{d}\sigma^{\text{R}}}(E)\right]=-\sum_{k=0}^{n}W_k\frac{\mathrm{d}}{\mathrm{d}E}\left(\frac{\mathrm{d}\sigma_k}{\mathrm{d}\sigma^{\text{R}}}\right).\tag{7}$$

鉴于实验上很难直接测量 $\theta_{\text{lab}}=180^\circ$ 的激发函数，可尽量选择靠近 180° 的探测角，同时 $D^{\text{qel}}(E,\theta)$ 的能量刻度要减去一个离心能 $E_{\text{cent}}(E)$：

$$E_{\text{cent}}=E_{\text{cm}}\frac{\operatorname{cosec}(\theta_{\text{cm}}/2)-1}{\operatorname{cosec}(\theta_{\text{cm}}/2)+1},\tag{8}$$

式中 $E_{\text{cm}}$ 和 $\theta_{\text{cm}}$ 分别为质心系的能量和角度．

**2.2　弹性位垒分布[9]**

在本征道模型中，反应道 $j$ 的散射矩阵元 $S_j^l$ 可以写成本征道 $k$ 的散射矩阵元 $\bar{S}_k^l$ 的线性迭加，即 $S_j^l=U_{jk}U_{0k}\bar{S}_k^l$．散射振幅 $f_j(E,\theta)$ 表示成：

$$f_j(E,\theta)=\frac{\lambda\!\!\!^{-}}{2i}\sum_{l,k}(2l+1)P_l(\cos\theta)\exp[2i\sigma_j^l]U_{jk}U_{0k}\bar{S}_k^l,\tag{9}$$

式中 $\sigma_j^l$ 是第 $j$ 道的库仑相移．这样，弹性散射振幅 $f^{\text{el}}\equiv f_{j=0}$ 写作：

$$f^{\text{el}}(E,\theta)=\sum_{k=0}^{n}W_kf_k(E,\theta,B_k)\equiv\sum_{k=0}^{n}W_k|f_k|\mathrm{e}^{\mathrm{i}\phi_k},\tag{10}$$

式中 $\phi_k$ 是本征道振幅 $f_k(E,\theta,B_k)$ 的相位，如果它对本征道的依赖不强，可定义位垒分布为：

$$D^{\text{el}}(E)\equiv-\frac{\mathrm{d}}{\mathrm{d}E}\left[\frac{\mathrm{d}\sigma^{\text{el}}}{\mathrm{d}\sigma^{\text{R}}}(E)\right]^{1/2}=-\frac{\mathrm{d}}{\mathrm{d}E}\sum_{k=0}^{n}W_k\left|\frac{f_k}{f^{\text{R}}}\mathrm{e}^{\mathrm{i}\phi_k}\right|\approx\sum_{k=0}^{n}W_k\mathrm{G}^{\text{el}}(E,B_k),\tag{11}$$

这里 $f^{\text{R}}$ 是 Rutherford 散射振幅，$\mathrm{G}^{\text{el}}(E,\ B_k)$ 定义为一个尖锐函数．

**2.3　由熔合自旋分布得到位垒分布[2]**

设 $E_0$ 为某一给定质心能量．假定在平均位垒附近，$T_l(E)$ 近似等于减去离心势的 $s$ 分波透射率[12]：

$$T_l(E_0) = T_0(E) = T_0\left(E_0 - \frac{l(l+1)\hbar^2}{2\mu R_f^2}\right), \tag{12}$$

式中$\mu$是约化质量．这样，可以将入射粒子的能量$E_0$看作是由于角动量变化形成的能谱$E(l)$．求出$T_l(E_0)$对$E$的一次微商：

$$\frac{\mathrm{d}T_l(E_0)}{\mathrm{d}E} = -\frac{4\mu^2 R_f^2 E_0}{\pi\hbar^4(2l+1)^2}\frac{\mathrm{d}\sigma_l^{\mathrm{fus}}(E_0)}{\mathrm{d}l}, \tag{13}$$

从而得到由熔合自旋分布表示的位垒分布形式：

$$\frac{1}{\pi R_f^2}\frac{\mathrm{d}^2[E\sigma^{\mathrm{fus}}(E)]}{\mathrm{d}E^2} = \frac{\mathrm{d}T_l(E_0)}{\mathrm{d}E} = -\frac{4\mu^2 R_f^2 E_0}{\pi\hbar^4(2l+1)^2}\frac{\mathrm{d}\sigma_l^{\mathrm{fus}}(E_0)}{\mathrm{d}l} \equiv D^{\mathrm{mom}}(E). \tag{14}$$

# 3 实验方法和结果

本实验是在中国原子能科学研究院HI-13串列加速器上完成的．利用准直的$^{16}$O束流轰击$^{152}$Sm和$^{184}$W靶，流强和能量分别为300—1500enA、53.0—75.1MeV和900—1500enA、60.9—84.2MeV．能量步长为1MeV．$^{152}$Sm(浓缩度98.4%)靶和$^{184}$W(浓缩度96.4%)靶的厚度均为100μg / cm$^2$，分别蒸发在厚20μg / cm$^2$碳底衬上．为提高实验精度，两块靶均采用$\phi$3 mm的点靶，以限制束流的几何和漂移范围．

实验中靶室的两端分别装有$\phi$6mm和$\phi$8mm的准直光阑．两个监视器均采用Au(Si)面垒型半导体探测器，与靶相距22.6cm，1号监视器前面加$\phi$3mm光栏，位于靶室正角区36.0°；2号监视器前面加$\phi$2.5mm光栏，位于靶室负角区24.0°．实验中根据两个监视器计数率的比值，可以了解靶点的漂移，同时也用来归一反应的微分截面．在背角156°、160°和164°处用一个3路$\Delta E$-$E$电离室望远镜同时测量两系统的准弹散射和弹性散射激发函数，其能量分辨率小于1.3%．因此可以区分$^{152}$Sm核基态与0.8102MeV及以上的激发态以及$^{184}$W核基态与0.9033MeV及以上的激发态，而对于$^{152}$Sm核的3个低激发态(0.1218、0.3665和0.7069MeV)以及$^{184}$W核的3个低激发态(0.1112、0.3640和0.7483MeV)无法区分，将与基态混杂在一起．

实验中用CAMAC-MBD-MVAXR系统实现在线获取．激发函数数据由双维谱上开窗投影到单维谱上获得．数据处理时共开4个窗，分别对应O、N、C、B．由此最后得到了两系统的准弹散射、弹性散射和转移反应的激发函数，见图1．

为了与实验结果作比较，图1中同时用实线表示出用ECIS79程序计算的$^{16}$O + $^{152}$Sm，$^{184}$W两个系统在156°、160°和164°处的弹性散射激发函数．在程序计算中需要说明的是：(1)由于探测器能量分辨率的限制，实验测量的弹性散射计数同时也包括了$2^+$、$4^+$和$6^+$这3个激发态的非弹散射成份，因而本文计算的“弹性”散射截面实际上是弹性散射截面加面3个激发态的非弹散射截面之和；(2)集体运动模式选为对称转动模型，在无库仑校正的情况下，匹配半径$R_M$和最大分波数$l_{\max}$应取较大的值，本文取$R_M$ = 50fm，$l_{\max} = 200\hbar$；(3)$^{152}$Sm的形变参数$\beta_\lambda$取自文献[13]，$\beta_2 = 0.280$，$\beta_4 = 0.092$，$\beta_6 = 0.010$；

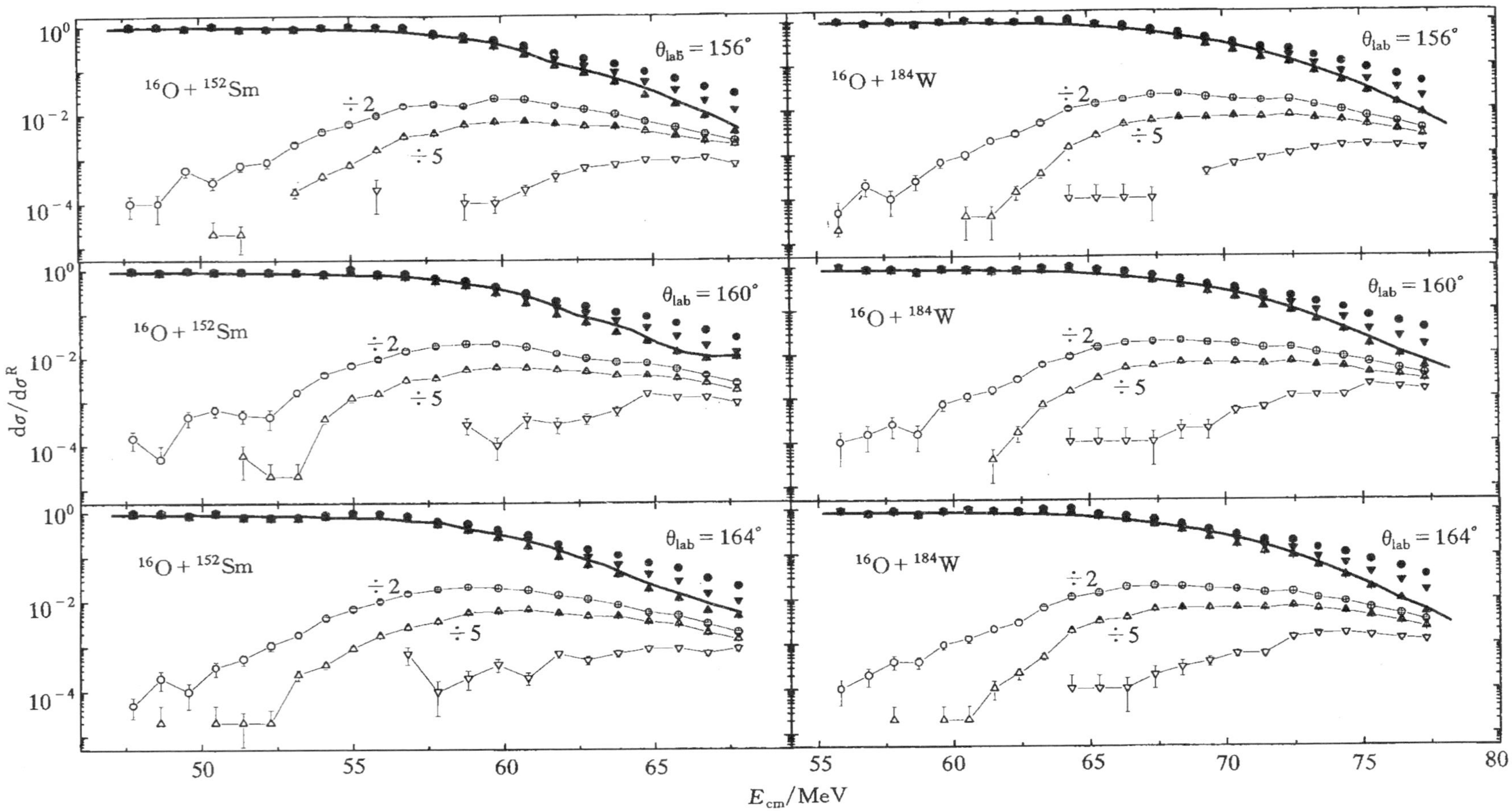


图1　$^{16}O+^{152}Sm$、$^{184}W$系统各反应道的激发函数

● 表示准弹散射道；　▲表示弹性散射道；▼、○、Δ、▽分别表示O、N、C、B各反应道；实线表示ECIS79计算的结果．

在文献[14]中只给出$^{184}$W的约化激发几率$B(E_2)$和$B(E_4)$，$\beta_2$和$\beta_4$由公式$\beta_\lambda = \frac{3\pi}{4R_C^\lambda}\sqrt{B(E\lambda)/e^2}$得到，$\beta_2 = 0.238, \beta_4 = -0.068$，而$\beta_6$取自系统学数据[15]，$\beta_6 = 0.010$；(4)所选取的光学势参数列于表1.

**表1　ECIS79　计算中所采用的光学势参数**

| 系统 | $V_0$ /MeV | $W_0$ /MeV | $r_V$ / fm | $r_W$ / fm | $a_V$ /fm | $a_W$ /fm | $r_C$ /fm |
|---|---|---|---|---|---|---|---|
| $^{16}O+^{152}Sm$ | 22.0 | 22.0 | 1.34 | 1.34 | 0.57 | 0.36 | 1.25 |
| $^{16}O+^{184}W$ | 35.0 | 18.0 | 1.313 | 1.313 | 0.457 | 0.457 | 1.10 |

从图1中激发函数的结果可以看出，所有的准弹散射和弹性散射激发函数基本上随能量的增加而单调光滑下降，但在低能区间由于衍射效应出现小的振荡. 注意到在垒下及近垒能区，弹性散射微分截面远大于其它反应道的截面；而在垒上部分，转移反应微分截面已可以与弹性道相比，甚至大于弹性道，这将对抽取位垒分布产生很大的影响. 总的来讲，由于实验获取的计数很高，统计较好，因而除了部分能区的转移反应外，所有能点微分截面的相对误差都小于1%.

## 4　位垒分布的计算和讨论

利用方程(7)和(11)，可以用点差分方法从$^{16}O + ^{152}Sm$、$^{184}W$两个系统的准弹散射和弹性散射激发函数抽取位垒分布$D^{qel}(E)$和$D^{el}(E)$，具体结果见于图2. 图中同时还给出用ECIS79程序计算的位垒分布结果，其中弹性散射包括了$^{152}Sm$和$^{184}W$的3个低激发态非弹散射的弹性散射结果，而"$0^+$"为只考虑$0^+$基态的弹性散射结果，分别用实线和折线表示. 所有图中能量坐标标度都已减去了离心能$E_{cent}$.

为了对本实验结果进行检验，在图3给出了Timmer[10]和Rowley[9]由170°测量的$^{16}O + ^{154}Sm$、$^{186}W$准弹散射和弹性散射激发函数抽取的位垒分布. 另外，用耦合道理论拟合Stokstad等人[16]测量的$^{16}O + ^{152}Sm$系统在七个能点的熔合激发函数，设定相对误差1%，利用方程(2)，图3中还给出由此抽取的位垒分布$D^{fus}(E)$作了比较，其中$\pi R_f^2$取为3420mb.

由比较的结果可以看出，首先从三个不同角度抽取的位垒分布相互之间无论在位垒的位置、权重和形状等方面都符合得较好. 各角度之间有很小的相移，这从理论计算上也看出了这点[10]. 其次，$D^{qel}(E)$、$D^{el}(E)$和$D^{fus}(E)$三者之间符合得较好. 再次，本文得到的位垒分布与$^{16}O + ^{154}Sm$、$^{186}W$的结果也符合得较好. 这些事实说明能够从准弹散射和弹性散射激发函数获得熔合位垒分布的知识.

同时也从图2中看出，ECIS79计算和实验结果差别较大，尤其对于$^{16}O + ^{184}W$系统更是如此. 为了考察其中的原因，作为一个例子，在图4中给出了实验中作为"弹性"散射考虑的各个散射道的激发函数，其中$2^+$态的非弹散射微分截面在大部分能区并不小于$0^+$态的弹性散射微分截面，甚至$4^+$和$6^+$态的非弹散射微分截面也相当可观. 需要强调的是，$2^+$态激发函数和$0^+$态激发函数的形状相似，而$4^+$和$6^+$态的激发函数分别在不同的位

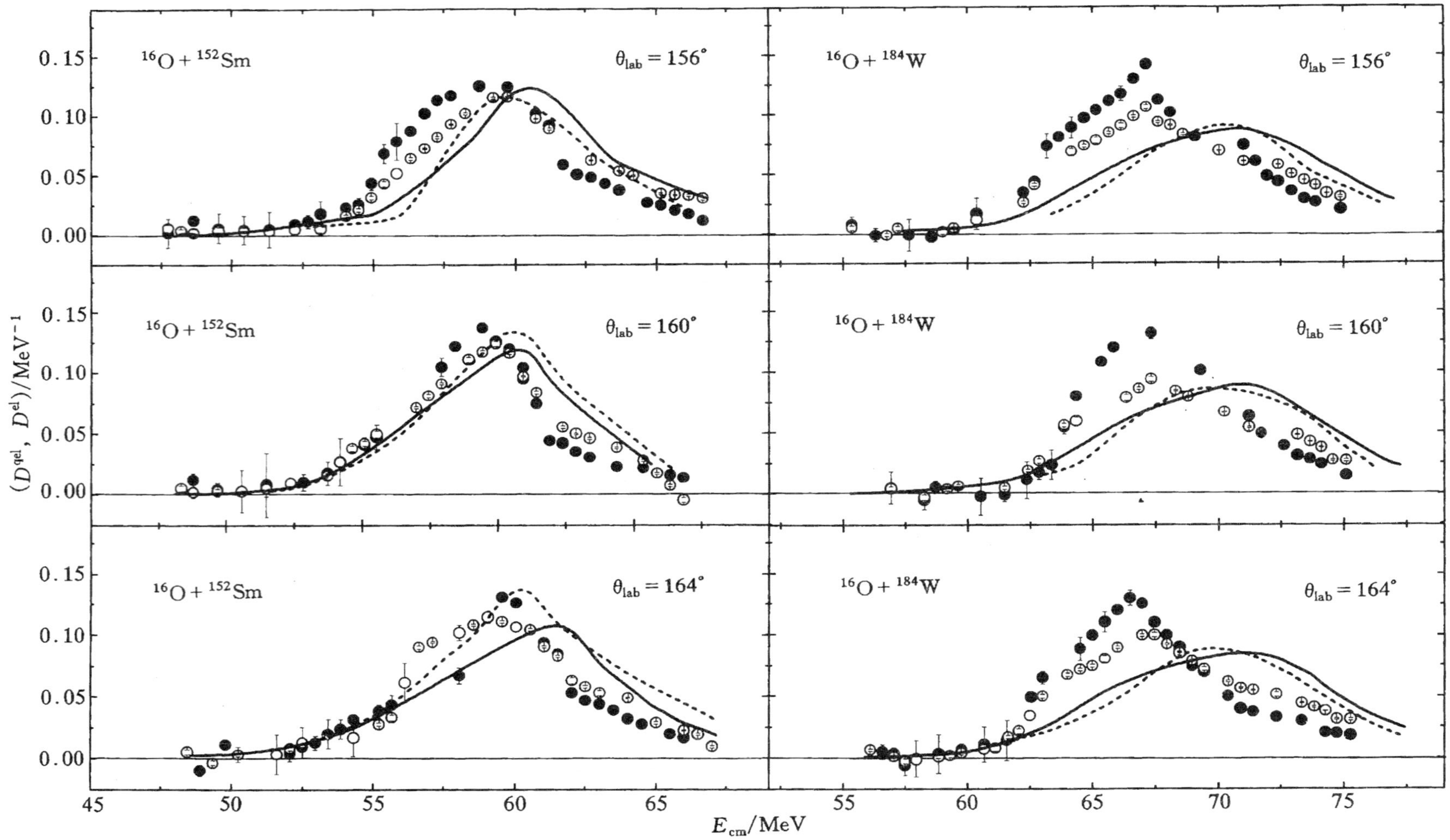


图2 $^{16}O+^{152}Sm$、$^{184}W$系统的位垒分布$D^{qel}(E)$和$D^{el}(E)$

●、○分别表示准弹散射和弹性散射；实线和虚线分别表示ECIS79计算的结果.详细说明见正文.

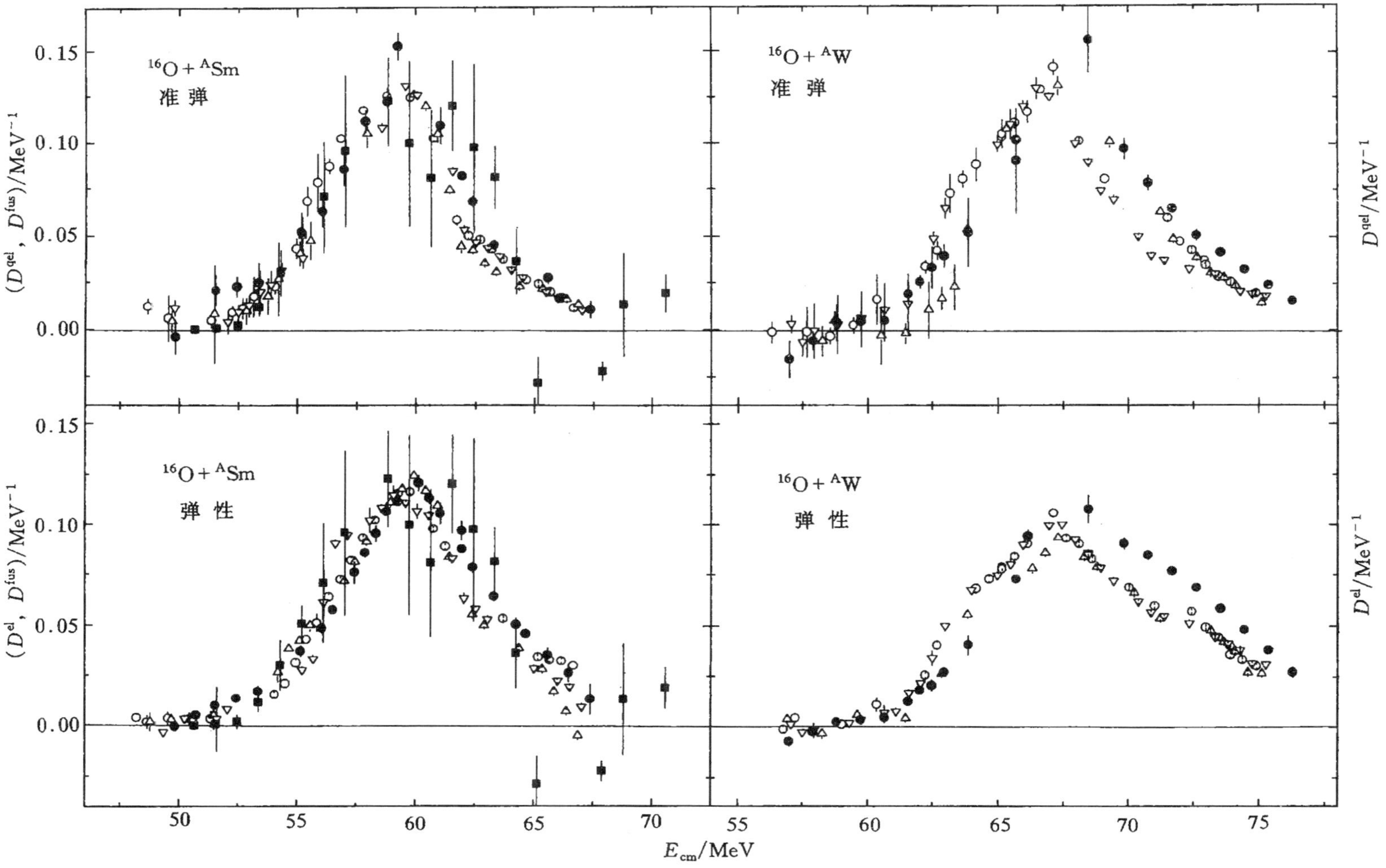


图 3　$^{16}O + {}^{A}Sm$、$^{A}W$系统的位垒分布 $D^{qel}(E)$、$D^{el}(E)$和 $D^{fus}(E)$

Δ、▽分别表示$^{16}O + {}^{152}Sm$、$^{184}W$ 系统$\theta_{lab}$ = 156°、160°、164°处的 $D^{qel}(E)$和 $D^{el}(E)$; ○表示$^{16}O + {}^{152}Sm$ 系统的 $D^{fus}(E)$; ●分别表示$^{16}O + {}^{154}Sm$、$^{186}W$ 系统$\theta_{lab}$ = 170°处的 $D^{qel}(E)$和 $D^{el}(E)$.

置出现峰值,因此后两个态对位垒分布起着更重要的作用. 由于测量激发函数时能量的变化范围近 30MeV, 这样在不同的能区弹性散射计数中混入的激发态数目也不全同,而理论计算中在整个能区我们把 3 个激发态的非弹散射微分截面都计入弹性道了. 从原则上讲,理论计算时可以根据探测器的能量分辨率,在不同的能区中把不同激发态的非弹散射截面计入弹性道,但如此一来又使得激发函数出现阶梯性变化,所抽取的位垒分布将更严重的畸变. 另外,光学势参数和能量相关,在不同的能区应选取不同的光学势参数,但目前尚未见到关于这两个系统光学势参数对能量具体的变化关系,而本实验由于探测器分辨率的原因也无法找出这个关系,因此只能在整个能区选用同一组光学势参数. 看起来,只包括基态弹性散射的计算结果要好一些,因为这样算出的激发函数相对而言要光滑得多. 但由于计算采用的光学势参数是由包括了非弹道的计算求出的,因而也难以满足要求. 由以上看出,用 ECIS79 计算的激发函数有一定的偏差,但由于位垒分布 $D^{el}(E)$等于弹性散射激发函数的平方根对能量的一次微商,实际上将上述的偏差放大了,因而造成实验结果和理论计算的偏离. 应当指出,对$^{16}$O + $^{184}$W 系统的这种偏离很可能与计算采用的核谱学推荐的$^{184}$W 形变参数需要调整有关,而 Lemmon 等人[4]在对$^{16}$O + $^{186}$W 系统位垒分布的测量中也发现了类似的结果.

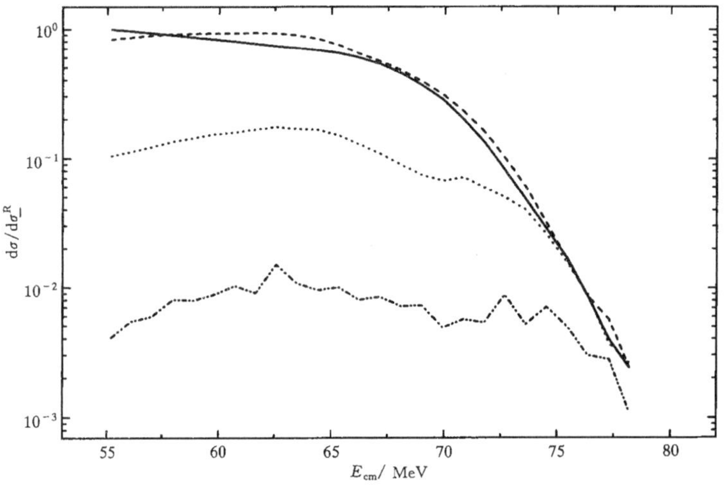


图 4　ECIS79 程序计算$^{16}$O + $^{184}$W 系统$\theta_{lab}$ = 156°处弹性道及各非弹道的激发函数

—— $0^+$; ---- $2^+$; ······ $4^+$; —·· — $6^+$.

最后,根据 Wuosmaa 等人[17]测量的$^{16}$O + $^{152}$Sm 反应 5 个能量点的熔合自旋分布,利用方程(14)可以求出熔合位垒分布 $D^{mom}(E)$, 见图 5 所示. 为了与本文的实验结果作比较,图中还用实线给出了由$\theta_{lab}$ = 160°处准弹散射激发函数抽取的位垒分布形式. 可以看出,除了 $E_{lab}$ = 80MeV 时的情形以外,其余的位垒分布 $D^{mom}(E)$与 $D^{qel}(E)$符合得相当好. 同时从 Wuosmaa 的测量结果可以看出,在所测量的五个能量的自旋分布中,只有 $E_{lab}$ = 80MeV 时实验和理论计算相去甚远. 对此,Wuosmaa 在文章中也无法解释,只估计是因为在能量远高于平均位垒时,出现了其它未包括在耦合道计算中的反应机制,如中子转移、深部非弹和不完全熔合等,从而影响了计算的结果.

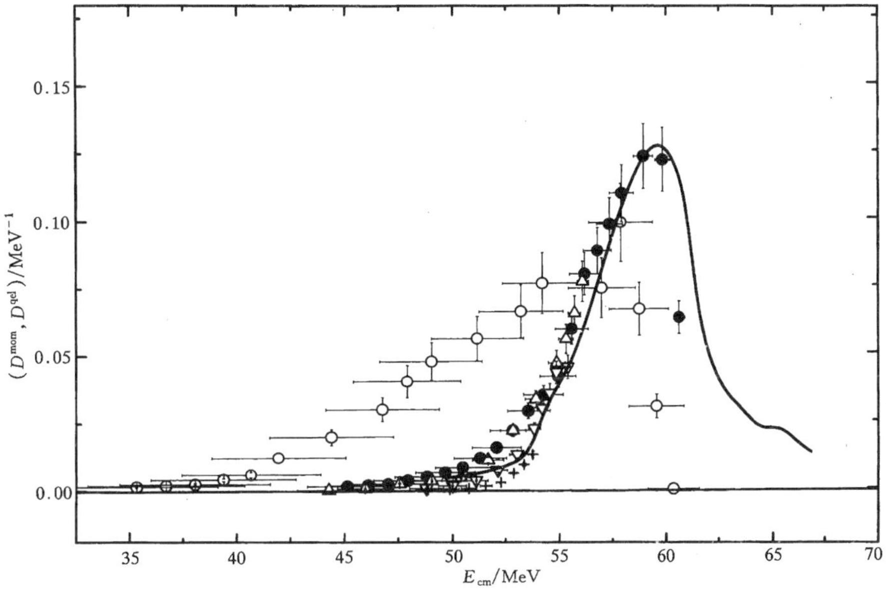


图 5　由$^{16}O+^{152}Sm$系统自旋分布实验结果得到的熔合位垒分布 $D^{\rm mom}(E)$

○、●、▽、Δ、+分别代表 $E_{\rm lab}=80.0、70.0、65.0、62.5、60.0$ MeV的 $D^{\rm mom}(E)$；实线表示$\theta_{\rm lab}=160°$时本实验的准弹散射位垒分布 $D^{\rm qel}(E)$.

# 5　结束语

在引言中曾指出位垒分布可以作为探测核形状的灵敏探针．从$^{16}O+^{154}Sm$、$^{186}W$熔合激发函数抽取的位垒分布可以明显观察到静态形变的影响，并且如理论所预言位垒分布是非对称的[3]．理论计算的结果表明，四极形变参数$\beta_2$和十六极形变参数$\beta_4$对位垒分布形状的影响也不相同．一般来讲，$\beta_2>0$使得位垒分布的形状不对称，而$\beta_4$的符号影响不对称的方向．正的$\beta_4$对应于位垒形状向高能方向倾斜；负的$\beta_4$对应于位垒形状向低能方向倾斜．改变$\beta_2$和$\beta_4$以拟合实验数据，所得出最佳拟合所对应的$\beta_2$和$\beta_4$值可以和其它实验数据比较．虽然本文未能对实验结果作出较好的理论拟合，但从实验中得到的位垒分布形状仍可获得一些定性的结论．从3个不同的角度求出的$D^{\rm qel}(E)$与$D^{\rm el}(E)$都表明，$^{16}O+^{152}Sm$系统位垒的形状向高能方向倾斜；反之，$^{16}O+^{184}W$系统位垒的形状向低能方向倾斜．这和本文所选择形变参数的符号一致．进一步，从图2中看出，ECIS79计算的位垒分布，其不对称形状与$^{16}O+^{152}Sm$系统的实验结果相近而与$^{16}O+^{184}W$系统的实验结果相差较大．这可能意味着本文所采用的$^{184}W$的形变参数需要调整．

总之，本文通过在背角3个角度测量了$^{16}O+^{152}Sm$、$^{184}W$两系统的准弹散射和弹性散射激发函数，抽取了位垒分布$D^{\rm qel}(E)$与$D^{\rm el}(E)$．将它们与熔合实验、自旋分布实验及其相邻同位素系统实验的结果相比较是自洽的，再结合初步的理论计算结果，说明利用准弹散射和弹性散射激发函数抽取位垒分布的方法是可行的．通过位垒分布，可以将熔合反应与准弹散射联系起来，由于位垒分布反映的是入射道相对运动与内部自由度耦合的性质，因而上述实验结果的比较，表明在耦合道理论框架下，由准弹散射、弹性散射、熔合反应和自旋分布四者抽取的位垒分布相互自洽．换言之，耦合道理论对静态形变核位垒分

## 参　考　文　献

[1] Rowley N, Satchler G H, Stelson P H. Phys. Lett., 1991, **B254**(1—2):25—29
[2] Ackermann D, Acta Phys. Pol., 1994,**B26**(2—3):517—525
[3] Wei J X, Leigh J R, Hinde D J et al. Phys. Rev. Lett., 1991, **67**(24):3368—3371
[4] Lemmon R C, Leigh J R, Wei J X et al. Phys. Lett., 1993, **B316**(1):32—37
[5] Leigh J R, Rowley N, Lemmon R C et al. Phys. Rev., 1993, **C47**(2):R437—440
[6] Leigh J R, Dasgupta M, Hinde D J et al. Phys. Rev., 1995, **C52**(6):3151—3166
[7] Andres M V, Rowley N, Nagarajan M A, Phys. Lett., 1988, **B202**(3):292—295
[8] Kruppa A T, Romain P, Nagarajan M A et al. Nucl. Phys., 1993, **A560**(3):845—862
[9] Rowley N, Timmer H, Leigh J R et al. Phys. Lett., 1996, **B373**(1):23—29
[10] Timmer H, Leigh J R, Dasgupta M et al. Nucl. Phys., 1995, **A584**(1):190—204
[11] Balantekin A B, Reimer P E. Phys. Rev., 1986, **C33**(1):379—381
[12] Sahm C C, Clerc H G, Schmidt K H et al. Nucl. Phys., 1985, **A441**(2):316—343
[13] Peker L K. Nucl. Data Sheets, 1989, **58**(1):93—241
[14] Firestone R B. Nucl. Data Sheets, 1989, **58**(1):243—349
[15] Mller J R, Nix J R, Myers W D et al. At. Data Nucl. Data Tables, 1995, **59**(1):185—412
[16] Stokstad R G, Eisen Y, Kaplanis S et al. Phys. Rev., 1980, **C21**(6):2427—2435
[17] Wuosmaa A H, Batts R R, Back B B et al. Phys. Lett., 1991, **B263**(1):23—28

# Barrier Distributions for the Quasi-elastic and Elastic Scattering of $^{16}O+^{152}Sm$, $^{184}W$*

Zhang Huanqiao　Yang Feng　Lin Chengjian　Liu Zuhua　Hu Yueming

(*China Institute of Atomic Energy, Beijing* 102413)

**Abstract** The targets of statically deformed nuclei $^{152}Sm$ and $^{184}W$ were bombarded by $^{16}O$ beam and the excitation functions of quasi-elastic and elastic scatterings were measured at the backward angles. The barrier distributions, $D^{qel}(E)$ and $D^{el}(E)$ have been deduced from these excitation functions and compared with fusion barrier distributions extracted from existing fusion excitation function, spin distribution and the results of the experiments with neighboring isotope targets. The agreement is quite good. The calculatons of the $D^{qel}(E)$ and $D^{el}(E)$ with ECI79 code have already been porformed. It shows that the static deformation effect of target leads to the asymmetric barrier distributions.

**Key words** sub-barrier fusion, quasi-elastic scattering, elastic scattering, excitation function, barrier distribution

---

Received 24 September 1997

* Supported by the National Natural Science Foundation of China (19675071) and the Science Foundation of Chinese Nuclear Industry (H17196AO107)

# Barrier distributions for $^{16}O+^{152}Sm$ quasielastic and elastic scattering ①

Huanqiao Zhang, Feng Yang, Chengjian Lin, Zuhua Liu, and Yueming Hu
*China Institute of Atomic Energy, 102413 Beijing, People's Republic of China*
(Received 14 October 1997)

Excitation functions have been measured for quasielastic and elastic scattering of $^{16}O+^{152}Sm$ around the Coulomb barrier at three backward angles with high precision in small energy steps. The barrier distributions have been extracted from the quasielastic and elastic scattering excitation functions and compared with experimental barrier distributions obtained from the existing fusion excitation function and spin distributions for the same reaction system, and from the quasielastic and elastic scattering excitation functions for the neighboring isotope $^{154}Sm$. The agreement is rather good. The results show clearly that the asymmetric barrier distributions are due to the effects of static deformations on the target nucleus. This is the first attempt to compare quantitatively the experimental barrier distributions with the fusion barrier distributions extracted from the spin distributions for the same system. [S0556-2813(98)50903-X]

PACS number(s): 25.70.Bc, 25.45.Hi, 25.70.Jj

Recently, the exploration of the fusion process in terms of the barrier distributions has attracted much attention in heavy ion collisions at near- and sub-barrier energies. It is well known that the observed sub-barrier fusion enhancement [1] is due to the coupling between the relative motion and the internal degrees of freedom of the colliding nuclei, such as static deformation, collective vibration, inelastic excitation, and nucleon transfer. The coupling gives rise to a distribution of fusion barriers rather than a single barrier and passage over the lower barriers is responsible for the fusion enhancement at lower energies. Information on the nature and strengths of the couplings thus lies in the distribution of fusion barriers. The experimental determination of this distribution will provide a stringent test for sub-barrier fusion models.

It has recently been shown theoretically [2] that the barrier distribution can be extracted directly from a fusion excitation function which is measured with high precision in small energy steps, using the second derivative of the product of the energy $E$ and the experimental fusion cross section $\sigma^{\rm fus}(E)$

$$D^{\rm fus}(E)=\frac{1}{\pi R_f^2}\frac{d^2}{dE^2}[E\sigma^{\rm fus}(E)], \qquad (1)$$

where $R_f$ is the fusion radius. In the case of fusion of deformed nuclei, one expects an asymmetric barrier distribution [2].

The fusion excitation function was first measured to a precision of $\sim 1\%$ with 0.5 MeV energy steps for the $^{16}O+^{154}Sm$ reaction [3]. The extracted distribution of fusion barriers was consistent with that for the deformed target nucleus. However, the quadrupole deformation parameter $\beta_2$ determined from the best fit to the data was significantly lower than that from Coulomb excitation. According to the modified theory [4], both quadrupole and hexadecapole deformations for the optimal fit of $^{154}Sm$ fusion data were required. The deformation parameters $\beta_2$ and $\beta_4$ extracted are in good agreement with those obtained from nonfusion reactions. In contrast, with the same theory the deformation parameters extracted from $^{16}O+^{186}W$ data [5,6] were significantly different from the accepted values. The situation was similar for the $^{16}O+^{184}W$ system [7].

Although the barrier distributions were extracted from the fusion excitation functions successfully, the barrier distributions became less defined at higher energies, because the experimental error increases in proportion to the cross section. The barrier distribution data cannot be used to distinguish different model calculations at energies above the average barrier. Therefore, an alternative method of defining the distribution at high energies is required.

It has been proposed [8,9] that some information on the barrier distribution for a reaction might be contained in the scattering excitation function at backward angles. In the semiclassical derivation for a single barrier, the reflection coefficient $R_0(E)$ for angular momentum $l=0$ is given by the ratio of the quasielastic differential cross section and the Rutherford differential cross section at 180°. The corresponding transmission coefficient $T_0(E)$ can be expressed in terms of the fusion cross section $\sigma^{\rm fus}$. The derivative of $T_0(E)$, with respect to $E$, represents the fusion barrier distribution $D^{\rm fus}(E)$. Since $T_0=1-R_0$ it follows that $D^{\rm fus}(E)\equiv dT_0/dE=-dR_0/dE=-d/dE(d\sigma^{\rm el}/d\sigma^{\rm R})$. Therefore, in the classical picture a representation of the barrier distribution $D^{\rm el}(E)$ can be obtained from the derivative of $d\sigma^{\rm el}/d\sigma^{\rm R}$ with respect to $E$. Under the adiabatic and isocentrifugal approximation, for the multiple barriers the quasielastic differential cross section is a weighted sum of the eigenchannel elastic differential cross sections. The barrier distribution can be deduced from the quasielastic scattering excitation function [10] as follows:

$$D^{\rm qel}(E)\equiv-\frac{d}{dE}\left(\frac{d\sigma^{\rm qel}}{d\sigma^{\rm R}}(E)\right)=-\sum_{k=0}^{n}W_k\frac{d}{dE}\left(\frac{d\sigma_k}{d\sigma^{\rm R}}\right), \qquad (2)$$

where $W_k$ is $k$ channel's weight; $d\sigma_k$ is the $k$ channel's quasielastic scattering differential cross section; the $d\sigma^{\rm qel}$ and $d\sigma^{\rm R}$ are the quasielastic scattering and the Rutherford scattering differential cross sections, respectively. In addition, Rowley *et al.* [11] further proposed that, if the phases

① Physical Review C,1998,57(3):R1047-R1050.

$\phi_k$ did not depend too strongly on the eigenchannels $k$, the barrier distribution can be extracted from the elastic scattering excitation function.

$$D^{\rm el}(E)\equiv-\frac{d}{dE}\left(\frac{d\sigma^{\rm el}}{d\sigma^{\rm R}}(E)\right)^{1/2}=-\frac{d}{dE}\sum_{k=0}^{n}W_k\left|\frac{f_k^{\rm el}}{f^{\rm R}}e^{i\phi_k}\right|$$

$$\approx\sum_{k=0}^{n}W_kG^{\rm el}(E,B_k), \tag{3}$$

where $d\sigma^{\rm el}$ is the elastic scattering differential cross section; $f_k^{\rm el}$ and $f^{\rm R}$ are the elastic scattering and the Rutherford amplitudes, respectively; $B_k$ is the $k$ eigenchannel's barrier height; $G^{\rm el}(E,B_k)$ defines a sharply peaked test function at energy barrier $B_k$. Due to the difficulty of detecting scattered particles at $\theta_{\rm lab}=180°$, the detectors were setup at angle as close to 180° as possible. In order to compare the $D^{\rm qel}(E,\theta)$ or $D^{\rm el}(E,\theta)$ with the barrier distribution at 180°, the energy scale of the former was reduced by the centrifugal energy $E_{\rm cent}$,

$$E_{\rm cent}=E_{\rm c.m.}\frac{{\rm cosec}(\theta_{\rm c.m.}/2)-1}{{\rm cosec}(\theta_{\rm c.m.}/2)+1}, \tag{4}$$

where $\theta_{\rm c.m.}$ is the detection angle in the center-of-mass system.

It may be interesting to compare the $D^{\rm qel}(E)$ or $D^{\rm el}(E)$ with the fusion barrier distribution extracted from the existing experimental spin distribution. The analytic expression [12] of the relation between the fusion barrier distribution and the spin distribution is as follows:

$$D^{\rm mom}(E)\equiv-\frac{4\mu^2R_f^2E_0}{\pi\hbar^4(2l+1)^2}\frac{d\sigma_l^{\rm fus}(E_0)}{dl}, \tag{5}$$

where $E_0$ is the incident energy in the center-of-mass system and $\mu$ is the reduced mass of the entrance channel.

At present, although for many systems quasielastic and elastic angular distributions are well documented in the literature, excitation functions have rarely been measured. So far quasielastic [10] and elastic [11] barrier distributions have only been measured for the $^{16}$O+$^{144,154}$Sm and $^{186}$W systems with these two methods. In order to examine these methods, we have extracted the barrier distributions from the measured quasielastic and elastic scattering excitation functions for the $^{16}$O+$^{152}$Sm reaction around the Coulomb barrier with high precision in 1 MeV energy steps and compared them with barrier distributions extracted from the existing fusion excitation function [13,14] and spin distributions [14] for the same reaction system and from the quasielastic and elastic scattering excitation functions for the neighboring isotope $^{154}$Sm [10,11]. This is the first work to compare quantitatively the barrier distributions with the fusion barrier distributions deduced from the spin distributions for the same system.

The experiment was carried out with collimated $^{16}$O beam from the HI-13 tandem accelerator at CIAE, Beijing in the energy range 53.0–75.1 MeV. The isotopically enriched $^{152}$Sm (98.4%) target 100 $\mu$g/cm$^2$ in thickness was 3 mm in diameter to define the beam profile. Two collimators were mounted in the entrance and exit tubes 120 cm apart from each other. Two Si(Au) detectors, located at +36.0° and −24.0° with respect to the beam direction, were used to monitor the Rutherford scattering. The defining apertures of the two detectors were 3 mm and 2.5 mm in diameter, respectively, and were both positioned 226 mm from the target. The number of the Rutherford events detected by the two monitors was used to normalize the cross-section measurements. The ratio of the rates from the two monitors allowed any horizontal offset of the beam position on target to be determined. Three gas-ionization chambers positioned at 156°, 160°, and 164°, respectively, were used to measure the energy loss of the scattered particles. Each chamber was backed by a Si (Au) detector, which measured the residual energy. The combined information from these $\Delta E-E$ detectors, with energy resolution less than 1.3%, allowed the identification of the atomic number of the detected nuclei. The energy resolution of the detectors allows to distinguish the ground state from excitation states with $E_x\geqslant 0.8102$ MeV, while the inelastic scattering from the three lowest rotational states (0.1218, 0.3665, and 0.7069 MeV) of the target nucleus $^{152}$Sm could not be resolved from the measured elastic scattering.

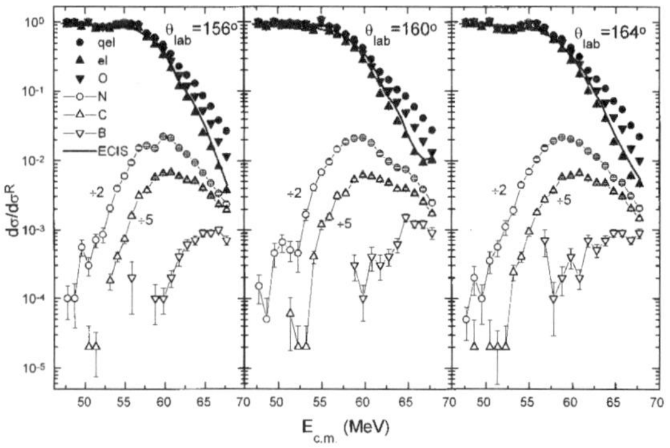


FIG. 1. The ratio of the differential quasielastic scattering (qel), elastic scattering (el) and $Z=8$ (O), $Z=7$ (N), $Z=6$ (C) and $Z=5$ (B) reaction cross sections relative to the Rutherford scattering cross sections. The solid curves are the ECIS79 calculation values including the inelastic scattering from the three lowest rotational states of $^{152}$Sm.

The CAMAC-MBD-MVAXR system was used for online data acquisition event-by-event. The cross sections were obtained by projecting the two-dimensional spectra with gates on O, N, C, and B products. The experimental excitation functions of the quasielastic and elastic scatterings and the transfer reactions for the $^{16}$O+$^{152}$Sm system at 156°, 160°, and 164° are shown in Fig. 1. The incident energies have been corrected for the target thickness. In general, the relative errors of all cross sections are less than 1%, except for transfer data. In order to compare with experimental results, the theoretical elastic scattering excitation functions were calculated in terms of the coupled-channels theory with code ECIS79. In the calculations, the Woods-Saxon parameters $V=22$ MeV, $r_V=1.34$ fm, $a_V=0.57$ fm, $W=22$ MeV, $r_V=1.34$ fm and $a_V=0.36$ fm were used. The $^{152}$Sm deformation parameters $\beta_2=0.280$, $\beta_4=0.092$, and $\beta_6=0.010$ were taken from Ref. [15]. Also, the calculations

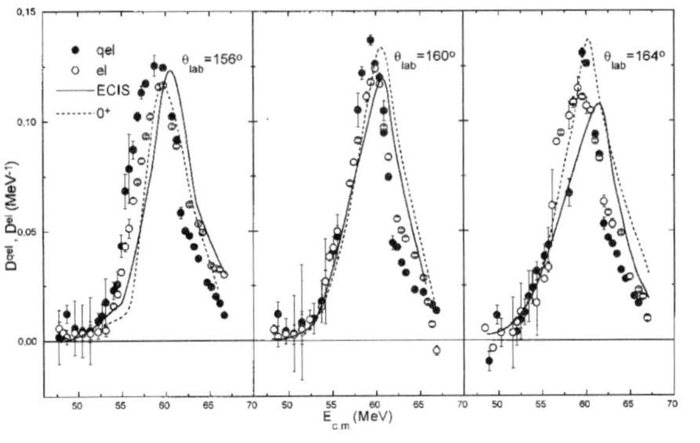


FIG. 2. The representations $D^{\mathrm{qel}}(E)$ and $D^{\mathrm{el}}(E)$ of the barrier distribution compared with the ECIS79 calculations. The dash and solid curves are theoretical calculation values for the $0^+$ ground elastic scattering and elastic scattering including inelastic scattering from the three lowest rotational states of $^{152}$Sm, respectively. The energy scales are reduced by the centrifugal energy $E_{\mathrm{cent}}$.

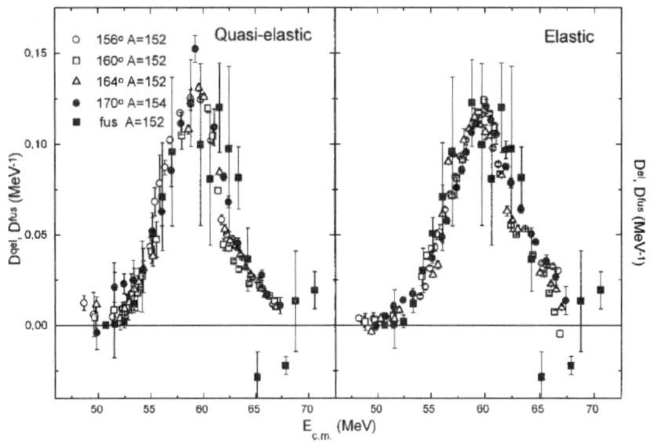


FIG. 3. The comparison of the quasielastic, elastic, and fusion barrier distributions $D^{\mathrm{qel}}(E)$, $D^{\mathrm{el}}(E)$, and $D^{\mathrm{fus}}(E)$ for $^{16}\mathrm{O}+^{A}\mathrm{Sm}$. The energy scales are reduced by the centrifugal energy $E_{\mathrm{cent}}$.

of the elastic scattering cross sections included inelastic scattering from the three lowest rotational states of the target nucleus $^{152}$Sm. It can be seen from Fig. 1 that the agreement between the experimental and theoretical excitation functions is quite satisfactory for all the three angles. The figure also shows that the quasielastic and elastic scattering excitation functions monotonically decrease with energy, but there are small oscillations due to diffraction effect in the low-energy range. It should be pointed out that the elastic scattering differential cross sections are much larger than that for the other channels at near- and sub-barrier energies, but transfer differential cross sections are comparable with elastic scattering or even larger above the average barrier energy. This has a great influence on the extraction of the barrier distributions from excitation functions.

According to Eqs. (2) and (3), the barrier distributions $D^{\mathrm{qel}}(E)$ and $D^{\mathrm{el}}(E)$ have been extracted by a point-difference formula applied directly to the experimental quasielastic and elastic scattering excitation functions. The results are shown in Fig. 2. The energy scales were reduced by the centrifugal energy given in Eq. (4). It can be seen from Fig. 2 that the shape and magnitude of barrier distributions $D^{\mathrm{qel}}(E)$ and $D^{\mathrm{el}}(E)$ are very similar for all three angles. The barrier distributions are asymmetric, increasing slowly from 50 to 60 MeV, and then decreasing relatively quickly due to the effect of static deformations of the target nucleus. The barrier distributions $D^{\mathrm{el}}(E)$ extracted from elastic scattering excitation functions using the code ECIS79 are also shown in Fig. 2. The solid and dashed curves in Fig. 2 represent the theoretical $D^{\mathrm{el}}(E)$ including inelastic scatterings from the three lowest rotational states of the target nucleus and only considering the $0^+$ ground state scattering, respectively. The coupled-channels calculations basically agree with the experimental barrier distributions $D^{\mathrm{el}}(E)$, especially for the $0^+$ ground state scattering calculations. It can be seen from Fig. 2 that there are some differences between the ECIS79 calculations and the experimental results. Perhaps, an energy dependent optical potential should be used in the calculations.

In order to compare the measured barrier distributions with other experimental results, Fig. 3 shows the barrier distributions $D^{\mathrm{qel}}(E)$ and $D^{\mathrm{el}}(E)$ extracted from the measured quasielastic [10] and elastic [11] scattering excitation functions of $^{16}\mathrm{O}+^{154}\mathrm{Sm}$ at 170°, respectively. In addition, the fusion excitation function has been obtained from the experimental fusion cross sections [13,14] at seven energies reproduced by coupled-channels theory for the $^{16}\mathrm{O}+^{152}\mathrm{Sm}$ fusion reaction. According to Eq. (1), the barrier distribution $D^{\mathrm{fus}}(E)$ was deduced from the fusion excitation function with $\pi R_f^2=3420$ mb and relative errors of cross sections $\sim 1\%$. These data are also presented in Fig. 3. In fact, this measurement was not with high precision and not in small energy steps, however, the fusion data still reflect the effect of the static deformation of the target nucleus. The results indicate that, the peak position, weight, and shape of the measured barrier distributions $D^{\mathrm{qel}}(E)$ and $D^{\mathrm{el}}(E)$ at three angles for the $^{16}\mathrm{O}+^{152}\mathrm{Sm}$ system are consistent with each other. There are small phase shifts at different angles. The shifts were also found in theoretical calculations [11]. Secondly, the peak positions, weights, and shapes of barrier distributions $D^{\mathrm{qel}}$, $D^{\mathrm{el}}$ and $D^{\mathrm{fus}}$ for $^{16}\mathrm{O}+^{152}\mathrm{Sm}$ are consistent

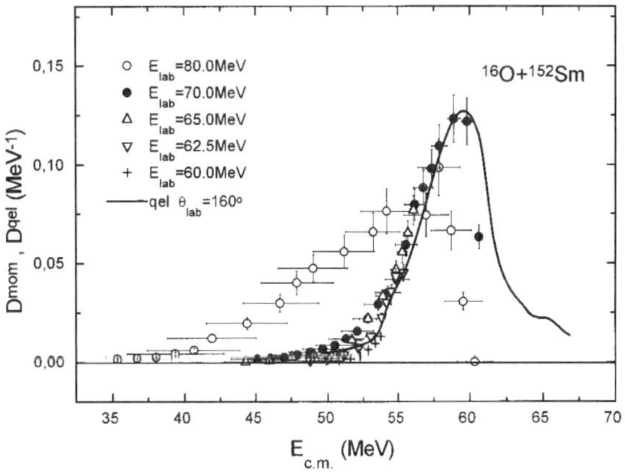


FIG. 4. The comparison of the measured barrier distribution $D^{\mathrm{qel}}(E)$ at $\theta_{\mathrm{lab}}=160°$ with $D^{\mathrm{mom}}(E)$ extracted from spin distributions taken from Ref. [14].

with each other. Thirdly, the measured barrier distributions $D^{qel}$ and $D^{el}$ for the $^{16}O+^{152}Sm$ system are in agreement with the $^{16}O+^{154}Sm$ system. These facts indicate that information about the fusion barrier distribution for the $^{16}O+^{152}Sm$ reaction could be probed from the quasielastic and elastic scattering excitation functions.

Figure 4 shows the barrier distributions $D^{mom}(E)$ extracted from the experimental fusion spin distributions [14] at five incident energies using Eq. (4). For the sake of comparison, the measured barrier distribution $D^{qel}(E)$ at $\theta_{lab}=160°$ is also shown in Fig. 4 by the solid curve. This is the first time that such kind of quantitative comparison is made for the same reaction system. It is seen from Fig. 4 that the agreement between $D^{mom}$ and $D^{qel}$ is quite satisfactory for all incident energies except the 80 MeV data. As Wuosmaa *et al.* [14] pointed out, at $E_{lab}=80$ MeV, the discrepancy between the theory and the experiment in the spin distribution is not yet understood. At energies well above the Coulomb barrier, however, other reaction mechanisms not contained in the coupled-channels calculations, such as neutron transfer, deep inelastic scattering, and incomplete fusion could begin to affect the spin distribution.

In summary, we have measured the quasielastic and elastic scattering excitation functions for the $^{16}O+^{152}Sm$ reaction around the Coulomb barrier at three backward angles with high precision in 1 MeV energy steps. The elastic scattering excitation functions were calculated using the coupled-channels theory with the code ECIS79. The barrier distributions $D^{qel}$ and $D^{el}$ have been extracted from the measured excitation functions and compared with barrier distributions extracted from the existing fusion excitation function, spin distributions, and from the quasielastic and elastic scattering excitation functions for the neighboring isotope $^{154}Sm$. The agreement is quite good, except for the $E_{lab}=80$ MeV spin distribution data. Asymmetric barrier distributions (as theoretically predicted) are obtained. These facts indicate that the information about the fusion barrier distribution for a reaction can be probed by quasielastic and elastic scattering excitation functions.

We would like to thank the tandem crew for reliably delivering the beam. This work was supported by the National Natural Science Foundation of China under Contract No. 19675071 and supported by the Nuclear Industry Science Foundation of China Contract No. H17196A0107.

[1] S. G. Steadman and M. J. Rhoades-Brown, Annu. Rev. Nucl. Sci. **36**, 649 (1986).
[2] N. Rowley, G. H. Satchler, and P. H. Stelson, Phys. Lett. B **254**, 25 (1991).
[3] J. X. Wei, J. R. Leigh, D. J. Hinde, J. O. Newton, R. C. Lemmon, S. Elfstrom, J. X. Chen, and N. Rowley, Phys. Rev. Lett. **67**, 3368 (1991).
[4] J. R. Leigh, N. Rowley, R. C. Lemmon, D. J. Hinde, J. O. Newton, J. X. Wei, J. C. Mein, C. R. Morton, S. Kuyucak, and A. T. Kruppe, Phys. Rev. C **47**, R437 (1993).
[5] R. C. Lemmon, J. R. Leigh, J. X. Wei, C. R. Morton, D. J. Hinde, J. O. Newton, J. C. Mein, M. Dasgupta, and N. Rowley, Phys. Lett. B **316**, 32 (1993).
[6] J. R. Leigh *et al.*, Phys. Rev. C **52**, 3151 (1995).
[7] H. Q. Zhang, F. Yang, C. J. Lin, Z. H. Liu, and Y. M. Hu, High Energy Phys. Nucl. Phys. (to be published).
[8] A. T. Kruppa, P. Romain, M. A. Nagarajan, and N. Rowley, Nucl. Phys. **A560**, 845 (1993).
[9] M. V. Andres, N. Rowley, and M. A. Nagarajan, Phys. Lett. B **202**, 292 (1988).
[10] H. Timmer, J. R. Leigh, M. Dasgupta, D. J. Hinde, R. C. Lemmon, J. C. Mein, C. R. Morton, J. O. Newton, and N. Rowley, Nucl. Phys. **A584**, 190 (1995).
[11] N. Rowley, H. Timmer, J. R. Leigh, M. Dasgupta, D. J. Hinde, J. C. Mein, C. R. Morton, and J. O. Newton, Phys. Lett. B **373**, 23 (1996).
[12] D. Ackermann, Acta Phys. Pol. B **26**, 517 (1994).
[13] R. G. Stokstad, Y. Eisen, S. Kaplanis, D. Pelte, U. Smilansky, and I. Tserruya, Phys. Rev. C **21**, 2427 (1980).
[14] A. H. Wuosmaa *et al.*, Phys. Lett. B **263**, 23 (1991).
[15] L. K. Peker, Nucl. Data Sheets **58**, 93 (1989).

*Short note*

# Does break-up affect $^{9}Be + ^{209}Bi$ fusion at the barrier? ①

C. Signorini[1], Z.H. Liu[2,5], Z.C. Li[1,5], K.E.G. Löbner[3], L. Müller[1], M. Ruan[2], K. Rudolph[3], F. Soramel[4], C. Zotti[3], A. Andrighetto[1], L. Stroe[1], A. Vitturi[1], H.Q. Zhang[5]

[1] Physics Department of University and INFN, via Marzolo 8, I-35131 Padova, Italy
[2] INFN, Legnaro National Laboratories, Legnaro, Padova, Italy
[3] Sektion Physik, Ludwig-Maximilians-Universität München, D-85748 Garching, Germany
[4] Physics Department of University and INFN, via delle Scienze 208, I-33100 Udine, Italy
[5] China Institute of Atomic Energy, P.O.Box 275(10), Beijing 102413, P.R. of China

Received: 22 February 1999 / Revised version: 26 March 1999
Communicated by D. Schwalm

**Abstract.** The $^{9}Be + ^{209}Bi$ fusion cross sections were measured in the 36.0 MeV $\le E_{lab} \le$ 50.0 MeV range, down to 0.6 mb, with high accuracy via in-beam detection of the ground state $\alpha$-decay of the evaporation residues produced. The elastic scattering cross sections around 150° and 135° were also obtained with moderate angular resolution. The cross sections below the barrier are reproduced by coupled channel calculations which include only one break-up channel with a moderate strength and a phenomenological renormalization of the potential depth. These simple calculations overestimate the cross sections above the barrier most likely due to the fact that the $^{9}Be$ break-up process becomes much stronger. The barrier distributions extracted do not have evident break-up signature since they show one-barrier structure.

**PACS.** 25.70.Jj Fusion and fusion fission reactions

The influence of the break-up process (BU) on the fusion of two atomic nuclei at energies around the Coulomb barrier is being extensively investigated. The interest in this topic is primarily triggered by experiments now in progress and under consideration with radioactive beams of halo, loosely bound nuclei like $^{11}Be$, $^{11}Li$ ($S_n$=0.50 MeV and $S_{2n}$=0.29 MeV respectively). Such nuclei have binding energies much smaller than stable ones and consequently they are expected to break more easily in the fields of forces originating from the interaction with another nucleus. Indeed large BU cross sections, around 1 b, were measured [1–3] at energies well above the Coulomb barrier with $^{11}Be$, $^{11}Li$ and similar unstable nuclear beams. This has been reproduced by theoretical calculations [4,5] and is also expected at lower energies. A process with such a large cross section can influence the fusion around the Coulomb barrier; for this reason extensive theoretical calculations were done particularly in the subbarrier region for the system $^{11}Li+^{208}Pb$ which presently constitutes one of the best combinations between halo beam and well stable nucleus. These calculations led to opposite predictions: enhancement [6] or hindrance [7,8] of the subbarrier fusion cross section.

In the region below the barrier the systems involving radioactive beams investigated up to now are: $^{11,9}Be$ + $^{209}Bi$ [9]; $^{17,19}F + ^{208}Pb$ ($^{17}F$ has $S_p$ = 0.60 MeV, no halo) [10] and $^{11,9}Be + ^{238}U$ [11], this last one has very low statistics. These experimental results do not give clear evidences of BU effects.

In the region immediately above the Coulomb barrier there are some evidences of BU effects in the fusion cross sections. The results [12] of the system $^{11}Be + ^{209}Bi$, compared with $^{10,9}Be + ^{209}Bi$, suggest that up to 25% of $^{11}Be$ nuclei do not fuse as $^{11}Be$ but as $^{10}Be$ after undergoing nuclear BU. In addition, the results [13] from the systems $^{6,7}Li + ^{9}Be$, $^{12}C$ ($^{6}Li$ has $S_\alpha$ = 1.47 MeV and $^{9}Be$ $S_n$ = 1.67 MeV) indicate a fusion cross section reduction of around 30% to 45%, assigned to the BU process, but some of these data were not confirmed in a later experiment [14].

All these experiments stimulated further investigations about possible effects of the BU process in the fusion one. Consequently it was decided to measure fusion cross sections with high accuracy also to derive the barrier distribution which constitutes a very sensitive test of how the fusion proceeds. The optimum projectiles like $^{11}Be$, $^{11}Li$, $^{8}B$ had to be excluded because the present facilities are able to deliver beams with intensities around $10^{+5}$ p/sec, too weak for precision experiments. As a compromise the $^{9}Be + ^{209}Bi$ system, being well known to our experimental group [9,12], was choosen. The $^{9}Be$ nucleus has one

① Eur.Phys.J.A,1999,5:7-11.

of the lowest binding energies among the stable ones but still higher than an unstable one as $^{11}$Be. Consequently break-up phenomena should definitely be smaller, maybe of one magnitude order, but the beam intensities $10^{+4}$ to $10^{+5}$ times stronger allow high accuracy experiments which could give evidences for smaller effects, if existing.

The $^{9}$Be BU processes are in principle multiple since after a first step leading to $^{8}$Be + n a second one, $^{8}\text{Be} \rightarrow 2\alpha$, will automatically occur, the $^{8}$Be g.s. being unbound with $T_{1/2} = 0.07$ fs; a third process where $^{9}$Be immediately breaks into n + $\alpha$ + $\alpha$ can also be hypotesized. Therefore we can have $^{8}$Be fusion and $\alpha$ fusion/transfer reactions also followed by (mainly) neutron evaporation. In addition it should be considered that, in absence of any influence from external fields, the $^{8}$Be dissociation occurs in a time much longer than the reaction one. For these considerations the present work was focused upon the complete fusion of $^{8,9}$Be and not of $\alpha$ particles since this second process should not be assigned to a pure fusion mechanism.

In the present work, which is a continuation of a previous one [12], the subbarrier fusion cross sections were measured in the low energy side down to one magnitude order smaller values and extended at higher energies up to 50 MeV. The elastic scattering cross sections, with low angular resolution, were also measured at two backward angles. From these data the barrier distributions were extracted. Partial results have already been reported [15].

The experiment was done with the $^{9}$Be beam delivered by the Munich Universities Tandem Van de Graaff accelerator. The energies covered were 36.0 MeV $\leq E_{\text{lab}} \leq$ 38.5 MeV in 0.5 MeV steps, 40.0, 41.0, 45.5 MeV, and 46.0 MeV $\leq E_{\text{lab}} \leq$ 50.0 MeV in 1.0 MeV steps. The cross sections were deduced by the in-beam observation of the $\alpha$-particles emitted in the ground state decay of the evaporation residues. The same experimental setup and technique previously [9] utilized were adopted; therefore in the following only details specific to the present experiment will be given.

Four 100 $\mu$m thick Si detectors with 415 mm$^2$ effective surface were utilized in the following geometry: $\pm$ 135°, + 150° at 7.0 cm from the target and -160° at 10 cm from the target. The angles covered were $\pm$ 9° (7°) at 7 (10) cm. Two monitor detectors were located at $\pm$ 20.0° covering a solid angle of 0.200 msr. Two types of targets were utilized: $\sim$ 190 $\mu$gcm$^{-2}$ Bi backed by 150 (450) $\mu$gcm$^{-2}$ carbon (gold). Backings were necessary to stop the evaporation residues recoils at the target site and to achieve the same geometry for the $\alpha$ particles detection. The gold backing brings some normalization problems but had to be adopted in order to reduce as much as possible, when necessary, detectors background produced most likely from $\beta$-rays and light charged particles originating from the fusion of $^{9}$Be with the backing nuclei. The four lowest energy cross-sections from 36.0 MeV to 37.5 MeV could be measured only with the gold backing target. All the ADC's had 8k conversion dynamics so that the energy range was up to 100 MeV to allow also the observation of the $^{9}$Be elastic peaks.

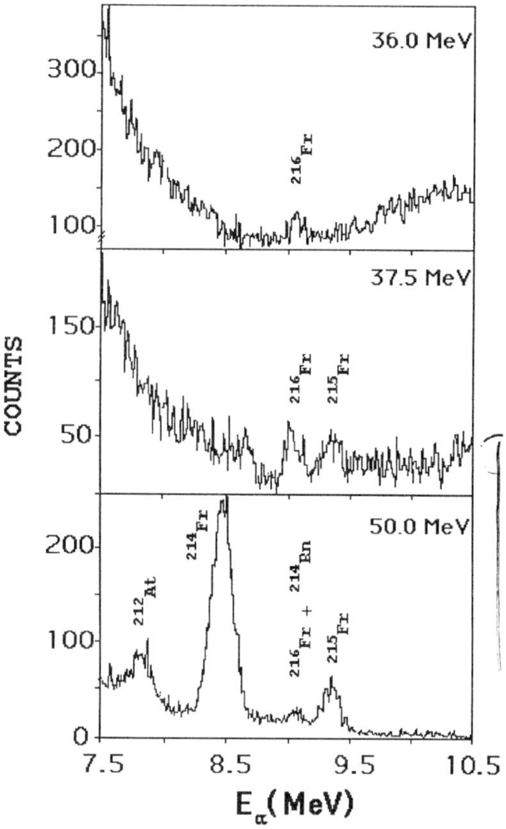


**Fig. 1.** $\alpha$-spectra recorded with the 160° detector at the lowest and highest energy and at 37.5 MeV, the lowest energy of [9]

The $\alpha$ particles detected correspond to the decay of $^{216}$Fr, $^{215}$Fr, $^{214}$Fr and $^{214}$Rn populated by 2n, 3n, 4n and p3n evaporation after the fusion of $^{9}$Be and likely $^{8}$Be produced by the $^{9}$Be break-up. Also the fusion of $\alpha$ and/or $^{5}$He particles which might originate too from the $^{9}$Be break-up and/or transfer processes could take place. The signatures of these processes would be the observation of $^{211,212,213}$At decays. The $^{211}$At nucleus was observed (see also [9]) but it equally originates from the $^{215}$Fr (3n evaporation) $\alpha$-decay. $^{212}$At, $E_\alpha$ = 7.837 MeV, was observed at high energies while there is no evidence for $^{213}$At, $E_\alpha$ = 9.080 MeV. No further attempt was made to quantitatively evaluate these channels since this research was focused on the complete fusion of $^{8,9}$Be. Typical examples of the $\alpha$ spectra are shown in Fig. 1.

The absolute cross section normalization was deduced from Bi Rutherford scattering. With the Au backing the Bi peak could not be resolved from Au in the 20° monitor spectra. Therefore the 20° normalization counts $N^{\text{Bi}}_{20^\circ}$ at the 4 lowest energies were deduced from the Au ($N^{\text{Au}}_{160^\circ}$) and Bi ($N^{\text{Bi}}_{160^\circ}$) 160° scattering data and the unresolved

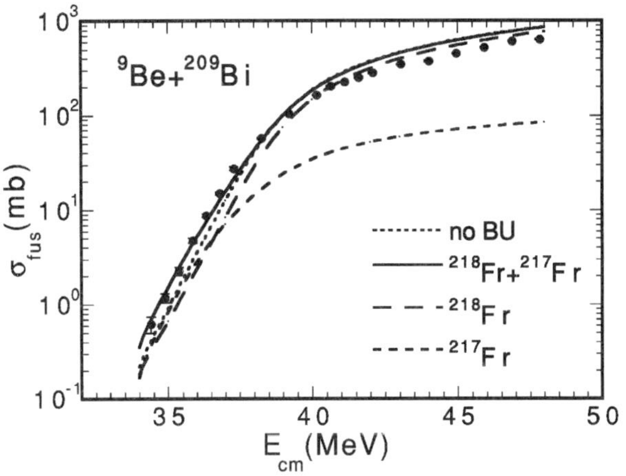


**Fig. 2.** Experimental fusion cross sections and theoretical predictions with no BU and with one BU channel (continuous line). The separate contributions from $^9$Be and $^8$Be fusion leading to $^{218}$Fr and $^{217}$Fr compound nuclei respectively are also shown

ones $N_{20^o}^{Au+Bi}$ with the equation

$$\frac{N_{20^o}^{Bi}}{N_{160^o}^{Bi}} = \frac{N_{20^o}^{Au+Bi}}{N_{160^o}^{Au} + N_{160^o}^{Bi}}$$

valid if the elastic scattering at 160$^o$ behaves in the same way for Au and Bi. This can be assumed for these low energies since the absorption is very small being $\theta_{graz} > 166.5^0$ for $E_{lab} \leq 38.5$ MeV. This ratio rises slowly and smoothly with energy due to increasing absorption and was verified, as an additional normalization check, at 38.5, 40.0, 41.0 MeV (Au backing) with the cross sections previously measured [9] and at 38.0 MeV (Au and C backing data).

The complete $^9$Be plus likely $^8$Be fusion cross sections were calculated adding the 2n+p3n, 3n and 4n channels previously mentioned and the fission taken from [12]. The results are in agreement with [9] and consequently show the same discrepancy with [12]. For this reason the final $\sigma_{fus}$ reported in Fig. 2 were calculated as the weighted average of the data from the present experiment and from [9]. The overall accuracy of the cross sections is < 5% down to $E_{cm}$ = 36.3 MeV and < 11% for the other points except the lowest at $E_{cm}$ = 34.4 MeV (20%).

In order to understand these results in the frame of current theories the data were compared with the predictions of the Dasso and Vitturi approach [6] (similar to the well known CCFUS), which explicitly takes into account the break-up process. In the calculations just one break-up channel, $^9$Be → $^8$Be + n, was considered according to the experimental data.

To evaluate the various barrier parameters we choose a potential with the radial dependence of the Christensen and Winther one [16]. The well depth parameter $S_0$ was adjusted to reproduce the experimental fusion excitation function of $^{16}$O + $^{208}$Pb [17] system without any additional coupling. In this system both nuclei are double magic and the break-up phenomena are expected to be negligible. This is a crude approximation since a much more complex approach was developed [18] to reproduce the $^{16}$O + $^{208}$Pb fusion but it can be assumed that the first order cross section renormalization due to $^{208}$Pb and $^{209}$Bi core vibration are taken into account in this way. The well depth parameter $S_0$ was adjusted to 85 MeVfm$^{-1}$, considerably lower than the standard one, 50 MeVfm$^{-1}$, previously adopted [9]. The parameters used in the calculations are listed in the Table 1.

**Table 1.** Values of barrier parameters

| system | $V_B$ (MeV) | $R_B$ (fm) | $\hbar\omega_B$ (MeV) | $V_{cr}$ (MeV) | $R_{cr}$ (fm) |
|---|---|---|---|---|---|
| $^{16}$O + $^{208}$Pb | 74.0 | 11.95 | 4.77 | 59 | 8.44 |
| $^9$Be + $^{209}$Bi | 38.4 | 11.75 | 4.73 | 10 | 8.01 |

The BU coupling strength parameter $F_0$ was adjusted to 0.5 MeV in order to reproduce the subbarrier cross sections for the system $^9$Be + $^{209}$Bi. The results are shown in Fig. 2 which shows also the predictions for no BU, $F_0$ = 0 MeV, and for the formation of $^{218}$Fr and $^{217}$Fr resulting from $^9$Be complete fusion and $^8$Be BU fusion. We have also checked the predictions of the CCFUS code with the same potential parameters and got the same results as for $F_0$ = 0. Below the barrier the data are well reproduced with this small BU strength which anyhow produces cross sections higher than in the no BU case. Above the barrier the theory overpredicts the experimental observations while is well reproducing the $^{16}$O + $^{208}$Pb data as shown in Fig. 3 upper panel. This is more clearly evidenced by an alternative approach utilized to interpret the "hindered" fusion cross section above the barrier of the loosely bound light systems $^{6,7}$Li + $^9$Be, $^{6,7}$Li + $^{12}$C [13] on which discrepant higher, i.e. "no hindered", cross sections have been recently published [14]. This approach utilises the Glas and Mosel model [19]; it is based essentially on the same theoretical grounds as [6] so should not be considered as a totally independent theory. Within this model we have compared, in the region above the barrier, the $^9$Be + $^{209}$Bi data with the $^{16}$O + $^{208}$Pb ones [17] where BU effects are to be excluded. Figure 3 shows the fusion cross sections for both systems as function of $1/E_{cm}$. The solid curves are the results of Dasso and Vitturi theory, already partly shown in Fig. 2. The dashed curves are the predictions of the Glas and Mosel model with the barrier parameters listed in Table 1. The critical radius $R_{cr}$ was taken from Galin's work [20] and the potential at the critical distance $V_{cr}$, whose value is not critical for the calculations in this energy range, was estimated from a Woods-Saxon one. Both approaches reproduce the $^{16}$O + $^{208}$Pb system well but overestimate the $^9$Be + $^{209}$Bi experimental cross sections. There is no question that this is due to $^9$Be BU which most likely above the barrier becomes much stronger with ~ 25% reduction of fusion cross section; consequently the Dasso and Vitturi approach with only one BU channel with constant strength fails.

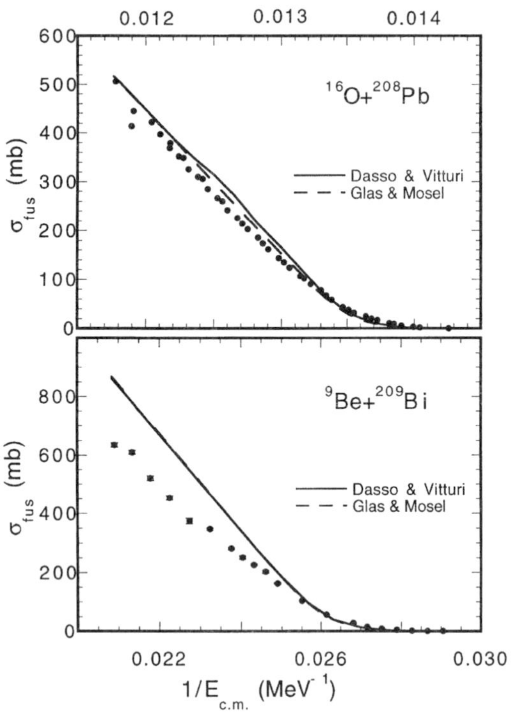


**Fig. 3.** Experimental and theoretical fusion cross sections above the Coulomb barrier. The two theories give very similar results particularely in the $^{9}$Be case and reproduce well the $^{16}O + ^{208}Pb$ data.

From the data we have also extracted the barrier distribution in order to see a possible signature of BU effects originating from the coupling to BU channel/s. For the experimental and theoretical fusion excitation functions the formula adopted [21] was $D(E) = \frac{1}{\pi R^2}\frac{d^2(E\sigma_{fus})}{dE^2}$. The second derivative was calculated using a simple point difference formula. The results are given in Fig. 4 upper panel.

Also the Rutherford elastic cross sections were measured and from these the barrier distributions were extracted according to the formula : $D^{el}(E) = -\frac{d}{dE}(\frac{d\sigma^{el}}{d\sigma_R}(E))^{\frac{1}{2}}$ [22], valid for measurements at very backward angles, ideally 180°. The distributions at 150° and 135° were obtained from the data recorded in this and in the previous [9] experiment. The first derivative was calculated with a point difference formula averaging over 3 consecutive points. Since the detectors were covering large angles (geometry imposed by the optimization of the fusion data) the utilization of the formula above needs some support. This is given by the positive results of a recent experiment [23] which utilized detectors located from 156° to 164°; moreover even at 135° clear absorption effects were observed as confirmed by a run on elastic scattering angular distribution.

The results are shown in Fig. 4 lower panel where the predictions of optical model calculations for the same an-

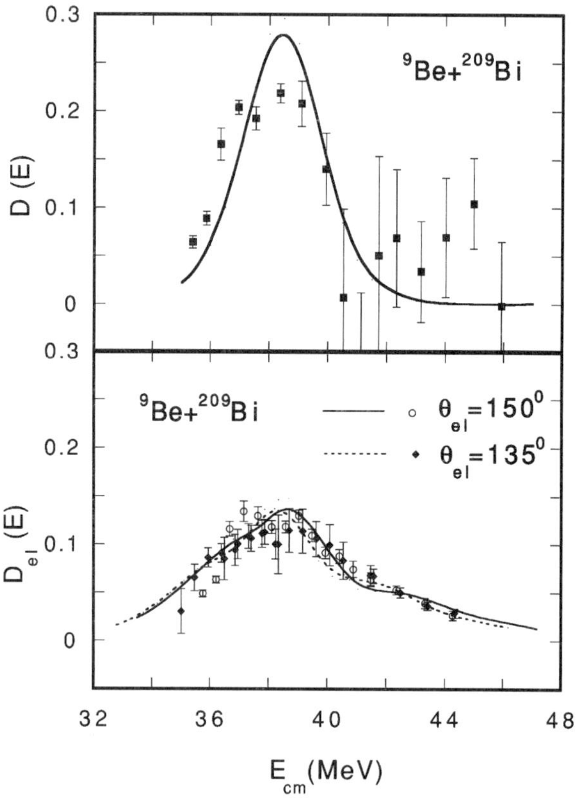


**Fig. 4.** Experimental and theoretical (continuous lines) barrier distributions (in $MeV^{-1}$) from fusion data, top pannel, and from elastic scattering data, bottom pannel

gular acceptance are also presented. These calculations were done with the code PTOLEMY utilizing a Woods-Saxon potential with parameters deduced from an elastic scattering measurement. All distributions are automatically normalized to 1 therefore the same y-scale was utilized in Fig. 4 for a better comparison.

All barrier distributions of Fig. 4 present basically one peak structure narrower for the fusion data than for the elastic scattering ones. There is no evident signature of BU effects in these data; it is essentially only one barrier which regulates the fusion process.

The fact that from the elastic scattering data a broader barrier distribution is deduced from both detectors could be very tentatively interpreted as due to the $\alpha$-BU channels which can influence only the scattering data and not the fusion ones, sensitive only to n-BU channel. This effect could be identified in the small sidebumps of the theoretical curves, where experimentally deduced potential parameters were used, but are too small to be evidenced with the present experimental setup; a more focused experiment is necessary for this purpose.

By the completion of this paper the results of a similar work on $^{9}Be + ^{208}Pb$ [24] were kindly communicated to us. In this work in addition to $^{9}$Be fusion also a significant incomplete fusion component, assigned to $\alpha$ BU, is reported. Their coupled channel calculations can reproduce the fusion + incomplete fusion data above the barrier but not below while the complete fusion only is reproduced scaling the previous calculations by a factor of 0.68. This implies a reduction in fusion strength of around $\sim$ 30% similar to our value. The barrier distribution deduced from the fusion data is very similar to our. Essentially both works point out to very similar conclusions.

In summary from the $^{9}$Be + $^{209}$Bi fusion cross sections, compared to the $^{16}$O + $^{208}$Pb ones, there is no strong influence of BU effects below the barrier and the data are well reproduced including only one BU channel with moderate strength. Above the barrier the $^{9}$Be data suggest a consistent BU effect as opposed to $^{16}$O + $^{208}$Pb ones. All the barrier distributions show the presence of essentially one barrier more or less broad; this is interpreted as a lack of additional signature of BU effects.

We thank the staff of the Munich Tandem, especially W. Carli, for their professional operation of the accelerator and to H.J. Maier from the Technological Laboratory of the University of Munich and his staff for the target preparation.

## References

1. K. Riisager et al., Nucl. Phys. **A540**, (1992) 365
2. B. Blank et al., Nucl. Phys. **A555**, (1993) 408
3. T. Kobayashi, Phys. Lett. **B232**, (1989) 51
4. C.H. Dasso, J.L. Guisado, S.M. Lenzi, A. Vitturi, Nucl. Phys. **A597**, (1996) 473
5. L.F. Canto, R. Donangelo, M.S. Hussein, M.P. Pato, Nucl. Phys. **A542**, (1992) 131
6. C.H. Dasso, A. Vitturi, Phys. Rev. **C50** (1994) R12
7. M.S. Hussein, M.P. Pato, L.F. Canto, R. Donangelo, Phys. Rev. **C46**, (1992) 377 and Phys. Rev. **C47**, (1993) 2398
8. N. Takigawa, M. Kuratani, H. Sagawa, Phys. Rev. **C47**, (1993) R2470
9. C. Signorini et al., Eur. Phys. J. **A2**, (1998) 227
10. K.E. Rehm et al., Phys. Rev. Lett. **81**, (1998) 3341
11. V. Fekou-Youmbi et al., Nucl.Phys. **A583**, (1995) 811c
12. A. Yoshida et al., Phys. Lett. **B389**, (1996) 457
13. J. Takahashi et al., Phys. Rev. Lett. **78**, (1997) 30
14. A. Mukherjee et al., Nucl. Phys. **A635**, (1998) 305
15. F. Soramel et al., *Proceeding of 3$^{rd}$ Japan-Italy Joint Symposium '97, Padova, Italy, October 1997*, eds. C. Signorini, F. Soramel, T. Kishida (World Scientific, Singapore 1999) 83
16. P.R. Christensen, A. Winther, Phys. Lett. **B65**, (1976) 19
17. C.R. Morton et al., Phys. Rev. **C52**, (1995) 243
18. I.J. Thompson, M.A. Nagarajan, J.S. Lilley, M.J. Smithson, Nucl. Phys. **A505**, (1989) 84
19. D. Glas, U. Mosel, Nucl. Phys. **A237**, (1975) 429
20. J. Galin, D. Guerreau, M. Lefort, X. Tarrago, Phys. Rev. **C9**, (1974) 1018
21. N. Rowley, G.R. Satchler, P.H. Stelson, Phys. Lett. **B254**, (1991) 25 and J.R. Leigh et al., Phys. Rev. **C52**, (1995) 3151
22. N. Rowley et al., Phys. Lett. **B373**, (1996) 23
23. H.Q. Zhang et al., Phys. Rev. **C57**, (1998) R1047
24. M. Dasgupta et al., Phys. Rev. Lett. **82**, (1999) 1395

# Fusion Barrier Distribution in $^{9}Be+^{209}Bi$ ①

C.Signorini[1], Z.H.Liu[2,5], Z.C.Li[1,5], K.E.G.Löbner[3], L.Müller[1], M.Ruan[2], K.Rudolph[3], F.Soramel[4], C.Zotti[3], A.Andrighetto[1], L.Stroe[1], A.Vitturi[1], H.Q.Zhang[5]

*[1]Physics Department of University and INFN, via Marzolo 8, 35131 Padova, Italy, [2]INFN, Legnaro National Laboratories, Legnaro, Padova, Italy, [3]Sektion Physics, Ludwig-Maximlians-University Munich, 85748 Garching, Germany, [4]University and INFN, via delle Scienze 208, 33100 Udine, Italy, [5]China Institute of Atomic Energy, P. O. Box 275 (10), Beijing 102413, P. R. China*

**Abstract**. The fusion barrier distribution obtained for the system $^{9}Be+^{209}Bi$ from fusion and elastic scattering cross sections do not show any specific signature of the $^{9}Be$ break-up process which is however significant above the Coulomb barrier .

The main goal of this study was to search for possible break-up effects of the loosely bound $^{9}Be$ nucleus ($S_n$=1.67 MeV) into the fusion barrier distributions of the $^{9}Be+^{209}Bi$ system in the $^{9}Be$ energy range 36-50 MeV; both these distributions were extracted from excitation functions of the fusion cross section and of the elastic scattering at backward angles. The experiments [1,2], done at the Munich Tandem accelerator, were mainly focused and optimized for precise total fusion cross sections determination of $^{209}Bi$ with both $^{9}Be$ and $^{8}Be$ (originating from $^{9}Be$ break-up); anyhow the detector geometry adopted allowed to observe also elastic scattering events at rather backward angles but with large solid angle acceptance (±9°, Ω=85 msr).

The barrier distribution from fusion cross section data was calculated according to the well established formula [3]:

$$\mathbf{D}_{fus}(\mathbf{E}) = \frac{1}{\pi \mathbf{R}_f^2}\frac{\mathbf{d}^2}{\mathbf{dE}^2}(\mathbf{E}\sigma_{fus}(\mathbf{E}))$$

were E is the bombarding energy. The quantity $\pi\mathbf{R}_f^2$ was extracted from the fusion data with the equation $\mathbf{E}\sigma_{fus}(\mathbf{E}) = \pi\mathbf{R}_f^2(\mathbf{E}-\mathbf{V}_b)$ with $V_b$ Coulomb barrier. Fig.1 top panel left shows the experimental fusion cross sections and the theoretical predictions, also separately, for the two different fusion channels originating from $^{9}Be$ ($^{218}Fr$) and $^{8}Be$ ($^{217}Fr$). Fig.1 top panel right shows the relative barrier distributions. The theoretical calculations were done according to the Dasso and Vitturi approach [4] with the inclusion of only one break-up channel, namely $^{9}Be \rightarrow ^{8}Be+n$. In these calculation the potential was of Christensen and Winther type; its well depth was adjusted to reproduce as well as possible in the subbarrier region the well known system $^{16}O+^{208}Pb$ [5] where break-up effects are very unlikely to occur; these results are show in Fig.2. The obtained depth was then scaled for the $^{9}Be + ^{209}Bi$ geometry.

① CP495,Experimental Nuclear Physics in Europe ,edited by B.Rubio et al.©1999 American Institute of Physics 1-56396-907-6//99/.

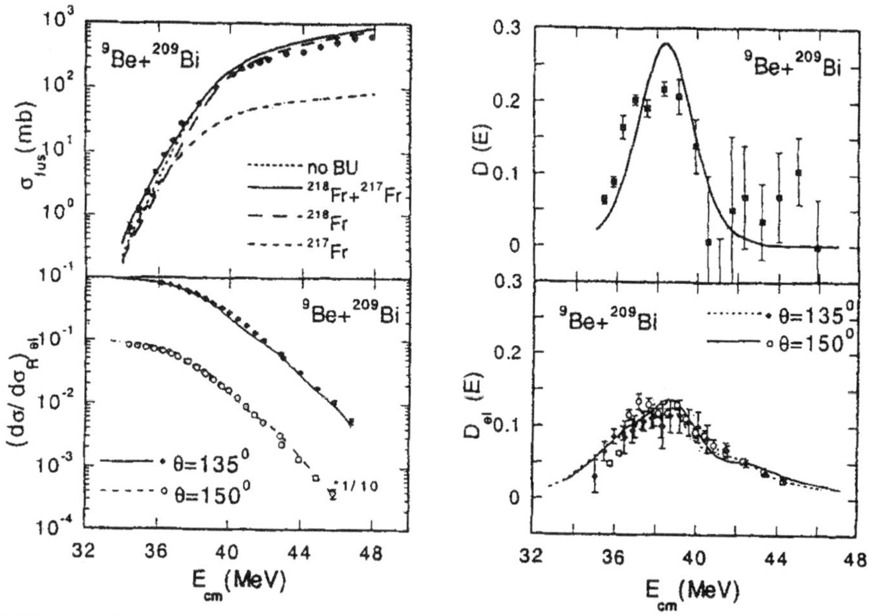


**FIGURE 1.** Fusion excitation functions experimental and theoretical (top left) and relative barrier distributions (top right). Elastic scattering excitation functions experimental and theoretical (bottom left) and related barrier distributions (bottom right)

This is a very crude approximation but good enough to take into account the most relevant first order vibration effects, expected to be similar in both systems.

The elastic scattering cross sections were measured in the same energy range 36-50 MeV at 135° and partly at 150° and 160° in two different runs. From these data the barrier distributions were extracted according to the formula [6]:

$$D_{el} = -\frac{d}{dE}\left(\frac{d\sigma_{el}}{d\sigma_R}(E)\right)^{\frac{1}{2}}$$

valid for 180° elastic scattering. The distributions were anyhow extracted for 135° and 150°scattering angles (the 160° data were normalized to the 150° scattering angle) with a point difference formula averaging over 3 consecutive points. Support for the utilization of the above formula for the large detectors opening angles which had to be adopted comes from the positive results of ref. [7]. The relative theoretical elastic scattering calculations were done with the code PTOLEMY, with the parameters of a Woods-Saxon type potential obtained from an elastic scattering measurement we recently performed. The results are shown in the Fig. 1, lower panels; the energy scale was corrected by the centrifugal energy $E_{cent}$:

$$E_{cent} = E_{cm}\frac{\sin^{-1}(\theta_{cm}/2)-1}{\sin^{-1}(\theta_{cm}/2)+1}$$

with $\theta_{cm}$ detection angle in the center of mass system.

Since the barrier distribution results are rather sensitive to the step sizes adopted in the various point difference formulas the same step sizes were taken for all the data:

fusion elastic, experimental and theoretical. Namely: 1.0 MeV in the low energy region and 1.5 MeV in the high energy one. The adopted formulas automatically normalize to a total strength of 1.0 both barrier distributions.

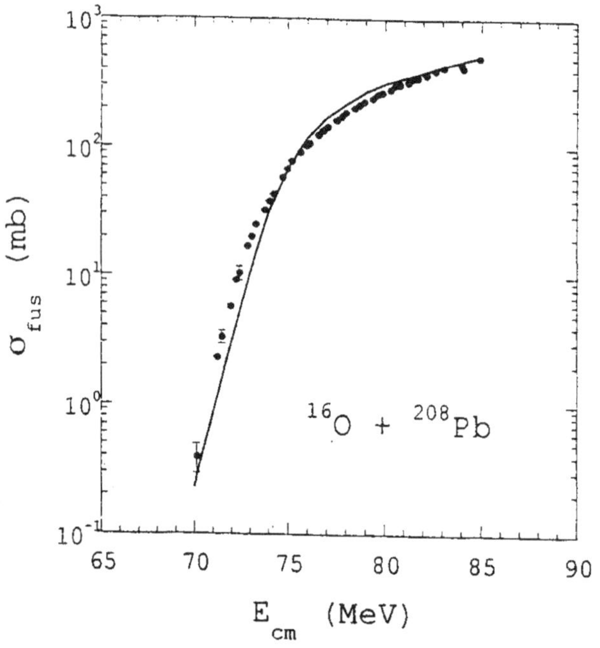


**FIGURE 2.** Fusion cross sections. In the theoretical calculations (continuos line) the potential depth has been adjusted in order to reproduce as well as possible the subbarrier region.

In principle we can expect that the $^{9}$Be BU could influence the barrier distributions if the projectile breaks at a certain point, while approaching the $^{209}$Bi target, into $\alpha + \alpha + n$ and then fuses as two separate $\alpha$ plus eventually one neutron; in this case the two $\alpha$ will feel a very different barrier. But the analysis of the barrier distribution in Fig. 1 shows basically one broad peak i.e. one barrier. Consequently there are no evident BU effects into the barrier distribution even if the fusion cross section above the barrier is much lower than theoretically predicted (see fig.2 top left) which is definitely a BU signature.

## REFERENCES


1. Signorini C. et al., *Eur. Phys. J.* **2**, 227 (1998).
2. Signorini C. et al., *Eur. Phys. J* **5**, 7 (1999).
3. Leigh J.L. et al., *Phys. Rev.* **C52**, 3151 (1995).
4. Dasso C.H., A. Vitturi, *Phys. Rev.* **C50**, R12 (1994) .
5. Morton C.R. et al., *Phys. Rev.* **C52**, 243 (1995).
6. Rowley N. et al., *Phys. Lett.* **B373**, 23 (1996).
7. Zhang H.Q. et al., *Phys. Rev.* **C57**, R1047 (1998)

# SUBBARRIER FUSION REACTION OF $^{19}F$ + $^{232}Th$ ①

Zhang Huanqiao, Lu Jun, Xu Jinchen, Liu Zuhua, Xu Kan and Ruan Ming
Institute of Atomic Energy, P.O.Box 275, Beijing, China

In recent years, there has been a lot of interest in subbarrier fusion reactions because of the significant enhancement of cross sections over the predictions from a simple model based on one dimensional barrier penetration.[1] It is generally believed that the reason for this enhancement lies in the strong coupling of elastic channel to the other quasi-elastic channels. Such coupling results in the energy-shifted barriers so as to increase the barrier penetration probabilities and broaden the spin distributions. The spin distribution broadening of compound nucleus was found for near and below the Coulomb barrier in a few cases.[2] Due to the sensitivity of the fission fragment angular distributions to the compound nucleus spin distributions, the subbarrier fusion-fission reactions are quite appealling.We report here a study of $^{19}F$ + $^{232}Th$ fusion-fission reaction at the bombarding energies from 85 to 105 MeV.

The experiment was performed at the HI-13 tandem Van de Graff accelerator in Institute of Atomic Energy, Beijing. A thorium target about 350 $\mu g/cm^2$ in thickness was bombarded by a collimated $^{19}F$ beam. The beam spot size on the target was 2-3 mm in diameter The isotopic purity of $^{232}Th$ target was 100%. The fission fragments were detected by mica track detectors at angles from 90° to 170° . The distance between target and mica which stuck on the inner surface of a cylinder was 4 cm. After irradiation, mica was etched by a standard procedure.[3] Two surface barrier semiconductor detectors were set at -40° and +19.76° directions respectively as monitors to detect the elastic scattering projectiles. The beam direction was checked by the elastic scattering measurement. The fission cross sections were normalized to the cross sections of Rutherford scattering.

The fission excitation finction of $^{19}F$ + $^{232}Th$ is shown in Fig. 1. The data represented by open circles are the experimental results of Leigh.[4] Our results are in good agreement with Leigh's values except for our data extending further below the Coulomb barrier.

Coupled channels theory ( CCFUS code ) was used to fit the fission excitation function to obtain the transmission coefficients $T_l$ for each bombarding energy. Both the inelastic transfer channel couplings to the elastic channel included in the coupled channels calculation are listed in Table 1.

Several of the angular distributions of fission fragments together with the theoretical calculations are presented in Fig. 2. The theoretical angular distributions were calculated with the transition state theory in terms of the transmission coefficients extracted from the excitation function. This calculation requires a parameter $K_0^2 = g_{eff}T/\hbar^2$. The effective moments of inertia $g_{eff}$ was extracted from the systematics of Ref. ( 5 ). However, the measured values of anisotropies of fission fragments are obviously greater than the calcula-

① Lecture Notes In Physics 317, Springer-Verlag, 1988: 173-176.

ted ones as shown in Fig. 3.

Table 1
Inelastic transition data of the states and the parameters of transfer channels included in the coupled channels calculation

| Nucleus | $J^{\pi}$ | $E_x$ ( MeV ) | $\lambda$ | $\beta$ | Transition | $Q_{eff}$ ( MeV ) | F ( MeV ) |
|---|---|---|---|---|---|---|---|
| $^{19}F$ | $5/2^+$ | 0.1976 | 2 | 0.55 | -p | 6.20 | 1.0 |
| | $5/2^-$ | 1.3458 | 3 | 0.33 | -2p | 6.11 | 1.0 |
| $^{232}Th$ | $2^+$ | 0.0494 | 2 | 0.225 | $-\alpha$ | 9.05 | 1.0 |
| | $4^+$ | 0.1621 | 4 | 0.068 | +n | -5.64 | 1.0 |
| | $3^-$ | 0.7743 | 3 | 0.086 | | | |

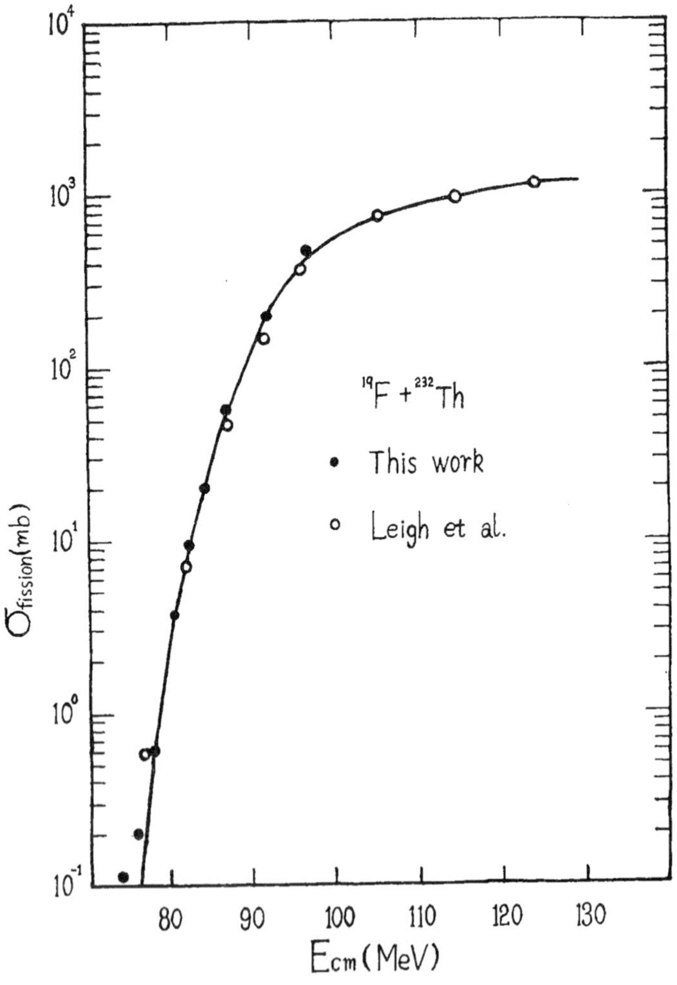


Fig. 1. Fission excitation function for the $^{19}F$ + $^{232}Th$ reaction The full line represent coupled channels calculation.

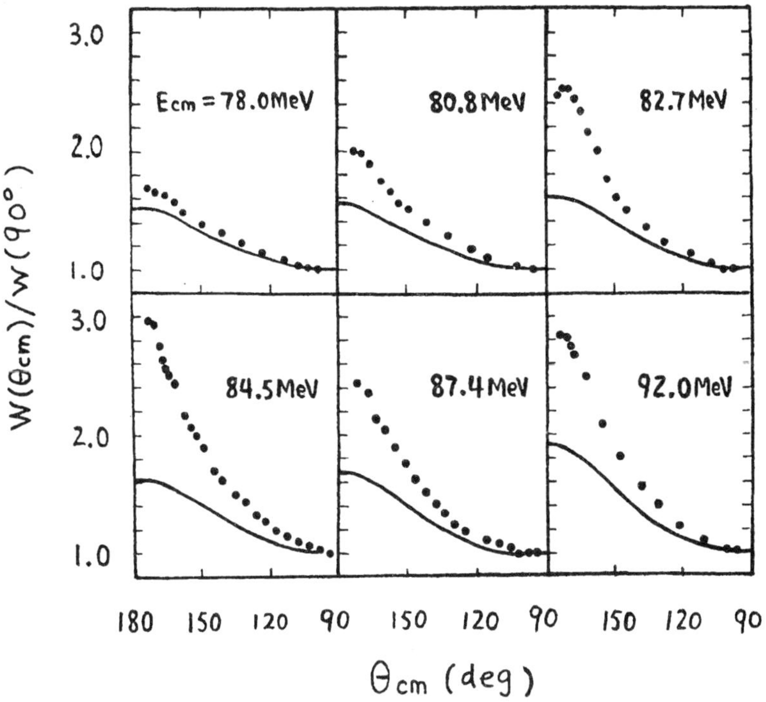


Fig. 2. Fission angular distributions for $^{19}F$ + $^{232}Th$ fusion reaction at sub-barrier energies

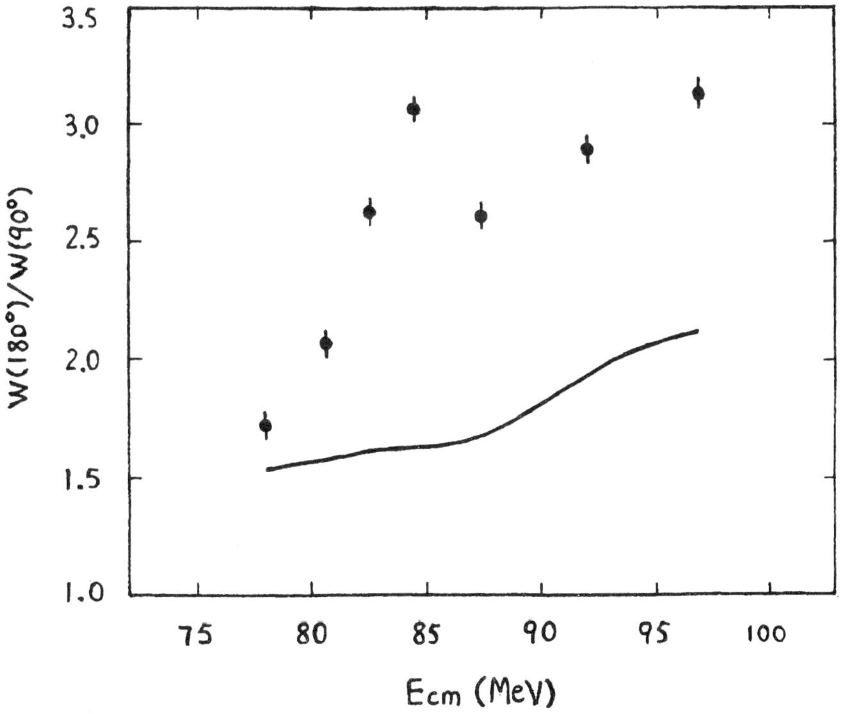


Fig. 3. Anisotropies of fission fragments for $^{19}F$+ $^{232}Th$ subbarrier fusion fission reaction. The full line is the theoretical calculation with transition state theory.

In conclusion, we have measured fission cross sections and angular distributions to the energies considerably lower than Coulomb barrier for $^{19}F$ + $^{232}Th$. The excitation function is well reproduced on the basis of coupled channels theory. However, the angular distributions are much more anisotropic than expected. The preliminary impression from this study is that at the near and subbarrier energies, the present standard models are inadequate for explaining both the fusion excitation function and the angular distributions of fission fragments simultaneously. It seems to us that some kind of new mechanism may contribute to fusion-fission processes of $^{19}F$ + $^{232}Th$ reaction system. The data analyses are still in progress.

One of the authors ( Z. H. Q. ) is indebted to Dr. J. Leigh for providing us with unpublished data. This work was partly supported by National Natural Science Fundation of China

REFERENCES

1. M. Beckerman, Phys. Rep. 129 (1985) 145
2. B. Haas et al., Phys. Rev. Lett. 54 (1985) 398
R. Vandenbosch et al., Phys. Rev. Lett. 56 (1986) 1234
3. R. L. Fleischer, P. B. Price and R. M. Walker, Nuclear Tracks in Solids : Principles and Applications ( Univ. California Press, Berkeley, 1975 )
4. J. Leigh, Private communication
5. R. Freifelder, M. Prakash and J. M. Alexander, Phys. Rep., 133 (1986) 315

# ANOMALOUS ANISOTROPIES OF FISSION FRAGMENT ANGULAR DISTRIBUTIONS IN SUB-BARRIER FUSION–FISSION REACTION ①

Huanqiao ZHANG, Jincheng XU, Zuhua LIU, Jun LU, Kan XU and Ming RUAN
*Institute of Atomic Energy, P.O. Box 275, Beijing, China*

Received 4 November 1988

Fission cross sections and angular distributions have been measured for the $^{19}F+^{232}Th$ reaction at energies ranging from 0.8 to 1.1 of Coulomb barrier. For the first time it has been observed that the anisotropies as a function of the center-of-mass energy show a bump around 84 MeV, while the excitation function varies monotonically. The excitation function can be reproduced in the framework of the coupled channels theory. However, the models fail to account for the experimental anisotropies, especially of the bump.

There has been a lot of interest in recent years in sub-barrier fusion reactions because of the significant enhancement of cross sections over the predictions from a simple model based on one-dimensional barrier penetration [1]. It is generally believed that the reason for this enhancement lies in the strong coupling of the elastic channel to the other quasi-elastic channels. Such couplings result in energy-shifted barries so as to increase the barrier penetration probabilities and broaden the spin distributions. A broadening of the spin distribution of the compound nucleus was found at near Coulomb energies in a few cases [2]. However, the experiment by Vandenbosch et al. [3] of angular distributions of fission fragments for the $^{12}C+^{236}U$ and $^{16}O+^{232}Th$ systems indicates that the experimental anisotropies are much greater than those predicted by standard models. To explain this discrepancy, on the experimental side one needs not only to study more reaction systems but also to extend the study to even lower energies [4]. We have made such a study of the $^{19}F+^{232}Th$ fusion–fission reaction at bombarding energies from 81 to 105 MeV. In this paper we report an interesting observation in our experiment, i.e., a bump in the anisotropies measured as a function of center-of-mass energy around 84 MeV, which cannot be explained on the basis of present approaches. In addition, our low energy experimental results continue to show anisotropies greater than expected.

The experiment was performed at the HI-13 tandem Van de Graaff accelerator at the Institute of Atomic Energy, Beijing. A $^{232}Th$ target of thickness 350 $\mu g/cm^2$ was bombarded by a collimated $^{19}F$ beam with a spot size on the target of $\sim 2$ mm in diameter. The angle between target and beam direction was 45°. Fission fragments were detected by a mica track detector spanning the laboratory angular range between 85° and 175°. The distance between the target and the mica, which was placed on the inner surface of a cylinder, was 4 cm. Two surface barrier semiconductor detectors were set at $-40°$ and $+19.8°$, respectively, as monitors to detect elastic scattering. The solid angles subtended by the semiconductor detectors were determined using a standard $^{241}Am$ alpha source. The beam direction was checked by an elastic scattering measurement. A quartz plate, which was positioned at the target frame, was used to check the beam position and profile. In addition, the count ratios between the two monitors and the Faraday cup counting rates indicated the beam quality during the period of the measurement. After irradiation, the mica was etched according to a standard procedure [5], and scanned under a microscope with $10\times 40$ magnification. The mica detector is insensitive to reaction products with $Z\leqslant 10$, due to its detection

① Physics Letters B,1989,218(2):133-136.

threshold. The tracks of other projectile-like products with $Z > 10$ can be distinguished clearly from fission fragments by the track size and depth. The number of fission fragment tracks in an area 1 mm wide×5 mm high of mica was counted to obtain the fission fragment counts within successive bias angles. The corresponding angular resolution was 1.4°. The total fission cross sections were obtained by integrating the angular distributions and normalizing to the cross section for Rutherford scattering. The experimental errors are mainly statistical. For the angular distributions the uncertainties of the data range between 1% and 3%. In the transformation from the laboratory to the center-of-mass frame of reference we used the kinematics relevant for symmetric fission with the kinetic energy taken from Viola systematics [6].

The fission excitation function of the $^{19}F+^{232}Th$ reaction is shown in fig. 1. The data represented by the solid triangles are the experimental results of Leigh [7]. Our results are in good agreement with Leigh's values in the overlapping energy region. The dashed line in the figure is a one-dimensional barrier penetration calculation. The solid line is obtained by use of a coupled channels model (CCDEF code [8]). In this code a nuclear potential $V_n(r, \theta_p, \theta_t)$ of Woods–Saxon shape is used with $R=R_p+R_t+0.29$ fm, $R_i^0=1.233A_i^{1/3}-0.98A_i^{-1/3}$, $i=$p, t, $V_0=-61.7$ MeV and $a_0=0.63$ fm. Five inelastic channels were included: excitation to the 0.7744 MeV state of $^{232}Th$ with $\beta_3=0.09$, as well as to the states at 0.197, 1.346, 1.554 and 2.780 MeV of $^{19}F$ with $\beta_2=0.55$, $\beta_3=0.33$, $\beta_2=0.58$ and $\beta_4=0.22$. Also, the static deformations $\beta_2=0.22$ and $\beta_4=0.09$ of the target nucleus were considered by means of the effects of the orientation of the deformed surface with respect to the collision axis on the potentials and coupling strengths. The transmission coefficients $T_l$ for each bombarding energy were obtained from this calculation. The agreement between the experimental and theoretical fission excitation function is satisfactory over most of the energy region. At very low energies the theoretical curve deviates from the experimental data. This deviation may be the result of an increased fraction of transfer induced fission in this energy region.

Several of the fission fragment angular distributions, together with the theoretical calculations, are presented in fig. 2. The theoretical angular distributions were calculated with the transition state theory using the transmission coefficients $T_l$ extracted from the excitation function calculation. The solid and dotted curves in the figure represent the calculations based on the coupled channels and one-dimensional models, respectively. A parameter $K_0^2=\mathscr{J}_{\text{eff}}T/\hbar^2$ is required in the theoretical calculation of fission fragment angular distributions, where $\mathscr{J}_{\text{eff}}$ is the effective moment of inertia and $T$ is the nuclear temperature at the saddle point. The values of $\mathscr{J}_{\text{eff}}$ were calculated with Sierk's model [9]. It can be seen that the experimental angular distributions are much more anisotropic than the theoretical one. In order to illustrate systematically the discrepancy between observations and predictions, we show in fig. 3 the anisotropies as a function of the center-of-mass energy. The most striking feature of the data is a bump in the aniso-

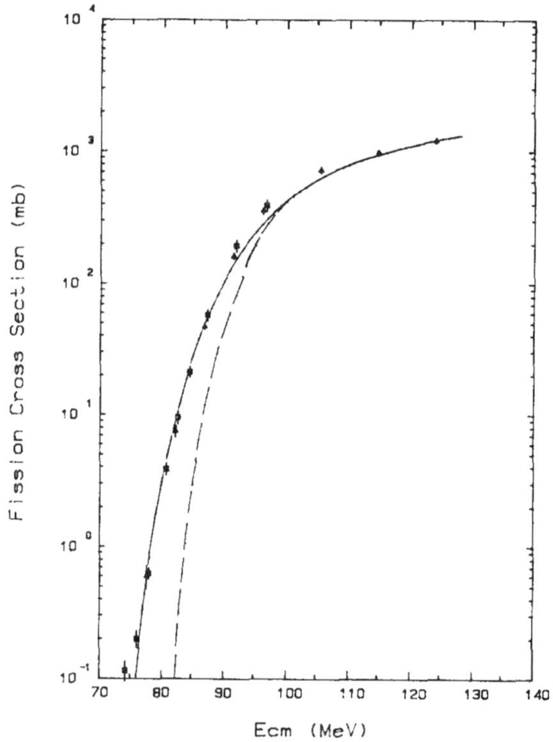


Fig. 1. Fission excitation function for the $^{19}F+^{232}Th$ reaction. The full and dashed curves are the theoretical calculations of coupled channels and one-dimensional penetration, respectively. Data represented by the solid squares are the experimental results of this work and the solid triangles are the measured values of Leigh [7].

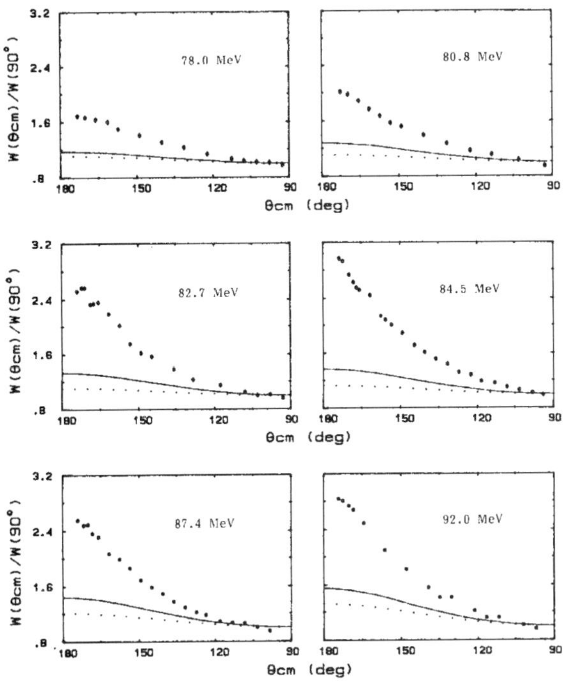


Fig. 2. Fission fragment angular distributions for the $^{19}F+^{232}Th$ reaction. The solid circles with error bars are our experimental values. The solid and dotted lines are the theoretical calculations of the transition state model with the transmission coefficients $T_l$ extracted from the excitation function calculations of coupled channels and one-dimensional penetration, respectively. The number in the figure is the center-of-mass energy.

tropy centered near 84 MeV. Such a bump has not been observed previously in fusion–fission reactions.

If the anomalous anisotropies could be attributed to the effects of $K_0$, one can extract these $K_0$ values from the experimental angular distributions with the transition state theory in terms of the known transmission coefficients $T_l$. Fig. 4 presents these $K_0$ values indicated by solid squares as a function of energy and it also shows the theoretical values of $K_0$ with the effective moment of inertia $\mathcal{J}_{eff}$ calculated by Sierk's model at the average angular momentum $\langle L \rangle$ for each center-of-mass energy.

The origin of both the anisotropies, larger than expected, and the bump as a function of center-of-mass energy is not clear. One possibility which needs to be considered is the contribution of transfer induced fission. There are two sets of data published on transfer induced fission cross sections for the $^{19}F+^{232}Th$ reaction. Leigh [10] has directly measured the differential cross sections by requiring a coincidence between the transfer products and fission fragments. Hinde [11] deduced the cross sections by decomposing the measured fragment mass spectra into components of complete fusion–fission and transfer induced fission. Using these two sets of data we estimate that transfer induced fission may contribute about

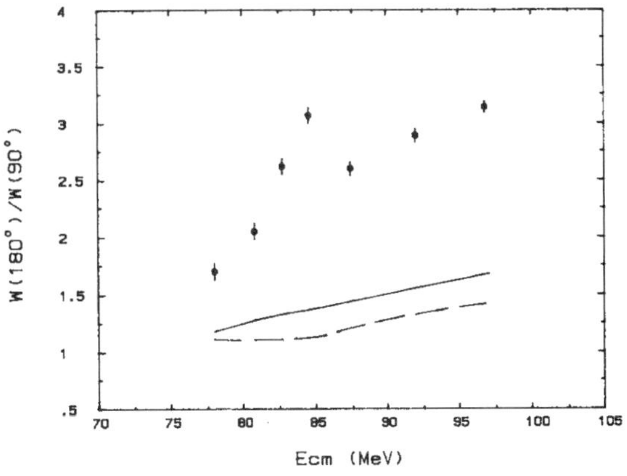


Fig. 3. Experimental (dots) anisotropies of fission fragment angular distributions for the $^{19}F+^{232}Th$ reaction at near and sub-barrier energies. The solid and dashed curves are the transition state calculations with $T_l$ obtained from coupled channels and one-dimensional penetration calculations of the excitation function.

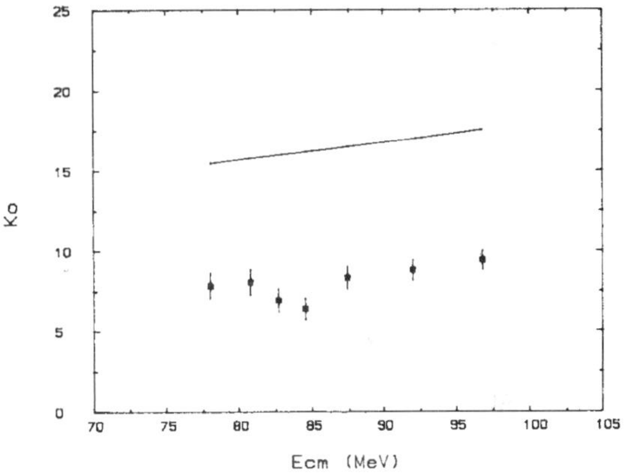


Fig. 4. The parameter $K_0$ as a function of center-of-mass energy for the $^{19}F+^{232}Th$ reaction system. The solid squares are the $K_0$ values extracted from the experimental angular distributions. The full line represents the calculated values with $\mathcal{J}_{eff}$ obtained from Sierk's model [9] at the average angular momentum $\langle L \rangle$ for each center-of-mass energy.

10% of the fission fragments at 84 MeV center-of-mass energy. Since little is known about the angular distributions of fragments resulting from transfer induced fission, it is difficult to assess how important a correction to the anisotropy values will result from this contamination. However, the results of the $^{16}O+^{232}Th$ reaction at 105 MeV [12] and at 86 and 90 MeV [13] suggest that the contributions from transfer induced fission do not appreciably affect the fusion–fission anisotropies.

It is difficult at the moment to explain the bump in the anisotropies as a function of center-of-mass energy. It may be due to some new mechanisms or even nuclear structure effects. Positive comments must await further experiments.

In summary, we have measured fission cross sections and angular distributions to energies considerably lower than the Coulomb barrier for the $^{19}F+^{232}Th$ reaction. The excitation function can be well described on the basis of coupled channels theory. However, the measured fission fragment angular distributions are much more anisotropic than the predicted ones. Moreover, the anisotropies as a function of center-of-mass energy show a bump around 84 MeV.

We would like to thank S. Landowne for his helpful suggestions. One of the authors (Z.H.) is indebted to J. Leigh and J. Fernandez-Niello for providing us with their unpublished numerical data and CCDEF code, respectively. Thanks are also due to the operation staff of the tandem accelerator at IAE.

**References**

[1] M. Beckerman, Phys. Rep. 129 (1985) 145.
[2] R. Vandenbosch et al., Phys. Rev. C 28 (1985) 1161;
B. Hass et al., Phys. Rev. Lett. 54 (1985) 398;
P.J. Nolan et al., Phys. Rev. Lett. 54 (1985) 2211;
S. Gil et al., Phys. Rev. C 31 (1985) 1752.
[3] R. Vandenbosch et al., Phys. Rev. Lett. 56 (1986) 1234;
T. Murakami et al., Phys. Rev. C 34 (1986) 1353.
[4] C.H. Dasso et al., Phys. Rev. Lett. 57 (1986) 1498.
[5] R.L. Fleischer, P.B. Price and R.M. Walker, Nuclear tracks in solids: principles and applications (University of California Press, Berkeley, CA, 1975).
[6] V.E. Viola et al., Phys. Rev. C 31 (1985) 1550.
[7] J. Leigh, private communiation (1987).
[8] J. Fernandez-Niello, C.H. Dasso and S. Landowne, private communication (1988).
[9] A.J. Sierk, Phys. Rev. C 33 (1986) 2039.
[10] J. Leigh et al., Phys. Rev. Lett. 42 (1979) 153.
[11] D.J. Hinde et al., Nucl. Phys. A 472 (1987) 318.
[12] F. Videback et al., Phys. Rev. C 35 (1987) 2333.
[13] J. Leigh, private communication (1988).

# FISSION-FRAGMENT ANGULAR DISTRIBUTIONS FOR THE $^{19}F+^{208}Pb$ NEAR- AND SUB-BARRIER FUSION–FISSION REACTION ①

Huanqiao ZHANG, Zuhua LIU, Jincheng XU, Kan XU, Jun LU and Ming RUAN

*Institute of Atomic Energy, P.O. Box 275, 102413 Beijing, China*

Received 23 August 1989
(Revised 7 November 1989)

**Abstract:** Fission cross sections and angular distributions have been measured for the $^{19}F+^{208}Pb$ reaction at bombarding energies from 83 to 105 MeV. The fission excitation function is well reproduced on the basis of the coupled-channels theory. The fission-fragment angular distributions are calculated in terms of the transition-state theory, with the transmission coefficients extracted from the excitation function calculation. It is found that a discrepancy between the observations and the predictions in angular anisotropy of fission fragments exists at near- and sub-barrier energies, except for lower and higher energy regions where the discrepancy tends to disappear. Moreover, the anisotropies as a function of the center-of-mass energy show a shoulder around 82 MeV. Our results clearly indicate the considerable effects of the coupling on the sub-barrier fusion cross section and on the near-barrier compound-nucleus spin distribution, and confirm the prediction of an approximately constant value for the mean square spin of a compound nucleus produced in a far sub-barrier fusion reaction.

E | NUCLEAR REACTION Fission $^{19}F+^{208}Pb$; $E_{c.m.}=75.4\text{–}95.6$ MeV; measured $\sigma_f(E_{c.m.}, \theta_{c.m})$; deduced anisotropies of fission fragments and mean square spin values. Enriched target.

## 1. Introduction

Cross sections for fusion of complex nuclei below the Coulomb barrier are well known to be strongly enhanced with respect to predictions of one-dimensional barrier-penetration models. Various explanations of this phenomenon have been proposed. The measurement of the moments of the angular momentum and the spin distribution in compound system would be helpful in distinguishing among the various proposals, but at present such data exist only for very few systems.

Recently, Vandenbosch *et al.* [1]) and Zhang *et al.* [2]) have reported large anisotropies in the angular distributions of fission fragments resulting from heavy-ion induced fusion–fission reactions at near- and sub-barrier energies. They found that the models which reproduce the enhancement observed in the sub-barrier fusion excitation functions fail to account for the fission-fragment angular-distribution data. These observations put forward an intriguing puzzle. The failure may arise from the effects

① Nuclear Physics,1990,A512:531-540.

of the entrance channel, the fission exit channel or from both. In order to explore the origins of the anomaly observed, it is worth doing further experimental study for other reaction systems.

In this paper we first present the experimental results of the fission cross sections and fission-fragment angular distributions for the $^{19}F+^{208}Pb$ fusion–fission reaction at near- and sub-barrier energies. The results indicate that the fission excitation function is well reproduced on the basis of the coupled-channels theory and the observed anisotropies of fission-fragment angular distributions are larger than expected in the near-barrier energy region. In addition, as a function of the center-of-mass energy, the anisotropies exhibit a shoulder around 82 MeV. The present models fail to account for such an interesting anomaly.

In the next section the experimental procedure will be given. The results of the measurement will be presented in sect. 3, followed by a discussion and summary of this work in sect. 4.

## 2. Experimental procedure

The experiment was performed at the HI-13 tandem Van de Graaff accelerator of the Institute of Atomic Energy, Beijing. A $^{208}Pb$ (enriched to 98.7%) self-supporting target of thickness 350 $\mu g/cm^2$ was bombarded by a collimated $^{19}F$ beam with a spot size on target of about 2 mm in diameter. The angle between target and beam direction was 45°. Fission fragments were detected by a mica track detector [3]) spanning the laboratory angular range between 77° and 172°. The distance between the target and the mica, which was placed on the inner surface of a stainless steel cylinder, was 4 cm. In order to discriminate against the background, the mica was etched before irradiation. Two surface barrier semiconductor detectors were set at −40° and +19.8° to the beam, as monitors to detect the elastic scattering. The solid angles subtended by the semiconductor detectors were determined by using a standard $^{241}Am$ alpha-particle source. The beam direction was checked by the elastic scattering measurement. A quartz plate which could be placed in the target frame, was used to check the beam position and profile. In addition, the ratios between two monitors and Faraday-cup counting rates indicated the beam quality during the period of the measurement. After irradiation the mica was etched in 40% HF at 25°C for 1.5 h and scanned under a microscope with $10\times40$ magnification. The mica detector is, due to its detection threshold, insensitive to the reaction products with $Z<10$. The tracks of other projectile-like products with $Z\geqslant10$ can be distinguished clearly from fission fragments by the track size and depth. The number of the fission-fragment tracks in a mica area of 1 mm wide × 5 mm high were counted to obtain the fission-fragment counts within the successive bias angle. The corresponding angular resolution was 1.4° (including the divergence and spot size of the beam). The total fission cross sections were obtained by integrating the angular distributions and normalizing to the cross section for Rutherford scattering. In the transformation from the laboratory to the center-of-mass reference frame we used the kinematics relevant for symmetric fission with the kinetic energy taken from Viola's systematics [4]). The experimental errors include the counting statistics, the uncertainties of the angle, the solid angle, the extrapolation of the angular distribution and the transformation of the reference systems, etc. The total uncertainties of the angular distribution data range between 1% and 3%, and for fission cross sections, between 7% and 14%.

## 3. Experimental results

### 3.1. FISSION EXCITATION FUNCTION

The fission excitation function of the $^{19}F+^{208}Pb$ reaction has been measured in the energy range from 75.4 to 95.6 MeV in the center-of-mass frame, and the reults are shown in fig. 1. The data represented by the solid triangles and the crosses are, respectively, the experimental results of Back *et al.* [5]) and ours. It can be seen that the fission excitation function is rather structureless. The dashed line in the figure results from a one-dimensional barrier-penetration calculation. The solid line is obtained by means of a coupled-channels theory with the CCFUS code [6]). In our theoretical calculation, a real nuclear potential $V_n(r)$ of the Christensen-Winther shape [7]) is used with $R=R_p+R_t+0.29$ fm, $R_i=1.233A_i^{1/3}-0.98A_i^{-1/3}$, for i=p, t; $V_0=63.7$ MeV and $a_0=0.63$ fm. Six inelastic channels were included: excitation to the states at 0.1976, 1.3458, 1.5540 and 2.7798 MeV of $^{19}F$ with, respectively, $\beta_2=0.55$, $\beta_3=0.33$, $\beta_2=0.58$ and $\beta_4=0.22$, as well as to states at the 2.6146 and 3.1977 MeV of $^{208}Pb$ with $\beta_3=0.12$ and $\beta_5=0.05$, respectively. Fig. 1 shows that the fission excitation function can be reproduced well in the whole energy region with a coupled-channels theory. The transmission coefficients $T_l$ for each bombarding energy were obtained from this calculation. The extracted spin distributions of the computed system at energies near the barrier, as shown in fig. 2 for one typical example, are wider than what a conventional model would predict.

### 3.2. FISSION-FRAGMENT ANGULAR DISTRIBUTIONS

The fission-fragment angular distributions of the $^{19}F+^{208}Pb$ reaction have been measured at the energies 75.4, 77.3, 79.1, 80.0, 80.9, 81.9, 83.7, 86.5, 91.1 and 95.6 MeV in the centre-of-mass frame. Under the assumption that a compound nucleus is formed that subsequently decays only by fission, the statistical transition-state-theory expression for the fission-fragments angular distribution is

$$W(\theta)=\pi\lambda\!\!\!^{-2}\sum_{l=0}^{\infty}(2l+1)T_l\sum_{K=-l}^{l}0.5\,(2l+1)|d_{0K}^{l}(\theta)|^2\exp(-K^2/2K_0^2)$$
$$\times\left[\sum_{K=-l}^{l}\exp(-K^2/2K_0^2)\right]^{-1}, \tag{1}$$

where $K_0^2=J_{\mathrm{eff}}T/\hbar^2$; $J_{\mathrm{eff}}^{-1}=J_{\parallel}^{-1}-J_{\perp}^{-1}$; $T^2=8(E_x-B_f-E_{\mathrm{rot}})/A$.

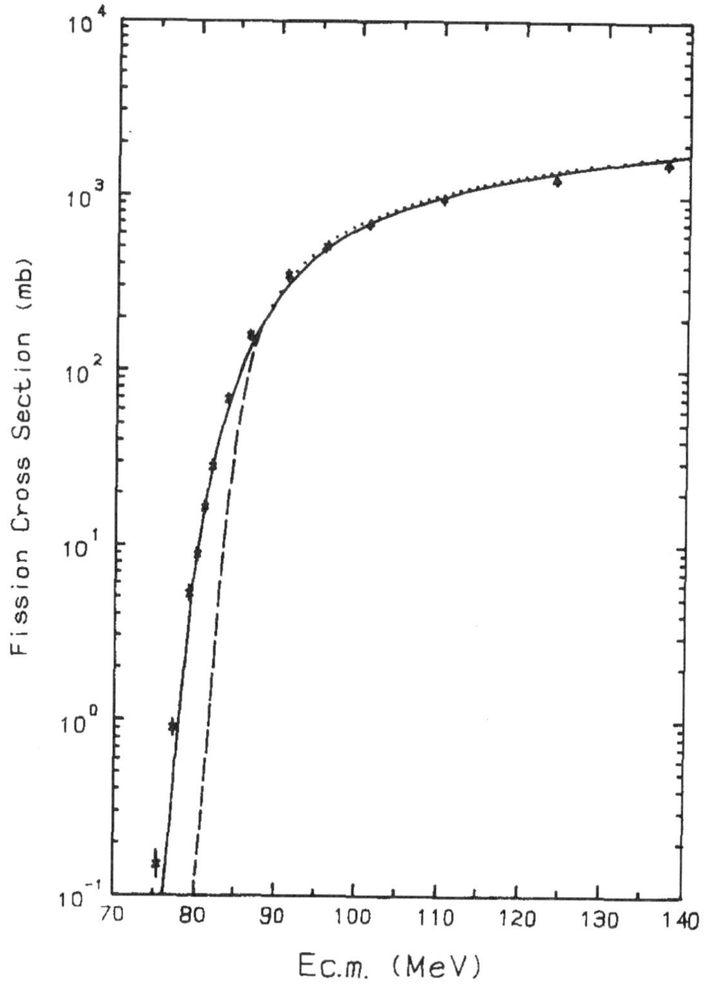


Fig. 1. Fission excitation function for the $^{19}F + ^{208}Pb$ fusion–fission reaction. The solid and dashed curves are the theoretical calculations of the coupled-channels and one-dimensional barrier penetration, respectively.

The distribution of $K$-values is a gaussian with a standard deviation $K_0$, which is related to the nuclear temperature, $T$, and the moments of inertia, $J_{\parallel}$ and $J_{\perp}$, for the rotations around the symmetry axis and a perpendicular axis, respectively. In this equation, $A$ is the mass number of the fissioning nucleus, $B_f$ is the fission barrier and $E_{rot}$ is the rotational energy.

Several of the fission-fragment angular distributions are presented in fig. 3. The full circles are experimental values. The solid and dotted curves are the theoretical angular distributions based on the transition-state theory using the transmission coefficient values, $T_l$, extracted from the excitation function calculation with and without coupling, respectively. The $K_0$ values are taken from the systematics. Fig. 3 shows that the experimental angular distributions are more anisotropic than the theoretical at near- and sub-barrier energies.

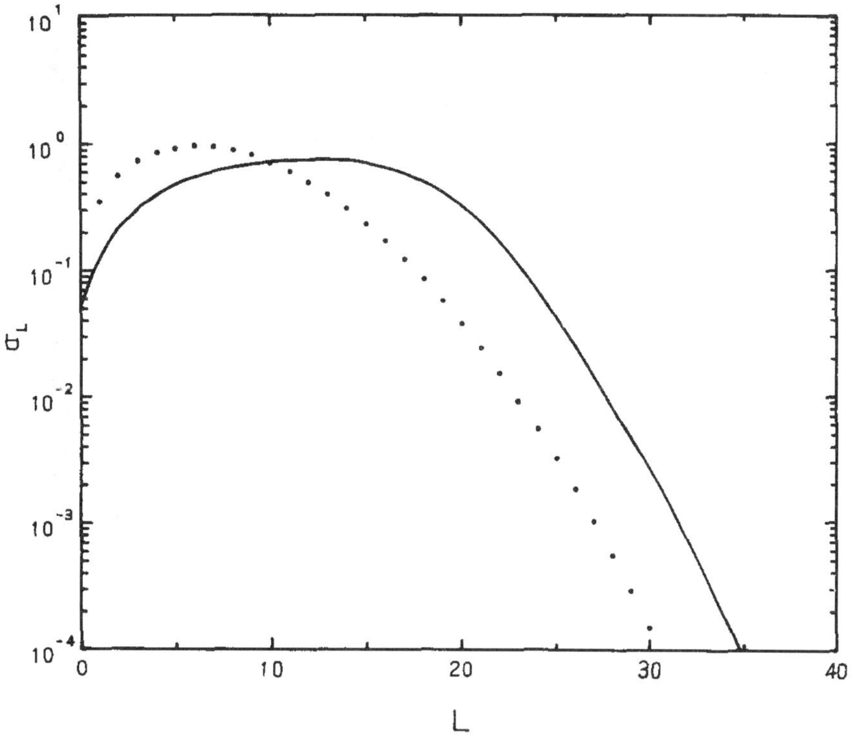


Fig. 2. Compound nucleus spin distributions for 81.6 MeV $^{19}F+^{208}Pb$ fusion reaction as given by the two models in fig. 1.

3.3. ANISOTROPY OF FISSION FRAGMENT ANGULAR DISTRIBUTION

In order to illustrate systematically the discrepancy between the observations and predictions, the anisotropies as a function of the center-of-mass energy are shown in fig. 4. The solid squares and the crosses in the figure represent, respectively, the experimental data from Back *et al.* and from this experiment. The solid and dashed curves illustrate the calculations based on the transition-state theory with $K_0$ values from the Sierk model [8]) and $T_l$ values from the CCFUS code with and without coupling, respectively. The solid triangles in the figure are calculated in the same way as the solid curve, except that the parameters $K_0$ are taken from the systematics [9]) of the $\alpha+^{238}U$ reaction at the energies above the Coulomb barrier, instead of from the Sierk model. From the similarity of the two sets of the theoretical calculations one could infer that $K_0^2$ values from the systematics are in agreement with the values of the Sierk model. As a result, it is obvious that a discrepancy exists between the observations and the predictions. This discrepancy tends to disappear at both the lower and higher energy regions. It is also interesting to note that there is a shoulder around 82 MeV in the anisotropies as a function of the center-of-mass energy. It may be similar to the bump in the $^{19}F+^{232}Th$ case [2]).

The anisotropy of the fission-fragment angular distribution could be characterized by the approximate relation

$$W(180°)/W(90°) \approx 1+\langle l^2 \rangle/4K_0^2, \qquad (2)$$

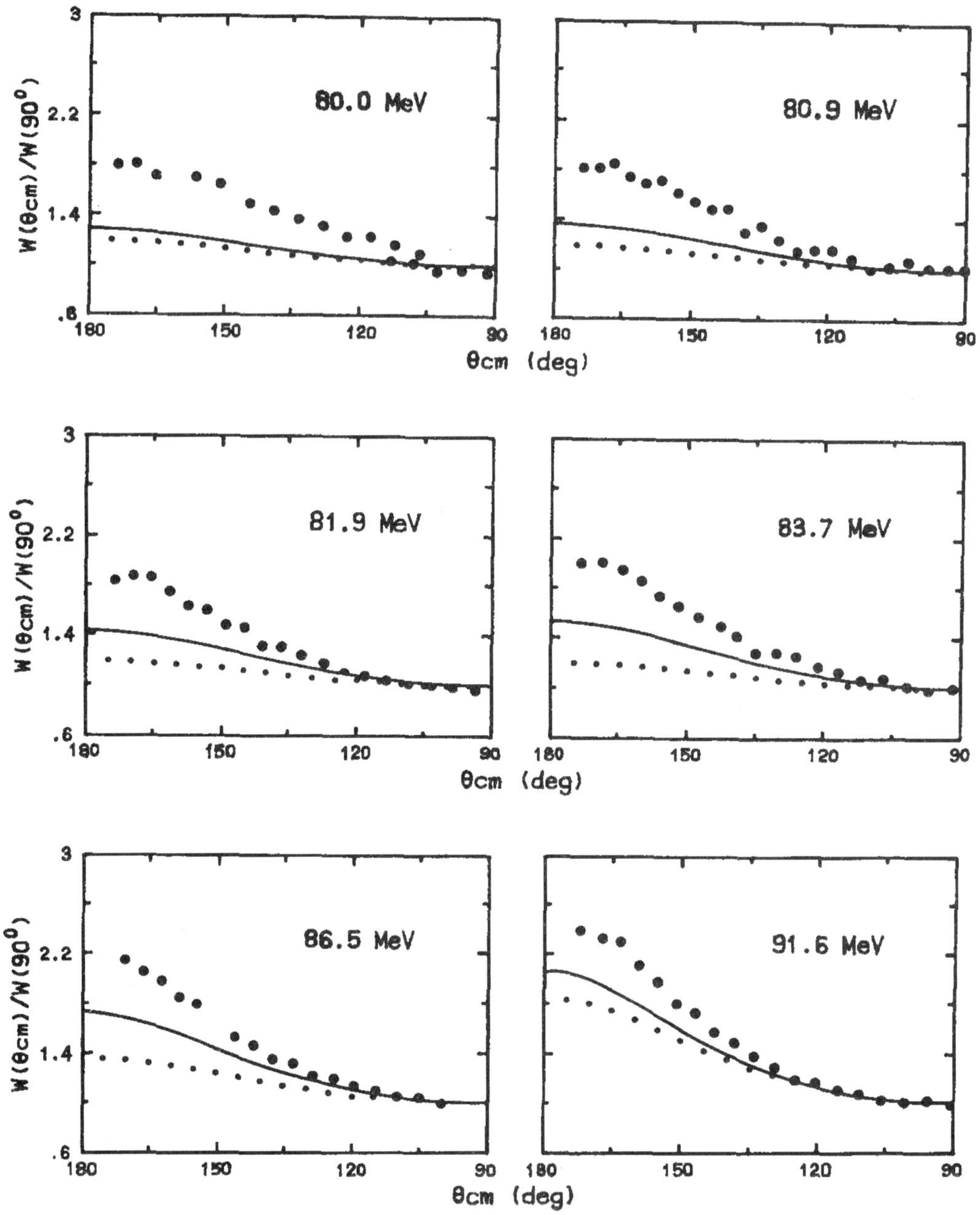


Fig. 3. Fission-fragment angular distibutions for the $^{19}F+^{208}Pb$ fusion-fission reaction. The full circles are the experimental results. The solid and dotted curves are the calculations in terms of the transition state theory using the transmission coefficient values, $T_l$, extracted from the CCFUS code with and without coupling, respectively. The numbers in the figure are the center-of-mass energies.

where $\langle l^2\rangle$ is the mean square spin of the compound system. A measured anisotropy therefore determines the ratio $\langle l^2\rangle/K_0^2$. If the $K_0^2$ values are known, the information about the spin distributions of the compound system could be inferred from the anisotropy of the fission-fragment angular distribution. From the measurements of fission-fragment angular distributions for the $\alpha+^{238}U$ reaction, the systematics of the $K_0^2$ values as a function of the excitation energy was obtained. It seems quite

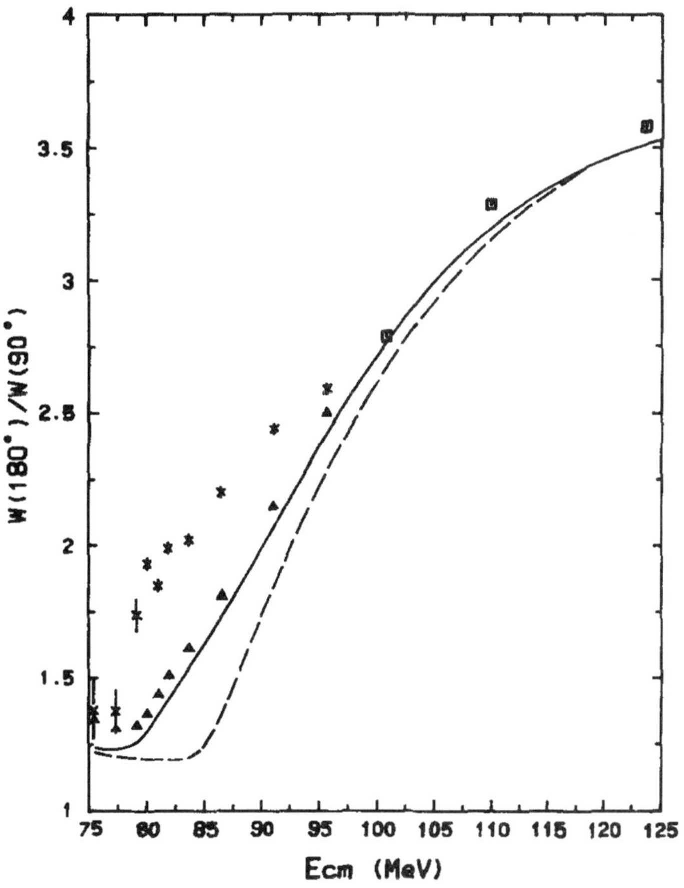


Fig. 4. Fission-fragment anisotropies as a function of center-of-mass energy for the $^{19}F + ^{208}Pb$ fusion-fission reaction. The solid squares and crosses are the experimental data of Back *et al.* and of the present experiment, respectively. The solid and dashed curves and the solid triangles are given by the theoretical models as mentioned in the text.

reasonable to use these $K_0^2$ values for the $^{19}F + ^{208}Pb$ reaction, in view of the fact that both fissioning nuclei $^{227}Pa$ and $^{242}Pu$ have very similar fissility parameters. In this way, the mean square spin values, $\langle l^2 \rangle$, of the fissioning nucleus $^{227}Pa$ were deduced from the experimental anisotropies and they are shown in fig. 5 as squares. The solid and dashed curves represent the $\langle l^2 \rangle$ values, which are taken from the CCFUS code with and without coupling, to calculate the fission excitation function. As Dasso *et al.* [10]) pointed out, the coupling effects on the compound-nucleus spin distribution disappear abruptly at low energies $E < V_b - F$, where $V_b$ is the barrier height and $F$ is a measure of the coupling strength. They arc most pronounced at energies near the barrier ($V_b - F < E < V_b + F$) and disappear slowly at higher energies as the classical limit is approached. Fig. 5 clearly indicates that the prediction [10]) of an approximately constant value is confirmed for the mean square spin of a compound nucleus formed in a far sub-barrier fusion reaction. The same conclusion was drawn in an isomer ratio study [11]) recently. It should be noticed

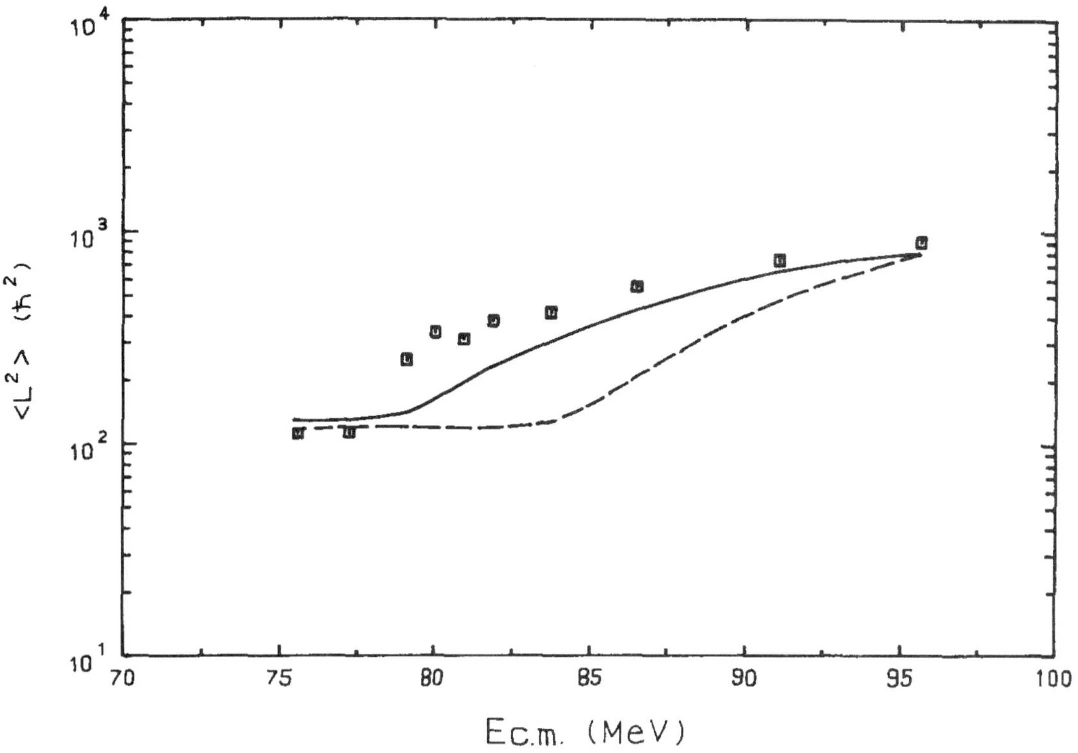


Fig. 5. Comparison of mean square spin values deduced from experimental fission-fragment anisotropies with two models. The definitions of the two curves are the same as fig. 1.

that the present approaches fail to account for the spin distribution of compound nucleus $^{227}Pa$ formed at the energies near the barrier.

On the other hand, if the anomalous anisotropies could be attributed to the effects of $K_0$, one can extract these $K_0$ values from the experimental angular distributions. Fig. 6 shows the $K_0$ values as a function of the centre-of-mass energy. The squares are taken from the systematics and the solid triangles represent the $K_0$ value which are adjusted to reproduce the experimental angular distributions based on the transition state theory with $T_l$ values extracted from the CCFUS code.

## 4. Discussion and summary

To summarize, we have measured the fission cross sections and fission fragment angular distributions to energies considerably lower than the Coulomb barrier for the $^{19}F+^{208}Pb$ reaction. The fission excitation function can be well reproduced for the whole energy region on the basis of the coupled-channels theory. However, the measured fission-fragment angular distributions are much more anisotropic than the predicted ones at near barrier energies, except for the lower and higher energy regions where the discrepancy tends to disappear. Moreover, the anisotropies as a function of the center-of-mass energy exhibit a shoulder around 82 MeV. Our results clearly indicate the considerable effects of the coupling on the sub-barrier fusion

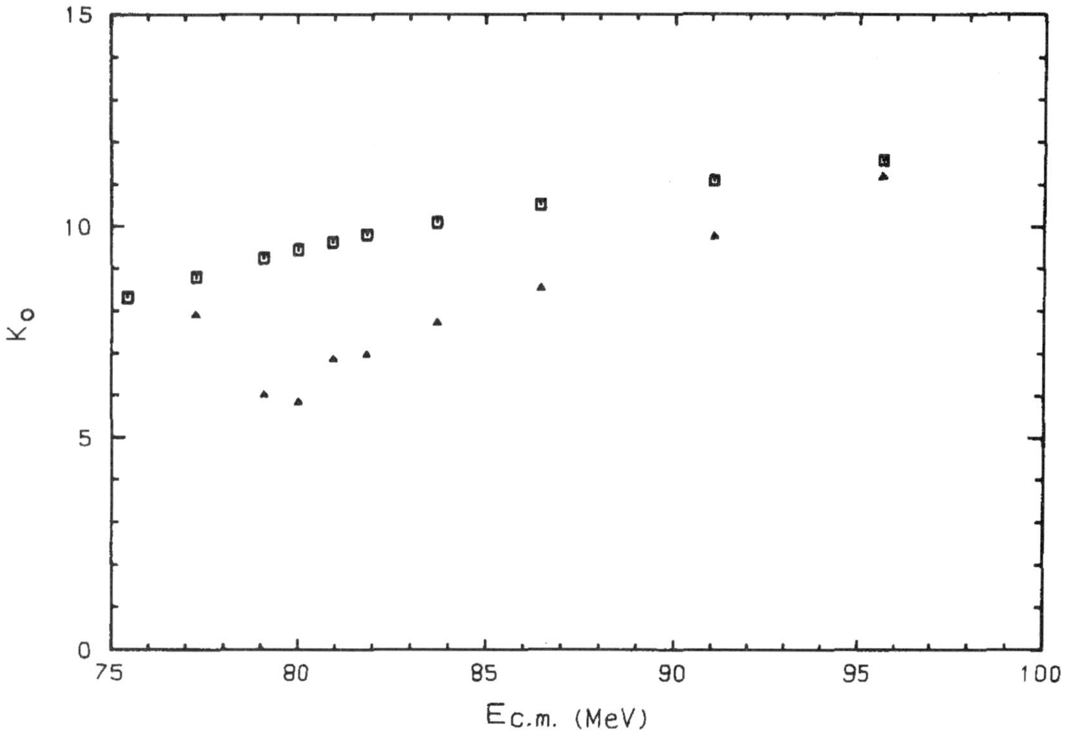


Fig. 6. The parameter $K_0$ as a function of the center-of-mass energy for the $^{19}F+^{208}Pb$ fusion–fission reaction. The solid triangles are the $K_0$ values extracted from the experimental angular distributions. The squares are taken from the systematics.

cross section and on the near-barrier compound-nucleus spin distribution and confirm the prediction [10]) of an approximately constant value for the mean square spin of a compound nucleus formed in a far sub-barrier fusion reaction. It should be noticed that, at present, it is difficult to reproduce with standard models the excitation function and the fission-fragment angular distributions simultaneously.

The spin distributions extracted from the excitation function calculation are broader than the expectation of the one-dimensional barrier-penetration model. Although the broadening of the spin distributions favors increasing of the anisotropy of the fission-fragment angular distribution, it is far from reaching a satisfactory theoretical explanation for the anisotropic angular distributions that are observed in the $^{19}F+^{208}Pb$ fusion–fission reaction in the near- and sub-barrier energy regions. This point is made quite clearly by the comparison between the mean square spin values, $\langle l^2\rangle$, extracted from the excitation function calculation and the ones deduced from the anisotropies, as shown in fig. 5. From this fact, one would wonder if there might be something wrong with the sub-barrier fusion reaction models in the entrance channel and/or the transition-state theory at the saddle point in the fission exit channel for the sub-barrier heavy-ion reactions.

On the other hand, if the models mentioned above are all right, then the reaction mechanisms other than the complete fusion–fission reaction, for example, the sequential fission following transfer [12,13]) and/or deep-inelastic-like reactions might be at work in the near- and sub-barrier energies. This conjecture finds some support from a close examination of the $K_0$ values deduced from the anisotropies as shown in fig. 6. The experimental $K_0$ values were obtained under the assumptions that the spin distributions extracted from the excitation function calculation are reasonable, the fissioning nuclei are formed in the complete fusion and the $K$-distributions are determined at the saddle point. If the assumptions mentioned above are true, it is difficult to understand the obvious difference between the two sets of $K_0$ values in fig. 6. Thus it seems to us that here probably are considerable components of the fission events coming out of sequential fission because the $K_0$ values of the fissioning nuclei formed after transfer and/or deep inelastic scattering are lower than the $K_0$ values of the complete fusion. Since there is not data of the sequential fission for the $^{19}F+^{208}Pb$ system, it is difficult to assess how important a correction to the anisotropy values will be, resulting from this contamination. However, the results of the $^{16}O+^{232}Th$ reaction at 105 MeV [ref. [14])] and at 86 and 90 MeV [ref. [15])] suggest that the contributions from transfer-induced fission do not appreciably affect the fusion–fission anisotropies. From the theoretical point of view, it is not necessary that the angular distributions of the sequential fission fragments are more anisotropic than the complete fusion–fission events, because the anisotropy is determined by two factors, i.e., the spin distributions, $T_l$, and $K_0$ values of the fissioning nuclei.

Up to now, what is responsible for the anomalous anisotropies observed in the near- and sub-barrier heavy-ion fusion–fission reactions could not be determined.

We would like to thank the operating staff of the tandem accelerator at IAE for providing good conditions.

## References

1) R. Vandenbosch *et al.*, Phys. Rev. Lett. **56** (1986) 1234;
T. Murakami *et al.*, Phys. Rev. **C34** (1986) 1353
2) H. Zhang *et al.*, Lecture Notes in Physics, vol. 317 (Springer, Berlin, 1988) p. 173;
H. Zhang *et al.*, Phys. Lett. **B218** (1989) 133
2) R.L. Flescher, P.B. Price and R.M. Walker, Nuclear tracks in solids: Principles and applications (Univ. California Press, Berkeley, 1975)
4) V.E. Viola *et al.*, Phys. Rev. **C31** (1985) 1550
5) B.B. Back *et al.*, Phys. Rev. **C32** (1985) 195
6) C.H. Dasso and S. Landowne, Comp. Phys. Comm. **46** (1987) 187
7) P.R. Christensen and A. Winther, Phys. Lett. **B65** (1976) 19
8) A.J. Sierk, Phys. Rev. **C33** (1986) 2039
9) L.C. Vaz and J.M. Alexander, Phys. Reports **97** (1983) 1
10) C.H. Dasso *et al.*, Phys. Lett. **B161** (1985) 37;
C.H. Dasso *et al.*, Phys. Rev. **C32** (1985) 1094
11) R.G. Stokstad *et al.*, Phys. Rev. Lett. **62** (1989) 399
12) J. Leigh *et al.*, Phys. Rev. Lett. **42** (1979) 153
13) R. Vandenbosch *et al.*, Phys. Rev. Lett. **57** (1986) 1499
14) F. Videback *et al.*, Phys. Rev. **C35** (1987) 2333
15) J. Leigh *et al.*, Annual Report 1988, Research School of Physical Sciences, Australian National University, Canberra, Australia. ANU-P/1030 (1989) p. 44

# Anomalous anisotropies of fission fragments for the $^{16}O+^{232}Th$ sub-barrier fusion-fission reaction ①

Huanqiao Zhang, Jincheng Xu, Zuhua Liu, Jun Lu, Ming Ruan, and Kan Xu
*Institute of Atomic Energy, P.O. Box 275, 102413 Beijing, China*
(Received 31 July 1989)

Fission cross sections and angular distributions have been measured for the $^{16}O+^{232}Th$ reaction at the bombarding energies from 76 to 86 MeV. The fission excitation function is rather well reproduced on the basis of the Wong model. However, the model that reproduces the enhancement observed in the sub-barrier fusion excitation function fails to account for the experimental anisotropies. It is found that the observed anisotropy is much larger than expected, and as a function of center-of-mass energy it exhibits a peak around 76 MeV with a width (FWHM) of 3.7±0.5 MeV. A comparison with our previous data of $^{19}F+^{232}Th$ reaction reveals that the anomaly is strongly related to the nuclear structure property of the projectile nucleus.

## I. INTRODUCTION

The near- and sub-barrier fusion of heavy ions is an important process of nuclear reaction which has captured the great interest of many nuclear physicists because of the observations of the significant enhancement[1] of fusion cross sections as compared to one-dimensional barrier penetration calculations. It seems that the enhancement of fusion cross sections has been explained rather satisfactorily on the basis of the coupled-channels theory.[2] This theoretical explanation has met some support from the measurements[3] of the moments of angular momentum, which revealed the spin distribution broadening of compound system formed at the energies near the Coulomb barrier. Apart from the enhancement observed, Vandenbosch *et al.*[4] and Zhang *et al.*[5] have reported the anomalous anisotropies of the angular distributions of fission fragments resulting from the heavy-ion-induced fusion-fission reactions at near- and sub-barrier energies. It is obvious that the broadening of the spin distributions is also in favor of increasing the anisotropy of fission-fragment angular distributions, which is calculated in terms of the transition state theory with the transmission coefficients extracted from the calculation of the fusion excitation function. However, the models that are able to explain the enhancement of the fusion cross sections and obtain the broader spin distributions of compound nuclei still fail to account for the fission-fragment angular distribution data,[4,5] especially the bump[5] in the anisotropies as a function of center-of-mass energy.

The anomaly observed in the angular distribution of sub-barrier fusion-fission reactions puts forward an intriguing puzzle. It is, therefore, meaningful to extend a systematical survey of the sub-barrier fusion-fission reactions. In this paper, we present our experimental results of the fission cross sections and fission-fragment angular distributions for the $^{16}O+^{232}Th$ fusion-fission reaction which we have extended the measurement to lower energies than Ref. 4. It is interesting to notice that as a function of center-of-mass energy, the anisotropies observed in this reaction system exhibit a peak around 76 MeV, which has not been previously observed in Ref. 4. In addition, our experimental results continue to show the anisotropies greater than the theoretically expected results.

One may wonder if the sequential fission following transfer would be responsible for the anomalous anisotropies. Recently, Lestone *et al.*[6] have reported the experimental results of fission angular distributions following transfer reactions for the $^{232}Th+^{16}O$ system. Their results show that the effect of transfer fission on the observed anisotropies is minimal. We will quote their data in our discussion.

The outline of the paper is as follows. In Sec. II the experimental procedure is described. The experimental results are presented and analyzed in Sec. III, and a discussion and summary are given in Sec. IV.

## II. EXPERIMENTAL PROCEDURE

The experiment was performed at HI-13 tandem Van de Graaff accelerator of the Institute of Atomic Energy, Beijing. The experimental arrangement is similar to Ref. 5. A $^{232}Th$ target of thickness 250 $\mu g/cm^2$ was bombarded by a collimated $^{16}O$ beam with a spot size on the target of $\approx 2$ mm in diameter. Fission fragments were detected by a mica track detector[7] spanning the laboratory angular range between 79° and 171°. The distance between the target and the mica, which was placed on the inner surface of a stainless steel cylinder, was 4 cm. In order to discriminate the background, the mica was pre-etched before irradiation. Two surface-barrier-semiconductor detectors were set at $-40.8°$ and $+19°$ from the beam, respectively, as monitors to detect the elastic scattering. The solid angles subtended by the semiconductor detectors were determined using a standard $^{241}Am$ alpha source. A quartz plate that was placed at the target position was used to check the beam position and profile. In addition, the counting ratios between the two monitors and the Faraday cup counting rates indicated the beam quality during the period of the measurement. After irradiation, the mica was etched in 40% HF at 25 °C for 1.5 h and scanned under a microscope with $10\times40$ magnification. The mica detector is, due to its detection threshold, insensitive to the reaction products with

① Physical Review C,1990,42(3):1086-1091.

$Z \le 10$. The tracks of other projectilelike products with $Z > 10$ can be distinguished clearly from fission fragments by the track size and depth. The number of the fission-fragment tracks in an area 1 mm wide × 5 mm high of mica were counted to obtain the fission-fragment counts within successive bias angle. The corresponding angular resolution was 1.4° (including the divergence and spot size of the beam). The total fission cross sections were obtained by integrating the angular distributions and normalizing to the cross sections for Rutherford scattering. In the transformation from the laboratory to the center-of-mass frame of reference we used the kinematics relevant for symmetric fission with the kinetic energy taken from Viola's systematics.[8] The experimental errors include the counting statistics, the uncertainties of the angle, the solid angle, the extrapolation of the angular distribution and transformation of the reference systems, etc. The total uncertainties of the angular distribution data range between 2.4% and 3.7%, while for the fission cross sections, between 6% and 14%.

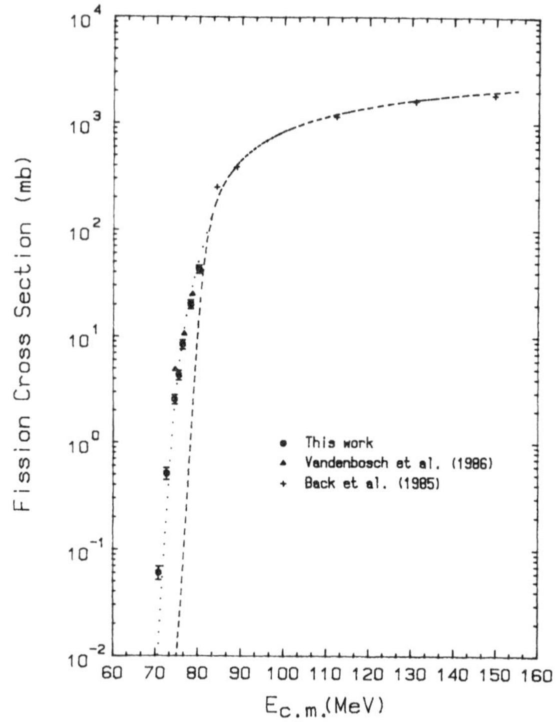


FIG. 1. Fission excitation function for the $^{16}O$ + $^{232}Th$ fusion-fission reaction. The dotted and dashed curves are the theoretical calculations of the Wong model with $\beta_2=0.22$ and $\beta_2=0$, respectively.

## III. EXPERIMENTAL RESULTS

### A. Fission excitation function

The fission excitation function of the $^{16}O$ + $^{232}Th$ reaction has been measured in the energy range from 70.8 to 80.1 MeV in the center-of-mass frame and the results are shown in Fig. 1. The data represented by the pulses, solid triangles, and circles are the experimental results of Back *et al.*,[9] Vandenbosch *et al.*,[4] and ours, respectively. The dotted and dashed curves in the figure are resulting from the Wong model[10] calculations with deformation $\beta_2$ and without deformation, respectively. The input parameters are $V_b=80.5$ MeV, $\hbar\omega_b=4.0$ MeV, $r_b^0=1.35$ fm, and $\beta_2=0.22$. When the deformation of the target nucleus is properly taken into account, the agreement between the experimental and theoretical fission excitation function is satisfactory over the whole energy range. The transmission coefficients $T_l$ for each bombarding energy were obtained from this calculation.

### B. Fission-fragment angular distributions

The fission-fragment angular distributions of the $^{16}O$ + $^{232}Th$ reactions have been measured at the center-of-mass energies 72.6, 74.5, 75.4, 76.4, 78.2, and 80.1 MeV. The results are shown in Fig. 2 as solid triangles. Under the assumption that a compound nucleus is formed which decays subsequently only by fission, the statistical transition state model for the fission angular distribution is

$$W(\theta)=\pi\lambda^2\sum_{l=0}^{\infty}(2l+1)T_l\sum_{k=-l}^{l}0.5(2l+1)|d_{0k}^{l}(\theta)|^2\exp(-k^2/2k_0^2)/\sum_{k=-l}^{l}\exp(-k^2/2k_0^2)\,, \tag{1}$$

where the transmission coefficients $T_l$, extracted from the calculation of excitation function. The distribution of $K$ values is a Gaussian with a standard deviation $K_0^2=J_{\text{eff}}T/\hbar^2$ which is related to the nuclear temperature $T$ and the effective moment of inertia $J_{\text{eff}}=J_{\parallel}J_{\perp}/(J_{\perp}-J_{\parallel})$ at the saddle point. $J_{\parallel}$ and $J_{\perp}$ are the moments of inertia rotating around the symmetric axis and perpendicular axis, respectively. The temperature $T$ is calculated as $T=(E_x-B_f-E_{\text{rot}})/a$ with a level-density parameter of $a=A/8$; here $A$ and $E_x$ are the mass number and the excitation energy of the fissioning nucleus, $B_f$ is the height of fission barrier, and $E_{\text{rot}}$ the rotational energy at the saddle point. The solid and dashed curves in the figure are the theoretical calculations with the $T_l$ values obtained from the reproduction of the excitation function with the Wong model, and the $K_0^2$ values from the $\alpha+^{244}Cm$ reaction[11] and the Sierk model,[12] respectively. For the $K_0^2$ from the $\alpha+^{244}Cm$ reaction, we deduce $J_{\text{eff}}$ value from the $K_0^2$ data[4] which was extracted from the fission-fragment angular distribution of the $\alpha+^{244}Cm$ reaction. Under the assumption that $J_{eff}$ does not obviously vary with excitation energy and spin, we have calculated $K_0^2$ values with the relation of $K_0^2 = J_{eff}T/\hbar^2$ for the $^{16}O$ + $^{232}Th$ system. The $K_0^2$ values obtained are in the range of 187 for 70.7 MeV to 215 for 80.1 MeV. It may be seen from the figure that the experimental angular distributions are much more anisotropic than the theoretical ones.

### C. Anisotropy of fission-fragment angular distributions

In order to illustrate systematically the discrepancy between the observations and predictions, the anisotropies as a function of the center-of-mass energy are shown in Fig. 3. The circles, solid triangles, and pulses in the figure are the experimental data of Back *et al.*,[9] Vandenbosch *et al.*,[4] and ours, respectively. The anisotropies of Vandenbosch were deduced from the $\langle l^2 \rangle$ values in Fig. 3 of Ref. 4 in terms of the relation of these two quantities which we will discuss later.

The solid and dotted curves present the calculations based on the transition state theory with $T_l$ values from the Wong model and the $J_{eff}$ values extracted from the $\alpha + {}^{244}Cm$ reaction and Sierk model, respectively. It can be seen in the figure that the two calculations are very similar over our measured energy range. The most striking feature of the data is a peak in the anisotropy centered near 76 MeV with the width (FWHM) of 3.7 ±0.5

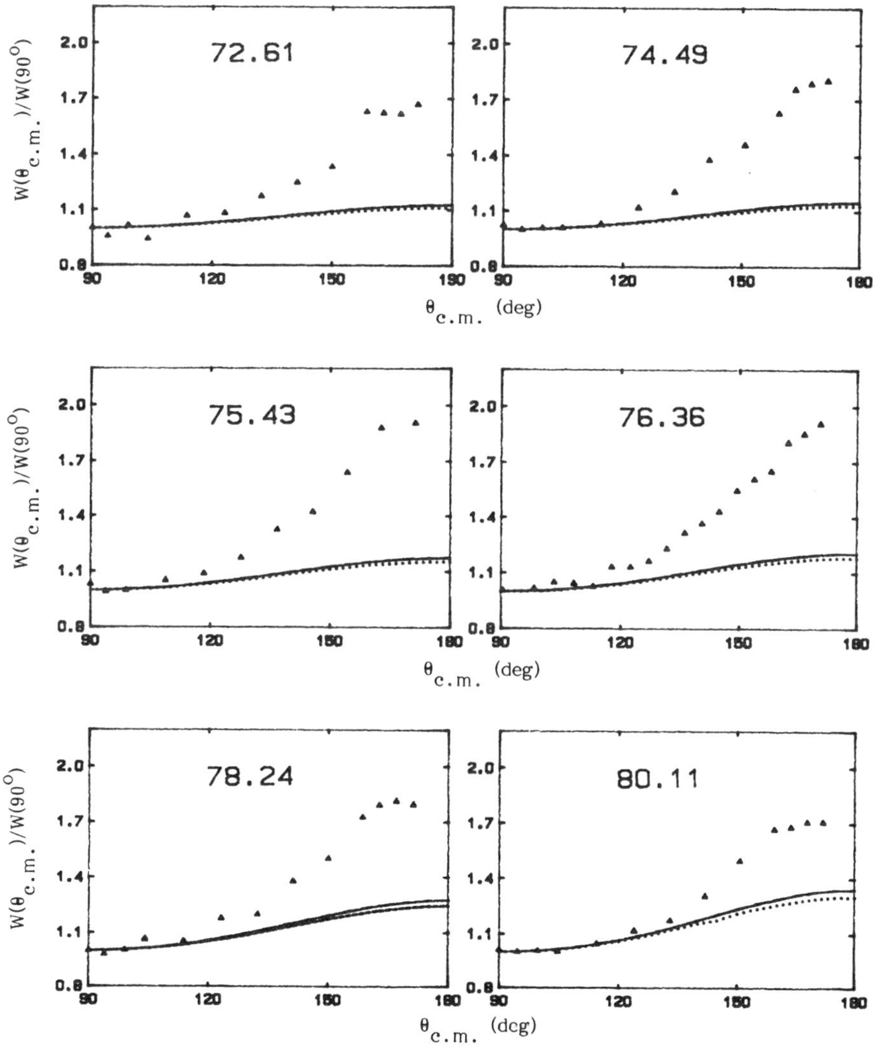


FIG. 2. Fission-fragment angular distributions for the $^{16}O$ + $^{232}Th$ fusion-fission reaction. The solid triangles are our experimental results. The solid and dotted curves are the calculations in terms of the transition state theory using the transmission coefficient values $T_l$ from the Wong model and $K_0$ values extracted from the $\alpha$ + $^{244}Cm$ reaction and Sierk model, respectively. The numbers in the figure are the center-of-mass energies.

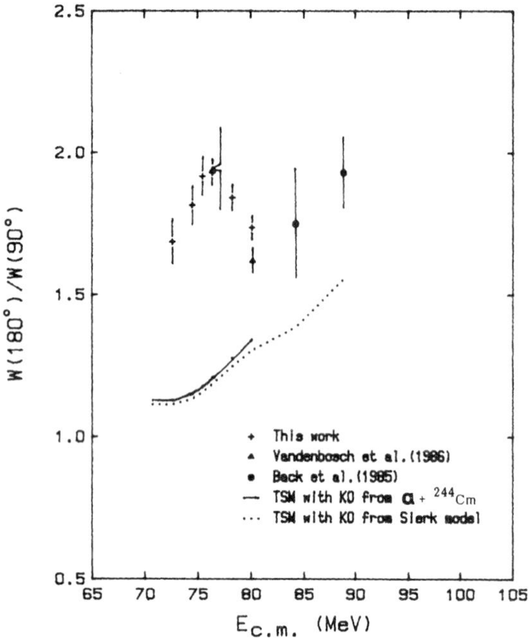


FIG. 3. Fission-fragment anisotropies as a function of center-of-mass energy for the $^{16}O + ^{232}Th$.

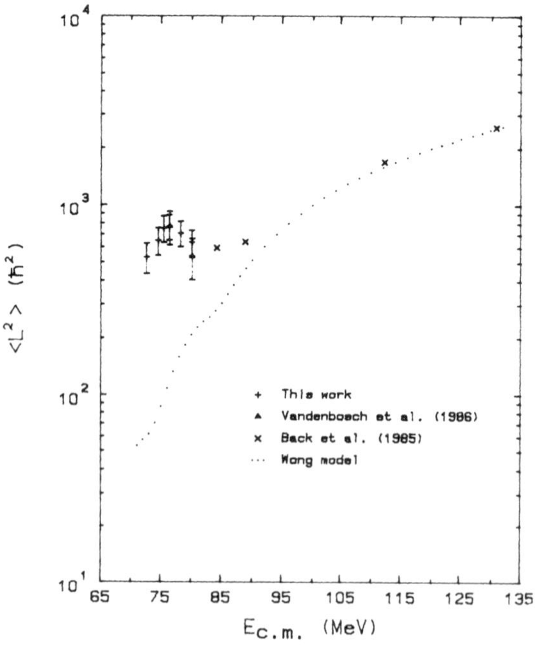


FIG. 4. Comparison of mean-square spin values deduced from experimental fission-fragment anisotropies with the theoretical calculation.

MeV. Also the experimental anisotropies are obviously greater than expected.

The anisotropy of the fission-fragment angular distribution could be characterized by the approximate relation

$$W(180°)/W(90°) \approx 1 + \langle l^2 \rangle / 4K_0^2 , \qquad (2)$$

for the values of $l_m^2/4K_0^2$ not much larger than unity, where $l_m$ and $\langle l^2 \rangle$ are the maximum spin and mean-square spin of the compound system, respectively. In our case, the prerequisite for the approximate relation (2) is satisfied. A measured anisotropy therefore determines the ratio $\langle l^2 \rangle / K_0^2$. If the $K_0^2$ values are known, the information about the spin distributions of the compound system could be inferred from the anisotropy of the fission-fragment angular distribution. We take the $K_0^2$ values from the $\alpha + ^{244}Cm$ reaction. The mean-square spin values, $\langle l^2 \rangle$, of the compound system were deduced from the experimental anisotropies and they are shown in Fig. 4 as the pluses. The solid triangles and crosses denote the experimental data of Vandenbosch *et al.*[4] and Back *et al.*,[9] respectively. The dotted curve is the expectation based on the Wong model, which reproduced the excitation function. It seems that the present approaches fail to account for the spin distributions of the compound nucleus $^{248}Cf$ formed at near- and sub-barrier energies.

## IV. DISCUSSION AND SUMMARY

It is not clear about what is responsible for the anomalous anisotropies of the fission-fragment angular distributions observed in the near- and sub-barrier fusion-fission reactions. One of the possibilities might be that the reaction mechanisms other than the complete fusion-fission reaction, for example, the sequential fission following transfer[13,14] and/or deep inelasticlike reactions, might be at work in the near- and sub-barrier energies. Apart from the difference of the excitation energies, the effective moment of inertia $J_{eff}$ for fissioning nucleus formed in the transfer reaction is smaller than the one from complete fusion. So, the transfer fission can have large anisotropies when appropriate reaction $Q$ values are involved. Lestone *et al.*[6] have measured the fragment angular distributions of fission following transfer for the $^{16}O + ^{232}Th$ system at energies of 86 and 90 MeV. The distributions for a given scattering angle are strongly peaked forward and backward of the recoil direction. However, when all recoil angles are considered, the integrated angular distributions for transfer fission relative to the beam direction, have anisotropies of $A_B^T = 1.3$ and 1.2 for 86 and 90 MeV, respectively, which are less pronounced than that observed when both fusion-fission and transfer-fission reactions are included in the measurement. Thus removing the effects of transfer has little effect on the total fission-fragment angular distributions. Indeed the anisotropy becomes larger by 5% for 86 MeV and anomalously large mean-square spin values still persist. However, the detailed energy dependence of the fraction of the total fission arising from transfer, as well as anisotropies for the fusion-fission and for the transfer-fission reactions are all unknown from the experiment in the range of lower

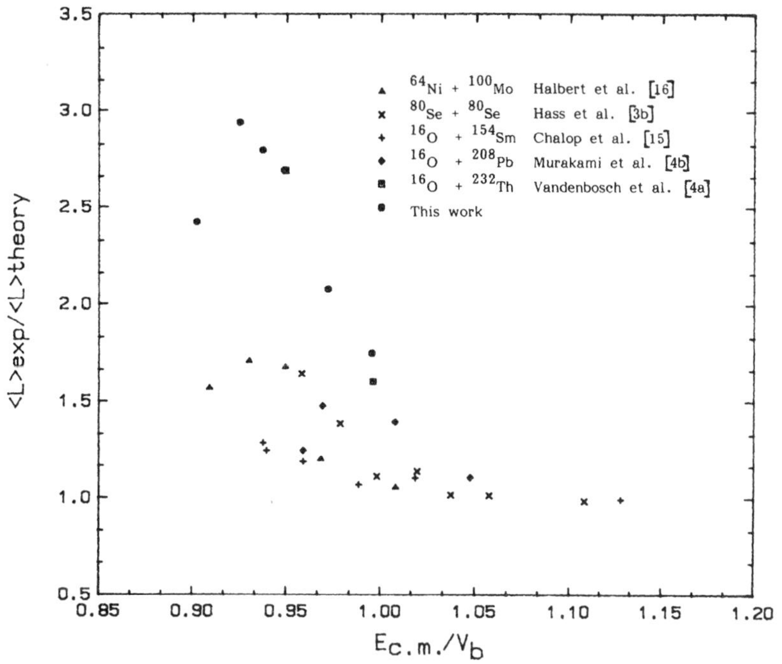


FIG. 5. Comparison of ratio of experimental to theoretical mean spin values (or ratio of rms values in case of fission angular distribution) as a function of ratio of center-of-mass energy to barrier energy.

energy. At present it is still not possible to exclude the transfer fission as an origin of the anomaly.

The mean-square spin values $\langle l^2 \rangle$ deduced from fission-fragment angular distributions are much larger than expected ones, extracted from the excitation function calculation, as shown in Fig. 4. From this fact, and if the effects of the reaction mechanisms other than complete fusion-fission reaction could be neglected, one would wonder if there might be something wrong with the sub-barrier fusion reaction models in the entrance channel and/or the transition state theory, at the saddle point in the fission exit channel for the sub-barrier heavy-ion reactions.

It is quite appealing to compare the different measurements of spin distribution, for example, the gamma multiplicity or fission angular distribution measurements. Following Charlop *et al.*,[15] we have compared the first[3,16] or second[4,5] moments of spin distribution with theoretical expectation in Fig. 5. A common thing to all systems shown is that the experimental spin distributions are much broader than the model predictions at sub-barrier energy, even though those model calculations have been made to fit the fusion excitation functions. It is possible that this discrepancy is a rather common phenomenon at least for medium heavy and heavy systems.

A comparison of our present data with our previous data of the $^{19}F + ^{232}Th$ reaction[5] is very natural and interesting. For this, the anisotropies versus center-of-mass energy are plotted for both reaction systems in Fig. 6. The $^{16}O + ^{232}Th$ reaction system is the second case we have observed which exhibits a peak in the anisotropy as a function of center-of-mass energy. It indicates that this

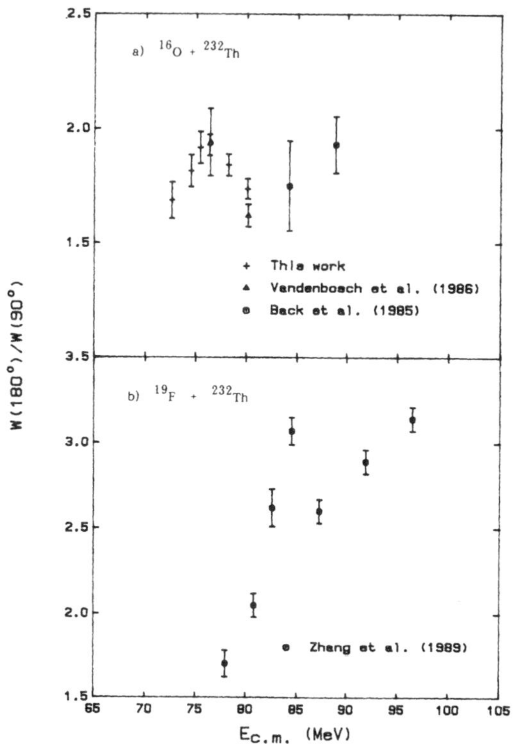


FIG. 6. Comparison of fission-fragment anisotropies as a function of center-of-mass energy for the $^{16}O + ^{232}Th$ with the $^{19}F + ^{232}Th$ fusion-fission reaction.

anomaly structure might be rather general behavior, and therefore is of essential physical significance. The main difference one might note between the two systems is that the magnitude of anomaly is much larger for the $^{19}$F + $^{232}$Th system than for the $^{16}$O + $^{232}$Th system. As to the former system the projectile $^{19}$F is an odd $Z$ nucleus, while projectile $^{16}$O of the latter system is a spherical magic nucleus. It might imply that the anomalous peak is strongly related to the nuclear structure properties of the reaction partners.

In summary we have measured fission cross sections and angular distributions to energies considerably lower than Coulomb barrier for the $^{16}$O + $^{232}$Th reaction. The fission excitation function is well reproduced on the basis of the Wong model with the static deformation of target. However, the measured fission-fragment angular distributions are much more anisotropic than the predicted ones. Moreover, the anisotropies as a function of center-of-mass energy show a peak around 76 MeV with a width (FWHM) of 3.7 ±0.5 MeV.

Up to now, the origins responsible for the anomalous anisotropies observed in the near- and sub-barrier heavy-ion fusion-fission reactions have not been found yet.

### ACKNOWLEDGMENTS

One of the authors (H.Z.) would like to thank Professor R. Vandenbosch for kind discussions and helpful suggestions. Thanks are also due to the operating staff of the tandem accelerator at IAE. The project was supported by National Natural Science Foundation of China.

---

[1]M. Backerman, Phys. Rep. **129**, 145 (1985).

[2]C. H. Dasso, S. Landowne, and A. Winther, Nucl. Phys. **A405**, 381 (1983); **A407**, 221 (1983); M. J. Rhoades-Brown and P. Braun-Munzinger, Phys. Lett. **136B**, 19 (1984).

[3]R. Vandenbosch, B. B. Back, S. Gil, A. Lazzarini, and A. Ray, Phys. Rev. C **28**, 1161 (1983); B. Hass *et al.*, Phys. Rev. Lett. **54**, 398 (1985); P. J. Nolan, D. J. G. Love, A. Kirwan, and D. J. Unwin, *ibid.* **54**, 2211 (1985); S. Gil, R. Vandenbosch, A. J. Lazzarini, D. -K. Lock, and A. Ray, Phys. Rev. C **31**, 1752 (1985).

[4]R. Vandenbosch, J. Murakami, C. -C. Sahm, D. D. Lach, A. Ray, and M. J. Murphy, Phys. Rev. Lett. **56**, 1234 (1986); T. Murakami, C. -C. Sahm, R. Vandenbosch, D. D. Leach, A. Ray, and M. J. Murphy, Phys. Rev. C **34**, 1353 (1986).

[5]H. Zhang, J. Lu, J. Xu, Z. Liu, K. Xu, and M. Ruan, in *Sub-Barrier Fusion Reaction of $^{19}F+^{232}Th$,* Vol. 317 of *Lecture Notes in Physics,* edited by C. Signorini, S. Skorka, P. Spolaore, and A. Vitturi (Springer, Berlin, 1988), p. 173; H. Zhang, J. Xu, Z. Liu, J. Lu, K. Xu, and M. Ruan, Phys. Lett. B **218**, 133 (1989).

[6]J. P. Lestone, J. R. Leigh, J. O. Newton, and J. X. Wei, Nucl. Phys. **A509**, 178 (1990).

[7]R. L. Flescher, P. B. Price, and R. M. Walker, *Nuclear Tracks in Solids: Principles and Applications* (University of California Press, Berkeley, 1975).

[8]V. E. Viola, K. Kwiatkowski, and M. Walker, Phys. Rev. C **31**, 1550 (1985).

[9]B. B. Back, R. R. Betts, J. E. Gindler, B. D. Wilkins, S. Saini, M. B. Tsang, C. K. Gelbke, W. G. Lunch, M. A. McMahan, and P. A. Baisden, Phys. Rev. C **32**, 195 (1985).

[10]C. -Y. Wong, Phys. Rev. Lett. **31**, 766 (1973).

[11]R. F. Reising, G. L. Bate, and J. R. Huizenga, Phys. Rev. **141**, 1161 (1966).

[12]A. J. Sierk, Phys. Rev. C **33**, 2039 (1986).

[13]J. Leigh, R. M. Diamond, A. Johnston, J. O. Newton, and S. H. Sie, Phys. Rev. Lett. **42**, 153 (1979).

[14]H. Esbensen and S. Landowne, Nucl. Phys. **A467**, 136 (1987).

[15]A. Charlop, A. Garcia, S. Gil, S. J. Luke, and R. Vandenbosch, in *Probing the Spin Distribution in Near-Barrier Fusion Reactions,* Vol. 317 of *Lecture Notes in Physics,* edited by C. Signorini, S. Skorka, P. Spolaore, and A. Vitturi (Springer, Berlin, 1988), p. 157.

[16]M. L. Halbert, J. B. Beene, D. C. Hensley, K. Honkanen, T. M. Semkow, V. Abenante, D. G. Sarantites, and Z. Li, Phys. Rev. C **40**, 2558 (1989).

# Test of the coupled channels model for sub-barrier fusion reactions ①

Zuhua Liu, Huanqiao Zhang, Jincheng Xu, Kan Xu, Jun Lu, and Ming Ruan
*Institute of Atomic Energy, P. O. Box 275, 102413 Beijing, China*
(Received 25 July 1990)

The mean-square angular momenta of the compound nucleus $^{227}Pa$ becomes constant at and below the energy which shifted $F$ MeV from barrier $V_b$ with respect to one-dimensional barrier penetration. This energy shift is borne out to be self-consistent with the total coupling strength extracted from the $\langle l^2 \rangle$ value at the barrier.

In recent years, there has been a considerable effort to investigate experimentally the moments of the distribution of angular momenta leading to fusion through the measurement of $\gamma$-ray multiplicity,[1,2] fission fragment angular distributions,[3,4] or the isomer ratio.[5] Theoretically, these moments are the strong point of interest due to the prediction of coupled-channels model[6,7] for sub-barrier fusion reactions. Within the framework of this model, one would expect that the couplings between different channels enhance the higher angular momentum components of partial-wave fusion cross sections $\sigma_l$ for the energy region $V_b - F < E_{c.m.} < V_b + F$ and lose its effects at high and low energies. Here $V_b$ is the barrier height and $F$ is a measure of the total coupling strength.

The mean-square angular momentum $\langle l^2 \rangle$ in the energy range $E_{c.m.} > V_b + F$ is approximately given by the classical limit[8]

$$\langle l^2 \rangle \approx \mu R_b^2 (E_{c.m.} - V_b)/\hbar^2 , \tag{1}$$

where $\mu$ is the reduced mass and $R_b$ is the radius of the potential barrier.

There appears a distribution of the effective barrier centered at $V_b$ due to the coupling interactions for the intermediate-energy region $V_b - F < E_{c.m.} < V_b + F$. If simplifying the problem to a symmetric two-barrier distribution at $V_b \pm F$, one could roughly estimate $\langle l^2 \rangle$ value for $E_{c.m.} \approx V_b$ as

$$\langle l^2 \rangle \approx \mu R_b^2 F/\hbar^2 . \tag{2}$$

As pointed out by Dasso and Landowne,[8] at low energies $E_{c.m.} < V_b - F$, the partial-wave distribution approaches

$$\rho(l) \approx \frac{\hbar^2}{2\mu R_b^2 \epsilon}(2l+1)\exp[-l(l+1)\hbar^2/2\mu R_b^2 \epsilon] , \tag{3}$$

which is independent of the bombarding energy and coupling interactions and here the parameter $\epsilon$ is a measure of the barrier thickness. The corresponding mean-square angular momentum $\langle l^2 \rangle$ becomes a constant:

$$\langle l^2 \rangle \approx 2\mu R_b^2 \epsilon/\hbar^2 . \tag{4}$$

The limiting shape of the partial-wave distribution (3) and its constant $\langle l^2 \rangle$ value are the consequence of the quantum-mechanical nature of sub-barrier penetration.[9] For a one-dimensional barrier, the mean square angular momentum is predicted to be constant at and below $V_b$ instead of $(V_b - F)$. The coupling interactions show its effects on both increasing the value of $\langle l^2 \rangle$ near the fusion barrier and pushing the appearance of the constant $\langle l^2 \rangle$ down to the energy $(V_b - F)$ from $V_b$. As far as the coupled-channels model is concerned, it may be more important to verify experimentally the existence of the above effects than to find the constant values of the moments of angular momenta itself.

Recently, Stokstad *et al.*[5] and Zhang *et al.*[4] reported the observations of the constant moments of angular momenta for fusion reactions at energies well below the barrier. It will be quite interesting to test experimentally if the constant values of these momenta appear really at and below the energy $(V_b - F)$ as shown by Dasso and Landowne.[8]

The present paper reports such a test for the $^{19}F + ^{208}Pb$ sub-barrier fusion fission reaction. It appears that the mean square angular momenta do become constant at and below the energy $(V_b - F)$, where the total coupling strength $F$ is estimated from the $\langle l^2 \rangle$ value at the barrier.

The experiments were carried out with $^{19}F$ beams of energies between 83 and 105 MeV from the HI-13 tandem accelerator at the Institute of Atomic Energy, Beijing. A $^{208}Pb$ (enriched to 98.7%) self-supported target with a thickness of 350 $\mu g/cm^2$ was bombarded by the collimated $^{19}F$ beam. The experimental details have been described elsewhere.[4]

The mean square angular momenta $\langle l^2 \rangle$ deduced from the anisotropy of fission fragment angular distribution are shown in Fig. 1. It may be seen from the figure that the $\langle l^2 \rangle$ values decrease as the center-of-mass energy $E_{c.m.}$ is decreased through the barrier region until $E_{c.m.} = V_b - 7$ MeV where they become constant.

The solid line in Fig. 1 smoothly interpolates between the two limiting $\langle l^2 \rangle$ values calculated with Eqs. (1) and (4), and goes through the data around $V_b$. The parameters describing the nuclear-plus-Coulomb potential ($V_b$=84.3 MeV, $R_b$=11.88 fm, $\epsilon$=0.73 MeV) for the $^{19}F + ^{208}Pb$ system were used in these calculations. From Eq. (2), one can figure out the total coupling strength $F$ in terms of the experimental data for $E_{c.m.} \approx V_b$ as

$$F \approx \langle l^2 \rangle \hbar^2/\mu R_b^2 . \tag{5}$$

① Physical Review C,1990,42(6):2752-2753.

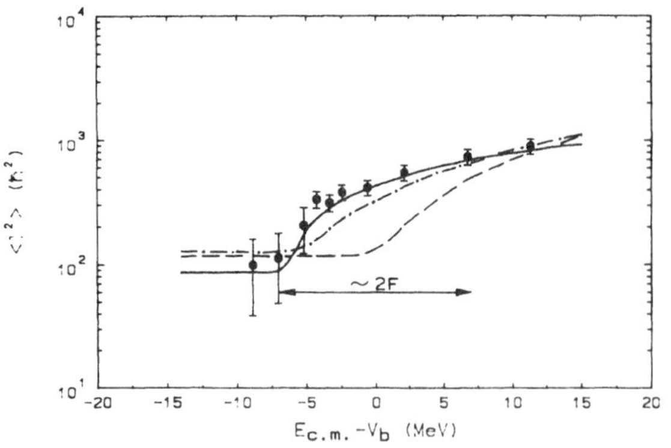


FIG. 1. Mean-square angular momenta deduced from the anisotropies of fission fragment angular distributions as a function of $(E_{c.m.}-V_b)$. The solid, dashed, and dash-dotted curves are the theoretical predictions as mentioned in the text.

From this, $F=7$ MeV was evaluated. As mentioned above, for the energy of which the $\langle l^2 \rangle$ values become constant, the effects of the coupling interactions make an energy shift equal to the total coupling strength $F$ as compared to one-dimensional barrier penetration. It is noteworthy that this energy shift obtained from our experimental $\langle l^2 \rangle$ data agrees well with the total coupling strength $F$ extracted from the $\langle l^2 \rangle$ value at the barrier.

The dashed and dash-dotted curves in Fig. 1 are the predictions calculated with one-dimensional barrier penetration and the coupled-channels model (CCFUS),[10] respectively. Six inelastic channels were taken into account in the CCFUS calculation. The total coupling strength $F$ of 5 MeV was estimated from these six inelastic channels. It is interesting to note that this $F$ value agrees also with the corresponding energy shift as seen from the dash-dotted line in Fig. 1.

In conclusion, the moments of angular momenta bring up a good way to test the coupled channels model for sub-barrier fusion reactions as demonstrated by our experimental $\langle l^2 \rangle$ data and the corresponding theoretical analyses. It may be seen from Fig. 1 that as a result of coupling interactions, the energy of which the values of $\langle l^2 \rangle$ become constant is pushed down $F$ MeV from barrier and the $\langle l^2 \rangle$ itself is increased from the low limiting constant to $\mu R_b^2 F/\hbar^2$ for $E_{c.m.} \approx V_b$ relative to one-dimensional barrier penetration. If attributing the effect of couplings to an effective lowering of the fusion barrier from $V_b$ to $(V_b-F)$, one can understand these two phenomena mentioned above easily. Actually, they are the two sides of the same effect, so they must be self-consistent. The agreement between the energy shift and the total coupling strength estimated from the $\langle l^2 \rangle$ value at $V_b$ has clearly made this point.

However, there exists an about 2-MeV difference of $F$ values obtained with two different recipes of the coupled-channels model. This discrepancy, together with the fact that the calculation with CCFUS code reproduces the fission excitation function, indicates that the present simplified coupling-channels model (CCFUS) is still inadequate for the fusion process of the heavy reaction systems in the energy region $V_b-F<E_{c.m.}<V_b+F$ where the coupling interaction is effective. It is probable that the constant coupling approach underestimates the coupling strength for the heavy reaction systems. Therefore, it appears that further theoretical work is needed in order to obtain a deeper understanding of the sub-barrier fusion reactions.

This project was supported by the National Natural Science Foundation of China.


[1]S. Gil, R. Vandenbosch, A. J. Lazzarini, D.-K. Lock, and A. Ray, Phys. Rev. C **31**, 1752 (1985).

[2]B. Hass *et al.*, Phys. Rev. Lett. **54**, 398 (1985).

[3]R. Vandenbosch, T. Murakami, C.-C. Sahm, D. D. Leach, A. Ray, and M. J. Murphy, Phys. Rev. Lett. **56**, 1234 (1986); T. Murakami, C.-C. Sahm, R. Vandenbosch, D. D. Leach, A. Ray, and M. J. Murphy, Phys. Rev. C **34**, 1353 (1986).

[4]H. Zhang, Z. Liu, J. Xu, K. Xu, J. Lu, and M. Ruan, Nucl. Phys. **A512**, 531 (1990).

[5]R. G. Stokstad, D. E. DiGregorio, K. T. Lesko, B. A. Harmon, E. B. Norman, J. Pouliot, and Y. D. Chan, Phys. Rev. Lett. **62**, 399 (1989).

[6]C. H. Dasso, S. Landowne, and A. Winther, Nucl. Phys. **A405**, 381 (1983).

[7]S. Landowne and C. H. Dasso, Phys. Lett. **138B**, 32 (1984).

[8]C. H. Dasso and S. Landowne, Phys. Rev. C **32**, 1094 (1985).

[9]P. J. Nolan, D. J. G. Love, A. Kirwan, D. J. Unwin, A. H. Nelson, P. J. Twin, and J. D. Garrett, Phys. Rev. Lett. **54**, 2211 (1985).

[10]C. H. Dasso and S. Landowne, Phys. Lett. B **183**, 141 (1987); Comput. Phys. Commun. **46**, 187 (1987).

# A systematic study of anomalous anisotropies of fission fragments in near- and sub-barrier fusion-fission reactions ①

Zhang Huanqiao, Liu Zuhua, Xu Jincheng, Lu Jun, Ruan Ming and Xu Kan
China Institute of Atomic Energy, P.O. Box 275, 102413 Beijing, China

**Abstract**

Fission cross sections and angular distributions have been measured for the reactions of $^{12}C$ + $^{237}Np$, $^{16}O$ + $^{232}Th$ and $^{238}U$, and $^{19}F$ + $^{208}Pb$ and $^{232}Th$ at near- and sub-barrier energies. The fission excitation functions are rather well reproduced on the basis of Wong model or coupled channels theory. However, the models which reproduce the sub-barrier fusion cross sections fail to account for the experimental anisotropies of fission fragments. It is found that the observed anisotropies are much larger than expected. For the first time it has been observed that the anisotropies as a function of the center-of-mass energy show a peak centered near 4.5 MeV below the fusion barrier for several reaction systems. The present approaches fail to explain these anomalies. For $^{19}F$ + $^{208}Pb$ system, our results confirm the prediction of an approximately constant value for the mean square spin of the compound nucleus produced in far sub-barrier fusion reaction.

## 1. Introduction

It is well known that the measurements of fusion cross sections below the Coulomb barrier have observed the enhancement and the strong isotopic dependence [1] with respect to the prediction of one-dimensional barrier penetration model. Various explanations of these phenomena have been proposed, such as static deformations[2], zero point shape vibrations[3] and coupling channels effect [4] etc. On the experimental side, due to the fact that the spin distribution of the compound system formed in the fusion reactions and its moments could provided more strigent test for the theoretical models than the fusion excitation function itself, several techniques, i.e., $\gamma$-multiplicity measurements [5], fusion-fission fragment angular distributions [6] or the ratio of isomeric states [7] have been used. It is revealed that the spin distribution of the compound system is broader than expected around Coulomb barrier. Recently, the anomalous anisotropies of the angular distributions of fission fragments resulting from the heavy ion induced fusion-fission reactions have been reported [6]. From the theoretical point of view, at present this anomaly is quite difficult to understand.

In this talk, we present our experimental results of fission cross sections and angular distributions for the reactions of $^{12}C$ + $^{237}Np$, $^{16}O$ + $^{232}Th$ and $^{238}U$, and $^{19}F$ + $^{208}Pb$ and $^{232}Th$ at near- and sub-barrier energies, systematically. It is interesting to notice that, except for the anisotropies are much larger than expected for all systems studied, the anisotropies observed as a function of center-of-mass energy exhibit a peak centered near 4.5 MeV below the fusion barriers for the $^{12}C$ + $^{237}Np$, $^{16}O$ + $^{232}Th$, and $^{19}F$ + $^{232}Th$ systems, and a shoulder near 2.5 MeV below the barrier for the $^{19}F$ + $^{208}Pb$ system. our results for the 19F + 208Pb reaction confirm the prediction [8] of an approximately constant value for the mean square spin of a compound nucleus formed in far sub-barrier fusion reaction.

## 2. Experimental results

The experiment were performed at the HI-13 Tandem accelerator of the China Institute of Atomic Energy. The experimental details have been described elsewhere[6d]. The targets of thickness 250-350

① International Symposium on Heavy Ion Physics and its Applications, Editors W. Q. Shen, Y. X. Luo, J. Y. Liu. World Scientific, 1991: 369-378.

$\mu g/cm^2$ were bombarded by the collimated beams. Fission fragments were detected by a mica track detector which is insensitive to the reaction products with $Z \leq 10$ due to its detection threshold. The tracks of other projectile-like products with $Z > 10$ can be distinguished clearly from fission fragments by the track size and depth. In this experiment, the corresponding angle resolution was 1.4°, the total uncertanties of the angular distribution data range between 2.4 and 3.7%, while for the fission cross sections, between 6 and 14%.

## 2.1 Fission excitation function

The excitation functions for the reactions of $^{12}C + ^{237}Np$, $^{16}O + ^{232}Th$ and $^{238}U$, $^{19}F + ^{208}Pb$ and $^{232}Th$ have been measured at near- and sub-barrier energies. Our results are shown in Fig. 1 together with the data [11-17] of other authors. It can be seen that the agreement of our data with the others is quite good in the overlap energy regions. The calculations with Wong model or coupled channels theory are generally rather successful in reproducing the fission excitation functions for all sysetms studied. The transmission coefficients $T_J$ for each bombarding energy were obtained from these calculations.

a) $^{16}O + ^{232}Th$ and $^{16}O + ^{238}U$

The fission excitation functions of the $^{16}O + ^{232}Th$ and $^{16}O + ^{238}U$ reactions have been measured in the energy range from 70.8 to 80.1 MeV and 76.5 to 93.4 MeV, respectively. The solid curves in the figure are Wong model [2] calculations with deformations $\beta_2$ for two systems. The input parameters are $V_b$=80.5 MeV, $\hbar\omega_b$=4.0 MeV, $r_0$=1.35fm and $\beta_2$=0.22 for the $^{16}O + ^{232}Th$ system, and $V_b$=81.4 MeV, $\hbar\omega_b$=4.0 MeV, $r_0$=1.25 fm and $\beta_2$=0.22 for the $^{16}O + ^{238}U$ system, respectively. The agreement between the experimental and theoretical fission excitation functions is satisfactory over the whole energy range.

b) $^{12}C + ^{237}Np$ and $^{19}F + ^{232}Th$

We have made the study of the $^{12}C + ^{237}Np$ and $^{19}F + ^{232}Th$ fusion-fission reactions in the energy range from 57.1 MeV to 76.1 MeV and from 78.0 MeV to 96.8 MeV in the center-of-mass frame, and the results are shown in Fig. 1, respectively. The solid curves are obtained by use of a coupled channels model (CCDEF code [18]). In this code a nuclear potential $Vn(r, \theta_p, \theta_t)$ of the Christensen-Winther shape are used with $R=R_p+R_t+0.29$ fm, $R_i=1.233A_i^{1/3}-0.98A_i^{-1/3}$, for i=p,t; $a_0$=0.63 fm and $V_0$=-61.7 MeV and -57.4 MeV, respectively. For the $^{12}C + ^{237}Np$ reaction, inelastic channel 0.09 MeV of $^{237}Np$ with $\beta_2$=0.22 was included. Also, the static deformation $\beta_2$=0.25 was considered by means of the effects of the orientation of the deformed surface with respect to the collision axis on the potentials and coupling strengths. For the $^{19}F + ^{232}Th$ system, five inelastic channels were included: excitation to the 0.7744 MeV state of $^{232}Th$ with $\beta_2$=0.09, as well as the states at 0.197, 1.346, 1.554 and 2.780 MeV of $^{19}F$ with $\beta_2$=0.55, $\beta_3$=0.33, $\beta_2$=0.58, and $\beta_4$=0.22. Also, the static deformations $\beta_2$=0.22 and $\beta_4$=0.09 of the target nucleus were considered. The agreement between the experimental and theoretical fission excitation functions is quite good over most of the energy regions.

c) $^{19}F + ^{208}Pb$

The fission excitation function of the $^{19}F + ^{208}Pb$ reaction has been measured in the energy range from 75.4 to 95.6 MeV in the center-of-mass frame, and the data are shown in Fig. 1. The solid curve in the figure is obtained by means of a coupled channels theory with the CCFUS code [19]. In the theoreticalcalculation, areal nuclear potential $V_n(r)$ of the Christensen-Winther shape was used with $V_0$=63.7 MeV and $a_0$=0.63. Six inelastic channels were included: excitation to the states at 0.1976, 1.3458, 1.5540 and 2.7798 MeV of $^{19}F$ with $\beta_2$=0.55, $\beta_3$=0.33, $\beta_2$=0.58 and $\beta_4$=0.22 as well as to the states at the 2.6146 and 3.1977 MeV of $^{208}Pb$ with $\beta_3$=0.12 and $\beta_5$=0.05, respectively. Fig. 1 shows that the fission excitation function can be reproduced rather well in the whole energy range with CCFUS code.

## 2.2 Anisotropy of the fission fragment angular distribution

The fission fragment angular distributions for the reactions of $^{12}C + ^{237}Np$, $^{16}O + ^{232}Th$ and $^{238}U$, and $^{19}F + ^{208}Pb$ and $^{232}Th$ have been measured at near- and sub-barrier energies. Under the assumption that a compound nucleus is formed which decays subsequently only by fission, the saddle-point transition state model expression for the fission angular distribution is

$$W(\theta) = \pi\lambda\!\!\!^{-2}\sum_{J=o}^{\infty}(2J+1)T_J \sum_{K=-J}^{J} 1/2(2J+1)\left|d^J_{0k}(\theta)\right|^2 \exp(-k^2/2k_0^2)/\sum_{K=-J}^{J}\exp(-k^2/2k_0^2) \qquad (1)$$

where J is spin of the compound nucleus, k is the axial component of spin J, and $d^J_{0k}$ is d-function. The transmission coefficients $T_J$ are extracted from the theoretical calculation of the excitation function. The distribution of k-values is a Gaussian with a variance of $k_0^2=J_{eff}T/\hbar^2$, which is related to the nuclear temperature, T and the effective moment of inertia, $J_{eff}$. The temperature T is calculated as $T=\sqrt{(E_x-B_f-E_{rot})/a}$ with a level density parameter of a=A/8, here A and $E_x$ are the mass number and the excitation energy of the fissioning nucleus, $B_f$ is the height of fission barrier and $E_{rot}$ the rotational energy at the saddle point. The $k_0^2$ values obtained from systematics [20] or the Sierk model [21]. The most of the experimental angular distributions are much more anisotropic than the theoretical ones.

a) $^{16}O + ^{232}Th$ and $^{16}O + ^{238}U$

The anisotropies are shown in Fig. 2 for the reactions of $^{16}O + ^{232}Th$ and $^{16}O + ^{238}U$ plotted as a function of center-of-mass energy. For the former system, the solid circles, pluses and crosses in the figure are the experimental data of Back et al. [14], Vandenbosch et al. [6a], and ours, respectively. The solid curve illustrates the calculation based on the transition state theory with $T_J$ values from Wong model and $J_{eff}$ value extracted from the $\alpha + ^{244}Cm$ reaction. The most striking feature of the data is a peak in the anisotropies centered near 76 MeV with the width (FWHM) of 3.7 ± 0.5 MeV, which has not been previously observed in Ref. 6a. Also the experimental anisotropies are obviously greater than expected.

For the $^{16}O + ^{238}U$ system, we plotted the anisotropy data of Toke et al. [12](•), and ours (+) in the figure. Although we have not finished scanning the fragment tracks on mica for this system at lower bombarding energies yet and could not make the final conclusion about the peak, one still can see from the figure the anomalous behaviour of the anisotropy, especially the rising of the anisotropy values at the lower energies. The solid curve in the figure is the calculation based on TSM model with $T_J$ values from Wong model and $J_{eff}$ value from systematics.

b) $^{12}C + ^{237}Np$ and $^{19}F + ^{232}Th$

The fission-fragment angular distributions of the $^{12}C + ^{237}Np$ and $^{19}F + ^{232}Th$ reactions have been measured at the energies 57.9, 58.8, 60.72, 63.57, 66.44, 71.2 and 75.95 MeV, and the energies 78.0, 80.8, 82.6, 84.5, 87.4, 91.9 and 96.5 MeV, respectively. The anisotropies as a function of the center-of-mass energy are also shown in Fig. 2. The solid curves illustrate the calculations based on the transition state theory with $K_0^2$ values from Sierk model and $T_J$ values from CCDEF code. There exists a peak of anisotropy in both systems. However, the absolute values of the anisotropy are quite different between these two systems, although the similar compound nuclei ( $^{249}Es$ and $^{251}Es$ ) were formed in the $^{12}C$ + $^{237}Np$ and $^{19}F$ + $^{232}Th$reactions.

c) $^{19}F$ + $^{208}Pb$

The fission fragment angular distributions of the $^{19}F$ + $^{208}Pb$ have been measured at the energies 75.4, 77.3, 79.1, 80.0, 80.9, 81.9, 83.7, 86.5, 91.1 and 95.6 MeV in the center-of-mass frame. The anisotropies as a function of the center-of-mass energy are shown in Fig. 2. The solid circles and crosses in the figure represent the experimental data of Back et al. [14] and ours[6d] , respectively. The solid curve illustrates the calculations based on the transition state theory with $K_0^2$ values from the Sierk model and $T_J$ values from the CCFUS code. From the figure, one can see that a discrepancy exists between the observations and predictions. This discrepancy tends to dissapear at both lower and higher energy regions. It is also interesting to note that there is a shoulder around 82 MeV in the anisotropies as a function of the center-of-mass energy.

## 2.3. The mean square spin $<J^2>$

The anisotropy of fission fragment angular distribution could be characterized by the approximate relation

$$w(180^\circ)/w(90^\circ) \approx 1+<J^2>/4K_0^2 \qquad (2)$$

A measured anisotropy, therefore, determines the ratio $<J^2>/4K_0^2$. If the $K_0^2$ values are known from other measurements(systematics) or theoretical model, the mean square spin, $<J^2>$, values of compound system could be infered from the angular anisotropies. In this paper, the $Ko^2$ values are taken from systematics or the Sierk model for all systems studied. Following Charlop et al[22], we have compared the mean square spin$<J^2>$ with theoretical expectation as a function of the ratio of $E_{c.m.}$ to $V_b$ in Fig. 3. A common thing to all systems shown is that the experimental spin distributions are much broader than the model predictions at sub-barrier energy, even though those model calculations have been made to reproduce the fusion exicition function. It is possible that this discrepancy is rather common phenomenon at least for medium heavy and heavy systems.

## 3. Discussion and summary

For systematic comparison of our data, the anisotropies versus center-of-mass energy with respect to the fusion barrier are plotted for all systems studied in Fig. 4. It shows that the anomalous peaks locate at near 4.5 MeV below the fusion barrier. It is possible that this fact reflects the threshold anomaly for energy-dependent heavy-ion potential near barrier or the nuclear structure properties of the partners for the reactions of $^{12}C$+$^{237}Np$, $^{16}O$+$^{232}Th$ and $^{19}F$+$^{232}Th$. However, one may note that the magnitued of anomaly is significantly larger for the $^{19}F$+$^{232}Th$ system than other systems. As to the former system the projectile $^{19}F$ is an odd Z nucleus, while projectile $^{12}C$ and $^{16}O$ of the other systems are an alpha cluster or a spherical magic nucleus. It might imply that the anomalous peaks strongly related to the nuclear structure properties of the reaction partners.

Within the framework of coupled channels model[8], one would expect that the coupling between different channels enhance the higher angular momentum components of partial-wave fusion cross sections for the energy regime $V_b$-F< $E_{c.m.}$<$V_b$+F and lose its effects at high and low energies. Here

F is a measure of the total coupling strength. According to Ref. [23], the mean square spin, $<J^2>$, can approximately express as follows

$$<J^2>=\begin{cases}\mu R_b^2(E_{c.m.}-V_b)/\hbar^2, & E_{c.m.}>V_b+F \quad (3)\\ \mu R_b^2F/\hbar^2, & E_{c.m.}\approx V_b \quad (4)\\ 2\mu R_b^2\varepsilon/\hbar^2, & E_{c.m.}<V_b-F \quad (5)\end{cases}$$

Our experimental results for the $^{19}F+^{208}Pb$ reaction indicate that the coupling effects disappear at far sub-barrier energy region and $<J^2>$ values tend to approximate constant, as shown in figure of Ref [23]. The solid curve in the figure smoothly interpolates between the two limiting $<J^2>$ values calculated with Eqs. (3) and (5), and goes through the data around $V_b$. From Eq. (4) one could figure out the total coupling strength F in terms of the experimental $<J^2>$ value for the $E_{c.m.}=V_b$. As a result, F=7 MeV was evaluated. It is noteworthy that this energy shift obtained from our experimental $<J^2>$ data is well agree with total coupling strength F extracted from the $<J^2>$ value at barrier.

It should be pointed out that the total coupling strength F of 5 MeV was estimated from the fission excitation function calculation with CCFUS code. This F value is also agree with the corresponding energy shift as seen from the dash-dotted curve in figure. However, there exists an 2 MeV difference of F values obtained with two different recipes of the coupled channels model.

This descrepancy, together with the fact that the calculation with CCFUS reproduces the fission excitation function, indicates that the present simplified coupled channels model (CCFUS) is still inadequate for the fusion process of the heavy reaction systems in the energy region $V_b-F<E_{c.m.}<V_b+F$ where the coupling interaction is effective. It is possible that the constant coupling approach underestimates the coupling strength for the heavy reaction systems.

At present, we haven't understand the origin of the discrepancy between the expected and observed anisotropies in the near-and sub-barrier fusion fisson reactions yet. One of the possibilities might be that the reaction mechanisms other than the complete fusion-fission reaction, for example the squential fission following transfer[24] and/or deep inelastic-like reactions might be at work in the near- and sub-barrier energies. In recent, Back et al, [6f] have determined the relative contribution of fission fragments from squential and compound fission by measuring the flight time as well as the energy of single fission fragments as a function of scattering angle for the $^{16}O+^{232}Th$ reaction. It was found that fragments from fission of $^{248}Cf$ showed a somewhat smaller angular anisotropy as compared with inclusive measurments. However, the anisotropies are still larger than expected. The peak in the anisotropies as a function of energy maybe orignates from the transfer fission. Lestone et al, [25] have measured the fragment angular distributions of fission following transfer for the same system at energies of 86 MeV and 90 MeV. The distribution for a given scattering angle are strongly peaked forward and backward of the recoil direction. However, when all recoils angles are considered, the intergrated angular distributions, for the tranfer fission relative to the beam direction, have anisotropies of $A_b^t\doteq1.3$ and 1.2 for 86 MeV and 90 MeV, respectively, which are less pronounced than the observed when both fusion-fission and transfer-fission are mixtured in the measurment. Thus removing the effects of transfer has little effect on the total fission fragment angular distributions. Indeed the anisotropy becomes larger by 5% for 86 MeV and anomalously large mean square spin values still persit. So, Back et al. and Lestone et al. have made an oppposite conclusion at the 86 MeV.

The mean square spin values, $<J^2>$, deduced from fission fragment angular distributions are much larger than the ones which were extracted from the excitition function calculations. From this fact, and if the effect of the reaction mechanisms other than complete fusion-fission reaction could be neglected, one would wonder if there might be something wrong with the sub-barrier fusion reaction models in the entrance channel and/or transition state theory at the saddle point in the fission exist channel for the sub-barrier heavy-ion reactions.

The simplified coupled channel code CCFUS is able to reproduce $s_f(E)$ and <J> for the $^{12}C+^{128}Te$ lighter system[7]. It fails, however, for heavier systems, such as $^{64}Ni+^{100}Mo$[5d] if realistic coupling strengthes for the inelastic channels are used. Simplified coupled channel codes[26] calculations for the $^{16}O+^{232}Th$ fusion-fission system give resonable results for fusion cross section but underpredicted the $\langle J^2 \rangle$ data at near- and sub-barrier energies. Halbert et al. [5d] have used a long range fusion potential[27] to a unified description of direct reactions and fusion for the $^{64}Ni+^{100}Mo$ system. They obtained a better agreement with the spin distribution data. Maybe similar way could try for the fusion-fission systems. Recently, Frobrich and Richert [38] show that the Longevin Monte Carlo method on the basis of surface friction model allows to reproduce measured fusion cross sections and spin distributions for fusion-evaporation systems by modifying the Einstein relation. However, a severe discrepancy between theory and experiment for fusion-fisson system still exists. It therefore appears that further theoretical work is needed in order to obtain a better understanding of fusion process for heavy-ion at sub-barrier energies.

In summary, we have measured fission cross sections and angular distributions to energies considerably lower than Coulomb barriers for the reactions of $^{12}C+^{237}Np$, $^{16}O+^{232}Th$ and $^{238}U$, and $^{19}F+^{208}Pb$ and $^{232}Th$. The fission excitation functions well reproduced on the basis of Wong model or coupled channels theory. However, the measured fission fragment angular distributions are much more anisotropies than the predicted. Moreover, the anisotripies as a function of center-of-mass energy show the peaks around 4.5 MeV below the barriers. It is found that the large difference of anisotripy data between Ramamurthy et al. and ours exists for the $^{12}C+^{237}Np$ reaction. Also the behaviour of anisotropy from Back et al. and Sen et al. at lower energies for the $^{16}O+^{238}U$ reaction could not be surpported by our experiment. For the $^{19}F+^{208}Pb$ reaction, our results confirm the prediction of an approximately constant value for the mean square spin of a compound nucleous at and below the energy which shift F MeV from barrier $V_b$ with respect to one-dimensional barrier penetration.

## References


1) M. Backerman, Phys. Rep. 129, 145 (1985).
2) C.-Y. Wong, Phys. Rev. Lett. 31, 766 (1973).
3) H. Esbensen, Nucl. Phys. A352, 147 (1981).
4) C. H. Dasso et al., Nucl. Phys. A405, 381 (1983); A407, 221 (1983).
5) B. Hass et al., Phys. Rev. Lett. 54, 389 (1985);
P. J. Nolan et al., Phys. Rev. Lett. 54, 2211 (1985);
S. Gil et al., Phys. Rev. C31, 1752 (1985);
M. L. Halbert et al., Phys. Rev. C40, 2558 (1989).
6) R. Vandenbosch et al., Phys. Rev. Lett. 56, 1234 (1986);
T. Murakami et al., Phys. Rev. C34, 1353 (1986);
H. Zhang et al., Phys. Lett. B218, 133 (1989);
H. Zhang et al., Nucl. Phys. A512, 531 (1990);
H. Zhang et al., Phys. Rev. C42, 1086 (1990);
B. B. Back et al., Sixth Winter Workshop on Nuclear Dynamics, Jackson Hole, Wyoming. U. S. A. (Feb. 17-24, 1990);
H. Fujiwara et al., UTTAC-57, !990, P.52.
7) R. G. Stokstad et al., Phys. Rev. Lett. 62, 399 (1989).
8) C. H. Dasso and S. Landowne, Phys. Rev. C32, 1094 (1985).

9) R. L. Flescher, P. B. Price, and R. M. Walker, Nuclear Tracks in Solids: Principles (University of California Press, Berkeley, 1975).
10) V. E. Viola et al., Phys. Rev. C31, 1550 (1985).
11) S. A. Karamyan et al., Sov. J. Nucl. Phys. 6, 360 (1968).
12) J. Toke et al., Phys. lett. B142, 258 (1984).
13) A. Gavron et al., Phys. Rev. Lett. 52,589 (1984).
14) B. B. Back et al., Phys. Rev. C32, 195 (1985).
15) W. Q. Sen et al., Phys. Rev. C36, 115 (1987).
16) D. J. Hinde et al., Nucl. Phys. A472, 318 (1987).
17) V. S. Ramamurty et al., Phys. Rev. Lett. 65, 25 (1990).
18) J. Fernandez-Niello et al., Comp. Phys. Comm. 54, 409 (1989).
19) C. H. Dasso and S. Landowne, Comp. Phys. Comm. 46,187 (1987).
20) L. C. Vaz and J. M. Alexander, Phys. Rep. 97, 1 (1983).
21) A. J. Sierk, Phys. Rev. C33, 2039 (1986).
22) A. Charlop et al., Lecture Notes in Physics 317, Heavy Ion Interactions Around the Coulomb Barrier, eds. C. Signorini, S. Skorka, P. Spolaore, A. Vitturi, Springer, Berlin, 1988, p157.
23) Zuhua Liu et al., Phys. Rev. C42, No. 5 (1990).
24) J. Leigh et al., Phys. Rev. Lett. 42, 153 (1979).
25) J. P. Lestone et al., Nucl. Phys. A509, 178 (1990).
26) H. Esbensen and S. Landowne, Nucl. Phys. A467, 136 (1987).
27) T. Udgawa et al., Phys. Rev. C32, 124 (1985); C39, 1840 (1989).
28) P. Frobrich and J. Richert, Phys. Lett. B237, 328 (1990).

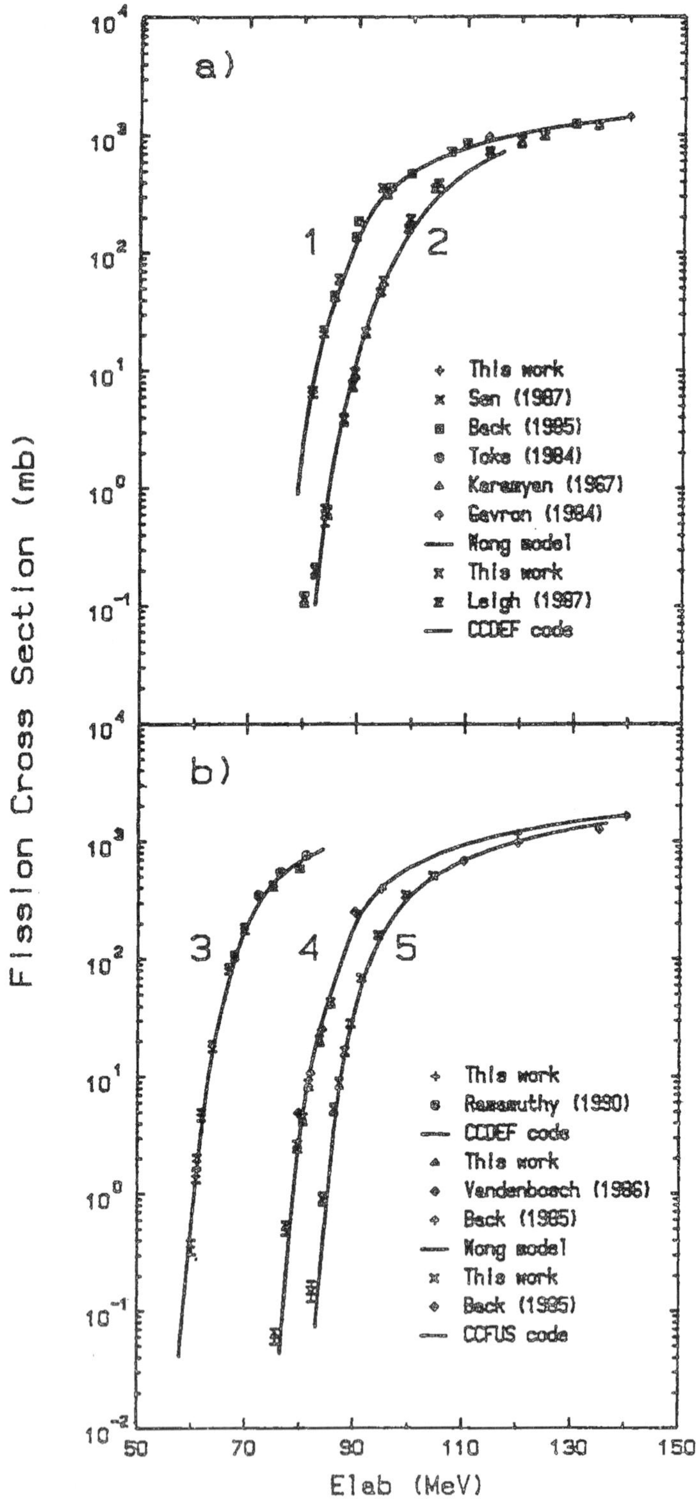


Fig. 1

Fig. 1 Fission excitation functions. The numbers in the figure represent the reaction systems as follows: (1) $^{16}O + ^{238}U$; (2) $^{19}F + ^{232}Th$; (3) $^{12}C + ^{237}Np$; (4) $^{16}O + ^{232}Th$ and (5) $^{19}F + ^{208}Pb$.

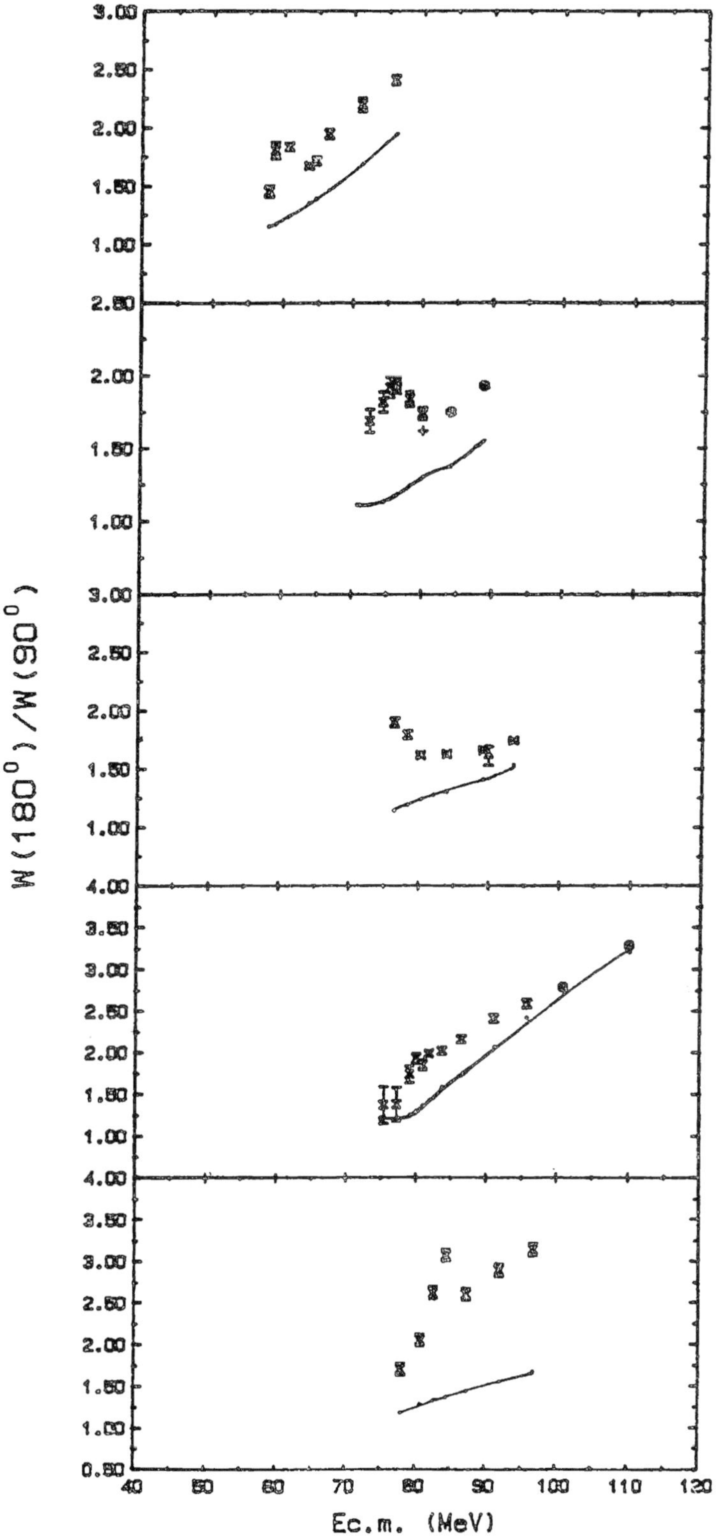


Fig. 2 The comparison of the experimental anisotropies with theoretical calculations. The reaction systems from top to bottom are $^{12}C + ^{237}Np$, $^{16}O + ^{232}Th$, $^{16}O + ^{238}U$, $^{19}F + ^{208}Pb$ and $^{19}F + ^{232}Th$.

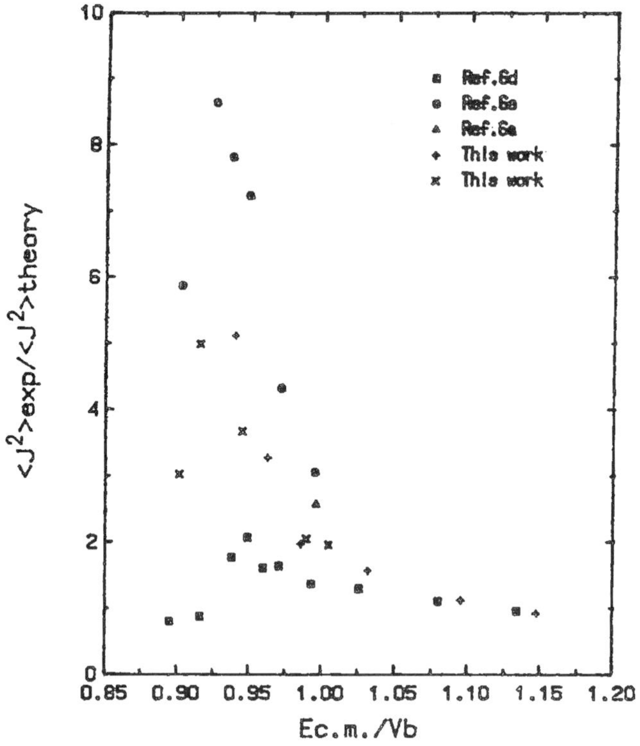


Fig. 3 The ratio of the experimental mean square spin values to the theoretical ones. (Σ) - $^{16}O + ^{232}Th$, (Δ) - $^{16}O + ^{232}Th$, (W) $^{19}F + ^{208}Pb$, (+) - $^{16}O + ^{238}U$ and (¥) - $^{12}C + ^{237}Np$.

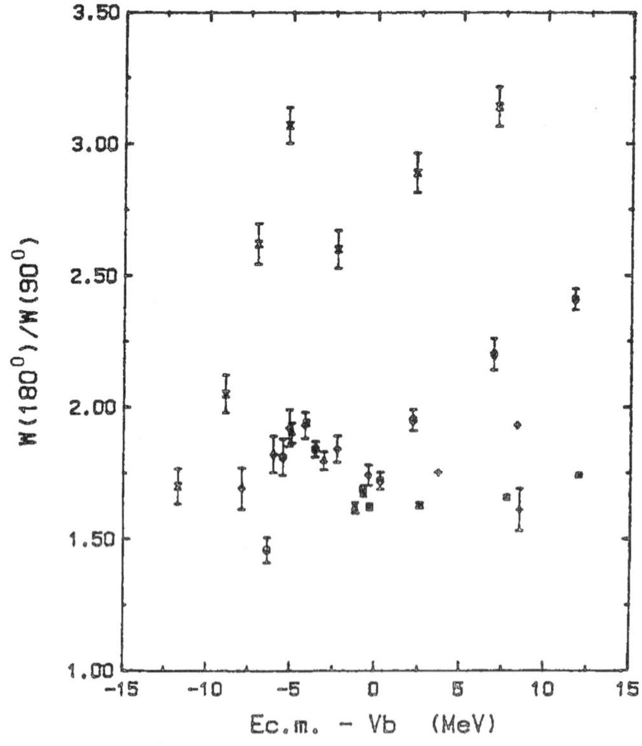


Fig. 4 Anisotropies as a function of ( Ec.m. - Vb ). The symbols in the figure represent the reaction systems as follows: (¥) $^{19}F + ^{232}Th$, (Σ) $^{12}C + ^{237}Np$, (Δ) $^{16}O + ^{238}U$ and (◊, W, Z) $^{16}O + ^{232}Th$.

# $^{16}O+^{238}U$ 垒下熔合裂变碎片角分布①

张焕乔　刘祖华　许谨诚　阮明　钱兴　徐侃　吕骏
（中国原子能科学研究院，北京　102413）

**摘　　要**

利用云母核径迹探测器测量了轰击能量从 73.7—93.4MeV 的 $^{16}O+^{238}U$ 反应的裂变截面和碎片角分布．用考虑了核静态形变的 Wong 模型很好地重现了裂变激发函数，由此抽取了复合核的自旋分布．同时，利用裂变鞍点过渡态理论以抽取的自旋分布计算了裂变碎片角分布，表明碎片各向异性实验值大于理论值．此外实验揭示出，在低能区碎片各向异性随入射能量变化的走向不同于以前的测量结果．

## 一、引　　言

实验观测到的垒下重离子熔合截面相对简单一维势垒穿透模型来说有很大的增强，理论研究表明这种增强中碰撞核的结构起着重要的作用[1]．为了严格检验现有垒下熔合的模型理论，测量熔合复合核的自旋分布及其二次矩就显得十分必要．现采用的技术主要有：$\gamma$ 多重性[2]、裂变碎片角分布[3]和同质异能比[4]探针．最近 Stokstad 等人[5]对这三种探针测量的 14 个系统的复合核平均角动量作了系统学的比较后发现，用同质异能比和 $\gamma$ 多重性技术测量的结果，一般来说，可以同时自洽地解释截面和自旋分布数据，而裂变碎片角分布探测的情况完全异样．

近年来在近垒和垒下重离子熔合裂变反应中观察到的碎片角分布的各向异性异常现象[6]已引起人们相当大的兴趣．我们原来的工作[7]揭示出，碎片各向异性随入射能量的变化在垒下存在一个峰结构，这完全出乎理论的预料．而在 Back[8] 所做的 $^{16}O+^{238}U$ 熔合裂变的碎片角分布测量中，垒上能区碎片各向异性随入射能量成非单调的变化，意味着可能在垒上存在类结构．如果真是这样，值得深入研究．另外 GSI 研究组用相同实验方法在相近能量却得到完全不同的实验结果[9,10]．他们提供的近垒能区的碎片各向异性实验数据也需要加以判明．基于这些考虑，我们重新测量了近垒和垒下 $^{16}O+^{238}U$ 熔合裂变反应的截面和碎片角分布，得出低能区的碎片各向异性走向不同于 Back 和 Shen 的结果，表明在垒上能区不存在类结构，而在近垒和垒下能区依然存在碎片各向异性实验值大于理论值的异常现象．这与我们以前观测的结果是一致的．

① 高能物理与核物理,1992,16(9):826-831.

## 二、实验方法

实验是在北京中国原子能科学研究院 HI-13 串列加速器上完成的．使用厚度为 350$\mu$g/cm$^2$ 的 $^{238}$U 靶（丰度 99.99%）．用 75—95MeV 的 $^{16}$O 轰击靶核．靶上束流斑点直径约 2mm．靶面和束流成 45°，裂变碎片用云母径迹探测器探测，在实验室系中，覆盖张角为 77°—172°．云母探测器放在不锈钢筒内表面，云母距靶 4cm．为了甄别本底，云母在照射以前预蚀刻．两个面垒半导体探测器分别放置在 −40° 和 +19.8° 处，作为探测弹性散射的监视器．半导体探测器对靶的张角用标准的 $^{241}$Am $\alpha$ 源校正．束流方向通过弹散测量进行检定．靶架上放置硫化锌荧光片监测束流位置和剖面．此外通过测量两个监视器和法拉弟筒计数率相互之间的比值来监视实验过程中束流的稳定性．云母片照射后，在浓度为 40% 的 25℃ HF 中蚀刻 1.5 小时，然后用 10 × 40 倍的显微镜扫描裂变径迹数．由于云母探测器有探测阈值．因此对于 $z<10$ 的反应产物是不灵敏的，而对于 $z\geqslant 10$ 的类弹产物，可以通过径迹大小和深度与裂变碎片明显区分．在云母片上相隔一定距离扫描 1 × 5mm$^2$ 范围内的裂变径迹，作为对应角度的裂变碎片计数．对应的角分辨为 1.4°（其中包括束流斑点大小和离散）．总的裂变截面通过对角分布积分和 Rutherford 散射截面归一而得到．在实验室系到质心系的转换中假设复合核裂变为对称裂变．裂变碎片总动能遵守 Viola 的系统学．实验误差包括计数的统计误差，角度和立体角的不确定性以及角分布外推和坐标系转换等引起的误差．裂变碎片角分布的总误差在 1%—3% 之间，裂面截面误差在 7%—14% 之间．

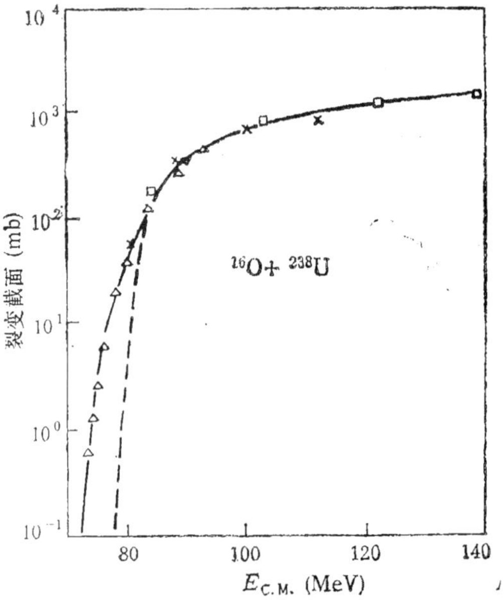


图 1　$^{16}$O + $^{238}$U 熔合-裂变反应的激发函数

实线和虚线是 Wong 模型分别包括有形变和没有形变的理论计算值．×是 Back，▽是 Toke，□，△分别是 Shen 和我们的实验结果

## 三、实验结果

### 1. 激发函数

实验测量了质心系能量为 73.7—93.4 MeV 时 $^{16}$O+$^{238}$U 反应的熔合裂变激发函数(见图 1)．实线和虚线是使用 Wong 模型分别包含有形变和没有形变的计算结果．计算中使用的参数 $V_b=81.4$MeV，$\hbar\omega_b=4.0$ MeV，$r_b^0=1.25$fm，$\beta_2=0.22$．由图可见，包括靶核的静态形变的理论计算得到的激发函数在整个能量范围内和实验结果符合很好，从计算中可以提取每个能量相应的穿透系数 $T_l$．

**2. 裂变碎片角分布**

实验还测量了质心能量为 73.7—93.4 MeV 时 $^{16}O+^{238}U$ 反应的裂变碎片角分布(见图 2)。图中点是实验结果，实线是勒让得多项式最小二乘法拟合实验点结果，虚线是鞍点过渡态理论值。

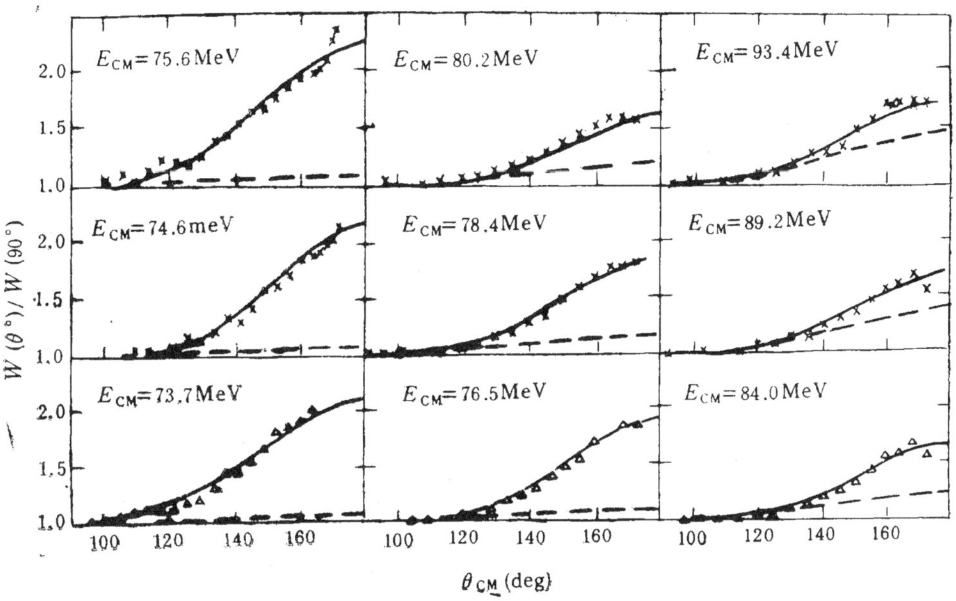


图 2　$^{16}O + ^{238}U$ 熔合-裂变反应的裂变碎片角分布 $T_l$ 从 Wong 模型中提取

假设熔合反应形成的复合核全部发生裂变，根据鞍点过渡态统计理论，裂变碎片角分布为

$$W(\theta) = \pi \lambda\!\!\!^{-2} \sum_{l=0}^{\infty}(2l+1)T_l \sum_{k=-l}^{l} \frac{1}{2}(2l+1)|d_{0k}^{l}(\theta)|^2 \exp(-k^2/2k_0^2) \times \left[\sum_{k=-l}^{l} \exp(-k^2/2k_0^2)\right]^{-1}. \tag{1}$$

其中 $T_l$ 是穿透系数，它们可以从激发函数的计算中提取，$k$ 是自旋在对称轴上的投影，遵从高斯分布，其中弥散 $k_0^2 = J_{\mathrm{eff}}T/\hbar^2$，$T$ 是鞍点核温度。$J_{\mathrm{eff}} = J_{/\!/}J_{\perp}/(J_{\perp} - J_{/\!/})$ 是鞍点有效转动惯量。$J_{/\!/}$ 和 $J_{\perp}$ 分别是平行和垂直于对称轴的转动惯量。核温度从 $T^2 = (E_x - B_f - E_{\mathrm{rot}})/a$ 中计算得到。其中 $a$ 是能级密度参数 $A/8$，$A$ 和 $E_x$ 分别是裂变核的质量数和激发能。$B_f$ 是鞍点裂变位垒，$E_{\mathrm{rot}}$ 是转动能。图中虚线是用 Wong 模型计算激发函数中提取的 $T_l$ 值，以鞍点过渡态理论计算裂变碎片的角分布。从图可见，实验测到的角分布各向异性比理论预言的大。

**3. 裂变碎片角分布异性度**

为了研究各向异性度实验结果和理论计算的系统偏离行为。图 3 给出了各向异性度随质心系能量变化的关系。实线是过渡态理论的计算结果，其中 $T_l$ 从 Wong 模型计算

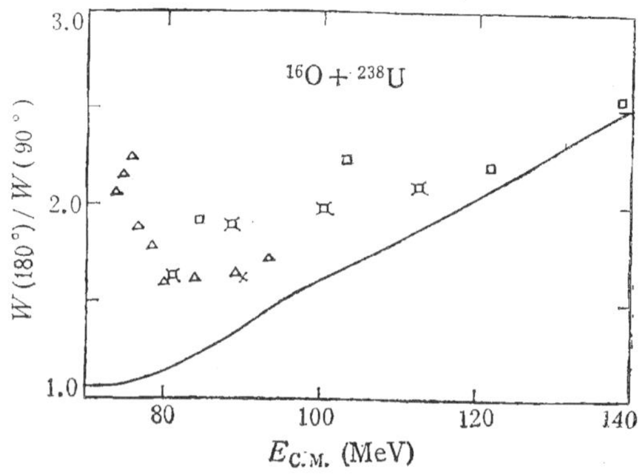


图 3　$^{16}O + ^{238}U$ 裂变碎片异性度随质心能量的变化

□,⌑,×,△ 分别是 Back、Shen、Toke 及我们的实验数据. 实线是鞍点过渡态理论计算值

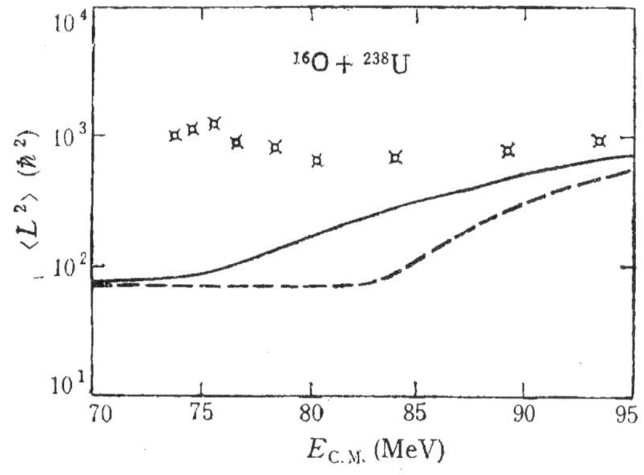


图 4　从裂变碎片各向异性实验结果得到自旋方均值和模型计算的比较

⌑为实验得到的自旋均方值,实线和虚线意义同图 1.

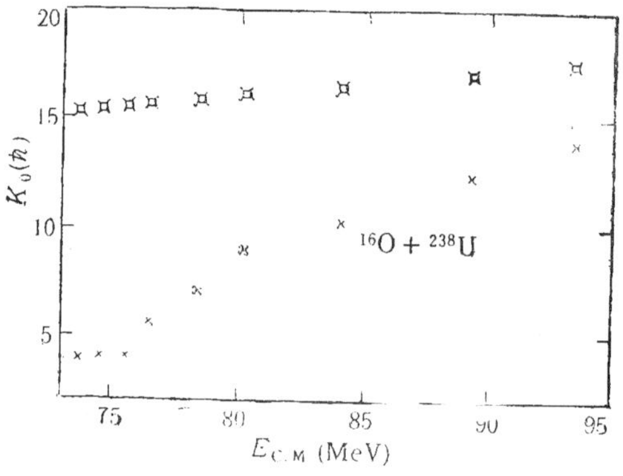


图 5　$^{16}O + ^{238}U$ 熔合裂变反应参数 $k_0$ 随质心系能量变化的关系

⌑是从有限转动液滴模型中提取,×从裂变碎片角分布中提取.

激发函数中提取，$J_{eff}$ 从转动液滴模型中得到. 由图可见，裂变碎片各向异性实验值普遍高于理论计算值. 特别是在入射能为 75.6MeV 时、各向异性度变化呈现“鼓包”. 此外在垒上低能区,碎片各向异性值随入射能量单调变化,走向不同于 Back 和 Shen 以前的测量结果.

裂变碎片角分布各向异性可以用以下近似公式表示:

$$W(180°)/W(90°) = 1 + (\langle l^2\rangle/4k_0^2), \tag{2}$$

其中假设 $l_m^2/4k_0^2 \ll 1$, $l_m^2$ 和 $\langle l^2\rangle$ 是复合核最大自旋和方均自旋. 在我们的研究情况中，上述近似条件是满足的. 因此通过测量碎片角分布的异性度；可以确定 $\langle l^2\rangle/K_0^2$ 值. 如果知道 $K_0^2$，可以得到复合核自旋二次矩 $\langle l^2\rangle$. 从转动液滴模型中提取 $K_0^2$，复合核的自旋二次矩 $\langle l^2\rangle$,可以从实验的各向异性度得到（见图 4). 图中实线是从拟合实验激发函数的 Wong 模型计算中提取 $\langle l^2\rangle$ 值. 从图可见 Wong 模型不能同时解释熔合-裂变激发函数和复合核自旋二次矩的实验结果.

另一方面,如果认为各向异性异常起源于 $k_0$ 的影响,我们可以从实验测到的碎片角

分布提取 $k_0$，图 5 是 $k_0$ 随质心系能量变化的关系。其中 $T_l$ 从 Wong 模型计算激发函数中得到。

## 四、讨论和总结

我们测量了 $^{16}O + ^{238}U$ 反应系统能量远低于库仑位垒的熔合裂变截面和裂变碎片角分布。在整个能区内，熔合裂变截面可以用 Wong 模型很好地解释。但是裂变碎片角分布各向异性比理论预言的要大很多。随着入射能的增加，这个偏差有减少的趋势。裂变碎片各向异性度随质心系能量变化的走向不同于以前测量的结果。当入射能为 75.6MeV 时，异性度呈现峰结构。值得指出的是，现有理论不能同时解释熔合裂变截面和复合核自旋分布的二次矩 $\langle l^2 \rangle$。

从激发函数提取自旋分布比一维势垒穿透模型预言的要宽，自旋分布的加宽有利于裂变碎片角分布各向异性度的增加。但是对于 $^{16}O + ^{238}U$ 反应系统，在近垒及垒下重离子熔合-裂变反应中裂变碎片角分布各向异性度比预言的要大很多。这一点从激发函数计算得到的 $\langle l^2 \rangle$ 和从碎片角分布异性度提取的 $\langle l^2 \rangle$ 的比较中，可以清楚地看到（见图 5）。鉴于这些事实，我们认为在近垒及垒下重离子熔合裂变反应中，可能在熔合模型的入射道方面，或者裂变鞍点过渡态理论的出射道方面有不完善的地方。

另一方面，如果上面提到的两种模型都是正确的。在近垒及垒下能区，有可能测量到的裂变碎片除了全熔合裂变以外还有转移相继裂变，跟随裂变的贡献。但是文献[11]使用折叠角技术区分了转移裂变和复合核裂变，对于 84MeV 的 $^{16}O + ^{238}U$，总裂变截面中转移裂变仅占 10% 左右。如扣除转移裂变的贡献，反而使裂变碎片角分布各向异性度提高 5% 左右。因此裂变碎片角分布的异常不可能起源于转移裂变。

作者感谢中国原子能院 HI-13 运行人员为本实验提供良好的束流和工作条件。

## 参 考 文 献

[1] M. Beckerman, *Phys. Rep.*, **B129**(1985), 145.
[2] R. Vandenbosch et al., *Phys. Rev.*, **C26**(1983), 1161.
[3] T. Murakami et al., *Phys. Rev.*, **C34**(1986), 1353.
[4] R. G. Stokstad et al., *Phys. Rev. Lett.*, **62**(1989), 399.
[5] D. E. Digregorio et al., *Phys. Rev.*, **C43**(1991), 265.
[6] R. Vandenbosch et al., *Phys. Rev. Lett.*, **56**(1986), 1234.
[7] H. Zhang et al., *Phys. Lett.*, **B218**(1989), 133,
[8] B. B. Back et al., *Phys. Rev.*, **C32**(1985), 195.
[9] J. Toke et al., *Phys. Lett.*, **B142**(1984),258.
[10] W. O. Shen et al., *Phys. Rev.*, **C36**(1987), 115.
[11] 钱兴等，"84.0MeV $^{16}O$ 轰击 $^{238}U$ 核的裂变碎片角关联的测量"，高能物理与核物理，待发表.

# Fission-Fragment Angular Distributions for the $^{16}O+^{238}U$ Near-and Sub-Barrier Fusion-Fission Reaction

ZHANG HUANQIAO  LIU ZUHUA  XU JINCHENG  RUAN MING
QIAN XING  XU KAN  LÜ JUN
*(Institute of Atomic Energy, China, 102413)*

ABSTRACT

Fission cross sections and angular distributions have been measured for the $^{16}O+^{238}U$ reaction at bombarding energies from 73.7 to 93.7 MeV. The fission excitation function is well reproduced on the basis of Wong model. The fission-fragment angular distributions are calculated in terms of the transition-state theory, with the transmission coefficents extracted from the excitation function calculation. It is found that a discrepancy between the observations and the predictions in angular anisotropy of fission fragments exists at near-and sub-barrier energies. Moreover the tendency of the anistropies as a function of the center-of-mass energy aren't the same as previous measurement results.

# Fragment Anisotropy of Complete Fusion-Fission at Subbarrier Energies for the $^{11}B+^{238}U$ and $^{12}C+^{237}Np$ Reactions①

ZHANG Huanqiao, LIU Zuhua, XU Jincheng
QIAN Xing, CHEN Shaolin, LU Lixing
*China Institute of Atomic Energy, Beijing 102413*

(Received 18 February 1992)

*Fission fragment angular distributions have been measured for the reactions $^{11}B+^{238}U$, $^{12}C+^{237}Np$ at near- and sub-barrier energies, and $^{16}O+^{238}U$ at 90 MeV. The complete fusion-fission and transfer-fission were separated as components in the whole energy region in this experiment. The influence of pre-scission neutron emission on fragment anisotropies has been considered. This effect leads to increase of the anisotropies when compared with the results obtained under the assumption of first chance fission. However, the anomalous anisotropies still persist.*

*PACS: 24.90.+d*

The heavy-ion fusion-fission at sub-barrier energies has been an interesting subject in recent years. The reason for this is that one can extract the information about spin distribution of the compound system from the fission fragment angular distributions. Such interest has been further stimulated by the observation of the anomalous fragment anisotropies, i.e., the much greater anisotropy in fission fragment angular distribution than the predictions of the standard theory,[1,2] and the results[2] show a peak in the variation of fragment anisotropies with energy.

There are a lot of debates about the origin of the anomalous fragment anisotropies observed. One of the possibilities, as suggested by some authors,[3,4] might be the contribution from transfer-fission, because the measurements of Refs. (1,2) included both fusion-fission (FF) and transfer-fission (TF), and did not distinguish between them. Therefore, it is of essential importance to separate these two components and find out the fragment anisotropies arising from fusion-fission alone experimently. Usually, in the saddle point transition state model (SPTS) calculation for fission fragment angular distributions it is assumed that the nuclear temperature $T$ at the saddle point is that corresponding to first chance fission. In fact, neutron evaporation before the saddle point configuration of the transition nucleus will reduce the nuclear temperature and modify the spin population of the fissioning nucleus. This effect leads to increase of the fragment anisotropies compared to those under the assumption of first chance fission.

The experiments were performed at tht HI-13 tandem Van de Graaf accelerator of the China Institute of Atomic Energy, Beijing. Targets were about 350 $\mu g/cm^2$ thick, and bombarded by a collimated beam. A Si(Au) detector was set at $-40°$ from the

① Chinese Phys.Lett.,1992,9(6):297-300.

and bombarded by a collimated beam. A Si(Au) detector was set at −40° from the beam direction as a monitor to detect the elastic scattering. Fission fragments were detected by two position sensitive double grid avalanche counters (DGAC) with active area of 25×20 cm each. The distance between the target and the center of DGAC is 15 cm. These two DGACs were set on two sides of the beam with the angular coverage of $10° \le \theta_{lab} \le 90°$ and $-75° \le \theta_{lab} \le -165°$ respectively. The fission events were picked out by the coincidence measurement of two fragments using the DGAC with the position resolution of 4 mm. In this manner, the differences in flight time and folding angle between two fission fragments were both measured.

Displayed in Fig. 1 is a typical folding angle distribution. Due to the difference in the linear momentum transfer from projectile to the fissioning system, the components of FF and TF are clearly separated as two peaks in the folding angle distribution. The fragment mass distributions of these two components are shown in Fig. 2. The mass distribution for complete fusion-fission is a symmetric Gausian while target-like fission exhibits asymmetric distribution of two peaks which is typical for the fission at low excitation energy. It is seen from the above results that we have distinguished two components of FF and TF successfully in this experiment.

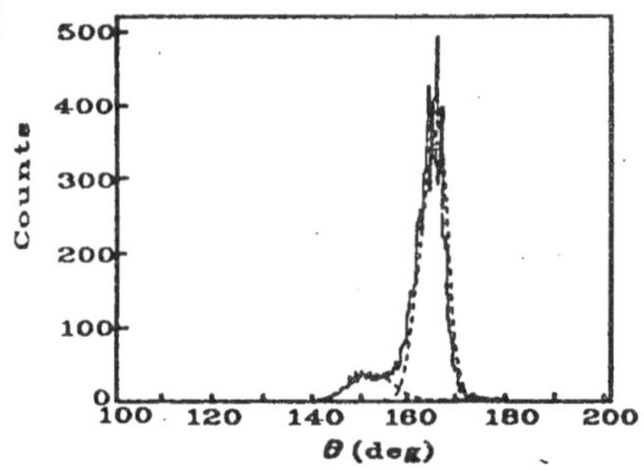


Fig. 1: The folding angle distribution for the $^{16}O+^{238}U$ fusion-fission reaction. The solid histogram is the experimental result and the dashed curves are Gaussian function.

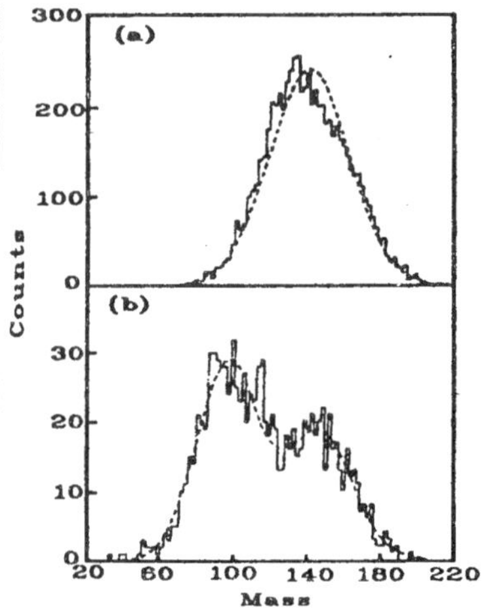


Fig. 2: The mass distributions of fission fragments for the $^{16}O+^{238}U$ reaction: (a) Complete fusion-fission, (b) Target-like fission. The solid histogram is the experimental result and the dashed curves are Gausian function.

The variation of fragment anisotropies with the center-of-mass energy is presented in Fig. 3 for the $^{11}B+^{238}U$ and $^{12}C+^{237}Np$ reaction systems. The results of Ramamurthy *et al.*[5] for the $^{12}C+^{237}Np$ system are also shown in the figure. It is noteworthy that the fragment anisotropies in the whole energy region measured are increased by about 1%~9% when the TF contributions are subtracted. The ratio of the TF events to total fission events, $\sigma_{TF}/(\sigma_{FF}+\sigma_{TF})$, is around 5% at above barrier and increases to about 12% at far sub-barrier energies for these two systems. For the $^{12}C+^{237}Np$ system, our results when both FF and TF components are mixed in the measurement agree with fragment angular distributions were calculated using the SPTS model, in which the effective moment of inertia $J_{\text{eff}}$ is derived from the rotating finite-range model (RFRM)[6] and the transmission coefficients $T_l$ is extracted from the modified coupled channels model (CCDEF code[7]), which reproduces the fusion-fission excitation functions. Usually, it has been assumed that the nuclear temperature $T$ at the saddle point is that corresponding to first chance fission event. In practice, as bombarding energies close to the fusion barrier, the excitation energies of compound nucleus are not so high. The influence of pre-saddle neutron emission on nuclear temperature at saddle point should be considered. Experimentally, it is impossible to distinguish the pre-saddle neutron from the neutron emitted during the saddle-to-scission. Fortunately, for all systems studied, compound nuclei with nuclear temperatures considerably smaller than the fission barriers ($T \ll B_{\text{f}}$) have statistical fission decay times that are much larger than saddle-to-scission times. Therefore, for the pre-scission neutrons $\nu_{\text{pre}}$ observed can be used to determine the nuclear temperature at the saddle point. The experimental data of $\nu_{\text{pre}}$ (Ref. 8) was used in the calculation. Some data in low excitation energies were obtained from the extrapolation with linear relation. It is demonstrated that at low excitation energies pre-scission neutron evaporation causes little change in the spin population, but significant reduction of the nuclear temperature of the fissioning nucleus. The dashed and the solid curves in Fig. 3 are the theoretical fragment anisotropies of SPTS calculation with and without the correction of pre-scission neutron evaporation.[8] One can see from the figure that a) the effect of pre-scission neutron evaporation increases the anisotropies of fission fragment angular distributions compared to the first chance fission assumption, but this still can not completely explain the experimental data. It is obvious that the anomalous anisotropies still persist for all systems studied by us.[2] b) the fragment anisotropies of complete fusion-fission are greater than the prediction of SPTS and the discrepancy turns out to be much larger at the subbarrier energy region. It follows that the contributions arising from transfer fission do not originate the anomalous fragment anisotropies observed.

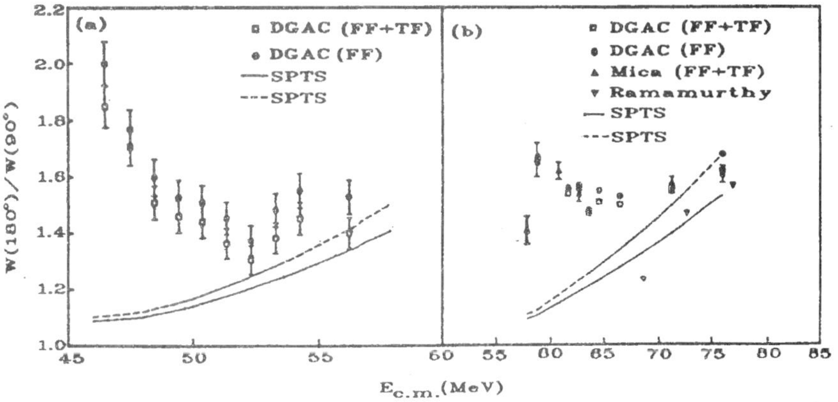


Fig. 3: Fission-fragment anisotropies as a function of center-of-mass energy for the reactions (a) $^{11}B+^{238}U$ and (b) $^{12}C+^{237}Np$.

In conclusion, we have distinguished the components of complete fusion-fission and transfer-fission for the $^{11}B+^{238}U$ and $^{12}C+^{237}Np$ systems in the whole energy region by measuring the differences in flight time and the folding angle of two fission fragments. We found that the component arising from complete fusion-fission alone shows a somewhat greater angular anisotropy. So far, one can exclude the possibility that the anomalous fragment anisotropies stem from the contributions of transfer-fission. In addition, the influence of pre-scission neutron emission on fragment anisotropies in sub-barrier fusion-fission reactions has been considered on the basis of statistic model with experimental data of $\nu_{\rm pre}$. This effect increases the fragment anisotropies compared to the assumption of first chance fission, but the anomalous anisotropies still exist. Now, it is quite puzzling what is the origin which causes the anomaly observed in the fusion-fission reactions at near- and sub-barrier energies. Therefore, it appears that further theoretical work is needed in order to get an understanding of the underlying physics.

## References

[1] R. Vandenbosch *et al.*, Phys. Rev. Lett. 56 (1986) 1234; T. Murakami *et al.*, Phys. Rev. C 34 (1986) 1353.

[2] H. Zhang *et al.*, Phys. Lett. B 218 (1989) 133; H. Zhang *et al.*, Phys. Rev. C 42 (1990) 1086; H. Zhang *et al.*, Nucl. Phys. A 512 (1990) 531.

[3] R. Vandenbosch *et al.*, Phys. Rev. Lett. 57 (1986) 1499.

[4] J. P. Lestone *et al.*, Nucl. Phys. A 509 (1990) 178.

[5] V. S. Ramamurthy *et al.*, Phys. Rev. Lett. 65 (1990) 25.

[6] A. J. Sierk, Phys. Rev. C 33 (1986) 2039.

[7] J. Fernandez-Niello *et al.*, Comp. Phys. Comm. 54 (1989) 409.

[8] D. J. Hinde *et al.*, Phys. Rev. C 39 (1989) 2268.

# Anomalous anisotropies of fission fragments in near- and sub-barrier fusion-fission reactions ①

Zhang Huanqiao, Liu Zuhua, Xu Jincheng, Lu Jun, Ruan Ming and Xu Kan
China Institute of Atomic Energy, P.O. Box 275, 102413 Beijing, China

## Abstract

Fission cross sections and angular distributions have been measured for the reactions of $^{16}O + ^{232}Th$ and $^{238}U$, and $^{19}F + ^{208}Pb$ and $^{232}Th$ at near- and sub-barrier energies. The fission excitation functions are rather well reproduced on the basis of Wong model or coupled channels theory. However, the models which reproduce the sub-barrier fusion cross sections fail to account for the experimental anisotropies of fission fragments. It is found that the observed anisotropies are much larger than expected. For the first time it has been observed that the anisotropies as a function of the center-of-mass energy show a peak centered near 4.5 MeV below the fusion barrier for several reaction systems. The present approaches fail to explain these anomalies. For $^{19}F + ^{208}Pb$ system, our results confirm the prediction of an approximately constant value for the mean square spin of the compound nucleus produced in far sub-barrier fusion reaction.

## 1. Introduction

The cross sections for fusion of heavy ions near and sub-Coulomb barrier can be orders of magnitude larger than the predictions of one-dimensional barrier penetration model [1]. These enhancements are understood in terms of theoretical models which explicitly consider the coupling of the relative-motion coordinate in the entrance channel to other degrees of freedom ( deformation [2], vibration [3], and transfer [4] ). However, due to the fact that the spin distribution and it's moments could provide more stringent test for the theoretical models than the fusion excitation function itself, several techniques, i.e., $\gamma$-multiplicity measurements [5], fusion-fission fragment angular distributions [6] or the ratio of isomeric states [7] have been used in the study of sub-barrier fusion reactions between heavy ions. It has been found that ,in some cases, the spin distribution of the compound system is broader than expected around Coulomb barrier. Recently, the observation of anomalous values of fission fragment anistropies has been reported[6]. From the theoretical point of view, at present this anomaly is quite difficult to understand.

① Nuclear Physics A, 1992, 538: 229c-239c.

In this talk, we present our experimental results of fission cross sections and fission fragment angular distributions for the reactions of $^{16}O$ + $^{232}Th$ and $^{238}U$, and $^{19}F$ + $^{208}Pb$ and $^{232}Th$ at near- and sub-barrier energies. The fission fragment angular distributions present the substantially larger than expected anisotropy for all systems studied. Moreover, it is quite striking to us that the anisotropies observed as a function of center-of-mass energy exhibit a peak centered near 4.5 MeV below the fusion barriers for the $^{16}O$ + $^{232}Th$ and $^{238}U$, and $^{19}F$ + $^{232}Th$ systems, and a shoulder near 2.5 MeV below the barrier for the $^{19}F$ + $^{208}Pb$ system. Our results for the $^{19}F$ + $^{208}Pb$ reaction confirm the prediction [8] of an approximately constant value for the mean square spin of a compound nucleus formed in far sub-barrier fusion reaction.

## 2. Experimental procedure

The experiments were performed at the HI-13 tandem Van de Graaf accelerator of the China Institute of Atomic Energy, Beijing. Targets were typically 250-350 μg/cm$^2$ thick. The target was bombarded by a collimated beam. Two Si(Au) detectors were set at -40°and 19.8° to the beam as monitors to detect the elastic scattering. Fission fragments were detected by a mica detector spanning the laboratory angular range between 79° and 171°. The distance between the target and the mica, which was placed on the inner surface of a stainless steel cylinder, was 4 cm. The mica detector is insensitive to the reaction products with Z<10 due to its detection threshold. The tracks of other projectile-like products with Z>10 can be distinguished clearly from fission fragments by the track size and depth. In these experiments, the angle resolution was 1.4°( including the divergence and spot size of the beam ). The total fission cross sections were obtained by integrating the angular distributions and normalizing to the Rutherford cross sections. In the transformation from the laboratory to the center-of-mass reference frame we used the kinematics relevant for symmetric fission with the kinetic energy taken from Viola's systematics [9]. The experimental errors include the counting statistics, the uncertainties of the angle, the solid angle, the extrapolation of the angular distribution and transformation of the reference systems etc. The total uncertainties of the angular distribution data range between 2.4% and 3.7%, while for the fission cross sections, between 6% and 14%.

## 3. Experimental results

### 3.1 Fission excitation function

The excitation functions for the reactions of $^{16}O + ^{232}Th$ and $^{238}U$, $^{19}F + ^{208}Pb$ and $^{232}Th$ have been measured at near- and sub-barrier energies. Our results are shown in Fig. 1 together with the data [10-15] of other authors. It can be seen that the agreement of our data with the others is quite good in the overlap energy regions. The calculations with Wong model or coupled channels theory are generally rather successful in reproducing the fission excitation functions for all systems studied. The transmission coefficients $T_J$ for each bombarding energy were obtained from these calculations.

### 3.2 Anisotropies of the fission fragment angular distributions

The fission fragment angular distributions for the reactions of $^{16}O + ^{232}Th$ and $^{238}U$, and $^{19}F + ^{208}Pb$ and $^{232}Th$ have been measured at near- and sub-barrier energies. Under the assumption that a compound nucleus is formed which decays subsequently only by fission, the saddle-point transition state model expression for the fission angular distribution is

$$W(\theta) = \pi\lambda^2\Sigma(2J+1)T_J \Sigma\, 1/2(2J+1)|d^J_{0k}(\theta)|^2 \exp(-k^2/2k_0^2)/ \Sigma \exp(-k^2/2k_0^2) \qquad (1)$$

where J is the spin of the compound nucleus, k is the axial component of spin J, and $d^J_{0k}$ is d-function. The transmission coefficients $T_J$ are extracted from the theoretical calculation of the excitation function. The distribution of k-values is a Gaussian with a variance of $k_0^2=J_{eff}T/h^2$, which is related to the nuclear temperature, T and the effective moment of inertia, $J_{eff}=J_{||}J_{\perp}/(J_{\perp}-J_{||})$ at the saddle point. $J_{||}$ and $J_{\perp}$ are the moments of inertia rotating around the symmetric axis and perpendicular axis, respectively.The temperature T is calculated as $T=\sqrt{(E_x-B_f-E_{rot})/a}$ with a level density parameter of a=A/8, here A and $E_x$ are the mass number and the excitation energy of the fissioning nucleus, $B_f$ is the height of fission barrier and $E_{rot}$ the rotational energy at the saddle point. The $k_0^2$ values obtained from systematics [16] or the Sierk model [17]. The most of the experimental angular distributions are much more anisotropic than the theoretical ones.

a) $^{16}O + ^{232}Th$, $^{16}O + ^{238}U$ and $^{19}F + ^{232}Th$

The anisotropies are shown in Fig. 2 for the reactions of $^{16}O + ^{232}Th$, $^{16}O + ^{238}U$ and $^{19}F + ^{232}Th$ plotted as a function of center-of-mass energy. For the $^{16}O + ^{232}Th$ system, the

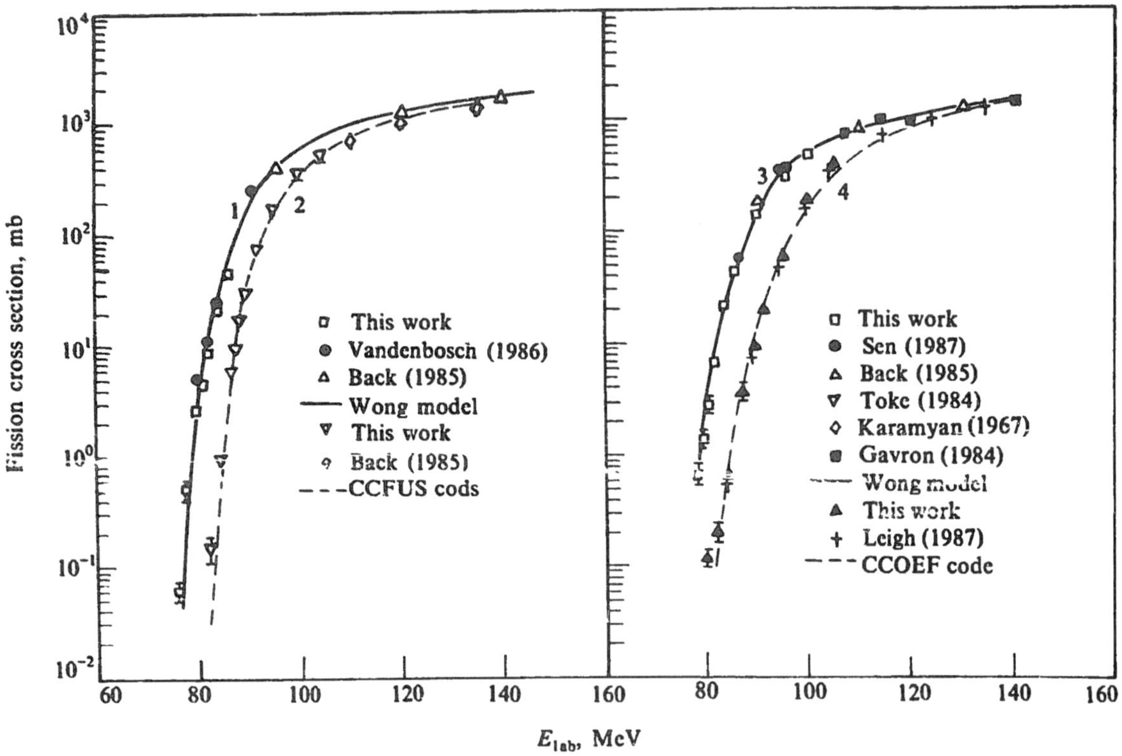


Fig. 1 Fission excitation functions. The numbers in the figure represent the reaction systems as follows: (1) $^{16}O + ^{232}Th$; (2) $^{19}F + ^{208}Pb$; (3) $^{16}O + ^{238}U$; and (4) $^{19}F + ^{232}Th$.

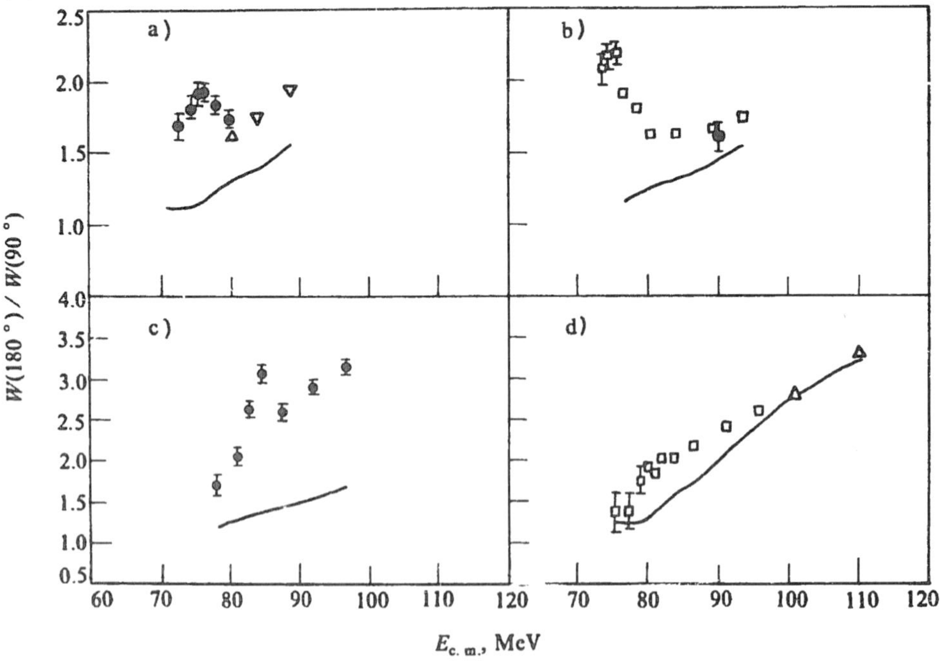


Fig. 2 The comparison of the experimental anisotropies with theoretical calculations. The reaction systems are: a) $^{16}O + ^{232}Th$; b) $^{16}O + ^{238}U$; c) $^{19}F + ^{232}Th$; and d) $^{19}F + ^{208}Pb$.

triangles, inverse-triangles and solid points in the figure are the experimental data of Vandenbosch et al. [6a,6b], Back et al.[14], and ours, respectively. The solid curve illustrates the calculation based on the transition state theory with $T_J$ values from Wong model and $J_{eff}$ value extracted from the $\alpha$ +$^{244}$Cm reaction [18]. The most striking feature of the data is a peak in the anisotropies centered near 76 MeV with the width (FWHM) of 3.7 + 0.5 MeV, which has not been previously observed in Ref. [6a]. Also the experimental anisotropies are obviously greater than expected.

For the $^{16}$O +$^{238}$U system, we plotted the anisotropy data of Toke et al.[12](•), and ours ( ) in the figure. There also exists a peak in the data of this system. The solid curve in the figure is the calculation based on TSM model with $T_J$ values from Wong model and $J_{eff}$ value from systematics.

The fission-fragment angular distributions of the $^{19}$F + $^{232}$Th reactions have been measured at the energies 78.0, 80.8, 82.6, 84.5, 87.4, 91.9 and 96.5 MeV. The solid curves in Fig. 2 illustrate the calculations based on the transition state theory with $K_0^2$ values from Sierk model and $T_J$ values from CCDEF code [19]. One can see that a peak of anisotropy in this system is shown in the figure obviously.

b) $^{19}$F + $^{208}$Pb

The fission fragment angular distributions of the $^{19}$F + $^{208}$Pb have been measured at the energies 75.4, 77.3, 79.1, 80.0, 80.9, 81.9, 83.7, 86.5, 91.1 and 95.6 MeV in the center-of-mass frame. The anisotropies as a function of the center-of-mass energy are shown in Fig. 2. The triangles and squares in the figure represent, respectively, the experimental data of Back et al.[13] and ours[6d]. The solid curve illustrates the calculations based on the transition state theory with $K_0^2$ values from the Sierk model and $T_J$ values from the CCFUS code [20]. From the figure, one can see that a discrepancy exists between the observations and predictions. This discrepancy tends to disappear at both lower and higher energy regions. It is also interesting to note that there is a shoulder around 82 MeV in the anisotropies as a function of the center-of-mass energy.

### 3.3. The mean square spin $<J^2>$

The anisotropy of fission fragment angular distribution could be characterized by the approximate relation

$$w(180^\circ)/w(90^\circ) \approx 1+<J^2>/4K_0^2 \qquad (2)$$

A measured anisotropy, therefore, determines the ratio $\langle J^2\rangle/4K_0^2$. If the $K_o^2$ values are known from other measurements(systematics) or theoretical model, the mean square spin, $\langle J^2\rangle$, values of compound system could be inferred from the angular anisotropies. In this paper, the $Ko^2$ values are taken from the Sierk model for all systems studied. Following Charlop et al[21], we have compared the mean square spin$\langle J^2\rangle$ with theoretical expectation as a function of the ratio of the bombarding energy to barrier height $V_b$ in Fig. 3. A common thing to all systems shown is that the experimental spin distributions are much broader than the model predictions at sub-barrier energies, even though those model calculations have been made to reproduce the fusion excitation function. It is possible that this discrepancy is rather common phenomenon at least for medium heavy and heavy systems.

## 4. Discussion and summary

For systematic comparison of our data, the anisotropies versus center-of-mass energy with respect to the fusion barrier are plotted for all systems studied in Fig. 4. It shows that the anomalous peaks locate at near 4.5 MeV below the fusion barrier. Displayed in Fig. 5 is the mean-square angular momenta deduced from the anisotropies of fission fragment angular distributions as a function of $(E_{c.m.}-V_b)$ for the $^{19}F+^{208}Pb$ system.

Within the framework of coupled channels model[8], one would expect that the coupling between different channels enhance the higher angular momentum components of partial-wave fusion cross sections for the energy regime $V_b-F< E_{c.m.} < V_b+F$ and lose its effects at high and low energies. Here F is a measure of the total coupling strength. According to Ref. [22], the mean square spin, $\langle J^2\rangle$, can approximately express as follows

$$\langle J^2\rangle=\begin{cases}\mu R_b^2(E_{c.m.}-V_b)/h^2 & \text{for } E_{c.m.}>V_b+F \quad (3)\\ \mu R_b^2F/h^2 & \text{for } E_{c.m.}=V_b \quad (4)\\ 2\mu R_b^2 e/h^2 & \text{for } V_b-F<E_{c.m.} \quad (5)\end{cases}$$

Our experimental results for the $^{19}F+^{208}Pb$ reaction indicate that the coupling effects disappear at far sub-barrier energy region and $\langle J^2\rangle$ values tend to approximate constant, as shown in Fig. 5. The solid curve in the figure smoothly interpolates between the two limiting $\langle J^2\rangle$ values calculated with Eqs. (3) and (5), and goes through the data around $V_b$. From Eq. (4) one could figure out the total coupling strength F in terms of the experimental $\langle J^2\rangle$ value for the $E_{c.m.}=V_b$. As a result, F=7 MeV was evaluated. It is noteworthy that this

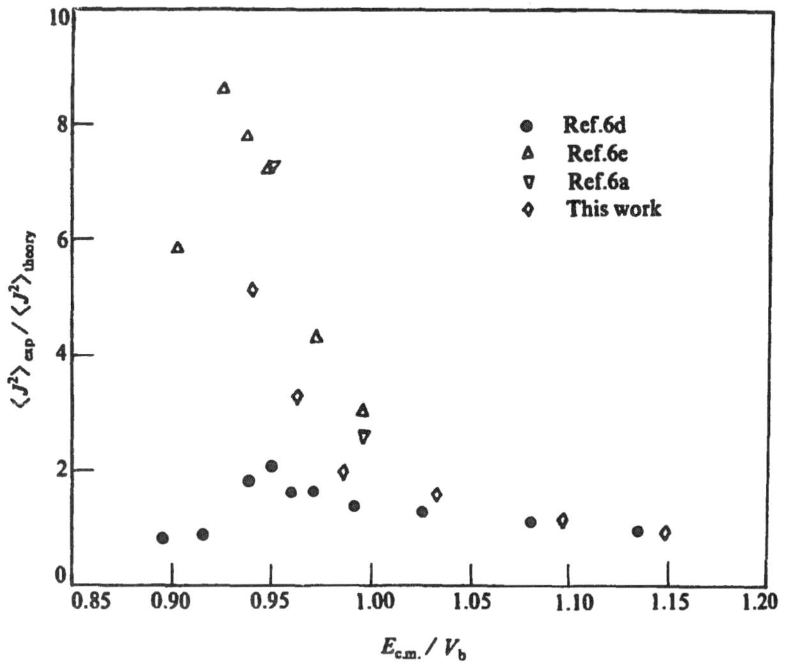


Fig. 3 The ratio of the experimental mean square spin values to the theoretical ones. (∇) - $^{16}O+^{232}Th$(Vandenbosch's), ( Δ ) - $^{16}O+^{232}Th$ (Ours), ( • ) $^{19}F+^{208}Pb$, (◊) - $^{16}O+^{238}U$.

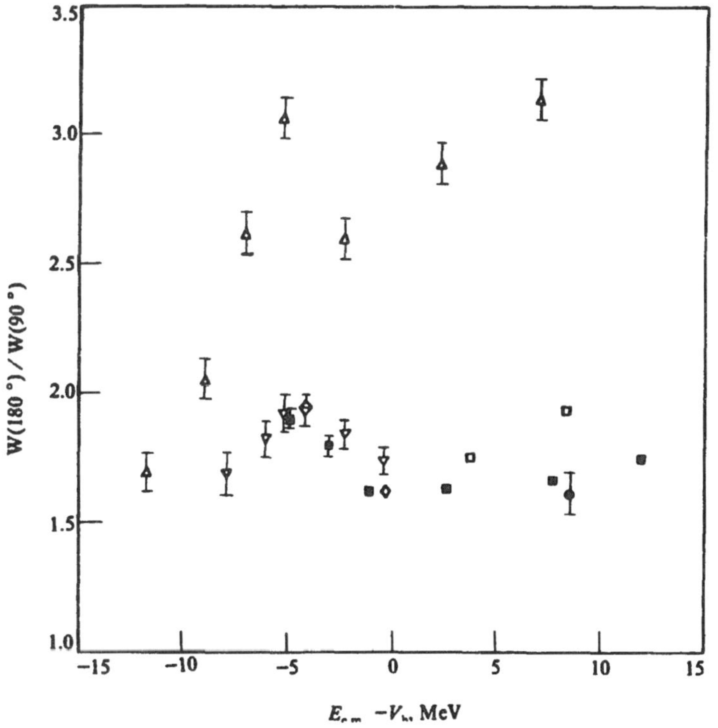


Fig.4 Anisotropies as a function of ( $E_{c.m.}$ - $V_b$ ). The symbols in the figure represent the reaction systems as follows: ( Δ ) $^{19}F+^{232}Th$, ( ◊, •, ) $^{16}O+^{238}U$ and ( ∇, ) $^{16}O+^{232}Th$.

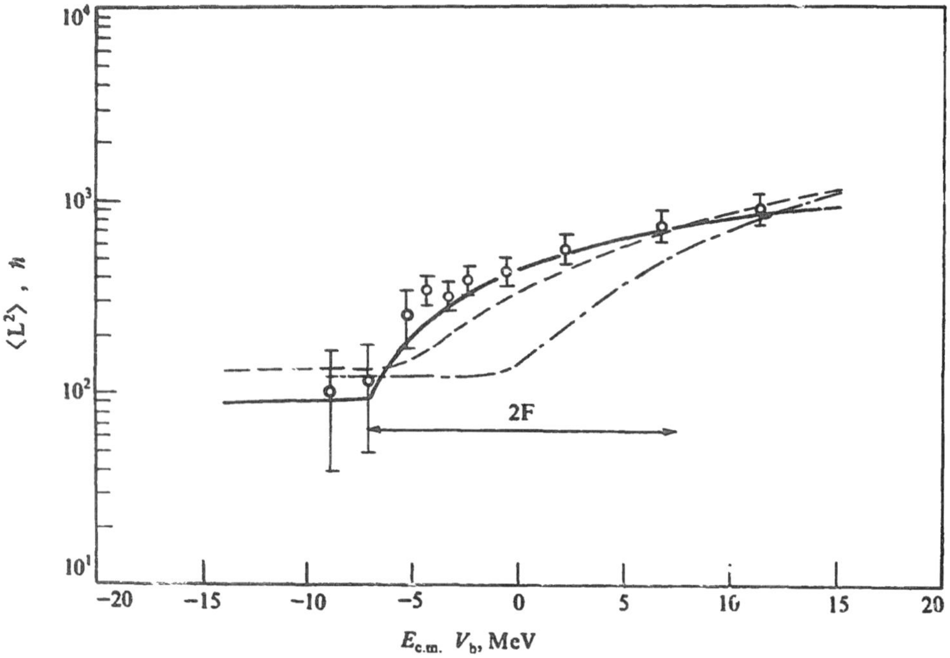


Fig.5 Mean square angular momenta deduced from the anisotropies of fission fragment angular distributions as a function of ( $E_{c.m.}$ - $V_b$). The solid, dashed, and dash-dotted curves are theoretical predicated as mentioned in the text.

energy shift obtained from our experimental $\langle J^2 \rangle$ data is well agree with total coupling strength F extracted from the $\langle J^2 \rangle$ value at barrier .

It should be pointed out that the fission excitation function was reproduced based on the CCFUS code with six inelastic channels, the total coupling strength F of 5 MeV was estimated from this calculation. This F value is also agree with the corresponding energy shift as seen from the dash curve in Fig. 5. However, there exists an 2 MeV difference of F values obtained with two different recipes of the coupled channels model.

This discrepancy, together with the fact that the calculation with CCFUS reproduces the fission excitation function, indicates that the present simplified coupled channels model (CCFUS) is still inadequate for the fusion process of the heavy reaction systems in the energy region $V_b$-F<$E_{c.m.}$<$V_b$+F where the coupling interaction is effective. It is possible that the constant coupling approach underestimates the coupling strength for the heavy reaction systems.

At present, we haven't understand the origin of the discrepancy between the expected and observed anisotropies in the near-and sub-barrier fusion fission reactions yet. One of the possibilities might be that the reaction mechanisms other than the complete fusion-fission reaction, for example the sequential fission following transfer[23] and/or deep inelastic-like reactions might be at work in the near- and sub-barrier energies. Apart from the difference of the excitation energies, the effective moment of inertia for fissioning nucleus, formed in transfer is smaller than the one from complete fusion. The transfer-fission, therefore, can have large anisotropies when appropriate reaction Q values are involved. In recent, Back et al,[6f] have determined the relative contribution of fission fragments from sequential and compound fission by measuring the flight time as well as the energy of single fission fragments as a function of scattering angle for the $^{16}O+^{232}Th$ reaction. It was found that fragments from fission of $^{248}Cf$ showed a somewhat smaller angular anisotropy as compared with inclusive measurements. These anisotropies are still larger than expected. The peak in the anisotropies as a function of energy maybe originates from the transfer fission. Also Lestone et al,[24] have measured the fragment angular distributions of fission following transfer for the same system at energies of 86 MeV and 90 MeV. The distribution for a given scattering angle are strongly peaked forward and backward of the recoil direction. However, when all recoils angles are considered, the integrated angular distributions, for the transfer fission relative to the beam direction, have anisotropies of $A_b{}^t$=1.3 and 1.2 for 86 MeV and 90 MeV, respectively, which are less pronounced than the observed when both fusion-fission and transfer-fission are mixed in the measurement. Thus removing the effects of transfer has little effect on the total fission fragment angular distributions. Indeed the anisotropy becomes larger by 5% for 86 MeV and anomalously large mean square spin values still persist. It should be point out that Back et al. and Lestone et al. have made an opposite conclusion at the 86 MeV. It seems that further accuracy experiments are needed.

The mean square spin values, $\langle J^2 \rangle$, deduced from fission fragment angular distributions are much larger than the ones which were extracted from the excitation function calculations. From this fact, and if the effect of the reaction mechanisms other than complete fusion-fission reaction could be neglected, one would wonder if there might be something wrong with the sub-barrier fusion reaction models in the entrance channel and/or transition state theory at the saddle point in the fission exit channel for the sub-barrier heavy-ion reactions.

The simplified coupled channel code CCFUS is able to reproduce $\sigma_f(E)$ and $\langle J \rangle$ for the $^{12}C+^{128}Te$ lighter system[7]. It fails, however, for heavier systems, such as $^{64}Ni+^{100}Mo$[5d] if realistic coupling strengths for the inelastic channels are used. Simplified couple channel codes[25] calculations for the $^{16}O+^{232}Th$ fusion-fission system give reasonable results for fusion cross section but under-predicted the $\langle J^2 \rangle$ data at near- and sub-barrier energies. Halbert et al. [5d] have used a long range fusion potential[26] to a unified description of direct reactions and fusion for the $^{64}Ni+^{100}Mo$ system. In this way, they obtained a better agreement with the spin distribution data. Maybe similar way could try for the fusion-fission systems. Recently, Frobrich and Richert [27] show that the Longevin Monte Carlo method on the basis of surface friction model allows to reproduce measured fusion cross sections and spin distributions for fusion-evaporation systems by modifying the Einstein relation. However, a severe discrepancy between theory and experiment for fusion-fission system still exists. DiGregorio and Stokstad [28] systematically analyzed the average angular momenta and cross sections in sub-barrier fusion for fourteen systems. A similar conclusion was made. This systematic overview suggests that the origin of this discrepancy lies with the deduction of angular momentum from the measured anisotropy in inclusive fission fragment angular distributions. The great difficulty to explain the anomaly observed make us feel that we are still missing a major component of the physics.

In summary, we have measured fission cross sections and angular distributions to energies considerably lower than Coulomb barriers for the reactions of $^{16}O+^{232}Th$ and $^{238}U$, and $^{19}F+^{208}Pb$ and $^{232}Th$. The fission excitation functions well reproduced on the basis of Wong model or coupled channels theory. However, the measured fission fragment angular distributions are much more anisotropies than the predicted. Moreover, the anisotripies as a function of center-of-mass energy show the peak around 4.5 MeV below the barrier. For the $^{19}F+^{208}Pb$ reaction, our results confirm the prediction of an approximately constant value for the mean square spin of a compound nucleus at and below the energy which shift F MeV from barrier $V_b$ with respect to one-dimensional barrier penetration.

## References

1) M. Backerman, Phys. Rep. 129, 145 (1985).
2) C.-Y. Wong, Phys. Rev. Lett. 31,766 (1973).
3) H. Esbensen, Nucl. Phys. A352, 147 (1981).
4) C. H. Dasso et al., Nucl. Phys. A405, 381 (1983); A407, 221 (1983).
5) B. Hass et al., Phys. Rev. Lett. 54, 389 (1985);
P. J. Nolan et al., Phys. Rev. Lett. 54, 2211 (1985);
S. Gil et al., Phys. Rev. C31, 1752 (1985);
M. L. Halbert et al., Phys. Rev. C40, 2558 (1989);
H.-J. Hennrich et al., Phys. Lett. B258, 275(1991).
6) R. Vandenbosch et al., Phys. Rev. Lett. 56, 1234 (1986);
T. Murakami et al., Phys. Rev. C34, 1353 (1986);
H. Zhang et al., Phys. Lett. B218, 133 (1989);
H. Zhang et al., Nucl. Phys. A512, 531 (1990);
H. Zhang et al., Phys. Rev. C43. 1086(1990);
B. B. Back et al., Sixth Winter Workshop on Nuclear Dynamics, Jackson Hole, Wyoming. U. S. A. (Feb. 17-24, 1990);
H. Fujiwara et al., UTTAC-57, 1990, P.52.

7) R. G. Stokstad et al., Phys. Rev. Lett. 62, 399 (1989).
D. E. DiGregorio et al., Phys. Rev. C42, 2108 (1990).
8) C. H. Dasso and S. Landowne, Phys. Rev. C32, 1094 (1985).
9) V. E. Viola et al., Phys. Rev. C31, 1550 (1985).
10) S. A. Karamyan et al., Sov. J. Nucl. Phys. 6, 360 (1968).
11) J. Toke et al., Phys. lett. B142, 258 (1984).
12) A. Gavron et al., Phys. Rev. Lett. 52,589 (1984).
13) B. B. Back et al., Phys. Rev. C32, 195 (1985).
14) W. Q. Shen et al., Phys. Rev. C36, 115 (1987).
15) D. J. Hinde et al., Nucl. Phys. A472, 318 (1987).
16) L. C. Vaz and J. M. Alexander, Phys. Rep. 97, 1 (1983).
17) A. J. Sierk, Phys. Rev. C33, 2039 (1986).
18) R. F. Riesling et al., Phys. Rev. 141, 1161(1966).
19) J. Fernandez-Niello et al., Comp. Phys. Comm. 54, 409 (1989).
20) C. H. Dasso and S. Landowne, Comp. Phys. Comm. 46,187 (1987).
21) A. Charlop et al., Lecture Notes in Physics 317, Heavy Ion Interactions Around the Coulomb Barrier, eds. C. Signorini, S. Skorka, P. Spolaore, A. Vitturi, Springer, Berlin, 1988, p157.
22) Zuhua Liu et al., Phys. Rev. C42, 2752(1990).
23) J. Leigh et al., Phys. Rev. Lett. 42, 153 (1979).
24) J. P. Lestone et al., Nucl. Phys. A509, 178 (1990).
25) H. Esbensen and S. Landowne, Nucl. Phys. A467, 136 (1987).
26) T. Udgawa et al., Phys. Rev. C32, 124 (1985); C39, 1840 (1989).
27) P. Frobrich and J. Richert, Phys. Lett. B237, 328 (1990).
28) D. E. DiGregorio and R. G. Stokstad, Phys.Rev. C43, 265 (1991).

# Anomalous anisotropy of fission fragments in near- and sub-barrier complete fusion-fission reactions of $^{16}O+^{232}Th$, $^{19}F+^{232}Th$, and $^{16}O+^{238}U$ ①

Huanqiao Zhang, Zuhua Liu, Jincheng Xu, Xing Qian, Yu Qiao, Chengjian Lin, and Kan Xu
*China Institute of Atomic Energy, Beijing, 102413, China*
(Received 26 August 1993)

**Using the fragment folding angle technique, the complete fusion-fission is separated from the transfer-induced fission. The cross sections of the complete fusion-fission and fragment angular distributions for the systems of $^{16}O+^{232}Th$, $^{19}F+^{232}Th$, and $^{16}O+^{238}U$ at near- and sub-barrier energies have been measured. The observed fission excitation functions can be fitted very well by coupled-channels theory calculations. It is found that fragments from complete fusion fission show a smaller angular anisotropy as compared with our previous measurements in which the transfer-induced fission component was not excluded. However, the measured angular anisotropies of complete fusion fission are obviously greater than expected on the basis of theoretical models in which the effect of prefission neutron emission was taken into account. Also the peak in the variation of the anisotropy with incident energy still persists in the $^{19}F+^{232}Th$ case.**

PACS number(s): 25.70.Jj, 24.10.Eq

## I. INTRODUCTION

Recently, anomalous anisotropies in the angular distributions of fission fragments resulting from heavy-ion induced fusion-fission reaction at near- and sub-barrier energies have been reported. They indicate that the fragment anisotropies are obviously greater than the theoretical model prediction [1,2] and a peak in the variation of the angular anisotropies with the incident energy exists in some systems [2,3]. These observations put forward an intriguing puzzle. On one hand, the models [4,5] which explicitly take into account the coupling of the relative motion coordinate in the entrance channel to other degrees of freedom can reproduce satisfactorily the fusion-fission excitation functions and explain the enhanced fusion cross sections at near- and sub-barrier energies rather well. On the other hand, under the assumption of all observed fission fragments resulting from compound nucleus decay, the theoretical predictions based on the saddle-point transition-state model (SPTS) with the transmission coefficient values, $T_l$, extracted from the above excitation function calculations fail to account for the experimental fission fragment angular distributions.

In addition, it is well established that, for the fissionable nucleus formed, the mean-square angular momentum value $\langle L^2\rangle$ can be extracted from the anisotropy of fission-fragment angular distribution. The discrepancy described above implies that, although the theoretical fission cross sections show very good agreement with experiment, the models dramatically fail to predict the large mean-square angular momentum values which have been deduced from the measured fragment anisotropies. In contrast with the fusion-fission reactions, as pointed out by DiGregorio and Stokstad [6] based on a systematic analysis, the theoretical average angular momenta are in good agreement with the experimental data obtained from isomer ratio measurements and $\gamma$-ray multiplicities for almost all of the fusion-evaporation systems. Due to the reasons mentioned above, heavy-ion induced fusion fission at near- and sub-barrier energies has attracted much attention nowadays.

One thing should be stressed here. In the comparison between model calculation and measurement, it was assumed, on one hand, that the compound nucleus is formed by complete fusion and the compound nucleus undergoes fission after equilibrium. On the other hand, until recently the previous experiments were inclusive measurements, in which it could not be very sure that all fission fragments came from complete fusion fission (CFF). Some published experiments show that for heavier target nuclei discussed here noncompound fission, mainly transfer-induced fission (TF) has comparable contribution in the near- and sub-barrier energy region.

Very recently, there are a few experiments studying the transfer-induced fission. Lestone *et al.* [7] have measured the TF fragment angular distributions for the $^{16}O+^{232}Th$ system at energies of 86 MeV and 90 MeV. They found that the angular distributions integrated over all recoil angles, for the transfer-induced fission relative to the beam direction, have anisotropy values of 1.3 and 1.2 for 86 MeV and 90 MeV, respectively. The anisotropies are less pronounced than that observed when both CFF and TF components are mixed in the measurements. Thus, elimination of the TF contribution should result in about 5% increase of anisotropy for CFF alone at 86 MeV. Whereas Back *et al.* [8] have come to an opposite conclusion. At the same energy as Lestone, i.e., 86 MeV, they found that the CFF anisotropy value might have to decrease about 10% as compared with the result of the single measurement in which the TF component has not been excluded.

In order to have a sound basis for the comparison and to elucidate the mechanism of the discrepancy, it is necessary to separate in experiments the transfer-induced fission and to obtain data for complete fusion fission. Therefore, we started our experiments.

① Physical Review C,1994,49(2):926-931.

In the present experiment we have succeeded in separating the two components of CFF and TF in terms of the folding angle technique, and measured the complete fusion-fission cross sections and fragment angular distributions for the systems of $^{16}O+^{232}Th$, $^{19}F+^{232}Th$, and $^{16}O+^{238}U$ at near- and sub-barrier energies. The experimental complete fusion-fission excitation functions can be reproduced very well by the coupled-channels theory calculations. It is found that fragments from CFF show a smaller angular anisotropy as compared with earlier measurements in which the TF component was not excluded. The observed angular anisotropies of CFF fragments are obviously larger than the expectations of the saddle-point transition-state model, in which the influence of prefission neutron emission is taken into account. Also a peak in the variation of angular anisotropies with incident energy still persists in some cases.

## II. EXPERIMENTAL PROCEDURE

The experiments were carried out with collimated $^{16}O$ and $^{19}F$ beams from the HI-13 tandem accelerator at the China Institute of Atomic Energy, Beijing. The targets of $^{232}Th$ and $^{238}U$ were about 350 $\mu g/cm^2$ thick. A Si(Au) detector was placed at $-20°$ relative to the beam direction as a monitor to detect the elastic scattering. Fission fragments were detected by two $X$-$Y$ position sensitive double grid avalanche counters (DGAC), each with an active area of $20 \times 25$ $cm^2$, placed at either side of the beam. The distances from the centers of these counters to the target were 15 cm (forward counter) and 16 cm (backward counter) with corresponding angle coverages of $10° \leq \theta_{lab} \leq 90°$ and $-75° \leq \theta_{lab} \leq -160°$, respectively. These counters measured the position and the arrival time of the detected particles. The fission events were picked out by the coincidence measurement of two fragments. In off-line treatment, the fission events were taken from the central area (4 cm high $\times$25 cm wide) of the DGAC counter. For every fission event, the coordinates of the points where the fragments hit each counter were transformed to the corresponding azimuthal angle $\phi_L$ and polar angle $\theta_L$, taken with respect to the beam direction. Therefore, the folding angle $\theta_{FF}$ for every fission event was obtained. Displayed in Fig. 1 are the folding angle distributions for the $^{16}O+^{232}Th$ system at the laboratory energies of 78 MeV (left panel) and 86 MeV (right panel) with different angle ranges of emerging fragments, $\theta_{lab}$, in the forward counter. Due to the difference of linear momentum transfer between fusion and transfer reactions, the distributions of the folding angle exhibit two peaks as shown in the figure. The left peak in the distributions is due to the transfer-induced fission events, while the right one is the peak of complete fusion fission. The solid lines in Fig. 1 are the Gaussian fit of the experimental data. The inverse open triangle points (TF) and open triangles (CFF) are the results of Monte Carlo simulation [9]. It can be seen from Fig. 1 that even at the most forward angle range (10°–20°) measured, the TF peak and CFF peak are still separated. The results of Monte Carlo simulation give a

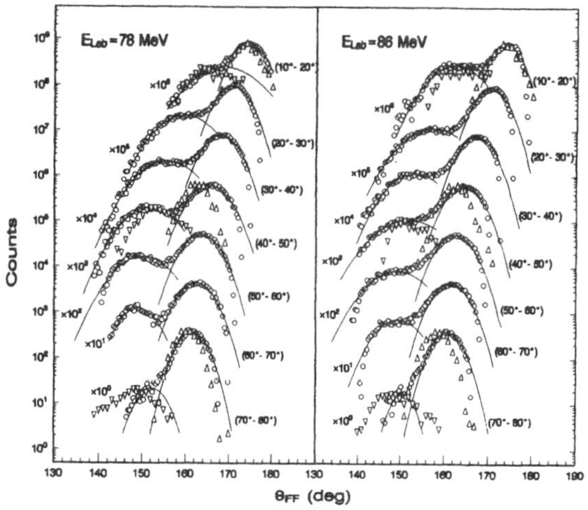


FIG. 1. The fragment folding angle distributions for the $^{16}O+^{232}Th$ fusion-fission reaction. The open circles are experimental data. The inverse open triangle points (TF) and open triangle points (CFF) are the results of Monte Carlo simulation.

reliable support for the above statement. It should be noted that in the 70°–80° angle range measured, the TF events were not completely detected due to the detection geometry. The present experiment could not provide the exact transfer-fission angular distribution. Anyhow, using the two distinguishable peaks in the fragment folding angle distribution, we have discriminated against possible contributions from TF component. As shown in Fig. 1, there is an overlap between the TF peak and the CFF peak. The area of this overlap increases as the laboratory angle $\theta_{lab}$ decreases. In the process of data analyses we have taken into account the overlap correction which is very small near $\theta_{lab} = 90°$ and about $-10\%$ at $\theta_{lab} = 10°$ for the component of complete fusion fission. The component arising from compound nucleus fission alone has been obtained successfully. The situations for the folding angle distributions for the systems of $^{19}F+^{232}Th$ and $^{16}O+^{238}U$ are similar to $^{16}O+^{232}Th$.

## III. EXPERIMENTAL RESULTS

In present experiment we have obtained the fragment angular distributions of complete fusion fission for the systems of $^{16}O+^{232}Th$, $^{19}F+^{232}Th$, and $^{16}O+^{238}U$ at near- and sub-barrier energies. The total complete fusion-fission cross section was obtained by integration of the Legendre polynomial fit to the CFF angular distribution and normalizing to the cross section for Rutherford scattering. The experimental errors include the counting statistics, uncertainty of the overlap correction, and error of the extrapolation of angular distribution, etc. The total uncertainties for the fragment angular distribution data range between 4% and 8%, while for the fission cross sections, between 7% and 14%.

### A. Fission excitation function

The excitation functions for the complete fusion-fission reactions of $^{16}O+^{232}Th$, $^{19}F+^{232}Th$, and $^{16}O+^{238}U$ are shown in Fig. 2. The solid lines in the figure were obtained by means of the coupled-channels theory with CCDEF code [10] in which the effects of the target static deformations were taken into account. In this code a nuclear potential $V_N(r,\theta)$ of the Christensen-Winther shape was used with $V_0=-31R_PR_T/(R_P+R_T)$ MeV, $a_0=0.63$ fm, $R=R_P+R_T(\theta)+0.29$ fm $+\Delta R$. The radius of the target $R_T(\theta)$ depends on the orientation of the symmetric axis of the target nucleus with respect to the colliding direction, and reads as

$$R_T(\theta)=R_T\left(1+\sqrt{\frac{5}{4\pi}}\beta_2P_2(\cos\theta)+\sqrt{\frac{9}{4\pi}}\beta_4P_4(\cos\theta)\right). \tag{1}$$

Here $R_i=1.233A_i^{1/3}-0.98A_i^{-1/3}$, for $i=P,T$. The subscripts $P,T$ stand for the projectile and target nuclei, respectively. The target nuclei have deformations $\beta_2=0.217$, $\beta_4=0.119$ for $^{232}Th$ and $\beta_2=0.224$, $\beta_4=0.050$ for $^{238}U$. In these coupled-channels calculations, the following inelastic channels were included: excitation to the 0.7744 MeV state of $^{232}Th$ with $\beta_3=0.0932$, 0.7319 MeV state of $^{238}U$ with $\beta_3=0.084$ as well as the 0.1976 MeV state of projectile $^{19}F$ with $\beta_2=0.55$. It is seen from Fig. 2 that the agreement between the experimental and theoretical excitation functions are quite satisfactory for all the three systems. For each bombarding energy, the transmission coefficients $T_l$ were obtained from these theoretical calculations.

### B. Anisotropies of the fragment angular distributions

The anisotropy of fragment angular distribution $W(\theta)$ is defined as $A=W(0°)/W(90°)$. The measured fragment angular distributions for the complete fusion fission were extrapolated in terms of the Legendre polynomial with even terms, and the corresponding anisotropies were obtained with the extrapolation error of 4% or so. The variation of fragment anisotropies with the center-of-mass energy is presented in Figs. 3, 4, and 5 for the $^{16}O+^{232}Th$, $^{19}F+^{232}Th$, and $^{16}O+^{238}U$ reaction systems. The solid points and open circles in the figures are our CFF results and our previous inclusive data [2,3,11], respectively. In Fig. 3 the reversed triangles are the inclusive data of Vandenbosch *et al.* [1], solid and open triangles are the results of Back *et al.* [8,12] with and without the TF component eliminated. It can be seen that, for the complete fusion fission, our data are coincident with the results of Back *et al.* [8]. The open triangles and open squares in Fig. 4 are the experimental data of Fujiwara *et al.* [13] and Saxena *et al.* [14] for the $^{19}F+^{232}Th$ system, respectively. The observed anisotropies from our previous inclusive experiment are significantly greater than those of Fujiwara and Saxena. The reason of the discrepancy is not clear yet. It was claimed by Fujiwara that they had measured the TF angular distribution at $E_{c.m.}=85.8$ MeV, and found the contribution of transfer-induced fission never enhances the anisotropy in inclusive measurements [15]. However, our data clearly show a peak in variation of fragment anisotropies with bombarding energy in $^{19}F+^{232}Th$ case. It is found, based on the comparison of the solid points with open circles in Figs. 3, 4, and 5, that the component arising from complete fusion fission alone shows a smaller angular anisotropy as compared with the results for TF and CFF components mixed. The theoretical fission fragment angular distributions were calculated in terms of the SPTS model with the effective moment of inertia $J_{eff}$ derived from the rotating finite-range model (RFRM) [16] and the transition coefficients $T_l$ extracted

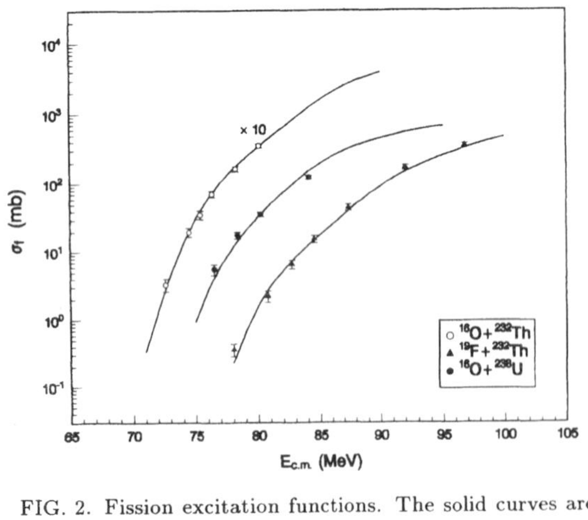


FIG. 2. Fission excitation functions. The solid curves are the calculations with the CCDEF code.

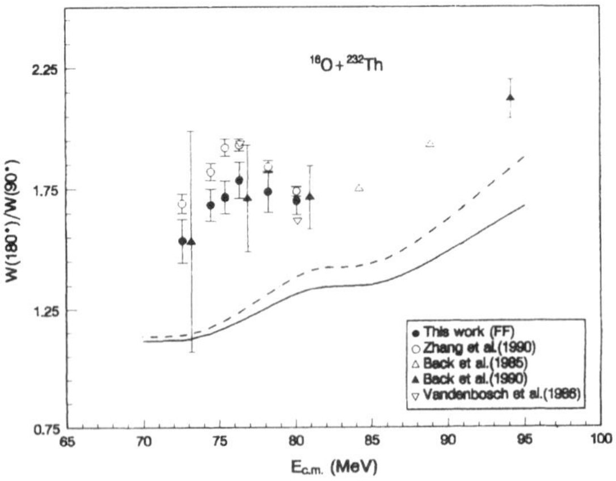


FIG. 3. Fission-fragment anisotropies as a function of bombarding energy for the $^{16}O+^{232}Th$ CFF reaction. The dashed and solid curves are the theoretical calculations of SPTS theory with and without the correction of prefission neutron emission.

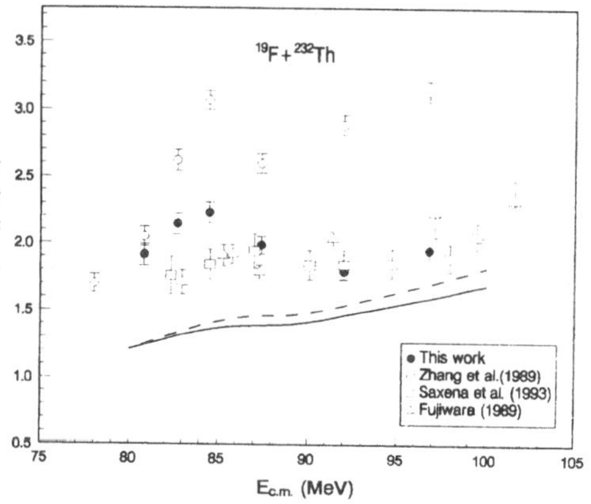


FIG. 4. Fission-fragment anisotropies as a function of bombarding energy for the $^{19}F+^{232}Th$ CFF reaction. The dashed and solid curves are the theoretical calculations of SPTS theory with and without the correction of prefission neutron emission.

from the coupled-channels theory which reproduces the fission excitation function. The dashed and solid curves in Figs. 3, 4, and 5 are the theoretical predictions of the SPTS model with and without the correction of prefission neutron emission [17,18,14]. In the calculations, the experimental data of $\bar{\nu}_{\rm pre}$ [19] was used to determine the nuclear temperature at the saddle point. A few data in low excitation energies were obtained from the extrapolation with linear relation. This effect of prefission neutron emission is to increase the fragment anisotropy. The dashed curves represent the up limit of this correction.

In order to illustrate systematically the discrepancy between the observations and predictions, the fragment anisotropies of the complete fusion fission for all the three systems studied as a function of $\langle L^2\rangle/4K_0^2$ are shown in Fig. 6. Here the mean-square angular momenta, $\langle L^2\rangle$, are

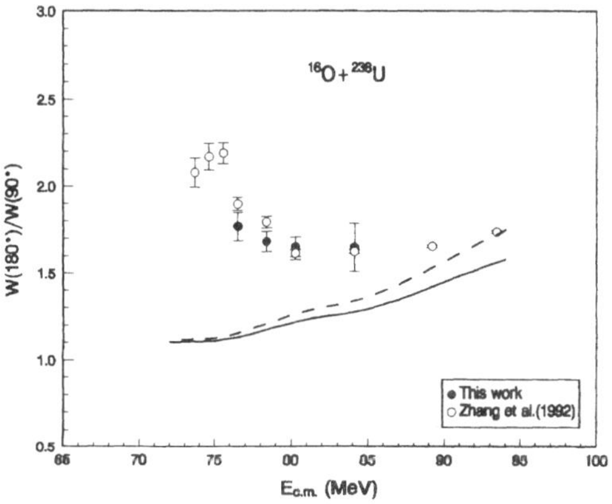


FIG. 5. Fission-fragment anisotropies as a function of bombarding energy for the $^{16}O+^{238}U$ CFF reaction. The dashed and solid curves are the theoretical calculations of SPTS theory with and without the correction of prefission neutron emission.

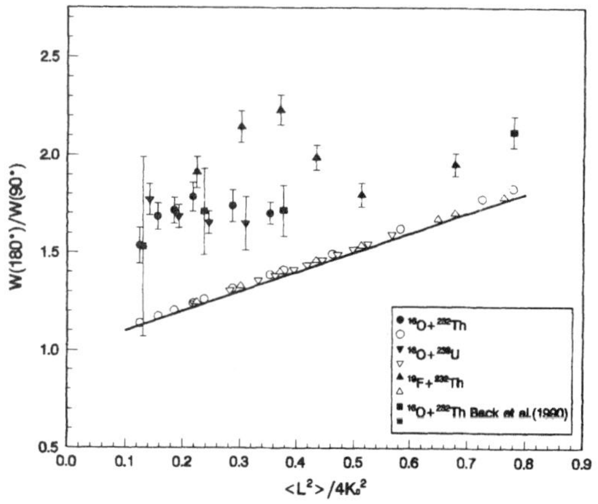


FIG. 6. CCF fragment anisotropies as a function of $\langle L^2\rangle/4K_0^2$. The solid and open symbols are the experimental data and theoretical calculation values, respectively. The solid squares are the data of Back *et al.*, the others are results of the present experiment. The solid line is from Eq. (2).

obtained from the calculations of the coupled-channels theory. $K_0^2 = J_{\rm eff}T/\hbar^2$ is the variance of the $K$ distribution, i.e., the distribution of the projection of the compound nucleus spin $J$ on the nuclear symmetric axis at saddle point. The effective moment of inertia, $J_{\rm eff}$ equals $J_\parallel J_\perp/(J_\perp - J_\parallel)$. $J_\parallel$ and $J_\perp$ are the moments of inertia rotating around the symmetric axis and perpendicular axis, respectively. They were derived from the RFRM model as mentioned above. $T$ is the nuclear temperature at saddle point. The anisotropy of the fission fragment angular distribution could be characterized by the approximate relation

$$A \approx 1 + \langle L^2\rangle/4K_0^2 \quad (2)$$

shown as a straight line in Fig. 6. The solid and open symbols in the figure are the experimental data and theoretical predictions, respectively. The solid squares in Fig. 6 are the data of Back *et al.*, the other solid symbols are the results of the present work. It is obvious from the figure that the anisotropies are larger than expected theoretically.

### C. The mean-square angular momentum $\langle L^2\rangle$

Equation (2) shows that the fragment anisotropy $A$ determines the ratio $\langle L^2\rangle/4K_0^2$. If the $K_0^2$ values are known, then the mean-square angular momentum $\langle L^2\rangle$ of compound nucleus could be inferred from the measured fragment anisotropy. In the present work, the $K_0^2$ values were taken from the rotating finite-range model [16]. Displayed in Fig. 7 is the comparison of the observed mean-square angular momentum $\langle L^2\rangle_{\rm exp}$ for the complete fusion fission with the theoretical expectation as a function of the ratio of the center-of-mass energy to barrier height $V_B$. It is clearly shown that the experimental mean-square angular momentum values deduced

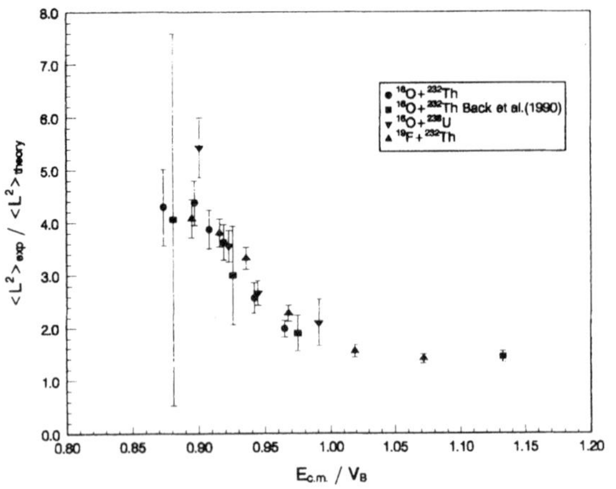


FIG. 7. Comparison of ratio of experimental to theoretical mean-square angular momentum values as a function of ratio of bombarding energy to barrier energy.

from the fission anisotropies are obviously greater than the predictions of the coupled-channels theory, although this model has reproduced the fission excitation functions satisfactorily.

## IV. SUMMARY AND DISCUSSION

In the present work we have successfully separated the complete fusion fission and transfer-induced fission components in terms of the fragment folding angle technique, and measured the complete fusion fission cross sections and fragment angular distributions for the reaction systems of $^{16}O+^{232}Th$, $^{19}F+^{232}Th$, and $^{16}O+^{238}U$ at near- and sub-barrier energies. The experimental fission excitation functions are in quite good agreement with the predictions of the coupled-channels theory. It is found that the fragments arising from the complete fusion fission alone show a smaller angular anisotropy as compared with previous inclusive measurements in which the TF component was not excluded. However, the anisotropies found in the present experiment are, even with the prefission neutron emission correction, still obviously greater than expected on the basis of the saddle-point transition-state model with the transmission coefficients $T_l$ extracted from the calculations of the coupled-channels theory. It may be seen from Figs. 3 and 4 that the anisotropies as a function of the center-of-mass energy persist to show a peak although not as pronounced as our previous inclusive results. The mean-square angular momenta $\langle L^2\rangle_{\text{exp}}$ were deduced from the fragment anisotropies in terms of relationship (2). The observed $\langle L^2\rangle_{\text{exp}}$ values are much greater than expected. It is obvious that the present standard models are inadequate for explaining both the fusion excitation function and the angular distributions of fission fragments simultaneously. In conclusion, the fragment anisotropies of the complete fusion fission are still anomalous, especially the peak exists, and the possibility that the observed anomalous anisotropies originate from transfer-induced fission can be ruled out. The challenge for a theoretical treatment of the sub-barrier fusion process is to describe simultaneously fusion excitation function and fission angular distributions. It is quite puzzling what is responsible for the observed anomaly in the complete fusion fission at near- and sub-barrier energies. This great difficulty makes us feel that we are still missing a major component of physics in the heavy-ion induced fusion-fission processes. Therefore, it appears to us that further research work is needed in order to get an understanding of the underlying physics.


## ACKNOWLEDGMENTS

We would like to thank the operating staff of the tandem accelerator at CIAE for providing good conditions. This work was supported by the National Natural Science Foundation of China under Contract No. 19275067.



[1] R. Vandenbosch, T. Murakami, C.-C. Shahm, D. D. Leach, A. Rag, and M. J. Murphy, Phys. Rev. Lett. **56**, 1234 (1986); T. Murakami, C.-C. Shahm, R. Vandenbosch, D. D. Leach, A. Ray, and M. J. Murphy, Phys. Rev. C **34**, 1353 (1986).

[2] H. Zhang, J. Xu, Z. Liu, J. Lu, K. Xu, and M. Ruan, Phys. Lett. B **218**, 133 (1989).

[3] H. Zhang, J. Xu, Z. Liu, M. Ruan, and K. Xu, Phys. Rev. C **42**, 1086 (1990).

[4] C. H. Dasso, S. Landowne, and A. Winther, Nucl. Phys. **A405**, 381 (1983); **A407**, 221 (1983).

[5] H. Esbensen and S. Landowne, Nucl. Phys. **A467**, 136 (1987).

[6] D. E. DiGregorio and R. G. Stokstad, Phys. Rev. C **43**, 265 (1991).

[7] J. P. Lestone, J. R. Leigh, J. O. Newton, and J. X. Wei, Nucl. Phys. **A509**, 178 (1990).

[8] B. B. Back, R. R. Betts, P. Fernandez, B. G. Glagole, T. Happ, D. Henderson, H. Ikezoe, and P. Bent, in Fission at Sub-barrier Energies, presented at the Sixth Winter Workshop on Nuclear Dynamics, Jackson Hole, Wyoming, February 17–24, 1990; and private communication.

[9] X. Qian, J. Xu, Z. Liu, H. Zhang, T. Jiang, and Y. Ye, High Energy Phys. Nucl. Phys. (to be published).

[10] J. Fernandez-Niello, C. H. Dasso, and S. Landowne, Comput. Phys. Commun. **54**, 409 (1989).

[11] H. Zhang, Z. Liu, J. Xu, M. Ruan, X. Qian, K. Xu, and J. Lu, High Energy Phys. Nucl. Phys. **16**, 826 (1992).

[12] B. B. Back, R. R. Betts, J. E. Gindler, B. D. Wilkins, S. Saini, M. B. Tsang, C. K. Gelbke, W. G. Lunch, M. A. McMahan, and P. A. Baisden, Phys. Rev. C **32**, 195 (1985).

[13] H. Fujiwara, S. C. Jeong, Y. H. Pu, T. Mizota, H. Kugoh, Y. Futami, Y. Nagashima, and S. M. Lee, Anisotropy of fission fragment angular distributions for $^{19}F+^{232}Th$ near the Coulomb barrier, Report No. UTTAC-57, 1990, p. 52 (unpublished).

[14] A. Saxena, S. Kailas, A. Karnik, and S. S. Kapoor, Phys. Rev. C **47**, 403 (1993).
[15] H. Fujiwara, Fission fragment angular distributions for $^{19}F+^{232}Th$ near the Coulomb barrier, thesis, September 1990 (unpublished).
[16] A. J. Sierk, Phys. Rev. C **33**, 2039 (1986).
[17] H. Zhang, Z. Liu, J. Xu, X. Qian, S. Chen, and L. Lu, Chin. Phys. Lett. **9**, 297 (1992).
[18] H. Rossner, D. J. Hinde, J. R. Leigh, J. P. Lestone, J. O. Newton, J. X. Wei, and S. Elfstom, Phys. Rev. C **45**, 719 (1992).
[19] D. J. Hinde, H. Ogata, M. Tanak, T. Shimoda, N. Takashi, A. Shinohara, S. Wakamatsu, K. Katori, and H. Okamura, Phys. Rev. C **39**, 2268 (1989).

# ANOMALOUS ANISOTROPY OF FISSION FRAGMENTS IN NEAR-AND SUB–BARRIER COMPLETE FUSION–FISSION REACTIONS ①

Huanqiao Zhang, Zuhua Liu, Jincheng Xu, Xing Qian,
Yu Qiao, Chengjian Lin, and Kan Xu
*China Institute of Atomic Energy, Beijing 102413, China*

**Abstract**

The complete fusion–fission is separated from the transfer–induced fission in terms of the fragment folding angle technique. The cross sections and fragment angular distributions for the complete fusion–fission reactions of $^{16}O$, $^{19}F+^{232}Th$, and $^{16}O+^{238}U$ at near- and sub–barrier energies have been measured. The present standard models are inadequate for explaining both the excitation functions and the fragment angular distributions simultaneously. However, the fragment anisotropies of the complete fusion–fission are still anomalous, especially the peak in the variation of anisotropy with incident energy exists in some cases.

## 1 Introduction

In recent years, there has been a great interest in near- and sub–barrier fusion–fission reactions which show the anomalous anisotropies of fission fragment angular distributions[1–2] and the peak[2] in the variation of anisotropy with incident energy. There are some discussions about the origin of the observed anomalous anisotropies. Actually, in the comparison between model calculation and measurement, it was assumed on one hand that compound nucleus is formed by complete fusion and the compound nucleus undergoes fission after equilibrium. On the other hand, except Back's data[3], the previous experiments were inclusive measurements, in which it could not be very sure that all fission fragments came from complete fusion–fission(CFF). A few experiments show that for heavier target nuclei discussed here the transfer–induced–fission(TF) has comparable contribution in near- and sub–barrier energy region. Recently, there are two experiments in studying the transfer–induce–fission. Lestone et al.[4] have measured the TF angular distributions for the $^{16}O+^{232}Th$ system at energies of $86MeV$ and $90MeV$. They found that the anisotropies of TF are less pronounced than that observed when both CFF and TF components are mixed in the measurements. Thus, elimination of the TF contribution should result in about 5% increase of anisotropy for CFF alone at $86MeV$. Whereas, Back et al.[3] have come to an opposite conclusion. At the same energy as Lestone, i.e. $86MeV$, they found that the CFF anisotropy value might have to decrease about 10% as compared with the result of the inclusive measurement in which the TF component has not been excluded. In view of this situation, it is of central importance to separate these two components and to find out experimentally the angular anisotropies arising from CFF alone.

① Proceedings of the Workshop on Heavy Ion Fusion: Exploring the Variety of Nuclear Properties, Padova, Italy, May 25-27, 1994. World Scientific, 1994: 121-126.

In present experiment, we have succeeded in separating the two components of CFF and TF in terms of the folding angle technique, and measured the CFF cross sections and fragment angular distributions for the systems of $^{16}O$, $^{19}F+^{232}Th$, and $^{16}O+^{238}U$ at near- and sub-barrier energies.

## 2 Experimental Procedure

The experiments were carried out with collimated $^{16}O$ and $^{19}F$ beams from the $HI-13$ tandem accelerator at CIAE. The experimental details were described elsewhere[5]. The targets of $^{232}Th$ and $^{238}U$ were about $350\mu g/cm^2$ thick. A Si(Au) detector was placed $-20°$ relative to the beam direction as a monitor to detect the elastic scattering. Fission fragments were detected by two $X-Y$ position sensitive double grid avalanche counters, each with an active area of $20\times 25cm^2$, placed at either side of beam. The distances from the counters to the target were $15cm$ (forward counter) and $16cm$ (backward counter) with corresponding angle coverages of $10°\leq\Theta_{Lab}\leq 90°$ and $-75°\leq\Theta_{Lab}\leq -160°$, respectively. These counters measured the position and arrival time of the detected particles. The fission events were picked out by the coincidence measurements. In off-line analyses, the folding angle of two fission fragments, $\Theta_{FF}$, for every fission event was obtained. For example, Fig.1 shows the folding angle distributions for the $^{16}O+^{232}Th$ system at the laboratory energies of $78MeV$ (left panel) and $86MeV$ (right panel) with different angles of emerging fragments $\Theta_{Lab}$ in the forward counter. Due to the difference of linear momentum transfer between fusion and transfer reactions, the distributions of the folding angle exhibit two peaks corresponding to TF (left) and CFF (right) as shown in the figure. The inverse open triangle points (TF) and open triangles (CFF) are the results from Monte-Carlo simulation. As shown in Fig.1, there is an overlap between TF peak and CFF peak. The area of this overlap correction which is very small near $\Theta_{Lab}=90°$ and about 13% at $\Theta_{Lab}=10°$ for the CFF component. Anyhow, the component arising from compound fission alone has been obtained successfully.

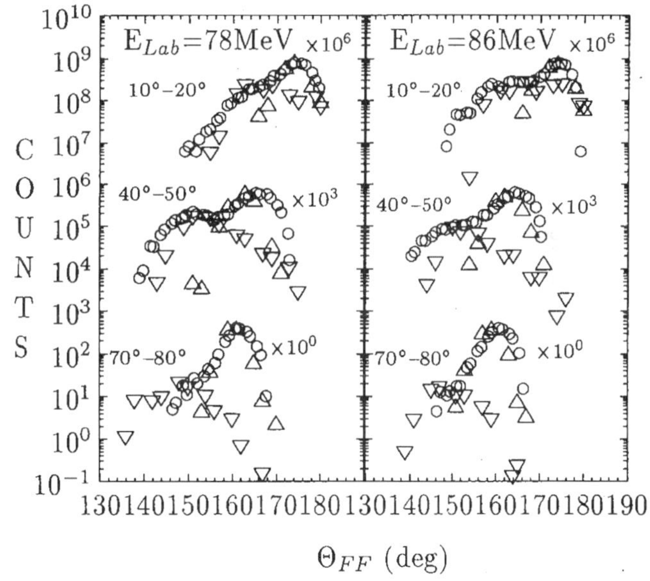


Fig.1 Fragment folding angle distributions for the $^{16}O+^{232}Th$ system

## 3 Experimental Result and Comparison With Theories

In present experiments, we have obtained the fragment angular distributions of complete fusion–fission for the systems of $^{16}O$, $^{19}F + ^{232}Th$, and $^{16}O + ^{238}U$ at near- and sub–barrier energies. The total complete fusion–fission cross section was obtained by integration of the Legendre polynomial fit to the CFF angular distribution and normalizing to the Rutherford cross section. The total uncertainties for the fragment angular distribution data range between 4% and 8%, which for the fission cross section, between 7% and 14%.

### *3.1 Fission Excitation Function*

The excitation functions for the CFF reactions of $^{16}O, ^{19}F + ^{232}Th$, and $^{16}O + ^{238}U$ are shown in Fig.2. The solid lines in the figure were calculated by means of the coupled–channels theory with CCDEF code[6] in which the effects of the target static deformations $\beta_2$ and $\beta_4$ were taken into account. The nuclear potential $V_N(r,\theta)$ of the Christensen-Winther form was used with $V_0 = -31R_PR_T/(R_P + R_T)MeV, a_0 = 0.63fm, R = R_P + R_T + 0.29 + \Delta Rfm$. Due to the $\beta_2$ and $\beta_4$ deformations, the radius of the target, $R_T(\theta)$, depends on the orientation of the symmetric axis of the target nucleus with respect to the colliding direction. Besides, the following inelastic channels were included in these calculations: excitation to the $0.7744MeV$ state of $^{232}Th$ with $\beta_3 = 0.0932$, $0.7319MeV$ state of $^{238}U$ with $\beta_3 = 0.084$ as well as the $0.1976MeV$ state of projectile $^{19}F$ with $\beta_2 = 0.55$. It can be seen from Fig.2 that the agreement between the experimental and theoretical excitation functions are quite satisfactory for all three systems. For each bombarding energy, the transmission coefficients $T_l$ were obtained from these theoretical calculations.

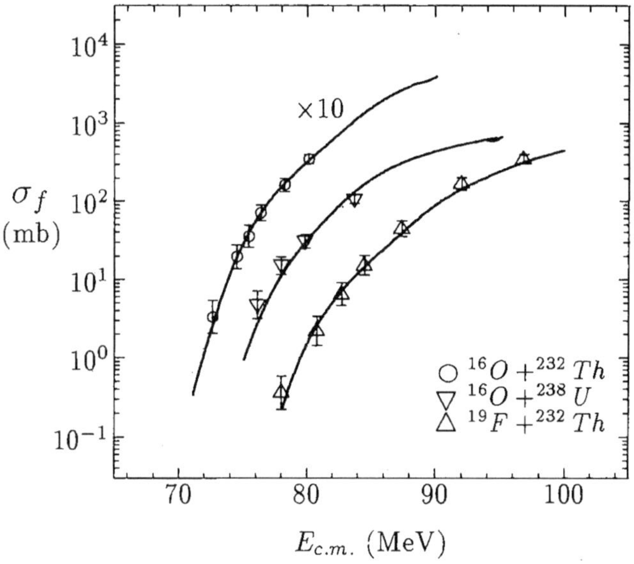

Fig.2 Excitation functions for complete fusion–fission reactions

### *3.2 Anisotropies of the Fragment Angular Distributions*

The anisotropy of fragment angular distribution $W(\theta)$ is defined as $A = W(0°)/W(90°)$. The measured CFF fragment angular distributions were extrapolated in terms of the Legendre polynomial with even terms, and the corresponding anisotropies were obtained with the extrapolation error of 4% or so. The variation of CFF fragment anisotropies with the center–of–mass energy is presented in Fig.3 for the $^{16}O$, $^{19}F + ^{232}Th$, and $^{16}O + ^{238}U$ systems. The solid points and open triangles are ours[5] and Back's data[3], respectively. It can be seen that our data are coincident with the results of

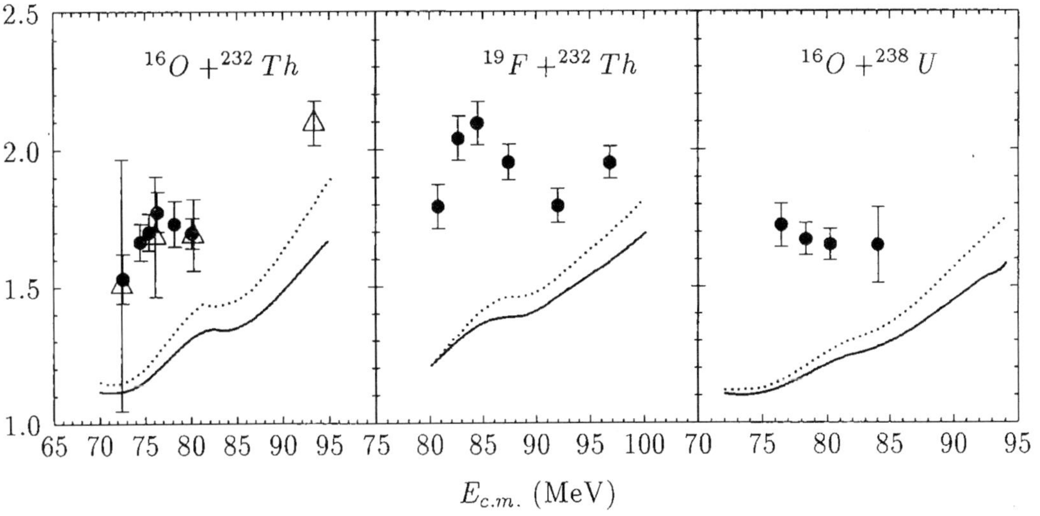


Fig.3 The variation of CFF fragment anisotropies with the center-of-mass energy

Back et al.. However, our data shown a peak in variation of fragment anisotropies with incident energy in $^{16}O$, $^{19}F +^{232} Th$ cases. It is found that fragments from CFF alone show the smaller angular anisotropies as compared with the results for inclusive measurements.

The theoretical fission fragment angular distributions were calculated in terms of the saddle-point transition state model[7] (SPTS) with the effective moment of inertia $J_{eff}$ derived from the rotating finite-range model (RFRM)[8] and the transmission coefficients $T_l$ extracted from the coupled-channels theory which reproduces the fission excitation function. The dotted and solid curves in Fig.3 are the theoretical predictions of SPTS model with and without the correction of pre-fission neutron emission[9]. This effect will increase the theoretical fragment anisotropies. However, the measured angular anisotropies of CFF are obviously greater than the predictions of SPTS model.

In addition, the fission fragment angular distributions were also calculated with the scission-point model (SC). According to P. Bond formulas[10], we have obtained the theoretical anisotropy values for the CFF reactions of $^{16}O,^{19}F +^{232} Th$, and $^{16}O +^{238} U$ at near- and sub-barrier energies. The comparison between experimental results and the calculations of SC model is shown in Fig.4 as the ratio, $A_{exp.}/A_{theory}$ versus $E_{c.m.}/V_B$. Except the region around $E_{c.m.} = 0.95V_B$,

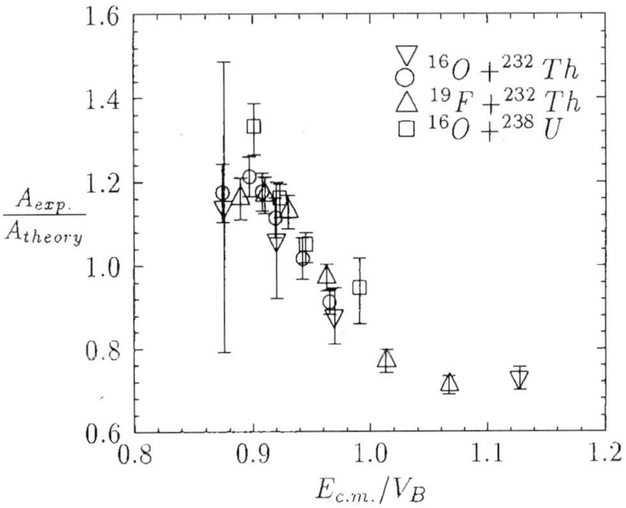


Fig.4 Comparison between experimental results and the calculations of SC model

the predictions of SC model obviously deviate from the experiment data.

### *3.3 The Mean Square Angular Momentum* $< L^2 >$

The anisotropy of fission fragment angular distribution could be characterized by the approximation relation $A \approx 1 + \frac{<L^2>}{4k_0^2}$. If the $k_0^2$ values are known, then mean square angular momentum $< L^2 >$ of compound nucleus could be inferred from the measured CFF anisotropy. In this work, the $k_0^2$ values were taken from the RFRM model. Displayed in Fig.5 is the comparison of the observed mean–square angular momentum $< L^2 >_{exp.}$ for the CFF with the theoretical expectation $< L^2 >_{theory}$ as a function of the ratio of the center–of–mass energy $E_{c.m.}$ to barrier height $V_B$. It is clearly shown that the experimental mean–square angular momentum values deduced from the fission anisotropies are obviously greater than the prediction of the coupled–channels theory, although this model calculations have reproduced the fission excitation functions satisfactorily.

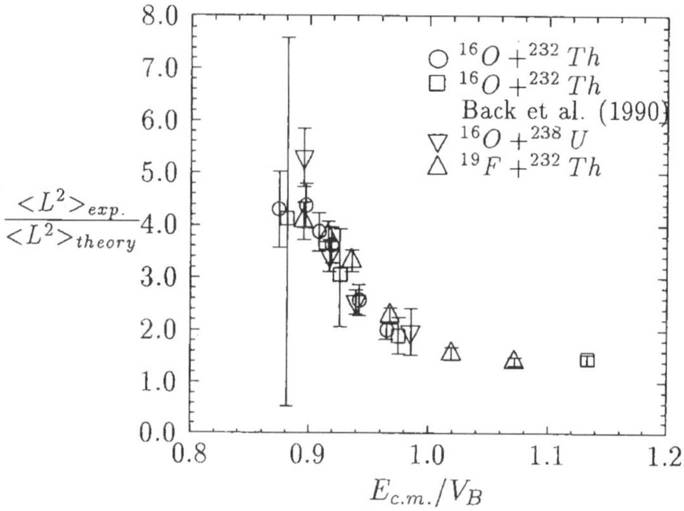


Fig.5 Comparison of experimental mean–squre angular momentum with the theoretical expectation versus $E_{c.m.}/V_B$

## 4 Summary and Discussion

In present work, we have successfully separated the complete fusion–fission and transfer–induced fission events in terms of the fragment folding angle technique, and measured the CFF cross sections and fragment angular distributions for the reaction systems of $^{16}O$, $^{19}F + ^{232}Th$, and $^{16}O + ^{238}U$ at near- and sub–barrier energies. The experimental fission excitation functions can be reproduced quite well with CCDEF code. It is found that the fragments arising from CFF alone show a small angular anisotropies as compared with previous inclusive measurements in which the TF component was not excluded. However, the anisotropies found in present experiments are, even with the pre–fission neutron emission correction, still obvious deviation from the fission statistical theory (saddle–point–model and scission–point model) calculation. Also the CFF anisotropies as a function of the center–of–mass energy persist to show a peak although not as pronounced as our previous inclusive results. The mean–square angular momenta $< L^2 >_{exp.}$ were deduced from the fragment anisotropies. The observed $< L^2 >_{exp.}$ values are much greater than the expected. It is obvious that the present standard model are inadequate for explaining the fusion excitation function and the angular distributions of fission fragments simultaneously. In conclusion, the fragment anisotropies of the complete fusion–fission are still anomalous, especially the peak exists, and the possibility that the observed anomalous anisotropies originate from transfer–induced fission can be ruled out. The challenge for a theoretical treatment of the sub–barrier fusion–fission process is to describe simultaneously fusion excitation function and fission fragment angular distributions. It is quite puzzling what is responsible for the observed anomaly in the complete fusion–fission at near- and sub–barrier energies. This great difficulty makes us feel that we are still missing a major component of physics in the heavy–ion induced fusion–fission processes. Therefore, it appears to us that further research work is needed in order to get an understanding of the underlying physics.

This work was supported by the National Science Foundation of China under the contract NO. 19275067.

## Reference

1. R. Vandenbosch, T. Murakami, C.-C. Shahm, D.D. Leach, A. Rag, and M.J. Murphy, *Phys. Rev. Lett.* **56**, 1234 (1986); T. Murakami, C.-C. Shahm, R. Vandenbosch, D.D. Leach, A. Ray, and M.J. Murphy, *Phys. Rev.* **C34**, 1353 (1986).
2. H. Zhang, J. Xu, Z. Liu, M.Ruan, and K. Xu, *Phys. Rev.* **C42**, 1086 (1990); H. Zhang, Z. Liu, J. Xu, J. Lu, M. Ruan, and K. Xu, *Nucl. Phys.* **A538**, $229_c$ (1992).
3. B.B. Back, R.R. Betts, P. Fernandez, B.G. Glagole, T. Happ, D. Henderson, H. Ikezoe, and P. Bent, *In Fission at Sub-barrier Energies*, presented at the Sixth Winter Workshop on Nuclear Dynamics, Jackson Hole, Wyoming, February 17-24, 1990.
4. J.P. Lestone, J.R. Leigh, J.O. Newton, and J.X. Wei, *Nucl. Phys.* **A509**, 178 (1990).
5. H. Zhang, Z. Liu, J. Xu, X. Qian, Y. Qiao, C. Lin, and K. Xu *Phys. Rev.* **C49**, 926 (1994).
6. J. Fernandez–Niello, C.H. Dasso, and S. Landowne, *Comput. Phys. Commun.* **54**, 409 (1989).
7. R. Vandenbosch and J.R. Huizenga, *Nuclear Fission* (Academic Press, New York, 1973), P. 179.
8. A.J. Sierk, *Phys. Rev.* **C33**, 2039 (1986).
9. H. Rossner, D.J. Hinde, J.R. Leigh, J.P. Lestone, J.O. Newton, J.X. Wei, and S. Elfstom, *Phys. Rev.* **C45**, 719 (1992); H. Zhang, Z. Liu, J. Xu, X. Qian, S. Chen, and L. Lu, *Chin. Phys. Lett.* **9**, 297 (1992); A. Saxena, S. Kailas, A. Karnik, and S.S. Kapoor, *Phys. Rev.* **C47**, 403 (1993).
10. P.D. Bond, *Phys. Rev.* **C32**, 471 (1985).

# Signature of non-compound-nucleus fission at sub-barrier energies①

Zuhua Liu, Huanqiao Zhang, Jinchen Xu, Xing Quin, Yu Qiao, Chengjian Lin, and Kan Xu
*China Institute of Atomic Energy, Beijing 102413, China*
(Received 27 December 1993; revised manuscript received 23 May 1994)

We have extracted the experimental $J_{\rm eff}$ values from fission fragment angular distributions for the systems of $^{16}O+^{232}Th$, $^{19}F+^{232}Th$, and $^{16}O+^{238}U$ at near- and sub-barrier energies. The $J_0/J_{\rm eff}$ values for the cases of the above reactions and the heavy-ion reactions with projectiles heavier than $A=24$ show same systematic trend when plotted as a function of mean-square angular momentum of the fissioning nucleus. This observation leads us to the conjecture that the systematic trend of $J_0/J_{\rm eff}$ bears the signature of non-compound-nucleus fission for the heavy-ion reactions with lighter projectiles at near- and sub-barrier energies.

PACS number(s): 24.75.+i, 25.70.Jj

There has recently been a great interest in the measurement of the fragment angular distributions in heavy-ion-induced fusion-fission reactions [1–5]. The origin of this interest is due to the fact that a part of the experimental data is impossible or very difficult to explain within the framework of the standard nuclear fission theory [6,7], in which it is assumed that the distribution of $K$ values (projection of angular momentum onto the nuclear symmetry axis) is determined at fission saddle point. It has been suggested that this deviation from the standard theory is an indication of failure for compound-nucleus formation in the reaction [8]. The suggested new fission mechanisms include fast fission [9], and quasifission [10]. Fast fission takes place for the case of composite systems with zero fission barrier, while quasifission happens when the fission barrier shape is more compact than the entrance-channel contact configuration. Qualitatively speaking, in order to get the above fission modes as the probable processes, it seems necessary to allow the complete relaxation of the initial mass asymmetry of collision complex, meanwhile, to strongly forbid a chance of the genuine compound nucleus formation. Of the most importance is the second condition, i.e., with or without passing through the compound-nucleus stage in the fusion-fission process, which becomes the watershed between the standard fission theory and non-compound-nucleus fission models.

Back *et al.* [1], found from their experimental results that fission anisotropies from reactions with projectiles lighter than $A=20$ could be well described by the standard fission theory. However, angular anisotropies of symmetric fragments from heavy-ion reactions with projectiles heavier than $A=24$ were substantially larger than expected on the basis of this theory. A systematic comparison of experimental data with fission models led Back to the conclusion [8] that in fusion-fission reactions with heavier projectiles, $A>20$, the observed fission events consisted of an admixture of components of two types: (1) compound-nucleus fission, and (2) quasifission, and discussed the later component in terms of extra-push model [10].

The conclusion of Back *et al.* is based on the observations of the experimental results at above fusion-barrier energies. It is worth noting that the situation is quite different when the bombarding energy goes down to the sub-barrier region. Recently, anomalous anistropies in the angular distributions of fission fragments, resulting from heavy-ion-induced fusion-fission reactions with projectile lighter than $A=20$ at near- and sub-barrier energies have been reported [2–5]. In contrast with the above-barrier data, the observed fragment anisotropies are obviously greater than the predictions of the standard fission theory. However, there exists one problem in the above experiments, i.e., two components, fusion fission and transfer-induced fission, are mixed in the observed fission events. In terms of fragment folding angle technique, Zhang *et al.* [5] have successfully separated fusion fission from transfer-induced fission, and measured the fusion-fission cross sections and fragment angular distributions for the reaction systems of $^{16}O+^{232}Th$, $^{19}F+^{232}Th$, and $^{16}O+^{238}U$ at near- and sub-barrier energies. Although the fragments arising from the fusion fission alone show a smaller angular anisotropy as compared with the ones observed in the inclusive measurements, the anisotropies are still much greater than expected on the basis of the standard nuclear fission theory [6,7], i.e., the saddle-point transition-state model (SPTS).

It is quite puzzling what is the origin responsible for the observed anomaly in fusion-fission reactions at near- and sub-barrier energies. The failure of the standard nuclear fission model puts us in the way to search the other possibilities. To our knowledge, fast fission cannot take place in the low-energy case, because the involved angular momenta are not high enough to make the fission barrier vanished. Therefore, we turn our attention to quasifission. In order to get an indication of the possible fission mechanism, we have made a comparison of $J_0/J_{\rm eff}$ values between the reactions with projectiles lighter than $A=20$ at near- and sub-barrier energies and the heavy-ion reactions with projectiles heavier than $A=24$ in the energy region above the fusion barrier. Here $J_{\rm eff}$ is the effective moment of inertia extracted from fragment

① Physical Review C,1994,50(3):1717-1719.

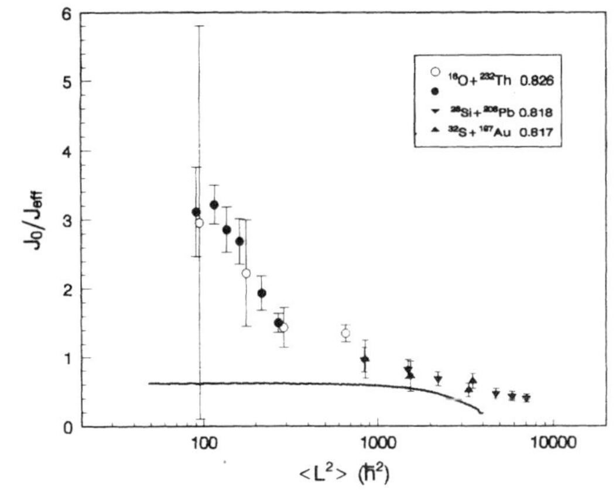


FIG. 1. Experimental $J_0/J_{\rm eff}$ values are plotted as a function of the mean-square angular momentum $\langle L^2\rangle$ of the fissioning systems. Reactions associated with almost same values of the fissility $X$ of the composite systems are compared. The solid line represents the prediction of RFRM. The open circles and solid triangles are experimental data of Back *et al.* [1,15]; the solid points are those of Zhang *et al.* [5].

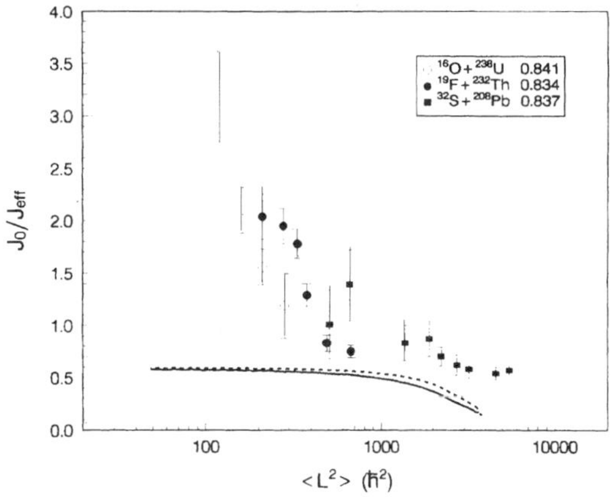


FIG. 2. Experimental $J_0/J_{\rm eff}$ values are plotted as a function of the mean-square angular momentum $\langle L^2\rangle$ of the fissioning systems. The solid and dashed lines represent the predictions of RFRM for nuclei of $^{251}$Es and $^{252}$Fm, respectively. The solid squares are data of Back *et al* [1], the open circles and solid points are data of Zhang *et al.* [5].

anisotropies and $J_0$ is the moment of inertia for the relevant spherical nucleus. In the extraction of $J_{\rm eff}$, the transmission coefficients, $T_l$ were obtained from the calculations of the coupled-channels model with the CCDEF code [11] which fit the experimental fusion-fission excitation function, and the nuclear temperature was taken at the value at saddle-point as

$$T_{\rm sad}=\left(\frac{E_{\rm c.m.}+Q-B_f(L)-E_n}{A_{CN}/8}\right)^{1/2}. \quad (1)$$

Here, $E_{\rm c.m.}$, $Q$, and $A_{CN}$ are the energy in center-of-mass system, reaction $Q$ value, and mass number of the fissioning nucleus, respectively. The fission barrier height, $B_f(L)$ was derived from the rotating finite-range model [12]. $E_n$ is the energy carried away by prefission neutron emission [13,14].

It may be instructive to examine the data shown in Figs. 1 and 2. In these figures, values of $J_0/J_{\rm eff}$ for the composite systems of almost equal fissility are plotted as a function of mean-square angular momentum of the fissioning nucleus. In order to make systematic comparisons, we have reevaluated the data of Back *et al.* [1] in terms of Eq. (1) in which the correction for prefission neutron emission is taken into account, and increased its errors with 50% of this correction.

In contrary to the results observed at above-barrier energies, the values of $J_0/J_{\rm eff}$ for the sub-barrier fusion-fission reactions with projectiles lighter than $A=20$ follow the same trend of the above-barrier reactions with projectiles heavier than $A=24$. They all dramatically deviate from the SPTS predictions shown as solid and dashed lines in Figs. 1 and 2. It has to be pointed out that both of Zhang *et al.* and Back *et al.* have used almost same models to extract the transmission coefficients $T_l$, or mean-square angular momentum $\langle L^2\rangle$, which makes the comparisons of $J_0/J_{\rm eff}$ to have common basis. The above fact leads us to the conjecture that the dynamical damping in process of heavy-ion reactions inevitably exists, for the reactions with projectiles lighter than $A=20$, the damping force is not strong enough to inhibit the formation of spherical compound nucleus when the bombarding energy is above the fusion barrier, however, as the energy decreasing down to near- and sub-barrier region, the dynamical damping manifests itself so that some of them fail to form the genuine compound nucleus. Therefore, the same systematic trend of $J_0/J_{\rm eff}$ might be interpreted as a signature that a large fraction of sub-barrier fusion fission is the non-compound-nucleus fission with memory of the entrance channel.

In summary, we have extracted the $J_0/J_{\rm eff}$ values from fission angular distributions for the systems of $^{16}$O $+^{232}$Th, $^{19}$F$+^{232}$Th, and $^{16}$O$+^{238}$U at near- and sub-barrier energies and made a comparison with the data of Back *et al.* [1]. The $J_0/J_{\rm eff}$ values of the above reaction systems and the heavy-ion reactions [1] with projectiles heavier than $A=24$ show the same systematic trend when plotted as a function of mean-square angular momentum $\langle L^2\rangle$ of the fissioning nucleus. As pointed out by Back [8], the observed fission events for the reactions with heavier projectiles, $A>20$, contain the component of non-compound-nucleus fission. Therefore, it is quite natural to reach the assumption that this systematic trend may bear the signature of non-compound-nucleus fission for the reactions with lighter projectiles in near- and sub-barrier energy regions. If this assumption is true, the dynamical inhibition of compound-nucleus formation might be the underlying physics for the anomalous anisotropies observed in heavy-ion induced fusion-fission at near- and sub-barrier energies.

This work was supported by the National Natural Science Foundation of China under Contract No. 19275067.

[1] B. B. Back, R. R. Betts, J. E. Gindler, B. D. Wilkins, S. Saini, M. B. Tsang, C. K. Gelbke, W. G. Lynch, M. A. McMahan, and P. A. Baisden, Phys. Rev. C **32**, 195 (1985).
[2] R. Vandenbosch, T. Murakami, C.-C. Sahm, D. D. Leach, A. Ray, and M. J. Murphy, Phys. Rev. Lett. **56**, 1234 (1986).
[3] T. Murakami, C.-C. Sahm, R. Vandenbosch, D. D. Leach, A. Ray, and M. J. Murphy, Phys. Rev. C **34**, 1353 (1986).
[4] H. Q. Zhang, J. C. Xu, Z. H. Liu, J. Lu, K. Xu, and M. Ruan, Phys. Lett. B **218**, 133 (1989).
[5] H. Q. Zhang, Z. H. Liu, J. C. Xu, X. Qian, Y. Qiao, C. J. Lin, and K. Xu, Phys. Rev. C **49**, 926 (1994).
[6] A. Bohr, in *Proceedings of the United Nations International Conference on the Peaceful Uses of Atomic Energy*, Geneva, 1955 (United Nations, New York, 1956), Vol. 2. p. 131.
[7] I. Halpern and V. M. Strutinski, in *Proceedings of the United Nations International Conference on the Peaceful Uses of Atomic Energy*, Geneva, 1958 (United Nations, New York, 1958), Vol. 15, p. 408.
[8] B. B. Back, Phys. Rev. C **31**, 2104 (1985).
[9] C. Gregoire, C. Ngo, and V. Remaud, Phys. Lett. **99B**, 17 (1985).
[10] W. J. Swiatecki, Phys. Scr. **24**, 113 (1981).
[11] J. Fernandez-Niello, C. H. Dasso, and S. Landowne, Comput. Phys. Commun. **54**, 409 (1989).
[12] A. J. Sierk, Phys. Rev. C **33**, 2039 (1986).
[13] H. Rossner, D. J. Hinde, J. R. Leigh, J. P. Lestone, J. O. Newton, J. X. Wei, and S. Elfstom, Phys. Rev. C **45**, 719 (1992).
[14] D. J. Hinde, H. Ogata, M. Tanak, T. Shimoda, N. Takashi, A. Shinohara, S. Wakamatsu, K. Katori, and H. Okamura, Phys. Rev. C **39**, 2268 (1989).
[15] B. B. Back, R. R. Betts, P. Fernandez, B. G. Glagole, T. Happ, D. Henderson, H. Ikezoe, and P. Bent, *Fission at Sub-Barrier Energies*, Proceedings of the Sixth Winter Workshop on Nuclear Dynamics, Jackson Hole, Wyoming, 1990 (unpublished); private communication.

# Probing the Non-equilibration Component of Tilting Spin Mode①

Liu Zuhua, Zhang Huanqiao, Xu Jincheng, Qian Xing,
Qiao Yu, Lin Chengjian and Xu Kan
(*China Institute of Atomic Energy, B.O. 275(46), Beijing 102413*)

Received 20 January 1994

**Abstract**–The probabilities $P_{\rm NCNE}$ of non- equilibration component of tilting spin mode have been extracted from the experimental fragment anisotropies for the systems of $^{16}O+^{232}Th$, $^{19}F+^{232}Th$, and $^{16}O+^{238}U$. It is found that as a function of $B_f(\langle L\rangle)/T_{\rm sad}$, the values of $P_{\rm NCNF}$ observed experimentally and expected on the basis of fission before equilibration model have opposite trends.

**Key words**–Fission, Tilting spin mode, Non-equilibration.

Along with the transfer of relative angular momentum into aligned internal rotation in heavy-ion reactions, the reaction partners also acquire angular momentum through stochastic nucleon transfer. The latter spin component is usually inferred as statistical spin modes. Among these modes, the tilting mode, or $K$ mode is the only mode that affects the orientation of the symmetry axis of fissioning nucleus with respect to the total spin. Therefore, this mode can be studied separately by measuring fragment angular distributions. Subject to the constraint of conservation of total angular momentum, the tilting spin mode, from $K=0$ at the beginning of reaction, gradually accumulates its value and finally may trend towards a distribution of statistical equilibrium. The interesting question is whether the statistical equilibrium of $K$ mode has been really achieved as assumed in saddle-point model and scission-point model. Recent results [1] of heavy-ion-induced fusion-fission show evidence that in some cases, the tilting mode is quite far from reaching an equilibrium value appropriate to the saddle shape within the available reaction time, because the tilting mode is expected to have the longest relaxation time. In this letter, we will report our experimental results of fusion- fission for the systems of $^{16}O+^{232}Th$, $^{19}F+^{232}Th$, and $^{16}O+^{238}U$ at near- and sub-barrier energies, and probe the possible non-equilibration component of tilting spin mode.

The experiments were carried out with collimated $^{16}O$ and $^{19}F$ beams from HI-13 tandem accelerator at China Institute of Atomic Energy, Beijing. The targets of $^{232}Th$ and $^{238}U$ were about 350 $\mu g/cm^2$ thick. A Si(Au) detector was placed at $-20°$ relative to the beam direction as a monitor to detect the elastic scattering. Fission fragments were detected by two X-Y posi-

① Chinese Journal of Nuclear Physics,1994,16(2):108-111.

tion sensitive double grid avalanche counters, each with an active area of 25 × 20 cm$^2$, placed at either side of the beam. In terms of the fragment folding angle technique, we have successfully separated the fusion-fission (FF) events from the transfer-induced fission (TF) ones, and measured fragment angular distributions of FF events for the systems $^{16}O+^{232}Th$, $^{19}F+^{232}Th$, and $^{16}O+^{238}U$ at near- and sub-barrier energies. The experimental details were described elsewhere [2].

The measured fragment angular distributions, $W(\theta)$, were extrapolated to 0° in terms of the Legendre polynomial with even terms, and the corresponding fragment anisotropies defined as $A = W(0°)/W(90°)$ were obtained with the extrapolation error of 4% or so. The total fusion-fission cross section was obtained by integration of the Legendre polynomial fit of the angular distribution and normalized to the Rutherford cross section. The experimental fusion-fission excitation functions [2] can be well reproduced by the coupled-channels model with CCDEF code [3] which explicitly takes into account the target static deformations and the coupling of the relative motion in the entrance channel to the inelastic excitations of the reaction partners. However, the observed fragment anisotropies obviously deviate from the predictions [2,4] of the saddle-point model and scission-point model. Does this deviation imply that the tilting mode has not reached the statistic equilibrium at saddle-point or even at scission-point? Ramamurthy and Kapoor [5] recently presented a model based on the suggestion that in heavy-ion-induced fusion reactions the observed fission events consist of an admixture of events of two types: (Ⅰ) compound-nucleus fission (CNF), and (Ⅱ) non-compound-nucleus fission (NCNF), of a composite system whose degrees of freedom are all equilibrated except the $K$ degree of freedom. In order to account for the discrepancy between the experimental data and the predictions of the statistical fission models, we have made theoretical calculations on the basis of fission before $K$ equilibration model [5]. In these calculations, the probability of CNF is $(1-P_{NCNF})$ with the variance of Gaussian $K$ distribution

$$K_0^2 = J_{eff} T_{sad} / \hbar^2. \tag{1}$$

Here, the effective moment of inertia $J_{eff}$ equals $J_{\parallel} J_{\perp} / (J_{\perp} - J_{\parallel})$. $J_{\parallel}$ and $J_{\perp}$ are the moments of inertia rotating around the symmetric axis and perpendicular axis of the saddle-point configuration, respectively. They were derived from the rotating finite-range model (RFRM) [6]. $T_{sad}$ is the nuclear temperature at saddle-point

$$T_{sad} = \left\{ \frac{8}{A_{CN}} [E_{c.m.} + Q - B_f(L) - E_n] \right\}^{1/2}, \tag{2}$$

where $E_{c.m.}$, $Q$ and $B_f(L)$ are the energy in the center-of-mass system, the reaction $Q$ value and the height of fission barrier [6], depending on the total angular momentum $L$, respectively. $E_n$ is the energy carried away by prefission neutron emission [7]. As for the component of NCNF, the corresponding variance $\sigma_k$ of $K$ distribution takes the value of $\sigma_k^2 = 0.06L^2$, and the probability $P_{NCNF}$ is given by

$$P_{NCNF}(L) = \exp[-0.5B_f(L)/T_{sad}]. \tag{3}$$

The ratio of the measured fragment anisotropy to the one of the theoretical prediction based on fission before $K$ equilibration model, $A_{exp.}/A_{theor.}$ is plotted in Fig. 1 as a function of $E_{c.m.}/V_B$. The $V_B$ is the height of fusion barrier. It may be seen that the fission before $K$ equilibration model underpredicts the fragment anisotropies for $E_{c.m.}/V_B<0.94$, and overpredicts them for $E_{c.m.}/V_B>0.94$.

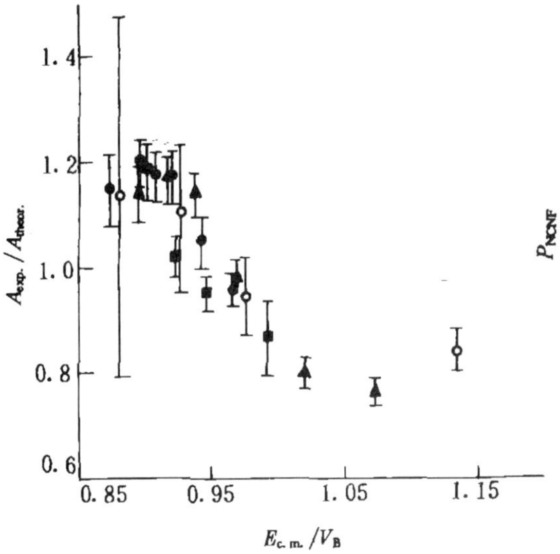


**Fig. 1.** Ratio of the experimental fragment anisotropy to the one predicted on the basis of fission before $K$ equilibration model as function of $E_{c.m.}/V_B$. ● $^{16}O+^{232}Th$, ▲ $^{19}F+^{232}Th$, ■ $^{16}O+^{238}U$, ○ $^{16}O+^{232}Th$, taken from Back et al. [8].

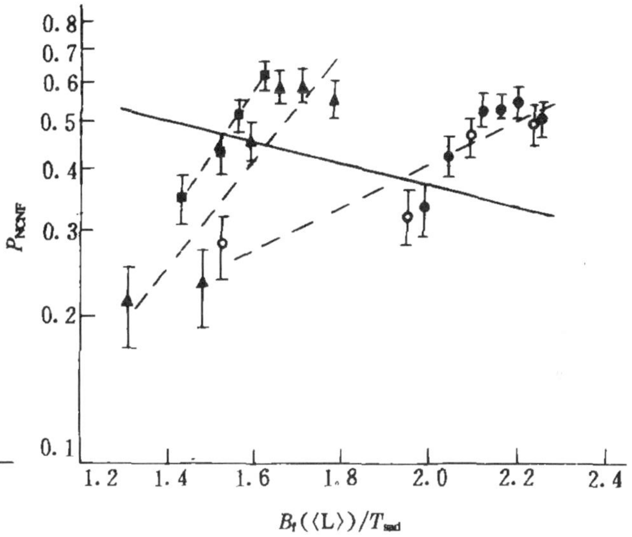


**Fig. 2.** Probability $P_{NCNF}$ of non-equilibration component of tilting spin mode as a function of $B_f(\langle L\rangle)/T_{sad}$. —— The expectation of fission before $K$ equilibration model, - - - the least square fit of the experimental data. ● $^{16}O+^{232}Th$, ▲ $^{19}F+^{232}Th$, ■ $^{16}O+^{238}U$, ○ $^{16}O+^{232}Th$, taken from Back et al. [8]

Recently, Liu Zhuhua et al. have made a comparison [4] of $J_0/J_{eff}$ values between the reactions studied above and the heavy-ion reactions with projectiles heavier than $A=24$, which Back et al. [9] believe to have quasi-fission component. $J_0$ is the moment of inertia for the relevant spherical nucleus. It is found that the value of $J_0/J_{eff}$ as a function of mean-square angular momentum falls into the same systematic trend for the above two sets of reactions. This observation led Liu et al. to the suggestion that the same systematic trend of $J_0/J_{eff}$ may bear the signature of the non-compound-nucleus fission with memory of the entrance channel for sub-barrier fusion-fission reactions. Without losing generality, we may still accept the suggestion of Ramamurthy and Kapoor that the observed fission events for sub-barrier fusion reactions consist of an admixture of CNF and NCNF. As a temporary test, let the probability of NCNF be

$$P_{\mathrm{NCNF}}(L)=\exp[-\alpha B_{\mathrm{f}}(L)/T_{\mathrm{sad}}] \tag{4}$$

and adjust the value of $\alpha$ to fit the experimental fragment anisotropy for each center-of-mass energy, we have extracted the contribution of non-equilibration component of tilting spin mode from the experimental data. Figure. 2 shows the probability $P_{\mathrm{NCNF}}$ as a function of $B_{\mathrm{f}}(\langle L\rangle)/T_{\mathrm{sad}}$ for the reaction systems of $^{16}$O+$^{232}$Th, $^{19}$F+$^{232}$Th, and $^{16}$O+$^{238}$U. The solid line in the figure is the prediction of Eq.(3), while the dashed lines are the least square fit of $P_{\mathrm{NCNF}}$ extracted from experimental fragment anisotropies. We may come to several conclusions from the results shown in Fig.2: (1) due to $P_{\mathrm{NCNF}}>0$, there is a contribution resulting from the non-equilibration component of tilting spin mode in the observed fission events; (2) as a function of $B_{\mathrm{f}}(\langle L\rangle)/T_{\mathrm{sad}}$, the values of $P_{\mathrm{NCNF}}$ extracted from the experimental data and the theoretical expectation of Eq.(3) show opposite trends; (3) there does not exist a universal relationship as given by Eq.(3). For different reaction systems, the trend of $P_{\mathrm{NCNF}}$ is different.

In summary, we have extracted the probability $P_{\mathrm{NCNF}}$ of non-equilibration of tilting spin mode from the experimental fragment anisotropies for the systems of $^{16}$O+$^{232}$Th, $^{19}$F+$^{232}$Th, and $^{16}$O+$^{238}$U at near- and sub- barrier energies. It is found that as a function of $B_{\mathrm{f}}(\langle L\rangle)/T_{\mathrm{sad}}$, the values of $P_{\mathrm{NCNF}}$ observed experimentally and expected on the basis of fission before $K$ equilibration model have opposite trends.

## REFERENCES


1 Back B B, Bjornholm S, Dossing T. Relaxation of Angular Momentum in Fission and Quasifission Reactions. Phys Rev, 1989, C41: 1495.

2 Zhang Huanqiao, Liu Zuhua, Xu Jincheng, et al. Anomalous Anisotropies of Fission Fragments in Near- and Sub-barrier Complete Fusion-fission Reactions of $^{16}$O+$^{232}$Th, $^{19}$F+$^{232}$Th, and $^{16}$O+$^{238}$U. Phys Rev, 1994, C49 (to be published).

3 Fernandez-Niello J, Dasso C H, and Landowne S. CCDEF-A Simplified Coupled-Channel Code for Fusion Cross Sections Including Static Nuclear Deformations. Comp Phys. Comm. 1989, 54: 409.

4 Liu Zhuhua, Zhang Hungiao, Xu Jincheng, et al. Signature of Non-compound-Nucleus Fission at Sub-barrier Energies. Phys. Rev, C (to be published).

5 Ramamurthy V S, Kapoor S S. Interpretation of Fission-fragment Angular Distributions in Heavy-ion Fusion Reactions. Phys. Rev. Lett, 1985, 54: 178.

6 Sierk A J. Macroscopic Model of Rotating Nuclei. Phys Rev, 1986, C33, 2039.

7 Hinde D J, Ogata H, Tanaka M, et al. Systematics of Fusion-fission Time Scales. Phys Rev, 1989, C39: 2268.

8 Back B B, Betts R R, Fernandez P, et al. Fission at Sub-barrier Energies. Presented at the Sixth Winter Workshop on Nuclear Dynamics, Jackson Hole, Wyoming, USA, 1990.

9 Back B B, Betts R R, Gindler J E, et al. Angular Distributions in Heavy Ion Induced Fission. Phys Rev, 1985, C32: 195.

# Interplay Between Scission-Point Model and Experimental Data for Sub-Barrier Fusion-Fission ①

Liu Zu-hua, Zhang Huan-qiao, Xu Jin-cheng, Qian Xing, Qiao Yu, Lin Cheng-jian and Xu Kan

(*China Institute of Atomic Energy, P. O. Box 275(10)*, Beijing 102413)

Received 9 March 1994

**Abstract**–The fragment angular distributions of fusion-fission reactions for the systems of $^{16}O+^{232}Th$, $^{19}F+^{232}Th$ and $^{16}O+^{238}U$ at near-and sub-barrier energies were measured. The measured fragment anisotropies obviously deviate from the predictions of scission-point transition-state model. We also compared the excitation energy of tilting mode with the statistical assumption. It was found that thermal equilibrium is not established at scission for the reactions studied.

**Key words**–Fusion-fission, Fragment angular distribution, Scission-point model.

The standard fission theory [1], i.e., the saddle-point transition-state model (SPTS), has been used with great success for several decades. In this theory, the basic assumption is that the distribution of $K$ values is determined at fission saddle-point. Here, $K$ is the projection of angular momentum on the symmetry axis of fissioning nucleus. During the last half a dozen years, however, the basic assumption of SPTS has been challenged somewhat due to the availability of data from heavy-ion induced fusion-fission reactions that can not be understood within the framework of SPTS model [2-5]. A variety of theoretical approaches [6-8] different from the standard theory have been put forward. One of them is the scission-point transition-state model (SCTS), which assumes that the $K$ distribution is readjusted adiabatically during the descent from saddle to scission, such that the fission anisotropy reflects a statistical distribution of $K$ values at scission-point. In this letter, we will report our experimental results of fusion-fission for the reaction systems of $^{16}O+^{232}Th$, $^{19}F+^{232}Th$, and $^{16}O+^{238}U$ at near- and sub-barrier energies, and compare the experimental data with the scission-point transition-state model [9-11].

The experiments were carried out with collimated $^{16}O$ and $^{19}F$ beams from the HI-13 tandem accelerator at China Institute of Atomic Energy, Beijing. The targets of $^{232}Th$ and $^{238}U$ were about 350 $\mu g/cm^2$ thick. A Si(Au) detector was placed at $-20°$ relative to the beam direction as a monitor to detect the elastic scattering. Fission fragments were detected by two

① Chinese Journal of Nuclear Physics,1994,16(4):323-327.

$X$-$Y$ position-sensitive double-grid avalanche counters (DGAC), each with an active area of 20 $\times$ 25 cm$^2$, placed at either side of the beam. The distances from the centers of these counters to the target were 15 cm (forward counter) and 16 cm (backward counter) with corresponding angle coverages of $10° < \theta_{\rm Lab} < 90°$ and $-75° < \theta_{\rm Lab} < -160°$, respectively. These counters were used to measure the position and the arrival time of the detected particles. The fission events were picked out by the coincidence measurement of two fragments. In off-line analyses, for each fission event, the coordinates of the points where the fragments hit the counters were transformed to the corresponding azimuthal angle $\varphi_{\rm L}$ and polar angle $\theta_{\rm L}$, taken with respect to the beam direction. Therefore, the folding angle of two fission fragments, $\theta_{\rm FF}$, for every fission event was obtained. Due to the difference of linear momentum transfer between fusion and transfer reactions, the distribution of the folding angle exhibits two peaks corresponding to the transfer- induced fission (TF) and the fusion- fission (FF), respectively. In this way, we successfully separated the two types of fission events, TF and FF, and measured the fission- fragment angular distributions of FF component for the systems of $^{16}$O+$^{232}$Th, $^{19}$F+$^{232}$Th, and $^{16}$O+$^{238}$U at near- and sub-barrier energies. The experimental details were described elsewhere [5].

The total fusion-fission cross section was obtained by integrating the Legendre polynomial fit to the FF angular distribution and normalizing it to the Rutherford cross section. The experimental fusion-fission excitation functions [5] can be reproduced very well by coupled-channel model with CCDEF code [12], which explicitly takes into account the target static deformations and the coupling of the relative motion in the entrance channel to the inelastic excitations of the reaction partners. For each bombarding energy, the transmission coefficients, $T_l$, were obtained from these theoretical calculations. The measured fragment angular distributions, $W(\theta)$, were extrapolated in terms of the Legendre polynomial with even terms, and the corresponding anisotropies defined as $A = W(0°)/W(90°)$ were obtained with an extrapolation error of 4% or so.

As pointed out by Zhang et al. [5], the measured fragment anisotropies for the systems of $^{16}$O+$^{232}$Th, $^{19}$F+$^{232}$Th, and $^{16}$O+$^{238}$U at near- and sub-barrier energies are obviously larger than expected on the basis of SPTS. This discrepancy may be due to the possible deficiencies of SPTS basic assumption. In order to account for the discrepancy, we made theoretical calculations in terms of the scission-point transition-state model ( SCTS), and compared them with the experimental results of the above reaction systems. In SCTS model, it is assumed that the scission-point configuration is the available final state determing the fission-fragment angular distributions. Recently, Bond [11] has put forward a proposal to estimate the phase space factors at scission by assuming that the two fragments with ellipsoidal shapes can rotate independently. He concluded that this results in a Gaussian distribution of channel spins with the variance

$$S_0^2 = J_{\parallel} T_{\rm SC} / \hbar^2 \tag{1}$$

The estimates of the moments of inertia are based on rigid body values for fragments with ellipsoidal shapes

$$J_{\parallel}=\frac{2}{5}A_{CN}b^{2} \tag{2}$$

The minor axis $b$ and major axis $a$ of each ellipsoid are estimated as follows

$$2b^{2}a=r_{0}^{2}A_{CN} \tag{3}$$

$$\left(\frac{Z_{CN}}{2}\right)^{2}e^{2}/(2a+\Delta)=E_{k} \tag{4}$$

with the choice of $\Delta=2$ fm, and $r_0=1.225$ fm. The total kinetic energy $E_k$ of fragment can be obtained from Viola systematics [13]. The nuclear temperature at scission takes the value,

$$T_{SC}=\left[\frac{E_{c.m.}+Q_{sys}-E_{k}-E_{def}-E_{n}-E_{rot}}{A_{CN}/8}\right]^{1/2} \tag{5}$$

Here $E_{c.m.}$, $E_{def}$, $E_n$, and $E_{rot}$ are the energy in the center-of-mass system, the total deformation energy of fragments, the energy carried away by the emission of prefission neutrons [14,15], and the rotational energy at scission, respectively. $Q_{sys}$ is the $Q$ value for symmetric mass split of the fissioning nucleus with mass number $A_{CN}$. It is well established that the anisotropy of fission-fragment angular distribution can be characterized by the approximated relation

$$A\approx 1+\langle L^{2}\rangle/4S_{0}^{2} \tag{6}$$

Here, the mean-square angular momenta, $\langle L^2\rangle$, were obtained from the calculations of the coupled channels model [12], and the values of $S_0^2$ were calculated in terms of Eq. (1).

Displayed in Fig. 1 are the fragment anisotropies of fusion-fission reactions for all the three systems studied as a function of $\langle L^2\rangle/S_0^2$. The solid and open symbols indicate the experimental data and the theoretical predictions of SCTS, respectively. In these calculations, the transmission coefficients, $T_l$, were obtained from the coupled-channel model [12] as mentioned before. The straight line in Fig. 1 represents the approximate relation (6). It may be seen that the measured fragment anisotropies are obviously inconsistent with the theoretical predictions of SCTS. For $\langle L^2\rangle/4S_0^2<1.0$, SCTS underpredicts the experimental observations, while for $\langle L^2\rangle/4S_0^2>1.0$, it overpredicts the experimental data. That is to say, the trends of fragment anisotropies as a function of $\langle L^2\rangle/4S_0^2$ are quite different between the experimental observations and the theoretical predictions of SCTS.

The experimental values of $\langle K^2\rangle$ can be estimated from the measured fragment anisotropies [5]. If a thermal equilibrium is established at scission-point, then we can expect that the excitation energy associated with each spin model is $T_{SC}/2$. Therefore, for the tilting mode characterized by quantum number $K$, we have

$$\frac{\langle K^{2}\rangle}{2J_{\parallel}}=\frac{1}{2}T_{SC} \tag{7}$$

Here, the moments of inertia $J_{\parallel}$ were estimated in terms of Eq. (2). The results of $\langle K^2 \rangle / 2J_{\parallel}$ for the three reaction systems studied are shown in Fig. 2 plotted as a function of nuclear temperature, $T_{SC}$. The solid straight line in the figure represents the relationship (7). It can be found that the experimental results deviate from the statistical prediction dramatically. As far as we know, SCTS belongs to the category of statistical theory. If the statistical equilibrium is not established at scission-point as shown in Fig. 2, then the model will lose its firm base.

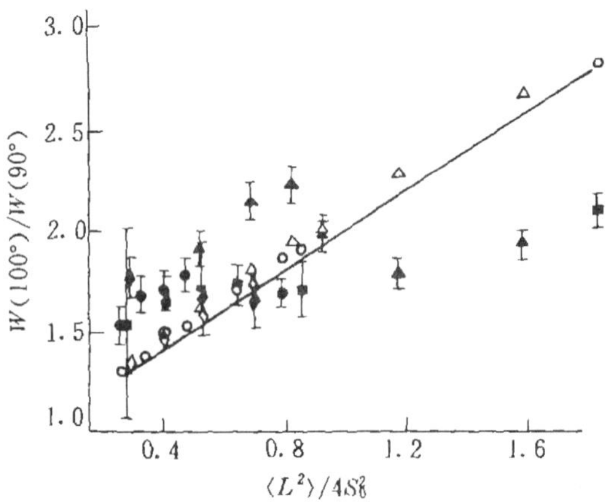


**Fig. 1.** Fragment anisotropies as a function of $\langle L^2 \rangle / 4S_0^2$. The solid and open symbols are the experimental data and the predictions of SCTS, respectively; —— approximate relation (6). ● and ○, $^{16}O+^{232}Th$; ▲ and △, $^{19}F+^{232}Th$; ◆ and ◇, $^{16}O+^{238}U$; ■ $^{16}O+^{232}Th$ (Back et al.).

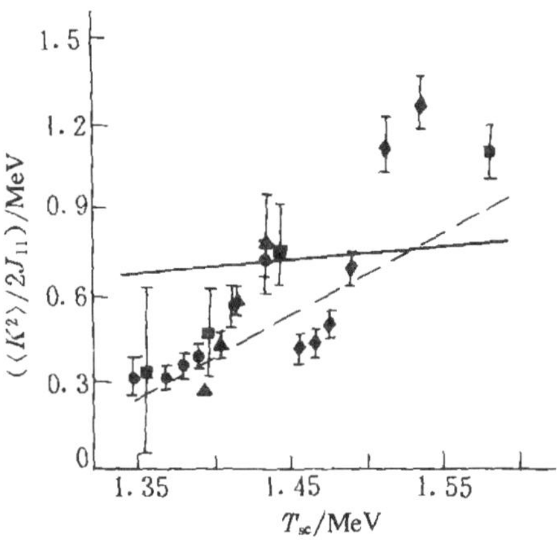


**Fig. 2.** The excitation energy associated with tilting mode as a function of nuclear temperature at scission- point. —— assumption of thermal equilibrium, – – – least square fit of the experimental data, $\langle K^2 \rangle / (2J_{\parallel}) = -3.737+2.943T_{SC}$. ● $^{16}O+^{232}Th$, ◆ $^{19}F+^{232}Th$, ▲ $^{16}O+^{238}U$, ■ $^{16}O+^{232}Th$ (Back et al.).

In summary, we have successfully separated fusion-fission from transfer-induced fission in terms of the fragment folding angle technique, and measured the fusion-fission cross sections and fragment angular distributions for the reaction systems of $^{16}O+^{232}Th$, $^{19}F+^{232}Th$, $^{16}O+^{238}U$ at near- and sub-barrier energies. The experimental fission excitation functions [5] are in quite good agreement with the predictions of the coupled-channel theory. However, the experimental fragment anisotropies obviously deviate from the theoretical calculations of SCTS. As a basic test of SCTS, we have compared the excitation energy carried by tilting mode, $\langle K^2 \rangle / 2J_{\parallel}$, where values of $\langle K^2 \rangle$ were extracted from the experimental anisotropies, with the statistical prediction represented by the solid straight line in Fig. 2. It was found that the statistical equilibrium is not established at scission-point as shown by the dramatic deviation between the experimental observations and the statistical assumption. Therefore, it seems to us that SCTS also fails to explain the anomaly observed in the sub-barrier fusion-fission reaction.

**REFERENCES**

1 Vandenbosh R, and Huizenga J R. Nuclear Fission. New York: Academic Press, 1973.

2 Back B B, Betts R R, Gindler J E, et al. Angular Distributions in Heavy Ion Induced Fission. Phys Rev, 1985, C32: 195.

3 Vandenbosch R, Murakami T, Sahm C-C, et al. Anomalously Broad Spin Distributions in Sub-barrier Fusion Reactions. Phys Rev Lett, 1986, 56: 1234.

4 Zhang H Q, Xu J C, Liu Z H, et al. Anomalous Anisotropies of Fission Fragment Angular Distributions in Sub-Barrier Fusion Fission Reaction. Phys. Lett, 1989, B218: 133.

5 Zhang H Q, Liu Z H, Xu J C, et al. Anomalous Anisotropies of Fission Fragments in Near- and Sub- Barrier Complete Fusion- Fission Reactions of $^{16}O+^{232}Th$, $^{19}F+^{232}Th$, and $^{16}O+^{238}U$, Phys Rev, 1994, C49, in press.

6 Ramamurthy V S, Kapoor S S. Interpretation of Fission-Fragment Angular Distributions in Heavy-Ion Fusion Reactions. Phys Rev Lett, 1985, 54: 178.

7 Gregoire C, Ngo C. Three Dissipative Regimes in Heavy Ion Reactions –a Macroscopic Dynamical Model. Phys Lett, 1985, B99: 17.

8 Swiatecki W J. The Dynamics of Nuclear Coalescence or Reseparation. Phys Scr, 1981, 24: 113.

9 Bond P D. Fission-Fragment Angular Distribution. Phys Rev Lett, 1984, 52: 414.

10 Rossner H H, Huizenga J R, Schroder W U. Statistical Scission Model of Fission Fragment Angular Distributions. Phys Rev Lett, 1984, 53: 38.

11 Bond P D. Reexamination of Fission Fragment Angular Distributions and the Fission Process: Formalism. Phys Rev, 1985, C32: 471.

12 Fernandez-Niello J, Dasso C H, Landowne S. CCDEF -a Simplified Coupled-Channel Code for Fusion Cross Sections Including Static Nuclear Deformations, Comp. Phys. Comm. 1989, 54: 409.

13 Viola V E, Kwiatkowski K, Walker M. Systematics of Fission Fragment Total Kinetic Energy Release. Phys Rev, 1985, C31: 1550.

14 Rossner H, Hinde D J, Leigh J R, et al. Influence of Pre-Fission Particle Emission on Fragment Angular Distributions Studied for $^{208}Pb(^{16}O,f)$, Phys Rev, 1992, C45: 719.

15 Hinde D J, Ogata H, Tanaka M, et al. Systematics of Fusion-Fission Time Scales. Phys Rev, 1989, C39: 2268.

16 Back B B, Betts R R, Fernandez P, et al. Fission at Sub-Barrier Energies. Presented at the Sixth Winter Workshop on Nuclear Dynamics, Jackson Hole, Wyoming, USA, 1990.

# Preequilibrium fission for low angular momentum①

Zuhua Liu, Huanqiao Zhang, Jincheng Xu, Yu Qiao, Xing Qian , Chengjian Lin

*China Institute of Atomic Energy, Beijing 102413, China*

Received 4 January 1995; revised manuscript received 28 March 1995
Editor: R.H. Siemssen

**Abstract**

We have compared the fragment anisotropies of $^{11}B + ^{237}Np$ and $^{16}O + ^{232}Th$ which both populate the same fissioning system $^{248}Cf$. The data clearly show the evidence of the entrance-channel dependence of fission-fragment anisotropies. A new version of the preequilibrium fission model is put forward. In the framework of this model, the discrepancy between the experimental mean-square angular momentum $\langle J^2 \rangle_{exp.}$ and the prediction of the coupled-channels model, $\langle J^2 \rangle_{theory}$ is reasonably removed.

The angular momentum distributions or its moments in sub-barrier fusion reactions have recently been extensively reviewed by Vandenbosch [1] and by DiGregorio and Stokstad [2]. They conclude that the coupled channel calculations give a reasonable self-consistent account of both fusion excitation functions and angular momentum data obtained from isomer ratio measurements and gamma-ray multiplicities for all the systems with the exception of $^{64}Ni + ^{100}Mo$ and $^{80}Se + ^{80}Se$. Very recently, Rehm et al. [3], remeasured the fusion cross sections for $^{64}Ni + ^{100}Mo$. Contrary to the results of previous studies, good agreement between the experimental data and the results of the coupled channels calculations is obtained for both excitation function and spin distributions for $^{64}Ni + ^{100}Mo$. As for fusion–fission reactions, although the theoretical fusion–fission cross sections show very good agreement with experiments, the models dramatically fail to predict the measured mean-square angular momentum $\langle J^2 \rangle_{exp.}$ values which have been deduced from fission-fragment anisotropies [4,5]. Because, within a given model, the energy dependence of the fusion cross section and angular momentum distributions are intimately related, any successful theoretical model must account for both of them simultaneously. Therefore, the above discrepancy has caused sub-barrier fusion–fission to be of high interest for years.

It is quite puzzling what is responsible for this discrepancy. In order to search for the origin of the discrepancy, we have expended much effort [5,6] including the elimination of the effect of transfer-induced fission on fragment anisotropy and systematic analyses of experimental data in terms of various theoretical models. In one of our works [6], we have shown the signature of non-equilibrium fission in sub-barrier fusion reactions with projectile mass $A_P < 20$. If this is true, then non-equilibrium fission might be the underlying physics responsible for the anomalous anisotropies observed in heavy-ion-in-

① Physics Letters B,1995,353:173-178.

duced fusion–fission at near- and sub-barrier energies. To test this assumption, one could populate the same compound system at the same excitation energy through different target–projectile combinations. For this purpose, we have chosen systems of $^{11}B+^{237}Np$ and $^{16}O+^{232}Th$ which both populate the fissioning system $^{248}Cf$. In a recent work, Ramamurthy et al. [7] have shown evidence of an entrance-channel dependence of fission-fragment anisotropies. The results of our measurements give a more strict verification of their conclusion. Based on the experimental observations, in this letter we put forward a new version of the preequilibrium fission model, which is different from the assumptions of Ramamurthy and Kapoor [8]. With our model, the puzzling discrepancy mentioned above is reasonably removed.

The experiments were carried out with a collimated $^{11}B$ beam from the HI-13 tandem accelerator at the China Institute of Atomic Energy, Beijing. The target being $^{237}Np$ was about 350 $\mu g/cm^2$ thick. A Si(Au) detector was placed at $-20°$ relative to the beam direction as a monitor to detect elastic scattering. Fission fragments were detected by two $X$–$Y$ position sensitive double grid avalanche counters, each with an active area of $25\times20$ cm$^2$, placed at either side of the beam. In terms of the fragment folding-angle technique, we have successfully separated fusion–fission (FF) from transfer-induced fission (TF), and measured the fragment angular distributions of the FF component for the $^{11}B+^{237}Np$ system at near- and sub-barrier energies. The measured FF angular distributions were extrapolated to 0° in terms of the Legendre polynomial with even terms, and the corresponding fragment anisotropies, $A_{exp}$ were obtained with an extrapolation error of $\sim5\%$. The fusion–fission cross section $\sigma_F(E)$ was obtained by integrating the Legendre polynomial fit of the angular distribution and normalizing it to the Rutherford cross section. The experimental details were described elsewhere [5]. The experimental $\sigma_F(E)$ can be well reproduced by a coupled-channels analysis [9]. The angular momentum distributions and its second moment $\langle J^2\rangle_{theory}$ were extracted from these calculations.

Fig. 1 shows the fragment anisotropy as a function of excitation energy for the systems $^{11}B+^{237}Np$ and $^{16}O+^{232}Th$ [5,10] which both populate the same

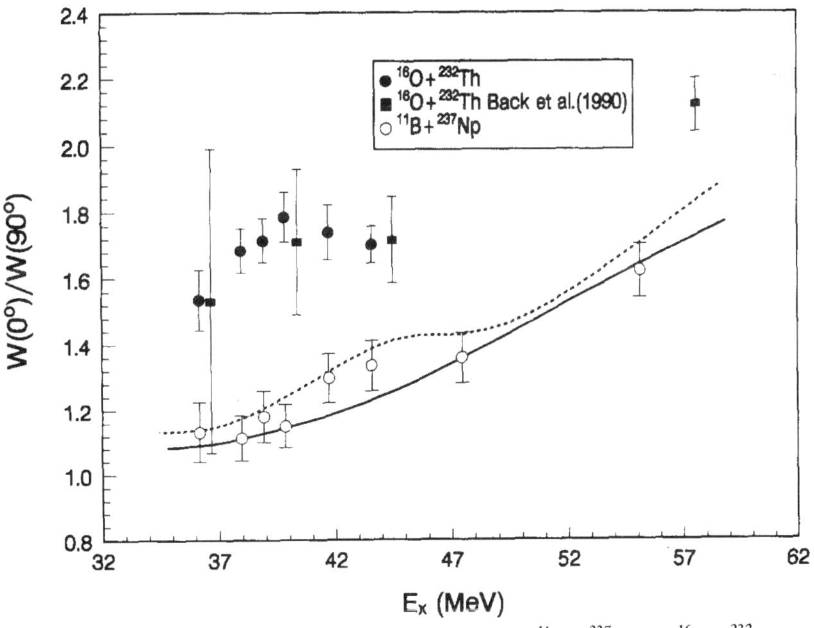


Fig. 1. Fission-fragment anisotropy as a function of excitation energy for the systems $^{11}B+^{237}Np$ and $^{16}O+^{232}Th$ which both populate the same fissioning nucleus $^{248}Cf$. The solid and dashed lines are the predictions of SPTS for $^{11}B+^{237}Np$ and $^{16}O+^{232}Th$, respectively.

composite system $^{248}$Cf. The solid and dashed lines in the figure represent the theoretical predictions of the saddle-point transition-state model (SPTS) with the effective moment of inertia $\mathscr{G}_{eff}$ derived from the rotating finite-range model (RFLDM) [11] and the angular momentum distributions taken from the above coupled channel calculations. At the same excitation energy, the angular momentum distributions are slightly different for these systems. Besides, $^{11}$B and $^{237}$Np have non-zero spins which were taken into account in the calculations of the fragment anisotropies. Therefore, the theoretical anisotropies are somewhat different for the two systems of $^{11}$B + $^{237}$Np (solid line) and $^{16}$O + $^{232}$Th (dashed line). It may be seen from the figure that there exists a distinguishable difference of the experimental data between $^{11}$B + $^{237}$Np and $^{16}$O + $^{232}$Th. For the former case with the entrance-channel mass asymmetry $\alpha$ greater than the Businaro–Gallone (BG) critical mass asymmetry [12] ($\alpha_{BG}$ is about 0.9 for the range of composite nuclei studied), the measured fragment anisotropies are in general agreement with the predictions of SPTS. For the latter case with $\alpha < \alpha_{BG}$, the measured fragment anisotropies obviously deviate from the SPTS calculations. It should be pointed out that the measurements of Ramamurthy et al. [7] included both the FF and TF components in the observed fission events, while in our experiments the TF events have been excluded. Furthermore, we have chosen reaction systems populating the same composite nucleus with the same excitation energies lying on different sides of the BG mass critical asymmetry. Therefore, as mentioned above, our results give a more reliable evidence for the entrance-channel dependence of fragment anisotropies. Since it is quite unlikely to form the same compound nucleus with the same excitation energy but different behavior, the above observation leads us to the conjecture that the composite system of $^{16}$O + $^{232}$Th goes to fission without the experience of the spherical compound-nucleus stage.

Displayed in Fig. 2 is the ratio $\langle J^2\rangle_{exp.}/\langle J^2\rangle_{theory}$ as a function of $E_{c.m.}/V_B$. Here $E_{c.m.}$ and $V_B$ are the energy in the center-of-mass system and the height of the fusion barrier, respectively. Data of $\langle J^2\rangle_{exp.}$ were extracted from the measured fragment anisotropies in terms of the relationship $A_{exp.} = 1 + \langle J^2\rangle_{exp.}/4K_0^2$ with the variance of $K$ (projection of

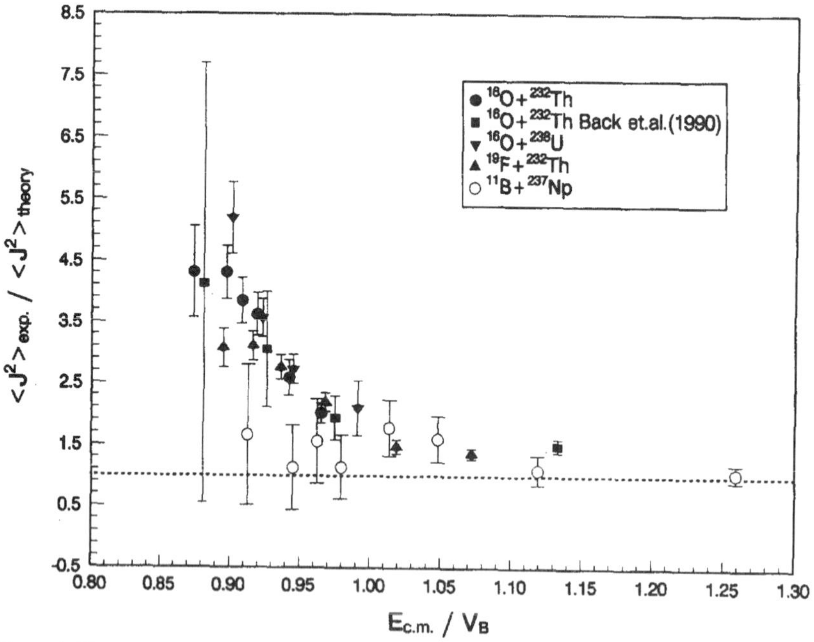


Fig. 2. The ratio $\langle J^2\rangle_{exp.}/\langle J^2\rangle_{theory}$ as a function of $E_{c.m.}/V_B$. Data of $\langle J^2\rangle_{exp.}$ were extracted from the measured fragment anisotropies in terms of $K_0^2$ calculated at the saddle-point configuration.

$J$ on the nuclear symmetry axis) distribution, $K_0^2$ calculated at the saddle-point configuration. For the reaction systems with $\alpha < \alpha_{BG}$, the results [5,10] represented by solid symbols in Fig. 2 all follow the same trend. At near- and sub-barrier energies $\langle J^2 \rangle_{exp.}$ is obviously greater than $\langle J^2 \rangle_{theory}$. As the bombarding energy increases over the fusion barrier, $\langle J^2 \rangle_{exp.}$ gradually tends to coincide with the theoretical prediction. As for the system with $\alpha > \alpha_{BG}$, the data are in general agreement with the theoretical calculations. It has been suggested that the deviation from the standard theory is an indication of the failure of the compound-nucleus formation in the reaction [13]. Therefore, the above observation again shows the evidence of a non-equilibrium fission with memory of the entrance channel for systems with $\alpha < \alpha_{BG}$ and $A_P < 20$ at near- and sub-barrier energies. This conclusion seems to conflict with the earlier observations [14–16] of the onset of non-equilibrium fission at GSI that show evidence of quasi-fission or fast-fission only for reactions with projectile mass $A_P \geq 24$. However, it should be noted that we are dealing with the problem in a quite different energy region from the ones studied at GSI. Actually, the path of fusion–fission depends both on the entrance-channel mass asymmetry [11] and the bombarding energy [17]. When the entrance-channel mass asymmetry in a heavy-ion fusion reaction is continuously varied, a qualitative change in the fusion path is expected to take place across the BG critical point. Meanwhile, as the bombarding energy is continuously increased from sub-barrier to well-above-barrier, a qualitative change in the fusion path would also take place [17].

It is well established that as compared to kinetic energy and mass asymmetry relaxations, the shape relaxation towards the spherical compound-nucleus is slower. Thus there is a long way between the contact of two reaction partners and the eventual formation of the fully relaxed compound-nucleus, and therefore, plenty of chance to proceed towards fission without shape equilibration. As compared with shape relaxation, the $K$ degree of freedom, or tilting spin mode is expected to have an even longer relaxation time. Recent results [18] of heavy-ion-induced fusion–fission show evidence that in some cases the tilting mode is quite far from reaching an equilibrium value appropriate to the saddle shape within the available reaction time. Therefore, it seems to us that fission before $K$ full equilibration might be the origin responsible for the anomalous fragment anisotropies observed at near- and sub-barrier energies.

The above assumption about preequilibrium fission meets qualitative support from the theoretical model of Døssing and Randrup [19]. They studied the dynamical evolution of angular momentum in damped nuclear reactions, and derived the coupled equations governing the evolution of the in-plane covariances for symmetric dinuclear systems. These coupled equations have approximate analytic solutions. For the variance of the $K$ distribution, it can be approximately expressed as

$$\sigma_K^2 = \sigma_K^2(\infty)\left[1 - \exp\left(-q w_R^2 t\right)\right] \tag{1}$$

with $q \approx 2\mathscr{G}_R\mathscr{G}_t/M^{LL}\mathscr{G}_0$. $M^{LL}$ is the mobility tensor relating to the orbital angular momentum $L$. The moments of inertia $\mathscr{G}_R$, $\mathscr{G}_t$, $\mathscr{G}_0$ will be explained later. Apart of the quantities included in the variable $q$, Døssing and Randrup derived their dynamical equations from general principles of rotational motions, that are irrespective of the special configuration of the nuclear reaction system. Therefore, if taking $q$ as a parameter, it may be reasonable to apply the approximate solution (1) to heavy-ion-induced fusion–fission reaction. As mentioned above, the expression of $\sigma_K^2$ is obtained under the condition of a symmetric nuclear configuration which is not fulfilled before mass asymmetry relaxation. However, this problem might also be obscured to some degree by using $q$ as a parameter.

In principle, the evolution of $\sigma_K^2$ is governed by the dynamical equations. However, for the sake of simplicity, we estimate the rotational frequency $w_R$ in terms of the ensemble average of $L$, which tends to $(\mathscr{G}_R/\mathscr{G}_0)J$ after a short relaxation time as pointed out by Døssing and Randrup. The moments of inertia $\mathscr{G}_R$, $\mathscr{G}_t$, $\mathscr{G}_0$ vary with time. It is tedious and very difficult to calculate them numerically. Somewhat arbitrarily we assume that they are proportional to the relevant values of the saddle-point configuration, i.e., $\mathscr{G}_t = c_1\mathscr{G}_{\parallel}$, $\mathscr{G}_0 = c_2\mathscr{G}_{\perp}$, and $\mathscr{G}_R = c_3(\mathscr{G}_{\perp} - \mathscr{G}_{\parallel})$, and independent of time. $\mathscr{G}_{\parallel}$ and $\mathscr{G}_{\perp}$ are the moments of inertia rotating around the symmetric and perpendicular axes at the saddle-point, respectively. They are calculated in terms of RFLDM.

The equilibrium value of $\sigma_k^2$ is determined by the saddle-point configuration

$$K_0^2 = \mathscr{G}_{\text{eff}} T_{\text{sad}} / \hbar^2, \tag{2}$$

where the effective moment of inertia is defined by $\mathscr{G}_{\text{eff}} = \mathscr{G}_{\parallel}\mathscr{G}_{\perp}/(\mathscr{G}_{\perp} - \mathscr{G}_{\parallel})$ and the nuclear temperature, $T_{\text{sad}}$ is calculated at the saddle-point. Then, the final expression of $\sigma_k^2$ for preequilibrium fission is

$$\sigma_k^2(J) = K_0^2[1 - \exp(-\mathscr{G}J^2)], \tag{3}$$

with $\mathscr{G} = c\mathscr{G}_{\parallel}^2/\mathscr{G}_{\perp}^2\mathscr{G}_{\text{eff}}$ and constant $c = 2c_1c_3\tau_f/c_2^3M^{LL}$. Here, $\tau_f$ is the fission lifetime and the total angular momentum $J$ is in units of $\hbar$. The approximation of $\mathscr{G}$ is rather drastic. However, we find that the form of $\mathscr{G}$ is not very important for our purpose. It is well established that in the energy region of $E_{\text{c.m.}} > V_B + F$, the effects of the couplings between the entrance-elastic-channel and the quasi-elastic-channels disappear and the extraction of $\langle J^2 \rangle$ values is straightforward. Here $F$ is the total coupling strength. In order to avoid the complexities introduced by these couplings, we have estimated the constant $c$ from the $\langle J^2 \rangle$ and anisotropy values in $E_{\text{c.m.}} > V_B + F$ energy region based on Back's data [10] for the $^{16}O + ^{232}Th$ system. The obtained value of the constant $c$ is 2.238. We have applied Eq. (3) with $c = 2.238$ to the systems of $^{16}O + ^{232}Th$, $^{19}F + ^{232}Th$ and $^{16}O + ^{238}U$ at all near- and sub-barrier energies, and got good results.

The above discussions can be summarized as follows:

(1) The critical entrance-channel mass asymmetry, $\alpha_{BG}$ is the watershed between compound-nucleus fission ($\alpha > \alpha_{BG}$) and preequilibrium fission ($\alpha < \alpha_{BG}$).

(2) In the case of $\alpha < \alpha_{BG}$, the variance of the $K$ distribution, $\sigma_K^2$ depends on angular momentum $J$ as shown by Eq. (3).

Eq. (3) implies that the lower the angular momentum $J$ is, the farther is $\sigma_K^2$ deviating from its equilibrium value. This is the key point of the present model. Due to the fact that the contribution of low angular momenta to the total fusion cross section decreases as the bombarding energy increases, the prediction of our model gradually tends to coincide with the expectations of SPTS as the bombarding energy increases over $V_B$. This trend is in agreement with the experimental observations.

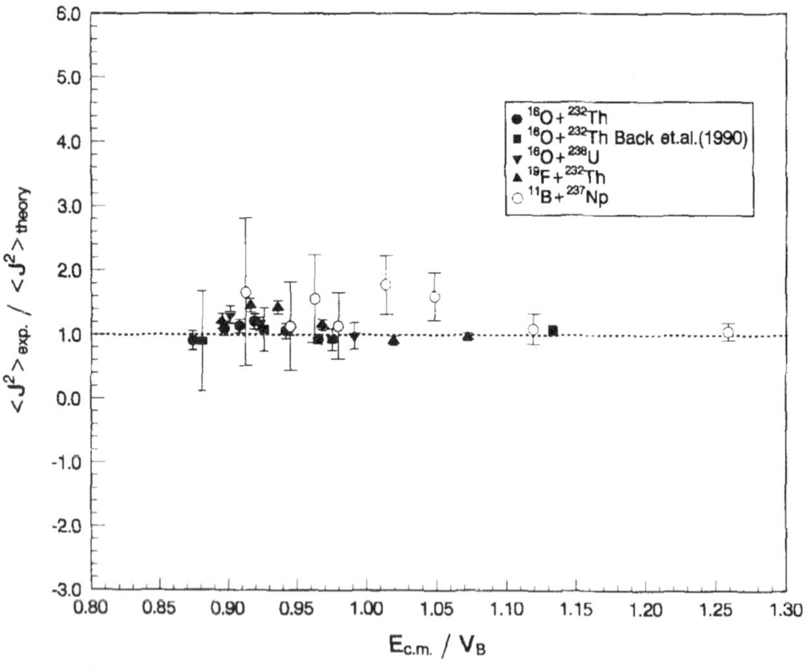


Fig. 3. The ratio, $\langle J^2 \rangle_{\text{exp.}}/\langle J^2 \rangle_{\text{theory}}$ as a function of $E_{\text{c.m.}}/V_B$. For the systems with $\alpha < \alpha_{BG}$, the values of $\langle J^2 \rangle_{\text{exp.}}$ were extracted from the measured fragment anisotropies in terms of $\langle \sigma_K^2(J) \rangle$ calculated with Eq. (4).

In the framework of the above preequilibrium fission model, for the reaction systems with $\alpha < \alpha_{BG}$, we have re-extracted the mean-square angular momentum $\langle J^2 \rangle_{exp.}$ from the measured fragment anisotropy in terms of the average value of $\sigma_K^2(J)$, defined as

$$\langle \sigma_K^2(J) \rangle = \frac{\sum_{J=0}^{\infty} \sigma_F(J)\, \sigma_K^2(J)}{\sum_{J=0}^{\infty} \sigma_F(J)}. \tag{4}$$

Here, $\sigma_F(J)$ is the partial wave fusion cross section of the coupled channel calculation. The results of $\langle J^2 \rangle_{exp.} / \langle J^2 \rangle_{theory}$ are displayed in Fig. 3. The open circles are the results of $^{11}B + ^{237}Np$, which are the same as shown in Fig. 2. It may be seen from Fig. 3 that the agreement between $\langle J^2 \rangle_{exp.}$ and the predictions of the coupled-channels model, $\langle J^2 \rangle_{theory}$ is impressive.

In summary, we have compared the fragment anisotropies of $^{11}B + ^{237}Np$ and $^{16}O + ^{232}Th$ which both populate the same fissioning system $^{248}Cf$ at the same excitation energies. The experimental data clearly show the entrance-channel dependence of fission-fragment anisotropies. Based on the experimental observations and the theoretical model [19] of Døssing and Randrup, a new version of preequilibrium fission model is put forward. In the framework of this model, the puzzling discrepancy between the experimental mean-square angular momentum $\langle J^2 \rangle_{exp.}$ extracted from fragment anisotropies and the prediction of the coupled-channels model, $\langle J^2 \rangle_{theory}$ is reasonably removed.

We are grateful to Professor Hu Jimin and Professor Thomas Døssing for many useful comments. This research has been supported in part by the National Natural Science Foundation of China under Contract No. 19275067.

## References

[1] R. Vandenbosch, Ann. Rev. Nucl. Part. Sci. 42 (1992) 447.
[2] D.E. DeGregorio and R.G. Stokstad, Phys. Rev. C 43 (1991) 265.
[3] K.E. Rehm et al., Phys. Lett. B 317 (1993) 31.
[4] R. Vandenbosch et al., Phys. Rev. Lett. 56 (1986) 1234.
[5] H.Q. Zhang et al., Phys. Rev. C 49 (1994) 926.
[6] Z.H. Liu et al., Phys. Rev. C 50 (1994) 1717.
[7] V.R. Ramamurthy et al., Phys. Rev. Lett. 65 (1990) 25.
[8] V.R. Ramamurthy and S.S. Kapoor, Phys. Rev. Lett. 54 (1985) 178.
[9] J. Fernandez-Niello, C.H. Dasso and S. Landowne, Comput. Phys. Commun. 54 (1988) 409.
[10] B.B. Back et al., Fission at Sub-barrier Energies, Proc. Sixth Winter Workshop on Nuclear Dynamics (Jackson Hole, WY, 1990); and private communication.
[11] A.J. Sierk, Phys. Rev. C 33 (1986) 2039.
[12] U.L. Businaro and S. Gallone, Nuovo Cimento 5 (1957) 315; K.T.R. Davies and A.J. Sierk, Phys. Rev. C 31 (1985) 915.
[13] B.B. Back, Phys. Rev. C 31 (1985) 2104.
[14] B.B. Back et al., Phys. Rev. C 32 (1985) 195; C 33 (1986) 385.
[15] J. Toke et al., Nucl. Phys. A 440 (1985) 327.
[16] W.Q. Shen et al., Phys. Rev. C 36 (1987) 115.
[17] V.S. Ramamurthy et al., Phys. Rev. C 41 (1990) 2702.
[18] B.B. Back et al., Phys. Rev. C 41 (1989) 1495.
[19] T. Døssing and J. Randrup, Nucl. Phys. A 433 (1985) 215.

# Fission before $K$ equilibration ①

Zuhua Liu, Huanqiao Zhang, Jincheng Xu, Yu Qiao, Xing Qian, and Chengjian Lin
*China Institute of Atomic Energy, Beijing 102413, China*
(Received 24 April 1995)

It is demonstrated experimentally that the reaction systems on the different side of Businaro-Gallone critical mass asymmetry ($\alpha_{BG}$) have different characteristics in fusion-fission reactions. Fragment anisotropies resulting from the reactions with the entrance-channel mass asymmetry $\alpha > \alpha_{BG}$ are well described by the saddle-point transition-state model. However, the measured fragment anisotropies for the systems with $\alpha < \alpha_{BG}$ are obviously greater than the predictions of this model at subbarrier and near-barrier energies and gradually tend to coincide with the theoretical expectations as the bombarding energy increasing over fusion barrier. These observations have led us to a suggestion of preequilibrium fission for low angular momentum. The predictions of such a preequilibrium fission model are compared with the available experimental data and it is shown that they can satisfactorily reproduce the observed trends as a function of the bombarding energy for the reaction systems studied. [S0556-2813(96)00507-9]

PACS number(s): 25.70.Jj

## I. INTRODUCTION

It is well known that the saddle-point transition-state (SPTS) model has become the standard theory of fission-fragment angular distributions and received great success since it was proposed. However, in a number of fusion-fission reactions with projectiles heavier than $A_P = 24$ [1], the fission fragment angular distributions are much more anisotropic than predicted by the SPTS model. It has been suggested [2] that this deviation from the standard theory is an indication of the failure for the compound-nucleus formation in the reaction. The suggested reaction mechanisms include fast fission [3] and quasifission [4] which result in a fission-like fragment without going through a well-defined fission saddle point. Recently, the anomalous anisotropies [5,6] have been observed in the angular distributions induced by the reactions with projectiles lighter than $A_P = 20$ at near- and subbarrier energies. To our knowledge, fast fission cannot take place in the low energy cases, because the involved angular momenta are not high enough to make the fission barrier vanished. Very recently, Hinde *et al.* [7] have measured the fission fragment angular distributions for the reaction of $^{16}O + ^{238}U$ at energies around the Coulomb barrier, and found that the fragment anisotropies rise rapidly, then ultimately seem to saturate, as the bombarding energy decreases through the barrier region. They interpreted this observation as collisions with the tips of the target nuclei resulting in quasifission. As an alternative suggestion for the origin of the observed anomaly, Liu *et al.* [8] have put forward a new version of the preequilibrium fission model. In this paper, we will show further experimental evidence for the assumption of preequilibrium fission.

As pointed out by Ramamurthy and Kapoor [9], characterized evidence for preequilibrium fission would be an entrance-channel dependence of the fragment anisotropies for target-projectile combination across the Businaro-Gallone (BG) ridge in mass degree of freedom. Ramamurthy *et al.* [10] recently carried out the measurements of the fragment angular distributions for the reactions induced by projectiles lighter than $A_P = 20$ on the thorium and neptunium targets at above-barrier energies. Their results show an entrance-channel dependence of the fragment anisotropies. However, in their measurements, the observed fission events included both fusion-fission (FF) and transfer-induced fission (TF) components, making the observed dependence somewhat uncertain. In terms of the fragment folding angle technique, we have separated the FF and TF events, and measured the fragment angular distributions of the FF component for several systems with projectiles lighter than $A_P = 20$ at near- and subbarrier energies. Among the measured reaction systems, we have specially chosen $^{11}B + ^{237}Np$ and $^{16}O + ^{232}Th$ which both populate the fissioning nucleus $^{248}Cf$ at the same excitation energies, but on a different side of the BG critical mass asymmetry point. In a letter [8], we have compared the fragment anisotropies as a function of excitation energy for the systems of $^{11}B + ^{237}Np$ and $^{16}O + ^{232}Th$, and found that there exist distinguishable differences in the experimental data between these systems. From the above statements, it may be seen that our results would give more reliable evidence for the entrance-channel dependence of the fragment anisotropies. Besides, we found that the near- and subbarrier data could provide much clearer evidence of this entrance-channel dependence than the above-barrier data. Actually, at well-above-barrier energies, the experimental fragment anisotropies from the reactions with projectiles lighter than $A_P = 20$ are in agreement with the predictions of the SPTS model in which it is assumed that fission is independent of its formation history.

In this paper, we will show our main experimental results and demonstrate experimentally that the reaction systems on a different side of the Businaro-Gallone critical mass asymmetry have different characteristics in subbarrier fusion-fission reactions. Such a characterized behavior in fusion-fission reactions with respect to the entrance-channel mass asymmetry provides further experimental verification of the preequilibrium fission assumption. So far, the puzzling prob-

① Physical Review C,1996,54(2):761-766.

lem of the anomalous fragment anisotropies observed in the subbarrier fusion-fission reactions can be understood on the basis of our preequilibrium fission model.

## II. EXPERIMENTAL PROCEDURE

The experiments were performed using the collimated $^{11}B$, $^{12}C$ beams from the HI-13 tandem accelerator at the China Institute of Atomic Energy, Beijing. The $^{238}U$ and $^{237}Np$ targets were about 350 $\mu g/cm^2$ thick. A Si(Au) detector was placed at $-20°$ relative to the beam direction as a monitor to detect the elastic scattering. Fission fragments were detected by two $X$-$Y$ position sensitive double-grid avalanche counters (DGAC's) with an active area of $25\times20$ $cm^2$, which were placed at either side of the beam. In terms of the difference of the fragment folding angle distributions, we have successfully separated the fusion-fission and transfer-induced fission events, and measured the FF angular distributions for the $^{11}B+^{238}U$, $^{11}B+^{237}Np$, and $^{12}C+^{237}Np$ systems at near- and subbarrier energies. In the process of data treatments, a cut of a horizontal slice of 4 cm was made in the center region of the forward DGAC detector, and the condition $(\theta_{F1})_{c.m.}+(\theta_{F2})_{c.m}=180°\pm2°$ for each event was required. Here, $(\theta_{F1})_{c.m.}$ and $(\theta_{F2})_{c.m.}$ are the emitting angles of the detected particles in the center-of-mass system. The angular range was set wide enough so that all of the fusion-fission events were within this window. The experimental details were described elsewhere [11]. We find that it is very important to set rather strict conditions to rule out the events of the accidental coincidence between the projectilelike particle and fission fragment, because the DGAC detectors are sensitive to projectilelike particles. In the previous treatment of our data [12], we had not imposed this condition, so that these accidental coincidences were not completely ruled out. Therefore, the data published in [12] are wrong and the relevant conclusions are not correct. In order to correct the mistakes, we have reanalyzed the experimental data for the $^{11}B+^{238}U$ and $^{12}C+^{237}Th$ systems.

## III. EXPERIMENTAL RESULTS

The measured FF angular distributions were extrapolated to 0° in terms of the Legendre polynomial with even terms, and the corresponding fragment anisotropies, $A_{expt}$ were calculated. The absolute fusion-fission cross sections were obtained by integrating the Legendre polynomial fit of the angular distributions and normalizing them to the Rutherford scattering cross sections. The experimental errors include the counting statistics, the correction uncertainty of the fragment folding angle distribution overlap and error of the extrapolation of the angular distribution, etc. The total uncertainties for the fragment anisotropies range between 5% and 8%, while for the fission cross sections between 8% and 15%. For the reactions of $^{11}B+^{238}U$, $^{11}B+^{237}Np$, and $^{12}C+^{237}Np$, the detected transfer-fission events are in the range 0.15–2 % of the total fission events. Within the experimental error, the fragment anisotropies before and after correction of the TF component are the same for the $B$ and $C$ induced fission reactions. Our experimental data are summarized in Table I.

### A. Fission excitation function

The theoretical fusion excitation functions were calculated in terms of the coupled-channels model [13]. In these coupled-channel calculations, the effects of the target static deformations ($\beta_2=0.224$, $\beta_4=0.050$ for $^{238}U$ and $\beta_2=0.26$ for $^{237}Np$) were taken into account. The inelastic channels, the 0.7319 MeV state of $^{238}U$ with $\beta_3=0.084$ and the 0.0759 MeV state of $^{237}Np$ with $\beta_2=0.19$, were coupled to the entrance elastic channel in the calculations, respectively. Displayed in Fig. 1 are the excitation functions for the reaction systems of $^{11}B+^{238}U$, $^{11}B+^{237}Np$, and $^{12}C+^{237}Np$. The solid lines in the figure are the results of the coupled-channel calculations. It may be seen from Fig. 1 that the agreement between the experimental and theoretical excitation functions is quite satisfactory for all three systems. The angular momentum distributions $\sigma_F(J)$ and their second moment $\langle J^2\rangle_{theory}$ values were extracted from these calculations.

### B. Entrance-channel dependence of fragment anisotropies

Displayed in Fig. 2 is the ratio, $A_{expt}/A_{theory}$ versus $E_{c.m.}/V_B$. Here $E_{c.m.}$ is the center-of-mass energy, $V_B$ is the height of fusion barrier, and $A_{theory}$ the theoretical fragment anisotropy of the SPTS model. In the treatment of the SPTS model, the $K$ distribution is Gaussian with the variance

$$K_0^2=\mathcal{G}_{eff}T_{sad.}/\hbar^2. \tag{1}$$

Here, the effective moment of inertia $\mathcal{G}_{eff}$ is equal to $\mathcal{G}_{\parallel}\mathcal{G}_{\perp}/(\mathcal{G}_{\perp}-\mathcal{G}_{\parallel})$. $\mathcal{G}_{\parallel}$ and $\mathcal{G}_{\perp}$ are the moments of inertia rotating around the symmetric and perpendicular axes of the nucleus at saddle point, respectively. They were calculated in terms of the rotating finite-range model (RFRM) [14]. $T_{sad.}$ is the nuclear temperature at saddle point,

$$T_{sad.}=\left[\frac{E_{c.m.}+Q-B_f(J)-E_n}{A_{CN}/8}\right]^{1/2}, \tag{2}$$

where $Q$ and $B_f(J)$ are the reaction $Q$ value and fission barrier height of RFRM, respectively. $A_{CN}$ is the mass number of the composite system. $E_n$ is the energy carried away by prefission neutron emission [15,16]. In the calculations of the SPTS model, the angular momentum distributions $\sigma_F(J)$ were taken from the coupled-channels model [13] fit of the measured fusion-fission cross sections. In the figure, $\alpha$ is the entrance-channel mass asymmetry defined as $\alpha=(A_T-A_P)/(A_T+A_P)$. The BG critical mass asymmetry, $\alpha_{BG}$ is about 0.9 for the range of nuclei studied. In order to make a comparison, we also displayed in Fig. 2 the results [11,17] of the reaction systems $^{16}O+^{232}Th$, $^{19}F+^{232}Th$, and $^{16}O+^{238}U$. Some trends in the experimental data are immediately obvious and worth noting. First, the systems on the different side of $\alpha_{BG}$ show different characters in fusion-fission reactions. For the reaction systems with $\alpha>\alpha_{BG}$, the measured fragment anisotropies are in general agreement with the predictions of the SPTS model. On the other hand, for the systems with $\alpha<\alpha_{BG}$, the measured fragment anisotropies are obviously greater than expected on the basis of the SPTS model. Second, in the latter case, the differences between the experimental and theoretical values depend on

TABLE I. The experimental results. $X$ and $\alpha$ are the fissility parameter and entrance-channel mass asymmetry, respectively.

| System | Compound nucleus | $X$ | $\alpha$ | $E_{c.m.}$ (MeV) | $\sigma_F$ (mb) | $A_{expt}$ | $\langle J^2\rangle_{expt}$ [a] | $\langle J^2\rangle_{expt}$ [b] |
|---|---|---|---|---|---|---|---|---|
| $^{11}B+^{238}U$ | $^{249}Bk$ | 0.8134 | 0.9116 | 46.53 | 2.4±0.5 | 1.122±0.074 | 80±49 | |
| | | | | 47.49 | 7.2±1.5 | 1.133±0.066 | 89±44 | |
| | | | | 48.47 | 25.5±5.0 | 1.151±0.066 | 101±44 | |
| | | | | 49.45 | 42.7±8.0 | 1.152±0.076 | 103±52 | |
| | | | | 50.41 | 99±20 | 1.220±0.070 | 150±48 | |
| | | | | 51.39 | 147±30 | 1.255±0.067 | 176±46 | |
| | | | | 52.35 | 231±46 | 1.253±0.057 | 176±40 | |
| | | | | 53.33 | 272±50 | 1.286±0.073 | 200±51 | |
| | | | | 54.29 | 350±70 | 1.323±0.077 | 228±54 | |
| | | | | 56.23 | 451±90 | 1.402±0.082 | 287±59 | |
| $^{11}B+^{237}Np$ | $^{248}Cf$ | 0.8258 | 0.9113 | 49.88 | 3.4±0.8 | 1.133±0.092 | 98±68 | |
| | | | | 51.66 | 15.3±3.2 | 1.114±0.070 | 86±53 | |
| | | | | 52.60 | 30.4±6.1 | 1.181±0.079 | 137±60 | |
| | | | | 53.53 | 53±10 | 1.151±0.069 | 115±53 | |
| | | | | 55.41 | 115±21 | 1.297±0.075 | 230±58 | |
| | | | | 57.28 | 167±34 | 1.335±0.077 | 263±61 | |
| | | | | 61.16 | 501±95 | 1.358±0.077 | 290±62 | |
| | | | | 68.81 | 925±167 | 1.621±0.081 | 533±69 | |
| $^{16}O+^{232}Th$ | $^{248}Cf$ | 0.8258 | 0.8710 | 72.61 | 0.33±0.07 | 1.535±0.091 | 389±66 | 82±14 |
| | | | | 74.49 | 2.0±0.3 | 1.684±0.067 | 505±49 | 127±13 |
| | | | | 75.43 | 3.6±0.5 | 1.715±0.067 | 531±50 | 157±16 |
| | | | | 76.36 | 7.1±0.7 | 1.785±0.074 | 588±55 | 197±20 |
| | | | | 78.24 | 16.2±1.4 | 1.738±0.083 | 560±63 | 231±26 |
| | | | | 80.11 | 34.8±2.2 | 1.701±0.056 | 539±30 | 253±19 |
| $^{19}F+^{232}Th$ | $^{251}Es$ | 0.8337 | 0.8486 | 78.00 | 0.36±0.08 | | | |
| | | | | 80.80 | 2.21±0.42 | 1.913±0.081 | 741±66 | 222±22 |
| | | | | 82.70 | 6.49±0.95 | 2.145±0.080 | 945±66 | 363±27 |
| | | | | 84.50 | 15.2±1.9 | 2.231±0.078 | 1030±65 | 443±31 |
| | | | | 87.40 | 44.6±4.6 | 1.988±0.065 | 846±56 | 431±30 |
| | | | | 92.00 | 169±14 | 1.795±0.063 | 705±60 | 445±34 |
| | | | | 96.80 | 349±20 | 1.953±0.058 | 877±53 | 606±37 |
| $^{12}C+^{237}Np$ | $^{249}Es$ | 0.8361 | 0.9036 | 56.90 | 0.34±0.10 | | | |
| | | | | 57.90 | 1.35±0.36 | | | |
| | | | | 58.86 | 4.5±1.0 | 1.089±0.092 | 68±70 | |
| | | | | 60.72 | 17.3±3.6 | | | |
| | | | | 61.72 | 25.8±4.8 | 1.105±0.070 | 82±55 | |
| | | | | 62.68 | 45.5±8.4 | 1.135±0.070 | 107±55 | |
| | | | | 63.60 | 80±15 | 1.176±0.056 | 141±45 | |
| | | | | 64.58 | 103±17 | 1.253±0.054 | 204±44 | |
| | | | | 66.48 | 174±34 | 1.280±0.059 | 228±48 | |
| | | | | 71.24 | 407±58 | 1.370±0.059 | 318±51 | |
| | | | | 76.01 | 617±76 | 1.523±0.059 | 471±53 | |
| $^{16}O+^{238}U$ | $^{254}Fm$ | 0.8415 | 0.8740 | 76.49 | 5.5±0.9 | 1.771±0.080 | 639±66 | 155±16 |
| | | | | 78.36 | 17.6±1.7 | 1.684±0.058 | 577±49 | 190±16 |
| | | | | 80.24 | 35.9±2.7 | 1.653±0.057 | 561±49 | 227±20 |
| | | | | 84.09 | 122±7 | 1.650±0.138 | 595±126 | 278±31 |

[a]The data of $\langle J^2\rangle_{expt}$ were extracted in terms of the $K_0^2$ values.
[b]The data of $\langle J^2\rangle_{expt}$ were extracted in terms of the $\langle\sigma_K^2(J)\rangle$ values.

bombarding energy. At subbarrier and near-barrier energies, the experimental data deviate from the theoretical calculations. As bombarding energy increasing over $V_B$, the measured anisotropies gradually tend to coincide with the expectations of the SPTS model, which is consistent with Back's observations [18].

### C. The mean-square angular momentum

It is well established that the anisotropy of the fission-fragment angular distribution can be characterized by the approximate relation

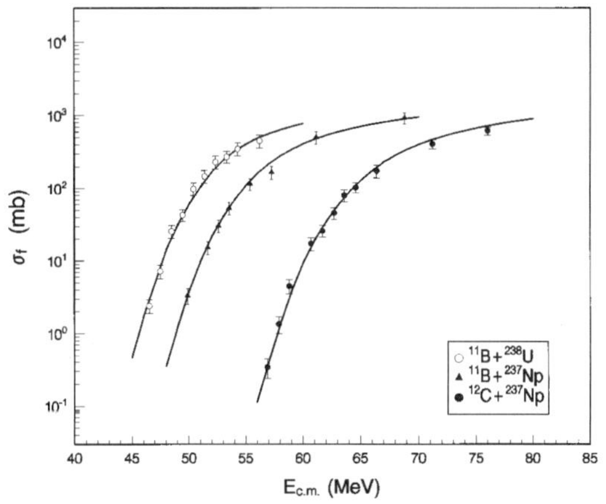


FIG. 1. Fission excitation functions. The solid curves are the results of the coupled-channels calculations.

$$A = 1 + \frac{\langle J^2 \rangle}{4K_0^2}. \tag{3}$$

If the values of $K_0^2$ is known, then the mean-square angular momentum $\langle J^2 \rangle_{\text{expt}}$ of the fissioning nucleus could be inferred from the measured fragment anisotropy. In terms of this approximate relation, the experimental $\langle J^2 \rangle_{\text{expt}}$ data were deduced with the $K_0^2$ values of Eq. (1). The ratio $\langle J^2 \rangle_{\text{expt}} / \langle J^2 \rangle_{\text{theory}}$ is shown in Fig. 3 plotted as a function of $E_{\text{c.m.}}/V_B$. Here, the values of $\langle J^2 \rangle_{\text{theory}}$ were extracted from the coupled-channels model [13] fit of the experimental fusion-fission cross sections. The results shown in Fig. 3 again illustrate the effects of the entrance-channel mass asymmetry on fusion-fission processes. For the systems with $\alpha > \alpha_{\text{BG}}$, the data of $\langle J^2 \rangle_{\text{expt}}$ are in agreement with the expectations of the coupled-channels model. However, for the systems with $\alpha < \alpha_{\text{BG}}$, the results of $\langle J^2 \rangle_{\text{expt}}$ are much greater than the theoretical values, $\langle J^2 \rangle_{\text{theory}}$. It should be

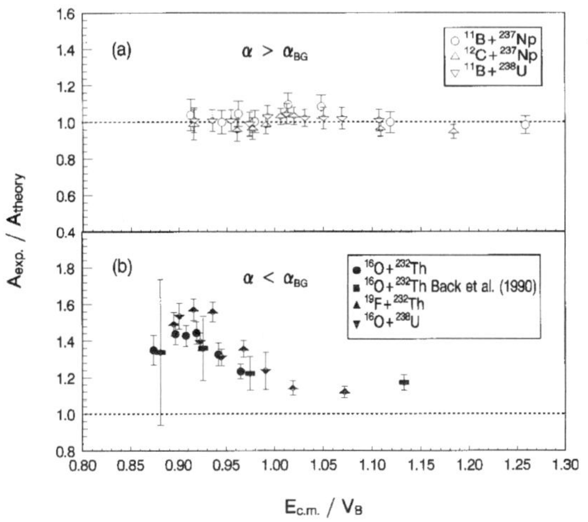


FIG. 2. The ratio of the experimental fragment anisotropy to the value of the SPTS model as a function of $E_{\text{c.m.}}/V_B$ for the systems with $\alpha > \alpha_{\text{BG}}$ (a) and the systems with $\alpha < \alpha_{\text{BG}}$ (b).

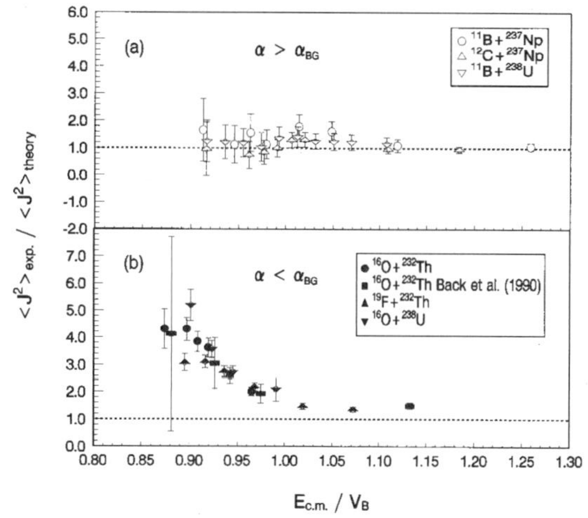


FIG. 3. The ratio, $\langle J^2 \rangle_{\text{expt}} / \langle J^2 \rangle_{\text{theory}}$ as a function of $E_{\text{c.m.}}/V_B$ for the systems with $\alpha > \alpha_{\text{BG}}$ (a) and the systems with $\alpha < \alpha_{\text{BG}}$ (b). Here $\langle J^2 \rangle_{\text{expt}}$ were extracted on the basis of $K_0^2$ values of Eq. (1).

pointed out here that the data of $\langle J^2 \rangle_{\text{expt}}$ were extracted on the basis of the $K_0^2$ values. However, we will show later that this basis might not be correct for the fusion-fission reaction systems with the entrance-channel mass asymmetry $\alpha < \alpha_{\text{BG}}$.

## IV. DESCRIPTION OF PREEQUILIBRIUM FISSION

Our experimental results apparently illustrate the entrance-channel dependence of fragment anisotropies for a target-projectile combination across the Businaro-Gallone ridge in mass degrees of freedom, therefore provide experimental evidence for preequilibrium fission. In the case of low angular momentum for the systems with $\alpha < \alpha_{\text{BG}}$, the relaxation time of $K$ degrees of freedom may be longer than the fission lifetime. If the relaxation process of $K$ degrees of freedom is taken into account, then the variance of the $K$ distribution, $\sigma_K^2$ can be expressed as

$$\sigma_K^2 = K_0^2 \left[ 1 - \exp\left( -\frac{t}{\tau_K} \right) \right], \tag{4}$$

where $\tau_K$ is the relaxation time of $K$ degrees of freedom and $K_0^2$ is the statistical equilibrium value of $\sigma_K^2$, which is given by Eq. (1). Døssing and Randrup [19] studied the dynamical evolution of angular momentum in damping nuclear reactions, and derived the coupled equations which governed the evolution of the $K$ distribution. They have the expression for the relaxation time of $K$ degrees of freedom which depends on the rotational frequency $\omega_R$. Under some approximations [8], we obtained the following equation for preequilibrium fission:

$$\sigma_K^2(J) = K_0^2 [1 - \exp(-\mathcal{G} J^2)] \tag{5}$$

with $\mathcal{G} = 2.238 \mathcal{G}_\parallel^2 / (\mathcal{G}_\perp^2 \mathcal{G}_{\text{eff}})$. We did not adjust any parameters in the calculations with this equation.

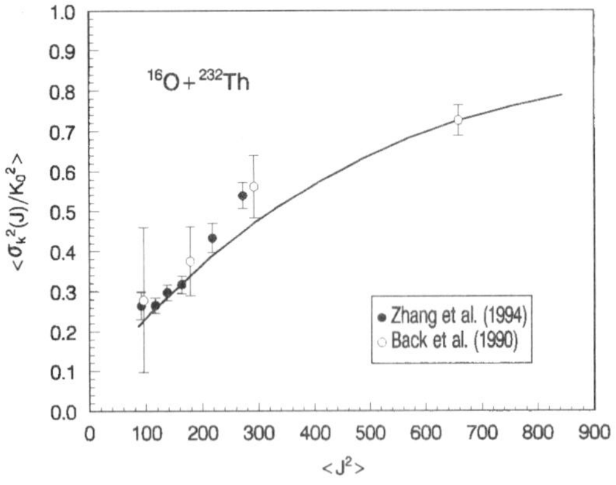


FIG. 4. $\langle\sigma_K^2(J)/K_0^2\rangle$ vs mean-square angular momentum $\langle J^2\rangle$ for the reaction system $^{16}O+^{232}Th$.

Figure 4 shows the ratio $\langle\sigma_K^2(J)/K_0^2\rangle$ versus the mean-square angular momentum $\langle J^2\rangle$. The solid point and open circles are the results extracted from the measured fragment anisotropies [11,17] of the reaction system $^{16}O+^{232}Th$. The solid curve is the theoretical predictions of the preequilibrium fission model in terms of Eq. (5). The average value of $\sigma_K^2(J)/K_0^2$ is defined as

$$\left\langle\frac{\sigma_K^2}{K_0^2}\right\rangle=\frac{\sum_{J=0}^{\infty}\sigma_F(J)[\sigma_K^2(J)/K_0^2]}{\sum_{J=0}^{\infty}\sigma_F(J)}. \tag{6}$$

It may be seen from Fig. 4 that $K$ degrees of freedom has not reached full equilibration for low angular momentum in the fusion-fission reaction of $^{16}O+^{232}Th$. The agreement between the experimental and theoretical results gives support of the exponential dependence of $\sigma_K^2$ on $J^2$. As the value of $J^2$ increases, $\tau_K$ decreases rapidly so that $K$ degrees of freedom achieves its equilibrium distribution at saddle point. Therefore, the preequilibrium fission only takes place at low angular momentum. Due to the fact that the contribution of low angular momenta to the total fusion cross section decreases as the bombarding energy increases, the predictions of our preequilibrium fission model gradually tends to coincide with the expectations of the SPTS model as the bombarding energy increasing over $V_B$. This trend is in agreement with the experimental observations.

To test the availability of our preequilibrium fission model, we have recalculated the theoretical fragment anisotropies in terms of Eq. (5) for the reaction systems with $\alpha<\alpha_{BG}$, and compared the calculated results with the experimental data in Fig. 5. Also displayed in Fig. 5 are the results of the systems with $\alpha>\alpha_{BG}$, where the theoretical fragment anisotropies were calculated by the SPTS model. It is evident that the theoretical predictions are in general agreement with the measured results. Therefore, the anomalous fragment anisotropies from the fusion-fission reactions in the near- and subbarrier energy regions are rather successfully explained by means of our preequilibrium fission model. For the reaction systems with $\alpha<\alpha_{BG}$, we also re-

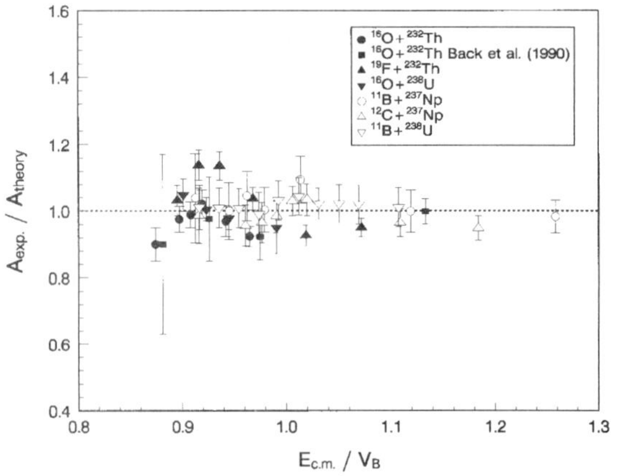


FIG. 5. The ratio $A_{expt}/A_{theory}$ as a function of $E_{c.m.}/V_B$. The values of $A_{theory}$ were calculated in terms of the SPTS model and the preequilibrium fission model for the systems with $\alpha>\alpha_{BG}$ and $\alpha<\alpha_{BG}$, respectively.

extracted the mean-square angular momentum $\langle J^2\rangle_{expt}$ from the measured fragment anisotropies in terms of the average values of $\sigma_K^2(J)$ defined as

$$\langle\sigma_K^2(J)\rangle=\frac{\sum_{J=0}^{\infty}\sigma_F(J)\sigma_K^2(J)}{\sum_{J=0}^{\infty}\sigma_F(J)}. \tag{7}$$

The results of $\langle J^2\rangle_{expt}/\langle J^2\rangle_{theory}$ are displayed in Fig. 6. The open symbols are the results of the systems with $\alpha>\alpha_{BG}$. For these systems, the data of $\langle J^2\rangle_{expt}$ were extracted in terms of $K_0^2$ values of Eq. (1). Figure 7 shows the ratio of the measured fusion-fission cross section to the calculated cross section of the coupled-channels model $\sigma_{expt}/\sigma_{theory}$ as a function of $E_{c.m.}/V_B$ for the reaction systems studied. The results shown in Figs. 6 and 7 lead us to the conclusion that the coupled-channels calculations can give a reasonable self-

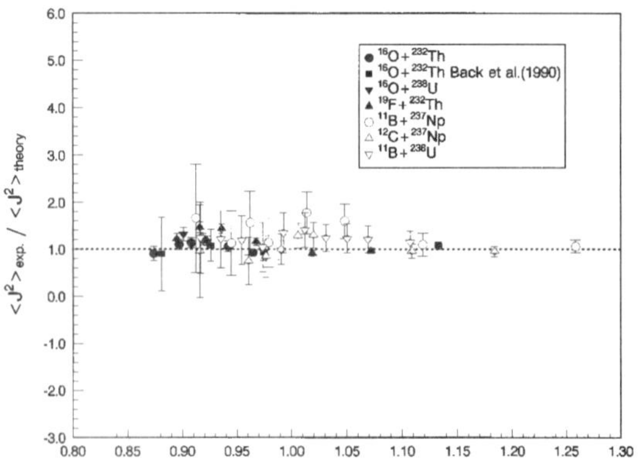


FIG. 6. The ratio $\langle J^2\rangle_{expt}/\langle J^2\rangle_{theory}$ as a function of $E_{c.m.}/V_B$. The data $\langle J^2\rangle_{expt}$ were extracted from the fragment anisotropies on the basis of the $K_0^2$ values of Eq. (1) and the $\langle\sigma_K^2(J)\rangle$ values of Eq. (7) for the systems with $\alpha>\alpha_{BG}$ and $\alpha<\alpha_{BG}$, respectively.

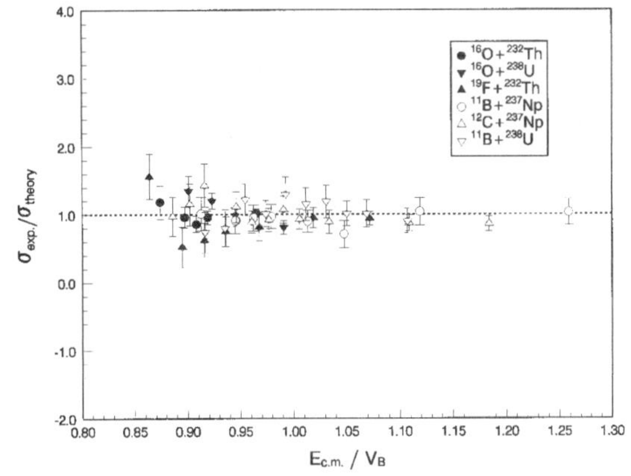


FIG. 7. The ratio of the experimental fusion-fission cross section to the calculated value of the coupled-channels model as a function of $E_{c.m.}/V_B$.

consistent account of both fusion excitation functions and angular momentum data for fusion-fission reactions.

## V. SUMMARY

In the present work, we have demonstrated experimentally that the reaction systems on the different side of the Businaro-Gallone critical mass asymmetry have different characteristics in fusion-fission reactions. For the systems with $\alpha > \alpha_{BG}$, the measured fragment anisotropies are in general agreement with the expectation of the SPTS model. However, for the systems with $\alpha < \alpha_{BG}$, the experimental fragment anisotropies are considerably greater than expectations of the SPTS model at sub-barrier and near-barrier energies and gradually tend to coincide with the theoretical predictions as the bombarding energy increasing over $V_B$. These observations lead us to the suggestion that the composite systems with their entrance-channel mass asymmetry $\alpha < \alpha_{BG}$ proceed towards fission with some memories of the entrance-channel plane. It has to be pointed out that the failure for the spherical compound-nucleus formation is the prerequisite for preequilbrium fission. Under this prerequisite, in the case of low angular momentum, the relaxation time of $K$ degrees of freedom will be longer than fission lifetime. By taking the relaxation process of $K$ degrees of freedom into account, we have the expression of $\sigma_K^2(J)$ for preequilibrium fission. In the framework of our preequilibrium fission model, the puzzling problem of the anomalous fragment anisotropies is successfully solved and the discrepancy between the experimental mean-square angular momenta $\langle J^2\rangle_{expt}$ and the predictions of the coupled-channels model $\langle J^2\rangle_{theory}$ is reasonably removed. Thus, we may conclude that the coupled-channels calculations can give a self-consistent account of both fusion excitation functions and angular momentum data not only for systems leading to nonfissioning nuclei [20,21] but also for systems leading to fissionable nuclei.

[1] L.C. Vaz and J.M. Alexander, Phys. Rep. **97**, 1 (1983).
[2] B.B. Back, Phys. Rev. C **31**, 2104 (1985).
[3] C. Gregoire, C. Ngo, and V. Remand, Phys. Lett. **99B**, 17 (1985).
[4] W.J. Swiatecki, Phys. Scr. **24**, 113 (1981).
[5] R. Vandenbosch, T. Murakami, C.-C. Shahm, D.D. Leach, A. Rag, and M.J. Murphy, Phys. Rev. Lett. **56**, 1234 (1986); T. Murakami, C.-C Shahm, R. Vandenbosch, D.D. Leach, A. Ray, and M.J. Murphy, Phys. Rev. C **34**, 1353 (1986).
[6] H.Q. Zhang, J.C. Xu, Z.H. Liu, J. Lu, K. Xu, and M. Ruan, Phys. Lett. B **218**, 133 (1989); H.Q. Zhang, J.C. Xu, Z.H. Liu, M. Ruan, and K. Xu, Phys. Rev. C **42**, 1086 (1990).
[7] D.J. Hinde, M. Dasgupta, J.R. Leigh, J.C. Mein, C.R. Morton, J.O. Newton, and H. Timmers, Phys. Rev. Lett. **74**, 1295 (1995).
[8] Z.H. Liu, H.Q. Zhang, J.C. Xu, Y. Qiao, X. Qian, and C.J. Lin, Phys. Lett. B **353**, 173 (1995).
[9] V.S. Ramamurthy and S.S. Kapoor, in *Proceedings of the International Conference on Nuclear Physics*, Harrogate, United Kingdom, 1986, edited by J.L. Durell, J.M. Irrine, and G.C. Morrison, IOP Conference Proceedings No. 86 (Institute of Physics, Bristol, 1986), Vol. 1, p. 292.
[10] V.S. Ramamurthy, S.S. Kapoor, R.K. Choudhry, A. Saxena, D.M. Nadkarni, A.K. Mohanty, B.K. Nayak, S.V. Sastry, S. Kailas, A. Chatterjee, P. Singh, and A. Navin, Phys. Rev. Lett. **65**, 25 (1990).
[11] H.Q. Zhang, Z.H. Liu, J.C. Xu, X. Qian, Y. Qiao, C.J. Lin, and K. Xu, Phys. Rev. C **49**, 926 (1994).
[12] H.Q. Zhang, Z.H. Liu, J.C. Xu, X. Qian, S.L. Chen, and L. Lu, Phys. Rev. C **47**, 1039 (1993).
[13] J. Fernandez-Niello, C.H. Dasso, and S. Landowne, Comput. Phys. Commun. **54**, 409 (1989).
[14] A.J. Sierk, Phys. Rev. C **33**, 2039 (1986).
[15] H. Rossner, D.J. Hinde, J.R. Leigh, J.P. Lestone, J.O. Newton, J.X. Wei, and S. Elfstom, Phys. Rev. C **45**, 719 (1992).
[16] A. Saxena, S. Kailas, A. Karnik, and S.S. Kapoor, Phys. Rev. C **47**, 403 (1993).
[17] B.B. Back, R.R. Betts, P. Fernandez, B.G. Glagole, T. Happ, D. Henderson, H. Ikezoe, and P. Bent (unpublished); and private communication.
[18] B.B. Back, R.R. Betts, J.E. Gindler, B.D. Wilkins, S. Saini, M.B. Tsang, C.K. Gelbke, W.G. Lunch, M.A. McMahan, and P.A. Baisden, Phys. Rev. C **32**, 195 (1985).
[19] T. Døssing and J. Randrup, Nucl. Phys. **A433**, 215 (1985).
[20] R. Vandenbosch, Annu. Rev. Nucl. Part. Sci. **42**, 447 (1992).
[21] D.E. DiGregorio and R.G. Stokstad, Phys. Rev. C **43**, 265 (1991).

# Barrier Distributions for Quasi-elastic and Elastic Scattering of $^{16}O+^{152}Sm$ and $^{184}W$①

Zhang Huanqiao, Yang Feng, Lin Chengjian,
Liu Zuhua, Hu Yueming and Wu Yuewei
*China Institute of Atomic Energy, 102413 Beijing, P.R. China*

November 1, 1999

**Abstract**

The targets of statically deformed nuclei $^{152}Sm$ and $^{184}W$ were bombarded by $^{16}O$ beam and the excitation functions of quasi-elastic and elastic scattering were measured at three backward angles. The barrier distributions $D_{qel}(E)$ and $D_{el}(E)$ have been deduced from these excitation functions and compared with fusion barrier distributions extracted from existing fusion excitation functions, spin distributions and the results of the experiments with neighboring isotopes $^{154}Sm$ and $^{186}W$. The agreement is rather good. It shows that the static deformation effect of target leads to the asymmetric barrier distributions. The barrier distributions have been calculated in terms of coupled code ECIS.

## 1 Introduction

The exploration of the fusion process in terms of the barrier distributions has recently attracted much attention in heavy ion collisions at near- and sub-barrier energies. It is now well established that the observed subbarrier fusion enhancement[1] is due to the coupling between the relative motion and the intrinsic degrees of freedom of the colliding nuclei; such as static deformation, collective vibration, inelastic excitation and nucleon transfer, and neck formation (neutron flow) etc. This coupling gives rise to a distribution of fusion barrier rather than a single barrier and passage over the lower barriers is responsible for the fusion enhancement at the lower energies. Information on the nature and strength of the couplings thus lies in the distribution of fusion barriers. The experimental determination of the barrier distribution will provide a stringent test for subbarrier fusion models.

In 1991, Rowley et al.[2] proposed a method to extract the barrier distribution directly from a fusion excitation function which is measured with high precision at small energy

① Proceedings of the International Workshop on Nuclear Reaction and Beyond, Lan Zhou, China. August 24-27, 1999, World Scientific, 2000: 95-105.

intervals, using the second derivative of the product of the energy and the fusion cross section, $E\sigma_{fus}$. The concept of a barrier distribution can be easily visualized classically when one of the colliding nuclei is deformed; this result is in a dependence of the fusion barrier height on the orientation of the deformed nucleus and leads to a continuous distribution of potential barriers which extents below and above the average Coulomb barrier $B_0$. The asymmetric barrier distribution is theoretically predicted due to the static deformation effect.

Inexperiment, the excitation function of fusion cross sections was first measured to a precision of 1% with 0.5 MeV energy intervals for the $^{16}O+^{154}Sm$ system[3]. The extracted distribution of fusion barrier was consistent with that for the deformed target nucleus. However, the quadrupole deformation parameter $\beta_2$ determined from the best fit to the data was significicatly lower than that from Coulomb excitation. According to the modified theory[4] , both quadrupole and hexadecapole deformations for the optimal fit of $^{154}Sm$ fusion data were required. The deformed parameters $\beta_2$ and $\beta_4$ extracted one in agreement with these obtained from nonfusion reactions. In contrast, with the same theory the deformed parameters extracted from $^{16}O+^{186}W$ data[5, 6] were significantly different from the accepted values from nonfusion reactions. In order to understand this problem, we want to study the similar system. In addition, although the barrier distributions were extracted from the fusion excitation function sucessfully, the barrier distributions became less defined at higher energies, because the experimental error increases in proportion to the fusion cross section. The barrier distribution data can not be used to distinguish different model calculations at energies above average barrier. Therefore, looking for an alternative method of defining the barrier distribution at high energies is required. It has been proposed[7, 8] that some information on the barrier distribution for a reaction might be contained in the scattering excitation function at backward angles. In order to examine these methods, we have extracted the barrier distributions from the measured quasi-elastic and elastic scattering excitation functions for the $^{16}O+^{152}Sm$ and $^{184}W$ systems[9, 10] around the Coulomb barrier with high precision in 1 MeV energy intervals.

# 2　Basic relations of the barrier distributions

## 2.1　Fusion barrier distribution

It was recently shown analytically[2] that the distribution of fusion barrier height in a reaction could be extracted directly from a fusion excitation function using the second derivative of product of the energy $E$ and the fusion cross section $\sigma_{fus}(E)$ i.e.

$$D_{fus}(E) = \frac{1}{\pi R_f^2}\frac{d^2(E\sigma_{fus})}{dE^2} \tag{1}$$

where $R_f$ is the fusion radius.

## 2.2 Barrier distribution extracted from the quasi-elastic scattering

It has been proposed[11] that the barrier distrribution can be deduced from the quasi-elastic scatttering excitation function at backward angles as follows

$$D_{qel}(E) \equiv -\frac{d}{dE}\Big(\frac{d\sigma_{qel}}{d\sigma_R}(E)\Big) = -\sum_{k=0}^{n} w_k \frac{d}{dE}\Big(\frac{d\sigma_k}{d\sigma_R}\Big) \tag{2}$$

where $d\sigma_{qel}$ and $d\sigma_R$ are the quasi-elastic and the Rutherford scattering differential cross sections, respectively; $w_k$ is $k$ channel's weight; $d\sigma_k$ is the $k$ channel's quasi-elastic scattering differential cross section.

## 2.3 Barrier distribution extracted from the elastic scattering

Recently, Rowley et al.[12] further proposed that, if the phases $\phi_k$ did not depend too strongly on the eigenchannel $k$, the barrier distribution can be extracted from the elastic scattering excitation fuction. i.e.

$$D_{el}(E) = -\frac{d}{dE}\Big(\frac{d\sigma_{el}}{d\sigma_R}(E)\Big)^{1/2} = -\frac{d}{dE}\sum_{k=0}^{n} w_k \Big|\frac{f_{el}^k}{f_R}e^{i\phi_k}\Big| \approx \sum_{k=0}^{n} w_k G_{el}(E, B_k) \tag{3}$$

where $d\sigma_{el}$ is the elastic scattering differential cross section; $f_{el}^k$ and $f_R$ are the elastic and Rutherford scattering amplitudes, respectively; $B_k$ is the $k$ eigenchannel's barrier height; $G_{el}(E, B_k)$ defines a sharply peaked test function at energy barrier $B_k$. Due to the difficulty of detecting scattered particles at $\theta_{Lab} = 180^o$, the detectors wre set-up at angles as close to $180^o$ as possible. In order to compare the $D_{qel}(E,\theta)$ or $D_{el}(E,\theta)$with the barrier distribution at $180^o$, the scale of former was reduced by the centrifugal energy $E_{cent}$,

$$E_{cent} = E_{c.m.}\frac{cosec(\theta_{c.m.}/2) - 1}{cosec(\theta_{c.m.}/2) + 1} \tag{4}$$

## 2.4 Barrier distribution from the fusion spin distribution

It might be interesting to compare the $D_{qel}(E)$ or $D_{el}(E)$ with the fusion barrier distribution extracted from the spin distribution. The analytic expression[13] of the relation between the fusion barrier distribution and the spin distribution is

$$D_{mon}(E) = -\frac{4\mu^2 {R_f}^2 E_0}{\pi\hbar^4(2\ell+1)^2}\frac{d\sigma_{fus}(E_0,\ell)}{d\ell} \tag{5}$$

where $E = E_0 - \frac{\ell(\ell+1)\hbar^2}{2\mu R_f^2}$, $\mu$ is the reduced mass of the entrance channel; $E_0$ is the incident energy in the center-of-mass system.

# 3 Experimental procedure and results

The experiments were carried out with collimated beam $^{16}O$ in the energy ranges 53.0-75.1 MeV and 60.9-84.2 MeV from the HI-13 MV tandem accelerator at CIAE, Beijing. The isotopically enriched $^{152}Sm$ (98.4% ) and $^{184}W$ (96.4%) targets $100\mu g/cm^2$ in thickness evaporated onto a carbon backing of $20\mu g/cm^2$ with 3 mm in diameter to define the beam profile. Two Si(Au) detectors, located at $+36.0^o$ and $-24.0^o$ with respect to the beam direction, were used to monitor the Rutherford scattering. The defining apertures of the two detectors were 3 mm and 2.5 mm in diameter, respectively, and were both positioned 226 mm from the target. The number of the Rutherford events detected by two monitors was used to normalize the cross section measurements. Three gas ionization chambers with windows 4 mm in diameter positioned at $156^o, 160^o$, and $164^o$ were used to measure the energy loss of the scattered particles. The windows were placed at 127 mm from the target. Each chamber was backed by a Si(Au) detector with 8 mm in diameter,which measured the residual energy. The combined information from these ΔE-E detectors, with energy resolution less than 1.3% , allowed the identification of atomic numbers of the detected nuclei. Therefore, the detector allows to distinguish the ground state from excitation states with $E_x \geq 0.8102$ MeV and $E_x \geq 0.9033$ MeV for $^{152}Sm$ and $^{184}W$, while the inelastic scattering from the three lowest rotational states 0.1218, 0.3665, and 0.7069 MeV and 0.1112, 0.3640, and 0.7438 MeV of the targets $^{152}Sm$ and $^{184}W$ could not be resolve from the measured elastic scattering, respectively.

The CAMAC-MBD-MVAXR system was used for online data acquisition event-by-event. The cross sections were obtained by projecting the two dimensional spectra with gates on O, N, C, and B products. The experimental excitation functions of the quasi-elastic and elastic scattering and transfer reactions at $156^o$, $160^o$, and $164^o$ for the system of $^{16}O+^{152}Sm$ and $^{184}W$ are shown in Figs. 1 and 2, respectively. The incident energies have been corrected for the target thickness. In general, the relative errors of all cross sections are less than %1, except for some transfer data. The theoretical elastic scattering excitation functions were calculated in terms of coupled code ECIS[14]. In the calculations, the used Woods-Saxon parameters are presented in Table 1. The $^{152}Sm$ deformation parameters $\beta_2 = 0.280$, $\beta_4 = 0.092$, and $\beta_6 = 0.010$ were taken from Ref[15] and $^{184}W$

Table 1: Table 1: Wood-Saxon parameters used in ECIS calculations

| System | $V_0(MeV)$ | $W_0(MeV)$ | $r_v(fm)$ | $r_w(fm)$ | $a_v(fm)$ | $a_w(fm)$ | $r_c(fm)$ |
|---|---|---|---|---|---|---|---|
| $^{16}O+^{152}Sm$ | 22.0 | 22.0 | 1.34 | 1.34 | 0.57 | 0.36 | 1.25 |
| $^{16}O+^{184}W$ | 35.0 | 18.0 | 1.313 | 1.313 | 0.457 | 0.457 | 1.10 |

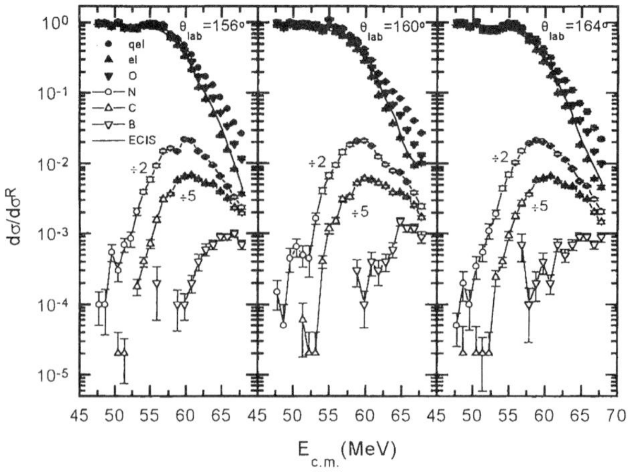


Fig.1 The experimental excitation functions of the quasi-elastic and elastic scattering and transfer reactions at 156°, 160°, 164° for $^{16}O+^{152}Sm$ system.

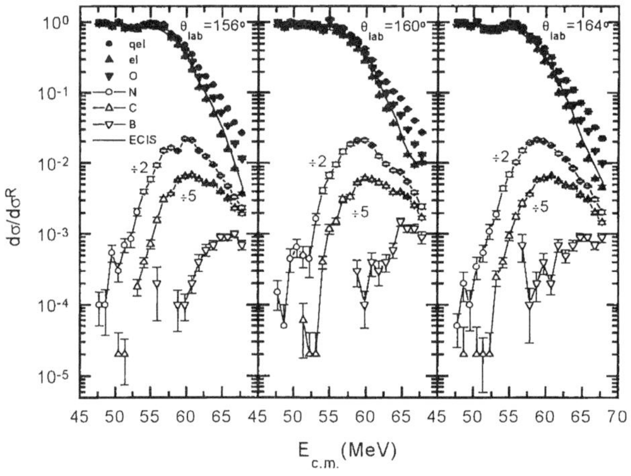


Fig.2 The experimental excitation functions of the quasi-elastic and elastic scattering and transfer reactions at 156°, 160°, 164°for $^{16}O+^{184}W$ system

deformation parameters $\beta_2 = 0.238$ and $\beta_4 = -0.068$, and $\beta_6 = 0.010$ taken from Ref[16]. It should note that the calculations of elastic scattering cross sections included inelastic scattering from the three lowest rotational states of the target nuclei. The theoretical results are shown in solid curves in figures. It can be seen from Figs. 1 and 2 that the agreement between the experimental and theoretical elastic scattering excitation functions is quite satisfactory for all the three angles of two systems. The figures also show that the quasi-elastic and elastic scattering excitation functions monotonically decrease with energy, but there are small oscillations due to diffraction effect in the low energy range. It should be pointed out that the elastic scattering differential cross sections are much larger than that for the other channels at near- and sub-barrier energies, but transfer differential cross sections are comparable with elastic scattering or even larger above the average barrier energy as shown in Fig. 3. This has a great influence on the extraction of the barrier distributions from the excitation functions.

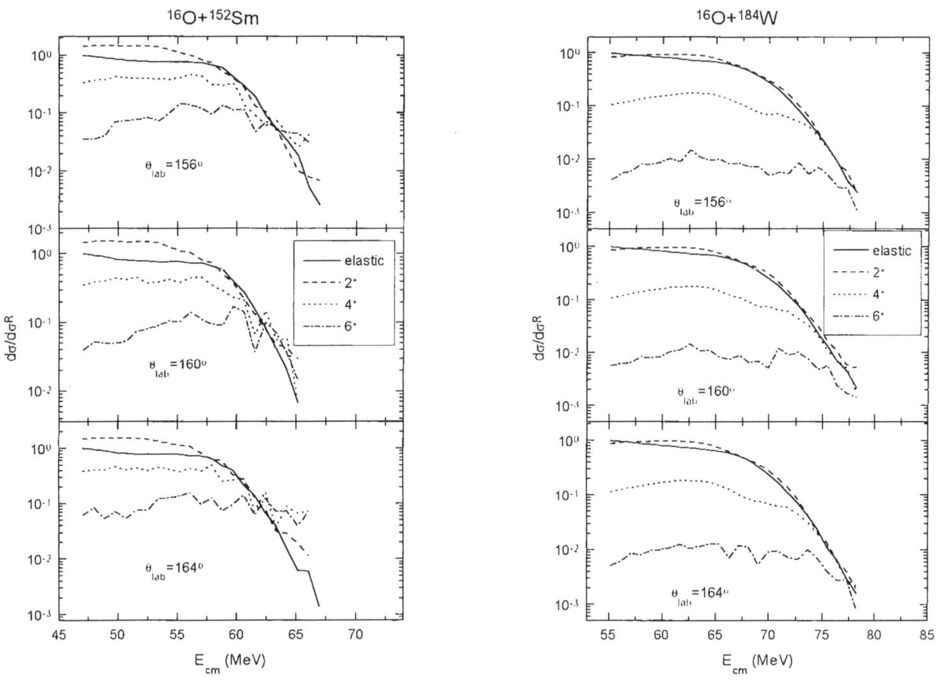


Fig.3 The excitation functions of elastic and inelastic channels at 156°, 160°, 164° for $^{16}O+^{152}Sm$ and $^{16}O+^{184}W$ systems calculated by ECIS79 code.

## 4 Barrier distributions from experimental quasi-elastic and elastic scattering data

According to Eqs.(2) and (3), the barrier distribution $D_{qel}(E)$ and $D_{el}(E)$ have been extracted by a point difference formula applied directly to the experimental quasi-elastic and elastic scattering excitation functions at 156°, 160°, and 164°. The results are shown in Figs. 4 and 5. The energy scales were reduced by the centrifugal energy given in Eq.(4). It can be seen from Figs. 4 and 5 that the shape and magnitude of barrier distributions $D_{qel}(E)$ and $D_{el}(E)$ are very similar for all the three angles. In order to compare the measured barrier distributions with other experimental results, Figs. 6 and 7 show the barricr ditribution $D_{qel}(E)$ and $D_{el}(E)$ extracted from the measured quasi-elastic[11] and elastic[12] scattering excitation functions of $^{16}O+^{154}Sm$ and $^{186}W$ at 170°, respectively. In addition, the fusion excitation function has been obtained from the experimental fusion cross sections[7] at seven energies reproduced by coupled-channels theory for the $^{16}O+^{152}Sm$ fusion reaction.According to Eq.(1), the fusion barrier ditribution $D_{fus}(E)$ was deduced from the fusion excitation function with $\pi R_f^2 = 3420$ mb. These data are also presented in Fig. 6. In fact, this measurement was not high precision and not in small energy intervals. So the fusion barrier distribution is not accuracy. However, the fusion data still reflect the effect of the static deformation of the target nucleus. The results indicate that, the peak position, weight, and shape of the measured barrier distributions $D_{qel}(E)$ and $D_{el}(E)$ at three backward angles for the $^{16}O+^{152}Sm$ and $^{184}W$ systems are consistent with each other, respectively. There are small phase slights at different angles. The slights were also found in theoretical calculations[11]. Secondly, the peak positions, weight, and shapes of barrier ditributions $D_{qel}(E)$, $D_{el}(E)$, and $D_{fus}(E)$ for $^{16}O+^{152}Sm$ bare consistent with each other. Thirdly,the measured barrier distributions $D_{qel}(E)$ and $D_{el}(E)$for the $^{16}O+^{152}Sm$ and $^{184}W$ systems are in agreement with the $^{16}O+^{154}Sm$ and $^{184}W$ systems, respectively. These facts indicate that information about the barrier distribution could be probed from the quasi-elastic or elastic scattering excitation functions. The figures also show that the barrier distributions $D_{qel}(E)$ and $D_{el}(E)$ are asymmetric,

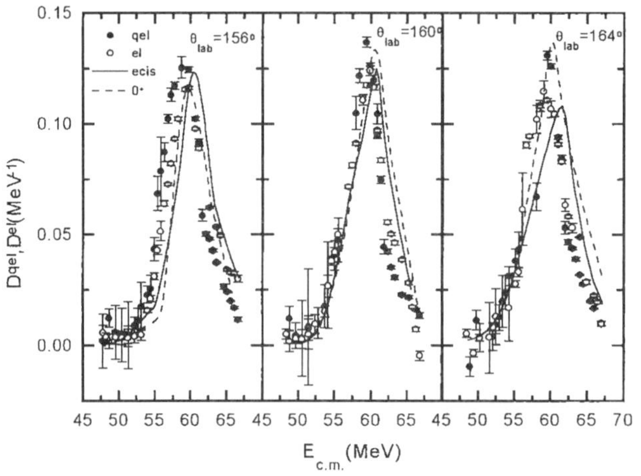


Fig.4 The barrier distributions $D_{qel}$ , $D_{el}$ at 156°, 160°, 164° for the system of $^{16}O+^{152}Sm$.

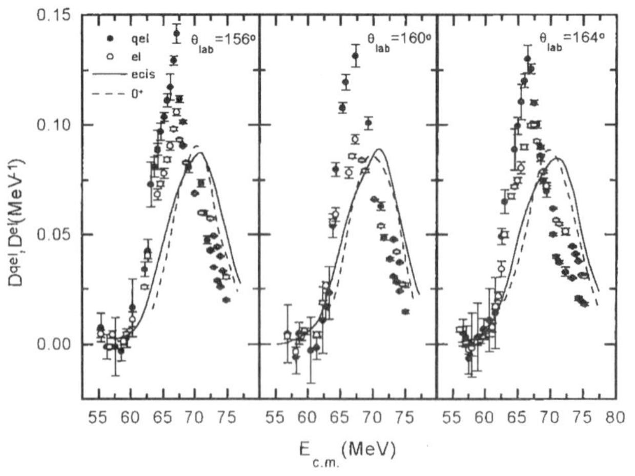


Fig.5 The barrier distributions $D_{qel}$ , $D_{el}$ at 156°, 160°, 164° for the system of $^{16}O+^{184}W$.

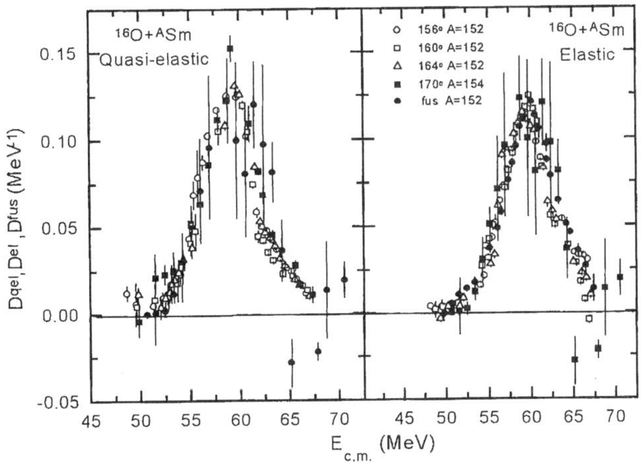


Fig.6 Compare the measured barrier distributions of $^{16}O+^{152}Sm$ with other results : the barrier bistributions $D_{qel}$ , $D_{el}$ of $^{16}O+^{154}Sm$ at 170° [11, 12 ]; the fusion barrier distributions the $^{16}O+^{152}Sm$ fusion reaction [14].

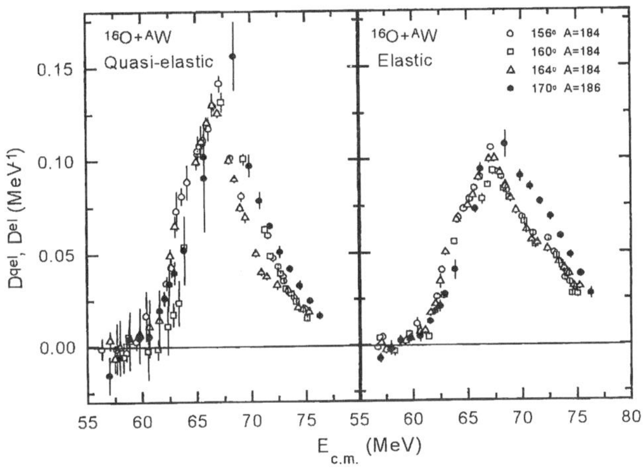


Fig.7 Compare the measured barrier distributions of $^{16}O+^{184}W$ with the barrier bistribution $D_{qel}$ , $D_{el}$ of $^{16}O+^{186}W$ at 170° [11, 12 ].

for example, for $^{16}O+^{152}Sm$ system, increasing slowly from 50 to 60 MeV, and then decreasing relatively quickly due to the effect of static deformations of target nucleus.

The barrier distributions $D_{el}(E)$ extracted from elastic scattering excitation functions calculated using the code ECIS are shown in Figs. 4 and 5. The sold and dashed curves in these figures represent the theoretical $D_{el}(E)$ including inelastic scattering from the three lowest rotational states of the target nuclei $^{152}Sm$ and $^{184}W$ and only considering the $0^+$ ground state scattering, respectively. In $^{152}Sm$ case, the coupled-channels calculations basically agree with the experimental barrier distributions $D_{el}(E)$, especially for the $0^+$ ground state scattering. But for the $^{184}W$ case, the coupled-channels calculations disagree with the experimental barrier distributions $D_{el}(E)$. The reason is not clear. It maybe need to adjust the deformation parameters or to consider an energy dependent optical potential in the calculations.

## 5 Barrier distributions extracted from fusion spin distributions

According to Eq.(5), the fusion barrier distributions $D_{mon}(E)$ have been extracted from the existing spin distributions[18] at five indicate energies for the $^{16}O+^{152}Sm$ system. The results present in Fig. 8. For the sake of comparison, the measured barrier distribution $D_{qel}(E)$ at $160^o$ is also shown in Fig. 8 with solid curve. For the first time, such kind of quantitative comparison is made for the same reaction system. It can be seen from Fig. 8 that the agreement between $D_{mon}$ and $D_{qel}$ is quite good for all incident energies, except for the 80 MeV data. As Wuosmaa et al.[18] pointed out, at $E_{Lab}=80$ MeV, the discrepancy between the theory and experiment in the spin distribution is not yet understood. At energies well above the Coulomb barrier, however, other reaction mechanisms not contained in the coupled-channels calculations, such as neutron transfer, deep inelastic scattering, and incomplete fusion could begin to affect the spin distribution. Maybe this is the difference reason.

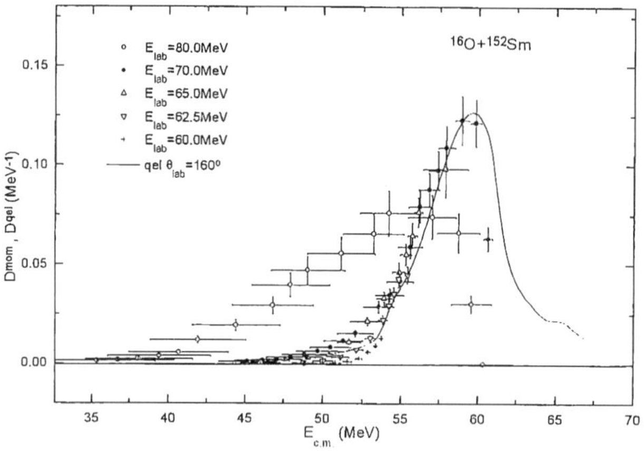


Fig.8 The fusion barrier distributions $D_{mon}(E)$ extracted from the existing spin distributions [18] for the $^{16}O+^{152}Sm$ system.

## 6 Summary

The quasi-elastic and elastic scattering excitation functions for the $^{16}O+^{152}Sm$ and $^{184}W$ reactions around the Coulomb barrier at three backward angles with high precision in 1 MeV energy intervals have been measured. The elastic scattering excitation functions were calculated in terms of coupling code ECIS. The barrier distributions $D_{qel}(E)$ and $D_{el}(E)$

have been extracted from the existing fusion excitation fusion, spin distributions, and from the quasi-elastic and elastic scattering excitation functions for the neighboring isotopes $^{154}$Sm and $^{186}$W, respectively. The agreement is rather good, except for $E_{Lab} = 80$ MeV spin distribution data. Asymmetric barrier distributions (as theroretically predicted) are obtained. These facts indicate that the information about the fusion barrier distribution for a reaction probed by quasi-elastic or elastic scattering excitation functions. The barrier distributions were calculated with coupling code ECIS. For the $^{152}$Sm case, theoretical calculations could reproduce experimental barrier distributions. But for the $^{184}$W case, the coupled-channels theory fails to reproduce cxperimental barrier distributions. The further calculation still needs.

## References

[1] S.G. Steadman and M.J. Rhoades-Brown, Annu. Rev. Nucl. Sci. **36**, 649(1986).

[2] N. Rowley, G.H. Satchler and P.H. Stelson, Phys. Lett. **B254**, 25(1991).

[3] J.X. Wei, J.R. Leigh, D.J. Hinde, J.O. Newton, R.C. Lemmon, S. Elfstrom, J.X. Chen, N. Rowley, Phys. Rev. Lett. **67**, 3368(1991).

[4] J.R. Leigh, N. Rowley, R.C. Lemmon, D.J. Hinde, J.O. Newton, J.X. Wei, J.C. Mein, C.R. Morton, S. Kuyucak, A.T. Kruppa, Phys. Rev. **C47**, R437(1993).

[5] R.C. Lemmon, J.R. Leigh, J,X. Wei, C.R.Morton, D.J. Hinde, J.O. Newton, J.C. Mein, M. Dasgupta, N. Rowley, Phys. Lett. **B316**, 32(1993).

[6] J.R. Leigh et al., Phys. Rev. **C52**, 3151(1995).

[7] A.T. Kruppa, P. Romain, M.A. Nagarajan, N. Rowley, Nucl. Phys. **A560**, 845(1993).

[8] M.V. Andres, N. Rowley, M.A. Nagarajan, Phys. Lett. **B202**, 292(1988).

[9] H.Q. Zhang, F. Yang, C.J. Lin, Z.H. Liu, Y.M. Hu, Phys. Rev. **C57**, R1047(1998).

[10] H.Q. Zhang, F. Yang, C.J. Lin, Z.H. Liu, Y.M. Hu, High Energy Physics And Nucl. Physics **22**, 769(1998).

[11] H. Timmer, J.R. Leigh, M. Dasgupta, D.J. Hinde, R.C. Lemmon, J.C. Mein, C.R. Morton, J.O. Newton, N. Rowley, Nucl. Phys. **A584**, 190(1995).

[12] N. Rowley, H. Timmer, J.R. Leigh, M. Dasgupta, D.J. Hinde, J.C. Mein, C.R. Morton, J.O. Newton, Phys. Lett. **B373**, 23(1996).

[13] D. Ackermann, Acta Phys. Pol. **B26**, 517(1994).

[14] J. Raynal, Computing as a Language of Physics (I.A.E.A.,Vienne, 1972) P281.

[15] L.K. Peker, Nucl. Data Sheets **58**, 93(1989).

[16] J.R. Miller, J.R. Nix and W.D. Myers, At. Data Nucl. Data Tables, **59**, 185(1995).

[17] R.G. Stokstad, Y. Eisen, S. Kaplanis, D. Pelte, U. Smilansky, I. Tserruya, Phys. Rev. **C21**, 2427(1980).

[18] A.H. Wuosmaa, R.R. Betls, B.B. Back et al., Phys. Lett. **B263**, 23(1991).

# $^{13}C$ 激发态中子晕①

刘祖华　林承键　李志常　张焕乔　陈宝秋
马中玉　吴岳伟　刘建成　李淑媛
(中国原子能科学研究院，北京 102413)

**摘要**　测量了入射能量 11.8 MeV 的 $^{12}C(d, p)^{13}C$ 转移反应角分布．通过 DWBA 计算的角分布与实验角分布的比较，抽取 $^{13}C$ 基态和第一激发态的最后一个中子的密度分布．同时，用相对论平均场理论对 $^{13}C$ 的相应核态的性质作了深入地研究．实验和理论的密度分布都表明，$^{13}C$ 第一激发态为中子晕态．

**关键词**　转移反应　DWBA　相对论平均场　核子密度分布　激发态中子晕

中子晕是迄今在某些不稳定核的基态中观察到的最引人注目和最奇异的核性质之一．晕核的发现[1]开辟了利用放射性核束进行核物理研究的新篇章，激发了寻找奇特核(exotic nuclei)和研究奇特核性质的广泛兴趣．至今发现的中子晕核或中子皮核有 $^{6,8}He$, $^{11}Li$, $^{11,12,14}Be$, $^{17}B$, $^{19}C$ 等．几年前，人们开始寻找质子晕核，其中研究最多的是 $^{8}B$[2~5]．然而实验结果互相矛盾，至今还不能确定 $^{8}B$ 是否是质子晕核．最近，美国 Michigan 州立大学国家实验室的实验[6]证实 $^{26,27,28}P$ 为质子晕核．至此，在中子滴线和质子滴线附近都找到了一些晕核．那么，晕结构现象是否只限于滴线附近的核？事实上，由形成晕的条件判断，晕核现象具有普遍性，不但滴线附近核，而且位于β稳定线及其邻近大批核的激发态，也可能会出现晕结构．然而，据我们所知，目前国内外在实验和理论方面对于激发态的晕结构研究还很少．本篇报道我们利用中国原子能科学研究院的现有条件，着手实验，寻找稳定核激发态中子晕的研究结果．

## 1　实验方法

实验上，通常采用中高能放射性核束、轰击 $^{12}C$ 等靶核、测量反应总截面、破裂碎块动量分布等方法寻找晕核．然而，这些实验无法判断中子晕或质子晕源于核的基态或核的激发态，因此不能用于寻找稳定核激发态晕．众所周知，转移反应是研究核谱和核结构的有效工具，因此有可能作为探针研究相应核态的晕结构．最近，Lewis 和 Hayes[7]通过 DWBA 计算的角分布与原有转移反应实验角分布作比较，抽取 $^{17}F$ 中最后一个质子的密度分布，得出 $^{17}F$ 第一激发态为质子晕态．其结果与直接实验观测[8]一致，表明方法有效．我们采用这一方法，寻找 $^{13}C$ 激发态中子晕．

$^{12}C(d, p)^{13}C$ 反应实验在中国原子能科学研究院的 HI-13 串列加速器上进行．准直的氘束轰击厚度为 215 $\mu g/cm^2$ 的 $^{12}C$ 靶．入射氘能量 11.8 MeV．利用 Q3D 磁谱仪分析并测量出射粒子的动量谱，测量的角度范围为 $5° \leq \theta_{Lab} \leq 140°$，以 5°为间隔．在 24°放置一个 Si(Li)半导体探测器，测量氘的弹性散射，作角分布的相对归一．在一些角度，直接测量束流强度，结合靶的厚度，作截面的绝对归一．测得的相应于 $^{13}C$ 基态和第一激发态的 $^{12}C(d, p_0)^{13}C$ 和 $^{12}C(d, p_1)^{13}C$ 反应角分布如图 1 的实点所示．实验相对误差约 6%，包括统计误差、靶厚不确定性和

① 科学通报，2000,45(15):1608-1611.

束流强度测量误差等. 截面的误差值小于或等于图中实点的大小.

## 2 中子密度分布的抽取

如果转移反应是一步过程, 转移截面可用 DWBA 计算. 对于反应 $A(a, b)B$, 其中 $a = b+x$, $B = A+x$, 跃迁幅度为

$$T = \mathrm{J}\int \mathrm{d}^3 r_b \int \mathrm{d}^3 r_a \chi^{(-)}(\boldsymbol{k}_f, \boldsymbol{r}_b)\langle bB|V|aA\rangle \chi^{(+)}(\boldsymbol{k}_i, \boldsymbol{r}_a),$$

式中$\chi^{(+)}$和$\chi^{(-)}$是入射道和出射道的扭曲波, J是坐标转换 Jacobi. 形式因子〈$bB$ | $V$ | $aA$〉包含所有核结构信息, 其中最重要的是谱因子 $S_{jl}$ 和转移粒子 $x$ 在余核 $B$ 中的径向波函数$f_{jl}(r)$.下标 $l, j$ 是粒子 $x$ 在 $B$ 核中的轨道角动量和总角动量. 在同一反应中, 不能同时独立地确定谱因子 $S_{jl}$ 和径向波函数$f_{jl}(r)$. 在计算中, $^{13}$C 基态和第一激发态的谱因子$S_{1/2,1} = 1.0$和$S_{1/2,0} = 0.95$取自$^{9}$Be + $^{12}$C 反应[9]. 扭曲波计算中, 采用光学势

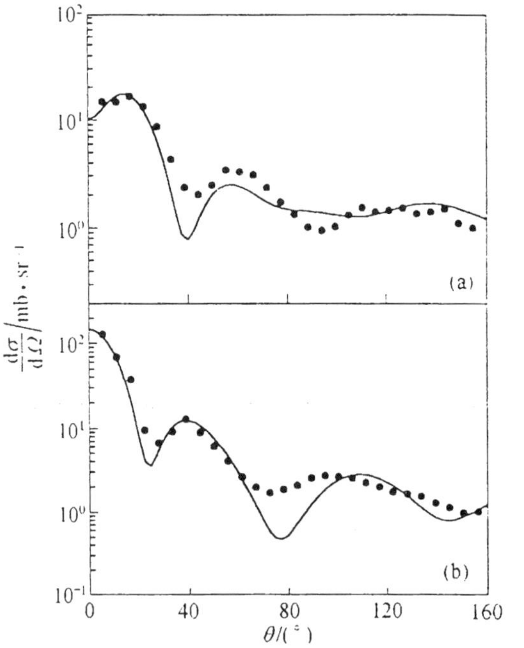


图 1 $^{12}$C(d, $p_0$)$^{13}$C(a)和 $^{12}$C(d,$p_1$)$^{13}$C(b)转移反应角分布

实线为 DWBA 计算结果

$$U(r) = V_{\mathrm{C}}(r) + V_r f(x_r) + \mathrm{i}V_i \frac{\mathrm{d}f(x_i)}{\mathrm{d}r} - \left(\frac{\hbar}{m_\pi c}\right)^2 V_{s.o} \frac{1}{r}\frac{\mathrm{d}f(x_{s.o})}{\mathrm{d}r}\frac{\boldsymbol{l}\cdot\boldsymbol{s}}{s},$$

$$f(x) = \frac{1}{1+\mathrm{e}^x}, \quad x = \frac{r - r_j A^{1/3}}{a_j}, \quad j = r, i, s.o,$$

$V_{\mathrm{C}}(r)$是 Coulomb 势, 取 Coulomb 半径参数 $r_{\mathrm{C}}$ = 1.30 fm. 入射道光学势参数由相同能量即 $E_d$ = 11.8 MeV 的弹性散射角分布抽取[10]. Watson 等人[11]对能量为 10~50 MeV 的核子在 1 p 壳核的弹性散射作了光学模型分析, 求得相应的系统化的光学势参数. 在出射道扭曲波的计算中采用他们的势参数. 表 1 列出各反应道的光学模型势参数值.

表 1 光学势参数

| 反应道 | $V_r$ / MeV | $r_r$ / fm | $a_r$ / fm | $V_i$ / MeV | $r_i$ / fm | $a_i$ / fm | $V_{s.o}$ / MeV | $r_{s.o}$ / fm | $a_{s.o}$ / fm |
|---|---|---|---|---|---|---|---|---|---|
| D+$^{12}$C | −118.0 | 0.94 | 1.00 | 40.68 | 1.83 | 0.496 | −19.32 | 0.97 | 0.45 |
| $P_0$+$^{13}$C | −59.04 | 1.14 | 0.57 | 18.96 | 1.14 | 0.50 | −5.5 | 1.14 | 0.57 |
| $P_1$+$^{13}$C | −59.86 | 1.14 | 0.57 | 15.01 | 1.14 | 0.50 | −5.5 | 1.14 | 0.57 |

在 DWBA 计算中, 包含 2 fm 的有限程修正[8]以及非局域因子, 对于入射氘和出射质子分别是 0.54 和 0.85[8]. $^{13}$C 最后一个中子径向波函数的计算中, 采用 Woods-Saxon 势. 势的深度在保持中子的结合能等于实验值的条件下自动调节, 弥散参数 $a_0$ = 0.65 fm, 半径参数以标准值 $r_0$ = 1.25 fm 为基准略作调节以使小角区的 DWBA 计算截面与实验结果一致. 图 1 的实线为 DWBA 计算结果. 从径向波函数 $f_{jl}(r)$, 得出相应的密度分布 $\rho(r) = \frac{1}{4\pi} f_{jl}^2(r)$. 由此抽取的 $^{13}$C 的基态和第一激发态的最后一个中子的密度分布如图 2 中的实线所示. 由密度分布计算出各

自相应的均方根半径分别为(3.21 ± 0.11)和(5.09 ± 0.13)fm. 实验结果显示 $^{13}C$ 基态是一个正常核态，而 $^{13}C$ 第一激发态具有明显的晕结构特性.

## 3 相对论平均场计算

非线性相对论平均场(RMF)理论[12, 13]在描述核物质和有限核的基态性质方面获得很大成功. 最近的研究结果[14]表明，该理论能成功地预言滴线附近核的晕结构. 在本工作中，我们用 RMF 理论计算了 $^{13}C$ 基态和第一激发态的质子、中子、核物质和最后一个中子的密度分布. 在 RMF 计算中，采用统一的NL-SH参数[15]，不作任何调节. 计算结果如图 2 的曲线所示. 由图可见，RMF 计算的 $^{13}C$ 最后一个中子的密度分布与通过 $^{12}C(d,p)^{13}C$ 转移反应抽取的实验结果非常相似.

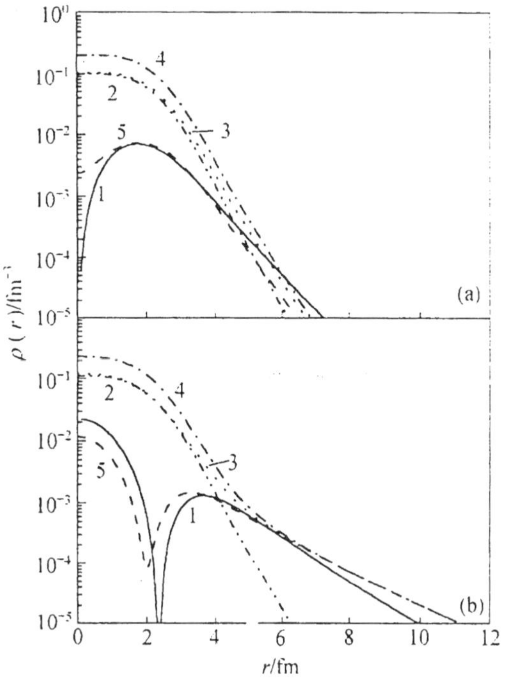


图 2 $^{13}C$ 基态(a)和 $^{13}C$ 第一激发态(b)的最后一个中子的实验密度分布(曲线 1)以及 RMF 理论预言的质子(曲线 2)、中子(曲线 3)、核物质(曲线 4)和最后一个中子(曲线 5)的密度分布

## 4 结论

测量了入射能量 11.8 MeV 的 $^{12}C(d,p)^{13}C$ 转移反应角分布. 通过与 DWBA 计算结果的比较，抽取了 $^{13}C$ 基态($1P_{1/2}$)和第一激发态($2S_{1/2}$)的最后一个中子的密度分布. 相应的均方根半径分别是(3.21 ± 0.11)和(5.09 ± 0.13) fm. 用非线性相对论平均场理论计算了 $^{13}C$ 上述两态的核子密度分布. 得到最后一个中子的理论密度分布与实验抽取的密度分布一致. 实验和理论结果都证明 $^{13}C$ 的 $2S_{1/2}$ 态是一个中子晕态.

**致谢** 本工作为国家自然科学基金(批准号: 19875078)和国家重点基础研究发展规划(G200077400)资助项目.

## 参 考 文 献


1 Tanihata I, Hamagaki H, Hashimoto O, et al. Measurements of interaction cross sections and radii of He isotopes. Phys Lett, 1985, 160B: 380~384

2 Minamisono T, Ohtsubo T, Minami I, et al. Proton halo of $^8B$ disclosed by its giant quadrapole moment. Phys Rev Lett, 1992, 69(14): 2058~2061

3 Pecina I, Anne R, Bazin D, et al. Quasielastic scattering of $^8B$ and $^7Be$ on $^{12}C$ at 40 MeV/nucleon. Phys Rev, 1995, C52(1): 191~198

4 Negoita F, Borcea C, Carstoiu, et al. $^8B$ proton halo via reaction and breakup cross section measurements. Phys Rev, 1996, C54(4): 1787~1797

5 Kelley J H, Austin Sam M, Azhari A, et al. Study of the breakup reaction $^8B \rightarrow {}^7Be+p$: absorption effects and E2 strength. Phys Rev Lett, 1996, 77(25): 5020~5023

6 Navin A, Bayin D, Brown B A, et al. Spectroscopy of radioactive beams from single nucleon knockout reactions: application to the sd shell nuclei $^{25}Al$ and $^{26,27,28}P$. Phys Rev Lett, 1998, 81(23): 5089~5092

7 Lewis R, Hayes A C. Deuteron stripping as a probe of the proton halo in $^{17}F$. Phys Rev, 1999, C59: 1211~1214

8 Morlock R, Kung R, Mayer A, et al. Halo properties of the first 1/2+ state in $^{17}F$ from the $^{16}O(p, \gamma)\,^{17}F$ reaction. Phys Rev Lett, 1997, 79(20): 3837~3840

9　Jarczyk L, Kamys B, Rudy Z, et al. Energy dependence of $^{9}Be+^{12}C$ cross sections: nonstatistical component of the mean cross section. Phys Rev, 1983, C28(2): 700~705

10　Johnson R C, Santos F D, Brown R C, et al. Vector and tensor analysing power of (d, p) reactions and deuteron D-state effects. Nucl Phys, 1973, A208: 221~235

11　Watson B A, Singh P P, Segel R E. Optical-model analysis of nucleon scattering from 1p-shell nuclei between 10 and 50 MeV. Phys Rev, 1969, 182(2): 977~989

12　Serot B D, Walecka J D. The relativistic nuclear many body problem. In: Negele J W, Erich Vogt, eds. Advances in Nuclear Physics. New York-London: Plewum Press, 1986. 16: 1~321

13　Gambhir Y K, Ring P, Thiment A. Relativistic mean field theory for finite nuclei. Ann Phys, 1990, 198: 132~179

14　Chen B Q, Ma Z Y, Gruemmor F, et al. Relativistic mean field theory study of proton halos in the 2s1d shell. J Phys G: Nucl Part Phys, 1998, 24: 97~105

15　Sharma M M, Nagarajan M A, Ring P. Rho meson coupling in the relativistic mean field theory and description of exotic nuclei. Phys Lett, 1993, 312 B: 377~381


(2000-02-29 收稿，2000-05-25 收修改稿)

# Threshold anomaly in the $^{19}F+^{208}Pb$ system①

C. J. Lin, J. C. Xu, H. Q. Zhang, Z. H. Liu, F. Yang, and L. X. Lu
*China Institute of Atomic Energy, P.O. Box 275(10), Beijing 102413, China*
(Received 26 October 2000; published 11 May 2001)

Angular distributions of elastic scatterings for the $^{19}F+^{208}Pb$ system were measured at six energies around the Coulomb barrier. By means of a phenomenological optical model analysis, it is found that the real and imaginary potentials show a pronounced energy dependence. The real parts of potentials extracted from the fusion data are similar to those from the elastic data. A comparison with the neighboring systems of $^{16}O+^{208}Pb$ and $^{16}O+^{209}Bi$ reveals that the effects of the $^{19}F$ deformations in the entrance channel play an important role in the fusion reaction. Based on the deformed and energy dependent barrier penetration model, the calculation results of the fusion cross sections and mean-square spin distribution agree with the experimental data well. Furthermore, it is indicated that the enhancement of fusion cross sections is attributed to the dynamic polarization effects around the barrier, and to the static deformation effects further below the barrier.

DOI: 10.1103/PhysRevC.63.064606 PACS number(s): 25.70.Bc, 25.70.Jj

## I. INTRODUCTION

Since the early 1980's, it has been gradually recognized that the coupled-channels (CC) effects play important roles in the heavy ion reactions at the energies around the Coulomb barrier. Some interesting phenomena, such as the threshold anomaly (TA) [1–3], the enhancement of fusion cross sections, the broadening of compound nuclei spin distribution [4–6], the barrier distribution [7–9], etc., have been extensively studied and are well understood. Generally speaking, the CC calculations can reproduce these phenomena. Very recently the CC description has met a severe challenge. For example, it has been reported that the experimental barrier distribution and the fusion cross sections cannot be simultaneously described by the CC theory for the typical system of $^{16}O+^{208}Pb$ [10]. Indeed, the CC calculation results are sensitive not only to the number of coupled channels, but also to the strength of individual channel and the potential parameters, even in the case of coupling to weak channels. In other words, some uncertainties exist in the CC calculations. Although it is known that the TA phenomenon comes from the CC effects and exhibits the gross feature in the elastic channel, this phenomenon still needs to be investigated. Until now, most systems studied have been spherical or near spherical ones. Very little work has been done for well deformed systems [11] with an attempt to understand the effects of the nuclear structure, especially for the systems with deformed projectile. In this work, the $^{19}F+^{208}Pb$ system was chosen because $^{19}F$ nucleus has quite large static deformations ($\beta_2=0.44, \beta_4=0.14$) [12]. The CC effects in this system should be pronounced due to the deformations and appreciably influence the fusion channels. Since TA in the neighboring systems of $^{16}O+^{208}Pb$ and $^{16}O+^{209}Bi$ is well established, it is interesting to make a comparison with these systems. Furthermore, the fusion data of $^{19}F+^{208}Pb$ system are available in the literature. It is meaningful to compare the data with the calculations of the barrier penetration model (BPM) modified by the deformations and energy dependence.

The TA phenomenon can be understood as follows: The absorptive potential decreases with the effective close of the nonelastic channels when the energy decreases, hence the threshold of the imaginary part of potential $[W(r;E)]$ emerges; meanwhile, the real part of potential $[V(r;E)]$ a rapid variation occurs according to the causality principle. This is the so-called threshold anomaly. The interaction potential can be written in the complex form

$$U(r;E)=V(r;E)+iW(r;E), \tag{1}$$

where $V(r;E)$ is divided into two parts

$$V(r;E)=V_0(r;E)+\Delta V(r;E). \tag{2}$$

The term $V_0(r;E)$ is slowly and smoothly energy dependent which arises from the nonlocality effects, namely, "spurious" $E$ dependence [3]. The second term $\Delta V(r;E)$ is a consequence of the causality principle and links to $W(r;E)$ with the dispersion relation

$$\Delta V(r;E)=\frac{P}{\pi}\int_0^{\infty}\frac{W(r;E')}{E'-E}dE'. \tag{3}$$

Here $P$ is the integrated principal value. From the dispersion relation it is immediately known that any localized variation of the imaginary potential will result in a localized variation of the real potential. This standpoint is important to the later analysis.

The present paper is organized as follows. In Sec. II we briefly describe the experimental procedure. Section III explicitly introduces the optical model analysis and the way to extract the TA parameters from the elastic scatterings. The polarization potentials extracted from the fusion excitation function are also included in this section. The comparison with the neighboring systems, the calculations of fusion cross sections, and mean-square spin distribution are presented in Sec. IV. The summary is included in Sec. V.

## II. THE EXPERIMENT

The experiment was carried out at HI-13 tandem accelerator of China Institute of Atomic Energy, Beijing. A $^{208}Pb$ target of thickness about 100 $\mu g/cm^2$ evaporated on a 20 $\mu g/cm^2$ carbon foil backing was bombarded by a collimated $^{19}F$ beam. The beam energies were 88, 91, 93, 96, 98,

① Physical Review C,2001,63(6):064606-(1-7).

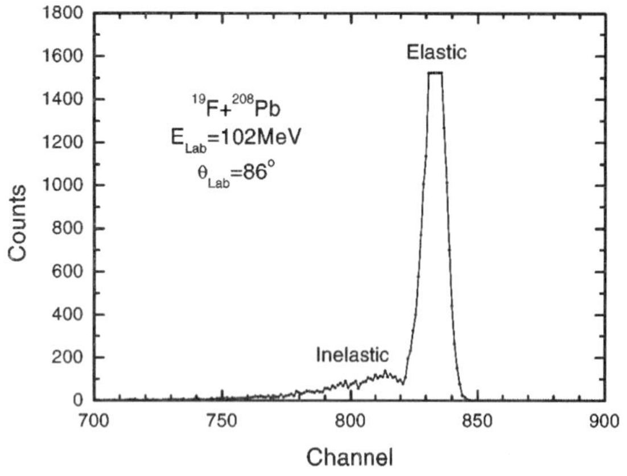


FIG. 1. A typical elastic and inelastic spectrum at $E_{\rm lab}=102$ MeV and $\theta_{\rm lab}=86°$ for the $^{19}F+^{208}Pb$ system.

and 102 MeV, respectively. The beam current range was 100–300 enA. The reaction products were detected by three pairs of $\Delta E$-$E$ telescope counters with a total energy resolution less than 1.3%. A typical spectrum cut by the $Z=9$ banana in the $\Delta E$-$E$ matrix is shown in Fig. 1 at $E_{\rm lab}=102$ MeV and $\theta_{\rm lab}=86°$. The laboratory angle range was from 40° to 160° in 4° intervals. A Si(Au) surface barrier detector was mounted at −42.4° with respect to the beam direction as a monitor to detect the elastic scatterings. All the reaction cross sections were normalized to the monitor counts, assuming that the elastic cross sections equal to the Rutherford cross sections at the forward angles.

The energy resolution of the detectors allows one to separate all the $E_x \geqslant 1.3457$ MeV states of $^{19}F$ and all the excitation states of $^{208}Pb$ from ground state, while the two lower excitation states 0.10989 and 0.19714 MeV of $^{19}F$ cannot be resolved from the measured elastic scatterings. Thus the elastic spectra include the inelastic scatterings of these two low-lying excitation states. The elastic scattering cross sections normalized to the Rutherford cross sections for all energies are shown in Fig. 2. The overall error is 3% for the forward angles and gradually increases to 10% for the backward angles. A few points have more than 10% errors at the backward angles due to the low statistic.

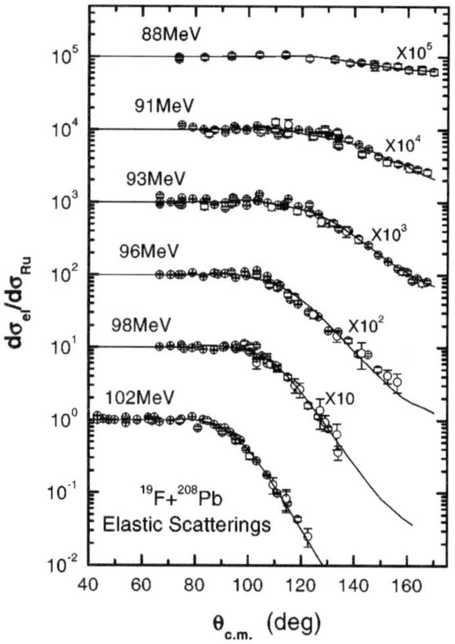


FIG. 2. Elastic scattering angular distributions for the $^{19}F+^{208}Pb$ system at different laboratory energies. The solid lines are optical model fits by the ECIS code with $r_0=1.24$ fm and $a_0=0.53$ fm.

## III. ENERGY DEPENDENT POTENTIALS

### A. Optical model analysis of elastic scatterings

Most authors made use of both phenomenological and microscopic analyses to get the polarization potentials. The same results were obtained with these two approaches. In this work the phenomenological optical potentials are utilized only. Since the low-lying excited states are not resolved, the coupled-channels code ECIS95 [13] is employed to fit the elastic scattering angular distributions in order to get the pure elastic scattering potentials. In these calculations only the couplings between the $E_x=0.19714$ MeV, $J^\pi=\frac{5}{2}^+$ state and ground state, which belong to the $K=\frac{1}{2}^+$ ground state rotational band, are taken into account. The same optical potentials are assumed for these two coupling nuclear states. Another excitation state $E_x=0.10989$ MeV, $J^\pi=\frac{1}{2}^-$ which belongs to $K=\frac{1}{2}^-$ band is not included, because the strength coupled to the ground state band is very weak. The potential is defined as

$$V(r)=V_C(r)+V_N(r). \tag{4}$$

Here $V_C(r)$ is the Coulomb potential

$$V_C(r)=\begin{cases}(3R_C^2-r^2)Z_1Z_2e^2/(2R_C^3), & r<R_C,\\ Z_1Z_2e^2/r, & r\geqslant R_C,\end{cases} \tag{5}$$

where $R_C=r_{0c}(A_1^{1/3}+A_2^{1/3})$ with $r_{0c}$ fixed at 1.33 fm. Corresponding to Eq. (1), the nuclear potential $V_N(r)$ is composed of two parts

$$V_N(r)=V(r)+iW(r)=V_0f_v(r)+iW_0f_w(r), \tag{6}$$

where $V_0$ and $W_0$ are the depths of the real and imaginary parts of the potentials with Woods-Saxon form

$$f_i(r)=[1+\exp\{(r-R_i)/a_i\}]^{-1}, \tag{7}$$

where $R_i=r_{0i}(A_1^{1/3}+A_2^{1/3})$ and $i=v,w$, respectively.

In the present analysis, the geometrical shapes of the real and imaginary potentials are kept the same ($r_{0v}=r_{0w}=r_0$, $a_v=a_w=a_0$). In order to assess the influences of the potential parameters, two sets of fits are performed with the fixed radius parameters $r_0=1.20$ and $r_0=1.24$ fm, respectively. For each set, a grid search is made on the diffuseness parameters ($a_0=0.43$, 0.48, 0.53, 0.58, 0.63, 0.68 fm)

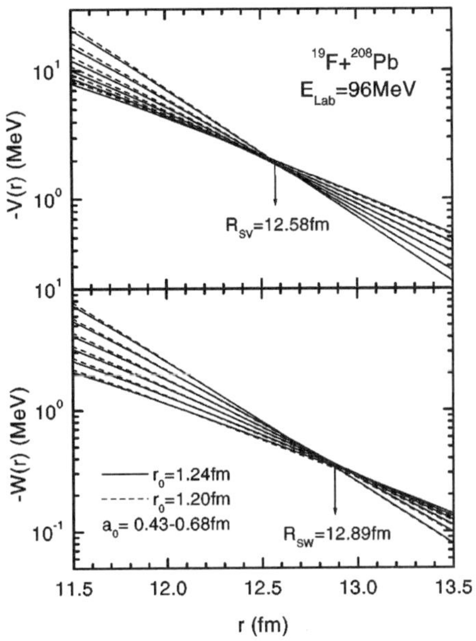


FIG. 3. The real and imaginary parts of the Woods-Saxon optical potentials with different geometric shapes to fit the elastic scattering angular distribution at $E_{lab}=96$ MeV. The solid and dashed lines are fits with $r_0=1.20$ fm and $r_0=1.24$ fm, respectively. The diffuseness parameters vary from 0.43 fm to 0.68 fm for both solid and dashed lines.

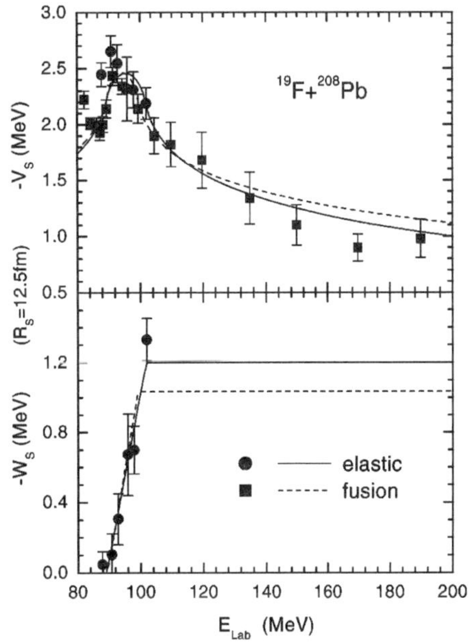


FIG. 4. The real and imaginary potentials at $R_S=12.5$ fm are plotted as a function of $E_{lab}$. The circle (or solid) and square (or dashed) symbols (or lines) represent the results obtained from elastic scattering and fusion analyses, respectively.

to obtain the best $V_0$ and $W_0$ values with the minimum $\chi^2$. As an example, Fig. 3 illustrates the real and imaginary potentials obtained in these fits at $E_{lab}=96$ MeV. The solid and dashed lines represent these two sets with $r_0=1.20$ and $r_0=1.24$ fm, respectively. All the lines converge at a certain distance, namely sensitive radius ($R_S$). At the sensitive radius, the potentials have a minimum uncertainty and are nearly independent on geometrical shapes. As pointed out by Macfarlane and Pieper [14], the sensitive radius is close to the classical strong absorption radius $D_{1/2}$. For example, the strong absorption radius $D_{1/2}$ is 12.75 fm at $E_{lab}=96$ MeV for $^{19}F+^{208}Pb$ system. It is realized that the $R_S$ values depend on the energies and have some differences between the real and imaginary parts of potentials, as listed in Table I. In the $E_{lab}=88$ MeV case, the lines are too divergent to define a good $R_S$ for the imaginary parts of potentials. The $R_{SV}$ varies from 12.2 to 12.9 fm and $R_{SW}$ from 12.1 to 13.2 fm, monotonously depending on the energies in this energy range. For consistency, $R_S=12.5$ fm for both real and imaginary parts of potentials are taken for all energies. The $\chi^2$'s of the fits reach the minimum values when $r_0=1.24$ fm and $a_0=0.53$ fm for all energies. The results of the best fits in this case are also listed in Table I. The real and imaginary parts of potentials at the sensitive radius ($V_S$ and $W_S$) are illustrated in Fig. 4 with the circle symbols. The errors are derived from the $\chi^2$ values. The figure shows clearly that the potentials are energy dependent around the Coulomb barrier, as the same behavior as the typical TA.

TABLE I. The sensitive radii and the results of the best fits obtained at $r_0=1.24$ and $a_0=0.53$ fm for elastic scatterings.

| $E_{lab}$ (MeV) | $R_{SV}$ (fm) | $R_{SW}$ (fm) | $-V_0$ (MeV) | $-W_0$ (MeV) | $\chi^2/pt$ | $\sigma_R$ (mb) |
|---|---|---|---|---|---|---|
| 102 | 12.86 | 13.16 | 73.2 | 44.5 | 7.67 | 1169. |
| 98 | 12.62 | 12.75 | 77.2 | 23.4 | 10.5 | 897.2 |
| 96 | 12.58 | 12.89 | 77.5 | 22.5 | 27.1 | 838.3 |
| 93 | 12.50 | 12.20 | 85.1 | 10.2 | 14.2 | 673.2 |
| 91 | 12.32 | 12.12 | 88.6 | 3.44 | 8.87 | 579.9 |
| 88 | 12.24 | | 78.4 | 1.57 | 1.25 | 512.0 |

**B. Extract TA parameters in linear model**

For convenience, the linear schematic model of the two straight line segments is utilized to describe the TA (see Refs. [2,3] for details). $W_S(E)$ is defined as

$$W_S(E)=\begin{cases} 0, & E\leqslant E_a, \\ W_{0S}\dfrac{E-E_a}{E_b-E_a}, & E_a<E<E_b, \\ W_{0S}, & E\geqslant E_b, \end{cases} \tag{8}$$

and the $V_S$ is

$$\begin{aligned} V_S(E)&=V_{0S}+\Delta V_S(E) \\ &=V_{0S}-(W_{0S}/\pi)[\varepsilon_a \ln|\varepsilon_a|-\varepsilon_b \ln|\varepsilon_b|], \end{aligned} \tag{9}$$

according to Eq. (2) and Eq. (3). Here $\varepsilon_i=(E-E_i)/(E_b\varepsilon_i=(E-E_i)/(E_b-E_a)$ with $i=a,b$, respectively. In the above equations the variables with subscript $S$ indicate the values at the sensitive radius. Thus, in the linear model the behavior of TA can be described by four parameters $E_a$, $E_b$, $W_{0S}$, and $V_{0S}$.

In general, the TA parameters, except $V_{0S}$, are determined by fitting the imaginary potentials with Eq. (8), and the $V_{0S}$ is obtained at the reference point of which the real potential is almost energy independent. Due to the energy limit, the present work lacks some high-energy points as references to extract the energy-independent potential $W_{0S}$. Moreover, no elastic scattering data in the literature are available for this system. Anyway the real and imaginary potentials can be simultaneously fit by Eqs. (8) and (9), assuming the dispersion relation is tenable (assuredly, this assumption is trustworthy). Thus the four parameters $E_a=89.2$ MeV, $E_b=101.7$ MeV, $W_{0S}=-1.20$ MeV, and $V_{0S}=-2.19$ MeV were reliably extracted by the fits. The results are shown in Fig. 4 with the solid lines.

### C. Extract TA parameters from fusion data

In fact, the energy dependent potentials can be extracted from the fusion excitation function. It is interesting to compare them with those from elastic scatterings. In the following calculations, the BPM model with deformation correction is used, and the symmetrical deformations of $^{19}$F up to hexadecapole are taken into account on the basis of Wong model [15]. The radial radius is expressed as

$$R(\theta)=R_0[1+\beta_2Y_2(\theta)+\beta_4Y_4(\theta)]. \tag{10}$$

Here $R_0$ is the radius of the spherical nucleus with equivalent volume, $\theta$ is the orientation angle of deformed nucleus with respect to the collision axis, and the $Y_i(\theta)$ is the spherical harmonic. Now the total interaction potential becomes

$$V(r,\theta)=V_C(r,\theta)+V_N(r,\theta), \tag{11}$$

where the Coulomb potential

$$V_C(r,\theta)=\frac{Z_1Z_2e^2}{r}\left\{1+\frac{1}{r^2}\sum_{i=P,T}R_{0i}^2\left[\sqrt{\frac{9}{20\pi}}\beta_{2i}P_2(\cos\theta_i)+\frac{3}{7\pi}[\beta_{2i}P_2(\cos\theta_i)]^2\right]+\frac{1}{r^4}\sum_{i=P,T}R_{0i}^4\sqrt{\frac{1}{4\pi}}\beta_{4i}P_4(\cos\theta_i)\right\}, \tag{12}$$

and the nuclear potential

$$V_N(r,\theta)=V_0\left[1+\exp\left\{\left(r-R_0-\sum_{i=P,T}R_{0i}\left[\sqrt{\frac{5}{4\pi}}\beta_{2i}P_2(\cos\theta_i)+\sqrt{\frac{9}{4\pi}}\beta_{4i}P_4(\cos\theta_i)\right]\right)/a\right\}\right]^{-1}, \tag{13}$$

with

$$R_0=R_{0P}+R_{0T}+0.29\ \text{fm},$$

$$R_{0i}=(1.233A_i^{1/3}-0.98A_i^{-1/3})\ \text{fm},$$

and the diffuseness parameter $a=0.63$ fm. $P(\cos\theta)$ is the Legendre polynomial, and $i=P,T$ which denote the projectile and target, respectively. The orders of Legendre polynomial are considered up to 4, neglecting the higher order terms and other square terms. The nuclear potential contains only the real part of potential with Woods-Saxon form. The initial value is estimated in terms of proximate potential [16]

$$V_0=16\pi\gamma\bar{R}a\ \text{MeV}, \tag{14}$$

with

$$\gamma=0.95\left[1-1.8\left(\frac{N_P-Z_P}{A_P}\right)\left(\frac{N_T-Z_T}{A_T}\right)\right]\text{MeV fm}^{-2}, \tag{15}$$

and $\bar{R}=R_{0P}R_{0T}/(R_{0P}+R_{0T})$. The fusion cross sections are calculated by the BPM model under the parabolic approximation. The partial cross section at each angle is given by

$$\sigma_f^l(E,\theta)=\frac{\pi(2l+1)}{k^2}\left[1+\exp\left\{\frac{2\pi}{\hbar\omega(\theta)}\left(V_B(\theta)-E_{\text{c.m.}}+\frac{l(l+1)\hbar^2}{2\mu R_B^2(\theta)}\right)\right\}\right]^{-1}, \tag{16}$$

where $k$ is the wave number, $\mu$ is the reduced mass, $V_B(\theta)$, $R_B(\theta)$, and $\hbar\omega(\theta)$ the barrier parameters (height, radius, and curvature) for different orientations. The cross section at each angle is given by

$$\sigma_f(E,\theta)=\sum_l\sigma_f^l(E,\theta)=\frac{R_B^2(\theta)\hbar\omega(\theta)}{2E_{\text{c.m.}}}\ln\left[1+\exp\left\{\frac{2\pi}{\hbar\omega(\theta)}[E_{\text{c.m.}}-V_B(\theta)]\right\}\right]. \tag{17}$$

Finally, the total cross section is given by integration over the angles

$$\sigma_f(E)=\int_0^{\pi/2}\sigma_f(E,\theta)d\theta. \tag{18}$$

In terms of Eqs. (11)–(18), the real potential depth, $V_0$ can be extracted from the experimental fusion cross sections. The results are listed in Table II. The barrier parameters ($\bar{V}_B$, $\bar{R}_B$, and $\hbar\bar{\omega}$) averaged over the angle $\theta$ are also listed in the same table. The errors are determined by the largest deviations of experimental fusion cross sections taken from the literature [17,18]. In order to compare with the TA be-

TABLE II. The barrier parameters and the best real potentials for the experimental fusion cross sections at $R=R_P+R_T+0.29$ fm and $a_0=0.63$ fm.

| $E_{lab}$ (MeV) | $\sigma_f$ [a] (mb) | $\bar{V}_B$ (MeV) | $\bar{R}_B$ (fm) | $\hbar\bar{\omega}$ (MeV) | $-V_0$ (MeV) |
|---|---|---|---|---|---|
| 82.32 | 0.15±0.03 | 83.91±0.18 | 11.95±0.03 | 4.60±0.01 | 69.24±2.42 |
| 84.32 | 0.91±0.11 | 84.43±0.12 | 11.87±0.02 | 4.57±0.01 | 62.55±1.43 |
| 86.32 | 5.30±0.55 | 84.46±0.16 | 11.86±0.03 | 4.57±0.01 | 62.24±1.84 |
| 87.32 | 8.83±0.90 | 84.65±0.18 | 11.83±0.03 | 4.56±0.01 | 60.02±2.05 |
| 88.33 | 16.32±1.3 | 84.44±0.18 | 11.87±0.03 | 4.57±0.01 | 62.39±2.07 |
| 89.33 | 28.23±2.0 | 84.10±0.18 | 11.92±0.03 | 4.59±0.01 | 66.64±2.35 |
| 91.34 | 69.01±3.8 | 83.46±0.16 | 12.03±0.03 | 4.62±0.01 | 75.77±2.36 |
| 94.35 | 159.6±8.0 | 83.65±0.16 | 12.00±0.03 | 4.61±0.01 | 72.95±2.27 |
| 99.38 | 350.2±17.5 | 84.10±0.30 | 11.92±0.05 | 4.59±0.02 | 66.68±4.02 |
| 104.37 | 509.6±25.5 | 84.72±0.43 | 11.82±0.07 | 4.55±0.04 | 59.18±4.98 |
| 109.74 | 685.0±35.0 | 84.95±0.57 | 11.78±0.10 | 4.53±0.06 | 56.63±6.29 |
| 119.75 | 965.0±50.0 | 85.37±0.76 | 11.71±0.13 | 4.49±0.09 | 52.47±7.79 |
| 134.77 | 1245.0±65.0 | 86.66±0.92 | 11.49±0.17 | 4.31±0.20 | 41.78±7.13 |
| 149.78 | 1440.0±75.0 | 87.92±0.98 | 11.26±0.19 | 4.01±0.39 | 34.15±5.73 |
| 169.79 | 1615.0±80.0 | 89.33±0.88 | 10.96±0.20 | 3.32±0.50 | 27.96±3.58 |
| 189.81 | 1910.0±95.0 | 88.65±1.05 | 11.11±0.22 | 3.72±0.64 | 30.63±5.17 |

[a]The fusion cross sections of energies between 82.32 and 104.37 MeV were taken from Ref. [18]. The others were taken from Ref. [17].

havior of elastic scatterings, the $V_S$ values are calculated at the same sensitive radius 12.5 fm, and the results are also shown in Fig. 4 with the square symbols. In the figure, the dashed line in the real part of potentials represents the best fit of the extracted $V_S$ by Eq. (9) with TA parameters $E_a=89.5$ MeV, $E_b=99.1$ MeV, $W_{0S}=-1.03$ MeV, and $V_{0S}=-2.23$ MeV. The dashed line in the imaginary part of potentials is the results calculated by Eq. (8). It should be pointed out that the potentials extracted from the fusion data correspond to the inner radius and it has a large degree of uncertainty to extrapolate to an outer radius, for example, to the sensitive radius. Anyhow, it can be seen from the figure that these two kinds of TA behavior are similar. This reflects that both of them are caused by the CC effects.

## IV. DISCUSSIONS AND CONCLUSIONS

### A. Comparison with $^{16}$O+$^{208}$Pb and $^{16}$O+$^{209}$Bi systems

It is interesting to compare the present findings of $^{19}$F+$^{208}$Pb system with the existing results of $^{16}$O+$^{208}$Pb and $^{16}$O+$^{209}$Bi systems. The reaction, quasielastic and fusion cross sections as a function of $E_{c.m.}-V_B$ for these three systems are plotted in Fig. 5. The data of $^{16}$O+$^{208}$Pb and $^{16}$O+$^{209}$Bi systems are taken from Refs. [19–21]. Here the Bass barriers [22] of 85.4, 77.1, and 78.0 MeV are used for $^{19}$F+$^{208}$Pb, $^{16}$O+$^{208}$Pb, and $^{16}$O+$^{209}$Bi systems, respectively. As shown in Fig. 5, both reaction and quasielastic cross sections are comparable for the $^{16}$O+$^{208}$Pb and $^{16}$O+$^{209}$Bi systems, while obviously larger for the $^{19}$F+$^{208}$Pb system. Maybe, the larger probability of the quasielastic reactions results from the structure of projectile $^{19}$F. The fusion cross sections are comparable for these three systems at near and well above barrier energies, but at energies lower than a

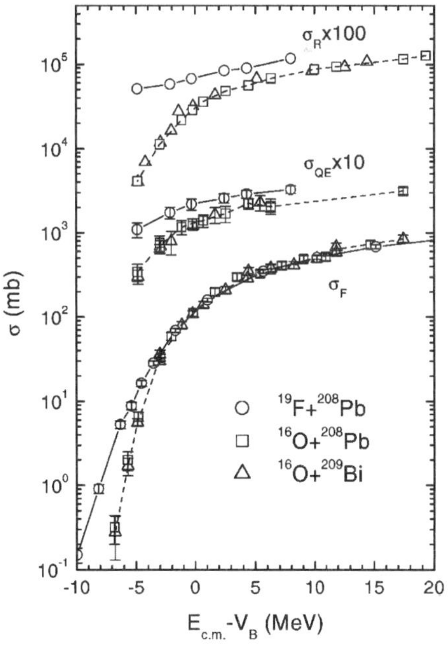


FIG. 5. The comparison of the reaction ($\sigma_R$), quasielastic ($\sigma_{QE}$), and fusion ($\sigma_F$) cross sections for the $^{19}$F+$^{208}$Pb (circle), $^{16}$O+$^{208}$Pb (square), and $^{16}$O+$^{209}$Bi (triangle) systems. The solid and dashed lines are to guide the eye for $^{19}$F+$^{208}$Pb and $^{16}$O+$^{208}$Pb systems, respectively.

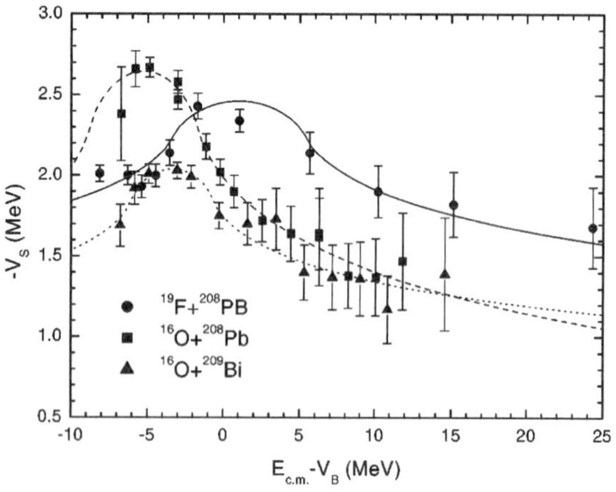


FIG. 6. Comparison of the real potentials at sensitive radii for the $^{19}F+^{208}Pb$ (circle), $^{16}O+^{208}Pb$ (square), and $^{16}O+^{209}Bi$ (triangle) systems, respectively. The solid, dashed, and dotted lines are fitted by Eq. (9) for these three systems, respectively.

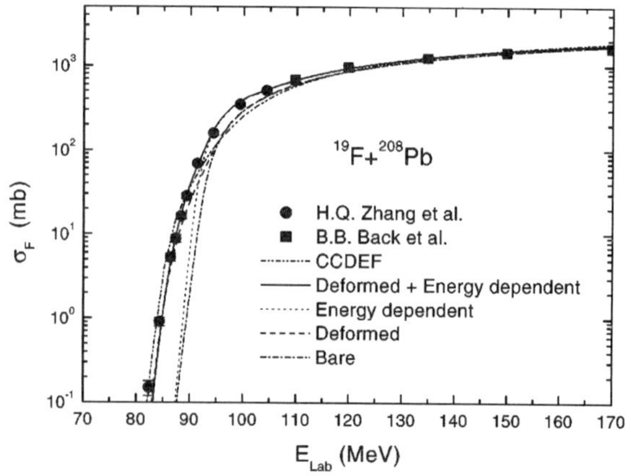


FIG. 7. The fusion excitation function for the $^{19}F+^{208}Pb$ system. The dash-dot-dotted line is the CC result, and solid, dotted, dashed, and dash-dotted curves are the BPM calculations with deformed plus energy dependent, only energy dependent, only deformed, and bare potentials, respectively. The circle and square data are taken from Refs. [18] and [17], respectively.

certain value (i.e., 3 MeV below the barrier) the fusion cross sections of $^{19}F+^{208}Pb$ system are obviously larger than those of the other two which are still comparable. The real potentials of these systems are extracted with the method mentioned above, as shown in Fig. 6. The sensitive radii are taken as 12.5, 12.4, and 12.5 fm for $^{19}F+^{208}Pb$, $^{16}O+^{208}Pb$, and $^{16}O+^{209}Bi$ systems, respectively. The solid, dashed, and dotted lines are the results fitted with Eq. (9) for $^{19}F+^{208}Pb$, $^{16}O+^{208}Pb$, and $^{16}O+^{209}Bi$ systems, respectively. The TA parameters of these three systems are listed in Table III for comparison. The anomaly behaviors of $^{16}O+^{208}Pb$ and $^{16}O+^{209}Bi$ systems are also similar to those extracted from elastic channels [2,21]. As shown in Fig. 6 and Table III, the anomaly peaks locate around the barrier for $^{19}F+^{208}Pb$ system but below the barrier for $^{16}O+^{208}Pb$ and $^{16}O+^{209}Bi$ systems. The anomaly centers $[E_{1/2}=(E_a+E_b)/2-V_B]$ are 1.01, $-5.26$, and $-3.38$ MeV and the anomaly intensities $[\Delta V_{\max}=\Delta V(E_{1/2})-\Delta V(E_S)]$ are about 1.0, 1.6, and 0.9 MeV for $^{19}F+^{208}Pb$, $^{16}O+^{208}Pb$, and $^{16}O+^{209}Bi$ systems, respectively. Here $E_S$ is the reference energy chosen to be 30 MeV higher than the Coulomb barrier. It is difficult to understand why $^{16}O+^{208}Pb$ and $^{16}O+^{209}Bi$ systems have the same tendencies in fusion excitation function while $^{19}F+^{208}Pb$ system does not. Moreover, as shown in Refs. [3,21], the fusion excitation functions can be reproduced by considering the energy dependent potentials for $^{16}O+^{208}Pb$ and $^{16}O+^{209}Bi$ systems. But for $^{19}F+^{208}Pb$ system, the following analysis shows that it is not enough to explain the larger fusion cross sections at low energies. When the effects of $^{19}F$ deformations are also taken into account in the calculations, the fusion excitation function can be reproduced quite well. Hence, we may conclude that the nuclear deformations give rise to some effects in the process of fusion below the Coulomb barrier.

TABLE III. TA parameters for the $^{19}F+^{208}Pb$, $^{16}O+^{208}Pb$, and $^{16}O+^{209}Bi$ systems.

| System | $^{19}F+^{208}Pb$ | $^{16}O+^{208}Pb$ | $^{16}O+^{209}Bi$ |
|---|---|---|---|
| $-V_{0S}$ (MeV) | $2.23\pm0.05$ | $2.30\pm0.07$ | $1.85\pm0.05$ |
| $-W_{0S}$ (MeV) | $1.03\pm0.08$ | $1.59\pm0.03$ | $0.84\pm0.16$ |
| $E_a-V_B$(MeV) | $-3.39\pm0.62$ | $-8.80\pm2.52$ | $-6.02\pm0.71$ |
| $E_b-V_B$(MeV) | $5.42\pm0.96$ | $-1.72\pm0.58$ | $-0.73\pm0.87$ |

### B. Fusion excitation function and spin distribution

In general, the energy dependent BPM model can reproduce the enhancement of fusion cross sections near and below the barrier well, but fails to describe the broadening of spin distribution. In addition to the energy dependence, the deformation effects are considered in the present work as mentioned in Sec. III C. The TA parameters extracted from elastic scatterings are employed in the calculations. The results reproduce both cross sections and mean-square spins well, as shown in Figs. 7 and 8, respectively. The CC results calculated by CCDEF code are also illustrated in the figure for comparison. In the CC calculation, six inelastic channels are included, as done by Zhang *et al.* [18], the 0.19714, 1.3457, 1.5540, and 2.7798 MeV excited states of $^{19}F$ with $\beta_2=0.55$, $\beta_3=0.33$, $\beta_2=0.58$, $\beta_4=0.22$, as well as the 2.6146 and 3.1977 MeV excited states of $^{208}Pb$ with $\beta_3=0.12$ and $\beta_5=0.05$, respectively. It is clear that the increases of fusion cross sections and mean-square spins around the Coulomb barrier can be attributed to the energy dependent potential, in other words, to the dynamic polarization effects. While in the energy region further below the barrier, the static deformations of the nucleus should be considered to play an important role. The small bump around the barrier in the mean-square spin distribution results from the deformations (see Fig. 8). In comparison with the calculations, we can see a slight shift of Zhang's $\langle l^2\rangle$ data which are extracted from the anisotropies of fission fragments

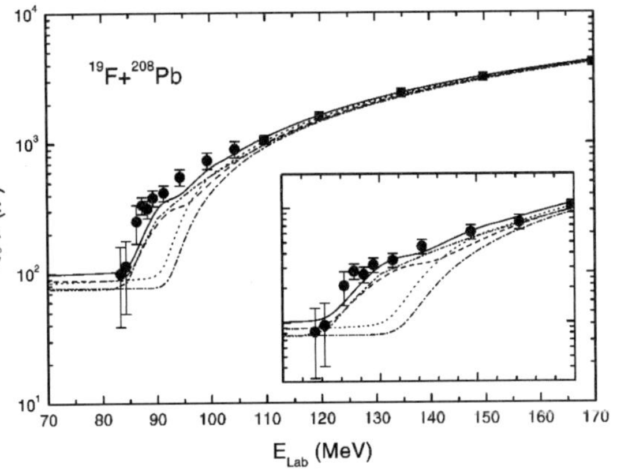


FIG. 8. Same as in Fig. 7, but for the mean-square spin distributions. Zhang's data [18] divided by 1.2 are shown in the inset.

$$A = 1 + \frac{\langle l^2 \rangle}{4K_0^2}, \tag{19}$$

where $A$ is the experimental anisotropies of fission fragments and $K_0$ is the standard deviation of the $K$ distribution deduced from the Sierk model [23] or from systematics [24]. We conjecture that the deviation of $K_0$ value may cause such uniform shift in $\langle l^2 \rangle$. If the data are reduced by a factor of 1.2, they agree with the calculations quite well (see the inset in Fig. 8).

## V. SUMMARY

The angular distributions of elastic scatterings at six energies near and below the Coulomb barrier for $^{19}F+^{208}Pb$ system are presented. The phenomenological optical model analysis gives the depths of the real and imaginary potentials, showing that both real and imaginary potentials have pronounced energy dependence. The real parts of potentials derived from the fusion channel also show the energy dependence and are quite similar to those from the elastic channel. In the framework of the linear model, the TA parameters are extracted from both elastic and fusion channels. Comparison with the neighboring systems shows that the projectile deformations have effects on the fusion reaction at low energy. Using the TA parameters extracted from the elastic channels, the fusion excitation function and the mean-square spin distribution are reproduced by the deformed and energy dependent BPM model. In addition, the calculations indicate that the dynamic polarization effects play roles around the barrier, while the static deformations are at work at energies further below the barrier.

## ACKNOWLEDGMENTS

We thank the operating staffs of the HI-13 tandem accelerator at CIAE for the good beams. This work was supported by the Nuclear Industry Science Foundation of China under Contract No. 92A01010.

[1] M. A. Nagarajan, C. C. Mahaux, and G. R. Satchler, Phys. Rev. Lett. **54**, 1136 (1985).
[2] C. Mahaux, H. Ngô, and G. R. Satchler, Nucl. Phys. **A449**, 354 (1986).
[3] G. R. Satchler, Phys. Rep. **199**, 147 (1991).
[4] C. H. Dasso, S. Landowne, and G. Pollarolo, Phys. Lett. B **217**, 25 (1989).
[5] R. Vandenbosh, Annu. Rev. Nucl. Part. Sci. **42**, 447 (1992).
[6] D. Ackermann, B. B. Back, R. R. Betts, M. Carpenter, L. Corradi, S. M. Fischer, R. Ganz, S. Gil, G. Hackman, D. J. Hofman, R. V. F. Janssens, T. L. Khoo, G. Montagnoli, V. Nanal, F. Scarlassara, M. Schlapp, D. Seweryniak, A. M. Stefanini, and A. H. Wuosmaa, Nucl. Phys. **A630**, 442c (1998).
[7] N. Rowley, G. R. Satchler, and P. H. Stelson, Phys. Lett. B **254**, 25 (1991).
[8] J. X. Wei, J. R. Leigh, D. J. Hinde, J. O. Newton, R. C. Lemmon, S. Elfstrom, and J. X. Chen, Phys. Rev. Lett. **67**, 3368 (1991).
[9] A. M. Stefanini, J. Phys. G **23**, 1401 (1997).
[10] C. R. Morton, A. C. Berriamn, M. Dasgupta, D. J. Hinde, J. O. Newton, K. Hagino, and I. J. Thompson, Phys. Rev. C **60**, 044608 (1999).
[11] H. Leucker, K. Becker, K. Blatt, W. Korsch, W. Luck, H. G. Völk, D. Fick, R. Butsch, H. J. Jänsch, H. Reich, and Z. Moroz, Phys. Lett. B **233**, 277 (1989).
[12] D. R. Tilley, H. R. Weller, C. M. Cheves, and R. M. Chasteler, Nucl. Phys. **A595**, 1 (1995).
[13] J. Raynal, *Computing as a Language of Physics* (IAEA, Vienna, 1972), p. 281.
[14] M. H. Macfarlane and S. C. Pieper, Phys. Lett. **103B**, 169 (1981).
[15] C. Y. Wong, Phys. Rev. Lett. **31**, 766 (1973).
[16] R. A. Broglia and A. Winther, *Heavy Ion Reactions* (Addison-Wesley, New York, 1991).
[17] B. B. Back, R. R. Betts, J. E. Gindler, B. D. Wilkins, S. Saini, M. B. Tsang, C. K. Gelbke, W. G. Lynch, M. A. McMahan, and P. A. Baisden, Phys. Rev. C **32**, 195 (1985).
[18] H. Q. Zhang, Z. H. Liu, J. C. Xu, K. Xu, J. Lu, and M. Ruan, Nucl. Phys. **A512**, 531 (1990).
[19] F. Videbaek, R. B. Goldstein, L. Grodzins, S. G. Steadman, T. A. Belote, and J. D. Garrett, Phys. Rev. C **15**, 954 (1977).
[20] E. Vulgaris, L. Grodzins, S. G. Steadman, and R. Ledoux, Phys. Rev. C **33**, 2017 (1986).
[21] P. Singh, S. Kailas, A. Chatterjee, S. S. Kerekatte, A. Navin, A. Nijasure, and B. John, Nucl. Phys. **A555**, 606 (1993).
[22] R. Bass, Phys. Rev. Lett. **39**, 265 (1977).
[23] A. J. Sierk, Phys. Rev. C **33**, 2039 (1986).
[24] L. C. Vaz and J. M. Alexander, Phys. Rep. **97**, 1 (1983).

# Excitation Halo States of $^{12}B$ ①

LIN Cheng-Jian(林承键), LIU Zu-Hua(刘祖华), ZHANG Huan-Qiao(张焕乔), WU Yue-Wei(吴岳伟), YANG Feng(杨峰), RUAN Ming(阮明)
*China Institute of Atomic Energy, P.O. Box 275(10), Beijing 102413*

(Received 6 April 2001)

*Angular distributions for the $^{11}B(d,p)^{12}B$ transfer reactions have been measured at $E_{\rm lab} = 11.8\,MeV$. The asymptotic normalization coefficients (ANC) of the ground state, the second and third excitation states for $^{12}B$ ($^{11}B+n$) are extracted from the differential cross sections at three forward angles. With these ANCs, the root-mean-square radii are calculated for these three states. The results show that the second and third excitation states of $^{12}B$ are neutron halo states.*

*PACS: 21.10.−k, 21.10.Ft, 21.10.Gv, 25.70.Hi*

The halo nuclei, in which the valence particles have much larger spatial distributions than those of the normal nuclei, have attracted extensive interest and study due to the exotic nuclear structure properties and nuclear reaction mechanisms. A number of light, extremely neutron-rich (or proton-rich) nuclei closed to the drip-line have been found as the halo nuclei.[1,2] Very recently, Liu *et al.*[3] experimentally confirmed that the first excitation state of $^{13}C$ is a neutron halo state. This state shows obvious halo characteristics:[2,4,5] weakly bound ($S_{\rm n} = 1.857\,{\rm MeV}$) and low angular momentum ($L = 0$). Except for $^{13}C$, some nuclei on or near the $\beta$-stable line should also have halo structures for certain bound excitation states closed to continuum. For example, quite similar to $^{13}C$, the second and third excitation states of $^{12}B$ have the same halo characteristics. Hence, we guess that these two states should have halo configurations. The separation energies and the single-particle configurations of valence neutrons for the ground state, the second and third excitation states of $^{12}B$ are listed in Table 1 to illustrate the characteristics.

For studying the structure of excitation state, the most convenient way is to extract the wavefunction of this state via peripheral reactions, for example, the (d,p) reaction. In addition to the halo itself, $^{12}B$ is also one of the most interesting nuclei in nuclear astrophysics. The direct radiative capture process $^{11}B(n,\gamma)^{12}B$ is important to understand the path of nucleosynthesis. It is difficult to measure the $(n,\gamma)$ cross sections directly at the stellar energies. Fortunately, an indirect method, called the asymptotic normalization coefficient (ANC) method, has been proposed to determine the direct capture cross sections through the peripheral reactions.[6] Moreover, by means of the ANC method, the root-mean-square (rms) radius can be deduced and this method is more suitable than the conventional distorted wave Born's approximation (DWBA) method.[7,8] Now the problems focus on the determination of ANC values.

In this letter, we briefly report on the experimental procedure and results; the ANCs are derived from the experiment and the rms radii are derived from the ANCs.

At the beginning of the research, the $^{11}B(d,p)^{12}B$ transfer reaction was chosen. The experiment was carried out at the HI-13 tandem accelerator of the China Institute of Atomic Energy, Beijing. A collimated deuteron beam with an incidence energy of 11.8 MeV bombarded a $^{11}B$ target with a thickness of $215\,\mu{\rm g/cm^2}$. The momentum of outgoing proton was analysed by the Beijing Q3D magnet spectrograph. The measurement angles were between 0° and 140° in 5° steps. The typical momentum spectrum (namely position spectrum) of the outgoing particles on the focus plane detector is shown in Fig. 1. An Si(Li) solid-state detector was set at 24° as a monitor to detect the deuteron elastic scatterings for the relative normalization. The absolute normalization of reaction cross sections was made by the beam current collected by the Faraday cup at 0°. Figure 2 illustrates the angular distributions of $^{11}B(d,p)^{12}B$ reactions for the ground state, the second and third excitation states of $^{12}B$, respectively. The relative errors of experimental data are less than 6% for all angles except 0°. At 0°, the reaction cross sections are strongly disturbed by the scattering deuteron and the errors increase to about 20 − 30%.

First, the DWBA method was employed to calculate the angular distributions of the direct transfer reactions of $^{11}B(d,p)^{12}B$. The procedure and the optical potentials involved in the calculations are the same as those in our previous work.[3] The solid lines in Fig. 2 are the calculation results. By the way, the reactions at forward angles are mainly the direct one-step processes. Moreover, it is already known that the DWBA

① Chin.Phys.Lett.,2001,18(9):1183-1185.

Table 1. Separation energies, valence neutron configurations, ANCs, rms radii, $D_1$ and $D_2$ for the ground state, the second and third excitation states of $^{12}$B.

| State | $S_n$ (MeV) | Conf. | $C_{An}$ (fm$^{-1/2}$) | $\langle r^2\rangle^{1/2}$ (fm) | $D_1$ | $D_2$ |
|---|---|---|---|---|---|---|
| G.S. | 3.370 | $1P_{1/2-}$ | 1.156±0.097 | 3.16±0.32 | 0.20 | 0.70 |
| Ex2 | 1.697 | $2S_{1/2+}$ | 1.335±0.114 | 4.01±0.61 | 0.54 | 0.92 |
| Ex3 | 0.750 | $2S_{1/2+}$ | 0.936±0.079 | 5.64±0.90 | 0.67 | 0.96 |

calculations are insensitive to the adopted parameters of optical potentials for the direct reaction at forward angles.[9] As shown in Fig. 2, the experimental data are well reproduced by the DWBA calculations at forward angles, but not at backward angles due to the involvement of the multi-step processes. Anyway, only the data at the forward angles are important to determine the outer parts of the wavefunctions and the distributions of the valence neutron at larger distance.

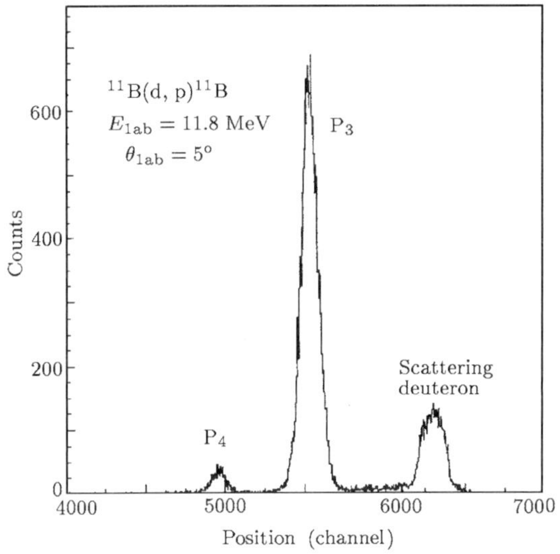


**Fig. 1.** Typical momentum spectrum of outgoing particles on the focus plane detector. $P_3$ and $P_4$ are the proton peaks corresponding to the third and fourth excitation states of $^{12}$B, respectively.

By means of the DWBA analyses, we obtain the normalized single-particle overlap wavefunctions of $^{11}$B+n, i.e. $\varphi_{An}^{(sp)}$, by which the wavefunctions of $^{12}$B bound states project onto the two-body channels. This projection represents the virtual processes $^{12}$B→$^{11}$B+n. The outer parts of these wavefunctions can be described by Whittaker functions,

$$\Psi_{Anl_Bj_B}^{(sp)}(r) \xrightarrow{r>R_N} C_{Anl_Bj_B}^{(sp)} \frac{W_{\eta_B,l_B+1/2}(2\kappa_B r)}{r}, \qquad (1)$$

where the subscripts A, B and n represent the $^{11}$B, $^{12}$B nucleus and neutron, $R_N$ is the radius of the nuclear interaction, $C_{An}^{(sp)}$ the single-particle ANC, and $\eta_B$ and $\kappa_B$ are the Sommerfeld parameter and wavenumber of the bound state, respectively. The ANC of $^{12}$B ($^{11}$B+n) is defined as

$$C_{Anl_Bj_B} = \sqrt{S_{Anl_Bj_B}^{(sp)}} C_{Anl_Bj_B}^{(sp)}, \qquad (2)$$

where $S_{An}^{(sp)}$ is the single-particle spectroscopic factor. Compared to the experimental data, the factor can be determined by

$$S_{An}^{(sp)} S_{pn}^{(sp)} = \frac{\sigma^{exp}(\theta)}{\sigma^{DWBA}(\theta)}, \qquad (3)$$

where $S_{pn}^{(sp)}$ is the single-particle spectroscopic factor of deuteron and can be deduced by the ANC of deuteron (d→p+n), $C_{pn} = 0.872\,\text{fm}^{-1/2}$.[7,10] Only three experimental data values at forward angles ($\theta_{lab}$ = 5°, 10°, and 15°) are used to determine these factors. The ANCs for each state of $^{12}$B have been calculated according to the above procedure. Table 1 also lists the ANCs for the ground state, the second and third excitation states of $^{12}$B.

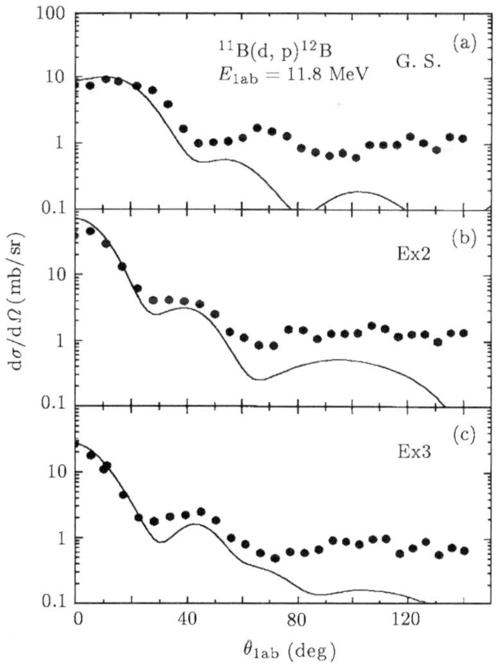


**Fig. 2.** Angular distributions of the $^{11}$B(d,p)$^{12}$B reactions for the ground state (a), the second (b) and the third (c) states of $^{12}$B. The solid lines are the results of DWBA calculations.

The rms radius of the valence particle is defined by the overlap wavefunction,

$$\langle r^2\rangle^{1/2} \approx \Big[S_{\rm An}^{(\rm sp)}\int_0^{R_{\rm N}} r^4\varphi_{\rm An}^{(\rm sp)^2}(r){\rm d}r + C_{\rm An}^2\int_{R_{\rm N}}^{\infty} r^2W^2(2\kappa_{\rm B}r){\rm d}r\Big]^{1/2}, \quad (4)$$

where the integral is divided into two parts by $R_{\rm N}$. The inner part is model dependent. Whereas the outer part is replaced by the Whittaker function and then is model independent. In order to estimate the contributions of the outer part, we define

$$D_\lambda(R_{\rm N}) = \left(\frac{\int_{R_{\rm N}}^{\infty} r^{2\lambda}\varphi_{\rm An}^{(\rm sp)^2}(r){\rm d}r}{\int_0^{\infty} r^{2\lambda}\varphi_{\rm An}^{(\rm sp)^2}(r){\rm d}r}\right)^{1/\lambda} \quad (5)$$

with $\lambda = 1, 2$. Thus, $D_1$ means the probability of valence particle outside the range of the interaction, and $D_2$ means the quotient of the outside part contributed to the total rms radius. As a result, the rms radii, $D_1$ and $D_2$ for the ground state, the second and third excitation states of $^{12}$B are also listed in Table 1. $D_1$ of the second and third excitation states are more than 50%. According to the strict definition of halo, of which the probability of finding the particle is larger than 50% outside the range of the potential,[2,5] the second and third excitation state of $^{12}$B is the true neutron halo state.

In summary, the angular distributions for the $^{11}$B(d,p)$^{12}$B transfer reactions have been measured at $E_{\rm lab} = 11.8$ MeV. By means of the DWBA analyses, the experimental data are well reproduced at the forward angles. Compared to the experimental data at the three forward angles, the ANCs are extracted for the ground state, the second and third excitation states of $^{12}$B ($^{11}$B+n). With these ANCs, the rms radii of these three states are calculated. The present results show that the second and third excitation states of $^{12}$B are true neutron halo states, according to the strict definition of halo.

# References


[1] Tanihata I, Hamagaki H, Hashimoto O et al 1985 *Phys. Lett.* B **160** 380

[2] Hansen P G and Jensen A S 1995 *Ann. Rev. Nucl. Part. Sci.* **45** 591

[3] Liu Z H, Lin C J, Zhang H Q et al 2001 *Chin. Sci. Bull.* **16** 43

[4] Jensen A S and Riisager K 2000 *Phys. Lett.* B **480** 39

[5] Riisager K, Jensen A S and Moller P 1992 *Nucl. Phys.* A **548** 393

[6] Xu H M, Gagliardi C A, Tribble R E et al 1994 *Phys. Rev. Lett.* **73** 2027

[7] Liu Z H 2001 *Chin. Phys. Lett.* **18** 1024

[8] Mukhamedzhanov A M, Gagliardi C A and Tribble R E 2001 *Phys. Rev.* C **63** 024612

[9] Fortune H T and Vincent C M 1969 *Phys. Rev.* **185** 1401

[10] Blokhintsev L D, Borbely I and Dolinskii E I 1977 *Sov. J. Part. Nucl.* **8** 485

# Extraction of the rms Radii of $^{13}$C from Asymptotic Normalization Coefficients①

LIN Cheng-Jian(林承键), LIU Zu-Hua(刘祖华), ZHANG Huan-Qiao(张焕乔), WU Yue-Wei(吴岳伟), YANG Feng(杨峰), RUANG Ming(阮明)

*China Institute of Atomic Energy, P.O. Box 275(10), Beijing 102413*

(Received 19 April 2001)

*The asymptotic normalization coefficients (ANCs) for three bound states of $^{13}$C ($^{12}$C+n) are extracted from the angular distributions of $^{12}$C(d,p) reactions at $E_{\rm lab}$ = 11.8 MeV. With these ANCs, the calculated root-mean-square (rms) radii of these three states agree with our previous results. The ANCs are 1.93±0.17, 1.84±0.16 and 0.149±0.012 fm$^{-1/2}$, and the rms radii $\langle r^2\rangle^{1/2}$ are 3.39±0.31, 5.04±0.75 and 3.68±0.40 fm for the ground state, the first and third excitation states, respectively. Further analyses show that the first excitation state with $D_1$=50.3% is a true neutron halo state, while the third excitation state with $D_1$=25.2% is a neutron skin state.*

*PACS: 21.10.−k, 21.10.Ft, 21.10.Gv, 25.70.Hi, 26.30.+k*

$^{13}$C is one of the most interesting nuclei in nuclear astrophysics. The direct radiative capture process $^{12}$C(n,r) is important to some problems in nucleosynthesis. A popular indirect way to calculate the cross section at stellar energy is the asymptotic normalization coefficient (ANC) method.[1] The angular distributions of $^{12}$C(d,p) reactions at $E_{\rm lab}$ = 11.8 MeV for the ground state, the first and third excitation states have been measured recently at the China Institute of Atomic Energy, Beijing.[2] From this experiment, the ANC of $^{13}$C ($^{12}$C+n) for each state can be extracted. With the ANC method, not only the cross section but also the root-mean-square (rms) radius can be calculated. In this letter, we focus on calculating the rms radii of $^{13}$C for each state. Although the rms radii for the ground state and the first excitation state of $^{13}$C have been extracted in Ref. [2], they have large uncertainties due to the distorted wave Born approximation (DWBA) fits because the DWBA calculation strongly depends on the shape and parameters of the potential, i.e. it is a model-dependent method. In contrast to this, the ANC method is model-independent.[3] It is interesting to extract the rms radius from the ANC and to compare it with the DWBA result.

Let us begin by briefly introducing the definition of the ANC. Supposing $\Psi_B$ is the wavefunction of a bound state $B$, where $B = (A+n)$. $\Psi_{An}$ is the overlap wavefunction which $\Psi_B$ projects onto the two-body channel $\Psi_A\Psi_n$. This projection reflects the virtual process $B \to A + n$. $\Psi_{An}$ is not an eigenfunction of Hamiltonian of the bound state $B$ and is not normalized to unity. Then the spectroscopic factor is defined as the normalization factor

$$S_{An} - \int \Psi^2_{An}(r)\,{\rm d}r. \tag{1}$$

The asymptotic behaviour of $\Psi_{An}$ is

$$\Psi_{Anl_Bj_B}(r) \xrightarrow{r>R_{\rm N}} C_{Anl_Bj_B}\frac{W_{\eta_B,l_B+1/2}(2\kappa_B r)}{r}, \tag{2}$$

where $R_{\rm N}$ is the radius of the nuclear interaction, $C_{Anl_Bj_B}$ is the ANC defining the amplitude of the tail of the overlap wavefunction, $W_{\eta_B,l_B+1/2}(2\kappa_B r)$ is the Whittaker function, $\eta_B$ and $\kappa_B$ are the Sommerfeld parameter and wavenumber of the bound state, respectively. In the neutron case, $\eta_B = 0$. On the other hand, $\Psi_{An}$ can be approximately expressed by the single-particle overlap function $\Psi^{\rm (sp)}_{An}$ in the framework of the single-particle model

$$\Psi_{An}(r) \approx \Psi^{\rm (sp)}_{An}(r) = \sqrt{S^{\rm (sp)}_{An}}\varphi^{\rm (sp)}_{An}(r), \tag{3}$$

where $\varphi^{\rm (sp)}_{An}$ is the normalized single-particle overlap function and $S^{\rm (sp)}_{An}$ is the corresponding normalization factor, namely the single-particle spectroscopic factor. Similar to Eq. (2), $\varphi^{\rm (sp)}_{An}$ has the following asymptotic behaviour

$$\varphi^{\rm (sp)}_{Anl_Bj_B}(r) \xrightarrow{r>R_{\rm N}} C^{\rm (sp)}_{Anl_Bj_B}\frac{W_{\eta_B,l_B+1/2}(2\kappa_B r)}{r}, \tag{4}$$

where $C^{\rm (sp)}_{Anl_Bj_B}$ is the single-particle ANC. Then, from the above equations, we immediately know that the relation between the ANC and the single-particle ANC

$$C_{Anl_Bj_B} = \sqrt{S^{\rm (sp)}_{Anl_Bj_B}}C^{\rm (sp)}_{Anl_Bj_B}. \tag{5}$$

The single-particle wavefunction can be obtained by solving the Schrödinger equation of the bound state and adjusting the interaction potential to reproduce the binding energy. Both $S^{\rm (sp)}_{Anl_Bj_B}$ and $C^{\rm (sp)}_{Anl_Bj_B}$ are dependent on the geometric shape, radius $r_0$ and diffusivity $a$ of the potential in use. The ANC, $C_{Anl_Bj_B}$, is not dependent on these. In order to illustrate this, we use the DWBA code to calculate the angular distribution of the $^{12}$C(d,p) reaction at $E_{\rm lab}$=11.8 MeV. The single-particle wavefunction of the bound state

① Chin.Phys.Lett.,2001,18(11):1446-1448.

$^{13}C$ ($^{12}C$+n) is obtained and the single-particle ANC is extracted with Eq. (4). Compared with the experimental cross sections at three forward angles ($\theta_{lab}$=5°, 10° and 15°), the single-particle spectroscopic factor is calculated by $S_{An}^{(sp)} S_{pn}^{(sp)} = \sigma^{exp}(\theta)/\sigma^{DWBA}(\theta)$. Here $S_{pn}^{(sp)}$ is the single-particle spectroscopic factor of the deuteron, $\sigma^{exp}(\theta)$ and $\sigma^{DWBA}(\theta)$ are the experimental differential cross section and the DWBA theory value, respectively. By means of the single-particle model, $S_{pn}^{(sp)} = 0.86$ with $r_0 = 1.25$ fm and $a = 0.65$ fm is determined by the ANC of the deuteron (d→p+n; $C_{pn} = 0.872\,\mathrm{fm}^{-1/2}$).[4] Finally, the model-independent ANC is obtain by Eq. (5) for each bound state of $^{13}C$. In the DWBA calculations, the Woods–Saxon potential including the spin-orbit coupled potential with the Thomas form factor $\lambda = 25$ are employed. For the sake of showing the dependence on the potential parameters, the radius $r_0$ and diffusivity $a$ are varied for $r_0 = 1.0 - 1.3$ fm and $a = 0.5 - 0.7$ fm with 0.1 fm steps, respectively. In addition, the calculations with the "standard parameter" $r_0 = 1.25$ fm and $a = 0.65$ fm (the same as in Ref. [2]) are also included. As an example, the top panel of Fig. 1 shows the single-particle overlapping wavefunctions with difference parameters for the ground state and the Whittaker function. The bottom panel shows the single-particle ANCs (time $\kappa$) which equal the constants when $r > R_N$. For the $^{12}C$+n case, $R_N = 4.1$ fm. Moreover, the numerical results of the first excitation state of $^{13}C$ are listed in Table 1.

Table 1. Single-particle ANCs, single-particle spectroscopic factors and ANCs for the first excitation state of $^{13}C$ ($^{12}C$+n).

| $r_0$ (fm) | $a$ (fm) | $C_{An}^{(sp)}$ ($\mathrm{fm}^{-1/2}$) | $S_{An}^{(sp)}$ | $C_{An}$ ($\mathrm{fm}^{-1/2}$) |
|---|---|---|---|---|
| 1.00 | 0.50 | 1.517 | 1.390±0.051 | 1.789±0.066 |
| 1.00 | 0.60 | 1.629 | 1.244±0.046 | 1.817±0.067 |
| 1.00 | 0.70 | 1.750 | 1.115±0.041 | 1.848±0.068 |
| 1.10 | 0.50 | 1.567 | 1.315±0.048 | 1.797±0.066 |
| 1.10 | 0.60 | 1.680 | 1.181±0.043 | 1.826±0.067 |
| 1.10 | 0.70 | 1.802 | 1.065±0.039 | 1.860±0.068 |
| 1.20 | 0.50 | 1.620 | 1.246±0.046 | 1.809±0.066 |
| 1.20 | 0.60 | 1.735 | 1.124±0.041 | 1.839±0.068 |
| 1.20 | 0.70 | 1.858 | 1.017±0.037 | 1.874±0.069 |
| 1.30 | 0.50 | 1.677 | 1.182±0.043 | 1.823±0.067 |
| 1.30 | 0.60 | 1.793 | 1.069±0.039 | 1.854±0.068 |
| 1.30 | 0.70 | 1.918 | 0.972±0.036 | 1.891±0.069 |
| 1.25 | 0.65 | 1.824 | 1.043±0.038 | 1.863±0.068 |

The single-particle spectroscopic factors are the average values extracted from the three forward angles mentioned above. It is worth noting that both $S_{An}^{(sp)}$ and $C_{An}^{(sp)}$ vary with the different potential parameters, but $C_{An}$ does not. The errors of $S_{An}^{(sp)}$ and $C_{An}$ listed in Table 1 only include the statistic errors (about 4%) of experimental cross sections. In fact, the systematic errors (about 5%) are added in the final results. Finally, the ANCs for the ground state, the first and third excitation states of $^{13}C$ ($^{12}C$+n) are 1.93±0.17, 1.84±0.16 and 0.149±0.012 $\mathrm{fm}^{-1/2}$, respectively.

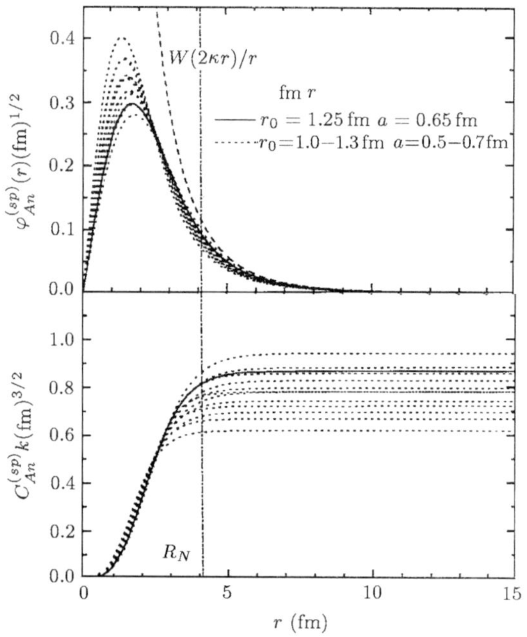


**Fig. 1.** (a) Single-particle overlapping wavefunctions with the standard parameter ($r_0 = 1.25$ fm, $a = 0.65$ fm; solid lines) and with difference parameters ($r_0 = 1.0 - 1.3$ fm, $a = 0.5 - 0.7$ fm; dotted lines), and the Whittaker function (dashed line) for the ground state. (b) Single-particle ANCs (time $\kappa$) versus the radius.

Table 2. $D_1$ and $D_2$ of the rms radii for the ground state, and the first and third excitation states of $^{13}C$.

| State | $\langle r^2\rangle_{DWBA}^{1/2}$ (fm) | $\langle r^2\rangle^{1/2}$ (fm) | $D_1$ | $D_2$ |
|---|---|---|---|---|
| G.S. | $3.14^{+0.20}_{-0.11}$ | 3.39±0.31 | 14.3% | 62.1% |
| Ex1 | $4.87^{+0.29}_{-0.32}$ | 5.04±0.75 | 50.3% | 90.5% |
| Ex3 | $3.86^{+0.20}_{-0.23}$ | 3.68±0.40 | 25.2% | 74.2% |

The rms radius of the valence particle is defined by the normalized single-particle overlap wavefunction,

$$\langle r^2\rangle^{1/2} = \left[\int_0^\infty r^4 \varphi_{An}^{(sp)^2}(r)\,\mathrm{d}r\right]^{1/2}. \tag{6}$$

The integral can be divided into two parts by $R_N$

$$\langle r^2\rangle^{1/2} \approx \left[\int_0^{R_N} r^4 \varphi_{An}^{(sp)^2}(r)\,\mathrm{d}r + C_{An}^2 \int_{R_N}^\infty r^2 W^2(2\kappa_B r)\,\mathrm{d}r\right]^{1/2}. \tag{7}$$

The inner part is still model dependent. The outer part is replaced by the Whittaker function and then is model independent. In order to estimate the contributions of the outer part, we define

$$D_\lambda(R_N) = \left(\frac{\int_{R_N}^\infty r^{2\lambda}\varphi_{An}^{(sp)^2}(r)\,\mathrm{d}r}{\int_0^\infty r^{2\lambda}\varphi_{An}^{(sp)^2}(r)\,\mathrm{d}r}\right)^{1/\lambda} \tag{8}$$

with $\lambda = 1, 2$. Thus $D_1$ represents the probability of the valence particle outside the range of the interaction, and $D_2$ represents the quotient of the outside part contributed to the total rms radius. The results of the rms radii, $D_1$ and $D_2$ for the ground state, the first and third excitation states of $^{13}$C are listed in Table 2. Our previous results of rms radii extracted from the DWBA analyses are also listed in the same table for comparison. The present results well agree with those from DWBA within the errors. We note that $D_1$ of the first excitation state is larger than 50%. According to the strict definition of the halo for which the probability of finding the particle is larger than 50% outside the range of the potential,[5] the first excitation state of $^{13}$C is a true neutron halo state. The third excitation state just is a neutron skin state.

In summary, the ANC definition is briefly introduced and its values of the ground state, the first and third excitation states for $^{13}$C ($^{12}$C+n) are extracted from the angular distributions of $^{12}$C(d,p) reactions at $E_{\rm lab} = 11.8\,\rm MeV$. With these ANCs, the rms radii of these three states are calculated and the obtained values agree with our previous results within the errors. The present results support the fact that the first excitation state of $^{13}$C is a true neutron halo state, according to the strict definition of the halo.

## References


[1] Xu H M, Gagliardi C A, Tribble R E et al 1994 *Phys. Rev. Lett.* **73** 2027

[2] Liu Zuhua, Lin Chengjian, Li Zhichang et al 2001 *Chin. Sci. Bull.* **46** 43

[3] Mukhamedzhanov A M, Gagliardi C A and Tribble R E 2001 *Phys. Rev.* C **63** 024612

[4] Blokhintsev L D, Borbely I and Dolinskii E I 1977 *Sov. J. Part. Nucl.* **8** 485

[5] Hansen P G, Jensen A S and Jonson B 1995 *Ann. Rev. Nucl. Part. Sci.* **45** 591

# Asymptotic normalization coefficients and neutron halo of the excited states in $^{12}$B and $^{13}$C ①

Z. H. Liu, C. J. Lin, H. Q. Zhang, Z. C. Li, J. S. Zhang, Y. W. Wu, F. Yang, M. Ruan, J. C. Liu, S. Y. Li, and Z. H. Peng
*China Institute of Atomic Energy, P.O. Box 275(10), Beijing 102413, China*
(Received 25 April 2001; published 21 August 2001)

The transfer reactions of $^{11}$B$(d,p)^{12}$B and $^{12}$C$(d,p)^{13}$C, at incident energy of 11.8 MeV, have been used to extract asymptotic normalization coefficients and root-mean-square radii for the last neutron in $^{12}$B and $^{13}$C. It is found experimentally that the second ($J^{\pi}=2^{-}$) and third ($J^{\pi}=1^{-}$) excited states in $^{12}$B and the first ($J^{\pi}=1/2^{+}$) excited state in $^{13}$C are the neutron halo states, whereas the third ($J^{\pi}=5/2^{+}$) excited state in $^{13}$C is a neutron skin state.

DOI: 10.1103/PhysRevC.64.034312 PACS number(s): 21.10.Gv, 25.45.Hi, 27.20.+n

## I. INTRODUCTION

The origin of the chemical elements in nature constitutes a fascinating problem of nuclear astrophysics. Among the various theories of element formation, stellar nucleosynthesis has become most successful and is now commonly accepted. In the theory, it assumes that only hydrogen, helium, and the rare light isotopes with $A<12$ are produced in the big bang; nuclei heavier than iron can only be created by successive neutron capture reactions and beta decay. The main reaction sequence to synthesis heavy elements ($A>12$) is

$$^{1}\mathrm{H}(n,\gamma)^{2}\mathrm{H}(n,\gamma)^{3}\mathrm{H}(d,n)^{4}\mathrm{He}(t,\gamma)^{7}\mathrm{Li}(n,\gamma)^{8}\mathrm{Li}(\alpha,n)^{11}\mathrm{B}(n,\gamma)^{12}\mathrm{B}(\beta^{-})^{12}\mathrm{C}(n,\gamma)^{13}\mathrm{C},$$

etc. [1]. Along this sequence, the $^{11}$B$(n,\gamma)^{12}$B and $^{12}C(n,\gamma)^{13}$C are two important reactions, especially the latter one [2,3].

So far, the capture cross sections of astrophysical interest for the $^{11}$B$(n,\gamma)^{12}$B reaction are still unknown. For the $^{12}$C$(n,\gamma)^{13}$C reaction, they have been measured by two groups [4–6] at neutron energies between 0.1 keV and 2 MeV. However, there are obvious discrepancies between these two sets of data [6]. Due to its importance as mentioned above, further experimental studies are strongly called for. However, the direct capture cross sections at stellar energies are very small, usually in $\mu$barn. It is very difficult to measure them with high precission. Recently, Xu *et al.* [7] proposed an indirect method to obtain the direct capture cross section at stellar energy from the asymptotic normalization coefficient (ANC) of the overlap wave function in peripheral transfer reaction. The cross sections of the peripheral nucleon transfer at energies above the Coulomb barrier are several orders of magmitude larger than that of direct capture. Hence their method should provide an easy and reliable way to determine the capture cross sections of astrophysical interest.

In this work, we have measured the angular distributions of the transfer reactions $^{11}$B$(d,p)^{12}$B and $^{12}$C$(d,p)^{13}$C, and extracted ANC's for $^{12}$B$\leftrightarrow^{11}$B$+n$ and $^{13}$C$\leftrightarrow^{12}$C$+n$ from the measured differential cross sections at forward angles. We have also calculated the root-mean-square (rms) radii of the ground and excited states in $^{12}$B and $^{13}$C with these ANC's. Our results show that the second ($J^{\pi}=2^{-}$) and third ($J^{\pi}=1^{-}$) excited states of $^{12}$B and the first ($J^{\pi}=1/2^{+}$) and third ($J^{\pi}=5/2^{+}$) excited states of $^{13}$C are, respectively, the neutron halo or halolike states. Because the neutron capture in the *s* process follows the valley of beta stability, it would be very interesting to extend the investigation of the halo structure, as well as its effect on neutron capture, to the nuclear region on and off the $\beta$ stability line.

## II. EXPERIMENTAL PROCEDURE

The experiment was carried out with a collimated deuteron beam from the HI-13 tandem accelerator at China Institute of Atomic Energy, Beijing. The bombarding energy was 11.8 MeV. The thickness of the $^{11}$B (with $^{12}$C backing of 30 $\mu$g/cm$^2$) and $^{12}$C targets was 215 $\mu$g/cm$^2$. Outgoing protons were momentum analized using a Q3D magnetic spectrograph. Two typical excitation energy spectra of proton are shown in Fig. 1. During the measurements at most of angles, two SSD's placed at $\pm24°$ were used for monitoring the beam current. In the angular range of $15°\leqslant\theta_{Lab}\leqslant35°$, instead of two, one SSD at $+24°$ was used. Except the SSD's, in the measurements at some angles, a Faraday cup set at 0° in the scattering chamber was used for determing the beam current directly.

The differential cross sections of the transfer reactions $^{11}$B$(d,p)^{12}$B and $^{12}$C$(d,p)^{13}$C were measured in the angular range of $5°\leqslant\theta_{Lab}\leqslant140°$ in 5° steps. In the case of the $d_{5/2+}$ state of $^{13}$C, the cross sections were measured at angles down to 0°. The counts of the elastic scattering at 24° were used for relative normalization of the transfer cross sections. The beam current measured by the Faraday cup along with the target thickness were used for the absolute normalization. The measured angular distributions of the transfer reactions

① Physical Review C,2001,64(3):034312-(1-5).

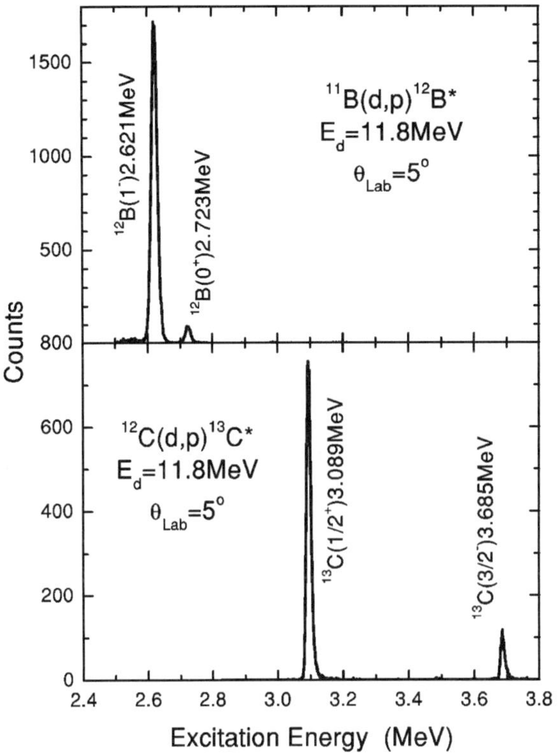


FIG. 1. The excitation energy spectra of proton from the $^{11}$B$(d,p)^{12}$B and $^{12}$C$(d,p)^{13}$C reactions measured by Q3D at 5°.

$^{11}$B$(d,p)^{12}$B and $^{12}$C$(d,p)^{13}$C are, respectively, shown in Figs. 2 and 3 as solid points. The relative errors of the experimental data are about 6%, including the error of statistics, the uncertainties of the target thickness and the beam current measurement. Lang *et al.* [8] investigated the reaction $^{12}$C$(d,p)^{13}$C at the deuteron energy of 12 MeV. Our results are in agreement with their data within experimental error.

### III. EXTRACTION OF ANC'S

The experimental cross section for the peripheral transfer reaction $A(d,p)B$ can be expressed as

$$\frac{d\sigma_{exp}}{d\Omega}=(C^B_{Anl_Bj_B})^2(C^d_{pn})^2R_{l_Bj_B} \tag{1}$$

with

$$R_{l_Bj_B}=\frac{\sigma^{DW}}{b^2_{Anl_Bj_B}b^2_{pn}}, \tag{2}$$

where $C^B_{Anl_Bj_B}$, $C^d_{pn}$ and $b_{Anl_Bj_B}$, $b_{pn}$ are, respectively, the nuclear ANC's and the corresponding single-particle ANC's for $B\leftrightarrow A+n$ and $d\leftrightarrow p+n$ channels, $l_B$ and $j_B$ the orbital angular momentum and channel spin of the bound state ($A+n$). As pointed out by Mukhamedzhanov *et al.* [9], $R_{l_Bj_B}$ in

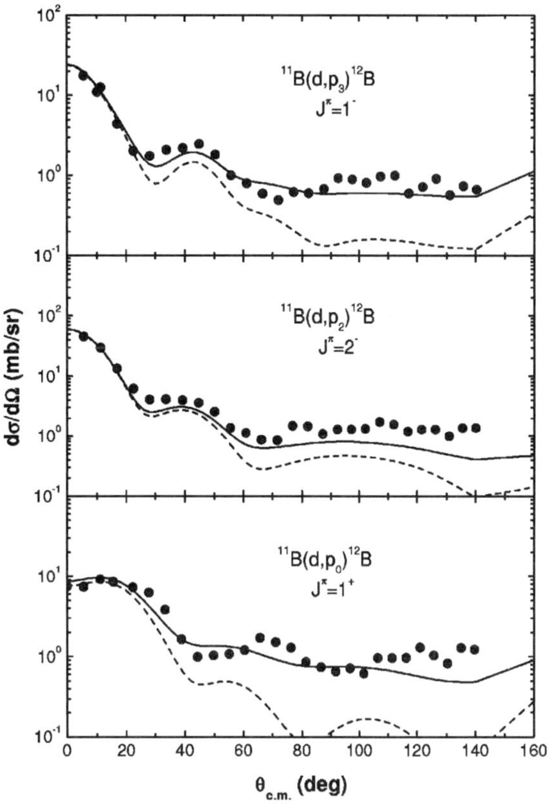


FIG. 2. Angular distributions for the transfer reactions $^{11}$B$(d,p)^{12}$B at $E_d=11.8$ MeV. The dashed curves denote the normalized DWBA calculations, and the solid lines represent the results combining the contributions of the direct and the compound processes.

Eq. (1) is model independent for peripheral transfer reactions. $R_{l_Bj_B}$ can be calculated with a proper distorted-wave Born approximation (DWBA) code. Thus one can deduce $C^B_{Anl_Bj_B}$ as long as the transfer cross sections $d\sigma_{exp}/d\Omega$ are measured.

In the DWBA calculations, the exact finite range code PTOLEMY [10] is used. The optical model potential takes the form

$$U(r)=V_C(r)-Vf(x_v)+4iW\frac{d}{dx_i}f(x_i)+\left(\frac{\hbar}{m_\pi c}\right)^2V_{s.o.}\frac{1}{r}\frac{d}{dr}f(x_{s.o.})\frac{\vec{l}\cdot\vec{s}}{s}, \tag{3}$$

where $f(x_j)=[1+\exp(x_j/a_j)]^{-1}$, $x_j=r-r_jA^{1/3}_{target}$, $j=v,i,s.o.$, and $V_C(r)$ is the Coulomb potential of a uniformly charged sphere with radius $r_{0C}A^{1/3}_{target}$. The potential parameters in the entrance channel were extracted from the elastic scattering data of $d+^{12}$C at an energy of 12 MeV [11]. The energy-dependent optical parameters of Goncharov *et al.* [12] are used to generate the distorted waves in the $p$

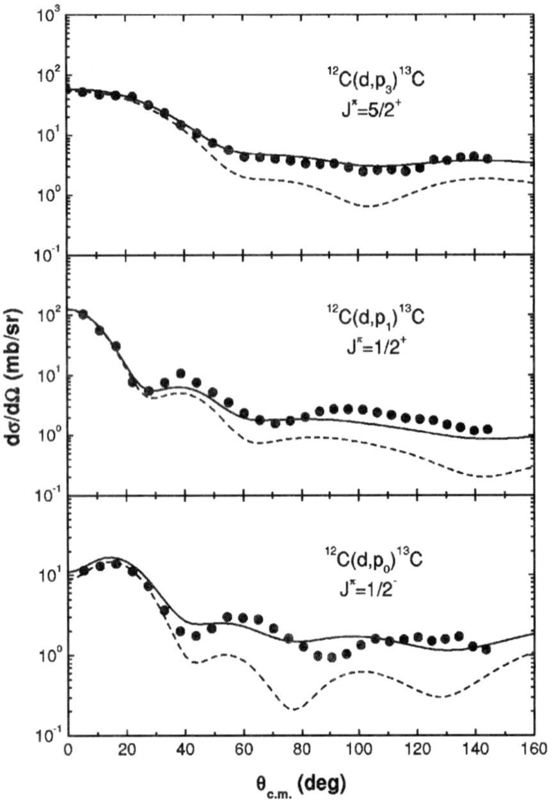


FIG. 3. Same as Fig. 2, but for the reactions $^{12}C(d,p)^{13}C$.

$+^{12}$B and $p+^{13}$C exit channels. Listed in Table I are the values of the optical parameters used. The normalized results of the DWBA calculation are illustrated in Figs. 2 and 3 as dashed curves. In the same figures, the solid lines show the results combining the contributions of the direct and the compound processes. It is already known that the transfer differential cross section at forward angles is insensitive to the parameters of the distorted-wave optial potential [13]. It is just at these angles the value of ANC's is deduced. The single-particle wave functions are calculated with typical Woods-Saxon potentials. The depth of the potential is adjusted to reproduce the neutron binding energy. We vary the radius parameter $r_0$ and the diffuseness $a$ of the potential on a grid of 12 points for $r_0=1.0$–$1.3$ fm and $a=0.5$–$0.7$ fm with 0.1-fm steps, respectively. In addition, the standard parameters of $r_0=1.25$ fm and $a=0.65$ fm are also used in our DWBA calculations. For each point on the grid, the single-particle wave function $\Phi_{n_Bl_Bj_B}(r,r_0,a)$ is obtained. Here the dependence of the $\Phi_{n_Bl_Bj_B}$ on the radius parameter $r_0$ and diffuseness $a$ is explicitly indicated. The single-particle ANC $b_{l_Bj_B}$ can be deduced at large distance by its definition:

$$b_{l_Bj_B}(r_0,a)=\frac{\Phi_{n_Bl_Bj_B}(r,r_0,a)}{W_{-\eta_B,l_B+1/2}(2kr)/r},\quad r>R_N; \tag{4}$$

here $W_{-\eta_B,l_B+1/2}$ is the Whittaker function, $k=\sqrt{2\mu\varepsilon_B}$ is the wave number, and $\mu$, $\varepsilon_B$, $R_N$ are, respectively, the reduced mass, binding energy, and the nuclear interaction radius for the bound state $(A+n)$. The Coulomb parameter $\eta_B$ equals zero in the neutron case. The DWBA cross section $\sigma^{DW}$ and single-particle ANC $b_{l_Bj_B}$ depend on the parameters of the binding potential, while their ratio $R_{l_Bj_B}$ does not.

As long as $R_{l_Bj_B}$ is obtained in the DWBA calculation, the nuclear ANC $C^B_{Anl_Bj_B}$ can be deduced from the experimental cross section with Eq. (1). We deduce the value of the ANC's from the differential cross sections at three forward angles ($\theta_{Lab}=5°$, $10°$, and $15°$). The value of $(C^d_{pn})^2$ for $d\leftrightarrow p+n$ is 0.76 fm$^{-1}$ [14]. So the nuclear ANC $C^B_{Anl_Bj_B}$ for $^{12}B\leftrightarrow{}^{11}B+n$ and $^{13}C\leftrightarrow{}^{12}C+n$ is uniquely determined. The nuclear ANC's are model independent. Figure 4 shows the $b_{l_Bj_B}$, $S^{(sp)}_{l_Bj_B}$, and $C^B_{Anl_Bj_B}$ as a function of $(r_0/a)$ for the third $(J^\pi=1^-)$ excited state of $^{12}B$. The error bars are only due to the errors of measured cross sections. The obtained data of the $C^B_{Anl_Bj_B}$ are presented in Table II for various bound states of nuclei $^{12}$B and $^{13}$C. The errors listed in the table also include systematic uncertainties.

## IV. NEUTRON HALO IN EXCITED STATES

A neutron or proton halo is bassically a threshold effect [15] resulting from the presence of a bound state close to the continuum. Therefore, except the nuclei near or at both the neutron and proton drip lines, a halo may appear in the excited state of stable nuclei, especially in $1/2^+$ state of light nuclei [16]. As mentioned above, to search for the halo structure of excited states in nuclei on and off the $\beta$ stability line is of particular significance in astrophysics, as well as in nuclear physics itself.

In the single-particle approach [9], the nuclear radial overlap integral for $B\leftrightarrow A+n$ is approximated by a single-particle overlap integral,

$$I^B_{Anl_Bj_B}(r)\approx I^{B(sp)}_{Anl_Bj_B}(r)=[S^{(sp)}_{l_Bj_B}]^{1/2}\Phi_{n_Bl_Bj_B}(r). \tag{5}$$

TABLE I. Optical model potential parameters.

| Particle | $V$ (MeV) | $r_v$ (fm) | $a_v$ (fm) | $V_i$ (MeV) | $r_i$ (fm) | $a_i$ (fm) | $V_{s.o.}$ (MeV) | $r_{s.o.}$ (fm) | $a_{s.o.}$ (fm) |
|---|---|---|---|---|---|---|---|---|---|
| $d$ | 118.0 | 0.97 | 0.93 | 9.44 | 1.83 | 0.47 | 7.42 | 0.90 | 0.18 |
| $p$ | $66.535-0.108E_p$ | 1.006 | 0.654 | $4.526+0.006E_p$ | 1.321 | 0.702 | 10.13 | 0.713 | 0.563 |

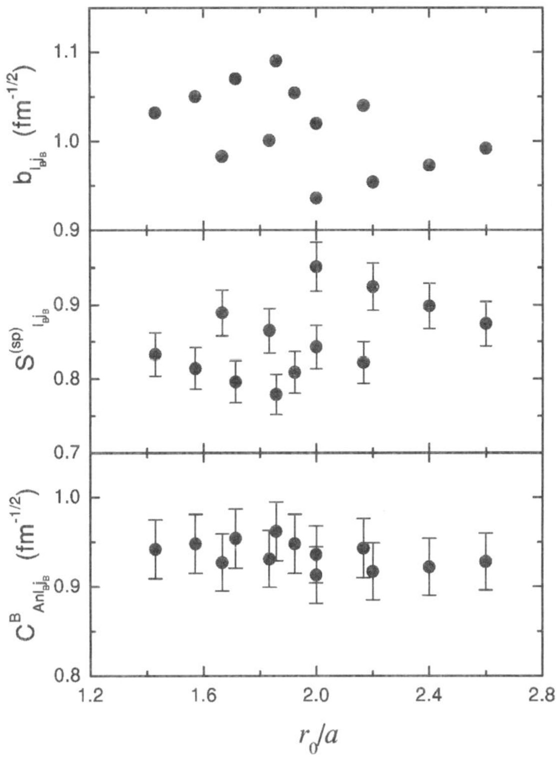


FIG. 4. The single-particle ANC ($b_{l_Bj_B}$), the single-particle spectroscopic factor ($S^{(sp)}_{l_Bj_B}$), and the nuclear ANC ($C^B_{Anl_Bj_B}$) as a function of $r_0/a$ for the third excited state of $^{12}$B.

The single-particle spectroscopic factor $S^{(sp)}_{l_Bj_B}$ relates the nuclear ANC and the single-particle ANC by

$$S^{(sp)}_{l_Bj_B}=\frac{(C^B_{Anl_Bj_B})^2}{(b_{l_Bj_B})^2}. \tag{6}$$

The rms radius of the last neutron in the orbital $(n_Bl_Bj_B)$ is defined approximately by the single-particle wave function,

$$\langle r^2\rangle^{1/2}\approx\left(\int_0^\infty r^4\Phi^2_{n_Bl_Bj_B}(r)dr\right)^{1/2}. \tag{7}$$

It can be separated into the contributions of the interior and the asymptotic region,

$$\langle r^2\rangle^{1/2}=\left(\int_0^{R_N} r^4\Phi^2_{n_Bl_Bj_B}(r)dr+(C^B_{Anl_Bj_B})^2\times\int_{R_N}^\infty r^2W^2_{-\eta_B,l_B+1/2}(2kr)dr\right)^{1/2}. \tag{8}$$

The first term in the equation is somehow parameter dependent. The parameters of the bound state potential adopted are not experimentally determined and can be varied. We calculate the first term by taking the set $(r_0,a)$ so that $C^B_{Anl_Bj_B}=b_{l_Bj_B}(S_{l_Bj_B}=1)$. The second term is model independent, and gives major contribution to the rms radius. Thus the error introduced by the parameters used is small. The contribution of the asymptotic part of the wave function can be estimated by

$$D_\lambda(R_N)=\left(\frac{\int_{R_N}^\infty r^{2\lambda}\Phi^2_{n_Bl_Bj_B}(r)dr}{\int_0^\infty r^{2\lambda}\Phi^2_{n_Bl_Bj_B}(r)dr}\right)^{1/\lambda} \tag{9}$$

with $\lambda=1,2$. The $D_1$ represents the probability of the last neutron outside the range of the interaction radius $R_N$, and $D_2$ gives the contribution of the asymptotic part to the rms radius. Listed in Table II are the rms radii, the values of $D_1$, $D_2$ for the last neutron of the ground and excited states in $^{12}$B and $^{13}$C. It is worth noting that for the excited states with the orbital angular momentum $l_n=0$, $D_1$ is equivalent to or larger than 50%. In this sense [15] these states, i.e., the second ($J^\pi=2^-$) and third ($J^\pi=1^-$) excited states in $^{12}$B and the first ($J^\pi=1/2^+$) excited state in $^{13}$C should be the neutron halo states, while the third ($J^\pi=5/2^+$) excited state in $^{13}$C is a neutron skin state. Dufour and Descouvemont [17] used the generator coordinate method to study $^{12}$C$(n,\gamma)^{13}$C and obtain the mean distance between the $^{12}$C core and the last neutron, $d=4.48$ fm for the $1/2^+$ excited state. Our result agrees with their value within the error.

TABLE II. Asmptotic normalization coefficients $C^B_{Anl_Bj_B}$, rms radii, $D_1$, and $D_2$ for the ground and excited states in $^{12}$B and $^{13}$C.

| Nucleus | $E_x$ (MeV) | $l_n$ ($\hbar$) | $J^\pi$ | $C^B_{Anl_Bj_B}$ (fm$^{-1/2}$) | $\langle r^2\rangle^{1/2}$ (fm) | $D_1$ (%) | $D_2$ (%) |
|---|---|---|---|---|---|---|---|
| $^{12}$B | 0 | 1 | $1^+$ | 1.16±0.10 | 3.16±0.32 | 19.9 | 70.2 |
| | 1.674 | 0 | $2^-$ | 1.34±0.12 | 4.01±0.61 | 53.6 | 91.9 |
| | 2.621 | 0 | $1^-$ | 0.94±0.08 | 5.64±0.90 | 66.8 | 96.3 |
| $^{13}$C | 0 | 1 | $1/2^-$ | 1.93±0.17 | 3.39±0.31 | 14.3 | 62.1 |
| | 3.089 | 0 | $1/2^+$ | 1.84±0.16 | 5.04±0.75 | 50.3 | 90.5 |
| | 3.854 | 2 | $5/2^+$ | 0.15±0.01 | 3.68±0.40 | 25.2 | 74.2 |

## V. CONCLUSION

We have measured the angular distributions of the peripheral transfer reactions $^{11}B(d,p)^{12}B$ and $^{12}C(d,p)^{13}C$ at 11.8 MeV, and derived the nuclear ANC's $C^{B}_{Anl_B j_B}$ of the ground and excited states in $^{12}B$ and $^{13}C$ from the transfer cross sections at very forward angles. Our calculations show that the ANC value is insensitive to the parameters of the binding potential used. With these ANC's, we have calculated the rms radii, the probability $D_1$ of the last neutron outside the range of nuclear interaction, and the contribution, $D_2$ of the asymptotic part to the rms radius. Our results indicate that the second ($J^{\pi}=2^-$) and third ($J^{\pi}=1^-$) excited states in $^{12}B$ and the first ($J^{\pi}=1/2^+$) excited state in $^{13}C$ are the neutron halo states, whereas the third ($J^{\pi}=5/2^+$) excited state in $^{13}C$ is a neutron skin state.

The ANC method provides a natural way to relate the peripheral transfer reactions to the direct radiative capture reactions. It is of astrophysical interest to deduce the direct neutron radiative capture cross sections of $^{11}B$ and $^{12}C$ from the measured ANC's. The corresponding calculations are in progress.

## ACKNOWLEDGMENTS

This work was supported by the National Natural Sciences Foundation of China (Grant Nos. 19875078 and 10075077) and the Major State Basic Research Development Program (Grant No. G200077400).

---

[1] R.A. Malaney and W.A. Fowler, Astrophys. J. **133**, 14 (1988).
[2] J.H. Applegate and C.J. Hogan, Phys. Rev. D **31**, 3037 (1985).
[3] T. Kajino, G.J. Mathews, and G.M. Fuller, Astrophys. J. **364**, 7 (1990).
[4] R.L. Mackin, Astrophys. J. **357**, 649 (1990).
[5] Y. Nagai, M. Igashira, K. Takeda, N. Mukai, S. Motoyama, F. Uesawa, H. Kitazawa, and T. Fukuda, Astrophys. J. **372**, 683 (1991).
[6] T. Ohsaki, Y. Nagai, M. Igashira, T. Shima, K. Takeda, S. Seino, and T. Irie, Astrophys. J. **422**, 912 (1994).
[7] H.M. Xu, C.A. Gagliardi, R.E. Tribble, A.M. Mukhamedzhanov, and N.K. Timofeyuk, Phys. Rev. Lett. **73**, 2027 (1994).
[8] J. Lang, J. Liechti, R. Muller, P.A. Schmelzbach, J. Smyrski, M. Godlewski, L. Jarczyk, A. Stralkowski, and H. Witala, Nucl. Phys. **A477**, 77 (1988).
[9] A.M. Mukhamedzhanov, C.A. Gagliardi, and R.E. Tribble, Phys. Rev. C **63**, 024612 (2001).
[10] R.P. Goddard, L.D. Knutson, and J.A. Tostevin, Phys. Lett. **118B**, 241 (1982).
[11] J.A.R. Griffith, M. Irshad, O. Karban, S.W. Oh, and S. Roman, Nucl. Phys. **A167**, 87 (1971).
[12] S.A. Goncharov, I.R. Gulamov, E.A. Romanovsky, N.K. Timofeyuk, and K.V. Shitikova, J. Phys. G **15**, 1431 (1989).
[13] H.T. Fortune and C.M. Vincent, Phys. Rev. **185**, 1401 (1969).
[14] L.D. Blokhintsev, I. Borbely, and E.I. Dolinskii, Sov. J. Part. Nucl. **8**, 485 (1977).
[15] P.G. Hansen, A.S. Jensen, and B. Jonson, Annu. Rev. Nucl. Part. Sci. **45**, 591 (1995).
[16] T. Otsuka, M. Ishihara, N. Fukunishi, T. Nakamura, and M. Yokoyama, Phys. Rev. C **49**, R2289 (1994).
[17] M. Dufour and P. Descouvemont, Phys. Rev. C **56**, 1831 (1997).

# 核 ANC 和激发态中子晕①

刘祖华[1)] 林承键 张焕乔 李志常 张竟上
吴岳伟 杨峰 阮明 刘建成 李淑媛 彭绍华
(中国原子能科学研究院 北京 102413)

**摘要** 利用转移反应$^{11}B(d,p)^{12}B$和$^{12}C(d,p)^{13}C$抽取$^{12}B\leftrightarrow^{11}B+n$和$^{13}C\leftrightarrow^{12}C+n$重叠函数的核渐近归一化常数,计算了$^{12}B$和$^{13}C$核中价中子密度分布的均方根半径及其在核外的几率. 实验结果表明,$^{12}B$的第二($J^{\pi}=2^{-}$),第三($J^{\pi}=1^{-}$)激发态和$^{13}C$的第一($J^{\pi}=1/2^{+}$)激发态为中子晕态,而$^{13}C$的第三($J^{\pi}=5/2^{+}$)激发态是中子皮态. 考察了库仑势和角动量对晕形成的阻碍效应. 提出了均方根半径对于有效核子分离能的统一的标度定律.

**关键词** 转移反应 渐近归一化常数 激发态中子晕

## 1 引言

晕核是当今在核物理界引起很大兴趣的奇特核结构现象. 就本质而言,晕结构是一种效应[1],起因于最后一个核子或核子对处于弱束缚核态. 因此,晕结构应该是一种普遍现象,除滴线附近核外,还应该在稳定核的某些激发态中存在. 基于这一认识,近年来我们开展了寻找激发态中子晕的研究.

另一方面,自然界中化学元素的起源是核天体物理中非常吸引人的研究课题. 按大爆炸模型理论,比铁重的核只能通过接连的中子俘获和β衰变生成. 而在慢过程(S过程)中,中子俘获主要是沿着β稳定线进行. 因此,将晕结构及其对中子俘获的影响的研究推广到β稳定线及其邻近的核区,对天体物理及核物理本身都非常有意义.

通常采用测量能量大于 20MeV/u 的奇特核与靶核的相互作用截面或破裂碎块动量分布探索晕结构. 虽然这些方法目前仍然被广泛使用,但人们越来越有兴趣采用研究稳定核发展起来的传统方法来研究晕核的详细结构. 事实上,很难用测量相互作用截面或动量分布方法探索激发态晕. 在本工作中,我们用转移反应研究$^{12}B$和$^{13}C$的激发态中子晕. 实验结果表明,转移反应是探索激发态晕的有效和灵敏的方法.

① 高能物理与核物理,2002,26(7):696-702.

转移反应为表面过程. 按扭曲波波恩近似(DWBA)理论,除入射道和出射道的扭曲波以外,转移截面的计算主要涉及束缚态 B↔A + N 的重叠函数 $I_{AN}^{B}(r_{AN})$. 以下我们将看到,直接中子辐射俘获截面和价核子密度分布的均方根半径的计算都用到重叠函数 $I_{AN}^{B}(r_{AN})$. 这就是可以利用转移反应推算某些天体物理 $S$ 因子和探索激发态晕的内在原因.

## 2 核 ANC

原子核的多体性质要求在核反应的理论处理中,对它们的波函数作适当的描写. 最简单的办法是将 B 体的波函数按一套(B-1)体哈密顿的完全本征函数展开. 其展开系数即为 B↔A + N 的重叠积分,

$$I_{AN}^{B}(\boldsymbol{r}) = \langle A \otimes N | B \rangle, \tag{1}$$

其中 $\boldsymbol{r}$ 为连接核 A 的质心与核子 N 的矢量. 重叠积分不是总哈密顿的本征函数,因此并不归一. 重叠积分模的平方

$$S_{AN} = \int d\boldsymbol{r}[I_{AN}^{B}(\boldsymbol{r})]^2 \tag{2}$$

定义为谱因子[2]. 重叠积分起着价核子波函数的作用. 如上所述,因涉及多体函数,在核内很难计算. 但在核外,当 $r > R_N$,核力近乎消失时,径向重叠积分变为[1]

$$I_{ANl_Bj_B}^{B}(r) = C_{ANl_Bj_B}^{B}\frac{W_{-\eta_B,l_B+1/2}(2k_B r)}{r} \quad r > R_N, \tag{3}$$

此处,$C_{ANl_Bj_B}^{B}$ 即为核渐近归一化常数(ANC),它定义了重叠积分在核外的幅度. 其中 $l_B$,$j_B$ 分别是价核子的规道角动量和总角动量,$W$ 是 Whittaker 函数,$k_B = \sqrt{2\mu_{AN}S_N}/\hbar$ 为波矢,$S_N$ 是核子分离能,$\mu_{AN}$为 A 和 N 的约化质量,$\eta_B$ 是库仑参数,对于中子,$\eta_B = 0$. 由(3)式可见,在核外,一旦求得核 ANC $C_{ANl_Bj_B}^{B}$,则重叠积分 $I_{ANl_Bj_B}^{B}(r)$完全确定.

在单粒子处理中,核径向重叠积分可近似为单粒子重叠积分 $I_{ANl_Bj_B}^{B(SP)}$[2],

$$I_{ANl_Bj_B}^{B}(r) \approx I_{ANl_Bj_B}^{B(SP)}(r) = [S_{l_Bj_B}^{(SP)}]^{1/2}\Phi_{n_Bl_Bj_B}(r), \tag{4}$$

其中 $S_{l_Bj_B}^{(SP)}$ 为单粒子谱因子,而 $\Phi$ 是归一化的单粒子径向波函数,在核外为

$$\Phi_{n_Bl_Bj_B}(r) = b_{l_Bj_B}\frac{W_{-\eta_B,l_B+1/2}(2k_B r)}{r}, \tag{5}$$

$b_{l_Bj_B}$是单粒子 ANC,$n_B$ 是单粒子径向波函数的结点数. 由(3)—(5)式可得到核 ANC,单粒子 ANC 与单粒子谱因子的近似关系

$$C_{ANl_Bj_B}^{B} = [S_{l_Bj_B}^{(SP)}]^{1/2}b_{l_Bj_B}. \tag{6}$$

## 3 由直接反应抽取核 ANC

考虑转移反应

$$a + A \rightarrow b + B \,, \tag{7}$$

其中 a = b + N, B = A + N, N 为转移粒子．反应的跃迁幅度可写成

$$M_{\alpha\beta} = \langle \chi_{\beta}^{(-)} I_{AN}^{B}(\boldsymbol{r}_{AN}) | \Delta v | I_{bN}^{a}(\boldsymbol{r}_{bN}) \chi_{\alpha}^{(+)} \rangle, \tag{8}$$

$\chi_{\alpha}^{(+)}$ 和 $\chi_{\beta}^{(-)}$ 为入射道和出射道的扭曲波,$\Delta v$ 是跃迁算符．由上式可见,转移反应跃迁幅度计算涉及初末态的重叠积分,$I_{bN}^{a}$ 和 $I_{AN}^{B}$．利用(4)式,核子 N 由初态($n_a l_a j_a$)轨道转移到末态($n_B l_B j_B$)轨道的微分截面可分解为初末态的谱因子与通常的 DWBA 截面之积,

$$\frac{d\sigma}{d\Omega} = S_{l_B j_B}^{B(SP)} S_{l_a j_a}^{a(SP)} \sigma_{l_B j_B l_a j_a}^{DW}, \tag{9}$$

根据(6)式,我们可以把(9)式改写为,

$$\frac{d\sigma}{d\Omega} = (C_{ANl_B j_B}^{B})^2 (C_{bNl_a j_a}^{a})^2 R_{l_B j_B l_a j_a}, \tag{10}$$

$$R_{l_B j_B l_a j_a} = \frac{\sigma^{DW}}{b_{l_B j_B}^2 B_{l_a j_a}^2}, \tag{11}$$

其中单粒子 ANC, $b_{l_B j_B}$ 和 $b_{l_a j_a}$ 由 DWBA 程序计算的单粒子波函数利用(5)式求得．因此 $R_{l_B j_B l_a j_a}$ 可用 DWBA 程序计算．如果 $C_{bNl_a j_a}^{a}$ 值已知,可利用(10)式从实验测量的转移反应微分截面抽取末态核 ANC $C_{ANl_B j_B}^{B}$．将(9)式改写成(10)式的好处在于(9)式中的谱因子 $S$ 和 $\sigma^{DW}$ 都与模型参数有关,而在表面反应的条件下,(10)式中的核 ANC 和 $R_{l_B j_B l_a j_a}$ 都与模型参数无关．

我们在中国原子能科学研究院的串列加速器上测量了 $^{11}B(d,p)^{12}B$ 和 $^{12}C(d,p)^{13}C$ 转移反应角分布．入射 d 能量 11.8MeV,$^{11}B$ 和 $^{12}C$ 靶厚为 215μg/cm$^2$．出射质子 p 的动量用 Q3D 磁谱仪分析．在 ±24°放置二块金硅面垒半导体探测器,测量 d 的弹性散射作截面的相对归一．在 Q3D 置于某些角度时,还用在 0°的法拉第筒直接测量束流强度,结合靶厚作截面的绝对归一．图 1 给出转移到 $^{12}B$ 基态和第二、三激发态的角分布．我们用有限程 PTOLEMY 程序[3]做 DWBA 计算,入射道的光学势参数从 12MeV 的 d + $^{12}C$ 弹性散射角分布[4]抽取,Goncharov 等[5]的能量相关光学势参数用于计算出射道的扭曲波．DWBA 的计算结果如图 1 中的虚线所示．图中的实线是直接和复合核过程的贡献之和．已经证明[6],前角的微分截面对扭曲波光学势参数不灵敏．而我们正是通过与这些角度的实验微分截面比较抽取核 ANC．用 Woods-Saxon 势计算单粒子波函数,调节势的深度使其符合中子分离能．为了考察势参数对单粒子谱因子 $S_{l_B j_B}^{(SP)}$、单粒子 ANC $b_{l_B j_B}$ 和核 ANC $C_{ANl_B j_B}^{B}$ 的影响,我们改变半径参数 $r_0$ 和弥散参数 $a_0$ 的值,共计算了 12 个点($r_0$ = 1.0—1.3fm, $a_0$ = 0.5—0.7fm,步长 0.1fm)．此外,在 DWBA 计算中还用了标准参数 $r_0$ = 1.25fm, $a_0$ = 0.65fm．已知 d↔p + n 的核 ANC$(C_{pn}^{d})^2 = 0.76\text{fm}^{-1}$[7]．对于每组($r_0$, $a_0$)值,算得 $b_{l_B j_B}$ 和 $R_{l_B j_B l_a j_a}$,并通过与 3 个前角($\theta_{Lab}$ = 5°, 10°, 15°)实验微分截面的比较抽取核 ANC $C_{ANl_B j_B}^{B}$ 和单粒子谱因子 $S_{l_B j_B}^{(SP)}$．抽取的 $C_{ANl_B j_B}^{B}$ 值列于表 1(见第 4 节)中．

图 2 显示 $^{12}B$ 第三激发态($J^{\pi} = 1^{-}$)的单粒子 ANC $b_{l_B j_B}$,单粒子谱因子 $S_{l_B j_B}^{(SP)}$ 和核 ANC

$C^{B}_{ANl_Bj_B}$ 随势参数 $r_0/a_0$ 的变化. 由图可见 $b_{l_Bj_B}$ 和 $S^{(SP)}_{l_Bj_B}$ 是与参数有关的,而 $C^{B}_{ANl_Bj_B}$ 值在误差范围内不随 $r_0/a_0$ 值变化,从而证明了按(10)式抽取的核 ANC 与模型参数无关.

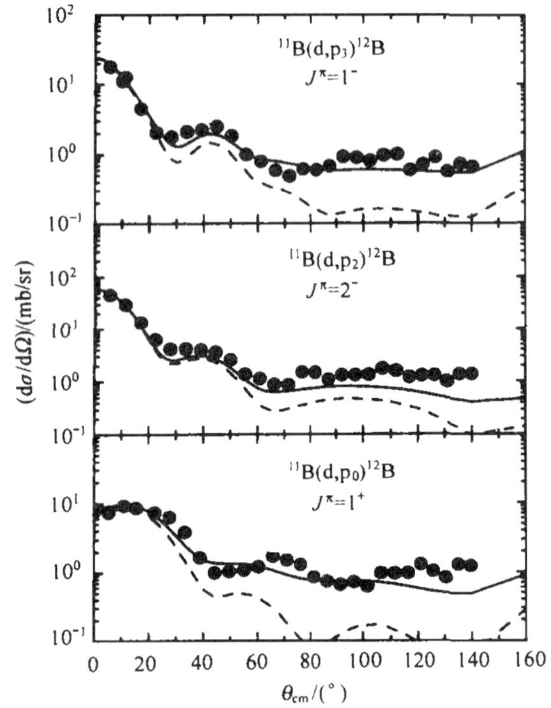


图 1　$E_d = 11.8$MeV $^{11}$B(d,p)$^{12}$B 转移反应角分布

－ － －为 DWBA 计算,——是直接过程和复合核过程贡献之和.

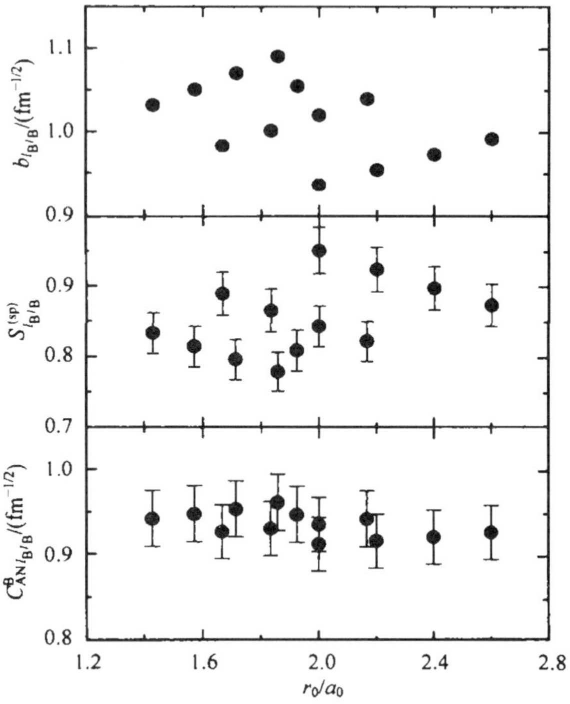


图 2　$^{12}$B 第三激发态($J^\pi=1^-$)的单粒子 ANC $b_{l_Bj_B}$,单粒子谱因子 $S^{(SP)}_{l_Bj_B}$ 和核 ANC $C^{B}_{ANl_Bj_B}$ 随势参数 $r_0/a_0$ 的变化

## 4　激发态中子晕

处于$(n_B l_B j_B)$轨道的价核子分布的均方根半径可近似用径向核重叠积分定义[8,9],

$$\langle r^2\rangle^{1/2} = \left[\int_0^\infty r^4 (I^{B}_{ANl_Bj_B}(r))^2 dr\right]^{1/2}, \tag{12}$$

它可以分成核内和渐近区域两部分,

$$\langle r^2\rangle^{1/2} = \left[\int_0^{R_N} r^4 \Phi^2_{n_Bl_Bj_B}(r)dr + (C^{B}_{ANl_Bj_B})^2\int_{R_N}^\infty r^2 W_{-\eta_B,l_B+1/2}(2k_B r)dr\right]^{1/2}, \tag{13}$$

上式的第一项是与模型参数有关的. 我们取束缚态势参数$(r_0,a_0)$使 $S_{l_Bj_B}=1$,所以可用单粒子波函数 $\Phi$ 代替核径向重叠积分. 而第二项与模型无关,且是均方根半径值的主要贡献. 因此第一项计算中参数不确定性引入的误差很小. 渐近区域的贡献可用下式估计,

$$D_\lambda(R_N)=\left[\frac{\int_{R_N}^{\infty} r^{2\lambda}\Phi_{n_B l_B j_B}(r)\,dr}{\int_0^{\infty} r^{2\lambda}\Phi_{n_B l_B j_B}(r)\,dr}\right]^{1/\lambda},\tag{14}$$

$\lambda=1,2$. $D_1$ 代表价核子在相互作用半径($R_N=4.1$fm)外的几率,$D_2$ 是渐近区域对均方根半径的贡献,即(13)式中第二项所占的比例.$^{12}$B,$^{13}$C 基态和激发态的价中子分布的均方根半径和 $D_1$,$D_2$ 值都列于表 1. 值得注意的是,对于价核子的轨道角动量 $l_B=0$ 的那些激发态,$D_1$ 等于或大于 50%. 从这个意义[10]讲,这些态,即$^{12}$B 的第二($J^\pi=2^-$),第三($J^\pi=1^-$)和$^{13}$C 的第一($J^\pi=1/2^+$)激发态是中子晕态. 而$^{13}$C 的第三($J^\pi=5/2^+$)激发态是中子皮态.

**表 1　$^{12}$B,$^{13}$C 基态和激发态的核渐近归一化常数 $C^B_{ANl_Bj_B}$**

| 核 | $E_x$ /MeV | $l_B$ /$\hbar$ | $J^\pi$ | $C^B_{ANl_Bj_B}$ /fm$^{-1/2}$ | $\langle r^2\rangle^{1/2}$ /fm | $D_1$ (%) | $D_2$ (%) |
|---|---|---|---|---|---|---|---|
| $^{12}$B | 0 | 1 | $1^+$ | 1.16±0.10 | 3.16±0.32 | 19.9 | 70.2 |
| | 1.674 | 0 | $2^-$ | 1.34±0.12 | 4.01±0.61 | 53.6 | 91.9 |
| | 2.621 | 0 | $1^-$ | 0.94±0.08 | 5.64±0.90 | 66.8 | 96.3 |
| $^{13}$C | 0 | 1 | $1/2^-$ | 1.93±0.17 | 3.39±0.31 | 14.3 | 62.1 |
| | 3.089 | 0 | $1/2^+$ | 1.84±0.16 | 5.04±0.75 | 50.3 | 90.5 |
| | 3.854 | 2 | $5/2^+$ | 0.15±0.01 | 3.68±0.40 | 25.2 | 74.2 |

## 5　晕核的标度定律

Fedorov 等[11]对晕态的基本特征做了广泛的研究,提出了他们的标度定律,

$$\frac{\langle r^2\rangle}{R_{sq}^2}=\begin{cases}10.44\text{MeVfm}^2/(S_nR_{sq}^2) & l=0\\ 3.65\text{MeV}^{1/2}\text{fm}/(S_nR_{sq}^2)^{1/2} & l=1\\ 1.40 & l=2\end{cases},\tag{15}$$

其中 $R_{sq}$是参考方势阱的半径,$S_n$ 是中子分离能. 我们用现有的实验数据在图 3 中与他们的标度定律做比较. 由图可见,实验结果与上述标度定律不一致. 建立一个与实验数据一致的标度定律是有意义的. 目前我们暂时用对处于 $S$ 态的中子作实验数据的最小二乘法拟合,给出 $l=0$ 的标度定律,

$$\frac{\langle r^2\rangle}{R_{sq}^2}=\frac{4.8\text{MeV}^{1/3}\text{fm}^{2/3}}{(S_nR_{sq}^2)^{1/3}},\tag{16}$$

如图 3 的实线所示. 图中的$^{17}$F 第一激发态($J^\pi=1/2^+$)是激发态质子晕. 库仑位垒和角动量对晕形成的阻碍效应由图 3 清晰可见. 为了对这些效应作定量的评估,我们定义一个有效核子分离能

$$(S_n)_{\text{eff}}=S_n+\frac{Z_{\text{core}}e^2}{R_{\text{rms}}}+\frac{l(l+1)\hbar^2}{2\mu R_{\text{rms}}^2},\tag{17}$$

其中 $R_{\text{rms}}=\langle r^2\rangle^{1/2}$为均方根半径,$Z_{\text{core}}$是核芯核电荷数,$\mu$ 是价核子与核芯核的约化质量.

用$(S_n)_{eff}$代替公式(16)的$S_n$，计算结果见图4. 由图4可见，所有实验点几乎都落在公式(16)所代表的标度定律中. 由此可见，库仑势和角动量的阻碍效应可等价于有效核子分离能的增加. 用了有效分离能后，具有各种轨道角动量的中子和质子都可视为处于S态的中子. 这应该如此，因为经这一近似处理，径向波动方程中的离心项和库仑项消失.

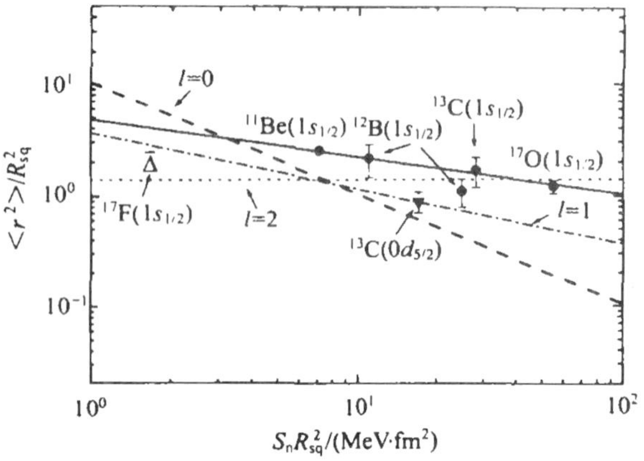

图3　晕核的价核子分布均方根半径对核子分离能的标度定律

- - $l=0$、- · - $l=1$、⋯ $l=2$ 代表 Fedorov 等人的标度定律，—— 为公式(16)所代表的标度定律. 元素符号后括号内表示价核子所处轨道的量子数.

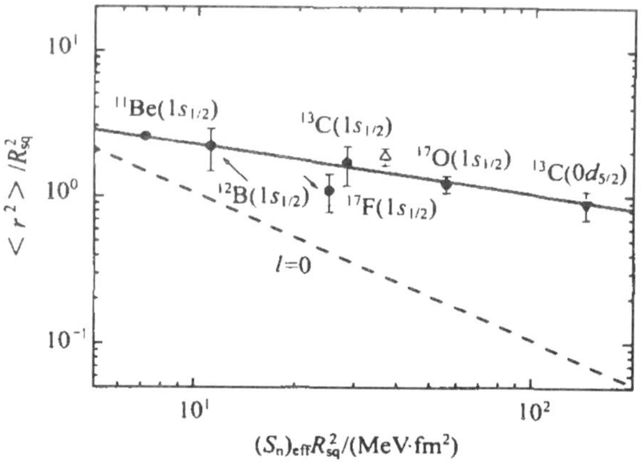

图4　晕核的价核子分布匀方根半径对有效核子分离能的标度定律(实线)

- - - Fedorov 等人的 $l=0$ 时的标度定律.

## 6　讨论

直接辐射俘获反应 $A+N\rightarrow B+\gamma$ 的幅度定义为，

$$M^{DC}=\langle I^{B}_{ANl_Bj_B}(\boldsymbol{r})\,|\,\hat{O}\,|\chi_i^{+}(\boldsymbol{r})\rangle\,,\tag{18}$$

此处$\hat{O}$是电磁跃迁算符，$\chi_i^{+}$是初态的扭曲波，$I^{B}_{ANl_Bj_B}$是计算转移反应幅度同一的核重叠函数. 由此可见，转移反应微分截面，直接俘获截面和价核子分布计算都涉及到核重叠函数. $I^{B}_{ANl_Bj_B}$在核内部很难正确计算，但在核外部分，一旦求得核ANC值，则可完全确定. 而转移反应中，直接辐射俘获和价核子分布均主要是表面过程或具有表面特征. 我们通过$^{11}B(d,p)^{12}B$和$^{12}C(d,p)^{13}C$转移反应实验，演示了抽取核ANC和由此求价核子分布的均方根半径. 同样，利用公式(18)还可计算天体物理感兴趣能区直接俘获截面或某些重要天体物理$S$因子. 相关计算正在进行之中.

实验结果表明，$^{12}B$的第二($J^{\pi}=2^-$)，第三($J^{\pi}=1^-$)和$^{13}C$的第一($J^{\pi}=1/2^+$)激发态为中子晕态. 对于这些核态，价核子有50%以上几率布居核外. 而$^{13}C$的第三($J^{\pi}=5/2^+$)激发态为中子皮态. 我们还定量考察了库仑和角动量对晕形成的阻碍效应，给出了价核子分布均方根半径对于有效核子分离能的统一的标度定律.

## 参考文献(References)

1 XU H M, Gagliardi C A, Tribble R E et al. Phys. Rev. Lett., 1994, **73**:2027

2 Mukhamedzhanov A M, Gagliardi G A, Tribble R E. Phys. Rev., 2000, **C63**:0246121

3 Goddard R P, Knutson L D, Tostevin J A. Phys. Lett., 1982, **B118**:241

4 Griffith J A R, Irshad M, Karban O et al. Nucl. Phys., 1971, **A167**:87

5 Goncharov S A, Gulamov I R, Romanovsky E A et al. J. Phys. G: Nucl. Part. Phys., 1989, **15**:1431

6 Fortune H T, Vincent C M. Phys. Rev., 1969, **185**:1401

7 Blokhintsev L D, Borbely I, Dolinskii Sov. J. Part. Nucl., 1997, **8**:485

8 Baye D, Descouvemont P, Timofeyuk N K. Nucl. Phys., 1994, **A577**:624

9 Timofeyok N K. Nucl. Phys., 1998, **A632**:19

10 Hansen P G, Jensen A S, Jonson B. Ann. Rev. Nucl. Part. Sci., 1995, **45**:591

11 Fedorov D V, Jensen A S, Riisager K. Phys. Lett., 1995, **B312**:1

# Nuclear Asymptotic Normalization Coefficients and Neutron Halo of the Excited States*

LIU Zu-Hua　LIN[1)] Cheng-Jian　ZHANG Huan-Qiao　LI Zhi-Chang　ZHANG Jing-Shang
WU Yue-Wei　YANG Feng　RUAN Ming　LIU Jian-Cheng　LI Shu-Yuan　PENG Shao-Hua

(China Institute of Atomic Energy, Beijing 102413, China)

**Abstract** We have extracted the nuclear asymptotic normalization coefficients for the virtual transitions $^{12}B \leftrightarrow {}^{11}B + n$ and $^{13}C \leftrightarrow {}^{12}C + n$ via two transfer reactions $^{11}B(d, p)^{12}B$ and $^{12}C(d, p)^{13}C$. With these coefficients, root-mean-square radii for the valence neutron in $^{12}B$ and $^{13}C$ have been calculated. Our results show that the second ($J^{\pi} = 2^-$), third ($J^{\pi} = 1^-$) excited states in $^{12}B$, and the first ($J^{\pi} = 1/2^+$) excited state in $^{13}C$ are neutron halo states, whereas the third ($J^{\pi} = 5/2^+$) excited state in $^{13}C$ is a neutron skin state. The retard effects of the Coulomb potential and the orbital angular momentum on halo formation have been quantitatively examined. A unified scaling law for the mean-square radius versus the effective nucleon separation energy is established for the systems with a neutron or proton in a weekly bound state.

**Key words** transfer reactions, asymptotic normalization coefficients, neutron halo of excited state

---

Received 24 August 2001

* Supported by National Natural Science Foundation of China (19875078, 10075077) and Major State Basic Research Development Program (G2000077406)

1) E-mail: huan@iris.ciae.ac.cn

# Scaling laws of valence nucleon distributions for single-particle states ①

C. J. Lin,* H. Q. Zhang, Z. H. Liu, Y. W. Wu, F. Yang, and M. Ruan
*China Institute of Atomic Energy, P.O. Box 275(10), Beijing 102413, China*
(Received 15 March 2002; published 4 December 2002)

Under the single-particle potential model, the root-mean-square radii for a number of single-particle states have been calculated by numerically solving the Schrödinger equations, with the binding energies and configurations determined experimentally. By studying the relations between the radii and the separation energies, the scaling laws of valence nucleon distributions for these single-particle states are obtained. In the light of these scaling laws, the necessary conditions for neutron halos and proton halos are, respectively, deduced. The existence region of proton halos is pointed out. It is found that the behavior of valence nucleons around the radii of interaction potentials could not be disregarded.

DOI: 10.1103/PhysRevC.66.067302 PACS number(s): 21.10.−k, 21.60.−n, 27.20.+n, 27.30.+t

The exotic properties of halo nuclei have been extensively investigated since this phenomenon was discovered by Tanihata *et al.* [1,2]. So far, a number of light, unstable nuclei are experimentally identified as halo nuclei, such as the one-neutron halo nuclei $^{11}$Be [3] and $^{19}$C [4], the two-neutron halo nuclei $^{6}$He, $^{11}$Li [1,2,5], $^{14}$Be [6,7], and $^{17}$B [6], the four-neutron structure $^{8}$He [1,2,8], the proton halo nuclei $^{8}$B [9–11], $^{17}$F$(2s_{1/2})$, $^{17}$Ne [12], $^{20}$Mg [13], and $^{26,27,28}$P [14], and the one-neutron halo structures in excited states of $^{12}$B and $^{13}$C [15,16], etc. The nuclear halo is basically due to an extreme effect resulting from the presence of a bound state close to the continuum. The necessary conditions for halo occurrence are small binding energy, low angular momentum, and short-range interaction [17–20]. These conditions are formulated as the general scaling laws [19,20]. Usually, the scaling laws were extracted by means of the spherical square well potentials because in that case the Schrödinger equations have the analytic solutions. Fedorov *et al.* [19] found that some results from the Gaussian and surface potentials comply with the scaling laws of square potentials. Moreover, Hansen *et al.* [18] drew two qualitative conclusions by studying the asymptotic behaviors of radial wave functions for two-body systems, i.e., (1) the halo structures of the states with $l=2$ cannot occur due to the affections of the centrifugal barriers; (2) the proton halos do not exist due to the long-range Coulomb potentials. But some of the experimental results do not follow these scaling laws. In spite of the asymptotic behavior being same for different potentials, the behavior of the valence nucleons around the radius of the interaction potential are different due to the different potential shapes and should have influence on the above conclusions. As Tanihata [21] pointed out that, "Jensen and Riisager studied the conditions for a neutron halo formation from a potential model ... By analyzing necessary and sufficient condition, they suggested that a halo might not appear in excited states. Further studies in this direction are certainly necessary." The Woods-Saxon potential is already used to study the halo nuclei extensively. Recently, by means of the numerical calculations with Woods-Saxon potentials, Hamamoto and co-workers [22,23] observed an energy decrease for the orbit with low angular momentum when the binding energy approaches to 0. Their work might reveal the source of the inversion of the energy level and the appearance of the new magic number $N=16$ [24] under the extreme condition. In this paper, we refocus on the scaling laws of valence nucleon distributions. By using the binding energies and configurations determined experimentally, the root-mean-square (rms) radii for a number of single-particle states are calculated in terms of numerically solving the Schrödinger equations with Woods-Saxon potentials. The scaling laws for these single-particle states are obtained by studying the relations between the radii and the separation energies. They might be useful as a clue to find halo nuclei.

As Tanihata [21] pointed out that because the separation energy of the last valence nucleon is extremely small compared with that of the other nucleon, a two-body system might be viewed with a good approximation as a valence nucleon coupled to the core nucleus. For the sake of simplicity, the two-body systems are still considered in the present framework of the single-particle potential model [19,25]. Due to the difficulty of many-body problem in theory, no correlations between the valence particles are taken into account. In the present work, the configuration of certain single-particle bound state, such as the binding energy, angular momentum, spin, etc., is assigned by the experimental results. The Schrödinger equation of the state is solved by the numerical method. Then the radial wave function, the density distribution, rms radius, etc., could be calculated. In these calculations, the Woods-Saxon shape, $f(x)=[1+\exp(x/a)]^{-1}$ with $x=r-r_0A_c^{1/3}$, $r_0=1.25$ fm, and $a=0.65$ fm is used, the spin-orbit-coupling potential with Thomas form factor $\lambda=25$ [26] is also considered. For the cases of valence protons, the Coulomb potential of uniformly charged sphere with radius $r_{0C}A_c^{1/3}$ and $r_{0C}=1.30$ fm is added to the nuclear interaction potential. The nuclear potential depth $V$ and the spin-orbit-coupling potential $V_{so}=(\lambda/45.2)V$ are determined by the binding energy. All the parameters mentioned above are the standard parameters. Sherr [25] pointed out that the predicted radii are insensitive to these parameters. Figure 1 shows the single-particle wave functions for two bound states $2s_{1/2}$ and $1p_{1/2}$ of $^{11}$Be with Woods-Saxon form factors with different parameters

① Physical Review C,2002,66(6):067302-(1-4).

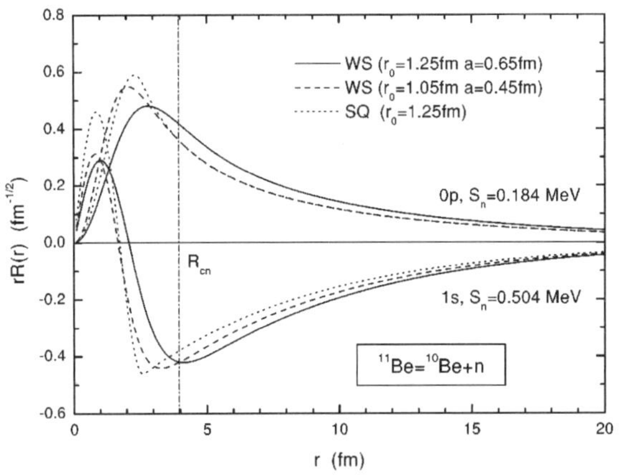


FIG. 1. The single-particle wave functions for bound states $2s_{1/2}$ and $1p_{1/2}$ of $^{11}$Be with different shapes. The radius of interaction potential is also indicated.

($r_0 = 1.25$ fm and $a = 0.65$ fm, solid curves, and $r_0 = 1.05$ fm, and $a = 0.45$ fm, dashed curves). The results of the square well with $r_0 = 1.25$ fm (dotted curves) are also shown in the figure. The position of the radius of interaction potential between core and valence nucleon is indicated in Fig. 1 with dash-dotted line. This figure shows that the behaviors of wave functions with different potentials are the same in the asymptotic region but they are quite different around the radius of interaction potential.

For the neutron cases, the previous scaling laws [18,19] of the square well are

$$\frac{\langle r_n^2\rangle}{R_{cn}^2} = \begin{cases} 10.44\ \mathrm{MeV\,fm^2}/(S_nR_{cn}^2), & l=0 \\ 3.65\ \mathrm{MeV^{1/2}\,fm}/(S_nR_{cn}^2)^{1/2}, & l=1 \\ 1.40, & l=2, \end{cases} \tag{1}$$

where $R_{cn}$ is the radius of interaction potential describing the interaction between valence nucleon and core, $\langle r_n^2\rangle$ and $S_n$ are the mean square radius and the separation energy of the valence neutron, respectively. According to the halo definition of Hansen *et al.* [18–20], the probability of finding the valence nucleon is larger than about 50% outside the range of the interaction potential, i.e. these states with $\langle r^2\rangle/R_{cn}^2 > 2$ are halo states. The current existence condition of neutron halo is derived from the above equation. Obviously, neutron halo could not occur in $l=2$ state.

The rms radii of the valence neutrons for the neutron-rich nuclei from $^4$He to $^{22}$C, including some excitation states, have been calculated in terms of the single-particle potential model mentioned above. All the states calculated are dominated by single-particle states and their configurations are determined by the experiments. Figure 2 shows the results as the relation between $\langle r_n^2\rangle/R_{cn}^2$ and $S_nR_{cn}^2$ with the solid symbols. Here $R_{cn} = 1.25(A_{core}^{1/3} + A_{val}^{1/3})$, $A_{core}$ and $A_{val}$ are the mass numbers of the core and valence nucleon, respectively. It should be pointed out that the $R_{cn}$ definition is consistent with Eq. (1). The value closes to $R_{cn}^2 = 5/3(\langle r^2\rangle_{core} + 4fm^2)$, which is used in Eq. (1). In the $^{11}$Be nucleus, $\langle r^2\rangle_{core}^{1/2} = 2.37$ fm [25], then $R_{cn} = 4.00$ fm, also $R_{cn} = 3.95$ fm in our case. In Fig. 2, the solid lines are the fitting results for the different orbit angular momenta. The fitting function is $y = a/x^b$, where $a$ and $b$ are two parameters. Finally, the scaling laws from Woods-Saxon shapes are

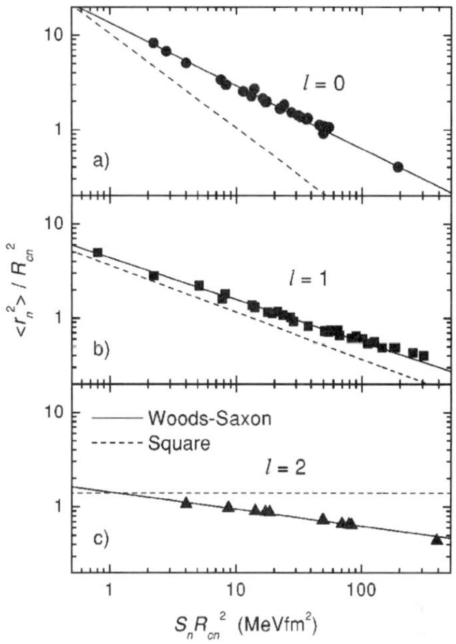


FIG. 2. The rms radii of valence neutrons vary with the separation energies for a number of states in light neutron-rich nuclei. The solid circles, squares, and triangles represent the results of $l = 0,1,2$ states, respectively. The solid lines are the fitting results and the dashed lines are the results extracted by square potentials.

$$\frac{\langle r_n^2\rangle}{R_{cn}^2} \simeq \begin{cases} 13.5/(S_nR_{cn}^2)^{0.667}, & l=0 \\ 4.38/(S_nR_{cn}^2)^{0.446}, & l=1 \\ 1.43/(S_nR_{cn}^2)^{0.180}, & l=2. \end{cases} \tag{2}$$

It is obvious that they are different from Eq. (1). In order to show the discrepancy, the scaling laws given by the square well potentials are plotted as the dashed lines in Fig. 2. Then the necessary conditions for the occurrence of neutron halos are

$$S_nR_{cn}^2 < \begin{cases} 17.6\ \mathrm{MeV\,fm^2}, & l=0 \\ 5.79\ \mathrm{MeV\,fm^2}, & l=1 \\ 0.153\ \mathrm{MeV\,fm^2}, & l=2. \end{cases} \tag{3}$$

The conditions are looser than those given by the square well potentials. For example, there exist the possibilities of neutron halo occurrences in $l=2$ states, even though the conditions are quite rigorous. Without doubt, the conditions in Eq. (3) can be taken as the guide for searching the unknown neutron halo states.

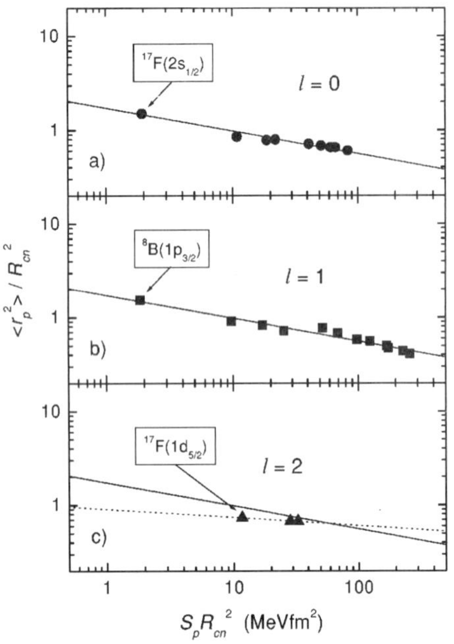


FIG. 3. Same as Fig. 2, but for the proton cases. The typical states of $^{17}$F($2s_{1/2}$), $^{8}$B($1p_{3/2}$) and $^{17}$F($1d_{5/2}$) are, respectively, pointed out.

By introducing the Coulomb potentials, the density distributions of valence protons could be calculated for some typical proton-rich nuclei, such as $^{8}$B, $^{17}$F, some proton-rich isotopes of $Z=15$, 16, etc., and their excitation states with configuration ascertained. Figure 3 shows the results as the relations between the rms radii of valence protons $\langle r_p^2\rangle$ and the separation energies $S_p$ with the solid symbols. The solid lines are the fitting results. It can be expressed as

$$\frac{\langle r_p^2\rangle}{R_{cn}^2}\simeq 1.73/(S_pR_{cn}^2)^{0.246}, \quad l=0,1. \tag{4}$$

For the $l=2$ states, the data points are too few to get a confident fit as shown in Fig. 3 with dotted lines. So, we do not discuss it here. Anyhow, it is found that the scaling laws are the same for $l=0$ and $l=1$ states. We think that it is just the affections by the long-range Coulomb potentials at the edges of the nuclei. According to Eq. (4), the necessary condition for the occurrence of proton halo is $S_pR_{cn}^2 < 0.551$ MeV. It should be noted that, due to the existence of Coulomb barrier, some resonance states, of which the energies are positive but lower than the barrier heights have

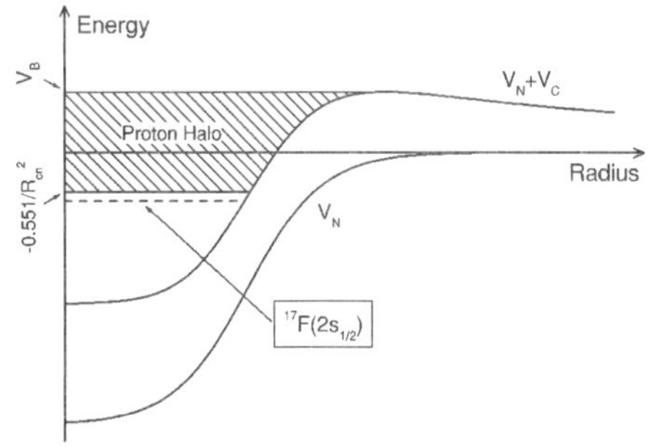


FIG. 4. The shadow area illustrates the region of proton halo occurrence, including the bound states and the resonance states. The location of $^{17}$F($2s_{1/2}$) state is indicated.

enough surviving time, and the proton halos could occur in these states. Therefore, the necessary condition for the formation of proton halo is

$$-0.551/R_{cn}^2 \text{ MeV} < E_p < V_B, \tag{5}$$

where $E_p$ is the proton energy, $V_B$ is the height of Coulomb barrier. The shadow area in Fig. 4 shows the region of occurrence of proton halos. The location of $^{17}$F($2s_{1/2}$) state is also illustrated in the figure. The present conditions might be useful to find out the proton halos.

In summary, with the experimental binding energies, angular momenta, spins, etc., the Schrödinger equations are numerically solved and the rms radii are calculated for a number of single-particle states by means of the single-particle potential model. In this model, the nuclear potentials with Woods-Saxon shape are adopted and the Coulomb and spin-orbit-coupling potentials are also considered. The relations between the rms radii and separation energies are illustrated for different angular momenta. The scaling laws of valence nucleon distributions for these single-particle states are obtained. In the light of these scaling laws, the necessary conditions for neutron halos and proton halos are, respectively, deduced. The conditions are looser than those extracted by the square well potential due to the behavior of the valence nucleons around the radii of interaction potentials. Because of the existence of Coulomb barrier, proton halo structures in some resonant states may occur.

This work was supported by the Major State Basic Research Development Program under Grant No. G2000077400, and the National Natural Science Foundation of China under Grant Nos. 19875087, 10075077, and 10105016. One of us, C.J.L., wishes to thank Professor Z.Y. Ma and Professor Z.X. Li for some useful discussions.

[1] I. Tanihata, H. Hamagaki, O. Hashimoto, Y. Shida, N. Yoshikawa, K. Sugimoto, O. Yamakawa, T. Kobayashi, and N. Takahashi, Phys. Rev. Lett. **55**, 2676 (1985).
[2] I. Tanihata *et al.*, Phys. Lett. B **160**, 380 (1985).
[3] M. Fukuda *et al.*, Phys. Lett. B **268**, 339 (1991).
[4] D. Bazin *et al.*, Phys. Rev. Lett. **74**, 3569 (1995).
[5] I. Tanihata, T. Kobayashi, T. Suzuki, K. Yoshida, S. Shimoura, K. Sugimoto, K. Matsuta, T. Minamisono, W. Christie, D. Olson, and H. Wieman, Phys. Lett. B **287**, 307 (1992).
[6] T. Suzuki *et al.*, Nucl. Phys. **A658**, 313 (1999).

[7] M. Labiche *et al.*, Phys. Rev. Lett. **86**, 600 (2001).
[8] M.V. Zhukov, A.A. Korsheninnikov, and M.H. Smedberg, Phys. Rev. C **50**, R1 (1994).
[9] M.H. Smedberg *et al.*, Phys. Lett. B **452**, 1 (1999).
[10] M. Fukuda, Nucl. Phys. **A656**, 209 (1999).
[11] V. Guimaraes, J.J. Kolata, D. Peterson, P. Santi, R.H. White-Stevens, S.M. Vincent, F.D. Becchetti, M.Y. Lee, T.W. O'Donnell, D.A. Roberts, and J.A. Zimmerman, Phys. Rev. Lett. **84**, 1862 (2000).
[12] A. Ozawa, T. Kobayashi, H. Sato, D. Hirata, I. Tanihata, O. Yamakawa, K. Omata, K. Sugimoto, D. Olson, W. Christie, and H. Wieman, Phys. Lett. B **334**, 18 (1994).
[13] T. Suzuki *et al.*, Nucl. Phys. **A616**, 286c (1997).
[14] A. Navin *et al.*, Phys. Rev. Lett. **81**, 5089 (1998).
[15] Z.H. Liu, C.J. Lin, H.Q. Zhang, Z.C. Li, J.S. Zhang, Y.W. Wu, F. Yang, M. Ruan, J.C. Liu, S.Y. Li, and Z.H. Peng, Phys. Rev. C **64**, 034312 (2001).
[16] Lin Cheng-Jian, Liu Zu-Hua, Zhang Huan-Qiao, Wu Yue-Wei, Yang Feng, and Ruan Ming, Chin. Phys. Lett. **18**, 1183 (2001).
[17] P.G. Hansen and B. Jonson, Europhys. Lett. **4**, 409 (1987).
[18] P.G. Hansen and A.S. Jensen, Annu. Rev. Nucl. Part. Sci. **45**, 591 (1995).
[19] D.V. Fedorov, A.S. Jensen, and K. Riisager, Phys. Rev. C **49**, 201 (1994); **50**, 2372 (1994); Phys. Lett. B **312**, 1 (1993).
[20] A.S. Jensen and K. Riisager, Phys. Lett. B **480**, 39 (2000).
[21] I. Tanihata, Nucl. Phys. **A685**, 80c (2001).
[22] I. Hamamoto, S.V. Lukyanov, and X.Z. Zhang, Nucl. Phys. **A683**, 255 (2001).
[23] I. Hamamoto and X.Z. Zhang, Phys. Rev. C **58**, 3388 (1998).
[24] A. Ozawa, T. Kobayashi, T. Suzuki, K. Yoshida, and I. Tanihata, Phys. Rev. Lett. **84**, 5493 (2000).
[25] R. Sherr, Phys. Rev. C **54**, 1177 (1996).
[26] G. R. Satchler, *Direct Nuclear Reactions* (Oxford University Press, Oxford, London, 1983).

# 单粒子势模型下价核子的密度分布①

林承键　张焕乔　刘祖华　吴岳伟　杨　峰　阮　明

（中国原子能科学研究院，北京　102413）

（2002年3月29日收到；2002年7月21日收到修改稿）

依据实验事实，利用单粒子势模型，计算了一些核态外层价核子的密度分布．计算给出了价核子在核外部分布的概率和贡献，以此作为晕核态的判断标准．通过研究均方根半径随结合能变化的规律，指出了晕核态存在的条件，尤其是质子晕核态存在的条件．这些对判断和寻找晕核态有现实的指导意义．

**关键词：** 单粒子势模型，价核子，密度分布，中子晕核态，质子晕核态

**PACC：** 2410F，2500，2570，2160

## 1．引　　言

自从晕核现象报道[1]以来，其奇特的核性质受到人们的关注．迄今实验上发现了较多不同类型的晕核，推动了晕核理论的发展．在众多的理论中，值得一提的是唯象的单粒子势模型．该模型源自 Hansen 和 Jonson 描述晕核的核芯 + 价粒子图像[2]．此后 Fedorov，Jensen 和 Riisager 等[3,4]运用该图像，利用球方势阱研究了中子晕核的基本性质，并给出晕核存在的充要条件．他们采用方势阱的主要原因是 Schrödinger 方程存在解析解，通过求解方程可得到价中子在 s，p，d 态时均方半径的规律：

$$\frac{\langle r^2\rangle}{R_{\mathrm{an}}^2} \cong \begin{cases} 0.25\hbar^2/(S_{\mathrm{n}}\mu R_{\mathrm{an}}^2) & l=0; \\ 0.59\hbar/(S_{\mathrm{n}}\mu R_{\mathrm{an}}^2)^{1/2} & l=1; \\ 1.40 & l=2, \end{cases} \tag{1}$$

式中 $<r^2>$ 为外层价中子分布的均方半径，$S_{\mathrm{n}}$ 为该中子的分离能，$l$ 为该中子所处核态的轨道角动量，$\mu$ 为体系约化质量，$R_{\mathrm{an}}$ 为方势阱 $V_{\mathrm{an}}$ 的半径．

$$\frac{\int Vr^3\mathrm{d}r}{\int Vr\mathrm{d}r} = \frac{\int V_{\mathrm{an}}r^3\mathrm{d}r}{\int V_{\mathrm{an}}r\mathrm{d}r} = \frac{R_{\mathrm{an}}^2}{2}. \tag{2}$$

这样，如果价中子有 50% 以上的概率处于势阱外，即 $<r^2>/R_{\mathrm{an}}^2 \geqslant 2$，该核态即可判断为晕核态．因此对于 $l=0$，$\mu=m$（$m$ 为核子质量）情况，形成晕的条件为 $S_{\mathrm{n}}R_{\mathrm{an}}^2 \leqslant 5.2\mathrm{MeV}\cdot\mathrm{fm}^2$．(1)式表达了中子晕形成的必要条件．从式中可以知道，对于 $l=2$ 的 d 态，不可能存在晕结构．

## 2．单粒子势模型

单粒子势模型，简捷地说，就是假设核由核芯和外层单个价粒子组成．通过求解束缚态 Schrödinger 方程，得到价粒子的波函数，从而算出其密度分布和均方根半径．现有的单粒子势模型相互作用势中仅考虑了核相互作用项，不能处理价粒子为带电粒子的情况．本文采用更加普遍的相互作用势，即

$$U(r) = V_{\mathrm{C}}(r) + V_{\mathrm{r}}f(x_{\mathrm{r}}) + \mathrm{i}V_{\mathrm{i}}\frac{\mathrm{d}f(x_{\mathrm{i}})}{\mathrm{d}r} - \left(\frac{\hbar}{m_{\pi}c}\right)^2 V_{\mathrm{so}}\frac{1}{r}\frac{\mathrm{d}f(x_{\mathrm{so}})}{\mathrm{d}r}\frac{\boldsymbol{l}\cdot\boldsymbol{s}}{s}, \tag{3}$$

式中 $V_{\mathrm{C}}(r)$ 为库仑势，$V_{\mathrm{r}}$，$V_{\mathrm{i}}$ 和 $V_{\mathrm{so}}$ 分别为实、虚势和自旋-轨道耦合势，$f(x)$ 为 Woods-Saxon 势形状因子．各项势参量选用标准参量．在解束缚态方程的过程中，调节实势深度，使得能够重现实验的结合能值．

概言之，对单粒子势模型的改进有以下几点：1）采用了更加自然的 Woods-Saxon 形状因子，因此结果更符合实际情况；2）考虑了库仑势的作用，使之适用于价粒子为带电粒子的情况，如质子的情况；3）考虑了自旋-轨道耦合势的影响．一般而言，自旋-轨道耦合势的影响较小，但在某些情况下不可忽视，尤

① 物理学报,2003,52(4):823-829.

其是那些高自旋和高轨道角动量的情况.

在研究晕核基本性质时,采用 Woods-Saxon 势更加符合实际情况.图 1 显示了用不同的势抽取$^{11}$Be ($= ^{10}$Be + n)外层价中子在 $1p_{1/2-}$ 和 $2s_{1/2+}$ 态上波函数的情况.其中实线、虚线是用 Woods-Saxon 势(参量不同);点线是用方阱势;抽取的波函数都不一样.本文采用了更加自然的 Woods-Saxon 势,并选用了标准参量. Sherr[5] 利用 Woods-Saxon 势计算了从$^6$He 到$^{20}$C基态核的价中子均方根半径和核物质的均方根半径,其结果与已有的实验数据非常符合,从而验证了单粒子势模型的正确性.

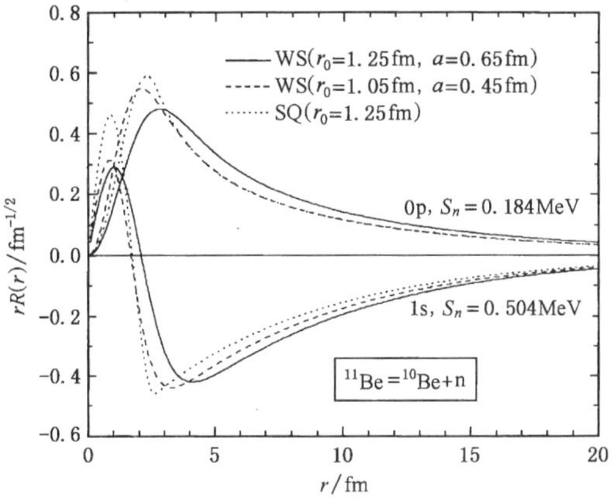


图 1　不同的势及势参量计算$^{11}$Be 价中子在 $2s_{1/2+}$ 和 $1p_{1/2-}$ 态上的波函数

## 3. 价核子分布及其在核外部的贡献

利用单粒子势模型,计算了一些核的价核子分布.下面将利用列表形式给出计算结果.在这些表中,Mode 表示核芯 + 价核子的组成模式[6];Level 表示价核子所处的能级;$S_v$ 为价核子的分离能,核的 $J^\pi$ 值也列在表中.需要说明的是:1) 核态的能级、组态等由实验决定.计算包含了一些激发的核态.对于组成模式或者组态不明确的核态,几种可能性分别考虑.2) 价核子可以是集团和多核子的情况.对于集团粒子,可以当作单粒子;对于多核子,认为每个核子所处地位是一样的,仅对其中的一个核子进行计算,分离能平均分配;3) 均方根半径的定义为

$$\langle r^2 \rangle^{1/2} = \left[\int_0^\infty r^4 \varphi_{cv}^2(r)\mathrm{d}r\right]^{1/2}, \qquad (4)$$

式中 $\varphi_{cv}$为解 Schrödinger 方程得到的归一化单粒子波函数;脚标 c,v 分别代表核芯(core)和价粒子(valence particle).4) 表征核外部贡献的 $D_1$,$D_2$ 定义为

$$D_\lambda(R_N) = \left(\frac{\int_{R_N}^\infty r^{2\lambda}\varphi_{cv}^2(r)\mathrm{d}r}{\int_0^\infty r^{2\lambda}\varphi_{cv}^2(r)\mathrm{d}r}\right)^{1/\lambda}, \qquad (5)$$

式中核相互作用半径为 $R_N = r_0(A_c^{1/3} + A_v^{1/3})$fm, $r_0$ = 1.25 fm.显然 $D_1 \geq 50\%$为晕核态.

### 3.1. 中子晕、皮核

限于篇幅,仅给出从$^4$He 到$^{22}$C 的计算结果,并对结果作一些简单讨论.在这个区域里,主要是中子晕、皮核.少数几个丰质子核可能形成质子皮结构.

1) He 同位素

表 1　He 同位素核外价粒子分布的均方根半径

| 核 | $J^\pi$ | 模式 | 能级 | $S_v$/MeV | $\langle r_v^2\rangle^{1/2}$/fm | $D_1$/% | $D_2$/% |
|---|---|---|---|---|---|---|---|
| $^4$He | 0+ | $^3$He + n | $1s_{1/2}$ | 20.58 | 1.92 | 6.9 | 25.5 |
| | | $^3$H + p | $1s_{1/2}$ | 19.81 | 1.93 | 7.1 | 26.1 |
| | | $^2$H + $^2$H | $1s_{1/2}$ | 23.85 | 1.65 | 2.3 | 11.5 |
| $^6$He | 0+ | $^4$He + 2n | $1p_{3/2}$ | 0.49 | 4.83 | 51.0 | 88.4 |
| | | $^5$He + n | $1p_{3/2}$ | 1.86 | 3.66 | 37.5 | 73.6 |
| (1.797 MeV) | 2+ | $^5$He + n | $1p_{1/2}$ | 0.07 | 7.54 | 59.2 | 95.8 |
| $^8$He | 0+ | $^4$He + 4n | $1p_{3/2}$ | 0.78 | 4.35 | 47.3 | 84.9 |
| | | $^6$He + 2n | $1p_{3/2}$ | 1.07 | 4.10 | 39.0 | 77.5 |
| $^{10}$He | 0+ | $^4$He + 6n | $1p_{1/2}$ | 0.34 | 5.19 | 52.6 | 90.4 |
| | | $^6$He + 4n | $1p_{1/2}$ | 0.27 | 5.55 | 50.5 | 89.7 |

讨论:①$^4$He 考虑了 3 种组合模式,其中 d + d 模式结合得比另外两种紧,得出的均方根半径为 1.65 fm;Tanihata 等[1,7]得出$^4$He 核物质分布均方根半径为 1.59 fm;这是价核子分布与物质分布的区别.由核芯均方根半径 $r_c$ 和价核子均方根半径 $r_v$ 可计算物质的均方根半径 $r_m$ 为

$$r_m^2(A) = \frac{A-1}{A}\left(r_c^2 + \frac{1}{A}r_v^2\right). \qquad (6)$$

②$^6$He 是一个双中子晕,这是已知的事实.此处考虑了一种人们认为不存在的情况,即$^5$He + n,因为$^5$He 不是一个束缚的核.但是,在$^6$He 核场中,$^5$He 是否存在? 此外,$^6$He 存在一个 1.797 MeV 的激发态,比$^5$He + n 的分离能低.如果$^5$He + n 的模式存在,那么将形成一个激发态的单中子晕结构.③$^{10}$He 此处考虑了$^4$He + 6n 和$^6$He + 4n 两种组合.不论是那种组合,都是晕核态.

2) Li 同位素

表 2　Li 同位素核外价粒子分布的均方根半径

| 核 | $J^{\pi}$ | 模式 | 能级 | $S_v$/MeV | $\langle r_v^2 \rangle^{1/2}$/fm | $D_1$/% | $D_2$/% |
|---|---|---|---|---|---|---|---|
| $^6Li$ | 1+ | $^5Li+n$ | $1p_{3/2}$ | 5.66 | 2.92 | 22.9 | 52.6 |
| | | $^5He+p$ | $1p_{3/2}$ | 4.59 | 2.98 | 24.2 | 54.9 |
| | | $^4He+d$ | $1p_{3/2}$ | 1.47 | 3.22 | 24.4 | 58.5 |
| (3.563 MeV) | 0+ | $^5Li+n$ | $2s_{1/2}$ | 2.10 | 4.59 | 63.0 | 89.8 |
| $^7Li$ | 3/2− | $^6Li+n$ | $1p_{3/2}$ | 7.25 | 2.83 | 16.5 | 41.9 |
| | | $^6He+p$ | $1p_{3/2}$ | 9.98 | 2.63 | 12.0 | 32.7 |
| | | $^4He+t$ | $1p_{3/2}$ | 2.47 | 2.81 | 13.0 | 37.8 |
| $^8Li$ | 2+ | $^7Li+n$ | $1p_{3/2}$ | 2.03 | 3.68 | 32.2 | 67.3 |
| (0.981 MeV) | 1+ | $^7Li+n$ | $1p_{1/2}$ | 1.05 | 4.15 | 38.2 | 76.5 |
| $^9Li$ | 3/2− | $^8Li+n$ | $1p_{3/2}$ | 4.06 | 3.25 | 22.2 | 51.8 |
| (2.691 MeV) | 1/2− | $^8Li+n$ | $1p_{1/2}$ | 1.37 | 3.96 | 34.2 | 71.4 |
| $^{11}Li$ | 3/2− | $^9Li+2n$ | $1p_{1/2}$ | 0.15 | 6.46 | 51.5 | 91.3 |
| | | | $1d_{5/2}$ | 0.15 | 4.17 | 33.3 | 69.7 |
| | | | $2s_{1/2}$ | 0.15 | 11.06 | 85.6 | 99.1 |

讨论:①从$^5Li+n$和$^5He+p$组合可以看出:$^6Li$外层质子和中子的分布是一样的.如果将外层 n 和 p 当作 d 核,计算表明$^6Li$外层不存在 d 的集团晕.值得注意的是:$^6Li$的第二激发态(3.563 MeV)外层中子正好落在$2s_{1/2}$能级上,形成一个激发态晕结构.②$^{11}Li$是最早发现的晕核之一.其实验数据已经非常的丰富.但是不同方法得到的均方根半径值有较大出入,差别甚至达 1 fm 以上.有人认为两个中子处于$1p_{1/2}$(61%),$1d_{5/2}$(26%)和$2s_{1/2}$(13%)能级的混合组态[8,9],因此对这 3 个组态都做了计算,得到加权的均方根半径约为 6.5 fm.但是,破裂($^9Li+2n$)动量分布的实验[10]得出其外层双中子均方根半径约为 5 fm,与此处计算结果相差较大.

3) Be 同位素

讨论:①$^{10}Be$外层中子在$1p_{3/2}$能级上满壳,基态为正常核态.值得注意的是它的第四激发态是两个中子激发到$2s_{1/2}$能级上,形成了双中子晕核态.②$^{11}Be$是人们熟知的单中子晕态.③$^{12}Be$外层两个中子在$1p_{1/2}$能级上达到满壳,第一激发态是单中子激发到$2s_{1/2}$能级,形成单中子晕结构;第二激发态是双中子同时激发到$2s_{1/2}$态,成为双中子晕结构.注意到第二激发态 $J^{\pi}$ 尚无实验值,根据$(2s_{1/2})^2$组合,推测为$0^+$.④$^{14}Be$基态双中子处于$2s_{1/2}$能级,形成双中子晕,这也是人们所熟知的.

表 3　Be 同位素核外价粒子分布的均方根半径

| 核 | $J^{\pi}$ | 模式 | 能级 | $S_v$/MeV | $\langle r_v^2 \rangle^{1/2}$/fm | $D_1$/% | $D_2$/% |
|---|---|---|---|---|---|---|---|
| $^6Be$ | 0+ | $^5Li+p$ | $1p_{3/2}$ | 0.59 | 4.05 | 41.6 | 79.7 |
| $^7Be$ | 3/2− | $^6Li+p$ | $1p_{3/2}$ | 5.61 | 2.90 | 18.0 | 44.8 |
| | | $^4He+^3He$ | $1p_{3/2}$ | 1.59 | 2.87 | 14.2 | 41.0 |
| $^8Be$ | 0+ | $^7Be+n$ | $1p_{3/2}$ | 18.90 | 2.40 | 5.7 | 17.8 |
| | | $^7Li+p$ | $1p_{3/2}$ | 17.26 | 2.42 | 6.0 | 18.6 |
| | | $^6Be+2n$ | $1p_{3/2}$ | 14.79 | 2.47 | 8.4 | 24.6 |
| | | $^6He+2p$ | $1p_{3/2}$ | 13.62 | 2.49 | 8.8 | 25.6 |
| $^9Be$ | 3/2− | $^8Be+n$ | $1p_{3/2}$ | 1.67 | 3.88 | 33.6 | 69.3 |
| $^{10}Be$ | 0+ | $^9Be+n$ | $1p_{3/2}$ | 6.81 | 2.99 | 14.6 | 37.8 |
| | | $^8Be+2n$ | $1p_{3/2}$ | 4.24 | 3.22 | 21.6 | 50.8 |
| (3.368 MeV) | 2+ | $^9Be+n$ | $1p_{1/2}$ | 2.55 | 3.49 | 26.6 | 60.4 |
| (5.958 MeV) | 2+ | $^8Be+2n$ | $1p_{1/2}$ | 1.26 | 4.03 | 35.2 | 72.7 |
| (5.960 MeV) | 1− | $^9Be^*+n$ | $2s_{1/2}$ | 2.54 | 4.43 | 49.7 | 80.8 |
| (6.179 MeV) | 0+ | $^8Be+2n$ | $2s_{1/2}$ | 1.15 | 5.49 | 65.0 | 91.6 |
| $^{11}Be$ | 1/2+ | $^{10}Be+n$ | $1p_{1/2}$ | 0.50 | 4.98 | 42.3 | 82.0 |
| (0.320 MeV) | 1/2− | $^{10}Be+n$ | $2s_{1/2}$ | 0.18 | 10.23 | 83.3 | 98.7 |
| $^{12}Be$ | 0+ | $^{11}Be+n$ | $1p_{1/2}$ | 3.17 | 3.45 | 20.7 | 50.7 |
| | | $^{10}Be+2n$ | $1p_{1/2}$ | 1.84 | 3.78 | 28.0 | 63.2 |
| (2.102 MeV) | 2+ | $^{11}Be+n$ | $2s_{1/2}$ | 1.07 | 5.67 | 61.6 | 90.0 |
| (2.702 MeV) | ? | $^{10}Be+2n$ | $2s_{1/2}$ | 0.49 | 7.23 | 73.9 | 96.0 |
| $^{14}Be$ | 0+ | $^{12}Be+2n$ | $2s_{1/2}$ | 0.67 | 6.55 | 67.2 | 93.2 |

4) B 同位素

表 4　B 同位素核外价粒子分布的均方根半径

| 核 | $J^{\pi}$ | 模式 | 能级 | $S_v$/MeV | $\langle r_v^2 \rangle^{1/2}$/fm | $D_1$/% | $D_2$/% |
|---|---|---|---|---|---|---|---|
| $^8B$ | 2+ | $^7Be+p$ | $1p_{3/2}$ | 0.14 | 4.52 | 40.4 | 80.5 |
| $^{10}B$ | 3+ | $^9Be+p$ | $1p_{3/2}$ | 6.59 | 2.92 | 13.2 | 35.0 |
| | | $^9B+n$ | $1p_{3/2}$ | 8.44 | 2.87 | 12.1 | 32.7 |
| | | $^8Be+d$ | $1p_{3/2}$ | 6.03 | 2.62 | 5.4 | 17.8 |
| $^{11}B$ | 3/2− | $^{10}Be+p$ | $1p_{3/2}$ | 11.23 | 2.71 | 7.5 | 22.3 |
| | | $^{10}B+n$ | $1p_{3/2}$ | 11.45 | 2.75 | 8.2 | 23.9 |
| $^{12}B$ | 1+ | $^{11}B+n$ | $1p_{1/2}$ | 3.37 | 3.41 | 19.9 | 49.3 |
| (1.674 MeV) | 2− | $^{11}B+n$ | $2s_{1/2}$ | 1.70 | 4.97 | 53.7 | 84.4 |
| (2.621 MeV) | 1− | $^{11}B^*+n$ | $2s_{1/2}$ | 1.70 | 4.97 | 53.7 | 84.4 |
| $^{13}B$ | 3/2− | $^{12}B+n$ | $1p_{1/2}$ | 4.88 | 3.21 | 14.5 | 38.9 |
| | | $^{11}B+2n$ | $1p_{1/2}$ | 4.12 | 3.28 | 17.4 | 44.6 |
| (3.535 MeV) | ? | $^{12}B+n$ | $2s_{1/2}$ | 1.34 | 5.32 | 56.2 | 86.5 |
| (3.681 MeV) | ? | $^{11}B+2n$ | $2s_{1/2}$ | 2.28 | 4.60 | 48.2 | 79.8 |
| $^{14}B$ | 2− | $^{13}B+n$ | $2s_{1/2}$ | 0.97 | 5.86 | 62.2 | 90.4 |
| | | | $1d_{5/2}$ | 0.97 | 3.93 | 27.1 | 57.4 |
| (0.740 MeV) | 1− | $^{13}B+n$ | $2s_{1/2}$ | 0.23 | 9.43 | 79.9 | 98.0 |
| | | | $1d_{5/2}$ | 0.23 | 4.34 | 31.9 | 66.8 |
| $^{15}B$ | 3/2− | $^{14}B+n$ | $2s_{1/2}$ | 2.77 | 4.45 | 41.8 | 73.8 |
| | | | $1d_{5/2}$ | 2.77 | 3.61 | 19.4 | 43.5 |
| | | $^{13}B+2n$ | $2s_{1/2}$ | 1.87 | 4.89 | 51.1 | 82.3 |
| | | | $1d_{5/2}$ | 1.87 | 3.71 | 23.2 | 50.3 |
| $^{17}B$ | 3/2− | $^{15}B+2n$ | $2s_{1/2}$ | 0.70 | 6.51 | 64.4 | 91.9 |
| $^{19}B$ | 3/2− | $^{17}B+2n$ | $2s_{1/2}$ | 0.25 | 6.58 | 48.4 | 88.4 |

讨论：①$^{12}$B 基态是正常核态，其中子分离能较低，在第二、三激发态形成晕结构．这已经得到实验证实[11,12]．②$^{13}$B 外层两个中子在 $1p_{1/2}$ 能级上满壳．其第一激发态是核芯 p 激发；第二、三激发态分别是 $1p_{1/2}$ 能级上的一个或两个中子激发到 $2s_{1/2}$ 能级上，形成单中子晕或双中子晕（皮）结构．③$^{14}$B 是满壳外加一个中子，它有一个很低的激发态（0.740 MeV）．这两个束缚态的外层单中子可能处于 $2s_{1/2}$ 或者 $1d_{5/2}$．不论什么情况，当中子处于 $2s_{1/2}$ 能级上时，将形成晕结构．因此，可以说$^{14}$B 基态或者第一激发态是晕核态．④$^{15}$B，$^{17}$B 和$^{19}$B 非常相似，当外层两个中子处于 $2s_{1/2}$ 能级上时，将形成双中子晕（皮）结构．其中，$^{17}$B 的双中子晕人们已经了解．

5）C 同位素

表 5　C 同位素核外价粒子分布的均方根半径

| 核 | $J^\pi$ | 模式 | 能级 | $S_v$/MeV | $\langle r_v^2\rangle^{1/2}$ /fm | $D_1$/% | $D_2$/% |
|---|---|---|---|---|---|---|---|
| $^{12}$C | 0 + | $^{11}$C + n | $1p_{3/2}$ | 18.72 | 2.55 | 3.9 | 12.8 |
| | | $^{11}$B + p | $1p_{3/2}$ | 15.96 | 2.59 | 4.4 | 14.1 |
| $^{13}$C | 1/2 − | $^{12}$C + n | $1p_{1/2}$ | 4.95 | 3.20 | 14.3 | 38.5 |
| (3.089 MeV) | 1/2 + | $^{12}$C + n | $2s_{1/2}$ | 1.86 | 4.88 | 50.4 | 81.9 |
| (3.854 MeV) | 5/2 + | $^{12}$C + n | $1d_{5/2}$ | 1.09 | 3.84 | 25.3 | 55.1 |
| $^{14}$C | 0 + | $^{13}$C + n | $1p_{1/2}$ | 8.18 | 2.94 | 9.4 | 27.3 |
| | | $^{12}$C + 2n | $1p_{1/2}$ | 6.56 | 3.03 | 11.2 | 31.8 |
| (6.094 MeV) | 1 − | $^{13}$C + n | $2s_{1/2}$ | 2.08 | 4.75 | 49.0 | 80.6 |
| (6.589 MeV) | 0 + | $^{12}$C + 2n | $2s_{1/2}$ | 3.27 | 4.23 | 39.4 | 71.2 |
| $^{15}$C | 1/2 + | $^{14}$C + n | $2s_{1/2}$ | 1.22 | 5.51 | 57.0 | 87.1 |
| (0.740 MeV) | 5/2 + | $^{14}$C + n | $1d_{5/2}$ | 0.48 | 4.20 | 29.1 | 61.8 |
| $^{16}$C | 0 + | $^{15}$C + n | $1d_{5/2}$ | 4.25 | 3.48 | 14.9 | 35.3 |
| | | $^{14}$C + 2n | $1d_{5/2}$ | 2.73 | 3.61 | 19.4 | 43.7 |
| (1.766 MeV) | 2 + | $^{15}$C + n | $2s_{1/2}$ | 2.48 | 4.59 | 42.1 | 74.4 |
| (3.027 MeV) | 0 + | $^{14}$C + 2n | $2s_{1/2}$ | 1.22 | 5.51 | 56.9 | 87.1 |
| $^{17}$C | 5/2 + | $^{16}$C + n | $1d_{5/2}$ | 0.73 | 4.17 | 25.6 | 56.2 |
| (0.295 MeV) | 1/2 + | 16C + n | $2s_{1/2}$ | 0.43 | 7.59 | 69.6 | 94.7 |
| $^{18}$C | 0 + | $^{17}$C + n | $1d_{5/2}$ | 4.18 | 3.56 | 14.9 | 34.9 |
| (1.620 MeV) | 2 + | $^{17}$C + n | $2s_{1/2}$ | 2.56 | 4.59 | 40.5 | 72.8 |
| $^{19}$C | 1/2 + | $^{18}$C + n | $2s_{1/2}$ | 0.16 | 8.63 | 42.9 | 92.8 |
| $^{20}$C | 0 + | $^{19}$C + n | $1d_{5/2}$ | 3.34 | 3.73 | 16.5 | 37.9 |
| $^{22}$C | 0 + | $^{20}$C + 2n | $2s_{1/2}$ | 0.56 | 6.25 | 51.2 | 86.7 |

讨论：①$^{13}$C 第一激发态为晕核态，这得到实验证实[12−14]．②$^{15}$C 基态外层中子落在 $2s_{1/2}$ 能级上，是一个晕态；第一激发态中子处于 $1d_{5/2}$ 能级，为正常核态．③$^{16}$C 基态是正常态；第一、二激发态分别是一个和两个中子激发到 $2s_{1/2}$ 能级，形成厚的单中子皮态和双中子晕态．④$^{17}$C 的第一激发态为一个中子激发到 $2s_{1/2}$ 能级，为单中子晕态．⑤$^{22}$C 外层两个中子处于 $2s_{1/2}$ 能级上，形成双中子晕结构．

### 3.2. 质子晕、皮核

由于库仑势的存在，形成质子晕、皮核要困难得多．当然，越重的核，其库仑势越强．因此，较重的核不能形成质子晕的结构．可能形成质子晕的最佳核是$^{8}$B．计算表明：$^{8}$B 仅仅是一个质子皮核．从上面的讨论中可以看出，中子在 $2s_{1/2}$ 能级形成晕、皮核的可能性很大；其次是 $1p_{1/2}$ 和 $1p_{3/2}$ 能级．这是离心势导致的结果．当然，对质子而言也是一样．这样，最可能形成质子晕、皮核的为 $Z = 15$(P) 和 $Z = 16$(S)，即相应于质子分布在 $2s_{1/2}$ 能级．当然激发到 $2s_{1/2}$ 核态上可能形成质子晕、皮核，这主要分布在 $Z = 9$(F) 到 $Z = 14$(Si) 的丰质子核区，如$^{17}$F 的第一激发态．下表给出了目前已知的和可能形成质子晕、皮态核的价粒子分布．

表 6　质子晕、皮核价粒子分布的均方根半径

| 核 | $J^\pi$ | 模式 | 能级 | $S_v$/MeV | $\langle r_v^2\rangle^{1/2}$ /fm | $D_1$/% | $D_2$/% |
|---|---|---|---|---|---|---|---|
| $^{8}$B | 2 + | $^{7}$Be + p | $1p_{3/2}$ | 0.14 | 4.52 | 40.4 | 80.5 |
| $^{12}$N | 1 + | $^{11}$C + p | $1p_{1/2}$ | 0.60 | 3.85 | 26.4 | 62.3 |
| $^{13}$O | 3/2 − | $^{12}$N + p | $1p_{1/2}$ | 1.52 | 3.49 | 19.4 | 49.6 |
| | | $^{11}$C + 2p | $1p_{1/2}$ | 1.06 | 3.65 | 23.6 | 57.2 |
| $^{17}$F | 5/2 + | $^{16}$O + p | $1d_{5/2}$ | 0.60 | 3.75 | 18.4 | 43.1 |
| (0.495 MeV) | 1/2 + | $^{16}$O + p | $2s_{1/2}$ | 0.10 | 5.39 | 48.1 | 82.5 |
| $^{17}$Ne | 1/2 − | $^{16}$F + p | $1d_{5/2}$ | 1.48 | 3.59 | 15.3 | 36.8 |
| $^{20}$Mg | 0 + | $^{16}$O + 4p | $1d_{5/2}$ | 1.71 | 3.59 | 15.3 | 36.7 |
| $^{23}$Al | 3/2 + | $^{22}$Mg + p | $1d_{3/2}$ | 0.13 | 3.73 | 13.5 | 35.3 |
| $^{26}$P | 3 + | $^{25}$Si + p | $2s_{1/2}$ | 0.14 | 4.68 | 30.9 | 64.1 |
| $^{27}$P | 1/2 + | $^{26}$Si + p | $2s_{1/2}$ | 0.90 | 4.39 | 26.7 | 57.3 |
| $^{28}$P | 3 + | $^{27}$Si + p | $2s_{1/2}$ | 2.07 | 4.12 | 20.2 | 46.8 |
| $^{27}$S | 5/2 + | $^{26}$P + p | $2s_{1/2}$ | 0.76 | 4.38 | 26.3 | 56.9 |
| | | $^{25}$Si + 2p | $2s_{1/2}$ | 0.45 | 4.53 | 28.8 | 60.8 |
| $^{28}$S | 0 + | $^{27}$P + p | $2s_{1/2}$ | 2.46 | 4.02 | 18.2 | 43.2 |
| | | $^{26}$Si + 2p | $2s_{1/2}$ | 1.68 | 4.18 | 23.0 | 51.3 |
| $^{29}$S | 5/2 + | $^{28}$P + p | $2s_{1/2}$ | 3.29 | 3.92 | 16.4 | 39.7 |
| | | $^{27}$Si + 2p | $2s_{1/2}$ | 2.68 | 4.02 | 18.2 | 43.2 |
| | | $^{28}$S + n | $1d_{5/2}$ | 15.30 | 3.35 | 3.3 | 9.3 |

讨论:①从表 6 中可以看出:严格地说,不存在质子晕核态.由于库仑势的影响,仅能形成一些厚、薄程度不同的质子皮.这也许是至今尚未在质子晕、皮中发现 $2s_{1/2}$ 和 $1d_{5/2}$ 能级翻转的原因.② $^{17}Ne$ 和 $^{20}Mg$ 价质子分布并不宽,仅在中子层外露出薄薄的质子皮而已.③在这些丰质子核中,由于质子的费米面比中子的费米面高出许多,中子被束缚的很紧.一般说来,中子在核外的贡献小于 10%.表 6 中最后一行列出 $^{29}S$ 中子分布的情况.目前我们研究组正在寻找 $^{27,28,29}S$ 的质子晕(皮)态,为此将它们外层双质子($^{25,26,27}Si+2p$ 模式)以及核芯内中子密度分布显示在图 2 中.④对于一些关于质子晕的实验和理论结果,主要是由于目前对晕核的判据不够严格所致,比如 $^{27}P$, $^{28}P$ 等.

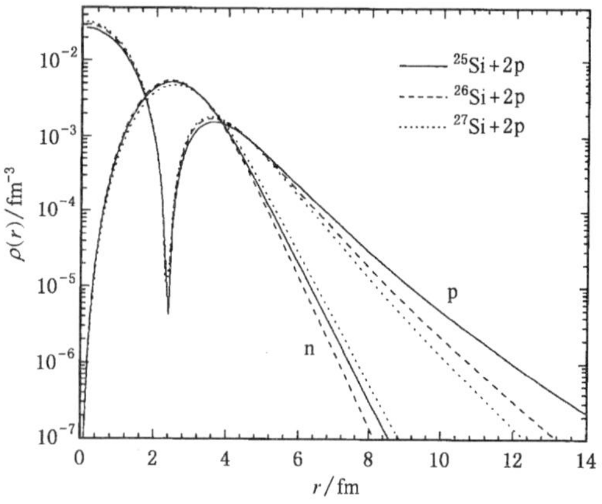


图 2　$^{27,28,29}S$ 外层双质子及核芯中子密度分布

### 3.3. 中重核及重核中子晕、皮核态

目前所找到的晕核态,都在较轻的核区.那么,在 $A>40$ 中重及重核区是否存在中子晕、皮核态呢?当然,寻找这种核态,最佳选择是在满壳附近丰中子的核.为此,用单粒子势模型计算了 $^{49}Ca$ 和 $^{209}Pb$ 外层单中子的均方根半径,结果列在表 7 中.表 7 中所列的核态,都是实验上确证的单粒子态,$E_{ex}$ 表示核态的激发能.

从表 7 中可以看出,$^{49}Ca$ 有 4 个核态形成了中子皮态,$^{208}Pb$ 仅有一个激发态形成了中子皮.为了显示 $^{49}Ca$ 激发态形成中子皮核的情况,选择了几个核态外层中子的密度分布以及 $^{49}Ca$ 内核质子密度分布显示在图 3 中.

表 7　质子晕、皮核价粒子分布的均方根半径

| 核 | $E_{ex}$/MeV | 组态 | $S_v$/MeV | $<r_v^2>^{1/2}$/fm | $D_1$/% | $D_2$/% |
|---|---|---|---|---|---|---|
| $^{49}Ca$ | 0 | $2p_{3/2-}$ | 5.147 | 4.55 | 17.3 | 38.9 |
| | 2.023 | $2p_{1/2-}$ | 3.123 | 4.92 | 24.1 | 50.3 |
| | 3.351 | $1g_{(9/2+)}$ | 1.796 | 4.53 | 10.0 | 21.6 |
| | 3.585 | $1f_{5/2-}$ | 1.562 | 4.14 | 7.2 | 20.1 |
| | 3.991 | $1f_{5/2-}$ | 1.156 | 4.19 | 7.9 | 22.0 |
| | 4.010 | $1g_{9/2+}$ | 1.137 | 4.58 | 10.9 | 23.4 |
| | 4.072 | $2p_{3/2-}$ | 1.075 | 5.96 | 40.5 | 72.4 |
| | 4.261 | $2p_{1/2-}$ | 0.886 | 6.15 | 42.5 | 74.7 |
| | 4.416 | $2d_{5/2+}$ | 0.731 | 5.79 | 38.9 | 68.8 |
| | 4.767 | $2d_{5/2+}$ | 0.380 | 6.13 | 42.6 | 73.8 |
| | 4.885 | $1g_{9/2+}$ | 0.262 | 4.67 | 12.4 | 26.6 |
| $^{209}Pb$ | 0 | $2g_{9/2+}$ | 3.937 | 6.50 | 9.7 | 21.0 |
| | 0.779 | $1i_{11/2+}$ | 3.158 | 5.37 | 0.1 | 0.4 |
| | 1.423 | $1j_{15/2-}$ | 2.514 | 5.23 | 0.0 | 0.1 |
| | 1.567 | $3d_{5/2+}$ | 2.369 | 7.11 | 23.4 | 46.9 |
| | 2.032 | $4s_{1/2+}$ | 1.904 | 7.78 | 34.5 | 62.9 |
| | 2.491 | $2g_{7/2+}$ | 1.446 | 6.65 | 11.8 | 25.7 |
| | 2.538 | $3d_{3/2+}$ | 1.399 | 7.48 | 27.7 | 53.5 |
| | 2.589 | $(1h_{11/2-})$ | 1.348 | 6.14 | 2.5 | 6.2 |
| | 3.052 | $(1j_{15/2})-$ | 0.885 | 5.25 | 0.0 | 0.1 |

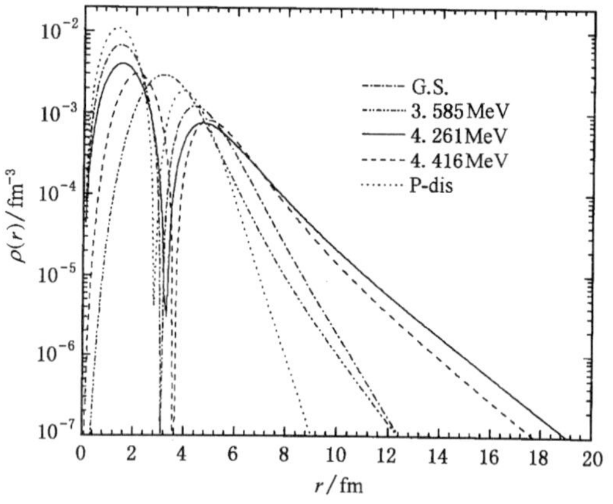


图 3　$^{49}Ca$ 某些激发态外层中子以及核内质子的密度分布

## 4. 晕核形成的基本条件

根据单粒子势模型的计算,可以归结出在 Woods-Saxon 势形式下核外价核子分布的规律,从而得知晕、皮核形成的条件,并且与方势阱的结论作比较.

### 4.1. 中子晕核实际形成条件

所计算的一些轻核价中子的均方根半径随束缚能变化显示在图 4 中.

从图 4(a) 可以明显看出计算点分布在 3 条线上,说明不同 $l$ 值的均方根半径变化有着各自的规律.为此,将不同 $l$ 值显示在图 4((b),(c)和(d))中,并对它们做了拟合,如实线所示.图 4 中虚线代表用方势阱抽取的规律,即(1)式.实际的分布规律和方势阱的情况有很大不同.注意到(1)式可以写成更适用的形式

$$\frac{\langle r^2\rangle}{R_{an}^2} \cong \begin{cases} 10.44\text{MeV}\cdot\text{fm}^2/(S_n R_{an}^2) & l=0; \\ 3.65\text{MeV}^{1/2}\cdot\text{fm}/(S_n R_{an}^2)^{1/2} & l=1; \\ 1.40 & l=2. \end{cases} \tag{7}$$

为了与上式比较,采取的拟合形式为 $y=a/x^b$.这样,得到的分布规律为

$$\frac{\langle r^2\rangle}{R_{an}^2} \cong \begin{cases} 13.53/(S_n R_{an}^2)^{0.667} & l=0; \\ 4.377/(S_n R_{an}^2)^{0.446} & l=1; \\ 1.427/(S_n R_{an}^2)^{0.180} & l=2. \end{cases} \tag{8}$$

这就是在 Woods-Saxon 势阱下均方根半径与分离能之间的关系.通过这个关系,可以得到实际晕形成的条件为

$$S_n R_{an}^2 \leqslant \begin{cases} 17.6\text{MeV}\cdot\text{fm}^2 & l=0; \\ 5.79\text{MeV}\cdot\text{fm}^2 & l=1; \\ 0.153\text{MeV}\cdot\text{fm}^2 & l=2. \end{cases} \tag{9}$$

与方势阱下给出的条件相比,实际条件要宽松得多而且,在 d 态存在形成晕的可能,只是条件非常的苛刻.

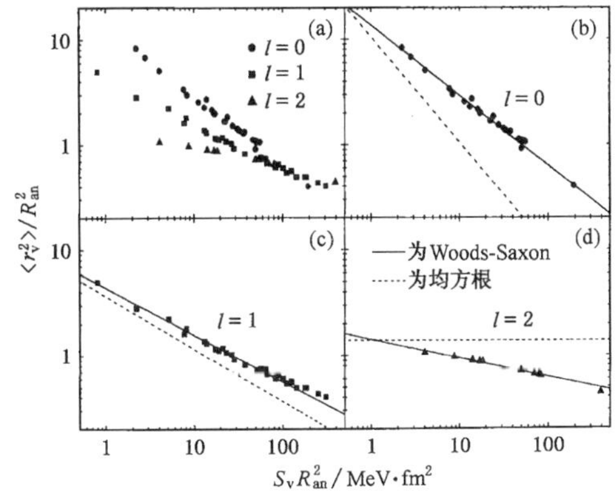


图 4　核外价中子分布的均方根半径随分离能的变化

### 4.2. 质子晕核实际形成条件

价质子的均方根半径随束缚能变化显示在图 5 中.

与价中子分布规律不同的是,对于质子分布,$l=1$ 和 $l=2$ 可以用同样的线拟合,即

$$\frac{\langle r_p^2\rangle}{R_{cn}^2} \cong 1.73/(S_p/S_{cn})^{0.246} \qquad l=1,\ l=2. \tag{10}$$

对于 $l=2$ 的态,由于仅有 3 个点,难以得出可靠的拟合结果(如图 5 中虚线所示),而且在 d 态形成晕的可能性极小,在此不予讨论.注意到,由于库仑势垒的存在,一些能量大于零,但低于库仑位垒高度 $V_B$ 的共振态,有一定的存活寿命,因此,有可能成为质子晕的共振核态.因此,对质子晕核而言,实际形成晕结构的必要条件为

$$-0.551/R_{cn}\text{MeV} < E_p < V_B, \tag{11}$$

式中 $E_p$ 为价质子的能量.

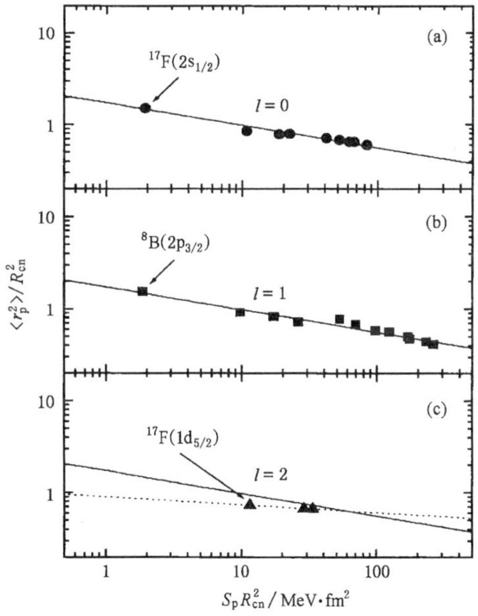


图 5　核外价质子分布的均方根半径随分离能的变化

## 5. 结　论

利用单粒子势模型对一些具体的核态进行了计算.计算中采用较为真实的 Woods-Saxon 势,并考虑了库仑势和自旋-轨道耦合势的影响.用列表的形式

给出计算结果，并作了一些简单的讨论. 预言了一些可能存在晕、皮核结构的核态. 特别值得提出的是，在中重和重核区存在形成晕、皮核态的可能性，这大大扩展了现有晕核研究的范围.

此外，根据均方根半径随价粒子的变化规律，给出了形成单中子晕的实际条件，比方阱势给出的条件要宽松；首次给出质子晕形成的必要条件；这些对寻找新的晕、皮核态有现实的指导意义.

值得指出的是，在轻核体系中，$2s_{1/2}$能级对晕态形成扮演了重要角色. 形成晕结构的核态，其 $2s_{1/2}$能级比 $1d_{5/2}$能级还要低. 这样，与其上的能级形成了较大的距离，因此在形成晕结构的弱束缚体系中，$N=16$ 的地方可能形成新的幻数. 这值得理论和实验上进一步的研究.


[1] Tanihata I, Hamagaki H, Hashimoto O *et al* 1985 *Phys. Lett.* B **160** 380; 1985 *Phys. Rev. Lett.* **55** 2676

[2] Hansen P G and Jonson B 1987 *Europhys. Lett.* **4** 409

[3] Fedorov D V, Jensen A S and Riisager K 1994 *Phys. Rev.* C **49** 201; 1994 *Phys. Rev.* C **50** 2372; 1993 *Phys. Lett.* B **312** 1

[4] Jensen A S and Riisager K 2000 *Phys. Lett.* B **480** 39

[5] Sherr R 1996 *Phys. Rev.* C **54** 1177

[6] Satchler G R 1983 *Direct Nuclear Reactions* (Oxford: Oxford University Press)

[7] Tanihata I, Kobayashi T, Suzuki T *et al* 1992 *Phys. Lett.* B **287** 307

[8] Benenson W 1995 *Nucl. Phys.* A **588** 11c

[9] Zinser M, Humbert F, Nilsson T *et al* 1995 *Phys. Rev. Lett.* **75** 1719

[10] Orr N A, Anantaraman N, Austin S M *et al* 1995 *Phys. Rev.* C **51** 3116

[11] Lin C J, Liu Z H, Zhang H Q *et al* 2001 *Chin. Phys. Lett.* **18** 1183

[12] Liu Z H, Lin C J, Zhang H Q *et al* 2001 *Phys. Rev.* C **64** 034312

[13] Liu Z H, Lin C J *et al* 2001 *Chin. Sci. Bull.* **46** 45

[14] Lin C J, Liu Z H, Zhang H Q *et al* 2001 *Chin. Phys. Lett.* **18** 1446


# Density distributions of valence nucleons under single-particle potential model*


Lin Cheng-Jian  Zhang Huan-Qiao  Liu Zu-Hua  Wu Yue-Wei  Yang Feng  Ruan Ming

(*China Institute of Atomic Energy, Beijing* 102413, *China*)



(Received 29 March 2002; revised manuscript received 21 July 2002)



Abstract

Using the experimental results, we have calculated the density distributions of valence nucleons in terms of the single-particle potential model. The outside probabilities and contributions of valence nucleons given by these calculations are considered as the criterion of halo states. By studying the variation of root-mean-square radius with the separation energy, conditions for the existence of halo states are pointed out, especially of the proton halo states. These have realistic meanings for judging and searching the halo states.



**Keywords**: single-particle model, valence nucleon, density distribution, neutron halo state, proton halo state

**PACC**: 2410F, 2500, 2570, 2160



* Project supported by the State Key Development Program for Basic Research of China (Grant No. G2000077400) and by the National Natural Science Foundation of China (Grant Nos. 19875087, 10075077 and 10105016).

# Nonresonant capture cross sections of $^{11}B(n,\gamma)$ and $^{12}C(n,\gamma)$ at stellar energies ①

C. J. Lin, H. Q. Zhang, Z. H. Liu, W. Y. Wu, F. Yang, and M. Ruan
*China Institute of Atomic Energy, P.O. Box 275(10), Beijing 102413, China*
(Received 27 April 2003; revised manuscript received 4 August 2003; published 14 October 2003)

The nonresonant direct radiative capture (DRC) cross sections of $^{11}B(n,\gamma)$ and $^{12}C(n,\gamma)$ at stellar energies are deduced by means of the asymptotic normalization coefficient (ANC) method. The ANC factors were extracted from the peripheral transfer reactions of $^{11}B(d,p)$ and $^{12}C(d,p)$. The deduced DRC cross sections of $^{12}C(n,\gamma)$ are in good agreement with experimental results of direct measurement. The DRC cross sections of $^{11}B(n,\gamma)$ at low energies are obtained for the first time.

DOI: 10.1103/PhysRevC.68.047601 PACS number(s): 25.40.Lw, 26.20.+f, 26.30.+k, 27.20.+n

The $^{11}B(n,\gamma)$ and $^{12}C(n,\gamma)$ reactions of direct radiative capture (DRC) processes are two important reactions in stellar nucleosynthesis [1–3]. Unfortunately, it is quite difficult to perform the direct measurement at stellar energy (usually less than 500 keV) due to their small cross section (about a few microbarns). Up to now, only a few experimental data have been obtained for the $^{12}C(n,\gamma)$ reaction [4,5]. Stimulated by these experimental results, many efforts were devoted to predict or to reproduce them [6–9] in theoretical calculations. For the $^{11}B(n,\gamma)$ reaction, the experimental cross sections are still nonexistent, and less attention was paid to the theory. Very strong $E1$ $\gamma$ transitions associating with the incoming $p$-wave neutrons capture into the $2s_{1/2}$ orbits of $^{13}C$ were observed [4,5] in the $^{12}C(n,\gamma)$ reactions. It indicates that halo structures occur in these $s$ orbits. By using the wave function with halo feature, the experimental capture cross sections were perfectly reproduced by Otsuka *et al.* [7]. These authors further pointed out that "The present low-energy direct capture is of indispensable significance as a new and presently unique tool for investigating the halo structure particularly in excited states." In the same year, Xu *et al.* [10] proposed an indirect method, i.e., asymptotic normalization coefficient (ANC) method, to obtain the DRC cross section through the peripheral transfer reaction. Since then, the ANC method has become useful in evaluating the astrophysical $S$ factor or the DRC cross sections of $(p,\gamma)$ and $(n,\gamma)$ processes at low energies [11–15]. Very recently, the ANC method was employed to study the halo structure [16–18]. In the previous papers [17,18], we reported that the halo structures exist in the second and third excited states of $^{12}B$ and the first excited state of $^{13}C$ by means of the ANC method through the transfer reactions of $^{11}B(d,p)$ and $^{12}C(d,p)$. Almost at the same time, Imai *et al.* [19] measured the angular distribution of $^{12}C(d,p)^{13}C(1/2^+)$ at the same incident energy of 11.8 MeV, extracted the ANC factor of $^{13}C(1/2^+)$, and evaluated the DRC cross sections of $^{12}C(n,\gamma)$ at low energies. Their work confirmed again the availability of ANC method. In view of the above work, in the present work we use the ANC factors reported in the previous papers [17,18] to calculate the DRC cross sections of astrophysical interest.

The experimental data of $^{12}C(n,\gamma)$ clearly show that the DRC processes are essentially the nonresonant reactions. Some theoretical work [6–9] have pointed out that the dominant component of the DRC process is the capture of the incoming $p$-wave neutron into the $s$ orbit through $E1$ transition. The contributions of other transitions are very small at low energies. It is reasonable to think that similar nonresonant processes occur in the $^{11}B(n,\gamma)$ reactions because the bound states of $^{12}B$ have similar structures to that of $^{13}C$. Therefore, only the nonresonant processes of $p\rightarrow s$ transitions are considered in the present work.

The DRC process can be treated as a transition from continuum to bound state in the frame of the classical transition theory [20]. The transition cross section is given by

$$\sigma_{lm}=\frac{8\pi(l+1)}{l[(2l+1)!!]^2}\left(\frac{\omega}{c}\right)^{2l+1}\frac{1}{\hbar v}|Q_{lm}^2|, \qquad (1)$$

where $\hbar\omega$ is the energy of the emitted photon, $v$ is the relative velocity, $Q_{lm}$ is the transition matrix element, $l$ and $m$ are the angular momentum and its $z$ projection of the photon, respectively. In the present case, $l=1$. Taking $^{12}C(n,\gamma)$ as an example, $Q_{lm}$ can be written as

$$Q_{1m}=\langle ^{13}C(1/2^+)|T^{(E1)}|^{12}C(0^+)\mathbf{n}\rangle, \qquad (2)$$

where $T^{(E1)}$ is the operator of $E1$ transition and $|\mathbf{n}\rangle$ denotes the wave function of incoming neutron. If the interaction between the incoming neutron and the $^{12}C$ core can be neglected, which is true for neutron captures at very low energies, then $|\mathbf{n}\rangle$ can be replaced by the plane wave (PW) $|\mathbf{k}\rangle$. However, the incoming plane wave is strongly distorted by the nuclear potential when the incident energy increases, and results in an obvious phase shift. In this case, the exact calculation of distorted wave (DW) is necessary. Neglecting the center-of-mass motion, the $E1$ transition operator is expressed as

$$T^{(E1)}=-e\sqrt{3/4\pi}(Z/A)\mathbf{r}, \qquad (3)$$

where $Z$ and $A$ are the charge number and mass number of the nucleus after capture, and $\mathbf{r}$ implies the coordinates of the relative motion. The wave function of the first excited state $(2s_{1/2^+})$ of $^{13}C$ can be decomposed into

$$|^{13}C(1/2^+)\rangle=\zeta_1|^{12}C(0^+)n(2s_{1/2^+})\rangle+\cdots, \qquad (4)$$

where $\zeta_1$ is an amplitude, $|^{12}C(0^+)\rangle$ and $|n(2s_{1/2^+})\rangle$ denote the $0^+$ ground state of the $^{12}C$ core and the $2s_{1/2^+}$ orbit of

① Physical Review C,2003,68(4):047601-(1-4).

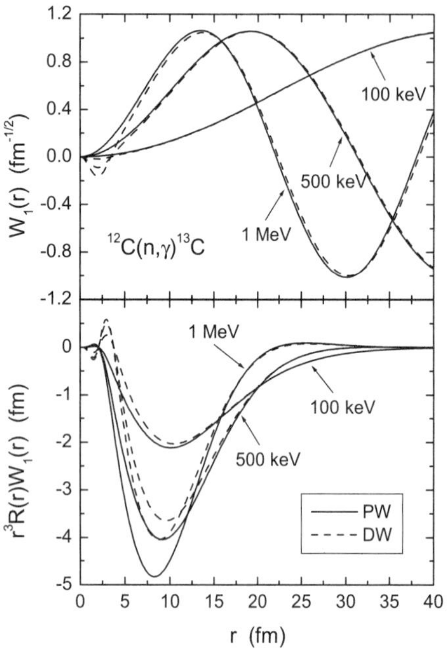


FIG. 1. The $p$-wave components (top panel) and their contributions to the $E1$ transitions (bottom panel) of incoming PW (solid lines) and DW (dashed lines) for the $^{12}C(n,\gamma)^{13}C$ reactions at the incident energies of 100 keV, 500 keV, and 1 MeV.

the last neutron, respectively. For $E1$ transition, the core has no contribution to the matrix element. Then Eq. (2) becomes

$$Q_{1m} = -\delta_{m,0}\zeta_1\sqrt{3}ie(Z/A)\int_0^{\infty} r^3R(r)W_1(kr)dr, \tag{5}$$

where $R(r)$ is the radial wave function of the last neutron in the $2s_{1/2^+}$ orbit and $W_1(kr)$ represents the $p$-wave component of the incoming neutron wave. It is known that the $2s_{1/2^+}$ state of $^{13}C$ is a halo state [7,17,18,21], i.e., its radial wave function has a long tail. In this case, $Q_{10}$ becomes the predominant component at low energy. Detailed discussions can be found in Ref. [7]. If we neglect the distortion of incoming wave, i.e., the PW approximation, $W_1(kr)$ can be simply written as the spherical Bessel function $J_1(kr)$. In order to test the availability of PW, the incoming DW was calculated by DWUCK4 code [22] and the comparison between them was made, as illustrated in the top panel of Fig. 1 at the incident energies of 100 keV, 500 keV, and 1 MeV. The parameters of optical-model potential are extracted from the Wilmore and Hodgson systematics [23] in the DW calculations. The wave functions are barely distinguishable between PW and DW when the distance is larger than the interaction radius. However, their contributions to the transition, i.e., the integrand in Eq. (5), are obviously different as shown in the bottom panel of Fig. 1. It shows that the capture cross sections are somewhat overestimated by the PW approximation. For this reason, we prefer using DW in the calculations.

According to the ANC definition [10,13,14], the single-particle overlap function between $|^{12}C(0^+)\rangle$ and $|n(2s_{1/2^+})\rangle$ for the first excited state of $^{13}C$ has the following asymptotic behavior:

$$\psi_{An} \to r > R_N C_{s_{1/2}}^{(sp)} W(2\kappa_B r)/r, \tag{6}$$

where the subscript $A$ and $n$ are the core nucleus and the outside valence neutron, respectively, $R_N$ is the interaction radius, $C_{s_{1/2}}^{(sp)}$ is the ANC factor of single-particle state, $W(2\kappa_B r)$ the Whittaker function, and $\kappa_B$ is the wave number of bound state. In the neutron case, the Whittaker function is reduced to the Hankel function $H(\kappa_B r)$. Therefore, the radial wave function $R(r)$ in Eq. (5) can be replaced by the Hankel function. $C_{s_{1/2}}^{(sp)}$ connects with the ANC of nuclear state by $C_{s_{1/2}} = C_{s_{1/2}}^{(sp)}\sqrt{S_{s_{1/2}}^{(sp)}}$, where $S_{s_{1/2}}^{(sp)}$ is the single-particle spectroscopic factor. Note that $\sqrt{S_{s_{1/2}}^{(sp)}}$ equals to $\zeta_1$ in Eq. (4). Finally, the transition cross section is expressed as

$$\sigma_{n,\gamma}^{(E1)} = \frac{16\pi}{3}e^2\left(\frac{Z}{A}\right)^2\left(\frac{\hbar\omega}{\hbar c}\right)^3\frac{1}{\hbar v} \times C_{s_{1/2}}^2\left[\int_{R_N}^{\infty} r^2 H(\kappa_B r)W_1(kr)dr\right]^2. \tag{7}$$

Apparently this equation is nearly model independent, only slightly dependent on the optical-model potential of the entrance channel. It expresses the main idea of so-called indirect ANC method: the DRC cross section can be determined from the peripheral transfer reaction through the ANC factor. The above equation is deduced by using the $^{12}C(n,\gamma)$ reaction as an example. It is also appropriate for the $^{11}B(n,\gamma)$ reaction.

Before applying Eq. (7) to calculate the DRC cross sections, it is necessary to evaluate the impact of the integral truncated by the interaction radius $R_N$. One can define

$$D(R_N) = \frac{\int_0^{R_N} r^3R(r)W_1(kr)dr}{\int_0^{\infty} r^3R(r)W_1(kr)dr} \tag{8}$$

to estimate the contribution of inner integral. The radial wave function $R(r)$ was calculated by solving the bound-state Schrödinger equation in the frame of the single-particle potential model [24]. The Woods-Saxon potential was employed with radius $R=r_0A^{1/3}$, $r_0=1.25$ fm, diffuseness $a=0.65$ fm, and Thomas form factor of spin-orbit potential $\lambda=25$. The potential well depth $V_0$ was automatically adjusted to reproduce the binding energy. For the first excited state of $^{13}C$, $V_0=57.62$ MeV. The interaction radius is taken as $R_N=1.25(A_c^{1/3}+1)$ fm with $A_c$ being the mass number of core nucleus, which is consistent with our previous definition [17,18,24]. For $^{12}C+n$ and $^{11}B+n$, $R_N$ is equal to 4.11 fm and 4.03 fm, respectively. The inner contributions varying with energies of the incident neutrons for the $^{12}C(n,\gamma)$ processes are illustrated in Fig. 2.

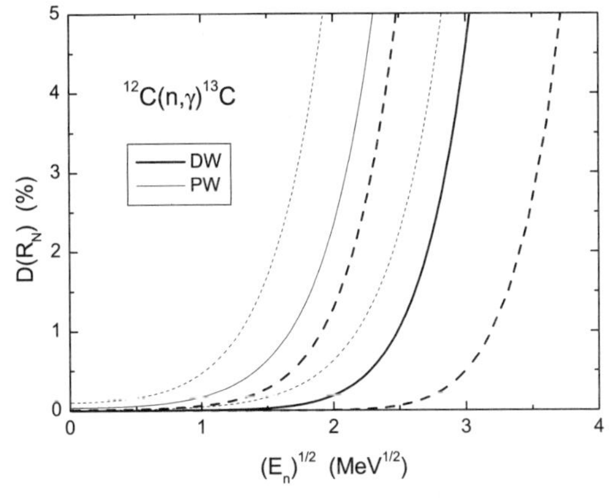


FIG. 2. The inner contributions of the final bound states to the $E1$ transitions vary with the root of the incident energies. The solid and dashed lines correspond to the cases of $R_N$=4.11 fm and $R_N$ =4.11±0.5 fm, respectively, and the thick and thin lines are the results calculated by DW and PW, respectively.

The solid line represents the case of $R_N$=4.11 fm. In order to see the influence induced by varying the cutoff radius, $R_N$ are arbitrarily set to 4.11±0.5 fm, as the dashed lines shown in Fig. 2. It is clear that the contributions of inner parts are rather small at low energies. At 1 MeV, $D(R_N)$ are typically less than 0.05% and 0.5% for DW (thick lines) and PW (thin lines), respectively. But when energies exceed 1 MeV, the inner contributions rise rapidly and cannot be neglected anymore. In the present work, we only consider the case of energies less than 1 MeV, in the region of which Eq. (7) works well.

In our previous work [17,18], the angular distributions of the transfer reactions of $^{11}B(d,p)$ and $^{12}C(d,p)$ at the incident energy of 11.8 MeV were measured with high precision by a Q3D magnetic spectrograph. The ANC factors for some bound states of $^{12}$B and $^{13}$C were extracted from the cross sections at the forward angles close to 0°. For each state, the root-mean-square radius was obtained and the contribution of the external part was estimated as a criterion of halo formation. As a result, the first exited state of $^{13}$C was confirmed to be a halo state and two new halo states were found in the second and third excited states of $^{12}$B. The last neutrons of these halo states are nonexceptionally in the $2s_{1/2}$ orbits, therefore one can use Eq. (7) to calculate the DRC cross sections of $^{11}B(n,\gamma)$ and $^{12}C(n,\gamma)$ at low energies. Results of the $^{12}C(n,\gamma)^{13}C(2s_{1/2^+})$ processes are shown as the solid line in Fig. 3. In the figure, the error ranges are denoted by two dashed lines, which come from the error of ANC factor. For the $^{13}C(2s_{1/2^+})$ state, the value of ANC factor, $C_{s_{1/2}}$=1.84±0.16 fm$^{-1/2}$, consistent with that of Imai *et al.* [19] within the experimental error. The results displayed in Fig. 3 clearly show that the deduced results of such an indirect measurement are in good agreement with the experimental results of the direct measurement [4,5] within the experimental errors. In addition, the results calculated by PW are shown as the dotted line in the figure for comparison. The results of PW lie within the error range of the results of DW

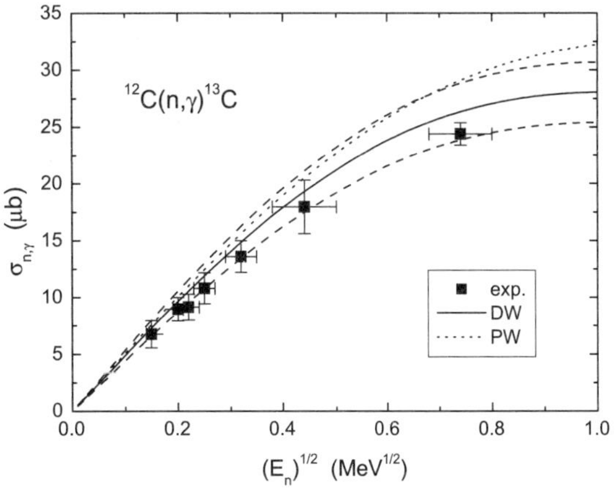


FIG. 3. The cross sections of direct neutron capture to the first excited states of $^{13}$C at energies below 1 MeV. The results of DW are represented by the solid line and their error ranges are denoted by the dashed lines. The results of PW are shown by the dotted line for comparison. The experimental data (solid squares) are obtained from Refs. [4,5].

at lower energies, for example, less than 500 keV, but exceed them at higher energies. So only at very low energies one can conclude that the capture process is essentially determined by the structure of the final neutron state. The extracted ANC values for the two halo states of $^{12}$B, i.e., the second and third excited states, are 1.34±0.12 fm$^{-1/2}$ and 0.94±0.08 fm$^{-1/2}$, respectively. In the same way, the DRC cross sections corresponding to these two states are deduced and illustrated in Fig. 4 with the labels of $\sigma_{Ex2}$ and $\sigma_{Ex3}$, respectively. The total cross sections $\sigma_{tot}$ are the sums of these two. The present results of the DRC cross sections for the $^{11}B(n,\gamma)$ reaction at low energies are obtained for the first time, and we are waiting for comparison with the results of direct measurement.

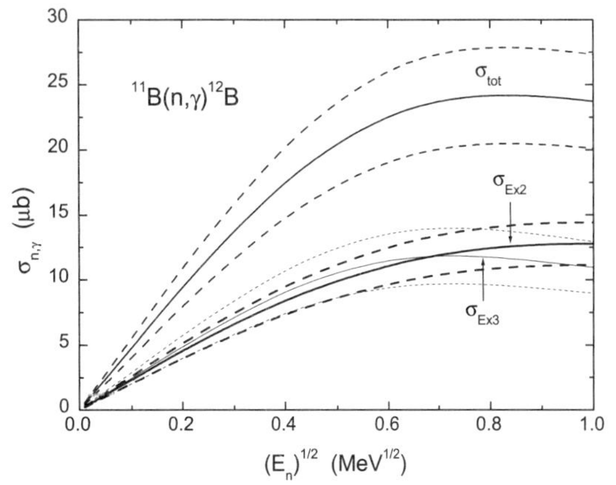


FIG. 4. Same as Fig. 2 but for captures to the second ($\sigma_{Ex2}$, thick lines) and third ($\sigma_{Ex3}$, thin lines) excited states of $^{12}$B. $\sigma_{tot}$ is the sum of $\sigma_{Ex2}$ and $\sigma_{Ex3}$.

In summary, the cross sections of $p \rightarrow s$ transitions in $^{11}$B($n,\gamma$) and $^{12}$C($n,\gamma$) reactions at low energies are deduced by means of ANC method, where the ANC factors were extracted from the peripheral transfer reactions of $^{11}$B($d,p$) and $^{12}$C($d,p$). These cross sections can be considered as the nonresonant DRC cross sections at stellar energies. The deduced cross sections of $^{12}$C($n,\gamma$) are in good agreement with the directly measured results within experimental errors. The DRC cross sections of $^{11}$B($n,\gamma$) are obtained for the first time. The present results would be useful to calculate the reaction rates and to understand the procedure of stellar nucleosynthesis.

This work was supported by the Major State Basic Research Development Program under Grant No. G2000077400, and the National Natural Science Foundation of China under Grant Nos. 19875087, 10075077, and 10105016.

[1] R. A. Malaney and W. A. Fowler, Astrophys. J. **133**, 14 (1988).
[2] J. H. Applegate and C. J. Hogan, Phys. Rev. D **31**, 3037 (1985).
[3] T. Kajino, G .J. Mathews, and G. M. Fuller, Astrophys. J. **364**, 7 (1990).
[4] Y. Nagai, M. Igashira, K. Takeda, N. Nukai, S. Motoyama, F. Uesawa, H. Kitazawa, and T. Fukuda, Astrophys. J. **372**, 683 (1991).
[5] T. Ohsaki, Y. Nagai, M. Igashira, T. Shima, K. Takeda, S. Seino, and T. Irie, Astrophys. J. **422**, 912 (1994).
[6] Yu-Kun Ho, H. Kitazawa, and M. Igashira, Phys. Rev. C **44**, 1148 (1991).
[7] T. Otsuka, M. Ishihara, N. Fukunishi, T. Nakamura, and M. Yokoyama, Phys. Rev. C **49**, R2289 (1994).
[8] A. Mengoni, T. Otsuka, and M. Ishihara, Phys. Rev. C **52**, R2334 (1995).
[9] T. Kikuchi, Y. Nagai, T. S. Suzuki, T. Shima, T. Kii, M. Igashira, A. Mengoni, and T. Otsuka, Phys. Rev. C **57**, 2724 (1998).
[10] H. M. Xu, C. A. Gagliardi, R. E. Tribble, A. M. Mukhamedzhanov, and N. K. Timofeyuk, Phys. Rev. Lett. **73**, 2027 (1994).
[11] C. A. Gagliardi, R. E. Tribble, A. Azhari, H. L. Clark, Y.-W. Lui, A. M. Mukhamedzhanov, A. Sattarov, L. Trache, V. Burjan, J. Cejpek, V. Kroha, S. Piskor, and J. Vincour, Phys. Rev. C **59**, 1149 (1999).
[12] A. Azhari, V. Burjan, F. Carstoiu, H. Dejbakhsh, C. A. Gagliardi, V. Kroha, A. M. Mukhamedzhanov, L. Trache, and R. E. Tribble, Phys. Rev. Lett. **82**, 3960 (1999).
[13] A. M. Mukhamedzhanov and R. E. Tribble, Phys. Rev. C **59**, 3418 (1999).
[14] A. M. Mukhamedzhanov, C. A. Gagliardi, and R. E. Tribble, Phys. Rev. C **63**, 024612 (2001).
[15] C. A. Gagliardi, A. Azhari, V. Burjan, F. Carstoiu, V. Kroha, A. M. Mukhamedzhanov, A. Sattarov, X. Tang, L. Trache, and R. E. Tribble, Eur. Phys. J. A **13**, 227 (2002).
[16] F. Carstoiu, L. Trache, C. A. Gagliardi, R. E. Tribble, and A. M. Mukhamedzhanov, Phys. Rev. C **63**, 054310 (2001).
[17] C. J. Lin, Z. H. Liu, H. Q. Zhang, Y. W. Wu, F. Yang, and M. Ruan, Chin. Phys. Lett. **18**, 1183 (2001); **18**, 1446 (2001).
[18] Z. H. Liu, C. J. Lin, H. Q. Zhang, Z. C. Li, J. S. Zhang, Y. W. Wu, F. Yang, M. Ruan, J. C. Liu, S. Y. Li, and Z. H. Peng, Phys. Rev. C **64**, 034312 (2001).
[19] N. Imai, N. Aoi, S. Kubono, D. Beaumel, K. Abe, S. Kato, T. Kubo, K. Kumagai, M. Kurokawa, X. Liu, A. Mengoni, S. Michimasa, H. Ohnuma, H. Sakurai, P. Strasser, T. Teranishi, and M. Ishihara, Nucl. Phys. **A688**, 281c (2001).
[20] J. M. Blatt and V. F. Weisskopf, *Theoretical Nuclear Physics* (Wiley, New York, 1952).
[21] M. Dufour and P. Descouvemont, Phys. Rev. C **56**, 1831 (1997).
[22] P. D. Kunz, computer code DUWCK4 (Colorado University, Colorado, 1982) http://spot.colorado.edu/~kunz/DWBA.html
[23] D. Wilmore and P. E. Hodgson, Nucl. Phys. **55**, 673 (1964); C. M. Perey and F. G. Perey, At. Data Nucl. Data Tables **13**, 293 (1974).
[24] C. J. Lin, H. Q. Zhang, Z. H. Liu, Y. W. Wu, F. Yang, and M. Ruan, Phys. Rev. C **66**, 067302 (2002), and reference therein.

# Scaling Laws and Occurrence Conditions of Nuclear Halo ①

LIU Zu-Hua(刘祖华), ZHANG Xi-Zhen(张锡珍), ZHANG Huan-Qiao(张焕乔)
*China Institute of Atomic Energy, Beijing 102413*

(Received 18 April 2003)

*Available data regarding the nuclear halo candidates are systematically analysed in terms of the asymptotic normalization coefficients measured experimentally. On the other hand, we have put forth conditions for nuclear halo formation, and compared with the experimental data. Based on the analytical expressions of the expectation value for the operator $r^2$ in a finite square well potential, we have presented the improved scaling laws for the dimensionless quantity $\langle r^2\rangle/R^2$ of nuclear halo, which seem to be in reasonable agreement with the experimental data.*

*PACS: 21. 10. Gv, 21. 10. Dr, 24. 10. −i, 27. 20. +n*

Since the pioneering work of Tanihata *et al.*,[1] nuclear halos have been extensively studied theoretically and experimentally. After decades of research, two-neutron halo nuclei $^6$He,[2] $^{11}$Li,[3] and one-neutron halo nuclei $^{11}$Be[4] are well established. However, for some other nuclear halo candidates, although investigated in considerable details, their halo characters are still controversial. This is, on one hand, due to the fact that halo is difficult to probe experimentally and the results extracted are sometimes model-dependent. On the other hand, the definition of nuclear halo is not quite precise and from a practical point of view, there is no definite criteria regarding halo occurrence.

In spite of no precise definition, it seems to be generally accepted that halos designate states where one or a few particles approximately decoupled from the remainder of many body system and have a large spatial extension as compared with the range of the binding potential, i.e., have more than 50% probability of being outside the binding potential in the non-classical region.[5,6] The fraction chosen as 50% is reasonable, although somewhat arbitrary. However, this condition can hardly be applied practically, because the probability distributions of the valence particle are not measured directly. Anyway, it is a good common basis for further discusses. In this Letter, we will set forth new conditions for nuclear halo occurrence, and hope to establish scaling laws which are in agreement with the experimental results.

Hamamoto and Zhang[7] have obtained the expressions for the expectation value of the operator $r^2$ for a finite square-well potential. The terms with $\xi_0^4$ in denominator in their expressions are of negligible magnitude as compared with the other terms for the case of $\chi^2 < 2$ we are interested in. After omitting them, we obtain the following scaling laws for the dimensionless quantity $\langle r^2\rangle/R^2$,

$$\frac{\langle r^2\rangle}{R^2}=\frac{1}{\chi+1}\Big(1-\frac{\chi^2}{\xi_0^2}\Big)\Big(1+\frac{1}{\chi}+\frac{1}{2\chi^2}\Big)+\chi\Big(\frac{1}{3}+\frac{1+2\chi}{2\xi_0^2}\Big),\qquad l=0, \tag{1}$$

$$\frac{\langle r^2\rangle}{R^2}=\frac{1}{\chi^2+3\chi+3}\Big[\Big(1-\frac{\chi^2}{\xi_0^2}\Big)\Big(\frac{(1+\chi)^2}{3}+\chi+3+\frac{5}{2\chi}\Big)+\frac{(1+\chi)^2}{2\xi_0^2}\Big]+\frac{(2+2\chi+\chi^2)}{3\xi_0^2},\qquad l=1, \tag{2}$$

where

$$\chi=R\sqrt{\frac{2\mu B_p}{\hbar^2}}, \tag{3}$$

$$\xi_0=R\sqrt{\frac{2\mu U_0}{\hbar^2}}. \tag{4}$$

In the above equations, $U_0$ and $R$ are the depth and range of the square-well potential, $\mu$ and $B_p$ are the reduced mass and the binding energy, respectively. Keeping the largest term of Eqs. (1) and (2) for $\chi\to 0$, we can arrive at the usual scaling laws.[8] It should be kept in mind that the above laws are of $n$ dependence through $\xi_0$. For example, the magnitudes of $\xi_0$ are, respectively, $(3/2)\pi$ and $\pi$ for $2s$ and $1p$ states as their binding energies approach zero. Here $n$ is the node number of the radial wavefunction.

The probability of a valence particle being outside the potential is

$$P_{\rm out}=\frac{1}{\chi+1}\Big(1-\frac{\chi^2}{\xi_0^2}\Big),\quad l=0, \tag{5}$$

$$P_{\rm out}=\frac{\chi+2}{\chi^2+3\chi+3}\Big(1-\frac{\chi^2}{\xi_0^2}\Big),\qquad l=1. \tag{6}$$

It is worth noting that the probability $P_{\rm out}$ not only depends on the angular momentum $l$, but also relies on the quantum number $n$. By setting $P_{\rm out}=0.5$, we obtain the solutions to Eqs. (5) and (6), $\chi^2=0.85$ and 0.3 for $l=0$ and $l=1$, respectively. Substituting these $\chi^2$ values into Eqs. (1) and (2), we obtain the following conditions for nuclear halo occurrence,

$$\frac{\langle r^2\rangle}{R^2}\geq 1.5,\quad \text{for } 2s \text{ state}, \tag{7}$$

① Chin.Phys.Lett.,2003,20(7):1017-1020.

$$\frac{\langle r^2\rangle}{R^2} \geq 1.9, \quad \text{for } 1p \text{ state.} \tag{8}$$

For $l = 2$, the probability $P_{\rm out}$ is less than 40%, hence halo is unlikely to occur for the particle in the d states. It should be mentioned that Riisager *et al.*[9] set these conditions as $\langle r^2\rangle/R^2 > 2$ without considering the $l$- and $n$ dependences. In terms of Eqs. (5) and (6), we can derive the binding energy conditions of halo formation:

$$B_p \leq \frac{9}{(A_c^{2/3}+3)(1+2l)} \text{ MeV}, \quad \text{for } 2s \text{ and } 1p \text{ states}, \tag{9}$$

where $A_c$ is the mass number of core nucleus. Jensen and Riisager[10] have suggested the similar conditions as $B_pA^{2/3} \leq 2\,\text{MeV}$. As will seen in the following, our conditions are more relaxed than those of Jensen and Riisager, especially for the halo in excited states.

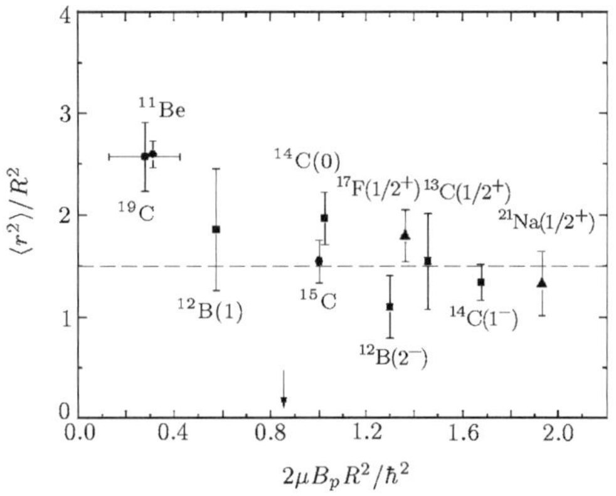


**Fig. 1.** Experimental $\langle r^2\rangle/R^2$ as a function of $2\mu B_pR^2/\hbar^2$ for the valence particle in the $2s$ ground state (circles) and excited states (squares and triangles). The dashed line represents the condition of Eq. (7).

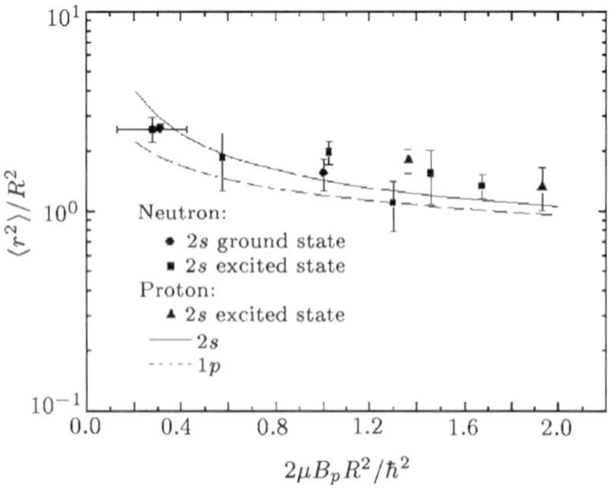


**Fig. 2.** Experimental data of $\langle r^2\rangle/R^2$ versus $2\mu B_pR^2/\hbar^2$ for the valence particle in the $2s$ state. The solid and dashed lines show the scaling laws of Eqs. (1) and (2).

Halo structures have been probed by means of the measurements of the interaction cross sections $\sigma_I$, reaction cross sections $\sigma_R$ and the momentum distributions of projectile residues with radioactive beams. On the other hand, direct reactions are traditionally one of the most powerful tools for studying nuclear structures. Recently, it is proved that they are also a reliable tool for probing nuclear halo, especially the halo in excited states.[11–13] According to the recent studies with transfer reactions, the rms radius of the probability distribution for valence particle in the orbit $nlj$ can be written as the contributions from the interior and asymptotic regions,[12,13]

$$\langle r^2\rangle^{1/2} = \Big[\int_0^R r^4\phi_{nlj}^2(r)\mathrm{d}r + (C_{ANlj}^B)^2 \cdot \int_R^\infty r^2W_{-\eta,l+1/2}^2(2kr)\mathrm{d}r\Big]^{1/2}, \tag{10}$$

where $\phi_{nlj}(r)$ and $W_{-\eta,l+1/2}(2kr)$ are the single-particle wavefunction and the Whittaker function, $k = \sqrt{2\mu B_p/\hbar^2}$ is the wavenumber, and $\eta$ is the Coulomb parameter for system $(A+N)$, in the neutron case, $\eta = 0$. $C_{ANlj}^B$ is the nuclear asymptotic normalization coefficients (ANC) for virtual process $B \leftrightarrow A+N$, which can be extracted from the measured angular distribution of transfer reactions. Here $A$, $B$ and $N$ represent nuclei $A$ and $B$ and the valence particle. It is verified[14,15] that the nuclear ANCs are independent of the model parameters, so is the second term of Eq. (10). Moreover, in the case of halo nuclei, this term, i.e., the asymptotic part gives more than 90% contribution to the value of the rms radius. Therefore, the rms radii calculated with Eq. (10) are also nearly parameter independent. The rms radii of the valence particle have been calculated in this way for the nuclei $^8$B,[14] $^{11}$Be,[15–18] $^{12}$B,[13] $^{13,14,15}$C,[13,15,19,20] $^{17}$F,[21] and $^{21}$Na.[22] They are listed in Table 1 along with other parameters. Based on the assumption of a core plus a valence neutron structure, recently, Ozawa *et al.*[15] applied a Glauber-model analysis for a few body system (GMFB), and deduced spectroscopic factor $S_{lj}$ for some selected nuclei from the measured $\sigma_I$. With these $S$-factors and their parameters of the binding potential, we can calculate the nuclear ANC by means of the relationship between the $S$-factor, the nuclear ANC and the single-particle ANC $b_{lj}$,[12]

$$C_{ANlj}^B = S_{lj}^{1/2}b_{lj}. \tag{11}$$

In terms of Eqs. (10) and (11), the rms radii for $^{11}$Be[15] and $^{15,19}$C[15,23] are evaluated, and the results are also listed in Table 1. In order to have a check for the above results, the rms radii of these three nuclei are also found by subtracting the core contribution from the mean-square matter radius:[11]

$$\langle r^2\rangle = \frac{A_t^2}{A_cA_h}\langle r^2\rangle_m - \frac{A_t}{A_h}\langle r^2\rangle_c, \tag{12}$$

Table 1. Deduced nuclear ANC, rms radii and $\langle r^2\rangle/R^2$ for the nuclear halo candidates.

| Nucleus | $J^\pi$ | $nlj$ | $B_p$ (keV) | $C^B_{ANlj}$ (fm$^{-1/2}$) | $\langle r^2\rangle^{1/2}$ (fm) | $\langle r^2\rangle^{1/2}_{av}$ (fm) | $\langle r^2\rangle_{av}/R^2$ | References |
|---|---|---|---|---|---|---|---|---|
| $^8$B | $2^+$ | $1p_{1/2,3/2}$ | 137 | $0.67\pm0.03$ | $4.2\pm0.22$ | $4.20\pm0.22$ | $1.1\pm0.13$ | [14] |
| $^{11}$Be | $1/2^+$ | $2s_{1/2}$ | 504 | $0.81\pm0.05$ | $6.68\pm0.43^a$ | – | – | [15] |
| | | | | – | $6.65\pm0.31^b$ | – | – | [15] |
| | | | | $0.76\pm0.03$ | $6.23\pm0.25$ | – | – | [16] |
| | | | | 0.78 | 6.40 | – | – | [16] |
| | | | | 0.81 | 6.68 | – | – | [17] |
| | | | | 0.78 | 6.44 | – | – | [18] |
| | | | | – | – | $6.46\pm0.16$ | $2.60\pm0.13$ | |
| $^{12}$B | $1^-$ | $2s_{1/2}$ | 749 | $0.94\pm0.08$ | $5.64\pm0.90$ | $5.64\pm0.90$ | $1.86\pm0.60$ | [13] |
| | $2^-$ | $2s_{1/2}$ | 1696 | $1.34\pm0.12$ | $4.01\pm0.61$ | $4.01\pm0.61$ | $1.10\pm0.31$ | [13] |
| $^{13}$C | $1/2^-$ | $2s_{1/2}$ | 1857 | $1.84\pm0.16$ | $5.04\pm0.75$ | $5.04\pm0.75$ | $1.55\pm0.47$ | [13] |
| $^{14}$C | $0^-$ | $2s_{1/2}$ | 1274 | $1.54\pm0.09$ | $5.78\pm0.36$ | $5.78\pm0.36$ | $1.97\pm0.26$ | [19] |
| | $1^-$ | $2s_{1/2}$ | 2083 | $1.84\pm0.11$ | $4.57\pm0.30$ | $4.67\pm0.30$ | $1.34\pm0.18$ | [19] |
| $^{15}$C | $1/2^+$ | $2s_{1/2}$ | 1218 | $1.05\pm0.22$ | $3.65\pm0.82^a$ | – | – | [15] |
| | | | | – | $4.59\pm1.02^b$ | – | – | [15] |
| | | | | 1.40 | 5.40 | – | – | [20] |
| | | | | $1.49\pm0.15$ | $5.86\pm0.60$ | – | – | [19] |
| | | | | – | – | $5.15\pm0.34$ | $1.55\pm0.21$ | |
| $^{17}$F | $1/2^+$ | $2s_{1/2}$ | 105 | $67\pm7$ | $5.60\pm0.38$ | $5.60\pm0.38$ | $1.80\pm0.25$ | [21] |
| $^{19}$C | – | $2s_{1/2}$ | 240 | $0.57\pm0.19$ | $7.87\pm1.49^a$ | – | – | [15] |
| | | | | – | $7.63\pm2.46^b$ | – | – | [15] |
| | | | | $0.55\pm0.07$ | $7.07\pm0.50$ | – | – | [23] |
| | | | | – | – | $7.17\pm0.47$ | $2.58\pm0.34$ | |
| $^{21}$Na | $1/2^+$ | $2s_{1/2}$ | 6.4 | – | $5.2\pm0.6$ | $5.2\pm0.6$ | $1.33\pm0.32$ | [22] |

$^a$ GMFB method; $^b$ calculated with Eq. (12).

where $A_t$, $A_c$ and $A_h$ are the mass numbers of the total system and the two partners respectively. These rms radii are compared with the other data in Table 1. Except for $^{15}$C, the rms radii obtained with these three methods are in agreement within the experimental errors.

Figure 1 displays $\langle r^2\rangle/R^2$ as a function of $2\mu B_p R^2/\hbar^2$. Here $R$ can be derived from the measured mean-square core radius by $R^2 = \frac{5}{3}(\langle r^2\rangle_c + 4fm^2)$.[9] In the case of the proton halo candidates, an effective binding energy

$$B_{\text{eff}} = B_p + \langle n,l|V_c|n,l\rangle, \tag{13}$$

is used. Here $V_c$ is the Coulomb potential for valence proton. In order to have a better confidence, we adopt the weighted average value of $\langle r^2\rangle$ instead of the individual experimental results. For the data without error, we assigned them with 10% of uncertainty for evaluating the weighted average. The dashed line in the figure represents the condition of halo occurrence for the $2s$ states. It should be mentioned that Eq. (7) holds for $\chi^2 < 0.85$ as shown by the arrow in Fig. 1. Figure 2 shows the experimental data of $\langle r^2\rangle/R^2$ versus $2\mu B_p R^2/\hbar^2$ for the valence particles in the $2s$ state. The solid and dashed lines in the figure are, respectively, the scaling laws of Eqs. (1) and (2). It may be seen that our scaling law is in reasonable agreement with the experimental data, hence to a certain extent, may represent the essential features of halo states. Several authors[8,9,26,27] have put forward the scaling laws. Being of their $l$- and/or $n$-independent, we do not present them in Fig. 2.

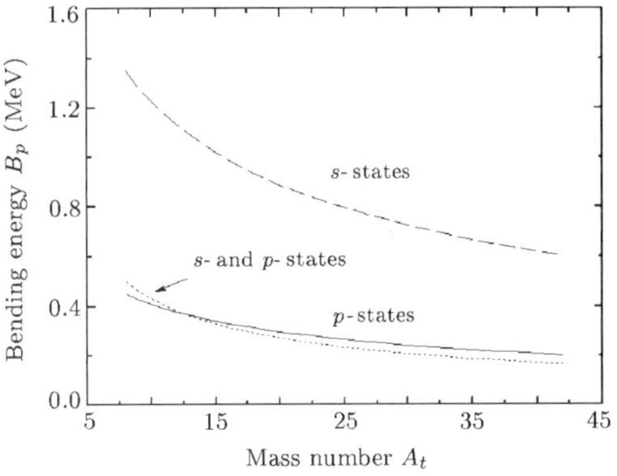


**Fig. 3.** Upper limits of the valence particle binding energy for halo occurrence as a function of mass number $A_t$. Here $A_t$ equals $(A_c+1)$. The solid and dashed lines are the calculated results from Eq. (9) for the valence neutron in the $2s$- and $1p$-states, respectively. The dotted line represents the condition of Jensen and Riisager.[10]

In Fig. 3, the up limits of binding energies for halo occurrence calculated with Eq. (9) are compared with those of Jensen and Riisager.[10] It may be seen that the two conditions are basically the same for the $p$-state, but the binding energy of ours for the s-state are three times larger than theirs. However, although our conditions for halo occurrence are much relaxed than those of Riisager and co-workers,[9,10] they are still too restrict as compared with the experimental observations as seen from Fig. 1. This may attribute to the fact that the finite square well potential does not have diffuseness. The diffuseness of the nuclear potential should manifest the important roles on the radial distribution of valence particle.

In summary, the available data regarding the nuclear halo candidates are systematically analysed in terms of the asymptotic normalization coefficients measured experimentally. On the other hand, we have put forth conditions for nuclear halo formation. Based on the analytical expressions of the expectation value for the operator $r^2$ in a finite square well potential, we have presented the improved scaling laws for the dimensionless quantity $\langle r^2\rangle/R^2$ of nuclear halo, which seem to be in reasonable agreement with the experimental data.

## References

[1] Tanihata I et al 1985 *Phys. Rev. Lett.* **55** 2676
[2] Alkhazov G D et al 1997 *Phys. Rev. Lett.* **78** 2313
[3] Tanihata I et al 1992 *Phys. Lett.* B **287** 307
[4] Bazin D et al 1995 *Phys. Rev. Lett.* **74** 3569
[5] Riisager K 1994 *Rev. Mod. Phys.* **66** 1105
[6] Hansen P G, Jensen A S and Jonson B 1995 *Ann. Rev. Nucl. Part. Sci.* **45** 591
[7] Hamamoto I and Zhang X Z 1998 *Phys. Rev.* C **58** 3388
[8] Fedorov D V, Jensen A S and Riisager K 1993 *Phys. Lett.* B **312** 1
[9] Riisager K, Fedorov D V and Jensen A S 2000 *Europhys. Lett.* **49** 547
[10] Jensen A S and Riisager K 2000 *Phys. Lett.* B **480** 39
[11] Xu H M et al 1994 *Phys. Rev. Lett.* **73** 2027
[12] Mukhamedzhanov A M, Gagliardi C A, Tribble R E 2001 *Phys. Rev.* C **63** 024612
[13] Liu Z H et al 2001 *Phys. Rev.* C **64** 034312
[14] Carstoiu F et al 2001 *Phys. Rev.* C **63** 054310
[15] Ozawa A et al 2001 *Nucl. Phys.* A **691** 599
[16] Ajzenberg-Selove F 1990 *Nucl. Phys.* A **506** 1
[17] Fortier S et al 1999 *Phys. Lett.* B **461** 22
[18] Aumann T et al 2000 *Phys. Rev. Lett.* **84** 35
[19] Liu Z H 2002 *Chin. Phys. Lett.* **19** 1071
[20] Ajzenberg-Selove F 1991 *Nucl. Phys.* A **523** 1
[21] Lewis R and Hayes A C 1991 *Phys. Rev.* C **59** 1211
[22] Zhou S H and Zhou J 2002 *Chin. Phys. Lett.* **19** 1065
[23] Banerjee P and Shyam R 2000 *Phys. Rev.* C **61** 047301
[24] Navin A et al 1998 *Phys. Rev. Lett.* **81** 5089
[25] Zhang H Y et al 2002 *Nucl. Phys.* A **707** 303
[26] Hansen P G and Jonson B 1987 *Europhys. Lett.* **4** 409
[27] Jensen A S, Garrido E, Riisage K and Fedorov D V 2001 *RIKEN Rev.* **39** 3

# 二体和三体晕核①

刘祖华　张焕乔

(中国原子能科学研究院，北京 102413)

**摘要**　利用渐近归一化常数(ANC)方法计算了一系列核的价核子密度分布的均方根半径 $\langle r^2\rangle^{1/2}$. 由于用 ANC 方法抽取的 $\langle r^2\rangle^{1/2}$ 值近似与模型参数无关，因此是考察晕核的有效物理量. 此外，还利用价核子、核芯核和核物质密度分布均方根半径的关系，计算了一些三体系统双中子密度分布的均方根半径. 在两种标准下，对晕核的候选者作了详细评估. 结果表明，处于 2s 态(基态或激发态)的 $^{11}$Be(1/2$^+$, g.s), $^{12}$B(1$^-$, 2.621 MeV), $^{13}$C(1/2$^+$, 3.089 MeV), $^{14}$C(0$^-$, 6.903 MeV), $^{14}$C(1$^-$, 6.094 MeV), $^{15}$C(1/2$^+$, g.s), $^{19}$C(1/2$^+$, g.s)是中子晕核，$^{17}$F(1/2$^+$, 0.495 MeV), $^{21}$Na(1/2$^+$, 2.423 MeV)是质子晕核. 对于三体系统，除公认的 $^6$He, $^{11}$Li 外，$^{14}$Be, $^{17}$B 也可能是双中子晕核.

**关键词**　核 ANC　均方根半径　晕核

原子核内中子，质子的密度分布是决定核势,单粒子轨道等核性质的重要物理量. 核子密度分布的实验和理论研究提供了重要而基础的核结构知识. 其中最引人注目的是 1985 年 Tanihata 等人[1]在美国伯克利国家实验室(LBNL)发现双中子晕核 $^{11}$Li, 即以 $^9$Li 为核芯，二价中子的密度分布非常弥散，其轨道半径可与 $^{208}$Pb 的大小相比拟.

由于价中子或价质子的轨道伸展到远离核势，使中子、质子的俘获截面显著增大. $^{17}$F 的第一激发态为质子晕态，$^{16}$O(p, γ)$^{17}$F 截面明显增大[2]是一个典型例子. 另一方面，价核子密度分布的弥散，使能级秩序发生翻转，因而出现新的幻数[3]　在滴线附近核区寻找新的幻数是当今特别有兴趣的研究课题. 总之，晕核研究在天体核合成以及核物理本身都具有非常重要的意义.

鉴于其重要性，世界上各大实验室都参与了晕核的实验和理论研究. 虽然做了近 20 年的广泛探索，但直至目前，真正被确认的只有双中子晕核 $^6$He[4], $^{11}$Li[5]和单中子晕核 $^{11}$Be[6]. 对其他一些核是否是晕核尚有争议. 造成这一局面的原因在于，一方面实验上晕核探索难度大，实验结论有时与模型相关；另一方面晕核的定义和标准，尤其是可实际应用的标准不十分明确.

鉴于上述情况，首先应寻找与模型无关或几乎无关的实验观察量，然后在某种标准下对有争议的实验结果进行考察. 本文利用核渐近归一化常数(ANC)方法[7,8]，抽取价核子密度分布的均方根半径 $\langle r^2\rangle^{1/2}$, 用两种可操作的标准对晕核的候选者作详细评估，并作相关讨论.

## 1　利用核 ANC 方法提取均方根半径

核 B 由核芯 A 和价核子 N 构成. 在单粒子处理中，B→A+N 的核径向重叠积分 $I^{\mathrm{B}}_{\mathrm{AN}lj}(r)$ 可近似为单粒子重叠积分 $I^{\mathrm{B}(SP)}_{\mathrm{AN}lj}(r)$ [7].

① 中国科学 (G辑),2003,33(3):206-211.

$$I_{\mathrm{AN}lj}^{\mathrm{B}}(r) \approx I_{\mathrm{AN}lj}^{\mathrm{B}(SP)}(r) = \left[S_{lj}^{(SP)}\right]^{1/2} \Phi_{nlj}(r), \tag{1}$$

其中 $n$, $l$, $j$ 分别为单粒子径向波函数的结点数，轨道角动量和总角动量量子数，$S_{lj}^{(SP)}$ 和 $\Phi_{nlj}$ 为单粒子谱因子和径向波函数. 在核外，$I_{\mathrm{AN}lj}^{\mathrm{B}}$, $\Phi_{nlj}$ 可分别为[7]

$$I_{\mathrm{AN}lj}^{\mathrm{B}}(r) = C_{\mathrm{AN}lj}^{\mathrm{B}} \frac{W_{-\eta,l+1/2}(2kr)}{r}, \quad r > R_{\mathrm{N}} \tag{2}$$

和

$$\Phi_{nlj}(r) = b_{lj} \frac{W_{-\eta,l+1/2}(2kr)}{r}, \quad r > R_{\mathrm{N}}, \tag{3}$$

其中 $\eta$ 为 Coulomb 参数, $k = \sqrt{2\mu_{\mathrm{AN}} S_{\mathrm{N}}} / \hbar$ 为波矢, $S_{\mathrm{N}}$ 是核子分离能, $\mu_{\mathrm{AN}}$ 是 A+N 系统的约化质量, $W$ 是 Whittaker 函数，而 $C_{\mathrm{AN}lj}^{\mathrm{B}}$, $b_{lj}$ 分别为核 ANC 和单粒子 ANC. 它们有关系[7]:

$$C_{\mathrm{AN}lj}^{\mathrm{B}} = \left[S_{lj}^{(SP)}\right]^{1/2} b_{jl}. \tag{4}$$

近年来已经发展了一套方法，即所谓 ANC 方法，可从转移反应角分布提取核 ANC，且已证明提取的 $C_{\mathrm{AN}lj}^{\mathrm{B}}$ 值与近似模型参数无关[7,8].

均方根半径 $\langle r^2 \rangle^{1/2}$ 是描写核大小的一个直观物理量. 处于$(n, l, j)$轨道的价核子密度分布的均方根半径可近似用径向重叠积分定义[7],

$$\left\langle r^2 \right\rangle^{1/2} = \left[ \int_0^\infty r^4 (I_{\mathrm{AN}lj}^{\mathrm{B}}(r))^2 \mathrm{d}r \right]^{1/2}, \tag{5}$$

它可以分成核内和渐近区域两部分[8],

$$\left\langle r^2 \right\rangle^{1/2} = \left[ 0\int_0^{R_{\mathrm{N}}} r^4 \Phi_{nlj}^2(r) \mathrm{d}r + (C_{\mathrm{AN}lj}^{\mathrm{B}})^2 \int_{R_{\mathrm{N}}}^\infty r^2 W_{-\eta,l+1/2}^2(2kr) \mathrm{d}r \right]^{1/2}, \tag{6}$$

上式的第 1 项与模型有关. 我们取单粒子势参数 $r_0$, $a_0$ 使 $S_{lj}^{(SP)}=1$，用单粒子波函数 $\Phi$ 代替径向重叠积分. 第 2 项与模型无关，且对于晕态，它对均方根半径值的贡献大于 90%[8]. 因此第 1 项计算中参数不确定性引入的误差很小. 所以 $\langle r^2 \rangle^{1/2}$ 近乎与模型无关，是理想的实验观察量.

## 2 两体晕核

一价核子与核芯核构成两体系统. 在实验中晕核的探索可分两大类. 第 1 类是用放射性核束轰击稳定靶核，如 $^{12}$C, $^{208}$Pb 等，测量相互作用截面($\sigma_{\mathrm{I}}$)，总反应截面($\sigma_{\mathrm{R}}$)和弹核碎裂产物动量分布. 早先采用与邻近核以及与 Glauber 模型计算结果的比较来观察是否可能有晕结构. 近年来发展了一套可应用于少体的 Glauber 模型(GMFB)，可从上述观察量中抽取单粒子谱因子 $S_{lj}^{(SP)}$. 第 2 类是传统方法，测量转移反应角分布，利用扭曲波 Born 近似(DWBA)抽取 $C_{\mathrm{AN}lj}^{\mathrm{B}}$. 近年来的实验表明，这类方法在探索晕核，尤其是激发态晕核方面非常有效.

我们利用转移反应实验角分布和放射性核束实验结果，抽取核 ANC. 对于已给出单粒子谱因子和单粒子势参数 $r_0$, $a_0$ 的原子核，我们首先计算单粒子波函数，抽取单粒子 ANC，然后利用关系式(4)得到 $C_{\mathrm{AN}lj}^{\mathrm{B}}$ 值. 最后由得到的核 ANC，用(6)式计算价核子密度分布的均方根半径. 我们的计算结果表明，由两类实验抽取的 $\langle r^2 \rangle^{1/2}$ 值，在误差范围内一致. 为了增加可信度，对于同一核态的不同实验抽取的 $\langle r^2 \rangle^{1/2}$ 值，作了权重平均. 所得结果列于表 1. 表中的 $r_{\mathrm{c}}$ 是核芯核半径，$R_{sq}=\sqrt{\frac{5}{3}(r_c^2+4\mathrm{fm}^2)}$ [9] 是方势阱半径.

表 1 两体晕核候选者的价核子密度分布的均方根半径 $\langle r^2\rangle^{1/2}$ 以及 $\langle r^2\rangle^{1/2}/r_c$, $\langle r^2\rangle/R_{sq}^2$ 值

| 核 | $J^\pi$ | $S_N$/keV | $r_c$/fm | $\langle r^2\rangle^{1/2}$/fm | $\langle r^2\rangle^{1/2}/r_c$ | $\langle r^2\rangle/R_{sq}^2$ | 参考文献 |
|---|---|---|---|---|---|---|---|
| $^8$B | $2^+$ | 568 | 2.31[a)] | 4.20 ± 0.22 | 1.82 ± 0.21 | 1.13 ± 0.13 | [10] |
| $^{11}$Be | $1/2^+$ | 504 | 2.37[b)] | 6.46 ± 0.16 | 2.49 ± 0.26 | 2.60 ± 0.13 | [11~14] |
| $^{12}$B | $1^-$ | 749 | 2.50[b)] | 5.64 ± 0.90 | 2.26 ± 0.42 | 1.86 ± 0.60 | [8] |
| | $2^-$ | 1696 | | 4.01 ± 0.61 | 1.60 ± 0.29 | 1.10 ± 0.31 | [8] |
| $^{13}$C | $1/2^+$ | 1857 | 2.42[b)] | 5.04 ± 0.75 | 2.08 ± 0.37 | 1.55 ± 0.47 | [8] |
| $^{14}$C | $0^-$ | 1274 | 2.48[b)] | 5.78 ± 0.36 | 2.33 ± 0.27 | 1.97 ± 0.26 | [15] |
| | $1^-$ | 2083 | | 4.57 ± 0.30 | 1.84 ± 0.22 | 1.34 ± 0.18 | [15] |
| $^{15}$C | $1/2^+$ | 1218 | 2.51[b)] | 5.15 ± 0.34 | 2.05 ± 0.24 | 1.55 ± 0.21 | [15] |
| $^{17}$F | $1/2^+$ | 105 | 2.54[b)] | 5.60 ± 0.38 | 2.20 ± 0.27 | 1.80 ± 0.25 | [16] |
| $^{19}$C | – | 240 | 2.82[a)] | 7.17 ± 0.47 | 2.54 ± 0.30 | 2.58 ± 0.34 | [11,17] |
| $^{21}$Na | $1/2^+$ | 6.4 | 2.87[a)] | 5.2 ± 0.6 | 1.8 ± 0.3 | 1.3 ± 0.3 | [18] |

a) 取自文献[19]; b) 取自文献[20]

最近，刘祖华等人 1)从价核子处于核外($r>R_{sq}$)的几率大于 50%出发，得到晕核出现的条件:

$$\langle r^2\rangle/R_{sq}^2\geqslant 1.5\ (\text{对 2s 态}), \tag{7}$$

$$\langle r^2\rangle/R_{sq}^2\geqslant 1.9\ (\text{对 1p 态}). \tag{8}$$

图 1 显示 $\langle r^2\rangle/R_{sq}^2$ 随 $2\mu_{AN}S_N R_{sq}^2/\hbar^2$ 的变化. 其中水平虚线给出 $\langle r^2\rangle/R_{sq}^2=1.5$ 的判据. 由图

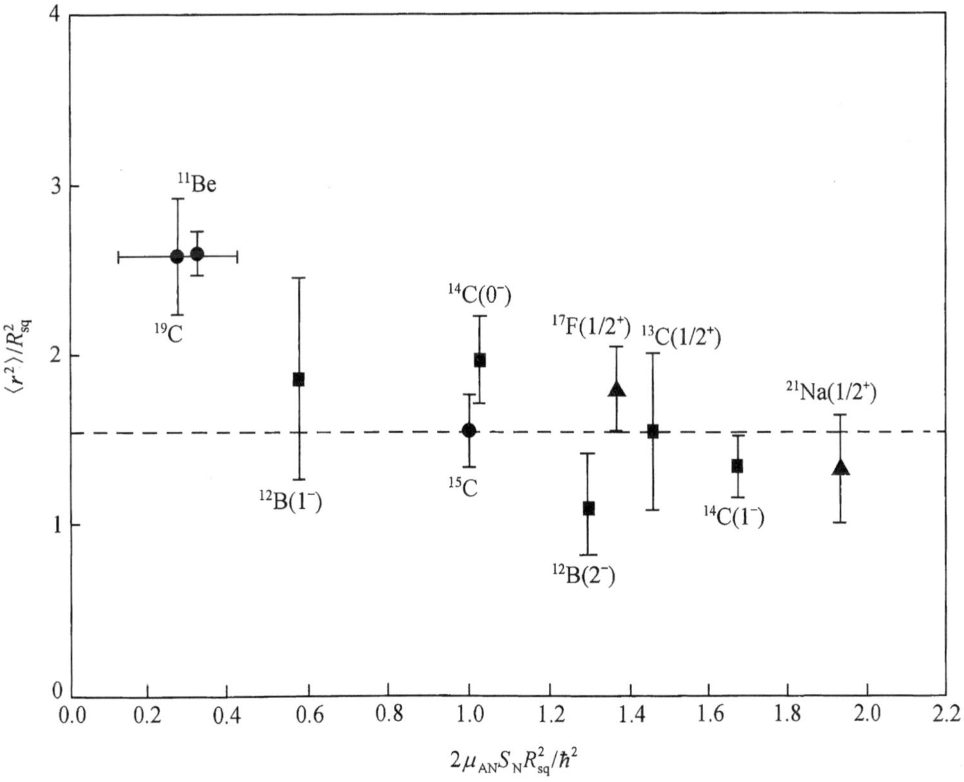


图 1 处于 2s 态轨道的价核子密度分布的均方根半径与方势阱半径平方之比 $\langle r^2\rangle/R_{sq}^2$ 随 $2\mu_{AN}S_N R_{sq}^2/\hbar^2$ 的变化

1) Liu Z H, Zhang X Z, Zhang H Q. Nuclear halo and its scaling laws. Submit to Phys Rev C

可见, $^{11}Be(1/2^+$, g.s), $^{19}C(1/2^+$, g.s)以及处于 2s 激发态的 $^{12}B(1^-$, 2.621 MeV), $^{13}C(1/2^+$, 3.089 MeV), $^{14}C(0^-$, 6.903 MeV), $^{14}C(1^-$, 6.094 MeV)是中子晕核, 而 $^{12}B(2^-$, 1.674 MeV)可能不是中子晕态. 虽则不同实验结果有争议[11], 但从我们综合评估来看, $^{15}C(1/2^+$, g.s)很可能也是中子晕核. 对于价质子, 在作图 1 时, 我们采用有效分离能,

$$(S_N)_{\rm eff} = S_N + \langle n,\ l\,|\,V_C\,|\,n,\ l\rangle, \tag{9}$$

其中 $V_C$ 是价核子感受到的 Coulomb 势. 根据以上判据, 处于 2s 激发态的 $^{17}F(1/2^+$, 0.495 MeV) 和 $^{21}Na(1/2^+$, 2.423 MeV)可能是质子晕核. $^8B$ 的最后一个质子处于 1p 态, 因此可能不是晕核, 而是皮核. 此外, 最近几年的实验[21, 22]表明, $^{26, 27}P$ 也可能是质子晕核.

## 3 三体晕核

已确认的和可能的三体晕核有 $^6He$[4,19], $^{11}Li$[5, 19], $^{14}Be$[19, 23], $^{17}B$[19, 23]. 这些核都有两个中子在核芯外. 除探索是否是晕核外, 两个中子的关联也是目前研究的热点. 实验上主要测量这些核与 $^{12}C$, $^{28}Si$, $^{208}Pb$ 等的相互作用截面和破裂后核芯核的动量分布等. 从相互作用截面 $\sigma_I$, 用 Glauber 模型可抽取物质密度分布的均方根半径 $\sqrt{\langle r^2\rangle_m}$. 由此利用下式, 可求得价核子的均方根半径 $\sqrt{\langle r^2\rangle}$[24],

$$\langle r^2\rangle = \frac{A_t^2}{A_c A_h}\langle r^2\rangle_m - \frac{A_t}{A_h} r_c^2, \tag{10}$$

其中 $A_t$, $A_c$ 和 $A_h$ 分别是系统的质量数以及核芯核和价粒子的质量数. 利用关系式(10), 我们计算了 $^6He$, $^8B$, $^{11}Li$, $^{14}Be$, $^{17}B$, $^{15}C$, $^{19}C$ 的价核子或核子对的密度分布的均方根半径. 其中 $^6He$, $^{15}C$, $^{19}C$ 的结果与 ANC 方法或 GMFB 模型得到的均方根半径值在误差范围内一致. 三体系统的均方根半径值列于表 2. 对于三体系统, 表 2 给出的 $\langle r^2\rangle^{1/2}$ 是价核子对与核芯的距离的均方根半径. 两价核子之间距离的均方根半径 $\langle r^2\rangle^{1/2}_{nn}$ 要比 $\langle r^2\rangle^{1/2}$ 大得多. 例如 $^{11}Li$, 两家实验观察到的 $\langle r^2\rangle^{1/2}_{nn}$ 分别为 6.6 ± 1.5fm[25]和 7.0fm[26]. 其值与 $^{208}Pb$ 的大小相当.

表 2 三体晕核候选者的价核子密度分布均方根半径 $\langle r^2\rangle^{1/2}$ 以及 $\langle r^2\rangle^{1/2}_{av}/r_c$

| 核 | $S_{2n}$/keV | $S_{2n}A^{2/3}$/MeV | $r_c$/fm | $\langle r^2\rangle^{1/2}$/fm | $\langle r^2\rangle^{1/2}_{av}$ /fm | $\langle r^2\rangle^{1/2}_{av}/r_c$ | 参考文献 |
|---|---|---|---|---|---|---|---|
| $^6He$ | 974 | 3.216 | 1.58[a)] | 4.50 ± 0.29 | | | [19] |
| | | | | 3.78 ± 0.20 | | | [4] |
| | | | | – | 4.08 ± 0.15 | 2.58 ± 0.22 | |
| $^{11}Li$ | 300 | 1.484 | 2.57[a)] | 4.8 ± 0.8 | | | [5] |
| | | | | 5.99 ± 0.18 | | | [19] |
| | | | | 4.07 ± 0.5 | | | [19] |
| | | | | – | 5.85 ± 0.16 | 2.28 ± 0.12 | |
| $^{14}Be$ | 1340 | 7.784 | 2.91[a)] | 5.88 ± 0.53 | | | [20] |
| | | | | 5.3 ± 0.6 | | | [23] |
| | | | | – | 5.63 ± 0.58 | 1.93 ± 0.20 | |
| $^{17}B$ | 1400 | 9.256 | 2.80[a)] | 5.39 ± 0.17 | | | [19] |
| | | | | 5.1 ± 0.4 | | | [23] |
| | | | | – | 5.35 ± 0.16 | 1.91 ± 0.15 | |

a) 取自文献[19]

Riisager[6]建议

$$\langle r^2\rangle^{1/2}/r_c \geqslant 2, \tag{11}$$

作为晕核的判据. 我们将所有表 1 和表 2 给出的核的 $\langle r^2\rangle^{1/2}/r_c$ 值按 $S_N A_t^{2/3}$ 或 $S_{2n} A_t^{2/3}$ 画于图 2. 由图 2 可见, 除了由条件(7)判断的单中子、单质子晕核外, $^8$B 可能是质子晕核, $^6$He, $^{11}$Li, $^{14}$Be, $^{17}$B 为双中子晕核.

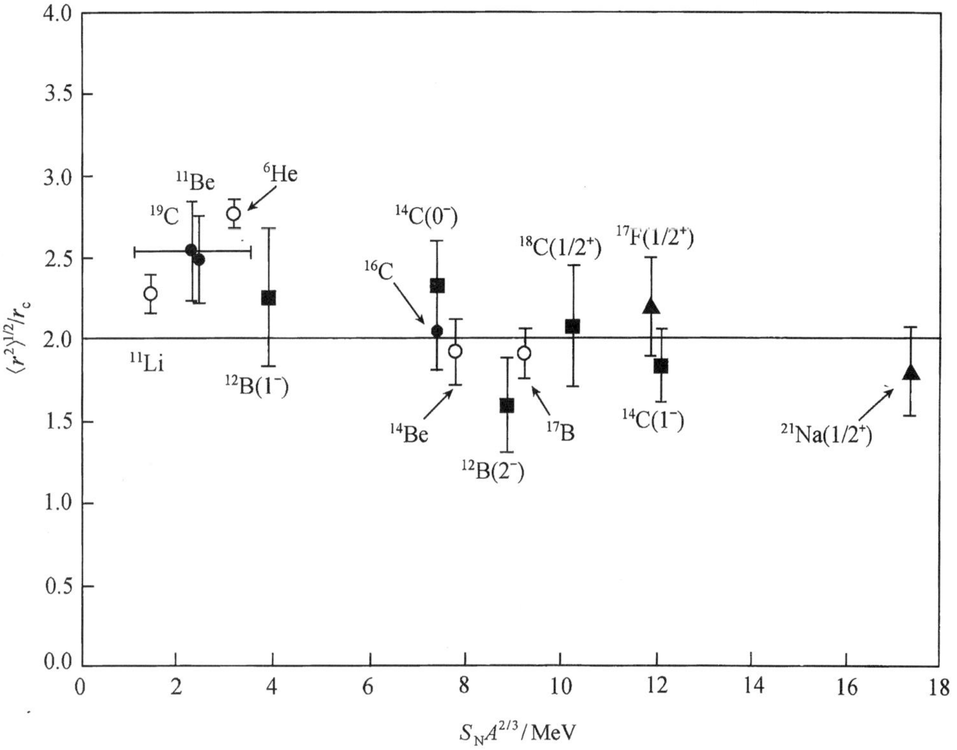


图 2　作为 $S_N A_t^{2/3}$ 或 $S_{2n} A_t^{2/3}$ 函数的价核子或核子对的密度分布均方根半径与核芯核半径之比 $\langle r^2\rangle^{1/2}/r_c$

# 4　讨论和结论

我们系统地分析了放射性核束实验和转移反应的实验数据, 并利用 ANC 方法, 抽取了一系列核的价核子密度分布均方根半径 $\langle r^2\rangle^{1/2}$. 由于用 ANC 方法得到的 $\langle r^2\rangle^{1/2}$ 基本上与模型参数无关, 因此是考察晕核的可靠观察量. 我们的结果表明, 在条件(7)下, 处于 2s 态(基态或激发态)的 $^{11}$Be(1/2$^+$, g.s), $^{12}$B(1$^-$, 2.621 MeV), $^{13}$C(1/2$^+$, 3.089 MeV), $^{14}$C(0$^-$, 6.903 MeV), $^{14}$C(1$^-$, 6.094 MeV), $^{15}$C(1/2$^+$, g.s), $^{19}$C(1/2$^+$, g.s)是中子晕核, $^{17}$F(1/2$^+$, 0.495 MeV), $^{21}$Na(1/2$^+$, 2.423 MeV)是质子晕核.

我们还利用关系式(10)计算了 $^6$He, $^{11}$Li, $^{14}$Be, $^{17}$B 2 价中子密度分布的均方根半径. 如以 $\langle r^2\rangle^{1/2}/r_c \geqslant 2$ 条件作判断, 除公认的双中子晕核 $^6$He, $^{11}$Li 外, $^{14}$Be 和 $^{17}$B 也可能为双中子晕核. 由上述的结果看, 条件(11)比条件(7), (8)宽松. 例如由条件(7)和(8)判断 $^8$B 不具备晕结构, 但由条件(11)判断可能是晕核. 价核子分布的晕结构应当与它所处轨道的量子数 $n$, $l$ 有关. 条件(7), (8)含有这种关系, 而条件(11)似乎与 $n$, $l$ 无关. 因此我们认为作为晕核的标准, 条件(7), (8)或许更合理.

# 参 考 文 献


1 Tanihata I, Hamagaki H, Hashimoto O, et al. Measurements of interaction cross sections and nuclear radii in the light p-shell region. Phys Rev Lett, 1985, 55: 2676 ~ 2679

2 Morlock R, Kunz R, Mayer A, et al. Halo properties of the first $1/2^+$ state in $^{17}F$ from the $^{16}O(p, \gamma)^{17}F$ reaction. Phys Rev Lett, 1997, 79: 3837 ~ 3840

3 Ozawa A, Kobayashi T, Suzuki T, et al. New magic number, $N = 16$, near the neutron drip line. Phys Rev Lett, 2000, 84: 5493 ~ 5495

4 Alkhazor A D, Andronenko M N, Dobrovolsky A V, et al. Nuclear matter distributions in $^6He$ and $^8He$ from small angle p-He scattering in inverse kinematics at intermediate energy. Phys Rev Lett,1997, 78: 2313~2326

5 Tanihata I, Kobayashi T, Suzuki T, et al. Determination of the density distribution and the correlation of halo neutrons in $^{11}Li$. Phys Lett B, 1992, 287: 307 ~ 311

6 Riisager K. Nuclear halo states. Rev Mod Phys, 1994, 66: 1105~1116

7 Mukhamedzhanov A M, Gagliardi C A, Tribble R E. Asymptotic normalization coefficients, spectroscopic factors and direct radioactive capture rates. Phys Rev C,2001, 63: 024612-1~6

8 Liu Z H, Lin C J, Zhang H Q, et al. Asymptotic normalization coefficients and neutron halo of the excited states in $^{12}B$ and $^{13}C$. Phys Rev C, 2001, 64: 03412-1~5

9 Fedorov D V, Jensen A S, Riisager K. General properties of halos. Phys Lett B, 1993, 312: 1~5

10 Carstiou F, Trache L, Gagliardi C A, et al. Radius of $^8B$ from the asymptotic normalization coefficient. Phys Rev C, 2001 63:054310-1 ~ 6

11 Ozawa A, Bochkarev O, Chulkov L, et al. Measurements of interaction cross sections for light neutron-rich nuclei at relativistic energies and determination of effective matter radii. Nucl Phys A, 2001, 691:599 ~ 617

12 Ajzenberg-Selove F. Energy levels of light nuclei $A$ = 11-12. Nucl Phys A, 1990, 506: 1 ~ 158

13 Fortier S, Pita S, Winfield J S, et al. Core excitation in $^{11}Be_{gs}$ via the $p(^{11}Be,^{10}Be)d$ reaction. Phys Lett B, 1999, 461: 22~27

14 Aumann T, Navin A, Balamuth D P, et al. One-neutron knockout from individual single-particle states of $^{11}Be$. Phys Rev Lett, 2000, 84: 35 ~ 38

15 Liu Z H. Halo nature of $^{14,15}C$. Chin Phys Lett, 2002, 19: 1071~1073

16 Lewis R, Hayes A C. Deutron stripping as a probe of the proton halo in $^{17}F$. Phys Rev C, 1999 59: 1211 ~ 1214

17 Banerjee P, Shyam R. Structure of $^{19}C$ from Coulomb dissociation studies. Phys Rev C, 2000, 61: 047301-1~5

18 Zhou S H, Zhou J. Halo structure of isobaric analogue states in $A$ = 21 and 17 mirror nuclei. Chin Phys Lett, 2002, 19: 1065 ~1067

19 Sherr R. Simple model of neutron "halo nuclei". Phys Rev C, 1996, 54: 1177 ~ 1181

20 Ozawa A, Suzuki T, Tanihata I. Nuclear size and related topics. Nucl Phys A, 2001, 693: 32 ~ 62

21 Navin A, Bazin D, Brown B A, et al. Spectroscopy of radioactive beams from single-neutron knockout reactions: application to sd shell nuclei $^{25}Al$ and $^{26,27,28}P$. Phys Rev Lett, 1998, 81: 5089 ~ 5092

22 Zhang H Y, Shen W Q, Ren Z Z, et al. Measurement of reaction cross sections for proton-rich nuclei ($A$<30) at intermediate energies. Nucl Phys A, 2002, 707: 303 ~ 324

23 Suzuki T, Kanungo R, Bochkarev O, et al. Nuclear radii of $^{17,19}C$ and $^{14}Be$. Nucl Phys A, 1999, 658: 313 ~ 326

24 Riisager K, Fedorov D V, Jensen A S. Quantum halos. Europhys Lett, 2000, 49: 547 ~ 553

25 Marques F M, Labiche M, Orr N A, et al. Two-neutron interferometry as a probe of the nuclear halo. Phys Lett B, 2000, 476: 219 ~ 225

26 Shimoura S, Nakamura T, Ishihara M, et al. Coulomb dissociation reaction and correlations of two halo neutron in $^{11}Li$. Phys Lett B, 1995, 348: 29 ~ 34

# Nuclear halo and its scaling laws①

Z. H. Liu, X. Z. Zhang, and H. Q. Zhang
*China Institute of Atomic Energy, Beijing 102413, China*
(Received 15 April 2003; published 14 August 2003)

We propose a procedure to extract the probability for a valence particle being out of the binding potential from the measured nuclear asymptotic normalization coefficients. With this procedure, available data regarding the nuclear halo candidates are systematically analyzed and a number of halo nuclei are confirmed. Based on these results: we obtain a very relaxed condition for nuclear halo occurrence. Furthermore, we present the scaling laws for the dimensionless quantity $\langle r^2\rangle/R^2$ of the nuclear halo in terms of the analytical expressions of the expectation value for the operator $r^2$ in a finite square-well potential.

DOI: 10.1103/PhysRevC.68.024305 PACS number(s): 21.10.Ft, 21.10.Gv, 24.50.+g

## I. INTRODUCTION

The nuclear halo is a threshold phenomenon [1]. As the binding energy becomes small, the wave function of the valence particle extends more and more outward if the centrifugal barrier is small ($l\leqslant 1$). Eventually, this leads to the wave function penetrating substantially beyond the range of nuclear force as the binding energy approaches zero, i.e., occurrence of a nuclear halo.

The occurrence conditions for the nuclear halo have already been discussed in detail in the literature [2–5]. Jensen and Riisager [5] recently proposed the necessary conditions

$$B_p<270\frac{A^2}{Z^2}\ \text{keV} \quad \text{for } s \text{ states}, \tag{1}$$

$$Z<0.44A^{4/3} \quad \text{for } p \text{ states}, \tag{2}$$

$$B_p<2A^{-2/3}\ \text{MeV} \quad \text{for both } s \text{ and } p \text{ states}, \tag{3}$$

where $B_p$ is the binding energy of valence particle. Equation (3) overrules Eq. (1) and becomes decisive for all $A$ for s states as they pointed out. Most of the halo nuclei experimentally observed as well as theoretically predicted are in the $s$-wave halo. Hence, Eq. (3) is the most important condition for halo occurrence.

Among the nuclear halo candidates, however, only the well-known s-wave halos in $^{11}$Li, $^{11}$Be and the $p$-wave halo in $^{11}$Be with the $B_pA^{2/3}$ values of 1.48, 2.49, and 0.89 MeV, respectively, are below or close to the limit set by Eq. (3). As will be seen, the others have binding energies much larger than this requirement. Therefore, it might be necessary to make a systematic inquiry concerning the occurrence conditions and scaling laws of nuclear halos. To this end, we first have to select, if possible, a proper experimental observable which can be employed to characterize the spatial extension of the valence particle density. Direct measurements of the nucleonic density distribution should provide a visualized picture of the nuclear skin and halo stuctures and should prove to be very interesting. Over the years a large variety of experimental methods have been developed, using leptonic probes (such as electrons, muons, etc.) for investigating nuclear charge distributions, and hadronic probes (such as protons, $\alpha$ particles, pions, etc.) for exploring the distributions of nuclear matter [6]. All these methods were applied successfully for many years for the study of stable nuclei. Nowadays, the study of structures of exotic nuclei with many possible methods has become a new and exciting field of research. Recently, proton-nucleus elastic scattering at intermediate energies was applied for obtaining accurate and detailed information on the size and radial shape of halo nuclei [7]. Instead of a density distribution, the probability of a valence particle being out of the binding potential may be a suitable quantity to assess the degree of the spatial extension. In the following, we will present a procedure to extract the probability from experimental data in a more reliable way and try to get the occurrence conditions and scaling laws of nuclear halos, which might be in line with experimental observations. In this paper, we will limit ourselves to an investigation on two-body nuclear halos.

## II. PROBABILITY OF VALENCE PARTICLE BEING OUT OF THE BINDING POTENTIAL

The probability for valence particle being out of the binding potential radius $R$ can be evaluated by

$$P(R,r_0,a_0)=\frac{\int_R^{\infty} r^2\phi_{nlj}^2(r)dr}{\int_0^{\infty} r^2\phi_{nlj}^2(r)dr}, \tag{4}$$

where $\phi_{nlj}$ represents the normalized signle-particle radial wave function in the $(nlj)$ bound state, $r_0$ and $a_0$ are the radius and diffuseness parameters of the potential, and the binding potential radius $R$ is a equivalent square-well potential radius which can be derived from the measured mean-square core radius by $R^2=\frac{5}{3}(\langle r^2\rangle_c+4)$ fm$^2$ [3,8]. We have explicitly idicated the dependence of the probability $P$ on $R$, $r_0$, and $a_0$. At the asymptotic distance $\phi_{nlj}$ behaves as

$$\phi_{nlj}\simeq b_{lj}\frac{W_{-\eta,l+1/2}(2kr)}{r}, \tag{5}$$

where $W_{-\eta,l+1/2}(r)$ is the Whittaker function, $k=\sqrt{2\mu B_p/\hbar^2}$ is the wave number, and $\mu$ and $\eta$ are the reduced mass and the Coulomb parameter for system $(A_c+N)$. In the neutron case where $\eta=0$, the Whittaker func-

① Physical Review C,2003,68(2):024305-(1-5).

tion is related to the modified Bessel function $K_{l+1/2}(kr)$ as $W_{0,l+1/2}(2kr)=\sqrt{kr/\pi}K_{l+1/2}(kr)$ [9]. In Eq. (5), $b_{lj}$ is the single-particle asymptotic normalization coefficient (ANC) defining the amplitude of the single-particle wave function in the asymptotic region. The single-particle ANC and the single-particle spectroscopic factor $S_{lj}^{(sp)}$ are related to the nuclear ANC, $C_{A_cNlj}^{A}$, by [10]

$$C_{A_cNlj}^{A}=b_{lj}(S_{lj}^{(sp)})^{1/2}. \tag{6}$$

for virtual process $A\rightleftarrows A_c+N$. Here $A$, $A_c$ and $N$ stand for the nucleus, its core nucleus and the valence particle, respectively. Neclear ANC is an experimentally measurable and independent of parameters of the potential [10,11].

The probability calculated with Eq. (4) is only a theoretical value and potential-parameter dependent. Equation (6) sets a restraint on the single-particle wave function $\phi_{nlj}(r)$. The amplitude of $\phi_{nlj}(r)$ at the asymptotic distances, $b_{lj}$, is fixed as long as the values of $C_{A_cNlj}^{A}$ and $S_{lj}^{(sp)}$ are given. However, the potential parameters $r_0$ and $a_0$, hence the single-particle wave functions are not determined uniquely. We search the potential parameters in such a way that the quantity

$$\chi_p^2=\sum_{r_i=R_N}^{40\text{ fm}}\left(S_{lj}^{1/2}\phi_{nlj}(r_i)-C_{A_cNlj}^{A}\frac{W_{-\eta,l+1/2}(2kr_i)}{r_i}\right)^2 \tag{7}$$

becomes minimum. This is because $\phi_{nlj}(r)$ has the asymptotic behavior specified by Eqs. (5) and (6) when $\chi_p^2$ turns into minimum. We extract the probability from the experimental data of $C_{A_cNlj}^{A}$ and $S_{lj}^{(sp)}$ as follows. First, the single-particle wave function is calculated with the Woods-Saxon potential. The depth of the potential is adjusted to reproduce the binding energy $B_p$. The values of diffuseness parameter $a_0$ are choosen in the range of 0.50−0.70 fm. For each fixed $a_0$, the radius parameter $r_0$ is varied in a small step till the minimum in $\chi_p^2$ is reached. In the calculation of $\chi_p^2$, the summation runs from $r_i=6.0$ to 40 fm in steps of 0.1 fm. We find that the value of $\chi_p^2$ does not change as long as $R_N\geqslant 6$ fm. Then, for each pair of $(r_0,a_0)$ the probability for the valene particle being out of the binding potential radius $R$ is calculated with Eq. (4). Alternatively, one may take the radius $R_{ws}=r_0A_c^{1/3}\{1+5/3[\pi a_0/(r_0A_c^{1/3})]^2\}^{1/2}$ [4], as the binding potential radius instead of $R$. We find that the value of $R$ and the values of $R_{ws}$ at the minima in $\chi_p^2$ are nearly the same. Hence, the probabilities calculated with Eq. (8) below are nearly identical whether $R$ or $R_{ws}$ is used. In addition, the results are the same within the experimental error when $S_{lj}^{(sp)}$ changes 10%. Because the relative uncertainty of the experimental $S_{lj}^{(sp)}$ is usually less than 10%, therefore, the results below are reliable within the accuracy of $S_{lj}^{(sp)}$. Figure 1 shows the $\chi_p^2$ as a function of the probability $P$ for the 2$s$ excited state in $^{13}$C. In this calculation, $C_{A_cNlj}^{A}=1.84\pm0.16$ fm$^{-1/2}$ [11] and $S_{lj}^{(sp)}=0.95$ [12] are used. It can be seen from the figure that the minimum in $\chi_p^2$ is very deep with a very small dispersion in the probability $P$. This is actually due to the fact that $\chi_p^2$ reaches its minimum value when Eq. (6) is satisfied. Therefore, in terms of the experimentally measured nuclear asymptotic normalization coefficients $C_{A_cNlj}^{A}$, we can calculate the average value of the probability $P$ by

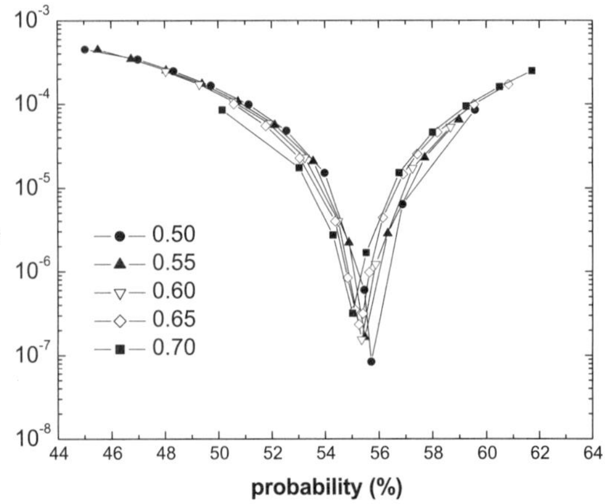


FIG. 1. Dependence of the $\chi_p^2$ on the probability for a valence particle being out of the binding potential $P$ for the 2$s$ excited state in $^{13}$C. Symbols are connected by a line for each $a_0$ value to guide the eye.

$$P=\sum w_iP(R,r_{0i},a_{0i}), \tag{8}$$

with

$$w_i=\frac{[\chi_p^2(r_{0i},a_{0i})]^{-1}}{\sum[\chi_p^2(r_{0i},a_{0i})]^{-1}}. \tag{9}$$

The summation runs over the minimum points in $\chi_p^2$ for different $a_0$. It is worth noting that the probability obtained in this way is nearly parameter independent. This is an interesting and meaningful result within the reach of present experimental knowledge.

By means of the above procedure, the probability for the valence particle being out of the binding potential have been calculated for a number of nuclei. The values listed in Table I are the weighted average probability $P$ extracted from different experimental sources. The results are plotted in Figs. 2(a) and 2(b) as a function of $2\mu B_pR^2/\hbar^2$ and $B_pA^{2/3}$, respectively. Riisager *et al.* [1,5,13] suggest a criterion for quantitative assessment of halos, i.e., the valence particle has large probability, say >50%, of being out of the nuclear binding potential radius. According to this criterion, the nuclei under considerations are all s-wave halos in the ground state (solid points) or in the excited states (open circles). We find from Fig. 2(b) that halo may be able to occure for

$$B_pA^{2/3}<10\text{ MeV} \tag{10}$$

which is much relaxed than the one given by Eq. (3).

TABLE I. Deduced nuclear ANC, probability, rms radii, and $\langle r^2\rangle/R^2$ for the nuclear halo candicates.

| Nucleus | $J^\pi$ | $B_P$ (keV) | $C^B_{ANlj}$ ($fm^{-1/2}$) | Probability (%) | $\langle r^2\rangle^{1/2}$ (fm) | $\langle r^2\rangle^{1/2}_{av}$ (fm) | $\langle r^2\rangle_{av}/R^2$ | Ref. |
|---|---|---|---|---|---|---|---|---|
| $^{11}Be$ | $1/2^+$ | 504 | 0.81±0.05 | | 6.68±0.43 [a] | | | [15] |
| | | | | | 6.65±0.31 [b] | | | [15] |
| | | | 0.76±0.03 | | 6.23±0.25 | | | [16] |
| | | | 0.78 | | 6.40 | | | [16] |
| | | | 0.81 | | 6.68 | | | [17] |
| | | | 0.78 | | 6.44 | | | [18] |
| | | | | 78.6±7.5 | | 6.46±0.16 | 2.60±0.13 | |
| $^{12}B$ | $1^-$ | 749 | 0.94±0.08 | 68.5±11.7 | 5.64±0.90 | 5.64±0.90 | 1.86±0.60 | [11] |
| | 2 | 1696 | 1.34±0.12 | 54.2±4.0 | 4.01±0.61 | 4.01±0.61 | 1.10±0.31 | [11] |
| $^{13}C$ | $1/2^+$ | 1857 | 1.84±0.16 | 55.5±9.6 | 5.04±0.75 | 5.04±0.75 | 1.55±0.47 | [11] |
| $^{14}C$ | 0 | 1274 | 1.54±0.09 | 64.0±7.5 | 5.78±0.36 | 5.78±0.36 | 1.97±0.26 | [19] |
| | $1^-$ | 2083 | 1.84±0.11 | 56.1±6.7 | 4.57±0.30 | 4.57±0.30 | 1.34±0.18 | [19] |
| $^{15}C$ | $1/2^+$ | 1218 | 1.05±0.22 | | 3.65±0.82 [a] | | | [15] |
| | | | | | 4.59±1.02 [b] | | | [15] |
| | | | 1.40 | | 5.40 | | | [20] |
| | | | 1.49±0.15 | | 5.86±0.60 | | | [19] |
| | | | | 60.4±6.6 | | 5.15±0.34 | 1.55±0.21 | |
| $^{19}C$ | | 240 | 0.57±0.19 | | 7.87±1.49 [a] | | | [15] |
| | | | | | 7.63±2.46 [b] | | | [15] |
| | | | 0.55±0.07 | | 7.07±0.50 | | | [21] |
| | | | | 80.8±19.9 | | 7.17±0.47 | 2.58±0.34 | |

[a]Deduced with the GMFB method.
[b]Calculated with Eq. (17).

We have calculated the probability for the valence neutron in 2s state using a Woods-Saxon potential with normal parameters $r_0=1.27$ fm, $a_0=0.67$ fm, $U_0=[50-32(N-Z)/A]$ MeV for the nuclei with $N=Z$ and $(N-Z)/A=1/3$, respectively. The binding potential radius $R$ used here is also calculated by $R^2=\frac{5}{3}(\langle r^2\rangle_c+4)$ fm$^2$ and $\langle r^2\rangle_c=(r_{0c}A^{1/3})^2$, the $r_{0c}$ is obtained by fitting to the experimental rms radii of light nuclei. The calculated results are also plotted in Fig. 2 as solid and dashed lines. Basically, they are in agreement with the experimental data. In order to examine the effects of larger diffuseness, we have plotted in Fig. 2(a) the probabilities for the Woods-Saxon potential with the same parameters as those used above except for doubling the diffuseness $a_0=1.34$ fm. As shown by the dash-dotted and dotted lines, these calculations overpredict the experimental data. It means that using a very large diffuseness in potential may not correspond to the realistic situation for nuclei with weakly bound neutrons.

The probability of a valence particle being out of the square-well potential is

$$P=\frac{1}{\chi+1}\left(1-\frac{\chi^2}{\xi_0^2}\right)\quad l=0, \tag{11}$$

$$P=\frac{\chi+2}{\chi^2+3\chi+3}\left(1-\frac{\chi^2}{\xi_0^2}\right)\quad l=1. \tag{12}$$

For $l=2$,

$$P=\frac{\chi^3+6\chi^2+12\chi+6}{(\chi+1)(\chi^3+6\chi^2+15\chi+15)}\times\left(1-\frac{\chi^2}{\xi_0^2}\right)\rightarrow 0.4\ (\chi\rightarrow 0), \tag{13}$$

where

$$\chi=R\sqrt{\frac{2\mu B_p}{\hbar^2}} \tag{14}$$

and

$$\xi_0=R\sqrt{\frac{2\mu U_{sq}}{\hbar^2}}. \tag{15}$$

In the above equations, $U_{sq}$ is the depth of the square-well potential. The dash-double-dotted line in Fig. 2(a) illustrates the square-well potential predictions for the $2s$ state. We see that it underpredicts the experimentally extracted data, implying the important roles of the potential diffuseness on the probability being out of the binding potential radius.

### III. SCALING LAWS OF TWO-BODY NUCLEAR HALO

In terms of a nuclear ANC, we can extract the root-mean-square (rms) radius of the probability distribution for va-

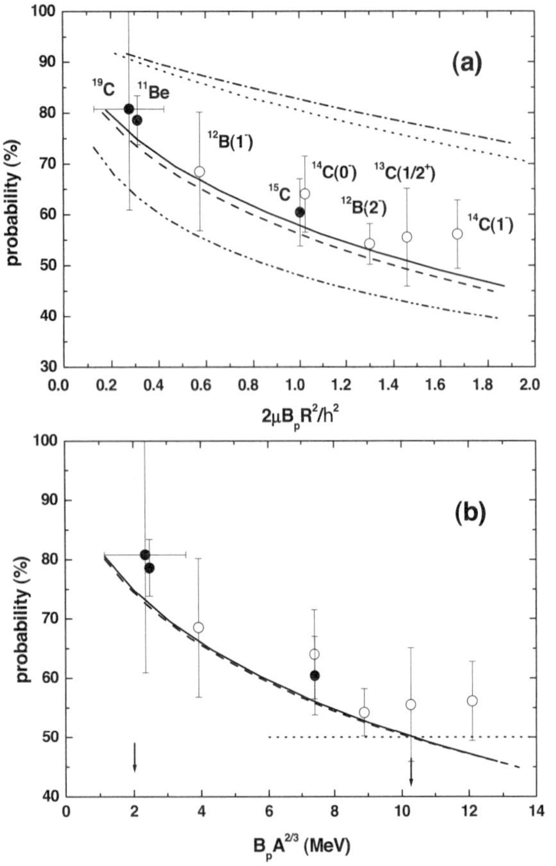


FIG. 2. Probability for a valence particle being out of the binding potential as a function of $2\mu B_p R^2/\hbar^2$ (a) and $B_p A^{2/3}$ (b). The solid points and open circles represent the $s$-wave halos in the ground and excited states, respectively. The lines show the predictions of the single-particle models with Woods-Saxon potentials and the square-well potential. The arrows in panel (b) illustrate the up limits of the $B_p A^{2/3}$ value set by Eqs. (3) and (10).

lence particle in the orbit $(nlj)$. It can be written as the contributions from the interior and asymptotic regions [11,14]

$$\langle r^2\rangle^{1/2}=\left[S_{lj}\int_0^R r^4\phi_{nlj}^2(r)dr+(C_{A_cNlj}^{A})^2\times\int_R^\infty r^2W_{-\eta,l+1/2}^2(2kr)dr\right]^{1/2}. \tag{16}$$

The first term in the equation is somehow parameter dependent, while the second term is not. Moreover, in the case of weakly bound nuclei, the second term gives more than 90% contribution to the value of the rms radius. Thus the error introduced by the parameters is small in the cases under consideration. The rms radii of the valence particle have been calculated in this way for the nuclei $^{11}$Be [15–18], $^{12}$B [11], $^{13,14,15}$C [11,15,19,20], and $^{19}$C [15,21]. They are listed in Table I along with other parameters. Based on the assumption of a core plus a valence neutron structure, recently, Ozawa *et al.* [15] applied a Glauber-model analysis for a few body system (GMFB), and deduced spectroscopic factors $S_{lj}$ for some selected nuclei from the measured interaction cross sections $\sigma_I$. With their parameters of the binding potential, we calculate the single-particle wave function and obtain single-particle ANC $b_{lj}$ in asymptotic region. Then, the nuclear ANC can be obtained from the deduced $S$ factor and the single-particle ANC $b_{lj}$ with Eq. (6). The rms radii for $^{11}$Be and $^{15,19}$C are evaluated by means of the GMFB analysis, and the results are also listed in Table I. In order to check the above results, the rms radii of the valence particle wave functions in these three nuclei are extracted by subtracting the core contribution from the mean-square matter radius [8]

$$\langle r^2\rangle=\frac{A^2}{A_cA_h}\langle r^2\rangle_m-\frac{A}{A_h}\langle r^2\rangle_c, \tag{17}$$

where $A$, $A_c$, and $A_h$ are the total, core and valence particle mass numbers of the system, respectively. These rms radii are compared with the other data in Table I. Except for $^{15}$C, the rms radii of halos obtained with these three methods are in agreement within the experimental errors.

Hamamoto and Zhang [22] have deduced the expressions for the expectation value of the operator $r^2$ in a finite square-well potential. The terms with $\xi_0^4$ in denominator in their expressions are negligible in magnitude as compared to the other terms for the case of $\chi^2<2$ which we are interested in. After omitting them, we get the scaling laws

$$\frac{\langle r^2\rangle}{R^2}=\frac{1}{\chi+1}\left[\left(1-\frac{\chi^2}{\xi_0^2}\right)\left(1+\frac{1}{\chi}+\frac{1}{2\chi^2}\right)+\chi\left(\frac{1}{3}+\frac{1}{2\xi_0^2}+\frac{\chi}{\xi_0^2}\right)\right]\quad l=0, \tag{18}$$

$$\frac{\langle r^2\rangle}{R^2}=\frac{1}{\chi^2+3\chi+3}\left[\left(1-\frac{\chi^2}{\xi_0^2}\right)\left(\frac{(\chi+1)^2}{3}+\chi+3+\frac{5}{2\chi}\right)+\frac{(\chi+1)^2}{2\xi_0^2}\right]+\frac{(\chi^2+2\chi+2)}{3\xi_0^2}\quad l=1. \tag{19}$$

Keeping the largest term of the above eqations in the limit $\chi\to 0$, we will arrive at the scaling laws in Ref. [3]. It should be kept in mind that the above laws depend on the quantum number $n$ through $\xi_0$. Here $n$ is the node number of the radial wave function of valence particle. If halo is defined in terms of the requirement that the experimental value of probability $P$ is greater than 50%, or approximately $\chi^2\leqslant 1.8$ [see Fig. 2(a)], we get the following conditions from Eqs. (18) and (19) for nuclear halo occurrence:

$$\frac{\langle r^2\rangle}{R^2}\geqslant 1.5\quad \text{for } 2s \text{ states}, \tag{20}$$

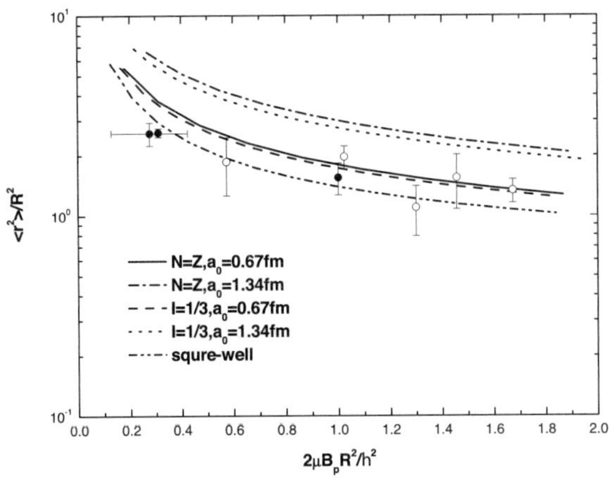


FIG. 3. Experimental data of $\langle r^2\rangle/R^2$ vs $2\mu B_p R^2/\hbar^2$ for the valence particle in the $2s$ state. The dash-double-dotted line is the scaling law of Eq. (18). The other lines show the results of the single-particle model calculations with Woods-Saxon potentials for the nuclei with N=Z and I+(N−Z)/A=1/3, respectively.

$$\frac{\langle r^2\rangle}{R^2} \geqslant 1.9 \quad \text{for } 1p \text{ states.} \tag{21}$$

Since the probability $P$ is less than 40% for $l=2$, we come to the same conclusion as Riisager *et al.* [2] that halo is unlikely to occur for the particle in the $d$ states.

In Fig. 3, the experimental data of $\langle r^2\rangle/R^2$ are compared with our scaling conclusion as well as the predictions of the single-particle model for the valence particle in $2s$ state. In order to have a better statistics, we adopt the weighted average value of $\langle r^2\rangle$ instead of the individual experimental results. For the data without error, we assigned them to 10% of uncertainty for evaluating the weighted average. We see from the figure that the scaling law (18) can account for the available experimental data of halo candidates, even though it is derived in a finite square-well potential. Several authors [3,8,23,24] have put forward their scaling laws. Because theirs are $l$ and/or $n$ independent, we do not present them in the figure.

## IV. SUMMARY

In summary, we have proposed a procedure to extract the probability for a valence particle being out of the binding potential from the measured nuclear asymptotic normalization coefficients. With this procedure, available data regarding the nuclear halo candidates were systematically analyzed and a number of halo nuclei were confirmed. Based on these results we have obtained a much more relaxed condition for nuclear halo formation as compared to Ref. [5]. The effect of potential diffuseness on the probability of being out of the nuclear binding potential radius was also discussed. In terms of the analytical expressions of the expectation value for the operator $r^2$ in a finite square-well potential, we presented the scaling laws for the dimensionless quantity $\langle r^2\rangle/R^2$ of nuclear halos, which can account for the available experimental data of halo candidates.


## ACKNOWLEDGMENTS

This work was supported by the National Natural Science Foundation of China under Grant Nos. 10075077, 10105016, and 10275092 and the Major State Basic Research Development Program under Grant No. G200007400.



[1] P.G. Hansen and A.S. Jensen, Annu. Rev. Nucl. Part. Sci. **45**, 591 (1995).

[2] K. Riisager, A.S. Jensen, and P. Moller, Nucl. Phys. **A548**, 393 (1992).

[3] D.V. Fedorov, A.S. Jensen, and K. Riisager, Phys. Lett. B **312**, 1 (1993).

[4] D.V. Fedorov, A.S. Jensen, and K. Riisager, Phys. Rev. C **49**, 201 (1994); **50**, 2372 (1994).

[5] A.S. Jensen and K. Riisager, Phys. Lett. B **480**, 39 (2000).

[6] P. Egelhof, G.D. Alkhazov, M.N. Andronenko, A. Bauchet, A.V. Dobrovolsky, S. Fritz, G.E. Gavrilov, H. Geissel, C. Gross, A.V. Khanzadeev, G.A. Korolev, G. Kraus, A.A. Lobodenko, G. Munzenberg, M. Mutterer, S.R. Neumaier, T. Schafer, C. Scheidenbehger, D.M. Seliverstov, N.A. Timofeev, A.A. Vorobyov, and V.I. Yatsoura, Eur. Phys. J. A **15**, 27 (2002).

[7] G.D. Alkhazov, M.N. Andronenko, A.V. Dobrovolsky, P. Egelhof, G.E. Gavrilov, H. Geissel, H. Irnich, A.V. Khanzadeev, G.A. Korolev, A.A. Lobodenko, G. Munzenberg, M. Mutterer, S.R. Neumaier, F. Nickel, W. Schwab, D.M. Seliverstov, T. Suzuki, J.P. Theobald, N.A. Timofeev, A.A. Vorobyov, and V.I. Yatsoura, Phys. Rev. Lett. **78**, 2313 (1997).

[8] K. Riisager, D.V. Fedorov, and A.S. Jensen, Europhys. Lett. **49**, 547 (2000).

[9] M. Abramowitz and I.A. Stegun, *Handbook of Mathematical Functions* (Dover, New York, 1970).

[10] A.M. Mukhamedzhanov, C.A. Gagliardi, and R.E. Tribble, Phys. Rev. C **63**, 024612 (2001).

[11] Z.H. Liu *et al.*, Phys. Rev. C **64**, 034312 (2001).

[12] L. Jarczyk *et al.*, Phys. Rev. C **28**, 700 (1983).

[13] K. Riisager, Rev. Mod. Phys. **66**, 1105 (1994).

[14] F. Carstoiu *et al.*, Phys. Rev. C **63**, 054310 (2001).

[15] A. Ozawa *et al.*, Nucl. Phys. **A691**, 599 (2001).

[16] F. Ajzenberg-Selove, Nucl. Phys. **A506**, 1 (1990).

[17] S. Fortier *et al.*, Phys. Lett. B **461**, 22 (1999).

[18] T. Aumann *et al.*, Phys. Rev. Lett. **84**, 35 (2000).

[19] Z.H. Liu, Chin. Phys. Lett. **19**, 1071 (2002).

[20] F. Ajzenberg-Selove, Nucl. Phys. **A523**, 1 (1991).

[21] P. Banerjee and R. Shyam, Phys. Rev. C **61**, 047301 (2000).

[22] I. Hamamoto and X.Z. Zhang, Phys. Rev. C **58**, 3388 (1998).

[23] P.G. Hansen and B. Jonson, Europhys. Lett. **4**, 409 (1987).

[24] A.S. Jensen, E. Garrido, K. Riisager, and D.V. Fedorov, RIKEN Rev. **39**, 3 (2001).

# Near barrier fusion excitation function of $^{6}Li+^{208}Pb$ ①

Y. W. Wu, Z. H. Liu, C. J. Lin, H. Q. Zhang, M. Ruan, F. Yang, and Z. C. Li
*China Institute of Atomic Energy, P.O. Box 275(10), Beijing 102413, China*

M. Trotta
*INFN-Laboratori Nazionali di Legnaro, Viale dell'Universita 2, 35020 Legnaro, Padova, Italy*

K. Hagino
*Institut de Physique Nucleaire, IN2P3-CNRS, Universite Paris-Sud, F-91406 Orsay Cedex, France*
(Received 7 September 2002; revised manuscript received 15 May 2003; published 10 October 2003)

The fusion cross sections of $^{6}Li+^{208}Pb$ system at energies near the barrier have been measured by means of the evaporation residue method and have been calculated in terms of the coupled-channels model, taking into account single and double phonon octupole excitations of $^{208}Pb$ and the $3^+$ rotational state of $^{6}Li$. By comparing the experimental results with the theoretical calculations and with the fusion cross section of $^{16}O+^{208}Pb$, in which no breakup happens, we conclude that the fusion cross sections of $^{6}Li+^{208}Pb$ are suppressed at above-barrier energies due to the effects of $^{6}Li$ breakup, but below the barrier, the effects of breakup are not clear.

DOI: 10.1103/PhysRevC.68.044605 PACS number(s): 25.70.Jj, 24.10.Eq, 21.60.Ev, 27.80.+w

## I. INTROUDCTION

In recent years, near barrier fusion and breakup reactions of halo and weakly bound nuclei led to a strong theoretical and experimental interest. Such nuclei are proved by recent experiments [1,2] to have a high probability of breakup during the colliding processes. This should strongly influence fusion around the Coulomb barrier. There are several theoretical works devoted to this topic, which bring out conflicting predictions. Hussein *et al.* [3,4] and Takigawa *et al.* [5] suggested that the breakup reaction would take away a certain fraction of incoming flux in the entrance channel and, as a consequence, the fusion cross section would decrease. However, according to Dasso *et al.* [6,7], breakup should be considered as the doorway state to fusion; its coupling with the entrance channel would enhance the fusion probability. Recently, Hagino *et al.* [8] performed an improved coupled-channels calculation to reconcile the conflicting approaches, predicting enhancement of fusion cross sections at sub-barrier energies, and a reduction at above-barrier energies.

This problem has been studied experimentally in many systems, but no definite conclusion is extracted so far. Different results have been obtained. For $^{38}S+^{181}Ta$ [9], $^{6}He+^{209}Bi$ [10,11], and $^{6}He+^{238}U$ [12] systems, an enhancement of sub-barrier fusion is claimed. For $^{9}Be+^{208}Pb$ [13], $^{9}Be+^{209}Bi$ [14], and $^{6,7}Li+^{209}Bi$ [15] systems, a large fusion suppression above the barrier has been observed. $^{7}Li+^{165}Ho$ [16] reaction shows a reduction above the barrier and an enhancement below the barrier energies. But for $^{11}Be+^{209}Bi$ [17,18] and $^{17}F+^{208}Pb$ [19] systems, the authors claim that the effects of breakup process on the fusion cross section could be ignored. A recent work on $^{12}C+^{7}Li$ [20] also reached the same conclusion. Finally, the recently measured $^{6,7}Li+^{59}Co$ systems [21] show a small enhancement of total fusion for the $^{6}Li$ projectile at sub-barrier energies compared to the more tightly bound $^{7}Li$, while similar cross sections are found at and above the barrier for both reactions. From the aforementioned results, we can see that this problem is still open and further work is necessary both theoretically and experimentally to obtain more definite conclusion. Since experimental results with high precision are not easy to obtain under current conditions of radioactive beams, in this work we choose a weakly bound stable nucleus $^{6}Li$, with separation energy $s_{\alpha}=1.475$ MeV, to study this problem.

## II. EXPERIMENTAL DESCRIPTION

The experiments were performed at the HI-13 tandem accelerator, China Institute of Atomic Energy, Beijing. $^{208}Pb$ targets were bombarded by the collimated beam of $^{6}Li$ with incident energies varying from 25.75 to 39.06 MeV in 0.58-MeV-energy steps. The targets were about 350 $\mu g/cm^2$ in thickness, evaporated onto Cu foils thick enough to stop completely the recoiling heavy residues. Two Si (Au) detectors, located at angles of $\pm 24.3°$ with respect to the beam direction, and positioned at $14.6\pm0.1$ cm from the target, were used to monitor the Rutherford scattering and to normalize cross sections. Two sets of $\Delta E-E$ silicon detector telescope with apertures of 4.36 and 4.18 mm in diameter, respectively, located at mean angles of $\pm 160°$ with respect to the beam direction, measured $\alpha$ particles emitted by the evaporation residues. Their distances from the target were $6.4\pm0.1$ and $6.8\pm0.1$ cm, respectively. A new target was used for each beam energy. The irradiated target removed from the target frame was put into another low vacuum chamber and set close to a silicon detector of 20 mm diameter to detect $\alpha$ particles emitted by the long-lived evaporation residues in off-beam measurements.

The compound nucleus $^{214}At$ formed following complete fusion of $^{6}Li$ with $^{208}Pb$ deexcites dominantly through $1n$,

① Physical Review C,2003,68(4):044605-(1-5).

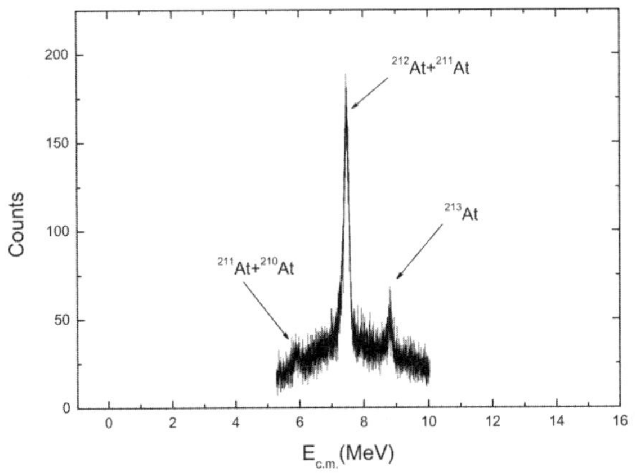


FIG. 1. A typical one-dimensional total energy spectrum from online analysis.

$2n$, $3n$, $4n$ evaporation and results in a series of residual isotopes $^{213}$At, $^{212}$At, $^{211}$At, $^{210}$At. The yields of $^{213}$At are low in the present experiment, and their cross sections are negligible. The proton evaporation residues were not observed. $^{210}$Bi formed following incomplete fusion, if any, cannot be separated from complete fusion residues, because through $\beta^-$ decay it decays to the same $^{210}$Po daughter nucleus as that of $^{210}$At. The evaporation residues and their daughters which are formed following the $\alpha$ decay of At nuclei, decay via emitting $\alpha$ particles. They can be identified by their distinctive $\alpha$ energies and half-lives. $^{212}$At emits an $\alpha$ particle with the energy of 7.681 MeV and the half-life of 0.314 s. Due to its short lifetime, we obtained the cross sections of $2n$ evaporation channel in in-beam measurements. The results of other channels were obtained in off-beam measurements because of their long half-lives. The fission events were not measured. Anyway, the fission yields are much lower than those of evaporation residues according to PACE2 [22] calculations. In addition, the contribution of fission events to the total fusion cross section for $^{9}$Be+$^{208}$Pb is less than 1% [13]. Because fission probability is quite sensitive to the fissility parameter, and the fissility of $^{6}$Li+$^{208}$Pb system is less than that of $^{9}$Be+$^{208}$Pb system, the contribution of fission to the total fusion cross sections can be ignored for the former system. Then the complete fusion cross section can be obtained by the sum of those of the evaporation residues $^{212}$At, $^{211}$At, $^{210}$At.

A typical energy spectrum obtained from in-beam measurement is shown in Fig. 1. The 7.681-MeV peak of $^{212}$At ($2n$ evaporation channel) is quite clear in the figure. The isotope $^{211}$At ($3n$ evaporation channel) decays into two branches, in which 41.7% branching ratio belongs to $\alpha$ decay with the energy of 5.867 MeV and the remainder being the orbital electron capture into $^{211}$Po. The daughter nucleus $^{211}$Po($T_{1/2}$=0.516 s) emits an $\alpha$ particle with the energy of 7.45 MeV which was also observed in in-beam measurements, and mixed into the $2n$ channel peak because their $\alpha$ particle energies are not so different. So they must be subtracted from the cross sections of $2n$ channel. Figure 2 shows a spectrum obtained in off-beam measurement, which was immediately performed after irradiation. In the figure, one can see clearly that there are three groups of $\alpha$ particles with distinctive energies. The group with the lowest energy (5.305 MeV) belongs to the $\alpha$ decay of $^{210}$Po($T_{1/2}$ =138.38 day), which itself is a daughter nucleus of $^{210}$At ($4n$ evaporation channel). The other two groups with the energies of 5.867 MeV and 7.450 MeV correspond to the two branches of $^{211}$At with $T_{1/2}$=7.214 h.

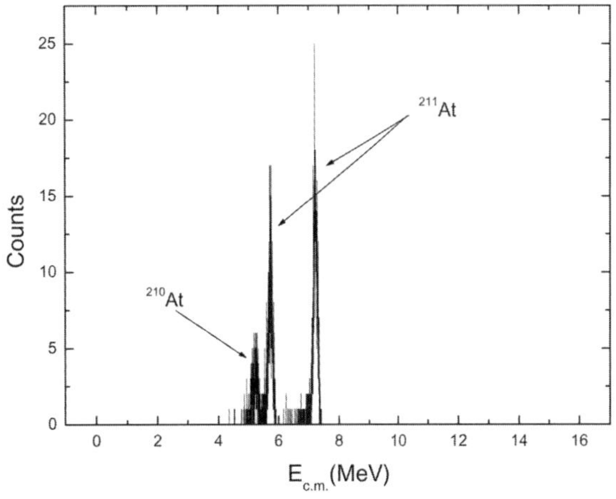


FIG. 2. A spectrum from offline measurements, with three peaks corresponding to 5.305, 5.867, and 7.450 MeV, respectively. The last two groups are of $\alpha$ decay from $^{211}$At, the other one is from $^{210}$Po which is a daughter nucleus of $^{210}$At.

## III. RESULTS AND DISCUSSIONS

The absolute cross section normalization was deduced from $^{6}$Li Rutherford scattering on $^{208}$Pb. The $^{6}$Li elastic peak on Pb was clearly resolved from that of Cu in the spectra of the monitor detectors at 24°, as shown in Fig. 3. The measured absolute cross sections for $2n$, $3n$, $4n$ evaporation residues $^{212,211,210}$At are shown by the solid squares with error bars in Fig. 4. The solid lines represent the results of the

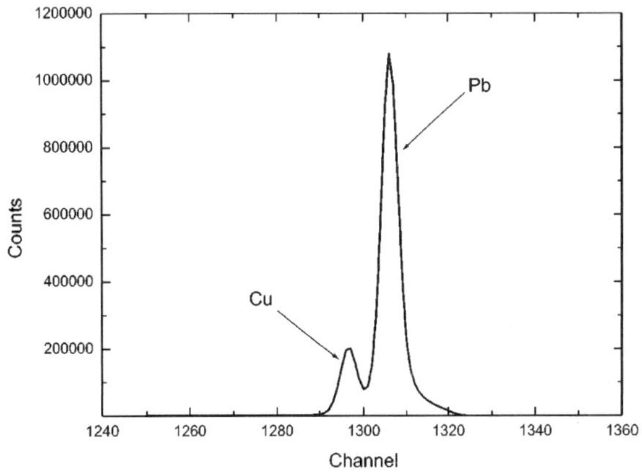


FIG. 3. A typical spectrum of the elastic peaks of $^{6}$Li on the $^{208}$Pb target and on the $^{64}$Cu backing.

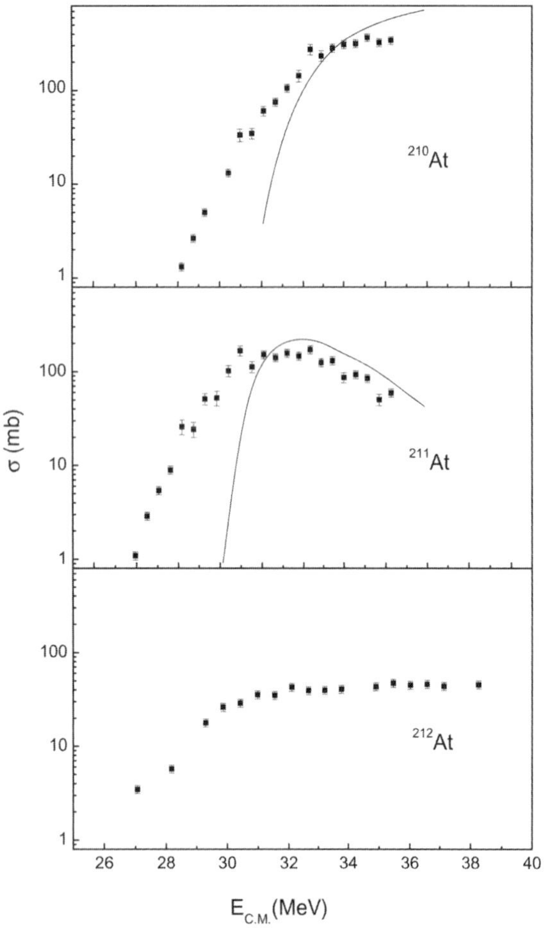


FIG. 4. The measured cross sections of At isotopes. The solid lines are the results of PACE2 calculations.

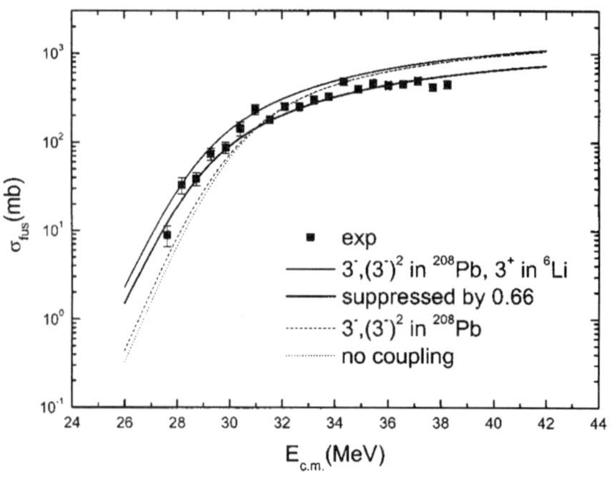


FIG. 5. Total fusion cross sections for $^6Li+^{208}Pb$. The solid squares are results of this experiment. The solid and dashed lines correspond to the coupled-channels code CCFULL [21,23] calculations taking into account single and double phonon $3^-$ excitations in $^{208}Pb$ and the spectroscopic quadrupole moment of the $^6Li$ nucleus, with and without coupling to its $3^+$ unbound excited state, respectively. The dotted line corresponds to the one-dimensional barrier penetration model and the thick solid line corresponds to the full-couplings calculation, multiplied by the constant suppression factor 0.66. For the parameters used in the calculations, see text.

calculations with the statistical model PACE2. In these model calculations, the parameters of optical potentials of the neutron, proton, and $\alpha$ particle are automatically introduced by the code without any adjustable parameters. For the cross sections of $2n$ evaporation channel, the uncertainties are estimated to be about 10%, mainly due to statistical and systematic uncertainities which will be mentioned below. For the cross sections of $3n$, $4n$ channels, the uncertainties are estimated to be about 10%, mainly arising from the systematic uncertainties, i.e., uncertainties of solid angles and $\alpha$ peak resolutions in off-beam measurements. According to the statistical model, the excitation function of $2n$ channel should have a declining trend above the barrier, whereas the experimental one is almost flat in that region. We attribute this most likely to the systematic uncertainties due to the subtraction of $\alpha$ particles of $^{211}At$ from the peaks of $2n$ channel. In order to subtract these counts, we first have to use the data of $3n$ channel obtained from off-beam measurements. But as mentioned above, there are relatively large uncertainties in off-beam measurements, so the subtractions might cause large uncertainties as well. Fortunately, the contributions of the cross section of $2n$ channel to the total fusion cross sections are small, hence these uncertainties have no significant influence on the total fusion cross sections. In addition, as a statistical model the PACE2 code does not include the quantum tunnel effect; for this reason, its predictions cannot give a good description of the experimental data below the barrier.

The total absolute fusion cross sections for $^6Li+^{208}Pb$ are presented in Fig. 5. The solid squares are the results obtained in this experiment. The solid and dashed lines correspond to the coupled-channels code CCFULL [23–25] calculations taking into account the spectroscopic quadrupole moment $Q$ $=-0.082$ fm$^2$ of the $^6Li$ nucleus, with and without coupling to its $3^+$ unbound excited state, respectively. The dotted line corresponds to the one-dimensional barrier penetration model. In addition to the reorientation terms, the remaining inputs to the model calculations are the nucleus-nucleus potential parameters, and the excitation energies and the transition strengths of the coupled rotational states. The standard Akyuz-Winther nuclear potential was used, with parameters given by $V_0$=47.60 MeV, $r_0$=1.177 fm, and $a_0$=0.619 fm, giving an average height of fusion barrier $B_0$=30.1 MeV, barrier radius $R_B$=11.09 fm, and the curvature for the average barrier of $\hbar\omega_0$=5.20 MeV. The other relevant parameters in our calculations are the $3^-$ state in $^{208}Pb$, 2.615 MeV, $B(E3;0^+\to3^-)=0.611\ e^2b^3$ [26] (one- and two-phonon excitations were included with the harmonic limit); and the $3^+$ rotational excitation in $^6Li$, 2.186 MeV, $B(E2;1^+\to3^+)$ $=21.8\ e^2\ fm^4$ [27]. The effects of target phonon excitations are rather weak. For taking into account the excitation to the unbound $3^+$ excited state in $^6Li$ a modified version of CCFULL [21] made for odd-odd nuclei with finite ground state spin

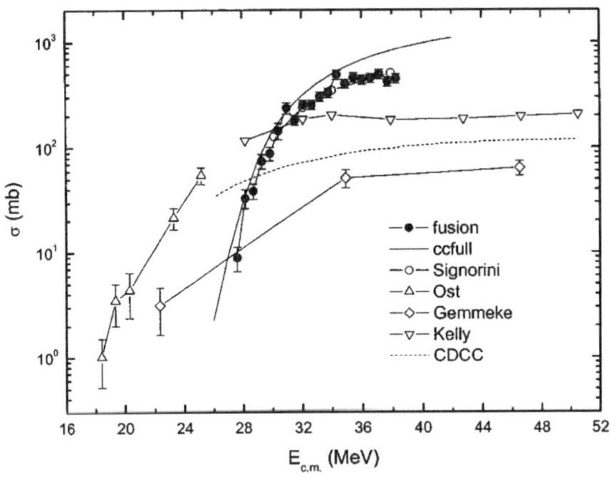


FIG. 6. A comparison of the fusion cross sections and those of breakup for the system of $^{6}Li+^{208}Pb$. The open symbols are the data of breakup quoted from Refs. [1,2,28,29]. The solid and dashed lines are the predictions of CCFULL and CDCC [2] for fusion and breakup reactions, respectively.

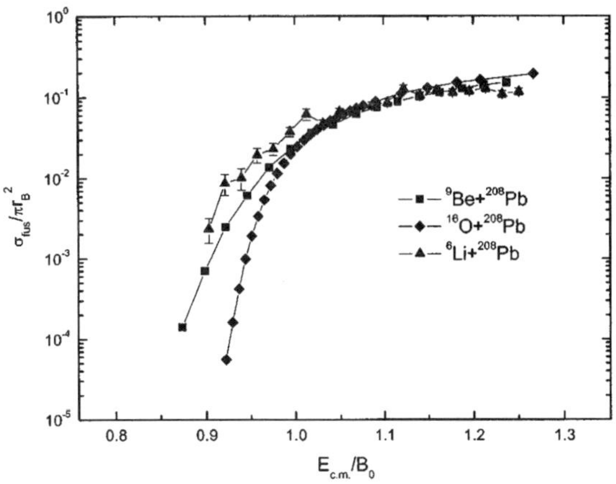


FIG. 7. The reduced fusion excitation functions of three similar systems $^{9}Be+^{208}Pb$ [13], $^{16}O+^{208}Pb$ [30], and $^{6}Li+^{208}Pb$.

was used. The coupled-channels code does not consider the influence of breakup effect on fusion.

In Fig. 5, one can see that the full-couplings CCFULL calculation (solid line) seems to overestimate the fusion cross sections over the whole energy range, though this effect is less clear at sub-barrier energies due to some fluctuations in the fusion excitation function. In other words, there is a suppression of fusion cross sections, indicating the significant role of breakup on fusion. The fusion suppression factor is of the same order of magnitude as the one recently observed for the very close system $^{6}Li+^{209}Bi$ [15], as one can see from the thick solid line in Fig. 5, which corresponds to the full-coupling calculations multiplied by the constant factor 0.66.

In order to illustrate the importance of breakup mechanism, we plotted the fusion cross sections together with the data [1,2,28,29] of breakup cross section in Fig. 6. Although the data measured by different groups are not quite in agreement, the breakup cross sections are large. Therefore, the breakup mechanism should have strong effects on fusion. As is well established, above the barrier the coupled-channel effects become relatively small, while the breakup influence (as a reduction of the incoming flux in the entrance channel due to the projectile breakup) may manifest itself on fusion. In Fig. 7, we compare the present results with those of the other two similar systems, $^{9}Be+^{208}Pb$ [13] and $^{16}O+^{208}Pb$ [30]. The results show that these three systems have similar behavior near their barriers. As we know, $^{16}O$ and $^{208}Pb$ are spherical nuclei, and the projectile $^{16}O$ is not expected to breakup in the fusion reaction process, so its reduced fusion cross sections provide reference to examine the effects of breakup on fusion for the similar systems such as $^{6}Li+^{208}Pb$ and $^{9}Be+^{208}Pb$. From the comparison one can see that above the barrier, the fusion cross sections for $^{6}Li+^{208}Pb$ and $^{9}Be+^{208}Pb$ are suppressed as a consequence of the breakup of the weakly bound projectile. On the other hand, the cross section of $^{6}Li+^{208}Pb$ are enhanced below the barrier as compared with the other two systems. We guess that this enhancement is most likely due to the strong coupling of $^{6}Li$ nucleus as seen from Fig. 5.

## IV. SUMMARY

The fusion excitation function of $^{6}Li+^{208}Pb$ system at energies near the barrier has been measured by means of the evaporation residue method and has been calculated in terms of the coupled-channels model (CCFULL code) taking into account single and double phonon octupole excitations of $^{208}Pb$ and the $3^{+}$ rotational state of $^{6}Li$. By comparison of the experimental results with the theoretical calculations and with the fusion cross sections of $^{16}O+^{208}Pb$, in which no breakup happens, we conclude that the fusion cross sections of $^{6}Li+^{208}Pb$ are suppressed at above barrier energies due to the effects of $^{6}Li$ breakup, but below the barrier, the effects of breakup are not clear.

## ACKNOWLEDGMENTS

This work was supported by the National Natural Science Foundation of China under Grant Nos. 10275095 and 10235030, and the Major State Basic Research Development Program of China under Grant No. G2000077400. We would like to thank the staff of the HI-13 Tandem accelerator at the CIAE for their patient conduct and for providing good conditions. One of the authors (Y.W.W.) heartily thanks Professor Y. X. Liu of Peking University (China) for worthy help.

[1] G. R. Kelly *et al*., Phys. Rev. C **63**, 024601 (2000).
[2] C. Signorini *et al*., Eur. Phys. J. A **10**, 249 (2001).
[3] M. S. Hussein *et al*., Phys. Rev. C **46**, 377 (1992).
[4] M. S. Hussein *et al*., Phys. Rev. C **51**, 846 (1995).
[5] N. Takigawa, M. Kuratani, and H. Sagawa, Phys. Rev. C **47**, 2470 (1993).
[6] C. H. Dasso and R. Donangelo, Phys. Lett. B **276**, 1 (1992).
[7] C. H. Dasso and A. Vitturi, Phys. Rev. C **50**, R12 (1994).
[8] K. Hagino *et al*., Phys. Rev. C **61**, 037602 (2000).
[9] K. E. Zyromski *et al*., Phys. Rev. C **55**, R562 (1997).
[10] P. A. DeYong *et al*., Phys. Rev. C **58**, 3442 (1998).
[11] J. J. Kolata *et al*., Phys. Rev. Lett. **81**, 4580 (1998)
[12] M. Trotta *et al*., Phys. Rev. Lett. **84**, 2342 (2000).
[13] M. Dasgupta *et al*., Phys. Rev. Lett. **82**, 1395 (1999).
[14] C. Signorini *et al*., Eur. Phys. J. A **5**, 7 (1999).
[15] M. Dasgupta *et al*., Phys. Rev. C **66**, 041602(R) (2002).
[16] Vandana Tripathi *et al*., Phys. Rev. Lett. **88**, 172701 (2002).
[17] A. Yoshida *et al*., Phys. Lett. B **389**, 457 (1996).
[18] C. Signorini *et al*., Eur. Phys. J. A **2**, 227 (1998).
[19] K. E. Rehm *et al*., Phys. Rev. Lett. **81**, 3341 (1998).
[20] A. Mukherjee *et al*., Phys. Lett. B **526**, 295 (2002).
[21] C. Beck *et al*., Phys. Rev. C **67**, 054602 (2003).
[22] A. Gavron, Phys. Rev. C **21**, 230 (1980).
[23] K. Hagino *et al*., Phys. Rev. C **55**, 276 (1997).
[24] K. Hagino *et al*., Phys. Rev. Lett. **79**, 2014 (1997).
[25] K. Hagino, N. Rowley, and A. T. Kruppa, Comput. Phys. Commun. **123**, 143 (1999).
[26] R. H. Spear, At. Data Nucl. Data Tables **42**, 55 (1989).
[27] F. Ajzenberg-Selove, Nucl. Phys. **A413**, 1 (1984).
[28] R. Ost *et al*., Phys. Rev. C **5**, 1835 (1972).
[29] H. Gemmeke *et al*., Z. Phys. A **286**, 73 (1978).
[30] C. R. Morton *et al*., Phys. Rev. C **60**, 044608 (1999).

# Evidence for enhancement of the total reaction cross sections for $^{27,28}$P with a $^{28}$Si target and examination of possibly relevant mechanisms ①

Z. H. Liu, M. Ruan, Y. L. Zhao, H. Q. Zhang, F. Yang, Z. Y. Ma, C. J. Lin, B. Q. Chen, and Y. W. Wu
*China Institute of Atomic Energy, Beijing 102413, China*

W. L. Zhan, Z. Y. Guo, G. Q. Xiao, H. S. Xu, Z. Y. Sun, J. X. Li, and Z. J. Chen
*Institute of Modern Physics, Chinese Academy of Science, Lanzhou 730000, China*
(Received 26 June 2003; published 22 March 2004)

The reaction cross sections of $^{27,28}$P and the corresponding isotones on Si target were measured at intermediate energies. The measured reaction cross sections of the $N=12$ and 13 isotones show an abrupt increase at $Z=15$. The experimental results for the isotones with $Z \leqslant 14$ as well as $^{28}$P can be well described by the modified Glauber theory of the optical limit approach. The enhancement of the reaction cross section for $^{28}$P could be explained in the modified Glauber theory with an enlarged core. Theoretical analysis with the modified Glauber theory of the optical limit and few-body approaches underpredicted the experimental data of $^{27}$P. Our theoretical analysis shows that an enlarged core together with proton halo are probably the mechanism responsible for the enhancement of the cross sections for the reaction of $^{27}$P+$^{28}$Si.

DOI: 10.1103/PhysRevC.69.034326 PACS number(s): 21.10.Ft, 25.60.Dz, 27.30.+t

## I. INTRODUCTION

Recently, Navin *et al.* [1] confirmed the important role of the $\pi s_{1/2}$ orbital in the predicted halo structure [2–4] of the neutron-deficient phosphorus isotopes $^{26,27,28}$P by measurements of deexcitation $\gamma$ ray in coincidence with the momentum distribution of the projectile residues. However, the measurements [5] of reaction cross sections for $^{27,28}$P+$^{12}$C at intermediate energies do not show proton-halo structure in $^{28}$P. Generally speaking, large halos are possible only for valence-neutrons in the $s$ and $p$ states, and the effect of the Coulomb barrier would hinder the formation of a proton halo [6]. Hence, proton halos are more difficult to probe experimentally, and the conclusions extracted may be not clear cut. $^{8}$B is a typical example. Many experiments [7–10] have been devoted to studies of $^{8}$B in order to establish its halo nature. Although investigated in considerable details, its halo character has been in controversy in recent years. A similar situation may occur in $^{28}$P. Thus, it is an interesting problem whether the proton-halo structure really exists in $^{28}$P or how large the halo is if it exists. Moreover, recent studies of nitrogen, oxygen, fluorine isotopes show an abrupt rise in the interaction cross section ($\sigma_I$) at $N=15$ [11] which are underpredicted even with 100% $s$-wave probability of a valence neutron in a "core-plus-neutron" halo model [11,12]. It is proposed that a core modification takes place in these nuclei [12]. Kanungo *et al.* [13] measured the longitudinal momentum distributions of one- and two-neutron removal fragments ($^{21,22}$O) of $^{23}$O from the reaction with a carbon target at 72 MeV/nucleon. Their results indicate the modification of the core ($^{22}$O) structure for the $sd$ shell nuclei near the neutron-drip line. The present work is motivated by the observations of this new type of anomaly in $sd$ shell nuclei. For this purpose, reaction cross sections of isotonic nuclei with $N=12$ and 13 on an Si target were measured, and special attention was paid to the nuclei with $Z=15$, i.e., $^{27,28}$P.

## II. EXPERIMENTAL PROCEDURE AND RESULTS

The experiment was performed at the Institute of Modern Physics, Lanzhou. Secondary beams of $^{27,28}$P and the corresponding isotones were produced by the projectile fragmentation of an $^{36}$Ar primary beam on a Be production target at 69 MeV/nucleon. The Be production target was 98.8 mg/cm$^2$ in thickness. The isotopes of the secondary beams were separated and selected by the magnetic rigidity of radioactive ion beam line in Lanzhou (RIBLL) [5] which served as a double-achromatic magnetic spectrometer in the present experiment. An Al energy degrader was used to improve the momentum resolution and purity of the secondary beams. The time of flight (TOF) of the projectiles was determined by two scintillators placed at the first and second achromatic focal planes of RIBLL 16.8 m apart. The resolution of TOF was 4 ns. The position information was given by two parallel-plate-avalanche counters (PPACs) placed in the front of and behind the second scintillator. Finally, a telescope consisting of seven transmission Si surface barrier detectors was installed after the second PPAC. The thicknesses of these detectors were 150 $\mu$m for the first one and 300 $\mu$m for the others. The TOF information along with the energy deposition ($\Delta E_i$) in the Si detectors were used to identify those projectiles of interest which underwent reactions. Figure 1 illustrates a typical two-dimensional plot of TOF versus $\Delta E_2$. It is seen from the figure that particles can be identified clearly by using TOF and $\Delta E_i$. Apart from $\Delta E$ detection, some of the Si detectors also served as the reaction target. Hence, the use of multiple Si detectors permits simultaneous measurement of reaction cross sections ($\sigma_R$) for several different energies.

Our data analysis procedure is similar to that used by Warner *et al.* [14,15]. A tight gate on PPACs, TOF, and $\Delta E_i$ was set for each detector to identify projectiles which had not yet reacted in that and preceding detectors. Figure 2 shows a spectrum of the total energy deposited in the telescope by $^{28}$P

---

① Physical Review C,2004,69(3):034326-(1-6).

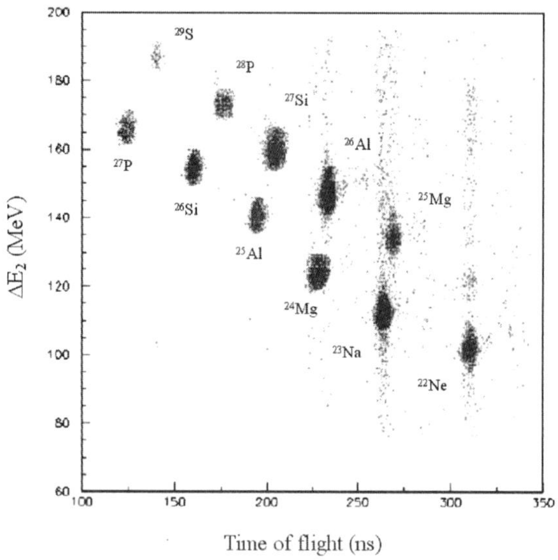


FIG. 1. Two-dimensional plot of TOF vs $\Delta E_2$.

projectiles. Events on the left of the dotted line were counted as reaction ones. The probability $\eta_1$ for a reaction to occur beyond the first Si detector was determined by the ratio of the reaction events to the total events in the spectrum which was gated on PPACs, TOF, and $\Delta E_1$. Likewise, the probability $\eta_{i+1}$ for a reaction to take place beyond the $(i+1)$th detector was found from a total energy spectrum gated on PPACs, TOF, and $\Delta Es$ of the $(i+1)$th and all preceding Si detectors. From the measured $\eta_i$ and $\eta_{i+1}$, the average $\sigma_R$ corresponding to the reactions taken place in the $i$th Si detector was determined by

$$\sigma_R = \frac{A}{\nu_\rho(\Delta x)_i}\ln\left[\frac{1-\eta_{i+1}}{\eta_i}\right], \tag{1}$$

where $A$ and $\rho$ are atomic mass number and density of target, $\nu$ is Avogadro's number, and $(\Delta x)_i$ the thickness of $\Delta E_i$. The

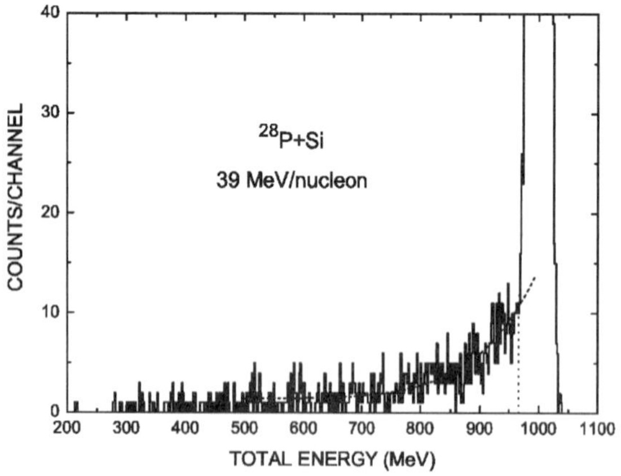


FIG. 2. Total energy deposition spectrum of $^{28}P$ projectile in Si telescope. Events to the left of the dotted vertical line are counted as reactions.

$\sigma_R$ was corrected for the reaction events under the elastic peak by extrapolating the spectrum left the dotted line. This correction only accounts for a few percentages of the total reaction cross section. The error in $\sigma_R$ includes the statistics, uncertainties of the detector thickness and the extrapolation of reaction events. The measured reaction cross sections are listed in Table I.

Figure 3 shows the measured $\sigma_R$ (solid squares) as a function of $Z$ for isotones with $N=12$ and 13 at 40 MeV/nucleon. It is worth noting that $\sigma_R$ increases obviously at $Z=15$. The situation is very similar to the nitrogen, oxygen, fluorine isotopes where a large increase in $\sigma_I$ at $N=15$ was observed [11,12]. This similarity may be a signature of charge independence of nuclear force in the nuclei far from $\beta$-stability line. In addition, it is seen that the rise of cross section for $^{27}$P (even $N$ case) is much more abrupt than that for $^{28}$P (odd $N$ case). Again, this feature is very similar to the nitrogen, oxygen, fluorine isotopes [12]. In the latter case, for the even $Z$ nuclei ($^{11}$Be, $^{19}$C, $^{23}$O) the rise of cross section is rather abrupt, however for the odd $Z$ nuclei ($^{22}$N, $^{24}$F) the cross section shows a continuously increasing trend. These even-odd features are probably a reflection of the effect of pairing interaction [12].

### III. MODIFIED GLAUBER MODEL ANALYSIS

A halo nucleus is considered to be composed of a core with one or two loosely bound nucleons tunneling out at distances far away from the core [16]. An abrupt enhancement of cross section of a nucleus compared to its preceding isotope/isotone neighbors can be a signature of a halo structure. The structure of halos is usually analyzed by the "core-plus-halo nucleon(s)" model [12,13], which is realized with a few-body (FB) Glauber model [17,18]. In the FB Glauber model, the projectile is decomposed into a core and halo nucleons, and the spatial correlation between core, halo nucleons, and target are explicitly taken into account [17–19]. When the nucleus has only one halo nucleon, the reaction cross section is given by

$$\sigma_R^{FB} = \int d\mathbf{b}\{1 - |\langle\varphi_0|\exp[i\chi_{FT}(\bar{\mathbf{a}}) + i\chi_{nT}(\bar{\mathbf{a}}+\mathbf{s}_1)]|\varphi_0\rangle|^2\}, \tag{2}$$

$$i\chi_{FT}(\bar{\mathbf{a}}) = -\int d\mathbf{s}T_F(\mathbf{s})\int d\mathbf{t}T_T(\mathbf{t})\Gamma(\bar{\mathbf{a}}+\mathbf{s}-\mathbf{t}), \tag{3}$$

$$i\chi_{nT}(\bar{\mathbf{a}}+\mathbf{s}_1) = -\int d\mathbf{t}T_T(\mathbf{t})\Gamma(\bar{\mathbf{a}}+\mathbf{s}_1-\mathbf{t}), \tag{4}$$

where $\mathbf{b}$ is a two-dimension vector of the impact parameter which is perpendicular to the incident direction, $\bar{\mathbf{a}}=\mathbf{b}-(1/A)\mathbf{s}_1$ is the impact parameter vector of core, $A$ is the mass number of the projectile, $\mathbf{s}_1$ is the perpendicular component of the halo nucleon coordinate with respect to the mass center of the core, and $\varphi_0$ is the bound state wave function. $\chi_{FT}$, $\chi_{nT}$ are the optical phase-shift functions of the

TABLE I. The valence-proton separation energy, energy of projectiles, experimental reaction cross sections and theoretical reaction cross sections calculated with the Glauber model of the OL approach for the isotones with $N$=12 and 13. For $^{25}$Al instead of proton separation energy, the neutron energy is given.

| Nucleus | $S_p$ (MeV) | $E_{in}$ (MeV/nucleon) | $E_{av}$ (MeV/nucleon) | $E_{out}$ (MeV/nucleon) | $\sigma_R^{exp}$ (mb) | $\sigma_R^{OL}$ (mb) |
|---|---|---|---|---|---|---|
| $^{23}$Na | 8.794 | 19.3 | 14.5 | 9.7 | 1880±150 | |
| | | 22.7 | 22.7 | 19.3 | 2018±150 | 2010 |
| $^{24}$Mg | 11.693 | 22.4 | 17.7 | 13.1 | 1993±80 | |
| | | 29.4 | 25.9 | 22.4 | 1998±80 | 1963 |
| $^{25}$Mg | 12.064 | 27.4 | 23.9 | 20.3 | 2237±133 | |
| | | 33.4 | 30.4 | 27.4 | 2026±121 | 1967 |
| $^{25}$Al | 16.932* | 25.3 | 20.6 | 15.9 | 2141±120 | |
| | | 32.5 | 28.9 | 25.3 | 2027±110 | 1972 |
| $^{26}$Al | 6.307 | 30.4 | 26.7 | 23.0 | 2164±90 | |
| | | 36.6 | 33.5 | 30.4 | 2026±100 | 2075 |
| $^{26}$Si | 5.518 | 27.9 | 23.1 | 18.4 | 2351±190 | |
| | | 35.4 | 31.7 | 27.9 | 2284±190 | 2092 |
| $^{27}$Si | 7.463 | 33.0 | 29.2 | 25.3 | 2145±80 | |
| | | 39.5 | 36.3 | 33.0 | 2008±100 | 2050 |
| $^{27}$P | 0.900 | 30.6 | 25.8 | 20.9 | 3029±380 | |
| | | 38.4 | 34.5 | 30.6 | 2900±370 | 2302 |
| $^{28}$P | 2.066 | 35.6 | 31.6 | 27.6 | 2377±110 | |
| | | 42.4 | 39.0 | 35.6 | 2237±80 | 2210 |

core and halo nucleon scattering with the target, respectively. $T_F$ is the thickness function of the core. Γ is the profile function of a nucleon-nucleon ($N$-$N$) scattering. In our calculations, it takes the following expression [20],

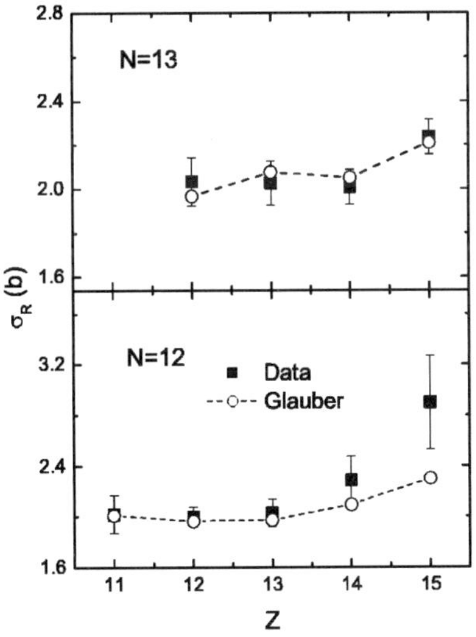


FIG. 3. The $Z$ dependence of the reaction cross sections for the isotones with $N$=12 and 13 at 40 MeV/nucleon. The solid squares with error bar represent the experimental data. The open circles illustrate the prediction of the modified Glauber model in the OL approach. The symbols are connected by lines for each isotonic number to guide the eye.

$$\Gamma(\mathbf{b}) = \frac{\sigma_{NN}}{2\pi\beta^2}(1 - i\alpha_{NN})\exp\left(-\frac{b^2}{\beta^2}\right), \quad (5)$$

where $\sigma_{NN}$ is the total $N$-$N$ scattering cross section, $\alpha_{NN}$ is the ratio of the real to the imaginary part of the forward $N$-$N$ scattering amplitude, and $\beta$ represents the finite range of the $N$-$N$ interaction, respectively. It is important to take the finite range of the $N$-$N$ interaction into account in order to reproduce the experimental data at low and intermediate energies [21]. The range of the $N$-$N$ interaction is fixed as $\beta$=1.0 fm in the present work. The large enhancement of the experimental reaction cross sections of $^{27,28}$P calls for careful analysis with the Glauber theory of optical limit (OL) and FB approaches described above.

In Fig. 3, the predictions of the modified Glauber theory in the OL approach [21,22] are compared with the experimental cross sections. In this approach, the Coulomb and finite range corrections are taken into account. It is verified [21,22] that with this modified version the Glauber theory can be extended to low energy region. In our calculations, the nuclear density distributions are evaluated in a Woods-Saxon (WS) potential. The radius and diffuseness parameters are taken as $r_0$=1.17 fm and $a$=0.65 fm. The depth of the WS potential is adjusted by reproducing the single proton separation energy. The proton separation energies for these isotones are also listed in Table I. There is only one exception of $^{25}$Al. Small separation energy of the valence proton in $^{25}$Al results in too diffused density. To reproduce the experimental data, the neutron separation energy is used to adjust the WS potential depth in the calculation for $^{25}$Al. It may be

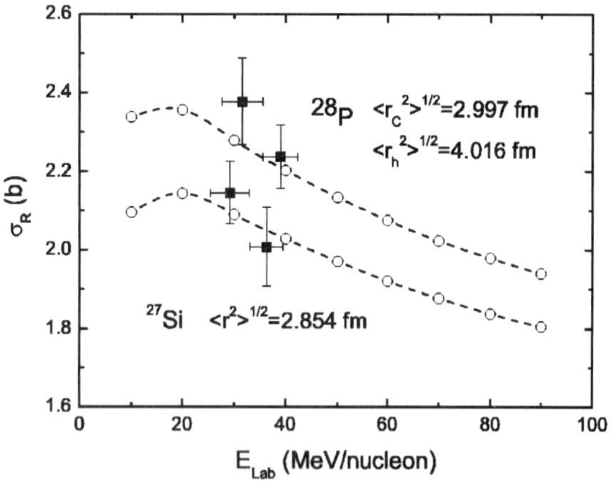


FIG. 4. Measured $\sigma_R$ vs energy for the $^{27}$Si, $^{28}$P+$^{28}$Si reactions. The predictions of the modified Glauber model of the OL approach (open circles) are compared with the experimental data.

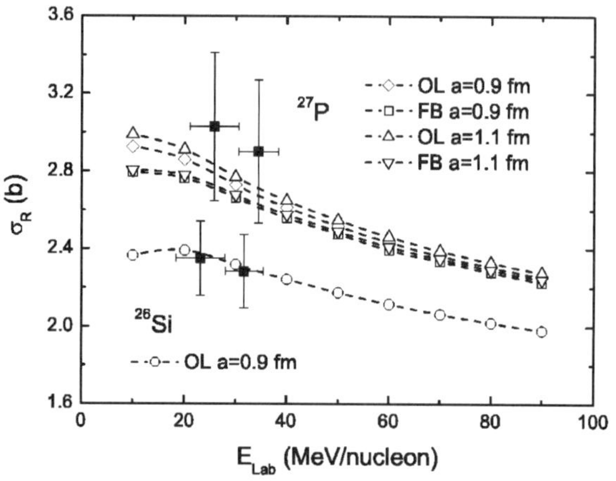


FIG. 5. Measured $\sigma_R$ vs energy for the $^{26}$Si, $^{27}$P+$^{28}$Si reactions. The predictions of the modified Glauber model of OL and FB approaches (open symbols) are compared with the experimental data. The numbers in the figure represent the diffuseness parameter of the WS potential for the valence proton.

seen from Fig. 3 that there is satisfactory agreement between theory and experiment for the isotones with $Z\leqslant 14$. The experimental datum for $^{27}$P appears to be obviously greater than the calculated value. Although the reaction cross section of $^{28}$P displays an enhancement in comparison with the neighbor isotone, the modified Glauber theory with a diffused density distribution of $^{28}$P could describe the experimental datum.

As shown in Fig. 4 the measured $\sigma_R$ of $^{27}$Si+$^{28}$Si can be well described by the modified Glauber theory of OL approach. In the calculations, the geometry parameters of the WS potential are fixed at the values of $r_0$=1.17 fm and $a$ =0.65 fm, and the depths of the WS potential are adjusted by reproducing the valence proton separation energies of $^{27}$Si and $^{28}$P, respectively. Since the depths of the WS potential are different, the root-mean-square (rms) radii of the bare and core nuclei $^{27}$Si do not have the same values. The calculated rms radii are 2.854 fm and 2.997 fm for the bare and core nuclei $^{27}$Si, respectively. This means that the size of the core $^{27}$Si in the nucleus $^{28}$P is enlarged by about 0.143 fm as compared to that of the bare nucleus $^{27}$Si. Due to the Coulomb barrier the rms radius of the proton in the $2s_{1/2}$ state of $^{28}$P is only $\langle r_h^2\rangle^{1/2}$=4.016 fm in the WS geometry $(r_0,a)$ =(1.17,0.65) fm. Therefore, the enhancement of the measured $\sigma_R$ of $^{28}$P+$^{28}$Si could be described satisfactorily by the size enlargement of the core $^{27}$Si and the wave function of the valence proton at $2s_{1/2}$ state in the modified Glauber theory of the OL approach. It should be pointed out that the theoretical result underestimates the reaction cross section of $^{28}$P when the density distribution of $^{28}$P is calculated in the nonlinear relativistic mean field theory (RMF), where the density distribution of the valence proton at $2s_{1/2}$ state is less diffused.

The nucleus $^{26}$Si is an isotope with two neutron deficit. As shown in Fig. 5, the Glauber theory of the OL approach gives a well description of the $^{26}$Si experimental data if a diffused density distribution with the WS geometry of $(r_0,a)$ =(1.27,0.9) fm is used. The obtained rms radius of the bare nucleus $^{26}$Si is 3.190 fm. Adding one proton in the $2s_{1/2}$ state and adjusting the depth of the WS potential to fit the separation energy $S_p$=0.900 MeV of the valence proton with the same geometry parameters the density distributions of the core $^{26}$Si and valence proton are calculated. In terms of these density distributions, the cross sections for the reaction of $^{27}$P+$^{28}$Si are evaluated in the Glauber theory of the OL and FB approaches, respectively. In this calculation, the valence proton at $2s_{1/2}$ state has a relative diffused density distribution due to its weak binding energy, and therefore the core is enlarged. The rms radii of the core and valence proton extracted from these density distributions are $\langle r_c^2\rangle^{1/2}$ =3.470 fm and $\langle r_h^2\rangle^{1/2}$=4.875 fm, respectively. The difference between the rms radii of the core and bare nuclei $^{26}$Si is 0.280 fm. The results of the calculations, which are shown in Fig. 5 as open diamonds and squares respectively, still underpredict the experimental data. In order to improve the agreement, we increase the WS potential diffuseness of the valence proton to $a$=1.1 fm, meanwhile keeping the radius parameter and the core density distribution fixed. In this way, the reaction cross sections of $^{27}$P+$^{28}$Si are recalculated with the Glauber model of the OL and FB approaches. The resulting reaction cross sections are increased slightly, and are still lower than the experimental data. In this case, the rms radius of the valence proton is $\langle r_h^2\rangle^{1/2}$=5.235 fm. On the other side, the failure to reproduce the $^{27}$P data in detail may reflect deficiencies in our treatment of the reaction cross section. For example, the role of Coulomb-induced reaction is not taken into account in the present modified Glauber model. However, in the cases of $^{28}$P and the isotones with $Z\leqslant 14$ the modified Glauber theory could well describe the experimental cross sections. Therefore, the contribution of the Coulomb-induced reactions to the total reaction cross section, if any, may be not important for the system of $^{27}$P +$^{28}$Si as well.

$^{27}$Mg and $^{28}$Al are the mirror nuclei of $^{27,28}$P, respectively. Because of isospin symmetry, the level structures within each pair should be similar. Therefore, it would be very in-

TABLE II. A comparison between the mirror nuclei $^{27}$Mg, $^{27}$P, and $^{28}$Al, $^{28}$P. The neutron separation energies for $^{27}$Mg and $^{28}$Al, and proton separation energies for $^{27,28}$P are given in the table. Listed in the sixth and seventh columns are the calculated results of the Glauber model in the OL approach without and with finite range correction, respectively, where the corresponding density distributions are calculated in the RMF with the parameter set NL3.

| Nucleus | $S_p$ (MeV) | Reaction | $E_{Lab}$ (MeV/nucleon) | $\sigma^{\exp}$ (mb) | $(\sigma_R^{OL})_{\rm nfc}$ (mb) | $(\sigma_R^{OL})_{\rm fc}$ (mb) |
|---|---|---|---|---|---|---|
| $^{27}$Mg | 6.443 | $^{27}$Mg+$^{12}$C | 950 | 1203±16 | 1314 | 1340 |
| $^{28}$Al | 7.725 | $^{28}$Al+$^{12}$C | 19 | 1866±121 | 1732 | 1898 |
| $^{27}$P | 0.900 | $^{27}$P+$^{28}$Si | 34.5 | 2900±370 | 1972 | 2145 |
| $^{28}$P | 2.066 | $^{28}$P+$^{28}$Si | 39.0 | 2237±80 | 1934 | 2109 |

teresting to make a comparison between the mirror nuclei. Listed in Table II are the interaction cross section ($\sigma_I$) for $^{27}$Mg+$^{12}$C [23] and reaction cross section for $^{28}$Al+$^{12}$C [24] along with the results of Glauber model analysis. In these calculations, the nuclear density distributions are evaluated in the RMF theory [25–27] with the parameter NL3 [28]. We calculate the cross sections by the Glauber theory of the OL approach with and without finite range correction. It can be seen from Table II that the results of these calculations are in good agreement with the experimental data for $^{27}$Mg, $^{28}$Al, but not for $^{27,28}$P. In the case of $^{27}$P, the usual Glauber theory, i.e., the theory without finite range correction, underpredicts the experimental datum about 50%. Therefore, the comparison with the mirror nuclei supplies us a collateral evidence that the proton-rich phosphorus isotopes $^{27,28}$P should have anomalous structures.

### IV. SUMMARY

The reaction cross sections of $^{27,28}$P and the corresponding isotones on the Si target are measured at intermediate energies. The measured reaction cross sections of the $N=12$ and 13 isotones show a large increase at $Z=15$. The experimental results for the isotones with $Z\leqslant 14$ as well as $^{28}$P can be well described by the modified Glauber theory of the OL approach. The enhancement of the cross section for the $^{28}$P +$^{28}$Si reaction could be well explained by the modified Glauber theory of the OL approach with an enlarged core. The valence proton in $^{28}$P at $2s_{1/2}$ state has less diffused density distribution than usually observed in a halo nucleon. The modified Glauber theory of the OL and FB approaches somehow underpredicts the experimental data of $^{27}$P. In these calculations 100% occupancy of the valence proton in the $s$ orbital is assumed. Since $s$-wave contribution gives the largest cross section, the results of the modified Glauber model calculation represent the up-limit predictions of core-plus-halo nucleon(s) model. In addition, as shown in Table II the modified Glauber model with the RMF theory densities also underpredict the cross section for $^{27}$P. Although a satisfactory agreement between the theoretical predictions and experimental data is not reached, our theoretical analysis indicates that an enlarged core together with proton halo are probably the mechanisms responsible for the anomalous enhancement of the cross sections for the reaction of $^{27}$P +$^{28}$Si. However, this suggestion should be viewed as a primary theoretical explanation. Actually, the halo structure of $sd$ shell proton-rich nuclei is not quite clearly understood theoretically yet. In order to prove the possible relevant mechanisms, further investigations with more sophisticated experiments and theories are required.

### ACKNOWLEDGMENTS

This work was supported by the National Natural Science Foundation of China under Grant Nos. 10075080, 10175092, 10235030, 10275092, 10275094 and the Major State Basic Research Development Programme under Grant No. G200007400.

[1] A. Navin *et al.*, Phys. Rev. Lett. **81**, 5089 (1998).
[2] B. A. Brown and P. G. Hansen, Phys. Lett. B **381**, 391 (1996).
[3] Z. Z. Ren, B. Q. Chen, Z. Y. Ma, and G. O. Xu, Phys. Rev. C **53**, 572 (1996).
[4] B. Q. Chen, Z. Y. Ma, F. Grümmer, and S. Krewald, J. Phys. G **24**, 97 (1998).
[5] H. Y. Zhang *et al.*, Nucl. Phys. **A707**, 303 (2002).
[6] K. Riisager, A. S. Jensen, and P. Moller, Nucl. Phys. **A548**, 393 (1992).
[7] T. Minamisono *et al.*, Phys. Rev. Lett. **69**, 2058 (1992).
[8] B. Blank *et al.*, Nucl. Phys. **A624**, 242 (1997).
[9] F. Negoita *et al.*, Phys. Rev. C **54**, 1787 (1996).
[10] J. H. Kelley *et al.*, Phys. Rev. Lett. **77**, 5020 (1996).
[11] A. Ozawa *et al.*, Nucl. Phys. **A691**, 599 (2001).
[12] R. Kanungo, I. Tanihata, and A. Ozawa, Phys. Lett. B **512**, 261 (2001).
[13] R. Kanungo *et al.*, Phys. Rev. Lett. **88**, 142502 (2002).
[14] R. E. Warner *et al.*, Phys. Rev. C **52**, R1166 (1995).
[15] R. E. Warner *et al.*, Nucl. Phys. **A635**, 292 (1998).
[16] A. S. Jensen and K. Riisager, Phys. Lett. B **480**, 39 (2000).
[17] Y. Ogawa, K. Yabana, and Y. Suzuki, Nucl. Phys. **A543**, 723 (1992).

[18] J. S. Al-Khalili and J. A. Tostevin, Phys. Rev. Lett. **76**, 3903 (1996).
[19] Y. L. Zhao, Z. Y. Ma, B. Q. Chen, and W. Q. Shen, Chin. Phys. Lett. **20**, 53 (2003).
[20] S. K. Charagi and S. K. Gupta, Phys. Rev. C **56**, 1171 (1997).
[21] Y. L. Zhao, Z. Y. Ma, and B. Q. Chen, Commun. Theor. Phys. **36**, 313 (2001).
[22] Y. L. Zhao, Z. Y. Ma, B. Q. Chen, and X. Q. Sun, High Energy Phys. Nucl. Phys. **25**, 506 (2001).
[23] T. Suzuki *et al.*, Nucl. Phys. **A630**, 661 (1998).
[24] X. Z. Cai *et al.*, Phys. Rev. C **65**, 024610 (2002).
[25] C. J. Horowitz and B. D. Serot, Nucl. Phys. **A368**, 503 (1981).
[26] P. G. Reinhard, M. Rufa, J. Maruhn, W. Greiner, and J. Friedrich, Z. Phys. A **323**, 13 (1986).
[27] S. K. Para, Nucl. Phys. **A559**, 173 (1993).
[28] G. A. Lalazissis, J. König, and P. Ring, Phys. Rev. C **55**, 540 (1997).

# Direct Radiative Capture of Neutron in Drip-Line Nuclei ①

LIU Zu-Hua(刘祖华), ZHANG Xi-Zhen(张锡珍) , ZHANG Huan-Qiao(张焕乔)
*China Institute of Atomic Energy, Beijing 102413*

(Received 24 September 2003)

*The analytic expressions of radial matrix elements $\langle \ell_c = 0|r|\ell_h = 1\rangle$, $\langle \ell_c = 1|r|\ell_h = 0\rangle$ and $\langle \ell_c = 1|r|\ell_h = 2\rangle$ in a finite square-well potential are derived. Based on these analytic expressions of radial matrix elements, the neutron direct radiative capture (DRC) processes leading to bound p-orbit from incident s-wave, and leading to s- and d-orbits from incident p-wave are discussed. For the DRC processes leading to loosely bound orbits, the dominant contributions to the radial matrix elements come from the outer region of nuclear potential radius R.*

*PACS: 25.40.Lw, 21.10.Gv, 24.50.+g*

The presence of nucleons with very small binding energies in nuclei far from the $\beta$-stability line produces the low-lying threshold strength, which is the continuum excitation spectrum starting from the excitation energy equal to the binding energy $B_\nu$ of the least-bound nucleon.[1] The neutron non-resonant direct radiative capture (DRC) cross section is mainly determined by electric dipole low-lying threshold strengths [2–4]

$$\sigma_{n,\gamma}^{E_1} = \frac{16\pi}{9\hbar} k_\gamma^3 |\langle f|E1|i\rangle|^2.$$

The matrix element $\langle f|E1|i\rangle$ of electric dipole operator $E1 = e_{\rm eff} r Y_{1\mu}$ can be decomposed into the angular part which is model independent and the radial part $\langle \ell_c|r|\ell_h\rangle$ which depends on specific assumptions on the initial- and final-state radial wavefunctions,[4] where the effective charge $e_{\rm eff}$ equals $N/A$ for proton and equals $Z/A$ for neutron. As we know, it is not easy to obtain a reliable result by performing numerical integrations over radial coordinates when properties of a system which contains particles with very small binding energies are investigated and especially when particles with small energies in continuum are also involved. This difficulty can be avoided by adopting a finite square-well potential because the radial part of the matrix elements can be worked out analytically.[5] In this Letter, we derive the analytic expressions of radial matrix elements $\langle \ell_c = 0|r|\ell_h = 1\rangle$, $\langle \ell_c = 1|r|\ell_h = 0\rangle$ and $\langle \ell_c = 1|r|\ell_h = 2\rangle$ in a finite square-well potential, and based on these analytic expressions we discuss the neutron DRC processes leading to loosely bound p-orbit from incident s-wave and leading to loosely bound s- and d-orbits from incident p-wave. We will see that these processes mainly take place on the nuclear surface and in the external region.

In a finite square-well potential

$$U(r) = \begin{cases} 0 & r < R \\ U_0 & r > R \end{cases};$$

the radial wavefunctions for bound states are

$$\boldsymbol{R}_{n\ell}(r) = \begin{cases} A_{n\ell} j_\ell(\kappa r) & r < R \\ A_{n\ell} \dfrac{j_\ell(\xi)}{k_\ell(\chi)} k_\ell(\alpha r) & r \ge R, \end{cases}$$

where $j_\ell(\kappa r)$ and $k_\ell(\alpha r)$ are the spherical Bessel function and the modified spherical Bessel function respectively;

$$\kappa = \sqrt{\frac{2mE}{\hbar^2}}, \quad \alpha = \sqrt{\frac{2m(U_0 - E)}{\hbar^2}}, \quad \kappa_0 = \sqrt{\frac{2mU_0}{\hbar^2}},$$

$\xi = \kappa R$, $\xi_0 = \kappa_0 R$, $\chi = \alpha R$. Whilst $A_{n\ell}$ is determined by the normalization condition

$$\int_0^\infty \boldsymbol{R}_{n\ell}(r)^2 r^2 dr = 1.$$

The eigenvalues $E$ are determined by the condition that the logarithmic derivative of wavefunction should be continuously across the surface $r = R$.

The wavefunctions for continuum states are

$$R_\ell^{E_c}(r) = \begin{cases} C_{\ell_c} \dfrac{\cos\delta_{\ell_c} j_{\ell_c}(\eta) - \sin\delta_{\ell_c} y_{\ell_c}(\eta)}{j_{\ell_c}(\xi_c)} j_{\ell_c}(kr) \\ \hfill r < R, \\ C_{\ell_c}\{\cos\delta_{\ell_c} j_{\ell_c}(\beta r) - \sin\delta_{\ell_c} y_{\ell_c}(\beta r)\} \\ \hfill r \ge R, \end{cases}$$

where $C_{\ell_c} = \sqrt{\frac{2m\beta}{\pi\hbar^2}}$, which is obtained by the normalization condition

$$\int_0^\infty R_\ell^{E_c}(r) R_\ell^{E_c'}(r) r^2 dr = \delta(E - E').$$

The phase shift $\delta_\ell$ can be determined by the condition that the logarithmic derivative of wavefunction should be continuously across the surface $r = R$.

When $\boldsymbol{\ell}_c = 0$, we have

$$\mathrm{tg}(\eta + \delta_0) = \frac{\eta}{\xi_c} \mathrm{tg}\xi_c.$$

For a very small value of $\eta$, if $\xi_c$ is far away from the values of $(n + \frac{1}{2})\pi$, then $\delta_0 \sim 0$.

① Chin.Phys.Lett.,2004,21(2):273-275.

When $\ell_c = 1$, we have

$$\mathrm{tg}(\eta+\delta_1)=\frac{\eta}{1+\eta^2A},\quad A=\frac{(1-\frac{1}{\xi_c}\mathrm{tg}\xi_c)}{\xi_c\mathrm{tg}\xi_c}.$$

For a very small value of $\eta$, if $\xi_c$ is far away from the values of $n\pi$, then $\delta_1\sim 0$.

The radial matrix element $\langle\ell_c|r|\ell_h\rangle = \langle\ell_c|r|\ell_h\rangle_{\text{in}} + \langle\ell_c|r|\ell_h\rangle_{\text{out}}$, both the radial integrals $\langle\ell_c|r|\ell_h\rangle_{\text{in}} = \int_0^R R_{n\ell_h}(r)R_{\ell_c}^{E_c}(r)r^3dr$ and $\langle\ell_c|r|\ell_h\rangle_{\text{out}} = \int_R^\infty R_{n\ell_h}(r)R_{\ell_c}^{E_c}(r)r^3dr$ can be worked out analytically.

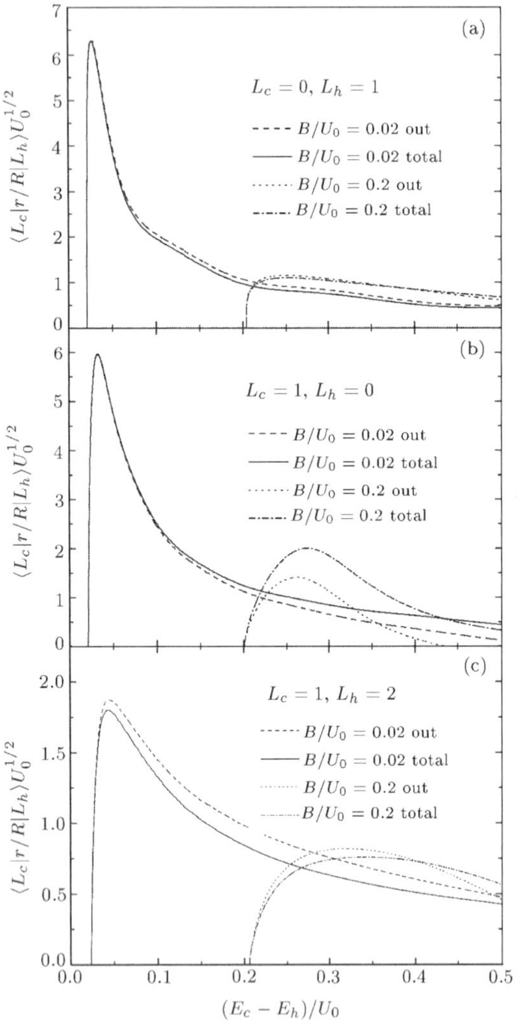


**Fig. 1.** Radial matrix elements $\langle l_c|r|l_h\rangle\sqrt{U_0}$ as a function of $(E_c-E_h)/U_0$ for $\sqrt{\frac{2mB}{\hbar^2}}R = 0.02$ and 0.2 which correspond to $B = 1\,\text{MeV}$ and $10\,\text{MeV}$ when we choose $U_0 = 50\,\text{MeV}$ in the cases of (out) the contribution from the outer potential radius $R$ and (total) the sum of the contributions from both the outer and inner potential radius $R$: (a) $l_c = 0$, $l_h = 1$; (b) $l_c = 1$, $l_h = 0$; and (c) for $l_c = 1$, $l_h = 2$.

The analytic expressions of radial matrix elements $\langle\ell_c = 0|r|\ell_h = 1\rangle$, $\langle\ell_c = 1|r|\ell_h = 0\rangle$ and $\langle\ell_c = 1|r|\ell_h = 2\rangle$ are as follows:

$$\langle\ell_c=0|r|\ell_h=1\rangle_{\text{in}}=\sqrt{\frac{2\xi_h^2(1+\chi)^2}{\xi_0^2(\chi^2+3\chi+3)}}\sqrt{\frac{2m}{\pi\hbar^2}}R^2$$
$$\cdot\frac{\eta^{\frac{1}{2}}}{\sqrt{1+\eta^2(\frac{\tan(\xi_c)}{\xi_c})^2}}\Big(-\frac{\omega_p^2}{\omega^2}-\frac{\chi^2}{1+\chi}\frac{1}{\xi_c}\tan(\xi_c)$$
$$+\frac{2}{\omega^2}\Big(\frac{\chi^2}{1+\chi}+\xi_h^2\Big)\frac{1}{\xi_c}\tan(\xi_c)\Big),$$

$$\langle\ell_c=0|r|\ell_h=1\rangle_{\text{out}}=\sqrt{\frac{2\xi_h^2(1+\chi)^2}{\xi_0^2(\chi^2+3\chi+3)}}\sqrt{\frac{2m}{\pi\hbar^2}}R^2$$
$$\cdot\frac{\eta^{\frac{1}{2}}}{\sqrt{1+\eta^2(\frac{\tan\xi_c}{\xi_c})^2}}\Big(\frac{\omega_p^2}{\omega^2}+\frac{\chi^2}{1+\chi}\frac{1}{\xi_c}\tan(\xi_c)$$
$$+\frac{2}{\omega^2}\frac{\chi^3}{1+\chi}\frac{1}{\xi_c}\tan(\xi_c)\Big),$$

$$\langle\ell_c=0|r|\ell_h=1\rangle=\langle\ell_c=0|r|\ell_h=1\rangle_{\text{in}}+\langle\ell_c=0|r|\ell_h=1\rangle_{\text{out}}$$
$$=\sqrt{\frac{2\xi_h^2(1+\chi)^2}{\xi_0^2(\chi^2+3\chi+3)}}\sqrt{\frac{2m}{\pi\hbar^2}}R^2$$
$$\cdot\frac{\eta^{\frac{1}{2}}\frac{\tan(\xi_c)}{\xi_c}}{\sqrt{1+\eta^2(\frac{\tan(\xi_c)}{\xi_c})^2}}\frac{2\xi_0^2}{\omega^4},$$

$$\langle\ell_c=1|r|\ell_h=0\rangle_{\text{in}}=\frac{\xi_h}{\xi_0}\sqrt{\frac{2\chi}{1+\chi}}\sqrt{\frac{2m}{\pi\hbar^2}}R^2$$
$$\cdot\frac{\eta^{\frac{3}{2}}}{\sqrt{(1+\eta^2A)^2+\eta^2}}$$
$$\cdot\frac{1}{\omega^2}\Big(-\frac{\omega_s^2+2}{\omega^2}+A\chi-\frac{2\xi_c^2}{\omega^2}A\Big),$$

$$\langle\ell_c=1|r|\ell_h=0\rangle_{\text{out}}=\frac{\xi_h}{\xi_0}\sqrt{\frac{2\chi}{1+\chi}}\sqrt{\frac{2m}{\pi\hbar^2}}R^2$$
$$\cdot\frac{\eta^{\frac{3}{2}}}{\sqrt{(1+\eta^2A)^2+\eta^2}}\frac{1}{\omega^2}\Big(\frac{\omega_s^2+2}{\omega^2}-A\chi+\frac{2\eta^2}{\omega^2}A\Big),$$

$$\langle\ell_c=1|r|\ell_h=0\rangle=\langle\ell_c=1|r|\ell_h=0\rangle_{\text{in}}+\langle\ell_c=1|r|\ell_h=0\rangle_{\text{out}}$$
$$=\frac{\xi_h}{\xi_0}\sqrt{\frac{2\chi}{1+\chi}}\sqrt{\frac{2m}{\pi\hbar^2}}R^2$$
$$\cdot\frac{\eta^{\frac{3}{2}}}{\sqrt{(1+\eta^2A)^2+\eta^2}}\frac{-2\xi_0^2A}{\omega^4},$$

$$\langle\ell_c=1|r|\ell_h=2\rangle_{\text{in}}$$
$$=\frac{\xi_h}{\xi_0}\sqrt{\frac{2(\chi^2+3\chi+3)^2}{(1+\chi)(\chi^3+6\chi^2+15\chi+15)}}\sqrt{\frac{2m}{\pi\hbar^2}}R^2$$
$$\cdot\frac{\eta^{3/2}}{\sqrt{(1+\eta^2A)^2+\eta^2}}\frac{1}{\omega^2}\Big\{\frac{\omega_d^2}{\omega^2}-\frac{\chi^2(1+\chi)}{\chi^2+3\chi+3}A$$
$$+\Big(\frac{2\xi_h^2}{\omega^2}+\frac{6\chi^2(1+\chi)}{(\chi^2+3\chi+3)\omega^2}\Big)A\Big\},$$

$$
\begin{aligned}
&\langle \ell_c = 1|r|\ell_h = 2\rangle_{\text{out}} \\
&= \frac{\xi_h}{\xi_0}\sqrt{\frac{2(\chi^2+3\chi+3)^2}{(1+\chi)(\chi^3+6\chi^2+15\chi+15)}}\sqrt{\frac{2m}{\pi\hbar^2}}R^2 \\
&\cdot \frac{\eta^{3/2}}{\sqrt{(1+\eta^2A)^2+\eta^2}}\frac{1}{\omega^2}\Big\{-\frac{\omega_d^2}{\omega^2}+\frac{\chi^2(1+\chi)}{\chi^2+3\chi+3}A \\
&+\frac{2\chi^4}{(\chi^2+3\chi+3)\omega^2}A\Big\},
\end{aligned}
$$

$$
\begin{aligned}
&\langle \ell_c = 1|r|\ell_h = 2\rangle = \langle \ell_c = 1|r|\ell_h = 2\rangle_{\text{in}} \\
&+ \langle \ell_c = 1|r|\ell_h = 2\rangle_{\text{out}} \\
&= \frac{\xi_h}{\xi_0}\sqrt{\frac{2(\chi^2+3\chi+3)^2}{(1+\chi)(\chi^3+6\chi^2+15\chi+15)}} \\
&\cdot \sqrt{\frac{2m}{\pi\hbar^2}}R^2\frac{\eta^{3/2}}{\sqrt{(1+\eta^2A)^2+\eta^2}}\frac{2\xi_0^2}{\omega^4}A,
\end{aligned}
$$

where

$$
\omega_s^2 = \chi(\chi+2)+\eta^2, \quad \omega_p^2 = \chi^2\Big(\frac{3+\chi}{1+\chi}\Big)+\eta^2,
$$

$$
\omega_d^2 = \chi^2\Big(1+\frac{2(1+\chi)}{\chi^2+3\chi+3}\Big)+\eta^2.
$$

From the above expressions we see clearly that for a given value of $\chi$, the threshold strengths which are proportional to the square of the radial matrix elements behave in the form of $\eta^{2\ell_c+1} \sim (E_c - U_0)^{\ell_c+\frac{1}{2}}$.[5]

When $\ell_h = 0$, the zero binding energies occur at $\xi_s = (n+\frac{1}{2})\pi$ $(n \geq 0)$. We are interested in the cases $n \geq 1$. For a small value of $\omega$ (both $\chi$ and $\eta$ are small), $\xi_c$ can be expanded around $\xi_s$ as $\xi_c \approx \xi_s + \frac{\omega_s^2}{2\xi_s}$. Within this approximation $A = \frac{(1-\frac{1}{\xi_c}\tan(\xi_c))}{\xi_c\tan(\xi_c)} \approx -\frac{\omega_s^2+2}{2\xi_s^2}$, the two dominant terms $-\frac{\omega_s^2+2}{\omega^2}$ and $-\frac{2\xi_c^2}{\omega^2}A \sim \frac{\omega_s^2+2}{\omega^2}$ in $\langle \ell_c = 1|r|\ell_h = 0\rangle_{\text{in}}$ cancel out each other, but there is only one dominant term $\frac{\omega_s^2+2}{\omega^2}$ in $\langle \ell_c = 1|r|\ell_h = 0\rangle_{\text{out}}$. This means that the dominant contribution to radial matrix element $\langle \ell_c = 1|r|\ell_h = 0\rangle$ comes from the outer region of the potential radius $R$.

When $\ell_h = 1$, the zero binding energies occur at $\xi_p = n\pi$ $(n \geq 1)$. For small value of $\omega$, $\xi_c$ can be expanded around $\xi_p$ as $\xi_c \approx \xi_p + \frac{\omega_p^2}{2\xi_p}$. Within this approximation $\frac{\tan(\xi_c)}{\xi_c} \approx \frac{\omega_p^2}{2\xi_p^2}$, then the two dominant terms $-\frac{\omega_p^2}{\omega^2}$ and $\frac{2\xi_h^2}{\omega^2}\frac{\tan(\xi_c)}{\xi_c} \sim \frac{\omega_p^2}{\omega^2}$ in $\langle \ell_c = 0|r|\ell_h = 1\rangle_{\text{in}}$ cancel out each other, but the only dominant term $\frac{\omega_p^2}{\omega^2}$ in $\langle \ell_c = 0|r|\ell_h = 1\rangle_{\text{out}}$ will remain to be unchanged because there is no term to cancel it out. This means that the dominant contribution to radial matrix element $\langle \ell_c = 0|r|\ell_h = 1\rangle$ comes from the outer region of the potential radius $R$.

When $\ell_h = 2$, the zero binding energies occur at $\xi_d = \tan(\xi_d)(\xi_d \sim 4.5)$. For a small value of $\omega$, $\xi_c$ can be expanded around $\xi_d$ as $\xi_c \approx \xi_d + \frac{\omega_d^2}{2\xi_d}$. Within this approximation $A = \frac{(1-\frac{1}{\xi_c}\tan(\xi_c))}{\xi_c\tan(\xi_c)} \approx -\frac{\omega_d^2}{2\xi_d^2}$, the two dominant terms $\frac{\omega_d^2}{\omega^2}$ and $\frac{2\xi_h^2}{\omega^2}A \sim -\frac{\omega_d^2}{\omega^2}$ in the $\langle \ell_c = 1|r|\ell_h = 2\rangle_{\text{in}}$ cancel out each other, but the only dominant term $-\frac{\omega_d^2}{\omega^2}$ in $\langle \ell_c = 1|r|\ell_h = 2\rangle_{\text{out}}$ will remain to be unchanged because there is no term to cancel it out. This leads to the fact that the dominant contribution to the radial matrix element $\langle \ell_c = 1|r|\ell_h = 2\rangle$ comes from the outside region of the potential radius $R$.

In Fig. 1 we show the radial matrix elements $\langle \ell_c = 0|r/R|\ell_h = 1\rangle\sqrt{U_0}$, $\langle \ell_c = 1|r/R|\ell_h = 0\rangle\sqrt{U_0}$ and $\langle \ell_c = 1|r/R|\ell_h = 2\rangle\sqrt{U_0}$ as functions of $\frac{(E_c - E_h)}{U_0}$ for $\chi = \sqrt{\frac{2mB}{\hbar^2}} \approx 0.02$ and 0.2. If we choose $U_0 = 50\,\text{MeV}$, these values of $\chi$ correspond to the binding energies of 1 MeV and 10 MeV, respectively. From Fig. 1 we observed: (1) for the DRC process leading to loosely bound orbit, very strong peak appears at low excitation energy; (2) for this process nearly all the contributions come from the outer region of the potential radius $R$ for small values of $\omega$, particularly for bound orbits with small $\ell_h$. This means that these processes mainly take place on nuclear surface and in the external region.

## References


[1] Hamamoto I, Sagawa S and Zhang X Z 1998 *Phys. Rev.* C **58** R1064

[2] Sagawa S and Esbensen H 2001 *Nucl. Phys.* A **693** 448

[3] Otsuka T, Ichihara M, Fukunishi N, Nakamura T and Yokoyama M 1994 *Phys. Rev.* C **49** R2289

[4] Mengoni A, Otsuka T and Ishihara M 1995 *Phys. Rev.* C **52** R2334

[5] Hamamoto I and Zhang X Z 1998 *Phys. Rev.* C **58** 3388

# Possible Experimental Evidence of a Moderate Proton Halo in $^{29}$S①

LIU Zu-Hua(刘祖华)[1], RUAN Ming(阮明)[1], ZHAO Yao-Lin(赵耀林)[1], ZHANG Huan-Qiao(张焕乔)[1], YANG Feng(杨峰)[1], MA Zhong-Yu(马中玉)[1], LIN Cheng-Jian(林承键)[1], CHEN Bao-Qiu(陈宝秋)[1], WU Yue-Wei(吴岳伟)[1], ZHAN Wen-Long(詹文龙)[2], GUO Zhong-Yan(郭忠言)[2], XIAO Guo-Qing(肖国青)[2], XU Hu-Shan(徐瑚珊)[2], SUN Zhi-Yu(孙志宇)[2], LI Jia-Xing(李加兴)[2], CHEN Zhi-Qiang(陈志强)[2]

[1]*China Institute of Atomic Energy, Beijing 102413*

[2]*Institute of Modern Physics, Chinese Academy of Sciences, Lanzhou 730000*

(Received 18 June 2004)

*The total reaction cross sections (TRCSs) of $^{29}$S+$^{28}$Si have been measured at intermediate energies. An obvious enhancement in TRCS of $^{29}$S is observed as compared with its neighbouring nuclei. The TRCSs of $^{29}$S+$^{28}$Si are calculated with the modified Glauber theory in the optical limit and few-body approaches. The different factor d as a possible measure of halo appearance is deduced from the experimental and theoretical data. It is well accepted that $^{27}$P is a proton halo nucleus. Although not as anomalous as $^{27}$P, the different factor d of $^{29}$S is obviously larger than that of its neighbouring isotones of $N = 13$. This result indicates that a moderate proton halo may exist in $^{29}$S nucleus. We calculate the total reaction cross sections for $^{29}$S with the modified Glauber theory as a function of incident energy and compare the results with those for $^{27}$Si which is a core nucleus of $^{29}$S. The measured TRCSs of $^{27}$Si+$^{28}$Si can be described to be satisfactory by the modified Glauber theory of the optical limit approach. Although a diffused nuclear density distribution is used, the theories still inadequately predict the experimental TRCSs of $^{29}$S+$^{28}$Si, which further indicates the possibility of proton halo in $^{29}$S.*

*PACS: 21.10.Ft, 25.60.−t, 25.60.Dz, 27.30.+t*

The existence of proton halo in some proton-rich nuclei far from the stability line was predicted by the relativistic mean-field model and nuclear shell model.[1,2] To date, the proton halos in $^{8}$B,[3−7] and $^{26,27}$P,[8−10] as well as possibly in $^{28}$P[8] and $^{23}$Al,[11] have been confirmed experimentally. Except in the nuclear ground state, the proton halo structure has also been observed in the first excited state of $^{17}$F.[12,13] The neutron-deficient sulfur isotopes are the most possible two-proton halo candidates because the last two protons in these nuclei occupy the $2s_{1/2}$ state. The existence of proton halos in $^{26}$P and $^{27}$S was first predicted by Ren *et al.*[1] By further investigation, Brown and Hansen indicated[2] that $^{26,27}$P and $^{27,29}$S are good candidates for halo nuclei. The properties of proton-rich nuclei in the $2s1d$ shell were also investigated in the framework of relativistic mean-field model by Chen *et al.*[14] Their results show that there are one-proton halos in $^{26,27,28}$P and two-proton halos in $^{27,28,29}$S. Although predicted by several theoretical groups, the proton halo structures in the sulfur isotopes have not yet been observed experimentally. By means of the present experimental conditions, we have measured the total reaction cross sections $\sigma_R$ of $^{29}$S+$^{28}$Si in the intermediate energies. Large increase of $\sigma_R$ for $^{29}$S as compared to that of the adjacent isotones was observed. In this Letter, we present our experimental results and discuss the possible relevant mechanisms responsible for the large increase of $\sigma_R$ observed in the $^{29}$S+$^{28}$Si reaction.

The experiment was performed at the HILF-RIBLL of Institute of Modern Physics, Lanzhou. Secondary beams of $^{29}$S and the corresponding isotones were produced by the projectile fragmentation of an $^{36}$Ar primary beam on a Be production target at 69 $A$ MeV. The Be production target was 98.8 mg/cm$^2$ in thickness. The isotopes of the secondary beams were separated and selected by the magnetic rigidity of the Radioactive Ion Beam Line which served as a double-achromatic magnetic spectrometer in the present experiment. An Al energy degrader was used to improve the momentum resolution and purity of the secondary beams. The time of flight (TOF) of the projectiles was determined by two scintillators placed at the first and second achromatic focal planes of RIBLL 16.8 m away. The resolution of TOF was 4 ns. The position information was given by two parallel-plate-avalanche counters (PPACs) placed in the front of and behind the second scintillator. Finally, a telescope consisting of seven transmission Si surface barrier detectors was installed after the second PPAC. The thicknesses of these detectors were 150 $\mu$m for the first one and 300 $\mu$m for the others. The TOF information along with the energy deposition ($\Delta E_i$) in the Si detectors was used to identify those projectiles of interest which underwent reactions. Apart from $\Delta E$ detection, some of these Si detectors also served as the reaction target. Hence, the use of multiple Si detectors permits

① Chin.Phys.Lett.,2004,21(9):1711-1713.

simultaneous measurement of reaction cross sections $\sigma_R$ for several different energies.

Our data analysis procedure is similar to that used by Warner *et al.*[15,16] and Liu *et al.*[10] A tight gate on PPACs, TOF and $\Delta E_i$ was set for each detector to identify projectiles which have not yet reacted in preceding detectors. The probability $\eta_1$ for a reaction to occur beyond the first Si detector was determined by the ratio of the reaction events to the total events in the spectrum of the total energy deposited in the telescope by $^{29}$S projectiles, which was gated on PPACs, TOF and $\Delta E_1$. Likewise, the probability $\eta_{i+1}$ for a reaction to take place beyond the $(i+1)$ th detector was found from a total energy spectrum gated on PPACs, TOF and the $(i+1)$th $\Delta E$ and all the preceding Si detectors. From the difference $\eta_i - \eta_{i+1}$, the average $\sigma_R$ corresponding to the reactions taking place in the $i$th Si detector was determined by

$$\sigma_R = \frac{A}{N_A t} \ln\left[\frac{1-\eta_{i+1}}{1-\eta_i}\right], \tag{1}$$

where $A$ is the mass number of the target, $N_A$ is the Avogadro constant, and $t$ is the target thickness in units of g/cm$^2$.

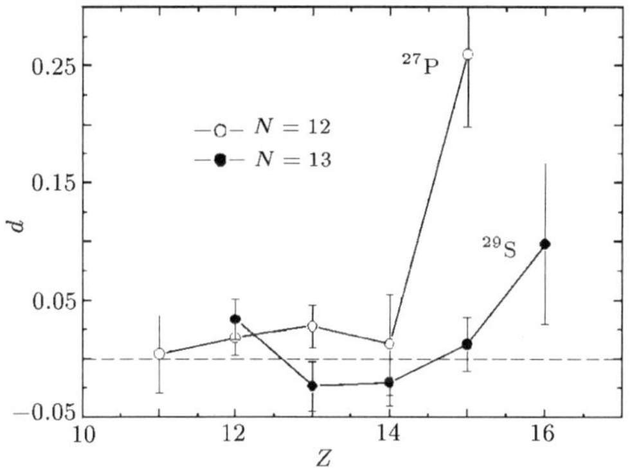


**Fig. 1.** $Z$ dependence of the different factor $d$ for $N=12$ and 13 isotones. The symbols are connected by lines to guide the eye.

Ozawa *et al.*[17] proposed to take a difference factor $d$ as a possible measure of halo appearance. The difference factor $d$ is defined as[17]

$$d = \frac{\sigma_R(\text{expt}) - \sigma_R(\text{calc})}{\sigma_R(\text{calc})}, \tag{2}$$

where $\sigma_R$ (expt) represents the measured total reaction cross sections at 40 MeV/u and $\sigma_R$(calc) is the theoretical values. The theoretical total reaction cross sections are calculated with a modified Glauber theory in the optical limit (OL) approach. In this modified version of Glauber theory, the Coulomb and finite range corrections are taken into account.[18,19] It is verified[18,19] that the Glauber theory with this modified version can be extended to the low energy region. In these calculations, the nuclear density distributions are evaluated in a Woods–Saxon (WS) potential. The radius and diffuseness parameters are taken to be $r_0 = 1.17$ fm and $a = 0.65$ fm. The depth of the WS potential is adjusted by reproducing the single proton separation energy. Figure 1 shows the difference factor $d$ as a function of $Z$ for isotones of $N=12$ and 13. It is worth noting that the $d$ values abruptly increases for $^{27}$P and $^{29}$S as compared to their neighbouring nuclei. It is well established that $^{27}$P is a proton halo nucleus.[10,20,21] Although the $d$ value for $^{29}$S does not increase as much as the case of $^{27}$P, the deviation from the normal trend may also mean a halo-like structure existing in the $^{29}$S nucleus.

In Fig. 2, a comparison between the experimental data and the theoretical predictions with the Glauber theory in the optical limit (OL) approach for $^{27,28}$P and $^{29}$S is made. In these calculations, the nuclear density distributions are, respectively, evaluated in a WS potential (open triangles) and the relativistic mean-field (RMF) theory with NL3 interactions (open diamonds and circles). The theoretical total reaction cross sections represented by open circles are evaluated with an ordinary Glauber theory. The other two (open triangles and diamonds) are calculated with the modified Glauber theory. From the figure, one may see that all the theories inadequately predict the experimental data of $^{27}$P and $^{29}$S.

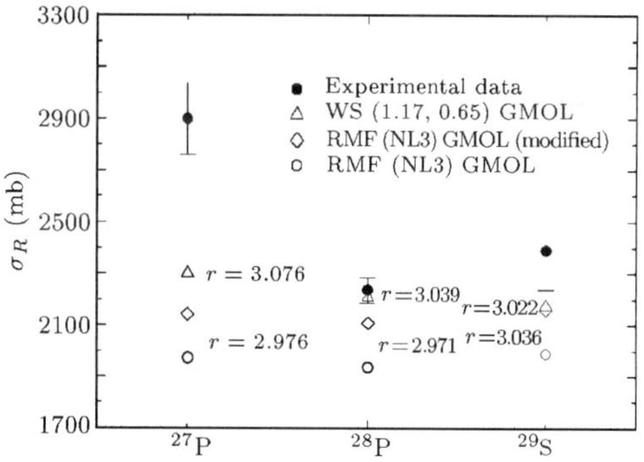


**Fig. 2.** Comparison of experimental total reaction cross sections for $^{27,28}$P and $^{29}$S with the corresponding results of the Glauber theory. The open symbols represent the predictions of different theories which are described in the text. The numbers in the figure are the root-mean-square (rms) radii of the valence proton in $^{27,28}$P and $^{29}$S evaluated in a WS potential (open triangles) and the relativistic mean-field (RMF) theory with NL3 interactions (open diamonds and circles).

In order to further understand the possible proton halo structure in $^{29}$S, we calculated the total reaction cross sections with the modified Glauber theory as a function of incident energy and compared the results with those for $^{27}$Si which is a core nucleus of $^{29}$S. As seen in Fig. 3, the measured $\sigma_R$ of $^{27}$Si+$^{28}$Si can satisfactorily be described by the modified Glauber theory of the OL approach. In the calculations, the geometry parameters of the WS potential are fixed at the values of $r_0 = 1.17\,\mathrm{fm}$ and $a = 0.65\,\mathrm{fm}$, and the depths of the WS potential are adjusted by reproducing the valence proton separation energies of $^{27,28}$Si. For the reaction of $^{29}$S+$^{28}$Si, the total reaction cross sections are calculated with the modified Glauber theory in both the OL and few-body (FB) approaches. Theoretically, halo nuclei are usually considered to have a few-body structure, which are composed of a core and valence nucleons with large diffused density distributions. In the Glauber theory of a few-body (FB) approach,[22-24] the space distributions and correlations of the core and halo nucleons are explicitly taken into account. The open up- and down-triangles in the figure represent the results calculated with the modified Glauber theory in the OL and FB approaches. Although a diffused nuclear density distribution with the WS geometry of $(r_0, a) = (1.22, 0.8)\,\mathrm{fm}$ is used, the theories still inadequately predict the experimental $\sigma_R$ of $^{29}$S+$^{28}$Si. Thus, the analysis of Glauber theory further indicates the possibility of proton halo in $^{29}$S.

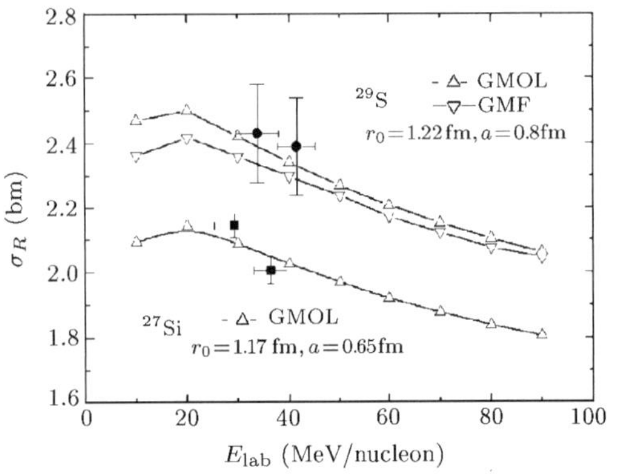


**Fig. 3.** Total cross sections $\sigma_R$ as a function of energy for the $^{27}$Si, $^{29}$S + $^{28}$Si reactions. The predictions of the modified Glauber model of OL and FB approaches (open symbols) are compared with the experimental data (solid symbols). The numbers in the figure represent the radius and diffuseness parameters of the WS potential.

In summary, the total reaction cross sections $\sigma_R$ of $^{29}$S+$^{28}$Si have been measured at intermediate energies. An obvious enhancement in $\sigma_R$ of $^{29}$S is observed as compared with its neighbouring nuclei. The total reaction cross sections of $^{29}$S+$^{28}$Si are calculated with the modified Glauber theory in both the OL and few-body (FB) approaches. The different factor $d$ as a possible measure of halo appearance is deduced from the experimental and theoretical data. It is well accepted that $^{27}$P is a proton halo nucleus. Although not as anomalous as $^{27}$P, the different factor $d$ of $^{29}$S is obviously larger than that of its neighbor isotones of $N = 13$. This result indicates that a moderate proton halo may exist in $^{29}$S nucleus. We have calculated the total reaction cross sections for $^{27}$Si and $^{29}$S+$^{28}$Si with the modified Glauber theory as a function of incident energy, and compared the results of $^{29}$S with those for $^{27}$Si which is a core nucleus of $^{29}$S. The measured $\sigma_R$ of $^{27}$Si+$^{28}$Si can be described satisfactory by the modified Glauber theory of the OL approach. Although a diffused nuclear density distribution is used, the theories still inadequately predict the experimental $\sigma_R$ of $^{29}$S+$^{28}$Si, which further indicates the possibility of proton halo in $^{29}$S.

## References


[1] Ren Z Z et al 1996 *Phys. Rev.* C **53** R572
[2] Brown B A and Hanson P G 1996 *Phys. Lett.* B **381** 391
[3] Minamisono T et al 1992 *Phys. Rev. Lett.* **69** 2058
[4] Pecina I et al 1995 *Phys. Rev.* C **52** 191
[5] Negoita F et al 1996 *Phys. Rev.* C **54** 1787
[6] Kelley J H et al 1996 *Phys. Rev. Lett.* **77** 5020
[7] Carstiou F et al 2001 *Phys. Rev.* C **63** 054310-1
[8] Navin A et al 1998 *Phys. Rev. Lett.* **81** 5089
[9] Zhang H Y et al 2002 *Nucl. Phys.* A **707** 303
[10] Liu Z H et al 2004 *Phys. Rev.* C **69** 034326
[11] Cai X Z et al 2002 *Phys. Rev.* C **65** 024610-1
[12] Morlock R et al 1997 *Phys. Rev. Lett.* **79** 3837
[13] Lewis R and Hayes A C 1999 *Phys. Rev.* C **59** 1211
[14] Chen B Q et al 1998 *J. Phys. G: Nucl. Part. Phys.* **24** 97
[15] Warner R E et al 1995 *Phys. Rev.* C **52** R1166
[16] Warner R E et al 1998 *Nucl. Phys.* A **635** 292
[17] Ozawa A et al 1996 *Nucl. Phys.* A **608** 63
[18] Zhao Y L, Ma Z Y, Chen B Q and Sun X Q 2001 *High Energy Phys. Nucl. Phys.* **25** 506
[19] Zhao Y L, Ma Z Y, Chen B Q 2001 *Commun. Theor. Phys.* **36** 313
[20] Navin A et al 1998 *Phys. Rev. Lett.* **81** 5089
[21] Zhang H Y et al 2002 *Nucl. Phys.* A **707** 303
[22] Ogawa Y, Yabana K and Suzuki Y 1992 *Nucl. Phys.* A **543** 723
[23] Al-Khalili J S and Tostevin J A 1996 *Phys. Rev. Lett.* **76** 3903
[24] Zhao Y L, Ma Z Y, Chen B Q and Shen W Q 2003 *Chin. Phys. Lett.* **20** 53

# Dynamical Structure of Nuclear Excitation in Continuum ①

ZHANG Chun-Lei(张春雷)[1,2], ZHANG Huan-Qiao(张焕乔)[1,2], ZHANG Xi-Zhen(张锡珍)[2]
[1]*School of Physics, Peking University, Beijing 100871*
[2]*China Institute of Atomic Energy, Beijing 102413*

(Received 9 March 2005)

*Dynamical structures of collective excitation in continuum are studied by calculating the isoscalar and isovector strength as well as transition density of nuclei near the drip-line such as $^{28}O$ and $^{34}Ca$. It is found that for some excited states in continuum the proton and neutron transition density calculated from isoscalar and isovector excitation at some given energies may be different, which will affect the calculation of the polarization for nuclei with $N \neq Z$.*

*PACS: 21.10.Re, 21.60.Jz, 23.20.Js*

The structure of nuclei far from $\beta$-stability is an exciting research field, since a number of new phenomena are expected or have been observed in connection with small binding energies of the least bound nucleons as well as the unusual ratio between the proton and the neutron number.[1,2]

In Refs. [3–6] based on a microscopic model, the authors first made the Hartree–Fock calculation with the Skyrme interaction and then used the same interaction to solve the random-phase-approximation (RPA) equation in coordinate space, taking into account the isoscalar and isovector interaction simultaneously. In this microscopic model, the effects of continuum and the unusual ratio between proton and neutron are taken into account self-consistently.

In this Letter, we study the dynamical structures of excitation in continuum of nuclei near the drip-line and separate them from each other. It is well known that for $N = Z$ nuclei, because the isospin equals zero for the ground state, so the isoscalar and isovector excited states have different isospins, which leads to the isoscalar and isovector excitations being orthogonal with each other; hence at the same energy there never appear appreciable isoscalar and isovector strengths simultaneously. For $N \neq Z$ nuclei, particularly for nuclei near the drip-line, the ground state usually has isospin $T_0 = \dfrac{|N-Z|}{2} \gg 1$, and therefore the isoscalar excited states also have $T=T_0$, but for the isovector excited state the isospin $T$ usually can be $T = T_0$, or $T = T_0 + 1$:

$$(C^{T0}_{T_0T_010})^2 = \begin{cases} \dfrac{T_0}{T_0-1} \sim 1, & T = T_0, \\ \dfrac{1}{T_0-1} \sim 0, & T = T_0 + 1. \end{cases} \tag{1}$$

This means that the isoscalar and isovector excitations are nearly overlapping. Figure 1 shows the isoscalar and isovector monopole and quadrupole strengths as a function of excitation energy for $^{28}O$ and $^{34}Ca$. Figure 2 depicts the proton and neutron transition densities in isoscalar and isovector monopole and quadrupole excitation at different excitation energies for $^{28}O$ and Fig. 3 illustrates the same quantities for $^{34}Ca$.

We can see from these figures that at the same excitation energy the isoscalar and isovector excitations coexist and at the excitation energies just above the threshold and giant resonance, the proton and neutron transition densities calculated from isoscalar and isovector excitations are the same. From these figures we also see that, at some excitation energies above giant resonance, the proton and neutron transition densities calculated from isoscalar and isovector excitations are different in our continuum RPA formulism. This difference was first noticed in Ref. [7] for monopole excitations. How to understand these differences? If we use the discrete single particle state to replace the continuum to perform the RPA calculation with bases expansion, then the proton and neutron transition densities are always the same in isoscalar and isovector excitations at the same energy, but at different energies (different excitation modes), the proton and neutron transition densities may be different. The proton and neutron transition densities calculated at the given energy in continuous RPA are actually some kinds of coherent superpositions of different excitation modes in discrete RPA calculation because single particle widths are taken into account in the present model.

It is critical to understand the above point in calculating polarization charge for nuclei with $N \neq Z$. In order to estimate the polarization due to the core excitation by particles, we use the first order of perturbation:

$$|\tilde{i}\rangle = |i\rangle + \sum_{j,\omega_\lambda} \frac{\langle (j \times \omega_\lambda) i | V_{pv} | i \rangle}{\varepsilon_i - (\varepsilon_j + \omega_\lambda)} |(j \times \omega_\lambda) i\rangle, \tag{2}$$

① Chin.Phys.Lett.,2005,22(8):1877-1879.

where$|\tilde{i}\rangle$ ($|i\rangle$) expresses the perturbed (unperturbed) single-particle wave function and $\omega_\lambda$ is the energy of the collective excitation. The reduced transition matrix element for the one-body operator $Q^\lambda$ can be written as

$$\langle\tilde{j}\|Q^\lambda\|\tilde{i}\rangle=\langle j\|Q^\lambda\|i\rangle+\sum_{\omega_\lambda}\frac{2\omega_\lambda}{(\varepsilon_i-\varepsilon_j)^2-\omega_\lambda^2}\cdot\frac{\sqrt{2i+1}\langle(j\times\omega_\lambda)i|V_{pv}|i\rangle}{\sqrt{2\lambda+1}}\langle\omega_\lambda\|Q^\lambda\|0\rangle. \tag{3}$$

For the static polarizability we have $\varepsilon_i=\varepsilon_j$. The particle-vibration coupling interaction $V_{pv}$ is constructed based on the same Skyrme interaction. The approximation to be made here is to approximate the momentum derivative operators $\boldsymbol{k}$ and $\boldsymbol{k}'$ by Fermi

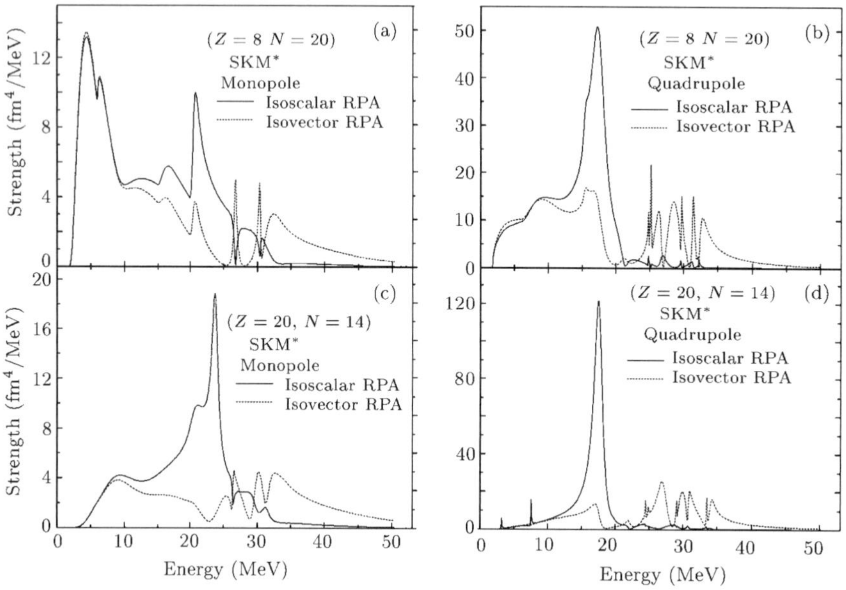


**Fig. 1.** The isoscalar and isovector monopole and quadrupole strengths as a function of excitation energy for $^{28}$O and $^{34}$Ca: (a) monopole for $^{28}$O; (b) quadrupole for $^{28}$O; (c) monopole for $^{34}$Ca; and (d) quadrupole for $^{34}$Ca. Here SKM* denotes the Skyrme interaction.

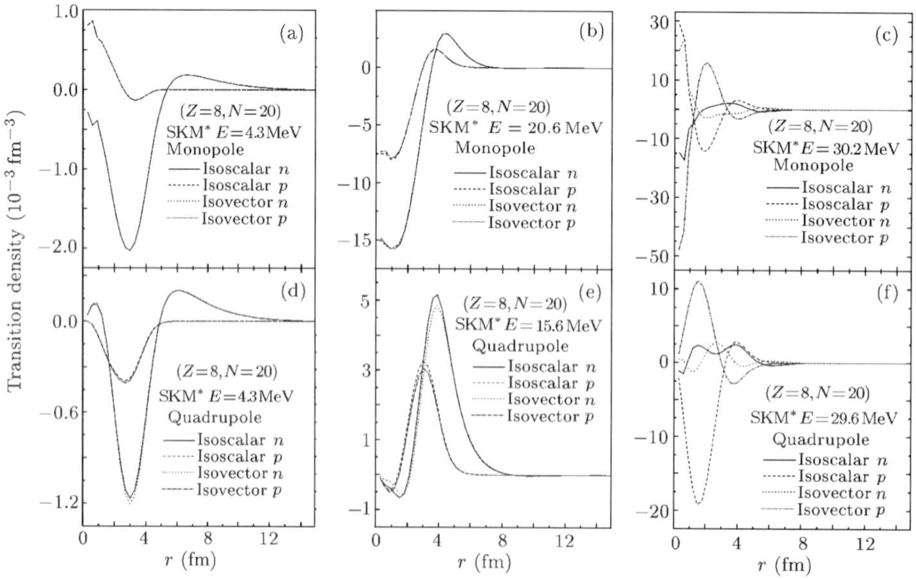


**Fig. 2.** Proton and neutron radial transition densities calculated in isoscalar and isovector modes in $^{28}$O at different energies: (a)–(c) for monopole; (d)–(f) for quadrupole.

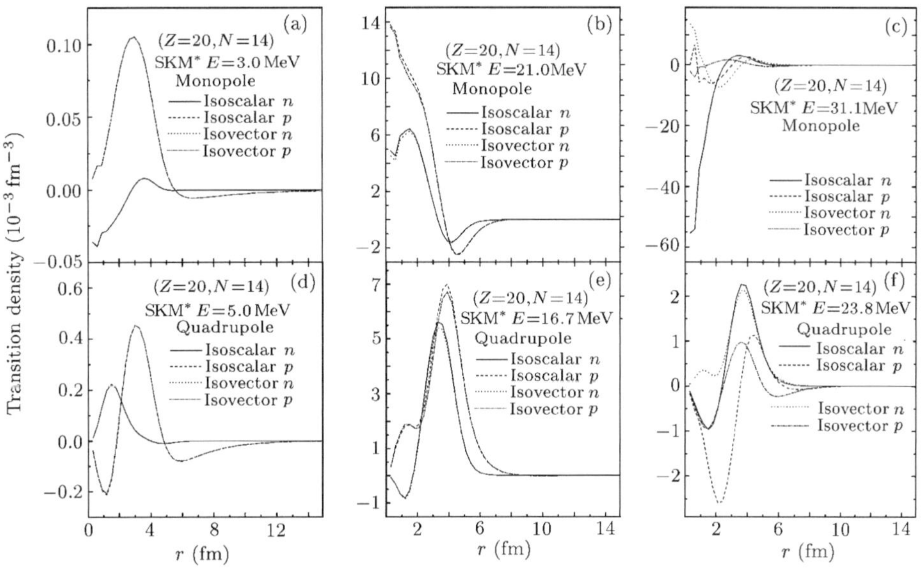


**Fig. 3.** Proton and neutron radial transition densities calculated in isoscalar and isovector modes in $^{34}$Ca at different energies: (a)–(c) for monopole; (d)–(f) for quadrupole.

momentum $k_F$ in the Skyrme interaction. Then we have

$$V_{pv}(\boldsymbol{r}_1-\boldsymbol{r}_2)=\delta(\boldsymbol{r}_1-\boldsymbol{r}_2)(V_{pv}^{\tau=0}(r)+(\boldsymbol{\tau_1}\cdot\boldsymbol{\tau_2})V_{pv}^{\tau=1}(r)), \tag{4}$$

where

$$V_{pv}^{\tau=0}(r)=\Big\{\frac{3}{4}t_0+\frac{3}{48}(\alpha+2)(\alpha+1)t_3\rho^{\alpha}(r)+\frac{1}{8}k_F^2[3t_1+t_2(5+4x_2)]\Big\}, \tag{5}$$

and

$$V_{pv}^{\tau=1}(r)=\Big\{-\frac{1}{4}t_0(1+2x_0)-\frac{1}{24}t_3(1+2x_3)\rho^{\alpha}(r)+\frac{1}{8}k_F^2[-t_1(1+2x_1)+t_2(1+2x_2)]\Big\}, \tag{6}$$

where $r=\frac{1}{2}(r_1+r_2)$. Then the coupling matrix element is evaluated to be

$$\langle(j\times\omega_\lambda)i|V_{pv}|i\rangle=\frac{1}{\sqrt{2i+1}}\int r^2drV_{pv}(r)\delta\rho(r)R_j(r)\cdot R_i(r)\langle j||Y_\lambda||i\rangle, \tag{7}$$

where the radial transition density $\delta\rho_\lambda(r)$ is defined by

$$\delta\rho_\lambda(\boldsymbol{r})\equiv\delta\rho_\lambda(r)Y_{\lambda\mu}(\hat{r}) \tag{8}$$

and $R(r)$ expresses the radial wave function of the single-particle state. The radial transition density $\delta\rho_\lambda(r)$ in general depends on both the excitation phonon type and the probe type:[8]

$$\delta\rho_\lambda^{\eta t}(r)=\delta\rho_\lambda^n(r)+(-)^{\eta+t}\delta\rho_\lambda^p(r) \tag{9}$$

for isoscalar phonon $\eta=0$, for isovector phonon $\eta=1$; for isoscalar probe $t=0$ and for isovector probe $t=1$.

The radial part of the vertex of particle-phonon coupling can be written as

$$\begin{aligned}V_{pv}(r)\delta\rho(r)=&V_{pv}^{\tau=0}(r)\{[\delta\rho_{IS}^n+\delta\rho_{IS}^p]\\&+[\delta\rho_{IV}^n+\delta\rho_{IV}^p]\}/2\\&+\tau_z^{\text{particle}}V_{pv}^{\tau=1}(r)\{[\delta\rho_{IS}^n-\delta\rho_{IS}^p]\\&+[\delta\rho_{IV}^n-\delta\rho_{IV}^p]\}/2.\end{aligned} \tag{10}$$

If $\delta\rho_{IS}^n=\delta\rho_{IV}^n=\delta\rho^n$, $\delta\rho_{IS}^p=\delta\rho_{IV}^p=\delta\rho^p$, such as in the cases for the threshold strength and giant resonance, this radial part of the vertex reduces to Ref. [3]

$$\begin{aligned}V_{pv}(r)\delta\rho(r)=&V_{pv}^{\tau=0}(r)[\delta\rho_{IS}^n(r)+\delta\rho_{IS}^p(r)]\\&+\tau_z^{\text{particle}}V_{pv}^{\tau=1}(r)[\delta\rho_{IV}^n(r)-\delta\rho_{IV}^p(r)].\end{aligned} \tag{11}$$

For polarization charge of nuclei with $N\neq Z$ , Eqs. (10) and (11) will give different results and the numerical work using Eq. (10) to evaluate the polarization charge is now in progress.

## References

[1] Brown B A 2001 *Prog. Part. Nucl.* **47** 517
[2] Cao L G and Ma Z Y 2004 *Chin. Phys. Lett.* **21** 810
[3] Hamamoto I, Sagawa H and Zhang X Z 1997 *Nucl. Phys.* A **626** 669
[4] Hamamoto I, Sagawa H and Zhang X Z 1997 *Phys. Rev.* C **55** 2361
[5] Hamamoto I, Sagawa H and Zhang X Z 1998 *Phys. Rev.* C **57** 1064
[6] Hamamoto I and Zhang X Z 1998 *Phys. Rev.* C **58** 3388
[7] Hamamoto I, Sagawa H and Zhang X Z 1997 *Phys. Rev.* C **56** 3121
[8] Satchler G R 1987 *Nucl. Phys.* A **427** 215

# Dynamical Effects on Sub-barrier Fusion of $^{40,48}Ca+^{90,96}Zr$①

ZHANG Huan-Qiao(张焕乔), LIU Zu-Huan(刘祖华), YANG Feng (杨峰), LIN Cheng-Jian(林承键), RUAN Ming(阮明), WU Yue-Wei(吴岳伟), LI Zhu-Xia(李祝霞), WU Xi-Zhen(吴锡真), ZHAO Kai(赵凯), WANG Ning(王宁)

*China Institute of Atomic Energy, Beijing 102413*

(Received 23 August 2005)

*We have measured the fusion cross sections for $^{48}Ca+^{90,96}Zr$ around the Coulomb barrier and presented them along with the experimental data of $^{40}Ca+^{90,96}Zr$. The experimental results are compared with the improved quantum molecular dynamics model calculations. It is shown in comparison that the dynamical effects play an important role in the sub-barrier fusion reactions.*

*PACS: 25.70.Jj, 25.70.Gh, 24.10.Pa*

The influence of rotation and/or surface vibration of the nuclei in sub-barrier heavy-ion fusion is well studied both experimentally and theoretically in the last one and half decades.[1-5] It is now realized that heavy-ion fusion in the energy range near and below the Coulomb barrier is strongly affected by degrees of freedom of the interacting nuclei, whose coupling with the relative motion causes a splitting in energy of the single uncoupled fusion barrier. This gives rise to a distribution of barrier heights, and manifests most obviously as an enhancement of the fusion cross sections at energies near and below the Coulomb barrier. However, the role of nucleon transfer, neck formation and dynamical deformation is less understood and discussion on their effect is relatively scarce as compared to the case of inelastic excitations.[6]

More than ten years ago, Stelson *et al.*[7,8] proposed an empirical approach and found that many experimental data can well described by a flat distribution of barriers with the lower-energy cutoff, which corresponds to the energy at which the nuclei come sufficiently close together for neutrons to flow freely between the target and projectile (neck formation). Recently, Zagrebaev[9] presented a model incorporating neutron transfer in which the intermediate neutron transfer channels with positive $Q$-values really enhance the fusion cross section at sub-barrier energies.

Wang *et al.*[10-12] have recently developed an improved quantum molecular dynamics (ImQMD) model. In the framework of the ImQMD model, the dynamical effects such as the excitations of vibration, dynamical deformation, neck formation, isospin, and mass asymmetry of projectile and target, etc., can be simultaneously taken into account. Thus, the microscopic dynamical models such as the ImQMD model offer a useful way to study fusion reactions of heavy ions. With the ImQMD model, Wang *et al.*[10,11] have studied the fusion reactions of neutron-rich nuclei, especially for the reactions $^{40,48}Ca+^{90,96}Zr$. They found by the detailed calculations that a flow of neutrons occurs between the projectile and target when they come close together, resulting a neck. Consequently, there is a substantial lowering of the dynamic barrier as compared to the static barrier due to the neck formation. As a result, a strong enhancement of sub-barrier fusion cross sections for $^{40}Ca+^{96}Zr$ compared to $^{40}Ca+^{90}Zr$ have been predicted, which is in good agreement with the experiment.[13] In addition, they also predict that the neutron-rich reactions $^{48}Ca+^{90,96}Zr$ should show even larger sub-barrier enhancement than the $^{40}Ca+^{96}Zr$ reaction. The reactions $^{40}Ca+^{90,96}Zr$ have been well studied experimentally.[13] It would be of great interest to measure the fusion cross sections for $^{48}Ca+^{90,96}Zr$ in the energy range around the Coulomb barrier to see whether their prediction is fulfilled. In this communication, we report the experimental results of the reactions $^{48}Ca+^{90,96}Zr$ and compare the data with the improved calculations for the reactions $^{40,48}Ca+^{90,96}Zr$ with the ImQMD model.

The experiments were performed at the XTU Tandem accelerator facility of the Laboratori Nazionali di Legnaro, Italy. Scarlassara F *et al.*[14] have reported the preliminary experimental results of the reactions $^{48}Ca+^{90,96}Zr$ in the International Conference FUSION03. Therefore we briefly describe the experimental procedure here. The targets were $50\,\mu g/cm^2$ of isotopically enriched zirconium (99.36% $^{90}Zr$ and 95.63% $^{96}Zr$) which were evaporated on $15\,\mu g/cm^2$ carbon foils. A $^{48}Ca$ beam from the XTU Tandem accelerator was directed at the $^{90,96}Zr$ targets. The beam energies used were between 139.75 and 176 MeV for the $^{48}Ca+^{90}Zr$ reaction and between 133.75 and 170 MeV for the $^{48}Ca+^{96}Zr$ reaction, respectively. In both cases, the energy was varied in steps of 1.5 MeV at higher energies and in steps of 0.75 MeV at lower energies. The evaporation residues (ER) were detected at 0° from the beam using an electrostatic deflector[15]

① Chin.Phys.Lett.,2005,22(12):3048-3051.

for beam rejection. A further separation is achieved by means of an energy-time-of-flight (TOF) telescope consisting of a microchannel plate and a silicon detector. Four monitor detectors, placed at the angle 15.85° to the beam, are used for absolute normalization, as well as to check the beam quality and angle. The angular distribution of the evaporation residue yield was measured at $E_{lab} = 150$, 166 MeV for both the targets as well as $E_{lab} = 142$ MeV for the $^{96}$Zr target alone. The transmission of the electrostatic deflector has been calculated with a Monte Carlo code, which reproduces the transmission measured in the $^{40}$Ca+$^{90,96}$Zr reactions. It turns out that the transmission is $0.70 \pm 0.05$. The experimental cross sections are displayed in Fig. 1 for the $^{48}$Ca+$^{90,96}$Zr reactions together with the data of $^{40}$Ca+$^{90,96}$Zr.[13] It can be seen from the figure that the cross sections for the fusion reactions with projectile $^{48}$Ca are less enhanced than those of the system $^{40}$Ca+$^{96}$Zr. The much larger enhancement for the case of $^{40}$Ca+$^{96}$Zr as compared to other three systems clearly indicates that neutron transfer with the positive $Q$-value should play a significant role in sub-barrier fusion.

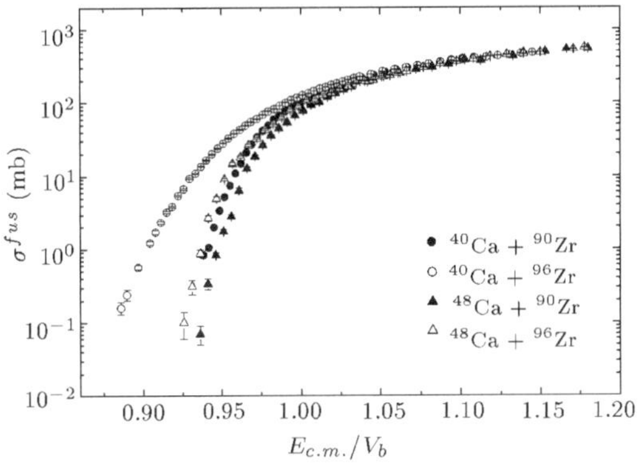


**Fig. 1.** Experimental excitation functions of the systems $^{40,48}$Ca+$^{90,96}$Zr. The experimental data for $^{48}$Ca+$^{90,96}$Zr are the measurement of this work. The data for $^{40}$Ca+$^{90,96}$Zr are taken from Ref. [13].

Scarlassara *et al.*[14] have analysed the fusion excitation functions and barrier distributions for the systems $^{48}$Ca+$^{90,96}$Zr in the framework of the coupled channels model. In order to extract the information on the complex dynamical effect, especially the effect of excess neutrons on fusion reactions, in the following we compare the experimental data with the ImQMD model calculations. The ImQMD model is a non-equilibrium transport model which is suitable for studying the dynamical effect in fusion reactions. In the ImQMD model, each nucleon is represented by a coherent state of a Gaussian wave packet

$$\phi_i(\boldsymbol{r}) = \frac{1}{(2\pi\sigma_r^2)^{3/4}} \exp\left[-\frac{(\boldsymbol{r}-\boldsymbol{r}_i)^2}{4\sigma_r^2} + \frac{i}{\hbar}\boldsymbol{r}\cdot\boldsymbol{p}_i\right], \quad (1)$$

where $\boldsymbol{r}_i$ and $\boldsymbol{p}_i$ are the centres of the $i$-th wave packet in the coordinate space and momentum space, respectively. $\sigma_r$ represents the spatial spread of the wave packet. Here $\sigma_r$ is dependent on the system size. The expression of $\sigma_r$ can be found in Ref. [10]. The one-body phase space distribution function for $N$-distinguishable particles is given by

$$f(\boldsymbol{r},\boldsymbol{p}) = \sum_i \frac{1}{(\pi\hbar)^3} \exp\left[-\frac{(\boldsymbol{r}-\boldsymbol{r}_i)^2}{2\sigma_r^2} - \frac{2\sigma_r^2}{\hbar^2}(\boldsymbol{p}-\boldsymbol{p}_i)^2\right]. \quad (2)$$

For identical fermions, the approximate treatment of anti-symmetrization is adopted in the ImQMD model by means of the phase space occupation constraint method.[10,11,16] The propagation of nucleons under the self-consistently generated mean field is governed by the Hamiltonian equations of motion:

$$\dot{\boldsymbol{r}}_i = \frac{\partial H}{\partial \boldsymbol{p}_i}, \quad \dot{\boldsymbol{p}}_i = -\frac{\partial H}{\partial \boldsymbol{r}_i}, \quad (3)$$

$$H = \int \mathcal{H}(\boldsymbol{r}) d\boldsymbol{r}. \quad (4)$$

The energy density functional $\mathcal{H}$ used in this work is the same as that in Ref. [12], which consists of the kinetic and potential energy densities. The potential energy density functional $V_{loc}(\boldsymbol{r})$ with the Skyrme interaction reads

$$V_{loc} = \frac{\alpha}{2}\frac{\rho^2}{\rho_0} + \frac{\beta}{\gamma+1}\frac{\rho^{\gamma+1}}{\rho_0^{\gamma}} + \frac{g_{sur}}{2\rho_0}(\nabla\rho)^2 + g_\tau\frac{\rho^{\eta+1}}{\rho_0^{\eta}} + \frac{C_s}{2\rho_0}(\rho^2 - \kappa_s(\nabla\rho)^2)\delta^2, \quad (5)$$

where $\delta = \frac{\rho_n - \rho_p}{\rho_n + \rho_p}$. The Coulomb energy can be written as a sum of the direct and the exchange contribution and reads

$$U_{Coul} = \frac{1}{2}\int \rho_P(\boldsymbol{r})\frac{e^2}{|\boldsymbol{r}-\boldsymbol{r}'|}\rho_P(\boldsymbol{r}')d\boldsymbol{r}d\boldsymbol{r}' - e^2\frac{3}{4}\left(\frac{3}{\pi}\right)^{1/3}\int \rho_p^{4/3} d\boldsymbol{R}, \quad (6)$$

where $\rho_p$ is the density distribution of protons of the system. The collision term is also included, which plays a very small role in low energy heavy ion collisions. The details of the ImQMD model can be found in Ref. [10].

Table 1. The percentages for pickup $1n, 2n, 3n, 1p, 2p$ channels and stripping $1p$ and $2p$ channels in the reactions of $^{40,48}$Ca+$^{90,96}$Zr at the incident energy of 3 MeV below the Bass barrier, respectively.

| | | $^{40}$Ca+$^{90}$Zr | $^{40}$Ca+$^{96}$Zr | $^{48}$Ca+$^{90}$Zr | $^{48}$Ca+$^{96}$Zr |
|---|---|---|---|---|---|
| Pickup | $1n$ | 2.19 | 5.00 | 2.14 | 2.86 |
| | $2n$ | 0.31 | 1.07 | 0.71 | 0 |
| | $3n$ | 0 | 0.36 | 0 | 0 |
| Stripping | $1p$ | 2.81 | 1.43 | 0 | 2.50 |
| | $2p$ | 0.62 | 0 | 0 | 0 |
| Pickup | $1p$ | 0.31 | 0 | 1.79 | 0.36 |

In Ref. [11], the fusion reactions of $^{40,48}$Ca+$^{90,96}$Zr are studied. The fusion cross sections for $^{40}$Ca+$^{90,96}$Zr and especially the strong enhancement of sub-barrier fusion reaction for $^{40}$Ca+$^{96}$Zr are nicely reproduced. However, for even more neutron rich reactions of $^{48}$Ca+$^{90,96}$Zr, the predicted enhancement of sub-barrier fusion cross sections compared with the reaction of $^{40}$Ca+$^{96}$Zr is not observed in the measurement of this work. In Ref. [11], the enhancement of the fusion cross section for neutron rich reactions was attributed to the dynamical effect of excess neutrons which results in the fast growing of neck leading to the lowering of the fusion barrier. However, it was pointed out in Ref. [11] that the effect of the different shell structure of initial nuclei and the neutron transfer influenced by the structure of initial nuclei might suppress the enhancement effect of the excess neutrons, which were not studied there. Recently, the model proposed in Ref. [9] illustrated that the enhancement of the sub-barrier fusion probability is only for the case of neutron transfer with a positive $Q$ value. In order to dynamically manifest the different effect of the neutron transfer with positive and negative $Q$ values on sub-barrier fusion for neutron-rich systems by means of the ImQMD model, a proper initial condition to make the initial nuclei in the real ground state is of crucial importance. Therefore we make a careful check of the properties of the initial nuclei prepared with the procedure used in Ref. [11]. We find that 600 fm/$c$ for checking the stability of initial nuclei is not enough for $^{48}$Ca nuclei. In most cases, the rms radii of $^{48}$Ca nuclei prepared increase quickly after 600 fm/$c$, which means the prepared nuclei are not in the ground state. Clearly, a more rigorous treatment of the initial condition has to be used for correctly study the dynamical process reactions $^{40,48}$Ca + $^{90,96}$Zr. Thus, in this work, the stability of the initial nuclei is checked within 2000 fm/$c$ instead of 600 fm/$c$ adopted in the works of Refs. [10,11]. Only those prepared nuclei for which the bulk properties and their time evolution are good enough and there is no spurious particle emission within 2000 fm/$c$ are selected as "good initial nuclei" and stored for usage in simulating reactions. Here the reason we take the period of 2000 fm/$c$ for checking the properties of initial nuclei is that the initial nuclei should be stable in a time period long enough compared with the dynamical process of fusion reaction. As a results, much less portion of the pre-prepared initial nuclei can be finally taken to be initial nuclei as compared with that in Refs. [10,11].

Table 2. The corresponding $Q$ values in units of MeV for pickup $1n, 2n, 3n, 1p, 2p$ channels and stripping $1p$ and $2p$ channels in reactions of $^{40,48}$Ca+$^{90,96}$Zr.

| | | $^{40}$Ca+$^{90}$Zr | $^{40}$Ca+$^{96}$Zr | $^{48}$Ca+$^{90}$Zr | $^{48}$Ca+$^{96}$Zr |
|---|---|---|---|---|---|
| Pickup | $1n$ | −3.608 | 0.510 | −6.825 | −2.707 |
| | $2n$ | −1.438 | 5.528 | −9.784 | −2.818 |
| | $3n$ | −5.858 | 5.240 | −18.625 | −7.527 |
| Stripping | $1p$ | 0.159 | −0.872 | −10.655 | −8.358 |
| | $2p$ | 1.234 | 2.541 | −16.458 | −11.823 |
| Pickup | $1p$ | −3.944 | −10.406 | 1.277 | −1.837 |

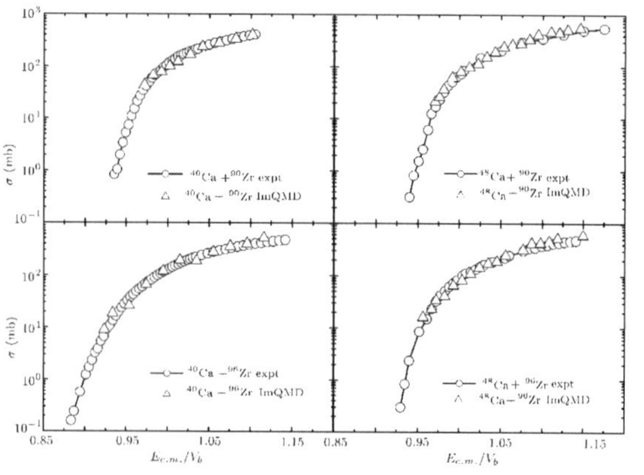

**Fig. 2.** The fusion cross sections for $^{40,48}$Ca+$^{90,96}$Zr. The open circles denote the experimental data. The triangles denote the calculation results with the ImQMD model, respectively.

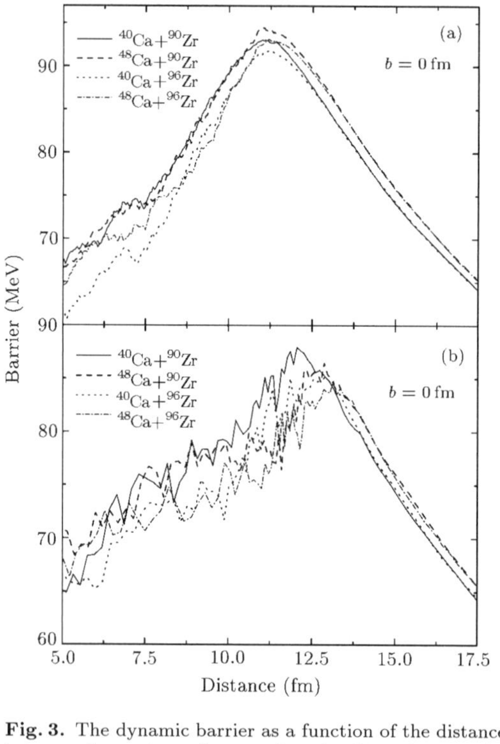


**Fig. 3.** The dynamic barrier as a function of the distance between the centres of mass of projectile and target for head on reactions of $^{40,48}$Ca+$^{90,96}$Zr at the incident energy of (a) 5 MeV above and (b) 3 MeV below the Bass barrier, respectively.

Figure 2 shows a comparison of the experimental and calculated fusion cross sections for the systems $^{40,48}$Ca+$^{90,96}$Zr. One can find from Fig. 2 that the experimental results are well reproduced by the ImQMD model calculations. The sub-barrier fusion for neutron rich reaction of $^{40}$Ca+$^{96}$Zr is substantially enhanced, while for even more neutron rich reactions of $^{48}$Ca+$^{90,96}$Zr there is less enhancement in the sub-barrier fusion compared with $^{40}$Ca+$^{96}$Zr.

In order to understand the dynamical cause, in Fig. 3 we show the dynamical barriers for head on reactions of $^{40,48}$Ca+$^{90,96}$Zr at 5 MeV above and 3 MeV below the Bass barrier, respectively. For the case at 5 MeV above the barrier, the reaction of $^{40}$Ca+$^{96}$Zr encounters a lowest barrier among the four systems. For the case of 3 MeV below the barrier, the reaction of $^{40}$Ca+$^{96}$Zr again encounters a lower barrier. There is a large fluctuation in the left side of the barrier for the case at 3 MeV below the barrier, and in turn, the accuracy of this part of the barrier for this case is less than the case at 5 MeV above the barrier because of the small cross sections for the sub-barrier fusion. The neutron transfer starts far before the system reaches the top of the barrier. Therefore, the barriers should be strongly affected by the neuron transfer and consequently the reduction of the barrier is closely related to the neutron transfer. Table 1 presents the percentages of $1n, 2n, 3n$, and $1p, 2p, 3p$ transfer in head on reactions of the four systems at 3 MeV below the barrier and the corresponding $Q$ values for nucleon transfer are listed in Table 2 for comparison. The number of reaction events are 320, 280, 280, and 280 for $^{40}$Ca+$^{90}$Zr, $^{40}$Ca+$^{96}$Zr, $^{48}$Ca+$^{90}$Zr and $^{48}$Ca+$^{96}$Zr, respectively. The pick up $1n, 2n, 3n$ channels are strongly enhanced for reaction of $^{40}$Ca+$^{96}$Zr compared with other three reactions. Figure 4 shows the time evolution of the neck width for fusion reactions of $^{40}$Ca+$^{90}$Zr, $^{40}$Ca+$^{96}$Zr, $^{48}$Ca+$^{90}$Zr and $^{48}$Ca+$^{96}$Zr at $E_{CM}$ = 93, 95 MeV and impact parameter $b = 0$, respectively. From Fig. 4 we can see that the neck grows faster for $^{40}$Ca+$^{96}$Zr than other three systems. The quicker the neck grows, the stronger the reduction of the barrier is. We therefore can attribute from this calculation that the reduction of the barrier encountered by $^{40}$Ca+$^{96}$Zr is due to the strong dynamical effect of the neutron transfer, which leads to the enhancement of the sub-barrier fusion cross section for $^{40}$Ca+$^{96}$Zr. While for even neutron rich reactions of $^{48}$Ca+$^{90,96}$Zr, the reduction effect of excess neutrons on the barrier is suppressed due to the negative $Q$ value for neutron transfer leading to less enhancement of the sub-barrier fusion cross sections compared with non-neutron-rich reaction of $^{40}$Ca+$^{90}$Zr.

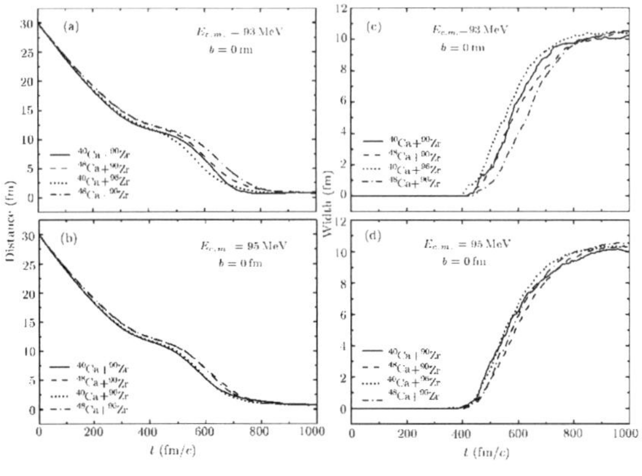

**Fig. 4**. The time evolution of the distance and neck width for head on reactions of $^{40,48}$Ca+$^{90,96}$Zr at $E_{CM}$ = 95 MeV, 93 MeV, respectively.

In summary, the fusion cross sections for $^{48}$Ca+$^{90,96}$Zr around the Coulomb barrier have been measured. The experimental results of $^{40,48}$Ca+$^{90,96}$Zr are compared with the improved quantum molecular dynamics model calculations. It is shown in comparison that neutron transfer starts far before the system reaches the top of the barrier and the flow of neutron between the reaction partners results in the neck formation. Consequently, the fusion barriers are strongly affected by the neuron transfer. Our calculations indicate that the neck grows faster for $^{40}$Ca+$^{96}$Zr than other three systems, resulting in a stronger reduction of the barrier. We therefore can attribute from this calculation that the reduction of the barrier encountered by $^{40}$Ca+$^{96}$Zr stems from the strong dynamical effect of the neutron transfer, which leads to the enhancement of the sub-barrier fusion cross section for $^{40}$Ca+$^{96}$Zr.

## References


[1] Dasso C H et al 1983 *Nucl. Phys.* A **407** 381
Dasso C H et al 1983 *Nucl. Phys.* A **407** 221

[2] Rowley N, Satchler G R and Stelson P H 1991 *Phys. Lett.* B **254** 25

[3] Wei J X et at 1991 *Phys. Rev. Lett.* **67** 3368

[4] Dasgupta M et al 1998 *Ann. Rev. Nucl. Part. Sci.* **48** 401 and references therein

[5] Hagino K et al 1999 *Comput. Phys. Commun.* **123** 143

[6] von Oertzen W and Krouglov I 1996 *Phys. Rev.* C **53** R1061

[7] Stelson P H 1988 *Phys. Lett.* B **205** 190

[8] Stelson P H et al 1990 *Phys. Rev.* C **41** 1584

[9] Zagrebaev V I 2003 *Phys. Rev.* C **67** 061601(R)

[10] Wang N, Li Z X and Wu X Z 2002 *Phys. Rev.* C **65** 064608

[11] Wang N, Wu X Z and Li Z X 2003 *Phys. Rev.* C bf 67 024604

[12] Wang N, Li Z X, Wu X Z, Tian J L and Liu M 2004 *Phys. Rev.* C bf 69 034608

[13] Timmers H, Ackermann D, Beghini S, Corradi L, He J H, Montagnoli G, Scarlassara F, Stefanini A M and Rowley N 1998 *Nucl. Phys.* A **633** 421

[14] Scarlassara F, Montagnoli G, Beghini S et al 2004 *Prog. Theor. Phys. Suppl.* **154** 31

[15] Beghini S, Signorini C, Lunardi S et al 1985 *Nucl. Instrum. Methods* A **239** 585

[16] Papa M, Maruyama T and Bonasera A 2001 *Phys. Rev.* C **64** 024612

# Partial fusion of a weakly bound projectile with heavy target at energies above the Coulomb barrier ①

Z.H. Liu[1], C. Signorini[2], M. Mazzocco[2], M. Ruan[1], H.Q. Zhang[1], T. Glodariu[2], Y.W. Wu[1], F. Soramel[3], C.J. Lin[1], and F. Yang[1]

[1] China Institute of Atomic Energy, P.O. Box 275(10), Beijing 102413, PRC
[2] Physics Department of the University and INFN, Via Marzolo 8, 35131, Padova, Italy
[3] Physics Department of the University and INFN, Udine, Via delle Scienze 208, 33100, Udine, Italy

Received: 21 July 2004 / Revised version: 20 June 2005 /
Published online: 28 October 2005 – 
Communicated by W. Henning

**Abstract.** Partial-fusion cross-sections for the systems $^6$Li + $^{208}$Pb, $^9$Be + $^{209}$Bi have been determined. The effect of breakup on fusion for weakly bound projectiles $^6$Li and $^9$Be incident on $^{208}$Pb or $^{209}$Bi targets has been discussed comparing experimental fusion cross-section excitation functions to those evaluated with a semi-classical approach. It is shown that complete fusion of a weakly bound projectile with heavy target is reduced, whereas the breakup process has very little influence on the total-fusion cross-section for some of the studied systems at energies above the Coulomb barrier.

**PACS.** 25.70.Ji Fusion and fusion-fission reactions – 25.70.Mn Projectile and target fragmentation

## 1 Introduction

The availability of Radioactive Ion Beams (RIBs) has opened many new perspectives to nuclear physics studies. One example is the behavior of light-mass RIBs (either weakly bound or with a halo structure) in the fusion process. In fact, during the interaction with a heavy stable target these nuclei drive the process towards different paths: The two nuclei undergo a complete-fusion (CF) process, alternatively the radioactive nucleus breaks in lighter nuclei (breakup) and one of the fragments is captured by the target nucleus resulting in an incomplete- or partial-fusion (ICF) process. Several theoretical [1–6] and experimental [7–17] works have been published on this subject. From the theoretical point of view two different conflicting scenarios have been foreseen; one [5] predicts a fusion enhancement with respect to reactions involving stable nuclei, the other [1–4] predicts a fusion cross-section suppression due to the reaction flux lost in the breakup channel. Recently, Hagino *et al.* [6] performed an improved coupled-channels calculation with the aim of reconciling the two conflicting scenarios; they predicted a complete-fusion cross-section enhancement at energies below the Coulomb barrier and a suppression at energies above the Coulomb barrier. These different theoretical predictions call for precise and reliable measurements as a watershed among various theories. To this goal, many experiments have been performed with halo ($^6$He, $^{11}$Be) [7–11] and weakly bound ($^6$Li, $^9$Be, $^{17}$F) [12–17] projectiles. The experimental results obtained with $^6$Li and $^9$Be projectiles have been compared to different theoretical predictions and, in any case, despite the reference model, a sizable reduction of the complete-fusion cross-section has been observed. The aim of this paper is to analyze the data for $^6$Li and $^9$Be pointing out the relation between partial and complete fusion at energies above the Coulomb barrier.

## 2 Incomplete-fusion data

Our first step has been to examine the four systems $^6$Li, $^9$Be + $^{208}$Pb, $^{209}$Bi to get information on the ICF cross-section. For the systems $^6$Li + $^{209}$Bi [13] and $^9$Be + $^{208}$Pb [14] we had already an ICF cross-section measurement, while for the systems $^6$Li + $^{208}$Pb and $^9$Be + $^{209}$Bi the ICF cross-sections were deduced from a new analysis of data collected during previous experiments. In the following we define the total-fusion cross-section ($\sigma_{\rm fus}$) as the sum of complete-fusion cross-section ($\sigma_{\rm CF}$) and incomplete-fusion cross-section ($\sigma_{\rm ICF}$), *i.e.* $\sigma_{\rm fus} = \sigma_{\rm CF} + \sigma_{\rm ICF}$.

① Eur.Phys.J.A,2005,26:73-77.

**Table 1.** Incomplete-fusion cross-sections for the system $^{6}Li + ^{208}Pb$. The quoted errors are, as in ref. [18] (table III), only statistical. The absolute accuracy is around 5%.

| $E_{c.m.}$ (MeV) | $\sigma_{ICF}^{exp.}$ (mb) | $\Delta\sigma_{ICF}^{exp.}$ (mb) |
|---|---|---|
| 30.1 | 198.6 | 1.4 |
| 32.1 | 321.8 | 2.0 |
| 34.0 | 422.9 | 4.1 |
| 37.9 | 616.6 | 7.9 |

### 2.1 The $^{6}$Li + $^{208}$Pb system

In this experiment, described in more detail in [18], the light charged particles were detected in the 8$\pi$LP setup of LNL [19] using 126 two-stage telescopes, Si-$\Delta E$ and CsI(Tl)-$E_{res}$ arranged all around the target in a spherical geometry. The collected data allowed to extract the differential and total cross-sections for $\alpha$, $d$, and $p$ ($\sigma_\alpha$, $\sigma_d$, $\sigma_p$) production at four beam energies, as well as the cross-section for $\alpha$-$d$ and $\alpha$-$p$ coincidences ($\sigma_{\alpha\text{-}d}$, $\sigma_{\alpha\text{-}p}$). Combining the cross-sections and assuming that

- the $\alpha$-particle never breaks since it has a large binding energy,
- the evaporation cross-sections for $d$ and $\alpha$ from the compound nucleus are, as predicted from the PACE4 code, negligible if compared to the measured cross-sections,
- the $\alpha$, $d$ and $p$ transfer cross-sections are negligible, too, (FRESCO code),

we could extract $\alpha$ and $d$ capture cross-sections:

$$\sigma_d^{capture} = \sigma_\alpha - \sigma_{\alpha\text{-}d} - \sigma_{\alpha\text{-}p}\,, \tag{1}$$

$$\sigma_\alpha^{capture} = \sigma_d - \sigma_{\alpha\text{-}d} - \sigma_{\alpha\text{-}p}\,. \tag{2}$$

The sum of the two capture cross-sections gives the ICF cross-sections of table 1 and fig. 1a.

### 2.2 The $^{9}$Be + $^{209}$Bi system

In this experiment [15] the charged particles were detected using $E$(Si) detectors placed at backward angles. The $\alpha$-particles emitted in the decay of the various evaporation residues produced in the reaction were identified through their characteristic decay energies. The only ICF channel we could clearly identify is the one that, following the fusion of $^{4,5}$He ($^{9}$Be breakup fragments) with the $^{209}$Bi target, populates the $^{212}$At residual nucleus after $1n(2n)$ evaporation following $^{4}$He($^{5}$He) incomplete fusion. These cross-sections data are given in table 2 and plotted in fig. 1b together with $\sigma_{CF}$ data. We underline that these data, far from exhausting the $\sigma_{ICF}$ of the $^{9}$Be + $^{209}$Bi system, most likely do represent the largest contribution to $\sigma_{ICF}$, as already found for the system $^{9}$Be + $^{208}$Pb [14]. We can conclude that for $^{9}$Be + $^{209}$Bi the $\sigma_{ICF}$ data we have deduced are 30–40% lower than the real $\sigma_{ICF}$. The $^{6}$Li + $^{208}$Pb ICF cross-section is large, while for the $^{9}$Be + $^{209}$Bi system it is smaller but not negligible.

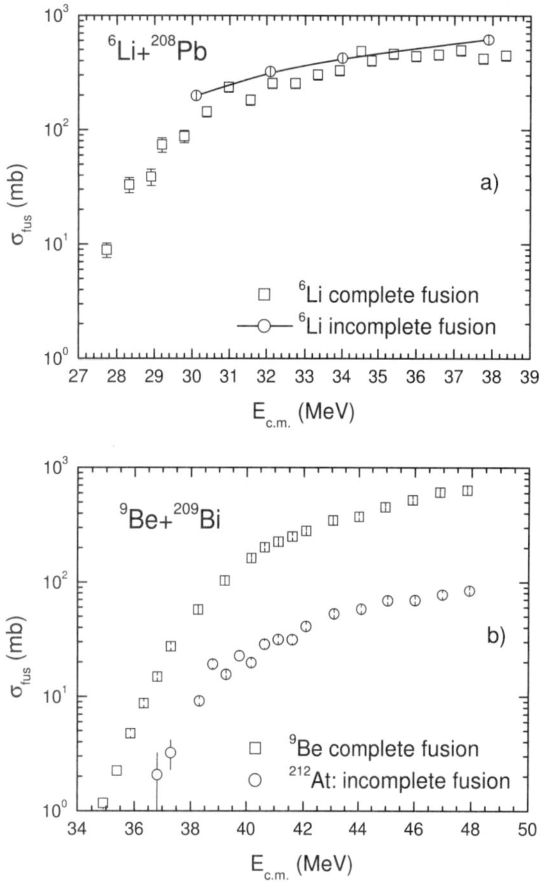


**Fig. 1.** a) Complete- and incomplete-fusion cross-sections for the system $^{6}Li + ^{208}Pb$; b) Same as in a) but for the system $^{9}Be + ^{209}Bi$.

## 3 Fusion data and analysis

It is well known that fusion near and below the Coulomb barrier is strongly affected [20] by the intrinsic degrees of freedom of the interacting nuclei, whose coupling with the relative motion causes an energy splitting of the single uncoupled fusion barrier. This gives rise to a distribution of barrier heights [21], that manifests itself as an enhancement of the fusion cross-sections at energies near and below the Coulomb barrier. Above the Coulomb barrier this effect becomes less important and, at energies well above the Coulomb barrier, it can be neglected. Fusion cross-section of tightly bound nuclei can be satisfactorily described with the semi-classical approach formula

$$\sigma_{fus}(E_{c.m.}) = \pi R_B^2\left[1 - \frac{V_B}{E_{c.m.}}\right], \tag{3}$$

**Table 2.** The measured cross-sections for the system $^{9}Be + ^{209}Bi$.

| $E_{c.m.}$ (MeV) | $\sigma_{ICF}^{exp.}$ (mb) | $\Delta\sigma_{ICF}^{exp.}$ (mb) |
|---|---|---|
| 36.335 | 0.78 | 0.40 |
| 36.815 | 2.07 | 1.13 |
| 37.294 | 3.22 | 0.93 |
| 38.301 | 9.15 | 0.39 |
| 38.780 | 19.2 | 1.36 |
| 39.259 | 15.6 | 0.36 |
| 39.734 | 22.7 | 2.12 |
| 40.170 | 19.7 | 1.26 |
| 40.650 | 28.6 | 2.19 |
| 41.129 | 31.4 | 1.29 |
| 41.608 | 31.4 | 2.35 |
| 42.088 | 41.0 | 1.80 |
| 43.094 | 52.7 | 1.48 |
| 44.101 | 58.1 | 2.33 |
| 45.060 | 68.8 | 1.92 |
| 46.018 | 69.2 | 1.78 |
| 46.977 | 77.4 | 3.56 |
| 47.936 | 84.1 | 2.07 |

where $V_B$ ($R_B$) is the barrier height (radius). We can rewrite eq. (3) as

$$\frac{\sigma_{fus}(E_{c.m.})\,E_{c.m.}}{\pi R_B^2} = E_{c.m.} - V_B\,. \qquad (4)$$

The left-side term of eq. (4), called "reduced-fusion cross-section" $\sigma_{fus}^{red}$ (note that this is not a cross-section, but an energy), is a linear function of $E_{c.m.}$ if for $\sigma_{fus}$ we assume the theoretical value from eq. (3).

For weakly bound nuclei, the situation is more complicated. Couplings to channels that act as doorways to breakup enhance the sub-barrier fusion cross-sections, whereas breakup itself may result in capture of only a part of the projectile, thus suppressing complete fusion. These two effects may either partially or totally cancel at energies below the barrier. Above the Coulomb barrier, however, the breakup-capture and/or stripping-like process may manifest itself as incomplete fusion due to the disappearance of the coupling effects. We will therefore discuss the effect of breakup on fusion by comparing experimental complete-fusion cross-sections to eq. (4). Figures 2a and b show the "reduced-fusion cross-section" for the four considered systems. The adopted barrier radius ($R_B$) and height ($V_B$) are listed in table 3. The corresponding barrier radii are calculated using the formula [22]

$$V_B = 1.44\,\frac{Z_1 Z_2}{R_B}\left(1 - \frac{a}{R_B}\right), \qquad (5)$$

where $Z_1$, $Z_2$ are the atomic numbers of projectile and target nuclei, and $a = 0.65$ fm is the diffuseness parameter.

In the case of tightly bound nuclei, the breakup probability is always assumed to be very small. Hence, the effect of breakup on fusion should be weak. This is the case for the well-bound system $^{16}O + ^{208}Pb$ [23] that, in the energy

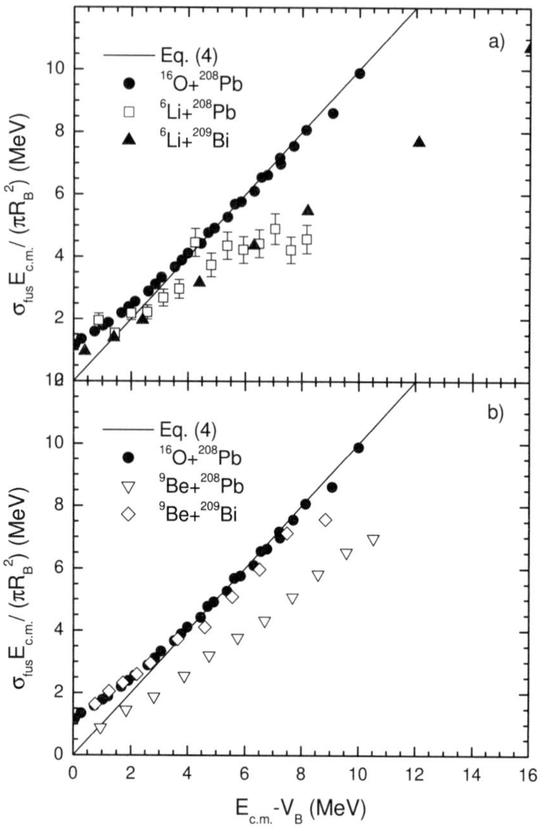


**Fig. 2.** a) Reduced-fusion cross-sections $\sigma_{fus}^{red}$ as a function of ($E_{c.m.} - V_B$) for the systems $^{6}Li + ^{208}Pb$, $^{6}Li + ^{209}Bi$ and $^{16}O + ^{208}Pb$. The solid straight line represents eq. (4). b) Same as in a) but for the systems $^{9}Be + ^{208}Pb$, $^{9}Be + ^{209}Bi$ and $^{16}O + ^{208}Pb$.

**Table 3.** Fusion barrier parameters and the references where the barrier height $V_B$ is quoted or extracted from the relevant data.

| Reaction system | $V_B$ (MeV) | $R_B$ (fm) | Reference |
|---|---|---|---|
| $^{6}Li + ^{208}Pb$ | 30.1 | 11.00 | [12] |
| $^{6}Li + ^{209}Bi$ | 30.6 | 11.01 | [13] |
| $^{9}Be + ^{208}Pb$ | 38.3 | 11.28 | [14] |
| $^{9}Be + ^{209}Bi$ | 39.4 | 11.30 | [15] |
| $^{16}O + ^{208}Pb$ | 74.9 | 11.76 | [23] |

region above the barrier, follows rather well the straight line deduced from eq. (4), as shown in figs. 2a and b. Therefore, the $^{16}O + ^{208}Pb$ system can be taken as a good reference for the discussion of breakup effects on fusion. In the case of the weakly bound projectile induced reactions $^{6}Li + ^{208}Pb$, $^{6}Li + ^{209}Bi$ and $^{9}Be + ^{208}Pb$ [12–14], figs. 2a and b show that complete-fusion cross-sections lie below

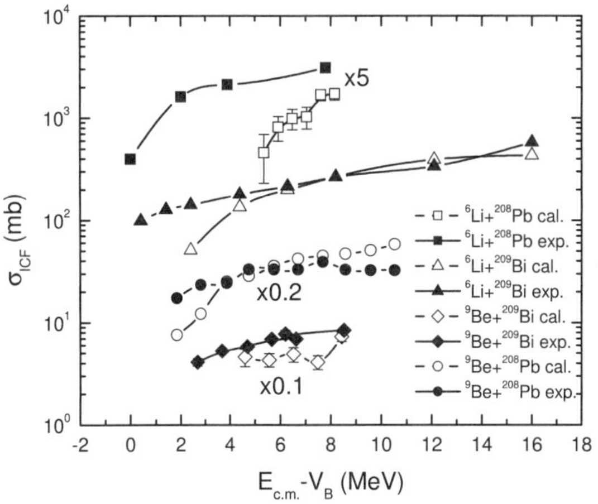


**Fig. 3.** The cross-sections of partial fusion as a function of $(E_{\text{c.m.}} - V_{\text{B}})$ for the systems $^{6}$Li + $^{208}$Pb, $^{6}$Li + $^{209}$Bi, $^{9}$Be + $^{208}$Pb and $^{9}$Be + $^{209}$Bi. The filled and open symbols show the measured and evaluated results, respectively.

the straight line at energies above the Coulomb barrier. For the system $^{9}$Be + $^{209}$Bi [15], the deviation from eq. (4) is very small compared to $^{9}$Be + $^{208}$Pb. This different behavior, already pointed out in ref. [24], has not yet been fully understood. The analysis of fig. 2 shows that in all 4 cases there is some "missing" fusion cross-section (actually in the $^{9}$Be + $^{209}$Bi case, this is rather small), and we believe that this is most likely the incomplete-fusion one. The calculated and experimental $\sigma_{\text{ICF}}$ are compared in fig. 3. The calculated ICF is the difference between the $\sigma_{\text{fus}}$ given by eq. (4) and the experimental complete fusion. The ICF cross-sections for the systems $^{6}$Li + $^{209}$Bi, $^{9}$Be + $^{208}$Pb and $^{9}$Be + $^{209}$Bi are in good agreement, although theoretical values tend to be smaller than experimental ones for the last system. This discrepancy becomes bigger if we remember that the $^{9}$Be + $^{209}$Bi $\sigma_{\text{ICF}}$ in table 2 are $\sigma_{\text{ICF}}$ lower limits. The best agreement is in the case of the $^{9}$Be + $^{208}$Pb and $^{6}$Li + $^{209}$Bi systems where the $\sigma_{\text{ICF}}$ was evaluated from the cross-section of the populated evaporation residues, cases which can be clearly attributed to a partial-fusion process. For the system $^{6}$Li + $^{208}$Pb the partial-fusion cross-sections extracted from the breakup data are very different from those evaluated from the complete-fusion data. A possible explanation of such large discrepancy is that in the $^{6}$Li + $^{208}$Pb experiment we measured the cross-sections for the processes where one alpha (deuteron) is trapped into the target regardless of the detail of the "trapping", in particular the kinematic one, and this cross-section was all attributed to ICF. It is possible that other reaction mechanisms in addition to "incomplete fusion" are contributing to this channel. To solve this problem, additional experiments with complete reconstruction of the 3-body kinematics might be necessary. This has been recently undertaken in the systems $^{6}$Li + $^{12}$C, $^{59}$Co [25]. We can conclude that for all the cases considered in the present work:

a) in the two cases $^{6}$Li + $^{209}$Bi and $^{9}$Be + $^{208}$Pb, the CF and ICF are up to the total fusion so there is no connection originated from breakup;
b) this is most likely not the case of $^{9}$Be + $^{209}$Bi since the experimental ICF is more than expected;
c) the system $^{6}$Li + $^{208}$Pb is out of this schema since the "measured" ICF is much bigger than expected.

Recently, Diaz-Torres *et al.* [26] investigated the effect of breakup on total fusion for $^{6,7}$Li + $^{209}$Bi using a new continuum-discretized coupled-channel (CDCC) method. They found that the breakup enhances the total fusion at energies just around the barrier, whereas it hardly affects the total fusion at energies well above the barrier. Thus, their theoretical work supports our analysis of the $^{6}$Li + $^{209}$Bi system.

## 4 Conclusions

In summary, data on partial fusion for the systems $^{6}$Li + $^{208}$Pb, $^{9}$Be + $^{209}$Bi have been evaluated. The effects of breakup on fusion for weakly bound projectiles $^{6}$Li and $^{9}$Be impinging on $^{208}$Pb or $^{209}$Bi targets have been investigated by comparing experimental fusion excitation functions to standard theory predictions. It results that complete fusion of a weakly bound projectile with heavy target is suppressed, whereas in most cases breakup has very little effect on the total fusion at energies above the barrier. The result indicates that partial fusion of weakly bound nuclei most likely takes place near the absorption region. Besides, in terms of the relationship between the $\sigma_{\text{CF}}$ and $\sigma_{\text{ICF}}$, we have evaluated the cross-sections of partial fusion and compared them with the direct measured data.

This work was supported by the National Natural Science Foundation of China under Grant No. 10235030 and the Major State Basic Research Development Program under Grant No. G200007400.

## References

1. M.S. Hussein *et al.*, Phys. Rev. C **46**, 377 (1992); **47**, 2398 (1993).
2. L.F. Canto *et al.*, Phys. Rev. C **52**, R2848 (1995).
3. N. Takigawa *et al.*, Phys. Rev. C **47**, R2470 (1993).
4. K. Yabana, Prog. Theor. Phys. **97**, 437 (1997).
5. C.H. Dasso *et al.*, Phys. Rev. C **50**, R12 (1994).
6. K. Hagino *et al.*, Phys. Rev. C **61**, 037602 (2000).
7. J.J. Kolata et al., Phys. Rev. Lett. **81**, 4580 (1998).
8. M. Trotta *et al.*, Phys. Rev. Lett. **84**, 2342 (2000).
9. A. Yoshida *et al.*, Phys. Lett. B **389**, 457 (1996).
10. C. Signorini *et al.*, Eur. Phys. J. A **2**, 227 (1998).
11. C. Signorini *et al.*, Nucl. Phys. A **735**, 329 (2004).
12. Y.W. Wu *et al.*, Phys. Rev. C **68**, 044605 (2003).
13. M. Dasgupta *et al.*, Phys. Rev. C **66**, R041602 (2002).
14. M. Dasgupta *et al.*, Phys. Rev. Lett. **82**, 1395 (1999).

15. C. Signorini *et al.*, Eur. Phys. J. A **5**, 7 (1999).
16. K.E. Rehm *et al.*, Phys. Rev. Lett. **81**, 3341 (1998).
17. C. Beck *et al.*, Phys. Rev. C **67**, 054602 (2003).
18. C. Signorini *et al.*, Phys. Rev. C **67**, 044607 (2003).
19. G.F. Prete *et al.*, Nucl. Instrum. Methods Phys. Res. A **422**, 263 (1999).
20. M. Beckman, Rep. Prog. Phys. **51**, 1047 (1998) and references therein.
21. C.H. Dasso *et al.*, Nucl. Phys. A **405**, 381 (1992).
22. R.A. Broglia, A. Winther, *Heavy Ion Reactions* (Addison-Wesley, Redwood City, 1991) p. 116.
23. C.R. Morton *et al.*, Phys. Rev. C **60**, 044608 (1999).
24. C. Signorini *et al.*, Prog. Theor. Phys. Suppl. **154** (2004) 272.
25. A. Szanto de Toledo *et al.*, Nucl. Phys. A **734**, 311 (2004).
26. A. Diaz-Torres *et al.*, Phys. Rev. C **68**, 044607 (2003).

# Nuclear Halo and Its Related Reactions ①

**Zhang Huanqiao**

*China Institute of Atomic Energy, 102413 Beijing, China*

***Received: November 8, 2005***

The experimental results of the proton halo nuclei $^{27}P$, as well as probably $^{29}S$, and the neutron halo in excited states of the nuclei $^{12}B$ and $^{13}C$ are presented. The probability of the valence nucleon(s) being out of the binding potential have been extracted systematically from the relevant experimental data, and a new condition for nuclear halo occurrence is proposed. Based on our systematical study, we put forward our scaling laws of nuclear halo in terms of the analytical expressions of the expectation value for the operator $\mathbf{r}^2$ in a finite square-well potential. In order to investigate the breakup effects of the weakly bound projectiles on fusion reactions and barrier distributions, the complete fusion cross sections of $^{6}Li$ + $^{208}Pb$ and the elastic and quasi-elastic excitation functions of $^{6,7}Li$, $^{9}Be$ + $^{208}Pb$ were measured and compared with the predictions of the coupled-channels model. The dynamical effects on fusion of neutron-rich nuclei at the energies around the Coulomb barrier are discussed in terms of the comparison of the measured fusion data of $^{48}Ca$ + $^{90,96}Zr$ with the calculations of the improved quantum molecular dynamics model and coupled-channels theory.

## 1. Introduction

The neutron and proton density distributions in nucleus are very important quantities for understanding various nuclear properties such as nuclear potential, single-particle orbits, and magic numbers. So far, the experimental and theoretical studies of the nuclear density distributions have resulted in a lot of basic and meaningful information on nuclear structures. One of the most notable results is the discovery of two-neutron halo nucleus $^{11}Li$ by Tanihata et al.[1] at Lawrence Berkeley Laboratory in 1985. Nuclear halo is a threshold phenomenon. As the binding energy becomes small, the wave function of valence particle extends more and more outward if the centrifugal barrier is small. Eventually, this leads to the wave function penetrating substantially beyond the range of nuclear force as the binding energy approaches zero, i.e. occurrence of nuclear halo. Nucleus $^{11}Li$ can be viewed as a core plus two valence-neutrons. The density distributions of these two neutrons spread out to distances far from the binding potential. Its root mean square (rms) radius can be comparable with the size of $^{208}Pb$ nucleus.

In this paper, we will present our main experimental results of the proton halo nuclei $^{27}P$, as well as $^{29}S$, and the neutron halo in excited states of the nuclei $^{12}B$ and $^{13}C$. We also systematically have extracted the probability of the valence nucleon(s) being out of the binding potential from the relevant experimental data and proposed a much relaxed condition for nuclear halo occurrence. Based on our systematical study, we put forward our scaling laws of nuclear halo in terms of the analytical expressions of the expectation value for the operator $\mathbf{r}^2$ in a finite square-well potential. One of the characters of halo nuclei is weak bounding of the valence nucleon(s). Nuclear reactions induced by halo and weakly bound nuclei are a topic of current interest. In order to investigate the breakup effects of the weakly bound projectiles on fusion reactions and barrier distributions, the complete fusion cross sections of $^{6}Li$ + $^{208}Pb$ and the elastic and quasi-elastic excitation functions of $^{6,7}Li$ + $^{208}Pb$ were measured and compared with the predictions of the coupled-channels model. Finally, we will discuss the dynamical effects on fusion of neutron-rich nuclei at the energies around the Coulomb barrier in terms of the comparison of the measured fusion data of $^{48}Ca$ + $^{90,96}Zr$[2,3] with the calculations of the improved quantum molecular dynamics (ImQMD) model.[4]

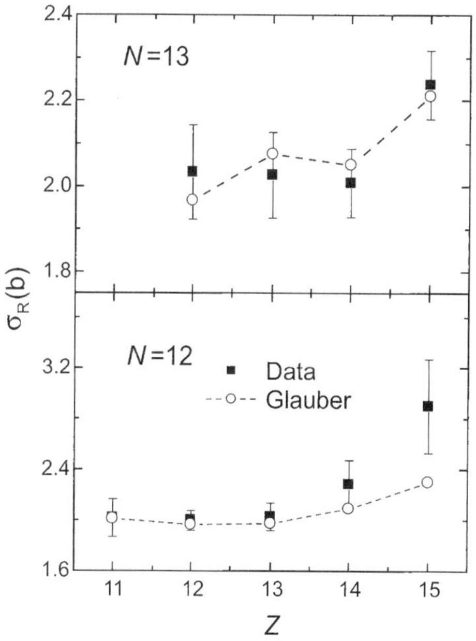


**Figure 1.** The $Z$ dependence of the reaction cross sections for the isotones with $N$=12 and $N$=13. The solid squares with error bar represent the experimental data. The open circles illustrate the prediction of the modified Glauber model in the OL approach. The symbols are connected by lines for each isotonic number to guide the eye.

## 2. Proton Halo

The existence of proton halos in $^{26}P$ and $^{27}S$ was first predicted by Ren et al.[5] By further investigation, Brown and Hansen[6] pointed out that $^{26,27}P$ and $^{27,29}S$ are good candidates for halo nuclei. The properties of proton-rich nuclei in the 2s1d shell were also investigated in the framework of relativistic mean-field model by Chen et al.[7] Their results show that there

① Journal of Nuclear and Radiochemical Sciences,2006,7(1):R7-R12.

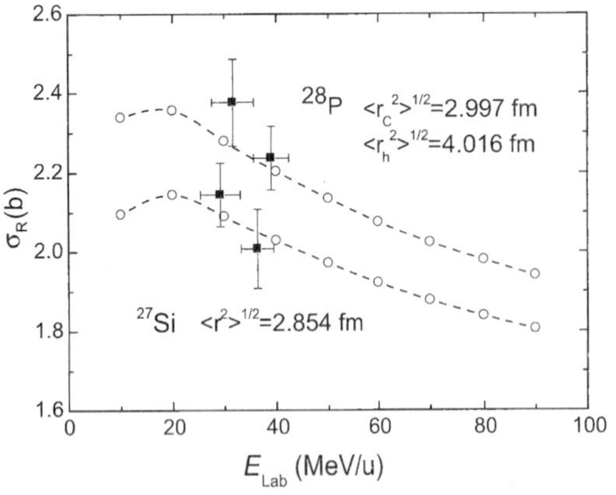


Figure 2. The measured reaction cross sections vs energy for the $^{27}$Si, $^{28}$P+$^{28}$Si reactions. The predictions of the modified Glauber model of the OL approach (open circles) are compared with the experimental data.

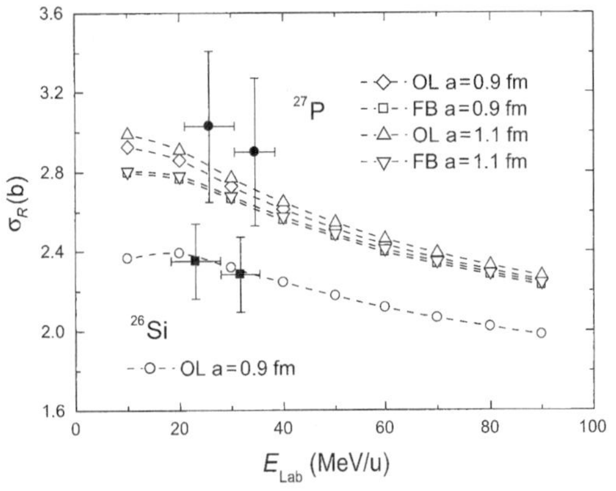


Figure 3. The measured reaction cross sections as a function of energy for the $^{26}$Si, $^{27}$P + $^{28}$Si reactions. The predictions of the modified Glauber model of OL and FB approaches (open symbols) are compared with the experimental data. The numbers in the figure represent the diffuseness parameter of the Woods-Saxon potential for the valence proton.

are one-proton halos in $^{26,27,28}$P and two-proton halos in $^{27,28,29}$S. In order to search proton halo, the reaction cross sections of $^{27,28}$P, $^{29}$S and the corresponding isotones on Si target[8,9] were measured at intermediate energies. As shown in Figure 1, the measured reaction cross sections of the $N$=12 and 13 isotones show an abrupt increase at $Z$=15. The experimental results for the isotones with $Z \leq 14$ as well as $^{28}$P can be well described by the modified Glauber theory of the optical limit (OL) approach. The enhancement of the reaction cross sections for $^{28}$P could be explained in the modified Glauber theory with an enlarged core as illustrated in Figure 2. The $<r_c^2>^{1/2}$ and $<r_h^2>^{1/2}$ are the rms radii of the core and valence proton in $^{28}$P, respectively. The difference between the rms radii of the core and bare nuclei $^{27}$Si is about 0.15 fm. It is seen from Figure 3 that theoretical analysis with the modified Glauber theory of the OL and few-body(FB) approaches[10–13] underpredictes the experimental data of $^{27}$P. The difference between the rms radii of the core and bare nuclei $^{26}$Si is about 0.28 fm. Our theoretical analysis shows that an enlarged core together with proton halo are probably the mechanism responsible for the enhancement of the cross sections for the reaction of $^{27}$P + $^{28}$Si. Ozawa et al.[14] proposed to take a difference factor as a possible measure of halo appearance. The difference factor $d$ is defined as

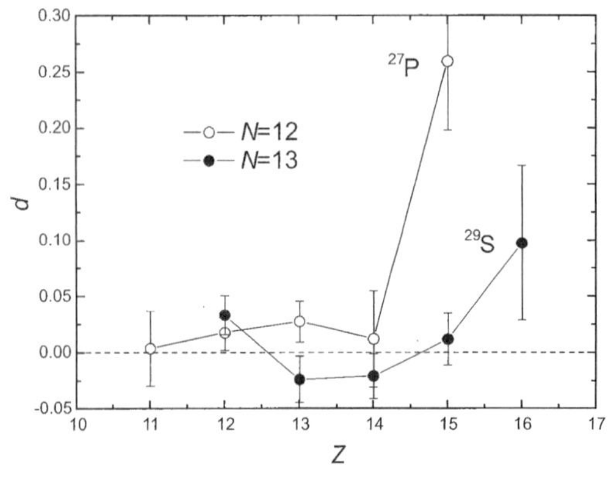


Figure 4. $Z$ dependence of the different factor $d$ for $N$=12 and 13 isotones. The symbols are connected by lines to guide the eye.

$$d = \frac{\sigma_R(\text{exp}) - \sigma_R(\text{cal})}{\sigma_R(\text{cal})}, \tag{1}$$

here $\sigma_R$(exp) represents the measured total reaction cross sections and $\sigma_R$(cal) is the theoretical values with the modified Glauble theory of the OL and FB approaches. Figure 4 displays the $Z$ dependence of $d$ for $N$=12 and 13 isotones at 40 MeV/u. We find from the $d$ values that $^{27}$P and $^{29}$S have a proton halo and a moderate proton halo structure, respectively.

## 3. Nuclear Halo of Excited State

Except the nuclei near or at drip-lines, halo may appear in the excited states of stable nuclei. By means of the asymptotic normalization coefficients (ANC's) extracted from transfer reactions of $^{11}$B(d, p)$^{12}$B, $^{12}$C(d, p)$^{13}$C, and H($^6$He, n)$^6$Li, we have verified that the second ($J^\pi=2^-$) and third ($J^\pi=1^-$) excited states in $^{12}$B and the first ($J^\pi=1/2^+$) excited state in $^{13}$C are the neutron halo states,[15] while the second excited state (3.56 MeV, $J^\pi=0^+$) in $^6$Li is a proton-neutron halo state.[16]

**3.1. Root-Mean-Square Radius.** The rms radius of valence-nucleon(s) in the orbit ($nlj$) can be separated into the contributions from the interior and the asymptotic regions,[15,17]

$$<r^2>^{1/2}=[\int_0^{R_N} r^4\phi_{nlj}^2(r)dr+(C_{ANlj}^B)^2\int_{R_N}^{\infty} r^2W_{-\eta,l+1/2}^2(2kr)dr]^{1/2}. \tag{2}$$

Here $\phi_{nlj}(r)$ is the single-particle radial wave-function in the ($nlj$) bound state, $C_{ANlj}^B$ is the nuclear ANC, and $W_{-\eta,l+1/2}(2kr)$ the Whittaker function. The first term in the equation is somehow parameter dependant. The second term is model parameter independent, and gives more than 90%[11] contribution to the value of rms radius. Thus the uncertainty introduced by the parameters used is small. Hence, $<r^2>^{1/2}$ evaluated in this way is a nearly parameter independent quantity which can be served as an ideal experimental observable for the examination of nuclear halo. The rms radii for the valence particle extracted from ANC values are listed in Table 1 for the excited states in $^{12}$B and $^{13}$C. In the table, $r_c$ and $R_{sq}=\sqrt{\frac{5}{3}(r_c^2+4)}$ in the unit of fm are the radii of the core nucleus and the square-well potential, respectively.[18]

**3.2. Probability.** The probability[15, 19] for valence particle being out of the binding potential can be evaluated by,

$$P(R,r_0,a)=\frac{\int_R^{\infty} r^2\phi_{nlj}^2(r)dr}{\int_0^{\infty} r^2\phi_{nlj}^2(r)dr}, \tag{3}$$

where the $r_0$ and $a$ are the radius and diffuseness parameters of the potential, respectively. The binding potential radius $R$ is

**TABLE 1: Values of $<r^2>^{1/2}$ and $<r^2>/r_c$, $<r^2>/R_{sq}^2$ and the probability for valence nucleon being out of the binding potential for nucleus $^{12}$B and $^{13}$C**

| Nucleus | $J^\pi$ | $E_x$ (MeV) | $r_c$ (fm) | $<r^2>^{1/2}$ (fm) | $<r^2>^{1/2}/r_c$ | $<r^2>/R_{sq}^2$ | Probability (%) |
|---|---|---|---|---|---|---|---|
| $^{12}$B | $1^+$ | 0 | 2.50 | $3.16 \pm 0.10$ | $1.26 \pm 0.05$ | $0.58 \pm 0.15$ | 19.9 |
| | $2^-$ | 1.674 | | $4.01 \pm 0.61$ | $1.60 \pm 0.29$ | $1.10 \pm 0.31$ | 53.6 |
| | $1^-$ | 2.621 | | $5.64 \pm 0.90$ | $2.26 \pm 0.42$ | $1.86 \pm 0.60$ | 66.8 |
| $^{13}$C | $1/2^-$ | 0 | 2.42 | $3.39 \pm 0.31$ | $1.413 \pm 0.15$ | $0.70 \pm 0.21$ | 14.3 |
| | $1/2^+$ | 3.089 | | $5.04 \pm 0.75$ | $2.08 \pm 0.37$ | $1.55 \pm 0.47$ | 50.3 |

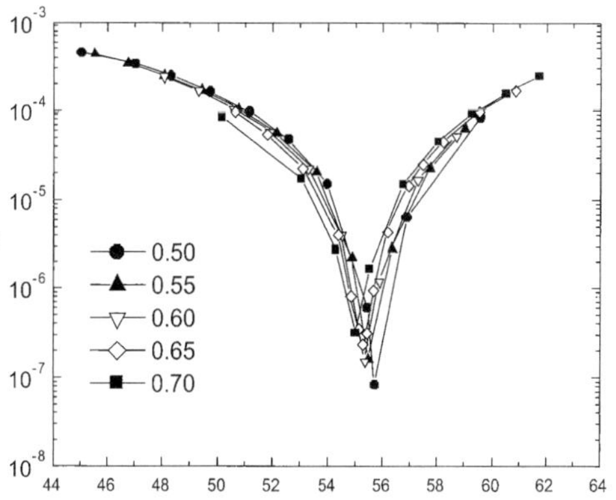


**Figure 5.** Dependence of the $\chi^2$ on the probability ($P$) for valence nucleon being out of the binding potential for the 2s excited state in $^{13}$C. Symbols are connected by a line for each $a_0$ value to guide the eye.

taken as an equivalent square-well potential radius $R_{sq}$. Hence the single-particle wave functions are not determined uniquely. We search the potential parameters in such a way [19] that the quantity,

$$\chi_p^2 = \sum_{r_i=R_N}^{40\text{fm}} \left( [S_{lj}^{(sp)}]^{1/2} \phi_{nlj}(r_i) - C_{Aplj}^{B} \frac{W_{-\eta,l+1/2}(2kr_i)}{r_i} \right)^2, \tag{4}$$

becomes minimum. Where $S_{lj}^{(sp)}$ is the single particle spectroscopic factor. First, the single-particle wave function is calculated with Woods-Saxon potential. The depth of the potential is adjusted to reproduce the binding energy. The values of $a$ are chosen in the range of 0.50–0.70 fm. For each fixed $a$, $r_0$ is varied in a small step till the minimum in $\chi_p^2$ is reached. In the calculation of $\chi_p^2$, the summation runs from $r_i$=6.0 to 40 fm in steps of 0.1 fm. We find that the values of $\chi_p^2$ does not change as long as $R_N \geq 6$ fm. Figure 5 shows a typical example for the extraction of the probability for valence nucleon(s) being out of the binding potential. With this procedure, available data regarding the nuclear halo candidates are systematically analyzed and a number of halo nuclei are confirmed. The extracted probabilities for $^{12}$B and $^{13}$C are also listed in Table 1. Figure 6 shows the probability for valence nucleon being out of the binding potential as a function of $2\mu B_p R^2/\hbar^2$ (a) and $B_p A^{2/3}$ (b). Based on these results and according to the probability of finding valence particle outside the bounding potential larger than 50%, we have got a condition for nuclear halo occurrence,[19]

$$B_p A^{2/3} \leq 10 \text{ MeV}. \tag{5}$$

Therefore, the range of nuclear halo occurrence is much expended than the previous one,[16] i.e., $B_p A^{2/3} \leq 2$ MeV.[20] Here $B_p$ is the binding energy of the valence nucleon and $A$ is the mass number of the nucleus.

**3.3. Scaling Law.** Hamamoto et al.[21] have obtained the expressions of the expectation value for the operator $r^2$ in a

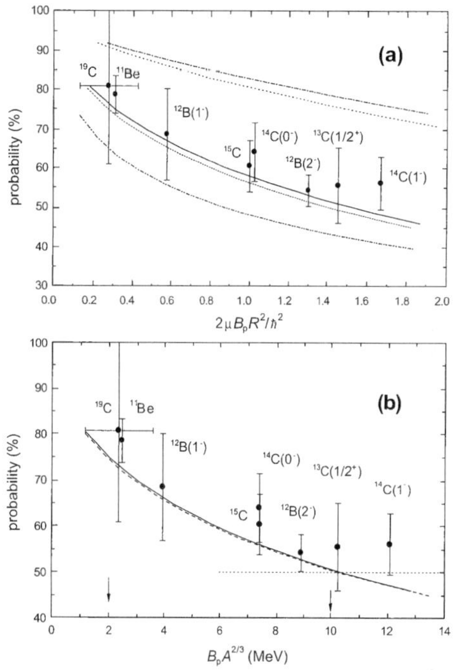


**Figure 6.** Probability for valence nucleon being out of the binding potential as a function of $2\mu B_p R^2/\hbar^2$ (a) and $B_p A^{2/3}$ (b). The solid points represent the s-wave halos in the ground state and in the excited states with spin and parity values in brackets, respectively. The dash-double-dotted line is the calculation value by means of the single-particle model with square-well potential. The other lines show the predictions of the single-particle models with Woods-Saxon potentials.[19] The arrows in the panel (b) illustrate the up-limits of $B_p A^{2/3}$ value set by Jensen et al.[20] and by us.

finite square-well potential. The terms with $\xi_0^4$ in denominator in their expressions are of negligible magnitude as compared to the other terms for the case of $\chi^2 < 2$ which we are interested in. After omitting them, we get the following scaling laws for the dimensionless quantity $<r^2>/R^2$,

$$\frac{<r^2>}{R^2} = \frac{1}{\chi+1}\left(1-\frac{\chi^2}{\xi_0^2}\right)\left(1+\frac{1}{\chi}+\frac{1}{2\chi^2}\right) + \chi\left(\frac{1}{3}+\frac{1+2\chi}{2\xi_0^2}\right) \quad \text{at } l=0, \tag{6}$$

$$\frac{<r^2>}{R^2} = \frac{1}{\chi^2+3\chi+3}\left[\left(1-\frac{\chi^2}{\xi_0^2}\right)\left(\frac{(1+\chi)^2}{3}+\chi+3+\frac{5}{2\chi}\right)+\frac{(1+\chi)^2}{2\xi_0^2}\right]+\frac{(2+2\chi+\chi^2)}{3\xi_0^2} \quad \text{at } l=1, \tag{7}$$

where

$$\chi = R\sqrt{\frac{2\mu B_p}{\hbar^2}}, \tag{8}$$

$$\xi_0 = R\sqrt{\frac{2\mu U_0}{\hbar^2}}. \tag{9}$$

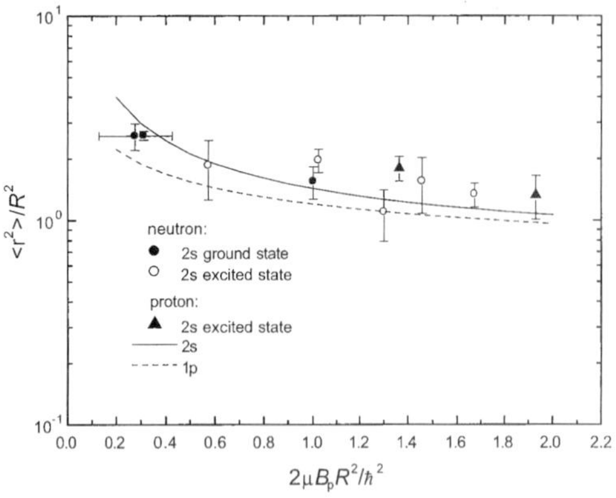


**Figure 7.** The experimental data of $<r^2>/R^2$ vs $2\mu B_pR^2/\hbar^2$ for the valence nucleon in 2s state. The solid and dashed lines show the scaling laws of eqs 6 and 7.

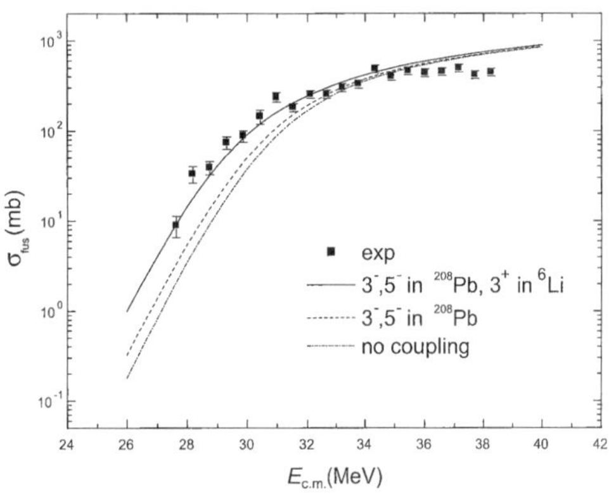


**Figure 8.** Total fusion cross sections for $^6$Li + $^{208}$Pb. The solid squares are the results of our experiment. The solid, dashed and dash-dotted lines are the results of the coupled-channels code CCFULL calculations with coupling the $3^-$, $5^-$ excitation states in $^{208}$Pb and the $3^+$excitation state in $^6$Li and with coupling the $3^-$, $5^-$ excitation states in $^{208}$Pb, as well as without coupling, respectively.

In the above equations, $U_0$ is the depth and $R$ is the range of the finite square-well potential and μ and $B_p$ the reduced mass and binding energy, respectively. Figure 7 displays the scaling laws for the dimensionless quantity $<r^2>/R^2$ of the halo nuclei with comparison of experimental data. It can been seen from the figure that the scaling law can account for the available experimental data of halo candidates, even though it is derived in a finite square-well potential.

### 4. Reactions Induced by Weekly Bound Nuclei

We have measured the complete fusion cross sections of $^6$Li + $^{208}$Pb, and found that the fusion cross sections above the Coulomb barrier are suppressed due to the breakup effects of weekly bound projectile $^6$Li.[22] The experimental results together with the theoretical calculations are shown in Figure 8. The lines in the figure are the coupled-channels code CCFULL calculations.[23-25] The deformation parameters used in the calculations (assuming single phonon excitations) are $\beta_3 = 0.161$[25]; and $\beta_5 = 0.056$[27] for $3^-$(2.615 MeV) and $5^-$(3.198 MeV) states in $^{208}$Pb, respectively, and $\beta_2 = 1.51$[28] for the $3^+$(2.186 MeV) in $^6$Li. The coupled-channels model (CCFULL) does not consider the influence of breakup effect on fusion.

We have also measured the elastic and quasi-elastic excitation functions of $^{6,7}$Li, $^9$Be + $^{208}$Pb at backward angles. From these excitation functions, barrier distributions[29] are extracted and compared with the predictions of the coupled-channels model. It is found that the barrier distributions are broaden and shift to lower energies which may be a signature of the breakup effects of the weakly bound projectiles. Gomes et al.[30] study the behavior of the fusion, breakup reaction, and elastic scattering of different projectiles on $^{64}$Zn at near and above barrier energies. They found that the elastic (noncapture) breakup cross section is important at energies close to and above the Coulomb barrier and increases the reaction cross sections. In addition, they showed that the breakup process at near and below barrier energies is responsible for the vanishing of the usual threshold anomaly of the optical potential and gives rise to a new type of anomaly. Recently, Newton et al. [31] systematically analyzed the high precision fusion cross sections for $Z_pZ_t < 1000$ with the coupled channels models and found that fits to the experimental fusion excitation functions need a value of $a$ of the Woods-Saxon potential from 0.75 to 1.5 fm, which is much larger than the commonly accepted value of ≈ 0.65 fm. They think the large value of $a$ may indicate the necessary to go beyond the potential model, and incorporate dynamical effects as the two nuclei move towards fusion, even for light systems with $Z_pZ_t < 1000$.

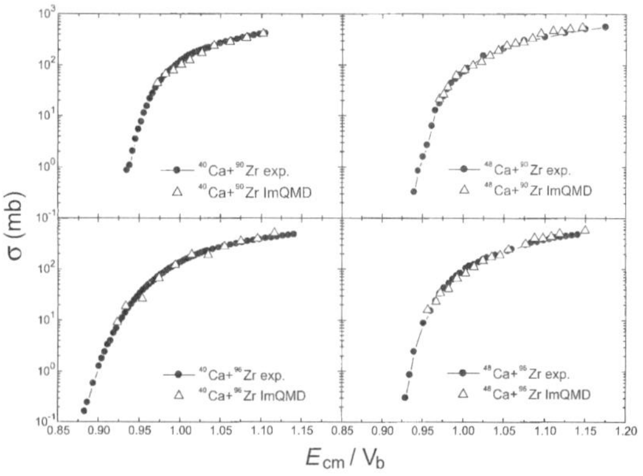


**Figure 9.** The fusion cross sections for $^{40,48}$Ca + $^{90,96}$Zr. The sold circles denote the experimental data. The open triangles denote the calculation results with the ImQMD model, respectively.

### 5. Fusion Reactions with Neutron-Rich Nuclei

The dynamical effects on fusion of neutron-rich nuclei at the energies around the Coulomb barrier attract much attention in recent years. We have cooperated with Stefanini group from LNL/INFN to measure the fusion cross sections of $^{48}$Ca + $^{90,96}$Zr at the XTU-16 Tandem accelerator facility of the Laboratori Nazionali di Legnaro, Italy. Scarlassara et al. [3] have reported the preliminary experimental results of the reactions $^{48}$Ca + $^{90,96}$Zr in the International Conference FUSION03 at Matsushima, Miyagi, Japan. The comparison of experimental $^{40,48}$Ca + $^{90,96}$Zr fusion data [2,3] shows that fusion of $^{40}$Ca + $^{96}$Zr is much enhanced at near- and sub-barrier energies due to the positive Q-values of the transfer channels. The much larger enhancement for the $^{40}$Ca + $^{96}$Zr as compared to other three systems clearly indicates that neutron transfer with the positive Q-value should play a significant role in sub-barrier fusion. In order to extract the information on the complex dynamical effect, especially the effect of excess neutrons on fusion reactions, we have calculated the fusion excitation functions with the improved quantum molecular dynamics model [4,32] for the systems of $^{40,48}$Ca + $^{90,96}$Zr around the Coulomb barrier and compared with the experimental data of these four systems in Figure 9. It is shown by this comparison that neutron transfer starts far before the system reaches the top of the barrier and

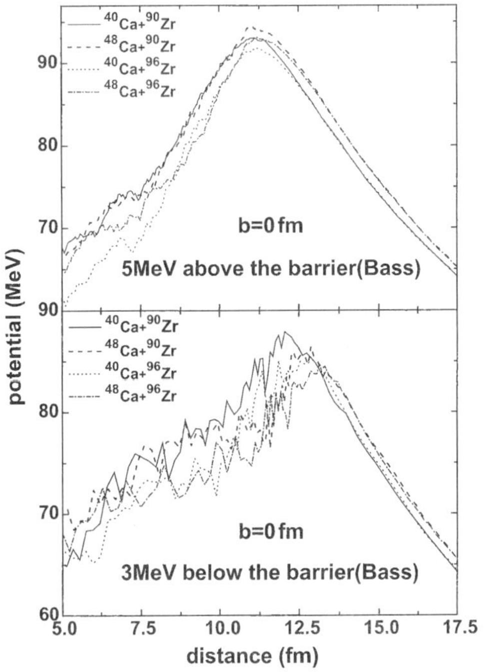


**Figure 10.** The dynamic barrier as a function of the distance between the centers of mass of projectile and target for head on reactions of $^{40,48}Ca$ + $^{90,96}Zr$ at the incident energy of 5 MeV above and 3MeV below the Bass barrier, respectively.

the flow of neutron between the reaction partners results in the neck formation. Consequently, the fusion barriers are strongly affected by the neutron transfer. Our calculations indicate that the neck grows faster and the distance between two partners is shorter for $^{40}Ca$ + $^{96}Zr$ than other three systems, resulting a stronger reduction of the dynamic barrier as shown in Figure 10. We, therefore, can attribute from this calculation that the reduction of the barrier encountered by $^{40}Ca$ + $^{96}Zr$ is due to the strong dynamical effect of the neutron transfer, which leads to the enhancement of the sub-barrier fusion cross sections for $^{40}Ca$ + $^{96}Zr$.

In very recent, Stefanini et al.[33] calculated the fusion excitation functions and barrier distributions for the $^{48}Ca$ + $^{90,96}Zr$ systems by means of coupled-channels theory with CCFULL code. The sub-barrier fusion of $^{48}Ca$ + $^{90}Zr$ is reproduced by coupled-channels calculations including the lowest quadrupole and octupole vibrations of $^{90}Zr$, and using a Woods-Saxon potential with standard diffuseness parameter $a=0.68$ fm. However, the fusion cross sections are overestimated above the barrier. The low-energy slope of the excitation function for $^{48}Ca$ + $^{96}Zr$ is steeper. This implies a larger diffuseness parameter $a=0.85$ fm. Fusion cross sections are well fit in the whole energy region, and the effect of the strong octupole vibration in $^{96}Zr$ is predominant. The extracted fusion barrier distributions are reasonably well reproduced by calculations for both systems. A comparison with previous data for $^{40}Ca$ + $^{90,96}Zr$ is made in an attempt to clarify the role of transfer couplings in sub-barrier fusion.

## 5. Summary


The reaction cross sections of $^{27,28}P$, $^{29}S$ and the corresponding isotones on Si target were measured at intermediate energies. The theoretical analysis with the modified Glauber theory of the optical limit and few-body approaches underpredicts the experimental data of $^{27}P$. Our theoretical analysis shows that an enlarged core together with proton halo are probably the mechanism responsible for the enhancement of the cross sections for the reaction of $^{27}P$ + $^{28}Si$. We find from the different factor values that $^{29}S$ may have a moderate proton halo structure. By means of the asymptotic normalization coefficients extracted from transfer reactions of $^{11}B(d, p)^{12}B$ and $^{12}C(d, p)^{13}C$, we have verified that the second ($J^{\pi}=2^-$) and third ($J^{\pi}=1^-$) excited states in $^{12}B$ and the first ($J^{\pi}=1/2^+$) excited state in $^{13}C$ are the neutron halo states. The probability of the valence nucleon(s) being out of the binding potential have been extracted systematically from the relevant experimental data and a much relaxed condition for nuclear halo occurrence proposed. Based on our systematical study, we put forward our scaling laws of nuclear halo in terms of the analytical expressions of the expectation value for the operator $r^2$ in a finite square-well potential. In order to investigate the breakup effects of the weakly bound projectiles on fusion reactions and barrier distributions, the complete fusion cross sections of $^{6}Li$ + $^{208}Pb$ and the elastic and quasi-elastic excitation functions of $^{6,7}Li$,$^{9}Be$ + $^{208}Pb$ were measured at the back angles and compared with the predictions of the coupled-channels model. It is found that the fusion cross sections above the Coulomb barrier are suppressed due to the breakup effects of weakly bound projectile $^{6}Li$ and the barrier distributions are somehow broaden and shift to lower energies. The dynamical effects on fusion of neutron-rich nuclei at the energies around the Coulomb barrier are discussed in terms of the comparison of the measured fusion data of $^{48}Ca$ + $^{90,96}Zr$ with the calculations of the ImQMD model. Our study shows that the dynamical effects triggered by the neutron transfer play important role in fusion reactions. We also introduce the very recent results calculated with coupled-channels theory.



**Acknowledgments.** This work was supported by the National Natural Science Foundation of China under Grant No. 10275092, 10275095, 10235030.


**References**


(1) I. Tanihata, H. Hamagaki, O. Hashimoto, Y. Shida, and N. Yoshikawa, Phys. Rev. Lett. **55**, 2676 (1985).

(2) H. Timmers, D. Ackermann, S. Beghini, L. Corradi, J. H. He, G. Montagnoli, F. Scarlassara, A. M. Stefanini, and N. Rowley, Nucl. Phys. A**633**, 421 (1998).

(3) F. Scarlassara, G. Montagnoli, S. Beghini, R. Silvestri, A. M. Stefanini, L. Corradi, B. R. Behera, E. Fioretto, S. Szilner, M. Trotta, Y. W. Wu, Z. H. Liu, M. Ruan, F. Yang, and H. Q. Zhang, Prog. Theor. Phys. Suppl. **154**, 31 (2004).

(4) N. Wang, Z. Li, and X. Wu, Phys. Rev. C **69**, 034608 (2004).

(5) Z. Ren, B. Chen, Z. Ma, and G. Xu, Phys. Rev. C **53**, R572 (1996).

(6) B. A. Brown and P. G. Hanson, Phys. Lett. B **381**, 391 (1996).

(7) B. Q. Chen, Z. Y. Ma, F. Grummer, and S. Krewald, J. Phys. G: Nucl. Part. Phys. **24**, 97 (1998).

(8) Z. H. Liu, M. Ruan, Y. L. Zhao, H. Q. Zhang, F. Yang, Z. Y. Ma, C. J. Lin, B. Q. Chen, Y. W. Wu, W. L. Zhan, Z. Y. Guo, G. Q. Xiao, H. S. Xu, Z. Y. Sun, J. X. Li, and Z. J. Chen, Phys. Rev. C **69**, 034326 (2004).

(9) Z. H. Liu, M. Ruan, Y. L. Zhao, H. Q. Zhang, F. Yang, Z. Y. Ma, C. J. Lin, B. Q. Chen, Y. W. Wu, W. L. Zhan, Z. Y. Guo, G. Q. Xiao, H. S. Xu, Z. Y. Sun, J. X. Li, and Z. J. Chen, Chin. Phys. Lett. **21**, 1711 (2004).

(10) Y. Ogawa, K. Yabana, and Y. Suzuki, Nucl. Phys. A**543**, 723(1992).

(11) J. S. Al-khalili and J. A. Tostevin, Phys. Rev. Lett. **76**, 3903(1996).

(12) Y. L. Zhao, Z. Y. Ma, and B. Q. Chen, Commun. Theor. Phys. **36**, 313(2001).
(13) Y. L. Zhao, Z. Y. Ma, B. Q. Chen, and W. Q. Shen, Chin. Phys. Lett. **20**, 53(2003).
(14) A. Ozawa, I. Tanihata, T. Kobayashi, Y. Sugahara, O. Yamakawa, K. Omata, K. Sugimoto, D. Olson, W. Christie, and H. Wieman, Nucl. Phys. A**608**, 63 (1996).
(15) Z. H. Liu, C. J. Lin, H. Q. Zhang, Z. C. Li, J. S. Zhang, Y. W. Wu, F. Yang, M. Ruan, J. C. Liu, S. Y. Li, and Z. H. Peng, Phys. Rev. C **64**, 034312 (2001).
(16) Z. H. Li, W. P. Liu, X. X. Bai, Y. B. Wang, G. Lian, Z. C. Li, and S. Zeng, Phys. Lett. B**527**, 50 (2002).
(17) A. M. Mukhamedzhanov, C. A. Gagliardi, and R. E. Tribble, Phys. Rev. C**63**, 024612 (2001).
(18) D. V. Fedorov, A. S. Jensen, and K. Riisager, Phys. Lett. B**312**, 1 (1993).
(19) Z. H. Liu, X. Z. Zhang, and H. Q. Zhang, Phys. ReV. **C68**, 024305 (2003).
(20) A. S. Jensen and K. Riisager, Phys. Lett. B**480**, 39 (2000).
(21) I. Hamamoto and X. Z. Zhang, Phys. Rev. C**58**, 3388 (1998).
(22) Y. W. Wu, Z. H. Liu, C. J. Lin, H. Q. Zhang, M. Ruan, F. Yang, Z. C. Li, M. Trotta, and K. Hagino, Phys. Rev. **C68**, 044605 (2003).
(23) K. Hagino, N. Takigawa, M. Dasgupta, D. J. Hind, and J. R. Leigh, Phys. Rev. C **55**, 276 (1997).
(24) K. Hagino, N. Takigawa, M. Dasgupta, D. J. Hind, and J. R. Leigh, Phys. Rev. Lett. **79**, 2014 (1997).
(25) K. Hagino, N. Takigawa, and S. Kuyucak, Phys. Lett. **79**, 2943 (1997).
(26) R. H. Spear, At. Data Nucl. Data Tables **42**, 55 (1989).
(27) D. K. McDaniels, J. Lisantti, I. Bergqvist, L. W. Swenson, X. Y. Chen, D. J. Horen, F. E. Bertrand, E. E.Gross, C. Glover, R. Sayer, B. L. Burks, O. Hausser, and K. Hicks, Nucl. Phys. A**467**, 557 (1987).
(28) F. Ajzenberg-Selove, Nucl. Phys. A**413**, 1 (1984).
(29) H. Timmer, J. R. Leigh, M. Dasgupta, D. J. Hinde, R. C. Lemmon, J. C. Mein, C. R. Morton, J. O. Newton, and N. Rowley, Nucl. Phys. A**594**, 190 (1995).
(30) P. R. S. Gomes, M. D. Rodriguez, G. V. Marti, I. Padron, L. C. Chamon, J. O Fernandez Niello, O. A. Capurro, A. J. Pachco, J. E. Testoni, A. Arazi, M. Ramirez, R. M. Anjos, J. Lubian, R. Veiga, R. Liguori Neto, E. Crema, N. Added, C. Tenreiro, and M. S. Hussein, Phys. Rev. C**71**, 034608 (2005).
(31) J. O. Newton, R. D. Butt, M. Dasgupta, D. J. Hinde, I. I. Gontchar, and C. R. Morton, Phys. Rev C**70**, 024605 (2004).
(32) Z. Kai, L. Zhuxia, W. Ning, Z. Yingxun, and T. Junlong, High Energy Physics and Nuclear Physics **30**, 26 (2006).
(33) A. M. Stefanini, F. Scarlassara, S. Beghini, G. Montagnoli, R. Silvestri, M. Trotta, B. R. Behera, L. Corradi, E. Fioretto, A. Gadea, Y. W. Wu, S. Szilner, H. Q. Zhang, Z. H. Liu, M. Ruan, F. Yang, and N. Rowley, Phys. Rev. C**73**, 034606 (2006).

# Fusion of $^{48}$Ca + $^{90,96}$Zr above and below the Coulomb barrier ①

A. M. Stefanini,[1] F. Scarlassara,[2] S. Beghini,[2] G. Montagnoli,[2] R. Silvestri,[2] M. Trotta,[3] B. R. Behera,[1] L. Corradi,[1] E. Fioretto,[1] A. Gadea,[1] Y. W. Wu,[1] S. Szilner,[4] H. Q. Zhang,[5] Z. H. Liu,[5] M. Ruan,[5] F. Yang,[5] and N. Rowley[6]

[1]*INFN, Laboratori Nazionali di Legnaro, I-35020 Legnaro (Padova), Italy*

[2]*INFN and Dipartimento di Fisica, Universitá di Padova, I-35131 Padova, Italy*

[3]*INFN, Sezione di Napoli, I-80126 Napoli, Italy*

[4]*Ruder Bosković Institute, HR-10002 Zagreb, Croatia*

[5]*China Institute of Atomic Energy, 102413 Beijing, China*

[6]*IReS, UMR7500, IN2P3-CNRS/Université Louis Pasteur, Boîte Postale28, F-67037 Strasbourg Cedex 2, France*

(Received 20 December 2005; published 15 March 2006)

Fusion-evaporation cross sections were measured in the two systems $^{48}$Ca + $^{90,96}$Zr in an energy range from well below to well above the Coulomb barrier. The sub-barrier fusion of $^{48}$Ca + $^{90}$Zr is reproduced by coupled-channels calculations including the lowest quadrupole and octupole vibrations of $^{90}$Zr, and using a Woods-Saxon potential with a standard diffuseness parameter $a = 0.68$ fm. However, the fusion cross sections are overestimated above the barrier. The low-energy slope of the excitation function for $^{48}$Ca + $^{96}$Zr is steeper. This implies a larger diffuseness parameter $a = 0.85$ fm. Fusion cross sections are well fit in the whole energy range, and the effect of the strong octupole vibration in $^{96}$Zr is predominant. The extracted fusion barrier distributions are reasonably well reproduced by calculations for both systems. A comparison with previous data for $^{40}$Ca + $^{90,96}$Zr is made in an attempt to clarify the role of transfer couplings in sub-barrier fusion.

DOI: 10.1103/PhysRevC.73.034606 PACS number(s): 25.70.Jj, 24.10.Eq

## I. INTRODUCTION

Heavy-ion fusion dynamics at energies near and below the Coulomb barrier has been the subject of many experimental and theoretical studies for more than 20 years [1,2], using stable beams and, more recently, radioactive beams as well. Sub-barrier fusion cross sections are generally dominated by strong couplings to nuclear shape vibrations, deformations, and, possibly, nucleon-transfer degrees of freedom. The method of extracting fusion barrier distributions from the second energy derivative of the fusion excitation function [3] has been a major breakthrough in understanding the kind of couplings involved in the various cases, thus clarifying the intimate links between nuclear structure and reaction dynamics. However, treating nucleon-transfer couplings correctly in theoretical models to predict their effects on near- and sub-barrier fusion cross sections remains a challenge.

Previous experiments on the sub-barrier fusion of $^{40}$Ca + $^{90,96}$Zr [4] showed a striking difference between the two excitation functions and the extracted barrier distributions. This was attributed to couplings to neutron pickup transfer channels with positive $Q$ values, which only exist for $^{40}$Ca + $^{96}$Zr. However, a more recent analysis [5] showed that both sub-barrier fusion enhancements and the shape of the barrier distributions can be reproduced within a semiclassical model [6], which suggests that most of the isotopic difference should be attributed to the strong octupole vibration of $^{96}$Zr. Moreover, the "quantum molecular dynamics model" of Wang *et al.* [7] predicts, for both $^{48}$Ca + $^{90}$Zr and, $^{48}$Ca + $^{96}$Zr, sub-barrier fusion cross sections larger than for $^{40}$Ca + $^{96}$Zr, as a consequence of the neutron richness of the systems. The simplified model of Zagrebaev [8], which takes into account the effect of neutron transfer in an approximate way, reproduces the $^{40}$Ca + $^{90,96}$Zr excitation functions correctly.

The first motivation of the present work, therefore, was to try to clarify the situation by means of further experimental information for fusion involving $^{90}$Zr and $^{96}$Zr, but using a $^{48}$Ca projectile, which is magic and more rigid than $^{40}$Ca (where a strong octupole vibration exists) and which does not give rise to any neutron transfers with positive ground-state $Q$ values with either zirconium isotope.

It has also been recently recognized [9] that several fusion excitation functions in the above-barrier energy range can be best fitted with a diffuseness parameter $a$ of the usual Woods-Saxon parametrization of the nuclear potential in the range $a = 0.75$ to 1.5 fm, that is, much larger than the value $a \approx 0.65$ fm generally deduced from fits to elastic scattering data. The fusion cross sections are systematically overpredicted when using this lower value. The underlying reason or reasons are not yet clear. Various suggestions have been made, among which we cite the inability of a static potential to describe the reaction dynamics over a broad energy range, and the competition with dissipative reactions other than fusion (such as deep inelastic collisions [9,10]), which might reduce the fusion cross section and lead to the (artificial) need of a large "effective" diffuseness to simulate this.

However, the diffuseness parameter $a$ determines the slope of the potential in its tail, that is, in the region of the Coulomb barrier where fusion takes place. Hence $a$ is directly connected to the width of the barrier (see [10] and references therein), and it determines the rate of change of the fusion cross section below the "lowest" barrier in the picture of a barrier distribution that arises as a consequence of channel couplings. As a matter of fact, one can show [11] that the width of the barrier is roughly proportional to $a^{-1/2}$. It is also worth noting that the diffuseness parameter can, of course, influence the coupling strengths. To first order, they are proportional to the deformation length and to $dV_{\mathrm{Nucl}}/dr$. However, at the

① Physical Review C,2006,73(3):034606-(1-8).

Coulomb barrier $dV_{\rm Nucl}/dr + dV_{\rm Coulomb}/dr = 0$, so that as long as the other potential parameters are changed to keep the barrier height fixed, changing $a$ has, in fact, little effect on the couplings strengths near the barrier.

When lowering the energy in the sub-barrier region, fusion excitation functions usually show an exponential decrease [12]. However, recent studies [13,14] of deep sub-barrier fusion cross sections have revealed somewhat unexpected effects, beyond the known approximations of the Wong formula. Usually, the logarithmic derivative $d\ln(E\sigma)/dE$ shows a steep rise in the barrier region with decreasing energy and then levels off around the energy where the barrier distribution vanishes. For a number of systems, however, it has been found that the derivative continues increasing at even lower energies, implying so-called hindrance effects, whose origin is a matter of current discussion [15–20].

One notices that a large diffuseness parameter $a$, as invoked to fit the data of several systems above the barrier, would produce a steep decrease of the fusion cross section below the lowest barrier, provided that the "lowest barrier" has been clearly identified with the help of the barrier distribution representation (but identification of the "lowest barrier" is not always obvious). The second motivation of the present study has been, therefore, to try to reproduce the excitation functions of $^{48}$Ca + $^{90,96}$Zr over the whole measured energy range within a Coupled Channels (CC) model employing a nuclear potential of Woods-Saxon (WS)shape. Here the specific aim was to deduce information on the diffuseness $a$ needed for the two systems. Fitting the sub-barrier fusion cross sections with the same parameter $a$ used in the high-energy region would give us confidence that modeling the fusion dynamics on the basis of a static WS nuclear potential is correct.

A preliminary and brief account of the data reported in this paper was presented in Ref. [21]. Here the analysis has been extended and completed. The description of the experimental setup and procedures in Sec. II is followed by a discussion of the low-energy trends of the two excitation functions in Sec. III. Then the results of coupled-channels calculations are presented in Sec. IV, fusion barrier distributions are discussed in Sec. V, and a brief comparison is made with the aforementioned cases $^{40}$Ca + $^{90,96}$Zr in Sec. VI. Section VII is a summary of the main results of the present work.

## II. EXPERIMENTAL

The experiments reported here used $^{48}$Ca beams produced by a sputter ion source. A metallic calcium sample, enriched to $\simeq$65% in mass 48, was sprayed with ammonia and the resulting CaH$^-$ ions were injected into the XTU Tandem accelerator of the Laboratori Nazionali di Legnaro of INFN. Beam intensities on target were $\simeq$3–7 pnA in the energy range 133–174 MeV (from $\approx$7%–8% below to $\approx$17%–18% above the Coulomb barriers).

The 90° analyzing magnet of the XTU Tandem defined the beam energy to better than 1/800 [22]. Hysteresis effects were minimized by changing the energy only downward in the measurements of the excitation functions, and by using the same ion charge state (10$^+$) in the relevant range from 160 to 133 MeV. A fluorescent quartz was employed to focus the beams to the same position on the targets for each run.

The targets were evaporations of metallic $^{90}$Zr (50 $\mu$g/cm$^2$) and of $^{96}$ZrO$_2$ (50 $\mu$g/cm$^2$) on carbon backings (15 $\mu$g/cm$^2$) facing the beam. The isotopic enrichments were 99.4% and 95.6%, respectively. The targets were placed in a Ø = 100 cm scattering chamber. The beam energy losses in the carbon backings ($\simeq$180 keV) and in the targets were taken into account in the data analysis.

Four silicon detectors monitored the beam by measuring the Rutherford scattering from the target. They were placed above and below and to the left and right of the beam at the same scattering angle $\theta_{\rm lab} = 16°$. The observed variations of the relative yields in these monitors, owing to small changes of beam focusing and position in the various runs, permitted appropriate corrections to the fusion-evaporation residue cross sections.

The evaporation residues (ER) were separated from the background of beam and beam-like particles at 0° and nearby angles by means of an electrostatic deflector [23]. The beam ions were stopped at the exit of the deflector, whereas ER were detected by an energy time-of-flight telescope consisting of a microchannel plate detector and a 300 mm$^2$ silicon surface-barrier detector. The beam rejection factor of the setup is $\simeq 10^8$, with an effective solid angle $\simeq$25 $\mu$sr. ER angular distributions were measured for the two systems at $E_{\rm lab}$ = 166 and 150 MeV (and also at 142 MeV for $^{48}$Ca + $^{96}$Zr) in the range −4°–+5°, with 1° steps, in addition to the 0° excitation functions. No significant variation with energy of the width of the angular distribution was observed. Figure 1 shows two typical time

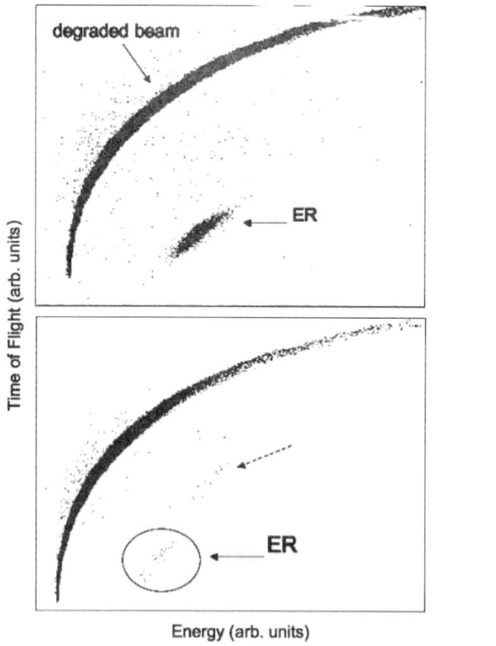


FIG. 1. Time of flight vs energy spectra measured for 144.2-MeV $^{48}$Ca + $^{96}$Zr (top) and 139.8-MeV $^{48}$Ca + $^{90}$Zr (bottom); see text.

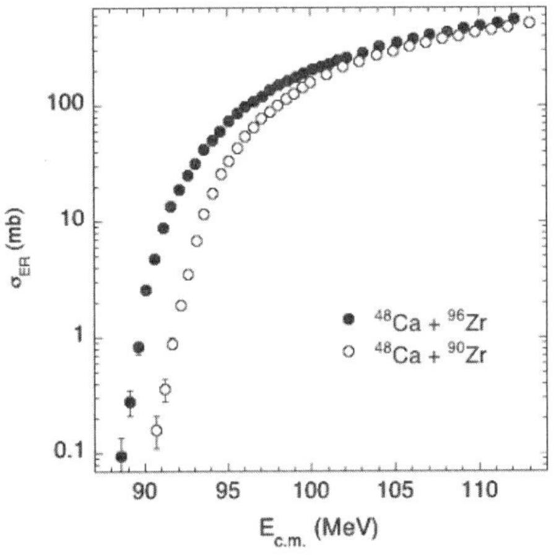


FIG. 2. Fusion-evaporation cross sections for $^{48}$Ca + $^{90,96}$Zr.

of flight versus energy spectra measured at 0°. In the upper panel one notices the group of ER clearly separated from the energy-degraded beamlike particles. The ER cross section at that energy (144.2 MeV) is 97 mb, and ≈5000 ER were registered in a run of around 30 min duration. In the lower panel, the ER are highlighted by the circle. Here $\sigma_{ER}$ is 360 $\mu$b, and only 20 ER were detected in 2 h. The spectrum is, in any case, very clean. The dashed line indicates a group of events probably produced by fusion of the $^{48}$Ca beam with the carbon backing of the target.

Since fusion-fission is negligible for the present systems (see also Ref. [4]), total fusion cross sections were derived from the normalized 0° ER yields, from the angular distributions, and from the transmission of the electrostatic deflector $T = 0.70 \pm 0.05$ measured for the similar cases $^{40}$Ca + $^{90,96}$Zr [4]. This value was independently checked by Monte Carlo simulations for the present systems. Absolute cross sections have a systematic uncertainty ±14% (see Refs. [22,24]), whereas relative errors are mainly determined by statistics. Figure 2 shows the measured fusion cross sections for $^{48}$Ca + $^{90,96}$Zr. Only statistical uncertainties are reported. The cross sections are listed in Tables I and II.

TABLE I. Fusion cross sections for $^{48}$Ca + $^{90}$Zr. Quoted errors are statistical uncertainties only.

| $E_{c.m.}$ (MeV) | $\sigma_{ER}$ (mb) | $E_{c.m.}$ (MeV) | $\sigma_{ER}$ (mb) |
|---|---|---|---|
| 90.7 | 0.16 ± 0.05 | 99.0 | 127.2 ± 1.8 |
| 91.2 | 0.36 ± 0.08 | 99.5 | 141.9 ± 1.8 |
| 91.7 | 0.89 ± 0.10 | 100.0 | 157.7 ± 1.6 |
| 92.2 | 1.89 ± 0.17 | 101.0 | 186.3 ± 1.9 |
| 92.7 | 3.50 ± 0.27 | 102.0 | 214.0 ± 2.3 |
| 93.1 | 6.80 ± 0.56 | 102.9 | 241.9 ± 2.6 |
| 93.6 | 11.8 ± 0.70 | 103.9 | 269.1 ± 2.2 |
| 94.1 | 17.7 ± 1.1 | 104.9 | 295.7 ± 3.1 |
| 94.6 | 25.6 ± 1.5 | 105.9 | 322.8 ± 3.5 |
| 95.1 | 33.7 ± 0.8 | 106.9 | 347.9 ± 3.4 |
| 95.6 | 43.3 ± 0.9 | 107.8 | 374.5 ± 4.0 |
| 96.1 | 54.0 ± 1.0 | 108.8 | 402.0 ± 4.0 |
| 96.6 | 65.3 ± 1.3 | 109.8 | 426.5 ± 4.1 |
| 97.1 | 77.1 ± 1.5 | 110.8 | 455.0 ± 5.0 |
| 97.6 | 89.0 ± 1.7 | 111.8 | 479.8 ± 5.2 |
| 98.0 | 100.9 ± 1.8 | 113.1 | 516.9 ± 5.8 |
| 98.5 | 113.8 ± 1.7 | | |

## III. LOW-ENERGY TRENDS

The low-energy behavior of the excitation functions is best displayed and compared by plotting the logarithmic derivative $d\ln(E\sigma)/dE$ of the cross section versus energy. This is shown in Fig. 3 for $^{48}$Ca + $^{90,96}$Zr. Each plotted value of the derivative has been simply obtained from two adjacent points of the excitation function, and the quoted errors follow from the statistical (relative) uncertainty of the two points considered.

The present data do not extend into the deep sub-barrier energy range; nevertheless, considering the low-energy excitation functions allows interesting observations at the qualitative level. Already from Fig. 2, one notices that the excitation function for $^{48}$Ca + $^{96}$Zr is visibly steeper at the lowest measured energies. This is amplified in the representation of the logarithmic derivatives of Fig. 3. The data for $^{48}$Ca + $^{96}$Zr probably show the expected low-energy plateau below $E \simeq 90$ MeV, at the level of $\simeq 2.2$ MeV$^{-1}$ for the logarithmic slope (with the three lowest points being the same within the experimental errors). As for $^{48}$Ca + $^{90}$Zr, it is less clear from the data whether the curve levels off at the lowest energies, where the logarithmic derivative is $\simeq 1.7$ MeV$^{-1}$, that is, ≈25% smaller than the saturation value for $^{48}$Ca + $^{96}$Zr. The difference in the low-energy trends between the two systems is not obvious a priori. One might point to the possible influence of neutron-transfer channels. However, apart from couplings to inelastic excitations (see next section), neutron-transfer

TABLE II. Fusion cross sections for $^{48}$Ca + $^{96}$Zr. Quoted errors are statistical uncertainties only.

| $E_{c.m.}$ (MeV) | $\sigma_{ER}$ (mb) | $E_{c.m.}$ (MeV) | $\sigma_{ER}$ (mb) |
|---|---|---|---|
| 88.6 | 0.095 ± 0.040 | 98.1 | 149.4 ± 2.8 |
| 89.1 | 0.28 ± 0.07 | 98.6 | 161.5 ± 2.9 |
| 89.6 | 0.83 ± 0.11 | 99.1 | 174.9 ± 2.9 |
| 90.1 | 2.59 ± 0.25 | 99.6 | 189.1 ± 3.2 |
| 90.6 | 4.73 ± 0.31 | 100.1 | 203.9 ± 3.4 |
| 91.1 | 8.73 ± 0.40 | 100.6 | 215.7 ± 3.5 |
| 91.6 | 13.5 ± 0.65 | 101.1 | 230.0 ± 3.3 |
| 92.1 | 18.9 ± 0.6 | 101.6 | 244.9 ± 4.4 |
| 92.6 | 25.2 ± 0.9 | 102.1 | 257.4 ± 2.7 |
| 93.1 | 31.5 ± 1.0 | 103.1 | 289.9 ± 3.2 |
| 93.6 | 41.8 ± 1.2 | 104.1 | 325.1 ± 3.4 |
| 94.1 | 49.8 ± 1.5 | 105.1 | 349.4 ± 4.4 |
| 94.6 | 60.5 ± 1.7 | 106.1 | 381.0 ± 4.1 |
| 95.1 | 73.0 ± 2.4 | 107.1 | 407.4 ± 4.5 |
| 95.6 | 85.7 ± 2.7 | 108.1 | 433.5 ± 4.6 |
| 96.1 | 96.6 ± 3.1 | 109.1 | 464.9 ± 4.8 |
| 96.6 | 108.4 ± 3.0 | 110.1 | 494.0 ± 5.1 |
| 97.1 | 121.0 ± 2.7 | 111.1 | 522.0 ± 5.2 |
| 97.6 | 134.9 ± 2.8 | 112.1 | 552.0 ± 5.7 |

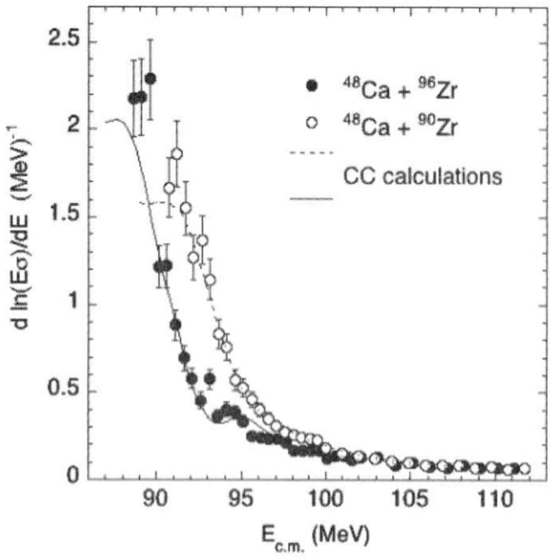


FIG. 3. Logarithmic derivatives of the excitation functions.

channels are not expected to play a role in the present cases, since no transfer channel with positive $Q$ value exists in either system. Only proton pickups can have positive $Q$ values for $^{48}Ca + {}^{90}Zr$. All this calls for further measurements at deeper sub-barrier energies, which, unfortunately, are not possible with our present setup.

## IV. COUPLED-CHANNELS CALCULATIONS

Coupled-channels calculations have been performed with the code CCFULL, where the WS parametrization of the nuclear potential is adopted. A detailed description of the program, its physical background, and some inherent approximations can be found in Ref. [25]. In particular, coupling strengths are taken into account to all orders, and higher phonon states may be included by treating vibrational couplings in the harmonic limit. A point should be made here: using the harmonic limit may generate some problems in associating the results of calculations to the real structure of the colliding nuclei (usually far from being harmonic oscillators), the more so when two- and possibly three-phonon excitations appear to influence the fusion cross sections considerably [26]. This is actually the case for the present systems involving zirconium isotopes, which are heavy and relatively soft with respect to quadrupole and octupole vibrations.

After this preamble, we show in Table III the relevant information on the low-lying excitations of $^{48}Ca$, $^{90}Zr$, and $^{96}Zr$. The quadrupole vibrations of $^{90,96}Zr$ are both weak and lie at comparable energies. The $5^-$ state of $^{90}Zr$ was included in the CC calculations by renormalizing the nuclear coupling strength of the $2^+$ state [27]. The octupole vibration in $^{96}Zr$ is significantly stronger and lower in energy than in $^{90}Zr$. The magic nucleus $^{48}Ca$ is very rigid; in the calculations, only the relatively strong $3^-$ state was included in the coupling scheme. The effect of its high excitation energy is nearly adiabatic, that is, a renormalization [28] of the nuclear potential occurs, producing a lower Coulomb barrier, with little influence on the shape of the fusion barrier distribution.

TABLE III. Excitation energies $E_x$, spin and parities $\lambda^\pi$, and deformation parameters $\beta_\lambda$ [29,30] (see text).

| Nucleus | $E_x$(MeV) | $\lambda^\pi$ | $\beta_\lambda$ |
|---|---|---|---|
| $^{48}Ca$ | 3.832 | $2^+$ | 0.11 |
| | 4.507 | $3^-$ | 0.23 |
| $^{90}Zr$ | 2.186 | $2^+$ | 0.09 |
| | 2.748 | $3^-$ | 0.22 |
| | (2.319 | $5^-$ | 0.12) |
| $^{96}Zr$ | 1.751 | $2^+$ | 0.08 |
| | 1.897 | $3^-$ | 0.27 |

For both systems, obtaining reasonable fits to the excitation functions requires target vibrations of quadrupole and octupole character to be included up to the two-phonon level for each mode, as well as mutual excitations of the type $2^+ \otimes 3^-$, $(2^+)^2 \otimes 3^-$, $2^+ \otimes (3^-)^2$, and $(2^+)^2 \otimes (3^-)^2$. Mutual excitations between projectile and target states are also taken into account. For $^{48}Ca + {}^{96}Zr$ only, the three-phonon state $(3^-)^3$ has a non-negligible effect at low energies.

The parameters of the Akyüz-Winther (AW) potentials [31] are reported in Table IV together with those of the modified potentials used in the present CC calculations that include the low-lying vibrations of projectile and target. The analysis with CCFULL was performed along the following lines. First, a good fit to the slope in the sub-barrier energy region was searched for, determining (qualitatively) the value of the diffuseness parameter $a$. After this, the height of the barrier was slightly varied with respect to the AW value ($r_o$ was varied and $V_o$ consequently), to achieve a good fit near and below the Coulomb barrier. It turns out that the adiabatic effect of the high-lying $3^-$ state of $^{48}Ca$ brings the "effective" barrier very near to the original AW value in both systems.

We consider first $^{48}Ca + {}^{96}Zr$. The calculation reproduces the data below and above the barrier (see Fig. 4, upper panel), only by adopting a diffuseness parameter $a = 0.85$ fm, larger than the AW value. This is in agreement with the systematics of Newton *et al.* [9]. The logarithmic derivative of the calculated excitation function, shown in Fig. 3, closely resembles the data trend.

TABLE IV. Parameters of the Akyüz-Winther potential [31] (first line for each system) and those employed in our CC calculations (second line, see text) together with barrier heights, radii, and curvatures resulting from the previous potentials.

| System | $V_o$ (MeV) | $r_o$ (fm) | $a$ (fm) |
|---|---|---|---|
| $^{48}Ca + {}^{90}Zr$ | 73.7 | 1.18 | 0.68 |
| | 113.9 | 1.12 | 0.68 |
| $^{48}Ca + {}^{96}Zr$ | 73.3 | 1.18 | 0.68 |
| | 127.8 | 1.05 | 0.85 |
| | $V_b$ (MeV) | $R_b$ (fm) | $\hbar\omega$ (MeV) |
| $^{48}Ca + {}^{90}Zr$ | 96.9 | 11.08 | 3.58 |
| | 98.3 | 10.95 | 3.76 |
| $^{48}Ca + {}^{96}Zr$ | 95.9 | 11.21 | 3.51 |
| | 97.5 | 10.82 | 3.25 |

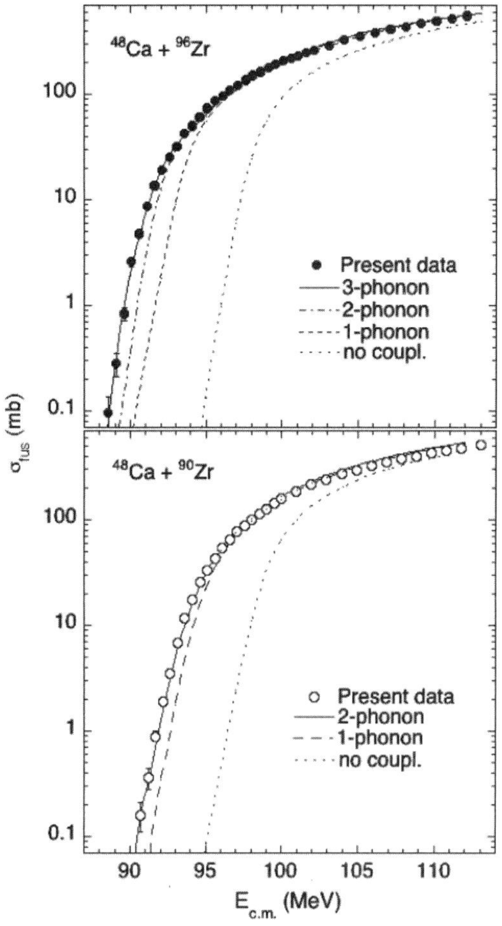


FIG. 4. Measured fusion cross sections of $^{48}$Ca + $^{90,96}$Zr, in comparison with CC calculations.

In the case of $^{48}$Ca + $^{90}$Zr (lower panel of Fig. 4) the standard diffuseness $a = 0.68$ fm gives a good fit to the data at near- and sub-barrier energies, by including the aforementioned vibrational couplings (solid line). The logarithmic derivatives of data and calculation for $^{48}$Ca + $^{90}$Zr are shown in Fig. 3, where the agreement can be better appreciated. However, the cross sections are overpredicted above the barrier (see Fig. 4) by 12%–13%, which is still (marginally) within the overall accuracy of the absolute cross section scale. Correcting for this disagreement would require a larger diffuseness [9], but the good fit at low energies would be lost.

The situation is better represented in Fig. 5, where the solid line is the same calculation reported in Fig. 4, and the dashed line is the calculation with $a = 0.90$ fm, that is, the value used in Ref. [4] for $^{40}$Ca + $^{90}$Zr. The value of $r_o$ was adjusted to give the same barrier $V_b = 98.3$ MeV as for the solid line. The dashed line clearly fails to reproduce the sub-barrier energy dependence of the excitation function. Conversely, keeping $a = 0.68$ fm and varying the Coulomb barrier, through $r_o$ and $V_o$, to get a good fit above the barrier (dashed-dotted

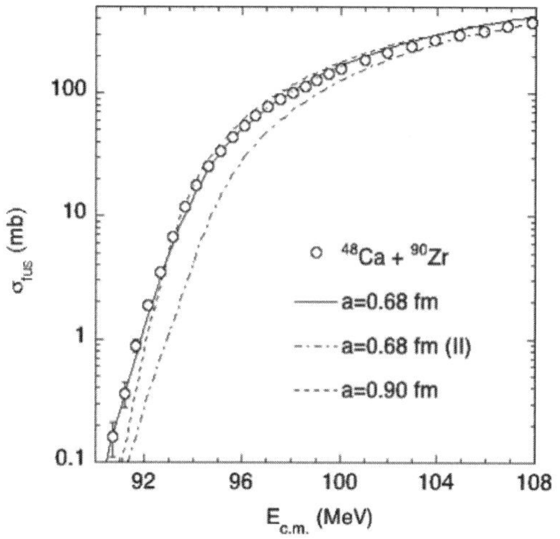


FIG. 5. Fusion excitation function of $^{48}$Ca + $^{90}$Zr in a slightly expanded view with respect to Fig. 4. The solid line is the same calculation reported in Fig. 4; the dashed line uses a larger diffuseness, but the barrier is not varied. The dashed-dotted line keeps $a = 0.68$ fm and the barrier is increased to best fit the high-energy data points (see text).

line) leads to a large underprediction of the sub-barrier cross sections. This cannot be compensated for by introducing additional channels in the coupling scheme, since three-phonon excitations have very little effect, and the $Q$ values for all transfer channels are large and negative in this system.

As a partial conclusion, we may say that both $^{48}$Ca + $^{90}$Zr and $^{48}$Ca + $^{96}$Zr require a diffuseness parameter of the WS potential significantly larger than the AW value to achieve a good fit to the fusion cross sections above the barrier. The physical reasons behind this observation should certainly be investigated [9] further. However, there is a difference between the two systems below the barrier. For $^{48}$Ca + $^{96}$Zr, the "large" $a = 0.85$ fm allows one to reproduce correctly the sub-barrier cross sections, but this is not the case with $^{48}$Ca + $^{90}$Zr, where a standard value $a \simeq 0.68$ fm is required. Moreover, the AW potential used in the CC calculations for $^{48}$Ca + $^{96}$Zr has a smaller radius parameter $r_o$ than for $^{48}$Ca + $^{90}$Zr (1.05 versus 1.12 fm). This is not the result of a $\chi^2$ fit, but the trend is the same as noted by Newton *et al.* [9] for $^{40}$Ca + $^{90,96}$Zr. Presently, we have no physical explanation for these isotopic effects.

## V. BARRIER DISTRIBUTIONS

The fusion barrier distributions for $^{48}$Ca + $^{90,96}$Zr have been obtained [3] by double differentiation of $E\sigma_{fus}$ with respect to the energy, using the three-point difference formula [4] with an energy step $\Delta E = 2$ MeV. They are shown in Fig. 6, normalized to unity. Concerning $^{48}$Ca + $^{90}$Zr, the shape of the distribution is clear, with two main peaks around 94 and 98 MeV. It is very similar to what is obtained for $^{40}$Ca + $^{90}$Zr [4]. The calculation marked "1-phonon " (that is, one quadrupole phonon and one octupole phonon; dashed line)

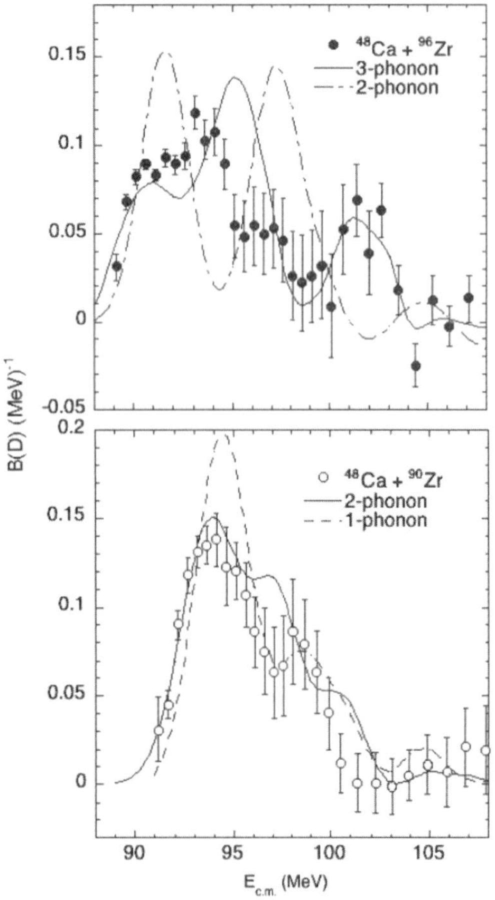


FIG. 6. Fusion barrier distributions of $^{48}$Ca + $^{90,96}$Zr, in comparison with CC calculations (see text). The ordinate is the second energy derivative of $E\sigma_{\rm fus}$ divided by $\pi R_b^2$, where the barrier position $R_b$ is derived from the AW potential [31].

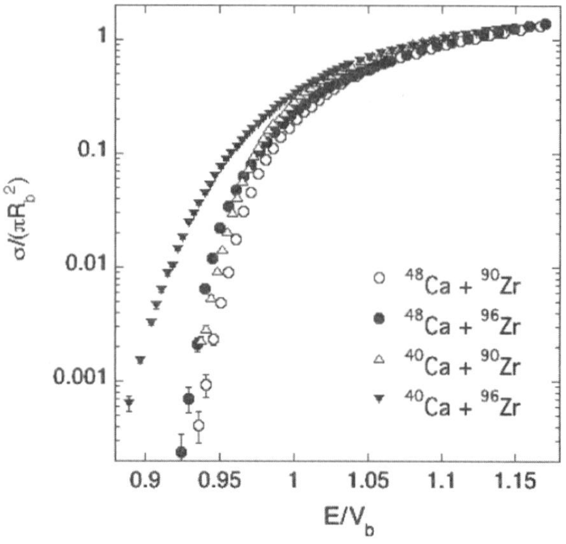


FIG. 7. Comparison of fusion cross sections of $^{40,48}$Ca + $^{90,96}$Zr.

reproduces the separation between the two main peaks reasonably well, but it gives too much strength to the lower energy one. This calculation clearly underestimates the sub-barrier fusion cross sections (see previous section). The solid line is derived from the corresponding two-phonon calculation of Fig. 4. It gives a better overall fit to the experimental distribution, even if the distance between the two main peaks is too small.

The distribution of $^{48}$Ca + $^{96}$Zr has (at least) two peaks of comparable weight in the low-energy part, a hint of some structure around 96–97 MeV, and a high-energy bump at $\simeq$102 MeV. This shape with various well-defined peaks is quite different from the result for $^{40}$Ca + $^{96}$Zr studied previously [4]. The structure and overall shape of the present complex distribution are well reproduced only by the inclusion of three octupole phonons in $^{96}$Zr, although the barrier around 93–94 MeV is calculated $\approx$1.5 MeV too high. The high-energy peak is well reproduced. The calculation with two phonons misses completely the shape of the distribution.

### VI. COMPARISON WITH $^{40}$Ca + $^{90,96}$Zr

Let us consider the present data for $^{48}$Ca + $^{90,96}$Zr and the older results [4] for the two systems involving $^{40}$Ca as the beam and the same zirconium targets. We compare the excitation functions in the usual plot with reduced energy and cross sections scales, shown in Fig. 7 (see also Ref. [21]). The case of $^{40}$Ca + $^{96}$Zr clearly stands out from the others, both from the point of view of sub-barrier fusion enhancement and with respect to the slope of the excitation function in the same energy range, which is much flatter. The present observations do not agree with the predictions of Ref. [7].

There is no doubt that there is something special about that system. Identifying the reason(s) why this is so is an interesting challenge. Originally, one associated the experimental evidence with the availability, solely for $^{40}$Ca + $^{96}$Zr, of neutron-transfer channels with large and positive $Q$ values [4]. Later, the dominant effect of the strong octupole vibration in $^{96}$Zr was suggested [5]. However, we note that the excitation function for $^{48}$Ca + $^{96}$Zr (with no positive $Q$-values for transfer) is very similar to those for $^{40,48}$Ca + $^{90}$Zr. We also pointed out, in the previous section, that the three barrier distributions of $^{48}$Ca + $^{96}$Zr and $^{40,48}$Ca + $^{90}$Zr have a clear peak structure, at variance with the case of $^{40}$Ca + $^{96}$Zr. This leads us to conclude that the octupole vibration of $^{96}$Zr is not the major factor in the dynamics. One may argue that, since $^{40}$Ca (but not $^{48}$Ca) has a well-known and strong octupole vibration, its combination (coupling) with the corresponding excitation of $^{96}$Zr produces most of the effect, in a way that is not taken into account by the calculations of Ref. [4]. In any case, a strong influence of few- and multineutron transfer on fusion cannot be ruled out. The cumulative effect of several transfer channels, each giving a small contribution, might explain the evidence, especially at very low energies.

A step further in the comprehension of the dynamics might be achieved by measuring the intermediate case $^{40}$Ca + $^{94}$Zr, where $Q$ values for neutron transfer are still positive and large, but where the octupole vibration of $^{94}$Zr is weaker and higher lying than in $^{96}$Zr. In any case, one faces the continuing difficulty of performing full CC calculations where transfer couplings are explicitly taken into account.

### VII. SUMMARY

Fusion-evaporation cross sections were measured in the two systems $^{48}$Ca + $^{90,96}$Zr in an energy range from well below to well above the Coulomb barrier. The analysis of the preliminary data [21] has been extended and completed. The excitation functions have been compared with the results of CC calculations [25]. One- and two-phonon octupole and quadrupole vibrations of $^{90,96}$Zr were considered; it was necessary to consider even the three-phonon state of the strong and low-lying octupole vibration of $^{96}$Zr to achieve good agreement with the data.

The low-energy slope of the excitation functions is directly related to the barrier width and hence to the diffuseness $a$ of the WS potential used. For $^{48}$Ca + $^{90}$Zr, the AW value $a =$ 0.68 fm gives a good fit to the data, whereas a larger value $a = 0.85$ fm is needed for $^{48}$Ca + $^{96}$Zr. Indeed, the excitation function of $^{48}$Ca + $^{96}$Zr is steeper, as seen better in a plot of the logarithmic derivative of the cross section versus energy. Different values of $d\ \ln(E\sigma)/dE$ show up for the two systems at the lowest energies, although it is not entirely clear, for $^{48}$Ca + $^{90}$Zr, whether we have reached the expected low-energy plateau.

In the high-energy part of the excitation functions, the cross sections of $^{48}$Ca + $^{96}$Zr are very well fitted by calculations, which, however, overpredict the $^{48}$Ca + $^{90}$Zr data by 12%–13%. Such a discrepancy follows the trend discussed by Netwon *et al.* [9] for several systems where diffuseness parameters much larger than $a \approx 0.68$ fm were shown to be needed to reproduce above-barrier fusion cross sections. Here, a large diffuseness for $^{48}$Ca + $^{90}$Zr would bring the calculated cross sections very close to the data above the barrier, but the good fit at low energies would deteriorate. The underlying reason(s) must be clarified, as should the validity of the CC model based on a static nuclear potential with a WS shape [9]. Fusion data at deep sub-barrier energies [14] for $^{48}$Ca + $^{90,96}$Zr would be very interesting.

The barrier distribution for $^{48}$Ca + $^{90}$Zr, extracted from the data, is very similar to that of $^{40}$Ca + $^{90}$Zr. The distribution of $^{48}$Ca + $^{96}$Zr is wider, but it shows clear structures (peaks), at variance with the case of $^{40}$Ca + $^{96}$Zr. In a reduced plot of the excitation functions for these four systems, the sub-barrier data for $^{40}$Ca + $^{96}$Zr show a very large enhancement with respect to all other cases, which are bunched together. This evidence makes the phenomenological correlation to positive-$Q$-value transfer channels very plausible.

### ACKNOWLEDGMENTS

We are very grateful to G. Pollarolo for fruitful discussions on various physical issues underlying this work. Grateful thanks are also due to the XTU Tandem staff for their professional work during the experiments and to Mr. M. Loriggiola and Mr. G. Manente for preparing targets of excellent quality.

[1] M. Dasgupta, D. J. Hinde, N. Rowley, and A. M. Stefanini, Annu. Rev. Nucl. Part. Sci. **48**, 401 (1998).
[2] A. B. Balantekin and N. Takigawa, Rev. Mod. Phys. **70**, 77 (1998).
[3] N. Rowley, G. R. Satchler, and P. H. Stelson, Phys. Lett. **B254**, 25 (1991).
[4] H. Timmers, L. Corradi, A. M. Stefanini, D. Ackermann, J. H. He, S. Beghini, G. Montagnoli, F. Scarlassara, G. F. Segato, and N. Rowley, Phys. Lett. **B399**, 35 (1997); H. Timmers, D. Ackermann, S. Beghini, L. Corradi, J. H. He, G. Montagnoli, F. Scarlassara, A. M. Stefanini, and N. Rowley, Nucl. Phys. **A633**, 421 (1998).
[5] G. Pollarolo and Å. Winther, Phys. Rev. C **62**, 054611 (2000).
[6] Å. Winther, Nucl. Phys. **A572**, 191 (1994); **A594**, 203 (1995); computer code GRAZING, http://www.to.infn.it/~nanni/grazing.
[7] N. Wang, X. Wu, and Z. Li, Phys. Rev. C **67**, 024604 (2003).
[8] V. I. Zagrebaev, Phys. Rev. C **67**, 061601(R) (2003).
[9] J. O. Newton, R. D. Butt, M. Dasgupta, D. J. Hinde, I. I. Gontchar, C. R. Morton, and K. Hagino, Phys. Rev. C **70**, 024605 (2004); Phys. Lett. **B586**, 219 (2004).
[10] I. I. Gontchar, D. J. Hinde, M. Dasgupta, and J. O. Newton, Phys. Rev. C **69**, 024610 (2004).
[11] N. Rowley and A. C. Merchant, Astrophys. J. **381**, 591 (1991).
[12] C. Y. Wong, Phys. Rev. Lett. **31**, 766 (1973).
[13] C. L. Jiang, H. Esbensen, K. E. Rehm, B. B. Back, R.V. F. Janssens, J. A. Caggiano, P. Collon, J. Greene, A. M. Heinz, D. J. Henderson, I. Nishinaka, T. O. Pennington, and D. Seweryniak, Phys. Rev. Lett. **89**, 052701 (2002).
[14] C. L. Jiang, K. E. Rehm, H. Esbensen, R. V. F. Janssens, B. B. Back, C. N. Davids, J. P. Greene, D. J. Henderson, C. J. Lister, R. C. Pardo, T. Pennington, D. Peterson, D. Seweryniak, B. Shumard, S. Sinha, X. D. Tang, I. Tanihata, S. Zhu, P. Collon, S. Kurtz, and M. Paul, Phys. Rev. C **71**, 044613 (2005).
[15] C. L. Jiang, H. Esbensen, B. B. Back, R. V. F. Janssens, and K. E. Rehm, Phys. Rev. C **69**, 014604 (2004).
[16] K. Hagino, N. Rowley, and M. Dasgupta, Phys. Rev. C **67**, 054603 (2003).
[17] C. J. Lin, Phys. Rev. Lett. **91**, 229201 (2003).
[18] C. L. Jiang, H. Esbensen, K. E. Rehm, B. B. Back, R.V. F. Janssens, J. A. Caggiano, P. Collon, J. Greene, A. M. Heinz, D. J. Henderson, I. Nishinaka, T. O. Pennington, and D. Seweryniak, Phys. Rev. Lett. **91**, 229202 (2003).
[19] C. H. Dasso and G. Pollarolo, Phys. Rev. C **68**, 054604 (2003).
[20] B. G. Giraud, S. Karataglidis, K. Amos, and B. A. Robson, Phys. Rev. C **69**, 064613 (2004).
[21] F. Scarlassara, G. Montagnoli, S. Beghini, R. Silvestri, A. M. Stefanini, L. Corradi, B. R. Behera, E. Fioretto, S. Szilner, M. Trotta, Y. W. Wu, Z. H. Liu, M. Ruan, F. Yang, and H. Q. Zhang, Prog. Theor. Phys. Suppl. **154**, 31 (2004).
[22] A. M. Stefanini, D. Ackermann, L. Corradi, D. R. Napoli, C. Petrache, P. Spolaore, P. Bednarczyk, H. Q. Zhang, S. Beghini, G. Montagnoli, L. Mueller, F. Scarlassara, G. F. Segato, F. Soramel, and N. Rowley, Phys. Rev. Lett. **74**, 864 (1995).

[23] S. Beghini, C. Signorini, S. Lunardi, M. Morando, G. Fortuna, A. M. Stefanini, W. Meczynski, and R. Pengo, Nucl. Instrum. Methods A **239**, 585 (1985).

[24] A. M. Stefanini, M. Trotta, L. Corradi, A. M. Vinodkumar, F. Scarlassara, G. Montagnoli, and S. Beghini, Phys. Rev. C **65**, 034609 (2002).

[25] K. Hagino, N. Rowley, and A. T. Kruppa, Comput. Phys. Commun. **123**, 143 (1999).

[26] H. Esbensen, Phys. Rev. C **72**, 054607 (2005).

[27] A. T. Kruppa, P. Romain, M. A. Nagarajan, and N. Rowley, Nucl. Phys. **A560**, 845 (1993).

[28] K. Hagino, N. Takigawa, M. Dasgupta, D. J. Hinde, and J. R. Leigh, Phys. Rev. Lett. **79**, 2014 (1997).

[29] S. Raman, C. W. Nestor Jr., and P. Tikkanen, At. Data Nucl. Data Tables **78**, 1 (2001).

[30] T. Kibédi and R. H. Spear, At. Data Nucl. Data Tables **80**, 35 (2002).

[31] Ö. Akyüz and Å. Winther, in *Nuclear Structure and Heavy-Ion Physics, Proceedings of the International School of Physics "Enrico Fermi," Course LXXVII, Varenna*, edited by R. A. Broglia and R. A. Ricci (North Holland, Amsterdam, 1981).

# Unusual Threshold Anomaly in the $^6$Li+$^{208}$Pb System①

ZHANG Chun-Lei(张春雷)[1,2], ZHANG Huan-Qiao(张焕乔)[1,2], LIN Cheng-Jian(林承键)[2], RUAN Ming(阮明)[2], LIU Zu-Hua(刘祖华)[2], YANG Feng(杨峰)[2], WU Xiu-Kun(吴秀昆)[2], ZHOU Ping(周平)[2], AN Guang-Peng(安广鹏)[2], JIA Hui-Ming(贾会明)[2], WU Zhen-Dong(吴振东)[2], XU Xin-Xing(徐新星)[2], BAI Chun-Lin(白春林)[1,2]

[1]*School of Physics, Peking University, Beijing 100871*

[2]*China Institute of Atomic Energy, Beijing 102413*

(Received 27 December 2005)

*The angular distributions of elastic scattering for the $^6Li$ +$^{208}Pb$ system have been measured at several energies around the Coulomb barrier. The parameters of optical potential are extracted by means of a phenomenological optical model analysis. It is found that the real and imaginal potentials show a pronounced energy dependence. The behaviour of the potential at the nearly especially sub-barrier energies in the $^6Li$+$^{208}Pb$ system is quite different from the results of some previous reports observed in other systems, such as $^{19}F$+$^{208}Pb$ and $^{16}O$+$^{208}Pb$. This unusual threshold phenomenon indicates that breakup channel is strongly coupled with the elastic channel and has obvious effects on optical potential.*

*PACS: 24.10.Eq, 24.10.Ht, 25.70.Bc*

Optical potential contains important and primary information for the calculation of various nuclear reactions. For many systems, the parameters of optical potentials have been established in heavy-ion elastic scattering measurements.[1−5] It is interesting to note that for many scattering systems of heavy-ions, their optical potentials show anomalous behaviour called the threshold anomaly (TA) phenomena, i.e., the real part of the optical potential $[V(r;E)]$ as a localized peak in the vicinity of the Coulomb barrier. Meanwhile, the imaginary part of the optical potential, $[W(r;E)]$, increases sharply with increasing energies near the threshold, as described in Ref. [6]. This can be understood by the effects of coupling to the nonelastic channels, which are energetically closed below the threshold while the change is produced in the real potential. With the framework of the general reaction theory, the dispersion relation is derived,[2] which is used widely to explain TA very well.

The interaction potential $U(r;E)$ can be written as

$$U(r;E)=V(r;E)+iW(r;E), \quad (1)$$

where

$$V(r;E)=V_0(r;E)+\Delta V(r;E). \quad (2)$$

The effects on $V$ of coupling to nonelastic channels are contained in the second term $\Delta V(r;E)$ of Eq. (2). This term, the consequence of causality, links to $W(r,E)$ with the dispersion relation

$$\Delta V(r;E)=\frac{P}{\pi}\int_0^{\infty}\frac{W(r;E')}{E'-E}dE', \quad (3)$$

where $P$ denotes principle value. It is obviously seen that any large, localized variation of $W(E)$ with $E$ will be exhibited as a variation in $\Delta V(E)$. It can agree with the experimental results for many systems very well.

However, with the development of radioactive nuclear beams, the nuclear reaction mechanism of weak bound or halo nuclei is becoming a hot topic. Is the dispersion relation also applicable if the binding energy is low even with the halo structure? Some groups have carried out this kind of work under this goal. The quite different TA phenomena from usual TA is discovered while they established the optical potential of the weakly bound systems, in which the real part of the optical potential changed significantly and the imaginary part increases with decreasing energy around the barrier.[7,8] This may indicate that strong nonelastic channels are still open below the barrier due to their low binding energies. If it is true, there should be signature of breakup resulting from the weak binding projectiles such as $^6$Li ($S_\alpha$ = 1.47 MeV) and $^9$Be ($S_n$ = 1.67 MeV). Anyway the measurement at different energies around the barrier with a high precision is needed to solve this problem.

This experiment was performed at the HI-13 tandem accelerator of the China Institute of Atomic Energy. A $^{208}$Pb target in thickness about 150 $\mu$g/cm$^2$ evaporated on a nearly 25 $\mu$g/cm$^2$ carbon foil backing was bombarded by a collimated $^6$Li beam. Typical $^6$Li current range was 5–300 nA (electrical), because of the variety according to bombarding energy and scattering angle. An array of five $\Delta E-E$ silicon

① Chin.Phys.Lett.,2006,23(5):1146-1149.

surface barrier detector telescopes was employed in the measurement, and 5 masks ($\phi 2\,\mathrm{mm}$) were placed in front of each telescope for the angular resolution. Two Au (Si) surface barrier detectors were used to monitor elastic scattering at $\pm 25°$ with respect to the beam direction for cross-section normalization, assuming that the elastic scattering cross sections equal to the Rutherford cross section at the forward angles.

The elastic scattering cross sections normalized to the Rutherford cross sections for some energies are shown in Fig. 1. The errors come from the statistic errors. For the forward angles the error is about 2% and about 10% for backward angles, however a few of errors at the backward angels especially when the energy is above the Coulomb barrier, are more than 10%, since the static is very low. Keeley *et al.*[7] have extracted the $^6$Li+$^{208}$Pb optical potentials from their measured elastic scattering angular distributions. In view of this data importance, we have measured the elastic scattering angular distribution with more beam energies 25, 27, 29, 31, 33, 35, 37, 41, 43, and 46 MeV, respectively.

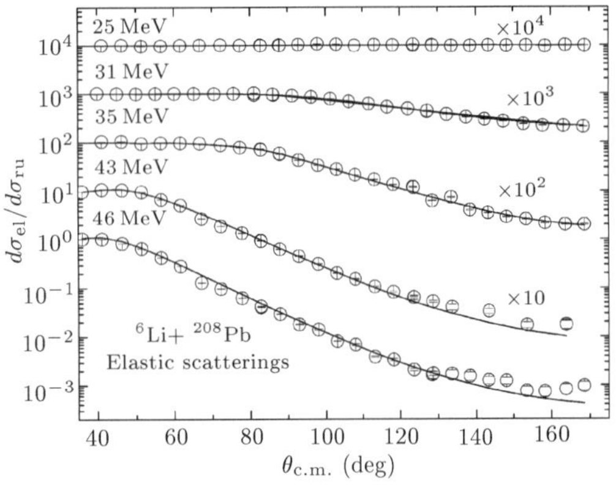


**Fig. 1.** Elastic scattering angular distribution for the $^6$Li+$^{208}$Pb system at different laboratory energies. The solid lines are optical fit by the PTOLEMY code.

Our data analysis procedure is similar to that used by Lin *et al.*[6] The phenomenological optical potentials are used in the present work. The low-lying excited states and deformation of nuclei are not resolved, so the code PTOLEMY[9] that is a programme for heavy-ion direct-reaction calculation is employed to fit the elastic scattering angular distributions to obtain the pure elastic scattering potentials.

The potential is defined as

$$V(r) = V_C(r) + V_N(r), \tag{4}$$

where $V_C$ is the Coulomb potential

$$V_C(r) = \begin{cases} (3R_C^2 - r^2)Z_1Z_2e^2/(2R_C^3), & r < R_C, \\ Z_1Z_2e^2/r, & r \geq R_C, \end{cases} \tag{5}$$

where $R_C = r_{0c}(A_1^{1/3} + A_2^{1/3})$ with $r_{0c}$ fixed at 1.30 fm. Corresponding to Eq. (1), the nuclear potential $V_N(r)$ is composed of two parts, i.e.

$$V_N(r) = V(r) + iW(r) = V_0 f_v(r) + iW_0 f_w(r), \tag{6}$$

where $V_0$ and $W_0$ are the depths of the real and imaginary parts of the potentials with Woods-Saxon form

$$f_i(r) = [1 + \exp\{(r - R_i)/a_i\}]^{-1}, \tag{7}$$

where $R_i = r_{0i}(A_1^{1/3} + A_2^{1/3})$ and $i = v, w$, respectively.

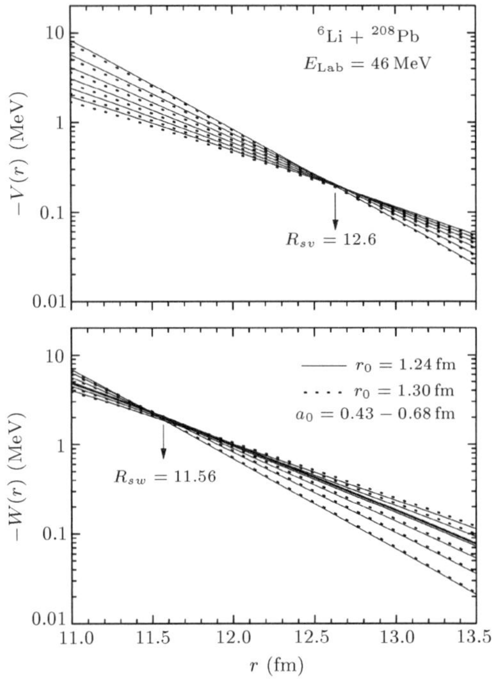


**Fig. 2.** The real and imaginary parts of the Woods–Saxon optical potentials with different geometric shapes to fit the elastic scattering angular distribution at $E_{\mathrm{Lab}} = 46\,\mathrm{MeV}$. The solid and dashed line are fit with $r_0 = 1.24\,\mathrm{fm}$ and $r_0 = 1.30\,\mathrm{fm}$, respectively. The diffuseness parameters vary from 0.43 fm to 0.68 fm for both the solid and dotted lines.

There are six parameters to be determined in the optical potential. First, a grid search was performed with $V_0$ and $W_0$ as variables and other four parameters fixed ($r_{0v} = r_{0w} = r_0$, $a_v = a_w = a_0$). Here two sets of fit are finished with $r_0 = 1.24$ and $r_0 = 1.30\,\mathrm{fm}$. For each set, the influences of the potential parameters can be assessed with $a_0$ ranging from 0.43 to 0.68 fm in step of 0.05 fm. An example of this is shown in Fig. 2 for beam energy of 46 MeV. All the lines converge at a certain short distance, which is called the sensitive radius ($R_S$) and very close to the classical strong absorption radius $D_{1/2}$. For different energies of the same system, the $R_S$ value is different, which indicates that $R_S$ depends on the energies and shows some differences between the real and imaginary parts of potentials, as listed in Table 1. For consistency, the average value over all $R_{SV}$ ($R_{SW}$) of different energies, $R_S = 12.4\,\text{fm}$, is taken. Second, when $r_0 = 1.24\,\text{fm}$ and $a_0 = 0.68\,\text{fm}$, the $\chi^2$ values of the fit reach the minimum values. The results are also listed in Table 1. The real and imaginary parts of potentials at the sensitive radius ($V_S$ and $W_S$) are shown in Fig 3(b) and 3(d) with circles. The errors are derived from the $\chi^2/pt$ values given by PTOLEMY. The results are very similar to the corresponding results in Ref. [7] for the same energy case. For comparison, the results obtained for $^{19}F+^{208}Pb$ [6] are also illustrated in Figs. 3(a) and 3(c), which is the typical threshold anomaly.

Table 1. The sensitive radii and the results of the best fits obtained at $r_0 = 1.24$ and $a_0 = 0.68\,\text{fm}$ for elastic scattering.

| $E_{Lab}$ (MeV) | $R_{SV}$ (fm) | $R_{SW}$ (fm) | $-V_0$ (MeV) | $-W_0$ (MeV) | $\chi^2/pt$ |
|---|---|---|---|---|---|
| 46 | 12.56 | 11.55 | 12.0 | 26.2 | 6.51 |
| 43 | 12.25 | 11.44 | 13.0 | 22.0 | 22.30 |
| 41 | 11.92 | 10.94 | 9.5 | 23.4 | 2.04 |
| 37 | 12.57 | 11.68 | 12.8 | 27.0 | 18.50 |
| 35 | 13.55 | 12.34 | 20.2 | 32.1 | 9.70 |
| 33 | 12.95 | 12.08 | 28.1 | 28.5 | 16.20 |
| 31 | 12.98 | 13.09 | 21.4 | 29.6 | 8.12 |
| 29 | 13.21 | 13.00 | 16.3 | 32.9 | 10.40 |
| 27 | 12.63 | 13.27 | 15.2 | 41.1 | 8.49 |
| 25 | 12.21 | 11.51 | 18.9 | 50.7 | 16.27 |

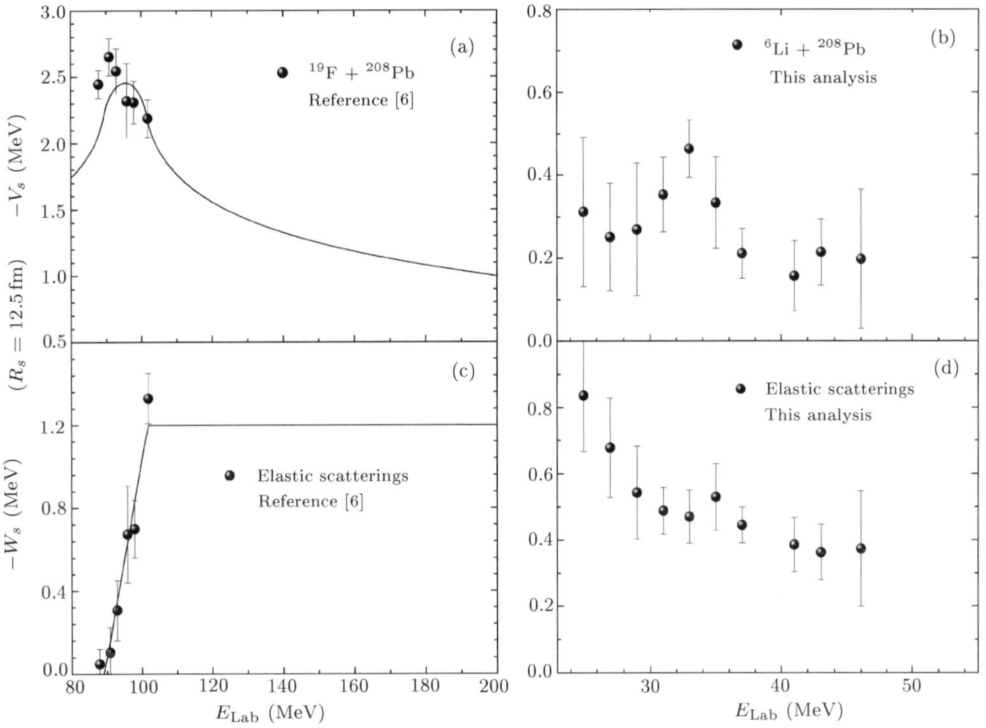


**Fig. 3.** The real and imaginary potential versus $E_{\text{Lab}}$.

From Fig. 3, we can see that the TA behaviour of the weak bound projectile system is very different from that of the classical system. In Figs. 3(a) and 3(c), the imaginary potential for $^{19}F+^{208}Pb$, $W(E)$, increases from the threshold. This implies the existence of an anomaly in $V(E)$. This can be understood that the other reaction channels are opened with the increasing energy, so the loss of flux from elastic channel moves to the others. It can be described well by the dispersion relation with the solid line as shown in Figs. 3(a) and 3(c). In contrast, from Figs. 3(b) and 3(d), it can be observed that the imaginary/absorptive part of $^6Li$ increases with the decreasing energy, even below the barrier, where the inelastic excitations reach zero for well bound nuclei, as the same as Ref. [7]. This may indicate that the repulsive polarization potential term still dominates even below the barrier. Compared to $^{19}F+^{208}Pb$, the potential is possibly related to the projectile $^6Li$ breakup. If this is true, the reaction channels of breakup due to low binding energy, coupling with Coulomb interaction, can extend its action even at much lower energies. The weak binding of $^6Li$, $S_\alpha = 1.47\,\text{MeV}$, which has no bound excited state and easily breaks into $\alpha$ and $d$, should play an important role in this case, because the breakup cross sections of $^6Li+^{208}Pb$ are large[12] even in the sub-barrier energies. Therefore the coupling of the breakup with other reaction channels may be very strong. One of the examples is the heavy ions fusion. It has been shown that the breakup of weakly bound projectile has obvious influence on the fusion process.[12] Thus to learn the effect of low breakup is very important for understanding the different kinds of reaction mechanisms of weak bound nuclei. It is generally thought that the breakup channel coupling to entrance channel should affect the potential of entrance channel. Our results should confirm this fact. Some latest reports pointed out that this phenomenon also exists in some light systems.[11] In addition, if the binding energy is the key factor of the different TAs, it would be very interesting to investigate such anomaly with a radioactive beam.[10,13]

In summary, we have measured the angular distributions of elastic scattering for $^{6}$Li+$^{208}$Pb system at ten energies around the Coulomb barrier from 25 to 46 MeV. The parameters of optical potential have been extracted by the phenomenological optical model analysis. It is found similarly to Ref. [7] that the optical potential shows the different TA behaviour compared to the case of tightly-bound projectile. This unusual TA behaviour indicates that the entrance (elastic) channel is strongly coupled with the breakup channel. In other words, breakup has obvious effects on elastic scattering processes. The nuclei far from the stability-line, especially the halo nuclei, whose optical potential is an interesting problem, are also usually weakly bound. In addition, the parameters of optical potential are the basic input parameters for the various calculations of other reactions. Therefore a better understanding of the breakup effects on the optical potential is of great importance for searching new phenomena in nuclear physics.

## References


[1] Lilley J S, Fulton B R, Banes D, Cormier T M, Thompson I J, Landowne S and Wolter H H 1983 *Phys. Lett.* B **128** 153

[2] Nagarajan M A, Mahaux C and Satchler G R 1985 *Phys. Rev. Lett.* **54** 1136

[3] Mahaux C, Ngô H and Satchler G R 1986 *Nucl. Phys.* A **449** 354

[4] Satchler G R 1991 *Phys. Rep.* **199** 147

[5] Singh P, Kailas S, Chatterjee A, Kerekatte S S, Navin A, Nijasure A and John B 1993 *Nucl. Phys.* A **555** 606

[6] Lin C J, Xu J C, Zhang H Q, Liu Z H, Yang F and Lu L X 2001 *Phys. Rev.* C **63** 064606

[7] Keeley N, Bennett S J, Clarke N M, Fulton B R and Tungate G 1994 *Nucl. Phys.* A **571** 337

[8] Signorini C, Andrighetto A, Ruan M, Guo J Y, Stroe L, Soramel F, Löbner K E G, Müller L,Pierroutsakou D, Romoli M, Rudolph K, Thompson I J, Trotta M, Vitturi A, Gernhäuser R and Kastenmüller A 2000 *Phys. Rev.* C **61** 061603(R)

[9] MacFarlane M H and Pieper S C 1983 *Argonne National Laboratory Report No ANL-76-11* (unpublished)

[10] Ye Y L, Pang D Y, Jiang D X, Zheng T, Wang Q J, Li Z H, Li X Q, Ge Y C, Wu C, Zhang G. L, Hu Q Y, Wang J, Chen Z Q, Ozawa A, Yamaguchi Y, Kanungo R and Tanihata I 2005 *Phys. Rev.* C **71** 014604

[11] Gomes P R S et al 2005 *Phys. Rev.* C **71** 034068

[12] Wu Y W, Liu Z H, Lin C J, Zhang H Q, Ruan M, Yang F and Li Z C 2003 *Phys. Rev.* C **68** 044605

[13] Gu B P and Ren Z Z 2005 *Commun. Theor. Phys.* **44** 337

# Polarization charge of O isotopes①

**C L Zhang[1,2], H Q Zhang[1,2], X Z Zhang[2], H Sagawa[3] and F R Xu[1]**

[1] School of Physics, Peking University, 100871 Beijing, People's Republic of China
[2] China Institute of Atomic Energy, PO Box 275(10), 102413 Beijing, People's Republic of China
[3] Center of Mathematical Science, University of Aizu Ikki-machi, Aizu-Wakamatsu, Fukushima 965, Japan

Received 27 June 2006
Published 6 October 2006
Online at stacks.iop.org/JPhysG/32/2261

**Abstract**
Isospin dependence of polarization charges in O isotopes is studied based on a microscopic particle-vibration coupling model in which the Hartree–Fock single-particle wavefunctions and RPA quadrupole strengths are used. Both isoscalar and isovector parts are included in the vertex of particle-vibration coupling. The effects of the different possible dynamical structures at a given excitation energy on polarization charges are also discussed. A large quenching of the polarization charges is found with a large value of $(N - Z)/A$ for most single particle orbits. It is also found that the polarization charges are sensitive to the binding energy of the single particle orbit.

## 1. Introduction

The structure of nuclei far from $\beta$-stability is an exciting research field, since a number of new phenomena are expected or have been observed in connection with small binding energies of the least-bound nucleons as well as the unusual ratio between the proton and the neutron number [1, 2]. It is expected that core polarization is weakly induced by particles with extended wavefunction tails due to small binding energy and small orbital angular momentum ($l = 0$ or 1) [3, 9]. Based on a microscopic model, one first makes Hartree–Fock (HF) calculation with the use of a Skyrme interaction then uses the same interaction to solve the random-phase approximation (RPA) equation in coordinate space with the Green's function method (spin-orbit part and Coulomb interaction are disregarded in RPA calculation), taking into account the isoscalar (IS) and isovector (IV) interactions simultaneously [4, 5]. It is well known that for $N = Z$ nuclei, the isospin equals zero for ground state, so the IS and IV excited states have different isospin, which leads the IS and the IV excitations to be orthogonal with each other in isospin space; hence at the same energy there never appear appreciable IS and IV strengths simultaneously. For $N \neq Z$ nuclei, particularly for drip line nuclei, the ground state usually has isospin $T_0 = \frac{|N-Z|}{2} \gg 1$, and the IS and IV excitations are nearly overlapped in isospin space, so at the same excitation energy there may appear appreciable IS and IV strengths simultaneously. The polarization charges for both $N = Z$ nuclei and drip line nuclei

① J.Phys.G:Nucl.Part.Phys.,2006,32:2261-2271.

were discussed in [5–8]. In this paper we calculate the polarization charges of O isotopes and discuss the possible effects of different dynamic structures at a given excitation energy on the results. In our self-consistent HF calculation with the Skyrme interaction, $^{28}$O is still bound nucleus, but on the other hand recently experimental results have confirmed that the nucleus $^{28}$O is outside the drip line and, thus, in the present paper we do not show the calculated results for this nucleus. In section 2, our model and formulae are summarized. The calculated results of polarization charge for O isotopes and discussions are given in section 3. The main conclusions are drawn in section 4.

## 2. Model and formulae

We first perform the HF calculation and then solve the RPA Green′ s function in coordinate space using the same Skyrme interaction. The neutron and proton degrees of freedom are taken into account explicitly in our RPA calculation. It is important to use this proton–neutron formalism for studying the giant resonances and polarization charges of nuclei with large neutron (or proton) excess. The RPA Green's function is expressed as

$$G_{\mathrm{RPA}} = G^{(0)} + G^{(0)} V G_{\mathrm{RPA}}. \tag{1}$$

$V$ here includes both IS and IV parts of Skyrme particle–hole interaction. The RPA strength is obtained as

$$S(E) = \sum_n |\langle n|Q^\lambda|0\rangle|^2 \delta(E - E_n) = \frac{1}{\pi}\mathrm{Im} \qquad \mathrm{Tr}[Q^{\lambda\dagger} G_{\mathrm{RPA}}(E) Q^\lambda], \tag{2}$$

where $Q^\lambda$ expresses one-body operators

$$Q_\mu^{\lambda=2,\tau=0} = \sum_{i=1}^{A} r_i^2 Y_{2\mu}(\hat{r}_i) \quad \text{for isoscalar quadrupole modes,} \tag{3}$$

$$Q_\mu^{\lambda=2,\tau=1} = \sum_{i=1}^{A} \tau_z r_i^2 Y_{2\mu}(\hat{r}_i) \quad \text{for isovector quadrupole modes,} \tag{4}$$

and

$$Q_\mu^{\lambda=2,\mathrm{el}} = e\sum_{i=1}^{Z} r_i^2 Y_{2\mu}(\hat{r}_i) = \frac{e}{2}\left(Q_\mu^{\lambda=2,\tau=0} - Q_\mu^{\lambda=2,\tau=1}\right) \quad \text{for electric quadrupole modes} \tag{5}$$

(we take the charge of proton $e = 1$ in this paper).

The electric polarization charges for quadrupole moments are defined as [7]

$$e_{\mathrm{pol}} = \frac{\langle \tilde{j}\| Q^{\lambda=2,e\ell} \|\tilde{i}\rangle}{\langle j\| Q^{\lambda=2,\tau=0}\| i\rangle} - \left(\frac{1}{2} - t_z\right) e. \tag{6}$$

$|\tilde{i}\rangle$ and $|i\rangle$ ($|\tilde{j}\rangle$ and $|j\rangle$) express the perturbed and unperturbed single-particle wavefunctions

$$|\tilde{i}\rangle = |i\rangle + \sum_{j,\omega_\lambda} \frac{\langle (j\times\omega_\lambda)i|V_{\mathrm{pv}}|i\rangle}{\varepsilon_i - (\varepsilon_j + \omega_\lambda)} |(j\times\omega_\lambda)i\rangle, \tag{7}$$

$$\langle \tilde{j}\| Q^\lambda \|\tilde{i}\rangle = \langle j\| Q^\lambda \| i\rangle + \sum_{\omega_\lambda} \frac{2\omega_\lambda}{(\varepsilon_i - \varepsilon_j)^2 - \omega_\lambda^2} \frac{\sqrt{2i+1}\langle (j\times\omega_\lambda)i|V_{\mathrm{pv}}|i\rangle}{\sqrt{2\lambda+1}} \times \langle \omega_\lambda \| Q^\lambda \| 0\rangle. \tag{8}$$

From equations (6) and (8) we have

$$e_{\mathrm{pol}} = \frac{1}{\langle j\| Q^{\lambda=2,\tau=0}\| i\rangle} \sum_{\omega_\lambda} \frac{2\omega_\lambda}{(\varepsilon_i - \varepsilon_j)^2 - \omega_\lambda^2} \frac{\sqrt{2i+1}\langle (j\times\omega_\lambda)i|V_{\mathrm{pv}}|i\rangle}{\sqrt{2\lambda+1}} \times \langle \omega_\lambda \| Q^{\lambda=2,\tau=\mathrm{el}} \| 0\rangle. \tag{9}$$

Here $\omega_\lambda$ is excited by electric operator $Q^{\lambda=2,\mathrm{el}}$. By invoking the identity $Q_\mu^{\lambda=2,e\ell} = \frac{e}{2}\left(Q_\mu^{\lambda=2,\tau=0} - Q_\mu^{\lambda=2,\tau=1}\right)$ the electric polarization charges $e_{\mathrm{pol}}$ can also be written as

$$e_{\mathrm{pol}} = \frac{e}{2}\left(\chi_{\mathrm{pol}}^{\mathrm{IS}} - \chi_{\mathrm{pol}}^{\mathrm{IV}}\right). \tag{10}$$

Here $\chi_{\mathrm{pol}}^{\mathrm{IS}}$ and $\chi_{\mathrm{pol}}^{\mathrm{IV}}$ are the IS and IV polarizabilities:

$$\chi_{\mathrm{pol}}^{\mathrm{IS}} = \frac{1}{\langle j \| Q^{\lambda=2,\tau=0} \| i\rangle} \sum_{\omega_\lambda} \frac{2\omega_\lambda}{(\varepsilon_i - \varepsilon_j)^2 - \omega_\lambda^2} \frac{\sqrt{2i+1}\langle (j \times \omega_\lambda) i | V_{\mathrm{pv}} | i\rangle}{\sqrt{2\lambda+1}} \times \langle \omega_\lambda \| Q^{\lambda=2,\tau=0} \| 0\rangle. \tag{11}$$

Here $\omega_\lambda$ is excited by IS operator $Q^{\lambda=2,\tau=0}$ :

$$\chi_{\mathrm{pol}}^{\mathrm{IV}} = \frac{1}{\langle j \| Q^{\lambda=2,\tau=0} \| i\rangle} \sum_{\omega_\lambda} \frac{2\omega_\lambda}{(\varepsilon_i - \varepsilon_j)^2 - \omega_\lambda^2} \frac{\sqrt{2i+1}\langle (j \times \omega_\lambda) i | V_{\mathrm{pv}} | i\rangle}{\sqrt{2\lambda+1}} \times \langle \omega_\lambda \| Q^{\lambda=2,\tau=1} \| 0\rangle \tag{12}$$

and here $\omega_\lambda$ is excited by IV operator $Q^{\lambda=2,\tau=1}$.

The particle-vibration coupling interaction $V_{\mathrm{pv}}$ is constructed based on the Skyrme interaction, approximating momentum derivative operator $\mathbf{k}$ and $\mathbf{k}'$ by Fermi momentum $\mathbf{k}_\mathrm{F}$ , so that one can directly use the RPA transition density for the calculation of matrix element [5–7]. The accuracy of the approximation made here in constructing the particle-vibration coupling needs to be investigated further. Thus we write

$$V_{\mathrm{pv}}(\vec{r}_1 - \vec{r}_2) = \delta(\vec{r}_1 - \vec{r}_2)\left(V_{\mathrm{pv}}^{\tau=0}(r) + (\tau_z(1)\tau_z(2))V_{\mathrm{pv}}^{\tau=1}(r)\right), \tag{13}$$

where

$$V_{\mathrm{pv}}^{\tau=0}(r) = \left\{\tfrac{3}{4}t_0 + \tfrac{3}{48}(\alpha+2)(\alpha+1)t_3\rho^\alpha(r) + \tfrac{1}{8}k_\mathrm{F}^2[3t_1 + t_2(5+4x_2)]\right\} \tag{14}$$

and

$$V_{\mathrm{pv}}^{\tau=1}(r) = \left\{-\tfrac{1}{4}t_0(1+2x_0) - \tfrac{1}{24}t_3(1+2x_3)\rho^\alpha(r) + \tfrac{1}{8}k_\mathrm{F}^2[-t_1(1+2x_1) + t_2(1+2x_2)]\right\}, \tag{15}$$

$$r = \tfrac{1}{2}(r_1 + r_2). \tag{16}$$

Then the coupling matrix is evaluated to be

$$\langle (j \times \omega_\lambda) i | V_{\mathrm{pv}} | i\rangle = \frac{1}{\sqrt{2i+1}} \int r^2\,\mathrm{d}r\, V_{\mathrm{pv}}(r)\delta\rho_\lambda(r) R_j(r) R_i(r) \langle j \| Y_\lambda \| i\rangle, \tag{17}$$

where the radial transition density $\delta\rho$ is defined by

$$\delta\rho(\vec{r}) \equiv \delta\rho_\lambda(r) Y_{\lambda\mu}(\hat{r}). \tag{18}$$

In our present neutron–proton formalism, the particle-vibration coupling $V_{\mathrm{pv}}$ includes both IS and IV parts:

$$V_{\mathrm{pv}}(r)\delta\rho(r) = V_{\mathrm{pv}}^{\tau=0}(r)[\delta\rho^n(r) + \delta\rho^p(r)] + \tau_z^{\mathrm{particle}} V_{\mathrm{pv}}^{\tau=1}(r)[\delta\rho^n(r) - \delta\rho^p(r)]. \tag{19}$$

Here for proton $\tau_z^{\mathrm{particle}} = -1$ and for neutron $\tau_z^{\mathrm{particle}} = 1$.

In the case of isolated quantum state (as in the RPA calculation with bases expansion), $\delta\rho^n(r)$ and $\delta\rho^p(r)$ in equation (19) are uniquely defined, irrespective of the response to the external IS, IV or electric probes. In this case the polarization charge can be calculated either by using an electric probe with equation (6) ($\delta\rho^p(r)$ is employed in the estimate of the core matrix element $\langle \omega_\lambda \| Q^\lambda \| 0\rangle|_{\delta\rho^p(r)}$), or equivalently by using IS and IV probes with equation (10) by invoking the identity

$$\langle \omega_\lambda \| Q^\lambda \| 0\rangle|_{\delta\rho^p(r)} = \tfrac{1}{2}\left(\langle \omega_\lambda \| Q^\lambda \| 0\rangle|_{(\delta\rho^n(r)+\delta\rho^p(r))} - \langle \omega_\lambda \| Q^\lambda \| 0\rangle|_{(\delta\rho^n(r)-\delta\rho^p(r))}\right). \tag{20}$$

In the present continuum calculation, the transition densities $\delta\rho^n(r)$ and $\delta\rho^p(r)$ in equation (19), in general, depend on external IS, IV or electric probes, because the transition density at a given energy is very likely a superposition of contributions from many states with different dynamical structures [11]. In this case it has to be pointed out that when equation (6) is used for the calculation of the polarization charge, $\delta\rho^n(r)$ and $\delta\rho^p(r)$ in equation (19) have to be obtained by response to an external electric probe and use this $\delta\rho^p(r)$ to estimate the core matrix element $\langle\omega_\lambda\|Q^{\lambda=2}\|0\rangle$. When equation (10) is used to calculate the polarization charge, we need to calculate the IS and IV polarizabilities $\chi_{\rm pol}^{\rm IS}$ and $\chi_{\rm pol}^{\rm IV}$. For the calculation of $\chi_{\rm pol}^{\rm IS}$, $\delta\rho^n(r)$ and $\delta\rho^p(r)$ in equation (19) have to be obtained by response to an external IS probe and use this $\delta\rho^n(r)+\delta\rho^p(r)$ to estimate the core matrix element $\langle\omega_\lambda\|Q^{\lambda=2}\|0\rangle$, while for the calculation of $\chi_{\rm pol}^{\rm IV}$, $\delta\rho^n(r)$ and $\delta\rho^p(r)$ in equation (19) have to be obtained by response to an external IV probe and use this corresponding $\delta\rho^n(r)-\delta\rho^p(r)$ to estimate the core matrix element. The reason is that only relative sign of $\delta\rho^n(r)$ and $\delta\rho^p(r)$ is fixed in our present continuum calculation, but the total sign of transition density $\delta\rho^n(r)$ and $\delta\rho^p(r)$ at a given excitation energy might be different for different external probes.

In $N=Z$ nuclei, the IS and IV excited states have different isospin, which leads the IS and IV excitations to be orthogonal with each other in isospin space.

For IS excitation, $\delta\rho^n(r)$ and $\delta\rho^p(r)$ have the same phase, so $\delta\rho^n(r)-\delta\rho^p(r)\approx 0$, which leads to

$$V_{\rm pv}(r)\delta\rho(r)=V_{\rm pv}^{\tau=0}(r)[\delta\rho^n(r)+\delta\rho^p(r)]. \tag{21}$$

For IV excitation, $\delta\rho^n(r)$ and $\delta\rho^p(r)$ have opposite phase, so $\delta\rho^n(r)+\delta\rho^p(r)\approx 0$ which leads to

$$V_{\rm pv}(r)\delta\rho(r)=\tau_z^{\rm particle}V_{\rm pv}^{\tau=1}(r)[\delta\rho^n(r)-\delta\rho^p(r)]. \tag{22}$$

## 3. Results and discussions

We have performed continuous HF+RPA calculation for $^{16}$O, $^{22}$O and $^{24}$O with SkM* interaction [12]. In figures 1(a)–(c) we show the IS, IV and electric RPA quadrupole strengths for nuclei $^{16}$O, $^{22}$O and $^{24}$O, respectively. We see that for these three nuclei, the IS giant quadrupole resonance (GQR) exhausts most of energy-weighted sum rule value (about 90%); above IS GQR the IS quadrupole strength only exhausts less than 10% energy-weighted sum rule value. It can be also seen that the IV quadrupole strengths under the peak of IS GQR increase with the increase of $\frac{N-Z}{A}$, but the electric quadrupole strengths decrease with the increase of $\frac{N-Z}{A}$. For $^{24}$O, there is threshold strength which mainly comes from neutron excitation because there is no electric quadrupole strength in this energy region. For $^{22}$O and $^{24}$O, there exist low-lying discrete IS states, but their effects on polarization have already been included in shell model calculation ($0-\hbar\omega$ model space), so we disregard it here.

For nuclei $^{16}$O, $^{22}$O and $^{24}$O, the transition densities $\delta\rho^n(r)$ and $\delta\rho^p(r)$ calculated for IS, IV and electric external probes at selected energies are shown in figures 2 and 3. From figure 2 we see that at IS GQR and threshold energies, the calculated transition densities $\delta\rho^n(r)$ and $\delta\rho^p(r)$ are almost the same for IS, IV and electric probes (for $^{16}$O, at IS GQR energy we cannot calculate transition density for IV probe; for $^{24}$O at threshold energy region we cannot calculate the transition densities for electric probe). Figure 3 shows the transition densities, $\delta\rho^n(r)$ and $\delta\rho^p(r)$, response to different external probes at some selected energies above IS GQR for these three nuclei. We see that $\delta\rho^n(r)$ and $\delta\rho^p(r)$ can be quite different for different external probes. It means that an excitation at a given energy within this energy region is likely a coherent superposition of states with quite different dynamic structure.

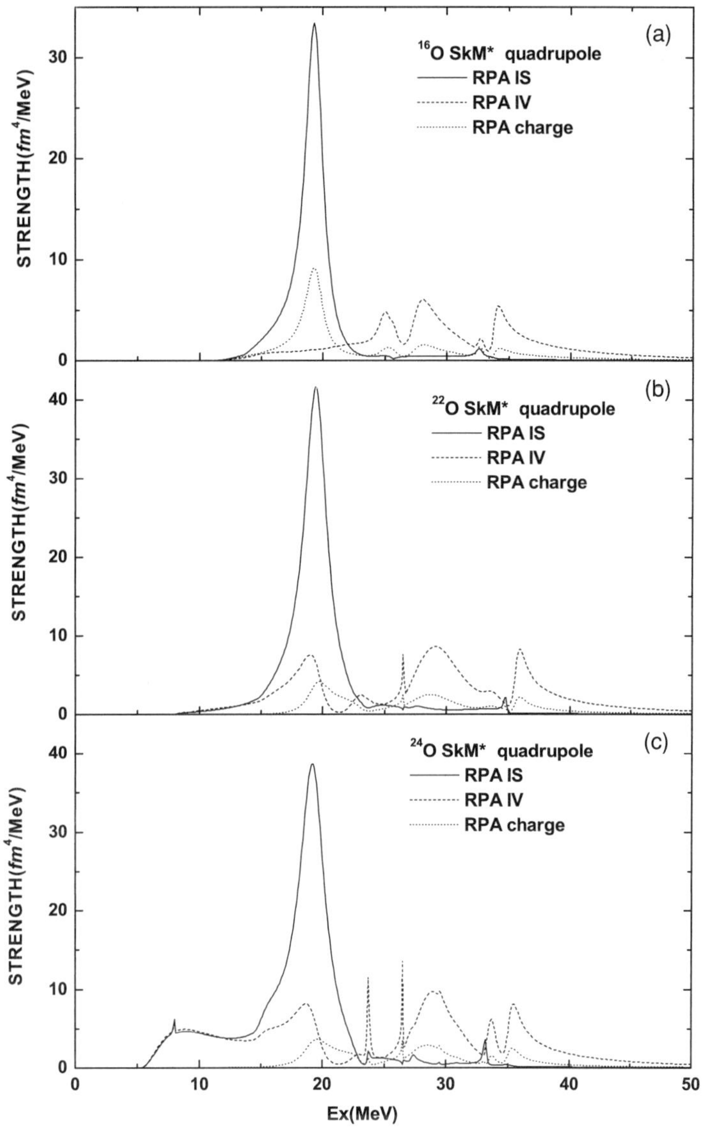


**Figure 1.** The RPA strength functions for the IS, the IV and the charge quadrupole mode in $^{16}_{8}O_8$ (a), $^{22}_{8}O_{14}$ (b) and $^{24}_{8}O_{16}$ (c) as a function of excitation energy. The operators (3), (4) and (5) are used for the calculations of the IS, the IV and the charge quadrupole response, respectively. The SkM* interaction is used.

Based on equations (19) and (6), $e_{\rm pol}$ can be written as

$$e_{\rm pol} = e^{\rm IS}_{\rm pol} + \tau_z^{\rm particle} e^{\rm IV}_{\rm pol}. \tag{23}$$

Here $e^{\rm IS}_{\rm pol}$ and $e^{\rm IV}_{\rm pol}$ correspond to the $V_{\rm IS}$ and $V_{\rm IV}$ terms in equation (19), respectively. Similarly with the help of equations (19), (10)–(12), $\chi^{\rm IS}_{\rm pol}$ and $\chi^{\rm IV}_{\rm pol}$ can be written as

$$\chi^{\rm IS}_{\rm pol} = \chi^{\rm IS}_{\rm pol,\,IS} + \tau_z^{\rm particle} \chi^{\rm IS}_{\rm pol,\,IV}, \tag{24}$$

$$\chi^{\rm IV}_{\rm pol} = \chi^{\rm IV}_{\rm pol,\,IS} + \tau_z^{\rm particle} \chi^{\rm IV}_{\rm pol,\,IV}, \tag{25}$$

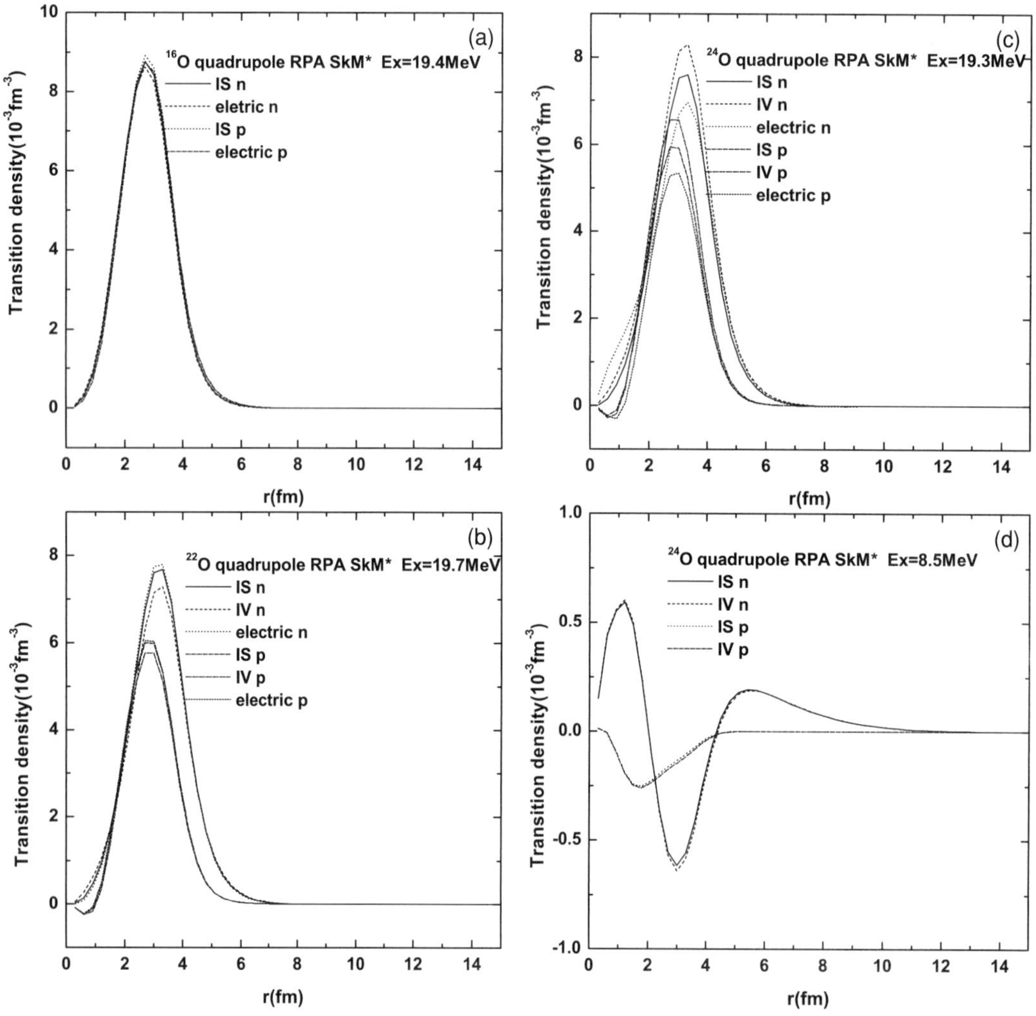


**Figure 2.** The radial transition density of the RPA IS, IV and electric quadrupole excitations in ${}^{16}_{8}O_8$ (a), ${}^{22}_{8}O_{14}$ (b) and ${}^{24}_{8}O_{16}$ (c), (d) are calculated at various energies as a function of radial coordinate. The densities of ${}^{16}_{8}O_8$ (a) is obtained at Ex = 19.4 MeV (around the giant resonance). The densities of ${}^{22}_{8}O_{14}$ (b) are obtained at Ex = 19.7 MeV (around the giant resonance). The densities of ${}^{24}_{8}O_{16}$ (c) and (d) are obtained at Ex = 19.3 MeV (around the giant resonance) and Ex = 8.5 MeV (below the giant resonance). The SkM* interaction is used in the HF. See the text for details.

and

$$e_{\text{pol}} = \frac{e}{2}\left[\left(\chi^{\text{IS}}_{\text{pol, IS}} - \chi^{\text{IV}}_{\text{pol, IS}}\right) + \tau_z^{\text{particle}}\left(\chi^{\text{IS}}_{\text{pol, IV}} - \chi^{\text{IV}}_{\text{pol, IV}}\right)\right] = e^{\text{IS}}_{\text{pol}} + \tau_z^{\text{particle}} e^{\text{IV}}_{\text{pol}}. \quad (26)$$

Here $\chi^{\text{IS}}_{\text{pol, IS}}$ and $\chi^{\text{IV}}_{\text{pol, IS}}$ correspond to $V_{\text{IS}}$ term, while $\chi^{\text{IS}}_{\text{pol, IV}}$ and $\chi^{\text{IV}}_{\text{pol, IV}}$ correspond to the $V_{\text{IV}}$ term in equation (19). The state-dependent polarization charges of neutron orbits for $^{16}$O, $^{22}$O and $^{24}$O, calculated by equations (23) and (26) (in parenthesis) are given in table 1 and the corresponding values for proton are given in table 2. From these tables we see that equations (23) and (26) give nearly the same results for polarization charges. A first point is that the polarization charge from threshold strength is very small. When equation (10) is adopted, because $\delta\rho^n(r)$ and $\delta\rho^p(r)$ obtained from external IS and IV probes are nearly the same

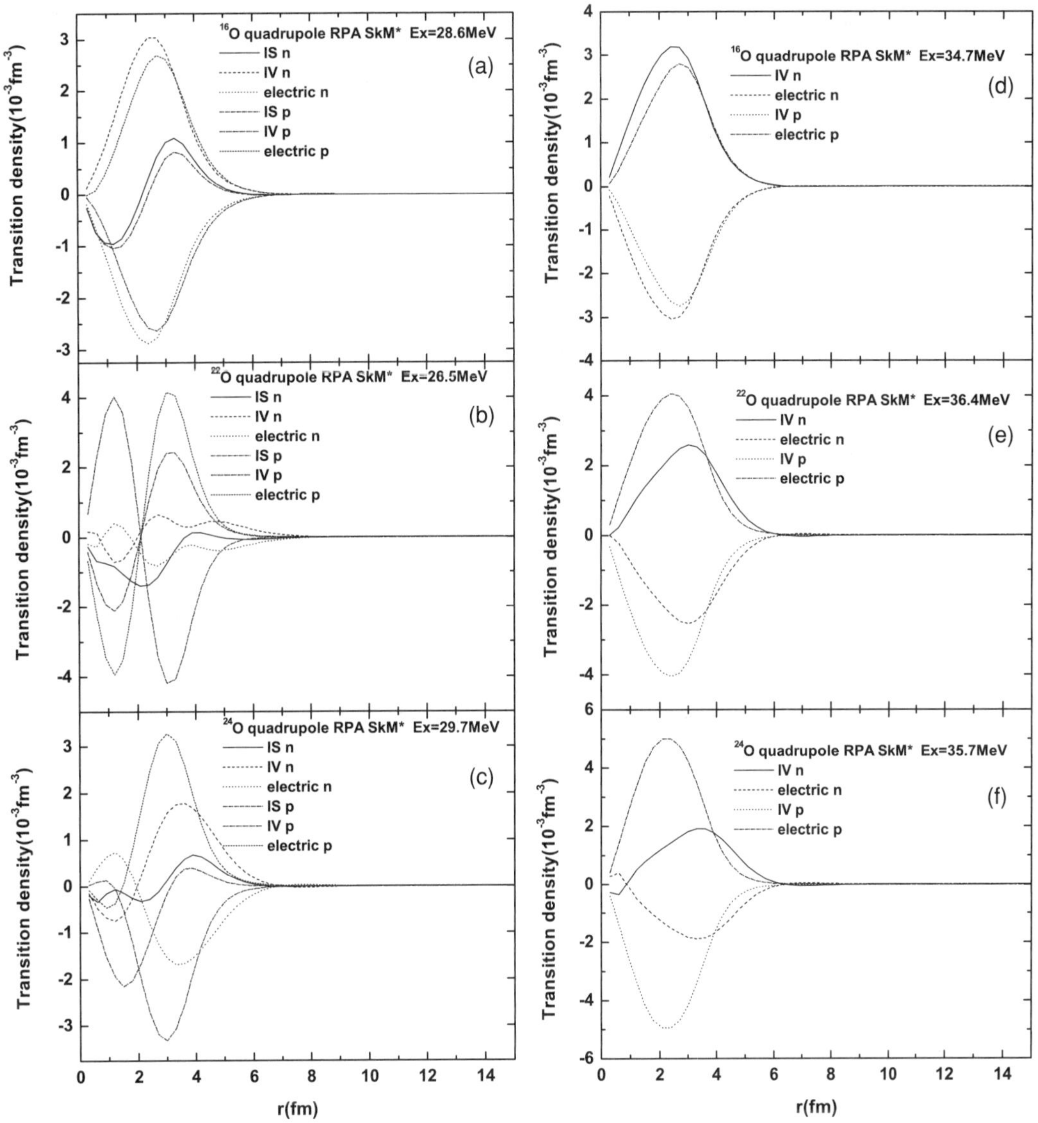


**Figure 3.** The radial transition density of the RPA IS, IV and electric quadrupole excitations in $^{16}_{8}O_8$, $^{22}_{8}O_{14}$ and $^{24}_{8}O_{16}$ are calculated at various energies as a function of radial coordinate. The densities of (a), (b) and (c) for O isotopes are obtained at Ex = 28.6 MeV, Ex = 26.5 MeV and Ex = 29.7 MeV, respectively. These energies are above the giant resonance and the IS excitation cannot be negligible. The densities of (d), (e) and (f) for O isotopes are obtained at Ex = 34.7 MeV, Ex = 36.4 MeV and Ex = 35.7 MeV, respectively. These energies are also above the giant resonance but the IS excitation can be negligible, for the IS strength of these energies are very low. The SkM* interaction is used in the HF. See the text for details.

(see figure 2(d) for $^{24}$O), and the IS and IV threshold strengths are also nearly the same, i.e. the core matrix elements $\langle \omega_\lambda \| Q^\lambda \| 0 \rangle$ are nearly the same, so the polarizability $\chi^{\rm IS}_{\rm pol}$ and $\chi^{\rm IV}_{\rm pol}$ should be nearly the same, which leads to $e_{\rm pol} \approx 0$. From equation (6) the threshold strength should also give nearly zero contribution to polarization charges because there is no electric strength. From figures 2(a)–(c) we see that in the IS GQR energy region, the transition densities $\delta\rho^n(r)$ and $\delta\rho^p(r)$ are independent of the external probes, so in this energy region equation (6)

**Table 1.** Static core polarization charge calculated for different neutron orbits in O isotopes with SkM* force. Inside of the parentheses we show the results from equation (26) which can be compared with the corresponding values from equation (23). See the text for details.

| | Neutron | | $^{16}_{8}O_8$ | | | $^{22}_{8}O_{14}$ | | | $^{24}_{8}O_{16}$ | |
|---|---|---|---|---|---|---|---|---|---|---|
| $f$ | $i$ | $e^{IS}_{pol}$ | $e^{IV}_{pol}$ | $e^{n}_{pol}$ | $e^{IS}_{pol}$ | $e^{IV}_{pol}$ | $e^{n}_{pol}$ | $e^{IS}_{pol}$ | $e^{IV}_{pol}$ | $e^{n}_{pol}$ |
| $1p_{3/2}$ | $1p_{3/2}$ | 0.498 | 0.127 | 0.625 | 0.328 | 0.100 | 0.427 | 0.322 | 0.093 | 0.415 |
| | | (0.499) | (0.127) | (0.626) | (0.320) | (0.102) | (0.422) | (0.312) | (0.096) | (0.408) |
| $1p_{1/2}$ | $1p_{1/2}$ | 0.462 | 0.117 | 0.579 | 0.310 | 0.092 | 0.401 | 0.305 | 0.083 | 0.388 |
| | | (0.463) | (0.117) | (0.580) | (0.302) | (0.094) | (0.369) | (0.259) | (0.084) | (0.381) |
| $1d_{5/2}$ | $1d_{5/2}$ | 0.422 | 0.107 | 0.529 | 0.288 | 0.071 | 0.359 | 0.283 | 0.067 | 0.350 |
| | | (0.423) | (0.107) | (0.530) | (0.281) | (0.073) | (0.344) | (0.274) | (0.070) | (0.344) |
| $2s_{1/2}$ | $2s_{1/2}$ | 0.219 | 0.050 | 0.269 | 0.181 | 0.031 | 0.212 | 0.158 | 0.021 | 0.179 |
| | | (0.220) | (0.050) | (0.270) | (0.177) | (0.032) | (0.209) | (0.153) | (0.023) | (0.175) |
| $1d_{3/2}$ | $1d_{3/2}$ | | | | | | | 0.141 | 0.029 | 0.170 |
| | | | | | | | | (0.137) | (0.031) | (0.167) |

**Table 2.** Static core polarization charge calculated for different proton orbits in O isotopes with SkM* force. Inside of the parentheses we show the results from equation (26) which can be compared with the corresponding values from equation (23). See the text for details.

| | Proton | | $^{16}_{8}O_8$ | | | $^{22}_{8}O_{14}$ | | | $^{24}_{8}O_{16}$ | |
|---|---|---|---|---|---|---|---|---|---|---|
| $f$ | $i$ | $e^{IS}_{pol}$ | $e^{IV}_{pol}$ | $e^{p}_{pol}$ | $e^{IS}_{pol}$ | $e^{IV}_{pol}$ | $e^{p}_{pol}$ | $e^{IS}_{pol}$ | $e^{IV}_{pol}$ | $e^{p}_{pol}$ |
| $1p_{3/2}$ | $1p_{3/2}$ | 0.494 | 0.126 | 0.368 | 0.340 | 0.102 | 0.238 | 0.334 | 0.095 | 0.239 |
| | | (0.495) | (0.126) | (0.396) | (0.331) | (0.105) | (0.226) | (0.323) | (0.098) | (0.225) |
| $1p_{1/2}$ | $1p_{1/2}$ | 0.454 | 0.115 | 0.339 | 0.328 | 0.095 | 0.233 | 0.324 | 0.088 | 0.236 |
| | | (0.455) | (0.115) | (0.340) | (0.320) | (0.098) | (0.222) | (0.313) | (0.092) | (0.222) |
| $1d_{5/2}$ | $1d_{5/2}$ | 0.406 | 0.103 | 0.303 | 0.319 | 0.080 | 0.239 | 0.314 | 0.076 | 0.238 |
| | | (0.407) | (0.103) | (0.340) | (0.311) | (0.083) | (0.228) | (0.303) | (0.080) | (0.225) |
| $2s_{1/2}$ | $2s_{1/2}$ | 0.177 | 0.041 | 0.136 | 0.224 | 0.039 | 0.186 | 0.226 | 0.030 | 0.196 |
| | | (0.178) | (0.041) | (0.137) | (0.219) | (0.040) | (0.180) | (0.218) | (0.032) | (0.186) |
| $1d_{3/2}$ | $1d_{3/2}$ | | | | 0.258 | 0.059 | 0.199 | 0.262 | 0.057 | 0.250 |
| | | | | | (0.252) | (0.061) | (0.191) | (0.253) | (0.060) | (0.194) |

(or equation (23)) and equation (10) (or equation (26)) will give nearly the same result because of the identity $\langle\omega_\lambda\|Q^\lambda\|0\rangle|_{\delta\rho^p(r)} = \frac{1}{2}(\langle\omega_\lambda\|Q^\lambda\|0\rangle|_{(\delta\rho^n(r)+\delta\rho^p(r))} - \langle\omega_\lambda\|Q^\lambda\|0\rangle|_{(\delta\rho^n(r)-\delta\rho^p(r))})$. More complicated case is in the energy region above the IS GQR, because in our continuum formalism the calculated transition densities $\delta\rho^n(r)$ and $\delta\rho^p(r)$ depend on the external probes at a given excitation energy. The method we use in this paper is that the transition densities used in the estimate of the core matrix element $\langle\omega_\lambda\|Q^\lambda\|0\rangle$ and vertex (equation (19)) are calculated from the same external probe [10]. We see that the two methods (equations (23) and (26)) almost give the same contributions for polarization charges from this energy region.

We also show the state-dependent polarization charges of proton and neutron as a function of $\frac{N-Z}{A}$ in figure 4. It can be seen that for most of the orbits the polarization charges are decreasing function with the increase of $\frac{N-Z}{A}$. This can be understood in a simple way. The main contribution to $e^{IS}_{pol}$ comes from the IS GQR region and the main contribution to $e^{IV}_{pol}$ comes from the energy region above IS GQR. From figures 1(a)–(c) we see that the electric strength under IS GQR decreases quickly with increase of $\frac{N-Z}{A}$, but the electric strengths above ISGQR energy are nearly independent of $\frac{N-Z}{A}$, so $e^{IS}_{pol}$ decreases quickly with increase

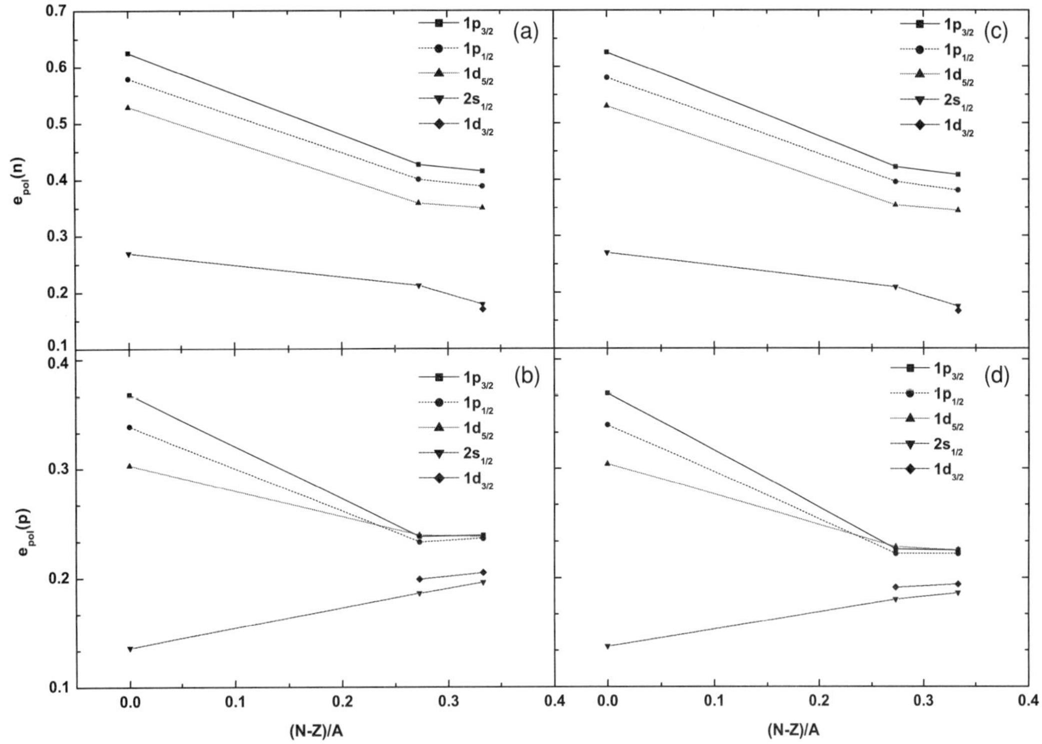


**Figure 4.** Calculated static core polarization charge in $^{16}_{8}\mathrm{O}_8, ^{22}_{8}\mathrm{O}_{14}$ and $^{24}_{8}\mathrm{O}_{16}$ as a function of $(N-Z)/A$ ratio; (a), (c) for neutrons and (b), (d) for protons. The values of (a) and (b) are obtained by equation (23) and the values of (c) and (d) are obtained by equation (26) (all the results are listed in tables 1 and 2). The SkM* interaction is used. Each configuration is distinguished by different symbols as seen. See text and the caption to tables 1 and 2 for details.

of $\frac{N-Z}{A}$ while the values of $e_{\rm pol}^{\rm IV}$ are nearly the same for three nuclei $^{16}$O, $^{22}$O and $^{24}$O, which leads $e_{\rm pol}$ in general to be a decreasing function of $\frac{N-Z}{A}$. From figure 4 we also see that the state-dependent polarization charges for neutron decrease faster than for proton and for proton $2s_{\frac{1}{2}}$ orbit, the polarization charge even increases with increase of $\frac{N-Z}{A}$. The reason for this result is that the polarization charge also strongly depends on the binding energy of the particle, when the binding energy gets smaller, the probability of this particle staying outside the nuclear potential will get larger, so it is difficult to polarize the core of the nucleus. In figure 5 we show proton and neutron one-particle energies as a function of neutron numbers for O isotopes. We see that for neutron, the one-particle energy for each orbit is nearly independent of $\frac{N-Z}{A}$, but for proton, the one particle energy for each orbit decreases with the increase of $\frac{N-Z}{A}$, which leads to the fact that the polarization charges for proton should be an increasing function of $\frac{N-Z}{A}$. This effect for $s_{\frac{1}{2}}$ is much stronger than for other orbits because there is no centrifugal barrier in the $s_{\frac{1}{2}}$ state. As a competing result between the above two effects the proton polarization charges for most orbits decrease but for $s_{\frac{1}{2}}$ orbit the polarization charge increases with the increase of $\frac{N-Z}{A}$. Quadrupole moment measurement of $^{17}$F ($d_{5/2}$ proton orbit) gives small proton effective charge $\sim 1.2e$ [13], and our calculation (see table 2) gives proton effective charge $\sim 1.3e$, but if we adjust the binding energy of $d_{5/2}$ orbit to experimental value of 0.6 MeV (by adjusting the mean field potential), we will obtain proton effective charge $\sim 1.23e$, which can account for the measured value of quadrupole moment within experimental accuracy.

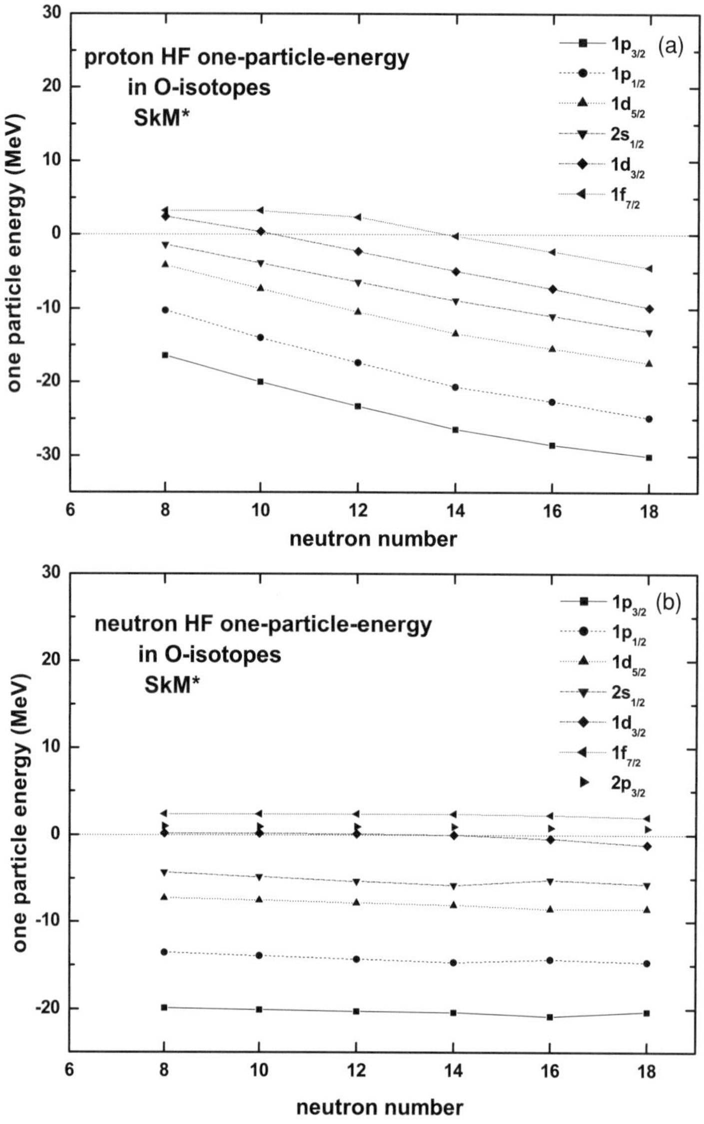


**Figure 5.** One-particle spectra of O isotopes as a function of the neutron number, which are calculated in the HF approximation with SkM* interaction: (a) for protons and (b) for neutrons. The positive one-particle energies express the resonant energies at which the calculated phase shift increases with $(1/2)\pi$. See the text for details.

## 4. Conclusion

Based on the particle-vibration coupling model by using HF wavefunction and RPA quadrupole strengths with the Skyrme interaction we have studied the neutron and proton polarization charges for O isotopes. For most of the orbits the polarization charges decrease with the increase of $\frac{N-Z}{A}$, but for proton $s_{\frac{1}{2}}$ orbit, the polarization charges increase with the increase of $\frac{N-Z}{A}$, because the polarization charges are also sensitive to the one-particle energy of the orbit.

In our present formalism the transition densities $\delta\rho^n(r)$ and $\delta\rho^p(r)$ depend on the external probes in the energy region above IS GQR, but for polarization charges we get nearly the same results by using equations (23) and (26) as long as we use consistent $\delta\rho^n(r)$ and $\delta\rho^p(r)$ in both vertex $V_{\mathrm{pv}}^{\tau=0}(r)[\delta\rho^n(r)+\delta\rho^p(r)]+\tau_z^{\mathrm{particle}}V_{\mathrm{pv}}^{\tau=1}(r)[\delta\rho^n(r)-\delta\rho^p(r)]$ and core matrix $\langle\omega_\lambda\|Q^\lambda\|0\rangle$ calculations.

**Acknowledgments**

This work was supported by the Major State Basic Research Development Program under grant no. G2000077400 and the National Natural Science Foundation of China under grant no. 10275092.

**References**

[1] Tanihata I, Hamagaki H, Hashimoto O, Shida Y, Yoshikawa N, Sugimoto K, Yamakawa O, Kobayashi T and Takahashi N 1985 *Phys. Rev. Lett.* **55** 2676
Hansen P G and Jonson B 1987 *Europhys. Lett.* **4** 409
Tanihata I 1996 *J. Phys. G: Nucl. Part. Phys.* **22** 157
[2] Ozawa A, Kobayashi T, Suzuki T, Yoshida K and Tanihata I 2000 *Phys. Rev. Lett.* **84** 5493
[3] Hamamoto I and Zhang X Z 1998 *Phys. Rev.* C **58** 3388
[4] Shlomo S and Bertsch G 1975 *Nucl. Phys.* A **243** 507
[5] Hamamoto I, Sagawa H and Zhang X Z 1997 *Nucl. Phys.* A **626** 669
[6] Hamamoto I and Sagawa H 1996 *Phys. Rev.* C **54** 2369
[7] Sagawa H and Asahi K 2001 *Phys. Rev.* C **63** 064310
[8] Brown B A 2001 *Prog. Part. Nucl. Phys.* **47** 517
[9] Bohr A and Mottelson B R 1975 *Nuclear Structure* vol 2 (Reading, MA: Benjamin)
[10] Satchler G R 1987 *Nucl. Phys.* A **472** 215
[11] Hamamoto I, Sagawa H and Zhang X Z 1997 *Phys. Rev.* C **56** 3121
[12] Bartel J, Quentin P, Brack M, Guet C and Håkansson H B 1982 *Nucl. Phys.* A **386** 79
[13] Minamisono T, Nojiri Y, Mizobuchi A and Sugimoto K 1974 *Nucl. Phys.* A **236** 416
Zhou D M and Zhu S Y private communication

# Optical Potentials of Exotic Nuclear Systems Extracted from Transfer Reactions[①]

C.J. Lin, F. Yang, P. Zhou, H.Q. Zhang,
Z.H. Liu, M. Ruan, X.K. Wu, C.L. Zhang

*China Institute of Atomic Energy, P.O. Box 275(10), Beijing 102413, P.R. China*

**Abstract.** An alternative method is proposed to extract the optical potentials of exotic nuclear systems in the outgoing channels by means of transfer reactions. An example of $^{208}$Pb($^{7}$Li,$^{6}$He)$^{209}$Bi is demonstrated in details. Compared to the conventional method of which the optical potentials are directly extracted from the elastic scatterings, this indirect method has many benefits.

**Keywords:** Optical Potential, Exotic Nuclear System, Transfer Reaction, DWBA
**PACS:** 24.10.Ht, 24.10.Eq, 25.70.Hi, 25.60.Je

## INTRODUCTION

Nucleus-nucleus interaction potential (optical potential) is the fundamental element in nuclear reactions studies. In recent years, more and more interests are concentrated on the study of the reaction mechanism involving the halo systems, especially on the fusion of exotic nuclei [1-10]. On the one hand, the extended density distributions of halo nuclei may result in somewhat extended static potential distributions. On the other hand, the strong effects of breakup and coupling to the continuum states may result in abnormal dynamic potentials during the collisions. So the optical potentials of exotic nuclear system may be quite different than those of the normal tightly-bound nuclear systems [11-14]. The optical potentials systematically obtained from the tightly-bound nuclear systems should be no more suitable for the weakly-bound nuclear systems. Limited by the intensities and qualities of radioactive beams, it is rather difficult to extract optical potentials with high precision, even from the elastic scatterings. Up to now, the angular distributions of elastic scattering have been measured only for a few exotic systems, and the optical potentials extracted are not so satisfactory [15-20] because of the low precision. In order to describe the optical potentials for exotic reaction systems in a systematic way, E.F. Aguilera et al. [15] reviewed two empirical estimations, i.e., the variable-diffuseness model and the variable-radius model. The total reaction cross sections around the Coulomb barrier predicted by these two models are almost equal. More measurements at lower and higher energies are required to make a correct judgment.

In general, the optical potentials are extracted from the angular distributions of elastic scatterings. In this paper, we propose an alternative method to extract the

① CP853,FUSION06,edited by L.Corradi,D.Ackermann,E.Fioretto,A.Gadea,F.Haas,G.Pollarolo,F.Scarlassara,S.Szilner,and M.Trotta © 2006 American Institute of Physics 0-7354-0349-X/06/.

optical potentials for the exotic nuclear systems through the angular distributions of transfer reactions. In the next two sections, the main principle and a selected example are reported in details, while the last section brings out the discussion and conclusion.

## PRINCIPLE

Supposing the transfer reaction,

$$A + C_2 \rightarrow C_1 + B + Q, \tag{1}$$

where $A = C_1+x$ and $B = C_2+x$, and $x$ is the transferred particle, the DWBA transfer amplitudes $T$ can be written [21] as

$$T = \int \chi_f^{(-)} * (\vec{k}_f, \vec{r}_f) G(\vec{r}_i, \vec{r}_f) \chi_i^{(+)} * (\vec{k}_i, \vec{r}_i) d\vec{r}_i \vec{r}_f, \tag{2}$$

here $\chi_i^{(+)}$ and $\chi_f^{(-)}$ are the ingoing and outgoing distorted waves, which describe elastic scatterings in the initial and final channels, respectively. The transfer function $G(\vec{r}_i, \vec{r}_f)$ can be written as

$$G(\vec{r}_i, \vec{r}_f) = \psi_B * (\vec{r}_{2x}) V_{if} \psi_A (\vec{r}_{1x}), \tag{3}$$

where $\psi_A$ and $\psi_B$ are the bound state wave functions for transferred particle $x$ bound to the cores $C_1$ and $C_2$, respectively, and $V_{if}$ is the interaction.

It is shown from the above equations that four wave functions are needed in the DWBA calculation. The two bound state wave functions can be calculated quite well by means of the single-particle potential model [22]. The two scattering state wave functions can be generated from appropriate optical potentials. For the ingoing channel, the angular distributions of elastic scatterings are easy to be measured with high precision and the optical potentials can be determined reliably. In this way, if the outgoing particle is an exotic nucleus, then the optical potentials for the exotic reaction systems can be extracted by fitting the angular distributions of transfer reactions.

## THE $^{208}$PB($^{7}$LI,$^{6}$HE)$^{209}$BI REACTIONS

For the sake of simplicity, only the single nucleon transfer reactions are considered at present. In this section, we will show some experimental examples to demonstrate the method to extract the optical potentials from transfer reactions for outgoing exotic nuclear systems. The experimental details will be described elsewhere.

The angular distributions of $^{208}$Pb($^{7}$Li,$^{6}$He)$^{209}$Bi transfer reactions at beam energies of 42.55, 37.55, 32.55, 28.55, and 25.67 MeV were measured by Q3D magnetic spectrometer at China Institute of Atomic Energy (CIAE). The angular distributions of elastic scatterings for ingoing channel were measured simultaneously by 7 Si(Au) solid detectors with steps of about 10° inside the scattering chamber. Other 3 ΔE-E Si(Au) telescope with ΔE thickness of 20-30μm were placed at backward angles of 150°, 160°, 170° to redeem the dead region of Q3D spectrometer.

After detailed analysis, an angular distribution of elastic scatterings and three angular distributions of transfer reactions were obtained at each beam energy. Figure 1 shows the experimental angular distributions of elastic scatterings (circles) and transfer to the ground state (squares), the first excited state (inversed triangles), and the second excited state (triangles) of bismuth at the highest measured energy of 42.55 MeV, respectively. The angular distribution of elastic scatterings was fitted by using PTOLEMY code [23] (thick line) to determine the optical potential of ingoing channel system. The DWBA calculation results with two different optical potentials (parameters indicated in the figure) for outgoing channel system are also shown in the figure for comparison. The dotted lines are the results with the potential predicted by the variable-diffuseness model, and the solid lines are the results with adjusted potential parameters in order to simultaneously fit three angular distributions of transfer reactions. Compared to the dotted lines, the experimental peaks shift to the forward angles about 5° to 10° for all the three angular distributions of transfer reactions. The phase-shift can not be eliminated by tuning the diffuseness parameter. It is denoted that the variable-diffuseness model fails to predict the potential for the outgoing $^{6}He+^{209}Bi$ system satisfactory.

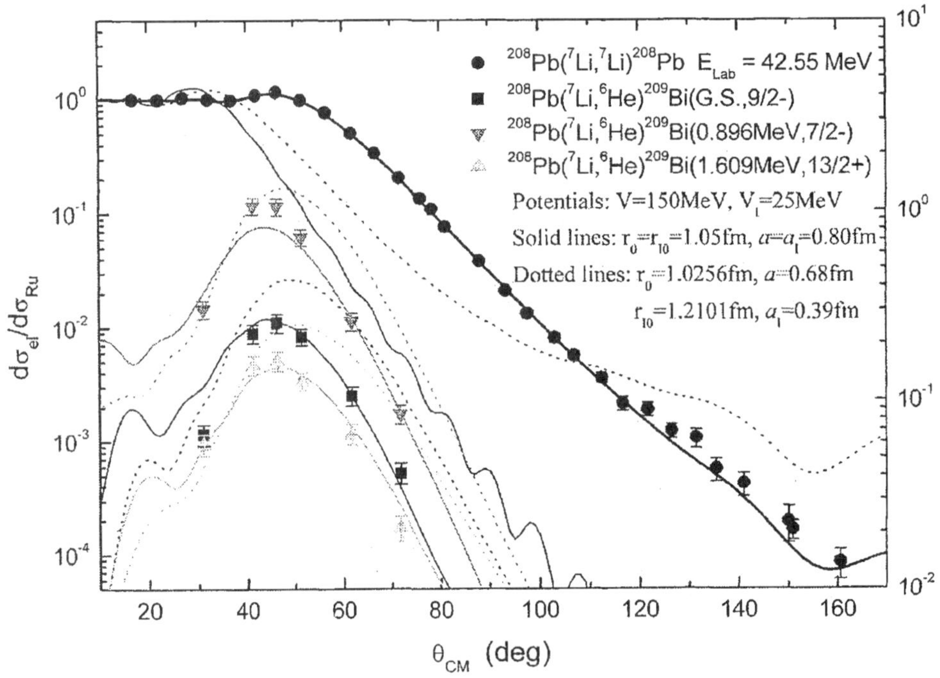


**FIGURE 1.** The experimental angular distributions of elastic scatterings and transfer reactions are compared with the results of the DWBA calculations for $^{208}Pb(^{7}Li,^{6}He)^{209}Bi$ reactions at beam energy of 42.55 MeV. In the DWBA calculations, two different optical potentials are used. See text for details.

The results at the lowest measured energy of 25.67 MeV are shown in Fig. 2. At this energy, the angular distribution of ingoing elastic scatterings becomes flat and insensitive to the potential parameters. Meanwhile, the angular distributions of transfer reactions shift to 180° without obvious phase-shifts phenomenon. Even at such low energy, the optical potential of outgoing channel still can be effectively extracted by fitting the transfer differential cross sections, see the solid lines in Fig. 2 for details. The dotted lines are the results calculated by the optical potential directly extracted from the $^{6}He+^{209}Bi$ elastic scatterings at energy of 19.13 MeV which are taken from reference [15] (open stars in Fig. 2). From the outgoing elastic channel it is not possible to make a conclusion which potential is more suitable for the $^{6}He+^{209}Bi$ system because both the solid and dotted lines are in agreement with the experimental data within the errors. However, compared with the transfer data, the dotted lines are obviously lower than the experimental values. At present case, the direct extraction of the potential from elastic scatterings may not be an appropriate method for the exotic nuclear system due to the fact that the intensity of radioactive beam is much lower than that of the stable beam and one can not get the experimental angular distribution with high accuracy.

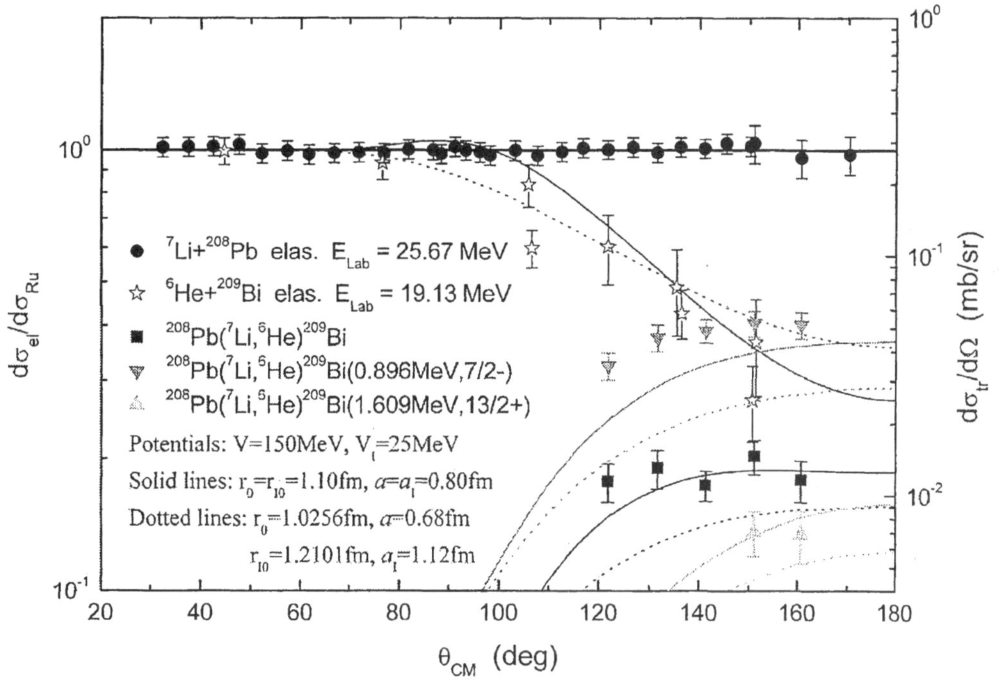


**FIGURE 2.** Same as the Fig. 1, but for beam energy of 25.67 MeV.

## DISCUSSION AND CONCLUSION

In the $^{208}Pb(^{7}Li,^{6}He)^{209}Bi$ DWBA calculations for all the energies, the potentials of the ingoing channel are directly extracted from the angular distributions of elastic scatterings, and the outgoing channel potentials are extracted by means of fitting the angular distributions of transfer reactions with the diffuseness parameter keeping equal to 0.80 fm. For different energies, the radius parameters are different, from 1.0-1.15 fm. This behavior is close to the prediction of the variable-radius model. Moreover, the phase-shift to the forward angle indicates that the reaction system has larger size and larger interaction radius. From this point of view, the use of the variable-radius model may be more reasonable than the variable-diffuseness model. The oscillations present in the angular distributions of the light systems, for instance, $^{11}Be(^{7}Li,^{6}He)^{12}C$ may help to understand better the effects of radius variation.

Compared to the conventional method which extracts the optical potentials directly from the elastic scatterings, the proposed indirect method in which the optical potentials are extracted from the transfer reactions has many benefits. For example, the stable beam with high intensity and good quality can be applied for studying the optical potentials of exotic nuclear systems. Furthermore, the final states with different nuclear structure can be easily separated by transfer reactions. For instance, the ground state and the first excited state of $^{17}$F, without and with the proton halo, respectively, can be identified in the $^{209}$Bi($^{16}$O,$^{17}$F)$^{208}$Pb reactions. Thus, the influence of different nuclear structures on the optical potentials can be evaluated. In this paper we proposed a complementary way to extract the optical potentials using the transfer reactions. Such a method can provide a valuable tool in the reaction mechanism studies of the exotic nuclear systems. Therefore, it should be a good way to extract the optical potential from transfer reactions for the exotic nuclear system.

## ACKNOWLEDGMENTS

This work was supported by the National Natural Sciences Foundation of China with Grant Nos. 10445006 and 10575135.

## REFERENCES

1. C. H. Dasso and R. Donangelo, *Phys. Lett.* **B 276**, 1 (1992); C. H. Dasso and A. Vitturi, *Phys. Rev. C* **50**, 12R (1994).
2. N. Takigawa and M. Kuratani, *Phys. Rev. C* **47**, 2470R (1993).
3. M. S. Hussein, M. P. Pato, L. F. Canto, and R. Donangelo, *Phys. Rev. C* **46**, 377 (1992); M. S. Hussein, M. P. Pato, and A. F. R. de Toledo Piza, *Phys. Rev. C* **51**, 846 (1995).
4. J. J. Kolata, V. Guimaraes, D. Peterson et al., *Phys. Rev. Lett.* **81**, 4580 (1998).
5. K. E. Rehm, H. Esbensen, C. L. Jiang et al., *Phys. Rev. Lett.* **81**, 3341 (1998).
6. M. Dasgupta, D. J. Hinde, R. D. Butt et al., *Phys. Rev. Lett.* **82**, 1395 (1999).
7. M. Trotta, J. L. Sida, N. Alamanos et al., *Phys. Rev. Lett.* **84**, 2342 (2000).
8. K. Hagino, A. Vitturi, C. H. Dasso, and S. M. Lenzi, *Phys. Rev. C* **61**, 037602 (2000).
9. Vandana Tripathi, A. Navin, K. Mahata et al., *Phys. Rev. Lett.* **88**, 172701 (2002).
10. R. Raabe, J. L. Sida, J. L. Charvet et al., *Nature* **431**, 823 (2004).
11. L. F. Canto, P. R. S. Gomes, R. Donangelo, M. S. Hussein, *Phys. Reports* **424**, 1 (2006).
12. N. Keeley, S. J. Bennett, N. M. Clarke et al., *Nucl. Phys.* **A 571**, 326 (1994).
13. N. Keeley and K. Rusek, *Phys. Lett.* **B 427**, 1 (1998).
14. C. Signorini, A. Andrighetto, M. Ruan et al., *Phys. Rev. C* **61**, 061603R (2000).
15. E. F. Aguilera, J. J. Kolata, F. D. Becchetii et al., *Phys. Rev. C* **63**, 061603R (2001).
16. J. F. Liang, J. R. Beene, H. Esbensen et al., *Phys. Rev. C* **65**, 051603R (2002).
17. O. R. Kakuee, J. Rahighi, A. M. Sanchez-Benitez et al., *Nucl. Phys.* **A 728**, 339 (2003).
18. A. Di Pietro, P. Figuera, F. Amorini et al., *Phys. Rev. C* **69**, 044613 (2004).
19. M. Romoli, E. Vardaci, M. Di Pietro et al., *Phys. Rev. C* **69**, 064614 (2004).
20. K. Rusek, I. Martel, J. Gomez-Camacho et al., *Phys. Rev. C* **72**, 037603 (2005).
21. Reiner Bass, *Nuclear Reactions with Heavy Ions*, Springer-Verlag, Berlin Heidelberg, New York, 1980, pp. 170.
22. C. J. Lin, H. Q. Zhang, Z. H. Liu et al., *Phys. Rev. C* **66**, 067302 (2002), and references therein.
23. M. Rhoades-Brown, M. H. McFarlane, and S. Pieper, *Phys. Rev. C* **21**, 2417 (1980); M. H. McFarlane and S. Pieper, Arg. Nat. Lab. Rep. No. ANL-76-11, Rev. 1 (1978).

# Effects of breakup of weakly bound projectile and neutron transfer on fusion reactions around Coulomb barrier①

C.J. Lin, H.Q. Zhang , F. Yang, M. Ruan, Z.H. Liu, Y.W. Wu, X.K. Wu, P. Zhou, C.L. Zhang, G.L. Zhang, G.P. An, H.M. Jia, and X.X. Xu

[a]China Institute of Atomic Energy, P. O. Box 275(10), Beijing 102413, P. R. China

The excitation functions of quasielastic and elastic scattering at backward angles have been measured for the systems of $^{16}O+^{152}Sm$, $^{6,7}Li+^{208}Pb$ and $^{32}S+^{90,96}Zr$. The barrier distributions are extracted from these measured excitation functions and compared with the corresponding fusion barrier distributions. Except some details, the barrier distributions derived from the data of fusion and quasielastic/elastic scattering are almost the same for the tightly bound reaction systems. For the reaction systems with weakly bound projectile, the barrier distributions extracted from quasielastic scattering are obviously different from the fusion barrier distributions. However, the barrier distributions extracted from the excitation functions of the quasielastic scattering plus breakup are almost the same as the one extracted from the complete fusion data. This result means that barrier distribution not only bears the information of nuclear structures but also contains the knowledge of reaction mechanisms. Our results show that the complete fusion of the weakly bound projectile with heavy target is suppressed at the above barrier energies as compared with the model predictions. In addition, the measured barrier distribution of $^{32}S+^{96}Zr$ is broaden and extends to lower energy than in the case of $^{32}S+^{90}Zr$ due to the coupling of neutron transfer with positive Q-values, which result in a significant enhancement of fusion cross sections at the subbarrier energies.

## 1. INTRODUCTION

In recent years, a great effort has been devoted to study reactions induced by radioactive beams in order to investigate the effects of nuclear structure on reaction mechanisms. The fusion probability between two colliding nuclei is sensitive to their structures as well as to the influence of other process such as breakup or neutron transfer. For weakly bound projectiles, breakup is the dominant direct reaction process and the effect of breakup on other reaction channels, especially the fusion process, has been extensively studied. Both theoretical and experimental works have studied the effects of halo structure of nuclei on fusion reaction mechanisms at energies of near and below the Coulomb barrier. Theoretically, there are contradictory works which predict either the suppression [1–4] or enhancement [5] of complete fusion cross section due to the coupling of the relative motion of the colliding nuclei to the breakup channel. Hagino et al. [6] proposed an improved coupled-channels calculation to reconcile the conflicting approaches, predicting

① Nuclear Physics A,2007,787:281c-288c.

an enhancement of the complete fusion cross section at energies below the Coulomb barrier and a suppression of the complete fusion cross section at energies above the Coulomb barrier. These different theoretical predictions call for precise and reliable experimental measurements as a judgment on various theories. To this end, many experiments have been performed with halo ($^{6}$He, $^{11}$Be, $^{17}$F ) [7–11] and weakly bound ($^{6,7}$Li, $^{9}$Be, $^{38}$S, $^{132}$Sn) [12–17] projectiles. Although extensively studied, there is not yet a definitive conclusion on the breakup influence into the fusion. Therefore, it is still an important subject to be further investigated theoretically and experimentally. Dynamics of both fusion and elastic scattering are influenced by coupling to direct reaction channels. These couplings generate a distribution of potential barriers which should bear the information of nuclear structure and probably also reaction mechanisms. Barrier distributions can be derived from the excitation functions of fusion [17] and quasielastic/elastic scattering [18,19]. In this talk, we would like to present some of our experimental results, especially the barrier distributions extracted from the excitation function of the quasi-elastic/elastic scattering and fusion reactions with tightly and weakly bound nuclei, and discuss the effects of breakup and neutron transfer on fusion processes.

## 2. BARRIER DISTRIBUTION OF TIGHTLY BOUND NUCLEI

The experimental results of tightly bound nuclei will provide an important reference for similar studies involving weakly bound radioactive neutron- and proton-rich projectiles. Therefore, we first present the experimental results of $^{16}$O+$^{152}$Sm [20] as a reference. It was proposed that some information [19,21] on the fusion barrier distribution could be contained in the quasielastic and elastic scattering excitation functions at backward angles. In the semiclassical derivation for a single barrier, the reflection coefficient $R_0$(E) for angular momentum $l = 0$ is given by the ratio of the quasielastic differential cross section and the Rutherford differential cross section at 180°. The corresponding transmission coefficient $T_0$(E) could be expressed in terms of the fusion cross section. The second derivative of the product of the energy E and the fusion cross section with respect to E, represent the fusion barrier distribution $D^{fus}$(E) [18],

$$D^{fus}(E) = \frac{1}{\pi R_B^2}\frac{d^2}{dE^2}[E\sigma^{fus}(E)]. \tag{1}$$

Since $T_0$=1-$R_0$, it follows that the barrier distributions extracted from fusion and scattering excitation functions are intimately related. The corresponding barrier distribution $D^{qel}$(E) and $D^{el}$(E) can be deduced from the quasielastic [19] and elastic [21] scattering as follows,

$$D^{qel}(E) = -\frac{d}{dE}\left(\frac{d\sigma^{qel}}{d\sigma^R}(E)\right), \tag{2}$$

and

$$D^{el}(E) = \frac{d}{dE}\left(\frac{d\sigma^{el}}{d\sigma^R}(E)\right)^{\frac{1}{2}}. \tag{3}$$

Here $d\sigma^{el}$, $d\sigma^{qel}$ and $d\sigma^R$ are the elastic, quasielastic and Rutherford scattering differential cross sections, respectively.

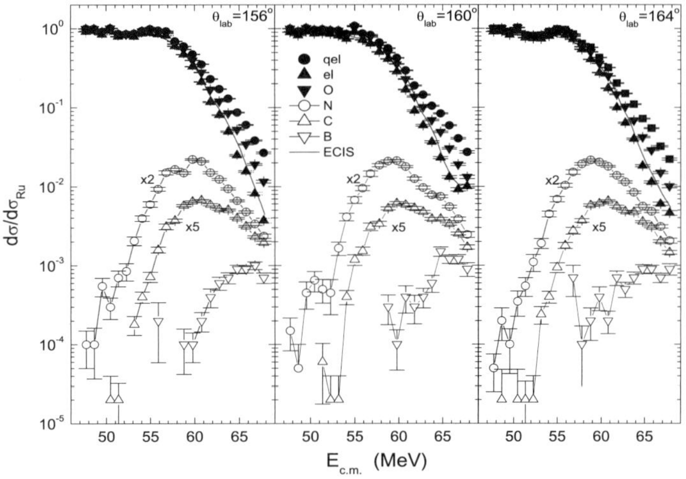


Figure 1. The ratio of the differential quasielastic (qel), elastic scattering (el) and Z=8 (O), Z=7 (N), Z=6 (C) and Z=5 (B) reaction sections relative to the Rutherford scattering cross section. The solid curves are the ECIS79 calculation values including the inelastic scattering from three lowest rotational states of $^{152}$Sm.

The experiment was carried out with $^{16}$O beam from the HI-13 tandem accelerator at CIAE, Beijing. Three gas-ionization chamber ΔE-E Si(Au) detector telescopes set at 156°, 160°, 164° were used to measure scattering particles. The measured excitation functions of the quasielastic/elastic scattering and transfer reactions for $^{16}$O+$^{152}$Sm system are presented in Fig. 1. In order to compare with experiment results, the theoretical elastic scattering excitation functions are calculated with ECIS code. In the calculation, the Woods-Saxon parameters $V_0$=22 MeV, $r_v$=1.34 fm, $a_v$=0.57 fm, $W_0$=22 MeV, $r_w$=1.34 fm and $a_w$=0.36 fm were used. The $^{152}$Sm deformation parameters $\beta_2$=0.280, $\beta_4$=0.092, and $\beta_6$=0.010 were taken from Ref. [22]. The calculation of elastic scattering cross section included inelastic scattering from the three lowest rotational states of the target nucleus $^{152}$Sm. It can be seen from Fig. 1 that the agreement between the experimental and theoretical excitation functions is quite satisfactory for all three angles. In Fig. 2 the barrier distributions extracted from quasielastic scattering at several backward angles are compared with the fusion barrier distribution obtained from the fusion excitation function [23,24] for the reaction $^{16}$O+$^{152}$Sm. A similar comparison of the barrier distributions extracted from the elastic scattering with the fusion barrier distribution is made in Fig. 3. From these comparisons, we might conclude that except some details, the barrier distributions derived from the data of fusion and quasielastic/elastic scattering are almost the same for the tightly bound reaction systems.

## 3. BARRIER DISTRIBUTION OF WEAKLY BOUND NUCLEI

It is interesting to seek the breakup influence of weakly bound nuclei in the barrier distribution. To this end, we have performed the experiments with weakly bound projectiles $^{6,7}$Li, and measured the excitation functions of quasielastic and elastic scattering at backward angles for the reaction systems $^{6,7}$Li+$^{208}$Pb at HI-13 tandem accelerator in

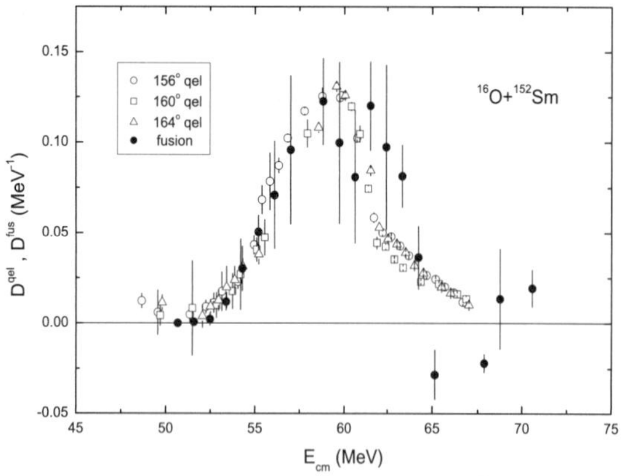


Figure 2. A comparison of the quasielatic and fusion barrier distributions for the reaction system $^{16}O+^{152}Sm$.

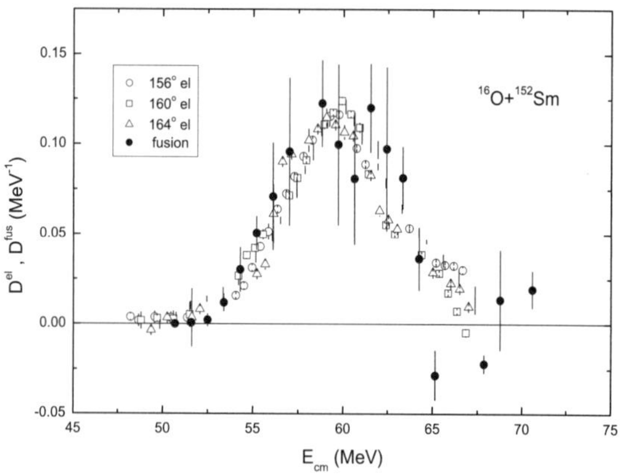


Figure 3. Same as Fig. 2, but for the barrier distributions extracted from elastic scattering.

CIAE. The experimental procedure is similar as the one of $^{16}O+^{152}Sm$. The measured excitation functions of elastic (el), quasielastic (qel), breakup (bu) and qel plus bu are shown in Fig. 4. With these excitation functions, the corresponding barrier distributions are obtained as shown in Fig. 5. It is worth noting that the barrier distributions extracted from quasielastic scattering are different to those extracted from the excitation function [25] of the complete fusion (CF). However, the barrier distributions extracted from the excitation functions of sum of the quasielastic scattering and breakup are almost the same as the one extracted from the CF excitation functions as shown in Fig. 5.

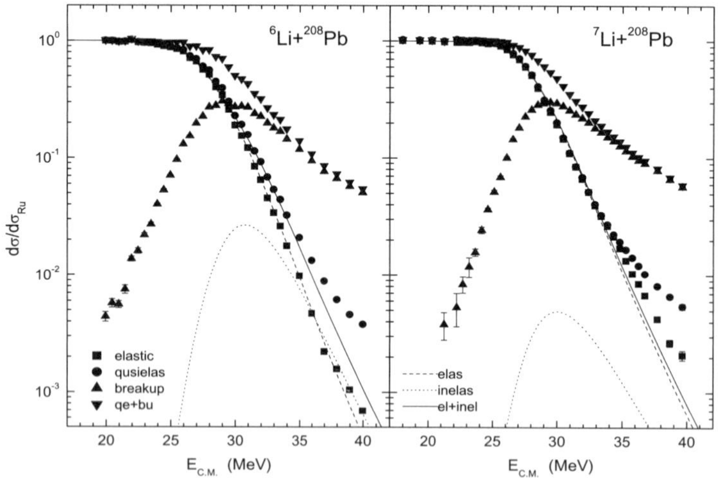


Figure 4. The excitation functions of the differential cross sections ratio, $d\sigma/d\sigma_{Ru}$ between elastic, quasielastic scattering, breakup reaction, quasielastic plus breakup and the Rutherford scattering at backward angle for the reaction systems $^{6,7}Li+^{208}Pb$.

The possible reason for this phenomena, we find, might lie in the relationship between the transmission coefficient $T_0(E)$ and the reflection coefficient $R_0(E)$ for angular momentum $l = 0$,

$$T_0(E) = 1 - R_0(E). \tag{4}$$

For the reactions with weakly bound nuclei, the reflection coefficient $R_0(E)$ stems from two components, i.e., quasielastic scattering and breakup channels, $R_0 = R^{qel} + R^{bu}$.

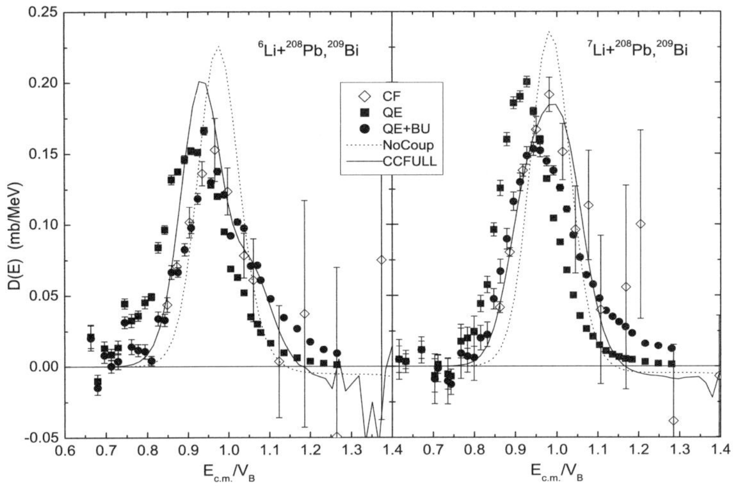


Figure 5. A comparison of the barrier distributions extracted from the excitation functions of quasielastic scattering (solid squares), quasielastic scattering plus breakup (solid circles) and the complete fusion (open diamond).

Correspondingly, Eq. 4 should become as

$$T_0(E) = 1 - [R^{qel}(E) + R^{bu}(E)]. \tag{5}$$

The quasielastic scattering only contains the component represented by the reflection coefficient $R^{qel}$ , hence its barrier distribution will be different from the one extracted from the CF excitation function. On the other hand, the sum of quasielastic scattering and breakup contains the main component of the reflection coefficient $R_0(E)$. Therefore, its barrier distribution should be more or less similar to the one extracted from the CF excitation function, which is the derivative of $T_0$, i.e. $dT_0(E)/dE$.

## 4. FUSION EXCITATION OF WEAKLY BOUND NUCLEI

We have measured the fusion cross sections [13] for the reaction system $^6$Li+$^{208}$Pb at energies around the Coulomb barrier. The experiments were carried out at the HI-13 tandem accelerator of CIAE. The compound nucleus $^{214}$At formed following complete fusion de-excites dominantly through 1n, 2n, 3n, 4n evaporation resulting residues $^{213-210}$At. These nuclei are $\alpha$- particle emitters. Therefore we can determine the cross sections of $^{213}$At, $^{212}$At, $^{211}$At, $^{210}$At and then obtain the complete fusion cross section by both online and offline $\alpha$ measurements. The fusion cross sections of $^6$Li+$^{208}$Pb system are presented in Fig. 6. The solid square points are experimental results. The tiny solid line and dash line correspond to the coupled-channels model calculation with code CCFULL [26] taking into account single and double phonon $3^-$ excitations in $^{208}$Pb and the $3^+$ rotational state of $^6$Li, with and without coupling to its the $3^+$ unbound excitation state, respectively. The dotted line corresponds to the one-dimensional barrier penetration model and thick solid line corresponds to the full-coupling calculation, multiplied by the constant suppression factor 0.66. This factor is a same value for the very close system $^6$Li+$^{209}$Bi [25]. One could see from the figure that the full-coupling calculation seems to overestimate the fusion cross section in the whole energy range, though this effect is less clear at subbarrier energies due to some fluctuations in the fusion excitation function. It shows a suppression of CF cross sections, indicating the significant role of breakup on fusion. In our calculations, the Akyuz-Winther nuclear potential is used with parameter of $V_0$=47.60 MeV, $r_0$=1.117 fm, $a_0$=0.619 fm, The other relevant parameters are the $3^-$ state in $^{208}$Pb, 2.615 MeV, B(E3,$0^+ \rightarrow 3^+$)=0.611 $e^2b^3$ and the $3^+$ rotational excitation in $^6$Li, 2.186 MeV, B(E2,$1^+ \rightarrow 3^+$)=21.8 $e^2b^3$. For taking into account the excitation to the unbound $3^+$ excited state in $^6$Li, a modified version of CCFULL code [27] made for odd-odd nuclei with finite ground state spin was used. The coupled-channels code does not consider the influence of breakup effect on fusion.

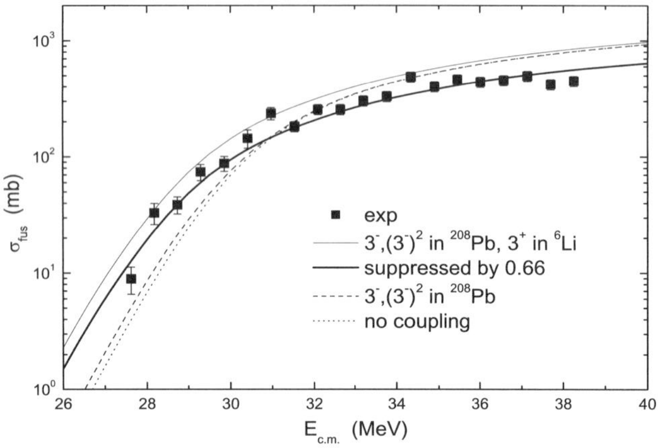


Figure 6. Experimental fusion cross section and CCFULL calculations for $^6$Li+$^{208}$Pb. See text for details.

## 5. EFFECT OF NEUTRON TRANSFER

The effect of neutron transfer plays an important role in the heavy-ion fusion reaction at the energies around the Coulomb barrier. Zagrebaev [28] presented a model incorporating neutron transfer in the coupled-channels approach. It has shown that the intermediate neutron transfer channels with positive Q-values really enhance the fusion cross section at sub-barrier energies. The reaction system $^{32}$S+$^{96}$Zr has positive Q-values for 1n, 2n, 3n, 4n, 5n and 6n neutron transfer channels. In order to investigate the influence of neutron transfer on the barrier distribution, the excitation functions of quasielastic scattering were measured at backward angles for the reactions $^{32}$S+$^{90,96}$Zr at HI-13 tandem accelerator in CIAE. Figs. 7 and 8 show the extracted barrier distributions. The dotted and solid lines represent the calculated results of one-dimensional barrier penetration and the coupled-channels models with CCDEF code. In calculations of the coupled-channels model, coupling to two lowest inelastic excitations in the projectile and target nuclei are taken into account. In addition, for the reaction $^{32}$S+$^{96}$Zr, the 1n, 2n, and 4n neutron transfer channels are also included in the coupled-channels model calculation. It might be seen by comparison that the barrier distribution of $^{32}$S+$^{96}$Zr is broaden and extends to lower energy due to the coupling of neutron transfer with positive Q values. Because penetrating through lower barriers is favorable, the broaden distribution of the barrier will result in significant enhancement of fusion cross sections at sub-barrier energies. The fusion reaction $^{40}$Ca+$^{96}$Zr [28,29] is a typical example. Due to the coupling to neutron transfer, the fusion cross sections are greatly enhanced at sub-barrier energies [28]. In order to illustrate the effect of neutron transfer on the fusion reaction, we compare the fusion barrier distributions of $^{32}$S+$^{90,96}$Zr and $^{40}$Ca+$^{90,96}$Zr reactions. It could be found that the coupled-channels model calculations reproduce experimental data well for $^{32}$S ,

$^{40}$Ca+$^{90}$Zr reactions, but could not reproduce experimental data for the reactions $^{32}$S , $^{40}$Ca+$^{96}$Zr. The latter reactions have the positive Q-values for 1n, 2n, 3n, 4n, 5n and 6n transfer channels. Their barrier distributions are broaden and extend to lower energy due to the coupling of neutron transfer. From this comparison, one could see that the effect of neutron transfer on the fusion process.

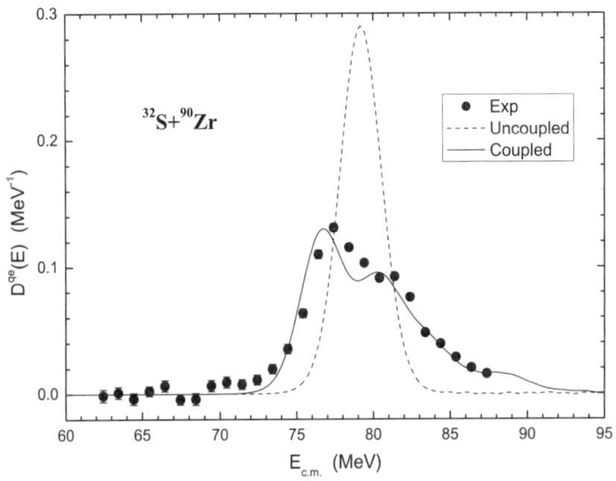


Figure 7. The barrier distribution extracted from the excitation functions of quasielastic scattering at backward angle for the reaction system $^{32}$S+$^{90}$Zr. The dashed and solid lines represent the results of CCDEF calculations with and without coupling to the inelastic excitation states.

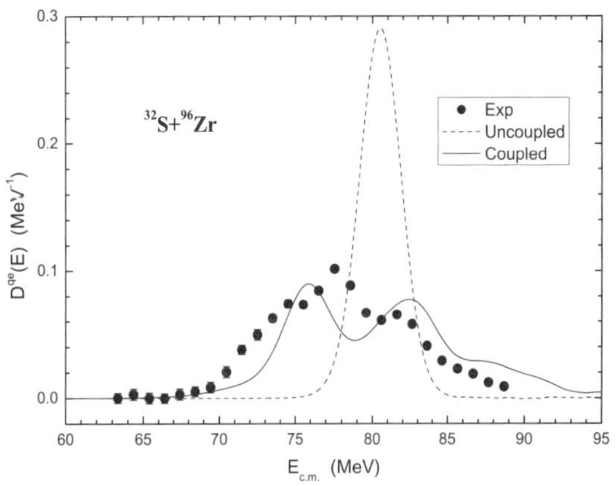


Figure 8. Same as Fig. 7 but for the reaction system $^{32}$S+$^{96}$Zr. In the coupled-channels calculations, except coupling to the inelastic excitation states, coupling to the 1n, 2n, and 4n neutron transfer channels with positive Q-values are also taken into account.

## 6. CONCLUSION

The excitation functions of quasielastic and elastic scattering at backward angles have been measured for the systems $^{16}$O+$^{152}$Sm, $^{6,7}$Li + $^{208}$Pb. The barrier distributions are extracted from these measured excitation functions and compared with the corresponding fusion barrier distributions. It is found that except some details, the barrier distributions derived from the data of fusion and quasielastic/elastic scattering are almost the same for the tightly bound reaction systems. This means that one can extract the barrier distribution either from the data of quasielastic/elastic scattering or from the fusion excitation function. For the reaction systems with weakly bound projectile, the barrier distributions extracted from quasielastic scattering are obviously different from the fusion barrier distributions. However, the barrier distributions extracted from the excitation functions of the quasielastic scattering plus breakup are almost the same as the one extracted from the CF excitation functions. This result indicates that barrier distribution not only bears the information of nuclear structures but also contains the knowledge of reaction mechanisms. We have measured the fusion cross sections for the reaction system $^{6}$Li+$^{208}$Pb around the Coulomb barrier. The complete fusion of $^{6}$Li+$^{208}$Pb is suppressed as compared with the model predictions at the energies of above barrier due to the breakup effect of the weakly bound projectile $^{6}$Li on the fusion. The effect of neutron transfer plays an important role in the heavy-ion fusion process. In order to examine the influence of neutron transfer on the barrier distribution, the excitation functions of quasielastic and elastic scattering at backward angles are measured for the systems $^{32}S+^{90,96}Zr$ and the corresponding barrier distributions are extracted. The barrier distribution of $^{32}S+^{96}Zr$ is broaden and extends to lower energy due to the coupling of neutron transfer with positive Q-values. The broaden barrier distribution will result in a significant enhancement of fusion cross sections at the subbarrier energies.

## 7. ACKNOWLEDGMENTS

This work was supported by the National Natural Science Foundation of China under Grants No. 10075080, 10175092, 10235030, 10275092, 10275094 and the Major State Basic Research Development Program under Grant No. G200007400. We would like to thank the staff of the HI-3 Tandem accelerator at the CIAE for their patient conduct and for providing good conditions.

## REFERENCES

1. M.S. Hussein et al., Phys. Rev. C 46, 377 (1992); 47, 2398 (1993).
2. L.F. Canto et al., Phys. Rev. C 52, R2848 (1995).
3. N. Takigawa, M. Kuratani, and H. Sagawa, Phys. Rev. C 47, R2470 (1993).
4. K. Yabana, Prog. Theor. Phys. 97, 437 (1997).
5. C.H. Dasso and A. Vitturi, Phys. Rev. C 50, R12 (1994).
6. K. Hagino, A. Vitturi, C.H. Dasso, and S.M. Lenzi, Phys. Rev. C 61, 037602 (2000).
7. J.J. Kolata et al., Phys. Rev. Lett. 81, 4580 (1998).
8. M. Trotta et al., Phys. Rev. Lett. 84, 2342 (2000).
9. A. Yoshida et al., Phys. Lett. B389, 457 (1996).
10. C. Signorini et al., Eur. Phys. J. A2, 227 (1998).
11. K.E. Rehm et al., Phys. Rev. Lett. 81, 3341 (1998).
12. M. Dasgupta et al., Phys. Rev. Lett. 82, 1395 (1999).
13. Y.W. Wu et al., Phys. Rev. C 68, 044605 (2003).
14. C. Signorini et al., Eur. Phys. J. A5, 7 (1999).
15. M. Dasgupta et al., Phys. Rev. C 66, R041602 (2002).
16. K.E. Zyromsski et al. Phys. Rev. C 55, R562(1997).
17. J.F. Liang et al. Phys. Rev. Lett. 91, 152701 (2003).
18. N. Rowley, G. H. Satchler, and P.H. Stelson, Phys. Lett. B254, 25 (1991).
19. H. Timmer et al., Nucl. Phys. A584, 190 (1995).
20. H.Q. Zhang et al. Phys. Rev. C 57, R1047(1998).
21. N. Rowley et al., Phys. Lett. B 373, 23 (1996).
22. L.K. Peker, Nucl. Phys. Data. Sheets 58, 93(1989).
23. R.G. Stokstad et al., Phys. Rev. C 21, 2427 (1980).
24. A.H. Wuosmaa et al., Phys. Lett. B 263, 93 (1991).
25. M. Dasgupta et al., Phys. Rev. C 70, 024606 (2004).
26. K. Hagino, N. Rowley, and A.T. Kruppa, Comput. Phys. Commun. 123, 143(1999)
27. C. Beck et al., Phys. Rec. C 67, 054602 (2003).
28. V.I. Zagrebaev, Phys. Rev. C 67 061601 (2003).
29. H. Timmers et al., Nucl. Phys. A633, 421 (1998).

# Calculation of Interaction Potentials between Spherical and Deformed Nuclei ①

ZHANG Gao-Long(张高龙), ZHANG Huan-Qiao(张焕乔), LIU Zu-Hua(刘祖华), ZHANG Chun-Lei(张春雷), LIN Cheng-Jian(林承键), YANG Feng(杨峰), AN Guang-Peng(安广朋), JIA Hui-Ming(贾会明), WU Zhen-Dong(吴振东), XU Xin-Xing(徐新星), BAI Chun-Lin(白春林), YU Ning(喻宁)

*China Institute of Atomic Energy, Beijing 102413*

(Received 10 November 2006)

*The interaction potential for spherical-deformed reaction partners is calculated. The shape, separation and orientation dependence of the interaction potential and fusion cross section of the system $^{32}S+^{154}Sm$ are investigated within the double-folding model of the deformed nuclei. The effective nucleon-nucleon interaction is taken to be the M3Y-Reid potential. The density is considered for three terms of the expansion using the truncated multipole expansion method, which is a deformed Fermi shape with quadrupole and hexadecapole for the density distribution of $^{154}Sm$. It is found for the interaction potential that the height and the position of barrier strongly depend on the deformations, the orientation angle of the deformed nucleus, and hence produce great effects on fusion cross section. The integrated fusion cross section is in good agreement with the experimental data.*

*PACS: 25. 70. Jj, 24. 10. −i, 23. 20. Js*

Nuclear reactions and $\alpha$-decay half-lives involving deformed nuclei are an important topic of research in nuclear physics.[1−3] Recently, particular interest has been paid to the effects of nuclear deformation on the production and decay of superheavy nuclei. Because reasonable predictions of production cross section and $\alpha$-decay half life of superheavy nuclei require the knowledge of nuclear potential, the nuclear potential between the deformed interacting nuclei are essentially important in describing these reaction and decay processes. Therefore, fusion reactions between heavy nuclei with the static and dynamic deformations have reattracted much attention to date.

The double folding model is commonly used to calculate an interaction potential.[4] The basic input into folding calculation is the nuclear densities of the colliding nuclei. If one or both have deformed density distribution, the six-dimensional integral cannot be simplified to fewer dimensions. In this case, one usually simplifies the folding model by expanding the density distribution of the deformed nuclei using a multipole expansion.[5] This method is useful and can reduce the amount of calculation. In the multipole expansion, one usually takes three terms and neglects the others.[5] This method is used frequently in deriving the real part of the interaction potential for deformed-deformed and spherical-deformed pairs of nuclei. In this Letter, we use the multipole expansion in deriving the interaction potential to study the deformation and orientation dependence of interaction potential and fusion cross section within the double folding model of the spherical-deformed pairs nuclei. We include both quadrupole and hexadecapole deformations and also limit ourselves to the interaction potential between deformed target and spherical projectile (see Fig. 1).

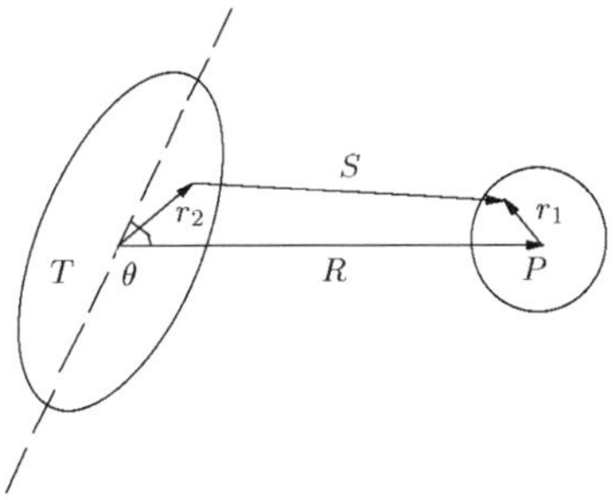


**Fig. 1.** The coordinate system used in the double folding model for spherical-deformed pairs. The vector between the centres of the projectile P and target T nuclei is denoted by $\boldsymbol{R}$, while $\boldsymbol{r}_1$ and $\boldsymbol{r}_2$ are the radius vectors of points separated by $S$ in the nucleon distributions of the projectile and target nuclei.

In the double folding model the real part of the interaction potential can be written as

$$v(r)=\int d^3r_1\int d^3r_2\rho_p(r_1)v(s=|\boldsymbol{R}+\boldsymbol{r}_2-\boldsymbol{r}_1|)\rho_T(r_2),\quad(1)$$

where $v$ is the nucleon–nucleon (NN) interaction between two nucleons. The vectors $\boldsymbol{R}+\boldsymbol{r}_2-\boldsymbol{r}_1$ corresponds to the distance between two specified interacting points of the projectile and target, whose radius vectors are $\boldsymbol{r}_1$ and $\boldsymbol{r}_2$, respectively; $\boldsymbol{R}$ denotes the vector joining the centres of mass of the two nuclei. This geometry is illustrated in Fig. 1. Here $\theta$ is the relative orientation angle of the target nucleus symmetry axis measured with respect to the separation vector $\boldsymbol{R}$; $\rho_p(r_1)$ is the matter density distribution of the spherical projectile P, $\rho_T(r_2)$ is the matter density

① Chin.Phys.Lett.,2007,24(2):397-399.

distribution of the deformed target-T nuclei ground state.

The deformed density has the form

$$\rho_T(r,\theta) = \frac{\rho_0}{1+\exp[(r-R(\theta))/a]}, \quad (2)$$

where $\rho_0$ is determined by the normalization condition of the density distribution; $R(\theta)$ is the half density radius expressed by

$$R(\theta) = R_0[1+\beta_2 Y_{20}(\theta)+\beta_4 Y_{40}(\theta)], \quad (3)$$

where the parameters of the radius $R_0$, the quadrupole $\beta_2$ and hexadecapole $\beta_4$ deformations and diffuseness $a$ are fixed by electron scattering experiments.

The multipole expansion of the target nuclear density distribution for an axially symmetric shape and for limiting the deformation to quadrupole and hexadecapole cases has the form

$$\rho(r,\theta) = \sum_{l=0,2,4} \rho_l(r) Y_{l0}(\theta). \quad (4)$$

For $^{154}$Sm, $R_0$=5.9387 fm, $\beta_2$=0.311, $\beta_4$=0.087 and $a$=0.5223 fm.[6]

For the NN interaction, we used the well-known M3Y-Reid interaction,[7,8]

$$v(s) = \left[7999\frac{e^{-4s}}{4s} - 2134\frac{e^{-2.5s}}{2.5s}\right] - 262\delta(s). \quad (5)$$

The intrinsic form factor of the multipole components has the form[9]

$$\tilde{\rho}_T^{(l)}(k) = \int_0^{r_{\max}} dr r^2 \rho_l(r) j_l(kr), \quad (6)$$

where $j_l(kr)$ is the spherical Bessel function.

The double folding potential can be obtained by the summation over different multipole components.[5]

$$V_N(R,\theta) = \sum_{l=0,2,4} V_N^l(R,\theta), \quad (7)$$

with[3,9]

$$V_N^l(R,\theta) = \frac{2}{\pi}\left[\frac{2l+1}{4\pi}\right]^{1/2} \int_0^{k_{\max}} dk k^2 \cdot j_l(kR)\tilde{\rho}_p(k)\tilde{\rho}_T^{(l)}(k)\tilde{v}(k)P_l(\cos\theta), \quad (8)$$

where $\tilde{\rho}_p(k)$ is the Fourier transformation of the density distribution of the spherical projectile, $\tilde{v}(k)$ is the Fourier transformation of the M3Y-Reid NN interaction.

The Coulomb potential is calculated by using the double folding integral.[10]

$$V(\boldsymbol{R},\theta) = \int d\boldsymbol{r}_1 d\boldsymbol{r}_2 \frac{e^2}{|\boldsymbol{R}+\boldsymbol{r}_2-\boldsymbol{r}_1|}\rho_1(\boldsymbol{r}_1)\rho_2(\boldsymbol{r}_2), \quad (9)$$

where $\rho_i(r_i)$ is the charge density distribution from electron scattering data, which are normalized as

$$\int \rho_i(\boldsymbol{r}_i) d\boldsymbol{r}_i = Z_i. \quad (10)$$

We calculate the nuclear and Coulomb potentials of $^{32}$S+$^{154}$Sm. For $^{32}$S, a spherical three-parameter Fermi shape[11]

$$\rho_p(r) = \frac{\rho_0[1+w(r/R_0)^2]}{1+\exp[(r-R_0)/a]}, \quad (11)$$

is used with parameters determined from electron scattering experiments, $w$ = 0.16, $R_0$=2.54 fm and $a$ = 2.191 fm.

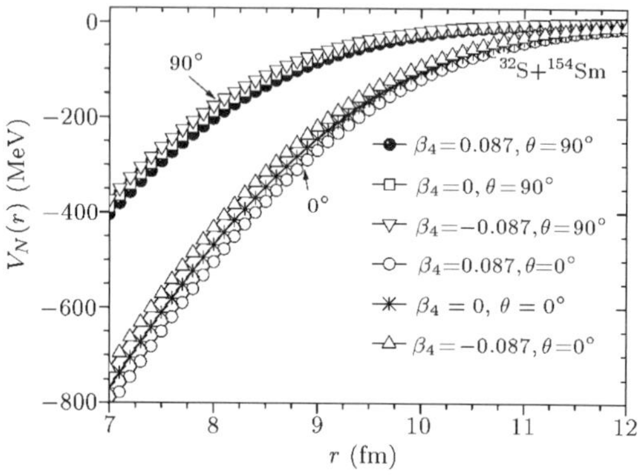


**Fig. 2.** The nuclear potentials for the $^{32}$S+$^{154}$Sm system at orientation angles $\theta$ = 0° ($\beta_4$ = 0.087, $\beta_4$ = 0 and $\beta_4$ = −0.087) and $\theta$ = 90° ($\beta_4$ = 0.087, $\beta_4$ = 0 and $\beta_4$ = −0.087).

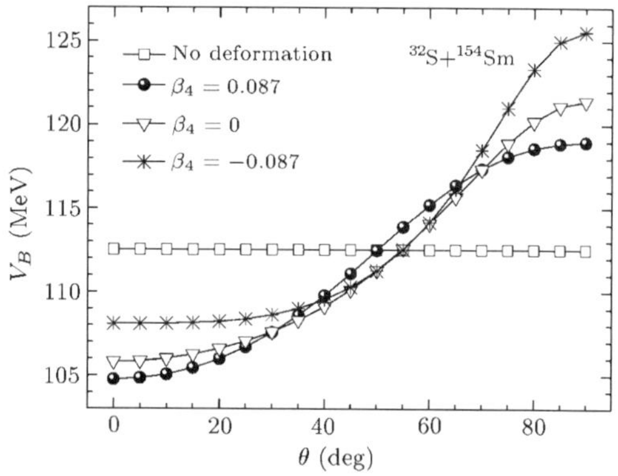


**Fig. 3.** The barrier height at different orientation angle for $\beta_4$ = 0.087 ($\beta_4$ = 0 and $\beta_4$ = −0.087) and no deformation for the $^{32}$S+$^{154}$Sm system, respectively.

Using the above formula, the nuclear potential can be determined into a sum of multipole components for the spherical-deformed pairs nuclei. The results are shown in Fig. 2 for the nuclear potential of the system $^{32}$S+$^{154}$Sm at orientation angle $\theta$ = 0° and $\theta$ = 90° for different hexadecapole deformations, respectively.

We can see that the nuclear potential at $\theta$=0° is more attractive than that at $\theta$ = 90°, implying that there is a larger overlap at $\theta$ = 0° than that at $\theta$ = 90°. In Fig. 2, the hexadecapole parameter $\beta_4$ are changed with $\beta_4$ = 0.087, 0, −0.087 at the orientation angles $\theta$ = 0° and $\theta$ = 90°, respectively. The different values of the hexadecapole deformation give the different behaviour of the nuclear potential, which becomes more deeper (attractive) for positive hexadecapole deformation and less attractive for negative hexadecapole deformation. It is shown that the barrier heights are lowered (raised) with the increasing (decreasing) attractive nuclear potential in Fig. 3 for different hexadecapole deformations. Moreover, the barrier height is much lower at $\theta = 0°$ than that at $\theta = 90°$. At the same time, the interaction barrier height is calculated for spherical target (no deformation). We can see that the barrier height are changed distinctly with orientations and deformation of target nuclei. The dramatic dependence of the potential on orientations and deformations strongly affects the fusion cross section. From Eq. (12), we can know that the positive hexadecapole deformation increases the fusion cross section for the fixed quadrupole deformation, however, the negative hexadecapole deformation has the opposite effect.

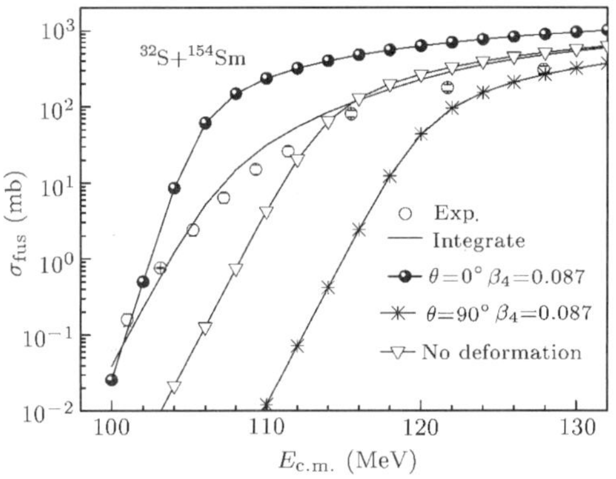


**Fig. 4.** The fusion cross section calculated at $\theta = 0°$ and at $\theta = 90°$ for $\beta_4 = 0.087$. The integrated fusion cross section for deformation and no deformation in comparison with the experimental data.[13]

Using the Wong formula, we can calculate $\sigma_f(\theta)$,[12]

$$\sigma_f(\theta) = \frac{\hbar\omega R_B^2(\theta)}{2E(cm)} \ln\left[1 + \exp\left(\frac{2\pi}{\hbar\omega}(E(cm) - V_B(\theta))\right)\right], \tag{12}$$

where $V_B$ and $R_B$ are the height and the radial position of the barrier, $\hbar\omega$ is taken to be 7.0 MeV to take account for the large enhancement due to deformation. The total fusion cross section is

$$\sigma_f = \frac{1}{4\pi}\int \sigma_f(\theta) 2\pi \sin(\theta) d\theta. \tag{13}$$

The results are shown in Fig. 4 with $\beta_2 = 0.311$ and $\beta_4 = 0.087$ of $^{154}$Sm. It is shown that $\sigma_f$ at $\theta = 0°$ is larger than that at $\theta = 90°$, due to the greater decrease of the interaction barrier height at $\theta = 0°$. An integrated fusion cross section is in good agreement with the experimental data, especially near the barrier. If the deformation of $^{154}$Sm is not considered, the calculated fusion cross section is much smaller than experimental data below the barrier. Thus, the deformation of colliding nuclei significantly enhances the fusion cross section below the barrier.

In summary, the nuclear potential and the total interaction potential are calculated within the double folding model of spherical-deformed nuclei. The densities of deformed nuclei use the multipole expansion method and the effective NN interaction is the M3Y-Reid interaction. The quadrupole and hexadecapole deformations are considered for the deformed nucleus $^{154}$Sm. One can calculate the interaction potential of the system $^{32}$S+$^{154}$Sm at the different orientations and hexadecapole deformations. The barrier height and position strongly depend on the shape, orientations and deformations, hence have large effects on fusion cross section. An integrated fusion cross section gives a good agreement with the experimental data. The results of the present work should be meaningful in studies of heavy-ion reactions, particularly for the sub-barrier fusion process where the deformations of the nuclei play an important role.

We thank Xu Chang for discussing the problem for several times, at the same time, we also thank Professor Zhang Xinzhen for help in theoretical calculation.

## References


[1] Leigh J R et al 1995 *Phys. Rev.* C **52** 3151
[2] Liu Z H and Bao J D 2004 *Chin. Phys. Lett.* **21** 1491
[3] Xu C and Ren Z Z 2006 *Phys. Rev.* C **73** 041301
[4] Brandan M E and Satchler G R 1997 *Phys. Rep.* **285** 143
[5] Rhoades-Brown M J, Oberacker V E, Seiwert M and Greiner W 1983 *Z. Phys.* A **310** 287
[6] Cooper T et al 1976 *Phys. Rev.* C **13** 1083
[7] Satchler G R and Love W G 1979 *Phys. Rep.* **55** 183
[8] Bertsch G, Borysowicz J, McManus H and Love W G 1977 *Nucl. Phys.* A **284** 399
[9] Gontchar I I, Hinde D J, Dasgupta M, Morton C R and Newton J O 2006 *Phys. Rev.* C **73** 034610
[10] Chamon L C, Nobre G P A, Pereira D, Rossi E S and Silva C P 2004 *Phys. Rev.* C **70** 014604
[11] De Vries H et al 1987 *Atomic Data and Nuclear Data Tables* C **36** 504
[12] Wong C Y 1973 *Phys. Rev. Lett.* **31** 766
[13] Gomes P R S et al 1994 *Phys. Rev.* C **49** 245

# Double Folding Model Calculation Applied to the Real Part of Interaction Potential①

ZHANG Gao-Long ZHANG Huan-Qiao LIU Zu-Hua ZHANG Chun-Lei LIN Cheng-Jian YANG Feng AN Guang-Peng JIA Hui-Ming WU Zhen-Dong XU Xin-Xing BAI Chun-Lin YU Ning

(China Institute of Atomic Energy, Beijing 102413, China)

**Abstract** The calculations of nucleus-nucleus potential are carried out in the framework of double folding model with M3Y-Reid and M3Y-Paris effective nucleon-nucleon (NN) interactions. The exchange part of the interaction, which is taken to be of finite range and the density dependence of NN interaction, is accounted for in the folding procedure. The results are used as the real part of the optical potential for heavy ion scattering. Besides, some general aspects of the folding model are reviewed and its theoretical processes are discussed. The calculated potentials with all kinds of NN interactions are compared. It is shown that the real parts of the optical potential for a large number of systems are obtained satisfactorily with our double folding model. Therefore, this work provides a promising way for a systematic and comprehensive double folding calculation of heavy ion interaction potential.

**Key words** heavy ion reaction, double folding model, nucleon-nucleon interaction, halo nuclei

## 1 Introduction

The understanding of peripheral heavy ion (HI) collision processes in general, elastic scattering in particular is an important part of an overall understanding of heavy ion reactions. One of the most widespread approaches to this problem is based on the use of an optical potential for the description of the elastic scattering of two heavy ions. The optical model approach is both flexible and relatively familiar. While many of the systems of HI scattering may be understood in terms of empirical parameterizations of nuclear optical potential and its variation with bombarding energy, nucleon number, etc., a satisfactory microscopic understanding of HI collisions should be founded on the underlying nucleon-nucleon (NN) interaction. Within the framework of an optical model description of HI scattering this means calculating the nuclear optical potential from the NN interaction.

Customarily phenomenological Woods-Saxon forms are used for both the real and imaginary parts of the optical potential. However, it would be desirable to relate the nucleus-nucleus nuclear interaction to the nucleon-nucleon nuclear interaction. The nuclear potential may be obtained by integrating a nucleon-nucleon interaction over the matter distributions of the two colliding nuclei. This approach is called the folding model and has been reviewed by Satchler and Love[1]. Among various models for the potential of interaction between two nuclei, the folding model has been widely used to generate the real parts of HI optical potentials. This model represents the leading term in the expression for the optical

① 高能物理与核物理,2007,31(7):634-641.

potential. The success of this approach in describing the observed elastic scattering of many systems suggests that it produces the dominant part of the real optical potential[1, 2].

In the present work we compile the double folding model, which covers the density independence NN interactions, divided into M3Y-Reid, M3Y-Paris effective NN interactions and the density dependence NN interactions. Our purpose here is to check our program if it is applicable to calculate the real part of nuclear interaction potential. We do not attempt to justify formally the use of a folding model for fitting HI elastic scattering. Rather, to test the new program we check some cases to compare them with the results from references. The real parts of nuclear interaction potential for $\alpha+^{40}Ca$, $^{16}O+^{16}O$ and $^{6}He+^{12}C$ systems are calculated in the present work using the new double folding program. The calculations have used the density independent and the density dependent NN interactions, and are divided into two versions: the exchange part is a $\delta$ function and the other is not $\delta$ function. Finally we have also discussed some features of the folding model and summarized these results together with a discussion of the validity of this program and possible applications.

## 2 Double folding model

In the folding model, the nuclear interaction $v$ is taken to be a sum of effective (two-body) NN interactions $v_{12}$ between nucleon 1 in the projectile and nucleon 2 in the target,

$$v=\sum v_{12}\ , \tag{1}$$

It is to consider interchange of the two interacting nucleons. This process has been called knock-on exchange because in nucleon scattering from nuclei it results in a target nucleon being ejected and replaced by the projectile nucleon following their mutual interaction. Including this knock-on exchange is equivalent formally to replacing

$$v_{12}\longrightarrow v_{12}(1-P_{12})\ , \tag{2}$$

where $P_{12}$ is the operator that exchanges all coordinates of these two nucleons. In this approximation the folding potential is written as

$$v(r)=v^{\mathrm{D}}+v^{\mathrm{E}}\ . \tag{3}$$

Here $v^{\mathrm{D}}$ and $v^{\mathrm{E}}$ are direct potential and exchange potential, respectively. If the knock-on exchange potential could be estimated quite accurately by adding a zero-range pseudo-potential to the interaction $v_{12}$ in the formula (5), one can replace $v_{12}$ by

$$v'_{12}=v_{12}(1-P_{12})\longrightarrow v_{12}+\hat{J}(E)\delta(r)\ . \tag{4}$$

In the double folding model the real part of the interaction potential is written as

$$v(r)=\int \mathrm{d}^3r_1\int \mathrm{d}^3r_2\rho_1(r_1)v_{12}(s=|\boldsymbol{R}+\boldsymbol{r}_2-\boldsymbol{r}_1|)\rho_2(r_2), \tag{5}$$

where, for simplicity, we have ignored spin and isospin. Here $\rho_1(r_1)$ and $\rho_2(r_2)$ are the matter densities distribution of the projectile (P) and target (T) nuclei ground states normalized so that

$$\int\rho_i(\boldsymbol{r}_i)\mathrm{d}\boldsymbol{r}_i=A_i\ , \tag{6}$$

$v_{12}$ is the NN interaction between two nucleons. The vector $\boldsymbol{R}+\boldsymbol{r}_2-\boldsymbol{r}_1$ corresponds to the distance between two specified interacting points of the projectile and target, whose radius vectors are $\boldsymbol{r}_1$ and $\boldsymbol{r}_2$, respectively. $\boldsymbol{R}$ denotes the vector between the centers of mass of the two nuclei. This geometry is illustrated in Fig. 1.

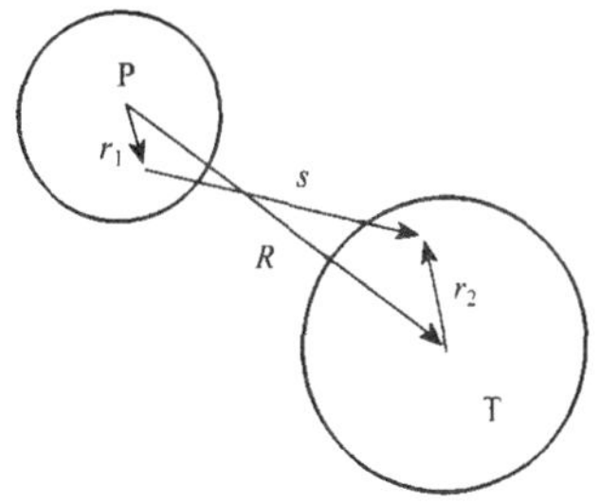


Fig. 1. The coordinate system used in the double folding model. The vector between the centers of the projectile (P) and target (T) nuclei is denoted by $\boldsymbol{R}$, while $r_1$, $r_2$ are the radius vectors of points separated by $s$ in the nucleon distributions of the projectile and target nuclei.

### 2.1 Density independence interaction

It remains necessary to have a realistic effective NN interaction before the success of the folding model can be reliably assessed. A popular choice for the effective NN interaction is two of the M3Y interactions which were designed to reproduce the $G$-matrix elements of the Reid[3] and Paris[4] NN potentials in an oscillator basis. We refer to these as the M3Y-Reid and M3Y-Paris interactions, respectively. These density independence M3Y interactions have been used with some success in folding model calculations of the HI optical potential. Explicit forms follow below. The direct parts are:

$$\text{M3Y-Reid}: v_{00}(r)=\left[7999\frac{e^{-4r}}{4r}-2134\frac{e^{-2.5r}}{2.5r}\right]\text{MeV}, \tag{7}$$

$$\text{M3Y-Paris}: v_{00}(r)=\left[11062\frac{e^{-4r}}{4r}-2538\frac{e^{-2.5r}}{2.5r}\right]\text{MeV}, \tag{8}$$

and the knock-on exchange parts are:

M3Y-Reid:

$$\hat{v}_{00}(r)=\left[4631\frac{e^{-4r}}{4r}-1787\frac{e^{-2.5r}}{2.5r}-7.847\frac{e^{-0.7072r}}{0.7072r}\right]\text{MeV}, \tag{9}$$

M3Y-Paris:

$$\hat{v}_{00}(r)=\left[-1524\frac{e^{-4r}}{4r}-518.8\frac{e^{-2.5r}}{2.5r}-7.847\frac{e^{-0.7072r}}{0.7072r}\right]\text{MeV}. \tag{10}$$

However, many other calculations use the zero-range pseudo-potential of formula (4) to represent the knock-on exchange. The results of $\hat{J}_{00}(E)$ using the Reid interaction and the Paris interaction can be expressed as

$$\text{M3Y-Reid}: \hat{J}(E)\approx-276[1-0.005(E/A)]\text{MeV}\cdot\text{fm}^3, \tag{11}$$

$$\text{M3Y-Paris}: \hat{J}(E)\approx-590[1-0.002(E/A)]\text{MeV}\cdot\text{fm}^3, \tag{12}$$

where $E/A$ is the bombarding energy per projectile nucleon in MeV.

### 2.2 Density dependence interaction

However, refractive nuclear scattering is characterized by the observation of 'rainbow' features, which were seen first for $\alpha$-particles[5, 6] and later for other light HI systems[7—9]. Here, the simple M3Y-type interactions failed to give a good description of the data. This has motivated the inclusion of an explicit density-dependence into the original M3Y interactions, to account for the reduction in the strength of the interaction that occurs as the density of the surrounding medium increases. It has long been recognized that the effective interaction between two nucleons in a nucleus depends on the density of the surrounding medium. Indeed, this density dependence is required for nuclear matter to saturate rather than collapse. Saturation requires that the attraction weakens as the density increases.

A variety of density dependence interactions have been introduced. Here we discuss some based on the M3Y interactions of the preceding section. It is assumed that the radial dependence is independent of the density and energy, so we can use a factored form

$$v(\rho,r)=f(\rho)v(r), \tag{13}$$

where $v(r)$ is the original M3Y interactions (including the knock-on pseudo-potential) described in the preceding section. The density dependence adopted is

$$f(\rho)=C[1+\alpha e^{-\beta\rho}-\gamma\rho]. \tag{14}$$

In the course of these applications to scattering data, it was found necessary to introduce an additional mild energy dependence over that provided by localizing the exchange potential[10]. This is parameterized as a linear function

$$g(E)=[1-\gamma'(E/A)], \tag{15}$$

with $\gamma'$=0.002MeV$^{-1}$ (Reid) or 0.003MeV$^{-1}$ (Paris). The full interaction now has the form

$$v(\rho,E,r)=g(E)f(\rho)v(r)\ . \tag{16}$$

### 2.3 Double folding process

In the folding model because there is integration over two densities, the formula (5) is often called double folding. Although involving a six-dimensional integral, it is very simple to evaluate if $v_{12}$ does not depend on the densities. Then we use Fourier transform to work in momentum space.

$$V(k)=\iint \mathrm{d}\boldsymbol{r}_1\mathrm{d}\boldsymbol{r}_2\rho_1(r_1)\rho_2(r_2)\int v(\boldsymbol{R}+\boldsymbol{r}_2-\boldsymbol{r}_1)\mathrm{e}^{-\mathrm{i}\boldsymbol{k}\cdot\boldsymbol{R}}\mathrm{d}\boldsymbol{R}=\iint \mathrm{d}\boldsymbol{r}_1\mathrm{d}\boldsymbol{r}_2\rho_1(r_1)\rho_2(r_2)\int v(r_3)\mathrm{e}^{-\mathrm{i}\boldsymbol{k}\cdot(\boldsymbol{r}_3+\boldsymbol{r}_1-\boldsymbol{r}_2)}\mathrm{d}\boldsymbol{r}_3=$$
$$\int \rho_1(r_1)\mathrm{e}^{-\mathrm{i}\boldsymbol{k}\cdot\boldsymbol{r}_1}\mathrm{d}\boldsymbol{r}_1\int \rho_2(r_2)\mathrm{e}^{-\mathrm{i}(-\boldsymbol{k})\cdot\boldsymbol{r}_2}\mathrm{d}\boldsymbol{r}_2\int v(r_3)\mathrm{e}^{-\mathrm{i}\boldsymbol{k}\cdot\boldsymbol{r}_3}\mathrm{d}\boldsymbol{r}_3=\tilde{\rho}_1(\boldsymbol{k})\tilde{\rho}_2(\boldsymbol{k})\tilde{v}(\boldsymbol{k})\ . \tag{17}$$

Thereby reducing the integral to a product of three one-dimensional integrals. When $v_{12}$ depends on the densities, equally simple forms can be obtained. It is also reduced the integral to a product of several one-dimensional integrals like formula (17). In the density dependent term one simply replaces each $\rho_i(r_i)$ by

$$\rho_i'(r_i)=\rho_i(r_i)\mathrm{e}^{-\beta\rho_i(r_i)}, \tag{18}$$

$$\rho_i''(r_i)=\rho_i(r_i)\times\rho_i(r_i). \tag{19}$$

In our program the Fourier transform is given by

$$\tilde{f}(k)=4\pi\int_0^\infty f(r)j_0(kr)r^2\mathrm{d}r\ , \tag{20}$$

when $k=0$, $\tilde{f}(0)=4\pi\int_0^\infty f(r)r^2\mathrm{d}r$, for delta function the Fourier transform by $F(v\delta(r))=v$. With inverse transform

$$f(r)=\frac{1}{2\pi^2}\int_0^\infty \tilde{f}(k)j_0(kr)k^2\mathrm{d}k. \tag{21}$$

In order to obtain conveniently the real part of nuclear optical potential, firstly all of the terms (including densities and the effective NN interaction) are transformed to momentum space by Fourier transform. Then the potential is shown in the momentum space just like the formula (17). At last we can acquire the real part of nuclear potential when the potential is transformed from the momentum space to coordinate space by inverse Fourier transform. In our calculation there are two versions. One is that the knock-on exchange potential is a zero-range pseudopotential, the other is that the calculation follows the formula (3). The effective NN interactions are also divided into M3Y-Reid and M3Y-Paris types in every version, including density independence and density dependence NN interaction potentials. For the second version, the direct part can be obtained by using the formula (20) and (21). While the exchange part is calculated by

$$v^{\mathrm{E}}(r)=4\pi C g(E)\int_0^\infty G_0(r,s)j_0(K(r)s/M)\hat{v}_{00}(s)s^2\mathrm{d}s. \tag{22}$$

Here $K(r)$ is the local momentum of relative motion, $M$ is the reduced mass number, where

$$K^2(r)=\frac{2\mu_\alpha}{\hbar^2}[E_\alpha-v(E_\alpha,r)-v_c(r)], \tag{23}$$

$M=m_\mathrm{P}m_\mathrm{T}/(m_\mathrm{P}+m_\mathrm{T})$, $m_\mathrm{P}$ and $m_\mathrm{T}$ are mass number of projectile and target, respectively. $\mu_\alpha=931.5\times M$, is the reduced mass, its unit is MeV. The total folding potential is

$$v(E_\alpha,r)=v^{\mathrm{D}}(E_\alpha,r)+v^{\mathrm{E}}(E_\alpha,r), \tag{24}$$

the Coulomb potential[11] is

$$v_c=\begin{cases}\dfrac{Z_1Z_2e^2}{2R}\left(3-\dfrac{r^2}{R^2}\right) & r<R\\[2ex] \dfrac{Z_1Z_2e^2}{r} & r\geqslant R\end{cases}, \tag{25}$$

$e^2$=1.44, $R=1.2\times A_2^{\frac{1}{3}}$, $A_2$ is the mass number of target nucleus,

$$G_0(r,s)=\frac{1}{2\pi^2}\int_0^\infty\{f_\mathrm{a}(k,s)f_\mathrm{A}(k,s)+\alpha\bar{f}_\mathrm{a}(k,s)\bar{f}_\mathrm{A}(k,s)-\gamma[f_\mathrm{a}(k,s)\tilde{f}_\mathrm{A}(k,s)+\tilde{f}_\mathrm{a}(k,s)f_\mathrm{A}(k,s)]\}j_0(kr)k^2\mathrm{d}k\ , \tag{26}$$

$$f_{\mathrm{a(A)}}(k,s)=4\pi\int_0^\infty \rho_0^{\mathrm{a(A)}}(r)j_1(k_{\mathrm{Fa(A)}}(r)s)j_0(kr)r^2\mathrm{d}r, \tag{27}$$

$$\bar{f}_{\mathrm{a(A)}}(k,s)=4\pi\int_0^\infty \rho_0^{\mathrm{a(A)}}(r)\exp(-\beta\rho_0^{\mathrm{a(A)}}(r))\times j_1(k_{\mathrm{Fa(A)}}(r)s)j_0(kr)r^2\mathrm{d}r\ , \tag{28}$$

and

$$\tilde{f}_{\mathrm{a(A)}}(k,s)=4\pi\int_0^\infty\left[\rho_0^{\mathrm{a(A)}}(r)\right]^2 j_1(k_{\mathrm{Fa(A)}}(r)s)j_0(kr)r^2\mathrm{d}r. \tag{29}$$

$$k_\mathrm{F}(r)-\left\{\left[\frac{3}{2}\pi^2\rho(r)\right]^{2/3}+\frac{5C_s[\nabla\rho(r)]^2}{3\rho^2(r)}+\frac{5\nabla^2\rho(r)}{36\rho(r)}\right\}^{1/2}, \tag{30}$$

$C_s\cong 1/4$. Thus we can obtain the exchange part $v^{\mathrm{E}}(r)$, then the total nuclear potential $v(r)=v^{\mathrm{D}}(r)+v^{\mathrm{E}}(r)$.

## 3 Calculation of the real part of heavy ion systems

In the following, we use the double folding program to calculate the real parts of nucleus-nucleus scattering for several systems. The interactions are divided into density independence M3Y-Reid interaction, and density dependence DDM3Y1, BDM3Y1, CDM3Y2, CDM3Y4 and CDM3Y6 interaction. From the above process, the basic inputs to a folding calculation are the nuclear densities of the colliding nuclei and the effective NN interaction. We have calculated nuclear densities, by means of some available nuclear models (for example, Hatree-Fock calculation) or directly from electron scattering data. In the present work, we examine a few representative cases about the real part of nuclear potential. These data are very helpful to test the new folding program and its basic ingredients.

### 3.1 $\alpha+^{40}$Ca system

The system had already been calculated using the double folding model by J. Cook[12]. In our program the real part of interaction potential is calculated by the double folding program for 40MeV $\alpha+^{40}$Ca. The density distributions of $\alpha$ and the target $^{40}$Ca are defined as the function $\rho_1(r) = 0.4229\exp(-0.7024r^2)$ and the Woods-Saxon function $\rho_2(r) = 0.1688/[(1 + \exp(r - 3.58))/0.55]$, respectively. The effective NN interaction is used as the density independence M3Y-Reid interaction, in which all of parameters are taken as the same as that from J. Cook's calculation[12]. Our calculated potential is very agreeable with Cook's result in Fig. 2. It is shown that the program with the density independence mode could be applied to the HI optical potential calculation at relatively low energy.

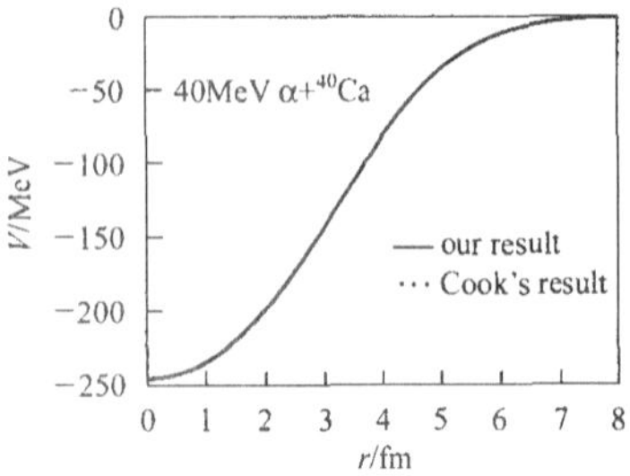


Fig. 2. Radial shapes of the folded potential for the $\alpha+^{40}$Ca system at $E_{lab}$=40MeV, which was calculated using the M3Y-Reid interaction (solid line) and Cook's result is shown by the dashed line for comparison.

### 3.2 $^6$He+$^{12}$C system

The structure of neutron halo nuclei is an important research topic in recent years. Because the optical potential is the basic input integral in many calculations of various reactions, the optical potential of halo nuclei attracts much attention now a day. The parameters of optical potential can be extracted from the elastic scattering. The angular distribution of elastic scattering for the system $^6$He+$^{12}$C has been measured. So it is meaningful to investigate the optical potential of the halo nucleus $^6$He. In this case we calculate the real part of the interaction potential with the folding model which includes the effective interaction CDM3Y6. The ground state matter density of $^{12}$C is taken as a two-parameter Fermi function, with $\rho_0$=0.207fm$^{-3}$, $C_P$=2.1545fm and $a_P$=0.425fm[13]. The halo-type density for $^6$He is obtained from Ref. [13], with the Gaussian density reproduced rms radii of 2.2fm (ro density). The result is plotted in Fig. 3. Our calculated result is very alike that of Ref. [13] except that the depth of the solid line is larger than that of Ref. [13]. However, the sensitive region of optical potential lies at 3—5fm for fitting the elastic scattering data. The differences between the two in the region are less than 1%. Due to using almost all of the same parameters, including

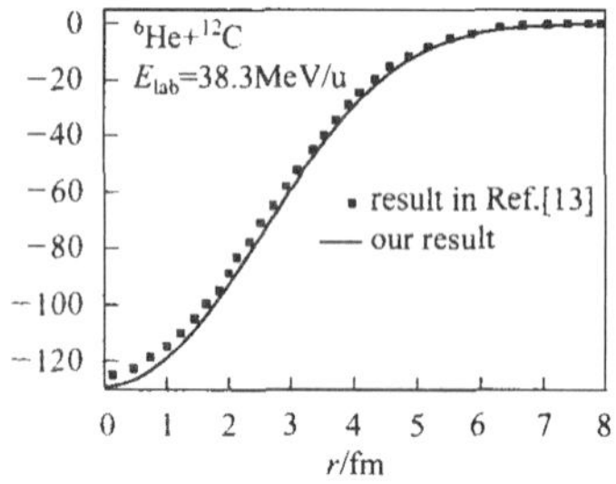


Fig. 3. Real folded potentials calculated with the CDM3Y6 interaction and the Gaussian ro density for $^6$He+$^{12}$C at 38.3MeV/u (solid line), compared with the result in Ref. [13] (points).

not only the densities of the $^6$He particle and the $^{12}$C one, but also the effective NN interaction, it is shown that the new folding program about density dependence NN interaction is proved to be reliable and applicable.

So we also calculate the real part of the interaction potential of 38.3MeV/u $^6$He+$^{12}$C, which includes the effective NN interaction BDM3Y1 (Paris) or CDM3Y6, folded with the matter density of a halo type for $^6$He, denoted as fc6, obtained by three-body model calculations[14]. The other Gaussian density, reproduced rms radii of 2.54fm, is also used instead of the fc6 density to generate the folding potential. Results given by the real folded potential are plotted in Fig. 4.

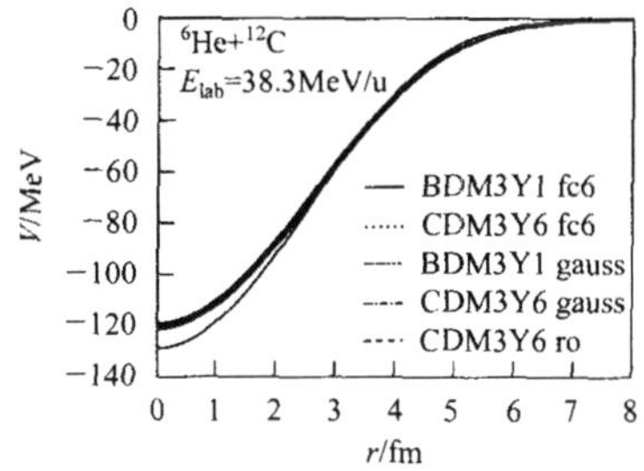


Fig. 4. Real folded potentials calculated with the CDM3Y6 and BDM3Y1 interactions for $^6$He+$^{12}$C at 38.3MeV/u.

We compare the results calculated with BDM3Y1 and CDM3Y6, and with the different densities for $^6$He. Both BDM3Y1 and CDM3Y6 with the same density for $^6$He (Gaussian form or fc6 form) give nearly the same potential. The potential of CDM3Y6 with the Gaussian ro density for $^6$He is deeper than that with Gaussian density for $^6$He in the region of below about 3fm, inversely, is shallower than that with Gaussian density for $^6$He in the region of above about 3—7fm. We also compare the folded CDM3Y6 potential by fc6 density with that by Gaussian density (both densities have the same rms radii). The potential by Gaussian density is deeper than that of fc6 density in the region of below about 4fm. From the above results it is shown that the different densities for halo nuclei lead to the different potentials.

### 3.3 $\alpha$+$^{40}$Ca and $^{16}$O+$^{16}$O systems

An accurate folding analysis of $\alpha$ nucleus refractive scattering can be a very effective method to determine the incompressibility of cold nuclear matter. From this analysis, we obtain the result of the folded potential for the $\alpha$+$^{40}$Ca system at $E_{lab}$=104MeV, plotted in Fig. 5. The densities of $\alpha$ and $^{40}$Ca are taken as the same as what we have mentioned above but the NN interaction is used as density dependence interaction. Their incompressibility coefficients $K$ are 176, 204, 228, 252 and 270 for DDM3Y1, CDM3Y2, CDM3Y4, CDM3Y6 and BDM3Y1, respectively[15]. In contrast to $\alpha$-nucleus scattering, the elastic scattering of HI is usually of peripheral character. Thus it is also of interest to test new folding program developed in the present work against the $^{16}$O+$^{16}$O system. The real parts of interaction potential are folded with the DDM3Y1, CDM3Y2, CDM3Y4, CDM3Y6 and BDM3Y1, which include the matter density of the colliding nucleus $^{16}$O, denoted as two-parameter Fermi distribution

$$\rho(r)=\rho_0/[1+\exp(r-c)/a] , \tag{31}$$

with parameters suggested by electron scattering data[16]. The folded results are shown in Fig. 6.

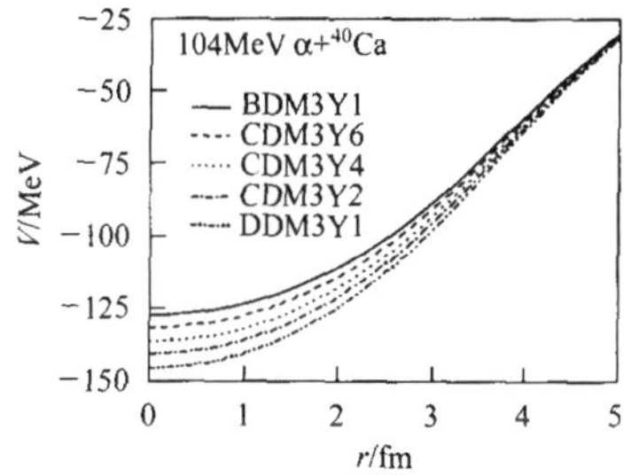


Fig. 5. Radial shapes of different folded potentials for the $\alpha$+$^{40}$Ca system at $E_{lab}$=104MeV which were calculated using the various density dependence M3Y-Paris interactions[15].

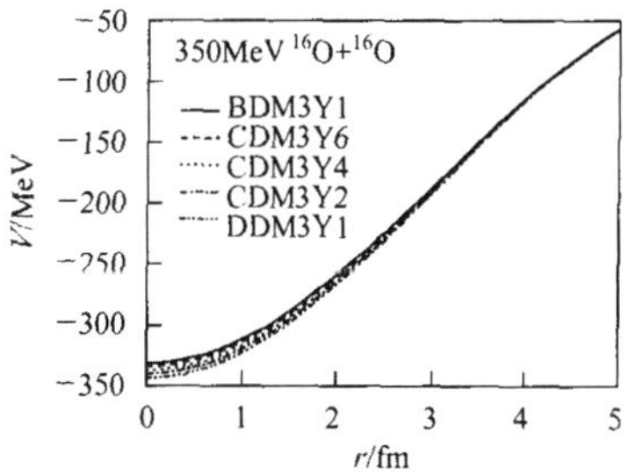


Fig. 6. Radial shapes of different folded potentials for the $^{16}$O+$^{16}$O system at $E_{lab}$=350MeV which were calculated using the various density-dependence M3Y-Paris interactions[15].

From Fig. 6 one can see that the changes of the folding potentials are the same as those of the Fig. 5, with the NN interactions, the potentials are getting deeper according to the sequence BDM3Y1, CDM3Y6, CDM3Y4, CDM3Y2 and DDM3Y1, and hence with the various values of associated incompressibility K of cold nuclear matter. In $\alpha+^{40}$Ca system, we have a density as high as $\rho \simeq 2\rho_0$ in the center of $^4$He nucleus, and $\rho \simeq \rho_0$ in the center of $^{40}$Ca nucleus, given by the above form used in our folding model. $\rho_0$ is a saturation density of nuclear matter, $\rho_0 \simeq 0.17\text{fm}^{-3}$. This means that the total density for a $\alpha$ particle overlapping a target nucleus may reach as much as $3\rho_0$. From Ref. [15] one can see that for the $\alpha+^{40}$Ca system the overlap density begins to approach $3\rho_0$ already at a separation of $r$=4fm. In $^{16}$O+$^{16}$O system, we expect that the total density of a $^{16}$O nucleus overlapping a $^{16}$O target nucleus may be as much as $2\rho_0$. One can see that the highest overlap density which can be reached in this occurs when $r$ is less than about 3fm from Ref. [15]. This difference leads to a different picture of the folded potentials (caused by the higher density profile of $\alpha$ nucleus) obtained for these two cases, the differences between five type interactions for $\alpha+^{40}$Ca system are much greater than those of $^{16}$O+$^{16}$O system. The observed phenomena are similar to the results of Ref. [15]. This change can affect the elastic scattering for $\alpha+^{40}$Ca system at 104MeV[15]. However, for $^{16}$O+$^{16}$O system at 350MeV, this has much less effect on the elastic scattering. On the other hand it is also shown that the new program can calculate rightly the real part of interaction potential at the various NN interaction.

In summary, we have introduced explicitly some generalized and realistic calculation process of the double folding model, including the density independence interaction and the density dependence interaction in various types. The new program is applied to calculate the real parts of interaction potential of several HI reaction systems, including the halo nucleus reaction, at low and medium energies. All of the results are agreeable with those from references. In this way, we present the real folded potential of neutron-halo nucleus $^6$He on $^{12}$C target including BDM3Y1 and CDM3Y6 NN interaction and three kinds of densities for $^6$He in order to find information for elastic scattering of halo nuclei. We find that both of NN interactions lead to the same folded potential with the frame of Gaussian density and fc6 density. With the analysis of $^6$He we show that they are well suited to the elastic scattering of halo nuclei. At the same time we also probe the sensitivity of the real part of interaction potential to different forms of the density dependence. We find that the sensitivity of HI system is less than that of $\alpha$ system because the maximum overlap density in HI system is less than that formed in $\alpha$ system. Above all, our present double folding model shows clearly the realistic results of folding model calculations for various systems. It is reliably suited to calculate the real folded potential and allows us to apply it to explore HI elastic scattering, especially for halo nuclei.

*We thank Pang Danyang for the meaningful discussion. We also thank the financial support from China Postdoctoral Science Foundation.*

## References

1 Satchler G R, Love W G. Phys. Rep., 1979, **55**: 183
2 Brandan M E, Satchler G R. Phys. Rep., 1997, **285**: 143
3 Bertsch G, Borysowicz J, Mcmanus H et al. Nucl. Phys., 1977, **A284**: 399
4 Anantaraman N, Toki H, Bertsch G F. Nucl. Phys., 1983, **A398**: 269
5 Goldberg D A, Smith S M, Pugh H G et al. Phys. Rev., 1973, **C7**: 1938
6 Goldberg D A, Smith S M, Burdzik G F. Phys. Rev., 1974, **C10**: 1362
7 Bohlen H G, Clover M R, Ingold G et al. Z. Phys., 1982, **A308**: 121
8 Bohlen H G, CHEN X S, Cramer J G et al. Z. Phys., 1985, **A322**: 241
9 Stiliaris E, Bohlen H G, Fröbrich P et al. Phys. Lett., 1989, **B223**: 291
10 Khoa Dao T, Oertzen von W. Phys. Lett., 1993, **B304**: 8
11 Poling J E, Norbeck E, Carlson R R. Phys. Rev., 1976, **C13**: 648
12 Cook J. Comp. Phys. Commun., 1982, **25**: 125
13 Lapoux V et al. Phys. Rew., 2002, **C66**: 034608
14 Al-Khalili J S, Tostevin J A, Thompson I J. Phys. Rev., 1996, **C54**: 1843
15 Khoa Dao T, Satchler G R, Oertzen von W. Phys. Rev., 1997, **C56**: 954
16 Vries DE H et al. Atomic Data and Nuclear Data Tables, 1987, bf 36(3): 496

# 双折叠模型对相互作用势实部的计算*

张高龙[1)]　张焕乔　刘祖华　张春雷　林承键　杨峰　安广朋
贾会明　吴振东　徐新星　白春林　喻宁

(中国原子能科学研究院　北京　102413)

**摘要**　用双折叠模型计算了核核碰撞的相互作用势，其中核子–核子相互作用势采用M3Y-Reid和M3Y-Paris形式，交换部分考虑了有限力程的密度依赖的核子–核子相互作用，程序用于重离子散射光学势实部的计算. 回顾了折叠模型的普遍特征和讨论了理论计算过程，对各种类型的核子–核子相互作用下计算的相互作用势进行比较，发现双折叠模型对大部分系统相互作用势的实部取得了满意的结果. 因此这个工作为重离子相互作用势的折叠计算提供了很好的方法.

**关键词**　重离子反应　双折叠模型　核子–核子相互作用　晕核

2006 – 10 – 12 收稿
* 国家自然科学基金(60275092, 10375095)资助
1) E-mail: glzhang@ciae.ac.cn

# Low-lying $E1$ strength in light drip-line nuclei ①

C. J. Lin, X. Z. Zhang, R. Zhang, Z. H. Liu, and H. Q. Zhang

*China Institute of Atomic Energy, Beijing 102413, People's Republic of China*

(Received 23 August 2007; published 25 October 2007)

By adopting a finite square-well potential, the analytic expressions of $dB(E1)/dE_x$ for the cases of $\ell_h = 0 \to \ell_c = 1$, $\ell_h = 1 \to \ell_c = 0$, $\ell_h = 1 \to \ell_c = 2$, and $\ell_h = 2 \to \ell_c = 1$ are derived in the distorted wave approximation (DWA). From these analytic expressions it can be seen clearly that enhanced low-lying $B(E1)$ strengths in nuclei near drip-line mainly come from the orbits with small binding energy and small angular momentum. Comparing the results of analytic expressions with the experimental $dB(E1)/dE_x$ data, the spectroscopic factors of the $2s_{1/2}$ state in $^{11}$Be were deduced as 0.92, 0.87, and 0.83 for the well depths $U_0 =$ 50 MeV, 40 MeV, and 33 MeV, respectively.

DOI: 10.1103/PhysRevC.76.044321 PACS number(s): 25.40.Lw, 21.10.Gv, 24.50.+g

## I. INTRODUCTION

The $E1$ transition strength in stable nuclei is largely exhausted by the giant dipole resonance (GDR) which is a collective excitation mode constructed from a coherent superposition of particle-hole excitations across one major shell. The experimental excitation energy of the GDR is found approximately at $E_x = 80/A^{1/3}$ MeV exhausting most of the energy-weighted sum rule value, while the $E1$ strength in the low energy region below 5 MeV is observed to be negligibly small [1]. In nuclei near drip-line, because of the presence of nucleons with very small binding energies, a largely enhanced electric dipole $E1$ strength at very low energy just above threshold may be produced. This kind excitation is called "soft" dipole resonance or threshold strength and has been extensively studied with various models [2–8].

The $E1$ transition operator is $O_{1\mu} = \sum_i e_{\text{eff}} r_i Y_{1\mu}(\theta_i, \varphi_i)$, where $e_{\text{eff}} = eZ/A$ for the neutron and $-eN/A$ for the proton. The reduced transition probability is expressed as

$$\begin{aligned}\frac{dB(E1)}{dE_x} &= \int \delta(E_x - (E_c - E_h)) \frac{1}{2\ell_h + 1} \\ &\quad \times \sum_{m_c, m_h, \mu} |\langle \ell_c m_c | O_{1\mu} | \ell_h m_h \rangle|^2 \\ &= \int \delta(E_x - (E_c - E_h)) \frac{3}{4\pi} e_{\text{eff}}^2 \left(C_{\ell_h 010}^{\ell_c 0}\right)^2 \\ &\quad \times \left|\left\langle R_{\ell_c}^{E_c}(r) \middle| r \middle| R_{n\ell_h}(r) \right\rangle\right|^2, \end{aligned} \tag{1}$$

where subscripts $h$ and $c$ denote bound state and continuum state, respectively.

In terms of a finite square-well potential, in Ref. [2] for the case of $\ell_h = 0 \to \ell_c = 1$, an analytic expression for $dB(E1)/dE_x$ was obtained in the plane wave approximation (PWA) under the condition of $(E_c - E_h)/U_0 \ll 1$. In this paper, with the same type of potential [9,10], we derived analytic expressions of $dB(E1)/dE_x$ for the cases of $\ell_h = 1 \to \ell_c = 0$, $\ell_h = 1 \to \ell_c = 2$, $\ell_h = 0 \to \ell_c = 1$, and $\ell_h = 2 \to \ell_c = 1$ in the distorted wave approximation (DWA) and then simplified them under the condition of $(E_c - E_h)/U_0 \ll 1$. Based on the calculated results of analytic expressions and the experimental $dB(E1)/dE_x$ data, the spectroscopic factor of the $2s_{1/2}$ state in $^{11}$Be was deduced.

## II. FINITE SQUARE-WELL POTENTIAL

In a finite square-well potential

$$U(r) = \begin{cases} 0 & r \leqslant R \\ U_0 & r > R \end{cases}, \tag{2}$$

the radial wave function for bound state can be written as

$$R_{n\ell_h}(r) = \begin{cases} A_{n\ell_h} j_{\ell_h}(\kappa r) & r < R \\ A_{n\ell_h} \frac{j_{\ell_h}(\xi_h)}{k_{\ell_h}(\chi)} k_{\ell_h}(\alpha r) & r \geqslant R \end{cases}, \tag{3}$$

here $j_\ell$ and $k_\ell$ are spherical Bessel and modified spherical Bessel functions, respectively, $\kappa = \sqrt{2mE_h/\hbar^2}$, $\alpha = \sqrt{2m(U_0 - E_h)/\hbar^2}$, $\kappa_0 = \sqrt{2mU_0/\hbar^2}$, $\xi_h = \kappa R$, $\xi_0 = \kappa_0 R$, and $\chi = \alpha R$. The $A_{n\ell_h}$ is determined by normalization condition of $\int_0^\infty R_{n\ell_h}(r)^2 r^2 dr = 1$. The eigenvalue $E_h$ is determined by means of the condition that the logarithmic derivative of the wave function should be continuous across the surface $r = R$.

The wave function for the continuum state is

$$R_{\ell_c}^{E_c}(r) = \begin{cases} C_{\ell_c} \frac{\cos(\delta_{\ell_c}) j_{\ell_c}(\eta) - \sin(\delta_{\ell_c}) y_{\ell_c}(\eta)}{j_{\ell_c}(\xi_c)} j_{\ell_c}(kr) & r < R \\ C_{\ell_c} \left\{ \cos\left(\delta_{\ell_c}\right) j_{\ell_c}(\beta r) - \sin\left(\delta_{\ell_c}\right) y_{\ell_c}(\beta r) \right\} & r \geqslant R \end{cases}. \tag{4}$$

where $y_\ell$ is the spherical Neumann function, $\beta = \sqrt{2m(E_c - U_0)/\hbar^2}$, $\eta = \beta R$, and $C_{\ell_c} = \sqrt{2m\beta/(\pi\hbar^2)}$ which is obtained by the normalization condition of $\int_0^\infty R_{\ell_c}^{E_c}(r) R_{\ell_c}^{E_c'}(r) r^2 dr = \delta(E_c - E_c')$. The phase shift $\delta_{\ell_c}$ can be determined by the condition that the logarithmic derivative of the wave function should be continuous across the surface $r = R$. This distorted wave function $R_{\ell_c}^{E_c}(r)$ will be valid for all positive energies including the resonance energies. In the PWA, this wave function reduces to a spherical Bessel function, i.e., $R_{\ell_c}^{E_c}(r) = C_{\ell_c} j_{\ell_c}(\beta r)$.

① Physical Review C,2007,76(4):044321-(1-6).

## III. RADIAL MATRIX ELEMENT $\langle \ell_c|r|\ell_h\rangle$ AND $B(E1)$

It is seen from Eq. (1) that the main ingredient in $dB(E1)/dE_x$ is the radial matrix element $\langle \ell_c|r|\ell_h\rangle = \langle \ell_c|r|\ell_h\rangle_{\text{in}} + \langle \ell_c|r|\ell_h\rangle_{\text{out}}$. Both radial integrals $\langle \ell_c|r|\ell_h\rangle_{\text{in}} = \int_0^R R_{n\ell_h}(r)R_{\ell_c}^{E_c}(r)r^3dr$ and $\langle \ell_c|r|\ell_h\rangle_{\text{out}} = \int_R^\infty R_{n\ell_h}(r)R_{\ell_c}^{E_c}(r)r^3dr$ can be deduced analytically in the finite square-well potential.

The analytic expressions of the radial matrix elements $\langle \ell_c = 1|r|\ell_h = 0\rangle$, $\langle \ell_c = 1|r|\ell_h = 2\rangle$, $\langle \ell_c = 0|r|\ell_h = 1\rangle$, and $\langle \ell_c = 2|r|\ell_h = 1\rangle$ are as follows:

$$\begin{aligned}\langle \ell_c = 1|r|\ell_h = 0\rangle_{\text{in}} &= \frac{\xi_h}{\xi_0}\sqrt{\frac{2\chi}{1+\chi}}\sqrt{\frac{2m}{\pi\hbar^2}}R^2\frac{\eta^{\frac{3}{2}}}{\sqrt{(1+\eta^2A)^2+\eta^2}}\\ &\quad\times\frac{1}{\omega^2}\left(-\frac{\omega_s^2+2}{\omega^2}+A\chi-\frac{2\xi_c^2}{\omega^2}A\right),\end{aligned}\tag{5}$$

$$\begin{aligned}\langle \ell_c = 1|r|\ell_h = 0\rangle_{\text{out}} &= \frac{\xi_h}{\xi_0}\sqrt{\frac{2\chi}{1+\chi}}\sqrt{\frac{2m}{\pi\hbar^2}}R^2\frac{\eta^{\frac{3}{2}}}{\sqrt{(1+\eta^2A)^2+\eta^2}}\\ &\quad\times\frac{1}{\omega^2}\left(\frac{\omega_s^2+2}{\omega^2}-A\chi+\frac{2\eta^2}{\omega^2}A\right),\end{aligned}\tag{6}$$

$$\begin{aligned}\langle \ell_c = 1|r|\ell_h = 0\rangle &= \langle \ell_c = 1|r|\ell_h = 0\rangle_{\text{in}} + \langle \ell_c = 1|r|\ell_h = 0\rangle_{\text{out}}\\ &= \frac{R}{\sqrt{U_0}}\left\{-2\xi_0^2\xi_h\sqrt{\frac{2\chi}{1+\chi}}\sqrt{\frac{1}{\pi}}\frac{\eta^{\frac{3}{2}}}{\sqrt{(1+\eta^2A)^2+\eta^2}}\frac{A}{\omega^4}\right\},\end{aligned}\tag{7}$$

$$\begin{aligned}\langle \ell_c = 1|r|\ell_h = 2\rangle_{\text{in}} &= \frac{\xi_h}{\xi_0}\sqrt{\frac{2(\chi^2+3\chi+3)^2}{(1+\chi)(\chi^3+6\chi^2+15\chi+15)}}\sqrt{\frac{2m}{\pi\hbar^2}}\\ &\quad\times R^2\frac{\eta^{3/2}}{\sqrt{(1+\eta^2A)^2+\eta^2}}\frac{1}{\omega^2}\left\{\frac{\omega_d^2}{\omega^2}-\frac{\chi^2(1+\chi)}{\chi^2+3\chi+3}A\right.\\ &\quad\left.+\left(\frac{2\xi_h^2}{\omega^2}+\frac{6\chi^2(1+\chi)}{(\chi^2+3\chi+3)\omega^2}\right)A\right\},\end{aligned}\tag{8}$$

$$\begin{aligned}\langle \ell_c = 1|r|\ell_h = 2\rangle_{\text{out}} &= \frac{\xi_h}{\xi_0}\sqrt{\frac{2(\chi^2+3\chi+3)^2}{(1+\chi)(\chi^3+6\chi^2+15\chi+15)}}\sqrt{\frac{2m}{\pi\hbar^2}}\\ &\quad\times R^2\frac{\eta^{3/2}}{\sqrt{(1+\eta^2A)^2+\eta^2}}\frac{1}{\omega^2}\\ &\quad\times\left\{-\frac{\omega_d^2}{\omega^2}+\frac{\chi^2(1+\chi)}{\chi^2+3\chi+3}A+\frac{2\chi^4}{(\chi^2+3\chi+3)\omega^2}A\right\},\end{aligned}\tag{9}$$

$$\begin{aligned}\langle \ell_c = 1|r|\ell_h = 2\rangle &= \langle \ell_c = 1|r|\ell_h = 2\rangle_{\text{in}} + \langle \ell_c = 1|r|\ell_h = 2\rangle_{\text{out}}\\ &= \frac{R}{\sqrt{U_0}}\left\{2\xi_0^2\xi_h\sqrt{\frac{2(\chi^2+3\chi+3)^2}{(1+\chi)(\chi^3+6\chi^2+15\chi+15)}}\sqrt{\frac{1}{\pi}}\right\}\\ &\quad\times\left\{\frac{\eta^{\frac{3}{2}}}{\sqrt{(1+\eta^2A)^2+\eta^2}}\frac{A}{\omega^4}\right\},\end{aligned}\tag{10}$$

$$\begin{aligned}\langle \ell_c = 0|r|\ell_h = 1\rangle_{\text{in}} &= \sqrt{\frac{2\xi_h^2(1+\chi)^2}{\xi_0^2(\chi^2+3\chi+3)}}\sqrt{\frac{2m}{\pi\hbar^2}}R^2\frac{\eta^{\frac{1}{2}}}{\sqrt{1+\eta^2\left(\frac{\tan(\xi_c)}{\xi_c}\right)^2}}\\ &\quad\times\left\{-\frac{\omega_p^2}{\omega^2}-\frac{\chi^2}{1+\chi}\frac{1}{\xi_c}\tan(\xi_c)+\frac{2}{\omega^2}\left(\frac{\chi^2}{1+\chi}+\xi_h^2\right)\right.\\ &\quad\left.\times\frac{1}{\xi_c}\tan(\xi_c)\right\},\end{aligned}\tag{11}$$

$$\begin{aligned}\langle \ell_c = 0|r|\ell_h = 1\rangle_{\text{out}} &= \sqrt{\frac{2\xi_h^2(1+\chi)^2}{\xi_0^2(\chi^2+3\chi+3)}}\sqrt{\frac{2m}{\pi\hbar^2}}R^2\frac{\eta^{\frac{1}{2}}}{\sqrt{1+\eta^2\left(\frac{\tan(\xi_c)}{\xi_c}\right)^2}}\\ &\quad\times\left\{\frac{\omega_p^2}{\omega^2}+\frac{\chi^2}{1+\chi}\frac{1}{\xi_c}\tan(\xi_c)+\frac{2}{\omega^2}\frac{\chi^3}{1+\chi}\frac{1}{\xi_c}\tan(\xi_c)\right\},\end{aligned}\tag{12}$$

$$\begin{aligned}\langle \ell_c = 0|r|\ell_h = 1\rangle &= \langle \ell_c = 0|r|\ell_h = 1\rangle_{\text{in}} + \langle \ell_c = 0|r|\ell_h = 1\rangle_{\text{out}}\\ &= \frac{R}{\sqrt{U_0}}\left\{2\xi_0^2\xi_h\sqrt{\frac{2(1+\chi)^2}{(\chi^2+3\chi+3)}}\sqrt{\frac{1}{\pi}}\right.\\ &\quad\left.\times\frac{\eta^{\frac{1}{2}}\frac{\tan(\xi_c)}{\xi_c}}{\sqrt{1+\eta^2\left(\frac{\tan(\xi_c)}{\xi_c}\right)^2}}\frac{1}{\omega^4}\right\},\end{aligned}\tag{13}$$

$$\begin{aligned}\langle \ell_c = 2|r|\ell_h = 1\rangle_{\text{in}} &= \sqrt{\frac{2\xi_h^2(1+\chi)^2}{\xi_0^2(\chi^2+3\chi+3)}}\sqrt{\frac{2m}{\pi\hbar^2}}R^2\\ &\quad\times\frac{\eta^{5/2}}{\sqrt{(1+\eta^2A_2)^2+\eta^2(1+\eta^2A_1)^2}}\frac{1}{\omega^2}\\ &\quad\times\left\{-\frac{\omega_p^2+6}{3\omega^2}+\left(-\frac{2\xi_c^2}{\omega^2}+\frac{\chi^2}{1+\chi}\right)A_1\right\},\end{aligned}\tag{14}$$

$$\begin{aligned}\langle \ell_c = 2|r|\ell_h = 1\rangle_{\text{out}} &= \sqrt{\frac{2\xi_h^2(1+\chi)^2}{\xi_0^2(\chi^2+3\chi+3)}}\sqrt{\frac{2m}{\pi\hbar^2}}R^2\\ &\quad\times\frac{\eta^{5/2}}{\sqrt{(1+\eta^2A_2)^2+\eta^2(1+\eta^2A_1)^2}}\frac{1}{\omega^2}\\ &\quad\times\left\{\frac{\omega_p^2+6}{3\omega^2}+\left(\frac{2\eta^2}{\omega^2}-\frac{\chi^2}{1+\chi}\right)A_1\right\},\end{aligned}\tag{15}$$

$$\langle \ell_c = 2|r|\ell_h = 1\rangle = \langle \ell_c = 2|r|\ell_h = 1\rangle_{\text{in}} + \langle \ell_c = 2|r|\ell_h = 1\rangle_{\text{out}}$$

$$= \frac{R}{\sqrt{U_0}}\left\{-2\xi_0^2\xi_h\sqrt{\frac{2(1+\chi)^2}{(\chi^2+3\chi+3)}}\sqrt{\frac{1}{\pi}}\right\} \times \left\{\frac{\eta^{5/2}}{\sqrt{(1+\eta^2A_2)^2+\eta^2(1+\eta^2A_1)^2}}\frac{A_1}{\omega^4}\right\}. \tag{16}$$

From Eqs. (1), (7), (10), (13), and (16), the $dB(E1)/dE_x$ can be obtained as

$$\frac{dB(E1)}{dE_x}(\ell_c=1\longleftarrow \ell_h=0) = \frac{e_{\text{eff}}^2R^2}{U_0}\frac{3}{4\pi^2}\frac{\xi_h^2(2\chi)}{1+\chi}\frac{\eta^3}{(1+\eta^2A)^2+\eta^2}\frac{4\xi_0^4A^2}{\omega^8}, \tag{17}$$

$$\frac{dB(E1)}{dE_x}(\ell_c=1\longleftarrow \ell_h=2) = \frac{e_{\text{eff}}^2R^2}{U_0}\frac{3}{4\pi^2}\frac{2}{5}\frac{2\xi_h^2(\chi^2+3\chi+3)^2}{(1+\chi)(\chi^3+6\chi^2+15\chi+15)} \times \frac{\eta^3}{(1+\eta^2A)^2+\eta^2}\frac{4\xi_0^4A^2}{\omega^8}, \tag{18}$$

$$\frac{dB(E1)}{dE_x}(\ell_c=0\longleftarrow \ell_h=1) = \frac{e_{\text{eff}}^2R^2}{U_0}\frac{3}{4\pi^2}\frac{1}{3}\frac{2\xi_h^2(1+\chi)^2}{(\chi^2+3\chi+3)}\frac{\eta\left(\frac{\tan(\xi_c)}{\xi_c}\right)^2}{1+\eta^2\left(\frac{\tan(\xi_c)}{\xi_c}\right)^2}\frac{4\xi_0^4}{\omega^8}, \tag{19}$$

$$\frac{dB(E1)}{dE_x}(\ell_c=2\longleftarrow \ell_h=1) = \frac{e_{\text{eff}}^2R^2}{U_0}\frac{3}{4\pi^2}\frac{2}{3}\frac{2\xi_h^2(1+\chi)^2}{(\chi^2+3\chi+3)} \times \frac{\eta^5}{(1+\eta^2A_2)^2+\eta^2(1+\eta^2A_1)^2}\frac{4\xi_0^4A_1^2}{\omega^8}, \tag{20}$$

where $\omega^2=\chi^2+\eta^2$, $\omega_s^2=\chi(\chi+2)+\eta^2$, $\omega_p^2=\chi^2(\frac{3+\chi}{1+\chi})+\eta^2$, $\omega_d^2=\chi^2(1+\frac{2(1+\chi)}{\chi^2+3\chi+3})+\eta^2$, $A=\frac{(1-\frac{1}{\xi_c}\tan(\xi_c))}{\xi_c\tan(\xi_c)}$, $A_1=-\frac{1}{\xi_c^2}-\frac{\tan(\xi_c)}{3(\xi_c-\tan(\xi_c))}$, and $A_2=A_1-\frac{1}{3}$.

It can be seen clearly from the above expressions that for a given value of $\chi$, the threshold $B(E1)$ strengths, which are proportional to the square of the radial matrix elements, behave as $\eta^{2\ell_c+1}\simeq(E_c-U_0)^{\ell_c+\frac{1}{2}}$ [9]. For small values of $\omega$ (both $\chi$ and $\eta$ are small, i.e., $(E_c-E_h)/U_0\ll 1$), the analytic expressions of radial matrix elements can be further simplified. In this case the dominant contributions to $\langle\ell_c|r|\ell_h\rangle$ and $dB(E1)/dE_x$ come from the wave functions being outside the potential radius $R$.

For $\ell_h=0,\ell_c=1$, the zero binding energies occur at $\xi_s=(n+1/2)\pi$ with $n\geqslant 0$. We are interested in the cases of $n\geqslant 1$. For small values of $\omega$, $\xi_c$ can be expanded around $\xi_s$ as $\xi_c\approx\xi_s+\frac{\omega_s^2}{2\xi_s}$. With this approximation, we obtain $A=\frac{(1-\frac{1}{\xi_c}\tan(\xi_c))}{\xi_c\tan(\xi_c)}\approx-\frac{\omega_s^2+2}{2\xi_s^2}$. There are two dominant terms $-\frac{\omega_s^2+2}{\omega^2}$ and $-\frac{2\xi_c^2}{\omega^2}A\simeq\frac{\omega_s^2+2}{\omega^2}$ in $\langle\ell_c=1|r|\ell_h=0\rangle_{\text{in}}$ [Eq. (5)] and they

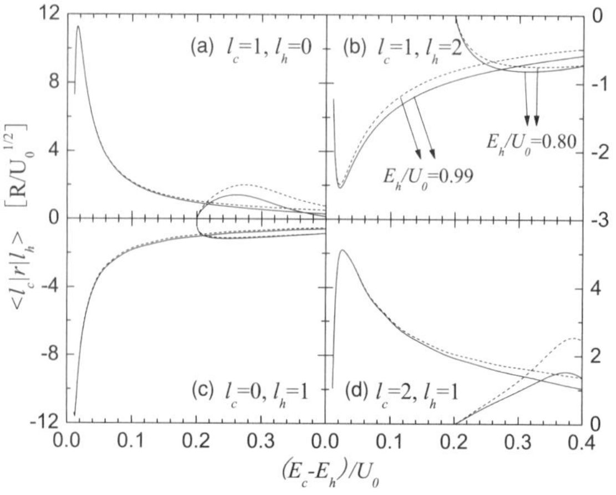


FIG. 1. Radial matrix elements (dashed curves) and their outside parts (solid curves) as functions of $(E_c-E_h)/U_0$ for $E_h/U_0=0.99$ and 0.80, respectively.

cancel out each other, but there is only one dominant term $\frac{\omega_s^2+2}{\omega^2}$ in $\langle\ell_c=1|r|\ell_h=0\rangle_{\text{out}}$ [Eq. (6)]. It means that for small values of $\omega$ the dominant contributions to $\langle\ell_c=1|r|\ell_h=0\rangle$ come from the outside region of the potential radius $R$. Figure 1(a) shows $\langle\ell_c=1|r|\ell_h=0\rangle$ and $\langle\ell_c=1|r|\ell_h=0\rangle_{\text{out}}$ as functions of excitation energies for $E_h/U_0=0.99$ and $E_h/U_0=0.80$, respectively. If $U_0\approx 50$ MeV is assumed, the corresponding separation energies are $S_n\approx 0.5$ MeV and $S_n\approx 10$ MeV, respectively. In the cases of $E_h/U_0=0.99$ (weakly-bound states), the contributions to the radial matrix elements from inside $R$ of the potential are negligible for a rather large energy range ($E_c/U_0-1\leqslant 0.15$). While for the deeply-bound orbits ($E_h/U_0=0.80$), only within a very small range of $E_c$ ($E_c/U_0-1\ll 1$) the contributions from inside $R$ of the potential can be neglected.

Under the condition of $(E_c-E_h)/U_0\ll 1$, and if only the lowest $\eta$-dependent term $\eta^3$ is kept in the numerator, then Eq. (17) can be reduced to

$$\frac{dB(E1)}{dE_x}=\frac{e_{\text{eff}}^2R^2}{U_0}\frac{3}{4\pi^2}\frac{2\xi_h^2\chi}{1+\chi}\xi_0^4\left(\frac{\chi(\chi+2)+2}{\xi_s^2}\right)^2\frac{\eta^3}{\omega^8}, \tag{21}$$

which is essentially the same as Eq. (6) of Ref. [2] obtained in the PWA under the condition of $(E_c-E_h)/U_0\ll 1$. In this case, with Eq. (21) it is easy to testify that $dB(E1)/dE_x$ is sharply peaked at $\omega^2=\frac{8}{5}\chi^2$ (i.e., $E_x=\frac{8}{5}S_n$, here $S_n$ is the separation energy of the particle in the $\ell_h=0$ orbit). Figure 2(a) shows the results of $dB(E1)/dE_x$ calculated by the DWA, Eq. (17), and its approximation, Eq. (21), as well as the result of the PWA for the case of $E_h/U_0=0.99$. It should be noted that the approximation Eq. (21) gives nearly the same peak shape and position as exact DWA for the case of $E_h/U_0=0.99$, but both PWA and approximation Eq. (21) overestimate the peak's height. Figure 3(a) shows the results for the case of $E_h/U_0=0.80$, one may see that the DWA, PWA, and approximate formula Eq. (21) only give nearly the

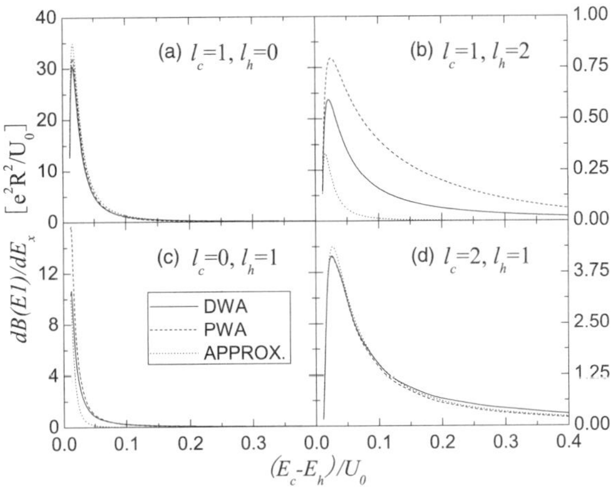


FIG. 2. $E1$ strength distributions as functions of $(E_c - E_h)/U_0$ for the case of $E_h/U_0 = 0.99$.

same threshold strength, but for the energy range in which we are interested they usually lead to quite different results.

For $\ell_h = 2, \ell_c = 1$, the zero binding energies occur at $\xi_d = \tan(\xi_d)$, i.e., $\xi_d \simeq n\pi + 4.5$ with $n \geq 0$. In the case of small $\omega$ value, $\xi_c$ can be expanded around $\xi_d$ as $\xi_c \approx \xi_d + \frac{\omega_d^2}{2\xi_d}$. With this approximation, we obtain $A = \frac{(1-\frac{1}{\xi_c}\tan(\xi_c))}{\xi_c \tan(\xi_c)} \approx -\frac{\omega_d^2}{2\xi_d^2}$. There are two dominant terms $\frac{\omega_d^2}{\omega^2}$ and $\frac{2\xi_h^2}{\omega^2}A \simeq -\frac{\omega_d^2}{\omega^2}$ in the $\langle \ell_c = 1|r|\ell_h = 2\rangle_{\text{in}}$ [Eq. (8)] and they cancel out each other, but the only dominant term $-\frac{\omega_d^2}{\omega^2}$ in $\langle \ell_c = 1|r|\ell_h = 2\rangle_{\text{out}}$ [Eq. (9)] will remain because there is no term to cancel it out. It seems the dominant contribution to $dB(E1)/dE_x$ comes from the outside region of the potential radius $R$. Figure 1(b) shows $\langle \ell_c = 1|r|\ell_h = 2\rangle$ and $\langle \ell_c = 1|r|\ell_h = 2\rangle_{\text{out}}$ as functions of excitation energies for $E_h/U_0 = 0.99$ and $E_h/U_0 = 0.80$, respectively. For both cases only within a very small range of energy $E_c/U_0 - 1 \ll 1$, the contributions to the radial matrix elements from inside $R$ of the potential are negligible, because

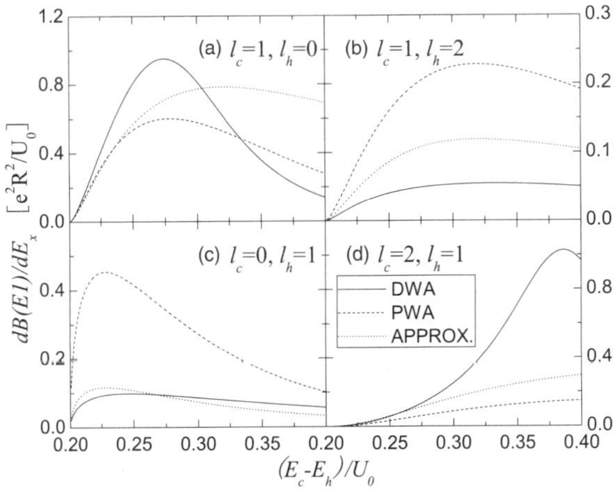


FIG. 3. Same as Fig. 2 but for the case of $E_h/U_0 = 0.80$.

of the strong centrifugal barrier for $\ell_h = 2$. It should be pointed out that the contributions to the radial matrix elements from inside $R$ of the potential cannot be neglected in most energy regions for either deeply-bound or weakly-bound orbits.

Under the condition of $(E_c - E_h)/U_0 \ll 1$, and again if only the lowest $\eta$-dependent term $\eta^3$ is kept in the numerator, can one obtain from Eq. (18)

$$\frac{dB(E1)}{dE_x} = \frac{e_{\text{eff}}^2 R^2}{U_0} \frac{3}{4\pi^2} \frac{2}{5} \frac{2\xi_h^2(\chi^2 + 3\chi + 3)^2}{(1+\chi)(\chi^3 + 6\chi^2 + 15\chi + 15)} \times \xi_0^4 \left( \frac{\chi^2 \left(1 + \frac{2(1+\chi)}{\chi^2+3\chi+3}\right)}{\xi_d^2} \right)^2 \frac{\eta^3}{\omega^8}. \tag{22}$$

It is sharply peaked at $E_x = \frac{8}{5}S_n$, here $S_n$ is the separation energy of the particle in the $\ell_h = 2$ orbit. Figures 2(b) and 3(b) show the $dB(E1)/dE_x$ values calculated by the DWA formula Eq. (18) and approximation Eq. (22), as well as the PWA for $E_h/U_0 = 0.99$ and $E_h/U_0 = 0.80$, respectively. It is found from these figures that only within a very small energy range near threshold $(E_c/U_0 - 1 \ll 1)$ do they give nearly the same results, but for the energy range in which we are interested they give quite different results. PWA and approximation Eq. (22) predict the wrong peak's position compared with the DWA result even for $E_h/U_0 = 0.99$. It also can be seen that for both cases of $E_h/U_0 = 0.99$ and $E_h/U_0 = 0.80$, the values of $dB(E1)/dE_x$ are very small as compared with the case of $\ell_h = 0, \ell_c = 1$.

For $\ell_h = 1, \ell_c = 0$, the zero binding energies occur at $\xi_p = n\pi (n \geqslant 1)$. In the case of small values of $\omega$, $\xi_c$ can be expanded around $\xi_p$ as $\xi_c \approx \xi_p + \frac{\omega_p^2}{2\xi_p}$. With this approximation, we obtain $\frac{\tan(\xi_c)}{\xi_c} \approx \frac{\omega_p^2}{2\xi_p^2}$. There are two dominant terms $-\frac{\omega_p^2}{\omega^2}$ and $\frac{2\xi_h^2}{\omega^2}\frac{\tan(\xi_c)}{\xi_c} \simeq \frac{\omega_p^2}{\omega^2}$ in the $\langle \ell_c = 0|r|\ell_h = 1\rangle_{\text{in}}$ [Eq. (11)] and they cancel out each other, but the only dominant term $\frac{\omega_p^2}{\omega^2}$ in $\langle \ell_c = 0|r|\ell_h = 1\rangle_{\text{out}}$ [Eq. (12)] will remain because there is no term to cancel it out. Figure 1(c) shows $\langle \ell_c = 1|r|\ell_h = 0\rangle$ and $\langle \ell_c = 1|r|\ell_h = 0\rangle_{\text{out}}$ as functions of excitation energies for $E_h/U_0 = 0.99$ and $E_h/U_0 = 0.80$, respectively. It is obvious that for all cases, $\langle \ell_c = 1|r|\ell_h = 0\rangle$ and $\langle \ell_c = 1|r|\ell_h = 0\rangle_{\text{out}}$ are nearly the same and very sharply peaked at the energy near threshold for $E_h/U_0 = 0.99$, but both of these absolute values are very small for $E_h/U_0 = 0.80$.

Under the condition of $(E_c - E_h)/U_0 \ll 1$, and if only the lowest $\eta$-dependent term $\eta$ is kept in the numerator, can one obtain from Eq. (19)

$$\frac{dB(E1)}{dE_x} = \frac{e_{\text{eff}}^2 R^2}{U_0} \frac{3}{4\pi^2} \frac{1}{3} \frac{2\xi_h^2(1+\chi)^2}{(\chi^2 + 3\chi + 3)} \xi_0^4 \times \left( \frac{\chi^2 \left(\frac{3+\chi}{1+\chi}\right)}{\xi_p^2} \right)^2 \frac{\eta}{\omega^8}. \tag{23}$$

Then $dB(E1)/dE_x$ is sharply peaked at $E_x = \frac{8}{7}S_n$, here $S_n$ is the separation energy of the particle in the $\ell_h = 1$ orbit. Figures 2(c) and 3(c) show the $dB(E1)/dE_x$ values calculated by the DWA formula Eq. (19) and approximation Eq. (23), as well as the PWA for $E_h/U_0 = 0.99$ and $E_h/U_0 = 0.80$, respectively. As shown in these figures, three formulas only predict a sharp peak at $E_x \sim \frac{8}{7}S_n$ even for $E_h/U_0 = 0.99$, but they give quite a different peak height. For $E_h/U_0 = 0.80$ they give quite different results.

For $\ell_h = 1, \ell_c = 2$, and for small values of $\omega$, $\xi_c \approx \xi_p + \frac{\omega_p^2}{2\xi_p}$, $\frac{\tan(\xi_c)}{\xi_c} \approx \frac{\omega_p^2}{2\xi_p^2}$, and then $A_1 = -\frac{1}{\xi_c^2} - \frac{\tan(\xi_c)}{3(\xi_c - \tan(\xi_c))} \approx -\frac{\omega_p^2+6}{6\xi_p^2}$. So the two dominant terms $-\frac{\omega_p^2+6}{3\omega^2}$ and $-\frac{2\xi_c^2}{\omega^2}A_1 \approx \frac{\omega_p^2+6}{3\omega^2}$ in $\langle \ell_c = 2|r|\ell_h = 1\rangle_{\text{in}}$ [Eq. (14)] cancel out each other, but the only dominant term $\frac{\omega_p^2+6}{3\omega^2}$ in $\langle \ell_c = 2|r|\ell_h = 1\rangle_{\text{out}}$ [Eq. (15)] will remain. Figure 1(d) shows $\langle \ell_c = 2|r|\ell_h = 1\rangle$ and $\langle \ell_c = 2|r|\ell_h = 1\rangle_{\text{out}}$ as functions of excitation energies for $E_h/U_0 = 0.99$ and $E_h/U_0 = 0.80$, respectively. From the figure one may see that in the case of $E_h/U_0 = 0.99$ the contributions to the radial matrix elements from inside $R$ of the potential are negligible for a rather larger energy range $E_c/U_0 - 1 \leqslant 0.1$, while for the deeply-bound orbits ($E_h/U_0 = 0.80$), only within a very small range of $E_c$ near threshold energy can the contributions from inside $R$ of the potential be neglected.

Under the condition $(E_c - E_h)/U_0 \ll 1$, and if only the lowest $\eta$-dependent term $\eta^5$ is kept in the numerator, can one then have from Eq. (20)

$$\frac{dB(E1)}{dE_x} = \frac{e_{\text{eff}}^2 R^2}{U_0}\frac{3}{4\pi^2}\frac{2}{3}\frac{2\xi_h^2(1+\chi)^2}{(\chi^2+3\chi+3)}\xi_0^4 \times \left(\frac{\chi^2\left(\frac{3+\chi}{1+\chi}\right)+6}{3\xi_p^2}\right)^2 \frac{\eta^5}{\omega^8}. \tag{24}$$

Then $dB(E1)/dE_x$ is sharply peaked at $E_x = \frac{8}{3}S_n$, here $S_n$ is the separation energy of the particle in the $\ell_h = 1$ orbit. Figures 2(d) and 3(d) show the $dB(E1)/dE_x$ values calculated by the DWA formula Eq. (20) and approximation Eq. (24), as well as the PWA for $E_h/U_0 = 0.99$ and $E_h/U_0 = 0.80$, respectively. It is seen that for $E_h/U_0 = 0.99$, the approximation formula Eq. (24) and PWA give nearly the same result as the DWA Eq. (20) for a rather large energy range $E_c/U_0 - 1 \leqslant 0.1$, but for $E_h/U_0 = 0.80$ only within a very small energy range near threshold are their results similar.

## IV. SPECTROSCOPIC FACTOR OF $2s_{1/2}$ STATE IN $^{11}$Be

It is well known that the ground state $|\frac{1}{2}\rangle^+$of $^{11}$Be is not a pure $2s_{1/2}$ neutron $+^{10}$Be core. Possibly it is a particle-vibration (rotation) state $(1d_{5/2} \otimes 2^+)$ coupled to $2s_{1/2}$. These theoretical evaluations as well as the experimental values extracted from transfer reactions give a wide range of spectroscopic factors of the valence $2s_{1/2}$ neutron to ground state of $^{10}$Be core, for example, from 0.4 to 0.9 [8,11–14]. This large variation of the obtained spectroscopic factor is mainly due to a strong dependence of the transfer reaction on the surface property of the optical potential. By comparing the experimental $dB(E1)/dE_x$ data of $^{11}$Be [14] with the results obtained by the DWA formula, the value of this spectroscopic factor can be deduced. Figure 4 shows the experimental data and the DWA results with the well depth $U_0$ fixed at 50 MeV, 40 MeV, and 33 MeV, respectively. In the DWA calculation,

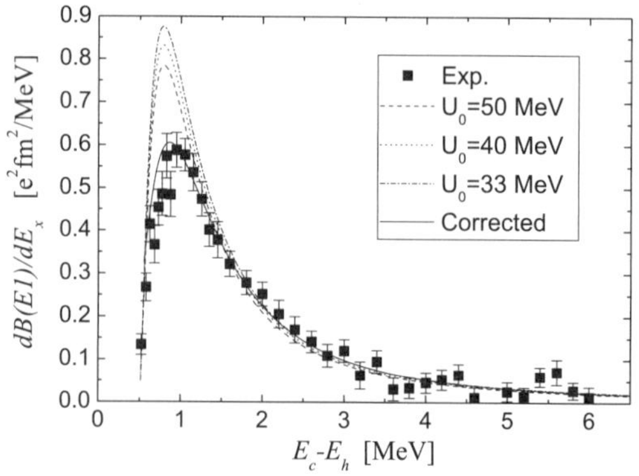


FIG. 4. Experimental $E1$ strength distribution as a function of the excitation energy $E_x = E_c - E_h$ for $^{11}$Be [14], compared with the DWA results with $U_0 = 50$, 40, and 33 MeV, respectively, as well as the result corrected by the detector response and multiplied by a spectroscopic factor.

the experimental separation energy $S_n = 0.5$ MeV for the $2s_{1/2}$ state in $^{11}$Be is used. After corrected by the detector response and multiplied by the spectroscopic factor, the experimental data can be well reproduced, as the solid curve shown in Fig. 4. The deduced spectroscopic factors are 0.92, 0.87, and 0.83 for $U_0 = 50$ MeV, 40 MeV, and 33 MeV, respectively.

## V. DISCUSSIONS AND CONCLUSIONS

By adopting a finite square-well potential, analytic expressions of radial matrix elements $\langle \ell_c|r|\ell_h\rangle$ and reduced transition probabilities $dB(E1)/dE_x$ were obtained for the cases of $\ell_h = 0 \to \ell_c = 1$, $\ell_h = 2 \to \ell_c = 1$, $\ell_h = 1 \to \ell_c = 0$, and $\ell_h = 1 \to \ell_c = 2$ in the DWA. Under the condition $(E_c - E_h)/U_0 \ll 1$, these analytic expressions are further simplified. From these analytic expressions it can be understood clearly that enhanced low-lying $B(E1)$ strengths in nuclei near dripline mainly come from the orbits with a small binding energy and small angular momentum. It can also be seen that the dominant contributions to radial matrix elements $\langle \ell_c|r|\ell_h\rangle$ and $dB(E1)/dE_x$ come from the outside region of the potential radius $R$ for these types of orbits, because the probability to find out the particle outside radius $R$ is large. It is worth noting that the results obtained by our simple model are similar to those obtained by the effective-range expansion approach [8,15]. For example, the PWA and DWA results illustrated in Fig. 2 resemble the results in Fig. 9 in Ref. [15], just expressed in different coordinates.

Comparing the experimental $dB(E1)/dE_x$ data in $^{11}$Be with the analytic DWA results, the spectroscopic factors of the $2s_{1/2}$ state were deduced as 0.92, 0.87, and 0.83 for the well depth kept at 50 MeV, 40 MeV, and 33 MeV, respectively. Once the separation energy of the $2s_{1/2}$ state was determined, the value of this spectroscopic factor slightly depended on the well depth. In this paper, only the $^{11}$Be case is presented. It should be pointed out that our model can be applied to other light drip-line nuclei, e.g., the review in Ref. [16].

**ACKNOWLEDGMENTS**

We are grateful to H. Sagawa for useful discussions. This work was supported by the National Natural Science Foundation of China under Grant Nos. 10575135, 10575134, 10675169, 10735100 and the Major State Basic Research Developing Program under Grant No. 2007CB815003.

[1] A. Bohr and B. R. Mottelson, *Nuclear Structure*, Vol. II (Benjamin, New York, 1975), pp. 474–506.
[2] H. Sagawa, N. Van Giai, N. Takigawa, M. Ishihara, and K. Yazaki, Z. Phys. A **351**, 385 (1995).
[3] I. Hamamoto, H. Sagawa, and X. Z. Zhang, Phys. Rev. C **57**, R1064 (1998).
[4] H. Sagawa and H. Esbensen, Nucl. Phys. **A693**, 448 (2001).
[5] T. Otsuka, M. Ishihara, N. Fukunishi, T. Nakamura, and M. Yokoyama, Phys. Rev. C **49**, R2289 (1994).
[6] A. Mengoni, T. Otsuka, and M. Ishihara, Phys. Rev. C **52**, R2334 (1995).
[7] S. Fortier, S. Pita, J. S. Winfield *et al.*, Phys. Lett. **B461**, 22 (1999).
[8] S. Typel and G. Baur, Phys. Rev. Lett. **93**, 142502 (2004).
[9] I. Hamamoto and X. Z. Zhang, Phys. Rev. C **58**, 3388 (1998).
[10] F. Catara, C. H. Dasso, and A. Vitturi, Nucl. Phys. **A602**, 181 (1996).
[11] B. Zwieglinski, W. Benenson, R. G. H. Robertson, and W. R. Coker, Nucl. Phys. **A315**, 124 (1979).
[12] N. K. Timofeyuk and R. C. Johnson, Phys. Rev. C **59**, 1545 (1999).
[13] J. S. Winfield, S. Fortier, W. N. Catford, S. Pita, N. A. Orr, J. Van de Wiele, Y. Blumenfeld, R. Chapman, S. P. G. Chappell, N. M. Clarke, N. Curtis, M. Freer, S. Gales, H. Langevin-Joliot, H. Laurent, I. Lhenry, J. M. Maison, P. Roussel-Chomaz, M. Shawcross, K. Spohr, T. Suomijarvi, and A. de Vismes, Nucl. Phys. **A683**, 48 (2001).
[14] R. Palit, P. Adrich, T. Aumann *et al.*, Phys. Rev. C **68**, 034318 (2003).
[15] S. Typel and G. Baur, Nucl. Phys. **A759**, 247 (2005).
[16] T. Aumann, Eur. Phys. J. A **26**, 441 (2005) and references therein.

# Two-proton Halo and Two-proton Emission Nucleus: $^{29}$S①

C.J. Lin[a], X.X. Xu[a], G.L. Zhang[a], F. Yang[a], H.Q. Zhang[a], Z.H. Liu[a], C.L. Zhang[a], P. Zhou[a], X.K. Wu[a], G.P. An[a], H.M. Jia[a], H.S. Xu[b], G.Q. Xiao[b], W.L. Zhang[b], Z.Y. Guo[b], Z.Y. Sun[b], and Z.G. Hu[b]

*[a]China Institute of Atomic Energy, P.O. Box 275(10), Beijing 102413, P.R. China*
*[b]Institute of Modern Physics, The Chinese Academy of Science, Lanzhou 73000, P.R. China*

**Abstract.** An experiment of $^{29}$S bombarding on $^{12}$C target was performed to study the phenomena of two-proton halo and two-proton emission. The 1p and 2p removal cross sections for $^{29}$S are 3.15±0.32 b and 1.85±0.20 b, respectively. The 2p removal cross section is abnormally large. It denotes the two-proton occurs to be a halo distribution. Among the 2p-$^{27}$Si coincident events, a strong correlation between two protons was found. The small correlation angle indicates these two protons might come from $^{2}$He cluster emission. Moreover, the relative momentum distribution shows the two protons locate originally at singlet 2s state and emit with strong interaction.

**Keywords:** Two-proton Halo, Two-proton Emission, Angular Correlation Function, Relative Momentum Distribution

**PACS:** 25.60.Dz, 25.70.Pq, 23.50.+z, 27.30.+t

## INTRODUCTION

The phenomena of two-proton emission are extensively studied in recent years [1-3]. The nucleus $^{29}$S which the last two-proton locates in a $2s_{1/2}$ orbit may exist such exotic behavior. Our previous experiment [4] shows that the total reaction cross section of $^{29}$S+$^{28}$Si has abnormal large value. It indicates that two-proton might occur to be a diffuse distribution in $^{29}$S. One may intuitively think that this tow-proton has large probability to excite to the continuum state and then emit simultaneously. In this talk, we present very recent experimental results to show this phenomena of two-proton halo and two-proton simultaneous emission.

## EXPERIMENTAL PROCEDURE

The experiment was performed at HILF-RIBLL [5] of Institute of Modern Physics, Lanzhou. Secondary beam of $^{29}$S with energy of 46.8 MeV/u was produced by the projectile fragmentation of an $^{36}$Ar primary beam on a Be target at 80.4 MeV/u, and was delivered to the secondary $^{12}$C target with thickness of 290 μm. The detector setup is illustrated in Fig. 1.

---

① CP961,Proton Emitting Nuclei and Related Topics-PROCON 2007,edited by L.Ferreira and P.Arumugam © 2007 American Institute of physics 978-0-7354-0475-5/07/.

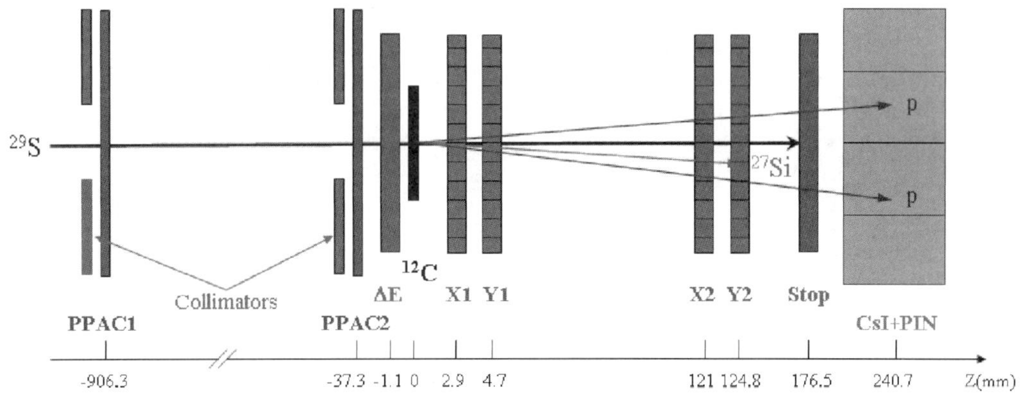


**FIGURE 1.** Schematic illustration of experimental setup.

Tow PPACs with collimators (30 mm and 20 mm in diameter, respectively) and a 300 μm silicon detector (SD) located upstream of target for beam tracking and particle identification. Four single-side silicon strip detectors (SSSD) located downstream for detecting the energies and positions (X1, Y1, X2, Y2) of the outgoing fragments. Each detector contains total of 18 strips with 1.2 mm in width, 0.1 mm in interval and 300 μm in thickness. For these four SSSDs all the output signals from pre-amplifiers were sent into tow groups of main amplifiers with low gain and high gain for heavy fragments and light fragments, respectively. An extra 300 μm SD served as STOP detector to stop all the heavy particles, especially to stop the lighter contaminators from secondary beam. At last a CsI+PIN detector array (4×4, 15×15 $mm^2$ for each unit) was used for detector the light fragments such as p, d, etc.. The experiment was last more than 300 hours with $^{29}S$ intensity of ~10 pps and beam purity of ~1%.

## EXPERIMENTAL RESULTS

Gated by $^{29}S$ beam before target and in coincidence with the $^{28}P$ and $^{27}Si$ fragments after target, the 1p and 2p events stopped in the CsI detectors were clearly identified, respectively. After the correction of detector efficiencies by MC simulation, the 1p and 2p remove cross sections for $^{29}S$ are 3.15±0.32 b and 1.85±0.20 b, respectively. Moreover, 1p remove cross section for $^{28}P$ is 2.13±0.22 b by the similar treatment. These values are in good agreement with the previous results [4,6]. It is confirmed that two-proton forms a halo distribution in $^{29}S$ under a strict condition. Among the 2p coincident events, a strong correlation between two protons was found. Figure 2 shows the experimental angular correlation function of 2p events. The MC simulation results with assuming emission of $^2He$ cluster and sequential emission of 1p by 1p are also plotted in Fig.1 for comparison. Both experimental and simulation results shows that 2p events emission from $^2He$ cluster generate a peak at very small angle. Furthermore, the distribution of the relative momentum ($q=|p_1-p_2|/2$) between two protons was obtained, as shown in Fig. 3. The peak around 20 MeV/c indicates that the two protons locate originally at singlet s state and emit with strong interaction, while the peak around 50-60 MeV/c indicates that the two protons emit sequentially without any interaction [7].

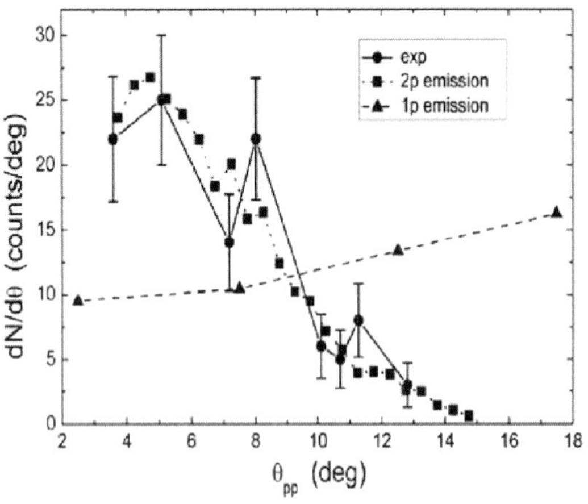


**FIGURE 2.** Angular correlation functions.

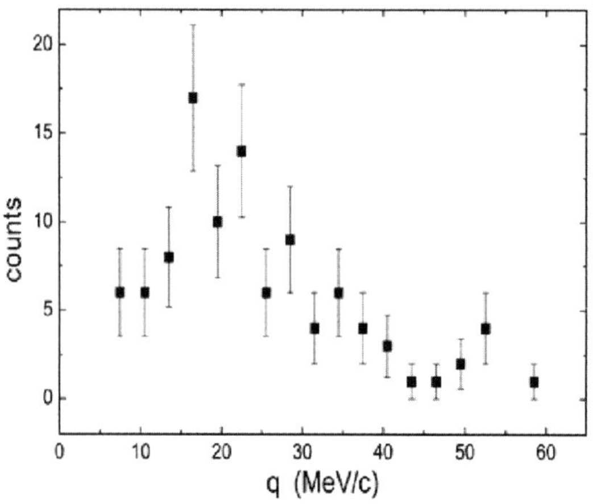


**FIGURE 3.** Relative momentum distribution.

## DISCUSSION AND SUMMARY

The above results are very preliminary. The tow-proton halo in $^{29}S$ is clear due to the large 2p removal cross section. But the signature of $^{2}He$ cluster emission from $^{29}S$ is not so clear. More detail analyses are need, for example, invariance mass spectrum to understand the emitting energy, HBT analyses for relative momentum correlation function to understand the source characteristics, etc. Further theoretical analyses are important to help us to affirm the conclusive signature of $^{2}He$ cluster emission.

## ACKNOWLEDGMENTS

This work was supported by the National Natural Science Foundation of China under Grants No.10575135, 10575134, 10675169 and the Major State Basic Research Developing Program under Grant No. 2007CB815003.

## REFERENCES

1. J. Giovinazzo, B. Blank, M. Chartier et al., Phys. Rev. Lett. 89, 102501 (2002).
2. J. Gomez del Campo, A. Galindo-Uribarri, J.R. Beene et al., Phys. Rev. Lett. 86, 43 (2001).
3. B. Blank, Nucl. Phys. A 746, 236c (2004).
4. Liu Zu-Hua, Ruan Ming, Zhao Yao-Lin et al., Chin. Phys. Lett. 21, 1711 (2004)..
5. Z. Sun, W.L. Zhan, Z.Y. Gou et al., Nucl. Instr. and Meth. A 503, 496 (2002).
6. Z.H. Liu, M. Ruan, Y.L. Zhao et al., Phys. Rev. C 69, 034326 (2004).
7. M.A. Bernstein, W.A. Friedman, W.G. Lynch et al., Phys. Rev. Lett. 54, 402 (1985).

# Barrier distributions from $^{32}S+^{90,96}Zr$ quasi-elastic scattering: Investigation of the role of neutron transfer in sub-barrier fusion reactions ①

F. Yang, C. J. Lin, X. K. Wu, H. Q. Zhang, C. L. Zhang, P. Zhou, and Z. H. Liu
*China Institute of Atomic Energy, P. O. Box 275, Beijing 102413, People's Republic of China*
(Received 19 September 2007; published 4 January 2008)

The differential cross sections of quasi-elastic scattering at backward angles were measured with high precision for $^{32}S+^{90,96}Zr$ around the Coulomb barrier, and barrier distributions were extracted from the measured excitation functions. The experimental barrier distribution of $^{32}S+^{90}Zr$ is well reproduced by the coupled-channels calculations including the low-lying quadruple and octupole vibrations in $^{32}S$ and $^{90}Zr$. However, the model with the same coupling scheme fails to reproduce the experimental barrier distribution for $^{32}S+^{96}Zr$. The coupled-channels calculation including the neutron transfer channels in the system $^{32}S+^{96}Zr$ gives an improved description of the experimental data. A comparison of the data on $^{40}Ca+^{90,96}Zr$ shows that the two systems $^{32}S$, $^{40}Ca+^{90}Zr$ display barrier distributions that are similar to each other, whereas the barrier distributions of $^{32}S$, $^{40}Ca+^{96}Zr$ are both wider and flatter than the those of $^{40}Ca+^{90,96}Zr$. The present results strongly indicate that neutron transfer plays an important role in the fusion processes.

DOI: 10.1103/PhysRevC.77.014601 PACS number(s): 25.70.Bc, 25.45.Hi, 25.70.Jj

## I. INTRODUCTION

The role of neutron transfer or neutron flow in the process of heavy-ion fusion is a topic of current interest. Zagrebaev [1] presented a model incorporating neutron transfer in the coupled-channels (CC) approach. He showed that the intermediate neutron transfer channels with positive $Q$ value really enhance the fusion cross section at sub-barrier energies. Wang *et al.* [2,3] recently developed an improved quantum molecular dynamics (ImQMD) model. By detailed calculations of the ImQMD, they found that a flow of neutron occurs between the projectile and target when they come close together, resulting in a neck. In addition, the neutron flow results in the $N/Z$ equilibrium between target and projectile nuclei during the collision. Because of the neck formation, the colliding nuclei fuse through the dynamic barrier which is lower than the static barrier. Almost two decades ago, Stelson *et al.* [4–6] came to the same conclusion. They proposed an empirical approach and found that many experimental data can be well described by a flat distribution of barriers with the lower energy cutoff, which corresponds to the energy at which the nuclei come sufficiently close together for neutrons to flow freely between the target and projectile.

On the experimental side, precise fusion excitation functions have been measured for the $^{40,48}Ca+^{90,96}Zr$, $^{40}Ca+^{94}Zr$ at near- and sub-barrier energies, and the fusion barrier distributions have been extracted from the measured excitation functions [7–10]. The barrier distributions of $^{40,48}Ca+^{90}Zr$ as well as $^{48}Ca+^{96}Zr$ can be rather reasonably well reproduced by the coupled-channels calculations that take inelastic excitations into account. However, this coupling scheme fails for the reaction systems $^{40}Ca+^{94,96}Zr$. At sub-barrier energies, these two systems show a large enhancement in the cross sections with respect to the other systems and to the CC calculations including the couplings to the inelastic excitations only. These results indicate that couplings to neutron transfer channels may play a role in the sub-barrier fusion of $^{40}Ca+^{94,96}Zr$.

It has been proposed [11,12] theoretically that information on the distribution of potential barriers may be extracted from the scattering excitation function at backward angles. Based on the relationship between transmission coefficient and reflection coefficient, we have confirmed experimentally [13] that except for some details, the barrier distributions extracted from quasi-elastic scattering and from the fusion excitation function are the same. Therefore, precise measurements of elastic and/or quasi-elastic excitation functions may provide another way of deriving barrier distributions. In the present work, we have measured with high precision the quasi-elastic scattering of $^{32}S+^{90,96}Zr$ around the Coulomb barrier at backward angles and extracted the barrier distributions from the excitation functions of quasi-elastic scattering. Our present results may provide further evidence for the effects of neutron transfer with positive $Q$ value on the sub-barrier fusion reactions.

## II. EXPERIMENT AND RESULTS

The experiment was carried out with a collimated $^{32}S$ beam from the HI-13 tandem accelerator at CIAE, Beijing. The targets were evaporations of $^{90}ZrO_2$ ($100\,\mu g/cm^2$) and $^{96}Zr_2O_3$ ($140\,\mu g/cm^2$) on carbon backings of $20\,\mu g/cm^2$ in thickness. The target isotopic enrichments were 99.4% and 95.6% for $^{90}Zr$ and $^{96}Zr$, respectively. Two Si(Au) detectors, located at $\pm 20^\circ$ with respect to the beam direction, were used to monitor the Rutherford scattering, i.e., the counting ratio of the two monitors allowed us to keep watch on any horizontal offset of the beam position, and the counts of the Rutherford events detected by the monitors were used to normalize the cross section measurements. Five sets of $\Delta E$-$E$ telescopes and two sets of Si(Au) detectors were set at seven backward angles of 154.83°, 158.14°, 159.07°, 160.00°, 160.93°, 161.86°, and 165.17°. The quasi-elastic scattering was measured for

① Physical Review C,2008,77(1):014601-(1-5).

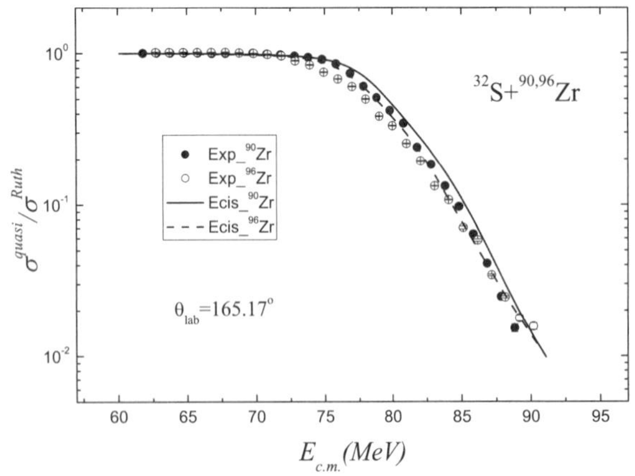


FIG. 1. Ratio of the quasi-elastic scattering differential cross section to the Rutherford scattering cross section at 165.17° as a function of center-of-mass energy for $^{32}S+^{90,96}Zr$. The solid and open circles are the experimental data for $^{32}S+^{90}Zr$ and $^{32}S+^{96}Zr$, respectively. The solid and dashed lines represent the ECIS79 calculations for the corresponding reaction systems.

both targets in the laboratory energy range from 84.25 to 120.85 MeV with an energy step $\Delta E = 0.36$ MeV. Energy loss in targets was considered in our data analysis. Apart from the carbon backing, the average beam energy losses in the targets were $\delta E = 440$–490 and 580–640 keV, depending on the beam energy, for $^{90}Zr$ and $^{96}Zr$, respectively. The cross sections of quasi-elastic scattering were normalized with the counts of elastic scattering in the two monitors. The experimental error includes the statistic error of the event counts only. The relative error of the cross sections is less than 1% at low energies and about 3% at high energies. A typical example of the excitation functions of quasi-elastic scattering measured at 165.17° is shown in Fig. 1. In the figure, the solid and dashed lines illustrate the CC calculations with ECIS79 code for $^{32}S+^{90}Zr$ and $^{32}S+^{96}Zr$, respectively. The inelastic scattering from two lowest $2^+$ and $3^-$ excitation states in $^{90}Zr$ ($\beta_2 = 0.09$, $\beta_3 = 0.22$) and $^{96}Zr$ ($\beta_2 = 0.08$, $\beta_3 = 0.27$) were included in the calculated differential cross section.

The barrier distribution can be deduced from quasi-elastic scattering excitation function [14] as follows:

$$D^{qel}(E) = -\frac{d}{dE}\left(\frac{d\sigma^{qel}}{d\sigma^{R}}(E)\right), \tag{1}$$

where $d\sigma^{qel}$ and $d\sigma^{R}$ are the quasi-elastic scattering and the Rutherford scattering differential cross sections, respectively. Theoretically, $d\sigma^{qel}$ and $d\sigma^{R}$ should be the differential cross sections at $\theta = 180°$. However, it is impossible experimentally to detect scattering particles at $\theta = 180°$. So instead, the detectors were set up at backward angles as close to 180° as possible. Correspondingly, when barrier distributions are deduced, the center-of-mass energy $E$ should be reduced by the centrifugal energy $E_{\text{cent}}$, with

$$E_{\text{cent}} = E\frac{\operatorname{cosec}(\theta_{\text{c.m.}}/2) - 1}{\operatorname{cosec}(\theta_{\text{c.m.}}/2) + 1}, \tag{2}$$

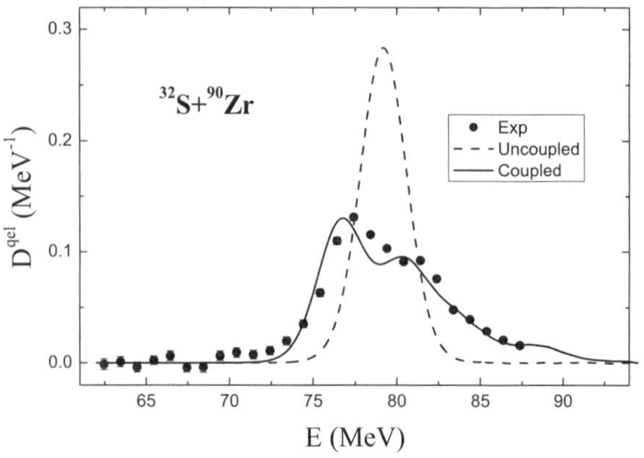


FIG. 2. Barrier distribution for $^{32}S+^{90}Zr$ deduced from the excitation function of quasi-elastic scattering at backward angle. The dashed and solid lines represent the uncoupled calculation and the CC calculation without neutron transfer, see text for details.

where $\theta_{\text{c.m.}}$ is the angle in the center-of-mass system. With Eq. (1), the barrier distributions for $^{32}S+^{90,96}Zr$ were deduced from the excitation functions of quasi-elastic scattering at backward angles; they are displayed as solid circles with error bars in Figs. 2 and 3. The relative error of the data for the barrier distributions is between 1% and 7%. The error bars in the figures are a little larger or less than the size of data point. The barrier distributions obtained at different backward angles are basically same. The lines in Figs. 2 and 3 are the results of the CC calculations with and without coupling, which will discussed below in detail.

## III. COUPLED-CHANNELS CALCULATIONS

Coupled-channels calculations have been performed with the CCDEF code. Table I lists the experimental information on the low-lying collective excitations in $^{32}S$ and $^{90,96}Zr$, which were included in the coupling scheme. From the calculated fusion excitation functions, the barrier distributions of $^{32}S+^{90,96}Zr$ were deduced, and they are compared with experimental data in Figs. 2 and 3. It may be seen that the experimental barrier distribution of $^{32}S+^{90}Zr$ is well reproduced by the CC calculation with the couplings to the low-lying quadruple and octupole vibrations in $^{32}S$ and $^{90}Zr$.

TABLE I. Excitation energies $E_x$, spin and parities $\lambda^\pi$, and deformation parameters $\beta_\lambda$ for $^{32}S$ and $^{90,96}Zr$.

| Nucleus | $E_x$ (MeV) | $\lambda^\pi$ | $\beta_\lambda$ |
|---|---|---|---|
| $^{32}S$ | 2.230 | $2^+$ | 0.32 |
| | 5.006 | $3^-$ | 0.40 |
| $^{90}Zr$ | 2.186 | $2^+$ | 0.09 |
| | 2.748 | $3^-$ | 0.22 |
| $^{96}Zr$ | 1.751 | $2^+$ | 0.08 |
| | 1.897 | $3^-$ | 0.27 |

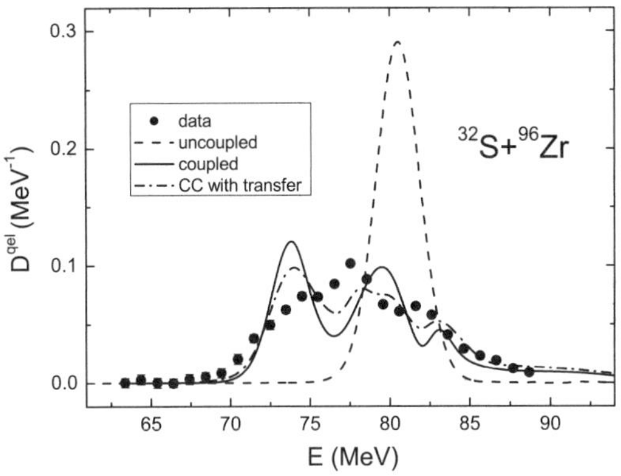


FIG. 3. Same as Fig. 2, but for $^{32}S+^{96}Zr$. The dash-dotted line represents the CC calculations in which the neutron transfer channels were taken into account.

The distribution of $^{32}S+^{90}Zr$ has two peaks at about 77 and 82 MeV. The theoretical calculation reappears these peaks although at slightly lower energies. Moreover, the low-energy side of the distribution is also satisfactorily reproduced by the CC calculation.

However, the CC calculation with the same coupling scheme fails for the reaction system $^{32}S+^{96}Zr$. The experimental barrier distribution of $^{32}S+^{96}Zr$ shows that it has a three-peak structure, i.e., a peak or a shoulder, a main peak, and a weak peak at about 74, 77.5, and 82 MeV, respectively. This structure is not reproduced properly by the CC calculation with the couplings to the low-lying quadruple and octupole vibrations in $^{32}S$ and $^{96}Zr$. The calculated barrier distribution shows a more clear peak structure than that of the experimental barrier distribution. The obscurity of the structure in the experimental barrier distribution may arise from the surface nature of the quasi-elastic collision. To get a detailed structure of the distribution, it is highly required that one perform precise measurement of the fusion excitation function for the reaction system $^{32}S+^{96}Zr$. Apart from the difference mentioned above, the peak positions are not exactly the same, and the intensity of the peaks between the calculated and experimental barriers are different. Contrary to the experimental result, the calculated barrier distribution has more weight in the low-energy peak than that of the middle one. In addition, it is worth noting that the experimental barrier distribution of $^{32}S+^{96}Zr$ is flatter and extends to lower energies than does the barrier distribution of $^{32}S+^{90}Zr$. Flat distribution with a low-energy tail is thought to be a hint of the existence of neutron transfer or flow in the fusion processes as suggested by Stelson *et al.* [4–6].

According to the approach of Zagrebaev [1], neutron transfer can be incorporated in the CC calculation with the following penetration probability:

$$T(E,l)=\int f(B)\frac{1}{N_{\mathrm{tr}}}\sum_{\kappa}\int_{-E}^{Q_0(\kappa)}\alpha_\kappa(E,l,Q)\times P_{\mathrm{HW}}(B;E+Q,l)\,dQ\,dB, \tag{3}$$

where $f(B)$ is the normalized barrier distribution, $Q_0(\kappa)$ is the $Q$ value for the ground-state to ground-state transfer of the $\kappa$th neutron, $P_{\mathrm{HW}}$ is the usual Hill-Wheeler formula [15] of the quantum penetration probability, $\alpha_\kappa(E,l,Q)$ is the probability for the transfer of $k$ neutrons at the center-of-mass energy $E$ and relative motion angular momentum $l$ in the entrance channel to the final state with $Q\leqslant Q_0(k)$, and $N_{\mathrm{tr}}$ is the normalization constant for the transfer probability.

The $Q$ values for ground-state to ground-state neutron pickup transfer channels of $^{32}S+^{90,96}Zr$ are listed in Table II. For $^{32}S+^{90}Zr$, since all ground-state $Q$ values are negative, neutron transfer channels, as expected, should not play any important role in the dynamics of sub-barrier fusion. On the other hand, the ground-state $Q$ values of neutron pickup from $1n$ up to $6n$ channels are all positive for $^{32}S+^{96}Zr$. It means that in its intermediate channels, the systems between $^{33}S+^{95}Zr$ and $^{38}S+^{90}Zr$ will experience a gain in energy due to the neutron flow, which may increase the penetration probability of the Coulomb barrier and lead to a noticeable increase in the fusion cross section at sub-barrier energies. To take the effects of neutron transfer on fusion reaction into account, we performed the CC calculation using the approach of Zagrebaev [1], i.e., Eq. (3). In this CC calculation, couplings to six neutron transfer channels as well as to the low-lying quadruple and octupole vibrations in $^{32}S$ and $^{96}Zr$ were included. The relevant coupling parameters are listed in Tables I and II. The extracted barrier distribution from this CC calculation (shown in Fig. 3 as a dash-dotted line) is flatter than that from the CC calculation without neutron transfer channels coupling and gives a somewhat better description of the experimental data.

$^{40}Ca+^{96}Zr$ is an ideal reaction system for probing the effects of neutron transfer on sub-barrier fusion [7]. Therefore, it is worth comparing the barrier distributions of $^{32}S+^{90,96}Zr$ with those of $^{40}Ca+^{90,96}Zr$ as show in Fig. 4. One notices that except for a third peak in high-energy region in the $^{40}Ca+^{90}Zr$ case, the two systems $^{32}S$, $^{40}Ca+^{90}Zr$ display similar barrier distributions. While the barrier distributions of $^{32}S$, $^{40}Ca+^{96}Zr$

TABLE II. $Q$ values (MeV) for ground-state to ground-state neutron pickup transfer channels for the $^{32}S$, $^{40}Ca+^{90,96}Zr$ systems.

| System | $+1n$ | $+2n$ | $+3n$ | $+4n$ | $+5n$ | $+6n$ |
|---|---|---|---|---|---|---|
| $^{32}S+^{90}Zr$ | −3.33 | −1.229 | −6.59 | −6.319 | −14.689 | −16.429 |
| $^{32}SS+^{96}Zr$ | 0.788 | 5.737 | 4.508 | 7.655 | 3.332 | 4.168 |
| $^{40}Ca+^{90}Zr$ | −3.608 | −1.438 | −5.858 | −4.336 | −9.602 | −8.980 |
| $^{40}Ca+^{96}Zr$ | 0.510 | 5.528 | 5.240 | 9.638 | 8.419 | 11.617 |

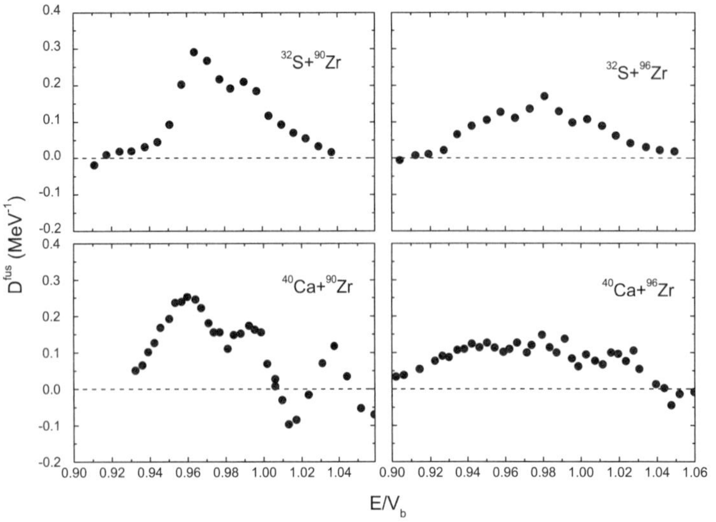


FIG. 4. Comparison of the barrier distributions for the systems $^{32}S+^{90,96}Zr$ and $^{40}Ca+^{90,96}Zr$.

are flatter and extend to lower energies than those of $^{32}S$, $^{40}Ca+^{90}Zr$. By inspection of Table II, one will immediately find that the ground-state $Q$ values of neutron pickup from $1n$ up to $6n$ channels are all positive for $^{32}S$, $^{40}Ca+^{96}Zr$, but all negative for the two reaction systems with $^{90}Zr$ target.

## IV. SUMMARY

The differential cross sections of quasi-elastic scattering at backward angles were measured with high precision for $^{32}S+^{90,96}Zr$ around the Coulomb barrier. From the precise measured excitation functions, barrier distributions were extracted as the differential of $d\sigma^{qel}/d\sigma^{R}$ with respective to $E$. The data have been analyzed in terms of the coupled-channels model with the CCDEF code. Good agreement between experiment and theory is found for $^{32}S+^{90}Zr$ by including the couplings to the low-lying quadruple and octupole vibrations in $^{32}S$ and $^{90}Zr$. However, the CC calculation with the same coupling scheme fails to reproduce the experimental barrier distribution for $^{32}S+^{96}Zr$, which is flatter and wider than that for $^{32}S+^{90}Zr$. Therefore, for the system $^{32}S+^{96}Zr$, the CC calculation including six neutron transfer channels as well as the low-lying quadruple and octupole vibrations in $^{32}S$ and $^{96}Zr$ were performed. Although the result of the CC calculation including the neutron transfer channels give a somewhat better description of the experimental data, the agreement is not satisfactory. The theoretical distribution shows a more obvious peaklike structure than the experimental one. Besides, the calculated intensities of the peaks are at variance with those of the experimental distribution. It seems to us that to investigate the detailed structure of the barrier distribution, precise measurement of the fusion excitation function for $^{32}S+^{96}Zr$ are highly required. In addition to the fusion excitation function, the neutron transfer cross section measurements for this system should provide useful information on the coupling strength of neutron transfer. We believe that the combined CC calculations including both the fusion and transfer channels will bring about a deeper understanding of the role of neutron transfer on the fusion process.

The comparison of the data on $^{40}Ca+^{90,96}Zr$ shows that the two systems $^{32}S$, $^{40}Ca+^{90}Zr$ display similar barrier distributions. However, the barrier distributions of $^{32}S$, $^{40}Ca+^{96}Zr$ are wider and flatter than those of $^{32}S$, $^{40}Ca+^{90}Zr$. The obviously different behaviors of these reaction systems strongly indicate that neutron transfer plays an important role in the fusion process, as does the fact that the ground-state $Q$ values of neutron pickup from $1n$ up to $6n$ channels are all positive for $^{32}S$, $^{40}Ca+^{96}Zr$, but all negative for the two reaction systems with $^{90}Zr$ target.

## ACKNOWLEDGMENTS

This work was partially supported by the National Natural Science Foundation of China under Grants Nos. 10275095, 10575134, 10575134, 10675169 and the Major State Basic Research Developing Program No. 2007CB815000.

[1] V. I. Zagrebaev, Phys. Rev. C **67**, 061601(R) (2003).
[2] N. Wang, Z. X. Li, and X. Z. Wu, Phys. Rev. C **65**, 064608 (2002).
[3] N. Wang, Z. Li, X. Wu, J. Tian, Y. X. Zhang, and M. Liu , Phys. Rev. C **69**, 034608 (2004).
[4] P. H. Stelson, Phys. Lett. **B205**, 190 (1988).
[5] P. H. Stelson, H. J. Kim, M. Beckerman, D. Shapira, and R. L. Robinson, Phys. Rev. C **41**, 1584 (1990).
[6] W. Rowley, G. R. Satchler, and P. H. Stelson, Phys. Lett. **B254**, 21 (1991).

[7] H. Timmers, D. Ackermann, S. Beghini, L. Corradi, J. H. He, G. Montagnoli, F. Scarlassara, A. M. Stefanini, and N. Rowley, Nucl. Phys. **A633**, 421 (1998).
[8] H. Q. Zhang, Z. H. Liu, F. Yang, C. J. Lin, M. Ruan, Y. W. Wu, Z. X. Li, X. Z. Wu, K. Zhao, and N. Wang, Chin. Phys. Lett. **22**, 3048 (2005).
[9] A. M. Stefanini, F. Scarlassara, S. Beghini, G. Montagnoli, R. Silvestri, M. Trotta, B. R. Behera, L. Corradi, E. Fioretto, A. Gadea, Y. W. Wu, S. Szilner, H. Q. Zhang, Z. H. Liu, M. Ruan, F. Yang, and N. Rowley, Phys. Rev. C **73**, 034606 (2006).
[10] A. M. Stefanini, B. R. Behera, S. Beghini, L. Corradi, E. Fioretto, A. Gadea, G. Montagnoli, N. Rowley, F. Scarlassara, S. Szilner, and M. Trotta, Phys. Rev. C **76**, 014610 (2007).
[11] A. T. Kruppa, P. Romain, M. A. Nagarajan, and N. Rowley, Nucl. Phys. **A560**, 845 (1993).
[12] M. V. Andres, N. Rowley, and M. A. Nagarajan, Phys. Lett. **B202**, 292 (1988).
[13] H. Q. Zhang, F. Yang, C. J. Lin, Z. H. Liu, and Y. M. Hu, Phys. Rev. C **57**, R1047 (1998).
[14] H. Timmer, J. R. Leigh, M. Dasgupta, D. J. Hinde, R. C. Lemmon, J. C. Mein, C. R. Morton, J. O. Newton, and N. Rowley, Nucl. Phys. **A584**, 190 (1995).
[15] D. L. Hill and J. A. Wheeler, Phys. Rev. **89**, 1102 (1953).

# Surface Diffuseness Anomaly in $^{16}O+^{208}Pb$ Quasi-elastic Scattering at Backward Angle①

JIA Hui-Ming(贾会明), LIN Cheng-Jian(林承键), ZHANG Huan-Qiao(张焕乔), LIU Zu-Hua(刘祖华), YANG Feng(杨峰), JIA Fei(贾飞), ZHANG Chun-Lei(张春雷), AN Guang-Peng(安广朋), WU Zhen-Dong(吴振东), XU Xin-Xing(徐新星), BAI Chun-Lin(白春林), YU Ning(喻宁)

*China Institute of Atomic Energy, Beijing 102413*

(Received 23 April 2008)

*The quasi-elastic scattering excitation function of the doubly magic $^{16}O+^{208}Pb$ system at a backward angle is measured at sub-barrier energies with high precision. The diffuseness parameters extracted from both the single-channel and the coupled-channels calculations give almost the same value $a = 0.76 \pm 0.04$ fm. The results show that the coupling effect is negligible for the spherical system. The obtained value is smaller than the extracted value from the fusion excitation function, but larger than the value of $a = 0.63$ fm, which is from the systematic analysis of elastic scattering data.*

*PACS: 25.70.−z, 25.70.Bc, 24.50.+g*

For heavy-ion reactions, the Woods–Saxon (WS) form of nuclear potential, which is characterized by the depth $V_0$, radius parameter $r_0$ and diffuseness parameter $a$, has been widely used. Recently, the diffuseness anomaly extracted from the above-barrier fusion excitation functions with the WS form of the nuclear potential have been reported.[1−4] Newton *et al.*[3] found that the diffuseness parameters of the Woods-Saxon potential increase with the increasing reaction charge products $Z_P Z_T$ by analysing 46 high precise fusion excitation functions above the barrier energies. For the systems of $Z_P Z_T < 1600$, the diffuseness parameters increase from 0.75 to 1.5 fm. The result indicates that the diffuseness parameters are obviously greater than the commonly accepted value of 0.63 fm from the systematic analysis of elastic scattering data.[5−8] Up to now, the origins responsible for the discrepancy in the surface diffuseness parameter between the scattering and fusion processes have not been found yet. In order to check the reasons of the anomaly, Hagino *et al.*[9] proposed to extract the diffuseness parameter from the quasi-elastic scattering excitation function theoretically.

For a single channel problem, the ratio of the elastic scattering cross section $\sigma_{el}$ to the Rutherford scattering cross sections $\sigma_{Ru}$ at the backward angle $\theta$ is given by[9−11]

$$\frac{d\sigma_{el}}{d\sigma_{Ru}}(E_{\text{c.m.}},\theta) \sim 1 + \frac{V_N(r_c)}{ka}\frac{\sqrt{2a\pi k\eta}}{E_{\text{c.m.}}}, \tag{1}$$

at energies well below the Coulomb barrier, where the tunnelling probability exponentially decreases. Here $E_{\text{c.m.}}$ is the centre-of-mass energy, $k = \sqrt{2\mu E_{\text{c.m.}}/\hbar^2}$ the wave number, $\mu$ the reduced mass of the system, and $\eta$ is the Sommerfeld parameter. This formula is obtained with the semi-classical perturbation theory, which is assumed that the nuclear potential $V_N(r_c)$ is proportional to $\exp(-r/a)$ around the distance of the closest approach, i.e. $r_c = (\eta^2 + \sqrt{\eta^2 + \lambda_c^2})/k$, where $\lambda_c = \eta\cot(\theta/2)$ is the classical angular momentum for the Rutherford scattering. The deviation of the ratio of the cross section from unity is therefore sensitive only to the surface property of nuclear potential and provides a relatively model independent way to study the anomalous effect of surface diffuseness parameter.

The reflection coefficient $R_0(E_{\text{c.m.}})$ for angular momentum $l = 0$ is given by the ratio of Eq. (1) at 180°. Due to the difficulty of detecting scattered particles at $\theta_{lab} = 180°$, the detectors were setup at angles as close to 180° as possible. In order to compare the value at 180°, the energy of the former was reduced by the centrifugal energy $E_{\text{cent}}$ [12]

$$E_{\text{cent}} = 2E_{\text{c.m.}}\frac{\sin(\theta/2)}{1+\sin(\theta/2)}. \tag{2}$$

In this study we present precise excitation function for the quasi-elastic scattering of $^{16}O$ impinging on $^{208}Pb$ at a backward angle.

Generally, the quasi-elastic cross section $\sigma_{qel}$ is defined as the sum of the elastic scattering and all other peripheral reaction processes. Here $\sigma_{el}$ can be considered as $\sigma_{qel}$ to a good approximation at deep sub-barrier energies. Up to now there have been some experimental results by means of this method.[9,13,16] Washiyama *et al.*[13] measured the quasi-elastic scattering excitation function of $^{16}O+^{208}Pb$ system at backward angles. The best fit to the experimental data was obtained with a diffuseness parameter

① Chin.Phys.Lett.,2008,25(8):2834-2836.

$a = 0.59\,\text{fm}$ using a single-channel model. However, the quasi-elastic scattering data are not suitable for this purpose due to the large uncertainty and scarce low energy data. So the available result from the data is not conclusive. However Gasques *et al.*[16] measured the quasi-elastic excitation function of $^{32}S+^{208}Pb$ with high precision, which was extended to deeper sub-barrier energies. The extracted diffuseness value is $a = 0.75\,\text{fm}$.

The experiment was carried out at the HI-13 tandem accelerator of the China Institute of Atomic Energy. A collimated $^{16}O$ beam with incident energies from 40.5 to 80.25 MeV bombarded on the target. The energies were varied in steps of 3 MeV at the very low energies and in steps of 0.68 MeV at the relatively high energies. The $^{208}Pb$ target in thickness 140 $\mu g/cm^2$ with a diameter 5 mm was evaporated onto a 20 $\mu g/cm^2$ carbon backing. The energies were increased monotonically in order to reduce the magnetic hysteresis. Some of the energies were measured repeatedly to make sure that the detector response did not degrade. Two collimators were mounted in the entrance and exit tubes about 110 cm apart from each other. The scattered particles were detected by four Si (Au) surface-barrier detectors located at 175° with respect to the beam direction. Four Si (Au) monitor detectors (upper and lower, left and right), located at the angle 41° with respect to the beam are used to detect the elastic scattering for normalization, as well as to check the beam quality and angle. The relative angles subtended by the semiconductors were determined using a $^{241}Am$ alpha source. The low energy data whose values are close to unity were used to get a better normalization.

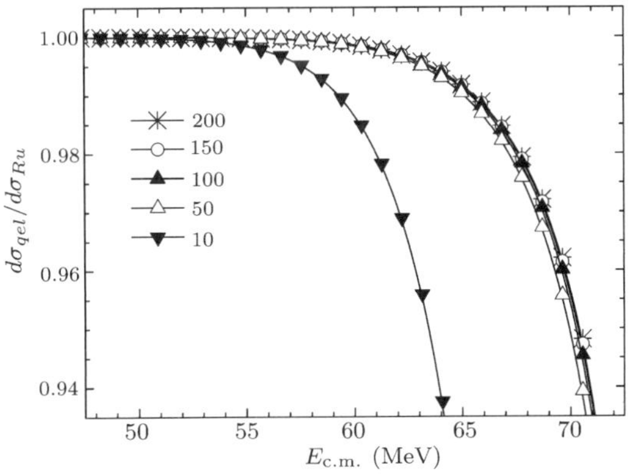


**Fig. 1.** Quasi-elastic excitation functions for the $^{16}O+^{208}Pb$ system at 175° with the same diffuseness parameter 0.63 fm calculated by using a single-channel model. The numbers in the figure represent the depth $V_0$ of the Woods-Saxon potential.

In general, the region of "deep sub-barrier energies" is defined as around 3 MeV below the lowest barrier height or smaller, where the collective inelastic excitations and transfer reactions do not strongly coupled to the relative motion. According to the CCFULL calculation,[12] the definition in this way corresponds to the region where the experimental value of the ratio of the quasi-elastic to the Rutherford cross sections is larger than around 0.94. We therefore include only those experimental data which satisfy $d\sigma_{qel}/d\sigma_{Ru} \geq 0.94$ in the $\chi^2$ fitting.

The single channel and coupled-channels calculations were preformed using a nuclear potential of WS form. In the calculations imaginary potential with $W = 30\,\text{MeV}$, $a_W = 0.4\,\text{fm}$, and $r_W = 1.0\,\text{fm}$ represents the rather small absorption from barrier penetration. The values assumed for the imaginary part of the potential result in negligible strength in the surface region. As long as the imaginary part of the potential is confined inside the Coulomb barrier, the quasi-elastic scattering cross section predictions are insensitive to the variation of the parameters.

At the surface region the effect of variation in $V_0$ and $r_0$ on the Coulomb barrier height compensates for each other, so we can determine surface diffuseness parameter unambiguously. The parameters of the WS real potential were searched for the best fit to the quasi-elastic data, with the important constraint that the expected average fusion barrier energy had to be reproduced. The uncertainty of the diffuseness parameter was evaluated from the value at which the total chi-squared increases from the minimum by the minimum chi-squared per degree of freedom.

Displayed in Fig. 1 are the cross section ratio trends of $^{16}O+^{208}Pb$ system with different depths and the corresponding radius parameters, which are calculated by a single channel model with the same diffuseness parameter. The average barrier of 74.52 MeV were extracted from fusion excitation function.[17] The trends of the curves are very similar except the curve calculated with the depth of potential 10 MeV. As long as the parameters of the real part of the potential are in the reasonable range, the trends of curves are almost the same at the deep sub-barrier energies. In the following analysis keeping the depth parameter $V_0$ fixed at 100 MeV, we vary $r_0$ and $a$ to reproduce the barrier energy.

The experimental quasi-elastic excitation function for the $^{16}O+^{208}Pb$ system measured at 175° is shown in Fig. 2. The energies have been corrected for the target thickness and converted to the centre-of-mass system. The relative errors of all the cross sections are about 0.4%. The solid curve in the figure indicates the result of the best-fitting by using single-channel nuclear potential with diffuseness parameter $a = 0.76 \pm 0.04\,\text{fm}$. This value is larger than the diffuseness parameter value reported in Ref. [13] but is in good agreement with the parameter for the $^{32}S+^{208}Pb$

reaction.[16]

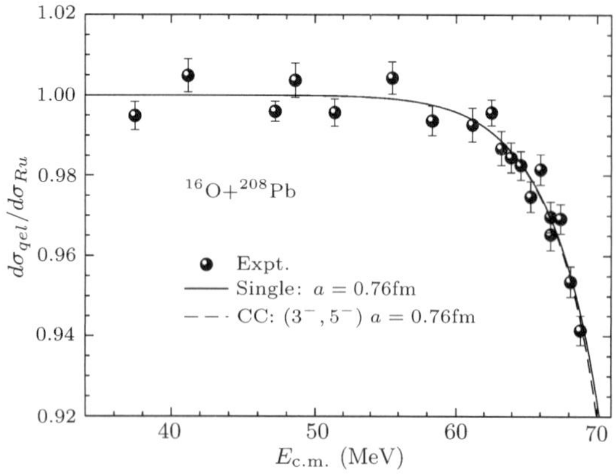


**Fig. 2.** Ratio of the quasi-elastic scattering to the Rutherford cross section measured at $\theta = 175°$ for the $^{16}O+^{208}Pb$ reaction. The solid squares are the present data. The solid curve represents the results obtained from a single-channel analysis, whereas the dashed curve (almost coinciding with the solid line) corresponds to the coupled-channel calculation (CC). The diffuseness parameter was obtained by performing a least-square fit to the data.

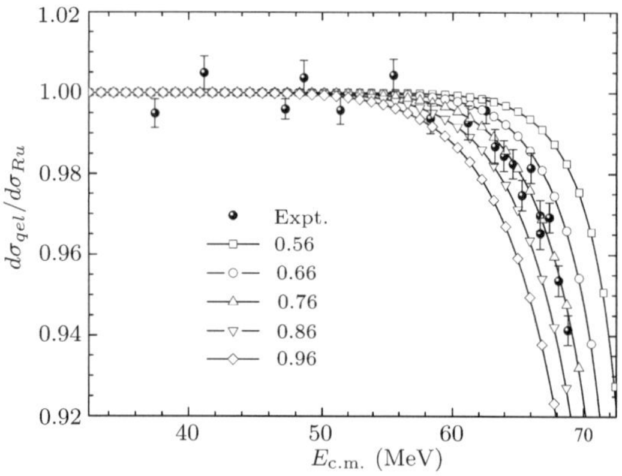


**Fig. 3.** The same as Fig. 2, but the solid curves represent single-channel analysis with different diffuseness parameters. The numbers in the figure represent the diffuseness parameter $a$ of the Woods–Saxon potential.

The experimental quasi-elastic scattering excitation function was also compared with the coupled-channels calculations. The projectile $^{16}O$ has been treated as inert and couplings to $3^-$, $5^-$ states in $^{208}Pb$ were included in the calculations. The coupling strengths were obtained from Ref. [18]. The $3^-$ and $5^-$ single-phonon states of $^{208}Pb$ have excitation energies $\varepsilon_2 = 2.615$ and $\varepsilon_3 = 3.198$ MeV, respectively. The diffuseness parameter giving the best fit to the experimental data is almost identical to the one obtained by using a single-channel potential. The result is indicated by the dashed curve in Fig. 2. As is expected, couplings play a negligible role in quasi-elastic reactions involving spherical nuclei at deep sub-barrier energies, and their effects can be almost ignored.

It turns out that changing the average barrier height by $\pm 1$ MeV essentially changes the best fitted diffuseness parameter by $\pm 0.04$ fm. If we change the normalization of the data by $\pm 0.4\%$ (the typical statistical error), the corresponding change of diffuseness parameter is $\pm 0.03$ fm. Figure 3 shows the effects of varying the diffuseness of the nuclear potential for the $^{16}O+^{208}Pb$ system. We can conclude from the figure that the diffuseness parameters remarkably affect the trends of the quasi-elastic excitation function.

In summary, we have measured a precise quasi-elastic excitation function for the $^{16}O+^{208}Pb$ system at the deep sub-barrier energies and at a backward angle. Both single-channel and coupled-channels calculations fit the data well with the same diffuseness parameter $a = 0.76 \pm 0.04$ fm for the spherical system. The value is smaller than the diffuseness parameter $a = 1.11 \pm 0.02$ fm extracted from fusion experiment.[3] Now the suggested reasons for the large value of $a$ extracted from fusion reaction have been related to the departure from the Woods–Saxon potential at closer distance or the dynamical fusion process. Combining the elastic scattering, quasi-elastic scattering and fusion reactions, possible reason is that more dynamical processes participate in the reactions with the approaching of the two colliding nuclei. The larger surface diffuseness parameter may be partly an artifact of the dynamical potential. Therefore, it appears that further theoretical work is needed in order to reach an understanding of the underlying physical process.

## References

[1] Dasgupta M et al 2004 *Prog. Theor. Phys. Suppl.* **154** 209
[2] Newton J O et al 2004 *Phys. Lett.* B **586** 219
[3] Newton J O et al 2004 *Phys. Rev.* C **70** 024605
[4] Mukherjee A et al 2007 *Phys. Rev.* C **75** 044608
[5] Christensen P R et al 1976 *Phys. Lett.* B **65** 19
[6] Lozano M and Madurga G 1980 *Nucl. Phys.* A **334** 349
[7] Chamon L C et al 1996 *Nucl. Phys.* A **597** 253
[8] Silva C P et al 2001 *Nucl. Phys.* A **679** 287
[9] Hagino K et al 2005 *Phys. Rev.* C **71** 044612
[10] Landowne S and Wolter H H 1981 *Nucl. Phys.* A **351** 171
[11] Brink D M and Satchler G R 1981 *J. Phys.* G **7** 43
[12] Timmers H et al 1995 *Nucl. Phys.* A **584** 190
[13] Washiyama K et al 2006 *Phys. Rev.* C **73** 034607
[14] Capurro O A et al 2007 *Phys. Rev.* C **75** 047601
[15] Monteiro D S et al 2007 *Phys. Rev.* C **76** 027601
[16] Gasques L R, Evers M, Hinde D J, Dasgupta M, Gomes P R S, Anjos R M, Brown M L, Rodríguez M D, Thomas R G and Hagino K 2007 *Phys. Rev.* C **76** 024612
[17] Morton C R et al 1999 *Phys. Rev.* C **60** 044608
[18] Chen Z P, Peng Q Z and Zhu Q Y 2000 *Journal of Tsinghua University* **40** 8

# Optical Potential Parameters of Weakly Bound Nuclear System $^{17}$F+$^{13}$C ①

AN Guang-Peng(安广朋), LIN Cheng-Jian(林承键), ZHANG Huan-Qiao(张焕乔), LIU Zu-Hua(刘祖华), YANG Feng(杨峰), ZHANG Gao-Long(张高龙), ZHANG Chun-Lei(张春雷), WU Zhen-Dong(吴振东), JIA Fei(贾飞), JIA Hui-Ming(贾会明), XU Xin-Xing(徐新星), BAI Chun-Lin(白春林), YU Ning(喻宁)

*China Institute of Atomic Energy, Beijing 102413*

(Received 6 June 2008)

*Elastic scattering angular distributions of the $^{14}$N+$^{16}$O system and the angular distributions of transfer reaction $^{16}$O($^{14}$N,$^{13}$C)$^{17}$F at $E_{\rm Lab}$=76.2 MeV and 57 MeV have been measured and calculated by means of the exact finite-range distorted-wave Born approximation with the PTOLEMY code. The optical potential parameters for the weakly bound nuclear system $^{17}$F+$^{13}$C have been deduced and applied to analyse the elastic scattering angular distributions of the similar systems $^{17}$F+$^{12}$C and $^{17}$F+$^{14}$N which are taken from literature. The result shows that the transfer reaction with stable projectile and target combination can be used as an alternative method to extract the optical potential parameters for the weakly bound nuclear system.*

*PACS: 24.10.Eq, 24.10.Ht,25.70.Hi*

It is well known that the optical potential is a basic ingredient in the study of nucleus–nucleus collisions. With the application of radioactive ion beams (RIB), extracting the optical potential parameters for the weakly bound and halo nuclear systems is a very interesting topic. Usually, extracting the optical potential parameters from the fitting of elastic scattering angular distribution is the most direct method. At present, the intensity and quality of RIB limit the experimental precision. Therefore, the optical potential parameters have not been studied well. Due to the lack of experimental elastic scattering angular distribution data, there is no definite conclusion on the difference of the optical potential parameters between the weakly and tightly bound nuclear systems. In view of this situation, the transfer reaction with stable projectile and target combination can be an alternative method[1] to study the optical potential parameters of the weakly bound nuclear systems.

For the transfer reaction A(a,b)B with $a = b + x$ and $B = A + x$, the transition amplitude in distorted-wave Born approximation (DWBA) approach can be written as

$$T = J\int d^3r_b\int d^3r_a\chi^{(-)}(\boldsymbol{k}_f,\boldsymbol{r}_b)\langle b,B|V|a,A\rangle \cdot\chi^{(+)}(\boldsymbol{k}_i,\boldsymbol{r}_a), \quad (1)$$

where $\chi^{(+)}$ and $\chi^{(-)}$ are the incoming and outgoing distorted waves which describe the respective scattering in the entrance and exit channels and are generated from appropriate optical potential and $J$ is the coordinate conversion Jacobi. The form factor $\langle bB|V|aA\rangle$ contains the information of nuclear structure. There are four wavefunctions in DWBA calculations, two for incoming and outgoing distorted waves of scattering states and two for $b+x$ and $A+x$ bound states which could be obtained from the single-particle potential model. For the entrance channel, the scattering state can be reliably determined by measuring the elastic scattering angular distribution. Then the optical potential parameters of weakly bound nuclear system of exit channel could be deduced by fitting the transfer reaction angular distribution.

In this Letter, we study the optical potential of weakly bound nuclear system $^{17}$F+$^{13}$C by the $^{16}$O($^{14}$N,$^{13}$C)$^{17}$F reaction. The weakly bound nucleus $^{17}$F($J^\pi = 5/2^+$, $S_{-1p} = 0.600$ MeV) has been interesting in recent years owing to its role in the hot CNO cycle of nuclear reactions of astrophysics. The first excited state of $^{17}$F is a proton halo state found by Gagliardi *et al.*[2] in the $^{16}$O($^3$He,d)$^{17}$F reaction with the asymptotic normalization coefficient (ANC) method. In addition, the elastic scattering angular distributions of $^{17}$F on $^{12}$C and $^{14}$N were measured by Blackman *et al.* at the energy of 10 MeV/nucleon[3] and the optical potential parameters of $^{17}$F+$^{12}$C and $^{17}$F+$^{14}$N systems were extracted. Taking this into account, we analyse the elastic scattering angular distribution of $^{17}$F+$^{12}$C system on the basis of the optical potential parameters extracted from the angular distribution of transfer reaction $^{16}$O($^{14}$N,$^{13}$C)$^{17}$F and compared the calculated elastic scattering angular distributions with the results given by Blackman *et al.*

The experiment was carried out on the HI-13 tandem accelerator at China Institute of Atomic Energy. The elastic scattering angular distributions of the $^{14}$N+$^{16}$O system and the angular distributions of transfer reaction $^{16}$O($^{14}$N,$^{13}$C)$^{17}$F in which one proton transfers to the ground state of $^{17}$F were measured. The collimated $^{14}$N beam was used at

① Chin.Phys.Lett.,2008,25(12):4237-4239.

$E_{\rm Lab}(^{14}{\rm N})$=76.2 MeV and 57 MeV, respectively. The beam current on the target was in the range from 100 to 300 enA. An about 100 μg/cm$^2$ $Al_2O_3$ target evaporated onto about 20 μ g/cm$^2$ carbon foil backing was used. The Q3D magnetic spectrometer with a multilayer position sensitive focal plane gas detector was used to detect the transfer products. An array of seven Si(Au) surface barrier detectors at an intervals of 10° was mounted in the Q3D scattering chamber to detect the elastic scattering particles. Two Si (Au) surface barrier detectors at the forward angle were used as the beam monitor for the cross-section normalization. The absolute error in the normalization was estimated to be ±15%.

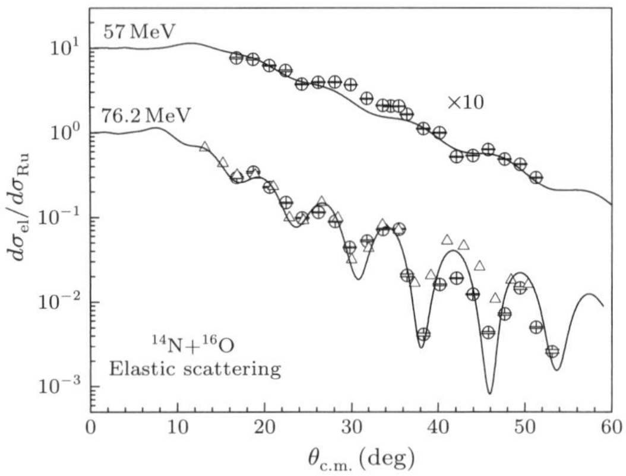


**Fig. 1.** Elastic scattering angular distributions for the $^{14}$N+$^{16}$O system. The open circles are the present experimental results. The open triangles are the data taken from Ref. [4]. The solid curves are the DWBA fit with the PTOLEMY code.

The measured elastic scattering and transfer reaction angular distributions are shown, respectively, in Figs. 1 and 2 with some experimental data taken from the literature.[4] The error bars of the data points result from statistical uncertainties only.

The experimental data are analysed with the phenomenological Woods–Saxon potentials.

$$V(r)=V\{1+\exp[(r-R_V)/a_V]\}^{-1} + iW\{1+\exp[(r-R_W)/a_W]\}^{-1}, \quad (2)$$

where $R_V=r_{0V}(A_1^{1/3}+A_2^{1/3})$ and $R_W=r_{0W}(A_1^{1/3}+A_2^{1/3})$.

The Coulomb potential of a uniform charge sphere is given by

$$V_C(r)=\begin{cases}(3R_C^2-r^2)Z_1Z_2e^2/(2R_C^3), & r<R_C,\\ Z_1Z_2e^2/r, & r\geq R_C,\end{cases} \quad (3)$$

where $R_C=r_{0C}(A_1^{1/3}+A_2^{1/3})$ with $r_{0C}=1.30$ fm.

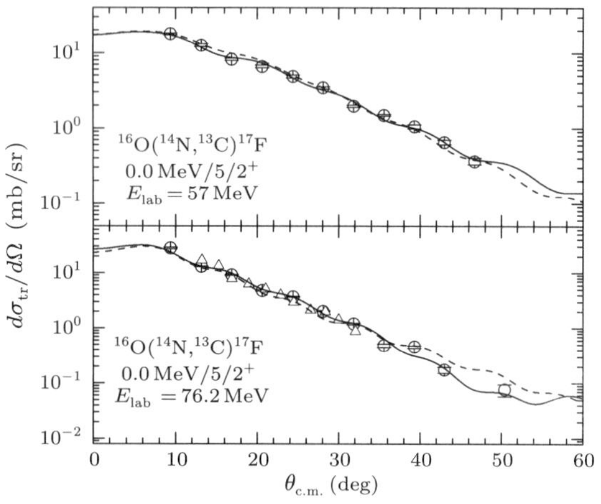


**Fig. 2.** Angular distributions of transfer reaction $^{16}$O($^{14}$N,$^{13}$C)$^{17}$F in which one proton transfers to the ground state. The open circles are the present experimental results. The open triangles are the data taken from Ref. [4]. The solid curves are the DWBA calculations with the optical potential parameters listed in Table 1. The dashed curves are the calculation for the entrance and exit channels with the same optical potential parameters which are extracted from $^{14}$N+$^{16}$O elastic scattering data.

The elastic scattering angular distributions of the $^{14}$N+$^{16}$O system are fitted with the PTOLEMY code[5] suitable for heavy-ion direct reaction to extract the optical potential parameters $\{X_i\}=\{V,r_{0V},a_V,W,r_{0W},a_W\}$. The fitted results are shown in Fig. 1 with the solid curve. The obtained sets $\{X_i\}$ of the optical potential parameters for the $^{14}$N+$^{16}$O system are listed in Table 1. Motobayashi *et al.*[4] also extracted the $^{14}$N+$^{16}$O optical potential parameters at energy 76.2 MeV. Our result can compare with their optical potential parameters.

Table 1. Woods–Saxon (W-S) parameters $\{X_i\}=\{V,r_{0V},a_V,W,r_{0W},a_W\}$ determined from a optimal fit to the elastic scattering data and transfer data. Here $\chi^2$ for fits are also tabulated.

| $P+T$ | $E_{\rm c.m.}$ (MeV) | $V$ (MeV) | $r_{0V}$ (fm) | $a_V$ (fm) | $W$ (MeV) | $r_{0W}$ (fm) | $a_W$ (fm) | $r_{0C}$ (fm) | $\chi^2$ |
|---|---|---|---|---|---|---|---|---|---|
| $^{14}$N+$^{16}$O | 30.4 | 14.2 | 1.18 | 0.54 | 12.3 | 1.18 | 0.56 | 1.30 | 183.0 |
| | 40.6 | 19.9 | 1.31 | 0.542 | 9.84 | 1.31 | 0.542 | 1.30 | 147.0 |
| $^{17}$F+$^{13}$C | 23.4 | 117.998 | 0.899 | 0.799 | 14.995 | 1.097 | 0.672 | 1.30 | 59.8 |
| | 33.6 | 100 | 0.867 | 0.693 | 8.879 | 1.251 | 0.644 | 1.30 | 114.9 |

In order to obtain the optical potential parameters of weakly bound nuclear system of exit channel, the angular distributions of transfer reaction $^{16}O(^{14}N,^{13}C)^{17}F$ are calculated by means of the exact finite-range DWBA with PTOLEMY code. For the entrance channel $^{14}N+^{16}O$, we use the parameters obtained from the fitting of elastic scattering data. The Woods-Saxon potentials with $r_0 = 1.25$ fm and $a_0 = 0.65$ fm are used to calculate the radial wavefunctions of two bound states with the single-particle potential model.[6] Thus the optical potential parameters of the $^{17}F+^{13}C$ system are deduced from the fitting of the angular distributions of transfer reaction $^{16}O(^{14}N,^{13}C)^{17}F$. The obtained sets $\{X_i\}$ of the optical potential parameters for the $^{17}F+^{13}C$ system are listed in Table 1. In this calculation the spectroscopic factor $S_{jl} = 0.4$ is used, which is consistent with the one given by Motobayashi *et al.* and the theoretical value.[7] The angular distributions of the transfer reaction $^{16}O(^{14}N,^{13}C)^{17}F$ are shown in Fig. 2. The open circles are the present experimental data. The open triangles are the experimental data.[4] The solid curves are the DWBA calculation with the optical potential parameters of the $^{17}F+^{13}C$ system listed in Table 1. The dashed curves are for the entrance and exit channels calculated with the same optical potential parameters extracted from the $^{14}N+^{16}O$ elastic data. The obtained optical potential parameters are in agreement with the theoretical expectation values for the weakly bound nuclear system with $r_V < r_W$ and large diffuseness parameter ($\sim 0.7$ fm).[8]

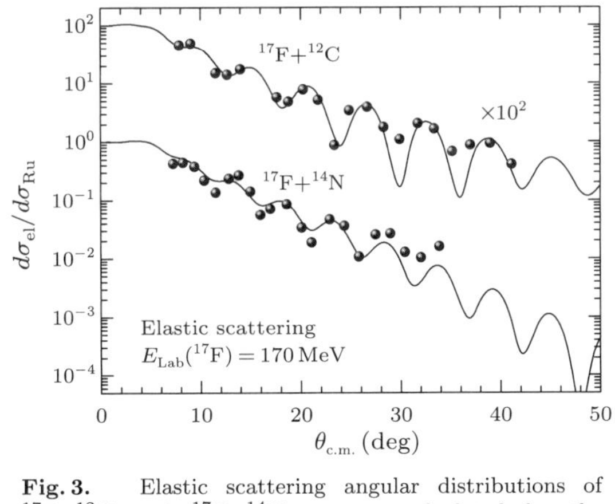


**Fig. 3.** Elastic scattering angular distributions of $^{17}F+^{12}C$ and $^{17}F+^{14}N$ systems calculated by the PTOLEMY code with the optical potential parameters of $^{17}F+^{13}C$ system at $E_{c.m.} = 33.6$ MeV listed in Table 1. The depths of W-S potentials are auto-adjusted in the calculations.

In general, the coupling of the breakup and the quasi-elastic excitation to other reaction channels plays an important role in weakly bound nuclear systems. However, the results obtained from our DWBA calculations without coupling are in good agreement with the experimental data. This shows that the coupling effect can be neglected due to one-step process for the transfer reaction $^{16}O(^{14}N,^{13}C)^{17}F$. The similar results are found in the fusion reaction[9] and the quasi-elastic scatterings[10−12] for the $^{17}F+^{208}Pb$ system. The main reason is that the probabilities of $^{17}F$ Coulomb excitation and breakup are too small to influence the other reaction processes significantly.

In order to test the validity of obtained parameters, the obtained optical potential parameters were used to calculate the elastic scattering angular distributions of $^{17}F+^{12}C$ and $^{17}F+^{14}N$ systems.[3] The results are shown in Fig. 3. It can be seen from the figure that the theoretical values are in good agreement with the experimental data. It is indicated that the transfer reaction with stable projectile and target combination could be used as an alternative method to deduce the optical potential parameters of the weakly bound nuclear system.

In summary, the elastic scattering angular distributions of the $^{14}N+^{16}O$ system and the angular distributions of transfer reaction $^{16}O(^{14}N,^{13}C)^{17}F$ at $E_{Lab} = 76.2$ MeV and 57 MeV have been measured. The elastic scattering and transfer data are analysed by means of the exact finite-range DWBA calculations with PTOLEMY code. The optical potential parameters for the weakly bound nuclear system $^{17}F+^{13}C$ are deduced, which are in agreement with the theoretically expected data and the results for the neighbouring systems. The obtained optical potential parameters are applied to analyse the elastic scattering angular distributions for the similar systems $^{17}F+^{12}C$ and $^{17}F+^{14}N$.[3] The results show that the transfer reaction with stable projectile and target combination can be used as an alternative method to extract the optical potential parameters of the weakly bound nuclear system, which might be an useful method.

## References

[1] Kyryanchuk V M et al 2003 *Nucl. Phys.* A **726** 231
[2] Gagliardi C A et al 1999 *Phys. Rev.* C **59** 1149
[3] Blackmon J C et al 2005 *Phys. Rev.* C **72** 034606
[4] Motobayashi T et al 1979 *Nucl. Phys.* A **331** 193
[5] MacFarlane M H and Pieper S C 1983 *Argonne National Laboratory report No ANL-76-11* (unpublished)
[6] Lin C J et al 2003 *Acta Phys. Sin.* **52** 823 (in Chinese)
[7] Brown G E, Evans J A and Thouless D J 1963 *Nucl. Phys.* **45** 164
[8] Hussein M S and Satchler G R 1994 *Nucl. Phys.* A **567** 165
[9] Rehm K E et al 1998 *Phys. Rev. Lett.* **81** 3341
[10] Liang J F et al 2002 *Phys. Rev.* C **65** 051603(R)
[11] Liang J F et al 2002 *Phys. Rev.* C **67** 044603
[12] Romoli M et al 2004 *Phys. Rev.* C **69** 064614

# Optical Potential Parameters for Halo Nucleus System $^6$He+$^{12}$C from Transfer Reaction $^{11}$B($^7$Li, $^6$He)$^{12}$C ①

WU Zhen-Dong(吴振东), LIN Cheng-Jian(林承键), ZHANG Huan-Qiao(张焕乔), LIU Zu-Hua(刘祖华), YANG Feng(杨峰), AN Guang-Peng(安广朋), ZHANG Chun-Lei(张春雷), ZHANG Gao-Long(张高龙), JIA Hui-Ming(贾会明), XU Xin-Xing(徐新星), BAI Chun-Lin(白春林), YU Ning(喻宁), JIA Fei(贾飞)

*China Institute of Atomic Energy, Beijing 102413*

(Received 9 September 2008)

*The optical potential parameters for the halo nucleus system $^6$He+$^{12}$C are extracted from fits to the measured angular distributions of $^{11}$B($^7$Li, $^6$He)$^{12}$C reaction at energies of 18.3 and 28.3 MeV with distorted-wave Born approximation analysis. The characters of the obtained optical potential parameters are basically consistent with the results extracted from the fits to the elastic-scattering angular distributions in the literature.*

*PACS: 25.70.Hi, 24.10.Eq, 24.10.Ht*

Optical model is one of the most successful models to describe the nuclear reaction mechanism for its simplicity, figurativeness and usability. The optical potential parameter is one of the most important quantities, which describes the interaction in nucleus–nucleus collision. It is closely related to the internal structure of the colliding nuclei. There are many differences between the halo nuclei[1−4] and the tightly bound nuclei. For example, the halo nuclei have large nuclear radius, large nuclear surface diffuseness, small separation energy and so on. These properties cause the difference of the optical potential parameters between the halo nucleus systems and the tightly bound nuclei systems.

$^6$He is a well-known neutron-halo nucleus which can be easily described as a tightly bound $\alpha$ core plus two valence neutrons ($S_{2n} = 972.4 \pm 0.8$ keV). The weak binding of the valence nucleons leads the wavefunctions to tunnel out of the core potential and causes the valence nucleons to form the 'halo' with a large spatial extension. Thus the study of the interaction potentials of $^6$He with other nuclei is very interesting.

In principle, the optical potential parameters of the halo nucleus systems can be extracted from the fits to the measured elastic-scattering angular distribution, the inelastic excitation function, transfer angular distribution and fusion excitation function, etc. Usually, extracting the optical potential parameters from fits to the elastic scattering angular distribution is the most direct method. For halo nucleus systems, the elastic-scattering angular distribution is necessary with the radioactive nucleus beam.[5] At present, the intensity and quality of radioactive nucleus beam limit the experimental precise. Therefore, the optical potentials of the halo nucleus systems have not been sufficiently studied due to the lack of elastic-scattering angular distribution data.

In view of this situation, the transfer reaction with stable projectile and target combination can be used as an alternative method[6] to extract the optical potential parameters of the halo nucleus systems, which may become an useful complement method. In this Letter, we extract the $^6$He+$^{12}$C optical potential parameters from the measuring angular distributions of $^{11}$B($^7$Li, $^6$He)$^{12}$C reaction at energies of 18.3 and 28.3 MeV.

**Fig. 1.** Schematic representation of transfer reaction.

A schematic representation of transfer reaction is shown in Fig. 1. Here $x$ is a transfer particle. According to the formal theory for transfer reaction, the differential cross-section from entrance channel $\alpha = a+A$ to exit channel $\beta = b + B$ in $a + A \to b + B$ reaction can be exactly written as

$$\left(\frac{d\sigma}{d\Omega}\right)_{\beta\alpha} = \left(\frac{4\pi^2}{\hbar^2}\right)^2 \frac{\mu_\alpha\mu_\beta k_\beta}{k_\alpha}|\langle\varphi_\beta|T|\varphi_\alpha\rangle|^2 = \left(\frac{4\pi^2}{\hbar^2}\right)^2 \frac{\mu_\alpha\mu_\beta k_\beta}{k_\alpha}|T_{fi}|^2, \quad (1)$$

where $\mu_\alpha$, $\mu_\beta$, $k_\alpha\, k_\beta$, $\varphi_\alpha$ and $\varphi_\beta$ are the reduced masses, the wave vectors, and the wavefunctions of the entrance and exit channels, respectively. $T$ is the transition matrix and $T_{fi}$ is the element of transition matrix from the entrance channel to the exit channel.

The physical quantities $k_\alpha$, $k_\beta$, $\varphi_\alpha$, $\varphi_\beta$ and $T$ can be deduced from the Schrödinger equation for

① Chin.Phys.Lett.,2009,26(2):022503-(1-3).

the transfer reaction system when the optical potential $U_\alpha$, the bound potential $U_A$ (for $a = b + x$), the optical potential $U_\beta$, the bound potential $U_B$(for $B = A + x$) of entrance channel and exit channel are known. So, the transfer reaction differential cross-section $(d\sigma/d\Omega)_{\beta\alpha}$ can be taken as a function of $U_A$, $U_B$, $U_\alpha$ and $U_\beta$,

$$(d\sigma/d\Omega)_{\beta\alpha} = f(U_A, U_B, U_\alpha, U_\beta). \tag{2}$$

Usually, the bound potentials $U_A$ and $U_B$ can be obtained from reproducing the $x$ particle separation energies. The optical potentials $U_\alpha$ can be extracted from fits to the experimental elastic-scattering angular distribution data. When the potentials $U_A$, $U_B$, $U_\alpha$ and the transfer angular distribution $(d\sigma/d\Omega)_{\beta\alpha}$ are known, then the exit channel optical potential $U_\beta$ can be deduced. The spectroscopic factors should be considered in the calculation of deducing $U_\beta$.

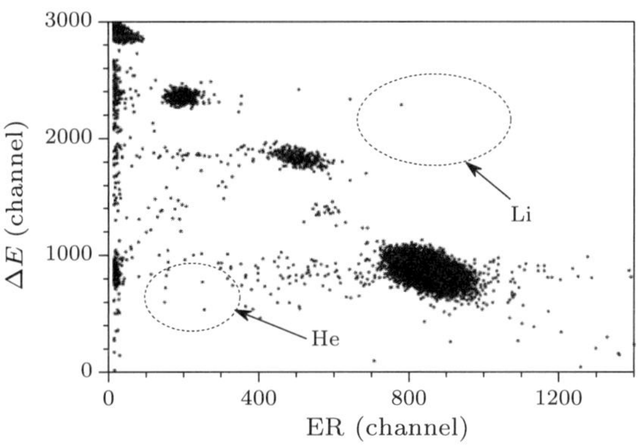


**Fig. 2.** $\Delta E$-ER spectrum of $^7$Li $+^{11}$B reaction at $E_{\rm Lab} = 28.3$ MeV. ER: energy residual.

The experiment was performed at the HI-13 tandem accelerator of China Institute of Atomic Energy. A natural boron target in thickness about $100\,\mu g/cm^2$ evaporated onto a $20\,\mu g/cm^2$ carbon foil backing was bombarded by collimated $^7$Li beams of 18.3 and 28.3 MeV. The $^7$Li beam current is in the range of 200–400 enA. The Q3D magnetic spectrometer with a multi-layer position-sensitive focal plane gas detector was employed to detect the exit products. The entry slit of the Q3D magnetic spectrometer was fixed in the experiment. Figures 2 and 3 show the $\Delta E$-ER and $\Delta E$-POS spectra of the products recorded by a focal plane detector at 13.5° for the 28.3 MeV $^7$Li $+^{11}$B reaction.

The relative angular distributions of the $^{11}$B($^7$Li, $^6$He)$^{12}$C reaction were obtained by analysing the experimental data with the software tool PAW (Physics Analysis Workstation).[7] The uncertainties of the transfer angular distributions are mainly from the entry angle error of the Q3D magnetic spectrometer and the statistic errors. In our experiment, the entry angle error of the Q3D magnetic spectrometer is smaller than 0.01° which can be neglected. Thus only the counting statistic errors are considered.

The measured transfer reaction angular distributions were analysed within the framework of Distorted-Wave Born Approximation (DWBA) with the computer code PTOLEMY.[8] The nucleus-nucleus interaction optical potential consists of the Woods–Saxon form and Coulomb potential of a uniform charged sphere and it can be written as

$$U(r) = -\frac{V}{1+\exp(\frac{r-R}{a})} - \frac{iW}{1+\exp(\frac{r-R_i}{a_i})} + \begin{cases} \dfrac{zZe^2}{r}, & \text{when } r \geq R_C, \\ \dfrac{zZe^2}{2R_C}\left(3-\dfrac{r^2}{R_C^2}\right), & \text{when } r < R_C, \end{cases} \tag{3}$$

$$R = r_0 A^{1/3}, \quad R_i = r_{i0} A^{1/3}, \quad R_C = r_c A^{1/3}, \tag{4}$$

where $V$, $W$, $r_0$, $r_{i0}$, $a$, $a_i$ are the potential depth, radius and diffuseness parameters for real and imaginary part, respectively; $r_c$ is Coulomb radius parameter. They are the adjustable parameters.

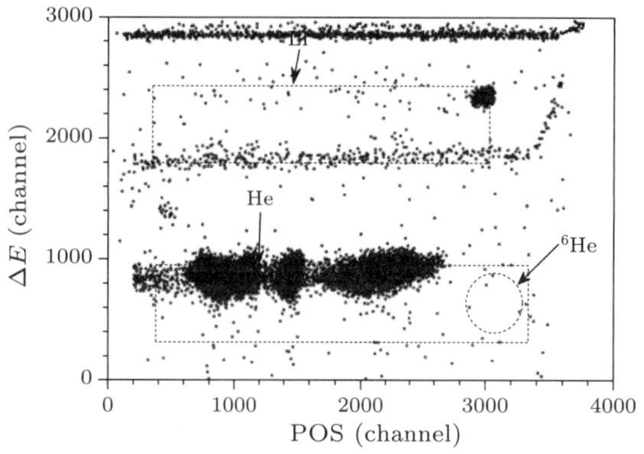


**Fig. 3.** $\Delta E$-POS spectrum of $^7$Li $+^{11}$B reaction at $E_{\rm Lab} = 28.3$ MeV. POS: position of incident particles.

In DWBA calculations, the entrance channel optical potentials for the $^7$Li+$^{11}$B system at energies 18.3 and 28.3 MeV are the same which is taken from Neuschaefer[9] (row A in Table 1). The bound potentials of $^7$Li = p + $^6$He and $^{12}$C = p + $^{11}$B were deduced from reproducing the last proton separation energies with the code PTOLEMY. The ground state theoretical spectroscopic factors 0.888 for $^7$Li = p + $^6$He [10] and 2.85 for $^{12}$C = p + $^{11}$B [11] were adopted. In the searching for optical potential parameters, the experimental transfer reaction angular distributions were renormalized to the theoretical values. The renormalization factor $k_N$ was calculated by minimizing the goodness of fit $\chi^2$,

$$\chi^2 = \sum_{i=1}^{n} \frac{(\sigma_i^T - k_N\sigma_i)^2}{(k_N\Delta\sigma_i)^2}. \tag{5}$$

Table 1. Optical potential parameters for $^{11}B(^7Li, ^6He)\ ^{12}C$ reactions. Here row A taken from Ref. [9], rows B and C are the results of gradient descent searching.

| | System | $E_{Lab}$ (MeV) | $E_{c.m.}$ (MeV) | $V$ (MeV) | $r_0$ (fm) | $a$ (fm) | $W$ (MeV) | $r_{i0}$ (fm) | $a_i$ (fm) | $r_c$ (fm) | $k_N$ | $\chi^2$ |
|---|---|---|---|---|---|---|---|---|---|---|---|---|
| A | $^7Li+^{11}B$ | 34 | 20.78 | 184.2 | 0.72 | 0.75 | 11.1 | 1.33 | 0.61 | 0.96 | | |
| B | $^6He+^{12}C$ | 25.75 | 17.16 | 160.129 | 1.00 | 0.802 | 27.321 | 1.271 | 0.50 | 1.200 | 34.839 | 13.498 |
| C | $^6He+^{12}C$ | 34.91 | 23.27 | 320.00 | 1.00 | 0.703 | 25.007 | 1.133 | 0.50 | 1.2 | 10.283 | 494.774 |

To extract the reliable optical potential of the $^6He+^{12}C$ system, a grid searching on optical potential parameters was carried out. Then the best obtained $^6He+^{12}C$ optical potential parameters of the grid searching were used as the initial potential parameters in another gradient descent searching for $^6He+^{12}C$ optical potential parameters again. Finally, the optimal potential parameters of $^6He+^{12}C$ are obtained by the gradient descent searching in rows B and C in Table 1. The theoretical transfer reaction angular distributions calculated by using our $^6He+^{12}C$ optical potential parameters for exit channel are compared with the experimental data for the $^{11}B(^7Li, ^6He)^{12}C$ reaction at 18.3 and 28.3 MeV in Fig. 4. The comparison shows a good agreement between them.

It should be mentioned that there are more than one set of optical potential parameters with similar goodness of fit to the transfer reaction angular distribution during our searching for the optical potential parameters. It may be due to the Igo ambiguity of the optical potentials.[12]

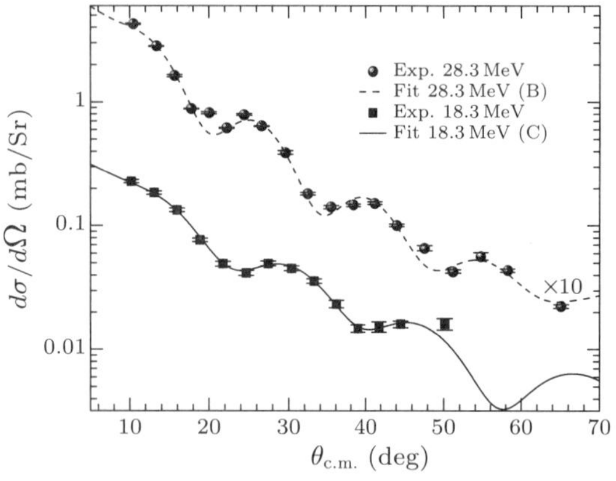


**Fig. 4.** Angular distribution of $^{11}B(^7Li, ^6He)^{12}C$.

The obtained $^6He+^{12}C$ optical potential parameters in Table 1 show two characteristics. First, the radius parameters for the real part potential are smaller than those for the imaginary part potential. Second, the diffuseness parameters for real part potentials are larger than 0.65 fm which is taken from the systematic analysis elastic-scattering angular distributions of tight bound nuclei systems. These characteristics are in agreement with the theoretical prediction[13] of the optical potential of halo nucleus systems. The larger diffuseness should be caused by the large spatial extension of the $^6He$ halo. It is also consistent with the characteristic of the diffuseness parameters for real part potential extracted from the fits to elastic-scattering angular distributions of halo nucleus systems.

In summary, the angular distributions of $^{11}B(^7Li, ^6He)^{12}C$ reaction at energies of 18.3 and 28.3 MeV have been measured. The optical potential parameters of the $^6He+^{12}C$ halo nucleus system are extracted from the fits to the measured transfer reaction angular distributions by means of DWBA approach. The theoretical transfer angular distribution calculated with the $^6He+^{12}C$ optical potential parameters are in good agreements with the experimental data. The obtained $^6He+^{12}C$ optical potentials show the characteristics of halo nucleus systems, which are consistent with those extracted from the fits to the elastic-scattering angular distributions. Thus the transfer reaction with stable projectile and target combination can be used as an alternative method to extract the optical potential parameters of the halo nucleus systems. It may be a useful method.

## References

[1] Tanihata I, Kobayashi T, Yamakawa O, Shimoura S, Ekuni K, Sugimoto K, Takahashi N, Shimoda T and Sato H 1988 *Phys. Lett.* B **206** 592
[2] Lenske H 1998 *J. Phys.* G **24** 1429
[3] Korsheninnikov A A 2003 *Nucl. Phys.* A **722** 157c
[4] Tanihata I, Hamagaki H, Hashimoto O, Nagamiya S, Shida Y, Yoshikawa N, Yamakawa O, Sugimoto K, Kobayashi T, Greiner D E, Takahashi N and Nojiri Y 1985 *Phys. Lett.* B **160** 380
[5] Tanihata I 1993 *Nucl. Phys.* A **553** 361c
[6] Kyryanchuk VM, Rudchik A T, Budzanowski A, Chernievsky V K, Czosnyka T, Czech B, Glowacka L, Kliczewski S, Koshchy E I, Mezhevych S Yu, Mokhnach A V, Rusek K, Sakuta S B, Siudak R, Skwirczynska I, Szczurek A and Zemlo L 2003 *Nucl. Phys.* A **726** 231
[7] Brun R and Goossens M 1992 *Complete Reference of PAW* (for Physics Analysis Workstation) (Geneva, Switzerland: CERN)
[8] Rhoades-Brown M, Macfarlane M H, and Pieper S C 1980 *Phys. Rev.* C **21** 2417
[9] Neuschaefer G H, Stephens M N, Tabor S L and Kemper K W 1983 *Phys. Rev.* C **28** 1594
[10] Cohen S and Kurath D 1967 *Nucl. Phys.* **101** 1
[11] Ring P and Werner E 1973 *Nucl. Phys.* A **211** 198
[12] Igo G 1959 *Phys. Rev.* **115** 1665
[13] Hussein M S and Satchler G R 1994 *Nucl. Phys.* A **567** 165

# Experimental Evidence of Two-Proton Emissions from $^{18}$Ne Excited State①

JIA Fei(贾飞), LIN Cheng-Jian(林承键), ZHANG Huan-Qiao(张焕乔), YANG Feng(杨峰), JIA Hui-Ming(贾会明), XU Xin-Xing(徐新星), WU Zhen-Dong(吴振东), LIU Zu-Hua(刘祖华), ZHANG Gao-Long(张高龙), ZHANG Chun-Lei(张春雷)

*China Institute of Atomic Energy, Beijing 102413*

(Received 12 December 2008)

*Experiment $^{18}$Ne+$^{197}$Au was performed in Heavy Ion Research Facility Radioactive Ion Beam Line at Lanzhou (RIBLL). The nuclear energy levels of $^{18}$Ne were built by complete kinematical reconstruction of the decay products and diproton decay were observed from $^{18}$Ne excited states. At 6.15 MeV, the experimental relative momentum and angular correlations of the emitted protons are given. The obvious enhancement at $|q_{\rm rel}| =$ 23 MeV/c and $\theta_{\rm c.m.} = 40°$ shows the experimental criterion of $^2$He cluster decay from $^{18}$Ne$^q$.*

*PACS: 23. 50. +z, 25. 60. −t, 27. 30. +t*

The study of two-proton simultaneous radioactivity is a hot topic for proton dripline nuclei. In 1960, Goldansky[1−3] predicted the existence of a two-proton decay mode which may be observed in nuclei beyond or close to the proton dripline. The observations of 2p simultaneous emission have been reported for $^{17}$Ne,[4,5] $^{45}$Fe,[6,7] $^{54}$Zn,[8] $^{48}$Ni,[9] $^{18}$Ne,[10,11] $^{94}$Ag,[12] and $^{19}$Mg.[13] Several theoretical models[14−23] have been proposed to explain this phenomenon. However, there are three possible ways for double proton emission: (i) three-body direct breakup involving an uncorrelated emission of the two protons, (ii) sequential 2p decay in a short time, (iii) $^2$He cluster emission and then breakup.

The availability of radioactive beam facilities opened up a way to investigate two-proton decay mode. The experiment $^{18}$Ne+$^{197}$Au has been carried out in Heavy Ion Research Facility Radioactive Ion Beam Line at Lanzhou (HIRFL-RIBLL).[24] The $^{18}$Ne nucleus have been produced by primary projectile $^{20}$Ne with the energy of 78.24 MeV/$u$ bombarding on a 1590-μm-thick $^9$Be target. The secondary beam has been separated at a $B\rho$ setting optimized for the $^{18}$Ne transmission. The ion identification was performed by the $\Delta E$-ToF technique. The energy loss $\Delta E$ was measured by a silicon detector (300 μm thick). The time of flight (ToF) was measured by two plastic scintillators read out by photomultiplier tubes. Two parallel plate avalanche counters (PPACs)[25] with collimators $\phi = 3$ cm for PPAC1 and $\phi = 2$ cm for PPAC2 located in front of the secondary $^{197}$Au target for beam tracking. Following the 383.87-mg/cm$^2$-thick $^{197}$Au target, there are D1, X1, Y1, D2, D3, X2, Y2, D4 and CsI array detectors. It is silicon detector with 300 μm thick for D1, D2 and D3 respectively, and 1000 μm thick for D4. X1, Y1, X2 and Y2 are single-sided silicon strip detectors with thickness 300 μm and active area 5 × 5 cm$^2$ respectively, which are 2 mm in width per strip and 0.1 mm in interval. The CsI array is composed of 6 × 6 = 36 small CsI(TI) crystals with 1.5 × 1.5 × 2 cm$^3$ for every CsI(TI) crystal.

The $^{18}$Ne projectile was selected by gating on $\Delta E$-ToF plot, and products produced in the interaction with $^{197}$Au target were identified by $\Delta E - E$. On an event-by-event basis for $^{18}$Ne$^* \to {}^{16}$O+p+p, detectors X1 and Y1 can give the $X - Y$ coordinates of $^{16}$O. The positions for 2p were given by the CsI array which covered the solid angle ±10°, and the total energy were registered in the CsI array. Figure 1 plots the 2p energy loss $\Delta E_{\rm D4}$ in D4 versus the energy $E_{\rm sum}$ CsI deposited in the CsI array in coincidence with $^{18}$Ne projectiles in the entrance channel, marked by the dotted line.

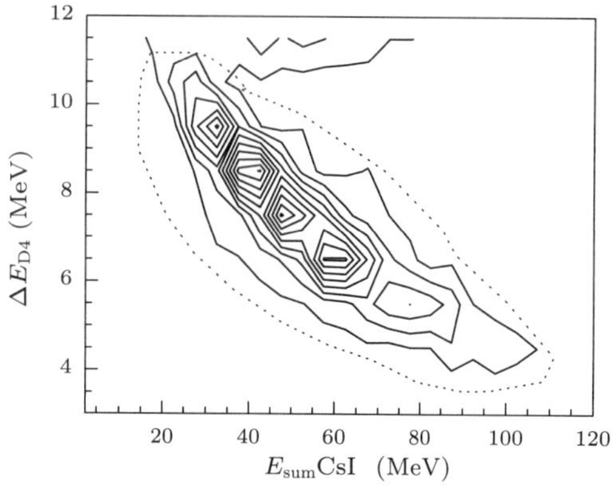


**Fig. 1.** Two-proton identification $\Delta E_{\rm D4}$ versus E$_{\rm sum}$ CsI.

Figure 2 presents the excitation function of $^{18}$Ne from $^{18}$Ne$^* \to {}^{16}$O+p+p events. $^{18}$Ne nuclear energy levels have been reconstructed at 5.15 MeV, 6.15 MeV,

① Chin.Phys.Lett.,2009,26(3):032301-(1-2).

7.06 MeV, 7.91 MeV, 8.5 MeV, 9.6 MeV, 10.9 MeV, 11.5 MeV, 12.1 MeV, 12.7 MeV. There are already some level data in Refs. [10,11]. Two protons in $^2$He cluster are concentrated basically by the pair correlation in a quasi-bound *s* singlet. The Coulomb barrier guarantees the existence of such quasi-bound state for an instant. After tunnelling the barrier, 2p will be separated by the Coulomb force. The relative momentum correlation and angular correlation between two protons can be used as the experimental criterion for $^2$He cluster emission.

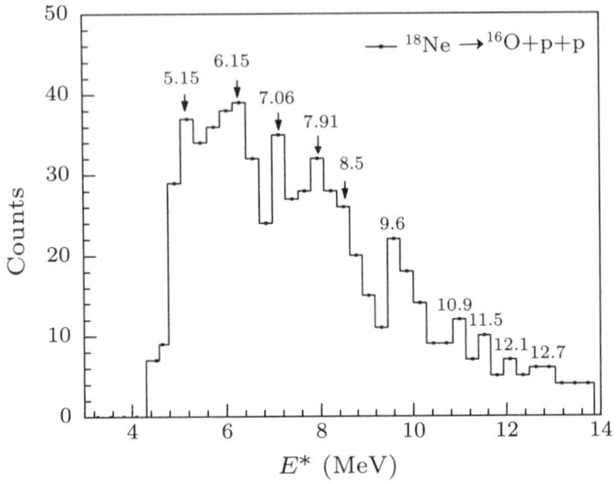


**Fig. 2.** Excitation-energy spectrum of $^{18}$Ne from $^{18}$Ne* $\rightarrow ^{16}$O+p+p events.

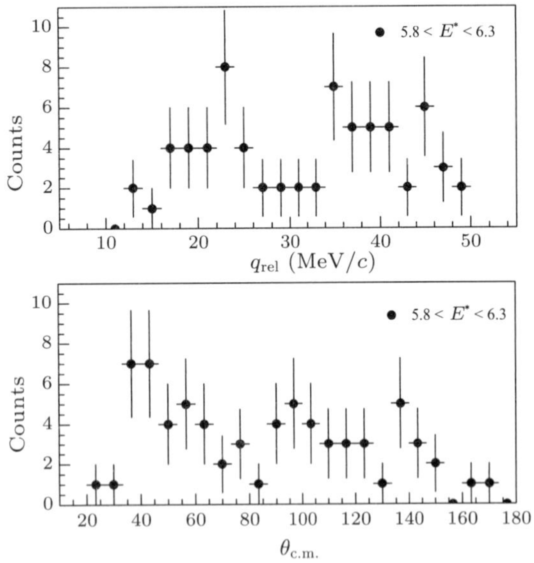


**Fig. 3.** Relative-momentum (top panel) and relative-angle (bottom panel) spectra of the two emitted protons from the 6.15 MeV.

Because of the attractive singlet s-wave interaction between the two protons, the relative momentum ($|\boldsymbol{q}_{\text{rel}}| = |\boldsymbol{P}_1 - \boldsymbol{P}_2|/2$) spectrum of $^2$He is characterized by an enhancement near 20 MeV/*c*.[26] From the level 6.15 MeV($1^-$), the sequential 2p decay channel through a $^{17}$F level is energetically forbidden.[11] In order to investigate whether there are $^2$He cluster decay at 6.15 MeV level, a window has been opened with $5.8 \leq E^* \leq 6.3$. Figure 3 plot the relative-momentum (top panel) and relative-angle (bottom panel) spectra of the two emitted protons at the 6.15 MeV level, in the $^{18}$Ne* $\rightarrow$ $^{16}$O+p+p c.m. system. There is an obvious peak at $\theta_{\text{c.m.}} < 80°$ from the angular correlation function, which shows the strong interaction between the two protons. The experimental spectra clearly show an enhancement at $\boldsymbol{q}_{\text{rel}}| = 23$ MeV/*c* and $\theta_{\text{c.m.}} = 40°$ as expected for the $^2$He emission. According to Ref. [11], there is $(31 \pm 7)\%$ contribution from the $^2$He decay mode, other than virtual sequential and democratic three-body decay modes.

In summary, we have measured the three-particle correlations of 2p decay from $^{18}$Ne excited states in HIRFL-RIBLL. The nuclear levels were identified by complete kinematical reconstruction from $^{18}$Ne* $\rightarrow$ $^{16}$O+p+p events, which populated by Coulomb excitation on a $^{197}$Au target. At $5.8 \leq E^* \leq 6.3$, the experimental relative momentum and angular correlations of the two emitted protons show an obvious enhancement at $|q_{\text{rel}}| = 23$ MeV/*c* and $\theta_{\text{c.m.}} = 40°$, which is the experimental criterion for $^2$He cluster decay from $^{18}$Ne*.

# References

[1] Goldansky V I 1960 *Nucl. Phys.* **19** 482
[2] Goldansky V I 1961 *Nucl. Phys.* **27** 648
[3] Goldansky V I 1965 *Phys. Lett.* **14** 233
[4] Chromik M J et al 1997 *Phys. Rev.* C **55** 1676
[5] Zerguerras T et al 2004 *Eur. Phys. J.* A **20** 389
[6] Giovinazzo J et al 2002 *Phys. Rev. Lett* **89** 102501
[7] Pfuetzner M et al 2002 *Eur. Phys. J.* A **14** 279
[8] Blank B et al 2005 *Phys. Rev. Lett.* **94** 232501
[9] Dossat C et al 2005 *Phys. Rev.* C **72** 054315
[10] Fu C B et al 2007 *Phys. Rev.* C **76** 021603
[11] Raciti G et al 2008 *Phys. Rev. Lett* **100** 192503
[12] Mukha I et al 2006 *Nature* **439** 298
[13] Mukha I et al 2007 *Phys. Rev. Lett.* **99** 182501
[14] Brown B A et al 2002 *Phys. Rev.* C **65** 051309
[15] Brown B A, Barker F C 2003 *Phys. Rev.* C **67** 041304
[16] Bennaceur K et al 1999 *Phys. Rev.* C **60** 034308
[17] Bennaceur K et al 2001 *Nucl. Phys.* A **671** 203
[18] Okolowicz J, Loszajczak M P, Rotter I et al 2003 *Phys. Rep.* **374** 271
[19] Rotureau J et al 2005 *Phys. Rev. Lett.* **95** 042503
[20] Rotureau J et al 2006 *Nucl. Phys.* A **767** 13
[21] Michel N et al 2004 *Phys. Rev.* C **70** 064313
[22] Grigorenko L V et al 2003 *Nucl. Phys.* A **713** 372
[23] Garrido E et al 2004 *Nucl. Phys.* A **733** 85
[24] Sun Z Y et al 2003 *Nucl. Instrum. Merhods.* A **503** 496
[25] Guo Z Y et al 2004 *Atom. Energy Sci. Technol.* **38** 169
[26] Koonin S 1977 *Phys. Lett.* B **70** 43

# Determination of $\alpha$ preformation for heavy nuclei①

G.L. Zhang [a], X.Y.Le[a], H.Q.Zhang[b]

[a] *Department of Physics, School of Science, Beihang University, Beijing 100191, China*
[b] *China Institute of Atomic Energy, Beijing 102413, China*

Received 14 December 2008; received in revised form 26 February 2009; accepted 15 March 2009

Available online 18 March 2009

**Abstract**

The $\alpha$ preformation factor and the penetration probability have been analyzed for heavy even–even nuclei in the frame of double folding model using the experimental released energies and $\alpha$ decay half-lives. The $\alpha$ preformation factors are compared with Po, Rn, Ra isotopes as well as Cm, Cf, Fm, No, Rf isotopes, respectively. It is shown that the $\alpha$ preformation factor is variable and the shell effects play an important role in the $\alpha$ preformation. The closer the nucleon number to magic number, the more difficult the $\alpha$ formation in the parent nucleus is. The preformation factor can supply the information of nuclear structure and the penetration probability determines mainly $\alpha$ decay half-life.


*PACS:* 27.90.+b; 23.60.+e; 27.80.+w

*Keywords:* Preformation factor; Penetration probability; Shell effect

## 1. Introduction

$\alpha$ decay is one of the most important decay modes for heavy nuclei since it can provide the information of nuclear structure such as ground state lifetime, nuclear interaction, nuclear incompressibility, nuclear spin and parity, etc., [1–4]. Experimentally $\alpha$ decay of nuclei is used to identify the new nuclides and new elements through $\alpha$ decay chain from unknown parent nucleus to a known nuclide [5,6]. Recently, particular interest has been paid to the $\alpha$ decay of super-heavy nuclei with the development of radioactive beams and the new detection technology.

① Nuclear Physics A,2009,823:16-25.

$\alpha$ decay plays an important role in the development of modern physics. In 1896 Becquerel first observed an unknown radioactivity and Rutherford found $\alpha$ decay in the first experimental observation of $\alpha$ radioactivity in 1908 [7]. In 1920s Gamow et al. successfully provided a theoretical explanation of $\alpha$ radioactivity in terms of a quantum tunnelling effect [8–10]. From then on the ground state of unstable nuclei has been observed to have different kinds of decay modes such as $\alpha$ decay, $\beta$ decay, one proton emission, two proton emission, $^{14}C$ radioactivity and spontaneous fission. However, $\alpha$ decay mode is generally used for the studies of the decay and synthesis of heavy nuclei. Some new synthesized super-heavy elements such as $Z = 110$, 111, 112 have been identified at GSI, Dubna, Berkeley, RIKEN and GANIL, and $Z = 114$, 116 and $^{294}118$ elements have been produced in the fusion-evaporation reactions recently [11,12].

Theoretically the different approaches, for example shell-model, cluster-model and fission-like model [13–17], have been proposed to describe the $\alpha$ radioactivity by the importance of $\alpha$ decay in both the spectroscopy of unstable nuclei and the synthesis of new super-heavy elements. Generally tunnelling penetration is used to describe the $\alpha$ decay, in which the penetration probability was calculated using WKB approximation assuming $\alpha$ particle tunnelling through the potential barrier between $\alpha$ cluster and the daughter nucleus in the parent nucleus. In the cluster model, the cluster is assumed to form before it penetrates the barrier and a preformation factor is included in the calculation. In the ground state, the zero point vibration energy exists in a quantum harmonic oscillator composed of the residual daughter nucleus and the emitted cluster nucleus. It is directly related to the assault frequency. The decay constant $\lambda$ is defined as the product of the preformation factor, the penetration probability and the assault frequency. For determining the decay constant, one important problem is how to estimate the preformation factor. The different approaches employed the different preformation factor in the calculation of $\alpha$ decay half-life. In the density-dependent cluster model (DDCM) the preformation factor was chosen as 1.0 for even–even nuclei in the calculation of the $\alpha$ decay half-life with the experimental released energy $Q_\alpha$ [15]. The value of 1.0 agrees approximately with the experimental data of open-shell nuclei and is also supported by a microscopic model. The DDCM reproduced the experimental data of $\alpha$ decay half-lives within a factor of 3 for many nuclei. However, the theoretical results still deviate from the experimental data. In Ref. [18], since the experimental $\alpha$ decay half-lives of a certain nuclei can be well reproduced by using the same preformation factor, so through a least-squares fit to the available experimental half-lives of nuclei with $Z = 52$–105, the preformation factors were obtained 0.38 for even–even nuclei, 0.24 for odd-$A$ nuclei and 0.13 for odd–odd nuclei. According to the preformation factors the results of $\alpha$ decay half-lives reproduced the experimental data within a factor of 2 by a deformed DDCM, which was considered the deformation of daughter nuclei. There was a difference between the experimental and the theoretical results. In asymmetric fission model the preformation factor was also taken as 1 [19,20] for the calculation of $\alpha$ half-life with the experimental $Q_\alpha$. The preformation factor considered the probability of pre-scission part of barrier. However, the half-life still existed a small difference between the experimental and the theoretical results. These differences can be considered to be associated with the preformation factor. The different nucleus has a different $\alpha$-preformation factor before emission in the parent nucleus.

The preformation factor has also been used to study the nuclear structure [21]. The systematic behaviors of the preformation factors allow predictions of $\alpha$ decay energies and half-lives for unknown nuclei. In the calculation, the double folding model was employed to calculate the nuclear potential. It has been successfully used to obtain the potential barriers for fusion reactions, scattering and nuclear decays [22–24]. A double folding potential obtained by using M3Y effective interaction is more appropriate because of its microscopic nature.

In this paper, the $\alpha$ preformation factor for Po, Rn, Ra isotopes and Cm, Cf, Fm, No, Rf isotopes will be extracted from the experimental data of $\alpha$ half-lives and a comparison among them will be made. The potential barrier of $\alpha$-nucleus system is obtained by the double folding integral with the density-dependent nucleon–nucleon (*NN*) interaction. The penetration probability is determined by using WKB approximation when the experimental $Q_\alpha$ is used. The decay constant $\lambda$ is extracted from the experimental $\alpha$ decay half-lives.

## 2. The calculation methods

In the double folding model the nuclear potential is given by

$$V_N(R)=\iint \rho_1(r_1)v\big(s=|R+r_2-r_1|\big)\rho_2(r_2)\,dr_1\,dr_2, \tag{1}$$

where $\rho_1(r_1)$ and $\rho_2(r_2)$ are the matter density distribution functions of $\alpha$ particle and the daughter nucleus, respectively. The density distribution function is taken as a Gaussian form for $\alpha$ particle

$$\rho_1(r)=0.4229\exp\big(-0.7024r^2\big), \tag{2}$$

whose volume integral is equal to 4. The density distribution function of the daughter nucleus can be described by the spherically symmetric Fermi function,

$$\rho_2(r)=\rho_0/\big[1+\exp\big((r-c)/a\big)\big], \tag{3}$$

where the half-density radius $c$ is followed as [25,26]

$$c=r_\rho\big(1-\pi^2a^2/3r_\rho^2\big), \tag{4}$$

$$r_\rho=1.13A_d^{1/3}, \tag{5}$$

where the diffuseness $a=0.54$ fm and $A_d$ is the mass number of the daughter nucleus. The value of $\rho_0$ is determined by normalization so that

$$\int \rho_i(r_i)\,dr_i=A_d. \tag{6}$$

The *NN* interaction $v$ between two nucleons in Eq. (1) is given frequently by the M3Y interaction, which is designed to reproduce the G-matrix elements in an oscillator basis [27]. The density-dependent *NN* interaction is given by

$$v(s,\rho,E)=F(\rho,E)v^{(\mathrm{M3Y})}(s,E), \tag{7}$$

$$v^{(\mathrm{M3Y})}(s,E)=7999\frac{e^{-4s}}{4s}-2134\frac{e^{-2.5s}}{2.5s}+\hat{J}_{00}(E)\delta(s), \tag{8}$$

where the zero-range pseudo term $\hat{J}_{00}(E)$ is followed as

$$\hat{J}_{00}(E)\approx-276\big[1-0.005(E/A)\big]\ \mathrm{MeV\,fm^3}. \tag{9}$$

The density-dependence factor

$$F(\rho,E)=C\big[1-\beta(E)\rho_1^{2/3}\big]\big[1-\beta(E)\rho_2^{2/3}\big]. \tag{10}$$

The form of Eq. (10) has been successfully used for explaining the scattering and $\alpha$ cluster radioactivity. The theoretical results of the nuclear incompressibility with $C=2.06$, $\beta=$

1.6257 $fm^2$ and $n = 2/3$ also agree well with experimental data [28]. $\rho_1$ and $\rho_2$ are the density distributions of $\alpha$ particle and the daughter nucleus, respectively.

The Coulomb potential is calculated between $\alpha$ particle and the residual daughter nucleus by point-like plus uniform model, which is given by

$$V_C(R) = Z_1 Z_2 e^2 \begin{cases} \frac{1}{R} & (R > R_C), \\ \frac{1}{2R_C}[3 - (\frac{R}{R_C})^2] & (R < R_C), \end{cases} \tag{11}$$

where the spherical charge distribution for the residual daughter nucleus and the point particle for the emitted $\alpha$ particle are assumed and $e^2 = 1.44$ MeV fm, $R_C = c_\alpha + c_d$ with $c_\alpha$ and $c_d$ being calculated by Eq. (4), $Z_1$ and $Z_2$ represent the atomic numbers of the emitted $\alpha$ particle and the residual daughter nucleus, respectively. The total interaction potential $V(R)$ between $\alpha$ particle and the daughter nucleus is given by

$$V(R) = V_N(R) + V_C(R) + \frac{l(l+1)\hbar^2}{2\mu R^2}, \tag{12}$$

where the last term is the centrifugal potential. $\mu = \frac{m_\alpha m_d}{m_\alpha + m_d}$ is the reduced mass of $\alpha$-daughter nucleus system, $m_\alpha$ and $m_d$ denote the masses of $\alpha$ particle and the daughter nucleus (MeV/$c^2$), respectively. $l$ is the angular momentum carried by $\alpha$ particle and is equal to zero for the $\alpha$ decay of even–even nuclei according to spin-parity conservation.

Penetration probability of emitted $\alpha$ particle is calculated using the WKB approximation by

$$P = \exp\left[ -\frac{2}{\hbar} \int_{R_1}^{R_2} \sqrt{2\mu\big(V(R) - Q_\alpha\big)}\, dR \right], \tag{13}$$

where $\mu$ is the reduced mass of $\alpha$ particle and the daughter nucleus. $Q_\alpha$ is the released energy for $\alpha$ decay. $R_1$ and $R_2$ are the two turning points of WKB approximation integral determined by

$$V(R_1) = Q_\alpha = V(R_2). \tag{14}$$

The decay constant $\lambda$ is extracted from the experimental $\alpha$ decay half-life $T_{1/2}$

$$\lambda = \frac{\ln 2}{T_{1/2}}. \tag{15}$$

The assault frequency is calculated from the classical method [29]

$$\nu = \frac{1}{2R}\sqrt{\frac{2E_\alpha}{M_\alpha}}, \tag{16}$$

where $E_\alpha$ is alpha kinetic energy. $E_\alpha = Q_\alpha(1 - \frac{M_\alpha}{M})$ is $\alpha$ particle kinetic energy with recoil correction. $M_\alpha$ and $M$ are the masses of $\alpha$ particle and parent nucleus, respectively. $R$ is radius of the parent nucleus given by

$$R = \left(1.28A^{1/3} + 0.8A^{-1/3} - 0.76\right) \text{fm}, \tag{17}$$

where $A$ is mass number of the parent nucleus.

The preformation factor is obtained by

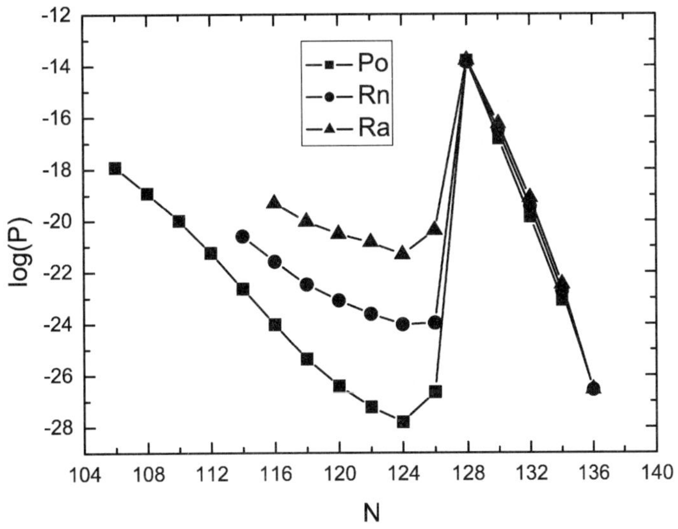


Fig. 1. The decimal logarithms of the calculated penetration probability of Po, Rn and Ra isotopes.

$$P_0 = \frac{\lambda}{\nu P}, \tag{18}$$

where $\lambda$, $\nu$, $P$ are determined by Eqs. (15), (16) and (13), respectively.

## 3. Results and discussion

In the present calculation we select the even–even nuclei to study the penetration probability and the preformation factor. First, Po, Rn and Ra isotope chains are chosen. Fig. 1 shows the penetration probability as a function of neutron number $N$. Overall, the penetration probabilities decrease with increasing neutron number up to the spherical shell closure $N = 126$, and then increase rapidly with the neutron number. The maximum probability appears at $N = 128$ for all the three selected isotopes, indicating that $\alpha$ emission is much easier for the nuclei with two neutrons outside the shell closure. Moreover, the values of the maximum penetration probabilities are nearly identical at $N = 128$, after which the penetration probability decreases again with increasing $N$. At the same neutron number it increases with increasing proton number because proton number of Po isotopes are closer to a proton magic number $Z = 82$ than those of Rn and Ra. The closer the nucleon number to magic number, the more difficultly the $\alpha$ particle penetrates from the parent nuclei.

Fig. 2 shows the experimental released energy $Q_\alpha$ and the preformation factor as a function of $N$. One can see from the figure that $Q_\alpha$ has a dramatic change around $N = 126$, especially at $N < 126$ side. They increase with increase of proton number $Z$ when the neutron number is the same. Comparatively, the preformation factors change slightly among Po, Ro and Ra isotopes. The preformation factors generally decrease with increasing $N$ up to $N = 126$, a minimum always exists for Po, Rn and Ra isotopes when $N$ is equal to 126, and then the preformation factors increase quickly with $N$. The preformation factors of Po isotopes are basically smaller than those of Rn and Ra isotopes. Both $N = 126$ and $Z = 82$ are well known as magic numbers. The closer the nucleon number to shell closure, the more difficultly the $\alpha$ cluster forms in the parent nuclei. The dramatic change of the preformation factor around the magic number indicates that the shell effects play an important role on $\alpha$ formation mechanism in the parent nuclei. Or in other words, the preformation factor can reflect the shell effects.

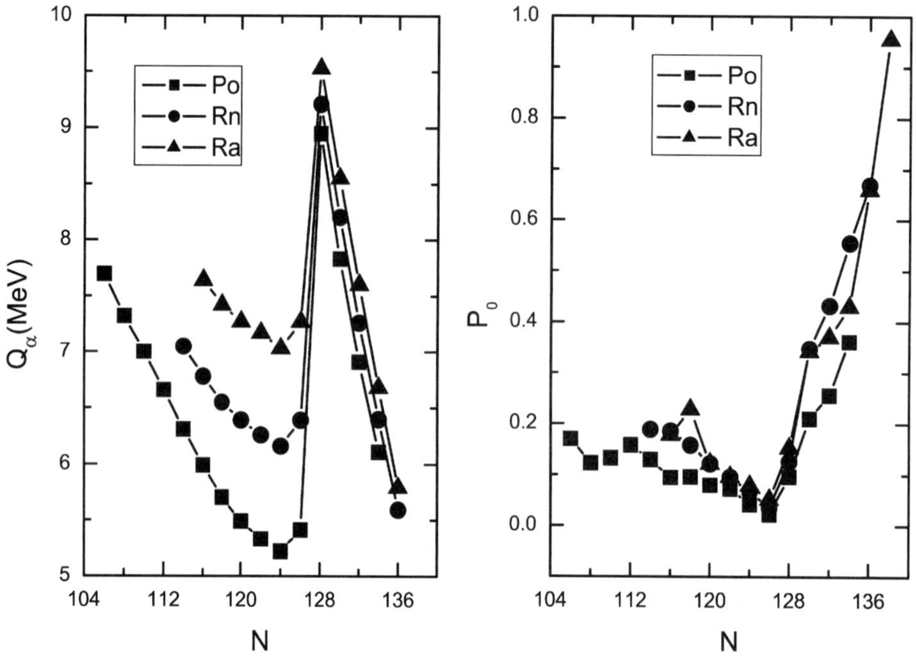


Fig. 2. The experimental released energies $Q_\alpha$ of $\alpha$ decay and the calculated $\alpha$ preformation factors of even–even Po, Rn and Ra isotopes.

Secondly we calculate the preformation factors of Cm, Cf, Fm, No and Rf isotopes using their experimental released energies $Q_\alpha$ and half-lives. Because $^{258}$Rf nucleus was experimentally produced in irradiations of $^{238}$U targets with $^{26}$Mg beams recently, and its released energy and half-life for $\alpha$-decay have been obtained from the experiment [30]. The results of the preformation factors, the assault frequency and the penetration probability are listed in Table 1. The assault frequencies $\nu$ is shown to keep the magnitude order of $10^{21}$ s$^{-1}$, larger than $10^{20}$ s$^{-1}$ in the previous studies [2,17]. On the contrary, the preformation factors are one order magnitude smaller than those in the previous calculations. The variation range of the penetration probability is from $10^{-35}$ to $10^{-20}$, much larger in comparison with the preformation factor and the assault frequency that change slightly. According to Eqs. (15) and (18) the penetration probability mainly determines $\alpha$ decay half-life. One know that the shell effects for $\alpha$ radioactivity are related to the $Q_\alpha$ value, which is maximum when the daughter nuclei has a magic number of neutron and protons. According to Eq. (13) the shell affects are included in the penetration probability which is related to the $Q_\alpha$ value. So the change of penetration probability keeps identical with that of $Q_\alpha$. It is shown in Figs. 1 and 2. According to Eq. (16) the shell effects are also implicitly contained in the assault frequency due to its relation with the $Q_\alpha$ value. From Table 1 the assault frequency has a slight change at $N = 152$. It indicates that the assault frequency can also show the shell effects.

The experimental $Q_\alpha$ values and the preformation factors of even–even Cm, Cf, Fm, No and Rf nuclei as a function of $N$ (with $N \sim 152$) are shown in Fig. 3. One sees from Fig. 3 that a minimum for $Q_\alpha$ at $N = 152$ rather than a monotonously decreasing with $N$, which is due to the shell effects. Moreover, the preformation factors decrease with increasing $N$ up to $N = 152$, except Cm, and then increase again. For Rf, the experimental data for $N < 152$ cannot be provided for lack of data. However, the preformation factors of Cm isotopes increase with $N$ up to $N = 152$. No minimum exhibits for Cm isotopes at $N = 152$, implying that no shell

Table 1
The penetration probabilities and preformation factors for $\alpha$ decay of Cm, Cf, Fm, No and Rf isotopes. The first column denotes the parent nuclei. The second and the third columns indicate the experimental $Q_\alpha$ values and $\alpha$ decay half-lives $T_{1/2}$, respectively. The forth and the fifth columns correspond the calculated assault frequency $\nu$ and the calculated penetration probability $P$, respectively. The sixth column indicates the calculated preformation factors $P_0$ and the last column represents the references.

| Nuclei | $Q_\alpha$ (MeV) | $\log_{10}^{T_{1/2}}$ (s) | $\nu(\times 10^{21})$ (s$^{-1}$) | $P$ | $P_0$ | Ref. |
|---|---|---|---|---|---|---|
| $^{242}_{96}$Cm | 6.22 | 7.28 | 1.169 | $8.20\times10^{-29}$ | 0.380 | [31] |
| $^{244}_{96}$Cm | 5.90 | 8.88 | 1.135 | $1.891\times10^{-30}$ | 0.426 | [31] |
| $^{246}_{96}$Cm | 5.47 | 11.26 | 1.090 | $6.704\times10^{-33}$ | 0.521 | [31] |
| $^{248}_{96}$Cm | 5.16 | 13.15 | 1.056 | $7.545\times10^{-35}$ | 0.616 | [31] |
| $^{240}_{98}$Cf | 7.73 | 1.81 | 1.307 | $2.721\times10^{-23}$ | 0.302 | [31] |
| $^{242}_{98}$Cf | 7.53 | 2.41 | 1.286 | $5.350\times10^{-24}$ | 0.392 | [31] |
| $^{244}_{98}$Cf | 7.33 | 3.18 | 1.265 | $9.619\times10^{-25}$ | 0.376 | [31] |
| $^{246}_{98}$Cf | 6.86 | 5.20 | 1.221 | $1.119\times10^{-26}$ | 0.320 | [31] |
| $^{248}_{98}$Cf | 6.36 | 7.54 | 1.172 | $5.540\times10^{-29}$ | 0.308 | [31] |
| $^{250}_{98}$Cf | 6.13 | 8.69 | 1.147 | $4.014\times10^{-30}$ | 0.307 | [31] |
| $^{252}_{98}$Cf | 6.22 | 8.00 | 1.152 | $1.281\times10^{-29}$ | 0.470 | [31] |
| $^{254}_{98}$Cf | 5.93 | 9.30 | 1.122 | $3.961\times10^{-31}$ | 0.780 | [31] |
| $^{246}_{100}$Fm | 8.37 | 0.08 | 1.348 | $8.679\times10^{-22}$ | 0.493 | [31] |
| $^{248}_{100}$Fm | 8.00 | 1.65 | 1.314 | $5.110\times10^{-23}$ | 0.231 | [31] |
| $^{250}_{100}$Fm | 7.56 | 3.30 | 1.274 | $1.290\times10^{-24}$ | 0.211 | [32] |
| $^{252}_{100}$Fm | 7.15 | 4.96 | 1.236 | $3.152\times10^{-26}$ | 0.195 | [32] |
| $^{254}_{100}$Fm | 7.31 | 4.07 | 1.246 | $1.561\times10^{-25}$ | 0.305 | [32] |
| $^{256}_{100}$Fm | 7.03 | 5.07 | 1.218 | $1.116\times10^{-26}$ | 0.436 | [32] |
| $^{252}_{102}$No | 8.55 | 0.56 | 1.351 | $7.015\times10^{-22}$ | 0.201 | [33] |
| $^{254}_{102}$No | 8.23 | 1.756 | 1.322 | $6.153\times10^{-23}$ | 0.150 | [33] |
| $^{256}_{102}$No | 8.58 | 0.46 | 1.346 | $1.041\times10^{-21}$ | 0.170 | [33] |
| $^{256}_{104}$Rf | 8.93 | 0.30 | 1.373 | $2.156\times10^{-21}$ | 0.116 | [33] |
| $^{258}_{104}$Rf | 9.23 | −1.83 | 1.392 | $1.939\times10^{-20}$ | 0.175 | [30] |

effect can occur for Cm at $N = 152$. The $Q_\alpha$ values increase with $Z$ at the same $N$, but the preformation factors change largely around $N = 152$ with $Z$. At $N = 152$ the gaps between the preformation factors of different nuclei decrease with increasing $Z$. Moreover, an obvious gap between the preformation factors of Cf and Fm nuclei exists, and the preformation factors of Rf and No exhibit little difference. This phenomenon is different from that for $N = 126$. It may be a reason that the fission probability increases at the deformed shell $N = 152$ and $Z = 100$ in comparison with $\alpha$ preformation. The small change in the fission barrier should has a large effect on the fission probability, leading to great change of the $\alpha$ preformation. At $N = 152$ the $\alpha$ preformation factors of Rf and No nuclei are nearly the same, and thus the fission probability may remain nearly similar across $N = 152$ shell. Further, one predicted the largest deformed shell gap by macroscopic–microscopic approach [34] and a recent experiment supported its existence at $Z = 100$ and $N = 152$ [35]. The preformation factors also show such deformed shell at this

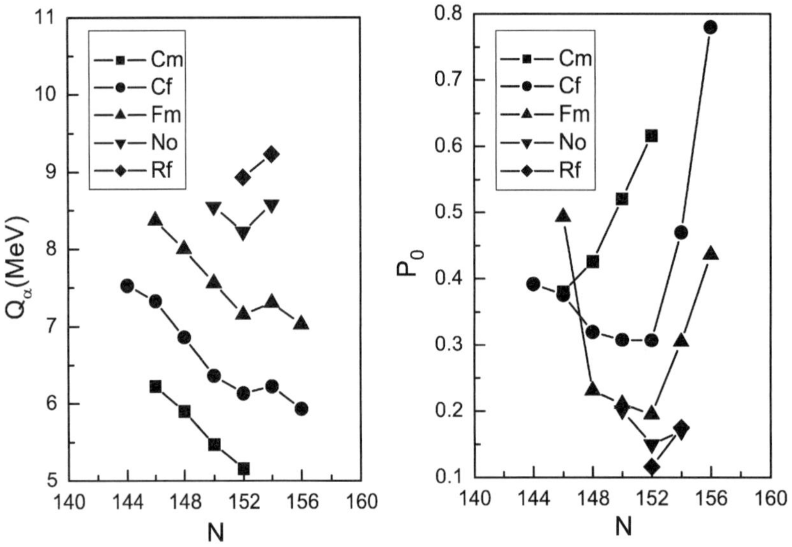


Fig. 3. The experimental $Q_\alpha$ values and the calculated $\alpha$ preformation factors of even–even Cm, Cf, Fm, No and Rf isotopes.

Table 2
The results for even–even nuclei of 112, 114, 116 and 118 isotopes, same to Table 1.

| Nuclei | $Q_\alpha$ (MeV) | $T_{1/2}$ | $\nu(\times 10^{21})$ ($s^{-1}$) | $P$ | $P_0$ | Ref. |
|---|---|---|---|---|---|---|
| $^{260}$Sg | 9.920 | $0.95\times10^{-2}$ s | 1.440 | $3.448\times10^{-19}$ | 0.147 | [33] |
| $^{266}$Sg | 8.836 | 25.7 s | 1.348 | $2.779\times10^{-22}$ | 0.072 | [39] |
| $^{264}$Hs | 10.590 | 0.54 ms | 1.480 | $4.230\times10^{-18}$ | 0.205 | [40] |
| $^{266}$Hs | 10.381 | 2.3 ms | 1.461 | $1.375\times10^{-18}$ | 0.150 | [41] |
| $^{270}$Ds | 11.242 | 0.1 ms | 1.513 | $4.213\times10^{-17}$ | 0.109 | [41] |
| $^{284}$112 | 9.35 | 9.8 s | 1.355 | $1.180\times10^{-22}$ | 0.442 | [42] |
| $^{286}$114 | 10.35 | 0.16 s | 1.423 | $2.008\times10^{-20}$ | 0.152 | [11] |
| $^{288}$114 | 10.09 | 0.80 s | 1.401 | $4.207\times10^{-21}$ | 0.147 | [11] |
| $^{290}$116 | 11.0 | 0.015 s | 1.459 | $2.411\times10^{-19}$ | 0.131 | [11] |
| $^{292}$116 | 10.80 | 0.018 s | 1.443 | $8.060\times10^{-20}$ | 0.331 | [11] |
| $^{294}$118 | 11.81 | $1.8\times10^{-3}$ s | 1.505 | $5.546\times10^{-18}$ | 0.046 | [12] |

region. It is concluded that $N = 152$ is a neutron sub-magic number and the nuclear structure of deformed shell region is different from that of spherical closure shell region based on the calculated $\alpha$ preformation factor. The shell effects still play an important role in $\alpha$ decay process, and the preformation factor provides the information of the nuclear structure. $\alpha$ decay is greatly influenced by fission at the deformed shell for $N = 152$ and $Z = 100$.

Recently, isotopes of elements 112, 114, 116 and $^{294}$118 have been produced by irradiations of $^{233,238}$U, $^{242}$Pu, $^{248}$Cm and $^{249}$Cf targets with a $^{48}$Ca beam at various energies in the fusion-evaporation reactions [11,12]. Various models calculations including the DDM3Y [2], the GLDM [36,37] and the VSS [38] models were focused on these elements. Now the penetration probability and preformation factor are calculated by using their experimental data of $\alpha$ decay half-lives and $Q_\alpha$. The results are shown in Table 2. One can see that the range of the penetration probability is from $10^{-18}$ to $10^{-22}$, corresponding to the orders of half-lives from millisecond to second. The range of penetration probability is relatively narrow. The preformation factors are relatively smaller than those of the spherical heavy nuclei, particularly for $^{294}118$. Its value is the smallest among all the calculated results. These results indicate that the super-heavy nuclei are weakly bound, and the $\alpha$ preformation for those parent nuclei is difficult in the mother nucleus. Such nuclei will quickly decay through $\alpha$ emission when synthesized. The penetration probabilities also dominate the $\alpha$ half-lives of super-heavy elements.

## 4. Conclusion

The nuclear potentials have been calculated by the double folding model with density-dependence *NN* interaction. The penetration probability is obtained in the frame of WKB approximation by using the experimental released energy and the decay constant is extracted from the experimental $\alpha$ decay half-life. The $\alpha$ preformation factors and penetration probabilities of even–even nuclei near $N = 126$ and 152 are studied systematically. The penetration probability can determine dramatically half-life of cluster emission. The change of preformation factor with neutron number shows that the shell effects play an important role on $\alpha$ preformation. It is difficult to form $\alpha$ cluster in the parent nuclei when the nucleon number is close to the magic number. The results of preformation factor reflects that $N = 126$ is a neutron magic number and $N = 152$ is the neutron sub-magic number. The study shows that the nuclear structure of deformed shell region is different from that of spherical closure shell region. The calculations extending to the super-heavy nuclei show that the super-heavy nuclei are weakly bound. They quickly decay through emitting $\alpha$ cluster when synthesized. The present calculation method is successful for studying the preformation factor systematically. The study can also possibly be extended to the calculations of large cluster preformation in the parent nuclei. In our future work about odd-*A* and odd–odd nuclei, for which the angular momentum should be considered for spin-parity conservation in the decay process, will be included systematically in studying the cluster preformation.

## Acknowledgements

The authors are grateful to Prof. Z.H. Liu, Y.L. Ye, F.R. Xu, J. Meng, W.M. Seif and Dr. Z.H. Li for the help to realize the folding calculation and for valuable discussions. Meanwhile, we also thank Prof. G.H. Lv for correcting this paper and Mrs. C. Liu for providing important papers. This work is supported by the National Natural Science Foundation of China (60572177).

## References

[1] D.S. Delin, S. Peltonen, J. Suhonen, Phys. Rev. C 73 (2006) 014315.
[2] P.R. Chowdhury, C. Samanta, D.N. Basu, Phys. Rev. C 73 (2006) 014612.
[3] W.M. Seif, Phys. Rev. C 74 (2006) 034302.
[4] D.N. Basu, J. Phys. G: Nucl. Part. Phys. 30 (2004) B35.
[5] S. Hofmann, G. Münzenberg, Rev. Mod. Phys. 72 (2000) 733.
[6] Yu.Ts. Oganessian, et al., Nature (London) 400 (1999) 242.
[7] E. Rutherford, H. Geiger, Proc. R. Soc. London Ser. A 81 (1908) 141;
E. Rutherford, T. Royds, Philos. Mag. 17 (1908) 281.
[8] G.Z. Gamow, Phys. 51 (1928) 204.
[9] E.U. Condon, R.W. Guerney, Nature 122 (1928) 439.
[10] E.U. Condon, R.W. Guerney, Phys. Rev. 33 (1929) 127.
[11] Yu.Ts. Oganessian, et al., Phys. Rev. C 70 (2004) 064609;
Yu.Ts. Oganessian, et al., Phys. Rev. C 71 (2004) 029902(E).

[12] Yu.Ts. Oganessian, et al., JINR Communication D7-2002-287 (2002);
Lawrence Livermore National Laboratory Rep. UCRL-ID-151619 (2003).
[13] D.N. Poenaru, et al., At. Data Nucl. Data Tables 34 (1986) 423.
[14] B. Buck, A.C. Merchant, S.M. Perez, At. Data Nucl. Data Tables 54 (1993) 53.
[15] C. Xu, Z.Z. Ren, Nucl. Phys. A 753 (2005) 174.
[16] C. Xu, Z.Z. Ren, Nucl. Phys. A 760 (2005) 303.
[17] D.N. Basu, Phys. Lett. B 566 (2003) 90.
[18] C. Xu, Z.Z. Ren, Phys. Rev. C 74 (2006) 014304.
[19] G. Royer, R. Moustabchir, Nucl. Phys. A 683 (2001) 182.
[20] H.F. Zhang, W. Zuo, J.Q. Li, G. Royer, Phys. Rev. C 74 (2006) 017304.
[21] P. Mohr, Phys. Rev. C 73 (2006) 031301(R).
[22] I.I. Gontchar, D.J. Hinde, M. Dasgupta, J.O. Newton, Phys. Rev. C 69 (2004) 024610.
[23] D.T. Khoa, G.R. Satchler, W. von Oertzen, Phys. Rev. C 56 (1997) 954.
[24] F. Guzmán, et al., Phys. Rev. C 59 (1999) R2339.
[25] D.K. Srivastava, N.K. Ganguly, P.E. Hodgson, Phys. Lett. B 51 (1974) 439.
[26] D.K. Srivastava, N.K. Ganguly, Phys. Lett. B 124 (1983) 6.
[27] G. Bertsch, et al., Nucl. Phys. A 284 (1977) 399.
[28] D.N. Basu, Int. J. Mod. Phys. E 14 (2005) 739.
[29] Y.K. Gambhir, A. Bhagwat, M. Gupta, Phys. Rev. C 71 (2005) 037301.
[30] J.M. Gates, et al., Phys. Rev. C 77 (2008) 034603.
[31] S.B. Duarte, et al., At. Data Nucl. Data Tables 80 (2002) 235.
[32] J.C. Pei, F.R. Xu, Z.J. Lin, E.G. Zhao, Phys. Rev. C 76 (2007) 044326.
[33] G. Audi, A.H. Wapstra, C. Thibault, Nucl. Phys. A 729 (2003) 337.
[34] S. Ćwiok, S. Hofmann, W. Nazarewicz, Nucl. Phys. A 573 (1994) 356.
[35] P.T. Greenlees, Phys. Rev. C 78 (2008) 021303(R).
[36] G. Royer, R.A. Gherghescu, Nucl. Phys. A 699 (2002) 479.
[37] G. Royer, K. Zbiri, C. Bonilla, Nucl. Phys. A 730 (2004) 35.
[38] A. Sobiczewski, Z. Patyk, S. Cwiok, Phys. Lett. B 224 (1989) 1.
[39] Ch.E. Düllmann, et al., Nature 418 (2002) 859.
[40] G. Audi, A.H. Wapstra, Nucl. Phys. A 729 (2003) 3.
[41] S. Hofmann, et al., Eur. Phys. J. A 10 (2001) 5.
[42] Yu.Ts. Oganessian, et al., Phys. Rev. C 62 (2000) 041604(R).

# Effect of tensor correlations on Gamow–Teller states in $^{90}$Zr and $^{208}$Pb ①

C.L. Bai [a,b], H.Sagawa [c], H.Q. Zhang [a,b], X.Z. Zhang [b], G.Colò [d], F.R.Xu [a]

[a] *School of Physics and State Key Laboratory of Nuclear Physics and Technology, Peking University, China*
[b] *Department of Nuclear Physics and Beijing Tandem Accelerator National Laboratory, 102413 Beijing, China*
[c] *Center for Mathematical Sciences, University of Aizu, Aizu-Wakamatsu, Fukushima 965-8560, Japan*
[d] *Dipartimento di Fisica, Università degli Studi and INFN, Sezione di Milano, 20133 Milano, Italy*

ARTICLE INFO

*Article history:*
Received 7 August 2008
Received in revised form 29 November 2008
Accepted 18 March 2009
Available online 5 April 2009
Editor: J.-P. Blaizot

*PACS:*
21.10.Ky
21.60.Cs
21.60.Jz
23.20.-g

ABSTRACT

The tensor terms of the Skyrme effective interaction are included in the self-consistent Hartree–Fock plus Random Phase Approximation (HF + RPA) model. The Gamow–Teller (GT) strength function of $^{90}$Zr and $^{208}$Pb are calculated with and without the tensor terms. The main peaks are moved downwards by about 2 MeV when including the tensor contribution. About 10% of the non-energy weighted sum rule is shifted to the excitation energy region above 30 MeV by the RPA tensor correlations. The contribution of the tensor terms to the energy weighted sum rule is given analytically, and compared to the outcome of RPA.



Nuclei far from the stability line open a new test ground for nuclear models. Many experimental and theoretical efforts have been put to study the structure and the reaction mechanisms in the nuclei near the drip lines. Studies of exotic nuclei far from the $\beta$-stability line have elucidated unexpected trends for the shell closures [1]. The shell model can explain it if a finite range tensor force is introduced, which mainly originates from one-pion exchange [2]. In the mean field theory, almost 30 years ago, the role played by tensor interactions for the position of the single-particle states was first discussed within the HF framework [3] based on Skryme interactions [4]. Then, tensor force was included in the Skyrme–Landau parametrization and RPA (Random Phase Approximation) calculation in Ref. [5]. However, the tensor force was essentially dropped in most Skyrme parameter sets which have been fitted and which are still widely used in nuclear structure calculations. Recently, in Ref. [6], a Skyrme interaction which includes the tensor contribution was fitted. Then, tensor terms were added perturbatively in Refs. [7] and [8] to the existing standard parametrizations SIII [9] and SLy5 [10], respectively. Eventually, several new parameter sets have been fitted in Ref. [11] and used for systematic investigations within the Hartree–Fock–Bogoliubov (HFB) framework. The inclusion of tensor terms in the Skyrme HF calculations achieved considerable success in explaining some features of the evolution of single-particle states [12]. However, there has been, so far, no RPA or QRPA (Quasiparticle Random Phase Approximation) program available to study the effect of the tensor terms on the excited states of nuclei.

The present work is devoted to including the tensor terms of the Skyrme effective interaction in the self-consistent HF plus RPA calculations. In particular, we are interested in the GT transitions, which should be affected in keeping with the fact that the corresponding operator is spin-dependent [13]. In the study of GT transitions, the quenching problem is of some relevance. The experimentally observed strength from 10 to 20 MeV excitation energy (with respect to the ground state of the target nuclei) is about 50% of the model-independent Non-Energy Weighted Sum Rule (NEWSR); this percentage becomes about 70% if the whole strength in the neighboring energy region is collected [14]. We deem interesting to study if the tensor force has an effect in shifting the strength already at one particle–one hole (1p–1h) level. Coupling the GT with two particle–two hole states is essential to describe the resonance width but it is not expected to affect strongly the position of the main GT peak; the effect of the tensor force in connection with the 2p–2h coupling was studied in Ref. [15].

In this Letter, we employ the triplet-even and triplet-odd zero-range tensor terms, which have the form originally postulated in the pioneering work by Skyrme [3,4] and read

$$V^T = \frac{T}{2}\left\{\left[(\boldsymbol{\sigma}_1\cdot\mathbf{k}')(\boldsymbol{\sigma}_2\cdot\mathbf{k}') - \frac{1}{3}(\boldsymbol{\sigma}_1\cdot\boldsymbol{\sigma}_2)\mathbf{k}'^2\right]\delta(\mathbf{r}_1-\mathbf{r}_2) + \delta(\mathbf{r}_1-\mathbf{r}_2)\left[(\boldsymbol{\sigma}_1\cdot\mathbf{k})(\boldsymbol{\sigma}_2\cdot\mathbf{k}) - \frac{1}{3}(\boldsymbol{\sigma}_1\cdot\boldsymbol{\sigma}_2)\mathbf{k}^2\right]\right\}$$

① Physics Letters B,2009,675:28-31.

$$+\frac{U}{2}\Big\{(\boldsymbol{\sigma}_1\cdot\mathbf{k}')\delta(\mathbf{r}_1-\mathbf{r}_2)(\boldsymbol{\sigma}_2\cdot\mathbf{k})+(\boldsymbol{\sigma}_2\cdot\mathbf{k}')\delta(\mathbf{r}_1-\mathbf{r}_2)(\boldsymbol{\sigma}_1\cdot\mathbf{k}) -\frac{2}{3}\big[(\boldsymbol{\sigma}_1\cdot\boldsymbol{\sigma}_2)\mathbf{k}'\cdot\delta(\mathbf{r}_1-\mathbf{r}_2)\mathbf{k}\big]\Big\}. \quad (1)$$

In the above expression, the operator $\mathbf{k}=(\nabla_1-\nabla_2)/2i$ acts on the right and $\mathbf{k}'=-(\nabla_1'-\nabla_2')/2i$ acts on the left. The coupling constants $T$ and $U$ denote the strengths of the triplet-even and triplet-odd tensor interactions, respectively. The calculation employs, consistently with the choice of the Skyrme force SIII and with Ref. [7], the values $T=1008$ MeV fm$^5$ and $U=-432$ MeV fm$^5$. Similar values of the tensor interactions have been suggested in Ref. [8] in the study of spin-splitting of Sb isotopes. In Refs. [7,8], the parameters $T$ and $U$ are chosen in such a way to improve the absolute values and the isotopic (or isotonic) trends of single-particle energies. This criterion limits the possible choice on both the magnitude and sign of $T$ and $U$. In this way, one obtains an effective tensor interaction which does not necessarily correspond to the result of a G-matrix calculation, since effects from three-body force and nuclear correlations can have been effectively included. This point has been discussed in Ref. [6].

The main effect of the tensor terms on HF calculations is a modification of the spin–orbit potential (the total binding energies and radii being, as a rule, less affected). The spin–orbit potential is given by

$$U_{\rm SO}^{(q)}=\frac{W_0}{2r}\left(2\frac{d\rho_q}{dr}+\frac{d\rho_{q'}}{dr}\right)+\left(\alpha\frac{J_q}{r}+\beta\frac{J_{q'}}{r}\right). \quad (2)$$

In this expression, $q=0(1)$ labels neutrons (protons). $J_n$ and $J_p$ are the so-called spin–orbit densities of neutrons and protons, respectively. Their definition can be found in Ref. [16]. The first term in the r.h.s. comes from the Skyrme two-body spin–orbit interaction, whereas the second term includes both a central exchange and a tensor contribution, that is, $\alpha=\alpha_C+\alpha_T$ and $\beta=\beta_C+\beta_T$ with

$$\alpha_C=\frac{1}{8}(t_1-t_2)-\frac{1}{8}(t_1x_1-t_2x_2), \quad (3)$$

$$\beta_C=-\frac{1}{8}(t_1x_1+t_2x_2), \quad (4)$$

$$\alpha_T=\frac{5}{12}U, \quad (5)$$

$$\beta_T=\frac{5}{24}(T+U). \quad (6)$$

It should be noted that $J_q$ gives essentially no contribution in the spin-saturated cases. Therefore, we choose $^{90}$Zr and $^{208}$Pb as examples to be calculated. $^{90}$Zr is a proton spin-saturated nucleus, with a spin-unsaturated neutron orbit $1g_{9/2}$. $^{208}$Pb is chosen as it is not saturated either in protons or neutrons. The two examples should allow elucidating separately the role of triplet-even and triplet-odd terms.

The HF plus RPA model is described in many textbooks and papers; accordingly, we give only few details about our numerical implementation. We start by solving the HF equations in coordinate space with a radial mesh extending up to 20 fm in a step of 0.1 fm. When the Skyrme HF potential is calculated, the single-particle energies and wave functions of the occupied and unoccupied levels can be solved by using an expansion over a harmonic oscillator basis. This basis is large enough to ensure that our results are stable and it extends up to a maximum value of the main quantum number $N_{\max}=10$ and 12, for $^{90}$Zr and $^{208}$Pb, respectively.

Since the tensor force is spin-dependent and affects the spin–orbit splitting, the spin mode is very likely to receive strong influence. we study hereafter the GT excitation as the well-known spin mode. The operator for GT transitions is defined as

$$\hat{O}_{\rm GT\pm}=\sum_{im}t_\pm^i\sigma_m^i \quad (7)$$

in terms of the standard isospin operators, $t_\pm=\frac{1}{2}(t_x\pm it_y)$. In the charge-exchange RPA, the $t_-$ and $t_+$ channels are coupled and the corresponding eigenstates emerge from a single diagonalization of the RPA matrix.

In self-consistent charge-exchange HF + RPA calculations, the NEWSRs $m_\pm(0)$ and the Energy-Weighted Sum Rules (EWSR) $m_\pm(1)$ (associated with the two different isospin channels) satisfy the following relations

$$\begin{aligned} m_-(0)-m_+(0)&=\sum_\nu\left(\left|\langle\nu|O_-|0\rangle\right|^2-\left|\langle\nu|O_+|0\rangle\right|^2\right)\\ &=\langle 0|[O_-,O_+]|0\rangle, \end{aligned} \quad (8)$$

$$\begin{aligned} m_-(1)+m_+(1)&=\sum_\nu\left(\left|\langle\nu|O_-|0\rangle\right|+\left|\langle\nu|O_+|0\rangle\right|^2\right)E_\nu\\ &=\langle 0|\big[O_+,[H,O_-]\big]|0\rangle, \end{aligned} \quad (9)$$

where $O_+$ ($O_-$) is a generic charge-changing operator proportional to $t_+$ ($t_-$). In the GT case, the difference of NEWSRs (8) is model-independent and turns out to be

$$m_-(0)-m_+(0)=3(N-Z). \quad (10)$$

The sum of the EWSRs (9) is model-dependent and it receives a contribution from the tensor interaction, which is obtained by replacing the total Hamiltonian $H$ in the double commutator of (9) with $V^T$. If there is enough neutron excess, and the contributions from the $t_+$ channel to the sum rules, $m_+(0)$ and $m_-(0)$, are small, then we can estimate the effect of the tensor interaction on the GT centroid in the $t_-$ channel by writing

$$\begin{aligned} \Delta E_{\rm GT}&=\frac{m_-(1)}{m_-(0)}\\ &\sim\frac{m_-(1)+m_+(1)}{m_-(0)-m_+(0)}\\ &=\frac{4\pi}{3(N-Z)}\int dr\,r^2\left[-\left(\frac{5}{2}U+\frac{5}{6}T\right)J_nJ_p-\frac{5}{3}U\left(J_n^2+J_p^2\right)\right], \end{aligned} \quad (11)$$

where the last line comes from a lengthy but straightforward evaluation of the double commutator.

In present work, we do not include the two-body spin–orbit residual interaction in RPA. Consequently our calculations are not, strictly speaking, fully self-consistent. However, this term of the residual interaction has been shown to be very small [17] in the case of the GT. Therefore, we can claim that self-consistency is not seriously broken. We do not make any further approximation, and, in particular, we include in HF the central exchange terms associated with $\alpha_C$ and $\beta_C$.

Only the values reported in Table 1 are, however, calculated by dropping completely the spin–orbit contribution, both at HF and

**Table 1**

Values of the EWSR $m_-(1)+m_+(1)$ obtained from self-consistent HF plus RPA calculations with and without the tensor terms. $\delta E_{\rm RPA}$ and $\delta E_{\rm DC}$ are the contributions of the tensor terms to the GT centroid energy calculated, respectively, by using RPA and the analytical formula (11). In the case of the numbers reported here (not for the other results in this Letter), the spin–orbit term is dropped both at HF and RPA level. See also the main text.

| | $m_-+m_+$(1; no tensor) MeV | $m_-+m_+$(1; with tensor) MeV | $\delta E_{\rm RPA}$ MeV | $\delta E_{\rm DC}$ MeV |
|---|---|---|---|---|
| $^{90}$Zr | 271.45 | 338.68 | 2.241 | 2.276 |
| $^{208}$Pb | 1854.12 | 2000.76 | 1.111 | 1.118 |

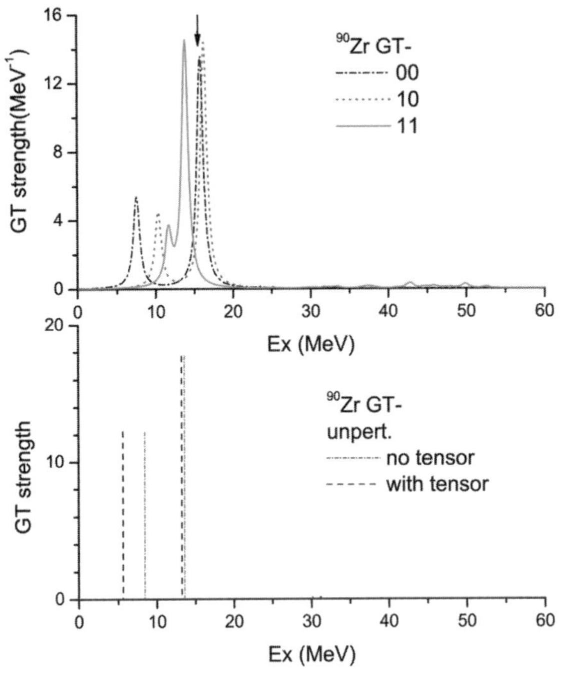


**Fig. 1.** The GT$_-$ strength in $^{90}$Zr. In panel (a), the RPA results are displayed, by smoothing them with Lorentzians having 1 MeV width. As explained in the text, result labelled by 00 corresponds to neglecting the tensor terms in both HF and RPA; 10 corresponds to including the tensor terms in HF but neglecting them in RPA; finally, 11 corresponds to including the tensor terms in both HF and RPA. The arrow denotes the experimental energy. In panel (b), the unperturbed strength is shown.

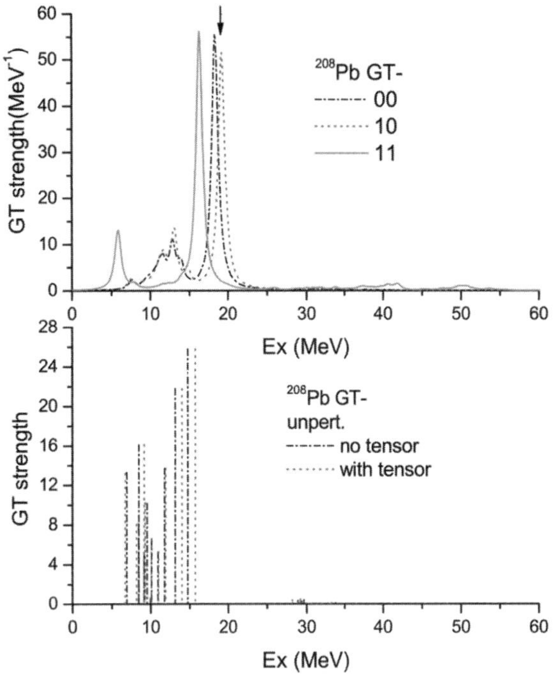


**Fig. 2.** The same as Fig. 1 in the case of $^{208}$Pb.

RPA level. This calculation (with the Skyrme parameter $W_0$ set at 0) is not expected to be compared with the experimental findings but respects self-consistency in a strict sense. The shift in the GT centroid caused by the inclusion of tensor terms [calculated by using either RPA or the analytical formula (11)], and the EWSR $m_-(1)+m_+(1)$ obtained from RPA, are listed in Table 1 for the two nuclei $^{90}$Zr and $^{208}$Pb. One should notice the good agreement between the RPA results and the analytical results for the shift.

The GT$_-$ strength distributions in $^{90}$Zr and $^{208}$Pb are shown in Figs. 1 and 2, respectively. The calculated results are smoothed by averaging the sharp RPA peaks with Lorentzians weighting function having 1 MeV width. The tensor force affects these results in two ways. Firstly, it changes the single-particle energies (s.p.e.) in the HF calculation; secondly, it contributes to the RPA residual force. We do three different kind of calculations to analyze separately these effects. In the first one, the tensor terms are not included at all. In the second one, we include tensor terms in HF but drop them in RPA. This calculation is not self-consistent, but it displays the effects of changes in single-particle energies on the strength distribution. In the last one, the tensor terms are included both in HF and RPA calculations. For simplicity, results of the three categories of calculations are labeled by 00, 10 and 11, respectively.

We have evaluated the amounts of NEWSR $m_-(0)$ and EWSR $m_-(1)$ in different excitation energy regions, and listed them in Table 2. When the tensor terms are not included in the residual interaction (i.e., the calculations labeled by 00 and 10), the values of NEWSR in the energy region between 30–60 MeV for both $^{90}$Zr and $^{208}$Pb are small, namely few percent of the total NEWSR (see Figs. 1(a) and 2(a)). But in the case 11, about 10% of NEWSR is shifted from the lower energy region to the higher energy region. Moreover, we can see that essentially no unperturbed strength appears in this region (see Figs. 1(b) and 2(b)). This means that including tensor terms in simple RPA calculation shifts about 10% of the GT strength to the energy region 30–60 MeV. While 2p–2h couplings will increase further these high energy strength, we would like to stress that the tensor correlations move substantial GT strength from the low energy region 0–30 MeV to the high energy region 30–60 MeV even within the 1p–1h model space.

**Table 2**
Values of the NEWSR $m_-(0)$ and EWSRs $m_-(1)$ for $^{90}$Zr and $^{208}$Pb in different excitation energy regions. The two-body spin–orbit interaction is included in HF but neglected in RPA calculation. The results labeled by 00 correspond to neglecting the tensor terms both in HF and RPA; 10 corresponds to including the tensor terms in HF but neglecting them in RPA; 11 corresponds to including the tensor terms both in HF and RPA. See the text for a discussion of the effects of the tensor terms.

| | Type of calculation | $m_-(0)$ 0–30 MeV | $m_-(0)$ 30–60 MeV | $m_-(1)$ 0–30 MeV | $m_-(1)$ 30–60 MeV | $m_-(1)$ total | $m_+(1)$ total |
|---|---|---|---|---|---|---|---|
| $^{90}$Zr | 00 | 29.16 | 0.71 | 395 | 26.2 | 421.8 | 10.1 |
| | 10 | 29.16 | 0.79 | 444 | 22 | 466 | 11.1 |
| | 11 | 27.00 | 2.89 | 366.9 | 122 | 493.2 | 10.3 |
| $^{208}$Pb | 00 | 127.54 | 3.43 | 2080 | 124.5 | 2212.8 | 18.8 |
| | 10 | 127.38 | 3.68 | 2176 | 93 | 2269 | 21 |
| | 11 | 114.10 | 16.58 | 1658 | 694 | 2370 | 19.3 |

The EWSR in the energy region below 30 MeV is, of course, also decreased after the inclusion of the tensor terms. From Table 2, we see that an appreciable amount of EWSR (that is, 25% and 29% of EWSR in $^{90}$Zr and $^{208}$Pb, respectively) is shifted from the lower energy region (0–30 MeV) to the higher energy region (30–60 MeV) by including tensor terms in HF plus RPA calculations.

In $^{90}$Zr, from Fig. 1(a) one can notice that the GT strength is concentrated in two peaks in the region below 30 MeV. There are only two important configurations involved which are $(\pi 1g_{9/2}-\nu 1g_{9/2}^{-1})$ and $(\pi 1g_{7/2}-\nu 1g_{9/2}^{-1})$ (see Fig. 1(b)). When the tensor terms are included only in HF and neglected in RPA, the centroid in the energy region of 0–30 MeV is moved upwards by about 1.5 MeV, and the high energy peak at $E \sim 16$ MeV is moved upwards by only 0.5 MeV, as compared with the results without tensor terms. When the tensor terms are included in both HF and RPA, the centroid of the GT strength in the energy region 0–30 MeV is moved downwards by about 1 MeV, and the high energy peak is moved downwards about 2 MeV, as compared with the results obtained without tensor terms. Including tensor terms in RPA makes the two main separated peaks closer (this situation also happens for $^{48}$Ca). This result can be attributed from the HF and RPA correlations of the tensor terms. From the typical effect of the tensor correlations on HF field [2,8], when the $\nu 1g_{9/2}$ orbit is filled by neutrons, the tensor correlations give a quenching on the spin–orbit splitting between $\pi 1g_{9/2}$ and $\pi 1g_{7/2}$ orbits so that the unperturbed energies of the two main $p$–$h$ configurations $(\pi 1g_{7/2} - \nu 1g_{9/2}^{-1})$ and $(\pi 1g_{9/2} - \nu 1g_{9/2}^{-1})$ are closer in energy as it is shown in Fig. 1(b). The RPA results in Fig. 1(a) labelled by (00) and (10) reflect these changes of HF single particle energies due to the tensor correlations, and the energy difference between two peaks is narrower. Meanwhile, the RPA correlation associated with tensor terms move the higher energy peak downwards, and this effect can be seen in the results in Fig. 1(a) labelled by (10) and (11). For GT transitions in the energy region of 30–60 MeV, several dominant configurations are expected and they receive some strength from the low excitation energy region due to tensor correlations.

In $^{208}$Pb, from Fig. 2(a) we see that the GT strength is concentrated in two peaks in the low energy region of 0–30 MeV. There are eleven important configurations which do contribute to these peaks. When the tensor terms are only included in HF and neglected in RPA, the centroid of these peaks is moved upwards about 0.5 MeV, and the higher energy peak at $E \sim 18$ MeV is also raised by about 0.8 MeV. When the tensor terms are included in both HF and RPA calculations, the centroid of these peaks moves downwards by about 1.5 MeV, and the higher energy peak moves also downwards by about 3.3 MeV, compared with the result obtained without tensor terms. By including tensor terms in the RPA calculation, the GT strengths in the energy region of 30–60 MeV are increased substantially by the shift of the strength in the energy region of 0–30 MeV through the tensor force.

We have calculated the GT strength in $^{90}$Zr by adding the presently used tensor terms to SGII and obtained the similar result that about 10% of the NEWSR appears in the high energy region of 30–60 MeV.

In conclusion, we have studied the effects of the tensor correlations on the GT excitations in $^{90}$Zr and $^{208}$Pb in the HF plus RPA framework with the Skyrme interaction SIII. If the tensor terms are included only in HF but neglected in RPA, the strength distribution is only slightly shifted to higher energy. But if the tensor terms are included in both HF and RPA, the centroid of GT strength in the energy region below 30 MeV is moved downwards by about 1 MeV for $^{90}$Zr and 3.3 MeV for $^{208}$Pb. At the same time, the dominant peak at $E \sim 16$ MeV (18 MeV) in $^{90}$Zr ($^{208}$Pb) is also moved downwards by about 2 MeV (3 MeV). It is pointed out for the first time that about 10% of NEWSR is moved to the high energy region of 30–60 MeV by the tensor correlations in RPA even within the 1p–1h model space. We give the analytical formula to estimate the effect of the tensor force on the mean GT energy. These formulas predict the upwards energy shift of the average excitation energy due to the tensor correlations. It agrees quite well with our numerical RPA results. It is interesting to point out that the main GT peak, contrarily, gets an energy shift downwards because of the peculiar features of the tensor correlations. In fact, the upwards shift of the average energy is the outcome of the GT strength appearing in the high energy region between 30–60 MeV, but does not correspond to the energy shift of main GT peak. Since the tensor interaction is spin-dependent, we expect that it can have important effects not only on the GT transitions, but on spin-dipole and other spin dependent excitation modes as well. These issues will be discussed in a forthcoming paper.

**Acknowledgements**

We thank for useful discussion with Prof. Z.Y. Ma. This work is supported by the National Natural Science Foundation of China under Grant Nos. 10675169, 10875172 and the National Key Basic Research Program of China under Grant No. 2007CB815000 and also in part by the Japanese Ministry of Education, Culture, Sports, Science and Technology by Grant-in-Aid for Scientific Research under the program number (C (2)) 20540277.

**References**

[1] A. Ozawa, T. Kobayashi, T. Suzuki, K. Yoshida, I. Tanihata, Phys. Rev. Lett. 84 (2000) 5493.
[2] T. Otsuka, T. Suzuki, R. Fujimoto, H. Grawe, Y. Akaishi, Phys. Rev. Lett. 95 (2005) 232502;
T. Otsuka, T. Matsuo, D. Abe, Phys. Rev. Lett. 97 (2006) 162501.
[3] Fl. Stancu, D.M. Brink, H. Flocard, Phys. Lett. B 68 (1977) 108.
[4] T.H.R. Skyrme, Nucl. Phys. 9 (1959) 615.
[5] K.F. Liu, H. Luo, Z. Ma, Q. Shen, S.A. Moszkowski, Nucl. Phys. A 534 (1991) 1;
K.F. Liu, H. Luo, Z. Ma, Q. Shen, Nucl. Phys. A 534 (1991) 25.
[6] B.A. Brown, T. Duguet, T. Otsuka, D. Abe, T. Suzuki, Phys. Rev. C 74 (2006) 061303.
[7] D.M. Brink, Fl. Stancu, Phys. Rev. C 75 (2007) 064311.
[8] G. Colò, H. Sagawa, S. Fracasso, P.F. Bortignon, Phys. Lett. B 646 (2007) 227.
[9] M. Beiner, H. Flocard, N. Van Giai, P. Quentin, Nucl. Phys. A 238 (1975) 29.
[10] E. Chabanat, P. Bonche, P. Haensel, J. Meyer, R. Schaeffer, Nucl. Phys. A 627 (1997) 710.
[11] T. Lesinski, M. Bender, K. Bennaceur, T. Duguet, J. Meyer, Phys. Rev. C 76 (2007) 014312.
[12] W. Zou, G. Colò, Z. Ma, H. Sagawa, P.F. Bortignon, Phys. Rev. C 77 (2008) 014314.
[13] A. Arima, K. Shimizu, W. Bentz, H. Hyuga, Adv. Nucl. Phys. 18 (1988) 1.
[14] J. Rapaport, et al., Nucl. Phys. A 410 (1983) 371;
C. Gaarde, in: Proceedings of the Niels Bohr Centennial Conference on Nuclear Structure, Copenhagen, North-Holland, Amsterdam, 1985, p. 449c.
[15] G.F. Bertsch, I. Hamamoto, Phys. Rev. C 26 (1982) 1323.
[16] D. Vautherin, D.M. Brink, Phys. Rev. C 5 (1972) 626.
[17] S. Fracasso, G. Colò, Phys. Rev. C 76 (2007) 044307.

# Quenching of Gamow-Teller strength due to tensor correlations in $^{90}$Zr and $^{208}$Pb ①

C. L. Bai,[1,2] H. Q. Zhang,[1,2] X. Z. Zhang,[2] F. R. Xu,[1] H. Sagawa,[3] and G. Colò[4]

[1]*School of Physics and State Key Laboratory of Nuclear Physics and Technology, Peking University, People's Republic of China*

[2]*China Institute of Atomic Energy, People's Republic of China*

[3]*Center for Mathematical Sciences, University of Aizu, Aizu-Wakamatsu, Fukushima 965-8560, Japan*

[4]*Dipartimento di Fisica, Università degli Studi and INFN, Sezione di Milano, IT-20133 Milano, Italy*

(Received 19 March 2009; published 24 April 2009)

We performed self-consistent Hartree-Fock plus random-phase approximation (HF+RPA) calculations for charge-exchange $1^+$ states in $^{90}$Zr and $^{208}$Pb by using Skyrme interactions with tensor terms. We employed a parameter set in which the tensor terms are added to the SGII interaction. It is pointed out that Gamow-Teller (GT) states can couple strongly with the spin-quadrupole (SQ) $1^+$ states in the high-energy region above $E_x = 30$ MeV due to the tensor interactions. As a result of this coupling, more than 10% of the GT strength is shifted to the energy region above 30 MeV, and the main GT peak is moved 2 MeV downward. At the same time, the main SQ $1^+$ peak is moved upward by more than 10 MeV due to the tensor correlations. Schematic separable interactions are proposed to elucidate the quenching mechanism induced by the tensor interaction on the GT state.

DOI: 10.1103/PhysRevC.79.041301 PACS number(s): 21.10.Ky, 21.30.Fe, 21.60.Jz, 24.30.Gd

Spin and spin-isospin excitation modes give a unique opportunity to study the spin correlations in nuclei [1–3]. A systematic study of the energy and the collectivity of these modes gives not only direct information on the spin and isospin properties of the nuclear interaction, but also on the equation of state of asymmetric nuclear matter. It is claimed that the neutron skin thickness is determined indirectly by the excitation energy spacing between the isobaric analog state and Gamow-Teller (GT) resonances [4]. More generally, spin collective resonances are deeply related to several fundamental problems of interdisciplinary fields, such as the description of neutron stars and supernova explosions, the $\beta$ decay of nuclei along the $r$-process path of stellar nucleosynthesis, and the efficiency of solar neutrino detectors.

It has been known that the random-phase approximation (RPA) is an appropriate microscopic model for charge-exchange giant resonances [5]. The self-consistency is an extremely important requirement for the analysis of long isotopic chains toward the drip line and the predictions of new collective modes in unstable nuclei without introducing any adjustable parameter. So far, Skyrme-RPA calculations without the tensor interactions have been carried out for the charge-exchange excitations [6,7]. Recently, the importance of the tensor terms in Skyrme interactions has been recognized in the study of the shell evolution of single-particle states along isotopic or isotonic chains [8–10]. In the self-consistent Hartree-Fock plus random-phase approximation (HF+RPA) model, zero-range tensor terms were introduced to study the effects of tensor forces on the GT transitions [11]. The important findings are that about 10% of the GT strength is shifted to the excitation energy region above 30 MeV (with respect to the ground state of the target nucleus) already at the 1p-1h level, and the main GT peak is moved downward by about 2 MeV by RPA tensor correlations. The present work is devoted to finding out the mechanism underlying this redistribution of multipole strength, as well as to studying the spin-quadrupole excitations. We employ here the same zero-range tensor interaction as that in our previous work [11], namely,

$$V^T = \frac{T}{2}\left\{\left[(\sigma_1\cdot\mathbf{k}')(\sigma_2\cdot\mathbf{k}') - \frac{1}{3}(\sigma_1\cdot\sigma_2)\mathbf{k}'^2\right]\delta(\mathbf{r}) + \delta(\mathbf{r})\left[(\sigma_1\cdot\mathbf{k})(\sigma_2\cdot\mathbf{k}) - \frac{1}{3}(\sigma_1\cdot\sigma_2)\mathbf{k}^2\right]\right\} + \frac{U}{2}\{(\sigma_1\cdot\mathbf{k}')\delta(\mathbf{r})(\sigma_2\cdot\mathbf{k}) + (\sigma_2\cdot\mathbf{k}')\delta(\mathbf{r})(\sigma_1\cdot\mathbf{k}) - \frac{2}{3}[(\sigma_1\cdot\sigma_2)\mathbf{k}'\cdot\delta(\mathbf{r})\mathbf{k}]\}. \quad (1)$$

In this expression, the coupling constants $T$ and $U$ denote the triplet-even and triplet-odd tensor interactions, respectively. The tensor terms lead to a modification to the spin-orbit potential

$$U_{\text{S.O.}}^{(q)} = \frac{W_0}{2r}\left(2\frac{d\rho_q}{dr} + \frac{d\rho_{q'}}{dr}\right) + \left(\alpha\frac{J_q}{r} + \beta\frac{J_{q'}}{r}\right), \quad (2)$$

where the $J_q(\mathbf{r})(q = p, n)$ are spin-orbit densities, whereas $\alpha$ and $\beta$ are composed of the central-exchange and tensor contributions, that is, $\alpha = \alpha_C + \alpha_T$ and $\beta = \beta_C + \beta_T$ with

$$\alpha_C = \frac{1}{8}(t_1 - t_2) - \frac{1}{8}(t_1x_1 + t_2x_2), \quad (3)$$

$$\beta_C = -\frac{1}{8}(t_1x_1 + t_2x_2), \quad (4)$$

$$\alpha_T = \frac{5}{12}U, \quad (5)$$

$$\beta_T = \frac{5}{24}(T + U). \quad (6)$$

As the parameter set, we use the Skyrme force SGII, which is among those appropriate for the description of spin-dependent properties of nuclei. For the force SGII, $\alpha_c = 57.7$ MeV fm$^5$ and $\beta_c = 10.0$ MeV fm$^5$. Taking into account the contributions $\alpha_c$ and $\beta_c$, we have chosen for the tensor terms the values $\alpha_T = -180$ MeV fm$^5$ and $\beta_T = 120$ MeV fm$^5$,

① Physical Review C,2009,79(4):041301-(1-4).

which are practically the same as those of the previous publications [8,10,11]. It should be noted that $J_q$ gives essentially no contribution in the spin-saturated cases. As in Ref. [11], we choose $^{90}$Zr and $^{208}$Pb as examples to be calculated, because $^{90}$Zr is a proton spin-saturated nucleus with a spin-unsaturated neutron $1g$ orbit and $^{208}$Pb is a spin-unsaturated nucleus both for protons or neutrons.

For spin-dependent excitations with a given angular momentum $\lambda$ and parity $(-)^{\lambda+1}$, there are always two excitation modes specified by the orbital angular momentum $l = \lambda \pm 1$: one is associated with the operator $[r^{\lambda-1}Y_{\lambda-1}\sigma_1]_\lambda$ and has a lower average excitation energy, while the other one is associated with the operator $[r^{\lambda+1}Y_{\lambda+1}\sigma_1]_\lambda$ and is characterized by higher average excitation energy than the former one by about $2\hbar\omega$. It was suggested [13] that the interaction term $[(Y_0(1)\sigma_1(1))_1(r^2Y_2(2)\sigma_1(2))_1]_0$, which is associated with the tensor force, produces a coupling between the lower and the higher magnetic $\lambda$-pole excitation mode, as in the well-known case of the deuteron ground state [12].

For the spin-dependent charge-exchange $1^+$ modes, we consider two kinds of excitations:

$$\hat{O}_{\mathrm{GT}\pm} = \sum_i t_\pm^i \sigma_1^i = \sqrt{4\pi}\sum_i t_\pm^i \left(Y_0\sigma_1^i\right)^1, \tag{7}$$

$$\hat{O}_{\mathrm{SQ}\pm} = \sum_i t_\pm^i \left(r_i^2 Y_2^i \sigma_1^i\right)^1, \tag{8}$$

where the first one produces the GT excitation and the second one produces the spin-quadrupole (SQ) excitation.

The calculated unperturbed $GT_-$ and $SQ_-$ strength distributions in $^{90}$Zr and $^{208}$Pb are displayed in Fig. 1. Results labeled as '00' or '11' correspond to the ones without or with the tensor term [Eq. (1)] in the HF calculations. As shown in the figure, the unperturbed GT strength is distributed in the energy region below 20 MeV (low frequency) for both nuclei $^{90}$Zr and $^{208}$Pb. On the other hand, the strengths of $SQ_-$ are

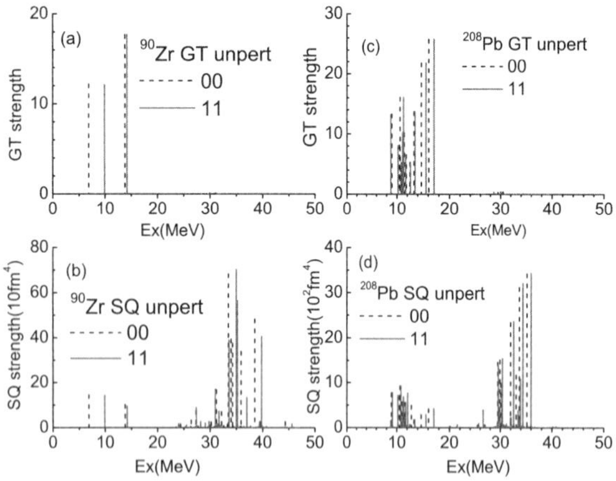


FIG. 1. (Color online) Unperturbed charge-exchange $GT_-$ and $1^+$ $SQ_-$ strengths in $^{90}$Zr and $^{208}$Pb. In panels (a) and (c), the results of $GT_-$ transitions in $^{90}$Zr and $^{208}$Pb are displayed, respectively. In panels (b) and (d), the results of charge-exchange $SQ_-$ transitions in $^{90}$Zr and $^{208}$Pb are displayed, respectively. The results without and with tensor terms are labeled as '00' and '11,' respectively.

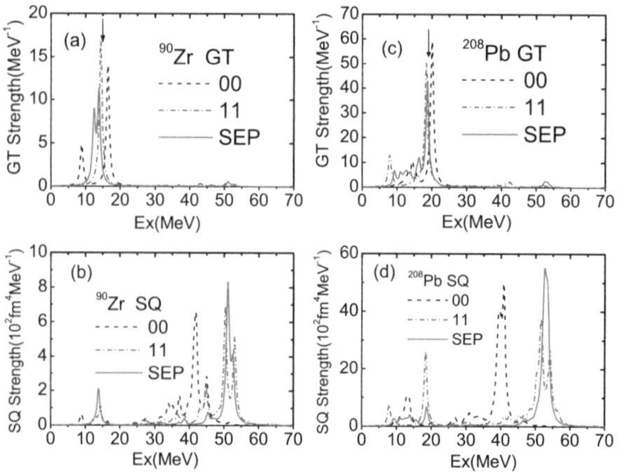


FIG. 2. (Color online) Charge-exchange $GT_-$ and $1^+$ $SQ_-$ strength distributions in $^{90}$Zr and $^{208}$Pb. In panels (a) and (c), the RPA results of GT transitions in $^{90}$Zr and $^{208}$Pb are displayed, respectively. In panels (b) and (d), the RPA results of charge-exchange SQ transitions in $^{90}$Zr and $^{208}$Pb are displayed, respectively. The curves corresponding to the results with and without the tensor terms in both HF and RPA are labeled as '11' and '00,' respectively. Those calculated with the separable interaction [Eq. (9)] for RPA are labeled SEP. The discrete RPA peaks have been smoothed by using a Lorentzian averaging with width 1 MeV. The arrow corresponds to the experimental energy [14]. See the text for details.

distributed in two regions: one with a small portion of $SQ_-$ strength is located in the same region as that of $GT_-$, while the main $1^+$ $SQ_-$ strength is distributed in the region above 30 MeV.

In the present work, HF and RPA calculations have been performed for the charge-exchange $1^+$ states in $^{90}$Zr and $^{208}$Pb with and without the tensor interactions. The results for the $GT_-$ and $1^+$ $SQ_-$ strength distributions are shown in Fig. 2. The results without tensor terms are labeled by '00', while those with tensor terms in both HF and RPA calculations are labeled by '11'. In the RPA calculations, the two-body spin-orbit interaction is not included, but its effect on the final result was shown to be negligible for the GT excitations [7]. The energy shift caused by the tensor force in the two nuclei are calculated by using the RPA calculations and the analytic formula in Ref. [11]. The results are displayed in Table I. Good agreement in the energy shift calculated by the two methods

TABLE I. Energy weighted sum rule (EWSR) $m_- + m_+(1)$ obtained by the self-consistent HF+RPA calculations with and without the tensor terms. $\delta E_{\mathrm{RPA}}$ and $\delta E_{\mathrm{DC}}$ are the contributions of the tensor terms to the calculated GT centroid energy, respectively, by using RPA and the analytical formula in Ref. [11]. All values are in MeV.

| | $m_- + m_+(1)$ no tensor | $m_- + m_+(1)$ with tensor | $\delta E_{\mathrm{RPA}}$ | $\delta E_{\mathrm{DC}}$ |
|---|---|---|---|---|
| $^{90}$Zr | 469 | 547 | 2.6 | 2.66 |
| $^{208}$Pb | 2524 | 2690 | 1.26 | 1.3 |

indicates that the self-consistency is quite well preserved in the numerical calculations.

From Fig. 2, three points should be noticed. First, more than 10% of the $GT_-$ strength has been shifted from the low-energy region to the energy region above 30 MeV by the tensor correlations. Second, the high frequency $1^+$ SQ strengths are moved upward more than 10 MeV for both $^{90}$Zr and $^{208}$Pb by the tensor correlations. Adding tensor terms to the SGII force, the peak of the calculated excitation strength of the GT transition becomes quite close to the experimental results obtained by $^{90}$Zr$(p,n)^{90}$Nb reactions. Third, most of the $GT_-$ strengths appearing in the energy region above 30 MeV coincide with the peaks of the $1^+$ $SQ_-$ strengths. This coincidence indicates possible strong coupling between the low-frequency $GT_-$ excitations and the high-frequency $1^+$ $SQ_-$ excitations by the tensor interactions.

To understand the effect of tensor forces on $GT_-$ and $1^+$ $SQ_-$ excitations in a more transparent way, we simulate the main effects of tensor correlations by a separable interaction

$$V_{\mathrm{SEP}} = \lambda_1 \sum_{\mu} \left[ (Y_0(1)\sigma_1(1))_{1\mu} \left(r_2^2 Y_2(2)\sigma_1(2)\right)^+_{1\mu} + \left(r_1^2 Y_2(1)\sigma_1(1)\right)_{1\mu} (Y_0(2)\sigma_1(2))^+_{1\mu} \right] \tau_1 \cdot \tau_2 + \lambda_2 \sum_{\mu} \left(r_1^2 Y_2(1)\sigma_1(1)\right)_{1\mu} \left(r_2^2 Y_2(2)\sigma_1(2)\right)^+_{1\mu} \tau_1 \cdot \tau_2 \tag{9}$$

in the RPA calculations. Taking the coupling constants $\lambda_1$ and $\lambda_2$ as adjustable parameters, we performed RPA calculations for $^{90}$Zr and $^{208}$Pb by replacing the Skyrme tensor terms by this two-term separable interaction. The calculated results are displayed in Fig. 2 with the label SEP. We can see in this figure that the global features of tensor effects on both $GT_-$ and $1^+$ $SQ_-$ strength distributions can be well accounted for by using the two-term separable interaction. For $^{90}$Zr, the coupling constants $\lambda_1 = 0.16$ MeV fm$^{-2}$ and $\lambda_2 = 0.0043$ MeV fm$^{-4}$ are chosen for the RPA calculations. The results with the separable forces mimics well those of Skyrme tensor terms labeled as '11' in Fig. 2; i.e., the main peak of $1^+$ $SQ_-$ strength appears at $E_x \sim 51$ MeV, and more than 7% of the $GT_-$ strength is shifted to this energy region by the RPA correlations induced by the separable interaction. For the nucleus $^{208}$Pb, we choose the coupling constants $\lambda_1 = 0.029$ MeV fm$^{-2}$ and $\lambda_2 = 0.00087$ MeV fm$^{-4}$. In this case also, the SEP results are similar to those of Skyrme plus tensor labeled as '11'; namely, the main $1^+$ SQ peak appears at $E_x \sim 52.6$ MeV, and about 8% of the GT strength is shifted to this energy region by the RPA correlations coming from the separable interactions.

To study more specifically the effects of the separable interactions, RPA calculations were done by using $\lambda_1$ and $\lambda_2$ terms, separately. In Fig. 3, the $GT_-$ and charge-exchange $1^+$ $SQ_-$ strength distributions in $^{90}$Zr and $^{208}$Pb are displayed. Results labeled as $\lambda_1(\lambda_2)$ correspond to those using only the term $\lambda_1(\lambda_2)$. The SEP results are the same as shown in Fig. 2. It is clearly seen that the $\lambda_1$ term couples GT with $1^+$ SQ excitations so that 7% or 8% of the total GT strength is shifted to the region around the high-energy peak of $1^+$

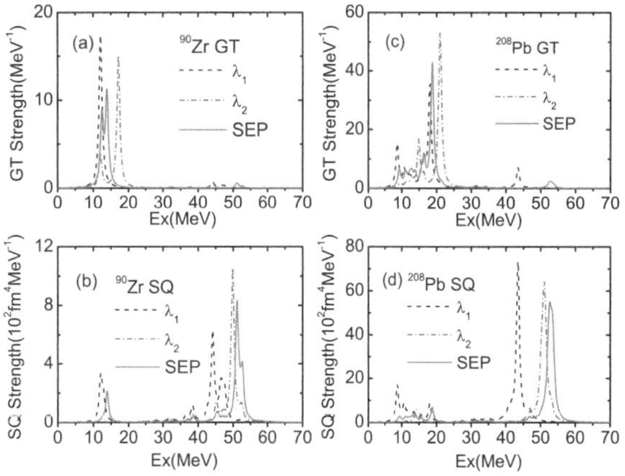


FIG. 3. (Color online) Charge-exchange $GT_-$ and $1^+$ $SQ_-$ strengths in $^{90}$Zr and $^{208}$Pb. In panels (a) and (c), the RPA results of GT transitions in $^{90}$Zr and $^{208}$Pb are displayed, respectively. In panels (b) and (d), the RPA results of charge-exchange SQ transitions in $^{90}$Zr and $^{208}$Pb are displayed, respectively. The separable interaction [Eq. (9)] is adopted in the RPA calculations, while HF calculations are performed by using the Skyrme tensor terms [Eq. (1)]. The RPA calculations are performed in three different ways: only the $\lambda_1$ term (labeled $\lambda_1$); only the $\lambda_2$ term (labeled $\lambda_2$); both $\lambda_1$ and $\lambda_2$ terms (labeled SEP). The discrete RPA peaks have been smoothed by using a Lorentzian averaging with width 1 MeV. See the text for details.

SQ excitations in $^{90}$Zr and $^{208}$Pb, respectively. While the coupling term $\lambda_1$ has only a minor effect on the $1^+$ SQ excitations, the GT strength distribution is moved downward by the coupling to the $1^+$ SQ excitations. While the $\lambda_2$ term does not make any appreciable coupling between GT and SQ modes, the dominant peaks of SQ excitations are shifted to substantially higher energy, close to the SEP results, and take part of the low-energy $1^+$ SQ strengths to the high-energy region.

In summary, we studied the effects of the tensor interactions on the $GT_-$ and charge-exchange $1^+$ $SQ_-$ excitations in the self-consistent HF+RPA calculations. The tensor interactions are taken into account on top of the Skyrme parameter set SGII. Without the tensor forces, all the GT strength is distributed in the energy region below 30 MeV, while the strength of $1^+$ $SQ_-$ excitations are distributed in two energy regions: a small portion is in the same energy region as the GT strength, whereas the main portion of the strength appears above 40 MeV. When the tensor force is included, more than 10% of the GT strength is shifted from the low-energy region to the energy region above 30 MeV, and the main peak of GT strength is moved downward by about 2 MeV. Concerning the $1^+$ SQ excitations, the tensor force moves most of their strength in the high-energy region. It is pointed out that the GT peaks in the energy region above 30 MeV in most cases correspond to the peaks of the $1^+$ SQ strength, indicating the strong coupling between these two excitation modes that is produced by the tensor forces. We introduced a simple separable interaction with two terms $\lambda_1$ and $\lambda_2$ in the RPA calculation to elucidate the role of the tensor correlations on the spin-dependent excitations. The main results obtained with the Skyrme set plus the tensor force are reproduced pretty well. The $\lambda_1$ term couples the low-frequency GT mode and the high-frequency $1^+$ SQ mode, shifting 7% or 8% of the total GT strength to the high-energy region of the $1^+$ SQ excitations, and the $\lambda_2$ term pushes the $1^+$ SQ excitations to even higher energy. The main peak of GT strength moves downward by about 2 MeV due to the net effect of the $\lambda_1$ and $\lambda_2$ terms.

This work is supported by the National Natural Science Foundation of China under Grant Nos. 10875172, 10275092, and 10675169 and the National Key Basic Research Program of China under Grant No. 2007CB815000.

[1] M. N. Harakeh and A. M. van der Woude, *Giant Resonances: Fundamental High-Frequency Modes of Nuclear Excitation* (Oxford University Press, Oxford, 2001).
[2] F. Osterfeld, Rev. Mod. Phys. **64**, 491 (1992).
[3] M. Ichimura, H. Sakai, and T. Wakasa, Prog. Part. Nucl. Phys. **56**, 446 (2006).
[4] D. Vretenar, N. Paar, T. Nikšić, and P. Ring, Phys. Rev. Lett. **91**, 262502 (2003).
[5] N. Auerbach, A. Klein, and N. Van Giai, Phys. Lett. **B106**, 347 (1981).
[6] I. Hamamoto and H. Sagawa, Phys. Rev. C **62**, 024319 (2000); H. Sagawa, Satoshi Yoshida, Xian-Rong Zhou, K. Yako, and H. Sakai, *ibid.* **76**, 024301 (2007).
[7] S. Fracasso and G. Colò, Phys. Rev. C **76**, 044307 (2007).
[8] B. A. Brown, T. Duguet, T. Otsuka, D. Abe, and T. Suzuki, Phys. Rev. C **74**, 061303(R) (2006).
[9] D. M. Brink and Fl. Stancu, Phys. Rev. C **75**, 064311 (2007).
[10] G. Colò, H. Sagawa, S. Fracasso, and P. F. Bortignon, Phys. Lett. **B646**, 227 (2007).
[11] C. L. Bai, H. Sagawa, H. Q. Zhang, X. Z. Zhang, G. Colò, and F. R. Xu, Phys. Lett. **B675**, 28 (2009).
[12] J. M. Blatt and V. F. Weisskopf, *Theoretical Nuclear Physics* (John Wiley & Sons, Inc., New York, 1952), p. 97.
[13] H. C. Chang, Phys. Lett. **B69**, 272 (1977).
[14] T. Wakasa *et al.*, Phys. Rev. C **55**, 2909 (1997); C. Gaarde, J. S. Larsen, A. G. Drentje, M. N. Harakeh, and S. Y. van der Werf, Phys. Rev. Lett. **46**, 902 (1981).

## Systematic study of the surface properties of the nuclear potential with high precision large-angle quasi-elastic scatterings ①

C. J. Lin, H. M. Jia, H. Q. Zhang, F. Yang, X. X. Xu, F. Jia, and Z. H. Liu
*China Institute of Atomic Energy, P. O. Box 275(10), Beijing 102413, People's Republic of China*

K. Hagino
*Department of Physics, Tohoku University, Sendai 980-8578, Japan*

(Received 3 April 2009; published 11 June 2009)

High precision excitation functions of large-angle quasi-elastic scattering for the systems of $^{16}O + ^{208}Pb$, $^{196}Pt$, $^{184}W$, and $^{154,152}Sm$ at energies well below the Coulomb barrier were measured. The surface diffuseness parameters of the real part of the Woods-Saxon potential have been extracted from the single-channel and coupled-channels calculations, respectively. By considering the effect of couplings, the extracted diffuseness parameters are in the range from 0.64 to 0.69 fm, which is close to the values extracted from the systematic analyses of elastic and inelastic scattering data. On the other hand, single-channel calculations give somewhat larger values in the range from 0.68 to 0.77 fm, especially for systems with deformed target nuclei.

DOI: 10.1103/PhysRevC.79.064603 PACS number(s): 25.70.Bc, 24.50.+g

### I. INTRODUCTION

The optical potential has been extensively used in the analyses of heavy-ion reactions. In these analyses, the Woods-Saxon (WS) potential inside the Coulomb barrier is not completely clear. Recently, Newton *et al.* [1] found that the large diffuseness parameters of the WS potential in the range from 0.75 to 1.5 fm were required to fit a number of precise fusion excitation functions at energies above the average fusion barriers. The result shows that the diffuseness parameters are obviously greater than the commonly accepted value of 0.63 fm from the systematic analyses of elastic and inelastic scattering data [2–5]. The reason for the large discrepancy in the diffuseness parameters extracted from scattering and fusion analyses is still unknown.

Quasi-elastic scattering and fusion are both inclusive processes and are complementary to each other. Consequently these reactions undergo the same potential and share the same information on the reaction mechanism. Therefore, quasi-elastic scattering can also be used to study the nuclear potential. It is just similar to studying the fusion barrier distribution from the excitation function of quasi-elastic scattering near the barrier energies. Recently, large-angle quasi-elastic scattering has been used to study the nuclear potential [6–11]. Washiyama *et al.* [7] carried out a systematic analysis of the surface diffuseness parameter with this method. The result shows that a surface diffuseness parameter of about 0.6 fm is needed to fit the quasi-elastic scattering data for the spherical reaction systems, while a larger diffuseness parameter of 0.8–1.1 fm is favored for the deformed reaction systems. Unfortunately, the experimental data were not precise enough for this purpose.

Very recently, a few high precision experiments were performed to study this subject. Gasques *et al.* [8] performed a systematic study of the surface diffuseness parameter by using the measured high precision sub-barrier quasi-elastic scattering at a backward angle for a number of reactions whose $Z_pZ_t$ is around 1200. The optimal single-channel and coupled-channels fitting to the experimental data were used with a diffuseness parameter of about 0.75 fm for near-spherical nucleus systems. But for deformed nucleus systems, coupled-channels calculations are important even at deep sub-barrier energies. In general, the effect of couplings is to make the quasi-elastic scattering cross sections drop more rapidly with increasing energy as compared with the single-channel calculation. The coupled-channels calculations resulted in a weighted average diffuseness parameter of $0.70 \pm 0.01$ fm for all the measured reactions. Evers *et al.* [9] have also reached a similar result.

In addition, Hinde *et al.* [12] have skillfully used the oscillatory quasi-elastic Mott scattering at near-barrier energies to determine the surface diffuseness parameter for a symmetric system. For the collisions of identical nuclei, the presence of nuclear potential will slightly alter the angular separation of Mott peaks in the angular distribution. For the $^{58}Ni + ^{58}Ni$ system, the extracted diffuseness parameter is $0.62 \pm 0.04$ fm by matching the experimental peak angles.

In this paper, we will show our main experimental results and consider the effect of the couplings to the different intrinsic states in the spherical and well-deformed systems. Spherical ($^{208}Pb$), short-elliptical ($^{196}Pt$), and long-elliptical ($^{184}W$, $^{154,152}Sm$) target nuclei were included in our study. The high precision cross sections of quasi-elastic scattering at a backward angle were measured with a statistical error of about 0.4%, at energies ranging from 0.50 to 1.00 of the respective fusion barriers $V_B$. The main purpose of this work is to obtain the diffuseness parameters of the real part of the WS potential with a consistent analysis for these reaction systems. Therefore, this study can be regarded as a complementary work of Gasques *et al.* [8] and of Evers et al. [9].

### II. EXPERIMENTAL PROCEDURE

The experiment was performed at the HI-13 tandem accelerator of the Beijing Tandem Accelerator National Laboratory of the China Institute of Atomic Energy. A collimated $^{16}O$

① Physical Review C,2009,79(6):064603-(1-5).

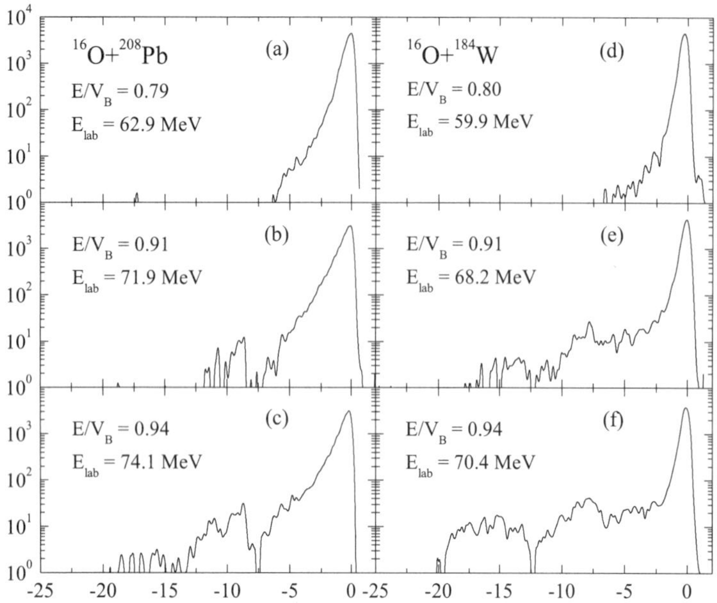


FIG. 1. Energy spectra measured at $\theta_{\rm lab} = 175^\circ$ for the $^{16}$O + $^{208}$Pb and $^{16}$O + $^{184}$W reactions.

beam with incident energies in the range from 36 to 80 MeV bombarded the targets. The bombarding energies were varied in steps of 3 MeV at the very low energies and in steps of 0.68 MeV at the high energies. The isotopically enriched thin targets (100–200 $\mu$g/cm$^2$ thickness) of $^{208}$Pb, $^{196}$Pt, $^{184}$W, and $^{154,152}$Sm with a diameter of 3 mm were evaporated onto 20 $\mu$g/cm$^2$ carbon backings.

Two collimators were mounted in the entrance and exit tubes about 110 cm apart from each other. The scattered particles were detected by four Si(Au) surface-barrier detectors located at 175° relative to the beam direction. Four Si(Au) monitor detectors (up and down, left and right) located at the angle 41° with respect to the beam direction were used to detect the elastic scattering particles for normalization, also used to check the beam quality and to correct the beam direction. The relative solid angles subtended by the semiconductors were determined by using a $^{241}$Am $\alpha$ source. In order to reduce the magnetic hysteresis, the beam energy was monotonically increased in the experiment. At some energies, the measurements were repeated to make sure that the response of the detectors did not deteriorate during the experiment. The data points measured at sufficiently low energies were found to be insensitive to the nuclear potential, and thus were used for a reliable normalization to the Rutherford cross section. However, the variation in the axial position of the different targets, due to variations of the target mounting and planarity, results in slight differences in the normalization factor of $d\sigma_{\rm qel}/d\sigma_{\rm Ru}$ between the various targets.

The typical spectra of the $^{16}$O + $^{208}$Pb and $^{16}$O + $^{184}$W reactions at $\theta_{\rm lab} = 175^\circ$ for three below-barrier energies are shown in Fig. 1. It can be seen that more exit channels emerge with the increasing energy besides the elastic scattering for the systems, despite of somewhat bad energy resolution partly due to a lack of a perfect uniformity of the targets. For $E/V_B = 0.94$ spectra, two groups of peaks concentrated roughly at $-8$ and $-16$ MeV may be caused by the direct transfer or deep-inelastic reactions for the $^{16}$O + $^{184}$W system, but for the $^{16}$O + $^{208}$Pb system only one group is visible. The quasi-elastic events were defined as the sum of the elastic and all the other direct constituents at lower energies in each spectrum. The background counts in the spectra are almost nonexistent due to the collimator in the exit tube, which limits the back-scattering products from the Faraday cup into the backward detectors.

## III. DATA ANALYSIS AND RESULTS

The single channel and coupled-channels calculations were preformed with a modified version of the code CCFULL [13] for quasi-elastic scattering with a nuclear potential of WS form. Following the procedure of Ref. [9], an imaginary potential with $W = 30$ MeV, $a_w = 0.1$ fm, and $r_w = 0.8$ fm, which was well kept inside the Coulomb barrier, was chosen to represent the rather small absorption from barrier penetration in the calculations. This short-range imaginary potential does not influence the quasi-elastic scattering cross section predictions because its strength at the surface region is negligible.

Considering the real part of the nuclear potential, the surface diffuseness parameter can be determined unambiguously due to the compensative effect of the variations in both the $V_0$ and $r_0$ values on the Coulomb barrier height energy at the surface region. The parameters of the real part of WS potential were searched for the optimal fitting to the quasi-elastic scattering data. At the same time, the expected energy of the average fusion barrier height should be reproduced in the calculations. The fusion barrier height energies are listed in Table I which are taken from Ref. [1] or determined by using the Coulomb scaling parameter $Z_pZ_t/(A_p^{1/3} + A_t^{1/3})$ from the adjacent reaction systems. Of course, the reasonable change of fusion barrier

TABLE I. The fusion barrier height energies used to determine the real part of the nuclear potential in the calculations.

| Reaction | $V_B$ (MeV) | Method of determination |
|---|---|---|
| $^{16}O+^{208}Pb$ | 74.52 | Ref. [1] |
| $^{16}O+^{196}Pt$ | 71.37 | Scaled from the $^{16}O+^{194}Pt$ data |
| $^{16}O+^{184}W$ | 69.04 | Scaled from the $^{16}O+^{186}W$ data |
| $^{16}O+^{154}Sm$ | 59.35 | Ref. [1] |
| $^{16}O+^{152}Sm$ | 59.53 | Scaled from the $^{16}O+^{154}Sm$ data |

energy has only little influences on the extracted diffuseness parameters. For consistency, $V_0 = 100$ MeV for both single-channel and coupled-channels calculations were used for all the reactions. $V_0 = 100$ MeV is comparatively close to the potential depths of the Woods-Saxon parametrization of the exponential Akyüz-Winther potential, which was derived from a least-squares fit to experimental elastic scattering data, and therefore may be preferable for the description of peripheral reactions. For fixed $V_0$, $r_0$ and $a$ values of the real part potential parameters were searched for the best fitting data. In the coupled-channels calculations, the minor difference of the $r_0$ parameter due to potential renormalization [14,15] compared with the single-channel calculation could be omitted because of its insensitivity on the derived diffuseness parameter [9].

In the calculations, the couplings to the first $3^-$ state in $^{16}O$ only slightly influence the extracted diffuseness parameter. Therefore, the inelastic excitations of $^{16}O$ were not included in the coupled-channels calculations for all of the measured reactions. Details of the collective states of the target nuclei included in the coupled-channels calculations are given thereafter for each reaction. The coupling of the transfer reaction is not included in the present calculations. According to the procedure mentioned in Ref. [7], only those experimental data for each reaction, in which the ratios of the quasi-elastic to the Rutherford cross sections are larger than around 0.94, were used in the following analyses. The uncertainties on the diffuseness parameters were assessed by increasing the minimum $\chi^2/N$ value plus 1, while keeping all other parameters fixed.

### A. The $^{16}O+^{208}Pb$ reaction

The measured excitation function of quasi-elastic scattering for the $^{16}O+^{208}Pb$ system at $\theta_{lab} = 175°$ is shown in Fig. 2. The energies have been corrected for the target thickness and converted to the center-of-mass system. The solid curve in the figure indicates the best-fit result using the single-channel potential with diffuseness parameter $a = 0.69 \pm 0.02$ fm.

The experimental excitation function was also compared with the coupled-channels calculations taking into account the $3^-$ and $5^-$ states in $^{208}Pb$ with corresponding excitation energies $\epsilon_3 = 2.615$ and $\epsilon_5 = 3.198$ MeV, respectively. The deformation parameters were taken as $\beta_3 = 0.122$ and $\beta_5 = 0.08$ following Ref. [16]. The diffuseness parameter giving the best fit to the experimental data does not differ much from the one obtained by using a single-channel calculation. The

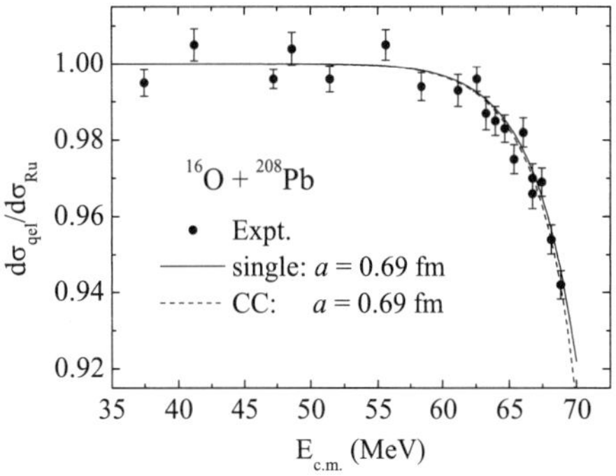


FIG. 2. The ratio of the quasi-elastic scattering to the Rutherford cross section measured at $\theta_{lab} = 175°$ for the $^{16}O+^{208}Pb$ reaction varies with the center-of-mass energy. The solid and dashed curves represent the optimal fitting results obtained from single-channel and coupled-channels calculations.

result is illustrated by the dashed curve in Fig. 2. The values of the diffuseness parameter obtained by the single-channel and coupled-channels analyses are in good agreement with each other, and also similar to the extracted result in Ref. [9]. As expected, the effect of couplings has only a minor influence on the quasi-elastic reactions involving spherical nuclei at deep sub-barrier energies, and this small effect can be neglected.

### B. The $^{16}O+^{196}Pt$ reaction

Figure 3 shows the measured excitation function of quasi-elastic scattering for the $^{16}O+^{196}Pt$ reaction. The solid line was calculated by using a single-channel potential with $a = 0.68 \pm 0.02$ fm, which corresponds to the best $\chi^2$ fit to the data.

In the coupled-channels calculations, the three lowest rotational states of the target nucleus with a $\beta_2$ deformation parameter of -0.138 [17] were included. With the couplings, the optimal fitting excitation function with the diffuseness parameter $a = 0.65 \pm 0.02$ fm is indicated by the dashed line in Fig. 3. It can be seen from this figure that the single-channel and coupled-channels calculations give almost the same results despite slightly different values for the diffuseness parameters.

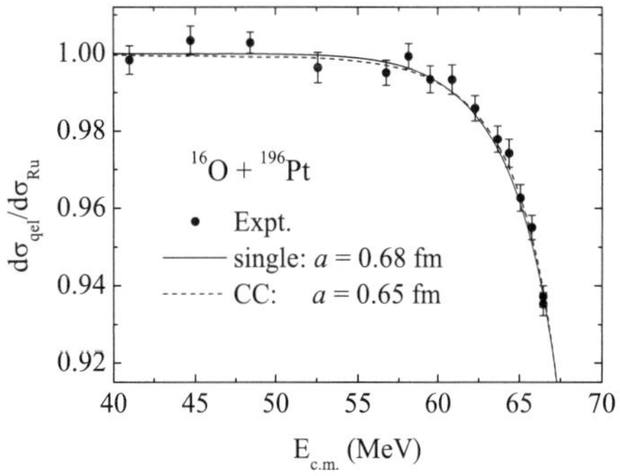


FIG. 3. Same as Fig. 2, but for the $^{16}O+^{196}Pt$ system.

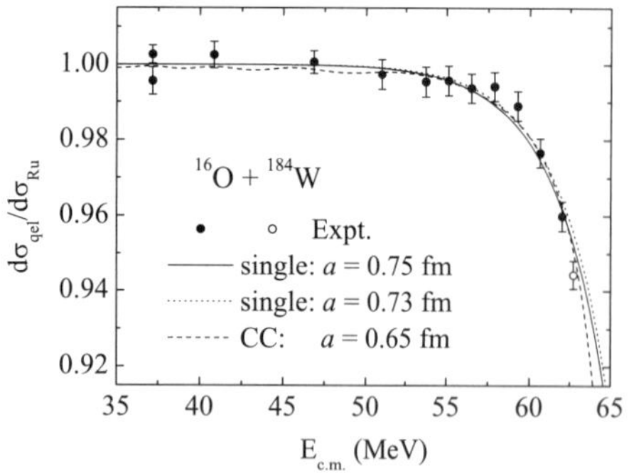


FIG. 4. Same as Fig. 2, but for the $^{16}O + ^{184}W$ system. The dotted curve is the single-channel calculation result with $a = 0.73$ fm.

### C. The $^{16}O + ^{184}W$ reaction

The measured excitation function of quasi-elastic scattering for the $^{16}O + ^{184}W$ system is shown in Fig. 4. In the coupled-channels analysis, rotational couplings for $^{184}W$ were included, in which a total of five rotational states were considered with $\beta_2$ and $\beta_4$ deformation parameters of 0.262 and −0.189 [18]. The best description of the quasi-elastic scattering data is obtained with $a = 0.65 \pm 0.02$ fm as shown in Fig. 4 by the dashed line.

The solid line in the figure indicates the result of the best-fitting single-channel nuclear potential with a larger diffuseness parameter $a = 0.75 \pm 0.03$ fm. If the highest energy point (open circle in the figure) is excluded, the optimal fit result with a reduced $a = 0.73 \pm 0.04$ fm is shown in Fig. 4 by the dotted line. As soon as the point of data is progressively excluded in the fitting, some information on coupling and absorption effects may be extracted with an even smoother quasi-elastic scattering excitation function.

### D. The $^{16}O + ^{154,152}Sm$ reactions

The measured quasi-elastic scattering excitation function for the $^{16}O + ^{154}Sm$ system is shown in Fig. 5(a). In the coupled-channels analysis, a total of five rotational states with deformation parameters $\beta_2 = 0.304$ and $\beta_4 = 0.052$ [19] for $^{154}Sm$ were used in the calculations. The best fitting excitation function with the diffuseness parameter of $a = 0.64 \pm 0.02$ fm is presented by the dashed curve in Fig. 5(a). Executing a single-channel analysis, the best fitted value with $a = 0.75 \pm 0.03$ fm is shown in Fig. 5(a) by the solid curve. This is in good agreement with the result in Ref. [9].

The same analysis was preformed for the $^{16}O + ^{152}Sm$ system. As shown in Fig. 5(b), the minimum $\chi^2/N$ value was reached using $a = 0.77 \pm 0.02$ fm and $0.64 \pm 0.02$ fm in the single-channel and coupled-channels calculations with the relevant deformation parameters $\beta_2 = 0.280$ and $\beta_4 = 0.092$ [20] for $^{152}Sm$, respectively. The calculation results are almost the same for the two systems due to the very similar properties of the targets.

It can be seen from the figure that the fitting results with single-channel and coupled-channels calculations appear different. The coupled-channels calculations give a smaller

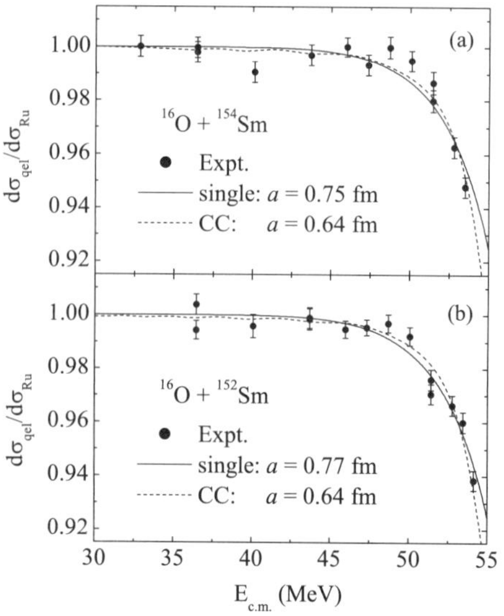


FIG. 5. Same as Fig. 2, but for the $^{16}O + ^{154}Sm$ system (a) and for the $^{16}O + ^{152}Sm$ system (b).

diffuseness parameter and a better description of the quasi-elastic data. The couplings change the shape of the quasi-elastic excitation function and make the better fitting even at deep sub-barrier energies. The diffuseness parameters extracted in this work are listed in Table II with uncertainties shown in parenthesis. For the deformed systems, the influence of the coupling effects on the quasi-elastic scattering arises with increasing quadrupole deformation parameters, without obvious relation to the deformation polarity.

## IV. SUMMARY

In this work, the high-precision excitation functions of large-angle quasi-elastic scattering for the systems of $^{16}O + ^{208}Pb$, $^{196}Pt$, $^{184}W$, and $^{154,152}Sm$ at the deep sub-barrier energies were measured. Both single-channel and coupled-channels calculations have been used to analyze the data. Single-channel fitting quasi-elastic scattering data leads to diffuseness parameter $a$ values in the range from 0.68 to 0.77 fm. While coupled-channels calculations result in a weighted average value for the diffuseness parameter of $a = 0.65 \pm 0.01$ fm for all the studied reactions. This value agrees

TABLE II. Diffuseness parameters extracted from the single-channel (SC) and coupled-channels (CC) calculations for all the studied systems. $N$ is the number of the experimental data points.

| Reaction | $a^{SC}$ (fm) | $\chi^2/N$ | $a^{CC}$ (fm) | $\chi^2/N$ |
|---|---|---|---|---|
| $^{16}O + ^{208}Pb$ | 0.69(0.02) | 1.38 | 0.69(0.02) | 1.21 |
| $^{16}O + ^{196}Pt$ | 0.68(0.02) | 0.63 | 0.65(0.02) | 0.56 |
| $^{16}O + ^{184}W$ | 0.75(0.03) | 0.63 | 0.65(0.02) | 0.58 |
| $^{16}O + ^{154}Sm$ | 0.75(0.03) | 1.91 | 0.64(0.02) | 1.21 |
| $^{16}O + ^{152}Sm$ | 0.77(0.02) | 1.38 | 0.64(0.02) | 1.50 |

with the theoretical calculation result using the double-folding potential model. This result further confirms that the effect of couplings influences significantly the quasi-elastic scattering for well-deformed nucleus systems even at deep sub-barrier energies. Being similar to the results of Ref. [9], no anomalous behavior of a large diffuseness parameter value exists when considering the coupled-channels effect in large-angle quasi-elastic scattering at deep sub-barrier energies. No strong effects were found for the opposite polarity of the quadrupole deformation parameter of the target nuclei. The complicated quasi-elastic energy spectrum below the barrier energies strongly hints that some dynamical processes have emerged at deep sub-barrier energies, but they were not included in the present coupled-channels calculations. So the complicated energy spectrum must be identified experimentally, and a refined self-consistent theory to depict the reaction processes at sub-barrier energies will have to be developed simultaneously.

## ACKNOWLEDGMENTS

This work was supported by the National Natural Science Foundation of China under Grant Nos. 10575134, 10675169, 10735100, the Major State Basic Research Developing Program under Grant No. 2007CB815003, and the Japanese Ministry of Education, Culture, Sports, Science and Technology by Grant-in-Aid for Scientific Research under program no. 19740115.

[1] J. O. Newton, R. D. Butt, M. Dasgupta, D. J. Hinde, I. I. Gontchar, C. R. Morton, and K. Hagino, Phys. Rev. C **70**, 024605 (2004).
[2] P. R. Christensen and A. Winther, Phys. Lett. **B65**, 19 (1976).
[3] M. Lozano and G. Madurga, Nucl. Phys. **A334**, 349 (1980).
[4] L. C. Chamon, D. Pereira, E. S. Rossi Jr., C. P. Silva, H. Dias, L. Losano, and C. A. P. Ceneviva, Nucl. Phys. **A597**, 253 (1996).
[5] C. P. Silva, M. A. G. Alvarez, L. C. Chamon, D. Pereira, M. N. Rao, E. S. Rossi Jr., L. R. Gasques, M. A. E. Santo, R. M. Anjos, J. Lubian, P. R. S. Gomes, C. Muri, B. V. Carlson, S. Kailas, A. Chatterjee, P. Singh, A. Shrivastava, K. Mahata, and S. Santra, Nucl. Phys. **A679**, 287 (2001).
[6] K. Hagino, T. Takehi, A. B. Balantekin, and N. Takigawa, Phys. Rev. C **71**, 044612 (2005).
[7] K. Washiyama, K. Hagino, and M. Dasgupta, Phys. Rev. C **73**, 034607 (2006).
[8] L. R. Gasques, M. Evers, D. J. Hinde, M. Dasgupta, P. R. S. Gomes, R. M. Anjos, M. L. Brown, M. D. Rodríguez, R. G. Thomas, and K. Hagino, Phys. Rev. C **76**, 024612 (2007).
[9] M. Evers, M. Dasgupta, D. J. Hinde, L. R. Gasques, M. L. Brown, R. Rafiei, and R. G. Thomas, Phys. Rev. C **78**, 034614 (2008).
[10] O. A. Capurro, J. O. Fernández Niello, A. J. Pacheco, and P. R. S. Gomes, Phys. Rev. C **75**, 047601 (2007).
[11] D. S. Monteiro, J. M. B. Shorto, J. F. P. Huiza, P. R. S. Gomes, and E. Crema, Phys. Rev. C **76**, 027601 (2007).
[12] D. J. Hinde, R. L. Ahlefeldt, R. G. Thomas, K. Hagino, M. L. Brown, M. Dasgupta, M. Evers, L. R. Gasques, and M. D. Rodriguez, Phys. Rev. C **76**, 014617 (2007).
[13] K. Hagino, N. Rowley, and A. T. Kruppa, Comput. Phys. Commun. **123**, 143 (1999).
[14] K. Hagino, N. Takigawa, and S. Kuyucak, Phys. Rev. Lett. **79**, 2943 (1997).
[15] I. I. Gontchar, D. J. Hinde, M. Dasgupta, and J. O. Newton, Phys. Rev. C **69**, 024610 (2004).
[16] S. Santra, P. Singh, S. Kailas, A. Chatterjee, A. Shrivastava, and K. Mahata, Phys. Rev. C **64**, 024602 (2001).
[17] A. Sethi, N. M. Hintz, D. N. Mihailidis, A. M. Mack, M. Gazzaly, K. W. Jones, G. Pauletta, L. Santi, and D. Goutte, Phys. Rev. C **44**, 700 (1991).
[18] I. Y. Lee, J. X. Saladin, J. Holden, J. O'Brien, C. Baktash, C. Bemis Jr., P. H. Stelson, F. K. McGowan, W. T. Milner, J. L. C. Ford, Jr., R. L. Robinson, and W. Tuttle, Phys. Rev. C **12**, 1483 (1975).
[19] J. R. Leigh, N. Rowley, R. C. Lemmon, D. J. Hinde, J. O. Newton, J. X. Wei, J. C. Mein, C. R. Morton, S. Kuyucak, and A. T. Kruppa, Phys. Rev. C **47**, R437 (1993).
[20] L. K. Peker, Nucl. Data Sheets **58**, 93 (1989).

# Experimental study of two-proton correlated emission from $^{29}$S excited states ①

C. J. Lin, X. X. Xu, H. M. Jia, F. Yang, F. Jia, S. T. Zhang, Z. H. Liu, and H. Q. Zhang
*China Institute of Atomic Energy, Beijing 102413, People's Republic of China*

H. S. Xu, Z. Y. Sun, J. S. Wang, Z. G. Hu, M. Wang, R. F. Chen, X. Y. Zhang, C. Li,
X. G. Lei, Z. G. Xu, G. Q. Xiao, and W. L. Zhan
*Institute of Modern Physics, The Chinese Academy of Science, Lanzhou 73000, People's Republic of China*
(Received 11 December 2008; revised manuscript received 29 March 2009; published 13 July 2009)

An experiment of a $^{29}$S beam bombarding a $^{197}$Au target at an energy of 49.2 MeV/u has been performed to study the two-proton correlated emission from $^{29}$S excited states. Complete-kinematics measurements were carried out in the experiment. The relative momentum, opening angle, and relative energy of two protons, as well as the invariant mass of the final system, were deduced by relativistic-kinematics reconstruction. The $^{27}$Si-$p$-$p$ coincident events were picked out under strict conditions and the phenomenon of $p$-$p$ correlations was observed among these events. The mechanisms of two-proton emission were analyzed in a simple schematic model, in which the extreme decay modes like $^{2}$He cluster emission, three-body phase-space decay, and two-body sequential emission were taken into account. Associated with the Monte Carlo simulations, the present results show that two protons emitted from the excited states between 9.6 MeV and 10.4 MeV exhibit the features of $^{2}$He cluster decay with a branching ratio of $29^{+10}_{-11}\%$.

DOI: 10.1103/PhysRevC.80.014310 PACS number(s): 23.50.+z, 25.60.−t, 25.70.−z, 27.30.+t

## I. INTRODUCTION

One-proton ($1p$) radioactivity and two-proton ($2p$) radioactivity were proposed almost five decades ago for the proton-rich nuclei near the drip line [1,2]. One-proton radioactivity was first observed experimentally at the beginning of the 1980s [3,4]. Up to now, about 25 nuclei have been found in experiments [5]. For $2p$ radioactivity, the decay mechanism becomes more complicated. Simply speaking, the $2p$ events detected in the experiment may root in three ways: (i) two-body sequential emission in a short time, (ii) three-body simultaneously democratic emission [6], and (iii) $^{2}$He cluster emission and then breakup. Two protons in a $^{2}$He cluster are basically constrained by the pair correlation in a quasibound $s$ singlet, i.e., $^{1}$S configuration. The Coulomb barrier can guarantee the existence of such a quasibound state for an instant. After penetration of the barrier, the two protons will be separated. (see Fig. 1 in Ref. [5] for reference). The experimental search for the $2p$ emitter started very early [6,7], and many nuclei [8–22] have been investigated, but more precise experiments and modern theories are still required to comprehensively understand the decay mechanism. The current progress of experiment and theory on $2p$ radioactivity can be found in a recent review paper, Ref. [5].

In general, a halo/skin structure may occur [23,24] when $2p$ are close to the threshold. At this moment, the interaction between valence particles and the core becomes weak while the correlation between two protons correspondingly becomes strong. When the nucleus is excited, $2p$ may have a large spectroscopic factor to populate at a certain level above the threshold and lead to direct decay [5,25,26]. The $^{29}$S nucleus ($Z = 16$), two valence protons, which locate in the $2s_{1/2}$ orbit with a binding energy of 5.35 MeV, may have such an exotic behavior. An obvious enhancement in the total reaction cross section of $^{29}$S + $^{28}$Si at intermediate energy has been reported [27], indicating the possibility of $2p$ halo/skin in $^{29}$S. Later, the experimental signatures of $2p$ emission were observed in the $^{29}$S + $^{12}$C reaction [28]. In this article, we present new experimental results to show the evidences of $2p$ correlated emission from the $^{29}$S excited states.

## II. EXPERIMENTAL PROCEDURE

### A. Experimental setup

The experiment was performed at HIRFL-RIBLL [29] of the Institute of Modern Physics, Lanzhou. The secondary $^{29}$S beam with an energy of 49.2 MeV/u was produced by the projectile fragmentation of a primary $^{32}$S beam bombarding a 1.59-mm-thick $^{9}$Be target at 80.4 MeV/u. A homogeneous $^{27}$Al degrader with a thickness of 490 $\mu$m was used to purify the secondary beam. The typical current of the primary beam was 100 en$A$, producing the secondary beam with a total intensity about $10^4$ ions/sec. Two scintillator detectors were placed in the T1 and T2 target chambers of the RIBLL spectrometer, respectively, to generate the time-of-flight (ToF) signals of secondary heavy ions. The whole detector array was emplaced in the T2 chamber to perform the complete-kinematics measurements with which all the decay products were detected. The experimental setup of the detector array is plotted in Fig. 1.

Two PPACs with collimators (40 and 30 mm in diameter, respectively) were located upstream of the target for beam tracking. A large area silicon detector ($\Delta E$) was employed as the tagging detector to provide the $\Delta E$ signals. A 100-$\mu$m-thick $^{197}$Au foil with a diameter of 30 mm was used as the

① Physical Review C,2009,80(1):014310-(1-8).

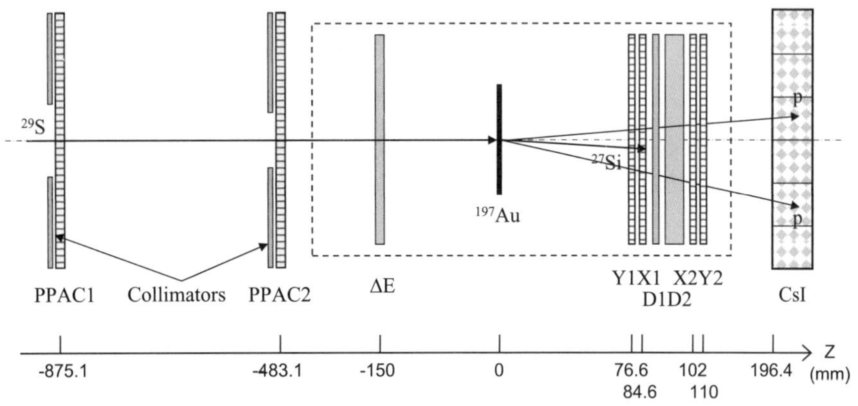


FIG. 1. Schematic plot of experimental setup for complete-kinematics measurements. The direction of the beam was defined as the $Z$ axis. The positions of the detectors relative to the target are denoted in the bottom scale.

secondary reaction target. Two orthogonal Single-sided Silicon Strip Detectors (SSSDs) with a thickness of 300 $\mu$m were placed downstream for detecting the energies, timings, and positions (Y1, X1) of the outgoing heavy fragments. Each SSSD contained 24 strips 2 mm in width and 0.1 mm in interval. A 325-$\mu$m-thick silicon detector (D1) followed the SSSDs to stop all the heavy fragments. After that, a quadrant silicon detector (D2) with a thickness of 1 mm was used to bring about the $\Delta E$ signals of light particles such as p, $2p$, etc. Another two SSSDs of the same type were employed to determine the positions (X2, Y2) of the outgoing light particles. At the end, a CsI(Tl) crystal array with $6 \times 6$ lattices was used to stop all the light particles. Every CsI(Tl) crystal has an active area of $15 \times 15$ mm$^2$ with a length of 2 cm, coupling to the PIN photodiode for reading out.

The $X$-$Y$ coordinates of interaction points on the target were reconstructed by two PPAC tracking detectors on the basis of the event-by-event analysis. The combination of Y1, X1, and D1 detectors and D2, X2, Y2, and CsI(Tl) detectors composed the telescopes for the reaction products of heavy fragments and light particles, respectively. The whole detector array covered 0.33 sr of forward solid angle with the maximum opening angle of $\pm 13.2°$ in both $X$ and $Y$ directions. Monte Carlo (MC) simulations showed that the detection efficiencies for the coincident $^{27}$Si-$p$-$p$ events were about 57.7, 57.1, and 55.5% for the $^2$He cluster, three-body phase-space, and two-body sequential decay, respectively.

### B. Detector calibration and beam identification

Before the formal experiment, $^{32}$S beams at energies of 52.7 and 35.7 MeV/u derived from the passage of the primary beams through the $^9$Be targets with thicknesses of 1.59 and 2.63 mm, respectively, were delivered to calibrate the ToFs, energies, and positions of heavy fragments by elastic scatterings. Moreover, proton beams at energies of 26, 46, 66, and 80 MeV originated from the projectile fragmentation were transported to calibrate the energies and positions of light particles. After calibrations, the RIBLL spectrometer was tuned for setting and optimizing the $^{29}$S beam. The $\Delta E$-ToF technique was utilized to identify the ions in the secondary beam. Figure 2 illustrated the $\Delta E$ versus ToF matrix for the ion identification. The $\Delta E$ resolution became worse (about 10%) because of the large capacitance of the detector and the high intensity of the secondary beam. The purity of $^{29}$S in the secondary beam was about 3%, and $2.5 \times 10^{7}$ $^{29}$S ions accumulated during the experiment.

### C. Product identification

The identification of heavy products was realized mainly by the $\Delta E$-$E$ spectrum obtained by the Y1-X1-D1 detector combination. Figure 3 shows the Y1 versus X1 spectrum for the isotope identification after the target, which was directly generated by the elastic scatterings of the secondary beam. The closure line in the figure shows the gate for Si isotopes. Although the timing signals generated by Y1 and X1 detectors do not have adequate time resolution (about 1 ns) to identify the product masses, they are practically useful for removing

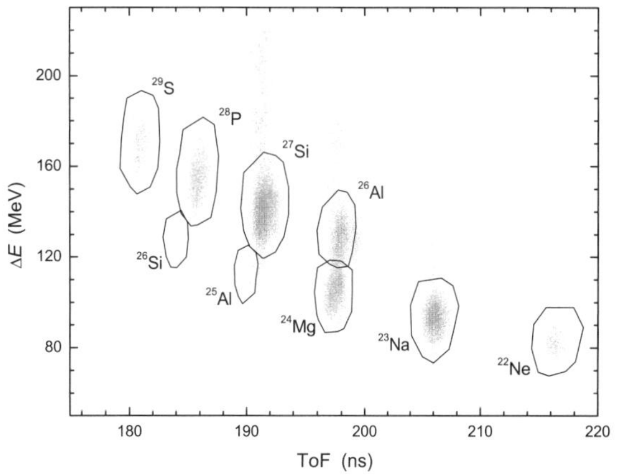


FIG. 2. Two-dimensional $\Delta E$-ToF matrix for the identification of the secondary beam.

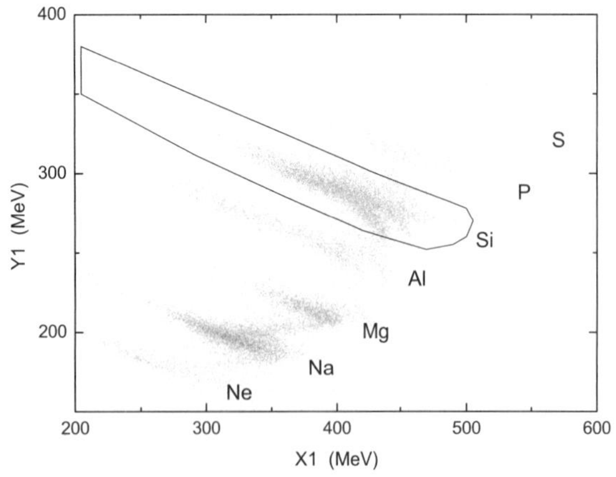


FIG. 3. Y1 versus X1 spectrum for the isotope identification of heavy products. The closed curve shows the Si-isotope band.

the accidentally coincident events and rejecting the isotope contaminations directly from the beam. A typical ToF-Y1 versus ToF spectrum is shown in Fig. 4. Here ToF-Y1 stands for the time-of-flight from the T1 scintillator detector to the Y1-SSSD after the target. ToF-Y1 is estimated to be about 10.2 ns longer than ToF. The closed curve shown in the figure indicates the time window for the $^{29}$S beams and their products such as $^{28}$P, $^{27}$Si, etc. Some accidentally coincident events can be seen outside the time window. Combined with the $\Delta E$-$E$ identification, the valueless events can be rule out. For example, the $^{26,27}$Si nuclei directly coming from the secondary beam can be rejected from the Si-isotope band in the $\Delta E$-$E$ spectrum by gating on a narrow time window. In this way, the interesting $^{27}$Si products were scored for further analysis.

The light products were identified by the D2-X2-Y2-CsI detector combination through the $\Delta E$-$E$ technique, as shown in Fig. 5. The top and bottom panels show the single-hit and double-hit events, respectively, induced by the $^{29}$S beam. The theoretical curves of $p, d, t, 2p,{}^3$He, and $\alpha$ are shown in the top panel for reference. The $2p$ events locate within a band in which the energies of both $\Delta E$ and $E$ are two times those of the $1p$ events. A gate, shown as the closure curve in the bottom panel, was made to select the $2p$ events.

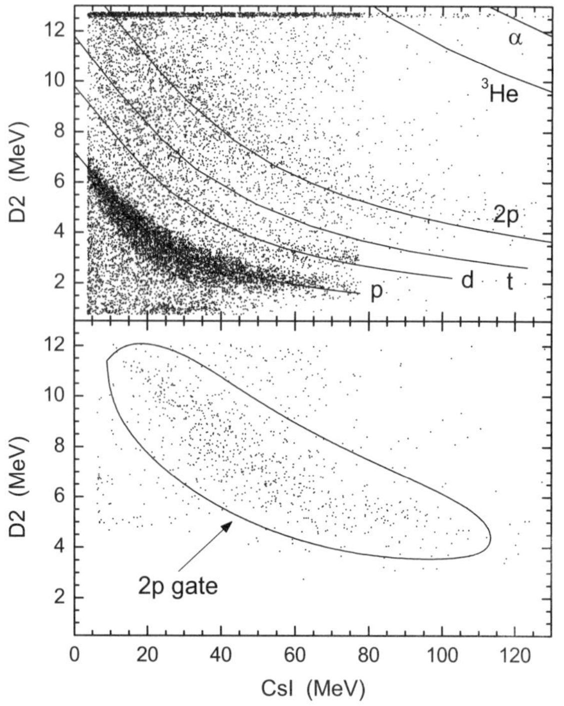


FIG. 5. D2 versus CsI spectrum for the light particle identification. The top and bottom panels show the single-hit and double-hit events, respectively, gated on $^{29}$S events. The theoretical curves for different particles are shown in the top panel for reference. The closed curve in the bottom panel shows the gate for $2p$ events.

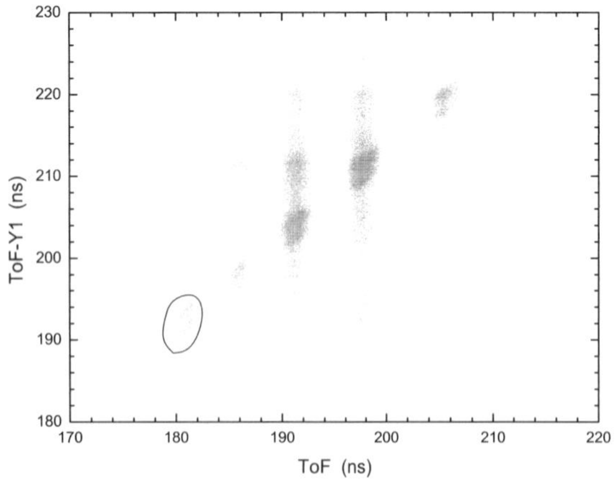


FIG. 4. ToF-Y1 versus ToF spectrum for the timing identification of heavy products. The closed curve shows the time window for the $^{29}$S beams and their products.

### D. Trajectory tracking

The trajectories of the incoming beams and the outgoing light particles can be reconstructed by the two tracking PPACs before the target and the X2-Y2 SSSDs along with CsI array after the target, respectively. A simple "cross-point-of-trajectories method" was employed to determine the reaction point. Figure 6 demonstrates the principle of this method for

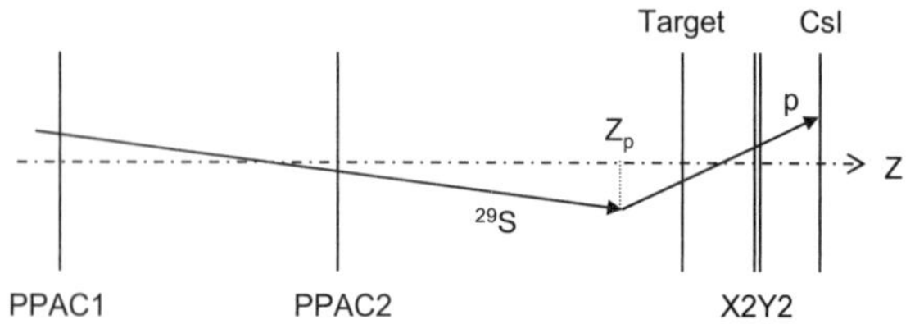


FIG. 6. Sketch of the cross-point-of-trajectories method to determine the reaction point for a $1p$ event. See text for details.

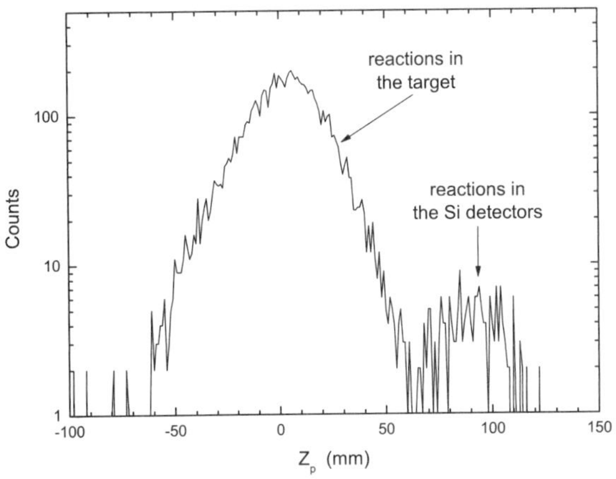


FIG. 7. $Z$ position of the reaction points for $1p$ events. Reactions in the target and in the Si detectors are clearly separated.

a $1p$ emission. The cross-point of two tracjectories represents the actual interaction point, and its $Z$ position can be easily deduced mathematically. In the first instance, $1p$ events with high statistics were utilized to check the effectiveness of this method, as shown in Fig. 7. Here, the $1p$ events stand for $^{29}S \rightarrow {}^{28}P + p$ coincident events. Two components can be seen in the figure. One locates around $Z_p \simeq 0$ mm with the range from $-50$ mm to 50 mm, originating from the reactions in the target. Another one with the range from 65 mm to 120 mm results from the reactions in the Si detectors, including SSSDs and the large area silicon detectors. The resolution of the $Z$ position, which is mainly under the influence of the size of the CsI detector unit, was estimated as 50 mm. Although the position resolution is not so good, it is enough to separate the reactions in the target from the reactions in other materials, due to the large distance separation in the experimental setup.

Later, the cross-point-of-trajectories method was applied to determining the reaction points of $2p$ events. Figure 8 shows the spectrum of $Z_{p1}$ versus $Z_{p2}$, where the trajectories of $p1$ and $p2$ were tracked individually. Only the events of both $Z_{p1}$ and $Z_{p2}$ within $\pm 50$ mm were accepted as the effective interactions in the target, as shown by the square in the figure.

### E. Selection procedure

First, the $^{29}S$ beam was selected on the $\Delta E$-ToF spectrum (Fig. 2). Second, the $2p$ events that appeared inside the gate on the double-hit D2-CsI spectrum (bottom panel of Fig. 5) were chosen. Third, the selected events were further purified by the Si-isotope gate on the Y1-X1 spectrum (Fig. 3) and the time window on the ToF-Y1 versus ToF spectrum (Fig. 4). Thus, the accidentally coincident events such as the $^{26,27}$Si directly from the secondary beams were ruled out. Moreover, the gate on the $Z_{p1}$ versus $Z_{p2}$ spectrum was added to make sure of the reactions in the target and to pick out the reactions in other layers. Finally, only about 400 effective $^{27}$Si-$p$-$p$ events passed through the above strict selection.

## III. EXPERIMENTAL RESULTS

Once the $^{27}$Si-$p$-$p$ event is determined, the relative momentum ($q_{pp} = |\mathbf{p}_1 - \mathbf{p}_2|/2$), the opening angle ($\theta_{pp}^{c.m.}$, in the center of mass system of $^{29}$S), and the relative energy ($E_{pp}$) of two protons, as well as the invariant mass of final three-body system, can be deduced, event-by-event, by the relativistic-kinematics reconstruction under the constraints of energy and momentum conservation.

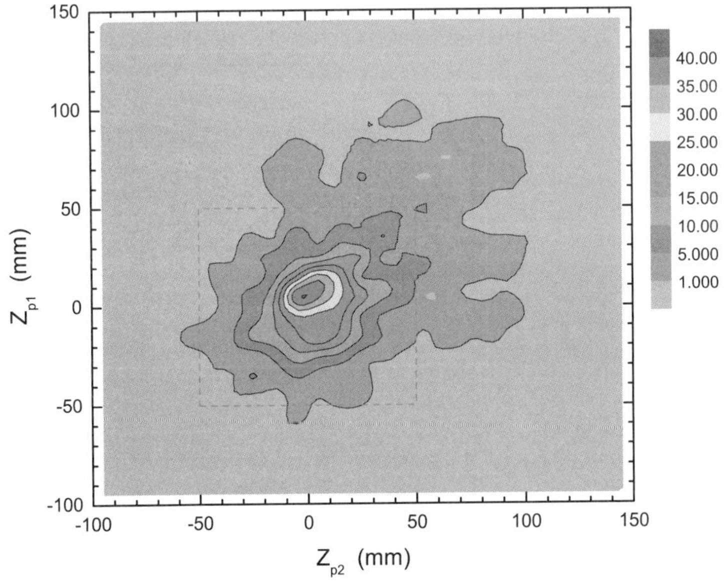


FIG. 8. (Color online) Two-dimensional plot of the $Z$ position of the reaction points for $2p$ events. The square shows the gate for selecting the effective interactions in the target.

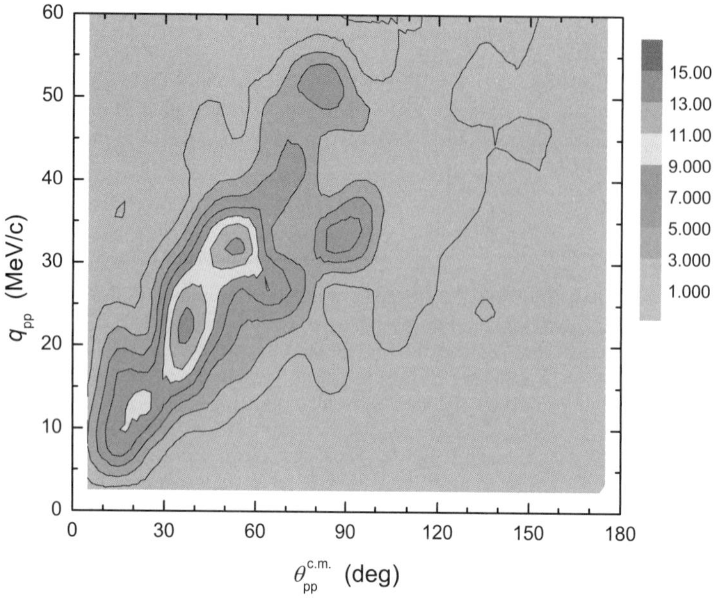


FIG. 9. (Color online) The spectrum of $q_{pp}$ versus $\theta_{pp}^{\text{c.m.}}$ for all the $^{27}$Si-$p$-$p$ coincident events. Two obvious peaks appear at (35, 22.5) and (55, 32.5), indicating the strong $p$-$p$ correlations.

### A. Relative momentum and opening angle

The particular case of $^2$He cluster decay is currently of interest. For $^2$He cluster emission, the most prominent feature is the enhanced peak around $q_{pp} = 20$ MeV/$c$ due to the strong attractive nuclear interaction in the singlet $s$ wave when two protons emit at close proximity in space and time [30–32]. Another striking feature is that the opening angle, which depends on the decay energy and the binding energy of $2p$, is smaller than 90° in the center of mass system. Figure 9 shows the spectrum of $q_{pp}$ versus $\theta_{pp}^{\text{c.m.}}$ for all the $^{27}$Si-$p$-$p$ coincident events. Two obvious peaks appear at the positions of $(\theta_{pp}^{\text{c.m.}}, q_{pp}) = (35, 22.5)$ and $(55, 32.5)$. The small $\theta_{pp}^{\text{c.m.}}$ combined with small $q_{pp}$ indicate the strong $p$-$p$ correlations. However, for the three-body democratic decay, the $\theta_{pp}^{\text{c.m.}}$ and $q_{pp}$ may have the similar behaviors due to the final state interaction (FSI) [6]. A rigorous theoretical treatment is required to make these behaviors clear. This area is worthy of further study.

### B. Emission from different excitation regions

It is necessary to know the decay energy in the study of $2p$ emission mechanisms. To this end, the excitation-energy spectrum of $^{29}$S was deduced from the invariant mass of the three-body system of $^{27}\text{Si} + p + p$, as shown in Fig. 10. Two conspicuous peaks appear at $E_x = 7.4$ and 10.0 MeV, which indicate some resonant states close to the top of the Coulomb barrier. Unfortunately, the energy levels and their spin-parities are still unknown for this nucleus. Only this invariant mass spectrum can be used at present. Considering the energy and position resolutions of the detector array, the experimental excitation-energy resolution was estimated as 400 keV. So the energy bin of ±400 keV was selected to study the $q_{pp}$ and $\theta_{pp}^{\text{c.m.}}$ for different excitation-energy regions.

To make a comparison, two typical excitation-energy regions, $7.0 \leqslant E_x \leqslant 7.8$ MeV and $9.6 \leqslant E_x \leqslant 10.4$ MeV, were chosen to study in detail. The $q_{pp}$ and $\theta_{pp}^{\text{c.m.}}$ distributions for these two regions are shown in Figs. 11 and 12, respectively. For the region of $7.0 \leqslant E_x \leqslant 7.8$ MeV, the experimental data show a maximum at $q_{pp} = 35$ MeV/$c$ and a nearly symmetric distribution around $\theta_{pp}^{\text{c.m.}} = 90°$. But for the region of $9.6 \leqslant E_x \leqslant 10.4$ MeV, an enhanced peak appears at $q_{pp} = 20$ MeV/$c$ and the opening angles reach the maximum at 35°. The MC simulations, in which the geometry of the detector arrangement was taken into account, were carried out to investigate the decay mechanism. The fragment angular distributions were calculated by the process of diffraction dissociation [33] and then sampled for simulations. Thus the deflections introduced by the Coulomb and nuclear force were taken into account. For the $^2$He cluster decay, the $p$-$p$

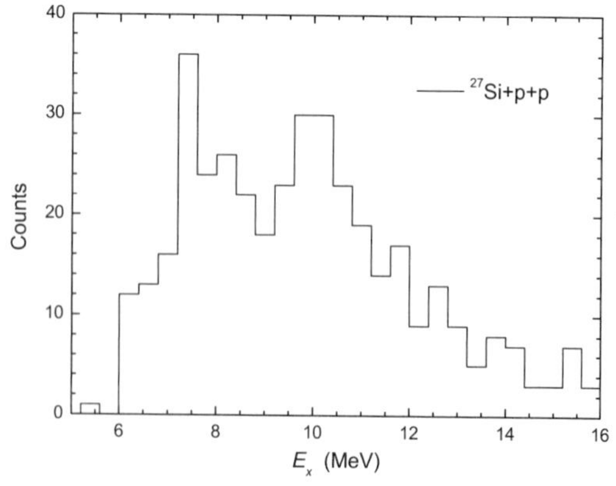


FIG. 10. Excitation-energy spectrum of $^{29}$S reconstructed from $^{27}\text{Si} + p + p$ events.

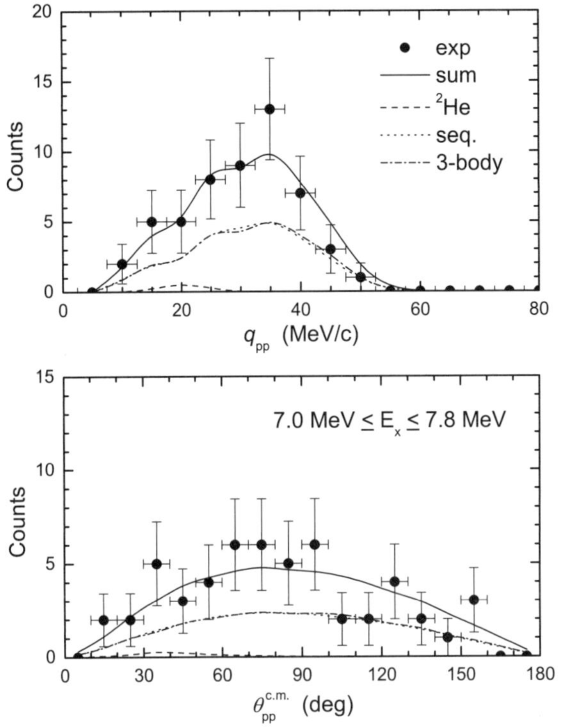


FIG. 11. The relative momentum and opening angle of two protons for the states of $7.0 \leqslant E_x \leqslant 7.8$ MeV. No obvious $^2$He cluster decay was observed.

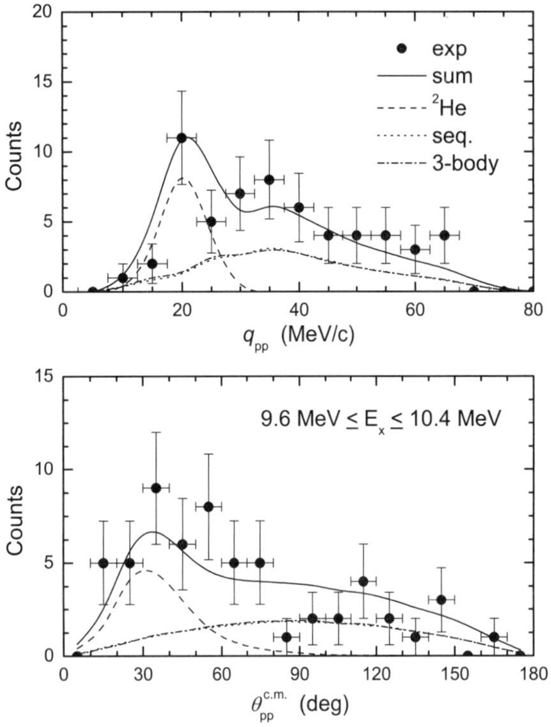


FIG. 12. Same as Fig. 11, but for the states of $9.6 \leqslant E_x \leqslant 10.4$ MeV. Obvious $^2$He cluster decay with a branching ratio of $29^{+10}_{-11}\%$ was observed.

resonant energy was assumed to be 0.4 MeV with $\pm 0.2$ MeV in width. Unfortunately, the strict calculation for the decay mechanism is impossible because the configurations of initial, intermediate, and final states are still unavailable. For the sake of simplification, the $2p$ emissions were treated as the extreme decay modes like $^2$He cluster emission, three-body phase-space decay, and two-body sequential emission. And then samplings were made in the two-body or three-body phase-space. The spins and orbital momenta were omitted, and the FSI was consequently neglected. It should be pointed out that the $q_{pp}$ and $\theta_{pp}^{c.m.}$ distributions for the two-body sequential decay and the three-body phase-space decay are almost identical because of the existence of large amounts of intermediate states and final states in the daughter and granddaughter nuclei, respectively. Therefore their branching ratios were taken as the same value. The experimental results were well reproduced by the MC simulations, see the dashed, dash-dotted, and dotted curves shown in Figs. 11 and 12 for the $^2$He cluster, three-body phase-space, and two-body sequential decays, respectively. The solid curves are the sum of the above three components. The branching ratio of $^2$He cluster decay from the $9.6 \leqslant E_x \leqslant 10.4$ MeV states was determined as $29^{+10}_{-11}\%$ by fitting the experimental data. The upper and lower limits were deduced by $\chi^2$ analysis. The branching ratios of $^2$He cluster decay were less than 10% for the $7.0 \leqslant E_x \leqslant 7.8$ MeV states, and also for other states that are not presented here.

### C. Relative energy

The $2p$ relative energy may carry some useful information on decay mechanisms. Figure 13 illustrates the $E_{pp}$ spectra of $2p$ emissions from the $9.6 \leqslant E_x \leqslant 10.4$ MeV (solid line) and $7.0 \leqslant E_x \leqslant 7.8$ MeV (dashed line)

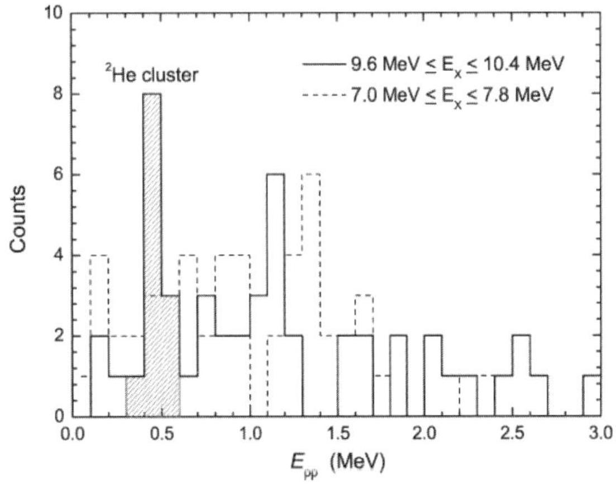


FIG. 13. The relative energy of two protons emitted from the $9.6 \leqslant E_x \leqslant 10.4$ MeV (solid line) and $7.0 \leqslant E_x \leqslant 7.8$ MeV (dashed line) states of $^{29}$S. The shadow area shows the events with $15 \leqslant q_{pp} \leqslant 25$ MeV from the $9.6 \leqslant E_x \leqslant 10.4$ MeV states.

states, respectively. An enhanced peak appears at 0.45 MeV for the $9.6 \leqslant E_x \leqslant 10.4$ MeV states, but none appears for other states. To make clear its origin, the events of $2p$ emitted from the $9.6 \leqslant E_x \leqslant 10.4$ MeV states with $15 \leqslant q_{pp} \leqslant 25$ MeV/$c$ were cut and are shown in the figure by the shadow area. It indicates that the enhanced peak result from the component of $q_{pp}$ around 20 MeV/$c$, which may imply the $^2$He cluster decay. The similar phenomenon was also mentioned in Ref. [20] for the deformed nucleus $^{94}$Ag$^m$. However, no preferential direction is favored in the process of $^{29}\text{S} \rightarrow ^{27}\text{Si} + 2p$ because of the near-spherical core and the near-symmetric Coulomb barrier. The observed correlations may relate to the $p$-$p$ correlations inside a nucleus, i.e., the $^2$He cluster formation.

## IV. SUMMARY

In summary, the decay mechanisms of two protons from the excited states populated by a $^{29}$S beam bombarding a $^{197}$Au target via Coulomb excitation have been investigated in an experiment by means of complete-kinematics measurements. The $^{27}$Si-$p$-$p$ coincident events were picked out under a strict selection procedure. The relative momentum, opening angle, and relative energy of two protons, as well as the invariant mass of the final system, were deduced by the relativistic-kinematics reconstruction of these events. The $2p$ events with small relative momenta and small opening angles were observed in the experiment, indicating the strong $p$-$p$ correlation. The results were analyzed in a simple schematic model, in which the extreme decay modes like $^2$He cluster emission, three-body phase-space decay, and two-body sequential emission were taken into account. In the present status, the MC simulations show that $2p$ events emitted from the excitation region of $9.6 \leqslant E_x \leqslant 10.4$ MeV of $^{29}$S exhibit the feature of $^2$He cluster decay with a branching ratio of $29^{+10}_{-11}\%$. But no obvious signatures of $^2$He cluster decay were found for other regions. More statistics are needed to reduce the experimental error. The present excitation-energy levels of $^{29}$S are determined by the invariant mass spectrum and may not be so precise. High-quality measurement combined with the high-efficiency $\gamma$ detector array is required to detect the energy levels and their configurations. The present work supports the idea [5,25,26] that $2p$ halo/skin may induce a large probability for direct $2p$ emission, especially at high excited states close to the top of the Coulomb barrier. Hence, one may imagine that the direct $2p$ decay, including the particular $^2$He cluster decay, might be a familiar phenomenon when the two protons are close to the threshold and loosely bounded by the core. Certainly, more convincing experimental data are needed to support this idea.

## ACKNOWLEDGMENTS

We thank the staff of HIRFL-RIBLL for supplying good quality beams. This work was supported by the National Natural Science Foundation of China under Grants 10675169, 10735100, and 10727505 and by the Major State Basic Research Developing Program under Grant 2007CB815003.

[1] V. I. Goldansky, Nucl. Phys. **19**, 482 (1960).
[2] V. I. Goldansky, Nucl. Phys. **27**, 648 (1961).
[3] S. Hofmann, W. Reisdorf, G. Münzenberg, F. P. Heßberger, J. R. H. Schneider, and P. Armbruster, Z. Phys. A **305**, 111 (1982).
[4] O. Klepper, T. Batsch, S. Hofmann, R. Kirchner, W. Kurcewicz, W. Reisdorf, E. Roeckl, D. Schardt, and G. Nyman, Z. Phys. A **305**, 125 (1982).
[5] B. Blank and M. Ploszajczak, Rep. Prog. Phys. **71**, 046301 (2008), and references therein.
[6] O. V. Bochkarev, L. V. Chulkov, A. A. Korsheninnikov, E. A. Kuzmin, I. G. Mukha, and G. B. Yankov, Nucl. Phys. **A505**, 215 (1989).
[7] D. F. Geesaman, R. L. McGrath, P. M. S. Lesser, P. P. Urone, and B. VerWest, Phys. Rev. C **15**, 1835 (1977).
[8] M. Pfützner, E. Badura, C. Bingham *et al.*, Eur. Phys. J. A **14**, 279 (2002).
[9] J. Giovinazzo, B. Blank, M. Chartier *et al.*, Phys. Rev. Lett. **89**, 102501 (2002).
[10] J. Giovinazzo, B. Blank, C. Borcea *et al.*, Phys. Rev. Lett. **99**, 102501 (2007).
[11] K. Miernik, W. Dominik, Z. Janas *et al.*, Phys. Rev. Lett. **99**, 192501 (2007).
[12] B. Blank, A. Bey, G. Canchel *et al.*, Phys. Rev. Lett. **94**, 232501 (2005).
[13] J. Gómez del Campo, A. Galindo-Uribarri, J. R. Beene *et al.*, Phys. Rev. Lett. **86**, 43 (2001).
[14] G. Raciti, G. Cardella, M. De Napoli, E. Rapisarda, F. Amorini, and C. Sfienti, Phys. Rev. Lett. **100**, 192503 (2008).
[15] A. Azhari, R. A. Kryger, and M. Thoennessen, Phys. Rev. C **58**, 2568 (1998).
[16] M. J. Chromik, B. A. Brown, M. Fauerbach, T. Glasmacher, R. Ibbotson, H. Scheit, M. Thoennessen, and P. G. Thirolf, Phys. Rev. C **55**, 1676 (1997).
[17] M. J. Chromik, P. G. Thirolf, M. Thoennessen, B. A. Brown, T. Davinson, D. Gassmann, P. Heckman, J. Prisciandaro, P. Reiter, E. Tryggestad, and P. J. Woods, Phys. Rev. C **66**, 024313 (2002).
[18] T. Zerguerras, B. Blank, Y. Blumenfeld *et al.*, Eur. Phys. J. A **20**, 389 (2004).
[19] C. Dossat, A. Bey, B. Blank *et al.*, Phys. Rev. C **72**, 054315 (2005).
[20] I. Mukha, E. Roeckl, L. Batist *et al.*, Nature (London) **439**, 298 (2006).
[21] I. Mukha, K. Sümmerer, L. Acosta *et al.*, Phys. Rev. Lett. **99**, 182501 (2007).
[22] I. Mukha, L. Grigorenko, K. Sümmerer *et al.*, Phys. Rev. C **77**, 061303(R) (2008).
[23] B. Q. Chen, Z. Y. Ma, F. Grümmer, and S. Krewald, J. Phys. G **24**, 97 (1998).
[24] C. J. Lin, H. Q. Zhang, Z. H. Liu, Y. W. Wu, F. Yang, and M. Ruan, Phys. Rev. C **66**, 067302 (2002).
[25] R. Kanungo, M. Chiba, S. Adhikari *et al.*, Phys. Lett. **B571**, 21 (2003).
[26] L. V. Grigorenko, Yu. L. Parfenova, and M. V. Zhukov, Phys. Rev. C **71**, 051604(R) (2005).

[27] Liu Zu-Hua, Ruan Ming, Zhao Yao-Lin *et al.*, Chin. Phys. Lett. **21**, 1711 (2004).
[28] C. J. Lin, X. X. Xu, G. L. Zhang *et al.*, AIP Conf. Proc. **961**, 117 (2007).
[29] Z. Sun, W.-L. Zhan, Z.-Y. Guo, G. Xiao, and J.-X. Li, Nucl. Instrum. Methods Phys. Res. A **503**, 496 (2003).
[30] S. E. Koonin, Phys. Lett. **B70**, 43 (1977).
[31] W. G. Lynch, C. B. Chitwood, M. B. Tsang *et al.*, Phys. Rev. Lett. **51**, 1850 (1983).
[32] M. A. Bernstein, W. A. Friedman, W. G. Lynch *et al.*, Phys. Rev. Lett. **54**, 402 (1985).
[33] A. G. Sitenko, A. D. Polozov, M. V. Evlanov, and A. M. Sokolov, Nucl. Phys. **A442**, 122 (1985).

# Calculation of $\alpha$ preformation for nuclei near $N = 162$ and $N = 184$ ①

G. L. Zhang,[1] X. Y. Le,[1] and H. Q. Zhang[2]

[1]*School of Physics and Nuclear Energy Engineering, Beihang University, Beijing 100191, People's Republic of China*
[2]*China Institute of Atomic Energy, Beijing 102413, People's Republic of China*
(Received 24 June 2009; revised manuscript received 27 November 2009; published 31 December 2009)

The $\alpha$ preformation factor and the penetration probability are carefully analyzed for heavy and superheavy even-even nuclei. The penetration probability of an $\alpha$ cluster in the parent nucleus is calculated within the WKB approximation, whereas the nuclear potential between an $\alpha$ cluster and the daughter nucleus is obtained in the frame of a double-folding model with a density-dependent nucleon-nucleon interaction, in which the zero-range exchange term is supplemented. The $\alpha$ preformation factors in different shell regions are compared. It is shown that shell effects play an important role in $\alpha$ preformation. The preformation factor can supply information on the nuclear structure, and the penetration probability mainly determines the $\alpha$-decay half-life. The results indicate that the deformed-subshell region at $N = 162$ is different from that at $N = 152$, and $Z = 114$ and $N = 184$ may lie in the closed-shell region.

DOI: 10.1103/PhysRevC.80.064325 PACS number(s): 27.90.+b, 23.60.+e

## I. INTRODUCTION

$\alpha$ decay is one of the most important decay modes for heavy nuclei, as it can provide information on the nuclear structure such as ground-state lifetime, nuclear interaction, nuclear incompressibility, nuclear spin, and parity [1–4]. In the development of modern physics $\alpha$ decay has played an important role. In 1896 Becquerel first observed an unknown radioactivity, and Rutherford found $\alpha$ decay in the first experimental observation of $\alpha$ radioactivity in 1908 [5]. In the 1920s Gamow *et al.* successfully provided a theoretical explanation of $\alpha$ radioactivity in terms of a quantum tunneling effect [6–8]. Now $\alpha$ decay is generally used for studies of the decay and synthesis of heavy nuclei.

Experimentally $\alpha$ decay of nuclei is used to identify new nuclides and new elements through an $\alpha$-decay chain from an unknown parent nucleus to a known nuclide [9,10]. Some newly synthesized superheavy elements have recently been identified using $\alpha$ decay [11,12]. Theoretically different approaches [13–17] have been proposed to describe $\alpha$ radioactivity for the spectroscopy of unstable nuclei and the synthesis of new superheavy elements. Generally the tunneling penetration model has been used to describe $\alpha$ decay. The decay constant $\lambda$ is defined as the product of the preformation factor, the penetration probability, and the assault frequency. One important problem is how to estimate the preformation factor. Different approaches have employed different preformation factors in the calculation of the $\alpha$-decay half-life. In the density-dependent cluster model the preformation factor of 1.0 was chosen for even-even nuclei [15]. For the decay of deformed nuclei the preformation factor was obtained by averaging the preformation factors at all orientation angles [18]. In the asymmetric fission model the preformation factor was also taken as 1 for calculation of the $\alpha$-decay half-life [19,20]. However, small differences in the half-life still exist between the experimental data and the theoretical results. These differences are considered to be associated with the preformation factor. Different nuclei have different $\alpha$ preformation factors before emission in the parent nucleus. The preformation factor has also been used to study nuclear structure [21]. The double-folding model was employed to calculate the nuclear potential. It has been used successfully to obtain the potential barriers for fusion reactions, scattering, and nuclear decays [22–24].

In this article, preformation factors of isotopes near neutron numbers $N = 162$ and $N = 184$ are extracted from the $\alpha$ half-lives and a comparison between them, as well as between $N = 126$ and $N = 152$, is made. The potential barrier of an $\alpha$-nucleus system is obtained by a double-folding integral with a density-dependent nucleon-nucleon ($NN$) interaction. The penetration probability is determined using the WKB approximation. The decay constant $\lambda$ is extracted from the $\alpha$-decay half-lives.

This paper is organized as follows. In Sec. II the double-folding model is introduced and the methods for determining the penetration probability, decay constant, assault frequency, and preformed factor are presented. In Sec. III the calculated results are presented and discussed. The conclusion is given in Sec. IV.

## II. CALCULATION METHODS

The detailed calculation methods have been reported in Ref. [25]. The penetration probability of an emitted $\alpha$ particle is calculated using the WKB approximation:

$$P = \exp\left[-\frac{2}{\hbar}\int_{R_1}^{R_2}\sqrt{2\mu[V(R)-Q_\alpha]}dR\right]. \quad (1)$$

The assault frequency is calculated using the classical method [26],

$$\nu = \frac{1}{2R}\sqrt{\frac{2E_\alpha}{M_\alpha}}, \quad (2)$$

① Physical Review C,2009,80(6):064325-(1-5).

where $E_\alpha$ is the $\alpha$ kinetic energy. $E_\alpha = Q_\alpha[1-(M_\alpha/M)]$ is the $\alpha$-particle kinetic energy with recoil correction. The preformation factor is obtained by

$$P_0 = \frac{\lambda}{\nu P}. \quad (3)$$

### III. RESULTS AND DISCUSSION

The penetration probability and the preformation factor have already been given near $N = 126$ and 152 [25]. To show clearly the changes in $Q_\alpha$, assault frequency $\nu$, penetration probability $P$, and preformation factor $P_0$ with $N$, we display the data for Cf isotopes from Ref. [25] in Fig. 1. It indicates that the change in $Q_\alpha$ is similar to that in $\nu$. They decrease with increasing neutron number up to $N = 152$, then increase with $N$ up to $N = 154$. After that, they decrease again. According to Eq. (2) $\alpha$ kinetic energy is related to $E_\alpha$. However, $E_\alpha$ remains directly proportional to $Q_\alpha$, so the change in $\nu$ should remain similar to that in $Q_\alpha$. The changes in $Q_\alpha$ and $P$ are identical; in accordance with quantum tunneling penetration theory, the lower $Q_\alpha$ is, the more difficult it will be for an $\alpha$ cluster to penetrate the potential barrier in the parent nucleus. The change exhibited by both $Q_\alpha$ and $P$ is similar to the change in $\nu$. At $N = 126$ similar phenomena are observed. $Q_\alpha$ and the penetration probability $P$ decrease smoothly before $N = 126$, increase from $N = 126$ to $N = 128$, and decrease again with increasing $N$. This implies that $N = 152$ is a magic number, and the released energy, penetration probability, and assault frequency show shell effects. The half-lives are related to these factors. The decay width is directly proportional to the penetration probability, whereas the half-life is inversely proportional to the decay width. The half-life will increase when the released energy decreases. Therefore, the shell effects seen for $Q_\alpha$ also clearly reflect the half-lives. The preformation factor shows different behavior. It changes dramatically at the magic number.

Recently isotopes of elements 112, 114, 116, and $^{294}118$ have been produced by irradiations of $^{233,238}U$, $^{242}Pu$, $^{248}Cm$, and $^{249}Cf$ targets with a $^{48}Ca$ beam at various energies in fusion-evaporation reactions [11,12]. Various models, including the density-dependent M3Y [2], generalized liquid drop model [28,29], and Viola-Seaborg systematics (VSS) [30], have focused on these elements. Now the penetration probability and preformation factor are calculated using their experimental data on $\alpha$-decay half-lives and $Q_\alpha$. The results are presented in Table I. One can see that the penetration probabilities range from $10^{-18}$ to $10^{-22}$, corresponding to half-lives of orders from milliseconds to seconds. The range of penetration probabilities is relatively narrow. The preformation factors are relatively lower than those of spherical heavy nuclei, especially $^{294}118$, whose value is the lowest among all the calculated results. These results indicate that superheavy nuclei are weakly bound, and $\alpha$ preformation for these parent nuclei is difficult in the mother nucleus. Such nuclei will quickly decay through $\alpha$ emission when synthesized. The penetration probabilities also dominate the $\alpha$ half-lives of superheavy elements.

In recent theoretical calculations the macroscopic-microscopic (MM) model [35–37] and VSS have given the $Q_\alpha$ values and half-lives, respectively. Figure 2 shows the partial experimental and theoretical $Q_\alpha$ values as well as the preformation factors extracted from the calculated values for nuclei at $N \sim 162$. In the calculations we use the

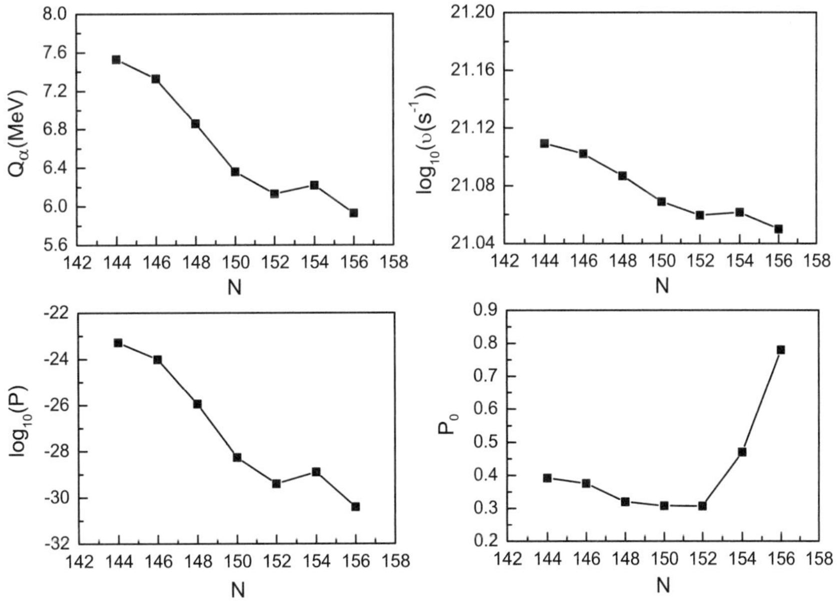


FIG. 1. Characteristics of the released energies $Q_\alpha$, the assault frequency $\nu$, the penetration probability $P$, and the preformation factor $P_0$ with neutron number $N$ for Cf isotopes.

TABLE I. The penetration probability and preformation factor for even-even nuclei of 112, 114, 116, and 118 isotopes. The first column lists the parent nuclei. The second and third columns indicate the experimental $Q_\alpha$ values and $\alpha$-decay half-lives $T_{1/2}$, respectively. The fourth and fifth columns list the calculated assault frequency $\nu$ and calculated penetration probability $P$, respectively. The sixth column reports the preformation factors $P_0$, and the last column lists the reference numbers.

| Nucleus | $Q_\alpha$ (MeV) | $T_{1/2}$ | $\nu(\times 10^{21})$ ($s^{-1}$) | $P$ | $P_0$ | Ref. No. |
|---|---|---|---|---|---|---|
| $^{260}$Sg | 9.920 | $0.95 \times 10^{-2}$ s | 1.440 | $3.448 \times 10^{-19}$ | 0.147 | [27] |
| $^{266}$Sg | 8.836 | 25.7 s | 1.348 | $2.779 \times 10^{-22}$ | 0.072 | [31] |
| $^{264}$Hs | 10.590 | 0.54 ms | 1.480 | $4.230 \times 10^{-18}$ | 0.205 | [32] |
| $^{266}$Hs | 10.381 | 2.3 ms | 1.461 | $1.375 \times 10^{-18}$ | 0.150 | [33] |
| $^{270}$Ds | 11.242 | 0.1 ms | 1.513 | $4.213 \times 10^{-17}$ | 0.109 | [33] |
| $^{284}$112 | 9.35 | 9.8 s | 1.355 | $1.180 \times 10^{-22}$ | 0.442 | [34] |
| $^{286}$114 | 10.35 | 0.16 s | 1.423 | $2.008 \times 10^{-20}$ | 0.152 | [11] |
| $^{288}$114 | 10.09 | 0.80 s | 1.401 | $4.207 \times 10^{-21}$ | 0.147 | [11] |
| $^{290}$116 | 11.0 | 0.015 s | 1.459 | $2.411 \times 10^{-19}$ | 0.131 | [11] |
| $^{292}$116 | 10.80 | 0.018 s | 1.443 | $8.060 \times 10^{-20}$ | 0.331 | [11] |
| $^{294}$118 | 11.81 | $1.8 \times 10^{-3}$ s | 1.505 | $5.546 \times 10^{-18}$ | 0.046 | [12] |

double-folding model to obtain the nuclear potential, then use Eq. (1) to acquire the penetration probability. The VSS formula is a simple but widely used formula of $\alpha$-decay half-life [38]. It plays an important role in the identification of newly synthesized elements [39]. Moreover, the $\alpha$-decay half-lives from the VSS formula are used to calculate the decay constant $\lambda$ of $\alpha$ decay. The $\alpha$ preformation factor can be obtained according to Eq. (3). From Fig. 2 one can see that the $\alpha$-decay energies can be reproduced very well using the MM model. The $Q_\alpha$ value decreases with increasing neutron number up to $N = 162$, reaches a maximum at $N = 164$, then decreases with neutron number. It is similar to that at $N = 152$. Owing to the existence of the deformed-shell effect at $N = 162$, the gap in $Q_\alpha$ between Hs and Ds isotopes apparently changes in comparison with those between other pairs of neighboring curves. Moreover, the preformation factors of Rf, Sg, and Hs isotopes apparently deviate at $N = 162$. However, those of Ds and 112 keep decreasing smoothly. This indicates that the shell effect does not play an important role in the transformation from Hs nuclei up to 112 nuclei but apparently does for Rf, Sg, and Hs nuclei. The changes at $N < 162$

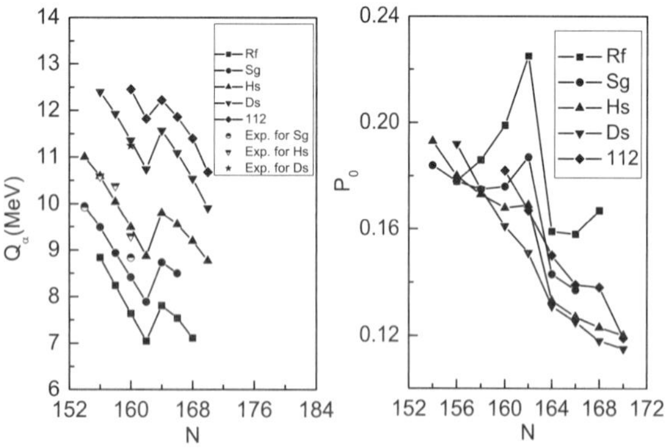


FIG. 2. Characteristics of the released energies $Q_\alpha$ (including the partial experimental data) and the preformation factors extracted from the theoretical values for $N \sim 162$.

are different from those at $N < 126$ and $N < 152$. For Rf isotopes the preformation factors increase with increasing $N$. For Sg and Hs isotopes they first keep decreasing and then increase slightly with $N$. Comparing $P_0$ values extracted from the present experimental data in Table I, it is seen that the value of the preformation factor for $^{266}$Sg is lower than that for $^{260}$Sg. The value also decreases with increasing $N$ for Hs isotopes. The neutron numbers of $^{266}$Sg and $^{270}$Hs are closer to $N = 162$. The change in the preformation factor extracted from experimental data is similar to that in the factor extracted from the theoretical model. This further implies that $N = 162$ is a submagic number and exhibits a weaker deformed-shell region in comparison with $N = 126$ and $N = 152$. In Ref. [25], at $N = 126$ preformation factors generally decrease with increasing $N$ up to $N = 126$, then they increase rapidly with $N$; a minimum always exists at $N = 126$. At $N = 152$ the preformation factors always show a minimum for Cf, Fm, No, and Rf isotopes. The change in preformation factors at $N = 152$ is different from that at $N = 162$. So the deformed-shell region at $N = 162$ is different from that at $N = 152$. This is in agreement with Ref. [40].

Figure 3, which is similar to Fig. 2, shows the systematics of $Q_\alpha$ and $P_0$ at $N = 184$. A larger gap occurs from $Z = 114$ to $Z = 116$ in comparison with the other gaps between pairs of curves. A minimum occurs at $N = 184$ for $Q_\alpha$ values. For $P_0$ a change apparently occurs across $N = 184$ only for Hs, 110, and 112 nuclei. The $P_0$ values of the others almost decrease with increasing neutron number. The preformation factors decrease with increasing proton number up to $Z = 114$, near $N = 184$, then dramatically increase across $Z = 116$. In Ref. [25], in the closed-shell region of $Z = 82$ and $N = 126$ the preformation factors increase when the proton number gets away from the magic number $Z = 82$. The preformation factors of Po isotopes that are closer to $Z = 82$ are lower than those of Rn and Ra isotopes that are far from $Z = 82$. At $Z = 114$ the change in the preformation factor is similar to that at $Z = 82$. At $N = 184$ the change in $P_0$ is also similar to that at $N = 126$, which shows a dramatic change. The experimental $Q_\alpha$ values are also in agreement with the theoretical results. This implies that $Z = 114$ and $N = 184$

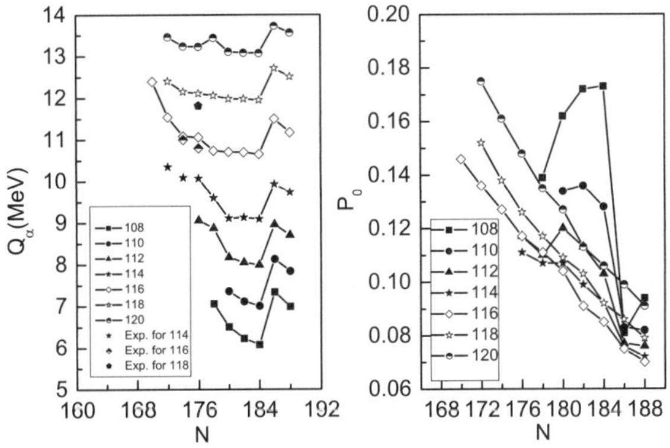


FIG. 3. Characteristics of the released energies $Q_\alpha$ (including the partial experimental data) and the preformation factors extracted from the theoretical values for $N \sim 184$.

are both magic numbers and also indicates that shell effects play an important role in the superheavy region as well. From Fig. 3 one can see that the preformation factors are lower relative to those of heavy nuclei. It is shown that the formation of an $\alpha$ cluster is difficult in superheavy elements.

In Eq. (1) because the released energy $Q_\alpha$ enters into the action integral, the calculations of the penetration probability are sensitive to the released energy. However, they are not more sensitive than the calculations of the half-lives in the decay process, as the action integral goes to an exponential function in the formulas for the half-lives. Since the theoretical results for $Q_\alpha$ are slightly different from the experimental data, the preformation factors determined from the theoretical $Q_\alpha$ values clearly differ from those obtained from the experimental $Q_\alpha$. However, the systematic behavior of the theoretical $Q_\alpha$ does not influence the overall tendency of the preformation factors. The phenomenon observed for the preformation factors is not changed by the uncertainty of $Q_\alpha$.

## IV. CONCLUSION

Nuclear potentials have been calculated using a double-folding model with a density-dependent $NN$ interaction. The penetration probability was obtained in the frame of the WKB approximation and the decay constant was extracted with the $\alpha$-decay half-life. The $\alpha$ preformation factors and penetration probabilities of even-even nuclei near $N = 126$, 152, 162, and 184 have been studied systematically. The penetration probability, which is related to the released energy, dominates the half-life of cluster emission. The change in preformation factor with neutron number shows that shell effects play an important role in $\alpha$ formation. The formation of an $\alpha$ cluster in the parent nuclei is difficult when the nucleon number is close to the magic number. The preformation factor reflects that $Z = 82$ and $N = 126$ are closed-shell regions, both $N = 152$ and $N = 162$ are submagic numbers and deformed-shell regions, and $Z = 114$ and $N = 184$ may lie in the closed-shell region. The present calculations have demonstrated success in studying the preformation factor systematically. The study range may possibly extend to large-cluster preformation in parent nuclei. Future work on odd-$A$ and odd-odd nuclei, for which the angular momentum should be considered for spin-parity conservation in the decay process, will include systematic study of cluster preformation.

## ACKNOWLEDGMENTS

The authors are grateful to Professors K. Hagino, W. M. Seif, and F. R. Xu for valuable discussions. In addition, we thank Mrs. C. Liu for providing important papers.


[1] D. S. Delion, S. Peltonen, and J. Suhonen, Phys. Rev. C **73**, 014315 (2006).
[2] P. R. Chowdhury, C. Samanta, and D. N. Basu, Phys. Rev. C **73**, 014612 (2006).
[3] W. M. Seif, Phys. Rev. C **74**, 034302 (2006).
[4] D. N. Basu, J. Phys. G **30**, B35 (2004).
[5] E. Rutherford and H. Geiger, Proc. R. Soc. London A **81**, 141 (1908); E. Rutherford and T. Royds, Philos. Mag. **17**, 281 (1908).
[6] G. Z. Gamow, Z. Phys. A. **51**, 204 (1928).
[7] R. W. Guerney and E. U. Condon, Nature (London) **122**, 439 (1928).
[8] R. W. Guerney and E. U. Condon, Phys. Rev. **33**, 127 (1929).
[9] S. Hofmann and G. Münzenberg, Rev. Mod. Phys. **72**, 733 (2000).
[10] Yu. Ts. Oganessian *et al.*, Nature (London) **400**, 242 (1999).
[11] Yu. Ts. Oganessian *et al.*, Phys. Rev. C **70**, 064609 (2004); **71**, 029902(E) (2005).
[12] Yu. Ts. Oganessian *et al.*, JINR Communication D7-2002-287 (2002); Lawrence Livermore National Laboratory Report UCRL-ID-151619 (2003).
[13] D. N. Poenaru *et al.*, At. Data Nucl. Data Tables **34**, 423 (1986).
[14] B. Buck, A. C. Merchant, and S. M. Perez, At. Data Nucl. Data Tables **54**, 53 (1993).
[15] C. Xu and Z. Z. Ren, Nucl. Phys. **A753**, 174 (2005).
[16] C. Xu and Z. Z. Ren, Nucl. Phys. **A760**, 303 (2005).
[17] D. N. Basu, Phys. Lett. **B566**, 90 (2003).
[18] C. Xu and Z. Z. Ren, Phys. Rev. C **74**, 014304 (2006).
[19] G. Royer and R. Moustabchir, Nucl. Phys. **A683**, 182 (2001).
[20] H. F. Zhang, W. Zuo, J. Q. Li, and G. Royer, Phys. Rev. C **74**, 017304 (2006).
[21] P. Mohr, Phys. Rev. C **73**, 031301(R) (2006).
[22] I. I. Gontchar, D. J. Hinde, M. Dasgupta, and J. O. Newton, Phys. Rev. C **69**, 024610 (2004).
[23] Dao T. Khoa, G. R. Satchler, and W. von Oertzen, Phys. Rev. C **56**, 954 (1997).
[24] F. Guzmán, M. Goncalves, O. A. P. Tavares, S. B. Duarte, F. Garcia, and O. Rodriguez, Phys. Rev. C **59**, R2339 (1999).
[25] G. L. Zhang, X. Y. Le, and H. Q. Zhang, Nucl. Phys. **A823**, 16 (2009).
[26] Y. K. Gambhir, A. Bhagwat, and M. Gupta, Phys. Rev. C **71**, 037301 (2005).
[27] G. Audi, A. H. Wapstra, and C. Thibault, Nucl. Phys. **A729**, 337 (2003).

[28] G. Royer and R. A. Gherghescu, Nucl. Phys. **A699**, 479 (2002).
[29] G. Royer, K. Zbiri, and C. Bonilla, Nucl. Phys. **A730**, 355 (2004).
[30] A. Sobiczewski, Z. Patyk, and S. Cwiok, Phys. Lett. **B224**, 1 (1989).
[31] Ch. E. Düllmann *et al.*, Nature (London) **418**, 859 (2002).
[32] G. Audi and A. H. Wapstra, Nucl. Phys. **A729**, 3 (2003).
[33] S. Hofmann *et al.*, Eur. Phys. J. A **10**, 5 (2001).
[34] Yu. Ts. Oganessian *et al.*, Phys. Rev. C **62**, 041604(R) (2000).
[35] I. Muntian *et al.*, Acta Phys. Pol. B **34**, 2073 (2003).
[36] I. Muntian *et al.*, Phys. At. Nucl. **66**, 1015 (2003).
[37] R. Smolanczuk, Phys. Rev. C **56**, 812 (1997).
[38] T. Dong and Z. Z. Ren, Eur. Phys. J. A **26**, 69 (2005).
[39] Yu. Ts. Oganessian, J. Phys. G **34**, R165 (2007).
[40] T. Dong and Z. Z. Ren, Phys. Rev. C **77**, 064310 (2008).

# Three-Body Faddeev Approach to Two-Proton Emissions from $^{18}$Ne Excited State①

YU Ning(喻宁)[1,2], LIU Fu-Qing(刘福庆)[3], ZHANG Huan-Qiao(张焕乔)[1,2]

[1]*School of Physics, Huazhong University of Science and Technology, Wuhan 430074*

[2]*China Institute of Atomic Energy, Beijing 102413*

[3]*School of Physics, Wuhan University, 430072*

(Received 1 April 2009)

*The proton drip line nucleus $^{18}$Ne is considered as a system of two protons and a $^{16}$O core. The excitation-energy spectrum of $^{18}$Ne and the relative-momentum distribution of the two protons emitted from the 6.15 MeV level of $^{18}$Ne are calculated using the Faddeev approach.*

*PACS: 21.45.−v, 21.30.−x, 25.60.−t, 23.50.+z, 27.20.+n*

The idea of the two-proton radioactivity in nuclei beyond or close to the proton dripline was proposed about 50 years ago in Ref. [1], which opened a new window to investigate nucleon-nucleon correlations and the structure of atomic nuclei. Experimental studies of the two-proton radioactivity are an extremely actively developing field at present. The experimental identification of $2p$ radioactivity was found in $^{17}$Ne, $^{45}$Fe, $^{54}$Zn $^{48}$Ni, $^{18}$Ne, $^{94}$Ag, and, $^{19}$Mg.[2−11] Several theoretical approaches such as the Diproton model,[12] $R$-matrix approach,[13] continuum shell model,[14] and adiabatic hyperspherical approach[15−17] were applied to the problem in recent years. Experiment $^{18}$Ne+$^{197}$Au was performed in the Heavy Ion Research Facility Radioactive Ion Beam Line at Lanzhou (RIBLL) by our group.[18] We considered the $^{18}$Ne to be a system of two protons and an $^{16}$O core. Now we use the Faddeev approach in momentum space to study the system.

In the three-body problem, the Faddeev equations are a set of integral equations of the Fredholm type, which are reformulated from the Schrödinger equation for nonrelativistic three-particle systems and overcome the difficulties in the Lippman–Schwinger equation in the three-body problem.[19] The nonrelativistic three-particle $T$ matrix could be decomposed as

$$\mathscr{T} = \mathscr{T}^{(1)} + \mathscr{T}^{(2)} + \mathscr{T}^{(3)}. \tag{1}$$

The $\mathscr{T}^{(i)}$ is the scattering operator such that any three-body process has occurred, and then particles $j$ and $k$ interact. It satisfies the Faddeev equations

$$\begin{pmatrix} \mathscr{T}^{(1)} \\ \mathscr{T}^{(2)} \\ \mathscr{T}^{(3)} \end{pmatrix} - \begin{pmatrix} t_1 \\ t_2 \\ t_3 \end{pmatrix} + \begin{pmatrix} 0 & t_1 & t_1 \\ t_2 & 0 & t_2 \\ t_3 & t_3 & 0 \end{pmatrix} G_0 \begin{pmatrix} \mathscr{T}^{(1)} \\ \mathscr{T}^{(2)} \\ \mathscr{T}^{(3)} \end{pmatrix}, \tag{2}$$

where $t_i$'s are the *off-shell* two-body $T$-matrices which satisfy the Lippman–Schwinger equations between the pairs of particles $j$ and $k$ $(i \neq j \neq k)$.

$$t_i = V^i + V^i G_0 t_i, \tag{3}$$

where $V^i = V_{jk}$ is the interaction between particles $j$ and $k$. In the above equations, we do not consider the three-body force.

After partial wave decomposition, Eq. (2) becomes two-variable integral equations, which are solved by the matrix inversion method in the momentum space.

We use the CD-Bonn potential[20] as our realistic interaction for all $pp$ partial waves. The CD-Bonn potential is known as a realistic nucleon-nucleon charge-dependent potential which is based on the one boson exchange (OBE) model, including $\pi$, $\omega$, $\rho$, and two scalar-isoscalar $\sigma_1$ and $\sigma_2$ bosons.

Table 1. Basic constants and parameters adopted for the CD-Bonn potential.

| Particle[a] | Mass (MeV) | $g^2/4\pi$ | $f/g$ | $\Lambda$ (GeV) |
|---|---|---|---|---|
| $\pi_0$ | 134.9764 | 13.6 | | 1.72 |
| $\rho$ | 769.9 | 0.84 | 6.1 | 1.31 |
| $\omega$ | 781.94 | 20.0 | 0.0 | 1.5 |
| Proton | 938.27231 | | | |

[a]The parameters of the $\sigma_1$ and $\sigma_2$ bosons are dependent angular momentum which can be found in Ref. [20].

To include the Coulomb interaction between the two protons, the proton and the core, we use an approximation

$$\frac{1}{r} = \lim_{\mu \to 0} \frac{e^{-\mu r}}{r}. \tag{4}$$

In the momentum space, it becomes

$$\frac{1}{2\pi^2} \frac{1}{(p_f - p_i)^2 + \mu^2}, \tag{5}$$

where $p_f$ and $p_i$ are the momenta of the final and initial states, respectively.

For the core-proton interaction we use the optical potential[21] which is based on an optical model analysis of proton scattering from the experimental data

① Chin.Phys.Lett.,2009,26(11):112101-(1-3).

of medium-energy. The optical potential includes the Coulomb potential, the real central potential, the volume and surface parts of the imaginary central potential and the real and imaginary parts of the spin-orbit potential. The shape factors for the real central and the volume part of the imaginary central potential are of the Woods–Saxon form. The surface part of the imaginary central potential has a Gaussian form while the shape factor for the spin-orbit potential is of the usual Thomas type. For others parts of the optical potential, we use the numerical method of Filon's integration formula for the oscillating function with high frequency.

$$U(r) = V_C(r) - \frac{V}{1+e^{x_1}} - i\frac{W}{1+e^{x_2}} - iW_1 e^{-x_3^2} + (V_s + iW_s)\frac{4}{r}\frac{d}{dr}\frac{1}{1+e^{x_4}}(\boldsymbol{s}\cdot\boldsymbol{l}), \quad (6)$$

where $x_i = (r - R_i)/a_i$, $R_i = r_i A^{1/3}$. The geometrical parameters for the best fits are $r_1 = 1.142\,\text{fm}$, $a_1 = 0.726\,\text{fm}$, $r_2 = r_3 = 1.268\,\text{fm}$, $a_2 = 0.69a_3 = 0.676\,\text{fm}$, $r_4 = 1.114\,\text{fm}$ and $a_4 = 0.585\,\text{fm}$.

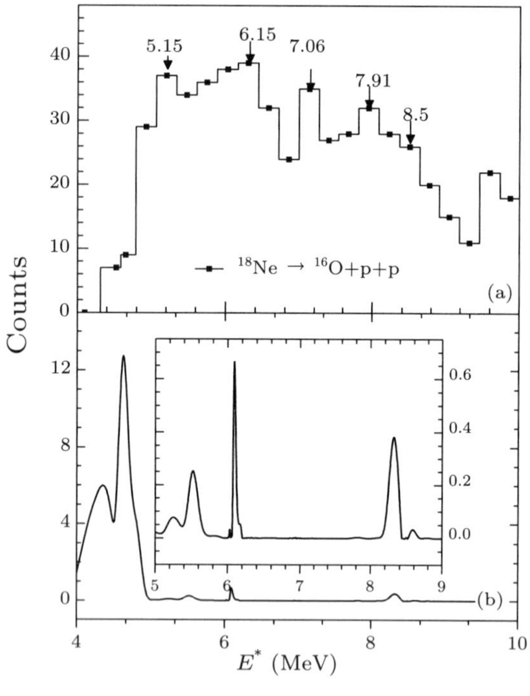


**Fig. 1.** (a) Excitation-energy spectrum of $^{18}$Ne from the experiment in Ref. [18]. (b) The $|\mathscr{T}|^2$ as a function of $E_{\text{c.m.}}$. The ordinate is proportional to the $|\mathscr{T}|^2$.

We now apply the method presented above and calculate the $\mathscr{T}$ matrix of continuous states of the $^{16}$O+2$p$ system. In Fig. 1(a), it is the excitation-energy spectrum of $^{18}$Ne from $^{16}$O+2$p$ events which are obtained by using the $Q$ value for the decay channel and the reconstructed incident beam energy values.[18] In Fig. 1(b), we give the excitation energy spectrum above the single proton threshold by our calculation. By comparison, we deem that the second peak in Fig. 1(b) is related to the 6.15 MeV peak in Fig. 1(a). According to experimental information, the research of the decay modes of this level is very important.

Table 2. Optical-model potential strengths for the elastic scattering of protons from $^{16}$O in units of MeV.

| $E^a$ | $V$ | $W$ | $W_1$ | $V_s$ |
|---|---|---|---|---|
| 52.5 | 36.85 | 5.49 | 3.63 | −4.93 |
| 49.5 | 38.90 | 4.14 | 3.94 | −6.20 |
| 46.1 | 42.13 | 4.44 | 4.64 | −6.20 |
| 43.1 | 44.67 | 3.15 | 6.32 | −6.20 |
| 42.1 | 43.10 | 2.83 | 6.25 | −5.58 |
| 39.7 | 46.58 | 2.25 | 7.65 | −7.32 |
| 36.8 | 46.37 | 0.28 | 8.55 | −7.98 |
| 34.1 | 47.02 | 2.31 | 6.52 | −6.44 |
| 30.1 | 47.50 | 0.0 | 8.35 | −6.82 |
| 27.3 | 48.43 | 0.0 | 7.28 | −5.63 |
| 24.5 | 44.51 | 0.0 | 6.83 | −5.41 |
| 23.4 | 47.25 | 0.0 | 7.06 | −4.09 |

$^a$Strength of the potential is energy dependent, and we use the interpolation for the energy plots which are not given in the table. Here the imaginary spin-orbit potential strength $W_s$ is equal to zero.

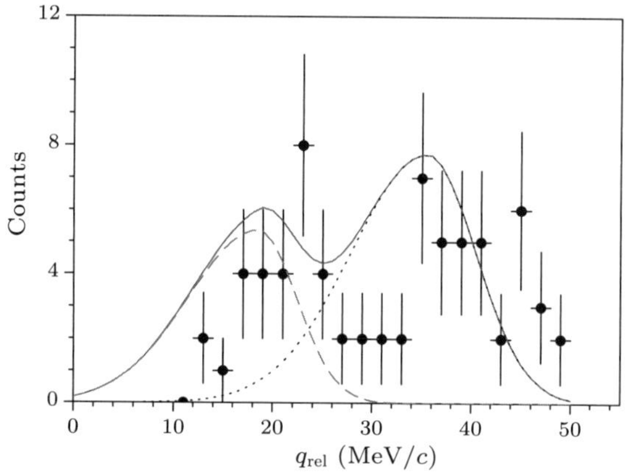


**Fig. 2.** The relative-momentum distribution of two protons emitted from the 6.15 MeV level of $^{18}$Ne. The circles are the experimental data. The solid line is our results. Then we make a fitting by two asymmetric Gaussian functions (dotted and dashed).

Figure 2 shows the relative-momentum ($q_{\text{rel}} = |\boldsymbol{p}_1 - \boldsymbol{p}_2|/2$) distribution of two protons emitted from the 6.15 MeV level of $^{18}$Ne in the $^{16}$O+2$p$ c.m. system. Two different decay modes for simultaneous 2$p$ emission are possible: (1) three-body direct breakup involving an uncorrelated emission of the two protons, usually referred to as a democratic emission,[22] (2) $^2$He cluster emission[23] where a pair of protons, correlated in a quasibound $^1S$ configuration, breakup, when emitted, into two protons (diproton emission). The spots are the experimental data.[18] In our calculation, two peaks which are made by two asymmetric Gaussian functions fitting appear in the bottom Fig. 2. The first peak near 20 MeV/$c$ characterizes the $^2$He emission[23] of $^{18}$Ne, namely the $^{2}$He resonance, due to the attractive singlet $s$-wave interaction between the two protons.[24] The second peak near 35 MeV/$c$ characterizes the democratic emission. The agreement is found with a 66.23% contribution from the democratic three-body and the virtual sequential, 33.67% contribution from the $^{2}$He decay model. That is similar to the result of the experiment.

In summary, we have calculated the excitation energy spectrum of $^{18}$Ne and the relative-momentum distribution of the two protons emitted from the 6.15 MeV level of $^{18}$Ne by Faddeev approach. The relative momentum of the two emitted protons show an obvious enhancement at $q_{\rm rel} = 20\,{\rm MeV}/c$, which is similar to the experiment and a criterion for $^{2}$He cluster decay from $^{18}$Ne excited state. The agreement is found with a 66.23% contribution from the democratic three-body and the virtual sequential, 33.67% contribution from the $^{2}$He decay model.

# References


[1] V Goldansky 1960 *Nucl. Phys.* **19** 480
[2] Chromik M J et al 1997 *Phys. Rev.* C **55** 1676
[3] Zerguerras T et al 2004 *Eur. Phys. J.* A **20** 389
[4] Giovinazzo J et al 2002 *Phys. Rev. Lett.* **89** 102501
[5] Pfuetzner M et al 2002 *Eur. Phys. J.* A **14** 279
[6] Blank B et al 2005 *Phys. Rev. Lett.* **94** 232501
[7] Dossat C et al 2005 *Phys. Rev.* C 72 054315
[8] Fu C B et al 2007 *Phys. Rev.* C **76** 021603
[9] Raciti G et al 2008 *Phys. Rev. Lett.* **100** 192503
[10] Mukha I et al 2006 *Nature* **439** 298
[11] Mukha I et al 2007 *Phys. Rev. Lett.* **99** 182501
[12] Brown B A 1991 *Phys. Rev.* C **43** R1513
Brown B A 1991 *Phys. Rev.* C **44** 924(E)
[13] Bartlett A J, Tostevin J A and Thompson I J 2008 *Phys. Rev.* C **78** 054603
[14] Rotureau J, Okolowicz J and Ploszajczak M 2005 *Phys. Rev. Lett.* **95** 042503
[15] Nielsen E, Fedorov D V, Jensen A S and Garrido E 2001 *Phys. Rep.* **347** 374
[16] Garrido E, Fedorov D V and Jensen A S 1999 *Phys. Rev.* C **59** 1272
[17] Garrido E, Fedorov D V and Jensen A S 2004 *Phys. Rev.* C **69** 024002
[18] Fei J et al 2009 *Chin. Phys. Lett.* **26** 032301
[19] Faddeev L D 1965 *Mathematical Aspects of Three-Body Problem in the Quantum Scattering Theory* (Hartford: Daniel Davey)
[20] Machleidt R 2001 *Phys. Rev.* C **63** 024001
[21] Oers W T H and Cameron J M 1969 *Phys. Rev.* **184** 1061
[22] Bochkarev O V et al 1989 *Nucl. Phys.* A **505** 215
[23] Goldansky V 1961 *Nucl. Phys.* **27** 648
[24] Koonin S 1977 *Phys. Lett.* B **70** 43

# Competition between fusion-fission and quasifission processes in the $^{32}S + {}^{184}W$ reaction ①

H. Q. Zhang, C. L. Zhang, C. J. Lin, Z. H. Liu, and F. Yang
*China Institute of Atomic Energy, Post Office Box 275, Beijing 102413, People's Republic of China*

A. K. Nasirov
*Joint Institute for Nuclear Research, RU-141980 Dubna, Russia*

G. Mandaglio, M. Manganaro, and G. Giardina
*Dipartimento di Fisica dell' Università di Messina, 98166 Messina, and Istituto Nazionale di Fisica Nucleare, Sezione di Catania, Italy*
(Received 5 June 2009; revised manuscript received 21 February 2010; published 24 March 2010)

The angular distributions of fission fragments for the $^{32}S + {}^{184}W$ reaction at center-of-mass energies of 118.8, 123.1, 127.3, 131.5, 135.8, 141.1, and 144.4 MeV are measured. The experimental fission excitation function is obtained. The anisotropy ($\mathcal{A}_{exp}$) is found by extrapolating each fission fragment angular distribution. The measured fission cross sections of the $^{32}S + {}^{182,184}W$ reaction are decomposed into fusion-fission, quasifission, and fast-fission contributions by the dinuclear system model (DNS). The angular momentum distributions of the dinuclear system and compound nucleus calculated by the DNS model are used to reproduce the experimental capture and fusion excitation functions for both reactions and quantities $K_0^2$, $\langle \ell^2 \rangle$, and $\mathcal{A}_{exp}$, which characterize angular distributions of the fission products at the considered range of beam energy. The total evaporation residue excitation function for the $^{32}S + {}^{184}W$ reaction calculated in the framework of the advanced statistical model is close to the available experimental data only up to about $E_{c.m.} \approx 160$ MeV. The underestimation of the experimental data at high excitation energies $E_{c.m.} > 160$ MeV is explained by the fact that the statistical model cannot reproduce the cross section of evaporation residues formed by the nonequilibrium mechanism, that is, without formation of the compound nucleus in the statistical equilibrium state.

DOI: 10.1103/PhysRevC.81.034611 PACS number(s): 25.70.Jj, 25.70.Gh, 25.85.−w

## I. INTRODUCTION

Studies of fusion-fission reactions between heavy ion projectile and heavy target nuclei have proven to be very useful in developing an understanding of the nuclear reaction dynamics. Especially with the development of radioactive nuclear beams and the superheavy element synthesis, this subject is becoming a hot topic again. Very recently, the synthesis of the heaviest elements of 114, 115, 116, and 118 by using the hot-fusion reactions [1,2] with actinide targets and of 112 and 113 by using the cold-fusion reactions [3,4] with lead-based targets of closed-shell spherical nuclei has been reported. The cross section of the evaporation residue (ER) formation being a superheavy element is very small: some picobarns or even some femtobarns for the synthesis of the element $Z = 113$ [4].

There are two main hindrances to ER formation in reactions with massive nuclei: the quasifission and fusion-fission processes. The ER formation process is often considered as the third stage of a three-stage process. The first stage is a capture-formation of the dinuclear system (DNS) after full momentum transfer of the relative motion of colliding nuclei into the deformed shape, excitation energy, and rotational energy. The capture takes place if the initial energy of the projectile in the center-of-mass system is enough to overcome the interaction barrier (Coulomb barrier + rotational energy of the entrance channel). The study of dynamics of processes in heavy ion collisions at the near-Coulomb-barrier energies has shown that complete fusion does not occur immediately in the case of massive nuclei collisions [5–8]. The quasifission process competes with the formation of the compound nucleus (CN). This process occurs when the DNS prefers to break up into two fragments instead of being transformed into a fully equilibrated CN. The number of events going to quasifission increases drastically by increasing the sum of the Coulomb interaction and the rotational energy in the entrance channel [9,10]. Another factor contributing to the decreasing yield of ER is the fission of a heated and rotating CN which is formed in competition with quasifission. The stability of a massive CN decreases due to the decrease in the fission barrier with increasing its excitation energy $E_{CN}^*$ and angular momentum $L$ [11–13], because the stability of the transfermium nuclei is connected with the availability of shell correction in their binding energy [14,15], which is sensitive to $E_{CN}^*$ and values of the angular momentum. To find favorable reactions (projectile and target pair) and the optimal beam energy range leading to larger cross sections of synthesis of superheavy elements, we should establish conditions to increase where possible the events of ER formation.

To determinate the ER cross section $\sigma_{ER}(E)$ we used the partial fusion cross section as initial data about the heated and rotating CN with given excitation energy $E$ and angular

① Physical Review C,2010,81(3):034611-(1-13).

momentum $\ell$ [6]:

$$\sigma_{\rm ER}(E) = \sum_{l=0}^{\infty}(2l+1)\sigma_{\rm fus}^{(l)}(E)W_{\rm sur}(E,l). \quad (1)$$

The entrance channel effects can be studied [16] by analyzing the partial fusion cross section $\sigma_{\rm fus}^{l}(E)$, which is defined by the expression

$$\sigma_{\rm fus}^{(l)}(E) = \sigma_{\rm capture}^{(l)}(E)P_{\rm CN}(E,l). \quad (2)$$

The theoretical cross section for capture includes the contributions of all fragment yields from full momentum transfer reactions:

$$\sigma_{\rm cap}(E_{\rm c.m.}) = \sigma_{\rm ER}(E_{\rm c.m.}) + \sigma_{\rm f}(E_{\rm c.m.}) + \sigma_{\rm qf}(E_{\rm c.m.}) + \sigma_{\rm fast\,fission}(E_{\rm c.m.}), \quad (3)$$

where $\sigma_{\rm ER}$, $\sigma_{\rm f}$, $\sigma_{\rm qf}$, and $\sigma_{\rm fast\,fission}$ are the evaporation residue, fusion-fission, quasifission, and fast-fission cross sections, respectively.

The pure cross section of the complete fusion must include only evaporation residues and fusion-fission cross sections,

$$\sigma_{\rm fus}^{(\rm pure)} = \sigma_{\rm ER} + \sigma_{\rm ff}. \quad (4)$$

The experimental value of $\sigma_{\rm fus}$ is reconstructed from the detected cross sections of fissionlike fragments $\tilde{\sigma}_{\rm ff}$ and evaporation residues $\sigma_{\rm ER}$:

$$\sigma_{\rm fus}^{(\rm exp)} = \tilde{\sigma}_{\rm ff} + \sigma_{\rm ER}. \quad (5)$$

But fissionlike fragments can be a mixture of the contributions of fusion-fission ($\sigma_{\rm ff}$), quasifission ($\sigma_{\rm qf}$), and fast-fission ($\sigma_{\rm fast\,fis}$) products:

$$\tilde{\sigma}_{\rm ff} = \sigma_{\rm ff} + \sigma_{\rm qf} + \sigma_{\rm fast\,fis}. \quad (6)$$

The ratio between contributions of different binary channels is a function of the initial values of the beam energy and the orbital angular momentum for the given reaction.

Thus, the estimations of $P_{\rm CN}$ and $W_{\rm sur}$ determining CN and ER formations are the key points for the research of the fusion reaction products, especially for the synthesis of superheavy elements.

The presence of quasifission fragments in the measured yield of fissionlike fragments is determined by the large values of anisotropy in their angular distribution (see Refs. [5,17,18], and references therein) and by the increasing yield of fragments with masses near proton magic numbers 28, 50, and 82 and neutron magic numbers 50, 82, and 126 [19,20]. But the mass and angular distributions of quasifission products can overlap with those of fusion-fission products. The sizes of each overlap in both the mass and angular distributions depend on the beam energy and mass asymmetry of reacting nuclei. Therefore, quantitative estimation of contributions of quasifission and fusion-fission fragments in the measured fissionlike fragments has been a nontrivial task up to now. This means that the estimation of the pure fusion cross section from the measured data of fission fragments and evaporation residues is still an ambiguous task.

In this article we analyze the angular distribution of fission fragments and the fission excitation function of the $^{32}$S + $^{184}$W reaction measured in this work at the center-of-mass energies of 118.8, 123.1, 127.3, 131.5, 135.8, 141.1, and 144.4 MeV and we analyze similar data obtained from Ref. [21] at larger energies $E_{\rm c.m.}$ = 157.6–195.9 MeV. Such theoretical analysis of the experimental data of the corresponding quantities has been performed for the $^{32}$S + $^{182}$W reaction [22–24]. The total evaporation residue excitation functions for the $^{32}$S + $^{182,184}$W reactions have been calculated in the framework of the advanced statistical model and the results for the $^{32}$S + $^{184}$W reaction are compared with the experimental data obtained in Ref. [25].

The measured anisotropy $\mathcal{A}_{\rm exp}$ in this work was found by extrapolating each fission fragment angular distribution to angles 0° and 90° by the method used in Ref. [26]. Then, the mean square angular momentum $\langle L^2\rangle$ values were obtained. Hereafter we use for simplicity $\ell$ from the definition $L = \ell\hbar$.

The experimental data of the quantities $K_0^2$ and the anisotropy of the angular distribution of the fission fragments of the $^{32}$S + $^{182}$W [22] and $^{32}$S + $^{184}$W (this work) reactions are described using angular momentum distribution of DNS calculated as a function of the orientation angle of the symmetry axis of $^{182}$W and $^{184}$W.

We assumed the calculated capture cross sections to be equal to the experimental data of fissionlike fragments to decompose the measured fission cross section into fusion-fission, quasifission, and fast-fission contributions by the DNS model [6,7,10,16]. We remind the reader of the difference between quasifission and fast fission. The quasifission is a break of the DNS into two fragments bypassing the stage of the CN formation. The fast-fission process is the inevitable decay of the fast rotating mononucleus into two fragments without reaching the equilibrium compact shape of the CN. Such a mononucleus is formed from the DNS surviving against quasifission. At large values of the angular momentum $\ell > \ell_f$, where $\ell_f$ is a value of $\ell$ at which the fission barrier of the corresponding CN disappears, the mononucleus immediately decays into two fragments [27]. As distinct from fast fission, the quasifission can occur at all values of $\ell$ at which capture occurs.

The present article is organized in the following way. The experimental procedure is presented in Sec. II. The experimental results of the fission fragment angular distributions and their anisotropy $\mathcal{A}_{\rm exp}$, fission excitation function, mean square value $\langle l^2\rangle$ of angular momentum, and variance $K_0^2$ of the $K$ distribution are presented in Sec. III. The comparison between the experimental data and the theoretical results is discussed in Sec. IV. Finally, Sec. V is devoted to the conclusion of this work.

## II. EXPERIMENTAL PROCEDURE

The experiment was performed at the HI-13 tandem accelerator at the China Institute of Atomic Energy, Beijing. A collimated $^{32}$S beam with incident energies $E_{\rm lab}$ = 140, 145, 150, 155, 160, 165, and 170 MeV bombarded a target of $^{184}$W that was mounted at the center of the scattering chamber. The $^{184}$W target with thickness about 200 $\mu$g/cm$^2$ was evaporated on an about 20 $\mu$g/cm$^2$ carbon foil backing. The typical $^{32}$S beam current range was 70–90 pnA monitored by a shielded suppressed Faraday cup at the periphery of the chamber. The

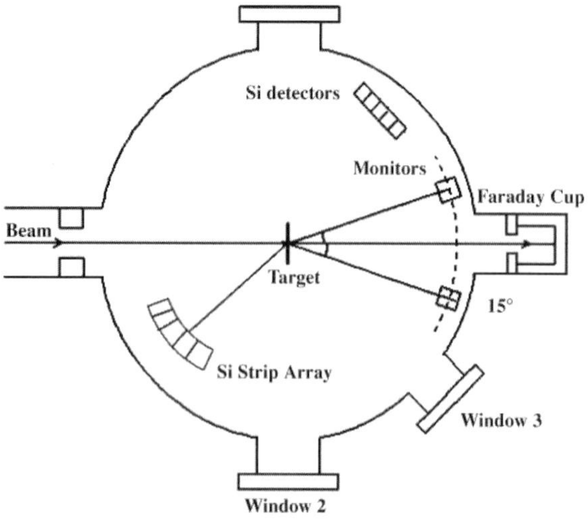


FIG. 1. Scheme of the experimental setup for the measurements of fission fragment angular distribution of binary reaction products. See explanations in the text for details.

beam energy loss in traveling half the target was calculated and was about 0.5 MeV.

The schematic view of the experimental setup is shown in Fig. 1. At the forward angles, an array of five Si detectors with a depletion depth ranging from 200 to 300 $\mu$m, which covered the angular range of $\theta_L = 14°–35°, 35°–55°$, and $55°–75°$, was mounted on the movable arm in the chamber and five masks were placed in the front of each detector to assure the angular resolution. The detector to the target distance was 27 cm. The Rutherford scattering was monitored at a forward angle of $\theta_L = 15°$ by four Si(Au) surface barrier detectors for the normalization of the cross-section measurements.

In addition to these individual Si detectors, two groups of Si strip detectors were mounted on opposite sides of the beam. These Si strip detectors were $48 \times 50$ mm$^2$ in area and each detector consisted of 24 strips. Due to a lack of readout electronics, the strips were tied together in groups of eight for readout. Data from these strip detectors were recorded in the coincidence mode (Si strip and Si detectors) with the requirement that each detector was struck by a fission fragment and the folding angle between the hits corresponded to a full momentum transfer event. To calculate the kinematics it was assumed all observed processes can be treated as binary reactions. This assumption was tested by examining the folding angle distribution of coincident fragments in the Si detector and the Si strip detectors. The average folding angle agrees with the expectations based on total fission kinetic energies taken from the systematics of Viola *et al.* [28].

To obtain the absolute cross sections, we measured the solid angle by using the $\alpha$ particles from the $^{241}$Am source and the elastic scattering products. Centering of the beam on the target was ensured by the four monitor detectors. A gate was set on the fission event and data were collected by the coincident mode.

## III. EXPERIMENTAL RESULTS

### A. Fission fragment angular distributions

The fission fragment angular distributions were measured using the coincident detectors and are shown in Fig. 2. In fitting the angular distribution of the fission fragments we used the familiar expression as in Ref. [26]:

$$W(\theta) = \sum_{J=0}^{J_{\max}} \frac{(2J+1)^2 \exp\left[-\left(J+\frac{1}{2}\right)^2 \sin^2\theta/4K_0^2\right] J_0\left[i\left(J+\frac{1}{2}\right)^2 \sin^2\theta/4K_0^2\right]}{\operatorname{erf}\left[\left(J+\frac{1}{2}\right)/\left(2K_0^2\right)^{1/2}\right]}, \tag{7}$$

assuming $M = 0$, that is, assuming the spins of the target and projectile were zero, where $J_0$ is the zero-order Bessel function with imaginary argument and error function erf$(x)$ is defined as

$$\operatorname{erf}(x) = (2/\pi^{1/2}) \int_0^x \exp(-t^2)dt. \tag{8}$$

The measured values of $\sigma_{\text{capture}}$ and the deduced values of $\mathcal{A}_{\text{exp}}$ and $K_0^2$ for the $^{32}S + ^{184}W$ reaction are presented in Table I. $J_{\max}$ is obtained by reproducing the capture cross section. The $K_0^2$ value is found by fitting the angular distribution at known $J_{\max}$ from the total fission cross section. It is seen from Fig. 2 that the anisotropy of angular distribution increases by increasing the collision energy $E_{\text{c.m.}}$.

### B. Capture cross section

To deduce the capture cross section from the data, the Si strip detectors operating in the coincidence mode were used. Each fission event was selected on the basis of the correct value of energy and of the folding angle

TABLE I. The measured capture cross sections and the deduced values of $\mathcal{A}_{\text{exp}}$ and $K_0^2$ for the $^{32}S + ^{184}W$ reaction. The $E_{\text{c.m.}}$ values are the energies calculated as corresponding to the beam energies in the center of the target.

| $E_{\text{c.m.}}$ (MeV) | $E^*_{\text{CN}}$ (MeV) | $\sigma_{\text{capture}}$ (mb) | $\mathcal{A}_{\text{exp}}$ | $K_0^2$ |
|---|---|---|---|---|
| 118.8 | 37.2 | 0.04 | 1.51 | 114.71 |
| 123.1 | 41.5 | 2.35 | 2.16 | 124.35 |
| 127.3 | 45.8 | 22.97 | 2.27 | 132.09 |
| 131.5 | 50.0 | 81.01 | 2.74 | 140.01 |
| 135.8 | 54.3 | 132.27 | 3.06 | 148.67 |
| 141.1 | 58.5 | 189.33 | 3.28 | 157.35 |
| 144.4 | 61.8 | 237.06 | 3.80 | 155.09 |

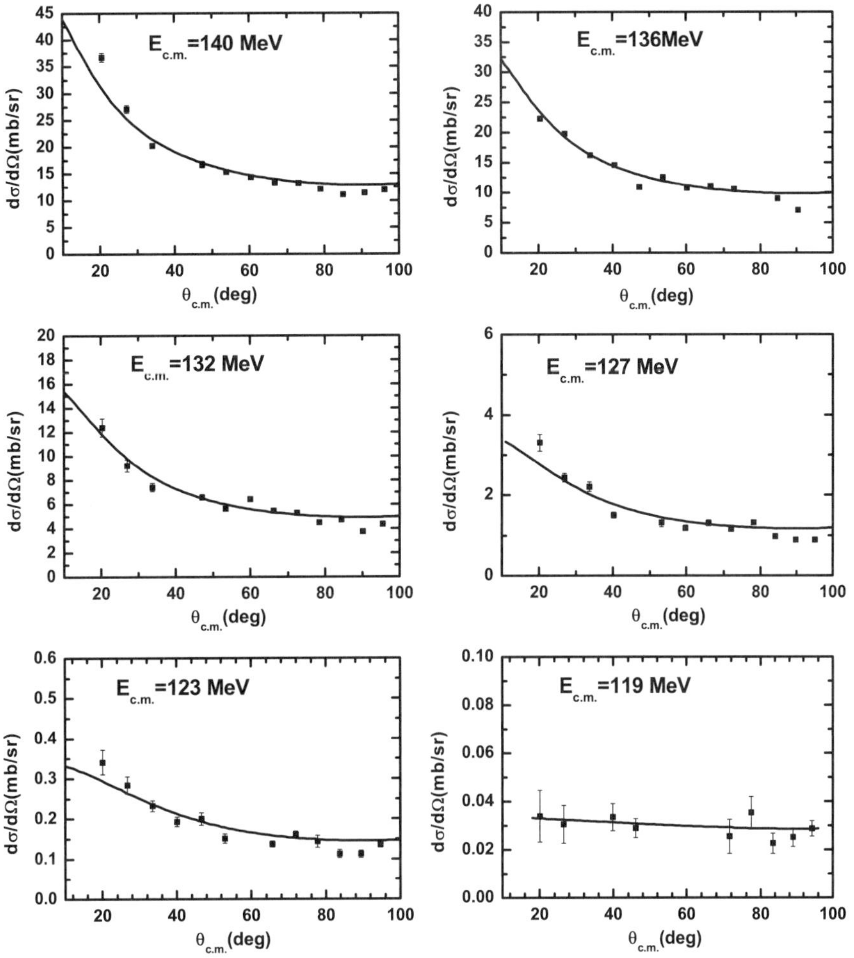


FIG. 2. Fission fragment angular distributions for the $^{32}S + ^{184}W$ reaction. Incident energies are shown in the figure. The experimental coincident data are shown with the fitting curve, which is used to determine the anisotropy $\mathcal{A}_{exp}$ of the fragment angular distribution and mean square values of angular momentum from these events.

corresponding to complete momentum transfer using the forward Si detectors as a "trigger" detector. After correction for the efficiency of the Si strip detectors, a differential cross section $d\sigma/d\Omega(\theta)$ was obtained. The total cross section was deduced from the integration of the differential cross sections.

The resulting experimental values of the capture cross sections are shown in Table I and Fig. 5 where they are compared with the theoretical results. Due to the small cross section of ER in the reaction under consideration [25], the total measured fission cross section is assumed to be equal to the theoretical capture cross section and it was decomposed into fusion-fission, quasifission, and fast-fission parts in the framework of the DNS model mentioned in Sec. I. The comparison of the measured capture cross section, anisotropy, mean square values of angular momentum, and variance $K_0^2$ with the corresponding experimental data is discussed in Sec. IV.

### C. Anisotropy of fission fragments and mean square angular momentum values

The experimental values of the anisotropy $\mathcal{A}_{exp}$ are found by extrapolating the fission angular distributions to angles 0° and 90° by the method used in Ref. [26]. The anisotropies as a function of center-of-mass energies are shown in Table I and Fig. 11 where they are compared with the theoretical results. Using the approximate relation between the anisotropy and the mean square angular momentum (see Sec. IV for details), the mean square angular momentum values $\langle l^2 \rangle$ are deduced from the experimental anisotropies and are shown in Fig. 12.

## IV. THEORETICAL DESCRIPTION AND COMPARISON WITH MEASURED DATA

The experimental data for the excitation function of fission-like products in the $^{32}S + ^{182,184}W$ reactions were analyzed in

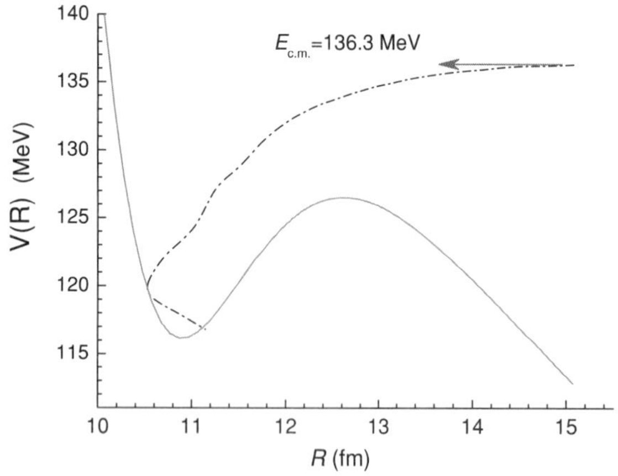


FIG. 3. (Color online) Illustration of capture path (dot-dashed line) into potential well (solid line) as the numerical solution of the equation of relative motion of colliding nuclei with the initial energy $E_{c.m.} = 136.3$ MeV and $L = 0$ for the $^{32}S + ^{184}W$ reaction.

the framework of the DNS model [9,10,16,29,30]. The capture, fusion, quasifission, fusion-fission, evaporation residue, and fast-fission excitation functions have been calculated for these reactions. According to the DNS model a capture event is the trapping of the collision path into the potential well (see Fig. 3) after dissipation of the sufficient part of the relative kinetic energy of a projectile nucleus in the center-of-mass coordinate system. At capture the full momentum transfer from the relative motion of nuclei into the excitation energy of the dinuclear system takes place. Certainly the presence of a potential pocket and adequacy of the collision energy $E_{c.m.}$ to overcome the interaction barrier of the entrance channel $V_B$ are necessary conditions for capture to occur, as shown in Fig. 3. Thus capture leads to forming the DNS, which is characterized by the mass (charge) asymmetry of its nuclei, rotational energy $V_{rot}$, and excitation energy $E^*_{DNS}$. The relative energy of nuclei is relaxed; therefore, the total kinetic energy of fragments formed at its decay are close to the systematics of Viola *et al.* [28].

The nucleus-nucleus potential $V(Z, A, R)$ is a sum of the Coulomb $V_C(Z, A, R)$ and nuclear interaction $V_N(Z, A, R)$, as well as the rotational energy $V_{rot}(Z, A, R, \ell)$:

$$V(Z, A, R, \ell) = V_C(Z, A, R) + V_N(Z, A, R) + V_{rot}(Z, A, R, \ell), \tag{9}$$

where $Z = Z_1$ and $A = A_1$ are the charge and mass numbers of one of the fragments forming the DNS, respectively, while the charge and mass numbers of another fragment are equal to $Z_2 = Z_{CN} - Z$ and $A_2 = A_{CN} - A$, respectively, where $Z_{CN}$ and $A_{CN}$ are the charge and mass numbers of the formation of the CN; $R$ is the relative distance between the centers of nuclei forming the DNS. The partial capture cross section is found by solution of the kinetic equation for the relative motion and orbital angular momentum $\ell$ for the different orientation angles $\alpha_T$ of the target nucleus as it was performed in Refs. [9,16]. The fusion cross section is calculated from the branching ratio $P_{CN}(Z)$ of the decay rates of overflowing the border of the potential well ($B^{(Z)}_{qf}$) along $R$ at a given mass asymmetry (decay of DNS–quasifission) over the barriers on mass asymmetry axis $B^*_{fus}$ for the complete fusion or $B^{(Z)}_{sym}$ in the direction opposite to the symmetric configuration of the DNS (see Fig. 4):

$$P^{(Z)}_{CN}(E^*_{DNS}) \approx \frac{\Gamma^{(Z)}_{fus}(B^*_{fus}, E^*_{DNS})}{\Gamma^{(Z)}_{(qf)}(B_{qf}, E^*_{DNS}) + \Gamma^{(Z)}_{(fus)}(B^*_{fus}, E^*_{DNS}) + \Gamma^{(Z)}_{sym}(B_{sym}, E^*_{DNS})}, \tag{10}$$

where $\Gamma_{fus}$, $\Gamma_{qf}$, and $\Gamma_{sym}$ are corresponding widths determined by the level densities on the barriers $B^*_{fus}$, $B_{qf}$, and $B^*_{sym}$ involved in the calculation of $P_{CN}$ used in the model [8,10,16] based on the DNS concept [31]. Here $E^*_{DNS}(Z_P, A_P, \ell) = E_{c.m.} - V(Z_P, A_P, \ell, R_m)$ is the excitation energy of DNS in the entrance channel, where $Z_P$ and $A_P$ are charge and mass numbers of the projectile nucleus. $V(Z, A, R_m, \ell)$ is the minimum value of the nucleus-nucleus potential well (for the DNS with charge asymmetry $Z$) and its position on the relative distance between the centers of nuclei is marked as $R = R_m$ in Fig. 4(b). The value of $B_{qf}$ for the decay of DNS with the given charge asymmetry of fragments is equal to the depth of the potential well in the nuclear-nuclear interaction [see Fig. 4(b)]. The intrinsic fusion barrier $B^*_{fus}$ is connected with the mass (charge) asymmetry degree of freedom of the DNS and it is determined from the potential energy surface (Fig. 4a):

$$U(Z; R, \ell) = U(Z, \ell, \beta_1, \alpha_1; \beta_2, \alpha_2) = B_1 + B_2 + V(Z, \ell, \beta_1, \alpha_1; \beta_2, \alpha_2; R) - [B_{CN} + V_{CN}(\ell)]. \tag{11}$$

Here, $B_1$, $B_2$, and $B_{CN}$ are the binding energies of the nuclei in the DNS and the CN, respectively, which were obtained from Ref. [32]; the fragment deformation parameters $\beta_i$ are taken from the tables in Refs. [32–34]; $\alpha_i$ are the orientation angles of the reacting nuclei relative to the beam direction; and $V_{CN}(\ell)$ is the rotational energy of the CN. The distributions of neutrons between two fragments for the given proton numbers $Z$ and $Z_2$ or ratios $A/Z$ and $A_2/Z_2$ for both fragments were determined by minimizing the potential $U(Z; R)$ as a function of $A$ for each $Z$.

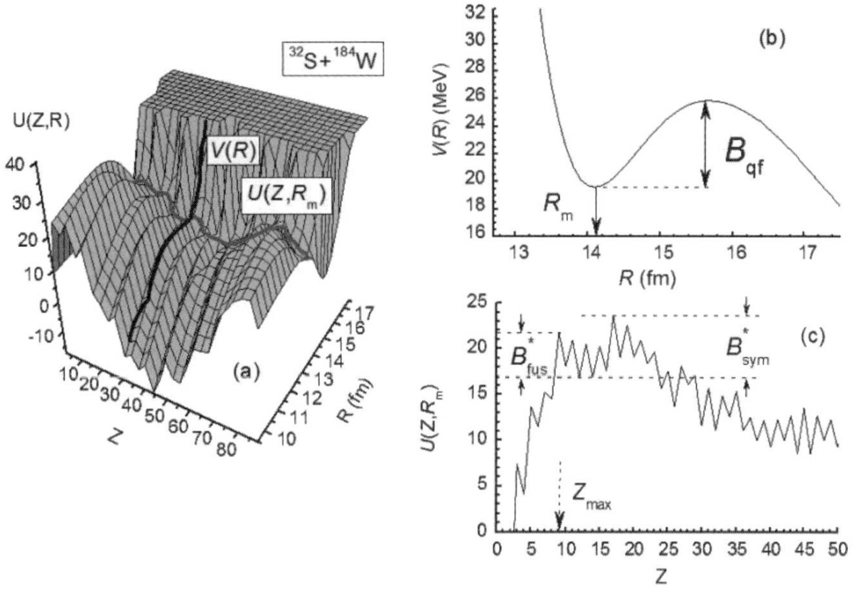


FIG. 4. (Color online) The potential energy surface for a dinuclear system leading to the formation of the $^{216}Th^*$ CN as a function of the relative distance $R$ between centers of interacting nuclei and their charge numbers $Z$ (a); the nucleus-nucleus interaction potential $V(R)$ shifted on the $Q_{gg}$ value for the $^{32}S + ^{184}W$ reaction (b); and the driving potential, $U_{dr}(Z, R_m)$, which is a curve linking minimums corresponding to each charge asymmetry in the valley of the potential energy surface as a function of $Z$ (c).

The driving potential $U_{dr}(Z) \equiv U(Z, R_m)$ is a curve linking minimums corresponding to each charge asymmetry $Z$ in the valley of the potential energy surface from $Z = 0$ up to $Z = Z_{CN}$ [see Figs. 4(a) and 4(c)]. We define the intrinsic fusion barrier for the DNS with charge asymmetry $Z$ as $B^*_{fus}(Z, \ell) = U(Z_{max}, R_m(Z_{max}), \ell) - U(Z, R_m(Z), \ell)$, where $U(Z_{max}, \ell)$ is a maximum value of potential energy at $Z = Z_{max}$ in the valley along the way of complete fusion from the given $Z$ configuration. The $B^*_{sym}(Z, \ell)$ is defined in a similar way as shown in Fig. 4(c) [16,35].

The masses and charges of the projectile and target nuclei are not constant during capture and after formation of the DNS. The intense proton and neutron exchange between constituents of the DNS is taken into account by calculation of the complete fusion probability $P_{CN}$ as fusion from all populated DNS configurations according to the formula

$$P_{CN}[E^*_{DNS}(Z, A, \ell); \{\alpha_i\}] = \sum_{Z_{sym}}^{Z_{max}} Y_Z[E^*_{DNS}(Z, A, \ell)] P^{(Z)}_{CN}[E^*_{DNS}(Z, A, \ell); \{\alpha_i\}], \quad (12)$$

where $E^*_{DNS}(Z, A, \ell) = E^*_{DNS}(Z_P, A_P, \ell) + \Delta Q_{gg}(Z)$ is the excitation energy of the DNS with angular momentum $\ell$ for a given value of its charge-asymmetry configuration $Z$ and $Z_{CN} - Z$; $Z_{sym} = (Z_1 + Z_2)/2$; $\Delta Q_{gg}(Z)$ is the change of $Q_{gg}$ value by changing the charge (mass) asymmetry of the DNS; and $Y_Z(E^{*(7)}_{DNS})$ is the probability of population of the $(Z, Z_{CN}\text{-}Z)$ configuration at $E^{*(Z)}_{DNS}$ and given orientation angles $(\alpha_1, \alpha_2)$. It was obtained by solving the master equation for the evolution of the dinuclear system charge asymmetry (for details see Refs. [16,17]).

The calculations were performed for the energy range $E_{c.m.} = 119.5$–$220.5$ MeV and initial values of the orbital angular momentum $\ell = 0$–$150\hbar$. Due to the deformed shape of $^{184}W$ ($\beta_2 = 0.24$ and $\beta_4 = -0.095$) in the ground state we included in our calculations a dependence of the excitation function of capture, complete fusion, and quasifission on the orientation angle $\alpha_T$ of its axial symmetry axis. The ground-state shape of $^{32}S$ is spherical but the quadrupole ($2^+$) and octupole ($3^-$) collective excitations in spherical nuclei are taken into account as amplitudes of the zero-point motion mode of surface vibration in the same way as in Ref. [30]. The deformation parameters of the first excited quadrupole state $\beta_2^{(2+)} = 0.312$ are taken from Ref. [33] and those of the first excited octupole state $\beta_3^{(3-)} = 0.41$ are taken from Ref. [34]. The final results of the capture and complete fusion are obtained by averaging the contributions calculated for the different orientation angles ($\alpha_T = 0°, 15°, 30°, \ldots, 90°$) of the symmetry axis of the target nucleus:

$$\langle \sigma_{fus}(E_{c.m.}, l) \rangle = \int_0^{\pi/2} \sin\alpha_T \sigma_{fus}(E_{c.m.}, l; \alpha_T) d\alpha_T. \quad (13)$$

These methods were developed and used in Refs. [16,29,30]. The partial cross sections of CN formation at the given energy $E_{c.m.}$ are used to calculate the ER formation and fusion-fission cross sections by the advanced statistical model [11–13]. The code takes into account the competition between evaporation of light particles ($n$, $p$, $\alpha$, and $\gamma$) and fission processes along each step of the deexcitation cascade of the CN. The effective fission barrier for the CN and intermediate excited nuclei along the cascade is obtained by taking into account the macroscopic fission barrier, predicted by the rotating droplet model as parametrized by Sierk [36], together with the microscopic corrections allowing for the angular momentum and temperature fade-out of shell corrections [32] to the fission barrier (see Refs. [7,35,37], and reference therein). The cross section of the ER formed at each step $x$ of the deexcitation cascade after the emission of $\nu(x)n + y(x)p + k(x)\alpha + s(x)\gamma$ particles ($\nu$, $y$, $k$, and $s$ are numbers of neutrons, protons, $\alpha$ particles, and $\gamma$ quanta) from the hot CN is calculated by the formula [7,10,35]:

$$\sigma_{\rm ER}(E_x^*) = \sum_{Z_{l=0}}^{l_d} \sigma_{(x-1)}^l(E_x^*) W_{{\rm sur}(x-1)}(E_x^*, l), \qquad (14)$$

where $\sigma_{(x-1)}^l(E_x^*)$ is the partial cross section of the intermediate nucleus formation at the $(x-1)$th step and $W_{{\rm sur}(x-1)}(E_x^*, \ell)$ is the survival probability of the $(x-1)$th intermediate nucleus against fission along the deexcitation cascade of the CN; $E_x^*$ is an excitation energy of the nucleus formed at the $x$th step of the deexcitation cascade. It is clear that $\sigma_{(0)}^l(E_0^*) = \sigma_{\rm fus}^l(E^*)$ at $E_{\rm CN}^* = E_0^* = E_{\rm c.m.} + Q_{\rm gg}$, where $Q_{\rm gg}$ is the energy balance of the reaction. The numbers of the being emitted neutrons, protons, $\alpha$ particles, $\gamma$ quanta, $\nu(x)n$, $y(x)p$, $k(x)\alpha$, and $s(x)\gamma$, respectively, are functions of the step $x$. The emission branching ratio of each particle depends on the excitation energy and the angular momentum of the intermediate nucleus being cooled: $A = A_{\rm CN} - [\nu(x) + y(x) + 4k(x)]$ and $Z = Z_{\rm CN} - [y(x) + 2k(x)]$ [7]. The results of calculation of the excitation functions for the $^{32}$S + $^{184}$W and $^{32}$S + $^{182}$W reactions are presented in Figs. 5 and 6, respectively, and they are compared with the available experimental data. In Fig. 5, the excitation functions of capture obtained in this work (squares) and in Ref. [21] (open down triangles), of complete fusion obtained in Ref. [21] (solid down triangles), and of evaporation residues after emission of neutrons, protons, and $\alpha$ particles from the $^{216}$Th$^*$ compound nucleus for the $^{32}$S + $^{184}$W reaction [25] (open circles) are compared with theoretical results by the DNS model for the capture (dashed line), complete fusion (thin solid line), quasifission (dot-dashed line), fast fission (dot-dot-dashed line), and total evaporation residues (thick solid line). Theoretical values of fusion-fission and fusion cross sections are nearly equal because the total cross sections for the evaporation residues after emission of neutrons, protons, and $\alpha$ particles from the $^{216}$Th$^*$ compound nucleus are small. To reach agreement between the experimental and theoretical capture cross sections at the lowest value of $E_{\rm c.m.}$ only, we changed the nuclear radius,

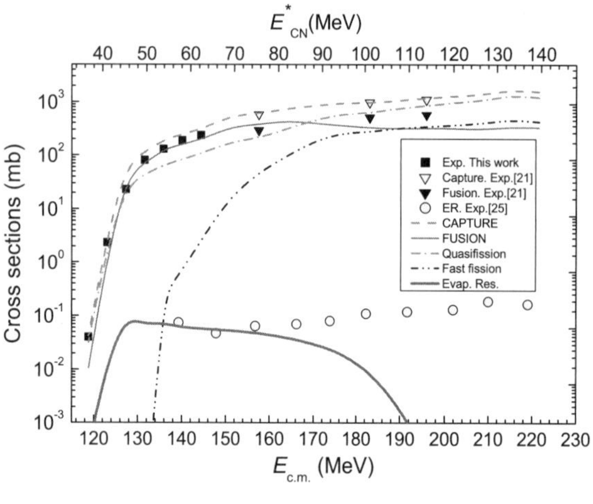


FIG. 5. (Color online) Experimental excitation functions of capture obtained in this work (squares) and in Ref. [21] (open down triangles), of fusion obtained in Ref. [21] (solid down triangles), and of evaporation residues after emission of neutrons, protons, and $\alpha$ particles from the $^{216}$Th$^*$ compound nucleus for the $^{32}$S + $^{184}$W reaction [25] (open circles) are compared with theoretical results by the DNS model for the capture (dashed line), complete fusion (thin solid line), quasifission (dot-dashed line), fast fission (dot-dot-dashed line), and total evaporation residues (thick solid line). Theoretical values of fusion-fission and fusion cross sections are nearly equal because the total cross sections for the evaporation residues after emission of neutrons, protons, and $\alpha$ particles from the $^{216}$Th$^*$ compound nucleus are very small.

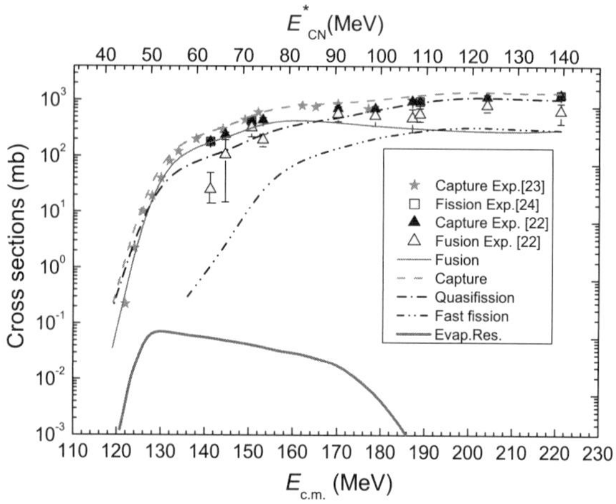


FIG. 6. (Color online) Comparison of the experimental excitation functions of fission (capture) obtained from Refs. [23] (stars), [22] (solid up triangles), and [24] (open squares) and of fusion obtained from Ref. [22] (open up triangles) for the $^{32}$S + $^{182}$W reaction with theoretical results by the DNS model for the capture (dashed line), complete fusion (thin solid line), quasifission (dot-dashed line), and fast fission (dot-dot-dashed line). Theoretical values of fusion-fission and fusion cross sections are nearly equal because the calculated results of the total cross sections for the evaporation residues after emission of neutrons, protons, and $\alpha$ particles from the $^{214}$Th$^*$ compound nucleus are small (thick solid line).

$$R_1 = C_R\sqrt{\left[R_p^2 Z_1 + R_n^2(A_1 - Z_1)\right]/A_1}, \qquad (15)$$

by the scaling parameter $C_R$; where $R_p$ and $R_n$ are the radii of the proton and neutron half density in the nucleus, respectively, obtained from Ref. [38]:

$$R_p = 1.237(1 - 0.157(A - 2Z)/A - 0.646/A)A^{1/3}, \qquad (16)$$

$$R_n = 1.176(1 + 0.25(A - 2Z)/A + 2.806/A)A^{1/3}. \qquad (17)$$

The presented results are obtained at $C_R = 0.925$ for all values of $E_{\rm c.m.}$. Using Eq. (13) we calculated the partial fusion cross sections that were used to estimate the cross sections of ER and fusion-fission by the advanced statistical model [11,12]. Taking into account the dependence of the fission barrier ($B_f$) of the rotating CN on its angular momentum we found a value of $\ell$ at which $B_f$ disappears using the rotating finite range model by Sierk [36]: $\ell_B = 68$ for $^{214}$Th and $\ell_B = 70$ for $^{216}$Th. Then we calculated the fast-fission contribution for $\ell > \ell_B$,

$$\sigma_{\text{fast fission}}(E_{\text{c.m.}}) = \sum_{\ell=\ell_B}^{\ell=\ell_{\max}} (2\ell+1)\sigma_{\text{fus}}(E_{\text{c.m.}}, \ell), \quad (18)$$

where $\ell_{\max}$ is the maximum value of angular momentum of the DNS for the given value of $E_{\text{c.m.}}$. The value of $\ell_{\max}$ was found by solving the equations of motion for the radial distance and orbital angular momentum with the given values of $E_{\text{c.m.}}$, $\ell_0$, and $R_{\max} = 20$ fm.

In Fig. 5, the ER cross sections obtained by the advanced statistical model (see Refs. [11–13], and references therein) describing the full deexcitation cascade of the $^{216}$Th$^*$ CN formed in the $^{32}$S + $^{184}$W reaction are compared with the corresponding experimental data from Ref. [25]. The theoretical excitation function (thick solid curve) of the total evaporation residues is close to the experimental points up to $E_{\text{c.m.}} \simeq 160$ MeV. The theoretical curve underestimates the experimental data at the large collision energies $E_{\text{c.m.}} > 160$ MeV. This circumstance can be explained by the fact that the statistical model cannot reproduce the cross section of evaporation residues formed by the nonequilibrium mechanism without formation of the compound nucleus in the equilibrium state. The measured data in Ref. [25] could include the evaporation residues that are formed at incomplete fusion or the multinucleon transfer reactions at $E_{\text{c.m.}} > 160$ MeV, because the amount of evaporation residues formed due to surviving the heated and rotating CN against fission cannot increase if the complete fusion cross section decreases by the increase in collision energy $E_{\text{c.m.}}$. The hindrance to complete fusion at large beam energies is connected by the dependence of the quasifission and intrinsic fusion barriers of the DNS on its angular momentum [10]. The decrease in complete fusion probability at large collision energies is connected with the increase in the quasifission and fast-fission events that are presented in Figs. 5 and 6. The ambiguity of the determination of the complete fusion cross section from the measured yield of fissionlike products casts doubt on the reconstruction of the complete fusion mechanism. Therefore, in the next section, we discuss the mechanisms causing hindrance to complete fusion.

### A. Two regions of strong hindrance to complete fusion

The experimental fission excitation function is decomposed into contributions of fusion-fission, quasifission, and fast fission. The intense hindrance to complete fusion is estimated by the fusion factor $P_{\text{CN}}$ which was entered in Eq. (2) and it is determined by Eqs. (10) and (12). In Fig. 7, the calculated values of $P_{\text{CN}}$ as a function of the collision energy $E_{\text{c.m.}}$ for the $^{32}$S + $^{182}$W (dashed line) and $^{32}$S + $^{184}$W (solid line) reactions by the DNS model are compared with the ones (dot-dashed line) obtained by the formula (2) presented in Ref. [39]. The Bass barrier was taken equal to 124.8 MeV to calculate presented values of $P_{\text{CN}}$ by the approximated formula from Ref. [39]. It is seen that the DNS model demonstrates

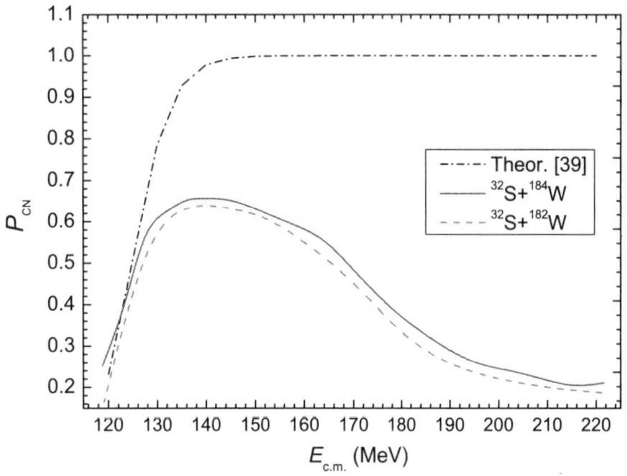


FIG. 7. (Color online) Theoretical values of the fusion probability $P_{\text{CN}}$ for the $^{32}$S + $^{182}$W (dashed line) and $^{32}$S + $^{184}$W (solid line) reactions as a function of collision energy $E_{\text{c.m.}}$. The results of calculations with formula (2) in Ref. [39] are presented by the dot-dashed line.

the strong hindrance to fusion at very small and large values of the collision energy $E_{\text{c.m.}}$ for both the reactions while the approximated formula gives similar results only at small energies, but $P_{\text{CN}}$ increases quickly reaching a maximum value equal to 1 at $E_{\text{c.m.}} = 145$ MeV. There is no difference between the values of $P_{\text{CN}}$ calculated by the approximated formula for the $^{32}$S + $^{182}$W and $^{32}$S + $^{184}$W reactions. The results of the DNS model indicate the use of the heavy $^{184}$W isotope was more favorable to CN formation in comparison with using $^{182}$W. This is explained by the fact that the quasifission barrier $B_{\text{qf}}$ [see Fig. 4(b)] for the reaction with $^{184}$W is larger than that for the reaction with $^{182}$W. The yield of quasifission is dominant at the subbarrier beam energies leading to capture of deformed nuclei only with the small orientation angle of its symmetry axis relative to the beam direction. This phenomenon was found by Hinde and his colleagues [18] in the $^{16}$O + $^{238}$U reaction where they observed the increase in the anisotropy of angular distribution of the fission fragments when the beam energy decreases to the subbarrier region. Its analysis has been discussed in Ref. [17] in connection with the explanation of the observed large angular anisotropy of the fission fragments. As an alternative suggestion for the origin of the observed anomaly, Liu *et al.* in Ref. [40] have put forward a new version of the preequilibrium fission model. The anomalous bump exists in the variation of the fragment anisotropy with the incident energy for systems such as $^{19}$F, $^{16}$O + $^{232}$Th. Based on these studies, a new model of $K$ pre-equilibrium fission was proposed, which can well explain the observed anomalous anisotropy. The authors of Ref. [18] analyzed in detail the angular anisotropy of fragments at low energies to show the dominant role of the quasifission in collisions of the projectile with the target nucleus when the axial symmetry axis of the latter is oriented along or near the beam direction. Large values of the anisotropy were obtained at low energies and these data were assumed to be connected with quasifission because a mononucleus or DNS formed in the near tip collisions has an elongated shape. This shape can

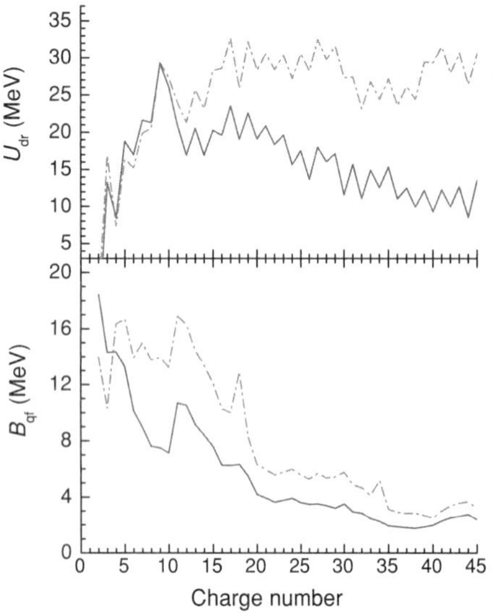


FIG. 8. (Color online) Driving potential calculated for the two different values of the orientation angles of the target nucleus: $\alpha_T = 15^\circ$ (solid line) and $\alpha_T = 45^\circ$ (dot-dashed line) for the $^{32}S + ^{184}W$ reaction.

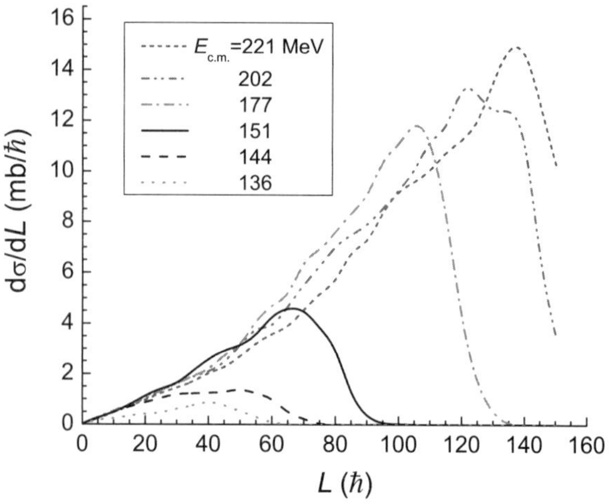


FIG. 9. (Color online) The partial quasifission excitation function calculated at different values of the collision energy $E_{c.m.}$ for the $^{32}S + ^{184}W$ reaction.

be far from the one corresponding to the saddle point. The driving potential used in the DNS model depends on the shape of the DNS that is formed in collisions with the different orientation angles of the axial symmetry axis of deformed target. The small values of the fusion probability $P_{CN}$ at the lowest energies in the $^{32}S + ^{182,184}W$ reactions are explained by the large values of $B^*_{fus}$ for DNS formed at collisions of projectile with target oriented close to beam direction, that is, when $\alpha_T$ is small. To demonstrate this conclusion we present in Fig. 8 the driving potential (upper panel) and quasifission barrier (lower panel) for the decay of the DNS as a function of the orientation angles of the target nucleus. It is seen from the upper panel of Fig. 8 that the value of driving potential corresponding to the projectile charge number $Z = 16$ for the small orientation angle 15° (solid line) of the target is lower than that corresponding to the larger orientation angle 45° (dashed line). The fusion probability is larger if the value of the driving potential $U_{dr}(Z_{proj})$ corresponding to the initial charge number of the light fragment $Z_L$ of the DNS is at the same level with the maximum value at $Z = 9$ along the way to complete fusion or possibly higher than this maximum value. In these cases, all nucleons of the light nucleus transfer easily into the heavy nucleus: $Z_L \longrightarrow 0$ and $Z_H \longrightarrow Z_{CN}$.

The lowering of the $P_{CN}$ values in Fig. 7 at collision energies $E_{c.m.} > 145$ MeV is explained by decreasing the quasifission barrier $B_{qf}$ as a function of the orbital angular momentum $\ell$. Because the depth of the potential well being $B_{qf}$ for a given charge asymmetry decreases due to the increase in the rotational energy $E_{rot}$ of the DNS (for details see Ref. [10]). At the same time the intrinsic fusion barrier $B^*_{fus}$ increases by increasing $\ell$. At small collision energies only small values of $\ell$ are populated because a capture does not occur if the initial energy of the projectile is not enough to overcome the Coulomb barrier of the entrance channel.

It is seen from Fig. 9 that the values $\ell > 70$ are populated at collision energies $E_{c.m.} > 144$ MeV. Therefore, we conclude that the contribution of quasifission and fast fission becomes dominant at $E_{c.m.} > 144$ MeV and it has an effect on the anisotropy of angular distribution, which increases by increasing the collision energy. In Fig. 10, the appearance of the quasifission as a hindrance to fusion is demonstrated as a function of the collision energy and orbital angular momentum for the $^{32}S + ^{184}W$ reaction. One can see that the maximum value of $P_{CN}$ (favorable condition to complete fusion) is reached at middle values of $E_{c.m.} = 135$–$140$ MeV and at $\ell = 20$–$25$. This is connected with the fact that at

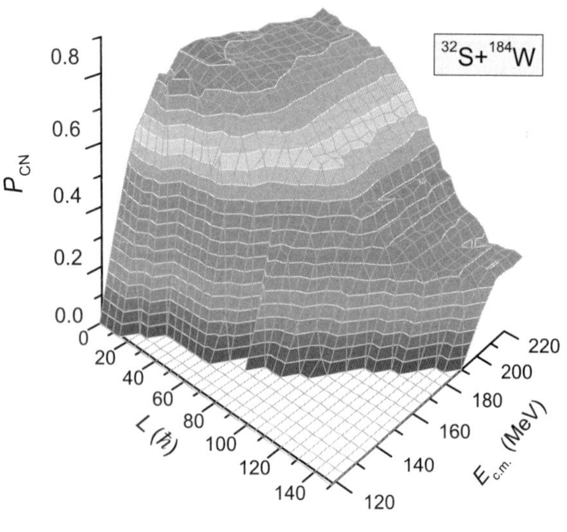


FIG. 10. (Color online) The presentation of the fusion probability $P_{CN}$ for the $^{32}S + ^{184}W$ reaction as a function of collision energy $E_{c.m.}$ and initial angular momentum $L$.

these energies all orientation angles $\alpha_T$ can contribute to the formation of the compound nucleus because the Coulomb barrier for large orientation angles may be overcome. As we know, in collisions with large $\alpha_T$ the fusion probability is large. The decrease of $P_{CN}$ at larger energies is explained by the decrease in the quasifission barrier $B_{qf}$ by increasing $\ell$ in collisions with all orientation angles.

In synthesis of superheavy elements by using actinide nuclei as a target the beam energy has to be larger than the well-known Bass barrier to have the possibility to include the contribution of the large orientation angles. Therefore, a further increase in the beam energy leads not only to a decrease in the survival probability of the hot CN but also to the strong increase of the quasifission events. The measured anisotropy of the fragments ascribed as fission products confirmed this conclusion.

### B. Anisotropy of fission fragment angular distribution and variance $K_0^2$ of $K$ distribution

To clarify the role of quasifission fragments in the observed anisotropy $\mathcal{A}_{\rm exp}$ of the fission fragment angular distribution, we calculated the anisotropies of the angular distributions of the quasifission and fusion-fission fragments. We used the approximated expression to calculate the anisotropy suggested by Halpern and Strutinski in Ref. [41] and Griffin in Ref. [42]:

$$\mathcal{A} \approx 1+\frac{\langle l^2\rangle_i \hbar^2}{4\Im_{\rm eff}{}^{(i)} T_i}, \quad \text{where} \quad \frac{1}{\Im_{\rm eff}} = \frac{1}{\Im_{\parallel}} - \frac{1}{\Im_{\perp}}. \quad (19)$$

Here $\Im_{\rm eff}^{(i)}$ is the effective moment of inertia for the CN on the saddle point $i$ = CN or it is the effective moment of inertia for the DNS on the quasifission barrier $i$ = DNS. In the last case, we calculate $\Im_{\rm eff}$ for the DNS taking into account the possibility of different orientation angles of its constituent nuclei (see Appendix A of Ref. [17]), assuming that after capture the mutual orientations of the DNS nuclei do not change sufficiently. $\Im_{\parallel}$ and $\Im_{\perp}$ are the moments of inertia around the symmetry axis and a perpendicular axis, respectively.

Their values for $\Im_{\rm eff}^{(\rm CN)}$ are determined in the framework of the rotating finite range model by Sierk [36]. The temperature of CN on the saddle point is found by the expression

$$T_{\rm CN} = \left[\frac{E_{\rm c.m.} + Q_{\rm gg} - B_{\rm f}(\ell) - E_n}{A_{\rm CN}/12}\right]^{1/2}, \quad (20)$$

where $B_{\rm f}(\ell)$ is the fission barrier height. $B_{\rm f}(\ell)$ is calculated in terms of the rotating liquid drop model by Sierk [36]. $E_n$ is the energy carried away by the presaddle fission neutrons. The temperature of DNS on the quasifission barrier is determined by the expression

$$T_{\rm DNS} = \left[\frac{(E^*_{\rm DNS} - B_{\rm qf})}{A_{\rm CN}/12}\right]^{1/2}. \quad (21)$$

An important physical quantity in Eq. (19) is the variance $K_0^2$ of the Gaussian distribution of the $K$ projection:

$$K_0^2 = \frac{\Im_{\rm eff} T_{\rm saddle}}{\hbar^2}. \quad (22)$$

The experimental values of $K_0^2$ are used to fit the angular distribution of fission fragments by Eq. (7) (see Refs. [26,43]).

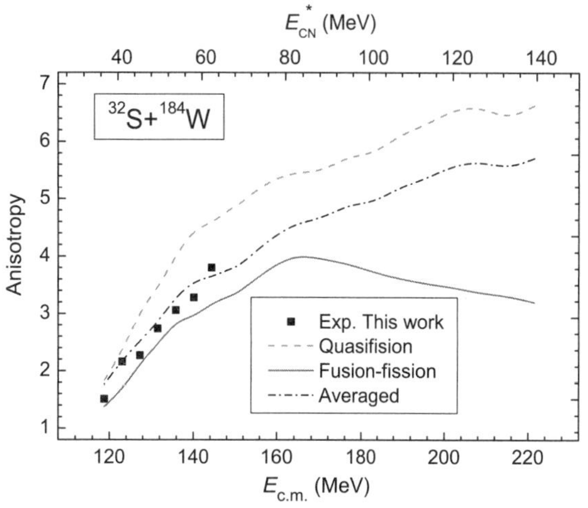


FIG. 11. (Color online) Comparison of the anisotropy measured (solid squares) in this work for the $^{32}S + ^{184}W$ reaction with the theoretical results for the anisotropy of the quasifission (dashed line) and fusion-fission (solid line) fragments as a function of the center-of-mass energy (bottom axis) and excitation energy of CN (top axis). The averaged values of theoretical results are presented by the dot-dashed line.

In Fig. 11 we compare the anisotropy measured (solid squares) in this work with the theoretical results for the anisotropy of the quasifission (dashed line) and fusion-fission (solid line) fragments as a function of the center-of-mass energy (bottom axis) and excitation energy of the CN (top axis). The averaged theoretical anisotropy over the contributions of both mechanisms is presented by the dot-dashed line. It is seen that the averaged values of anisotropy $\mathcal{A}$ are closer to the experimental data. Consequently we confirm that the measured cross section of the fission fragment formation and their angular distribution are the result of mixing of the quasifission and fusion-fission products. The dip of the solid curve corresponding to the contribution of the fusion-fission fragments is caused by the increasing of the effective temperature of the CN with the angular momentum $\ell < \ell_f = 70$.

In the upper panel of Fig. 12, we compare experimental and theoretical values of mean square values of angular momentum. The experimental $\langle \ell^2 \rangle$ values are obtained from the measured anisotropy $\mathcal{A}_{\rm exp}$ and $K_0^2$ values used to fit the measured angular distributions presented in Fig. 2. The theoretical values for fusion-fission and quasifission fragments are calculated by averaging $\ell^2$ using the partial cross sections of the quasifission (dashed line) and complete fusion (solid line) events. The experimental data are well described with the averaged values of $\ell^2$ between the complete fusion and quasifission cross sections:

$$\langle \ell^2 \rangle = \frac{(\sigma_{\rm fus}\langle \ell^2\rangle_{\rm fus} + \sigma_{\rm qf}\langle \ell^2\rangle_{\rm qf})}{\sigma_{\rm fus} + \sigma_{\rm qf}}. \quad (23)$$

In the lower panel of Fig. 12, the experimental data of this work (solid squares) for $K_0^2$ are compared with the theoretical values obtained from the description of $\mathcal{A}_{\rm exp}$ (dot-dashed line

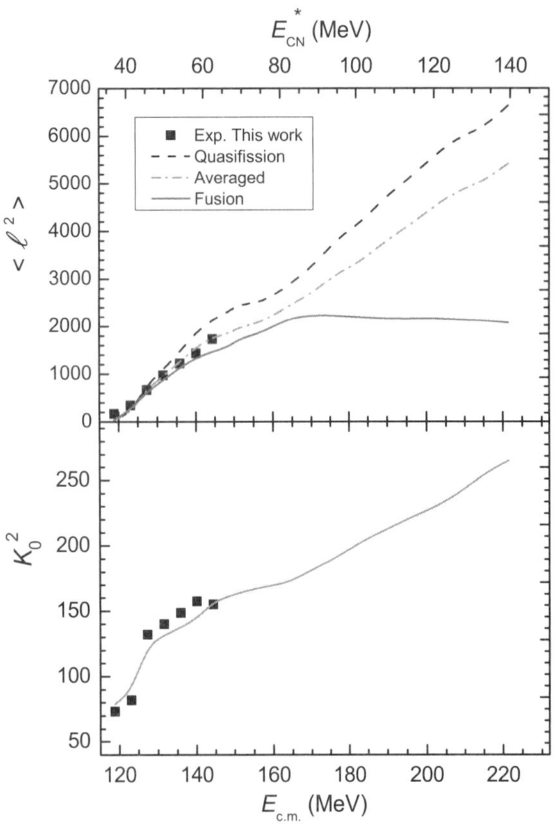


FIG. 12. (Color online) Mean square value of the angular momentum (upper panel) versus the collision energy $E_{\mathrm{c.m.}}$ for the $^{32}\mathrm{S}+{}^{184}\mathrm{W}$ reaction. The experimental data (solid squares) are shown in comparison with the results of the DNS model, which were obtained by averaging $\ell^2$ by partial cross sections of the quasifission (dashed line) and complete fusion (solid line) events. In the lower panel the experimental data of this work (solid squares) for $K_0^2$ are compared with our theoretical results.

in Fig. 11) and $\langle\ell^2\rangle$ (dot-dashed line in Fig. 12) extracted from the experimental data of the angular distribution of fission fragments. This comparison shows again the dominancy of the quasifission fragments in the measured data.

In Fig. 13 we compare the results of our calculation for $K_0^2$ with the experimental data presented in Ref. [24] for the $^{32}\mathrm{S}+{}^{182}\mathrm{W}$ reaction as a function of $E_{\mathrm{c.m.}}$. The good description of the experimental data of the capture excitation function for both reactions and quantities $K_0^2$, $\mathcal{A}_{\mathrm{exp}}$, and $\langle\ell^2\rangle$, which characterize angular distribution of the fission fragments by the partial capture and fusion cross sections, proves the rationality of the theoretical method based on the DNS concept of analyzing the fusion-fission, quasifission and fast fission mechanisms at the considered range of beam energy. We should stress that the partial fusion cross sections were used to calculate the excitation function of the total evaporation residues by the advanced statistical model [11–13].

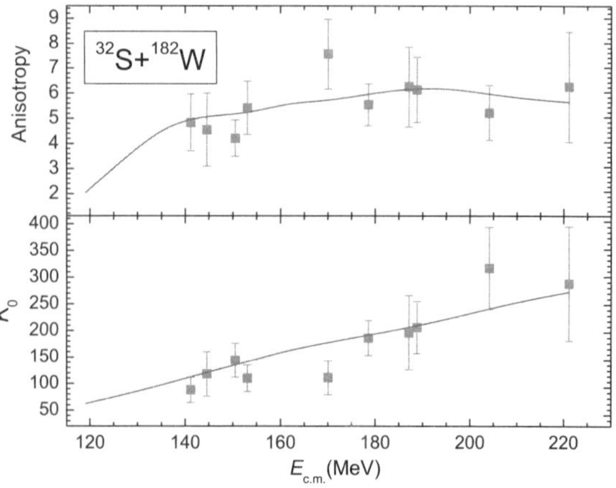


FIG. 13. (Color online) Comparison of the experimental data from Ref. [22] for $K_0^2$ (solid squares) and anisotropy $\mathcal{A}$ with results of the DNS model (solid line).

## V. CONCLUSION

The fission angular distributions for the $^{32}\mathrm{S}+{}^{184}\mathrm{W}$ reaction have been measured at center-of-mass energies of 118.8–144.4 MeV. The experimental cross sections of fissionlike products, the anisotropy $\mathcal{A}_{\mathrm{exp}}$, $K_0^2$, and $\langle\ell^2\rangle$ values were obtained. The experimental data of this work and of Ref. [21] (capture excitation function) and Ref. [25] (excitation function of the total evaporation residues) for this reaction and the same kind of experimental data for the $^{32}\mathrm{S}+{}^{182}\mathrm{W}$ reaction obtained from Refs. [22–24] (capture and fusion) and Refs. [22–24] ($K_0^2$ and $\ell^2$) were described by the DNS model and advanced statistical model [11–13]. The measured fission excitation function was described as the capture excitation function containing quasifission and fast-fission products together with fusion-fission products. The partial capture cross sections were calculated for the different orientation angles of the symmetry axis of the target nuclei $^{182}\mathrm{W}$ and $^{184}\mathrm{W}$. The quadrupole ($2^+$) and octupole ($3^-$) collective excitations in $^{32}\mathrm{S}$ are taken into account as amplitudes of the zero-point motion mode of surface vibration in the same way as in Ref. [30]. The total evaporation residue and fusion-fission excitation functions are calculated in the framework of the advanced statistical model using the partial fusion cross sections obtained in this work for both considered reactions. The underestimation of the experimental data [25] for the $^{32}\mathrm{S}+{}^{184}\mathrm{W}$ reaction in our calculations at high excitation energies $E_{\mathrm{c.m.}}>160$ MeV is caused by the fact that the statistical model cannot reproduce the cross section of formation of reaction products by the nonequilibrium mechanism without formation of the compound nucleus in the statistical equilibrium state. The measured data in Ref. [25] could include the evaporation residues that are formed at incomplete fusion or the multinucleon transfer reactions at $E_{\mathrm{c.m.}}>160$ MeV, because the amount of evaporation residues formed due to surviving the heated and rotating CN against fission cannot increase if the complete fusion cross section decreases by the increase in collision energy $E_{\mathrm{c.m.}}$. The decrease of complete fusion probability at large collision energies is connected with the increase of quasifission and fast fission. An increase in the quasifission contribution at large beam energies is connected with the angular momentum dependence of the quasifission $B_{\rm qf}$ and intrinsic fusion $B^*_{\rm fus}$ barriers: at large angular momentum of the DNS $B_{\rm qf}$ decreases and $B^*_{\rm fus}$ increases. The small quasifission barrier decreases the lifetime of the DNS, decreasing its possibility to be transformed into a CN [10,16]. The fusion-fission cross section is larger than the quasifission cross section in the energy range $130 < E_{\rm c.m.} < 170$ MeV where we have $P_{\rm CN} > 0.5$ for both reactions. The contribution of the fast fission becomes comparable with the fusion-fission and quasifission products at about $E_{\rm c.m.} > 175$ MeV. The experimental data presented and analyzed in this work arc thc smooth continuation to the lower energies of the data presented in previous published articles cited here. The theoretical descriptions of the experimental capture excitation function for both reactions and quantities $K_0^2$, $\langle \ell^2 \rangle$, and $\mathcal{A}_{\rm exp}$, which characterize angular distribution of the fission fragments, were performed by the same partial capture cross sections at the considered range of beam energy. We conclude that the effects of competition between fusion and quasifission in the reaction play an important role in the dynamics process.

## ACKNOWLEDGMENTS

This work was supported by the Major State Basic Research Development Program under Grant G2000077400 and the National Natural Science Foundation of China under Grants 10375095, 10735100, and 10811120019. A. K. Nasirov is grateful to the Istituto Nazionale di Fisica Nucleare, the Department of Physics of the University of Messina, and the Russian Foundation for Basic Research for the support of the Collaboration between the Dubna and Messina groups.

[1] Y. T. Oganessian *et al.*, Phys. Rev. C **70**, 064609 (2004).
[2] Y. T. Oganessian *et al.*, Phys. Rev. C **74**, 044602 (2006).
[3] S. Hofmann, Z. Phys. A **358**, 125 (1997).
[4] K. Morita *et al.*, J. Phys. Soc. Jpn. **73**, 2593 (2004).
[5] B. B. Back *et al.*, Phys. Rev. C **32**, 195 (1985).
[6] N. V. Antonenko, E. A. Cherepanov, A. K. Nasirov, V. P. Permjakov, and V. V. Volkov, Phys. Lett. B **319**, 425 (1993); Phys. Rev. C **51**, 2635 (1995).
[7] G. Fazio, G. Giardina, A. Lamberto, R. Ruggeri, C. Saccà, R. Palamara, A. I. Muminov, A. K. Nasirov, U. T. Yakhshiev, and F. Hanappe, Eur. Phys. J. A **19**, 89 (2004).
[8] G. G. Adamian, N. V. Antonenko, and W. Scheid, Phys. Rev. C **68**, 034601 (2003).
[9] G. Giardina, S. Hofmann, A. I. Muminov, and A. K. Nasirov, Eur. Phys. J. A **8**, 205 (2000).
[10] G. Fazio, G. Giardina, G. Mandaglio, R. Ruggeri, A. I. Muminov, A. K. Nasirov, Y. T. Oganessian, A. G. Popeko, R. N. Sagaidak, A. V. Yeremin, S. Hofmann, F. Hanappe, and C. Stodel, Phys. Rev. C **72**, 064614 (2005).
[11] A. D'Arrigo, G. Giardina, M. Herman, and A. Taccone, Phys. Rev. C **46**, 1437 (1992).
[12] A. D' Arrigo, G. Giardina, M. Herman, A. V. Ignatyuk, and A. Taccone, J. Phys. G **20**, 365 (1994).
[13] R. N. Sagaidak, V. I. Chepigin, A. P. Kabachenko, J. Rohac, Y. T. Oganessian, A. G. Popeko, A. A. Yeremin, A. D'Arrigo, G. Fazio, G. Giardina, M. Herman, R. Ruggeri, and R. Stiricle, J. Phys. G **24**, 611 (1998).
[14] A. Sobiczewski and M. Kowal, Int. J. Mod. Phys. E **18**, 869 (2009).
[15] I. Muntian, Z. Patyk, and A. Sobiczewski, Phys. At. Nucl. **66**, 1015 (2003).
[16] A. Nasirov, A. Fukushima, Y. Toyoshima, Y. Aritomo, A. Muminov, S. Kalandarov, and R. Utamuratov, Nucl. Phys. A **759**, 342 (2005).
[17] A. K. Nasirov, A. I. Muminov, R. K. Utamuratov, G. Fazio, G. Giardina, F. Hanappe, G. Mandaglio, M. Manganaro, and W. Scheid, Eur. Phys. J. A **34**, 325 (2007).
[18] D. J. Hinde, M. Dasgupta, J. R. Leigh, J. C. Mein, C. R. Morton, J. O. Newton, and H. Timmers, Phys. Rev. C **53**, 1290 (1996).
[19] M. G. Itkis *et al.*, Nucl. Phys. A **734**, 136 (2004).
[20] G. N. Knyazheva *et al.*, Phys. Rev. C **75**, 064602 (2007).
[21] D. J. Hofman, B. B. Back, and P. Paul, Phys. Rev. C **51**, 2597 (1995).
[22] J. G. Keller, B. B. Back, B. G. Glagola, D. Henderson, S. B. Kaufman, S. J. Sanders, R. H. Siemssen, F. Videbaek, B. D. Wilkins, and A. Worsham, Phys. Rev. C **36**, 1364 (1987).
[23] S. Mitsuoka, H. Ikezoe, K. Nishio, and J. Lu, Phys. Rev. C **62**, 054603 (2000).
[24] B. B. Back, P. B. Fernandez, B. G. Glagola, D. Henderson, S. Kaufman, J. G. Keller, S. J. Sanders, F. Videbaek, T. F. Wang, and B. D. Wilkins, Phys. Rev. C **53**, 1734 (1996).
[25] B. B. Back, D. J. Blumenthal, C. N. Davids, D. J. Henderson, R. Hermann, D. J. Hofman, C. L. Jiang, H. T. Penttilä, and A. H. Wuosmaa, Phys. Rev. C **60**, 044602 (1999).
[26] J. R. Huizenga, A. N. Behkami, and L. G. Moretto, Phys. Rev. **177**, 1826 (1969).
[27] C. Gregoire, C. Ngo, E. Tomasi, B. Remaud, and F. Scheuter, Nucl. Phys. A **387**, 37c (1982).
[28] V. E. Viola, K. Kwiatkowski, and M. Walker, Phys. Rev. C **31**, 1550 (1985).
[29] A. K. Nasirov, G. Giardina, G. Mandaglio, M. Manganaro, F. Hanappe, S. Heinz, S. Hofmann, A. I. Muminov, and W. Scheid, Phys. Rev. C **79**, 024606 (2009).
[30] G. Fazio, G. Giardina, F. Hanappe, G. Mandaglio, M. Manganaro, A. I. Muminov, A. K. Nasirov, and C. Sacca, J. Phys. Soc. Jpn. **77**, 124201 (2008).
[31] V. V. Volkov, in *Contributed Papers of Nucleus-Nucleus Collision II, Visby, 1985*, edited by B. Jakobson and K. Aleclett (North-Holland, Amsterdam, 1985), Vol. 1, p. 54; Izv. Akad. Nauk SSSR Ser. Fiz. **50**, 1879 (1986); in *Proceedings of International School-Seminar on Heavy Ion Physics, Dubna, 1986, D7-87-68* (Dubna, 1987), p. 528; in *Proceedings of the 6th International Conference on Nuclear Reaction Mechanisms, Varenna, 1991*, edited by E. Gadioli, Ricerca Scientifica ed Educasione Permanente, 1991, Supplemento n. 84, p. 39.
[32] P. Moller and J. R. Nix, At. Data Nucl. Data Tables **39**, 213 (1988).
[33] S. Raman, C. H. Malarkey, W. T. Milner, C. W. Nestor Jr., and P. H. Stelson, At. Data Nucl. Data Tables **36**, 1 (1987).
[34] R. H. Spear, At. Data Nucl. Data Tables **42**, 55 (1989).

[35] G. Fazio, G. Giardina, G. Mandaglio, F. Hanappe, A. I. Muminov, A. K. Nasirov, W. Scheid, and L. Stittge, Mod. Phys. Lett. A **20**, 391 (2005).
[36] A. J. Sierk, Phys. Rev. C **33**, 2039 (1986).
[37] G. Fazio, G. Giardina, A. Lamberto, A. I. Muminov, A. K. Nasirov, F. Hanappe, and L. Stuttge, Eur. Phys. J. A **22**, 75 (2004).
[38] K. Pomorski, B. Nerlo-Pomorska, A. Surowiec, M. Kowal, J. Bartel, K. Dietrich, J. Richert, C. Schmitt, B. Benoit, E. de Goes Brennand, L. Donadille, and C. Badimong, Nucl. Phys. A **679**, 25 (2000).
[39] V. Zagrebaev and W. Greiner, Phys. Rev. C **78**, 034610 (2008).
[40] Z. H. Liu, H. Q. Zhang, J. C. Xu, Y. Qiao, X. Qian, and C. J. Lin, Phys. Lett. B **353**, 173 (1995).
[41] I. Halpern and V. M. Strutinski, in *Proceeding of the Second United National International Conference on the Peaceful Uses of Atomic Energy, Geneva, 1958* (United Nations, Geneva, 1958), Vol. 15, p. 408.
[42] J. J. Griffin, Phys. Rev. **116**, 107 (1959).
[43] D. J. Hinde, A. C. Berriman, M. Dasgupta, J. R. Leigh, J. C. Mein, C. R. Morton, and J. O. Newton, Phys. Rev. C **60**, 054602 (1999).

# Investigation of two-proton emission from excited states of the odd-$Z$ nucleus $^{28}$P by complete-kinematics measurements ①

X. X. Xu,[1] C. J. Lin,[1] H. M. Jia,[1] F. Yang,[1] F. Jia,[1] Z. D. Wu,[1] S. T. Zhang,[1] Z. H. Liu,[1] H. Q. Zhang,[1] H. S. Xu,[2] Z. Y. Sun,[2] J. S. Wang,[2] Z. G. Hu,[2] M. Wang,[2] R. F. Chen,[2] X. Y. Zhang,[2] C. Li,[2] X. G. Lei,[2] Z. G. Xu,[2] G. Q. Xiao,[2] and W. L. Zhan[2]

[1]*China Institute of Atomic Energy, Beijing 102413, People's Republic of China*

[2]*Institute of Modern Physics, The Chinese Academy of Science, Lanzhou 73000, People's Republic of China*

(Received 20 January 2010; revised manuscript received 22 March 2010; published 25 May 2010)

An experiment to study exotic two-proton emission from excited levels of the odd-$Z$ nucleus $^{28}$P was performed at the National Laboratory of Heavy Ion Research-Radioactive Ion Beam Line (HIRFL-RIBLL) facility. The projectile $^{28}$P at the energy of 46.5 MeV/$u$ was bombarding a $^{197}$Au target to populate the excited states via Coulomb excitation. Complete-kinematics measurements were realized by the array of silicon strip detectors and the CsI + PIN telescope. Two-proton events were selected and the relativistic-kinematics reconstruction was carried out. The spectrum of relative momentum and opening angle between two protons was deduced from Monte Carlo simulations. Experimental results show that two-proton emission from $^{28}$P excited states less than 17.0 MeV is mainly two-body sequential emission or three-body simultaneous decay in phase space. The present simulations cannot distinguish these two decay modes. No obvious diproton emission was found.

DOI: 10.1103/PhysRevC.81.054317 PACS number(s): 23.50.+z, 25.60.−t, 25.70.−z, 27.30.+t

## I. INTRODUCTION

Notable progress has been made in the study of two-proton ($2p$) decay within the last few years. The $2p$ radioactivity from $^{45}$Fe [1–4], $^{54}$Zn [5], and possibly $^{48}$Ni [6] was observed experimentally. In addition, the $2p$ decay from the very shorted-lived ground states of $^{19}$Mg [7,8] and $^{16}$Ne [8] was measured by using a tracking technique with microstrip detectors and described as the three-body decay. The study of $2p$ emission from excited states was primarily focused on the even-$Z$ nuclei owing to the existence of the pairing force, such as $^{10}$C [9,10], $^{14}$O [11], $^{17}$Ne [12–14], $^{18}$Ne [15,16], and $^{29}$S [17]. For the odd-$Z$ nucleus, it was claimed that direct $2p$ emission [18] was observed during the decay of the long-lived isomer $^{94}$Ag$^m$. However, recent analysis [19] casts doubt on the detection technique and the results of this experiment. In a new experiment [20], no evidence was found to support $2p$ radioactivity of the isomer $^{94}$Ag$^m$ ($T_{1/2} = 0.4$ s, $E^* = 6.7$ MeV, $I^\pi = 21^+$).

The nature of $2p$ emission from high-lying excited states, for instance, in the cases of $^{17}$Ne [14] and $^{29}$S [17], is still an open question. It may be related to the $2p$ halo structure or the large deformed orbit [21]. To answer this question, it is helpful to investigate $2p$ emission from the odd-$Z$ nucleus. In some high-lying excited states of the odd-$Z$ nucleus that are not $2p$ halos, it is expected that large deformations will occur and dynamical correlations between emitted protons resulting from the strong anisotropy of the Coulomb barrier will be observed. If not, the relevance of $2p$ emission to the existence of proton halos should be studied further.

The relativistic mean-field theory predicted that there are one-proton ($1p$) halos in $^{26,27,28}$P and two-proton halos in $^{27,28,29}$S [22]. A series of experiments [17,23–27] was performed to study proton halos and proton emission from nuclei in the $A = 30$ mass region. It was found that $2p$ emission from excited states of the even-$Z$ nucleus $^{29}$S presents a feature of $^2$He decay [17,26]. For the odd-$Z$ nucleus, experiments on $^{27,28}$P + $^{28}$Si [24] showed enhancement of the total cross sections of these reactions, which indicates that $1p$ proton halos probably occur in these nuclei. With the aim to investigate $1p$ and $2p$ emission from the excited states of $^{28}$P, a new experiment was performed. This work presents the first experimental studies of these exotic decays for nuclei in the $A = 30$ region.

## II. EXPERIMENTAL PROCEDURE

The experiment was performed with a primary beam $^{32}$S$^{16+}$ at an intensity of 100 enA and an energy of 80.4 MeV/$u$, which was extracted from the Separate Sector Cyclotron (SSC) at the National Laboratory of Heavy Ion Research (HIRFL) of the Institute of Modern Physics (Lanzhou, China) and then impinged on a $^9$Be target with a thickness of 1588 $\mu$m. A radioactive ion beam (RIB) of $E/A = 46.5$ MeV $^{28}$P was produced by projectile fragmentation, then separated and purified by the RIB line (RIBLL) spectrometer [28] using the combined $B\rho$-$\Delta E$-$B\rho$ method. Secondary ions, with a purity of $^{28}$P at 6.8% and an intensity of $10^4$ ions/s RIB mixture, bombarded on a secondary target, $^{197}$Au, with a thickness of 100 $\mu$m and a diameter of 30 mm.

Complete-kinematics measurements of all the reaction products were obtained by the cascaded silicon-strip detectors, large-area silicon detectors, and CsI + PIN array, as shown in Fig. 1. The interaction point of each fragment incident on the secondary target was reconstructed with two parallel-plate avalanche counters. The time of flight (ToF) of the secondary beams was measured by two plastic scintillators placed on the second and fourth focus planes of the RIBLL spectrometer. The energy loss ($\Delta E$) of RIBs in a large-area silicon detector (SD1; 325 $\mu$m thick) combined with ToF measurements was

① Physical Review C,2010,81(5):054317-(1-5).

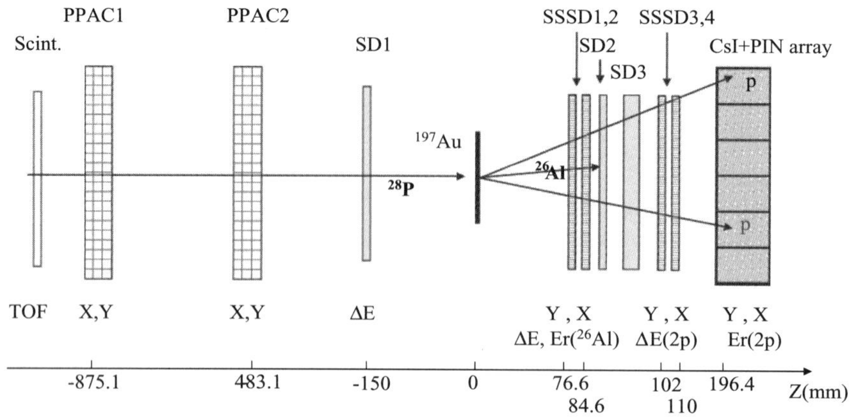


FIG. 1. Schematic of the detection setup designed for the study of exotic emission of $^{28}$P by complete-kinematics measurement.

used for the particle identification of secondary ions. Figure 2 displays the $\Delta E$ versus ToF matrix for particle identification of secondary ions. A total of $1.5 \times 10^7$ $^{28}$P events were accumulated in the experiment.

Particle identification and tracking of reaction products, including heavy fragments and light particles (mainly protons), were achieved by a multiple-stack telescope of particles. Two 300-$\mu$m-thick single-sided silicon strip detectors (SSSDs), orthogonally placed in front of a 325-$\mu$m-thick silicon detector (SD2) that stopped all the heavy fragments, were used for construction of the particle trajectories. There were 24 strips 2 mm wide, with a 0.1-mm interval for each SSSD. SSSD1 ($y$ axis; $\Delta E$ signal detector) and the combination of SSSD2 ($x$ axis) and SD2 (Er signal detectors) composed the first telescope for heavy particles of decay products, such as $^{27}$Si and $^{26}$Al. Figure 3 shows the identification of heavy ions after the target. The timing signals derived from SSSD1 combined with one of the scintillator detectors as the ToF window were used for selection of the daughter nucleus. The light particles passed through a quadrant silicon detector (SD3) with a thickness of 1000 $\mu$m and SSSD3 and -4, with the same configuration as SSSD1 and -2, and were finally stopped in the $6 \times 6$ CsI detector array ($15 \times 15 \times 20$ mm) coupled with PIN photodiodes. SSSD3 and -4 were used for tracking of the emitted light particles and measurement of the energy loss with $\Delta E$ detectors. The residual energy of protons was measured by the CsI + PIN array. With this arrangement, the opening angle covered by the detectors array was $\pm 13°$.

At the beginning of the experiment, the particle telescope for heavy fragments was calibrated using secondary beams produced by the primary beam $^{32}$S at several energies. This was achieved by using different targets with thicknesses of 1588 and 2634 $\mu$m. The $^{27}$Al degrader after the target was removed in order to provide more isotopes and the energy loss of these heavy ions could cover the entire energy range of interest. Calibration of the telescope for light particles was achieved by proton beams at energies of 26, 46, 66, and

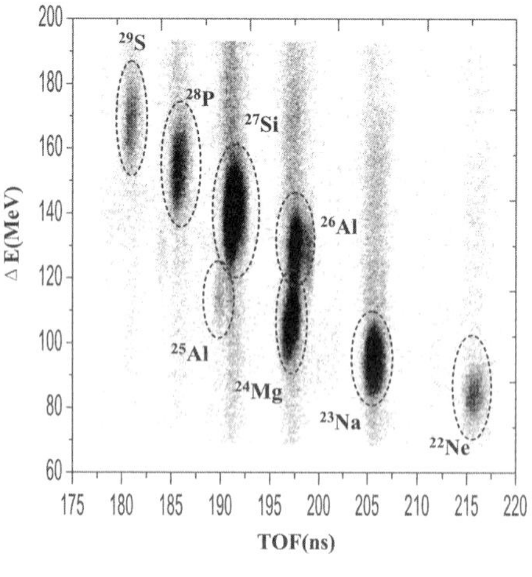


FIG. 2. Particle identification spectrum of energy loss from SD1 versus time of flight between the two plastic scintillators for RIBs.

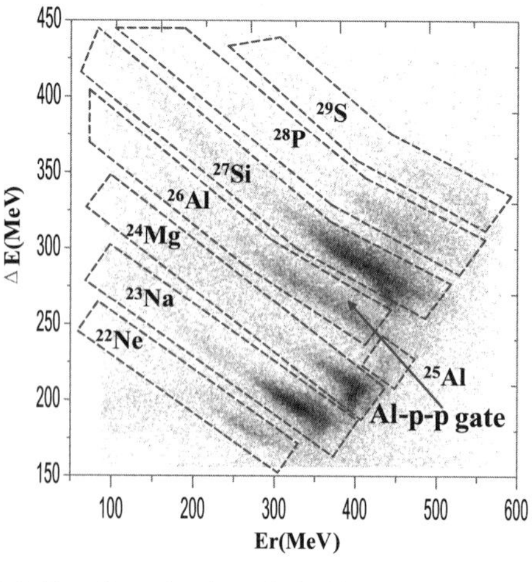


FIG. 3. Two-dimensional matrix for identification of heavy fragments after the target. The energy loss in SSSD1 ($\Delta E$) is plotted versus the sum of the residual energy loss ($E_r$) in SSSD2 and SD2.

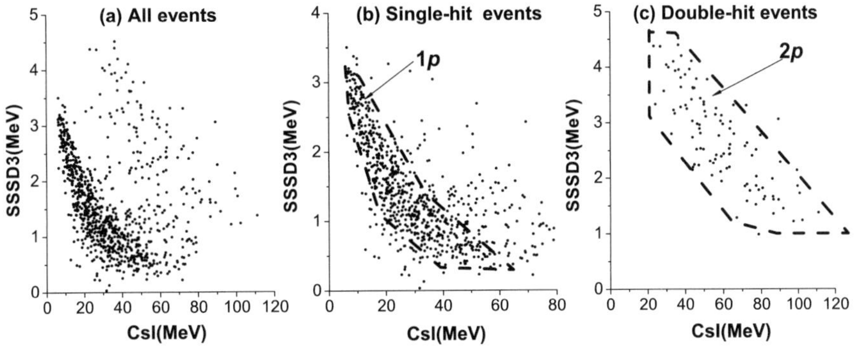


FIG. 4. Light particle identification spectrum from the detector array. Energy loss in SSSD3 is plotted as a function of the residual energy in the CsI + PIN detector array. In the construction of $2p$ emission from $^{28}$P excited levels, a $2p$ gate for Al-$p$-$p$ coincidence was selected.

80 MeV originating from the projectile fragmentation with the $B\rho$ setting for proton transmission.

## III. DATA ANALYSIS AND DISCUSSION

### A. Selection procedure for events of $1p$ and $2p$ emission

Coincidences of heavy fragments and light particles were carried out on an event-by-event basis for analyses of $1p$ and $2p$ emission from excited states. Selection of $^{28}$P was accomplished on the two-dimensional RIB identification spectrum of $\Delta E$ versus ToF as already mentioned. Then light particles, such as a single proton or two protons emitted from the parent nucleus, were identified by the $\Delta E$ (SSSD3) versus Er (CsI) matrix (see Fig. 4). Finally, identification of the decay daughter nucleus, such as $^{26}$Al, was achieved with the $\Delta E$ (SSSD1) versus Er (SSSD2 and SD2) spectrum and the ToF gate generated from SSSD1. Moreover, the reactions that did not take place in the target were rejected by the trajectory tracking methods. Details of the selection procedure are discussed in Ref. [17].

Figure 4 displays the identification spectrum of light particles emitted from the excited states of $^{28}$P. Two obvious bands can be seen. One is the $1p$ emission, and the other is the $2p$ decay, which is located at values double the energy loss and residual energy of the single-proton band. This is an indication that there were few events from the reactions happening in the silicon detectors, because if the reactions took place in the SSSD, two protons with lower total kinetic energies would lead to higher values of energy loss and lower values of residual energy [29]. The deuteron band and triton band could hardly be detected. After additional purification by the identification of heavy fragments and tracking methods, about 80 two-proton and 1000 one-proton emission events were identified in the whole experiment, which clearly shows that one-proton emission from the odd-$Z$ $^{28}$P nucleus dominates.

### B. Experimental results

Two-proton emission from the initial unbound state induced by Coulomb excitation can be described by three schematic pictures: (i) sequential two-body decay via an intermediate state of the daughter nucleus; (ii) three-body democratic decay in which the two protons have no correlations beyond phase-space constraints and final-state interactions; and (iii) diproton decay, which means a preformed $^2$He cluster in the form of a resonance with the quasibound $^1$S configuration in the parent nucleus that penetrates the Coulomb barrier and breaks up into two protons outside the barrier. To distinguish these three mechanisms, the proton-proton correlations, including the relative momentum ($q_{pp} = |\mathbf{p}_1 - \mathbf{p}_2|/2$), the opening angle ($\theta_{pp}^{\text{c.m.}}$), the excited states ($E_{\text{ex}}$), or the invariant mass of decay products in the center-of-mass system of the parent nucleus $^{28}$P, have been reconstructed by relativistic-kinematics analyses.

Generally speaking, the threshold of $2p$ emission for an odd-$Z$ nucleus is higher than that for an even-$Z$ one. For example, the emitting threshold is 9.53 MeV for $^{28}$P but just 5.35 MeV for $^{29}$S [30]. Figure 5 displays the excitation energy of $^{28}$P reconstructed from $^{26}$Al-$p$-$p$ events on an event-by-event basis. Several resonance states are visible, with excitation energies of 11.5, 12.7, 13.5, 14.3, 15.1, and 15.9 MeV. The energy resolution of the experimental setup

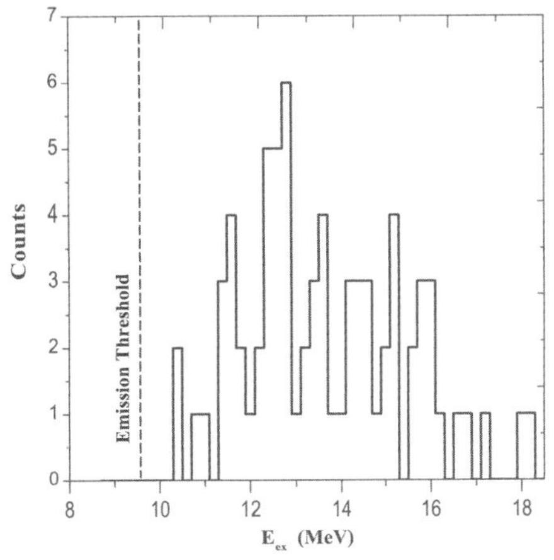


FIG. 5. Reconstructed excited energy spectrum for $^{28}$P from three-body correlations of Al-$p$-$p$ events.

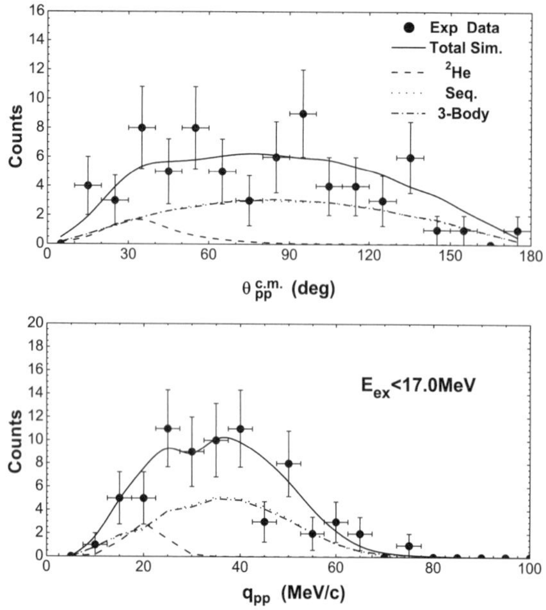


FIG. 6. Spectrum of the opening angle (top) and the relative momentum (bottom) of the two protons emitted from excited levels of $^{28}$P less than 17.0 MeV, which shows two-body sequential emission or three-body simultaneous decay in phase space for the odd-$Z$ nucleus $^{28}$P.

is about 400 KeV, which includes the energy and position resolution of the detectors. Because of the limited statistics on $2p$ events, the spectrum of $2p$ correlations for each state could not be obtained. Figure 6 shows the relative momentum and the opening angle distribution for the events of $2p$ emission from excited states of $^{28}$P less than 17.0 MeV. The experimental data show a nearly isotropic distribution for $\theta_{pp}^{\mathrm{c.m.}}$ and an enhancement in the region from 25 to 40 MeV/$c$ for $q_{pp}$. In the case of $^{2}$He cluster emission, the strong attractive nuclear interaction in the singlet $^{1}$S state should result in an enhanced peak at $q_{pp} = 20\ \mathrm{MeV}/c$ [31–33]. We did not observe obvious $^{2}$He cluster emission in the present experiment.

Experimental data were reproduced by a Monte Carlo (MC) simulation taking the arrangement and resolution of the detectors and the Coulomb deflections of heavy fragments in the target into account, which is similar to the simulation of $2p$ emission of $^{29}$S [17]. As the energies, spins, and parities of the high-lying initial levels, as well as the intermediate and final ones, for exotic decay are still unknown, accurate calculation of the mechanism of $2p$ emission could not be achieved. Therefore, three extreme decay modes, $^{2}$He emission, sequential decay, and three-body democratic decay without final-state interactions, as mentioned previously, were taken into consideration in the MC simulation. The fitting yields only $(7 \pm 5)\%$ $^{2}$He emission by chi-square analysis and other sequential or three-body simultaneous decay, in which the last two mechanisms cannot be distinguished because of the existence of lots of intermediate states of $^{27}$Si and final states of $^{26}$Al. The MC simulation results are shown in Fig. 6; the dashed, dotted, and dash-dotted curves represent the $^{2}$He cluster, sequential, and three-body simultaneous decay, respectively.

### C. Discussion of two-proton emission relevant to proton halos

Two-proton emission from the excited states between 9.6 and 10.4 MeV in the even-$Z$ nucleus $^{29}$S [17], which is a $2p$ halo nucleus, shows $^{2}$He cluster emission with a branching ratio of $29^{+10}_{-11}\%$. However, for the neighboring, odd-$Z$ nucleus $^{28}$P, which is considered to be a $1p$ halo nucleus, the experimental results exhibit basically the phase-space distribution of three-body simultaneous decay or sequential emission of two protons. No obvious $^{2}$He emission from the high-lying excited states was found. These results indicate that the large deformations are not responsible for the $2p$ emission from excited states, as they should occur in the high-lying excited states and cause dynamical correlations between emitted protons in both the $^{29}$S and the $^{28}$P cases. On the contrary, it was suggested that the wave functions of some excited states such as $2p$ halos in the parent nucleus have a small overlap with the wave functions of excited states in the $1p$ daughter nucleus, resulting in a much large spectroscopic factor for direct $2p$ decay [34,35]. In other words, the $2p$ halo structure in some high-lying excited states leads to the anisotropy of the opening angle between two protons.

## IV. CONCLUSION

Exotic $2p$ emission of the odd-$Z$ $^{28}$P nucleus excited via Coulomb excitation has been studied experimentally by means of complete-kinematics measurements. The results primarily show two-body sequential emission or a phase-space distribution of three-body simultaneous decay for two protons emitted from excited states of less than 17.0 MeV of the odd-$Z$ nucleus $^{28}$P. No obvious dirproton emission was discovered. Compared with the results of the experiment on $^{29}$S [17], this indicates that the $2p$ halo structure rather than the large deformation is responsible for the anisotropy of the opening angle between two protons emitted from the high-lying excited states.

To compare the mechanisms of $2p$ emission from $1p$ and $2p$ halo nuclei, more statistics for $^{28}$P would be required to reach a definite conclusion. Also, further experiments on odd-$Z$ and even-$Z$ nuclei, such as $^{28}$S and $^{27}$P, are strongly called for. In addition, for the purpose of understanding the decay dynamics of $2p$ emission, information on strict theoretical calculations, such as the three-body Faddeev equations with core excitation [36], should be taken into consideration in the MC simulation in future.

## ACKNOWLEDGMENTS

We thank the HIRFL-RIBLL operators for supplying good-quality beams, ensuring compatibility of the electronics and the data acquisition system. This work was supported by the National Natural Science Foundation of China under Grant Nos. 10675169, 10735100, and 10727505 and the Major State Basic Research Developing Program under Grant No. 2007CB815003.

[1] J. Giovinazzo *et al.*, Phys. Rev. Lett. **89**, 102501 (2002).
[2] M. Pfützner *et al.*, Eur. Phys. J. A **14**, 279 (2002).
[3] J. Giovinazzo *et al.*, Phys. Rev. Lett. **99**, 102501 (2007).
[4] K. Miernik *et al.*, Phys. Rev. Lett. **99**, 192501 (2007).
[5] B. Blank *et al.*, Phys. Rev. Lett. **94**, 232501 (2005).
[6] C. Dossat *et al.*, Phys. Rev. C **72**, 054315 (2005).
[7] I. Mukha *et al.*, Phys. Rev. Lett. **99**, 182501 (2007).
[8] I. Mukha *et al.*, Phys. Rev. C **77**, 061303(R) (2008).
[9] R. J. Charity, K. Mercurio, L. G. Sobotka, J. M. Elson, M. Famiano, A. Banu, C. Fu, L. Trache, and R. E. Tribble, Phys. Rev. C **75**, 051304(R) (2007).
[10] K. Mercurio *et al.*, Phys. Rev. C **78**, 031602(R) (2008).
[11] C. R. Bain *et al.*, Phys. Lett. B **373**, 35 (1996).
[12] M. J. Chromik, B. A. Brown, M. Fauerbach, T. Glasmacher, R. Ibbotson, H. Scheit, M. Thoennessen, and P. G. Thirolf, Phys. Rev. C **55**, 1676 (1997).
[13] M. J. Chromik *et al.*, Phys. Rev. C **66**, 024313 (2002).
[14] T. Zerguerras *et al.*, Eur. Phys. J. A **20**, 389 (2004).
[15] J. Gómez del Campo *et al.*, Phys. Rev. Lett. **86**, 43 (2001).
[16] G. Raciti, G. Cardella, M. De Napoli, E. Rapisarda, F. Amorini, and C. Sfienti, Phys. Rev. Lett. **100**, 192503 (2008).
[17] C. J. Lin *et al.*, Phys. Rev. C **80**, 014310 (2009).
[18] I. Mukha *et al.*, Nature (London) **439**, 298 (2006).
[19] D. G. Jenkins, Phys. Rev. C **80**, 054303 (2009).
[20] J. Cerny, D. M. Moltz, D. W. Lee, K. Peräjärvi, B. R. Barquest, L. E. Grossman, W. Jeong, and C. C. Jewett, Phys. Rev. Lett. **103**, 152502 (2009).
[21] B. Blank and M. Ploszajczak, Rep. Prog. Phys. **71**, 046301 (2008).
[22] B. Q. Chen, Z. Y. Ma, F. Grümmer, and S. Krewald, J. Phys. G **24**, 97 (1998).
[23] Z. H. Liu *et al.*, Chin. Phys. Lett. **21**, 1711 (2004).
[24] Z. H. Liu *et al.*, Phys. Rev. C **69**, 034326 (2004).
[25] C. J. Lin *et al.*, AIP Conf. Proc. **961**, 117 (2007).
[26] X. X. Xu *et al.*, AIP Conf. Proc. **1165**, 106 (2009).
[27] C. J. Lin *et al.*, Nucl. Phys. A **834**, 450c (2010).
[28] Z. Sun, W.-L. Zhan, Z.-Y. Guo, G. Xiao, and J.-X. Li, Nucl. Instrum. Methods Phys. Res. A **503**, 496 (2003).
[29] M. J. Chromik, Ph.D. thesis, University of Munich, 2001.
[30] G. Audi, A. H. Wapstra, and C. Thibault, Nucl. Phys. A **729**, 337 (2003).
[31] S. E. Koonin, Phys. Lett. B **70**, 43 (1977).
[32] W. G. Lynch *et al.*, Phys. Rev. Lett. **51**, 1850 (1983).
[33] M. A. Bernstein *et al.*, Phys. Rev. Lett. **54**, 402 (1985).
[34] R. Kanungo *et al.*, Phys. Lett. B **571**, 21 (2003).
[35] L. V. Grigorenko, Yu. L. Parfenova, and M. V. Zhukov, Phys. Rev. C **71**, 051604(R) (2005).
[36] I. J. Thompson, F. M. Nunes, and B. V. Danilin, Comput. Phys. Commun. **161**, 87 (2004).

# Unusual potential behavior for the weakly bound nucleus $^9$Be in elastic scattering from $^{208}$Pb and $^{209}$Bi near the threshold ①

**N Yu[1,2], H Q Zhang[1,2], H M Jia[2], S T Zhang[2], M Ruan[2], F Yang[2], Z D Wu[2], X X Xu[2] and C L Bai[2]**

[1] School of Physics, Huazhong University of Science and Technology, People's Republic of China
[2] China Institute of Atomic Energy, People's Republic of China

Received 5 February 2010
Published 27 May 2010
Online at stacks.iop.org/JPhysG/37/075108

**Abstract**
The elastic scattering angular distributions of the weakly bound $^9$Be projectile from $^{208}$Pb and $^{209}$Bi have been measured for 14 beam energies near the threshold from 37 to 50 MeV. The parameters of the optical potential are extracted by means of phenomenological optical model analysis with PTOLEMY. Both of the systems show unusual potential behavior in the vicinity of the Coulomb barrier that the strength of the imaginary (absorptive) part of the potential is increasing (rather than decreasing) with decreasing energy, which is quite different from the results of some previous reports. This unusual threshold phenomenon indicates that the breakup channel is strongly coupled with the elastic channel and has obvious effects on the optical potential. The analyses also show that high precision elastic scattering angular distributions, especially those below the Coulomb barrier, are very important for extracting correct threshold behavior of the optical potential.

(Some figures in this article are in colour only in the electronic version)

## 1. Introduction

The threshold anomaly (TA) in heavy-ion elastic scattering was first observed in [1], in which the strength of $V$, the real part of the optical model potential, has a localized peak in the vicinity of the Coulomb barrier and the strength of the imaginary part of the potential $W$ increases sharply with increasing energies near the threshold, which has been interpreted as the opening of reaction channels with increasing available energy. At higher energies, both the real and imaginary potentials are energy independent.

The TA may be described mainly by the coupling of the elastic scattering to other reaction channels which produces an attractive polarization potential $\Delta V$, leading to a real potential

① J.Phys.G:Nucl.Part.Phys.,2010,37:075108-(1-9).

$V = V_0 + \Delta V$, where $V_0$ is the energy-independent real potential at higher energies. The additional attraction part $\Delta V$ due to the increase of the real potential decreases the Coulomb barrier and leads to the usual sub-barrier fusion enhancement that is observed in several systems. The energy dependence of the imaginary potential reflects the closure of nonelastic channels at energies near and below the Coulomb barrier. The correlation between the real and the imaginary potentials is due to the causality, which is a dispersion relation in mathematics through a principal value integral [2, 3].

Although many heavy-ion scattering systems have been shown to exhibit a TA [2], the situation may be changed substantially in the systems which involve weakly bound or halo nucleus. In [4], the elastic scattering angular distributions of weakly bound stable nuclei $^{6,7}$Li by $^{208}$Pb have been measured at energies close to the Coulomb barrier. With a consistent optical model analysis, the existence of a threshold anomaly for $^{7}$Li but none for $^{6}$Li has been found. The strength of the imaginary part of the optical potential increases sharply with decreasing energies near the threshold for the $^{6}$Li+$^{208}$Pb system, which is due to the quasi-elastic part of the total reaction cross section which is considerably greater for $^{6}$Li near the threshold and is shown to be dominated by breakup [5]. Analyses of the data show that the coupling to the breakup is important for these systems even at energies below the barrier. Thus, this unusual potential behavior has been termed as the unusual threshold anomaly (UTA) or breakup threshold anomaly (BTA). In this case, based on the dispersion relation, the real part of the potential should decrease. This can be related to a repulsive polarization potential produced by the coupling to the continuum breakup states, leading to a hindrance of the sub-barrier fusion cross section. Recently, this phenomenon has also been investigated in elastic scattering of other systems [6–9].

The threshold for breaking up $^{9}$Be into $^{8}$Be+$n$ is 1.67 MeV. It is much closer to the $\alpha + d$ threshold of $^{6}$Li (1.47 MeV) than the $\alpha + t$ threshold of $^{7}$Li (2.47 MeV). Thus, Keeley [5] expected that the behavior of the $^{9}$Be optical potentials near the barrier may not exhibit a TA but an UTA as its dissociation threshold is closer to that of $^{6}$Li. Signorini *et al* [10] measured the elastic scattering angular distributions for the $^{9}$Be+$^{209}$Bi system at five energies in the vicinity of the Coulomb barrier and showed an unusual optical behavior that is a strong attractive real polarization peaked at the barrier and an imaginary (absorbing) part increasing with decreasing energy, which is in consistent with a coupling to the excited $^{9}$Be states which is extending its action below the Coulomb barrier. We had measured the elastic scattering angular distributions for a similar $^{9}$Be+$^{208}$Pb system at six energies near the barrier (not published). It showed a similar behavior as in [10] by means of a phenomenological optical analysis. Woolliscroft *et al* [11] also measured the elastic scattering angular distributions for the $^{9}$Be+$^{208}$Pb system at 11 energies ranging from 38 to 75 MeV. It reported an existence of threshold anomaly and that the deformation of the $^{9}$Be did not influence the elastic scattering analysis to any significant degree.

Thus, in order to solve this problem in the $^{9}$Be+$^{208}$Pb and $^{9}$Be+$^{209}$Bi systems, we decided to remeasure the elastic scattering angular distributions of the $^{9}$Be+$^{208}$Pb and $^{9}$Be+$^{209}$Bi systems at energies near the threshold. The real and imaginary parts of the corresponding optical potential are extracted by means of the phenomenological optical potential model analysis based on the elastic scattering angular distributions measured.

## 2. Experimental details

The experiment was carried out at the HI-13 tandem accelerator of the China Institute of Atomic Energy. The $^{208}$Pb and $^{209}$Bi targets with the thickness of about 150 $\mu$g cm$^{-2}$ evaporated on nearly 25 $\mu$g cm$^{-2}$ carbon foil backings were bombarded by a collimated $^{9}$Be$^{3+}$ beam. The

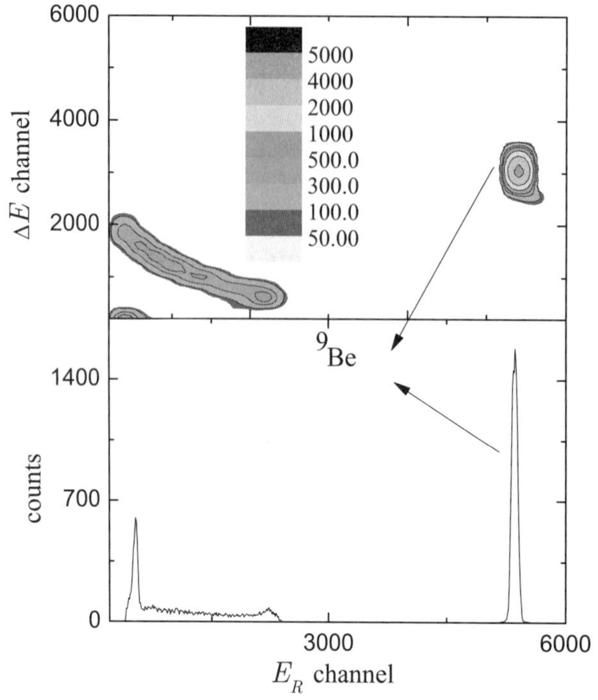


**Figure 1.** The energy spectrum from $^9$Be scattering by $^{208}$Pb. The upper panel is a two-dimensional $\Delta E$–$E_R$ spectrum. The X- and Y-axes are proportional to $\Delta E$ and $E_R$ of the particles scattering by $^{208}$Pb. The lower panel is a one-dimensional $E_R$ spectrum.

typical $^9$Be current range was 50–200 enA (electrical nA) because of the variety according to bombarding energy and scattering angle. The beam energies were taken to be 37, 37.8, 38, 38.2, 38.5, 38.7, 39, 39.5, 40, 41, 42, 44, 47.2 and 50 MeV, respectively.

In the first experiment, an array of five $\Delta E$–$E_R$ silicon semiconductor detector telescopes was employed in the measurement and five masks ($\phi$2 mm) were placed in front of each telescope for the angular resolution. Two silicon surface barrier detectors were used to monitor the elastic scattering at $\pm 28.5°$ with respect to the beam direction for cross-section normalization. It is shown in figure 1 that the elastic peaks are separated from other parts not only in the two-dimensional $\Delta E$–$E_R$ spectrum but also in the one-dimensional energy spectrum. Thus, it is adequate to get the elastic counts in the one-dimensional energy spectrum.

Thereby in the second experiment, only 23 silicon surface barrier detectors were used and all positioned at 21 cm from the target. 12 detectors were arrayed from 30° to 96° and 11 detectors from 110° to 170° with respect to the beam direction. There was a fixed angle of 6° from each other. Two rotations by 2° were used for more data. Two monitor detectors were located at $\pm 25°$ and at a distance of 30 cm from the target for cross-section normalization. The ratios of the solid angles of the monitors to each detectors were determined by performing a test run at a beam energy of 25 MeV where at this beam energy it is assumed that the elastic scattering cross section is pure Rutherford scattering. The energy spectrum is similar to the lower panel of figure 1.

The elastic scattering angular distributions of the $^9$Be+$^{208}$Pb and $^9$Be+$^{209}$Bi systems, presented as the ratios of the measured differential cross sections to those for Rutherford scattering, are shown in figures 2 and 3, respectively. The overall absolute angle accuracy is estimated to be 0.02°. The error bars take into account only the statistical contribution and are smaller than the point dimension in most cases.

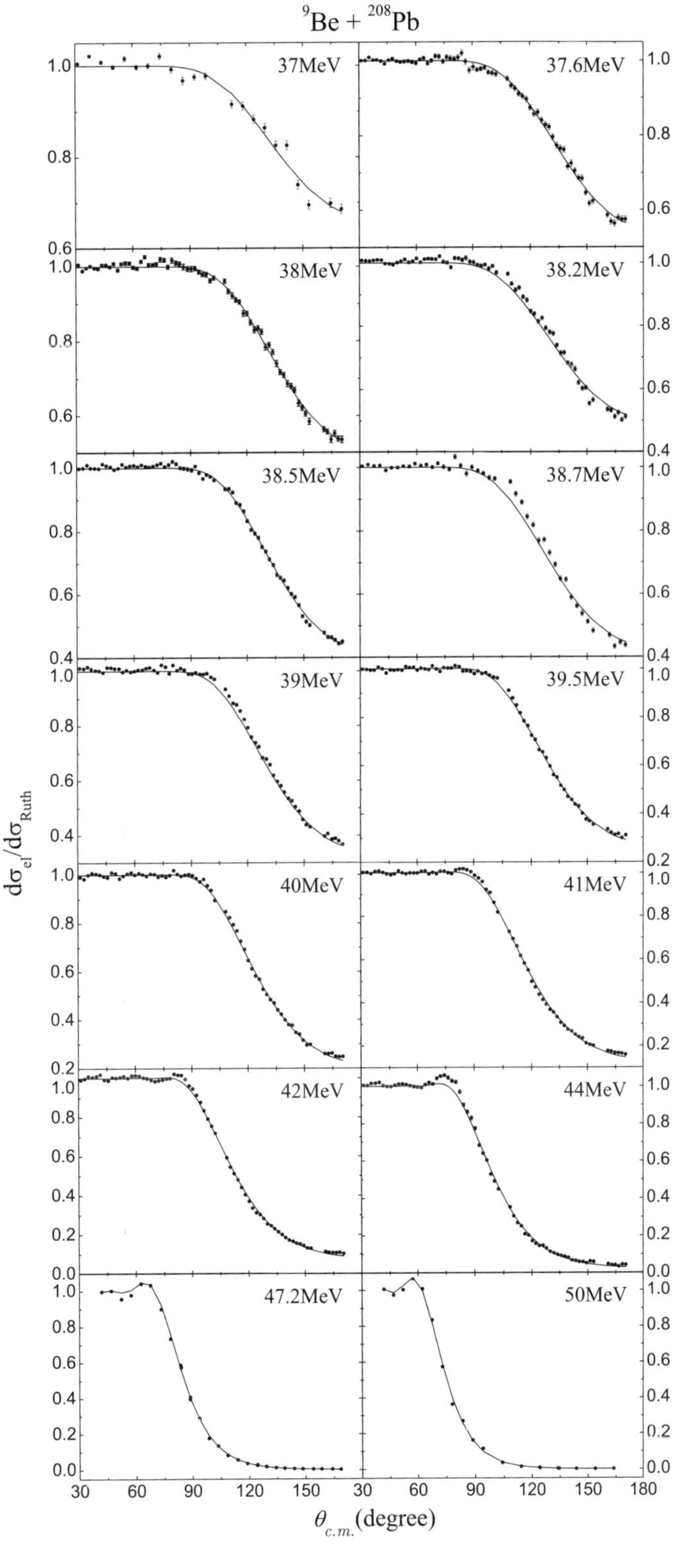


**Figure 2.** Elastic scattering angular distributions for the $^9$Be+$^{208}$Pb system at different laboratory energies. The continuous solid lines are the results of the optical model fit using the code PTOLEMY with the parameters in table 1.

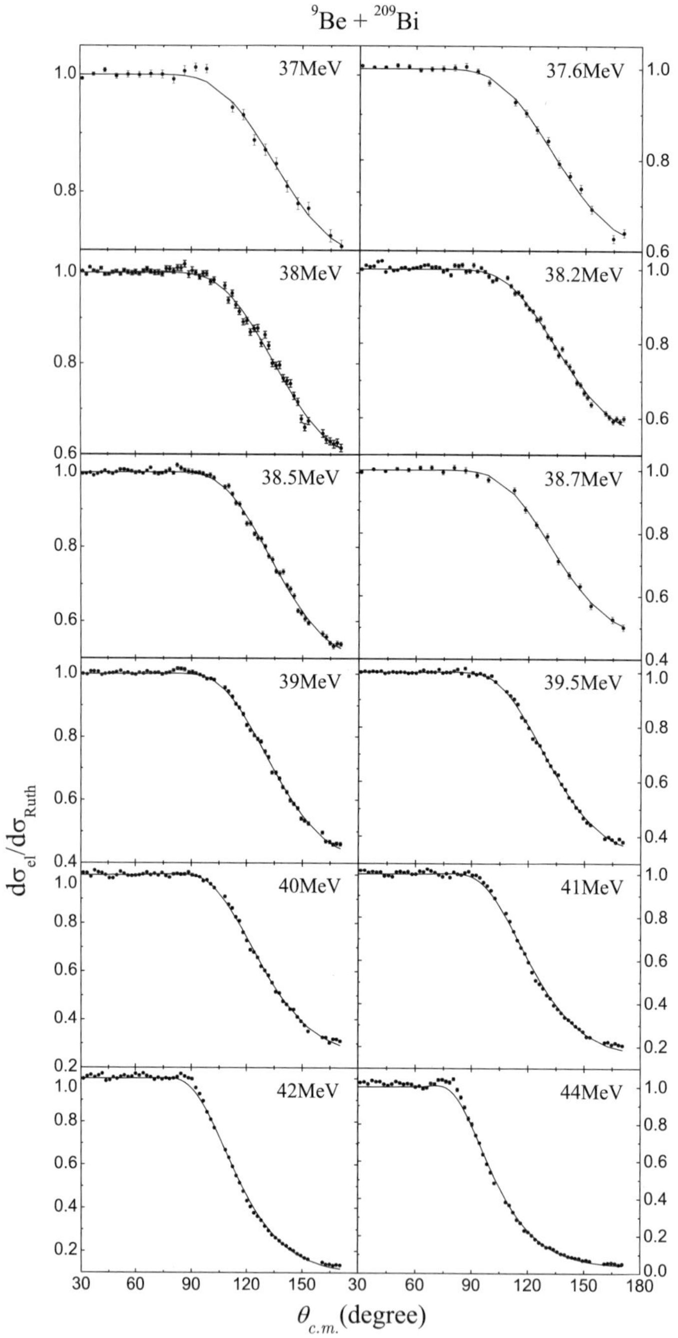


**Figure 3.** Elastic scattering angular distributions for the $^{9}$Be+$^{209}$Bi system at different laboratory energies. The continuous solid lines are the results of the optical model fit using the code PTOLEMY with the parameters in table 2.

## 3. Optical model analyses

The experimental data are analyzed by the code of PTOLEMY [12]. The optical potential is defined as

$$U(r) = V_C(r) + V_N(r) \tag{1}$$

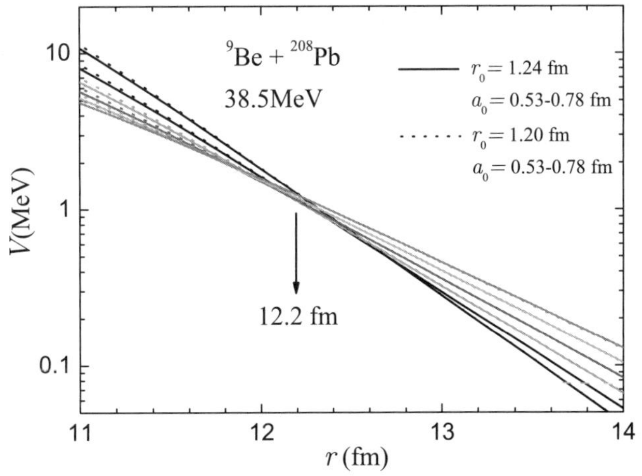


**Figure 4.** The real part of the Woods–Saxon optical potentials with different geometric shapes to fit the elastic scattering angular distribution of $^9$Be+$^{208}$Pb at $E_{\rm lab} = 38.5$ MeV. The solid and dashed lines are fits with $r_0 = 1.20$ fm and $r_0 = 1.24$ fm, respectively. The diffuseness parameters vary from 0.53 fm to 0.78 fm for both solid and dashed lines.

where $V_C(r)$ is the Coulomb potential:

$$V_C(r) = \begin{cases} \frac{Z_1Z_2e^2}{R_C}\left(\frac{3}{2} - \frac{1}{2}\frac{r^2}{R_C^2}\right) & \text{for} \quad r < R_C \\ \frac{Z_1Z_2e^2}{r} & \text{for} \quad r \geqslant R_C \end{cases} \tag{2}$$

where $R_c = r_c\left(A_1^{1/3} + A_2^{1/3}\right)$ with $r_c$ fixed at 1.30 fm. The nuclear potential $V_N(r)$ is composed of two parts

$$V_N(r) = V(r) + \mathrm{i}W(r) = V_0 f_v + \mathrm{i}W_0 f_w \tag{3}$$

where $V_0$ and $W_0$ are the depths of the real and imaginary parts of the potentials with the Woods–Saxon form

$$f_i = [1 + \mathrm{e}^{(r-R_i)/a_i}]^{-1} \tag{4}$$

where $R_i = r_i\left(A_1^{1/3} + A_2^{1/3}\right)$, $i = v, w$. $A_1$ and $A_2$ are the mass numbers of the projectile and target.

It can be seen that there are six parameters to be determined for an optical potential. So there may be some sets of optical potential that can reproduce the experiment data. For fitting the six parameters, a two-step fitting procedure is adopted. In the first step, a grid search was done with $V_0$ and $W_0$ as variables and other four parameters being fixed ($r_v = r_w = r_0$, $a_v = a_w = a_0$). Here two sets of fit are finished with $r_0 = 1.20$ fm and $r_0 = 1.24$ fm. For a given $r_0$, a grid search is made on the diffuseness parameters ($a_0$ ranges from 0.53 fm to 0.78 fm in step of 0.05 fm) to obtain the best $V_0$ and $W_0$ values with the minimum $\chi^2$. As an example, figure 4 illustrates the real potentials obtained in these fits of the $^9$Be+$^{208}$Pb system at $E_{\rm lab} = 38.5$ MeV. All the lines converge at a certain distance, which is called the sensitive radius ($R_S$) and very close to the classical absorption radius ($D_{1/2}$) [13]. At the sensitive radius, the potentials have a minimum uncertainty and are nearly independent of the geometrical shapes. It is realized that the $R_S$ values depend on the energies and have some differences between the real and imaginary parts of potentials, as listed in table 1. For consistency, an intermediate value $R_S = 12.8$ fm for both real and imaginary parts of potentials is taken for all energies. The $\chi^2$'s of the fits reach the minimum values when $r_0 = 1.24$ fm

**Table 1.** The sensitive radii and the results of the best fits obtained at $r_0 = 1.24$ fm and $a_0 = 0.63$ fm for the elastic scattering of $^9$Be+$^{208}$Pb.

| $E_{\mathrm{lab}}$ (MeV) | $R_{Sv}$ (fm) | $R_{Sw}$ (fm) | $-V_0$ (MeV) | $-W_0$ (MeV) | $\chi^2/pt$ |
|---|---|---|---|---|---|
| 37 | 9.6 | 14.4 | 7.25 | 66.1 | 3.05 |
| 37.8 | 11.6 | 13.9 | 30.9 | 54.4 | 2.21 |
| 38 | 11.9 | 13.9 | 36.1 | 50.1 | 3.50 |
| 38.2 | 12.1 | 13.8 | 40.2 | 46.5 | 3.94 |
| 38.5 | 12.2 | 13.7 | 42.6 | 45.7 | 3.76 |
| 38.7 | 12.2 | 13.6 | 41.8 | 42.4 | 3.36 |
| 39 | 12.4 | 13.5 | 44.7 | 41.9 | 5.80 |
| 39.5 | 12.5 | 13.4 | 43.1 | 42.9 | 4.59 |
| 40 | 12.5 | 13.3 | 39.9 | 45.7 | 6.38 |
| 41 | 12.7 | 13.2 | 36.0 | 47.1 | 7.11 |
| 42 | 12.8 | 13.0 | 32.5 | 48.5 | 14.36 |
| 44 | 13.0 | 12.8 | 31.0 | 47.5 | 6.22 |
| 47.2 | 13.2 | 12.0 | 38.2 | 41.2 | 10.22 |
| 50 | 13.4 | 12.2 | 40.4 | 49.2 | 27.43 |

**Table 2.** The results of the best fits obtained at $r_0 = 1.24$ fm and $a_0 = 0.63$ fm for the elastic scattering of $^9$Be+$^{209}$Bi.

| $E_{\mathrm{lab}}$ (MeV) | $-V_0$ (MeV) | $-W_0$ (MeV) | $\chi^2/pt$ |
|---|---|---|---|
| 37 | 12.2 | 73.6 | 1.68 |
| 37.8 | 13.7 | 64.1 | 1.47 |
| 38 | 31.6 | 50.1 | 2.51 |
| 38.2 | 37.8 | 45.4 | 5.21 |
| 38.5 | 41.6 | 43.4 | 2.34 |
| 38.7 | 36.7 | 45.5 | 1.11 |
| 39 | 44.4 | 39.5 | 2.29 |
| 39.5 | 43.0 | 39.4 | 2.13 |
| 40 | 41.8 | 40.8 | 5.38 |
| 41 | 37.6 | 42.5 | 12.17 |
| 42 | 32.6 | 46.9 | 13.52 |
| 44 | 28.3 | 53.2 | 10.11 |

and $a_0 = 0.63$ fm for all energies. For the $^9$Be+$^{209}$Bi system, the same parameters ($r_0$, $a_0$ and $R_S$) are used.

The results of the best fits in this case are listed in tables 1 and 2. The real and imaginary parts of potentials ($V_S$ and $W_S$) at the sensitive radius are illustrated in figure 5 with circles. The error bars are derived from the $\chi^2$ values.

From figure 5, one sees that the potentials of the two systems $^9$Be+$^{208}$Pb and $^9$Be+$^{209}$Bi have the similar behavior. Both of them show unusual threshold anomalies which are similar to the case of $^6$Li+$^{208}$Pb, which is attributed to the repulsive polarization potential produced by the coupling to the continuum breakup states as discussed in the introduction. Figure 5 shows that the real part of the potential has a maximum around the threshold and the imaginary(absorptive)

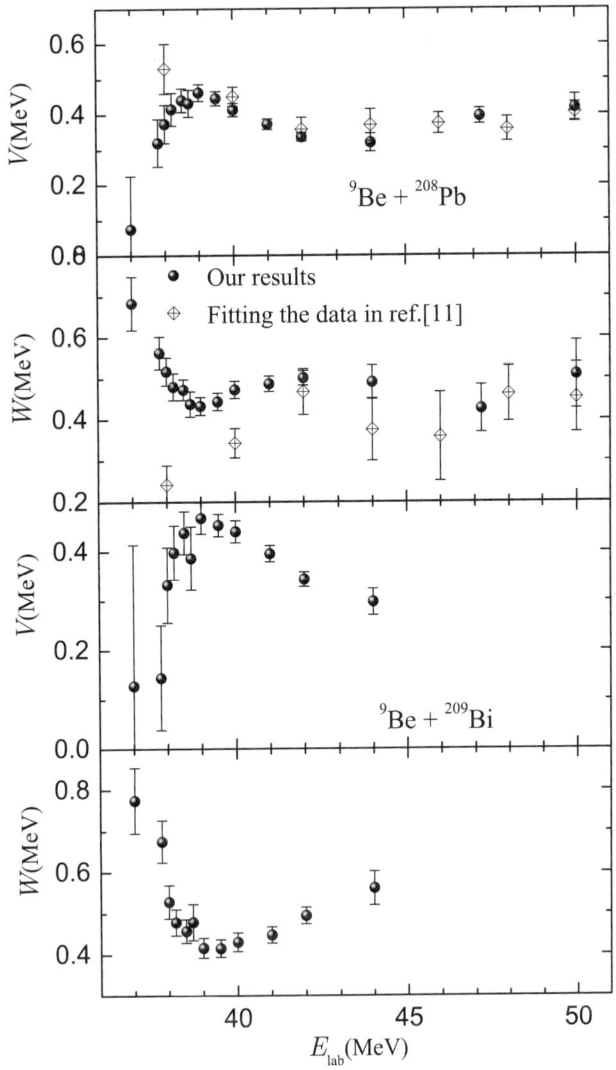


**Figure 5.** The real and imaginary parts of the optical potential for the two systems at $R_S$ = 12.8 fm are plotted as a function of $E_{\rm lab}$. In the upper two panels, the optical potentials for the elastic scattering angular distributions in [11] are also presented.

part increases with decreasing energies, even below the Coulomb barrier. This behavior is quite different from what was observed in the tightly bound nuclei, where with decreasing energy the imaginary part of potential decreases since the inelastic excitations go to zero, while for $^9$Be on $^{208}$Pb and $^{209}$Bi, the strong absorption channels are still open. For these reactions, the $^{208}$Pb and $^{209}$Bi inelastic channels were found to have rather small cross sections compared to the elastic channel; this can be most likely contributed from the projectile breakup expected to be relevant for the $^9$Be nucleus due to its low binding energy.

In order to explore the discrepancy between our results and those in [11], we compare elastic scattering angular distributions in figure 2 with those in [11]. It is found that our angular distribution curves are more flat than those in [11] for the energies below the Coulomb barrier. It means our angular distributions fall more slowly, i.e. the cross sections are larger at backward angles. Then we perform the same optical analysis by using the elastic scattering angular distributions as in [11]. The similar result, the threshold anomaly as in [11], has been observed in figure 5. It indicates that the different threshold behavior for $^9$Be+$^{208}$Pb is not due to the different optical model, but due to the shape of the different angular distribution curve. It is found that a small difference in the angular distributions will lead to a large difference in the behavior of the optical potential, especially at the energy slightly below the Coulomb barrier.

## 4. Summary

In summary, the elastic scattering angular distributions for the $^{9}Be+^{208}Pb$ and $^{9}Be+^{209}Bi$ systems have been measured with high accuracy at 14 bombarding energies around the Coulomb barrier from 37 to 50 MeV. The parameters of the optical potential have been extracted by the phenomenological optical model analysis. It is found that the optical potentials of the two systems have the similar behavior UTA, the the real part of the potential has a maximum around the threshold and the imaginary (absorptive) part increases with decreasing energies, even below the barrier. These results are in agreement with Keeley's prediction in ref [5] and Signorini's experimental result. It is shown that not the optical model analysis but the high precision elastic scattering angular distributions, especially those below the Coulomb barrier, are very important for extracting correct threshold behavior of the optical potential. The result shows that it is very important to measure the high-precision angular distributions slightly below the threshold for extracting the behavior of the optical potential.

## Acknowledgments

This work is supported by the National Sciences Foundation of China under grant nos 10675169, 10811120019, 10875172 and the National Basic Research programme of China under grant no 2007CB815003.

## References

[1] Lilley J S *et al* 1983 *Phys. Lett.* B **128** 153
[2] Satchler G R 1991 *Phys. Rep.* **199** 147
[3] Mahaux C, Ngô H and Satchler G P 1986 *Nucl. Phys.* A **449** 354
[4] Keeley N *et al* 1994 *Nucl. Phys.* A **571** 337
[5] Keeley N and Rusek K 1998 *Phys. Lett.* B **427** 1
[6] Martel I, Gomez-Camacho J, Rusek K and Tungate G 1996 *Nucl. Phys.* A **605** 417
[7] Maciel A M M *et al* 1999 *Phys. Rev.* C **59** 2103
[8] Moraes S B *et al* 2000 *Phys. Rev.* C **61** 064608
[9] Pakou A *et al* 2004 *Phys. Rev.* C **69** 054602
[10] Signorini C *et al* 2001 *Phys. Rev.* C **61** 061603
[11] Woolliscroft R J *et al* 2004 *Phys. Rev.* C **69** 044612
[12] Macfarlane M H and Pieper S C 1983 Argonne National Laboratory Report No ANL-76-11 (unpublished).
[13] Macfarlane M H and Pieper S C 1981 *Phys. Lett.* B **103** 169

# Effect of the Tensor Force on the Charge Exchange Spin-Dipole Excitations of $^{208}$Pb ①

C. L. Bai,[1,2] H. Q. Zhang,[1,2] H. Sagawa,[3] X. Z. Zhang,[1] G. Colò,[4] and F. R. Xu[2]

[1]*China Institute of Atomic Energy, 102413 Beijing, China*

[2]*School of Physics, Peking University, 100871 Beijing, China*

[3]*Center for Mathematics and Physics, University of Aizu, Aizu-Wakamatsu, Fukushima 965-8560, Japan*

[4]*Dipartimento di Fisica, Universit degli Studi di Milano and INFN, Sezione di Milano, 20133 Milano, Italy*

(Received 13 May 2010; published 9 August 2010)

The charge exchange spin-dipole (SD) excitations of $^{208}$Pb are studied by using a fully self-consistent Skyrme Hartree-Fock plus random phase approximation formalism which includes the tensor interaction. It is found, for the first time, that the tensor correlations have a unique, multipole-dependent effect on the SD excitations; that is, they produce a softening of $1^-$ states, but a hardening of $0^-$ and $2^-$ states. This paves the way to a clear assessment of the strength of the tensor terms. We compare our results with a recent measurement, showing that our choice of tensor terms improves the agreement with experiment. The robustness of our results is supported by the analytic form of the tensor matrix elements.

DOI: 10.1103/PhysRevLett.105.072501 PACS numbers: 21.60.Jz, 21.65.Ef, 24.30.Cz, 24.30.Gd

The nuclear effective interactions such as the zero-range Skyrme forces have been quite successful to in describing many nuclear properties. These forces are fitted using empirical properties of uniform nuclear matter, together with the masses and charge radii of selected reference nuclei. They describe in a reasonable way the global trends of the ground-state properties along the nuclear chart (binding energies, radii, and deformations). Properties of excited states such as vibrations and rotations have been studied successfully as well, allowing a large amount of physical insight [1,2]. In the quest for a universal local energy density functional (EDF) for nuclei, the Skyrme framework is often used as a starting point.

While most of the Skyrme parameter sets which have been widely used are purely central, many groups have recently devoted attention to the role played by the zero-range tensor terms that can be added (see Refs. [3–10]). This blooming of theoretical studies has followed the claim by the authors of Ref. [11] that the tensor force is crucial for the understanding of the evolution of the single-particle energies in exotic nuclei.

There exist different strategies to fix the tensor part of the interaction. One can be inspired by a bare or a $G$-matrix interaction [3,12]. Since the tensor force affects the spin-orbit splittings as described below, another possibility is to add it to an existing Skyrme set and try to reproduce at best the evolution of single-particle states along isotopic or isotonic chains [5,6]. At present, the most accurate and systematic way to produce effective interactions with the tensor has been a full variational procedure to fit the tensor and the central terms on equal footing [7]. All these attempts have produced results which are not at all conclusive.

The studies based on a refit of all Skyrme parameters suffer from the drawback that the tensor force has a moderate effect on the ground-state quantities such as the total binding energies. The single-particle energies do not lie within the EDF framework and can be affected by correlations such as particle-vibration coupling. In this Letter we follow the idea that collective excitations (especially the spin-dependent ones) may be better candidates to constrain the tensor force.

Recently, self-consistent Hartree-Fock plus random phase approximation (HF + RPA) schemes with tensor interactions have been developed [13–15]. The Gamow-Teller (GT) and charge exchange $1^+$ spin-quadrupole transitions in $^{90}$Zr and $^{208}$Pb have been studied in Refs. [13,14], whereas the non-charge-exchange multipole responses of several magic nuclei have been calculated in Ref. [15]. In this Letter, we study the charge exchange spin-dipole (SD) excitations of $^{208}$Pb, inspired by recent accurate measurements [16]. Our specific goal is to find a clear, unambiguous signature of the effective tensor force. Spin-isospin collective modes have been instrumental for the understanding of nuclear structure for almost three decades [17,18]. In particular, the total SD strength distribution in $^{90}$Zr has been measured [19,20] and this has allowed us to extract conclusions on the neutron radius [21]. Neutron radii have been shown to be strongly correlated with the features of the neutron matter equation of state which, in turn, has relevant implications for neutron stars [22–24]. However, for the determination of the effect of the tensor force which is strongly spin dependent, one needs to know separately the strength distributions of the $J^\pi = 0^-$, $1^-$, and $2^-$ components.

The triplet-even (TE) and triplet-odd (TO) zero-range tensor terms of the Skyrme force are expressed as [12,25]

① Physical Review Letters,2010,105(7):072501-(1-4).

$$V^T = \frac{T}{2}\left\{\left[(\boldsymbol{\sigma}_1 \cdot \mathbf{k}')(\boldsymbol{\sigma}_2 \cdot \mathbf{k}') - \frac{1}{3}(\boldsymbol{\sigma}_1 \cdot \boldsymbol{\sigma}_2)\mathbf{k}'^2\right]\delta(\mathbf{r}) + \delta(\mathbf{r})\left[(\boldsymbol{\sigma}_1 \cdot \mathbf{k})(\boldsymbol{\sigma}_2 \cdot \mathbf{k}) - \frac{1}{3}(\boldsymbol{\sigma}_1 \cdot \boldsymbol{\sigma}_2)\mathbf{k}^2\right]\right\} + \frac{U}{2}\left\{(\boldsymbol{\sigma}_1 \cdot \mathbf{k}')\delta(\mathbf{r})(\boldsymbol{\sigma}_2 \cdot \mathbf{k}) + (\boldsymbol{\sigma}_2 \cdot \mathbf{k}')\delta(\mathbf{r})(\boldsymbol{\sigma}_1 \cdot \mathbf{k}) - \frac{2}{3}[(\boldsymbol{\sigma}_1 \cdot \boldsymbol{\sigma}_2)\mathbf{k}' \cdot \delta(\mathbf{r})\mathbf{k}]\right\}. \quad (1)$$

In the above expression, the operator $\mathbf{k} = (\nabla_1 - \nabla_2)/2i$ acts on the right and $\mathbf{k}' = -(\nabla_1' - \nabla_2')/2i$ acts on the left. The coupling constants $T$ and $U$ denote the strengths of the triplet-even and triplet-odd tensor interactions, respectively.

The main effect of the tensor terms on the HF results is a modification of the spin-orbit potential, which reads

$$U_{\mathrm{SO}}^{(q)} = \frac{W_0}{2r}\left(2\frac{d\rho_q}{dr} + \frac{d\rho_{q'}}{dr}\right) + \left(\alpha\frac{J_q}{r} + \beta\frac{J_{q'}}{r}\right). \quad (2)$$

In this expression, $q = 0$ (1) labels neutrons (protons). $\rho_q$ are the densities while $J_q$ are the so-called spin-orbit densities. Their definitions can be found in Refs. [3–10,12]. The first term in the right-hand side of Eq. (2) comes from the Skyrme two-body spin-orbit interaction, whereas the second term includes both a central exchange and a tensor contribution; that is, $\alpha = \alpha_C + \alpha_T$ and $\beta = \beta_C + \beta_T$: their complete expressions can be found, e.g., in Refs. [5,9]. In this Letter, we employ different Skyrme parameter sets which include the tensor terms. The sets $TIJ$ have been introduced in Ref. [7]. The set SLy5 + $T_w$ is a set in which the tensor terms are added perturbatively on top of the existing force SLy5: the tensor parameters $T$ and $U$ are obtained by the low-$q$ limit of the $G$-matrix calculations [12]. One should notice that the tensor part of SLy5 + $T_w$ is different from that of SLy5 + $T$, which was adopted in Ref. [5]. We tried to use the set SLy5 + $T$, but its effect on SD states is larger and does not match the SD experimental data in $^{208}$Pb [16]. The values of $T$, $U$, $\alpha$, and $\beta$ for the adopted interactions are listed in Table I.

In our model, we first solve the HF equations in coordinate space. The unoccupied levels are found by diagonalizing the mean field in a harmonic oscillator basis (up to a maximum value of the major quantum number $N_{\max} = 12$). We then perform fully self-consistent RPA by including both the two-body spin-orbit and tensor interactions. It has been checked that the adopted basis is large enough to make the results stable.

The charge exchange SD operator is defined as

$$\hat{O}_{\pm}^{\lambda} = \sum_i t_{\pm}^i r_i (Y_1^i \sigma^i)_{\lambda}. \quad (3)$$

The $n$th energy weighted sum rules $m_n$ for the $\lambda$-pole SD operator are defined as

$$m_n^{\lambda}(t_{\pm}) = \sum_i E_i^n |\langle i|\hat{O}_{\pm}^{\lambda}|0\rangle|^2. \quad (4)$$

TABLE I. The tensor strength parameters $T$ and $U$ of Eq. (1) as well as the $\alpha$ and $\beta$ values of Eq. (2). All values are in MeV · fm$^5$.

| Force | $T$ | $U$ | $\alpha_T$ | $\beta_T$ | $\alpha_c$ | $\beta_c$ |
|---|---|---|---|---|---|---|
| SLy5 + $T_w$ | 820.0 | 323.4 | 134.76 | 238.2 | 80.2 | −48.9 |
| $T11$ | 259.0 | −342.8 | −142.8 | −17.5 | 82.8 | −42.5 |
| $T22$ | 356.0 | −217.5 | −90.6 | 28.9 | 90.6 | −28.9 |
| $T32$ | 613.1 | −2.3 | −96.5 | 79.5 | 96.5 | −19.5 |
| $T43$ | 590.6 | −147.5 | −61.5 | 92.3 | 121.5 | 27.7 |
| $T44$ | 520.1 | 21.5 | 9.0 | 112.8 | 111.0 | 7.1 |

The model independent sum rule which is known to hold is $m_0^{\lambda}(t_-) - m_0^{\lambda}(t_+) = \frac{2\lambda+1}{4\pi}(N\langle r^2\rangle_n - Z\langle r^2\rangle_p)$. This sum rule has been shown to be fulfilled with 1% accuracy by the numerical calculations.

We performed two kinds of calculations. In the first one, the tensor terms are neither included in HF nor in RPA. In the second one, the tensor terms are included both in HF and in RPA. The terms containing the spin-orbit densities $J_q$ which arise from the central momentum-dependent part of the Skyrme interaction are included in all the following HF and RPA calculations. Previously, it had been found that the effect of tensor correlations in HF is large for the Gamow-Teller mode and also, to some extent, for some low-lying non-charge-exchange excitations like the first $2^+$. This is largely due to the fact that unperturbed GT transitions are exactly those among spin-orbit partners. The unperturbed $p$-$h$ energy of the lowest $2^+$ is also determined by the spin-orbit splitting. On the other hand, this is not the case for the SD excitations: the average unperturbed energies are not much affected by the spin-orbit splittings since they are the $1\hbar\omega$-type excitations.

The numerical results of the HF + RPA calculations with the forces $T43$ and SLy5 + $T_w$ are shown in Fig. 1. They are compared with experimental data obtained by distorted wave impulse approximation and multipole decomposition analysis of the $(p, n)$ reaction [16]. From Figs. 1(a) and 1(b) one can see that in the case of the $T43$ interaction the main peaks of the $0^-$ and $1^-$ strength distributions are shifted upwards by about 7.5 MeV and downwards by about 5 MeV, respectively, due to the tensor correlations. There are several $2^-$ peaks [cf. Fig. 1(c)]. The peak at excitation energy $E_x \approx 17.7$ MeV is moved upward by about 2 MeV by including tensor, and comes close to an experimental peak, while another peak at $E_x \approx 3.9$ MeV is shifted downwards by about 0.6 MeV and is also eventually close to the observed low energy peak. For the total SD strength in Fig. 1(d), it is remarkable that the main peak at 26 MeV is shifted to 21 MeV when tensor is included, and this provides good agreement with the experimental data.

The SD strength distributions in $^{208}$Pb calculated by using the set SLy5 + $T_w$ are also shown in Figs. 1(e)–1(h). From Fig. 1(e), we see that the calculated $0^-$ strength is concentrated in one peak which is shifted upwards by

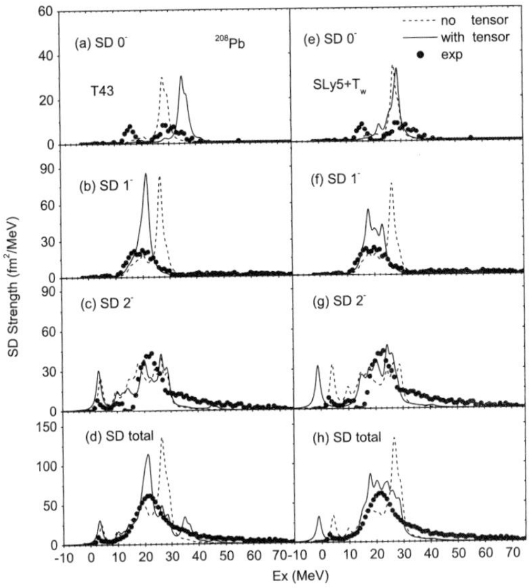


FIG. 1 (color online). Charge exchange $SD_-$ strength distributions in $^{208}$Pb. In (a)–(c) the RPA results obtained by employing the interaction SLy5 + $T_w$ for the multipoles $0^-$, $1^-$, $2^-$ are displayed. In (d) we show the total strength distribution. Panels (e)–(h) correspond to similar results when the parameter set $T43$ is employed. All these discrete RPA results have been smoothed by using a Lorentzian averaging with a width of 2 MeV and compared with experimental findings. The excitation energy is with respect to the ground state of $^{208}$Bi. The experimental data are taken from Ref. [16]. See the text for details and discussion.

about 1.3 MeV by the tensor correlations. In Fig. 1(f), the RPA tensor correlations move the $1^-$ peak downwards and split it into three peaks, in qualitative agreement with the bumplike experimental strength. In the case of the $2^-$ [Fig. 1(g)], the main peaks in the high energy region are rather near to the experimental main peak. Therefore, as shown in Fig. 1(h), the inclusion of the tensor terms in HF + RPA can make the calculated main peak of the total SD strength coincide with the main measured peak. However, in the low energy region the agreement is not good compared with the experimental result in the case of SLy5 + $T_w$ (due also to the fact that with tensor a peak appears below the g.s. of the daughter nucleus). The spin-orbit density gives contributions to the $p$-$h$ matrix elements of spin-dependent excitations [26]. We find out in the case of the $T22$ parameter set that the two-body interaction generated by the terms containing $J_q$ from the central exchange interaction have a much smaller effect on the SD excitations than the two-body tensor interaction [27].

We would like at this stage to obtain a better understanding of this peculiar role of tensor interactions. The diagonal matrix element of the TE term on a state with multipolarity $\lambda$ can be expressed as [15]

$$V_{\mathrm{TE}}^{(\lambda)} = \frac{5T}{4} \sum_{\ell,k,k'} \frac{(-)^{k+k'+\lambda+\ell+1}\hat{k}\hat{k}'}{2\lambda+1} \times \begin{Bmatrix} k & k' & 2 \\ 1 & 1 & \ell \end{Bmatrix} \begin{Bmatrix} 1 & 1 & 2 \\ k' & k & \lambda \end{Bmatrix} \langle p||\hat{O}_{k',\lambda}||h\rangle\langle p||\hat{O}_{k,\lambda}||h\rangle^*, \quad (5)$$

in terms of the reduced matrix elements of the operator $\hat{O}_{k,\lambda} = \sum_i\{\sigma_i \otimes [\nabla_i \otimes Y_\ell(i)]^{(k)}\}^{(\lambda)}$ and $6j$ symbols. In Eq. (5), the notation $\hat{k} \equiv \sqrt{2k+1}$ is used. For the SD excitations, taking $\ell = 0$ and $k = k' = 1$, Eq. (5) gives

$$V_{\mathrm{TE}}^{(\lambda)} = -\frac{5}{12}T \begin{Bmatrix} 1 \\ -1/6 \\ 1/50 \end{Bmatrix} |\langle p||\hat{O}_{1,\lambda}||h\rangle|^2 \quad \text{for} \quad \lambda = \begin{Bmatrix} 0^- \\ 1^- \\ 2^- \end{Bmatrix}. \quad (6)$$

The TO tensor part is also expressed in a similar way with the same multipole-dependent coefficients. We can see in Eq. (6) that the diagonal $p$-$h$ matrix element in the $0^-$ case is the largest and that the matrix element for $1^-$ is the next largest. The effect on $2^-$ is rather small. It should be noticed that these relative strengths of the Skyrme tensor interactions on each multipole are similar to those obtained from the finite-range tensor interactions both in magnitude and in sign [28]. We can sum the TE and TO direct matrix elements as

$$V_T^{(\lambda)} = V_{\mathrm{TE}}^{(\lambda)} + V_{\mathrm{TO}}^{(\lambda)} \equiv a_\lambda T + b_\lambda U. \quad (7)$$

The proper antisymmetrization is easy to obtain for contact interactions and gives, in the isovector channel,

$$V_{T,\mathrm{AS}}^{(\lambda)} = \left[-\frac{1}{2}a_\lambda T + \frac{1}{2}b_\lambda U\right]\langle\tau_1 \cdot \tau_2\rangle. \quad (8)$$

Since the coupling constant $T$ is positive for the interactions we considered, $V_{\mathrm{TE}}^{(\lambda)}$ is repulsive for the $0^-$ and $2^-$ case, while it is attractive for $1^-$. The $V_{\mathrm{TO}}^{(\lambda)}$ part may contribute with the same sign as the $V_{\mathrm{TE}}^{(\lambda)}$ part if the value of $U$ is negative. For the $TIJ$ family, the value of $U$ is negative or small positive, so that the $V_{\mathrm{TO}}^{(\lambda)}$ contributions have the same multipole dependence or almost negligible. All together, the tensor correlations are strongly repulsive for $0^-$ and weakly repulsive for $2^-$ in general. For $1^-$, the net effect will be attractive. For SLy5 + $T_w$, the value of $U$ is positive and will give opposite contributions to those of $T$. However, the $T$ value is much larger than the value of $U$ so that the same argument given for the $TIJ$ family will hold. One can see from Table II that Eq. (8) provides a very effective guideline for interpreting the numerical results of microscopic RPA. In Table II we also provide values of the sum rules $m_0$ and $m_1$ for the different multipoles and effective forces.

In the parameter sets $T43$ and $T44$ used for Table I, the spin-orbit strengths are larger than in the other parameter

TABLE II. The SD sum rules $m_0$ and $m_1$ for $^{208}$Pb with and without the tensor terms. $\Delta E$ is the difference between $m_1/m_0$ calculated with and without tensor.

| Force | $\lambda^\pi$ | Without tensor $m_0$ | $m_1$ | $m_1/m_0$ | With tensor $m_0$ | $m_1$ | $m_1/m_0$ | $\Delta E$ |
|---|---|---|---|---|---|---|---|---|
| SLy5 + $T_w$ | $0^-$ | 158.6 | 4718 | 29.7 | 171.9 | 5168 | 29.9 | 0.2 |
| | $1^-$ | 432.0 | 11 746 | 27.2 | 440.0 | 10 111 | 23.0 | −4.2 |
| | $2^-$ | 646.0 | 13 742 | 21.3 | 657.4 | 14 408 | 21.3 | 0 |
| | Sum | 1236.4 | 30 206 | 24.4 | 1269.0 | 29 256 | 23.0 | −1.4 |
| $T11$ | $0^-$ | 158.6 | 4559 | 28.8 | 163.4 | 6074 | 37.2 | 8.4 |
| | $1^-$ | 434.5 | 11 581 | 26.7 | 431.0 | 10 376 | 24.1 | −2.6 |
| | $2^-$ | 657.3 | 13 710 | 21.2 | 646.2 | 14 296 | 22.1 | 1.0 |
| | Sum | 1240.0 | 29 850 | 24.1 | 1241.0 | 30 746 | 24.8 | 0.7 |
| $T22$ | $0^-$ | 157.6 | 4650 | 29.5 | 163.7 | 5943 | 36.3 | 6.8 |
| | $1^-$ | 434.5 | 11 771 | 27.1 | 433.9 | 10 504 | 24.2 | −2.9 |
| | $2^-$ | 645.9 | 13 812 | 21.4 | 647.1 | 14 327 | 22.1 | 0.7 |
| | Sum | 1238.0 | 30 233 | 24.4 | 1244.7 | 30 774 | 24.7 | 0.3 |
| $T32$ | $0^-$ | 157.2 | 4698 | 29.9 | 166.9 | 6479 | 38.8 | 8.9 |
| | $1^-$ | 435.3 | 11 886 | 27.3 | 435.3 | 9928 | 22.7 | −4.6 |
| | $2^-$ | 646.1 | 13 897 | 21.5 | 649.6 | 14 619 | 22.5 | 1.0 |
| | Sum | 1238.6 | 30 481 | 24.6 | 1253.2 | 31 026 | 24.8 | 0.2 |
| $T43$ | $0^-$ | 154.8 | 4693 | 30.3 | 164.0 | 6170 | 37.5 | 7.2 |
| | $1^-$ | 440.3 | 12 138 | 27.6 | 444.1 | 10 366 | 23.3 | −4.3 |
| | $2^-$ | 645.5 | 14 067 | 21.8 | 649.4 | 14 675 | 22.6 | 0.8 |
| | Sum | 1241.0 | 30 898 | 24.9 | 1258.0 | 31 211 | 24.8 | −0.1 |
| $T44$ | $0^-$ | 155.6 | 4811 | 30.9 | 163.2 | 5637 | 34.5 | 3.6 |
| | $1^-$ | 436.3 | 12 174 | 27.9 | 440.6 | 10 854 | 24.6 | −3.3 |
| | $2^-$ | 664.2 | 14 059 | 21.8 | 649 | 14 406 | 22.2 | 0.4 |
| | Sum | 1256.0 | 31 044 | 24.7 | 1253.0 | 30 897 | 24.7 | 0.0 |

sets. However, these large spin-orbit strengths cancel substantially with the effect of the terms $\alpha$ and $\beta$ of Eq. (2), and the net results are quite similar for the single-particle spectra of the parameter sets in Table I.

In summary, we have studied the effect of tensor interactions on the charge exchange $t_-$ SD excitations of $^{208}$Pb by using the self-consistent HF + RPA model. We have demonstrated clearly for the first time that tensor correlations have a specific multipole dependence; that is, they produce a strong hardening effect on the $0^-$ mode and a softening effect on the $1^-$ mode. A weak hardening effect is also observed on the $2^-$ mode. The characteristic effect of the tensor force was further examined by using the analytic formulas based on the multipole expansion of the contact tensor interaction. It is found that both the TE and TO tensor interactions do provide the characteristic multipole-dependent effect on the SD excitations. These effects are shown to be robust irrespective of the adopted Skyrme force with tensor interactions. Our calculated results are compared with recent SD excitation spectra obtained in the $(p,n)$ reaction on the $^{208}$Pb target. The softening and the hardening effects produced by tensor correlations on the $1^-$ and $2^-$ modes are confirmed by comparing the experimental data and the calculated results with and without tensor correlations. Consequently, from the study of SD excitations, we are able to give a clear constraint on the effective tensor force which has been missing until now.

We would like to thank T. Wakasa for useful discussions and providing us his data prior to the publication. We would like to also thank Hide Sakai and Witek Nazarewicz for enlightening discussions. This work is supported by the National Natural Science Foundation of China under Grants No. 10875172, No. 10275092, and No. 10675169, and the National Key Basic Research Program of China under Grant No. 2007CB815000. This research was supported in part by the Project of Knowledge Innovation Program (PKIP) of Chinese Academy of Sciences, Grant No. KJCX2.YW.W10, and the Japanese Ministry of Education, Culture, Sports, Science and Technology by Grant-in-Aid for Scientific Research under the program No. (C(2))20540277.

[1] M. Bender *et al.*, Rev. Mod. Phys. **75**, 121 (2003).
[2] G. Colò, AIP Conf. Proc. **1128**, 59 (2009).
[3] B. A. Brown *et al.*, Phys. Rev. C **74**, 061303(R) (2006).
[4] J. Dobaczewski, in *Proceedings of the Third ANL/MSU/JINA/INT RIA Workshop*, edited by T. Duguet, H. Esbensen, K. M. Nollett, and C. D. Roberts (World Scientific, Singapore, 2006).
[5] G. Colò *et al.*, Phys. Lett. B **646**, 227 (2007); see also Phys. Lett. B **668**, 457 (2008).
[6] D. M. Brink and Fl. Stancu, Phys. Rev. C **75**, 064311 (2007).
[7] T. Lesinski *et al.*, Phys. Rev. C **76**, 014312 (2007).
[8] M. Grasso *et al.*, Phys. Rev. C **76**, 044319 (2007).
[9] W. Zou *et al.*, Phys. Rev. C **77**, 014314 (2008).
[10] M. Zalewski *et al.*, Phys. Rev. C **77**, 024316 (2008).
[11] T. Otsuka *et al.*, Phys. Rev. Lett. **95**, 232502 (2005); T. Otsuka *et al.*, Phys. Rev. Lett. **97**, 162501 (2006).
[12] Fl. Stancu, D. M. Brink, and H. Flocard, Phys. Lett. B **68**, 108 (1977).
[13] C. L. Bai *et al.*, Phys. Lett. B **675**, 28 (2009).
[14] C. L. Bai *et al.*, Phys. Rev. C **79**, 041301(R) (2009).
[15] L. Cao *et al.*, Phys. Rev. C **80**, 064304 (2009).
[16] T. Wakasa, arXiv:1004.5220.
[17] F. Osterfeld, Rev. Mod. Phys. **64**, 491 (1992).
[18] M. M. Harakeh and A. Van Der Woude, *Giant Resonances: Fundamental High-Frequency Modes of Nuclear Excitation* (Clarendon, Oxford, 2001); M. Ichimura, H. Sakai, and T. Wakasa, Prog. Part. Nucl. Phys. **56**, 446 (2006).
[19] T. Wakasa *et al.*, Phys. Rev. C **55**, 2909 (1997).
[20] K. Yako *et al.*, Phys. Lett. B **615**, 193 (2005).
[21] H. Sagawa *et al.*, Phys. Rev. C **76**, 024301 (2007).
[22] R. J. Furnstahl, Nucl. Phys. **A706**, 85 (2002).
[23] P. Danielewicz, Nucl. Phys. **A727**, 233 (2003).
[24] S. Yoshida and H. Sagawa, Phys. Rev. C **73**, 044320 (2006).
[25] T. H. R. Skyrme, Nucl. Phys. **9**, 615 (1959).
[26] M. Bender *et al.*, Phys. Rev. C **65**, 054322 (2002).
[27] C. L. Bai *et al.* (to be published).
[28] H. Sagawa and B. A. Brown, Phys. Lett. B **143**, 283 (1984); H. Sagawa and B. Castel, Nucl. Phys. **A435**, 1 (1985).

# Fusion-fission and quasifission competition in the $^{32}S+^{184}W$ reaction ①

**H. Q. Zhang, C. L. Zhang, and C. J. Lin**

China Institute of Atomic Energy, P. O. Box 275, Beijing 102413, China

E-mail: huan@ciae.ac.cn

**A. K. Nasirov**

Institute of Nuclear Physics,Tashkent, Uzbekistan

**G. Mandaglio, M. Manganaro, and G. Giardina**

Dipartimento di Fisica dell' Università di Messina, 98166 Messina, and Istituto Nazionale di Fisica Nucleare, Sezione di Catania, Italy

**Abstract.** The angular distribution of fission fragments for the $^{32}S+^{184}W$ reaction at center-of-mass energies of 118.8, 123.1, 127.3, 131.5, 135.8, 141.1 and 144.4 MeV were measured. The experimental fission excitation function is obtained. The fragment angular anisotropy is found by extrapolating the fission angular distributions. The measured fission cross sections are decomposed into fusion-fission, quasifission and fast-fission contributions by the dinuclear system model. The total evaporation residue and fusion-fission excitation functions are calculated in the framework of the advanced statistical model. The hindrance to complete fusion at small collision energies increases due to the increase of quasifission events and it is explained by the elongated shape of the dinuclear system which is formed in collisions with small orientation angles to the beam direction. An increase of the hindrance to complete fusion at large beam energies is explained by the dependence of the quasifission and intrinsic fusion barriers of dinuclear system on its angular momentum: at large angular momentum the quasifission barrier decreases and the intrinsic fusion barrier increases. In this reaction the contributions of fusion-fission and quasifission fragments are comparable.

## 1. Introduction

Studies of fusion-fission reactions between heavy ion projectile and heavy target nuclei have demonstrated to be very useful in developing an understanding of the nuclear reaction dynamics.

The study of dynamics of processes in heavy ion collisions at the near Coulomb barrier energies showed that complete fusion does not occurs immediately in case of the massive nuclei collision [1, 2, 3, 4, 5]. The quasifission process competes with formation of compound nucleus (CN). This process occurs when the dinuclear system prefers to break down into fragments instead of to be transformed into fully equilibriated CN. The number of events going to quasifission increases drastically by increasing the sum of the Coulomb interaction and rotational energy in the entrance channel [6, 7]. Another reason decreasing yield of ER is the fission of a heated and rotating CN which is formed in competition with quasifission. The stability of massive CN

① Journal of Physics:Conference Series,2011,282:012013-(1-13).

decreases due to the decrease of the fission barrier by increasing its excitation energy $E^*_{CN}$ and angular momentum $\ell$ [8, 9]. Because the stability of the transfermium nuclei are connected with the availability of shell correction in their binding energy [11, 12] which are sensitive to $E^*_{CN}$ and values of the angular momentum. To find favorable reactions (projectile and target pair) and the optimal beam energy range leading to larger cross sections of synthesis of superheavy elements, we should establish conditions to increase as possible the events of ER formation.

The presence of quasifission fragments in the measured yield of fission-like fragments is determined by the large values of anisotropy in their angular distribution (see Refs.[1, 14, 13], and references therein) and by the increased yield of fragments with masses near proton magic numbers 28, 50, 82 and neutron magic numbers 50, 82, 126 [15, 16].

In this contribution we have analyzed the angular distribution of fission fragments of the $^{32}$S+$^{184}$W reaction and we obtained fission excitation function at the center-of-mass energies of 118.8, 123.1, 127.3, 131.5, 135.8, 141.1 and 144.4 MeV. The fragment angular anisotropy $A_{\rm exp}$ is found by extrapolating the fission angular distributions to angles 0° and 90° by the method used in Ref. [17]. Then, the mean square angular momentum $\langle L^2\rangle$ values were obtained. Hereafter we use for simplicity $\ell$ from the definition $L = \ell\hbar$. We assumed the calculated capture cross sections to be equal to the experimental data of fission-like fragments in order to decompose the measured fission cross section into fusion-fission, quasifission and fast fission contributions by the dinuclear system model [2, 3, 7, 18]. The quasifission is a break of the DNS into two fragments bypassing the stage of the CN formation. The fast fission process is the inevitable decay of the fast rotating mononucleus into two fragments without reaching the equilibrium compact shape of CN. Such mononucleus is formed from the dinuclear system survived against quasifission. At large values of the angular momentum $\ell > \ell_f$, where $\ell_f$ is a value of $\ell$ at which the fission barrier of the corresponding CN disappears, mononucleus immediately decays into two fragments [19]. As distinct from fast fission, the quasifission can occur at all values of $\ell$ at which capture occurs. The total ER and fusion-fission excitation functions are calculated in the framework of the advanced statistical model [8, 9, 10]. The ER cross sections for the $^{32}$S+$^{184}$W reaction are small in comparison with the other contributions forming capture cross section.

To determinate the ER cross section $\sigma_{\rm ER}(E)$ we have to know at first the partial capture cross sections $\sigma^l_{\rm capture}(E)$, the two factors $P_{\rm CN}$ and $W_{\rm sur}$ corresponding to competition between complete fusion and quasifission at the second stage, and to competition between cooling of the heated and rotating CN by evaporation of light particles and its fission into two fragments at the third stage of reaction. This way of calculation was suggested in the dinuclear system (DNS) concept [2]and the estimation of $P_{\rm CN}$ and $W_{\rm sur}$ is the key point for the research of the fusion reaction products, especially for the synthesis of superheavy elements.

## 2. EXPERIMENTAL PROCEDURE

The experiment was performed at HI-13 tandem accelerator at China Institute of Atomic Energy, Beijing. A collimated $^{32}$S beam with incident energies $E_{\rm lab} = 140, 145, 150, 155, 160, 165$ and 170 MeV bombarded on a target of $^{184}$W which was mounted at center of the scattering chamber. The $^{184}$W target with thickness about 200 $\mu$g/cm$^2$ was evaporated on an about 20 $\mu$g/cm$^2$ carbon foil backing. Typical $^{32}$S beam current range was 800-1000 enA monitored by a shielded suppressed Faraday cup at periphery of the chamber, because of the variety according to the bombarding energy and scattering angle. The beam energy loss in traveling half the target were calculated and was about 0.5 MeV.

At the forward angles, an array of five Si detectors with depletion depth ranging from 200 to 300 $\mu$m, which covered the angular range of $\theta_L$=14°-35°, 35°-55° and 55°-75° were mounted on the movable arm in the chamber and five masks were placed in the front of each detector for assuring the angular resolution. The detectors to the target distance was 27 cm. The Rutherford scattering was monitored at forward angle of $\theta_L$=15° by four Si(Au) surface barrier detectors

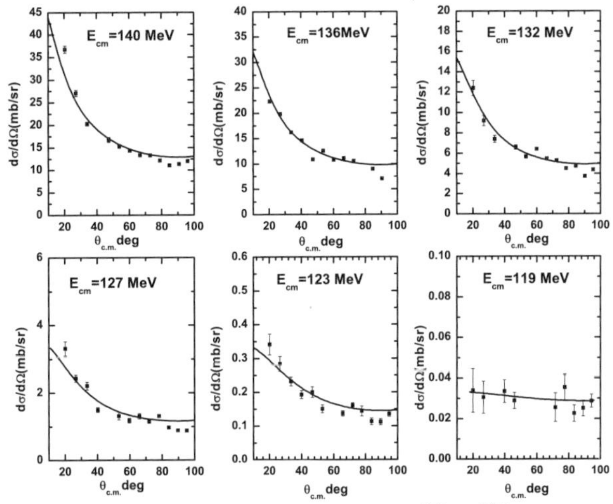


**Figure 1.** Fission fragment angular distribution for the $^{32}$S+$^{184}$W reaction. Incident energies are shown in the figure. The experimental data are shown with the fitting curve, which is used to determine the anisotropy $A_{\rm exp}$ of the fragment angular distribution and mean square values of angular momentum from these events.

for the normalization of the cross section measurements.

In addition to these individual Si detectors, two groups of Si strip detectors were mounted on opposite sides of the beam. These Si strip detectors were $48\times 50$ mm$^2$ in area and each detector consisted of 24 strips. Due to a lack of readout electronics, the strips were tied together in groups of eight for readout. Data from these strip detectors were recorded in the coincidence mode with the requirement that each detector was struck by a fission fragment and the folding angle between the hits corresponded to a full momentum transfer event. To calculate the kinematics it was assumed all processes observed can be treated as binary reactions. This assumption was tested by examining the folding angle distribution of coincident fragments in the Si detector and the Si strip detectors. The average folding angle agrees with the expectations based on total fission kinetic energies taken from the Viola systematics [20].

To obtain the absolute cross sections, we measured the solid angle by using the $\alpha$-particles from the $^{241}$Am source and the elastic scattering products. Centering of the beam on the target was ensured by the four monitor detectors. A gate was set on the fission event and data were collected by the coincident mode.

## 3. EXPERIMENTAL RESULTS

### *3.1. Fission fragment angular distributions*

The fission fragment angular distributions were measured using the coincident detectors and are shown in Fig. 1. In fitting the angular distribution of the fission fragments we used the familiar expression as in Ref. [17]:

$$W(\theta)=\sum_{J=0}^{J_{\max}}\frac{(2J+1)^2\exp[-(J+\frac{1}{2})^2\sin^2\theta/4K_0^2]J_0[i(J+\frac{1}{2})^2\sin^2\theta/4K_0^2]}{\mathrm{erf}[(J+\frac{1}{2})/(2K_0^2)^{1/2}]} \qquad (1)$$

assuming $M$=0, *i.e.* assuming the spins of the target and projectile were zero, where $J_0$ is the zero order Bessel function with imaginary argument and error function $\mathrm{erf}(x)$ is defined as

$$\mathrm{erf}(x)=(2/\pi^{1/2})\int_0^x\exp(-t^2)dt. \qquad (2)$$

The measured values of $\sigma_{\rm capture}$ and the deduced values of $A_{\rm exp}$ and $K_0^2$ for the $^{32}$S+$^{184}$W reaction are presented in Table 1. $J_{\max}$ is obtained by reproducing the capture cross section.

**Table 1.** The measured capture cross sections and the deduced values of $A_{\rm exp}$, $K_0^2$ and $\langle l^2\rangle$ for the $^{32}$S+$^{184}$W reaction. The $E_{\rm c.m.}$ are the energies calculated as corresponding to the beam energies in the center of the target.

| $E_{\rm c.m.}$ (MeV) | $E^*_{\rm CN}$ (MeV) | $\sigma_{\rm capture}$ (mb) | $A_{\rm exp}$ | $K_0^2$ ($\hbar^2$) | $\langle l^2\rangle$ ($\hbar^2$) |
|---|---|---|---|---|---|
| 118.8 | 37.2 | 0.04 | 1.51 | 114.71 | 234 |
| 123.1 | 41.5 | 2.35 | 2.16 | 124.35 | 577 |
| 127.3 | 45.8 | 22.97 | 2.27 | 132.09 | 671 |
| 131.5 | 50.0 | 81.01 | 2.74 | 140.01 | 975 |
| 135.8 | 54.3 | 132.27 | 3.06 | 148.67 | 1225 |
| 141.1 | 58.5 | 189.33 | 3.28 | 157.35 | 1435 |
| 144.4 | 61.8 | 237.06 | 3.8 | 155.09 | 1737 |

The $K_0^2$ value is found by fitting the angular distribution at known $J_{\rm max}$ from the total fission cross section. It is seen from Fig. 1 that the anisotropy of angular distribution increases by increasing collision energy $E_{\rm c.m.}$.

*3.2. Capture cross section*

In order to deduce the capture cross section from the data, the Si strip detectors operating in the coincidence mode were used. Each fission event was selected on the basis of the correct value of energy and of the folding angle corresponding to complete momentum transfer using the forward Si detectors as a "trigger" detector. After correction for the efficiency of the Si strip detectors, a differential cross section $d\sigma/d\Omega(\theta)$ was obtained. The total cross section was deduced from the integration of the differential cross sections.

The resulting experimental values of the capture cross sections are shown in Table 1 and Fig. 3 where they are compared with the theoretical results. The total fission cross section is assumed to be equal to the theoretical capture cross section and it was decomposed into fusion-fission and quasifission parts in the framework of the DNS model mentioned in Section 1. The comparison of the measured capture cross section, anisotropy, mean square values of angular momentum, and variance $K_0^2$ with the corresponding experimental data is discussed in Section 4.

*3.3. Anisotropy of fission-fragments and mean square angular momentum values*

The experimental values of the anisotropy $A_{\rm exp}$ are found by extrapolating the fission angular distributions to angles 0° and 90° by the method used in Ref. [17]. The anisotropies as a function of center-of-mass energies are shown in Table 1 and Fig. 7 where they are compared with the theoretical results. Using the approximate relation between the anisotropy and the mean square angular momentum (see Section 4 for details), the mean square angular momentum values $\langle l^2\rangle$ are deduced from the experimental anisotropies. The data are shown in Table 1 and Fig. 8.

## 4. Theoretical description and comparison with measured data

The experimental data for the excitation function of fission-like products in the $^{32}$S+$^{184}$W reaction were analyzed in the framework of the dinuclear system model (DNS) [6, 7, 18, 21, 22]. The capture, fusion, quasifission and fast fission excitation functions have been calculated for this reaction.

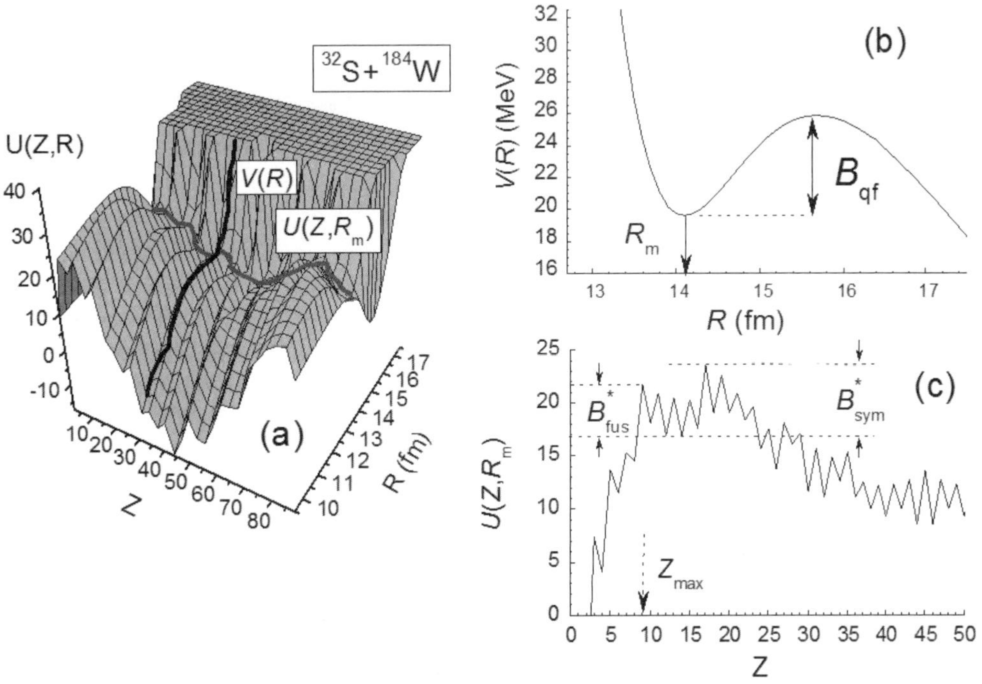


**Figure 2.** The potential energy surface for a dinuclear system leading to the formation of the $^{216}$Th$^*$ CN as a function of the relative distance $R$ between centers of interacting nuclei and their charge numbers $Z$, panel (a); the nucleus-nucleus interaction potential $V(R)$ shifted on the $Q_{gg}$-value for the $^{32}$S + $^{184}$W reaction, panel (b); the driving potential, $U_{\rm dr}(Z, R_m)$, which is a curve linking minimums corresponding to each charge asymmetry in the valley of the potential energy surface as a function of $Z$, panel (c).

According to the DNS model a capture event is the trapping of the collision path into the potential well after dissipation of the sufficient part of the relative kinetic energy of a projectile nucleus in the center-of-mass coordinate system. At capture the full momentum transfer from the relative motion of nuclei into excitation energy of dinuclear system takes place. Certainly the presence of a potential pocket and adequacy of the collision energy $E_{\rm c.m.}$ to overcome the interaction barrier of the entrance channel $V_{\rm B}$ are necessary conditions to occur capture. Thus capture leads to forming dinuclear system which characterized by mass (charge) asymmetry of its nuclei, rotational energy $V_{\rm rot}$ and excitation energy $E^*_{DNS}$. The relative energy of nuclei is relaxed, therefore, the total kinetic energy of fragments formed at its decay are close to the Viola systematics [20].

The nucleus-nucleus potential $V(Z, A, R)$ is a sum of the Coulomb $V_{\rm C}(Z, A, R)$ and nuclear interaction $V_{\rm N}(Z, A, R)$, as well as the rotational energy $V_{\rm rot}(Z, A, R, \ell)$:

$$V(Z, A, R, \ell) = V_{\rm C}(Z, A, R) + V_{\rm N}(Z, A, R) + V_{\rm rot}(Z, A, R, \ell) \tag{3}$$

where $Z = Z_1$ and $A = A_1$ are the charge and mass numbers of one of fragments forming DNS, respectively, while the charge and mass numbers of another fragment are equal to $Z_2 = Z_{\rm CN} - Z$ and $A_2 = A_{\rm CN} - A$, respectively, where $Z_{\rm CN}$ and $A_{\rm CN}$ the charge and mass numbers of being formed CN; $R$ is the relative distance between the centers of nuclei forming the dinuclear system.

The partial capture cross section is found by solution of kinetic equation for the relative motion and orbital angular momentum $\ell$ for the different orientation angle $\alpha_T$ of the target nucleus as it was performed in Refs. [6, 18]. The fusion cross section is calculated from the branching ratio $P_{\rm CN}(Z)$ of the decay rates of overflowing the border of the potential well ($B^{(Z)}_{\rm qf}$) along $R$ at a given mass asymmetry (decay of DNS–quasifission) over the barriers on mass asymmetry axis $B^*_{\rm fus}$ for the complete fusion or $B^{(Z)}_{\rm sym}$ in opposite direction to the symmetric configuration of DNS (see Fig. 2):

$$P^{(Z)}_{\rm CN}(E^*_{DNS}) \approx \frac{\Gamma^{(Z)}_{\rm fus}(B^*_{\rm fus}, E^*_{DNS})}{\Gamma^{(Z)}_{\rm (qf)}(B_{\rm qf}, E^*_{DNS}) + \Gamma^{(Z)}_{\rm (fus)}(B^*_{\rm fus}, E^*_{DNS}) + \Gamma^{(Z)}_{\rm sym}(B_{\rm sym}, E^*_{DNS})}, \quad (4)$$

where $\Gamma_{\rm fus}$, $\Gamma_{\rm qf}$ and $\Gamma_{\rm sym}$ are corresponding widths determined by the level densities on the barriers $B^*_{\rm fus}$, $B^*_{\rm sym}$ and $B_{\rm qf}$ involved in the calculation of $P_{\rm CN}$ are used in the model [18, 7, 4] based on the dinuclear system concept [23]. Here $E^*_{\rm DNS}(Z_P, A_P, \ell) = E_{\rm c.m.} - V(Z_P, A_P, \ell, R_{\rm m})$ is the excitation energy of dinuclear system in the entrance channel, where $Z_P$ and $A_P$ are charge and mass numbers of the projectile nucleus. $V(Z, A, R_{\rm m}, \ell)$ is the minimum value of the nucleus-nucleus potential well (for the DNS with charge asymmetry $Z$) and its position on the relative distance between the centers of nuclei is marked as $R = R_{\rm m}$ in Fig. 2b. The value of $B_{\rm qf}$ for the decay of DNS with the given charge asymmetry of fragments is equal to the depth of the potential well in the nuclear-nuclear interaction (see Fig. 2b). The intrinsic fusion barrier $B^*_{\rm fus}$ is connected with mass (charge) asymmetry degree of freedom of the dinuclear system and it is determined from the potential energy surface (Fig. 2a):

$$U(Z; R, \ell) = U(Z, \ell, \beta_1, \alpha_1; \beta_2, \alpha_2) = B_1 + B_2 + V(Z, \ell, \beta_1, \alpha_1; \beta_2, \alpha_2; R) - (B_{CN} + V_{CN}(\ell)). \quad (5)$$

Here, $B_1$, $B_2$ and $B_{\rm CN}$ are the binding energies of the nuclei in DNS and the CN, respectively, which were obtained from [24]; the fragment deformation parameters $\beta_i$ are taken from the tables in [25, 26, 24] and $\alpha_i$ are the orientation angles of the reacting nuclei relative to the beam direction; $V_{\rm CN}(\ell)$ is the rotational energy of the CN. The distribution of neutrons between two fragments for the given proton numbers $Z$ and $Z_2$ or ratios $A/Z$ and $A_2/Z_2$ for both fragments were determined by minimizing the potential $U(Z; R)$ as a function of $A$ for each $Z$.

The driving potential $U_{\rm dr}(Z) \equiv U(Z, R_m)$ is a curve linking minimums corresponding to each charge asymmetry $Z$ in the valley of the potential energy surface from $Z = 0$ up to $Z = Z_{\rm CN}$ (see Fig. 2a and 2c). We define the intrinsic fusion barrier for the charge asymmetry $Z$ of dinuclear system as $B^*_{\rm fus}(Z, \ell) = U(Z_{\rm max}, R_{\rm m}(Z_{\rm max}), \ell) - U(Z, R_{\rm m}(Z), \ell)$, where $U(Z_{\rm max}, \ell)$ is a maximum value of potential energy in the valley along the way of complete fusion from the given $Z$ configuration.

The masses and charges of the projectile and target nuclei are not constant during capture and after formation of the dinuclear system. The intense proton and neutron exchange between constituents of DNS is taken into account by calculation of the complete fusion probability $P_{\rm CN}$ as fusion from all populated DNS configurations according to the formula

$$P_{CN}(E^*_{\rm DNS}(Z, A, \ell); \{\alpha_i\}) = \sum_{Z_{\rm sym}}^{Z_{\rm max}} Y_Z(E^*_{\rm DNS}(Z, A, \ell)) P^{(Z)}_{\rm CN}(E^*_{\rm DNS}(Z, A, \ell); \{\alpha_i\}) \quad (6)$$

where $E^*_{\rm DNS}(Z, A, \ell) = E^*_{\rm DNS}(Z_P, A_P, \ell) + \Delta Q_{\rm gg}(Z)$ is the excitation energy of DNS with angular momentum $\ell$ for a given value of its charge-asymmetry configuration $Z$ and $Z_{\rm CN} - Z$; $\Delta Q_{\rm gg}(Z)$ is the change of $Q_{\rm gg}$-value by changing the charge (mass) asymmetry of DNS; $Y_Z(E^{*(Z)}_{\rm DNS})$ is the probability of population of the $(Z, Z_{\rm CN}\text{-}Z)$ configuration at $E^{*(Z)}_{\rm DNS}$ and given orientation angles $(\alpha_1, \alpha_2)$. It was obtained by solving the master equation for the evolution of the dinuclear system charge asymmetry (for details see Refs. [18, 13]). $Z_{\rm sym} = (Z_1 + Z_2)/2$ while $Z_{\rm max}$ corresponds to the point where the driving potential reaches its maximum ($B^*_{\rm fus}(Z_{\rm max}) = 0$) (see Refs. [7, 27]).

The calculations were performed for the $E_{\rm c.m.}$=119.5–149.5 MeV energy range and initial values of the orbital angular momentum $\ell$ =0–120$\hbar$. Due to the deformed shape of $^{184}$W ($\beta_2 = 0.24$ and $\beta_4 = -0.095$) in the ground state we included in our calculations a dependence of the excitation function of capture, complete fusion and quasifission on the orientation angle $\alpha_T$ of its axial symmetry axis. The ground state shape of $^{32}$S is spherical but the quadrupole ($2^+$) and octupole ($3^-$) collective excitations in spherical nuclei are taken into account as amplitudes of the zero-point motion mode of surface vibration. The deformation parameters of the first excited quadrupole state $\beta_2^{(2+)} = 0.312$ (taken from Ref. [25]) and the ones of the first excited octupole state $\beta_3^{(3-)}$=0.41 (taken from Ref. [26]). The final results of the capture and complete fusion are obtained by averaging the contributions calculated for the different orientation angles ($\alpha_T$=0, 15, 30, ..., 90°) of the symmetry axis of the target nucleus:

$$\langle\sigma_{\rm fus}(E_{\rm c.m.}, l)\rangle = \int_0^{\pi/2} \sin\alpha_T \sigma_{\rm fus}(E_{\rm c.m.}, l; \alpha_T) d\alpha_T. \tag{7}$$

This methods were developed and used in the Refs. [18, 21, 22]. The results of calculation of the excitation functions are presented in Fig. 3. In this figure we compare theoretical results with the experimental data for the capture cross section of this work. The agreement between the experimental and theoretical capture cross sections was reached by changing the radius parameter $C_R$ entered to rescale the nuclear radius:

$$R_1 = C_R\sqrt{(R_{\rm p}^2 Z_1 + R_{\rm n}^2 (A_1 - Z_1))/A_1}\,, \tag{8}$$

where $R_{\rm p}$ and $R_{\rm n}$ are the proton and neutron radii, respectively, obtained from Ref. [28]:

$$R_{\rm p} = 1.237(1 - 0.157(A - 2Z)/A - 0.646/A)A^{1/3}, \tag{9}$$

$$R_{\rm n} = 1.176(1 + 0.25(A - 2Z)/A + 2.806/A)A^{1/3}. \tag{10}$$

The presented results are obtained at $C_R = 0.925$ for all values of $E_{\rm c.m.}$. Using Eq.(7) we calculated the partial fusion cross sections which were used to estimate the cross sections of ER and fusion-fission by the advanced statistical model [8, 9]. Taking into account the dependence of the fission barrier ($B_{\rm f}$) of the rotating CN on its angular momentum we found a value of $\ell$ at which $B_{\rm f}$ disappears using the rotating finite range model by A. J. Sierk [29]: $\ell_{\rm B}$=68. Then we calculate the fast fission contribution for $\ell > \ell_{\rm B}$

$$\sigma_{\rm fast\,fission}(E_{\rm c.m.}) = \sum_{\ell=\ell_{\rm B}}^{\ell=\ell_{\rm max}} (2\ell + 1)\sigma_{\rm fus}(E_{\rm c.m.}, \ell) \tag{11}$$

where $\ell_{\rm max}$ is the maximum value of angular momentum of the dinuclear system for the given value of $E_{\rm c.m.}$. The value of $\ell_{\rm max}$ is found by solving the equations of motion for the radial distance and orbital angular momentum with the given values of $E_{\rm c.m.}$, $\ell_0$ and $R_{\rm max} = 20$ fm.

In Fig. 3 are also presented the total fusion-fission and ER cross sections obtained by the advanced statistical model (see Refs. [8, 9, 10], and references therein) describing the full deexcitation cascade of the $^{216}$Th* CN formed in the $^{32}$S+$^{184}$W reaction. The code takes into account the competition between evaporation of light particles (n, p, $\alpha$, and $\gamma$) and fission processes along each step of the deexcitation cascade of CN. The effective fission barrier for CN and intermediate excited nuclei along the cascade are obtained taking into account the macroscopic fission barrier, predicted by the rotating droplet model as parameterized by Sierk [29], together with the microscopic corrections allowing for the angular momentum and

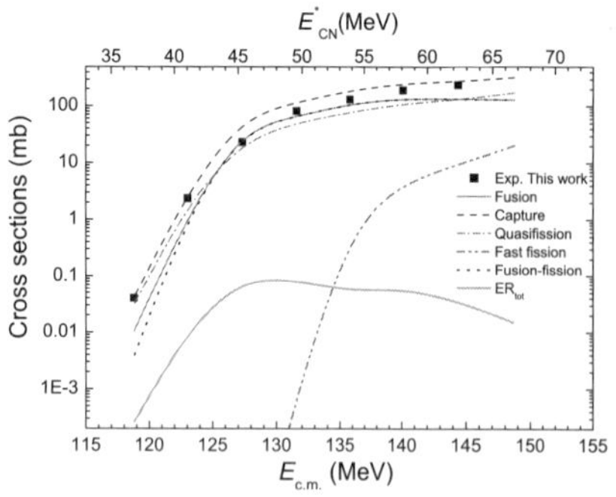


**Figure 3.** Comparison of the experimental data with theoretical results.

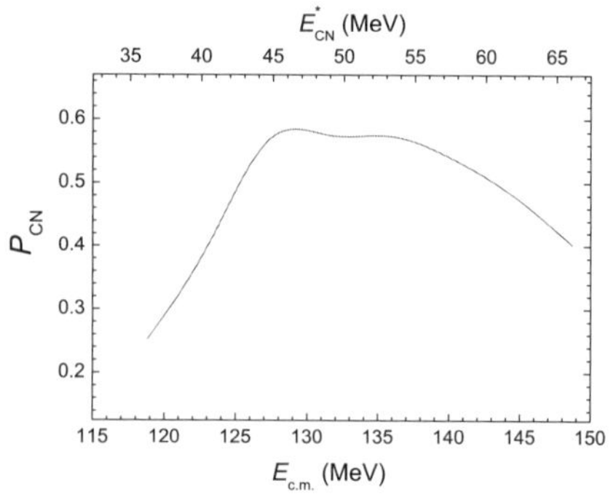


**Figure 4.** Theoretical value of $P_{\rm CN}(Z)$ for $^{32}$S+$^{184}$W system.

temperature fade-out of shell corrections [24] to the fission barrier (see Refs. [3, 27, 30], and reference therein).

The cross section of ER formed at each step $x$ of the deexcitation cascade after the emission of $\nu(x)$n+$y(x)$p+$k(x)\alpha+s(x)\gamma$ particles ($\nu, y, k, s$ are numbers of neutrons, protons, $\alpha$-particles and $\gamma$-quanta) from the hot CN is calculated by the formula[7, 27, 3]:

$$\sigma_{\rm ER}(E_x^*) = \sum_{Z_{l=0}}^{l_d} \sigma^l_{(x-1)}(E_x^*) W_{{\rm sur}(x-1)}(E_x^*, l), \tag{12}$$

where $\sigma^l_{(x-1)}(E_x^*)$ is the partial cross section of the intermediate nucleus formation at the $(x-1)$th step and $W_{{\rm sur}(x-1)}(E_x^*, \ell)$ is the survival probability of the $(x-1)$th intermediate nucleus against fission along the deexcitation cascade of CN; $E_x^*$ is an excitation energy of the nucleus formed at the $x$th step of the deexcitation cascade. It is clear that $\sigma^l_{(0)}(E_0^*) = \sigma^l_{fus}(E^*)$ at $E_{CN}^* = E_0^* = E_{\rm c.m.} + Q_{\rm gg}$, where $Q_{\rm gg}$ is energy balance of reaction. The numbers of the being emitted neutrons, protons, $\alpha$-particles, $\gamma$-quanta, $\nu(x)$n, $y(x)$p, $k(x)\alpha$, and $s(x)\gamma$, respectively, are functions of the step $x$. The emission branching ratio of these particles depends on the excitation energy and angular momentum of the being cooled intermediate nucleus $A = A_{\rm CN} - (\nu(x) + y(x) + 4k(x))$ and $Z = Z_{\rm CN} - (y(x) + 2k(x))$ [3]. We note that in Fig. 3 the maximum value of the excitation function of the total evaporation residues is about 0.12 mb and the complete spectrum is contributed mainly by the evaporation of charged particles which are accompanied with a small number of neutrons along the deexcitation cascade of CN.

*4.1. Two regions of strong hindrance to complete fusion*

Thus the experimental capture excitation function is decomposed into contributions of fusion-fission, quasifission, fast fission and total ER. One can see in Fig. 3 that at lowest energies $E_{\rm c.m.} < 125$ MeV, the fusion cross section is sufficiently lower than the quasifission contribution. The intense of hindrance to complete fusion is estimated by the fusion factor $P_{\rm CN}$ and it is determined by Eqs. (4) and (6). We present in Fig. 4 the calculated values of $P_{\rm CN}$ as a function of the beam energy. It is seen the hindrance to fusion is strong at very small and large values of the collision energy $E_{\rm c.m.}$.

The yield of quasifission is dominant at the sub-barrier beam energies leading to capture of deformed nuclei only with the small orientation angle of its symmetry axis relative to the beam direction. This phenomenon was found by Hinde and his colleagues [14] in the $^{16}$O+$^{238}$U reaction where they observed the increase of the anisotropy of angular distribution of the fission fragments when beam energy decreases to the sub-barrier region. Its analysis has been discussed

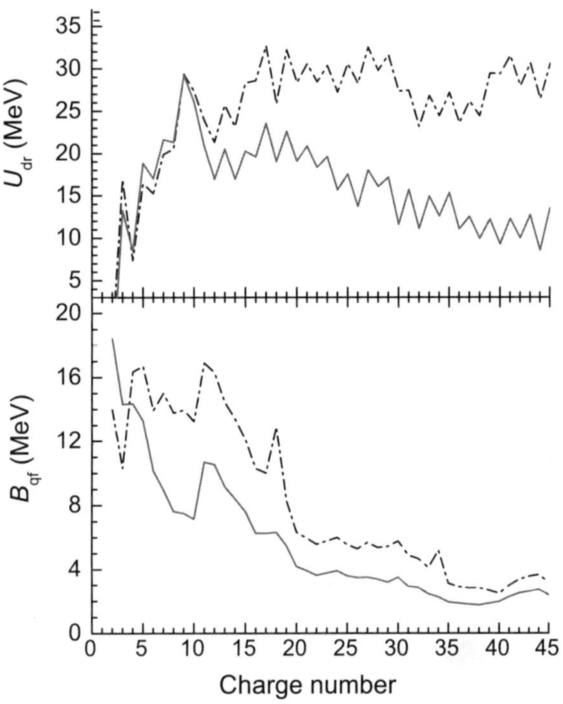


**Figure 5.** Driving potential calculated for the two different values of the orientation angles of target nuclei: $\alpha_{\mathrm{T}} = 15°$ (solid line) and $\alpha_{\mathrm{T}} = 45°$ (dashed line) for the $^{32}$S+$^{184}$W reaction.

in Ref. [13] in connection with the explanation of the observed large angular anisotropy of the fission fragments. As an alternative suggestion for the origin of the observed anomaly, Liu *et al.* in Ref. [31] have put forward a new version of the preequilibrium fission model. The anomalous bump exists in the variation of the fragment anisotropy with the incident energy for the systems such as $^{19}$F, $^{16}$O +$^{232}$Th. Based on these studies, a new model of $K$ pre-equilibrium fission was proposed, which can well explain the observed anomalous anisotropy. The authors of Ref. [14] analyzed in detail the angular anisotropy of fragments at low energies to show the dominant role of the quasifission in collisions of the projectile with the target nucleus when the axial symmetry axis of the latter is oriented along or near the beam direction. Large values of the anisotropy were obtained at low energies and these data were assumed to be connected with quasifission because a mononucleus or dinuclear system formed in the near tip collisions has an elongated shape.

This shape can be far from the one corresponding to the saddle point. The driving potential used in the DNS model depends on the shape of dinuclear system which is formed in collisions with the different orientation angles of the axial symmetry axis of deformed target. The small values of the fusion probability $P_{\mathrm{CN}}$ at lowest energies in the $^{32}$S+$^{184}$W reaction are explained by the large values of $B^*_{\mathrm{fus}}$ for the dinuclear system formed at collisions of projectile with target oriented close to beam direction, *i.e.* when $\alpha_T$ is small. To demonstrate this conclusion we present in Fig. 5 the driving potential (upper panel) and quasifission barrier (lower panel) for the decay of dinuclear system as a function of the orientation angles of the target nucleus. It is seen from the upper panel of Fig. 5 that the value of driving potential corresponding to the projectile charge number $Z$=16 for the small orientation angle 15° (solid line) of the target is lower than that corresponding to the larger orientation angle 45° (dashed line). The fusion probability is larger if a value of the driving potential $U_{\mathrm{dr}}(Z_{\mathrm{proj}})$ corresponding to the initial charge number of the light fragment $Z_{\mathrm{L}}$ of dinuclear system is as possible at the same level or higher than its maximum value at $Z$=9 along the way to complete fusion which means the transfer of all nucleons of light nucleus into heavy nucleus: $Z_{\mathrm{L}} \longrightarrow 0$ and $Z_{\mathrm{H}} \longrightarrow Z_{\mathrm{CN}}$.

The decrease of its values at collision energies $E_{\mathrm{c.m.}} > 135$ MeV is explained by decreasing the quasifission barrier $B_{\mathrm{qf}}$ as a function of the orbital angular momentum $\ell$. Because the depth

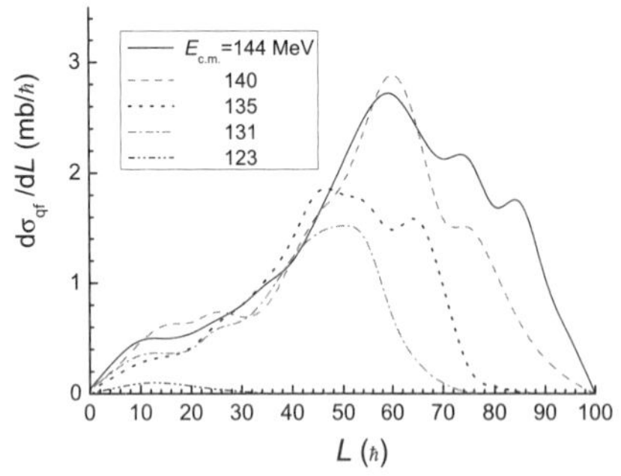


**Figure 6.** The partial quasifission excitation functions.

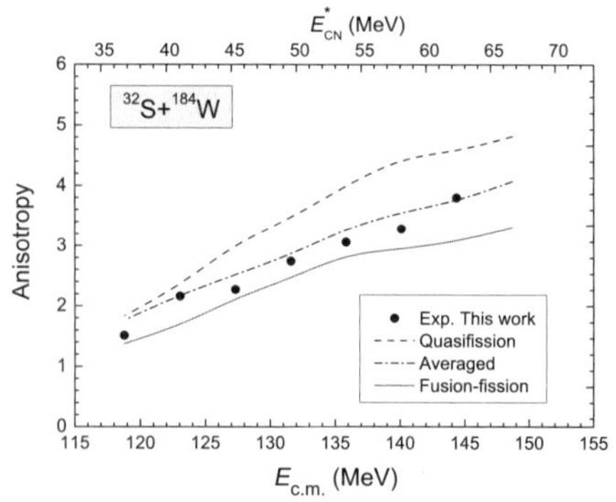


**Figure 7.** Comparison of the anisotropies measured (circles) with the theoretical results.

of the potential well being $B_{\rm qf}$ for a given charge asymmetry decreases due to the increase of the rotational energy $E_{\rm rot}$ of the dinuclear system (for details see [7]). At the same time the intrinsic fusion barrier $B^*_{\rm fus}$ increases by increasing $\ell$. At small collision energies only small values of $\ell$ are populated because capture does not occur if the initial energy of projectile is not enough to overcome the Coulomb barrier of the entrance channel.

It is seen from Fig. 6 that the values $\ell > 45$ are populated at collision energies $E_{\rm c.m.} > 135$ MeV. Therefore, we conclude that the contribution of quasifission becomes dominant at $E_{\rm c.m.} > 135$ MeV and it has an effect on the anisotropy of angular distribution which increases by increasing the collision energy. This is connected with the fact that at these energies all orientation angles $\alpha_T$ can contribute to the formation of compound nucleus because the Coulomb barrier for large orientation angles may be overcomed. As we know, in collisions with large $\alpha_T$ the fusion probability is large. The decrease of $P_{\rm CN}$ at larger energies is explained by the decrease of the quasifission barrier $B_{qf}$ by increasing $\ell$ in collisions with all orientation angles.

*4.2. Anisotropy of fission fragment angular distribution and variance $K_0^2$ of K distribution*

To clarify the role of quasifission fragments in the observed anisotropy $A_{\rm exp}$, we calculated the contributions of the quasifission ($A_{\rm qf}$) and fusion-fission ($A_{\rm CN}$) fragments. We used the expression of the approximated anisotropy of the fission fragment angular distribution suggested by Halpern and Strutinski in Ref. [32] and Griffin in Ref. [33]:

$$A \approx 1+\frac{\langle l^2\rangle_i \hbar^2}{4\Im_{eff}{}^{(i)}T_i},\ \text{where}\ \frac{1}{\Im_{\rm eff}}=\frac{1}{\Im_{\parallel}}-\frac{1}{\Im_{\perp}}. \tag{13}$$

Here $\Im^{(i)}_{\rm eff}$ is the effective moment of inertia for the CN on the saddle point $i$ = CN or it is the effective moment of inertia for the dinuclear system on the quasifission barrier $i$ = DNS. In the last case, we calculate $\Im_{\rm eff}$ for the dinuclear system taking into account the possibility of different orientation angles of its constituent nuclei (see Appendix A of Ref.[13]), assuming that after capture the mutual orientations of the DNS nuclei do not change sufficiently. $\Im_{\parallel}$ and $\Im_{\perp}$ are the moments of inertia around the symmetry axis and a perpendicular axis, respectively.

Their values for $\Im^{(CN)}_{\rm eff}$ are determined in the framework of the rotating finite range model by Sierk [29]. The temperature of CN on the saddle point is found by the expression:

$$T_{\rm CN}=\left[\frac{E_{\rm c.m.}+Q_{\rm gg}-B_{\rm f}(\ell)-E_n}{A_{\rm CN}/12}\right]^{1/2}, \tag{14}$$

where $B_{\rm f}(\ell)$ is the fission barrier height. $B_{\rm f}(\ell)$ is calculated in terms of the rotating liquid drop model by Sierk [29]. $E_{\rm n}$ is the energy carried away by the pre-saddle fission neutrons. The

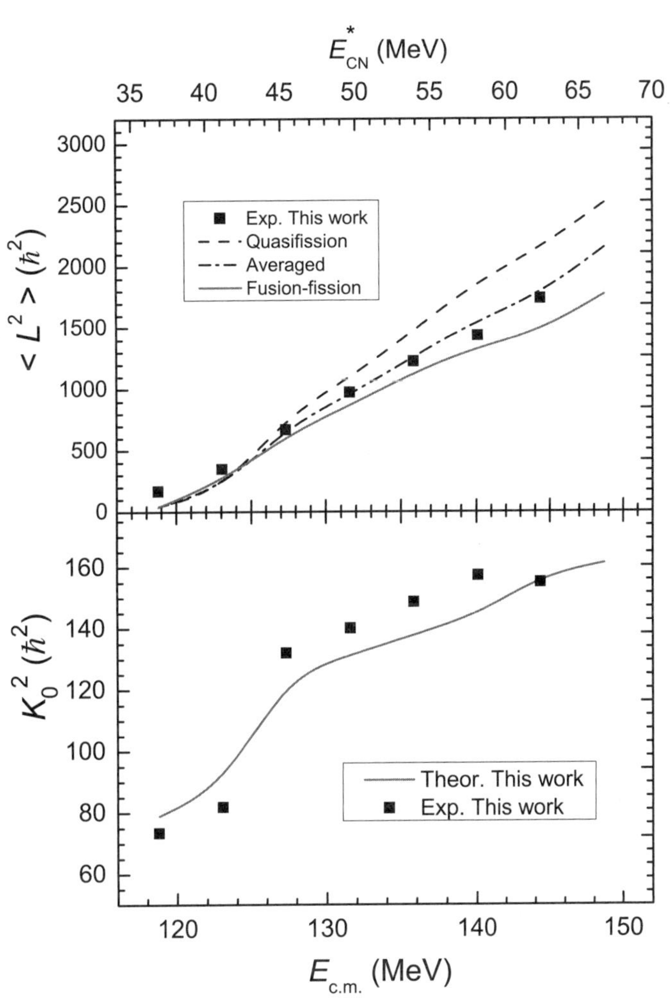


**Figure 8.** Mean square value of the angular momentum (upper panel) versus the collision energy $E_{c.m.}$ for the $^{32}S+^{184}W$ reaction. The experimental data are shown in comparison with the results of DNS model which are obtained by averaging $\ell^2$ by partial cross sections of the quasifission (dashed line) and complete fusion (solid line) events. In the lower panel the experimental and theoretical values of $K_0^2$ are compared.

temperature of DNS on the quasifission barrier is determined by the expression:

$$T_{\mathrm{DNS}} = \left[\frac{(E^*_{\mathrm{DNS}} - B_{\mathrm{qf}})}{A_{\mathrm{CN}}/12}\right]^{1/2}. \tag{15}$$

An important physical quantity in the formula (13) is the variance $K_0^2$ of the Gaussian distribution of the $K$ projection :

$$K_0^2 = \frac{\Im_{\mathrm{eff}} T_{\mathrm{saddle}}}{\hbar^2}. \tag{16}$$

The experimental values of $K_0^2$ are used to fit the angular distribution of fission fragments by formula (1) (see Ref.[17, 34]).

In Fig. 7 we compare the anisotropy measured (circles) in this work with the theoretical results for the anisotropy of the quasifission (dashed line) and fusion-fission (solid line) fragments as a function of the center-of-mass energy (bottom axis) and excitation energy of the CN (top axis). The averaged theoretical anisotropy over the contributions of both mechanisms are presented by the dot-dashed line. It is seen that the averaged values of anisotropy are closer to the experimental data $A_{\rm exp}$. Consequently we confirm that the measured cross section of the fission fragment formation and their angular distribution are results of mixing of the quasifission and fusion-fission products. In the upper panel of Fig.8, we compare experimental and theoretical values of mean square values of angular momentum. The experimental $\langle L^2\rangle$ values are obtained from the measured anisotropy $A_{exp}$ and $K_0^2$ values used to fit measured angular distributions presented in Fig. 1. The theoretical values for fusion-fission and quasifission fragments are calculated by averaging $\ell^2$ using the partial cross sections of the quasifission (dashed line) and complete fusion (solid line) events. The experimental data are well described with the averaged values of $L^2$ between the complete fusion and quasifission cross sections:

$$\langle L^2\rangle = \frac{(\sigma_{\rm fus}\langle L^2\rangle_{\rm fus} + \sigma_{\rm qf}\langle L^2\rangle_{\rm qf})}{\sigma_{\rm fus} + \sigma_{\rm qf}}. \quad (17)$$

In the lower panel of Fig.8, the experimental results of $K_0^2$ are compared with the theoretical values obtained from the description of $A_{\rm exp}$ (dashed line in Fig.7) and $\langle L^2\rangle$ (dot-dashed line in Fig.8) extracted from the experimental data of the angular distribution of fission fragments. This comparison shows again the dominancy of the quasifission fragments into measured data at low energies.

## 5. CONCLUSION

The fission angular distributions for the $^{32}$S+$^{184}$W reaction have been measured. We obtained the experimental cross sections of fission-like, anisotropy $A_{\rm exp}$, and $\langle l^2\rangle$ values compared with the results of the DNS model calculations. Assuming the measured fission cross sections is equal to the capture cross section they were decomposed into fusion-fission, quasifission and fast fission contributions by the dinuclear system model. The hindrance to complete fusion at small collision energies increases due to the increase of the quasifission events and it is explained by the elongated shape of the dinuclear system which is formed in collisions with small orientation angle of the symmetry axis of $^{184}$W to the beam direction. Because of collisions with small orientation angles the intrinsic fusion barrier $B^*_{\rm fus}$ is larger and quasifission barrier $B_{\rm qf}$ is smaller in comparison with the corresponding barriers in the case of collision with large orientation angles. An increase of the quasifission contribution at large beam energies is connected by the angular momentum dependence of the quasifission $B_{\rm qf}$ and intrinsic fusion $B^*_{\rm fus}$ barriers: at large angular momentum of dinuclear system $B_{\rm qf}$ decreases and $B^*_{\rm fus}$ increases. The large quasifission barrier increases the life-time of dinuclear system allowing it to transform into a CN [18, 7]. It is concluded that the effects of competition between fusion and quasifission in the reaction play an important role in the dynamics process. The total evaporation residue and fusion-fission excitation functions are calculated in the framework of the advanced statistical model. The maximal value of the total cross section of the evaporation residue is 0.12 mb and fusion-fission cross section is comparable with the quasifission cross section. The contribution of the fast fission appears at $E_{\rm c.m.} > 131$ MeV and it is sufficiently small in comparison with contributions of fusion-fission and quasifission reactions.

## ACKNOWLEDGMENTS

This work was supported by the Major State Basic Research Development Program under Grant No. G2000077400 and the National Natural Science Foundation of China under Grant Nos. 10375095, 10735100, and 10811120019. A.A. Nasirov is grateful to the Istituto Nazionale di Fisica Nucleare and Department of Physics of the University of Messina for the support received in the collaboration between the Dubna and Messina groups.

## References

[1] B.B. Back, *et al.*, Phys. Rev. C**32**, 195 (1985)

[2] V. V. Volkov, N. A. Antonenko, E. A. Cherepanov, A. K. Nasirov, V. P. Permjakov, Phys. Lett B **319** 425 (1993); Phys. Rev. C51, 2635 (1995)
[3] G. Fazio, G. Giardina,. G. Mandaglio, F. Hanappe, A. I. Muminov, A. K. Nasirov, U. T. Yakhshiev, F. Hanappe, T. Materna, and L. Stuttge, Eur. Phys. Jour. A **19** 89 (2004).
[4] G.G. Adamian, N.V. Antonenko, W. Scheid, Phys. Rev. C **68**, 034601 (2003).
[5] H. Q. Zhang, C. L. Zhang, C. J. Lin, Z. H. Liu, F. Yang, A. K. Nasirov, G. Mandaglio, M. Manganaro and G. Giardina, Phys. Rev. C **81**, 034611 (2010).
[6] G. Giardina, S. Hofmann, A. I. Muminov, A. K. Nasirov, Eur. Phys. J. A **8** 205 (2000).
[7] G. Fazio, G. Giardina,. G. Mandaglio, R. Ruggeri, A. I. Muminov, A. K. Nasirov, Yu. Ts. Oganessian, A. G. Popeko, R. N. Sagaidak, A. V. Yeremin, S. Hofmann, F. Hanappe, C. Stodel, Phys.Rev. C **72** 064614 (2005).
[8] A. D' Arrigo, G. Giardina, M. Herman, and A. Taccone, Phys. Rev. C **46**, 1437 (1992).
[9] A. D' Arrigo, G. Giardina, M. Herman, A. V. Ignatyuk, A. Taccone, J. Phys. G **20**, 365 (1994).
[10] R. N. Sagaidak, V. I. Chepigin, A. P. Kabachenko, J. Rohac, Yu. Ts. Oganessian, A. G. Popeko, A. A. Yeremin, A. D'Arrigo , G. Fazio, G. Giardina, M. Herman, R. Ruggeri, and R. Stiricle, J. Phys. G **24**, 611 (1998).
[11] A. Sobiczewski, M. Kowal, Int. Jour. of Mod. Phys. E **18**, No: 4, 869 (2009)
[12] I. Muntian, Z. Patyk, A. Sobiczewski, Phys. of At. Nuclei **66** Issue: 6, 1015 (2003).
[13] A.K. Nasirov, A.I. Muminov, R.K. Utamuratov, G. Fazio, G. Giardina, F. Hanappe, G. Mandaglio, M. Manganaro, and W. Scheid, Eur. Phys. J. A **34**, 325 (2007).
[14] D.J. Hinde, M. Dasgupta, J.R. Leigh, J.C.Mein, C.R.Morton, J.O. Newton, H. Timmers, Phys. Rev. C **53**, 1290 (1996).
[15] M. G. Itkis et al., Nucl. Phys. A**734**, 134 (2004).
[16] G. N. Knyazheva, E. M. Kozulin, R. N. Sagaidak, A. Yu. Chizhov, M. G. Itkis, N. A. Kondratiev, V. M. Voskressensky, M. Stefanini, B. R. Behera, L. Corradi, Phys. Rev. C **75**, 064602 (2007).
[17] J. R. Huizenga, A. N. Behkami, and L. G. Moretto, Phys. Rev. **177** 1826 (1969)
[18] Avazbek Nasirov, Akira Fukushima, Yuka Toyoshima, Yoshihiro Aritomo, Akhtam Muminov, Shuhrat Kalandarov, Ravshanbek Utamuratov, Nucl. Phys. A **759**, 342 (2005).
[19] C. Gregoire, C. Ngo, E. Tomasi, B. Remaud, F. Scheuter, Nucl.Phys. **A387**, 37c (1982).
[20] V. E. Viola et, al Phys. Rev. C **31** 1550 (1985)
[21] A. K. Nasirov, G. Giardina, G. Mandaglio, and M. Manganaro, F. Hanappe, S. Heinz and S. Hofmann, A. I. Muminov, W. Scheid Phys.Rev. C **79**, 024606 (2009).
[22] G. Fazio, G. Giardina, F. Hanappe, G. Mandaglio, M. Manganaro, A. I. Muminov, A. K. Nasirov, and C. Sacca, J. Phys. Soc. Jpn. **77**, 124201 (2008).
[23] V.V. Volkov, in Contributed Papers of Nucleus-Nucleus Collision II, Visby, 1985, edited by B. Jakobson and K. Aleclett (North-Holland, Amsterdam, 1985), Vol.1, p.54; Izv. Akad. Nauk SSSR Ser. Fiz. 50, 1879 (1986); in Proceedings of International School-Seminar on Heavy Ion Physics, Dubna, 1986, D7-87-68 (Dubna, 1987), p. 528; in Proceedings of the 6th International Conference on Nuclear Reaction Mechanisms, Varenna, 1991, edited by E. Gadioli (Ricerca Scientifica ed Educasione Permanente Supplemento n.84, 1991), p.39. on Heavy Ion Physics
[24] P. Moller and J. R. Nix, Atomic Data and Nuclear Data **39**, 213 (1988).
[25] S. Raman, C. H. Malarkey, W. T. Milner, C. W. Nestor, Jr., and P. H. Stelson, Atomic Data and Nuclear Data **36**, 1 (1987).
[26] R. H. Spear, Atomic Data and Nuclear Data **42**, No. 1, 55 (1989).
[27] G. Fazio, G. Giardina, G. Mandaglio, F. Hanappe, A. I. Muminov, A. K. Nasirov, W. Scheid, L. Stittge, Mod. Phys. Lett. A Vol. **20** No. 6 (2005) 391-405.
[28] K. Pomorski, B. Nerlo-Pomorska, A. Surowiec, M.Kowal, J. Bartel, K. Dietrich, J. Richert, C. Schmitt, B. Benoit, E. de Goes Brennand, L. Donadille, C. Badimong, Nucl. Phys. A **679** (2000) 2553
[29] A. J. Sierk, Phys. Rev. C **33**, 2039 (1988).
[30] G. Fazio, G. Giardina, A. Lamberto, A. I. Muminov, A. K. Nasirov, F. Hanappe and L. Stuttge, Eur. Phys. Jour. A **22** 75 (2004).
[31] Z. H. Liu, H.Q. Zhang, J.C. Xu, Y. Qiao, X. Qian, and C.J. Lin, Phys. Lett. B **353**, 173 (1995).
[32] I. Halpern and V. M. Strutinski, Proceeding of the Second United National International Conference on the Peaceful Uses of Atomic Energy, Geneva, 1958 (United Nations, Geneva, 1958), Vol. 15,p.408.
[33] J. J. Griffin, Phys. Rev **116**, (1959).
[34] D.J. Hinde, A. C. Berriman, M. Dasgupta, J. R. Leigh, J. C. Mein, C. R. Morton, and J. O. Newton, Phys. Rev. C **60**, 054602 (1999).

# An electrostatic deflector for a fusion reaction ①

ZHANG Huan-Qiao(张焕乔) LIN Cheng-Jian(林承键) YANG Feng(杨峰) JIA Hui-Ming(贾会明)
ZHOU Ping(周平) AN Guang-Peng(安广朋) ZHANG Chun-Lei(张春雷) XU Xin-Xing(徐新星)

China Institute of Atomic Energy, Beijing 102413, China

**Abstract** An electrostatic deflector for separating the fusion evaporation residues from the beam-like products in heavy ion reactions was installed. The evaporation residue separation and identification with the electrostatic deflector setup was tested with the reaction $^{32}S+^{96}Zr$ at several energies. The fusion evaporation residues and the beam-like particles were well separated after the electrical separation and the experimental fusion cross section obtained from the angular distribution is in good agreement with the calculated value well above the Coulomb barrier. This confirms the reliability of the setup.

**Key words** electrical rigidity, fusion evaporation residues, beam-like products, angular distribution

**PACS** 29.30.Ep, 25.70.Jj, 25.70.Gh

## 1 Introduction

The fusion reactions between heavy ions below the Coulomb barrier have been the subject of extensive experimental and theoretical efforts in recent decades. Due to the rich, interesting phenomena unresolved, such as sub-barrier fusion enhancement due to the coupling between the elastic channel and intrinsic degrees of freedom of the target and projectile, and the neutron transfers between the participants compared with the one-dimensional barrier penetration calculation [1], breakup effects of the weakly bound projectiles and the radioactive nuclei on the fusion reactions at near barrier energies [2], neutron-rich effects on the formation of super-heavy elements, especially with the development of the radioactive beams available [1, 3–5], and the fusion hindrance at extremely low energies and the relevant influences on the astrophysics recently found [6], people still point to this field.

However, the experimental identification of fusion evaporation residues (ER) for non-fissile systems is complicated by the fact that they are strongly forward focused into a cone of a few degrees around the beam direction. The background due to the beam-like products resulting from Rutherford scattering in the target and from slit scattering within that angular range demands that the ER be separated physically from the beam-like particles before they reach the detectors. Up to now, a combination of electric and magnetic fields, electromagnetic fields and/or electrostatic fields methods have been used to solve the problem. The electrostatic deflector, which is a simple and cheap device using the electrostatic fields only, can be employed to measure the ER cross sections [7–9]. The ongoing interest in the fusion process mentioned above has led to the building and testing of the electrostatic deflector system. The construction and the experimental results of its performance are reported in this paper.

## 2 The electrostatic deflector

The fused nuclei, which are concentrated within a few degrees of the incident beam direction, were separated from the incident beam by an electrostatic separator. The device uses electrostatic fields to separate out the transmitted ER from the beam-like particles, allowing in principle only the ER to enter the detection system, which is based on the measurement of the energy and time of flight (TOF) of the ER.

① CPC(HEP & NP),2010,34(10):1628-1631.

The beam separation exploits the difference in electrical rigidities $\eta=E/q$ existing in ER and beam-like products ($q$ being the ion charge of the transmitted nuclei). The electrostatic deflector introduced here is similar to the setup in Legnaro [8].

Figure 1 is a schematic layout (top view) of the whole experiment setup (separator + detection system). The separator consists of two pairs of electrodes, of 25 cm in length, 12 cm in width and 0.5 cm in thickness, for each electrical plate, producing two regions of electrostatic field, with independently variable gaps to easily match different experimental conditions and to minimize the possibility of beam scattering from the electrodes. The separator itself is contained in a cylindrical stainless steel tank with a diameter of 30 cm and a length of 85 cm. The plates are at 5° with respect to the beam axis, so that the particles enter the field region at an angel of 85° with respect to the electric field. The applied voltages are such that the ERs leave the field region at 90° to the field, and on the axis of the detection telescope.

The two high voltage power supplies can produce up to ±40 kV. The ER was identified by an $E$-TOF detector system consisting of a microchannel plate (MCP) detector followed by a silicon surface barrier (SSB) detector. A two-dimensional spectrum of the reaction products was used to cleanly separate the evaporation residues from the beam-like products.

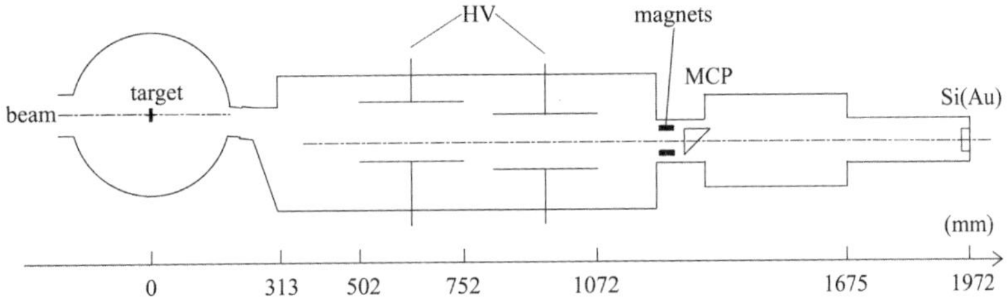


Fig. 1. The layout of the electrostatic deflector and the MCP+Si detection system.

The particles coming from the target are selected before entering the fields by an entrance collimator of 3 mm, corresponding to ±0.57°. A carbon foil, 10 μg/cm$^2$ in thickness, attached to the collimator to reset the atomic charge state distribution after the fused nuclei have become evaporation residues by the emission of several light particles on the ion path. The electric field strength of the deflectors was selected to maximize the yield of the ER. The diaphragm of the MCP defines the solid angle of the electrostatic deflector approximately as 0.3 msr. In order to reduce the noise of the MCP detector, it was found necessary to place a few small permanent magnets behind the exit collimator of the chamber and in front of the start detector to be against secondary electrons.

The whole apparatus, including the separator and the telescope detectors, is connected to the target chamber by metallic bellows and can be rotated in the horizontal plane from −4° to +12° with respect to the beam, allowing the measurement of ER angular distributions in that range.

## 3 Experimental test

The experiment was performed at the HI-13 tandem accelerator of CIAE, Beijing. The transmission efficiencies of the ER through the electrostatic deflector were determined empirically by the elastic scattering of the nuclei of vicinal atomic charge, mass and kinetic energy. To perform this, we measured the Rutherford scattering of 29 MeV $^{127}$I on the $^{90}$Zr target at 10°. The transmission probability was defined as the ratio of the number of particles detected at the SSB detector to that initially passing the entrance collimator. The applied voltages to deflect the reaction products are consistent with the calibrations including the fringe effect of the electrical plates with Shima's charge state distribution formula [10]. In the experiment, the two pairs of electrical plates applied the same voltages with the same electrode distance of 4 cm to facilitate the calculation. In Fig. 2, the transmission efficiency of $^{127}$I is plotted versus the applied voltage. As can be seen, the transmission efficiency of the scattered particles is less sensitive to the electric field near the proper value. Considering the transmission of the particles through the electrical harp in the bracket of the MCP detector on the ion path, it is found that the defocusing effect of the deflection voltage reduces the transmission from unity to 0.60±0.06.

A test experiment was performed to test the electrostatic deflector. In the experiment, the collimated $^{32}$S 10$^+$ beam was used to bombard the target with an intensity of 3 pnA. The target was $^{96}ZrO_2$

(86.4% enriched), 50 μg/cm$^2$ in thickness and 3 mm in diameter, evaporated onto a 15 μg/cm$^2$ carbon backing. The scattering chamber contains four silicon detectors at $\theta$=25° symmetrically around the beam in the forward direction to monitor the beam and normalize the fusion cross sections.

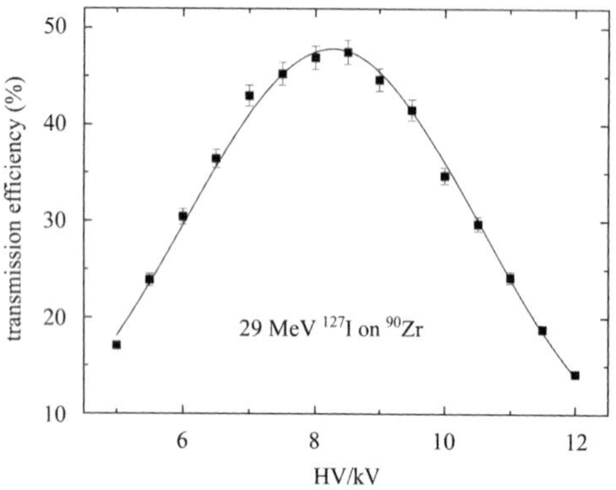


Fig. 2. 29 MeV $^{127}$I transmission efficiency as a function of the deflection voltage.

The separated residues were identified in an E-TOF detector telescope, which consisted of a MCP and a SSB with a 60 cm flight path. The combined $E$ and TOF information enabled a clean separation of the evaporation residues from the beam-like particles. The resolution of TOF (the start signal is provided by a ϕ50 SSB on an overbias state and the stop signal is provided by a MCP detector) is about 2 ns, which is suitable to research the topic. As can be seen in Fig. 3, the yields of ER can be obtained, essentially free of background, from the time of flight versus energy spectrum, which shows well separated islands of events. The lower corresponds to the ER from $^{32}$S+$^{96}$Zr reaction, while the stronger consists of the beam-like particles.

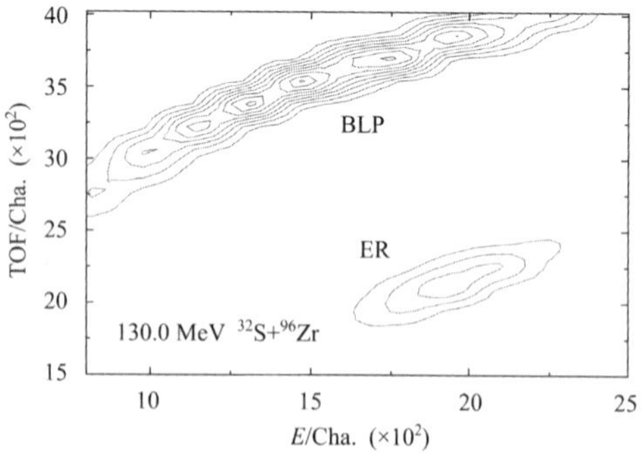


Fig. 3. Two-dimensional plot of time of flight vs energy for the $^{32}$S+$^{96}$Zr reaction at 130 MeV and at 2°, following beam separation. Two groups of particles are indicated.

ER angular distributions were measured in the range −4° to 10° with a step of 1° at three beam energies (130, 116.4 and 108.3 MeV) and shown in Fig. 4. The angular distributions are symmetric about 0°. Double Gaussian function was used to fit the data, which associated qualitatively the wider Gaussian with the emission of α particles from the recoiling composite system whereas the narrower one results from the neutron and proton evaporation, then integrated to obtain the total fusion cross sections. The shapes do not change appreciably with the beam energy. These combined angular distributions and the double Gaussian fits were used to obtain the fusion cross sections.

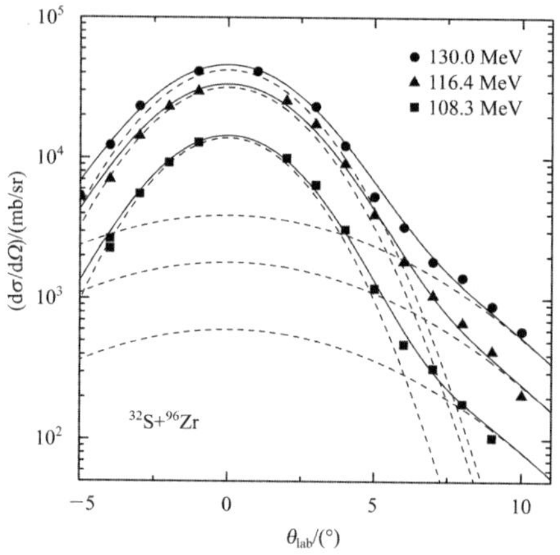


Fig. 4. The angular distributions of fusion evaporation residues of $^{32}$S+$^{96}$Zr at three beam energies. The dashed lines are the two Gaussian functions used to obtain the total cross sections.

For each energy, the number of evaporation residue events was normalized to the Rutherford scattering detected by the monitor detectors. The absolute cross section normalization relies on the knowledge of the relevant geometric solid angle and of the transmission efficiency of the electrostatic deflector. Since fission of the compound nucleus can be neglected for both systems, the measured evaporation residue cross sections were taken as fusion cross section $\sigma$. The fusion cross section of $^{32}$S+$^{96}$Zr, at 130 MeV well above the Coulomb barrier, can be calculated with classical transmission probability for a one-dimensional barrier formula. The integrated fusion cross section from the measured angular distribution is 625 mb. Including the transmission efficiency uncertainty, additional systematic errors come from the geometrical solid angle uncertainties and the angular distribution integration measurements. Altogether, these contributions sum up to an estimated ±15%. The experimental result is consistent with the calculation result 601 mb. This result confirms the reliability of the setup.

In the future, the electrostatic deflector will be used to research the fusion reactions primarily near the Coulomb barrier, especially the effects of positive $Q$-value neutron transfer and breakup of the weakly bound nuclei ($^{6,7}$Li, $^{9}$Be) on the fusion reactions at the sub-barrier energy region.

## 4 Summary

An electrostatic deflector has been installed and tested by measuring the fusion cross sections of the $^{32}S+^{96}Zr$ system at three beam energies. The fusion evaporation residues were separated from the beam-like particles by this device. By integrating the ER angular distributions, one obtains the ER cross sections. The experimental result is in good agreement with the theoretical value well above the Coulomb barrier. This device is reliable and will mainly be used to research the effect of the weakly bound projectiles and neutron-rich effect of the participants in the fusion reactions around the Coulomb barrier energies.

### References

1 Timmers H, Ackermann D, Beghini S et al. Nucl. Phys. A, 1998, **633**: 421
2 Hinde D J, Dasgupta M, Fulton B R et al. Phys. Rev. Lett., 2002, **89**: 272701
3 Stelson P H. Phys. Lett. B, 1988, **25**: 25
4 Stefanini A M, Scarlassara F, Beghini S et al. Phys. Rev. C, 2006, **73**: 034606
5 Liang J F, Shapira D, Gross C J et al. Phys. Rev. Lett., 2003, **91**: 152701
6 Jiang C L, Esbensen H, Rehm K E et al. Phys. Rev. Lett., 2002, **89**: 052701
7 Freeman W S, Ernst H, Geesaman D F et al. Phys. Rev. Lett., 1983, **50**: 1563
8 Beghini S, Signorini C, Lunardi S et al. Nucl. Instrum. Methods A, 1985, **239**: 585
9 Schicker R, Alamanos N, Braun-Munzinger P et al. Nucl. Instrum. Methods A, 1988, **269**: 585
10 Shima K, Kuno N, Yamanouchi M et al. At. Data and Nucl. Data Table, 1992, **51**: 173

# Barrier distribution from $^9$Be + $^{208}$Pb quasielastic scattering: Breakup effects in the interaction processes ①

H. M. Jia, C. J. Lin, H. Q. Zhang, Z. H. Liu, N. Yu, F. Yang, F. Jia, X. X. Xu, Z. D. Wu, S. T. Zhang, and C. L. Bai

*China Institute of Atomic Energy, P. O. Box 275(10), Beijing 102413, People's Republic of China*

(Received 26 April 2010; published 26 August 2010)

Excitation function of the quasielastic (QEL) scattering at a backward angle was measured for the weakly bound projectile $^9$Be, which bombarded a $^{208}$Pb target at near-barrier energies. Barrier distribution was extracted by means of the first derivative of the experimental cross sections with respect to the effective energies. Theoretical fusion barrier distribution has been calculated with the coupled-channels model and compared with the experimental barrier distribution. By this comparison, it is shown that the experimental barrier distribution extracted from QEL scattering is shifted to low energy by 1.5 MeV as compared with the theoretical one. This energy discrepancy between the theoretical prediction and the experimental data indicates the breakup is an important reaction mechanism in the colliding processes of the weakly bound projectile $^9$Be on a spherical target $^{208}$Pb.

DOI: 10.1103/PhysRevC.82.027602 PACS number(s): 25.70.Bc, 24.10.Eq, 24.50.+g, 25.60.Gc

Coulomb barrier distributions in heavy-ion reactions give us important information about the interaction potential and reaction dynamics for nucleus-nucleus collisions. Experimentally, the fusion barrier distribution can be obtained from the fusion excitation function $\sigma_{\rm fus}(E)$ with respect to the center-of-mass energy $E$ by taking the second derivative of the product $E\sigma_{\rm fus}$ [1]. With high-precision measurements of fusion cross sections, this method has been proven to be effective in intermediate-mass systems. Similar information could be obtained from the elastic and quasielastic (QEL) scattering because of the conservation of the reaction flux (i.e., $R + T = 1$), where $R$ is the reflection probability and $T$ is the transmission probability. Here, QEL scattering is the sum of all direct reactions, which include elastic, inelastic, transfer, and breakup processes. It has been proposed that to obtain the interaction barrier, QEL scattering should be measured at backward angles of nearly 180°, where head-on collision is dominant. The barrier distribution is extracted by taking the first derivative of the QEL cross section relative to the Rutherford cross section, that is, $-d(d\sigma_{\rm QEL}/d\sigma_{\rm Ru})/dE$ [2]. It has been proven that for the tightly bound reaction systems in the intermediate-mass region, the barrier distributions derived from the data of fusion and QEL are roughly the same, although the latter is somewhat smeared because of the weakly coupled channels of the many noncollective states and, thus, is less sensitive to the nuclear structure effect [3]. Since the QEL experiment is usually not as complex as the fusion measurements, they are well suited to survey the interaction potential and reaction dynamics for many reaction systems.

The light radioactive nuclei, especially the halo nuclei, such as $^{11}$Be, $^6$He, and $^8$B are usually weakly bounded, hence, are easy to break up in the colliding processes. However, because of the low-light radioactive beam intensity, at present, it is difficult to obtain highly accurate data in the radioactive beam experiments. The stable nuclei $^9$Be and $^6$Li are loosely bound with the binding energies 1.57 and 1.47 MeV, respectively. Because of stability, the experiments performed with the $^9$Be and $^6$Li beams can obtain experimental data with statistical accuracy much higher than those of the radioactive beam experiments. Recently, there has been considerable interest in the breakup effects on the fusion and scattering reactions. Particular emphasis is put on the influence of coupling to the breakup channels in the barrier distributions. Interactions of the most weakly bound stable nuclei display some kind of anomalous behaviors, which all attributed to the low-threshold energy for the breakup into their constituents [4]. In fusion of weakly bound nuclei, two independent processes of complete fusion (CF) and incomplete fusion (ICF) occur. The two fusion processes are connected to the dynamics of the projectile fragment. However, it is still difficult to unambiguously predict CF and partial-fusion cross sections [5]. The fusion reaction of $^9$Be + $^{208}$Pb has been studied by Dasgupta *et al.* [6]; the complete fusion cross sections at energies around and above the barrier are suppressed by 30% compared with reactions of nuclei, which have a high-energy threshold against breakup, and the suppression ascribes to the breakup effect. The reduction of the fusion cross section indicates that the real part of the polarization potential associated with breakup coupling is repulsive.

So far, there are only a few works [7–9] on the QEL barrier distributions for weakly bound systems. An expression [7,10] was proposed as $R + T = 1 - P_{\rm BU}$, where $P_{\rm BU}$ is the breakup probability before reaching the classical turning point. Monteiro *et al.* [11] compared the barrier distributions of $^6$Li + $^{144}$Sm from fusion and backward QEL excitation functions and found a low-energy shift for the latter one. For $^6$Li + $^{232}$Th [9], the $D_{\rm QEL}$ value for the $^6$Li channel is shifted to low energy by about 1.9 MeV as compared with the $^6{\rm Li} + \alpha$ and $^6{\rm Li} + \alpha + d$ channels. Otomar *et al.* [12] analyzed the QEL barrier distributions of $^{6,7}$Li + $^{144}$Sm and found that the net dynamical effect of the coupling to the continuum breakup channels results in the increase of an effective Coulomb barrier. Additionally, Signorini *et al.* [13] found that the barrier distribution extracted from fusion data is narrower than the one from elastic scattering data, although

① Physical Review C,2010,82(2):027602-(1-4).

this discrepancy may be caused by the poor angle resolution of the detectors in the experiment.

In the present Brief Report, we have measured the QEL of $^9Be + ^{208}Pb$ with high precision at a backward angle at the energies around the Coulomb barrier and extracted the barrier distribution from the excitation function of QEL. Our present result may provide further evidence for the effects of breakup on the fusion reactions at near-barrier energies.

The experiment was performed with a collimated $^9Be$ beam at the HI-13 tandem accelerator at CIAE, Beijing. A Versa-Module-Eurocard (VME) data acquisition system was used to accumulate the particle spectra. The target consisted of evaporations of $^{208}Pb$ (100 $\mu g/cm^2$ in thickness and 3 mm in diameter) onto a carbon backing of 30 $\mu g/cm^2$ in thickness. Two Si(Au) detectors located at $\theta_{lab} = 25°$ with respect to the beam were used to measure the Rutherford scattering events to monitor the beam and to normalize the cross sections. The QEL particles were measured by an Si(Au) detector at a backward angle of $\theta_{lab} = 170°$ relative to the beam direction, and the corresponding angular aperture was 1.1°. The QEL was measured in the laboratory energies range from 25 to 46 MeV (40% below and above the nominal Coulomb barrier), with energy steps of $\Delta E = 1.5$ MeV for the lower energies and 1.0 MeV for the higher ones. The terminal voltage of the accelerator was increased monotonically to reduce magnetic hysteresis effects. Beam currents ranged from 10 to 70 pnA. The statistical errors are 1.5% for the lower energies and increase to 10% for the highest energy.

A typical spectrum for the $^9Be + ^{208}Pb$ system taken at a beam energy of 33.0 MeV and $\theta_{lab} = 170°$ is shown in Fig. 1. The QEL events are indicated by the two dashed lines. A strong inclusive $\alpha$ channel could be observed at the low-energy side of the spectrum. Events associated with $Z = 2$ were not used in the subsequent analysis of the QEL processes, since it was not possible to clearly distinguish the corresponding reaction channels, such as noncapture breakup and transfer and evaporation of the CF and ICF compound nuclei. For this reason, we will define QEL as the sum of elastic and inelastic scattering channels in the following analysis. This means that, in fact, the data do not correspond strictly to a full QEL cross section, but rather a lower limit of it.

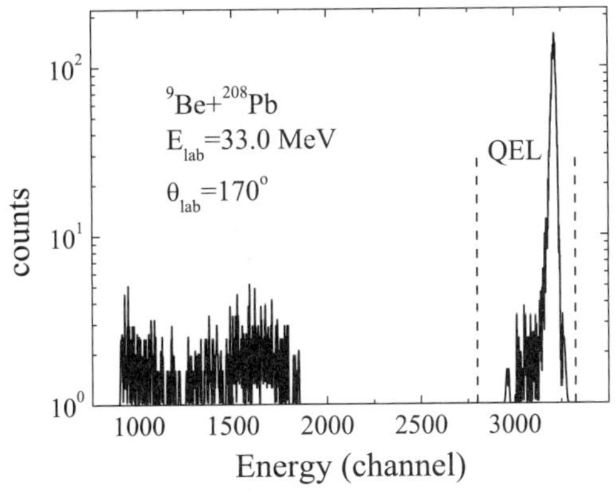


FIG. 1. Typical energy spectrum of the scattered particles for $^9Be + ^{208}Pb$.

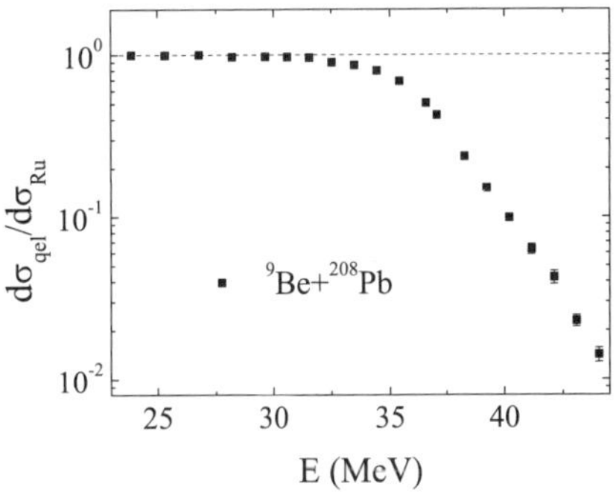


FIG. 2. The ratio of the differential QEL cross sections relative to the Rutherford scattering cross sections measured at $\theta_{lab} = 170°$ for $^9Be + ^{208}Pb$.

The cross sections of QEL were normalized with the counts of elastic scattering in the two monitors. Energy loss in the carbon backing and the target was considered in the data analysis. The ratio QEL/Rutherford scattering was obtained by means of the expression:

$$\frac{d\sigma_{QEL}}{d\sigma_{Ru}}(\theta_{QEL}) = \frac{N_{QEL}}{N_M}\frac{d\sigma_{Ru}(\theta_M)}{d\sigma_{Ru}(\theta_{QEL})}\frac{\Delta\Omega_M}{\Delta\Omega_{QEL}}, \quad (1)$$

where $\theta$ is the fixed angle of the detector and $N$ is the corresponding number of detected events of interest in the solid angle $\Delta\Omega$. The solid angle ratio was determined by a calibrated $^{241}Am$ $\alpha$ source and the elastic scattering of $^9Be + ^{208}Pb$ at very low beam energies for which the elastic scattering cross sections follow the Rutherford formula; the final ratio was estimated to be $0.0558 \pm 0.0008$ (1.4% statistical uncertainty). The experimental errors include only the statistical error of the event counts. Figure 2 shows the excitation function of QEL scattering measured at 170° for $^9Be + ^{208}Pb$. The cross sections are listed in Table I.

The barrier distribution from the QEL scattering excitation function can be deduced [2] as follows:

$$D_{QEL}(E) = -\frac{d}{dE}\left[\frac{d\sigma_{QEL}}{d\sigma_{Ru}}(E)\right], \quad (2)$$

where $d\sigma_{QEL}$ is the QEL scattering differential cross section. The cross section should be the differential cross section at

TABLE I. The QEL cross sections measured at $\theta_{lab} = 170°$ for $^9Be + ^{208}Pb$. Quoted errors are statistical uncertainties only.

| $E$ (MeV) | $d\sigma_{QEL}/d\sigma_{Ru}$ | $E$ (MeV) | $d\sigma_{QEL}/d\sigma_{Ru}$ |
|---|---|---|---|
| 23.9 | $1.000 \pm 0.015$ | 35.4 | $0.689 \pm 0.012$ |
| 25.3 | $0.995 \pm 0.014$ | 36.6 | $0.505 \pm 0.009$ |
| 26.8 | $1.001 \pm 0.015$ | 37.0 | $0.425 \pm 0.009$ |
| 28.2 | $0.973 \pm 0.015$ | 38.3 | $0.237 \pm 0.005$ |
| 29.6 | $0.975 \pm 0.015$ | 39.2 | $0.152 \pm 0.004$ |
| 30.6 | $0.969 \pm 0.015$ | 40.2 | $0.099 \pm 0.003$ |
| 31.6 | $0.960 \pm 0.015$ | 41.2 | $0.063 \pm 0.005$ |
| 32.5 | $0.897 \pm 0.015$ | 42.1 | $0.042 \pm 0.004$ |
| 33.5 | $0.864 \pm 0.016$ | 43.1 | $0.023 \pm 0.002$ |
| 34.4 | $0.798 \pm 0.014$ | 44.0 | $0.014 \pm 0.001$ |

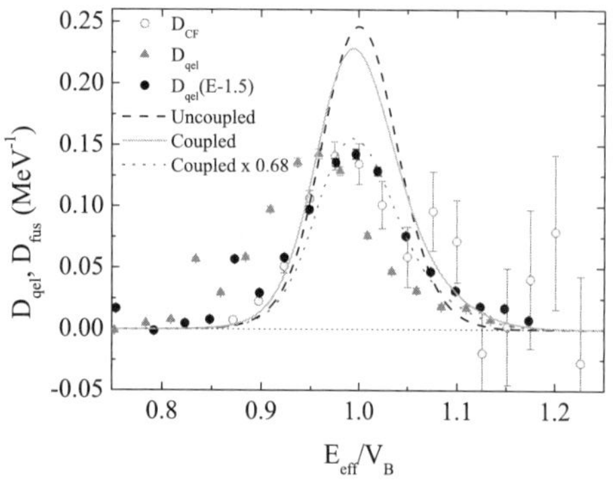


FIG. 3. (Color online) A comparison of the barrier distributions extracted from the excitation functions of the QEL scattering (filled triangles) and the complete fusion (open circles) for the $^9$Be + $^{208}$Pb system.

$\theta \approx 180^\circ$ in theory; experimentally, the detectors were usually located at large backward angles as close to 180° as possible. Therefore, the center-of-mass $E$ should be depressed by the centrifugal energy $E_{\text{cent}}$,

$$E_{\text{cent}} = E\frac{\operatorname{cosec}(\theta/2) - 1}{\operatorname{cosec}(\theta/2) + 1}, \quad (3)$$

by considering the extra centrifugal potential for the partial wave, which contributes to the scattering at $\theta$ when the barrier distribution was deduced, where $\theta$ is the angle in the center-of-mass system. With Eq. (2), the barrier distribution for $^9$Be + $^{208}$Pb was obtained from the QEL excitation function at the angle $\theta_{\text{lab}} = 170^\circ$, shown in Fig. 3 as filled triangles. The relative errors of the data for the barrier distribution increase from 2% to 13% with the increasing energy. The errors in the figure are a little larger or are less than the size of the data point.

The figure also shows the deduced fusion barrier distribution from the CF excitation function as open circles taken from Ref. [15]. The shape of the two distributions is similar, but an energy shift exists between the two peaks. The solid circles represent the QEL barrier distribution, which is shifted to higher energy by 1.5 MeV. From this comparison, we could see that the main part of the shape of the two barrier distributions is consistent after the energy shift of the QEL barrier.

Coupled-channels calculation has been performed by using the code CCDEF [14]. The ground rotational state with an effective value of $\beta_2 = 0.92$ for $^9$Be was used. For the target, the $3^-$ and $5^-$ vibrational states with $\beta_3 = 0.122$ and $E_x = 2.615$ MeV, $\beta_5 = 0.08$ and $E_x = 3.198$ MeV were included. The barrier distributions were obtained from the calculated fusion excitation functions and compared with the experimental data in Fig. 3. The coupled-channel calculation, which ignores breakup effects gives a wider distribution and a better fit to the experimental data as compared with the single-channel calculation. It seems that the coupling calculation gives an overall trend of the experimental data on the whole but carries a larger weight near the barrier energies. This discrepancy might be attributed to the absence of the $^9$Be breakup channel in the coupling scheme. The dotted line is the result of the coupled-channels calculation scaled by 0.68; the complete fusion suppression factor is found in Ref. [15].

Energy shifts between the distributions were also found in the $^6$Li + $^{144}$Sm [11] and $^{6,7}$Li + $^{208}$Pb [7] systems. The downward centroid shift of the QEL barrier distribution of $^9$Be + $^{208}$Pb is in basic agreement with the result of $^6$Li + $^{144}$Sm [11]. This shift is ascribed to the breakup of the projectiles before reaching the classical turning point caused by the similar time scales of the fusion and fast breakup reactions. Therefore, for such systems, the breakup channel must be included as one of the QEL processes [12]. The barrier distributions extracted from the excitation functions of the sum of the QEL scattering and breakup are almost the same as the one extracted from the CF excitation functions for $^{6,7}$Li + $^{208}$Pb. This result indicates that barrier distribution not only bears the information of nuclear structures but also contains the knowledge of the reaction mechanism [7]. Recently, Pereira *et al.* [16] have proved that breakup at near-barrier energies can be attributed to dissipative processes. Since the total reaction cross section is larger than the fusion cross section, the QEL barrier distribution (or reaction threshold distribution, which follows Zagrebaev's interpretation [17]), obtained from QEL (elastic + inelastic) scattering, must be shifted to the low-energy side, when compared with the fusion barrier distribution obtained from fusion cross section measurement. It agrees with the expression $R + T = 1 - P^{\text{BU}}$. Hence, it is necessary to get the breakup data and to perform the continuum discretized coupled-channels calculations to include the breakup coupling for further understanding of the reaction dynamics.

To summarize, the QEL excitation function of the $^9$Be + $^{208}$Pb system at a backward angle has been measured at near-barrier energies. The corresponding barrier distribution has been deduced from the first derivative of the experimental cross sections with respect to the effective energies. Coupled-channels calculation, which includes the low-inelastic states has been performed to compare the data. Combined with the $^6$Li + $^{144}$Sm data (almost the same energy shift 1.5 MeV), it can be concluded that the discrepancy between the theoretical prediction and the data indicates a large breakup effect in the QEL scattering of the weakly bound nucleus. Other reaction channels not included in the calculation might be needed to eliminate the discrepancy between experimental data and theoretical estimations. Based on the experimental results, Zagrebaev proposed that the barrier distribution derived from backward QEL scattering of heavy ions represents the total reaction threshold distribution rather than the fusion barrier [17]. The present result supports this idea. This means that the barrier distribution not only contains the information about the coupling effects and the nuclear structures, but also reflects the reaction mechanism to some extent.

This work was supported by the National Natural Science Foundation of China under Grant No. 10575134, No. 10675169, and No. 10735100, and the Major State Basic Research Developing Program under Grant No. 2007CB815003.

[1] N. Rowley, G. H. Satchler, and P. H. Stelson, Phys. Lett. B **254**, 25 (1991).
[2] H. Timmers, J. R. Leigh, M. Dasgupta, D. J. Hinde, R. C. Lemmon, J. C. Mein, C. R. Morton, J. O. Newton, and N. Rowley, Nucl. Phys. A **584**, 190 (1995).
[3] E. Piasecki *et al.*, Phys. Rev. C **80**, 054613 (2009).
[4] L. F. Canto, P. R. S. Gomes, R. Donangelo, and M. S. Hussein, Phys. Rep. **424**, 1 (2006).
[5] A. Diaz-Torres, I. J. Thompson, and C. Beck, Phys. Rev. C **68**, 044607 (2003).
[6] M. Dasgupta *et al.*, Phys. Rev. C **70**, 024606 (2004).
[7] C. J. Lin *et al.*, Nucl. Phys. A **787**, 281c (2007).
[8] D. S. Monteiro *et al.*, Phys. Rev. C **79**, 014601 (2009).
[9] S. Mukherjee, B. K. Nayak, D. S. Monteiro, J. Lubian, P. R. S. Gomes, S. Appannababu, and R. K. Choudhury, Phys. Rev. C **80**, 014607 (2009).
[10] J. Lubian, T. Correa, P. R. S. Gomes, and L. F. Canto, Phys. Rev. C **78**, 064615 (2008).
[11] D. S. Monteiro, P. R. S. Gomes, and J. Lubian, Phys. Rev. C **80**, 047602 (2009).
[12] D. R. Otomar *et al.*, Phys. Rev. C **80**, 034614 (2009).
[13] C. Signorini *et al.*, Eur. Phys. J. A **5**, 7 (1999).
[14] J. Fernández-Niello, C. H. Dasso, and S. Landowne, Comput. Phys. Commun. **54**, 409 (1989).
[15] M. Dasgupta *et al.*, Phys. Rev. Lett. **82**, 1395 (1999).
[16] D. Pereira, J. Lubian, J. R. B. Oliveira, D. P. de Sousa, and L. C. Chamon, Phys. Lett. B **670**, 330 (2009).
[17] V. I. Zagrebaev, Phys. Rev. C **78**, 047602 (2008).

# Near-barrier fusion of $^{32}S + ^{90,96}Zr$: The effect of multi-neutron transfers in sub-barrier fusion reactions ①

H. Q. Zhang,[1] C. J. Lin,[1] F. Yang,[1] H. M. Jia,[1] X. X. Xu,[1] Z. D. Wu,[1] F. Jia,[1] S. T. Zhang,[1] Z. H. Liu,[1] A. Richard,[1,2,3] and C. Beck[2]

[1]*China Institute of Atomic Energy, P. O. Box 275(10), Beijing 102413, People's Republic of China*

[2]*Institut Pluridisciplinaire Hubert Curien, UMR 7178, CNRS-IN2P3, and Université de Strasbourg (UdS), F-67037 Strasbourg Cedex 2, France*

[3]*Ecole Nationale Supérieure de Physique de Strasbourg (ENSPS), F-67400 Illkirch, France*

(Received 13 April 2010; revised manuscript received 7 October 2010; published 15 November 2010)

Fusion excitation functions have been measured for the first time with rather good accuracy for $^{32}S + ^{90}Zr$ and $^{32}S + ^{96}Zr$ near and below the Coulomb barrier. The sub-barrier cross sections for $^{32}S + ^{96}Zr$ are much larger than for $^{32}S + ^{90}Zr$. A coupled-channels calculation considering the inelastic excitations is capable of describing sub-barrier enhancement only for $^{32}S + ^{90}Zr$. The unexplained part for $^{32}S + ^{96}Zr$ is found to be correlated with the positive-$Q$-value intermediate neutron transfers in this system. The comparison with $^{40}Ca + ^{96}Zr$ suggests that couplings to the positive-$Q$-value neutron transfer channels may play a role in the sub-barrier fusion enhancement. Multi-neutron transfers are taken into account in Zagrebaev's semiclassical model to explain the discrepancies of the sub-barrier fusion cross sections for $^{32}S + ^{96}Zr$.

DOI: 10.1103/PhysRevC.82.054609 PACS number(s): 25.70.Gh, 25.70.Jj, 24.10.Eq

## I. INTRODUCTION

The heavy-ion fusion reactions in the low-energy range near and below the Coulomb barrier have been the subject of extensive experimental and theoretical efforts in the past decades [1–5]. In addition to the fact that the questions of the possible occurrence of unexpected phenomena, such as breakup effects on the fusion reactions at near-barrier energies [5,6], are still unresolved, one has also to understand better the role of neutron transfers in the fusion processes [7,8]. For instance, effects of neutron-rich projectiles on the formation of superheavy elements (SHEs) [9,10], especially with the development of newly available radioactive ion beam (RIB) facilities, need to be clarified, as well as fusion hindrance at extremely low energies, which remains among the most interesting open questions in the nuclear astrophysics domain [11–14]. Fusion enhancement below the Coulomb barrier is one of the most studied phenomena, and measurements of fusion barrier distributions have been widely performed to investigate the mutual importance of both the nuclear structure and dynamical process effects on the sub-barrier fusion enhancement [15–21].

Coupled-channels (CC) calculations have been used to describe the reactions in this energy range theoretically (see, for example, Refs. [3,15] and references therein). Fusion enhancement caused by the static deformations and surface vibrations of the nuclei has been well described in these coupled-channels calculations [15–21]. The influence of the neutron transfer channels on sub-barrier fusion processes [18–24] is not yet fully understood. During the last decades a large number of experimental and theoretical investigations have been undertaken to study the neutron transfer mechanisms in competition with the fusion processes. Stelson *et al.* [22–24] proposed an original scenario that used an empirical method involving a sequential transfer of several neutrons between the reactants. This multi-neutron transfer process is capable of initiating fusion at large internuclear distances and will smooth the fusion barrier distribution (with larger width) with a lower energy threshold. This "shift" effect corresponds to the energy window for which the nuclei are allowed to come sufficiently close together for neutrons to flow freely between the target and projectile. As a consequence, this will reduce the effective barrier and enhance the fusion cross sections at sub-barrier energies. Following this idea, Rowley *et al.* [25] used a simple phenomenological model that simulates couplings to neutron transfer channels with a parametrized coupling matrix. Later on, Zagrebaev [26] proposed another semiclassical theoretical model that has been successfully used to reproduce the sub-barrier fusion enhancement of the $^{40}Ca + ^{96}Zr$ reaction [18] by including the intermediate positive-$Q$-value neutron transfer channels in the CC calculations. Although damped by Coulomb repulsion, a similar effect might also be of importance for proton transfer, but very scarce results are available [2].

The failure of the CC calculations that include only the couplings to the inelastic excitations indicates that couplings to neutron transfer channels might play a key role in the fusion dynamics near the barrier for medium-heavy systems such as $^{40}Ca + ^{90,96}Zr$ [18,27], $^{28}Si + ^{90,94}Zr$ [28], and $^{20}Ne + ^{90,92}Zr$ [29], the last two reactions being studied by measurements of large-angle quasielastic scatterings. Our previous measurements of quasielastic scatterings of $^{32}S + ^{90,96}Zr$ were also undertaken at backward angles near the barrier [30]; the analysis gave an indication that positive-$Q$-value neutron transfer channels should be included in the coupling scheme. Up to now no fusion data exist for $^{20}Ne + ^{90,92}Zr$ or $^{32}S + ^{90,96}Zr$; it will be interesting to measure these fusion excitation functions. In order to disentangle the possible effect of positive-$Q$-value neutron transfer couplings, we decided to investigate the last two systems. We report here on the measurement of near- and sub-barrier fusion excitation functions of $^{32}S + ^{90,96}Zr$ performed with small energy steps and good statistical accuracy.

① Physical Review C,2010,82(5):054609-(1-7).

Our research will focus on the role of neutron transfers between the colliding nuclei as a mechanism to enhance the fusion cross sections at sub-barrier energies. This paper is organized as follows. Section II presents the experimental setup and details of the measurements. Results of the analysis of the experimental data are given in Sec. III. The discussion is finally presented in Sec. IV in the framework of comparisons with coupled-channels calculations, before a short summary in Sec. V.

## II. EXPERIMENTAL PROCEDURES

The experiment was performed at the HI-13 tandem accelerator of the China Institute of Atomic Energy (CIAE), Beijing. A collimated $^{32}$S ($q = 10+$ charge state) beam was used to bombard the zirconium oxide targets. The beam intensity was stabilized in the 2–20 pnA range in order to minimize the pile-up for each of the bombarding energies. The 3-mm-diameter (98.87% enriched) $^{90}ZrO_2$ and (86.4% enriched) $^{96}ZrO_2$ targets were both 50 $\mu g/cm^2$ thick and evaporated onto 15 $\mu g/cm^2$ carbon foil backings. The thicknesses of targets were estimated by using standard Rutherford backscattering measurements. The isotope correction for the 13.6% impurity in the $^{96}$Zr targets was made as carefully as possible. A small isotope dependence of the fusion cross sections is known to occur mainly for energies above the Coulomb barrier. At energies well below the barrier, the fusion cross sections for $^{32}S + ^{90}Zr$ are very small and negligible compared with $^{32}S + ^{96}Zr$ cross sections. The most significant corrections were applied to the raw data. They ranged from 3% to 15% for energies below the Coulomb barrier. The corresponding errors have been estimated to be from 0.3% to 1.5%. These target thickness uncertainties are included in a total systematic error of approximately 15%. The beam energies were varied over the range $E_{lab} = 100$–130 MeV for $^{32}S + ^{90}Zr$ and $E_{lab} = 95$–130 MeV for $^{32}S + ^{96}Zr$ (in 1.33 MeV steps at the higher and 0.67 MeV at the lower energies) and changed only downward starting at $E_{lab} = 130$ MeV in order to reduce the magnetic hysteresis for both targets. Four silicon detectors placed symmetrically at $\theta = \pm 25^\circ$ (right-left and up-down) with respect to the beam direction were used to monitor the Rutherford scattering and to provide an absolute normalization of the fusion cross sections.

The fusion evaporation residues (ERs) concentrated within a few degrees of the incident beam direction were separated from the incident beam (see Fig. 1) by an electrostatic deflector [31]. It consists of two pairs of electrodes followed by an $E$ vs time of flight (TOF) detector telescope with a microchannel plate (MCP) detector and a Si(Au) surface barrier detector. Two-dimensional plot of the data was used to cleanly separate the ERs from the beamlike products (BLPs). A typical example of the TOF versus energy spectrum for $^{32}S + ^{96}Zr$ measured at $E_{lab} = 130$ MeV and $\theta = 2^\circ$ is shown in Fig. 1. The distinction between ER events and other processes is straightforward at 2°, as shown by the two-dimensional spectrum of Fig. 1; such an easy analysis of ERs could be done similarly at larger angles (not shown in the figure). The electrostatic deflector could be rotated about the target position in the horizontal plane to measure the ER angular distribution.

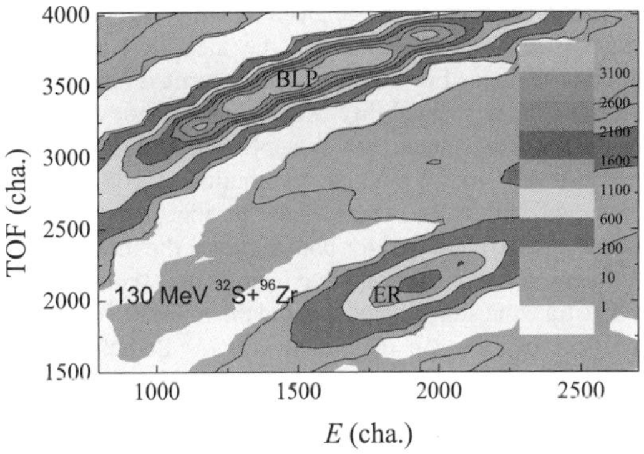


FIG. 1. (Color online) Two-dimensional plot $E$-TOF of the events following beam separation, taken at $E_{lab} = 130$ MeV and at 2° for the $^{32}S + ^{96}Zr$ reaction. Two groups of particles (ERs and BLPs) are indicated.

The particles from the target were selected before entering the fields by an entrance collimator of 3 mm diameter, corresponding to an opening angle $\Delta\theta = \pm 0.57^\circ$. A 10-$\mu g/cm^2$-thick carbon foil clinging to the collimator was used to reset the atomic charge state distribution on the ion path. The collimator of the MCP defined the solid angle of the electrostatic deflector as being approximately $\Delta\Omega = 0.3$ msr.

The ER angular distributions were measured in the range $\theta = -4^\circ$ to 10° with step $\Delta\theta = 1^\circ$ at three beam energies ($E_{lab} = 108.3$, 116.4, and 130.0 MeV) for both systems. The angular distributions for $^{32}S + ^{96}Zr$ are shown in Fig. 2. It is found that they are symmetrical about $\theta = 0^\circ$, as expected. Their typical shapes do not change appreciably with the beam energy. These combined angular distributions and double Gaussian fits were used to obtain the fusion cross sections. At each energy the number of ER events was normalized to the Rutherford scattering rates counted by the monitor detectors. For most of the energy points, only differential cross sections were measured at $\theta = 2^\circ$; from the values obtained, the total

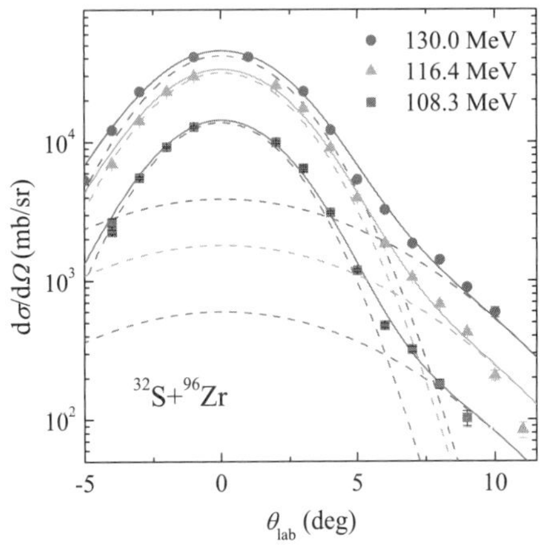


FIG. 2. (Color online) The angular distributions of fusion evaporation residues of $^{32}S + ^{96}Zr$ at three beam energies. The dashed lines are the two Gaussian functions used to obtain the total cross sections.

ER cross sections were deduced. Using the solid angles, the ($\theta = 2^\circ$)-to-total ratios, and the measured transmission efficiencies, these ER yields were transformed into total cross sections. The reproducibility of the measurement was checked during the experiment; for example, the two measurement results at $-3^\circ$ in the angular distribution at 108.3 MeV are coincident within the errors. Since fission of the compound nucleus can be neglected for both systems, the measured cross sections were taken as complete fusion cross sections $\sigma_F$.

The transmission efficiencies and the relevant voltages used to deflect the ERs were calibrated with a $^{122}$Ba beam scattered by the $^{90}$Zr target at small angles and at the corresponding energies to the ERs. It was found that the defocusing effect of the deflection voltage reduces the transmission from unity to $0.60 \pm 0.06$. Additional systematic errors come from the geometrical solid angle uncertainties, the angular distribution integrations, isotope correction errors, and the transmission measurements. Altogether these contributions sum up to a 15% value for systematic errors.

### III. EXPERIMENTAL RESULTS

The fusion excitation functions first measured for the two systems are shown in Fig. 3, where the energy scale is corrected for the target thickness. The statistical errors shown in the figure do not exceed the symbol size for most of the experimental points. They are ±0.8% for both the high-energy and the intermediate-energy points and increase to ±23% for the low-energy points. The fusion cross sections are listed in Tables I and II for both reactions.

The comparison of the renormalized fusion functions [6] of $^{32}$S + $^{96}$Zr (present work) and $^{40}$Ca + $^{96}$Zr [18] is shown in Fig. 4. According to Canto *et al.* [6,32]

$$\bar{F}_{\text{expt}}(x) = F_{\text{expt}}(x)\frac{\sigma_F^W}{\sigma_{\text{CC}}} \quad \text{with} \quad x = \frac{E_{\text{c.m.}} - V_B}{\hbar\omega}, \tag{1}$$

$$F_{\text{expt}}(x) = \frac{2E_{\text{c.m.}}}{\hbar\omega R_B^2}\sigma_F^{\text{expt}}, \tag{2}$$

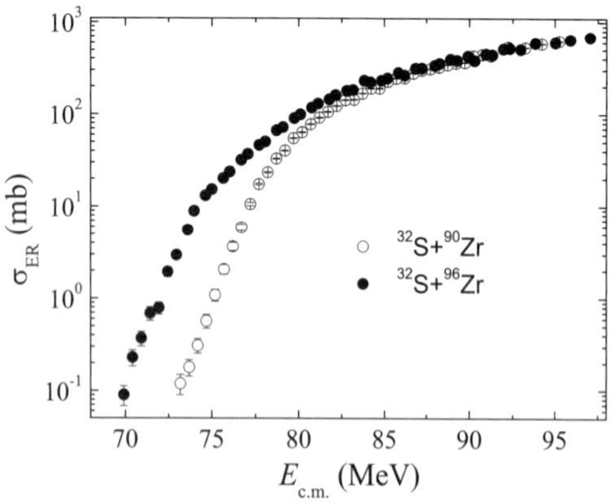


FIG. 3. Experimental fusion excitation functions of $^{32}$S + $^{90}$Zr (open circles) and $^{32}$S + $^{96}$Zr (solid circles) as a function of the center-of-mass energy. The error bars represent purely statistical uncertainties.

TABLE I. Experimental fusion cross sections for $^{32}$S + $^{90}$Zr.

| $E_{\text{c.m.}}$ (MeV) | $\sigma_F$ (mb) | $E_{\text{c.m.}}$ (MeV) | $\sigma_F$ (mb) |
|---|---|---|---|
| 95.3 | 623.51 ± 4.00 | 82.7 | 142.10 ± 1.37 |
| 94.2 | 582.98 ± 4.63 | 82.2 | 122.84 ± 1.08 |
| 93.3 | 528.80 ± 3.93 | 81.7 | 105.94 ± 1.10 |
| 92.2 | 535.48 ± 4.70 | 81.2 | 91.59 ± 0.92 |
| 91.2 | 430.00 ± 3.37 | 80.7 | 77.96 ± 0.80 |
| 90.7 | 442.29 ± 3.03 | 80.2 | 63.69 ± 0.62 |
| 90.2 | 429.44 ± 3.58 | 79.7 | 54.96 ± 0.55 |
| 89.7 | 363.05 ± 3.22 | 79.2 | 40.22 ± 0.39 |
| 89.2 | 357.17 ± 2.84 | 78.7 | 32.89 ± 0.34 |
| 88.7 | 342.70 ± 2.94 | 78.2 | 23.41 ± 0.35 |
| 88.2 | 322.27 ± 3.07 | 77.7 | 17.46 ± 0.35 |
| 87.7 | 309.41 ± 2.80 | 77.2 | 10.58 ± 0.42 |
| 87.2 | 298.07 ± 2.85 | 76.7 | 5.89 ± 0.41 |
| 86.7 | 277.99 ± 2.29 | 76.2 | 3.66 ± 0.37 |
| 86.2 | 246.27 ± 2.81 | 75.7 | 2.07 ± 0.25 |
| 85.7 | 244.09 ± 2.02 | 75.2 | 1.09 ± 0.16 |
| 85.2 | 224.93 ± 1.95 | 74.7 | 0.57 ± 0.10 |
| 84.7 | 190.06 ± 1.64 | 74.2 | 0.31 ± 0.06 |
| 84.2 | 189.70 ± 1.75 | 73.7 | 0.18 ± 0.04 |
| 83.7 | 167.85 ± 1.25 | 73.2 | 0.12 ± 0.03 |
| 83.2 | 143.85 ± 1.38 | | |

and

$$\text{UFF} = \ln[1 + \exp(2\pi x)], \tag{3}$$

where $V_B$, $R_B$, and $\hbar\omega$ are the fusion barrier height, radius, and curvature, respectively. $\sigma_F^W$ and $\sigma_{\text{CC}}$ are the fusion cross sections in the single-channel case approximated by the Wong model [33] and from the CC calculations including all relevant couplings to bound channels without neutron transfers. This comparison demonstrates the essential importance of transfer couplings in both reactions. One observes that the two systems display very similar behaviors over the whole energy range. The difference between the experimental results and the UFF below the barrier energies means that the channel couplings

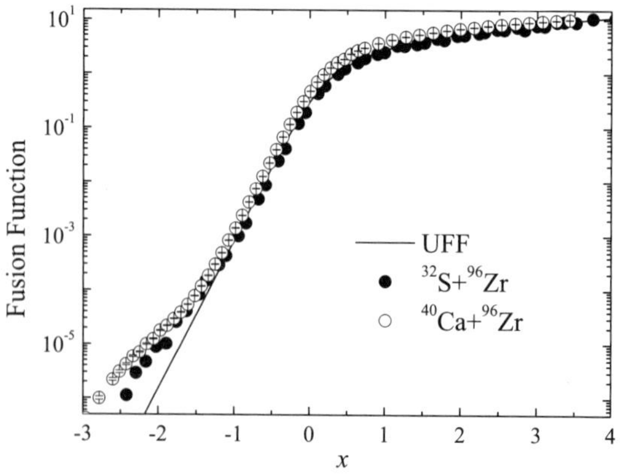


FIG. 4. Dimensionless fusion functions $\bar{F}_{\text{expt}}(x)$ for $^{32}$S + $^{96}$Zr (filled circles) measured in the present work and $^{40}$Ca + $^{96}$Zr (open circles). UFF is the universal fusion function as obtained by Canto *et al.* [6,32]. The data for $^{40}$Ca + $^{96}$Zr are taken from Ref. [18].

TABLE II. Experimental fusion cross sections for $^{32}S + ^{96}Zr$.

| $E_{c.m.}$ (MeV) | $\sigma_F$ (mb) | $E_{c.m.}$ (MeV) | $\sigma_F$ (mb) |
|---|---|---|---|
| 97.1 | 683.96 ± 3.93 | 82.1 | 161.35 ± 1.34 |
| 95.9 | 644.56 ± 7.76 | 81.8 | 145.06 ± 1.51 |
| 95.0 | 601.59 ± 3.70 | 81.1 | 130.62 ± 1.09 |
| 93.9 | 591.22 ± 4.33 | 80.8 | 117.57 ± 1.21 |
| 93.0 | 505.50 ± 3.00 | 80.1 | 99.28 ± 0.85 |
| 92.3 | 519.80 ± 4.10 | 79.7 | 90.53 ± 0.83 |
| 92.0 | 510.25 ± 3.57 | 79.1 | 72.13 ± 0.66 |
| 91.3 | 439.19 ± 3.38 | 78.7 | 66.85 ± 0.70 |
| 90.9 | 448.78 ± 3.14 | 78.1 | 50.41 ± 0.43 |
| 90.3 | 381.53 ± 2.95 | 77.7 | 46.28 ± 0.51 |
| 89.9 | 424.93 ± 3.13 | 77.0 | 37.01 ± 0.31 |
| 89.3 | 382.96 ± 3.02 | 76.7 | 31.81 ± 0.34 |
| 88.9 | 393.91 ± 2.55 | 76.0 | 23.82 ± 0.03 |
| 88.3 | 354.74 ± 2.11 | 75.7 | 20.18 ± 0.03 |
| 88.0 | 338.00 ± 2.74 | 75.0 | 15.32 ± 0.23 |
| 87.2 | 314.40 ± 2.44 | 74.6 | 13.12 ± 0.26 |
| 86.9 | 313.05 ± 2.37 | 74.0 | 8.95 ± 0.36 |
| 86.2 | 264.38 ± 2.37 | 73.6 | 5.53 ± 0.39 |
| 85.8 | 282.11 ± 2.51 | 73.0 | 2.95 ± 0.30 |
| 85.2 | 244.76 ± 1.78 | 72.5 | 1.94 ± 0.23 |
| 84.8 | 231.95 ± 2.18 | 71.9 | 0.79 ± 0.12 |
| 84.2 | 222.32 ± 1.83 | 71.4 | 0.69 ± 0.12 |
| 83.8 | 231.63 ± 1.93 | 70.9 | 0.37 ± 0.07 |
| 83.2 | 182.87 ± 1.85 | 70.4 | 0.23 ± 0.05 |
| 82.8 | 179.30 ± 1.82 | 69.9 | 0.09 ± 0.02 |

are very important in both reactions. Further this comparison measures the importance of transfer couplings [34,35]. This behavior, already discussed in our previous investigation of $^{32}S + ^{90,96}Zr$ quasielastic barrier distributions [30], indicates that the positive-$Q$-value neutron transfers strongly enhance the fusion cross sections at sub-barrier energies. The present experimental observation is confirmed by the CC calculations in Zagrebaev's semiclassical model as discussed in the following section.

## IV. COUPLED-CHANNELS CALCULATIONS

The fusion excitation functions of $^{32}S + ^{90,96}Zr$ have been calculated by means of the coupled-channels theory with the CCDEF code [36]. The potential barriers were found to be at $V_B = 81.2$ MeV, $R_B = 10.59$ fm, and $\hbar\omega = 3.98$ MeV for $^{32}S + ^{90}Zr$, and $V_B = 79.3$ MeV, $R_B = 10.86$ fm, and $\hbar\omega$ =3.88 MeV for $^{32}S + ^{96}Zr$. The related information on the low-lying excitations of $^{32}S$, $^{90}Zr$, and $^{96}Zr$ can be seen in Table III. The deformation parameters $\beta_\lambda$ are taken from Refs. [37,38]. The quadrupole vibrations of both $^{90}Zr$ and $^{96}Zr$ nuclei are weak in energy; in fact, they lie at comparable energies.

Figure 5 shows the comparison of the experimental fusion excitation functions and the uncoupled and CC calculations without neutron transfers for the $^{32}S + ^{90}Zr$ fusion reaction. The CC calculation (solid line), which reproduces the data above and below the barrier $V_B$ (arrow in Fig. 5), is quite satisfactory.

TABLE III. Excitation energies $E_x$, spin and parities $\lambda^\pi$, and deformation parameters $\beta_\lambda$ for $^{32}S$ and $^{90,96}Zr$. The data are from Refs. [37,38]

| Nucleus | $E_x$ (MeV) | $\lambda^\pi$ | $\beta_\lambda$ |
|---|---|---|---|
| $^{32}S$ | 2.230 | $2^+$ | 0.32 |
| | 5.006 | $3^-$ | 0.40 |
| $^{90}Zr$ | 2.186 | $2^+$ | 0.09 |
| | 2.748 | $3^-$ | 0.22 |
| $^{96}Zr$ | 1.751 | $2^+$ | 0.08 |
| | 1.897 | $3^-$ | 0.27 |

Figure 6 shows the comparison of the experimental fusion excitation functions and the uncoupledand CC calculations without neutron transfers for the $^{32}S + ^{96}Zr$ fusion reaction. The CC calculation without neutron transfers fails for $^{32}S + ^{96}Zr$, with large discrepancies occurring mainly at energies below the barrier $V_B$ (arrow in Fig. 6). A similar conclusion has been obtained for $^{40}Ca + ^{94}Zr$ [21]. It can be seen from Fig. 5 that the CC calculation reproduces the experimental excitation function well without considering neutron transfers for $^{32}S + ^{90}Zr$, while it fails for $^{32}S + ^{96}Zr$. The result shows that the enhancement of the sub-barrier fusion cross sections might be caused by multi-neutron transfers with positive $Q$ values.

To take into account the neutron transfers, the fusion excitation function can be derived by using the following formula according to Zagrebaev's semiclassical model [26]:

$$T_l(E_{c.m.}) = \int f(B)\frac{1}{N_{tr}}\sum_k \int_{-E_{c.m.}}^{Q_0(k)} \alpha_k(E_{c.m.}, l, Q) \times P_{HW}(B, E_{c.m.} + Q, l)dQdB \quad (4)$$

and

$$\sigma_F(E_{c.m.}) = \frac{\pi\hbar^2}{2\mu E_{c.m.}}\sum_{l=0}^{l_{cr}}(2l+1)T_l(E_{c.m.}), \quad (5)$$

where $T_l(E_{c.m.})$ is the penetration probability, $B$ and $f(B)$ are the barrier height and the normalized barrier distribution function,

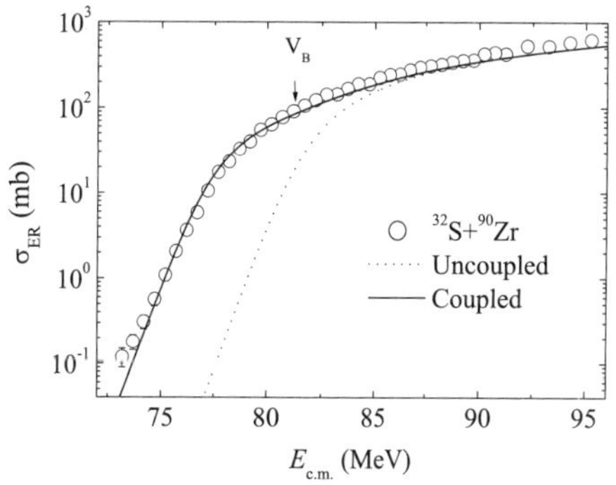


FIG. 5. Fusion excitation function of $^{32}S + ^{90}Zr$. The open circles are the experimental data. The dotted and solid lines represent the uncoupled and the CC calculations without neutron transfers. The arrow indicates the position of the Coulomb barrier for $^{32}S + ^{90}Zr$.

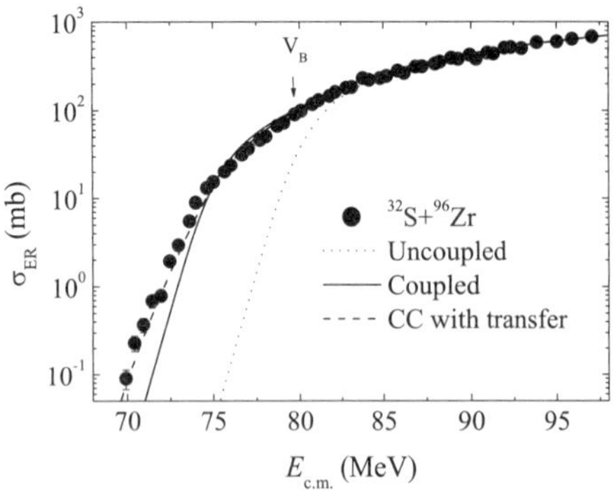


FIG. 6. Fusion excitation function of $^{32}S + ^{96}Zr$. The solid circles are the experimental data. The dotted, solid, and dashed lines are the uncoupled calculation and CC calculations without and with neutron transfers, respectively. The arrow indicates the position of the Coulomb barrier for $^{32}S + ^{96}Zr$.

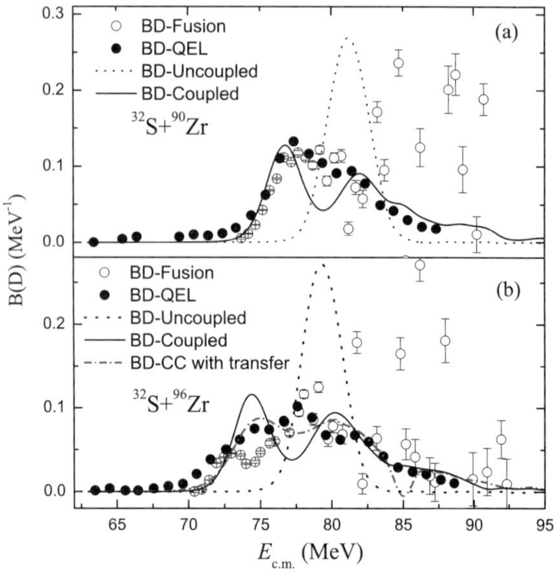


FIG. 7. (Color online) Barrier distributions from fusion (open circles) and quasielastic scattering (solid circles) for $^{32}S + ^{90}Zr$ (a) and $^{32}S + ^{96}Zr$ (b). The dotted, solid, and dash-dotted lines represent the uncoupled calculations and the CC calculations without and with neutron transfers, respectively.

which are taken from the CCDEF code, $P_{HM}$ is the usual Hill-Wheeler formula [39], $l$ is the momentum, and $l_{cr}$ is the critical angular momentum. $\alpha_k(E_{c.m.},l,Q)$ is the probability for the transfer of $k$ neutrons with $Q \leqslant Q_0(k)$, $Q_0(k)$ is the $Q$ value for the ground-state to ground-state transfer of the $k$th neutron, and $N_{tr}$ is the normalization of the total probability taking into account the multi-neutron transfers.

The calculation with the neutron transfer effect is performed up to the channel $+4n$ ($k = 4$). No more visible effect can be obtained by using $+5n$ and $+6n$ channels. The $Q$ values for the calculation (dashed line in Fig. 6) are given in Table IV. As we can see in Fig. 6, the solid line (without neutron transfers) does not at all describe the data at sub-barrier energies. In contrast, the dashed line taking into account neutron transfers is able to reproduce the data reasonably well. As expected, the correction applied to the calculation at sub-barrier energies by the Zagrebaev model [26,40] enhances the cross sections further. Moreover, it allows a fairly good description of the present experimental data showing the effect of neutron transfers for the sub-barrier fusion of $^{32}S + ^{96}Zr$.

Figure 7 shows the experimental barrier distributions from fusion and quasielastic scattering and the corresponding calculations for both systems. The fusion barrier distributions for both systems have been obtained by double differentiation of $E\sigma_F$ versus energy using the three-point difference formula [18]. The quasielastic barrier distributions are taken from Ref. [30]. It is very interesting to note that for both reactions the experimental quasielastic barrier distributions and the experimental fusion barrier distributions are strikingly similar. Although a fine structure appears visible in the experimental fusion barrier distribution of $^{32}S + ^{96}Zr$, its damping is most probably caused by the strong octupole vibration in $^{96}Zr$ [21]. The actual discrepancies between calculated and experimental results are not yet fully understood. Large fluctuations occur in the fusion barrier distributions for $E_{c.m.} > 83$ MeV owing to the large errors of the ER cross sections in the high energy range. For $^{32}S + ^{90}Zr$, the overall trends of the experimental barrier distributions are roughly consistent with the CC calculation, while for $^{32}S + ^{96}Zr$, the experimental barrier distributions are wider and trend to a lower energy range compared with the results for $^{32}S + ^{90}Zr$ and the CC calculation without considering neutron transfers. This shows the effect of the $Q > 0$ neutron transfers on the sub-barrier fusion enhancement. The situation is very similar to $^{40}Ca + ^{96}Zr$ [18] whose fusion function behavior has been well illustrated in Fig. 4 by its comparison to the UFF [6].

TABLE IV. $Q$-value in MeV for neutron pickup transfer channels from ground state to ground state for $^{32}S + ^{90,96}Zr$.

| System | +1n | +2n | +3n | +4n |
|---|---|---|---|---|
| $^{32}S + ^{90}Zr$ | −3.33 | −1.229 | −6.59) | −6.319 |
| $^{32}S + ^{96}Zr$ | 0.788 | 5.737 | 4.508 | 7.655 |

For both projectiles $^{40}Ca$ and $^{32}S$, we observe a significant widening of the fusion barrier distributions when neutrons are picked up from the $^{96}Zr$ target. This behavior is similar to what was concluded from the quasielastic barrier distributions of the two systems $^{32}S,^{40}Ca + ^{96}Zr$: they are wider and flatter than those for $^{32}S,^{40}Ca + ^{90}Zr$. This might partly justify the model of Stelson and co-workers [22–24] that neutron transfer channels could act as a doorway toward fusion [41,42]. Although damped by Coulomb repulsion, similar effects might also be of importance for proton transfer channels but very scarce results are available in the literature. Therefore, to reach a more general understanding of the role of nucleon transfers (i.e., both neutron and proton transfers) in the fusion processes below the Coulomb barrier, we will need more high-precision experimental fusion data with higher statistics at very low incident energies. At the same time, the Zagrebaev model including the multiproton transfer should be extended.

## V. SUMMARY

The fusion excitation functions for $^{32}S + ^{90,96}Zr$ were first measured with rather good accuracy near and below the Coulomb barrier. The sub-barrier cross sections for $^{32}S + ^{96}Zr$ are much larger than those for $^{32}S + ^{90}Zr$. The data have been analyzed in the framework of a coupled-channels approach. Good agreement between experimental data and the calculation is achieved for $^{32}S + ^{90}Zr$ by including the couplings to the low-lying quadruple and octupole vibrations in $^{32}S$ and $^{90}Zr$. The calculation can reproduce the $^{32}S + ^{96}Zr$ data only by including four sequential neutron transfer channels as well as the low-lying quadrupole and octupole vibrations in $^{32}S$ and $^{96}Zr$ in Zagrebaev's semiclassical model. The result supports the previous suggestion [30] that positive-$Q$-value neutron transfer channels enhance sub-barrier fusion cross sections, particularly at very low energies. Also the fusion and quasielastic barrier distributions of $^{32}S + ^{90,96}Zr$ are essentially consistent in both cases. For $^{32}S + ^{96}Zr$, the experimental barrier distributions are wider and trend to a lower-energy range compared with $^{32}S + ^{90}Zr$ and the CC calculation without neutron transfers. This fact shows again the effect of the $Q > 0$ neutron transfers on the sub-barrier fusion processes. In addition to the fusion excitation function, the neutron transfer cross section measurement for this system should provide useful information on the coupling strength of neutron transfer channels, which will allow us to reach a much deeper understanding of the role of neutron transfer mechanisms, sequential or simultaneous, in the fusion processes.

## ACKNOWLEDGMENTS

This work was supported by the National Natural Science Foundation of China under Grants No. 10575134, No. 10675169, and No. 10735100, and the Major State Basic Research Developing Program under Grant No. 2007CB815003, as well as the Boussole Grant No. 080105519 from Region Alsace (France) received by A.R. Two of us (A.R. and C.B.) would like to thank all the members of the experimental team of CIAE Beijing for their very kind hospitality and assistance.

---

[1] R. Pengo, D. Evers, K. E. G. Löbner, U. Quade, K. Rudolph, S. J. Skorka, and I. Weidl, Nucl. Phys. A **411**, 255 (1983).
[2] S. J. Skorka, A. M. Stefanini, G. Fortuna, R. Pengo, W. Meczynski, G. Montagnoli, A. Tivelli, S. Beghini, C. Signorini, and P. R. Pascholati, Z. Phys. A **328**, 355 (1987).
[3] A. B. Balantekin and N. Takigawa, Rev. Mod. Phys. **70**, 77 (1998).
[4] M. Dasgupta, D. J. Hinde, N. Rowley, and A. M. Stefanini, Annu. Rev. Nucl. Part. Sci. **48**, 401 (1998).
[5] L. F. Canto, P. R. S. Gomes, R. Donangelo, and M. S. Hussein, Phys. Rep. **424**, 1 (2006).
[6] L. F. Canto, R. R. S. Gomes, J. Lubian, L. C. Chamon, and E. Crema, J. Phys. G **36**, 015109 (2009)
[7] R. A. Broglia, C. H. Dasso, S. Landowne, and A. Winther, Phys. Rev. C **27**, 2433 (1983).
[8] S. Y. Lee, Phys. Rev. C **29**, 1932 (1984).
[9] V. I. Zagrebaev, V. V. Samarin, and W. Greiner, Phys. Rev. C **75**, 035809 (2007).
[10] W. Loveland, Phys. Rev. C **76**, 014612 (2007).
[11] M. S. Smith and K. E. Rehm, Annu. Rev. Nucl. Part. Sci. **51**, 91 (2001).
[12] C. L. Jiang *et al.*, Phys. Rev. Lett. **89**, 052701 (2002).
[13] C. L. Jiang, K. E. Rehm, B. B. Back, and R. V. F. Janssens, Phys. Rev. C **75**, 015803 (2007).
[14] C. L. Jiang, K. E. Rehm, B. B. Back, and R. V. F. Janssens, Phys. Rev. C **79**, 044601 (2009).
[15] N. Rowley, G. R. Stachler, and P. H. Stelson, Phys. Lett. B **254**, 25 (1991).
[16] J. X. Wei, J. R. Leigh, D. J. Hinde, J. O. Newton, R. C. Lemmon, S. Elfstrom, J. X. Chen, and N. Rowley, Phys. Rev. Lett. **67**, 3368 (1991).
[17] A. M. Stefanini *et al.*, Phys. Rev. Lett. **74**, 864 (1995).
[18] H. Timmers, D. Ackermann, S. Beghini, L. Corradi, J. H. He, G. Montagnoli, F. Scarlassara, A. M. Stefanini, and N. Rowley, Nucl. Phys. A **633**, 421 (1998).
[19] M. Trotta, A. M. Stefanini, L. Corradi, A. Gadea, F. Scarlassara, S. Beghini, and G. Montagnoli, Phys. Rev. C **65**, 011601(R) (2001).
[20] A. M. Stefanini *et al.*, Phys. Rev. C **73**, 034606 (2006).
[21] A. M. Stefanini *et al.*, Phys. Rev. C **76**, 014610 (2007).
[22] P. H. Stelson, Phys. Lett. B **205**, 190 (1988).
[23] P. H. Stelson, H. J. Kim, M. Beckerman, D. Shapira, and R. L. Robinson, Phys. Rev. C **41**, 1584 (1990).
[24] D. Shapira, and P. H. Stelson, Phys. Rev. C **47**, 1666 (1993).
[25] N. Rowley, I. J. Thompson, and M. A. Nagarajan, Phys. Lett. B **282**, 276 (1992).
[26] V. I. Zagrebaev, Phys. Rev. C **67**, 061601(R) (2003).
[27] G. Montagnoli, S. Beghini, F. Scalassara, A. M. Stefanini, L. Corradi, C. J. Lin, G. Pollarolo, and Aage Winther, Eur. Phys. G. A **15**, 351 (2002).
[28] Sunil Kalkal *et al.*, Phys. Rev. C **81**, 044610 (2010).
[29] E. Piasecki *et al.*, Phys. Rev. C **80**, 054613 (2009).
[30] F. Yang, C. J. Lin, X. K. Wu, H. Q. Zhang, C. L. Zhang, P. Zhou, and Z. H. Liu, Phys. Rev. C **77**, 014601 (2008).
[31] H. Q. Zhang, C. J. Lin, F. Yang, H. M. Jia, P. Zhou, G. P. An, C. L. Zhang, and X. X. Xu, Chin. Phys. C **34**, 1628 (2010).
[32] L. F. Canto, P. R. S. Gomes, J. Lubian, L. C. Chamon, and E. Crema, Nucl. Phys. A **821**, 51 (2009).
[33] C. Y. Wong, Phys. Rev. Lett. **31**, 766 (1973).
[34] J. M. B. Shorto, P. R. S. Gomes, J. Lubian, L. F. Canto, and P. Lotti, Phys. Rev. C **81**, 044601 (2010).
[35] P. R. S. Gomes, L. F. Canto, L. Lubian, P. Lotti, L. C. Chamon, E. Crema, and J. M. B. Shorto, Nucl. Phys. A **834**, 151c (2010).

[36] J. Fernández-Niello, C. H. Dasso, and S. Landowne, Comput. Phys. Commun. **54**, 409 (1989).
[37] S. Raman, C. W. Nestor Jr., and P. Tikkanen, At. Data Nucl. Data Tables **78**, 1 (2001).
[38] T. Kibédi and R. H. Spear, At. Data Nucl. Data Tables **80**, 35 (2002).
[39] D. L. Hill and J. A. Wheeler, Phys. Rev. **89**, 1102 (1953).
[40] V. I. Zagrebaev and V. V. Samarin, Phys. At. Nucl. **67**, 1462 (2004).
[41] W. Henning, F. L. H. Wolfs, J. P. Schiffer, and K. E. Rehm, Phys. Rev. Lett. **58**, 318 (1987).
[42] P. R. S. Gomes, A. M. M. Maciel, R. M. Anjos, S. B. Moraes, R. Liguori Neto, R. Cabezas, C. Muri, G. M. Santos, and J. F. Liang, J. Phys. G **23**, 1315 (1997).

# Studies of heavy ion reactions around Coulomb barrier ①

H.Q. Zhang*, C.L. Zhang*,†, H.M. Jia*, C.J. Lin*, F. Yang*, Z.H. Liu*, Z.D. Wu*, F. Jia*, X.X. Xu*, A. Richard**,‡, A.K. Nasirov§, G. Mandaglio¶, M. Manganaro¶, G. Giardina¶ and K. Hagino‖

*China Institute of Atomic Energy, P. O. Box 275(10), Beijing 102413, P. R. China
†Particle Astrophysics Center, Institute of High Energy Physics, Chinese Academy of Sciences, Beijing 100039, P. R. China
**Université de Strasbourg (Uds), 67037 Strasbourg, France
‡Ecole Nationale Supérieure de Physique de Strasbourg (ENSPS), 67400 Illkirch, France
§Joint Institute of Nuclear Research, 141980 Dubna, Russia
¶Dipartimento di Fisica dell' Università di Messina, 98166 Messina, and Istituto Nazionale di Fisica Nucleare Sezione di Catania, Italy
‖Department of Physics, Tohoku University, Sendai 980-8578, Japan

**Abstract.** The angular distributions of fission fragments for the $^{32}S+^{184}W$ reaction near Coulomb barrier energies were measured. The experimental fission excitation function is obtained. The measured fission cross sections are decomposed into fusion-fission, quasifission and fast fission contributions by the dinuclear system model. The hindrance to complete fusion both at small and large collision energies is explained. The fusion excitation functions of $^{32}S+^{90,96}Zr$ in an energy range from above to below Coulomb barrier were measured and analyzed. The obvious effect of positive $Q$-value neutron transfers has been observed in the $^{32}S+^{96}Zr$ system. In addition, the excitation functions of quasielastic scattering at a backward angle have been measured for the systems of $^{16}O$ + $^{208}Pb$, $^{196}Pt$, $^{184}W$, and $^{154,152}Sm$ at energies well below the Coulomb barrier. Considering the coupling effects, the extracted diffuseness parameters are close to the values extracted from the systematic analysis of elastic and inelastic scattering data.

**Keywords:** Fusion-fission, Quasifission, Fusion enhancement, Neutron transfer, Surface diffuseness parameter
**PACS:** 25.70.Jj, 25.85.-w, 25.70.Bc, 24.50.+g

## INTRODUCTION

With the development of radioactive nuclear beams and the superheavy element synthesis, much effort has been devoted to the study of the fusion-fission reactions between heavy nuclei. The cross section of the evaporation residue (ER) formation is very small: some picobarns, or even some percent of picobarn at the synthesis of the element $Z$=113. The two main factors causing a hindrance to the ER formation in the reactions with massive nuclei are the fusion-fission and quasifission. Additionally the neutron enrichment significantly affects the fusion dynamics. It reveals that the effect of neutron transfer with positive $Q$-value on the subbarrier fusion enhancement [1–6], but the role of neutron transfer is not so clear. In recent years, Newton *et al.* [7] found that the diffuseness parameter extracted from the fusion excitation functions are much larger than the commonly accepted values, which were derived from the analysis of the elastic scattering

① CP1235,Nuclear Physics Trends:The 7th China-Japan Joint Nuclear Physics Symposium,edited by A.Ozawa and W.liu © 2010 American Institute of physics 978-0-7354-0780-0/10/.

angular distributions and the double folding potential calculations. The reason for the large discrepancy remains unknown. Hagino *et al.* [8] proposed to extract the diffuseness parameter from the backward quasielastic excitation function at deep subbarrier energies and this method has been used to study this subject [8, 18–20]. Additionally, Hinde *et al.* [21] have used the oscillatory quasi-elastic Mott scattering at near-barrier energies to determine the surface diffuseness parameter for a symmetric system. In this contribution, we will present the recent results of these topics performed at HI-13 tandem accelerator at China Institute of Atomic Energy (CIAE), Beijing.

## COMPETITION BETWEEN FUSION-FISSION AND QUASIFISSION PROCESSES IN $^{32}$S+$^{184}$W REACTION

Studies of fusion-fission reactions between heavy ion projectile and heavy target nuclei have been demonstrated to be very useful in developing an understanding of the nuclear reaction dynamics. The fission angular distributions were measured and the fission excitation functions were obtained for the $^{32}$S+$^{184}$W reaction. The fragment angular anisotropies $A_{\rm exp}$ are found by extrapolating the fission angular distributions to angles $0°$ and $90°$ by the method used in Ref. [9]. We assumed the calculated capture cross sections to be equal to the experimental data of fission-like fragments in order to decompose the measured fission cross section into fusion-fission, quasifission and fast fission contributions by the dinuclear system model [10].

Data from Silicon strip detectors were recorded in the coincidence mode. In fitting the fission angular distributions we used the familiar expression as in Ref. [9]:

$$W(\theta)=\sum_{J=0}^{J_{\max}}\frac{(2J+1)^2\exp[-(J+\frac{1}{2})^2\sin^2\theta/4K_0^2]J_0[i(J+\frac{1}{2})^2\sin^2\theta/4K_0^2]}{\operatorname{erf}[(J+\frac{1}{2})/(2K_0^2)^{1/2}]} \tag{1}$$

assuming $M$=0.

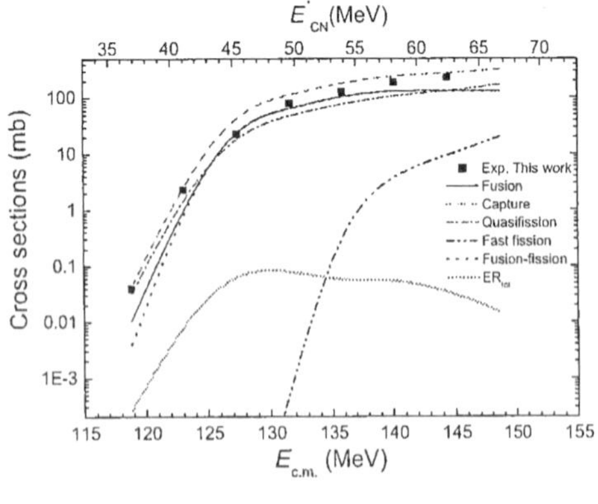


**FIGURE 1.** Comparison of the experimental data with theoretical results.

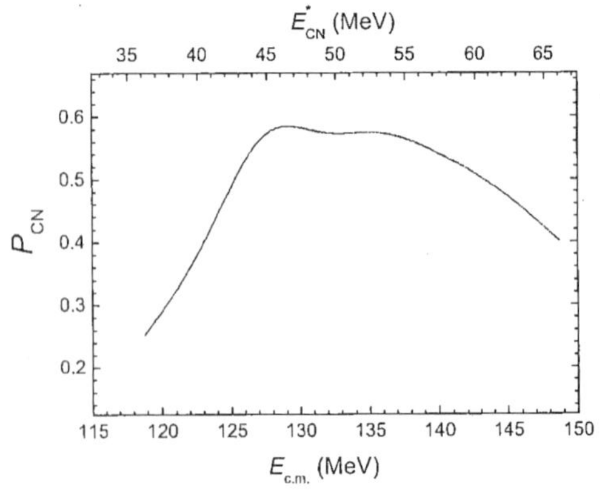


**FIGURE 2.** Theoretical value of $P_{\rm CN}(Z)$ for $^{32}$S+$^{184}$W system.

The experimental data for the excitation function of the fission-like products in the $^{32}$S+$^{184}$W reaction are analyzed in the framework of the dinuclear system model (DNS)

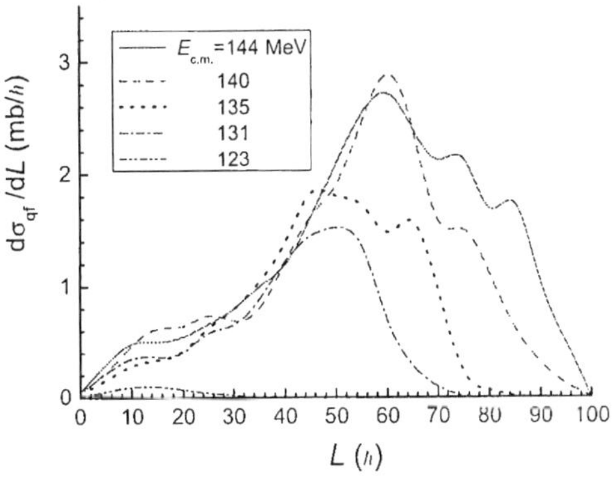


FIGURE 3. The partial quasifission excitation functions.

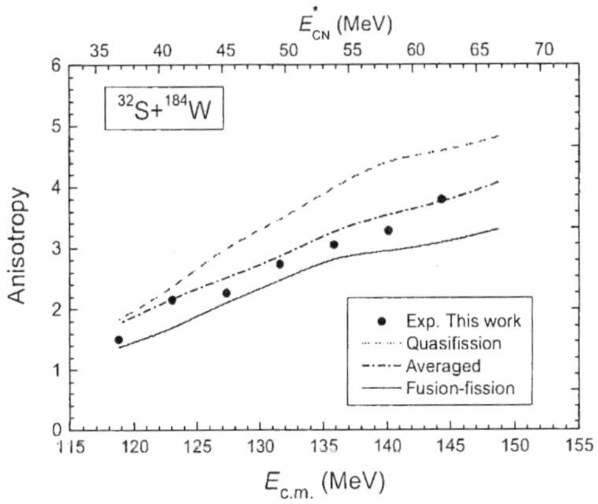


FIGURE 4. Comparison of the anisotropies measured (circles) with the theoretical results

[11]. In Fig. 1 the total fusion-fission and ER cross sections obtained by the advanced statistical model, which describes the full deexcitation cascade of the $^{216}Th^*$ CN formed in the $^{32}S+^{184}W$ reaction, (see Refs. [12, 13], and references therein), are presented. The calculated values of $P_{CN}$ as a function of the beam energy were presented in Fig. 2. It can be seen that the hindrance to fusion is stronger both at very small and large values of the collision energy $E_{c.m.}$. The yield of quasifission is dominant at the subbarrier beam energies leading to capture of deformed nuclei only with the small orientation angle of its symmetry axis relative to the beam direction. The decrease of its values at collision energies $E_{c.m.} > 135$ MeV is explained by decreasing the quasifission barrier $B_{qf}$ as a function of the orbital angular momentum $\ell$. At the same time the intrinsic fusion barrier $B^*_{fus}$ increases by increasing $\ell$.

From Fig. 3 we conclude that the contribution of quasifission becomes dominant at $E_{c.m.} > 135$ MeV and it has an effect on the anisotropy of angular distribution which increases by increasing the collision energy. The decrease of $P_{CN}$ at larger energies is explained by the decrease of the quasifission barrier $B_{qf}$ by increasing $\ell$ in collisions with all orientation angles.

To clarify the role of quasifission fragments in the observed anisotropy $A_{exp}$, we calculated the contributions of the quasifission ($A_{qf}$) and fusion-fission ($A_{CN}$) fragments. In Fig. 4 we compare the anisotropies measured (circles) in this work with the theoretical results for the anisotropies of the quasifission (dashed line) and fusion-fission (solid line) fragments as a function of the center-of-mass energy (bottom axis) and excitation energy of the CN (top axis). The averaged theoretical anisotropies over the contributions of both mechanisms are presented by the dot-dashed line. It is seen that the averaged values of anisotropies are closer to the experimental data $A_{exp}$. Consequently we confirm that the measured cross sections of the fission fragment formation and their angular distributions result from the mixing of the quasifission and fusion-fission products. It is concluded that the effects of competition between fusion-fission and quasifission in the reaction play an important role in the dynamics process. The contribution of the fast fission appears at $E_{c.m.} > 131$ MeV and it is sufficiently small in comparison with contributions of fusion-fission and quasifission reactions.

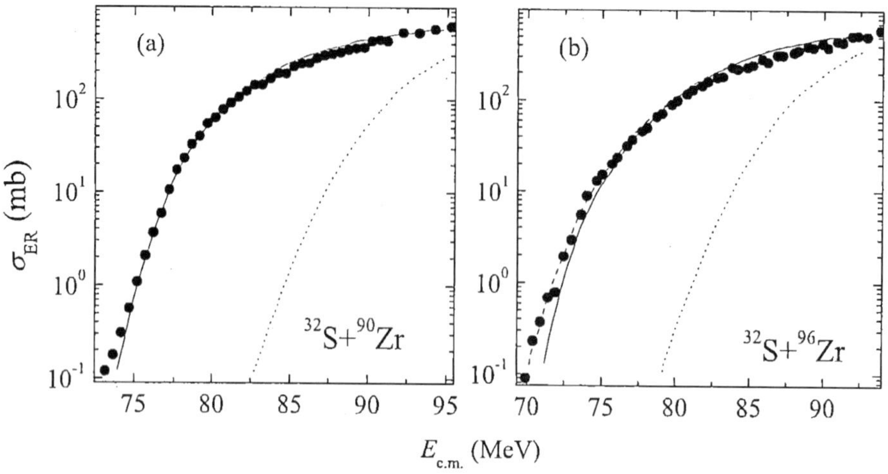


**FIGURE 5.** Fusion excitation functions of $^{32}S+^{90}Zr$ (a) and $^{32}S+^{96}Zr$ (b). The solid circles are the experimental data. The dotted and solid lines represent respectively the calculations without dynamical deformations (Gaussian barrier distribution) and with (the real barrier distribution obtained from the data with the three point difference formula [17]). The dashed line in (b) is the result by taking into account the neutron transfers.

## SUBBARRIER FUSION ENHANCEMENT OF $^{32}S+^{90,96}ZR$

With the model developed by V.I. Zagrebaev [14] we propose to prove this deep implication of the neutron transfers of the reaction $^{32}S+^{96}Zr$ by fitting the fusion excitation function. A new oriented object NTFus code, using the Zagrebaev model implemented in C++, uses the compiler of ROOT [15] with a great help of [16].

Having no Woods-Saxon or Akyüz-Winther parameters for these reactions, the calculations were made with the proximity potential. For this model we have taken 1.0 fm for the surface layer width. With this potential the barriers were found at 90.2 MeV for $^{32}S+^{90}Zr$ and at 87.0 MeV for $^{32}S+^{96}Zr$ in first approximation (average between the barrier heights for the tip-to-tip configuration and for the side-to-side configuration [16]). Fig. 5 shows the experimental fusion excitation functions for the systems of $^{32}S+^{90}Zr$ and $^{32}S+^{96}Zr$. The calculations in Fig. 5(a) were performed without taking into account the neutron transfers. We can see that the calculation considering the dynamical deformations fits very well the data.

When we choose to take into account the neutron transfers, the NTFus code used Zagrebaev model [14] to calculate the cross section $\sigma_{\rm fus}(E)$ with respect to the energy of the center-of-mass. Then the fusion excitation function can be derived using the following formula:

$$T_l(E) = \int f(B)\frac{1}{N_{\rm tr}}\sum_k \int_{-E}^{Q_0(k)} \alpha_k(E,l,Q) \times P_{HW}(B,E+Q,l)dQdB \qquad (2)$$

and

$$\sigma_{fus}(E) = \frac{\pi\hbar^2}{2\mu E}\sum_{l=0}^{l_{cr}}(2l+1)T_l(E) \qquad (3)$$

**TABLE 1.** *Q*-value in MeV for neutron pickup from ground state to ground state.

| System | +1n | +2n | +3n | +4n |
|---|---|---|---|---|
| $^{32}S + ^{90}Zr$ | -3.33 | -1.229 | -6.59 | -6.319 |
| $^{32}S + ^{96}Zr$ | 0.788 | 5.737 | 4.508 | 7.655 |

where $T_l(E)$ is the transmission, $E$ the energy at the center-of-mass, f($B$) the normalized barrier distribution function, $l$ the momentum and $l_{cr}$ the critical momentum calculated where there is no coupling (well over the barrier). $\alpha_k(E,l,Q)$ and $Q_0(k)$ are the probability and the $Q$-value for the transfer of k neutrons. And $1/N_{tr}$ is the normalization of the total probability taking into account the neutron transfers. The calculation with the neutron transfer effect is performed up to the channel +4n (k=4). The $Q$-values for this calculation (dashed line in Fig. 5(b)) are displayed in Tab. 1. As we can see in Fig. 5(b), the solid line (without the neutron transfers) does not fit the data at the subbarrier energies. At contrary the dashed line taking into account the neutron transfers fits very well the data. As expected the correction made on the calculation at sub-barrier energies by the Zagrebaev model enhances the cross sections further. Moreover it allows to fitting perfectly the data and shows the strong effect of neutron transfers for the sub-barrier fusion of $^{32}S+^{96}Zr$.

## THE RESEARCH OF THE SURFACE PROPERTY OF NUCLEAR POTENTIAL BY QUASIELASTIC SCATTERING

In order to research the diffuseness parameter of a Woods-Saxon potential, we have measured the backward quasielastic excitation functions of $^{16}O+^{208}Pb$, $^{196}Pt$, $^{184}W$, and $^{154,152}Sm$ at deep subbarrier energies. More details about the experiment can be found in Ref. [22].

The experimental excitation functions of quasielastic scattering at $\theta_l = 175°$ for all the reactions are shown in Fig. 6. The dashed and solid lines are the results of CCFULL calculations with and without coupling to the low inelastic excitation states of the targets, respectively. The main results are shown in Tab. 2. The results indicate that both single-channel and coupled-channels calculations give the similar diffuseness parameter values and they are consistent with the values of the elastic scattering for the spherical systems. While for the deformed systems, the coupling effect is important even at deep subbarrier energies. The single-channel calculations obtain larger values in the range of 0.68-0.77 fm. While the weighted value reduces to $a$ = 0.65±0.01 fm considering the coupling effects to the low excited states of the targets. Similar to the result of Ref. [20], the value of diffuseness parameter is consistent with the result of elastic scattering taking the coupled-channels effect into account in large-angle quasi-elastic scattering at deep subbarrier energies. Therefore more theoretical work will be performed in order to research the reaction mechanism in the processes of the fusion reaction.

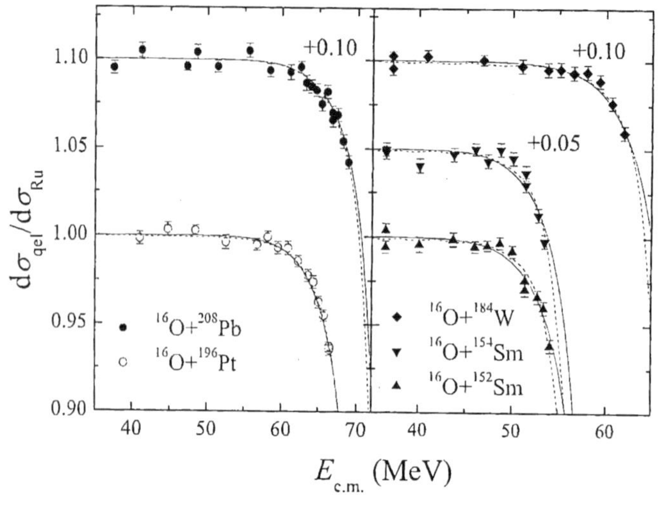


**FIGURE 6.** The ratio of the quasielastic to the Rutherford cross sections for the reactions. The dashed and solid lines represent the results of CCFULL calculations with and without coupling to the low inelastic excitation states of the targets, respectively.

**TABLE 2.** Diffuseness parameters extracted from the single-channel (SC) and coupled-channels (CC) calculations for all the studied systems. $N$ is the number of the experimental data points.

| Reaction | $a^{SC}$ (fm) | $\chi^2/N$ | $a^{CC}$ (fm) | $\chi^2/N$ |
|---|---|---|---|---|
| $^{16}O + ^{208}Pb$ | 0.69(0.02) | 1.38 | 0.69(0.02) | 1.21 |
| $^{16}O + ^{196}Pt$ | 0.68(0.02) | 0.63 | 0.65(0.02) | 0.56 |
| $^{16}O + ^{184}W$ | 0.75(0.03) | 0.63 | 0.65(0.02) | 0.58 |
| $^{16}O + ^{154}Sm$ | 0.75(0.03) | 1.91 | 0.64(0.02) | 1.21 |
| $^{16}O + ^{152}Sm$ | 0.77(0.02) | 1.38 | 0.64(0.02) | 1.50 |

## SUMMARY

In summary,we have obtained the experimental cross sections of fission-like, anisotropy $A_{exp}$ and $<l^2>$ values for the $^{32}S+^{184}W$ reaction compared with the results of the DNS model calculations. It is concluded that the effects of competition between fusion-fission and quasifission in the reaction play an important role in the dynamics process. The maximal value of the total cross section of the evaporation residue is 0.12 mb and fusion-fission cross section is comparable with the quasifission cross section. Considering the positive $Q$-value neutron transfers the CC calculation based on the Zagrebaev model successfully fit the fusion data of $^{32}S+^{96}Zr$ at subbarrier energies. This result confirms the effect of neutron transfers on the enhancement of the subbarrier fusion cross sections. For the diffuseness parameter, the results extracted from the quasielastic excitation functions agree with the commonly accepted values when we consider the CC calculations.

The anomaly large values obtained from the fusion excitation functions can be at least partly ascribed to the reaction dynamics which need to be described further.

## ACKNOWLEDGMENTS

This work was supported by the National Natural Science Foundation of China under Grant Nos. 10575134, 10675169, 10735100, and the Major State Basic Research Developing Program under Grant No. 2007CB815003.

## REFERENCES

1. P. H. Stelson, *Phys. Lett.* **B25**, 190-194 (1988).
2. P. H. Stelson, *et al.*, *Phys. Rev. C* **41**, 1584-1599 (1990).
3. H. Timmers, *et al.*, *Nucl. Phys.* **A633**, 421-445 (1998).
4. M. Trotta, *et al.*, *Phys. Rev. C* **65**, 011601 (2002).
5. A. M. Stefanini, *et al.*, *Phys. Rev. C* **73**, 034606 (2006).
6. A. M. Stefanini, *et al.*, *Phys. Rev. C* **76**, 014610 (2007).
7. J. O. Newton, *et al.*, *Phys. Rev. C* **70**, 024605 (2004).
8. K. Hagino, *et al.*, *Phys. Rev. C* **71**, 044612 (2005).
9. J. R. Huizenga, *et al.*, *Phys. Rev.* **177**, 1826-1830 (1969).
10. G. Fazio, *et al. Eur. Phys. Jour. A* **19**, 89-104 (2004).
11. G. Giardina, *et al.*, *Eur. Phys. J. A* **8**, 205-216 (2000).
12. A. K. Nasirov, *et al.*, *Nucl. Phys.* **A759**,342-369 (2005).
13. A. D'Arrigo, *et al.*, *Phys. Rev. C* **46**, 1437–1444 (1992).
14. V. I. Zagrebaev, *Phys. Rev. C* **67**, 061601 (2003).
15. http://root.cern.ch, website of ROOT.
16. V. I. Zagrebaev, and V. V. Samarin, *Phys. Atomic Nuclei* **67**,1462–1477 (2004).
17. M. Dasgupta, *et al.*, *Annu. Rev. Nucl. Part. Sci.* **48**, 401-461 (1998).
18. K. Washiyama, K. Hagino, and M. Dasgupta, *Phys. Rev. C* **73**, 034607 (2006).
19. L. R. Gasques, *et al.*, *Phys. Rev. C* **76**, 024612 (2007).
20. M. Evers, *et al.*, *Phys. Rev. C* **78**, 034614 (2008).
21. D. J. Hinde, *et al.*, *Phys. Rev. C* **76**, 014617 (2007).
22. C. J. Lin, *et al.*, *Phys. Rev. C* **79**, 064603 (2009).
23. K. Hagino, N. Rowley, and A.T. Kruppa, *Comput. Phys. Commun.* **123**, 143-152 (1999).

# Effect of the Tensor Force on Charge-Exchange Spin-Dependent Multipole Excitations ①

BAI Chun-Lin(白春林)[1,2], ZHANG HUAN-Qiao(张焕乔)[1,2**], ZHANG Xi-Zhen(张锡珍)[1], XU Fu-Rong(许甫荣)[2], H. Sagawa[3], G. Colò[4]

[1]*China Institute of Atomic Energy, Beijing 102413*

[2]*School of Physics and State Key Laboratory of Nuclear Physics and Technology, Peking University, Beijing 100871*

[3]*Center for Mathematics and Physics, University of Aizu, Aizu-Wakamatsu, Fukushima 965-8560, Japan*

[4]*Dipartimento di Fisica, Universitàdegli Studi di Milano and INFN, Sezione di Milano, 20133 Milano, Italy*

(Received 20 April 2010)

*The charge-exchange spin-dipole (SD) and spin-quadrupole (SQ) strength functions of $^{90}Zr$ are calculated with and without the tensor terms of the Skyrme interaction in self-consistent HF+RPA approach. It is found that, in SD and SQ transitions, the RPA correlations associated with the tensor terms shift dramatically the strengths of $(Y_l\sigma)_{\lambda=l-1}$ and $(Y_l\sigma)_{\lambda=l}$ modes upward and downward, respectively, and also shift the strengths of $(Y_l\sigma)_{\lambda=l+1}$ modes upward. The coupling between $(Y_{l=\lambda-1}\sigma)_\lambda$ and $(Y_{l=\lambda+1}\sigma)_\lambda$ modes arising from the tensor correlation is noticeable. The RPA tensor correlations produce strengths of SD and SQ modes, which are distributed in a much wider energy range, and the $(Y_l\sigma)_{\lambda=l-1}$ modes dominate the high energy part of the strength functions. These energy shifts and coupling effects of different modes can be understood qualitatively by expressing a finite range tensor force in a separable form.*

*PACS: 21.60.Jz, 21.65.Ef, 24.30.Cz, 24.30.Gd*    DOI: 10.1088/0256-307X/27/10/102101

Studying nuclei which lie away from the $\beta$-stability line is producing new progression in our understanding of nuclear structure. In particular, the evolution of single-particle energies along isotopic or isotonic chains has elucidated the specific effect of the tensor force,[1-3] which has been almost forgotten, or at least overlooked, for many years. In our previous papers,[4,5] the Skyrme's tensor terms[6,7] are included in the self-consistent HF+RPA model to study the Gamow–Teller (GT) and charge-exchange $1^+$ Spin-Quadrupole (SQ) transitions in $^{90}$Zr and $^{208}$Pb. It was shown that the main GT peak is moved downward by about 2 MeV, while the coupling between GT and $1^+$ SQ modes induced by the RPA tensor correlations shifts about 10% of the GT strength to the energy region higher than 30 MeV, which is supposed to be the energy region of $2p-2h$ configurations.[9] In Ref. [10], the tensor coupling effects on magnetic moments of hypernuclei are studied.

The spin-dependent charge-exchange operators are given as

$$\hat{O}_{\pm}^{\lambda} = \sum_i t_{\pm}^i r_i^l (Y_l^i \sigma^i)^\lambda, \tag{1}$$

where $t_\pm = \frac{1}{2}(t_x \pm it_y)$ are the isospin operators, and $l = 1, 2, 3$ and 4 correspond to spin-dipole (SD), SQ, spin-octopole (SO), and spin-hexadecapole (SH) modes, respectively. In this Letter, the effects of the tensor force on charge-exchange SD, SQ and some relevant SO and SH excitations are studied, especially for the multipole dependence of the tensor effect on the strength distributions.

In the HF+RPA calculations, the same tensor terms already used in Ref. [4] are employed, that is, the Skyrme SIII parameter set has been supplemented with the tensor contribution given in Ref. [2], in which $T = 1008\,\text{MeV}\cdot\text{fm}^5$ and $U = -432\,\text{MeV}\cdot\text{fm}^5$. Some of the single-particle energies of proton and neutron in the HF potential with and without the tensor terms in $^{90}$Zr are listed in Table 1. The spin-orbit splitting of proton is decreased, while that of the neutron is increased, which can be understood by the mechanism stated in Ref. [3].

Table 1. Single-particle energies of proton and neutron in the HF potential with and without the tensor terms in $^{90}$Zr.

| State | Proton (MeV) | | Neutron (MeV) | |
|---|---|---|---|---|
| | No tensor | With tensor | No tensor | With tensor |
| $1f_{7/2}$ | −16.2 | −15.1 | −22.0 | −23.3 |
| $1f_{5/2}$ | −10.6 | −11.9 | −17.5 | −15.5 |
| $2p_{3/2}$ | −8.7 | −8.4 | −16.4 | −16.5 |
| $2p_{1/2}$ | −6.9 | −7.1 | −14.7 | −14.2 |
| $1g_{9/2}$ | −6.2 | −5.0 | −11.8 | −13.5 |
| $1g_{7/2}$ | 1.4 | 0.1 | −5.2 | −3 |
| $3s_{1/2}$ | 3.5 | 3.7 | −4.6 | −4.0 |
| $2d_{5/2}$ | 1.7 | 2.1 | −6.0 | −6.3 |
| $2d_{3/2}$ | 4.1 | 3.8 | −3.7 | −3.2 |
| $1h_{11/2}$ | 4.1 | 5.3 | −1.64 | −3.4 |
| $1h_{9/2}$ | 12.3 | 11.6 | 6.1 | 7.1 |

In the present RPA calculation, the harmonic oscillator basis is used. We include all states up to a maximum value of the principal quantum number $N_{\text{max}}$, equal to 10 and 20 for SD and SQ calculations, respectively. The discrete RPA peaks have been smoothed by using a Lorentzian averaging with a width of 1 MeV. We have performed three kinds of

① Chin.Phys.Lett.,2010,27(10):102101-(1-4).

calculations: first, the tensor terms are not included; secondly, the tensor terms are included only in HF, with the aim of displaying the effects of the changes in single-particle energies caused by the tensor term on the strength distribution; finally, the tensor terms are included in both HF and RPA. The results of these calculations are shown in figures by '00', '10' and '11', respectively.

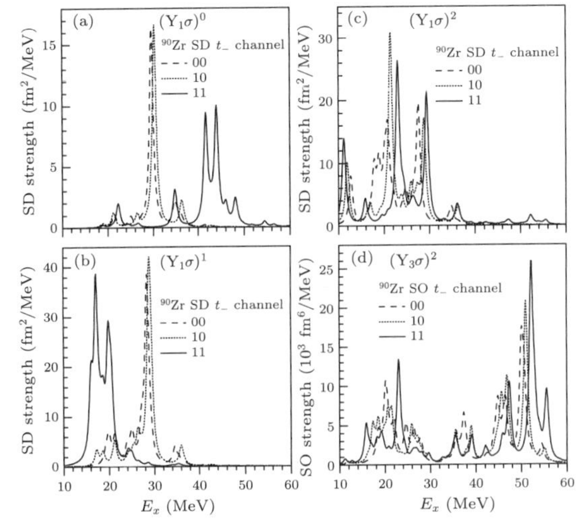


**Fig. 1.** (Color online) The charge-exchange SD$_-$ and 2$^-$ SO$_-$ strength distributions in $^{90}$Zr. See the text for details.

Table 2. The SD NEWSR $S_-$ distribution for $^{90}$Zr in different excitation energy regions. The analytical NEWSR is calculated by using the formula in Ref. [8]. See the text for detailed discussion of the effects of the tensor terms.

| Mode | Type of calculation | $S_-$ 0–38 MeV | $S_-$ 38–60 MeV | NEWSR RPA | NEWSR analytic |
|---|---|---|---|---|---|
| $0^-$ | 00 | 33.3 | 1.13 | 16.45 | 16.4 |
| | 11 | 10 | 36 | 16.1 | 16 |
| $1^-$ | 00 | 117.2 | 2.6 | 49.3 | 49.2 |
| | 11 | 157.1 | 1.4 | 48.4 | 48.2 |
| $2^-$ | 00 | 126.3 | 2.2 | 81.8 | 82 |
| | 11 | 124.3 | 9.5 | 80 | 80.3 |

The strength distributions of $0^-$, $1^-$ and $2^-$ SD$_-$ and $2^-$ SO$_-$ transitions of $^{90}$Zr are displayed in Fig. 1. As shown in Figs. 1(a) and 1(b), the centroid of the $0^-$ strength is shifted upward by about 16 MeV, while the centroid of the $1^-$ strength is shifted downward by about 8 MeV due to the RPA tensor correlation. The effect of single-particle energy changes from the tensor contribution is very weak compared to the RPA residual interaction. The strength distributions of $2^-$ SD$_-$ and SO$_-$ transitions are displayed in Figs. 1(c) and 1(d) respectively, which are presented in such a way that the coupling effects of the tensor terms are clear. The centroid of $2^-$ strength is shifted upward only about 2 MeV. The non-energy weighted sum rule (NEWSR) strengths are given in Table 2 for SD transitions.

The analytic formula NEWSR provides the information of accuracy of the present numerical calculations in comparison between the values listed in fifth and sixth rows in Table 2. However, the strength of both $t_-$ and $t_+$ channels are increased with the inclusion of the tensor correlation. For the $0^-$ mode, more than 95% of the strength is found below $E_x = 38$ MeV without the tensor correlation, while nearly 80% of the strength is shifted to the higher energy region of $E_x > 38$ MeV when the tensor correlation is included. This leads to the result that about 77% of the strength in this region is $0^-$ strength.

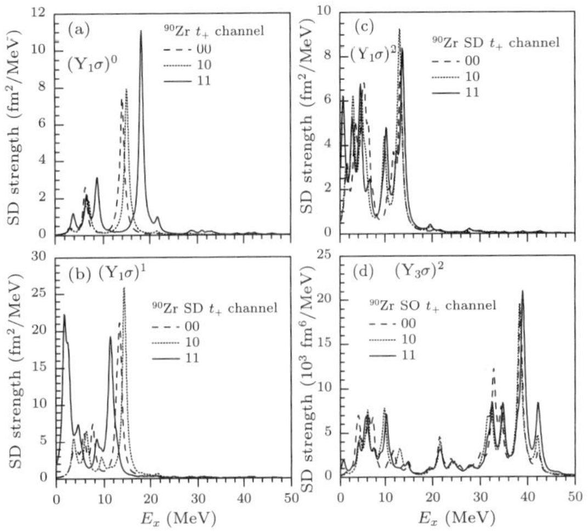


**Fig. 2.** (Color online) The charge-exchange SD$_+$ and 2$^-$ SO$_+$ strength distributions in $^{90}$Zr. See the text for details.

The strength distributions of $0^-$, $1^-$ and $2^-$ SD$_+$ and $2^-$ SO$_+$ transitions of $^{90}$Zr are displayed in Fig. 2. We see that the qualitative features induced by RPA tensor correlation are the same as those in the SD$_-$ case, but the effects are quantitatively much weaker.

The total strength distributions of the SD transitions in the $t_-$ and $t_+$ channels are compared with experimental results in Figs. 3(a) and 3(b), respectively. After the tensor terms are included, the total NEWSRs for $t_-$ and $t_+$ channels are increased by about 13% and 18%, respectively. The total SD$_-$ strengths are distributed in a much wider energy range by the RPA tensor correlations. The centroid energies are shifted downward by about 1.4 MeV, for both the channels. With the present chosen parameters, the inclusion of the tensor terms can not well reproduce the low-energy part of the experimental data.[8] Since the RPA calculation without the tensor terms gives the total main peak higher than the experimental data and the tensor terms can shift the main peak downward, the tensor terms shed light on well reproduce of the experimental data. As the presently used tensor interactions are added perturbatively to the existing parameter set, the tensor parameters and the previous Skyrme parameters should be refitted if we want to reproduce the experimental data of the SD states. Furthermore, especially in the $t_-$ channel the experimental data show that there is high-energy strength which can be accounted for with the inclusion of the tensor terms. Since this high-energy $t_-$ strength lying above 40 MeV has almost pure $0^-$ character, we claim that disentangling the different components of the $SD_-$ strength (studying the analyzing powers by possibly polarized projectile experiments[11]) can provide useful information to assess the magnitude and strength of the tensor force, as well as the spin-isospin component of the Skyrme interaction which is still not constrained so well.

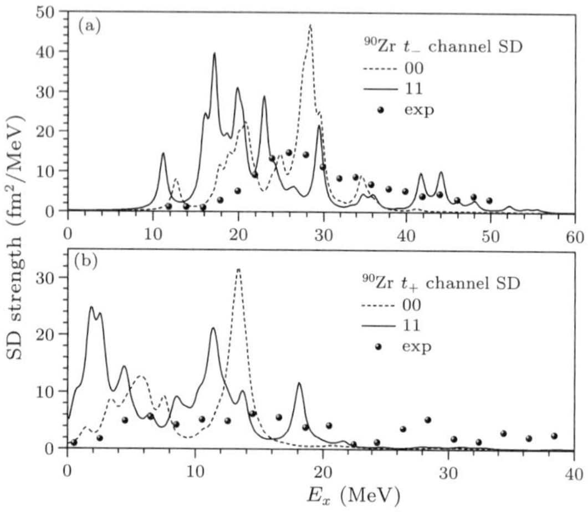


**Fig. 3.** (Color online) The total charge-exchange SD± strength distributions in $^{90}$Zr. The $t_-$ and $t_+$ channels are displayed (a) and (b), respectively. The experimental results from Ref. [8] are labelled by "exp". The discrete RPA peaks have been smoothed by using a Lorentzian averaging with a width of 1 MeV. See the text for details.

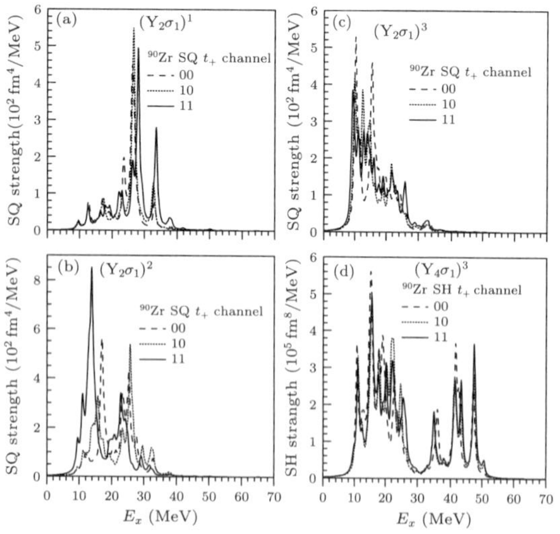


**Fig. 4.** (Color online) The charge-exchange $SQ_-$ and $3^-$ $SH_-$ strength distributions in $^{90}$Zr. See the text for details.

The strength distributions associated with the $1^+$, $2^+$, $3^+$ $SQ_-$ transitions and with the $3^+$ $SH_-$ transitions of $^{90}$Zr are displayed in Fig. 4 As shown in panel (a), the centroid of the $1^+$ SQ strength is shifted upward by 11 MeV whereas in panel (b) one can notice that the centroid of the $2^+$ SQ strength is shifted downward by 7.4 MeV by the RPA tensor correlations. The strength distributions associated with the $3^+$ $SQ_-$ and $SH_-$ transitions are displayed in panels (c) and (d), respectively. They are presented in the same column in order to show the coupling effects of the tensor terms more clearly. The centroid of the $3^+$ $SQ_-$ strength is shifted upward by about 3 MeV while the centroid of the total $SQ_-$ strength is nearly unchanged.

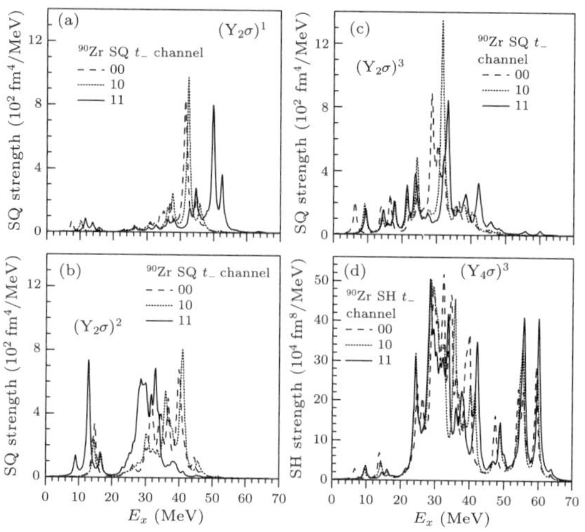


**Fig. 5.** (Color online) The charge-exchange $SQ_+$ and $3^-$ $SH_+$ strength distributions in $^{90}$Zr. See the text for details.

The strength distributions of the $1^+$, $2^+$ and $3^+$ $SQ_+$ transitions, as well as of the $3^+$ $SH_+$ transitions of $^{90}$Zr are displayed in Fig. 5. It can be seen that the qualitative features induced by the RPA tensor correlations are the same as those in the $SQ_-$ case.

We also perform the same calculations in $^{90}$Zr by employing the Skyrme parameter set SLy5, plus the tensor force used in Ref. [3], the obtained results are similar to the above ones. It seems that if one wants to reproduce the experiment peak of SD data by using Skyrme force with tensor terms, the parameters including the tensor terms need to be refitted.

In order to qualitatively understand our calculated results, we start from the finite range tensor force $F(|\boldsymbol{r}|)S_{12}$, in which the form factor $F(|\boldsymbol{r}|) = V_T^{(e)} + V_T^{(o)}$ is positive, and

$$S_{12} = (\hat{\boldsymbol{r}} \cdot \sigma_1)(\hat{\boldsymbol{r}} \cdot \sigma_2) - \frac{1}{3}(\sigma_1 \cdot \sigma_2). \quad (2)$$

The relations of the triplet-even and triplet-odd tensor forces $V_T^{(e)}S_{12}$ and $V_T^{(o)}S_{12}$ to those of Skyrme's zero range tensor force were studied in a short range limit in Ref. [6], in which $V_T^{(e)}$ and $V_T^{(o)}$ correspond to positive $T$ and $U$, respectively. Presently used tensor parameters in our calculations are positive $T$ and negative $U$. In Refs. [2,3], the parameters $T$ and $U$ are chosen in such a way to improve the absolute values and the isotopic (or isotonic) trends of single-particle energies. This criterion limits the possible choice on sign of $T$ and $U$.

By this choice of the parameters, the zero range tensor force in our calculations corresponds to $(V_T^{(e)} - V_T^{(o)})S_{12}$. By anti-symmetrizing them, the isospin part of the tensor force can be written as

$$V_T = -\frac{1}{2}F(|\boldsymbol{r}|)S_{12}\tau_1 \cdot \tau_2. \qquad (3)$$

In general, $F(|\boldsymbol{r}|)$ can be expressed by means of a partial wave expansion as

$$F(|\boldsymbol{r}|) = \sum_{lm} f(l, r_1, r_2)Y_{lm}^*(1)Y_{lm}(2), \qquad (4)$$

and for finite range force, it can be expected that the $l = 0$ is the dominant term and the next is $l = 1$, and so on.

For the case $l = 0$,

$$\begin{aligned} V_T^{l=0} = & -\sqrt{\frac{1}{6}}f(l=0,r_1,r_2)\{[(Y_0(1)\sigma_1)_1(Y_2(2)\sigma_2)_1]_0 \\ & + [(Y_2(1)\sigma_1)_1(Y_0(2)\sigma_2)_1]_0\}\tau_1 \cdot \tau_2 \\ & + \frac{\sqrt{5}}{18}f(l=0,r_1,r_2)\begin{pmatrix} 2\sqrt{5} & \lambda=0 \\ -\sqrt{5} & \lambda=1 \\ 1/\sqrt{5} & \lambda=2 \end{pmatrix} \\ & \times \sum_\mu (Y_1(1)\sigma_1)^+_{\lambda\mu}(Y_1(2)\sigma_2)_{\lambda\mu}\tau_1 \cdot \tau_2. \end{aligned} \qquad (5)$$

It is known that the first term produces the coupling between GT and $1^+$ SQ transitions,[5,13] while the remaining terms are expressed here by means of SD operators.[14] When $l = 1$, neglecting the terms already accounted for by Eq. (5), we can write

$$\begin{aligned} V_T^{l=1} = & \sqrt{\frac{3}{10}}f(l=1,r_1,r_2)\{[(Y_3(1)\sigma_1)_2(Y_1(2)\sigma_2)_2] \\ & + [(Y_1(1)\sigma_1)_2(Y_3(2)\sigma_2)_2]_0\}\tau_1 \cdot \tau_2 \\ & + \frac{1}{2}f(l=1,r_1,r_2)\begin{pmatrix} 7/15 & \lambda=1 \\ -7/15 & \lambda=2 \\ 2/15 & \lambda=3 \end{pmatrix} \\ & \times \sum_\mu (Y_2(1)\sigma_1)^+_{\lambda\mu}(Y_2(2)\sigma_2)_{\lambda\mu}\tau_1 \cdot \tau_2, \end{aligned} \qquad (6)$$

where the first term produces the coupling between $2^-$ states of SD and SO modes, and the remaining terms are made up with SQ operators. Of course, we could go further but this would be of mere academic interest since we do not expect the onset of collectivity in the high angular momentum channels.

Since both $f(l = 0, r_1, r_2)$ and $f(l = 1, r_1, r_2)$ are positive, then all our calculated results for the SD and SQ modes (which include the RPA tensor correlations) can be understood clearly by invoking the formulae (5) and (6), respectively. For these SD and SQ modes, from Eqs. (5) and (6), we can see that in the $\lambda = l \pm 1$ channels, the tensor interaction is repulsive, so it shifts the centroid of the strength upward, while in $\lambda = l$ channels the tensor interaction is attractive and so it shifts the centroid of the strength downward.

In conclusion, the effects of the Skyrme tensor terms on the charge-exchange SD, SQ and some relevant SO and SH transitions in $^{90}$Zr have been studied. It is found that the tensor force produces dramatic changes on the strength functions of SD and SQ transitions because of the tensor correlations: The centroid of $(Y_\ell\sigma)_{\lambda=\ell-1}$ and $(Y_\ell\sigma)_{\lambda=\ell}$ transitions are shifted dramatically upward and downward, respectively, and the centroid of $(Y_\ell\sigma)_{\lambda=\ell+1}$ transition is shifted upward. In addition, the $(Y_{\ell=\lambda-1}\sigma)_\lambda$ and $(Y_{\ell=\lambda+1}\sigma)_\lambda$ modes can be coupled by the tensor terms. This coupling shifts part of the strength of the $(Y_{\ell=\lambda-1}\sigma)_\lambda$ low-frequency mode to higher energy. The value of the shift of the centroid of the strength for $(Y_\ell\sigma)_{\lambda=\ell-1}$ transition is much larger than that for $(Y_\ell\sigma)_{\lambda=\ell+1}$ transition, it may be related to the geometrical scaling of the interaction strength. We find that the shifting and coupling effects of our Skyrme type of tensor terms could be understood qualitatively by expressing a finite range tensor force in a separable form. The coupling term $[(Y_{\ell=\lambda-1}\sigma)_\lambda(Y_{\ell=\lambda+1}\sigma)_\lambda]_0$ shifts part of the strength of the $(Y_{\ell=\lambda-1}\sigma)_\lambda$ low-frequency mode to higher energy. The repulsive terms $[(Y_\ell\sigma)_{\lambda=\ell-1}(Y_\ell\sigma)_{\lambda=\ell-1}]_0$ and $[(Y_\ell\sigma)_{\lambda=\ell+1}(Y_\ell\sigma)_{\lambda=\ell+1}]_0$ shift the centroid of the strengths of $(Y_\ell\sigma)_{\lambda=\ell-1}$ and $(Y_\ell\sigma)_{\lambda=\ell+1}$ transitions upward, while the attractive term $[(Y_\ell\sigma)_{\lambda=\ell}(Y_\ell\sigma)_{\lambda=\ell}]_0$ shifts the centroid of the strength of $(Y_\ell\sigma)_{\lambda=\ell}$ transitions downward. The RPA correlations associated with the tensor terms act in such a way that the strengths of SD and SQ transitions (especially that of the SD transitions) are distributed in a much wider energy range than in the case without tensor; moreover, the high energy part of the strength function is dominated by $(Y_\ell\sigma)_{\lambda=\ell-1}$ modes. It will certainly provide useful information for the understanding of the tensor force if, by means of experiments, one could make a decomposition of the different $SD_-$ (or $SQ_-$) components.

## References


[1] Otsuka T et al 2006 *Phys. Rev. Lett.* **95** 232502
Otsuka T et al 2006 *Phys. Rev. Lett.* **97** 162501
[2] Brink D M and Stancu Fl 2007 *Phys. Rev.* C **75** 064311
[3] Colò G et al 2007 *Phys. Lett.* B **646** 227
[4] Bai C L et al 2009 *Phys. Lett.* B **675** 28
[5] Bai C L et al 2009 *Phys. Rev.* C **79** 041301(R)
[6] Stancu Fl et al 1997 *Phys. Lett.* B **68** 108
[7] Skyrme T H R 1959 *Nucl. Phys.* **9** 615
[8] Sagawa H et al 2007 *Phys. Rev.* C **76** 024301
[9] Bertsch G F and Hamamoto I 1982 *Phys. Rev.* C **26** 1323
[10] Yao J M, Lu H F et al 2008 *Chin. Phys. Lett.* **25** 1629
[11] Sakai H et al 1993 *Phys. Lett.* B **302** 7
[12] Brown B A et al 2006 *Phys. Rev.* C **74** 061303(R)
[13] Chang H C 1977 *Phys. Lett.* B **69** 272
[14] Sagawa H and Castel B 1985 *Nucl. Phys.* A **435** 1

# Observation of two-$\alpha$ emission from high-lying excited states of $^{18}$Ne by complete-kinematics measurements ①

X. X. Xu, C. J. Lin, H. M. Jia, F. Yang, F. Jia, Z. D. Wu, S. T. Zhang, Z. H. Liu, and H. Q. Zhang
*China Institute of Atomic Energy, Beijing 102413, People's Republic of China*

H. S. Xu, Z. Y. Sun, J. S. Wang, Z. G. Hu, M. Wang, R. F. Chen, X. Y. Zhang, C. Li, X. G. Lei, Z. G. Xu, G. Q. Xiao, and W. L. Zhan
*Institute of Modern Physics, The Chinese Academy of Science, Lanzhou 73000, People's Republic of China*
(Received 11 July 2010; revised manuscript received 7 September 2010; published 27 December 2010)

Two-$\alpha$ emission from high-lying excited states of $^{18}$Ne was studied by complete-kinematics measurements. The $^{18}$Ne beam at the energy of 51.8 MeV/$u$ was bombarding a $^{197}$Au target to populate the excited states via Coulomb excitation. Products of two-$\alpha$ emission, $^{10}$C-$\alpha$-$\alpha$, were measured by an array of silicon strip detectors and a CsI + PIN telescope. With the help of Monte Carlo simulations, the experimental results show the characteristics of sequential two-$\alpha$ emission via $^{14}$O excited states. Sequential two-$\alpha$ and two-proton emissions from $^{18}$Ne via one-particle daughter states are compared and the distinction of the opening angles of these two modes originates from the difference of the mass ratio of emitted particles to daughter nuclei.

DOI: 10.1103/PhysRevC.82.064316 PACS number(s): 23.60.+e, 25.60.−t, 25.70.−z, 27.20.+n

## I. INTRODUCTION

Two-particle correlation measurements were used to study the properties of highly excited nuclear systems over the last few decades. Following the discovery of rotational band structure in $^{20}$Ne, two-$\alpha$ ($2\alpha$) angular correlations were measured first to assign the spins for high-lying excited levels in the $^{12}$C($^{12}$C,$\alpha$)$^{20}$Ne reaction [1]. Later, different $\alpha$-$\alpha$ angular correlation methods were widely applied to deduce quantum numbers for resonances in the continuum of $^{20}$Ne [2,3] and $^{24}$Mg [4,5]. Moreover, two-particle relative-momentum correlation functions can provide information about the space-time characteristic of the emitting system [6,7]. In the $^{40}$Ar- [8] and $^{16}$O- [9] induced reactions on the $^{197}$Au target, although the $\alpha$-$\alpha$ correlation functions were dominated by the decay of the $^{8}$Be ground state [$J^{\pi} = 0^{+}, \Gamma = 6.8$ eV], the distributions still showed a broad peak at about 105 MeV/$c$ corresponding to the first excited state [$E^{*} = 3.04$ MeV, $J^{\pi} = 2^{+}$, $\Gamma = 1.5$ MeV] of $^{8}$Be. $^{8}$Be emission, with a substantially higher Coulomb barrier than $^{4}$He, may be related to the exotic structure of the decay states in these nuclei.

With the development of new detection techniques [10], complete-kinematics measurements can be achieved and two-particle correlations in the exotic emission have been proven to be a versatile tool to study the breakup of a quantum system into three particles, for instance, in the cases of $^{9}$Be ($5/2^{-}$) [11] and $^{12}$C ($1^{+}$) [12]. Generally speaking, the distinction of the three-body breakup can usually be made between direct and sequential two-body decay. In the direct breakup, three particles simultaneously leave the interaction region, and dynamical correlations between them can be observed experimentally. In contrast, sequential two-body decay is realized via a one-particle daughter state or a resonance of two particles. The only correlation originates from conservation laws for the sequential emission.

The radioactive nuclei close to and beyond the proton drip line provide a flexible platform for the study of the three-body breakup which was primarily focused on core-proton-proton configurations, such as two-proton ($2p$, fermions) emission from $^{18}$Ne [13,14], $^{29}$S [15], and $^{28}$P [16]. Here we present studies of the three-body breakup of $^{18}$Ne with another configuration, i.e., two-$\alpha$ (bosons) emission from excited states by complete-kinematics measurements.

## II. EXPERIMENTAL DETAILS

The experiment was performed at the National Laboratory of Heavy Ion Research (HIRFL) of the Institute of Modern Physics, Lanzhou, China. A primary beam $^{20}$Ne at an energy of 78.2 MeV/$u$ and an average intensity of 10 pnA, was extracted from the Separate Sector Cyclotron (SSC) and fragmented on a $^{9}$Be target with a thickness of 1590 $\mu$m. A radioactive ion beam (RIB) of $E/A = 51.8$ MeV $^{18}$Ne was separated and purified by the RIB line [Radioactive Ion Beam Line in Lanzhou (RIBLL)] spectrometer [17] using the combined $B\rho$-$\Delta E$-$B\rho$ method. The schematic diagram of the detector setup is plotted in Fig. 1. Secondary ions, with an intensity of $10^{4}$ ions/s RIBs mixture and a purity of $^{18}$Ne at 35%, were identified by using the time of flight (TOF) and energy loss ($\Delta E$). TOF was measured by two plastic scintillators placed on the second and fourth focus planes of the RIBLL spectrometer and $\Delta E$ was obtained with a silicon detector (SD0). Figure 2 shows a two-dimensional fragment identification spectrum of $\Delta E$ versus TOF. A total of $2.1 \times 10^{8}$ $^{18}$Ne events were accumulated in the experiment. Then RIBs impinged on a secondary target, $^{197}$Au, with a thickness of 383.9 mg/cm$^{2}$. Two parallel-plate avalanche counters fixed in front of the $\Delta E$ detector were used to reconstruct the interaction point of each fragment incident on the target. A

① Physical Review C,2010,82(6):064316-(1-5).

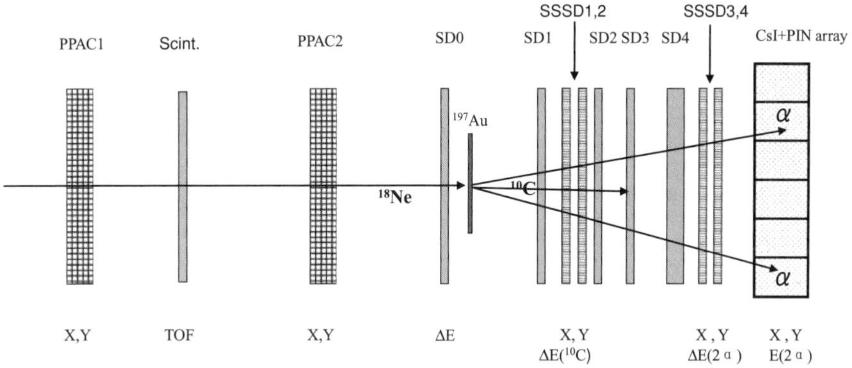


FIG. 1. The schematic diagram of the detector setup designed for the study of exotic emissions of $^{18}$Ne by the complete-kinematics measurement.

detector array was mounted behind the secondary target in order to achieve complete-kinematics measurements of all the reaction products. This setup consisted of a sequence of eight silicon detectors and $6 \times 6$ CsI crystals. As shown in Fig. 1, SD is a large-area silicon detector (SD0,1,2,3: 325 $\mu$m and SD4: 1000 $\mu$m) and SSSD is a single-sided silicon strip detector (300 $\mu$m thick, 24 strips, 2 mm wide with a 0.1-mm interval). SSSD1,2 were placed in a crossed geometry to provide $x$ -$y$ measurements for heavy fragments and SSS3,4 for light particles. Each CsI crystal ($15 \times 15 \times 20$ mm) was coupled with PIN photodiodes for reading out. An opening angle covered by the detector array in the laboratory was $\pm 11^\circ$ in this arrangement.

Measurements of energies and scattering angles of light particles produced in reactions were achieved by a multiple-stack telescope in the detector array. Light particles passed through silicon detectors and stopped in the CsI crystals. SSSD3,4 and SD4 were used for energy-loss measurements of the emitted light particles. The residual energy was measured by the CsI + PIN detectors. Calibration of these detectors was achieved by light-particle beams at different energies originating from the projectile fragmentation with the $B\rho$ setting for light-particle transmission. Figure 3 displays an identification spectrum of light particles emitted from the excited states of $^{18}$Ne. For single-particle emission in Fig. 3(a), one can clearly see proton and deuteron bands, and barely a triton band. A $^4$He band can also be seen at higher values of the energy loss and residual energy. The $^3$He band could hardly be detected. In Fig. 3(b), the double hits correspond to two particles in two different CsI crystals in the same event. The plotted quantities are the sum of the energy losses of the two particles in SSSD4, and the sum of the two CsI energies. $2\alpha$ emission events were unambiguously identified from other two-particle emission events by the $\Delta E$-$E_r$ method. Although some bands, such as proton-proton and proton-deuteron events, cannot be separated in Fig. 3(b), the two particles of each band can be identified, respectively, by the $\Delta E$ versus $E_r$ matrix of the single particle in Fig. 3(a).

The heavy fragments, such as $^{18}$Ne, $^{14}$O, and $^{10}$C, were identified and tracked by another multiple telescope composed of SD1, SSSD1,2, and SD2,3 for measurements of the energy loss and residual energy. These silicon detectors were calibrated using the secondary ions produced by the primary beam $^{20}$Ne, such as $^{20}$Na, $^{17,18}$F, and $^{16}$O with the $B\rho$ setting for transmission. In order to get higher-energy ions during the calibration of each silicon detector, the $^{27}$Al degrader after the

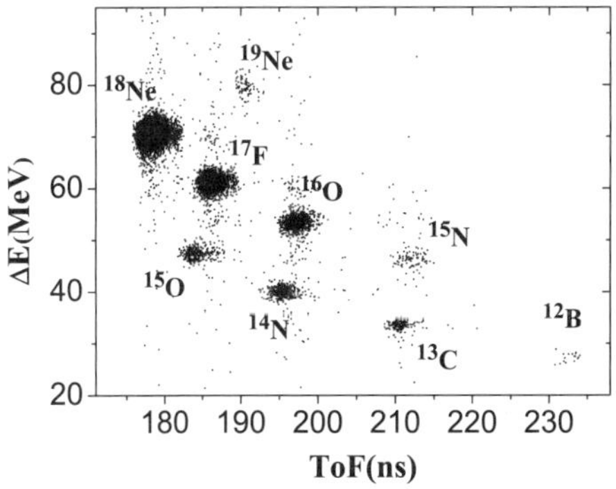


FIG. 2. Particle identification spectrum of energy loss from a large-area silicon detector versus time of flight between the two plastic scintillators for RIBs.

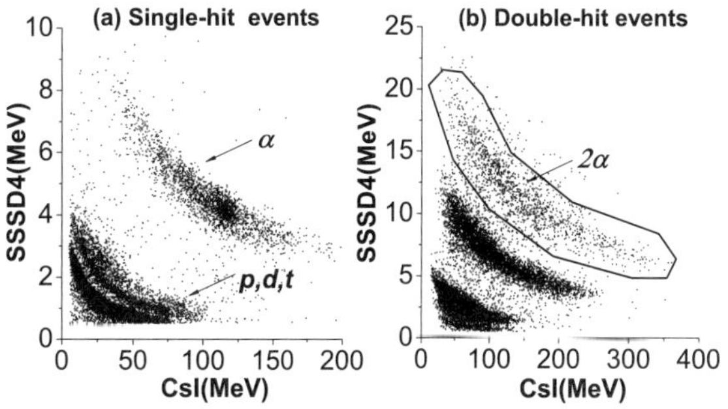


FIG. 3. Light particle identification spectra from the detector array. The energy loss in the SSSD4 is plotted as a function of the residual energy in the CsI + PIN detector array. (a) One-fifth of one-particle emission events and (b) total two-particle emission events from the excited states of $^{18}$Ne.

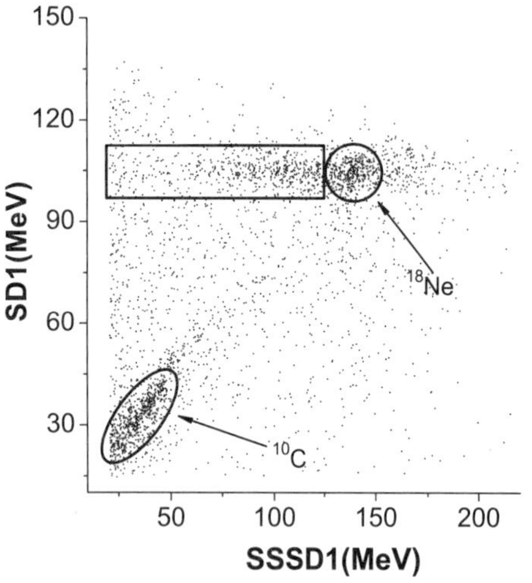


FIG. 4. Two-dimensional matrix for the identification of the heavy fragments from the excited states of $^{18}$Ne by the energy losses of SD1 versus SSSD1, which is coincident with the $2\alpha$ gate in Fig. 3(b). The daughter nuclei $^{10}$C of the reactions on the secondary target are unambiguously identified.

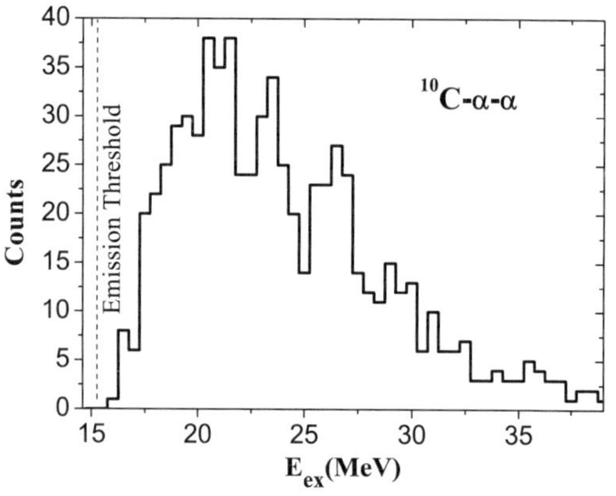


FIG. 5. Reconstructed excitation-energy spectrum for $^{18}$Ne from three-body correlations of $^{10}$C-$\alpha$-$\alpha$ events.

$^9$Be target was removed. Figure 4 displays the identification of the daughter nucleus of $2\alpha$ emission from the excited states of $^{18}$Ne by the energy losses of SD1 versus SSSD1. Compared with the energy-loss calculation by the program LISE [18], ions of $^{18}$Ne and $^{10}$C were identified and displayed in the circle and ellipse regions, respectively. The two-dimensional identification plot provided the reaction information in detail. The events in the ellipse represented the reactions on the secondary target. When the reactions took place on SSSD2 and SD2, the ions could be identified as $^{18}$Ne by the energy losses of SD1 versus SSSD1, as shown in the circle. The events in the rectangle originated from the breakup on SSSD1 and those from reactions on SD1 were distributed over the area between the rectangle and the ellipse.

## III. DATA ANALYSIS AND RESULTS

### A. Identification of the reaction channel of $2\alpha$ emission

The $^{10}$C-$\alpha$-$\alpha$ coincidences were carried out event by event for the analysis of $2\alpha$ emission from the excited states of $^{18}$Ne. First, the parent nucleus $^{18}$Ne was selected on the two-dimensional RIB identification spectrum of $\Delta E$ (SD0) versus TOF (see Fig. 2). Second, the events within the $2\alpha$ gate were identified by the $\Delta E$ (SSSD4) versus $E_r$ (CsI) matrix (see Fig. 3). Finally, identification of the decay daughter nucleus, $^{10}$C, was achieved with the two-dimensional $\Delta E$ spectrum of SD1 as a function of SSSD1 (see Fig. 4). After the selection procedure, about 700 events of $2\alpha$ correlations emitted from the excited states of $^{18}$Ne were identified totally.

### B. Experimental results and Monte Carlo simulations

In the present experiment, the opening angle ($\theta_{\alpha\alpha}^{\rm c.m.}$), the relative momentum ($q_{\alpha\alpha} = |\mathbf{p}_1 - \mathbf{p}_2|/2$), the excited states ($E_{\rm ex}$), or the invariant mass of decay products in the center-of-mass system of the parent nucleus $^{18}$Ne have been reconstructed by kinematical analyses. Resolutions of these observing variables were determined by energy and position resolutions of the detector array. The energy signals from silicon detectors included the energy losses of both heavy fragments, $^{10}$C, and light particles. We calculated the energy losses of two $\alpha$'s in each silicon detector using the residual energies in the CsI crystals and the program LISE [18]. Thus, as displayed in Fig. 4 the energy loss of the daughter nucleus was deduced. In addition, a small fraction of the total kinematical energy (TKE) of $^{10}$C deposited in SD4. This fraction of the TKE could be calculated via energy losses in silicon detectors before SD4 in a similar way. With these arrangements and the resolutions of the detectors taken into consideration, the resolutions of the experimental setup are about 500 KeV for $E_{\rm ex}$, $5^\circ$ for $\theta_{\alpha\alpha}^{\rm c.m.}$, and 5 MeV/$c$ for $q_{\alpha\alpha}$, respectively.

Figure 5 displays the excitation-energy spectra of $^{18}$Ne reconstructed from $^{10}$C-$\alpha$-$\alpha$ events. Several resonance states are visible at excitation energies of 20.7, 23.3, and 26.2 MeV. These states are so high that their excitation energies and configurations have not been precisely measured in experiments. In order to investigate $2\alpha$ correlations from the high-lying excited states, one of the excitation-energy regions, $24.6 < E_{\rm ex} < 28.1$ MeV, was chosen to study in detail. The $\theta_{\alpha\alpha}^{\rm c.m.}$ and $q_{\alpha\alpha}$ distributions for this excitation-energy region are shown in Fig. 6. The experimental data show an enhancement at angles greater than $90^\circ$ for $\theta_{\alpha\alpha}^{\rm c.m.}$. The angular correlations are different from others, such as the opening angle of $2p$ emission (isotropic or enhanced at angles less than $90^\circ$) [14–16]. The $q_{\alpha\alpha}$ covers the area from 30 to 210 MeV/$c$ and reaches a maximum at 150 MeV/$c$.

In order to reproduce the experimental data, Monte Carlo (MC) simulations of sequential two-body emission were carried out. Because the energies, spins, and parities of the high-lying initial levels, as well as some intermediate and final states, were still unknown, the accurate calculation including the configurations of these states could not be realized. Instead, simple sequential emission via one-$\alpha$ daughter states ($^{14}$O*)

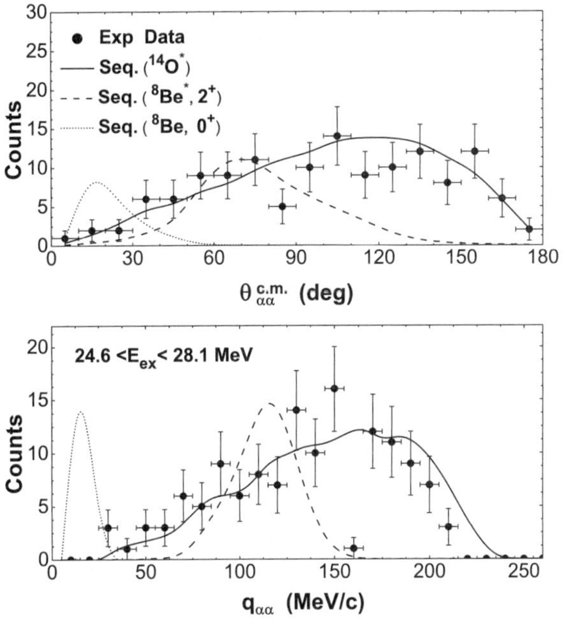


FIG. 6. Distributions of the opening angle (top) and the relative momentum (bottom) of two-$\alpha$ emission from an excitation-energy region of $^{18}$Ne, $24.6 < E_{ex} < 28.1$ MeV, show sequential two-body emission via $^{14}$O excited states.

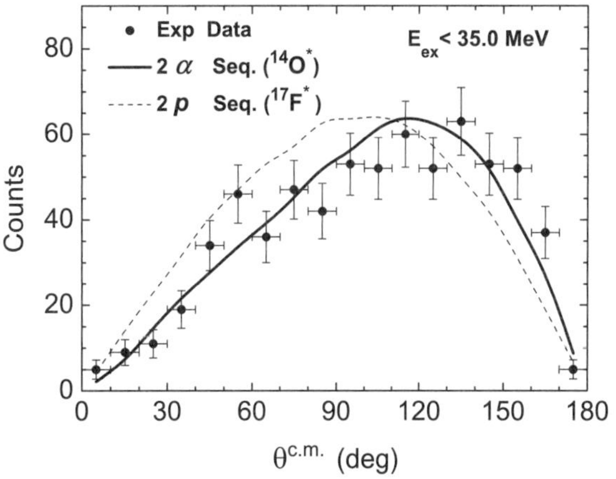


FIG. 7. The opening angle of two-$\alpha$ emission from excited states of the nucleus $^{18}$Ne less than 35.0 MeV and the simulative comparison of two-$\alpha$ with two-proton emissions via one-particle daughter states display the influence of the mass ratio of emitted particles to daughter nuclei on the distribution of $\theta^{c.m.}$.

or a resonance of two $\alpha$'s ($^8$Be: $0^+$, $2^+$) was simulated in the code. The possible $\alpha$-decaying candidate states in $^{14}$O were 10.89, 11.24, 11.97, 12.84, 13.01 MeV, and so on [19]. The distributions of $\theta_{\alpha\alpha}^{c.m.}$ and $q_{\alpha\alpha}$ were not so sensitive to the branching ratios of intermediate states in $^{14}$O. The energies of initial levels were obtained by using the method of Gaussian curve approximation to fit the distribution of the excitation-energy region, $24.6 < E_{ex} < 28.1$ MeV. Isotropic emission [a flat distribution for $\cos(\theta)$ between $-1$ and 1, $\varphi$ between 0° and 360°, respectively, in spherical coordinates] from the excitation-energy region of $^{18}$Ne was taken into consideration in the MC code, which was similar to the simulation of $2p$ emission from $^{17}$Ne [20,21]. This means that the possible angular correlations due to the angular momentum and parity conservation were neglected. In the simulation, the energy and position resolutions of detectors, the experimental setup, and Coulomb deflections of heavy fragments were also taken into account. The MC simulation showed basically the character of sequential two-$\alpha$ emission via $^{14}$O excited states from the $^{18}$Ne excitation-energy region, $24.6 < E_{ex} < 28.1$ MeV (see Fig. 6); the solid, short-dotted, and dashed curves represent the sequential emissions via $^{14}$O excited states, $^8$Be ($0^+$), and $^8$Be ($2^+$), respectively. Figure 7 displays the similar distribution of $\theta_{\alpha\alpha}^{c.m.}$ of two $\alpha$'s emitted from excited states less than 35.0 MeV of the nucleus $^{18}$Ne and the data were also described by the sequential $2\alpha$ emission via $^{14}$O excited states.

MC simulations showed that the detection efficiencies were about 49.0, 30.6, and 52.1% for the sequential emissions via $^{14}$O excited states, $^8$Be ($0^+$), and $^8$Be ($2^+$), respectively. As the pairs of $\alpha$ particles from the ground state of $^8$Be [$Q(\alpha) =$ 91.8 KeV] came out very closely in the laboratory, 65.2% of them would be detected by the detector array, and 34.6% hit a single CsI crystal. Therefore, identification of $2\alpha$ coincidences that required two separate CsI crystals resulted in a much lower efficiency for $^8$Be ($0^+$) emission than the others. $2\alpha$ positions were obtained by both CsI detectors and SSSD3,4. Although the smallest opening angle of CsI detectors (3.6°) was unsuitable for the measurements of $^8$Be nuclei in their ground state, position resolutions of SSSD3,4 (0.9°) were good enough to actually identify them. The experimental results reconstructed by the SSSD3,4 also showed the nonobservation of emitted $^8$Be nuclei and kept consistent with the distribution of the observing variables deduced by the CsI detector array.

Although the sequential approach was simple and further studies of correlations resulting from the conservation of angular momentum and parity would be required, the simulation of sequential $2\alpha$ emission via $^{14}$O excited states reproduced the enhancement at angles greater than 90° for $\theta_{\alpha\alpha}^{c.m.}$. In addition, a simulation of sequential $2p$ emission via $1p$ daughter states from the same energy levels of $^{18}$Ne showed a nearly isotropic distribution for $\theta_{pp}^{c.m.}$. It indicated that variations of the mass ratio of emitted particles to daughter nuclei ($m_p/m_d$) are chiefly responsible for the different distributions of $\theta^{c.m.}$. For instance, in an extreme case, $m_p/m_d \gg 1$ (emitted particles are in fact much heavier than the daughter), the opening angle would have the distribution of a maximum at 180°. And in the former experiment of $^{12}$O [22,23], the distribution of $\theta_{pp}^{c.m.}$ of sequential $2p$ emission showed a slight enhancement at angles greater than 90° with a small value of $m_p/m_d$ close to zero. Therefore, with the increases of the $m_p/m_d$ values, the peaks of the opening angle distribution for two particles sequentially emitted from the parent nucleus would move to large angles in the interval [90°,180°] due to kinematical effects, which has been reproduced well by the MC simulations.

## IV. CONCLUSION

In summary, we performed the first complete-kinematics experiment of two-$\alpha$ emission from high-lying excited states of $^{18}$Ne. The experimental results combined with simple MC simulations show sequential $2\alpha$ emission via $^{14}$O excited states. The distribution of $\theta_{\alpha\alpha}^{\text{c.m.}}$ shows an enhancement at angles greater than 90°. Compared with the opening angle of $2p$ emission, it is the ratio of $m_p/m_d$ that results in the different distribution for $\theta^{\text{c.m.}}$ in sequential two-body emission.

To understand the delicate relevance between nuclear structure and two-$\alpha$ emission, the highly precise energy levels and their configurations of $^{18}$Ne are required to be measured in experiments. In addition, the direct breakup calculated by strict three-body theories are needed for $2\alpha$ emission although the sequential model fits the data.

## ACKNOWLEDGMENTS

We acknowledge the continuous effort of the HIRFL-RIBLL operators for providing good-quality beams, ensuring compatibility of the electronics and the data acquisition system. This work was supported by the National Natural Science Foundation of China under Grants No. 10675169, No. 10735100, No. 10727505, and No. 11005156 and the Major State Basic Research Developing Program under Grant No. 2007CB815003.

[1] J. A. Kuehner, Phys. Rev. **125**, 1650 (1962).
[2] L. K. Fifield, R. W. Zurmühle, D. P. Balamuth, and J. W. Noé, Phys. Rev. C **8**, 2203 (1973).
[3] W. D. M. Rae, P. R. Keeling, and S. C. Allcock, Phys. Lett. B **184**, 133 (1987).
[4] L. K. Fifield, R. W. Zurmühle, and D. P. Balamuth, Phys. Rev. C **8**, 2217 (1973).
[5] K. C. Young Jr., J. M. Lind, R. W. Zurmühle, and D. P. Balamuth, Nucl. Phys. A **323**, 178 (1979).
[6] M. A. Bernstein *et al.*, Phys. Rev. Lett. **54**, 402 (1985) and references therein.
[7] J. Pochodzalla, C. B. Chitwood, D. J. Fields, C. K. Gelbke, W. G. Lynch, M. B. Tsang, D. H. Boal, and J. C. Shillcock, Phys. Lett. B **174**, 36 (1986) and references therein.
[8] J. Pochodzalla *et al.*, Phys. Rev. C **35**, 1695 (1987).
[9] Z. Chen *et al.*, Phys. Rev. C **36**, 2297 (1987).
[10] B. Blank and M. J. G. Borge, Prog. Part. Nucl. Phys. **60**, 403 (2008) and references therein.
[11] R. Álvarez-Rodríguez, H. O. U. Fynbo, A. S. Jensen, and E. Garrido, Phys. Rev. Lett. **100**, 192501 (2008) and references therein.
[12] H. O. U. Fynbo *et al.*, Phys. Rev. Lett. **91**, 082502 (2003).
[13] J. Gómez del Campo *et al.*, Phys. Rev. Lett. **86**, 43 (2001).
[14] G. Raciti, G. Cardella, M. De Napoli, E. Rapisarda, F. Amorini, and C. Sfienti, Phys. Rev. Lett. **100**, 192503 (2008).
[15] C. J. Lin *et al.*, Phys. Rev. C **80**, 014310 (2009).
[16] X. X. Xu *et al.*, Phys. Rev. C **81**, 054317 (2010).
[17] Z. Sun, W.-L. Zhan, Z.-Y. Guo, G. Xiao, and J.-X. Li, Nucl. Instrum. Methods Phys. Res. A **503**, 496 (2003).
[18] D. Bazin, O. Tarasov, M. Lewitowicz, and O. Sorlin, Nucl. Instrum. Methods Phys. Res. A **482**, 307 (2002).
[19] G. C. Ball and J. Cerny, Phys. Rev. **155**, 1170 (1967).
[20] T. Zerguerras, Ph.D. thesis, Institute de Physique Nucléaire Orsay, 2001.
[21] T. Zerguerras *et al.*, Eur. Phys. J. A **20**, 389 (2004).
[22] R. A. Kryger *et al.*, Phys. Rev. Lett. **74**, 860 (1995).
[23] A. Azhari, R. A. Kryger, and M. Thoennessen, Phys. Rev. C **58**, 2568 (1998).

# Sub-barrier capture with quantum diffusion approach: Actinide-based reactions ①

V.V. Sargsyan[1], G.G. Adamian[1,2], N.V. Antonenko[1], W. Scheid[3], and H.Q. Zhang[4]

[1] Joint Institute for Nuclear Research, 141980 Dubna, Russia
[2] Institute of Nuclear Physics, 702132 Tashkent, Uzbekistan
[3] Institut für Theoretische Physik der Justus-Liebig-Universität, D-35392 Giessen, Germany
[4] China Institute of Atomic Energy, PO Box 275, Beijing 102413, China

Received: 11 November 2010 / Revised: 14 January 2011
Published online: 15 March 2011 – © Società Italiana di Fisica / Springer-Verlag 2011
Communicated by T.S. Bíró

**Abstract.** With the quantum diffusion approach the behavior of capture cross-sections and mean-square angular momenta of captured systems are revealed in the reactions with deformed nuclei at sub-barrier energies. The calculated results are in a good agreement with existing experimental data. With decreasing bombarding energy under the barrier the external turning point of the nucleus-nucleus potential leaves the region of short-range nuclear interaction and action of friction. Because of this change of the regime of interaction, an unexpected enhancement of the capture cross-section occurs at bombarding energies far below the Coulomb barrier. There is also an effect on the dependence of the mean-square angular momentum of the captured system on the bombarding energy. From the comparison of calculated and experimental capture cross-sections, the importance of quasifission near the entrance channel is shown for the actinide-based reactions leading to superheavy nuclei.

## 1 Introduction

The measurement of excitation functions down to the extreme sub-barrier energy region is important for studying the nucleus-nucleus interaction as well as the coupling of relative motion with other degrees of freedom, and very little data exist on the fusion, fission and capture cross-sections at extreme sub-barrier energies [1–20]. The experimental data obtained are of interest for solving astrophysical problems related to nuclear synthesis. Indications for an enhancement of the $S$-factor, $S = E_{\mathrm{c.m.}}\sigma \exp(2\pi\eta)$ [21, 22], where $\eta(E_{\mathrm{c.m.}}) = Z_1 Z_2 e^2 \sqrt{\mu/(2\hbar^2 E_{\mathrm{c.m.}})}$ is the Sommerfeld parameter, at energies $E_{\mathrm{c.m.}}$ below the Coulomb barrier have been found in refs. [7,11,16]. However, its origin is still under discussion.

To clarify the behavior of capture cross-sections at sub-barrier energies, a further development of the theoretical methods is required [23]. The conventional coupled-channel approach with realistic set of parameters is not able to describe the capture cross-sections either below or above the Coulomb barrier [16]. The use of a quite shallow nucleus-nucleus potential [24–26] with an adjusted repulsive core considerably improves the agreement between the calculated and experimental data. Besides the coupling with collective excitations, the dissipation, which is simulated by an imaginary potential in refs. [24–26] or by damping in each channel in ref. [27], seems to be important.

The quantum diffusion approach based on the quantum master-equation for the reduced density matrix has been suggested in ref. [28]. This model takes into consideration the fluctuation and dissipation effects in collisions of heavy ions which model the coupling with various channels. As demonstrated in ref. [28], this approach is successful for describing the capture cross-sections at energies near and below the Coulomb barrier for interacting spherical nuclei. An unexpected enhancement of the capture cross-section at bombarding energies far below the Coulomb barrier has been predicted in [28]. This effect is related to the switching-off of the nuclear interaction at the external turning point $r_{\mathrm{ex}}$ (fig. 1). If the colliding nuclei approach the distance $R_{\mathrm{int}}$ between their centers, the nuclear forces start to act in addition to the Coulomb interaction. Thus, at $R < R_{\mathrm{int}}$ the relative motion is coupled strongly with other degrees of freedom. At $R > R_{\mathrm{int}}$ the relative motion is almost independent of the internal degrees of freedom. Depending on whether the value of $r_{\mathrm{ex}}$ is larger or smaller than the interaction radius $R_{\mathrm{int}}$, the impact of coupling with other degrees of freedom upon the barrier passage seems to be different.

In the present paper we apply the approach of ref. [28] to the description of the capture process of deformed

① Eur.Phys.J.A,2011,47:38.

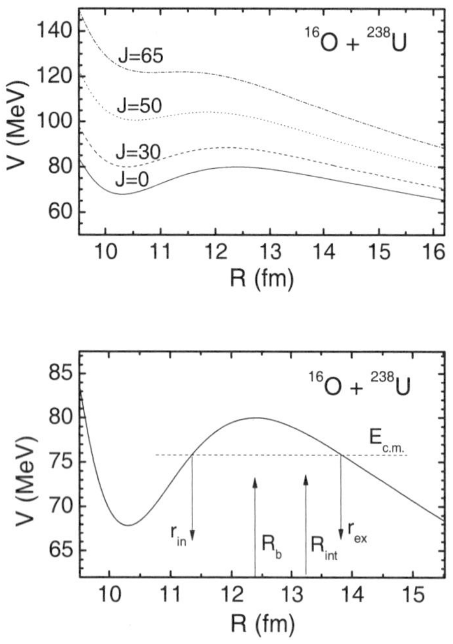


**Fig. 1.** (Top) The nucleus-nucleus potentials calculated at $J = 0$ (solid curve), 30 (dashed curve), 50 (dotted curve), and 65 (dash-dotted curve) for the $^{16}O+^{238}U$ reaction. The interacting nuclei are assumed to be spherical in the calculation. (Bottom) The position $R_b$ of the Coulomb barrier, radius of interaction $R_{int}$, and external and internal turning points for some values of $E_{c.m.}$ are indicated at the nucleus-nucleus potential for the same reaction at $J = 0$.

nuclei in a wide energy interval including the extreme sub-barrier region. The used formalism is presented in sect. 2. The results of our calculations for the reactions $^{16}$O, $^{19}$F, $^{32}$S, $^{48}$Ca + $^{232}$Th, $^{4}$He, $^{16}$O, $^{20}$Ne, $^{30}$Si, $^{36}$S, $^{48}$Ca + $^{238}$U, $^{36}$S, $^{48}$Ca, $^{50}$Ti + $^{244}$Pu, $^{48}$Ca + $^{246,248}$Cm, and $^{36}$S + $^{248}$Cm are discussed in sect. 3. The conclusions are given in sect. 4.

## 2 Model

### 2.1 The nucleus-nucleus potential

The potential describing the interaction of two nuclei can be written in the form [29]

$$V(R, Z_i, A_i, \theta_i, J) = V_C(R, Z_i, A_i, \theta_i, J) + V_N(R, Z_i, A_i, \theta_i, J) + \frac{\hbar^2 J(J+1)}{2\mu R^2}, \quad (1)$$

where $V_N$, $V_C$, and the last summand stand for the nuclear, the Coulomb, and the centrifugal potentials, respectively. The nuclei are proposed to be spherical or deformed. The potential depends on the distance $R$ between the center of mass of two interacting nuclei, mass $A_i$ and charge $Z_i$ of nuclei ($i = 1, 2$), the orientation angles $\theta_i$ of the deformed (with the quadrupole deformation parameters $\beta_i$) nuclei and the angular momentum $J$. The static quadrupole deformation parameters are taken from ref. [30] for the even-even deformed nuclei. For the nuclear part of the nucleus-nucleus potential, we use the double-folding formalism, in the form

$$V_N = \int \rho_1(\mathbf{r}_1)\rho_2(\mathbf{R}-\mathbf{r}_2)F(\mathbf{r}_1-\mathbf{r}_2)\mathrm{d}\mathbf{r}_1\mathrm{d}\mathbf{r}_2, \quad (2)$$

where $F(\mathbf{r}_1-\mathbf{r}_2) = C_0[F_{\rm in}\frac{\rho_0(\mathbf{r}_1)}{\rho_{00}} + F_{\rm ex}(1-\frac{\rho_0(\mathbf{r}_1)}{\rho_{00}})]\delta(\mathbf{r}_1-\mathbf{r}_2)$ is the density-dependent effective nucleon-nucleon interaction and $\rho_0(\mathbf{r}) = \rho_1(\mathbf{r}) + \rho_2(\mathbf{R}-\mathbf{r})$, $F_{\rm in,ex} = f_{\rm in,ex} + f'_{\rm in,ex}\frac{(N_1-Z_1)(N_2-Z_2)}{(N_1+Z_1)(N_2+Z_2)}$. Here, $\rho_i(\mathbf{r}_i)$ and $N_i$ are the nucleon densities and neutron numbers of the light and the heavy nuclei of the dinuclear system, respectively. Our calculations are performed with the following set of parameters: $C_0 = 300\,{\rm MeV\,fm}^3$, $f_{\rm in} = 0.09$, $f_{\rm ex} = -2.59$, $f'_{\rm in} = 0.42$, $f'_{\rm ex} = 0.54$ and $\rho_{00} = 0.17\,{\rm fm}^{-3}$ [29]. The densities of the nuclei are taken in the two-parameter symmetrized Woods-Saxon form with the nuclear radius parameter $r_0 = 1.15$ fm (for the nuclei with $A_i \geq 16$) and the diffuseness parameter $a$ depending on the charge and mass numbers of the nucleus [29]. We use $a = 0.53$ fm for the lighter nuclei $^{16}$O and $^{19}$F, $a = 0.55$ fm for the intermediate nuclei ($^{20}$Ne, $^{26}$Mg, $^{30}$Si, $^{32,34,36}$S, $^{40,48}$Ca, $^{50}$Ti), and $a = 0.56$ fm for the actinides. For the $^4$He nucleus $r_0 = 1.02$ fm and $a = 0.48$ fm.

The Coulomb interaction of two deformed nuclei has the following form:

$$V_C(R, Z_i, A_i, \theta_i, J) = \frac{Z_1Z_2e^2}{R} + \left(\frac{9}{20\pi}\right)^{1/2}\frac{Z_1Z_2e^2}{R^3}\sum_{i=1,2}R_i^2\beta_i\left[1+\frac{2}{7}\left(\frac{5}{\pi}\right)^{1/2}\beta_i\right] \times P_2(\cos\theta_i), \quad (3)$$

where $P_2(\cos\theta_i)$ is the Legendre polynomial.

In fig. 1 the nucleus-nucleus potential $V$ is shown for the $^{16}$O + $^{238}$U reaction (for simplicity, $^{238}$U is assumed to be spherical) which has a pocket. With increasing centrifugal part of the potential the pocket depth becomes smaller, while the position of the pocket minimum moves towards the barrier at the position of the Coulomb barrier $R = R_b \approx R_1 + R_2 + 2$ fm, where $R_i = 1.15A_i^{1/3}$ are the radii of the colliding nuclei. This pocket is washed out at large angular momenta $J > 65$. Thus, only a limited part of angular momenta contributes to the capture process. For the reactions $^{36}$S + $^{238}$U and $^{16}$O + $^{238}$U (fig. 2), the dependence of the potential energy on the orientation of the prolate deformed nucleus $^{238}$U is shown. The lowest Coulomb barriers are associated with collisions of the projectile nucleus with the tips of the target nucleus, while the highest barriers correspond to collisions with the sides of the target nucleus. The difference of the Coulomb barriers for the sphere-pole and sphere-side orientations is about 16 MeV (8 MeV) for the $^{36}$S + $^{238}$U ($^{16}$O + $^{238}$U) system.

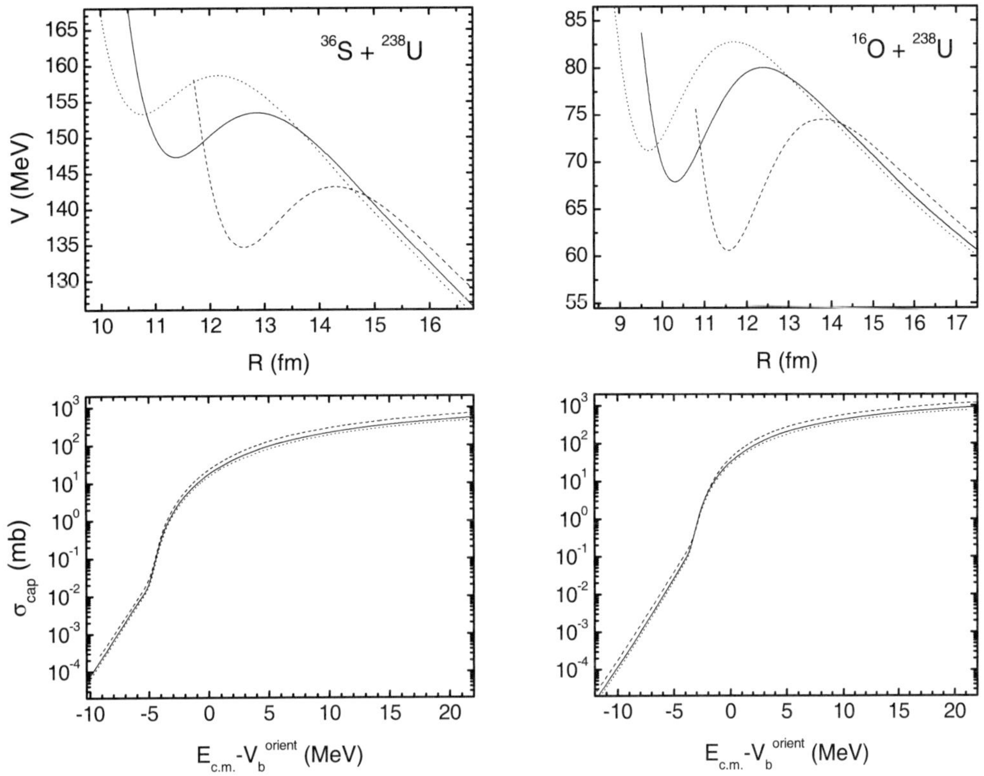


**Fig. 2.** (Top) The nucleus-nucleus potentials calculated at $J = 0$ for the reactions $^{36}S + ^{238}U$ (left panel) and $^{16}O + ^{238}U$ (right panel). (Bottom) The dependence of the capture cross-section for nuclei colliding with a fixed orientation on $E_{c.m.} - V_b^{orient}$, where $V_b^{orient}$ is the height of the Coulomb barrier for certain orientations. The results of calculations for the sphere-sphere (the interacting nuclei are spherical), sphere-pole and sphere-side configurations are shown by solid, dashed and dotted lines, respectively. The static quadrupole deformation parameters are: $\beta_2(^{238}U) = 0.286$ and $\beta_1(^{16}O) = \beta_1(^{36}S) = 0$.

### 2.2 Capture cross-section

The capture cross-section is a sum of partial capture cross-sections

$$\sigma_{cap}(E_{c.m.}) = \sum_J \sigma_{cap}(E_{c.m.}, J) = \pi\lambda^2 \sum_J (2J+1) \int_0^{\pi/2} d\theta_1 \sin(\theta_1) \times \int_0^{\pi/2} d\theta_2 \sin(\theta_2) P_{cap}(E_{c.m.}, J, \theta_1, \theta_2), \quad (4)$$

where $\lambda^2 = \hbar^2/(2\mu E_{c.m.})$ is the reduced de Broglie wavelength, $\mu - m_0 A_1 A_2/(A_1 + A_2)$ is the reduced mass ($m_0$ is the nucleon mass), and the summation is over the possible values of the angular momentum $J$ at a given bombarding energy $E_{c.m.}$. Knowing the potential of the interacting nuclei for each orientation, one can obtain the partial capture probability $P_{cap}$ which is defined by the passing probability of the potential barrier in the relative distance $R$ coordinate at a given $J$. The value of $P_{cap}$ is obtained by integrating the propagator $G$ from the initial state $(R_0, P_0)$ at time $t = 0$ to the final state $(R, P)$ at time $t$ ($P_0$ and $P$ are the momenta):

$$P_{cap} = \lim_{t\to\infty} \int_{-\infty}^{r_{in}} dR \int_{-\infty}^{\infty} dP\, G(R, P, t|R_0, P_0, 0) = \lim_{t\to\infty} \frac{1}{2} \operatorname{erfc}\left[\frac{-r_{in} + \overline{R(t)}}{\sqrt{\Sigma_{RR}(t)}}\right]. \quad (5)$$

Here, the $\overline{R(t)}$ and $\Sigma_{RR}(t)$ are the first moment and the double variance in coordinate, respectively. The second line in (5) is obtained by using the propagator $G = \pi^{-1}|\det \mathbf{\Sigma}^{-1}|^{1/2} \exp(-\mathbf{q}^T\mathbf{\Sigma}^{-1}\mathbf{q})$ ($\mathbf{q}^T = [q_R, q_P]$, $q_R(t) = R-\overline{R(t)}$, $q_P(t) = P-\overline{P(t)}$, $\overline{R(t=0)} = R_0$, $\overline{P(t=0)} = P_0$, $\Sigma_{kk'}(t) = 2\overline{q_k(t)q_{k'}(t)}$, $\Sigma_{kk'}(t=0) = 0$, $k, k' = R, P$) calculated in ref. [31] for an inverted oscillator which approximates the nucleus-nucleus potential $V$ in the variable $R$. The frequency $\omega$ of this oscillator with an internal turning point $r_{in}$ is defined from the condition of equality of the classical actions of approximated and realistic potential barriers of the same height at given $J$. It should be noted that the passage through the Coulomb barrier approximated by a parabola has been previously studied in

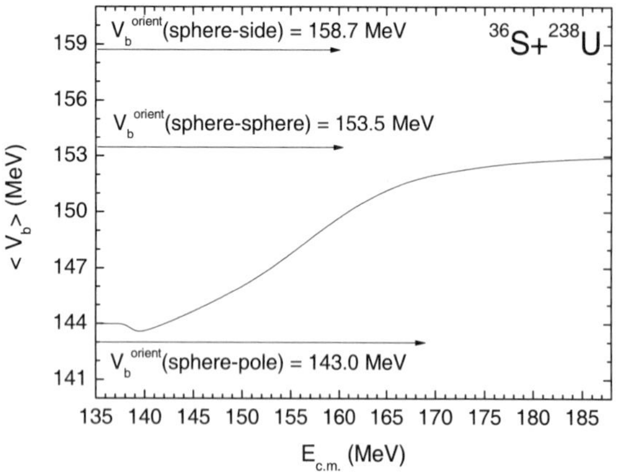


**Fig. 3.** The calculated value $\langle V_{\mathrm{b}}\rangle$ averaged over the orientations of the heavy deformed nucleus *versus* $E_{\mathrm{c.m.}}$ for the $^{36}\mathrm{S}+{}^{238}\mathrm{U}$ reaction. The values of the barriers $V_{\mathrm{b}}^{\mathrm{orient}}$ (sphere-pole) for the sphere-pole configuration, $V_{\mathrm{b}}=V_{\mathrm{b}}$ (sphere-sphere) $=V_{\mathrm{b}}^{\mathrm{orient}}$ (sphere-sphere) for the sphere-sphere configuration and $V_{\mathrm{b}}^{\mathrm{orient}}$ (sphere-side) for the sphere-side configuration are indicated by arrows. The static quadrupole deformation parameters are: $\beta_2({}^{238}\mathrm{U})=0.286$ and $\beta_1({}^{36}\mathrm{S})=0$.

refs. [32–40]. This approximation is well justified for the reactions and energy range which are here considered. Finally, one can find the following expression for the capture probability:

$$P_{\mathrm{cap}}=\frac{1}{2}\operatorname{erfc}\left[\left(\frac{\pi s_1(\gamma-s_1)}{2\mu(\omega_0^2-s_1^2)}\right)^{1/2}\frac{\mu\omega_0^2R_0/s_1+P_0}{[\gamma\ln(\gamma/s_1)]^{1/2}}\right],\quad(6)$$

where $\gamma$ is the internal-excitation width, $\omega_0^2=\omega^2\{1-\hbar\tilde{\lambda}\gamma/[\mu(s_1+\gamma)(s_2+\gamma)]\}$ is the renormalized frequency in the Markovian limit, the value of $\tilde{\lambda}$ is related to the strength of linear coupling in coordinates between collective and internal subsystems. The $s_i$ are the real roots ($s_1\geq 0>s_2\geq s_3$) of the following equation:

$$(s+\gamma)(s^2-\omega_0^2)+\hbar\tilde{\lambda}\gamma s/\mu=0.\quad(7)$$

The details of the used formalism are presented in [28]. We have to mention that most of the quantum-mechanical, dissipative effects and non-Markovian effects accompanying the passage through the potential barrier are taken into consideration in our formalism [28,39,40]. For example, the non-Markovian effects appear in the calculations through the internal-excitation width $\gamma$.

As shown in [28], the nuclear forces start to play a role at $R_{\mathrm{int}}=R_{\mathrm{b}}+1.1\,\mathrm{fm}$, where the nucleon density of colliding nuclei approximately reaches 10% of the saturation density. If the value of $r_{\mathrm{ex}}$ corresponding to the external turning point is larger than the interaction radius $R_{\mathrm{int}}$, we take $R_0=r_{\mathrm{ex}}$ and $P_0=0$ in eq. (6). For $r_{\mathrm{ex}}<R_{\mathrm{int}}$, it is natural to start our treatment with $R_0=R_{\mathrm{int}}$ and $P_0$ defined by the kinetic energy at $R=R_0$. In this case the friction hinders the classical motion to proceed towards smaller values of $R$. If $P_0=0$ at $R_0>R_{\mathrm{int}}$, the friction almost does not play a role in the transition through the barrier. Thus, two regimes of interaction at sub-barrier energies differ by the action of the nuclear forces and the role of friction at $R=r_{\mathrm{ex}}$.

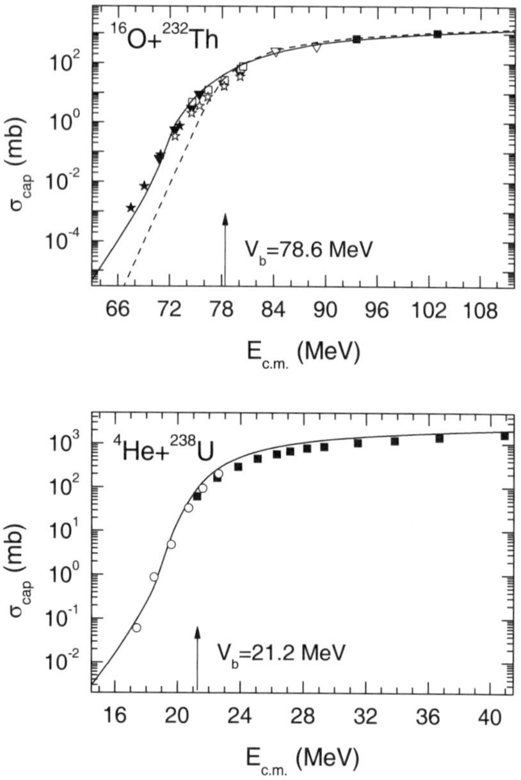


**Fig. 4.** The calculated capture cross-section (solid lines) *versus* $E_{\mathrm{c.m.}}$ for the reactions $^{16}\mathrm{O}+{}^{232}\mathrm{Th}$ and $^{4}\mathrm{He}+{}^{238}\mathrm{U}$ are compared with the available experimental data. The experimental data in the upper part are taken from refs. [46] (open triangles), [1] (closed triangles), [47] (open squares), [48] (closed squares), [4] (open stars) and [5] (closed stars). The fission cross-sections from refs. [6] and [45] are shown in the lower part by open circles and solid squares, respectively. The value of the Coulomb barrier $V_{\mathrm{b}}$ for the spherical nuclei is indicated by an arrow. The dashed curve represents the calculation by Wong's formula (8). The static quadrupole deformation parameters are: $\beta_2({}^{238}\mathrm{U})=0.286$, $\beta_2({}^{232}\mathrm{Th})=0.261$, and $\beta_1({}^{16}\mathrm{O})=\beta_1({}^{4}\mathrm{He})=0$.

## 3 Calculated results

Besides the parameters related to the nucleus-nucleus potential, two parameters $\hbar\gamma=32\,\mathrm{MeV}$ and the friction coefficient $\hbar\lambda=-\hbar(s_1+s_2)=2\,\mathrm{MeV}$ are used for calculating the capture probability in reactions with deformed actinides. The value of $\tilde{\lambda}$ is set to obtain this value of $\hbar\lambda$. The most realistic friction coefficients in the range of $\hbar\lambda\approx 1$–$2\,\mathrm{MeV}$ are suggested from the study of deep inelastic and fusion reactions [41]. These values are close

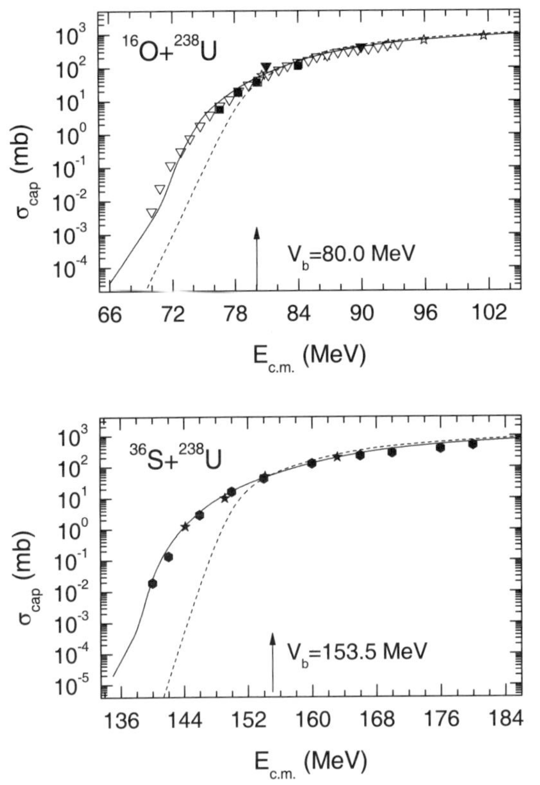


**Fig. 5.** The same as in fig. 4, but for the reactions $^{16}O + ^{238}U$ and $^{36}S + ^{238}U$. The experimental cross-sections are taken from refs. [10] (open triangles), [44] (closed triangles), [4] (open squares), [2] (closed squares), [45] (open stars), [19] (closed stars), and [17] (hexagons). The dashed curve represents the calculation by Wong's formula (8). The static quadrupole deformation parameters are: $\beta_2(^{238}U) = 0.286$ and $\beta_1(^{16}O) = \beta_1(^{36}S) = 0$.

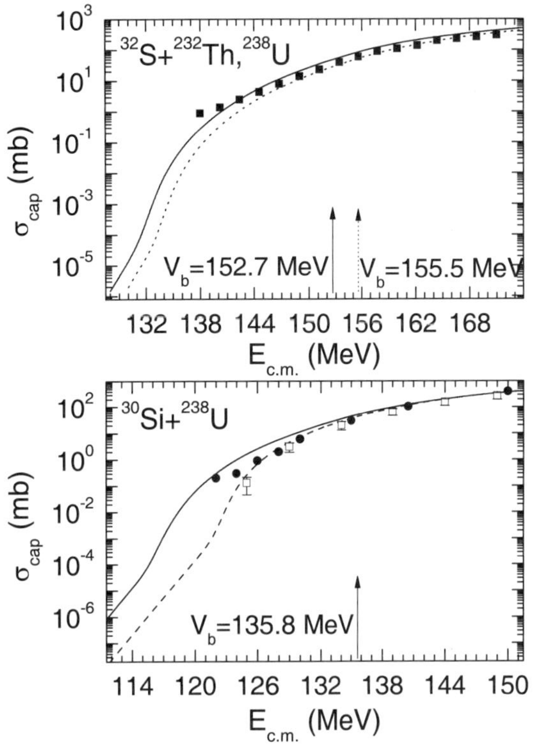


**Fig. 6.** The same as in fig. 4, but for the reactions $^{32}S + ^{232}Th$ (solid line), $^{32}S + ^{238}U$ (dotted line) and $^{30}Si + ^{238}U$. The experimental data are taken from refs. [18] ($^{32}S + ^{232}Th$, solid squares), [12] (solid circles) and [49] (open squares). The static quadrupole deformation parameters are: $\beta_2(^{238}U) = 0.286$, $\beta_2(^{232}Th) = 0.261$, $\beta_1(^{32}S) = 0.312$, and $\beta_1(^{30}Si) = 0.315$. For the $^{30}Si + ^{238}U$ reaction, the results of calculations with $\beta_1(^{30}Si) = 0$ (the predictions of the mean-field and macroscopic-microscopic models) are presented by the dashed line in the lower part of the figure.

to those calculated within the mean-field approach [42, 43]. All calculated results presented are obtained with the same set of parameters and are rather insensitive to a reasonable variation of them [28, 34–36, 39, 40].

### 3.1 Effect of orientation

The influence of the orientation of the deformed heavy nucleus on the capture process in the reactions $^{36}S + ^{238}U$ and $^{16}O + ^{238}U$ is studied in fig. 2. We demonstrate that the capture cross-section $\sigma_{cap}$ at fixed orientation as a function of $E_{c.m.} - V_b^{orient}$, where $V_b^{orient}$ is the Coulomb barrier for this orientation, is almost independent of the orientation angle $\theta_2$.

In fig. 3 the value of the Coulomb barrier

$$\langle V_b \rangle = \frac{\pi \lambda^2}{\sigma_{cap}(E_{c.m.})} \sum_J (2J+1) \int_0^{\pi/2} d\theta_2 \sin(\theta_2) \times P_{cap}(E_{c.m.}, J, \theta_1, \theta_2) V(R_b, Z_i, A_i, \theta_i, J)$$

averaged over all possible orientations of the heavy nucleus *versus* $E_{c.m.}$ is shown for the $^{36}S + ^{238}U$ reaction. With increasing (decreasing) $E_{c.m.}$ the value of $\langle V_b \rangle$ approaches the value of the Coulomb barrier for the sphere-sphere configuration (for the sphere-pole configuration). The influence of deformation on the capture cross-section is very weak already at bombarding energies about 15 MeV above the Coulomb barrier corresponding to spherical nuclei.

### 3.2 Comparison with experimental data and predictions

In figs. 4–6 the calculated capture cross-sections for the reactions $^{16}O$, $^{19}F$, $^{32}S + ^{232}Th$ and $^{4}He$, $^{16}O$, $^{30}Si$, $^{32,36}S + ^{238}U$ are in a rather good agreement with the available experimental data [1, 2, 4–6, 10, 12, 17–19, 44–49]. Because of the uncertainties in the definition of the deformation of the light nucleus and in the experimental data [12, 49] in fig. 6, we show the calculated results for the $^{30}Si +$

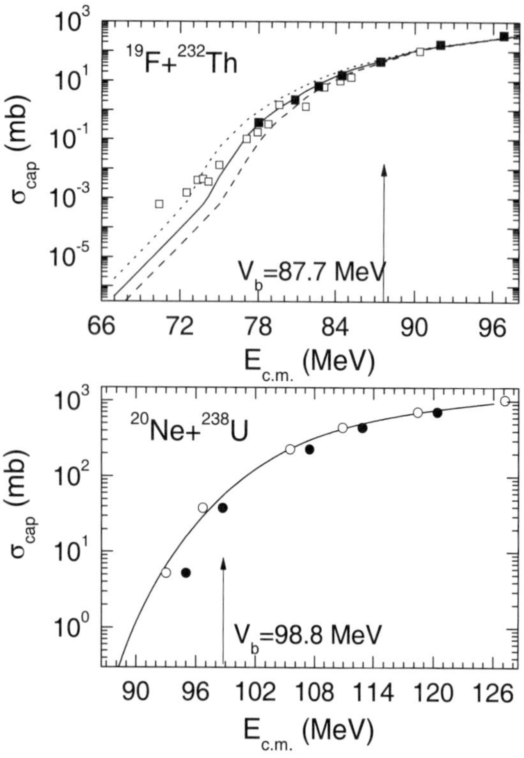


**Fig. 7.** The same as in fig. 4, but for the reactions $^{19}F+^{232}Th$ and $^{20}Ne+^{238}U$. The experimental data are taken from refs. [5] (open squares), [4] (closed squares), and [45] (closed circles). The open circles in the lower part are the experimental data from ref. [45] shifted by 2 MeV to the left. The results of calculations with the static quadrupole deformation parameters of $^{19}F$ $\beta_1(^{19}F) = 0.275$ (as in ref. [50]), 0.41, and 0.55 are shown by the dashed, solid, and dotted lines, respectively. The other static quadrupole deformation parameters are: $\beta_2(^{238}U) = 0.286$, $\beta_2(^{232}Th) = 0.261$, and $\beta_1(^{20}Ne) = 0.335$.

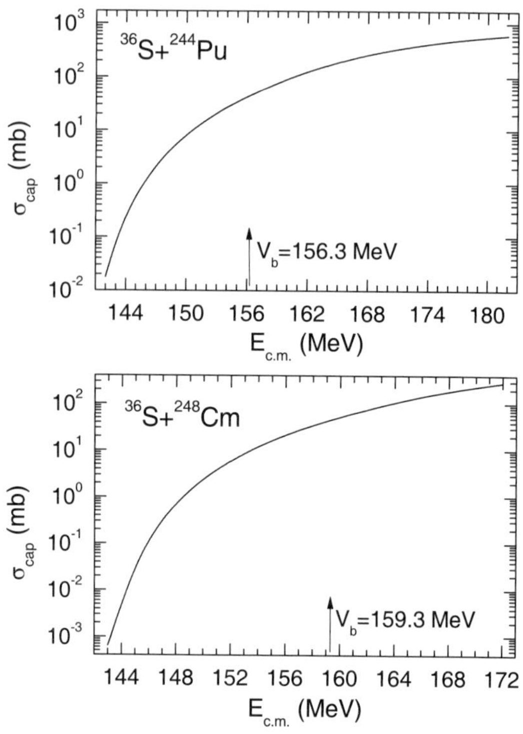


**Fig. 8.** The predicted capture cross-sections for the reactions $^{36}S + ^{244}Pu$, $^{248}Cm$. The static quadrupole deformation parameters are: $\beta_2(^{244}Pu) = 0.293$, $\beta_2(^{248}Cm) = 0.297$, and $\beta_1(^{36}S) = 0$.

$^{238}U$ reaction with $\beta_1(^{30}Si)$ from ref. [30] as well as with $\beta_1(^{30}Si) = 0$ (lower part of fig. 6). Note that $\beta_1(^{30}Si) = 0$ for the ground state were predicted within the mean-field and macroscopic-microscopic models.

In fig. 7 (upper part) we are not able to describe well the data of ref. [5] for the $^{19}F + ^{232}Th$ reaction at $E_{c.m.} < 74$ MeV, even by varying the static quadrupole deformation parameters $\beta_1$ of $^{19}F$. However, the deviations of the solid curve in the upper part of fig. 7 from the experimental data are within the uncertainty of these data. Note that the value of $\beta_1$ mainly influences the slope of the curve at $E_{c.m.} < V_b$ and one can extract the ground-state deformation of the nucleus from the experimental capture cross-section data. For the $^{20}Ne + ^{238}U$ reaction, the calculated capture cross-sections in fig. 7 are consistent with the experimental data [45] if the latter ones are shifted by 2 MeV to lower energies. For the $^{20}Ne$ nucleus, the experimental quadrupole deformation parameter $\beta_1 = 0.727$ related in ref. [30] to the first $2^+$ state seems to be unrealistically large and we take $\beta_1 = 0.335$ as predicted in ref. [50]. The capture cross-sections for the reactions $^{32}S + ^{238}U$ and $^{36}S + ^{244}Pu$, $^{248}Cm$ are shown in figs. 6 and 8, respectively.

One can see in figs. 4–8 that there is a sharp fall-off of the cross-sections just under the Coulomb barrier corresponding to undeformed nuclei. With decreasing $E_{c.m.}$ up to about 8–10 MeV (when the projectile is spherical) and 15–20 MeV (when both projectile and target are deformed nuclei) below the Coulomb barrier the regime of interaction is changed because at the external turning point the colliding nuclei do not reach the region of nuclear interaction where the friction plays a role. As a result, at smaller $E_{c.m.}$ the cross-sections fall with a smaller rate. With larger values of $R_{int}$ the change of fall rate occurs at smaller $E_{c.m.}$. However, the uncertainty in the definition of $R_{int}$ is rather small. Therefore, an effect of the change of the fall rate of the sub-barrier capture cross-section should be in the data if we assume that the friction starts to act only when the colliding nuclei approach the barrier. Note that at energies in the range of 10–20 MeV below the barrier the experimental data still have large uncertainties to make a firm experimental conclusion about this effect. The effect seems to be more pronounced in collisions of spherical nuclei, where the regime of interaction is changed

$$\langle J^2 \rangle = \frac{\pi \lambda^2 \sum_J J(J+1)(2J+1) \int_0^{\pi/2} \mathrm{d}\theta_1 \sin(\theta_1) \int_0^{\pi/2} \mathrm{d}\theta_2 \sin(\theta_2) P_{\text{cap}}(E_{\text{c.m.}}, J, \theta_1, \theta_2)}{\sigma_{\text{cap}}(E_{\text{c.m.}})} \tag{9}$$

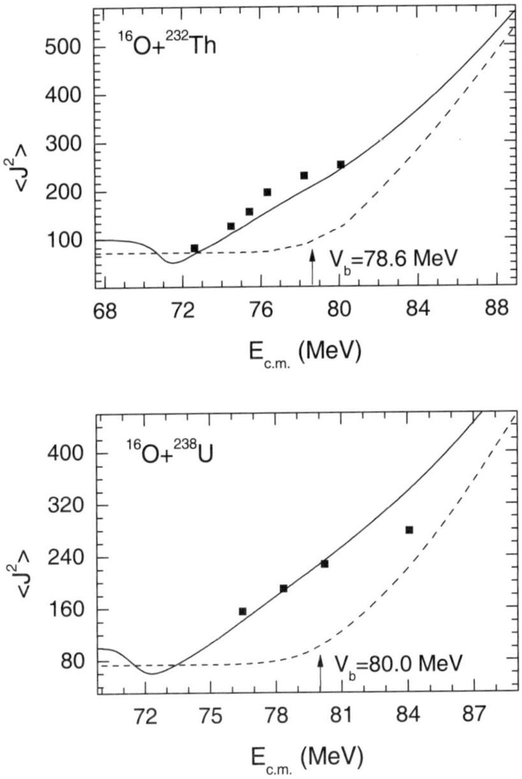


**Fig. 9.** The calculated mean-square angular momenta *versus* $E_{\text{c.m.}}$ for the reactions $^{16}\text{O} + {}^{232}\text{Th}$, $^{238}\text{U}$ are compared with experimental data [4]. The dashed curve represents the calculation by eq. (10). The static quadrupole deformation parameters are: $\beta_2(^{238}\text{U}) = 0.286$, $\beta_2(^{232}\text{Th}) = 0.261$ and $\beta_1(^{16}\text{O}) = 0$. The values of the Coulomb barriers $V_\text{b}$ corresponding to spherical interacting nuclei are indicated by arrows.

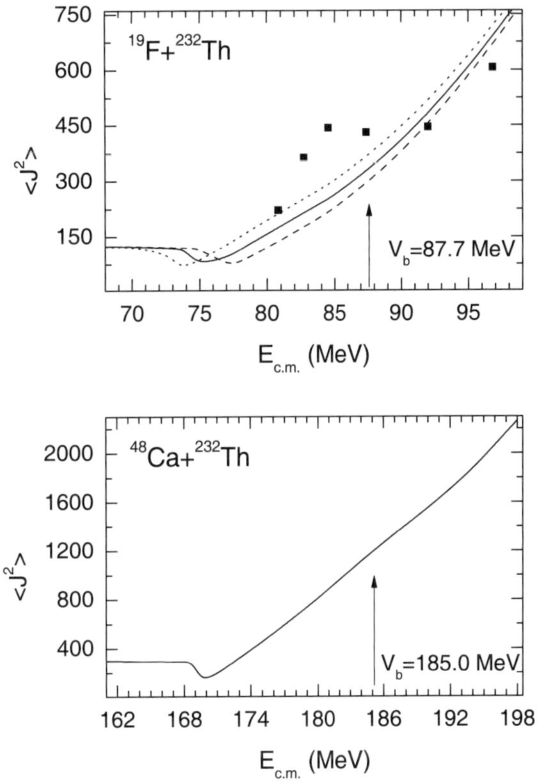


**Fig. 10.** The same as in fig. 9, but for the indicated reactions $^{19}\text{F}$, $^{48}\text{Ca} + {}^{232}\text{Th}$. The experimental data are taken from ref. [4]. The results of calculations with quadrupole deformation parameters $\beta_1(^{19}\text{F}) = 0.275$, 0.41 and 0.55 are shown by the dashed, solid, and dotted lines, respectively. The other static quadrupole deformation parameters are: $\beta_2(^{232}\text{Th}) = 0.261$ and $\beta_1(^{48}\text{Ca}) = 0$.

at $E_{\text{c.m.}}$ up to about 3–5 MeV below the Coulomb barrier [28]. The collisions of deformed nuclei occur at various mutual orientations affecting the value of $R_{\text{int}}$.

The well-known Wong formula for the capture cross-section is

$$\sigma(E_{\text{c.m.}}) = \frac{R_\text{b}^2 \hbar\omega}{2E_{\text{c.m.}}} \int_0^{\pi/2} \mathrm{d}\theta_1 \sin\theta_1 \int_0^{\pi/2} \mathrm{d}\theta_2 \sin\theta_2 \times \ln(1+\exp[2\pi(E_{\text{c.m.}} - E_\text{b}(\theta_1, \theta_2))/\hbar\omega]), \tag{8}$$

where $E_\text{b}(\theta_1, \theta_2)$ is value of the Coulomb barrier which depends on the orientations of the deformed nuclei [51]. As seen from figs. 4 and 5 (dashed lines) the Wong formula (8) does not reproduce the capture cross-section at $E_{\text{c.m.}} < V_\text{b}$ even taking into consideration the static quadrupole deformation of the target nucleus.

The calculated mean-square angular momenta

*see eq.* (9) *on top of the page*

of captured systems *versus* $E_{\text{c.m.}}$ are presented in figs. 9, 10 for the reactions mentioned above. At energies below the barrier the value of $\langle J^2 \rangle$ has a minimum. This minimum depends on the deformations of nuclei and on the factor $Z_1 \times Z_2$. For the reactions $^{16}\text{O} + {}^{232}\text{Th}$, $^{16}\text{O} + {}^{238}\text{U}$, $^{19}\text{F} + {}^{232}\text{Th}$, and $^{48}\text{Ca} + {}^{232}\text{Th}$, these minima are about 7, 8, 12, and 15 MeV below the corresponding Coulomb barriers, respectively. The experimental data [52] indicate the presence of the minimum as well. On the left-hand side of this minimum the dependence of $\langle J^2 \rangle$ on $E_{\text{c.m.}}$ is rather weak. A similar weak dependence has been found in ref. [53] in the extreme sub-barrier re-

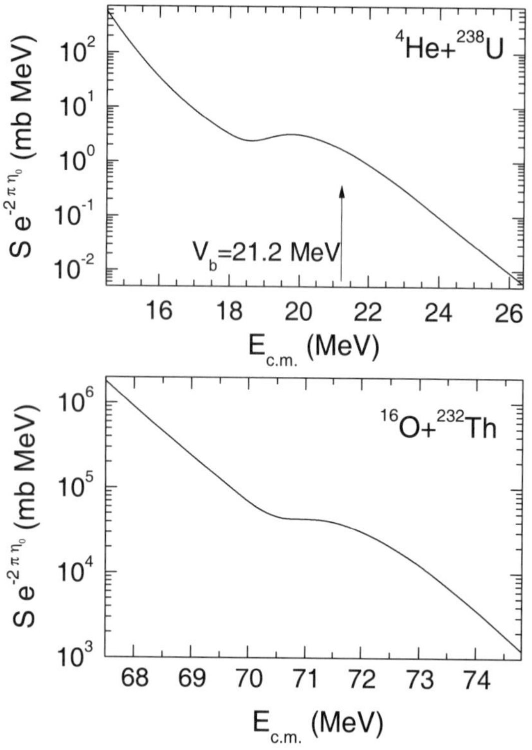


**Fig. 11.** The calculated values of the astrophysical $S$-factor with $\eta_0 = \eta(E_{\mathrm{c.m.}} = V_{\mathrm{b}})$ for the indicated reactions $^{16}O + ^{232}Th$ and $^4He + ^{238}U$. The values of the Coulomb barriers $V_{\mathrm{b}}$ corresponding to the spherical nuclei are 78.6 and 21.2 MeV.

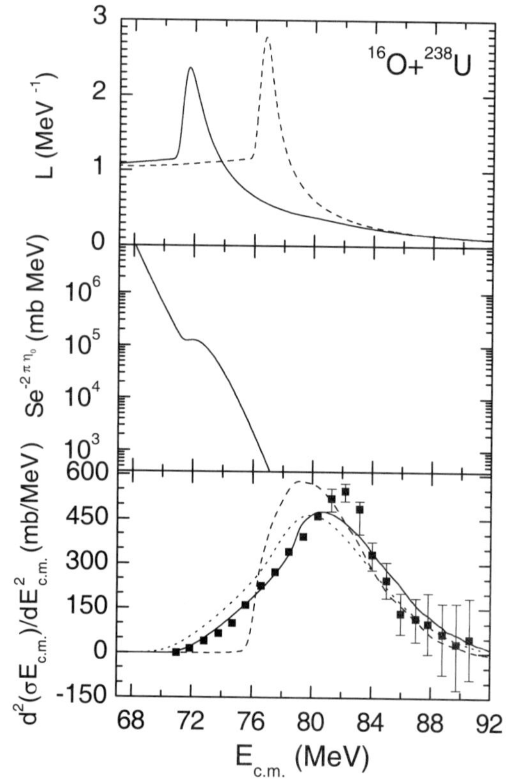


**Fig. 12.** The calculated values of the astrophysical $S$-factor with $\eta_0 = \eta(E_{\mathrm{c.m.}} = V_{\mathrm{b}})$ (middle panel), the logarithmic derivative $L$ (upper panel) and the fusion barrier distribution $\mathrm{d}^2(E_{\mathrm{c.m.}}\sigma_{\mathrm{cap}})/\mathrm{d}E^2_{\mathrm{c.m.}}$ (lower panel) for the $^{16}O + ^{238}U$ reaction. The value of $L$ calculated with the assumption of $\beta_1(^{16}\mathrm{O}) = \beta_2(^{238}\mathrm{U}) = 0$ is shown by a dashed line. The solid and dotted lines show the values of $\mathrm{d}^2(E_{\mathrm{c.m.}}\sigma_{\mathrm{cap}})/\mathrm{d}E^2_{\mathrm{c.m.}}$ calculated with the increments 0.2 and 1.2 MeV, respectively. The closed squares are the experimental data of ref. [56]. The value of the Coulomb barrier $V_{\mathrm{b}}$ corresponding to the spherical nuclei is 80 MeV.

gion. Note that the found behavior of $\langle J^2\rangle$, which is related to the change of the regime of interaction between the colliding nuclei, would affect the angular anisotropy of the products of fission-like fragments following capture. Indeed, the values of $\langle J^2\rangle$ are extracted from the data on the angular distribution of fission-like fragments [20].

In the Wong model [51] the value of the mean-square angular momentum is determined as

$$\langle J^2\rangle = \frac{\mu R_{\mathrm{b}}^2\hbar\omega}{\pi\hbar^2}\int_0^{\pi/2}\mathrm{d}\theta_1\sin\theta_1\int_0^{\pi/2}\mathrm{d}\theta_2\sin\theta_2 \times\frac{-Li_2(-\exp[2\pi(E_{\mathrm{c.m.}}-E_{\mathrm{b}}(\theta_1,\theta_2))/\hbar\omega])}{\ln(1+\exp[2\pi(E_{\mathrm{c.m.}}-E_{\mathrm{b}}(\theta_1,\theta_2))/\hbar\omega])}. \quad (10)$$

Here, $Li_2(z)$ is the polylogarithm function. At $\exp[2\pi(E_{\mathrm{c.m.}} - E_{\mathrm{b}})/\hbar\omega] \ll 1$ (much below the Coulomb barrier), $\frac{-Li_2(-\exp[2\pi(E_{\mathrm{c.m.}}-E_{\mathrm{b}})/\hbar\omega])}{\ln(1+\exp[2\pi(E_{\mathrm{c.m.}}-E_{\mathrm{b}})/\hbar\omega])} \approx 1$ and one can obtain the saturation value of the mean-square angular momentum [23]:

$$\langle J^2\rangle = \frac{\mu R_{\mathrm{b}}^2\hbar\omega}{\pi\hbar^2}. \quad (11)$$

The agreement between $\langle J^2\rangle$ calculated with eq. (10) and experimental $\langle J^2\rangle$ is not good. At energies below the barrier $\langle J^2\rangle$ has no minimum (see fig. 9). However, for the considered reactions the saturation values of $\langle J^2\rangle$ are close to those obtained with our formalism.

### 3.3 Astrophysical factor, L-factor and barrier distribution

In figs. 11 and 12 the calculated astrophysical $S$-factors *versus* $E_{\mathrm{c.m.}}$ are shown for the reactions $^4He$, $^{16}O + ^{238}U$ and $^{16}O + ^{232}Th$. The $S$-factor has a maximum for which there are experimental indications in refs. [7,11,24–26]. After this maximum the $S$-factor slightly decreases with decreasing $E_{\mathrm{c.m.}}$ and then starts to increase. This effect seems to be more pronounced in collisions of spherical nuclei [28]. The same behavior has been revealed in refs. [54, 55] by extracting the $S$-factor from the experimental data.

In fig. 12, the so-called logarithmic derivative,

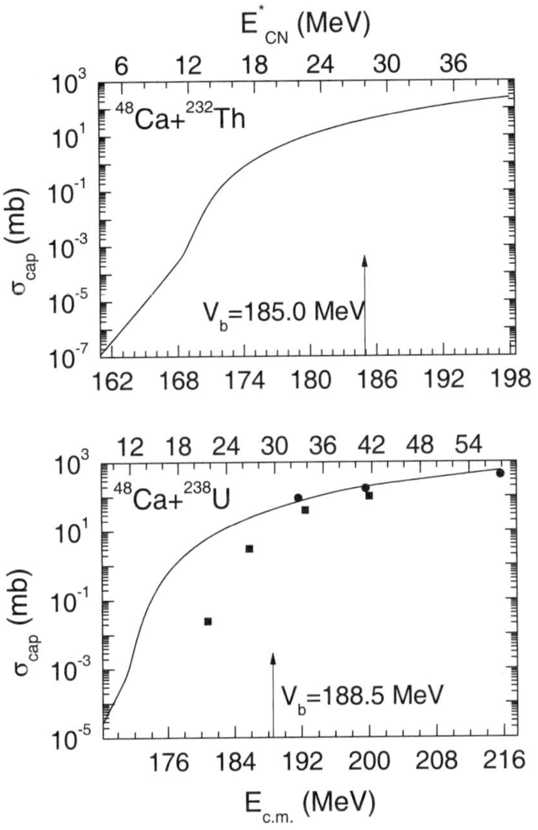


**Fig. 13.** The same as in fig. 4, but for the $^{48}Ca+^{232}Th$, $^{238}U$ reactions. The excitation energies $E^*_{\rm CN}$ of the corresponding nuclei are indicated. The experimental data are taken from refs. [59] (marked by squares) and [61] (marked by circles). The static quadrupole deformation parameters are: $\beta_2(^{238}U) = 0.286$, $\beta_2(^{232}Th) = 0.261$, and $\beta_1(^{48}Ca) = 0$.

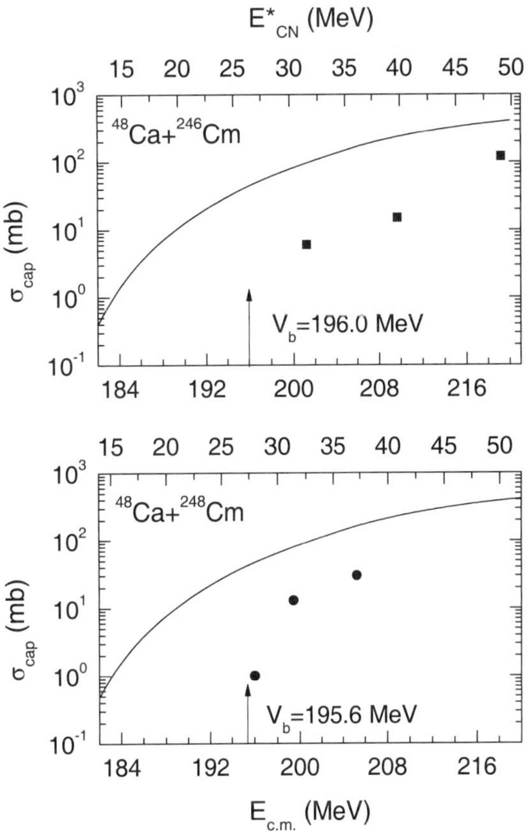


**Fig. 14.** The same as in fig. 13, but for the reactions $^{48}Ca+^{246,248}Cm$. The experimental data are from refs. [59] (squares) and [60] (circles). The static quadrupole deformation parameters are: $\beta_2(^{246}Cm) = 0.298$, $\beta_2(^{248}Cm) = 0.297$, and $\beta_1(^{48}Ca) = 0$.

$L(E_{\rm c.m.}) = {\rm d}(\ln(E_{\rm c.m.}\sigma_{\rm cap}))/{\rm d}E_{\rm c.m.}$, and the barrier distribution ${\rm d}^2(E_{\rm c.m.}\sigma_{\rm cap})/{\rm d}E^2_{\rm c.m.}$ are presented for the $^{16}O+^{238}U$ reaction. The logarithmic derivative strongly increases below the barrier and then has a maximum at $E_{\rm c.m.} \approx V_{\rm b}^{\rm orient}$ (sphere-pole) $-$ 3 MeV (at $E_{\rm c.m.} \approx V_{\rm b} -$ 3 MeV for the case of spherical nuclei). The maximum of $L$ corresponds to the minimum of the $S$-factor.

The barrier distributions calculated with an energy increment 0.2 MeV have only one maximum at $E_{\rm c.m.} \approx V_{\rm b}^{\rm orient}$ (sphere-sphere) $= V_{\rm b}$ as in the experiment [56]. With increasing increment the barrier distribution is shifted to lower energies. Assuming a spherical target nucleus in the calculations, we obtain a narrower barrier distribution (see fig. 12).

### 3.4 Capture cross-sections in reactions with large fraction of quasifission

In the case of large values of $Z_1 \times Z_2$ the quasifission process competes with complete fusion at energies near barrier and can lead to a large hindrance for fusion, thus ruling the probability for producing superheavy elements in the actinide-based reactions [57,58]. Since the sum of the fusion cross-section $\sigma_{\rm fus}$, and the quasifission cross-section $\sigma_{\rm qf}$ gives the capture cross-section,

$$\sigma_{\rm cap} = \sigma_{\rm fus} + \sigma_{\rm qf},$$

and $\sigma_{\rm fus} \ll \sigma_{\rm qf}$ in the actinide-based reactions $^{48}Ca+^{232}Th$, $^{238}U$, $^{244}Pu$, $^{246,248}Cm$ and $^{50}Ti+^{244}Pu$ [58], we have

$$\sigma_{\rm cap} \approx \sigma_{\rm qf}.$$

In a wide mass range near the entrance channel, the quasifission events overlap with the products of deep inelastic collisions and cannot be firmly distinguished. Because of this the mass region near the entrance channel is taken out in the experimental analyses of refs. [59,60]. Thus, by comparing the calculated and experimental capture cross-sections one can study the importance of quasifission near the entrance channel for the actinide-based reactions leading to superheavy nuclei.

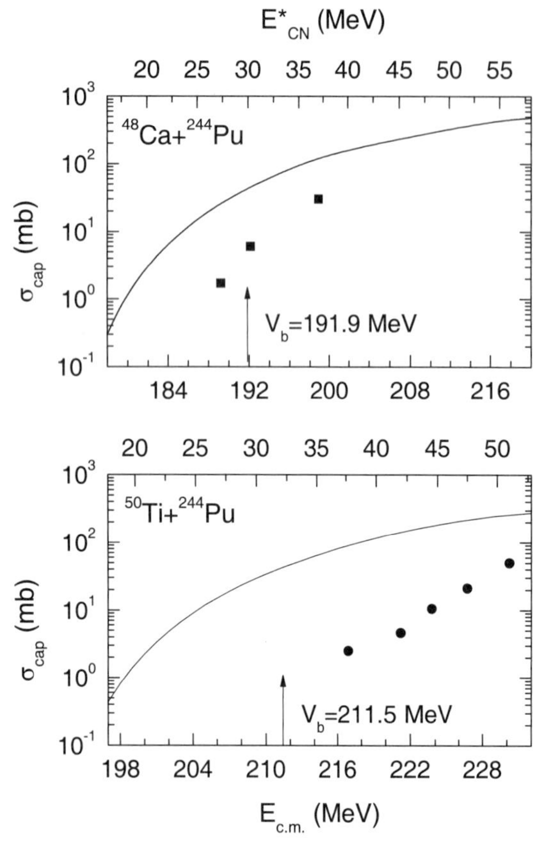


**Fig. 15.** The same as in fig. 13, but for the indicated $^{48}$Ca, $^{50}$Ti + $^{244}$Pu reactions. The experimental data are from refs. [60] (squares) and [59] (circles). The static quadrupole deformation parameters are: $\beta_2(^{244}\text{Pu}) = 0.293$ and $\beta_1(^{48}\text{Ca}) = \beta_1(^{50}\text{Ti}) = 0$.

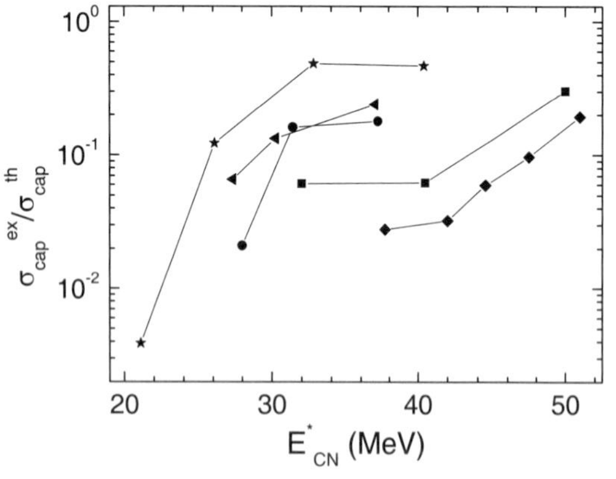


**Fig. 16.** The ratio of theoretical and experimental capture cross-sections *versus* the excitation energy $E_{\text{c.m.}}$ of the compound nucleus for the reactions $^{48}$Ca + $^{238}$U (closed stars), $^{48}$Ca+$^{244}$Pu (closed triangles), $^{48}$Ca+$^{246}$Cm (closed squares), $^{48}$Ca + $^{248}$Cm (closed circles), and $^{50}$Ti + $^{244}$Pu (closed rhombuses).

The capture cross-sections for the quasifission reactions [59–61] are shown in figs. 13–15. One can observe a large deviations of the experimental data of refs. [59, 60] from the calculated results. The possible reason is an underestimation of the quasifission yields measured in these reactions. Thus, the quasifission yields near the entrance channel are important. Note that there are experimental uncertainties in the bombarding energies.

One can see in fig. 16 that the experimental and the theoretical cross-sections become closer with increasing bombarding energy. This means that with increasing bombarding energy the quasifission yields near the entrance channel mass region decrease with respect to the quasifission yields in other mass regions. The quasifission yields near the entrance channel increase with $Z_1 \times Z_2$.

## 4 Summary

The quantum diffusion approach is applied to study the capture process in the reactions with deformed nuclei at sub-barrier energies. The available experimental data at energies above and below the Coulomb barrier are well described, showing that the static quadrupole deformations of the interacting nuclei are the main reasons for the capture cross-section enhancement at sub-barrier energies. Since the deformations of the interacting nuclei mainly influence the slope of the curve at $E_{\text{c.m.}} < V_{\text{b}}$, one can extract the ground-state deformation of the projectile or target from the experimental capture cross-section data.

Due to a change of the regime of interaction (the turning-off of the nuclear forces and friction) at sub-barrier energies, the curve related to the capture cross-section as a function of the bombarding energy has a smaller slope $E_{\text{c.m.}} - V_{\text{b}} < -5\,\text{MeV}$. This change is also reflected in the functions $\langle J^2 \rangle$, $L(E_{\text{c.m.}})$, and $S(E_{\text{c.m.}})$. The mean-square angular momentum of the captured system *versus* $E_{\text{c.m.}}$ has a minimum and then saturates at sub-barrier energies. This behavior of $\langle J^2 \rangle$ would increase the expected anisotropy of the angular distribution of the products of fission and quasifission following capture. The astrophysical factor has a maximum and a minimum at energies below the barrier. The maximum of the $L$-factor corresponds to the minimum of the $S$-factor. One can suggest to check these predictions experimentally.

The importance of quasifission near the entrance channel is shown for the actinide-based reactions leading to superheavy nuclei.

This work was supported by DFG, NSFC, and RFBR. The IN2P3-JINR, MTA-JINR and Polish-JINR Cooperation programs are gratefully acknowledged.

## References

1. H.Q. Zhang *et al.*, Phys. Rev. C **42**, 1086 (1990).
2. H.Q. Zhang *et al.*, Phys. Rev. C **49**, 926 (1994).
3. Yu.Ts. Oganessian *et al.*, JINR Rapid Commun. **75**, 123 (1996).

4. Z. Liu *et al.*, Phys. Rev. C **54**, 761 (1996).
5. D.M. Nadkarni *et al.*, Phys. Rev. C **59**, R580 (1999).
6. M. Trotta *et al.*, Phys. Rev. Lett. **84**, 2342 (2000).
7. C.L. Jiang *et al.*, Phys. Rev. Lett. **89**, 052701 (2002).
8. S.P. Tretyakova, A.A. Ogloblin, R.N. Sagaidak, S.V. Khlebnikov, W. Trzaska, Nucl. Phys. A **734**, E33 (2004).
9. S.P. Tretyakova, A.A. Ogloblin, R.N. Sagaidak, W. Trzaska, S.V. Khlebnikov, R. Julin, J. Petrowski, Nucl. Phys. A **738**, 487 (2004).
10. K. Nishio *et al.*, Phys. Rev. Lett. **93**, 162701 (2004).
11. C.L. Jiang *et al.*, Phys. Rev. C **71**, 044613 (2005).
12. K. Nishio *et al.*, Eur. Phys. J. A **29**, 281 (2006).
13. W. Loveland *et al.*, Phys. Rev. C **74**, 044604 (2006).
14. A.M. Vinodkumar *et al.*, Phys. Rev. C **74**, 064612 (2006).
15. A.M. Vinodkumar *et al.*, Phys. Rev. C **78**, 054608 (2008).
16. M. Dasgupta *et al.*, Phys. Rev. Lett. **99**, 192701 (2007).
17. K. Nishio *et al.*, Phys. Rev. C **77**, 064607 (2008).
18. D.J. Hinde *et al.*, Phys. Rev. Lett. **101**, 092701 (2008).
19. M.G. Itkis *et al.*, Nucl. Phys. A **834**, 374c (2010).
20. H.Q. Zhang *et al.*, Phys. Rev. C **81**, 034611 (2010).
21. K. Langanke, C.A. Barnes, Adv. Nucl. Phys. **22**, 173 (1996).
22. A. Aprahamian, K. Langanke, M. Wiescher, Prog. Part. Nucl. Phys. **54**, 535 (2005).
23. L.E. Canto, P.R.S. Gomes, R. Donangelo, M.S. Hussein, Phys. Rep. **424**, 1 (2006).
24. H. Esbensen, C.L. Jiang, Phys. Rev. C **79**, 064619 (2009).
25. S. Misicu, H. Esbensen, Phys. Rev. C **75**, 034606 (2007).
26. H. Esbensen, S. Misicu, Phys. Rev. C **76**, 054609 (2007).
27. K. Hagino, N. Rowley, AIP Conf. Proc. **1098**, 18 (2009).
28. V.V. Sargsyan, G.G. Adamian, N.V. Antonenko, W. Scheid, Eur. Phys. J. A **45**, 125 (2010).
29. G.G. Adamian *et al.*, Int. J. Mod. Phys. E **5**, 191 (1996).
30. S. Raman, C.W. Nestor jr., P. Tikkanen, At. Data Nucl. Data Tables **78**, 1 (2001).
31. V.V. Dodonov, V.I. Man'ko, Tr. Fiz. Inst., Akad. Nauk SSSR **167**, 7 (1986).
32. H. Hofmann, Phys. Rep. **284**, 137 (1997).
33. C. Rummel, H. Hofmann, Nucl. Phys. A **727**, 24 (2003).
34. G.G. Adamian, N.V. Antonenko, Z. Kanokov, V.V. Sargsyan, Teor. Mat. Fiz. **145**, 87 (2005) (Theor. Math. Phys. **145**, 1443 (2006)).
35. Z. Kanokov, Yu.V. Palchikov, G.G. Adamian, N.V. Antonenko, W. Scheid, Phys. Rev. E **71**, 016121 (2005).
36. Yu.V. Palchikov, Z. Kanokov, G.G. Adamian, N.V. Antonenko, W. Scheid, Phys. Rev. E **71**, 016122 (2005).
37. N. Takigawa, S. Ayik, K. Washiyama, S. Kimura, Phys. Rev. C **69**, 054605 (2004).
38. G. Hupin, D. Lacroix, Phys. Rev. C **81**, 014609 (2010).
39. V.V. Sargsyan, Z. Kanokov, G.G. Adamian, N.V. Antonenko, W. Scheid, Phys. Rev. C **80**, 034606 (2009).
40. V.V. Sargsyan, Z. Kanokov, G.G. Adamian, N.V. Antonenko, W. Scheid, Phys. Rev. C **80**, 047603 (2009).
41. G.G. Adamian, A.K. Nasirov, N.V. Antonenko, R.V. Jolos, Phys. Part. Nucl. **25**, 583 (1994).
42. K. Washiyama, D. Lacroix, S. Ayik, Phys. Rev. C **79**, 024609 (2009).
43. S. Ayik, K. Washiyama, D. Lacroix, Phys. Rev. C **79**, 054606 (2009).
44. J. Toke *et al.*, Nucl. Phys. A **440**, 327 (1985).
45. V.E. Viola jr., T. Sikkeland *et al.*, Phys. Rev. **128**, 767 (1962).
46. B.B. Back *et al.*, Phys. Rev. C **32**, 195 (1985).
47. T. Murakami *et al.*, Phys. Rev. C **34**, 1353 (1986).
48. S. Kailas *et al.*, Phys. Rev. C **59**, 2580 (1999).
49. K. Nishio *et al.*, Phys. Rev. C **82**, 044604 (2010).
50. P. Möller *et al.*, At. Data Nucl. Data Tables **59**, 185 (1995).
51. C.Y. Wong, Phys. Rev. Lett. **31**, 766 (1973).
52. R. Vandenbosch, Annu. Rev. Nucl. Part. Sci. **42**, 447 (1992).
53. A.B. Balantekin, J.R. Bennett, S. Kuyucak, Phys. Lett. B **335**, 295 (1994).
54. K. Langanke, S.E. Koonin, Nucl. Phys. A **410**, 334 (1983).
55. A. Redder, H.W. Becker, C. Rolfs, H.P. Trautvetter, T.R. Donoghue, T.C. Rinckel, J.W. Hammer, K. Langanke, Nucl. Phys. A **462**, 385 (1987).
56. D.J. Hinde *et al.*, Phys. Rev. Lett. **74**, 1295 (1995).
57. M. Trotta *et al.*, Eur. Phys. J. A **25**, 615 (2005).
58. G.G. Adamian, N.V. Antonenko, W. Scheid, Phys. Rev. C **68**, 034601 (2003).
59. M.G. Itkis *et al.*, Nucl. Phys. A **787**, 150c (2007).
60. M.G. Itkis *et al.*, Nucl. Phys. A **734**, 136c (2004).
61. W.Q. Shen *et al.*, Phys. Rev. C **36**, 115 (1987).

# Spin-isospin excitations as quantitative constraints for the tensor force ①

C. L. Bai,[1,2] H. Q. Zhang,[2] H. Sagawa,[3] X. Z. Zhang,[2] G. Colò,[4] and F. R. Xu[5]
[1]*School of Physics, Sichuan University, Chengdu 610065, China*
[2]*China Institute of Atomic Energy, Beijing 102413, China*
[3]*Center for Mathematics and Physics, University of Aizu, Aizu-Wakamatsu, Fukushima 965-8560, Japan*
[4]*Dipartimento di Fisica, Università degli Studi di Milano and INFN, Sezione di Milano, IT-20133 Milano, Italy*
[5]*School of Physics and State Key Laboratory of Nuclear Physics and Technology, Peking University, Beijing 100871, China*
(Received 1 March 2011; published 19 May 2011)

Gamow-Teller (GT) and charge-exchange spin-dipole (SD) excitation energies in $^{90}$Zr and $^{208}$Pb are systematically studied to determine the appropriate magnitude of the tensor terms of the Skyrme interactions. We have found that the centroid energies of GT and SD excitations are sensitive to the adopted strengths of the triplet-even and triplet-odd tensor interactions. Especially, the $1^-$ SD state plays a crucial role in constraining the triplet-even part while the triplet-odd part is related rather to the GT peaks. Among the 36 $TIJ$ parameter sets that include nonperturbatively the tensor terms, the four sets, T21, T32, T43, and T54, give reasonable results for the centroid energies in comparison with the experimental data. The sign and magnitude of the tensor terms are also discussed when these terms are added to the existing Skyrme interactions SGII and SLy5. The triplet-even strength can be constrained in a narrow range by using the available experimental data while further empirical data are needed to set a constraint on the triplet-odd term.

DOI: 10.1103/PhysRevC.83.054316 PACS number(s): 21.30.Fe, 21.10.Ky, 21.60.Jz, 23.20.−g

## I. INTRODUCTION

Nuclear effective interactions such as the zero-range Skyrme forces [1] have been quite successful in describing many nuclear properties. These forces are fitted using empirical properties of uniform nuclear matter together with the masses and charge radii of selected reference nuclei. They describe in a reasonable way the global trends of the ground-state properties of nuclei in a wide range of the nuclear chart (e.g., binding energies, radii, and deformations). Yet, the tensor terms are not included in most of the Skyrme parameter sets that have been widely used. One of the current topics in mean-field theory is to fix the need and the properties of effective tensor terms by considering them within static mean field calculations [such as Hartree-Fock (HF) or Hartree-Fock-Bogoliubov (HFB) calculations], and also within the random-phase approximation (RPA) scheme devised for the excited states. Many groups have recently devoted attention to the role played by the zero-range tensor terms in nuclear structure problems (see Refs. [2–9]).

Different strategies are used to fix the tensor part of the interaction. One can be inspired by a bare or a G-matrix interaction [2,10]. Since the tensor force affects the spin-orbit splitting, another possibility is to add it to existing Skyrme sets and try to reproduce at best the evolution of single-particle states along isotopic or isotonic chains [4,5]. Another plausible way to obtain effective interactions including tensor terms, is a full variational procedure to fit the tensor and the central terms on equal footing [6]. All these attempts have produced results that are not very conclusive and are contradictory. It seems that the effects of the tensor force on the ground-state properties of nuclei, such as the total binding energy and radii, are not large enough to constrain well the tensor force. In addition, the mean-field models might not be enough to describe quantitatively the observed single-particle energies since other effects like the coupling with collective vibrations may be significant.

Recently, self-consistent HF + RPA schemes with tensor interactions have been developed [11–13]. The GT and charge-exchange $1^+$ spin-quadrupole (SQ) transitions in $^{90}$Zr and $^{208}$Pb have been studied in Refs. [11,12], whereas the non-charge-exchange multipole responses of several magic nuclei have been calculated in Ref. [13]. Very recently, the effects of the tensor force on the charge-exchange SD excitation in $^{208}$Pb have been studied and the results are compared to new experimental data [14]. In this latter study, it was shown that the tensor correlations have a clear multipole-dependent effect on the charge-exchange SD excitations [15]. This effect seems to have a very promising clear signature of the tensor force. In this paper we pursue our effort to constrain the effective Skyrme-type tensor interactions by using the available empirical information on the spin-dependent excitations such as GT and SD excitations in $^{90}$Zr and $^{208}$Pb.

With this aim, we examine all available Skyrme parameter sets with tensor terms that have been determined either with a variational procedure [6] or with a perturbative method. As criteria to test the tensor terms, we adopt the differences between the theoretical and experimental excitation energy of GT and SD states; in particular, we demand an accuracy of 2.5 MeV.

We sketch briefly our fully self-consistent HF + RPA model in Sec. II. In Sec. III, we report our GT- and SD-strength distributions in $^{90}$Zr and $^{208}$Pb calculated by employing the $TIJ$ parameter sets and compare the main peak energies with the experimental findings. In Sec. IV, we discuss the constraints on the strength of the triplet-even (TE) and triplet-odd (TO) tensor terms added on top of the existing parameter sets SGII and SLy5 (using the GT and SD main peak energies in $^{90}$Zr and $^{208}$Pb again). A summary is given in Sec. V.

---

① Physical Review C,2011,83(5):054316-(1-5).

## II. THE HF + RPA CALCULATIONS WITH TENSOR FORCES

The zero-range two-body tensor force we employ was originally proposed by Skyrme [1,16]:

$$V^T = \frac{T}{2}\left\{\left[(\sigma_1\cdot\mathbf{k}')(\sigma_2\cdot\mathbf{k}') - \frac{1}{3}(\sigma_1\cdot\sigma_2)\mathbf{k}'^2\right]\delta(r) + \delta(\mathbf{r})\left[(\sigma_1\cdot\mathbf{k})(\sigma_2\cdot\mathbf{k}) - \frac{1}{3}(\sigma_1\cdot\sigma_2)\mathbf{k}^2\right]\right\} + \frac{U}{2}\left\{(\sigma_1\cdot\mathbf{k}')\delta(\mathbf{r})(\sigma_2\cdot\mathbf{k}) + (\sigma_2\cdot\mathbf{k}')\delta(\mathbf{r})(\sigma_1\cdot k) - \frac{2}{3}[(\sigma_1\cdot\sigma_2)\mathbf{k}'\cdot\delta(\mathbf{r})\mathbf{k}]\right\}. \quad (1)$$

In the above expression, the operator $\mathbf{k} = (\nabla_1 - \nabla_2)/2i$ acts on the right and $\mathbf{k}' = -(\nabla_1' - \nabla_2')/2i$ acts on the left. The parameters $T$ and $U$ denote the strengths of TE and TO tensor terms, respectively.

In spherical symmetry, the tensor contribution to the Skyrme energy functional is expressed by means of the spin-orbit density $J_q$ as

$$J_q = \frac{1}{4\pi r^3}\sum_i (2j_i+1)[j_i(j_i+1) - l_i(l_i+1) - 3/4]R_i^2(r), \quad (2)$$

where $q = n(p)$ labels neutron (or proton). The associated part of energy-density functional is given by

$$H^t = \sum_{t=0,1}\frac{1}{2}C_t^J\mathbf{J}_t^2, \quad (3)$$

where $\mathbf{J}_{t=0} = \mathbf{J_n} + \mathbf{J_p}$ and $\mathbf{J}_{t=1} = \mathbf{J_n} - \mathbf{J_p}$. The effective coupling constants receive contribution from both the nonlocal central terms and the tensor terms, namely

$$C_t^J = A_t^J + B_t^J \quad (4)$$

with

$$A_0^J = \tfrac{1}{8}t_1\left(\tfrac{1}{2} - x_1\right) - \tfrac{1}{8}t_2\left(\tfrac{1}{2} + x_2\right), \quad (5)$$

$$A_1^J = \tfrac{1}{16}(t_1 - t_2), \quad (6)$$

$$B_0^J = \tfrac{5}{48}(T + 3U), \quad (7)$$

$$B_1^J = \tfrac{5}{48}(U - T). \quad (8)$$

Then Eq. (3) can be written in the notation used in Ref. [10]:

$$\Delta H = \tfrac{1}{2}\alpha\left(J_n^2 + J_p^2\right) + \beta J_n J_p \quad (9)$$

with

$$\alpha = C_0^J + C_1^J, \quad (10)$$

$$\beta = C_0^J - C_1^J. \quad (11)$$

It should be noted that $J_q$ is almost negligible in a spin-orbit saturated nuclei in which both spin-orbit partners are filled.

The operator for GT transitions is defined as

$$\hat{O}_{\mathrm{GT}\pm} = \sum_{im} t_\pm^i \sigma_m^i \quad (12)$$

and the spin-dependent charge-exchange SD operator is given as

$$\hat{O}_{\mathrm{SD}\pm}^J = \sum_{iM} t_\pm^i r_i^l \left[Y_l^i(\hat{r})\sigma^i\right]^{\mathrm{JM}} \quad (13)$$

in terms of the standard isospin operators, $t_\pm = \frac{1}{2}(t_x \pm i t_y)$. For these excitations we have developed a self-consistent charge-exchange HF + RPA method based on the Skyrme force. In this model, both the two-body tensor terms and the two-body spin-orbit interaction are included to make the calculation fully self-consistent. We start by solving the HF equations in coordinate space with a large radial mesh extending up to 20 fm (with a step of 0.1 fm). After the Skyrme HF potential is calculated, the single-particle wave functions of the occupied and unoccupied levels are obtained by using a harmonic-oscillator basis that extends up to the maximum major quantum number $N_{\max} = 10$ and 12 for $^{90}$Zr and $^{208}$Pb, respectively. In the charge-exchange RPA, the $t_-$ and $t_+$ channels are coupled and the corresponding eigenstates emerge from a single diagonalization of the RPA matrix.

## III. RESULTS OF T*IJ* FORCES ON THE GT AND CHARGE-EXCHANGE SD TRANSITIONS OF $^{90}$Zr AND $^{208}$Pb

In Ref. [6], 36 different Skyrme sets, the so-called T$IJ$ family, were proposed; they include the central and tensor terms on equal footing and all parameters were determined by a variational procedure analogous to the one employed for the SLy interactions [17]. The strengths of the TE and TO tensor forces are varied in a wide range by means of the conditions:

$$\alpha = (J-2)60\ \mathrm{MeV\ fm}^5, \quad \beta = (I-2)60\ \mathrm{MeV\ fm}^5, \quad (14)$$

with $I, J = (1, \ldots, 6)$. Then the ground-state properties of the selected nuclei were fitted by changing the central part of the Skyrme interactions.

We have studied the GT and charge-exchange SD transitions in $^{90}$Zr and $^{208}$Pb by employing the 36 parameter sets of the T$IJ$ family. The strengths are broadly distributed and finding a criterion to compare theory and experiment is not straightforward. We have decided to consider for each force and each strength function the energy region in which the strength is larger than one-half of its value in the main peak. In this energy region, we have calculated the centroid energy defined as the ratio between energy-weighted strength and non-energy-weighted strength [i.e., $m(1)/m(0)$]. These centroid energies labeled as $E_{\mathrm{th}}$ are compared with the experimental result $E_{\mathrm{exp}}$ (in this paper, the excitation energies are calculated with respect to the ground state of the mother nuclei). The difference $\delta E = |E_{\mathrm{th}} - E_{\mathrm{exp}}|$ is treated as a benchmark in order to choose the appropriate parameter sets. We consider the total SD- and the GT-strength functions in $^{90}$Zr, whereas in $^{208}$Pb, besides the GT- and the total SD-strength functions, the SD $1^-$ strength is also considered. We find that the four parameter sets, T21, T32, T43, and T54, meet the criteria of having $\delta E \leqslant 2.5$ MeV for all modes, as shown in Table I.

It is convenient that the results change only slightly (and the selected sets remain the same) because then the main-peak

TABLE I. The calculated peak energies of the SD and GT strengths in $^{90}$Zr and $^{208}$Pb obtained by using the four interactions that reproduce the experimental data [14,18,19] within an accuracy of 2.5 MeV. See the text for a discussion.

| | $^{90}$Zr | | | | | $^{208}$Pb | | | | |
|---|---|---|---|---|---|---|---|---|---|---|
| | $0^-$ | $1^-$ | $2^-$ | total SD | GT | $0^-$ | $1^-$ | $2^-$ | total SD | GT |
| T21 | 39.3 | 23.3 | 25.3 | 23.5 | 15.9 | 40.8 | 24.1 | 25.0 | 23.3 | 18.0 |
| T32 | 39.0 | 23.8 | 25.4 | 24.3 | 15.9 | 39.4 | 23.4 | 25.3 | 23.3 | 17.4 |
| T43 | 38.6 | 24.3 | 25.3 | 24.9 | 16.2 | 37.7 | 24.0 | 25.4 | 23.6 | 17.2 |
| T54 | 38.3 | 24.5 | 25.4 | 25.2 | 16.2 | 37.1 | 23.8 | 25.4 | 23.5 | 16.7 |
| exp | ... | ... | ... | 26.0 | 15.6 | 34.5 | 22.8 | 25.8 | 25.2 | 19.2 |

energies are used as a benchmark instead of the centroid energies. Moreover, the set T43 that was used satisfactorily in Ref. [15] respects all the criteria.

From the results listed in Table I, one can see that in the experimental results for $^{208}$Pb, the peak energy of $0^-$ is the highest. Then, the $2^-$ peak lies in the middle and the lowest peak is associated with the $1^-$ strength. The SD $1^-$ mode in $^{208}$Pb plays an important role to exclude many parameter sets. The calculated energy of the $0^-$ strength is somewhat higher than the experimental result. This might be due to the fact that the values of $U$ in the four parameter sets are always negative (see Eqs. (6) and (8) of Ref. [15]). Furthermore, the GT and SD excitation energies can give a strong constraint on the Skyrme parameters. In fact, one can find in Fig. 1 of Ref. [6] that the values of $C_1^J$ for all four parameter sets are $-30$ MeV fm$^5$.

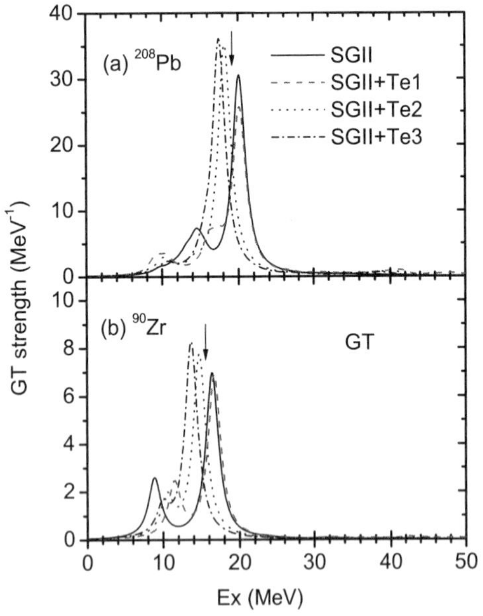


FIG. 1. (Color online) The charge-exchange GT-strength distributions of $^{90}$Zr and $^{208}$Pb calculated with SGII, SGII + Te1, SGII + Te2, and SGII + Te3. The experimental peak energies of the GT resonances are shown by the arrows. The discrete RPA results have been smoothed by using a Lorentzian averaging with a width of 1 MeV. See the text for more details.

## IV. CONSTRAINTS FOR TENSOR INTERACTIONS WITH SGII AND SLY5

In this Section, we study the effect on GT and SD states produced by the tensor interactions that are obtained by adding tensor terms on top of the existing parameter sets, SGII and SLy5. In particular, we calculate the GT and SD states by adopting tensor terms characterized by a sufficiently wide range for $T$ and $U$. We then constrain the tensor parameters $T$ and $U$ by requiring $\delta E \leqslant 2.5$ MeV (see the previous Section for the definition of $\delta E$).

We have tried to add tensor terms on top of the force SGII, whose central part is fitted by taking care of the correct sign of the spin-isospin Landau parameter, $G_0'$ (the force must be strongly repulsive in this channel). Since there is some ambiguity in the sign of $U$ (see below), we choose three points in the $(T, U)$ plane characterized by the values $(T, U) = (500, -350)$, (600, 0), and (650, 200) in order to study in detail the GT and SD transitions in $^{208}$Pb. The parameters are labeled as SGII + Te1, SGII + Te2, and SGII + Te3, respectively. In Fig. 1, the results of the GT-strength distribution are shown in the cases of $^{90}$Zr and $^{208}$Pb. The solid lines labeled by "SGII" mean that the tensor force is not included (neither in HF nor in RPA). The dashed, dotted, and dashed-dotted lines show the results with the included tensor interactions SGII + Te1, SGII + Te2, and SGII + Te3, respectively. As far as the GT peak energies are concerned, the three tensor interactions provide results that are within the 2.5 MeV interval for both $^{90}$Zr and $^{208}$Pb. Among the three interactions, SGII + Te2 gives the best results.

The strength distributions for the case of charge-exchange SD transitions in $^{90}$Zr and $^{208}$Pb calculated by using the three parameter sets are shown in Fig. 2. The strengths of SD $0^-$, $1^-$, and $2^-$ modes, as well as the total strength, are shown in panels (a), (b), (c), and (d), respectively. The experimental SD data are only available for the total strength in $^{90}$Zr while each multipole was separated by the multipole-decomposition analysis in the case of $^{208}$Pb [14]. For $^{208}$Pb, the $1^-$ and the total strength distributions are shown in panels (b) and (d), respectively. The tensor force obviously improves the agreement of the theoretical results with the experimental. In panel (c), the calculated result is slightly shifted upward by the tensor interaction closer to the observed $2^-$ peak at the excitation energy around 25 MeV. It is seen that for the $0^-$ state [panel (a)] the SGII + Te3 set with a positive value of $U$ is preferable among the three tensor interactions.

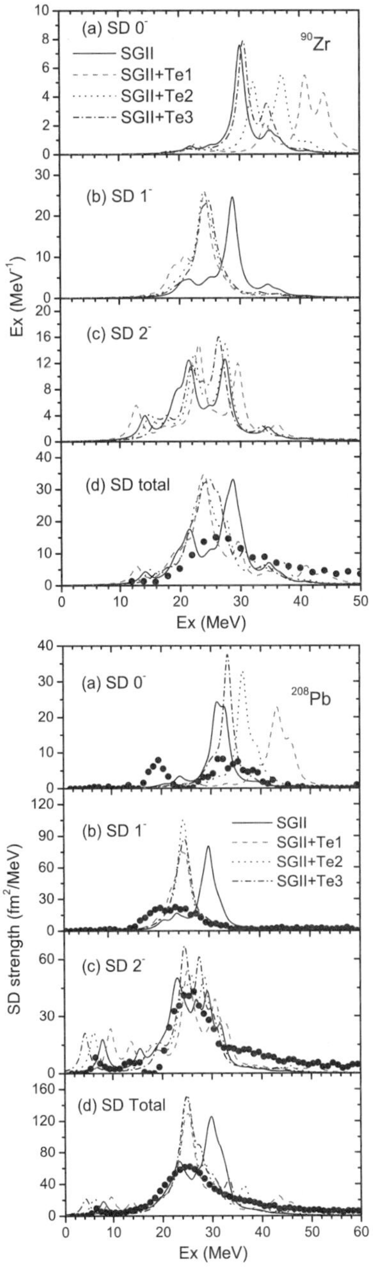


FIG. 2. (Color online) The charge-exchange SD-strength distribution of $^{90}$Zr and $^{208}$Pb calculated with SGII, SGII + Te1, SGII + Te2, and SGII + Te3 interactions. The discrete RPA results have been smoothed by using a Lorentzian averaging with a width of 1 MeV and compared with experimental data [14]. See the text for more details.

In Fig. 3, we display the results of a more systematic study of possible values for the $T$ and $U$ parameters that can respect the constraint $\delta E \leqslant 2.5$ MeV for the different modes (with the same definition as in the previous section). The lines with filled circles are the lower and upper limits for GT centroid energies in $^{90}$Zr. The line with triangles is the lower limit for the centroid of the total SD strength in $^{208}$Pb while the line with diamonds shows the upper limit obtained from the centroid of the total SD strength in $^{90}$Zr. As it can be seen, the value of $T$ is constrained to be between 150 and 750 MeV fm$^5$ by the GT and SD centroids while they give essentially no constraint for the value of $U$. It has been noticed that if the tensor force is not included in the calculation, the calculated $1^-$ peak lies at a much higher energy than the experimental finding in $^{208}$Pb, as seen in Fig. 2(b). Thus, the $1^-$ state provides a strong constraint for the tensor interactions, namely, a large and positive value for $T$ is required to match the experiment. The line with circles in the shaded area corresponds to the lower limit for the $1^-$ centroid energy in $^{208}$Pb. Adding the constraint from the $1^-$ mode, the value of $T$ is limited within an area specified by $-50 + T_0 < T < 50 + T_0$, where $T_0$ is increasing from 500 to 700 MeV fm$^5$ depending on the value of $U$, as shown in the double-shaded area.

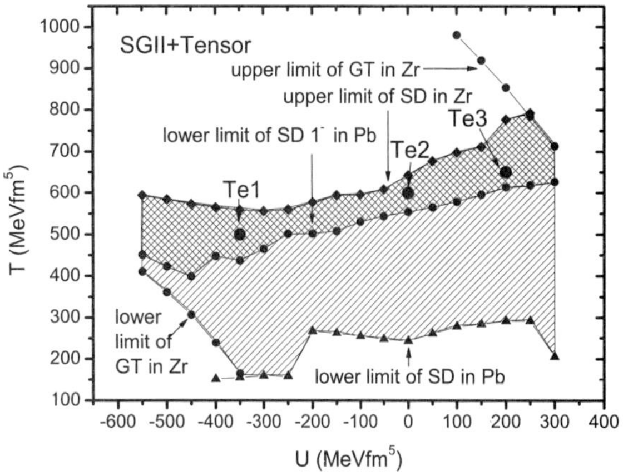


FIG. 3. (Color online) The region of $T$ and $U$ values constrained by the criterion $\delta E \leqslant 2.5$ MeV for the GT and total SD centroid energies in $^{90}$Zr and $^{208}$Pb and for the SD $1^-$ centroid energy in $^{208}$Pb. The points Te1, Te2, Te3, and Te4 correspond to specific tensor forces added on top of SGII and used to calculate the strength distributions in the previous figures. See the text for more details.

A difference of the Skyrme force in the central part may produce different constraints on the strength of TE and TO tensor interactions. To illustrate this point, we now add tensor terms on top of SLy5 (which is fitted with a similar protocol as the T$IJ$ family).

In Fig. 4, in a similar style as in the previous figure, we show the lines, which are obtained with the same constraint, $\delta E \leqslant 2.5$ MeV, for the GT and SD centroid energies. As it was pointed out in the case of SGII, the $1^-$ peak in $^{208}$Pb calculated with SLy5 (no tensor) is much higher than the experimental finding and it gives a strong constraint especially for the $T$ value of the tensor force when this is added. When the SD $1^-$ centroid energy in $^{208}$Pb is included in the constraints, the acceptable area for the parameters is roughly triangle-shaped. $U$ can range from $-300$ to $-50$ MeV fm$^5$ and the minimum value for $T$ is 450 MeV fm$^5$. The maximum value of $T$ depends on $U$ (the absolute maximum being close to 650 MeV fm$^5$). In

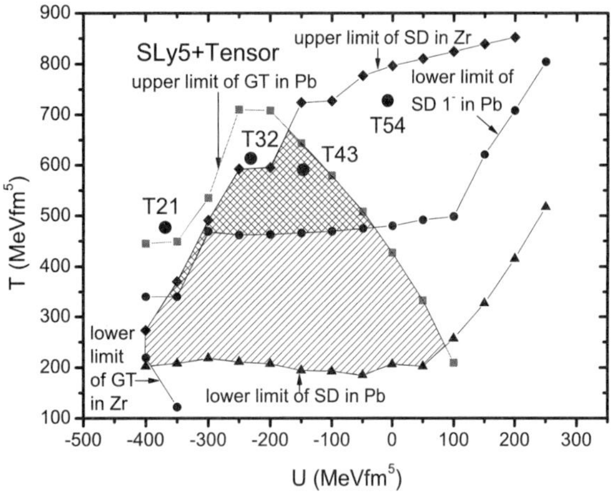


FIG. 4. (Color online) The same as Fig. 3 but with the tensor force added on top of SLy5. The points correspond to the forces T*IJ* selected in Sec. III (however, the central part is different from that of SLy5, so their position in this plot is only indicative). See the text for more details.

the same figure, we also show the position of the forces T*IJ* selected in Sec. III. However, the central part is different from that of SLy5, so their position in this plot is only indicative.

## V. SUMMARY

In summary, we have studied the GT and SD transitions in $^{90}$Zr and $^{208}$Pb in order to constrain effectively the tensor terms of the Skyrme force. We have chosen the criterion that the centroid energy differences, $\delta E$ (between the theoretical and experimental values), should be smaller than the value $\delta E = 2.5$ MeV for the case of the GT and total SD strengths in $^{90}$Zr and for the $1^-$ SD strength in $^{208}$Pb.

We have systematically studied the 36 parameter sets in the T*IJ* family. We have found that the GT strength distribution, the total SD, and the SD $1^-$ and $2^-$ are much affected by the tensor interaction. Especially, the SD $1^-$ state in $^{208}$Pb plays a crucial role to constrain the tensor parameters. It is found that the four interactions, T21, T32, T43, and T54, meet the requested criteria.

We have also built tensor forces adding them on the top of the existing parameter sets SGII and SLy5. It is shown that the above-defined constraints restrict the acceptable values for the parameters $T$ and $U$ within a rather narrow region. Firstly, the value of $T$ should be positive and have a value around 550 MeV fm$^5$ (depending somehow mildly on the central part of the Skyrme force). This is mainly required by the matching with the SD $1^-$ mode. Secondly, the accepted value of $U$ can be constrained by the GT peak energy, although it somewhat depends more on the choice of the central part of the Skyrme interaction. With the parameter set SGII, a wide range of $U$ values is acceptable satisfying the criterion $\delta E < 2.5$ MeV. With SLy5, the value of $U$ should be negative as $U \sim -(180 \pm 100)$ MeV fm$^5$ due to the requirement of reproducing the GT centroid energy of $^{208}$Pb. Thus, the triplet-odd tensor strength, $U$, is still not well constrained. Since the SD $0^-$ excitation energy is very sensitive to the value of $U$, further experimental investigation will give a more strict constraint for the realistic value of $U$.

## ACKNOWLEDGMENTS

This work is supported by the National Natural Science Foundation of China under Grant Nos. 10875172, 10275092, and 10675169, the National Key Basic Research Program of China under Grant No. 2007CB815000, and Financial Supports from Sichuan University (Project No. 2010SCU11086). Partial support from the Italian research project (PRIN) named "Many-body theory of nuclear systems and implications on the physics of neutron stars" is also acknowledged.

[1] T. H. R. Skyrme, Nucl. Phys. **9**, 615 (1959).
[2] B. A. Brown, T. Duguet, T. Otsuka, D. Abe, and T. Suzuki, Phys. Rev. C **74**, 061303(R) (2006).
[3] J. Dobaczewski, in *Proceedings of the Third ANL/MSU/JINA/INT RIA Workshop*, edited by T. Duguet, H. Esbensen, K. M. Nollett, and C. D. Roberts (World Scientific, Singapore, 2006).
[4] G. Colò, H. Sagawa, S. Fracasso, and P. F. Bortignon, Phys. Lett. B **646**, 227 (2007).
[5] D. M. Brink and Fl. Stancu, Phys. Rev. C **75**, 064311 (2007).
[6] T. Lesinski, M. Bender, K. Bennaceur, T. Duguet, and J. Meyer, Phys. Rev. C **76**, 014312 (2007).
[7] M. Grasso, Z. Y. Ma, E. Khan, J. Margueron, and N. Van Giai, Phys. Rev. C **76**, 044319 (2007).
[8] W. Zou, G. Coló, Z. Y. Ma, H. Sagawa, and P. F. Bortignon, Phys. Rev. C **77**, 014314 (2008).
[9] M. Zalewski, J. Dobaczewski, W. Satula, and T. R. Werner, Phys. Rev. C **77**, 024316 (2008).
[10] Fl. Stancu, D. M. Brink, H. Flocard, Phys. Lett. B **68**, 108 (1977).
[11] C. L. Bai, H. Sagawa, H. Q. Zhang, X. Z. Zhang, G. Colò, and F. R. Xu, Phys. Lett. B **675**, 28 (2009).
[12] C. L. Bai, H. Q. Zhang, X. Z. Zhang, F. R. Xu, H. Sagawa, and G. Colò, Phys. Rev. C **79**, 041301(R) (2009).
[13] L. Cao, G. Coló, H. Sagawa, P. F. Bortignon, and L. Sciacchitano, Phys. Rev. C **80**, 064304 (2009).
[14] T. Wakasa, arXiv:1004.5220 [nucl-ex].
[15] C. L. Bai, H. Q. Zhang, H. Sagawa, X. Z. Zhang, G. Colò, and F. R. Xu, Phys. Rev. Lett. **105**, 072501 (2010).
[16] T. H. R. Skyrme, Philos. Mag. **1**, 1043 (1956).
[17] E. Chabanat, P. Bonche, P. Haensel, J. Meyer, and R. Schaeffer, Nucl. Phys. A **627**, 710 (1997).
[18] T. Wakasa *et al.*, Phys. Rev. C **55**, 2909 (1997); H. Akimune *et al.*, *ibid.* **52**, 604 (1995).
[19] H. Sagawa, S. Yoshida, X. R. Zhou, K. Yako, and H. Sakai, Phys. Rev. C **76**, 024301 (2007).

# Heavy ion reactions around the Coulomb barrier ①

ZHANG HuanQiao[1*], LIN ChengJian[1], JIA HuiMing[1], ZHANG ChunLei[1,2], ZHANG GaoLong[1,3], YANG Feng[1], LIU ZuHua[1], AN GuangPeng[1], WU ZhenDong[1], XU XinXing[1] & JIA Fei[1]

[1] *China Institute of Atomic Energy, P. O. Box 275(10), Beijing 102413, China;*
[2] *Particle Astrophysics Center, Institute of High Energy Physics, Chinese Academy of Sciences, Beijing 100039, China;*
[3] *School of Physics and Nuclear Energy Engineering, Beihang University, Beijing 100191, China*

Received January 20, 2011; accepted April 21, 2011; published online July 27, 2011

The angular distributions of fission fragments for the $^{32}S+^{184}W$ reaction near Coulomb barrier energies are measured. The experimental fission excitation function is obtained. The measured fission cross sections are decomposed into fusion-fission, quasi-fission and fast fission contributions by the dinuclear system (DNS) model. The hindrance to completing fusion both at small and large collision energies is explained. The fusion excitation functions of $^{32}S+^{90,96}Zr$ in an energy range from above to below the Coulomb barrier are measured and analyzed within a semi-classical model. The obvious effect of positive $Q$-value multi-neutron transfers on the sub-barrier fusion enhancement is observed in the $^{32}S+^{96}Zr$ system. In addition, the excitation functions of quasi-elastic scattering at a backward angle have been measured with high precision for the systems of $^{16}O+^{208}Pb$, $^{196}Pt$, $^{184}W$, and $^{154,152}Sm$ at energies well below the Coulomb barrier. Considering the deformed coupling effects, the extracted diffuseness parameters are close to the values extracted from the systematic analysis of elastic and inelastic scattering data. The elastic scattering angular distribution of $^{17}F+^{12}C$ at 60 MeV is measured and calculated by using the continuum-discretized coupled-channels (CDCC) approach. It is found that the diffuseness parameter of the real part of core-target potential has to be increased by 20% to reproduce the experimental result, which corresponds to an increment of potential depth at the surface region. The breakup cross section and the coupling between breakup and elastic scattering are small.

**fusion-fission, quasi-fission, fusion hindrance, fusion enhancement, surface diffuseness parameter, exotic nuclei**

**PACS:** 25.70.Jj, 25.85.-w, 25.70.Bc, 24.50.+g

## 1 Introduction

With the development of radioactive nuclear beams and the superheavy element synthesis, much effort has been devoted to the study of the fusion-fission reactions between heavy nuclei. The cross section of the evaporation residue (ER) formation is very small: some picobarns, or even some percent of picobarn at the synthesis of the element $Z$=113. The two main factors causing a hindrance to the ER formation in the reactions with massive nuclei are the fusion-fission and quasi-fission [1,2]. Additionally the neutron enrichment significantly affects the fusion dynamics. This reveals that the effect of multi-neutron transfers with positive $Q$-values plays an important role in the heavy-ion fusion reactions at the energies around Coulomb barrier [3–8], but the role is not fully clear. In recent years, Newton et al. [9] found that the diffuseness parameters extracted from the fusion excitation functions are much larger than the commonly accepted values, which were derived from the systematic analysis of the elastic scattering angular distributions and the double folding potential calculations. The reason for the large discrepancy remains unknown. Hagino et al. [10] proposed to extract the diffuseness parameter from the backward angle

① Science China:Physics,Mechanics & Astronomy,2011,54(S1):s6-s13.

quasi-elastic excitation function at deep sub-barrier energies and this method has been used to study this subject [10–13]. Additionally, Hinde et al. [14] have used the oscillatory quasi-elastic Mott scattering at near-barrier energies to determine the surface diffuseness parameter for a symmetric system. Studies of reactions induced by exotic nuclei are of particular interest. The weakly bound nuclei tend to be easily broken-up during the collision with another nucleus through the excitation of the core-valence nucleon system into continuum states. As a consequence, the cross sections of other channels, such as elastic scattering, transfer and fusion at the vicinity of Coulomb barrier, may be influenced by the coupling to the breakup channels [15–17]. In this contribution, we will present the recent results of these topics.

## 2 Competition between fusion-fission and quasi-fission processes in $^{32}S+^{184}W$ reaction

Studies of fusion-fission reactions between heavy ion projectile and heavy target nuclei show how they help to understand the nuclear reaction dynamics. The fission angular distributions were measured and the fission excitation function was obtained for the $^{32}S+^{184}W$ reaction. The experiment was performed at the HI-13 tandem accelerator at China Institute of Atomic Energy (CIAE), Beijing. A collimated $^{32}S$ beam with incident energies $E_{lab}$ = 140, 145, 150, 155, 160, 165, and 170 MeV bombarded a target of $^{184}W$ which was placed at the center of the scattering chamber. The $^{184}W$ target with a thickness of about 200 μg/cm$^2$ was evaporated on an about 20 μg/cm$^2$ carbon foil backing. The typical $^{32}S$ beam current range was 70–90 pnA monitored by a shielded suppressed Faraday cup at the periphery of the chamber. The beam energy loss in traveling half the target was calculated as about 0.5 MeV.

At the forward angles, an array of five Si detectors with a depletion depth ranging from 200 to 300 μm, which covered the angular range of $\theta_{lab}$ = 14°–35°, 35°–55°, and 55°–75°, was mounted on the movable arm in the chamber and five masks were placed in the front of each detector to assure the angular resolution. The detector to the target distance was 27 cm. The Rutherford scattering was monitored at a forward angle of $\theta_{lab}$ =15° by four Si(Au) surface barrier detectors for the normalization of the cross-section measurements.

In addition to these individual Si detectors, two groups of Si strip detectors were mounted on the opposite side of the beam. These Si strip detectors were 48 × 50 mm$^2$ in area and each detector consisted of 24 strips. Due to a lack of readout electronics, the strips were tied together in groups of eight for readout. Data from these strip detectors were recorded in the coincidence mode (Si strip and Si detectors) with the requirement that each detector was struck by a fission fragment and the folding angle between the hits corresponding to a full momentum transfer event. For the calculation of the kinematics, assume all observed processes can be treated as binary reactions. This assumption was tested by examining the folding angle distribution of coincident fragments in the Si and the Si strip detectors. The average folding angle agrees with the expectations based on total fission kinetic energies taken from the systematic of Viola et al. [18].

The fragment angular anisotropies $A_{exp}$ are found by extrapolating the fission angular distributions to angles 0° and 90° by the method used in ref. [19]. We assumed the calculated capture cross sections to be equal to the experimental data of fission-like fragments in order to decompose the measured fission cross section into fusion-fission, quasi-fission and fast fission contributions by the DNS model [20].

Data from Silicon strip detectors were recorded in the coincidence mode. In fitting the fission angular distributions we used the familiar expression as in ref. [19]:

$$W(\theta)=\sum_{J=0}^{J_{max}}\frac{(2J+1)^2\exp\left[-\left(J+\frac{1}{2}\right)^2\sin^2\theta/4K_0^2\right]J_0\left[i\left(J+\frac{1}{2}\right)^2\sin^2\theta/4K_0^2\right]}{\operatorname{erf}\left[\left(J+\frac{1}{2}\right)/\left(2K_0^2\right)^{1/2}\right]}. \quad (1)$$

where $M$=0 is assumed.

The experimental data for the excitation function of the fission-like products in the $^{32}S+^{184}W$ reaction are analyzed in the framework of the DNS [21]. In Figure 1 the total fusion-fission and ER cross sections obtained by the advanced statistical model, which describes the full deexcitation cascade of the $^{216}Th^*$ compound nucleus (CN) formed in the $^{32}S+^{184}W$ reaction, (see refs. [22,23], and references therein), are presented. The calculated values of the probability of formed compound nuclei $P_{CN}$ as a function of the beam energy are presented in Figure 2. It can be seen that the hindrance to fusion is stronger both at very small and large values of the collision energy $E_{c.m.}$. The yield of quasi-fission is dominant at the sub-barrier beam energies leading to the capture of deformed nuclei only with the small orientation angle of its symmetry axis relative to the beam direction. The decrease of its values at collision energies $E_{c.m.}$>135 MeV is explained by decreasing the quasi-fission barrier $B_{qf}$ as a function of the orbital angular momentum $l$. At the same time the intrinsic fusion barrier $B^*_{fus}$ increases by increasing $l$.

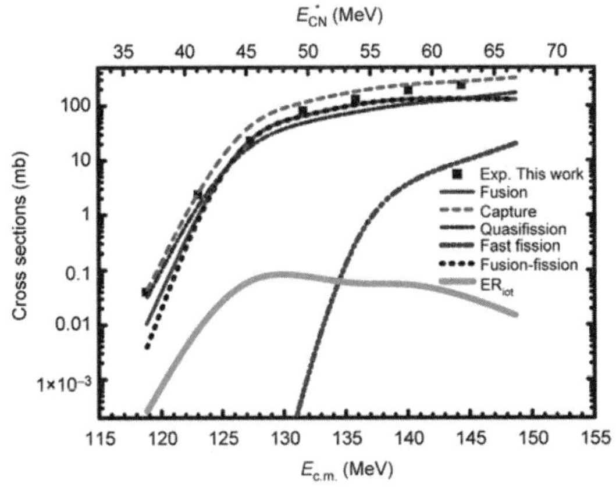


**Figure 1** Comparison of the experimental data with the theoretical results.

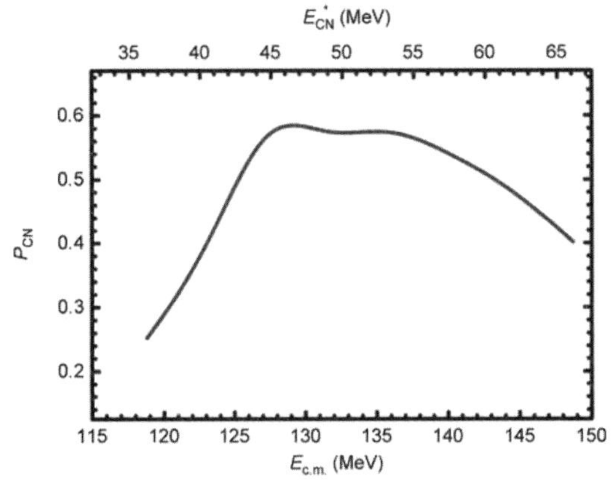


**Figure 2** Theoretical value of $P_{CN}(Z)$ for $^{32}S+^{184}W$ system.

It can be seen from Figure 3 that the values $l$>50 are populated at collision energies $E_{c.m.}$>135 MeV. Therefore, we conclude that the contribution of quasi-fission becomes dominant at $E_{c.m.}$>135 MeV and it has an effect on the anisotropy of angular distribution which increases by increasing the collision energy. The decrease of $P_{CN}$ at larger energies is explained by the decrease of the quasi-fission barrier $B_{qf}$ by increasing $l$ in collisions with all orientation angles.

To clarify the role of quasi-fission fragments in the observed anisotropy $A_{exp}$, we calculated the contributions of the quasi-fission ($A_{qf}$) and fusion-fission ($A_{CN}$) fragments. In Figure 4 we compare the anisotropies measured (circles) in this work with the theoretical results for the anisotropies of the quasi-fission (dashed line) and fusion-fission (solid line) fragments as a function of $E_{c.m.}$ (bottom axis) and excitation energy of the CN (top axis). The averaged theoretical anisotropies over the contributions of both mechanisms are presented by the dot-dashed line. It is seen that the average values of anisotropies are closer to the experimental data $A_{exp}$. Consequently we confirm that the measured cross sections of the fission fragment formation and their angular distributions result from the mixing of the quasi-fission and fusion-fission products. It is concluded that the effects of competition between fusion-fission and quasi-fission in the reaction play an important role in the dynamics process. The contribution of the fast fission appears at $E_{c.m.}$>131 MeV and it is sufficiently small in comparison with contributions of fusion-fission and quasi-fission reactions.

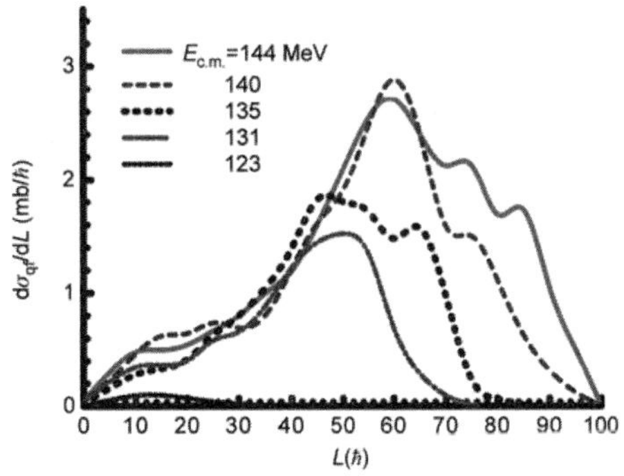


**Figure 3** The calculated angular momentum distributions of quasifission at different incident energies.

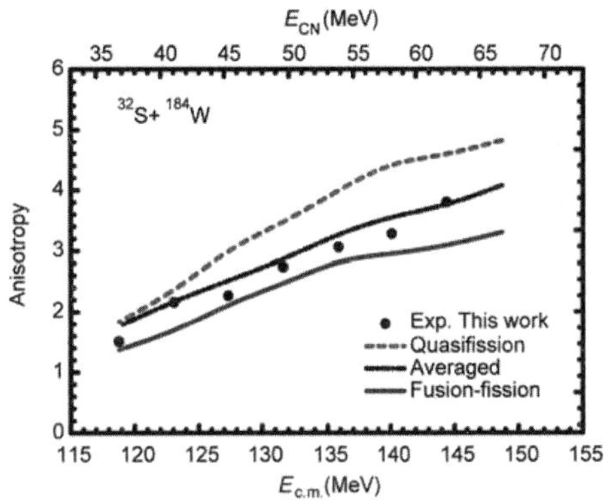


**Figure 4** Comparison of the anisotropies measured (circles) with the theoretical results.

## 3 Sub-barrier fusion enhancement of $^{32}S+^{90,96}Zr$

The experiment was performed at the HI-13 tandem accelerator of CIAE. An electrostatic deflector with an MCP+Si (Au) telescope was used to separate and identify the reaction products. The collimated $^{32}S$ ($q$ = $10^+$ charge state) beam was used to bombard the zirconium oxide targets. The beam intensity was stabilized in the 2–20 pnA range in order to minimize the pile-up for each of bombarding energies. The 3 mm diameter (98.87% enriched) $^{90}ZrO_2$ and (86.4% enriched) $^{96}ZrO_2$ targets were both 50 μg/cm$^2$ thick and evaporated onto 15 μg/cm$^2$ carbon foil backings. The thicknesses of targets were estimated by using standard Rutherford Backscattering measurements. The isotope correction for the 13.6% impurity in the $^{96}$Zr targets was made as carefully as possible. A small isotope dependence of the fusion cross sections is known to occur mainly for energies above the Coulomb barrier. At Energies well below the barrier, the fusion cross sections for $^{32}$S+$^{90}$Zr are very small and negligible compared with $^{32}$S+$^{96}$Zr cross sections. The most significant corrections were applied to the raw data, which ranged from 3% to 15% for the energies below the Coulomb barrier. The corresponding errors have been estimated to be from 0.3% to 1.5%. These target thickness uncertainties are included in a total systematic error of about 15%.

The beam energies were varied over the range $E_{\rm lab}$=100–130 MeV for $^{32}$S+$^{90}$Zr and $E_{\rm lab}$=95–130 MeV for $^{32}$S+$^{96}$Zr (in 1.33 Mev steps at the higher and 0.67 MeV at the lower energies) and changed only downwards starting at $E_{\rm lab}$= 130 MeV in order to reduce the magnetic hysteresis for both targets. Four silicon detectors at $\theta_{\rm lab}$=±25° symmetrically (right/left and up/down) with respect to the beam direction were used to monitor the Rutherford scattering and to provide an absolute normalization of the fusion cross sections. The fusion cross sections were obtained by integrating the fusion evaporation angular distributions.

The ER excitation functions of $^{32}$S+$^{90,96}$Zr have been calculated by means of the coupled-channels (CC) theory with the CCDEF code [24]. The potential barriers were found to be at $V_B$ = 81.2 MeV, $R_b$=10.59 fm, and $\hbar\omega$=3.98 MeV for $^{32}$S+$^{90}$Zr, and $V_B$ = 79.3 MeV, $R_b$=10.86 fm, and $\hbar\omega$=3.88 MeV for $^{32}$S+$^{96}$Zr. Figure 5 shows the comparison of the experimental fusion excitation function, the uncoupled and the CC calculation without neutron transfers for the $^{32}$S+$^{90}$Zr fusion reaction. The CC calculation (solid line) reproduces the fusion excitation function above and below the barrier $V_B$ (arrow in Figure 5) quite well.

Figure 6 shows the comparison of the experimental fusion excitation function with the uncoupled calculation and the CC calculation without neutron transfer for the $^{32}$S+$^{96}$Zr fusion reaction. The CC calculation without neutron transfers fails for $^{32}$S+$^{96}$Zr with large discrepancies occurring mainly at energies below the barrier $V_B$ (arrow in Figure 6). A similar conclusion has been obtained for $^{40}$Ca+$^{94}$Zr [6]. It can be seen from Figure 5 that the CC calculation reproduces experimental fusion excitation function well without considering neutron transfers for $^{32}$S+$^{90}$Zr, while it fails to reproduce the fusion excitation function of $^{32}$S+$^{96}$Zr. The result shows that the enhancement of the sub-barrier fusion cross sections may be due to multi-neutron transfers with positive $Q$ values.

By taking into account the neutron transfers, the fusion excitation function can be derived by using the following formula according to Zagrebaev's semi-classical model [25]:

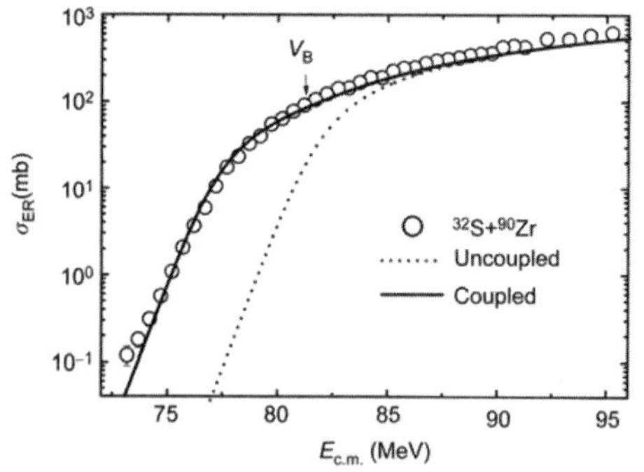


**Figure 5** Fusion excitation function of $^{32}$S+$^{90}$Zr. The open circles are the experimental data. The dotted and solid lines represent the uncoupled calculation and the CC calculation without neutron transfers. The arrow indicates the position of the Coulomb barrier for $^{32}$S+$^{90}$Zr.

$$T_l\left(E_{\rm c.m.}\right)=\int f\left(B\right)\frac{1}{N_{tr}}\sum_k\int_{-E_{\rm c.m.}}^{Q_0(k)}\alpha_k\left(E_{\rm c.m.},l,Q\right) \times P_{HW}\left(B,E_{\rm c.m.}+Q,l\right)\mathrm{d}Q\mathrm{d}B \tag{2}$$

and

$$\sigma_{\rm fus}\left(E_{\rm c.m.}\right)=\frac{\pi\hbar^2}{2\mu E_{\rm c.m.}}\sum_{l=0}^{l_{cr}}(2l+1)T_l\left(E_{c.m.}\right). \tag{3}$$

where $T_l(E_{\rm c.m.})$ is the penetration probability, $f(B)$ is the normalized barrier distribution function, $P_{\rm HM}$ is the usual Hill-Wheeler formula [26], $l$ is the momentum and $l_{\rm cr}$ is the critical angular momentum. $\alpha_k(E_{\rm c.m.}, l, Q)$ is the probability for the transfer of $k$ neutrons with $Q \leqslant Q_0(k)$, $Q_0(k)$ is $Q$ value for the ground-state to ground-state transfer of the $k_{\rm th}$ neutron, and $N_{\rm tr}$ is the normalization of the total probability taking into account the multi-neutron transfers.

The calculation with neutron transfers effect is performed up to the channel +4n ($k$=4). No more visible effect can be obtained by using +5n and +6n channels. The $Q$-values for the calculation (dashed line in Figure 6) are given in Table 1. As we can see in Figure 6, the solid line (without neutron transfers) does not at all describe the data at sub-barrier energies. In contrast, the dashed line taking into account neutron transfers is able to reproduce the data reasonably well. As expected, the correction applied to the calculation at sub-barrier energies by Zagrebaev's model enhances the cross sections further. Moreover, it allows a fairly good description of the present experimental data showing the strong effect of neutron transfers for the sub-barrier fusion of $^{32}$S+$^{96}$Zr.

**Table 1** $Q$-value in MeV for neutron pickup from ground state to ground state

| System | +1n | +2n | +3n | +4n |
|---|---|---|---|---|
| $^{32}$S + $^{90}$Zr | −3.33 | −1.229 | −6.59 | −6.319 |
| $^{32}$S + $^{96}$Zr | 0.788 | 5.737 | 4.508 | 7.655 |

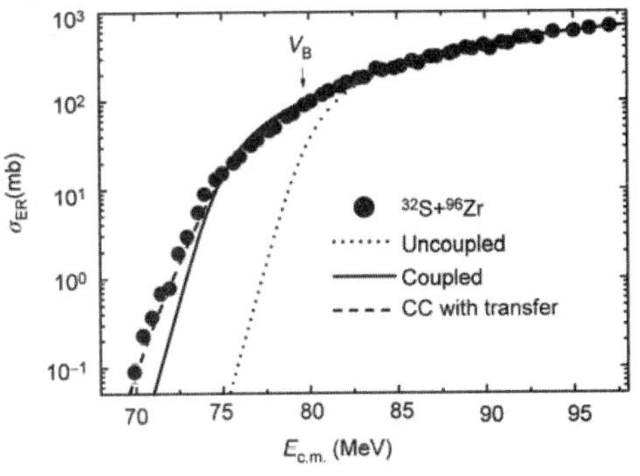


**Figure 6** Fusion excitation function of $^{32}S+^{96}Zr$. The solid circles are the experimental data. The dotted, solid and dashed lines are the uncoupled calculation, CC calculations without and with neutron transfers. The arrow indicates the position of the Coulomb barrier for $^{32}S+^{96}Zr$.

## 4 The research of the surface property of nuclear potential by backward angle quasi-elastic scattering

The experiment was performed at the HI-13 tandem accelerator of CIAE. A collimated $^{16}O$ beam with incident energies in the range from 36 to 80 MeV bombarded the targets. The bombarding energies were varied in steps of 3 MeV at the very low energies and in steps of 0.68 MeV at the high energies. The enriched isotope thin targets (100–200 μg/cm$^2$ thickness) of $^{208}Pb$, $^{196}Pt$, $^{184}W$, and $^{154,152}Sm$ with a diameter of 3 mm were evaporated onto 20 μg/cm$^2$ carbon backings.

Two collimators were mounted in the entrance and exit tubes about 110 cm apart from each other. The scattered particles were detected by four Si(Au) surface-barrier detectors symmetrically located at 175° relative to the beam direction. Four Si(Au) monitor detectors (up and down, left and right) located at the angle 41° with respect to the beam direction were used to detect the elastic scattering particles for normalization, also used to check the beam quality and to correct the beam direction. The relative solid angles subtended by the semiconductors were determined by using a $^{241}Am$ $\alpha$ source. In order to reduce the magnetic hysteresis, the beam energy was monotonically increased in the experiment. At some energies, the measurements were repeated to make sure that the response of the detectors did not deteriorate during the experiment. The data points measured at sufficiently low energies were found to be insensitive to the nuclear potential, and thus were used for a reliable normalization to the Rutherford cross section. However, the variation in the axial position of the different targets, due to variations of the target mounting and planarity, results in slight differences in the normalization factor of $d\sigma_{qel}/d\sigma_{Ru}$ between the various targets.

In order to research the diffuseness parameter of a Woods-Saxon potential, we measured the backward angle quasi-elastic excitation functions of $^{16}O+^{208}Pb$, $^{196}Pt$, $^{184}W$, and $^{154,152}Sm$ with high precision at deep sub-barrier energies. More details about the experiment can be found in ref. [27].

The experimental excitation functions of quasi-elastic scattering at $\theta_{lab}$ = 175° for all the reactions are shown in Figure 7. The dashed and solid lines are the results of CCFULL [28] calculations with and without coupling to the low-lying inelastic excitation states of the targets, respectively. The extracted diffuseness parameters are shown in Table 2. The results indicate that both single-channel and coupled-channels calculations give the similar diffuseness parameter values and they are consistent with the values of the elastic scattering for the spherical systems. While for the deformed systems, the coupling effect is important even at deep sub-barrier energies. The single-channel calculations obtain larger values in the range of 0.68–0.77 fm while the weighed value is reduced to $a$ = 0.65±0.01 fm considering the coupling effects to the low-lying excited states of the targets. Similar to the result of ref. [13], the value of diffuseness parameter is consistent with the result of elastic scattering taking the coupled-channels effect into account in backward angle quasi-elastic scattering at deep sub-barrier energies. Therefore, more theoretical work will be necessary in order to research the reaction mechanism in the processes of the fusion reaction.

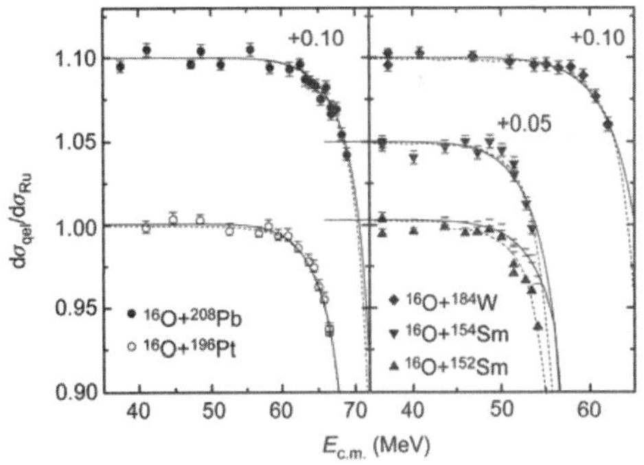


**Figure 7** The ratio of the quasi-elastic to the Rutherford cross sections for the reactions. The dashed and solid lines represent the results of CCFULL calculations with and without coupling to the low-lying inelastic excitation states of the targets, respectively.

**Table 2** Diffuseness parameters extracted from the single-channel (SC) and coupled-channels (CC) calculations for all the studied systems. $N$ is the number of the experimental data points

| Reaction | $a^{SC}$ (fm) | $\chi^2/N$ | $a^{CC}$ (fm) | $\chi^2/N$ |
|---|---|---|---|---|
| $^{16}O+^{208}Pb$ | 0.69(0.02) | 1.38 | 0.69(0.02) | 1.21 |
| $^{16}O+^{196}Pt$ | 0.68(0.02) | 0.63 | 0.65(0.02) | 0.56 |
| $^{16}O+^{184}W$ | 0.75(0.03) | 0.63 | 0.65(0.02) | 0.58 |
| $^{16}O+^{154}Sm$ | 0.75(0.03) | 1.91 | 0.64(0.02) | 1.21 |
| $^{16}O+^{152}Sm$ | 0.77(0.02) | 1.38 | 0.64(0.02) | 1.50 |

## 5 Elastic scattering of $^{17}F$ on $^{12}C$ target at 60 MeV

The experiment was planned to extract the optical potential of the elastic scattering of $^{17}F$ on light target at energies near the Coulomb barrier due to the scarce experimental data at the light systems. The experiment was performed at the low-energy radioisotope beam separator (CRIB) of the Center of Nuclear Study (CNS), University of Tokyo. The CRIB was the first extensive low-energy in-flight RIB separator. The elastic scattering angular distribution of 60 MeV $^{17}F+^{12}C$ was precisely measured at the angle range from 5° to 20° in the laboratory system. The primary 101 MeV $^{16}O$ beam was provided to bombard a windowless deuteron gas target to produce radioactive beam $^{17}F$ by the d($^{16}O$, n)$^{17}F$ reaction. The products passed through a momentum-dispersive focal plane just after the first dipole magnet, a double achromatic focal plane and a Wien filter which eliminates unwanted nuclear species. In order to acquire 60 MeV $^{17}F$, the secondary beam passed through a 5μm Havar film and the four Parallel Plate avalanche Counters (PPAC). Two of the four PPACs give the position signals of $^{17}F$. Their distances are respectively 710 mm and 293.5 mm from the secondary target $^{12}C$. Finally the secondary beam reached the secondary target $^{12}C$. The beam intensity on the target was about $4\times10^5$ pps. A 435μg/cm$^2$-thick $^{12}C$ target was used. Projectile $^{17}F$ was identified by the time of flight (TOF) method.

The experimental setup is shown in Figure 8. The position of $^{17}F$ on $^{12}C$ target was determined by using signals from two position-sensitive PPACs set in the beam line. Six sets of $\Delta E$-$E$ detector telescopes were composed of double sided Silicon strip detectors (50 mm×50 mm in area) (DSSD) and silicon detectors without strips (SSD), and covered angle range $\theta_{\rm lab}$=5°–80°. They were symmetrically positioned with respect to the beam axis in order to measure the events of $^{17}F$ elastic scattering efficiently. The distances from the target center to the strip detectors are 145 mm, 115 mm and 85 mm, respectively, depending on the three angle settings. Thin $\Delta E$ detectors (DSSD, 65 μm thickness) were placed in front of 300 μm-thick $E$ detectors (SSD). Such detector configurations allowed the identification of atomic number $Z$ of the scattered charged particles. The emission angle of $^{17}F$ can be determined precisely by the silicon strip detectors.

After the secondary beam $^{17}F$ bombards the secondary target $^{12}C$, the scattering angle of $^{17}F$ can be obtained by the position information given by the two PPACs in the beam line and the double sided silicon detectors. Because the size of the secondary beam is larger than that of the primary beam for stable nuclei, the second target can not be considered as a point target. The solid angles of the strip detectors are simulated by the Monte Carlo simulation in which all parameters including the beam size, the positions of two PPACs and strip detectors etc., are taken from the experimental setting. For the 60 MeV $^{17}F+^{12}C$ system, the grazing angle is equal to about 12° in the laboratory system. In our experiment $\theta_{\rm lab}$=5° is the most forward angle. The elastic scattering cross sections are determined by normalization to this forward-angle-scattering cross section because of the strong dominance by elastic scattering. The experimental angular distribution of elastic scattering for 60 MeV $^{17}F$ on $^{12}C$ is shown in Figure 9 (solid points).

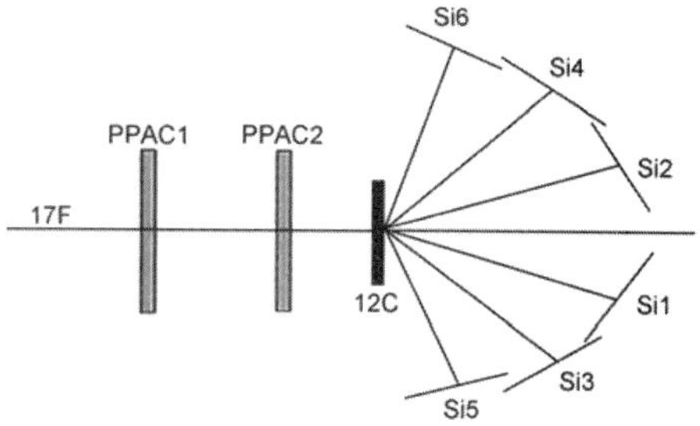


**Figure 8** Schematic view of the experimental setup.

CDCC [29] calculations were made in order to study the inelastic scattering to the first excited state of $^{17}F$, the coupling to continuum (breakup) states, and their effects on the elastic scattering cross sections. Here we show these calculations and their comparisons with experimental data. The computer code FRESCO [30] was used in all the calculations presented.

In the present CDCC calculations, the continuum states describing the $^{16}O$+p relative motion are discretized into 12 bins evenly spaced in momentum $k=\sqrt{2\mu E/\hbar^2}$ up to maximum relative energy of 12 MeV for $s_{1/2}$, $p_{3/2}$, $p_{1/2}$, $d_{5/2}$, and $d_{3/2}$ states. These bin states form a truncated model space for the relative motion of the core and valence particles. Every bin state is represented by a square integrable wave function which is a weighted sum of the scattering states contained within this bin. The ground state ($1d_{5/2}$, $S$(p) = 0.60 MeV) and first excited state ($2s_{1/2}$, 0.4953 MeV) of $^{17}F$ are calculated with Woods-Saxon potentials of geometry $r_0$ = 1.25 fm and $a_0$ = 0.65 fm, with their depths adjusted to reproduce the single proton binding energies of these states. The $d_{5/2}$ and $d_{3/2}$ continuum bin states are generated using the same Woods-Saxon potential that generates the ground state of $^{17}F$, while the $s_{1/2}$, $p_{3/2}$, and $p_{1/2}$ states are generated using the same Woods-Saxon potential that generates the first excited state of $^{17}F$. For simplicity, spin-orbit potentials are not included in these single-particle potentials.

It is found that, as depicted in Figure 9, an increase of 20%, from 1.40 fm to 1.68 fm, in the diffuseness parameter $a_V$ of the real potential of $^{16}O$–$^{12}C$ is needed to reproduce the experimental elastic scattering angular distribution for $^{17}F$ + $^{12}C$ system at 60 MeV. Further calculations show that it is the increment of potential depth at the surface region

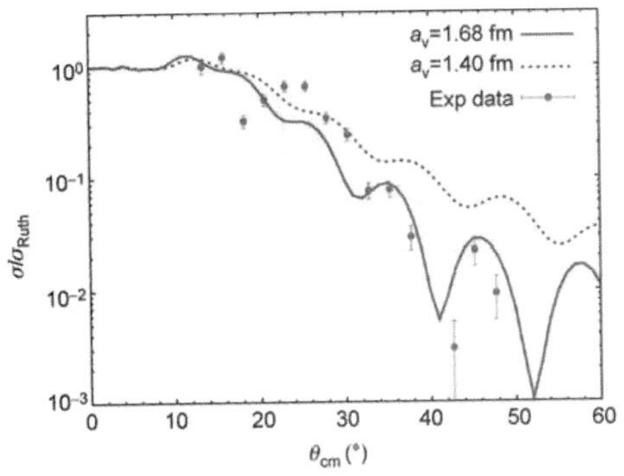


**Figure 9** (Color online) Experimental angular distribution $^{17}$F elastic scattering on $^{12}$C target at 60 MeV. Only statistical errors are shown in the error bars.

(beyond $R$ = 4.0 fm) that is responsible for reproducing better experimental data.

## 6 Summary

In summary, we have obtained the experimental cross sections of fission-like, anisotropy $A_{exp}$ and $\langle l^2 \rangle$ values for the $^{32}$S+$^{184}$W reaction compared with the results of the DNS model and advanced statistical fission model calculations. It is concluded that the effects of competition between fusion-fission and quasi-fission in the reaction play an important role in the dynamics process.

Considering the positive $Q$-value multi-neutron transfers the CC calculation based on the Zagrebaev model successfully reproduces the fusion cross sections of $^{32}$S+$^{96}$Zr at sub-barrier energies. This result confirms the effect of multi-neutron transfers on the sub-barrier fusion enhancement.

High precision excitation functions of backward-angle quasi-elastic scattering for the systems of $^{16}$O+$^{208}$Pb, $^{196}$Pt, $^{184}$W, and $^{154,152}$Sm at energies well below the Coulomb barrier were measured. By considering the effect of couplings, the extracted diffuseness parameters are in the range from 0.64 to 0.69 fm, which is close to the values extracted from the systematic analyses of elastic and inelastic scattering data. On the other hand, single-channel calculations give somewhat larger values in the range from 0.68 to 0.77 fm, especially for systems with deformed target nuclei.

The elastic scattering angular distribution of 60 MeV $^{17}$F+$^{12}$C was precisely measured in the angle range from 5° to 20° in the laboratory system. The experimental result was calculated by the CDCC code taking into account the inelastic and breakup of $^{17}$F. It is concluded that the breakup coupling effect of a projectile on the elastic scattering is weak at the energies near the Coulomb barrier. When the diffuseness parameter is increased 20%, the CDCC calculation agrees with the experimental result well. The phenomenon may be related to the structure of exotic nuclei $^{17}$F. Breakup cross sections and the couplings between the continuum states and the ground and first excited states of $^{17}$F are found to be small, which agrees with the available conclusions.

*This work was supported by the National Natural Science Foundation of China (Grant Nos. 10575134, 10675169 and 10735100) and the Major State Basic Research Developing Program (Grant No. 2007CB815003).*

1 Fazio G, Giardina G, Mandaglio G, et al. Strong influence of the entrance channel on the formation of compound nuclei $^{216,220}$Th$^*$ and their evaporation residues. Phys Rev C, 2005, 72: 064614
2 Zhang H Q, Zhang C L, Lin C J, et al. Competition between fusion-fission and quasifission processes in the $^{32}$S+$^{184}$W reaction. Phys Rev C, 2010, 81: 034611
3 Stelson P H. Neutron flow between nuclei as the principal enhancement mechanism in heavy-ion subbarrier fusion. Phys Lett B, 1988, 205: 190–194
4 Stelson P H, Kim H J, Beckerman M, et al. Fusion cross sections for $^{46,50}$Ti+$^{90}$Zr,$^{93}$Nb and some systematics of heavy-ion fusion at barrier and subbarrier energies. Phys Rev C, 1990, 41: 1584–1599
5 Timmers H, Ackermann D, Beghini S, et al. A case study of collectivity, transfer and fusion enhancement. Nucl Phys A, 1998, 633: 421–445
6 Trotta M, Stefanini A M, Corradi L, et al. Sub-barrier fusion of the magic nuclei $^{40,48}$Ca+$^{48}$Ca. Phys Rev C, 2002, 65: 011601
7 Stefanini A M, Scarlassara F, Beghini S, et al. Fusion of $^{48}$Ca+$^{90,96}$Zr above and below the Coulomb barrier. Phys Rev C, 2006, 73: 034606
8 Stefanini A M, Behera B R, Beghini S, et al. Sub-barrier fusion of $^{40}$Ca+$^{94}$Zr: Interplay of phonon and transfer couplings. Phys Rev C, 2007, 76: 014610
9 Newton J O, Butt R D, Dasgupta, et al. Systematic failure of the Woods-Saxon potential to describe both fusion and elastic scattering: Possible need for a new dynamical approach to fusion. Phys Rev C, 2004, 70: 024605
10 Hagino K, Takehi T, Balantekin A B, et al. Surface diffuseness anomaly in heavy-ion potentials for large-angel quasielastic scattering. Phys Rev C, 2005, 71: 044612
11 Washiyama K, Hagino K, Dasgupta M. Probing surface diffuseness pf nucleus-nucleus potential with quasielastic scattering at deep sub-barrier energies. Phys Rev C, 2006, 73: 034607
12 Gasques L R, Evers M, Hinde D J, et al. Systematic study of the nuclear potential through high precision back-angle quasi-elastic scattering measurements. Phys Rev C, 2007, 76: 024612
13 Evers M, Dasgupta M, Hinde D J, et al. Systematic study of the nuclear potential diffuseness through high precision back-angle quasi-elastic scattering. Phys Rev C, 2008, 78: 034614
14 Hinde D J, Ahlefeldt R L, Thomas R G, et al. Probing the tail of the nuclear potential between identical nuclei with quasi-elastic Mott scattering. Phys Rev C, 2007, 76: 014617
15 Aguilera E F, Kolata J J, Nunes F F, et al. Transfer and/or breakup modes in the $^6$He+$^{209}$Bi reaction near the Coulomb barrier. Phys Rev Lett, 2000, 84: 5058–5061
16 Kolata J J, Guimarães V, Peterson D, et al. $^6$He+$^{209}$Bi fusion-fission reaction. Phys Rev C, 1998, 57: R6–R9
17 Trotta M, Sida J L, Alamanos N, et al. Large enhancement of the sub-barrier fusion probability for a halo nucleus. Phys Rev Lett, 2000, 84: 2342–2345
18 Viola V E, Kwiatkowski K, Walker M. Systematics of fission fragment total kinetic energy release. Phys Rev C, 1985, 31: 1550–1552
19 Huizenga J R, Behkami A N, Moretto L G. Note on interpretation of fission-fragment angular distributions at moderate excitation energies.

Phys Rev, 1969, 177: 1826–1830
20 Fazio G, Giardina G, Lamberto A, et al. Formation of heavy and superheavy elements by reactions with massive nuclei. Eur Phys J A, 2004, 19: 89–104
21 Giardina G, Hofmann S, Muminov A I, et al. Effect of the entrance channel on the synthesis of superheavy elements. Eur Phys J A, 2000, 8: 205–216
22 Nasirov A K, Fukushima A, Toyoshima Y, et al. The role of orientation of nucleus symmetry axis in fission dynamics. Nucl Phys A, 2005, 759: 342–369
23 D'Arrigo A, Giardina G, Herman M, et al. Angular momentum effects in heavy-ion-induced fission. Phys Rev C, 1992, 46: 1437–1444
24 Fernández-Niello J, Dasso C H, Landowne S. CCDEF-a simplified coupled-channel code for fusion cross sections including static nuclear deformations. Comput Phys Commun, 1989, 54: 409–412
25 Zagrebaev V I. Sub-barrier fusion enhancement due to neutron transfer. Phys Rev C, 2003, 67: 061601
26 Hill D L, Wheeler J A. Nuclear constitution and the interpretation of fission phenomena. Phys Rev, 1953, 89: 1102–1145
27 Lin C J, Jia H M, Zhang H Q, et al. Systematic study of the surface properties of the nuclear potential with high precision large-angle quasi-elastic scatterings. Phys Rev C, 2009, 79: 064603
28 Hagino K, Rowley N, Kruppa A T. A program for coupled-channel calculations with all order couplings for heavy-ion fusion reactions. Comput Phys Commun, 1999, 123: 143–152
29 Austern N, Iseri Y, Kamimura M, et al. Continuum-discretized coupled-channels calculations for three-body models of deuteron-nucleus reactions. Phys Rep, 1987, 154: 125–204
30 Thompson I J. Coupled reaction channels calculations in nuclear physics. Comput Phys Rep, 1988, 7: 167–212

# Experimental research into the two-proton emissions from $^{17,18}$Ne, $^{28}$P and $^{28,29}$S ①

LIN ChengJian[1], XU XinXing[1], JIA HuiMing[1], YANG Feng[1], JIA Fei[1], WU ZhenDong[1], ZHANG ShiTao[1], LIU ZuHua[1], ZHANG HuanQiao[1], XU HuShan[2], SUN ZhiYu[2], WANG JianSong[2], HU ZhengGuo[2], WANG Meng[2], CHEN RuoFu[2], ZHANG XueYing[2], LI Chen[2], LEI XiangGuo[2], XU ZhiGuo[2], XIAO GuoQing[2] & ZHAN WenLong[2]

[1] *China Institute of Atomic Energy, P. O. Box 275(10), Beijing 102413, China;*
[2] *Institute of Modern Physics, Chinese Academy of Sciences, Lanzhou 730000, China*

Received January 20, 2011; accepted March 25, 2011; published online August 9, 2011

---

Two-proton emissions from the excited states of $^{17,18}$Ne, $^{28}$P and $^{28,29}$S were investigated experimentally by the radioactive beams bombarding on the $^{197}$Au target via the Coulomb excitation. The complete-kinematics measurements were actualized by the stacks of silicon-strip detectors and CsI+PIN array detectors. The invariant mass of final systems as well as the relative momentum, opening angle, and relative energy of the two emitted protons was reconstructed under the framework of relativistic kinematics. Visible proton-proton correlations were observed in these systems. The mechanisms of two-proton emission were analyzed in a simple schematic model, in which the extreme decay modes like $^{2}$He cluster emission, three-body phase-space decay, and two-body sequential decay were taken into account. With the help of Monte-Carlo simulations, the two protons emitted from the 6.15 MeV excited state of $^{18}$Ne and the excited states in the energy region of 9.6–10.4 MeV of $^{29}$S, respectively, exhibited prominent features of $^{2}$He cluster decay while for the other cases, no obvious diproton emissions were observed.

**two-proton emission, radioactive ion beam, complete-kinematics measurement, $^{2}$He cluster decay, three-body phase-space decay, two-body sequential decay**

**PACS:** 23.50.+z, 25.60.-t, 25.70.De

---

## 1 Introduction

Radioactivity has been found for more than one century. The latest, two-proton (2p) radioactivity was discovered first in $^{45}$Fe [1–5], later in $^{54}$Zn [6] and most likely $^{48}$Ni [3], more than 40 years after it was proposed [7,8]. Nowadays, it is one of the most exciting topics in the field of radioactive-ion-beam physics [9,10]. Besides the ground state emitters mentioned above in the medium mass region, which have longer decay times due to the higher Coulomb barriers, a lot of lighter nuclei with very short decay times, such as $^{6}$Be [11,12], $^{10}$C [13,14], $^{12,14}$O [15,16], $^{16,17,18}$Ne [17–22], $^{19}$Mg [23], $^{28}$P [24], and $^{29}$S [25] etc., have been extensively investigated to search for the correlated 2*p* emissions from the ground states and/or the excited states. Such an exotic decay provides: i) a good probe to extract the information of nuclear structure for the proton-rich nuclei close to or beyond the drip-line, ii) a good tool to study the nucleon-nucleon pair correlation (proton-proton (p-p) correlation in particular) inside a nucleus and the relative topics like BCS-BEC crossover [26], iii) a good way to investigate the astro-nuclear (2p,) and (γ,2p) processes [27].

In the past years, we have performed a series of experi-

---

① Science China:Physics,Mechanics & Astronomy,2011,54(S1):s73-s80.

ments to study 2p emission from the proton-rich nuclei close to the drip line. In the $^{29}S+^{28}Si$ experiment, an abnormally large total reaction cross section has been detected [28], indicating the possibility of 2p halo/skin structure in $^{29}S$. Moreover, signatures of 2p emission were observed in the $^{29}S+^{12}C$ reaction [29]. Later, we focus on 2p emission from the excited states of $^{17,18}Ne$, $^{28,29}S$ and their neighbour nucleus $^{28}P$ using the complete-kinematics measurements. In this paper, recent results will be presented to show our experimental progress in the field of 2p emission.

## 2 Experimental procedure, particle identification and event selection

The experiments were done at the Institute of Modern Physics, Lanzhou, China. The secondary radioactive beams were produced by the primary beams of $^{20}Ne$ and $^{32}S$, respectively, with typical current of 100 enA, bombarding on the 1589 μm $^{9}Be$ target, transported and purified through the RIBLL facility [30] by means of the combined Bρ-Δ*E*-Bρ method, where $^{27}Al$ degraders with different thicknesses were chosen to get the suitable momentum dispersion. The excited states were populated by bombarding on a secondary $^{197}Au$ target via the Coulomb excitation. Typical secondary beam intensities were 200 and 800 pps for $^{17}Ne$ and $^{18}Ne$ with purities of 10% and 40%, respectively, 700 pps for $^{28}P$ with purity of 7%, and 30 and 200 pps for $^{28}S$ and $^{29}S$ with purities of 1% and 3%, respectively. Some parameters are listed in Table 1 to show the experimental conditions.

The detector array consisting of two parallel plane avalanche counts (PPACs), three or four large area silicon detectors (LASDs), four single-sided silicon strip detectors (SSSDs), and a 6×6 array of CsI crystals coupled to PIN photodiodes (CsI+PINs) was emplaced in the target chamber to perform the complete-kinematics measurement. As an example, Figure 1 shows the schematic plot of the detector array used in the $^{28}P$ and $^{28,29}S$ experiments. The secondary beams were identified by the Δ*E*-ToF technique, where ToF was generated by two scintillator detectors upstream on the second and fourth focus planes of the RIBLL spectrometer and Δ*E* was generated by a 325 μm silicon detector. Two PPACs with collimators of 40 and 30 mm in diameters, respectively, were utilized for beam tracking. The orthogonal Y1- and X1-SSSD detected the Δ*E*–*Es* and positions of heavy fragments, while D2, X2- and Y2-SSSD, as well as the CsI+PIN array detected the Δ*E*–*Es* and positions of light particles. Each SSSD contains 24 strips on one side with 2 mm in width and 300 μm in thickness for each strip. D1 and D2 are the 325 and 1000 μm thick silicon detectors with active areas of 50 mm ×50 mm. The CsI array has an active area of 90 mm ×90 mm and 20 mm in length which can stop the proton with energy up to 100 MeV. The whole detector array covered 0.33 sr of forward solid angle with the maximum opening angle of ±13.2° in both *X* and *Y* directions. Monte-Carlo (MC) simulations showed that the detection efficiency for coincident *p-p* events were about 57%.

Table 1 Summary of experimental conditions

| Primary | | Degrader thickness | Secondary | | | | $^{197}Au$ thickness |
|---|---|---|---|---|---|---|---|
| Beam | Energy (MeV/u) | (μm) | Beam | Energy (MeV/u) | Intensity (pps) | Purity (%) | (μm) |
| $^{32}S$ | 80.4 | 489 | $^{29}S$ | 49.2 | 200 | 3 | 100 |
| | | | $^{28}S$ | 48.0 | 30 | 1 | |
| | | | $^{28}P$ | 46.5 | 700 | 7 | |
| $^{20}Ne$ | 78.2 | 1024 | $^{18}Ne$ | 51.8 | 800 | 40 | 200 |
| | | | $^{17}Ne$ | 50.0 | 200 | 10 | |

Before the formal experiment, the primary $^{32}S$ and $^{20}Ne$ beams at some appropriate energies derived from the passage of the primary beams through the $^{9}Be$ targets with thicknesses of 1.59 and 2.63 mm, respectively, were delivered to calibrate the ToFs, energies, and positions of heavy fragments by elastic scatterings. Moreover, proton beams at energies of 26, 46, 66, and 80 MeV originated from the projectile fragmentation were transported to calibrate the energies and positions of light particles. After calibrations, the RIBLL spectrometer was tuned for setting and optimizing the $^{17,18}Ne$ and $^{28,29}S$ beams. The $^{28}P$ secondary beam was derived from the $^{29}S$ beam. The ion identifications are illustrated in Figures 2–5 by the Δ*E* versus ToF contour plots for the secondary beams of $^{17}Ne$, $^{18}Ne$, $^{28}S$, and $^{29}S$, respectively. The Δ*E* resolution became worse (about 5% and 10% in $^{17,18}Ne$ and $^{28,29}S$ experiments, respectively.) because of the large capacitance of the detector and the strong radiation by the high intensity of the secondary beams.

The identification of the reaction products including the heavy fragments and the light particles, the tracking of emitting products, and the selections of 2p coincident events are similar in the $^{17,18}Ne$, $^{28}P$ and $^{28,29}S$ experiments. For the sake of simplicity, the $^{29}S$ case was chosen as an example to show the detailed procedure in the following descriptions.

The identification of heavy products was realized by the Δ*E*-*E* spectrum obtained by the Y1-X1-D1 detector combi-

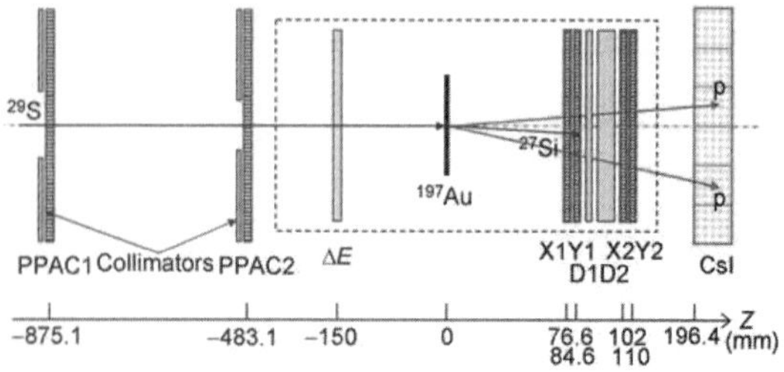


Figure 1 (Color online) Schematic plot of the detector array used in the $^{29}S$ experiment for the complete-kinematics measurements.

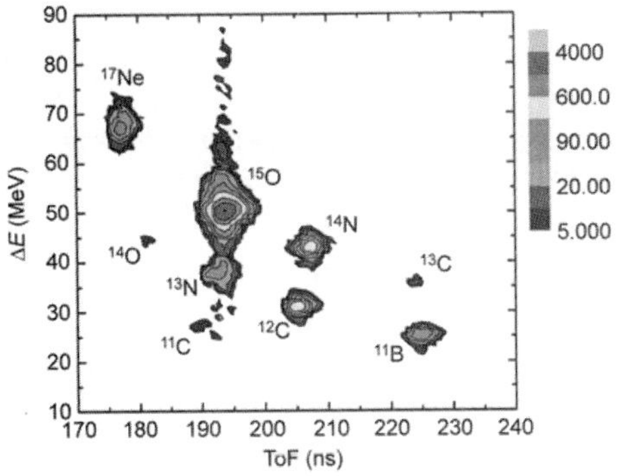


**Figure 2** Contour plot of the particle identification for the $^{17}$Ne secondary beam.

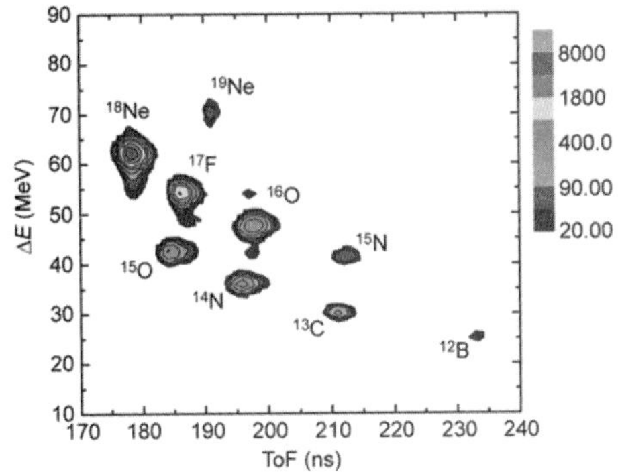


**Figure 3** Same as Figure 2, but for the $^{18}$Ne secondary beam.

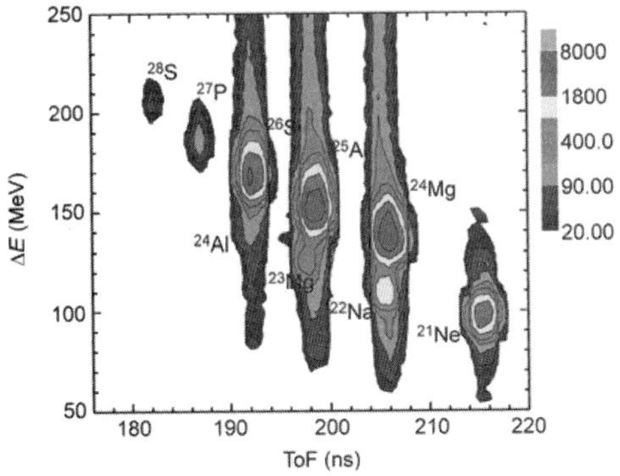


**Figure 4** Same as Figure 2, but for the $^{28}$S secondary beam.

nation. Figure 6 shows the Y1 versus X1 scattering spectrum for the isotope identification after the target, which was directly generated by the elastic scatterings of the secondary beam. The closure curve in the figure shows the gate for Si isotopes. Although the timing signals (ToF_Y1 or ToF_X1) generated by Y1 or X1 detectors do not have adequate time resolution (about 1 ns) to identify the product

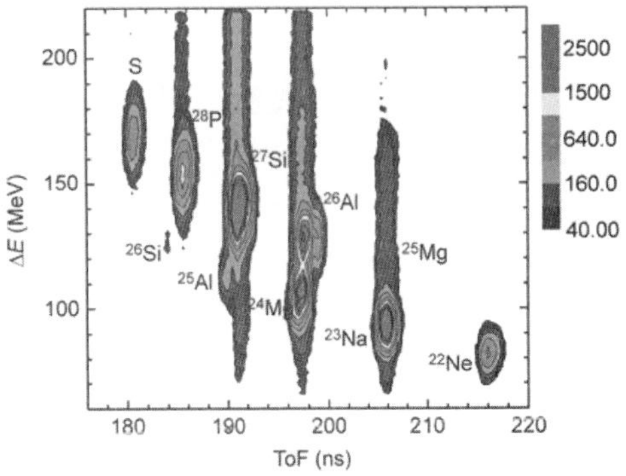


**Figure 5** Same as Figure 2, but for the $^{29}$S secondary beam.

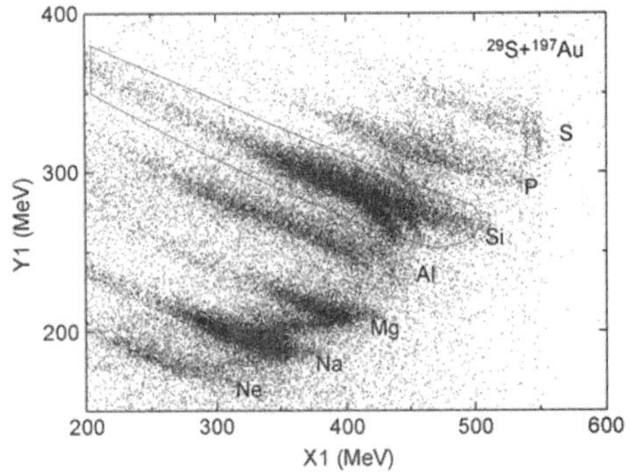


**Figure 6** Y1 versus X1 spectrum for the isotope identification of the heavy products in the $^{29}$S+$^{197}$Au reaction. The closed curve shows the Si-isotope gate for further analysis.

masses, they are practically useful for removing the accidentally coincident events and rejecting the isotope contaminations directly from the beam. For example, the $^{26,27}$Si nuclei directly coming from the secondary beam can be rejected from the Si-isotope band in the Δ*E*-*E* spectrum by gating on a narrow time window. In this way, the interesting $^{27}$Si products were scored for further analysis.

The light products were identified by the D2-X2-Y2-CsI detector combination through the Δ*E*-*E* technique, as shown in Figure 7. The blue and red points show the single-hit and double-hit events, respectively, in the CsI+PIN array induced by the $^{29}$S beam. The theoretical curves of p, d, t, 2p, $^3$He, and α are also shown in the figure for reference. The 2p events are located within a band in which the energies of both Δ*E* and *E* are two times those of the 1p events. One can see that most of the double-hit events are the 2p events which populate around the theoretical 2p curve. A gate on 2p events was applied to reject the background scatterings.

The trajectories of the incoming beams and the outgoing light particles can be reconstructed by the two tracking PPACs before the target and the X2-Y2 SSSDs along with CsI array after the target, respectively. A simple "cross-

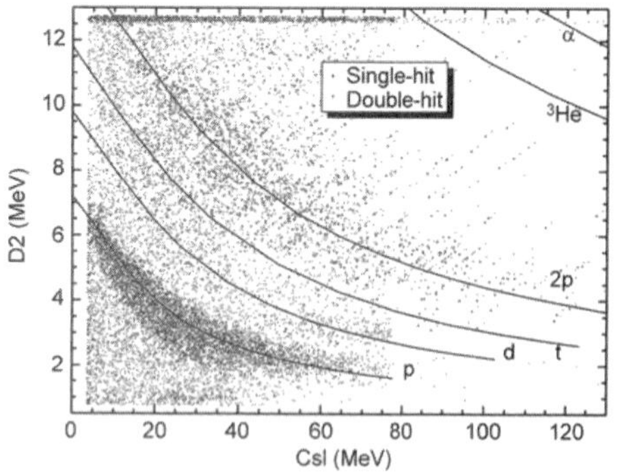


**Figure 7** D2 versus CsI scattering spectrum for the light particle identification. The blue and red points show the single-hit and double-hit events, respectively, gated on $^{29}$S events.

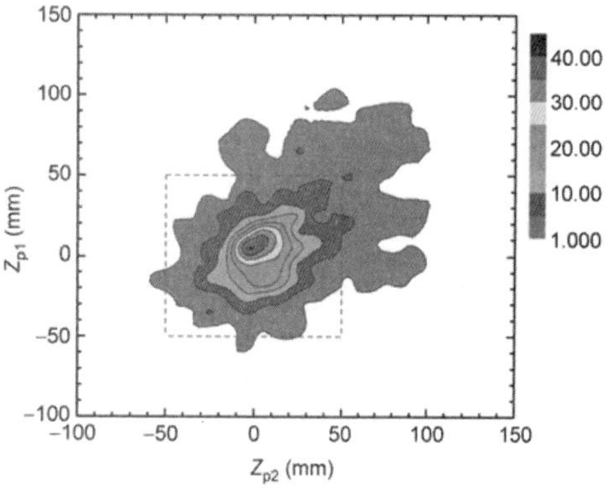


**Figure 8** Two-dimensional plot of the $Z$ position of the reaction points for 2p events. The dashed square shows the gate for selecting the effective interactions in the target.

point-of-trajectories method" was employed to determine the reaction point [25]. The cross-point of two trajectories represents the actual interaction point, and its Z position can be easily deduced mathematically. Figure 8 shows the spectrum of $Z_{p1}$ versus $Z_{p2}$, where the trajectories of $p_1$ and $p_2$ were tracked individually. Only the events of both $Z_{p1}$ and $Z_{p2}$ within ±50 mm were accepted as the effective interactions in the target, as shown by the dashed square in the figure. One can see from the figure that most 2p events are induced by the interactions in the target.

In order to pick up the rare events under the strong background, a strict selection procedure was set down, as following: First, the $^{29}$S beam was selected on the $\Delta E$-ToF spectrum (Figure 5). Second, the 2p events that appeared inside the gate on the double-hit D2-CsI spectrum (bottom panel of Figure 7) were chosen. Third, the selected events were further purified by the Si-isotope gate on the Y1-X1 spectrum (Figure 6) and the time window on the ToF_Y1 versus ToF spectrum. Thus, the accidentally coincident events such as the $^{26,27}$Si directly from the secondary beams were ruled out. Moreover, the gate on the $Z_{p1}$ versus $Z_{p2}$ spectrum (Figure 8) was added to make sure of the reactions in the target and to pick out the reactions in other layers. In this way, only the effective $^{27}$Si-p-p coincident events can pass through the above strict selection.

## 3 Experimental results and MC simulations

When the effective 2p coincident events were selected, the invariant mass of final three-body system as well as the relative momentum ($q_{pp}=|\boldsymbol{p}_1-\boldsymbol{p}_2|/2$), the opening angle ($\theta^{pp}_{c.m.}$, in the center of mass system of $^{29}$S), and the relative energy ($E_{pp}$) of two protons can be deduced, on event-by-event basis, by the relativistic-kinematics reconstruction under the constraints of energy and momentum conservation.

The excitation-energy spectra of $^{17,18}$Ne, $^{28}$P and $^{29}$S deduced from the invariant mass of the final three-body systems are plotted in Figures 9–11. Taking into account the energy and position resolutions of the detector array, the experimental excitation-energy resolution is estimated as 200–400 keV. Some excited states are visible in these spectra.

In order to investigate the mechanisms of 2p decay, MC simulations are necessary, in which all the possible decay channels should be included. For the sake of simplicity, three schematic decay modes were employed to describe 2p emission, i.e., $^{2}$He cluster decay, two-body sequential decay, and three-body phase-space simultaneous decay. In the following, the $^{29}$S case is taken as an example to show the details in the simulation. For $^{2}$He cluster decay, the process consists of two steps: (1) The $^{2}$He cluster is formed in the

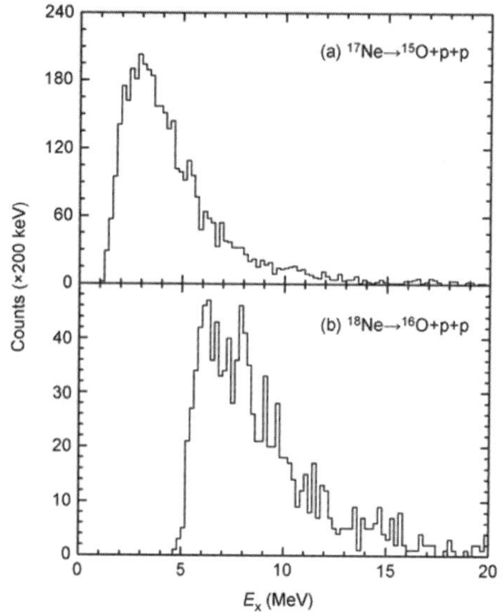


**Figure 9** Excitation-energy spectra of $^{17}$Ne (a) and $^{18}$Ne (b) reconstructed by the $^{15}$O+p+p and $^{16}$O+p+p events, respectively.

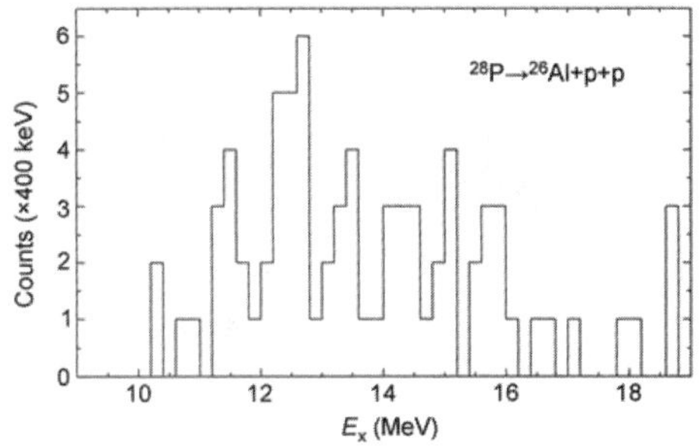


**Figure 10** Excitation-energy spectrum of $^{28}P$ reconstructed by the $^{26}Al+p+p$ events.

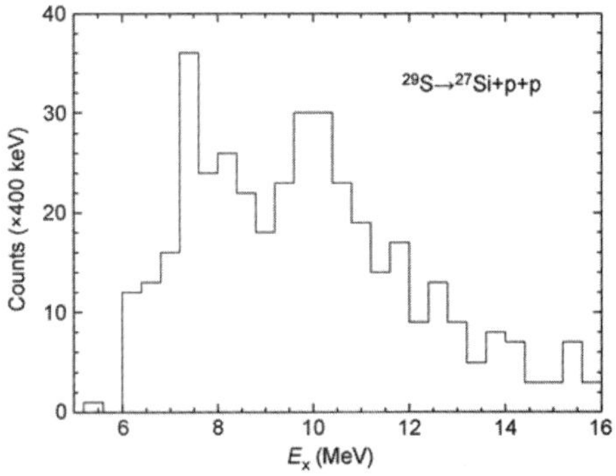


**Figure 11** Excitation-energy spectrum of $^{29}Si$ reconstructed by the $^{27}Si+p+p$ events.

potential well of $^{27}Si$. The total available energy of the $^2He$ is $E_{av}=E_{ex}(^{29}S)-5.35-E_{ex}(^{27}Si)$ MeV, where $E_{ex}$ is the excited energy for the $^{29}S$ or $^{27}Si$ nuclei. The fraction of $E_{av}$, $\varepsilon$, is converted to the ground state mass of $^2He$, which is also recognized as the resonance energy of the two protons. So the mass of $^2He$ is defined as: $M_{^2\mathrm{He}}=\varepsilon+2M_\mathrm{p}$. The remainder $E=E_{av}-\varepsilon$ is the energy available for the diproton to tunnel through the Coulomb barrier. (2) When the diproton penetrates the barrier, it breaks up into two protons and the energy $\varepsilon$ is released to the relative energy of the p-p pair as follows:

$$^{29}S^* \rightarrow ^{27}Si^*+2He \quad (Q=E_{ex}(^{29}S)-5.35-\varepsilon-E_{ex}(^{27}Si)),$$

$$^{2}He \rightarrow p+p \quad (Q=\varepsilon).$$

Sequential emission from excited states in $^{29}S$ can decay via intermediate states in $^{28}P$ and the two protons are unbound by the total available energy $E_{av}$, which is divided into two steps as follows:

$$^{29}S^* \rightarrow ^{28}P^*+p \quad (Q=E_{ex}(^{29}S)-3.29-E_{ex}(^{28}P)),$$

$$^{28}P^* \rightarrow ^{27}Si^*+p \quad (Q=E_{ex}(^{28}P)-2.06-E_{ex}(^{27}Si)).$$

The third mechanism of the two-proton emission, three, body decay, occurs when the two protons leave the mother nucleus with no correlations beyond the phase-space constraints. At this moment, the final state interaction (FSI) between two protons plays a main role. In the simulation the FSI was neglected as the configurations ($J^\pi$) of excited levels in $^{29}S$ were still unknown. In this case, the two protons are identical and share the total available energy $E_{av}$.

With the help of MC simulations, the mechanism of 2p decay can be understood by the relative momentum combined with the opening angle of two protons. Figures 12 and 13 show the experimental results for $7.0 \leqslant E_x \leqslant 7.8$ MeV and $9.6 \leqslant E_x \leqslant 10.4$ MeV excited states of $^{29}S$, respectively. An isotropic distribution in the opening angle and no peak at 20 MeV/c in the relative momentum can be seen for the 7.0–7.8 MeV states. But for the 9.6–10.4 MeV states, the opening angle shows a forward distribution with the maximum around 35° and the relative momentum has an obvious peak at 20 MeV/c, indicating the features of $^2He$ cluster decay. The MC results are also plotted in the figures for comparison. The dashed, dotted and dash-dotted curves are the results predicated by the $^2He$ cluster decay, two-body sequential decay, and the three-body phase-space decay, respectively. Associated with the MC simulations, the branching ratio of $^2He$ decay was determined as $29^{+10}_{-11}\%$, where the errors were estimated by $\chi^2$ analysis.

Figure 14 shows the experimental results and the MC results of the relative momentum and opening angle distributions for 2p emission from the excited states of $^{28}P$ with $E_x$<17.0 MeV. The experimental data show a nearly isotropic distribution for the opening angle and an enhancement in the region from 25 to 40 MeV/c for the relative momentum. The MC simulations show only 7±5% $^2He$ cluster emission and the two-body sequential and/or three-body simultaneous decay are the dominant components.

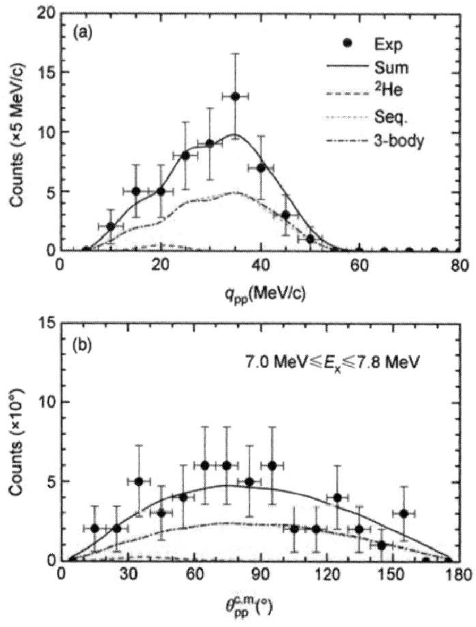


**Figure 12** (Color online) The relative momentum (a) and opening angle for 2p emission from the excited states of $7.0 \leqslant E_x \leqslant 7.8$ MeV of $^{29}S$ (b).

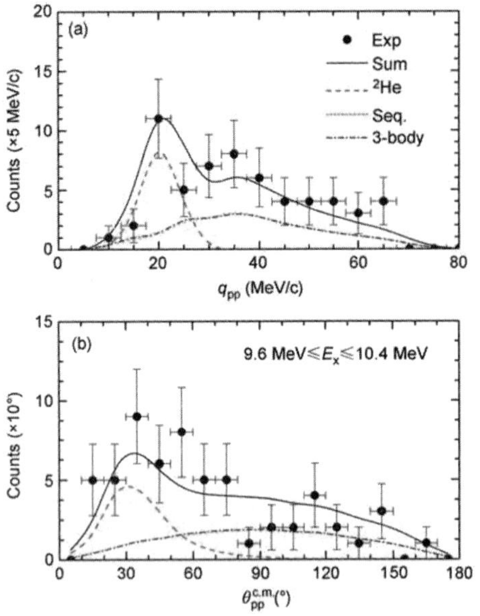


**Figure 13** (Color online) Same as Figure 12, but for $9.6 \leqslant E_x \leqslant 10.4$ MeV states. Features of $^2$He cluster decay are visible.

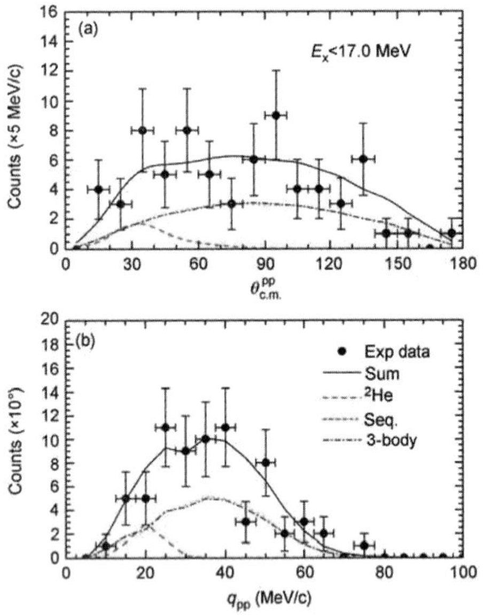


**Figure 14** (Color online) Same as Figure 12, but for 2p emission from $E_x$ < 17.0 MeV states of $^{28}$P.

The similar analysis procedures were also applied for the $^{17,18}$Ne cases. Figure 15 shows the relative momenta versus the opening angles of 2p emission from the first, second, third, and fourth excited states of $^{17}$Ne. Visible p-p correlations are observed for these states, i.e., some events have both low relative momenta (about 20 MeV/c) and small

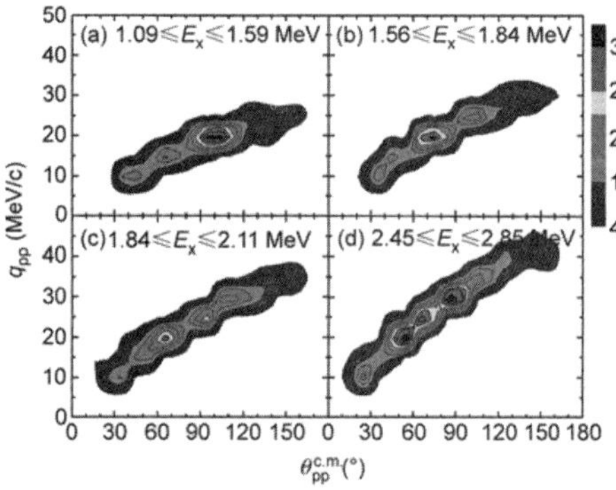


**Figure 15** Contour plots of the relative momenta versus the angles for the 2p emission from the first (a), second (b), third (c), and fourth (d) excited states of $^{17}$Ne, respectively.

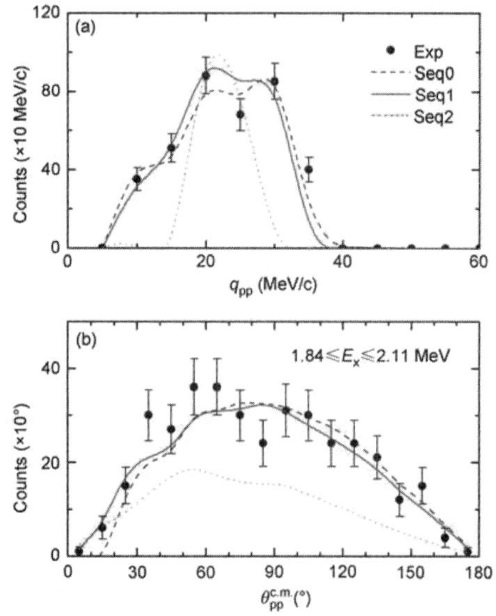


**Figure 16** (Color online) The relative momentum (a) and opening angle for 2p emission from the third excited state of $^{17}$Ne (b).

opening angles.

With the help of the MC simulations, we found none of these excited states has $^2$He cluster decay component. As an example, the experimental and MC results for the third excited state are plotted in Figure 16 for comparison. The legends with seq0, seq1, and seq2 stand for the two-body sequential decay via the ground, the first and second excited states of its daughter nucleus $^{16}$F, respectively. It clearly shows that the 2p decay from the third excited state of $^{17}$Ne is a typical sequential decay via either the first or the second excited state of $^{16}$F. No obvious diproton decay was found.

For the $^{18}$Ne case, our results are similar to the Raciti's results [22], and some preliminary results have been published [31]. We don't want to repeat here due to the limit space.

## 4 Discussion and summary

It is surprising that diproton can be emitted from the high-lying excited states like 10 MeV states in $^{29}S$, because the sequential decay channels are opened and may dominate the decay processes. A possible explanation is that 2p halo could form in the high-lying states and result in $^{2}He$ cluster decay with a large spectroscopy factor. We guess that the BCS-BEC crossover phenomenon [26] might occur in the 2p halo. It is worthy of further investigations.

It is not so surprising that there is no diproton decay from the excited states of $^{28}P$. For the odd-Z nuclei like $^{28}P$, $^{2}He$ cluster emission is almost impossible due to the lack of proton-proton pair correlation in the outside orbit. Considering the $^{28}P$ and $^{29}S$ case synthetically, the results indicate that the large deformations are not responsible for the 2p emission from excited states, as they should occur in the high-lying excited states and cause dynamical correlations between emitted protons in both the $^{29}S$ and the $^{28}P$ cases. On the contrary, it suggests that the wave functions of some excited states such as 2p halos in the parent nucleus have a small overlap with the wave functions of excited states in the 1p daughter nucleus, resulting in a much larger spectroscopic factor for direct 2p decay. In other words, the 2p halo structure in some high-lying excited states leads to the anisotropy of the opening angle distribution between two protons.

In summary, a series of experiments have been performed to study 2p correlated emission from the excited states of $^{17,18}Ne$, $^{28,29}S$, and their neighbor nucleus $^{28}P$. 2p emissions were induced by the Coulomb excitations via the radioactive secondary beams bombarding on the $^{197}Au$ targets. Complete-kinematics measurements were actualized by the stacks of silicon-strip detectors and CsI+PIN array detectors, allowing us to reconstruct invariant mass of final systems as well as the relative momentum, opening angle, and relative energy of emitted two protons under the framework of relativistic kinematics. The events of 2p coincident with heavy residua were picked out under strict conditions to unambiguously identify the rare events in the strong background. The mechanisms of 2p emission were analyzed in a simple schematic model. With the help of the MC simulations, the present results show that 2p emitted from the excited states with $9.6 \leqslant E_x \leqslant 10.4$ MeV of $^{29}S$ exhibits the features of $^{2}He$ cluster decay with a branching ratio of $29^{+10}_{-11}$ %. Visible p-p correlations were also observed in the cases of $^{17,18}Ne$ and even in the odd-Z nucleus $^{28}P$. But no obvious diproton emission was found except the known 6.15 MeV state in $^{18}Ne$, according to the MC simulations. Furthermore, it is shown that 2p halo may lead to 2p emission with a large spectroscopy factor when the states are close to or beyond the threshold. In the future, we should pay more attention to i) the link between 2p halo and 2p emission, ii) 2p emission from high-lying excited states, and iii) exact theoretical descriptions embedded in MC simulations for the 2p decay processes.

*We thank the staff of HIRFL-RIBLL for supplying good quality beams. This work was supported by the National Natural Science Foundation of China (Grant Nos. 10675169, 10735100, and 10727505) and the Major State Basic Research Developing Program (Grant No. 2007CB815003).*

1 Giovinazzo J, Blank B, Chartier M, et al. Two-proton radioactivity of $^{45}Fe$. Phys Rev Lett, 2002, 89(10): 102501
2 Pfutzner M, Badura E, Bingham C, et al, First evidence for the two-proton decay of $^{45}Fe$. Eur Phys J A, 2002, 14(3): 279–285
3 Dossat C, Bey A, Blank B, et al. Two-proton radioactivity studies with $^{45}Fe$ and $^{48}Ni$. Phys Rev C, 2005, 72(5): 054315
4 Giovinazzo J, Blank B, Borcea C, et al. First direct observation of two protons in the decay of $^{45}Fe$ with a time-projection chamber. Phys Rev Lett, 2007, 99(10): 102501
5 Miernik K, Dominik W, Janas Z, et al. Two-proton correlations in the decay of $^{45}Fe$. Phys Rev Lett, 2007, 99(19): 192501
6 Blank B, Bey A, Canchel G, et al. First observation of $^{54}Zn$ and its decay by two-proton emission. Phys Rev Lett, 2005, 94(23): 232501
7 Goldanskii V I. On neutron-deficient isotopes of light nuclei and the phenomena of proton and two-proton radioactivity. Nucl Phys, 1960, 19: 482–495
8 Zeldovich Y B. The existence of new isotopes of light nuclei and the equation of state of neutrons. Sov Phys JETP, 1960, 11: 812
9 Blank B, Ploszajczak M. Two-proton radioactivity. Rep Prog Phys, 2008, 71(4): 046301
10 Blank B. Two-proton radioactivity: New insights into the atomic nucleus. Nucl Phys News, 2009, 19(3): 14–20
11 Geesaman D F, McGrath R L, Lesser P M S, et al. Particle decay of $^{6}Be$. Phys Rev C, 1977, 15(5): 1835–1838
12 Bochkarev O V, Chulkov L V, Korsheninniicov A A, et al. Democratic decay of $^{6}Be$ states. Nucl Phys A, 1989, 505(2): 215–240
13 Charity R J, Mercurio K, Sobotka L G, et al. Decay of $^{10}C$ excited states above the $2p$+$2\alpha$ threshold and the contribution from "democratic" two-proton emission. Phys Rev C, 2007, 75(5): 051304(R)
14 Mercurio K, Charity R J, Shane R, et al. Correlated two-proton decay from $^{10}C$. Phys Rev C, 2008, 78(3): 031602(R)
15 Kryger R A, Azhari A, Hellstrom M, et al. Two-proton emission from the ground state of $^{12}O$. Phys Rev Lett, 1995, 74(6): 860–863
16 Bain C R, Woods P J, Coszach R, et al. Two proton emission induced via a resonance reaction. Phys Lett B, 1996, 373(1): 35–39
17 Mukha I, Grigorenko L, Summerer K, et al. Proton-proton correlations observed in two-proton decay of $^{19}Mg$ and $^{16}Ne$. Phys Rev C, 2008, 77(6): 061303(R)
18 Chromik M J, Brown B A, Fauerbach M, et al. Excitation and decay of the first excited state of $^{17}Ne$. Phys Rev C, 1997, 55(4): 1676–1679
19 Chromik M J, Thirolf P G, Thoennessen M, et al. Two-proton spectroscopy of low-lying states in $^{17}Ne$. Phys Rev C, 2002, 66(2): 024313
20 Zerguerras T, Blank B, Blumenfeld Y, et al. Study of light proton rich nuclei by complete kinematics measurements. Eur Phys J A, 2004, 20(3): 389–396
21 Gomez del Campo J, Galindo-Uribarri A, Beene J R, et al. Decay of a resonance in $^{18}Ne$ by the simultaneous emission of two protons. Phys Rev Lett, 2001, 86(1): 43–46
22 Raciti G, Cardella G, De Napoli M, et al. Experimental evidence of $^{2}He$ decay from $^{18}Ne$ excited states. Phys Rev Lett, 2008, 100(19):

192503

23 Mukha I, Summerer K, Acosta L, et al. Observation of two-proton radioactivity of $^{19}$Mg by tracking the decay products. Phys Rev Lett, 2007, 99(18): 182501

24 Xu X X, Lin C J, Jia H M, et al. Investigation of two-proton emission from excited states of the odd-Z nucleus $^{28}$P by complete-kinematics measurements. Phys Rev C, 2010, 81(5): 054317

25 Lin C J, Xu X X, Jia H M, et al. Experimental study of two-proton correlated emission from $^{29}$S excited states. Phys Rev C, 2009, 80(1): 014310

26 Hagino K, Sagawa H, Carbonell J, et al. Coexistence of BCS- and BEC-like pair structures in halo nuclei. Phys Rev Lett, 2007, 99(2): 022506

27 Grigorenko L V, Langanke K, Shulgina N B, et al. Soft dipole mode in $^{17}$Ne and the astrophysical 2*p* capture on $^{15}$O. Phys Lett B, 2006, 641(3): 254–259

28 Liu Z H, Ruan M, Zhao Y L, et al. Possible experimental evidence of a moderate proton halo in $^{29}$S. Chin Phys Lett, 2004, 21(9): 1711–1713

29 Lin C J, Xu X X, Zhang G L, et al. Two-proton halo and two-proton emission Nucleus: $^{29}$S. AIP Conf Proc, 2007, 961: 117–119

30 Sun Z, Zhan W L, Guo Z Y, et al. RIBLL, the radioactive ion beam line in Lanzhou. Nucl Instr Meth Phys Res A, 2003, 503(3): 496–503

31 Jia F, Lin C J, Zhang H Q, et al. Experimental evidence of two-proton emissions from $^{18}$Ne excited state. Chin Phys Lett, 2009, 26(3): 032301

# Sub-barrier capture with quantum diffusion approach ①

V.V.Sargsyan[1], R.A.Kuzyakin[1], G.G.Adamian[1], N.V.Antonenko[1], W.Scheid[2], and H.Q.Zhang[3]

[1] Joint Institute for Nuclear Research, 141980 Dubna, Russia
[2] Institut für Theoretische Physik der Justus–Liebig–Universität, D–35392 Giessen, Germany
[3] China Institute of Atomic Energy, Post Office Box 275, Beijing 102413, China

**Abstract.** With the quantum diffusion approach the behavior of capture cross sections and mean-square angular momenta of captured systems are revealed in the reactions with deformed and spherical nuclei at sub-barrier energies. With decreasing bombarding energy under the barrier the external turning point of the nucleus-nucleus potential leaves the region of short-range nuclear interaction and action of friction. Because of this change of the regime of interaction, an unexpected enhancement of the capture cross section is found at bombarding energies far below the Coulomb barrier. This effect is shown its worth in the dependence of mean-square angular momentum on the bombarding energy. From the comparison of calculated capture cross sections and experimental capture or fusion cross sections the importance of quasifission near the entrance channel is demonstrated for the actinide-based reactions and reactions with medium-heavy nuclei at extreme sub-barrier energies.

## 1 Introduction

The measurement of excitation functions down to the extreme sub-barrier energy region is important for studying the long range behavior of nucleus-nucleus interaction as well as the coupling of relative motion with other degrees of freedom [1–28]. The experimental data obtained are of interest for solving astrophysical problems related to nuclear synthesis. Indications for an enhancement of the $S$-factor, $S = E_{\rm c.m.}\sigma \exp(2\pi\eta)$ [29,30], where $\eta(E_{\rm c.m.}) = Z_1Z_2e^2\sqrt{\mu/(2\hbar^2E_{\rm c.m.})}$ is the Sommerfeld parameter, at energies $E_{\rm c.m.}$ below the Coulomb barrier have been found in Refs. [10,15,18]. Its origin is still under discussion.

From the comparison of capture cross sections and fusion cross sections one can show a significant role of the quasifission channel in the reactions with various medium-light and heavy nuclei at sub-barrier energies. The competition between the complete fusion and quasifission can strongly reduce the value of the fusion cross section and, respectively, the value of the evaporation residue cross section [31–33]. This effect is especially crucial in the production of superheavy nuclei. It worth remembering that first evidences of hindrance for compound nucleus formation in the reactions with massive nuclei at low energies near the Coulomb barrier were observed at GSI already long time ago [34].

To clarify the behavior of capture and fusion cross sections at sub-barrier energies, a further development of the theoretical methods is required [33,35–37]. The conventional coupled-channel approach with realistic set of parameters is not able to describe the fusion cross sections either below or above the Coulomb barrier [18]. The use of a quite shallow nucleus-nucleus potential [38] with an adjusted repulsive core considerably improves the agreement between the calculated and experimental data. Besides the coupling with collective excitations, the dissipation, which is simulated by an imaginary potential in Ref. [38] or by damping in each channel in Ref. [39], seems to be important. The quantum diffusion approach based on the quantum master-equation for the reduced density matrix has been suggested in Ref. [40] for the describing capture process. The collisions of nuclei are treated in terms of a single collective variable: the relative distance between the colliding nuclei. Our approach takes into consideration the fluctuation and dissipation effects in collisions of heavy ions which model the coupling with various channels. In the present paper the capture model [40] is applied.

## 2 Comparison with experimental data and predictions

One can see in Figs. 1–4 that with decreasing $E_{\rm c.m.}$ up to about 3 - 18 MeV below the Coulomb barrier the regime of interaction is changed because at the external turning point the colliding nuclei do not reach the region of nuclear interaction where the friction plays a role. As result, at smaller $E_{\rm c.m.}$ the capture cross sections $\sigma_{cap}$ fall with a smaller rate. Therefore, an effect of the change of fall rate of sub-barrier capture cross section should be in the data if we assume that the friction starts to act only when the colliding nuclei approach the barrier. Note that at sub-barrier energies the experimental data have still large uncertainties to make a firm experimental conclusion about this effect. The effect seems to be more pronounced in collisions of spherical nuclei, where the regime of interaction is changed at $E_{\rm c.m.}$ up to about 3.5 - 5 MeV below the Coulomb barrier [40].

① EPJ Web of Conferences,2011,17:04003.

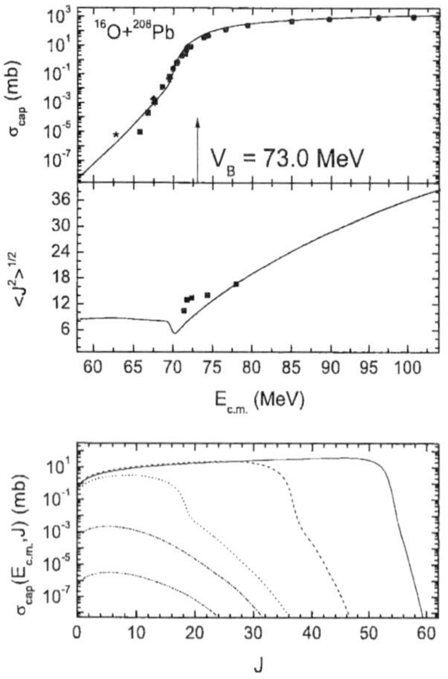


**Fig. 1.** The calculated (lines) capture cross section (upper part), average angular momenta of captured system (middle part) versus $E_{\rm c.m.}$, and partial capture cross sections (lower part) versus $J$ at $E_{\rm c.m.}$=65 (dash-dot-dotted line), 69.5 (dash-dotted line), 73 (dotted line), 83 (dashed line), and 100 (solid line) MeV for the $^{16}$O+$^{208}$Pb reaction with the spherical nuclei. The experimental cross sections marked by closed squares, circles, rhombus, stars are from Refs. [18,8,11,5], respectively. The experimental values of $\langle J^2\rangle$ (solid squares) are taken from Ref. [41]. The value of the Coulomb barrier $V_b$ is indicated by arrow.

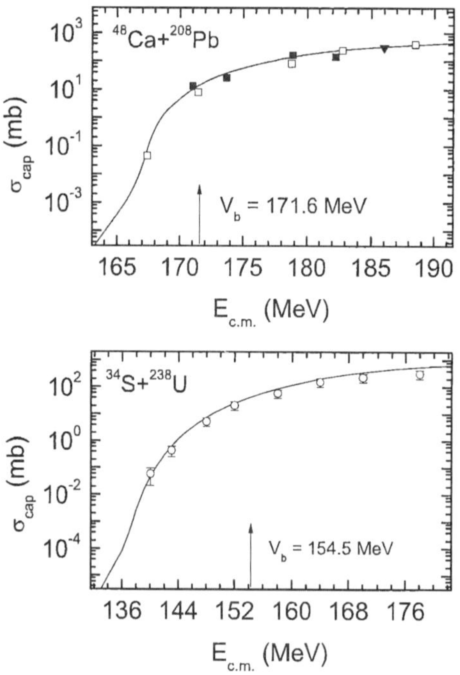


**Fig. 2.** The calculated (solid lines) capture cross section versus $E_{\rm c.m.}$ for the reactions $^{48}$Ca+$^{208}$Pb (upper part) and $^{34}$S+$^{238}$U (lower part). The experimental cross sections are taken from Refs. [42] (closed squares and triangle), [19] (open squares), and [26] (open circles). The value of the Coulomb barrier $V_b$ is indicated by arrow. The static quadrupole deformation parameters are: $\beta_1(^{48}\mathrm{Ca})=\beta_2(^{208}\mathrm{Pb})=0$, $\beta_1(^{34}\mathrm{S})=0.125$, and $\beta_2(^{238}\mathrm{U})=0.286$ [43].

The calculated mean-square angular momenta $\langle J^2\rangle$ of captured systems versus $E_{\rm c.m.}$ are presented in Figs. 1 and 5 for the reactions $^{16}$O+$^{208}$Pb and $^{16}$O + $^{232}$Th,$^{238}$U. At energies below the barrier $\langle J^2\rangle$ has a minimum. This minimum depends on the deformations of nuclei and on the factor $Z_1\times Z_2$. For the reactions $^{16}$O + $^{232}$Th,$^{238}$U, these minima are about 7 – 8 MeV below the corresponding Coulomb barriers, respectively. The experimental data [41] indicate the presence of the minimum as well. On the left-hand side of this minimum the dependence of $\langle J^2\rangle$ on $E_{\rm c.m.}$ is rather weak. Note that the found behavior of $\langle J^2\rangle$, which is related to the change of the regime of interaction between the colliding nuclei, would affect the angular anisotropy of the products of fission-like fragments following capture. Indeed, the values of $\langle J^2\rangle$ are extracted from data on angular distribution of fission-like fragments [25].

The agreement between the experimental $\langle J^2\rangle$ and those calculated with Wong-type formula is rather bad. At energies below the barrier the $\langle J^2\rangle$ has no a minimum (see Fig. 5). However, for the considered reactions the saturation values of $\langle J^2\rangle$ are close to those obtained in our formalism.

In Fig. 6 the calculated astrophysical $S$–factor versus $E_{\rm c.m.}$ is shown for the $^{16}$O+$^{238}$U reaction. The $S$-factor has a maximum which is seen in experiments [10,15,38]. After this maximum $S$-factor slightly decreases with decreasing $E_{\rm c.m.}$ and then starts to increase. This effect seems to be more pronounced in collisions of spherical nuclei. The same behavior has been revealed in Refs. [51] by extracting the $S$-factor from the experimental data.

In Fig. 6, the so-called logarithmic derivative, $L(E_{\rm c.m.})=d\,(\ln\,(E_{\rm c.m.}\sigma_{cap}))\,/dE_{\rm c.m.}$, and the barrier distribution $d^2(E_{\rm c.m.}\sigma_{cap})/dE^2_{\rm c.m.}$ are presented for the $^{16}$O+$^{238}$U reaction. The logarithmic derivative strongly increases below the barrier and then has a maximum at $E_{\rm c.m.}\approx V_b^{orient}$(sphere-pole)-3 MeV (at $E_{\rm c.m.}\approx V_b$-3 MeV for the case of spherical nuclei). The maximum of $L$ corresponds to the minimum of the $S$-factor. The barrier distributions calculated with an energy increment 0.2 MeV have only one maximum at $E_{\rm c.m.}\approx V_b^{orient}$(sphere-sphere)= $V_b$ as in the experiment [50]. With an increasing increment the barrier distribution is shifted to lower energies. Assuming a spherical target nucleus in the calculations, we obtain a more narrow barrier distribution.

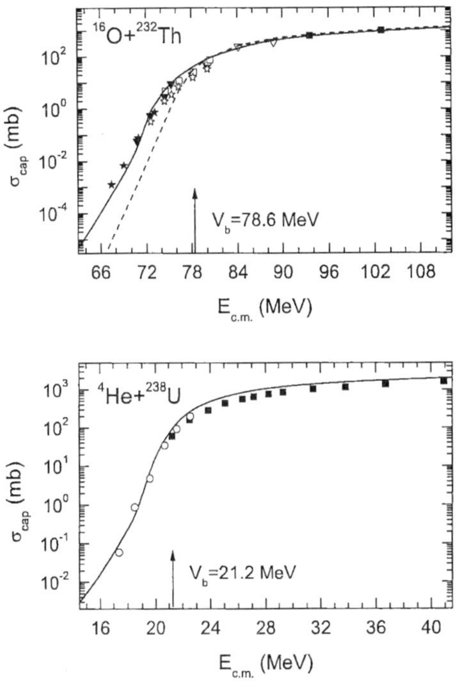


**Fig. 3.** The same as in Fig. 2, but for the reactions for the reactions $^{16}O + ^{232}Th$ and $^{4}He + ^{238}U$. The experimental data in the upper part are taken from Refs. [44] (open triangles), [2] (closed triangles), [45] (open squares), [46] (closed squares), [6] (open stars) and [7] (closed stars). The fission cross sections from Refs. [9] and [47] are shown in the lower part by open circles and solid squares, respectively. The value of the Coulomb barrier $V_b$ for the spherical nuclei is indicated by arrow. The dashed curve represents the calculation with the Wong formula [48]. The static quadrupole deformation parameters are: $\beta_2(^{232}Th)=0.261$ $\beta_2(^{238}U)=0.286$ [43] and $\beta_1(^{4}He)=\beta_1(^{16}O)=0$.

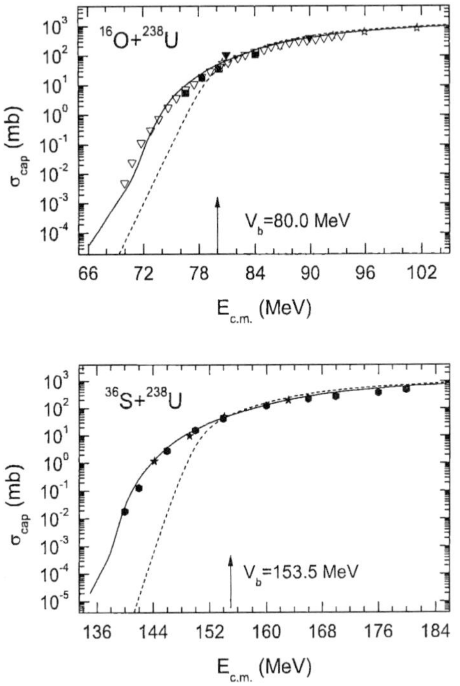


**Fig. 4.** The same as in Fig. 2, but for the reactions $^{16}O + ^{238}U$ and $^{36}S + ^{238}U$. The experimental cross sections are taken from Refs. [13] (open triangles), [49] (closed triangles), [6] (open squares), [4] (closed squares), [47] (open stars), [24] (closed stars), and [20] (rhombuses). The dashed curve represents the calculation with the Wong formula [48]. The static quadrupole deformation parameters are: $\beta_2(^{238}U)=0.286$ and $\beta_1(^{16}O)=\beta_1(^{36}S)=0$.

## 3 Capture cross sections in reactions with large fraction of quasifission

In the case of large values of $Z_1 \times Z_2$ the quasifission process competes with complete fusion at energies near barrier and can lead to a large hindrance for fusion, thus ruling the probability for producing superheavy elements in the actinide-based reactions [32,52]. Since the sum of the fusion cross section $\sigma_{fus}$, and the quasifission cross section $\sigma_{qf}$ gives the capture cross section,

$$\sigma_{cap} = \sigma_{fus} + \sigma_{qf},$$

and $\sigma_{fus} \ll \sigma_{qf}$ for actinide-based reactions $^{48}Ca + ^{232}Th$, $^{238}U$, $^{244}Pu$, $^{246,248}Cm$ and $^{50}Ti + ^{244}Pu$ [32], we have

$$\sigma_{cap} \approx \sigma_{qf}.$$

In a wide mass-range near the entrance channel, the quasifission events overlap with the products of deep-inelastic collisions and can not be firmly distinguished. Because of this the mass region near the entrance channel is taken out in the experimental analyses in Refs. [53,54]. Thus, by comparing the calculated and experimental capture cross sections one can study the importance of quasifission near the entrance channel for the actinide-based reactions leading to superheavy nuclei.

The capture cross sections for the quasifission reactions [53–55] are shown in Figs. 7 and 8. One can observe a large deviations of the experimental data of Refs. [53, 54] from the the calculated results. The possible reason is an underestimation of the quasifission yields measured in these reactions. Thus, the quasifission yields near the entrance channel are important. Note that there are the experimental uncertainties in the bombarding energies.

One can see in Fig. 9 that the experimental and the theoretical cross sections become closer with increasing bombarding energy. This means that with increasing bombarding energy the quasifission yields near the entrance channel mass-region decrease with respect to the quasifission yields in other mass-regions. As seen in Fig. 9, the quasifission yields near the entrance channel mass-region increase with $Z_1 \times Z_2$.

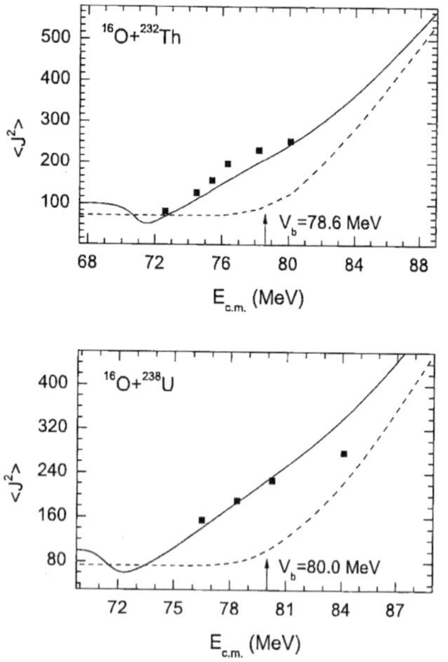


**Fig. 5.** The calculated mean-square angular momenta versus $E_{\mathrm{c.m.}}$ for the reactions $^{16}$O + $^{232}$Th,$^{238}$U are compared with experimental data [6]. The dashed curve represents the calculation by the Wong-type formula [48].

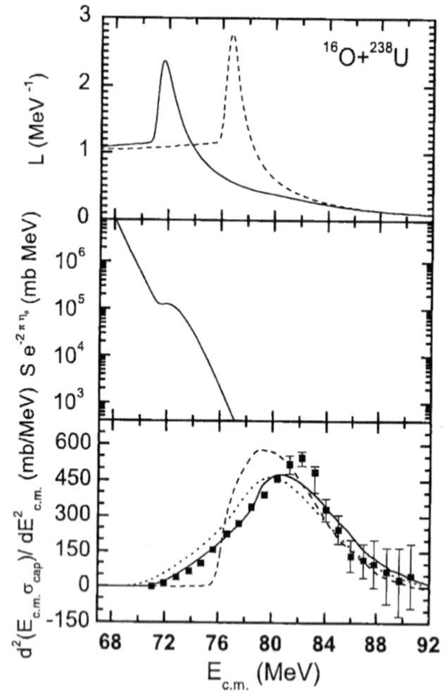


**Fig. 6.** The calculated values of the astrophysical $S$-factor with $\eta_0 = \eta(E_{\mathrm{c.m.}} = V_b)$ (middle part), the logarithmic derivative $L$ (upper part) and the fusion barrier distribution $d^2(E_{\mathrm{c.m.}}\sigma_{cap})/dE^2_{\mathrm{c.m.}}$ (lower part) for the $^{16}$O+$^{238}$U reaction. The value of $L$ calculated with the assumption of $\beta_1(^{16}\mathrm{O})=\beta_2(^{238}\mathrm{U})=0$ is shown by a dashed line. The solid and dotted lines show the values of $d^2(E_{\mathrm{c.m.}}\sigma_{cap})/dE^2_{\mathrm{c.m.}}$ calculated with the increments 0.2 and 1.2 MeV, respectively. The closed squares are the experimental data of Ref. [50].

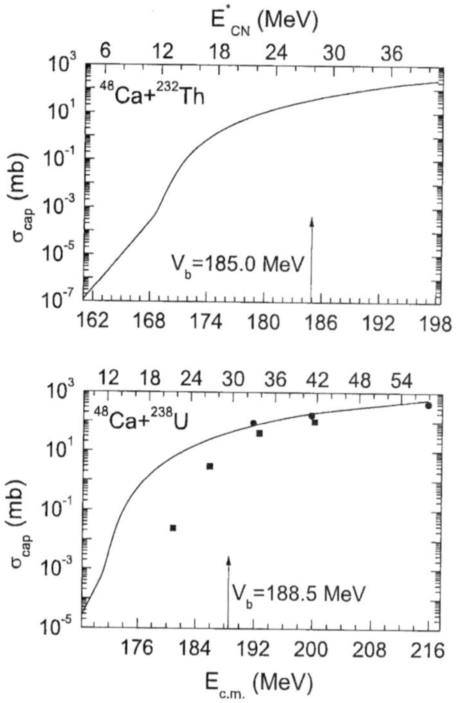


**Fig. 7.** The same as in Fig. 4, but for the $^{48}$Ca + $^{232}$Th,$^{238}$U reactions. The excitation energies $E^*_{CN}$ of the corresponding nuclei are indicated. The experimental data are taken from Refs. [53] (marked by squares) and [55] (marked by circles). The static quadrupole deformation parameters are: $\beta_2(^{238}\mathrm{U})=0.286$, $\beta_2(^{232}\mathrm{Th})=0.261$, and $\beta_1(^{48}\mathrm{Ca})=0$.

## 4 Origin of fusion hindrance in reactions with medium-mass nuclei at sub-barrier energies

In Figs. 10 and 11 the calculated capture cross section are presented for the reactions $^{36}$S + $^{48}$Ca,$^{64}$Ni and $^{64}$Ni + $^{64}$Ni. The values of $V_b$ are adjusted to the experimental data for the fusion cross sections shown as well. For the systems mentioned above, the difference between the sub-barrier capture and fusion cross sections becomes larger with decreasing bombarding energy $E_{\mathrm{c.m.}}$. The same effect one can see for the $^{16}$O + $^{208}$Pb reaction. Assuming that the estimated capture and the measured fusion cross sections are correct, the small fusion cross section at energies well below the Coulomb barrier may indicate that other reaction channel is open and the system evolves by other reaction mechanism after the capture. The observed hindrance factor may be understood in term of quasifission whose cross section should be added to the one of fusion to obtain a meaningful comparison with the calculated capture cross section. The quasifission event corresponds to the formation of a nuclear-molecular state or dinuclear system with small excitation energy that separates (in the competition with the compound nucleus formation process) by the quantal tunneling through the Coulomb barrier in a binary event with mass and charge close to the

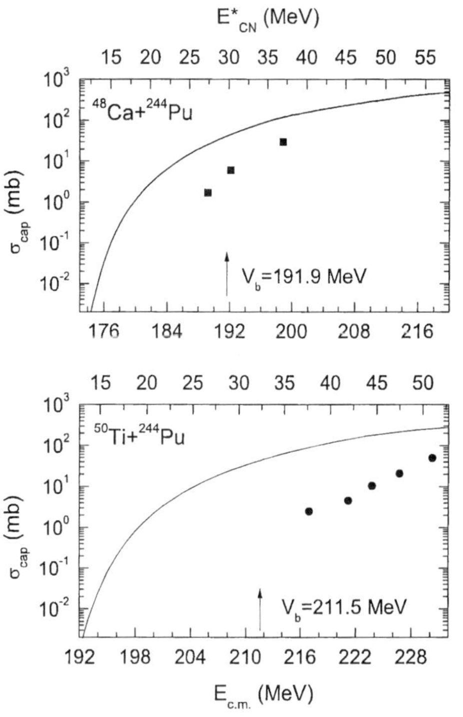


**Fig. 8.** The same as in Fig. 7, but for the indicated $^{48}$Ca,$^{50}$Ti + $^{244}$Pu reactions. The experimental data are from Refs. [54] (squares) and [53] (circles). The static quadrupole deformation parameters are: $\beta_2(^{244}\text{Pu})$=0.293, and $\beta_1(^{48}\text{Ca})=\beta_1(^{50}\text{Ti})$=0.

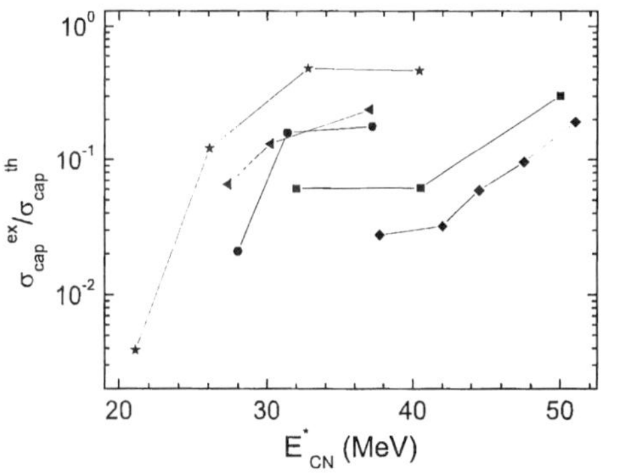


**Fig. 9.** The ratio of theoretical and experimental capture cross sections versus the excitation energy $E_{\text{c.m.}}$ of the compound nucleus for the reactions $^{48}$Ca+$^{238}$U (closed stars), $^{48}$Ca+$^{244}$Pu (closed triangles), $^{48}$Ca+$^{246}$Cm (closed squares), $^{48}$Ca+$^{248}$Cm (closed circles), and $^{50}$Ti+$^{244}$Pu (closed rhombuses).

entrance channel. In this sense the quasifission is the general phenomenon which takes place in the reactions with the massive [31–34], medium-mass and, probably, light nuclei. For the medium-mass and light nuclei, this reaction mode has to be studied in the future experiments: from the mass (charge) distribution measurements one can show the distinct components due to quasifission. The low-energy experimental data would probably provide straight infor-

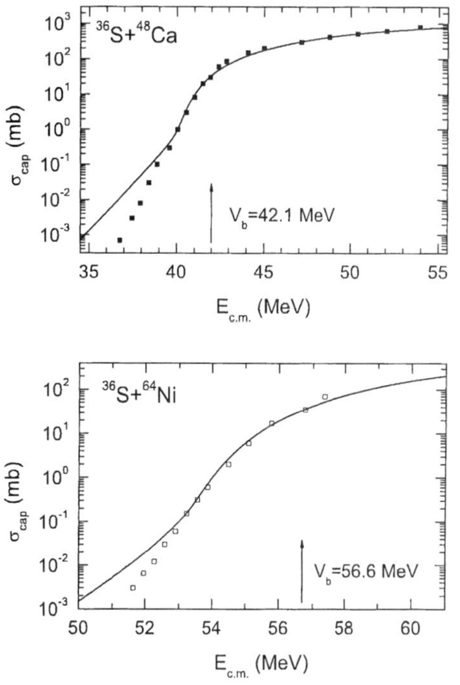


**Fig. 10.** The calculated capture cross sections versus $E_{\text{c.m.}}$ for the indicated reactions. The experimental fusion cross sections marked by closed and open squares are taken from Refs. [21, 28], respectively. The values of the Coulomb barrier are indicated by arrows. The static quadrupole deformation parameters are: $\beta_1(^{36}\text{S})=\beta_2(^{48}\text{Ca})$=0 and $\beta_2(^{64}\text{Ni})$=0.087 [56].

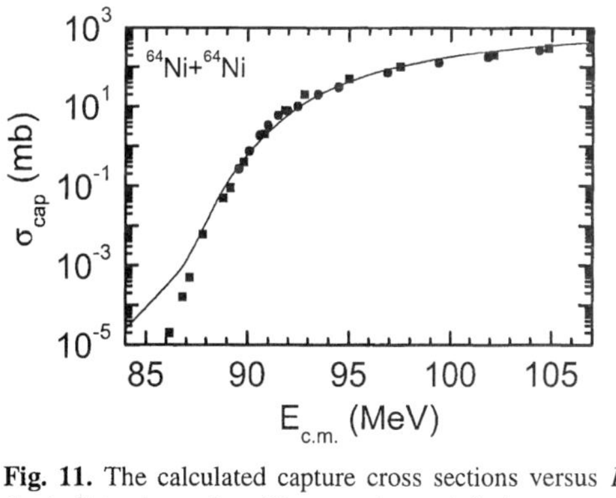


**Fig. 11.** The calculated capture cross sections versus $E_{\text{c.m.}}$ for the indicated reaction. The experimental fusion cross sections marked by closed circles and squares are taken from Refs. [1, 14], respectively. Here, $\beta_{1,2}(^{64}\text{Ni})$=0.087.

mation since the high-energy data may be shaded by competing reaction processes such as quasifission and deep-inelastic collisions. Note that the binary decay events were already observed experimentally in [57] for the $^{58}$Ni + $^{124}$Sn reaction at energies below the Coulomb barrier but assumed to be related to deep-inelastic scattering.

## 5 Summary

The quantum diffusion approach is applied to study the capture process in the reactions with deformed and spherical nuclei at sub-barrier energies. Due to a change of the regime of interaction (the turning-off of the nuclear forces and frict

# Nuclear reactions studied by quasi-elastic measurements with high precision at backward angles ①

C. J. Lin, H. M. Jia, H. Q. Zhang, F. Yang, X. X. Xu, Z. H. Liu, and S. T. Zhang

China Institute of Atomic Energy, P. O. Box 275(10), Beijing 102413, China

**Abstract.** The excitation functions of quasi-elastic scatterings at backward angles were measured with high precision to study the mechanisms of heavy-ion reactions at near- and sub-barrier energies. The surface diffuseness parameters for the $^{16}O+^{144,152,154}Sm$, $^{170}Er$, $^{174}Yb$, $^{184,186}W$, $^{194,196}Pt$, and $^{208}Pb$ systems have been extracted by the single-channel and coupled-channels calculations, respectively. No anomaly was found in these quasi-elastic processes. The barrier heights and barrier distributions were systematically investigated for these systems. Moreover, the coupled-channels effects of neutron transfers with positive Q-value and the breakup effects of weakly-bound nuclei on the fusion processes were also studied for the $^{32}S+^{90,96}Zr$ systems and the $^{6,7}Li$, $^{9}Be+^{208}Pb$ systems, respectively.

## 1 Introduction

The heavy-ion fusion reactions at near- and sub-barrier energies have been extensively investigated in both experiment and theory for ages. However, large numbers of open questions still remain to be solved, for instance, i) the surface diffuseness anomaly in interaction potential [1-3], ii) the coupled-channels effects of neutron transfers with positive Q value [4-6], iii) the breakup effects of weakly-bound nuclei on the fusion processes [7-10], and so on. Quasi-elastic scatterings and fusion reactions are complementary processes because they undergo the same interaction potential and share the mutual information on the reaction mechanism. Simply speaking, we can use an equation, $T = 1 - R$, to express this idea. Here $T$ is the transmission probability through a potential barrier, $R$ is the reflection probability by the same barrier and 1 is the total incident flux. Moreover, from the experimental point of view, the detection method is simpler for the quasi-elastic particles at backward angles close to 180° than that for the fusion residual at forward angles close to beam direction. Therefore, the backward quasi-elastic measurements were employed in experiment to probe the surface diffuseness parameter [11-15], the barrier distribution [16-20], etc., in the past years.

In this paper, recent research activities in our group on the quasi-elastic measurements with high precision at backward angles will be reviewed and discussed. These works concentrated on the surface diffuseness of nuclear potentials, the barrier distributions of neutron transfers with positive Q-value, and the breakup effects of weakly-bound nuclei. The systematic studies of the surface diffuseness parameters of nuclear potentials and the barrier distributions for the $^{16}O$-induced scatterings, i.e. $^{16}O+^{144,152,154}Sm$, $^{170}Er$, $^{174}Yb$, $^{184,186}W$, $^{194,196}Pt$, and $^{208}Pb$ systems, will be presented in section 2. The details of experimental procedure are included in this section. For the other quasi-elastic measurements, the experimental methods are similar to this. The barrier distributions for $^{32}S+^{90,96}Zr$ systems to study the effects of neutron transfers will be located in section 3. The breakup effects on fusion processes for the weakly-bound $^{6,7}Li$, $^{9}Be+^{208}Pb$ systems will described in section 4. Conclusions will be given in the section 5. Partial of these results mentioned above have been published in Refs. [21-27].

## 2 Systematic studies of $^{16}O$-induced quasi-elastic scatterings

### 2.1 Experimental procedure

The experiment was performed at the HI-13 tandem accelerator of the Beijing Tandem Accelerator National Laboratory of the China Institute of Atomic Energy (CIAE). A collimated $^{16}O$ beam with incident energies in the range from 36 to 82 MeV bombarded the targets. The bombarding energies were varied in steps of 3 MeV at the very low energies and in steps of 0.75 MeV at the high energies. The isotopically enriched thin targets (100 - 200 μg/cm² thickness) of $^{144,152,154}Sm$, $^{170}Er$, $^{174}Yb$, $^{184,186}W$, $^{194,196}Pt$, and $^{208}Pb$ were evaporated onto ~ 20 μg/cm² carbon backings. The target diameters were 3 mms. The typical beam spot was 1 mm but may shift ± 1 mm. Two

① EPJ Web of Conferences,2011,17:05005.

collimators with inner diameters of 10 mm and lengths of 200 cm were mounted in the entrance and exit tubes about 110 cm apart from each other. The scattered particles from the reaction targets were detected by four Si(Au) surface-barrier detectors located at 175° relative to the beam direction and three *ΔE-E* telescopes which consist of a gas ionization chamber and inside three Si(Au) detectors located at 157.4°, 160.8° and 164.2° respectively. Four Si(Au) monitor detectors (up and down, left and right) located at 20° and 41° with respect to the beam direction were used to detect the elastic scattering particles for normalization, also used to check the beam quality and to correct the beam direction.

The typical Q-value spectra of the $^{16}O+^{208}Pb$ and $^{184}W$ systems at three energies below the barriers are shown in Fig. 1. It can be seen that more exit channels emerge with the increasing energy besides the elastic scattering for the systems, despite of somewhat bad energy resolution. The quasi-elastic events were defined as the sum of the elastic and all the other direct constituents at lower energies in each spectrum. The background counts in the spectra are almost non-existent due to the collimator in the exit tube, which prevents the back-scattering products from the Faraday cup into the backward detectors. After careful analyses, the excitation functions of quasi-elastic scatterings for $^{16}O+^{144,152,154}Sm$, $^{170}Er$, $^{174}Yb$, $^{184,186}W$, $^{194,196}Pt$, and $^{208}Pb$ systems are illustrated in Fig. 2.

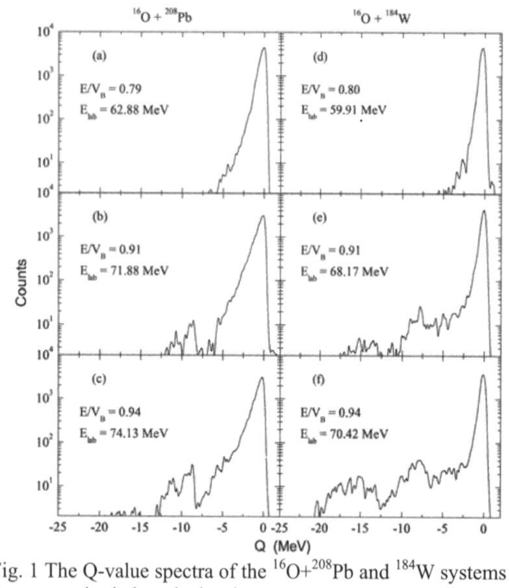


Fig. 1 The Q-value spectra of the $^{16}O+^{208}Pb$ and $^{184}W$ systems at three energies below the barriers.

## 2.2 Surface diffuseness of nuclear potentials

The single-channel (SC) and coupled-channels (CC) calculations were performed with a modified version of the code CCFULL [28] for quasi-elastic scattering with a nuclear potential of Woods-Saxon (WS) form. An imaginary potential with $W = 30$ MeV, $a_w = 0.1$ fm, and $r_w = 0.8$ fm, which was well kept inside the Coulomb barrier, was chosen to represent the rather small absorption from barrier penetration in the calculations. This short-range imaginary potential has no influence on the quasi-elastic scattering cross section predictions because its strength at the surface region is negligible. Considering the real part of the nuclear potential, the surface diffuseness parameter can be determined unambiguously due to the compensative effect of the variations in both the $V_0$ and $r_0$ values on the Coulomb barrier height energy at the surface region. The parameters of the real part of WS potential were searched for the optimal fitting to the quasi-elastic scattering data. At the same time, the expected energy of the average fusion barrier height should be reproduced in the calculations. The reasonable change of fusion barrier has only little influences on the extracted diffuseness parameters. For consistency, $V_0 = 100$ MeV for both single channel and coupled-channels calculations were used for all the reactions. The $r_0$ and $a$ values of the real part potential parameters were searched for the best fitting data. In the coupled-channels calculations, the minor difference of the $r_0$ parameter due to potential renormalization compared with the single-channel calculation could be omitted because of its insensitivity to the derived diffuseness parameter.

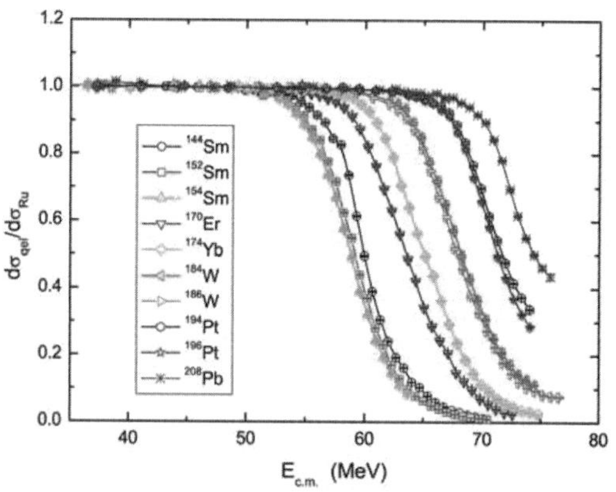


Fig. 2 (color online) Excitation functions of quasi-elastic scatterings for $^{16}O+^{144,152,154}Sm$, $^{170}Er$, $^{174}Yb$, $^{184,186}W$, $^{194,196}Pt$, and $^{208}Pb$ systems.

In the calculations, the couplings to the first $3^-$ state in $^{16}O$ only slightly influence the extracted diffuseness parameter. Therefore, the inelastic excitations of $^{16}O$ were not included in the coupled-channels calculations for all of the measured reactions. Details of the collective states of the target nuclei included in the coupled-channels calculations and the barrier heights extracted by $R = 0.5$ in this work (see Sec. 2.3 for details) are given in Table 1. The deformation parameters were deduced by the reduced electromagnetic transition probabilities from the corresponding energy levels, which can be found in the ENSDF library at the website of National Nuclear data Center [29]. Only those experimental data for each reaction, in which the ratios of the quasi-elastic to the Rutherford cross sections are larger than around 0.94, were used in the analyses. Moreover, the counts of these data are larger than 100 k, which means the statistical errors are smaller than 0.4%. Fig. 3 shows the experimental data (symbols) as well as the fits by the SC (dashed lines) and CC (solid lines) calculations for the $^{16}O+^{154}Sm$, $^{184}W$, $^{196}Pt$, and $^{208}Pb$ systems, respectively.

**Table 1.** The excitation energies, configurations, and deformations of the targets as well as the barrier heights extracted by $R = 0.5$ in this work.

| Target | $E_\lambda$ (MeV) | $J^\pi$ | $\beta_\lambda$ | $V_B$ (MeV) |
|---|---|---|---|---|
| $^{144}$Sm | 1.660 | $2^+$ | 0.088 | 59.94 |
| | 1.810 | $3^-$ | 0.132 | ±0.48 |
| $^{152}$Sm | 0.122 | $2^+$ | 0.307 | 59.19 |
| | 0.36 | $4^+$ | 0.137 | ±0.50 |
| $^{154}$Sm | 0.082 | $2^+$ | 0.339 | 58.92 |
| | 0.267 | $4^+$ | 0.162 | ±0.42 |
| $^{170}$Er | 0.079 | $2^+$ | 0.336 | 63.52 |
| | 0.260 | $4^+$ | 0.058 | ±0.46 |
| $^{174}$Yb | 0.076 | $2^+$ | 0.321 | 65.08 |
| | 0.253 | $4^+$ | 0.049 | ±0.40 |
| $^{184}$W | 0.112 | $2^+$ | 0.234 | 68.19 |
| | 0.364 | $4^+$ | -0.064 | ±0.46 |
| $^{186}$W | 0.123 | $2^+$ | 0.226 | 67.79 |
| | 0.397 | $4^+$ | -0.072 | ±0.24 |
| $^{194}$Pt | 0.328 | $2^+$ | -0.143 | 71.71 |
| | 0.811 | $4^+$ | -0.038 | ±0.96 |
| $^{196}$Pt | 0.356 | $2^+$ | -0.130 | 71.24 |
| | 0.877 | $4^+$ | -0.019 | ±0.67 |
| $^{208}$Pb | 2.615 | $3^-$ | 0.111 | 74.40 |
| | 3.198 | $5^-$ | 0.058 | ±1.01 |

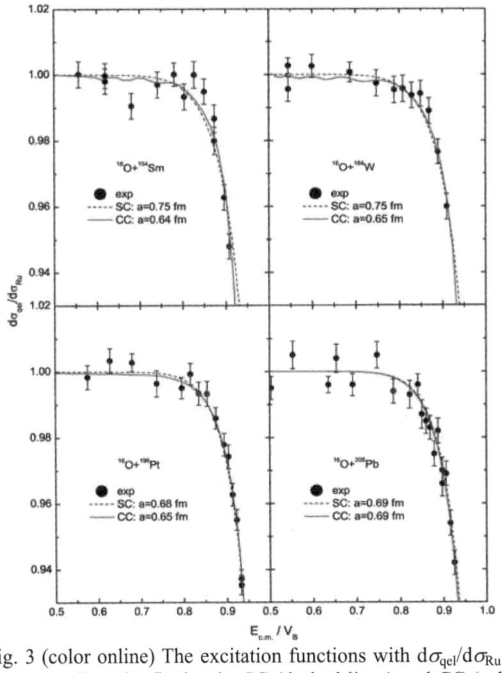


Fig. 3 (color online) The excitation functions with $d\sigma_{qel}/d\sigma_{Ru} > 0.94$ as well as the fits by the SC (dashed lines) and CC (solid lines) calculations for the $^{16}O+^{154}Sm$, $^{184}W$, $^{196}Pt$, and $^{208}Pb$ systems.

Finally, the diffuseness parameters extracted from the SC and CC calculations and the fitting goodness for the $^{16}O+^{152,154}Sm$, $^{184}W$, $^{196}Pt$, and $^{208}Pb$ systems are listed in Table 2. Other systems are still in analysis. The current results show that the SC fitting quasi-elastic scattering data leads to diffuseness parameter $a$ values in the range from 0.68 to 0.77 fm. While the CC calculations result in a weighted average value for the diffuseness parameter of $a = 0.65 \pm 0.01$ fm for all the studied reactions. This value agrees with the theoretical calculation result using the double-folding potential model. The effect of couplings influences significantly the quasi-elastic scattering for well-deformed nucleus systems even at deep sub-barrier energies. No anomalous behaviour of a large diffuseness parameter value exists when considering the coupled-channels effect in large-angle quasi-elastic scattering at deep sub-barrier energies.

**Table 2.** Surface diffuseness parameters and fitting goodness parameters in the SC and CC calculations for the $^{16}O+^{152,154}Sm$, $^{184}W$, $^{196}Pt$, and $^{208}Pb$ systems.

| Target | $a^{SC}$ (fm) | $\chi^2/N$ | $a^{CC}$ (fm) | $\chi^2/N$ |
|---|---|---|---|---|
| $^{152}$Sm | 0.77±0.02 | 1.38 | 0.64±0.02 | 1.50 |
| $^{154}$Sm | 0.75±0.03 | 1.91 | 0.65±0.02 | 1.21 |
| $^{184}$W | 0.75±0.03 | 0.63 | 0.65±0.02 | 0.58 |
| $^{196}$Pt | 0.68±0.02 | 0.63 | 0.65±0.02 | 0.56 |
| $^{208}$Pb | 0.69±0.02 | 1.38 | 0.69±0.02 | 1.21 |

## 2.3 Barrier heights and barrier distributions

The excitation functions were measured in a wide energy range and the points at $d\sigma_{qel}/d\sigma_{Ru} = 0.5$ have been spanned. Usually the barrier height is determined from the fusion excitation function at the $T = 0.5$ point. According to $T = 1 - R$, the barrier height can also be determined from the backward quasi-elastic excitation function at the $R = 0.5$ point. And it can be directly read from Fig. 2 because of $R = d\sigma_{qel}/d\sigma_{Ru}$. The values of barrier heights determined by $R = 0.5$ for all the measured systems are listed in the Table 1 with errors and also plotted in Fig. 4 as a function of the Coulomb parameter $z = Z_1Z_2/(A_1^{1/3}+A_2^{1/3})$. The systematics from Ref. [30] is also shown as dashed line in the figure. It needs to be noted that the systematics was derived from the fusion data. From the figure one can seen that our values are slight larger than the systematic estimations about 0.56 MeV in average. Further investigations are necessary to explain this difference.

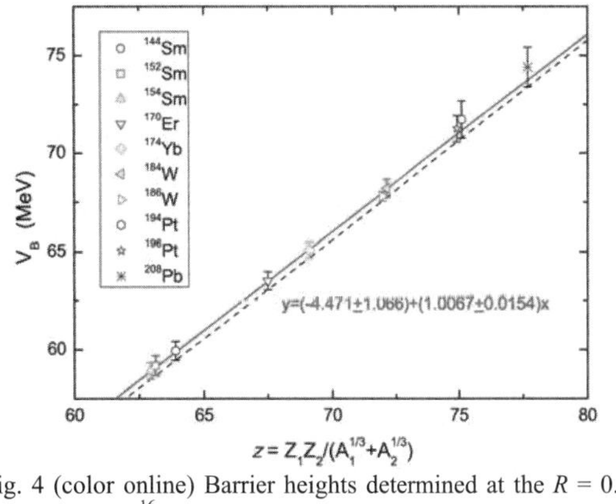


Fig. 4 (color online) Barrier heights determined at the $R = 0.5$ points for the $^{16}$O-induced backward quasi-elastic scatterings. The linear fit to the experimental data is shown as solid line. The systematics from Ref. [30] is also shown as dashed line.

The barrier distributions can be extracted by the differential of quasi-elastic excitation functions. Because the measured angles were not exactly at 180°, the energies for extracting the barrier distributions should be corrected by the centrifugal energies [18,20]. Finally, the extracted barrier distributions of some typical systems are shown in Fig. 5 in order to make a systematic comparison. It is found that for spherical or semi-spherical targets like $^{144}$Sm and $^{208}$Pb, the barrier distributions are narrower than the deformed targets. Obviously, the widths are relative to the deformation parameters. Besides, the barrier distributions of the heavier systems drop down more quickly than those of the lighter systems at high energies. For example, the distribution terminates at $E/V_B \approx 1.05$ for $^{16}$O+$^{208}$Pb system, but at $E/V_B \approx 1.15$ for $^{16}$O+$^{144}$Sm system.

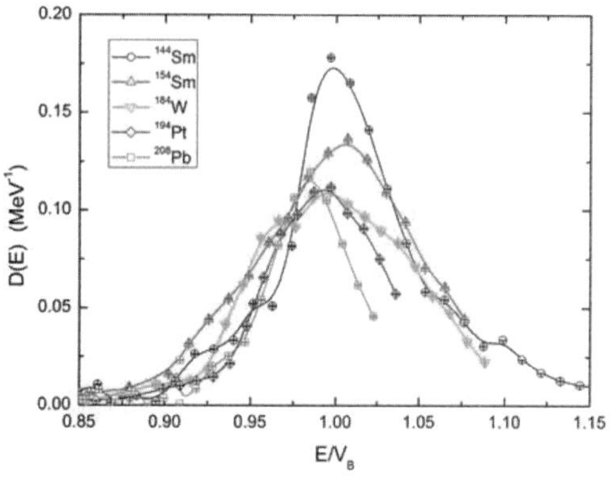


Fig. 5 (color online) Barrier distributions extracted from the $^{16}$O-induced backward quasi-elastic scatterings.

## 3 Effects of neutron transfers with positive Q-values in $^{32}$S+$^{90,96}$Zr systems

The role of neutron transfer or neutron flow in the process of heavy-ion fusion is a topic of current interest. Zagrebaev [31] presented a model incorporating neutron transfer in the coupled-channels (CC) approach and showed that the intermediate neutron transfer channels with positive Q-value really enhance the fusion cross sections at sub-barrier energies. The $^{32}$S+$^{96}$Zr system has positive Q-values for 1n, 2n, 3n, 4n, 5n, and 6n neutron transfer channels, while the $^{32}$S+$^{90}$Zr system has no any neutron transfers with positive Q-value. Consequently, these two systems are the ideal systems to explore the CC effects of neutron transfers with positive Q-value. The excitation functions of quasi-elastic scatterings were measured at backward angles in the CIAE. Fig. 6 shows the excitation functions of $^{32}$S+$^{90,96}$Zr system measured at $\theta_{\rm Lab}$ = 165.17° and 154.83°, respectively. The experimental errors include the statistic errors of the event counts only. The relative errors of the cross sections are less than 1% at low energies and reach to 3% at high energies. All the error bars are essentially smaller than the data symbols in the figure.

The extracted barrier distributions are shown in Fig. 7. From the figure one can see that the barrier distributions extracted from 165.17° and 154.83° are almost identical for both systems. The SC and CC calculations by the CCFULL code are also plotted as the dashed and solid lines, respectively, in the figure. In the CC calculations, the excited state with $E_x$ = 2.230 MeV, $\beta_2$ = 0.32 in $^{32}$S nucleus, the excited states with $E_x$ = 2.186 MeV, $\beta_2$ = 0.09 and $E_x$ = 2.748 MeV, $\beta_3$ = 0.22 in $^{90}$Zr nucleus and the excited states with $E_x$ = 1.751 MeV, $\beta_2$ = 0.08 and $E_x$ = 1.897 MeV, $\beta_3$ = 0.27 in $^{96}$Zr nucleus were taken into account. The neutron transfer channels were not included in these calculations. Although the nuclear structures of $^{90}$Zr and $^{96}$Zr are quite similar, the barrier distributions are completely different. The barrier distribution of $^{32}$S+$^{96}$Zr system is extremely broader than that of $^{32}$S+$^{90}$Zr system, especially in the region of energy below the barrier. It may results from the strong CC effects of octupole excitations in $^{96}$Zr [32]. Furthermore, the multi-neutron transfers with positive Q-values also play important roles at low energies.

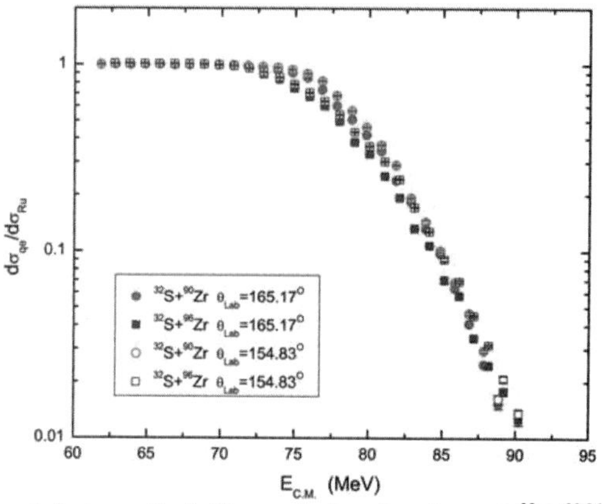


Fig. 6 (color online) The excitation functions of $^{32}$S+$^{90,96}$Zr systems measured at $\theta_{\rm Lab}$ = 165.17° and 154.83°, respectively versus the centre-of-mass energies.

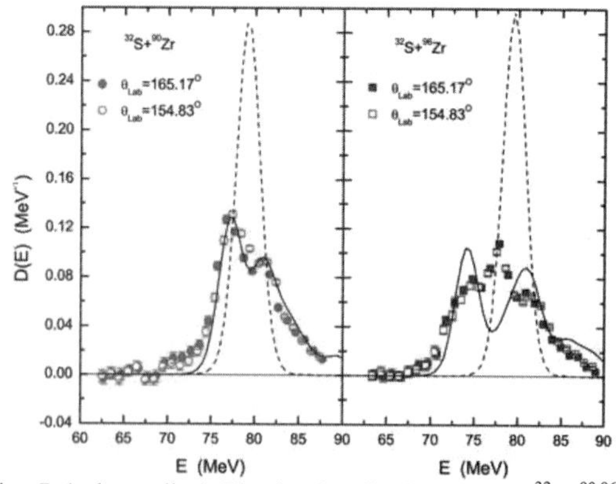


Fig. 7 (color online) The barrier distributions of $^{32}$S+$^{90,96}$Zr systems extracted by the quasi-elastic measurements at backward angles. The SC and CC calculations are also plotted as the dashed and solid lines, respectively.

The excitation functions of fusion evaporation residua for the $^{32}$S+$^{90,96}$Zr systems were also measured by an electrostatic deflector [33]. The barrier distributions extracted from these fusion data and the CC calculations including the neutron transfer channels were presented in Ref. [25] and [34].

## 4 Breakup effects in $^{6,7}$Li, $^{9}$Be+$^{208}$Pb systems

Recently, there has been considerable interest in the breakup effects on the fusion and scattering reactions. Particular emphasis is put on the influence of coupling to the breakup channels in the barrier distributions. Interactions of the most weakly bound stable nuclei display some kind of anomalous behaviours, which all attribute to the low-threshold energy for the breakup into their constituents. In fusion of weakly bound nuclei, two independent processes of complete fusion (CF) and incomplete fusion (ICF) occur. The two fusion processes are connected to the dynamics of the projectile fragment. However, it is still difficult to unambiguously predict CF and partial-fusion cross sections. Fortunately, the breakup effects can be studied through the quasi-elastic scatterings at backward angles. As mentioned in the introduction section, fusion is connected to quasi-elastic by $T = 1 - R$. For the weakly-bound system where the breakup cannot be neglected, the above expression can be modified to $T = 1 - R - B$, where $B$ stands for the breakup probability during the collision process, which also reduces the incident flux, and $R$ still remains for the quasi-elastic. In this paper, the quasi-elastic includes elastic, inelastic, transfer, and so on, i.e. all the reaction channels except the fusion (or capture for heavier systems) and breakup. The breakup was stripped from the quasi-elastic in order to solely investigate its effects.

Guiding by the above thought, the quasi-elastic scatterings for the weakly-bound systems $^{6,7}$Li, $^{9}$Be+$^{208}$Pb were measured at backward angles with high precision. Fig. 8 shows the excitation functions of elastic, quasi-elastic, breakup, and quasi-elastic plus breakup for the $^{6,7}$Li+$^{208}$Pb systems. The theoretical calculations by the ECIS code [35] are also shown in the figure for reference. It can be seen that the differential cross sections of the breakup show a maximum around the Coulomb barrier, indicating the breakup is, in substance, a peripheral process like transfer reaction. It also denotes that the Coulomb breakup is the dominant process. The barrier distributions extracted by $T = 1 - R$ and $T = 1 - R - B$, respectively, are shown in Fig. 9. The barrier distributions extracted from the CF data [9] for the neighbour systems of $^{6,7}$Li+$^{209}$Bi are also illustrated in the figure. One can see that the barrier distributions extracted by $T = 1 - R - B$ for the $^{6,7}$Li+$^{208}$Pb systems are quite similar to those extracted from the CF data for the $^{6,7}$Li+$^{209}$Bi systems. It means that the barrier distributions extracted by $T = 1 - R - B$ and $T = 1 - R$ from the quasi-elastic data are equivalent to those extracted from the CF and ICF data, respectively. Therefore, the breakup effects on fusion reactions can be studied in this way. Similar investigations for the $^{9}$Be+$^{208}$Pb system were also done and some results can be found in Ref. [27].

## 5 Conclusions

The excitation functions of quasi-elastic scatterings at backward angles were measured with high precision to study the mechanisms of heavy-ion reactions at near- and sub-barrier energies. The surface diffuseness parameters of nuclear potentials for the $^{16}$O+$^{144,152,154}$Sm, $^{170}$Er, $^{174}$Yb, $^{184,186}$W, $^{194,196}$Pt, and $^{208}$Pb systems have been extracted by the SC and CC analyses in the range of $d\sigma_{qel}/d\sigma_{Ru} > 0.94$. For the SC analyses, the extracted diffuseness parameters are somewhat larger than the normal value, say 0.65 fm, especially for the deformed systems. While the CC effects were taken into account, these parameters are close to 0.65 fm. Therefore, no anomaly was found in these quasi-elastic processes. The barrier heights and barrier distributions were also systematically investigated for these systems and compared with the literature data. For the $^{32}$S+$^{90,96}$Zr systems, the barrier distributions extracted by the backward scatterings were compared with those extracted by the fusion reactions. The coupling effects of multi-neutron transfers with positive Q-values and the $3^-$ vibration states have been confirmed. The barrier distributions which include and exclude the breakup channels, respectively, were extracted for the weakly-bound $^{6,7}$Li, $^{9}$Be+$^{208}$Pb systems. Results show that the barrier distribution is a good probe to investigate the

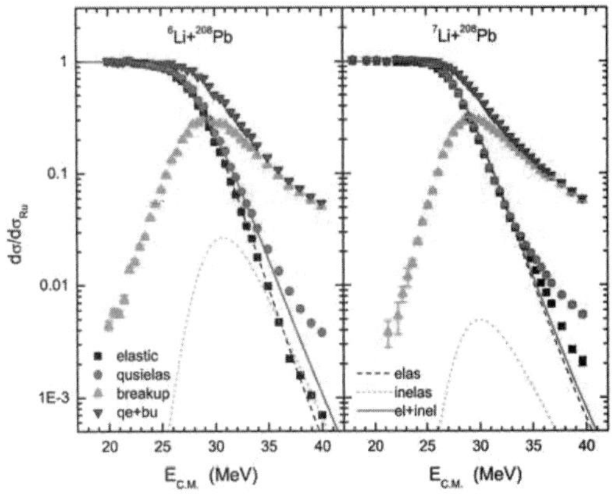


Fig. 8 (color online) The excitation functions of elastic, quasi-elastic, breakup, and quasi-elastic plus breakup measured at backward angles as well as the theoretical calculations are illustrated for the weakly-bound $^{6,7}$Li+$^{208}$Pb systems.

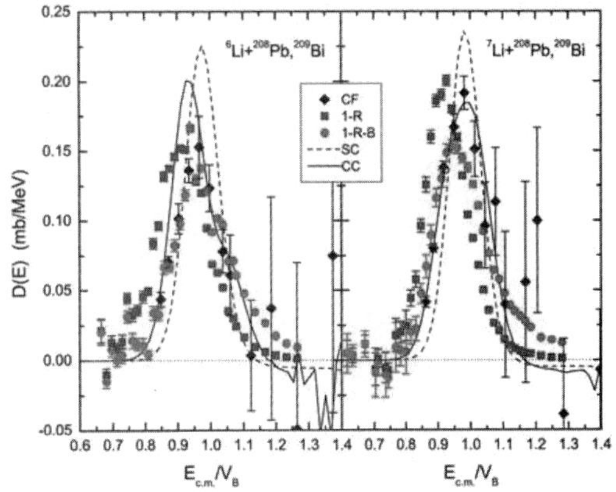


Fig. 9 (color online) The barrier distributions extracted by 1-$R$ and 1-$R$-$B$ from the quasi-elastic data for the $^{6,7}$Li+$^{208}$Pb systems and extracted from the CF data for the $^{6,7}$Li+$^{209}$Bi systems are plotted as the functions of $E_{c.m.}/V_B$. The SC and CC calculations are also shown in the figure as the dashed and solid lines, respectively.

CC effects induced by not only the nuclear structures but also the dynamic processes like transfer and breakup.

## 6 Acknowledgments

This work was supported by the National Natural Science Foundation of China under Grants 10735100, 10727505, and 10975192, and by the Major State Basic Research Developing Program under Grant 2007CB815003.

## References

1. J. O. Newton, C. R. Morton, M. Dasgupta, J. R. Leigh, J. C. Mein, D. J. Hinde, H. Timmers, and K. Hagino, Phys. Rev. C **64**, 064608 (2001).
2. J. O. Newton, R. D. Butt, M. Dasgupta, D. J. Hinde, I. I. Gontchar, C. R. Morton, and K. Hagino, Phys. Rev. C **70**, 024605 (2004).
3. K. Hagino, T. Takehi, A. B. Balantrkin, and N. Takigawa, Phys. Rev. C **71**, 044612 (2005).
4. H. Timmers, L. Corradi, A. M. Stefanini, D. Ackermann, J. H. He, S. Beghini, G. Montagnoli, F. Scarlassara, G. F. Segato, N. Rowley, Phys. Lett. **B399**, 35 (1997).
5. A. M. Stefanini, F. Scarlassara, S. Beghini, G. Montagnoli, R. Silvestri, M. Trotta, B. R. Behera, L. Corradi, E. Fioretto, A. Gadea, Y. W. Wu, S. Szilner, H. Q. Zhang, Z. H. Liu, M. Ruan, F. Yang, and N. Rowley, Phys. Rev. C **73**, 034606 (2006).
6. A. M. Stefanini, B. R. Behera, S. Beghini, L. Corradi, E. Fioretto, A. Gadea, G. Montagnoli, N. Rowley, F. Scarlassara, S. Szilner, and M. Trotta, Phys. Rev. C **76**, 014610 (2007).
7. K. Hagino, A. Vitturi, C. H. Dasso, and S. M. Lenzi, Phys. Rev. C **61**, 037602 (2000).
8. M. Dasgupta, D. J. Hinde, R. D. Butt, R. M. Anjos, A. C. Berriman, N. Carlin, P. R. S. Gomes, C. R. Morton, J. O. Newton, A. Szanto de Toledo, and K. Hagino, Phys. Rev. Lett. **82**, 1395 (1999).
9. M. Dasgupta, D. J. Hinde, K. Hagino, S. B. Moraes, P. R. Gomes, R. M. Anjos, R. D. Butt, A. C. Berriman, N. Carlin, C. R. Morton, J. O. Newton, and A. Szanto de Toledo, Phys. Rev. C **66**, 041602R (2002).
10. M. Dasgupta, P. R. S. Gomes, D. J. Hinde, S. B. Moraes, R. M. Anjos, A. C. Berriman, R. D. Butt, N. Carlin, J. Lubian, C. R. Morton, J. O. Newton, and A. Szanto de Toledo, Phys. Rev. C **70**, 024606 (2004).
11. K. Washiyama, K. Hagino, and M. Dasgupta, Phys. Rev. C **73**, 034607 (2006).
12. L. R. Gasques, M. Evers, D. J. Hinde, M. Dasgupta, P. R. S. Gomes, R. M. Anjos, M. L. Brown, M. D. Rodriguez, R. G. Thomas, and K. Hagino, Phys. Rev. C **76**, 024612 (2007).
13. O. A. Capurro, J. O. Fernandez Niello, A. J. Pacheco, and P. R. S. Gomes, Phys. Rev. C **75**, 047601 (2007).
14. D. S. Monteiro, J. M. B. Shorto, J. F. P. Huiza, P. R. S. Gomes, and E. Crema, Phys. Rev. C **76**, 027601 (2007).
15. M. Evers, M. Dasgupta, D. J. Hinde, L. R. Gasques, M. L. Brown, R. Rafiei, and R. G. Thomas, Phys. Rev. C **78**, 034614 (2008).
16. A. T. Kruppa, P. Romain, M. A. Nagarajan, and N. Rowley, Nucl. Phys. **A560**, 845 (1993).
17. M. V. Andres, N. Rowley, and M. A. Nagarajan, Phys. Lett. B **202**, 292 (1988).
18. H. Timmer, J. R. Leigh, M. Dasgupta, D. J. Hinde, R. C. Lemmon, J. C. Mein, C. R. Morton, J. O. Newton, and N. Rowley, Nucl. Phys. **A584**, 190 (1995).
19. N. Rowley, H. Timmer, J. R. Leigh, M. Dasgupta, D. J. Hinde, J. C. Mein, C. R. Morton, and J. O. Newton, Phys. Lett. B **373**, 23 (1996).
20. H. Q. Zhang, F. Yang, C. J. Lin, Z. H. Liu, and Y. M. Hu, Phys. Rev. C **57**, R1047 (1998).
21. H. M. Jia, C. J. Lin, H. Q. Zhang, F. Yang, Z. H. Liu, F. Jia, X. X. Xu, S. T. Zhang, and K. Hagino, Nucl. Phys. **A834**, 189c (2010).
22. C. J. Lin, H. M. Jia, H. Q. Zhang, F. Yang, X. X. Xu, F. Jia, Z. H. Liu, and K. Hagino, Phys. Rev. C **79**, 064603 (2009).
23. JIA Hui-Ming, LIN Cheng-Jian, ZHANG Huan-Qiao, LIU Zu-Hua, YANG Feng, JIA Fei, ZHANG Chun-Lei, AN Guang-Peng, WU Zhen-Dong, XU Xin-Xing, BAI Chun-Lin, and YU Ning, Chin. Phys. Lett. **25**, 2834 (2008).
24. F. Yang, C. J. Lin, X. K. Wu, H. Q. Zhang, C. L. Zhang, P. Zhou, and Z. H. Liu, Phys. Rev. C **77**, 014601 (2008).
25. H. Q. Zhang, C. J. Lin, F. Yang, H. M. Jia, X. X. Xu, Z. D. Wu, F. Jia, S. T. Zhang, Z. H. Liu, A. Richard, and C. Beck, Phys. Rev. C **82**, 054609 (2010).
26. C. J. Lin, H. Q. Zhang, F. Yang, M. Ruan, Z. H. Liu, Y. W. Wu, X. K. Wu, P. Zhou, C. L. Zhang, G. L. Zhang, G. P. An, H. M. Jia, and X. X. Xu, Nucl. Phys. **A787**, 281c (2007).
27. H. M. Jia, C. J. Lin, H. Q. Zhang, Z. H. Liu, N. Yu, F. Yang, F. Jia, X. X. Xu, Z. D. Wu, S. T. Zhang, and C. L. Bai, Phys. Rev. C **82**, 027602 (2010).
28. K. Hagino, N. Rowley, and A. T. Kruppa, Comput. Phys. Commun. **123**, 143 (1999).
29. http://www.nndc.bnl.gov/ensdf/
30. W. J. Swiatecki, K. Siwek-Wilczynska, and J. Wilczynski, Phys. Rev. C **71**, 014602 (2005).
31. V. I. Zagrebaev, Phys. Rev. C **67**, 061601(R) (2003).
32. G. Pollarollo and A. Winther, Phys. Rev. C 62, 054611 (2000).
33. ZHANG Huan-Qiao, LIN Cheng-Jian, YANG Feng, JIA Hui-Ming, ZHOU Ping, AN Guang-Peng, ZHANG Chun-Lei, XU Xin-Xing, Chinese Physics C **34**, 1628 (2010).
34. A. Richard, C. Beck, H. Q. Zhang, C. J. Lin, F. Yang, H. M. Jia, X. X. Xu Jia, Z. D. Wu, F. Jia, S. T. Zhang, and Z. H. Liu, oral presentation in the Fusion11 conference.
35. J. Raynal, *Computing as a Language of Physics*, (IAEA, Vienna, p. 281, 1972).

# Multi-neutron transfer coupling in sub-barrier $^{32}S$ + $^{90,96}Zr$ fusion reactions ①

A. Richard[1], C. Beck[1], H.Q. Zhang[2], C.J. Lin[2], F. Yang[2], H.M. Jia[2], X.X. Xu[2], Z.D. Wu[2], F. Jia[2], S.T. Zhang[2], and Z.H. Liu[2]

[1] Institut Pluridisciplinaire Hubert Curien, UMR 7178, CNRS-IN2P3 and Université de Strasbourg, B.P. 28, F-67037 Strasbourg Cedex 2, France

[2] China Institute of Atomic Energy (CIAE), 102413 Beijing, China

**Abstract.** The role of neutron transfers is investigated in the fusion process below the Coulomb barrier by analyzing $^{32}S+^{90}Zr$ and $^{32}S+^{96}Zr$ as benchmark reactions. A full coupled-channel calculation of the fusion excitation functions has been performed for both systems by using multi-neutron transfer coupling for the more neutron-rich reaction. The enhancement of fusion cross sections for $^{32}S+^{96}Zr$ is well reproduced at sub-barrier energies by NTFus code calculations including the coupling of the neutron-transfer channels following the Zagrebaev semiclassical model. We found similar effects for $^{40}Ca+^{90}Zr$ and $^{40}Ca+^{96}Zr$ fusion excitation functions.

## 1 Introduction

Heavy-ion fusion reactions with colliding neutron-rich nuclei at bombarding energies at the vicinity and below the Coulomb barrier have been widely studied [1–10]. The specific role of multi-step neutron-transfers in sub-barrier fusion enhancement still needs to be investigated in detail both experimentally [2,5,9] and theoretically [4,6]. In a complete description of the fusion dynamics the transfer channels in standard coupled-channel (CC) calculations [1, 4,6,10,11] have to be taken into account accurately. It is known that neutron transfers may induce a neck region of nuclear matter in-between the interacting nuclei favoring the fusion process to occur.

In low-energy fusion reactions, the very simple one-dimensional barrier-penetration model (1D-BPM) is based upon a real potential barrier resulting from the attractive nuclear and repulsive Coulomb interactions. For light- and medium-mass nuclei, one only assumes that the di-nuclear system fuses as soon as it has reached the region inside the barrier i.e. within the potential pocket. If the system can evolve with a bombarding energy high enough to pass through the barrier and to reach this pocket with a reasonable amount of energy, the fusion process will occur after a complete amalgation of the colliding nuclei forming the compound nucleus. On the other hand, for sub-barrier energies the di-nuclear system has not enough energy to pass through the barrier. In this case, neutron pick-up processes can occur when the nuclei are close enough to interact each other significantly [3,4], if the Q-values of neutron transfers are positive.

It was shown that sequential neutron transfers can lead to the broad distributions characteristic of many experimental fusion cross sections. Finite Q-value effects can lead to neutron flow and a build up of a neck between the target and projectile [4]. The situation of this neck formation of neutron matter between the two colliding nuclei could be considered as a "doorway state" to fusion. In a basic view, this intermediate state induced a barrier lowering. As a consequence, it will favor the fusion process at sub-barrier energies and enhance significantly the fusion cross sections. Experimental results have already shown such enhancement of the sub-barrier fusion cross sections due to the neutron-transfer channels with positive Q-values [2,5].

## 2 Experimental results

In order to investigate the role of neutron transfers we further study $^{32}S$ + $^{90}Zr$ and $^{32}S$ + $^{96}Zr$ as benchmark reactions. Fig. 1 displays the measured fusion cross sections for $^{32}S$ + $^{90}Zr$ (open circles) and $^{32}S$ + $^{96}Zr$ (points). We present the analysis of excitation functions of evaporation residues (ER) cross sections recently measured with high precision (i.e. with small energy steps and good statistical accuracy for these reactions [12]).

The differential cross sections of quasi-elastic scattering (QEL) at backward angles were previously measured by the CIAE group [9]. The analysis of the corresponding BD-QEL barrier distributions (see solid points in Fig. 2) already indicated the significant role played by neutron transfers in the fusion processes.

In Fig. 2 we introduce the experimental fusion-barrier (BD-Fusion) distributions (see open poins) obtained for the two reactions by using the three-point difference method of Ref. [4] as applied to the data points of Ref. [12] plotted in Fig. 1. It is interesting to note that in both cases the BD-Fusion and BD-QEL barrier distributions are almost identical up to $E_{c.m.} \approx 85$ MeV.

① EPJ Web of Conferences,2011,17:08005.

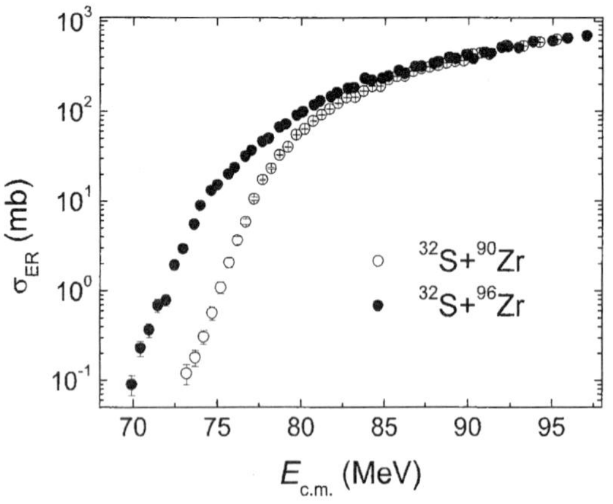


**Fig. 1.** Comparison between the fusion-evaporation (ER) excitation functions of $^{32}S+^{90}Zr$ (open circles) and $^{32}S+^{96}Zr$ (points) as a function of the center-of-mass energy. The error barrs of the experimental data taken from Ref. [12] represent purely statistics uncertainties.

## 3 Coupled channel analysis

We have developed a new CC computer code named NT-Fus [13] by taking the neutron transfer channels into account in the framework of the semiclassical model of Zagrebaev [6]. We will show that the effect of the neutron transfer channels yields a fairly good agreement with the present data of sub-barrier fusion cross sections measured for $^{32}S$ + $^{96}Zr$, the more neutron-rich reaction [12]. This was initially expected from the positive Q-values of the neutron transfers as well as from the failure of standard CC calculation of quasi-elastic barrier distributions without neutron-transfers coupling [9] as shown by the solid line in Fig. 2(b).

By fitting the present experimental fusion excitation function given in Fig. 1 with NTFus CC calculation [13], we will be able to conclude that the effect of the neutron transfer channels produces the rather significant enhancement of the sub-barrier fusion cross sections of $^{32}S$ + $^{96}Zr$ as compared to $^{32}S$ + $^{90}Zr$.

A detailed inspection of the $^{32}S$ + $^{90}Zr$ fusion data presented in Fig. 1 along with the negative Q-values of their corresponding neutron transfer channels lead us to speculate with the absence of a neutron transfer effect on the sub-barrier fusion for this reaction. We proceed step by step by performing calculations for this reaction with the NTFus code [13] (see Fig. 3).

## 4 NTFus CC calculations for $^{32}S$+$^{90,96}Zr$

With the semiclassical model developed by Zagrebaev [6] we propose in the following discussion to definitively demonstrate the significant role of neutron transfers for the $^{32}S$ + $^{96}Zr$ fusion reaction by fitting its experimental excitation function with NTFus code [13] calculations, as shown in Fig. 4. The main characteristics of the code are briefly described thereafter.

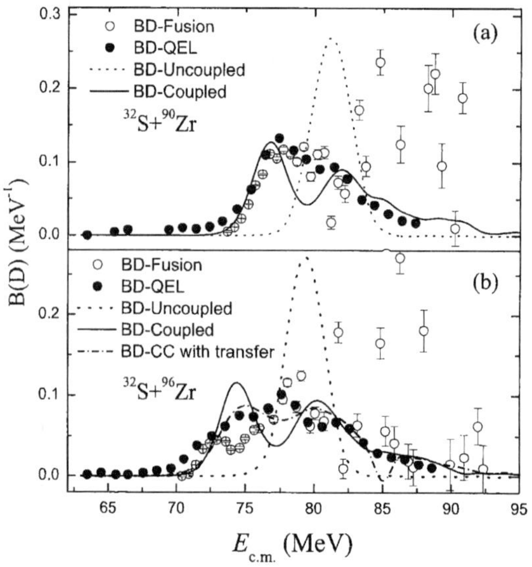


**Fig. 2.** Barrier distributions (BD) from the fusion ER (open circles) cross sections [12], plotted in Fig.1, and quasielastic scattering (solid circles) cross sections [9] for $^{32}S+^{90}Zr$ (a) and $^{32}S+^{96}Zr$ (b). The dashed and solid black lines represent uncoupled calculations (1D-BPM) and the CC calculations without neutron transfer coupling. The red dash-dotted line represents the CC calculations with neutron transfer coupling for the $^{32}S+^{96}Zr$ reaction.

The new oriented object NTFus code [13], using the Zagrebaev model [6] was implemented (at the CIAE) in C++, using the compiler of ROOT [14], following the basic equations of Ref. [15].

Let us first remind the values chosen for the deformation parameters and the excitation energies that are given in Table 1 [1,16,17]. The quadrupole vibrations of both the $^{90}Zr$ and $^{96}Zr$ are weak in energy; they lie at comparable energies.

**Table 1.** Excitation energies $E_x$, spins and parities $\lambda^\pi$ and deformation parameters $\beta_\lambda$ from [1,16,17].

| Nucleus | $E_x$(MeV) | $\lambda^\pi$ | $\beta_\lambda$ |
|---|---|---|---|
| $^{32}S$ | 2.230 | $2^+$ | 0.32 |
| | 5.006 | $3^-$ | 0.40 |
| $^{90}Zr$ | 2.186 | $2^+$ | 0.09 |
| | 2.748 | $3^-$ | 0.22 |
| $^{96}Zr$ | 1.751 | $2^+$ | 0.08 |
| | 1.897 | $3^-$ | 0.27 |

The $^{96}Zr$ nucleus presents a complicated situation [18]: its low-energy spectrum is dominated by a $2^+$ state at 1.748 MeV and by a very collective [$B(E3;3^- \to 0^+) = 51$ W.u.] $3^-$ state at 1.897 MeV. CC calculations explained the larger sub-barrier enhancement as due mainly to the strong octupole vibration of the $3^-$ state in $^{36}S$ + $^{96}Zr$ [19]. However, the agreement is not so satisfactory below the barrier for $^{32}S$ + $^{96}Zr$ (see solid line of Fig. 4), as well as for $^{40}Ca$

+ $^{96}$Zr [5] and, therefore, there is the need to take neutron transfers into account.

The main functions of the code NTFus are designed to calculate the fusion excitation functions with normalized barrier distribution (based on experimental data) given by CCFULL [11], we take the dynamical deformations into account.

To take into account the neutron transfers, the NTFus code [13] applies the Zagrebaev model [6] to calculate the fusion cross sections $\sigma_{fus}(E)$ as a function of center-of-mass energy E. Then the fusion excitation function can be derived using the following formula [6]:

$T_l(E) =$

$$\int f(B)\frac{1}{N_{tr}}\sum_{k}\int_{-E}^{Q_0(k)}\alpha_k(E,l,Q)\times P_{HW}(B,E+Q,l)dQdB. \quad (1)$$

and

$$\sigma_{fus}(E) = \frac{\pi\hbar^2}{2\mu E}\sum_{l=0}^{l_{cr}}(2l+1)T_l(E). \quad (2)$$

where $T_l(E)$ are the transmission coefficients, $E$ is the energy given in the center-of-mass system, B and $f(B)$ are the barrier height and the normalized barrier distribution function, $P_{HW}$ is the usual Hill-Wheeler formula. $l$ is the angular momentum whereas $l_{cr}$ is the critical angular momentum as calculated by assuming no coupling (well above the barrier). $\alpha_k(E,l,Q)$ and $Q_0(k)$ are, respectively, the probabilities and the Q-values for the transfers of $k$ neutrons. And $1/N_{tr}$ is the normalization of the total probability taking into account the neutron transfers.

The NTFus code [13] uses the ion-ion potential between two deformed nuclei as developped by Zagrebaev and Samarin in Ref. [15]. Either the standard Woods-Saxon form of the nuclear potential or a proximity potential [20] can be chosen. The code is also able to predict fusion cross sections for reactions induced by halo projectiles; for instance $^{6}$He + $^{64}$Zn [21]. In the following, only comparisons for $^{32}$S + $^{90}$Zr and $^{32}$S + $^{96}$Zr are discussed.

For the high-energy part of the $^{32}$S + $^{90}$Zr excitation function, one can notice a small over-estimation of the fusion cross sections at energies above the barrier up to the point used to calculate the critical angular momentum. This behavior can be observed at rather high incident energies - i.e. between about 82 MeV and 90 MeV (shown in Fig. 3 for $^{32}$S + $^{90}$Zr reaction). We want to stress that the corrections do not affect our conclusions that the transfer channels have a predominant role below the barrier for $^{32}$S + $^{96}$Zr reaction, as shown in Fig. 4.

As expected, we obtain a good agreement with calculations not taking any neutron transfer coupling into account for $^{32}$S + $^{90}$Zr as shown by the solid line of Fig. 3 (the dashed line are the results of calculations performed without any coupling). On the other hand, there is no significant over-estimation at sub-barrier energies. As a consequence, it is possible to observe the strong effect of neutron transfers on the fusion for the $^{32}$S + $^{96}$Zr reaction at sub-barrier energies. Moreover, the barrier distribution function $f(B)$ extracted from the data contains the information of the neutron transfers. These information are also contained in the transmission coefficients, which are the most important parameters for the fusion cross sections to be calculated accurately. The $f(B)$ function as calculated with the three-point formula [4] will mimic the differences induced by the neutron transfer taking place in sub-barrier energies where the cross section variations are very small (only visible if a logarithm scale is employed for the fusion excitation function). It is interesting to note that the Zagrebaev model [6] implies a modification of the Hill-Wheeler probability and does not concern the barrier distribution function $f(B)$. Finally, the code allows us to perform each calculation by taking the neutron transfers into account or not.

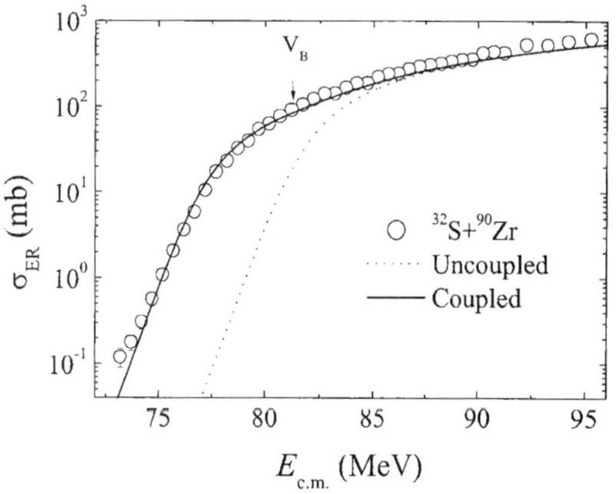


**Fig. 3.** Fusion-evaporation (ER) excitation function for $^{32}$S+$^{90}$Zr. The solid points are the experimental data [12] (see Fig.1). The dashed and solid lines are the uncoupled calculations, and CC calculations without neutron transfers, respectively. The arrow indicates the position of the Coulomb barrier for $^{32}$S+$^{90}$Zr as given by the 1D-BPM model (see Fig. 2).

**Table 2.** Q-values in MeV for neutron pickup transfer channels from ground state to ground state for $^{32}$S+$^{90}$Zr and $^{32}$S+$^{96}$Zr, respectevly.

| System | +1n | +2n | +3n | +4n |
|---|---|---|---|---|
| $^{32}$S+$^{90}$Zr | -3.33 | -1.229 | -6.59 | -6.319 |
| $^{32}$S+$^{96}$Zr | 0.788 | 5.737 | 4.508 | 7.655 |

**Table 3.** Separation energies in MeV of each neutron for $^{96}$Zr.

| $1^{st}$ neutron | $2^{nd}$ neutron | $3^{rd}$ neutron | $4^{th}$ neutron |
|---|---|---|---|
| 7.854 | 6.463 | 8.230 | 6.733 |

The calculation with the neutron transfer effect is performed here up to the channel +4n (k=4), but we have seen that we obtain the same overall agreement with data up

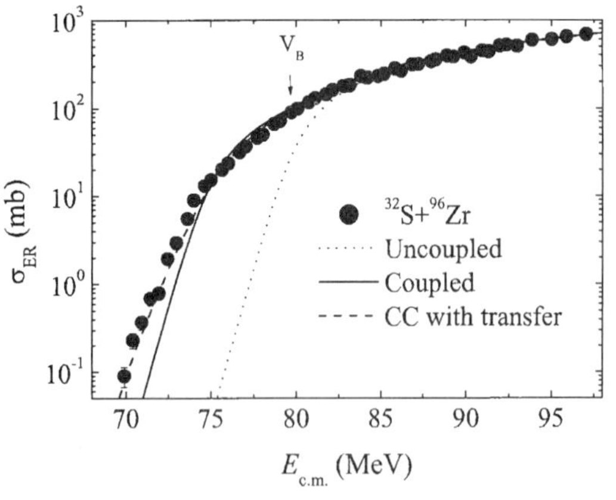


**Fig. 4.** Fusion-evaporation (ER) excitation function for $^{32}S+^{96}Zr$. The solid points are the experimental data [12] (see Fig.1). The dashed, solid, and dotted lines are the uncoupled calculations, and CC calculations without and with neutron transfers, respectively. The arrow indicates the position of the Coulomb barrier for $^{32}S+^{96}Zr$ as given by the 1D-BPM model (see Fig. 2).

to channels +5n and +6n. The Q-values and the separation energies for the $^{96}Zr$ nucleus used for this calculation (solid line in Fig. 4) are displayed in the Tables 2 and 3, respectively.

As we can see on Fig. 4, the solid line representing standard CC calculations without the neutron transfer coupling (the dotted line is given for uncoupled calculations) does not fit the experimental data well at sub-barrier energies. On the other hand, the dotted line displaying NTFus calculations taking the neutron transfer coupling into account agrees perfectly well with the data. As expected, the Zagrebaev semiclassical model's correction applied at sub-barrier energies enhances the calcutated cross sections. Moreover, it allows to fit the data reasonably well and therefore illustrates the strong effect of neutron transfers for the fusion of $^{32}S$ + $^{96}Zr$ at subbarrier energies.

The present full CC analysis of $^{32}S$ + $^{96}Zr$ fusion data [12] using NTFus [13] confirms perfectly well first previous CC calculations [6] describing well the earlier $^{40}Ca$ + $^{90,96}Zr$ fusion data [5] and, secondly, very recent fragment-$\gamma$ coincidences measured for $^{40}Ca$ + $^{96}Zr$ multi-neutron transfer channels [18].

## 5 Summary and conclusions

We have investigated the fusion process (excitation functions and extracted barrier distributions [12]) at near- and sub-barrier energies for the two neighbouring reactions $^{32}S$ + $^{90}Zr$ and $^{32}S$ + $^{96}Zr$. For this purpose a new computer code named NTFus [13] has been developped by taking the coupling of the multi-neutron transfer channels into account by using the semiclassical model of Zagrebaev [6].

The effect of neutron couplings provides a fair agreement with the present data of sub-barrier fusion for $^{32}S$ + $^{96}Zr$. This was initially expected from the positive Q-values of the neutron transfers as well as from the failure of previous CC calculation of quasi-elastic barrier distributions without coupling of the neutron transfers [9]. With the agreement obtained by fitting the present experimental fusion excitation function and the CC calculation at sub-barrier energies, we conclude that the effect of the neutron transfers produces a rather significant enhancement of the sub-barrier fusion cross sections of $^{32}S$ + $^{96}Zr$ as compared to $^{32}S$ + $^{90}Zr$. At this point we did not try to reproduce the details of the fine structures observed in the fusion barrier distributions. We believe that to achieve this final goal it will first be necessary to measure the neutron transfer cross sections to provide more information on the coupling strength of neutron transfer because its connection with fusion is not yet fully understood [18].

## 6 Acknowledgments

This work was supported by the National Natural Science Foundation of China under Grants No. 10575134, No. 10675169, and No. 10735100, and under a 2007 Grant No. CB815003. One of us (A.R.) thanks Region Alsace of France for the Boussole Grant 2009 No. 080105519 that was proposed to him during his six-month stay in 2009 at the CIAE, in Beijing, China.

## References

1. M. Dasgupta, D.J. Hinde, N. Rowley, and A.M. Stefanini, Annu. Rev. Nucl. Part. Sci. **48**, 401 (1998).
2. R. Pengo *et al.*, Nucl. Phys. A **411**, 256 (1983),
3. P.H. Stelson, Phys. Lett. B **205**, 190 (1988).
4. N. Rowley *et al.*, Phys. Lett. B **282**, 276 (1992).
5. H. Timmers *et al.*, Nucl. Phys. **A633**, 421 (1998).
6. V.I. Zagrebaev, Phys. Rev. C **67**, 061601 (2003).
7. A.M. Stefanini *et al.*, Phys. Rev. C **73**, 034606 (2006).
8. A.M. Stefanini *et al.*, Phys. Rev. C **76**, 014610 (2007).
9. F. Yang, C.J. Lin, X.K. Wu, H.Q. Zhang, C.L. Zhang, P. Zhou, and Z.H. Liu, Phys. Rev. C **77**, 014601 (2008).
10. Sunil Kalkal *et al.*, Phys. Rev. C **81**, 044610 (2010).
11. K. Hagino, N. Rowley, and A.T. Kruppa, Comput. Phys. Commun. **123**, 143 (1999).
12. H.Q. Zhang *et al.*, Phys. Rev. C **82**, 054609 (2010).
13. H.Q. Zhang *et al.*, AIP Conf. Proc. **1235**, 50 (2010); A. Richard, C. Beck, H.Q. Zhang (in preparation).
14. http://root.cern.ch, website of ROOT.
15. V.I. Zagrebaev and V.V. Samarin, Physics of Atomic Nuclei **67** No.8, 1462 (2004).
16. S. Raman, C.W. Nestor, and P. Tikkanen, At. Data Nucl. Data Tables **78**, 1 (2001).
17. T. Kebedi and R.H. Spear. At. Data Nucl. Data Tables **89**, 77 (2005).
18. S. Szilner *et al.*, J. Phys.: Conf. Ser. **282**, 012021 (2011).
19. A.M. Stefanini *et al.*, Phys. Rev. C **62**, 014601 (2000).
20. J. Blocki, J. Randrup, W.J. Swiatecki, and C. F. Tsang, Annals of Physics **105**, 427 (1977).
21. M. Fisichella *et al.*, J. Phys.: Conf. Ser. **282**, 012014 (2011).

# Spin-dipole excitations in $^{16}$O and tensor correlations ①

C. L. Bai,[1] H. Sagawa,[2] G. Colò,[3] H. Q. Zhang,[4] and X. Z. Zhang[4]
[1]*School of Physics, Sichuan University, Chengdu 610065, China*
[2]*Center for Mathematics and Physics, University of Aizu, Aizu-Wakamatsu, Fukushima 965-8560, Japan*
[3]*Dipartimento di Fisica, Università degli Studi di Milano and INFN, Sezione di Milano, via Celoria 16, I-20133 Milano, Italy*
[4]*China Institute of Atomic Energy, China*
(Received 8 August 2011; published 28 October 2011)

The multipole dependent effects induced by tensor correlations on the charge-exchange spin-dipole (SD) modes of the light nucleus $^{16}$O are studied within a Hartree-Fock (HF) plus self-consistent random-phase approximation (RPA), using Skyrme-type interactions. The role played by the triplet-even and triplet-odd tensor terms are examined separately to explain either the softening or hardening of the excitation energies of SD modes. The unperturbed and RPA summed strengths, calculated with and without the tensor force, are discussed and compared with the results of shell-model calculations.

DOI: 10.1103/PhysRevC.84.044329 PACS number(s): 21.60.Jz, 21.65.Ef, 24.30.Cz, 24.30.Gd

## I. INTRODUCTION

Recently, much effort have been put into studying the effects of tensor force on properties of finite nuclei (see Refs. [1–8]). In Ref. [9], it was reported that the tensor correlations have a multipole-dependent effect on the spin-dipole (SD) excitations, especially because they produce a softening of the $1^-$ strength which makes it consistent with the measurement of charge-exchange SD strengths in $^{208}$Pb. Then, in Ref. [10], all the Skyrme parameter sets that have tensor terms are systematically analyzed, and the associated results for the spin-isospin excitations are compared with the experimental findings in $^{90}$Zr and $^{208}$Pb. It has been found that the parameter sets T21, T32, T43, and T54 (belonging to the $TIJ$ family introduced in Ref. [5]) can reproduce the centroid energies of GT and SD in $^{90}$Zr and $^{208}$Pb within 2.5 MeV. In the same paper, three parameter sets in which the tensor terms are added perturbatively on top of the force SGII, named as SGII+Te1, SGII+Te2, SGII+Te3, are introduced so they satisfy the same criteria as well. The low-lying collective non-charge-exchange excitations in $^{40}$Ca and $^{208}$Pb have been also studied, including tensor correlations in Ref. [11]. In this latter case, it is found that T44, T45 (belonging to $TIJ$ family) and another perturbative addition of tensor terms to SGII named SGII+T give very reasonable descriptions of $2^+$, $3^-$, and $1^+$ states.

Recently, the strength distribution associated with charge-exchange SD transitions in $^{16}$O$(p,n)^{16}$F was measured and separated into the three multipoles $J^\pi = 0^-, 1^-$, and $2^-$ [12]. In the present paper, we discuss the effects of tensor correlations on the charge-exchange SD in $^{16}$O as a representative of light nuclei, which may show different features as compared with medium or heavy nuclei. In addition, $^{16}$O is a spin-orbit saturated (or $\vec{\ell}\cdot\vec{s}$-closed) nucleus in both protons and neutrons, so the tensor force has negligible effects on the ground-state properties calculated in HF. Therefore, possible effects of the tensor force on spin-isospin excitations can be attributed entirely to the random-phase approximation (RPA) tensor correlations. It is also interesting to point out that precise information about the SD excitations of $^{16}$O is crucial for the detection of neutrinos from supernovae [13]. In this respect, a careful study of the tensor effects on the SD strength in $^{16}$O might have a strong impact on astrophysics.

We study the charge-exchange SD strength distributions in $^{16}$O and compare the results with experimental findings in Sec. II. In Sec. III, we explain the effects of the tensor force by separately studying the triplet-even and triplet-odd tensor interactions. In Sec. IV, the effect of the tensor force on the summed spin-dipole strengths is reported. A summary is given in Sec. V.

## II. CHARGE-EXCHANGE SPIN-DIPOLE EXCITATIONS IN $^{16}$O

The operators for the spin-dependent charge-exchange SD excitations are defined as

$$\hat{O}^J_{\pm} = \sum_{iM} t^i_{\pm} r^l_i \left(Y^i_l(\hat{r}) \otimes \sigma^i\right)^{JM}, \tag{1}$$

in terms of the standard isospin operators, $t_\pm = t_x \pm i t_y$. In our model, we first solve the HF equations in coordinate space. The unoccupied levels are found by diagonalizing the mean field in a harmonic oscillator basis (up to a maximum value of the major quantum number $N_{\max} = 8$). We then perform fully self-consistent RPA by including both the two-body spin-orbit and tensor interactions.

The charge-exchange SD strength distributions of $^{16}$O$\rightarrow^{16}$F calculated with the SGII, SGII+Te1, SGII+Te2, and SGII+Te3 sets are displayed in Fig. 1. The parameters of all tensor interactions are listed in Table I. The theoretical peak energies are compared with the experimental findings in Table II. All these excitation energies are referred to the lowest energy state obtained theoretically for $^{16}$F, which is in all cases the lowest $2^-$ state. One can notice that the tensor terms give a softening of $1^-$ states but hardening of $0^-$ and (to a small extent) $2^-$ states, the same as what was found in $^{90}$Zr and $^{208}$Pb. Experimental data show that the lowest $0^-$, $1^-$, and

① Physical Review C,2011,84(4):044329-(1-6).

TABLE I. Parameters of Skyrme triplet-even and triplet-odd tensor interactions $T$ and $U$ in units of MeV fm$^5$.

| Interaction | T | U |
|---|---|---|
| T21 | 476.9 | −369.4 |
| T32 | 613.1 | −231.5 |
| T43 | 590.6 | −147.5 |
| T54 | 727.3 | −8.4 |
| SGII+Te1 | 500.0 | −350.0 |
| SGII+Te2 | 600.0 | 0.0 |
| SGII+Te3 | 650.0 | 200.0 |

$2^-$ states are almost degenerate at the zero excitation energy of $^{16}$F, and this is also accounted for by our calculations, as can be seen in Fig. 1. In the $0^-$ case, the theoretical results show one peak in the region around 15 MeV, in agreement with experimental data. The experimentally observed $1^-$ strength is concentrated at 5.2 MeV and around 12 MeV, also in agreement with the calculated predictions. The observed $2^-$ strength is peaked at 5.86, 7.5, and 9.5 MeV. In our RPA calculations the main peak is around 8.5 MeV, with an additional smaller peak around 5 MeV. It should be noted that the tensor correlations are quite small in the case of $2^-$ excitations. The main RPA particle-hole configuration of the calculated low-lying $2^-$ peak around 5 MeV is $(1d_{5/2}1p_{3/2}^{-1})$, which differs from the result of the shell model that provides $(2s_{1/2}1p_{3/2}^{-1})$ [12]. This point should be clarified by further investigation.

We report the peak energies of the calculated SD strength distributions in Table II. In the case of the $1^-$ strength, we display separate results for the main peak measured at about 12 MeV and for the additional lower energy peak at 5.2 MeV. It is interesting to see that the inclusion of tensor terms improves the agreement with experimental data as far as the $1^-$ states are concerned. In the $0^-$ case, the situation is less clear but one important point is that we find strength above 15 MeV in the calculation, and experimental data in this energy region probably are needed if a firm conclusion needs to be extracted. In the $2^-$ case, the calculated main peak appears at around 8–9 MeV and close to the observation, while the $TIJ$ interactions listed in Table II give a main peak which is ≈−0.4∼2 MeV higher than that of the experimental data. Experimental data show also additional peaks at $E = 4.5$ MeV and 5.5 MeV assigned to be either $1^-$ or $2^-$ states. The calculated results show also peaks of both $1^-$ and $2^-$ states around 5 MeV.

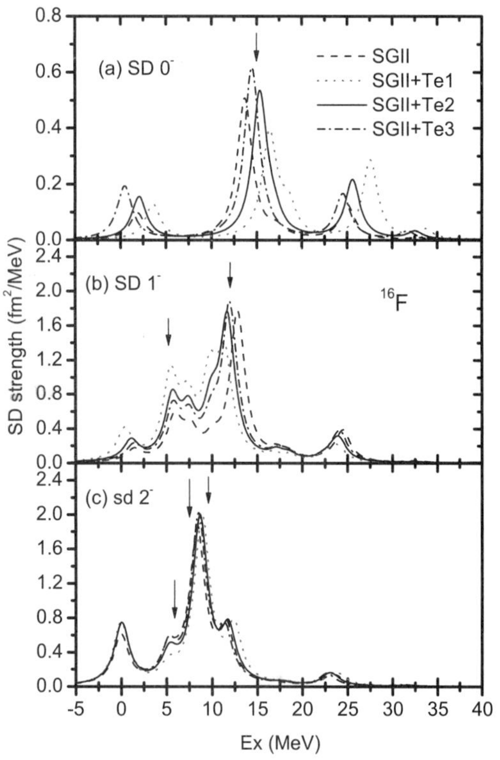


FIG. 1. (Color online) The charge-exchange SD strength distributions of $^{16}$O →$^{16}$F calculated with SGII, SGII+Te1, SGII+Te2, and SGII+Te3. The energy is referred to the lowest RPA $2^-$ state in $^{16}$F. The experimental peak energies of the SD resonances are shown by the arrows. The discrete RPA results have been smoothed by using Lorentzian functions having a width of 2 MeV. See the text for more details.

In this section, we discuss the effects of the tensor force on the centroid energies od SD excitations.

TABLE II. Charge-exchange SD peak energies in $^{16}$F calculated with and without the tensor force. The calculated excitation energy is referred to the lowest RPA $2^-$ state identified as the ground state of $^{16}$F. The observed peak energy $E_x(^{16}\mathrm{F})$ is referred to the ground state of $^{16}$F.

| | $E_x(^{16}\mathrm{F})$ | | T21 | T32 | T43 | T54 | SGII+Te1 | SGII+Te2 | SGII+Te3 |
|---|---|---|---|---|---|---|---|---|---|
| $0^-$ | | W/o | 13.4 | 14.9 | 16.3 | 17.6 | 13.7 | 13.7 | 13.7 |
| | ∼15 | With | 16.0 | 17.1 | 18.3 | 19.2 | 16.4 | 15.4 | 14.5 |
| $1^-_L$ | | W/o | 7.3 | 8.0 | 8.6 | 9.5 | 7.0 | 7.0 | 7.0 |
| | ∼5.24 | With | 6.6 | 7.8 | 8.6 | 9.1 | 6.5 | 6.6 | 6.5 |
| $1^-_H$ | | W/o | 12.6 | 14.1 | 15.5 | 16.9 | 12.8 | 12.8 | 12.8 |
| | ∼12 | With | 11.2 | 12.7 | 14.4 | 15.6 | 10.4 | 11.7 | 12.0 |
| $2^-_L$ | | W/o | 4.8 | 5.5 | 6.4 | 7.2 | 5.4 | 5.4 | 5.4 |
| | ∼5.86 | With | 4.8 | 5.6 | 6.4 | 7.0 | 5.4 | 5.4 | 5.4 |
| $2^-_H$ | | W/o | 8.7 | 9.8 | 10.6 | 11.6 | 8.4 | 8.4 | 8.4 |
| | (7.5 ∼ 9.5) | With | 9.1 | 10.1 | 10.8 | 11.5 | 8.9 | 8.7 | 8.5 |

TABLE III. Centroid energy differences between results obtained with and without the tensor force. To obtain the results displayed here, the centroid energies are calculated with respect to the ground state of $^{16}$F. The two states $1^-_L$ and $1^-_H$ correspond, respectively, to the peaks with $E = 5.24$ MeV and $E = 12$ MeV in Table II.

| $\delta E = E_{\text{with tensor}} - E_{\text{w/o tensor}}$(MeV) | | | | | | | |
|---|---|---|---|---|---|---|---|
| State | T21 | T32 | T43 | T54 | SGII+Te1 | SGII+Te2 | SGII+Te3 |
| $0^-$ | 2.3 | 1.9 | 1.7 | 1.5 | 2.3 | 1.6 | 0.8 |
| $1^-_L$ | −1.0 | −0.4 | −0.2 | −0.3 | −0.8 | −0.6 | −0.5 |
| $1_H$ | −2.3 | −1.6 | −1.3 | −1.4 | −2.8 | −1.7 | −1.0 |
| $2^-$ | 0.0 | 0.1 | 0.1 | 0 | 0.3 | 0.3 | 0.2 |

## III. EFFECTS OF TRIPLET-EVEN AND TRIPLET-ODD TENSOR INTERACTIONS

The differences between the centroid energy calculated either with or without the tensor terms are listed in Table III. It can be seen from this table that the changes in the centroid energy induced by the RPA tensor correlations vary from 0.8 to 2.3 MeV in the $0^-$ case, and from −1.0 to −2.8 MeV in the higher $1^-_H$ peak. This can be understood by Eqs. (5)–(8) in Ref. [9]: the RPA matrix elements of the tensor interactions for spin-isospin excitations read

$$\langle V_{\text{ph}} \rangle_J = \left(-\tfrac{1}{2}a_J T + \tfrac{1}{2}b_J U\right)\langle \tau_1 \cdot \tau_2 \rangle, \tag{2}$$

where $a_J$ and $b_J$ are geometrical factors. The signs of $a_J$ and $b_J$ depend on the multipole $J$, being negative for $0^-$ and $2^-$ and positive for $1^-$. The magnitude is larger for $0^-$, smaller for $2^-$, and intermediate for $1^-$. The triplet-odd tensor force with strength $U$ having a positive sign then shifts the $0^-$ centroid energy downward and the $1^-$ centroid energy upward. A negative sign for $U$ produces an opposite shift on the centroid energies. The triplet-even (TE) strength $T$ is consistently determined to be positive by means of our previous studies, as seen in Table I, and shifts the $0^-$ and $2^-$ centroid energies upward and the $1^-$ downward. On the contrary, the parameter characterizing the tensor-odd (TO) force $U$ varies from −350 to 0 to 200 MeV fm$^5$, changing from SGII+Te1 to SGII+Te3, so the TO terms of SGII+Te1 and SGII+Te3 shift the $0^-$ centroid energy upward and downward, respectively, and shift the $1^-$ centroid energy downwards and upward, respectively. As a net effect, SGII+Te1 gives the largest energy shifts as compared with the RPA energy without tensor correlations. In the same way, we can understand the energy shifts induced by the T$IJ$ sets, i.e., the larger effect in the case of T21 and the smaller effect in the case of T54 are expected from the signs and magnitudes of $T$ and $U$ (listed in Table I).

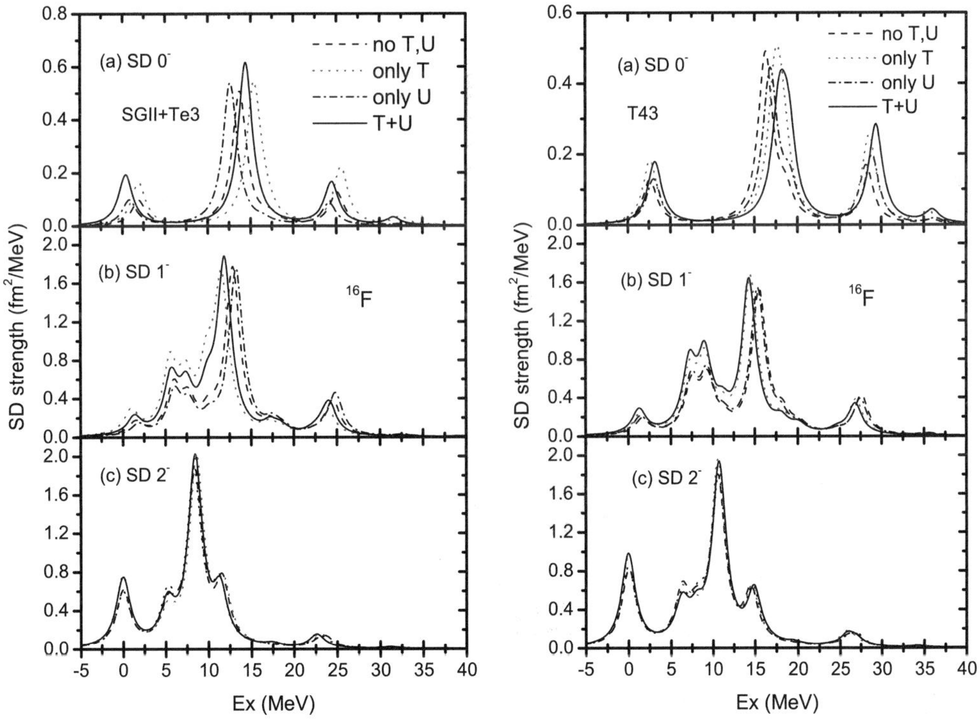


FIG. 2. (Color online) The charge-exchange SD strength distributions in $^{16}$F, calculated with the SGII+Te3 interaction (left panels) and with the T43 interaction (right panels). The energy scale is the same as in the previous figure. The dashed, dotted, and dashed-dotted curves show the results without tensor interaction, with the only triplet-even and with the only triplet-odd tensor interaction, respectively, while the solid curve shows the results with the full tensor interactions. The discrete RPA results have been smoothed by Lorentzian functions having a width of 2 MeV. See the text for more details.

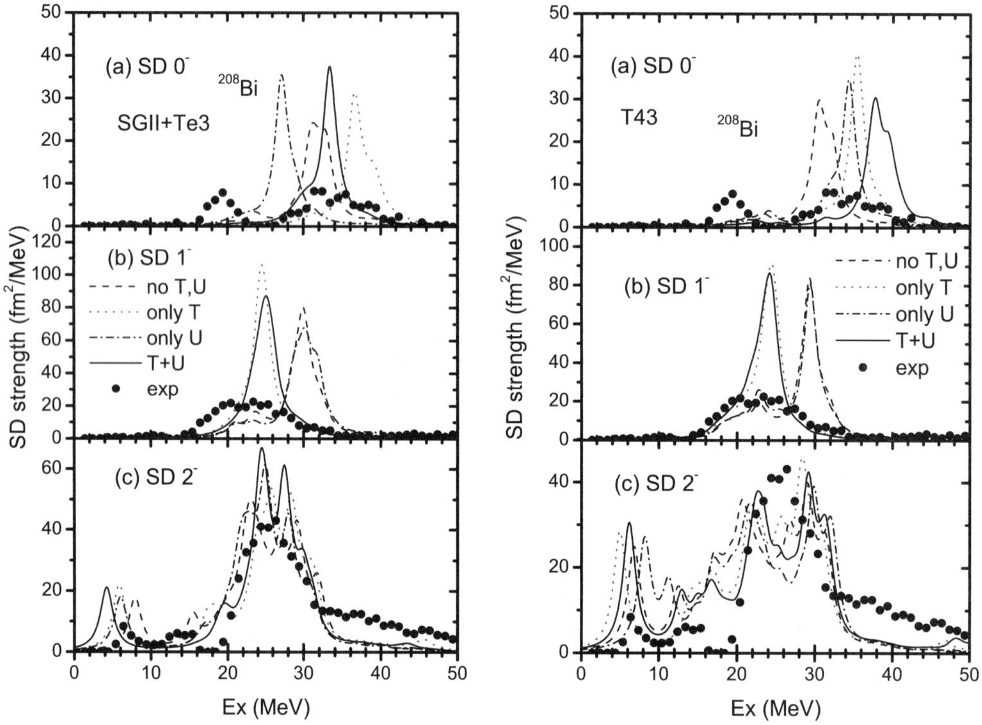


FIG. 3. (Color online) The charge-exchange SD strength distributions of $^{208}$Bi, calculated with the T43 interaction. The dashed, dotted, and dashed-dotted curves show the results without tensor interaction, with the only triplet-even and only triplet-odd tensor interactions, respectively, while the solid curve shows the results with the full tensor interaction. The discrete RPA results have been smoothed by using Lorentzian functions having a width of 2 MeV. See the text for more details.

Let us examine further the effects of the triplet-even and triplet-odd tensor interactions in $^{16}$O in comparison with $^{208}$Pb. In Figs. 2 and 3, we show how the $T$ and $U$ tensor terms change the peaks of the SD strength distributions in $^{16}$F and $^{208}$Bi, respectively. In the left and right panels the results of SGII+Te3 and T43 are shown, respectively. We will first examine $^{16}$F SD strength in Fig. 2. For $0^-$ excitations, the role of $T$ and $U$ are opposite in the case of SGII+Te3, while both terms act repulsively in the case of T43. The $T$ term of SGII+Te3 gives a repulsive effect and the $U$ term induces an attractive effect, while both terms are repulsive in the case of T43. This can be understood from Eq. (2) and the signs of $T$ and $U$ in Table I. For $1^-$, the correlations become opposite those for $0^-$, namely the $T$ and $U$ terms of SGII+Te3 give an attractive and a repulsive effect, respectively, while both terms are attractive in the case of T43. The energy difference between the main peaks of $0^-$ and $1^-$ is 0.9 and 0.7 MeV for SGII+Te3 and T43 without the tensor terms, while it becomes 2.5 and 3.9 MeV for SGII+Te3 and T43 with the tensor terms. Thus the energy difference between the two main peaks in $^{16}$F reflects the sign of $U$ term effectively since the negative (positive) sign enhances (quenches) the difference. The $2^-$ strength distributions are not much affected by the tensor correlations, while the sum rule values are slightly enhanced.

The roles of the $T$ and $U$ terms are demonstrated in Fig. 3 for the case of $^{208}$Bi. For the $0^-$ and $1^-$ multipoles, the qualitative features are the same as in $^{16}$F, i.e., the $T$ and $U$ terms push the main peak in opposite directions in the case of SGII+Te3, while they both push up the main peak in the case of T43. In the $2^-$ case, one can see appreciable tensor effects on the strength distributions which are spread in a wide energy region in $^{208}$Bi.

We will study next the peak energy difference $\delta E_p$ between $0^-$ and $1^-$ in both $^{16}$F and $^{208}$Bi in Table IV. The energy difference is rather small without the tensor interactions, namely it is about 1 MeV in both nuclei. The triplet-even $T$ term gives clear separations of the peak energies, that is, 3–4 MeV in $^{16}$F and 11–12 MeV in $^{208}$Bi. The triplet-odd

TABLE IV. Energy differences between the main $0^-$ and $1^-$ peaks, $\delta E_p \equiv E(0^-) - E(1^-)$, in $^{16}$F and $^{208}$Bi. The four RPA results correspond to the case without tensor interactions, with the triplet-even $T$ term, with the triplet-odd $U$ term and with both $T$ and $U$ terms, respectively.

| | | W/o tensor | With $T$ | With $U$ | With $T$ and $U$ |
|---|---|---|---|---|---|
| $^{16}$F | T43 | 0.7 | 3.1 | 1.5 | 3.9 |
| | SGII+Te3 | 0.9 | 4.0 | −0.6 | 2.5 |
| $^{208}$Bi | T43 | 1.2 | 11.0 | 4.9 | 13.6 |
| | SGII+Te3 | 1.9 | 12.0 | −2.9 | 8.2 |

TABLE V. Summed values of charge-exchange SD strengths in $^{16}$F for RPA calculations with and without tensor terms and for unperturbed calculations.

| | | T21 | T32 | T43 | T54 | SGII+Te1 | SGII+Te2 | SGII+Te3 |
|---|---|---|---|---|---|---|---|---|
| | W/o | 2.8 | 2.8 | 2.8 | 2.8 | 2.5 | 2.5 | 2.5 |
| $0^-$ | With | 3.4 | 3.5 | 3.5 | 3.6 | 3.1 | 3.1 | 3.2 |
| | Unpert. | 3.1 | 3.1 | 3.2 | 3.2 | 3.0 | 3.0 | 3.0 |
| | W/o | 10.8 | 10.8 | 11.1 | 11.1 | 10.9 | 10.9 | 10.9 |
| $1^-$ | With | 12.5 | 12.7 | 12.8 | 13.0 | 13.4 | 13.4 | 13.4 |
| | Unpert. | 9.4 | 9.5 | 9.5 | 9.6 | 8.8 | 8.8 | 8.8 |
| | W/o | 13.1 | 13.1 | 12.8 | 12.7 | 11.2 | 11.2 | 11.2 |
| $2^-$ | With | 13.8 | 13.9 | 13.5 | 13.6 | 11.9 | 11.9 | 11.9 |
| | Unpert. | 15.6 | 15.7 | 15.8 | 15.9 | 14.7 | 14.7 | 14.7 |

$U$ term enhances (decreases) the energy difference in the case of T43 (SGII+Te3). This difference between the two interactions comes from the sign difference of the $U$ term as is seen in Table I. Since the effects of tensor interactions are substantially large as seen in Table IV, precise empirical information of the energy difference between the two peaks corresponding to the $0^-$ and $1^-$ multipolarities might give clear signature of the tensor correlations, not only for the triplet-even term whose sign had been already determined by our previous studies but also for the triplet-odd term on which we had still uncertainties.

## IV. EFFECT OF TENSOR FORCE ON THE SUMMED SD STRENGTHS

The sum-rule values for the charge-exchange SD$_-$ strengths,

$$S_-^J = \sum_n |\langle J; n || \hat{O}_-^J || 0 \rangle|^2, \tag{3}$$

are listed in Table V for $^{16}$O: Both unperturbed and RPA results, with and without the tensor terms, are reported. The sum rule values can be given analytically by using the harmonic oscillator wave functions and read

$$S_-^J = \begin{cases} \frac{3}{4\pi} 4b^2 = 2.99\ \mathrm{fm}^2, & J^\pi = 0^- \\ \frac{3}{4\pi} 12b^2 = 8.98\ \mathrm{fm}^2, & J^\pi = 1^-, \\ \frac{3}{4\pi} 20b^2 = 14.95\ \mathrm{fm}^2, & J^\pi = 2^- \end{cases} \tag{4}$$

if the excitations from $1p$ to $1d$-$2s$ shells are considered. The oscillator length $b$ is taken here as $b = 1.77$ fm. The values in Eq. (4) follow the expected $(2J+1)$ proportionality and do account well for the numerical values of unperturbed strengths given in Table V, especially in the case of the SGII interaction. The sum rule values w/o tensor are quenched by about 20% due to RPA correlations in the $0^-$ and $2^-$ cases, as compared with the unperturbed values, while the $1^-$ value is increased by about 10%. These features are mainly due to the repulsive character of RPA correlations for $0^-$ and $2^-$ and the attractive character for $1^-$, respectively. On the other hand, the tensor correlations always enhance the sum rule strength, by 20% for $0^-$ and $1^-$ and by few percentage points for $2^-$. As a net effect, the sum rule value in the $1^-$ case is largely enhanced in the full RPA calculation and becomes comparable or even larger than that of $2^-$. This is in contrasts to the shell-model results in which the sum rule strength in Eq. (4) holds even after the shell-model correlations are taken into account in the $(1p$-$2s1d)$ shell-model space [13] up to $(3\hbar\omega)$ particle-hole (p-h) configurations. A larger shell-model space more than $(1p$-$2s1d)$ shells [14] and a larger p-h configurations more than $3\hbar\omega$ might be needed to compare with the present sum rule results of RPA model.

## V. SUMMARY

In summary, we have studied the effect of tensor force on the charge-exchange SD transition in $^{16}$O. It is shown that the tensor correlations produce a softening of $1^-$ state and hardening of $0^-$ and $2^-$ states, similar to the effects in medium-heavy nuclei $^{90}$Zr and $^{208}$Pb. The role of triplet-even and triplet-odd tensor interactions are examined separately in the energy shifts of the $0^-$ and $1^-$ peak energies in comparison with those in $^{208}$Pb. It is found that the difference between $0^-$ and $1^-$ peaks is very sensitive to the so far poorly constrained tensor-odd term. It is also interesting to notice that the tensor correlations substantially increase the sum rule values of the SD $1^-$ strengths and make them comparable or even larger than the SD $2^-$ strengths. This differs from the shell-model sum-rule values which are close to the unperturbed ones and hold $(2J+1)$ scaling rule even after the shell-model correlations are taken into account in the $(1p$-$2s1d)$ shell-model space up to $(3\hbar\omega)$ particle-hole (p-h) configurations. The increase of the sum rule values in the present RPA study may give an important contribution to the astrophysical process related with nucleosynthesis which will be object for future study.

## ACKNOWLEDGMENTS

The authors thank T. Wakasa and T. Suzuki for useful communications. This work is supported by the National Natural Science Foundation of China under Grants No. 10875172, No. 10275092, No. 10675169, and No. 11105094; the National Key Basic Research Program of China under Grant No. 2007CB815000; and Financial Supports from Sichuan University (Project No. 2010SCU11086). This work is also supported by the Grant-in-Aid for Scientific Research

(C), Contract No. 20540277, from the Japan Society for the Promotion of Science. Partial support from the Italian research project (PRIN) named "Many-body theory of nuclear systems and implications on the physics of neutron stars" is also acknowledged.

[1] B. A. Brown, T. Duguet, T. Otsuka, D. Abe, and T. Suzuki, Phys. Rev. C **74**, 061303(R) (2006)

[2] J. Dobaczewski, in *Proceedings of the Third ANL/MSU/JINA/INT RIA Workshop*, edited by T. Duguet, H. Esbensen, K. M. Nollett, and C. D. Roberts (World Scientific, Singapore, 2006).

[3] G. Colò, H. Sagawa, S. Fracasso, and P. F. Bortignon, Phys. Lett. B **646**, 227 (2007).

[4] D. M. Brink and F. Stancu, Phys. Rev. C **75**, 064311 (2007).

[5] T. Lesinski, M. Bender, K. Bennaceur, T. Duguet, and J. Meyer, Phys. Rev. C **76**, 014312 (2007).

[6] M. Grasso, Z. Y. Ma, E. Khan, J. Margueron, and N. Van Giai, Phys. Rev. C **76**, 044319 (2007).

[7] W. Zou, G. Colo, Z Ma, H. Sagawa, and P. F. Bortignon, Phys. Rev. C **77**, 014314 (2008).

[8] M. Zalewski, J. Dobaczewski, W. Satula, and T. R. Werner, Phys. Rev. C **77**, 024316 (2008).

[9] C. L. Bai, H. Q. Zhang, H. Sagawa, X. Z. Zhang, G. Colò, and F. R. Xu, Phys. Rev. Lett. **105**, 072501 (2010).

[10] C. L. Bai, H. Q. Zhang, H. Sagawa, X. Z. Zhang, G. Colò, and F. R. Xu, Phys. Rev. C **83**, 054316 (2011).

[11] Li-Gang Cao, H. Sagawa, and G. Colò, Phys. Rev. C **83**, 034324 (2011).

[12] T. Wakasa *et al.*, Phys. Rev. C **84**, 014614 (2011).

[13] T. Suzuki and H. Sagawa, Nucl. Phys. A **637**, 547 (1998); T. Suzuki, J. Phys.: conf. Ser. **321**, 011002 (2011).

[14] N. Auerbach and B. A. Brown, Phys. Rev. C **65**, 024322 (2002).

# Effects of nuclear deformation and neutron transfer in capture processes, and fusion hindrance at deep sub-barrier energies ①

V. V. Sargsyan,[1,2] G. G. Adamian,[1] N. V. Antonenko,[1] W. Scheid,[3] and H. Q. Zhang[4]
[1]*Joint Institute for Nuclear Research, 141980 Dubna, Russia*
[2]*International Center for Advanced Studies, Yerevan State University, 0025 Yerevan, Armenia*
[3]*Institut für Theoretische Physik der Justus-Liebig-Universität, D-35392 Giessen, Germany*
[4]*China Institute of Atomic Energy, 102413 Beijing, China*
(Received 7 November 2011; published 22 December 2011)

The roles of nuclear deformation and neutron transfer in sub-barrier capture process are studied within the quantum diffusion approach. The change of the deformations of colliding nuclei with neutron exchange can crucially influence the sub-barrier fusion. The comparison of the calculated capture cross section and the measured fusion cross section in various reactions at extreme sub-barrier energies gives us information about the quasifission.

DOI: 10.1103/PhysRevC.84.064614 PACS number(s): 25.70.Jj, 24.10.−i, 24.60.−k

## I. INTRODUCTION

The nuclear deformation and neutron-transfer process have been identified as playing a major role in the magnitude of the sub-barrier capture and fusion cross sections [1–3]. There are several experimental evidences which confirm the importance of nuclear deformation on the capture and fusion. The influence of nuclear deformation is straightforward. If the target nucleus is prolate in the ground state, the Coulomb field on its tips is lower than on its sides, that then increases the capture or fusion probability at energies below the barrier corresponding to the spherical nuclei. The role of neutron transfer reactions is less clear. A correlation between the overall transfer strength and fusion enhancement was firstly noticed in Ref. [4]. The importance of neutron transfer with positive $Q$ values on nuclear fusion (capture) originates from the fact that neutrons are insensitive to the Coulomb barrier and therefore they can start being transferred at larger separations before the projectile is captured by target nucleus [5]. Therefore, it is generally thought that the sub-barrier fusion cross section will increase [6–9] because of the neutron transfer. As suggested in Ref. [10], the enhancements in fusion yields may be from the transfer of a neutron pair with a positive $Q$ value. However, as shown recently in Ref. [11], the two-neutron transfer channel with large positive $Q$ value weakly influences the fusion (capture) cross section in the $^{60}Ni+^{100}Mo$ reaction at sub-barrier energies. So, from the present data an unambiguous signature of the role of the neutron transfer channel could not be inferred.

The experiments with various medium-light and heavy systems have shown that the experimental slopes of the complete fusion excitation function keep increasing at low sub-barrier energies and may become much larger than the predictions of standard coupled-channel calculations. This was identified as the fusion hindrance [12]. More experimental and theoretical studies of sub-barrier fusion hindrance are needed to improve our understanding of its physical reason, which may be especially important in astrophysical fusion reactions [13].

It is worth remembering that the first evidences of hindrance for compound nucleus formation in the reactions with massive nuclei ($Z_1 \times Z_2 > 1600$) at energies near the Coulomb barrier were observed at GSI already a long time ago [14]. The theoretical investigations showed that the probability of complete fusion depends on the competition between the complete fusion and quasifission after the capture stage [15–17]. As known, this competition can strongly reduce the value of the fusion cross section and, respectively, the value of the evaporation residue cross section in the reactions producing superheavy nuclei. Although the quasifission was originally ascribed to the reactions with massive nuclei, it is the general phenomenon which is related to the binary decay of nuclear system after the capture, but before the compound nucleus formation which could exist at angular momenta treated. The mass and angular distributions of the quasifission products depend on the entrance channel and bombarding energy [15]. Because the capture cross section is the sum of the fusion and quasifission cross sections, from the comparison of calculated capture cross sections and measured fusion cross sections one can extract the hindrance factor and show a role of the quasifission channel in the reactions with various medium-mass and heavy nuclei at extreme sub-barrier energies.

In the present paper the quantum diffusion approach [18,19] is applied to study the fusion hindrance and the roles of nuclear deformation and neutron transfer in sub-barrier capture process. With this approach many heavy-ion capture reactions at energies above and well below the Coulomb barrier have been successfully described [18–21]. Because the details of our theoretical treatment were already published in Refs. [18–22], the model will be shortly described in Sec. II. In Sec. III, a reduction procedure will be proposed to eliminate the influence of the nucleus-nucleus potential on the fusion (capture) cross section. The calculated results will be presented in Secs. IV and V.

## II. MODEL

In the quantum diffusion approach the collisions of nuclei are treated in terms of a single collective variable: the relative distance between the colliding nuclei. The nuclear deformation effects are taken into consideration through the dependence of the nucleus-nucleus potential on the deformations and orientations of colliding nuclei. Our approach takes into

① Physical Review C,2011,84(6):064614-(1-12).

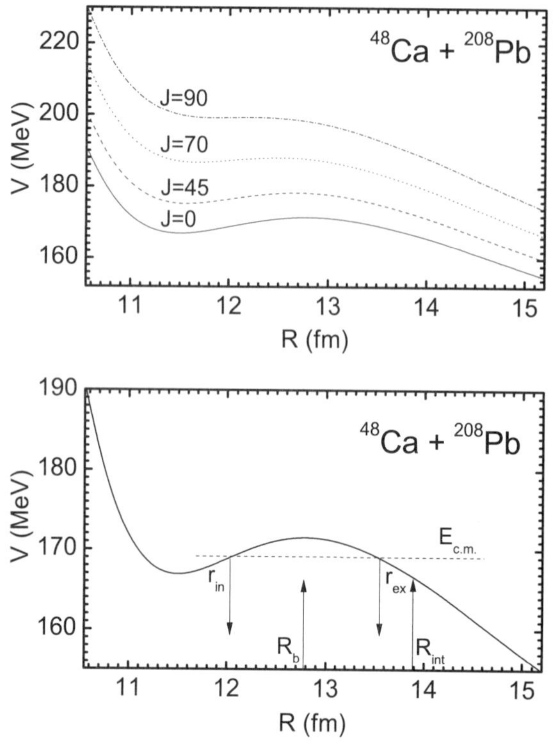


FIG. 1. (Upper part) The nucleus-nucleus potentials calculated at $J=0$ (solid curve), 45 (dashed curve), 70 (dotted curve), and 90 (dash-dotted curve) for the $^{48}Ca+^{208}Pb$ reaction. The interacting nuclei are assumed to be spherical in the calculation. (Lower part) The position $R_b$ of the Coulomb barrier, radius of interaction $R_{\text{int}}$, and external $r_{\text{ex}}$ and internal $r_{\text{in}}$ turning points for some values of bombarding energy $E_{\text{c.m.}}$ are indicated at the nucleus-nucleus potential for the same reaction at $J=0$.

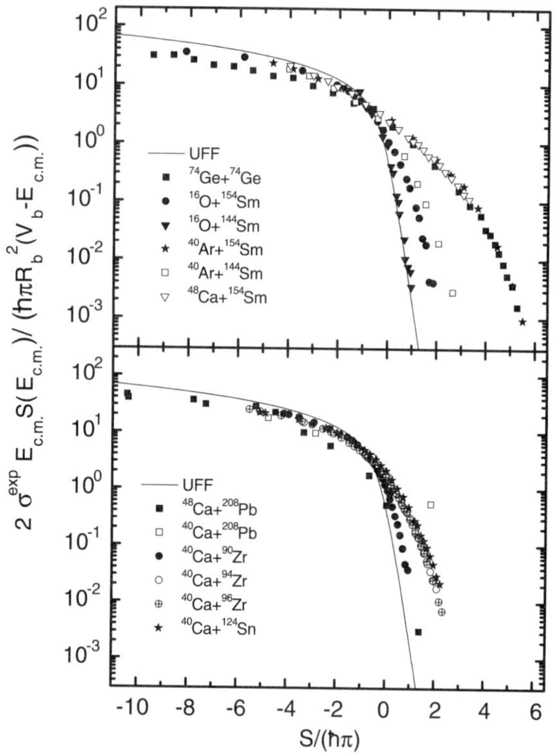


FIG. 2. Comparison of modified UFF $F_0$ with the experimental values of $\frac{2E_{\text{c.m.}}S(E_{\text{c.m.}})}{\hbar\pi R_b^2(V_b-E_{\text{c.m.}})}\sigma^{\text{exp}}$ for the indicated reactions. The experimental data for $\sigma^{\text{exp}}$ are from Refs. [32–39].

consideration the fluctuation and dissipation effects in collisions of heavy ions which model the coupling with various channels (for example, coupling of the relative motion with low-lying collective modes such as dynamical quadrupole and octupole modes of target and projectile [23]). We have to mention that many quantum-mechanical and non-Markovian effects accompanying the passage through the potential barrier are taken into consideration in our formalism [18–22,24,25]. The details of used formalism are presented in our previous articles [18,19]. One should stress that the diffusion model which is including the quantum statistical effects was also proposed in Refs. [26–28].

The capture cross section is a sum of partial capture cross sections [18,19],

$$\begin{aligned}\sigma_{\text{cap}}(E_{\text{c.m.}}) &= \sum_J \sigma_{\text{cap}}(E_{\text{c.m.}}, J)\\ &= \pi\lambda\!\!\!^{-2}\sum_J (2J+1)\int_0^{\pi/2} d\theta_1 \sin(\theta_1)\\ &\quad\times\int_0^{\pi/2} d\theta_2 \sin(\theta_2) P_{\text{cap}}(E_{\text{c.m.}}, J, \theta_1, \theta_2), \qquad (1)\end{aligned}$$

where $\lambda\!\!\!^{-2}=\hbar^2/(2\mu E_{\text{c.m.}})$ is the reduced de Broglie wavelength, $\mu=m_0A_1A_2/(A_1+A_2)$ is the reduced mass ($m_0$ is the nucleon mass), and the summation is over the possible values of angular momentum $J$ at a given bombarding energy $E_{\text{c.m.}}$. Knowing the potential of the interacting nuclei for each orientation, one can obtain the partial capture probability $P_{\text{cap}}$ which is defined by the passing probability of the potential barrier in the relative distance $R$ coordinate at a given $J$. The value of $P_{\text{cap}}$ is obtained by integrating the propagator $G$ from the initial state $(R_0, P_0)$ at time $t=0$ to the final state $(R, P)$ at time $t$ ($P$ is a momentum):

$$\begin{aligned}P_{\text{cap}} &= \lim_{t\to\infty}\int_{-\infty}^{r_{\text{in}}} dR \int_{-\infty}^{\infty} dP\, G(R, P, t|R_0, P_0, 0)\\ &= \lim_{t\to\infty}\frac{1}{2}\text{erfc}\left[\frac{-r_{\text{in}}+\overline{R(t)}}{\sqrt{\Sigma_{RR}(t)}}\right]. \qquad (2)\end{aligned}$$

The second line in Eq. (2) is obtained by using the propagator $G=\pi^{-1}|\det\mathbf{\Sigma}^{-1}|^{1/2}\exp(-\mathbf{q}^T\mathbf{\Sigma}^{-1}\mathbf{q})$ ($\mathbf{q}^T=[q_R, q_P]$, $q_R(t)=R-\overline{R(t)}$, $q_P(t)=P-\overline{P(t)}$, $\overline{R(t=0)}=R_0$, $\overline{P(t=0)}=P_0$, $\Sigma_{kk'}(t)=2\overline{q_k(t)q_{k'}(t)}$, $\Sigma_{kk'}(t=0)=0$, $k, k'=R, P$) calculated in Ref. [29] for an inverted oscillator which approximates the nucleus-nucleus potential $V$ in the variable $R$. The frequency $\omega$ of this oscillator with an internal turning point $r_{\text{in}}$ is defined from the condition of

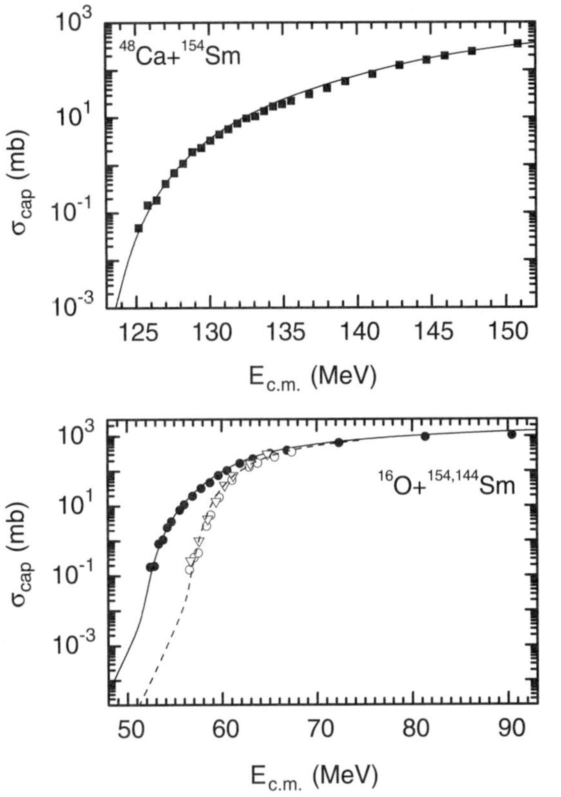


FIG. 3. The calculated capture cross sections versus $E_{\mathrm{c.m.}}$ for the indicated reactions $^{16}$O,$^{48}$Ca+$^{154}$Sm (solid lines), and $^{16}$O+$^{144}$Sm (dashed line). The experimental data (symbols) are from Refs. [32–34]. The following quadrupole deformation parameters are used: $\beta_2(^{154}\mathrm{Sm})=0.341$ [40], $\beta_2(^{144}\mathrm{Sm})=0.05$, and $\beta_2(^{16}\mathrm{O})=\beta_2(^{48}\mathrm{Ca})=0$.

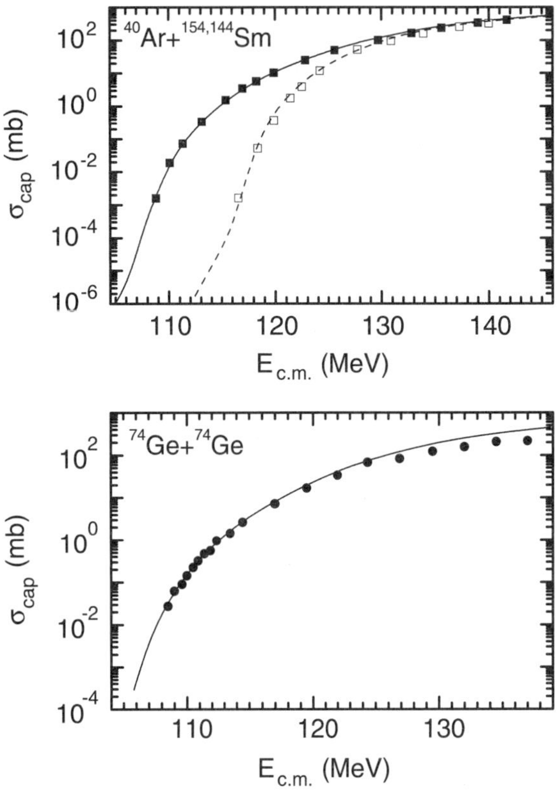


FIG. 4. The same as Fig. 3 for the indicated reactions $^{74}$Ge+$^{74}$Ge, $^{40}$Ar+$^{154}$Sm (solid lines), and $^{40}$Ar+$^{144}$Sm (dashed line). The experimental data (symbols) are from Refs. [35, 36]. The following quadrupole deformation parameters are used: $\beta_2(^{40}\mathrm{Ar})=0.25$ [40], $\beta_2(^{74}\mathrm{Ge})=0.2825$ [40], $\beta_2(^{154}\mathrm{Sm})=0.341$ [40], and $\beta_2(^{144}\mathrm{Sm})=0.05$.

equality of the classical actions of approximated and realistic potential barriers of the same hight at given $J$ (see Fig. 1). It should be noted that the passage through the Coulomb barrier approximated by a parabola was previously studied in Refs. [24–28]. This approximation is well justified for the reactions and energy range, which are here considered. Finally, one can find the expression for the capture probability:

$$P_{\mathrm{cap}}=\frac{1}{2}\mathrm{erfc}\left[\left(\frac{\pi s_1(\gamma-s_1)}{2\hbar\mu\left(\omega_0^2-s_1^2\right)}\right)^{1/2}\frac{\mu\omega_0^2R_0/s_1+P_0}{[\gamma\ \ln(\gamma/s_1)]^{1/2}}\right], \quad (3)$$

where $\gamma$ is the internal-excitation width, $\omega_0^2=\omega^2\{1-\hbar\tilde{\lambda}\gamma/[\mu(s_1+\gamma)(s_2+\gamma)]\}$ is the renormalized frequency in the Markovian limit, the value of $\tilde{\lambda}$ is related to the strength of linear coupling in coordinates between collective and internal subsystems. The $s_i$ are the real roots ($s_1\geqslant 0>s_2\geqslant s_3$) of the following equation:

$$(s+\gamma)\left(s^2-\omega_0^2\right)+\hbar\tilde{\lambda}\gamma s/\mu=0. \quad (4)$$

The details of the used formalism are presented in Refs. [18,19]. We have to mention that most of the quantum-mechanical, dissipative effects and non-Markovian effects accompanying the passage through the potential barrier are taken into consideration in our formalism [18,19,24]. For example, the non-Markovian effects appear in the calculations through the internal-excitation width $\gamma$.

As shown in Refs. [18,19], the nuclear forces start to play a role at $R_{\mathrm{int}}=R_b+1.1$ fm where the nucleon density of colliding nuclei approximately reaches 10% of the saturation density. If the value of $r_{\mathrm{ex}}$ corresponding to the external turning point is larger than the interaction radius $R_{\mathrm{int}}$, we take $R_0=r_{\mathrm{ex}}$ and $P_0=0$ in Eq. (3) (see Fig. 1). For $r_{\mathrm{ex}}<R_{\mathrm{int}}$, it is naturally to start our treatment with $R_0=R_{\mathrm{int}}$ and $P_0$ defined by the kinetic energy at $R=R_0$. In this case the friction hinders the classical motion to proceed toward smaller values of $R$. If $P_0=0$ at $R_0>R_{\mathrm{int}}$, the friction almost does not play a role in the transition through the barrier. Thus, two regimes of interaction at sub-barrier energies differ by the action of the nuclear forces and the role of friction at $R=r_{\mathrm{ex}}$.

In addition to the parameters related to the nucleus-nucleus potential, two parameters $\hbar\gamma=15$ MeV and the friction coefficient $\hbar\lambda=-\hbar(s_1+s_2)=2$ MeV are used for calculating the capture probability in reactions with deformed actinides. The value of $\tilde{\lambda}$ is set to obtain this value of $\hbar\lambda$. The most realistic friction coefficients in the range of $\hbar\lambda \approx 1-2$ MeV are suggested from the study of deep inelastic and fusion reactions [30]. These values are close to those calculated within the mean-field approach [31]. All calculated results presented are obtained with the same set of parameters and are rather insensitive to a reasonable variation of them [18,19,24,25]. All parameters of the model are set as in Ref. [18]. All calculated results are obtained with the same set of parameters and are rather insensitive to the reasonable variation of them [18,19]. The heights of the calculated Coulomb barriers $V_b = V(R_b)$ ($R_b$ is the position of the Coulomb barrier) are adjusted to the experimental data for the fusion or capture cross sections. To calculate the nucleus-nucleus interaction potential $V(R)$, we use the procedure presented in Refs. [18,19]. For the nuclear part of the nucleus-nucleus potential, the double-folding formalism with the Skyrme-type density-dependent effective nucleon-nucleon interaction is used.

### III. UNIVERSAL FUSION FUNCTION

To analyze the experimental data on fusion cross section, it is useful to use the so-called universal fusion function (UFF) $F_0$ [2]. The advantages of UFF appear clearly when one wants to compare fusion cross sections for systems with quite different Coulomb barrier heights and positions. In the reactions where the capture and fusion cross sections coincide, the comparison of experimental cross sections with the UFF allows us to make conclusions about the role of deformation of colliding nuclei and the nucleon transfer between interacting nuclei in the capture cross section because the UFF (the consequence of the Wong's formula) does not contain these effects. In Ref. [2] a reduction procedure was proposed to eliminate the influence of the nucleus-nucleus potential on the fusion cross section. It consists of the following transformations:

$$E_{\text{c.m.}} \to x = \frac{E_{\text{c.m.}} - V_b}{\hbar\omega},$$

$$\sigma^{\exp} \to F(x) = \frac{2E_{\text{c.m.}}}{\hbar\omega R_b^2}\sigma^{\exp}.$$

The frequency $\omega = \sqrt{V''(R_b)/\mu}$ is related with the second derivative $V''(R_b)$ of the total nucleus-nucleus potential $V(R)$ (the Coulomb + nuclear parts) at the barrier radius $R_b$ and the reduced mass parameter $\mu$. With these replacements one can

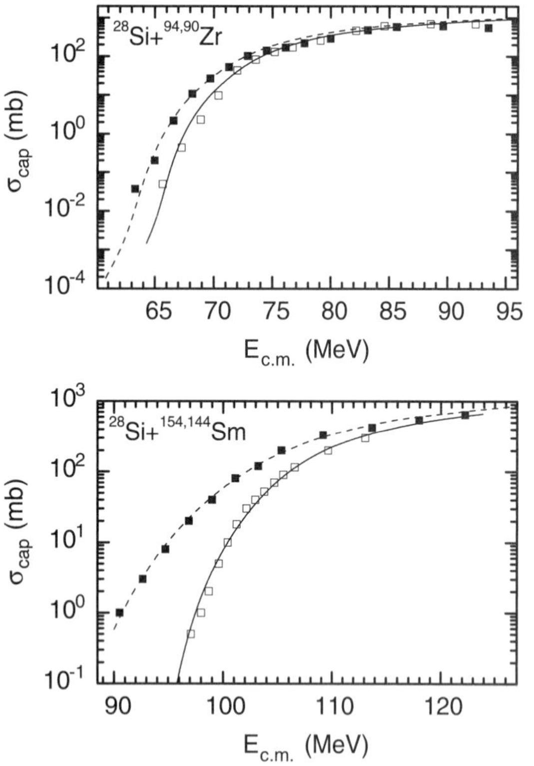


FIG. 5. The same as Fig. 3, for the indicated reactions $^{28}$Si+$^{94}$Zr,$^{154}$Sm (solid lines), and $^{28}$Si+$^{90}$Zr,$^{144}$Sm (dashed lines). The experimental data (symbols) are from Refs. [42–44]. The following quadrupole deformation parameters are used: $\beta_2(^{154}\text{Sm}) = 0.341$ [40], $\beta_2(^{144}\text{Sm}) = 0.05$, and $\beta_2(^{28}\text{Si}) = 0.3$.

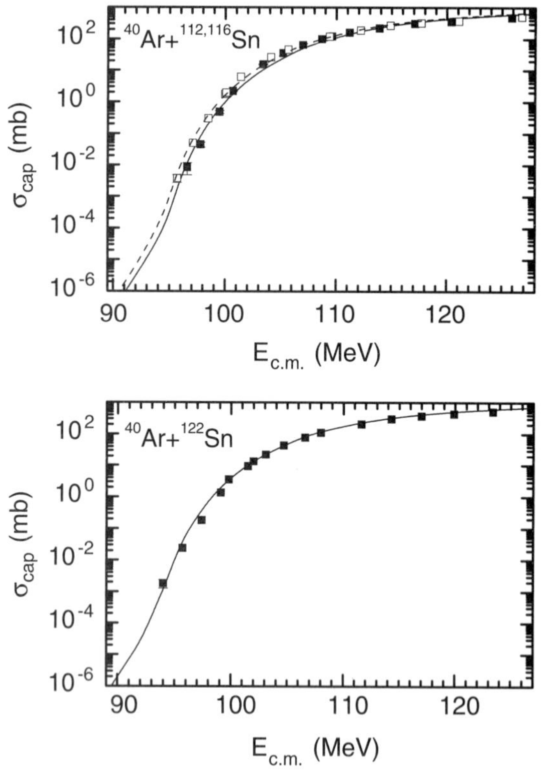


FIG. 6. The same as Fig. 3, for the indicated reactions $^{40}$Ar+$^{112,122}$Sn (solid lines), and $^{40}$Ar+$^{116}$Sn (dashed line). The experimental data (symbols) are from Ref. [36]. The following quadrupole deformation parameters are used: $\beta_2(^{112}\text{Sn}) = 0.1227$ [40], $\beta_2(^{116}\text{Sn}) = 0.1118$ [40], $\beta_2(^{122}\text{Sn}) = 0.1036$ [40], and $\beta_2(^{40}\text{Ar}) = 0.25$ [40].

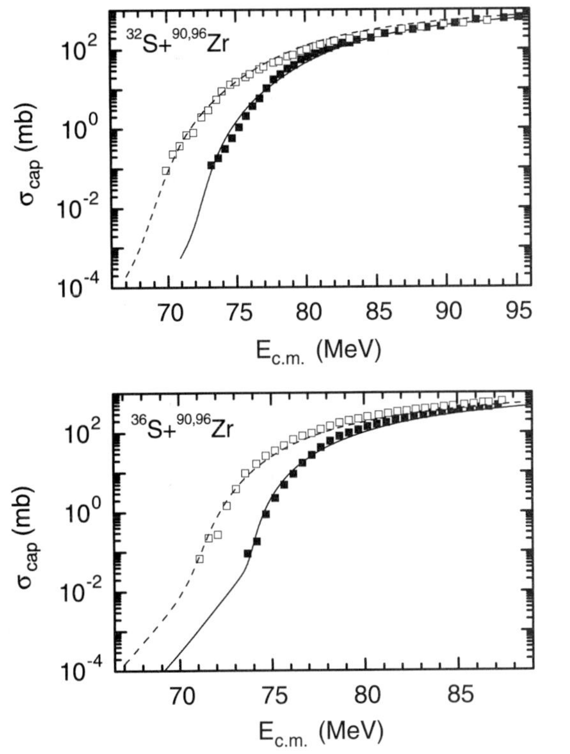


FIG. 7. The same as Fig. 3, for the indicated reactions $^{36,32}S+^{90}Zr$ (solid lines), and $^{36,32}S+^{96}Zr$ (dashed lines). The experimental data (symbols) are from Refs. [45,46]. The following quadrupole deformation parameters are used: $\beta_2(^{32}S) = 0.312$ [40], $\beta_2(^{34}S) = 0.252$ [40], $\beta_2(^{96}Zr) = 0.08$, and $\beta_2(^{36}S) = \beta_2(^{90}Zr) = 0$.

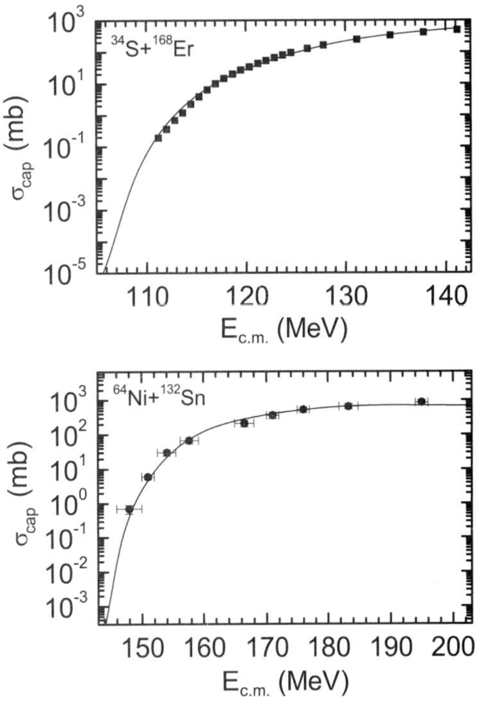


FIG. 8. The same as Fig. 3, for the indicated reactions $^{34}S+^{168}Er$ and $^{64}Ni+^{132}Sn$. The experimental data (symbols) are from Refs. [47,48]. The following quadrupole deformation parameters are used: $\beta_2(^{168}Er) = 0.3381$ [40], $\beta_2(^{66}Ni) = 0.158$ [40], $\beta_2(^{130}Sn) = 0$, and $\beta_2(^{34}S) = 0.125$.

compare the experimental data for different reactions. After these transformations, the reduced calculated fusion cross section takes the simple form,

$$F_0 = \ln[1 + \exp(2\pi x)].$$

To take into consideration the deviation of the real potential from the inverted oscillator, we modify the reduction procedure as follows:

$$E_{\mathrm{c.m.}} \to x = S/(\hbar\pi),$$

$$\sigma^{\exp} \to F(x) = \frac{2SE_{\mathrm{c.m.}}}{\hbar\pi R_b^2(V_b - E_{\mathrm{c.m.}})}\sigma^{\exp}.$$

In this case,

$$F_0 = \ln[1 + \exp(-2S/\hbar)],$$

where $S(E_{\mathrm{c.m.}})$ is the classical action. At energies above the Coulomb barrier, we have $S = \pi(V_b - E_{\mathrm{c.m.}})/\omega$.

## IV. RESULTS OF CALCULATIONS

### A. Effect of quadrupole deformation

In Fig. 2 (upper part), one can see the comparisons of dependencies $F$ and $F_0$ on $S/(\hbar\pi)$ for some reactions considered in the present paper. As expected, at sub-barrier energies the deviation from the UFF is larger in the case of reactions with strongly deformed target nuclei and large factor $Z_1 \times Z_2$ ($^{16}O,^{40}Ar,^{48}Ca+^{154}Sm$, $^{74}Ge+^{74}Ge$). For the reactions $^{16}O,^{40}Ar+^{144}Sm$ with spherical targets, the experimental cross sections are rather close to the UFF.

To separate the effects of deformation and neutron transfer, we firstly consider the reactions with deformed nuclei in which the $Q$ value for the neutron transfer is negative (i.e., the neutron transfers can be disregarded). In Figs. 3 and 4, the calculated capture cross sections for the reactions $^{16}O,^{48}Ca,^{40}Ar+^{154}Sm$, and $^{74}Ge+^{74}Ge$ are in good agreement with the available experimental data [32,33,35,36] showing that the quadrupole deformations of the interacting nuclei are the main reasons for the enhancement of the capture cross section at sub-barrier energies. The quadrupole deformation parameters $\beta_2$ are taken from Ref. [40] for the deformed even-even nuclei. In Ref. [40] the quadrupole deformation parameters $\beta_2$ for the first excited $2^+$ states of nuclei are given. For the nuclei deformed in the ground state, the $\beta_2$ in $2^+$ state is similar to the $\beta_2$ in the ground state and we use $\beta_2$ from Ref. [40] in the calculations. For double magic nuclei, in the ground state we take $\beta_2 = 0$. In Ref. [41] the experimentally observed enhancement of sub-barrier fusion for the reactions $^{16}O,^{48}Ca+^{154}Sm$, and $^{74}Ge+^{74}Ge$ was explained by the nucleon transfer and neck formation effects. However, in the

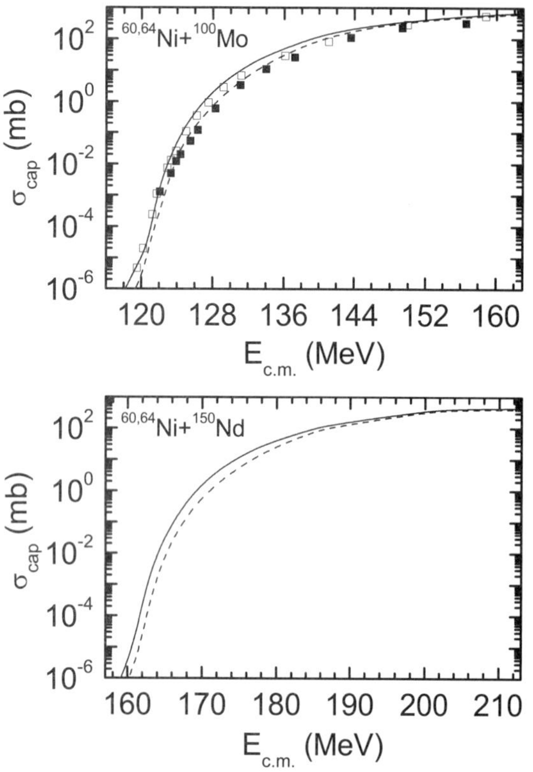


FIG. 9. The same as Fig. 3, for the indicated reactions $^{64}$Ni+$^{100}$Mo,$^{150}$Nd (solid lines) and $^{60}$Ni+$^{100}$Mo,$^{150}$Nd (dashed lines). The experimental data for the reactions $^{60}$Ni+$^{100}$Mo (solid squares) and $^{64}$Ni+$^{100}$Mo (open squares) are from Refs. [11, 49]. The following quadrupole deformation parameters are used: $\beta_2(^{62}\mathrm{Ni}) = 0.1978$ [40], $\beta_2(^{98}\mathrm{Mo}) = 0.1684$ [40], $\beta_2(^{100}\mathrm{Mo}) = 0.2309$ [40], $\beta_2(^{148}\mathrm{Nd}) = 0.2036$ [40], $\beta_2(^{150}\mathrm{Nd}) = 0.2848$ [40], and $\beta_2(^{64}\mathrm{Ni}) = 0.087$.

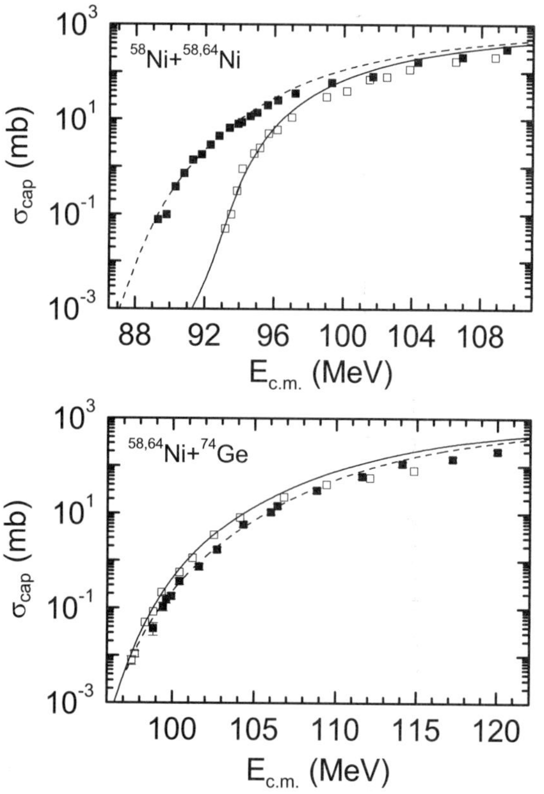


FIG. 10. The same as Fig. 3, for the indicated reactions $^{58}$Ni+$^{64}$Ni,$^{74}$Ge (dashed lines) and $^{58}$Ni+$^{58}$Ni, $^{64}$Ni+$^{74}$Ge (solid lines). The experimental data (symbols) are from Ref. [50]. The following quadrupole deformation parameters are used: $\beta_2(^{60}\mathrm{Ni}) = 0.207$ [40], $\beta_2(^{72}\mathrm{Ge}) = 0.2424$ [40], $\beta_2(^{74}\mathrm{Ge}) = 0.2825$ [40], $\beta_2(^{58}\mathrm{Ni}) = 0.05$, and $\beta_2(^{62}\mathrm{Ni}) \approx \beta_2(^{64}\mathrm{Ni}) = 0.087$ (here, $^{62,64}$Ni are in their ground states).

present article we demonstrate that a good agreement with the experimental data at sub-barrier energies could be reached taking only the quadrupole deformations of interacting nuclei into consideration.

We should mention, that for the sub-barrier energies the results of calculations are very sensitive to the quadrupole deformation parameters $\beta_2$ of the interacting nuclei. Because there are uncertainties in the definition of the values of $\beta_2$ in light- and medium-mass nuclei, one can extract the quadrupole deformation parameters of these nuclei from the comparison of the calculated capture cross sections with the experimental data. The best case is when the projectile or target is the spherical double magic nucleus and there are no neutron transfer channels with the large positive $Q$ values. In this way by describing the reactions $^{28}$Si+$^{90}$Zr,$^{144}$Sm, $^{34}$S+$^{168}$Er, $^{36}$S+$^{90,96}$Zr, $^{40}$Ar+$^{112,116,122}$Sn,$^{144}$Sm, $^{58}$Ni+$^{58}$Ni, $^{64}$Ni+$^{100}$Mo,$^{74}$Ge (Figs. 5–10), we extract the following values of the quadrupole deformation parameter $\beta_2 = 0.30$, 0.125, 0, 0.25, 0.05, 0.087, 0, 0.08, 0.12, 0.11, 0.1, and 0.05 for the nuclei $^{28}$Si, $^{34}$S, $^{36}$S, $^{40}$Ar, $^{58}$Ni, $^{64}$Ni, $^{90}$Zr, $^{96}$Zr, $^{112}$Sn, $^{116}$Sn, $^{122}$Sn, and $^{144}$Sm, respectively. Note that almost the same values of quadrupole deformation parameters of nuclei in the ground state were predicted within the mean-field and the microscopic-macroscopic models [51]. For the nuclei $^{40}$Ar, $^{96}$Zr, $^{112}$Sn, $^{116}$Sn, and $^{122}$Sn, the extracted $\beta_2$ are equal to the experimental ones from Ref. [40]. These extracted deformation parameters we use in calculations in the next subsection. In our approach, the deformation and statistical effects model the coupling of the relative motion with low-lying collective modes which were explicitly treated in Ref. [23] for the case of almost spherical nuclei.

### B. Effect of neutron transfer

Several experiments were performed to understand the effect of neutron transfer in the fusion (capture) reactions. The choice of the projectile-target combination is crucial, and for the systems studied one can make unambiguous statements regarding the neutron transfer process with a positive $Q$ value when the interacting nuclei are double magic or semimagic spherical nuclei. In this case one can disregard the strong nuclear deformation effects before the neutron

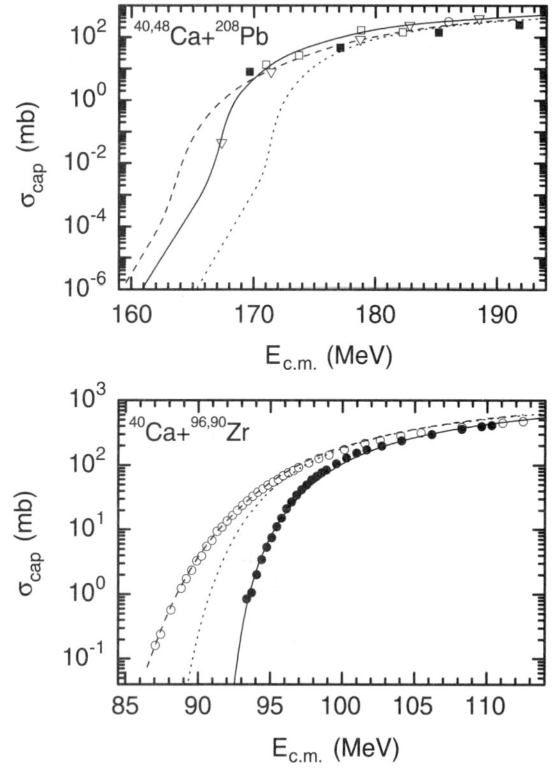


FIG. 11. The same as Fig. 3, for the indicated reactions $^{40}$Ca+$^{96}$Zr,$^{208}$Pb (dashed lines), $^{40}$Ca+$^{90}$Zr (solid line), and $^{48}$Ca+$^{208}$Pb (solid line and open squares and triangles). For the reactions $^{40}$Ca+$^{96}$Zr,$^{208}$Pb, the calculated capture cross sections without taking into consideration the neutron transfer process are shown by dotted lines. The experimental data (symbols) are from Refs. [37–39]. The following quadrupole deformation parameters are used: $\beta_2(^{42}\text{Ca}) = 0.247$ [40], $\beta_2(^{94}\text{Zr}) = 0.09$ [40], $\beta_2(^{96}\text{Zr}) = 0.08$, and $\beta_2(^{40}\text{Ca}) = \beta_2(^{48}\text{Ca}) = \beta_2(^{90}\text{Zr}) = \beta_2(^{206,208}\text{Pb}) = 0$.

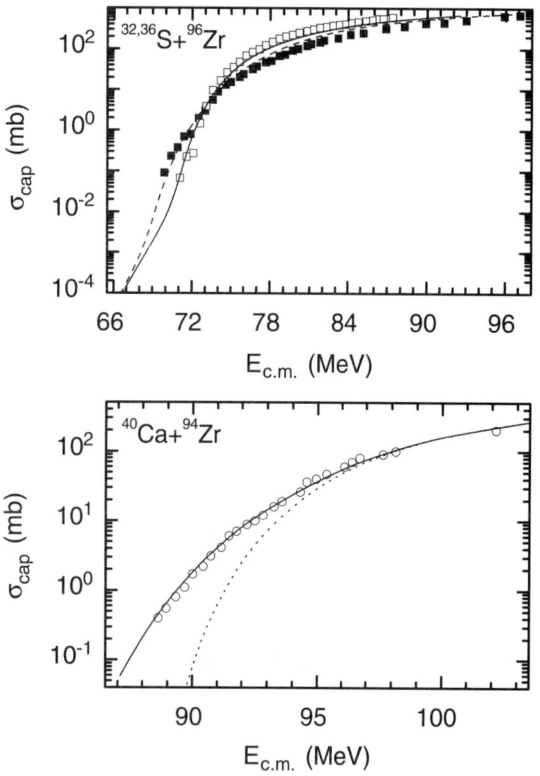


FIG. 12. The same as Fig. 3, for the indicated reactions $^{40}$Ca+$^{94}$Zr (solid line), $^{32}$S+$^{96}$Zr (dashed line and solid squares), and $^{36}$S+$^{96}$Zr (solid line and open squares). For the $^{40}$Ca+$^{94}$Zr reaction, the calculated capture cross sections without taking into consideration the neutron transfer process are shown by dotted line. The experimental data (symbols) are from Refs. [45,46,53]. The following quadrupole deformation parameters are used: $\beta_2(^{42}\text{Ca}) = 0.247$ [40], $\beta_2(^{94}\text{Zr}) = 0.09$ [40], $\beta_2(^{92}\text{Zr}) = 0.1028$ [40], $\beta_2(^{96}\text{Zr}) = 0.08$, and $\beta_2(^{36}\text{S}) = \beta_2(^{40}\text{Ca}) = 0$.

transfer. The good examples are the reactions with the spherical nuclei: $^{40}$Ca+$^{208}$Pb ($Q_{2n} = 5.7$ MeV) and $^{40}$Ca+$^{96}$Zr ($Q_{2n} = 5.5$ MeV). In Fig. 2 (lower part), one can see that the reduced capture cross sections in these reactions strongly deviate from the UFF in contrast to those in the reactions $^{48}$Ca+$^{208}$Pb and $^{48}$Ca+$^{96}$Zr, where the neutron transfer channels are suppressed (the negative $Q$ values). Because the transfer of protons is shielded by the Coulomb barrier, it occurs when two nuclei almost touch each other [30] (i.e., after a capture). Thus, the proton transfer can be disregarded in the calculations of capture cross sections.

Following the hypothesis of Ref. [10], we assume that the sub-barrier capture mainly depends on the two-neutron transfer with the positive $Q$ value. Our assumption is that, before the projectile is captured by the target nucleus (before the crossing of the Coulomb barrier) which is the slow process, the two-neutron transfer occurs at larger separations that can lead to the population of the first $2^+$ state in the recipient nucleus [52]. Because after two-neutron transfer, the mass numbers, the deformation parameters of interacting nuclei, and, respectively, the height and shape of the Coulomb barrier are changed, one can expect the enhancement or suppression of the capture. For example, after the neutron transfer in the reaction $^{40}\text{Ca}(\beta_2 = 0)+^{208}\text{Pb}(\beta_2 = 0) \to {}^{42}\text{Ca}(\beta_2 = 0.247)+^{206}\text{Pb}(\beta_2 = 0)$ ($^{40}\text{Ca}(\beta_2 = 0)+^{96}\text{Zr}(\beta_2 = 0.08) \to {}^{42}\text{Ca}(\beta_2 = 0.247)+^{94}\text{Zr}(\beta_2 = 0.09)$) the deformation of the nuclei increases and the mass asymmetry of the system decreases, and, thus, the value of the Coulomb barrier decreases and the capture cross section becomes larger (Fig. 11). We observe the same behavior in the reactions $^{64}$Ni+$^{132}$Sn (Fig. 8) $^{58}$Ni+$^{64}$Ni,$^{74}$Ge (Fig. 10), $^{32}$S+$^{96}$Zr, $^{40}$Ca+$^{94}$Zr (Fig. 12), $^{40}$Ca+$^{192}$Os,$^{198}$Pt (Fig. 13), and $^{40}$Ca+$^{48}$Ca,$^{116,124}$Sn (Fig. 14). One can see a good agreement between the calculated results and the experimental data. For some reactions at energies above the Coulomb barrier, the small deviation between the calculated results and experimental data probably arises from the fact that the fusion-fission and quasifission channels [58,59] were not taken into consideration in the experimental

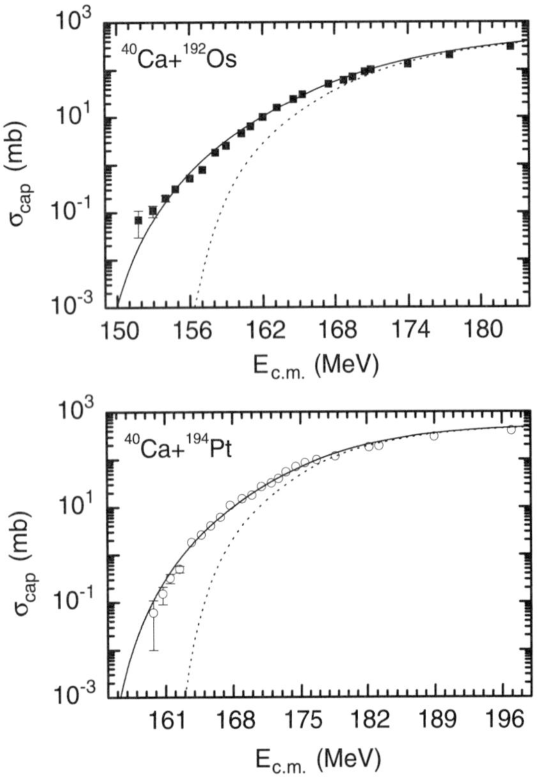


FIG. 13. The same as Fig. 3, for the indicated reactions $^{40}$Ca+$^{192}$Os,$^{194}$Pt (solid lines). The calculated capture cross sections without taking into consideration the neutron transfer process are shown by dotted lines. The experimental data (symbols) are from Ref. [54]. The following quadrupole deformation parameters are used: $\beta_2(^{42}\mathrm{Ca})=0.247$ [40], $\beta_2(^{192}\mathrm{Os})=0.1667$ [40], $\beta_2(^{190}\mathrm{Os})=0.1775$ [40], $\beta_2(^{194}\mathrm{Pt})=0.1426$ [40], $\beta_2(^{192}\mathrm{Pt})=0.1532$ [40], and $\beta_2(^{40}\mathrm{Ca})=0$.

capture cross sections. So, our results show that the observed capture enhancement at sub-barrier energies for the reactions mentioned above is related to the two-neutron transfer channel. For these reactions, there is a large deflection from the UFF (see lower part of Fig. 2). Note that the strong population of the yrast states, and in particular of the first $2^+$ state of even Ar (Ca) isotopes via the neutron pick-up channels in the $^{40}$Ar+$^{208}$Pb ($^{40}$Ca+$^{96}$Zr) reaction was experimentally found in Ref. [52]. In the calculations, for such excited recipient nuclei we use the experimental deformation parameters $\beta_2$ related to the first $2^+$ states from the table of Ref. [40]. We assume that after two-neutron transfer the residues of donor nuclei remain in the ground state with corresponding quadrupole deformation.

One can find the reactions with positive two-neutron transfer $Q$ values where the transfer weakly influences or even suppresses the capture process. This happens if after transfer the deformations of nuclei almost do not change or even decrease. For instance, in the reactions $^{32}\mathrm{S}(\beta_2=0.312)+^{96}\mathrm{Zr}(\beta_2=0.08)\rightarrow{}^{34}\mathrm{S}(\beta_2=0.252)+{}^{94}\mathrm{Zr}(\beta_2=$

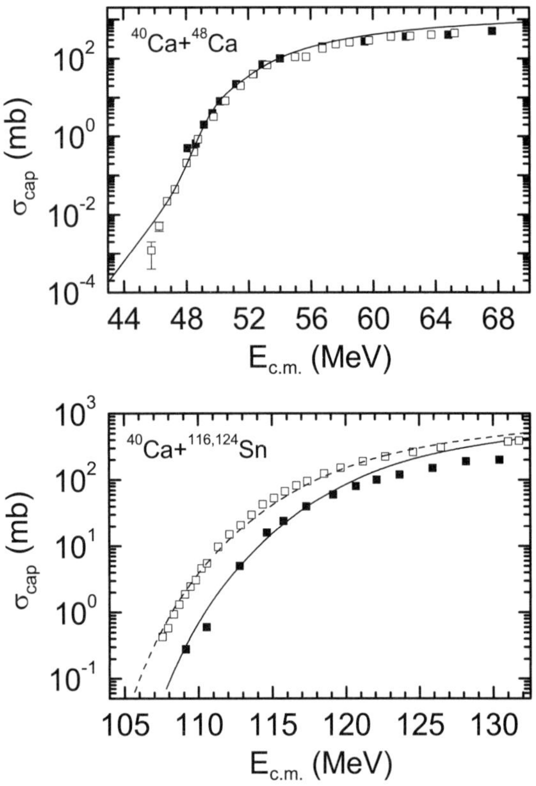


FIG. 14. The same as Fig. 3, for the indicated reactions $^{40}$Ca+$^{48}$Ca,$^{116}$Sn (solid lines), and $^{40}$Ca+$^{124}$Sn (dashed line). The experimental data (symbols) are from Refs. [55–57]. The following quadrupole deformation parameters are used: $\beta_2(^{42}\mathrm{Ca})=0.247$ [40], $\beta_2(^{116}\mathrm{Sn})=0.1118$ [40], $\beta_2(^{122}\mathrm{Sn})=0.1036$ [40], and $\beta_2(^{46}\mathrm{Ca})=\beta_2(^{40}\mathrm{Ca})=0$.

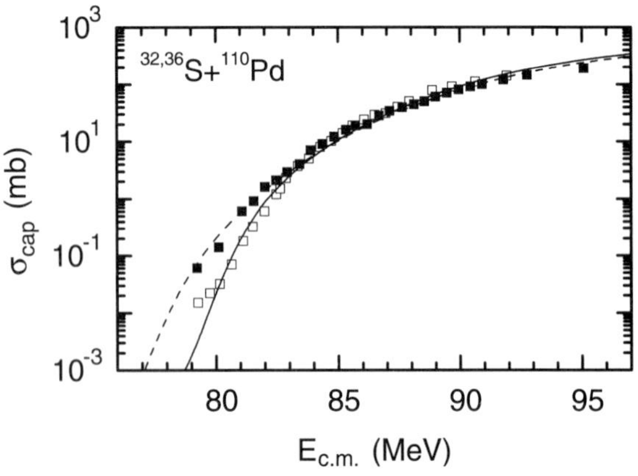


FIG. 15. The same as Fig. 3, for the indicated reactions $^{32}$S+$^{110}$Pd (dashed line and solid squares) and $^{36}$S+$^{110}$Pd (solid line and open squares). The experimental data (symbols) are from Ref. [8]. The following quadrupole deformation parameters are used: $\beta_2(^{34}\mathrm{S})=0.252$ [40], $\beta_2(^{108}\mathrm{Pd})=0.243$ [40], $\beta_2(^{110}\mathrm{Pd})=0.257$ [40], and $\beta_2(^{36}\mathrm{S})=0$.

0.09), $^{60}$Ni($0.05 < \beta_2 \leqslant 0.1$)+$^{100}$Mo($\beta_2 = 0.231$) $\rightarrow$ $^{62}$Ni($\beta_2 = 0.198$)+$^{98}$Mo($\beta_2 = 0.168$), and $^{60}$Ni($0.05 < \beta_2 \leqslant 0.1$)+$^{150}$Nd($\beta_2 = 0.285$) $\rightarrow$ $^{62}$Ni($\beta_2 = 0.198$)+$^{148}$Nd($\beta_2 = 0.204$) one can expect weak dependence of the capture cross section on the neutron transfer (Figs. 9 and 12). There is the experimental indication of such an effect for the $^{60}$Ni+$^{100}$Mo reaction [11]. The weak influence of neutron transfer on the capture process is also found in the reactions $^{32}$S+$^{110}$Pd,$^{154}$Sm,$^{208}$Pb (Figs. 15 and 16), $^{28}$Si+$^{94}$Zr,$^{142}$Ce,$^{154}$Sm,$^{208}$Pb (Figs. 5 and 17). The same behavior is expected in the reactions $^{84}$Kr+$^{138}$Ce,$^{140}$Nd.

Note that our model predicts almost the same capture cross sections for the reactions with positive $Q$ values $^{6}$He,$^{9}$Li,$^{11}$Be+$^{206}$Pb, $^{18}$O+$^{58}$Ni and for the reactions without neutron transfer $^{4}$He,$^{7}$Li,$^{9}$Be+$^{208}$Pb, $^{16}$O+$^{60}$Ni, respectively. Here, the break-up channels are not taken into consideration in the calculations.

In Fig. 18, the capture cross sections for the reactions $^{58,64}$Ni+$^{207}$Pb are predicted. As seen, there is considerable difference between the capture cross sections in these two reactions because of the existence of the two-neutron transfer channel ($Q_{2n} = 5.6$ MeV) in the reaction $^{58}$Ni+$^{207}$Pb$\rightarrow$

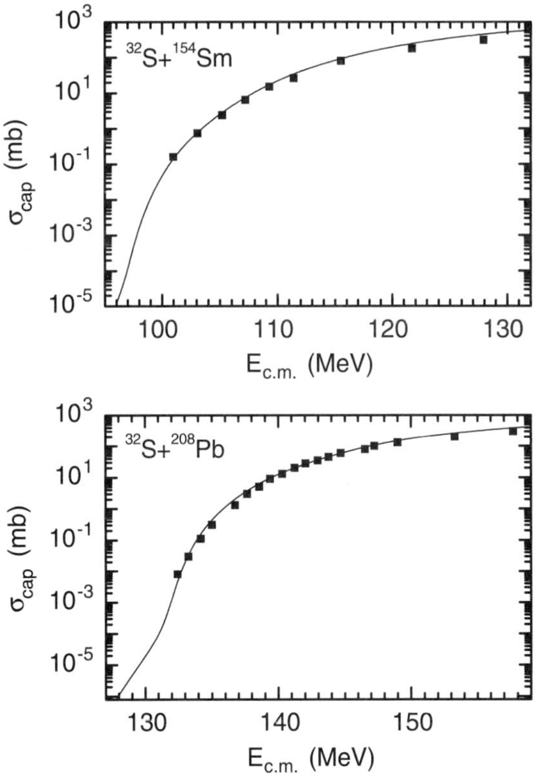


FIG. 16. The same as Fig. 3, for the indicated reactions $^{32}$S+$^{154}$Sm,$^{208}$Pb. The experimental data (symbols) are from Refs. [60,61]. The following quadrupole deformation parameters are used: $\beta_2(^{34}\mathrm{S}) = 0.252$ [40], $\beta_2(^{152}\mathrm{Sm}) = 0.3064$ [40], and $\beta_2(^{206}\mathrm{Pb}) = 0$.

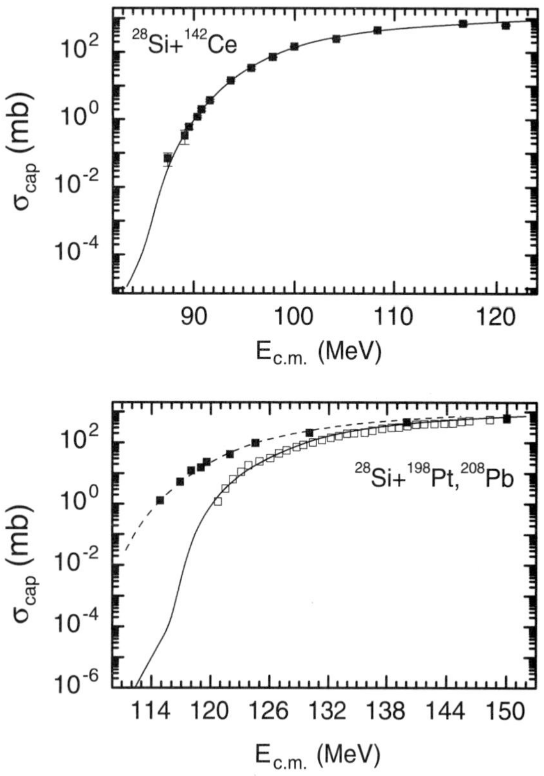


FIG. 17. The same as Fig. 3, for the indicated reactions $^{28}$Si+$^{142}$Ce,$^{208}$Pb (solid lines), and $^{28}$Si+$^{198}$Pt (dashed line). The experimental data (symbols) are from Refs. [62–64]. The following quadrupole deformation parameters are used: $\beta_2(^{30}\mathrm{Si}) = 0.315$ [40], $\beta_2(^{140}\mathrm{Ce}) = 0.1012$ [40], $\beta_2(^{196}\mathrm{Pt}) = 0.1296$ [40], and $\beta_2(^{206}\mathrm{Pb}) = 0$.

$^{60}$Ni+$^{205}$Pb. Thus, the study of these reactions could be a good test for the conclusion about the effect of neutron transfer. It will be interesting to compare the role of the neutron transfer channel in the reactions with spherical nuclei mentioned above (Fig. 11) and with deformed targets, $^{40}$Ca+$^{154}$Sm,$^{238}$U (Fig. 19). Because of a change of the regime of interaction (the turning off of the nuclear forces and friction) at sub-barrier energies [18–20], the curve related to the capture cross section as a function of bombarding energy has smaller slope (see Figs. 3–9, 11, 12 and 14–17). This effect is more visible in the capture of spherical nuclei without the neutron transfer. However, the present experimental data on the capture process at strongly sub-barrier energies are rather poor.

## V. ORIGIN OF FUSION HINDRANCE IN REACTIONS WITH MEDIUM-MASS NUCLEI AT DEEP SUB-BARRIER ENERGIES

Because the sum of the fusion cross section $\sigma_{\rm fus}$ and the quasifission cross section $\sigma_{qf}$ gives the capture cross section,

$$\sigma_{\rm cap} = \sigma_{\rm fus} + \sigma_{qf},$$

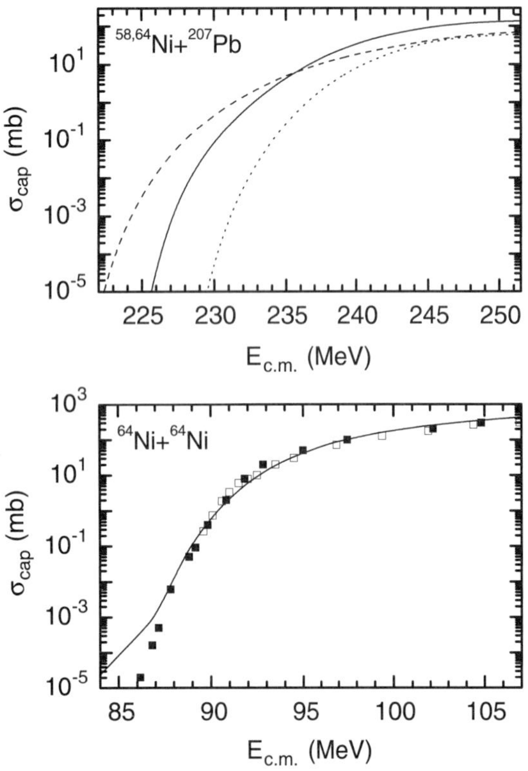


FIG. 18. The same as Fig. 3, for the indicated reactions $^{58}$Ni+$^{207}$Pb (dashed line), $^{64}$Ni+$^{64}$Ni (solid line), and $^{64}$Ni+$^{207}$Pb (solid line). For the $^{58}$Ni+$^{207}$Pb reaction, the calculated capture cross sections without taking into consideration the neutron transfer process are shown by dotted line. The experimental data (symbols) are from Refs. [50,66]. The following quadrupole deformation parameters are used: $\beta_2(^{60}\text{Ni}) = 0.207$ [40], $\beta_2(^{58}\text{Ni}) = 0.05$, $\beta_2(^{64}\text{Ni}) = 0.087$, and $\beta_2(^{205,207}\text{Pb}) = 0$.

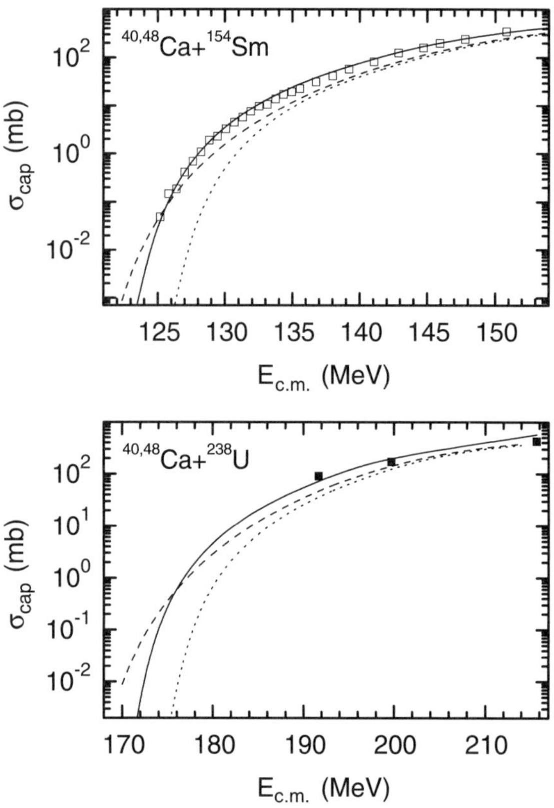


FIG. 19. The same as Fig. 3, for the indicated reactions $^{40}$Ca+$^{154}$Sm,$^{238}$U (dashed lines), and $^{48}$Ca+$^{154}$Sm,$^{238}$U (solid lines). For the reactions $^{40}$Ca+$^{154}$Sm,$^{238}$U, the calculated capture cross sections without taking into consideration the neutron transfer process are shown by dotted line. The experimental data (symbols) for the reactions $^{48}$Ca+$^{154}$Sm,$^{238}$U are from Refs. [32,65]. The following quadrupole deformation parameters are used: $\beta_2(^{42}\text{Ca}) = 0.247$ [40], $\beta_2(^{152}\text{Sm}) = 0.3055$ [40], $\beta_2(^{154}\text{Sm}) = 0.341$ [40], $\beta_2(^{236}\text{U}) = 0.2821$ [40], $\beta_2(^{238}\text{U}) = 0.2863$ [40], and $\beta_2(^{48}\text{Ca}) = 0$.

one can estimate the relative contributions of $\sigma_{\text{fus}}$ and $\sigma_{qf}$ to $\sigma_{\text{cap}}$. In Figs. 14, 18, and 20 the calculated capture cross section are presented for the reactions $^{40}$Ca+$^{48}$Ca, $^{64}$Ni+$^{64}$Ni, and $^{36}$S+$^{48}$Ca,$^{64}$Ni. As seen, at energies above and just below the Coulomb barriers $\sigma_{\text{cap}} = \sigma_{\text{fus}}$. The difference between the sub-barrier capture and fusion cross sections becomes larger with decreasing bombarding energy $E_{\text{c.m.}}$. One can see the same effect for the $^{16}$O+$^{208}$Pb reaction [18]. Assuming that the estimated capture and the measured fusion cross sections are correct, the small fusion cross section at energies well below the Coulomb barrier may indicate that another reaction channel is preferable and the system goes to this channel after the capture. The observed hindrance factor may be understood in terms of quasifission whose cross section should be added to the $\sigma_{\text{fus}}$ to obtain a meaningful comparison with the calculated capture cross section.

At deep sub-barrier energies, the quasifission event corresponds to the formation of a nuclear-molecular state or dinuclear system with small excitation energy that separates (in competition with the compound nucleus formation process) by the quantum tunneling through the Coulomb barrier in a binary event with mass and charge close to the entrance channel. In this sense the quasifission is the general phenomenon which takes place in the reactions with the massive [14–17], medium-mass, and, probably, light nuclei. For the medium-mass and light nuclei, this reaction channel is expected to be at deep sub-barrier energies and has to be studied in future experiments: From the measurement of the mass (charge) distribution in the collisions with total momentum transfer one can show the distinct components from the quasifission. Because of these energies, the angular momentum $J < 10$ and the angular distribution would have small anisotropy. The low-energy experimental data would probably provide straight information because the high-energy data may be shaded by competing nucleon transfer processes. Note that the binary decay events were already observed experimentally in Ref. [69] for the $^{58}$Ni+$^{124}$Sn reaction at energies below the Coulomb barrier

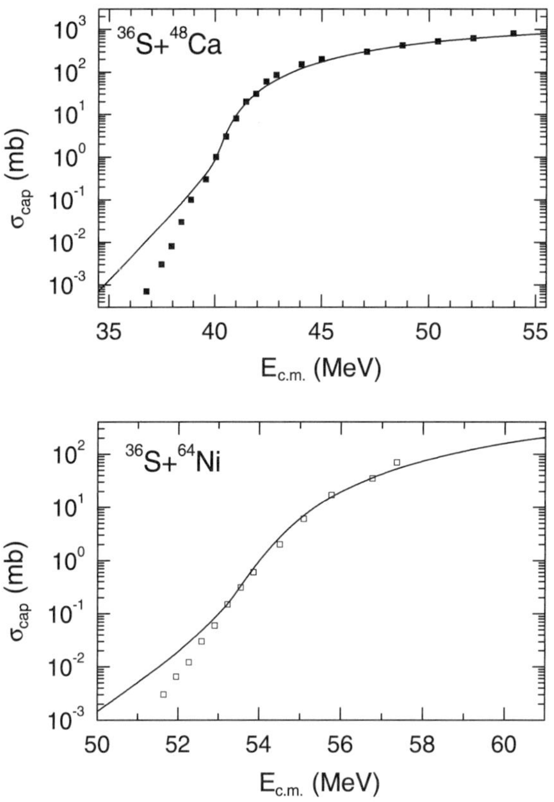


FIG. 20. The same as Fig. 3, for the indicated reactions $^{36}S+^{48}Ca,^{64}Ni$. The experimental data (symbols) are from Refs. [67, 68]. The following quadrupole deformation parameters are used: $\beta_2(^{64}Ni) = 0.087$ and $\beta_2(^{36}S) = \beta_2(^{48}Ca) = 0$.

but assumed to be related to deep-inelastic scattering. At energies above the Coulomb barrier the hindrance to fusion was revealed in Ref. [70] for the reactions $^{58}Ni+^{124}Sn$ and $^{16}O+^{208}Pb$.

## VI. SUMMARY

The quantum diffusion approach was applied to study the capture process in the reactions with deformed and spherical nuclei at sub-barrier energies. The available experimental data at energies above and below the Coulomb barrier are well described. As shown, the experimentally observed sub-barrier fusion enhancement is mainly related to the quadrupole deformation of the colliding nuclei and neutron transfer with the positive $Q$ value. The change of the magnitude of the capture cross section after the neutron transfer occurs because of the change of the deformations of nuclei. When after the neutron transfer the deformations of nuclei do not change or decrease, the neutron transfer weakly influences or suppresses the capture process. It would be interesting to study such types of reactions.

The importance of quasifission near the entrance channel was noticed for the reactions with medium-mass nuclei at extreme sub-barrier energies. The quasifission can explain the difference between the capture and fusion cross sections. One can try to check experimentally these predictions.

## ACKNOWLEDGMENTS

We thank H. Jia, D. Lacroix, J.-Q. Li, C. J. Lin, and S.-G. Zhou for fruitful discussions and suggestions. This work was supported by Deutsche Forschungsgemeinschaft, National Natural Science Foundation of China, and Russian Foundation for Basic Research. The IN2P3(France)–JINR(Dubna), MTA(Hungary)–JINR(Dubna), and Polish–JINR(Dubna) Cooperation Programmes are gratefully acknowledged.


[1] A. B. Balantekin and N. Takigawa, Rev. Mod. Phys. **70**, 77 (1998).
[2] L. F. Canto, P. R. S. Gomes, R. Donangelo, and M. S. Hussein, Phys. Rep. **424**, 1 (2006).
[3] C. A. Bertulani, EPJ Web Conf. **17**, 15001 (2011).
[4] W. Henning, F. L. H. Wolfs, J. P. Schiffer, and K. E. Rehm, Phys. Rev. Lett. **58**, 318 (1987).
[5] P. H. Stelson, H. J. Kim, M. Beckerman, D. Shapira, and R. L. Robinson, Phys. Rev. C **41**, 1584 (1990); C. L. Jiang, K. E. Rehm, J. Gehring, B. Glagola, W. Kutschera, M. Rhein, and A. H. Wuosmaa, Phys. Lett. B **337**, 59 (1994).
[6] R. Pengo *et al.*, Nucl. Phys. A **411**, 255 (1983).
[7] R. B. Roberts *et al.*, Phys. Rev. C **47**, R1831 (1993); D. Ackermann *et al.*, Nucl. Phys. A **609**, 91 (1996).
[8] A. M. Stefanini, D. Ackermann, L. Corradi, J. H. He, G. Montagnoli, S. Beghini, F. Scarlassara, and G. F. Segato, Phys. Rev. C **52**, R1727 (1995).
[9] A. A. Sonzogni, J. D. Bierman, M. P. Kelly, J. P. Lestone, J. F. Liang, and R. Vandenbosch, Phys. Rev. C **57**, 722 (1998).
[10] R. A. Broglia, C. H. Dasso, S. Landowne, and A. Winther, Phys. Rev. C **27**, 2433 (1983); R. A. Broglia, C. H. Dasso, S. Landowne, and G. Pollarolo, Phys. Lett. B **133**, 34 (1983).
[11] F. Scarlassara *et al.*, EPJ Web Conf. **17**, 05002 (2011).
[12] C. L. Jiang *et al.*, Phys. Rev. Lett. **89**, 052701 (2002).
[13] K. Langanke and C. A. Barnes, Adv. Nucl. Phys. **22**, 173 (1996); A. Aprahamian, K. Langanke, and M. Wiescher, Prog. Part. Nucl. Phys. **54**, 535 (2005).
[14] J. G. Keller *et al.*, Nucl. Phys. A **452**, 173 (1986).
[15] V. V. Volkov, Part. Nucl. **35**, 797 (2004).
[16] G. G. Adamian, N. V. Antonenko, and W. Scheid, Phys. Rev. C **68**, 034601 (2003); in Lecture Notes in Physics 848, *Clusters in Nuclei*, Vol. 2, edited by C. Beck (Springer-Verlag, Berlin, 2012), p. 165.
[17] G. Giardina *et al.*, Nucl. Phys. A **671**, 165 (2000); A. Nasirov *et al.*, *ibid.* **759**, 342 (2005); Z.-Q. Feng, G.-M. Jin, J.-Q. Li, and W. Scheid, Phys. Rev. C **76**, 044606 (2007); H. Q. Zhang, C. L. Zhang, C. J. Lin, Z. H. Liu, F. Yang, A. K. Nasirov, G. Mandaglio, M. Manganaro, and G. Giardina, *ibid.* **81**, 034611 (2010).

[18] V. V. Sargsyan, G. G. Adamian, N. V. Antonenko, and W. Scheid, Eur. Phys. J. A **45**, 125 (2010).
[19] V. V. Sargsyan, G. G. Adamian, N. V. Antonenko, W. Scheid, and H. Q. Zhang, Eur. Phys. J. A **47**, 38 (2011).
[20] V. V. Sargsyan, G. G. Adamian, N. V. Antonenko, W. Scheid, and H. Q. Zhang, J. Phys.: Conf. Ser. **282**, 012001 (2011); EPJ Web Conf. **17**, 04003 (2011).
[21] A. S. Zubov, V. V. Sargsyan, G. G. Adamian, and N. V. Antonenko, Phys. Rev. C **84**, 044320 (2011).
[22] A. S. Zubov, V. V. Sargsyan, G. G. Adamian, N. V. Antonenko, and W. Scheid, Phys. Rev. C **81**, 024607 (2010); **82**, 034610 (2010).
[23] S. Ayik, B. Yilmaz, and D. Lacroix, Phys. Rev. C **81**, 034605 (2010).
[24] V. V. Sargsyan, Z. Kanokov, G. G. Adamian, N. V. Antonenko, and W. Scheid, Phys. Rev. C **80**, 034606 (2009); **80**, 047603 (2009); V. V. Sargsyan, Z. Kanokov, G. G. Adamian, and N. V. Antonenko, Part. Nucl. **41**, 175 (2010).
[25] G. G. Adamian, N. V. Antonenko, Z. Kanokov, and V. V. Sargsyan, Teor. Mat. Fiz. **145**, 87 (2005); Theor. Math. Phys. **145**, 1443 (2006); Z. Kanokov, Yu. V. Palchikov, G. G. Adamian, N. V. Antonenko, and W. Scheid, Phys. Rev. E **71**, 016121 (2005); Yu. V. Palchikov, Z. Kanokov, G. G. Adamian, N. V. Antonenko, and W. Scheid, *ibid.* **71**, 016122 (2005); R. A. Kuzyakin, V. V. Sargsyan, G. G. Adamian, and N. V. Antonenko, Phys. Rev. A **83**, 062117 (2011); **84**, 032117 (2011).
[26] H. Hofmann, Phys. Rep. **284**, 137 (1997); C. Rummel and H. Hofmann, Nucl. Phys. A **727**, 24 (2003).
[27] N. Takigawa, S. Ayik, K. Washiyama, and S. Kimura, Phys. Rev. C **69**, 054605 (2004); S. Ayik, B. Yilmaz, A. Gokalp, O. Yilmaz, and N. Takigawa, *ibid.* **71**, 054611 (2005).
[28] G. Hupin and D. Lacroix, Phys. Rev. C **81**, 014609 (2010).
[29] V. V. Dodonov and V. I. Man'ko, Trudy Fiz. Inst. AN **167**, 7 (1986).
[30] G. G. Adamian, A. K. Nasirov, N. V. Antonenko, and R. V. Jolos, Phys. Part. Nucl. **25**, 583 (1994).
[31] K. Washiyama, D. Lacroix, and S. Ayik, Phys. Rev. C **79**, 024609 (2009); S. Ayik, K. Washiyama, and D. Lacroix, *ibid.* **79**, 054606 (2009).
[32] G. N. Knyazheva *et al.*, Phys. Rev. C **75**, 064602 (2007); A. M. Stefanini *et al.*, Eur. Phys. J. A **23**, 473 (2005).
[33] J. R. Leigh *et al.*, Phys. Rev. C **52**, 3151 (1995).
[34] D. E. DiGregorio *et al.*, Phys. Rev. C **39**, 516 (1989).
[35] M. Beckerman, M. K. Salomaa, J. Wiggins, and R. Rohe, Phys. Rev. C **28**, 1963 (1983).
[36] W. Reisdorf *et al.*, Nucl. Phys. A **438**, 212 (1985).
[37] H. Timmers *et al.*, Nucl. Phys. A **633**, 421 (1998).
[38] A. J. Pacheco *et al.*, Phys. Rev. C **45**, 2861 (1992); R. Bock *et al.*, Nucl. Phys. A **388**, 334 (1982).
[39] E. Prokhorova *et al.*, Nucl. Phys. A **802**, 45 (2008).
[40] S. Raman, C. W. Nestor Jr., and P. Tikkanen, At. Data Nucl. Data Tables **78**, 1 (2001).
[41] J. M. B. Shorto, P. R. S. Gomes, J. Lubian, L. F. Canto, and P. Lotti, Phys. Rev. C **81**, 044601 (2010).
[42] S. Kalkal *et al.*, Phys. Rev. C **81**, 044610 (2010).
[43] S. Gil *et al.*, Phys. Rev. Lett. **65**, 3100 (1990).
[44] G. P. A. Nobre, L. C. Chamon, L. R. Gasques, B. V. Carlson, and I. J. Thompson, Phys. Rev. C **75**, 044606 (2007).
[45] H. Q. Zhang *et al.*, Phys. Rev. C **82**, 054609 (2010).
[46] A. M. Stefanini *et al.*, Phys. Rev. C **62**, 014601 (2000).
[47] C. R. Morton, A. C. Berriman, R. D. Butt, M. Dasgupta, A. Godley, D. J. Hinde, and J. O. Newton, Phys. Rev. C **62**, 024607 (2000).
[48] J. F. Liang, D. Shapira, C. J. Gross, R. L. Varner, J. R. Beene, P. E. Mueller, and D. W. Stracener, Phys. Rev. C **78**, 047601 (2008).
[49] C. L. Jiang *et al.*, Phys. Rev. C **71**, 044613 (2005).
[50] M. Beckerman, M. Salomaa, A. Sperduto, J. D. Molitoris, and A. DiRienzo, Phys. Rev. C **25**, 837 (1982).
[51] P. Möller *et al.*, At. Data Nucl. Data Tables **59**, 185 (1995).
[52] S. Szilner *et al.*, Phys. Rev. C **76**, 024604 (2007); L. Corradi, G. Pollarolo, and S. Szilner, J. Phys. G **36**, 113101 (2009); S. Szilner *et al.*, J. Phys.: Conf. Ser. **282**, 012021 (2011); EPJ Web Conf. **17**, 03005 (2011); Phys. Rev. C **84**, 014325 (2011); L. Corradi *et al.*, EPJ Web Conf. **17**, 08004 (2011); Phys. Rev. C **84**, 034603 (2011).
[53] A. M. Stefanini *et al.*, Phys. Rev. C **76**, 014610 (2007).
[54] J. D. Bierman, P. Chan, J. F. Liang, M. P. Kelly, A. A. Sonzogni, and R. Vandenbosch, Phys. Rev. C **54**, 3068 (1996).
[55] H. A. Aljuwair *et al.*, Phys. Rev. C **30**, 1223 (1984).
[56] C. L. Jiang *et al.*, Phys. Rev. C **82**, 041601(R) (2010).
[57] A. M. Stefanini *et al.*, Eur. Phys. J. A **23**, 1401 (1997); F. Scarlassara *et al.*, Nucl. Phys. A **672**, 99 (2000).
[58] L. G. Moretto and G. J. Wozniak, Prog. Part. Nucl. Phys. **21**, 401 (1988).
[59] G. Ademard *et al.*, Phys. Rev. C **83**, 054619 (2011); EPJ Web Conf. **17**, 10005 (2011); Sh. A. Kalandarov, G. G. Adamian, N. V. Antonenko, and W. Scheid, Phys. Rev. C **82**, 044603 (2010); **83**, 054611 (2011).
[60] P. R. S. Gomes *et al.*, Phys. Rev. C **49**, 245 (1994).
[61] M. Dasgupta and D. J. Hinde, Nucl. Phys. A **734**, 148 (2004).
[62] S. Gil *et al.*, Phys. Rev. C **51**, 1336 (1995).
[63] K. Nishio, H. Ikezoe, S. Mitsuoka, and J. Lu, Phys. Rev. C **62**, 014602 (2000).
[64] D. J. Hinde *et al.*, Nucl. Phys. A **592**, 271 (1995).
[65] W. Q. Shen *et al.*, Phys. Rev. C **36**, 115 (1987).
[66] C. L. Jiang *et al.*, Phys. Rev. Lett. **93**, 012701 (2004).
[67] A. M. Stefanini *et al.*, Phys. Rev. C **78**, 044607 (2008).
[68] G. Montagnoli *et al.*, Nucl. Phys. A **834**, 159c (2010); Phys. Rev. C **82**, 064609 (2010).
[69] F. L. H. Wolfs, W. Henning, K. E. Rehm, and J. P. Schiffer, Phys. Lett. B **196**, 113 (1987).
[70] G. Pollarolo, Nucl. Phys. A **787**, 206c (2007).

# Observation of the Superheavy Nuclide $^{271}$Ds ①

ZHANG Zhi-Yuan(张志远)[1,6], GAN Zai-Guo(甘再国)[1], MA Long(马龙)[1], HUANG Ming-Hui(黄明辉)[1], HUANG Tian-Heng(黄天衡)[1], WU Xiao-Lei(吴晓蕾)[1], JIA Guo-Bin(贾国斌)[1,6], LI Guang-Shun(李广顺)[1,6], YU Lin(郁琳)[1,6], REN Zhong-Zhou(任中洲)[2,5], ZHOU Shan-Gui(周善贵)[3,5], ZHANG Yu-Hu(张玉虎)[1], ZHOU Xiao-Hong(周小红)[1], XU Hu-Shan(徐瑚珊)[1], ZHANG Huan-Qiao(张焕乔)[4], XIAO Guo-Qing(肖国青)[1], ZHAN Wen-Long(詹文龙)[1]

[1] *Institute of Modern Physics, Chinese Academy of Sciences, Lanzhou 730000*
[2] *Department of Physics, Nanjing University, Nanjing 210093*
[3] *State Key Laboratory of Theoretical Physics, Institute of Theoretical Physics, Chinese Academy of Sciences, Beijing 100190*
[4] *China Institute of Atomic Energy, Beijing 102413*
[5] *Center of Theoretical Nuclear Physics, National Laboratory of Heavy-Ion Accelerator, Lanzhou 730000*
[6] *Graduate University of Chinese Academy of Sciences, Beijing 100049*

(Received 13 August 2011)

*With the recent commissioning of a gas-filled recoil separator at Institute of Modern Physics (IMP) in Lanzhou, the decay properties of $^{271}$Ds ($Z$ = 110) were studied via the $^{208}$Pb($^{64}$Ni, $n$) reaction at a beam energy of 313.3 MeV. Based on the separator coupled with a position sensitive silicon strip detector, we carried out the energy-position-time correlation measurements for the implanted nucleus and its subsequent decay $\alpha$'s. One $\alpha$-decay chain for $^{271}$Ds was established. The $\alpha$ energy and decay time of the $^{271}$Ds nucleus were measured to be 10.644 MeV and 96.8 ms, which are consistent with the values reported in the literature.*

*PACS: 25.70.Jj, 25.70.Gh, 27.90.+b* DOI:10.1088/0256-307X/29/1/012502

The liquid-drop model[1] established in 1930s treated the atomic nucleus as a charged drop of incompressible fluid, and predicted that nuclei with more than 100 protons cannot form a bound system and will disintegrate by fission. However, one has realized that nuclear shell effects could enhance the stability of the superheavy nuclei against the spontaneous fission. The nuclear structure models including the shell correction predict the existence of an island of superheavy nuclei around a spherical doubly magic nucleus ($Z$ = 114, 120 or 126 and $N$ = 184).[2-4] In the past half century, nuclear physicists have made their best endeavors to produce and identify the superheavy nuclei, and have achieved great progress. Although the superheavy nuclei up to $Z$=118[5-7] were synthesized using the heavy-ion induced fusion evaporation reactions, the most neutron-rich nuclei observed experimentally are located far away from the center of the island predicted theoretically. It is a great challenge to get closer to the island of superheavy nuclei.

The existing experimental data on cold fusion reactions shows that the production cross sections of the superheavy nuclei decrease to $\sim$1 pb exponentially with the increasing proton number. To study the properties of superheavy nuclei, modern separators and single atom identification techniques should be developed. The gas-filled recoil separator is commonly used in the study of superheavy nuclei due to its high transport efficiency and high background suppression ability.[8] A gas-filled recoil separator is newly commissioned at IMP. In this Letter, the observation of the superheavy nucleus $^{271}$Ds based on the separator is reported.

The schematic diagram of the gas-filled recoil separator is shown in Fig. 1. It consists of a differential pumping system, a rotating target wheel, a dipole magnet, three focusing quadrupole magnets, and a detection system. As for fusion-evaporation reactions used for the production of superheavy nuclei, the evaporation residues (EVRs) recoiling from the target have a broad charge distribution, and they can reach an equilibrium charge state in a short time after a sufficient number of collisions with the gas molecules. Therefore, EVRs are separated in-flight from the beam particles and other reaction products by the different magnetic rigidities. A series of experiments have been carried out, and the optimum setting of the separator was determined. The separation efficiency for $^{210,211}$Ac was measured to be about 14% by using the $^{175}$Lu($^{40}$Ar, $xn$) reaction.

The $^{271}$Ds nuclide was produced in the $^{208}$Pb($^{64}$Ni, $n$) reaction. The $^{64}$Ni$^{19+}$ beam was provided by the

① Chin.Phys.Lett.,2012,29(1):012502-(1-3).

sector focusing cyclotron (SFC) of the Heavy-Ion Research Facility in Lanzhou (HIRFL). Based on the measured excitation function in Ref. [9], the beam energy of 317.1 MeV was chosen. The typical beam intensity on the target was $6.6 \times 10^{11}$ ions/s, and the total dose of the projectile accumulated in the experiment was about $6.4 \times 10^{17}$ ions. The beam intensity was monitored by detecting the elastically scattered projectiles with four Si avalanche photodiodes mounted at $\pm 30°$ and $\pm 45°$ with respect to the incident beam direction. After passing through the differential pumping system, the beam impinged on the sandwiched $^{208}$Pb target. The target was a $\sim$400-μg/cm$^2$ $^{208}$Pb layer with a carbon backing foil of 40 μg/cm$^2$ thickness. A 10-μg/cm$^2$-thick carbon was covered on the downstream side of the target to protect the target from sputtering. Ten arc-shaped targets were mounted on a rotating wheel with a 22.4-cm diameter. The wheel rotated at 600 rpm during the irradiation. The energy loss of the beam in the target was estimated to be 6.5 MeV.[10] The beam energy at the center of targets was 313.3 MeV, which corresponds to 14.4-MeV excitation energy of the compound nucleus $^{272}$Ds.[11] A beam chopper was used in the experiment to avoid irradiating the target frame. The periodic chopping signal with 6.7 ms for beam-on and 3.3 ms for beam-off was induced by the target wheel and a photo-sensor. It was recorded by a CAMAC system to distinguish the beam-on events from the beam-off ones.

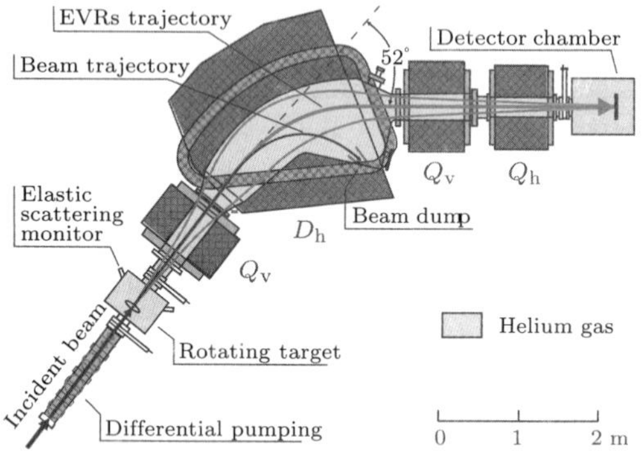


**Fig. 1.** Schematic view of the gas-filled recoil separator in Lanzhou. $D_h$ denotes the dipole magnet. $Q_v$ and $Q_h$ stand for vertically and horizontally focusing quadrupole magnets, respectively. Typical trajectories of the primary beam and evaporation residues are also indicated.

During the experiment, the magnetic rigidity of the separator was set to be 2.01 Tm. The pure helium gas at a pressure of 0.8 mbar was filled in the space from the target position to the detector chamber (see Fig. 1). Passing through the gas area, the EVRs were implanted into a 300-μm-thick position sensitive silicon detector (PSD) installed at the focal plane of the separator. The implantation depth was estimated to be 10 μm. The PSD with $58 \times 58$ mm$^2$ active area was divided into sixteen independent vertical strips. Two electronics systems were used in the experiment, one for measuring 1–20 MeV $\alpha$ particles and the other for measuring implantation and fission fragments with energies of 5–200 MeV. The detector was calibrated with four $\alpha$ sources, $^{212}$Po, $^{212}$Bi, $^{241}$Am and $^{239}$Pu. The average energy resolution of PSD was 50 keV (FWHM) for the 8.785-MeV $\alpha$ particles. Resistive charge division provided 1.5-mm vertical position resolution (FWHM) in each strip of the detector. The probability for observing at least two full-energy events in a five-member $\alpha$-decay chain was estimated to be 81% if assume 50% geometrical detection efficiency for $\alpha$ particles emitted from the implanted nuclei. A silicon surface-barrier detector with a 50-mm diameter was mounted behind the PSD to provide veto signals for light particles passing through the strip detector. When the PSD was fired, the energy, time, strip number, vertical position, and veto information were recorded.

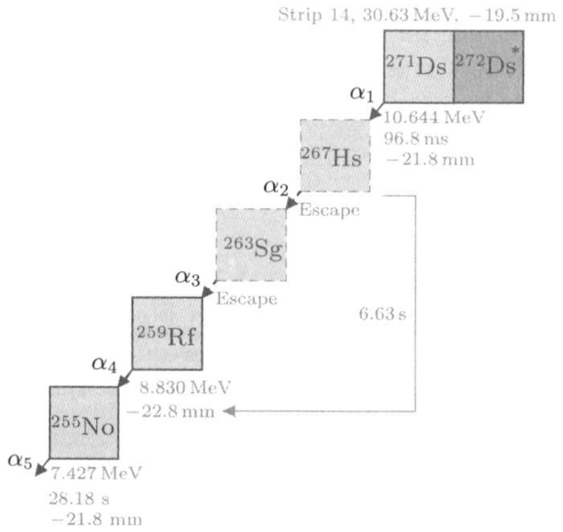


**Fig. 2.** Observed decay chain in the reaction $^{208}$Pb($^{64}$Ni, $n$)$^{271}$Ds. The measured energies, decay times, and positions are indicated. Two escaped $\alpha$ particles from the decays of $^{267}$Hs and $^{263}$Sg were not recorded.

With carefully inspecting the data, one correlated $\alpha$-decay chain was assigned to the decay of $^{271}$Ds nucleus. This decay chain is shown in Fig. 2. The implantation event with energy of 30.63 MeV was observed in strip 14 at a position of −19.5 mm (distance below the vertical center of the strip). The implantation energy after corrected for the pulse-height-defect[12] corresponds approximately to the calculated kinematic energy of $^{271}$Ds. Following the implantation, an $\alpha$ particle with energy of 10.644 MeV and position of −21.8 mm was observed 96.8 ms later. This energy is very close to 10.681 MeV for the $\alpha$ group of $^{271}$Ds reported in Ref. [13]. The lifetime of 96.8 ms is consistent with the half-life ($69^{+56}_{-21}$ ms) of the isomer of $^{271}$Ds.[9] The position deviation between the implantation and the decay $\alpha$ particle is slightly larger, and this may be caused by the poor position resolution of the detector. A subsequent 8.830-MeV $\alpha$ particle can be assigned to the decay of $^{259}$Rf. This event should correspond to the known 8.861-MeV $\alpha$ decay of $^{259}$Rf.[13] The 6.63-s time interval in the chain is the sum of the lifetimes of the $^{267}$Hs, $^{263}$Sg and $^{259}$Rf nuclei. The escaped $\alpha$ particles from $^{267}$Hs and $^{263}$Sg were not recorded by the detector since the deposited energies were lower than the 1.0-MeV energy threshold. This is reasonable because the probability for escaping two succeeding $\alpha$ particles is 25%. Following the decay of $^{259}$Rf, an $\alpha$ particle was observed at energy of 7.427 MeV, and this event can be tentatively assigned to the decay of $^{255}$No.[14] The observed decay energy of $^{255}$No is about 300 keV lower than that reported previously.[9] We might assume that this $\alpha$ particle escaped from the front of the detector, and only partial energy was deposited in the detector. In this decay chain, the observed three $\alpha$ particles were all recorded during the beam-on period.

The probabilities of accidental coincidence between the implantation of EVR and individual decays were estimated. The average counting rate in the focal plane detector was about 25 $s^{-1}$ at the beam intensity of $6.6 \times 10^{11}$ ions/s. In anti-coincidence with the veto signals, the decay events with $\alpha$ energy from 7 to 11 MeV occurred at a rate of 3.5 $s^{-1}$. With the position window of 3.0 mm and the occurrence times for the three full-energy $\alpha$ particles, the probabilities of accidental coincidence were determined to be $1.1 \times 10^{-3}$ for EVR-$\alpha$1 correlation, $7.1 \times 10^{-2}$ for EVR-$\alpha$4, and 0.27 for EVR-$\alpha$5. By multiplying these numbers, the maximum probability of accidental coincidence for the EVR-$\alpha$1-$\alpha$4-$\alpha$5 correlation chain was $2.1 \times 10^{-5}$. Based on this analysis, the decay chain shown in Fig. 2 is likely assigned to the nucleus $^{271}$Ds.

In summary, one correlated $\alpha$-decay chain was observed for the nucleus $^{271}$Ds using the newly commissioned gas-filled recoil separator at IMP. The measured decay properties of $^{271}$Ds are consistent with the values reported by other groups.

The authors would like to express gratitude to the staff of HIRFL for providing the stable $^{64}$Ni beam.

## References

[1] Weizsäcker C F v 1935 *Z. Phys.* A **96** 431
[2] Smolańczuk R, Skalski J and Sobiczewski A 1995 *Phys. Rev.* C **52** 1871
[3] Rutz K, Bender M, Bürvenich T, Schilling T, Reinhard P G, Maruhn J A and Greiner W 1997 *Phys. Rev.* C **56** 238
[4] Ćwiok S, Dobaczewski J, Heenen P H, Magierski P and Nazarewicz W 1996 *Nucl. Phys.* A **611** 211
[5] Hofmann S and Münzenberg G 2000 *Rev. Mod. Phys.* **72** 733
[6] Oganessian Y T 2007 *J. Phys.* G **34** R165
[7] Oganessian Y T, Abdullin F S, Bailey P D, Benker D E, Bennett M E, Dmitriev S N, Ezold J G, Hamilton J H, Henderson R A, Itkis M G, Lobanov Y V, Mezentsev A N, Moody K J, Nelson S L, Polyakov A N, Porter C E, Ramayya A V, Riley F D, Roberto J B, Ryabinin M A, Rykaczewski K P, Sagaidak R N, Shaughnessy D A, Shirokovsky I V, Stoyer M A, Subbotin V G, Sudowe R, Sukhov A M, Tsyganov Y S, Utyonkov V K, Voinov A A, Vostokin G K and Wilk P A 2010 *Phys. Rev. Lett.* **104** 142502
[8] Leino M 2003 *Nucl. Instrum. Methods* B **204** 129
[9] Morita K, Morimoto K, Kaji D, Haba H, Ideguchi E, Kanungo R, Katori K, Koura H, Kudo H, Ohnishi T, Ozawa A, Suda T, Sueki K, Tanihata I, Xu H, Yeremin A V, Yoneda A, Yoshida A, Zhao Y L and Zheng T 2004 *Eur. Phys. J.* A **21** 257
[10] Ziegler J F, computer code SRIM-2008 available from http://www.srim.org
[11] Audi G, Wapstra A H and Thibault C 2003 *Nucl. Phys.* A **729** 337
[12] Moulton J B, Stephenson J E, Schmitt R P and Wozniak G J 1978 *Nucl. Instrum. Methods* **157** 325
[13] Hofmann S 1998 *Rep. Prog. Phys.* **61** 639
[14] Eskola P, Eskola K, Nurmia M and Ghiorso A 1970 *Phys. Rev.* C **2** 1058

# Observation of superheavy nuclide $^{271}$Ds based on the Gas-filled separator at IMP①

Tian-Heng Huang[1*], Zai-Guo Gan[1], Ming-Hui Huang[1], Long Ma[1], Zhi-Yuan Zhang[1], Xiao-Lei Wu[1], Guang-Shun Li[1], Zhong-Zhou Ren[2,5], Shan-Gui Zhou[3,5], Yu-Hu Zhang[1], Xiao-Hong Zhou[1], Hu-Shan Xu[1], Huan-Qiao Zhang[4] and Guo-Qing Xiao[1]

[1] Institute of Modern Physics, Chinese Academy of Sciences, Lanzhou 730000, China
[2] Department of Physics, Nanjing University, Nanjing 210093, China
[3] Key Laboratory of Frontiers in Theoretical Physics, Institute of Theoretical Physics, Chinese Academy of Sciences, Beijing 100190, China
[4] China Institute of Atomic Energy, Beijing 102413, China
[5] Center of Theoretical Nuclear Physics, National Laboratory of Heavy-Ion Accelerator, Lanzhou 730000, China

*E-mail: Tian-Heng Huang, huangth@impcas.ac.cn

**Abstract.** A gas-filled recoil separator was designed and built newly at Institute of Modern Physics (IMP) in Lanzhou. With the recent commissioning of the separator, the decay properties of $^{271}$Ds were studied via the $^{208}$Pb ($^{64}$Ni, *n*) reaction at a beam energy of 313.3 MeV. One α-decay chain for $^{271}$Ds was established in total. The experimental result is consistent with the values reported in the literature.

## 1. Introduction

In the past half century, nuclear physicists have made their best endeavors to produce and identify the superheavy nuclei, and have achieved great progress. However，the existing experimental data show that the production cross sections of the superheavy nuclei decrease exponentially with increasing the proton number. For the heaviest region (Z≥110), the extremely small production rate of the nuclides makes their convincing identification become very difficult. It is important to reproduce the experimental results by different groups or devices.

In IMP, the 1.7 m Sector Focusing Cyclotron (SFC) has been upgraded, and heavy-ion beams are qualified to synthesize the element range to Z=110 combining with the super-conducting ECR source. A new gas-filled recoil separator was designed and installed for the study of heavy elements in the experimental hall recently. After a series of experiments were performed to study the performance of the gas-filled recoil separator, the decay properties of $^{271}$Ds were investigated. In this letter, the current status of the separator and the observation of the superheavy nucleus $^{271}$Ds based on the separator are reported.

## 2. Spectrometer

If a heavy ion moves in dilute gas, its electronic charge state fluctuates around a equilibrium charge state $q_{\mathrm{eq}}$ which is related to its Z number, and the ion can be filtered according to their $A/Z^{1/3}$ values by the magnetic rigidity ($B\rho$) of the dipole magnet. If an ion with a mass number A and charge state q was injected into a dipole magnet, the $B\rho$ value would be as following:

$$B\rho = 0.0227A(v/v_0)/q \ \text{(Tm)} \tag{1}$$

① Journal of Physics:Conference Series,2013,420:012005.

The Bohr velocity $v_0$ is 1/137 of the velocity of light. If the effective magnetic field is filled with gas, the charge state of the ion would fluctuate around the equilibrium charge state $q_{eq}$. Bohr has assumed that the $q_{eq}$ value is related to the velocity, and not correlated with the initial charge state of the ion while the velocity of the ion is in the region $1<v/v_0<Z^{2/3}$. The $q_{eq}$ value can thus be obtained as:

$$q_{eq}=(v/v_0)Z^{1/3} \tag{2}$$

Then, the $B\rho$ value is determined by

$$B\rho=0.0227A/Z^{1/3}\ \ \text{(Tm)} \tag{3}$$

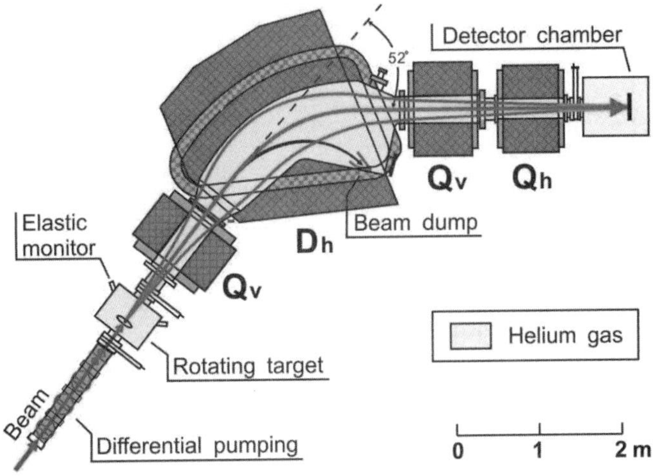


**Fig. 1.** Schematic view of the gas-filled recoil separator in Lanzhou. Typical trajectories of primary beam and evaporation residues are also indicated.

In the ideal conditions, the Gas-filled separator could select the reaction products according to their $A/Z^{1/3}$ values, regardless of their initial charge and velocity distributions. Based on the successful experiences of the present gas-filled separators in the world, the new Gas-filled recoil separators in IMP has been designed to a $Q_vD_hQ_vQ_h$ configuration, where D refers to a dipole magnet and Q to a quadrupole magnet, as well as the subscripts h and v stand for horizontally and vertically focusing, respectively. The schematic representation is shown in Fig. 1. The quadrupole magnet added in front of the dipole allows for a large solid angle of 25 msr. The large bending angle (52°) of the dipole is designed for the better background suppression. The technical parameters of the Gas-filled separator are given in Table 1.

**Table.1.** Technical parameters of the gas-filled separator in Lanzhou

| Parameters | Values |
|---|---|
| Configuration | $Q_vD_hQ_vQ_h$ |
| Total length | 6.5 m |
| Angular acceptance | 25 msr |
| Dispersion | 0.73 cm/% |
| $D_h$ magnet | |
| Bending radius | 1.8 m |
| Central trajectory length | 1.6 m |
| Bending angle | 52° |
| Entrance angle | -45° |
| Exit angle | 22° |
| Maximum magnetic rigidity | 2.9 T·m |
| $Q_v$ magnet | |
| Effective length | 667 mm |
| Aperture radius | 120 mm |
| Maximum field gradient | 6.8 T/m |
| $Q_h$ magnet | |
| Effective length | 500 mm |
| Aperture radius | 85 mm |
| Maximum field gradient | 8.9 T/m |

A differential pumping system is installed in front of the target chamber. It separates the gas-filled part from the high vacuum beam-line. The pressure at accelerator side could be reduced to 7 orders lower than the target chamber with this pumping system. A rotating target system is used for preparing the reactions with low melting point targets in the intense heavy ion beam. The maximum rotating speed of the wheel is up to 1000 rpm. The beam intensity will be monitored by detecting the elastically scattered projectiles with four Si avalanche photodiodes, which mounted at ±30° and ±45° with respect to the incident beam direction. The primary beam, having passed the target, is dumped at a copper box inside the dipole chamber.

A 300-μm thick Position Sensitive silicon Detector (PSD) is installed at the focal plane of the separator. The implantation depth was estimated to be 10 μm. The PSD with 58 × 58 $mm^2$ active area is divided into sixteen independent vertical strips. Two electronics systems were used in the experiments, one for measuring (1-20) MeV α particles and the other for measuring implantation and fission fragments with energies of 5-200 MeV. The detector was calibrated with four α sources, $^{212}Po$, $^{212}Bi$, $^{241}Am$ and $^{239}Pu$. The average energy resolution of PSD was 50 keV for the 8.785 MeV α particles. Resistive charge division provided 1.5 mm vertical position resolution in each strip of the detector. The probability for observing at least two full-energy events in a five-member α-decay chain was estimated to be 81% if assuming 50% detection efficiency for α particle. A silicon surface-barrier detector with a 50 mm diameter was mounted behind the PSD to provide veto signals for light particles passing through the strip detector. When the PSD was fired, the energy, time, strip number, vertical position, and veto information were recorded.

**3. $^{208}$Pb ($^{64}$Ni, *n*) $^{271}$Ds**

The $^{271}$Ds nuclide was produced in the $^{208}$Pb ($^{64}$Ni, *n*) reaction. Based on the measured excitation function [1], a $^{64}Ni^{19+}$ ion beam of 317.1 MeV was chosen and extracted from SFC. The typical beam intensity on the target was $6.6\times10^{11}$ ions/s, and the total dose of the projectile accumulated in the experiment was about $6.4\times10^{17}$ ions. The targets were about 400 μg/cm$^2$ $^{208}$Pb layer with a carbon backing foil of 40 μg/cm$^2$ thickness. A 10 μg/cm$^2$ thick carbon was covered on the downstream side of the target to protect the target from sputtering. The energy loss of the beam en in the target was estimated to be 6.5 MeV [2]. The beam energy at the center of targets was 313.3 MeV, which corresponds to 14.4 MeV excitation energy of the compound nucleus $^{272}$Ds [3]. T arc-shaped targets were mounted on a rotating wheel with a 22.4 cm diameter. The wheel was rotated during irradiation at 600 rpm. A beam chopper was used in the experiment to avoid irradiating the target frame. The chopper signal was recorded by a CAMAC system in order to distinguish between on-beam events and off-beam ones. Based on the experimental results in the commissioning of the separator, the system was filled with helium at a pressure of 0.8 mbar and the magnetic rigidity of the separator was set at 2.01 Tm during the experiment.

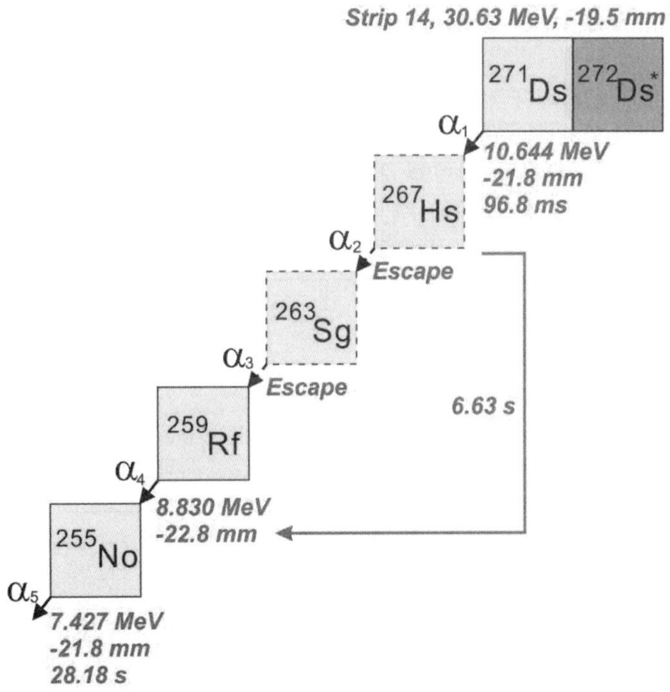


**Fig. 2.** Observed decay chain in the reaction $^{208}$Pb ($^{64}$Ni, *n*) $^{271}$Ds. The measured energies, positions, and decay times are indicated in the figure. Two escaped α particles from the decays of $^{267}$Hs and $^{263}$Sg were not recorded.

One correlated α-decay chain was observed during the irradiation. This decay chain is shown in Fig. 2. Decay energies, decay position (distance below the vertical center of the strip) and decay times are indicated in the figure. The implantation energy after corrected for the pulse-height-defect [4] corresponds approximately to the calculated kinematic energy of $^{271}$Ds. Decay energies of $\alpha_1$ and $\alpha_4$ are very close to those reported in Ref. [5]. Decay time of $\alpha_1$, 96.8 ms is consistent with the half-life ($69^{+56}_{-21}$ ms) of the isomer of $^{271}$Ds [1]. The position deviation between the implantation and $\alpha_1$ is a little bit large, and this may be caused by the poor position resolution of the detector. The 6.63 s time interval in the chain is the sum of the lifetimes of the $^{267}$Hs, $^{263}$Sg and $^{259}$Rf nuclei. The escaped $\alpha$ particles from $^{267}$Hs and $^{263}$Sg were not recorded by the detector since the deposited energies were lower than the 1.0 MeV energy threshold. This is reasonable because the probability for escaping two succeeding $\alpha$ particles is 25%. The observed decay energy of $\alpha_5$ is at least 300 keV lower than that reported previously [1]. We might assume that the $\alpha$ particle escaped from the front of the detector, and only partial energy was deposited in the detector.

The cross section of $^{208}$Pb ($^{64}$Ni, *n*) $^{271}$Ds was calculated. The detecting efficiency at the focal plane was 81% on the condition that 2 $\alpha$ decays in the chain were detected at least. The transport efficiency of the separator was estimated to be 14%. Therefore, the cross section in the experiment was 11.8 pb, which is consistent with the previous work [5, 6].

The number of expected random decays for the experiment was estimated. The sum of the particles implanted into the focal plane detector was about $7.6\times10^4$ with the energy range from 25 to 40 MeV. In anti-coincidence with the veto signal, the rates of the $\alpha$ decay events were as follows; 10.6- 10.8 MeV: 0.11 $s^{-1}$, 8.65- 8.95 MeV: 0.27 $s^{-1}$ and 7.4- 7.7 MeV: 0.38 $s^{-1}$. With the position window of 3.0 mm, the random probabilities were determined to be $7.4\times10^{-5}$ for observing EVR-$\alpha$1 within 207 ms and $8.7\times10^{-3}$ for observing EVR-$\alpha$4 within 10 s. Based on the data above, the number of expected random decays for observing EVR-$\alpha$1-$\alpha$4 correlation chain was 0.05. For another $\alpha$ within 7.4-7.7 MeV and 9.3 min, the number of expected random decays was 0.7. Namely, the random correlation probability of observing EVR-$\alpha$1-$\alpha$4 followed by $\alpha$5 within 9.3 min was 35% and the number of expected random decays for observing EVR-$\alpha$1-$\alpha$4-$\alpha$5 correlation chain was 0.0175. Judging from this analysis, the decay chain shown in Fig.2 is likely assigned to the nucleus $^{271}$Ds.

### 4. Summary

A new Gas-filled recoil separator has been installed at IMP. In the newly commissioning of the separator, one correlated $\alpha$-decay chain was observed for the nucleus $^{271}$Ds. The measured decay properties of $^{271}$Ds are consistent with the values reported by other groups.

### Acknowledgments

We would like to express gratitude to the staff of HIRFL for providing the stable $^{64}$Ni beam. This work is supported by the National Natural Science Foundation of China under Grant Nos 11005128, and the Projects of International Cooperation and Exchanges NSFC No 11120101005.

## 5. References

[1] Morita K, Morimoto K, Kaji D, Haba H, Ideguchi E, Kanungo R, Katori K, Koura H, Kudo H, Ohnishi T, Ozawa A, Suda T, Sueki K, Tanihata I, Xu H, Yeremin A V, Yoneda A, Yoshida A, Zhao Y L, Zheng T 2004 *Eur. Phys. J.* A **21** 257.

[2] Ziegler J F, computer code SRIM-2008, available from http://www.srim.org

[3] Audi G, Wapstra A H, Thibault C 2003 *Nucl. Phys.* A **729** 337.

[4] Moulton J B, Stephenson J E, Schmitt R P, Wozniak G J 1978 *Nucl. Instrum. Methods* **157** 325.
[5] Hofmann S 1998 *Rep. Prog. Phys.* **61** 639.
[6] Folden III C M, Gregorich K E, Düllmann Ch E, Mahmud H, Pang G K, Schwantes J M, Sudowe R, Zielinski P M, Nitsche H, Hoffman D C 2004 Phys. Rev. Lett. 93 212702.

# Oblate-prolate deformation effect in capture reactions at sub-barrier energies ①

V. V. Sargsyan,[1,2] G. G. Adamian,[1] N. V. Antonenko,[1] W. Scheid,[3] C. J. Lin,[4] and H. Q. Zhang[4]
[1]*Joint Institute for Nuclear Research, RU-141980 Dubna, Russia*
[2]*International Center for Advanced Studies, Yerevan State University, 0025 Yerevan, Armenia*
[3]*Institut für Theoretische Physik der Justus-Liebig-Universität, D-35392 Giessen, Germany*
[4]*China Institute of Atomic Energy, Post Office Box 275, Beijing 102413, China*
(Received 16 December 2011; published 17 January 2012)

The role of prolate and oblate deformations of colliding nuclei in the sub-barrier capture process is studied within the quantum-diffusion approach. A comparison of the calculated and measured capture cross sections in the reactions $^{16}$O, $^{48}$Ca + $^{154}$Sm and $^{74}$Ge + $^{74}$Ge show that transitions during the capture process occur from the potential minimum with an oblate deformation of the ground state to the minimum with a prolate deformation of the nuclei $^{154}$Sm and $^{74}$Ge. These transitions crucially influence the sub-barrier capture. The capture cross sections and mean-angular momenta are predicted for the reactions of $^{36}$S + $^{170}$Er, $^{174}$Yb.

DOI: 10.1103/PhysRevC.85.017603 PACS number(s): 25.70.Jj, 24.10.−i, 24.60.−k

Many investigations cover the role of nuclear deformation in the fusion and capture reactions [1]. The role of deformation becomes more critical especially at the extreme sub-barrier energies [1]. The sensitivity of the capture cross section to the deformations of colliding nuclei gives one the possibility to use these reactions for a deeper understanding of the nuclear structure. From this point of view, it is interesting to investigate the difference between capture reactions with prolate- and oblate-deformed nuclei. If the potential-energy surface has a minimum with an oblate deformation related to the ground state, then there exists a prolate-deformation minimum with almost the same absolute value $|\beta_2|$ of the quadrupole-deformation parameter for the oblate minimum. The energy at the prolate minimum is slightly higher than the energy at the oblate minimum. In heavy-ion collisions, a transition from the ground-state oblate minimum to the prolate minimum of the target nucleus and/or projectile nucleus can take place.

In the present Brief Report, the quantum-diffusion approach [2–4] is applied to study the role of nuclear oblate and prolate quadrupole deformations in sub-barrier capture processes. With this approach, many heavy-ion capture reactions at energies above and well below the Coulomb barrier have been described successfully [2–4]. Since the details of our theoretical treatment were published already in Refs. [2–4], the model is described shortly.

In the quantum-diffusion approach, the collisions of nuclei are treated in terms of a single collective variable: the relative distance between the colliding nuclei. The nuclear-deformation effects are taken into consideration through the dependence of the nucleus-nucleus potential on the deformations and mutual orientations of the colliding nuclei. Our approach takes the fluctuation and dissipation effects in the collisions of heavy ions that model the coupling with various channels (for example, the coupling of the relative motion with low-lying collective modes, such as dynamical quadrupole and octupole modes of the target and projectile [5]) into account. We have to mention that many quantum-mechanical and non-Markovian effects, which accompany the passage through the potential barrier, are considered in our formalism [2,6] through friction and diffusion. The calculated results for all reactions are obtained with the same parameters as in Refs. [2,4] and are rather insensitive to the reasonable variation of them. One should stress that the diffusion models, which include quantum-statistical effects, also were proposed in Refs. [7–9].

To calculate the nucleus-nucleus interaction potential $V(R)$, we use the procedure presented in Refs. [2–4]. For the nuclear part of the nucleus-nucleus potential, the double-folding formalism with the Skyrme-type density-dependent effective nucleon-nucleon interaction is used. The parameters of the potential were adjusted to describe the experimental data at energies above the Coulomb barrier that corresponds to spherical nuclei. The absolute values of the quadrupole-deformation parameters $\beta_2$ of deformed nuclei were taken from Ref. [10].

In Figs. 1(a) and 2, one can see the comparison of the calculated capture cross sections with the available experimental data [11–13] for the reactions $^{16}$O, $^{48}$Ca + $^{154}$Sm and $^{74}$Ge + $^{74}$Ge. There is an experimental confirmation that the nuclei $^{154}$Sm and $^{74}$Ge have quadrupole oblate deformations [$\beta_2(^{154}\text{Sm}) = -0.341$ and $\beta_2(^{74}\text{Ge}) = -0.2825$] in their ground states [14]. However, our calculations are in good agreement with the experimental data when these nuclei have prolate deformations $\beta_2(^{154}\text{Sm}) = +0.341$ and $\beta_2(^{74}\text{Ge}) = +0.2825$. This indicates that, during the capture process, a transition occurs from the oblate- to the prolate-deformation state of the target nucleus and/or projectile nucleus. The physical reason for such a possibility is that the values of energies of the states with oblate and prolate deformations are very close to each other and the capture with the target and/or projectile nucleus in the prolate minimum is energetically more favorable than the capture with the target and/or projectile nucleus in the oblate minimum.

① Physical Review C,2012,85(1):017603-(1-4).

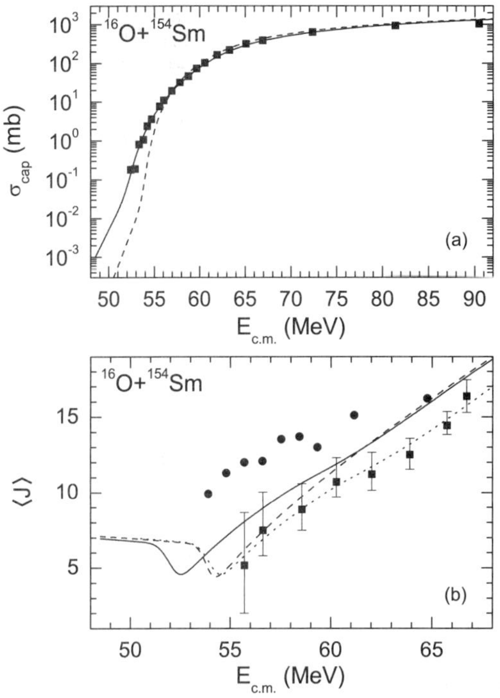


FIG. 1. The calculated (a) capture cross section and (b) mean-angular momentum $\langle J\rangle$ versus $E_{\mathrm{c.m.}}$ for the $^{16}O + {}^{154}Sm$ reaction are compared with available experimental data [11] (solid squares), [15] (solid circles), and [16] (open squares). The results with a prolate- ($\beta_2 = +0.341$) and oblate- ($\beta_2 = -0.341$) deformed target nucleus $^{154}Sm$ are shown by solid and dashed lines, respectively. The dotted line in the lower part is calculated with a prolate-deformed target nucleus after shifting the solid curve by 2 MeV in the energy scale. The $^{154}Sm$ nucleus is oblate deformed in the ground state. The $^{16}O$ nucleus has $\beta_2 = 0$.

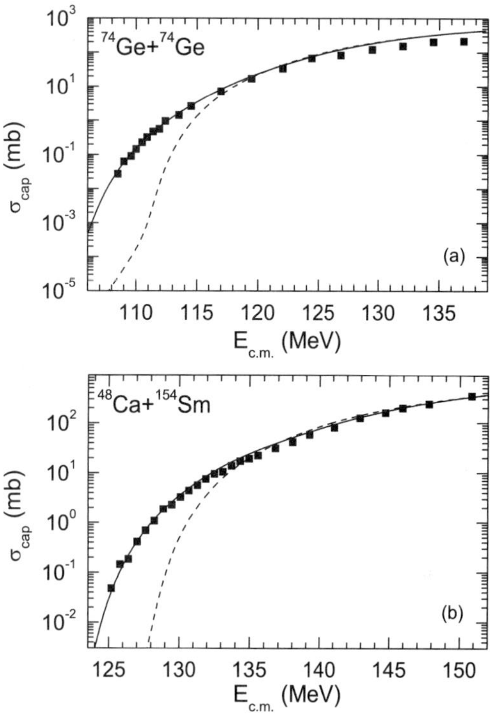


FIG. 2. The calculated capture cross sections versus $E_{\mathrm{c.m.}}$ for the reactions (a) $^{74}Ge + {}^{74}Ge$ and (b) $^{48Ca} + {}^{154}Sm$ are compared with available experimental data [13] (solid squares) and [12] (open squares). For the $^{74}Ge$ nucleus, a prolate $\beta_2 = +0.2825$ (solid line) and oblate $\beta_2 = -0.2825$ (dashed line) deformation is taken. For the $^{154}Sm$ nucleus, a prolate $\beta_2 = +0.341$ (solid line) and oblate $\beta_2 = -0.341$ (dashed line) deformation is taken. The $^{48}Ca$ nucleus has $\beta_2 = 0$. The $^{74}Ge$ nucleus is oblate in the ground state.

The information about the signs of $\beta_2$ for interacting nuclei can also be obtained from the dependence of the mean value of angular momentum $\langle J\rangle$ on the bombarding energy $E_{\mathrm{c.m.}}$. For the $^{16}O + {}^{154}Sm$ reaction, the comparison between calculated results and two different sets of experimental data [15,16] is shown in Fig. 1(b). As one can see, there is disagreement in the absolute values of the experimental data and theoretical calculations with both a prolate- and an oblate-deformed target nucleus. However, the behavior of the experimental data from Ref. [16] is similar to the theoretical ones when the target nucleus is prolate. Shifting the bombarding energy (or the Coulomb barrier) by 2 MeV, one can get very good agreement between our calculations (dotted line) and the experimental data. This indicates again that the sub-barrier capture takes place with prolate nuclei.

In Fig. 3, the capture cross section, mean-angular momentum $\langle J\rangle$, and the mean square $\langle J^2\rangle$ versus the bombarding energy $E_{\mathrm{c.m.}}$ are predicted for the $^{36}S + {}^{174}Yb$ reaction. As one can see, the behavior of $\sigma_{\mathrm{cap}}$, $\langle J\rangle$, and $\langle J^2\rangle$ is changed, and the minimum of $\langle J\rangle$ or $\langle J^2\rangle$ is shifted to higher energies when we change the deformation of $^{174}Yb$ from oblate to prolate.

One can observe the same behavior of $\sigma_{\mathrm{cap}}$, $\langle J\rangle$, and $\langle J^2\rangle$ for the $^{36}S + {}^{170}Er$ reaction (Fig. 4).

For the analyses of capture cross sections for reactions with different Coulomb barrier heights $V_b$ and positions $R_b$ calculated in the case of spherical nuclei, it is useful to compare not the excitation functions, but the dependence of the dimensionless quantities $\frac{\sigma_{\mathrm{cap}}E_{\mathrm{c.m.}}}{\pi R_b^2\hbar\omega_b}$ and $\frac{\langle J^2\rangle\pi\hbar^2}{\mu R_b^2\hbar\omega_b}$ versus $(E_{\mathrm{c.m.}} - V_b)/(\hbar\omega_b)$ or $E_{\mathrm{c.m.}} - V_b$ [3,4,17]. Here, $\omega_b$ and $\mu$ are the frequency of the barrier approximated by an inverted oscillator and the reduced mass of the system, respectively. Figure 5 shows that the difference between various systems with close deformations is much less than between the same systems but with prolate and oblate deformations of the target nucleus. Since the nuclei $^{170}Er$ and $^{174}Yb$ are prolate- and oblate-deformed nuclei in their ground states, respectively,

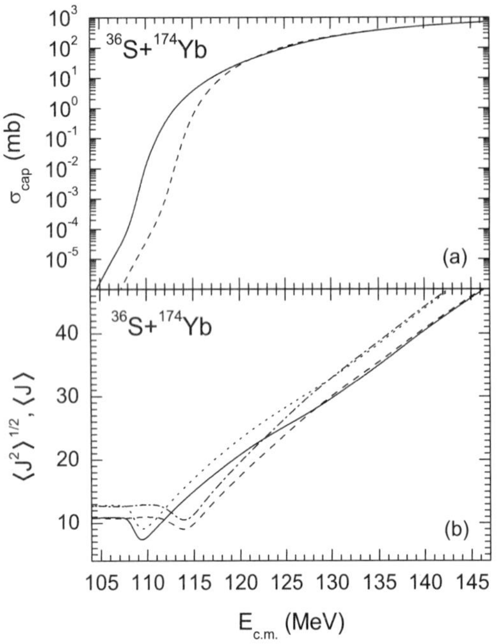


FIG. 3. The calculated (a) capture cross sections and (b) the values of $\langle J\rangle$ and $\langle J^2\rangle^{1/2}$ versus $E_{\mathrm{c.m.}}$ are shown for the $^{36}$S + $^{174}$Yb reaction. For the $^{174}$Yb nucleus, a prolate $\beta_2 = +0.3249$ (solid line) and oblate $\beta_2 = -0.3249$ (dashed line) deformation is taken. The $^{36}$S nucleus has $\beta_2 = 0$. The $^{174}$Yb nucleus is oblate in the ground state.

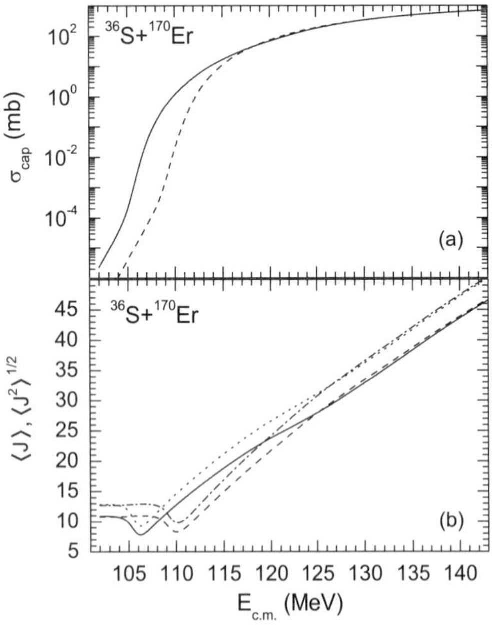


FIG. 4. The same as in Fig. 3 but for the reaction $^{36}$S + $^{170}$Er. For the $^{170}$Er, a prolate $\beta_2 = +0.3363$ (solid line) and oblate $\beta_2 = -0.3363$ (dashed line) deformation is taken. The $^{170}$Er nucleus is prolate in the ground state.

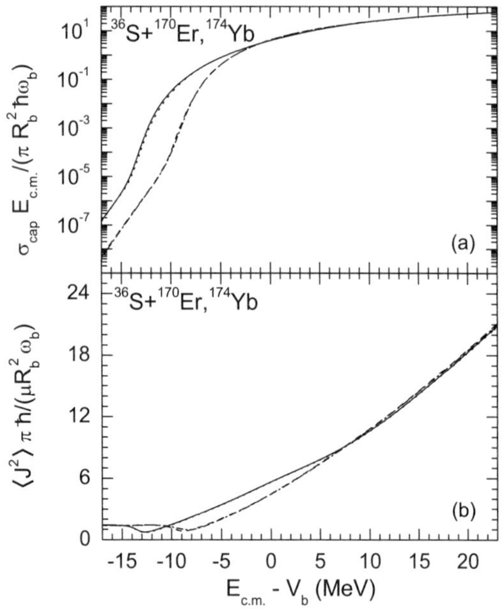


FIG. 5. Comparisons of (a) $\frac{\sigma_{\mathrm{cap}} E_{\mathrm{c.m.}}}{\pi R_b^2 \hbar\omega_b}$ and (b) $\frac{\langle J^2\rangle \pi\hbar^2}{\mu R_b^2 \hbar\omega_b}$ versus $E_{\mathrm{c.m.}} - V_b$ for the $^{36}$S + $^{170}$Er, $^{174}$Yb reactions. The calculations are presented for the target-nuclei $^{170}$Er(prolate), $^{170}$Er(oblate), $^{174}$Yb(prolate), and $^{174}$Yb(oblate) by solid, dashed, dotted, and dashed-dotted lines, respectively.

it may be interesting to compare the reactions $^{36}$S + $^{170}$Er and $^{36}$S + $^{174}$Yb.

The quantum-diffusion approach [2–4] was applied to study the capture process in the reactions with deformed nuclei at sub-barrier energies. From our calculations of the capture process of the reactions $^{16}$O, $^{48}$Ca + $^{154}$Sm with the oblate-target nucleus, we observed the following information about the deformation properties of nuclei. When the oblate-target nucleus interacts with the reaction partner at sub-barrier energies, the capture takes place rather with the target in the prolate potential minimum than with the oblate-deformed target. Thus, during the capture process, the transition occurs from the oblate-deformation minimum to the prolate-deformation minimum of the target nucleus. The capture with the target nucleus in the prolate potential minimum is energetically more favorable than the capture with the target nucleus in the oblate minimum. This can be approved in the proposed $^{36}$S + $^{170}$Er, $^{174}$Yb experiments.

We thank H. Jia, D. Lacroix and S.-G. Zhou for fruitful discussions and suggestions. This work was supported by the DFG, NSFC, and RFBR. The IN2P3 (France)-JINR (Dubna) and Polish-JINR (Dubna) Cooperation Programmes are gratefully acknowledged.

[1] A. B. Balantekin and N. Takigawa, Rev. Mod. Phys. **70**, 77 (1998); L. F. Canto, P. R. S. Gomes, R. Donangelo, and M. S. Hussein, Phys. Rep. **424**, 1 (2006); C. A. Bertulani, EPJ Web Conf. **17**, 15001 (2011).

[2] V. V. Sargsyan, G. G. Adamian, N. V. Antonenko, and W. Scheid, Eur. Phys. J. A **45**, 125 (2010).

[3] V. V. Sargsyan, G. G. Adamian, N. V. Antonenko, W. Scheid, and H. Q. Zhang, Eur. Phys. J. A **47**, 38 (2011); J. Phys.: Conf. Ser. **282**, 012001 (2011); EPJ Web Conf. **17**, 04003 (2011).

[4] V. V. Sargsyan, G. G. Adamian, N. V. Antonenko, W. Scheid, and H. Q. Zhang, Phys. Phys. C **84**, 064614 (2011).

[5] S. Ayik, B. Yilmaz, and D. Lacroix, Phys. Rev. C **81**, 034605 (2010).

[6] V. V. Sargsyan, Z. Kanokov, G. G. Adamian, N. V. Antonenko, and W. Scheid, Phys. Rev. C **80**, 034606 (2009); **80**, 047603 (2009); V. V. Sargsyan, Z. Kanokov, G. G. Adamian, and N. V. Antonenko, Part. Nucl. **41**, 175 (2010).

[7] H. Hofmann, Phys. Rep. **284**, 137 (1997); C. Rummel and H. Hofmann, Nucl. Phys. A **727**, 24 (2003).

[8] N. Takigawa, S. Ayik, K. Washiyama, and S. Kimura, Phys. Rev. C **69**, 054605 (2004); S. Ayik, B. Yilmaz, A. Gokalp, O. Yilmaz, and N. Takigawa, *ibid.* **71**, 054611 (2005).

[9] G. Hupin and D. Lacroix, Phys. Rev. C **81**, 014609 (2010).

[10] S. Raman, C. W. Nestor Jr., and P. Tikkanen, At. Data Nucl. Data Tables **78**, 1 (2001).

[11] J. R. Leigh *et al.*, Phys. Rev. C **52**, 3151 (1995).

[12] G. N. Knyazheva *et al.*, Phys. Rev. C **75**, 064602 (2007).

[13] M. Beckerman, M. K. Salomaa, J. Wiggins, and R. Rohe, Phys. Rev. C **28**, 1963 (1983).

[14] [http://www.nndc.bnl.gov/ensdf/].

[15] S. Gil, R. Vandenbosch, A. Charlop, A. Garca, D. D. Leach, S. J. Luke, and S. Kailas, Phys. Rev. C **43**, 701 (1991).

[16] R. Vandenbosch, B. B. Back, S. Gil, A. Lazzarini, and A. Ray, Phys. Rev. C **28**, 1161 (1983).

[17] L. F. Canto, P. R. S. Gomes, J. Lubian, L. C. Chamon, and E. Crema, J. Phys. G **36**, 015109 (2009); Nucl. Phys. A **821**, 51 (2009).

# Role of neutron transfer in capture processes at sub-barrier energies ①

V. V. Sargsyan,[1,2] G. G. Adamian,[1] N. V. Antonenko,[1] W. Scheid,[3] and H. Q. Zhang[4]
[1]*Joint Institute for Nuclear Research, 141980 Dubna, Russia*
[2]*International Center for Advanced Studies, Yerevan State University, 0025 Yerevan, Armenia*
[3]*Institut für Theoretische Physik der Justus–Liebig–Universität, D-35392 Giessen, Germany*
[4]*China Institute of Atomic Energy, Post Office Box 275, Beijing 102413, China*
(Received 5 December 2011; published 23 February 2012)

The role of neutron transfer with positive $Q$-value in sub-barrier capture reactions $^{132}$Sn,$^{130}$Te+$^{58,64}$Ni, and $^{60}$Ni+$^{100}$Mo, measured recently by Z. Kohley *et al.* [Phys. Rev. Lett. **107**, 202701 (2011)] and F. Scarlassara *et al.* [EPJ Web Conf. **17**, 05002 (2011)], is studied and explained within the quantum diffusion approach. It is shown that the transfer of two neutrons influences the sub-barrier capture through the change of the deformations of the colliding nuclei. Based on our analysis, one can understand why the influence of the neutron transfer is strong in some capture reactions, but is weak in others.

DOI: 10.1103/PhysRevC.85.024616 PACS number(s): 25.70.Jj, 24.10.−i, 24.60.−k

From the present experimental data the role of the neutron transfer channel in the capture (fusion) process cannot be unambiguously inferred [1]. A correlation between the overall transfer strength and the fusion enhancement was first noticed in Ref. [2]. The importance of the neutron transfer with positive $Q$-values on nuclear capture (fusion) originates from the fact that neutrons are insensitive to the Coulomb barrier and, therefore, their transfer starts at larger separations before the projectile is captured by the target nucleus [3]. Thus, it is generally thought that the sub-barrier capture (fusion) cross section increases [4–10] because of the neutron transfer. As suggested in Ref. [11], the capture (fusion) may be enhanced due to the transfer of a neutron pair with a positive $Q$-value. However, as shown recently in Ref. [12], the neutron transfer channels with positive $Q$-value weakly influence the capture (fusion) cross section in the $^{60}$Ni+$^{100}$Mo ($Q_{2n} = 4.2$ MeV) reaction at sub-barrier energies. The effect of transfer channels on the capture (fusion) of $^{132}$Sn,$^{130}$Te+$^{58,64}$Ni at energies above and a few MeV below the Coulomb barrier is demonstrated to be very weak with no significant differences observed in the reduced excitation functions [13]. These measurements are in contrast to a number of previous measurements with lighter systems (for example, $^{40}$Ca+$^{96}$Zr ($Q_{2n} = 5.5$ MeV) [7]), $^{40}$Ca+$^{124}$Sn ($Q_{2n} = 5.4$ MeV) [8]), that showed large enhancements of the capture (fusion) in correlation with transfer channels with an increased positive $Q$-value. The present experimental data specify in complexity of the role of neutron transfer in the capture (fusion) process and provide a useful benchmark for theoretical models [13].

The purpose of the present article is the theoretical explanation of the recent experimental data of Kohley *et al.* [13] and Scarlassara *et al.* [12]. We try to answer the question why the influence of neutron transfer is strong in some capture reactions and is weak in others. The reactions with radioactive ion beams are of particular interest because they can be used to gain larger production cross sections of superheavy elements [14,15]. Our results can have important consequences for nuclear reactions of astrophysical interest [16] as well as in the newly growing field of interactions with light radioactive beams [15,17]. A two-neutron transfer channel can strongly affect the fusion process with halo nuclei [17]. In the area of nuclear structure, a neutron pair transfer can be also used for the study of particle-particle correlation in nuclei and nuclear Josephson effect [18,19].

In the presence of dissipation and diffusion the crossing of a system over or through a barrier is an interesting quantum mechanical problem and has many applications, for example, in atomic physics and chemistry where one calculates the probability rates for various sub-barrier processes [20–24]. In the present article, the quantum diffusion approach [25,26] is applied to study the role of neutron transfer in sub-barrier capture process. In the quantum diffusion approach the collisions of nuclei are described with a single relevant collective variable: the relative distance between the colliding nuclei. Our approach takes into consideration the fluctuation and dissipation effects in collisions of heavy ions which model the coupling with various channels. We have to mention that many quantum-mechanical and non-Markovian effects accompanying the passage through the potential barrier are taken into consideration in our formalism [25–29]. The nuclear deformation effects are taken into account through the dependence of the nucleus-nucleus potential on the deformations and mutual orientations of the colliding nuclei. To calculate the nucleus-nucleus interaction potential $V(R)$, we use the procedure presented in Refs. [25,26]. For the nuclear part of the nucleus-nucleus potential, the double-folding formalism with the Skyrme-type density-dependent effective nucleon-nucleon interaction is used. With this approach many heavy-ion capture reactions at energies above and well below the Coulomb barrier have been successfully described [25–28]. One should stress that the diffusion models, which include the quantum statistical effects, were also proposed in Refs. [21,22,24].

All calculated results are obtained with the same set of parameters as in Ref. [25] and are rather insensitive to the reasonable variation of them [25,26]. Realistic friction coefficient in the relative distance coordinate is used which is close to those calculated within the mean field approaches [30,31]. The parameters of the potential were adjusted to describe the experimental data at energies above the Coulomb barrier $V_b = V(R_b)$ ($R_b$ is the position of the Coulomb barrier)

① Physical Review C,2012,85(2):024616-(1-5).

corresponding to spherical nuclei. The details of our formalism are presented in Refs. [25–29].

Following the hypothesis of Ref. [11], we assume that the sub-barrier capture mainly depends on the two-neutron transfer with the positive $Q$-value. Our assumption is that, before the projectile is captured by the target-nucleus (before the crossing of the Coulomb barrier) which is a slow process, the two-neutron transfer occurs that can lead to the population of the first $2^+$ state in the recipient nucleus [19]. So, the motion to the $N/Z$ equilibrium starts in the system before the capture. The average change of mass asymmetry is connected to the two-neutron transfer. Since after the two-neutron transfer the mass numbers, the deformation parameters of the interacting nuclei, and, correspondingly, the height and shape of the Coulomb barrier are changed, one can expect an enhancement or suppression of the capture.

Note that a strong population of the yrast states, and in particular of the first $2^+$ state of even Ar (Ca) isotopes via the neutron pick-up channels in the $^{40}$Ar+$^{208}$Pb ($^{40}$Ca+$^{96}$Zr) reaction was experimentally found in Ref. [19]. In the calculations, for such excited recipient nuclei we use the experimental deformation parameters $\beta_2$ related to the first $2^+$ states from the table of Ref. [32]. We assume that after the two-neutron transfer the residues of donor nuclei remain in the ground state with the corresponding quadrupole deformation.

For sub-barrier energies, the results of calculations are very sensitive to the quadrupole deformation parameters $\beta_2$ of the interacting nuclei. The quadrupole deformation parameters $\beta_2$ are taken from Ref. [32] for deformed even-even nuclei. In Ref. [32] the quadrupole deformation parameters $\beta_2$ are given for the first excited $2^+$ states of nuclei. For the nuclei deformed in the ground state, the $\beta_2$ in $2^+$ state is similar to the $\beta_2$ in the ground state and we use $\beta_2$ from Ref. [32] in the calculations. For double magic nuclei and neighboring nuclei, in the ground state we take $\beta_2 = 0$. Since there are uncertainties in the definition of the values of $\beta_2$ in light- and medium-mass nuclei, one can extract the quadrupole deformation parameters of these nuclei from a comparison of the calculated capture cross sections with the existing experimental data. The best case is when the projectile or target is the spherical double magic nucleus and there are no neutron transfer channels with positive $Q$-values. In this way by describing the reactions $^{28}$Si+$^{90}$Zr, $^{144}$Sm, $^{36}$S+$^{90,96}$Zr, $^{16}$O+$^{112,116}$Sn, $^{40}$Ar+$^{112,116,122}$Sn, $^{144}$Sm, $^{58,64}$Ni+$^{64,58}$Ni, $^{64}$Ni+$^{74}$Ge, we extract the following values of the quadrupole deformation parameter $\beta_2 = 0.05$, 0.087, 0, 0.08, 0.12, 0.11, and 0.1 for the nuclei $^{58}$Ni, $^{64}$Ni, $^{90}$Zr, $^{96}$Zr,

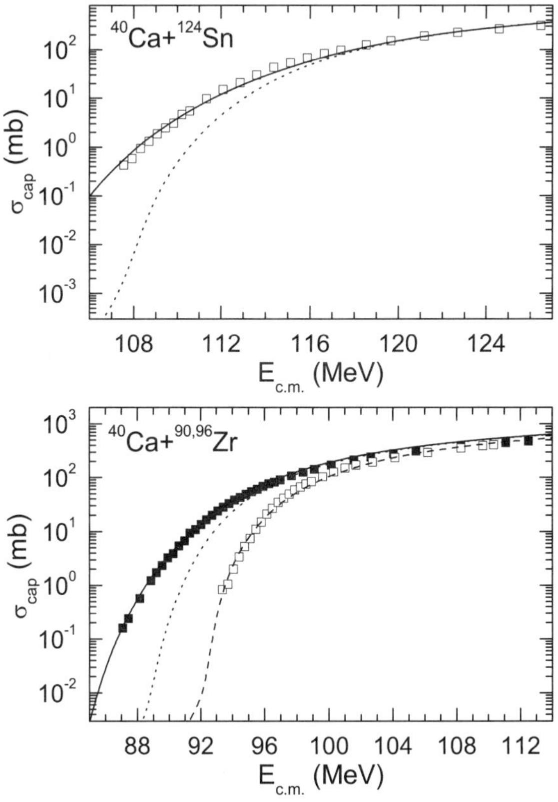


FIG. 1. The calculated capture cross sections versus $E_{\mathrm{c.m.}}$ for the indicated reactions $^{40}$Ca+$^{96}$Zr (solid line), $^{40}$Ca+$^{90}$Zr (dashed line), and $^{48}$Ca+$^{124}$Sn (solid line). For the reactions $^{40}$Ca+$^{96}$Zr,$^{124}$Sn, the calculated capture cross sections without the neutron transfer process are shown by dotted lines. The experimental data (symbols) are from Refs. [7,8].

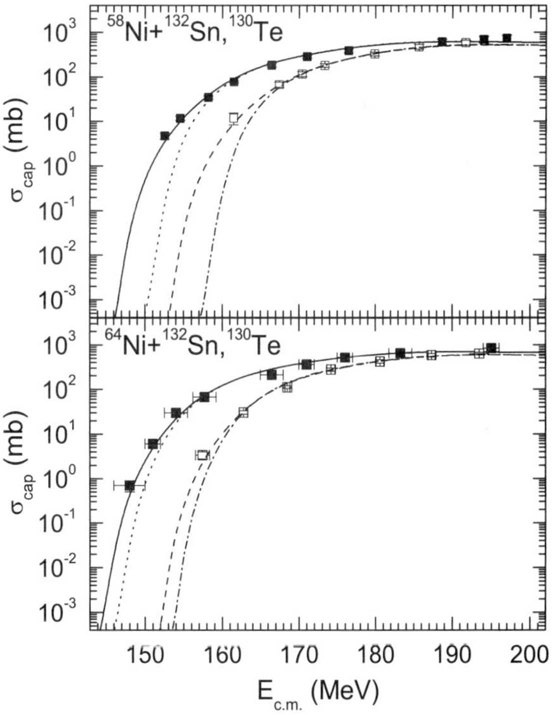


FIG. 2. The same as in Fig. 1, for the reactions $^{58,64}$Ni+$^{132}$Sn (solid lines) and $^{58,64}$Ni+$^{130}$Te (dashed lines). The experimental data (symbols) are from Refs. [13,33]. For the reactions $^{58,64}$Ni+$^{132}$Sn (dotted lines) and $^{58,64}$Ni+$^{130}$Te (dash-dotted lines), the calculated capture cross sections without the neutron transfer are shown.

$^{112}$Sn, $^{116}$Sn, and $^{122}$Sn, respectively [26]. For $^{112,116,122}$Sn and $^{96}$Zr, the extracted $\beta_2$ are equal to the experimental ones from Ref. [32]. These extracted deformation parameters are used in our calculations.

After the neutron transfer in the reaction $^{40}$Ca($\beta_2 = 0$)+$^{96}$Zr($\beta_2 = 0.08$)→ $^{42}$Ca($\beta_2 = 0.247$)+$^{94}$Zr($\beta_2 = 0.09$) (Fig. 1) or $^{40}$Ca($\beta_2 = 0$)+$^{124}$Sn($\beta_2 = 0.095$)→$^{42}$Ca($\beta_2 = 0.247$)+$^{122}$Sn($\beta_2 = 0.1$) (Fig. 1) the deformation of the nuclei increases and the mass asymmetry of the system decreases, and, thus, the value of the Coulomb barrier decreases and the capture cross section becomes larger (Fig. 1). In Fig. 2, we observe the same behavior in the reactions $^{58}$Ni($\beta_2 = 0.05$)+ $^{132}$Sn($\beta_2 = 0$) →$^{60}$Ni($\beta_2 = 0.207$)+ $^{130}$Sn($\beta_2 = 0$) ($Q_{2n} = 7.8$ MeV), $^{58}$Ni($\beta_2 = 0.05$)+ $^{130}$Te($\beta_2 = 0$)→$^{60}$Ni($\beta_2 = 0.207$)+$^{128}$Te($\beta_2 = 0$) ($Q_{2n} = 5.9$ MeV), $^{64}$Ni($\beta_2 = 0.087$)+$^{132}$Sn($\beta_2 = 0$)→$^{66}$Ni($\beta_2 = 0.158$)+$^{130}$Sn($\beta_2 = 0$) ($Q_{2n} = 2.5$ MeV), and $^{64}$Ni($\beta_2 = 0.087$)+$^{130}$Te($\beta_2 = 0$)→$^{66}$Ni($\beta_2 = 0.158$) + $^{128}$Te($\beta_2 = 0$) ($Q_{2n} = 0.55$ MeV). One can see a good agreement between the calculated results and the experimental data [7,8,13]. So, the observed capture enhancement at sub-barrier energies in the reactions mentioned above is related to the two-neutron transfer channel. One can see that at energies above and near the Coulomb barrier the cross sections with and without two-neutron transfer are almost similar. Since the two-neutron transfer causes a larger change of the deformations of the nuclei in the reactions $^{58}$Ni+$^{132}$Sn,$^{130}$Te than in the reactions $^{64}$Ni+$^{132}$Sn,$^{130}$Te, at sub-barrier energies the capture enhancement in the reactions with $^{58}$Ni is larger than in the reactions with $^{64}$Ni (Figs. 2 and 3). In Fig. 3 there are no significant differences in the calculated reduced excitation functions $^{58,64}$Ni+$^{132}$Sn,$^{130}$Te at $E_{c.m.}/V_b \approx 0.97$. Indeed, the same was observed in Ref. [13]. A small differences between our reduced excitation functions and those of Ref. [13] appear because of different $V_b$ and $R_b$ of our model and Bass model used in [13]. We would expect a small difference in the reduced excitation functions of $^{40}$Ca+$^{96}$Zr,$^{124,132}$Sn at $E_{c.m.}/V_b \approx 0.95$.

One can make unambiguous statements regarding the neutron transfer process with a positive $Q$-value when the

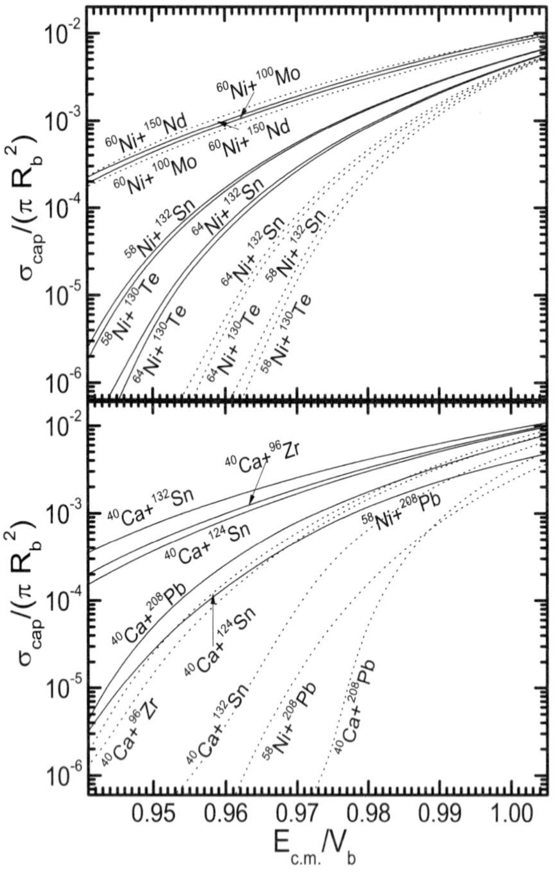


FIG. 3. The calculated reduced capture cross sections versus $E_{c.m.}/V_b$ for the indicated reactions. The results with and without taking into account the two-neutron transfer process are shown by solid and dotted lines, respectively. Here, $V_b = V(R_b)$ and $R_b$ are the heights and positions, respectively, of the calculated Coulomb barriers.

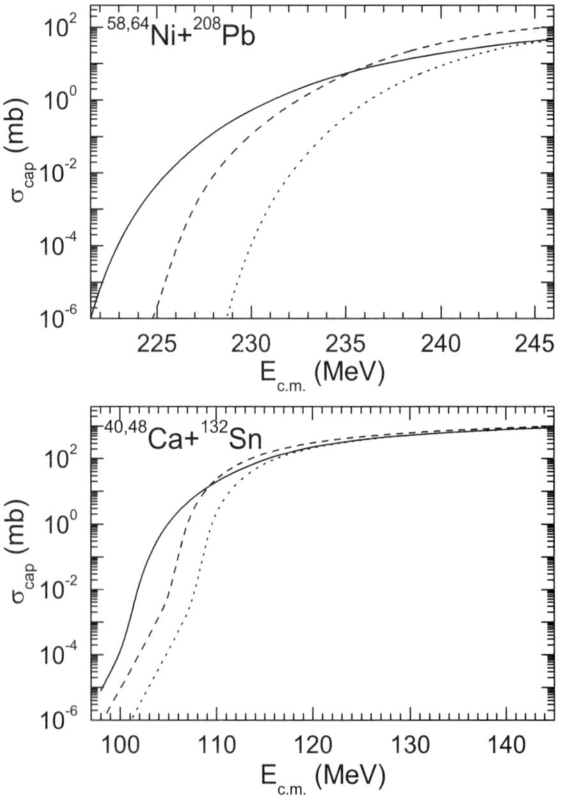


FIG. 4. The same as in Fig. 1, for the indicated reactions $^{40}$Ca+$^{132}$Sn (solid line), $^{48}$Ca+$^{132}$Sn (dashed line), $^{58}$Ni+$^{208}$Pb (solid line) and $^{64}$Ni+$^{208}$Pb (dashed line). For the reactions $^{40}$Ca+$^{132}$Sn and $^{58}$Ni+$^{208}$Pb, the calculated capture cross sections without the neutron transfer are shown by dotted lines.

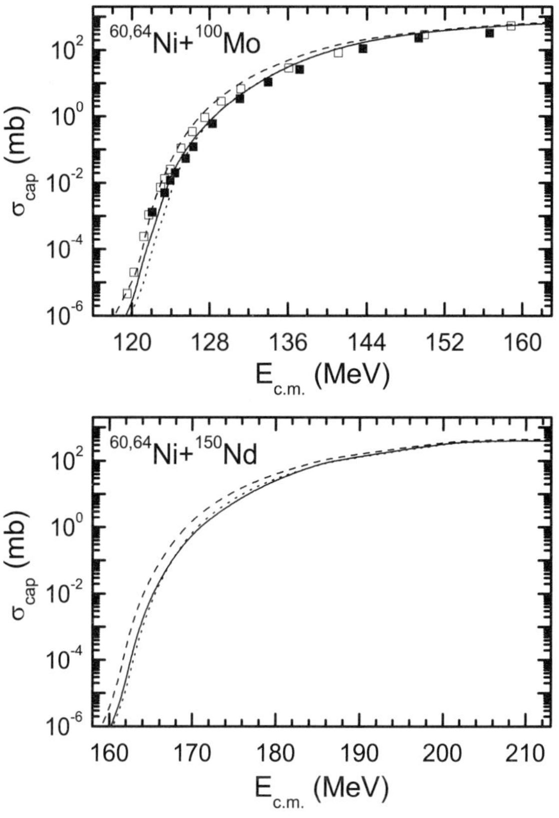


FIG. 5. The same as in Fig. 1, for the indicated reactions $^{60}$Ni+$^{100}$Mo,$^{150}$Nd (solid lines), and $^{64}$Ni+$^{100}$Mo,$^{150}$Nd (dashed lines). For the reactions $^{60}$Ni+$^{100}$Mo and $^{60}$Ni+$^{150}$Nd, the calculated capture cross sections without the neutron transfer are shown by dotted lines. The experimental data for the reactions $^{60}$Ni+$^{100}$Mo (closed squares) and $^{64}$Ni+$^{100}$Mo (open squares) are from Ref. [12].

colliding nuclei are double magic or semimagic. In this case one can disregard the deformation and orientation effects before the neutron transfer. Good examples are the reactions with spherical nuclei: $^{40,48}$Ca+$^{132}$Sn and $^{58,64}$Ni+$^{208}$Pb. As seen in Fig. 4, there is a considerable difference between the capture cross sections in the reactions with $^{58,64}$Ni ($^{40,48}$Ca) because of the existence of the two-neutron transfer channel in the reaction $^{58}$Ni($\beta_2 = 0.05$)+$^{208}$Pb($\beta_2 = 0$)$\rightarrow$$^{60}$Ni($\beta_2 = 0.207$)+$^{206}$Pb($\beta_2 = 0$) ($Q_{2n} = 6.3$ MeV) ($^{40}$Ca($\beta_2 = 0$)+$^{132}$Sn($\beta_2 = 0$)$\rightarrow$$^{42}$Ca($\beta_2 = 0.247$) + $^{130}$Sn($\beta_2 = 0$) ($Q_{2n} = 7.3$ MeV)). After the two-neutron transfer the deformation of light nuclei strongly increases. The neutron transfer induces the effect of a quadrupole deformation. One can see that the enhancement of the capture cross section in the $^{58}$Ni+$^{208}$Pb reaction is larger than in the reactions $^{58}$Ni+$^{132}$Sn,$^{130}$Te because the effect of the quadrupole deformation increases with $Z_1 \times Z_2$. The study of the reactions mentioned above and the reactions $^{40,48}$Ca+$^{130}$Te are a good test for the verification of the effect of the neutron transfer.

One can find reactions with a positive $Q$-values of the two-neutron transfer where the transfer weakly influences or even suppresses the capture process. This happens if after the transfer the deformations of the nuclei do not change much or even decrease. For instance, in the reactions $^{60}$Ni($\beta_2 \approx 0.1$) + $^{100}$Mo($\beta_2 = 0.231$) $\rightarrow$$^{62}$Ni($\beta_2 = 0.198$)+ $^{98}$Mo($\beta_2 = 0.168$) ($Q_{2n} = 4.2$ MeV) and $^{60}$Ni($\beta_2 \approx 0.1$)+ $^{150}$Nd($\beta_2 = 0.285$) $\rightarrow$$^{62}$Ni($\beta_2 = 0.198$) + $^{148}$Nd($\beta_2 = 0.204$) ($Q_{2n} = 6$ MeV) we expect a weak dependence of the capture cross section on the neutron transfer (Fig. 5). There is an evidence of such an effect for the $^{60}$Ni+$^{100}$Mo reaction [12] when we compare it with the reaction $^{64}$Ni($\beta_2 = 0.087$)+$^{100}$Mo($\beta_2 = 0.231$) which has no positive $Q$-value for the neutron transfer channel. In Fig. 3, one can see that the reduced capture cross sections in the reactions $^{60}$Ni+$^{100}$Mo,$^{150}$Nd are close to each other in contrast to those in the reactions $^{58,64}$Ni+$^{132}$Sn,$^{130}$Te. The $^{60}$Ni+$^{150}$Nd reaction has even a small suppression due to the neutron transfer (Figs. 3 and 5).

The quantum diffusion approach was applied to study the role of the neutron transfer with positive $Q$-value in the capture reactions $^{58,64}$Ni+$^{132}$Sn,$^{130}$Te, and $^{60}$Ni+$^{100}$Mo at sub-barrier energies. We demonstrated a good agreement of the theoretical calculations with the experimental data. We found, that the change of the magnitude of the capture cross section after the neutron transfer occurs due to the change of the deformations of nuclei. The effect of the neutron transfer is an indirect effect of the quadrupole deformation. When after the neutron transfer the deformations of nuclei do not change or slightly decrease, the neutron transfer weakly influences or suppresses the capture cross section. Good examples for this effect are the capture reactions $^{60}$Ni+$^{100}$Mo,$^{150}$Nd and $^{18}$O+$^{64}$Ni,$^{112,114,116,118,120,122,124}$Sn,$^{204,206}$Pb at sub-barrier energies. Thus, the general point of view that the sub-barrier capture (fusion) cross section strongly increases because of the neutron transfer with a positive $Q$-values has to be revised.

The same particle transfer effect one can expect in other fields of physics. For example, the electron transfer between interacting atoms (molecules) can strongly influence the probability rate for various sub-barrier processes in atomic physics and chemistry. This will probably lead to new experiments.

We thank J. F. Liang for useful discussions and for providing us with experimental data. This work was supported by DFG, NSFC, and RFBR. The IN2P3(France)–JINR(Dubna) and Polish–JINR(Dubna) Cooperation Programmes are gratefully acknowledged.

[1] C. A. Bertulani, EPJ Web Conf. **17**, 15001 (2011).
[2] W. Henning, F. L. H. Wolfs, J. P. Schiffer, and K. E. Rehm, Phys. Rev. Lett. **58**, 318 (1987).
[3] P. H. Stelson, H. J. Kim, M. Beckerman, D. Shapira, and R. L. Robinson, Phys. Rev. C **41**, 1584 (1990).
[4] R. Pengo, D. Evers, K. E. G. Löbner, U. Quade, K. Rudolph, S. J. Skorka, and I. Weidl, Nucl. Phys. A **411**, 255 (1983).
[5] R. B. Roberts, R. B. Roberts, S. B. Gazes, J. E. Mason, M. Satteson, S. G. Teichmann, L. L. Lee Jr., J. F. Liang, J. C. Mahon, and R. J. Vojtech, Phys. Rev. C **47**, R1831 (1993).

[6] A. A. Sonzogni, J. D. Bierman, M. P. Kelly, J. P. Lestone, J. F. Liang, and R. Vandenbosch, Phys. Rev. C **57**, 722 (1998).

[7] H. Timmers, D. Ackermanna, S. Beghini, L. Corradi, J. H. He, G. Montagnoli, F. Scarlassara, A. M. Stefanini, and N. Rowley, Nucl. Phys. A **633**, 421 (1998).

[8] F. Scarlassara, S. Beghini, G. Montagnoli, G. F. Segato, D. Ackermann, L. Corradi, C. J. Lin, A. M. Stefanini, L. F. Zheng, Nucl. Phys. A **672**, 99 (2000).

[9] A. M. Stefanini, B. R. Behera, S. Beghini, L. Corradi, E. Fioretto, A. Gadea, G. Montagnoli, N. Rowley, F. Scarlassara, S. Szilner, and M. Trotta, Phys. Rev. C **76**, 014610 (2007).

[10] H. Q. Zhang, C. J. Lin, F. Yang, H. M. Jia, X. X. Xu, Z. D. Wu, F. Jia, S. T. Zhang, Z. H. Liu, A. Richard, and C. Beck, Phys. Rev. C **82**, 054609 (2010).

[11] R. A. Broglia, C. H. Dasso, S. Landowne, and A. Winther, Phys. Rev. C **27**, 2433 (1983); R. A. Broglia, C. H. Dasso, S. Landowne, and G. Pollarolo, Phys. Lett. B **133**, 34 (1983).

[12] F. Scarlassara, G. Montagnoli, E. Fioretto, C. L. Jiang, A. M. Stefanini, L. Corradi, B. B. Back, N. Patel, K. E. Rehm, D. Sewerinyak, P. P. Singh, X. D. Tang, C. M. Deibel, B. Di Giovine, J. P. Greene, H. D. Henderson, M. Notani, S. T. Marley, and S. Zhu, EPJ Web Conf.**17**, 05002 (2011).

[13] Z. Kohley, J. F. Liang, D. Shapira, R. L. Varner, C. J. Gross, J. M. Allmond, A. L. Caraley, E. A. Coello, F. Favela, K. Lagergren, and P. E. Mueller, Phys. Rev. Lett. **107**, 202701 (2011); J. F. Liang, EPJ Web Conf. **17**, 02002 (2011).

[14] S. Hofmann and G. Münzenberg, Rev. Mod. Phys. **72**, 733 (2000); Yu. Ts. Oganessian, J. Phys. G **34**, 165R (2007); S. Hofmann, Lect. Notes Phys. **764**, 203 (2009); Radiochim. Acta **99**, 405 (2011); G. G. Adamian, N. V. Antonenko, and W. Scheid, in *Lecture Notes in Physics* 848, *Clusters in Nuclei*, Vol. 2, edited by C. Beck (Springer-Verlag, Berlin, 2012), p. 165.

[15] J. F. Liang and C. Signorini, Int. J. Mod. Phys. E **14**, 1121 (2005); W. Loveland, Eur. Phys. J. A **25**, 233 (2005).

[16] K. Langanke and C. A. Barnes, Adv. Nucl. Phys. **22**, 173 (1996); A. Aprahamian, K. Langanke, and M. Wiescher, Prog. Part. Nucl. Phys. **54**, 535 (2005).

[17] L. F. Canto, P. R. S. Gomes, R. Donangelo, and M. S. Hussein, Phys. Rep. **424**, 1 (2006); C. A. Bertulani, L. F. Canto, and M. S. Hussein, *ibid.* **226**, 281 (1993).

[18] W. von Oertzen and A. Vitturi, Rep. Prog. Phys. **64**, 1247 (2001).

[19] S. Szilner, C. A. Ur, L. Corradi, N. Mărginean, G. Pollarolo, A. M. Stefanini, S. Beghini, B. R. Behera, E. Fioretto, A. Gadea, B. Guiot, A. Latina, P. Mason, G. Montagnoli, F. Scarlassara, M. Trotta, G. de Angelis, F. D. Vedova, E. Farnea, F. Haas, S. Lenzi, S. Lunardi, R. Mărginean, R. Menegazzo, D. R. Napoli, M. Nespolo, I. V. Pokrovsky, F. Recchia, M. Romoli, M.-D. Salsac, N. Soić, and J. J. Valiente-Dobón, Phys. Rev. C **76**, 024604 (2007); **84**, 014325 (2011); L. Corradi, S. Szilner, G. Pollarolo, G. Coló, P. Mason, E. Farnea, E. Fioretto, A. Gadea, F. Haas, D. Jelavic-Malenica, N. Mărginean, C. Michelagnoli, G. Montagnoli, D. Montanari, F. Scarlassara, N. Soic, A. M. Stefanini, C. A. Ur, and J. J. Valiente-Dobón, *ibid.* **84**, 034603 (2011).

[20] P. Hanggi, P. Talkner, and M. Borcovec, Rev. Mod. Phys. **62**, 252 (1990); V. V. Flambaum and V. G. Zelevinsky, Phys. Rev. Lett. **83**, 3108 (1999); R. A. Kuzyakin, V. V. Sargsyan, G. G. Adamian, and N. V. Antonenko, Phys. Rev. A **83**, 062117 (2011); **84**, 032117 (2011).

[21] H. Hofmann, Phys. Rep. **284**, 137 (1997).

[22] S. Ayik, B. Yilmaz, A. Gokalp, O. Yilmaz, and N. Takigawa, Phys. Rev. C **71**, 054611 (2005).

[23] V. V. Sargsyan, Z. Kanokov, G. G. Adamian, N. V. Antonenko, and W. Scheid, Phys. Rev. C **80**, 034606 (2009); **80**, 047603 (2009); V. V. Sargsyan, Z. Kanokov, G. G. Adamian, and N. V. Antonenko, Part. Nucl. **41**, 175 (2010).

[24] G. Hupin and D. Lacroix, Phys. Rev. C **81**, 014609 (2010).

[25] V. V. Sargsyan, G. G. Adamian, N. V. Antonenko, and W. Scheid, Eur. Phys. J. A **45**, 125 (2010) V. V. Sargsyan, G. G. Adamian, N. V. Antonenko, W. Scheid, and H. Q. Zhang, Eur. Phys. J. A **47**, 38 (2011).

[26] V. V. Sargsyan, G. G. Adamian, N. V. Antonenko, W. Scheid, and H. Q. Zhang, Phys. Rev. C **84**, 064614 (2011).

[27] V. V. Sargsyan, G. G. Adamian, N. V. Antonenko, W. Scheid, and H. Q. Zhang, J. Phys.: Conf. Ser. **282**, 012001 (2011); EPJ Web Conf. **17**, 04003 (2011).

[28] A. S. Zubov, V. V. Sargsyan, G. G. Adamian, and N. V. Antonenko, Phys. Rev. C **84**, 044320 (2011).

[29] A. S. Zubov, V. V. Sargsyan, G. G. Adamian, N. V. Antonenko, and W. Scheid, Phys. Rev. C **81**, 024607 (2010); **82**, 034610 (2010).

[30] K. Washiyama, D. Lacroix, and S. Ayik, Phys. Rev. C **79**, 024609 (2009); S. Ayik, K. Washiyama, and D. Lacroix, *ibid.* **79**, 054606 (2009).

[31] G. G. Adamian, A. K. Nasirov, N. V. Antonenko, and R. V. Jolos, Phys. Part. Nucl. **25**, 583 (1994).

[32] S. Raman, C. W. Nestor Jr., and P. Tikkanen, At. Data Nucl. Data Tables **78**, 1 (2001).

[33] J. F. Liang, D. Shapira, C. J. Gross, R. L. Varner, J. R. Beene, P. E. Mueller, and D. W. Stracener, Phys. Rev. C **78**, 047601 (2008).

# Deformation effect in the sub-barrier capture process ①

V. V. Sargsyan,[1,2] G. G. Adamian,[1] N. V. Antonenko,[1] W. Scheid,[3] C. J. Lin,[4] and H. Q. Zhang[4]
[1]*Joint Institute for Nuclear Research, RU-141980 Dubna, Russia*
[2]*International Center for Advanced Studies, Yerevan State University, 0025 Yerevan, Armenia*
[3]*Institut für Theoretische Physik der Justus–Liebig–Universität, D-35392 Giessen, Germany*
[4]*China Institute of Atomic Energy, Post Office Box 275, Beijing 102413, China*
(Received 20 February 2012; published 13 March 2012)

The role of prolate and oblate deformations of colliding nuclei in the sub-barrier capture process is studied within the quantum diffusion approach. The calculated and existing experimental capture cross sections are compared in the reactions $^{28}$Si + $^{198}$Pt and $^{40}$Ca + $^{194}$Pt with the heavy oblate nuclei. The possibility of the transition of heavy nucleus from the potential minimum with an oblate deformation of the ground state to the minimum with a prolate deformation during the capture process is discussed. The capture cross sections and mean angular momenta of the captured systems are predicted for the reactions $^{48}$Ca,$^{36}$S + $^{194}$Pt, where the detection of this transition is possible.

DOI: 10.1103/PhysRevC.85.037602 PACS number(s): 25.70.Jj, 24.10.−i, 24.60.−k

The sensitivity of the capture cross section to the prolate and oblate deformations of colliding nuclei gives one the possibility to use these reactions for a deeper understanding of the nuclear structure [1]. If the potential energy surface has a minimum with an oblate deformation related to the ground state, then there exists a prolate deformation minimum with almost the same absolute value $|\beta_2|$ of the quadrupole deformation parameter for the oblate minimum. The energy at the prolate minimum is slightly higher than the energy at the oblate minimum. In heavy-ion collisions a transition from the ground-state oblate minimum to the prolate minimum of the target nucleus and/or projectile nucleus can take place as was postulated in Ref. [2]. The physical reason of this transition is that the values of energies of the states with oblate and prolate deformations are very close to each other and the capture with the target- and/or projectile-nucleus in the prolate minimum is energetically more favorable than the capture with the target- and/or projectile-nucleus in the oblate minimum.

In the present paper the quantum diffusion approach [2–5] is applied to study and predict the role of nuclear oblate and prolate quadrupole deformations in the capture reactions $^{28}$Si + $^{198}$Pt, $^{40,48}$Ca, $^{36}$S + $^{194}$Pt, and $^{48}$Ca, $^{36}$S + $^{190}$Os at sub-barrier energies. In accordance with Ref. [6], the nuclei $^{194,198}$Pt are oblate in the ground state and the nucleus $^{190}$Os is prolate.

In the quantum diffusion approach [2–5], the collisions of nuclei are treated in terms of a single collective variable: the relative distance between the colliding nuclei. The nuclear deformation effects are taken into consideration through the dependence of the nucleus-nucleus potential on the deformations and mutual orientations of the colliding nuclei. Our approach takes into account the fluctuation and dissipation effects in the collisions of heavy ions, which model the coupling with various channels (for example, coupling of the relative motion with low-lying collective modes, such as dynamical quadrupole and octupole modes of the target and projectile [7]). We have to mention that many quantum-mechanical and non-Markovian effects accompanying the passage through the potential barrier are considered in our formalism [2,3,5,8] through the friction and diffusion. The two-neutron transfer with the positive

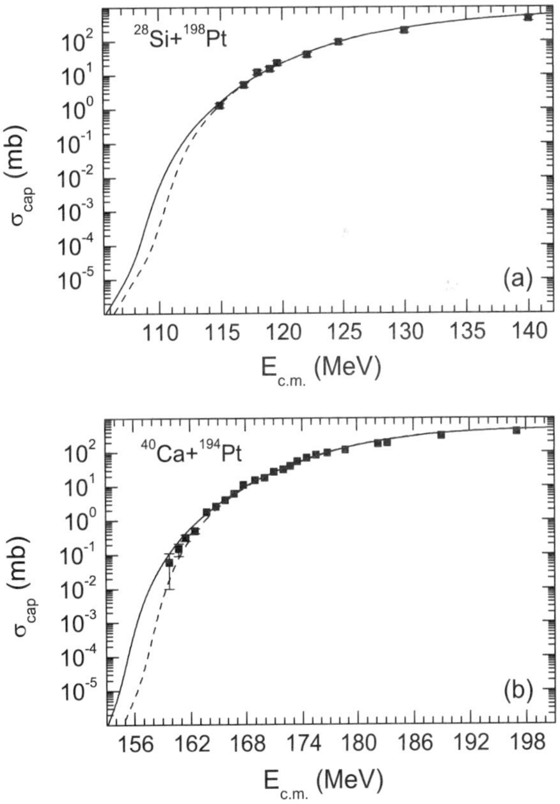


FIG. 1. The calculated (lines) and experimental (solid squares [13,14]) capture cross section versus $E_{c.m.}$ for the reactions $^{28}$Si + $^{198}$Pt (a) and $^{40}$Ca + $^{194}$Pt (b). The results with a prolate and oblate deformed heavy nucleus are shown by solid and dashed lines, respectively.

① Physical Review C,2012,85(3):037602-(1-4).

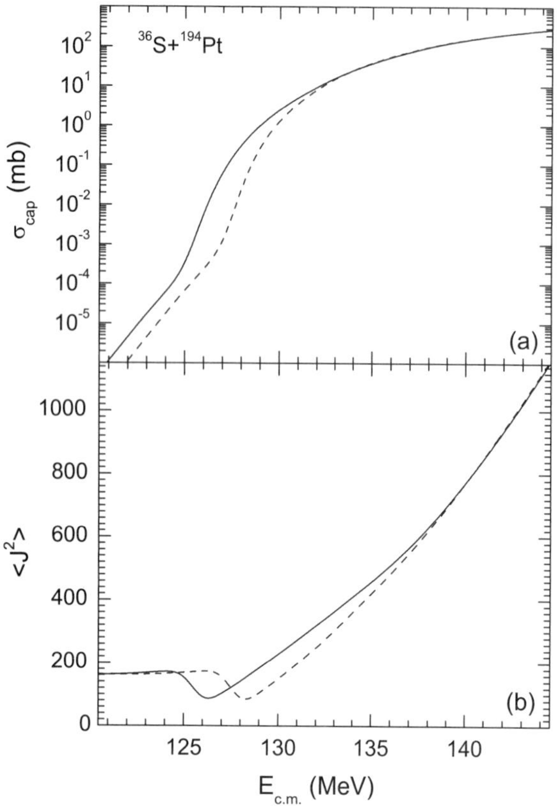


FIG. 2. The calculated capture cross sections (a) and the values of $\langle J^2\rangle^{1/2}$ (b) versus $E_{\rm c.m.}$ are shown for the $^{36}$S + $^{194}$Pt reaction. For the $^{194}$Pt nucleus, a prolate $\beta_2 = +0.1426$ (solid line) and oblate $\beta_2 = -0.1426$ (dashed line) deformations are taken. The $^{36}$S nucleus has $\beta_2 = 0$. The $^{194}$Pt nucleus is oblate in the ground state.

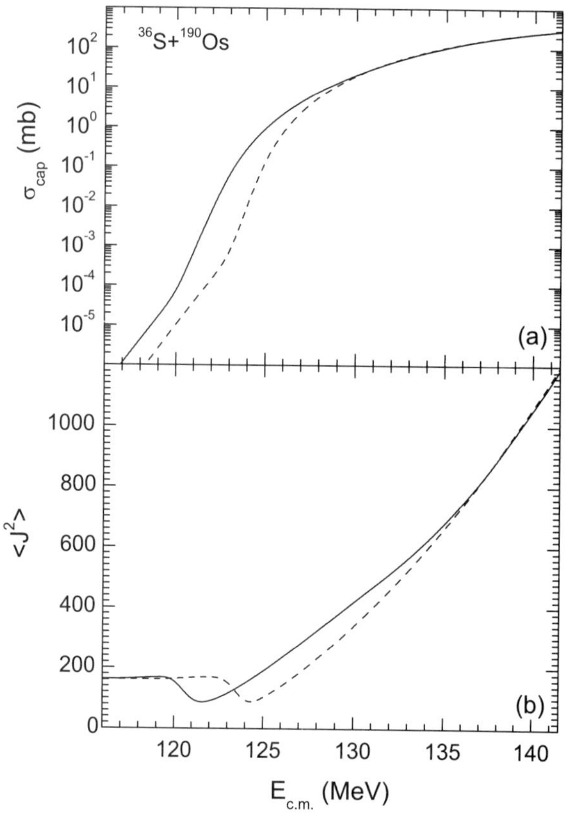


FIG. 3. The same as described in the legend of Fig. 2 but for the reaction $^{48}$Ca + $^{194}$Pt. The $^{48}$Ca nucleus has $\beta_2 = 0$.

$Q_{2n}$-value was taken into consideration [5]. The calculated results for all reactions are obtained with the same set of parameters as in Refs. [2,3,5] and are rather insensitive to the reasonable variation of them. With our approach, many heavy-ion capture reactions at energies above and well below the Coulomb barrier have been successfully described [3–5]. One should stress that the diffusion models, which include quantum statistical effects, were also proposed in Refs. [9–11].

To calculate the nucleus-nucleus interaction potential $V(R)$, we use the procedure presented in Refs. [2–5]. For the nuclear part of the nucleus-nucleus potential, the double-folding formalism with the Skyrme-type density-dependent effective nucleon-nucleon interaction is used. The parameters of the potential were adjusted to describe the experimental data at energies above the Coulomb barrier corresponding to spherical nuclei. The absolute values of the quadrupole deformation parameters $\beta_2$ of deformed nuclei were taken from Ref. [12].

In Fig. 1, one can see the comparisons of the calculated capture cross sections with the available experimental data [13,14] for the reactions $^{28}$Si + $^{198}$Pt and $^{40}$Ca + $^{194}$Pt. The $Q_{2n}$-values for the two-neutron transfer processes are positive for these reactions and the $2n$-transfer is taken into account in calculations [5]. There is experimental evidence that the nuclei $^{192-198}$Pt have quadrupole oblate deformations [$\beta_2(^{192}\mathrm{Pt}) = -0.1532$, $\beta_2(^{194}\mathrm{Pt}) = -0.1426$, $\beta_2(^{196}\mathrm{Pt}) = -0.1296$, and $\beta_2(^{198}\mathrm{Pt}) = -0.1141$] in their ground states [6]. However, our calculations are in good agreement with the existing experimental data in the cases of prolate and oblate deformations of these nuclei. The absolute values of oblate and prolate deformations are taken the same. Since at the limited energy range measured for these systems the difference between calculated "prolate" and "oblate" curves in Fig. 1 is within the experimental uncertainties, it is difficult to conclude that during the capture process a transition occurs from the oblate to the prolate deformation state of the target-nucleus. So, the new measurements are required at smaller energies where the difference between the solid and dashed curves in Fig. 1 is quite large.

In Figs. 2–5, the capture cross section $\sigma_{\rm cap}$ and the mean square angular momentum $\langle J^2\rangle$ versus the bombarding energy $E_{\rm c.m.}$ are predicted for the reactions $^{48}$Ca,$^{36}$S + $^{194}$Pt,$^{190}$Os, where the nuclei $^{194}$Pt [$\beta_2(^{194}\mathrm{Pt}) = -0.1426$] and $^{190}$Os [$\beta_2(^{190}\mathrm{Os}) = 0.1775$] are the oblate and prolate deformed, respectively, in their ground states. In these reactions there

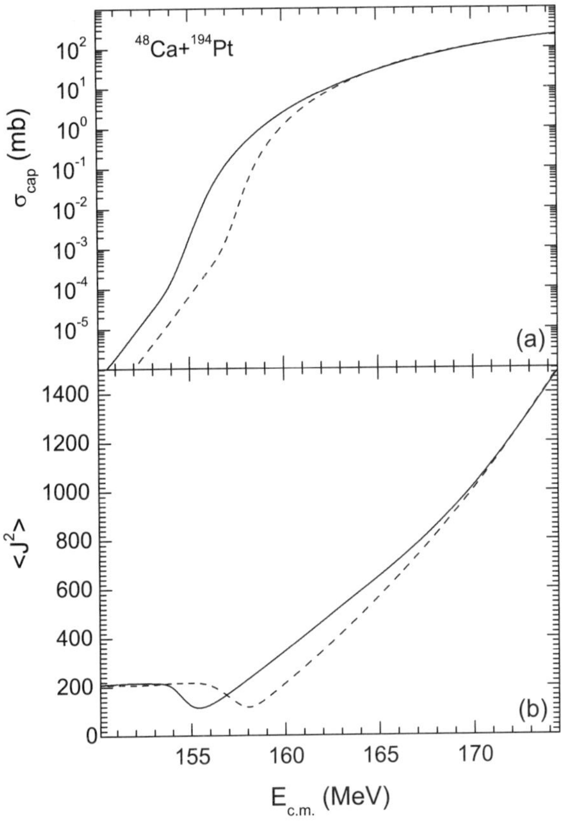


FIG. 4. The calculated capture cross sections (a) and the values of $\langle J^2\rangle^{1/2}$ (b) versus $E_{\rm c.m.}$ are shown for the ${}^{36}$S + ${}^{190}$Os reaction. For the ${}^{190}$Os nucleus, a prolate $\beta_2 = +0.1775$ (solid line) and oblate $\beta_2 = -0.1775$ (dashed line) deformations are taken. The ${}^{190}$Os nucleus is prolate in the ground state.

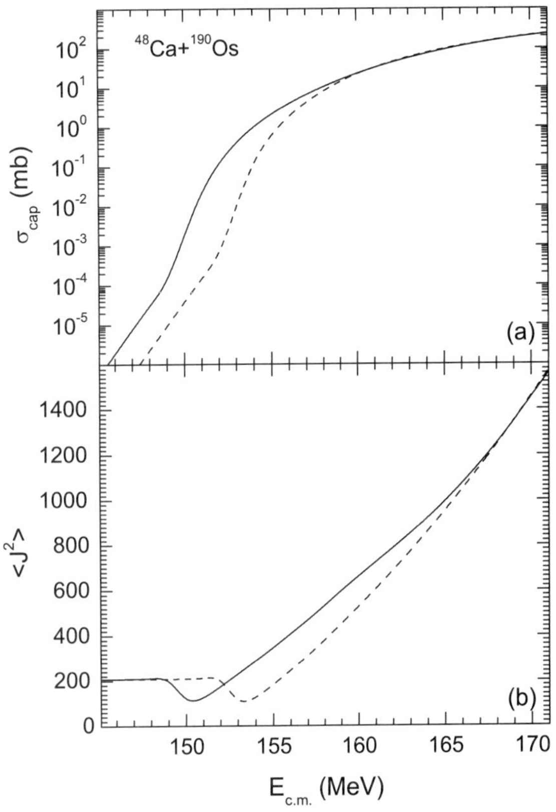


FIG. 5. The same as described in the legend of Fig. 4 but for the reaction ${}^{48}$Ca + ${}^{190}$Os.

are no neutron transfer channels with positive $Q$ values and thus the transfer might be expected to be suppressed. So, the oblate-prolate effect can not be obscured by the effect of neutron transfers. The behavior of $\sigma_{\rm cap}$ and $\langle J^2\rangle$ is changed, and the minimum of $\langle J^2\rangle$ is shifted to smaller energies when the deformations of ${}^{194}$Pt and ${}^{190}$Os are changed from oblate to prolate. Since the nuclei ${}^{190}$Os and ${}^{194}$Pt are prolate and oblate deformed nuclei in their ground states, respectively, it may be interesting to compare the reactions ${}^{48}$Ca, ${}^{36}$S + ${}^{190}$Os and ${}^{48}$Ca, ${}^{36}$S + ${}^{194}$Pt.

For the analyses of capture cross sections for reactions with different Coulomb barrier heights $V_b$ and positions $R_b$ calculated in the case of spherical nuclei, it is useful to compare not the excitation functions, but the dependence of the dimensionless quantities $\frac{\sigma_{\rm cap}E_{\rm c.m.}}{\pi R_b^2\hbar\omega_b}$ and $\frac{\langle J^2\rangle\pi\hbar^2}{\mu R_b^2\hbar\omega_b}$ versus $(E_{\rm c.m.} - V_b)/(\hbar\omega_b)$ or $E_{\rm c.m.} - V_b$ [15]. Here, $\omega_b$ and $\mu$ are the frequency of the barrier approximated by an inverted oscillator and the reduced mass of the system, respectively. Figures 6 and 7 show rather small difference between various systems with close deformations. However, the change of the sign of the quadrupole deformation causes quite large difference in the sub-barrier region. The difference between the reduced capture cross sections with prolate and oblate deformations of the target-nucleus in the ${}^{48}$Ca + ${}^{194}$Pt (${}^{48}$Ca + ${}^{190}$Os) reaction is larger than in the ${}^{36}$S + ${}^{194}$Pt (${}^{36}$S + ${}^{190}$Os) reaction because the effect of the quadrupole deformation increases with $Z_1 \times Z_2$.

The quantum diffusion approach [3–5] was applied to study the capture process in the reactions with oblate deformed nuclei at sub-barrier energies. Because of the limited energy range of existing data on the capture reactions ${}^{28}$Si + ${}^{198}$Pt and ${}^{40}$Ca + ${}^{194}$Pt with oblate-target nuclei, it is difficult to conclude that during the capture process the transition occurs from the oblate deformation minimum to the prolate deformation minimum of the target-nucleus. This transition effect can be proved or disproved in the experimental study of the reactions ${}^{28}$Si + ${}^{198}$Pt, ${}^{40}$Ca + ${}^{194}$Pt, and ${}^{48}$Ca, ${}^{36}$S + ${}^{194}$Pt (where the deformations of Pt are oblate in the ground states) at deep sub-barrier energies.

We thank Dr. H. Jia and Dr. S.-G. Zhou for fruitful discussions and suggestions. This work was supported by DFG, NSFC, and RFBR. The IN2P3(France)-JINR(Dubna) and Polish-JINR(Dubna) Cooperation Programmes are gratefully acknowledged.

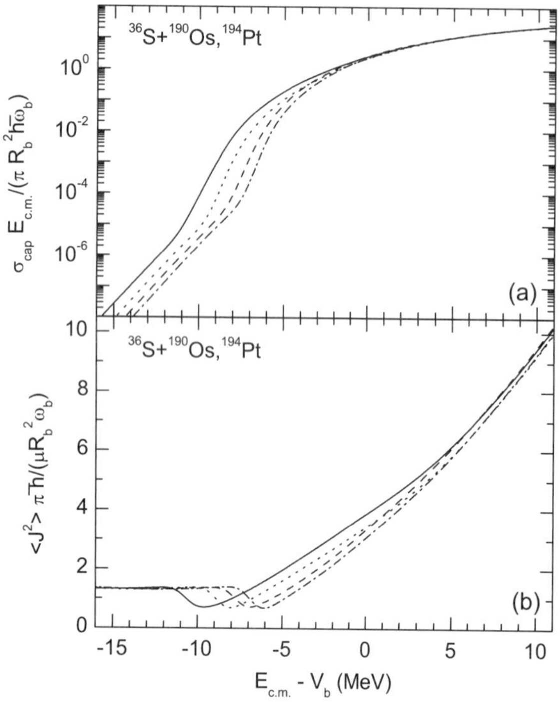


FIG. 6. Comparisons of $\frac{\sigma_{cap} E_{c.m.}}{\pi R_b^2 \hbar\omega_b}$ (a) and $\frac{\langle J^2\rangle \pi\hbar^2}{\mu R_b^2 \hbar\omega_b}$ (b) versus $E_{c.m.} - V_b$ for the reactions $^{36}S + {}^{190}Os, {}^{194}Pt$. The results for the target-nuclei $^{190}$Os (prolate), $^{190}$Os (oblate), $^{194}$Pt (prolate), and $^{194}$Pt (oblate) are presented by solid, dashed, dotted, and dash-dotted lines, respectively.

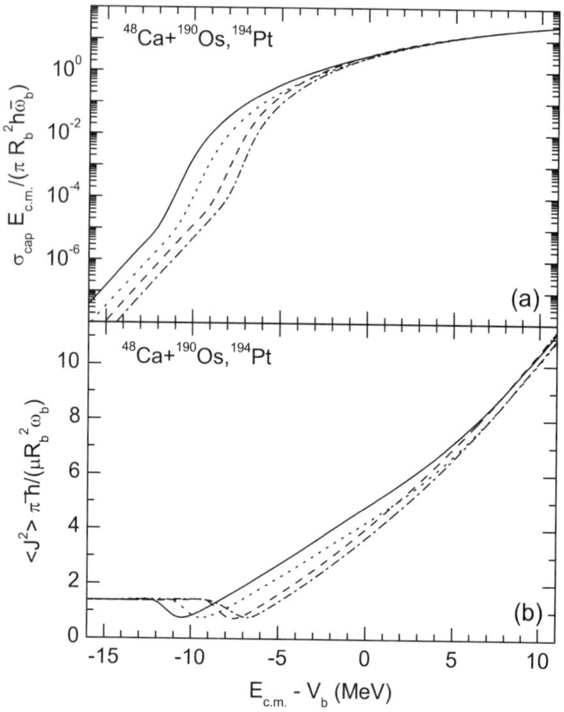


FIG. 7. The same as described in the legend of Fig. 6 but for the reactions $^{48}Ca + {}^{190}Os, {}^{194}Pt$.


[1] A. B. Balantekin and N. Takigawa, Rev. Mod. Phys. **70**, 77 (1998); L. F. Canto, P. R. S. Gomes, R. Donangelo, and M. S. Hussein, Phys. Rep. **424**, 1 (2006); C. A. Bertulani, EPJ Web Conf. **17**, 15001 (2011).

[2] V. V. Sargsyan, G. G. Adamian, N. V. Antonenko, W. Scheid, C. J. Lin, and H. Q. Zhang, Phys. Rev. C **85**, 017603 (2012).

[3] V. V. Sargsyan, G. G. Adamian, N. V. Antonenko, and W. Scheid, Eur. Phys. J. A **45**, 125 (2010).

[4] V. V. Sargsyan, G. G. Adamian, N. V. Antonenko, W. Scheid, and H. Q. Zhang, Eur. Phys. J. A **47**, 38 (2011); J. Phys.: Conf. Ser. **282**, 012001 (2011); EPJ Web Conf. **17**, 04003 (2011).

[5] V. V. Sargsyan, G. G. Adamian, N. V. Antonenko, W. Scheid, and H. Q. Zhang, Phys. Rev. C **84**, 064614 (2011).

[6] http://www.nndc.bnl.gov/ensdf/.

[7] S. Ayik, B. Yilmaz, and D. Lacroix, Phys. Rev. C **81**, 034605 (2010).

[8] V. V. Sargsyan, Z. Kanokov, G. G. Adamian, N. V. Antonenko, and W. Scheid, Phys. Rev. C **80**, 034606 (2009); **80**, 047603 (2009); V. V. Sargsyan, Z. Kanokov, G. G. Adamian, and N. V. Antonenko, Part. Nucl. **41**, 175 (2010).

[9] H. Hofmann, Phys. Rep. **284**, 137 (1997); C. Rummel and H. Hofmann, Nucl. Phys. A **727**, 24 (2003).

[10] N. Takigawa, S. Ayik, K. Washiyama, and S. Kimura, Phys. Rev. C **69**, 054605 (2004); S. Ayik, B. Yilmaz, A. Gokalp, O. Yilmaz, and N. Takigawa, *ibid.* **71**, 054611 (2005).

[11] G. Hupin and D. Lacroix, Phys. Rev. C **81**, 014609 (2010).

[12] S. Raman, C. W. Nestor Jr., and P. Tikkanen, At. Data Nucl. Data Tables **78**, 1 (2001).

[13] J. D. Bierman *et al.*, Phys. Rev. C **54**, 3068 (1996).

[14] K. Nishio, H. Ikezoe, S. Mitsuoka, and J. Lu, Phys. Rev. C **62**, 014602 (2000).

[15] L. F. Canto, P. R. S. Gomes, J. Lubian, L. C. Chamon, and E. Crema, J. Phys. G **36**, 015109 (2009); Nucl. Phys. A **821**, 51 (2009).

# Proton pygmy dipole resonances in $^{17,18}$Ne: Collective versus noncollective excitations ①

Hai-Liang Ma, Bao-Guo Dong, Yu-Liang Yan, Huan-Qiao Zhang, and Xi-Zhen Zhang
*Department of Nuclear Physics, China Institute of Atomic Energy, P.O. Box 275(10), Beijing 102413, China*
(Received 8 February 2012; published 9 April 2012)

The proton pygmy dipole resonances (PDRs) in the proton-rich nuclei $^{17,18}$Ne are investigated in the framework of the interacting shell model. The shell model with the self-consistent Skyrme-Hartree-Fock wave functions well reproduces the experimental data of the ground-state properties. The proton PDRs in the neighboring $^{17,18}$Ne are predicted. However, the detailed study involving the transition densities and collectivity shows that the PDR in $^{17}$Ne is highly collective and due to the oscillation of the valence protons against the interior core, while in $^{18}$Ne the dipole resonance in the PDR region is noncollective and more likely to be the configuration splitting of the giant dipole resonances.

DOI: 10.1103/PhysRevC.85.044307 PACS number(s): 21.10.Gv, 21.60.Cs, 23.20.−g, 24.30.Cz

## I. INTRODUCTION

The exotic behavior of nuclei approaching the drip lines is one of the top subjects in nuclear physics studies. The loosely bound nucleons can oscillate against the isospin saturated core. Large enhancement of electric dipole ($E1$) response is expected in the low-energy region, namely, the pygmy dipole resonance (PDR). Although PDR exhausts only a few percent of the total energy-weighted sum rule, nucleon capture rates could be largely enhanced in the $r$-process nucleosynthesis [1]. The neutron PDRs have been intensely studied in heavy and medium-heavy nuclei [2–9]. Due to the existence of the Coulomb barrier, the proton skin or halo can only appear in light nuclei and is less profound than the neutron skin or halo. And proton PDRs are much rarer than neutron PDRs [10,11]. However, the nature of PDRs is still controversial, since not only can PDRs be developed by this soft mode, but also single-particle excitation near the threshold can enhance the dipole excitations [3,12,13]. The controversy can be further shown by the fact that mean-field theories have predicted the increasing integrated strength of neutron PDRs with the increasing of the neutron excess or the neutron skin thickness [2], while experimental studies show a nontrivial dependence of the total $E1$ strength as a function of the neutron number, such as in $^{40,44,48}$Ca [14,15]. In some light and heavy nuclei, relativistic and nonrelativistic theories have also predicted the low-lying strengths to be of noncollective nature [16–18].

Most of the studies on the pygmy and giant dipole resonances are based on the mean-field theory with random-phase-approximation (RPA) or quasiparticle RPA. However, mean-field theories cannot predict the mixing of different configurations, which is critical for loosely bound nuclei. The collectivity of the giant dipole resonances (GDRs) in light nuclei is less profound than in medium-heavy and heavy nuclei. Therefore the response function could distribute over several configuration-dependent peaks. For electric dipole resonances, most of the contributions come from the cross shell ($\Delta N = 1$) particle-hole excitations near the Fermi surface. Although the conventional configuration-mixing shell model is confined in a restricted valence space, it was shown that the GDRs were well reproduced with this model in light nuclei [19,20]. Another advantage of the shell model is that the pairing effect is well treated, which is very important in open-shell nuclei especially in Borromean nuclei such as $^{11}$Li and $^{17}$Ne. With the pygmy dipole resonances lying in the lower energy region, the fully microscopic shell-model calculations could provide more insightful prediction in light nuclei. In Refs. [21,22], shell-model studies on the neutron PDRs in light or medium nuclei were reported, with rare examples of proton PDRs [23]. The PDRs in neutron-rich oxygen isotopes predicted by the shell model [19] were confirmed experimentally [24]. However, only transition strength was given in the previous shell-model studies. Detailed transition densities and collectivity are very important to revealing the dynamics of the proton PDRs.

$^{17}$Ne and $^{18}$Ne exhibit proton halo or skin in spite of the Coulomb barrier [25]. The Borromean $^{17}$Ne is a prominent candidate for a two-proton halo, which can be regarded as an $^{15}$O core in its ground state plus two protons in the $d^2$ or halo-like $s^2$ configurations. The nonresonant soft dipole mode in $^{17}$Ne was predicted by a three-body model [26]. In the present paper, the pygmy dipole resonances in $^{17}$Ne and $^{18}$Ne are predicted in the interacting shell model. The differences of PDRs in these two nuclei are discussed when the transition densities and information on collectivity are available.

## II. SHELL MODEL TRANSITION DENSITY AND TRANSITION STRENGTH

The one-body transition density (OBTD) is the standard output of the shell-model code such as OXBASH and NUSHELL@MSU [27]. The OBTDs are unrelated to the radial wave function but related to the angular momentum part between the initial and final states. Thus the transition matrix element can be given by the transition operator and the transition density can be given by the density operator using the same OBTDs. The detailed formulas are given in the following discussion.

In the second-quantized representation, the $\lambda$-rank one-body operator reads

$$\hat{O}^{\lambda}_{\mu} = \sum_{\alpha\beta} \langle \alpha | O^{\lambda}_{\mu} | \beta \rangle a^{+}_{\alpha} a_{\beta}, \tag{1}$$

① Physical Review C,2012,85(4):044307-(1-6).

where $\alpha$ stands for the single-particle quantum number set $(n_\alpha l_\alpha j_\alpha m_\alpha)$. In the shell-model $M$ scheme, this operator can be written in the tensor coupled form [28]

$$\hat{O}^\lambda_\mu = \sum_{k_\alpha k_\beta} \langle k_\alpha || O^\lambda || k_\beta \rangle \frac{\left[a^+_{k_\alpha} \otimes \tilde{a}_{k_\beta}\right]^\lambda_\mu}{\sqrt{2\lambda+1}}, \tag{2}$$

where $k_\alpha$ stands for $(n_\alpha l_\alpha j_\alpha)$. The reduced transition matrix element between the final state $|J_f\rangle$ and initial state $|J_i\rangle$ can be expressed by the OBTDs and reduced single-particle matrix elements of the valence orbitals,

$$\langle J_f || \hat{O}^\lambda || J_i \rangle = \sum_{k_\alpha k_\beta} \mathrm{OBTD}(fik_\alpha k_\beta \lambda) \langle k_\alpha || \hat{O}^\lambda || k_\beta \rangle, \tag{3}$$

where $J_i$ and $J_f$ include all the quantum numbers needed to distinguish the states, and OBTD is given by

$$\mathrm{OBTD}(fik_\alpha k_\beta \lambda) = \frac{\langle J_f || \left[a^+_{k_\alpha} \otimes \tilde{a}_{k_\beta}\right]^\lambda || J_i \rangle}{\sqrt{2\lambda+1}}. \tag{4}$$

The OBTD can also be defined to include the isospin freedom [28].

The transition density between the final state $|J_f\rangle$ and initial state $|J_i\rangle$ is defined as

$$\delta\rho(\vec{r}) = \langle J_f | \sum_i \delta(\vec{r} - \vec{r}_i) | J_i \rangle, \tag{5}$$

and the radial transition density $\delta\rho_\lambda(r)$ is given by

$$\delta\rho(\vec{r}) \equiv \sum_{\lambda,\mu} \delta\rho_\lambda(r) Y_{\lambda\mu}(\hat{r}). \tag{6}$$

Using the orthonormal relation of spherical harmonics, we have

$$\delta\rho_\lambda(r) = \int \langle J_f | \sum_i \delta(\vec{r} - \vec{r}_i) | J_i \rangle Y^*_{\lambda\mu}(\hat{r}) d\Omega. \tag{7}$$

As $\delta(\vec{r} - \vec{r}_i) = \frac{1}{4\pi r^2}\delta(r - r_i)\delta(\hat{r}, \hat{r}_i)$, by integrating out the angular part, we have

$$\delta\rho_\lambda(r) \sim \frac{\langle J_f || \sum_i \frac{1}{r^2}\delta(r - r_i) Y_\lambda || J_i \rangle}{\sqrt{2J_i+1}}. \tag{8}$$

In order to normalize the radial transition density to the transition strength, we leave out the coefficient in front of Eq. (8) and redefine it as

$$\begin{aligned} \delta\rho_\lambda(r) &\equiv \frac{\langle J_f || \sum_i \frac{1}{r^2}\delta(r - r_i) Y_\lambda || J_i \rangle}{\sqrt{2J_i+1}} \\ &= \frac{1}{\sqrt{2J_i+1}} \sum_{k_\alpha, k_\beta} \mathrm{OBTD}(fik_\alpha k_\beta \lambda) \\ &\quad \times \langle k_\alpha | \left| \frac{1}{r^2}\delta(r - r') Y_\lambda \right| | k_\beta \rangle, \end{aligned} \tag{9}$$

where

$$\langle k_\alpha | \left| \frac{1}{r^2}\delta(r - r') Y_\lambda \right| | k_\beta \rangle = \psi_{k_\alpha}(r)\psi_{k_\beta}(r) \langle k_\alpha || Y_\lambda || k_\beta \rangle, \tag{10}$$

and $\psi_{k_\alpha}(r)$ is the radial wave function of the valence orbital $k_\alpha$. For a $\lambda$-rank one-body transition operator,

$$\hat{O}^\lambda_\mu(\vec{r}) = r^\lambda Y_{\lambda\mu}(\hat{r}), \tag{11}$$

using Eqs. (3) and (9), the electric reduced transition probability $B(E\lambda)$ is readily expressed with the proton radial transition densities,

$$B(E\lambda, i \to f) = \frac{|\langle J_f || \hat{O}^\lambda || J_i \rangle|^2}{2J_i+1} = \left[\int e\delta\rho^p_\lambda(r) r^{\lambda+2} dr\right]^2. \tag{12}$$

However, since the effective charges are frequently used in the calculation of $B(E\lambda)$, Eq. (12) should be modified accordingly using both proton and neutron transition densities,

$$B(E\lambda, i \to f) = \left[\int \left[e^{\mathrm{eff}}_p \delta\rho^p_\lambda + e^{\mathrm{eff}}_n \delta\rho^n_\lambda\right] r^{\lambda+2} dr\right]^2, \tag{13}$$

where $e^{\mathrm{eff}}_p$ and $e^{\mathrm{eff}}_n$ are the effective charges of protons and neutrons, respectively.

## III. RESULTS AND DISCUSSION

In the present shell-model calculations, the NUSHELL@MSU code [27] with the WBP10 effective interaction [29] in the *spsdpf* model space, is used. The Warburton-Brown interaction WBP was originally constructed by fitting the energy levels in the $0\hbar\omega$–$1\hbar\omega$ space. In the WBP10 interaction, the coupling between the following multi-$\hbar\omega$ configurations is cut off, i.e., the two-body matrix elements for the 1p-1h $2\hbar\omega$ excitations are all set equal to 0 due to the Hartree-Fock condition. The cross shell $2\hbar\omega$ two-body matrix elements between $0s^2$ and $0p^2$ are also set equal to 0. The WBP10 interaction is enclosed in the NUSHELL@MSU package. The standard Lawson method is used to remove the center-of-mass spurious components in the wave function by adding a fictitious Hamiltonian which acts only on the center-of-mass excitation [30]. In the present calculation, the $0\hbar\omega$–$1\hbar\omega$ configuration space is adopted. Our calculation shows that the whole picture of the calculated $E1$ response function is similar if the $2\hbar\omega$–$3\hbar\omega$ configurations are included, also see the discussion in Ref. [22].

The $s^2$ occupation probability of the ground state in $^{17}$Ne is very controversial in theoretical predictions [25,26]. Three-body cluster theory predicted a large $s^2$ component and therefore a halo-like structure. However, the analysis based on the Coulomb displacement energies [31,32] or the magnetic moment [33] suggested a smaller $s^2$ component. In Table I the ground-state properties in $^{17,18}$Ne calculated by the shell model are compared with the experimental data and fermion molecular dynamic (FMD) model results. Obviously for the nuclei near the drip lines, it is not appropriate to use the harmonic wave functions but Wood-Saxon or mean-field wave functions [19,34] when calculating physical properties involving single-particle radial wave functions. In our calculations, the self-consistent Skyrme-Hartree-Fock (SHF) wave functions with the SkM* interaction [35] are used in the evaluation of nuclear radii and electric transition

TABLE I. Mass and charge radii in $^{17,18}$Ne. SM(HO) and SM(HF) denote the shell-model results using the harmonic oscillator and Hartree-Fock single-particle wave functions.

| $A$ | $J^\pi$ | Proton $s^2$ probability | | $\delta_{pn}$ [a] (fm) | | | Mass radii (fm) | | | | Charge radii (fm) | | | |
|---|---|---|---|---|---|---|---|---|---|---|---|---|---|---|
| | | FMD | SM | FMD | SM(HO) | SM(HF) | Expt. | FMD | SM(HO) | SM(HF) | Expt. | FMD | SM(HO) | SM(HF) |
| 17 | $1/2^-_{\text{g.s.}}$ | 42% | 23.6% | 0.45 | 0.17 | 0.43 | 2.75(7) | 2.75 | 2.78 | 2.86 | 3.042(21) | 3.04 | 2.85 | 3.02 |
| 18 | $0^+_{\text{g.s.}}$ | 15% | 15.0% | | 0.15 | 0.25 | 2.81(14) | 2.70 | 2.78 | 2.82 | 2.971(20) | 2.93 | 2.85 | 2.93 |

[a] $\delta_{pn} = \sqrt{\langle r^2\rangle_p} - \sqrt{\langle r^2\rangle_n}$.

matrix elements. The wave functions of positive energy states are obtained by the box approximation. When the harmonic oscillator wave function is used, the parameter $b = 1.8$ fm is adopted, which is slightly larger than the value $b = \sqrt{41.4/\hbar\omega}$ where $\hbar\omega$ is the global fit $\hbar\omega \approx 45A^{-1/3}$–$25A^{-2/3}$ [36]. Clearly from Table I, the shell model with the SHF wave functions reproduces well the mass radii and charge radii both in $^{17,18}$Ne. In Fig. 1 the calculated nucleon and matter density distributions are compared with the available experimental data. It is worth noting that the halo nucleon can appear in the classically forbidden region for the halo nuclei [37]. In the present calculations, the probabilities of finding one proton at $r > 5$ fm is 41% and 28% in $^{17,18}$Ne, respectively. In $^{17}$Ne, this probability is close to the FMD prediction of 40%. Thus by employing the more realistic radial wave functions, the halo-like structure in $^{17}$Ne is reproduced in the shell model without changing the composition of configurations.

To further remove the additional spurious components due to the usage of the Skyrme-Hartree-Fock wave functions, the center-of-mass removed dipole operator is used [38] in the calculation of the dipole transition strength,

$$\tilde{Q}_\mu^{\lambda=1} = e\frac{N}{A}\sum_i^Z r_i Y_{1\mu}(\hat{r}_i) - e\frac{Z}{A}\sum_i^N r_i Y_{1\mu}(\hat{r}_i), \quad (14)$$

where $Z$, $N$, and $A$ are proton, neutron, and mass number, respectively. The effectiveness of this method was demonstrated in Ref. [19]. To smooth out the discrete strengths, the transition strengths are averaged by a Lorentz-type factor $\rho(\omega)$,

$$\frac{d\bar{B}(E1;\omega)}{d\omega} = \int \sum_n B(E1;\omega_n)\rho(\omega-\omega_n)d\omega, \quad (15)$$

where $\omega$ is the phonon energy and

$$\rho(\omega-\omega_n) = \frac{1}{\pi}\frac{\Gamma/2}{(\omega-\omega_n)^2+\Gamma^2/4}. \quad (16)$$

The arbitrary total width $\Gamma = 1$ MeV is chosen. In this way, the response function is like the superposition of many isolated Breit-Wigner resonances.

The electric dipole response functions and the $B(E1)$ values of discrete transitions in $^{17,18}$Ne are shown in Fig. 2. We

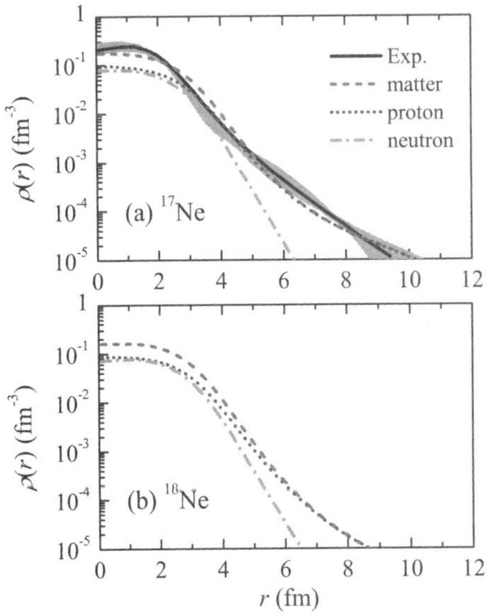


FIG. 1. (Color online) Nucleon and matter density distributions of the ground states in $^{17,18}$Ne. The experimental errors are indicated by the gray area.

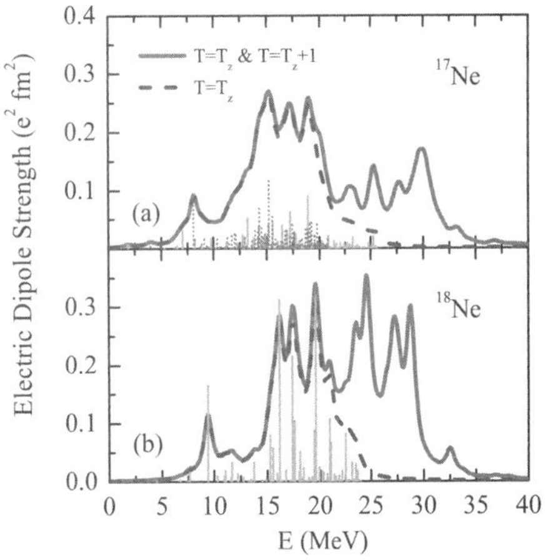


FIG. 2. (Color online) Electric dipole response functions from the excited states to the ground state in $^{17,18}$Ne with the Skyrme-Hartree-Fock single-particle wave functions. The thin lines are the $B(E1, T = T_z)$ values of discrete transitions in the shell-model calculations, with the solid-cyan lines representing the $J^\pi = 1/2^+ (J^\pi = 1^-)$ states in $^{17}$Ne ($^{18}$Ne), the dotted-magenta lines representing the $J^\pi = 3/2^+$ states in $^{17}$Ne.

have included the contribution from $T = T_z$ and $T = T_z + 1$ states in order to give the energy-weighted sum rule (EWSR) which is comparable with the Thomas-Reiche-Kuhn (TRK) sum rule. As an odd-$A$ nucleus, the level density in $^{17}$Ne is much higher than in even-$A$ $^{18}$Ne, so the isovector dipole transition strengths in $^{17}$Ne are more spread out than in $^{18}$Ne. The shell model predicts two levels in $^{17}$Ne and one level in $^{18}$Ne with strong $E1$ transitions around 10 MeV, which will give appreciable pygmy resonances. In $^{17}$Ne, the shell model also predicts a very low $J^\pi = 1/2^+$ state at $E = 1.87$ MeV, which is 0.39 MeV above the proton emission threshold. A $B(E1)$ value of 0.00277 fm$^2$ could indicate some importance for the astrophysical $2p$ capture of $^{15}$O in the hot CNO cycle. For $^{18}$Ne, the recent study using the approach of Hartree-Fock-Bogoliubov + quasiparticle random-phase-approximation (HFB + QRPA) with the Gogny force did not predict a PDR around 10 MeV [39]. Although the pairing was included, their calculations gave the lowest resonance at 14.2 MeV, whose transition densities behave more closely to the giant dipole resonance. For $^{18}$O, the mirror nucleus of $^{18}$Ne, several peaks around 10 MeV were already observed [40,41]. Only with phonon coupling to the resonance included, the QRPA plus phonon coupling model can give some strength around 10 MeV in $^{18}$O [16].

The sum rule is a useful measure of the collectivity of the giant resonances. For the isovector GDR, the classical energy-weighted sum rule is given by

$$S_{\text{TRK}} = \sum_n \hbar\omega_n \left|\langle n|\hat{O}_\mu^{\lambda=1}|\text{g.s.}\rangle\right|^2 = \frac{\hbar^2}{2m}\frac{9}{4\pi}\frac{NZ}{A}$$
$$= 14.9\frac{NZ}{A}e^2 \ (\text{MeV fm}^2), \tag{17}$$

neglecting the contributions of exchange terms. This is known as the Thomas-Reiche-Kuhn (TRK) sum rule. There is another sum rule, named the energy-weighted cluster sum rule which can be viewed as a measure of the adiabaticity between the giant and pygmy resonances [22,42]. Assuming that the nucleus $(A, Z)$ can be decomposed into two clusters with $(A_1, Z_1)$ and $(A_2, Z_2)$, the cluster sum rule is given by

$$S_{\text{cluster}} = \frac{\hbar^2}{2m}\frac{9}{4\pi}\frac{(Z_1A_2 - Z_2A_1)^2}{AA_1A_2}. \tag{18}$$

Table II gives the sum rules of PDRs and GDRs in $^{17,18}$Ne. Since the high-lying $T = T_z + 1$ states do not contribute to the response functions in the pygmy region, only the $T = T_z$ states are included in the lower table. Using $E = 12$ MeV as a cut energy, the pygmy resonances exhaust 4.9% and 3.1% of the total sum rules in $^{17,18}$Ne, respectively. In the FMD calculations, $^{17,18}$Ne can be interpreted essentially as the $^{15}$O or $^{16}$O cores plus two protons found mainly in the $s^2$ or $d^2$ configurations [25]. If assuming the two protons as the valence nucleons and other nucleons as the core, the pygmy resonances will exhaust 56.7% and 39.1% of the cluster sum rules in $^{17,18}$Ne, respectively.

TABLE II. Ground-state spins, energy-weighted sum rule (EWSR) values of $E1$ transitions in $^{17,18}$Ne. The values are obtained by summing up to $E_x = 40$ MeV. The cluster sum rules are obtained assuming that the valence cluster has $Z = 2$, $A = 2$.

| Nuclides | $J^\pi_{\text{g.s.}}$ | $T$ | EWSR (MeV $e^2$ fm$^2$) | $S_{\text{TRK}}$ (MeV $e^2$ fm$^2$) | $\frac{\text{EWSR}}{S_{\text{TRK}}}$ (%) |
|---|---|---|---|---|---|
| $^{17}$Ne | $1/2^-$ | 3/2 | 36.7 | | |
| | | 5/2 | 30.2 | | |
| | | Total | 66.9 | 61.4 | 109 |
| $^{18}$Ne | $0^+$ | 1 | 35.8 | | |
| | | 2 | 47.0 | | |
| | | Total | 82.8 | 66.2 | 125 |
| Nuclides | $J^\pi_{\text{g.s.}}$ | $T$ | EWSR(pygmy) (MeV $e^2$ fm$^2$) | $S_{\text{cluster}}$ (MeV $e^2$ fm$^2$) | $\frac{\text{EWSR(pygmy)}}{S_{\text{cluster}}}$ (%) |
| $^{17}$Ne | $1/2^-$ | 3/2 | 3.25 | 5.73 | 56.7 |
| $^{18}$Ne | $0^+$ | 1 | 2.59 | 6.62 | 39.1 |

Although the transition strengths in $^{17,18}$Ne seem to be similar, only the detailed information, i.e., transition densities, can give the possible differences between them. In the previous shell-model studies, the transition densities of the pygmy resonances and GDRs were not included [19,21–23]. Using the formulas discussed above, the calculated transition densities of the typical resonance states in $^{17,18}$Ne are shown in Fig. 3. Figures 3(a) and 3(b) are for the dominant states of $^{17}$Ne in the usual pygmy region. We can see that the proton and neutron move in phase in the nuclear interior, while only protons move in the exterior. This scenario is the typical pygmy resonances of the halo protons oscillating against the inner core. The state in Fig. 3(c) is located in the GDR region. The given transition densities have shown a typical oscillation in the opposite phase between the bulk protons and neutrons. There is no contribution from either protons or neutrons in the exterior region. For comparison, the transition densities of two states in the PDR region of $^{18}$Ne are displayed in Figs. 3(d) and 3(e). Although the behavior in Fig. 3(d) is somewhat similar to that in Figs. 3(a) and 3(b), the peaks of proton and neutron transition densities are out of phase by about 0.9 MeV. And the $B(E1)$ value of this state is too small when compared with the state at $E = 9.413$ MeV, not to mention the dominant GDR states. The proton and neutron transition densities in Fig. 3(e) do not show clear-cut in-phase behavior. The interval of the proton and neutron peaks is 1.26 MeV. This state is clearly not the soft mode but more similar to the giant resonances like in Fig. 3(f), where the state is a typical GDR.

Unlike the GDR region, the level density is sparse in the PDR region. Further detailed information on the collectivity of the discrete PDR states can be obtained by viewing the contributions to the total transition matrix element from the valence orbital transitions. These contributions to the isovector operator [Eq. (14)] for the important PDR states discussed in the last paragraph are given in Fig. 4, where the horizontal axis is the single-particle excitation energies of valence orbitals. This figure shows that the dominant PDR states in $^{17}$Ne have several components including the transitions $1p \leftrightarrow 2s1d$

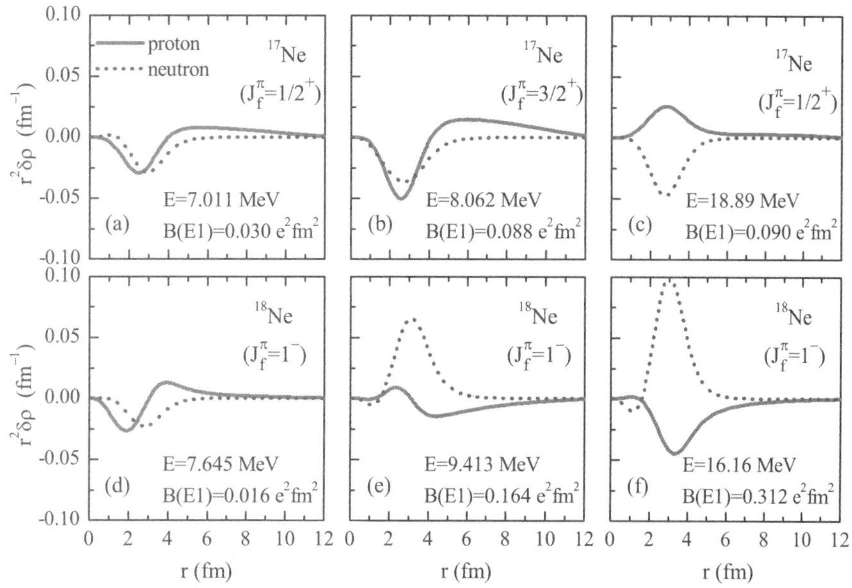


FIG. 3. (Color online) Shell-model transition densities of discrete dipole transitions in $^{17,18}$Ne.

and $2s1d \leftrightarrow 1f2p$, which have prominent contributions to the total matrix elements. Together with the discussions on the transition densities, the $^{17}$Ne has shown us an excellent example of collective proton PDR due to the soft mode between the valence protons and the core. However, for $^{18}$Ne, the PDR states are much less collective since only a few transitions contribute, most of which comes from the $1p \leftrightarrow 2s1d$ transitions. Together with the discussions on the transition density, the nature of the $E = 9.413$ MeV state in $^{18}$Ne is more likely to be the configuration splitting of the GDRs, but in the usually PDR energy region. The different nature of pygmy dipole resonances may also give a possible explanation for the nontrivial dependence of PDRs as a function of the neutron number in the Ca isotopes. Further theoretical investigations on this trend is highly needed.

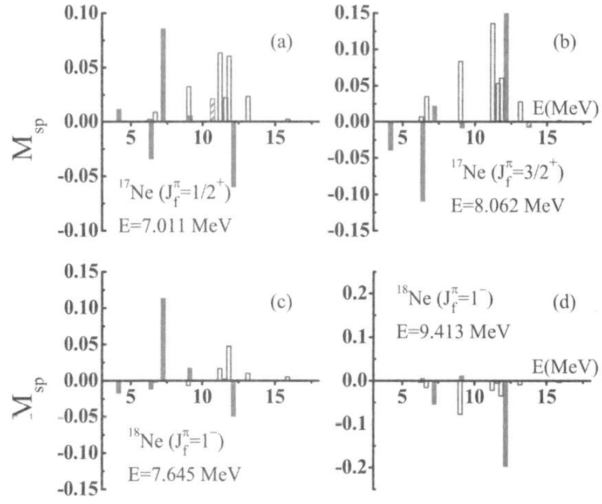


FIG. 4. (Color online) Contributions to the total matrix elements of valence orbitals for the deexcitations from PDR states in $^{17,18}$Ne. The magenta bars with slanted lines, the solid red bars, and the open blue bars indicate the transitions between the valence orbitals of $1s \leftrightarrow 1p$, $1p \leftrightarrow 2s1d$, and $2s1d \leftrightarrow 1f2p$, respectively.

## IV. SUMMARY

In summary, we have used the shell model to study the ground-state properties and the proton pygmy dipole resonances in $^{17,18}$Ne. The shell model with the self-consistent Skyrme-Hartree-Fock wave functions reproduces well the experimental mass radii and charge radii. The mass density distributions of the ground state in $^{17}$Ne also can be well given. The transition densities of the dipole resonances are calculated from the shell-model output. The pygmy resonances around 10 MeV in both $^{17,18}$Ne are predicted. However, detailed study involving transition densities and collectivity shows that the PDRs in $^{17}$Ne are highly collective and due to the oscillation between the valence protons and the core, while in $^{18}$Ne the dipole resonance in the PDR region is noncollective and more likely to be the configuration splitting of the GDRs.

## ACKNOWLEDGMENTS

The authors acknowledge the support from the NSF of China under Contracts No. 11075217, No. 11105227, and No. 11147130.

[1] S. Goriely, Phys. Lett. B **436**, 10 (1998).
[2] J. Chambers, E. Zaremba, J. P. Adams, and B. Castel, Phys. Rev. C **50**, R2671 (1994).
[3] I. Hamamoto, H. Sagawa, and X. Z. Zhang, Phys. Rev. C **57**, R1064 (1998).
[4] D. Vretenar, N. Paar, P. Ring, and G. A. Lalazissis, Phys. Rev. C **63**, 047301 (2001).
[5] N. Paar, P. Ring, T. Nikšić, and D. Vretenar, Phys. Rev. C **67**, 034312 (2003).
[6] L. G. Cao and Z. Y. Ma, Phys. Rev. C **71**, 034305 (2005).
[7] J. Liang, L. G. Cao, and Z. Y. Ma, Phys. Rev. C **75**, 054320 (2007).
[8] E. Litvinova, P. Ring, and V. Tselyaev, Phys. Rev. C **78**, 014312 (2008).
[9] J. Daoutidis and P. Ring, Phys. Rev. C **80**, 024309 (2009).
[10] N. Paar, D. Vretenar, and P. Ring, Phys. Rev. Lett. **94**, 182501 (2005).
[11] N. Paar, D. Vretenar, E. Khan, and G. Colò, Rep. Prog. Phys. **70**, 691 (2007).
[12] I. Hamamoto and X. Z. Zhang, Phys. Rev. C **58**, 3388 (1998).
[13] C. J. Lin, X. Z. Zhang, R. Zhang, Z. H. Liu, and H. Q. Zhang, Phys. Rev. C **76**, 044321 (2007).
[14] T. Hartmann, M. Babilon, S. Kamerdzhiev, E. Litvinova, D. Savran, S. Volz, and A. Zilges, Phys. Rev. Lett. **93**, 192501 (2004).
[15] J. Isaak *et al.*, Phys. Rev. C **83**, 034304 (2011).
[16] G. Colò and P. F. Bortignon, Nucl. Phys. A **696**, 427 (2001).
[17] D. Sarchi, P. Bortignon, and G. Colò, Phys. Lett. B **601**, 27 (2004).
[18] D. Vretenar, N. Paar, P. Ring, and G. A. Lalazissis, Nucl. Phys. A **692**, 496 (2001).
[19] H. Sagawa and T. Suzuki, Phys. Rev. C **59**, 3116 (1999).
[20] R. A. Eramzhyan, B. S. Ishkhanov, I. M. Kapitonov, and V. G. Neudatchin, Phys. Rep. **136**, 229 (1986).
[21] H. Sagawa, T. Suzuki, H. Iwasaki, and M. Ishihara, Phys. Rev. C **63**, 034310 (2001).
[22] T. Suzuki, H. Sagawa, and K. Hagino, Phys. Rev. C **68**, 014317 (2003).
[23] C. Barbieri, E. Caurier, K. Langanke, and G. Martínez-Pinedo, Phys. Rev. C **77**, 024304 (2008).
[24] A. Leistenschneider *et al.*, Phys. Rev. Lett. **86**, 5442 (2001).
[25] W. Geithner *et al.*, Phys. Rev. Lett. **101**, 252502 (2008).
[26] L. Grigorenko, K. Langanke, N. Shul'gina, and M. Zhukov, Phys. Lett. B **641**, 254 (2006).
[27] B. A. Brown and W. D. M. Rae, MSU-NSCL Report, 2007.
[28] B. A. Brown, *Lecture Notes in Nuclear Structure Physics* (unpublished) [http://www.nscl.msu.edu/~brown/Jina-workshop/BAB-lecture-notes.pdf].
[29] E. K. Warburton and B. A. Brown, Phys. Rev. C **46**, 923 (1992).
[30] D. Gloeckner and R. Lawson, Phys. Lett. B **53**, 313 (1974).
[31] H. Fortune and R. Sherr, Phys. Lett. B **503**, 70 (2001).
[32] H. T. Fortune, R. Sherr, and B. A. Brown, Phys. Rev. C **73**, 064310 (2006).
[33] W. Geithner *et al.*, Phys. Rev. C **71**, 064319 (2005).
[34] D. J. Millener, J. W. Olness, E. K. Warburton, and S. S. Hanna, Phys. Rev. C **28**, 497 (1983).
[35] J. Bartel, P. Quentin, M. Brack, C. Guet, and H. B. Håkansson, Nucl. Phys. A **386**, 79 (1982).
[36] J. Blomqvist and A. Molinari, Nucl. Phys. A **106**, 545 (1968).
[37] K. Riisager, in *The Euroschool Lectures on Physics with Exotic Beams*, Lecture Notes in Physics 700, edited by J. Al-Khalili and E. Roeckl, Vol. II (Springer, Berlin, 2006), pp. 1–36.
[38] A. Bohr and B. R. Mottelson, *Nuclear Structure* (Benjamin, New York, 1975), Vol. II.
[39] M. Martini, S. Péru, and M. Dupuis, Phys. Rev. C **83**, 034309 (2011).
[40] J. G. Woodworth, K. G. McNeill, J. W. Jury, R. A. Alvarez, B. L. Berman, D. D. Faul, and P. Meyer, Phys. Rev. C **19**, 1667 (1979).
[41] H. Harada, Y. Shigetome, H. Ohgaki, T. Noguchi, and T. Yamazaki, Phys. Rev. Lett. **80**, 33 (1998).
[42] Y. Alhassid, M. Gai, and G. F. Bertsch, Phys. Rev. Lett. **49**, 1482 (1982).

# Quasi-elastic scattering of the proton drip line nucleus $^{17}$F on $^{12}$C at 60 MeV①

G.L. Zhang[1,2], C.L. Zhang[1,3], H.Q. Zhang[1], C.J. Lin[1], D.Y. Pang[2],X.K.Wu[4], H.M. Jia[1],G.P.An[1], Z.D. Wu[1], X.X. Xu[1],F.Yang[1], Z.H. Liu[1], S. Kubono[5], H. Yamaguchi[5], S. Hayakawa[5],D.N.Binh[5],Y.K.Kwon[6],N.Iwasa[7], M. Mazzocco[8], M. La Commara[9,10], M. Romoli[10], and C. Signorini[8]

[1] China Institute of Atomic Energy, Beijing 102413, China
[2] School of Physics and Nuclear Energy Engineering, Beihang University, Beijing 100191, China
[3] Particle Astrophysics Center, Institute of High Energy Physics, Chinese Academy of Sciences, Beijing 100039, China
[4] Institute for Standardization of Nuclear Industry, Beijing 100091, China
[5] Center of Nuclear Study, University of Tokyo, Japan
[6] Department of Physics, Chung-Ang University, Seoul 156-756, South Korea
[7] Department of Physics, Tohoku University, Aoba, Sendai, Miyagi 980-8578, Japan
[8] Dipartimento di Fisica, Università di Padova and Istituto Nazionale di Fisica Nucleare - Sezione di Padova, via F. Marzolo 8, I-35131 Padova, Italy
[9] Dipartimento di Scienze Fisiche, Università di Napoli, via Cinthia, I-80126 Napoli, Italy
[10] Istituto Nazionale di Fisica Nucleare - Sezione di Napoli, via Cinthia, I-80126 Napoli, Italy

Received: 15 February 2012 / Revised: 29 March 2012
Published online: 16 May 2012 – © Società Italiana di Fisica / Springer-Verlag 2012
Communicated by D. Pierroutsakou

**Abstract.** The quasi-elastic scattering angular distribution of the proton drip line nucleus $^{17}$F on a $^{12}$C target was measured at 60 MeV. The experimental data have been compared with the theoretical analysis based onto optical model and continuum discretized coupled channels (CDCC). The couplings between breakup and elastic scattering channels, and between inelastic and elastic scattering channels resulted very weak. In order to explore the breakup effects the total reaction cross-section was deduced from the angular distribution of the quasi-elastic scattering data, and then compared with the existing data for the other weakly and tightly bound nuclei on $^{12}$C target using a universal function. From this comparison, we concluded that the breakup effect is not important for weakly bound projectiles on the light target as obtained also with the CDCC analysis.

## 1 Introduction

The nuclear reactions induced by the nuclei near or at the drip line are research topics of current interest. In particular, light nuclei located near the drip line may exhibit exotic structure, such as halo/skin structure. Therefore, reactions with these nuclei may provide a new path for studying the exotic nuclear structures and new reaction mechanisms different from those of stable nuclei [1]. $^{17}$F is a proton drip line nucleus with 601 keV binding energy of its valence proton. Its first excited state ($E_x = 495\,\text{keV}, J^\pi = \frac{1}{2}^+$) is the only one bound state below the breakup threshold and has a proton halo structure [2,3]. Moreover, $^{17}$F plays an important role in the hot CNO cycle of reactions that power novae [4]. Owing to its special character and importance in astronomy, $^{17}$F itself as well as the reactions induced by this projectile have attracted much attentions. Many experiments with $^{17}$F as a projectile have been performed in recent years [5–12]. The fusion cross-sections of $^{17}$F + $^{208}$Pb were measured at energies near and below the Coulomb barrier [5]. No enhancement has been observed. This may reflect the fact that the measured breakup cross-section is too small to influence the fusion probability [5,6]. The interaction cross-section of $^{17}$F with $^{208}$Pb has also been measured [7] and the corresponding rms radius has been extracted. No anomaly was found [8]. Elastic scattering angular distributions of $^{17}$F+$^{208}$Pb were measured at 170 MeV [9], 98 MeV and 120 MeV [10], and 90.4 MeV [11], respectively. Precise data were obtained for the elastic scattering of $^{17}$F on $^{12}$C and $^{14}$N at 10 MeV/nucleon [12]. The data for elastic scattering of $^{17}$F on $^{58}$Ni were also published recently [13].

It is well established that information on the optical model potential (OMP) can be extracted from elastic scattering data. The parameters of optical potential are basic

① Eur.Phys.J.A,2012,48:65.

ingredient in calculations of reaction cross-sections, hence are of critical importance in nuclear physics and astronomy. However, elastic scattering data for light exotic nuclei are still scarce; this influences directly the accuracy and the reliability of the nuclear structure information extracted from the reaction studies. In addition the radioactive nuclei loosely bound like $^{17}$F tend to be easily broken up during their collisions with target nuclei through the excitation of the core-valence nucleon system into continuum states. As a consequence, in the extraction of optical potential, the couplings of the breakup and/or transfer channels with the elastic channel should be carefully taken into account [14–16]. On the other hand, from the optical-model analysis of the elastic scattering at energies near Coulomb barrier, the total reaction cross-sections can be deduced and the breakup effects may be examined [17–19]. Thus, studies of elastic scattering induced by light loosely bound exotic nuclei are of particular interest. In this work, we performed an experiment to measure the quasi-elastic scattering angular distribution of $^{17}$F on $^{12}$C at 60 MeV. In order to investigate the breakup effects, the total reaction cross-sections are extracted from the optical-model and CDCC [20–23] calculations, and compared with the existing total reaction cross-sections of weakly and tightly bound nuclei on $^{12}$C target.

The paper is organized as follows. The experimental setup and measurement of $^{12}$C($^{17}$F, $^{17}$F)$^{12}$C elastic scattering are described in sect. 2. In sect. 3, the theoretical analysis with optical-model and coupled-channels calculations are presented. In sect. 4, the total reaction cross-sections are given and the comparisons with the other experimental results are made. Finally, some conclusions are summarized in sect. 5.

## 2 Experiment

### 2.1 Experimental setup

The experiment was performed at the low-energy radioisotope beam separator (CRIB) of the Center of Nuclear Study (CNS), University of Tokyo. The CRIB was the first extensive low-energy in-flight RIB separator; detailed information could be found in ref. [24]. The primary beam of 101 MeV $^{16}$O was provided to bombard a deuteron gas target which is contained by two havar windows, to produce radioactive beam $^{17}$F by the d($^{16}$O, n)$^{17}$F reaction. The intensity of primary beam $^{16}$O was around 300 enA, the pressure of gas target around 210 Torr, the purity of the produced $^{17}$F around 90%. The products passed through a momentum-dispersive focal plane just after the first dipole magnet, a double achromatic focal plane and a Wien filter which eliminates most unwanted nuclear species. The energy of $^{17}$F produced at gas target center was decreased to 60 MeV when after passing through a $\mu$m Havar foils and two Parallel Plate Avalanche Counters (PPAC) upstream of the secondary target. The PPAC distances from the secondary $^{12}$C target were 710 mm and 293.5 mm, respectively. The beam intensity and spot at the target location

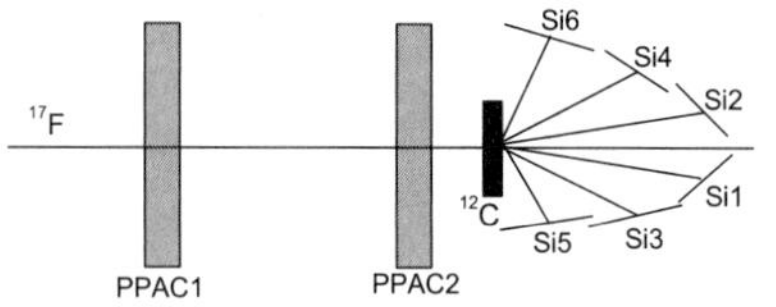

**Fig. 1.** Schematic view of the experimental setup.

were about $4 \times 10^5$ pps and 30 mm in diameter, respectively. The thickness of the $^{12}$C target was 435 $\mu$g/cm$^2$. The $^{17}$F projectile was identified by time-of-flight (TOF) method. The experimental setups are shown in fig. 1. The position of $^{17}$F on $^{12}$C target was determined by the signals from the two position-sensitive PPACs set in the beam line. Six sets of $\Delta E$-$E$ detector telescopes were used. They were double sided silicon detectors (DSSD) (50 mm × 50 mm in area) backed by silicon detectors without strips (SSD). The angle range covered corresponded to $\theta_{lab} = 5°$–$80°$. These detectors were symmetrically positioned with respect to the beam axis in order to efficiently measure the events of $^{17}$F elastic scattering. The distances from the target center to the strip detector center were 145 mm, 115 mm and 85 mm depending on the three center angle settings. Thin $\Delta E$ detectors (DSSD, 65 $\mu$m thickness, each side 16 strips, the strip width 3 mm and the strip span 0.1 mm) were placed in front of 300 $\mu$m thick $E$ detectors (SSD). Angular and energy resolutions of the silicon strip detectors were 0.6 degrees and 1%, respectively. Therefore, the scattering angular distribution of $^{17}$F+$^{12}$C measured corresponded to quasi-elastic scattering events.

### 2.2 $^{17}$F scattering event analysis

The identification of the particles hitting the secondary target was achieveded by the two-dimensional correlation between RF1 and TOF signals. RF1 is the radio frequency signal from the cyclotron resonator and TOF is the time difference between two PPACs. Figure 2 shows the typical energy spectra of $^{17}$F on $^{12}$C target at the different angles in the frame of the laboratory system. The excited state at 495 keV in $^{17}$F could not be separated due to the limited energy resolution. Therefore, only the quasi-elastic scattering events were detected in the experiment.

The scattering angle of $^{17}$F can be obtained by the position information given by the two PPACs in the beam line and the double sided silicon detectors. Because the size of the secondary beam is larger than that of the primary beam, the area of the $^{17}$F beam bombarded on target cannot be viewed as a point as compared to the distance between target center and the center of detectors. In order to overcome this shortcoming, the solid angles of the strip detectors are simulated by the Monte Carlo method in which all parameters including the beam size, the positions of two PPACs and strip detectors, etc., are taken into account from the experimental setting. For the $^{17}$F+$^{12}$C reaction system at 60 MeV, the grazing angle is about 12°. In our experiment, the most forward angle is

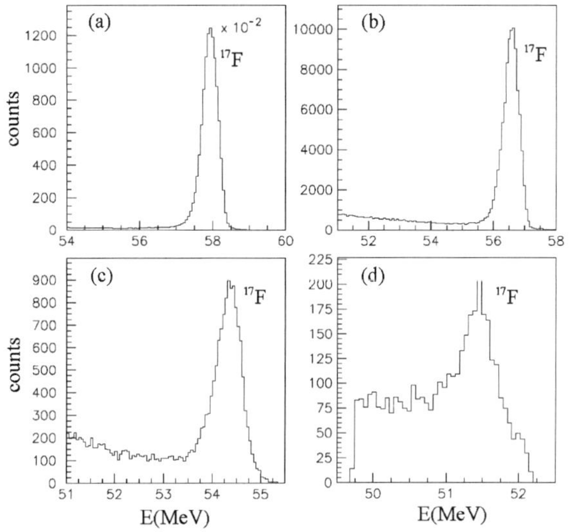


**Fig. 2.** The typical energy spectra of silicon strip detectors at different angles in the frame of the laboratory system. (a) 5°; (b) 9°; (c) 13°; (d) 17°.

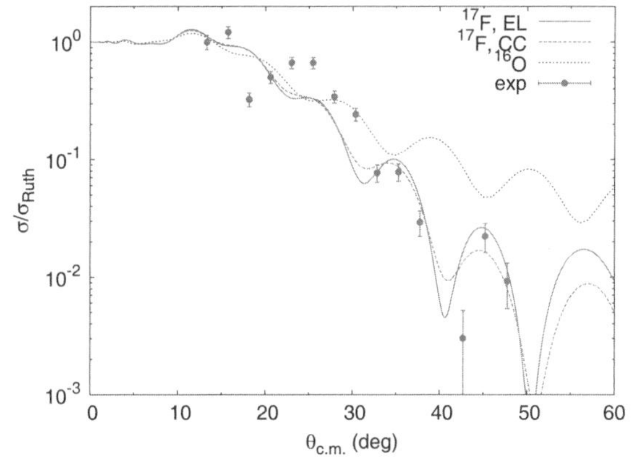


**Fig. 3.** Experimental data of angular distributions of the cross-sections for the $^{17}$F quasi-elastic scattering from $^{12}$C at 60 MeV and their comparisons with: i) single-channel optical-model calculations (EL, solid curve), ii) coupled-channel calculation including the first $2^+$ state of $^{12}$C (CC, dashed curved), and iii) $^{16}$O elastic scattering from $^{12}$C at 56.5 MeV with OMP of the first row in table 3 (dotted curve). See the text for details.

$\theta_{lab} = 5°$. The elastic scattering cross sections at angles larger than $\theta_{lab} = 5°$ are normalized to this forward-angle-scattering cross-section because in the forward angle the elastic scattering is dominated by Rutherford scattering. The experimental quasi-elastic scattering angular distribution of the 60 MeV $^{17}$F on $^{12}$C target is shown in fig. 3, in which the error bars represent the statistical uncertainties. The experimental data of the quasi-elastic scattering angular distribution for this system are listed in table 1.

**Table 1.** List of the experimental data for the quasi-elastic scattering of 60 MeV $^{17}$F on $^{12}$C. The first and the forth columns are the center-of-mass angles in degrees. The ratios ($\sigma/\sigma_{Ruth}$) of the differential cross-sections to the Rutherford cross-sections are shown in the second and fifth columns, and their statistical errors are quoted in the third and sixth columns.

| $\theta_{c.m.}$ | $\sigma/\sigma_{Ruth}$ | Errors | $\theta_{c.m.}$ | $\sigma/\sigma_{Ruth}$ | Errors |
|---|---|---|---|---|---|
| 13.3 | 1.0 | 0.138 | 15.7 | 1.206 | 0.140 |
| 18.2 | 0.325 | 0.044 | 20.6 | 0.502 | 0.059 |
| 23.0 | 0.666 | 0.073 | 25.5 | 0.663 | 0.072 |
| 27.9 | 0.343 | 0.040 | 30.4 | 0.242 | 0.030 |
| 32.8 | 0.077 | 0.013 | 35.3 | 0.078 | 0.1013 |
| 37.7 | 0.029 | 0.007 | 42.7 | 0.003 | 0.002 |
| 45.2 | 0.022 | 0.006 | 47.7 | 0.009 | 0.004 |

## 3 Theoretical analysis

### 3.1 Optical-model calculation

It is well known that the OMP parameters obtained by fitting single set of experimental data usually suffer from great uncertainties, especially when the measurements were performed within limited angular ranges. It should be better to evaluate the energy dependence of the optical potential by means of a simultaneously fitting for several sets of experimental data which cover a certain range of incident energies. Unfortunately, for the $^{17}$F elastic scattering from $^{12}$C there are only two sets of data available, namely, the one at 10 MeV/nucleon [12] and the present one, at 60 MeV, which could not allow such kind of study. Therefore the energy dependence of the OMP of the $^{16}$O+$^{12}$C system was investigated by analyzing its angular distributions of the elastic scattering at 75, 80, 94.8, 100, 115.9, and 124 MeV [25]: from this analysis the OMP parameters for the $^{16}$O+$^{12}$C system at 56.5 MeV were obtained by extrapolation. This potential, at the same incident energy per nucleon as the present $^{17}$F+$^{12}$C case, will serve as a reference in the present investigation of the $^{17}$F+$^{12}$C potential at 60 MeV. In addition, the OMP at 56.5 MeV for $^{16}$O+$^{12}$C is required in the analysis of breakup effect in the $^{17}$F+$^{12}$C elastic scattering with the CDCC method, which will be described in sect. 3.2.

The parameterizations of the OMP in ref. [26] are adopted in this work. The real part of the OMP was assumed as a square Woods-Saxon form (WS2),

$$V(r) = \frac{-V}{\left[1+\exp\left(\frac{r-R_V}{a_V}\right)\right]^2}. \tag{1}$$

The imaginary part has a WS2 term and a surface term (WD),

$$W(r) = \frac{-iW}{\left[1+\exp\left(\frac{r-R_W}{a_W}\right)\right]^2} + \frac{-4iW_D \exp\left[(r-R_D)/a_D\right]}{\left[1+\exp\left(\frac{r-R_D}{a_D}\right)\right]^2}. \tag{2}$$

**Table 2.** Optical-model parameters for $^{16}$O elastic scattering on $^{12}$C, $R_V = 4.0$ fm, $a_V = 1.40$ fm, and $a_W = 0.159$ fm. Units are in MeV for $V$, $W$, and $W_D$; fm for $R_W$, $R_D$, and $a_D$. $R_W = r_W \times (16^{1/3} + 12^{1/3})$, and $R_D = r_D \times (16^{1/3} + 12^{1/3})$.

| $E_{inc}$ | $V$ | $W$ | $r_W$ | $W_D$ | $r_D$ | $a_D$ |
|---|---|---|---|---|---|---|
| 75.0 | 293.9 | 12.85 | 1.086 | 4.083 | 1.373 | 0.3056 |
| 80.0 | 281.1 | 10.17 | 1.248 | 5.595 | 1.312 | 0.2997 |
| 94.8 | 276.4 | 10.29 | 1.122 | 3.405 | 1.398 | 0.3695 |
| 100.0 | 280.2 | 10.51 | 1.121 | 4.227 | 1.361 | 0.4071 |
| 115.9 | 277.3 | 15.85 | 1.129 | 5.665 | 1.329 | 0.4031 |
| 124.0 | 266.8 | 12.66 | 1.118 | 6.546 | 1.340 | 0.4183 |
| Average | | 12.06 | 1.137 | | 1.352 | 0.3672 |

The parameter searches were made with a search version of FRESCO [26]. Standard minimum $\chi^2$ criteria with experimental errors were used in these fittings. The values of $R_V$ and $a_V$ were fixed to be 4.0 and 1.4 fm, respectively, which closely reproduce the shape of the double-folding potential for the $^{16}$O+$^{12}$C system [27]; the value of $a_W$ is fixed to be 0.159 fm, which is the average of the values deduced at the incident energies of 80, 94.8, 100, 115.9, and 124 MeV reported in table I of ref. [27]. The $a_W$ does not change much if it was included as free parameter in the fitting procedure. The resulting OMP parameters for different energies are listed in table 2.

It is found from table 2 that only the $V$ and $W_D$ parameters are apparently energy dependent, they were fitted with the following linear functions:

$$V(E_{inc}) = -0.3855 \times E_{inc} + 317.2, \quad (3)$$

$$W_D(E_{inc}) = 0.0355 \times E_{inc} + 1.431. \quad (4)$$

The values of $W$, $r_W$, $r_D$ and $a_D$ in table 2 do not show obvious energy dependence. We thus take their average values as given in table 2. The resulting energy-dependent potential satisfactorily reproduces the angular distributions of the $^{16}$O+$^{12}$C system elastic scattering cross-sections for $\theta_{c.m.} < 60°$, which is the angular range covered by the present measurement. The results are shown in fig. 4. Note that the data at 62 MeV were not included in the fitting procedures and are used as a test for the reliability of our energy dependence OMP.

Due to the extended spatial distribution of the valence proton in $^{17}$F, the OMP for $^{17}$F can be expected to have larger radii and diffusivity than the OMP of its core nucleus $^{16}$O with the same target at the same incident energy per nucleon. We make an optical-model fitting of the $^{17}$F+$^{12}$C quasi-elastic scattering data based on the OMP parameters of the $^{16}$O+$^{12}$C system at 56.5 MeV. These parameters are shown in row I of table 3. Only $r_V$ and $a_V$ were assumed adjustable, and their values are shown in row II of table 3. As expected, they are larger than those of the $^{16}$O+$^{12}$C system. Optical-model calculations with the above potentials are shown and compared with experimental data in fig. 3. One can see that these parameters can reproduce our experimental data reasonably well. The results of the OM calculation for $^{16}$O elastic scattering on $^{12}$C at 56.5 MeV with the above parameters are also shown in fig. 3 for comparison. It will be shown in sect. 3.2 that the contribution from the first excited state of $^{17}$F is negligible in our experimental data. In this context, the optical-model potentials obtained above can be viewed as the result from fitting of purely elastic scattering data. It is known that $^{12}$C has a quite large quadrupole deformation. We evaluate the coupling effect to the elastic channel from the inelastic channel to the first $2^+$ state of $^{12}$C. The deformation length of this state was taken to be $\delta_2 = 1.6$ fm (corresponding to $\beta_2 = 0.582$ fm [28]). The same optical-model parameters (row II of table 3) were used in the coupled-channel calculations. The resulting elastic scattering cross-sections were depicted as the dashed curve in fig. 3. One sees that the inelastic scattering channel has visible coupling effects to the elastic channel, but it does not improve the description to the experimental data. The total reaction cross-section is increased from 1388.5 mb to 1417.6 mb with the inclusion of this inelastic channel.

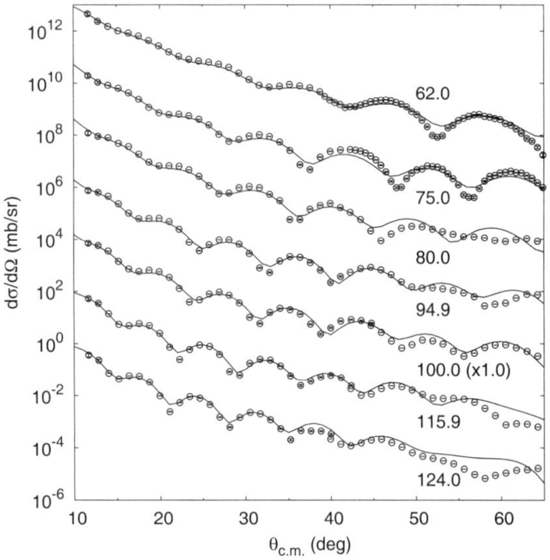


**Fig. 4.** Comparison between optical-model calculations with the energy-dependent parameters and experimental data for $^{16}$O elastic scattering on $^{12}$C at the incident energies indicated in the figure. Different data sets are offset by factors of $10^2$ for optimum view.

**Table 3.** Real parts of the OMPs for $^{16}$O and $^{17}$F with $^{12}$C at 3.529 MeV/nucleon. The imaginary parts of the OMP for these two systems were assumed to be the same, namely $W = 12.06$ MeV, $r_W = 1.137$ fm, $a_W = 0.159$ fm, $W_D = 3.437$ MeV, $r_D = 1.352$ fm, and $a_D = 0.3672$ fm.

| | Projectile | $V$ (MeV) | $r_V$ (fm) | $a_V$ (fm) |
|---|---|---|---|---|
| I | $^{16}$O | 295.4 | 0.832 | 1.400 |
| II | $^{17}$F | 295.4 | 0.923 | 1.545 |

### 3.2 Coupling effects of breakup channels

We have examined the coupling effects of the breakup channels to the elastic and inelastic channels with the CDCC method, where the continuum states of the $p+^{16}O$ system were discretized into bin states. The continuum bins were calculated with $p$-$^{16}O$ separations $r_{bin} \leq 100$ fm and relative angular momenta up to $\ell = 2$. Higher $\ell$ values have negligible effects. For each $\ell$, the continuum states were discretized into 8 bins with p-$^{16}O$ relative energy up to 12 MeV. The first excited state ($2s_{1/2}$, 0.4953 MeV) of $^{17}F$ was included, as calculated with a Woods-Saxon potential of geometry parameters $r_0 = 1.25$ fm and $a_0 = 0.65$ fm. The same Woods-Saxon geometry parameters were used for the single-particle wave function in the $^{17}F$ ground state. The depths of these potentials were adjusted to reproduce the single proton binding energies of these states. The OMPs for $^{16}O+^{12}C$ at 56.5 MeV and p+$^{12}C$ at 3.53 MeV are required in our CDCC calculations. The OMP of $^{16}O$ was taken to be the one in row II of table 3. The OMP of p+$^{12}C$ was obtained with the energy-dependent potential reported by Pearson *et al.* (set C in table 1 of ref. [29]). Multipolarity of $q = 4$ was used for the coupling potentials. The CDCC equations were solved with projectile-target separation up to 800 fm with partial waves up to $L_{max} = 400$. Both nuclear and Coulomb breakup were included. Convergence of the calculation was ensured by examining the effects of enlarging the model spaces. Coupling effects from excited states of $^{12}C$ were not included here because they will make the CDCC calculations much more complicated. Note that the extrapolated $^{16}O$ potential at 56.5 MeV (row I of table 3), which is supposed to account for $^{16}O$ elastic scattering from $^{12}C$ within c.m. angles smaller than 60°, does not account, in the CDCC calculations, for the present $^{17}F$ quasi-elastic scattering data. This fact may suggest that some other mechanisms, not included in our analysis, such as compound processes, may play a key role in the $^{17}F$ elastic scattering from $^{12}C$ at around 60 MeV. Nevertheless, the breakup channel coupling effects based on purely theoretical-model calculations was examined. The results reported in the following are valid for both sets of $^{16}O$ potentials.

The results of the CDCC calculations for elastic and inelastic scattering cross-sections are shown in fig. 5. Results with no couplings to the continuum states are also shown. We can conclude that

1) the inelastic scattering cross-sections to the first excited state of $^{17}F$ are negligible compared to those of the ground state, so the OMP from fitting of the quasi-elastic data in sect. 3.1 can be safely regarded as the OMP from fitting elastic scattering data;
2) The differences between calculations with and without couplings to continuum states are small, which indicates that the breakup effects to the elastic and inelastic scattering channels are small. This can also be seen from the amount of breakup channels and of the total reaction cross-sections, which are 37.5 mb and 1444.4 mb, respectively.

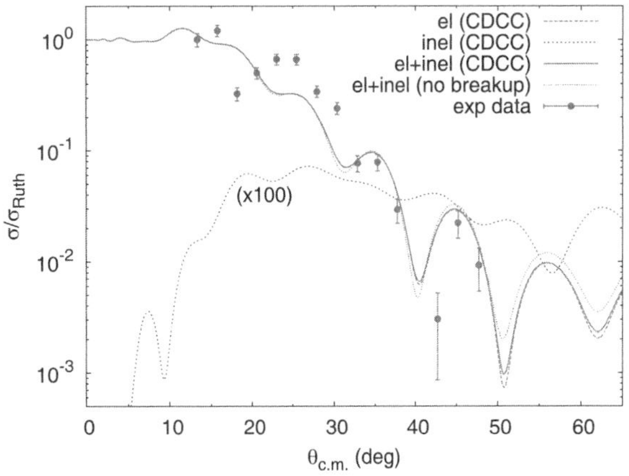


**Fig. 5.** Angular distributions of the elastic and inelastic scattering cross-sections of $^{17}F$ on $^{12}C$ at 60 MeV. The dashed, dotted, and solid curves are for elastic, inelastic, and their summation with CDCC calculations, respectively. The inelastic scattering cross-sections were divided by their corresponding Rutherford cross-sections. The dash-dotted curve is the sum of elastic and inelastic scattering cross-sections without couplings from breakup channels.

## 4 Total reaction cross-sections and comparison

The coupling to the breakup channel for weakly bound nuclei such as $^{6,8}He$, and $^{11}Be$ which have the small breakup thresholds may strongly affect the fusion cross-sections at energies near and sub-barrier. On the one hand, the long tail of density for these weakly bound nuclei reduces the barrier height and the barrier curvature, and this may enhance the fusion cross-sections. On the other hand, due to the coupling with the breakup channel there may be a strong dynamic effect. However, the consequence is harder to assess. So it is difficult to clarify and assess if the fusion cross-sections are enhanced or hindered in the reactions induced by weakly bound nuclei at the energies near and below the Coulomb barrier. In this sense, it is important to study dynamic effects in the region near and below the reduced barrier. Canto *et al.* [30] proposed a method to examine the dynamic effects due to the breakup channels. This method was modified by Shorto *et al.* [31] by replacing fusion cross-section with the total reaction cross-section $\sigma_R$. We used their proposal with a universal function $F(x)$ defined as

$$F(x) = \frac{2E_{c.m.}}{\hbar\omega R_B^2}\sigma_R,$$

$$x = \frac{E_{c.m.} - V_B}{\hbar\omega}, \tag{5}$$

where $V_B$, $R_B$, and $\hbar\omega$ correspond to the height, radius, and curvature of the barrier, respectively, and $x$ is the re-

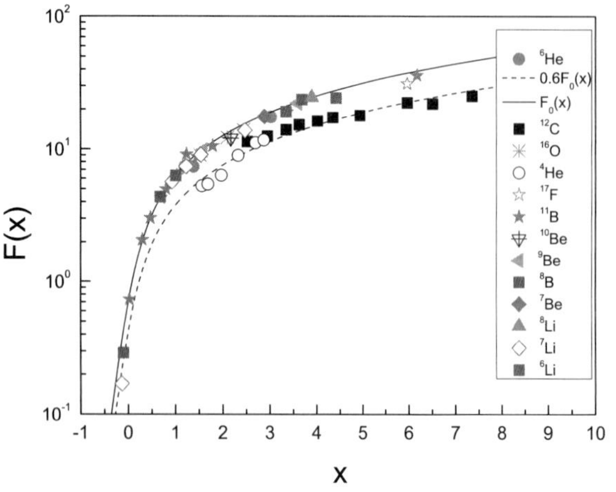


**Fig. 6.** The total reaction functions $F(x)$ for different systems with weakly and tightly bound projectiles on $^{12}$C target together with $^{17}$F+$^{12}$C system data from this work. The solid and dashed lines represent $F_0(x)$ and $0.6F_0(x)$ which are explained in the text, respectively.

duced energy. This method eliminates the geometrical and static effects, and keeps only dynamic effects. In order to find the parameters $V_B$, $R_B$ and $\hbar\omega$ for 60 MeV $^{17}$F+$^{12}$C system, in this work we used eq. (1) for the real part of the optical potential, the nuclear potential is known and the Coulomb potential is used with the general form. The corresponding values of $V_B$, $R_B$, and $\hbar\omega$ are 7.856 MeV, 9.0 fm and 2.844 MeV, respectively. By means of the analysis with the optical model and the CDCC method, the total reaction cross-sections for the $^{17}$F+$^{12}$C system at 60 MeV are obtained, namely 1388.5 mb and 1444.4 mb for two methods, respectively. With these values, $x$ and $F(x)$ can be calculated. We used the CDCC result and obtained $x = 5.97$ and $F(x) = 31.14$. In order to explore the breakup effects systematically, we selected some systems of weakly and tightly bound projectile interacting with $^{12}$C target. For the other projectiles on the target $^{12}$C, the parameters $V_B$, $R_B$ and $\hbar\omega$ are taken from ref. [32].

The results of $F(x)$ for the systems studied are plotted as a function of $x$ in fig. 6: only point was added to give the extended analysis about the interaction of the light weakly bound nuclei on the light target in comparison with ref. [32]. Among these projectiles, $^6$He, $^{6,7,8}$Li, $^{7,9}$Be, $^8$B, $^{17}$F are weakly bound nuclei, and $^4$He, $^{10}$Be, $^{11}$B, $^{16}$O and $^{12}$C are tightly bound nuclei. These results were compared with the Wong's dimensionless equation

$$F_0(x) = \ln(1 + e^{2\pi x}). \qquad (6)$$

The results of $F_0(x)$ are presented as the solid line in fig. 6, from which we can see that except for $^4$He and $^{12}$C, all of $F(x)$s follow the same trend described by the universal function $F_0(x)$ in spite of the differences in the structure, binding energy and reaction mechanism. It is particularly interesting to note that the $F(x)$s of proton-halo nuclei $^{17}$F, $^8$B and two-neutron-halo nucleus $^6$He have similar trend, this indicates that the breakup channels do not have important contribution to the total cross-section for these weakly bound projectiles bombarding on $^{12}$C target. However, for the heavy targets such as $^{58}$Ni, $^{64}$Zn and $^{209}$Bi, the Coulomb breakup dominates over the nuclear breakup, the situation is different [33,34], where the total cross-sections are enhanced at near barrier energies. It is found that the largest reduced cross-sections are obtained at energies around Coulomb barrier for the halo nuclei ($^6$He and $^8$B) followed by the weakly bound nuclei, and then by tightly bound nuclei which show the smallest reduced cross-sections [33,34]. This seems to indicate that unlike the cases of light targets the breakup channels are opened for the reactions with heavy target, and give an important contribution to the total cross-sections. For $^4$He and $^{12}$C projectiles on the $^{12}$C target the values of $F(x)$ do not exactly follow the universal function $F_0(x)$. Because of the tightly bound for $^4$He and $^{12}$C, the other reaction channels should give a small contribution to the total reaction cross-sections. According to ref. [32], we select 0.6 $F_0(x)$ to fit those of $^4$He+$^{12}$C and $^{12}$C+$^{12}$C systems. It means that the reduced cross sections for $^4$He+$^{12}$C and $^{12}$C+$^{12}$C systems are 40% lower than the other systems.

## 5 Summary

In summary, the angular distribution of quasi-elastic scattering cross-sections of $^{17}$F by $^{12}$C at 60MeV was measured from 5° to 20° in the frame of laboratory system. The calculations using optical model and CDCC method were performed and compared with the experimental data. The inelastic scattering and the breakup channels of $^{17}$F were taken into account in the CDCC calculations. The results of the CDCC analysis suggest that the breakup coupling effects of projectile on elastic scattering channel is weak at energies near the Coulomb barrier in this system.

Total reaction cross-sections were also obtained in analysis of the angular distribution of the quasi-elastic scattering data. In order to investigate the breakup effects, we have compared results of different projectiles including weakly bound and tightly bound nuclei on $^{12}$C target with the universal function $F(x)$. From this analysis we conclude that the breakup channel is not important for weakly bound projectiles on light targets.

This work is supported by the National Nature Science Foundation of China under Grant Nos. 10575134, 10735010, 10975006, 11175011 and the National Basic Research Programme of China under Grant No. 2007CB815003. The authors acknowledge the staffs of CNS-RIKEN who provided the high-quality $^{16}$O primary beam and the staff of the CRIB for their hospitality and technical support.

## References


1. P.G. Hansen, A.S. Jensen, B. Jonson, Annu. Rev. Nucl. Part. Sci. **45**, 591 (1995).
2. R. Morlock *et al.*, Phys. Rev. Lett. **79**, 3837 (1997).
3. M.J. Borge *et al.*, Phys. Lett. B **217**, 25 (1993).
4. C. Iliadis *et al.*, Astrophys. J. Suppl. Ser. **142**, 105 (2002).
5. K.E. Rehm *et al.*, Phys. Rev. Lett. **81**, 3341 (1998).
6. J.F. Liang *et al.*, Phys. Lett. B **491**, 23 (2000).
7. A. Ozawa, T. Suzuki, I. Tanihata, Nucl. Phys. A **693**, 32 (2001).
8. H. Kitagawa, N. Tajima, H. Sagawa, Z. Phys. A **358**, 381 (1997).
9. J.F. Liang *et al.*, Phys. Rev. C **65**, 051603 (2002).
10. J.F. Liang *et al.*, Phys. Rev. C **67**, 044603 (2003).
11. M. Romoli *et al.*, Phys. Rev. C **69**, 064614 (2004).
12. J.C. Blackmon *et al.*, Phys. Rev. C **72**, 034606 (2005).
13. M. Mazzocco *et al.*, Phys. Rev. C **82**, 054604 (2010).
14. E.F. Aguilera *et al.*, Phys. Rev. Lett. **84**, 5058 (2000).
15. J.J. Kolata *et al.*, Phys. Rev. C **57**, 6(R) (1998).
16. M. Trotta *et al.*, Phys. Rev. Lett. **84**, 2342 (2000).
17. K. Kalita *et al.*, Phys. Rev. C **73**, 024609 (2006).
18. A. Barioni *et al.*, Phys. Rev. C **84**, 014603 (2011).
19. P.R.S. Gomes, J. Lubian, I. Padron, R.M. Anjos, Phys. Rev. C **71**, 017601 (2005).
20. J.A. Tostevin, F.M. Nunes, I.J. Thompson, Phys. Rev. C **63**, 024617 (2001).
21. J.S. Al-Khalili, J.A. Tostevin, in *Scattering: Scattering and Inverse Scattering in Pure and Applied Science*, edited by E.R. Pike, Pierre C. Sabatier (Academic, London, 2001) Chapt. 3.1.3.
22. A. Diaz-Torres *et al.*, Phys. Rev. C **68**, 044607 (2003).
23. C. Beck *et al.*, Phys. Rev. C **75**, 054605 (2007).
24. Y. Yanagisawa *et al.*, Nucl. Instrum. Methods A **539**, 74 (2005).
25. M.P. Nicoli, F. Haas, R.M. Freeman, S. Szilner, Z. Basrak, A. Morsad, G.R. Satchler, M.E. Brandan, Phys. Rev. C **61**, 034609 (2000).
26. I.J. Thompson, Comput. Phys. Rep. **7**, 167 (1988).
27. S. Szilner, M.P. Nicoli, Z. Basrak, R.M. Freeman, F. Haas, A. Morsad, M.E. Brandan, G.R. Satchler, Phys. Rev. C **64**, 064614 (2001).
28. S. Raman, C.W. Nestor jr., P. Tikkanen, At. Data Nucl. Data Tables **78**, 1 (2001).
29. C.A. Pearson *et al.*, Nucl. Phys. A **191**, 1 (1972).
30. L. Canto *et al.*, Nucl. Phys. A **821**, 51 (2009).
31. J. Shorto *et al.*, Phys. Lett. B **678**, 77 (2009).
32. J.C. Zamora *et al.*, Phys. Rev. C **84**, 034611 (2011).
33. J.J. Kolata, E.F. Aguilera, Phys. Rev. C **79**, 027603 (2009).
34. E.F. Aguilera, I. Martel, A.M. Sánchez-Benítz, L. Acosta, Phys. Rev. C **83**, 021601(R) (2011).

# Influence of neutron transfer in reactions with weakly and strongly bound nuclei on the sub-barrier capture process ①

V. V. Sargsyan,[1,2] G. G. Adamian,[1] N. V. Antonenko,[1] W. Scheid,[3] and H. Q. Zhang[4]
[1]*Joint Institute for Nuclear Research, 141980 Dubna, Russia*
[2]*International Center for Advanced Studies, Yerevan State University, M. Manougian 1, 0025 Yerevan, Armenia*
[3]*Institut für Theoretische Physik der Justus-Liebig-Universität, D-35392 Giessen, Germany*
[4]*China Institute of Atomic Energy, Post Office Box 275, Beijing 102413, China*
(Received 1 April 2012; revised manuscript received 15 May 2012; published 2 July 2012)

The sub-barrier capture reactions $^{13,14,15}C + ^{232}Th$, $^{4,6}He + ^{208,206}Pb$, $^{32}S + ^{94,96,98,100}Mo$, $^{100,102,104}Ru$, $^{104,106,108,110}Pd$, $^{112,116}Sn$, $^{36}S + ^{92}Mo$, and $^{18}O + ^{112,118,124}Sn$ with light weakly and strongly bound nuclei are studied within the quantum diffusion approach. Based on our analysis a weak influence of halo nuclei on the capture is demonstrated in the reactions mentioned. It is shown that in some cases the neutron transfer with positive $Q$ value can weakly influence or suppress the sub-barrier capture through the change of the deformations of the colliding nuclei. Capture cross sections for the reactions $^{13,14,15}C + ^{208}Pb$, $^{32,36}S + ^{132}Sn$, and $^{40,48}Ca + ^{126}Sn$ are predicted.

DOI: 10.1103/PhysRevC.86.014602 PACS number(s): 25.70.Jj, 24.10.−i, 24.60.−k

## I. INTRODUCTION

The fusion and capture dynamics induced by loosely bound radioactive ion beams is currently being extensively studied [1–5]. However, the long-standing question of whether fusion (capture) is enhanced or suppressed with these beams has not yet been answered unambiguously. The study of the fusion reactions involving nuclei at the drip lines has led to contradictory results [6–18]. For instance, in Ref. [8] the sub-barrier fusion cross-section for the system $^{6}He + ^{209}Bi$ with the two-neutron halo nucleus $^{6}He$ ($S_{2n} = 0.972$ MeV) has been shown to be larger than that for the $^{4}He + ^{209}Bi$ reaction. This effect was also found later for other heavy targets [6,7,9–11,13,14]. As found in Ref. [17], the fusion-fission cross section for the system $^{15}C + ^{232}Th$ with the one-neutron halo nucleus $^{15}C$ ($S_n = 1.218$ MeV) is enhanced by a factor of $\sim$5 in comparison to those for the systems $^{12-14}C + ^{232}Th$ at the lowest sub-barrier energy studied. However, in Ref. [15] no dramatic enhancement of the $^{6}He$ fusion in the system $^{6}He + ^{206}Pb$ at energies under the barrier has been observed with respect to $^{4}He$ fusion in the system $^{4}He + ^{208}Pb$. The enhancement in the fusion cross sections has not been found in reactions with a $^{11}Be$ ($S_n = 0.503$ MeV) beam [16]. The fusion with the drip-line proton-halo nucleus $^{17}F$ is not enhanced relative to that measured with the stable $^{19}F$ projectile [11,18]. However, at the lowest sub-barrier energy a reduction by a factor of 4 has been observed. So, the present experimental data [6–18] specify in complexity of the influence of the large interaction radius, the soft dipole modes, and the transfer and breakup probabilities of light weakly bound nuclei on the fusion or capture process and provide a useful benchmark for theoretical models. Note that the reactions with radioactive ion beams are of particular interest for astrophysics [19].

The dynamics of neutron transfer-mediated sub-barrier capture and fusion is not yet revealed [1]. The cross section enhancement in the sub-barrier fusion of $^{58}Ni + ^{64}Ni$, with respect to $^{58}Ni + ^{58}Ni$ [20], was interpreted as a kinematic effect [21] owing to the positive $Q_{2n}$ value of the ground-state-to-ground-state two-neutron-transfer ($2n$-transfer) channel for that system. A correlation was observed between sub-barrier fusion enhancement and positive $Q_{2n}$ values in the systems $^{32,36}S + ^{92,94,96,98,100}Mo$, $^{100,101,102,104}Ru$, $^{103}Rh$, $^{104,105,106,108,110}Pd$ [22]) $^{40}Ca + ^{94,96}Zr$ [23,24], and $^{40}Ca + ^{124}Sn$ [25]). Thus, it was generally thought that the sub-barrier capture (fusion) cross section increases because of the neutron transfer [22–32]. However, the reduced excitation functions for the reactions $^{16,17,18}O + ^{A}Sn$ ($A = 112$, 116–120, 122, 124) [33], scaled to remove the effects of smoothly varying barrier parameters, did not show any strong dependence on the mass number of target or projectile. The relative changes were less than a factor two and were not correlated with the positive $Q$ values of neutron transfer channels. As recently shown in Ref. [34], the neutron transfer channels with positive $Q$ value weakly influence the capture (fusion) cross section in the $^{60}Ni + ^{100}Mo$ reaction at sub-barrier energies. The effect of transfer channels on the capture (fusion) of $^{132}Sn$,$^{130}Te + ^{58,64}Ni$ ($Q_{2n} > 0$) at energies above and a few MeV below the Coulomb barrier was demonstrated to be very weak with no significant differences observed in the reduced excitation functions [35]. So the influence of neutron transfer on the capture process is not straightforward to explain.

The purpose of the present article is the theoretical explanation of recent experimental data on the fusion (capture) reactions $^{13,14,15}C + ^{232}Th$ [17] and $^{4,6}He + ^{208,206}Pb$ [15]. Within the quantum diffusion approach [36,37] we try to answer the question how the loosely bound projectiles influence the capture cross section at near and sub-barrier energies. The other aim of this article is the treatment of the capture reactions $^{32,36}S + ^{92,94,96,98,100}Mo$,$^{100,102,104}Ru$,$^{104,106,108,110}Pd$, $^{32}S + ^{112,116}Sn$, and $^{18}O + ^{112,118,124}Sn$ [22,33]. We show why the influence of neutron transfer is strong in some capture reactions and is weak in others.

## II. MODEL

In the quantum diffusion approach [36,37] the collisions of nuclei are described with a single relevant collective

① Physical Review C,2012,86(1):014602-(1-10).

variable: the relative distance between the colliding nuclei. This approach takes into consideration the fluctuation and dissipation effects in collisions of heavy ions which model the coupling with various channels (for example, coupling of the relative motion with low-lying collective modes such as dynamical quadrupole and octupole modes of the target and projectile [38]). We have to mention that many quantum-mechanical and non-Markovian effects accompanying the passage through the potential barrier are taken into consideration in our formalism [36,37,39]. The nuclear deformation effects are taken into account through the dependence of the nucleus-nucleus potential on the deformations and mutual orientations of the colliding nuclei. Within this approach many heavy-ion capture reactions with stable and radioactive beams at energies above and well below the Coulomb barrier have been successfully described [36,37,39]. The diffusion models, which include the quantum statistical effects, were also proposed in Refs. [40].

To calculate the nucleus-nucleus interaction potential $V(R)$, we use the procedure presented in Refs. [36,37]. For the nuclear part of the nucleus-nucleus potential, the double-folding formalism with the Skyrme-type density-dependent effective nucleon-nucleon interaction is used. The density distributions of interacting nuclei are taken in the form of a two-parameter symmetrized Fermi function with the nuclear radius parameter $r_0 = 1.15$ fm ($R_i = r_0 A_i^{1/3}$, $i = 1, 2$) for all nuclei with the mass numbers $A_i \geqslant 7$ and the diffuseness parameter $a$ depending on the $(A_i, Z_i)$ values of the nucleus under consideration [41]. Specifically, we use $a = 0.50$ fm for the $^7$Li nucleus, $a = 0.52$ fm for the stable isotopes of C, $a = 0.53$ fm for the stable isotopes of O, $a = 0.55$ fm for the nuclei with the charge numbers $Z_i = 15$, 20, 30, 42, 44, 46, and 50, and $a = 0.56$ fm for the isotopes of Th. For the lightest $^4$He nucleus the Fermi-density parameters are taken equal to $r_0 = 1.02$ fm and $a = 0.48$ fm. In the reactions with radioactive beams under consideration, after the neutron transfer the reaction light partner is the stable nucleus. So, in the calculations we do not need the densities of exotic nuclei.

The capture cross section is a sum of partial capture cross sections [36,37],

$$\begin{aligned}\sigma_{\text{cap}}(E_{\text{c.m.}}) &= \sum_J \sigma_{\text{cap}}(E_{\text{c.m.}}, J)\\ &= \pi\lambda\!\!\!^{-2} \sum_J (2J+1) \int_0^{\pi/2} d\theta_1 \sin(\theta_1)\\ &\quad\times \int_0^{\pi/2} d\theta_2 \sin(\theta_2) P_{\text{cap}}(E_{\text{c.m.}}, J, \theta_1, \theta_2), \qquad (1)\end{aligned}$$

where $\lambda\!\!\!^{-2} = \hbar^2/(2\mu E_{\text{c.m.}})$ is the reduced de Broglie wavelength, $\mu = m_0 A_1 A_2/(A_1 + A_2)$ is the reduced mass ($m_0$ is the nucleon mass), and the summation is over the possible values of angular momentum $J$ at a given bombarding energy $E_{\text{c.m.}}$. Knowing the potential of the interacting nuclei for each orientation with the angles $\theta_i (i = 1, 2)$, one can obtain the partial capture probability $P_{\text{cap}}$, which is defined by the passing probability of the potential barrier in the relative distance $R$ coordinate at a given $J$. The value of $P_{\text{cap}}$ is obtained by integrating the propagator $G$ from the initial state $(R_0, P_0)$ at time $t = 0$ to the final state $(R, P)$ at time $t$ ($P$ is a momentum):

$$\begin{aligned}P_{\text{cap}} &= \lim_{t\to\infty} \int_{-\infty}^{r_{\text{in}}} dR \int_{-\infty}^{\infty} dP\, G(R, P, t | R_0, P_0, 0)\\ &= \lim_{t\to\infty} \frac{1}{2} \text{erfc}\left[\frac{-r_{\text{in}} + \overline{R(t)}}{\sqrt{\Sigma_{RR}(t)}}\right]. \qquad (2)\end{aligned}$$

The second line in Eq. (2) is obtained by using the propagator $G = \pi^{-1} |\det \Sigma^{-1}|^{1/2} \exp(-\mathbf{q}^T \Sigma^{-1} \boldsymbol{q})$ $[\mathbf{q}^T = [q_R, q_P]$, $q_R(t) = R - \overline{R(t)}$, $q_P(t) = P - \overline{P(t)}$, $\overline{R(t=0)} = R_0$, $\overline{P(t=0)} = P_0$, $\Sigma_{kk'}(t) = 2\overline{q_k(t) q_{k'}(t)}$, $\Sigma_{kk'}(t=0) = 0$, $k, k' = R, P]$ calculated for an inverted oscillator which approximates the nucleus-nucleus potential $V$ in the variable $R$. The frequency $\omega$ of this oscillator with an internal turning point $r_{\text{in}}$ is defined from the condition of equality of the classical actions of approximated and realistic potential barriers of the same hight at given $J$. It should be noted that the passage through the Coulomb barrier approximated by a parabola has been previously studied in Refs. [36,37,40]. This approximation is well justified for the reactions and energy range, which are here considered. Finally, one can find the expression for the capture probability:

$$P_{\text{cap}} = \frac{1}{2} \text{erfc}\left[\left(\frac{\pi s_1 (\gamma - s_1)}{2\hbar\mu(\omega_0^2 - s_1^2)}\right)^{1/2} \frac{\mu\omega_0^2 R_0/s_1 + P_0}{[\gamma \ln(\gamma/s_1)]^{1/2}}\right], \qquad (3)$$

where $\gamma$ is the internal-excitation width, $\omega_0^2 = \omega^2\{1 - \hbar\tilde{\lambda}\gamma/[\mu(s_1+\gamma)(s_2+\gamma)]\}$ is the renormalized frequency in the Markovian limit, the value of $\tilde{\lambda}$ is related to the strength of linear coupling in coordinates between collective and internal subsystems. The non-Markovian effects appear in the calculations through $\gamma$. Here, $\hbar\gamma = 15$ MeV. The $s_i$ are the real roots ($s_1 \geqslant 0 > s_2 \geqslant s_3$) of the following equation [36,37]:

$$(s + \gamma)(s^2 - \omega_0^2) + \hbar\tilde{\lambda}\gamma s/\mu = 0. \qquad (4)$$

As shown in Refs. [36,37], the nuclear forces start to play a role at $R_{\text{int}} = R_b + 1.1$ fm where the nucleon density of colliding nuclei approximately reaches 10% of the saturation density. If the value of $r_{\text{ex}}$ corresponding to the external turning point is larger than the interaction radius $R_{\text{int}}$, we take $R_0 = r_{\text{ex}}$ and $P_0 = 0$ in Eq. (3). For $r_{\text{ex}} < R_{\text{int}}$, it is natural to start our treatment with $R_0 = R_{\text{int}}$ and $P_0$ defined by the kinetic energy at $R = R_0$. In this case the friction hinders the classical motion to proceed toward smaller values of $R$. If $P_0 = 0$ at $R_0 > R_{\text{int}}$, the friction almost does not play a role in the transition through the barrier. Thus, two regimes of interaction at sub-barrier energies differ by the action of the nuclear forces and the role of friction at $R = r_{\text{ex}}$.

We assume that the sub-barrier capture mainly depends on the optimal one-neutron ($Q_{1n} > Q_{2n}$) or two-neutron ($Q_{2n} > Q_{1n}$) transfer with the positive $Q$-value. Our assumption is that, just before the projectile is captured by the target nucleus (just before the crossing of the Coulomb barrier), which is a slow process, the transfer occurs and can lead to the population of the first excited collective state in the recipient nucleus [42]. So the motion to the $N/Z$ equilibrium starts in the system before the capture because it is energetically favorable in the dinuclear system in the vicinity of the Coulomb barrier. For the reactions under consideration, the average change of mass asymmetry is connected to the one- or two-neutron transfer ($1n$ or $2n$ transfer). Because after the transfer the mass numbers, the isotopic composition, and the deformation parameters of the interacting nuclei, and, correspondingly, the height $V_b = V(R_b)$ and shape of the Coulomb barrier are changed, one can expect an enhancement or suppression of the capture. If after the neutron transfer the deformations of interacting nuclei increase (decrease), the capture probability increases (decreases). When the isotopic dependence of the nucleus-nucleus potential is weak and after the transfer the deformations of interacting nuclei do not change, there is no effect of the neutron transfer on the capture. In comparison with Ref. [43], we assume that the negative transfer $Q$ values do not play visible role in the capture process. Our scenario was verified in the description of many reactions [37].

## III. RESULTS OF CALCULATIONS

All calculated results are obtained with the same set of parameters as in Ref. [36]. Realistic friction coefficient in the relative distance coordinate $\hbar\lambda = 2$ MeV is used. Its value is close to that calculated within the mean-field approaches [44]. The value of $\tilde{\lambda}$ is set to obtain this value of $\hbar\lambda$. The parameters of the nucleus-nucleus interaction potential $V(R)$ are adjusted to describe the experimental data at energies above the Coulomb barrier corresponding to spherical nuclei. The absolute values of the quadrupole deformation parameters $\beta_2$ of even-even deformed nuclei are taken from Ref. [45]. For the nuclei deformed in the ground state, the $\beta_2$ in the first excited collective state is similar to the $\beta_2$ in the ground state. For the quadruple deformation parameter of an odd nucleus, we choose the maximal value from the deformation parameters of neighboring even-even nuclei [for example, $\beta_2(^{231}\mathrm{Th}) = \beta_2(^{233}\mathrm{Th}) = \beta_2(^{232}\mathrm{Th}) = 0.261$]. For the double magic and neighboring nuclei, we take $\beta_2 = 0$ in the ground state. Because there are uncertainties in the definition of the values of $\beta_2$ in light-mass nuclei, one can extract the ground-state quadrupole deformation parameters of these nuclei from a comparison of the calculated capture cross sections with the existing experimental data. By describing the reactions $^{12}\mathrm{C} + {}^{208}\mathrm{Pb}$ (Fig. 1), $^{18}\mathrm{O} + {}^{208}\mathrm{Pb}$ (Fig. 1), $^{32,36}\mathrm{S} + {}^{90}\mathrm{Zr}$, $^{34}\mathrm{S} + {}^{168}\mathrm{Er}$, $^{36}\mathrm{S} + {}^{90,96}\mathrm{Zr}$, and $^{40}\mathrm{Ca} + {}^{90}\mathrm{Zr}$, where there are no neutron transfer channels with positive $Q$ values, we extract the ground-state quadrupole deformation parameters $\beta_2 = -0.3$, $\beta_2 = 0.1$, $\beta_2 = 0.312$, $\beta_2 = 0.1$, and $\beta_2 = 0$ for the nuclei $^{12}\mathrm{C}$, $^{18}\mathrm{O}$, $^{32}\mathrm{S}$, $^{34}\mathrm{S}$, and $^{36}\mathrm{S}$, respectively, which are used in our calculations [37]. In Fig. 1 the sensitivity of calculated results on $\beta_2$ is shown.

### A. Neutron transfer in actinide-, lead-, and zinc-based reactions with weakly and strongly bound projectiles

Figures 2 and 3 show the capture excitation function for the reactions $^{12}\mathrm{C} + {}^{232}\mathrm{Th}$, $^{237}\mathrm{Np}$ as a function of bombarding energy. One can see a quite good agreement between the calculated results and the experimental data [48–50]. The $Q_{2n}$ values for the $2n$-transfer reactions are positive in all reactions. At energies above, near, and below the

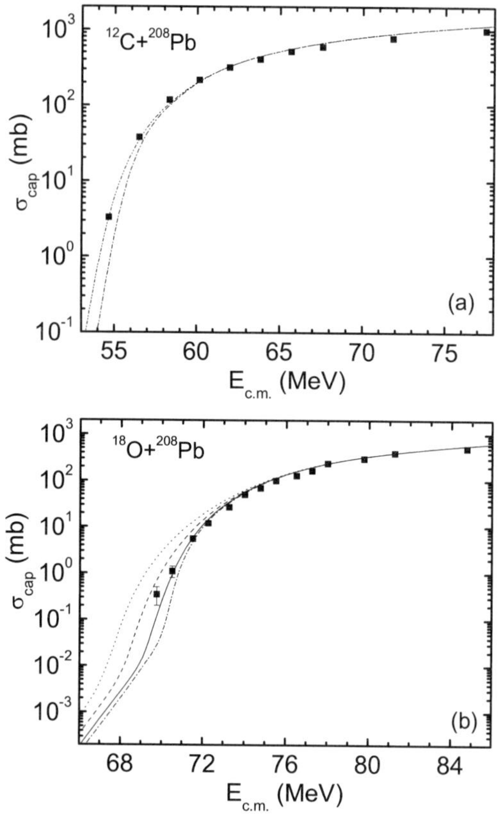


FIG. 1. (Color online) The calculated (lines) and experimental (symbols) [46,47] capture cross sections vs $E_{\mathrm{c.m.}}$ for the reactions $^{12}\mathrm{C} + {}^{208}\mathrm{Pb}$ (a) and $^{18}\mathrm{O} + {}^{208}\mathrm{Pb}$ (b). The dash-dot-dotted, dash-dotted, solid, dashed, and dotted lines correspond to the $\beta_2 = -0.3$, 0, 0.1, 0.2, and 0.3, respectively, of light nucleus.

Coulomb barrier the cross sections calculated with and without two-neutron transfer channel are almost similar (Figs. 2 and 3). After the $2n$ transfer (before the capture) in the reactions $^{12}\mathrm{C}(\beta_2 = -0.3) + {}^{232}\mathrm{Th}(\beta_2 = 0.261) \to {}^{14}\mathrm{C}(\beta_2 = -0.36) + {}^{230}\mathrm{Th}(\beta_2 = 0.244)$ ($Q_{2n} = 1.56$ MeV), $^{12}\mathrm{C}(\beta_2 = -0.3) + {}^{237}\mathrm{Np}(\beta_2 = 0.282) \to {}^{14}\mathrm{C}(\beta_2 = -0.36) + {}^{235}\mathrm{Np}(\beta_2 = 0.282)$ ($Q_{2n} = 0.81$ MeV) the deformation of $^{14}\mathrm{C}$ is almost equal to that of $^{12}\mathrm{C}$, but the deformations of the heavy nuclei slightly decrease and the values of the corresponding Coulomb barriers slightly increase. As a result, the transfer very weakly influences and even slightly suppresses the capture process in the reactions $^{12}\mathrm{C} + {}^{237}\mathrm{Np}$ (Fig. 3) and $^{12}\mathrm{C} + {}^{232}\mathrm{Th}$ (Fig. 2), respectively, at the sub-barrier energies.

The calculated mean square angular momenta $\langle J^2\rangle$ of the captured systems are in good agreement with the experimental data [48] for the $^{12}\mathrm{C} + {}^{237}\mathrm{Np}$ reaction (Fig. 3). At sub-barrier energies $\langle J^2\rangle$ has a minimum which is related to the change of the regime of interaction between the colliding nuclei [36,37]. Note that $\langle J^2\rangle$ is related to the angular anisotropy of the products of fissionlike fragments following capture [51].

After the neutron transfer in the reactions $^{13}\mathrm{C} + {}^{232}\mathrm{Th}(\beta_2 = 0.261) \to {}^{14}\mathrm{C}(\beta_2 = -0.36) + {}^{231}\mathrm{Th}(\beta_2 = 0.261)$

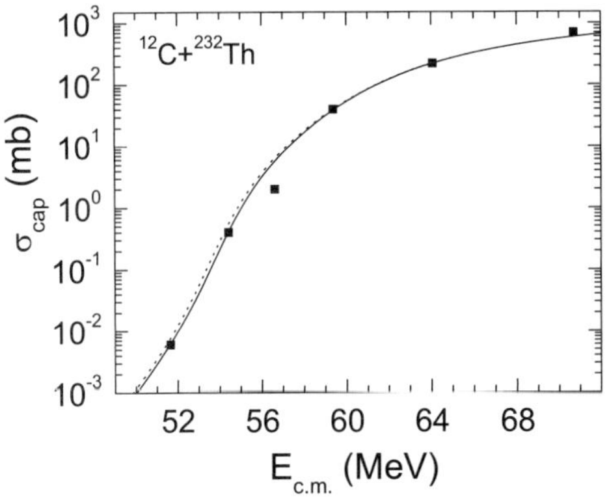


FIG. 2. The calculated (lines) and experimental (symbols) [50] capture cross sections vs $E_{\rm c.m.}$ for the $^{12}C + ^{232}Th$ reaction. The dotted line shows the case when the $2n$-neutron transfer is disregarded.

($Q_{1n} = 1.74$ MeV), $^{15}C + ^{232}Th(\beta_2 = 0.261) \rightarrow {}^{14}C(\beta_2 = -0.36) + {}^{233}Th(\beta_2 = 0.261)$ ($Q_{1n} = 3.57$ MeV) the deformations of the target or projectile nuclei in these reactions and in the $^{14}C + ^{232}Th(\beta_2 = 0.261)$ ($Q_{1n,2n} < 0$) reaction are the same. In Fig. 4 the calculated cross sections slightly increase with the mass number of C, and are nearly parallel down to the lowest energy treated. We found that there is a relatively good agreement between the calculated

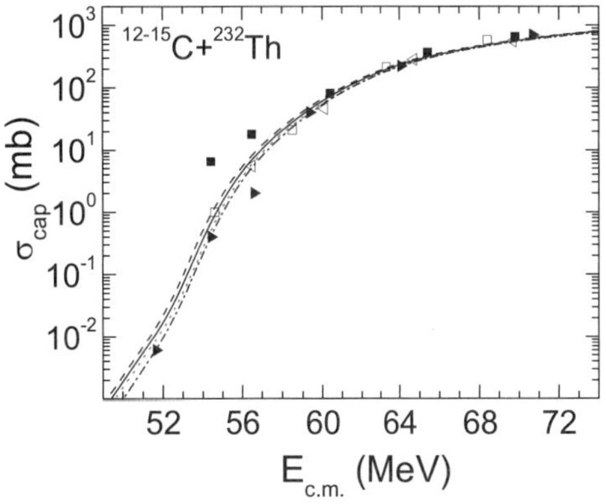


FIG. 4. (Color online) The calculated (lines) and experimental (symbols) capture cross sections vs $E_{\rm c.m.}$ for the reactions $^{12}C + ^{232}Th$ (dash-dotted line, solid triangles), $^{13}C + ^{232}Th$ (dotted line, open triangles), $^{14}C + ^{232}Th$ (solid line, open squares), and $^{15}C + ^{232}Th$ (dashed line, solid squares). The experimental data are from Refs. [17,50].

results and the experimental data [17,50] for the reactions $^{12,13,14}C + ^{232}Th$, but the experimental enhancement of the cross section in the $^{15}C + ^{232}Th$ reaction at sub-barrier energies cannot be explained with our and other [17] models. Because we take into account the neutron transfer ($^{15}C \rightarrow {}^{14}C$), one can suppose that this discrepancy is attributable to the influence of the breakup channel [3], which is not considered in our model. However, it is unclear why the breakup process influences only two experimental points at lowest energies. Different deviations of these points in energy from the calculated curve in Fig. 4 create doubt in an influence of the breakup on the kinetic energy. So additional experimental and theoretical investigations are desirable.

The question is whether the fusion of nuclei involving weakly bound neutrons is enhanced or suppressed at low energies. This question can been addressed to the

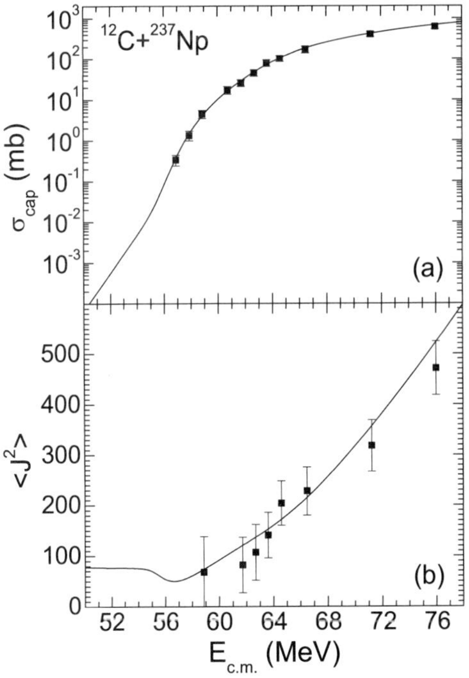


FIG. 3. The calculated (solid line) and experimental (symbols) capture cross sections (a) and the mean-square angular momentum of captured system (b) vs $E_{\rm c.m.}$ for the $^{12}C + ^{237}Np$ reaction. The experimental data are from Ref. [48]. The calculated results with and without neutron transfer coincide.

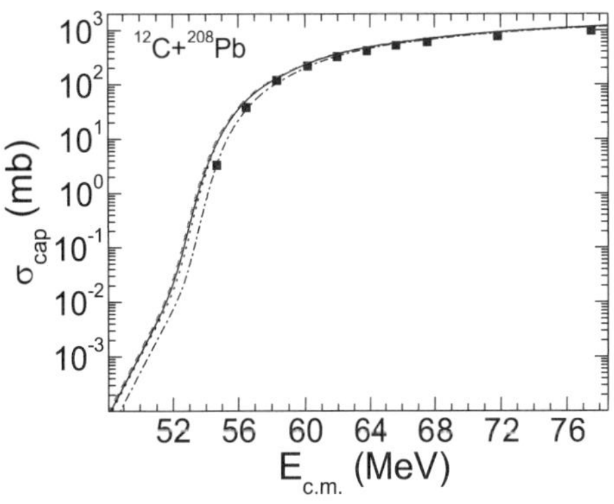


FIG. 5. (Color online) The calculated (lines) and experimental (symbols) capture cross sections vs $E_{\rm c.m.}$ for the reactions $^{12}C + ^{208}Pb$ (dash-dotted line), $^{13}C + ^{208}Pb$ (dotted line), $^{14}C + ^{208}Pb$ (solid line), and $^{15}C + ^{208}Pb$ (dashed line). The experimental data (solid squares) for the $^{12}C + ^{208}Pb$ reaction are from Ref. [46].

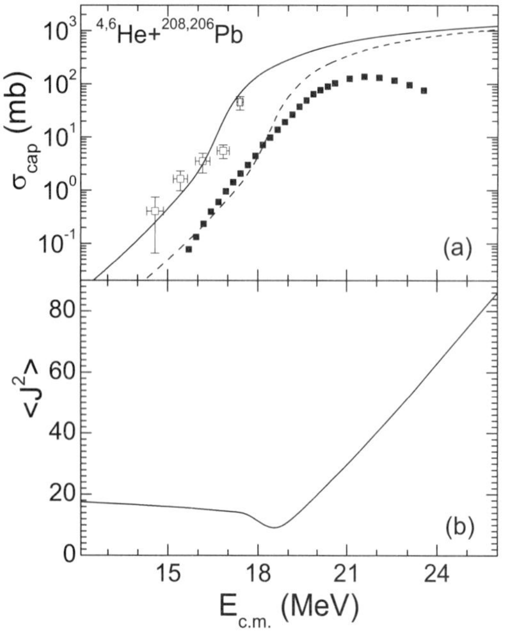


FIG. 6. The calculated (lines) and experimental (symbols) capture cross sections (a) and the mean-square angular momenta of captured system (b) vs $E_{\rm c.m.}$ for the reactions $^4$He + $^{208}$Pb (dashed line, closed squares) and $^6$He + $^{206}$Pb (solid line, open squares). The experimental data are from Refs. [15,53].

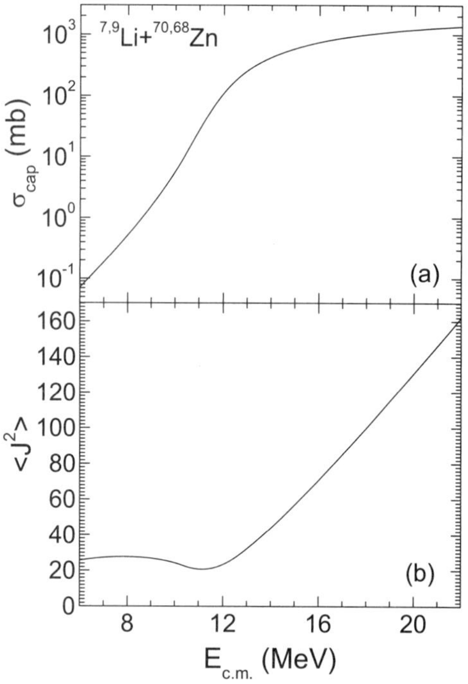


FIG. 7. The calculated capture cross sections (a) and the mean-square angular momenta of captured system (b) vs $E_{\rm c.m.}$ for the reactions $^7$Li + $^{70}$Zn (dashed line) and $^9$Li + $^{68}$Zn (solid line).

systems $^{12-15}$C + $^{208}$Pb [52]. After the neutron transfer in the reactions $^{13}$C + $^{208}$Pb ($\beta_2 = 0$) → $^{14}$C($\beta_2 = -0.36$) + $^{207}$Pb($\beta_2 = 0$) ($Q_{1n} = 1.74$ MeV), $^{15}$C + $^{208}$Pb($\beta_2 = 0$) → $^{14}$C($\beta_2 = -0.36$) + $^{209}$Pb($\beta_2 = 0.055$) ($Q_{1n} = 3.57$ MeV) the deformations of the light nuclei are the same as in the $^{14}$C + $^{208}$Pb($\beta_2 = 0$) ($Q_{1n,2n} < 0$) reaction. The heavy nuclei are almost spherical. This means that the slopes of the excitation functions are almost the same (Fig. 5). As in the case of the $^{15}$C + $^{232}$Th reaction, we do not expect enhancement of the capture cross section in the $^{15}$C + $^{208}$Pb reaction owing to the neutron transfer. The same effect was observed in Ref. [52]. The study of the reactions $^{15}$C + $^{208}$Pb,$^{232}$Th at sub-barrier energies provides a good test for the verification of the effect of weakly bound nuclei on fusion and capture because it reveals the role of other effects besides neutron transfer.

By assuming that the $2n$-transfer process takes place and the break-up channels are closed, one can predict almost the same capture cross sections for the reaction with large positive $Q_{2n}$ value $^6$He + $^{206}$Pb ($^9$Li + $^{68}$Zn) and for the complemented reaction $^4$He + $^{208}$Pb ($^7$Li + $^{70}$Zn) (Figs. 6 and 7). Indeed, after the transfer in the reactions $^6$He + $^{206}$Pb → $^4$He($\beta_2 = 0$) + $^{208}$Pb($\beta_2 = 0.055$) ($Q_{2n} = 13.13$ MeV), $^9$Li +$^{86}$Zn → $^7$Li($\beta_2 \approx 0.4$) + $^{70}$Zn($\beta_2 = 0.248$) ($Q_{2n} = 9.60$ MeV) they become equivalent to the reactions $^4$He + $^{208}$Pb and $^7$Li + $^{70}$Zn. Therefore, the slopes of the excitation functions in the reactions with $^6$He ($^9$Li) and $^4$He ($^7$Li) are similar. Our results support the experimental data of Ref. [15], where the authors concluded that the fusion enhancement in the $^6$He + $^{206}$Pb reaction (with respect to the $^4$He + $^{208}$Pb reaction) is rather small or absent. One can see a satisfactory agreement between the calculated results and the experimental data for the reactions $^{4,6}$He + $^{208,206}$Pb at sub-barrier energies. For the$^4$He + $^{208}$Pb reaction at energies above the Coulomb barrier, the deviation between the calculated results and experimental data [53] arises from the fact that only the $1n$-evaporation channel was taken into consideration in the experimental cross sections while we calculate total capture cross sections. Note that there is a relatively large shift in energy between the experimental data for the $^6$He + $^{206}$Pb reaction [15] and for the $^4$He + $^{208}$Pb reaction [53]. Because of this, the calculated results (or the Coulomb barrier) are shifted to a lower energy by about 1.7 MeV in the case of the $^6$He + $^{206}$Pb reaction. For the reactions $^{7,9}$Li + $^{208,206}$Pb and $^{4,6}$He + $^{208,206}$Pb, the mean square angular momenta $\langle J^2 \rangle$ of the captured systems versus the bombarding energy $E_{\rm c.m.}$ are presented in Figs. 6 and 7.

By assuming that the $2n$-transfer process occurs, we calculated the capture cross sections for the $^9$Li + $^{70}$Zn reaction (Fig. 8). The agreement with the experimental data of Ref. [12] is quite satisfactory. At lowest energies, the calculated cross section is by factor of ~5 less than the experimental value. The experimental data are well reproduced by the model [54] where two-neutron transfer from the $^{70}$Zn leads to $^{11}$Li halo structure and molecular bond between the nuclei in contact enhances the fusion cross section. Note that two-neutron transfer $^9$Li + $^{70}$Zn → $^7$Li + $^{72}$Zn with $Q_{2n} = 8.6$ MeV is

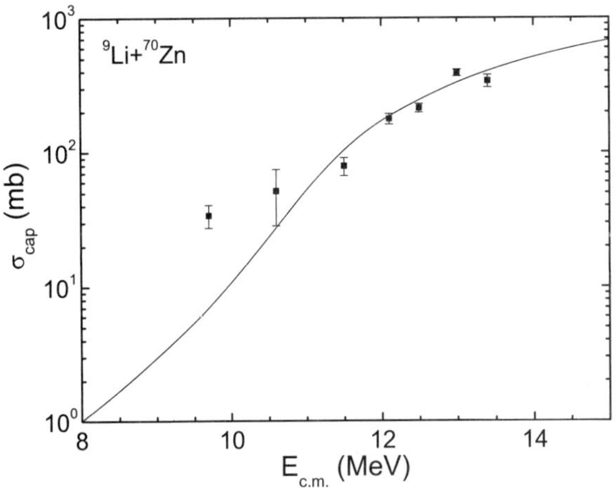


FIG. 8. The calculated (solid line) and experimental (symbols) capture cross sections vs $E_{\mathrm{c.m.}}$ for the reaction $^{9}\mathrm{Li}+{}^{70}\mathrm{Zn}$. The experimental data are from Ref. [12].

much energetically favorable than the two-neutron transfer $^{9}\mathrm{Li}+{}^{70}\mathrm{Zn}\rightarrow{}^{11}\mathrm{Li}+{}^{68}\mathrm{Zn}$ with $Q_{2n}=-15.4$ MeV. These observations deserve further experimental and theoretical investigations including the breakup channel.

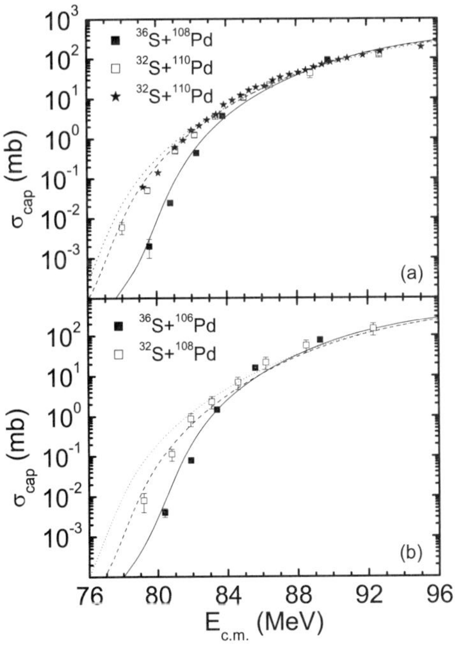


FIG. 9. The calculated capture cross sections vs $E_{\mathrm{c.m.}}$ for the reactions $^{32}\mathrm{S}+{}^{108,110}\mathrm{Pd}$ (dashed lines) and $^{36}\mathrm{S}+{}^{106,108}\mathrm{Pd}$ (solid lines) (a),(b). For the $^{32}\mathrm{S}+{}^{110}\mathrm{Pd}$ reaction (a), the calculated capture cross section without the neutron transfer process is shown by a dotted line. For the reactions $^{32}\mathrm{S}+{}^{110}\mathrm{Pd}$, the experimental data from Refs. [22,29] are marked by open squares and stars, respectively.

### B. Effect of $2n$ transfer in reactions $^{32,36}\mathrm{S}+{}^{A}\mathrm{Sn},{}^{A}\mathrm{Mo},{}^{A}\mathrm{Ru},{}^{A}\mathrm{Pd}$, and $^{18}\mathrm{O},{}^{40,48}\mathrm{Ca}+{}^{A}\mathrm{Sn}$

Figures 9–13 show the capture excitation function for the reactions $^{32,36}\mathrm{S}+\mathrm{Pd},\mathrm{Ru},\mathrm{Mo}$ as a function of the bombarding energy. One can see a relatively good agreement between the calculated results and the experimental data [22]. The $Q_{2n}$ values for the $2n$-transfer processes are positive (negative) for all reactions with $^{32}\mathrm{S}$ ($^{36}\mathrm{S}$), except $^{92}\mathrm{Mo}$. For the $^{32}\mathrm{S}+{}^{92}\mathrm{Mo}$ ($^{36}\mathrm{S}+{}^{92}\mathrm{Mo}$) reaction, $Q_{2n}<0$ ($Q_{2n}>0$). At energies above and near the Coulomb barrier the cross sections with and without two-neutron transfer are almost similar. After the $2n$ transfer (before the capture) in the reactions $^{32}\mathrm{S}(\beta_2=0.312)+{}^{110}\mathrm{Pd}(\beta_2=0.257)\rightarrow{}^{34}\mathrm{S}(\beta_2=0.252)+{}^{108}\mathrm{Pd}(\beta_2=0.243)$, $^{32}\mathrm{S}(\beta_2=0.312)+{}^{108}\mathrm{Pd}(\beta_2=0.243)\rightarrow{}^{34}\mathrm{S}(\beta_2=0.252)+{}^{106}\mathrm{Pd}(\beta_2=0.229)$, $^{32}\mathrm{S}(\beta_2=0.312)+{}^{106}\mathrm{Pd}(\beta_2=0.229)\rightarrow{}^{34}\mathrm{S}(\beta_2=0.252)+{}^{104}\mathrm{Pd}(\beta_2=0.209)$, $^{32}\mathrm{S}(\beta_2=0.312)+{}^{104}\mathrm{Pd}(\beta_2=0.209)\rightarrow{}^{34}\mathrm{S}(\beta_2=0.252)+{}^{102}\mathrm{Pd}(\beta_2=0.196)$, or $^{32}\mathrm{S}(\beta_2=0.312)+{}^{104}\mathrm{Ru}(\beta_2=0.271)\rightarrow{}^{34}\mathrm{S}(\beta_2=0.252)+{}^{102}\mathrm{Ru}(\beta_2=0.24)$, $^{32}\mathrm{S}(\beta_2=0.312)+{}^{102}\mathrm{Ru}(\beta_2=0.24)\rightarrow{}^{34}\mathrm{S}(\beta_2=0.252)+{}^{100}\mathrm{Ru}(\beta_2=0.215)$, $^{32}\mathrm{S}(\beta_2=0.312)+{}^{100}\mathrm{Ru}(\beta_2=0.215)\rightarrow{}^{34}\mathrm{S}(\beta_2=0.252)+{}^{98}\mathrm{Ru}(\beta_2=0.195)$ the deformat ions of the nuclei decrease and the values of the corresponding Coulomb barriers increase. As a result, the transfer suppresses the capture process in these reactions at the sub-barrier energies. The suppression becomes stronger with decreasing energy (Figs. 9–11). As seen in Fig. 9, the capture cross sections calculated without two-neutron transfer are larger

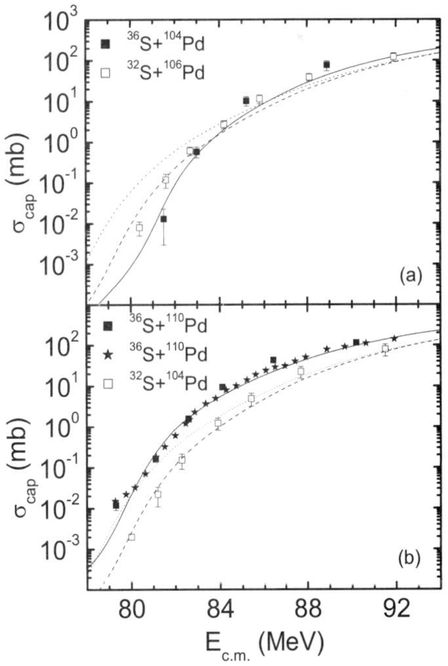


FIG. 10. The same as in Fig. 8, for the reactions $^{32}\mathrm{S}+{}^{104,106}\mathrm{Pd}$ (dashed lines) and $^{36}\mathrm{S}+{}^{104,110}\mathrm{Pd}$ (solid lines) (a),(b). The dotted lines correspond to the reactions $^{32}\mathrm{S}+{}^{104,106}\mathrm{Pd}$ when the neutron transfer is disregarded. The experimental data (symbols) are from Ref. [22].

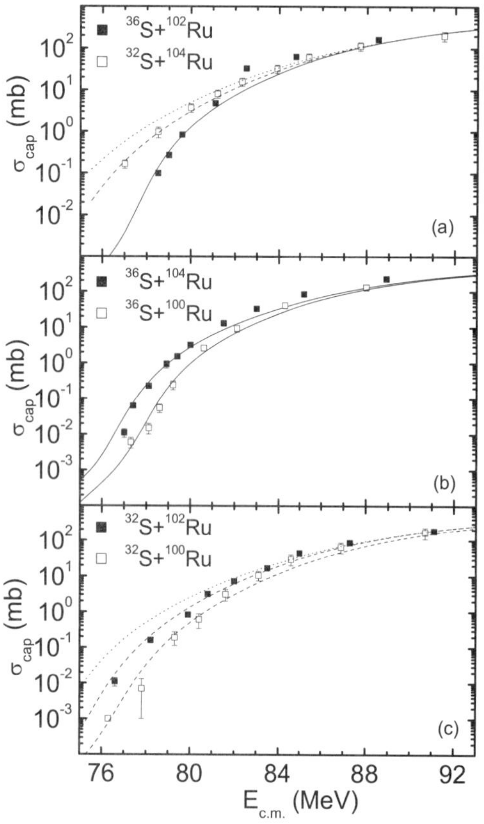


FIG. 11. The calculated capture cross sections vs $E_{\mathrm{c.m.}}$ for the reactions $^{32}\mathrm{S}+{}^{100,102,104}\mathrm{Ru}$ (dashed lines) (a),(b),(c) and $^{36}\mathrm{S}+{}^{100,102,104}\mathrm{Ru}$ (solid lines) (a),(b). The dotted lines correspond to the reactions $^{32}\mathrm{S}+{}^{102,104}\mathrm{Ru}$ (a),(c) when the neutron transfer is disregarded. The experimental data (symbols) are from Ref. [22].

than those calculated with two-neutron transfer in the case of the $^{32}\mathrm{S}+{}^{110}\mathrm{Pd}$ reaction. The enhancement of the sub-barrier fusion for the reactions with $^{32}\mathrm{S}$ with respect to the reactions with $^{36}\mathrm{S}$ is related to a larger deformation of $^{34}\mathrm{S}$ in comparison with $^{36}\mathrm{S}$.

In Figs. 12 and 13, we observe the same behavior in the reactions $^{32}\mathrm{S}(\beta_2=0.312)+{}^{100}\mathrm{Mo}(\beta_2=0.231)\to{}^{34}\mathrm{S}(\beta_2=0.252)+{}^{98}\mathrm{Mo}(\beta_2=0.168)$, $^{32}\mathrm{S}(\beta_2=0.312)+{}^{98}\mathrm{Mo}(\beta_2=0.168)\to{}^{34}\mathrm{S}(\beta_2=0.252)+{}^{96}\mathrm{Mo}(\beta_2=0.172)$, $^{32}\mathrm{S}(\beta_2=0.312)+{}^{96}\mathrm{Mo}(\beta_2=0.172)\to{}^{34}\mathrm{S}(\beta_2=0.252)+{}^{94}\mathrm{Mo}(\beta_2=0.151)$, $^{32}\mathrm{S}(\beta_2=0.312)+{}^{94}\mathrm{Mo}(\beta_2=0.151)\to{}^{34}\mathrm{S}(\beta_2=0.252)+{}^{92}\mathrm{Mo}(\beta_2=0)$. In the reactions with $^{36}\mathrm{S}$ the Coulomb barriers are about 1.2 MeV lower than those with $^{32}\mathrm{S}$. However, at the same $E_{\mathrm{c.m.}}/V_b<0.95$ the cross sections in the reactions with $^{32}\mathrm{S}$ are always larger (Figs. 12 and 13) because of the deformation effects. In the case of $^{36}\mathrm{S}$ the cross section decreases more steeply under the barrier for all target isotopes of Mo with exception of $^{92}\mathrm{Mo}$. For $^{92}\mathrm{Mo}$, the cross section is larger in the reaction with $^{36}\mathrm{S}$ ($Q_{2n}>0$) than in reaction with $^{32}\mathrm{S}$ ($Q_{2n}<0$). One can see that after the $2n$ transfer in the reaction (Fig. 13)

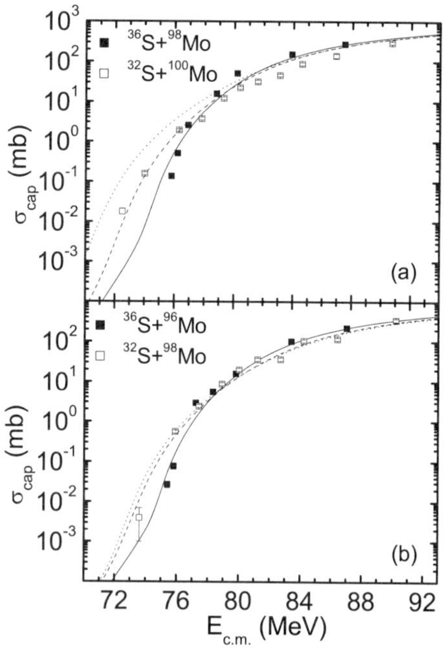


FIG. 12. The same as in Fig. 8, for the reactions $^{32}\mathrm{S}+{}^{98,100}\mathrm{Mo}$ (dashed lines) and $^{36}\mathrm{S}+{}^{96,98}\mathrm{Mo}$ (solid lines) (a),(b). The dotted lines correspond to the reactions $^{32}\mathrm{S}+{}^{98,100}\mathrm{Mo}$ when the neutron transfer is disregarded. The experimental data (symbols) are from Ref. [22].

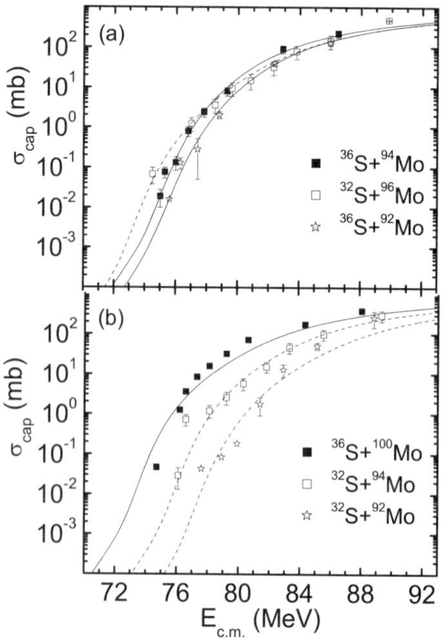


FIG. 13. The calculated capture cross sections vs $E_{\mathrm{c.m.}}$ for the reactions $^{32}\mathrm{S}+{}^{92,94,96}\mathrm{Mo}$ (dashed lines) and $^{36}\mathrm{S}+{}^{92,94,100}\mathrm{Mo}$ (solid lines) (a),(b). The experimental data (symbols) are from Ref. [22].

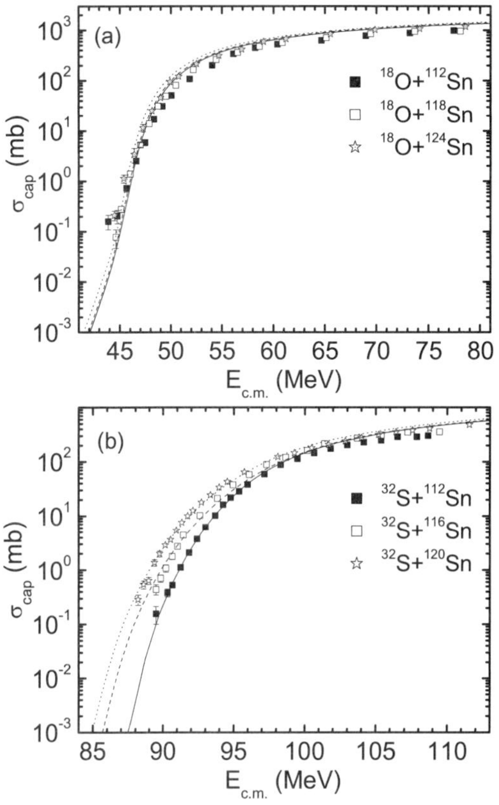


FIG. 14. The same as in Fig. 8, for the reactions $^{18}$S + $^{112,118,124}$Sn (solid, dashed, and dotted lines, respectively) (a) and $^{32}$S + $^{112,116,120}$Sn (solid, dashed, and dotted lines, respectively) (b). The experimental data (symbols) are from Ref. [31,33].

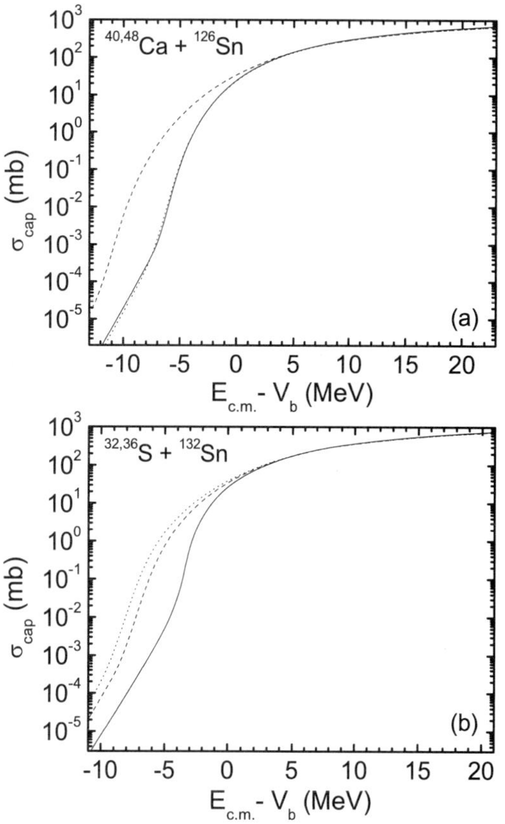


FIG. 15. The calculated capture cross sections vs ($E_{\mathrm{c.m.}} - V_b$) for the reactions $^{48}$Ca + $^{126}$Sn (solid line) (a), $^{40}$Ca + $^{126}$Sn (dashed line) (a), $^{36}$S + $^{132}$Sn (solid line) (b), and $^{32}$S + $^{132}$Sn (dashed line) (b). The results without taking into account the two-neutron transfer process are shown by dotted lines for the reactions $^{40}$Ca + $^{126}$Sn (a) and $^{32}$S + $^{132}$Sn (b).

$^{36}$S($\beta_2 = 0$)+$^{92}$Mo($\beta_2$=0) → $^{34}$S($\beta_2 = 0.252$) + $^{94}$Mo($\beta_2 = 0.151$) the deformation of the target-like nucleus becomes larger than in the reaction $^{32}$S($\beta_2 = 0.312$) + $^{92}$Mo($\beta_2 = 0$). As a result, the cross section decreases more steeply under the barrier in the case of the $^{32}$S + $^{92}$Mo reaction.

Figure 14 shows the cross sections for the reactions $^{18}$O + $^{112,118,124}$Sn and $^{32}$S + $^{112,116}$Sn as a function of the bombarding energy. For the $^{32}$S-induced reactions, $Q_{2n} > 0$. For the projectile $^{18}$O there is a large range of positive $Q_{2n}$ values, varying from 1.4 MeV for $^{18}$O + $^{124}$Sn up to 5.5 MeV for $^{18}$O + $^{112}$Sn. The agreement between the calculated results and the experimental data [33] is rather good. As seen in Fig. 14, the cross sections increase systematically with the target mass number and run nearly similarly down to the lowest energy treated. In the reactions $^{32}$S($\beta_2 = 0.312$) + $^{112}$Sn($\beta_2 = 0.123$) → $^{34}$S($\beta_2 = 0.252$) + $^{110}$Sn($\beta_2 = 0.122$), $^{32}$S($\beta_2 = 0.312$) + $^{116}$Sn($\beta_2 = 0.112$) → $^{34}$S($\beta_2 = 0.252$) + $^{114}$Sn($\beta_2 = 0.121$), $^{18}$O($\beta_2 = 0.1$) + $^{112}$Sn($\beta_2 = 0.123$) → $^{16}$O($\beta_2 = 0$) + $^{114}$Sn($\beta_2 = 0.121$), $^{18}$O($\beta_2 = 0.1$) + $^{118}$Sn($\beta_2 = 0.111$) → $^{16}$O($\beta_2 = 0$) + $^{120}$Sn ($\beta_2 = 0.104$), and $^{18}$O($\beta_2 = 0.1$) + $^{124}$Sn($\beta_2 = 0.095$) → $^{16}$O($\beta_2 = 0$) + $^{126}$Sn($\beta_2 = 0.09$) the $2n$ transfer suppresses the capture process (Fig. 14). The sub-barrier capture cross sections for the systems $^{18}$O + $^{A}$Sn studied here do not show any strong dependence on the mass number of the target isotope.

In the reaction $^{32}$S($\beta_2 = 0.312$) + $^{132}$Sn($\beta_2 = 0$) → $^{34}$S($\beta_2 = 0.252$) + $^{130}$Sn($\beta_2 = 0$) ($Q_{2n} = 6.5$ MeV) we expect a suppression of the capture cross section owing to the neutron transfer leading to $\beta_2$($^{32}$S) > $\beta_2$($^{34}$S) (Fig. 15). As seen in Fig. 15, in the $^{32}$S + $^{132}$Sn reaction the cross section at sub-barrier energies is enhanced in comparison with the $^{36}$S($\beta_2 = 0$) + $^{132}$Sn($\beta_2 = 0$) reaction which has a nonpositive $Q$ value for the neutron transfer channel. This is related to the deformation effect: The deformation of $^{34}$S in the first $2^+$ state is much larger than that of $^{36}$S in the ground state.

One can make unambiguous statements regarding the neutron transfer process with a positive $Q$ value in collisions of spherical nuclei. In this case one can disregard the deformation and orientation effects before the neutron transfer. Good examples are the reactions $^{40,48}$Ca + $^{126-132}$Sn. As seen in Fig. 15, there is a considerable difference between the sub-barrier capture cross sections in the reactions with $^{40,48}$Ca because of the existence of the $2n$-transfer channel in the reactions $^{40}Ca + ^{126-132}Sn \rightarrow ^{42}Ca + ^{124-130}Sn(Q_{2n} > 0)$. The neutron transfer induces the effect of a quadrupole deformation in the light nucleus. The study of the reactions treated will provide a good test for the effects of the neutron transfer.

## IV. SUMMARY

The quantum diffusion approach was applied to study the sub-barrier capture reactions with light loosely bound nuclei and the relatively well-bound nuclei: $^{4,6}He + ^{208,206}Pb$, $^{12-15}C + ^{208}Pb$, $^{12-15}C + ^{232}Th$, $^{12}C + ^{237}Np$, $^{32,36}S + ^{96}Zr$, $^{92,94,96,98,100}Mo$, $^{100,102,104}Ru$, $^{104,106,108,110}Pd$, $^{112,114,116,118,120,122,124}Sn$, and $^{18}O + ^{112,118,124}Sn$. We demonstrated a good agreement of the theoretical calculations with the experimental data with exception of a few reactions. The discrepancy in the $^{15}C + ^{232}Th$ reaction can be related with the break-up channel. However, this channel seems to be stronger for the $^{6}He + ^{206}Pb$ reaction than for the $^{15}C + ^{232}Th$ reaction. To explain the experimental data of Ref. [15], one should assume that the small binding energy of the two-neutrons in $^{6}He$ plays a minor role in the capture dynamics. The similar effect one can expect for the reactions $^{9}Li + ^{206}Pb$, $^{68}Zn$. A weak dependence of the mean square angular momenta of the captured system on the isotopic composition of system was predicted with our quantum diffusion approach.

We found that the influence of the neutron transfer on the capture cross section occurs owing to the change of the isotopic composition and the deformations of the reaction partners. The $1n$- or $2n$-transfer indirectly influences the quadrupole deformation of the nuclei. When after the neutron transfer the deformations of nuclei do not change or decrease, the neutron transfer weakly influences or even suppresses the capture cross section. Good examples for this effect at sub-barrier energies are the capture reactions $^{32}S + ^{96}Zr$, $^{94,96,98,100}Mo$, $^{100,102,104}Ru$, $^{104,106,108,110}Pd$, $^{112,114,116,118,120,122,124}Sn$. The relative enhancement of the sub-barrier fusion cross sections for the reactions with $^{32}S$ to those with $^{36}S$ is mostly related to the deformation of the light nucleus. The point of view that the sub-barrier capture (fusion) cross section strongly increases if the neutron transfer has with a positive $Q$ value has to be revised. The neutron transfer can enhance and suppress the sub-barrier fusion. It would be interesting to study the suggested capture reactions $^{40}Ca + ^{126-132}Sn$ $(Q_{2n} > 0)$ and $^{32}S + ^{132}Sn$ $(Q_{2n} > 0)$, where the neutron transfer has an opposite influence.

## ACKNOWLEDGMENTS

This work was supported by DFG, NSFC, and RFBR. The IN2P3(France)-JINR(Dubna) and Polish-JINR(Dubna) Cooperation Programmes are gratefully acknowledged. We thank R. Wolski for the useful discussions and suggestions.

[1] C. A. Bertulani, EPJ Web Conf. **17**, 15001 (2011).
[2] N. Keeley, R. Raabe, N. Alamanos, and J. L. Sida, Prog. Part. Nucl. Phys. **59**, 579 (2007), and references therein.
[3] L. F. Canto, P. R. S. Gomes, R. Donangelo, and M. S. Hussein, Phys. Rep. **424**, 1 (2006), and references therein.
[4] W. Loveland, Eur. Phys. J. A **25**, 233 (2005); EPJ Web Conf. **17**, 02003 (2011).
[5] J. F. Liang and C. Signorini, Int. J. Mod. Phys. E **14**, 1121 (2005).
[6] Yu. E. Penionzhkevich *et al.*, Nucl. Phys. A **588**, 259c (1995); Eur. Phys. J. A **31**, 185 (2007).
[7] A. S. Fomichev *et al.*, Z. Phys. A **351**, 129 (1995).
[8] J. J. Kolata *et al.*, Phys. Rev. Lett. **81**, 4580 (1998); Phys. Rev. C **57**, R6 (1998); J. J. Kolata, Eur. Phys. J. A **13**, 117 (2002).
[9] A. Navin *et al.*, Phys. Rev. C **70**, 044601 (2004).
[10] R. Raabe *et al.*, Nature (London) **431**, 823 (2004).
[11] C. Signorini *et al.*, Eur. Phys. J. A **44**, 63 (2010).
[12] W. Loveland *et al.*, Phys. Rev. C **74**, 064609 (2006); A. M. Vinodkumar *et al.*, *ibid.* **80**, 054609 (2009).
[13] S. M. Lukyanov *et al.*, Phys. Lett. B **670**, 321 (2009); S. M. Lukyanov, EPJ Web Conf. **17**, 05004 (2011).
[14] A. Lemasson *et al.*, Phys. Rev. Lett. **103**, 232701 (2009); Phys. Rev. C **82**, 044617 (2010); A. Lemasson, EPJ Web Conf. **17**, 01003 (2011).
[15] R. Wolski *et al.*, Eur. Phys. J. A **47**, 111 (2011).
[16] C. Signorini *et al.*, Nucl. Phys. A **735**, 329 (2004).
[17] M. Alcorta *et al.*, Phys. Rev. Lett. **106**, 172701 (2011).
[18] K. E. Rehm *et al.*, Phys. Rev. Lett. **81**, 3341 (1998).
[19] K. Langanke and C. A. Barnes, Adv. Nucl. Phys. **22**, 173 (1996); A. Aprahamian, K. Langanke, and M. Wiescher, Prog. Part. Nucl. Phys. **54**, 535 (2005).
[20] M. Beckerman *et al.*, Phys. Rev. Lett. **45**, 1472 (1980); M. Beckerman, J. Ball, H. Enge, M. Salomaa, A. Sperduto, S. Gazes, A. DiRienzo, and J. D. Molitoris, Phys. Rev. C **23**, 1581 (1981); M. Beckerman, M. Salomaa, A. Sperduto, J. D. Molitoris, and A. DiRienzo, *ibid.* **25**, 837 (1982).
[21] R. A. Broglia, C. H. Dasso, S. Landowne, and A. Winther, Phys. Rev. C **27**, 2433 (1983); R. A. Broglia, C. H. Dasso, S. Landowne, and G. Pollarolo, Phys. Lett. B **133**, 34 (1983).
[22] R. Pengo *et al.*, Nucl. Phys. A **411**, 255 (1983).
[23] H. Timmers *et al.*, Nucl. Phys. A **633**, 421 (1998).
[24] A. M. Stefanini *et al.*, Phys. Rev. C **76**, 014610 (2007).
[25] F. Scarlassara *et al.*, Nucl. Phys. A **672**, 99 (2000).
[26] W. Henning, F. L. H. Wolfs, J. P. Schiffer, and K. E. Rehm, Phys. Rev. Lett. **58**, 318 (1987).
[27] P. H. Stelson, H. J. Kim, M. Beckerman, D. Shapira, and R. L. Robinson, Phys. Rev. C **41**, 1584 (1990).
[28] R. B. Roberts *et al.*, Phys. Rev. C **47**, R1831 (1993).
[29] A. M. Stefanini *et al.*, Phys. Rev. C **52**, R1727 (1995).
[30] A. A. Sonzogni, J. D. Bierman, M. P. Kelly, J. P. Lestone, J. F. Liang, and R. Vandenbosch, Phys. Rev. C **57**, 722 (1998).
[31] V. Tripathi *et al.*, Phys. Rev. C **65**, 014614 (2001).
[32] H. Q. Zhang *et al.*, Phys. Rev. C **82**, 054609 (2010).
[33] P. Jacobs, Z. Fraenkel, G. Mamane, and L. Tserruya, Phys. Lett. B **175**, 271 (1986).
[34] F. Scarlassara *et al.*, EPJ Web Conf. **17**, 05002 (2011).
[35] Z. Kohley *et al.*, Phys. Rev. Lett. **107**, 202701 (2011); J. F. Liang, EPJ Web Conf. **17**, 02002 (2011); J. F. Liang, D. Shapira, C. J. Gross, R. L. Varner, J. R. Beene, P. E. Mueller, and D. W. Stracener, Phys. Rev. C **78**, 047601 (2008).

[36] V. V. Sargsyan, G. G. Adamian, N. V. Antonenko, and W. Scheid, Eur. Phys. J. A **45**, 125 (2010); V. V. Sargsyan, G. G. Adamian, N. V. Antonenko, W. Scheid, and H. Q. Zhang, *ibid.* **47**, 38 (2011); J. Phys.: Conf. Ser. **282**, 012001 (2011); EPJ Web Conf. **17**, 04003 (2011); V. V. Sargsyan, G. G. Adamian, N. V. Antonenko, W. Scheid, C. J. Lin, and H. Q. Zhang, Phys. Rev. C **85**, 017603 (2012); **85**, 037602 (2012).

[37] V. V. Sargsyan, G. G. Adamian, N. V. Antonenko, W. Scheid, and H. Q. Zhang, Phys. Rev. C **84**, 064614 (2011); **85**, 024616 (2012).

[38] S. Ayik, B. Yilmaz, and D. Lacroix, Phys. Rev. C **81**, 034605 (2010).

[39] R. A. Kuzyakin, V. V. Sargsyan, G. G. Adamian, N. V. Antonenko, E. E. Saperstein, and S. V. Tolokonnikov, Phys. Rev. C **85**, 034612 (2012).

[40] H. Hofmann, Phys. Rep. **284**, 137 (1997); S. Ayik, B. Yilmaz, A. Gokalp, O. Yilmaz, and N. Takigawa, Phys. Rev. C **71**, 054611 (2005); V. V. Sargsyan, Z. Kanokov, G. G. Adamian, and N. V. Antonenko, Part. Nucl. **41**, 175 (2010); G. Hupin and D. Lacroix, Phys. Rev. C **81**, 014609 (2010).

[41] G. G. Adamian *et al.*, Int. J. Mod. Phys. E **5**, 191 (1996).

[42] S. Szilner *et al.*, Phys. Rev. C **76**, 024604 (2007); **84**, 014325 (2011); L. Corradi *et al.*, *ibid.* **84**, 034603 (2011).

[43] C. H. Dasso, S. Landowne, and A. Winther, Nucl. Phys. A **405**, 381 (1983).

[44] G. G. Adamian, A. K. Nasirov, N. V. Antonenko, and R. V. Jolos, Phys. Part. Nuclei **25**, 583 (1994); K. Washiyama, D. Lacroix, and S. Ayik, Phys. Rev. C **79**, 024609 (2009); S. Ayik, K. Washiyama, and D. Lacroix, *ibid.* **79**, 054606 (2009).

[45] S. Raman, C. W. Nestor Jr., and P. Tikkanen, At. Data Nucl. Data Tables **78**, 1 (2001).

[46] A. Mukherjee, D. J. Hinde, M. Dasgupta, K. Hagino, J. O. Newton, and R. D. Butt, Phys. Rev. C **75**, 044608 (2007).

[47] R. N. Sagaidak, S. P. Tretyakova, S. V. Khlebnikov, A. A. Ogloblin, N. Rowley, and W. H. Trzaska, Phys. Rev. C **76**, 034605 (2007).

[48] Z. Liu, H. Q. Zhang, J. Xu, Y. Qiao, X. Qian, and C. J. Lin, Phys. Rev. C **54**, 761 (1996).

[49] T. Murakami, C. C. Sahm, R. Vandenbosch, D. D. Leach, A. Ray, and M. J. Murphy, Phys. Rev. C **34**, 1353 (1986).

[50] J. C. Mein, D. J. Hinde, M. Dasgupta, J. R. Leigh, J. O. Newton, and H. Timmers, Phys. Rev. C **55**, R995 (1997).

[51] H. Q. Zhang, C. L. Zhang, C. J. Lin, Z. H. Liu, F. Yang, A. K. Nasirov, G. Mandaglio, M. Manganaro, and G. Giardina, Phys. Rev. C **81**, 034611 (2010).

[52] N. Keeley and N. Alamanos, Phys. Rev. C **75**, 054610 (2007).

[53] A. R. Barnett and J. S. Lilley, Phys. Rev. C **9**, 2010 (1974).

[54] B. Balantekin and G. Kocak, AIP Conf. Proc. **1072**, 289 (2008).

# Astrophysical $S$ factor, logarithmic slope of the excitation function, and barrier distribution ①

V. V. Sargsyan,[1] G. G. Adamian,[1] N. V. Antonenko,[1] W. Scheid,[2] and H. Q. Zhang[3]
[1]*Joint Institute for Nuclear Research, 141980 Dubna, Russia*
[2]*Institut für Theoretische Physik der Justus-Liebig-Universität, D-35392 Giessen, Germany*
[3]*China Institute of Atomic Energy, Post Office Box 275, Beijing 102413, China*
(Received 26 June 2012; published 25 September 2012)

Employing the quantum diffusion approach, the behaviors of the capture cross section, mean square angular momentum, astrophysical $S$ factor, logarithmic slope of the excitation function, and barrier distribution have been determined for the recently measured reactions $^{58}$Ni + $^{54}$Fe and $^{40}$Ca + $^{40}$Ca at deep subbarrier energies. The calculated results for the reactions $^{58}$Ni + $^{54}$Fe, $^{58}$Ni + $^{58,60,64}$Ni, $^{40}$Ca + $^{40}$Ca, $^{60}$Ni + $^{89}$Y, and $^{32,36}$S, and $^{40,48}$Ca + $^{90,96}$Zr are in a good agreement with the existing experimental data.

DOI: 10.1103/PhysRevC.86.034614 PACS number(s): 25.70.Jj, 24.10.−i, 24.60.−k

## I. INTRODUCTION

The fusion excitation functions of $^{58}$Ni + $^{54}$Fe and $^{40}$Ca + $^{40}$Ca have been recently measured in a wide energy range from well above to well below the Coulomb barrier [1,2]. In these reactions, the cross section decreases very steeply at the lowest energies, and the logarithmic slope of the excitation function (so-called logarithmic derivative or $L$ factor), $L(E_{\rm c.m.}) = d\ln[E_{\rm c.m.}\sigma_{\rm cap}]/dE_{\rm c.m.}$, keeps increasing to reach and/or overcome the value $L = L_{CS} = \frac{\pi\eta(E_{\rm c.m.})}{E_{\rm c.m.}}$, where $\eta(E_{\rm c.m.}) = Z_1Z_2e^2\sqrt{\mu/(2\hbar^2E_{\rm c.m.})}$ is the Sommerfeld parameter, expected for a constant astrophysical $S$ factor. As a result, the experimental astrophysical $S$ factor, $S = E_{\rm c.m.}\sigma\exp(2\pi\eta)$, shows a maximum at the lowest energies. Earlier, for the reactions $^{32,34}$S,$^{90}$Zr,$^{60}$Ni + $^{89}$Y, $^{90}$Zr + $^{90,92}$Zr, and $^{58}$Ni + $^{58}$Ni, a clear maximum of the $S$ factor [3] was extracted from the measured fusion excitation functions.

A fusion hindrance has been mentioned in Ref. [1] in the systems $^{58}$Ni + $^{54}$Fe and $^{40}$Ca + $^{40}$Ca because at deep subbarrier energies the fusion cross sections drop faster than coupled-channels calculations. The fusion of $^{58}$Ni + $^{54}$Fe and $^{40}$Ca + $^{40}$Ca at low energies resembles the trend observed for $^{58}$Ni + $^{58}$Ni, $^{64}$Ni + $^{64}$Ni, and $^{58}$Ni + $^{60}$Ni systems [3–5] and is different from that observed for $^{36}$S + $^{48}$Ca [6] and for $^{48}$Ca + $^{48}$Ca [7] where the slope almost saturates below $L_{CS}$.

The purpose of the present article is the theoretical explanation of the recent experimental data for the reactions $^{58}$Ni + $^{54}$Fe and $^{40}$Ca + $^{40}$Ca in a wide energy range from well above to well below the Coulomb barrier. The trends of the $S$ and $L$ factors at subbarrier energies will be studied in detail. The presence of a maximum and a minimum in the $S$ factor and a maximum in the $L$ factor versus $E_{\rm c.m.}$ will be shown. We will try to answer the question of why the $S$ and $L$ factors exhibit local extreme points.

## II. MODEL

In the quantum diffusion approach [8–11] the collisions of nuclei are treated in terms of a single collective variable: the relative distance between the colliding nuclei. The nuclear deformation effects are taken into consideration through the dependence of the nucleus-nucleus potential on the deformations and mutual orientations of the colliding nuclei. Our approach takes into account the fluctuation and dissipation effects in the collisions of heavy ions which model the coupling with various channels (for example, coupling of the relative motion with low-lying collective modes such as dynamical quadrupole and octupole excitations of the target and projectile [12]). We have to mention that many quantum-mechanical and non-Markovian effects accompanying the passage through the potential barrier are considered in our formalism [8,13] through the friction and diffusion. A realistic friction coefficient in momentum $\hbar\lambda = 2$ MeV is used. Its value is close to that calculated within the mean-field approaches [14]. The friction leads to the dissipation of kinetic energy of relative motion. The two-neutron transfer with the positive $Q_{2n}$ value was taken into consideration [8,10]. The calculated results for all reactions are obtained with the same set of parameters as in Refs. [8,10] and are rather insensitive to the reasonable variation of them. One should note that the diffusion models, which include quantum statistical effects, were also proposed in Refs. [15–17].

To calculate the nucleus-nucleus interaction potential $V(R)$, we use the procedure described in Refs. [8–10]. For the nuclear part of $V(R)$, the double-folding formalism with the Skyrme-type density-dependent effective nucleon-nucleon interaction is used. The parameters of the potential were adjusted to describe the experimental data at energies above the Coulomb barrier corresponding to spherical nuclei. The absolute values of the quadrupole deformation parameters $\beta_2$ of deformed nuclei were taken from Ref. [18].

## III. RESULTS OF CALCULATIONS

### A. Reduced capture cross sections

To analyze the capture cross sections in the reactions with different Coulomb barrier heights $V_b$ and positions $R_b$ calculated in the case of spherical nuclei, it is useful to compare not the excitation functions, but the dependence of the dimensionless quantities $2E_{\rm c.m.}\sigma_{\rm cap}(E_{\rm c.m.})/(\hbar\omega_bR_b^2)$ versus $(E_{\rm c.m.} - V_b)/(\hbar\omega_b)$ or $(E_{\rm c.m.} - V_b)$ [9,10,19]. Here, $\omega_b$ and $\mu$ are the frequency of the barrier approximated by an inverted oscillator and the reduced mass of the system, respectively. In the reactions, where the capture and fusion cross sections coincide, the comparison of experimental cross sections with

① Physical Review C,2012,86(3):034614-(1-6).

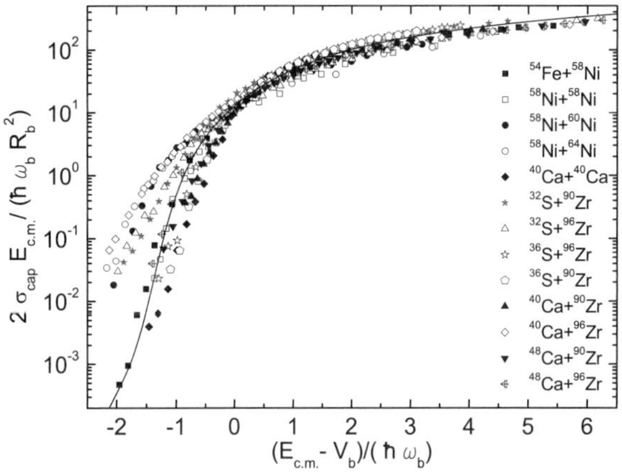


FIG. 1. (Color online) Comparison of the universal fusion function (solid line) with the experimental values [1,2,4,5,20–24] (symbols) of $\frac{2E_{c.m.}}{\hbar\omega_b R_b^2}\sigma_{cap}(E_{c.m.})$ vs $\frac{E_{c.m.}-V_b}{\hbar\omega_b}$ for the indicated reactions.

the universal fusion function [19] allows us to make conclusions about the role of deformation of the colliding nuclei and the nucleon transfer between the interacting nuclei in the capture cross section because the universal function disregards these effects. For the reactions $^{40}$Ca + $^{40}$Ca, $^{40,48}$Ca + $^{90}$Zr, $^{48}$Ca + $^{90,96}$Zr, $^{36}$S + $^{90,96}$Zr, $^{54}$Fe + $^{58}$Ni, and $^{58}$Ni + $^{58}$Ni with almost spherical nuclei and without neutron transfer (the negative $Q$ values), the experimental cross sections are rather close and fall down parallel to the universal fusion function (Fig. 1). For the reactions $^{40}$Ca + $^{96}$Zr and $^{58}$Ni + $^{60,64}$Ni with the two-neutron transfer, one can see that the reduced cross sections strongly deviate from the universal function in contrast to the reactions with spherical nuclei (for example, $^{40}$Ca + $^{90}$Zr and $^{58}$Ni + $^{58}$Ni), where the neutron transfer

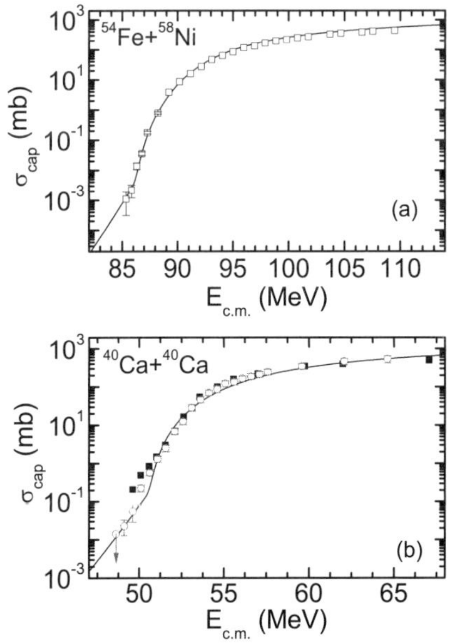


FIG. 2. (Color online) Calculated capture cross sections vs $E_{c.m.}$ for the reactions (a) $^{58}$Ni + $^{54}$Fe and (b) $^{40}$Ca + $^{40}$Ca . The experimental data (symbols) are from Refs. [1,2].

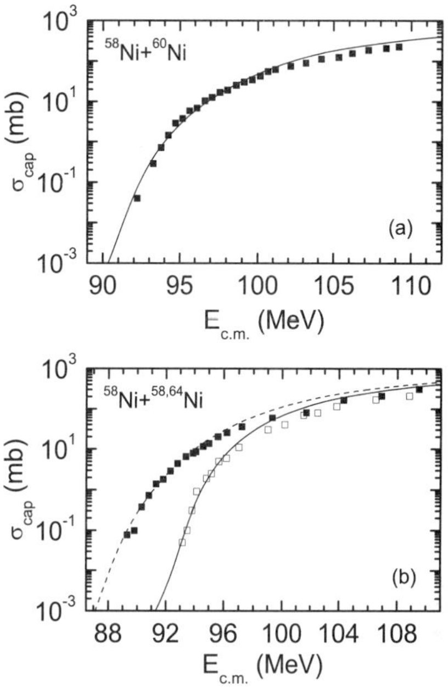


FIG. 3. Calculated capture cross sections vs $E_{c.m.}$ for the reactions (a) $^{58}$Ni + $^{60}$Ni and (b) $^{58}$Ni + $^{58}$Ni (solid line) and $^{58}$Ni + $^{64}$Ni (dashed line). The experimental data (symbols) are from Refs. [4,5].

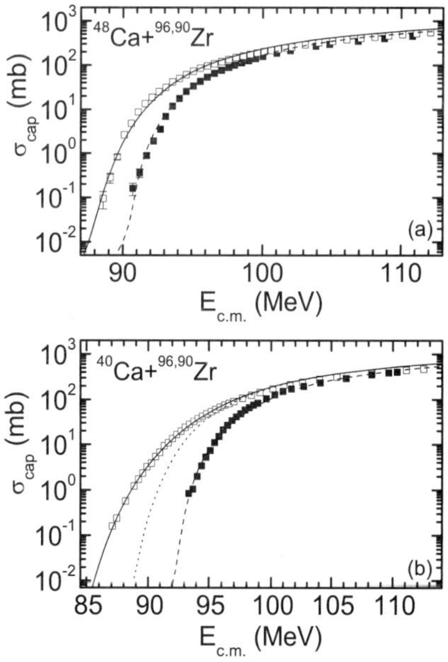


FIG. 4. Calculated capture cross sections vs $E_{c.m.}$ for the reactions $^{40,48}$Ca + $^{96}$Zr (solid lines) and $^{40,48}$Ca + $^{90}$Zr (dashed lines). The experimental data (symbols) are from Refs. [20,23]. For the $^{40}$Ca + $^{96}$Zr reaction (b), the capture cross sections calculated without $2n$-transfer channel are shown by dotted line.

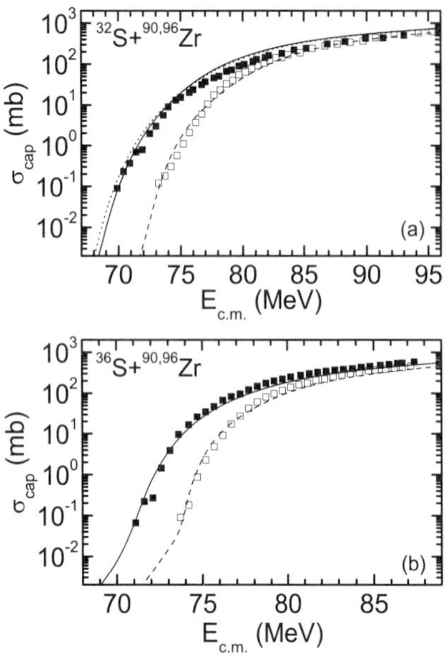


FIG. 5. Calculated capture cross sections vs $E_{c.m.}$ for the reactions $^{32,36}S + ^{96}Zr$ (solid lines) and $^{32,36}S + ^{90}Zr$ (dashed lines). The experimental data (symbols) are from Refs. [21,22]. For the $^{32}S + ^{96}Zr$ reaction (a), the capture cross sections calculated without $2n$-transfer channel are shown by dotted line.

is suppressed. In the reactions with the strongly deformed projectile $^{32}S$, the deviations from the universal function are mainly because of the direct deformation effects.

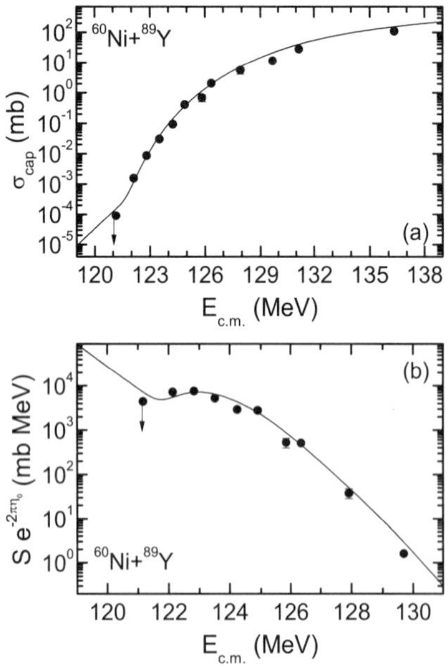


FIG. 6. Calculated values of (a) capture cross sections and (b) astrophysical $S$ factor vs $E_{c.m.}$ for the $^{60}Ni + ^{89}Y$ reaction (solid lines). The experimental data (symbols) are from Ref. [24].

### B. Absolute values of capture cross sections

In Figs. 2–6 the calculated capture cross sections for the reactions $^{58}Ni + ^{54}Fe$, $^{58,60,64}Ni$; $^{40}Ca + ^{40}Ca$; $^{32,36}S$, $^{40,48}Ca + ^{90,96}Zr$; and $^{60}Ni + ^{89}Y$ are in a good agreement with the available experimental data [1,4,5,20–23]. In the reactions $^{58}Ni + ^{60,64}Ni$ and $^{32}S$, $^{40}Ca + ^{96}Zr$ there are $2n$-neutron transfer channels with positive $Q$ values. Thus, the $2n$-neutron transfer has to be taken into account for good description of the experimental data (Figs. 4 and 5). If after the neutron transfer the deformations of nuclei increase, the neutron transfer enhances the capture cross section as in Fig. 4. If the deformations of colliding nuclei decrease due to the neutron transfer, the capture cross section becomes smaller [see Fig. 5 (a)].

All systems in Figs. 2–6 show a steady decrease of the subbarrier fusion cross sections with pronounced change of slope. With decreasing $E_{c.m.}$ up to about 3.5–5.0 MeV below the Coulomb barrier the regime of interaction is changed [9,10] because at an external turning point the colliding nuclei do not reach the region of nuclear interaction where the friction in momentum plays a role. As a result, at smaller $E_{c.m.}$ the cross sections fall with smaller rate. As seen in Fig. 2, the calculated capture cross sections coincide with the measured fusion cross sections which do not exhibit the hindrance discussed in Refs. [1,2] at the subbarrier energies considered. There is also experimental indication of the change of slope at deep subbarrier energies.

### C. *S*, *L* factors and barrier distributions

The $S$ factor is a convenient representation of fusion cross sections for heavy-ion systems at subbarrier energies.

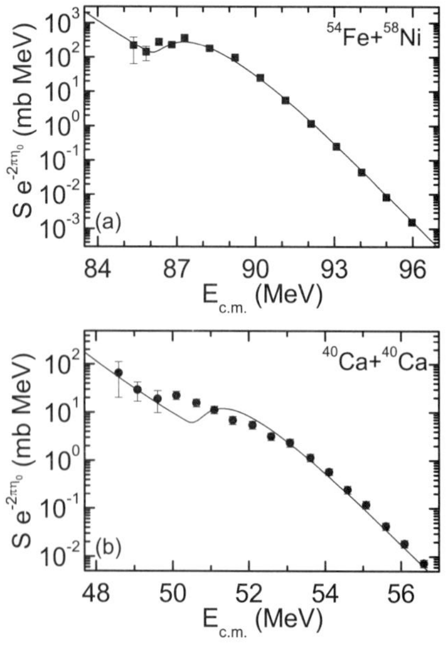


FIG. 7. Calculated astrophysical $S$ factor vs $E_{c.m.}$ for the reactions (a) $^{58}Ni + ^{54}Fe$ and (b) $^{40}Ca + ^{40}Ca$. Here, the calculated values are normalized to the experimental data [1,2].

Assuming that the capture cross section is equal to the fusion cross section, we calculate the astrophysical $S$ factor. In Figs. 6 and 7 the calculated $S$ factors versus $E_{c.m.}$ are shown for the reactions $^{60}$Ni + $^{89}$Y, $^{58}$Ni + $^{54}$Fe, and $^{40}$Ca + $^{40}$Ca. The $S$ factor has a maximum which is seen in the experiments [1,2]. After this maximum, the $S$ factor slightly decreases with decreasing $E_{c.m.}$ and then starts to increase. As seen in Figs. 6 and 7, the data for the systems $^{60}$Ni + $^{89}$Y, $^{58}$Ni + $^{54}$Fe, and $^{40}$Ca + $^{40}$Ca develop a minimum in the $S$ factor at low energies, and there appears to be a steep increase at the lowest energy, below the local minimum. While the theory shows clear minima, their presence in the experimental data is tenuous.

In Figs. 8–10 the functions $L(E_{c.m.})$ are presented for the reactions $^{58}$Ni + $^{54}$Fe, $^{40}$Ca + $^{40}$Ca, and $^{60}$Ni + $^{89}$Y. The logarithmic slopes of the capture excitation functions have a steep rise in the barrier region with decreasing energy. Then $L(E_{c.m.})$ has a very narrow maximum. If for finding $L(E_{c.m.})$ the smaller energy increment is used, this maximum is more pronounced (Fig. 8). The experimental data for the $^{58}$Ni + $^{54}$Fe [1] were obtained with a smaller increment than the data for the $^{40}$Ca + $^{40}$Ca reaction [2] (Fig. 9). As a result, in

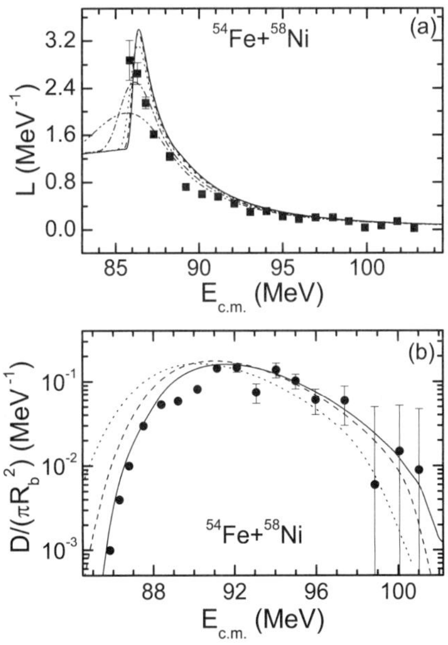


FIG. 8. Calculated values of (a) logarithmic derivative $L$ and (b) fusion barrier distribution $D$ for the $^{58}$Ni + $^{54}$Fe reaction. The dotted line shows the values of $L$ obtained only with the calculated cross sections at $E_{c.m.}$ used in the experiment (the energy increment about 0.4 MeV) [1]. The solid, dashed, dash-dotted, and dash-dot-dotted lines show the values of $L$ calculated with the energy increments 0.1, 0.2, 1, and 2 MeV, respectively. The solid, dashed, and dotted lines show the values of $D$ calculated with the energy increments 0.4, 1, and 2 MeV, respectively. The closed squares are the experimental data of Ref. [1]. The distributions are normalized to unity.

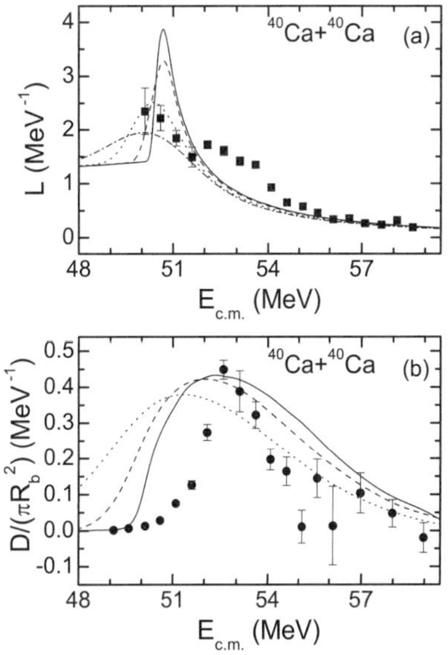


FIG. 9. Calculated values of (a) logarithmic derivative $L$ and (b) fusion barrier distribution $D$ for the $^{40}$Ca + $^{40}$Ca reaction. The solid, dashed, and dash-dotted lines show the values of $L$ calculated with the energy increments 0.2, 0.4, and 2 MeV, respectively. The dotted line shows the values of $L$ obtained only with the calculated cross sections at $E_{c.m.}$ used in the experiment (the energy increment 1 MeV) [2]. The values of $D$ are calculated with the increments 0.4 (solid line), 1 (dashed line), and 2 MeV (dotted lines). The symbols are the experimental data from Ref. [2].

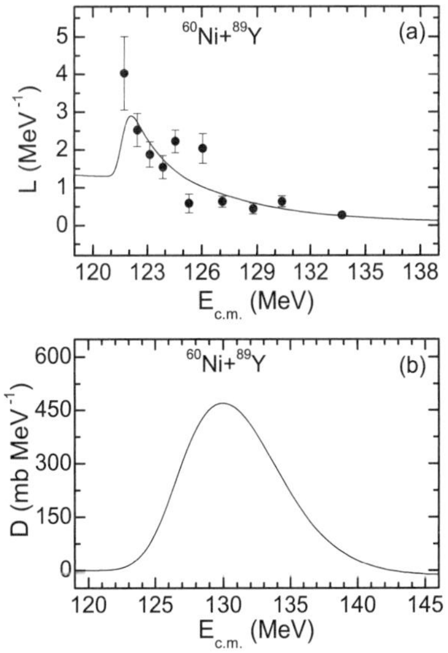


FIG. 10. Calculated values (solid lines) of (a) logarithmic derivative $L$ and (b) fusion barrier distribution $D$ for the $^{60}$Ni + $^{89}$Y reaction. The values of $L$ and $D$ are calculated with the energy increment 0.2 MeV. The closed circles are the experimental data from Ref. [24].

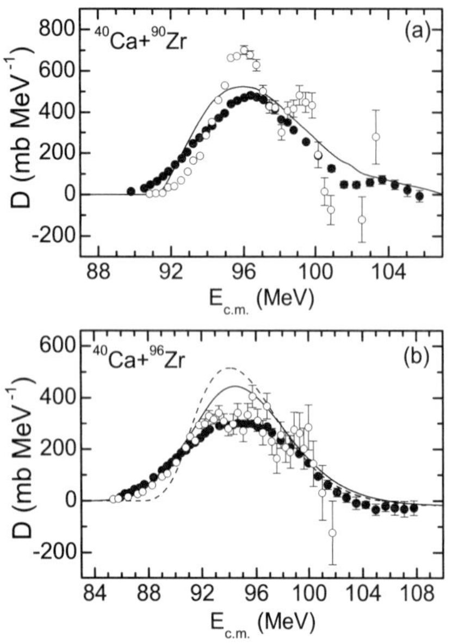


FIG. 11. Calculated fusion barrier distributions $D$ (solid lines) for the reactions (a) $^{40}$Ca + $^{90}$Zr and (b) $^{40}$Ca + $^{96}$Zr. The dashed line shows the values of $D$ calculated without neutron transfer. The closed (the energy increment is 4.9 MeV) and open (the energy increment is 1.75 MeV) circles are the experimental data from Ref. [20].

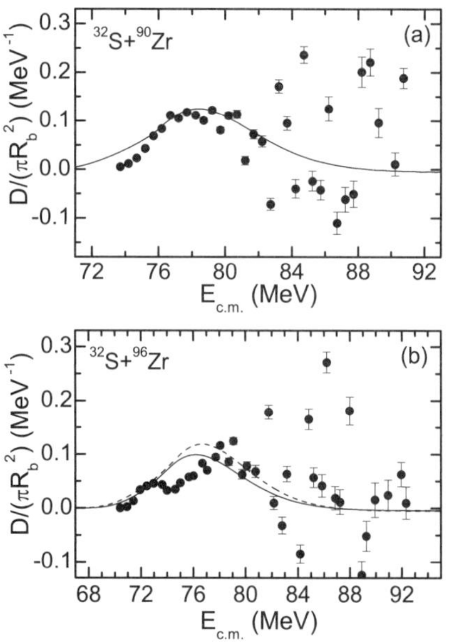


FIG. 12. Same as Fig. 10, but for the reactions $^{32}$S + $^{90,96}$Zr. The closed circles are the experimental data from Ref. [21].

Fig. 8 the function $L(E_{\rm c.m.})$ rises more steeply with decreasing $E_{\rm c.m.}$. Therefore, the energy increment in the experiment should be smaller than 0.4 MeV to extract the function $L(E_{\rm c.m.})$ correctly. If for finding the logarithmic derivative we use only the theoretical cross sections calculated at the experimental energies, the functions $L(E_{\rm c.m.})$ are similar to those obtained with the experimental data [1].

In Figs. 8–12, the barrier distributions $D = d^2(E_{\rm c.m.}\sigma_{\rm cap})/dE^2_{\rm c.m.}$ calculated with different energy increments have only one pronounced maximum at $E_{\rm c.m.} = V_b$ as in the experiments [1]. In Fig. 8 the calculated barrier distribution perfectly fits the experimental data obtained with small energy increment. With an increasing increment the barrier distribution is shifted to lower energies. Without neutron transfer we obtain a more narrow (wide) barrier distribution for the $^{40}$Ca + $^{96}$Zr ($^{32}$S + $^{96}$Zr) reaction. After the $2n$-transfer (before the capture) in the $^{40}$Ca + $^{96}$Zr ($^{32}$S + $^{96}$Zr) reaction, the deformations of the nuclei increase (decrease) and, correspondingly, the width of the barrier distribution increases (decreases). Note that the values of $D$ are very sensitive to the fluctuations of $\sigma_{\rm cap}$. These fluctuations perhaps create random deviations of experimental points from the calculated curves at $E_{\rm c.m.} > V_b$ in Fig. 12.

## IV. SUMMARY

The quantum diffusion approach was applied to explain the recent experimental data for the reactions $^{58}$Ni + $^{54}$Fe and $^{40}$Ca + $^{40}$Ca in a wide energy range from well above to well below the Coulomb barrier. Due to the change of the regime of interaction (the turning-off of the nuclear forces and friction) at subbarrier energies, the first derivative in energy of the cross sections is changed at about 3.5–5.0 MeV below the barrier. This change is reflected in the logarithmic derivative $L(E_{\rm c.m.})$ and astrophysical $S(E_{\rm c.m.})$ factors. In the calculations, $L(E_{\rm c.m.})$ and $S(E_{\rm c.m.})$ factors exhibit the maximum and maximum-minimum structures, respectively. The energy increment less than 0.4 MeV has to be used in the experiment to measure correctly the maximum of $L(E_{\rm c.m.})$ factor. Therefore, further experimental studies of the capture reactions $^{58}$Ni + $^{54}$Fe,$^{58,60,64}$Ni; $^{40}$Ca + $^{40}$Ca; and $^{32,36}$S,$^{40,48}$Ca + $^{90,96}$Zr are desirable to extend the range of measured cross sections as low in energy as possible with small energy increment.

## ACKNOWLEDGMENTS

This work was supported by DFG, NSFC, and RFBR. The IN2P3(France)–JINR(Dubna) and Polish–JINR(Dubna) Cooperation Programs are gratefully acknowledged.


[1] A. M. Stefanini *et al.*, Phys. Rev. C **81**, 037601 (2010); **82**, 014614 (2010).

[2] G. Montagnoli *et al.*, Phys. Rev. C **85**, 024607 (2012).

[3] C. L. Jiang *et al.*, Phys. Rev. Lett. **93**, 012701 (2004).

[4] M. Beckerman, M. Salomaa, A. Sperduto, J. D. Molitoris, and A. DiRienzo, Phys. Rev. C **25**, 837 (1982).

[5] A. M. Stefanini *et al.*, Phys. Rev. Lett. B **74**, 864 (1995).
[6] A. M. Stefanini *et al.*, Phys. Rev. C **78**, 044607 (2008).
[7] A. M. Stefanini *et al.*, Phys. Lett. B **679**, 95 (2009).
[8] V. V. Sargsyan, G. G. Adamian, N. V. Antonenko, and W. Scheid, Eur. Phys. J. A **45**, 125 (2010).
[9] V. V. Sargsyan, G. G. Adamian, N. V. Antonenko, W. Scheid, and H. Q. Zhang, Eur. Phys. J. A **47**, 38 (2011); J. Phys.: Conf. Ser. **282**, 012001 (2011); EPJ Web Conf. **17**, 04003 (2011).
[10] V. V. Sargsyan, G. G. Adamian, N. V. Antonenko, W. Scheid, and H. Q. Zhang, Phys. Rev. C **84**, 064614 (2011); **85**, 024616 (2012); **85**, 069903(E) (2012).
[11] V. V. Sargsyan, G. G. Adamian, N. V. Antonenko, W. Scheid, C. J. Lin, and H. Q. Zhang, Phys. Rev. C **85**, 017603 (2012); **85**, 037602 (2012); R. A. Kuzyakin, V. V. Sargsyan, G. G. Adamian, N. V. Antonenko, E. E. Saperstein, and S. V. Tolokonnikov, *ibid.* **85**, 034612 (2012).
[12] S. Ayik, B. Yilmaz, and D. Lacroix, Phys. Rev. C **81**, 034605 (2010).
[13] V. V. Sargsyan, Z. Kanokov, G. G. Adamian, N. V. Antonenko, and W. Scheid, Phys. Rev. C **80**, 034606 (2009); **80**, 047603 (2009); V. V. Sargsyan, Z. Kanokov, G. G. Adamian, and N. V. Antonenko, Part. Nucl. **41**, 175 (2010).
[14] G. G. Adamian, A. K. Nasirov, N. V. Antonenko, and R. V. Jolos, Phys. Part. Nucl. **25**, 583 (1994); K. Washiyama, D. Lacroix, and S. Ayik, Phys. Rev. C **79**, 024609 (2009); S. Ayik, K. Washiyama, and D. Lacroix, *ibid.* **79**, 054606 (2009).
[15] H. Hofmann, Phys. Rep. **284**, 137 (1997); C. Rummel and H. Hofmann, Nucl. Phys. A **727**, 24 (2003).
[16] N. Takigawa, S. Ayik, K. Washiyama, and S. Kimura, Phys. Rev. C **69**, 054605 (2004); S. Ayik, B. Yilmaz, A. Gokalp, O. Yilmaz, and N. Takigawa, *ibid.* **71**, 054611 (2005).
[17] G. Hupin and D. Lacroix, Phys. Rev. C **81**, 014609 (2010).
[18] S. Raman, C. W. Nestor, Jr., and P. Tikkanen, At. Data Nucl. Data Tables **78**, 1 (2001).
[19] L. F. Canto, P. R. S. Gomes, J. Lubian, L. C. Chamon, and E. Crema, J. Phys. G **36**, 015109 (2009); Nucl. Phys. A **821**, 51 (2009).
[20] H. Timmers, L. Corradi, A. M. Stefanini, D. Ackermann, J. H. He, S. Beghini, G. Montagnoli, F. Scarlassara, G. F. Segato, and N. Rowley, Phys. Lett. B **399**, 35 (1997); H. Timmers, D. Ackermann, S. Beghini, L. Corradi, J. H. He, G. Montagnoli, F. Scarlassara, A. M. Stefanini, and N. Rowley, Nucl. Phys. A **633**, 421 (1998).
[21] H. Q. Zhang, C. J. Lin, F. Yang, H. M. Jia, X. X. Xu, Z. D. Wu, F. Jia, S. T. Zhang, Z. H. Liu, A. Richard, and C. Beck, Phys. Rev. C **82**, 054609 (2010).
[22] A. M. Stefanini *et al.*, Phys. Rev. C **62**, 014601 (2000).
[23] A. M. Stefanini *et al.*, Phys. Rev. C **73**, 034606 (2006).
[24] C. L. Jiang *et al.*, Phys. Rev. Lett. **89**, 052701 (2002).

# Fusion of the $^{16}O + ^{76}Ge$ and $^{18}O + ^{74}Ge$ systems and the role of positive $Q$-value neutron transfers①

H. M. Jia, C. J. Lin, F. Yang, X. X. Xu, H. Q. Zhang, Z. H. Liu, L. Yang, S. T. Zhang, P. F. Bao, and L. J. Sun
*China Institute of Atomic Energy, P. O. Box 275(10), Beijing 102413, P. R. China*
(Received 26 June 2012; published 22 October 2012)

Fusion excitation functions with high precision have been measured for the $^{16}O+^{76}Ge$ and $^{18}O+^{74}Ge$ systems at energies near and below the Coulomb barrier. The barrier distributions have been extracted from the corresponding excitation functions. The coupling effect of the positive $Q$-value neutron transfer channel in the heavy-ion fusion reaction was examined by a comparison of the two systems. The fusion excitation functions are well reproduced by coupled-channels calculations including the $2^+$ and $3^-$ vibrational states of the targets and the $2^+$ rotational state of $^{18}O$ projectile. No obvious fusion enhancement due to the positive $Q$-value two-neutron transfer for the $^{18}O+^{74}Ge$ system is observed as compared with the reference system of $^{16}O+^{76}Ge$. Analogous systems which are available in the literature are also discussed to realize the role of one- and/or two-neutron transfers with positive $Q$ values in the fusion process.

DOI: 10.1103/PhysRevC.86.044621 PACS number(s): 25.70.Gh, 25.70.Jj, 24.10.Eq

## I. INTRODUCTION

The role of neutron transfer in the fusion process is an important topic of current interest. The importance stems from the intuition that neutron transfers occur at a distance beyond the Coulomb barrier and, therefore, may have an obvious influence on the subsequent fusion reaction which occurs inside the barrier. In theory, it has been proposed for more than three decades by Beckerman *et al.* [1] that multiple transfers or exchange processes occur near or at the distance of closet approach may serve as doorway states to fusion. The transfers of nucleon(s) with positive $Q$ values produce an increase in the kinetic energy and favor fusion [2]. Broglia *et al.* [3] claimed that the favorable $Q$-value transfer channel gives rise to a large enhancement at the sub-barrier fusion cross section. Henning *et al.* [4] noticed a direct correlation between the overall transfer strength and fusion enhancement. Stelson *et al.* [5] thought that a flow of neutrons between the reactants had already started before fusion took place. Based on the idea of the additional kinematic energy increase due to the positive $Q$-value neutron transfer (PQNT), Zagrebaev [6] proposed a simplified semiclassical model to describe the effects of sequential neutron transfers in an approximate way, which can explain the sub-barrier fusion enhancement. Experimentally, some signatures have shown that couplings to the PQNT enhance the fusion cross sections, especially at sub-barrier energies. For example, systematic research for the reaction systems of $^{28}Si+^{94}Zr$ [7], $^{32}S+^{96}Zr$, $^{100}Mo$, $^{110}Pd$ [8–10], and $^{40}Ca+^{48}Ca$, $^{96}Zr$, $^{124,132}Sn$ [11–15] has confirmed the fusion enhancement due to the PQNT channels by comparison with their reference systems.

However, the relationship between fusion and neutron transfer is actually not clear yet. Theoretically, other mechanisms can also explain the experimental results without including the PQNT effects explicitly. For example, for the $^{40}Ca+^{96}Zr$ system, both the enhancement of fusion cross sections and the shape of barrier distribution (BD) can be well reproduced by a semiclassical model, mainly considering the coupling of the strong octupole vibrational state of $^{96}Zr$ [16]. Besides the coupled-channels (CC) method mentioned above, other theories such as the quantum molecular dynamics model [17] as well as the time-dependent Hartree-Fock method [18] likewise reproduced the fusion excitation functions successfully without considering the details of couplings. Experimentally, there exist some negative observations. In the systems of $^{18}O+^{92}Mo$,$^{118}Sn$ [19,20], $^{36}S+^{58}Ni$ [21], and $^{58}Ni+^{100}Mo$, $^{124}Sn$ [22–24], the fusion cross sections do not show additional enhancement at sub-barrier energies due to the PQNT channels. For $^{36}S+^{58}Ni$ and $^{18}O+^{118}Sn$, it was ascribed to kinematic mismatches for the transfer reactions [20,21]. Recently, Kohley *et al.* [25] observed that fusion of the neutron-rich $^{132}Sn+^{58}Ni$ system, with more PQNT channels, does not cause any enhancement in fusion cross sections down to the ~5-mb level by means of a systematic comparison to its references. Later, Sargsyan *et al.* [26] tentatively presented a theoretical explanation that the neutron transfers influence the sub-barrier capture through the changes of the deformations of the colliding nuclei.

Until now, such a coupling is still difficult to be taken into account precisely in CC calculations [27]. It is strongly desired to develop a consistent microscopic approach to clarify unambiguously the role of neutron transfer in the fusion process, especially the PQNT effect on heavy-ion fusion at sub-barrier energy. Extended experimental research, particularly on the simple cases of one-neutron ($1n$) and two-neutron ($2n$) transfers with positive $Q$ values, will push the development of theory.

To avoid added ambiguities, one may propose to measure the fusion cross sections for the systems of which the same compound nucleus (CN) is formed, such as the $^{16}O+^{76}Ge$ and $^{18}O+^{74}Ge$ systems selected in this work. The corresponding excitation-energy levels and deformation parameters are quite similar for the two targets. The deformation effect of $^{18}O$ is minor [28] and $^{16}O$ is spherical. The main difference in the two systems comes from the transfer reaction. The $^{18}O+^{74}Ge$ system possesses a positive $Q$-value $2n$ transfer channel, while the $^{16}O+^{76}Ge$ system has no such reaction channel. The latter

① Physical Review C,2012,86(4):044621-(1-6).

can be used as a reference system to explore the PQNT effect on the former, where the $2n$ transfer is a simpler case which can be included in the CC calculations [27] as a pair transfer.

In the present paper, we report the measurements of fusion excitation functions for the $^{16}O+^{76}Ge$ and $^{18}O+^{74}Ge$ systems. Our research will focus on the role of positive $Q$-value $2n$ transfer on sub-barrier fusion. This paper is organized as follows. Section II presents the experimental setup and details of the measurements. Results of the analysis of experimental data and the CC calculations are described in Sec. III. Discussions on the role of positive $Q$-value $1n$ and $2n$ transfers are given in Sec. IV. Finally, Sec. V gives a brief summary.

## II. EXPERIMENTAL PROCEDURES

The experiment was performed at the HI-13 tandem accelerator of the China Institute of Atomic Energy (CIAE), Beijing, China. Collimated $^{16,18}O$ ($q=5^+$) beams with an intensity of 20–30 pnA were used to bombard the $^{76,74}Ge$ targets. The beam energies were varied in the range 38–61 MeV and changed only downward in energy in order to reduce the magnetic hysteresis. The 3-mm diameter $^{74}Ge$ (99.7% enriched) and 5-mm diameter $^{76}Ge$ (99.9% enriched) targets were 120 $\mu g/cm^2$ thick evaporated onto 30-$\mu g/cm^2$ carbon foil backing and 50 $\mu g/cm^2$ thick evaporated onto 20-$\mu g/cm^2$ carbon foil backing, respectively. Four silicon (Si) detectors placed symmetrically at $\theta_{lab}=\pm 20^\circ$ (right-left and up-down) with respect to the beam direction were used to monitor the Rutherford scatterings and to provide a normalization of the fusion cross section.

Fusion evaporation residues (ERs) mainly concentrated within a few degrees of the incident beam direction were separated from the beamlike particles (BLPs) by using an electrostatic deflector setup [29]. It consists of two pairs of electrodes followed by time-of-flight (TOF) versus $E$ detector telescopes with two microchannel plate (MCP) detectors and a 48 × 48 mm$^2$ quadrant Si detector. Distances of MCP1-MCP2 and MCP2-Si are 41.0 and 22.7 cm, respectively. TOF1-$E$ (TOF1: MCP1-Si) and TOF2-$E$ (TOF2: MCP2-Si) spectra are very useful to reduce the spurious backgrounds from the random coincidences between the Si and one of the MCPs, especially for the measurements of low fusion cross sections at sub-barrier energies and for such asymmetric systems studied in this work. Figure 1 shows a typical TOF1 versus $E$ spectrum for the $^{18}O+^{74}Ge$ system at an energy near the Coulomb barrier, where the BLPs and ERs can be separated clearly.

The particles from the target were selected before entering the electric fields by an entrance collimator of 2.5 mm in diameter, corresponding to an opening angle $\theta_{lab}=\pm 0.38^\circ$. A 10-$\mu g/cm^2$-thick carbon foil 19 cm downstream of the target was used to reset the atomic charge state distribution by an internal conversion process on the ion path.

The ERs angular distributions were measured in the range $\theta_{lab}=-5^\circ$ to $+13^\circ$ with step $\Delta\theta_{lab}=1^\circ$ for $^{16}O+^{76}Ge$ at $E_{lab}=44.38$ MeV and $^{18}O+^{74}Ge$ at $E_{lab}=45.40$ and 40.39 MeV, respectively. Their typical shapes do not change appreciably with the beam energy and give an overall width of

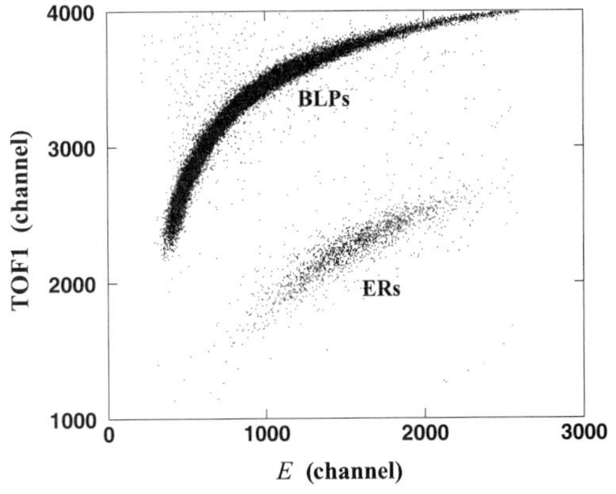


FIG. 1. Two-dimensional plot TOF1-$E$ taken at $E_{lab}=42.89$ MeV and $\theta_{lab}=3^\circ$ for $^{18}O+^{74}Ge$. A group of BLPs and ERs are indicated.

4.3° symmetrical about $\theta_{lab}=0^\circ$, as shown in Fig. 2. The ERs angular distributions were fitted by a single Gaussian function resulting from the dominant neutron and/or proton evaporation from the CN, which is consistent with the calculation of the code PACE2 [30]. The fusion cross sections were obtained by integration of the angular distribution and normalized by the Rutherford scatterings counted by the Si monitors.

For most energies, the differential cross sections have been measured only at $\theta_{lab}=3^\circ$. The total ERs cross sections were deduced from the ratio of the value measured at $\theta_{lab}=3^\circ$ to the Gaussian fitted ERs angular distribution and normalized by the area of the whole distribution. Meanwhile, corrections were made for the solid angles and transmission efficiencies. Since fission of the CN can be neglected for both systems, the measured ERs cross sections were regarded as complete fusion cross sections $\sigma_{Fus}$.

The transmission efficiencies and the relevant voltages used to deflect the ERs were calibrated with $^{79}Br$ and $^{127}I$ beams

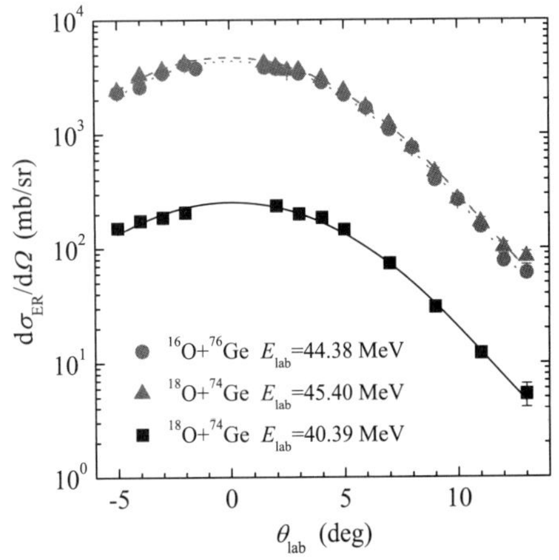


FIG. 2. (Color online) The angular distributions of ERs of $^{16}O+^{76}Ge$ and $^{18}O+^{74}Ge$. The lines are the single Gaussian fits used to obtain the total fusion cross sections.

TABLE I. Experimental fusion cross sections for $^{16}O+^{76}Ge$; quoted errors are only statistical uncertainties.

| $E_{c.m.}$ (MeV) | $\sigma_{Fus}$ (mb) | $E_{c.m.}$ (MeV) | $\sigma_{Fus}$ (mb) |
|---|---|---|---|
| 50.1 | $885.1\pm7.9$ | 37.2 | $167.4\pm2.2$ |
| 48.1 | $773.6\pm7.2$ | 36.7 | $144.7\pm2.1$ |
| 46.1 | $682.7\pm6.4$ | 36.2 | $113.8\pm1.6$ |
| 44.1 | $579.1\pm5.1$ | 35.7 | $90.0\pm1.5$ |
| 43.1 | $543.0\pm5.2$ | 35.2 | $66.4\pm1.2$ |
| 42.1 | $471.4\pm4.6$ | 34.7 | $47.2\pm0.8$ |
| 41.1 | $414.1\pm4.2$ | 34.2 | $30.8\pm0.6$ |
| 40.1 | $343.2\pm3.4$ | 33.7 | $20.0\pm0.5$ |
| 39.6 | $321.9\pm3.2$ | 33.2 | $10.5\pm0.3$ |
| 39.1 | $291.8\pm2.9$ | 32.7 | $6.31\pm0.22$ |
| 38.6 | $257.4\pm2.6$ | 32.2 | $1.90\pm0.11$ |
| 38.1 | $226.6\pm2.6$ | 31.7 | $0.92\pm0.07$ |
| 37.7 | $190.9\pm2.3$ | 31.2 | $0.37\pm0.03$ |

scattered by a $^{208}$Pb target at the corresponding energies to the ERs at 13°. It was found that the defocusing effect of the deflection voltage reduces the transmission to $0.29\pm0.03$. Altogether a systematic error of 15% is estimated considering additional systematic errors, which come from the uncertainties of geometrical solid angle, the angular distribution integrations, and the transmission measurements.

## III. EXPERIMENTAL RESULTS

The measured fusion cross sections are listed in Tables I and II and the corresponding excitation functions are shown in Figs. 3 and 4 for $^{16}O+^{76}Ge$ and $^{18}O+^{74}Ge$, respectively, where the energy scales have been corrected for the carbon backings (faced to beams) and the target thicknesses. The highest energies are at 40% above the Coulomb barriers. The statistical uncertainties are of the order of 1% for the higher and intermediate energy data and increasing to 8% for the lowest ones.

The data were analyzed using the code CCFULL [27] with all order couplings. The standard Akyüz-Winther (AW) potentials [31] were utilized. The potential parameters,

TABLE II. Same as Table I but for $^{18}O+^{74}Ge$.

| $E_{c.m.}$ (MeV) | $\sigma_{Fus}$ (mb) | $E_{c.m.}$ (MeV) | $\sigma_{Fus}$ (mb) |
|---|---|---|---|
| 49.0 | $847.9\pm7.9$ | 36.0 | $136.5\pm1.2$ |
| 46.9 | $731.6\pm7.6$ | 35.5 | $99.4\pm0.9$ |
| 46.0 | $686.5\pm7.4$ | 35.0 | $82.6\pm0.8$ |
| 44.0 | $593.4\pm4.8$ | 34.5 | $63.1\pm0.6$ |
| 43.0 | $545.6\pm4.4$ | 34.0 | $46.9\pm0.4$ |
| 41.9 | $497.9\pm3.7$ | 33.5 | $31.5\pm0.3$ |
| 40.9 | $409.9\pm3.3$ | 33.0 | $16.7\pm0.2$ |
| 39.9 | $371.3\pm2.3$ | 32.5 | $10.0\pm0.1$ |
| 38.9 | $292.5\pm2.7$ | 32.0 | $4.56\pm0.08$ |
| 38.0 | $254.8\pm1.8$ | 31.5 | $1.84\pm0.05$ |
| 37.5 | $211.9\pm2.0$ | 31.0 | $0.89\pm0.03$ |
| 37.0 | $190.1\pm1.6$ | 30.5 | $0.25\pm0.01$ |
| 36.5 | $156.7\pm1.3$ | 30.2 | $0.14\pm0.01$ |

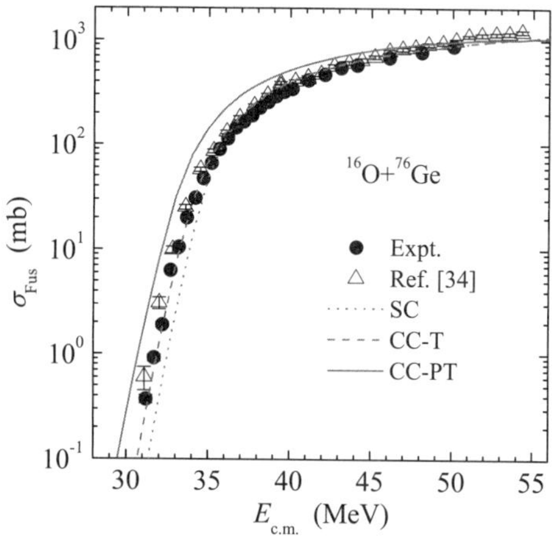


FIG. 3. (Color online) Fusion excitation function for the $^{16}O+^{76}Ge$ system. The solid circles are our experimental data. The dotted, dashed, and solid lines represent the SC calculation, the CC calculations including the target excitation only and including both the projectile and target excitations, respectively. The data from Ref. [34] are also shown as open triangles.

together with the deduced barrier parameters, are reported in Table III. These potential parameters have been used without any attempt to vary them to fit the above-barrier data. The relevant information on the low-lying states of $^{16,18}O$ and $^{74,76}Ge$ included in the CC calculations were calculated from the measured transition probabilities $B(E2\uparrow)$ [32] and $B(E3\uparrow)$ [33] using the expression

$$\beta_\lambda=\frac{4\pi}{3ZR^\lambda}\sqrt{\frac{B(E\lambda\uparrow)}{e^2}},$$

where the nuclear radius $R=r_0A^{1/3}$ and $r_0=1.20$ fm. The same Coulomb and nuclear deformations were considered in the calculations. These parameters are listed in Table IV for reference.

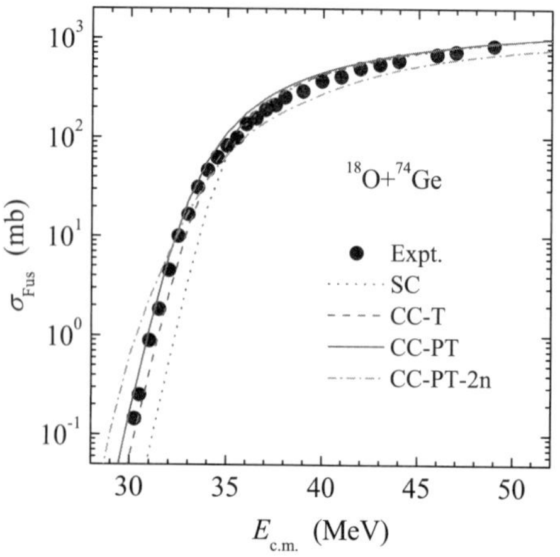


FIG. 4. (Color online) Same as Fig. 3 but for the $^{18}O+^{74}Ge$ system. The dash-dotted line represents the CC calculation including additional coupling of $2n$-pair transfer.

TABLE III. Parameters of the AW potential used in our CC calculations together with barrier heights, radii, and curvatures resulting from the potentials.

| System | $V_0$ (MeV) | $r_0$ (fm) | $a$ (fm) | $V_B$ (MeV) | $R_B$ (fm) | $\hbar\omega$ (MeV) |
|---|---|---|---|---|---|---|
| $^{16}O + ^{76}Ge$ | 56.48 | 1.173 | 0.640 | 34.77 | 9.89 | 3.80 |
| $^{18}O + ^{74}Ge$ | 56.46 | 1.174 | 0.643 | 34.45 | 9.98 | 3.59 |

For $^{16}O + ^{76}Ge$, the low-lying vibrational $2^+$ and $3^-$ one-phonon states of the target, the same ones used in Ref. [34], as well as their mutual excitations were included in the calculations. The single-channel (SC) and CC calculation including target excitation only (CC-T) are shown as dotted and dashed lines in Fig. 3, respectively. It shows that the CC calculation including the target vibrational states reproduces the excitation function rather well within the given uncertainties of the experimental cross sections. The higher excitation energy of the $3^-$ one-phonon state of $^{16}O$ only produces an adiabatic potential renormalization without affecting the structure in the BD [35], and, consequently, including this state (CC-PT) induces an overestimate for the experimental data.

$^{74}Ge$ is a good vibrator: Its lowest $2^+$ state lies at 596 keV only and is connected to the ground state by an $E2$ transition of 33 W.u.. A triplet of state $(4^+,2^+,0^+)$ is known at 1.2–1.5 MeV. One can consider the surface vibration up to the two-phonon level. In the case of $^{18}O + ^{74}Ge$, the calculation of SC (dotted line) and the CC calculations including the target $2^+$ two-phonon and $3^-$ one-phonon vibrational states alone (dashed line) and also including the $2^+$ state of $^{18}O$ (solid line) are shown in Fig. 4, respectively. The CC-T calculation somewhat underestimates the excitation function at sub-barrier energies, while the CC-PT calculation fits the experimental data much better. In order to check the effects of neutron transfer, the CC calculation was also performed by including the additional $2n$-pair transfer channel with a positive $Q$ value of 3.75 MeV and the nominal coupling strength of 0.7 MeV. Result is illustrated as the dash-dotted line (CC-PT-2n) in Fig. 4 for a qualitative comparison. One can see that the trend deviates distinctly from the fusion data at the whole energy region. It indicates that the neutron transfer can be negligible for this system at the measured energy range.

The reduced fusion excitation functions for the two systems are shown in Fig. 5(a) for comparison. It may be seen that no significant differences are observed in the fusion excitation functions of two systems at least down to the 0.1-mb level. This provides further experimental evidence that, in some cases, the coupling effects of the PQNT channel on the fusion process at the measured energy range are very limited.

TABLE IV. Excitation energies $E_x$, spins and parities $\lambda^\pi$, and deformation parameters $\beta_\lambda$ for $^{16,18}O$ and $^{74,76}Ge$.

| Nucleus | $E_x$ (MeV) | $\lambda^\pi$ | $B(E\lambda\uparrow)$ ($e^2$ b$^{2\lambda}$) | $\beta_\lambda$ |
|---|---|---|---|---|
| $^{16}O$ | 6.13 | $3^-$ | 0.00141 | 0.71 |
| $^{18}O$ | 1.98 | $2^+$ | 0.00451 | 0.36 |
| $^{74}Ge$ | 0.60 | $2^+$ | 0.320 | 0.29 |
| | 2.54 | $3^-$ | 0.024 | 0.16 |
| $^{76}Ge$ | 0.56 | $2^+$ | 0.280 | 0.27 |
| | 2.69 | $3^-$ | 0.020 | 0.14 |

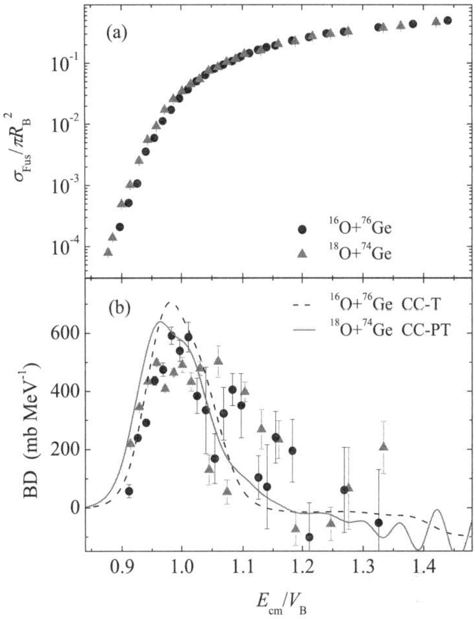


FIG. 5. (Color online) (a) Plot of the reduced fusion excitation functions on a reduced energy scale for the two systems. (b) Barrier distributions extracted from fusion excitation functions are compared with the CC results.

The fusion BDs for the two systems were deduced from the fusion cross sections as the curvature of $E_{c.m.}\sigma_{Fus}$ [36]. A three-point formula with a variable energy step was used for the numerical evaluation of the second derivatives with our data; $\Delta E_{c.m.} = 2.0$ MeV for higher energies and $\Delta E_{c.m.} = 1.5$ MeV for the energies below the barrier. Little information was lost because the energy steps nearly match the half of the curvatures of the Coulomb barrier (see Table III). The corresponding BDs are shown in Fig. 5(b). No normalizations have been done for the BDs due to the large oscillations at higher energies. Both experimental fusion BDs show a main peak centered around the barrier with a width of ~4 MeV. The corresponding CC calculations for $^{16}O + ^{76}Ge$ and $^{18}O + ^{74}Ge$ are shown by dashed and full lines, respectively. The CC results qualitatively reproduce the experimental BDs.

## IV. DISCUSSION

In this work, the $^{18}O + ^{74}Ge$ system does not show additional fusion enhancement at the sub-barrier energy region compared with the $^{16}O + ^{76}Ge$ system. Despite the positive $Q_{-2n}$ (+3.75-MeV) neutron transfer channel for the former, the fusion behavior of the two systems is almost the same. The CC calculations can reproduce the experimental fusion excitation functions rather well and reproduce the BDs qualitatively when the couplings to the low-lying excitation

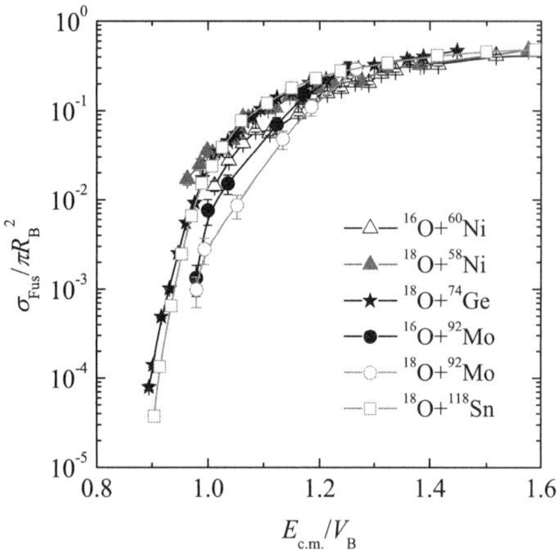


FIG. 6. (Color online) Reduced fusion excitation functions for some typical systems with positive $Q$-value $2n$ transfers.

states are included only. Whereas the additional coupling of the PQNT channel destroys the reliability of CC calculation for the $^{18}O+^{74}Ge$ system. No effect of PQNT has been found in this system. The question is whether other systems also behave like that. To investigate more systems may be helpful to answer this question. As mentioned in Sec. I, the effects of multineutron transfers with positive $Q$ values are inconsistent in the fusion reactions, even for some neighbor systems like $^{40}Ca+^{132}Sn$ and $^{58}Ni+^{132}Sn$. For the sake of simplicity, in the following we select the systems which have $1n$ and/or $2n$ transfers with positive $Q$ values and the fusion data are available in literature.

For the $1n$ transfer cases, so far the fusion enhancement related to transfer channel was observed only in the $^{17}O+^{144}Sm$ ($Q_{-1n}=+2.61$ MeV) system with comparison of the reference system of $^{16}O+^{144}Sm$ [37]. While for other systems, such as $^{17}O+^{117,124}Sn$ ($Q_{-1n}=+5.18$ MeV and $+1.59$ MeV, respectively), no signatures show the fusion enhancements by comparison with the $^{16}O+^{117,124}Sn$ systems [20].

For the $2n$ cases, the situation becomes a little bit complicated. Some typical systems are selected and discussed here. The reduced fusion excitation functions are illustrated in Fig. 6 and the relevant $Q$ values are listed in Table V for a systematic comparison. The fusion cross section $\sigma_{\mathrm{Fus}}$ and $E_{\mathrm{c.m.}}$ was scaled, by the geometrical cross section

TABLE V. $Q$ values from ground-state to ground-state transfers.

| System | $Q_{1n}$ (MeV) | $Q_{2n}$ (MeV) |
|---|---|---|
| $^{18}O+^{24}Mg$ | −0.71 | +6.24 |
| $^{18}O+^{50}Cr$ | +0.84 | +9.11 |
| $^{16}O+^{60}Ni$ | −7.24 | −8.20 |
| $^{18}O+^{58}Ni$ | +0.96 | +8.20 |
| $^{18}O+^{74}Ge$ | −1.54 | +3.75 |
| $^{16}O+^{92}Mo$ | −8.53 | −10.6 |
| $^{18}O+^{92}Mo$ | +0.03 | +5.56 |
| $^{18}O+^{118}Sn$ | −1.56 | +3.41 |
| $^{40}Ca+^{48}Ca$ | −1.58 | +2.62 |

$\pi R_B^2=10\pi(1.20A_P^{1/3}+1.06A_T^{1/3})^2$ and the Coulomb barrier $V_B=0.85247z+0.001361z^2-0.00000223z^3$ MeV [38], to factor out the size and Coulomb barrier differences of the various systems. Where $z=Z_PZ_T/(A_P^{1/3}+A_T^{1/3})$ is the Coulomb parameter, $Z_P(Z_T)$ and $A_P(A_T)$ are the charge and mass of the projectile (target).

For the $^{18}O+^{58}Ni$ system, fusion enhancement undoubtedly exits although the cross sections were measured near the barrier [39]. Later the BD extracted from the backward quasielastic scattering [40] also supports this point. Borges *et al.* [39] thought that the collective $2n$-pair transfer mode plays an important role. Such enhancement can be explained well by the zero-point pairing fluctuations model (pairing vibrations related to two-neutron transfer channel). The fusion behavior of $^{18}O+^{74}Ge$ differs markedly from $^{18}O+^{58}Ni$. For $^{74}Ge(^{18}O,^{16}O)^{76}Ge$, the experiment performed by Bond *et al.* [41] showed that the transfer mainly populates the ground state at 27° with a beam energy of 75 MeV. It denotes that the $2n$ stripping channel is kinematically matched and neutron transfer should enhance the subsequent fusion at sub-barrier energies, as expected from ground-state to ground-state transfer at the sub-barrier region [42]. However, our results do not show such an effect by the comparison of the experimental data with CC calculations. In addition, fusion of $^{18}O+^{92}Mo$ [19] and $^{18}O+^{118}Sn$ [20] does not yet show the enhancement as compared with their reference systems. As is demonstrated above, the strong correlation between sub-barrier fusion enhancement and the possession of PQNT observed in $^{18}O+^{58}Ni$ clearly stands out from $^{18}O+^{74}Ge$, $^{92}Mo$, $^{118}Sn$.

It is known that transfer couplings also depend on the states and $Q$ values populated by transferred nucleons and transfer form factors. For $^{18}O$ induced reaction, the $Q$ value of $2n$ stripping channel is usually positive. It is advantageous to use $^{18}O$ as projectile to investigate the influence of the $2n$ transfer channel on fusion. However, the relevant fusion data with high accuracy are rather scarce up to now. In order to research the dependence of the fusion on targets at sub-barrier energies, it will be helpful to select the $^{18}O$ induced reactions with lower $Z_PZ_T$ and higher $Q_{-2n}/V_B$ values. For example, the $Q_{-2n}/V_B$ values for the systems $^{18}O+^{24}Mg$, $^{50}Cr$, $^{58}Ni$ are $6.24/15.27=0.41$, $9.11/27.16=0.34$, and $8.20/30.95=0.26$, respectively. To measure the fusion excitation functions for these systems with high accuracy may help us to clarify the relevant dynamic mechanisms. On the other hand, direct measurements of the $2n$ transfers are also meaningful for correlating the two aspects of fusion and transfer and constraining the transfer coupling strengths.

Due to the spherical properties, which should reduce deformation effect on fusion, and the positive $Q$-value of the $2n$ transfer channel, the system $^{40}Ca+^{48}Ca$ attracts much attention [11,12]. It was pointed out in Ref. [43] that a strong pair-transfer channel with a positive $Q$ value was necessary to be taken into account in the CC calculations. The elastic scattering data near the barrier also show such a strong coupling [44]. Zagrebaev [6] interpreted the fusion data by assuming the sequential neutron transfer, similarly to Stelson's neutron flow picture. Very recently, Keser *et al.* [18] reproduced the data by using a DC-TDHF method, which shows that the neutron transfer only starts mainly inside the

Coulomb barrier; this means PQNT cannot enhance the initial kinetic energy but only alters the nuclear potential inside the barrier. This point of view differs substantially from the prevailing argument that neutron transfer starts at a larger separation. It shows that the reaction mechanisms of transfer couplings to fusion process are quite complicated beyond the considerations of up-to-date models. It is a great challenge to unveil the *hidden* aspect of the reaction dynamics and to understand the role transfer plays in fusion in both experiment and theory.

## V. SUMMARY

In summary, fusion cross sections have been measured for the $^{16}O + ^{76}Ge$ and $^{18}O + ^{74}Ge$ systems at energies near and below the barrier. The BDs were extracted from the second derivative of the excitation functions. The fusion behavior of the two systems shows remarkable similarities and can be reproduced well by the CC calculations with the low-lying inelastic states being taken into account for the two systems. This is beyond the expectation for $^{18}O + ^{74}Ge$ in the case of a positive $Q_{-2n}$ neutron transfer channel.

The effect of neutron transfer on fusion is still an open question. The controversial PQNT effect on fusion observed in the fusion reactions has presented a challenge for the theoretical understanding of the reaction mechanism. It is highly desired to search for the origin responsible for these inconsistencies of fusion in correlation with PQNT channels and to improve the CC theory or other models.

## ACKNOWLEDGMENTS

This work has been supported by the 973 Program of China (Grant No. 2013CB834404) and the National Natural Science Foundation of China (Grants No. 11005154, No. 10975192, No. 11075216, No. 10727505, and No. 11005156).


[1] M. Beckerman *et al.*, Phys. Rev. Lett. **45**, 1472 (1980).
[2] M. Beckerman, M. K. Salomaa, J. Wiggins, and R. Rohe, Phys. Rev. C **28**, 1963 (1983).
[3] R. A. Broglia, C. H. Dasso, S. Landowne, and A. Winther, Phys. Rev. C **27**, 2433 (1983).
[4] W. Henning, F. L. H. Wolfs, J. P. Schiffer, and K. E. Rehm, Phys. Rev. Lett. **58**, 318 (1987).
[5] P. H. Stelson, H. J. Kim, M. Beckerman, D. Shapira, and R. L. Robinson, Phys. Rev. C **41**, 1584 (1990).
[6] V. I. Zagrebaev, Phys. Rev. C **67**, 061601(R) (2003).
[7] S. Kalkal *et al.*, Phys. Rev. C **81**, 044610 (2010).
[8] H. Q. Zhang *et al.*, Phys. Rev. C **82**, 054609 (2010).
[9] H.-J. Hennrich *et al.*, Phys. Lett. B **258**, 275 (1991).
[10] A. M. Stefanini *et al.*, Phys. Rev. C **52**, R1727 (1995).
[11] M. Trotta, A. M. Stefanini, L. Corradi, A. Gadea, F. Scarlassara, S. Beghini, and G. Montagnoli, Phys. Rev. C **65**, 011601(R) (2001).
[12] H. A. Aljuwair *et al.*, Phys. Rev. C **30**, 1223 (1984).
[13] H. Timmers *et al.*, Nucl. Phys. A **633**, 421 (1998).
[14] F. Scarlassara *et al.*, Nucl. Phys. A **672**, 99 (2000).
[15] J. J. Kolata *et al.*, Phys. Rev. C **85**, 054603 (2012).
[16] G. Pollarolo and A. Winther, Phys. Rev. C **62**, 054611 (2000).
[17] Ning Wang, Zhuxia Li, Xizhen Wu, Junlong Tian, Yingxun Zhang, and Min Liu, Phys. Rev. C **69**, 034608 (2004).
[18] R. Keser, A. S. Umar, and V. E. Oberacker, Phys. Rev. C **85**, 044606 (2012).
[19] M. Benjelloun, W. Galster, and J. Vervier, Nucl. Phys. A **560**, 715 (1993).
[20] P. Jacobs, Z. Fraenkel, G. Mamane, and I. Tserruya, Phys. Lett. B **175**, 271 (1986).
[21] A. M. Stefanini *et al.*, Nucl. Phys. **456**, 509 (1986)
[22] F. Scarlassara *et al.*, EPJ Web Conf. **17**, 05002 (2011).
[23] F. L. H. Wolfs, Phys. Rev. C **36**, 1379 (1987).
[24] K. T. Lesko *et al.*, Phys. Rev. C **34**, 2155 (1986).
[25] Z. Kohley *et al.*, Phys. Rev. Lett. **107**, 202701 (2011).
[26] V. V. Sargsyan, G. G. Adamian, N. V. Antonenko, W. Scheid, and H. Q. Zhang, Phys. Rev. C **85**, 024616 (2012).
[27] K. Hagino, N. Rowley, and A. T. Kruppa, Comput. Phys. Commun. **123**, 143 (1999).
[28] E. Vulgaris, L. Grodzins, S. G. Steadman, and R. Ledoux, Phys. Rev. C **33**, 2017 (1986).
[29] H. Q. Zhang *et al.*, Chin. Phys. C **34**, 1628 (2010).
[30] A. Gavron, Phys. Rev. C **21**, 230 (1980).
[31] Ö. Akyüz and A. Winther, in *Nuclear Structure and Heavy-Ion Reactions*, Proceedings of the International School of Physics "Enrico Fermi,"Course LXXVII, Varenna, edited by R. A. Broglia *et al.* (North-Holland, Amsterdam, 1981).
[32] S. Raman, C. W. Nestor, Jr., and P. Tikkanen, At. Data Nucl. Data Tables **78**, 1 (2001).
[33] T. Kibédi and R. H. Spear, At. Data Nucl. Data Tables **80**, 35 (2002).
[34] E. F. Aguilera, J. J. Kolata, and R. J. Tighe, Phys. Rev. C **52**, 3103 (1995).
[35] K. Hagino, N. Takigawa, M. Dasgupta, D. J. Hinde, and J. R. Leigh, Phys. Rev. Lett. **79**, 2014 (1997).
[36] N. Rowley, G. R. Stachler, and P. H. Stelson, Phys. Lett. B **254**, 25 (1991).
[37] C. R. Morton *et al.*, Phys. Rev. Lett. **72**, 4074 (1994).
[38] W. J. Świątecki, K. Siwek-Wilczyńska, and J. Wilczyński, Phys. Rev. C **71**, 014602 (2005).
[39] A. M. Borges, C. P. daSilva, D. Pereira, L. C. Chamon, E. S. Rossi, and C. E. Aguiar, Phys. Rev. C **46**, 2360 (1992).
[40] R. F. Simões *et al.*, Phys. Lett. B **527**, 187 (2002).
[41] P. D. Bond, H. J. Korner, M.-C. Lemaire, D. J. Pisano, and C. E. Thorn, Phys. Rev. C **16**, 177 (1977).
[42] Sunil Kalkal *et al.*, Phys. Rev. C **83**, 054607 (2011).
[43] H. Esbensen, S. H. Fricke, and S. Landowne, Phys. Rev. C **40**, 2046 (1989).
[44] R. J. Tighe, J. J. Kolata, S. Dixit, G. B. Liu, R. J. Vojtech, J. F. Liang, and J. C. Mahon, Phys. Rev. C **42**, R1200 (1990).

# Vorticity of threshold strength in neutron drip-line nuclei①

**N Yu**[1,2]**, H Q Zhang**[2] **and X Z Zhang**[2]

[1] Institute of Particle Physics, Hua-Zhong Normal University, Wuhan, Hubei 430079, People's Republic of China
[2] China Institute of Atomic Energy, PO Box 275 (10), Beijing 102413, People's Republic of China

E-mail: ning.yuchina@gmail.com

Received 2 February 2012
Published 31 August 2012
Online at stacks.iop.org/JPhysG/39/105105

**Abstract**
By adopting a finite square-well potential, the analytic expressions of vorticity strengths, which are related to transverse currents, are derived for some selected $E1$ and $E2$ transitions. From these analytic expressions it can be seen clearly that, like the threshold strengths, the vorticity strengths are also sharply distributed just above the threshold in nuclei near the drip-line and mainly come from the orbits with small binding energy.

(Some figures may appear in colour only in the online journal)

## 1. Introduction

The research of dynamics of nuclei far from $\beta$-stability lines is one of the most exciting topics in current nuclear physics. With the development of experimental technology and the use of radioactive ion beams, the structure of exotic nuclei has been explored. In nuclei near drip lines, a number of new phenomena have been observed and are expected in connection with the small binding energies of the least bound nucleons as well as the unusual ratio between the proton and neutron numbers. So far, the excitation energies, electromagnetic transition rates and reaction cross sections, have been extensively studied in experiment and theory. Following the high-resolution electron scattering and hadron reactions with radioactive beams there is now the possibility to detect model independent information on the transition density (TD) and the transition current (TC) distributions in nuclei far from the $\beta$-stability line. For the neutron-rich nuclei, it was predicted by HF+CRPA calculation that a considerable amount of transition strength would appear just above the neutron threshold, which is characterized by spatially extended TDs and TCs [1–10].

The nuclear flow which is irrotational is a basic assumption in collective nuclear dynamics [11]. At the same time, nuclear motion can also carry a vorticity which is a deviation from the irrotational flow [10, 12]. The nuclear theory deals with nuclear current and the vorticity is often defined through the $j_{\lambda\lambda+1}(r)$ component of the multipole decomposition of the transverse

① J.Phys.G:Nucl.Part.Phys.,2012,39:105105.

nuclear current [10]. Instead, in hydrodynamics, the vorticity is defined as a curl of the velocity field rather than current(see e.g., [13] and references therein). Both of these definitions are widely used in the literature and are assumed to be closely related. The size and distribution of vorticity in a nucleus determine the TC, and this provides a useful way to include the additional information on dynamical structure contained in the current distribution. An interesting area to explore is the association of vorticity with collectivity. Single nucleon transitions usually have large vorticities which can be seen from the harmonic oscillator model [10].

The aim of this paper is to explore the behavior of vorticity in the single particle transitions of weakly bound nuclei. Based on the vorticity strength function for the $E1$ and $E2$ transitions which were studied in [14, 15], the analytic expressions of $j_{\lambda\lambda+1}(r)$ are given. The paper is organized as follows. In section 2, the nuclear vorticity is discussed. In section 3, we give a brief description for the finite square-well potential [16] and derive the analytic expressions of vorticity strength of $E1$ and $E2$ transitions from a few smaller $\ell_h$ orbits, then to simplify them and compare these quantities. In section 4, discussions and conclusions are given.

## 2. Vorticity definition

In the nuclear hydrodynamic models, the nuclear flow is assumed to be irrotational,

$$\nabla \times \boldsymbol{v}(\boldsymbol{r}) = 0 \tag{1}$$

where $\boldsymbol{v}(\boldsymbol{r})$ is the local velocity field. The deviation from the irrotational flow is quantified by the hydrodynamic vorticity

$$\omega(\boldsymbol{r}) = \nabla \times \boldsymbol{v}(\boldsymbol{r}). \tag{2}$$

Unlike the hydrodynamic model, the nuclear theory deals with currents rather than velocities. For a natural parity electric excitation at a given excitation energy $E_x$, the TD ($\delta\rho(\hat{\boldsymbol{r}})$) and TC ($\delta\boldsymbol{j}(\hat{\boldsymbol{r}})$) are related through the continuity equation (CE) [10, 12] (see more discussion in appendix A). For the radial components we have

$$\frac{E_x}{\hbar c}\delta\rho_\lambda(r) = \sqrt{\frac{\lambda}{2\lambda+1}}\left(\frac{\mathrm{d}}{\mathrm{d}r} - \frac{\lambda-1}{r}\right) j_{\lambda\lambda-1}(r) - \sqrt{\frac{\lambda+1}{2\lambda+1}}\left(\frac{\mathrm{d}}{\mathrm{d}r} + \frac{\lambda+2}{r}\right) j_{\lambda\lambda+1}(r)$$

where $\lambda$ is the multipolarity, $\lambda = 1$ is $E1$ dipole transition and $\lambda = 2$ is $E2$ quadrupole transition.

Because the transverse parts $j^{\mathrm{tr}}_{\lambda\lambda\pm1}(r)$ of the TC do not contribute to the CE, this equation does not define the transverse part of the current $j^{\mathrm{tr}}(r)$ uniquely. It was pointed out [6, 10] that by defining the radial part of vorticity density as

$$\omega_{\lambda\lambda}(r) = \sqrt{\frac{\lambda+1}{2\lambda+1}}\left(\frac{\mathrm{d}}{\mathrm{d}r} + \frac{\lambda+2}{r}\right) j_{\lambda\lambda+1}(r) \tag{3}$$

then $\delta\rho_\lambda(r)$ and $\omega_{\lambda\lambda}(r)$ are two independent quantities and they determine this transition completely.

The $\delta\rho_\lambda(r)$ is related to the strength function by

$$S_\rho(E\lambda, E_x) = |\tau_\lambda(\ell_c, \ell_h)|^2 = \left|\int_0^\infty \delta\rho_\lambda(r) r^{\lambda+2}\mathrm{d}r\right|^2. \tag{4}$$

The $r^\lambda$-moment of $\omega_{\lambda\lambda}$ is exactly zero, so its $r^{\lambda+2}$-moment may be used as a measure of its strength:

$$S_\omega(E\lambda, E_x) = |\nu_\lambda(\ell_c, \ell_h)|^2 = \left|\int_0^\infty \omega_{\lambda\lambda}(r) r^{\lambda+4}\mathrm{d}r\right|^2. \tag{5}$$

For the irrotational and incompressible flow, e.g., in the Tassie model, $\omega_{\lambda\lambda}$ will vanish.

## 3. Finite square-well potential model and results

In a finite square-well potential

$$U(r)=\begin{cases}0 & r\leqslant R\\ U_0 & r>R\end{cases}\tag{6}$$

the radial wave functions for bound states are

$$\mathscr{R}_{n\ell_h}(r)=\begin{cases}A_{n\ell_h}j_{\ell_h}(\kappa_h r) & r\leqslant R\\ A_{n\ell_h}\dfrac{j_{\ell_h}(\xi_h)}{k_{\ell_h}(\chi)}k_{\ell_h}(\alpha r) & r>R\end{cases}\tag{7}$$

where $\ell_h$ is the orbit angular momentum of bound states and $j_{\ell_h}(\kappa_h r)$, $k_{\ell_h}(\alpha r)$ are the spherical Bessel functions of the first kind and the modified spherical Bessel functions respectively,

$$\kappa_h=\sqrt{\frac{2mE_h}{\hbar^2}},\quad \alpha=\sqrt{\frac{2m(U_0-E_h)}{\hbar^2}},\quad \kappa_0=\sqrt{\frac{2mU_0}{\hbar^2}},$$
$$\xi_h=\kappa_h R,\quad \xi_0=\kappa_0 R \text{ and } \chi=\alpha R.$$

The $A_{n\ell_h}$ is determined by the normalization condition

$$\int_0^\infty \mathscr{R}_{n\ell_h}(r)^2r^2\mathrm{d}r=1.$$

The eigenvalues $E_h$ (the relation between $\xi_h$ and $\chi$) are determined by the condition that the logarithmic derivative of the wave function should be continuous across the surface $r=R$.

The radial wave functions for the continuum states are

$$\mathscr{R}^{E_c}_{n\ell_c}(r)=\begin{cases}C_{\ell_c}\dfrac{\cos\delta_{\ell_c}j_{\ell_c}(\eta)-\sin\delta_{\ell_c}y_{\ell_c}(\eta)}{j_{\ell_c}(\xi_c)}j_{\ell_c}(\kappa_c r) & r\leqslant R\\ C_{\ell_c}\left[\cos\delta_{\ell_c}j_{\ell_c}(\beta r)-\sin\delta_{\ell_c}y_{\ell_c}(\beta r)\right] & r>R\end{cases}\tag{8}$$

where $\ell_c$ is the orbit angular momentum of continuum states and $y_{\ell_c}$ is the spherical Bessel of the second kind,

$$\kappa_c=\sqrt{\frac{2mE_c}{\hbar^2}},\quad \beta=\sqrt{\frac{2m(E_c-U_0)}{\hbar^2}}\quad \eta=\beta R,$$

and $C_{\ell_c}=\sqrt{\frac{2m\beta}{\pi\hbar^2}}$, which is obtained by the normalization condition

$$\int_0^\infty \mathscr{R}^{E_c}_{n\ell_c}(r)\mathscr{R}^{E'_c}_{n\ell_c}(r)r^2\mathrm{d}r=\delta(E_c-E'_c)$$

where $E_c$ is the energy of continuum state.

The phase shift $\delta_{\ell_c}$ (the relation between $\xi_c$ and $\eta$) can be determined by the condition that the logarithmic derivative of the wave function should be continuous across the surface $r=R$. This distorted wave function $\mathscr{R}^{E_c}_{n\ell_c}(r)$ will be valid for all positive energies including the resonance energy region.

We can write the square root of the strength function for the $E_1$ and $E_2$ transitions taken from [14, 15]:

$$\tau_\lambda(\ell_c,\ell_h)=\lambda^2\sqrt{\frac{2m}{\pi\hbar^2}}R^2f_{l_h}g_{l_c}\frac{\xi_0^2}{\omega^4}\mathcal{T}_\lambda(\ell_c,\ell_h)\tag{9}$$

where $\omega^2=\chi^2+\eta^2$, $f_{l_h}$, $g_{l_c}$ and $\mathcal{T}_\lambda(\ell_c,\ell_h)$ are some functions of $\xi_h$, $\xi_c$, $\chi$ and $\eta$ (see further discussions in appendix B).

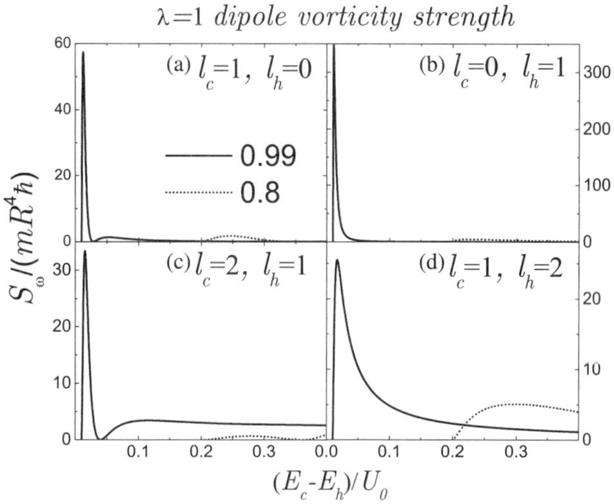


**Figure 1.** The vorticity strength function for dipole transitions from the orbits with $E_h/U_0 = 0.99$ (solid line) and $E_h/U_0 = 0.8$ (dashed line). (a) $\ell_c = 1, \ell_h = 0$. (b) $\ell_c = 0, \ell_h = 1$. (c) $\ell_c = 2, \ell_h = 1$. (d) $\ell_c = 1, \ell_h = 2$.

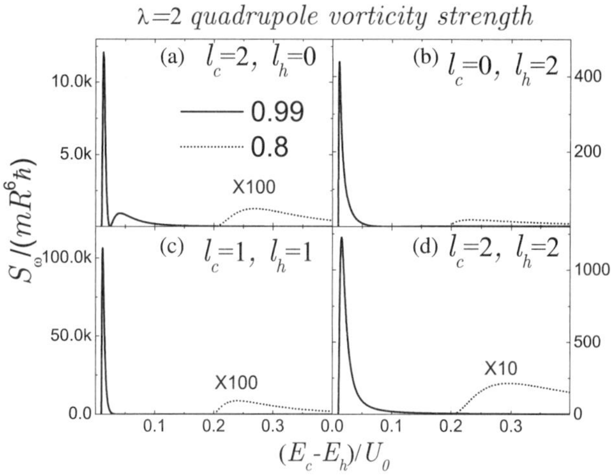


**Figure 2.** The vorticity strength function for quadrupole transitions from the orbits with $E_h/U_0 = 0.99$ (solid line) and $E_h/U_0 = 0.8$ (dashed line). (a) $\ell_c = 2, \ell_h = 0$. (b) $\ell_c = 0, \ell_h = 2$. (c) $\ell_c = 1, \ell_h = 1$. (d) $\ell_c = 2, \ell_h = 2$. (The $E_h/U_0 = 0.8$ parts (dashed lines) in (a) and (c) have been magnified by 100 times and that in (d) has been magnified by 10 times.)

The analytic expressions of the square root of the vorticity strength of $E1$ and $E2$ transitions from a few orbits with low angular momentum to continuum can also be written as

$$\nu_\lambda(\ell_c, \ell_h) = \frac{\sqrt{m}R^2}{\pi\hbar} f_{l_h} g_{l_c} \frac{\xi_0^2}{\omega^2} \mathcal{V}_\lambda(\ell_c, \ell_h). \tag{10}$$

In figures 1 and 2, we show the vorticity strength functions of $E1$ and $E2$ transitions from the orbits with $E_h/U_0 = 0.99$ and $E_h/U_0 = 0.8$ (if $U_0 = 50$ MeV is assumed, these values correspond to the binding energies 0.5 and 10 MeV for the weakly bound orbit and the normal orbit, respectively). In figure 2, the vorticity strengths of some transitions are magnified by 10 or 100 times, which are also used in later figures.

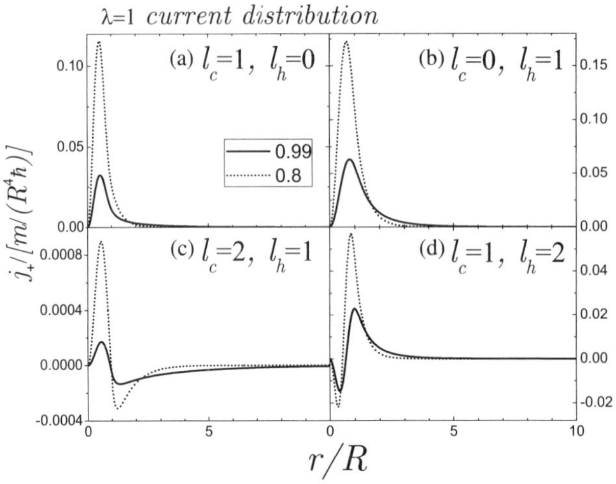


**Figure 3.** The radial component $j_{12}(r)$ of current for dipole transitions from the orbits with $E_h/U_0 = 0.99$ (solid line) and $E_h/U_0 = 0.8$ (dashed line). (a) $\ell_c = 1, \ell_h = 0$. (b) $\ell_c = 0, \ell_h = 1$. (c) $\ell_c = 2, \ell_h = 1$. (d) $\ell_c = 1, \ell_h = 2$.

From figures 1 and 2 we see that the vorticity strength functions for the transitions from the orbits with small binding energy (~0.5 MeV) are large and sharply peaked just above the threshold, which is similar to the behavior of the transition strength function, and this feature is more pronounced for the orbits $\ell_h = 0, 1$ than for the orbit $\ell_h = 2$. These peaks indicate that the large vorticity strength of low-lying excitation obtained by HF+CRPA calculations [6] may be mainly from threshold effects. The vorticity strength in high excitation energy, even from orbits with small binding energy, is small. For the transition from deeply bound orbits (binding energy ~ 10 MeV), the vorticity strength function is always small and rather flat. This behavior may be an indication that the giant resonances in both drip line and $\beta$-stable nuclei are nearly irrotational [8, 12]. In order to understand these features of vorticity strength functions, we show the radial functions $j_{12}(r)$ for dipole transition ($\lambda = 1$) from orbits with binding energies of 0.5 and 10 MeV to the states with very small positive energies in figure 3 and the radial functions $\omega_{11}(r)r^5$ in figure 4. For quadrupole transitions the corresponding radial functions $j_{23}(r)$ and $\omega_{22}(r)r^6$ are shown in figures 5 and 6 respectively. From figures 3 and 5 we see that though the shapes of $j_{\lambda\lambda+1}(r)$ are nearly the same for the loosely bound (0.5 MeV) and deeply bound (10 MeV) orbits, the transitions from loosely bound orbits $j_{\lambda\lambda+1}(r)$ are much more extended in space than for those of transitions from deeply bound orbits. From figure 4 and figure 6 we see that for the transitions from deeply bound orbits (both in $\lambda = 1$ and $\lambda = 2$), the values of $\omega_{\lambda\lambda}(r)r^{\lambda+4}$ are negligible for $r > 5R$, but for the transitions from loosely bound orbits, even for very large $r$ ($r \sim 30R$), the values of $\omega_{\lambda\lambda}(r)r^{\lambda+4}$ are still not negligible. These features of radial functions $\omega_{\lambda\lambda}(r)r^{\lambda+4}$ lead to the vorticity strength for transitions from loosely bound orbits still getting contributions even at very large $r$.

For small values of $\omega$ (both $\chi$ and $\eta$ are small, i.e. $\frac{E_c-E_h}{U_0} \ll 1$), in [15] the analytic expressions of $S_\rho(E1, E_x) = \frac{\mathrm{d}B(E1)}{\mathrm{d}E_x}$ were simplified, we can simplify the analytic expressions of vorticity strength with similar procedure (see further discussion in appendix C):

$$S_\rho(E\lambda, E_x) \sim \frac{\eta^{2\ell_c+1}}{\omega^{4(\lambda+1)}}, \quad \text{peak at } E_x = \frac{4\lambda+4}{4\lambda-2\ell_c+3}S_n \tag{11}$$

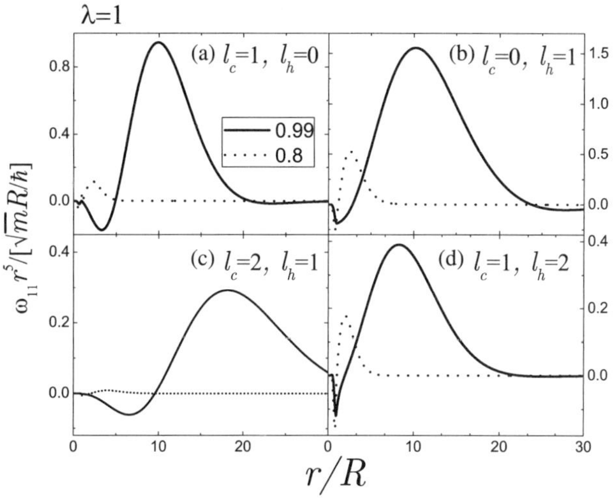


**Figure 4.** The radial functions $\omega_{11}(r)r^5$ for dipole transitions from the orbits with $E_h/U_0 = 0.99$ (solid line) and $E_h/U_0 = 0.8$ (dashed line). (a) $\ell_c = 1, \ell_h = 0$. (b) $\ell_c = 0, \ell_h = 1$. (c) $\ell_c = 2, \ell_h = 1$. (d) $\ell_c = 1, \ell_h = 2$.

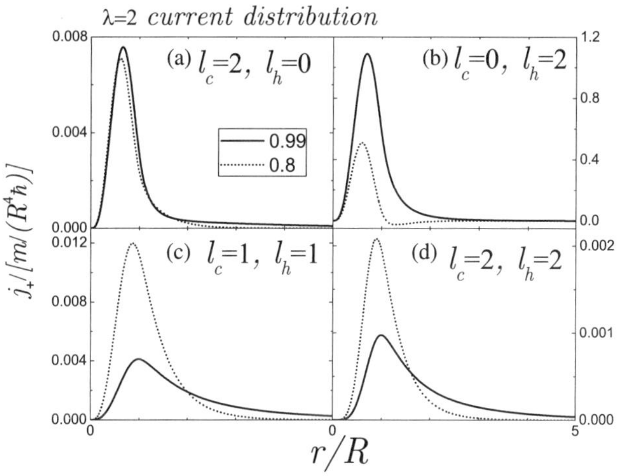


**Figure 5.** The radial component $j_{23}(r)$ of current for quadrupole transitions from the orbits with $E_h/U_0 = 0.99$ (solid line) and $E_h/U_0 = 0.8$ (dashed line). (a) $\ell_c = 2, \ell_h = 0$. (b) $\ell_c = 0, \ell_h = 2$. (c) $\ell_c = 1, \ell_h = 1$. (d) $\ell_c = 2, \ell_h = 2$.

$$S_\omega(E\lambda, E_x) \sim \frac{\eta^{2\ell_c+1}}{\omega^{4(\lambda+1)}}, \quad \text{peak at } E_x = \frac{4\lambda+4}{4\lambda-2\ell_c+7} S_n. \tag{12}$$

From the above expressions, it can be seen that the peak position of the vorticity strength is always lower than that of the transition strength for a given transition.

Within the model of finite square-well potential, as an example we give the vorticity strength for transition from $\ell_{hi} = 2(0\text{d})$ orbit to the $\ell_{hf} = 0(1\text{s})$ orbit,

$$\nu_2(0,2) = \frac{R^2}{\sqrt{\pi}} f_0(\xi_f) f_2(\xi_i) \frac{\xi_0^2}{\varpi^2} \mathscr{V}_2(0,2) \tag{13}$$

where the indices $f$ and $i$ denote the final and initial states, $\varpi^2 = \xi_{hf}^2 - \xi_{hi}^2 = \chi_i^2 - \chi_f^2$.

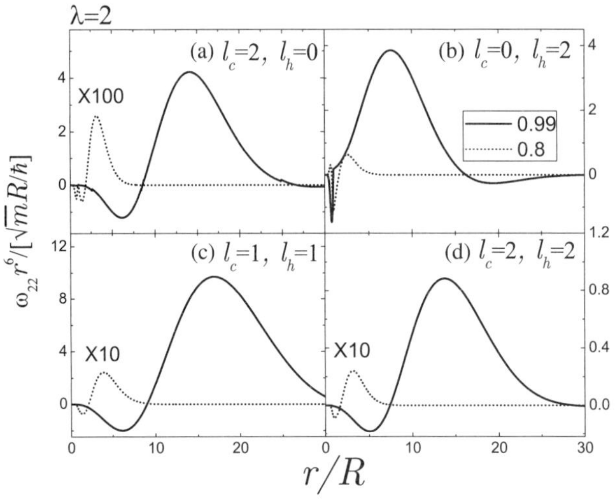


**Figure 6.** The radial functions $\omega_{22}(r)r^6$ for quadrupole transitions from the orbits with $E_h/U_0 = 0.99$ (solid line) and $E_h/U_0 = 0.8$ (dashed line). (a) $\ell_c = 2, \ell_h = 0$. (b) $\ell_c = 0, \ell_h = 2$. (c) $\ell_c = 1, \ell_h = 1$. (d) $\ell_c = 2, \ell_h = 2$. (The $E_h/U_0 = 0.8$ part (dashed line) in (a) has been magnified by 100 times and those in (c) and (d) have been magnified by 10 times.)

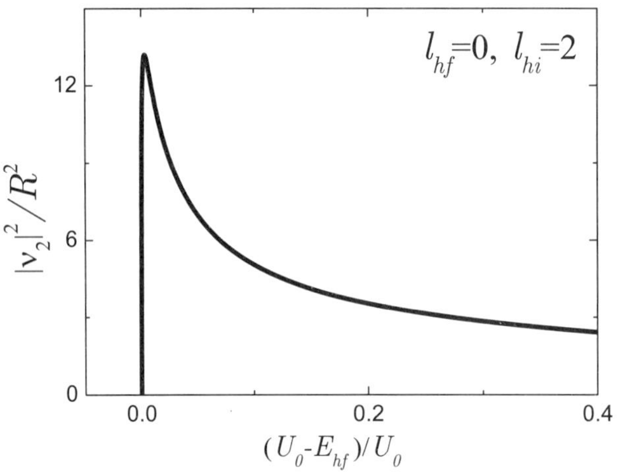


**Figure 7.** The vorticity strength for quadrupole transitions from the orbits $\ell_{hi} = 2$ to $\ell_{hf} = 0$ as a function of binding energy of $\ell_{hf} = 0$ state.

In figure 7, we show the vorticity strength $|\nu_2(\ell_{hf} = 0, \ell_{hi} = 2)|^2$ as a function of the separation energy of the $\ell_{hf} = 0$ orbit in units of $U_0$. We see that there is a peak at small separation energy of the $\ell_{hf}$ orbit and this peak of vorticity strength might be an indication of the complicated flow pattern of the low-lying collective $2^+$ state.

## 4. Discussions and conclusions

The analytic expressions of vorticity strength from the definition of TC for the $E1$ and $E2$ transitions from a few low angular momentum ($\ell_h = 0, 1, 2$) orbits to continuum are derived by adopting a finite square-well potential. Both the transition strength and the vorticity strength for the transitions from loosely bound orbits are sharply peaked just above the threshold. The peak position of the vorticity strength is always lower than the peak position of the transition strength for a given transition. It indicates that they are two independent quantities and the vorticity strength may get more contributions from the space region even far away from the center of the potential than the transition strength does. The features of vorticity strength may be an indication that the flow patterns in low lying states are complicated, but nearly irrotational in giant resonances.

## Acknowledgments

This work is supported by the National Sciences Foundation of China under grant nos 10675169, 10811120019 , 10875172 and the National Basic Research programme of China under grant no 2007CB815003.

## Appendix A. CE with TC and TD

We start from the one-particle wave functions for a nucleon in a spherical well

$$\varphi_{nljm}(\mathbf{r}) = \mathscr{R}_{nlj}(r)\sum_{m_l m_s} C_{lm_l\frac{1}{2}m_s}\, i^l Y_{lm_l}(\hat{\mathbf{r}})\chi_{m_s} \tag{A.1}$$

which transform under time reversal according to

$$\mathscr{T}|nljm\rangle = (-)^{j+m}|nlj-m\rangle. \tag{A.2}$$

We denote by $c^\dagger(bm_b)$ the creation operator of a nucleon in the state (A.1) and use the multipole operator

$$E_{\lambda\mu}(ab) = \sum_{m_a m_b} C^{\lambda\mu}_{j_a m_a j_b m_b}(-)^{j_a+m_a}c^\dagger(bm_b)c(a-m_a) \tag{A.3}$$

where $a, b$ denote a set of quantum numbers $(n_b l_b j_b)$. One can write the multipole expansion of one-body operator as

$$\hat{Q}(\mathbf{r}) = \sum_{\lambda\mu}\sum_{ab} Q_{\lambda\mu}(ab;\mathbf{r})E_{\lambda\mu}(ab) \tag{A.4}$$

with

$$Q_{\lambda\mu}(ab;\mathbf{r}) = \sum_{m_a m_b} C^{\lambda\mu}_{j_a m_a j_b m_b}(-)^{j_a+m_a}\langle j_b m_b|\hat{Q}(\mathbf{r})|j_a - m_a\rangle. \tag{A.5}$$

The density operator $\hat{\rho}(\boldsymbol{r})$ and current operator $\hat{j}(\boldsymbol{r})$ are defined as

$$\begin{aligned}\hat{\rho}(\mathbf{r}) &= \psi^\dagger(\mathbf{r})\psi(\mathbf{r})\\ \hat{\mathbf{j}}(\mathbf{r}) &= \frac{1}{2\mathrm{i}}\psi^\dagger(\mathbf{r})(\overrightarrow{\nabla} - \overleftarrow{\nabla})\psi(\mathbf{r})\end{aligned} \tag{A.6}$$

where $\psi^\dagger(\mathbf{r})$ is the creation operator in the point $(\boldsymbol{r}, \sigma)$ defined in terms of the wave functions (A.1)

$$\psi^\dagger(\boldsymbol{r}) = \sum_{bm_b}\varphi^*_{bm_b}(\boldsymbol{r})c^\dagger(bm_b). \tag{A.7}$$

The angular dependence of the multipole functions can be further specified

$$\begin{aligned}\rho_{\lambda\mu}(ab;\mathbf{r}) &= \frac{1}{\sqrt{2\lambda+1}}\rho_\lambda(ab;r)(i^\lambda Y_{\lambda\mu}(\hat{\mathbf{r}}))^*\\ \mathbf{j}_{\lambda\mu}(ab;\mathbf{r}) &= \frac{1}{\sqrt{2\lambda+1}}\sum_{l=\lambda,\lambda\pm1} j_{l\lambda}(ab;r)(i^l\mathscr{Y}_{l,\lambda\mu}(\hat{\mathbf{r}}))^*\end{aligned} \tag{A.8}$$

where $\mathscr{Y}_{l,\lambda\mu}(\hat{\mathbf{r}}))$ is the vector spherical harmonic

$$\mathscr{Y}_{l,\lambda\mu}(\hat{\mathbf{r}})) = \sum_{m\nu} C^{\lambda\mu}_{lm1\nu} Y_{lm}(\mathbf{r})\mathbf{e}_\nu \tag{A.9}$$

and we can write [17],

$$\begin{aligned}&\rho_\lambda(ab;r) = i^{l_a+\lambda-l_b}(-)^{j_a+\frac{1}{2}}\sqrt{\frac{(2j_a+1)(2j_b+1)}{4\pi}}C^{\lambda 0}_{j_a\frac{1}{2}j_b-\frac{1}{2}}\mathscr{R}_a\mathscr{R}_b\\&l_a+l_b+\lambda = \text{even}\end{aligned} \tag{A.10}$$

$$\begin{aligned}j_{l\lambda}(ab;r) = {}&\frac{1}{2}i^{l_a+\lambda-l_b}(-)^{j_a+\frac{1}{2}}\sqrt{\frac{(2j_a+1)(2j_b+1)}{4\pi}}C^{\lambda 0}_{j_a\frac{1}{2}j_b-\frac{1}{2}}\\&\times\begin{cases}\dfrac{1}{\sqrt{\lambda(2\lambda+1)}}\left\{\lambda\mathscr{R}_a\overleftrightarrow{\partial}_r\mathscr{R}_b - A_{ab}\dfrac{\mathscr{R}_a\mathscr{R}_b}{r}\right\} & l=\lambda-1\\ \dfrac{1}{\sqrt{\lambda(\lambda+1)}}\{B_{ab}-\lambda(\lambda+1)\}\dfrac{\mathscr{R}_a\mathscr{R}_b}{r} & l=\lambda\\ \dfrac{1}{\sqrt{(\lambda+1)(2\lambda+1)}}\left\{(\lambda+1)\mathscr{R}_a\overleftrightarrow{\partial}_r\mathscr{R}_b + A_{ab}\dfrac{\mathscr{R}_a\mathscr{R}_b}{r}\right\} & l=\lambda+1\end{cases}\\l_a+l_b+\lambda = {}&\text{odd}\end{aligned} \tag{A.11}$$

where $A_{ab} = l_a(l_a+1) - l_b(l_b+1)$, $B_{ab} = (\gamma_a+\gamma_b)(\gamma_a+\gamma_b+1)$, $\gamma = (l-j)(2j+1)$.

The TD (current) is defined as the matrix element of the density (current) operator between the initial and final states:

$$\begin{aligned}\delta\rho(\hat{\boldsymbol{r}}) &= \sqrt{2\lambda+1}i^\lambda\langle b|\hat{\rho}(\boldsymbol{r})|a\rangle\\ \delta\boldsymbol{j}(\hat{\boldsymbol{r}}) &= \sqrt{2\lambda+1}i^\lambda\langle b|\hat{\boldsymbol{j}}(\boldsymbol{r})|a\rangle\end{aligned} \tag{A.12}$$

we are only interested in natural-parity states and rewrite (A.12) with a slight change of notation,

$$\begin{aligned}\delta\rho(\hat{\mathbf{r}}) &= \rho_\lambda(ab;r)Y^*_{\lambda\mu}(\hat{\mathbf{r}})\\ \delta\mathbf{j}(\hat{\mathbf{r}}) &= j_-(ab;r)\mathscr{Y}^*_{\lambda-1,\lambda\mu}(\hat{\mathbf{r}}) + j_+(ab;r)\mathscr{Y}^*_{\lambda+1,\lambda\mu}(\hat{\mathbf{r}})\end{aligned} \tag{A.13}$$

where $j_-(ab;r) = j_{\lambda-1\lambda}(ab;r)$ and $j_+(ab;r) = j_{\lambda+1\lambda}(ab;r)$.

Using well-known properties of the vector spherical harmonics the divergence and the curl of the TCs are obtained

$$\nabla\cdot\delta\boldsymbol{j}(\hat{\boldsymbol{r}}) = \left[\sqrt{\frac{\lambda}{2\lambda+1}}\left(\frac{\mathrm{d}}{\mathrm{d}r}-\frac{\lambda-1}{r}\right)j_- - \sqrt{\frac{\lambda+1}{2\lambda+1}}\left(\frac{\mathrm{d}}{\mathrm{d}r}+\frac{\lambda+2}{r}\right)j_+\right]Y^*_{\lambda\mu} \tag{A.14}$$

$$\nabla\times\delta\boldsymbol{j}(\hat{\boldsymbol{r}}) = -\mathrm{i}\left[\sqrt{\frac{\lambda+1}{2\lambda+1}}\left(\frac{\mathrm{d}}{\mathrm{d}r}-\frac{\lambda-1}{r}\right)j_- + \sqrt{\frac{\lambda}{2\lambda+1}}\left(\frac{\mathrm{d}}{\mathrm{d}r}+\frac{\lambda+2}{r}\right)j_+\right]\mathscr{Y}^*_{\lambda,\lambda\mu}. \tag{A.15}$$

The TC and TD are related through the CE, the radial components are:

$$\begin{aligned}\frac{E_x}{\hbar c}\rho_\lambda(ab;r) = \nabla\cdot\delta\boldsymbol{j}(\hat{\boldsymbol{r}}) = {}&\sqrt{\frac{\lambda}{2\lambda+1}}\left(\frac{\mathrm{d}}{\mathrm{d}r}-\frac{\lambda-1}{r}\right)j_-(r)\\&-\sqrt{\frac{\lambda+1}{2\lambda+1}}\left(\frac{\mathrm{d}}{\mathrm{d}r}+\frac{\lambda+2}{r}\right)j_+(r).\end{aligned} \tag{A.16}$$

## Appendix B. Strength function and vorticity strength in finite square-well potential

In the bound states of finite square-well potential, the eigenvalues are determined by

$$\xi_h \frac{j_{\ell_h \pm 1}(\xi_h)}{j_{\ell_h}(\xi_h)} = \pm \frac{k_{\ell_h \pm 1}(\chi)}{k_{\ell_h}(\chi)} \tag{B.1}$$

where

$$\kappa_h = \sqrt{\frac{2mE_h}{\hbar^2}}, \quad \alpha = \sqrt{\frac{2m(U_0 - E_h)}{\hbar^2}}, \quad \kappa_0 = \sqrt{\frac{2mU_0}{\hbar^2}},$$
$$\xi_h = \kappa_h R, \quad \xi_0 = \kappa_0 R \text{ and } \chi = \alpha R,$$

by the normalization condition, the $A_{\ell_h}$ can be determined by

$$A_{\ell_h}^2 R^3 = \frac{2(\xi_0^2 - \xi_h^2)}{\xi_0^2 \left[ j_{\ell_h+1}^2(\xi_h) - \frac{(2\ell_h+1) j_{\ell_h+1}(\xi_h) j_{\ell_h}(\xi_h)}{\xi_h} \right]}. \tag{B.2}$$

In the continuum state, the phase shifts are determined by

$$\xi_c \frac{j_{\ell_c \pm 1}(\xi_c)}{j_{\ell_c}(\xi_c)} = \frac{\cos\delta_{\ell_c} j_{\ell_c \pm 1}(\eta) - \sin\delta_{\ell_c} y_{\ell_c \pm 1}(\eta)}{\cos\delta_{\ell_c} j_{\ell_c}(\eta) - \sin\delta_{\ell_c} y_{\ell_c}(\eta)} \tag{B.3}$$

where

$$\kappa_c = \sqrt{\frac{2mE_c}{\hbar^2}}, \quad \beta = \sqrt{\frac{2m(E_c - U_0)}{\hbar^2}}, \quad \eta = \beta R, \text{ and } C_{\ell_c} = \sqrt{\frac{2m\beta}{\pi\hbar^2}}.$$

We adopt the notations used in [14, 15]

$$\omega^2 = \chi^2 + \eta^2$$
$$\boldsymbol{A} = \frac{\xi_c - \tan\xi_c}{\xi_c^2 \tan\xi_c}$$
$$\boldsymbol{A}_1 = -\frac{1}{\xi_c^2} - \frac{\tan\xi_c}{3(\xi_c - \tan\xi_c)}$$
$$\boldsymbol{A}_2 = \boldsymbol{A}_1 - \frac{1}{3}$$
$$f_0 = \frac{\xi_h}{\xi_0}\sqrt{\frac{2\chi}{1+\chi}}$$
$$f_1 = \frac{\xi_h}{\xi_0}\sqrt{\frac{2(1+\chi)^2}{\chi^2+3\chi+3}}$$
$$f_2 = \frac{\xi_h}{\xi_0}\sqrt{\frac{2(\chi^2+3\chi+3)^2}{(1+\chi)(\chi^3+6\chi^2+15\chi+15)}}$$
$$g_0 = \frac{\eta^{1/2}}{\sqrt{1+(\eta\tan\xi_c/\xi_c)^2}}$$
$$g_1 = \frac{\eta^{3/2}}{\sqrt{\eta^2+(1+\eta^2\boldsymbol{A})^2}}$$
$$g_2 = \frac{\eta^{5/2}}{\sqrt{(1+\eta^2\boldsymbol{A}_2)^2+\eta^2(1+\eta^2\boldsymbol{A}_1)^2}}.$$

The square root of the strength function for $E_1$ and $E_2$ transitions can be written as

$$\tau_\lambda(\ell_c, \ell_h) = \lambda^2 \sqrt{\frac{2m}{\pi\hbar^2}} R^2 f_{l_h} g_{l_c} \frac{\xi_0^2}{\omega^4} \mathcal{T}_\lambda(\ell_c, \ell_h) \tag{B.4}$$

where $\mathcal{T}_\lambda(\ell_c, \ell_h)$ are

$$\begin{aligned}
\mathcal{T}_1(1,0) &= -\boldsymbol{A}\\
\mathcal{T}_1(0,1) &= \frac{\tan\xi_c}{\xi_c}\\
\mathcal{T}_1(2,1) &= \boldsymbol{A}_1\\
\mathcal{T}_1(1,2) &= \boldsymbol{A}\\
\mathcal{T}_2(2,0) &= \frac{2}{3\omega^2} - \left[1 + \frac{2(1+\chi)}{\omega^2}\right]\boldsymbol{A}_1\\
\mathcal{T}_2(0,2) &= \frac{2}{\omega^2} + \left[1 + \frac{2(\chi^3 - 3\chi - 3)}{\omega^2(\chi^2 + 3\chi + 3)}\right]\frac{\tan\xi_c}{\xi_c}\\
\mathcal{T}_2(1,1) &= \frac{2}{\omega^2} - \left[1 + \frac{2\chi}{\omega^2(1+\chi)}\right]\boldsymbol{A}\\
\mathcal{T}_2(2,2) &= \frac{2}{3\omega^2} - \left[1 + \frac{2\chi^2(1+\chi)}{\omega^2(\chi^2 + 3\chi + 3)}\right]\boldsymbol{A}_1.
\end{aligned} \tag{B.5}$$

The vorticity density is

$$\omega_{\lambda\lambda}(r) = \sqrt{\frac{\lambda+1}{2\lambda+1}}\left(\frac{\mathrm{d}}{\mathrm{d}r} + \frac{\lambda+2}{r}\right) j_+(r) \tag{B.6}$$

where

$$j_+(r) = \frac{Z}{2\Lambda_+}\left[(\lambda+1)\mathscr{R}_1 \overleftrightarrow{\partial}_r \mathscr{R}_2 + \frac{A_{12}\mathscr{R}_1\mathscr{R}_2}{r}\right] \tag{B.7}$$

$$Z = i^{\ell_1+\lambda-\ell_2}(-)^{j_1+\frac{1}{2}}\sqrt{\frac{(2j_1+1)(2j_2+1)}{4\pi}}C^{\lambda 0}_{j_1\frac{1}{2}j_1-\frac{1}{2}} \tag{B.8}$$

$$A_{12} = \ell_1(\ell_1+1) - \ell_2(\ell_2+1) \tag{B.9}$$

$$\Lambda_+ = \sqrt{(\lambda+1)(2\lambda+1)} \tag{B.10}$$

so we can write the square root of vorticity strength

$$\nu_\lambda(\ell_c, \ell_h) = \frac{\sqrt{m}R^2}{\pi\hbar} f_{l_h} g_{l_c} \frac{\xi_0^2}{\omega^2}\mathcal{V}_\lambda(\ell_c, \ell_h) \tag{B.11}$$

where $\mathcal{V}_\lambda(\ell_c, \ell_h)$ are as follows,

$$\mathcal{V}_1(1,0) = 2\sqrt{3}\left\{\left[-1 + \frac{11-4\chi}{\omega^2} + \frac{8\left(\xi_0^2 - 2\chi^2\right)}{\omega^4}\right]\boldsymbol{A} + \frac{4}{\omega^2} + \frac{8\,(1+\chi)}{\omega^4}\right\} \tag{B.12}$$

$$\begin{aligned}
\mathcal{V}_1(0,1) = 2\sqrt{3}&\left\{\left[1 + \frac{1}{\omega^2}\left(\frac{4\chi^2}{1+\chi} - 5\right) - \frac{8}{\omega^4}\left(\xi_0^2 - \frac{\chi^2 + 2\chi^3}{1+\chi}\right)\right]\right.\\
&\left.\times\frac{\tan\xi_c}{\xi_c} + \frac{4}{\omega^2} + \frac{8\chi^2}{(1+\chi)\,\omega^4}\right\}
\end{aligned} \tag{B.13}$$

$$\begin{aligned}
\mathcal{V}_1(2,1) = 2\sqrt{6}&\left\{\left[-1 + \frac{2}{\omega^2}\left(5 - \frac{2\chi^2}{1+\chi}\right) + \frac{8}{\omega^4}\left(\xi_0^2 - 2\chi^2\right)\right]\boldsymbol{A}_1\right.\\
&\left.+\frac{4}{3\omega^2} + \frac{8}{\omega^4} + \frac{8\chi^2}{3\,(1+\chi)\,\omega^4}\right\}
\end{aligned} \tag{B.14}$$

$$\mathcal{V}_1(1,2)=2\sqrt{6}\left\{\left[-1+\frac{2}{\omega^2}\left(3-2\chi^2\frac{1+\chi}{\chi^2+3\chi+3}\right)+\frac{8}{\omega^4}\left(\xi_0^2-\frac{2\chi^4+3\chi^3+3\chi^2}{\chi^2+3\chi+3}\right)\right]\boldsymbol{A}\right.$$
$$\left.+\frac{4}{\omega^2}+\frac{8\chi^2(1+\chi)}{(\chi^2+3\chi+3)\,\omega^4}\right\} \tag{B.15}$$

$$\mathcal{V}_2(2,0)=\sqrt{\frac{5}{3}}\left\{3\left[-1+\frac{2(17-3\chi)}{\omega^2}+\frac{4\left(6\xi_0^2-12\chi^2+17\chi+17\right)}{\omega^4}\right.\right.$$
$$\left.+\frac{48(1+\chi)\left(\xi_0^2-2\chi^2\right)}{\omega^6}\right]\boldsymbol{A}_1$$
$$\left.+\frac{2}{\omega^2}\left[3+\frac{2(1+6\chi)}{\omega^2}+\frac{24\left(-\xi_0^2+2\chi^2+3\chi+3\right)}{\omega^4}\right]\right\} \tag{B.16}$$

$$\mathcal{V}_2(0,2)=\sqrt{15}\left\{\left[1+\frac{2}{\omega^2}\left(3\chi^2\frac{1+\chi}{\chi^2+3\chi+3}-7\right)+\frac{4}{\omega^4}\left(7-6\xi_0^2+\chi^2\frac{12\chi^2+11\chi+11}{\chi^2+3\chi+3}\right)\right.\right.$$
$$\left.+\frac{48}{\omega^6}\left(-\xi_0^2\frac{\chi^3-3\chi-3}{\chi^2+3\chi+3}+\chi^2\frac{2\chi^3-3\chi-3}{\chi^2+3\chi+3}\right)\right]$$
$$\frac{\tan\xi_c}{\xi_c}+\frac{2}{\omega^2}\left[3+\frac{2}{\omega^2}\frac{6\chi^3-\chi^2-21\chi-21}{\chi^2+3\chi+3}\right.$$
$$\left.\left.+\frac{24}{\omega^4}\left(-\xi_0^2+\chi^2\frac{2\chi^2+3\chi+3}{\chi^2+3\chi+3}\right)\right]\right\} \tag{B.17}$$

$$\mathcal{V}_2(1,1)=3\sqrt{2}\left\{\left[-1+\frac{6}{\omega^2}\left(4-\frac{\chi^2}{1+\chi}\right)+\frac{12}{\omega^4}\left(2\xi_0^2+\chi^2\frac{3-4\chi}{1+\chi}\right)+\frac{48\chi^2}{\quad}\omega^6\frac{\xi_0^2-2\chi^2}{1+\chi}\right]\boldsymbol{A}\right.$$
$$\left.+\frac{6}{\omega^2}\left[1+\frac{2}{\omega^2}\left(\frac{2\chi^2}{1+\chi}-1\right)+\frac{8}{\omega^4}\left(2\chi^2-\xi_0^2\right)\right]\right\} \tag{B.18}$$

$$\mathcal{V}_2(2,2)=5\sqrt{\frac{6}{7}}\left\{\left[-1+\frac{6}{\omega^2}\left(4-\chi^2\frac{1+\chi}{\chi^2+3\chi+3}\right)+\frac{12}{\omega^4}\left(2\xi_0^2-\chi^2\frac{4\chi^2+3\chi+3}{\chi^2+3\chi+3}\right)\right.\right.$$
$$\left.+\frac{48\chi^2(1+\chi)\left(\xi_0^2-2\chi^2\right)}{(\chi^2+3\chi+3)\,\omega^6}\right]\boldsymbol{A}_1$$
$$\left.+\frac{2}{\omega^2}\left[1+\frac{2}{\omega^2}\left(1+2\chi^2\frac{1+\chi}{\chi^2+3\chi+3}\right)-\frac{8}{\omega^4}\left(\xi_0^2-2\chi^2\right)\right]\right\}. \tag{B.19}$$

For the transition from bound state to bound state, the square root of vorticity strength is

$$\nu_\lambda(\ell_f,\ell_i)=\frac{R^2}{\sqrt{\pi}}f_{\ell_f}(\xi_f)f_{\ell_i}(\xi_i)\frac{\xi_0^2}{\varpi^2}\mathscr{V}_\lambda(\ell_f,\ell_i) \tag{B.20}$$

$$\mathscr{V}_2(0,2)=3\sqrt{\frac{5}{6}}\left\{\left[-3+\frac{2}{\varpi^2}\left(7-6\chi_i^2\frac{1+\chi_i}{\chi_i^2+3\chi_i+3}\right)\right.\right.$$
$$\left.+\frac{24}{\varpi^4}\left(\xi_0^2-\chi_i^2\frac{2\chi_i^2+3\chi_i+3}{\chi_i^2+3\chi_i+3}\right)\right]\frac{2\chi_f}{\varpi^2}+1+\frac{2}{\varpi^2}\left(3\chi_i^2\frac{1+\chi_i}{\chi_i^2+3\chi_i+3}-7\right)$$

$$+\frac{4}{\varpi^4}\left(7-6\xi_0^2+\chi_i^2\frac{12\chi_i^2+11\chi_i+11}{\chi_i^2+3\chi_i+3}\right)$$
$$+\frac{48}{\varpi^6}\left(\xi_0^2\frac{-\chi_i^3+3\chi_i+3}{\chi_i^2+3\chi_i+3}+\chi_i^2\frac{2\chi_i^3-3\chi_i-3}{\chi_i^2+3\chi_i+3}\right)\Bigg\} \tag{B.21}$$

where $\ell_f$ and $\ell_i$ are the orbit angular momenta of final and initial states, $\varpi^2=\xi_{hf}^2-\xi_{hi}^2=\chi_i^2-\chi_f^2$.

## Appendix C. Vorticity approximation with small excited energy

For $\ell_h$ =0,1 and 2, the zero bindings occur at $\xi_s=(n+1/2)\pi$, $(n\geqslant 0)$, $\xi_p=n\pi(n\geqslant 1)$, and $\xi_d=\tan\xi_d$, then the $\xi_c$ can be expanded at $\xi_s(\ell_h=0)$, $\xi_p(\ell_h=1)$ and $\xi_d(\ell_h=2)$ respectively.

For dipole transition ($\ell_h=0\to\ell_c=1$), to the first order approximation we have $\xi_c\approx\xi_s+\frac{\omega_s^2}{2\xi_s}$, $\boldsymbol{A}\approx-\frac{\omega_s^2+2}{2\xi_s^2}$, where $\omega_s^2=\chi(\chi+2)+\eta^2$. If we only keep the lowest $\eta$-dependent term $\eta^3$ in the numerator and the highest order of $\omega$ in the denominator, then the transition strength $S_\rho(E1,E_x)\sim\frac{\eta^3}{\omega^8}$, it gives a sharp peak at $E_x=\frac{8}{5}S_n$, here $S_n$ is the separation energy of the particle in $\ell_h$ orbit. Under the same approximation, we can obtain the vorticity strength $S_\omega(E1,E_x)\sim\frac{\eta^3}{\omega^{12}}$, which is sharply peaked at $E_x=\frac{12}{9}S_n$.

For the dipole transition ($\ell_h=1\to\ell_c=0$), $\xi_c\approx\xi_p+\frac{\omega_p^2}{2\xi_p}$, $\frac{\tan\xi_c}{\xi_c}\approx\frac{\omega_p^2}{2\xi_p^2}$, where $\omega_p^2=\chi^2\frac{3+\chi}{1+\chi}+\eta^2$, then we can be obtain $S_\rho(E1,E_x)\sim\frac{\eta}{\omega^8}$ and $S_\omega(E1,E_x)\sim\frac{\eta}{\omega^{12}}$, which are sharply peaked at $E_x=\frac{8}{7}S_n$ and $E_x=\frac{12}{11}S_n$, respectively.

For dipole transition ($\ell_h=1\to\ell_c=2$), $\xi_c\approx\xi_p+\frac{\omega_p^2}{2\xi_p}$, $\boldsymbol{A}_1=-\frac{1}{\xi_c^2}-\frac{\tan\xi_c}{3(\xi_c-\tan\xi_c)}\approx-\frac{\omega_p^2+6}{6\xi_p^2}$, then it we can obtain $S_\rho(E1,E_x)\sim\frac{\eta^5}{\omega^8}$ and $S_\omega(E1,E_x)\sim\frac{\eta^5}{\omega^{12}}$, which are sharply peaked at $E_x=\frac{8}{3}S_n$ and $E_x=\frac{12}{7}S_n$, respectively.

For dipole transition ($\ell_h=2\to\ell_c=1$), $\xi_c\approx\xi_d+\frac{\omega_d^2}{2\xi_d}$, $\boldsymbol{A}=-\frac{\omega_s^2}{2\xi_d^2}$, where $\omega_s^2=\chi^2+\frac{2\chi^2(1+\chi)}{\chi^2+3\chi+3}+\eta^2$, then we can obtain that $S_\rho(E1,E_x)\sim\frac{\eta^3}{\omega^8}$ and $S_\omega(E1,E_x)\sim\frac{\eta^3}{\omega^{12}}$, which are again are sharply peaked at $E_x=\frac{8}{5}S_n$ and $E_x=\frac{12}{9}S_n$, respectively.

For the quadrupole transition, we can follow a similar procedure as for the cases of the dipole transition. For transition ($\ell_h=0\to\ell_c=2$), $\xi_c\approx\xi_s+\frac{\omega_s^2}{2\xi_s}$, $\boldsymbol{A}_1=-\frac{1}{\xi_c^2}-\frac{\omega_s^2-2}{6}$, then $S_\rho(E2,E_x)\sim\frac{\eta^5}{\omega^{12}}$ and $S_\omega(E2,E_x)\sim\frac{\eta^5}{\omega^{16}}$, they are sharply peaked at $E_x=\frac{12}{7}S_n$ and $E_x=\frac{16}{11}S_n$, respectively.

For the quadrupole transition ($\ell_h=2\to\ell_c=0$), $\xi_c\approx\xi_d+\frac{\omega_d^2}{2\xi_d}$, $\frac{\tan\xi_c}{\xi_c}=\frac{2}{2-\omega_d^2}\left(1-\frac{\omega_d^4}{4\xi_d^4}\right)$, then $S_\rho(E2,E_x)\sim\frac{\eta}{\omega^{12}}$ and $S_\omega(E2,E_x)\sim\frac{\eta}{\omega^{16}}$, they are sharply peaked at $E_x=\frac{12}{11}S_n$ and $E_x=\frac{16}{15}S_n$, respectively.

For the quadrupole transition ($\ell_h=1\to\ell_c=1$), $\xi_c\approx\xi_p+\frac{\omega_p^2}{2\xi_p}$, $\boldsymbol{A}=\frac{2}{\omega_p^2}-\frac{1}{\xi_p^2}$, then we have $S_\rho(E2,E_x)\sim\frac{\eta^3}{\omega^{12}}$ and $S_\omega(E2,E_x)\sim\frac{\eta^3}{\omega^{16}}$, they are sharply peaked at $E_x=\frac{12}{9}S_n$ and $E_x=\frac{16}{13}S_n$, respectively.

Finally, for the quadrupole transition ($\ell_h=2\to\ell_c=2$), $\xi_c\approx\xi_d+\frac{\omega_d^2}{2\xi_d}$, $\boldsymbol{A}_1=\frac{2}{3\omega_d^2}-\frac{1}{\xi_d^2}$, then we have $S_\rho(E2,E_x)\sim\frac{\eta^5}{\omega^{12}}$ and $S_\omega(E2,E_x)\sim\frac{\eta^5}{\omega^{16}}$, they are sharply peaked at $E_x=\frac{12}{11}S_n$ and $E_x=\frac{16}{15}S_n$, respectively.

## References


[1] Bertsch G F and Tsai S F 1975 *Phys. Rep.* C **18** 125
[2] Liu K F and Brown G E 1976 *Nucl. Phys.* A **265** 385
[3] Bernard V and Van Giai N 1979 *Nucl. Phys.* A **327** 397
[4] Blaizot J P and Gogny D 1977 *Nucl. Phys.* A **284** 429
[5] Wüst E, Mosel U, Kunz J and Schuh A 1983 *Nucl. Phys.* A **406** 285
[6] Papakonstantinou P, Wambach J, Mavrommatis E and Ponomarev V Y 2004 *Phys. Lett.* B **604** 157
[7] Kvasil J, Nesterenko V O, Kleining W, Reinhard P G and Vesely P 2011 *Phys. Rev.* C **84** 034303
[8] Hamamoto I, Sagawa H and Zhang X Z 1999 *Nucl. Phys.* A **648** 203
[9] Hamamoto I, Sagawa H and Zhang X Z 1997 *Phys. Rev.* C **56** 3121
[10] Ravenhall D G and Wambach J 1987 *Nucl. Phys.* A **475** 468
[11] Bohr A and Mottelson B R 1974 *Nuclear Structure* vol 2 (New York: Benjamin)
[12] Serr E E, Dimitrescu T S, Suzuki T and Dasso C H 1983 *Nucl. Phys.* A **404** 359
[13] Misicu S 1982 *Phys. Rev.* C **25** 2292
[14] Hamamoto I and Zhang X Z 1998 *Phys. Rev.* C **58** 3388
[15] Lin C J, Zhang X Z, Zhang R, Liu Z H and Zhang H Q 2007 *Phys. Rev.* C **76** 044321
[16] Catara F, Dasso C H and Vitturi A 1996 *Nucl. Phys.* A **602** 181
[17] Dumitrescu T S and Suzuki T 1984 *Nucl. Phys.* A **423** 277

# Search for a systematic behavior of the breakup probability in reactions with weakly bound projectiles at energies around the Coulomb barrier ①

V. V. Sargsyan,[1,2] G. G. Adamian,[1] N. V. Antonenko,[1] W. Scheid,[3] and H. Q. Zhang[4]

[1]*Joint Institute for Nuclear Research, 141980 Dubna, Russia*

[2]*International Center for Advanced Studies, Yerevan State University, 0025 Yerevan, Armenia*

[3]*Institut für Theoretische Physik der Justus-Liebig-Universität, D-35392 Giessen, Germany*

[4]*China Institute of Atomic Energy, Post Office Box 275, Beijing 102413, China*

(Received 26 May 2012; revised manuscript received 16 October 2012; published 29 November 2012)

Comparing the capture cross sections calculated without the breakup effect and experimental complete fusion cross sections, the breakup was analyzed in reactions with weakly bound projectiles $^{6,7,9}$Li, $^{9,11}$Be, and $^{6,8}$He. A trend of systematic behavior for the complete fusion suppression as a function of the target charge and bombarding energy is not achieved. The quasielastic backscattering is suggested as a useful tool to study the behavior of the breakup probability in reactions with weakly bound projectiles.

DOI: 10.1103/PhysRevC.86.054610 PACS number(s): 25.70.Jj, 24.10.−i, 24.60.−k

## I. INTRODUCTION

In recent years, many efforts have been made to understand the effect of the breakup of weakly bound nuclei during fusion in very asymmetric reactions where the capture cross section is equal to the complete fusion cross section [1–9]. The light radioactive nuclei, especially halo nuclei such as $^{6}$He, $^{8}$B, and $^{11}$Be, and the stable nuclei $^{6,7}$Li and $^{9}$Be are weakly bounded; hence there is a chance of the breakup in the colliding process. By performing a comparison of fusion data with theoretical predictions, which do not take into account the dynamic breakup plus transfer channel effects, it has been shown [4–6,9] that for energies from about $1.1V_b$ to $1.5V_b$ ($V_b$ is the height of the Coulomb barrier) complete fusion in the reactions $^{6,7}$Li + $^{208}$Pb,$^{209}$Bi and $^{9}$Be + $^{89}$Y,$^{124}$Sn,$^{208}$Pb,$^{209}$Bi is suppressed by about 30%. However, the $^{9}$Be + $^{144}$Sm data are out of the systematics, showing a much smaller suppression of about 15%. The total fusion (incomplete fusion + sequential complete fusion + complete fusion) cross section for the same projectiles on targets of any mass, including $^{9}$Be + $^{27}$Al,$^{64}$Zn, does not seem to be affected by the dynamic breakup and transfer effects [6,9]. As the charge of the target decreases, one expects that the Coulomb breakup becomes weaker and consequently that the complete fusion suppression and incomplete fusion probability decrease. The lack of a clear systematic behavior of the complete fusion suppression as a function of the target charge was explained in Ref. [9] by different effects of the transfer channels on the complete fusion and by some problems with the experimental data analysis.

In the present article we try to reveal a systematic behavior of the complete fusion suppression as a function of the target charge $Z_T$ and colliding energy $E_{\text{c.m.}}$ by using the quantum diffusion approach [10,11] and by comparing the calculated capture cross sections in the absence of breakup with the experimental complete and total fusion cross sections. The effects of deformation and neutron transfer on the complete fusion are taken into consideration.

## II. MODEL

In the quantum diffusion approach [10,11] the collision of nuclei is described with a single relevant collective variable: the relative distance between the colliding nuclei. This approach takes into account the fluctuation and dissipation effects in collisions of heavy ions, which model the coupling with various channels (for example, coupling of the relative motion with low-lying collective modes such as dynamical quadrupole and octupole modes of the target and projectile nuclei [12]). We mention that many quantum-mechanical and non-Markovian effects accompanying the passage through the potential barrier are considered in our formalism [10,11,13]. The nuclear deformation effects are taken into account through the dependence of the nucleus-nucleus potential on the deformations and mutual orientations of the colliding nuclei. To calculate the nucleus-nucleus interaction potential $V(R)$, we use the procedure presented in Refs. [10,11]. For the nuclear part of the nucleus-nucleus potential, a double-folding formalism with a Skyrme-type density-dependent effective nucleon-nucleon interaction is used. Within this approach many heavy-ion capture reactions with stable and radioactive beams at energies above and well below the Coulomb barrier have been successfully described [10,11,13]. One should note that other diffusion models that include quantum statistical effects were also proposed in Ref. [14].

We assume that the sub-barrier capture mainly depends on the optimal one-neutron ($Q_{1n} > Q_{2n}$) or two-neutron ($Q_{2n} > Q_{1n}$) transfer with a positive $Q$ value. Our assumption is that just before the projectile is captured by the target nucleus (just before the crossing of the Coulomb barrier), which is a slow process, the transfer occurs that can lead to the population of the first excited collective state in the recipient nucleus [15]. So, the motion to the $N/Z$ equilibrium starts in the system before the capture because it is energetically favorable in the dinuclear system in the vicinity of the Coulomb barrier. For the reactions under consideration, the average change of mass asymmetry is connected to the one- or two-neutron

① Physical Review C,2012,86(5):054610-(1-9).

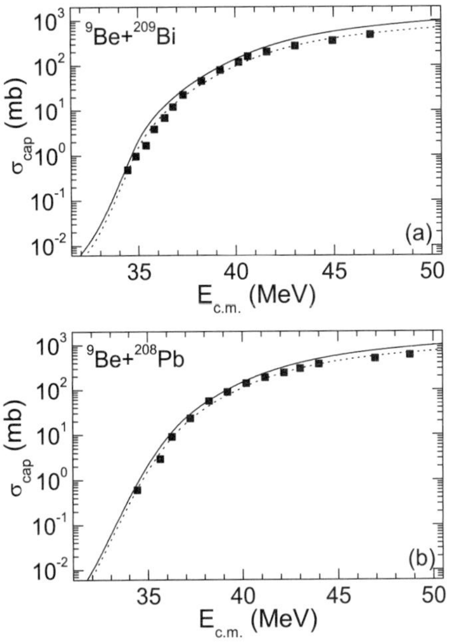


FIG. 1. The calculated capture cross sections vs $E_{\mathrm{c.m.}}$ for the reactions $^9$Be + $^{209}$Bi and $^9$Be + $^{208}$Pb (solid lines). The experimental data (squares) are from Refs. [21,22]. The calculated capture cross sections normalized by factors 0.7 and 0.75 for the reactions $^9$Be + $^{209}$Bi and $^9$Be + $^{208}$Pb, respectively, are presented by dotted lines.

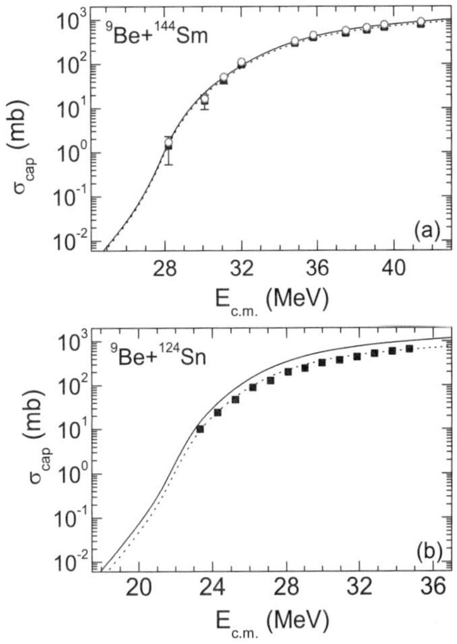


FIG. 2. (Color online) The calculated capture cross sections vs $E_{\mathrm{c.m.}}$ for the reactions $^9$Be + $^{144}$Sm and $^9$Be + $^{124}$Sn (solid lines). The experimental data (squares) are from Refs. [23,24]. The experimental total fusion data [23] for the $^9$Be + $^{144}$Sm reaction are shown by open circles. The calculated capture cross sections normalized by factors 0.9 and 0.64 for the reactions $^9$Be + $^{144}$Sm and $^9$Be + $^{124}$Sn, respectively, are presented by dotted lines.

transfer. Since after the transfer the mass numbers, the isotopic composition, and the deformation parameters of the interacting nuclei [and, correspondingly, the height $V_b = V(R_b)$ and shape of the Coulomb barrier] are changed, one can expect an enhancement or suppression of the capture. When the isotopic dependence of the nucleus-nucleus interaction potential is weak and the deformations of the interacting nuclei after the transfer have not changed, there is no effect of the neutron transfer on the capture cross section. This scenario was verified in the description of many reactions in Ref. [11].

## III. RESULTS OF CALCULATIONS

All calculated results are obtained with the same set of parameters as in Ref. [10]. We use the friction coefficient in the relative distance coordinate, which is close to that calculated within the mean field approaches [16]. The absolute values of the quadrupole deformation parameters $\beta_2$ of even-even deformed nuclei are taken from Ref. [17]. For the nuclei deformed in the ground state, the $\beta_2$ in the first excited collective state is similar to the $\beta_2$ in the ground state. For the quadruple deformation parameter of an odd nucleus, we choose the maximal value of the deformation parameters of neighboring even-even nuclei. For the double magic and neighboring nuclei, in the ground state we set $\beta_2 = 0$. There are uncertainties in the definition of the values of $\beta_2$ in light-mass nuclei. However, these uncertainties weakly influence the capture cross sections in the asymmetric reactions treated. In the calculations for light nuclei we use $\beta_2$ from Ref. [18].

### A. Breakup probabilities

In Figs. 1–13 we compare the calculated $\sigma_c^{\mathrm{th}}$ capture cross sections with the experimental $\sigma_{\mathrm{fus}}^{\mathrm{exp}}$ complete and total fusion cross sections in the reactions induced by projectiles $^9$Be, $^{10,11}$B, $^{6,7,9}$Li, and $^{4,6,8}$He [19–40]. The difference between the capture cross section and the complete fusion cross section can be ascribed to the breakup effect. By comparing $\sigma_c^{\mathrm{th}}$ and $\sigma_{\mathrm{fus}}^{\mathrm{exp}}$, one can estimate the breakup probability

$$P_{\mathrm{BU}} = 1 - \sigma_{\mathrm{fus}}^{\mathrm{exp}}/\sigma_c^{\mathrm{th}}. \quad (1)$$

If at some energy $\sigma_{\mathrm{fus}}^{\mathrm{exp}} > \sigma_c^{\mathrm{th}}$, the values of $\sigma_c^{\mathrm{th}}$ were normalized so to have $P_{\mathrm{BU}} \geqslant 0$ at any energy.

Note that $\sigma_{\mathrm{fus}}^{\mathrm{exp}} = \sigma_{\mathrm{fus}}^{\mathrm{noBU}} + \sigma_{\mathrm{fus}}^{\mathrm{BU}}$ contains the contribution from two processes: the direct fusion of the projectile with the target ($\sigma_{\mathrm{fus}}^{\mathrm{noBU}}$) and the breakup of the projectile followed by the fusion of the two projectile fragments with the target ($\sigma_{\mathrm{fus}}^{\mathrm{BU}}$). A more adequate estimate of the breakup probability would then be

$$P_{\mathrm{BU}} = 1 - \sigma_{\mathrm{fus}}^{\mathrm{noBU}}/\sigma_c^{\mathrm{th}}, \quad (2)$$

which leads to larger values of $P_{\mathrm{BU}}$ than the expression employed by us. However, the ratio between $\sigma_{\mathrm{fus}}^{\mathrm{noBU}}$ and $\sigma_{\mathrm{fus}}^{\mathrm{BU}}$ cannot be measured experimentally but can be estimated with the approach suggested in Refs. [41,42]. The parameters of the potential are taken to fit the height of the Coulomb barrier obtained in our calculations. The parameters of the breakup function [41] are set to describe the value of $\sigma_{\mathrm{fus}}^{\mathrm{exp}}$. As shown

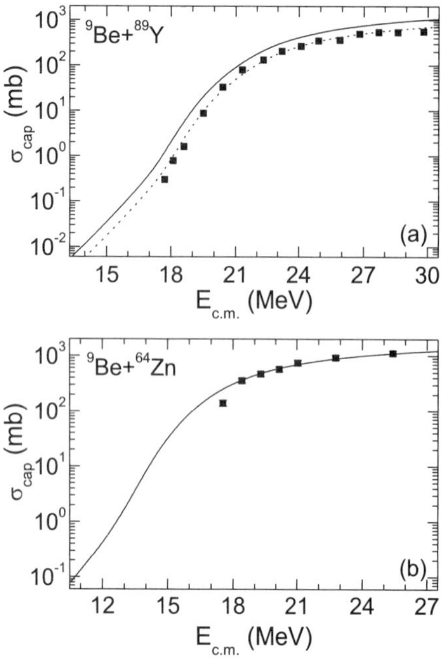


FIG. 3. The calculated capture cross sections vs $E_{\mathrm{c.m.}}$ for the reactions $^{9}$Be + $^{89}$Y and $^{9}$Be + $^{64}$Zn (solid lines). The experimental data (squares) are from Refs. [25,26]. The calculated capture cross sections normalized by a factor 0.7 for the $^{9}$Be + $^{89}$Y reaction are presented by a dotted line.

in Ref. [41] and in our calculations, in the $^{8}$Be + $^{208}$Pb reaction the fraction of $\sigma_{\mathrm{fus}}^{\mathrm{BU}}$ in $\sigma_{\mathrm{fus}}^{\mathrm{exp}}$ does not exceed a few percent at $E_{\mathrm{c.m.}} - V_b < 4$ MeV. This fraction rapidly increases and reaches about 12–20%, depending on the reaction, at $E_{\mathrm{c.m.}} - V_b \approx 10$ MeV. Because we are mainly interested in the energies near and below the barrier, the estimated $\sigma_{\mathrm{fus}}^{\mathrm{BU}}$ does not exceed 20% of $\sigma_{\mathrm{fus}}^{\mathrm{exp}}$ at $E_{\mathrm{c.m.}} - V_b < 10$ MeV. The results for $P_{\mathrm{BU}}$ are presented, taking $\sigma_{\mathrm{fus}}^{\mathrm{noBU}}$ into account, in Eq. (2).

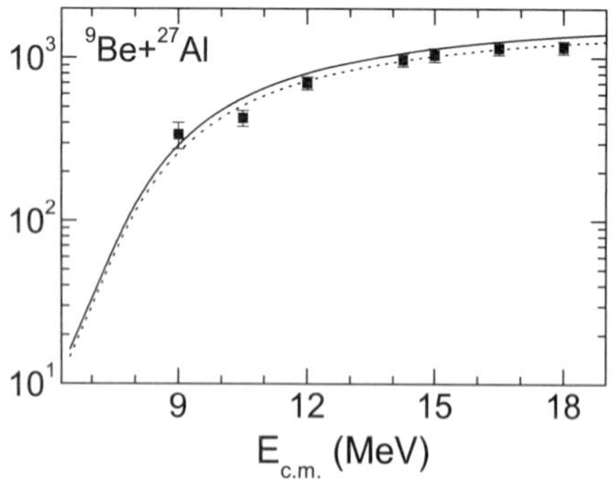


FIG. 4. The calculated capture cross sections vs $E_{\mathrm{c.m.}}$ for the reaction $^{9}$Be + $^{27}$Al (solid line). The experimental data (squares) are from Ref. [27]. The calculated capture cross sections normalized by a factor 0.9 for the $^{9}$Be + $^{27}$Al reaction are presented by a dotted line.

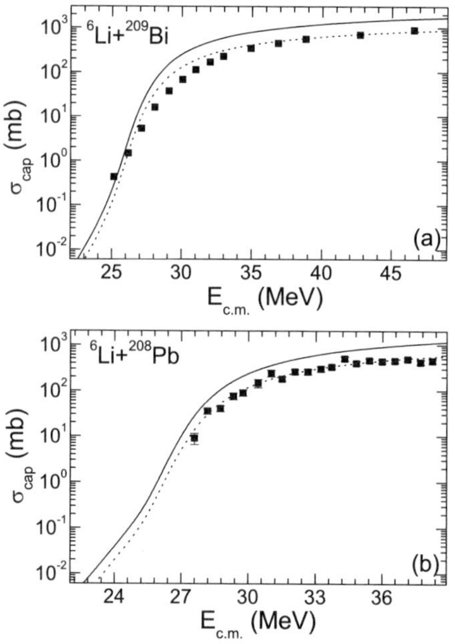


FIG. 5. The calculated capture cross sections vs $E_{\mathrm{c.m.}}$ for the reactions $^{6}$Li + $^{209}$Bi and $^{6}$Li + $^{208}$Pb (solid lines). The experimental data (squares) are from Refs. [30,31]. The calculated capture cross sections normalized by factors 0.52 and 0.5 for the reactions $^{6}$Li + $^{209}$Bi and $^{6}$Li + $^{208}$Pb, respectively, are presented by dotted lines.

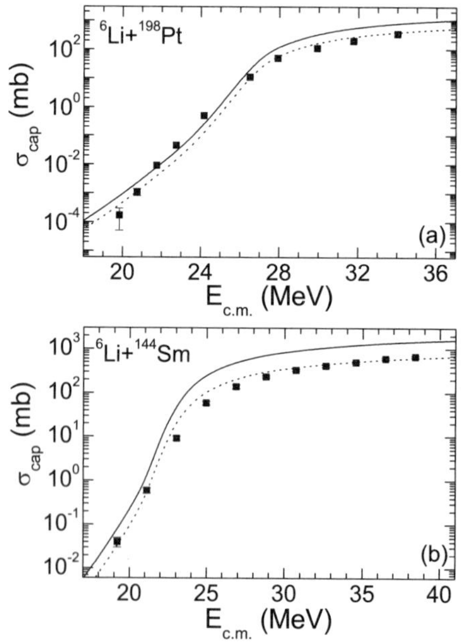


FIG. 6. The calculated capture cross sections vs $E_{\mathrm{c.m.}}$ for the reactions $^{6}$Li + $^{198}$Pt and $^{6}$Li + $^{144}$Sm (solid lines). The experimental data (squares) are from Refs. [32,33]. The calculated capture cross sections normalized by factors 0.5 and 0.42 for the reactions $^{6}$Li + $^{198}$Pt and $^{6}$Li + $^{144}$Sm, respectively, are presented by dotted lines.

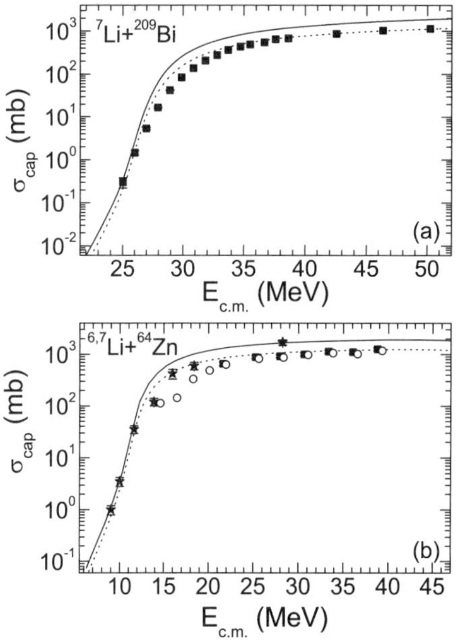


FIG. 7. The calculated capture cross sections vs $E_{\text{c.m.}}$ for the reactions $^{7}$Li + $^{209}$Bi and $^{7}$Li + $^{64}$Zn (solid lines). The calculated results for the reactions $^{6,7}$Li + $^{64}$Zn almost coincide. The experimental data (squares) are from Refs. [26,30]. The experimental data for the reactions $^{7}$Li + $^{64}$Zn (squares) and $^{6}$Li + $^{64}$Zn (circles and stars) are from Refs. [26,34]. The calculated capture cross sections normalized by factors 0.6 and 0.65 for the reactions $^{7}$Li + $^{209}$Bi and $^{7}$Li + $^{64}$Zn, respectively, are presented by dotted lines.

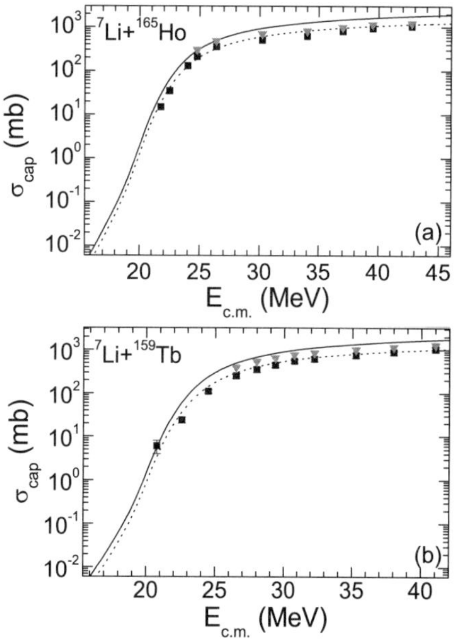


FIG. 8. (Color online) The calculated capture cross sections vs $E_{\text{c.m.}}$ for the reactions $^{7}$Li + $^{165}$Ho and $^{7}$Li + $^{159}$Tb (solid lines). The experimental data (squares) are from Refs. [20,35]. The experimental total fusion data [20,35] are shown by the solid triangles. The calculated capture cross sections normalized by factors 0.65 and 0.6 for the reactions $^{7}$Li + $^{165}$Ho and $^{7}$Li + $^{159}$Tb, respectively, are presented by dotted lines.

As seen in Figs. 14 and 15, at energies above the Coulomb barriers the values of $P_{\text{BU}}$ vary from 0 to 84%. In the reactions $^{9}$Be + $^{144}$Sm, $^{208}$Pb, $^{209}$Bi, the value of $P_{\text{BU}}$ increases with charge number of the target at $E_{\text{c.m.}} - V_b > 3$ MeV. This was also noted in Ref. [9]. However, the reactions $^{9}$Be + $^{89}$Y, $^{124}$Sn are out of this systematics. In the reactions $^{6}$Li + $^{144}$Sm, $^{198}$Pt, $^{209}$Bi, the value of $P_{\text{BU}}$ decreases with increasing charge number of the target at $E_{\text{c.m.}} - V_b > 3$ MeV. While in the reactions $^{9}$Be + $^{89}$Y, $^{144}$Sm, $^{208}$Pb, $^{209}$Bi, the value of $P_{\text{BU}}$ has a minimum at $E_{\text{c.m.}} - V_b \approx 0$ and a maximum at $E_{\text{c.m.}} - V_b \approx -(1-3)$ MeV, in the $^{9}$Be + $^{124}$Sn reaction the value of $P_{\text{BU}}$ steadily decreases with energy. In the reactions $^{6}$Li + $^{144}$Sm, $^{198}$Pt, $^{209}$Bi; $^{7}$Li + $^{208}$Pb, $^{209}$Bi; and $^{9}$Li + $^{208}$Pb there is maximum of $P_{\text{BU}}$ at $E_{\text{c.m.}} - V_b \approx -(0-1)$ MeV. However, in the reactions $^{6}$Li + $^{208}$Pb and $^{7}$Li + $^{165}$Ho $P_{\text{BU}}$ has a minima $E_{\text{c.m.}} - V_b \approx 2$ MeV and no maxima at $E_{\text{c.m.}} - V_b \approx 0$. For $^{9}$Be, the breakup threshold is slightly larger than for $^{6}$Li. Therefore, we cannot explain a larger breakup probability at smaller $E_{\text{c.m.}} - V_b$ in the case of $^{9}$Be.

In Figs. 1–13 we also show the calculated capture cross sections normalized by some factors to obtain rather good agreement between the experimental and theoretical results. These average normalization factors are 0.7, 0.75, 0.9, 0.64, 0.7, 1, and 0.9 for the reactions $^{9}$Be + $^{209}$Bi, $^{208}$Pb, $^{144}$Sm, $^{124}$Sn, $^{89}$Y, $^{64}$Zn, $^{27}$Al, respectively; 0.52, 0.5, 0.5, 0.42, and 0.65 for the reactions $^{6}$Li + $^{209}$Bi, $^{208}$Pb, $^{198}$Pt, $^{144}$Sm, $^{64}$Zn, respectively; and 0.6, 0.7, 0.65, 0.6, 0.65, and 0.75 for the reactions $^{7}$Li + $^{209}$Bi, $^{197}$Au, $^{165}$Ho, $^{159}$Tb, $^{64}$Zn, $^{27}$Al, respectively. For the reactions $^{9}$Li + $^{208}$Pb (Fig. 10), $^{6}$He + $^{209}$Bi (Fig. 11), $^{6}$He + $^{64}$Zn (Fig. 11), $^{6}$He + $^{197}$Au (Fig. 12), $^{8}$He + $^{197}$Au (Fig. 12), $^{11}$B + $^{209}$Bi (Fig. 13), and $^{11}$B + $^{159}$Tb (Fig. 13), a satisfactory agreement between experimental fusion data and capture cross sections can be reached with average normalization factors 0.6, 0.68, 0.4, 0.8, 0.7, 0.82, and 0.95, respectively. Note that these average normalization factors do not depend on $E_{\text{c.m.}}$. With the $^{9}$Be projectile we obtain the complete fusion suppressions similar to those reported in Refs. [6,9]. For lighter targets, when the Coulomb breakup becomes weaker, one expects that the suppression of complete fusion becomes smaller than for heavy targets.

An expected behavior for complete fusion suppression is that fusion probability increases with decreasing $Z_T$. However, one can observe deviations from this rule. In the reactions $^{9}$Be + $^{124}$Sn, $^{89}$Y the data show more complete fusion suppression (30–36%). For the reactions induced by a $^{6}$Li projectile, one can see that the fusion suppression is nearly independent of $Z_T$. The replacement of $^{7}$Li by $^{6}$Li in the reactions in Fig. 9 almost does not change the experimental [28,29] and calculated data. The Coulomb fields for very light systems $^{9}$Be + $^{27}$Al, and $^{6}$He, $^{7}$Li + $^{64}$Zn are not strong enough to produce an appreciable breakup. It is not realistic that the fusion suppression in the $^{9}$Be + $^{64}$Zn reaction is smaller than

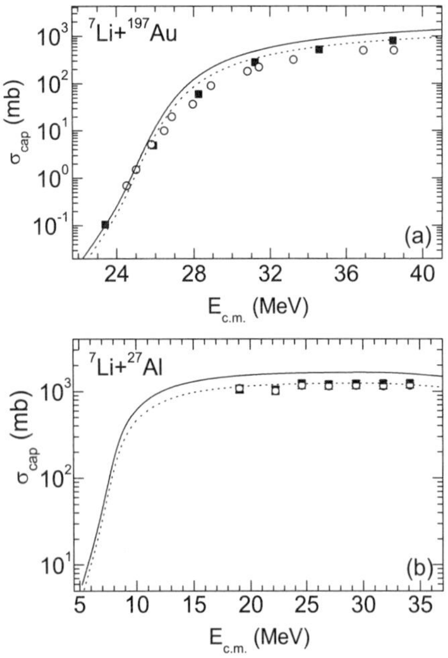


FIG. 9. The calculated capture cross sections vs $E_{\mathrm{c.m.}}$ for the reactions $^7$Li + $^{197}$Au and $^7$Li + $^{27}$Al (solid lines). The experimental data (squares) are from Refs. [28,29]. The calculated capture cross sections normalized by factors 0.7 and 0.75 for the reactions $^7$Li + $^{197}$Au and $^7$Li + $^{27}$Al, respectively, are presented by dotted lines.

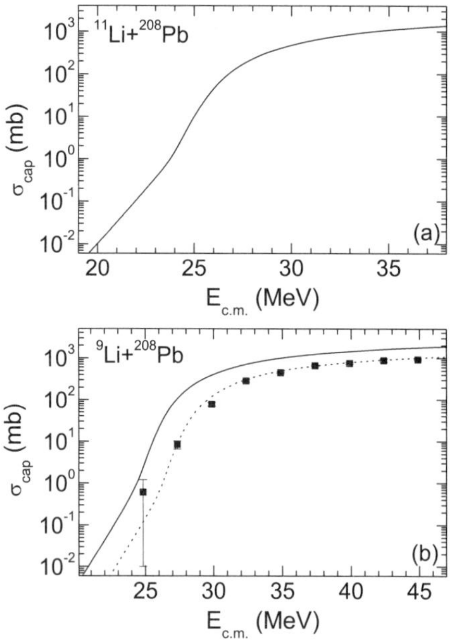


FIG. 10. The calculated capture cross sections vs $E_{\mathrm{c.m.}}$ for the reactions $^{11}$Li + $^{208}$Pb and $^9$Li + $^{208}$Pb (solid lines). The experimental data (squares) are from Ref. [40]. The calculated capture cross sections normalized by a factor 0.6 for the $^9$Li + $^{208}$Pb reaction are presented by a dotted line.

the one in the $^9$Be + $^{27}$Al reaction or the suppressions of fusion coincide in the reactions $^{4,6}$He + $^{64}$Zn (Fig. 11) with stable and exotic projectiles. Note that the experimental data for the reactions $^{6,7}$Li + $^{27}$Al, $^{64}$Zn and $^9$Be + $^{27}$Al, $^{64,70}$Zn are for the total fusion. In general, the total fusion does not seem to be affected by breakup [6,9].

So, there is a lack of a systematic behavior of the complete fusion suppression for the systems treated. The possible explanation is that there are probably some problems with the data analysis, which were earlier noted in Refs. [6,9] from the point of view of a universal fusion function representation. It could be also that at energies near the Coulomb barrier the characteristic time of the breakup is larger than the characteristic time of the capture process and influences the complete fusion. For the reactions $^{6,7}$Li + $^{208}$Pb, the characteristic times of the prompt and delayed breakup were studied recently in Ref. [43].

The large positive $Q_{2n}$ value in the $^9$Li + $^{208}$Pb reaction [40] gives the possibility of a two-neutron transfer before the capture. However, the capture cross sections calculated with and without neutron transfer are very close to each other because the effect of neutron transfer is rather weak in asymmetric reactions [10,11]. The calculated capture cross sections normalized by a factor of 0.6 are shown by the dotted line in the lower part of Fig. 10. In the upper part of Fig. 10, the predicted capture cross sections for the reaction $^{11}$Li + $^{208}$Pb are shown.

### B. Quasielastic backscattering tool for search of breakup process in reactions with weakly bound projectiles

The lack of clear systematic behavior of the complete fusion suppression as a function of the target charge requires new additional experimental and theoretical studies. Quasielastic backscattering has been used [44–47] as an alternative to investigate fusion (capture) barrier distributions, since this process is complementary to fusion. Since the quasielastic experiment is usually not as complex as the capture (fusion) and breakup measurements, they are well suited to survey the breakup probability. There is a direct relationship among the capture, the quasielastic scattering, and the breakup processes, since any loss from the quasielastic and breakup channel contributes directly to capture (the conservation of the reaction flux):

$$P_{\mathrm{qe}}(E_{\mathrm{c.m.}}, J) + P_{\mathrm{cap}}(E_{\mathrm{c.m.}}, J) + P_{\mathrm{BU}}(E_{\mathrm{c.m.}}, J) = 1, \quad (3)$$

where $P_{\mathrm{qe}}$ is the reflection quasielastic probability, $P_{\mathrm{BU}}$ is the breakup (reflection) probability, and $P_{\mathrm{cap}}$ is the capture (transmission) probability. The quasielastic scattering is the sum of all direct reactions, which include elastic, inelastic, and transfer processes. Equation (3) can be rewritten as

$$\frac{P_{\mathrm{qe}}(E_{\mathrm{c.m.}}, J)}{1 - P_{\mathrm{BU}}(E_{\mathrm{c.m.}}, J)} + \frac{P_{\mathrm{cap}}(E_{\mathrm{c.m.}}, J)}{1 - P_{\mathrm{BU}}(E_{\mathrm{c.m.}}, J)} = P_{\mathrm{qe}}^{\mathrm{nBU}}(E_{\mathrm{c.m.}}, J) + P_{\mathrm{cap}}^{\mathrm{nBU}}(E_{\mathrm{c.m.}}, J) = 1, \quad (4)$$

where

$$P_{\mathrm{qe}}^{\mathrm{nBU}}(E_{\mathrm{c.m.}}, J) = \frac{P_{\mathrm{qe}}(E_{\mathrm{c.m.}}, J)}{1 - P_{\mathrm{BU}}(E_{\mathrm{c.m.}}, J)}$$

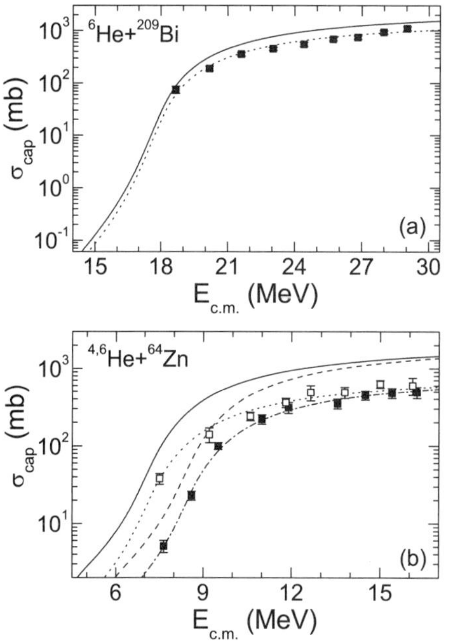


FIG. 11. The calculated capture cross sections vs $E_{\mathrm{c.m.}}$ for the indicated reactions $^6$He + $^{209}$Bi (solid line), $^6$He + $^{64}$Zn (solid line), and $^4$He + $^{64}$Zn (dashed line). The experimental data for the reactions $^4$He + $^{64}$Zn (solid squares) and $^6$He + $^{64}$Zn (open squares) are from Refs. [36,37]. The calculated capture cross sections normalized by factors 0.68, 0.4, and 0.4 for the reactions $^6$He + $^{209}$Bi (dotted line), $^6$He + $^{64}$Zn (dotted line), and $^4$He + $^{64}$Zn (dash-dotted line), respectively, are shown.

and

$$P_{\mathrm{cap}}^{\mathrm{nBU}}(E_{\mathrm{c.m.}}, J) = \frac{P_{\mathrm{cap}}(E_{\mathrm{c.m.}}, J)}{1 - P_{\mathrm{BU}}(E_{\mathrm{c.m.}}, J)}$$

are the quasielastic and capture probabilities, respectively, in the absence of the breakup process. From these expressions we obtain the useful formulas

$$\frac{P_{\mathrm{qe}}(E_{\mathrm{c.m.}}, J)}{P_{\mathrm{cap}}(E_{\mathrm{c.m.}}, J)} = \frac{P_{\mathrm{qe}}^{\mathrm{nBU}}(E_{\mathrm{c.m.}}, J)}{P_{\mathrm{cap}}^{\mathrm{nBU}}(E_{\mathrm{c.m.}}, J)} = \frac{P_{\mathrm{qe}}^{\mathrm{nBU}}(E_{\mathrm{c.m.}}, J)}{1 - P_{\mathrm{qe}}^{\mathrm{nBU}}(E_{\mathrm{c.m.}}, J)} = a. \quad (5)$$

Using Eqs. (3) and (5), we obtain the relationship between breakup and quasielastic processes:

$$\begin{aligned} P_{\mathrm{BU}}(E_{\mathrm{c.m.}}, J) &= 1 - [P_{\mathrm{qe}}(E_{\mathrm{c.m.}}, J) + P_{\mathrm{cap}}(E_{\mathrm{c.m.}}, J)] \\ &= 1 - P_{\mathrm{qe}}(E_{\mathrm{c.m.}}, J)[1 + 1/a] \\ &= 1 - P_{\mathrm{qe}}(E_{\mathrm{c.m.}}, J)/P_{\mathrm{qe}}^{\mathrm{nBU}}(E_{\mathrm{c.m.}}, J). \end{aligned} \quad (6)$$

The last equation is one of important results of the present paper. Analogously one can find other expression

$$P_{\mathrm{BU}}(E_{\mathrm{c.m.}}, J) = 1 - P_{\mathrm{cap}}(E_{\mathrm{c.m.}}, J)/P_{\mathrm{cap}}^{\mathrm{nBU}}(E_{\mathrm{c.m.}}, J), \quad (7)$$

which relates the breakup and capture processes.

The reflection quasielastic probability

$$P_{\mathrm{qe}}(E_{\mathrm{c.m.}}, J = 0) = d\sigma_{\mathrm{qe}}/d\sigma_{\mathrm{Ru}} \quad (8)$$

for bombarding energy $E_{\mathrm{c.m.}}$ and angular momentum $J = 0$ is given by the ratio of the quasielastic differential cross section $\sigma_{qe}$ and Rutherford differential cross section $\sigma_{\mathrm{Ru}}$ at 180 degrees [44–48]. Employing Eqs. (6), (8), and the experimental quasielastic backscattering data with strongly and weakly bound isotope projectiles and the same compound nucleus, one can extract the breakup probability of the exotic nucleus. For example, using Eq. (6) at $J = 0$ and the experimental $P_{\mathrm{qe}}^{\mathrm{nBU}}[^4\mathrm{He} + {}^{208}\mathrm{Pb}]$ of the $^4$He + $^{208}$Pb reaction with strongly bound nuclei (without breakup) and $P_{\mathrm{qe}}[^6\mathrm{He} + {}^{206}\mathrm{Pb}]$ of the $^6$He + $^{206}$Pb reaction with weakly bound projectile (with breakup), and taking into consideration $V_b(^4\mathrm{He} + {}^{208}\mathrm{Pb}) \approx V_b(^6\mathrm{He} + {}^{206}\mathrm{Pb})$ for the very asymmetric systems, one can extract the breakup probability of $^6$He:

$$\begin{aligned} &P_{\mathrm{BU}}(E_{\mathrm{c.m.}}, J = 0) \\ &= 1 - \frac{P_{\mathrm{qe}}(E_{\mathrm{c.m.}}, J = 0)[^6\mathrm{He} + {}^{206}\mathrm{Pb}]}{P_{\mathrm{qe}}^{\mathrm{nBU}}(E_{\mathrm{c.m.}}, J = 0)[^4\mathrm{He} + {}^{208}\mathrm{Pb}]}. \end{aligned} \quad (9)$$

By comparing the experimental quasielastic backscattering cross sections in the presence and absence of breakup data

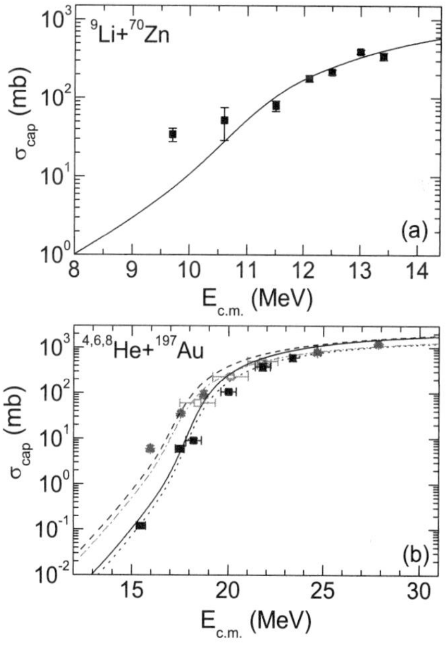


FIG. 12. (Color online) The calculated capture cross sections vs $E_{\mathrm{c.m.}}$ for the reactions $^9$Li + $^{70}$Zn (solid line), $^{4,6}$He + $^{197}$Au (solid lines), and $^8$He + $^{197}$Au (dashed line). The results for the reactions $^{4,6}$He + $^{197}$Au almost coincide. The experimental data for the reactions with $^9$Li, $^4$He (solid squares), $^6$He (open squares), and $^8$He (solid triangles) are from Refs. [38,39]. The calculated capture cross sections normalized by factors 0.8 and 0.6 for the reactions $^{4,6}$He + $^{197}$Au (dotted lines) and $^8$He + $^{197}$Au (dash-dotted line), respectively, are shown.

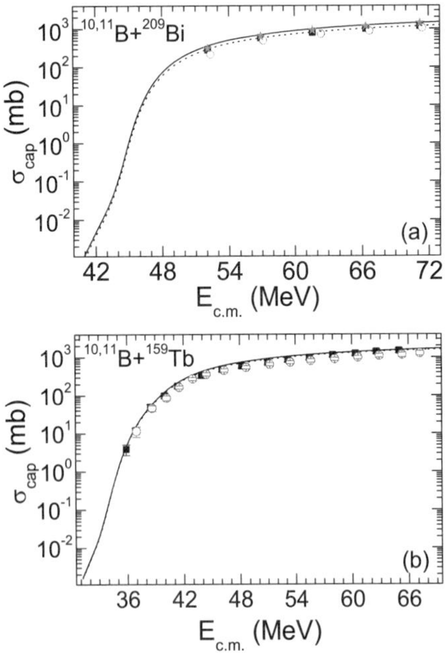


FIG. 13. (Color online) The calculated capture cross sections vs $E_{\mathrm{c.m.}}$ for the reactions $^{10,11}\mathrm{B} + {}^{209}\mathrm{Bi}$ and $^{10,11}\mathrm{B} + {}^{159}\mathrm{Tb}$ (solid lines). The experimental data [19,20] for the reactions $^{10}\mathrm{B} + {}^{159}\mathrm{Tb}$, $^{209}\mathrm{Bi}$ and $^{11}\mathrm{B} + {}^{159}\mathrm{Tb}$, $^{209}\mathrm{Bi}$ are marked by circles and squares, respectively. The experimental total fusion data [19] are shown by the solid stars. The calculated capture cross sections normalized by factors 0.82 and 0.95 for the reactions $^{11}\mathrm{B} + {}^{209}\mathrm{Bi}$ and $^{11}\mathrm{B} + {}^{159}\mathrm{Tb}$, respectively, are presented by dotted lines.

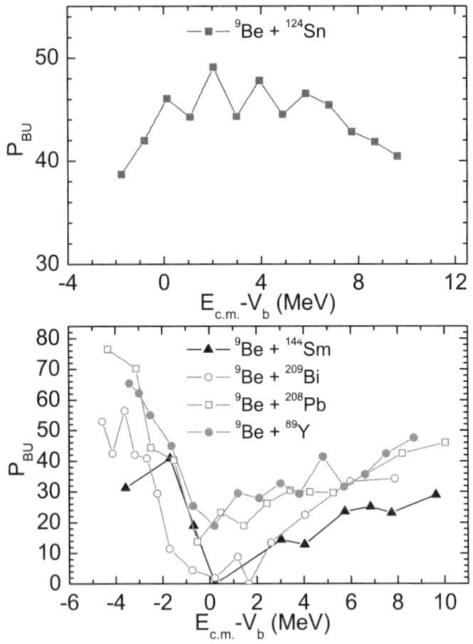


FIG. 14. (Color online) The dependence of the extracted breakup probability $P_{\mathrm{BU}}$ vs $E_{\mathrm{c.m.}} - V_b$ for the indicated reactions with $^{9}$Be projectiles in %. Formula (2) was used.

in the reaction pairs $^{6}\mathrm{He} + {}^{68}\mathrm{Zn}$ and $^{4}\mathrm{He} + {}^{70}\mathrm{Zn}$, $^{6}\mathrm{He} + {}^{122}\mathrm{Sn}$ and $^{4}\mathrm{He} + {}^{124}\mathrm{Sn}$, $^{6}\mathrm{He} + {}^{236}\mathrm{U}$ and $^{4}\mathrm{He} + {}^{238}\mathrm{U}$, $^{8}\mathrm{He} + {}^{204}\mathrm{Pb}$ and $^{4}\mathrm{He} + {}^{208}\mathrm{Pb}$, $^{9}\mathrm{Be} + {}^{208}\mathrm{Pb}$ and $^{10}\mathrm{Be} + {}^{207}\mathrm{Pb}$, $^{11}\mathrm{Be} + {}^{206}\mathrm{Pb}$ and $^{10}\mathrm{Be} + {}^{207}\mathrm{Pb}$, $^{8}\mathrm{B} + {}^{208}\mathrm{Pb}$ and $^{10}\mathrm{B} + {}^{206}\mathrm{Pb}$, $^{8}\mathrm{B} + {}^{207}\mathrm{Pb}$ and $^{11}\mathrm{B} + {}^{204}\mathrm{Pb}$, $^{9}\mathrm{B} + {}^{208}\mathrm{Pb}$ and $^{11}\mathrm{B} + {}^{206}\mathrm{Pb}$, $^{15}\mathrm{C} + {}^{207}\mathrm{Pb}$ and $^{14}\mathrm{C} + {}^{208}\mathrm{Pb}$, and $^{17}\mathrm{F} + {}^{206}\mathrm{Pb}$ and $^{19}\mathrm{F} + {}^{208}\mathrm{Pb}$, leading to the same corresponding compound nuclei, one can analyze the role of the breakup channels in the reactions with the light weakly bound projectiles $^{6,8}$He, $^{9,11}$Be, $^{8,9}$B, $^{15}$C, and $^{17}$F at near and below barrier energies. One concludes that the quasielastic technique could be a very important tool in breakup research. We propose to extract the breakup probability directly from the quasielastic cross sections of systems mentioned above.

## IV. SUMMARY

Comparing the calculated capture cross sections in the absence of breakup data and experimental complete fusion data, we analyzed the role of the breakup channels in the reactions with the light projectiles $^{9}$Be, $^{6,7,9}$Li, and $^{6,8}$He at near-barrier energies. Within the quantum diffusion approach the neutron transfer and deformation effects were taken into account. By analyzing the extracted breakup probabilities, we showed that there are no systematic trends of breakup in the reactions studied. Moreover, for some system with larger (smaller) $Z_T$ we found the contribution of breakup to be smaller (larger). Almost for all reactions considered we obtained a satisfactory agreement between calculated capture cross section and experimental fusion data, if the calculated

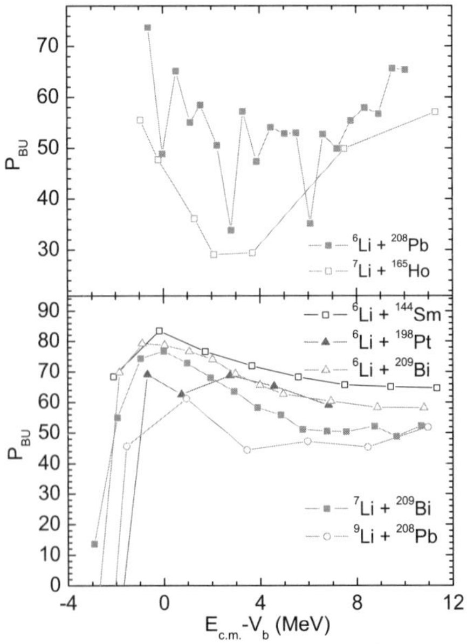


FIG. 15. (Color online) The same as in Fig. 14, but for the indicated reactions with $^{6,7,9}$Li projectiles.

capture cross section or the experimental fusion data are renormalized by some average factor that does not depend on the bombarding energy. Note that our conclusions coincide with those of Refs. [6,9], where the universal fusion function formalism was applied for the analysis of experimental data. One needs to measure directly the breakup process in different systems, especially light ones, to understand the role of the Coulomb breakup in the complete fusion process. The other important subject to be investigated both experimentally and theoretically is the characteristic time of the breakup. The first steps in these directions were done in Refs. [7,43,49].

As shown, one no needs to measure directly the breakup process in different systems, especially light ones, to understand the role of the breakup in the capture (complete fusion) process. By employing the experimental quasielastic backscattering data with weakly and strongly bound isotopes of light nucleus and Eq. (6), the dependence of breakup probability on $E_{c.m.}$ can be extracted for the systems suggested. By analyzing the extracted breakup probabilities, one can indirectly study the trends of breakup in the different reactions at energies near and below Coulomb barrier.

## ACKNOWLEDGMENTS

We thank P. R. S. Gomes for very fruitful discussions and useful suggestions. This work was supported by DFG, NSFC, and RFBR. The IN2P3(France)-JINR(Dubna) and Polish - JINR(Dubna) Cooperation Programmes are gratefully acknowledged.

[1] C. A. Bertulani, EPJ Web Conf. **17**, 15001 (2011); P. R. S. Gomes, J. Lubian, and L. F. Canto, *ibid.* **17**, 11003 (2011); P. R. S. Gomes *et al.*, *ibid.* (to be published).
[2] L. F. Canto, P. R. S. Gomes, R. Donangelo, and M. S. Hussein, Phys. Rep. **424**, 1 (2006).
[3] N. Keeley, R. Raabe, N. Alamanos, and J. L. Sida, Prog. Part. Nucl. Phys. **59**, 579 (2007).
[4] L. F. Canto, P. R. S. Gomes, J. Lubian, L. C. Chamon, and E. Crema, J. Phys. G **36**, 015109 (2009).
[5] L. F. Canto, P. R. S. Gomes, J. Lubian, L. C. Chamon, and E. Crema, Nucl. Phys. A **821**, 51 (2009).
[6] P. R. S. Gomes, J. Lubian, and L. F. Canto, Phys. Rev. C **79**, 027606 (2009).
[7] R. Rafiei, R. du Rietz, D. H. Luong, D. J. Hinde, M. Dasgupta, M. Evers, and A. Diaz-Torres, Phys. Rev. C **81**, 024601 (2010).
[8] P. N. de Faria, R. Lichtenthäler, K. C. C. Pires, A. M. Moro, A. Lépine-Szily, V. Guimarães, D. R. J. Mendes, A. Arazi, A. Barioni, V. Morcelle, and M. C. Morais, Phys. Rev. C **82**, 034602 (2010); P. Mohr, P. N. de Faria, R. Lichtenthäler, K. C. C. Pires, V. Guimarães, A. Lépine-Szily, D. R. Mendes Jr., A. Arazi, A. Barioni, V. Morcelle, and M. C. Morais, *ibid.* **82**, 044606 (2010); A. Lépine-Szily *et al.*, EPJ Web Conf. (to be published).
[9] P. R. S. Gomes, R. Linares, J. Lubian, C. C. Lopes, E. N. Cardozo, B. H. F. Pereira, and I. Padron, Phys. Rev. C **84**, 014615 (2011).
[10] V. V. Sargsyan, G. G. Adamian, N. V. Antonenko, and W. Scheid, Eur. Phys. J. A **45**, 125 (2010); V. V. Sargsyan, G. G. Adamian, N. V. Antonenko, W. Scheid, and H. Q. Zhang, *ibid.* **47**, 38 (2011); J. Phys.: Conf. Ser. **282**, 012001 (2011); EPJ Web Conf. **17**, 04003 (2011); V. V. Sargsyan, G. G. Adamian, N. V. Antonenko, W. Scheid, C. J. Lin, and H. Q. Zhang, Phys. Rev. C **85**, 017603 (2012); **85**, 037602 (2012).
[11] V. V. Sargsyan, G. G. Adamian, N. V. Antonenko, W. Scheid, and H. Q. Zhang, Phys. Rev. C **84**, 064614 (2011); **85**, 024616 (2012); **86**, 014602 (2012); **86**, 034614 (2012).
[12] S. Ayik, B. Yilmaz, and D. Lacroix, Phys. Rev. C **81**, 034605 (2010).
[13] A. S. Zubov, V. V. Sargsyan, G. G. Adamian, and N. V. Antonenko, Phys. Rev. C **84**, 044320 (2011); A. S. Zubov, V. V. Sargsyan, G. G. Adamian, N. V. Antonenko, and W. Scheid, *ibid.* **81**, 024607 (2010); **82**, 034610 (2010); R. A. Kuzyakin, V. V. Sargsyan, G. G. Adamian, N. V. Antonenko, E. E. Saperstein, and S. V. Tolokonnikov, *ibid.* **85**, 034612 (2012).
[14] H. Hofmann, Phys. Rep. **284**, 137 (1997); S. Ayik, B. Yilmaz, A. Gokalp, O. Yilmaz, and N. Takigawa, Phys. Rev. C **71**, 054611 (2005); V. V. Sargsyan, Z. Kanokov, G. G. Adamian, and N. V. Antonenko, Part. Nucl. **41**, 175 (2010); G. Hupin and D. Lacroix, Phys. Rev. C **81**, 014609 (2010).
[15] S. Szilner *et al.*, Phys. Rev. C **76**, 024604 (2007); **84**, 014325 (2011); L. Corradi *et al.*, *ibid.* **84**, 034603 (2011).
[16] G. G. Adamian, A. K. Nasirov, N. V. Antonenko, and R. V. Jolos, Phys. Part. Nucl. **25**, 583 (1994); K. Washiyama, D. Lacroix, and S. Ayik, Phys. Rev. C **79**, 024609 (2009); S. Ayik, K. Washiyama, and D. Lacroix, *ibid.* **79**, 054606 (2009).
[17] S. Raman, C. W. Nestor Jr., and P. Tikkanen, At. Data Nucl. Data Tables **78**, 1 (2001).
[18] Y. Kanada-En'yo, H. Horiuchi, and A. Ono, Phys. Rev. C **52**, 628 (1995); A. Dote, H. Horiuchi, and Y. Kanada-En'yo, *ibid.* **56**, 1844 (1997).
[19] L. R. Gasques, D. J. Hinde, M. Dasgupta, A. Mukherjee, and R. G. Thomas, Phys. Rev. C **79**, 034605 (2009).
[20] A. Mukherjee *et al.*, Phys. Lett. B **636**, 91 (2006).
[21] C. Signorini *et al.*, Nucl. Phys. A **735**, 329 (2004); M. Dasgupta, D. J. Hinde, S. L. Sheehy, and B. Bouriquet, Phys. Rev. C **81**, 024608 (2010).
[22] M. Dasgupta *et al.*, Phys. Rev. Lett. **82**, 1395 (1999).
[23] P. R. S. Gomes *et al.*, Phys. Rev. C **73**, 064606 (2006).
[24] V. V. Parkar *et al.*, Phys. Rev. C **82**, 054601 (2010).
[25] C. S. Palshetkar *et al.*, Phys. Rev. C **82**, 044608 (2010).
[26] P. R. S. Gomes *et al.*, Phys. Rev. C **71**, 034608 (2005).
[27] G. V. Marti *et al.*, Phys. Rev. C **71**, 027602 (2005).
[28] I. Padron *et al.*, Phys. Rev. C **66**, 044608 (2002).
[29] Sh. Thakur *et al.*, EPJ Web Conf. **17**, 16017 (2011).
[30] M. Dasgupta *et al.*, Phys. Rev. C **70**, 024606 (2004).
[31] Y. W. Wu *et al.*, Phys. Rev. C **68**, 044605 (2003).
[32] A. Shrivastava *et al.*, Phys. Rev. Lett. **103**, 232702 (2009).
[33] P. K. Rath *et al.*, Phys. Rev. C **79**, 051601(R) (2009).
[34] D. Torresi *et al.*, EPJ Web Conf. **17**, 16018 (2011).
[35] V. Tripathi, A. Navin, K. Mahata, K. Ramachandran, A. Chatterjee, and S. Kailas, Phys. Rev. Lett. **88**, 172701 (2002).
[36] J. J. Kolata *et al.*, Eur. Phys. J. A **13**, 117 (2002).
[37] M. Fisichella *et al.*, EPJ Web Conf. **17**, 16003 (2011).

[38] W. Loveland *et al.*, Phys. Rev. C **74**, 064609 (2006); W. Loveland, EPJ Web Conf. **17**, 02003 (2011).
[39] A. Lemasson *et al.*, Phys. Rev. Lett. **103**, 232701 (2009); EPJ Web Conf. **17**, 01003 (2011).
[40] A. M. Vinodkumar *et al.*, Phys. Rev. C **80**, 054609 (2009).
[41] A. Diaz-Torres, J. Phys. G **37**, 075109 (2010).
[42] A. Diaz-Torres, Comput. Phys. Commun. **182**, 1100 (2011).
[43] D. H. Luong *et al.*, Phys. Lett. B **695**, 105 (2011); EPJ Web Conf. **17**, 03002 (2011).
[44] H. Timmers, J. R. Leigh, M. Dasgupta, D. J. Hinde, R. C. Lemmon, J. C. Mein, C. R. Morton, J. O. Newton, and N. Rowley, Nucl. Phys. A **584**, 190 (1995); H. Timmers *et al.*, J. Phys. G **23**, 1175 (1997); Nucl. Phys. A **633**, 421 (1998); T. J. Schuck, H. Timmers, and M. Dasgupta, *ibid.* **712**, 14 (2002).
[45] H. Q. Zhang, F. Yang, C. Lin, Z. Liu, and Y. Hu, Phys. Rev. C **57**, R1047 (1998); H. Q. Zhang *et al.*, *Inter. Workshop on Nuclear Reactions and Beyond*, edited by G. M. Jin, Y. X. Luo, and F. S. Zhang (World Scientific, Singapore, 2000), p. 95; C. J. Lin *et al.*, Nucl. Phys. A **787**, 281c (2007); F. Yang, C. J. Lin, X. K. Wu, H. Q. Zhang, C. L. Zhang, P. Zhou, and Z. H. Liu, Phys. Rev. C **77**, 014601 (2008); H. M. Jia *et al.*, *ibid.* **82**, 027602 (2010).
[46] S. Sinha, M. R. Pahlavani, R. Varma, R. K. Choudhury, B. K. Nayak, and A. Saxena, Phys. Rev. C **64**, 024607 (2001).
[47] E. Piasecki *et al.*, Phys. Rev. C **65**, 054611 (2002); **80**, 054613 (2009); **85**, 054604 (2012); **85**, 054608 (2012).
[48] A. A. Sonzogni, J. D. Bierman, M. P. Kelly, J. P. Lestone, J. F. Liang, and R. Vandenbosch, Phys. Rev. C **57**, 722 (1998); O. A. Capurro *et al.*, *ibid.* **61**, 037603 (2000); S. Santra, P. Singh, S. Kailas, Q. Chatterjee, A. Shrivasta, and K. Mahata, *ibid.* **64**, 024602 (2001); R. F. Simões *et al.*, Phys. Lett. B **527**, 187 (2002); D. S. Monteiro *et al.*, Phys. Rev. C **79**, 014601 (2009).
[49] P. R. S. Gomes (private communication).

# Quasifission at extreme sub-barrier energies ①

V.V. Sargsyan[1,2], G.G. Adamian[1], N.V. Antonenko[1], W. Scheid[3], and H.Q. Zhang[4]

[1] Joint Institute for Nuclear Research, 141980 Dubna, Russia
[2] International Center for Advanced Studies, Yerevan State University, M. Manougian 1, 0025, Yerevan, Armenia
[3] Institut für Theoretische Physik der Justus–Liebig–Universität, D–35392 Giessen, Germany
[4] China Institute of Atomic Energy, Post Office Box 275, Beijing 102413, China

Received: 25 June 2012 / Revised: 29 July 2012
Published online: 19 December 2012 – 
Communicated by A. Schwenk

**Abstract.** With the quantum diffusion approach the behavior of the capture cross-section is investigated in the reactions $^{92,94}$Mo+$^{92,94}$Mo, $^{100}$Ru + $^{100}$Ru, $^{104}$Pd + $^{104}$Pd, and $^{78}$Kr + $^{112}$Sn at deep sub-barrier energies which are lower than the ground-state energies of the compound nuclei. Because the capture cross-section is the sum of the complete fusion and quasifission cross-sections, and the complete fusion cross-section is zero at these sub-barrier energies, one can study experimentally the unique quasifission process in these reactions after the capture.

## 1 Introduction

The first evidences of hindrance for compound nucleus formation in the reactions with massive nuclei ($Z_1 \times Z_2 > 1600$) at energies near the Coulomb barrier were observed at GSI already long time ago [1–3]. The theoretical investigations showed that the probability of complete fusion depends on the competition between the complete fusion and quasifission after the capture stage [4–10]. As known, this competition can strongly reduce the value of the fusion cross-section and, respectively, the value of the evaporation residue cross-section in reactions producing heavy and superheavy nuclei. The quasifission is related to the binary decay of the nuclear system after the capture, but before a compound nucleus is formed which could exist at angular momenta treated [4,11,5–10]. The quasifission process was originally ascribed only to reactions with massive nuclei. But it is the general phenomenon which takes place in reactions with the massive and medium-mass nuclei at energies above and below the Coulomb barrier [12–17]. The mass and angular distributions of the quasifission products depend on the entrance channel and the bombarding energy [11].

For systems with negative $Q$-value, the complete fusion cross-section $\sigma_{fus}$ is equal to zero at bombarding energies $E_{\text{c.m.}} < E^0_{\text{c.m.}} = -Q$,

$$\sigma_{fus}(E_{\text{c.m.}} < E^0_{\text{c.m.}}) = 0.$$

This expression implies that the fusion cross-section or the fusion probability $P_{fus}$ must go to zero when the center-of-mass energy $E_{\text{c.m.}}$ approaches the ground-state energy, $-Q$, of the compound nucleus. Since the sum of the complete fusion cross-section $\sigma_{fus}$ and the quasifission cross-section $\sigma_{qf}$ gives the capture cross-section

$$\sigma_{cap} = \sigma_{fus} + \sigma_{qf},$$

at $E_{\text{c.m.}} < E^0_{\text{c.m.}} = -Q$ we have

$$\sigma_{cap}(E_{\text{c.m.}} < E^0_{\text{c.m.}}) = \sigma_{qf}.$$

So, at these deep sub-barrier energies the quasifission is only contribution to the capture cross-section and there is no the overlapping between the fusion-fission and quasifission processes as at higher bombarding energies. At deep sub-barrier energies, the quasifission event corresponds to the formation of a nuclear-molecular state or dinuclear system with small excitation energy that separates by quantum tunneling through the Coulomb barrier in a binary event with mass and charge close to the entrance channel. The influence of the quantal effects on the quasifission distribution can be studied. These effects might be not so important at above barrier energies.

Although many measurements do not reach such deep sub-barrier energies $E_{\text{c.m.}} < E^0_{\text{c.m.}} = -Q$, it is still possible to find systems with relatively small values of $V_b - E^0_{\text{c.m.}} = V_b + Q$ ($V_b = V(R_b)$ is the height of the Coulomb barrier for the spherical nuclei, $R_b$ is the position of this barrier) for the experimental study of the quasifission process. The purpose of the present article is to find such type of systems and to estimate the capture cross-sections at $E_{\text{c.m.}} < E^0_{\text{c.m.}} = -Q$. The quantum diffusion approach [12–21] is applied to study the capture process more thoroughly.

① Eur.Phys.J.A,2012,48:188.

## 2 Method

In our quantum diffusion approach [12–21] the collisions of nuclei are treated in terms of a single collective variable: the relative distance between the colliding nuclei. The nuclear deformations are taken into account through the dependence of the nucleus-nucleus potential on the quadrupole deformations and mutual orientations of the colliding nuclei. Our approach regards the fluctuation and dissipation effects in the collision of heavy ions and models the coupling with various channels (for example, coupling of the relative motion with low-lying collective modes such as dynamical quadrupole and octupole modes of the target and projectile [22]). We have to mention that many quantum-mechanical and non-Markovian effects accompanying the passage through the potential barrier are considered in our formalism [18,23–25] through the friction and diffusion. To calculate the nucleus-nucleus interaction potential $V(R)$, we use the procedure presented in refs. [12–18]. For the nuclear part of the nucleus-nucleus potential, the double-folding formalism with a Skyrme-type density-dependent effective nucleon-nucleon interaction is used. The nucleon densities of the projectile and target nuclei are specified in the form of the Woods-Saxon parameterization, where the nuclear radius parameter is $r_0 = 1.15$ fm and the diffuseness parameter takes the values $a = 0.55$ fm for all nuclei. The absolute values of the quadrupole deformation parameters $\beta_2$ of deformed nuclei were taken from ref. [26].

The capture cross-section is a sum of partial capture cross-sections [12–18]

$$\begin{aligned}\sigma_{cap}(E_{\rm c.m.}) &= \sum_J \sigma_{\rm cap}(E_{\rm c.m.}, J)\\ &= \pi\lambda^2 \sum_J (2J+1)\int_0^{\pi/2} {\rm d}\theta_1 \sin(\theta_1)\\ &\quad\times\int_0^{\pi/2} {\rm d}\theta_2 \sin(\theta_2) P_{\rm cap}(E_{\rm c.m.}, J, \theta_1, \theta_2),\end{aligned} \tag{1}$$

where $\lambda^2 = \hbar^2/(2\mu E_{\rm c.m.})$ is the reduced de Broglie wavelength, $\mu = m_0 A_1 A_2/(A_1 + A_2)$ is the reduced mass ($m_0$ is the nucleon mass), and the summation is over the possible values of angular momentum $J$ at a given bombarding energy $E_{\rm c.m.}$. Knowing the potential of the interacting nuclei for each orientation with the angles $\theta_i (i = 1, 2)$, one can obtain the partial capture probability $P_{\rm cap}$ which is defined by the passing probability of the potential barrier in the relative distance $R$ coordinate at a given $J$. The value of $P_{\rm cap}$ is obtained by integrating the propagator $G$ from the initial state $(R_0, P_0)$ at time $t = 0$ to the final state $(R, P)$ at time $t$ ($P$ is a momentum),

$$\begin{aligned}P_{\rm cap} &= \lim_{t\to\infty}\int_{-\infty}^{r_{\rm in}} {\rm d}R \int_{-\infty}^{\infty} {\rm d}P\, G(R, P, t|R_0, P_0, 0)\\ &= \lim_{t\to\infty}\frac{1}{2}{\rm erfc}\left[\frac{-r_{\rm in} + \overline{R(t)}}{\sqrt{\Sigma_{RR}(t)}}\right].\end{aligned} \tag{2}$$

The second line in eq. (2) is obtained by using the propagator $G = \pi^{-1}|\det \mathbf{\Sigma}^{-1}|^{1/2}\exp\left(-\mathbf{q}^T\mathbf{\Sigma}^{-1}\mathbf{q}\right)$ ($\mathbf{q}^T = [q_R, q_P]$, $q_R(t) = R - \overline{R(t)}$, $q_P(t) = P - \overline{P(t)}$, $\overline{R(t=0)} = R_0$, $\overline{P(t=0)} = P_0$, $\Sigma_{kk'}(t) = 2\overline{q_k(t)q_{k'}(t)}$, $\Sigma_{kk'}(t=0) = 0$, $k, k' = R, P$) calculated for an inverted oscillator which approximates the nucleus-nucleus potential $V$ in the variable $R$. The frequency $\omega$ of this oscillator with an internal turning point $r_{\rm in}$ is defined from the condition of equality of the classical actions of approximated and realistic potential barriers of the same hight at given $J$. It should be noted that the passage through the Coulomb barrier approximated by a parabola has been previously studied in refs. [27–31]. This approximation is well justified for the reactions and energy range which are considered here. Finally, one can find the expression for the capture probability,

$$P_{\rm cap} = \frac{1}{2}{\rm erfc}\left[\left(\frac{\pi s_1(\gamma - s_1)}{2\hbar\mu(\omega_0^2 - s_1^2)}\right)^{1/2}\frac{\mu\omega_0^2 R_0/s_1 + P_0}{[\gamma\ln(\gamma/s_1)]^{1/2}}\right], \tag{3}$$

where $\gamma$ is the internal-excitation width, $\omega_0^2 = \omega^2\{1-\hbar\tilde{\lambda}\gamma/[\mu(s_1+\gamma)(s_2+\gamma)]\}$ is the renormalized frequency in the Markovian limit, the value of $\tilde{\lambda}$ is related to the strength of linear coupling in coordinates between collective and internal subsystems. The non-Markovian effects appear in the calculations through $\gamma$. Here, $\hbar\gamma = 15$ MeV. The $s_i$ are the real roots ($s_1 \geq 0 > s_2 \geq s_3$) of the following equation [12–18]:

$$(s+\gamma)(s^2 - \omega_0^2) + \hbar\tilde{\lambda}\gamma s/\mu = 0. \tag{4}$$

As shown in refs. [12–18], the nuclear forces start to play a role at $R_{int} = R_b + 1.1$ fm where the nucleon density of colliding nuclei approximately reaches 10% of the saturation density. If the value of $r_{\rm ex}$ corresponding to the external turning point is larger than the interaction radius $R_{int}$, we take $R_0 = r_{\rm ex}$ and $P_0 = 0$ in eq. (3). For $r_{\rm ex} < R_{int}$, it is natural to start our treatment with $R_0 = R_{int}$ and $P_0$ defined by the kinetic energy at $R = R_0$. In this case the friction hinders the classical motion to proceed towards smaller values of $R$. If $P_0 = 0$ at $R_0 > R_{int}$, the friction almost does not play a role in the transition through the barrier. Thus, two regimes of interaction at sub-barrier energies differ by the action of the nuclear forces and the role of friction at $R = r_{\rm ex}$.

The calculated results for all reactions are obtained with the same set of parameters as in refs. [15–18] and are rather insensitive to a reasonable variation of them.

## 3 Calculated results

Symmetric and near symmetric dinuclear systems with neutron-deficient stable nuclei have the smallest values of $(V_b + Q)$. For example, the sub-barrier energies with respect to the Coulomb barrier are $V_b - E^0_{\rm c.m.} = V_b + Q = 13$, 14.8, 18, 19.4, 21.8 MeV for the systems $^{92}$Mo + $^{92}$Mo, $^{104}$Pd + $^{104}$Pd, $^{94}$Mo + $^{94}$Mo, $^{100}$Ru + $^{100}$Ru, $^{78}$Kr + $^{112}$Sn, respectively. Here predictions of unknown mass excesses of

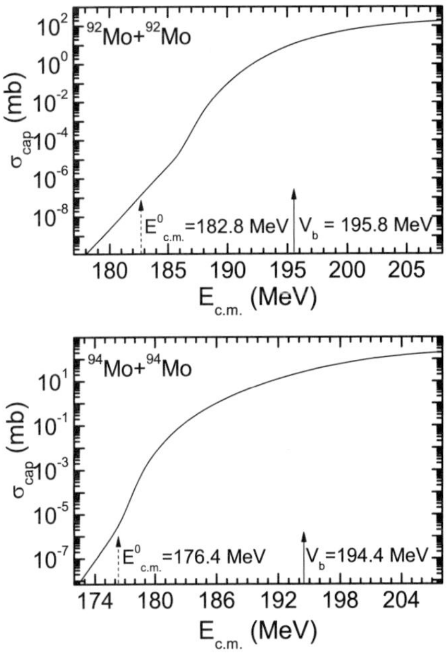


**Fig. 1.** The calculated capture cross-sections *vs.* $E_{\mathrm{c.m.}}$ for the reactions $^{92,94}$Mo$+^{92,94}$Mo. The dashed and solid arrows show $E_{\mathrm{c.m.}} = E^0_{\mathrm{c.m.}} = -Q$ and $E_{\mathrm{c.m.}} = V_b$, respectively.

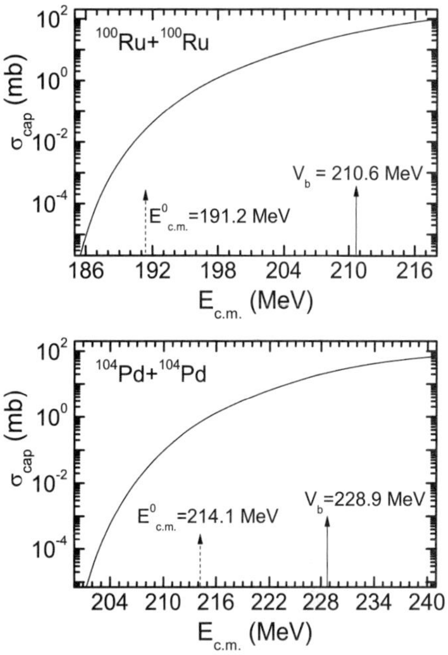


**Fig. 2.** The same as in fig. 1, but for the reactions $^{100}$Ru$+^{100}$Ru and $^{104}$Pd $+$ $^{104}$Pd.

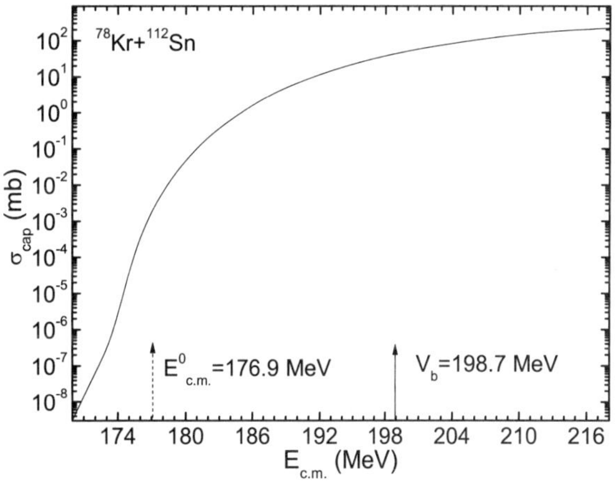


**Fig. 3.** The same as in fig. 1, but for the $^{78}$Kr$+^{112}$Sn reaction.

the compound nuclei are taken from ref. [32]. Note that the accuracy of the predicted mass excesses is less than 1 MeV. In figs. 1–3 the calculated capture cross-sections for these reactions are presented. All systems show a steady decrease of the sub-barrier fusion cross-sections with a pronounced change of slope. With $E_{\mathrm{c.m.}}$ decreasing below the Coulomb barrier the interaction changes because at the external turning point the colliding nuclei do no more reach the region of the nuclear interaction where the friction plays a role. As a result, at smaller $E_{\mathrm{c.m.}}$ the cross-sections fall with a smaller rate. For sub-barrier energies, the results of calculations are very sensitive to the quadrupole deformation parameters $\beta_2$ of the interacting nuclei. The influence of nuclear deformation is straightforward. If the target and projectile nuclei are prolate in their ground states, the Coulomb field on its tips is lower than on its sides. This increases the capture probability at energies below the barrier corresponding to the spherical nuclei. The enhancement of sub-barrier capture for the reactions $^{104}$Pd$+^{104}$Pd, $^{100}$Ru$+^{100}$Ru, and $^{78}$Kr$+^{112}$Sn in the contrast to the reactions $^{92,94}$Mo$+^{92,94}$Mo is explained by the deformation effect: the deformations in the former systems are larger the ones in the latcr systems. Note that because of the negative $Q_{xn}$-values, the neutron transfer processes do not almost influence the subbarier capture process in these reactions.

In figs. 1–3 the calculated capture cross-sections at $E_{\mathrm{c.m.}} = E^0_{\mathrm{c.m.}} = -Q$ are $\sigma_{cap} = 0.2$ nb, 5.1 nb, 2.3 $\mu$b, 24.4 $\mu$b, and 0.7 mb for the reactions $^{92}$Mo$+^{92}$Mo, $^{94}$Mo$+^{94}$Mo, $^{78}$Kr $+$ $^{112}$Sn, $^{100}$Ru $+$ $^{100}$Ru, and $^{104}$Pd $+$ $^{104}$Pd, respectively. So, $^{104}$Pd$+^{104}$Pd, $^{100}$Ru$+^{100}$Ru, and $^{78}$Kr$+^{112}$Sn are the optimal reactions for studying capture and quasifission at deep sub-barrier energies $E_{\mathrm{c.m.}} < E^0_{\mathrm{c.m.}} = -Q$ where the complete fusion channel is closed ($\sigma_{fus} = 0$). At these sub-barrier energies the quasifission process can be studied in future experiments: from the measurement of the mass (charge) and TKE distributions in collisions with total momentum transfer one can show the distinct components which are due to the quasifission and differ from the quasielastic components. The polarization effects in quasifission are expected to lead to the TKE smaller than the TKE of quasielastic events. Because the angular momentum is $J < 10$ at these energies, the angular distribution would have a small anisotropy. The low-energy experimental quasifission data would probably provide straight information since the high-energy data may be shaded by competing the fusion-fission processes. The lifetime of nuclear molecule formed seems to be long enough to separate it mass from other reaction products. Then one can observe the decay of this molecule into two fragments.

## 4 Summary

The quantum diffusion approach was applied to calculate the capture cross-sections for the reactions $^{92}$Mo + $^{92}$Mo, $^{104}$Pd + $^{104}$Pd, $^{94}$Mo + $^{94}$Mo, $^{100}$Ru + $^{100}$Ru, and $^{78}$Kr + $^{112}$Sn at extreme sub-barrier energies which are too low for complete fusion. The quasifission near the entrance channel is the unique binary decay process after the capture. The reactions $^{104}$Pd + $^{104}$Pd, $^{100}$Ru + $^{100}$Ru, and $^{78}$Kr + $^{112}$Sn seem to be optimal systems for a experimental study of the true quasifission at extreme sub-barrier energies.

This work was supported by DFG, NSFC, and RFBR. The IN2P3(France) - JINR(Dubna) and Polish - JINR(Dubna) Cooperation Programmes are gratefully acknowledged.

## References

1. C.-C. Sahm, H.-G. Clerc, K.-H. Schmidt, W. Reisdorf, P. Armbruster, F.P. Hessberger, J.G. Keller, G. Münzenberg, D. Vermeulen, Z. Phys. A **319**, 113 (1984).
2. J.G. Keller, K.-H. Schmidt, F.P. Hessberger, G. Münzenberg, W. Reisdorf, H.-G. Clerc, C.-C. Sahm, Nucl. Phys. A **452**, 173 (1986).
3. A.B. Quint, W. Reisdorf, K.-H. Schmidt, P. Armbruster, F.P. Hessberger, S. Hofmann, J. Keller, G. Münzenberg, H. Stelzer, H.-G. Clerc, W. Morawek, C.-C. Sahm, Z. Phys. A **346**, 119 (1993).
4. V.V. Volkov, Part. Nucl. **35**, 797 (2004).
5. G.G. Adamian, N.V. Antonenko, W.Scheid, Phys. Rev. C **68**, 034601 (2003).
6. G.G. Adamian, N.V. Antonenko, W.Scheid, *Clusters in Nuclei*, Vol. **2**, edited by C. Beck, in *Lecture Notes in Physics*, Vol. **848** (Springer-Verlag, Berlin, 2012) p. 165.
7. G. Giardina *et al.*, Nucl. Phys. A **671**, 165 (2000).
8. A. Nasirov *et al.*, Nucl. Phys. A **759**, 342 (2005).
9. Z.-Q. Feng, G.-M. Jin, J.-Q. Li, W. Scheid, Phys. Rev. C **76**, 044606 (2007).
10. H.Q. Zhang, C.L. Zhang, C.J. Lin, Z.H. Liu, F. Yang, A.K. Nasirov, G. Mandaglio, M. Manganaro, G. Giardina, Phys. Rev. C **81**, 034611 (2010).
11. W.-U. Schröder, J.R. Huizenga, in *Treatise on Heavy-Ion Science*, edited by D.A. Bromley, Vol. **2** (Plenum Press, New York, 1984) p. 115.
12. V.V. Sargsyan, G.G. Adamian, N.V. Antonenko, W. Scheid, H.Q. Zhang, Eur. Phys. J. A **47**, 38 (2011).
13. V.V. Sargsyan, G.G. Adamian, N.V. Antonenko, W. Scheid, H.Q. Zhang, J. Phys. Conf. Ser. **282**, 012001 (2011).
14. V.V. Sargsyan, G.G. Adamian, N.V. Antonenko, W. Scheid, H.Q. Zhang, EPJ Web Conf. **17**, 04003 (2011).
15. V.V. Sargsyan, G.G. Adamian, N.V. Antonenko, W. Scheid, H.Q. Zhang, Phys. Phys. C **84**, 064614 (2011).
16. V.V. Sargsyan, G.G. Adamian, N.V. Antonenko, W. Scheid, H.Q. Zhang, Phys. Rev. C **85**, 024616 (2012).
17. V.V. Sargsyan, G.G. Adamian, N.V. Antonenko, W. Scheid, H.Q. Zhang, Phys. Rev. C **85**, 069903 (2012).
18. V.V. Sargsyan, G.G. Adamian, N.V. Antonenko, W. Scheid, Eur. Phys. J. A **45**, 125 (2010).
19. V.V. Sargsyan, G.G. Adamian, N.V. Antonenko, W. Scheid, C.J. Lin, H.Q. Zhang, Phys. Phys. C **85**, 017603 (2012).
20. V.V. Sargsyan, G.G. Adamian, N.V. Antonenko, W. Scheid, C.J. Lin, H.Q. Zhang, Phys. Phys. C **85**, 037602 (2012).
21. R.A. Kuzyakin, V.V. Sargsyan, G.G. Adamian, N.V. Antonenko, E.E. Saperstein, S.V. Tolokonnikov, Phys. Rev. C **85**, 034612 (2012).
22. S. Ayik, B. Yilmaz, D. Lacroix, Phys. Rev. C **81**, 034605 (2010).
23. V.V. Sargsyan, Z. Kanokov, G.G. Adamian, N.V. Antonenko, W. Scheid, Phys. Rev. C **80**, 034606 (2009).
24. V.V. Sargsyan, Z. Kanokov, G.G. Adamian, N.V. Antonenko, W. Scheid, Phys. Rev. C **80**, 047603 (2009).
25. V.V. Sargsyan, Z. Kanokov, G.G. Adamian, N.V. Antonenko, Part. Nucl. **41**, 175 (2010).
26. S. Raman, C.W. Nestor, Jr, P. Tikkanen, At. Data Nucl. Data Tables **78**, 1 (2001).
27. H. Hofmann, Phys. Rep. **284**, 137 (1997).
28. J.D. Bao, Y.-Z. Zhuo, Phys. Rev. C **67**, 064606 (2003).
29. N. Takigawa, S. Ayik, K. Washiyama, S. Kimura, Phys. Rev. C **69**, 054605 (2004).
30. S. Ayik, B. Yilmaz, A. Gokalp, O. Yilmaz, N. Takigawa, Phys. Rev. C **71**, 054611 (2005).
31. G. Hupin, D. Lacroix, Phys. Rev. C **81**, 014609 (2010).
32. P. Möller, J.R. Nix, W.D. Myers, W.J. Swiatecki, At. Data Nucl. Data Tables **59**, 185 (1995).

# TENSOR EFFECTS ON THE SPIN-DEPENDENT CHARGE-EXCHANGE TRANSITIONS①

C. L. BAI

*Sichuan University, Chengdu 610065, China*

H. Q. ZHANG and X. Z. ZHANG

*China Institute of Atomic Energy, China*

F. R. XU

*School of Physics, Peking University, China*

H. SAGAWA

*Center for Mathematics and Physics, University of Aizu, Aizu-Wakamatsu, 965-8580 Fukushima, Japan*

G. COLÒ

*Dipartimento di Fisica, Università degli studi and INFN, Sezione di Milano, 20133 Milano, Italy*

Effects of the tensor force on the Gamow-Teller (GT) and Charge-exchange Spin-Dipole (SD) transitions in $^{208}$Pb and $^{90}$Zr are studied through self-consistent Hartree-Fock plus Random-Phase-Approximation (HF+RPA) theory based on Skyrme force. It is found that tensor force produce strong effect on the GT and SD transitions. These strong effects can be good candidates to constrain the strength of tensor force or choose Skyrme parameter sets which included the tensor force.

*Keywords*: Tensor force; HF+RPA; GT excitation; SD excitation.

## 1. Introduction

The nuclear effective interactions like the zero-range Skyrme forces have been quite successful to describe many nuclear properties. These forces are fitted using empirical properties of uniform nuclear matter, together with masses and charge radii of selected reference nuclei. They describe in a reasonable way the global trends of the ground-state properties along

① Nuclear Structure in China 2012, Editors Jie MENG, Cai-Wan SHEN, En-Guang ZHAO, San-Gui ZHOU, World Scientific, 2013: 1-8.

the nuclear chart (binding energies, radii and deformations). Properties of excited states such as vibrations and rotations have been studied successfully as well, allowing a large amount of physical insight. In the quest for a universal *local* Energy Density Functional (EDF) for nuclei, the Skyrme framework is often used as a starting point.

While most of the Skyrme parameter sets which have been widely used are purely central, many groups have recently devoted attention to the role played by the zero-range tensor terms that can be added (see Refs.[1–8]). This blooming of theoretical studies has followed the claim by the authors of Ref.,[9] that the tensor force is crucial for the understanding of the evolution of the single-particle energies in exotic nuclei. However,It seems that the effects of the tensor force on the ground-state properties of nuclei such as the total binding energy and radii are not large enough to constrain well the tensor force. In addition, the mean field models might not be enough to describe quantitatively the observed single-particle energies since other effects like the coupling with collective vibrations may be significant.

Recently, self-consistent HF+RPA schemes with tensor interactions have been developed.[10–12] The Gamow-Teller (GT) and charge-exchange $1^+$ spin-quadrupole (SQ) transitions in $^{90}$Zr and $^{208}$Pb have been studied in Refs.,[10,11] whereas the non charge-exchange multipole responses of several magic nuclei have been calculated in Ref.[12] Very recently, the effects of the tensor force on the charge-exchange Spin-Dipole (SD) excitation in $^{208}$Pb have been studied and the results are compared to new experimental data.[13] It was shown that the tensor correlations have a clear multipole-dependent effect on the charge-exchange SD excitations.[14] Then, effective Skyrme-type tensor interactions are constrained by using the available empirical information on the spin-dependent excitations such as GT and SD excitations in $^{90}$Zr and $^{208}$Pb. The sign and magnitude of the tensor terms are also discussed when these terms are added to the existing Skyrme interactions SGII and SLy5.[15]

We sketch briefly our fully self-consistent HF+RPA model in section 2. In Section 3, we report the effects of the tensor force on GT transition in $^{208}$Pb and $^{90}$Zr. In section 4, we study the multipole-dependent effects of the tensor force on SD excitations. The constraint of GT and SD excitations on the sine and magnitude of the tensor terms are displayed in section 5. A summary is given in Sec. 6.

## 2. The HF+RPA calculations with tensor forces

The zero-range two-body tensor force we employ was originally proposed by Skyrme:[16,17]

$$
\begin{aligned}
V^T = &\frac{T}{2}\{[(\sigma_1 \cdot \mathbf{k}')(\sigma_2 \cdot \mathbf{k}') - \frac{1}{3}(\sigma_1 \cdot \sigma_2)\,\mathbf{k}'^2]\delta(r) \\
&+ \delta(\mathbf{r})[(\sigma_1 \cdot \mathbf{k})(\sigma_2 \cdot \mathbf{k}) - \frac{1}{3}(\sigma_1 \cdot \sigma_2)\,\mathbf{k}^2]\} \\
&+ \frac{U}{2}\{(\sigma_1 \cdot \mathbf{k}')\,\delta(\mathbf{r})(\sigma_2 \cdot \mathbf{k}) + (\sigma_2 \cdot \mathbf{k}')\,\delta(\mathbf{r})(\sigma_1 \cdot \mathbf{k}) \\
&- \frac{2}{3}\,[(\sigma_1 \cdot \sigma_2)\mathbf{k}' \cdot \delta(\mathbf{r})\mathbf{k}]\}. \qquad (1)
\end{aligned}
$$

In the above expression, the operator $\mathbf{k} = (\nabla_1 - \nabla_2)/2i$ acts on the right and $\mathbf{k}' = -(\nabla_1' - \nabla_2')/2i$ acts on the left. The parameters $T$ and $U$ denote the strengths of triplet-even and triplet-odd tensor terms, respectively.

The tensor terms only contribute to the spin-orbit potential which is given by

$$
U_{S.O}^{(q)} = \frac{W_0}{2r}(2\frac{d\rho_q}{dr} + \frac{d\rho_{q'}}{dr}) + (\alpha\frac{J_q}{r} + \beta\frac{J_{q'}}{r}), \qquad (2)
$$

In this expression, q=0(1) labels neutrons (protons), and $J_n$ and $J_P$ are spin-density of neutron and proton respectively. The first term comes from the Skyrme two-body spin-orbit interaction whereas the second term includes both the central exchange and the tensor contributions, i.e. $\alpha = \alpha_C + \alpha_T, \beta = \beta_C + \beta_T$ with

$$
\alpha_C = \frac{1}{8}(t_1 - t_2) - \frac{1}{8}(t_1 x_1 - t_2 x_2), \qquad (3)
$$

$$
\beta_C = -\frac{1}{8}(t_1 x_1 + t_2 x_2), \qquad (4)
$$

$$
\alpha_T = \frac{5}{12}U, \beta_T = \frac{5}{24}(T + U) \qquad (5)
$$

In the HF+RPA model, we start by solving the HF equations in coordinate space with a large radial mesh extending up to 20 fm (with a step of 0.1 fm). After the Skyrme HF potential is calculated, the single-particle wave functions of the occupied and unoccupied levels are obtained by using an harmonic oscillator basis that extends up to the maximum major quantum number $N_{max} = 10, 12$ for $^{90}$Zr and $^{208}$Pb, respectively. In the charge-exchange RPA, the $t_-$ and $t_+$channels are coupled and the corresponding eigenstates emerge from a single diagonalization of the RPA matrix.

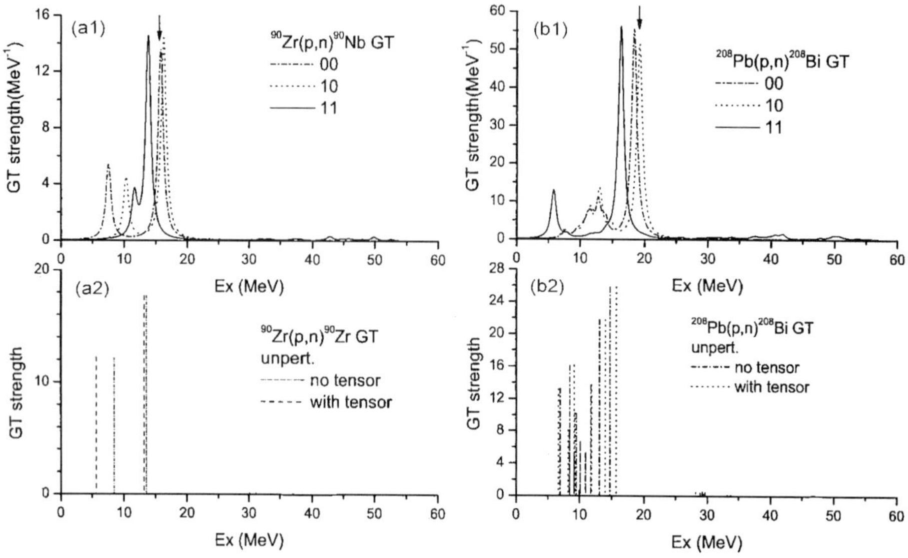


Fig. 1. (Color online) The $t_-$ GT strength in $^{90}$Zr and $^{208}$Pb.(Tensor term is included perturbatively to SIII parameter set.)(a)Smoothed RPA result of GT resonance with Lorentzian width 1MeV. Neglect tensor term in both HF and RPA is labelled by 00; include tensor term in HF but neglect it in RPA is labelled by 10; tensor term is included in both HF and RPA is labelled by 11. The arrow corresponds to the experimental energy. (b)unperturbed strength.

## 3. Effects of the tensor force on Gamow-Teller excitation

Gamow-Teller states have been studied both experimentally and theoretically intensively in last three decades. Many interesting nuclear structure information was revealed by these studies, for example, the quenching of sum rule strength and the role of GT strength on the astrophysical processes. The operator for GT transition is defined as

$$\hat{O}_{GT\pm} = \sum_{im} t^i_{\pm}\sigma^i_m \tag{6}$$

where the isospin operators are $t_{\pm} = \frac{1}{2}(t_x \pm i t_y)$.

The GT strength distributions in $^{90}$Zr and $^{208}$Pb are displayed in Fig.1. One can see that main peaks are moved downward about 2MeV by the tensor term. About 10% of the non-energy weighted sum rule is shifted to excitation energy region higher than 30MeV by the RPA correlation of tensor term, this shifting might produce effect on the quenching problem, in which the observed strength from 10 to 20MeV excitation energy (with respect to the ground state of the target nuclei) is about 50% of the model-independent non-energy weighted sum rule(NEWSR); this percentage becomes about 70% if the whole strength in the neighboring energy region is collected.[18](See detailed description in Ref.[10])

These effects are due to the fact that Gamow-Teller(GT) states can couple strongly with the spin-quadrupole (SQ) $1^+$ states in the high energy region above $E_x$=30 MeV due to the tensor interactions. As the result of this coupling, more than 10% of the GT strength is shifted to the energy region above 30 MeV, and the main GT peak is moved 2 MeV downward. (See detailed discussion in Ref.[11])

## 4. Effects of the tensor force on SD excitation

Spin-isospin collective modes have been instrumental for the understanding of nuclear structure since almost three decades.[19]In this section, we study the charge-exchange spin-dipole (SD) excitations of $^{208}$Pb, in which the strength distributions are measured by recent accurate experiment.[13] The charge-exchange SD operator is defined as

$$\hat{O}_{\pm}^{\lambda} = \sum_{i} t_{\pm}^{i} r_i (Y_1^i \sigma^i)_{\lambda}. \tag{7}$$

The numerical results of the HF+RPA calculations with the forces T43 and SLy5+$T_w$ are shown in Fig. 2. It is demonstrated clearly that tensor correlations have a specific multipole dependence, that is, they produce a strong hardening effect on the $0^-$mode and a softening effect on the $1^-$ mode. A weak hardening effect is also observed on the $2^-$ mode. The characteristic effect of the tensor force was further examined by using the analytic formulas based on the multipole expansion of the contact tensor interaction. Our calculated results are compared with recent SD excitation spectra obtained in the $(p, n)$ reaction on the $^{208}$Pb target. The softening and the hardening effects produced by tensor correlations on the $1^-$ and $2^-$ modes are confirmed by comparing the experimental data and the calculated results with and without tensor correlations. Consequently, from the study of SD excitations, we are able to give a clear constraint on the effective tensor force which was missing so far. See Ref.[14] for details and discussion.

## 5. GT and SD excitations as quantitative constraints for the tensor force

Though there are about 40 Skyrme parameter sets which include the tensor terms, the signs and magnitudes of the tensor forces are still an open question. In this section we pursue our effort to constrain effective Skyrme-type tensor interactions by using the available empirical information on the spin-dependent excitations such as GT and SD excitations in $^{90}$Zr and

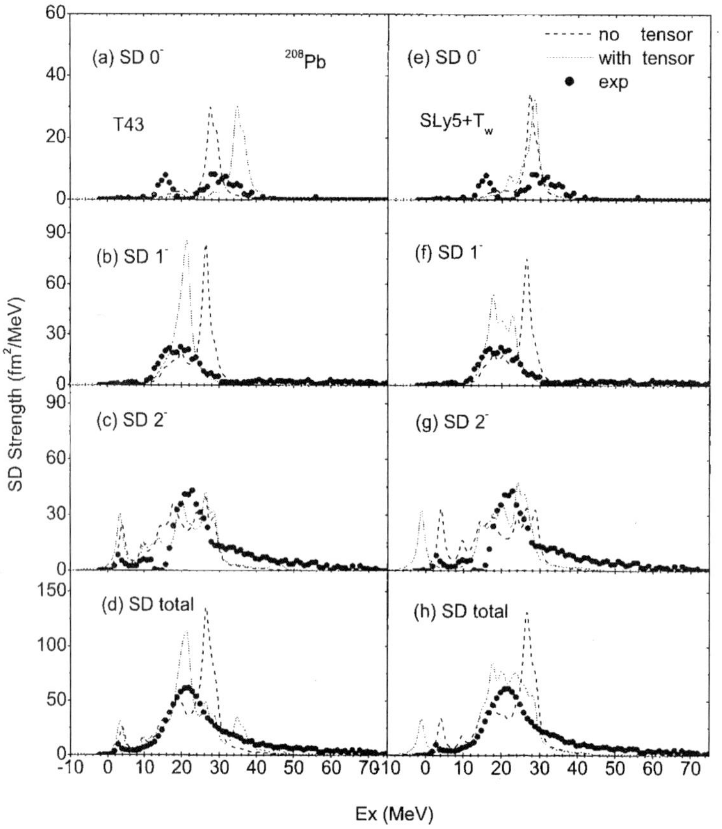


Fig. 2. (Color online) Charge-exchange SD$_-$ strength distributions in $^{208}$Pb. In the panels (a), (b), and (c) the RPA results obtained by employing the interaction SLy5+$T_w$ for the multipoles $0^-$ , $1^-$, $2^-$ are displayed. In panel (d) we show the total strength distribution. Panels (e), (f), (g) and (h) correspond to similar results when the parameter set T43 is employed. All these discrete RPA results have been smoothed by using a Lorentzian averaging with a width of 2 MeV and compared with experimental findings. The excitation energy is with respect to the ground state of $^{208}$Bi. The experimental data are taken from Ref.[13]

$^{208}$Pb. we examine all available Skyrme parameter sets with tensor terms which have been determined either with a variational procedure,[5] or with a perturbative method. As criteria to test the tensor terms, we adopt the differences between the theoretical and experimental excitation energy of GT and SD states: in particular we demand an accuracy of 2.5 MeV.

Among the 36 T*IJ* parameter sets that include non-perturbatively the tensor terms, the four sets T21, T32, T43 and T54 give reasonable results for the centroid energies in comparison with the experimental data.The sign and magnitude of the tensor terms are also discussed when these terms are added to the existing Skyrme interactions SGII and SLy5.

It is shown in Fig.3 that the above constraints restrict the acceptable

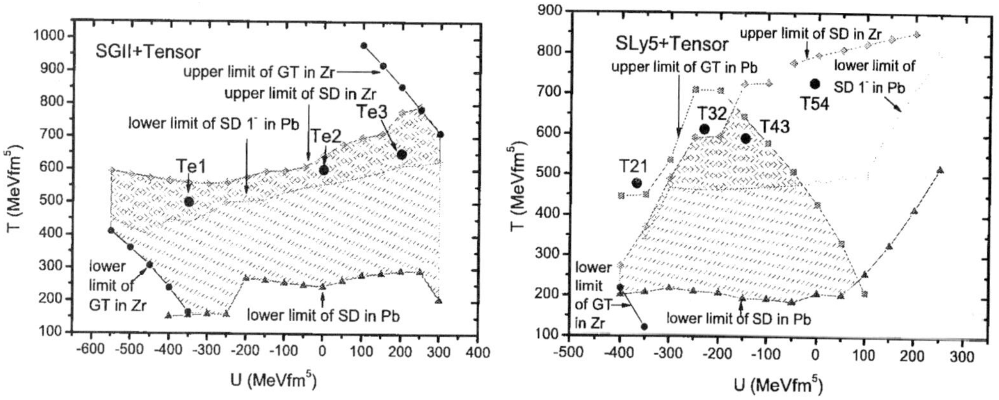


Fig. 3. (Color online) The region of $T$ and $U$ values constrained by the criterion $\delta E \leq 2.5$ MeV for the GT and total SD centroid energies in $^{90}$Zr and $^{208}$Pb, and for the SD $1^-$ centroid energy in $^{208}$Pb.

values for the parameters $T$ and $U$ within a rather narrow region. Firstly, the value of $T$ should be positive and have a value around 550 MeV fm$^5$ (depending somehow mildly on the central part of the Skyrme force). This is mainly required by the matching with the SD $1^-$ mode. Secondly, the accepted value of $U$ can be constrained by the GT peak energy, although it somewhat depends more on the choice of the central part of the Skyrme interaction. With the parameter set SGII, a wide range of of $U$ is acceptable satisfying the criterion $\delta E < 2.5$MeV. With SLy5, the value of $U$ should be negative as $U \sim -(180 \pm 100)$MeV fm$^5$ due to the requirement of reproducing the GT centroid energy of $^{208}$Pb. Thus, the triplet-odd tensor strength $U$ is still not well constrained. (See Ref.[15] for details and discussion.)

## 6. Summary

In summary,we have studied the effects of the tensor force on GT and charge-exchange SD excitations in $^{208}$Pb and $^{90}$Zr. The main GT peaks are moved downward about 2MeV by the tensor term. About 10% of the non-energy weighted sum rule is shifted to excitation energy region higher than 30MeV by the RPA correlation of tensor term. It is found, for the first time, that the tensor correlations have a unique, multipole-dependent effect on the SD excitations, that is, they produce softening of $1^-$ states, but hardening of $0^-$ and $2^-$ states. We compare our results with a recent measurement, showing that our choice of tensor terms improves the agreement with experiment. On this account,Gamow-Teller (GT) and charge-exchange Spin-Dipole (SD) excitation energies in $^{90}$Zr and $^{208}$Pb are systematically studied to determine the appropriate magnitude of the tensor terms of the Skyrme interactions. We have found that the centroid energies of GT and

SD excitations are sensitive to the adopted strengths of the triplet-even and triplet-odd tensor interactions. Especially the $1^-$ SD state plays a crucial role to constrain the triplet-even part, while the triplet-odd part is related rather to the GT peaks. Among the 36 $TIJ$ parameter sets that include non-perturbatively the tensor terms, the four sets T21, T32, T43 and T54 give reasonable results for the centroid energies in comparison with the experimental data. The sign and magnitude of the tensor terms are also discussed when these terms are added to the existing Skyrme interactions SGII and SLy5. The triplet-even strength can be constrained in a narrow range by using the available experimental data, while further empirical data are needed to set a constraint on the triplet-odd term.

## References

1. B.A. Brown *et al.*, *Phys. Rev. C* **74**, 061303(R) (2006).
2. J. Dobaczewski, in *Proceedings of the Third ANL/MSU/JINA/INT RIA Workshop*, edited by T. Duguet, H. Esbensen, K. M. Nollett, and C. D. Roberts (World Scientific, Singapore, 2006).
3. G. Colò *et al.*, *Phys. Lett. B* **646**, 227 (2007) [see also: *Phys. Lett. B* **668**, 457 (2008)].
4. D. M. Brink and Fl. Stancu, *Phys. Rev. C* **75**, 064311 (2007).
5. T. Lesinski *et al.*, *Phys. Rev. C* **76**, 014312 (2007).
6. M. Grasso *et al.*, *Phys. Rev. C* **76**, 044319 (2007).
7. W. Zou *et al.*, *Phys. Rev. C* **77**, 014304 (2008).
8. M. Zalewski *et al.*, *Phys. Rev. C* **77**, 024316 (2008).
9. T. Otsuka *et al.*, *Phys. Rev. Lett.* **95**, 232502 (2005); T. Otsuka, *et al.*, *Phys. Rev. Lett.* **97**, 162501 (2006).
10. C.L. Bai, H.Sagawa, H.Q.Zhang, X.Z.Zhang, G. Colò and F.R. Xu, *Phys. Lett. B* **675**, 28 (2009).
11. C.L. Bai, H.Q.Zhang, X.Z.Zhang, F.R.Xu, H.Sagawa, G.Colò, *Phys. Rev. C* **79**, 041301(R)(2009).
12. L. Cao *et al.*, *Phys. Rev. C* **80**, 064304 (2009).
13. T. Wakasa *et al.*, *Phys. Rev. C* **84**, 014614 (2011).
14. C.L. Bai, H.Q. Zhang, H. Sagawa, X.Z. Zhang, G. Colò, and F. R. Xu, *Phys. Rev. Lett.* **105**, 072501(2010).
15. C.L. Bai, H.Q. Zhang, H. Sagawa, X.Z. Zhang, G. Colò, and F. R. Xu, *Phys. Rev. C* **83**, 054316(2011).
16. T.H.R.Skyrme, *Nucl. Phys.* **9**,615(1959).
17. T.H.R. Skyrme, *Phil. Mag.* **1**, 1043 (1956).
18. J.Rapaport *etal.*, *Nucl. Phys. A* **410**,371(1983);
19. F. Osterfeld, *Rev. Mod. Phys.* **64**, 491 (1992).

# Systematic study of reaction functions of weakly bound nuclei ①

X. P. Yang,[1] G. L. Zhang,[1,2] and H. Q. Zhang[3]

[1]School of Physics and Nuclear Energy Engineering, Beihang University, Beijing 100191, China

[2]Key Laboratory of Micro-Nano Measurement-Manipulation and Physics (Ministry of Education), Beihang University, Beijing 100191, China

[3]China Institute of Atomic Energy, Beijing 102413, China

(Received 6 September 2012; revised manuscript received 29 September 2012; published 7 January 2013)

The barrier parameters of weakly and tightly bound nuclei on different target nuclei are obtained by the São Paulo potential, and the total reaction cross sections are obtained from analyzing the experimental elastic scattering data. In order to explore the breakup effects we systematically analyze the total reaction function $F(x)$ of weakly and tightly bound projectiles on light, medium-mass, and heavy target nuclei in comparison with the universal function $F_0(x)$. From this comparison, we conclude that the breakup effect is not important for weakly bound projectiles on the light target nuclei, is suppressed on medium-mass and heavy target nuclei above the Coulomb barrier, and, oppositely, is enhanced for some weakly bound projectiles at energies near and below the Coulomb barrier. More experiments need to be performed for some unstable weakly bound nuclei on medium-mass and heavy target nuclei at low energies especially at sub-barrier energies.

DOI: 10.1103/PhysRevC.87.014603 PACS number(s): 25.60.Dz, 24.10.−i, 25.60.Gc

## I. INTRODUCTION

The nuclear reactions induced by nuclei near or far from the stable line are research topics of current interest. In particular, light nuclei located near or far from the stable line may exhibit exotic structures, such as the halo/skin structure. Therefore, reactions with these nuclei may provide a new path for studying the exotic nuclear structures and new reaction mechanisms which are different from those of stable nuclei especially at relatively low energies [1–6]. For light, stable, weakly bound nuclei such as $^{6,7}$Li and $^{9}$Be and light, unstable, weakly bound nuclei such as $^{6}$He, $^{8}$B, $^{7}$Be, and $^{17}$F, their breakup thresholds are low and these may profoundly provide the different reaction mechanisms during the collision especially in collisions of light, unstable, weakly bound nuclei.

In the fusion process, fusion cross sections can be strongly affected by coupling channels [7,8]. The coupling to the breakup channel for weakly bound nuclei may also affect the fusion cross sections at near- and sub-barrier energies. On the one hand, the long tail of density for these weakly bound nuclei reduces the barrier height and the barrier curvature, and this may enhance the fusion cross sections. On the other hand, due to the coupling with the breakup channel there may be a strong dynamic effect. However, the consequences are harder to assess. So it is difficult to clarify and assess if the fusion cross sections are enhanced or hindered in the reactions induced by weakly bound nuclei at the energies near and below the Coulomb barrier.

Elastic scattering has been considered as an important tool to widely explore the inner structure of nuclei and the reaction mechanism of reaction systems. Elastic scattering measurements of involved weakly bound nuclei at low energies have also been performed to investigate their exotic features. Due to their low binding energy the breakup channel becomes an important competing process at relatively low incident energies, and the coupling channel analysis is required. Through analyzing the elastic scattering data, some important information can be obtained such as total reaction cross section. Recently several papers have published research results using this method to explore the dynamic, static, and geometric effects of projectiles [9–12]. In recent years experimental and theoretical efforts have been made to investigate breakup effects in collisions of weakly bound nuclei as well as fusion and elastic scattering. However, this field is still open for further study. In this paper, we select the São Paulo potential (SPP) to give the theoretical results of the elastic scattering of light weakly bound projectiles with different kinds of target nuclei. Then from the results of the SPP the barrier parameters can be obtained. Total reaction cross sections are acquired from experimental angular distribution of elastic scattering on the basis of barrier parameters of the SPP. The dynamic effects of these projectiles are systematically explored.

This paper is organized as follows. In Sec. II the method for determining the reaction function is introduced. In Sec. III this method is applied to analyze the data of different weakly bound nuclei; the calculated results are displayed and discussed. The conclusion is given in Sec. IV.

## II. METHODS

To study dynamic effects in the region near and below the Coulomb barrier, we use the method of Ref. [11]. A dimensionless reaction function, $F(x)$, and a dimensionless variable, $x$, are defined as

$$F(x)=\frac{2E_{\text{c.m.}}}{\hbar\omega R_B^2}\sigma_R,\quad x=\frac{E_{\text{c.m.}}-V_B}{\hbar\omega},\tag{1}$$

where $V_B$, $R_B$, and $\hbar\omega$ correspond to the height, radius, and curvature of the barrier for each reaction system, respectively, and $x$ is the reduced energy. $E_{\text{c.m.}}$ and $\sigma_R$ are the collision energy at the center-of-mass frame and the total reaction

① Physical Review C,2013,87(1):014603-(1-6).

cross section, respectively. The barrier parameters $V_B$, $R_B$, and $\hbar\omega$ are obtained from the SPP, and the $\sigma_R$ is obtained from the experimental angular distribution of elastic scattering. When we input the incident energy, charge numbers, and mass numbers of projectile and target nuclei for each reaction system, and the other input parameters are always fixed in the SPP program, the program can directly output those barrier parameters, and then we analyze the experimental angular distribution of elastic scattering to obtain the $\sigma_R$.

It is well known that Wong's approximation [13] is extensively used to deal with the fusion reaction. The equation is given as

$$\sigma_F^W(x) = R_B^2 \frac{\hbar\omega}{2E_{\text{c.m.}}} \ln\left[1 + \exp\left(\frac{2\pi(E_{\text{c.m.}} - V_B)}{\hbar\omega}\right)\right]. \quad (2)$$

At energies above the Coulomb barrier this approximation can reproduce the experimental fusion cross section well. However, at the sub-barrier energies it is not accurate. When the coupling channel effect needs to be considered, Wong's approximation cannot work well at this region and also cannot reproduce the calculated results of the optical model. After Eq. (2) is renormalized, it can be used as a reference to explore dynamic effects because it does not contain the coupling channels. According to the definition of Eq. (2) it can be changed to

$$F_0(x) = \ln(1 + e^{2\pi x}). \quad (3)$$

$F_0(x)$ is defined as the universal function. By comparing $F_0(x)$ with $F(x)$ of Eq. (1) the dynamic effects of each reaction system can be investigated.

In our analysis we use the SPP to calculate the barrier parameters for each reaction system including light weakly bound projectiles and tightly bound projectiles with different target nuclei. Here the target nuclei are divided into light, medium-mass, and heavy target nuclei. The SPP has been widely used for weakly bound and stable nuclei systems [14,15]. By using the SPP, the barrier parameters can be directly obtained for each reaction system.

### III. RESULTS AND DISCUSSIONS

First we study the collisions of light weakly and tightly bound projectiles with light target nuclei. The experimental data of elastic scattering on $^{27}$Al target nuclei are analyzed. The data are for the stable weakly bound projectiles $^{6,7}$Li [16,17] and $^9$Be [18], the tightly bound projectiles $^{14}$N and $^{12}$C [19], and the unstable weakly bound projectiles $^6$He [1] and $^7$Be [20]. The results of $F(x)$ for these systems studied are plotted as a function of $x$ in Fig. 1 in which the values of $F_0(x)$ are denoted by the solid curve. It can been seen from the figure that all of $F(x)$ values follow the same trends described by the universal function $F_0(x)$ despite the differences in the structure, binding energy, and reaction mechanism for each projectile. These results are the same as those for the weakly and tightly bound projectiles on $^{12}$C target nuclei in Refs. [2,4, 12]. It is interesting to note that the $F(x)$ of the unstable weakly bound projectile $^6$He, which is a two-neutron-halo nuclei, has a trend similar to that of the other projectiles. However, this

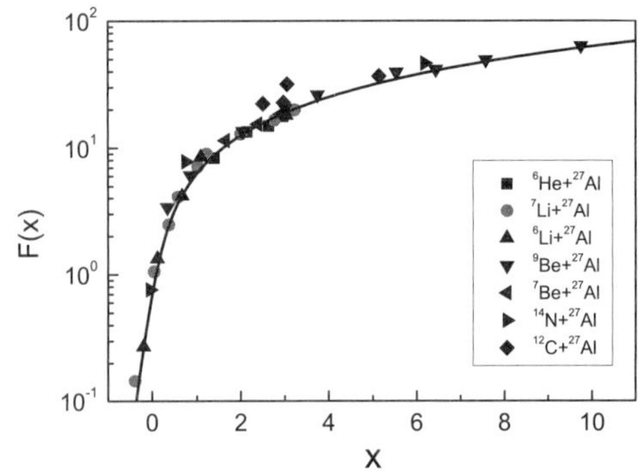


FIG. 1. (Color online) The reaction function $F(x)$ for weakly and tightly bound projectiles on the $^{27}$Al target as a function of $x$. The solid line represents the results of the universal function $F_0(x)$.

result is a contradiction to that of Ref. [1] in which a large discrepancy between $^6$He and the other projectiles on an $^{27}$Al target was shown. Shorto *et al.* showed the same viewpoint [11] as the present results. This indicates that the breakup channel does not have an important contribution to the total reaction cross section for these weakly bound projectiles bombarding light target nuclei.

Second we study the collisions of light weakly bound and tightly bound projectiles with medium-mass target nuclei. The analyzed experimental data include those of $^6$He + $^{58}$Ni, $^{64}$Zn, $^{65}$Cu [21–23]; $^6$Li + $^{58}$Ni [24]; $^{17}$F + $^{58}$Ni [25]; $^7$Li + $^{59}$Co [26]; $^7$Be + $^{58}$Ni [24]; $^9$Be + $^{64}$Zn [27]; and $^{16}$O + $^{64}$Zn, $^{58,64}$Ni [27,28]. Figure 2 shows the results of $F(x)$ of these systems and the results of $F_0(x)$ (solid line). In order to clearly show the data, Fig. 2(a) is scaled by linear coordinates at energies near and below the Coulomb barrier, and Fig. 2(b) is scaled by logarithmic coordinates at energies above the Coulomb barrier. It is observed that the results of $^6$He, $^8$B, $^{6,7}$Li, and $^{7,9}$Be are similar, but they are slightly greater than those of $F_0(x)$ at energies above the Coulomb barrier and have a larger deviation and are much greater than those of $F_0(x)$ at energies near and below the Coulomb barrier. Here we select the different projectiles that have different breakup thresholds on the same target; The contributions of inelastic excitation of target nuclei to each projectile ($^6$He, $^8$B, $^{7,9}$Be, and $^{6,7}$Li) are almost the same, and the different shapes of $F(x)$ are mainly due to the contribution of the breakup channel. In the last two paragraphs, we also select the same projectiles on different target nuclei. The contributions of transfer of each projectile ($^6$He, $^8$B, $^{7,9}$Be, and $^{6,7}$Li) are almost same, and the observed phenomena are also mainly due to the breakup effect. So for the dynamic effect the main contribution is from the breakup channel. By comparing $F(x)$ of the present analyzed systems to $F_0(x)$, it is implied that on the one hand the contribution of the breakup channel is larger at energies near and below the Coulomb barrier than the contribution at energies above the Coulomb barrier. On the other hand, the breakup effect of weakly bound projectiles on medium-mass target nuclei is slightly larger than that of weakly bound projectiles on light target nuclei, but it is not apparent. The results of $^{16}$O are similar to those of $^6$He, $^8$B, $^{6,7}$Li, and $^{7,9}$Be

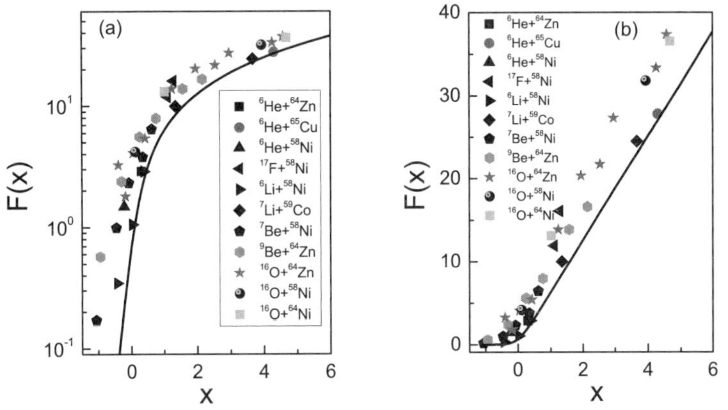


FIG. 2. (Color online) The reaction function $F(x)$ for weakly and tightly bound projectiles on different medium-mass target nuclei as a function of $x$. (a) Linear coordinate. (b) Logarithm coordinate. The solid line represents the results of the universal function $F_0(x)$.

at energies around and near the Coulomb barrier. However, above the Coulomb barrier the results of $^{17}$F and $^{16}$O are systematically greater than those of the other weakly bound projectiles; they are ascribed to the contribution of the other direct processes such as inelastic excitation. The reduction method cannot completely eliminate the contribution of these parts. The present results of $^{16}$O on medium-mass target nuclei are different from those of $^{16}\mathrm{O}+{}^{64}\mathrm{Zn}$ of Ref. [29] in which the results of $^{16}\mathrm{O}+{}^{64}\mathrm{Zn}$ are smaller than those of weakly bound projectiles. This is due to incomplete elimination of the contribution of barrier parameters of the reaction system by using the method described in Ref. [29]. However, those of $^{17}$F and $^{16}$O keep similarity. It is shown that at a low energy region the breakup effect of $^{17}$F on medium-mass target nuclei may be small, which is the same as the conclusion of Ref. [25]. Further accurate experiments of $^{17}$F on medium-mass target nuclei need to be performed to demonstrate this viewpoint.

At last, we study the collisions of light weakly and tightly bound projectiles with heavy target nuclei. We select the experimental data of $^{6}\mathrm{He}+{}^{197}\mathrm{Au}$ [30], $^{208}$Pb [31,32], $^{209}$Bi [33,34], $^{6,7}\mathrm{Li}+{}^{208}\mathrm{Pb}$ [35], $^{9}\mathrm{Be}+{}^{208}\mathrm{Pb}$, $^{209}$Bi [36], $^{11}\mathrm{B}+{}^{209}\mathrm{Bi}$ [37], $^{19}\mathrm{F}+{}^{208}\mathrm{Pb}$ [38], $^{16}\mathrm{O}+{}^{209}\mathrm{Bi}$ [39], and $^{17}\mathrm{F}+{}^{208}\mathrm{Pb}$ [5,40]. Similar to Fig. 2, in Fig. 3 we also use linear and logarithmic coordinates for the reaction function $F(x)$ of these systems and the results of $F_0(x)$ are shown by the solid line. We can see that all of the data are greater than the results of $F_0(x)$ at energies near and below the Coulomb barrier, and at energies above the Coulomb barrier the data of $^{6}$He, $^{6,7}$Li, and $^{9}$Be are similar and are slightly greater than the results of $F_0(x)$. According to the above analysis, by comparing $F(x)$ of $^{6}$He, $^{6,7}$Li, and $^{9}$Be on heavy target nuclei to $F_0(x)$, it is indicated that near and below the Coulomb barrier the breakup contribution is greater than that above the Coulomb barrier for some weakly bound projectiles bombarding heavy target nuclei. This phenomenon has also been observed in studying fusion reactions of some weakly bound nuclei on heavy target nuclei [41–43]. Although above the Coulomb barrier the results of $^{16}$O, $^{17,19}$F, and $^{11}$B are much different than those of the other weakly bound projectiles, they are systematically increased. This phenomenon is ascribed to large contributions of the other direct processes such as inelastic excitation. Those of $^{11}$B are larger than those of $^{6}$He, $^{6,7}$Li, and $^{9}$Be but are smaller than those of $^{16}$O and $^{17,19}$F; the data of $^{17}$F are similar to those of $^{16}$O and $^{19}$F. Because $^{16}$O and $^{19}$F are tightly bound projectiles, according to this analysis the breakup effect of $^{17}$F on heavy target nuclei is small for $\sigma_R$. This conclusion is the same as those of Refs. [44–46] in which the measured breakup cross sections are small and the fusion cross sections of $^{17}\mathrm{F}+{}^{208}\mathrm{Pb}$ are similar to those of $^{16}\mathrm{O}+{}^{208}\mathrm{Pb}$. So from the analysis of the reaction function $F(x)$ the breakup channel of the proton drip-line nucleus $^{17}$F

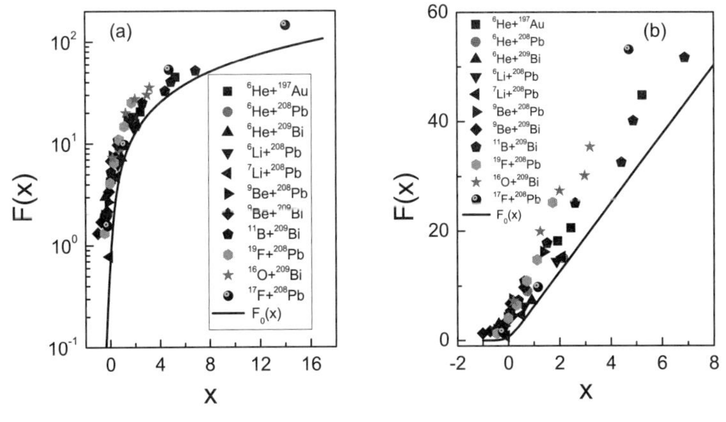


FIG. 3. (Color online) The reaction function $F(x)$ for weakly and tightly bound projectiles on different heavy target nuclei as a function of $x$. (a) Linear coordinate. (b) Logarithm coordinate. The solid line represents the results of the universal function $F_0(x)$.

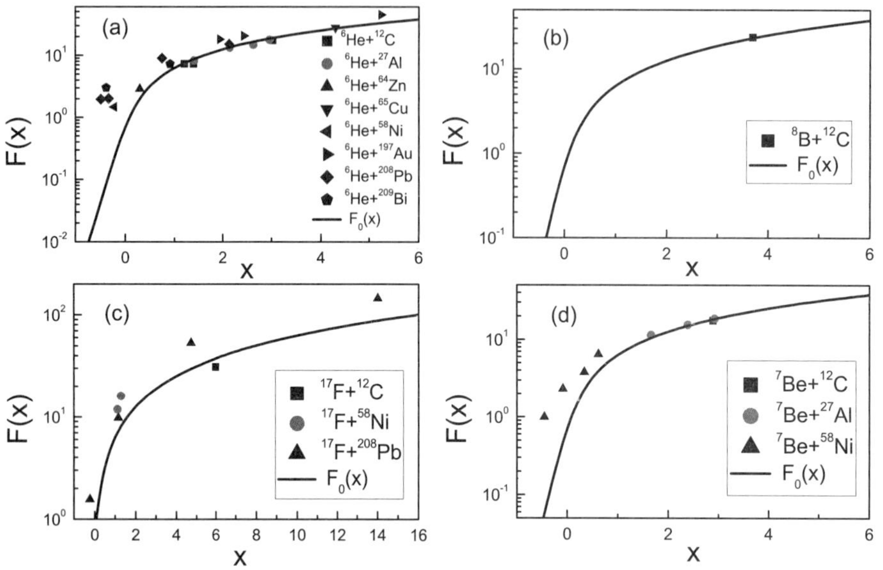


FIG. 4. (Color online) The reaction function $F(x)$ for unstable weakly bound projectiles on different target nuclei as a function of $x$: (a) $^6$He, (b) $^8$B, (c) $^{17}$F, and (d) $^7$Be. The solid line represents the results of the universal function $F_0(x)$.

on heavy target nuclei does not have an important contribution to total reaction cross section.

To further analyze the dynamic effect of different light weakly bound projectiles, we plot a figure for same projectiles with the different target nuclei. In Figs. 4(a)–4(d) we depict the figures of $^6$He, $^8$B, $^{17}$F, and $^7$Be, which are unstable weakly bound projectiles on different target nuclei. Here we add the data of $^6$He, $^8$B, $^{17}$F, and $^7$Be on $^{12}$C [4,12]. It is indicated in Fig. 4(a) that, above the Coulomb barrier, the results of $^6$He on $^{12}$C and $^{27}$Al are similar to those of $F_0(x)$; on $^{64}$Zn and $^{58}$Ni as well as on $^{197}$Au, $^{208}$Pb, and $^{209}$Bi above the Coulomb barrier the results are slightly greater than those of $F_0(x)$; however, near and below the Coulomb barrier the results of $^6$He on $^{208}$Pb and $^{209}$Bi are much different from those of $F_0(x)$ and are much greater than those of $F_0(x)$. In Figs. 4(b) and 4(d) the results of $^8$B + $^{12}$C and $^7$Be on $^{12}$C as well as on $^{27}$Al are similar to those of $F_0(x)$, but those of $^7$Be on $^{58}$Ni are larger than those of $F_0(x)$ especially at energies near and below the Coulomb barrier. $^8$B

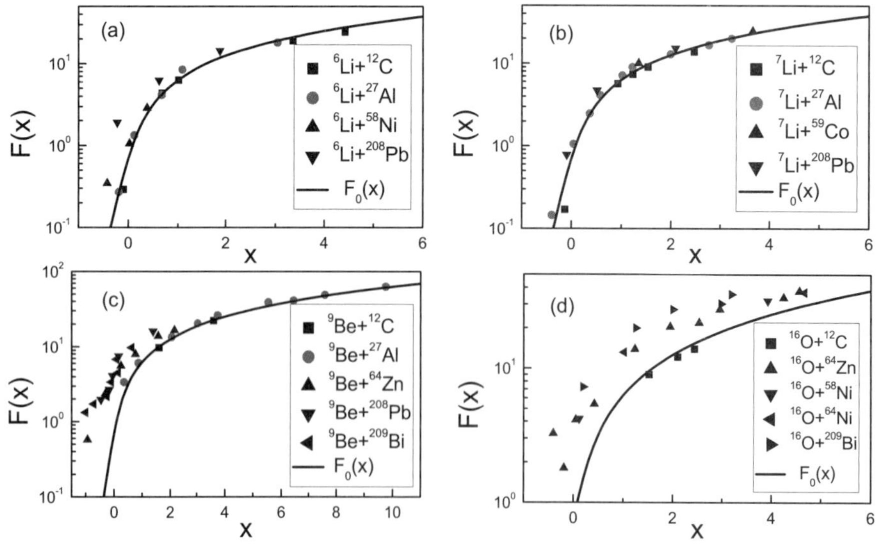


FIG. 5. (Color online) The reaction function $F(x)$ for stable weakly and tightly bound projectiles on different target nuclei as a function of $x$: (a) $^6$Li, (b) $^7$Li, (c) $^9$Be, and (d) $^{16}$O. The solid line represents the results of the universal function $F_0(x)$.

and $^7$Be on heavy target nuclei have no experimental data, so no appraisal can be done for the total reaction function. It is important to measure the elastic scattering of $^8$B and $^7$Be on heavy target nuclei, also including that of $^8$B on medium-mass target nuclei. In Fig. 4(c) the result of $^{17}$F on $^{12}$C is similar to that of $F_0(x)$. Those of $^{17}$F on $^{58}$Ni and $^{208}$Pb are greater than those of $F_0(x)$. In comparison with the above analyzed results, we know that this is from the contribution of the other direct processes. So the conclusion is that the breakup effect is not important for unstable weakly bound nuclei on light target nuclei, and for $^6$He on medium-mass and heavy target nuclei the breakup effect is greater near and below the Coulomb barrier than above the Coulomb barrier. In comparison with the data of $^8$B, $^7$Be, and $^{17}$F, it is shown that the data points on medium-mass target nuclei are much less than those of $^6$He. The dynamic effects of some unstable weakly bound projectiles on medium-mass target nuclei need to be further explored from the experiment. It is suggested that experiments with unstable weakly bound projectiles on medium-mass target nuclei at low energies need to be done in the future. Experiments with $^8$B and $^7$Be on heavy target nuclei also need to be done.

In Fig. 5 we show the results of the stable weakly bound projectiles $^{6,7}$Li and $^9$Be and the tightly bound projectile $^{16}$O on different target nuclei, and we also add the data of $^{6,7}$Li, $^9$Be, and $^{16}$O on $^{12}$C [2]. It is shown that the results of $^{6,7}$Li and $^9$Be on $^{12}$C and $^{27}$Al are always similar to those of $F_0(x)$. The results of $^{6,7}$Li and $^9$Be on $^{58}$Ni, $^{59}$Co, and $^{64}$Zn are slightly greater than those of $F_0(x)$ above the Coulomb barrier, but it is not apparent, however, at energies near and below the Coulomb barrier their results are larger than that of $F_0(x)$ except that $^7$Li has no experimental data at this region. For the results on heavy target nuclei there is a more enhancement than those on medium-mass target nuclei. The results of $^{16}$O on $^{58,64}$Ni, $^{64}$Zn, and $^{209}$Bi are greater than those of $F_0(x)$. In comparison with the above analyzed results, we know that this is from the contribution of the other direct processes. According to this analysis, we conclude that for stable weakly bound nuclei the breakup channel on light target nuclei has no important contribution to the total reaction cross section. On medium-mass and heavy target nuclei the breakup effect is greater at energies near and below the Coulomb barrier than that above the Coulomb barrier, especially on heavy target nuclei.

## IV. SUMMARY

We use the SPP to acquire the barrier parameters of weakly and tightly bound projectiles on different target nuclei. The total reaction cross sections $\sigma_R$ of reaction systems are obtained by analyzing the experimental angular distribution, and then the corresponding total reaction functions $F(x)$ are systematically analyzed on different target nuclei that are separated into light, medium-mass, and heavy target nuclei. In comparison with the universal function $F_0(x)$, we can conclude that for weakly bound projectiles the breakup effect on light target nuclei is not important; on medium-mass and heavy target nuclei the breakup effect is greater at energies near and below the Coulomb barrier than that above the Coulomb barrier for some weakly bound nuclei, except $^8$B, $^{17}$F, and $^7$Be. The breakup effect of the proton drip-line nucleus $^{17}$F on heavy target nuclei is small. We suggest performing more experiments for $^{17}$F on medium-mass target nuclei as well as for $^8$B and $^7$Be on medium-mass and heavy target nuclei in the future. More experimental data will provide strong evidence for the breakup effect of weakly bound projectiles on medium-mass and heavy target nuclei.

## ACKNOWLEDGMENTS

This work is supported by the National Nature Science Foundation of China under Grants No. 11035007, No. 11235002, and No. 11175011. The authors acknowledge Dr. L. Jin who provided the SPP program, and we also thank Dr. D. Y. Pang for discussions.

[1] E. Benjamin *et al.*, Phys. Lett. B **647**, 30 (2007).
[2] A. Barioni *et al.*, Phys. Rev. C **84**, 014603 (2011).
[3] E. F. Aguilera *et al.*, Phys. Rev. C **79**, 021601 (2009).
[4] G. L. Zhang *et al.*, Eur. Phys. J. A **48**, 65 (2012).
[5] J. F. Liang *et al.*, Phys. Rev. C **65**, 051603 (2002).
[6] J. C. Blackmon *et al.*, Phys. Rev. C **72**, 034606 (2005).
[7] A. Diaz-Torres and I. J. Thompson, Phys. Rev. C **65**, 024606 (2002).
[8] K. Hagino, A. Vitturi, C. H. Dasso, and S. M. Lenzi, Phys. Rev. C **61**, 037602 (2000).
[9] E. F. Aguilera, I. Martel, A. M. Sanchez-Benitez, and L. Acosta, Phys. Rev. C **83**, 021601(R) (2011).
[10] P. R. S. Gomes, J. Lubian, I. Padron, and R. M. Anjos, Phys. Rev. C **71**, 017601 (2005).
[11] J. M. B. Shorto *et al.*, Phys. Lett. B **678**, 77 (2009).
[12] J. C. Zamora *et al.*, Phys. Rev. C **84**, 034611 (2011).
[13] C. Y. Wong, Phys. Rev. Lett. **31**, 766 (1973).
[14] L. C. Chamon *et al.*, Phys. Rev. C **66**, 014610 (2002).
[15] E. Crema, L. C. Chamon, and P. R. S. Gomes, Phys. Rev. C **72**, 034610 (2005).
[16] J. M. Figueira *et al.*, Phys. Rev. C **75**, 017602 (2007).
[17] J. M. Fihueira *et al.*, Phys. Rev. C **73**, 054603 (2006).
[18] P. R. S. Gomes *et al.*, Phys. Rev. C **70**, 054605 (2004).
[19] N. Amangeldi, N. Burtebayev, Sh. Hamada, and A. Amar, World Acad. Sci., Eng. Technol. **74**, 543 (2011).
[20] K. Kalita *et al.*, Phys. Rev. C **73**, 024609 (2006).
[21] L. R. Gasques *et al.*, Phys. Rev. C **67**, 024602 (2003).
[22] A. Di Pietro *et al.*, Phys. Rev. C **69**, 044613 (2004).
[23] A. Chatterjee *et al.*, Phys. Rev. Lett. **101**, 032701 (2008).
[24] E. F. Aguilera *et al.*, Phys. Rev. C **79**, 021601(R) (2009).
[25] M. Mazzocco *et al.*, Phys. Rev. C **82**, 054604 (2010).
[26] C. Beck, N. Keeley, and A. Diaz-Torres, Phys. Rev. C **75**, 054605 (2007).
[27] P. R. S. Gomes *et al.*, Phys. Rev. C **71**, 034608 (2005).
[28] M. Biswas, Phys. Rev. C **77**, 017602 (2008).
[29] J. J. Kolata and E. F. Aguilera, Phys. Rev. C **79**, 027603 (2009).

[30] O. R. Kakuee *et al.*, Nucl. Phys. A **765**, 294 (2006).
[31] A. M. Sánchez-Benítez *et al.*, J. Phys. G: Nucl. Part. Phys. **31**, S1953 (2005).
[32] O. R. Kakuee *et al.*, Nucl. Phys. A **728**, 339 (2003).
[33] E. F. Aguilera *et al.*, Phys. Rev. Lett. **84**, 5058 (2000).
[34] E. F. Aguilera *et al.*, Phys. Rev. C **63**, 061603(R) (2001).
[35] N. Keeley *et al.*, Nucl. Phys. A **571**, 326 (1994).
[36] N. Yu *et al.*, J. Phys. G: Nucl. Part. Phys. **37**, 075108 (2010).
[37] A. Shrivastava *et al.*, Nucl. Phys. A **635**, 411 (1998).
[38] C. J. Lin, J. C. Xu, H. Q. Zhang, Z. H. Liu, F. Yang, and L. X. Lu, Phys. Rev. C **63**, 064606 (2001).
[39] P. Singh *et al.*, Nucl. Phys. A **555**, 606 (1993).
[40] M. Romoli *et al.*, Phys. Rev. C **69**, 064614 (2004).
[41] M. Dasgupta *et al.*, Phys. Rev. Lett. **82**, 1395 (1999).
[42] M. Dasgupte *et al.*, Phys. Rev. C **70**, 024606 (2004).
[43] J. J. Kolata *et al.*, Phys. Rev. Lett. **81**, 4580 (1998).
[44] K. E. Rehm *et al.*, Phys. Rev. Lett. **81**, 3341 (1998).
[45] J. F. Liang *et al.*, Phys. Lett. B **491**, 23 (2000).
[46] J. F. Liang *et al.*, Phys. Rev. C **67**, 044603 (2003).

# Threshold energy for sub-barrier fusion hindrance phenomenon ①

V.V. Sargsyan[1,2], G.G. Adamian[1], N.V. Antonenko[1], W. Scheid[3], and H.Q. Zhang[4]

[1] Joint Institute for Nuclear Research, 141980 Dubna, Russia
[2] International Center for Advanced Studies, Yerevan State University, 0025 Yerevan, Armenia
[3] Institut für Theoretische Physik der Justus-Liebig-Universität, D-35392 Giessen, Germany
[4] China Institute of Atomic Energy, 102413 Beijing, China

Received: 7 December 2012 / Revised: 10 January 2013
Published online: 8 February 2013 – 
Communicated by M. Hjorth-Jensen

**Abstract.** The relationship between the threshold energy for a deep sub-barrier fusion hindrance phenomenon and the energy at which the regime of interaction changes (the turning-off of the nuclear forces and friction) in the sub-barrier capture process is studied within the quantum diffusion approach. The quasielastic barrier distribution is shown to be a useful tool to clarify whether the slope of capture cross section changes at sub-barrier energies.

## 1 Introduction

The experiments with various medium-light and heavy nuclei have shown that the experimental slopes of the complete fusion excitation function keep increasing at low sub-barrier energies and may become much larger than the predictions of standard coupled-channel calculations. This was identified as the fusion hindrance with the threshold energy $E_s$ [1–6]. More experimental and theoretical studies of sub-barrier fusion hindrance are required to improve our understanding of its physical reason, which may be especially important in astrophysical fusion reactions [7,8]. The origin for the fusion hindrance phenomenon is different in diabatic [9,10] and adiabatic [11–14] approaches. In the adiabatic model [11–14] the fusion hindrance occurs due to the penetration of inner one-body potential barrier which has to be passed to reach the compound nucleus at incident energies below the potential energy of the touching configuration. On the other hand, in the diabatic model [9,10], which uses a shallow potential, the hindrance occurs because of the cutoff of the high angular-momentum components in the fusion cross section.

From the general point of view, the fusion hindrance appears due to the competition between the complete fusion process and other reaction process(es). As well established, in the complete fusion reactions leading to the formation of heavy and superheavy nuclei there is the strong competition between the complete fusion and quasifission processes which supplies the fusion hindrance and, respectively, the strong reduction of the complete fusion cross section at energies near the Coulomb barrier [15–23]. The small fusion cross section at energies well below the Coulomb barrier may indicate that the quasifission channel is preferable and the system goes to this channel after the capture [24–26]. So, the observed hindrance factor may be understood in term of quasifission after the capture. At deep sub-barrier energies, the quasifission event corresponds to the formation of a nuclear-molecular state or dinuclear system with small excitation energy that separates (in the competition with the compound nucleus formation process) by the quantum tunneling through the Coulomb barrier in a binary event with mass and charge close to those of the colliding nuclei. In this sense the quasifission is the general phenomenon which takes place in the reactions with the massive [15–23], and medium-mass nuclei [24–26].

As shown within the quantum diffusion approach [24–32], due to a change of the regime of interaction (the external turning point leaves the region of the nuclear forces and friction) at deep sub-barrier energies, the curve related to the capture cross section as a function of bombarding energy has smaller slope. Although there is some experimental indications [33–38] of this effect the error bars are still large and more efforts are required to verify the change of slope in the capture excitation function. As seen in ref. [32], for the reactions $^{58}$Ni + $^{54}$Fe and $^{40}$Ca + $^{40}$Ca, the calculated capture cross sections coincide with the measured fusion cross sections in refs. [36–38]. In the present paper we try to demonstrate the relationship between the threshold energy $E_s$ for a deep

① Eur.Phys.J.A,2013,49:19.

sub-barrier fusion hindrance phenomenon and the energy $E_{ch}$ at which the regime of interaction changes in the sub-barrier capture process.

## 2 Model

In the quantum diffusion approach the capture of nuclei is treated in terms of a single collective variable: the relative distance between the colliding nuclei. The neutron transfer and nuclear deformation effects are taken into consideration through the dependence of the nucleus-nucleus potential on the isotopic compositions, deformations and orientations of interacting nuclei. Our approach takes into consideration the fluctuation and dissipation effects in collisions of heavy ions which model the coupling with various channels (for example, coupling of the relative motion with low-lying collective modes such as dynamical quadrupole and octupole modes of target and projectile [39] and with the non-collective excitations of the colliding nuclei [40–44]). The effect of the rotational excitation of the deformed interacting nuclei is considered as well. The measured fusion (capture) and quasielastic excitation functions, and $Q$-value spectra [5,40–44] point the importance of the effects of the static deformation and the single-particle excitations of nuclei and nucleon exchange between nuclei. We have to mention that many quantum-mechanical and non-Markovian effects [45–49] accompanying the passage through the potential barrier are taken into consideration in our formalism [24–26]. The details of used formalism are presented in our previous articles [24–26]. With this formalism many heavy-ion capture reactions at energies above and well below the Coulomb barrier have been successfully described.

We assume that the sub-barrier capture mainly depends on the two-neutron transfer with the positive $Q_{2n}$-value. Our assumption is that, just before the projectile is captured by the target nucleus (just before the crossing of the Coulomb barrier) which is a slow process, the transfer occurs and can lead to the population of the first excited collective state in the recipient nucleus [50–52]. So, the motion to the $N/Z$ equilibrium starts in the system before the capture because it is energetically favorable in the dinuclear system in the vicinity of the Coulomb barrier. For the reactions under consideration, the average change of mass asymmetry is connected to the two-neutron transfer ($2n$-transfer). Since after the transfer the mass numbers, the isotopic composition and the deformation parameters of the interacting nuclei, and, correspondingly, the height $V_b = V(R_b, J=0)$ and shape of the Coulomb barrier are changed, one can expect an enhancement or suppression of the capture. If, after the neutron transfer, the deformations of interacting nuclei increase (decrease), the capture probability increases (decreases). When the isotopic dependence of the nucleus-nucleus potential is weak and after the transfer the deformations of interacting nuclei is not changed, there is no effect of the neutron transfer on the capture. In comparison with ref. [53], we assume that the negative transfer $Q$-values do not play visible role in the capture process. Our scenario was verified in the description of many reactions [24–26].

### 2.1 Nucleus-nucleus interaction potential

In the model [24–26], the potential describing the interaction of two nuclei is taken in the form [54]

$$V(R, Z_i, A_i, \theta_i, J) = V_C(R, Z_i, A_i, \theta_i) + V_N(R, Z_i, A_i, \theta_i) + V_{rot}(R, A_i, J), \quad (1)$$

where $V_N$, $V_C$, and the last summand stand for the nuclear, the Coulomb, and the centrifugal potentials, respectively. The nuclei are proposed to be spherical or deformed with the quadrupole deformation parameters $\beta_i$. The quadrupole deformation parameters are taken from ref. [55] for even-even deformed nuclei. The nucleus-nucleus potential depends on the distance $R$ between the center of mass of two interacting nuclei their masses $A_i$ and charges $Z_i$ ($i = 1, 2$), the orientation angles $\theta_i$ for deformed nuclei and the relative angular momentum $J$. The index $i = 1$ marks the lighter participant of the collision process and $i = 2$, the heavier one.

For the nuclear part of the nucleus-nucleus potential, we use the double-folding formalism, in the form

$$V_N(R, Z_i, A_i, \theta_i) = \int \rho_1(\mathbf{r}_1)\rho_2(\mathbf{R}-\mathbf{r}_2)F(\mathbf{r}_1-\mathbf{r}_2)\mathrm{d}\mathbf{r}_1\mathrm{d}\mathbf{r}_2, \quad (2)$$

with the density-dependent effective $NN$-interaction

$$F(\mathbf{r}_1-\mathbf{r}_2) = C_0\left[F_{\text{in}}\frac{\rho(\mathbf{r}_1)}{\rho_0} + F_{\text{ex}}\left(1-\frac{\rho(\mathbf{r}_1)}{\rho_0}\right)\right]\delta(\mathbf{r}_1-\mathbf{r}_2). \quad (3)$$

Here $C_0 = 300\,\text{MeV fm}^3$ is the usual normalization parameter and $\rho(\mathbf{r}) = \rho_1(\mathbf{r}) + \rho_2(\mathbf{R}-\mathbf{r})$ is the total nucleon density of the dinuclear system. The interaction strengths in eq. (3) are found in terms of Landau-Migdal parameters $f$, $f'$ with the averaging ansatz [54],

$$F_{\text{in,ex}} = f_{\text{in,ex}} + f'_{\text{in,ex}}\frac{(N_1-Z_1)(N_2-Z_2)}{(N_1+Z_1)(N_2+Z_2)}, \quad (4)$$

where $N_i = A_i - Z_i$ are the neutron numbers of interacting nuclei. Our calculations are performed with the following set of parameters: $f_{\text{in}} = 0.09$, $f_{\text{ex}} = -2.59$, $f'_{\text{in}} = 0.42$, $f'_{\text{ex}} = 0.54$ and $\rho_0 = 0.17\,\text{fm}^{-3}$ [54]. To calculate the Coulomb and centrifugal potentials, we use the formulas

$$V_C(R, Z_i, A_i, \theta_i) = \frac{Z_1Z_2e^2}{A_1A_2}\int\frac{\rho_1(\mathbf{r}_1)\rho_2(\mathbf{r}_2)}{|\mathbf{R}+\mathbf{r}_2-\mathbf{r}_1|}\mathrm{d}\mathbf{r}_1\mathrm{d}\mathbf{r}_2, \quad (5)$$

and

$$V_{rot}(R, A_i, J) = \frac{\hbar^2 J(J+1)}{2\mu R^2}, \quad (6)$$

where $\mu = mA_1A_2/(A_1+A_2)$ is the reduced mass ($m$ is the nucleon mass).

The density distributions $\rho_1$ and $\rho_2$ of interacting nuclei in eqs. (2) and (3) are taken in the two-parameter symmetrized Fermi-type form with the nuclear radius parameter $r_0 = 1.02$–$1.15\,\mathrm{fm}$ ($R_i = r_0 A_i^{1/3}$) and the diffuseness parameter $a = 0.48$–$0.56\,\mathrm{fm}$ depending on the mass and charge $(A_i, Z_i)$ values of the nucleus under consideration [54]. The parameters of the potential were adjusted to describe the experimental data at energies above the Coulomb barrier corresponding to spherical nuclei. The absolute values of the quadrupole deformation parameters $\beta_2$ for deformed nuclei were taken from ref. [55].

## 2.2 Capture cross section

The capture cross section is a sum of partial capture cross sections [24–26],

$$\sigma_{\mathrm{cap}}(E_{\mathrm{c.m.}}) = \sum_J \sigma_{\mathrm{cap}}(E_{\mathrm{c.m.}}, J) = \pi\lambda^2 \sum_J (2J+1) \int_0^{\pi/2} \mathrm{d}\theta_1 \sin(\theta_1) \times \int_0^{\pi/2} \mathrm{d}\theta_2 \sin(\theta_2) P_{\mathrm{cap}}(E_{\mathrm{c.m.}}, J, \theta_1, \theta_2), \tag{7}$$

where $\lambda^2 = \hbar^2/(2\mu E_{\mathrm{c.m.}})$ is the reduced de Broglie wavelength, and the summation is over the possible values of angular momentum $J$ at a given bombarding energy $E_{\mathrm{c.m.}}$. Knowing the potential of the interacting nuclei for each orientation with the angles $\theta_i$ ($i = 1, 2$), one can obtain the partial capture probability $P_{\mathrm{cap}}$ which is defined by the passing probability of the potential barrier in the relative distance $R$ coordinate at a given $J$. With the sum over all possible $J$ we take into account the effect of the rotational excitation of the deformed colliding nuclei. The value of $P_{\mathrm{cap}}$ is obtained by integrating the propagator $G$ from the initial state $(R_0, P_0)$ at time $t = 0$ to the final state $(R, P)$ at time $t$ ($P$ is a momentum),

$$P_{\mathrm{cap}} = \lim_{t\to\infty} \int_{-\infty}^{r_{\mathrm{in}}} \mathrm{d}R \int_{-\infty}^{\infty} \mathrm{d}P\, G(R, P, t | R_0, P_0, 0) = \lim_{t\to\infty} \frac{1}{2} \mathrm{erfc}\left[\frac{-r_{\mathrm{in}} + \overline{R(t)}}{\sqrt{\Sigma_{RR}(t)}}\right]. \tag{8}$$

The second line in (8) is obtained by using the propagator $G = \pi^{-1} |\det \mathbf{\Sigma}^{-1}|^{1/2} \exp(-\mathbf{q}^T \mathbf{\Sigma}^{-1} \boldsymbol{q})$ ($\mathbf{q}^T = [q_R, q_P]$, $q_R(t) = R - \overline{R(t)}$, $q_P(t) = P - \overline{P(t)}$, $\overline{R(t=0)} = R_0$, $\overline{P(t=0)} = P_0$, $\Sigma_{kk'}(t) = 2\overline{q_k(t) q_{k'}(t)}$, $\Sigma_{kk'}(t=0) = 0$, $k, k' = R, P$) calculated for an inverted oscillator which approximates the nucleus-nucleus potential $V$ in the variable $R$. The frequency $\omega$ of this oscillator with an internal turning point $r_{\mathrm{in}}$ is defined from the condition of equality of the classical actions of approximated and realistic potential barriers of the same hight at given $J$. It should be noted that the passage through the Coulomb barrier approximated by a parabola has been previously studied in refs. [24–26, 45]. This approximation is well justified for

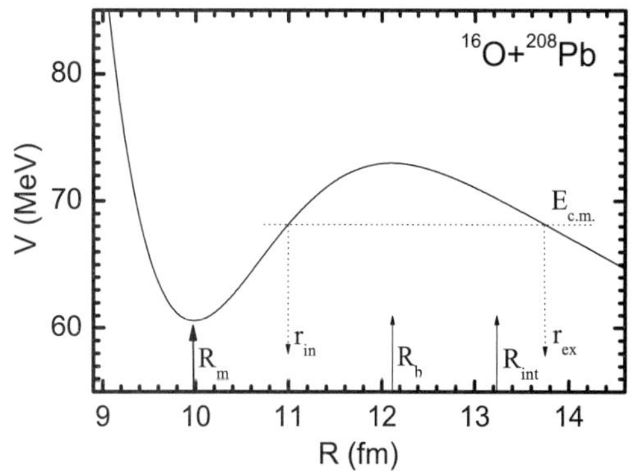


**Fig. 1.** The nucleus-nucleus interaction potential calculated for the $^{16}\mathrm{O} + {}^{208}\mathrm{Pb}$ reaction at zero angular momentum. The position $R_b$ of the Coulomb barrier, the position $R_m$ of minimum of the potential pocket (the touching point), the radius of interaction $R_{int}$, and the external $r_{\mathrm{ex}}$ and the internal $r_{\mathrm{in}}$ turning points for some values of bombarding energy $E_{\mathrm{c.m.}}$ are indicated.

the reactions and energy range, which are here considered. Finally, one can find the expression for the capture probability,

$$P_{\mathrm{cap}} = \frac{1}{2} \mathrm{erfc}\left[\left(\frac{\pi s_1(\gamma - s_1)}{2\hbar\mu(\omega_0^2 - s_1^2)}\right)^{1/2} \frac{\mu\omega_0^2 R_0/s_1 + P_0}{[\gamma \ln(\gamma/s_1)]^{1/2}}\right], \tag{9}$$

where $\gamma$ is the internal-excitation width, $\omega_0^2 = \omega^2\{1 - \hbar\tilde{\lambda}\gamma/[\mu(s_1+\gamma)(s_2+\gamma)]\}$ is the renormalized frequency in the Markovian limit, and the $s_i$ are the real roots ($s_1 \geq 0 > s_2 \geq s_3$) of the following equation [24–26]:

$$(s+\gamma)(s^2 - \omega_0^2) + \hbar\tilde{\lambda}\gamma s/\mu = 0. \tag{10}$$

The non-Markovian effects appear in the calculations through $\gamma$. Since the relaxation time for the internal subsystem is much shorter than the characteristic time of collective motion, the condition $\gamma \gg \omega$ should be fulfilled. Here, $\hbar\gamma = 15\,\mathrm{MeV}$. The value of $\tilde{\lambda}$ is related to the strength of linear coupling in coordinates between collective and internal subsystems and fixed by the given value of the reduced friction coefficient in momentum $\lambda = -(s_1 + s_2)$. Near the Coulomb barrier the used value $\hbar\lambda = 2\,\mathrm{MeV}$ is consistent with the values extracted from the experimental data on the deep-inelastic, fusion, and quasifission reactions [17, 18, 56]. This value is close to that calculated with the mean-field approaches [57, 58]. The friction leads to the dissipation of kinetic energy of relative motion.

Within the quantum diffusion model [24–31] the nuclear forces start to play a role at $R_{int} = R_b + 1.1\,\mathrm{fm}$ ($R_b$ is the position of the Coulomb barrier at given angular momentum and orientations of the interacting nuclei) where the nucleon density of colliding nuclei approximately reaches 10% of the saturation density (fig. 1). If the position $r_{\mathrm{ex}}$ of the external turning point is larger than the interaction radius $R_{int}$, we take $R_0 = r_{\mathrm{ex}}$ and

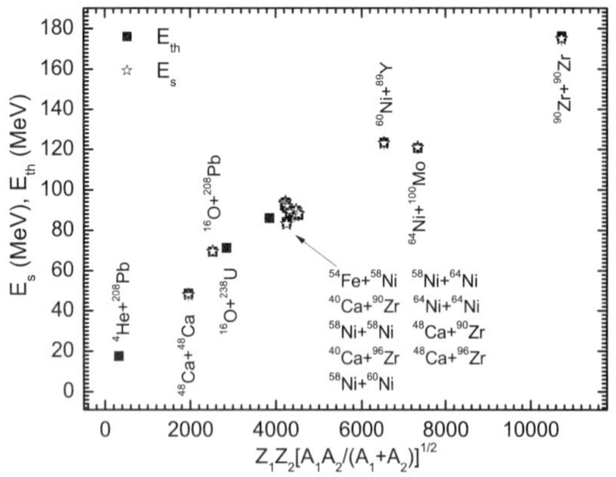


**Fig. 2.** (Colour on-line) The experimental threshold energy $E_s$ for a deep sub-barrier fusion hindrance phenomenon [1] and the calculated energy $E_{ch}$ at which the regime of interaction changes in the indicated sub-barrier capture reactions as a function of $Z_1Z_2[A_1A_2/(A_1+A_2)]^{1/2}$.

$P_0 = 0$ in eq. (9). For $r_{\rm ex} < R_{int}$, it is natural to start our treatment with $R_0 = R_{int}$ and $P_0$ defined by the kinetic energy at $R = R_0$. In this case the friction hinders the classical motion to proceed towards smaller values of $R$. If $P_0 = 0$ at $R_0 > R_{int}$, the friction almost does not play a role in the transition through the barrier. Thus, two regimes of interaction at sub-barrier energies differ by the action of the nuclear forces and the role of friction at $R = r_{\rm ex}$. Due to the switching-off the nuclear interaction at external turning point $R_{\rm ex}$, the cross sections falls with the smaller rate at a deep sub-barrier energies.

## 3 Results of calculations

### 3.1 Threshold energy

We calculated the capture cross sections and compared them with the experimental fusion cross sections to extract the threshold energies at which the capture and fusion cross sections start to deviate from each other. We found the relationship between the threshold energy for a deep sub-barrier fusion hindrance phenomenon and the energy at which the slope of the sub-barrier capture cross section changes. As seen in fig. 2, for the reactions $^4\mathrm{He}+{}^{208}\mathrm{Pb}$, $^{58}\mathrm{Ni}+{}^{54}\mathrm{Fe}$, $^{48}\mathrm{Ca}+{}^{48}\mathrm{Ca}$, $^{90,96}\mathrm{Zr}$, $^{40}\mathrm{Ca}+{}^{90,96}\mathrm{Zr}$, $^{58}\mathrm{Ni}+{}^{58,60,64}\mathrm{Ni}$, $^{60}\mathrm{Ni}+{}^{89}\mathrm{Y}$, $^{64}\mathrm{Ni}+{}^{64}\mathrm{Ni}$, $^{100}\mathrm{Mo}$, $^{90}\mathrm{Zr}+{}^{90}\mathrm{Zr}$, and $^{16}\mathrm{O}+{}^{208}\mathrm{Pb}$, $^{238}\mathrm{U}$, there is a good agreement between the threshold energy $E_s$ for a deep sub-barrier fusion hindrance phenomenon and the energy $E_{ch}$ at which the regime of interaction changes in the sub-barrier capture process. The values $E_s$ and $E_{ch}$ almost coincide and linearly increase with $Z_1Z_2[A_1A_2/(A_1+A_2)]^{1/2}$. In the special case of the spherical interacting nuclei, $E_{ch}$ is approximately defined as the energy at which the external turning point coincides with the interaction radius, $E_{ch} \approx V(R_{int} = r_{\rm ex}, J = 0)$. The agreement between $E_s$ and $E_{ch}$ seems to be contradictory to the conclusion of refs. [13,14], where $E_s$ closely follows the potential energy at the touching point, which is located at a radius much smaller than the external turning point. This difference between the results of our model and the model of refs. [13,14] arises because of the large difference in the potentials used in these two models.

Since the $E_s$ and $E_{ch}$ almost coincide and the capture cross section is the sum of the fusion and quasifission cross sections, from the comparison of calculated or measured capture cross sections and measured fusion cross sections one can extract the hindrance factor and the threshold incident energy for the phenomenon of a deep sub-barrier fusion hindrance.

### 3.2 Quasielastic barrier distribution

Since the quasielastic measurements are usually not as complex as the capture (fusion) measurements, they are well suited to survey the decreasing rate of fall of the sub-barrier capture cross section. There is a direct relationship between the capture and the quasielastic scattering processes, because any loss in the quasielastic channel contributes directly to the capture (the conservation of the reaction flux),

$$P_{qe}(E_{\rm c.m.}, J) + P_{\rm cap}(E_{\rm c.m.}, J) = 1$$

and

$$\mathrm{d}P_{\rm cap}/\mathrm{d}E_{\rm c.m.} = -\mathrm{d}P_{qe}/\mathrm{d}E_{\rm c.m.},$$

where $P_{qe}$ is the reflection probability and $P_{\rm cap}$ is the capture (transmission) probability. The quasielastic scattering is the sum of elastic, inelastic, and transfer processes. The reflection probability,

$$P_{qe}(E_{\rm c.m.}, J = 0) = \mathrm{d}\sigma_{qe}/\mathrm{d}\sigma_{Ru},$$

for angular momentum $J = 0$ is given by the ratio of the quasielastic differential cross section and Rutherford differential cross section at 180 degrees [5,42–44,59–76]. The quasielastic barrier distribution is extracted by taking the first derivative of the $P_{qe}$ with respect to $E_{\rm c.m.}$, that is,

$$\begin{aligned} D_{qe}(E_{\rm c.m.}) &= -\mathrm{d}P_{qe}(E_{\rm c.m.}, J = 0)/\mathrm{d}E_{\rm c.m.} \\ &= \mathrm{d}P_{\rm cap}(E_{\rm c.m.}, J = 0)/\mathrm{d}E_{\rm c.m.}. \end{aligned} \quad (11)$$

Thus, one can observe the change of the fall rate of $P_{\rm cap}(E_{\rm c.m.}, J = 0)$ at sub-barrier energies by measuring the quasielastic barrier distribution $D_{qe}$. By employing the quantum diffusion approach and calculating $\mathrm{d}P_{\rm cap}(E_{\rm c.m.}, J = 0)/\mathrm{d}E_{\rm c.m.}$, one can obtain $D_{qe}(E_{\rm c.m.})$ with eq. (11). In addition to the main peak position of $D_{qe}$ around the barrier height, we predict the sharp change of the slope of $D_{qe}$ below the threshold energy because of a change of the regime of interaction in the sub-barrier capture process (figs. 3–5). The effect seems to be more pronounced in the collisions of spherical nuclei (figs. 4 and 5). The collisions of deformed nuclei occurs at various mutual orientations on which the value of $R_{int}$ depends. Thus,

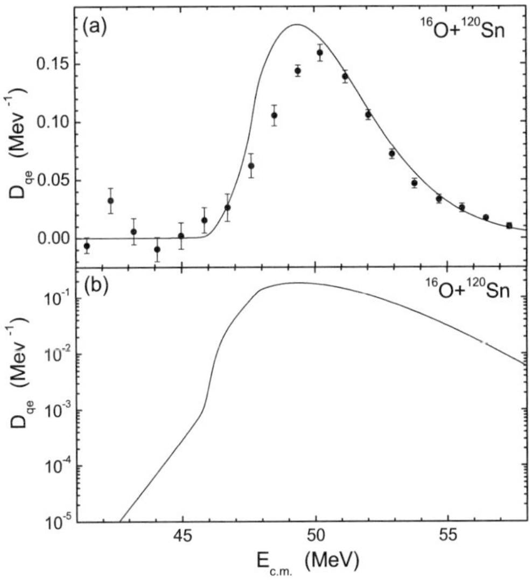


**Fig. 3.** The calculated (solid line) $D_{qe}(E_{\text{c.m.}}) = \mathrm{d}P_{\text{cap}}(E_{\text{c.m.}}, J=0)/\mathrm{d}E_{\text{c.m.}}$ for the $^{16}\text{O} + {}^{120}\text{Sn}$ reaction. The experimental data (symbols) are from ref. [75]. The values of $D_{qe}(E_{\text{c.m.}})$ are shown in the linear (a) and logarithmic (b) scales.

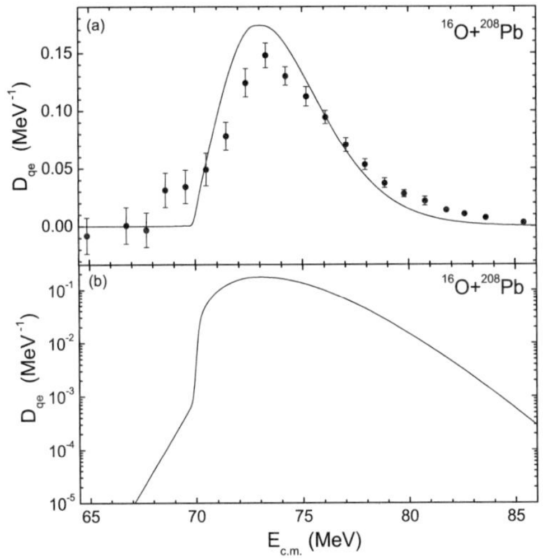


**Fig. 4.** (Colour on-line) The same as in fig. 2, but for the $^{16}\text{O} + {}^{208}\text{Pb}$ reaction. The experimental data (symbols) are from ref. [60].

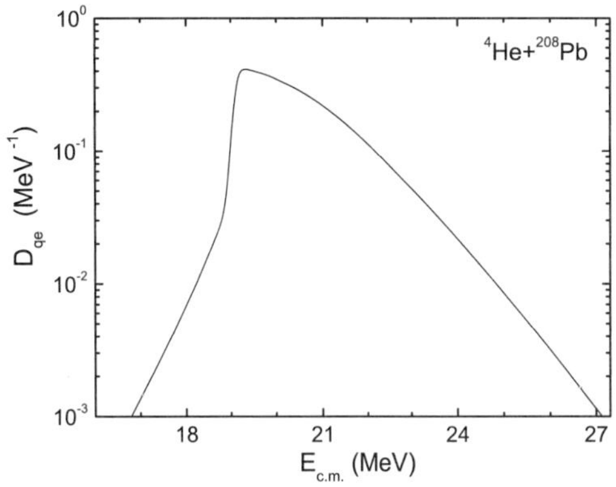


**Fig. 5.** The calculated (solid line) $D_{qe}(E_{\text{c.m.}}) = \mathrm{d}P_{\text{cap}}(E_{\text{c.m.}}, J=0)/\mathrm{d}E_{\text{c.m.}}$ for the $^{4}\text{He} + {}^{208}\text{Pb}$ reaction.

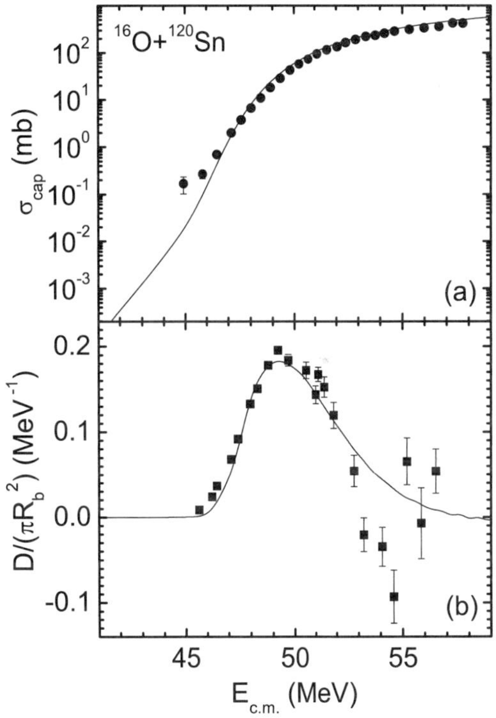


**Fig. 6.** The calculated capture cross sections (a) and barrier distribution (b) *vs.* $E_{\text{c.m.}}$ for the $^{16}\text{O} + {}^{120}\text{Sn}$ reaction. The experimental data (symbols) are from ref. [75].

the deformation and neutron transfer effects can smear out this effect. The reactions $^{4}\text{He}$, $^{16}\text{O} + {}^{A}\text{Sn}$, $^{144}\text{Sm}$, $^{208}\text{Pb}$ and $^{48,40}\text{Ca}$, $^{36}\text{S} + {}^{90}\text{Zr}$ with the spherical nuclei are preferable for the experimental study of $D_{qe}(E_{\text{c.m.}})$.

In fig. 3 there is the shift about 0.8 MeV between the positions of calculated and experimental maxima of $D_{qe}$. To understand the reason of this shift, the capture barrier distributions $D = \mathrm{d}^2(E_{\text{c.m.}}\sigma_{\text{cap}})/\mathrm{d}E^2_{\text{c.m.}}$ are calculated with the optimal energy increment for the reactions $^{16}\text{O} + {}^{120}\text{Sn}$, $^{208}\text{Pb}$ (figs. 6 and 7). Indeed, the positions of maxima of $D_{qe}$ and $D$ should almost match. In our calculations this is true, but the positions of maxima of experimental $D_{qe}$ and $D$ do not coincide. In fig. 6, the calculated $D$ and $\sigma_{\text{cap}}$ perfectly fits the experimental data [75] for the $^{16}\text{O} + {}^{120}\text{Sn}$ reaction. For the $^{16}\text{O} + {}^{208}\text{Pb}$ reaction (fig. 7), the calculated $D$ is in a satisfactory agreement with the experimental one [77]. In figs. 6 and 7, the $D$ have only one pronounced maximum at $E_{\text{c.m.}} = V_b$. With an

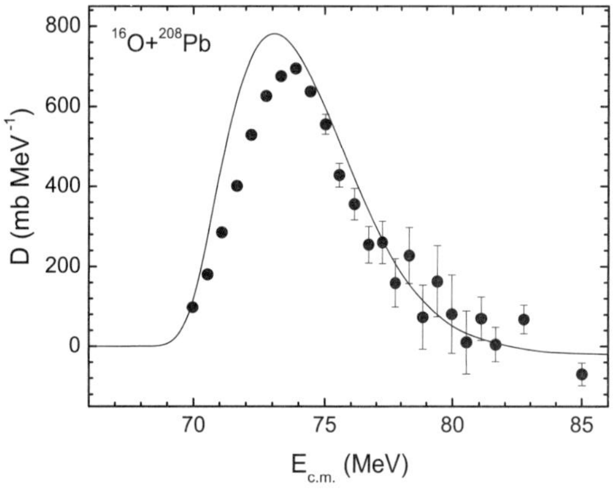


**Fig. 7.** (Color on-line) The calculated capture barrier distribution *vs.* $E_{\text{c.m.}}$ for the $^{16}O+{}^{208}Pb$ reaction. The experimental data (symbols) are from ref. [77].

increasing energy increment the quasielastic and capture barrier distributions are shifted to lower energies. Since the experimental data have certain uncertainties, the measured position of maximum of $D_{qe}$ is usually shifted by about (0.5–1) MeV with respect to the one of $D$ [59,61–63,75]. One can conclude that the deviation between the calculated and experimental $D_{qe}$ ($D$) for the $^{16}O+{}^{120}Sn$ ($^{16}O+{}^{208}Pb$) reaction in fig. 3 (fig. 7) indicates the energy interval of the experimental uncertainties.

Note that the values of $D$ and $D_{qe}$ are very sensitive to the fluctuations of the cross section and the quasielastic probability, respectively. These fluctuations perhaps create random deviations of experimental $D$ ($D_{qe}$) from the calculated curves at $E_{\text{c.m.}} > V_b$ ($E_{\text{c.m.}} < V_b$) in figs. 6 and 7 (figs. 3 and 4).

## 4 Summary

Employing the quantum diffusion approach, we demonstrated the relationship between the threshold energy for a deep sub-barrier fusion hindrance phenomenon and the energy at which the regime of interaction changes in the sub-barrier capture process. We predicted the sharp change of the slope of the quasielastic barrier distribution below the threshold energy. This anomalous behavior is expected to be the experimental indication of a change of the regime of interaction in the sub-barrier capture. One concludes that the quasielastic technique could be an important tool in capture (fusion) research. However, to check our prediction, very high-precision measurements are required.

We are grateful to P.R.S. Gomes for useful suggestions. This work was supported by DFG, NSFC, and RFBR. The IN2P3(France)-JINR(Dubna) and Polish - JINR(Dubna) Co-operation Programmes are gratefully acknowledged.

## References


1. C.L. Jiang *et al.*, Phys. Rev. Lett. **89**, 052701 (2002).
2. C.L. Jiang *et al.*, Phys. Rev. C **71**, 044613 (2005).
3. C.L. Jiang, B.B. Back, H. Esbensen, R.V.F. Janssens, K.E. Rehm, Phys. Rev. C **73**, 014613 (2006).
4. H. Esbensen, C.L. Jiang, Phys. Rev. C **79**, 064619 (2009).
5. L.F. Canto, P.R.S. Gomes, R. Donangelo, M.S. Hussein, Phys. Rep. **424**, 1 (2006).
6. C.A. Bertulani, EPJ Web Conf. **17**, 15001 (2011).
7. K. Langanke, C.A. Barnes, Adv. Nucl. Phys. **22**, 173 (1996).
8. A. Aprahamian, K. Langanke, M. Wiescher, Prog. Part. Nucl. Phys. **54**, 535 (2005).
9. S. Misicu, H. Esbensen, Phys. Rev. Lett. **96**, 112701 (2006).
10. S. Misicu, H. Esbensen, Phys. Rev. C **75**, 034606 (2007).
11. T. Ichikawa, K. Hagino, A. Iwamoto, Phys. Rev. C **75**, 054603 (2007).
12. T. Ichikawa, K. Hagino, A. Iwamoto, Phys. Rev. Lett. **103**, 202701 (2009).
13. T. Ichikawa, K. Hagino, A. Iwamoto, Phys. Rev. C **75**, 064612 (2007).
14. E.S.Z. Thein, N.W. Lwin, K. Hagino, Phys. Rev. C **85**, 057602 (2012).
15. J.G. Keller, K.-H. Schmidt, F.P. Hessberger, G. Munzenberg, W. Reisdorf, H.-G. Clerc, C.-C. Sahm, Nucl. Phys. A **452**, 173 (1986).
16. V.V. Volkov, Part. Nucl. **35**, 797 (2004).
17. G.G. Adamian, N.V. Antonenko, W. Scheid, Phys. Rev. C **68**, 034601 (2003).
18. G.G. Adamian, N.V. Antonenko, W. Scheid, *Lecture Notes in Physics*, Vol. **848**, *Clusters in Nuclei*, Vol. **2**, edited by C. Beck (Springer-Verlag, Berlin, 2012) p. 165.
19. G. Giardina, F. Hanappe, A.I. Muminov, A.K. Nasirov, L. Stuttgé, Nucl. Phys. A **671**, 165 (2000).
20. Z.-Q. Feng, G.-M. Jin, J.-Q. Li, W. Scheid, Phys. Rev. C **76**, 044606 (2007).
21. A. Nasirov, G. Mandaglio, M. Manganaro, A.I. Muminov, G. Fazio, G. Giardina, Phys. Lett. B **686**, 72 (2010).
22. H.Q. Zhang, C.L. Zhang, C.J. Lin, Z.H. Liu, F. Yang, A.K. Nasirov, G. Mandaglio, M. Manganaro, G. Giardina, Phys. Rev. C **81**, 034611 (2010).
23. N. Wang, E.-G. Zhao, W. Scheid, S.-G. Zhou, Phys. Rev. C **85**, 041601 (2012).
24. V.V. Sargsyan, G.G. Adamian, N.V. Antonenko, W. Scheid, H.Q. Zhang, Phys. Phys. C **84**, 064614 (2011).
25. V.V. Sargsyan, G.G. Adamian, N.V. Antonenko, W. Scheid, H.Q. Zhang, Phys. Rev. C **85**, 024616 (2012).
26. V.V. Sargsyan, G.G. Adamian, N.V. Antonenko, W. Scheid, H.Q. Zhang, Phys. Rev. C **85**, 069903 (2012).
27. V.V. Sargsyan, G.G. Adamian, N.V. Antonenko, W. Scheid, Eur. Phys. J. A **45**, 125 (2010).
28. V.V. Sargsyan, G.G. Adamian, N.V. Antonenko, W. Scheid, H.Q. Zhang, Eur. Phys. J. A **47**, 38 (2011).
29. V.V. Sargsyan, G.G. Adamian, N.V. Antonenko, W. Scheid, C.J. Lin, H.Q. Zhang, Phys. Phys. C **85**, 017603 (2012).
30. V.V. Sargsyan, G.G. Adamian, N.V. Antonenko, W. Scheid, C.J. Lin, H.Q. Zhang, Phys. Phys. C **85**, 037602 (2012).
31. R.A. Kuzyakin, V.V. Sargsyan, G.G. Adamian, N.V. Antonenko, E.E. Saperstein, S.V. Tolokonnikov, Phys. Rev. C **85**, 034612 (2012).

32. V.V. Sargsyan, G.G. Adamian, N.V. Antonenko, W. Scheid, H.Q. Zhang, Phys. Phys. C **86**, 034614 (2012).
33. Yu.Ts. Oganessian *et al.*, JINR Rapid Commun. **75**, 123 (1996).
34. S.P. Tretyakova, A.A. Ogloblin, R.N. Sagaidak, S.V. Khlebnikov, W. Trzaska, Nucl. Phys. A **734**, E33 (2004).
35. S.P. Tretyakova, A.A. Ogloblin, R.N. Sagaidak, W. Trzaska, S.V. Khlebnikov, R. Julin, J. Petrowski, Nucl. Phys. A **738**, 487 (2004).
36. A.M. Stefanini, G. Montagnoli, L. Corradi, S. Courtin, E. Fioretto, A. Goasduff, F. Haas, P. Mason, R. Silvestri, Pushpendra P. Singh, F. Scarlassara, S. Szilner, Phys. Rev. C **81**, 037601 (2010).
37. A.M. Stefanini, G. Montagnoli, L. Corradi, S. Courtin, E. Fioretto, A. Goasduff, F. Haas, P. Mason, R. Silvestri, Pushpendra P. Singh, F. Scarlassara, S. Szilner, Phys. Rev. C **82**, 014614 (2010).
38. G. Montagnoli, A.M. Stefanini, C.L. Jiang, H. Esbensen, L. Corradi, S. Courtin, E. Fioretto, A. Goasduff, F. Haas, A.F. Kifle, C. Michelagnoli, D. Montanari, T. Mijatović, K.E. Rehm, R. Silvestri, Pushpendra P. Singh, F. Scarlassara, S. Szilner, X.D. Tang, C.A. Ur, Phys. Rev. C **85**, 024607 (2012).
39. S. Ayik, B. Yilmaz, D. Lacroix, Phys. Rev. C **81**, 034605 (2010).
40. M. Evers, M. Dasgupta, D.J. Hinde, L.R. Gasques, M.L. Brown, R. Rafiei, R.G. Thomas, Phys. Rev. C **78**, 034614 (2008).
41. C.J. Lin, H.M. Jia, H.Q. Zhang, F. Yang, X.X. Xu, F. Jia, Z.H. Liu, K. Hagino, Phys. Rev. C **79**, 064603 (2009).
42. E. Piasecki *et al.*, Phys. Rev. C **80**, 054613 (2009).
43. E. Piasecki *et al.*, Phys. Rev. C **85**, 054604 (2012).
44. E. Piasecki *et al.*, Phys. Lett. B **615**, 55 (2005).
45. H. Hofmann, Phys. Rep. **284**, 137 (1997).
46. C. Rummel, H. Hofmann, Nucl. Phys. A **727**, 24 (2003).
47. N. Takigawa, S. Ayik, K. Washiyama, S. Kimura, Phys. Rev. C **69**, 054605 (2004).
48. S. Ayik, B. Yilmaz, A. Gokalp, O. Yilmaz, N. Takigawa, Phys. Rev. C **71**, 054611 (2005).
49. G. Hupin, D. Lacroix, Phys. Rev. C **81**, 014609 (2010).
50. S. Szilner *et al.*, Phys. Rev. C **76**, 024604 (2007).
51. S. Szilner *et al.*, Phys. Rev. C **84**, 014325 (2011).
52. L. Corradi *et al.*, Phys. Rev. C **84**, 034603 (2011).
53. C.H. Dasso, S. Landowne, A. Winther, Nucl. Phys. A **405**, 381 (1983).
54. G.G. Adamian, N.V. Antonenko, R.V. Jolos, S.P. Ivanova, O.I. Melnikova, Int. J. Mod. Phys. E **5**, 191 (1996).
55. S. Raman, C.W. Nestor, P. Tikkanen, At. Data Nucl. Data Tables **78**, 1 (2001).
56. G.G. Adamian, A.K. Nasirov, N.V. Antonenko, R.V. Jolos, Phys. Part. Nucl. **25**, 583 (1994).
57. K. Washiyama, D. Lacroix, S. Ayik, Phys. Rev. C **79**, 024609 (2009).
58. S. Ayik, K. Washiyama, D. Lacroix, Phys. Rev. C **79**, 054606 (2009).
59. H. Timmers, J.R. Leigh, M. Dasgupta, D.J. Hinde, R.C. Lemmon, J.C. Mein, C.R. Morton, J.O. Newton, N. Rowley, Nucl. Phys. A **584**, 190 (1995).
60. H. Timmers, PhD thesis, Australian National University (1996).
61. H. Timmers, J.R. Leigh, N. Rowley, A.M. Stefanini, D. Ackermann, S. Beghini, L. Corradi, M. Dasgupta, J.H. He, D.J. Hinde, J.C. Mein, G. Montagnoli, C.R. Morton, J.O. Newton, F. Scarlassara, G.F. Segato, J. Phys. G **23**, 1175 (1997).
62. H. Timmers, D. Ackermann, S. Beghini, L. Corradi, J.H. He, G. Montagnoli, F. Scarlassara, A.M. Stefanini, N. Rowley, Nucl. Phys. A **633**, 421 (1998).
63. M. Dasgupta, D.J. Hinde, N. Rowley, A.M. Stefanini, Annu. Rev. Nucl. Part. **48**, 401 (1998).
64. T.J. Schuck, H. Timmers, M. Dasgupta, Nucl. Phys. A **712**, 14 (2002).
65. H.Q. Zhang, F. Yang, C. Lin, Z. Liu, F. Yang, Y. Hu, Phys. Rev. C **57**, R1047 (1998).
66. H.Q. Zhang, F. Yang, C. Lin, Z. Liu, F. Yang, Y. Hu, *International Workshop on Nuclear Reaction and Beyond*, edited by G.M. Jin, Y.X. Luo, F.S. Zhang (World Scientific, 2000) p. 95.
67. C.J. Lin *et al.*, Nucl. Phys. A **787**, 281c (2007).
68. F. Yang, C.J. Lin, X.K. Wu, H.Q. Zhang, C.L. Zhang, P. Zhou, Z.H. Liu, Phys. Rev. C **77**, 014601 (2008).
69. H.M. Jia, C.J. Lin, H.Q. Zhang, Z.H. Liu, N. Yu, F. Yang, F. Jia, X.X. Xu, Z.D. Wu, S.T. Zhang, C.L. Bai, Phys. Rev. C **82**, 027602 (2010).
70. A.A. Sonzogni, J.D. Bierman, M.P. Kelly, J.P. Lestone, J.F. Liang, R. Vandenbosch, Phys. Rev. C **57**, 722 (1998).
71. O.A. Capurro, J.E. Testoni, D. Abriola, D.E. DiGregorio, G.V. Martí, A.J. Pacheco, M.R. Spinella, Phys. Rev. C **61**, 037603 (2000).
72. S. Santra, P. Singh, S. Kailas, Q. Chatterjee, A. Shrivasta, K. Mahata, Phys. Rev. C **64**, 024602 (2001).
73. R.F. Simões, D.S. Monteiro, L.K. Ono, A.M. Jakob, J.M.B. Shorto, N. Added, E. Crema, Phys. Lett. B **527**, 187 (2002).
74. D.S. Monteiro, O.A. Capurro, A. Arazi, J.O. Fernández Niello, J.M. Figueira, G.V. Martí, D. Martínez Heimann, A.E. Negri, A.J. Pacheco, V. Guimarães, D.R. Otomar, J. Lubian, P.R.S. Gomes, Phys. Rev. C **79**, 014601 (2009).
75. S. Sinha, M.R. Pahlavani, R. Varma, R.K. Choudhury, B.K. Nayak, A. Saxena, Phys. Rev. C **64**, 024607 (2001).
76. E. Piasecki *et al.*, Phys. Rev. C **65**, 054611 (2002).
77. C.R. Morton, A.C. Berriman, M. Dasgupta, D.J. Hinde, J.O. Newton, K. Hagino, I.J. Thompson, Phys. Rev. C **60**, 044608 (1999).

# Role of $T = 0$ pairing in Gamow–Teller states in $N = Z$ nuclei ①

C.L. Bai [a], H.Sagawa [b,c], M. Sasano [c], T.Uesaka [c], K. Hagino [d], H.Q. Zhang [e], X.Z. Zhang [e], F.R.Xu [f]

[a] Department of Physics, Sichuan University, Chengdu 610065, China
[b] Center for Mathematics and Physics, University of Aizu, Aizu-Wakamatsu, 965-8580 Fukushima, Japan
[c] RIKEN, Nishina Center, Wako, 351-0198, Japan
[d] Department of Physics, Tohoku University, Sendai 980-8578, Japan
[e] China Institute of Atomic Energy, Beijing 102413, China
[f] School of Physics, Peking University, Beijing 100871, China

ARTICLE INFO

*Article history:*
Received 29 October 2012
Received in revised form 7 December 2012
Accepted 22 December 2012
Available online 7 January 2013
Editor: J.-P. Blaizot

*Keywords:*
Gamow–Teller states
$T = 0$ pairing interaction
SU(4) supermultiplet

ABSTRACT

Gamow–Teller (GT) states in $N = Z$ nuclei with the mass number $A$ from 48 to 64 are studied by using Hartree–Fock–Bogoliubov + quasi-particle random phase approximation (HFB + QRPA) with Skyrme interactions. The isoscalar spin-triplet ($T = 0, S = 1$) pairing interaction is taken into account in QRPA calculations. It is found in the context of SU(4) symmetry in the spin–isospin space that the GT strength of lower energy excitations is largely enhanced by the $T = 0$ pairing interaction which works cooperatively with the $T = 1$ pairing interaction in the ground state. A two-peaked structure observed recently in $(p, n)$ reaction on $^{56}$Ni can be considered as a manifestation of the role of $T = 0$ pairing in the GT collective states.



The most prominent evidence of pairing correlation in nuclei is found in the odd–even staggering in binding energies and the gap in the excitation spectrum of even–even nuclei in contrast to the compressed quasi-particle spectrum in odd-$A$ nuclei [1–3]. There are also dynamical effects of pairing correlations seen in the moment of inertia associated with nuclear rotation and large amplitude collective motion [3–5]. The Hartree–Fock (HF) + BCS method and Hartree–Fock–Bogoliubov (HFB) method have been commonly used to study the ground state properties of superfluid nuclei in a broad mass region [6–9]. For the study of excited spectra, quasi-particle random phase approximation (QRPA) has often been adopted as a basic method [10–13].

The strong attraction between nucleons is the basic ingredient for the pairing correlations. So far, the pairing interactions of like-nucleons with the isovector spin-singlet ($T = 1, S = 0$) channel has been mainly discussed. In fact, the attraction between protons and neutrons is even stronger in the isoscalar spin-triplet ($T = 0, S = 1$) channel [14], which gives rise to the deuteron bound state. However the role of $T = 0$ pairing is limited in nuclei because of large imbalance between neutron and proton numbers, and also the two-body spin–orbit interaction which breaks the $S = 1$ pair more effectively than the $S = 0$ pair [4,15,16]. Nevertheless, the isoscalar pairing causes extra binding energies in nuclei with $N = Z$ and has been considered as one of the origins of the Wigner energy [17].

Gamow–Teller (GT) states have been studied both experimentally and theoretically intensively in the last three decades. Many interesting nuclear structure information has been revealed by these studies, for example, the quenching of sum rule strength [18] and the role of GT strength in the astrophysical processes such as neutrino–nucleus reactions [19]. Because of recent development of modern radioactive beam accelerator, it becomes feasible to observe GT states in exotic nuclei near the proton and neutron drip lines. Recently, the GT transition strength was studied in a $N = Z$ nucleus $^{56}$Ni which has an important impact on late stellar evolution through electron capture and $\beta$ decay [20]. Although the collective GT state is mainly built of charge exchange particle–hole excitations, the low-lying strength responsible for $\beta$ decay involves neutron–proton ($np$) particle–particle type excitations which could be sensitive to the $T = 0$ pairing interaction [10,21]. Intuitively, the low-energy GT excitations will be enhanced by the following mechanism: the $T = 1$ pairing correlation provides partially occupied proton and the neutron orbitals near the Fermi surface. These orbitals will accept the additional proton excitations from the neutron orbits with the same orbital $l$ quantum number. Then, these ($np$) pair interacts through the $T = 0$ pairing interaction and enhances GT strength. These physical mechanisms may implement the super-allowed GT transition between the same multiplet members of SU(4) symmetry in the spin–isospin space [2,22], which

① Physics Letters B,2013,719:116-120.

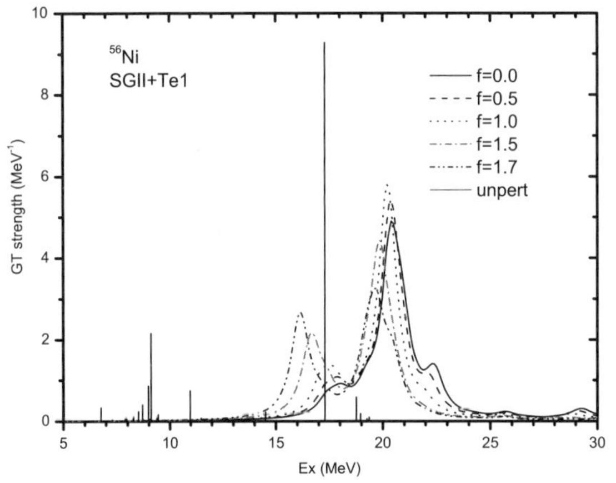


**Fig. 1.** (Color online.) Gamow–Teller strength in $^{56}$Ni obtained by HFB + QRPA calculations with the Skyrme interaction SGII + Te1. The excitation energy is referred to the ground state of $^{56}$Ni. The $T=0$ pairing interaction is included in QRPA changing the coupling constant $f$ from $f=0.0$, 0.5, 1.0, 1.5 and 1.7 in Eq. (2). The solid lines show the unperturbed strength without RPA correlations. The QRPA strength is smoothed out by a Lorentzian function with a width $\Gamma=1$ MeV.

never happened when a neutron orbital is completely full and the corresponding proton one is empty. In this Letter, we study GT states in several $N=Z$ nuclei focusing on the cooperative role of $T=1$ and $T=0$ pairing interactions in the GT transitions. In Refs. [23–25], we applied successfully the self-consistent HF + RPA model to calculate spin and isospin dependent excitations in several closed shell nuclei. As an extension to open shell nuclei, the HFB + QRPA method is used to calculate GT states with realistic Skyrme interactions.

The density dependent contact pairing interactions are adopted for both $T=1$ and $T=0$ channels,

$$V_{T=1}(\mathbf{r}_1,\mathbf{r}_2)=V_0\frac{1-P_\sigma}{2}\left(1-\frac{\rho(\mathbf{r})}{\rho_0}\right)\delta(\mathbf{r}_1-\mathbf{r}_2), \tag{1}$$

$$V_{T=0}(\mathbf{r}_1,\mathbf{r}_2)=fV_0\frac{1+P_\sigma}{2}\left(1-\frac{\rho(\mathbf{r})}{\rho_0}\right)\delta(\mathbf{r}_1-\mathbf{r}_2), \tag{2}$$

where $\mathbf{r}=(\mathbf{r}_1+\mathbf{r}_2)/2$ and $\rho_0$ is the saturation density taken to be $\rho_0=0.16\ \text{fm}^{-3}$. The strength of $T=1$ pairing is determined to reproduce the average odd–even mass staggering gap $\Delta^{(3)}=12/A^{1/3}$ MeV in $N=28$ region to be $V_0=-550\ \text{MeV fm}^3$. We use a rather large HFB basis with the quasi-particle energy cutoff 180 MeV to solve the HFB equations accurately in order to remove efficiently spurious states in the QRPA and to satisfy the sum rules. The HFB equations are solved in coordinate space with a large radial box extending up to 20 fm with a step of 0.05 fm. In QRPA, we take into account all the quasi-particle states which have the occupation probabilities more than $v^2=10^{-8}$. The $T=0$ pairing is changed from null pairing to strong pairing limit taking the factor $f$ from $f=0.0$, 0.5, 1.0, 1.5 and 1.7. The $f=1.7$ is the maximum value to avoid the spin–isospin instability of the ground state of $^{56}$Cu.

The GT transition involves both the spin and isospin operators as

$$\hat{O}(\text{GT})=\sum_i\sigma(i)t_\pm(i) \tag{3}$$

for spin-flip and isospin-flip excitations. The calculated GT states in $^{56}$Ni for $t_-$ channel are shown in Fig. 1 where the interaction SGII + Te1 [24,25] is used for HF mean field and particle–hole interactions. The unperturbed strengths shown by solid straight lines have two groups at $E_x=9$ MeV and 17 MeV. The QRPA results without $T=0$ pairing shown by the black curve have the main peak around 20.4 MeV together with a small peak at 18.0 MeV. When the $T=0$ pairing strength is introduced, the global GT strength is shifted to lower energy. At the same time, the GT strength of lower peak is increased and absorbs the major strength when the $T=0$ pairing is stronger than $T=1$ ($f\geqslant1$).

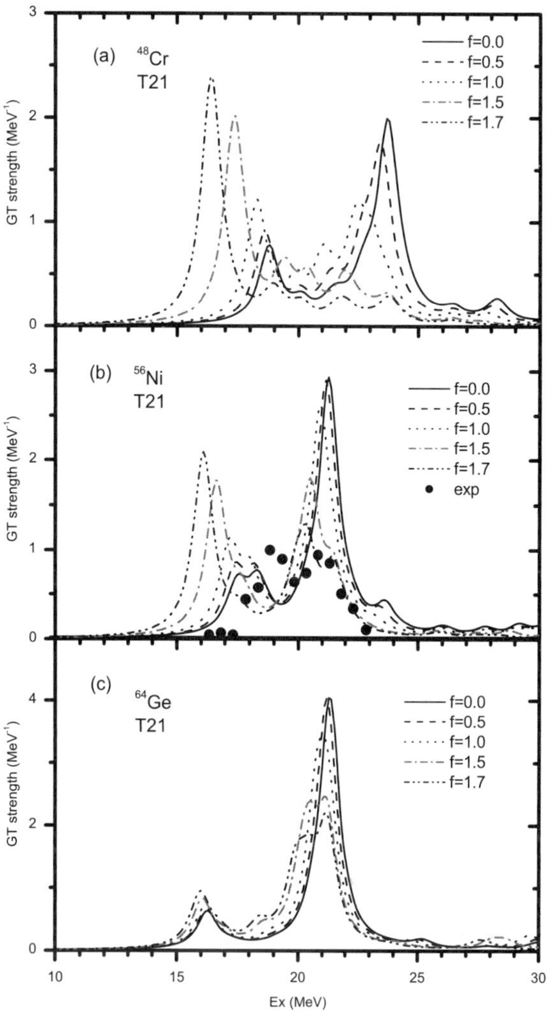


**Fig. 2.** (Color online.) Gamow–Teller strength in $^{48}$Cr, $^{56}$Ni and $^{64}$Ge by HFB + QRPA with the Skyrme interaction T21. The quenching factor 0.74 is adopted for the GT transition operator $\hat{O}(\text{GT})$. The $T=0$ pairing interaction is included in QRPA calculations by changing the coupling constant from $f=0.0$, 0.5, 1.0, 1.5 and 1.7 in Eq. (2). The experimental data of $^{56}$Ni are taken from Ref. [20].

The HFB + QRPA results for $t_-$ channel are shown in Fig. 2 for $^{48}$Cr, $^{56}$Ni and $^{64}$Ge. The interaction T21 [26] is used for HF mean field and particle–hole interactions. When the $T=0$ pairing strength is introduced, the global GT strength is shifted to lower energy. At the same time, the increase of lower energy peak is always seen in the three nuclei as the $T=0$ pairing becomes stronger. As a systematic trend, the lighter the mass is the larger the lower energy GT peak is. In the two nuclei $^{56}$Ni and $^{64}$Ge, the double peak structure can be seen even in the strong $T=0$ pairing

**Table 1**
Amplitudes of main $(np)$ particle-hole and particle-particle type configurations of GT states in $^{56}$Ni. The QRPA calculations are performed without and with the $T=0$ pairing interaction in the cases of $f=0$ and $f=1.5$, respectively. The Skyrme interaction T21 is used for HF and p-h matrix calculations. The abbreviations $B$ and $C$ correspond to the GT reduced matrix element and the normalization factor defined in Eqs. (4) and (5), respectively. The excitation energy $E_x$ is given in unit of MeV.

| $^{56}$Ni | | $f=0$ | | | |
|---|---|---|---|---|---|
| $E_x$ | $B$(GT) | $\nu(v_\nu^2)$ | $\pi(v_\pi^2)$ | $B$ | $C$ |
| 17.5 | 1.41 | $2p_{3/2}(0.20)$ | $2p_{3/2}(0.21)$ | 0.358 | 0.127 |
| | | $1f_{7/2}(0.69)$ | $1f_{5/2}(0.09)$ | −0.229 | 0.006 |
| | | $1f_{7/2}(0.69)$ | $1f_{7/2}(0.67)$ | 1.341 | 0.802 |
| 18.3 | 1.49 | $2p_{1/2}(0.10)$ | $2p_{3/2}(0.21)$ | 0.260 | 0.153 |
| | | $2p_{3/2}(0.20)$ | $2p_{1/2}(0.11)$ | 0.846 | 0.740 |
| 21.3 | 7.88 | $1f_{7/2}(0.69)$ | $1f_{5/2}(0.09)$ | 2.48 | 0.742 |
| $S_-(\mathrm{GT})=18.28$ | | | | | |
| $^{56}$Ni | | $f=1.5$ | | | |
| $E_x$ | $B$(GT) | $\nu(v_\nu^2)$ | $\pi(v_\pi^2)$ | $B$ | $C$ |
| 16.6 | 4.82 | $2p_{3/2}(0.20)$ | $2p_{1/2}(0.11)$ | −0.203 | 0.049 |
| | | $2p_{3/2}(0.20)$ | $2p_{3/2}(0.21)$ | −0.682 | 0.491 |
| | | $1f_{7/2}(0.69)$ | $1f_{5/2}(0.09)$ | −0.237 | 0.007 |
| | | $1f_{7/2}(0.69)$ | $1f_{7/2}(0.67)$ | −0.790 | 0.339 |
| 20.5 | 4.10 | $1f_{7/2}(0.69)$ | $1f_{5/2}(0.09)$ | −1.900 | 0.437 |
| $S_-(\mathrm{GT})=14.75$ | | | | | |

limit at $f=1.7$. On the contrary, in $^{48}$Cr, the higher energy peak is almost disappeared in the case of $f=1.7$. We found this trend also in $^{44}$Ti in which the higher energy peak is very small and is not seen in the case of $f\geqslant 1.5$.

The experimental data of $^{56}$Ni show two peaks at 18.7 and 20.8 MeV [20], as is shown in the middle panel of Fig. 2. The calculated results for $^{56}$Ni with $T=0$ pairing of $f=1.0$ and $f=1.5$ give almost the identical peak energy to the observed one for the higher excitation peak. On the other hand, the calculated lower peak is 2 MeV lower than the experimental one in energy.

Main configurations of dominant GT states in $^{56}$Ni are tabulated in Table 1 without and with the $T=0$ pairing interaction ($f=0.0$ and $f=1.5$), respectively. In Table 1, the value $B$ corresponds to the GT reduced matrix element

$$B=(Xu_\pi v_\nu - Yu_\nu v_\pi)\langle\pi\|\hat{O}(\mathrm{GT})\|\nu\rangle \tag{4}$$

with the operator Eq. (3), and the value

$$C=X^2-Y^2, \tag{5}$$

is the normalization factor where $X$ and $Y$ are QRPA amplitudes. The dominant configurations are only listed in Table 1. Without the $T=0$ pairing, the main configuration of higher excitation is a particle–hole type $(1f^\nu_{7/2}, 1f^\pi_{5/2})$ excitation referring to the configuration of fully occupied $1f_{7/2}$ proton and neutron orbits, while that of lower energy has particle–particle type $(1f^\nu_{7/2}, 1f^\pi_{7/2})$, $(2p^\nu_{3/2}, 2p^\pi_{3/2})$ and $(2p^\nu_{3/2}, 2p^\pi_{1/2})$ excitations. These particle–particle type excitations become possible only when $T=1$ pairing interaction acts on the ground state. The occupation probabilities of neutron single particle states are obtained by integrating the lower components of HFB wave functions as $v^2=0.69$, 0.20, 0.10 and 0.08 for $1f_{7/2}$, $2p_{3/2}$, $2p_{1/2}$ and $1f_{5/2}$ orbits, respectively. The proton states have almost the same occupation probabilities. With a strong $T=0$ pairing ($f=1.5$), the main configurations of the low energy peak become a coherent superposition of two quasi-particle (QP) excitations $(2p^\nu_{3/2}, 2p^\pi_{1/2})$, $(2p^\nu_{3/2}, 2p^\pi_{3/2})$, $(1f^\nu_{7/2}, 1f^\pi_{5/2})$ and $(1f^\nu_{7/2}, 1f^\pi_{7/2})$ as shown in Table 1. These coherent phases are inherent to the $T=0$ pairing interaction and increases the GT strength. On the other hand, the higher energy peak is still dominated by the $(1f^\nu_{7/2}, 1f^\pi_{5/2})$ configuration, but decreases its strength significantly.

The GT sum rule values $S_-(\mathrm{GT})$ are given in Table 1 without and with the $T=0$ pairing ($f=0.0$ and $f=1.5$). The $S_-(\mathrm{GT})$ value is decreased when the $T=0$ pairing is included [21]. This is due to the fact that the high excited GT strength is more deceased than the increase of the lower excited GT strength since the main configuration of GT strength $(1f^\nu_{7/2}, 1f^\pi_{5/2})$ is hindered. The decrease of GT strength is always the case with $T=0$ pairing also in the other $N=Z$ nuclei studied in the present Letter. The decrease of the $S_-(\mathrm{GT})$ value is about 20% and going up to 30% in the cases of $f=1.5$ and $f=1.7$, respectively. We have checked the increase of GT strength in the lower peak in $^{56}$Ni by using other Skyrme interactions SGII+Te1 [24,25], T43 and T32 [26]. It is shown in Ref. [25] that these parameter sets give reasonable descriptions of the excitation energies for the GT states and the spin-dipole states both in $^{90}$Zr and $^{208}$Pb. We have found that the above features of GT states are almost the same even with the other Skyrme parameter sets than T21, only with some minor differences in the excitation energy of the two main peaks.

The enhancement of lower energy GT strength by the ($T=0$, $S=1$) pairing can be induced by the transition between four QP states such as

$$\begin{aligned}&\left\langle\left\{(j^2)^{T=1}_{S=0}\left(p^\nu_{3/2}p^\pi_{3/2}\right)^{T=0}_{S=1}\right\}^{T_f=1}_{S_f=1}\left\|\hat{O}(\mathrm{GT})\right\|\left\{(j^2)^{T=1}_{S=0}\right.\right.\\&\quad\times\left.\left.\left(p^\nu_{3/2}p^\nu_{3/2}\right)^{T=1}_{S=0}\right\}^{T_i=0}_{S_i=0}\right\rangle\\&\quad=\left\langle\left(p^\nu_{3/2}p^\pi_{3/2}\right)^{T=0}_{S=1}\left\|\hat{O}(\mathrm{GT})\right\|\left(p^\nu_{3/2}p^\nu_{3/2}\right)^{T=1}_{S=0}\right\rangle,\end{aligned} \tag{6}$$

where the two quasi-particle configuration $(j^2)^{T=1,S=0}$ (for example, $j=1f^\nu_{7/2}$ or $j=2p^\nu_{3/2}$) acts as a spectator. The double bar in Eq. (6) is the symbol of doubly reduced matrix element both in spin and isospin space. Other QP configurations $(1f^\nu_{7/2}, 1f^\pi_{7/2})^{T=0,S=1}$, $(1f^\nu_{7/2}, 1f^\pi_{5/2})^{T=0,S=1}$ and $(2p^\nu_{3/2}2p^\pi_{1/2})^{T=0,S=1}$ are also possible configurations in Eq. (6) equivalent to $(2p^\nu_{3/2}2p^\pi_{3/2})^{T=0,S=1}$. It should be noticed that the $T=1$ pairing works between the two particle configurations $|(lj)^2$: $(L=S=0)$ $J=0, T=1\rangle$ with $j=7/2, 5/2, 3/2$ and $1/2$ in pf shell model space. On the other hand, the $T=0$ pairing acts on the configurations $|(lj, l'j')$: $(L=0, S=1)$ $J=1, T=0\rangle$ with not only $(l=l', j=j')$, but also with $(l=l', j=j'\pm 1)$. This is the reason why the $T=0$ pairing makes strong couplings among $(T=0, S=1)$ pairs with $(2p^\nu_{3/2}2p^\pi_{1/2})$ and $(1f^\nu_{7/2}1f^\pi_{5/2})$ as well as $(2p^\nu_{3/2}2p^\pi_{3/2})$ and $(1f^\nu_{7/2}1f^\pi_{7/2})$, enhancing the lower energy GT peak in the case of $f=1.5$ in Table 1.

Main configurations of GT states in $^{48}$Cr and $^{64}$Ge are listed in Table 2 calculated with a strong $T=0$ pairing ($f=1.5$). Because of partially occupied $2p_{3/2}$, $1f_{7/2}$ and $1d_{3/2}$ orbits in $^{48}$Cr, the configurations $(2p^\nu_{3/2}2p^\pi_{3/2})$, $(1f^\nu_{7/2}1f^\pi_{7/2})$ and $(1d^\nu_{3/2}1d^\pi_{3/2})$ give large contributions to the lower energy GT strength at $E_x=17.4$ MeV having coherent phases. Although the high energy state at $E_x=19.4$ MeV obtains large contributions from $(2p^\nu_{3/2}2p^\pi_{3/2})$ and $(1f^\nu_{7/2}1f^\pi_{5/2})$, it is cancelled by other configurations $(1d^\nu_{3/2}1d^\pi_{3/2})$ and $(1f^\nu_{7/2}1f^\pi_{7/2})$. This cancellation decreases substantially the $B$(GT) value compared with that of the state at $E_x=17.4$ MeV. The situation is rather different in $^{64}$Ge since neutron and proton $1f_{7/2}$ orbits are almost fully occupied. Thus the $(1f^\nu_{7/2}1f^\pi_{7/2})$ configuration does not appear as a dominant configuration in the strong $B$(GT) states in Table 2. On the other hand, the $2p_{1/2}$, $2p_{3/2}$ orbits contribute significantly to the lower energy state at $E_x=16.1$ MeV in $^{64}$Ge. The $B$(GT) value of this state in $^{64}$Ge is only a half of the state at $E_x=17.4$ MeV in $^{48}$Cr because of negligible contribution from the $(1f^\nu_{7/2}1f^\pi_{7/2})$ configuration even though the $T=0$

**Table 2**
Same as Table 1, but for $^{48}$Cr and $^{64}$Ge with the $T = 0$ pairing interaction $f = 1.5$.

| $^{48}$Cr | | $f = 1.5$ | | | |
|---|---|---|---|---|---|
| $E_x$ | $B$(GT) | $\nu(v_\nu^2)$ | $\pi(v_\pi^2)$ | $B$ | $C$ |
| 17.4 | 5.68 | $2p_{3/2}(0.12)$ | $2p_{3/2}(0.12)$ | 0.186 | 0.062 |
| | | $1d_{3/2}(0.85)$ | $1d_{3/2}(0.84)$ | 0.251 | 0.204 |
| | | $1f_{7/2}(0.33)$ | $1f_{5/2}(0.07)$ | 0.268 | 0.021 |
| | | $1f_{7/2}(0.33)$ | $1f_{7/2}(0.32)$ | 1.04 | 0.558 |
| 19.4 | 1.19 | $2p_{3/2}(0.12)$ | $2p_{1/2}(0.07)$ | 0.215 | 0.081 |
| | | $2p_{3/2}(0.12)$ | $2p_{3/2}(0.12)$ | 0.559 | 0.461 |
| | | $1d_{3/2}(0.85)$ | $1d_{3/2}(0.84)$ | −0.217 | 0.142 |
| | | $1f_{7/2}(0.33)$ | $1f_{5/2}(0.07)$ | 0.383 | 0.038 |
| | | $1f_{7/2}(0.33)$ | $1f_{7/2}(0.32)$ | −0.384 | 0.054 |
| $S_-(\mathrm{GT}) = 11.77$ | | | | | |
| $^{64}$Ge | | $f = 1.5$ | | | |
| $E_x$ | $B$(GT) | $\nu(v_\nu^2)$ | $\pi(v_\pi^2)$ | $B$ | $C$ |
| 16.1 | 2.15 | $2p_{3/2}(0.48)$ | $2p_{1/2}(0.21)$ | −1.316 | 0.889 |
| 21.2 | 5.21 | $1f_{5/2}(0.14)$ | $1f_{7/2}(0.90)$ | −0.187 | 0.353 |
| | | $1f_{7/2}(0.92)$ | $1f_{5/2}(0.15)$ | 2.392 | 0.561 |
| $S_-(\mathrm{GT}) = 17.26$ | | | | | |

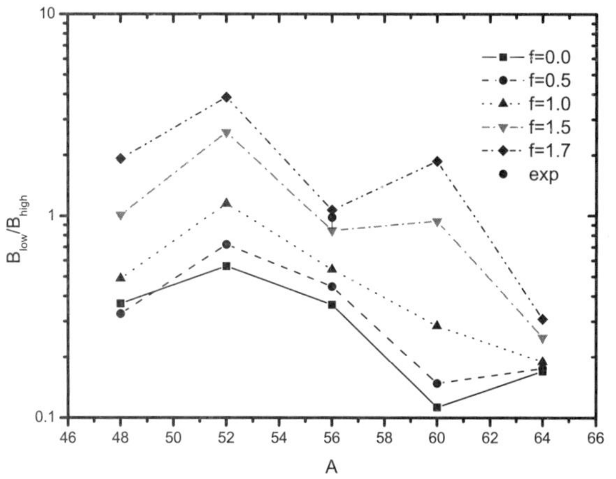


**Fig. 3.** (Color online.) Ratio between Gamow–Teller peaks in the lower energy and the higher energy regions as a function of the $T = 0$ strength parameter, $f$, calculated with T21 interaction. The lower energy and higher energy region is divided at $E_x = 20$ MeV. The experimental ratio in $^{56}$Ni is obtained from observed $B$(GT) strengths in the lower and higher energy regions in Ref. [20].

pairing is strong. The high energy state at $E_x = 21.2$ MeV in $^{64}$Ge is dominated by the $(1f^{\nu}_{7/2}1f^{\pi}_{5/2})$ configuration, the same as the high energy state in $^{56}$Ni. The sum rule values $S_-(\mathrm{GT})$ of $^{48}$Cr and $^{64}$Ge are also given in Table 2 in the case of strong $T = 0$ pairing. In general, the sum rule value is larger for the heavier $N = Z$ nuclei since available configuration space is larger. The increase of $S_-(\mathrm{GT})$ is 25% and 47% in $^{56}$Ni and $^{64}$Ge, respectively, in comparison with that of $^{48}$Cr.

The peak ratio between GT strength of the low energy region (below $E_x = 20$ MeV) and the high energy region (above $E_x = 20$ MeV) is plotted in Fig. 3 as a function of mass number $A$. In the cases of weak $T = 0$ pairing ($f \leqslant 1.0$), the high energy peak $B_{\mathrm{high}}(\mathrm{GT})$ is larger than the low energy one $B_{\mathrm{low}}(\mathrm{GT})$. With stronger $T = 0$ pairing ($f > 1.0$), the $B_{\mathrm{low}}(\mathrm{GT})$ value becomes larger and dominates the GT strength distribution, especially in nuclei $A \leqslant 56$. The low energy peak may appear as a single giant resonance in the strong $T = 0$ pairing limit. The empirical ratio of $B_{\mathrm{low}}(\mathrm{GT})$ to $B_{\mathrm{high}}(\mathrm{GT})$ in $^{56}$Ni is obtained from observed $B$(GT) strength distributions in Ref. [20]. The data point is consistent with the calculated ratio with the $T = 0$ pairing at $f \sim 1.5$.

The shell model calculations were performed for $^{56}$Ni by using effective interactions KB3G and GXPF1A in Ref. [20,27] and a particle–vibration coupling model is applied to calculate the GT strength in $^{56}$Cu in Ref. [28]. The shell model interaction GXPF1A gives a two-peak structure for GT strength distributions. The competition between $T = 0$ pairing and the spin–orbit interaction may be a key issue of these results [27]. It is also shown in Ref. [28] that the effect of particle–vibration coupling gives a sizable effect on GT strength distribution in $^{56}$Cu based on the HF + RPA model. It might be an interesting and challenging task to take into account the effect beyond HFB + QRPA such as the particle–vibration coupling effect in the microscopic model in future.

The strength of the $T = 0$ pairing can be determined by using the p–n scattering length [29] in the same way as for the $T = 1$ pairing [30,31]. The extracted value is slightly larger than the $T = 1$ pairing strength and, makes a bound deuteron state with a binding energy of 1.41 MeV, which is somewhat smaller than the experimental value 2.2 MeV. The effective density dependent pairing forces of zero range are obtained in $T = 0$ and 1 channels in symmetric nuclear matter from Paris forces in Ref. [14]. The obtained $T = 0$ interaction is much stronger than the $T = 1$ interaction. In Ref. [32], a phenomenological $T = 0$ pairing strength was determined to be 1.36 times stronger than the corresponding $T = 1$ pairing by fitting the ground state spins of several $N = Z$ nuclei in the p shell region. The large value of the $T = 0$ pairing can be considered to mimic the effect of tensor correlations which contributes to the binding energy of deuteron significantly. At present, it is still an open question how much is the phenomenological $T = 0$ pairing interaction, which can be used for HFB and QRPA calculations in medium-heavy and also in heavy nuclei. As we have pointed out in this Letter, the empirical data of GT strength in $N = Z$ nuclei will provide important information to disentangle the $T = 0$ pairing in medium-heavy and heavy mass nuclei.

In summary, we study GT states in several $N = Z$ nuclei in medium mass region by using HFB + QRPA model taking into account $T = 0$ pairing interaction. We found in the context of SU(4) supermultiplets that the low excitation energy GT strength is largely enhanced by $T = 0$ pairing interaction which is working cooperatively with the $T = 1$ pairing correlations in the ground state. Especially in the lighter nuclei $N = Z = 24 \sim 28$, the $B_{\mathrm{low}}(\mathrm{GT})$ becomes comparable or even larger than the $B_{\mathrm{high}}(\mathrm{GT})$ values in the strong $T = 0$ pairing ($f \geqslant 1.0$). This enhancement of the lower energy GT strength is attributed to the coherent excitation of several pf shell configurations and can be considered as an implementation of the super-allowed GT transition in the SU(4) supermultiplets in the spin–isospin space. It is found that the available data in $^{56}$Ni is consistent with the calculated ratio $B_{\mathrm{low}}(\mathrm{GT})/B_{\mathrm{high}}(\mathrm{GT})$ with the $T = 0$ pairing strength $f \sim 1.5$. Further additional information of empirical $B$(GT) is desperately desired to confirm the role of $T = 0$ pairing in the GT states in $N = Z$ nuclei.


## Acknowledgements

We are grateful to Toshio Suzuki, M. Honma, M. Ichimura, K. Yako and T. Wakasa for valuable discussions. This work is supported by the National Natural Science Foundation of China under Grant Nos. 10875172, 10275092, 10675169, and 11105094, and financial supports from Sichuan University (Project Nos. 2010SCU11 086 and 2012SCU04A11). This work was also supported by the Japanese Ministry of Education, Culture, Sports, Science and Technology by Grant-in-Aid for Scientific Research under the program numbers (C) 22540262.

## References


[1] A. Bohr, B.R. Mottelson, D. Pines, Phys. Rev. 110 (1958) 936.
[2] A. Bohr, B.R. Mottelson, Nuclear Structure, vol. I, Benjamin, New York, 1969.
[3] D.M. Brink, R. Broglia, Nuclear Superfluidity, Pairing in Finite Systems, Cambridge Monographs on Particle Physics, Nuclear Physics and Cosmology, vol. 24, 2005.
[4] G.F. Bertsch, in: R. Broglia, V. Zelevinsky (Eds.), 50 Years of Nuclear BCS, World Scientific, 2012, arXiv:1203.5529v1.
[5] K. Matsuyanagi, N. Hinohara, K. Sato, arXiv:1205.0078v1, 2012.
[6] M. Bender, P.-H. Heenen, P.-G. Reinhard, Rev. Mod. Phys. 75 (2003) 121.
[7] M.V. Stoitsov, J. Dobaczewski, W. Nazarewicz, P. Borycki, Int. J. Mass Spectrum 251 (2006) 243.
[8] T. Duguet, P. Bonche, P.-H. Heenen, J. Meyer, Phys. Rev. C 65 (2001) 014311.
[9] J. Margueron, H. Sagawa, K. Hagino, Phys. Rev. C 76 (2007) 064316;
J. Margueron, H. Sagawa, K. Hagino, Phys. Rev. C 77 (2008) 054309.
[10] J. Engel, et al., Phys. Rev. C 60 (2000) 014302.
[11] M. Matsuo, Nucl. Phys. A 696 (2001) 371.
[12] E. Khan, et al., Phys. Rev. C 66 (2002) 024309.
[13] N. Paar, et al., Phys. Rev. C 67 (2003) 034312.
[14] E. Garrido, et al., Phys. Rev. C 60 (1999) 064312;
E. Garrido, et al., Phys. Rev. C 63 (2001) 037304.
[15] A. Poves, G. Martinez-Pinedo, Phys. Lett. B 430 (1998) 203.
[16] G.F. Bertsch, Y. Luo, Phys. Rev. C 81 (2010) 064320, and references therein.
[17] W. Satula, D.J. Dean, J. Gary, S. Mizutori, W. Nazarewicz, Phys. Lett. B 407 (1997) 103;
W. Satula, R. Wyss, Phys. Lett. B 393 (1997) 1.
[18] T. Wakasa, et al., Phys. Rev. C 55 (1997) 2909;
M. Ichimura, H. Sakai, T. Wakasa, Prog. Part. Nucl. Phys. 56 (2006) 446.
[19] T. Suzuki, M. Honma, Hélène Mao, T. Otsuka, T. Kajino, Phys. Rev. C 83 (2011) 044619.
[20] M. Sasano, et al., Phys. Rev. Lett. 107 (2011) 202501.
[21] E. Moya de Guerra, et al., Nucl. Phys. A 727 (2003) 3;
S. Fracasso, G. Colò, Phys. Rev. C 76 (2007) 044307.
[22] E.P. Wigner, Phys. Rev. 51 (1937) 106;
E.P. Wigner, Phys. Rev. 56 (1939) 519;
F. Hund, Z. Physik 105 (1937) 202.
[23] C.L. Bai, H. Sagawa, H.Q. Zhang, X.Z. Zhang, G. Colò, F.R. Xu, Phys. Rev. C 79 (2009) 041301(R);
C.L. Bai, H. Sagawa, H.Q. Zhang, X.Z. Zhang, G. Colò, F.R. Xu, Phys. Lett. B 675 (2009) 28.
[24] C.L. Bai, H.Q. Zhang, X.Z. Zhang, F.R. Xu, H. Sagawa, G. Colò, Phys. Rev. Lett. 105 (2010) 072501.
[25] C.L. Bai, H.Q. Zhang, H. Sagawa, X.Z. Zhang, G. Colò, F.R. Xu, Phys. Rev. C 83 (2011) 054316.
[26] T. Lesinski, M. Bender, K. Bennaceur, T. Duguet, J. Meyer, Phys. Rev. C 76 (2007) 014312.
[27] T. Suzuki, M. Honma, private communications.
[28] Y.F. Niu, G. Colò, M. Brenna, B.F. Bortignon, J. Meng, Phys. Rev. C 85 (2012) 034314.
[29] E. Lomon, R. Wilson, Phys. Rev. C 9 (1974) 1329.
[30] G.F. Bertsch, H. Esbensen, Ann. Phys. (NY) 209 (1991) 327.
[31] H. Esbensen, G.F. Bertsch, K. Hencken, Phys. Rev. C 56 (1997) 3054.
[32] N. Vinh Mau, arXiv:0711.3173v1, 2007.

# Fissions in $^{32}S+^{184}W$ and $^{34}S+^{186}W$ reactions at near- and sub-barrier energies①

**C. J. Lin, H. Q. Zhang*, H. M. Jia, F. Yang, Z. H. Liu, X. X. Xu, L. Yang, P. F. Bao, and L. J. Sun**

China Institute of Atomic Energy, P. O. Box 275(10), Beijing 102413, China

E-mail: huan@ciae.ac.cn

**K. Nishio, H. Ikezoe, S. Mitsuoka, and K. Satou**

Japan Atomic Energy Agency, Tokai, Ibaraki 319-1195, Japan

**Abstract.** Fission fragments of $^{32}S+^{184}W$ and $^{34}S+^{186}W$ reactions have been measured by silicon-strip detectors at energies around the Coulomb barrier. The mass distributions of fission fragments for the $^{34}S+^{186}W$ system were derived and their widths were reproduced by the statistical model. The angle distributions of fission fragments for the $^{32}S+^{184}W$ system were fitted to extract the anisotropy, $A_{\mathrm{exp}}$, and the variance of initial $K$ distribution, $K_0^2$. Both $A_{\mathrm{exp}}$ and $K_0^2$ are larger than the theoretical values predicted by the saddle-point transition-state model, while they can be explained by the low-momentum-dependent pre-equilibrium fission model. It denotes that the pre-equilibrium fission rather than the quasi-fission occurs in the S+W system.

## 1. Introduction

Synthesis of superheavy element is a hot topic of current interest in nuclear physics. Fusion reaction is a key way to form the superheavy nucleus. In heavy-ion induced reactions, fission is a main competing reaction with respect to fusion and its dynamic process is rather complicate as a nucleus is first formed and then splits into two parts. Although qualitative and sometimes quantitative descriptions of many aspects of the fusion-fission process have been achieved, as yet it is not completely understood. Comprehensive investigation of fusion-fission reactions at energies near the Coulomb barrier will provide a valuable clue for synthesizing the superheavy nucleus.

From the aspect of reaction mechanism, fission induced by heavy-ion can be identified as, i) the complete fusion-fission (CFF) process, where the composite system overcomes the unconditional saddle point to form a compound nucleus with all the degrees of freedom achieving their equilibrium and then separates into two fragments, ii) the pre-equilibrium fission (PEF) process, where the compound nucleus is formed with all the other degrees of freedom except the $K$ degree of freedom ($K$ is the projection of total spin onto the symmetric axis) reaching the equilibrium before fission, iii) the quasi-fission (QF) process, where the compound nucleus is not formed to the full, that is the mass degree of freedom is out of complete equilibrium, and iv) the fast fission process, where the composite system directly goes to fission due to the vanishing of fission barrier.

① Journal of Physics:Conference Series,2013,420:012126.

Mass distribution and angular distribution are the main experimental observations to discriminate the fission mechanism mentioned above. In this talk, we would like to present the results of fission measurements for the $^{32}$S+$^{184}$W and $^{34}$S+$^{186}$W reactions at near- and sub-barrier energies and discuss the possible fission mechanism in the S+W system.

## 2. Experimental procedure

For $^{32}$S+$^{184}$W system, the experiment was performed at the HI-13 tandem accelerator at the China Institute of Atomic Energy. Collimated $^{32}$S beams with incident energies $E_{\text{beam}} = 140$, 145, 150, 155, 160, 165, and 170 MeV, respectively, bombarded on a $^{184}$W target with thickness about 200 $\mu$g/cm$^2$ supported by a about 20 $\mu$g/cm$^2$ carbon foil backing. The beam energy loss in traveling half the target was estimated about 0.5 MeV. At the forward angles, an array of five Si(Au) surface-barrier detectors with a depletion depth of 300 $\mu$m was mounted on the movable arm in the chamber. The typical $^{32}$S beam current range was about 200 enA monitored by a Faraday cup. The Rutherford scattering was monitored at a forward angle of $\theta_{\text{Lab}} = 15^o$ by four Si(Au) surface barrier detectors for the normalization of the cross-section measurements. In addition to these individual Si detectors, two groups of Si-strip detectors were mounted on opposite sides of the beam. These Si-strip detectors were $48 \times 50$ mm$^2$ in area and each detector consisted of 24 strips. Data from these strip detectors were recorded in the coincidence mode with the requirement that each detector was struck by a fission fragment and the folding angle between the hits corresponded to a full momentum transfer event. To calculate the kinematics it was assumed all observed processes can be treated as binary reactions. This assumption was tested by examining the folding angle distribution of coincident fragments in the Si detector and the Si-strip detectors. The average folding angle agrees with the expectations based on total kinetic energies (TKE) taken from the systematics of Viola *et al.* [1].

For $^{34}$S+$^{186}$W system, the experimental procedure was similar to that of the $^{32}$S+$^{184}$W system, but done at the tandem booster accelerator at Japan Atomic Energy Agency. $^{34}$S beams with energy of 148, 163, and 180 MeV, respectively, bombarded on a $^{186}$W target with thickness about 200 $\mu$g/cm$^2$ supported by a about 20 $\mu$g/cm$^2$ carbon foil backing. Three individual Si(Au) detectors fixed at the forward angles of 35.6$^o$, 60.6$^o$, and 85.6$^o$, respectively, and two Si-strip detectors with areas of $50 \times 50$ mm$^2$ at the backward angles were employed in the same way to measure the fission fragments in a coincident mode. The fragment masses can be obtained from such double energies measurement by the conservation laws of mass and momentum, i.e.,

$$\begin{cases} m_1 E_{k1} \sin^2\theta_1 = m_2 E_{k2} \sin^2\theta_2 \\ m_1 + m_2 = m_c \end{cases} \tag{1}$$

where $m_1$ and $m_2$ are the masses of two fission fragments, $m_c$ is the mass of compound nucleus, $\theta_1$ and $\theta_2$ are the emission angles of two fragments relative to the beam direction, $E_{k1}$ and $E_{k2}$ are the kinematic energies recorded by the detectors. Then the $m_1$ and $m_2$ can be deduced as,

$$\begin{cases} m_1 = \frac{E_{k2}\sin^2\theta_2}{E_{k1}\sin^2\theta_1 + E_{k2}\sin^2\theta_2} \cdot m_c \\ m_2 = \frac{E_{k1}\sin^2\theta_1}{E_{k1}\sin^2\theta_1 + E_{k2}\sin^2\theta_2} \cdot m_c \end{cases} \tag{2}$$

The energy measured by the silicon detector need to be corrected during the calculation, as following, i) the pulse-height-defect correction [2], ii) the energy-loss correction, and iii) the neutron-evaporation correction [3]. These corrections were automatically performed in a program by an iterative method.

The typical mass-energy distributions measured by the Si(Au) at forward 60.6$^o$ coincident with the backward strip detectors at $-79.6^o$, $-75.4^o$, $-71.2^o$, $-67.0^o$, and $-62.8^o$ are illustrated in Fig. 1 a) - e), respectively. The complement angle of 60.6$^o$ is exact $-75.4^o$, assuming the fission

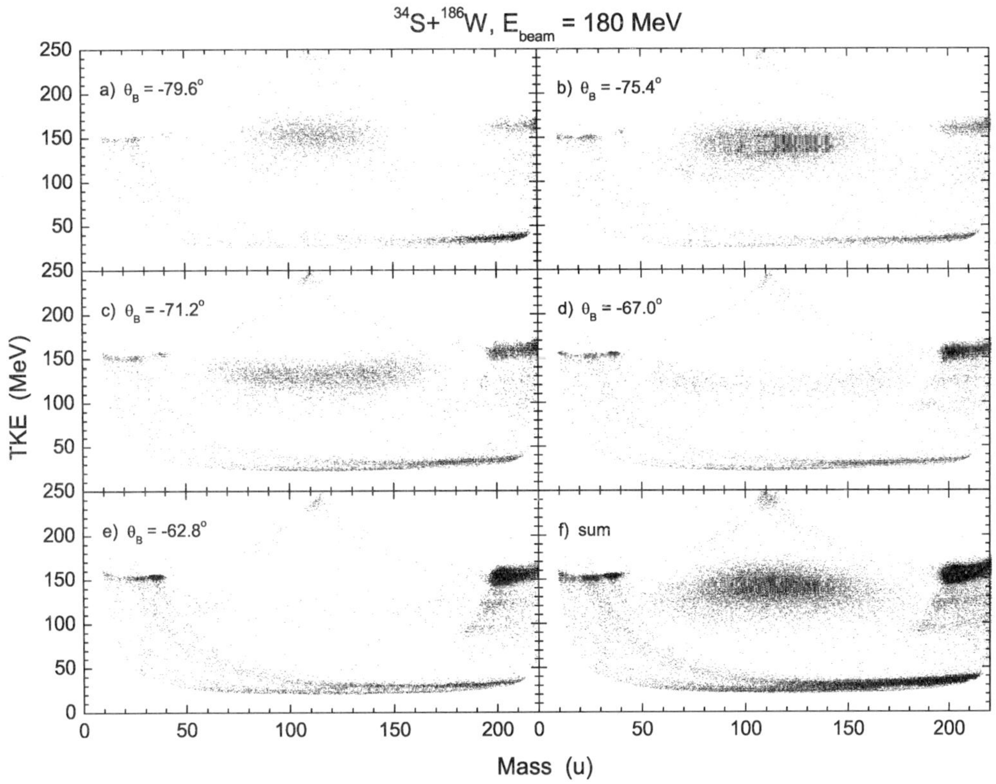


**Figure 1.** Mass-energy distributions measured at forward $60.6^o$ coincident with the different backward angles, a) - e), and the summed spectrum, f), for the $^{34}S+^{186}W$ system at the beam energy of 180 MeV.

with full momentum transfer. From the figure one can see that the symmetric fissions gradually change to the asymmetric fissions with the angles moving from the backward to forward. The total fissions summed of all the angles are plotted in Fig. 1 f). Overall, it shows the feature of symmetric fission.

### 3. Experimental results and discussions

The mass and TKE distributions of fission fragments for the $^{34}S+^{186}W$ reactions at the beam energy of 163 MeV are shown as the solid symbols in Fig. 2 for the forward angles of $85.6^o$, $60.6^o$, and $35.6^o$, respectively. At $\theta_{sd} = 85.6^o$, about 20-30% fission events were lost due to the geometric coverage. In the plots of yield distributions, the solid lines are Gaussian curves with standard deviation, i.e. mass width $\sigma_A$. The total yields were normalized to 200% because one fission event has two fragments. In the plots of <TKE> distributions, the solid lines represent the Viola TKE [1]. In the plots of $\sigma^2_{\rm TKE}$ distributions the solid lines describe the symmetric components assuming $< {\rm TKE} >^2 / \sigma^2_{\rm TKE}$ = constant [4]. The deviations of these distributions have the same values for the different angles. It means the mass and TKE distributions are insensitive to the changes of angle, implying that the mass and energy degrees of freedom achieved equilibrium before fission. In order to check this implication, the mass width varying with the excitation energy is pictured in Fig. 3. The solid curve is the prediction of the scission-point statistical model [5],

$$\sigma^2_A = \frac{T_{\rm sci}}{k} = \frac{1}{k}\sqrt{\frac{8.5E^+}{A}}, \tag{3}$$

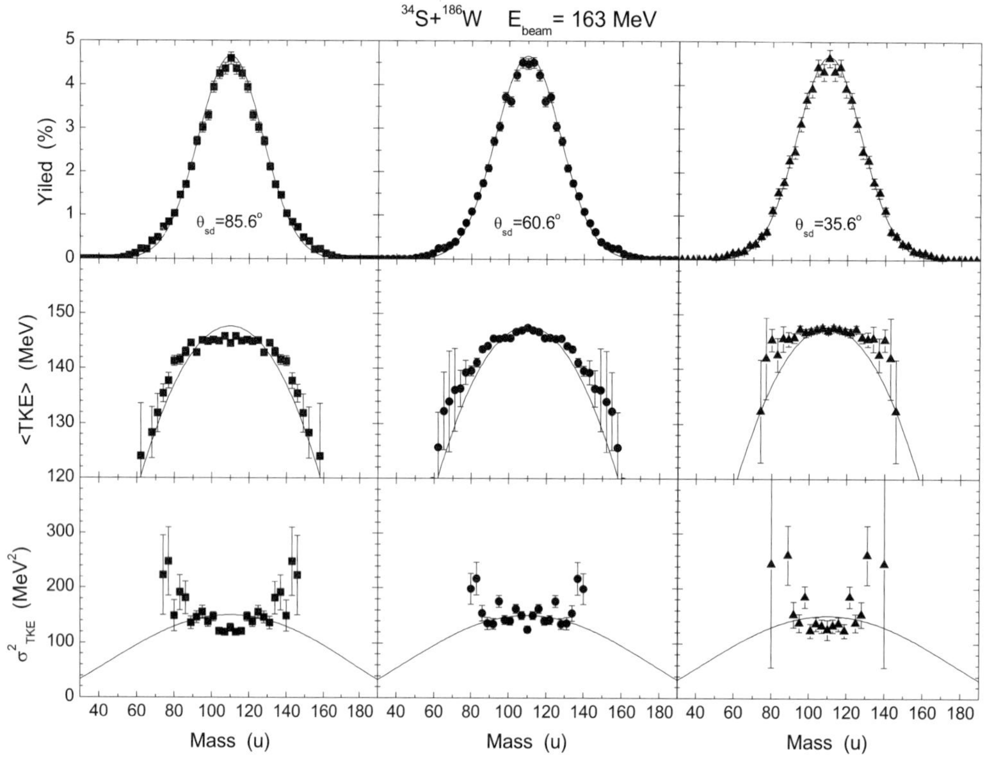


**Figure 2.** Mass and TKE distributions of fission fragments for the $^{34}$S+$^{186}$W reactions at the beam energy of 163 MeV.

where $T_{\text{sci}}$ is the scission-point temperature, $k$ is the stiffness parameter ($k = 0.0048$ MeV/u), $E^+$ is the excitation energy at scission-point, and $A$ is the mass of compound nucleus. From Fig. 3 one can see that the experimental mass widths are in agreement with the predictions of the statistical model within errors.

The angular distributions of fission fragments for the $^{32}$S+$^{184}$W reactions are displayed in Fig. 4. In fitting the angular distributions of the fission fragments the following expression was employed [6],

$$W(\theta) = \sum_{I=0}^{I_{\max}} \frac{(2I+1)^2 \exp\left[-(I+\frac{1}{2})^2 \sin^2\theta / 4K_0^2\right] J_0\left[i(I+\frac{1}{2})^2 \sin^2\theta\right]}{\text{erf}\left[(I+\frac{1}{2})/\sqrt{2K_0^2}\right]} \tag{4}$$

assuming $M = 0$, that is, assuming that the spins of the target and projectile were zero, where $I$ is the total spin of compound nucleus, $K_0^2$ is the variance of initial $K$ distribution, $J_0$ is the zero-order Bessel function with imaginary argument, and erf$(x)$ is the error function. The experimental anisotropy, $A_{\text{exp}}$, and $K_0^2$ were extracted by these fittings and compared with the theoretical calculations to understand the fission dynamics. Figure 5 shows the $A_{\text{exp}}/A_{\text{theory}}$ values varying with the ratios of the reaction energy to the Coulomb barrier, where the traditional saddle-point transition-state (SPTS) model [7] and the low-momentum-dependent pre-equilibrium fission model [8] were utilized, respectively. It is seen from the figure that the experimental anisotropies are obviously larger than those calculated by SPTS model, while the pre-equilibrium fission model reproduces the experimental values much better, especially at low energies.

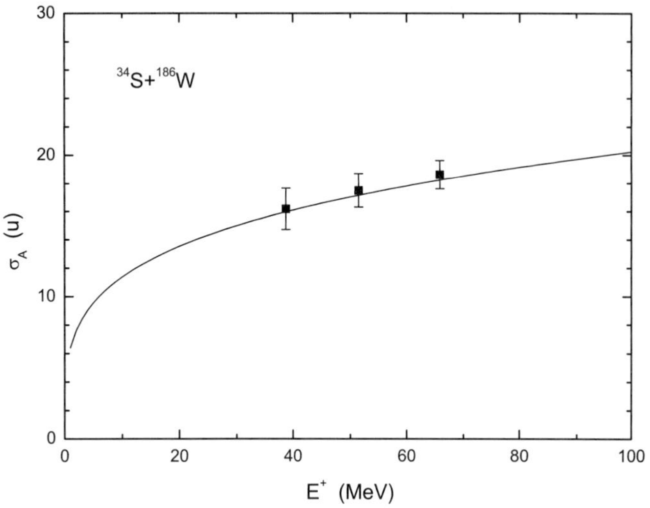


**Figure 3.** Mass widths varying with the excitation energy at the scission-point for the $^{34}S+^{186}W$ system.

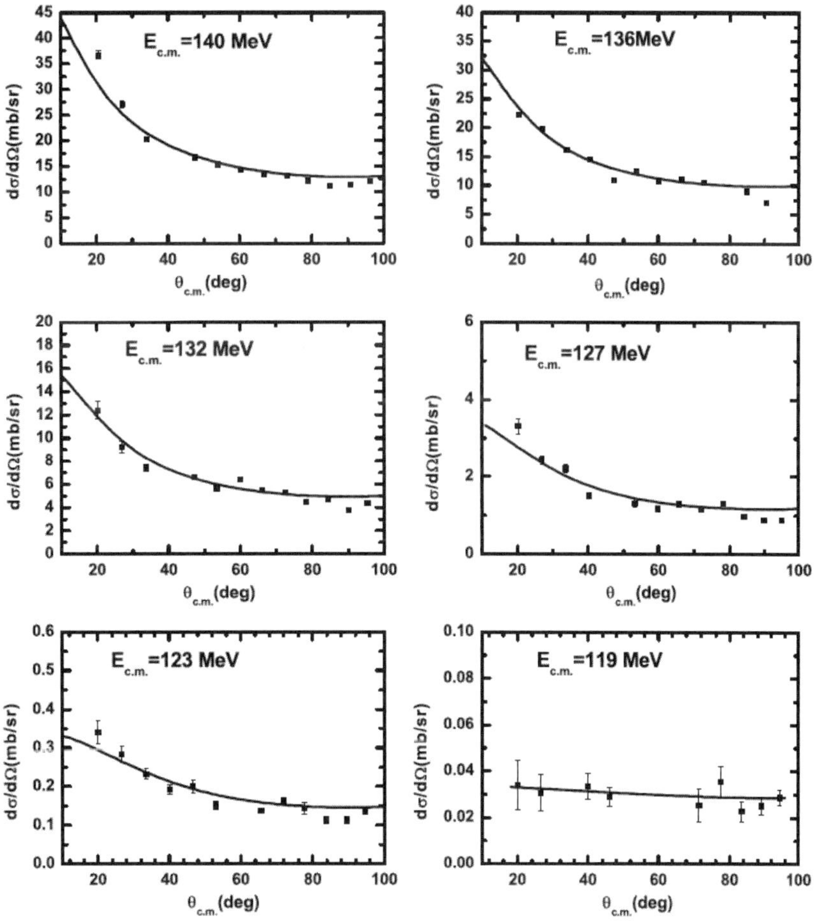


**Figure 4.** Angular distributions of fission fragments for the $^{32}S+^{184}W$ reactions.

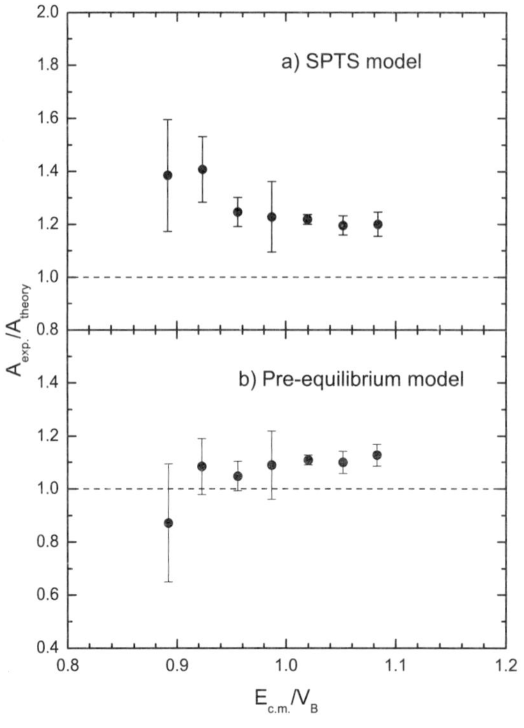


**Figure 5.** Comparison of the experimental anisotropies with the predictions of the SPTS model, a), and the pre-equilibrium fission model, b), for the $^{32}S+^{184}W$ system.

From the above results one can see that both mass and TKE distributions are explained well by the scission-point statistical model for the $^{34}S+^{186}W$ system. It denotes that both mass and TKE achieve their equilibrium before fission. In other words, there is no obvious QF component in the fission of the $^{34}S+^{186}W$ reaction. For the $^{32}S+^{184}W$ system, the angular distributions deviate from the anticipation of SPTS model while conform to the expectation of pre-equilibrium fission model. Combining these two system, one may draw the following conclusions, i) the mass and energy distributions have no sensitivity to the non-equilibrium fission like the pre- equilibrium fission but the angular distribution has, ii) the relaxation time of the $K$ degree of freedom is long than that of the mass and energy degrees of freedom, iii) the mass-energy-angle correlated measurement should be a powerful means to analyze the detailed fission dynamics, which is strongly required in the future.

## 4. Summary

In summary, fission fragments of the $^{32}S+^{184}W$ and $^{34}S+^{186}W$ reactions have been measured by silicon-strip detectors at energies around the Coulomb barrier. The mass distributions of the $^{34}S+^{186}W$ system and the angle distributions of the $^{32}S+^{184}W$ system were obtained, respectively. The mass widths of $^{34}S+^{186}W$ are in good agreement with the predictions of the scission-point statistical mode, which does not show the quasi-fission component. The traditional SPTS model fails to explain the experimental anisotropy of $^{32}S+^{184}W$ but the low-momentum-dependent pre-equilibrium fission model can do that. Combining these two systems to analyze, it denotes that the pre-equilibrium fission rather than the quasi-fission occurs in the S+W system. The mass-energy-angle correlated measurement is strongly desired to analyze the fission dynamics in detail.

**5. Acknowledgments**

This work is partly supported by the 973 Program of China (No. 2013CB834404) and the National Natural Science Foundation of China (Nos. 11005154, 10975192, 11075216, 10727505, and 11005156). One of us, C. J. Lin thanks the Japan Society for the Promotion of Science for the support of postdoctoral fellowship with the position No. PB01003.

**References**

[1] V. E. Viola, K. Kwiatkowski, and M. Walker, Phys. Rev. C **31**, 1550 (1985).
[2] M. Ogihara *et al.*, Nucl. Instrum. Meth. **A251**, 313 (1986).
[3] B. G. Glagola *et al.*, Phys. Rev. C **29**, 486(1984).
[4] A. Yu. Chizhov *et al.*, Phys. Rev. C **67**, 011603(R) (2003).
[5] B. B. Back *et al.*, Phys. Rev. C **53**, 1734 (1996).
[6] J. R. Huizenga, A. N. Behkami, and L. G. Moretto, Phys. Rev. **177**, 1826 (1969).
[7] A. Bohr, In *Proceedings of the United Nations International Conference on the Peaceful Uses of Atomic Energy, Geneva, 1955* (United Nations, New York, 1956).
[8] Zuhua Liu *et al.*, Phys. Lett. **B353**, 173 (1995).

# Near-barrier fusion of $^{32}S+^{90,96}Zr$, $^{16}O+^{76}Ge$ and $^{18}O+^{74}Ge$①

**H M Jia, C J Lin*, F Yang, X X Xu, H Q Zhang, Z H Liu, L Yang, S T Zhang, P F Bao and L J Sun**

China Institute of Atomic Energy, P. O. Box 275(10), Beijing 102413, P. R. China

E-mail: `cjlin@ciae.ac.cn`

**Abstract.** This contribution presents the recent experimental results on heavy-ion near-barrier fusion, mainly aiming at the effect of positive $Q$-value neutron transfer on the fusion process. Fusion excitation functions of $^{32}S+^{90,96}Zr$, $^{16}O+^{76}Ge$ and $^{18}O+^{74}Ge$ have been measured with an electrostatic deflector setup. The fusion barrier distributions have been extracted from the measured fusion excitation functions. Different conclusions are obtained from the analysis of both the fusion excitation functions and the barrier distributions, that is, $^{32}S+^{96}Zr$ shows obvious fusion enhancement related to the positive $Q$-value neutron transfer channels and was reproduced with Zagrebaev's semiclassical model, but $^{18}O+^{74}Ge$ shows no such effect. More comprehensive reaction dynamics need to be considered than the up-to-date coupled-channels calculations.

## 1. Introduction

Role of neutron transfer in the fusion process is an important topic of current interest. The importance of neutron transfer on fusion stems from the fact that neutron transfer may occur at a distance beyond the Coulomb barrier, therefore, may have an obvious influence in the sub-barrier fusion reaction. There are some signatures [1] that coupling to the large positive $Q$-values neutron transfer (PQNT) channels enhances the fusion cross sections at sub-barrier energies. These observations intrigue the conjecture that it may provide a new way to synthesize superheavy elements (SHE) using the neutron-rich beams produced with advanced radioactive ion beam (RIB) facilities, which is of great importance because up to now the surperheavy nuclei synthesized all locate in the neutron-deficient side of the SHE "island of stability". In order to approach the center region, researches for the reaction mechanisms of actinide targets with neutron-rich projectiles are highly required.

However, the relationship between fusion and transfer reaction is actually not quite clear yet and the coupling to the transfer channels can only be qualitatively taken into account in the coupled-channels (CC) calculations up to now. Moreover, other mechanisms, without including the PQNT effect explicitly, also can explain the experimental results. For $^{40}Ca+^{96}Zr$, both sub-barrier fusion enhancement and barrier distribution shape can be reproduced within a semi-classical model, mainly considering the strong octupole vibration of $^{96}Zr$ [2]. A very recent analysis also reproduced qualitatively the fusion excitation function of $^{40}Ca+^{48}Ca$ by using the DC-TDHF method [3]. Very recently, Kohley *et al.* [4] observed that fusion of the neutron-rich $^{132}Sn+^{58}Ni$ system, with more PQNT channels, does not cause any fusion enhancement due to

① Journal of Physics:Conference Series,2013,420:012124.

neutron transfer until ~5 mb level, by means of a systematic comparison to the experimental results. For $^{36}$S+$^{58}$Ni and $^{18}$O+$^{118}$Sn, the fusion behavior of no additional enhancement related to PQNT was ascribed to kinematic mismatches for the transfer reactions [5, 6].

Therefore, the effect of coupling to the neutron transfer channels on fusion is still an open question. It is strongly desired to develop a consistent microscopic approach to clarify unambiguously the PQNT effect on heavy-ion fusion at near-barrier energies. In this talk, we would like to briefly present our experimental results on the PQNT effect in near-barrier fusion.

## 2. Experiments and results

The experiments have been performed at the HI-13 tandem accelerator of the China Institute of Atomic Energy (CIAE), Beijing. The fusion evaporation residues (ERs) concentrated at forward angles were separated from the incident beam by an electrostatic deflector [7]. Two-dimensional plot of $E$ vs time of flight (TOF) was used to identify the reaction products. Since fission of the compound nuclei (CN) can be neglected for all the selected systems, the measured ERs cross sections were taken as complete fusion cross sections $\sigma_{\rm F}$.

### *2.1. $^{32}S$+$^{90,96}Zr$*

An $E$ vs TOF detector telescope with a microchannel plate (MCP) detector and a Si(Au) surface barrier detector was used in this experiment [8]. The ERs angular distributions were measured in the range of $\theta_{\rm Lab}$ from -4° to +10° with a step of 1° at three beam energies ($E_{\rm Lab}$ = 108.3, 116.4, and 130.0 MeV) for both systems. The measured angular distributions are symmetrical about 0° and the shapes do not change appreciably with the beam energy. These combined angular distributions and double Gaussian fits were used to obtain the $\sigma_{\rm F}$. The fusion excitation functions measured for $^{32}$S+$^{90,96}$Zr are shown in Fig. 1, where the energy scale was corrected for the target thickness and the error bars represent purely statistical uncertainties.

The fusion excitation functions were calculated by means of the CC theory with the code CCDEF [9], considering the quadrupole and octupole vibrations of $^{32}$S and $^{90,96}$Zr. The single-channel (SC) and CC calculations without neutron transfers for the $^{32}$S+$^{90}$Zr and $^{32}$S+$^{96}$Zr fusion reaction are also shown in Fig. 1. It can be seen that the CC calculation reproduces the experimental excitation function well without considering neutron transfers for $^{32}$S+$^{90}$Zr, but it fails for $^{32}$S+$^{96}$Zr at lower energies. The CCFULL calculation considering the inelastic excitations for $^{32}$S+$^{96}$Zr also underestimates the sub-barrier fusion, shown as the dash-dotted line in Fig. 1. This shows that the enhancement of the sub-barrier fusion cross sections might be caused by PQNT.

To take into account the PQNT effect, the fusion excitation function for $^{32}$S+$^{96}$Zr was calculated by using the following formula according to Zagrebaev's semiclassical model [10]:

$$T_l(E_{\rm c.m.}) = \int f(B)\frac{1}{N_{\rm tr}}\sum_k \int_{-E_{\rm c.m.}}^{Q_0(k)} \alpha_k(E_{\rm c.m.}, l, Q) \times P_{HW}(B, E_{\rm c.m.} + Q, l)dQdB, \qquad (1)$$

and

$$\sigma_{\rm F}(E_{\rm c.m.}) = \frac{\pi\hbar^2}{2\mu E_{\rm c.m.}}\sum_{l=0}^{l_{cr}}(2l+1)T_l(E_{\rm c.m.}), \qquad (2)$$

where $T_l(E_{\rm c.m.})$ is the penetration probability, $B$ and $f(B)$ are the barrier height and the normalized barrier distribution, which were taken from the calculation with the code CCDEF, $P_{\rm HM}$ is the usual Hill-Wheeler formula [11], $l$ and $l_{\rm cr}$ are angular momentum and critical angular momentum. $\alpha_k(E_{\rm c.m.},l,Q)$ is the probability for the transfer of $k$ neutrons with $Q \leq Q_0(k)$,

$Q_0(k)$ is the $Q$ value for the ground-state to ground-state transfer of the $k_{\rm th}$ neutron, and $N_{\rm tr}$ is the normalization of the total probability taking into account the multi-neutron transfers.

The calculation was performed up to the channel $+4n$ ($k = 4$) for $^{32}$S+$^{96}$Zr and is shown as the dashed line. It allows a fairly good description of the present experimental data, showing the effect of neutron transfers on sub-barrier fusion. As expected, the correction applied to the calculation at sub-barrier energies by the Zagrebaev model [10] enhances the fusion cross sections further. The result shows that this model can explain the sub-barrier fusion enhancement.

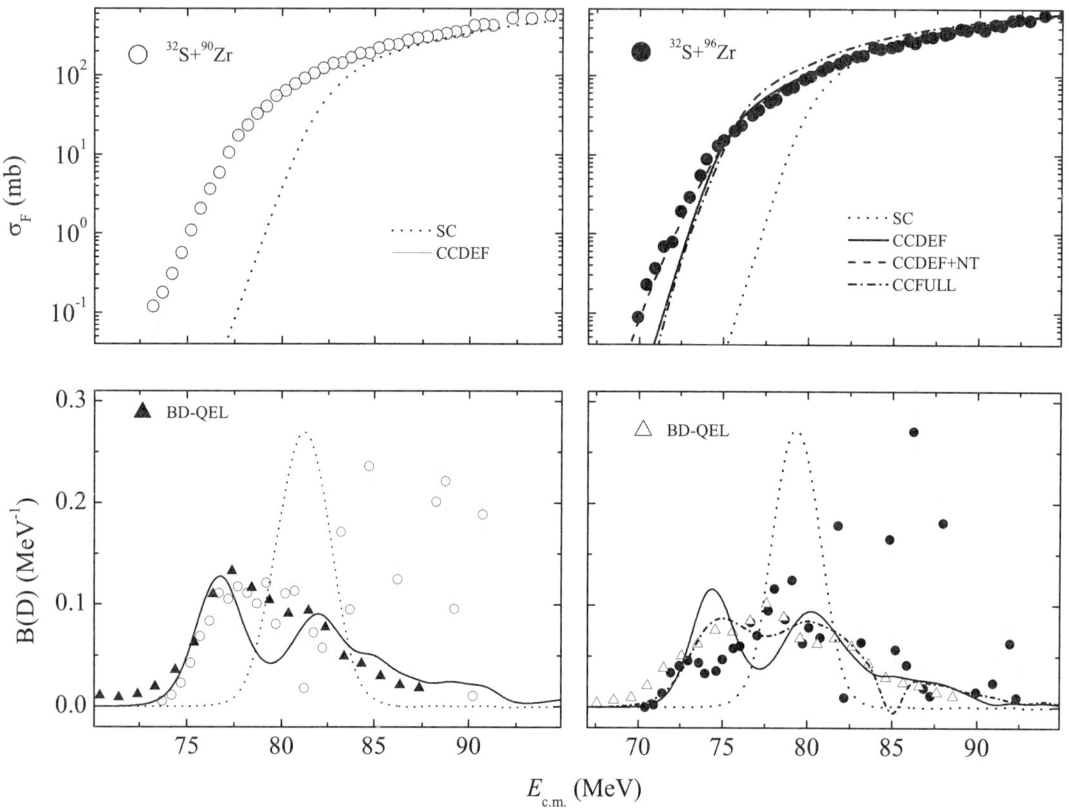


**Figure 1.** (Color online) Fusion excitation functions (upper panel) and barrier distributions of $^{32}$S+$^{90,96}$Zr (lower panel).

Figure 1 also shows the experimental barrier distributions extracted from fusion and quasielastic (QEL) scattering as well as the calculations for $^{32}$S+$^{90,96}$Zr. The experimental values were obtained by double differentiation of $E_{\rm c.m.}\sigma_{\rm F}$ versus energy using the three-point difference formula [1]. The QEL barrier distributions were taken from Ref. [12]. It is very interesting to note that the experimental barrier distributions extracted from QEL and fusion are strikingly similar for both systems. Although a fine structure appears visible in the experimental fusion barrier distribution of $^{32}$S+$^{96}$Zr, its damping is most probably caused by the strong octupole vibration in $^{96}$Zr [13]. The actual discrepancies between calculated and experimental results are not yet fully understood. Large fluctuations occur in the fusion barrier distributions for $E_{\rm c.m.}$ >83 MeV owing to the large errors of the fusion cross sections in the higher energy range.

For $^{32}$S+$^{90}$Zr, the overall trends of the experimental barrier distributions are similar to the CC calculation, while for $^{32}$S+$^{96}$Zr, the experimental barrier distributions are wider and trend to a lower energy range compared with the results for $^{32}$S+$^{90}$Zr and the CC calculation without considering neutron transfers. This shows the PQNT effect on fusion enhancement and is very

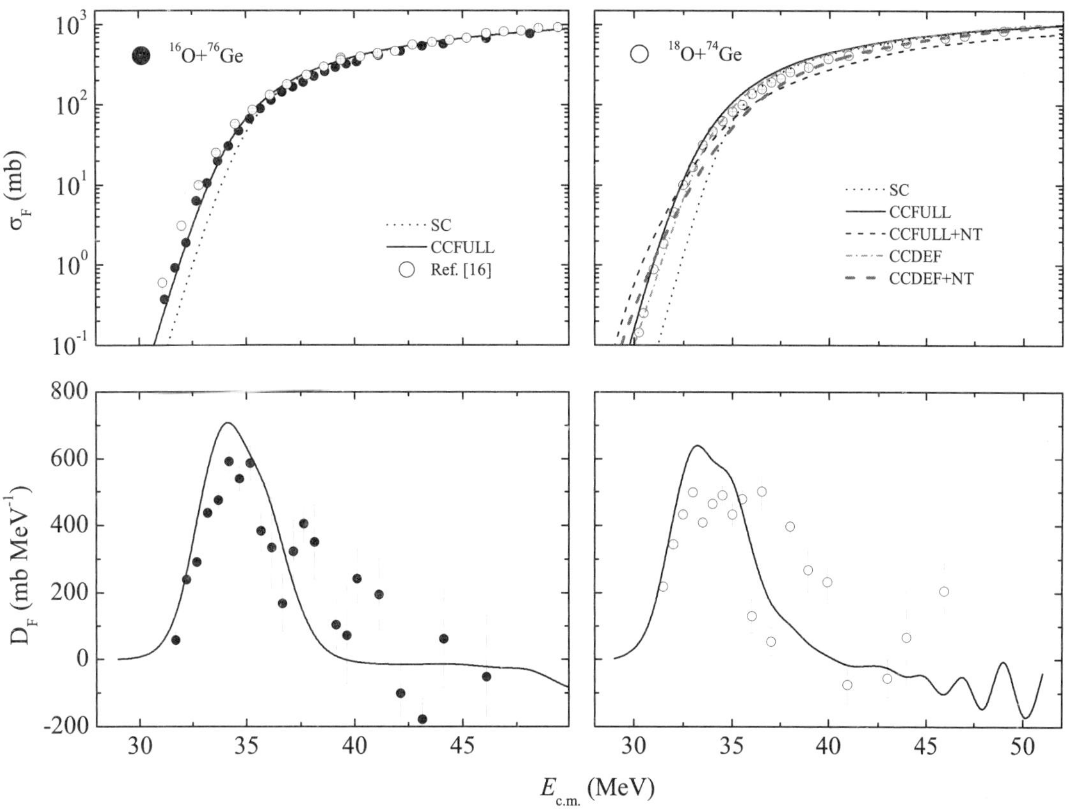


**Figure 2.** (Color online) Fusion excitation functions (upper panel) and barrier distributions (lower panel) of $^{16}O+^{76}Ge$ and $^{18}O+^{74}Ge$. The fusion data for $^{16}O+^{76}Ge$ from Ref. [16] are also shown as open circles for comparison.

similar to $^{40}Ca+^{96}Zr$ [1]. For $^{32}S,^{40}Ca+^{96}Zr$, both the fusion and QEL barrier distributions show significant widening, i.e., they are wider and flatter than those for $^{32}S,^{40}Ca+^{90}Zr$. This is consistent with the model of Stelson [14] that neutron transfer could act as a doorway state toward fusion.

*2.2. $^{16}O+^{76}Ge$ and $^{18}O+^{74}Ge$*

In this experiment, $E$ vs TOF detector telescopes were composed of two MCP detectors and a 48 mm × 48 mm quadrant Si detector, with distances of 41.0 cm for MCP1-MCP2 (TOF) and 22.7 cm for MCP2-Si. $E$-TOF1 (TOF1: MCP1-Si) and $E$-TOF2 (TOF2: MCP2-Si) spectra were used to reduce the spurious backgrounds from the random coincidences between the Si and one of the MCPs for these more asymmetric systems, especially for lower fusion cross sections at sub-barrier energies. The ERs angular distributions were measured from -5° to +13° with a step of 1° for $^{16}O+^{76}Ge$ ($E_{lab}$=44.38 MeV) and $^{18}O+^{74}Ge$ (45.40 and 40.39 MeV). Their typical shapes do not change appreciably with the beam energy also and give an overall width of 4.3° symmetrical about 0°. Single Gaussian well fits the ERs angular distributions resulting from the dominant neutron and proton evaporation for the CN, which is consistent with the calculation of the code PACE2 [15]. The measured fusion excitation functions for $^{16}O+^{76}Ge$ and $^{18}O+^{74}Ge$ are shown in Fig. 2, where the energy scale was corrected for the carbon backing and the target thickness.

The data were analyzed with the code CCFULL [17] including all order couplings. The standard Akyüz-Winther (AW) potential was used, without an attempt to vary them to fit the above-barrier data. For $^{16}O+^{76}Ge$, the low-lying vibrational $2^+$ and $3^-$ one-phonon states of $^{76}Ge$ as well as their mutual excitations were included in the calculation. The calculations of SC and CC including target excitation only are shown as dotted and solid lines in Fig. 2, respectively. It shows that the CC calculation reproduces the fusion excitation function rather well within the experimental uncertainties, except a small overestimate at higher energies.

In the case of $^{18}O+^{74}Ge$, the calculations of SC and CC including the target $2^+$ two-phonon and $3^-$ one-phonon vibrational states and the $2^+$ state of $^{18}O$ are shown in Fig. 2, respectively. The CC calculation gives a good fit to the experimental data. No significant differences in the reduced fusion excitation functions of the two systems emerge at least down to 0.1-mb level. This provides further experimental evidence that in some cases the coupling effect of PQNT channel on fusion is very limited. In order to check the effect of neutron transfer, the CC calculation was also performed by including the additional $2n$-pair transfer channel with positive $Q$-value of 3.75 MeV and the nominal coupling strength of 0.7 MeV. Result is illustrated by the dash-dotted line in Fig. 2 for a qualitative comparison. One can see that the trend deviates distinctly from the fusion data, suppressed due to flux loss at above-barrier energies and enhanced due to neutron transfer effect at lower energies. It indicates that the effect of neutron transfer on fusion should be negligible for this system at the measured energy range.

The CCDEF calculation considering the inelastic excitations for $^{18}O+^{74}Ge$ also gives a good fit to the fusion data, while the calculation including the neutron transfers overestimates the fusion data at the lowest energies. This is consistent with the conclusion obtained from CCFULL calculations.

The extracted fusion barrier distributions are shown as points in the lower panel of Fig. 2, which were not made normalization due to the large oscillations. Both experimental fusion barrier distributions show only one peak with a width of $\sim$ 4 MeV, centered around the AW barrier with relatively larger oscillations. The corresponding CC calculations are also shown and qualitatively reproduce the experimental barrier distributions.

## 3. Discussion

For the systems measured in this work, the PQNT effect on fusion is different and a consistent explanation is absent. For physical considerations, we transfer to the reaction systems with less intricate $+Q$-value $1n$ and/or $2n$ transfers in the following, considering the complicated multi-neutron transfer mechanism and subsequent role on near-barrier fusion.

The behavior of $^{18}O+^{74}Ge$ is very different from $^{18}O+^{58}Ni$ ($Q_{-1n}$=+0.96 MeV and $Q_{-2n}$ =+8.20 MeV) that shows strong fusion enhancement [18], which was thought that collective pair transfer mode plays an important role and was explained well based on the zero-point pairing fluctuations model (pairing vibrations related to $2n$ transfer channel). $^{74}Ge(^{18}O,^{16}O)^{76}Ge$ shows that the transfer mainly populates the ground state at 27° at $E_{\rm Beam}$=75 MeV [19]. So it is expected that there will be kinematically matched for the $2n$ stripping channel and neutron transfer should enhance the subsequent fusion at sub-barrier energies, considering the expected ground state to ground state transfer at sub-barrier region. But our results show no such effect. Additionally, the fusion enhancement of $^{40}Ca+^{48}Ca$ ($Q_{+1n}$=-1.58 MeV and $Q_{+2n}$=+2.62 MeV) seems to exclude the possibility that the first neutron transfer with negative $Q$-value may severely inhibit the second neutron transfer. On the other hand, although the fusion enhancement observed in $^{40}Ca+^{48}Ca$ has been prevailingly ascribed to the positive $Q_{+2n}$ transfer coupling, the effect of more and larger positive-$Q$-value proton-stripping channels should be considered for clarifying the origin of the fusion enhancement.

As well known, transfer coupling also depends on the states and $Q$-values populated by the transferred nucleons as well as the transfer form factors. It is advantageous to investigate the influence of the $2n$ transfer channel on fusion using $^{18}O$ projectile, considering the more positive

$Q$-value $2n$ stripping channel for $^{18}$O induced reaction. Further, it is quite helpful to research the target dependence of fusion at sub-barrier energies for the lower $Z_P Z_T$ and higher $Q_{2n}/V_B$ value systems, such as the values for $^{18}$O+$^{24}$Mg, $^{18}$O+$^{50}$Cr and $^{18}$O+$^{58}$Ni are 6.24/15.27=0.41, 9.11/27.16=0.34 and 8.20/30.95=0.26, respectively. Therefore, it is useful to measure these fusion excitation functions with high accuracy to clarify the relevant dynamic mechanisms and constrain the transfer coupling strengths, and research the role of $1n$ transfer $Q$-value. On the other hand, a direct measurement of the $2n$ transfer is also meaningful for correlating the two aspects of fusion and transfer.

## 4. Conclusions

In summary, the fusion excitation functions for $^{32}$S+$^{90,96}$Zr, $^{16}$O+$^{76}$Ge and $^{18}$O+$^{74}$Ge at near-barrier energies have been measured and the corresponding fusion barrier distributions have been extracted. For the measured systems, $^{32}$S+$^{96}$Zr shows additional fusion enhancement, which agrees with previous suggestion [12] that PQNT channels enhance the sub-barrier fusion. But $^{18}$O+$^{74}$Ge shows no additional fusion enhancement.

The controversial results observed in the fusion reactions have presented a challenge for the theoretical understanding of the reaction mechanism at sub-barrier energies. It is highly desired to search for the underlying reaction mechanism and to improve the CC calculation. In addition to the fusion excitation function, the neutron transfer cross section measurement should provide useful information on the coupling strengths of neutron transfer channels, which will induce a much deeper understanding of the role of neutron transfer.

## 5. Acknowledgments

This work has been supported by the 973 Program of China (Grant No. 2013CB834404) and the National Natural Science Foundation of China (Grants No. 11005154, No. 10975192, No. 11075216, No. 10727505, and No. 11005156).

## References

[1] Timmers H, Ackermann D, Beghini S, Corradi L, He J H, Montagnoli G, Scarlassara F, Stefanini A M and Rowley N 1998 *Nucl. Phys.* A **633** 421
[2] Pollarolo G and Winther A 2000 *Phys. Rev.* C **62** 054611
[3] Keser R, Umar A S and Oberacker V E 2012 *Phys. Rev.* C **85** 044606
[4] Kohley Z *et al* 2011 *Phys. Rev. Lett.* **107** 202701
[5] Stefanini A M *et al* 1986 *Nucl. Phys.* A **456** 509
[6] Jacobs P, Fraenkel Z, Mamane G and Tserruya I 1986 *Phys. Lett.* **175B** 271
[7] Zhang H Q, Lin C J, Yang F, Jia H M, Zhou P, An G P, Zhang C L and Xu X X 2010 *Chin. Phys.* C **34** 1628
[8] Zhang H Q *et al* 2010 *Phys. Rev.* C **82** 054609
[9] Fernández-Niello J, Dasso C H and Landowne S 1989 *Comput. Phys. Commun.* **54** 409
[10] Zagrebaev V I 2003 *Phys. Rev.* C **67** 061601(R)
[11] Hill D L and Wheeler J A 1953 *Phys. Rev.* **89** 1102
[12] Yang F, Lin C J, Wu X K, Zhang H Q, Zhang C L, Zhou P and Liu Z H 2008 *Phys. Rev.* C **77** 014601
[13] Stefanini A M *et al* 2007 *Phys. Rev.* C **76** 014610
[14] Stelson P H 1988 *Phys. Lett.* **205B** 190
[15] Gavron A 1980 *Phys. Rev.* C **21** 230
[16] Aguilera E F, Kolata J J and Tighe R J 1995 *Phys. Rev.* C **52** 3103
[17] Hagino K, Rowley N and Kruppa A T 1999 *Comput. Phys. Commun.* **123** 143
[18] Borges A M *et al* 1992 *Phys. Rev.* C **46** 2360
[19] Bond P D, Korner H J, Lemaire M-C, Pisano D J and Thorn C E 1977 *Phys. Rev.* C **16** 177

# Energy dependence of phenomenological optical model potentials for the $^7$Li + $^{11}$B reaction①

L. Yang, C. J. Lin, H. M. Jia, X. X. Xu, F. Yang, H. Q. Zhang, Z. H. Liu, P. F. Bao, and L. J. Sun
*China Institute of Atomic Energy, P.O. Box 275(10), Beijing 102413, China*
(Received 7 December 2012; revised manuscript received 18 March 2013; published 10 April 2013)

Angular distributions of $^7$Li + $^{11}$B elastic scattering were measured at $E_{\rm lab}(^7{\rm Li}) = 9.85$, 13.3, 18.3, 23.3, and 28.3 MeV within the angular range of $\theta_{\rm c.m.} \approx 15°$–$80°$. Optical model potentials have been extracted from these angular distributions and the data available in the literature at $E_{\rm lab}(^7{\rm Li}) = 34$ MeV and $E_{\rm lab}(^{11}{\rm B}) = 44$ MeV to study the gross influences of intricate coupling effects varying with the reaction energy. With fixed geometrical shapes, the strengths of both real and imaginary potentials show a linear decrease with increasing energy, which is different from previous observations.

DOI: 10.1103/PhysRevC.87.047601 PACS number(s): 24.10.Eq, 24.10.Ht, 25.70.Hi, 25.70.Bc

There is great interest nowadays in exploring the nuclear interactions of exotic nuclei by means of radioactive ion beams (RIBs). Recently, some progress has been made in RIB experiments; e.g., in Refs. [1–6] rather accurate data have been reported. However, owing to the limits of the beam intensity and quality, the reaction systems as well as the reaction energies studied with RIB are still limited. In view of this fact, instead of RIB, beams of weakly bound but stable projectiles like $^{6,7}$Li and $^9$Be have been widely utilized to obtain some useful information [7–9]. The nucleus-nucleus interaction potential is a basic element in the study of nuclear reactions. The phenomenological optical model potential (OMP) is widely adopted in practice, because it can be easily extracted by fitting the angular distribution of elastic scattering.

There now exists a large number of data on the elastic scattering of $^{6,7}$Li projectiles over wide ranges of mass number ($A = 6$–208) of the target and energy ($E = 5$–156 MeV) [10]. A complete compilation of $^{6,7}$Li OMP parameters using Woods-Saxon potentials is given in Ref. [11]. However, great variation exists in the parameters and it is very difficult to determine a systematic trend from this compilation, because the OMP is sensitive to the nuclear structures of projectile and target, especially for lighter reaction systems. Besides the phenomenological method, the microscopic double-folding model is another way to obtain the nucleus-nucleus interaction potential. However, it could not describe $^{6,7}$Li elastic scattering successfully [12]. According to the Feshbach theory of the microscopic OMP [13], the dynamic polarization potential should be taken into account. Unfortunately, an accurate calculation of the dynamic polarization potential is rather complicated and requires detailed knowledge of the spectroscopic structure of two colliding nuclei [14–16]. A cluster model using double-folding technique may be an effective method to consider the structures of light and medium nuclei [17–22]. However, the double-folding procedure is constrained to the real part of the potential, while the imaginary potential still needs to be obtained by a phenomenological method.

In this work, the $^7$Li + $^{11}$B system was selected because it is a quite special system: both the projectile and the target are odd-$A$ nuclei and have large ground-state quadrupole moments as well as presumable cluster structures. The angular distributions of elastic scattering have been measured at bombarding energies of $E_{\rm lab}(^7{\rm Li}) = 9.85$, 13.3, 18.3, 23.3, and 28.3 MeV within the angular range of $\theta_{\rm c.m.} \approx 15°$–$80°$. These angular distributions along with the data on $E_{\rm lab}(^7{\rm Li}) = 34$ MeV [23,24] and $E_{\rm lab}(^{11}{\rm B}) = 44$ MeV [25] were analyzed with the optical model. The phenomenological OMPs extracted from these data sets reflect the overall feature induced by the coupled-channel effects, the breakup and its subsequent effects of weakly bound $^7$Li. Therefore, this method could avoid the complicated calculation of the dynamic polarization potential and provide a chance to understand the effects mentioned above as well as their overall changes with the reaction energy.

The experiment was performed at the HI-13 tandem accelerator of the China Institute of Atomic Energy. A natural boron (80% $^{11}$B) target about 55 $\mu$g/cm$^2$ thick evaporated onto a 10 $\mu$g/cm$^2$ $^{197}$Au foil was bombarded with a $^7$Li beam with a typical current of about 50 pnA. The Coulomb scattering on $^{197}$Au was used to normalize the elastic scattering on $^{11}$B. In addition, a Faraday cup was used for the absolute measurement of the beam current. These two normalization methods are consistent within error. A detector array including three Si(Au) surface barrier detectors and four $\Delta E - E$ Si(Au) telescopes at an interval of 10° was mounted on a rotatable arm to detect scattering particles. The thickness of the $\Delta E$ detectors was in the range of 20–30 $\mu$m. The other two Si(Au) detectors at ±10° were used to monitor the current quality. The typical energy spectrum obtained by the single Si(Au) detector is shown in Fig. 1(a). The $^{11}$B elastic peak can be clearly separated from the $^{10}$B one and others. Figure 1(b) shows a typical $\Delta E - E$ spectrum and the quasielastic area (shown by a square) is projected onto the energy scale, as shown in Fig. 1(c). There are almost no elastic scattering events of $^7$Li on $^{10}$B at that angle. Energy spectra were fitted by the sums of Gaussian functions with the peak positions fixed to the corresponding kinetic energies, as shown by the solid curves in the figure. Finally, the angular distributions of $^7$Li + $^{11}$B are shown in Fig. 2. The errors include statistical errors and fitting uncertainties.

① Physical Review C,2013,87(4):047601-(1-4).

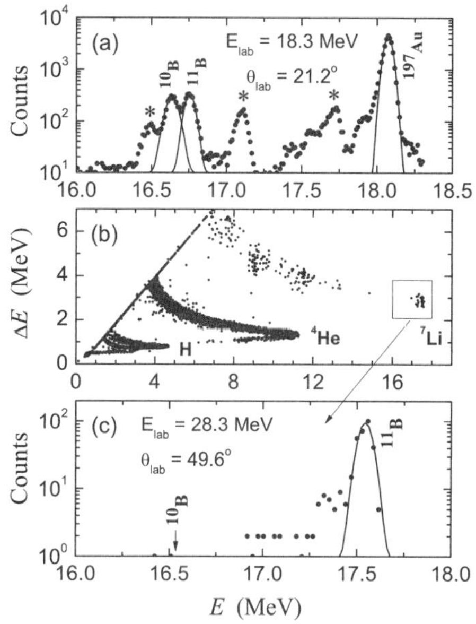


FIG. 1. (a) Typical energy spectrum for $^7$Li + $^{11}$B at $E_{\text{lab}}(^7\text{Li}) =$ 18.3 MeV and $\theta_{\text{lab}} = 21.2°$. Peaks marked with an asterisk are from target contaminants. (b) Typical $\Delta E - E$ spectrum at $E_{\text{lab}}(^7\text{Li}) =$ 28.3 MeV and $\theta_{\text{lab}} = 49.6°$. (c) Projection energy spectrum from the selected square in (b). Solid curves show the results of Gaussian fitting.

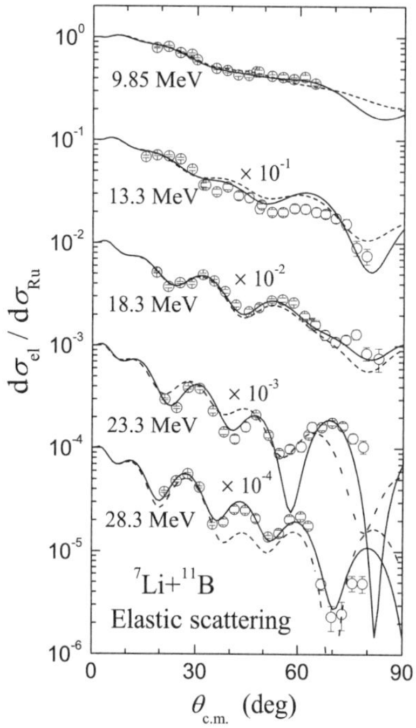


FIG. 2. Angular distributions of elastic scattering for the $^7$Li + $^{11}$B system. Open circles represent the experimental data. Best-fit results are shown by solid curves, and dashed curves show the fit results with the adopted potential shape.

The OMP can be written as the sum of the real and imaginary nuclear potentials as well as a Coulomb potential:

$$U(r) = -Vf_R(r) - iWf_I(r) + V_C(r). \tag{1}$$

The most widely used shape for the form factors $f_R(r)$ and $f_I(r)$ is the Woods-Saxon function. The spin-orbit term is not included in the potential because the polarization data were not available in this experiment. Large variations in the Coulomb radius can be compensated by minor variations in the real potential [26] without appreciable change in the quality of the fit. Thus the reduced radius, $r_{0C}$, was kept constant at 1.30 fm throughout the analyses.

The angular distributions of the $^7$Li + $^{11}$B elastic scattering were fitted with the PTOLEMY code [27], which can be used for heavy-ion direct reactions to extract the OMP parameters $\{X_i = V, r_{0V}, a_V, W, r_{0W}, a_W\}$; here, $V$ and $W$ stand for the real and imaginary parts of the volume potentials, respectively. For each angular distribution, the "goodness-of-fit" quantity was described by $\chi^2$ analysis. The code then automatically varied the potential parameters to minimize the $\chi^2$. First, a grid search on these six potential parameters was carried out, to obtain the best fit to the angular distributions at different bombarding energies, and the OMP parameters of $^7$Li + $^{11}$B were obtained and are listed in Table I. Then the average geometry parameters $r_{0V} = 0.93$ fm, $a_V = 0.51$ fm, $r_{0W} = 1.21$ fm, and $a_W = 0.90$ fm were extracted from the best-fit results and kept fixed to re-search the potential depths $V$ and $W$. The extracted radius and diffuseness of the imaginary potential are obviously larger than those of the real potential. This might relate to the large quadrupole moments and the breakup effects, leading to absorption processes taking place at a larger distance with greater diffuseness. In Fig. 2 the theoretical angular distributions of elastic scattering with the best-fit parameters (solid curves) and the adopted geometry parameters (dashed curves) are compared with the experimental data. One finds that, although the results calculated with the adopted parameters are not as good as the best-fit results, they still describe the experimental angular distributions satisfactorily.

Besides our data, data sets taken from the literature [23,24] at $E_{\text{lab}}(^7\text{Li}) = 34$ MeV and the literature [25] at $E_{\text{lab}}(^{11}\text{B}) =$ 44 MeV were also analyzed using the same procedure. The analysis of these two data sets was limited to the forward angle range ($\theta_{\text{c.m.}} < 80°$), but results over the whole angle range are shown in Fig. 3. The best-fit parameters are also listed in Table I. As shown in Fig. 3, the data taken from the literature [23–25] can be fitted satisfactorily for forward angles of $\theta_{\text{c.m.}} < 60°$. For backward angles, the calculated cross sections are quite oscillatory, whereas the experimental data rise smoothly towards 180°. This may be an indication of the coupling of quadrupole excitation with the entrance channel [23]. The coupled reaction channel theory could fit the entire angular range if elastic as well as inelastic scattering, reorientations of $^7$Li and $^{11}$B, and the most important one- and two-step transfers were taken into account in the channel-coupling scheme [25].

TABLE I. Best-fit parameters and adopted shapes of the OMP for $^7$Li + $^{11}$B elastic scattering.

| $E_{lab}$ (MeV) | $E_{c.m.}$ (MeV) | $V$ (MeV) | $r_{0V}$ (fm) | $a_V$ (fm) | $W$ (MeV) | $r_{0W}$ (fm) | $a_W$ (fm) | $\chi^2/pt$ |
|---|---|---|---|---|---|---|---|---|
| 9.85 | 6.02 | 219.63 | 0.93 | 0.51 | 9.61 | 1.43 | 0.90 | 4.321 |
| 13.3 | 8.13 | 177.23 | 0.93 | 0.51 | 8.56 | 1.21 | 0.95 | 9.581 |
| 18.3 | 11.18 | 166.58 | 0.96 | 0.51 | 12.24 | 1.26 | 0.84 | 3.621 |
| 23.3 | 14.24 | 135.21 | 0.89 | 0.56[a] | 11.32 | 1.11 | 0.92 | 13.64 |
| 28.3 | 17.29 | 103.99 | 0.93 | 0.51 | 11.67 | 1.28 | 0.73[a] | 7.828 |
| 34[b] | 20.78 | 74.96 | 1.07[a] | 0.51 | 8.21 | 1.21 | 0.90 | 16.32 |
| 44[c] | 17.13 | 117.61 | 0.93 | 0.51 | 8.15 | 1.21 | 0.90 | 3.539 |
| Adopted | | — | 0.93 | 0.51 | — | 1.21 | 0.90 | — |

[a]These values were excluded from the calculation of average values owing to their large deviation.
[b]Experimental data are taken from Refs. [23,24].
[c]Experimental data are taken from Ref. [25]. $E_{lab}$ is the bombarding energy of projectile $^{11}$B.

For OMPs with fixed shapes, the central potential strengths can be utilized to investigate the possible energy dependence. Figure 4 shows that the depths of the real [Fig. 4(a)] and imaginary [Fig. 4(b)] potentials vary with the reaction energy, respectively. The errors on potential depths were derived by $\chi^2$ analysis, i.e., determined by $\chi^2_{\min}+1$. One finds a concise relation between potential depth and energy. A linear function was employed to fit these data with errors as their weights. The results are as follows:

$$\begin{cases} V(0) = 261.42 \pm 9.04 - (8.98 \pm 0.46)E_{c.m.}\ \text{MeV}, \\ W(0) = 14.62 \pm 2.82 - (0.35 \pm 0.17)E_{c.m.}\ \text{MeV}. \end{cases} \tag{2}$$

The present results are different from those of Rudchik *et al.* [25]. They analyzed the elastic and inelastic scattering of $^7$Li + $^{11}$B with the coupled-reaction-channel method to extract the bare potentials. The energy dependence of all six parameters were fitted with exponential forms. As mentioned above, a better fit could be obtained with the coupled-reaction-channel method over a large angle range, especially forbackward angles, where the scattering is not pure potential scattering. However, this feature of the scattering would not be observed if only forward-angle data were taken [28]. Generally, OMPs for scattering from light target nuclei are more likely to show fluctuations in the parameters owing to nuclear structure and channel-coupling effects [28]. In the present work, the phenomenological OMPs extracted from

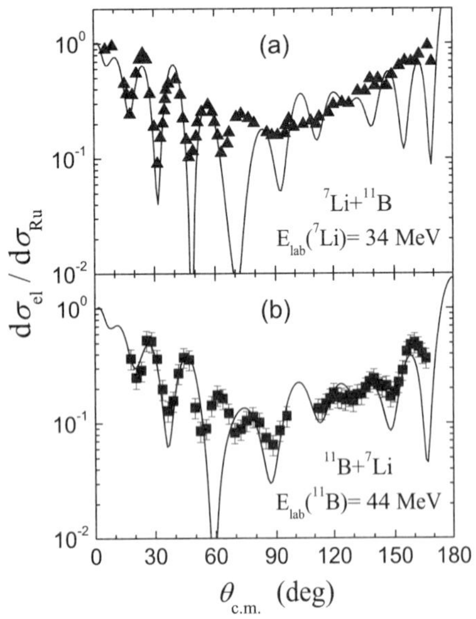


FIG. 3. Angular distributions of $^7$Li + $^{11}$B elastic scattering at bombarding energies of (a) $E_{lab}(^7\text{Li}) = 34$ MeV [23,24] and (b) $E_{lab}(^{11}\text{B}) = 44$ MeV [25] (b). Solid curves show the fit results with the adopted potential shape for $\theta_{c.m.} < 80°$.

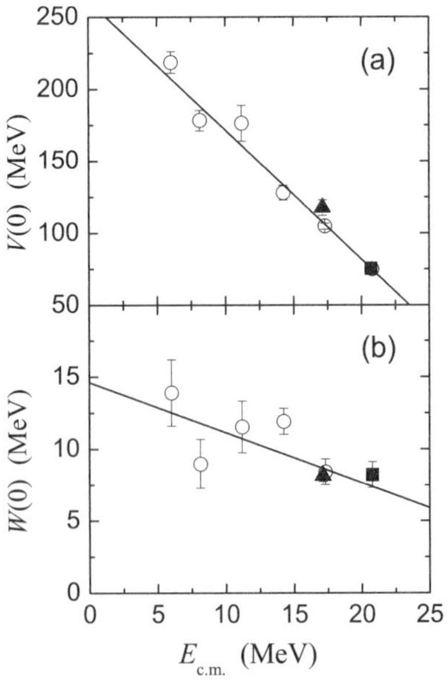


FIG. 4. Depths of (a) real and (b) imaginary potentials vary with the reaction energy for the $^7$Li + $^{11}$B system. Open circles, filled triangles, and filled squares represent results extracted from the present work, data at $E_{lab}(^7\text{Li}) = 34$ MeV [23,24], and data at $E_{lab}(^{11}\text{B}) = 44$ MeV [25], respectively. Solid lines show the results of linear fits with errors as weights.

the data at forward angles are not the bare but effective ones, which include all the coupling effects and related dynamical effects. Simple linear relations were found between the depths and the reaction energies when the geometric shapes were fixed. This is worthy of investigation over a wider energy range to observe the tendency. Such research may provide a valuable clue to exploration of the systematics of OMPs for light-nucleus systems and also for exotic-nucleus systems.

In summary, the angular distributions of $^7$Li and $^{11}$B elastic scattering at bombarding energies $E_{\rm lab}(^7{\rm Li}) = 9.85$, 13.3, 18.3, 23.3, and 28.3 MeV within the angular range of $\theta_{\rm c.m.} \approx 15^\circ$–$80^\circ$ were measured. The best-fit parameters of phenomenological OMPs were extracted and an average potential shape was adopted to further study the energy dependence of potential strengths. Data for $^7$Li and $^{11}$B elastic scattering at energies of $E_{\rm lab}(^7{\rm Li}) = 34$ MeV [23,24] and $E_{\rm lab}(^{11}{\rm B}) = 44$ MeV [25] were also analyzed with the adopted geometrical shape. A concise relation between potential strengths and reaction energies was obtained; i.e., the depths of real and imaginary potentials decrease linearly with increasing energy. A comprehensive investigation is strongly desirable to obtain the systematic OMPs and a better understanding of the underlying physics.

This work was supported by the National Key Basic Research Program of China under Grant No. 2013CB834404 and the National Natural Science Foundation of China under Grant Nos. 11005154, 11005156, and 11075216.

[1] M. Milin, S. Cherubini, T. Davinson *et al.*, Nucl. Phys. A **730**, 285 (2004).
[2] O. R. Kakuee, M. A. G. Alvarez, M. V. Anders *et al.*, Nucl. Phys. A **765**, 294 (2006).
[3] E. A. Benjamin, A. Lépine-Szily, D. R. Mendes, Jr. *et al.*, Phys. Lett. B **647**, 30 (2007).
[4] Y. Kucuk, I. Boztosun, and T. Topel, Phys. Rev. C **80**, 054602 (2009).
[5] A. Di Pietro, V. Scuderi, A. M. Moro *et al.*, Phys. Rev. C **85**, 054607 (2012).
[6] M. Cubero, J. P. Fernandez-Garcia, M. Rodriguez-Gallardo *et al.*, Phys. Rev. Lett. **109**, 262701 (2012).
[7] F. Michel and S. Ohkubo, Phys. Rev. C **72**, 054601 (2005).
[8] N. Keeley, K. W. Kemper, O. Momotyuk, and K. Rusek, Phys. Rev. C **77**, 057601 (2008).
[9] A. S. Denikin, P. Descouvemont, and V. I. Zagrebaev, AIP Conf. Proc. **1224**, 118 (2010).
[10] J. Cook, Nucl. Phys. A **388**, 153 (1982).
[11] J. Cook, Atom. Data Nucl. Data Tables **26**, 19 (1981).
[12] M. El-Azab Farid and M. A. Hassanain, Nucl. Phys. A **697**, 183 (2002).
[13] H. Feshbach, Ann. Phys. (NY) **5**, 357 (1985).
[14] V. Lapoux, N. Alamanos, F. Auger *et al.*, Phys. Rev. C **66**, 034608 (2002).
[15] Y. Sakuragi, Phys. Rev. C **35**, 2161 (1987).
[16] M. E. Brandan and G. R. Satchler, Phys. Rep. **285**, 143 (1997).
[17] M. E. Farid, Phys. Rev. C **65**, 067303 (2002).
[18] B. Buck, C. B. Dover, and J. P. Vary, Phys. Rev. C **11**, 1803 (1975).
[19] Y. Goto and H. Horiuchi, Prog. Theor. Phys. **62**, 662 (1979).
[20] M. El-Azab Farid, J. Phys. G **16**, 461 (1990).
[21] M. E. Farid, Z. M. M. Mahmoud, and G. S. Hassan, Phys. Rev. C **64**, 014310 (2001).
[22] M. El-Azab Farid, Z. M. M. Mahmoud, and G. S. Hassan, Nucl. Phys. A **691**, 671 (2001).
[23] J. Cook, M. N. Stephens, and K. W. Kemper, Nucl. Phys. A **466**, 168 (1987).
[24] J. Cook, A. K. Abdallah, M. N. Stephens, and K. W. Kemper, Phys. Rev. C **35**, 126 (1987).
[25] A. A. Rudchik *et al.*, Phys. Rev. C **72**, 034608 (2005).
[26] G. Bassani *et al.*, Nucl. Phys. A **189**, 353 (1972).
[27] M. Rhoades-Brown, M. H. Macfarlane, and S. C. Pieper, Phys. Rev. C **21**, 2417 (1980).
[28] M. F. Vineyard, J. Cook, K. W. Kemper, and M. N. Stephens, Phys. Rev. C **30**, 916 (1984).

# Sub-barrier capture reactions with $^{16,18}$O and $^{40,48}$Ca beams①

V.V. Sargsyan[1,2], G.G. Adamian[1], N.V. Antonenko[1], W. Scheid[3], and H.Q. Zhang[4]

[1] Joint Institute for Nuclear Research, 141980 Dubna, Russia
[2] International Center for Advanced Studies, Yerevan State University, 0025 Yerevan, Armenia
[3] Institut für Theoretische Physik der Justus–Liebig–Universität, D–35392 Giessen, Germany
[4] China Institute of Atomic Energy, Post Office Box 275, Beijing 102413, China

Received: 1 April 2013
Published online: 6 May 2013 – 
Communicated by M. Hjorth-Jensen

**Abstract.** Various sub-barrier capture reactions with $^{16,18}$O and $^{40,48}$Ca are treated within the quantum diffusion approach. The role of neutron transfer in these capture reactions is discussed. The quasielastic and capture barrier distributions are analyzed and compared with the recent experimental data.

## 1 Introduction

From the present experimental data the role of the neutron transfer channel in the capture (fusion) process cannot be unambiguously inferred [1–15]. The fusion excitation functions have been recently measured for the reactions $^{16}$O+$^{76}$Ge and $^{18}$O+$^{74}$Ge at energies near and below the Coulomb barrier and the fusion barrier distributions have been extracted from the corresponding excitation functions [7]. The fusion enhancement due to the positive $Q_{2n}$-value two-neutron ($2n$) transfer channel for $^{18}$O+$^{74}$Ge has not been revealed as compared with the reference system $^{16}$O+$^{76}$Ge [7]. This is very different from the situation for the reactions $^{40}$Ca+$^{124,132}$Sn [8] and other systems in the literature, which show considerable sub-barrier enhancements. The enhancement appears to be related to the existence of positive $Q$-values for neutron transfer.

The purpose of this paper is the theoretical explanation of these experimental observations. Within the quantum diffusion approach [9–15] we try to answer the question how strong the influence of neutron transfer in sub-barrier capture (fusion) reactions $^{18}$O+$^{74}$Ge, $^{52,50}$Cr, $^{94,92}$Mo, $^{112,114,118,120,124,126}$Sn and $^{40,48}$Ca+$^{124,132}$Sn is. This study seems to be important for future experiments indicated in ref. [7]. In addition, the new structures of the quasielastic and capture barrier distributions at deep sub-barrier energies will be discussed.

## 2 Model

In the quantum diffusion approach [9–15] the collisions of nuclei are described with a single relevant collective variable: the relative distance between the colliding nuclei. This approach takes into consideration the fluctuation and dissipation effects in collisions of heavy ions which model the coupling with various channels (for example, coupling of the relative motion with low-lying collective modes such as dynamical quadrupole and octupole modes of the target and projectile [16]). We have to mention that many quantum-mechanical and non-Markovian effects accompanying the passage through the potential barrier are taken into consideration in our formalism [13–15]. The nuclear deformation effects are taken into account through the dependence of the nucleus-nucleus potential on the deformations and mutual orientations of the colliding nuclei. To calculate the nucleus-nucleus interaction potential $V(R)$, we use the procedure presented in refs. [13–15]. For the nuclear part of the nucleus-nucleus potential, the double-folding formalism with the Skyrme-type density-dependent effective nucleon-nucleon interaction is used. With this approach many heavy-ion capture reactions at energies above and well below the Coulomb barrier have been successfully described [13–15]. Note that the diffusion models, which include the quantum statistical effects, were also treated in refs. [17–20].

Following the hypothesis of refs. [21,22], we assume that the sub-barrier capture in the reactions under consideration mainly depends on the possible two-neutron transfer with the positive $Q_{2n}$-value. Our assumption is that, just before the projectile is captured by the target nucleus (just before the crossing of the Coulomb barrier) which is a slow process, the $2n$ transfer ($Q_{2n} > 0$) occurs that can lead to the population of the excited collective states in the recipient nucleus [23–25]. So, the motion to the $N/Z$ equilibrium starts in the system before the capture because it is energetically favorable in the dinuclear system

① Eur.Phys.J.A,2013,49:54.

in the vicinity of the Coulomb barrier. For the reactions considered, the average change of mass asymmetry is related to the two-neutron transfer. In these reactions the $2n$-transfer channel is more favorable than the $1n$-transfer channel ($Q_{2n} > Q_{1n}$). Since after the $2n$ transfer the mass numbers, the deformation parameters of the interacting nuclei, and, correspondingly, the height $V_b = V(R_b)$ of the Coulomb barrier are changed, one can expect an enhancement or suppression of the capture. This scenario was verified in the description of many reactions [13–15].

## 3 Results of calculations

All calculated results are obtained with the same set of parameters as in refs. [13–15] and are rather insensitive to the reasonable variation of them [13–15]. A realistic friction coefficient in the momentum $\hbar\lambda = 2\,\mathrm{MeV}$ is used which is close to those calculated within the mean-field approaches [26–28]. The parameters of the nucleus-nucleus interaction potential $V(R)$ are adjusted to describe the experimental data at energies above the Coulomb barrier corresponding to spherical nuclei. The absolute values of the quadrupole deformation parameters $\beta_2$ of even-even deformed nuclei are taken from ref. [29]. In ref. [29], the quadrupole deformation parameters $\beta_2$ are given for the first excited $2^+$ states of nuclei. For the nuclei deformed in the ground state, the $\beta_2$ in $2^+$ state is similar to the $\beta_2$ in the ground state and we use $\beta_2$ from ref. [29] in the calculations. For the double magic nucleus $^{16}$O, in the ground state we take $\beta_2 = 0$. Since there are uncertainties in the definition of the values of $\beta_2$ in light- and medium-mass nuclei, one can extract the quadrupole deformation parameters of these nuclei from a comparison of the calculated capture cross sections with the existing experimental data. By describing the reactions $^{18}$O+$^{208}$Pb, where there are no neutron transfer channels with positive $Q$-values, we extract $\beta_2 = 0.1$ for the ground state of $^{18}$O [13–15]. This extracted value is used in our calculations.

### 3.1 Effect of neutron transfer in reactions with $^{40,48}$Ca

To eliminate the influence of the nucleus-nucleus potential on the capture (fusion) cross section and to make conclusions about the role of deformation of colliding nuclei and the nucleon transfer between interacting nuclei in the capture (fusion) cross section, a reduction procedure is useful [30,31]. It consists of the following transformations:

$$E_{\mathrm{c.m.}} \to x = \frac{E_{\mathrm{c.m.}} - V_b}{\hbar\omega_b},$$

$$\sigma_{cap} \to \sigma_{cap}^{red} = \frac{2E_{\mathrm{c.m.}}}{\hbar\omega_b R_b^2}\sigma_{cap},$$

where $\sigma_{cap} = \sigma_{cap}(E_{\mathrm{c.m.}})$ is the capture cross section at bombarding energy $E_{\mathrm{c.m.}}$. The frequency $\omega_b = \sqrt{|V''(R_b)|/\mu}$ is related with the second derivative $V''(R_b)$ of the total nucleus-nucleus potential $V(R)$ (the Coulomb + nuclear parts) at the barrier radius $R_b$ and the reduced mass parameter $\mu$. With these replacements we compared the reduced calculated capture (fusion) cross sections $\sigma_{cap}^{red}$ for the reactions $^{40,48}$Ca+$^{124,132}$Sn (fig. 1). The choice of the projectile-target combination is crucial, and for the systems studied one can make unambiguous statements regarding the neutron transfer process with a positive $Q$-value when the interacting nuclei are double magic or semi-magic spherical nuclei. In this case one can disregard the strong direct nuclear deformation effects. In fig. 1, one can see that the reduced capture cross sections in the reactions $^{40}$Ca+$^{124,132}$Sn with the positive $Q_{2n}$-values strongly deviate from those in the reactions $^{48}$Ca+$^{124,132}$Sn, where the neutron transfers are suppressed because of the negative $Q$-values. After the two-neutron transfer in the reactions $^{40}$Ca($\beta_2 = 0$)+$^{124}$Sn($\beta_2 = 0.1$)→ $^{42}$Ca($\beta_2 = 0.25$)+$^{122}$Sn($\beta_2 = 0.1$) ($Q_{2n} = 5.4\,\mathrm{MeV}$) and $^{40}$Ca($\beta_2 = 0$)+$^{132}$Sn($\beta_2 = 0$)→ $^{42}$Ca($\beta_2 = 0.25$)+$^{130}$Sn($\beta_2 = 0$) ($Q_{2n} = 7.3\,\mathrm{MeV}$) the deformation of the light nucleus increases and the mass asymmetry of the system decreases and, thus, the value of the Coulomb barrier decreases and the capture cross section becomes larger (fig. 1). So, because of the transfer effect, the systems $^{40}$Ca+$^{124,132}$Sn show large sub-barrier enhancements with respect to the systems $^{48}$Ca+$^{124,132}$Sn. We observe that the $\sigma_{cap}^{red}$ in the $^{40}$Ca+$^{124}$Sn ($^{48}$Ca+$^{124}$Sn) reaction are larger than those in the $^{40}$Ca+$^{132}$Sn ($^{48}$Ca+$^{132}$Sn) reaction. The reason of that is the nonzero quadrupole deformation of the heavy nucleus $^{124}$Sn. It should be stressed that there are almost no difference between $\sigma_{cap}^{red}$ in the reactions $^{40,48}$Ca+$^{124,132}$Sn at energies above the Coulomb barrier.

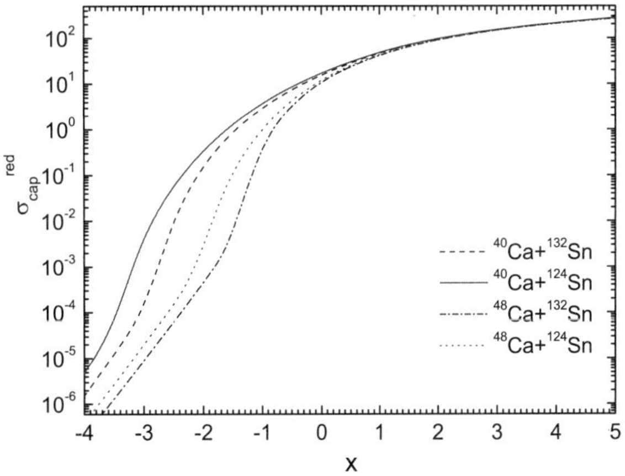


**Fig. 1.** (Colour on-line) The calculated reduced capture cross sections *versus* $(E_{\mathrm{c.m.}} - V_b)/(\hbar\omega_b)$ in the reactions $^{40}$Ca+$^{124}$Sn (solid line), $^{48}$Ca+$^{124}$Sn (dashed line), $^{48}$Ca+$^{124}$Sn (dotted line), and $^{48}$Ca+$^{132}$Sn (dash-dotted line).

In figs. 2 and 3 one can see a good agreement between the calculated results and the experimental data in the reactions $^{40,48}$Ca+$^{124,132}$Sn. This means that the observed capture enhancements in the reactions $^{40}$Ca+$^{124,132}$Sn at

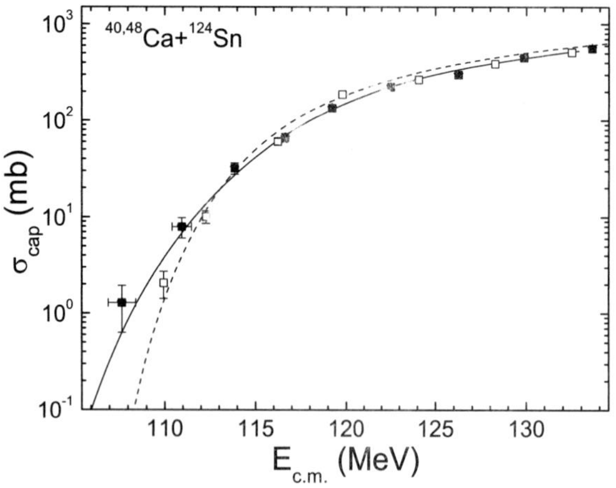


**Fig. 2.** (Colour on-line) The calculated capture cross sections *versus* $E_{\mathrm{c.m.}}$ for the reactions $^{40}$Ca+$^{124}$Sn (solid line) and $^{48}$Ca+$^{124}$Sn (dashed line). The experimental data for the reactions $^{40}$Ca+$^{124}$Sn (solid squares) and $^{48}$Ca+$^{124}$Sn (open squares) are from ref. [8]. In the calculations the barriers were adjusted to the experimental values.

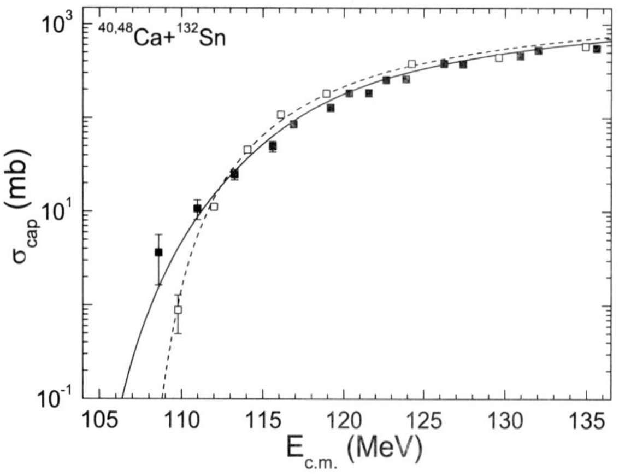


**Fig. 3.** (Colour on-line) The calculated capture cross sections *versus* $E_{\mathrm{c.m.}}$ for the reactions $^{40}$Ca+$^{132}$Sn (solid line) and $^{48}$Ca+$^{132}$Sn (dashed line). The experimental data for the reactions $^{40}$Ca+$^{132}$Sn (solid squares) and $^{48}$Ca+$^{132}$Sn (open squares) are from ref. [8]. In the calculations the barriers were adjusted to the experimental values.

sub-barrier energies are related to the two-neutron transfer effect. Note that the slope of the excitation function strongly depends on the deformations of the interacting nuclei and, respectively, on the neutron transfer effect.

To describe the reactions $^{40,48}$Ca+$^{132}$Sn (fig. 2) and $^{48}$Ca+$^{124,132}$Sn (fig. 3), we extracted the values of the corresponding Coulomb barrier $V_b$ for the spherical nuclei. There are differences between the calculated and extracted $V_b$. From the direct calculations of the nucleus-nucleus potentials (with the same set of parameters), we obtained $V_b(^{40}\mathrm{Ca}+{}^{124}\mathrm{Sn})$-$V_b(^{48}\mathrm{Ca}+{}^{124}\mathrm{Sn}) = 2.3\,\mathrm{MeV}$, $V_b(^{40}\mathrm{Ca}+{}^{132}\mathrm{Sn})$-$V_b(^{48}\mathrm{Ca}+{}^{132}\mathrm{Sn}) = 2.2\,\mathrm{MeV}$, $V_b(^{40}\mathrm{Ca}+{}^{124}\mathrm{Sn})$-$V_b(^{40}\mathrm{Ca}+{}^{132}\mathrm{Sn}) = 1.3\,\mathrm{MeV}$, and $V_b(^{48}\mathrm{Ca}+{}^{124}\mathrm{Sn})$-$V_b(^{48}\mathrm{Ca}+{}^{132}\mathrm{Sn}) = 1.2\,\mathrm{MeV}$. From the extractions, we got $V_b(^{40}\mathrm{Ca}+{}^{124}\mathrm{Sn})$-$V_b(^{48}\mathrm{Ca}+{}^{124}\mathrm{Sn}) = 1.1\,\mathrm{MeV}$ $V_b(^{40}\mathrm{Ca}+{}^{132}\mathrm{Sn})$-$V_b(^{48}\mathrm{Ca}+{}^{132}\mathrm{Sn}) = 1.0\,\mathrm{MeV}$, $V_b(^{40}\mathrm{Ca}+{}^{124}\mathrm{Sn})$-$V_b(^{40}\mathrm{Ca}+{}^{132}\mathrm{Sn}) = -0.3\,\mathrm{MeV}$, and $V_b(^{48}\mathrm{Ca}+{}^{124}\mathrm{Sn})$-$V_b(^{48}\mathrm{Ca}+{}^{132}\mathrm{Sn}) = -0.4\,\mathrm{MeV}$, which seem to be unrealistically small. However, these differences of $V_b$ do not influence the slopes of the excitation functions but only lead to the shifting of the energy scale. With realistic isospin trend of $V_b$ $\sigma_{cap}(^{40}\mathrm{Ca}+{}^{124}\mathrm{Sn}) < \sigma_{cap}(^{48}\mathrm{Ca}+{}^{124}\mathrm{Sn})$ and $\sigma_{cap}(^{40}\mathrm{Ca}+{}^{132}\mathrm{Sn}) < \sigma_{cap}(^{48}\mathrm{Ca}+{}^{132}\mathrm{Sn})$ at energies above the corresponding Coulomb barriers.

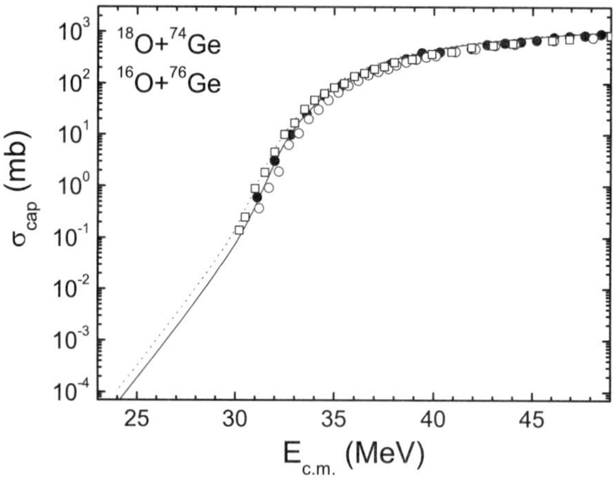


**Fig. 4.** (Colour on-line) The calculated (solid line) capture cross sections *versus* $E_{\mathrm{c.m.}}$ for the reactions $^{16}$O+$^{76}$Ge and $^{18}$O+$^{74}$Ge (the curves coincide). For the $^{18}$O+$^{74}$Ge reaction, the calculated capture cross sections without neutron transfer are shown by dotted line. The experimental data for the reactions $^{16}$O+$^{76}$Ge (open circles) and $^{18}$O+$^{74}$Ge (open squares) are from ref. [7]. The experimental data for the $^{16}$O+$^{76}$Ge reaction (solid circles) are from ref. [32].

### 3.2 Effect of neutron transfer in reactions with $^{16,18}$O beams

Figures 4–7 show the capture excitation function for the reactions $^{16,18}$O+$^{76,74}$Ge, $^{16,18}$O+$^{94,92}$Mo, $^{16,18}$O+$^{114,112,120,118,126,124}$Sn, and $^{16,18}$O+$^{52,50}$Cr as a function of bombarding energy. One can see a rather good agreement between the calculated results and the experimental data [7,32–34] for the reactions $^{16}$O+$^{76}$Ge, $^{16,18}$O+$^{92}$Mo, and $^{18}$O+$^{112,118,124}$Sn. The $Q_{2n}$-values for the $2n$-transfer processes are positive (negative) for all reactions with $^{18}$O ($^{16}$O). Thus, the neutron transfer can be important for the reactions with the $^{18}$O beam. However, our results show that cross sections for reactions $^{16}$O+$^{76}$Ge ($^{16}$O+$^{114,120,126}$Sn, $^{52}$Cr) and $^{18}$O+$^{74}$Ge ($^{18}$O+$^{114,118,124}$Sn, $^{50}$Cr) are very similar. The reason of such behavior is that after the $2n$ transfer in the system $^{18}\mathrm{O}+{}^{A-2}\mathrm{X} \rightarrow {}^{16}\mathrm{O}+{}^{A}\mathrm{X}$ the deformations remain to be

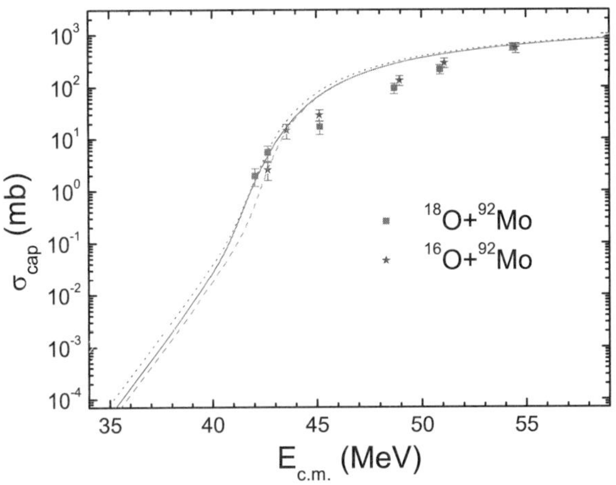


**Fig. 5.** (Colour on-line) The calculated capture cross sections *versus* $E_{\text{c.m.}}$ for the reactions $^{16}$O+$^{92}$Mo (dashed line) and $^{18}$O+$^{92}$Mo (solid line). For the $^{18}$O+$^{92}$Mo reaction, the calculated capture cross sections without the neutron transfer are shown by dotted line. The experimental data for the reactions $^{16}$O+$^{92}$Mo (solid stars) and $^{18}$O+$^{92}$Mo (solid squares) are from ref. [33].

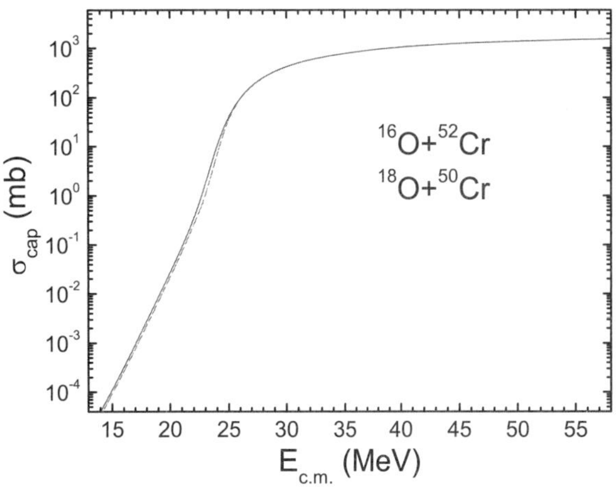


**Fig. 7.** (Colour on-line) The calculated capture cross sections *versus* $E_{\text{c.m.}}$ for the reactions $^{16}$O+$^{52}$Cr (dashed line) and $^{18}$O+$^{50}$Cr (solid line).

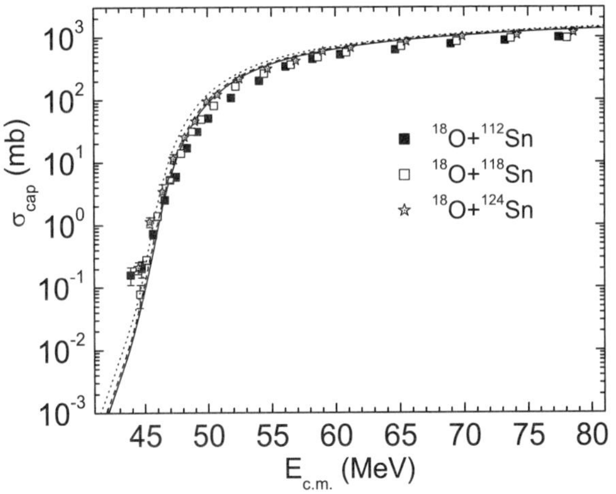


**Fig. 6.** (Colour on-line) The calculated capture cross sections *versus* $E_{\text{c.m.}}$ for the reactions $^{16}$O+$^{114}$Sn and $^{18}$O+$^{112}$Sn (solid line), $^{16}$O+$^{120}$Sn and $^{18}$O+$^{118}$Sn (dashed line), $^{16}$O+$^{126}$Sn and $^{18}$O+$^{124}$Sn (dotted line). The calculated results for the reactions $^{16}$O+$^{114,120,126}$Sn and $^{18}$O+$^{112,118,124}$Sn coincide, respectively. The experimental data for the reactions $^{18}$O+$^{112}$Sn (solid squares), $^{18}$O+$^{118}$Sn (open squares), and $^{18}$O+$^{124}$Sn (open stars) are from ref. [34].

similar. As a result, the corresponding Coulomb barriers of the systems $^{18}$O+$^{A-2}$X and $^{16}$O+$^{A}$X are almost the same and, correspondingly, their capture cross sections coincide. Just the same behavior was observed in the recent experiments $^{16,18}$O+$^{76,74}$Ge [7].

One can see in figs. 4–7 that at energies above and near the Coulomb barrier the cross sections with and without two-neutron transfer are quite similar. After the $2n$ transfer (before the capture) in the reactions $^{18}$O($\beta_2$ = 0.1) + $^{92}$Mo($\beta_2$ = 0.05) → $^{16}$O($\beta_2$ = 0) + $^{94}$Mo($\beta_2$ = 0.151), $^{18}$O($\beta_2$ = 0.1) + $^{74}$Ge($\beta_2$ = 0.283) → $^{16}$O($\beta_2$ = 0) + $^{76}$Ge($\beta_2$ = 0.262), $^{18}$O($\beta_2$ = 0.1)+$^{112}$Sn($\beta_2$ = 0.123)→$^{16}$O($\beta_2$ = 0)+$^{114}$Sn($\beta_2$ = 0.121), $^{18}$O($\beta_2$ = 0.1)+$^{118}$Sn($\beta_2$ = 0.111)→$^{16}$O($\beta_2$ = 0)+$^{120}$Sn($\beta_2$ = 0.104), and $^{18}$O($\beta_2$ = 0.1)+$^{124}$Sn($\beta_2$ = 0.095)→$^{16}$O($\beta_2$ = 0)+$^{126}$Sn($\beta_2$ = 0.09) the deformations of the nuclei decrease and the values of the corresponding Coulomb barriers increase. As a result, the transfer suppresses the capture process at the sub-barrier energies. The suppression becomes stronger with decreasing energy. As examples, in figs. 4 and 5 we show this effect for the reactions $^{18}$O+$^{74}$Ge, $^{92}$Mo.

### 3.3 Capture and quasielastic barrier distributions

In figs. 8 and 9, the calculated capture barrier distributions

$$D = \mathrm{d}^2(E_{\text{c.m.}}\sigma_{cap})/\mathrm{d}E^2_{\text{c.m.}},$$

for the reactions $^{16}$O+$^{76}$Ge, $^{144,154}$Sm have only one pronounced maximum around $E_{\text{c.m.}} = V_b$ as in the experiments [7,35]. The calculated barrier distributions in figs. 8 and 9 are slightly wider and fit the experimental data better than those obtained with the coupled-channel approach in fig. 5 of ref. [7]. The capture (fusion) cross sections for the reactions $^{16}$O+$^{76}$Ge,$^{144,154}$Sm were well described with the quantum diffusion model in refs. [13–15]. With almost spherical (deformed) target nucleus we obtain a more narrow (wide) barrier distribution for the $^{16}$O+$^{144}$Sm ($^{16}$O+$^{154}$Sm) reaction.

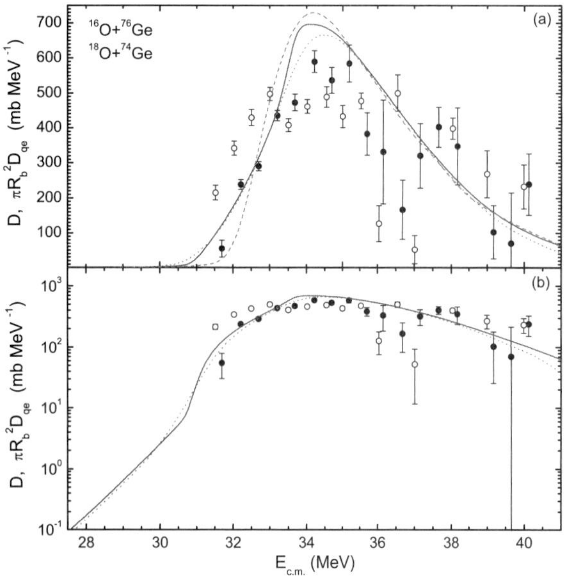


**Fig. 8.** (Colour on-line) (a) The calculated values of the quasielastic $\pi R_b^2 D_{qe}$ (solid line) and capture $D$ (dotted line) barrier distributions for the reactions $^{16}$O+$^{76}$Ge and $^{18}$O+$^{74}$Ge. The curves coincide for these reactions. The calculated $D$ for the spherical interacting nuclei is shown by the dashed line. The experimental data for the reactions $^{16}$O+$^{76}$Ge (solid circles) and $^{18}$O+$^{74}$Ge (open circles) are from ref. [7]. (b) The calculated values of $\pi R_b^2 D_{qe}$ (solid line) and $D$ (dotted line) are shown in the logarithmic scale.

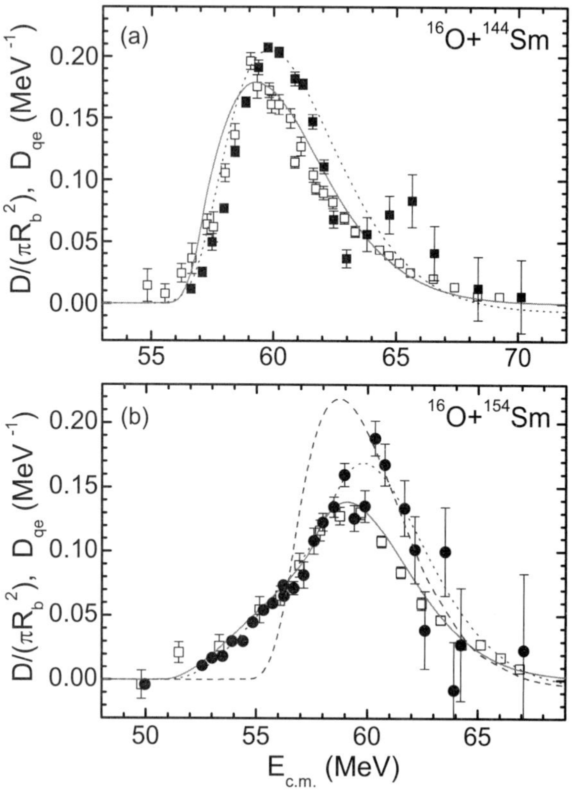


**Fig. 9.** (Colour on-line) The calculated values of quasielastic $D_{qe}$ (solid line) and capture $D/(\pi R_b^2)$ (dotted line) barrier distributions for the reactions $^{16}$O+$^{144}$Sm (a) and $^{16}$O+$^{154}$Sm (b). The experimental $D_{qe}$ (open squares) and $D/(\pi R_b^2)$ (solid circles) are from ref. [35]. The calculated $D$ for the spherical interacting nuclei is shown by the dashed line (b).

We compared the capture and the quasielastic barrier distributions for these reactions (figs. 8 and 9). There is a direct relationship between the capture and the quasielastic scattering processes because any loss from the quasielastic channel contributes directly to the capture (the conservation of the reaction flux),

$$P_{qe}(E_{\text{c.m.}}, J) + P_{cap}(E_{\text{c.m.}}, J) = 1$$

and

$$\mathrm{d}P_{cap}/\mathrm{d}E_{\text{c.m.}} = -\mathrm{d}P_{qe}/\mathrm{d}E_{\text{c.m.}},$$

where $P_{qe}$ is the reflection probability and $P_{cap}$ is the capture (transmission) probability ($J$ is the partial wave). The quasielastic barrier distribution is extracted by taking the first derivative of the $P_{qe}(E_{\text{c.m.}}, J = 0)$ or $P_{cap}(E_{\text{c.m.}}, J = 0)$ with respect to $E_{\text{c.m.}}$, that is,

$$\begin{aligned} D_{qe}(E_{\text{c.m.}}) &= -\mathrm{d}P_{qe}(E_{\text{c.m.}}, J = 0)/\mathrm{d}E_{\text{c.m.}} \\ &= \mathrm{d}P_{cap}(E_{\text{c.m.}}, J = 0)/\mathrm{d}E_{\text{c.m.}}. \end{aligned}$$

So, by employing the quantum diffusion approach and calculating $\mathrm{d}P_{cap}(E_{\text{c.m.}}, J = 0)/\mathrm{d}E_{\text{c.m.}}$, one can obtain $D_{qe}(E_{\text{c.m.}})$. One can see in figs. 8 and 9 that the shapes of the quasielastic and capture barrier distributions are similar. The same conclusion was experimentally obtained for the $^{20}$Ne+$^{208}$Pb reaction in ref. [36]. As in the case of capture barrier distribution, one can show that the width of the quasielastic barrier distribution increases with the deformation of the target nucleus. In addition to the mean peak position of the $D_{qe}$ around the barrier height, we observe the sharp change of the slope of $D_{qe}$ or $D$ below the Coulomb barrier energy because of a change of the regime of interaction (the external turning point leaves the region of the nuclear forces and friction [9–15]) in the deep sub-barrier capture process (fig. 8(b)).

## 4 Summary

As shown with the quantum diffusion approach, the capture cross sections for the reactions $^{16}$O+$^{52}$Cr, $^{76}$Ge, $^{94}$Mo, $^{114,120,126}$Sn and $^{18}$O+$^{50}$Cr, $^{74}$Ge, $^{92}$Mo, $^{112,118,124}$Sn, respectively, almost match. The fusion enhancement due to the positive $Q_{2n}$-value $2n$ transfer for $^{18}$O+$^{74}$Ge has not been observed [7] because the deformations of nuclei slightly decrease after the neutron transfer. This is different from the situation for the reactions

$^{40}$Ca+$^{124,132}$Sn [8] with large positive $Q_{2n}$-values. The strong enhancements have been observed [8] in these reactions at sub-barrier energies because the deformation of light nucleus strongly increases (the heavy nucleus is spherical before and after transfer) after the two-neutron transfer.

We found that the shapes of the quasielastic and capture barrier distributions are similar. The sharp change of the slope of the quasielastic or capture barrier distribution is predicted at deep sub-barrier energy. This anomalous behavior of the barrier distribution is expected to be the experimental indication of a change of the regime of interaction in the sub-barrier capture. One concludes that the quasielastic technique could be an important tool in capture (fusion) research.

We thank P.R.S. Gomes and E. Piasecki for the fruitful discussions and suggestions. This work was supported by DFG, NSFC, and RFBR. The IN2P3(France) - JINR(Dubna) and Polish - JINR(Dubna) Cooperation Programmes are gratefully acknowledged. HQZ is grateful to Chinese NSFC for the partial support.

## References

1. G. Montagnoli *et al.*, Phys. Rev. C **85**, 024607 (2012).
2. C. Simenel, Eur. Phys. J. A **48**, 152 (2012).
3. C.A. Bertulani, EPJ Web Conf. **17**, 15001 (2011).
4. Z. Kohley *et al.*, Phys. Rev. Lett. **107**, 202701 (2011).
5. J.F. Liang, EPJ Web Conf. **17**, 02002 (2011).
6. F. Scarlassara *et al.*, EPJ Web Conf. **17**, 05002 (2011).
7. H.M. Jia *et al.*, Phys. Rev. C **86**, 044621 (2012).
8. J.J. Kolata *et al.*, Phys. Rev. C **85**, 054603 (2012).
9. V.V. Sargsyan, G.G. Adamian, N.V. Antonenko, W. Scheid, Eur. Phys. J. A **45**, 125 (2010).
10. V.V. Sargsyan, G.G. Adamian, N.V. Antonenko, W. Scheid, H.Q. Zhang, Eur. Phys. J. A **47**, 38 (2011).
11. V.V. Sargsyan, G.G. Adamian, N.V. Antonenko, W. Scheid, H.Q. Zhang, Eur. Phys. J. A **48**, 118 (2012).
12. V.V. Sargsyan, G.G. Adamian, N.V. Antonenko, W. Scheid, H.Q. Zhang, Eur. Phys. J. A **49**, 19 (2013).
13. V.V. Sargsyan, G.G. Adamian, N.V. Antonenko, W. Scheid, H.Q. Zhang, Phys. Rev. C **84**, 064614 (2011).
14. V.V. Sargsyan, G.G. Adamian, N.V. Antonenko, W. Scheid, H.Q. Zhang, Phys. Rev. C **85**, 024616 (2012).
15. V.V. Sargsyan, G.G. Adamian, N.V. Antonenko, W. Scheid, H.Q. Zhang, Phys. Rev. C **86**, 014602 (2012).
16. S. Ayik, B. Yilmaz, D. Lacroix, Phys. Rev. C **81**, 034605 (2010).
17. H. Hofmann, Phys. Rep. **284**, 137 (1997).
18. S. Ayik, B. Yilmaz, A. Gokalp, O. Yilmaz, N. Takigawa, Phys. Rev. C **71**, 054611 (2005).
19. V.V. Sargsyan, Z. Kanokov, G.G. Adamian, N.V. Antonenko, Part. Nucl. **41**, 175 (2010).
20. G. Hupin, D. Lacroix, Phys. Rev. C **81**, 014609 (2010).
21. R.A. Broglia, C.H. Dasso, S. Landowne, A. Winther, Phys. Rev. C **27**, 2433 (1983).
22. R.A. Broglia, C.H. Dasso, S. Landowne, G. Pollarolo, Phys. Lett. B **133**, 34 (1983).
23. S. Szilner *et al.*, Phys. Rev. C **76**, 024604 (2007).
24. S. Szilner *et al.*, Phys. Rev. C **84**, 014325 (2011).
25. L. Corradi *et al.*, Phys. Rev. C **84**, 034603 (2011).
26. G.G. Adamian, A.K. Nasirov, N.V. Antonenko, R.V. Jolos, Phys. Part. Nucl. **25**, 583 (1994).
27. K. Washiyama, D. Lacroix, S. Ayik, Phys. Rev. C **79**, 024609 (2009).
28. S. Ayik, K. Washiyama, D. Lacroix, Phys. Rev. C **79**, 054606 (2009).
29. S. Raman, C.W. Nestor, Jr, P. Tikkanen, At. Data Nucl. Data Tables **78**, 1 (2001).
30. L.F. Canto, P.R.S. Gomes, J. Lubian, L.C. Chamon, E. Crema, J. Phys. G **36**, 015109 (2009).
31. L.F. Canto, P.R.S. Gomes, J. Lubian, L.C. Chamon, E. Crema, Nucl. Phys. A **821**, 51 (2009).
32. E.F. Aguilera, J.J. Kolata, R.J. Tighe, Phys. Rev. C **52**, 3103 (1995).
33. M. Benjelloun, W. Galster, J. Vervier, Nucl. Phys. A **560**, 715 (1993).
34. P. Jacobs, Z. Fraenkel, G. Mamane, L. Tserruya, Phys. Lett. B **175**, 271 (1986).
35. H. Timmers *et al.*, Nucl. Phys. A **584**, 190 (1995).
36. E. Piasecki *et al.*, Phys. Rev. C **85**, 054608 (2012).

# Risk of misinterpreting nearly degenerate doublet bands as chiral partners in odd-even $^{103,105,107}$Ag and odd-odd $^{106}$Ag ①

Hai-Liang Ma, Shun-He Yao, Bao-Guo Dong, Xiao-Guang Wu, Huan-Qiao Zhang, and Xi-Zhen Zhang
*China Institute of Atomic Energy, P. O. Box 275-10, Beijing 102413*
(Received 30 July 2013; revised manuscript received 28 August 2013; published 27 September 2013)

The chiral doublet bands were claimed to be found in several silver isotopes. In the present study of negative parity bands of the odd-even $^{103,105,107}$Ag, by using the principal cranking Nilsson-Strutinsky approach it is demonstrated from the point view of spectroscopy that the nearly degenerate $\Delta I = 1$ doublet bands could be built on the same configuration with different signature combination of one unpaired proton and two unpaired neutrons. Combining with the small triaxial deformation calculated ($\gamma < 15^\circ$), the existence of chiral rotation in $^{103,105,107}$Ag is strongly questioned. In odd-odd $^{106}$Ag, the candidate chiral rotational band which possesses much larger moments of inertia than the yrast band, analogously to similar bands observed in $^{105,107}$Ag, is assigned to a configuration with two more neutrons in the $\nu 1h_{11/2}$ orbitals than its yrast partner. Such assignment will almost double the $B(E2)$ values within the band compared to the yrast band, which is consistent with the primary experimental observation.

DOI: 10.1103/PhysRevC.88.034322 PACS number(s): 21.10.Re, 23.20.Lv, 21.60.Ev, 27.60.+j

## I. INTRODUCTION

Since the suggestion of the chirality breaking in the rotation of triaxially deformed nuclei by Frauendorf and Meng [1], a lot of experimental as well as theoretical efforts have been devoted to the search of nuclear chirality [2,3]. For a triaxially deformed nuclear core with a few high-$j$ valence particles and a few high-$j$ valence holes, the three mutually perpendicular angular momenta can be arranged to form a right-handed or a left-handed system. The chirality has been probed in various mass regions, such as $A \sim 80$, 100, 130, 190. In the $A \sim 100$ mass region, the chirality is claimed to be found in several rhodium and silver isotopes with the configuration $\pi(g_{9/2})^{-1} \otimes \nu(h_{11/2})$ [4–9]. The experimental fingerprint of the chirality includes the nearly degenerate bands and their spin independent energy staggering $S(I) = [E(I) - E(I-1)]/2I$. Other than the spectroscopic fingerprint, there also exist several electromagnetic criteria, such as odd-even staggering of intraband $B(M1)/B(E2)$ ratios and of interband $B(M1)$ values, as well as the vanishing of the interband $B(E2)$ transitions at high spin. However, most of the experimental claims of the chiral bands are based on the spectroscopy studies.

With a few high-$j$ valence particles and a few high-$j$ valence holes outside a core, higher angular momentum states can be generated by aligning high-$j$ particles and holes that resembles closing of the blades of a pair of shears—hence the name "shears bands" [10]. The decay pattern of this kind of band is dominated by the magnetic dipole transitions and the electric quadrupole transition is rather weak, hence also known as the magnetic band. Both magnetic band and chiral band involve high-$j$ valence particles and high-$j$ valence holes outside a core. However, apparently it is much more fragile to maintain the chiral picture comparing with the magnetic rotation, because the inner core must be triaxial deformed in the former case. The magnetic bands in the silver isotopes have been extensively studied and are well established [11–14]. In odd-even $^{103,105,107}$Ag and odd-odd $^{106}$Ag, suspected chiral doublet bands were observed alongside the magnetic bands.

In this paper, it is demonstrated from the point view of spectroscopy that the nearly degenerate bands $\Delta I = 1$ could be built on the same configurations in odd-even $^{103,105,107}$Ag by using the principal cranking approach. The triaxial deformation, which is necessary to establish the chiral picture, is investigated. In $^{106}$Ag, the partner band has very different moments of inertia (MOI) comparing with the negative parity yrast band. Similar bands with higher MOI are also observed in $^{105,107}$Ag. The configuration is assigned in this paper and their $B(E2)$ values within the band are estimated and compared with the experimental data.

## II. CONFIGURATION-DEPENDENT CRANKED-NILSSON-STRUTINSKY APPROACH

In the cranked-Nilsson-Strutinsky (CNS) approach [15–17], the total nuclear energy $E_{\text{tot}}(I)$ at a specific deformation $\bar{\varepsilon} \equiv (\varepsilon_2, \gamma, \varepsilon_4)$ is calculated as the sum of the rotating liquid drop energy and the shell correction energy,

$$E_{\text{tot}}(\bar{\varepsilon}, I) = E_{\text{LD}}(\bar{\varepsilon}, I = 0) + \frac{\hbar^2 I(I+1)}{2\mathcal{J}_{\text{rig}}(\bar{\varepsilon})} + E_{\text{sh}}(\bar{\varepsilon}, I), \quad (1)$$

where $E_{\text{LD}}$ is the static liquid drop energy and $\mathcal{J}_{\text{rig}}$ the rigid-body moment of inertia. The shell energy correction is calculated by the Strutinsky procedure [18]. In the CNS approach, the cranked single-particle Nilsson Hamiltonian in the stretched coordinate is used,

$$h^{\omega} = h_{\text{h.o.}}(\varepsilon_2, \gamma) + 2\hbar\omega_0 \rho^2 \varepsilon_4 V_4(\gamma) + V' - \omega j_x, \quad (2)$$

where $h_{\text{h.o.}}$ is the deformed harmonic-oscillator Hamiltonian, $\rho$ the radius in the stretched coordinate system, $V_4(\gamma)$ hexadecapole deformation potential, $-\omega_x j_x$ the cranking term. The Nilsson potential $V'$ is defined in the stretched coordinate

① Physical Review C,2013,88(3):034322-(1-6).

system as

$$V' = -\kappa(N)\hbar\mathring{\omega}_0\{2\boldsymbol{l}_t\cdot\boldsymbol{s} + \mu(N)(\boldsymbol{l}_t^2 - \langle \boldsymbol{l}_t^2\rangle_N)\}, \quad (3)$$

where $\kappa(N)$ and $\mu(N)$ are Nilsson parameters, $\mathring{\omega}_0$ the value of $\omega_0$ in the spherical limit. The index $t$ denotes that $\boldsymbol{l}_t$ is defined in stretched coordinates.

It is well known that the rotational invariance is violated in the cranking approach. In order to avoid the fluctuation in the interpolation of spins, the virtual interaction between two weakly interacted orbitals is removed, hence nonadiabatic orbitals are constructed. In the CNS approach, the pairing correlation is also neglected. The pairing correlation plays a very important role in the low-spin region of even-$Z$ and/or even-$N$ nuclei, however for the multi-quasiparticle configuration, the pairing correlation would decrease due to blocking effects. And the static pairing correlations are quenched in the vicinity of large shell gaps. Without pairing entangled in the CNS approach, the unique virtual-crossing removing procedure would enable us to trace a fixed configuration over a considerable spin range and make our discussion more transparent. Systematic calculations with the CNS approach have been carried out for all mass regions [16] and confirmed to be reliable in the high spin region.

### III. CNS CALCULATION

In this paper, the CNS approach in a quadrupole and hexadecapole deformation mesh ($\varepsilon_2, \gamma, \varepsilon_4$) with the standard Nilsson parameters [15] is utilized to investigate the rotational structure in $^{103,105,107}$Ag. After minimizing the total energies with respect to deformation parameters, the energies and deformation of a fixed configuration at specific spin can be obtained. To facilitate our discussion of theoretical configurations, the following labeling of configuration relative to $^{90}$Zr is used:

$$[p, n] = \pi(1g_{9/2})^p \otimes \nu[(2d_{5/2}1g_{7/2})^{10-n}(1h_{11/2})^n], \quad (4)$$

where $p$ is the proton number in the $1g_{9/2}$ orbitals, and $n$ the number of neutrons in the $1h_{11/2}$ orbitals. Additionally, the parity $\pi$ and signature $\alpha$ of protons and neutrons can be used to further distinguish the configurations, since they are good quantum numbers with the present Hamiltonian.

In order to better understand the occupation scheme, the single particle Routhians at $(\varepsilon_2, \gamma, \varepsilon_4) = (0.16, 0.0, \varepsilon_2^2/6)$ are plotted in Fig. 1. This deformation is chosen to be near the minimum on the potential energy surfaces in the mesh calculations. In Fig. 1, it is seen that the [413]7/2 orbitals sit between two gaps of $Z = 46$ and $Z = 48$. With these two gaps, the protons can keep their configuration with the last one in the [413]7/2 orbitals for a wide spin range, and the pairing correlation of protons will be substantially quenched. To build the negative parity bands in $^{103,105,107}$Ag, a neutron pair is broken with respect to the yrast positive parity states so that one unpaired neutron sits in the $1h_{11/2}$ orbitals and another sits in the $2d_{5/2}1g_{7/2}$ orbitals. An unpaired proton or neutron could occupy either branch of the signature partner orbitals. In the usual case of odd-odd chiral candidates, the signature partner bands do not come close due to the large signature splitting of the occupied high-$j$ low-$\Omega$ orbital. However, in the present case of odd-even silver isotopes,

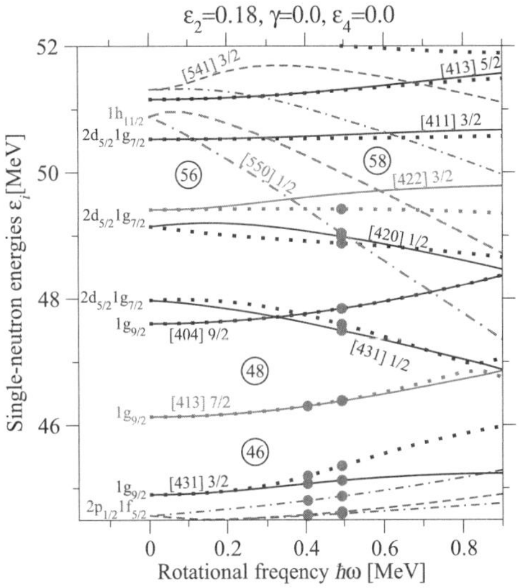


FIG. 1. (Color online) The single particle Routhian as a function of rotational frequencies with the standard Nilsson parameters. The solid, dotted, dashed, and dash-dotted lines correspond to $(\pi, \alpha) = (+, 1/2), (+, -1/2), (-, 1/2)$, and $(-, -1/2)$ orbitals, respectively. The green diamonds and red dots indicate the occupation scheme of the [7, 1] configuration in $^{103}$Ag for the protons and neutrons, respectively. The orbitals in green and red indicate where the unpaired proton and neutrons sit.

with the presence of three unpaired nucleons, even though one neutron occupies the high-$j$ low-$\Omega$ orbital as well, two nearly degenerate doublet bands still could be built by the different signature combinations of the other two unpaired nucleons if their occupied orbitals have small signature splittings.

The possible coexistence of the principal and tilted axis rotation in the negative parity bands of $^{103}$Ag was first reported by Datta *et al.* [19]. Then another two negative parity bands were reported by Ray *et al.* [12] and two of these bands exhibit feature of chiral partners, but it is revealed that they do not correspond to an aplanar tilted axis cranking solution. The aligned angular momentum shows a larger collective rotational component than that in the well-established pure magnetic rotational bands [12]. As discussed in the last paragraph, the three unpaired nucleons could give rise to nearly degenerate $\Delta I = 1$ bands. The theoretical rotational energies of these bands are compared with the experimental data in Fig. 2. The energies of a rotational liquid drop have been subtracted to better illustrate the discrepancy between the theoretical and experimental results. The [7, 1] ([7, 1′]) configuration denotes that there are seven protons in the $1g_{9/2}$ orbitals and one neutron in the $1h_{11/2}$ orbitals with the favored signature $\alpha = \alpha_f$ (the unfavored signature $\alpha = \alpha_u$). It is seen from Fig. 2 that with the blocking effect of one unpaired proton and two unpaired neutrons there is no backbending in the experimental bands. Due to the large signature splitting of the $\nu$[550]1/2 orbitals, the bands are separated into two groups, e.g., those labeled with [7, 1] and [7, 1′]. Due to the small signature splitting of high-$\Omega$ $\pi$[413]7/2 and $\nu$[422]3/2 orbitals, two

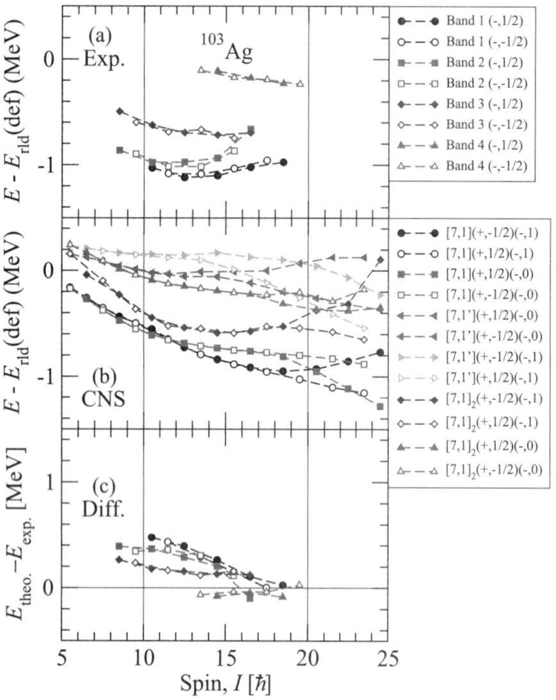


FIG. 2. (Color online) Experimental (top panel) and theoretical (middle panel) rotating energies with respect to the rotational rigid body references, and their difference (lower panel) in $^{103}$Ag. The configurations in the CNS approach are labeled with $[p, n](\pi_p, \alpha_p)(\pi_n, \alpha_n)$. The subscript 2 denotes the yrare bands of the fixed configuration.

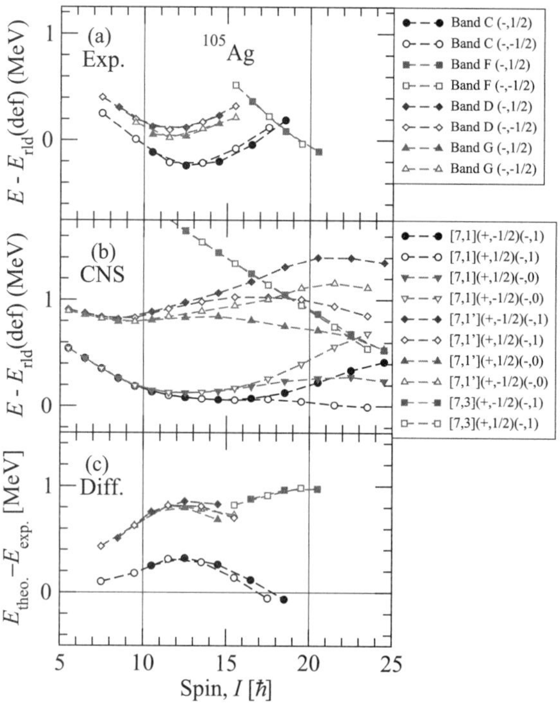


FIG. 3. (Color online) Experimental (top panel) and theoretical (middle panel) rotating energies with respect to the rotational rigid body references, and their difference (lower panel) in $^{105}$Ag.

$\Delta I = 1$ bands with the same $[p, n]$ configuration will have similar spectra. Note that the energy difference between Bands 1 and 2 increases with the increasing spin which can be well understood by the increasing energy splitting as a function of rotational frequency for the $\nu[422]3/2$ orbitals. Thus in the CNS interpretation of $^{103}$Ag, bands 1 and 2 are built upon the same configuration with different signature combinations of unpaired nucleons. In the case of $^{103}$Ag, the $\nu[420]1/2$ orbitals are also close to the neutron Fermi level, therefore it would only cost a small amount of energy to excite from the yrast to the yrare states for the $[7, 1](\pi_p, \alpha_p)(\pi_n, \alpha_n)$ configuration. In the CNS calculation, the yrare bands, denoted as $[7, 1]_2(+, \pm 1/2)(-, 1)$, fairly well reproduce the experimental band 3. Furthermore the experimental band 4 could be either based on $[7, 1]_2(+, \pm 1/2)(-, 0)$ or $[7, 1'](+, \pm 1/2)(-, 0)$, both of which have small signature splitting at low and intermediate spin. Seeing that the total energy differences between experimental and calculated results are within 0.5 MeV, the observed bands including the nearly degenerate ones in $^{103}$Ag can be well interpreted with the planar cranking model without the chiral rotation mechanism.

In the case of $^{105}$Ag, see Fig. 3, the observed bands D and G are nearly degenerate with very similar moments of inertia and spin alignments, and the energy staggering $S(I)$ is rather smooth in a wide spin range. Thus these two bands were suggested to be the chiral doublets by the authors [7]. In the CNS mesh calculations, the yrast negative parity bands is based on the [7, 1] configuration with one unpaired neutron in the $\alpha = -1/2$ branch of the $\nu[550]1/2$ orbitals and another unpaired neutron in the $\nu[411]3/2$ orbitals. Due to the nearly degeneracy of the $\pi[413]7/2$ and the $\nu[411]3/2$ orbitals, two nearly degenerate $\Delta I = 1$ bands will be built although only one band is observed. If the single neutron occupies another $\alpha = 1/2$ branch of the $\nu[550]1/2$ orbitals, analogously another two nearly degenerate $\Delta I = 1$ bands will be built, denoted as $[7, 1'](+, \pm 1/2)(-, 1)$ and $[7, 1'](+, \pm 1/2)(-, 0)$. They are energetically higher than the yrast bands and the energy difference generally increases with increasing rotational frequency or spin. Apparently the $[7, 1]$ or $[7, 1']$ bands have similar moments of inertia and spin alignments, as well as other electromagnetic properties. Therefore the general feature of the $[7, 1'](+, \pm 1/2)(-, 1)$ and $[7, 1'](+, \pm 1/2)(-, 0)$ bands is consistent with the observed bands D and G although the energy difference between these bands and the yrast bands are about 0.5 MeV higher than the observation. Note that experimentally there also exists a side band F with high moments of inertia. In theory, with two more neutrons in the low-$\Omega$ $\nu h_{11/2}$ orbitals, the aligned spin of $[7, 3]$ would largely increase comparing with the yrast $[7, 1]$ bands, so does the moments of inertia.

In $^{107}$Ag, the possible existence of chiral rotation in the negative parity bands was experimentally discussed in Ref. [20]. Recently, the updated study on the high spin structure

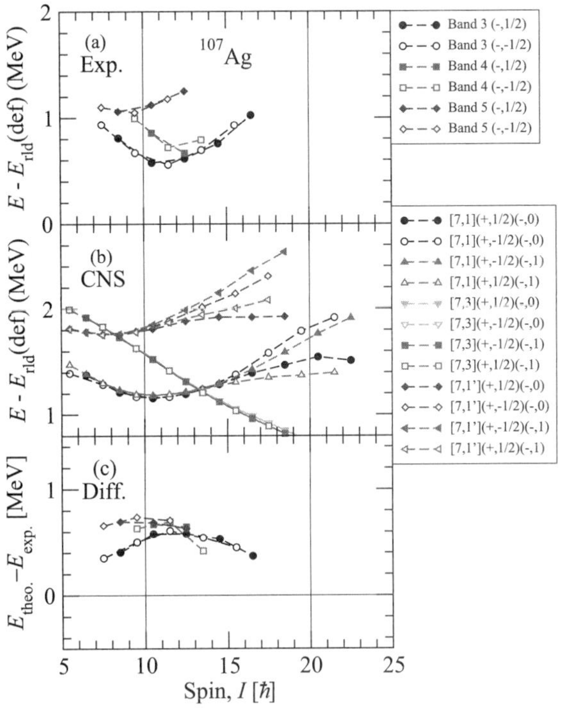


FIG. 4. (Color online) Experimental (top panel) and theoretical (middle panel) rotating energies with respect to the rotational rigid body references, and their difference (lower panel) in $^{107}$Ag.

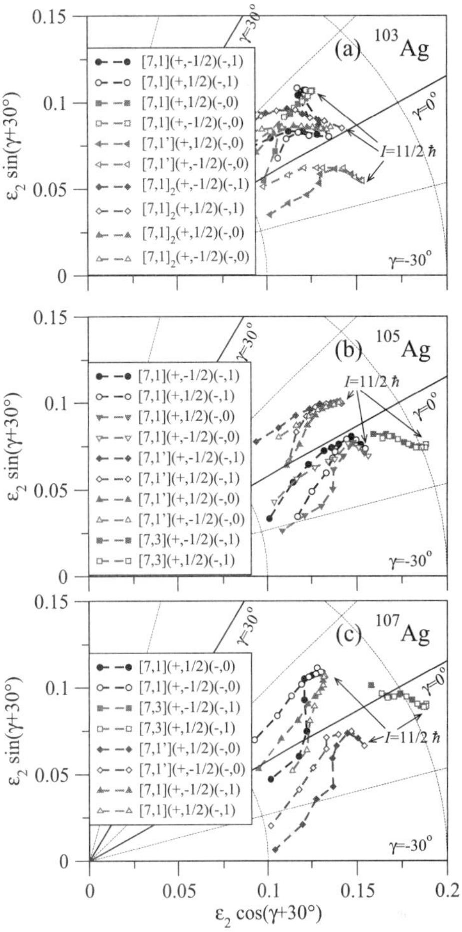


FIG. 5. (Color online) Deformation trajectories of the calculated bands in the spin range $11/2\hbar \leqslant I \leqslant 41/2\hbar$ for $^{103,105,107}$Ag.

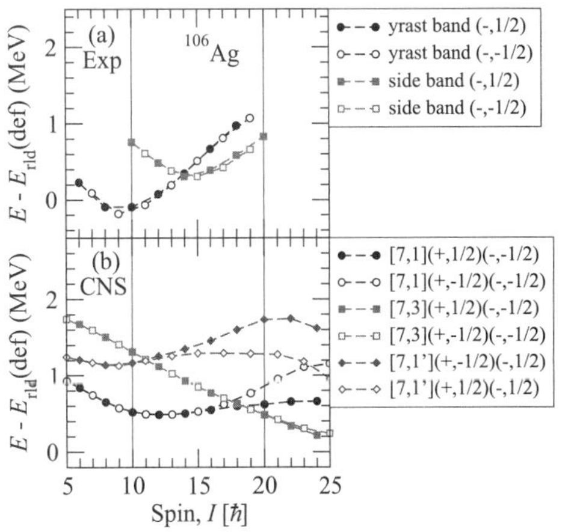


FIG. 6. (Color online) Experimental and theoretical rotating energies with respect to the rotational rigid body references in $^{106}$Ag.

was carried out [21], where three negative parity $\Delta I = 1$ bands were observed. The observed rotational energies are compared with the CNS results in Fig. 4. For the [7, 1] or [7, 1′] configuration, besides an unpaired neutron in $\nu[550]1/2$, the other unpaired neutron will occupy one of the highly degenerate [413]5/2 orbitals. That will give rise to two highly degenerate $\Delta I = 1$ bands at low and intermediate spin for each configuration, although only one band was observed experimentally. The experimental energies of bands 3 and 5 can be well reproduced by the [7, 1] and [7, 1′] configurations, and notably the energy difference between them increases with the increasing spin due to the signature splitting of the $\nu[550]1/2$ orbitals. Experimentally, band 4 approaches band 3 at $\sim 13.5\hbar$ while in theory the [7, 3] configuration crosses with the [7, 1] configuration near this spin and becomes energy favorable at higher spin. Due to the different Fermi levels, the crossing spin is much lower in $^{107}$Ag comparing with that in $^{105}$Ag. The differences of total binding energy between the theoretical and experimental data are less than 1 MeV.

The large triaxial deformation of the inner core is essential to establish the chiral picture. In this sense, the deformation trajectories of the calculated bands in the spin range $11/2\hbar \leqslant I \leqslant 41/2\hbar$ for $^{103,105,107}$Ag are plotted in Fig. 5. The calculated quadrupole deformations of the [7, 1] or [7, 1′] configuration are in the range of $0.10 \lesssim \varepsilon_2 \lesssim 0.17$ and $|\gamma| \lesssim 15°$. And the nucleus generally becomes less deformed in $\varepsilon_2$ with the

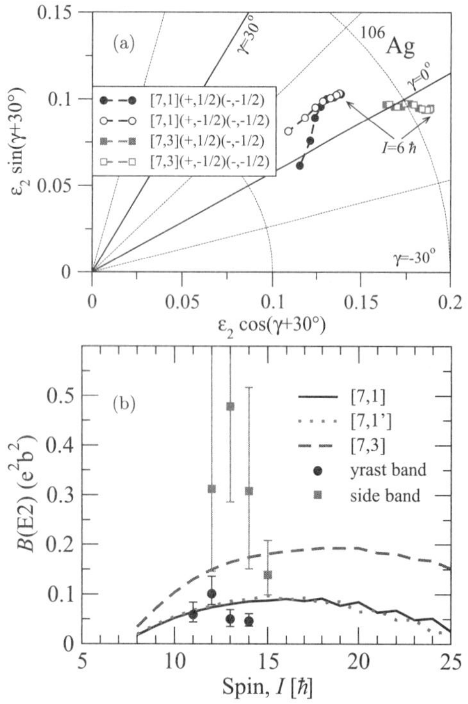


FIG. 7. (Color online) (a) Deformation trajectories of the calculated bands in the spin range $6\hbar \leqslant I \leqslant 20\hbar$ for $^{106}$Ag. (b) Theoretical and experimental $B(E2)$ values of the yrast and side bands in $^{106}$Ag. The experimental data are taken from Ref. [22].

increasing spin. Combining the small triaxial deformation with the previous discussion on the spectroscopies, the existence of chiral rotation in $^{103,105,107}$Ag is strongly questioned.

In the discussions above, we have noticed that a band with high moments of inertia were observed in $^{105,107}$Ag. And it is assigned to the [7, 3] configuration in the CNS interpretation, i.e., with two more neutrons sit in the $h_{11/2}$ orbitals comparing with the yrast band assignment. In Ref. [5] two strongly coupled negative-parity rotational bands were reported in $^{106}$Ag. The moments of inertia of the partner band are much larger than the yrast band, which crosses the yrast band at $I \sim 14\hbar$. These two bands are suggested to be a triaxial and a planar nature of rotation, and can be understood with $\gamma$ softness. In the CNS calculations, see Fig. 6, the [7, 3] configuration which possesses higher moments of inertia also crosses with the yrast [7, 1] configuration although the crossing spin is higher than the observed one, nevertheless this crossing spin is sensitive to the location of the Fermi level and the single particle orbitals around it. The deformation trajectories of the calculated bands in the spin range $6\hbar \leqslant I \leqslant 20\hbar$ for $^{106}$Ag are shown in Fig. 7(a). It is seen that the quadrupole deformations are similar to the same $[p, n]$ configurations as in $^{105}$Ag and $^{107}$Ag. The triaxial deformation for the [7, 1] and [7, 3] configurations are less than 10°, thus it is also difficult to establish the chiral rotation in $^{106}$Ag. For the [7, 3] configuration, the occupation of extra two neutrons in the $1h_{11/2}$ orbitals would lead to larger quadrupole deformation in $\varepsilon_2$ analogous to that in $^{105,107}$Ag and hence larger transitional quadrupole moment $Q_t$ and reduced transition probability $B(E2)$ values. The $B(E2)$ value between the initial state $|I_i\rangle$ and the final state $|I_f\rangle$ can be estimated with $Q_\mathrm{t}$ by

$$B(E2) = \frac{5}{16\pi} Q_\mathrm{t}^2 \langle I_i K 20 | I_f K\rangle^2, \tag{5}$$

where $K$ is the projection of angular momentum on the symmetry axis, and a $K = 6\hbar$ is taken from the experimental band head in our calculation. $Q_\mathrm{t}$ and $B(E2)$ are in units of $e$b and $e^2\mathrm{b}^2$, respectively. The estimated $B(E2)$ values using this formula are shown in Fig. 7(b). The $Q_t$ values of [7, 3] are about 50% larger than those of the [7, 1] configuration so that the $B(E2)$ values of [7, 3] could double with respect to the [7, 1] configuration, which is consistent with the preliminary experimental results [22].

## IV. SUMMARY

In summary, the negative parity rotating bands in odd-even $^{103,105,107}$Ag and odd-odd $^{106}$Ag are investigated by the configuration dependent cranked Nilsson-Strutinsky approach. The observed bands including the nearly degenerate ones in $^{103,105,107}$Ag can be well interpreted with the planar cranking model without the chiral rotation mechanism. Combining with the small triaxial deformation calculated ($\gamma < 15°$), the existence of chiral rotation in $^{103,105,107}$Ag is strongly questioned. In $^{106}$Ag, the chiral candidate band which possesses much larger moments of inertia than the yrast band, analogously to similar bands observed in $^{105,107}$Ag, is assigned to a configuration with two more neutrons in the $\nu 1h_{11/2}$ orbitals than its yrast partner. Such assignment will almost double the $B(E2)$ values within the band compared to the yrast band, which is consistent with the primary experimental observation.

## ACKNOWLEDGMENT

The authors acknowledge the support from the NSF of China under Contract Nos. 11075217, 11205245, and 11375266.

[1] S. Frauendorf and J. Meng, Nucl. Phys. A **617**, 131 (1997).
[2] S. Frauendorf, Rev. Mod. Phys. **73**, 463 (2001).
[3] J. Meng and S. Q. Zhang, J. Phys. G: Nucl. Part. Phys. **37**, 064025 (2010).
[4] C. Vaman, D. B. Fossan, T. Koike, K. Starosta, I. Y. Lee, and A. O. Macchiavelli, Phys. Rev. Lett. **92**, 032501 (2004).
[5] P. Joshi *et al.*, Phys. Rev. Lett. **98**, 102501 (2007).
[6] P. Joshi *et al.*, Phys. Lett. B **595**, 135 (2004).
[7] J. Timár *et al.*, Phys. Rev. C **76**, 024307 (2007).
[8] J. Timár *et al.*, Phys. Lett. B **598**, 178 (2004).
[9] J. Timár *et al.*, Phys. Rev. C **73**, 011301(R) (2006).

[10] R. M. Clark and A. O. Macchiavelli, Annu. Rev. Nucl. Part. Sci. **50**, 1 (2000).
[11] P. Datta *et al.*, Phys. Rev. C **69**, 044317 (2004).
[12] S. Ray *et al.*, Phys. Rev. C **77**, 024305 (2008).
[13] A. Y. Deo *et al.*, Phys. Rev. C **73**, 034313 (2006).
[14] C. Y. He *et al.*, Phys. Rev. C **81**, 057301 (2010).
[15] T. Bengtsson and I. Ragnarsson, Nucl. Phys. A **436**, 14 (1985).
[16] A. V. Afanasjev, D. B. Fossan, G. J. Lane, and I. Ragnarsson, Phys. Rep. **322**, 1 (1999).
[17] B. G. Carlsson and I. Ragnarsson, Phys. Rev. C **74**, 011302(R) (2006).
[18] V. Strutinsky, Nucl. Phys. A **95**, 420 (1967).
[19] P. Datta *et al.*, Phys. Rev. C **67**, 014325 (2003).
[20] Z. Biao *et al.*, Chinese Physics C **35**, 1009 (2011).
[21] S. H. Yao *et al.*, in *Lifetimes Measurement for High Spin States in* $^{107}Ag$, Nuclear Structure in China 2010: Proceedings of the 13th National Conference on Nuclear Structure in China (NSC2010) (World Scientific, Singapore, 2011), pp. 271–275.
[22] Y. Zheng *et al.*, in Ref. [21], pp. 255–258.

# Correlations of two protons emitted from excited states of $^{28}$S and $^{27}$P ①

X.X. Xu [a],C.J.Lin[a],H.M.Jia[a],F.Yang[a], H.Q. Zhang [a],Z.H.Liu[a],Z.D.Wu[a],L.Yang[a], P.F. Bao [a], L.J. Sun [a],H.S.Xu[b],J.S.Wang[b],Y.Y.Yang[b], Z.Y. Sun [b],Z.G.Hu[b],M.Wang[b], S.L. Jin [b],J.L.Han[b], N.T. Zhang [b],S.Z.Chen[b],X.G.Lei[b],M.R.Huang[b],P.Ma[b],J.B.Ma[b], Y.H. Zhang [b],X.H.Zhou[b],X.W.Ma[b], G.Q. Xiao [b]

[a] *Institute of Nuclear Physics, China Institute of Atomic Energy, Beijing 102413, PR China*
[b] *Institute of Modern Physics, Chinese Academy of Sciences, Lanzhou 73000, PR China*

ARTICLE INFO

*Article history:*
Received 3 July 2013
Received in revised form 30 September 2013
Accepted 13 October 2013
Available online 17 October 2013
Editor: D.F. Geesaman

ABSTRACT

A contrastive research on two-proton ($2p$) emissions from excited states of the even-Z nucleus $^{28}$S and its one-proton daughter, the odd-Z nucleus $^{27}$P was performed by complete-kinematics measurements. The opening angles as well as relative momenta between two emitted protons and invariant masses of decaying systems were reconstructed through the event-by-event analysis of heavy fragments coincident with two protons. With the help of Monte Carlo simulations, results show a diproton-type decay with the branching ratio of $20^{+6}_{-7}\%$ for $^{28}$S while mainly three-body simultaneous decay in the phase space and/or $2p$ sequential emission for $^{27}$P. Present results show that the diproton correlations may result from the proton configuration in the initial state like $2p$ skin/halo structure rather than the deformed orbit.


Remarkable progresses on exotically two-proton ($2p$) radioactivity proposed theoretically about half a century ago [1] were achieved experimentally in the last decade [2–4]. Simultaneous $2p$ emissions have been observed in ground states of extremely proton-rich nuclei beyond the drip line [5–7] and in excited states above the threshold populated by nuclear reactions [8]. An unusual diproton (sometimes referred to as $^{2}$He) decay has been reported [8,9] through the investigation of correlations between two protons ($p$–$p$ correlations), although the mechanism is still unclear. Very recently, dineutron decay has been also claimed [10]. As we know, one proton and one neutron can constitute a stable deuteron naturally, but one proton (or neutron) and another proton (or neutron) could not establish a steady system due to the limitation of quantum-mechanical principle. However, thanks to the pairing effect, two protons may constitute a quasi-bound $^{1}$S state in the nuclear matter, especially amid the surrounding of low density matter like halo state. In this case, the valence $2p$ cluster is spatially decoupled from the tightly-bound core, meanwhile the interaction between these two protons becomes important. It was suggested [2] that $2p$ halo would lead to a much larger spectroscopic factor for a direct $2p$ decay than for a sequential decay. Contrary to this viewpoint, $2p$ decay may lose its competitive edge when the intermediate state for one-proton ($1p$) emission is energetically accessible. Through the final $p$–$p$ correlations measured in an experiment, can we learn the decay mechanism and further probe the initial $2p$ correlations?

Two protons emitted simultaneously may show a certain correlation which arises from i) the final state interaction [11], ii) the antisymmetrization of the relative wave function of identical fermions, and iii) the original correlation in initial state. The diproton correlation resulted from the paring effect of initial state may play an important role in the mechanism of $2p$ emission. Such a correlation would remain a certain fingerprint finally, although it will be distorted or blurred during tunneling and propagating processes [12].

It was considered that the large deformation of high-lying levels could result in anisotropic $p$–$p$ correlations, such as the interpretation of anomalous decay properties for the odd-Z $^{94}$Ag$^{m}$ [13], which is controversial [14,15] and needs to be studied further. A contrastive study of $2p$ emissions from an even-Z nucleus and its $1p$ daughter, odd-Z nuclei would be meaningful to explore the origin of $2p$ correlations. In our recent investigations on $^{29}$S [16] and $^{28}$P [17], obvious diproton emission was observed only in the former. It may indicate that $2p$ halo-like structure rather than large deformation is responsible for $2p$ correlations. With the aim to further research the role of the initial state configuration, more proton-rich nuclei, $^{28}$S and $^{27}$P were proposed as investigation objects.

Radioactive Ion Beams (RIBs) of 48.7 MeV/$u$ $^{28}$S and 46.2 MeV/$u$ $^{27}$P were produced by projectile fragmentation at the National Laboratory of Heavy Ion Research of the Institute of

① Physics Letters B,2013,727:126-129.

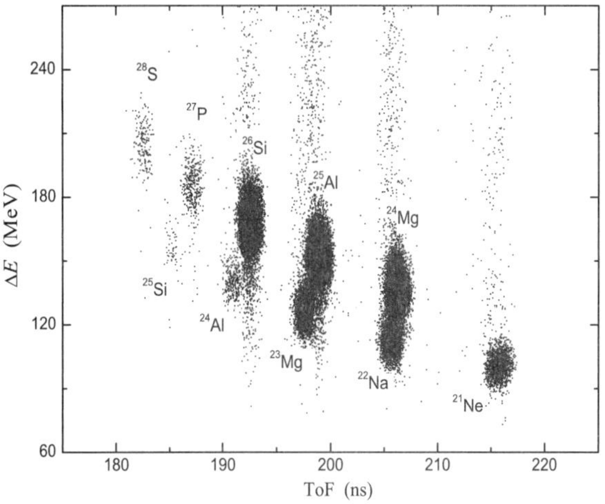


**Fig. 1.** Particle identification spectrum of energy loss from a large-area silicon detector versus time-of-flight between the two plastic scintillators for RIBs.

Modern Physics, Lanzhou, China. A primary beam $^{32}S^{16+}$, at an energy of 80.4 MeV/$u$ and an average intensity of 5 pnA, was extracted from the Separate Sector Cyclotron (SSC) and fragmented by a $^{9}$Be target with a thickness of 1588 μm. Secondary ions were separated and purified by the RIB line (RIBLL) spectrometer [18] using the combined $B\rho$–$\Delta E$–$B\rho$ method. Particle identification for RIBs was achieved by using time-of-flight (ToF) and energy loss ($\Delta E$). ToF was measured by two 50 μm-thick plastic scintillators located on the second and fourth focal planes of the RIBLL spectrometer. $\Delta E$ signals for secondary ions were obtained by a large-area silicon detector (SD1, 325 μm thick). Fig. 1 shows the two-dimensional particle identification spectrum of $\Delta E$ versus ToF. Purities of $^{28}$S and $^{27}$P with an intensity of $10^4$ ions/sec RIBs mixture were 0.30% and 0.83%, respectively. Total of $6.1 \times 10^6$ $^{28}$S and $1.7 \times 10^7$ $^{27}$P events were accumulated in the experiment. The secondary target was a 193.1 mg/cm$^2$ thick $^{197}$Au sheet with a diameter of 30 mm, on which radioactive nuclei could be excited via Coulomb excitation. Two parallel-plate avalanche counters fixed in front of the secondary target were used to reconstruct the interaction point of each fragment in the plane perpendicular to the beam. The half-target position was considered to be the interaction point in the beam direction so as to estimate the energy loss of decaying fragments in the target.

Complete-kinematics measurements were performed with a detector array [16,17] mounted behind the secondary target. This setup consists of a sequence of Si telescope for heavy ions and a Si–CsI hodoscope for light particles. The Si telescope is composed of two 300 μm thick Single-sided Silicon Strip Detectors (SSSDs, 24 strips in 2 mm width each with 0.1 mm interval) and a 325 μm thick silicon detector (SD2). The two SSSDs were orthogonally placed in order to reconstruct the trajectories of decaying fragments. Moreover, timing signals derived from SSSDs were used to remove accidentally coincident events and reject isotope contaminations directly from the beam [16]. The Si–CsI detectors are made up of a quadrant Si detector (SD3) with the thickness of 1000 μm, two other orthogonal SSSDs and a $6 \times 6$ CsI(Tl) array ($15 \times 15 \times 20$ mm for each crystal) coupled with PIN photodiodes. The latter two SSSDs were used to track the emitted light particles and measure the energy loss as $\Delta E$ detectors. The residual energy of protons was measured by the CsI array. In this arrangement, the opening angle covered by the detectors array was $\pm 13°$. The energy calibration of these telescopes were achieved using secondary

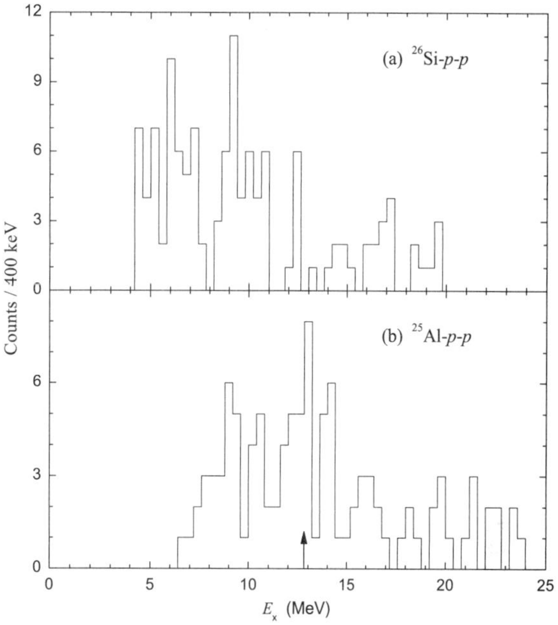


**Fig. 2.** Excitation-energy spectra for $^{28}$S (a) and $^{27}$P (b) reconstructed by Si–$p$–$p$ (a) and Al–$p$–$p$ (b) coincidences respectively.

ions and light particles ($p$ and $\alpha$) produced by fragmentation of the primary beam $^{32}$S.

Coincidences of heavy fragments and light particles were realized event-by-event for the analysis of $2p$ emissions from the excited states of $^{28}$S and $^{27}$P. Firstly, parent nuclei were selected on the two-dimensional RIB identification spectrum of $\Delta E$ versus ToF, see Fig. 1. Secondly, two protons emitted from $^{28}$S or $^{27}$P were identified by double-hit events on the Si–CsI hodoscope. Finally, identification of decay daughter nuclei was achieved on the two-dimensional spectrum of $\Delta E$ versus $Er$ composed of the first two SSSDs and SD2. In addition, trajectory tracking was used for the rejection of reactions that did not take place in the target [16]. After the accomplishment of the coincident procedure, about 120 $2p$ emission events of $^{28}$S and 110 ones of $^{27}$P were observed in the experiment, respectively.

Invariant-mass reconstructions of unbound $2p$ decaying states were performed via the total energy and the momentum of heavy fragments and two protons. With the assumption of a decay to the ground state of the daughter nucleus, the invariant mass can be converted into the excitation energy according to mass excesses of ground states of parent and daughter nuclei [19]. Fig. 2 shows the excitation-energy spectrum of $^{28}$S and $^{27}$P reconstructed from $^{26}$Si–$p$–$p$ and $^{25}$Al–$p$–$p$ events, respectively. The thresholds of $2p$ emission are 3.36 MeV and 6.38 MeV for $^{28}$S and $^{27}$P, respectively. The experimental energy resolution is about 400 keV, that is derived from the energy and position resolution of the detectors and the half-target energy-loss correction of decaying fragments. A few resonance states are visible. Some of them may originate from several excited states which are unresolved due to their small energy differences. The peak at 12.8 MeV (indicated by an arrow) is in good agreement with previous measurements of $\beta$-delayed $2p$ emission from $^{27}$S, which yielded values of 12.823 MeV [20] and 12.752 MeV [21] for the isobaric analogue state in $^{27}$P.

Proton–proton correlations, such as the opening angle ($\theta_{pp}^{\mathrm{c.m.}}$) and the relative momentum ($q_{pp} = |\mathbf{p}_1 - \mathbf{p}_2|/2$) in the center of

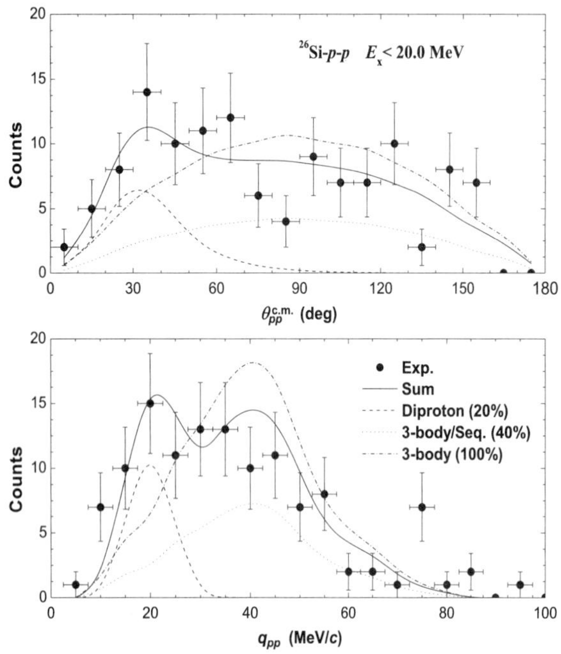


**Fig. 3.** Distributions of the opening angle (top) and the relative momentum (bottom) of two protons emitted from excited levels less than 20.0 MeV in $^{28}$S. Solid lines show sums of 20% diproton emission (dashed lines) and the rest of 3-body phase-space decay and sequential two-body decay (dotted lines) with equal weight. Fits by pure 3-body decay (dash-dotted lines) are also plotted for comparison.

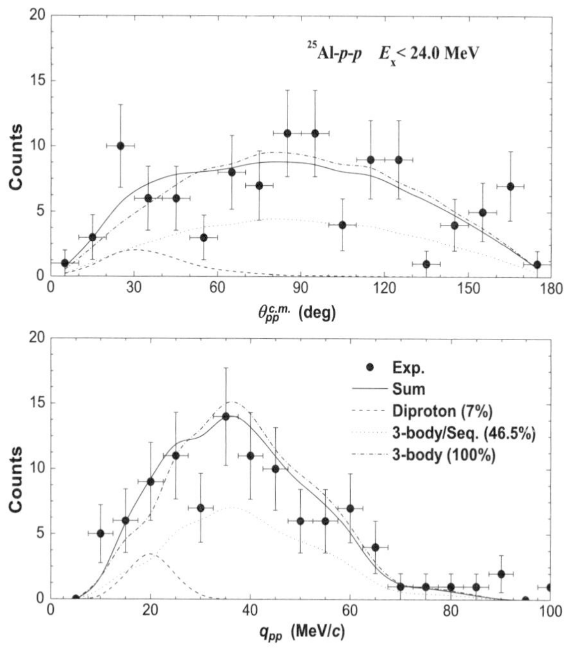


**Fig. 4.** Same as Fig. 3 but for the excited levels less than 24.0 MeV in $^{27}$P, which exhibits mainly three-body phase-space decay and/or two-body sequential emission for the odd-Z nucleus $^{27}$P.

mass system of parent nuclei, have been reconstructed allowing thus for the investigation of the decay mechanism of $2p$ emission. The $\theta_{pp}^{c.m.}$ and $q_{pp}$ distributions for each excited state of $^{28}$S and $^{27}$P cannot be obtained due to limited statistics of $2p$ events in the experiment. Therefore, wide excitation-energy regions were chosen to study the gross feature of proton–proton correlations. Fig. 3 shows $\theta_{pp}^{c.m.}$ and $q_{pp}$ spectra for events of two protons emitted from excited states less than 20.0 MeV in $^{28}$S. The resolutions, with arrangements and resolutions of the detectors, and the half-target energy-loss correction of decaying fragments taken into consideration, are about 5° for $\theta_{pp}^{c.m.}$ and 5 MeV/$c$ for $q_{pp}$. The experimental data show an enhancement at small angles with a maximum at 35° for $\theta_{pp}^{c.m.}$. The $q_{pp}$ spectrum covers the area from 0 to 100 MeV/$c$ and reaches a maximum at 20 MeV/$c$. Fig. 4 displays $\theta_{pp}^{c.m.}$ and $q_{pp}$ distributions of $2p$ emissions from excited states less than 24.0 MeV in $^{27}$P. The spectra show a nearly isotropic distribution for $\theta_{pp}^{c.m.}$ and a maximum at 35 MeV/$c$ for $q_{pp}$. An enhanced region around $q_{pp} = 20$ MeV/$c$ was unobserved.

Monte Carlo (MC) simulations based on mechanisms of $2p$ emission were performed with an aim to reproduce the experimental data. A schematic model [8,16] was employed, in which three extremely decay pictures were considered: (i) diproton emission, (ii) three-body simultaneous decay in the phase space and (iii) sequential $2p$ decay via an intermediate state of the daughter nucleus. In the first case, one assumes that a preformed $^{2}$He resonance with the quasi-bound $^{1}$S configuration in the parent nucleus penetrates the Coulomb barrier and breaks up into two protons outside the barrier. Strong attractive nuclear interactions of two protons in the singlet $^{1}$S state can lead to an enhanced peak at $q_{pp} = 20$ MeV/$c$ [11]. In the latter case, two protons have no correlations beyond phase-space constrain, which yields an isotropic distribution for $\theta_{pp}^{c.m.}$ when final state interactions can be neglected. In the last case of sequential $2p$ decay, correlations of two protons only originate from conservation laws which are sensitive to the energy, spin and parity of the intermediate state. It should be pointed out that distributions of sequential two-body decay are almost identical to those of three-body simultaneous decay due to the existence of large numbers of intermediate states [22]. In MC simulations, sophisticated dynamical calculations could not be realized owing to the deficient information of energies, spins and parities of high-lying initial levels, as well as some intermediate and final states. Instead, kinematic simulations [16,17], in which the energy and position resolutions of detectors, the experimental setup, and Coulomb deflections of heavy fragments in the target were taken into account, were carried out to investigate the decay mechanism. Figs. 3 and 4 display simulated results of two protons emitted from excited levels in $^{28}$S and $^{27}$P, respectively. The best fits (solid lines) were obtained by summing up the diproton emission (dashed lines) and the rest of three-body phase-space decay as well as two-body sequential decay with equal weight (dotted lines). Branch ratios of diproton emission were determined as $20^{+6}_{-7}$% and $7 \pm 5$% with $\chi^2_{min}/pt = 1.5$ and 1.6 for $^{28}$S and $^{27}$P, respectively, where errors were derived by the $\chi^2$ analysis. In addition, fits by pure three-body decay (dash-dotted lines) were also performed to check up the effects of adding diproton branch, those yield $\chi^2/pt = 2.5$ and 1.9 for $^{28}$S and $^{27}$P, respectively. For the $^{28}$S case, fits are obviously improved when diproton components are added. While for the $^{27}$P case, fits show that three-body simultaneous decay and/or two-body sequential decay are dominant.

Experimental distributions of $2p$ emissions from excited states in the even-Z nucleus $^{28}$S are distinct from those in the odd-Z nucleus $^{27}$P, which shows their decay mechanisms are different. In the interpretation of large deformed orbits with large angular momentum existed in high-lying excited states, it was considered that strong anisotropy of the Coulomb barrier could result in a forward focusing in the angular distribution [13]. Deformed orbits are expected to exist in high-lying excited states of both $^{28}$S and $^{27}$P. However, only $^{28}$S shows the forward focusing in $2p$ angular correlation while $^{27}$P shows an isotropic angular distribution. This indicates that the deformation is not the cause of the anisotropy of $2p$ opening angle distribution. Obviously, the observed $p$–$p$ correlations are relative to odd or even proton number, i.e. proton configuration in the initial state. In another explanation, correlated $2p$ direct emission may be relevant to $2p$ skin/halo structure which possibly occur in a nucleus close to the proton drip line due to the pairing interaction. Theoretical calculations [23–25] and experimental measurements [26–28] indicate the existence of $2p$ halo in the ground states of the even-Z nucleus $^{28}$S while $1p$ halo in that of the odd-Z nucleus $^{27}$P. It was suggested that [2] there should be such a halo effect in excited states as long as the two protons still significantly occupy low-$l$ orbits. In this case, the wave functions of $2p$ halo states in parent nuclei have a plenty overlap with those of $2p$ daughter states, which results in a much larger spectroscopic factor for direct $2p$ emission, such as the diproton decay. Different from this, the similar overlap with $2p$ daughter states is very small in the $1p$ halo nucleus. Therefore, the obvious anisotropy of the angular correlation of two protons was observed in the experimental measurement of the $2p$ halo nucleus $^{28}$S, but not in the $1p$ halo nucleus $^{27}$P.

In summary, we performed complete-kinematics measurements of $2p$ correlations emitted from high-lying excited states of the even-Z nucleus $^{28}$S and odd-Z nucleus $^{27}$P. Diproton emission with the branching ratio of $20^{+6}_{-7}$% was observed for the $2p$ halo nucleus $^{28}$S while three-body simultaneous decay in the phase space and/or two-body sequential emission are main components for the $1p$ halo nucleus $^{27}$P. This comparative research on $2p$ emissions from the even-Z and odd-Z nuclei shows that the diproton correlation does not result from the orbit deformation, but may from the proton configuration in the initial state, for example, the $2p$ skin/halo structure. It would be challenging and significative to explore the link between the diproton correlation and the $2p$ halo structure as well as other underlying reasons which may cause such a diproton correlation. To get a comprehensive understanding, further experiments on $2p$ decay from excited states of odd-Z and even-Z nuclei with higher statistics are strongly desired, such as direct measurements of angular correlations in $\beta$-delayed $2p$ emissions from $^{27}$S and $^{26}$P in which the physical process is relatively explicit. Meanwhile exactly theoretical treatments, for instance the three-body model, are required to be embedded in the data analysis.

**Acknowledgements**

We acknowledge the continuous efforts of the HIRFL-RIBLL operators for providing good-quality beams, ensuring compatibility of the electronics and the data acquisition system. This work is supported by the National Key Basic Research Program of China (No. 2013CB834404) and the National Natural Science Foundation of China (Nos. 10735100, 11005156, 11005154, and 11075216).

**References**

[1] V.I. Goldansky, Nucl. Phys. 19 (1960) 482;
V.I. Goldansky, Nucl. Phys. 27 (1961) 648.
[2] B. Blank, M. Ploszajczak, Rep. Prog. Phys. 71 (2008) 046301, and references therein.
[3] B. Blank, M.J.G. Borge, Prog. Part. Nucl. Phys. 60 (2008) 403, and references therein.
[4] M. Pfützner, et al., Rev. Mod. Phys. 84 (2012) 567, and references therein.
[5] K. Miernik, et al., Phys. Rev. Lett. 99 (2007) 192501.
[6] P. Ascher, et al., Phys. Rev. Lett. 107 (2011) 102502.
[7] M. Pomorski, et al., Phys. Rev. C 83 (2011) 061303(R).
[8] G. Raciti, et al., Phys. Rev. Lett. 100 (2008) 192503.
[9] R.J. Charity, et al., Phys. Rev. C 80 (2009) 024306.
[10] A. Spyrou, et al., Phys. Rev. Lett. 108 (2012) 102501.
[11] S.E. Koonin, Phys. Lett. B 70 (1977) 43.
[12] C.A. Bertulani, M.S. Hussein, G. Verde, Phys. Lett. B 666 (2008) 86.
[13] Ivan Mukha, et al., Nature (London) 439 (2006) 298.
[14] I. Mukha, H. Grawe, E. Roeckl, S. Tabor, Phys. Rev. C 78 (2008) 039803.
[15] J. Cerny, et al., Phys. Rev. Lett. 103 (2009) 152502, and reference therein.
[16] C.J. Lin, et al., Phys. Rev. C 80 (2009) 014310.
[17] X.X. Xu, et al., Phys. Rev. C 81 (2010) 054317.
[18] Z. Sun, et al., Nucl. Instrum. Methods Phys. Res., Sect. A 503 (2003) 496.
[19] M. Wang, et al., Chin. Phys. C 36 (2012) 1603.
[20] V. Borrel, et al., Nucl. Phys. A 531 (1991) 353.
[21] G. Canchel, et al., Eur. Phys. J. A 12 (2001) 377.
[22] H.S. Jung, et al., Phys. Rev. C 85 (2012) 045802.
[23] B.A. Brown, P.G. Hansen, Phys. Lett. B 381 (1996) 391.
[24] B.Q. Chen, et al., J. Phys. G 24 (1998) 97.
[25] Yanyun Chu, Zhongzhou Ren, Chang Xu, Eur. Phys. J. A 37 (2008) 361.
[26] A. Navin, et al., Phys. Rev. Lett. 81 (1998) 5089.
[27] D.Q. Fang, et al., Eur. Phys. J. A 12 (2001) 335.
[28] Z.H. Liu, et al., Phys. Rev. C 69 (2004) 034326.

# Optical model potentials for the $^6$He + $^{209}$Bi reaction from a $^{208}$Pb($^7$Li,$^6$He)$^{209}$Bi reaction analysis①

L. Yang, C. J. Lin, H. M. Jia, F. Yang, Z. D. Wu, X. X. Xu, H. Q. Zhang, Z. H. Liu, P. F. Bao, L. J. Sun, and N. R. Ma
*China Institute of Atomic Energy, P. O. Box 275(10), Beijing 102413, China*
(Received 15 January 2014; revised manuscript received 20 March 2014; published 28 April 2014)

Angular distributions of the $^{208}$Pb($^7$Li,$^6$He)$^{209}$Bi reactions with one-proton transferred to the ground, first-excited, and second-excited states of $^{209}$Bi were measured at $E_{\rm lab} = 25.67$, 28.55, 32.55, 37.55, and 42.55 MeV. The experimental data and the data available in the literature at $E_{\rm lab} = 52$ MeV were analyzed within the theoretical framework of the distorted wave Born approximation and coupled reaction channels, respectively. The optical model potentials for the exotic system $^6$He + $^{209}$Bi, which is the exit channel of the reaction studied, have been extracted by means of fitting the angular distributions of transfer reactions. In the analyses, interaction potentials of the entrance channel $^7$Li + $^{208}$Pb were derived from the elastic scattering data. For the $^6$He + $^{209}$Bi system, the phenomenon of the so-called breakup threshold anomaly was observed. Furthermore, the angular distributions of elastic scattering and total reaction cross sections by direct measurement for the $^6$He + $^{209}$Bi system in the energy region near and above the Coulomb barrier can be satisfactorily reproduced by employing the potentials extracted through the transfer reactions.

DOI: 10.1103/PhysRevC.89.044615 PACS number(s): 24.10.Eq, 24.10.Ht, 25.70.Hi, 25.70.Bc

## I. INTRODUCTION

The nuclear interaction is a fundamental ingredient in the study of mechanisms of nuclear reactions. The optical model potential (OMP) is universally adopted to phenomenologically describe the interaction of nuclear collisions. It is well known that the OMPs are closely related to the internal structures of the colliding nuclei, and the mechanisms of the nucleus-nucleus interaction at low energies is rather complicated due to coupling to internal degrees of freedom. Owing to the unusual structures of exotic nuclei, there has been a great deal of interest in reactions with weakly bound nuclei and halo nuclei over the past decades [1–8]. The availability of relatively intense beams of some radioactive nuclei has provided the opportunity to study the relevant elastic scattering and reactions induced by exotic nuclei. By employing new-generation detector arrays with large solid-angle coverage and high efficiency, elastic scattering and direct-reaction measurements with radioactive beams at multiple incident energies can now be made to almost the same degree of precision achieved with stable beams [9], e.g., in Refs. [10–15] rather accurate data have been reported. Among the exotic nuclei, $^6$He has attracted enormous interest both theoretically and experimentally, due to its halo character [16,17], Borromean nature [18], as well as its large probability of breakup and/or transfer near the Coulomb barrier [19–21]. The recent results [10,11,22–28] obtained with a $^6$He beam have clearly shown dramatic changes from the expected elastic scattering due to its exotic structure.

In spite of this impressive progress made in investigations related to exotic nuclei, we are still far from a clear understanding of the reaction mechanisms induced by exotic nuclei. This arises mainly from the experimental difficulties due to the limits of intensity and the quality of available radioactive ion beams (RIBs). Consequently, to date, the reaction systems as well as the reaction energies studied with RIBs are still limited. In view of this fact, if direct nucleus-nucleus scattering is impossible for some reason (e.g., unstable, short lived, and nonexisting in nature or for other reasons), the simplest transfer reactions can be used as an alternative method to study the interaction of exotic-nucleus systems in the exit channels [29–33]. In the present work, such an approach is applied for the $^6$He + $^{209}$Bi interaction by using the one-proton transfer reaction $^{208}$Pb($^7$Li,$^6$He)$^{209}$Bi. For this purpose, the angular distributions of the $^7$Li + $^{208}$Pb elastic scattering, as well as the $^{208}$Pb($^7$Li,$^6$He)$^{209}$Bi transfer reactions to the ground, the first-excited, and the second-excited states of $^{209}$Bi were measured at energies near and above the Coulomb barrier. Together with the data set available in the literature [34], all the data sets were analyzed within the theoretical frameworks of the distorted wave Born approximation (DWBA) and coupled reaction channels (CRC). The single-particle strengths for both the $^7$Li $\rightarrow$ $^6$He + $p$ and $^{209}$Bi $\rightarrow$ $^{208}$Pb + $p$ systems have been determined through numerous experiments and theoretical calculations [35–39], so that the interactions in the incoming and outgoing channels can be studied in detail with the current new data. The phenomenological OMPs for the $^7$Li + $^{208}$Pb interaction were extracted from the elastic scattering of this system, which then establishes the incident-channel interaction, leaving that of the $^6$He + $^{209}$Bi as the only unknown interaction to be explored. Therefore, we could extract the phenomenological OMPs from the measured transfer angular distributions of the $^{208}$Pb($^7$Li,$^6$He)$^{209}$Bi reactions and study the energy dependence of the effective potentials for this exotic-nuclei system.

This paper is organized as follows: Section II contains a brief description of the experimental procedure. Section III gives the results of DWBA and CRC calculations for describing the data and makes detailed discussions on the OMPs extracted. A summary is presented in Sec. IV.

## II. EXPERIMENTAL PROCEDURE

The experiment was carried out on the Q3D magnetic spectrometer at the China Institute of Atomic Energy, Beijing. A $^{208}$Pb target with thickness of about 120 $\mu$g/cm$^2$ on a

① Physical Review C, 2014, 89(4): 044615-(1-10).

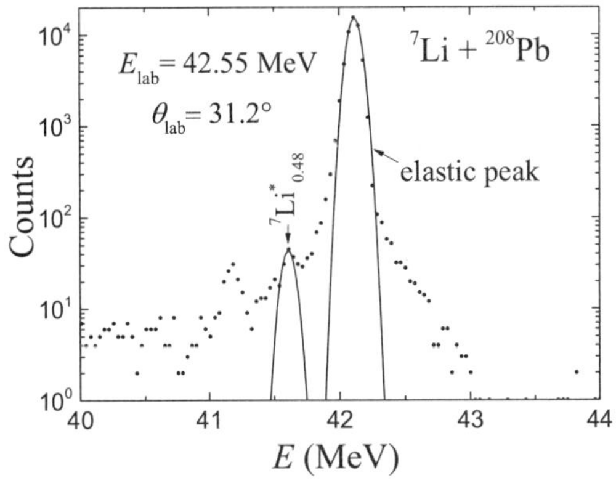


FIG. 1. Typical energy spectrum measured by the single Si(Au) detector at $E_{lab} = 42.55$ MeV and $\theta_{lab} = 31.2°$. Solid curves present the results of Gaussian fitting.

20 $\mu$g/cm$^2$ $^{12}$C backing was bombarded by a $^7$Li beam provided by the HI-13 tandem accelerator. Reaction energies in the laboratory system were 25.67, 28.55, 32.55, 37.55, and 42.55 MeV. The beam current on the target varied in the range of 5 to 20 pnA according to the measurement conditions. Two Si(Au) detectors were placed at $\pm 10°$ to monitor the current quality. In addition, a Faraday cup was used for the absolute measurement of the beam current. A detector array including seven Si(Au) surface-barrier detectors, with an interval of 10°, was mounted on a rotatable arm in the reaction chamber to detect scattering particles. The typical energy spectrum obtained by a single Si(Au) detector is shown in Fig. 1. The good energy resolution of the Si(Au) detectors allows us to separate the inelastic-scattering peak of the first-excited state of $^7$Li ($E^* = 0.48$ MeV) from the elastic-scattering peak. Energy spectra were fitted by the sum of Gaussian functions with the peak positions fixed to the corresponding kinetic energies, as shown by the solid curves in Fig. 1. Finally, the elastic scattering angular distributions of $^7$Li + $^{208}$Pb at all the measured energies are shown in Fig. 2. Errors include statistical errors and fitting uncertainties.

Meanwhile, the Q3D magnetic spectrometer coupled with a multilayer position-sensitive focal plane gas detector was employed to select and detect the exited transfer products. P10 (90% Ar + 10% CH$_4$) gas was used as the working gas at a pressure of 400 mbar. The $\Delta E$-$E_R$ and $\Delta E$-POS (position) spectra of the products recorded by the focal plane detector are shown in Figs. 3(a) and 3(b), respectively. The Q3D spectrometer with a high-moment resolution of $\Delta p/p \approx 10^{-4}$ can clearly separate the different $^6$He groups yielded from

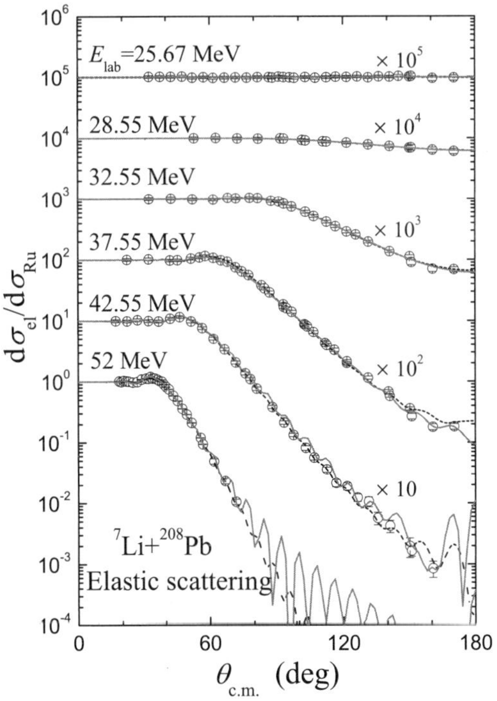


FIG. 2. (Color online) Angular distributions of elastic scattering of the $^7$Li + $^{208}$Pb system. Open circles represent the experimental data. Solid and dashed curves show the fitting results by the CRC and optical model (OM) calculations, respectively. The dataset of $E_{lab} = 52$ MeV was taken from Ref. [34].

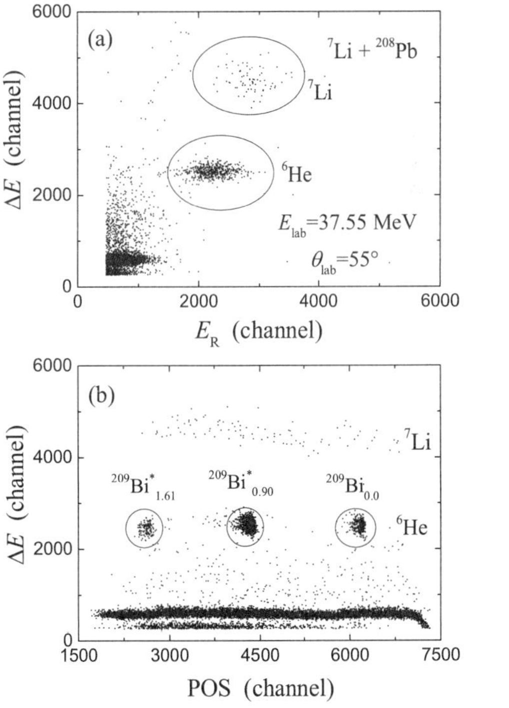


FIG. 3. (a) Typical $\Delta E$-$E_R$ spectrum and (b) $\Delta E$-POS spectrum recorded by the focal plane detector at $E_{lab} = 37.55$ MeV and $\theta_{lab} = 55°$. The three groups of $^6$He selected by circles correspond to one-proton transfers to the ground, the first-excited, and the second-excited states of $^{209}$Bi, respectively.

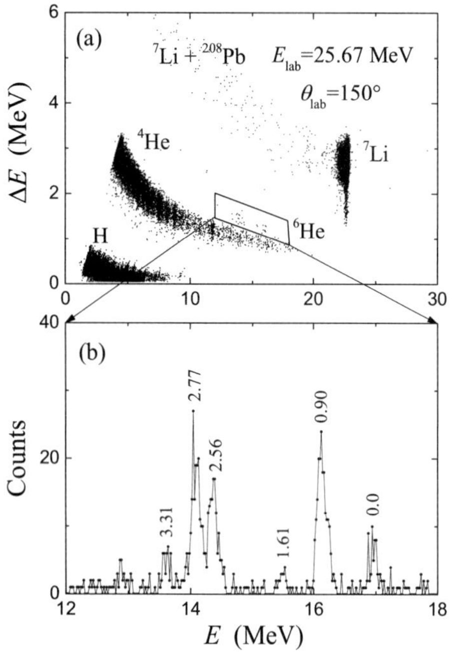


FIG. 4. (a) Typical $\Delta E$-$E$ spectrum obtained by the telescopes at $E_{\rm lab} = 25.67$ MeV and $\theta_{\rm lab} = 150°$, and (b) the projected energy spectrum of the selected $^6$He band, where numbers represent the excitation energy of $^{209}$Bi, in units of MeV.

$^{208}$Pb($^7$Li,$^6$He)$^{209}$Bi reactions, corresponding to stripping one proton from $^7$Li to the ground, the first-excited state ($E^* = 0.90$ MeV) and the second-excited state ($E^* = 1.61$ MeV) of $^{209}$Bi, as shown in Fig. 3(b). The angle range covered by the Q3D spectrometer is from $-20°$ to $140°$. In order to detect the transfer products in the range of backward angles, three $\Delta E$-$E$ Si(Au) telescopes were fixed at the backward angles of $\theta_{\rm lab} = 150°$, $160°$, and $170°$ in the reaction chamber. Figure 4 shows the typical energy spectrum obtained by the telescope at $\theta_{\rm lab} = 150°$. One can find that more groups of $^6$He yielded from the transfer reactions were observed, and they can be distinguished clearly. Finally, the transfer angular distributions of the $^{208}$Pb($^7$Li,$^6$He)$^{209}$Bi reactions to the ground, the first-excited, and the second-excited states of $^{209}$Bi were obtained and are shown in Figs. 5–7, respectively. Only the statistic errors are considered for the transfer-reaction cross sections.

## III. DATA ANALYSIS

### A. OMP, DWBA, and CRC calculations

The OMP $V(r)$ is composed of the Coulomb potential $V_C(r)$ and nuclear potential $V_N(r)$,

$$V(r) = V_C(r) + V_N(r), \tag{1}$$

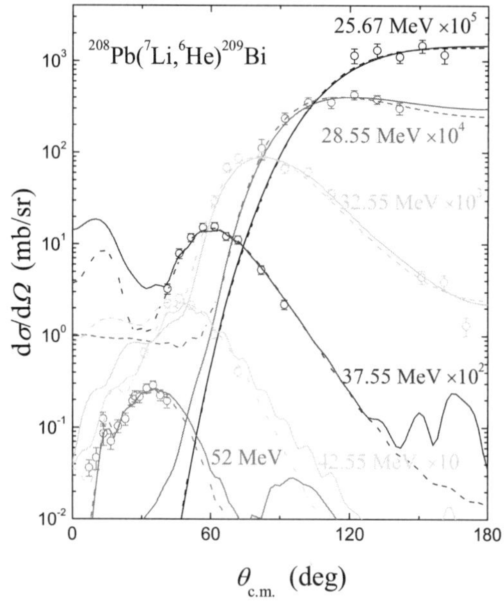


FIG. 5. (Color online) Angular distributions of $^{208}$Pb($^7$Li,$^6$He) reactions for transferring to the ground state of $^{209}$Bi. The solid and dashed curves are the results of fitting by the CRC and DWBA methods, respectively. The dataset of $E_{\rm lab} = 52$ MeV was taken from Ref. [34].

where

$$V_C(r) = \begin{cases} \frac{\left(3R_C^2 - r^2\right) Z_P Z_T e^2}{2R_C^3}, & r < R_C \\ \frac{Z_P Z_T e^2}{r}, & r \geqslant R_C, \end{cases} \tag{2}$$

with $R_C = r_{0C}(A_p^{1/3} + A_t^{1/3})$. Large variations in the Coulomb radius can be compensated by minor variations in the real potential [40] without appreciable change in the quality of the fit. Thus, the reduced Coulomb radius $r_{0C}$ was kept constant at 1.30 fm throughout the analyses. The potential $V_N(r)$ is defined as

$$V_N(r) = V f_V(r) + i W f_W(r), \tag{3}$$

where $V$ and $W$ are the depths of the real and imaginary parts of the potential with Woods–Saxon form,

$$f_x(r) = \left\{ 1 + \exp\left[ \frac{r - r_{0x}\left(A_P^{1/3} + A_T^{1/3}\right)}{a_x} \right] \right\}^{-1}, \quad x = V, W, \tag{4}$$

where $Z_P, Z_T$, and $A_P, A_T$ are the charges and masses of the projectile and the target, respectively.

The DWBA method, as an extension of OM, is no doubt the most useful approximation in direct nuclear reaction theory. When the coupling to the intermediate channel is weak, it is reasonable to evaluate the transition amplitude with DWBA, which uses the distorted waves to represent the relative motion in the entrance and exit channels. However, when the coupling effects cannot be neglected, the

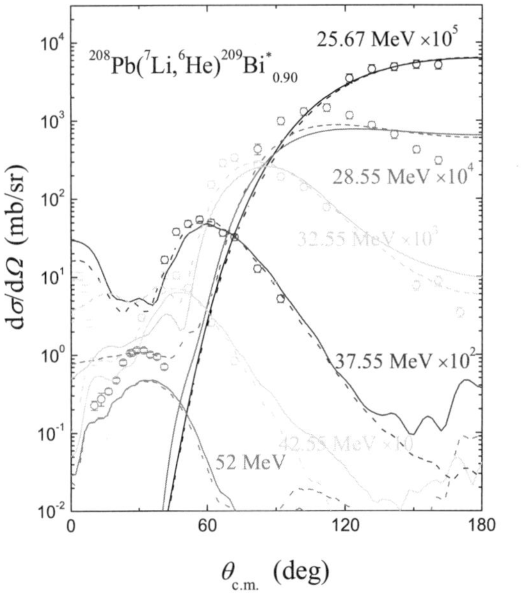


FIG. 6. (Color online) Same as Fig. 5, but for transferring to the first-excited state of $^{209}$Bi.

coupled-channels technique is then adopted to include the couplings to the nuclear rearrangements, transfer reactions, or multiple-step processes. In the present work, the CRC method was used to take into account the coupling effects to the entrance and exit channels. In the CRC analysis, $^{7}\text{Li} + {}^{208}\text{Pb}$ elastic and inelastic scattering for the transitions to

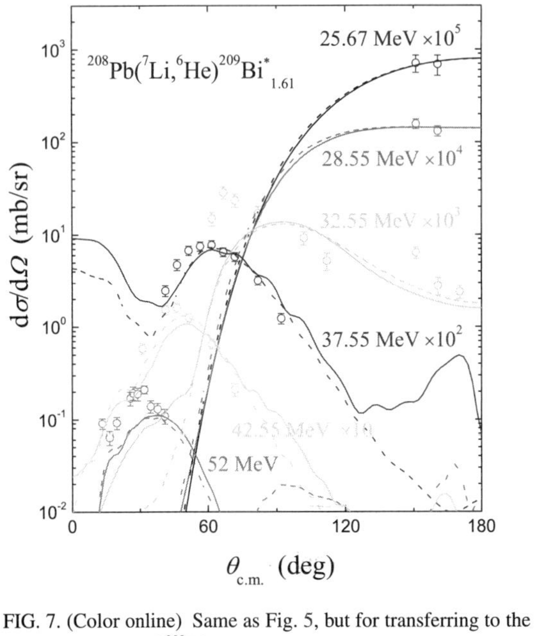


FIG. 7. (Color online) Same as Fig. 5, but for transferring to the second-excited state of $^{209}$Bi.

the first-three excited states of $^{7}$Li, as well as the reorientations of these states were included, as shown in Fig. 8(a). Excitations of $^{7}$Li were described within a collective model other than the cluster model, in terms of deformed potentials. The strengths of the coupling factors for Coulomb and nuclear deformation can be described by

$$M(E\lambda) = \pm\sqrt{(2I+1)B(E\lambda; I \to I')} \tag{5}$$

and

$$RDEF(\lambda; I \to I') = (-1)^{(I-I'+|I-I'|)/2}\sqrt{(2I+1)} < IK\lambda_0 \mid I'K > \beta_\lambda R_0, \tag{6}$$

respectively, where $I$ and $I'$ are the angular momentum of the initial and the final states, $\lambda$ is the transition multipolarity, $B(E\lambda; I \to I')$ is the transition probability, $K$ is the projection of the angular momentum $I$ and $I'$ within a rotational model, $\beta_\lambda$ is the deformation parameters, and $R_0$ is the radius of the sphere with the same volume. Moreover, one-proton and one-neutron transfer reactions from $^{7}$Li to $^{208}$Pb were also included in the coupled-channels scheme, and the diagrams are presented in Fig. 8(b).

In the calculation procedure, the bound-state wave functions were calculated by adjusting the potential depth $V$ to reproduce the binding energy, with radius $R = r_0 A^{1/3}$ and diffuseness $a = 0.65$ fm. Instead of the nominally standard value $r_0 = 1.25$ fm, we chose the value $r_0 = 1.87$ fm and $r_0 = 1.21$ fm for $^{7}$Li and $^{209}$Bi, respectively, for reproducing the root-mean-square radii of $^{7}$Li and $^{209}$Bi, extracted from the $(e,e'p)$ reactions [38,39].

All the calculations in the present work were performed by the code FRESCO [41].

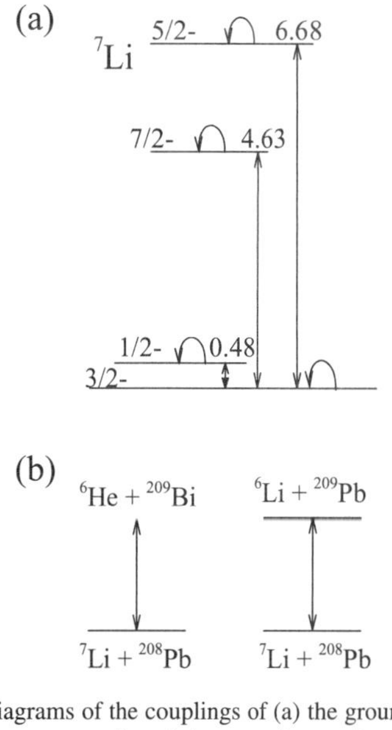


FIG. 8. Diagrams of the couplings of (a) the ground state of $^{7}$Li to the excited states as well as their respective reorientations, and (b) elastic channels to transfer channels.

### B. Elastic scattering of $^7$Li + $^{208}$Pb

To extract the reliable OMP of the $^7\text{Li} + {}^{208}\text{Pb}$ system, the scattering data were fitted with the OM first. In the fitting procedure, a grid search on all the six potential parameters $\{X_i\} = \{V, r_{0V}, a_V, W, r_{0W}, a_W\}$ was carried out to obtain the best fit to the angular distributions at different bombarding energies. For each angular distribution of $N$ data points, the "goodness of fit" quantity $\chi^2$ was calculated as

$$\chi^2 = \sum_{i=1}^{N} \left[ \frac{\sigma_{\text{th}}(\theta_i) - \sigma_{\text{exp}}(\theta_i)}{\Delta\sigma_{\text{exp}}(\theta_i)} \right]^2, \tag{7}$$

where $\sigma_{\text{th}}(\theta_i)$, $\sigma_{\text{exp}}(\theta_i)$, and $\Delta\sigma_{\text{exp}}(\theta_i)$ are the calculated cross section, the experimental cross section, and its associated error at each angle $\theta_i$, respectively. The best-fitting results are shown in Fig. 2 as the dashed lines.

Then, the obtained OMP parameters were used as the initial values in the CRC fit. The fitting results are shown in Fig. 2 by the solid curves. Finally, the OMP parameters of $^7\text{Li} + {}^{208}\text{Pb}$ extracted by the OM and CRC calculations, as well as the $\chi^2$ per point ($\chi^2$/pt) are listed in Table I. Besides our experimental data, the dataset taken from the literature [34] at $E_{\text{lab}} = 52$ MeV was also analyzed with the same procedure.

As shown in Fig. 2, one can find that, for the forward angles, the descriptions of the angular distributions by OM and CRC calculations are indistinguishable. Nevertheless, for the backward-angle area, where the inelastic scattering and multistep processes become important, the CRC calculations can optimize the fitting results further. On the other hand, as listed in Table I, one can find that there still exists an energy dependence for the OMPs derived from the CRC method, indicating that it is not a "bare" potential. Similar results were obtained in Ref. [42], where the scattering of polarized $^7$Li from a $^{208}$Pb target was analyzed. It might result from the $\alpha + t$ cluster structure of $^7$Li, for which the collective model could not describe it well.

TABLE I. The OMP parameters of $^7\text{Li} + {}^{208}\text{Pb}$ extracted from elastic scattering by the OM and CRC calculations.

| | $E_{\text{lab}}$ MeV | $V$ MeV | $r_{0V}$ fm | $a_V$ fm | $W$ MeV | $r_{0W}$ fm | $a_W$ fm | $\chi^2$/pt |
|---|---|---|---|---|---|---|---|---|
| OM | 25.67 | 8.02 | 1.33 | 0.58 | $3.45 \times 10^{-4}$ | 1.22 | 0.52 | 0.12 |
| | 28.55 | 13.33 | 1.10 | 0.62 | 2.38 | 1.50 | 0.68 | 0.63 |
| | 32.55 | 16.10 | 1.26 | 0.56 | 2.58 | 1.48 | 0.51 | 0.33 |
| | 37.55 | 37.11 | 1.26 | 0.56 | 2.19 | 1.48 | 0.51 | 1.43 |
| | 42.55 | 61.23 | 1.23 | 0.54 | 5.23 | 1.30 | 0.78 | 0.27 |
| | 52[a] | 103.20 | 1.11 | 0.67 | 7.11 | 1.29 | 0.83 | 5.25 |
| CRC | 25.67 | 4.05 | 1.37 | 0.56 | $8.52 \times 10^{-5}$ | 1.24 | 0.53 | 0.11 |
| | 28.55 | 10.32 | 1.30 | 0.53 | 1.30 | 1.48 | 0.91 | 0.68 |
| | 32.55 | 15.84 | 1.34 | 0.50 | 1.92 | 1.49 | 0.49 | 0.36 |
| | 37.55 | 35.81 | 1.27 | 0.54 | 1.88 | 1.52 | 0.41 | 1.32 |
| | 42.55 | 64.28 | 1.23 | 0.54 | 3.47 | 1.30 | 0.78 | 0.22 |
| | 52[a] | 109.76 | 1.07 | 0.77 | 6.67 | 1.33 | 0.44 | 5.18 |

[a]The experimental data is taken from Ref. [34].

### C. Analysis of $^{208}$Pb($^7$Li,$^6$He)$^{209}$Bi data

The angular distributions of the one-proton transfer reactions $^{208}$Pb($^7$Li,$^6$He)$^{209}$Bi were fitted with the DWBA and CRC methods, respectively, to extract the OMPs of the halo system $^6\text{He} + {}^{209}\text{Bi}$ as the exit channel. The energy dependence of the OMPs extracted was analyzed. Furthermore, the elastic scattering, as well as the total cross sections of the $^6\text{He} + {}^{209}\text{Bi}$ system were calculated with the OMPs we deduced and compared with the experimental data to inspect the feasibility of the transfer method. Details are described in the following:

#### *1. OMPs of $^6$He + $^{209}$Bi system*

The transfer-reaction data of $^{208}$Pb($^7$Li,$^6$He)$^{209}$Bi, as well as the data taken from Ref. [34] at $E_{\text{lab}} = 52$ MeV, were first analyzed by the DWBA method. After a grid search of the all six OMP parameters for the exit channel of the $^6\text{He} + {}^{209}\text{Bi}$ system, the average geometry parameters were extracted as $r_{0V} = 1.02$ fm, $a_V = 0.70$ fm, $r_{0W} = 1.25$ fm, and $a_W = 0.95$ fm, which are compatible with the ones taken from Refs. [13,28,43]. One can find that the radius and diffuseness parameters of the imaginary potential are obviously larger than those of the real part. This indicates that the absorption of flux from the elastic channel of $^6\text{He} + {}^{209}\text{Bi}$ starts to occur at long distances, as should be expected for projectiles with halo structure, for which it has already been shown that polarization potentials have a long tail due to the presence of the breakup channel [43–45]. Furthermore, in order to reduce the ambiguity of the fitting results, the potential depths $V$ and $W$ were searched again by the DWBA and CRC methods, respectively, with $r_{0i}$ and $a_i$ ($i = V, W$) fixed at the average values. The OMP parameters obtained by the DWBA and CRC methods and the reaction cross sections $\sigma_{\text{R}}$ calculated by the corresponding OMPs for the $^6\text{He} + {}^{209}\text{Bi}$ system are listed in Table II.

The reaction energy of the $^6\text{He} + {}^{209}\text{Bi}$ system as the exit channel can be calculated as

$$E_{\text{c.m.}}(^6\text{He}) = E_{\text{c.m.}}(^7\text{Li}) + Q - E^*(^{209}\text{Bi}), \tag{8}$$

where $E_{\text{c.m.}}(^7\text{Li})$ is the center-of-mass energy of the entrance channel, $Q$ is the $Q$ value of the transfer reaction, and $E^*(^{209}\text{Bi})$ is the excitation energy of residue nuclei $^{209}$Bi.

In principle, in the DWBA or CRC calculations, all the excited states of $^{209}$Bi could be contained to fit all the distributions simultaneously. However, as shown in Eq. (8), different states of $^{209}$Bi correspond to different reaction energies of the $^6\text{He} + {}^{209}\text{Bi}$ system. Therefore, corresponding to each bombarding energy, only the average OMPs could be extracted through simultaneous fitting. According to the experiences of the tightly bound systems, the OMPs varied drastically with energy around the Coulomb barrier, where the average OMPs could not represent correctly the variation trend. In view of this, only one state of $^{209}$Bi was included each time, and the corresponding distribution was fitted. Thus, the OMPs of $^6\text{He} + {}^{209}\text{Bi}$ with $^{209}$Bi populated in different states could be extracted, which allowed us to discuss the variation tendency of the OMPs more finely.

The fitting results are shown in Figs. 5–7 by the dashed and solid curves, respectively. Overall, the experimental angular distributions can be reproduced satisfactorily by both the

TABLE II. OMP strengths of real ($V$) and imaginary ($W$) parts, $\chi^2$/pt values and reaction cross sections for the $^6$He + $^{209}$Bi system, by the analysis of DWBA and CRC methods. The OMP geometry parameters were fixed as $r_{0V} = 1.02$ fm, $a_V = 0.70$ fm, $r_{0W} = 1.25$ fm, and $a_W = 0.95$ fm.

| $E_{lab}$($^7$Li) | E*($^{209}$Bi)[a] | $E_{lab}$($^6$He)[b] | DWBA | | | | CRC | | | |
|---|---|---|---|---|---|---|---|---|---|---|
| MeV | MeV | MeV | $V$ MeV | $W$ MeV | $\chi^2$/pt | $\sigma_R$ mb | $V$ MeV | $W$ MeV | $\chi^2$/pt | $\sigma_R$ mb |
| 25.67 | 0.00 | 19.19 | 799.95 | 16.67 | 0.96 | 496.03 | 579.99 | 24.39 | 1.13 | 563.27 |
| | 0.90 | 18.27 | 400.05 | 20.05 | 0.88 | 308.56 | 290.01 | 32.05 | 0.67 | 420.39 |
| | 1.61 | 17.54 | 32.00 | 62.05 | 0.11 | 456.23 | 22.05 | 52.05 | 0.12 | 401.89 |
| 28.55 | 0.00 | 22.06 | 600.05 | 7.76 | 0.27 | 887.64 | 500.05 | 13.20 | 0.64 | 986.43 |
| | 0.90 | 21.13 | 730.00 | 9.05 | 10.94 | 775.82 | 600.07 | 22.40 | 15.51 | 970.46 |
| | 1.61 | 20.40 | 1000.05 | 35.50 | 0.47 | 1014.58 | 805.15 | 25.50 | 0.49 | 884.01 |
| 32.55 | 0.00 | 26.04 | 400.00 | 7.86 | 2.87 | 1426.89 | 322.95 | 12.50 | 2.83 | 1530.09 |
| | 0.90 | 25.11 | 310.00 | 5.87 | 6.88 | 1187.03 | 200.05 | 12.05 | 13.57 | 1336.25 |
| | 1.61 | 24.38 | 449.95 | 25.05 | 13.05 | 1581.05 | 350.05 | 15.05 | 13.54 | 1365.64 |
| 37.55 | 0.00 | 31.01 | 309.95 | 11.64 | 0.71 | 2039.25 | 266.62 | 16.49 | 0.70 | 2162.73 |
| | 0.90 | 30.09 | 248.33 | 6.00 | 3.05 | 1705.94 | 166.14 | 13.05 | 7.48 | 1932.08 |
| | 1.61 | 29.36 | 212.98 | 5.00 | 5.18 | 1558.91 | 148.79 | 8.60 | 5.25 | 1683.86 |
| 42.55 | 0.00 | 35.99 | 219.78 | 10.35 | 1.63 | 2359.55 | 219.78 | 18.60 | 2.71 | 2590.00 |
| | 0.90 | 35.07 | 291.18 | 7.27 | 6.95 | 2176.34 | 157.52 | 13.05 | 14.29 | 2332.89 |
| | 1.61 | 34.33 | 190.11 | 5.46 | 5.35 | 1963.36 | 175.52 | 13.50 | 12.10 | 2308.45 |
| 52 [c] | 0.00 | 45.39 | 197.80 | 11.05 | 2.62 | 2792.80 | 195.00 | 20.10 | 2.59 | 3101.07 |
| | 0.90 | 44.47 | 230.00 | 11.50 | 52.48 | 2795.46 | 200.05 | 16.50 | 49.63 | 2961.17 |
| | 1.61 | 43.74 | 219.95 | 11.50 | 28.38 | 2761.07 | 165.05 | 19.50 | 23.48 | 3009.65 |

[a]The excitation energy of $^{209}$Bi as the final state of $^{208}$Pb($^7$Li,$^6$He)$^{209}$Bi.
[b]The corresponding reaction energy of the $^6$He + $^{209}$Bi system.
[c]The experimental dataset is taken from Ref. [34].

DWBA and CRC calculations. But the agreements for excited states are not good as the one for the ground state. It might result from the improper use of the bound-state interaction radius $r_V$ for the excited states of $^{209}$Bi. In the calculations, the ground-state value was adopted for the excited states because there is no experimental information on these values.

Meanwhile, the average spectroscopic factors for the ground and the first-two excited states of $^{209}$Bi were extracted by comparison between the calculations and experimental data and with the spectroscopic factors of $^7$Li kept fixed at 0.60 [46]. The spectroscopic factors obtained are shown and compared with those of Refs. [37,47,48] in Table III. The errors come from the uncertainties of the fitting procedure. In Ref. [47], the spectroscopic factors are obtained from the theoretical calculations. The values from Ref. [48] are extracted from the reaction $^{208}$Pb($^3$He,$d$)$^{209}$Bi. And in Ref. [37], the spectroscopic factors are deduced from the $^{208}$Pb($\alpha$,$t$)$^{209}$Bi reaction. One can note that there are certain variations in the reported spectroscopic factors derived from various reactions. The results of this work are comparable to those given in Ref. [48].

### 2. *Breakup threshold anomaly of $^6$He + $^{209}$Bi*

It is well known that, for the elastic scattering between heavy ions at energies close to the Coulomb barrier, the real and imaginary parts of the OMP show an energy dependence, known as the threshold anomaly (TA) [49–51]. This behavior is characterized by the rapid decrease of the imaginary part of the potential as the bombarding energy decreases from above barrier towards below barrier, while the real part of the potential presents a localized peak around the barrier. The real part of the energy-dependent potential $V(r;E)$ can be expressed as

$$V(r;E) = V_0(r;E) + \Delta V(r;E), \tag{9}$$

where $V_0(r;E)$ is slowly and smoothly energy dependent, which arises from the nonlocality effects, and $\Delta V(r;E)$ is the dynamic polarization potential, which is a consequence

TABLE III. Deduced spectroscopic factors for $^{209}$Bi.

| State | $E^*$ (MeV) | DWBA[a] | CRC[b] | Ref. [47] | Ref. [48] | Ref. [37] |
|---|---|---|---|---|---|---|
| $1h_{9/2}$ | 0.00 | $1.07 \pm 0.05$ | $1.16 \pm 0.04$ | 0.95 | 1.17 | 0.80 |
| $2f_{7/2}$ | 0.90 | $0.88 \pm 0.04$ | $0.87 \pm 0.05$ | 0.85 | 0.78 | 0.76 |
| $1i_{13/2}$ | 1.61 | $0.43 \pm 0.11$ | $0.49 \pm 0.11$ | 0.70 | 0.56 | 0.74 |

[a]Results of this work with the analysis of the DWBA method.
[b]Results of this work with the analysis of the CRC method.

of the causality principle and links to the imaginary potential $W(r; E)$ through the dispersion relation

$$\Delta V(r; E) = \frac{\mathrm{P}}{\pi} \int \frac{W(r; E')}{E' - E} dE', \qquad (10)$$

where P denotes the principal value of the integral. Although this effect is well established for the scattering of tightly bound nuclei, for systems involving weakly bound nuclei, such as $^6$Li, $^7$Li, and $^9$Be, this situation may change substantially [52–58]. In those systems, couplings to breakup channels continue to be important even for energies below the barrier, thus the imaginary potentials could even increase at lower energies. This is the so-called breakup threshold anomaly (BTA).

So far, the BTA phenomenon has been observed only for a few systems including halo or neutron skin nuclei [43,59]. Actually, it is a very difficult task for such systems to measure the elastic scattering directly due to the low intensities of secondary beams, which will result in large statistical errors. However, via the transfer reactions, we have the opportunity to study the energy-dependent potentials of the exotic system, $^6$He + $^{209}$Bi, with higher precision in a wider energy range. In order to investigate the BTA phenomenon of the $^6$He + $^{209}$Bi system, the sensitivity radius $R_s$ was extracted first by varying the diffuseness parameters $a_V$ and $a_W$, respectively, in steps of 0.02 fm, while the depth values were fitted again [60]. The average sensitivity radius was derived as $R_s = 13.50$ fm, for both real and imaginary parts of the potential. Figure 9 shows that the depths of the real and imaginary potentials extracted by the CRC (solid circles) and DWBA (open squares) methods, respectively, varying with the center-of-mass energy. The errors of potential depths were derived by $\chi^2$ analysis, i.e., determined by $\chi^2_{\min} + 1$ for the procedure when the single parameter was fitted, corresponding to a confidence level of 68.3%. One can find that the errors become large for the sub-barrier-energy range. This manifests that the interaction below the Coulomb barrier may become insensitive to the depths of the OMP. As shown in Fig. 9(b), in the sub-barrier-energy region, one can find that both the CRC and DWBA fitting results present a clear increasing trend of the imaginary potential strength, the same BTA phenomena as the ones observed in stable weakly bound systems. In the energy region above the Coulomb barrier, however, the depths of the imaginary potential varied around an average value. And compared to the imaginary potential strengths extracted by the DWBA method, the ones obtained by the CRC method were slightly deeper.

According to the dispersion relation, if $W$ decreases with increasing energy in a narrow range, the corresponding $\Delta V$ will generate a strong repulsive effect in the same energy range [50]. However, in contrast to this, a sharp peak appears in the real part of the OMP, which manifests itself as an attractive potential, as shown in Fig. 9(a). In fact, the suggestion that the dispersion relation is of no use in the weakly bound system has already been offered in Refs. [50,61]. Although in Refs. [43,54,59] the authors tried to use the dispersion relation to describe the connection of the real and imaginary parts of the OMP of weakly bound systems, due to the large errors and few data points, it is hard to draw a specific conclusion. Therefore, whether the dispersion relation is suitable for the weakly bound system is still an open question that deserves further investigation.

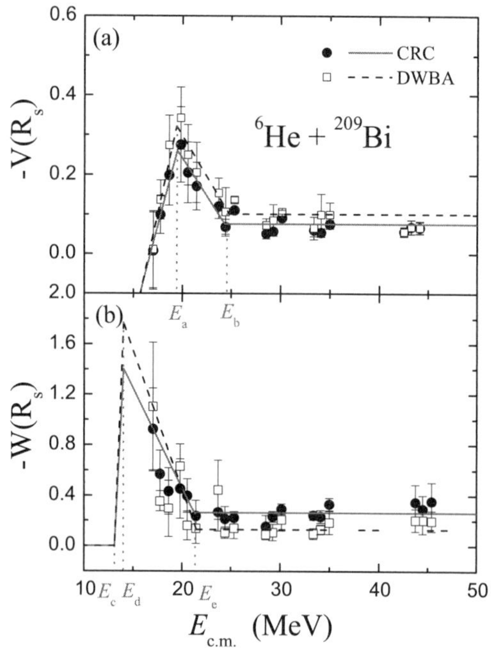


FIG. 9. (Color online) Energy dependence of (a) real and (b) imaginary parts of the OMP at the sensitivity radius of 13.5 fm. The full circles and empty squares represent the results extracted by the CRC and DWBA methods, respectively. The solid and dashed curves show the linear segment fitting results for the real and imaginary potentials.

Moreover, the strengths of the real part obtained by both the CRC and DWBA methods manifest a strong polarization effect in the lower-energy region, as shown in Fig. 9(a). This feature is consistent with the long-range Coulomb dipole polarization (CDP) potential, whose simple analytical expression has been derived in Refs. [62,63], leading to the large enhancement of the $\alpha$-emission cross section of $^6$He + $^{209}$Bi scattering [27,28]. This large yield of $\alpha$ particles was due to the electric dipole ($E1$) excitation of $^6$He to its continuum states; that is, the Coulomb breakup process of $^6$He. However, for this system, experiments [64,65] show that one- and two-neutron transfer channels have large cross sections near the Coulomb barrier, and approximately 75% of the observed $\alpha$-particle yield is because of these two processes. Therefore, it still needs to be investigated further whether these transfer channels or the Coulomb breakup process of $^6$He in the sub-barrier energy region are responsible for the apparent BTA observed.

### *3. Reproduction of elastic scattering data and reaction cross sections for $^6$He + $^{209}$Bi system*

There exists one set of experimental data for the $^6$He + $^{209}$Bi system, reported in Refs. [27,28] for $E_{\mathrm{c.m.}}(^6\mathrm{He}) = 14.3$, 15.8, 17.3, 18.6, and 21.4 MeV. In order to compare the calculated results with the OMP parameters obtained in the present work, with the existing experimental dataset, the analyses of the energy dependence of the derived parameters were performed. Due to the inapplicability of the dispersion relation, the simplest linear-segment representations were adopted to describe the systematics of energy-dependent potentials:

$$V(E_{\text{c.m.}}) = \begin{cases} 0.095E_{\text{c.m.}} - 1.60, & E_{\text{c.m.}} \leqslant E_a \\ -0.039E_{\text{c.m.}} + 1.02, & E_a \leqslant E_{\text{c.m.}} \leqslant E_b \\ 0.076, & E_{\text{c.m.}} \geqslant E_b, \end{cases} \tag{11}$$

$$W(E_{\text{c.m.}}) = \begin{cases} 0, & E_{\text{c.m.}} \leqslant E_c \\ 0.33E_{\text{c.m.}} - 4.28, & E_c \leqslant E_{\text{c.m.}} \leqslant E_d \\ -0.16E_{\text{c.m.}} + 3.60, & E_d \leqslant E_{\text{c.m.}} \leqslant E_e \\ 0.26, & E_{\text{c.m.}} \geqslant E_e, \end{cases} \tag{12}$$

and

$$V(E_{\text{c.m.}}) = \begin{cases} 0.11E_{\text{c.m.}} - 1.90, & E_{\text{c.m.}} \leqslant E_a \\ -0.041E_{\text{c.m.}} + 1.11, & E_a \leqslant E_{\text{c.m.}} \leqslant E_b \\ 0.10, & E_{\text{c.m.}} \geqslant E_b, \end{cases} \tag{13}$$

$$W(E_{\text{c.m.}}) = \begin{cases} 0, & E_{\text{c.m.}} \leqslant E_c \\ 0.24E_{\text{c.m.}} - 3.11, & E_c \leqslant E_{\text{c.m.}} \leqslant E_d \\ -0.22E_{\text{c.m.}} + 4.85, & E_d \leqslant E_{\text{c.m.}} \leqslant E_e \\ 0.13, & E_{\text{c.m.}} \geqslant E_e, \end{cases} \tag{14}$$

for the CRC and DWBA results, respectively, where the energies are given in units of MeV, and $E_a = 19.44$ MeV, $E_b = 24.65$ MeV, $E_c = 13.12$ MeV, $E_d = 14.00$ MeV, $E_e = 21.37$ MeV, as labeled in Fig. 9. $E_c$ is the energy where the imaginary potential began to vanish, as does the total cross section. Therefore, the value of $E_c$ is determined by the excitation function of this system, which will be discussed later. $E_d$ is the energy from which the strength of the imaginary part starts to drop to zero as the energy decreases. However, it cannot be determined accurately with the existing experimental data, and it was pointed out in Ref. [43] that the variation of the value of $E_d$ only slightly modifies the shape of the real part. Therefore, the choice of the value of $E_d$ is arbitrary.

The obtained OMP parameters for the exit channels is one kind of effective interaction potential, included all the coupling and related dynamical effects. Therefore, we could utilize these parameters directly in the simple OM calculations to get theoretical angular distributions of elastic scattering for the $^6$He + $^{209}$Bi system. Calculation results with the systematic energy-dependent OMP parameters discussed above are compared with the experimental data reported in Refs. [27,28], as shown in Fig. 10, where the solid and dashed curves represent the calculation results with the parameters obtained by the CRC and DWBA methods, respectively.

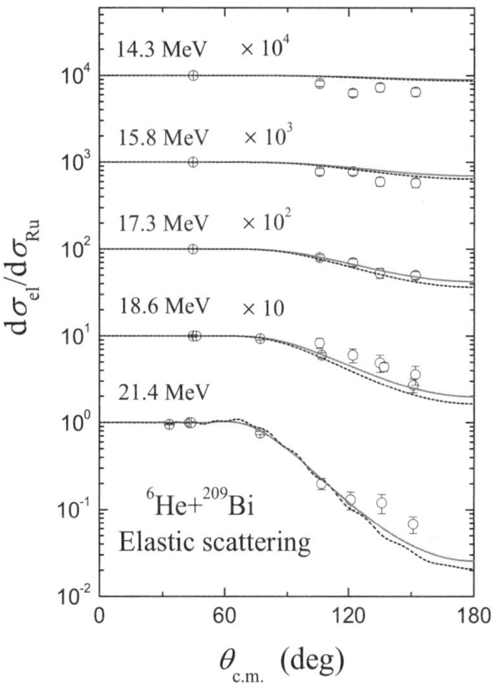


FIG. 10. (Color online) Elastic scattering angular distributions of the $^6$He + $^{209}$Bi system. Open circles are the experimental data taken from Refs. [27,28]. The solid and dashed curves are the calculation results with the systematic OMP parameters extracted through the CRC and DWBA methods, respectively.

At the lowest energy, calculation results with both the CRC and DWBA parameters overestimate the experimental data. The reason for that might be due to the uncertainty in the normalization of the experimental data owing to the intrinsic difficulty at such a low energy [43]. Except for the lowest energy point, the theoretical curves calculated with both DWBA and CRC parameters could describe the experimental angular distributions satisfactorily over the whole energy and angle range. Results with the CRC parameters seem slightly better than those with the DWBA parameters.

Moreover, the total reaction cross section $\sigma_R$ is one of the most important observable that can be calculated by the optical model. In Fig. 11, $\sigma_R$ values calculated by CRC and DWBA parameters at each energy are plotted as solid circles and open squares, respectively. Meanwhile, results with systematic energy-dependent OMPs derived from CRC and DWBA parameters are also shown as the solid and dashed curves, respectively. The experimental $\sigma_R$ data taken from Refs. [27,28] are further presented by solid triangles for comparison. These experimental data are results of sums of fusion, transfer, and breakup yields. It can be seen that the calculated cross sections are in reasonable agreement with the experimental data, except in the extremely-low-energy region, where theoretical predictions underestimate the experimental reaction cross sections.

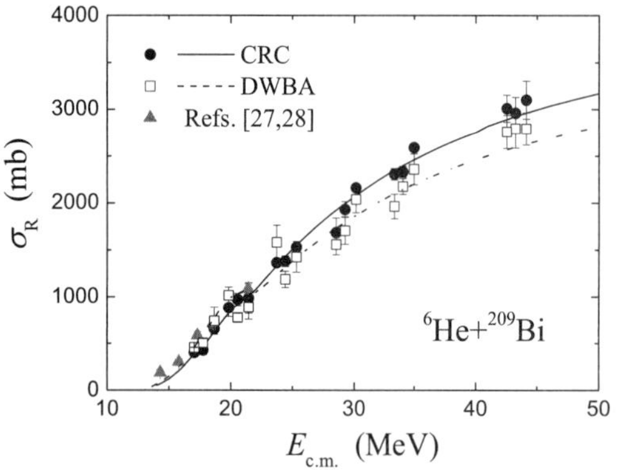


FIG. 11. (Color online) Excitation function of the total reaction cross section for the $^{6}He + ^{209}Bi$ system. Solid triangles are experimental results taken from Refs. [27,28], solid circles and open squares are the calculated results with the OMP parameters extracted by the CRC and DWBA methods, respectively, and solid and dashed cures are predicated values by the systematic energy-dependent OMPs described by Eqs. (11) to (14) obtained from the CRC and DWBA methods, respectively.

Through the comparison between the calculation results with the CRC and DWBA parameters, one can find that there still exists a little difference, although they are reasonably consistent with each other. The reason behind this diversity is that, in the DWBA calculations, the influence from the entrance channel, $^{7}Li + ^{208}Pb$, could not be excluded. Nevertheless, this problem could be solved partly by the CRC method, which introduces an additional nonorthogonality correction in the coupled equations. In principle, if the effects of the full coupled channels were included in the CRC calculations in the transfer method, the pure effective interaction of the exotic system $^{6}He + ^{209}Bi$ could be extracted.

## IV. SUMMARY AND CONCLUSIONS

In the present work, the angular distributions of the $^{208}Pb(^{7}Li,^{6}He)^{209}Bi$ transfer reactions with the residue nucleus $^{209}Bi$ populated in the ground, the first-excited, and the second-excited states as well as $^{7}Li + ^{208}Pb$ elastic scattering were measured at $E_{lab} = 25.67$, 28.55, 32.55, 37.55, and 42.55 MeV. The interaction OMPs for the $^{7}Li + ^{208}Pb$ system were extracted from the measured elastic scattering angular distributions in terms of the fitting procedure with OM and CRC calculations. We found that the CRC calculation could optimize the fitting results further for this weakly bound system in the backward-angle area, where inelastic scattering and multistep reactions are important.

By using the deduced OMP parameters of $^{7}Li + ^{208}Pb$ as the interaction of the entrance channel, the angular distributions of the $^{208}Pb(^{7}Li,^{6}He)^{209}Bi$ transfer reactions were analyzed by the DWBA and CRC methods, and the interaction OMP parameters of the exotic system $^{6}He + ^{209}Bi$ were extracted. The OMP parameters obtained by the two methods are almost the same. Moreover, the energy dependence of the OMP parameters were deduced. The results obviously display the so-called BTA phenomenon for the $^{6}He + ^{209}Bi$ system. However, the dispersion relation cannot predict the shape of the real part of the OMP, which should be investigated further. Furthermore, we calculated the angular distributions of elastic scattering, as well as the total reaction cross sections for the the $^{6}He + ^{209}Bi$ system within the OM and compared with the experimental results. The calculated results with the OMP parameters extracted through this transfer method with the CRC analysis are in agreement with the experimental data in the energy region near and above the Coulomb-barrier energy region. It can be concluded that the OMP parameters extracted with the transfer method for the $^{6}He + ^{209}Bi$ system is reliable. Therefore, when direct nucleus-nucleus scattering is difficult or impossible to measure, the transfer reaction as an alternative method could provide a useful and sensitive tool for extracting the OMP parameters of exotic reaction systems.

## ACKNOWLEDGMENTS

This work was supported by the National Key Basic Research Program of China (Grant No. 2013CB834404) and the National Natural Science Foundation of China (Grants No. 10735100, No. 11005156, No. 11005154, No. 11075216, and No. 11375268).

[1] Yu. E. Penionzhkevich, Nucl. Phys. A **616**, 247c (1997).
[2] F. D. Becchetti, W. Z. Liu, K. Ashktorab *et al.*, Phys. Rev. C **48**, 308 (1993).
[3] K. Kalita, S. Verma, R. Singh *et al.*, Phys. Rev. C **73**, 024609 (2006).
[4] I. Pecina, R. Anne, D. Bazin *et al.*, Phys. Rev. C **52**, 191 (1995).
[5] W. von Oertzen, Z. Phys. A **310**, 275 (1983).
[6] E. Liénard, D. Baye, T. Delbar *et al.*, Phys. Rev. C **52**, 775 (1995).
[7] T. Motobayashi, Phys. Lett. B **264**, 259 (1991).
[8] D. R. Tilley, H. R. Weller, and C. M. Cheves, Nucl. Phys. A **564**, 1 (1993).
[9] N. Keeley, N. Alamanos, K. W. Kemper, and K. Rusek, Prog. Part. Nucl. Phys. **63**, 396 (2009).
[10] M. Milin, S. Cherubini, T. Davinson *et al.*, Nucl. Phys. A **730**, 285 (2004).
[11] E. A. Benjamim, A. Lepine-Szily, D. R. Mendes Junior *et al.*, Phys. Lett. B **647**, 30 (2007).
[12] O. R. Kakuee, M. A. G. Alvarez, M. V. Anders *et al.*, Nucl. Phys. A **765**, 294 (2006).
[13] Y. Kucuk, I. Boztosun, and T. Topel, Phys. Rev. C **80**, 054602 (2009).
[14] A. Di Pietro, V. Scuderi, A. M. Moro *et al.*, Phys. Rev. C **85**, 054607 (2012).
[15] M. Cubero, J. P. Fernandez-Garcia, M. Rodriguez-Gallardo *et al.*, Phys. Rev. Lett. **109**, 262701 (2012).
[16] I. Tanihata, H. Hamagaki, O. Hashimoto *et al.*, Phys. Rev. Lett. **55**, 2676 (1985).

[17] I. Tanihata, Phys. Lett. B **160**, 380 (1985).
[18] J. M. Bang, Phys. Rep. **264**, 27 (1996).
[19] A. M. Sanchez Benitez *et al.*, J. Phys. G **31**, S1953 (2005).
[20] R. J. Smith, J. J. Kolata, K. Lamkin *et al.*, Phys. Rev. C **43**, 761 (1991).
[21] J. S. Al-Khalili *et al.*, Phys. Lett. B **378**, 45 (1996).
[22] L. R. Gasques, L. C. Chamon, D. Pereira *et al.*, Phys. Rev. C **67**, 024602 (2003).
[23] A. Di Pietro, P. Figuera, F. Amorini *et al.*, Phys. Rev. C **69**, 044613 (2004).
[24] A. Chatterjee, A. Navin, A. Shrivastava *et al.*, Phys. Rev. Lett. **101**, 032701 (2008).
[25] O. R. Kakuee, J. Rahighi, A. M. Sanchez-Benitez *et al.*, Nucl. Phys. A **728**, 339 (2003).
[26] A. M. Sanchez-Benitez, D. Escrig, M. A. G. Alvarez *et al.*, Nucl. Phys. A **803**, 30 (2008).
[27] E. F. Aguilera, J. J. Kolata, F. M. Nunes *et al.*, Phys. Rev. Lett. **84**, 5058 (2000).
[28] E. F. Aguilera, J. J. Kolata, F. D. Becchetti *et al.*, Phys. Rev. C **63**, 061603(R) (2001).
[29] V. M. Kyryanchuk, A. T. Rudchik, A. Budzanowski *et al.*, Nucl. Phys. A **726**, 231 (2003).
[30] G. P. An *et al.*, Chin. Phys. Lett. **25**, 4237 (2008).
[31] Z. D. Wu *et al.*, Chin. Phys. Lett. **26**, 022503 (2009).
[32] C. J. Lin *et al.*, AIP Conf. Proc. **853**, 81 (2006).
[33] A. T. Rudchik, Yu. M. Stepanenko, K. W. Kemper *et al.*, Nucl. Phys. A **831**, 139 (2009).
[34] A. F. Zeller, D. C. Weisser, T. R. Ophel, and D. F. Hebbard, Nucl. Phys. A **332**, 515 (1979).
[35] S. Cohen and D. Kurath, Nucl. Phys. A **101**, 1 (1967).
[36] K. S. Low and T. Tamura, Phys. Rev. C **11**, 789 (1976).
[37] S. Gales, C. P. Massolo, S. Fortier, J. P. Schapira, P. Martin, and V. Comparat, Phys. Rev. C **31**, 94 (1985).
[38] L. Lapikas, J. Wesseling, and R. B. Wiringa, Phys. Rev. Lett. **82**, 4404 (1999).
[39] D. Branford, A. W. Rauf, J. Lac *et al.*, Phys. Rev. C **63**, 014310 (2000).
[40] G. Bassani *et al.*, Nucl. Phys. A **189**, 353 (1972).
[41] I. J. Thompson, Comp. Phys. Rep. **7**, 167 (1988).
[42] I. Martel, J. Gómez-Camacho, C. O. Blyth *et al.*, Nucl. Phys. A **582**, 357 (1995).
[43] A. R. Garcia, J. Lubian, I. Padron *et al.*, Phys. Rev. C **76**, 067603 (2007).
[44] J. Lubian and F. M. Nunes, J. Phys. G **34**, 513 (2007).
[45] T. Matsumoto, T. Egami, K. Ogata, Y. Iseri, M. Kamimura, and M. Yahiro, Phys. Rev. C **73**, 051602(R) (2006).
[46] A. M. Moro, J. Gómez-Camacho, I. Martel *et al.*, Nucl. Phys. A **628**, 203 (1998).
[47] P. Ring and E. Werner, Nucl. Phys. A **211**, 198 (1973).
[48] C. Ellegard and P. Vedelsby, Phys. Lett. B **26**, 155 (1968).
[49] M. A. Nagarajan, C. C. Mahaux, and G. R. Satchler, Phys. Rev. Lett. **54**, 1136 (1985).
[50] C. Mahaux, H. Ngô, and G. R. Satchler, Nucl. Phys. A **449**, 354 (1986).
[51] G. R. Satchler, Phys. Rep. **199**, 147 (1991).
[52] N. Keeley, S. J. Bennett, N. M. Clarke *et al.*, Nucl. Phys. A **571**, 326 (1994).
[53] C. Signorini *et al.*, Phys. Rev. C **61**, 061603(R) (2000).
[54] M. S. Hussein, P. R. S. Gomes, J. Lubian, and L. C. Chamon, Phys. Rev. C **73**, 044610 (2006).
[55] J. M. Figueira, D. Abriola, J. O. Fernandez Niello *et al.*, Phys. Rev. C **73**, 054603 (2006).
[56] J. O. Fernandez Niello, J. M. Figueira, D. Abriola *et al.*, Nucl. Phys. A **787**, 484 (2007).
[57] S. B. Moraes *et al.*, Phys. Rev. C **61**, 064608 (2000).
[58] P. R. S. Gomes *et al.*, Phys. Rev. C **70**, 054605 (2004).
[59] A. R. Garcia, J. Lubian, and P. R. S. Gomes *et al.*, Nucl. Phys. A **806**, 146 (2008).
[60] C. J. Lin, J. C. Xu, H. Q. Zhang, Z. H. Liu, F. Yang, and L. X. Lu, Phys. Rev. C **63**, 064606 (2001).
[61] M. A. Tiede, D. E. Trcka, and K. W. Kemper, Phys. Rev. C **44**, 1698 (1991).
[62] M. V. Andres, J. Gomez-Camacho, and M. A. Nagarajan, Nucl. Phys. A **579**, 273 (1994).
[63] M. V. Andres, J. Gomez-Camacho, and M. A. Nagarajan, Nucl. Phys. A **583**, 817 (1995).
[64] P. A. De Young *et al.*, Phys. Rev. C **71**, 051601(R) (2005).
[65] J. P. Bychowski *et al.*, Phys. Lett. B **596**, 26 (2004).

# Effects of a Skyrme-type tensor force on the spin-isospin excitations ①

C.L. Bai[1], H.Q. Zhang[2], H. Sagawa[3,4], G. Colò[5], X.Z. Zhang[2], and F.R. Xu[5]

[1] *Department of Physics, Sichuan University, Chengdu 610065,China*
[2] *China Institute of Atomic Energy, China*
[3] *Center for Mathematics and Physics, University of Aizu, Aizu-Wakamatsu, Fukushima 965-8560, Japan*
[4] *RIKEN, Nishina Center, Wako 351-0198, Japan*
[5] *Dipartimento di Fisica, Università degli Studi di Milano and INFN, Sezione di Milano, 20133 Milano, Italy*
[6] *School of Physics and State Key Laboratory of Nuclear Physics and Technology, Peking University, China*

**Abstract.** The effects of the tensor force on the charge-exchange Gamow-Teller (GT) and spin-dipole (SD) states are studied by using the self-consistent Hartree-Fock plus Random Phase Approximation (HF+RPA) approach based on Skyrme zero-range forces. We have found, not surprisingly, that the tensor force has a large effect on the GT strength. In the case of the SD excitations, the tensor force produces a softening of the $1^-$ states, but a hardening of $0^-$ and $2^-$ states: these effects improve the agreement with the experimental findings. We have also studied how to constrain the magnitude of the tensor terms of the Skyrme interaction by using the empirical information on the collective GT and SD excited states in $^{90}$Zr and $^{208}$Pb.

## 1 Introduction

An effective zero-range tensor interaction has been proposed by Skyrme, at the same time as the well-known central and spin-orbit terms, in the 1950s [1]. There exist different strategies to fix the tensor part of the interaction. One possibility is to mimick a bare or a G-matrix tensor interaction [2, 3]. Since the tensor force affects the spin-orbit splittings of finite nuclei, another possibility is to add it to some existing Skyrme parameter set and to fit the tensor terms so to reproduce at best the evolution of single-particle states along isotopic or isotonic chains [4, 5]. Another plausible way to obtain an effective interaction with tensor terms is to implement a full variational procedure and fit the tensor and the central terms of the Skyrme interaction on equal footing [6]. In all these attempts, not much attention has been paid to check the effects of the tensor terms on the collective nuclear modes. We deem this subject is of interest, and in particular we have studied the spin-isospin modes by including the tensor terms in the self-consistent HF plus charge-exchange RPA approach [7, 8]. The reader who needs a general introduction to charge-exchange modes - and also to the RPA modelling of this kind of excitations - can consult review papers [9, 10] or the references quoted in [7, 8].

The present paper is organized as follows. The effects of the Skyrme tensor force on the GT and SD excitations will be discussed in Section 2, whereas the resulting constraints on the parameters

① EPJ.Web of Conferences,2014,66:02004.

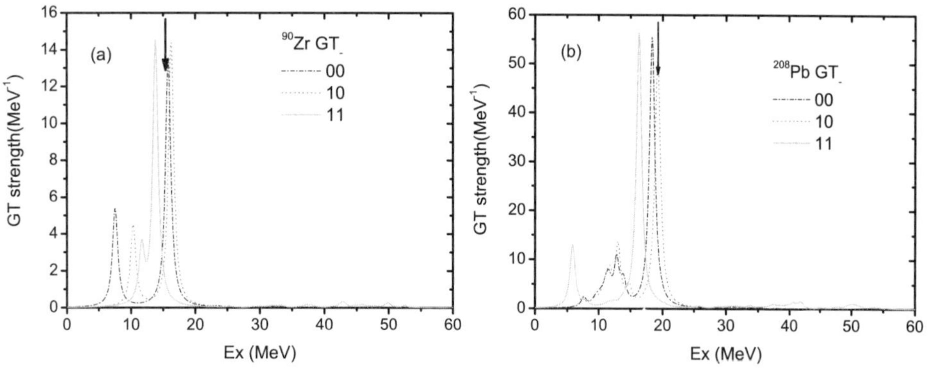


**Figure 1.** The GT$_-$ strength in $^{90}$Zr and $^{208}$Pb is shown, respectively, in panels (a) and (b). The RPA results are smoothed by a Lorentzian functions with 1 MeV width. The result labelled by (00) corresponds to neglecting tensor terms both in HF and RPA; (10) corresponds to including the tensor terms in HF but neglecting them in RPA; finally, (11) corresponds to including the tensor terms both in HF and RPA. The arrows denote the experimental peak energies of the GT resonance.

associated with the tensor terms will be shown in Section 3. Finally, a brief summary is given in section 4.

## 2 Results for the spin-isospin excitations in $^{90}$Zr and $^{208}$Pb

In this Section, we show the effects of the Skyrme tensor terms on the strength distributions associated with the GT and SD operators in the closed-shell nuclei $^{90}$Zr and $^{208}$Pb [7, 8]. In Figure. 1, the results for GT$_-$ channel are obtained with a tensor force which was added perturbatively to set SIII so as to reproduce at best the evolution of single-particle states along isotopic or isotonic chains [5].

The most prominent effect induced by the tensor correlations is that the main GT$_-$ peaks are shifted downwards by about 2 MeV; as a result, their energies are somewhat lower than the experimental result (this can be improved by choosing different tensor parameters as will be discussed in Section 3) and this points to the necessity of refitting the Skyrme parameters after adding tensor terms. Another strong effect is associated with marked changes of the low-energy strength: this can have a strong impact on the $\beta$-decay half-lives of unstable-nuclei as shown in Ref. [11].

The effects of the tensor force on the charge-exchange SD$_-$ states having different $J^\pi$ in $^{208}$Pb have been studied in Ref. [12]. The numerical results of the HF+RPA calculations performed with specific parameter sets (T43 [6] and SLy5+T$_w$) are shown in Fig. 2. The tensor terms produce a softening of the $1^-$ states, but a hardening of $0^-$ and $2^-$ states: this improves the overall agreement with experiment. A similar multipole-dependent effect has been found in the light nucleus $^{16}$O [14].

From the above discussion of this section, it is shown that the tensor force has strong effect on the main peak of GT and SD transitions, which indicate that the main peak energy of both GT and SD transition can be used to constrain the tensor parameters.

## 3 Quantitative Constraints to the Tensor Force

Based on the gained understanding, we can attempt to set quantitative constraints on the tensor force parameters, that is, we can see which values of the tensor-even and tensor-odd force parameters ($T$ and $U$ respectively) allow reproducing the observed properties of the GT$_-$ and SD$_-$ excitations in $^{90}$Zr

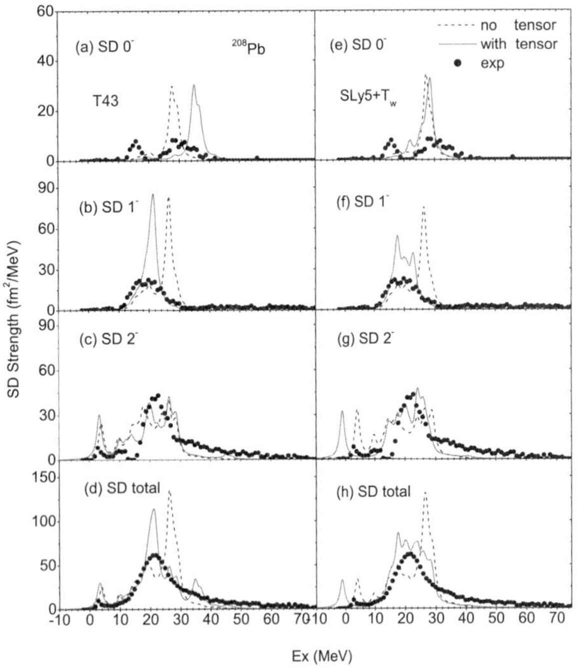


**Figure 2.** (Color online) Charge-exchange SD$_-$ strength distributions in $^{208}$Pb. The RPA results with the interaction T43 for the multipoles $0^-$, $1^-$, $2^-$ are displayed in the panels (a), (b) and (c), respectively. In panel (d) the total strength distribution is shown. Panels (e), (f), (g) and (h) are the same as panels (a)-(d) but with the parameter set SLy5+T$_w$. All discrete RPA results have been smoothed out by using Lorentzian functions with a width of 2 MeV. The excitation energies are referred to the ground state of $^{208}$Bi and the experimental data are taken from Ref. [13].

and $^{208}$Pb [15]. We have found that the $1^-$ SD$_-$ state plays a crucial role to constrain the triplet-even parameter $T$, while the range for the triplet-odd parameter $U$ can be restricted by the GT$_-$ peak energy. It should be also noticed that the $0^-$ state is very sensitive to the $U$ parameter [14].

In the study of Ref. [15], we have adopted the following criterion on acceptable interactions, i.e., for them, the discrepancy between calculated and experimental energies, $\delta E \equiv |E_{th} - E_{exp}|$, should be smaller than 2.5 MeV for the GT$_-$ resonance in $^{90}$Zr and $^{208}$Pb and for the $1^-$ SD$_-$ resonance in $^{208}$Pb. Among the 36 T$IJ$ parameter sets introduced in [6], only four (T21, T32, T43 and T54) fulfil this criterion. We were also interested in determining optimal values of the parameters $T$ and $U$ when the tensor terms are added in a perturbative fashion on top of existing Skyrme sets like SGII or SLy5. In general, we have found that the triplet-even $T$-term can be constrained in a rather narrow region, while the triplet-odd $U$-term is still not well constrained by the data. As an illustration, we show in Fig. 3 our result if the tensor force is added to SLy4. The value of $U$ can range from -400 to -50 MeV·fm$^5$ but for each value of $U$ we see that $T$ varies either between 200 and 300 MeV·fm$^5$, or between 400 and 500 MeV·fm$^5$ (cf. the shaded area in Fig. 3). We can require a stronger criterion ($\delta E \leq 2.0$ MeV), so that the ranges are smaller (doubly shaded area in Fig. 3).

## 4 Summary

In this contribution, we have summarised our understanding of the effects of the tensor forces on GT and SD excitations in $^{90}$Zr and $^{208}$Pb, within the framework of self-consistent Skyrme HF+RPA calculations. Tensor correlations shift the main GT$_-$ peak downward, and change the low-energy tail of the strength while producing at the same time some spread of small amount of strength at (even very) high energies. In the case of SD$_-$ excitations, the tensor correlations have a pronounced multipole-dependent effect, that is, they give a softening of the $1^-$ states, and a hardening of $0^-$ and $2^-$ states: their effects improve the agreement with experimental data.

We have used these facts to set quantitative constraints on the parameters of the tensor force. The triplet-even part can be constrained in a narrow range of values, while the available experimental data are not enough to pin down the value of the triplet-odd part of the tensor interaction. This argument has

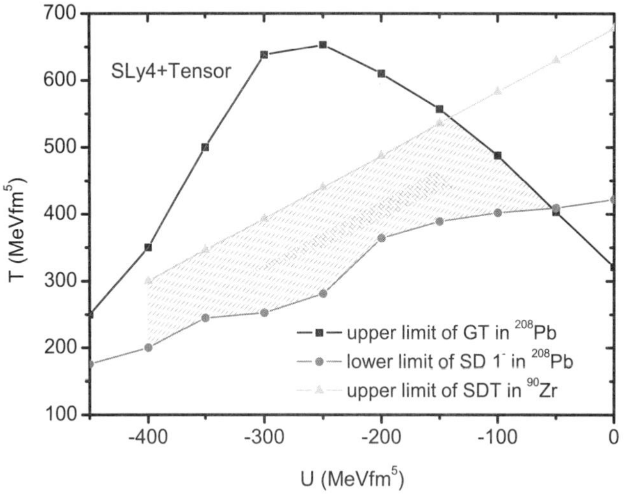


**Figure 3.** The range of values for the $T$ and $U$ parameters constrained by the data of the GT$_-$ in $^{90}$Zr and $^{208}$Pb and of the SD $1^-$ resonance in $^{208}$Pb, through the conditions $\delta E \leq 2.5$ MeV ($\delta E \leq 2.0$ MeV), are shown with the shaded (double-shaded) area, respectively. The tensor terms are added on top of the central part of the SLy4 interaction.

been illustrated by adding the tensor force perturbatively on top of an existing central (and spin-orbit) set; since all these terms are not independent, when the tensor terms are added in the perturbative way the accepted range of their values may depend on the adopted central part of the interaction. A more consistent procedure amounts to fitting on equal footing every term of the interaction like in the case of the T*IJ* sets. However, both in this case and in the case of forces like SLy4 and SLy5, we have obtained that the triplet-even tensor strength coefficient must be positive and the triplet-odd tensor strength coefficient must be negative. In the case of SGII, the triplet-even tensor strength coefficient must be positive while the triplet-odd tensor can be either negative or positive. Further empirical data such as $0^-$ states are needed for a constraint of the triplet-odd term of the tensor interaction.

## References

[1] T.H.R. Skyrme, Nucl. Phys. **9**, 615 (1958); **9**, 635 (1958).
[2] B.A. Brown, T. Duguet, T. Otsuka, D. Abe, and T. Suzuki, Phys. Rev. **C74**, 061303(R) (2006).
[3] Fl. Stancu, D.M. Brink, H. Flocard, Phys. Lett. **B68**, 108 (1977).
[4] G. Colò, H. Sagawa, S. Fracasso, P.F. Bortignon, Phys. Lett. **B646**, 227 (2007).
[5] D. M. Brink and Fl. Stancu, Phys. Rev. **C75**, 064311 (2007).
[6] T. Lesinski, M. Bender, K. Bennaceur, T. Duguet, and J. Meyer, Phys. Rev. **C76**, 014312 (2007).
[7] C.L. Bai, H. Sagawa, H.Q. Zhang, X.Z. Zhang, G. Colò, and F.R. Xu, Phys. Lett. **B675**, 28 (2009).
[8] C.L. Bai, H.Q. Zhang, X.Z. Zhang, F.R. Xu, H. Sagawa, and G. Colò, Phys. Rev. **C79**, 041301(R) (2009).
[9] F. Osterfeld, Rev. Mod. Phys. **64**, 491 (1992).
[10] M. Ichimura, H. Sakai, and T. Wakasa, Prog. Part. Nucl. Phys. **56**, 446 (2006).
[11] F. Minato and C.L. Bai, Phys. Rev. Lett. **110**, 122501(2013).
[12] C.L. Bai, H.Q. Zhang, H. Sagawa, X.Z. Zhang, G. Colò, and F. R. Xu, Phys. Rev. Lett 105, 072501(2010).
[13] T. Wakasa *et al.*, Phys. Rev. C **85**, 064606 (2012).
[14] C.L. Bai, H. Sagawa, G. Colò, H.Q. Zhang, and X.Z. Zhang, Phys. Rev. C **84**, 044329 (2011).
[15] C.L. Bai, H.Q. Zhang, H. Sagawa, X.Z. Zhang, G. Colò, and F. R. Xu, Phys. Rev. **C83**, 054316(2011).

# Sub-barrier Fusion and Neutron Transfer with Positive $Q$-value ①

C. J. Lin[1], H. M. Jia[1], H. Q. Zhang[1], X. X. Xu[1], F. Yang[1], L. Yang[1], P. F. Bao[1], L. J. Sun[1], and Z. H. Liu[1]

[1]*China Institute of Atomic Energy, P. O. Box 275(10), Beijing 102413, China*

**Abstract.** Fusion excitation functions of $^{16}$O+$^{76}$Ge and $^{18}$O+$^{74}$Ge have been measured with high precision at energies near and below the Coulomb barrier. Coupled-channels calculations including inelastic excitations well reproduce the experimental fusion excitation functions and the corresponding barrier distributions. There is no evidence that the two-neutron transfer with positive Q-value plays a role in the $^{18}$O+$^{74}$Ge fusion. A systematic investigation on $^{18}$O induced fusions has been performed to understand the roles of two-neutron transfers with positive $Q$-values, but the effects are inconsistent. No definitive conclusion can be made at present and further studies are strongly desired.

## 1 Introduction

Heavy-ion fusion is a complex process implying the rearrangement of all the nucleons in reactants, which provides an important insight into the dynamics. The coupled-channels (CC) effect plays a crucial role at near- and sub-barrier energy region. Relating transfer reaction to fusion is a complex procedure, which requires one to comprehensively understand the mechanisms of both transfer and fusion. Neutron transfer may take place at a large distance and form a neutron flow, resulting in fusion enhancement. Further, for the positive $Q$-value neutron transfer (PQNT), the kinetic energy of reaction system may increase, leading to fusion enhancement too. For the above reasons, the effect of the PQNT on fusion, especially at sub-barrier energies, becomes an important topic of current interest.

The idea of PQNT effect dates back to an experimental observation. In 1980, Beckerman *et al.* [1] measured the fusion excitation functions of $^{58,64}$Ni+$^{58,64}$Ni and found that the fusion of the cross system $^{58}$Ni+$^{64}$Ni is strongly enhanced compared to other two systems. Three year later, Broglia *et al.* [2] proposed that two-neutron ($2n$) transfer should be responsible for this enhancement. Later, Ackermann *et al.* [3] confirmed that the direct $2n$ transfer with $Q = 3.9$ MeV, rather than the sequential neutron transfers, takes effect on the fusion enhancement of $^{58}$Ni+$^{64}$Ni. Following these pioneer works, systematic researches into systems of $^{28}$Si+$^{94}$Zr [4], $^{32}$S+$^{96}$Zr, $^{100}$Mo, $^{110}$Pd [5–7], $^{40}$Ca+$^{48}$Ca, $^{96}$Zr, $^{124,132}$Sn, $^{134}$Te [8–13] and so on, have confirmed fusion enhancements due to the PQNT channels by comparison with their reference systems. Further, the role of multi-nucleon transfers has been extensively discussed in Ref. [14].

However, the relationship between fusion and neutron transfer is actually not clear yet. Theoretically, other mechanisms can also explain the experimental result without including the PQNT effect explicitly. For example, both the fusion enhancement and the shape of barrier distribution (BD) of

① EPJ.Web of Conferences,2014,66:030055.

$^{40}$Ca+$^{96}$Zr can be well reproduced by a semi-classical model, mainly considering the coupling of the strong $3^-$ vibrational state of $^{96}$Zr [15]. Experimentally, negative results have been also reported. In the systems of $^{18}$O+$^{92}$Mo, $^{118}$Sn [16, 17], $^{36}$S+$^{58}$Ni [18], $^{58}$Ni+$^{100}$Mo, $^{124}$Sn [19–21], and neutron-rich $^{132}$Sn+$^{58}$Ni [22], the fusion cross sections do not show additional enhancements correlated with the PQNT channels at sub-barrier energies .

In order to further investigate the PQNT effect and to simplify the question, $^{16}$O+$^{76}$Ge and $^{18}$O+$^{74}$Ge systems were selected, considering the main difference in the two systems comes from the transfer reaction channel. The $^{18}$O+$^{74}$Ge system possesses a $2n$ transfer channel with positive $Q$-value of 3.75 MeV, while the $^{16}$O+$^{76}$Ge system has no such reaction channel.

## 2 Experimental procedures

The experiment has been performed at the HI-13 tandem accelerator of the China Institute of Atomic Energy, Beijing, China. Collimated $^{16,18}$O ($q = 5^+$) beams with an intensity of 20-30 pnA were used to bombard the $^{76,74}$Ge targets. Beam energies were varied only downward in the range of 61-38 MeV in order to reduce the magnetic hysteresis. The $^{74}$Ge (99.7% enriched) and $^{76}$Ge (99.9% enriched) targets were 120 $\mu$g/cm$^2$ thick evaporated onto 30 $\mu$g/cm$^2$ carbon foil backing and 50 $\mu$g/cm$^2$ thick evaporated onto 20 $\mu$g/cm$^2$ carbon foil backing, respectively. Four silicon detectors, placed symmetrically at 20° (right-left and up-down) with respect to the beam direction, were used to monitor the Rutherford scattering and to provide a normalization of the fusion cross section.

Fusion evaporation residues (ERs) were separated from the beam-like particles (BLPs) by using an electrostatic deflector setup [23]. It is composed of two pairs of electrodes followed by time-of-flight (TOF) versus $E$ detector telescopes with two micro-channel plate (MCP) detectors and a final $48 \times 48$ mm$^2$ square Si detector. Particles from the target were selected before entering the electric fields by an entrance collimator of 2.5 mm in diameter, corresponding to an opening angle of 0.76°.

ER angular distributions were measured in the range from -5° to 13° with a step of 1° for $^{16}$O+$^{76}$Ge at $E_{\rm lab}$ = 44.38 MeV as well as $^{18}$O+$^{74}$Ge at $E_{\rm lab}$ = 45.40 and 40.39 MeV, respectively. Their shapes do not change appreciably with the beam energy and give an overall width of 4.3° symmetrical about 0°. The angular distributions can be fitted by a single Gaussian function. For most of energies, differential cross sections were measured only at 3°. Fusion cross sections were obtained by integration of the angular distribution and normalized by the Rutherford scattering counted by the four Si monitors. Meanwhile, corrections were made for the solid angles and transmission efficiencies.

## 3 Results and discussions

Fusion excitation functions of $^{16}$O+$^{76}$Ge and $^{18}$O+$^{74}$Ge have been obtained with overall statistical uncertainties of about 1%. In order to understand CC effects in the two systems, CCFULL [24] calculations with all order couplings have been performed by using the well-known Akyüz-Winther (AW) potential [25].

For comparison, reduced fusion excitation functions as a function of reduced energy are plotted in Fig. 1 (left panel). For $^{16}$O+$^{76}$Ge, the low-lying vibrational $2^+$ and $3^-$ one-phonon states of the target, the same ones used in Ref. [26], and their mutual excitations were included in the calculations (see dashed lines in the figure). The higher excitation energy of the $3^-$ one-phonon state in $^{16}$O only produces an adiabatic potential renormalization without affecting the structure in the BD [27], and, consequently, was not included in the CC calculations. For the $^{18}$O+$^{74}$Ge system, the lowest $2^+$ two-phonon state as well as $3^-$ one-phonon vibrational state of the target and the $2^+$ state of $^{18}$O were included in the CC calculations (solid lines in Fig. 1). In order to check the effect of neutron transfer channel, CC calculations were also performed by including the additional $2n$-pair transfer channel with the $Q$-value of 3.75 MeV and the nominal coupling strength of 0.7 MeV (dash-dotted lines). It should be pointed out that the CCFULL treats transfer couplings in a very simplified way. Corresponding BDs are also presented in Fig. 1 (right panel). In the second derivative procedure for extracting BD, the energy step was taken as 2 MeV. Details of the analysis can be found in Ref. [28].

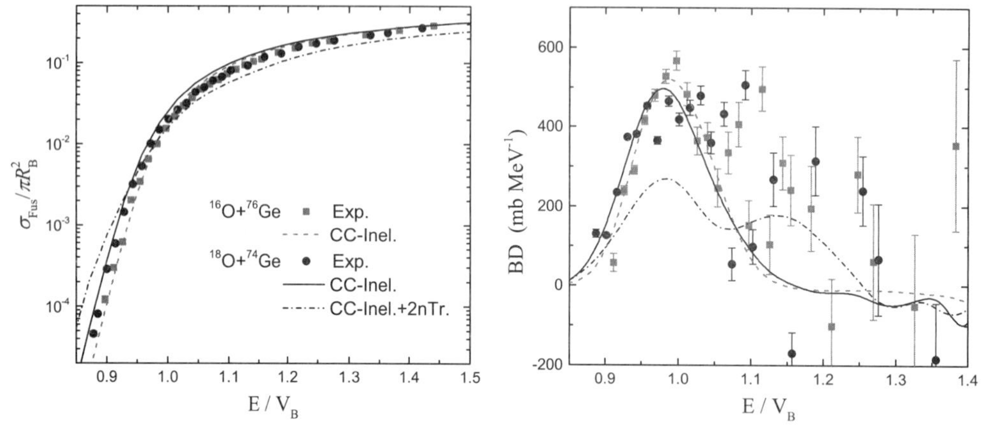


**Figure 1.** (Color online) Experimental reduced fusion excitation functions (left panel) and barrier distributions (right panel) compared with coupled-channels calculations. See context for details.

From Fig. 1, one can see that: i) both experimental fusion excitation functions and BDs are almost identical for the two systems. ii) CC calculations including only the inelastic coupling (dashed and solid lines for $^{16}O+^{76}Ge$ and $^{18}O+^{74}Ge$, respectively) are in good agreement with experimental fusion excitation functions. iii) CC calculations with an extra $2n$-pair transfer for $^{18}O+^{74}Ge$ (dash-dotted lines) deviate from the experimental data. From the above analyses, one may conclude that there is no evidence showing the PQNT effect on fusion for $^{18}O+^{74}Ge$ within the measured energy region.

For $^{74}Ge(^{18}O,^{16}O)^{76}Ge$, the experiment performed by Bond *et al.* [29] showed that the transfer mainly populates the ground state at 27° with a beam energy of 75 MeV. It denotes that the $2n$ stripping channel is kinematically matched and should enhance sub-barrier fusion, as expected from ground-state to ground-state transfer at the sub-barrier region [30]. However, the results do not show such an effect by the comparison of the experimental data with CC calculations. Similarly, $^{A}Sn(^{18}O,^{16}O)^{A+2}Sn$ also shows enhanced ground state transition [31], but no corresponding fusion enhancement exists.

For most of $^{18}O$ induced reactions, there exist $2n$ transfer channels with positive $Q$-values. Systematic analysis of available data shows that most of the systems show no PQNT effect on fusion except the $^{18}O+^{58}Ni$ system. It is advantageous to use $^{18}O$ as projectile to investigate the influence of the $2n$ transfer channel on fusion. To measure fusion excitation functions of these systems with high accuracy may be helpful to clarify the relevant dynamic mechanisms. On the other hand, transfer couplings also depend on the states and $Q$-values populated by transferred nucleons and transfer form factors. Therefore, direct measurements of $2n$ transfers are also meaningful for correlating the two aspects of fusion and transfer channels and constraining the transfer coupling strengths.

## 4 Summary

In summary, fusion excitation functions have been measured for $^{16}O+^{76}Ge$ and $^{18}O+^{74}Ge$ at energies near and below the barrier. The BDs were extracted from the second derivative of fusion excitation functions. The fusion behaviour of the two systems shows striking similarities and can be reproduced well by the CC calculations with low-lying inelastic states being taken into account. No obvious PQNT effect was observed in the $^{18}O+^{74}Ge$ system, which exceeds our expectation.

The role of neutron transfer channels in fusion process is complex and still an open question. The controversial PQNT effect on fusion has presented a challenge for the theoretical understanding of the relevant reaction mechanism. It is highly desired to search for the origin of the inconsistency of the PQNT effect on fusion and to achieve a comprehensive description.

## References


[1] M. Beckerman *et al.*, Phys. Rev. Lett. **45**, 1472 (1980).
[2] R. A. Broglia *et al.*, Phys. Rev. C **27**, 2433 (1983).
[3] D. Ackermann *et al.*, Nucl. Phys. **A583**, 129 (1995).
[4] S. Kalkal *et al.*, Phys. Rev. C **81**, 044610 (2010).
[5] H. Q. Zhang *et al.*, Phys. Rev. C **82**, 054609 (2010).
[6] H.-J. Hennrich *et al.*, Phys. Lett. **B258**, 275 (1991).
[7] A. M. Stefanini *et al.*, Phys. Rev. C **52**, R1727 (1995).
[8] M. Trotta *et al.*, Phys. Rev. C **65**, 011601(R) (2001).
[9] H. A. Aljuwair *et al.*, Phys. Rev. C **30**, 1223 (1984).
[10] H. Timmers *et al.*, Nucl. Phys. **A633**, 421 (1998).
[11] F. Scarlassara *et al.*, Nucl. Phys. **A672**, 99 (2000).
[12] J. J. Kolata *et al.*, Phys. Rev. C **85**, 054603 (2012).
[13] Z. Kohley *et al.*, Phys. Rev. C **87**, 064612 (2013).
[14] L. Corradi *et al.*, Nucl. Phys. **A685**, 37c (2001).
[15] G. Pollarolo and A. Winther, Phys. Rev. C **62**, 054611 (2000).
[16] M. Benjelloun *et al.*, Nucl. Phys. **A560**, 715 (1993).
[17] P. Jacobs *et al.*, Phys. Lett. **B175**, 271 (1986).
[18] A. M. Stefanini *et al.*, Nucl. Phys. **A456**, 509 (1986).
[19] F. Scarlassara *et al.*, EPJ Web Conf. **17**, 05002 (2011).
[20] F. L. H. Wolfs, Phys. Rev. C **36**, 1379 (1987).
[21] K. T. Lesko *et al.*, Phys. Rev. C **34**, 2155 (1986).
[22] Z. Kohley *et al.*, Phys. Rev. Lett. **107**, 202701 (2011).
[23] H. Q. Zhang *et al.*, Chin. Phys. C **34**, 1628 (2010).
[24] K. Hagino, N. Rowley, and A. T. Kruppa, Comput. Phys. Commun. **123**, 143 (1999).
[25] Ö. Akyüz and A. Winther, in *Nuclear Structure and Heavy-Ion Reactions*, Proceedings of the International School of Physics "Enrico Fermi", Course LXXVII, Varenna, edited by R. A. Broglia *et al.* (North-Holland, Amsterdam, 1981).
[26] E. F. Aguilera *et al.*, Phys. Rev. C **52**, 3103 (1995).
[27] K. Hagino *et al.*, Phys. Rev. Lett. **79**, 2014 (1997).
[28] H. M. Jia *et al.*, Phys. Rev. C **86**, 044621 (2012).
[29] P. D. Bond *et al.*, Phys. Rev. C **16**, 177 (1977).
[30] Sunil Kalkal *et al.*, Phys. Rev. C **83**, 054607 (2011).
[31] H. G. Bohlen *et al.*, Z. Phys. **A273**, 211 (1975).

# Derivation of breakup probabilities from experimental elastic backscattering data ①

V.V. Sargsyan[1], G.G. Adamian[1], N.V. Antonenko[1], W. Scheid[2], and H.Q. Zhang[3]

[1] Joint Institute for Nuclear Research, 141980 Dubna, Russia
[2] Institut für Theoretische Physik der Justus–Liebig–Universität, D–35392 Giessen, Germany
[3] China Institute of Atomic Energy, Post Office Box 275, Beijing 102413, China

Received: 3 March 2014 / Revised: 7 March 2014
Published online: 11 April 2014 – 
Communicated by F. Nunes

**Abstract.** We suggest a simple and useful method to extract breakup probabilities from the experimental elastic backscattering probabilities in the reactions with toughly and weakly bound nuclei.

## 1 Introduction

The fusion (capture) dynamics induced by loosely bound radioactive ion beams is being extensively studied [1–6]. However, the long-standing question whether fusion (capture) is enhanced or suppressed with these beams has not yet been answered unambiguously.

The lack of a clear systematic behavior [1,5] of the breakup probability as a function of the target charge requires additional experimental and theoretical studies. The quasi-elastic backscattering has been suggested [5] as an alternative to investigate the breakup probability. Since the quasi-elastic experiments are usually not as complex as the fusion (capture) and breakup measurements, they are well suited to survey the breakup probability.

In the present work we will show that by employing the experimental elastic backscattering data, one can extract the breakup probabilities of weakly bound nuclei. So, a new method for the study of the breakup probability will be suggested. Note that we deal with the reaction energies near the Coulomb barrier.

## 2 Method

At given bombarding energy $E_{\rm c.m.}$ and orbital angular momentum $J$, the sum of the partial elastic scattering $\sigma_{\rm el}(E_{\rm c.m.},J)$ and partial reaction $\sigma_{\rm R}(E_{\rm c.m.},J)$ cross sections is the partial total cross section $\sigma_{\rm tot}(E_{\rm c.m.},J)$ [7],

$$\sigma_{\rm tot}(E_{\rm c.m.},J)=\sigma_{\rm el}(E_{\rm c.m.},J)+\sigma_{\rm R}(E_{\rm c.m.},J). \quad (1)$$

Equation (1) can be rewritten in the following way:

$$\frac{\sigma_{\rm el}(E_{\rm c.m.},J)}{\sigma_{\rm tot}(E_{\rm c.m.},J)}+\frac{\sigma_{\rm R}(E_{\rm c.m.},J)}{\sigma_{\rm tot}(E_{\rm c.m.},J)}=P_{\rm el}(E_{\rm c.m.},J)+P_{\rm R}(E_{\rm c.m.},J)=1, \quad (2)$$

where $P_{\rm el}(E_{\rm c.m.},J)=\frac{\sigma_{\rm el}(E_{\rm c.m.},J)}{\sigma_{\rm tot}(E_{\rm c.m.},J)}$ is the partial elastic scattering probability and $P_{\rm R}(E_{\rm c.m.},J)=\frac{\sigma_{\rm R}(E_{\rm c.m.},J)}{\sigma_{\rm tot}(E_{\rm c.m.},J)}$ is the partial reaction probability. So, we obtain the conservation of the partial total reaction flux [7]. The partial reaction probability contains the breakup fraction

$$P_{\rm R}(E_{\rm c.m.},J)=P_{\rm BU}(E_{\rm c.m.},J)+P_{\rm rest}(E_{\rm c.m.},J).$$

Here, $P_{\rm BU}$ and $P_{\rm rest}$ are partial breakup probability and probability of other competing reaction processes, respectively. So, from eq. (2), it follows that there is a direct relationship between the elastic scattering, breakup and other processes, since any losses from the elastic scattering and breakup channels contribute directly to other channels:

$$P_{\rm el}(E_{\rm c.m.},J)+P_{\rm R}(E_{\rm c.m.},J)=P_{\rm el}(E_{\rm c.m.},J)+P_{\rm BU}(E_{\rm c.m.},J)+P_{\rm rest}(E_{\rm c.m.},J)=1. \quad (3)$$

Then, eq. (3) can be rewritten as

$$\frac{P_{\rm el}(E_{\rm c.m.},J)}{1-P_{\rm BU}(E_{\rm c.m.},J)}+\frac{P_{\rm rest}(E_{\rm c.m.},J)}{1-P_{\rm BU}(E_{\rm c.m.},J)}=P_{\rm el}^{\rm noBU}(E_{\rm c.m.},J)+P_{\rm rest}^{\rm noBU}(E_{\rm c.m.},J)=1, \quad (4)$$

where

$$P_{\rm el}^{\rm noBU}(E_{\rm c.m.},J)=\frac{P_{\rm el}(E_{\rm c.m.},J)}{1-P_{\rm BU}(E_{\rm c.m.},J)}$$

① Eur.Phys.J.A,2014,50:71.

and

$$P_{\text{rest}}^{\text{noBU}}(E_{\text{c.m.}},J)=\frac{P_{\text{rest}}(E_{\text{c.m.}},J)}{1-P_{\text{BU}}(E_{\text{c.m.}},J)}$$

are the elastic scattering and other channels probabilities, respectively, in the absence of the breakup process. From these expressions we obtain the useful formulas

$$\frac{P_{\text{el}}(E_{\text{c.m.}},J)}{P_{\text{rest}}(E_{\text{c.m.}},J)}=\frac{P_{\text{el}}^{\text{noBU}}(E_{\text{c.m.}},J)}{P_{\text{rest}}^{\text{noBU}}(E_{\text{c.m.}},J)}=\frac{P_{\text{el}}^{\text{noBU}}(E_{\text{c.m.}},J)}{1-P_{\text{el}}^{\text{noBU}}(E_{\text{c.m.}},J)}. \quad (5)$$

Using eqs. (3) and (5), one can find the relationship between the breakup and elastic scattering processes:

$$P_{\text{BU}}(E_{\text{c.m.}},J)=1-\frac{P_{\text{el}}(E_{\text{c.m.}},J)}{P_{\text{el}}^{\text{noBU}}(E_{\text{c.m.}},J)}. \quad (6)$$

The last equation is the main result of the present report. Analogously, one can derive the following relations:

$$P_{\text{BU}}(E_{\text{c.m.}},J)=1-\frac{P_{\text{qe}}(E_{\text{c.m.}},J)}{P_{\text{qe}}^{\text{noBU}}(E_{\text{c.m.}},J)}=1-\frac{P_{\text{in}}(E_{\text{c.m.}},J)}{P_{\text{in}}^{\text{noBU}}(E_{\text{c.m.}},J)}, \quad (7)$$

where $P_{\text{qe}}$ ($P_{\text{in}}$) and $P_{\text{qe}}^{\text{noBU}}$ ($P_{\text{in}}^{\text{noBU}}$) are the partial quasi-elastic scattering (inelastic excitations) probabilities with and without the breakup process, respectively. Note that a similar formula was derived in ref. [5] to relate the partial breakup $P_{\text{BU}}$ and quasi-elastic scattering $P_{\text{qe}}$ probabilities. One can also obtain an expression similar to eq. (7) by replacing $P_{\text{in}}$ by $P_{\text{cap}}$ and $P_{\text{in}}^{\text{noBU}}$ by $P_{\text{cap}}^{\text{noBU}}$, which are the partial capture (fusion) probabilities with and without the breakup process. Note that the expressions obtained above stem from unitarity and the defined probabilities are related to the observed reaction yields.

The reflection elastic or quasi-elastic backscattering probability $P_{\text{el,qe}}(E_{\text{c.m.}},J=0)=\mathrm{d}\sigma_{\text{el,qe}}/\mathrm{d}\sigma_{\text{Ru}}$ for bombarding energy $E_{\text{c.m.}}$ and orbital angular momentum $J=0$ is given by the ratio of the elastic or quasi-elastic scattering differential cross section $\sigma_{\text{el,qe}}$ and the Rutherford differential cross section $\sigma_{\text{Ru}}$ at 180 degree [8–12]. Employing eqs. (6) or (7) and the experimental elastic or quasi-elastic backscattering data in the reactions with toughly and weakly bound isotopes projectiles and the same or almost the same compound nucleus, one can extract the breakup probability of the exotic nucleus. For example, using eqs. (6) or (7) at backward angle, the experimental $P_{\text{el,qe}}^{\text{noBU}}$ [$^4$He + $^A$X] of the $^4$He + $^A$X reaction with toughly bound nuclei (without breakup), and the experimental $P_{\text{el,qe}}$ [$^6$He + $^{A-2}$X] of the $^6$He + $^{A-2}$X reaction with weakly bound projectile (with breakup), and assuming approximate equalities $V_b(^4\text{He}+{}^{A-2}\text{X})\approx V_b(^4\text{He}+{}^{A}\text{X})\approx V_b(^6\text{He}+{}^{A-2}\text{X})$ for the Coulomb barriers of very asymmetric systems, one can extract the breakup probability of $^6$He:

$$P_{\text{BU}}(E_{\text{c.m.}},J=0)=1-\frac{P_{\text{el,qe}}(E_{\text{c.m.}},J=0)[^6\text{He}+{}^{A-2}\text{X}]}{P_{\text{el,qe}}^{\text{noBU}}(E_{\text{c.m.}},J=0)[^4\text{He}+{}^{A}\text{X}]}, \quad (8)$$

or

$$P_{\text{BU}}(E_{\text{c.m.}},J=0)=1-\frac{P_{\text{el,qe}}(E_{\text{c.m.}},J=0)[^6\text{He}+{}^{A-2}\text{X}]}{P_{\text{el,qe}}^{\text{noBU}}(E_{\text{c.m.}},J=0)[^4\text{He}+{}^{A-2}\text{X}]}. \quad (9)$$

Comparing the experimental elastic or quasi-elastic backscattering probabilities in the presence and absence of breakup data in the reaction pairs $^6$He + $^{68}$Zn and $^4$He + $^{68,70}$Zn, $^6$He + $^{122}$Sn and $^4$He + $^{122,124}$Sn, $^6$He + $^{236}$U and $^4$He + $^{236,238}$U, $^8$He + $^{204}$Pb and $^4$He+$^{204,208}$Pb, $^8$Li + $^{207}$Pb and $^7$Li + $^{207,208}$Pb, $^7$Be + $^{207}$Pb and $^{10}$Be + $^{204,207}$Pb, $^9$Be + $^{208}$Pb and $^{10}$Be + $^{207,208}$Pb, $^{11}$Be+$^{206}$Pb and $^{10}$Be + $^{206,207}$Pb, $^8$B + $^{208}$Pb and $^{10}$B + $^{206,208}$Pb, $^8$B + $^{207}$Pb and $^{11}$B + $^{204,207}$Pb, $^9$B + $^{208}$Pb and $^{11}$B + $^{206,208}$Pb, $^{15}$C + $^{204}$Pb and $^{12}$C + $^{204,207}$Pb, $^{15}$C + $^{206}$Pb and $^{13}$C + $^{206,208}$Pb, $^{15}$C + $^{207}$Pb and $^{14}$C + $^{207,208}$Pb, $^{17}$F + $^{208}$Pb and $^{19}$F + $^{206,208}$Pb, leading to the same or almost the same corresponding compound nuclei, one can analyze the role of the breakup channels in the reactions with the light weakly bound projectiles $^{6,8}$He, $^8$Li, $^{7,9,11}$Be, $^{8,9}$B, $^{15}$C, and $^{17}$F at energies near and above the Coulomb barrier. Note that the process of breakup triggered by transfer [2,3] is effectively included in our breakup probability.

## 3 Conclusions

One concludes that the elastic or quasi-elastic backscattering technique could be a very useful tool in the study of breakup. Employing eqs. (8) or (9) and the experimental elastic or quasi-elastic scattering data at backward angle in the reactions with toughly and weakly bound isotopes projectiles and the same or almost the same compound nucleus, one can also extract the breakup probability of the exotic nucleus. Our method may be useful for current experimental activities in the field, as it puts together different processes.

We thank P.R.S. Gomes and A. Lépina-Szily for fruitful discussions and suggestions. This work was supported by NSFC, RFBR, and JINR grants. The IN2P3 (France)-JINR (Dubna) and Polish - JINR (Dubna) Cooperation Programmes are gratefully acknowledged.

## References

1. P.R.S. Gomes, R. Linares, J. Lubian, C.C. Lopes, E.N. Cardozo, B.H.F. Pereira, I. Padron, Phys. Rev. C **84**, 014615 (2011).
2. D.H. Luong, M. Dasgupta, D.J. Hinde, R. du Rietz, R. Rafiei, C.J. Lin, M. Evers, A. Diaz-Torres, Phys. Lett. B **695**, 105 (2011).

3. D.H. Luong, M. Dasgupta, D.J. Hinde, R. du Rietz, R. Rafiei, C.J. Lin, M. Evers, A. Diaz-Torres, Phys. Rev. C **88**, 034609 (2013).
4. A. Shrivastava *et al.*, Phys. Lett. B **718**, 931 (2013).
5. V.V. Sargsyan, G.G. Adamian, N.V. Antonenko, W. Scheid, H.Q. Zhang, Phys. Rev. C **86**, 054610 (2012).
6. V.V. Sargsyan, G.G. Adamian, N.V. Antonenko, P.R.S. Gomes, Phys. Rev. C **87**, 044611 (2013).
7. P. Fröbrich, R. Lipperheide, *Theory of nuclear reactions* (Clarendon press, Oxford, 1996).
8. H. Timmers, J.R. Leigh, M. Dasgupta, D.J. Hinde, R.C. Lemmon, J.C. Mein, C.R. Morton, J.O. Newton, N. Rowley, Nucl. Phys. A **584**, 190 (1995).
9. H.Q. Zhang, F. Yang, C. Lin, Z. Liu, Y. Hu, Phys. Rev. C **57**, R1047 (1998).
10. A.A. Sonzogni, J.D. Bierman, M.P. Kelly, J.P. Lestone, J.F. Liang, R. Vandenbosch, Phys. Rev. C **57**, 722 (1998).
11. S. Sinha, M.R. Pahlavani, R. Varma, R.K. Choudhury, B.K. Nayak, A. Saxena, Phys. Rev. C **64**, 024607 (2001).
12. E. Piasecki *et al.*, Phys. Rev. C **65**, 054611 (2002).

# Multiple triaxial bands and abnormal signature inversion in $^{74}_{33}As$ ①

Shi-Peng Hu [a,b], Hai-Liang Ma [a], Xue-Peng Cao [a,c], Xiao-Guang Wu [a], Huan-Qiao Zhang [a], Hui Hua [d], Jun-Jie Sun [d], Hui-Bin Sun [b], Chuang-Ye He [a], Yun Zheng [a], Guang-Sheng Li [a], Cong-Bo Li [a,e], Shun-He Yao [a], Bei-Bei Yu [a], Jin-Long Wang [a], Hong-We Li [a,e], Yi-Heng Wu [a,e], Jia-Jian Liu [a,b], Peng-Wei Luo [a,b], Chuan Xu [d], Yi-Yuan Cheng [d]

[a] China Institute of Atomic Energy, Beijing 102413, China
[b] College of Physics Science and Technology, Shenzhen University, Shenzhen 518060, China
[c] Department of Physics, Dongbei Normal University, Changchun 130024, China
[d] School of Physics, State Key Laboratory of Nuclear Physics and Technology, Peking University, Beijing 100871, China
[e] College of Physics, Jilin University, Changchun 130012, China

A R T I C L E   I N F O

*Article history:*
Received 23 July 2013
Received in revised form 3 March 2014
Accepted 5 March 2014
Available online 14 March 2014
Editor: D.F. Geesaman

*Keywords:*
High spin states
Cranked Nilsson–Strutinsky model
Triaxial shape
Unpaired crossing

A B S T R A C T

Excited states of the odd–odd nucleus $^{74}As$ have been investigated via heavy ion fusion evaporation reaction $^{70}Zn(^{7}Li, 3n)^{74}As$ at beam energy of 30 MeV. The properties of the positive- and the negative-parity bands can be interpreted in terms of the Cranked Nilsson–Strutinsky (CNS) model calculations which show that the observed bands are built on the triaxial deformed shape. The inversion of the favored and unfavored signature branches observed in the positive-parity bands presents at high spins rather than normal signature inversion occurs at low spins. This phenomenon may be explained as the origin of unpaired band crossing in a highly rotating triaxial nucleus.



## 1. Introduction

Most deformed nuclei are axial symmetric in the ground states. The axial asymmetry shape has been often observed in transitional nuclei, particularly in their high spin states. A direct evidence of a rigid triaxial deformed shape is provided by the wobbling mode [1], which has already been identified in a number of even-$N$ Lu-isotopes [2,3]. The signature inversion observed in spectroscopy measurements supplements indirect evidence for the triaxial nuclear shape. The signature $\alpha$, which is associated with the $D_2$ symmetry of intrinsic shapes, is usually to characterize the rotational band with the relation $I = \alpha + 2n$ $(n = 0, 1, \ldots)$. It has been suggested that the signature inversion, i.e., the interchange of the energetically favored and unfavored signature branches, might be the fingerprint for a triaxial shape in nuclei [4]. Although such effect may arise from other structural changes than nuclear triaxiality, the refined projected shell model concludes that it is primarily the triaxiality which determines the magnitude of signature splitting and the occurrence of signature inversion, and the residual interactions merely modify the position where the inversion occurs [5].

The triaxiality has been well established in several mass regions, but the rigid triaxial deformation in low lying states still remains open. There have been an argument challenging this approach that the rigid triaxiality in the ground state does not exist in any nucleus [6,7]. The recent global calculations with the finite-range liquid-drop model have turned out the ground states of a few hundreds nuclei being affected by the axial asymmetry [8]. In the regions with $Z \sim 44$, $N \sim 64$ and $Z \sim 62$, $N \sim 76$ and $Z \sim 78$, $N \sim 116$, the triaxial deformation of the low-lying states is manifested by the $\gamma$ bands. In the $A \sim 80$ region, several Ge, Se isotopes are experimentally claimed to possess triaxial deformed shapes in the ground states [9,10]. However it is difficult to distinguish the $\gamma$-soft or $\gamma$-rigid deformation. From the theoretical point of view, the analysis with the total routhian surface calculations in Ref. [11] or the Skyrme–Hartree–Fock plus BCS and Gogny–Hartree–Fock–Bogoliubov models in Ref. [12], suggests that most of the Ge and Se isotopes are $\gamma$-soft in the ground states. Recently, the $^{76}_{32}Ge$ has been suggested to be rigid triaxial deformed in the low-lying states by analyzing the energy level pattern of the $\gamma$ band [13]. Arsenic isotopes, in the vicinity of doubly-even Ge and Se isotopes, are an

① Physics Letters B,2014,732:59-64.

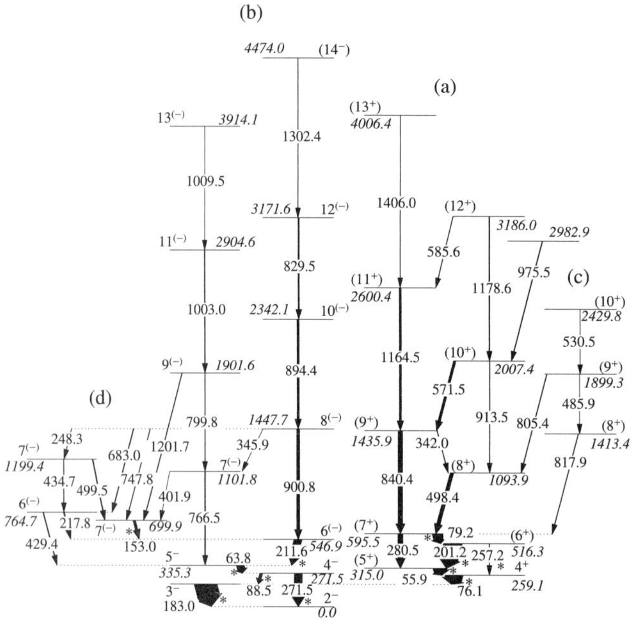


**Fig. 1.** Level scheme of $^{74}$As established in the present work. The $\gamma$-ray transitions with asterisk are obtained from the previous work [14].

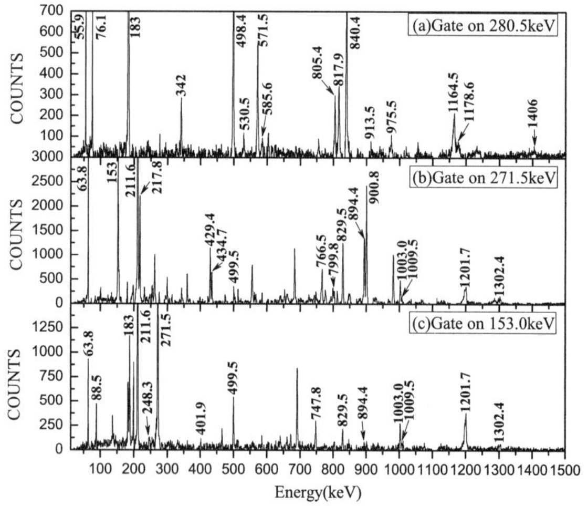


**Fig. 2.** Background-corrected coincidence spectrum obtained by gating on (a) the 280.5-keV $\gamma$-ray transition; (b) the 271.5 keV-$\gamma$-ray transition; (c) the 153.0-keV $\gamma$-ray transition; Peak associated with $^{74}$As are labeled with their energies in keV.

excellent testing ground for studying triaxial shape of low-lying states as well.

As a part of systematic study of the structure of odd–odd As nuclei, the high spin structure of odd–odd $^{74}_{33}$As is investigated in this Letter. Prior to this work, the properties of low-lying states up to $(7^+)\hbar$ and $(7^-)\hbar$ states in $^{74}$As were experimentally investigated from the ($\alpha$, np$\gamma$) reaction [14], the (p, n) reaction [15,16], the (p, n$\gamma$) reaction [17–20], and the transfer reaction [21,22]. The major aim of the present work is to extended the level scheme, as well as to investigate the development of nuclear shapes of $^{74}$As with increasing spin. The theoretical interpretation of level structure in $^{74}$As is performed in the frame work of the cranked Nilsson–Strutinsky model (CNS).

## 2. Experiment

The high-spin states in $^{74}$As were populated by fusion-evaporation reaction $^{70}$Zn($^7$Li, 3n)$^{74}$As at a beam energy of 30 MeV. The experiment was performed at HI-13 tandem accelerator of the China Institute of Atomic Energy (CIAE). A 2.15 mg/cm$^2$ $^{70}$Zn foil, backed on a 0.93 mg/cm$^2$ gold foil, was used as the target. Twelve Compton suppressed HPGe detectors and two planar HPGe detectors were employed to detect the de-excited $\gamma$-rays from the reaction residues. Approximately $9.2 \times 10^7$ two folds $\gamma$–$\gamma$ coincidence events were collected in event-by-event mode, and sorted off-line into a symmetrical matrix with a dispersion of 0.5 keV/channel. The matrices were analyzed by *GASP*ware programs [23], developed at National laboratory of Legnaro (Italy). In order to determine the multipolarities for $\gamma$-transitions, the directional correlation of oriented (DCO) nuclei ratios were extracted from an asymmetric DCO matrix created by sorting the data with the detectors at $\sim \pm 40°$ on one axis and the detectors at $\sim 90°$ on the other axis. For the present geometry, the DCO ratios for stretched E2 transitions as well as for pure M1 $\Delta I = 0$ transitions are expected to be approximately unity, while $\Delta I = 1$ transitions yield ratios of about 0.6 by gating on the stretched electric quadrupole (E2) transitions. Gates on pure $\Delta I = 1$ transitions result in DCO ratios of approximately 1.0 and 1.6 for $\Delta I = 1$ and stretched E2 transitions, respectively.

## 3. Results and discussions

The level scheme of $^{74}$As deduced from the present work is displayed in Fig. 1. Fig. 2 shows the spectra in support of the proposed level scheme. The transition energies, relative intensities, DCO rations and spin/parity assignments are shown in Table 1. As shown in Fig. 2, all transitions of $^{74}$As observed in the previous study [14] have been confirmed and new $\gamma$-rays have been

**Table 1**
Energies, relative intensities, DCO ratios, initial and final state spin-parities of $\gamma$ transitions assigned to $^{74}$As in the present work.

| $E_\gamma$ (keV) | $I_\gamma$ [a] | $R_{DCO}$ [b] | $R_{DCO}$ [c] | $I_i^\pi \to I_f^\pi$ |
|---|---|---|---|---|
| 55.9[d] | 58.7(19) | | | $(5^+) \to 4^+$ |
| 63.8[d] | 34.5(25) | | | $5^- \to 4^-$ |
| 76.1[d] | 76.8(72) | | | $4^+ \to 3^-$ |
| 79.2[d] | 50.0(55) | | | $(7^+) \to (6^+)$ |
| 88.5[d] | 12.5(16) | | | $4^- \to 3^-$ |
| 153.0 | 10.3(7) | 1.08(17) | | $7^{(-)} \to 6^{(-)}$ |
| 183.0 | 100(3) | 1.13(8) | 0.66(11) | $3^- \to 2^-$ |
| 201.2 | 79.5(31) | 1.14(3) | 0.66(6) | $(6^+) \to (5^+)$ |
| 211.6 | 35.8(12) | 0.88(7) | 0.63(2) | $6^{(-)} \to 5^-$ |
| 217.8 | 4.9(4) | 1.44(8) | 1.10(8) | $6^{(-)} \to 6^{(-)}$ |
| 248.3 | 1.2(2) | 1.03(16) | 0.61(9) | $8^{(-)} \to 7^{(-)}$ |
| 271.5 | 35.2(6) | 1.64(7) | 0.99(11) | $4^- \to 2^-$ |
| 280.5 | 21.6(32) | 1.51(10) | 1.09(11) | $(7^+) \to (5^+)$ |
| 342.0 | 1.0(9) | 0.93(9) | 0.54(14) | $(9^+) \to (8^+)$ |
| 345.9 | 0.2(3) | | | $8^{(-)} \to 7^{(-)}$ |
| 401.9 | 0.6(2) | | | $7^{(-)} \to 7^{(-)}$ |
| 429.4 | 3.1(2) | | 0.60(5) | $6^{(-)} \to 5^-$ |
| 434.7 | 1.2(1) | | 0.47(7) | $7^{(-)} \to 6^{(-)}$ |
| 485.9 | 0.3(1) | 1.05(13) | | $(9^+) \to (8^+)$ |
| 498.4 | 15.0(9) | 0.99(5) | 0.51(23) | $(8^+) \to (7^+)$ |
| 499.5 | 1.9(1) | 1.32(12) | 1.04(13) | $7^{(-)} \to 7^{(-)}$ |
| 530.5 | 0.5(1) | 0.99(12) | | $(10^+) \to (9^+)$ |
| 571.5 | 10.2(7) | 1.01(6) | 0.63(4) | $(10^+) \to (9^+)$ |
| 585.6 | 0.9(2) | 1.14(8) | 0.55(30) | $(12^+) \to (11^+)$ |
| 683.0 | 2.7(3) | 1.60(17) | 0.96(9) | $8^{(-)} \to 6^{(-)}$ |
| 747.8 | 1.5(1) | 1.1(3) | | $8^{(-)} \to 7^{(-)}$ |
| 766.5 | 3.2(3) | | 0.97(13) | $7^{(-)} \to 5^-$ |
| 799.8 | 1.7(4) | | 0.96(17) | $9^{(-)} \to 7^{(-)}$ |
| 805.4 | 2.1(1) | 0.90(8) | | $(9^+) \to (8^+)$ |
| 817.9 | 1.8(1) | 0.95(13) | 0.59(8) | $(8^+) \to (7^+)$ |
| 829.5 | 5.2(2) | 1.73(19) | 0.94(8) | $12^{(-)} \to 10^{(-)}$ |
| 840.4 | 20.2(10) | 1.51(6) | 0.92(11) | $(9^+) \to (7^+)$ |
| 894.4 | 8.8(3) | 1.65(12) | 0.98(8) | $10^{(-)} \to 8^{(-)}$ |
| 900.8 | 12.9(10) | 1.60(8) | 1.11(11) | $8^{(-)} \to 6^{(-)}$ |
| 913.5 | 1.5(2) | 1.24(13) | | $(10^+) \to (8^+)$ |
| 975.5 | 2.7(3) | | | $\to (10^+)$ |
| 1003.0 | 1.6(1) | | 1.15(18) | $11^{(-)} \to 9^{(-)}$ |
| 1009.5 | 0.5(1) | | 1.02(22) | $13^{(-)} \to 11^{(-)}$ |
| 1164.5 | 8.3(7) | 1.70(28) | 0.96(8) | $(11^+) \to (9^+)$ |
| 1178.6 | 3.2(3) | | | $(12^+) \to (10^+)$ |
| 1201.7 | 2.0(1) | 1.50(26) | 1.07(16) | $9^{(-)} \to 7^{(-)}$ |
| 1302.4 | 0.9(3) | | | $(14^-) \to (12^-)$ |
| 1406.0 | 1.1(1) | | | $(13^+) \to (11^+)$ |

[a] Intensities are normalized to the 183.0 keV transition.
[b] DCO ratios gated by dipole transitions.
[c] DCO ratios gated by quadrupole transitions.
[d] Adopted from previous work [14].

identified. In the level scheme construction, we adopt the spins and parities of low-lying states from Ref. [14] and determine spins of the new-found levels on the basis of the DCO ratios of transitions connecting them. The yrast band (labeled as (a)) is the most strongly populated in $^{74}$As. It comprises a pair of signature partners and is established on the 595.5-keV level with respect to which the spin values of levels in yrast band (a) are all deduced. A 280.5-keV transition is found depopulating the state at 595.5 keV and feeding the $(5^+)$ state directly (see Fig. 1). The DCO value for 280.5-keV transition suggests a $\Delta I = 2$ multipolarity. Thus, the spin assignment $(7^+)$ is tentatively made for the 595.5-keV level. The ordering of transitions below the 595.5-keV $(7^+)$ level is based on relative intensities and then confirmed by the observation of intraband transitions. The $\alpha = 1$ branch of band (a) consists of 840.4-, 1164.5- and 1406.0-keV transitions. The DCO ratios for 840.4-, 1164.5-keV transitions are all consistent with the values expected for stretched $E2$ transitions, and therefore spin and parity values of $(9^+)$ and $(11^+)$ are assigned to 1435.9- and 2600.4-keV levels. Due to the poor statistics of the 1406.0-keV transition, the DCO for this transition cannot be extracted. The $\alpha = 0$ branch of band (a) consists of 913.5- and 1178.6-keV transitions. The placements of the 2007.4-keV $(10^+)$ state and the 3186.0-keV $(12^+)$ state are certain due to the observation of a 571.5-keV transition feeding the 1435.9-keV $(9^+)$ state and a 585.6-keV transition feeding the 2600.4-keV $(11^+)$ state.

Another positive parity sequence labeled as (c) has been discovered from the coincidence data. Its position in the level scheme is fixed by a number of connecting transitions to band (a). Many of lines in sequence (c) and connecting transitions can be seen in Fig. 2(a) which is gated on the 280.5-keV $\gamma$-ray. Within the sequence, the DCO ratios of the 485.9- and 530.5-keV decays are characteristic of $\Delta I = 1$ transitions. The DCO ratios of 805.4- and 817.9-keV transitions decaying to band (a) also imply $\Delta I = 1$ transitions. These are all consistent with tentative spin of 8 for the 1413.4-keV level. Positive parity is likely for this sequence because all the decays out of this sequence feed the positive-parity states.

In addition to the yrast band (a), a high-spin structure of negative parity (labeled as (b)) has been found for the first time. In the previous study [14,16], the level at the energy of 546.9 keV was identified and decayed via the 211.6-keV transition to the $I^\pi = 5^-$ state at 335.3 keV. The DCO ratio for the 211.6-keV $\gamma$-ray transition in the present work is consistent with $\Delta I = 1$ multipolarity. This fact ensures the spin assignment $I = 6$ in Ref. [14] to the state at 546.9 keV in band (b). Negative parity is very likely because no decay is observed from this state to positive-parity states. Thus $6^{(-)}$ is tentatively assigned to the 546.9-keV state. By inspecting the spectrum gated on the 271.5-keV transition in Fig. 2(b), the $I^\pi = 6^{(-)}$ state is fed by a sequence of $\gamma$-rays of 900.8-, 894.4-, 829.5- and 1302.4-keV. The placements of these transitions in the level scheme are based on their relative intensities. New 766.5-, 799.8-, 1003.0- and 1009.5-keV transitions are observed in the present work and they build another negative-parity decay sequence feeding the $I^\pi = 5^-$ state. Based on the coincidence pattern and relative intensity, the 1101.8-, 1901.6-, 2904.6- and 3914.1-keV states are established. The measured DCO ratios for the 766.5-, 799.8-, 1003.0- and 1009.5-keV transitions indicate that these are stretched quadrupole transitions and thus the 1101.8-, 1901.6-, 2904.6- and 3914.1-keV states should have a spin of 7, 9, 11 and 13, respectively.

The formation of a low spin negative-parity structure (d) has been observed. It consists of 699.9-, 764.7- and 1199.4-keV levels. The relative placement of this structure was determined by the 153.0-keV decay from the 699.9-keV level to 546.9-keV level, the 429.4-keV decay from the 764.7-keV level to 335.3-keV level and the 499.5-keV level from the 1199.4-keV level to 699.9-keV level. The 1201.7-keV transition assigns negative parity to the 699.9-keV state since it is an either $\Delta I = 2$ or $\Delta I = 0$ transition decaying from the negative-parity state. Negative parity has been tentatively assigned to 1199.4- and 764.7-keV states based on the $\Delta I = 2$ or $\Delta I = 0$ nature of 499.5-keV decay to the 699.9-keV state and the 217.8-keV decay to 546.9-keV state. Fig. 2(c) shows the most of the transitions in this negative structure.

The CNS approach has been highly successful in describing the high-spin rotational structures in the $A \sim 80$ mass region [24–26]. Without pairing entangled, the unique virtue-crossing-removing procedure in the CNS approach enables the accurate tracing of a fixed configuration for a considerable spin range. In this Letter, the CNS calculations are carried out in a quadrupole and hexadecapole deformation mesh $(\varepsilon_2, \gamma, \varepsilon_4)$ with the $A \sim 80$ Nilsson parameters [27]. The $\pi(1g_{9/2})^p \otimes \nu(1g_{9/2})^n$ is used to label the configurations relative to $^{56}_{28}$Ni, and other valence protons or neutrons will occupy the low-$j$ $(1f_{5/2}2p)$ orbitals. It is found that the $\pi(1g_{9/2})^1 \otimes \nu(1g_{9/2})^5$ and $\pi(1g_{9/2})^1 \otimes \nu(1g_{9/2})^4$ configurations are mostly energetically favored for the positive and negative parity collective bands in $^{74}$As, while the $\pi(1g_{9/2})^0 \otimes \nu(1g_{9/2})^3$

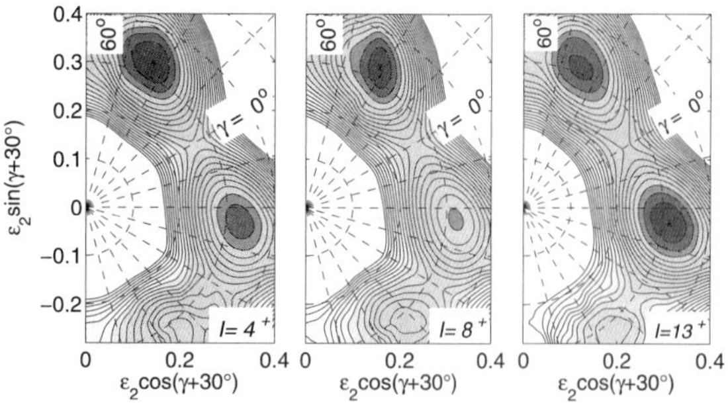


**Fig. 3.** The potential energy surfaces of the calculated $\pi(1g_{9/2})^1 \otimes \nu(1g_{9/2})^5$ band in $^{74}$As. The energy difference between neighboring equipotential lines is 0.25 MeV.

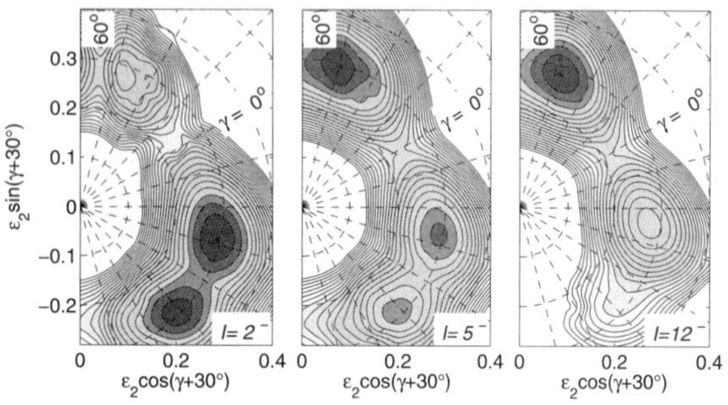


**Fig. 4.** The potential energy surfaces of the calculated $\pi(1g_{9/2})^1 \otimes \nu(1g_{9/2})^4$ band in $^{74}$As.

configuration is lowest in energy for noncollective $2^-$, $3^-$ and $4^-$ states. Several selected potential energy surfaces (PESs) for the $\pi(1g_{9/2})^1 \otimes \nu(1g_{9/2})^5$ and $\pi(1g_{9/2})^1 \otimes \nu(1g_{9/2})^4$ configurations are shown in Fig. 3 and Fig. 4. It is seen that three triaxial minima arise and locate at deformations around $\varepsilon_2 \sim 0.30$ and $\gamma \sim \pm 40°$ and $-80°$, which correspond to a triaxial shape rotating around the shortest, intermediate and longest axes, respectively. We also carried out the calculations with pairing by using the Cranked Nilsson-Strutinsky-Bogoliubov (CNSB) model [28], where the monopole pairing is included. The results show that the general picture is similar to the unpaired results. Due to the transparency by using the unpaired approach and the consideration of reduction of pairing correlation in the odd-odd nucleus, we still prefer using the unpaired CNS approach in the present discussion.

The evolution of single particle energies at different deformations and rotational frequencies is shown in Fig. 5. In the $A \sim 80$ mass region, strong gaps exist at both oblate (34, 36) and prolate (36, 38) nucleon numbers [29], so the coexistence of prolate and oblate shapes has been extensively discussed. It has been demonstrated that the triaxial deformed gaps of $Z(N) = 32, 44$ exist at $\gamma \approx 30°$ [30]. A profound triaxial gap is essential for the formation of the triaxial deformation in nuclei. The high-$j$ $1g_{9/2}$ oblate orbital $\pi[404]9/2$ is strongly aligned even at a small rotational frequency as shown in Fig. 5. As a result, an odd $Z = 33$ shell gap for $(\varepsilon_2, \gamma) = (0.3, 40°)$ is persisted in the rotational frequency range. For the neutrons, the half-filled high-$j$ $1g_{9/2}$ orbital has strong driving force to the prolate shape, as seen in Fig. 5 where a less pronounced neutron gap of $N = 40$ arises near the equilibrium deformation $(\varepsilon_2, \gamma, \varepsilon_4) = (0.3, 40°, 0)$, as seen in Fig. 5, which defines the favorable neutron configuration. Thus, the positive (negative) parity yrast bands are most likely to be built upon the two signature branches of the $\nu[422]\,5/2$ ($\nu[301]\,3/2$) orbitals.

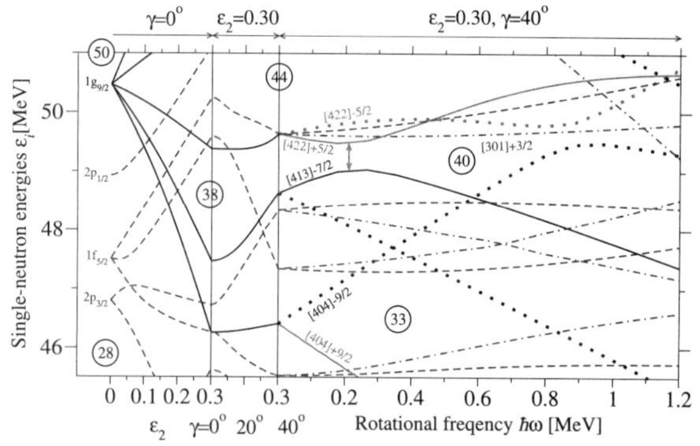


**Fig. 5.** The evolution of single particle energies. The solid, dotted, dashed and dash-dotted lines indicate orbitals whose parity and signature combinations are $(+, 1/2)$, $(+, -1/2)$, $(-, 1/2)$, $(-, -1/2)$. The asymptotic quantum number $[Nn_z\Lambda]\Omega$ of the leading order at $\omega = 0$ is primarily for labeling the orbitals as the wave functions would further mix up even exchange components in the fast rotation. This figure suits the discussion on both protons and neutrons since their level structure are similar in the interested region.

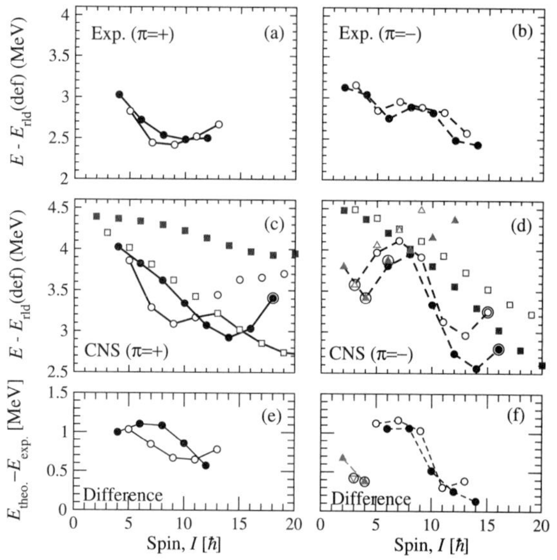


**Fig. 6.** The experimental and theoretical rotating energies and their differences in $^{74}$As. The solid and open symbols indicate $\alpha = 0$ and $\alpha = 1$ bands, respectively. The energies of a rotational liquid drop are subtracted. In (c) and (d), the circles and squares indicate the $\pi(1g_{9/2})^1 \otimes \nu(1g_{9/2})^5$ and $\pi(1g_{9/2})^1 \otimes \nu(1g_{9/2})^4$ bands with the positive- and negative-$\gamma$ deformations, respectively. The up triangles in (d) indicate the states with the configuration $\pi(1g_{9/2})^0 \otimes \nu(1g_{9/2})^3$. The yrast states are linked by the solid and dashed lines for positive and negative parity states respectively. The circles around the data point indicate the termination states.

The theoretical rotational energies, minimized around two minima $\gamma \sim \pm 40°$ on the potential energy surfaces, are compared with the experimental data in Fig. 6. For the positive parity bands, the $(\varepsilon_2, \gamma) \sim (0.32, 40°)$ minimum is lower in energy for $I \leqslant 12\hbar$. For $I \geqslant 13\hbar$, the $\alpha = 0$ band by rotating around the intermediate axis becomes energetically favorable, mainly because the $N = 40$ gap also appears at $(\varepsilon_2, \gamma) \sim (0.30, -40°)$ and perseveres at large rotating frequencies. It is interesting to note that the signature inversion at $I = 11\hbar$ appears in the experiment data and the

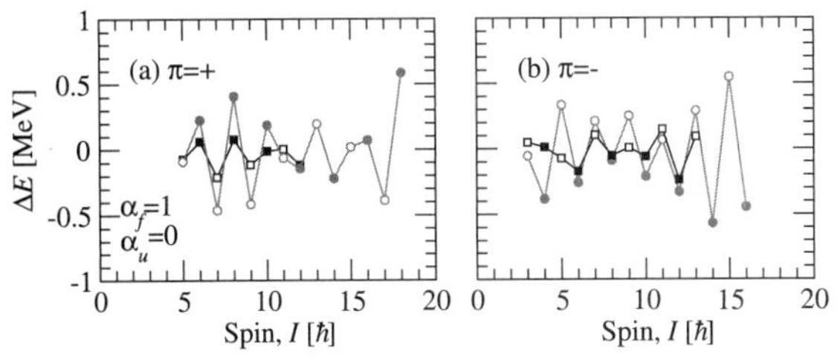


**Fig. 7.** The energy staggering of positive and negative parity bands in $^{74}$As. The squares and circles indicate experimental and theoretical data. The solid and open symbols indicate $\alpha=0$ and $\alpha=1$ bands respectively.

calculations. The experimental and calculated energy staggerings $\Delta E = E(I) - [E(I+1) + E(I-1)]/2$ for the positive parity bands are shown in Fig. 7(a). The staggering pattern is well reproduced by the CNS mesh calculations although the magnitudes are somewhat overestimated. The favored signature of a high-$j$ orbital is usually defined as $\alpha_f = \frac{1}{2}(-1)^{j-1/2}$, and therefore the favored signature of the $\pi(1g_{9/2})^1 \otimes \nu(1g_{9/2})^5$ configuration is $\alpha_f = 1$. An interesting feature of band (a) is that the $\alpha_f = 1$ branch is favorable at low spins and becomes higher in energy at high spins. On the contrary, for the systematic signature inversions observed in the $A \sim 80$, $A \sim 130$ and $A \sim 160$ regions, the favored branch is higher in energy at low spins and becomes favorable at high spins [31–35]. In Fig. 6(c), large signature splitting is predicted for the bands with rotation around the intermediate axis and the favored band is the $\alpha = 1$ branch for the whole spin range. The abnormal signature inversion observed in band (a) may be interpreted as the effect of unpaired crossing. In Fig. 5, where the neutron single particle routhians are plotted at $\gamma = 40°$, an unpaired crossing occurs for the $\nu[422]+5/2$ orbital at $\hbar\omega \sim 0.22$ MeV, which leads to the crossing for the signature partner $\nu[422] \pm 5/2$ orbitals at $\hbar\omega \sim 0.42$ MeV, due to which the favored signature changes from $+1/2$ to $-1/2$ for the last neutron orbital. This effect may be responsible for the origin of the observed signature inversion at high spins in the band (a). As shown in Fig. 5, a second unpaired crossing is predicted for the $\nu[422] - 5/2$ orbital at $\hbar\omega \sim 0.85$ MeV which leads to the second crossing between the signature partner orbitals at $\hbar\omega \sim 1.15$ MeV. The resulting second signature change for the last neutron orbital would occur at too high spin to be measured. At triaxial deformation, such unpaired crossing and the resulting crossing of signature partner orbitals are often presented for the high-$j$ orbitals in the routhian diagram. The crossing of the signature partner orbitals, resulted by the unpaired crossing, provides an useful basis to understand the signature inversion phenomenon, including most cases of observed signature inversions, which occur at low spins. Only at large triaxial deformation or even being closer to an oblate shape, both the first and the second crossings of signature partner orbitals could be well established in a reasonably large range of rotational frequency. Unfortunately, no large enough angular momentum is brought in the present reaction system, and the observed maximal spin is only $13\hbar$, which is far less to observe the proposed second signature change for the last neutron orbital.

For the negative parity $2^-$, $3^-$ and $4^-$ states, the $\pi(1g_{9/2})^0 \otimes \nu(1g_{9/2})^3$ configuration is the lowest in energy in the CNS calculations. The ground state $2^-$ is predicted to be an oblate shape with $(\varepsilon_2, \gamma) = (0.235, -60°)$, while energy minima of the PESs for the $3^-$, $4^-$ states locate around $(\varepsilon_2, \gamma) = (0.235, 60°)$, i.e., these two states are predicted to be K-isomers, which is consistent with the measured long lifetime of $4^-$ ($t_{1/2} = 1.0 \pm 0.1$ ns) [20]. For the $\pi(1g_{9/2})^1 \otimes \nu(1g_{9/2})^4$ configuration, there are also three local minima on the potential energy surfaces, as shown in Fig. 4. However, the minima on the PESs for the $2^-$, $3^-$ and $4^-$ states are much higher than those of the $\pi(1g_{9/2})^0 \otimes \nu(1g_{9/2})^3$ configuration. The $\pi(1g_{9/2})^1 \otimes \nu(1g_{9/2})^4$ configuration becomes yrast only when $I \geqslant 5\hbar$ and the nucleus undergoes the rotation from around the intermediate to the shortest axis. Our calculations also suggest the quadrupole deformation of the negative parity states is generally smaller and more close to the oblate shape than the positive parity states at the same spin, which could be well understood by knowing that one more neutron occupies the $1g_{9/2}$ intruders for the positive parity configuration $\pi(1g_{9/2})^1 \otimes \nu(1g_{9/2})^5$. The resulted transition quadrupole moments $\sim$0.8 $e$b for the negative parity states are much smaller than $\sim$1.3 $e$b of the positive parity band states. In addition, the general behavior and signature splitting above $5\hbar$ are also well reproduced in the CNS calculations.

## 4. Summary

In summary, the high spin states in $^{74}$As have been investigated via heavy ion fusion evaporation reaction $^{70}$Zn($^7$Li, 3n)$^{74}$As. The rotational bands have been greatly extended to be close to the terminating states. The Cranked Nilsson–Strutinsky calculations are carried out for the understanding of the structure of the observed low-lying states. The PES results suggest that the observed positive parity and negative parity bands have a well defined triaxial shape and their configuration contains the high-$j$ orbitals of $1g_{9/2}$ shell. The observed abnormal signature inversion in the positive parity bands may be explained as the origin of unpaired crossing. The ground sate $2^-$ is predicted to be of oblate shape, and the low lying states $3^-$ and $4^-$ are predicted to be K isomers by the present calculation.

## Acknowledgements

This work is supported by National Natural Science Foundation of China (10675171, 10927507, 11075214, 11175259, 11235001, 11075216, 10775098, 11205245). The authors would like to thank the crew of the HI-13 tandem accelerator at the China Institute of Atomic Energy for steady operation of the accelerator. We are also grateful to Dr. Q.W. Fan for preparing the target. And we wish to thank Yongshou Chen for informative discussions.

## References

[1] A. Bohr, B.R. Mottelson, Nuclear Structure, vol. II, Benjamin, Reading, MA, 1975.
[2] S.W. Ødegård, et al., Phys. Rev. Lett. 86 (2001) 5866.
[3] G.B. Hagemann, J. Phys. G, Nucl. Part. Phys. 20 (2003) 183.
[4] R. Bengtsson, et al., Nucl. Phys. A 415 (1984) 189.
[5] Z.C. Gao, Y.S. Chen, Y. Sun, Phys. Lett. B 634 (2006) 195.
[6] S. Aberg, H. Flocard, W. Nazarewicz, Annu. Rev. Nucl. Part. Sci. 40 (1990) 439.
[7] N. Zamfir, R. Casten, Phys. Lett. B 260 (1991) 265.
[8] P. Möller, et al., Phys. Rev. Lett. 97 (2006) 162502.
[9] W.-T. Chou, et al., Phys. Rev. C 47 (1993) 157.
[10] W. Andrejtscheff, P. Petkov, Phys. Lett. B 329 (1994) 1.
[11] S. Shen, et al., Phys. Rev. C 84 (2011) 044315.
[12] L. Guo, J.A. Maruhn, P.-G. Reinhard, Phys. Rev. C 76 (2007) 034317.
[13] Y. Toh, et al., Phys. Rev. C 87 (2013) 041304.
[14] G.G. Bermúdez, et al., Phys. Rev. C 14 (1976) 1776.
[15] E. Finckh, et al., Nucl. Phys. A 144 (1970) 67.
[16] A. Algora, et al., Nucl. Phys. A 588 (1995) 399.
[17] J. Christiansen, et al., Nucl. Phys. A 164 (1971) 367.
[18] S. Mordechai, et al., Nucl. Phys. A 208 (1973) 410.
[19] K. Kimura, Nucl. Phys. A 213 (1973) 61.
[20] B. Lal, et al., Pramana 6 (1976) 209.
[21] R. Fournier, et al., Nucl. Phys. A 188 (1972) 632.
[22] B. Rosner, S. Mordechai, D.J. Pullen, Nucl. Phys. A 206 (1973) 76.
[23] http://gasp.lnl.infn.it/.
[24] A.V. Afanasjev, et al., Phys. Rep. 322 (1999) 1.
[25] B.G. Carlsson, I. Ragnarsson, Phys. Rev. C, Nucl. Phys. 74 (2006) 011302.
[26] R. Wadsworth, et al., Phys. Lett. B 701 (2011) 306.
[27] D. Galeriu, D. Bucurescu, M. Ivascu, J. Phys. G, Nucl. Part. Phys. 12 (1986) 329.

[28] B.G. Carlsson, et al., Phys. Rev. C 78 (2008) 034316.
[29] E. Bouchez, et al., Phys. Rev. Lett. 90 (2003) 082502.
[30] S.E. Larssonet, et al., Nucl. Phys. A 261 (1976) 77.
[31] Y.Z. Liu, et al., Phys. Rev. C 54 (1996) 719.
[32] Y.Z. Liu, et al., Phys. Rev. C 52 (1995) 2514.
[33] J.F. Smith, et al., Phys. Lett. B 406 (1997) 7.
[34] R.R. Zheng, et al., Phys. Rev. C 64 (2001) 014313.
[35] J.F. Smith, et al., Phys. Rev. C 74 (2006) 034310.

# Extracting the hexadecapole deformation from backward quasi-elastic scattering ①

H. M. Jia, C. J. Lin, F. Yang, X. X. Xu, H. Q. Zhang, Z. H. Liu, Z. D. Wu, L. Yang, N. R. Ma, P. F. Bao, and L. J. Sun
*China Institute of Atomic Energy, P. O. Box 275(10), Beijing 102413, P. R. China*
(Received 5 June 2014; revised manuscript received 25 August 2014; published 3 September 2014)

**Background:** The hexadecapole deformation $\beta_4$ is usually difficult to determine experimentally, especially its sign. The rapidly accumulated knowledge of $\beta_2$ inspires the desire of $\beta_4$ for radioactive nuclei, but the current low-quality beam is a severe experimental challenge. Therefore, a simple but sensitive method to extract $\beta_4$ in such a condition is urgently called for.
**Purpose:** To study the feasibility of extracting $\beta_4$ from the lower-energy backward quasi-elastic (QEL) scattering.
**Methods:** The QEL scattering at sub-barrier energy region is sensitive to the coupled-channels (CC) effect and consequently may be used to extract $\beta_4$. The QEL scattering excitation functions for $^{16}$O + $^{152}$Sm,$^{170}$Er, and $^{174}$Yb were measured at a backward angle with small energy intervals at energies near the Coulomb barrier. Experimental fusion barrier distributions were also derived. The lower-energy data were analyzed to extract $\beta_4$ with the help of the CC calculations.
**Results:** The obtained $\beta_4$ agrees with the available results reasonably well.
**Conclusions:** We have demonstrated that the QEL scattering at sub-barrier energies provides a feasible and sensitive method to extract the value of $\beta_4$, which is essentially meaningful for the radioactive nucleus because of its low beam intensity.

DOI: 10.1103/PhysRevC.90.031601 PACS number(s): 25.70.Bc, 24.10.Eq

The role played by nuclear structure in near-barrier heavy-ion fusion reactions has been observed several decades ago [1] and has been described well within the coupled-channels (CC) framework [2]. The coupling of the relative motion to nuclear intrinsic degrees of freedom gives rise to a distribution of fusion barriers instead of a single barrier [3]. Experimentally, barrier distribution can be extracted from the precise fusion excitation function by using the second derivative of $E\sigma_{\mathrm{Fus}}$ [4], such as for $^{16}$O + $^{154}$Sm [5], $^{58}$Ni + $^{60}$Ni [6], and $^{16,17}$O + $^{144}$Sm [7]. Later, it was shown that a representation of barrier distribution can be extracted also from quasi-elastic (QEL) scattering measured at backward angles [8]. Here, QEL is defined as the sum of the elastic scattering and all other peripheral reaction processes [9].

Beside the quadrupole deformation $\beta_2$ effect, the possible role of static higher order hexadecapole deformation $\beta_4$ in the sub-barrier fusion has been frequently addressed [3,10–13]. The shapes are equivalent to those obtained classically from random orientation of the deformed nuclei [14], and $\beta_4$ is expected to have a significant effect on fusion. The differences in experimental fusion barrier distributions of $^{16}$O + $^{186}$W and $^{16}$O + $^{154}$Sm [15] mean that fusion reactions are very sensitive to not only $\beta_2$ but also small $\beta_4$, where $\beta_4$ was varied to fit the lower-energy fusion data for $^{16}$O + $^{186}$W. A good agreement of $\beta_4$ with the values extracted from Coulomb excitation was obtained for $^{16}$O + $^{154}$Sm [16] by using the same $\beta_2$ obtained from Coulomb excitation. Further, the sensitivity of the extracted deformation parameters to the couplings to the relatively weak vibrations and transfer channel in fitting the fusion excitation functions was pointed out [17].

Up to now, the methods of $\alpha$ scattering [18–21], electron scattering [22], and muonic x rays [23] were used to determine the shape of deformed nucleus experimentally. The $\beta_4$ is difficult to extract experimentally, and all the results are model-dependent and quite different with big errors. Theoretically, the macroscopic-microscopic method [24,25] to calculate the ground-state deformation in both the Nilsson perturbed-spheroid and the spherical-harmonic expansions has been proposed [26].

According to the point of view that the backward QEL scattering is a process complementary to fusion, we attempt to extract $\beta_4$ by using the lower-energy QEL data where the deformation effect is expected to be dominant. Compared with fusion, QEL is easier to measure experimentally (and with high statistics), especially at the lower energy region.

A systematic variation of $\beta_4$ from positive in the light rare earths to negative in the heavy ones is established [21] through excitation of the ground rotational band by 50 MeV $\alpha$ particles. The general picture of the lanthanide nuclei is that $\beta_4$ drops from large positive values around +0.1 to large negative ones around −0.1 as the mass number $A$ increases from 152 to 180. The crossover point of $\beta_4 = 0$ occurs around $A = 166$. The $\beta_4$ effect in sub-barrier fusion cross sections of $^{16}$O + $^{154}$Sm,$^{166}$Er, and $^{176}$Yb [27] has been researched. A systematic research of $\beta_4$ evolution by using an independent method is needed to confirm this. Furthermore, with the increasing experimental $\beta_2$ knowledge and the availability of some low intensity radioactive beams [28–30], a sensitive method to extract $\beta_4$ of radioactive nuclei is urgently needed.

For this purpose, the spherical $^{16}$O was selected as projectile. Good rotors, where the noncollective excitations are expected to be minor compared with the strong collective rotational states of $^{152}$Sm, $^{170}$Er, and $^{174}$Yb were selected as target nuclei. They all have similar $\beta_2$ and excitation energies, but different $\beta_4$ for the ground-state rotational band.

The experiment was performed by using $^{16}$O beam from the HI-13 tandem accelerator at China Institute of Atomic

① Physical Review C,2014,90(3):031601-(1-5).

Energy (CIAE). The experimental method is similar to that of Ref. [31]. Thin targets (50–100 $\mu$g/cm$^2$ thick) of $^{152}$Sm, $^{170}$Er, and $^{174}$Yb with a diameter of 3 mm evaporated onto 20–25 $\mu$g/cm$^2$ carbon foils were used. The energy range is $E_{\rm Lab} = 40$–$80$ MeV. The QEL particles were measured with four silicon surface barrier detectors placed symmetrically at the backward angle $\theta_{\rm Lab} = 175°$. Another group of four silicon surface barrier detectors were placed symmetrically at the forward angle $\theta_{\rm Lab} = 41°$ with respect to the beam axis to monitor the beam position and to normalize the cross section. In order to make a quantitative study of the barrier distribution, it is necessary to obtain QEL data with high accuracy. Several measures were taken to minimize the possible systematic uncertainties in the measurement.

The energy window for QEL was defined to include the elastic peak and the tail corresponding to all other peripheral processes. The cross sections of QEL were normalized with the counts of the Rutherford scattering in the four forward-angle monitor detectors. Energy loss in the carbon backing and target was considered in the data analysis.

The effective energy $E_{\rm eff}$ was used by considering the minor centrifugal energy $E_{\rm cent}$ correction, that is $E_{\rm eff} = E_{\rm c.m.} - E_{\rm cent}$ with

$$E_{\rm cent} = E_{\rm c.m.}\frac{\operatorname{cosec}(\theta_{\rm c.m.}/2) - 1}{\operatorname{cosec}(\theta_{\rm c.m.}/2) + 1}, \tag{1}$$

in order to compare the barrier distribution $D_{\rm QEL}(E_{\rm c.m.}, 175°)$ with $D_{\rm QEL}(E_{\rm eff}, 180°)$. The corresponding experimental QEL scattering excitation functions obtained for the systems are plotted in the top panels of Figs. 1, 2, and 3 as solid points. The typical statistical errors are smaller than 1%.

The representation of the barrier distribution $D_{\rm QEL}(E_{\rm eff})$ was obtained by using the expression $D_{\rm QEL} = -d(d\sigma_{\rm QEL}/d\sigma_{\rm Ru})/dE_{\rm eff}$. An energy interval $\Delta E_{\rm eff}$ about 2 MeV was used for the determination of the derivatives. The experimental barrier distributions obtained for the systems are plotted in the bottom panels of Figs. 1, 2, and 3 as solid points.

Considering the larger overlap of the reactants, and therefore strong absorption as well as distortion by nuclear force with increasing energy, only the lower energy data of $d\sigma_{\rm QEL}/d\sigma_{\rm Ru} > 0.7$ (corresponding to the low-energy side of the barrier distribution) was selected in the following analysis somewhat arbitrarily. The CC calculations were performed with a modified version of the code CCFULL [32]. A Woods-Saxon potential with the geometrical parameters of $r_{0V} = 1.20$ fm and $a_V = 0.65$ fm was used. The depth $V$ was varied to reproduce the barrier energy determined from the QEL scattering excitation function at $d\sigma_{\rm QEL}/d\sigma_{\rm Ru} = 0.5$ [33], which is very close to the value extracted from fusion data. As usual, a short-range imaginary potential with $W = 30$ MeV, $r_{0W} = 1.0$ fm, and $a_W = 0.4$ fm was used to simulate the compound nucleus formation [34]. The calculated results are insensitive to the parameters of the imaginary part of the potential as long as it is strong enough and well localized inside the Coulomb barrier [35]. The used Coulomb radius parameter is $r_{0C} = 1.1$ fm, which has little influence on the cross section.

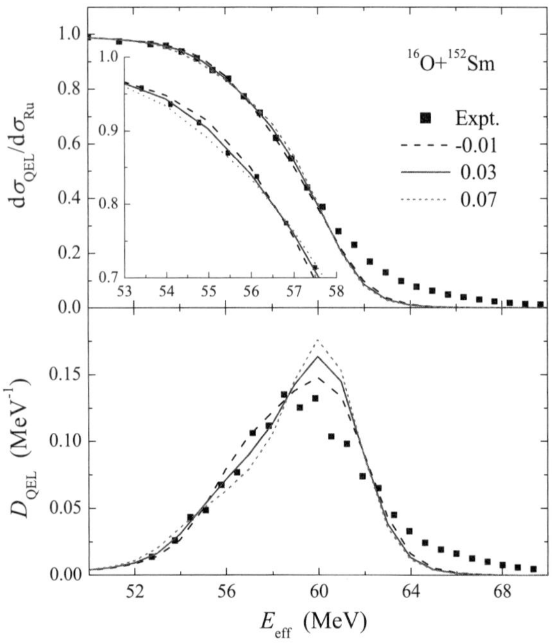


FIG. 1. (Color online) Experimental QEL scattering excitation function (top) and extracted barrier distribution $D_{\rm QEL}$ (bottom) for $^{16}$O + $^{152}$Sm, compared with the CC calculation results by using different $\beta_4$.

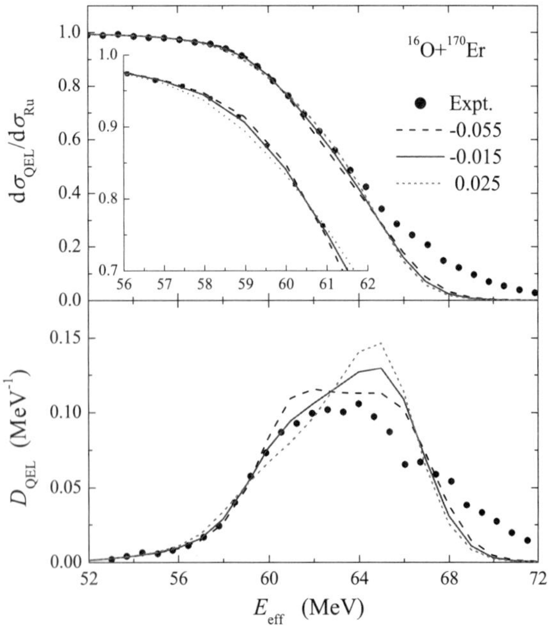


FIG. 2. (Color online) Same as in Fig. 1, but for $^{16}$O + $^{170}$Er.

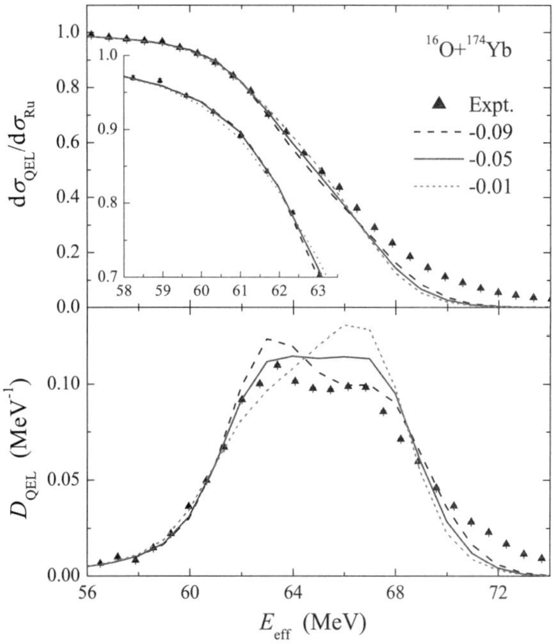


FIG. 3. (Color online) Same as in Fig. 1, but for $^{16}O + {}^{174}Yb$.

The corresponding one-dimensional barrier potential parameters, i.e., the fusion-barrier energies, positions, and curvatures for the systems, are given in Table I. The excitation energies of $^{16}O$ are very high compared with the barrier curvature, so it only produces an adiabatic potential renormalization without affecting the structure of the barrier distribution [37]. This effect can be included in the potential and will not be considered explicitly in the CC calculations. Excitation states up to $10^+$ in the rotational band of the target nuclei were included. Table I also lists the values [36] of the low-lying collective excitation states of the target nuclei. It should be mentioned that it is difficult to consider exactly the coupling to transfer channels in the CC calculations. Therefore, the coupling to transfer channels were not considered, assuming their minor effects at lower-energy region for the studied systems. In the following analysis, only $\beta_4$ was varied to fit the experimental data, while other parameters were fixed. The corresponding CC calculations with different $\beta_4$ are shown in Figs. 1, 2, and 3. The insertions in the figures show the enlargement of the effective fitting parts in the $d\sigma_{QEL}/d\sigma_{Ru} > 0.7$ region.

TABLE I. Excitation energies $E^*$ and quadrupole deformation parameters $\beta_2$ [36] for the rotational states of the target nuclei included in the CC calculations, and the uncoupled barrier parameters for $^{16}O + {}^{152}Sm$, $^{170}Er$, and $^{174}Yb$.

| Target | $E^*$ (keV) | $\beta_2$ | $V_B$ (MeV) | $R_B$ (fm) | $\hbar\omega$ (MeV) |
|---|---|---|---|---|---|
| $^{152}Sm$ | 121.8 | 0.306 | 59.37 | 11.30 | 4.38 |
| $^{170}Er$ | 78.6 | 0.336 | 63.69 | 11.58 | 4.48 |
| $^{174}Yb$ | 76.5 | 0.325 | 65.41 | 11.60 | 4.52 |

For $^{16}O + {}^{152}Sm$, the CC calculation results with the same $\beta_2$, but $\beta_4 = -0.01$ (dashed line), 0.03 (solid line), and 0.07 (dotted line) are plotted in Fig. 1 to illustrate its effect on the QEL scattering excitation function and barrier distribution. It can be seen that the CC calculation with $\beta_4 = 0.03$ fits the lower-energy QEL excitation function well. This also gives a good reproduction for the barrier distribution at lower energies, as shown in the bottom panel. This means that the lower energy QEL scattering is indeed sensitive to the higher order deformation and can be used to extract $\beta_4$. The extracted $\beta_4$ for $^{152}Sm$ here agrees well with both $\beta_4^N = 0.038 \pm 0.007$ (with $\beta_2^N = 0.214 \pm 0.007$) extracted from 14–18 MeV $\alpha$ scattering [38] and 0.048 obtained from 50 MeV $\alpha$ scattering [21], but smaller than both the charge deformation parameter of $\beta_4^C = 0.08$ [39] and $\beta_4 = 0.07$ (with $\beta_2 = 0.287$) obtained from high-energy electron scattering data by using a deformed Fermi shape with a constant skin thickness for the nuclear shape [22].

For $^{16}O + {}^{170}Er$, the data can be well reproduced with $\beta_4 = -0.015$ for both the lower energy QEL scattering and barrier distribution, as shown in Fig. 2. The CC calculation results with $\beta_4 = -0.055$ (dashed line) and 0.025 (dotted line) are also plotted. The extracted $\beta_4$ for $^{170}Er$ here agrees well with the value of $\beta_4 = -0.003$ extracted by using sub-barrier $\alpha$ scattering [40]. Also it is similar with the systematic calculation result of $\beta_4 = -0.023$ (with $\beta_2 = 0.296$) for the ground-state deformation of $^{170}Er$ based on the spherical-harmonics expansion [26].

Up to now, only fusion barrier distribution for the minus $\beta_4$ system of $^{16}O + {}^{186}W$ has been obtained by using the precise fusion excitation function [15]. Indeed, the fusion barrier distribution shows a rapid rise in the sub-barrier energy region, which is expected from geometric considerations. $^{174}Yb$ is also expected to have a larger minus $\beta_4$ [26]. The barrier distribution for $^{16}O + {}^{174}Yb$ in Fig. 3 really shows a shape similar to that of $^{16}O + {}^{186}W$ [15].

The $\beta_4$ parameter, which gives a good reproduction for the lower energy QEL data of $^{16}O + {}^{174}Yb$, is $-0.05$ for $^{174}Yb$ shown as the solid line in Fig. 3. Also the CC calculation results with $\beta_4 = -0.01$ (dashed line) and $-0.09$ (dotted line) are plotted. The results of QEL scattering excitation functions calculated using $\beta_4$ of $-0.05$ and $-0.09$ do not show a big difference, but the corresponding barrier distributions deviate evidently. The extracted $\beta_4$ for $^{174}Yb$ here agrees well with the average value of $\beta_4 = -0.037$ by using different methods [41], and $\beta_4 = -0.059$ (with $\beta_2 = 0.287$) based on the spherical-harmonics expansion [26]. It also agrees with the theoretical result of $-0.05$ (Woods-Saxon potential) [42]. But the value deviates from the charge deformation parameter $\beta_4^C = -0.007$ by using the precise Coulomb excitation with the shapes of both homogeneous and Fermi distributions [42].

Figures 1–3 demonstrate the influences of the $\beta_4$ values on the backward QEL excitation functions and the corresponding barrier distributions for the $^{16}O + {}^{152}Sm$, $^{170}Er$, and $^{174}Yb$ systems. The results represented by the solid curves are better than the others but may be not the best. In order to extract the

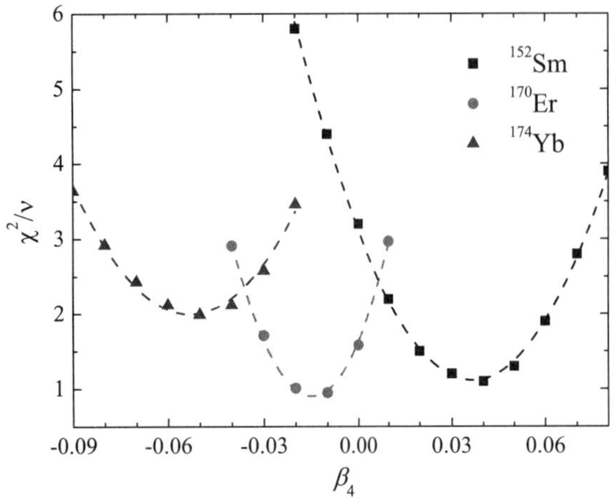


FIG. 4. (Color online) The $\chi^2/\nu$ for the studied $^{152}$Sm, $^{170}$Er, and $^{174}$Yb nuclei as a function of $\beta_4$. The curves are the parabolic fittings for illustrating the determination of the optimal values and (fitting) uncertainties of the $\beta_4$ parameters.

optimal $\beta_4$ values, $\chi^2$ analysis has been performed with only one free parameter. Figure 4 shows the $\chi^2/\nu$ varying with the $\beta_4$ values in fitting the lower energy QEL scattering excitation functions, where $\nu = pt - 1$ is the degree of freedom of the $\chi^2$ distribution, $pt$ denotes the number of measurement points. For a good measurement and a suitable physical model, the variation of $\chi^2/\nu$ with the fitted parameter follows a parabola [43], as shown in Fig. 4. The optimal $\beta_4$ values are determined by $\chi^2_{\text{min}}$. Since the $\chi^2/\nu$ is much larger than 1 for the $^{174}$Yb case (see Table II), the uncertainty was calculated using $\chi^2_{\text{min}} + \chi^2_{\text{min}}/\nu$ [44]. For the $^{152}$Sm and $^{170}$Er, where the $\chi^2/\nu$ is close to 1, the uncertainties were calculated using $\chi^2_{\text{min}} + 1$.

Figure 5 represents part of the available results of $\beta_4$ for the Sm, Er, and Yb isotopes as a function of $N$ by using different methods. Charge deformation parameters $\beta_4^{\text{C}}$ ($\alpha^{\text{C}}$) extracted by means of Coulomb excitation [18,39,40,42]. Nuclear deformation parameters $\beta_4^{\text{N}}$ ($\alpha^{\text{N}}$) by using the interference effects between Coulomb and nuclear excitations [38], and the inelastic scattering of $\alpha$ at energies well above the barrier [18,21]. Also included in this plot are the $\beta_4$ parameters of $^{152,154}$Sm, $^{166}$Er, and $^{176}$Yb obtained from electron scattering ($e^-$) [22].

TABLE II. The extracted $\beta_4$ from the lower-energy backward QEL excitation function.

| Nucleus | $\beta_4$ | $\chi^2_{\text{min}}/\nu$ |
|---|---|---|
| $^{152}$Sm | 0.037(0.006) | 1.1 |
| $^{170}$Er | − 0.015(0.004) | 0.9 |
| $^{174}$Yb | − 0.053(0.009) | 2.0 |

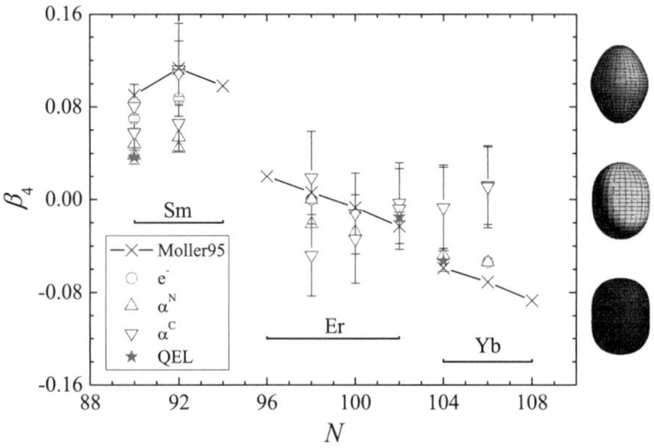


FIG. 5. (Color online) The variation of $\beta_4$ with $N$ for the Sm, Er, and Yb isotopes by using different experimental methods and Möller's theoretical prediction [26]. Three schematic forms corresponding to $\beta_4 = -0.1$, 0, and 0.1 with $\beta_2 = 0.3$ are illustrated, respectively.

Deformation parameters of the nuclear ground states calculated in the spherical-harmonics expansion with a macroscopic-microscopic model [26] are also shown in Fig. 5. Compared with $\beta_4^{\text{C}}$, $\beta_4^{\text{N}}$ has a good consistency and roughly follows the theoretical prediction. The extracted $\beta_4$ parameters in this work are also plotted (solid points) and qualitatively agree with the overall trend. This result suggests the feasibility of extracting $\beta_4$ from sub-barrier backward QEL scattering.

It should be pointed out that these extracted $\beta_4$ parameters are all model dependent and hence have uncertainties [21,22,39]. For the present work, the selection of coupling scheme like the number of excitation states and transfer channels may bring about an uncertainty for the extracted deformation parameters. The accumulation of abundant model-dependent values, however, may help to judge a true and model-independent value.

In summary, we have measured the QEL scattering excitation functions with high statistics at a backward angle and extracted the barrier distributions for $^{16}$O + $^{152}$Sm, $^{170}$Er, and $^{174}$Yb. An attempt was made to extract $\beta_4$ by using the lower energy experimental QEL excitation function for the first time, based on the fixed $\beta_2$ with the help of the CC calculations. The extracted $\beta_4$ shows a transition from positive for $^{152}$Sm, to near zero for $^{170}$Er, to negative for $^{174}$Yb, which is consistent with the available trend qualitatively. This may offer a simple but sensitive method to extract $\beta_4$. Further, this work suggests a promising way to extract $\beta_4$, with the increasing experimental knowledge of quadrupole collectivity [28–30], of the radioactive nuclei from the sub-barrier backward QEL scattering.

## ACKNOWLEDGMENTS

This work has been supported by the National Key Basic Research Development Program of China under Grant No. 2013CB834404 and the National Natural Science Foundation of China under Grants No. 11375268 and No. 10735100.

[1] R. G. Stokstad *et al.*, Phys. Rev. Lett. **41**, 465 (1978).
[2] L. F. Canto, P. R. S. Gomes, R. Donangelo, and M. S. Hussein, Phys. Rep. **424**, 1 (2006).
[3] M. Dasgupta, D. J. Hinde, N. Rowley, and A. M. Stefanini, Annu. Rev. Nucl. Part. Sci. **48**, 401 (1998).
[4] N. Rowley, G. R. Satchler, and P. H. Stelson, Phys. Lett. B **254**, 25 (1991).
[5] J. X. Wei *et al.*, Phys. Rev. Lett. **67**, 3368 (1991).
[6] A. M. Stefanini *et al.*, Phys. Rev. Lett. **74**, 864 (1995).
[7] C. R. Morton *et al.*, Phys. Rev. Lett. **72**, 4074 (1994).
[8] H. Timmers *et al.*, Nucl. Phys. A **584**, 190 (1995).
[9] L. R. Gasques *et al.*, Phys. Rev. C **76**, 024612 (2007).
[10] M. J. Rhoades-Brown and V. E. Oberacker, Phys. Rev. Lett. **50**, 1435 (1983).
[11] H. Esbensen and S. Landowne, Nucl. Phys. A **467**, 136 (1987).
[12] J. R. Leigh, J. J. M. Bokhorst, D. J. Hinde, and J. O. Newton, J. Phys. G **14**, L55 (1988).
[13] J. Fernández-Niello and C. H. Dasso, Phys. Rev. C **39**, 2069 (1989).
[14] M. A. Nagarajan, A. B. Balantekin, and N. Takigawa, Phys. Rev. C **34**, 894 (1986).
[15] R. C. Lemmon *et al.*, Phys. Lett. B **316**, 32 (1993).
[16] J. R. Leigh *et al.*, Phys. Rev. C **47**, R437 (1993).
[17] J. R. Leigh *et al.*, Phys. Rev. C **52**, 3151 (1995).
[18] I. Y. Lee *et al.*, Phys. Rev. C **12**, 1483 (1975).
[19] F. Todd Baker *et al.*, Nucl. Phys. A **258**, 43 (1976).
[20] F. Todd Baker *et al.*, Nucl. Phys. A **266**, 337 (1976).
[21] D. L. Hendrie *et al.*, Phys. Lett. B **26**, 127 (1968).
[22] T. Cooper *et al.*, Phys. Rev. C **13**, 1083 (1976).
[23] R. J. Powers *et al.*, Phys. Rev. Lett. **34**, 492 (1975).
[24] P. Möller, Nucl. Phys. A **142**, 1 (1970).
[25] U. Götz, H. C. Pauli, K. Alder, and K. Junker, Nucl. Phys. A **192**, 1 (1972).
[26] P. Möller, J. R. Nix, W. D. Myers, and W. J. Swiatecki, At. Data Nucl. Data Tables **59**, 185 (1995).
[27] J. O. Fernández Niello *et al.*, Phys. Rev. C **43**, 2303 (1991).
[28] S. Ilieva *et al.*, Phys. Rev. C **89**, 014313 (2014).
[29] M. Seidlitz *et al.*, Phys. Rev. C **89**, 024309 (2014).
[30] S. Michimasa *et al.*, Phys. Rev. C **89**, 054307 (2014).
[31] C. J. Lin *et al.*, Phys. Rev. C **79**, 064603 (2009).
[32] K. Hagino, N. Rowley, and A. T. Kruppa, Comput. Phys. Commun. **123**, 143 (1999).
[33] C. J. Lin *et al.*, EPJ Web Conf. **17**, 05005 (2011).
[34] K. Hagino and N. Rowley, Phys. Rev. C **69**, 054610 (2004).
[35] K. Hagino, T. Takehi, A. B. Balantekin, and N. Takigawa, Phys. Rev. C **71**, 044612 (2005).
[36] S. Raman, C. W. Nestor, Jr., and P. Tikkanen, At. Data Nucl. Data Tables **78**, 1 (2001).
[37] K. Hagino, N. Takigawa, M. Dasgupta, D. J. Hinde, and J. R. Leigh, Phys. Rev. Lett. **79**, 2014 (1997).
[38] W. Brückner, J. G. Merdinger, D. Pelte, U. Smilansky, and K. Traxel, Phys. Rev. Lett. **30**, 57 (1973).
[39] H. Fischer *et al.*, Phys. Rev. C **15**, 921 (1977).
[40] K. A. Erb, J. E. Holden, I. Y. Lee, J. X. Saladin, and T. K. Saylor, Phys. Rev. Lett. **29**, 1010 (1972).
[41] D. L. Hendrie, Phys. Rev. Lett. **31**, 478 (1973).
[42] H. J. Wollersheim, W. Wilcke, and T. W. Elze, Phys. Rev. C **11**, 2008 (1975).
[43] L. Lyons, *Statistics for Nuclear and Particle Physicists* (Cambridge University Press, Cambridge, 1986).
[44] P. McCullagh and J. A. Nelder, *Generalized Linear Models*, 2nd ed., Monographs on Statistics and Applied Probability (CRC, Boca Raton, FL, 1989).

# Role of neutron transfer in asymmetric fusion reactions at sub-barrier energies ①

A.A. Ogloblin[1], H . Q . Z h a n g [2], C.J. Lin[2], H.M. Jia[2], S.V. Khlebnikov[3], E.A. Kuzmin[1], W.H. Trzaska[4], X . X . X u [2], F. Yan[2], V.V. Sargsyan[5,6], G.G. Adamian[5], N.V. Antonenko[5], and W. Scheid[7]

[1] Kurchatov Institute, Moscow, Russia
[2] China Institute of Atomic Energy, Post Office Box 275, Beijing 102413, China
[3] V.G. Khlopin Radium Institute, 194021 Saint-Petersburg, Russia
[4] Department of Physics, University of Jyväskylä, Survontie 9, FI-40500 Jyväskylä, Finland
[5] Joint Institute for Nuclear Research, 141980 Dubna, Russia
[6] International Center for Advanced Studies, Yerevan State University, 0025 Yerevan, Armenia
[7] Institut für Theoretische Physik der Justus-Liebig-Universität, D–35392 Giessen, Germany

Received: 16 August 2014 / Revised: 2 October 2014
Published online: 28 October 2014 – 
Communicated by N. Alamanos

**Abstract.** The measured complete fusion (capture) excitation function is presented for the $^{28}Si + ^{208}Pb$ reaction at deep sub-barrier energies. This excitation function is compared with the one predicted with the quantum diffusion approach.

## 1 Introduction

The nuclear static deformation and neutron transfer process have been identified as playing a major role in the magnitude of the sub-barrier fusion (capture) cross sections [1,2]. There are several experimental evidences which confirm the importance of nuclear deformations in fusion. The influence of nuclear deformation is straightforward. If the target nucleus is prolate in the ground state, the Coulomb field on its tips is lower than on its sides, that causes an increase of the capture or fusion probability at energies below the barrier corresponding to the spherical nuclei. The role of neutron transfer in sub-barrier fusion is still less clear.

The importance of neutron transfer with positive $Q$-values on nuclear fusion (capture) originates from the fact that neutrons are insensitive to the Coulomb barrier and therefore they can start being transferred at rather large separations before the projectile is captured by the target nucleus [3,4]. It is generally thought that the sub-barrier fusion cross section will increase [5–10] because of the neutron transfer. However, from the present experimental data and theoretical studies, the role of the neutron transfer channel in the capture (fusion) process cannot be unambiguously inferred [11–22]. So, further investigations are required.

The quantum diffusion approach [23] was applied to study the role of the two-neutron transfer with positive $Q_{2n}$-value in the capture (fusion) reactions at sub-, near- and above-barrier energies. A good agreement between the theoretical calculations and the experimental data was demonstrated. As was found, the change of magnitude of the capture cross section after the neutron transfer occurs due to the change of the deformations of nuclei [17–21]. Thus, the effect of the neutron transfer is an indirect effect of the quadrupole deformation. It was predicted, the first time, within the quantum diffusion approach [17] that the neutron transfer can weakly influence or suppress the capture (fusion) cross section.

The study of deep sub-barrier complete fusion can provide us with new information on the mechanism of the inverse process -cluster radioactivity. [24–26]. For this reason, we perform a new measurement of the fusion-fission excitation function in the $^{28}Si + ^{208}Pb$ reaction at deep sub-barrier energies.

In the present paper, we report the measurements of the fusion excitation function for the $^{28}Si + ^{208}Pb$ reaction and its comparison with the theoretical prediction. The paper is organized as follows. Section 2 presents the experimental setup and details of the measurements. Results of the analysis of experimental data and theoretical calculations with the quantum diffusion approach [17–20, 23] are presented in sect. 3. Finally, sect. 4 gives a brief summary.

① Eur.Phys.J.A,2014,50:157.

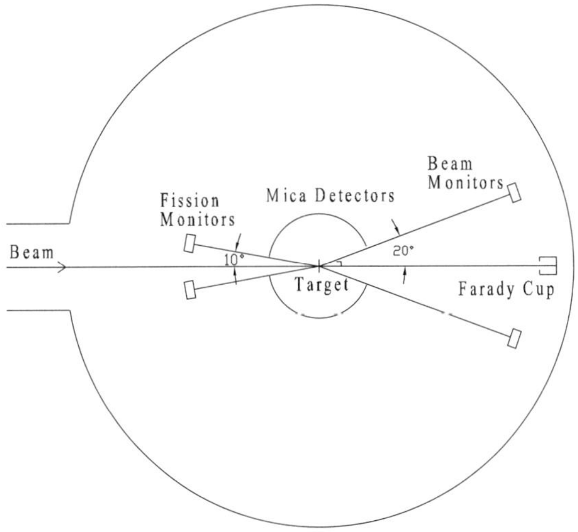


**Fig. 1.** Scheme of the experimental setup for the measurement of the fission fragment angular distribution. See explanations in the text for details.

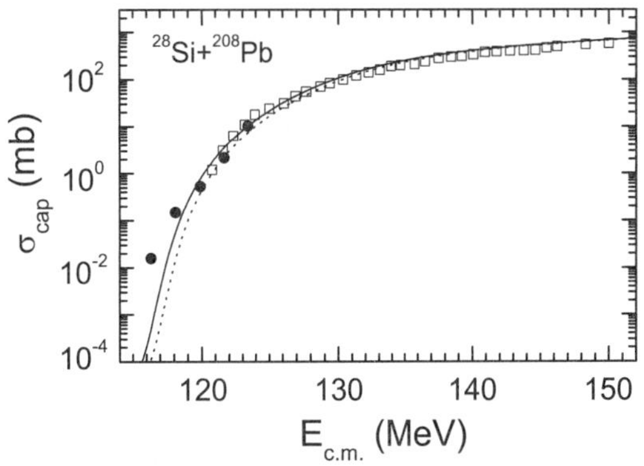


**Fig. 2.** The calculated (solid line) fusion (capture) cross sections *versus* $E_{\mathrm{c.m.}}$ for the $^{28}$Si + $^{208}$Pb reaction. The experimental data are from ref. [30] (open symbols) and the present measurements (closed symbols). The fusion excitation function calculated without neutron transfer effect are shown by the dotted line.

## 2 Experimental procedure

The experiment was performed at the HI-13 tandem accelerator of the China Institute of Atomic Energy, Beijing, China. A collimated $^{28}$Si ($q = 11^+$) beam with an intensity of 15–20 pnA was used to bombard the $^{208}$Pb target. The beam energy was varied in the range 140–130 MeV (with a step of 2 MeV) and changed only downward in order to reduce the magnetic hysteresis. The 5 mm diameter $^{208}$Pb (99.9% enriched) target was 200 $\mu$g/cm$^2$ thick and evaporated onto 30 $\mu$g/cm$^2$ carbon foil backing.

As demonstrated by a previous experiment on $^{20}$Ne + $^{208}$Pb fusion-fission [25], the solid-state track detectors (SSTD) [27] are extremely suitable for measuring fusion-fission cross sections in the very deep sub-barrier region. The scheme of the experimental setup is shown in fig. 1. An array of SSTD allows us, in principle, to approach the $4\pi$ geometry. In our measurements we employed the $2\pi$ geometry, which allowed us to reach the cross sections down to a few $\mu$b. SSTD of mica have the advantage of being completely insensitive to charged particles with masses less than $\sim 40$ after special processing. As a result, the huge background of elastically scattered $^{28}$Si ions was effectively eliminated. In this case the detection efficiency for fission fragments does not change and was about 100%. Some methodical problems concerning the use of SSTD for studying fusion-fission reactions were tested in the measurements with the $^{28}$Si beam at the Jyväskylä cyclotron.

Two silicon (Si) detectors placed at $\theta_{\mathrm{lab}} = \pm 20°$ with respect to the beam direction were used to monitor the Rutherford scattering and to provide a normalization of the fusion cross section. Another two Si detectors placed at ±170° were used to monitor the fission fragments. The solid angles of the Si detectors were calibrated by using the standard $^{241}$Am alpha source. Since evaporation residues can be neglected for this system, the measured fission cross sections were regarded to complete fusion cross sections. The angle between target and beam direction was about 45°. The SSTD covers the laboratory angular range between ±22° and ±166°. The distance between the target and the SSTD, which was placed on the inner surface of a stainless-steel cylindrical holder, was 6 cm. In order to discriminate against the background, the SSTD was etched before irradiation. After irradiation the SSTD was etched in 40% HF at 25 °C for 1.5 h and scanned under an optical microscope [28]. The corresponding angular resolution was 1.4 degree (including the divergence and spot size of the beam). The total fission cross sections were obtained by integrating the angular distributions and normalizing to the Rutherford scattering. In the transformation from laboratory to the center-of-mass frame reference, we used the kinematics relevant for symmetric fission with the kinetic energy taken from the Viola's systematic [29]. The experimental errors include the counting statistics, the uncertainties of the target thickness, the angle, the solid angle, the extrapolation of the angular distribution and the transformation of reference systems, etc. The total statistical uncertainties of the data range between 0.8% and 7.7% while, for the fission cross sections, between 6% and 15%. The experimental fission excitation function is shown in fig. 2.

## 3 Results of measurements and calculations

The measured fusion excitation function is shown in fig. 2 for the $^{28}$Si + $^{208}$Pb reaction, where the energy scale has been corrected for the carbon backings (faced to beams) and the target thicknesses. The highest energies are at 40% above the Coulomb barrier. For comparison, the previous experimental data [30] are also shown in fig. 2. They are in good agreement with our data at energies near the Coulomb barrier.

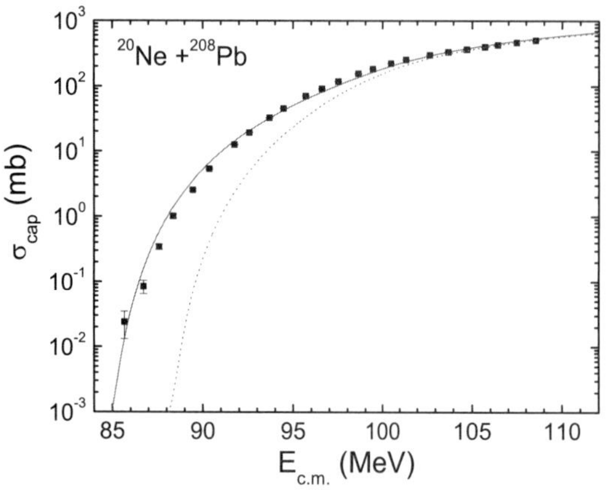


**Fig. 3.** The calculated fusion (capture) cross sections *versus* $E_{c.m.}$ for the $^{20}Ne + ^{208}Pb$ reaction (solid line). The experimental data (symbols) are from ref. [31]. The fusion excitation function calculated without neutron transfer effect are shown by the dotted line.

In the quantum diffusion approach [17–21,23] the capture of the projectile by the target nucleus is described with a single relevant collective variable: the relative distance $R$ between the colliding nuclei. This approach takes into consideration the fluctuation and dissipation effects in collisions of heavy ions which model the coupling of the relative motion with various channels (for example, the non-collective single-particle excitations, low-lying collective dynamical modes of the target and projectile). The nuclear static deformation effects are taken into account through the dependence of the nucleus-nucleus potential on the deformations and mutual orientations of the colliding nuclei. We have to mention that many quantum-mechanical and non-Markovian effects accompanying the passage through the potential barrier are taken into consideration in our formalism [17,23].

The agreement between the calculated results (solid line) and the experimental data (symbols) is rather good (fig. 2). The only exception is the lowest experimental point in energy, where there is the strong deviation between the experiment and theory. The reason of this deviation is not clear for us. Note that the calculations were performed before the experiment and new additional experimental and theoretical studies are necessary to resolve this disagreement. It seems that the systematic errors have a different impact on different data points. Also, an improvement of statistics at lowest energies requires more beam time. Note that the excitation functions, for the similar sub-barrier reactions $^{20}Ne + ^{208}Pb$ (fig. 3), $^{22}Ne + ^{208}Pb$ [23] and $^{28}Si + ^{198}Pt$ [17], were well described with the quantum diffusion approach.

In the theoretical analysis we assume that the sub-barrier capture mainly depends on two-neutron transfer with positive $Q$-value. Just before the projectile is captured by the target nucleus (just before the crossing of the Coulomb barrier), which is a slow process, the transfer occurs and can lead to the population of the first excited collective state in the recipient nucleus [32] (the donor nucleus remains in the ground state). Because after the transfer the deformation parameters of the interacting nuclei and, correspondingly, the height and shape of the Coulomb barrier change, one can expect an enhancement or suppression of the capture. If, after the neutron transfer, the deformations of interacting nuclei increase (decrease), the capture probability increases (decreases). When the isotopic dependence of the nucleus-nucleus potential is weak and after the transfer the deformations of interacting nuclei do not change, there is no effect of the neutron transfer on the capture. In comparison with ref. [33], we assume that the negative transfer $Q$-values do not play a visible role in the capture process. The present scenario was verified in the description of many reactions [17–21].

Since the two-neutron transfer process has a large positive $Q_{2n}$-value in the $^{28}Si + ^{208}Pb$ reaction, we show in fig. 2 the calculations taking into account only the static deformation effects (dotted line) and the calculations taking additionally into consideration the two-neutron transfer (solid line). After the two-neutron transfer in the $^{28}Si + ^{208}Pb$ reaction the deformations of the nuclei remain almost the same (see table 1) and one can observe a weak dependence of the slope on the neutron transfer (fig. 2). In fig. 2, the constant energy shift between the excitation functions calculated with and without neutron transfer arises mainly due to the small difference of the heights of the Coulomb barriers of the systems $^{28}Si + ^{208}Pb$ and $^{30}Si + ^{206}Pb$. Because the large quadrupole deformation parameters for the nuclei $^{28}Si$ (in the ground state) and $^{30}Si$ (in the excited state) are almost the same, the fusion (capture) enhancement mainly occurs due to the direct static deformation effect. The $^{28}Si + ^{208}Pb$ reaction is an example of the case where the static deformations of nuclei determine the cross section. Thus, the $^{28}Si + ^{208}Pb$ reaction is not suitable to study the influence of neutron transfer.

After the two-neutron transfer in the similar $^{20}Ne + ^{208}Pb$ reactions with a large positive $Q_{2n}$-value, the $\beta_2$ value of light of the interacting nuclei strongly increases and the mass asymmetry of the system decreases (table 1) and, thus, the value of the Coulomb barrier decreases and the capture cross section becomes larger (fig. 3). We observe a strong sub-barrier cross section enhancement, which is not the pure neutron transfer effect, because the $^{20}Ne$ is already a strongly deformed nucleus in the ground state (table 1). The calculations, taking into consideration the effect of the $2n$ transfer, reproduce the experimental data [31] well. Note that the sub-barrier fusion excitation function for the $^{22}Ne + ^{208}Pb$ reaction with a negative $Q_{2n}$-value is well described within the quantum diffusion model [23].

Note that there are presently no other possibilities, beside the neutron transfer, to explain the experimental data $^{20}Ne + ^{208}Pb$ (fig. 3) and $^{28}Si + ^{198}Pt$ [17]. There are no calculations in other models which reproduce the measured cross sections for different reactions at the fixed set of parameters and assumptions.

**Table 1.** The configurations before and after the two-neutron transfer, and the $Q_{2n}$-values for two-neutron transfer in the different reactions. The $\beta_2$ for the $^{28}$Si nucleus in the ground state is taken from ref. [17]. The $\beta_2$ for the $^{22}$Ne, $^{30}$Si and $^{32}$Si nuclei in the first $2^+$ state were taken from ref. [34]. The $\beta_2$ for the $^{20}$Ne and $^{30}$Si nuclei in the ground state were predicted in ref. [35].

| Reaction with $2n$ transfer | $Q_{2n}$ (MeV) |
|---|---|
| $^{28}\mathrm{Si}(\beta_2 = 0.3) + {}^{208}\mathrm{Pb}(\beta_2 = 0) \to {}^{30}\mathrm{Si}(\beta_2 = 0.32) + {}^{206}\mathrm{Pb}(\beta_2 = 0)$ | 5.0 |
| $^{20}\mathrm{Ne}(\beta_2 = 0.34) + {}^{208}\mathrm{Pb}(\beta_2 = 0) \to {}^{22}\mathrm{Ne}(\beta_2 = 0.56) + {}^{206}\mathrm{Pb}(\beta_2 = 0)$ | 2.5 |
| $^{30}\mathrm{Si}(\beta_2 = 0) + {}^{208}\mathrm{Pb}(\beta_2 = 0) \to {}^{32}\mathrm{Si}(\beta_2 = 0.22) + {}^{206}\mathrm{Pb}(\beta_2 = 0)$ | 1.7 |

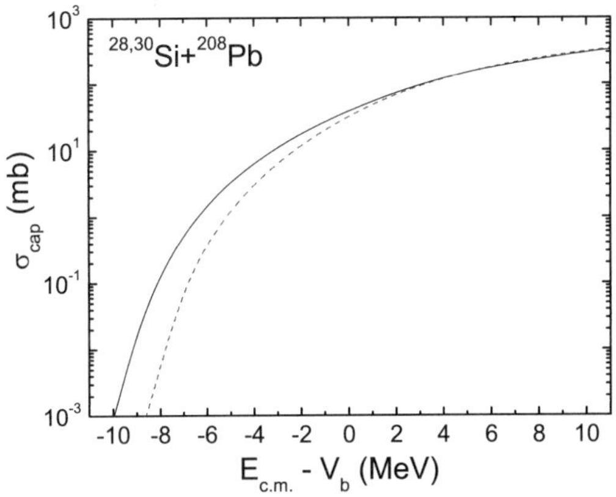


**Fig. 4.** The predicted fusion (capture) cross sections *versus* $E_{\mathrm{c.m.}} - V_b$ for the reactions $^{28}\mathrm{Si} + {}^{208}\mathrm{Pb}$ (solid line) and $^{30}\mathrm{Si} + {}^{208}\mathrm{Pb}$ (dashed line).

As can be seen in fig. 4, there is a difference between the fusion (capture) cross sections in the sub-barrier reactions $^{28}\mathrm{Si} + {}^{208}\mathrm{Pb}$ and $^{30}\mathrm{Si} + {}^{208}\mathrm{Pb}$ with positive $Q_{2n}$-values because of the existence of the two-neutron transfer process leading to different changes of the deformations in the systems $^{28}\mathrm{Si} + {}^{208}\mathrm{Pb}$ (see table 1) and $^{30}\mathrm{Si} + {}^{208}\mathrm{Pb} \to {}^{32}\mathrm{Si}(\beta_2 = 0.22) + {}^{206}\mathrm{Pb}(\beta_2 = 0)$. Thus, the comparative study of these reactions could be a good test to conclude about the effect of neutron transfer.

## 4 Summary

New measurements of the $^{28}\mathrm{Si} + {}^{208}\mathrm{Pb}$ reaction fusion-fission excitation function were performed for the first time at deep sub-barrier energies. Employing the SSTD method, we were able to measure cross sections down to a few $\mu$b, which is lower by two orders of magnitude than those already existing. The SSTD used in our experiment was processed to be insensitive to the light charged particles (up to the $^{40}$Ar ions), which improves significantly the background conditions at sub-barrier energies, where the elastic scattering has a huge cross section at forward angles. For the $^{28}\mathrm{Si} + {}^{208}\mathrm{Pb}$ reaction, the cross section falls down by three orders of magnitude within an energy interval $E_{\mathrm{c.m.}} = 123.3$–$114.6\,\mathrm{MeV}$. The agreement between the experimental data and the results predicted within the quantum diffusion approach cross sections is rather good. The exception is the lowest experimental energy. The observed sharp exponential decrease of the cross section with sub-barrier energy was reproduced. The neutron transfer effect was not found to be pronounced in the $^{28}\mathrm{Si} + {}^{208}\mathrm{Pb}$ reaction.

We thank the referees for fruitful suggestions. We are grateful to E. Piasecki for providing us the experimental data. GGA and NVA acknowledge the partial support from the Alexander von Humboldt-Stiftung (Bonn). This work was supported by NSFC, RFBR, and JINR grants. The IN2P3(France)-JINR(Dubna) Cooperation Programme is gratefully acknowledged.

## References

1. L.F. Canto, P.R.S. Gomes, R. Donangelo, M.S. Hussein, Phys. Rep. **424**, 1 (2006) and references therein.
2. B.B. Back, H. Esbensen, C.L. Jiang, K.E. Rehm, Rev. Mod. Phys. **86**, 317 (2014) and references therein.
3. P.H. Stelson, H.J. Kim, M. Beckerman, D. Shapira, R.L. Robinson, Phys. Rev. C **41**, 1584 (1990).
4. C.L. Jiang, K.E. Rehm, J. Gehring, B. Glagola, W. Kutschera, M. Rhein, A.H. Wuosmaa, Phys. Lett. B **337**, 59 (1994).
5. R. Pengo, D. Evers, K.E.G. Löbner, U. Quade, K. Rudolph, S.J. Skorka, I. Weidl, Nucl. Phys. A **411**, 255 (1983).
6. R.B. Roberts, S.B. Gazes, J.E. Mason, M. Satteson, S.G. Teichmann, L.L. Lee, Jr., J.F. Liang, J.C. Mahon, R.J. Vojtech, Phys. Rev. C **47**, R1831 (1993).
7. D. Ackermann, P. Bednarczyk, L. Corradi, D.R. Napoli, C.M. Petrache, P. Spolaore, A.M. Stefanini, K.M. Varier, H. Zhang, F. Scarlassara, S. Beghini, G. Montagnoli, L. Müller, G.F. Segato, F. Soramel, C. Signorini, Nucl. Phys. A **609**, 91 (1996).
8. A.M. Stefanini, D. Ackermann, L. Corradi, J.H. He, G. Montagnoli, S. Beghini, F. Scarlassara, G.F. Segato, Phys. Rev. C **52**, R1727 (1995).
9. A.A. Sonzogni, J.D. Bierman, M.P. Kelly, J.P. Lestone, J.F. Liang, R. Vandenbosch, Phys. Rev. C **57**, 722 (1998).
10. H. Timmers, D. Ackermann, S. Beghini, L. Corradi, J.H. He, G. Montagnoli, F. Scarlassara, A.M. Stefanini, N. Rowley, Nucl. Phys. A **633**, 421 (1998).

11. Z. Kohley, J.F. Liang, D. Shapira, R.L. Varner, C.J. Gross, J.M. Allmond, A.L. Caraley, E.A. Coello, F. Favela, K. Lagergren, P.E. Mueller, Phys. Rev. Lett. **107**, 202701 (2011).
12. A.M. Stefanini, G. Montagnoli, F. Scarlassara, C.L. Jiang, H. Esbensen, E. Fioretto, L. Corradi, B.B. Back, C.M. Deibel, B. Di Giovine, J.P. Greene, H.D. Henderson, S.T. Marley, M. Notani, N. Patel, K.E. Rehm, D. Sewerinyak, X.D. Tang, C.Ugalde, S. Zhu, Eur. Phys. J. A **49**, 63 (2013).
13. H.M. Jia, C.J. Lin, F. Yang, X.X. Xu, H.Q. Zhang, Z.H. Liu, L. Yang, S.T. Zhang, P.F. Bao, L.J. Sun, Phys. Rev. C **86**, 044621 (2012).
14. J.J. Kolata, A. Roberts, A.M. Howard, D. Shapira, J.F. Liang, C.J. Gross, R.L. Varner, Z. Kohley, A.N. Villano, H. Amro, W. Loveland, E. Chavez, Phys. Rev. C **85**, 054603 (2012).
15. Z. Kohley, J.F. Liang, D. Shapira, C.J. Gross, R.L. Varner, J.M. Allmond, J.J. Kolata, P.E. Mueller, A. Roberts, Phys. Rev. C **87**, 064612 (2013).
16. A.M. Stefanini, G. Montagnoli, H. Esbensen, L. Corradi, S. Courtin, E. Fioretto, A. Goasduff, J. Grebosz, F. Haas, M. Mazzocco, C. Michelagnoli, T. Mijatovic, D. Montanari, G. Pasqualato, C. Parascandolo, F. Scarlassara, E. Strano, S. Szilner, D. Torresi, Phys. Lett. B **728**, 639 (2014).
17. V.V. Sargsyan, G.G. Adamian, N.V. Antonenko, W. Scheid, H.Q. Zhang, Phys. Rev. C **84**, 064614 (2011).
18. V.V. Sargsyan, G.G. Adamian, N.V. Antonenko, W. Scheid, H.Q. Zhang, Phys. Rev. C **85**, 024616 (2012).
19. V.V. Sargsyan, G.G. Adamian, N.V. Antonenko, W. Scheid, H.Q. Zhang, Eur. Phys. J. A **49**, 54 (2013).
20. V.V. Sargsyan, G.G. Adamian, N.V. Antonenko, W. Scheid, H.Q. Zhang, Phys. Rev. C **86**, 014602 (2012).
21. V.V. Sargsyan, G. Scamps, G.G. Adamian, N.V. Antonenko, D. Lacroix, Phys. Rev. C **88**, 064601 (2013).
22. C.L. Jiang, K.E. Rehm, B.B. Back, H. Esbensen, R.V.F. Janssens, A.M. Stefanini, G. Montagnoli, Phys. Rev. C **89**, 051603(R) (2014).
23. V.V. Sargsyan, G.G. Adamian, N.V. Antonenko, W. Scheid, Eur. Phys. J. A **45**, 125 (2010).
24. S.P. Tretyakova, A.A. Ogloblin, R.N. Sagaidak, S.V. Khlebnikov, W. Trzaska, Nucl. Phys. A **734**, E33 (2004).
25. S.P. Tretyakova, A.A. Ogloblin, R.N. Sagaidak, W. Trzaska, S.V. Khlebnikov, R. Julin, J. Petrowski, Nucl. Phys. A **738**, 487 (2004).
26. A.A. Ogloblin, S.P. Tretyakova, R.N. Sagaidak, S.A. Goncharov, G.A. Pik-Pichak, Nucl. Phys. A **738**, 313 (2004).
27. R.L. Flescher, P.B. Price, R.M. Walker, *Nuclear Tracks in Solids: Principles and Applications* (University of California Press, Berkeley, 1975).
28. H.Q. Zhang, J.C. Xu, Z. Liu, J. Lu, M. Ruan, K. Xu, Phys. Rev. C **42**, 1086 (1990).
29. V.E. Viola, K. Kwiatkowski, M. Walker, Phys. Rev. C **31**, 1550 (1985).
30. D.J. Hinde, C.R. Morton, M. Dasgupta, J.R. Leigh, J.C. Mein, H. Timmers, Nucl. Phys. A **592**, 271 (1995).
31. E. Piasecki, L. Świderski, N. Keeley, M. Kisieliński, M. Kowalczyk, S. Khlebnikov, T. Krogulski, K. Piasecki, G. Tiourin, M. Sillanpää, W.H. Trzaska, A. Trzcińska, Phys. Rev. C **85**, 054608 (2012).
32. S. Szilner, L. Corradi, F. Haas, D. Lebhertz, G. Pollarolo, C.A. Ur, L. Angus, S. Beghini, M. Bouhelal, R. Chapman, E. Caurier, S. Courtin, E. Farnea, E. Fioretto, A. Gadea, A. Goasduff, D. Jelavic-Malenica, V. Kumar, S. Lunardi, N. Marginean, P. Mason, D. Mengoni, G. Montagnoli, F. Nowacki, F. Recchia, E. Sahin, M.-D. Salsac, F. Scarlassara, R. Silvestri, J.F. Smith, N. Soic, A.M. Stefanini, J.J. Valiente-Dobon, Phys. Rev. C **84**, 014325 (2011).
33. C.H. Dasso, S. Landowne, A. Winther, Nucl. Phys. A **405**, 381 (1983).
34. S. Raman, C.W. Nestor, Jr., P. Tikkanen, At. Data Nucl. Data Tables **78**, 1 (2001).
35. P. Möller, J.R. Nix, W.D. Myers, W.J. Swiatecki, At. Data Nucl. Data Tables **59**, 185 (1995).

# Low-energy collective Gamow-Teller states and isoscalar pairing interaction ①

C. L. Bai,[1] H. Sagawa,[2,3] G. Colò,[4] Y. Fujita,[5,6] H. Q. Zhang,[7,8] X. Z. Zhang,[7] and F. R. Xu[8]
[1]*School of Physical Science and Technology, Sichuan University, Chengdu 610065, China*
[2]*Center for Mathematics and Physics, University of Aizu, Aizu-Wakamatsu, Fukushima 965-8560, Japan*
[3]*RIKEN, Nishina Center, Wako 351-0198, Japan*
[4]*Dipartimento di Fisica, Università degli Studi di Milano and INFN, Sezione di Milano, 20133 Milano, Italy*
[5]*Research Center for Nuclear Physics, Osaka University, Ibaraki, Osaka 567-0047, Japan*
[6]*Department of Physics, Osaka University, Toyonaka, Osaka 560-0043, Japan*
[7]*China Institute of Atomic Energy, Beijing 102413, China*
[8]*School of Physics and State Key Laboratory of Nuclear Physics and Technology, Peking University, China*
(Received 5 July 2014; revised manuscript received 12 September 2014; published 26 November 2014)

The Gamow-Teller (GT) strength distributions and isobaric analog resonance (IAR) states of several $N = Z + 2$ nuclei with mass number $A = 42$–58 are studied by using a self-consistent Skyrme Hartree-Fock-Bogoliubov method plus quasiparticle random phase approximation (HFB+QRPA) formalism. The isoscalar spin-triplet pairing interaction is included in QRPA on top of the isovector spin-singlet one in the HFB method. It is found that the isoscalar pairing correlations mix largely the $(\nu j_> \to \pi j_<)$ configurations into the low-energy states, and this mixing plays an important role in the formation and in the collectivity of these low-energy states. Furthermore, the observed excitation energy of the low-energy GT state with respect to the IAR can be well reproduced when the strength of isoscalar pairing is about 1.0–1.05 times that of the isovector pairing, irrespective of the adopted Skyrme interactions. In $N = Z + 2$ nuclei in the middle of the $pf$-shell, a mutual cooperative effect of isoscalar pairing and tensor interaction is found; namely, the tensor force reduces the spin-orbit splittings and enhances the effect of the isoscalar pairing.

DOI: 10.1103/PhysRevC.90.054335 PACS number(s): 21.30.−x, 21.60.Jz, 24.30.Cz, 25.40.Kv

## I. INTRODUCTION

The effective nucleon-nucleon interactions that are employed within self-consistent mean-field approaches have recently reached a high level of sophistication, and have become quite successful in describing many nuclear properties. Though they can be based on different kinds of *Ansätze*, as a rule central, spin-orbit, and tensor terms show up. In open-shell nuclei the pairing interaction or, in fact, its isovector ($T = 1$, $S = 0$) part, was originally introduced to account for the odd-even binding energy staggering and the gap in the excitation spectrum of even-even and odd-$A$ nuclei [1–3]. One of the widely used mean-field approaches is based on zero-range Skyrme forces: in this case, Hartree-Fock (HF) + Bardeen-Cooper-Schrieffer (BCS) equations [4] or Hartree-Fock-Bogoliubov (HFB) equations [5], which include the pairing interaction, are solved to study the ground state properties of the open-shell nuclei [6–9]. On top of this ground-state solutions, the self-consistent quasiparticle random-phase approximation (QRPA) has been adopted by some authors to study the collective excited states [10–15].

The parameters that characterize the effective interactions can be fitted by using empirical properties of uniform nuclear matter as well as a few ground-state (or sometimes excited state) properties. However, some channels of the interactions are not well constrained, one of the clearest examples being the pairing interaction between protons and neutrons in the isoscalar spin-triplet ($T = 0$, $S = 1$) channel. Indeed, there is no consensus on the observables that can be directly related to such a channel, and signatures of strong neutron-proton particle-particle (pp) correlations have not yet been found, despite several efforts [16–22].

It has been well known that one of the effects of this isoscalar spin-triplet force is to give rise to the deuteron bound state. Although some speculations have been made about the relevance of a $n$-$p$ pairing force in nuclei with $N = Z$, there is no unambiguous evidence of its effects, let alone evidence of a $p$-$n$ condensate. Effects of isoscalar pairing may be present in charge-exchange excitations and related phenomena. In Refs. [12,23,24] it has been shown that in self-consistent HFB + QRPA calculations, the isoscalar pairing interaction shifts low-energy Gamow-Teller (GT) strength downward so that by fitting the $n$-$p$ pairing strength, at least locally, one can account for the $\beta$-decay half-life in neutron-rich nuclei which are important for the $r$-process nucleosynthesis. The isoscalar pairing interaction is also important for the double-$\beta$ decay [25]. In Ref. [26], the $T = 0$ pairing is included in HF-BCS plus QRPA calculations which can well reproduce the energy difference between the Gamow-Teller resonance (GTR) and isobaric analog resonance (IAR) main peaks. However, since not only the isoscalar pairing but other terms of the effective interactions such as the spin two-body terms, spin-orbit one-body term, and tensor terms may also affect the main peak and low-energy tail of GTR [27–31], one could not extract from those calculations firm constraints for the isoscalar pairing interaction. Moreover, the nuclei studied so far have neutron excess and are not close to the regions where isoscalar pairing effects are expected to show up. At the same time, the higher order multipole of charge-exchange transitions, such as the spin-dipole and spin-quadrupole transitions, will receive contributions from both the isoscalar and the isovector pp channels; therefore, one is bound to come back to GT calculations and consider specific

① Physical Review C,2014,90(5):054335-(1-12).

nuclei and/or specific properties to pin down unambiguous information about isoscalar pairing.

In Ref. [32], a two-peaked structure was observed in the $N = Z$ nucleus $^{56}$Ni and this can provide some insightful information on the isoscalar pairing. Then, the GT transitions in $^{56}$Ni together with other $N = Z$ nuclei were studied by employing the HFB + QRPA theory [33], and this study has highlighted the formation of low-energy GT states in several $f$-shell nuclei, induced by the isovector and isoscalar pairing interactions and having reasonably strong strength. Recently, it was reported that strong GT states are experimentally observed, only slightly higher than the IAR, in some $N = Z + 2$ nuclei with mass number $A = 42$–54 [34]. Due to the specific selection rules, the GT transitions connect either $j_{\gtrless}(= l \pm 1/2)$ and $j_{\gtrless}(= l \pm 1/2)$ single-particle states, or $j_{\gtrless}$ and $j_{\lessgtr}$ single-particle states, while the IAR is only made up with the former type of transitions. Usually, the former type of transitions is ≈3–7 MeV lower than the latter type of transitions due to the spin-orbit splitting. Therefore, the GT strength is split in two regions: although residual interaction terms move the strength with respect to its location in terms of unperturbed particle-hole (ph) transition, still we can say that roughly the high-energy region is usually about 3–7 MeV higher than the low-energy region. The high-energy region is usually the one in which most of the strength is found in nuclei with neutron excess $N > Z + 2$. Consequently, in these nuclei the main peaks of GT transitions are found at much higher energy than the IAR states except very heavy nuclei such as $^{208}$Pb. On the other hand, the lowest GT states observed in Ref. [34] are the low-energy transitions which are expected to be more sensitive to isoscalar pairing because they must involve mainly time-reversed $p$-$n$ orbits. Moreover, in Ref. [35], Tanimura *et al.* applied a three-body model to study the energy inversion of $1^+$ and $0^+$ states that determine the character of the ground states of several odd-odd $N = Z$ nuclei in $p$-, $sd$-, and $pf$-shell regions by including the spin-triplet pairing. They have pointed out the important role of strong spin-triplet pairing interaction not only for the energy, but also the GT and magnetic dipole transitions of these nuclei.

In this paper, we apply the HFB + QRPA method to study the GT states excited from some $N = Z + 2$ nuclei with mass number $A = 42$–54 by charge exchange reactions that have been measured by Fujita and collaborators [34]. Our specific purpose in this paper is to find a clear, unambiguous signature of the isoscalar pairing and even a quantitative constraint for its strength. This paper is structured as follows. In Sec. II we briefly describe the HFB + QRPA method used in our calculation. In Sec. III we show the evolution of the GT strength distributions as a function of mass number and isoscalar pairing strength, focusing on the emergence of low-lying GT states. In Sec. IV we discuss each nucleus in more detail, by focusing on the mechanism through which the isoscalar pairing strength creates low-lying GT states, and disentangling the effect of tensor correlations.

## II. FORMALISM

As explained in the Introduction, we aim to pin down constraints on the different channels of the pairing interaction. We introduce them in the form of density-dependent, contact (i.e., zero-range) surface pairing interactions,

$$V_{T=1}(\mathbf{r_1},\mathbf{r_2}) = V_0 \frac{1-P_\sigma}{2}\left(1-\frac{\rho(\mathbf{r})}{\rho_o}\right)\delta(\mathbf{r_1}-\mathbf{r_2}), \quad (1)$$

$$V_{T=0}(\mathbf{r_1},\mathbf{r_2}) = f V_0 \frac{1+P_\sigma}{2}\left(1-\frac{\rho(\mathbf{r})}{\rho_o}\right)\delta(\mathbf{r_1}-\mathbf{r_2}), \quad (2)$$

where $\mathbf{r} = (\mathbf{r_1} - \mathbf{r_2})/2$, $\rho_0$ is taken to be $\rho_0 = 0.16\ \text{fm}^{-3}$, and $P_\sigma$ is the spin exchange operator. Since the $T = 0$ pairing strength is not yet well constrained, we take $f$ as a free parameter; in our QRPA calculations, it takes the values 0.0, 0.5 0.9, 0.95, 1.0, 1.05, and 1.1.

In the mean-field channel, we employ in our calculations the Skyrme parameter sets SGII [27], SGII + Te3 [36], and SAMi [37]. We remind that SGII was fitted to reproduce proper values of the Landau parameter $G_0'$. In the case of SAMi the same strategy was adopted on top of the Lyon force fitting protocol, and moreover we checked that one can well reproduce the GT excitation energy of some closed-shell nuclei. Finally the SGII + Te3 interaction reproduces the GT and spin-dipole excitation energies in $^{90}$Zr and $^{208}$Pb with the inclusion of the tensor force.

In HFB the maximum angular momentum $J_{\max} = 15/2$, and the maximum quasiparticle energy cutoff 180 MeV, are used. The strength of the $T = 1$ pairing is determined to reproduce the odd-even mass staggering gap $\Delta_n^{(4)} = [B(N-2,Z) - 3B(N-1,Z) + 3B(N,Z) - B(N+1,Z)]/4$ in these $f$-shell nuclei, and results are $V_0 = -446.2$, $-430.6$, and $-460.7$ MeV fm$^3$ for SGII, SGII + Te3, and SAMi, respectively. The mean pairing gaps of these five nuclei are shown in Fig. 1. We stress again that the results labeled by SGII + Te3 are calculated with tensor force, and those labeled by SAMi and SGII are calculated without tensor force. For SGII + Te3 and SAMi, the $T = 1$ pairing strengths are adjusted to reproduce the value of $\Delta_n^{(4)}$ within 0.2 MeV difference, while SGII cannot attain this criterion.

After HFB calculations, in order to obtain the canonical basis, we diagonalize the density matrix by using an intermediate basis, that is, by orthonormalizing the set of functions

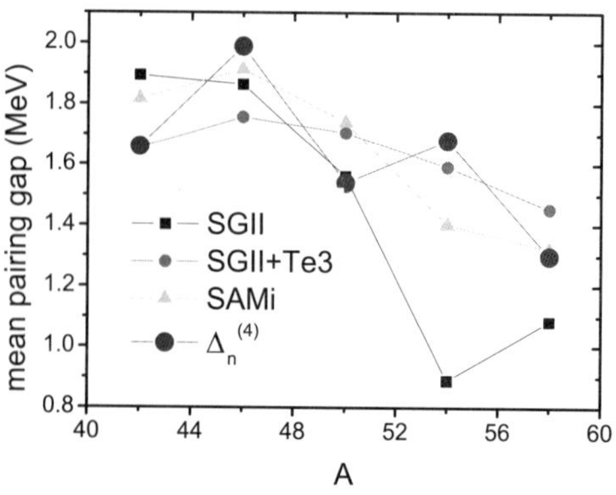


FIG. 1. (Color online) Mean neutron pairing gaps in $^{42}$Ca, $^{46}$Ti, $^{50}$Cr, $^{54}$Fe, and $^{58}$Ni compared with the quantity $\Delta^{(4)}$ described in the text.

$\{\phi_1^k + \phi_2^k\}$ for each $(l, j, q)$, $q$ being a label for protons or neutrons and $\phi_1^k$ and $\phi_2^k$ being the upper and lower components of the quasiparticle state $k$ [11]. After the canonical basis is obtained, we solve the the $pn$-QRPA equation

$$\begin{pmatrix} A & B \\ -B & -A \end{pmatrix}\begin{pmatrix} X \\ Y \end{pmatrix} = E_{\text{QRPA}}\begin{pmatrix} X \\ Y \end{pmatrix}, \tag{3}$$

in which

$$\begin{aligned} A_{pn,p'n'} &= E_{pp'}\delta_{nn'} + E_{nn'}\delta_{pp'} \\ &+ V^{\text{ph}}_{pn,p'n'}(u_p v_n u_{p'} v_{n'} + v_p u_n v_{p'} u_{n'}) \\ &+ V^{\text{pp}}_{pn,p'n'}(u_p u_n u_{p'} u_{n'} + v_p v_n v_{p'} v_{n'}), \end{aligned} \tag{4}$$

$$\begin{aligned} B_{pn,p'n'} &= V^{\text{ph}}_{pn,p'n'}(v_p u_n u_{p'} v_{n'} + u_p v_n v_{p'} u_{n'}) \\ &- V^{\text{pp}}_{pn,p'n'}(u_p u_n v_{p'} v_{n'} + v_p v_n u_{p'} u_{n'}). \end{aligned} \tag{5}$$

The effective residual ph interaction is in principle composed of terms derived from the Skyrme, Coulomb, and pairing interactions. These terms are derived by the second derivative of the energy density functional with respect to the density [11,38]. Due to the isospin selection rules, the contribution of the Coulomb interaction to the $pn$-QRPA matrix element is zero. In addition, the pairing interactions adopted in the present study do not provide any contribution to the ph channel because of their linear dependence on the density. In the pp channel, there are contributions from $T = 1$ and $T = 0$ pairing interactions defined in Eqs. (1) and (2). For the IAR, only $T = 1$ pairing gives a finite contribution, while this statement is true for the $T = 0$ pairing in the case of the GTR. This is a property of zero-range pairing forces.

After diagonalizing the QRPA matrix, the strength associated with the operator $\hat{O}$ can be calculated by

$$B_-^\nu = \left| \sum_{pn} \left(X^\nu_{pn} u_p v_n + Y^\nu_{pn} \tau v_p u_n\right)\langle p||\hat{O}_-||n\rangle \right|^2, \tag{6}$$

$$B_+^\nu = \left| \sum_{pn} \left(X^\nu_{pn} \tau v_p u_n + Y^\nu_{pn} u_p v_n\right)\langle p||\hat{O}_+||n\rangle \right|^2, \tag{7}$$

with $\tau$ being $\pm 1$ according to whether the operator $\hat{O}$ is even or odd under time reversal. We can also define the transition amplitude $(A_{pn})$ of a configuration such as that in the $t_-$ channel,

$$A_{pn} = \left(X^\nu_{pn} u_p v_n + Y^\nu_{pn} \tau v_p u_n\right)\langle p||\hat{O}_-||n\rangle. \tag{8}$$

This can be used to evaluate the contribution of a $p$-$n$ configuration to a given collective excited state.

For GT and IAR, the operator $\hat{O}_\pm$ reads

$$\hat{O}_{\text{GT}\pm} = \sum_{im} t^i_\pm \sigma^i_m, \tag{9}$$

$$\hat{O}_{\text{IAS}\pm} = \sum_{im} t^i_\pm, \tag{10}$$

respectively, in terms of the standard isospin operators, $t_\pm = \frac{1}{2}(t_x \pm i t_y)$. We finally remind that, in the QRPA calculations, there exists a model-independent non-energy-weighted sum rule (NEWSR) for the GT and IAR transitions:

$$S_{\text{GT}-} - S_{\text{GT}+} = 3(N - Z), \tag{11}$$

$$S_{\text{IAR}-} - S_{\text{IAR}+} = N - Z. \tag{12}$$

In our QRPA calculations the GT sum rule of each nucleus is checked and found to fulfill the model-independent channel within 1%.

## III. LOW ENERGY COLLECTIVE GT STATE IN N = Z + 2 NUCLEI WITH A = 42–58

The GT strength distributions calculated with the factor $f$ taking the values $f = 0.0$, 0.5, 1.0, and 1.1, together with the IAR states, in $^{42}$Ca, $^{46}$Ti, $^{50}$Cr, $^{54}$Fe, and $^{58}$Ni are shown in Fig. 2, where the excitation energy $E_x$ is shown from the ground state of the initial nuclei. The Skyrme parameter set SAMi is used. This force has been fitted so as to reproduce the GT main peak energies in stable nuclei $^{90}$Zr and $^{208}$Pb.

As shown in the figure, when $f = 0.0$,0.5, which means without or with a weak isoscalar pairing, the GT strengths are found in the high-energy region, defined here as the region above 14 MeV and thus, also above the IAR. More precisely, in $^{42}$Ca and $^{46}$Ti, the GT peaks are split into two peaks, while a single peak is found in $^{50}$Cr, $^{54}$Fe, and $^{58}$Ni. The low-energy peak is located above the IAR in each nucleus. The strength of the low-energy peak is decreasing for the larger mass nuclei and is almost invisible in $^{58}$Ni. The main peak is found at about 16–17 MeV in each nucleus, which is about 5 to 6 MeV higher than the low-energy peak, and about 7–8 MeV higher than the IAR peaks.

When the factor $f$ is increased up to values 1.0–1.1, the low-energy peaks are shifted downward close to the IAR, and even below the IAR if $f = 1.1$. Moreover, the strength in the low-energy peaks are dramatically enhanced, especially in $^{42}$Ca and $^{46}$Ti, exhausting about 70% of the Gamow-Teller sum rule $3(N - Z) = 6$. In $^{50}$Cr the low-energy peaks exhausts a similar amount of GT strength as the high-energy peak. In $^{54}$Fe and $^{58}$Ni, the strength in the low-energy peaks is also increased but still not strong compared with the high-energy peak.

Thus, it is quite clear that the isoscalar pairing is the driving force to create some collective low-energy GT states in these $N = Z + 2$ nuclei. More quantitative aspects about the strength of those states, and details about the underlying mechanism will be discussed in the next section.

The strength evolution in the low energy peak can be qualitatively understood by the coefficients of the pp and ph terms of Eq. (5). In general, the ph residual interaction in the spin-isospin channel is repulsive and shifts the strength upward (especially in the high-energy peak which is dominated by the $j_> \to j_<$ transition); the pp residual interaction is attractive and shifts the low- and high-energy peaks downward. In the cases under study, the important configurations are $(\nu 1 f_{7/2}, \pi 1 f_7/2)$ and $(\nu 1 f_{7/2}, \pi 1 f_{5/2})$, which can be denoted by $j_> \to j_>$ and $j_> \to j_<$, respectively. The associated coefficients for the diagonal matrix elements, cfph $\equiv u_p v_n u_p v_n + v_p u_n v_p u_n$ and cfpp $= u_p u_n u_p u_n + v_p v_n v_p v_n$ for the two configurations are displayed in Table. I. One can see that these coefficients change drastically from $^{42}$Ca to $^{54}$Fe. For the

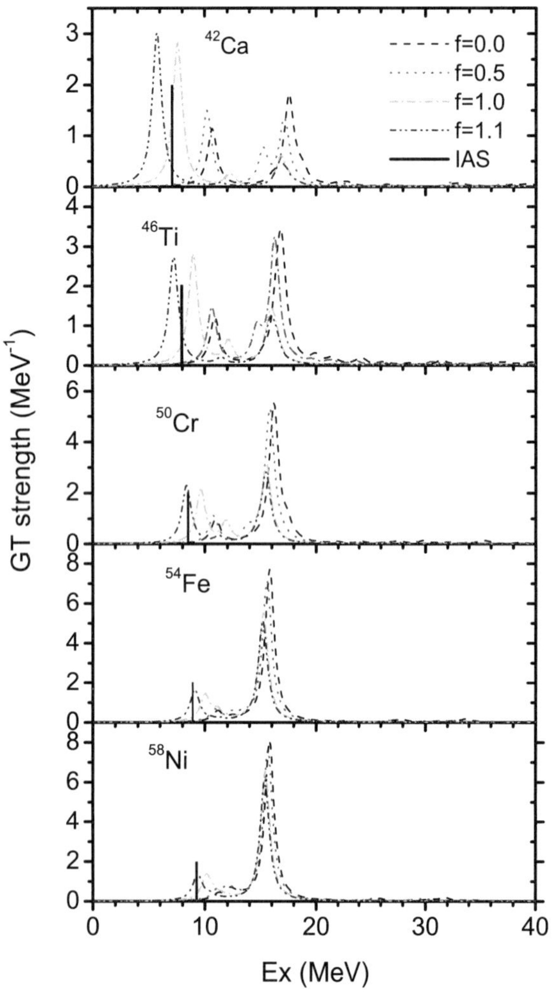


FIG. 2. (Color online) GT strength distributions in $^{42}$Ca, $^{46}$Ti, $^{50}$Cr, $^{54}$Fe, and $^{58}$Ni obtained by HFB + QRPA calculations with the Skyrme interaction SAMi. The $T = 0$ pairing interaction is included in QRPA by changing the coupling constant $f$ that takes the values $f = 0.0$, 0.5, 1.0, and 1.1 [cf. Eq. (2)]. The vertical black line corresponds to the IAR state. The excitation energy is calculated with respect to the ground state of target nuclei. See the text for a more detailed discussion.

configuration $(\nu 1 f_{7/2}, \pi 1 f_{5/2})$ in $^{42}$Ca, cfpp is four times larger than cfph. This means that in this nucleus the high-energy peak will receive a strong effect from the pp channel, and as a consequence the strength in the high-energy region is shifted largely to the low-energy region. As a result, about 80% of the strength is found in the low-energy region. In $^{46}$Ti, the ratio cfpp/cfph decreases to about 1.5 and the QRPA results show again that a substantial portion of the strength is shifted to the low-energy region. In $^{50}$Cr, this ratio decreases further to about 0.5. That means that the high-energy region is subject to the effect of the ph interaction, and only a small part of the strength is shifted to the low-energy region. In $^{54}$Fe, the ratio becomes about 0.25, so that the effect of pp interaction is marginal, and a very small amount of strength is shifted from the high-energy region to the low-energy region. In $^{42}$Ca, it turns out that the ph interaction is very much suppressed and most of the strength is distributed in the low-energy region. In conclusion, our results allow us to clearly pinpoint the competition of ph and pp interactions, and consequently assess the role of the $T = 0$ pairing, even if effects that may change the detail of the strength distribution, such as deformation effects or coupling with complex configurations beyond two-quasiparticle ones, are not included.

## IV. SUM RULE VALUES AND MECHANISMS FOR THE EMERGENCE OF LOW-LYING GT STATES

In this section, we discuss the cumulative sum rule and the role of $T = 0$ pairing correlations to enhance the low-energy GT states in each nucleus. We also single out other effects, like that of tensor correlations.

### A. $^{42}$Ca

Since the tensor correlations have been reported to affect significantly the collective GT and spin-dipole states, we have done calculations using either SGII or SGII + Te3, as explained above.

In Fig. 3, it is shown that the inclusion of tensor force shifts the high-energy peaks downward by about 1.2 MeV in the cases of $f = 0.0$ and 0.5. Although in the case of stronger isoscalar pairing strength the main effect on the high-energy peak is to reduce its strength, we also notice that it is shifted downward by about 1 MeV. On the other hand, the low-energy peaks that appear in the strong $T = 0$ pairing case do not get any significant effect by the tensor correlations, and their peak energies are almost the same when we use either SGII or

TABLE I. Coefficients of the pp and ph terms in Eq. (5), in the case of the diagonal matrix elements associated with the $(\nu 1 f_{7/2}, \pi 1 f_{7/2})$ and $(\nu 1 f_{7/2}, \pi 1 f_{5/2})$. The coefficients cfph and cfpp are defined in the text.

| | $v^2_{\nu f_{7/2}}$ | $v^2_{\pi f_{7/2}}$ | $v^2_{\pi f_{5/2}}$ | $(\nu 1 f_{7/2}, \pi 1 f_{7/2})$ | | $(\nu 1 f_{7/2}, \pi 1 f_{5/2})$ | |
|---|---|---|---|---|---|---|---|
| | | | | cfpp | cfph | cfpp | cfph |
| $^{42}$Ca | 0.20 | 0.00 | 0.00 | 0.80 | 0.20 | 0.80 | 0.20 |
| $^{46}$Ti | 0.40 | 0.21 | 0.02 | 0.56 | 0.44 | 0.60 | 0.40 |
| $^{50}$Cr | 0.62 | 0.43 | 0.03 | 0.48 | 0.52 | 0.39 | 0.61 |
| $^{54}$Fe | 0.84 | 0.66 | 0.04 | 0.61 | 0.39 | 0.19 | 0.81 |

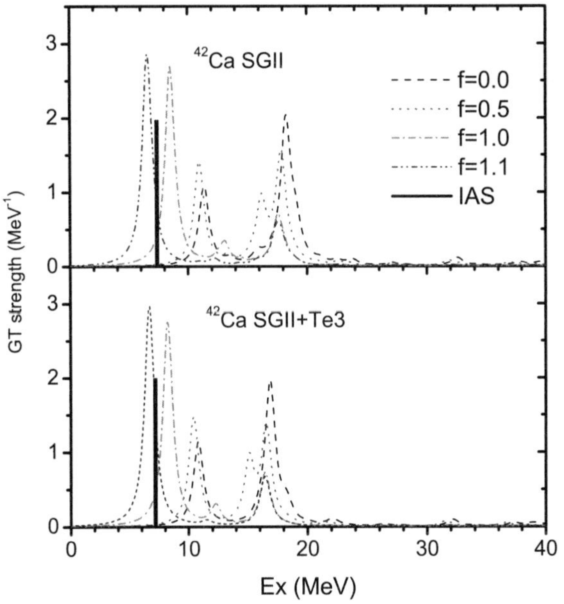


FIG. 3. (Color online) GT strength distributions in $^{42}$Ca obtained by HFB + QRPA calculations with the Skyrme interactions SGII and SGII + Te3. The $T = 0$ pairing interaction is included in QRPA by changing the coupling constant $f$ of Eq. (2), that takes the values $f = 0.0$, 0.5, 1.0. The vertical black line corresponds the IAR. The excitation energy is calculated with respect to the ground state of the target nuclei. See the text for a more detailed discussion.

SGII + Te3. These results indicate that the effect of the tensor force is suppressed on the low-energy peak or overwhelmed by the effect of pairing.

Let us now discuss the mechanism for the enhancement of the GT strength in the low-energy region. In the single-particle picture, the $(j_> \to j_>)$ transition will be the dominant transition mode in the low-energy region, and this will be $(\pi f_{7/2}, \nu f_{7/2})$ in these $N = Z + 2$ nuclei with $A = 42$–54. On the other hand, the $(j_> \to j_<)$ transition will contribute as the dominant configuration for the high-energy GT state. We define a quantity that allows us to quantify the contribution of different unperturbed transitions, lying at different excitation energies, namely the cumulative sum of the GT transition matrix elements of Eq. (8) that is defined by the following formula:

$$CS(E_{\text{unp}}) = \left| \sum_{pn}^{E_{pn} \leqslant E_{\text{unp}}} A(E_{pn}) \right|^2. \tag{13}$$

Here the energy $E_{\text{unp}}$ corresponds to the difference between proton and neutron "single-particle-like" energies, that are defined as the diagonal matrix elements of the Hartree-Fock field (in the canonical basis). Figure 4 shows the GT transition amplitudes $A$ (upper panel) defined in Eq. (8) and the cumulative sum of these transition amplitudes defined by Eq. (13) for the low-energy GT states as a function of $E_{\text{unp}}$ in $^{42}$Ca. These low-energy GT states are selected at

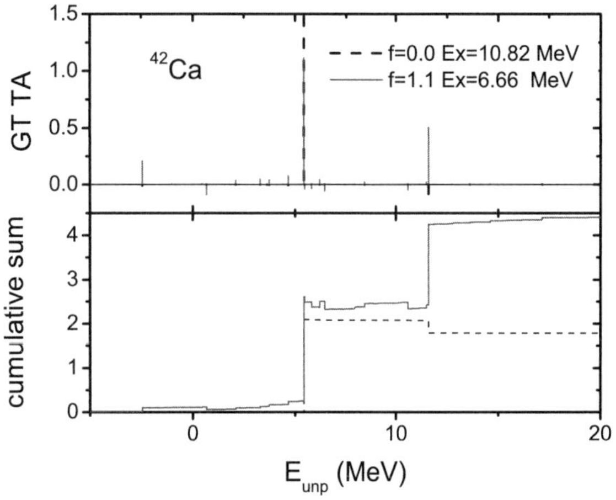


FIG. 4. (Color online) The transition amplitudes (GT TA) (upper panel) defined in Eq. (8) and their cumulative sum defined in Eq. (13) (lower panel) for the low-energy GT state in $^{42}$Ca, calculated by using SGII + Te3 with $f = 0.0$ and 1.1.

$E = 10.82$ MeV when $f = 0.0$ and at $E = 6.66$ MeV when $f = 1.1$ (they are calculated by using SGII + Te3, so they are visible in Fig. 3). When there is no isoscalar pairing in QRPA ($f = 0.0$), there is only one dominant configuration $(\pi f_{7/2}, \nu f_{7/2})$ at $E_{\text{unp}} = 5.45$ MeV contributing to the GT strength. On the other hand, when a strong isoscalar pairing strength ($f = 1.1$) is taken, that configuration makes still an important contribution, but the configurations $(\pi f_{5/2}, \nu f_{7/2})$ and $(\pi f_{7/2}, \nu f_{5/2})$, respectively at $E_{\text{unp}} = 11.6$ and $-3.4$ MeV, also contribute with the same phase. Altogether, the strong isoscalar pairing increases the GT strength of the state at $E = 6.66$ MeV by more than a factor of 2. This strong collective GT state was called the low-energy super-GT state in Ref. [34], reflecting the fact that the strong transition will be induced between the members of SU(4) "supermultiplet" symmetry.

The cumulative sum of the GT strength is defined as

$$m_0(E) = \sum_{n}^{E_n \leqslant E} B_{\text{GT}-}(E_n) + \int^{E} \frac{dB_{\text{GT}-}(E)}{dE} dE, \tag{14}$$

taking into account the discrete states at the excitation energy $E_n$ together with the continuum GT strengths. The cumulative sum of the GT strength in $^{42}$Ca calculated by the SGII + Te3 interaction with the IS pairing strengths $f = 0.0$, 0.5, 1.05 are shown in Fig. 5. The calculated results are compared with the experimental data taken from Ref. [34]. For $^{42}$Ca, the experimental data show that most of the GT strength is concentrated in the lowest GT state at 0.611 MeV, with a small amount of strength distributed around 4 and 10 MeV. The QRPA results with $f = 1.05$ also show most of the strength concentrated in the lowest GT state around 0.6 MeV, with small amounts distributed around 5.5 and 10 MeV. Thus, the calculated results with the strong $T = 0$ pairing show a good agreement with the cumulative sum that has been experimentally measured, while this cumulative sum rule

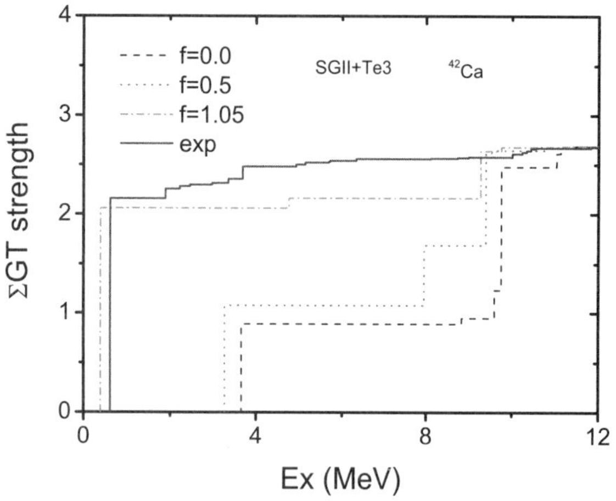


FIG. 5. (Color online) The cumulative sum of the GT strength in $^{42}$Ca, calculated by SGII + Te3 interaction with $f = 0.0$, 0.5, 1.05. The blue line is the experimental result taken from Refs. [34]. The excitation energy is referred to the IAR. The maximum values of theoretical GT strengths are normalized to that of the experimental result.

would be very different without $T = 0$ pairing, as in that case there would be not much strength below 3 MeV and there would be no good correspondence with the experimental data.

### B. $^{46}$Ti

In Fig. 6, the effects of the tensor correlations on the GT states in $^{46}$Ti are shown by using SGII and SGII + Te3 interactions. In the case of no or weak $T = 0$ pairing with $f = 0.0$ and 0.5, the high-energy peak is shifted downward

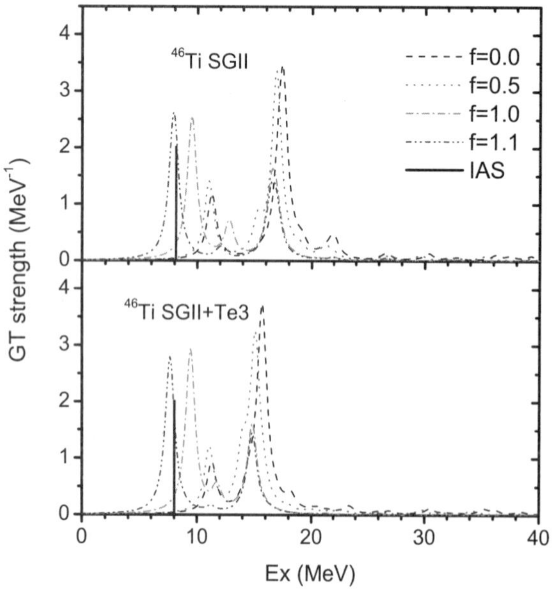


FIG. 6. (Color online) The same as Fig. 3, in the case of $^{46}$Ti.

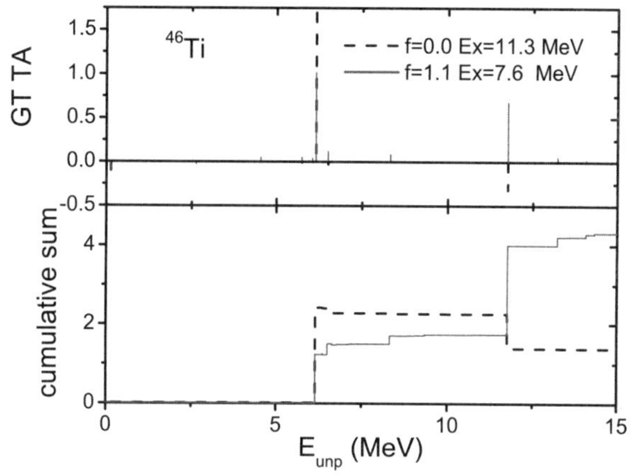


FIG. 7. (Color online) The same as Fig. 4, in the case of $^{46}$Ti.

by 1.7 MeV due to the tensor correlations. In the cases of stronger $T = 0$ pairing, the downward shift is quantitatively similar. Since $^{46}$Ti has more valence particles in the $pf$-shell than $^{42}$Ca, this energy shift is larger in $^{46}$Ti than in $^{42}$Ca. For the low-energy peak one obtains again a small effect from the tensor correlations, as in $^{42}$Ca. The GT transition amplitudes of the two GT states at 11.3 MeV in the case of $f = 0.0$ and at 7.6 MeV in the case of $f = 1.1$ are shown in Fig. 7. When there is no isoscalar pairing ($f = 0.0$), the configuration $(\pi f_{7/2}, \nu f_{7/2})$ at $E_{\mathrm{unp}} = 6.1$ MeV is the dominant configuration while the contribution from the $(\pi f_{7/2}, \nu f_{5/2})$ configuration at $E_{\mathrm{unp}} = 11.8$ MeV is smaller and even in opposition of phase. When the strong isoscalar pairing is introduced with $f = 1.1$, the transition amplitude of $(\pi f_{7/2}, \nu f_{7/2})$ decreases, but that of $(\pi f_{7/2}, \nu f_{5/2})$ increases and becomes coherent with the other contribution. Moreover, other small yet non-negligible coherent contributions show up, and this produces a strong GT transition strength as is seen in the lower panel.

The cumulative B(GT) sum for $^{46}$Ti is shown in Fig. 8. For $^{46}$Ti, the experimental data show that the strength in the

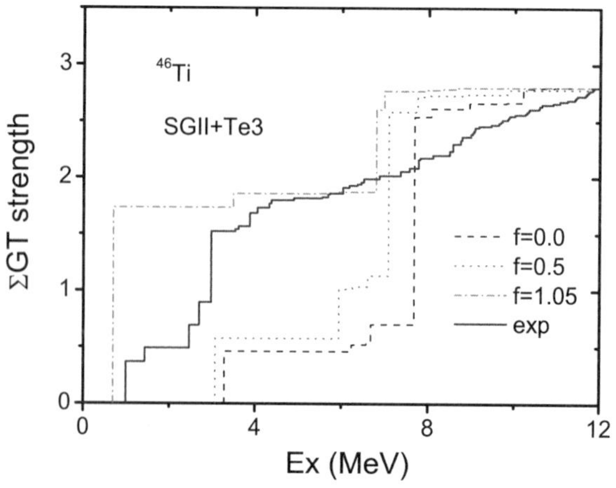


FIG. 8. (Color online) The same as Fig. 5, in the case of $^{46}$Ti.

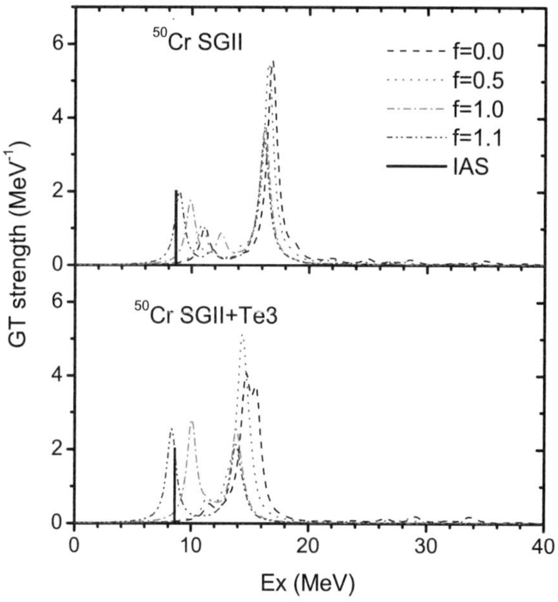


FIG. 9. (Color online) The same as Fig. 3, in the case of $^{50}$Cr.

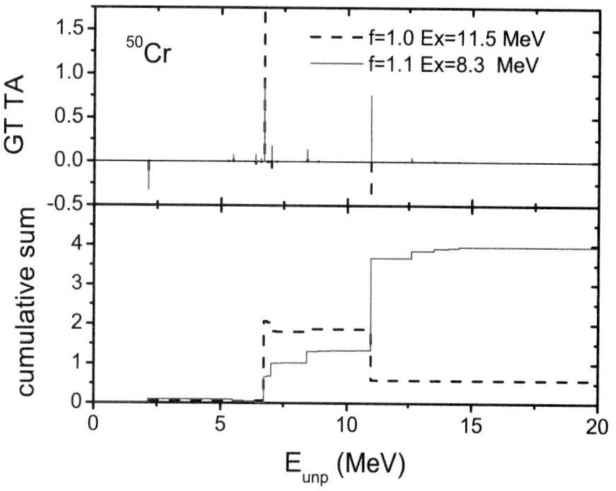


FIG. 10. (Color online) The same as Fig. 4, in the case of $^{50}$Cr.

energy region lower than 4 MeV (which is more than half of the total strength) is fragmented into several states, with a lowest strong state at 0.994 MeV, and a bump-like distribution in the 6–11 MeV region. The QRPA results show a concentration of the GT strength around 1 MeV, as well as around 8 MeV, in reasonable agreement with the data.

### C. $^{50}$Cr

Figure 9 shows the calculated results in $^{50}$Cr obtained by using SGII and SGII + Te3, that is, without and with the tensor force respectively. Compared with the two nuclei $^{42}$Ca and $^{46}$Ti, tensor correlations have larger effects on both the excitation energy and the GT strength; the high-energy peak is shifted downward by about 2 MeV and even the low-energy peak is shifted by about 0.5 MeV. The GT strength of the low-energy peak in the case of strong $T = 0$ pairing with $f \approx 1.0$ is also enhanced by 50% by the tensor correlations. This is due to the fact that $^{50}$Cr is a midshell nucleus and gets easily a strong effect from the tensor force.

The transition amplitudes and their cumulative sum are shown in Fig. 10, for the two GT states lying at 11.5 MeV in the case of $f = 0.0$, and at 8.3 MeV in the case of $f = 1.1$, respectively. In the case of no isoscalar pairing, the transition amplitudes show similar features in the case of $^{46}$Ti; namely, the contribution of $(\pi f_{7/2}, \nu f_{7/2})$ at $E_{\text{unp}} = 6.7$ MeV is the dominant one while $(\pi f_{7/2}, \nu f_{5/2})$ at $E_{\text{unp}} = 11.0$ MeV gives a small contribution with the opposite sign. In the case of strong isoscalar pairing, these two configurations display large contributions with the same phase, which enhances the GT strength by about a factor of 8 compared with the state at 11.5 MeV that exists in the case of no isoscalar pairing.

In general, in the three nuclei $^{42}$Ca, $^{46}$Ti, and $^{50}$Cr, the low excitation energy GT state takes a contribution from the $\nu j_> \to \pi j_>$ state only, in the case of no or weak isoscalar pairing correlations. On the other hand, the isoscalar pairing correlations shift the contribution of the $\nu j_> \to \pi j_<$ amplitude to the low-energy GT state(s) and affect as well the relative phase, so that the *coherent* sum of $\nu j_> \to \pi j_>$ and $\nu j_> \to \pi j_<$ transition amplitudes contributes to build up a relatively strong GT state.

The cumulative B(GT) sum for $^{50}$Cr is shown in Fig. 11 for SGII + Te3 with the isoscalar pairing given by $f = 0.0$, 0.5, and 1.05. In $^{50}$Cr, the QRPA result with $f = 1.05$ reproduces well the GT strength distribution in the energy region lower than $\approx 6$ MeV, while there is only small strength below 5 MeV in the cases of no IS pairing and weak IS pairing with $f = 0.0$ and 0.5, respectively. The calculations show a concentration of the strength in the high-energy region rather than fragmented in a bump-like distribution as observed in the experiment. In general, QRPA does not by construction include all spreading effects and we do not aim at comparing the line shape with experiment in this work.

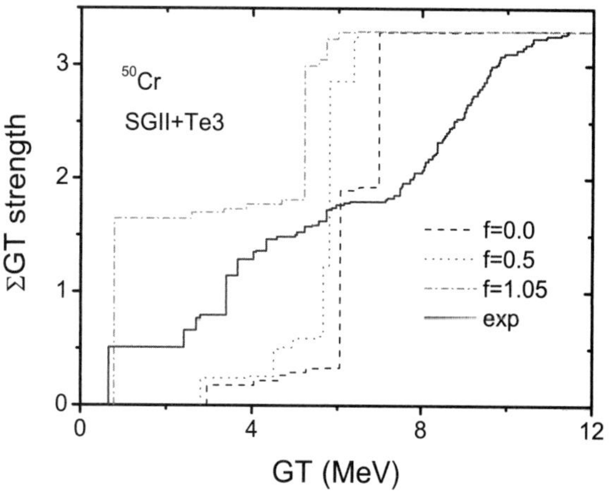


FIG. 11. (Color online) The same as Fig. 5, in the case of $^{50}$Cr

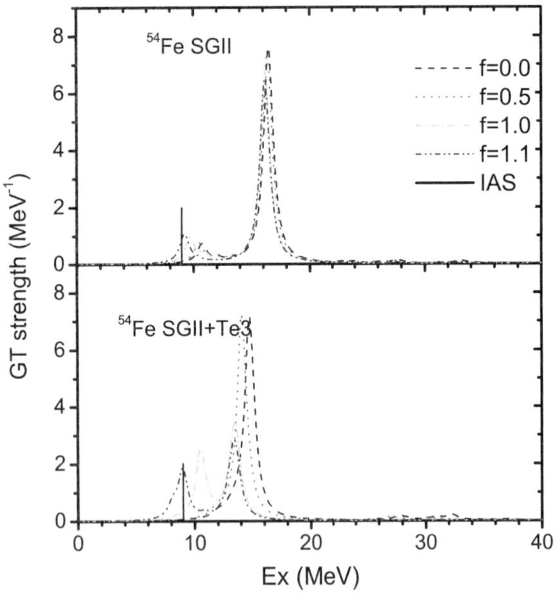


FIG. 12. (Color online) The same as Fig. 3, in the case of $^{54}$Fe .

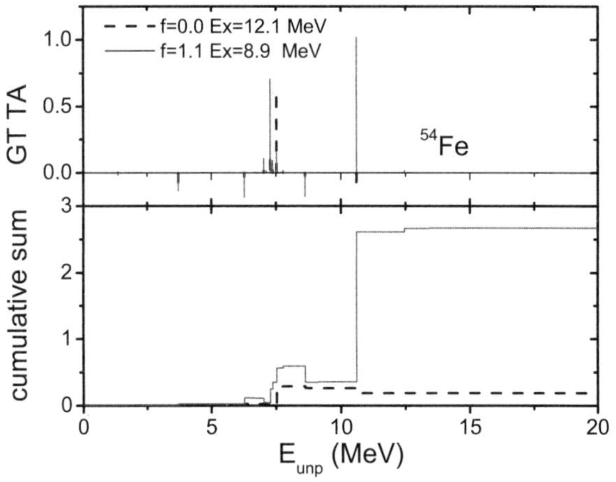


FIG. 13. (Color online) The same as Fig. 4, in the case of $^{54}$Fe.

### D. $^{54}$Fe

The effect of the tensor force is displayed in Fig. 12 by means of the comparison, as above, between the SGII and SGII + Te3 interactions. Compared with the three lighter nuclei with $N = Z + 2$ that we have discussed so far, the tensor correlations in $^{54}$Fe are crucial to allow the isoscalar pairing giving an effect. In the upper panel of Fig. 12, one can note that the isoscalar pairing does not change the GT strength distributions, even when it is strong ($f = 1.0$ and 1.1), without the tensor correlations. On the other hand, when tensor correlations are present, the GT strength distribution is markedly affected both in energy and strength by the isoscalar paring, as can be seen in the lower panel of Fig. 12. With the strong isoscalar pairing, the high-energy peak is quenched substantially and shifted downward by more than 2 MeV. At the same time, the low-energy peak is enhanced by a factor of 2 in the case of $f \geqslant 1.0$.

For $^{54}$Fe and $^{58}$Ni (to be discussed below) the $p$ orbits are also equally important for the GT as the $f$-shell configurations. In Fig. 13 two states are shown at 12.1 MeV with $f = 0.0$ and 8.9 MeV with $f = 1.1$, respectively. When no isoscalar pairing is introduced with $f = 0.0$, $(\pi p_{3/2}, \nu p_{3/2})$ at $E_{\text{unp}} =$ 7.5 MeV is the dominant configuration, while in the case $f =$ 1.1 the two configurations $(\pi f_{7/2}, \nu f_{5/2})$ at $E_{\text{unp}} = 10.6$ MeV and $(\pi f_{7/2}, \nu f_{7/2})$ at $E_{\text{unp}} = 7.3$ MeV contribute mainly to build a strong GT transition with the same phase. Thus, the cumulative sum is large in the case of strong isoscalar pairing, and the GT strength becomes one order of magnitude stronger than in the $f = 0.0$ case.

The cumulative B(GT) sum for $^{54}$Fe is shown in Fig. 14. For $^{54}$Fe, there is just about 10% of the total strength distributed in the energy region lower than 4 MeV (with a lowest state at 0.936 MeV) and there is a bump-like strength in the energy region from 4 to 12 MeV. The QRPA results by SGII + Te3 with the strong isoscalar pairing produce a larger portion of the GT strength in the low-energy region, while with weak or no isoscalar pairing there is essentially no strength below 5 MeV. The QRPA results calculated by SAMi and SGII show about 10% of the strength distributed in the low-energy region with a stronger concentration in the high-energy region at about 7 MeV. Consequently, the QRPA calculations using SAMi in Fig. 2 and SGII in Fig. 12 can reproduce well the portion of the GT strength in the energy region below 4 MeV as compared with SGII + Te3, in which the attractive tensor force tends to shift too much GT strength to the low-energy region.

### E. $^{58}$Ni

The effect of the tensor force is shown in Fig. 15 by means of a comparison between SGII and SGII + Te3. Just like in the case of $^{54}$Fe, the isoscalar pairing does not affect the main GT peak at $E \approx 17$ MeV without the tensor force, while the

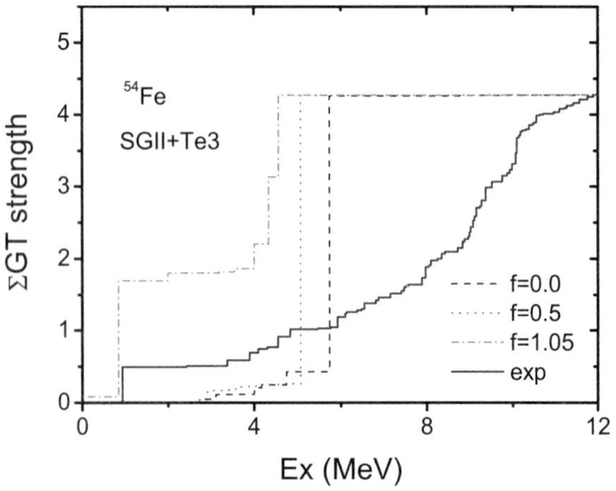


FIG. 14. (Color online) The same as Fig. 5, in the case of $^{54}$Fe.

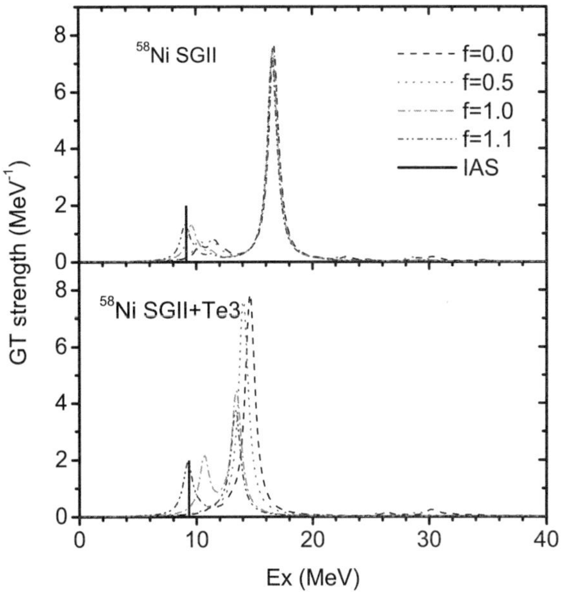


FIG. 15. (Color online) The same as Fig. 3, in the case of $^{58}$Ni.

GT strength around the IAR peak is slightly changed. On the other hand, with the tensor correlations included, the main GT peak is shifted downward by more than 2 MeV; moreover, in this case a substantial amount of GT strength is shifted to the lower energy peak in the case of strong isoscalar pairing. The transition amplitudes and their cumulative sum for the low-energy collective states are shown in Fig. 16. The nucleus $^{58}$Ni involves many $pf$-shell configurations, even more than $^{54}$Fe, and many unperturbed transitions contribute to the GT strength. For $^{58}$Ni, the amplitudes of two states are compared in the upper panel of Fig. 16, namely those of the state at 11.16 MeV (in the case of no isoscalar pairing, $f = 0.0$) and those of the state at 9.25 MeV (in the case of strong isoscalar

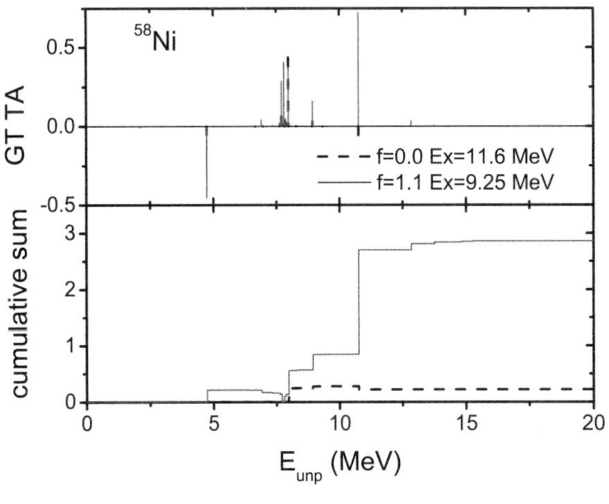


FIG. 16. (Color online) The same as Fig.4 in the case of $^{58}$Ni.

pairing, $f = 1.1$). With no isoscalar pairing the configuration $(\pi p_{3/2}, \nu p_{3/2})$ at $E_{\text{unp}} = 8.0$ MeV is the dominant configuration, while in the case of strong isoscalar pairing ($f = 1.1$), almost all $f$- and $p$-shell configurations make important contributions, i.e., $(\pi f_{7/2}, \nu f_{7/2})$, $(\pi f_{5/2}, \nu f_{5/2})$, $(\pi f_{7/2}, \nu f_{5/2})$, $(\pi f_{5/2}, \nu f_{7/2})$, $(\pi p_{3/2}, \nu p_{3/2})$, and $(\pi p_{3/2}, \nu p_{1/2})$. Most of these configurations have the same phase and the GT strength is substantially enhanced by the isoscalar pairing correlations as can be seen in the lower panel of Fig. 16.

### F. Characteristic features of the GT distributions in the five nuclei

In $^{42}$Ca, the results with the strong isoscalar pairing $f \approx 1.0$ account well for the observed low-energy GT strength below 4 MeV, while those with no or weak isoscalar pairing fail to reproduce the experimental data. For the high-energy region above 4 MeV, the present calculations with the strong IS pairing, $f = 1.0$ or 1.1, can reproduce the strength distribution of $^{42}$Ca, but for the heavier nuclei the calculations show a strong concentration of the strength which is different from the experimental data. In addition, the calculations with SGII + Te3 produce a notably higher portion of strength distributed in the low-energy region which means that the tensor force, rather than just the isoscalar pairing force, can affect the ratio of the strengths in the low- and high-energy regions. Namely, the cooperative effect of isoscalar pairing and tensor interaction is noticeable in the low-energy strength in the nuclei at the middle of the $pf$-shell such as $^{50}$Cr, as is shown in Fig. 17. The enhancement of the low-energy strength below 4 MeV is clearly seen in the dash-dotted curve of SGII + Te3 in Fig. 17 in comparison with the dotted curve of SGII without tensor. It is interesting also to notice that SAMi gives an appreciable low-lying strength lying between the two curves of SGII and SGII + Te3.

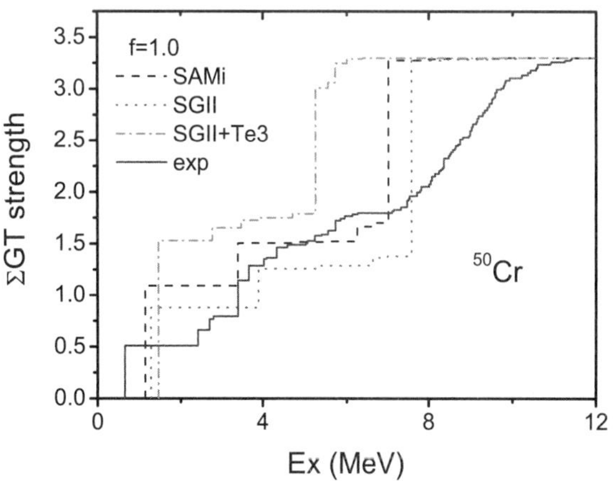


FIG. 17. (Color online) The cumulative sum of the GT strength in $^{50}$Cr calculated by SAMi, SGII, and SGII + Te3 interactions with $f = 1.0$. The blue line is the experimental result taken from Refs. [34,39]. The excitation energy is in reference to the IAR. The maximum values of theoretical GT strengths are normalized to that of the experimental result.

There is some fragmentation of the strength in the high-energy region which is still an open question for our present spherical two-quasiparticle QRPA calculation. In general, as we already stressed, we do not aim at reproducing the details of the line shape for the strength distribution. It should be noted that $^{50}$Cr and $^{54}$Fe are likely to be deformed. The deformation effects on the GT strength have been studied for several $N = Z$ nuclei in the $28 < Z < 50$ region [40], and also in the case of the $N = Z + 2$ nuclei $^{74}$Kr, $^{54}$Fe, and $^{58}$Ni [41,42] (cf. also [43] and references therein). It was shown that deformations (especially oblate) may cause an obvious fragmentation, for instance in the high-energy region of $^{74}$Kr, as compared with the spherical case [41]. At the same time, it was shown in Ref. [42] that there is no fragmentation in $^{54}$Fe and $^{58}$Ni caused by deformation. We should also remind that the coupling with 2p-2h or four-quasiparticle states [44,45], or the particle-vibration coupling (cf. [46,47] and references therein), are not only effective to produce the GT resonance spreading width but at the same time induce strength fragmentation, that increases with increasing excitation energy.

## V. CONSTRAINT FOR THE ISOSCALAR PAIRING STRENGTH

The energy differences between the lowest GT and IAR states in $N = Z + 2$ nuclei with mass number $A = 42$–58 obtained by HFB + QRPA calculations are shown in Fig. 18, and compared with the experimental measurements from Refs. [34,39]. The Skyrme parameters SGII, SGII + Te3, and SAMi are used, and systematic calculations are done by varying the $T = 0$ pairing interaction strength, that is, by using $f = 0.0$, 0.5, 0.9, 1.05, and 1.1 [cf. Eq. (2)]. In panel (a), the results of SGII are shown, in which the results of $^{42}$Ca, $^{46}$Ti, and $^{50}$Cr suggest the optimum value of 1.05 for $f$. For $^{54}$Fe and $^{58}$Ni, due to the fact that the isovector pairing is somewhat weak (see Fig. 1) and the effect of isoscalar pairing does not manifest itself strongly, the results obtained with $f = 0.9$, 1.0, and 1.05 are quite close and are all acceptable in comparison with the experimental data. In panel (b), SGII + Te3 is used (that is, the tensor force is included) and the mean pairing gap in Fig. 1 is more reasonable as compared with the empirical findings. As a consequence, the effects of isoscalar pairing are more evident, and the results indicate that $f = 1.05$ reproduces well the empirical energy differences between GT and IAR. The interaction SAMi also reproduces reasonably the empirical pairing gaps for the five nuclei in Fig. 1. As shown in panel (c), the GT and IAR energy differences indicate the optimal value of $f = 1.0$–1.05. For all three interactions SGII, SGII + Te3, and SAMi, the optimal isoscalar pairing strength is almost the same with $f = 1.0$–1.05 multiplied by the isovector paring strength for each Skyrme interaction. Thus, we can conclude that the $T = 0$ pairing strength is determined rather uniquely in the study of energy differences between IAS and GT states in the nuclei with $N = Z + 2$.

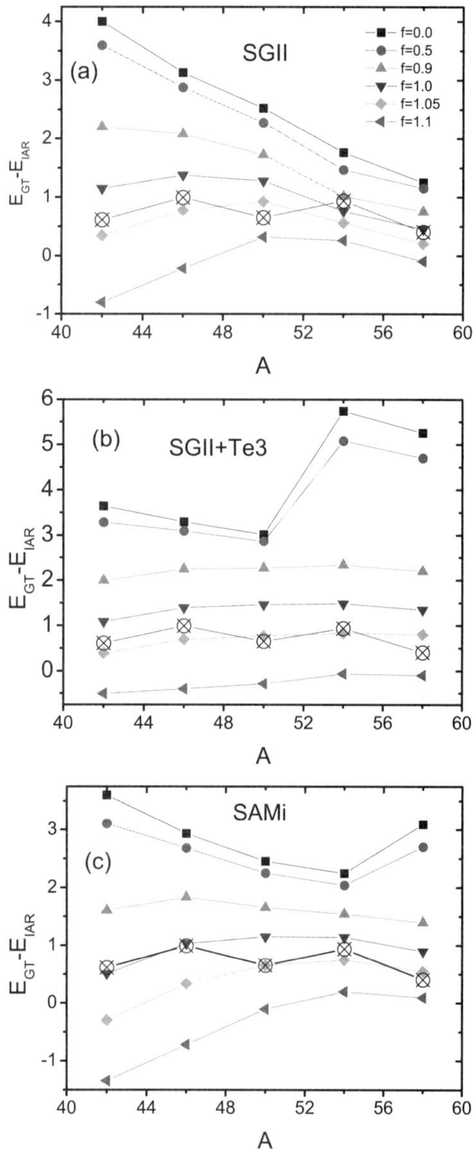


FIG. 18. (Color online) The energy differences between the lowest GT and IAR states in $N = Z + 2$ nuclei with mass number $A = 42$–58 obtained by HFB + QRPA calculations are shown. The interactions SGII + Te3 (with tensor force) and SAMi (without tensor force) are used, and more systematic calculations are done by changing the $T = 0$ pairing interaction, i.e., adopting different values for coupling constant $f = 0.0$, 0.5, 0.9, 0.95, 1.05, and 1.1 [cf. Eq. (2)]. The empty circles with crosses are the experimental data taken from Refs. [34,39].

## VI. SUMMARY

HFB + QRPA calculations with the Skyrme forces SGII, SGII + Te3, and SAMi have been performed to study the low-energy GT states in several $N = Z + 2$ nuclei with $A = 42$–58. The isoscalar pairing interaction is taken into account in the QRPA calculations and is shown to have an important effect on the collective low-energy excited GT states in these nuclei.

Without the isoscalar pairing correlations, the low excited GT states are dominated by the $(\nu j_> \to \pi j_>)$ configurations. When the strong isoscalar pairing interaction $f \approx 1.0$ in Eq. (2) is introduced, the $(\nu j_> \to \pi j_<)$ configurations are largely mixed with the $(\nu j_> \to \pi j_>)$ configurations and enhance the GT strength at least several times more than in the case without the isoscalar pairing. In addition to this important effect on the GT strength, the low excited GT states are shifted downward in energy.

This effect is not decoupled, however, from that of the tensor force. We have examined the role of the tensor force by comparing the results of SGII and SGII + Te3. In $^{42}$Ca and $^{46}$Ti, the effect of the tensor force is invisible in the low-energy peaks, while the high-energy peaks are shifted downward in energy by 1–2 MeV. In the middle of the $pf$-shell, the low-energy peaks are also affected significantly by the tensor force, both in energy and in strength, in $^{50}$Cr, $^{54}$Fe, and $^{58}$Ni. This difference is mainly due to the presence of several configurations excited from both $f$- and $p$-orbits in the GT states of the heavier $pf$-shell nuclei.

To highlight these points, in our paper we have carried out systematic calculations, with different strengths of the isoscalar pairing, and compared our results with the empirical energy difference between the low excited collective GT and IAR states of five nuclei with $N = Z + 2$. Our main result is that the optimal strength of the isoscalar pairing is obtained to be 1.0 to 1.05 times the isovector pairing strength, independent on the adopted Skyrme interaction. In other words, the isoscalar pairing strength is determined unambiguously in the present study of the low energy GT strength.

The global GT strength distribution has also been discussed by means of the cumulative GT sum plots. For $^{42}$Ca, the cumulative sum of the experimentally observed GT strengths is qualitatively and quantitatively well reproduced by the present calculations with the strong isoscalar pairing $f \approx 1.0$. In $^{46}$Ti, $^{50}$Cr, $^{54}$Fe, and $^{58}$Ni, the present QRPA calculation can reproduce the position and the portion of strength of the GT states in the low-energy region (i.e., within 4 MeV above the IAR). In the higher energy region, the empirical GT strength is fragmented in many bump-like states; the QRPA calculations show that the GT strengths are concentrated in one main state. This is probably not surprising as we miss spreading effects that go beyond the simple QRPA.

Finally, it is confirmed from the present study that the excitation energies and strengths of the low energy GT states in $N \sim Z$ nuclei could be one of the most promising candidates to disentangle the isoscalar pairing correlations and constrain the corresponding strength.

## ACKNOWLEDGMENTS

This work is supported by the National Natural Science Foundation of China under Grants No. 11105094 and No. 11375266, and Outstanding Young Scholar research fund of Sichuan University, Grant No. 2082604174215. This work was also supported by the Japanese Ministry of Education, Culture, Sports, Science and Technology by a Grant-in-Aid for Scientific Research under the program number (C) 22540262.

[1] A. Bohr, B. R. Mottelson, and D. Pines, Phys. Rev. **110**, 936 (1958).
[2] A. Bohr and B. R. Mottelson, *Nuclear Structure*, Vol. I (Benjamin, New York, 1969).
[3] D. M. Brink and R. Broglia, *Nuclear Superfluidity: Pairing in Finite Systems* (Cambridge University Press, Cambridge, UK, 2005).
[4] D. Vautherin, Phys. Rev. C **7**, 296 (1973).
[5] J. Dobaczewski, H. Flocard, and J. Treiner, Nucl. Phys. A **422**, 103 (1984).
[6] M. Bender, P.-H. Heenen, and P.-G. Reinhard, Rev. Mod. Phys. **75**, 121 (2003).
[7] M. V. Stoitsov, J. Dobaczewski, W. Nazarewicz, and P. Borycki, Int. J. Mass Spectrom. **251**, 243 (2006).
[8] T. Duguet, P. Bonche, P.-H. Heenen, and J. Meyer, Phys. Rev. C **65**, 014311 (2001).
[9] J. Margueron, H. Sagawa, and K. Hagino, Phys. Rev. C **76**, 064316 (2007); **77**, 054309 (2008).
[10] D. J. Rowe, *Nuclear Collective Motion* (Methuen, London, 1970).
[11] J. Terasaki, J. Engel, M. Bender, J. Dobaczewski, W. Nazarewicz, and M. Stoitsov, Phys. Rev. C **71**, 034310 (2005).
[12] J. Engel, M. Bender, J. Dobaczewski, W. Nazarewicz, and R. Surman, Phys. Rev. C **60**, 014302 (1999).
[13] M. Matsuo, Nucl. Phys. A **696**, 371 (2001).
[14] E. Khan, N. Sandulescu, M. Grasso, and Nguyen Van Giai, Phys. Rev. C **66**, 024309 (2002).
[15] N. Paar, P. Ring, T. Nikšić, and D. Vretenar, Phys. Rev. C **67**, 034312 (2003).
[16] A. L. Goodman, Nucl. Phys. A **186**, 475 (1972).
[17] A. L. Goodman, Phys. Rev. C **60**, 014311 (1999).
[18] A. Poves and G. M. Pinedo, Phys. Lett. B **430**, 203 (1988).
[19] E. Garrido, P. Sarriguren, E. Moya de Guerra, and P. Schuck, Phys. Rev. C **60**, 064312 (1999).
[20] E. Garrido, P. Sarriguren, E. Moya de Guerra, U. Lombardo, P. Schuck, and H. J. Schulze, Phys. Rev. C **63**, 037304 (2001).
[21] G. F. Bertsch and Y. Luo, Phys. Rev. C **81**, 064320 (2010).
[22] A. Gezerlis, G. F. Bertsch, and Y. L. Luo, Phys. Rev. Lett. **106**, 252502 (2011).
[23] I. N. Borzov and S. Goriely, Phys. Rev. C **62**, 035501 (2000).
[24] K. Yoshida, Prog. Theor. Exp. Phys. (2013) 113D02.
[25] J. Suhonen and O. Civitarese, Phys. Rep. **300**, 123 (1998).
[26] S. Fracasso and G. Colò, Phys. Rev. C **76**, 044307 (2007).
[27] N. V. Giai and H. Sagawa, Phys. Lett. B **106**, 379 (1981).
[28] M. Bender, J. Dobaczewski, J. Engel, and W. Nazarewicz, Phys. Rev. C **65**, 054322 (2002).
[29] C. L. Bai, H. Sagawa, H. Q. Zhang, X. Z. Zhang, G. Colò, and F. R. Xu, Phys. Lett. B **675**, 28 (2009).
[30] C. L. Bai, H. Q. Zhang, X. Z. Zhang, F. R. Xu, H. Sagawa, and G. Colò, Phys. Rev. C **79**, 041301(R) (2009).

[31] F. Minato and C. L. Bai, Phys. Rev. Lett. **110**, 122501 (2013).
[32] M. Sasano *et al.*, Phys. Rev. Lett. **107**, 202501 (2011).
[33] C. L. Bai, H. Sagawa, M. Sasano, T. Uesaka, K. Hagino, H. Q. Zhang, X. Z. Zhang, and F. R. Xu, Phys. Lett. B **719**, 116 (2013).
[34] Y. Fujita *et al.*, Phys. Rev. Lett. **112**, 112502 (2014).
[35] Y. Tanimura, H. Sagawa, and K. Hagino, Prog. Theor. Exp. Phys. (2014) 053D02.
[36] C. L. Bai, H. Q. Zhang, H. Sagawa, X. Z. Zhang, G. Colò, and F. R. Xu, Phys. Rev. C **83**, 054316 (2011).
[37] X. Roca-Maza, G. Colò, and H. Sagawa, Phys. Rev. C **86**, 031306(R) (2012).
[38] G. F. Bertsch and S. E. Tsai, Phys. Rep. **18**, 127 (1975).
[39] H. Fujita *et al.*, Phys. Rev. C **75**, 034310 (2007).
[40] F. Frisk, I. Hamamoto, and X. Z. Zhang, Phys. Rev. C **52**, 2468 (1995).
[41] P. Sarriguren, E. Moya de Guerra, A. Escuderos, and A. C. Carrizo, Nucl. Phys. A **635**, 55 (1998).
[42] P. Sarriguren, E. Moya de Guerra, and R. Álvarez-Rodríguez, Nucl. Phys. A **716**, 230 (2003).
[43] P. Sarriguren, Phys. Rev. C **87**, 045801 (2013).
[44] A. Arima, K. Shimizu, W. Bentz, and H. Hyuga, Adv. Nucl. Phys. **18**, 1 (1988).
[45] G. F. Bertsch and I. Hamamoto, Phys. Rev. C **26**, 1323 (1982).
[46] Y. F. Niu, G. Colò, M. Brenna, P. F. Bortignon, and J. Meng, Phys. Rev. C **85**, 034314 (2012).
[47] Y. F. Niu, G. Colò, and E. Vigezzi (unpublished).

# Comparative studies of Coulomb barrier heights for nuclear models applied to sub-barrier fusion ①

W. W. Qu,[1,2] G. L. Zhang,[1,2] H. Q. Zhang,[3] and R. Wolski[4]

[1]*School of Physics and Nuclear Energy Engineering, Beihang University, Beijing 100191, China*
[2]*International Research Center for Nuclei and Particles in the Cosmos, Beihang University, Beijing 100191, China*
[3]*China Institute of Atomic Energy, Beijing 102413, China*
[4]*Henryk Niewodniczański Institute of Nuclear Physics PAS, Cracow 31-342, Poland*
(Received 9 September 2014; revised manuscript received 21 October 2014; published 2 December 2014; corrected 29 December 2014)

Coulomb barrier heights provided by different nuclear interaction models including the Bass model, the proximity potential model, and the double folding model have been applied for experimental data of fusion in terms of a recently proposed energy scaling approach. The results show that the proximity potential description of the barrier heights seems to be closest to the values required by the systematics. It is suggested that the proximity potential model is the most suitable model to calculate the barrier height. However, the double folding model gives the lowest barrier heights.

DOI: 10.1103/PhysRevC.90.064603 PACS number(s): 25.70.Jj, 25.70.Gh, 24.10.−i

## I. INTRODUCTION

Heavy ion fusion is an important issue in nuclear physics [1–4]. With the development of the radioactive ion beam (RIB) which can produce neutron-rich and proton-rich nuclei, particular interest has been paid to the production and decay of superheavy nuclei. As a result, fusion reactions using RIB have reattracted much attention to date and the new phenomena were observed, which gives challenges for theoretical models [5–7].

For many fusion reactions in the experiments mentioned in the literature, the barrier height is the basic parameter for describing the fusion. One usually measures some observable quantities to provide barrier parameters in terms of specific interpretation. The different models such as the Bass model, proximity potential, and double folding model are used to calculate the nuclear potentials for fusion reactions to obtain the Coulomb barrier heights [8–12]. Moreover, on the basis of the calculated results, the parametrized formula of Coulomb barrier heights can be obtained [13–15]. However, it is hard to say which model is suitable for fusion reaction.

There have been many experiments on fusion reactions. Some examples show that, at sub-barrier energies, the deformation effect of nuclei related to collective excitation of colliding nuclei would affect the fusion process [16]. However, many experiments show the enhancement at sub-barrier energies due to positive $Q$-value neutron transfer (PQNT) [17]. In other fusion systems the PQNT effect does not appear. As a result, this phenomenon is not assured whether it is related to the PQNT effect or other reaction mechanisms. Theoretically, many models have been used to reproduce the fusion process such as the quantum molecular dynamic model [18], the time-dependent Hartree-Fock method [19], the simplified semiclassical model [20], and the quantum diffusion approach [21], etc. In these studies, energy balance of the fusion $Q$ value is generally neglected, which is equivalent to a tacit assumption of fusion $Q$ value with zero. However, the effect of fusion $Q$ value seems to be indispensable for sub-barrier fusion consideration. Fusion excitation functions for two hypothetical fusion systems with similar barrier heights but different fusion $Q$ values are schematically shown in Fig. 1. It is obvious that the excitation functions converge to zero when the energy threshold is equal to $-Q$. It can be seen in Fig. 1 that at low enough energy, the fusion excitation function, due to its general properties, will be always larger for the system having the lower threshold. Here we neglect rare instances of resonancelike shape of the fusion excitation function. In a recent work, the new systematics take into account the $Q$ value of heavy-ion fusion as an indispensable factor to understand the fusion process [22]. The reduced energy has been introduced, $E_r = \frac{E_{\text{c.m.}}+Q}{V_c+Q}$, where $E_{\text{c.m.}}$ is the incident energy of fusion system in the center of mass frame and $V_c$ is the barrier height. An inclusion of this structural parameter allows one to remove an apparent paradox of nonenergy conservation for the fusion at energies deeply under the barrier. Many of the fusion data could be reduced to a quasiuniversal energy function by means of a simple energy scaling with the fusion $Q$ value included explicitly. The new fusion excitation functions of the selected fusion systems follow a similar band and there is a systematic trend that can describe the sub-barrier fusion process. Within this approach, the sub-barrier fusion cross section can be easily predicted. The only variable parameter in the new energy scaling is the Coulomb barrier height. The requirement of universal or at least very similar shape of fusion excitation curves for many fusion systems determines specific values of the barrier heights. Here we could treat these values as experimental ones for sub-barrier fusion. The Coulomb potential can be accurately calculated, the nuclear interaction can be provided on the ground of nuclear models. Therefore, the Coulomb barrier height $V_c$ can be entered into this new energy scaling formula [22]; the reduced fusion excitation functions can be obtained through various models and systematically compared with the experimental fusion excitation functions. According to these compared results, we can know which model gives a Coulomb barrier height which is suitable for the sub-barrier fusion systematics.

① Physical Review C,2014,90(6):064603-(1-7).

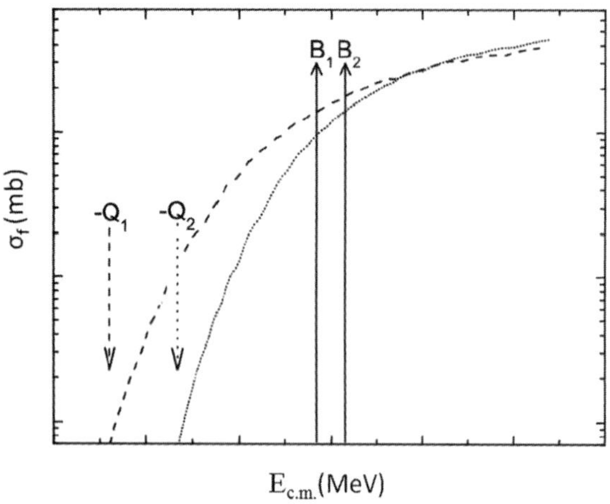


FIG. 1. General shape of the fusion excitation functions for two hypothetical fusion systems with similar barrier heights $B1$ and $B2$, and different fusion energy thresholds $-Q1$ and $-Q2$. $Q$ stands for fusion $Q$ values.

In this paper several generally used models including the Bass model, three modified proximity potential models, and the double folding model are introduced to calculate the nuclear potential. Then the Coulomb barrier heights which are obtained from these five models can be used in the new energy scaling formula to give the reduced fusion excitation functions which are compared with the reduced experimental data of many fusion systems. We also systematically explore which model is suitable for the calculation of the Coulomb barrier height among them.

This paper is organized as follows. In Sec. II the calculation process is introduced including several models. In Sec. III the calculation results and discussion are displayed. The conclusion is given in Sec. IV.

## II. CALCULATION PROCESS

It is known that in the fusion process a new energy scaling was given by [22]

$$E_r = \frac{E_{\text{c.m.}} + Q}{V_c + Q}, \tag{1}$$

where $E_{\text{c.m.}}$ is the incident energy of fusion system in center of mass frame and the Coulomb barrier is defined as $V_c = \frac{Z_p Z_t e^2}{R}$, where $Z_p$ and $Z_t$ represent the charge numbers of projectile and target nuclei, respectively, $e^2 = 1.44$ MeV fm, $R = r_0(A_p^{1/3} + A_t^{1/3})$, where $A_p$ and $A_t$ stand for the mass numbers of projectile and target nuclei, respectively; $r_0$ is the reduced radius. So we can use these formulas to reduce the experimental fusion excitation functions. The barrier heights $V_c$ which are treated as sub-barrier experimental ones are obtained using the scaling formula given above. The formula is not a unique one. If one would use another definition of energy reduced parameter $E_r$ also with the fusion $Q$ value, the resulting barrier heights could be different with respect to those discussed here.

Theoretically, in the fusion process the total interaction potential $V(R)$ between projectile and target nuclei is given by

$$V(R) = V_N(R) + V_C(R) + \frac{l(l+1)\hbar^2}{2\mu R^2}, \tag{2}$$

where the last term is the centrifugal potential. $\mu = \frac{m_p m_t}{m_p + m_t}$ represents the reduced mass of the fusion system, $m_p$ and $m_t$ denote the masses of projectile and target nuclei in the unit of $\text{MeV}/c^2$, respectively. $l$ represents the angular momentum of the fusion system. Here we calculate the fusion cross section by adding centrifugal terms to the $l = 0$ barrier parameters. $V_N(R)$ stands for the nuclear potential and $V_C(R)$ is the Coulomb potential which is calculated by

$$V_C(R) = Z_1 Z_2 e^2 \begin{cases} \frac{1}{R} & (R > R_c), \\ \frac{1}{2R_c}\left[3 - \left(\frac{R}{R_c}\right)^2\right] & (R < R_c). \end{cases} \tag{3}$$

Here $R_c = 1.24(R_1 + R_2)$, $R_i = 1.28A_i^{1/3} - 0.76 + 0.8A_i^{-1/3}$ $(i = 1,2)$ corresponds to the radii of projectile and target nuclei. Then the Coulomb barrier height $V_c$ can be extracted by using the conditions

$$\left.\frac{dV(R)}{dR}\right|_{R=R_B} = 0 \quad \text{and} \quad \left.\frac{d^2V(R)}{dR^2}\right|_{R=R_B} \leqslant 0. \tag{4}$$

The extracted $V_c$ is entered into Eq. (1) to reduce the experimental fusion excitation functions. The reduced fusion excitation functions can be obtained. The systematic trend of reduced fusion excitation functions can be compared with that directly obtained from Eq. (1). These models can be tested from the experimental data.

For the $V_N(R)$ calculation, the Bass model [8] was selected first, which is a classical potential model for heavy-ion fusion reaction. The nuclear part of this model is derived from the liquid drop model, including the effects of the finite range of nuclear forces. The nuclear potential is defined with the difference in surface energies between finite and infinite separation $s$ [23],

$$V_N(s) = -4\pi\gamma \frac{R_1 R_2}{R_{12}} f(s), \tag{5}$$

where $R_1$ and $R_2$ are radii of projectile and target nuclei, respectively. $R_{12}$ is the reduced radius of the reaction system. $f(s)$ is the universal function of the separation coordinate $s$ which does not depend on properties of the fragments involved. $f(s) = d \times \exp(-\frac{s}{d})$. Defining $R_i = r_0 A_i^{1/3}$ ($i =$ 1,2 for projectile and target nuclei, respectively) and $4\pi R_i^2 \gamma = a_s A_i^{2/3}$. Then

$$V_N(r) = -\frac{d a_s A_1^{1/3} A_2^{1/3}}{R_{12}} \exp\left(-\frac{s}{d}\right), \tag{6}$$

where $d = 1.35$ fm which is based on interaction and fusion barriers, $r_0 = 1.07$ fm which is based on electron scattering data, and $a_s = 17$ MeV which is based on ground-state masses.

According to the original version of proximity [9], The nuclear potential between two surfaces of two nuclei is given by

$$V_N^{\mathrm{Prox}}(R) = 4\pi\gamma b\bar{R}\phi\left(\frac{R - C_1 - C_2}{b}\right). \tag{7}$$

Here the surface energy coefficient $\gamma$ which is from Lysekil mass formula is given by

$$\gamma = \gamma_0[1 - k_s I^2] \tag{8}$$

with $I = \frac{N-Z}{A}$. $N = N_1 + N_2$, $Z = Z_1 + Z_2$, and $A = A_1 + A_2$; $N_i$, $Z_i$ and $A_i$ $(i = 1,2)$ refer to the neutron, proton, and mass numbers of projectile and target nuclei, respectively. Both the surface energy constant $\gamma_0$ and the surface asymmetry constant $k_s$ were first parametrized by Myers and Światecki by fitting the experimental binding energies [24]. After that, the values were revised. Therefore, most of the modified proximity potentials used the different parameter $\gamma$.

Second, the proximity potential Prox77 is selected with $\gamma_0 = 0.9517\ \mathrm{MeV/fm^2}$ and $k_s = 1.7826$ [25] to calculate $V_N(R)$. The mean curvature radius $\bar{R}$ is calculated by

$$\bar{R} = \frac{C_1 C_2}{C_1 + C_2}. \tag{9}$$

Here

$$C_i = R_i\left[1 - \left(\frac{b}{R_i}\right)^2\right] \quad (i = 1,2), \tag{10}$$

where the radius $R_i = 1.28A_i^{1/3} - 0.76 + 0.8A_i^{-1/3}$ $(i = 1,2)$. The universal function $\phi(\xi)$ is written as

$$\phi(\xi) = \begin{cases} -\frac{1}{2}(\xi - 2.54)^2 - 0.0852(\xi - 2.54)^3 & (\xi \leqslant 1.2511), \\ -3.437\exp\left(-\frac{\xi}{0.75}\right) & (\xi \geqslant 1.2511). \end{cases} \tag{11}$$

Here $\xi = (r - C_1 - C_2)/b$ and the width parameter $b$ is close to unity.

Third, the proximity potential Prox88 is selected [10] which was modified by using the more precise mass formula of Möller and Nix. The formulas are the same as that of the above Prox77 besides the surface energy constant $\gamma_0 = 1.2496$ and the surface asymmetry constant $k_s = 2.3$. This set of coefficients gives the stronger attraction in comparison with the above set of Prox77.

Recently, Myers and Światecki considered to remove the discrepancy between Prox77 and the experimental data (empirical barrier heights) which were obtained to compare with the measured fusion excitation function to calculated curves. They modified Eq. (7) by using their droplet model concept to obtain a new proximity potential named Prox00. Fourth, the proximity potential Prox00 is selected [11]. According to the droplet model, the matter radius $C_i$ has the form

$$C_i = c_i + \frac{N_i}{A_i}t_i \ (i = 1,2). \tag{12}$$

Here the half-density radius $c_i$ of the charge distribution has the form

$$c_i = R_{00i}\left(1 - \frac{7b^2}{R_{00i}^2} - \frac{49b^4}{8R_{00i}^4}\right)(i = 1,2), \tag{13}$$

with the nuclear charge radius

$$R_{00i} = 1.256A_i^{1/3}\left[1 - 0.202\left(\frac{A_i - 2Z_i}{A_i}\right)\right], \tag{14}$$

and neutron skin of nucleus

$$t_i = \frac{3}{2}r_0\left[\frac{JI_i - \frac{1}{12}gZ_iA_i^{-1/3}}{Q + \frac{9}{4}A_i^{-1/3}}\right](i = 1,2), \tag{15}$$

where $r_0$ is 1.14 fm, the nuclear symmetric energy coefficient $J = 32.65$ MeV, and $g = 0.757\,895$ MeV, the neutron skin stiffness coefficient $Q = 35.4$ MeV. The surface energy coefficient $\gamma$ is given by

$$\gamma = \frac{1}{4\pi r_0^2}\left[18.63 - Q\frac{(t_1^2 + t_2^2)}{2r_0^2}\right]. \tag{16}$$

The universal function $\phi(\xi)$ is written as

$$\phi(\xi) = \begin{cases} -0.1353 + \sum_{n=0}^{5}[c_n/(n+1)](2.5 - \xi)^{n+1} & (0 < \xi \leqslant 2.5), \\ -0.0955\exp\left(\frac{2.75-\xi}{0.7176}\right) & (\xi \geqslant 2.5). \end{cases} \tag{17}$$

The different values of constant $c_n$ are $c_0 = -0.1886$, $c_1 = 0.2628$, $c_2 = -0.152\,16$, $c_3 = -0.045\,62$, $c_4 = 0.069\,136$, and $c_5 = -0.011\,454$.

Finally, the double folding model (DFM) is used to calculate the nuclear potential. The detailed process of DFM was shown in Refs. [15,26]. In the double folding model the nuclear potential $V_N$ is given by

$$V_N(R) = \iint \rho_1(\mathbf{r}_1)v(\mathbf{s} = |\mathbf{R} + \mathbf{r}_2 - \mathbf{r}_1|)\rho_2(\mathbf{r}_2)\mathbf{dr_1dr_2}, \tag{18}$$

where $\rho_1(r_1)$ and $\rho_2(r_2)$ denote the matter density distribution functions of projectile and target nuclei, respectively, which can be described by the spherically symmetric Fermi function,

$$\rho_{1(2)}(r) = \rho_0/[1 + \exp((r - c)/a)], \tag{19}$$

where the half-density radius $c$ is followed as [27,28]

$$c = r_\rho\left(1 - \pi^2 a^2/3r_\rho^2\right), \tag{20}$$

with $r_\rho = 1.13A_i^{1/3}$ and the density diffuseness $a \approx 0.54$ fm, and $A_i$ is the mass number of $i$th nucleus. The value of $\rho_0$ is determined by normalization so that

$$\int \rho_{1(2)}(\mathbf{r})d\mathbf{r} = A_i. \tag{21}$$

The $NN$ interaction $v(s)$ between two nucleons in Eq. (18) is given by density-dependent $CDM3Y6$ interaction which can reproduce the basic properties of nuclear matter.

## III. RESULTS AND DISCUSSION

The values of the Coulomb barrier heights provided by the considered models are presented in Table I. In the last column of Table I the values of the Coulomb barrier heights are obtained from optimized experimental data by Eq. (1). It is obviously observed in Table I that for light projectiles the difference among each model is smaller than that for heavier ones. What is more, the values of our barrier heights are systematically higher than those provided by any other models. The DFM gives the smallest Coulomb barrier heights and the values given by Bass model are between our barrier heights and the barrier height deduced from proximity potentials. The three types of proximity potentials show different behaviors. For $^{32,36}S + A$ and $^{40,48}Ca + A$ systems the results of Prox00 and Prox77 are almost similar, However, those of Prox88 are a little smaller in comparison with them, except $^{40,48}Ca + {}^{124,132}Sn$ systems in which the results of Prox00 and Prox88 are similar and those of Prox77 are a little larger. However, for $O + A$ systems the difference between Prox77 and Prox88 is smaller than that between Prox00 and Prox77. For $Ni + A$ systems the difference between Prox00 and Prox88 is small; the values of Prox77 are a little higher in comparison with that of Prox00 and Prox88. All in all, there is a small difference among three types of proximity potentials. The values deduced from Prox00 are closest to our energy scaling values. In the present survey $^{18}O + Ni$ data are included. One should keep in mind that these data demonstrate the opposite trend to the $Q$-value rule for the fusion cross sections below the barrier. The fusion cross sections are lower for systems of higher $Q$ values. The data seem to follow rather $Q$ values of $2n$ transfer with the highest cross section for the highest $2n$ $Q$ value. It is an open question whether this behavior is due to a limitation of fusion $Q$-value rule for light systems or due to the quality of the data. It would be interesting to extend the cross section data from the present level of 10 mb down to 1 mb or below, if possible. An application of the energy scaling procedure for these systems causes the corresponding barrier heights to be rather different; see Table I. Other fusion systems with equal $Z_1$ and $Z_2$ demonstrate almost the same sub-barrier fusion barrier heights; see Table I, for example Ca+Zr and Ni+Ni systems. The barrier heights obtained via our method for $^{32,36}S$ and $^{40,48}Ca$ on the same target are almost equal, which differ from all other predictions by other models. A region of the heavy nuclei fusions with $^{40}Ca$ ions gives larger $Q$ values than that with $^{48}Ca$ ions. It is known that the $^{48}Ca$ nucleus is especially convenient for the production of super-heavy residues. These experiments are done with energies a little above the barrier yielding a compound nucleus at relatively low excitation energies. Maybe high $Q$-fusion values facilitate preserving the compound nuclei process, not fission compound nuclei. According to our systematics the sub-barrier fusion

TABLE I. The values of the obtained Coulomb barrier heights through Bass model (second column), double folding model (DFM) (sixth column), and three different types of proximity potential models (Prox00, Prox77, and Prox88 correspond to the third, fourth, and fifth columns, respectively). The first column denotes the different reaction systems. The values obtained by the new energy scaling are shown in the last column.

| Reactions | Bass (MeV) | Prox00 (MeV) | Prox77 (MeV) | Prox88 (MeV) | DFM | $V_C$ |
|---|---|---|---|---|---|---|
| $^{32}S + {}^{90}Zr$ | 81.13 | 84.53 | 84.11 | 82.59 | 77.91 | 87.99 |
| $^{32}S + {}^{96}Zr$ | 80.09 | 83.27 | 83.04 | 81.58 | 76.99 | 88.75 |
| $^{32}S + {}^{110}Pd$ | 90.58 | 93.59 | 93.55 | 91.99 | 87.25 | 99.34 |
| $^{36}S + {}^{90}Zr$ | 79.61 | 82.58 | 82.57 | 81.11 | 76.63 | 89.38 |
| $^{36}S + {}^{96}Zr$ | 78.61 | 81.39 | 81.55 | 80.16 | 75.75 | 88.27 |
| $^{36}S + {}^{110}Pd$ | 88.93 | 91.53 | 91.91 | 90.42 | 85.86 | 98.85 |
| $^{40}Ca + {}^{90}Zr$ | 99.54 | 102.55 | 102.82 | 101.05 | 95.94 | 107.71 |
| $^{40}Ca + {}^{96}Zr$ | 98.28 | 101.07 | 101.53 | 99.84 | 94.83 | 107.54 |
| $^{40}Ca + {}^{124}Sn$ | 118.73 | 120.83 | 121.88 | 120.03 | 114.89 | 127.22 |
| $^{40}Ca + {}^{132}Sn$ | 117.22 | 119.12 | 120.40 | 118.66 | 113.55 | 129.11 |
| $^{48}Ca + {}^{90}Zr$ | 96.58 | 98.96 | 99.84 | 98.21 | 93.41 | 107.73 |
| $^{48}Ca + {}^{96}Zr$ | 95.40 | 97.58 | 98.64 | 97.10 | 92.36 | 106.45 |
| $^{48}Ca + {}^{124}Sn$ | 115.35 | 116.85 | 118.57 | 116.87 | 112.00 | 124.73 |
| $^{48}Ca + {}^{132}Sn$ | 113.93 | 115.26 | 117.19 | 115.56 | 110.73 | 123.89 |
| $^{16}O + {}^{154}Sm$ | 61.10 | 64.71 | 62.93 | 61.89 | 58.33 | 66.26 |
| $^{16}O + {}^{148}Sm$ | 61.64 | 65.38 | 63.46 | 62.37 | 58.80 | 66.86 |
| $^{16}O + {}^{144}Sm$ | 62.01 | 65.84 | 63.83 | 62.71 | 59.13 | 67.27 |
| $^{16}O + {}^{186}W$ | 70.83 | 74.30 | 72.55 | 71.45 | 67.82 | 79.94 |
| $^{16}O + {}^{58}Ni$ | 31.80 | 35.54 | 33.32 | 32.51 | 29.82 | 36.90 |
| $^{16}O + {}^{60}Ni$ | 31.58 | 35.23 | 33.08 | 32.29 | 29.65 | 38.25 |
| $^{16}O + {}^{62}Ni$ | 30.46 | 34.93 | 32.87 | 32.08 | 29.47 | 37.18 |
| $^{16}O + {}^{64}Ni$ | 31.18 | 34.65 | 32.66 | 31.89 | 29.31 | 38.17 |
| $^{18}O + {}^{58}Ni$ | 31.21 | 34.54 | 32.70 | 31.93 | 29.38 | 37.10 |
| $^{18}O + {}^{60}Ni$ | 31.00 | 34.25 | 32.48 | 31.72 | 29.20 | 38.95 |
| $^{18}O + {}^{64}Ni$ | 30.61 | 33.70 | 32.08 | 31.35 | 28.88 | 39.80 |
| $^{16}O + {}^{76}Ge$ | 34.80 | 38.29 | 36.38 | 35.58 | 32.82 | 43.06 |
| $^{18}O + {}^{74}Ge$ | 34.36 | 37.53 | 35.95 | 35.16 | 32.50 | 42.66 |
| $^{18}O + {}^{118}Sn$ | 50.50 | 53.84 | 52.36 | 51.39 | 48.14 | 57.77 |
| $^{58}Ni + {}^{58}Ni$ | 99.24 | 102.42 | 102.75 | 100.91 | 95.57 | 107.73 |
| $^{58}Ni + {}^{64}Ni$ | 97.48 | 100.30 | 100.91 | 99.16 | 94.05 | 107.11 |
| $^{64}Ni + {}^{64}Ni$ | 95.78 | 98.28 | 99.18 | 97.52 | 92.58 | 107.69 |
| $^{58}Ni + {}^{132}Sn$ | 158.63 | 158.82 | 161.75 | 159.59 | 154.11 | 169.79 |
| $^{64}Ni + {}^{118}Sn$ | 159.54 | 159.76 | 162.63 | 160.37 | 154.98 | 167.25 |
| $^{64}Ni + {}^{132}Sn$ | 156.08 | 156.00 | 159.30 | 157.24 | 151.90 | 164.69 |
| $^{64}Ni + {}^{124}Sn$ | 158.00 | 158.08 | 161.14 | 158.95 | 153.61 | 167.51 |
| $^{58}Ni + {}^{124}Sn$ | 160.63 | 160.99 | 163.68 | 161.39 | 155.88 | 169.95 |

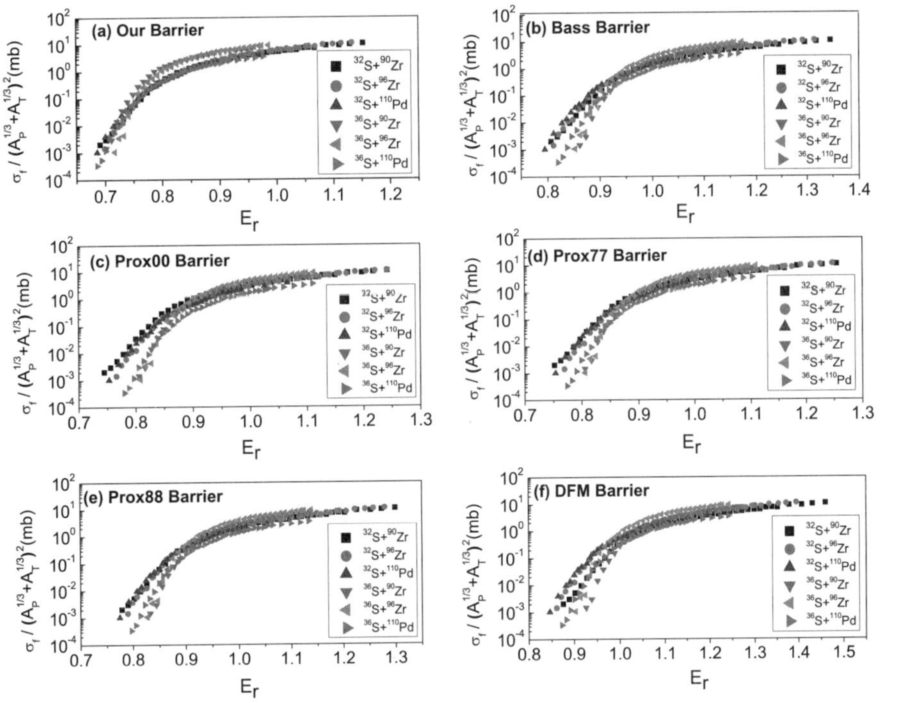


FIG. 2. (Color online) The reduced fusion excitation functions in terms of the reduced energy parameter $E_r$ for $^{32,36}S + ^{90,96}Zr, ^{32,36}S + ^{110}Pd$ systems. (a) From our new energy scaling; (b) from Bass model; (c) from Prox00; (d) from Prox77; (e) from Prox88; (f) from DFM.

should be larger for $^{40}Ca$ than that in the $^{48}Ca$ case. Existing experimental data such as Ca + Pb fusion systems seem to demonstrate the opposite trend.

Figures 2–4 show the reduced experimental fusion excitation functions from our new energy scaling with the barrier heights obtained from the above models. The fusion cross sections are reduced through $\sigma_f/(A_p^{1/3} + A_t^{1/3})^2$ to eliminate the geometric effect of fusion systems and the energy is reduced by the new energy scaling of Eq. (1). The horizontal axis represents the reduced energy parameter $E_r$ through Eq. (1). Figure 2 shows the results of $^{32,36}S + ^{90,96}Zr, ^{110}Pd$ systems. It can be seen that our new energy scaling gives a similar shape for all excitation functions. In comparison with our distribution which is shown in Fig. 2(a), it is observed that the reduced fusion excitation functions given by our new energy scaling almost keeps the same shape. The data obtained through other models are more scattered than those obtained by our new energy scaling. The results of the Bass model and the DFM show the larger deviation at the region of the sub-barrier energies. However, those of three types of proximity potentials (Prox00, Prox88, and Prox77) show the small deviation, especially for Prox77. As a result, the proximity potential model can give the reasonable barrier height.

The reduced experimental fusion excitation functions of the $^{40,48}Ca + A$ systems are shown in Fig. 3. The phenomenon is similar as in Fig. 2. Our new energy scaling also shows a similar shape for all of fusion excitation functions. At the sub-barrier energy region, in comparison with Fig. 3(a), the results of Figs. 3(b) and 3(f) show a larger deviation than those of the other models. Those of the three types of proximity potentials have a smaller deviation except that of Prox00 for the $^{48}Ca + ^{132}Sn$ system has a little larger deviation. It is indicated that the proximity potential model can reasonably calculate the barrier height for most of the fusion systems. In Figs. 2 and 3 several fusion systems with the same target nuclei are selected. However, the masses of projectiles $^{40,48}Ca$ are larger than that of $^{32,36}S$. With respect to Fig. 2, at the sub-barrier energy region the band of fusion excitation functions for $^{40,48}Ca$ are thinner. It seems that with the increase of projectile mass, the trends of all excitation functions are easily close to similarity.

In Fig. 4 the reduced experimental fusion excitation functions of O + $A$ systems are shown. In comparison with Fig. 4(a), we can see that the results of the Bass model show a larger deviation. Those of the three types of proximity potential models and the DFM show a smaller deviation. If the influence of $^{16}O + ^{76}Ge$ and $^{18}O + ^{74}Ge$ is not considered, Prox00 can provide a good shape with respect to the shape of our new energy scaling. In comparison with Figs. 2 and 3, at the sub-barrier energy region the bandwidth is larger and the projectile $^{16}O$ is lighter than $^{32,36}S$ and $^{48,48}Ca$. It also seems that with the decrease of projectile mass, the band easily inclines to be scattered.

From Figs. 2–4 we can see that our new energy scaling can give a similar shape. It is indicated that when considering the $Q$ value, fusion shows a characteristic of compound

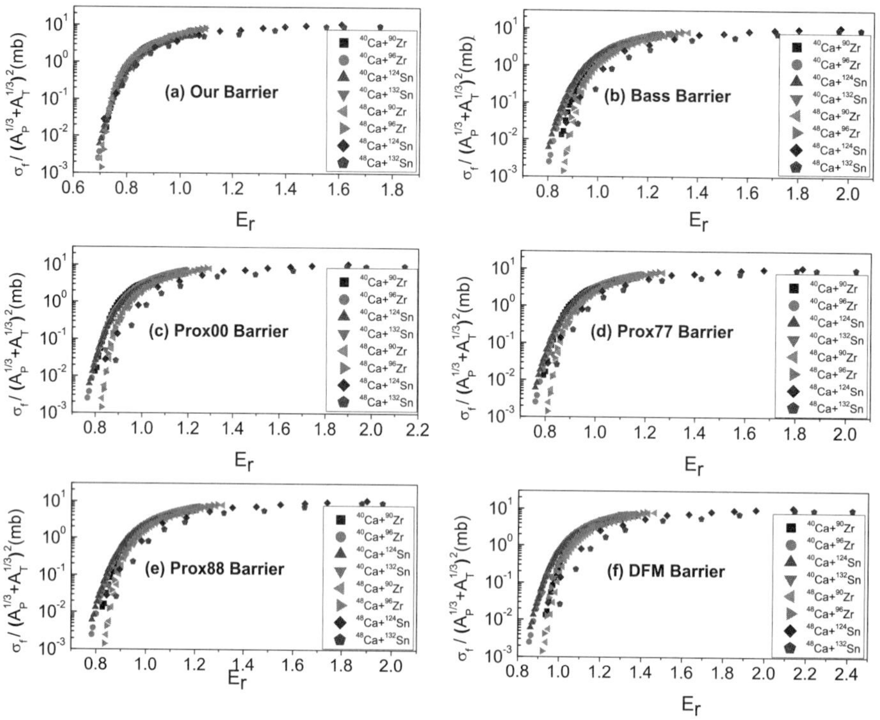


FIG. 3. (Color online) Same as Fig. 2 for $^{40,48}$Ca + $^{90,96}$Zr, $^{40,48}$Ca + $^{124,132}$Sn systems.

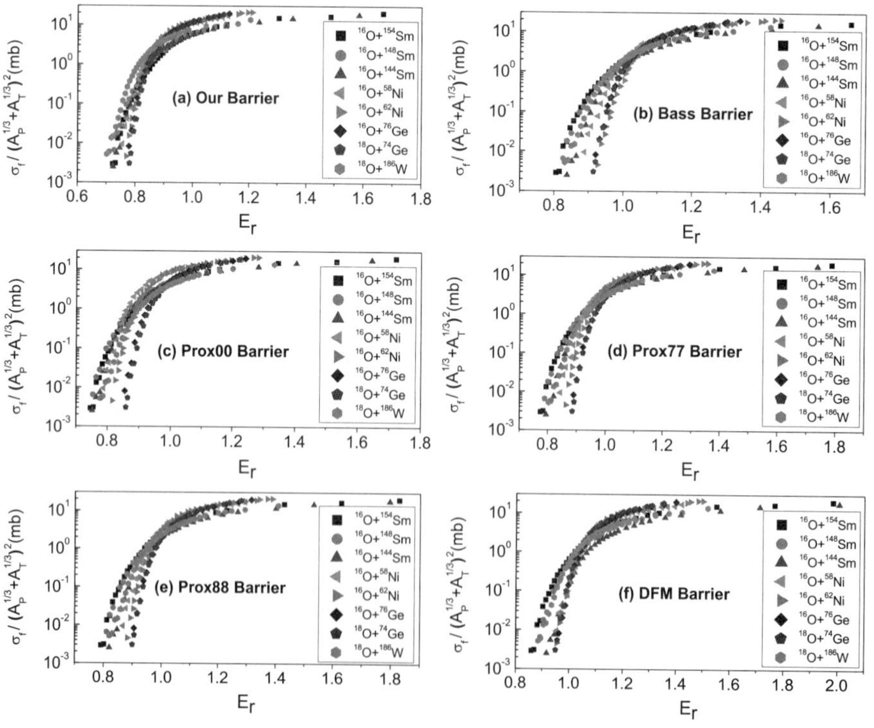


FIG. 4. (Color online) Same as Fig. 2 for $^{16}$O + $^{58,62}$Ni, $^{16,18}$O + $^{76,74}$Ge, $^{16,17}$O + $^{144,148,154}$Sm, $^{16}$O + $^{186}$W systems.

nucleus. We can state that our "experimental" barrier height is an effective parameter for enhancement reduction, whereas the barrier heights obtained from the various models only describe entrance channel properties. Moreover, it is observed in our treatment of the reduced experimental fusion excitation function that the barrier heights of systems with the $Z_P \times Z_T$ product are the same independent on masses of interacting isotope nuclei. This feature of the sub-barrier fusion is not reproduced by the discussed models. However, in comparison with the results of our new energy scaling, the proximity potential model can almost reproduce this trend except in heavy fusion systems. Moreover, with the increase of projectile mass, the deviation of the band decreases. However, the Bass model and the DFM show a large deviation. It is well known that the universal function of the Bass model is straight along with $s$. It shows a large deviation respective to the empirical data, moreover, it falls off too slowly at large distances $s$. However, that of proximity potential models shows a curve which reproduces the empirical data quite well on the average. As a result, the fusion excitation functions of the Bass model show a large deviation with respect to the experimental data. On the contrary, the results of proximity potential models are closer than that of Bass model. For the double folding potential, it is obtained by folding the nucleon density distribution of the projectile and target nuclei with a standard density-dependent Yukawa-type nucleon-nucleon interaction. The calculation neglects the saturating properties of nuclear forces and produces the potential which is too deep, especially at the small separations $s$ relevant to the fusion problem. Thus the calculated barrier heights are lowered.

## IV. CONCLUSION

The Bass model, three types of proximity models (Prox00, Prox88, and Prox77), and the DFM are introduced to calculate the nuclear potential. Then the Coulomb barrier heights can be obtained through different models for different fusion systems. According to our new energy scaling, by using the Coulomb barrier heights given by these models, the reduced experimental fusion excitation functions can be systematically obtained to compare with that by our new energy scaling. According to the comparison, it is shown that our new scaling method produces the highest barrier heights and the double folding model gives the lowest barrier heights. The proximity potential model can give reasonable Coulomb barrier heights in comparison with the experimental fusion excitation functions. This method tests the availability of the model for calculating the fusion barrier heights. It can be used as a guideline for estimating the fusion barrier height of those cases in which the measurements do not exist or the studies need to be further explored.

## ACKNOWLEDGMENTS

This work was supported by the National Nature Science Foundation of China under Grants No. 11475013, No. 11035007, No. 11175011, and State Key Laboratory of Software Development Environment (SKLSDE-2014ZX-08), as well as by the Key Laboratory of High Precision Nuclear Spectroscopy, Institute of Modern Physics, Chinese Academy of Sciences. W.W.Q. is grateful to the Innovation Foundation of BUAA for Ph.D. Graduates.

[1] J. R. Leigh *et al.*, Phys. Rev. C **52**, 3151 (1995).
[2] Z. H. Liu and J. D. Bao, Chin. Phys. Lett. **21**, 1491 (2004).
[3] Z. H. Liu and H. Y. Zhou, Chin. Phys. **16**, 2338 (2007).
[4] B. B. Back, H. Esbensen, C. L. Jiang, and K. E. Rehm, Rev. Mod. Phys. **86**, 317 (2014).
[5] C. Signorini, Nucl. Phys. A **735**, 329 (2004).
[6] J. J. Kolata *et al.*, Phys. Rev. C **57**, R6(R) (1998).
[7] R. Graeger *et al.*, Phys. Rev. C **81**, 061601(R) (2010).
[8] R. Bass, Nucl. Phys. A **231**, 45 (1974).
[9] J. Blocki, J. Randrup, W. J. Światecki, and C. F. Tsang, Ann. Phys. (NY) **105**, 427 (1977).
[10] W. Reisdorf, J. Phys. G: Nucl. Part. Phys. **20**, 1297 (1994).
[11] W. D. Myers and W. J. Światecki, Phys. Rev. C **62**, 044610 (2000).
[12] G. L. Zhang and X. Y. Le, Chin. Phys. C **32**, 312 (2008).
[13] I. Dutt and R. K. Puri, Phys. Rev. C **81**, 064608 (2010).
[14] I. Dutt and R. K. Puri, Phys. Rev. C **81**, 064609 (2010).
[15] W. W. Qu, G. L. Zhang, and X. Y. Le, Nucl. Phys. A **868-869**, 1 (2011).
[16] P. Jacobs, Z. Fraenkel, G. Mamane, and I. Tserruya, Phys. Lett. B **175**, 271 (1986).
[17] A. M. Stefanini *et al.*, Phys. Rev. C **73**, 034606 (2006).
[18] N. Wang, Z. Li, X. Wu, J. Tian, Y. X. Zhang, and M. Liu, Phys. Rev. C **69**, 034608 (2004).
[19] R. Keser, A. S. Umar, and V. E. Oberacker, Phys. Rev. C **85**, 044606 (2012).
[20] V. I. Zagrebaev, Phys. Rev. C **67**, 061601(R) (2003).
[21] V. V. Sargsyan, G. G. Adamian, N. V. Antonenko, W. Scheid, and H. Q. Zhang, Eur. Phys. J. A **49**, 54 (2013).
[22] R. Wolski, Phys. Rev. C **88**, 041603(R) (2013).
[23] R. Bass, *Nuclear Reactions with Heavy Ions* (Springer-Verlag, Berlin, 1980), pp. 324–340.
[24] W. D. Myers and W. J. Światecki, Nucl. Phys. **81**, 1 (1966).
[25] W. D. Myers and W. J. Światecki, Ark. Fys. **36**, 343 (1967).
[26] D. N. Basu, Phys. Lett. B **566**, 90 (2003).
[27] D. K. Srivastava, N. K. Ganguly, and P. E. Hodgson, Phys. Lett. B **51**, 439 (1974).
[28] D. K. Srivastava, D. N. Basu, and N. K. Ganguly, Phys. Lett. B **124**, 6 (1983).

# Spectroscopy of $^{74}$Ge: From soft to rigid triaxiality ①

J.J. Sun [a], Z. Shi [b], X.Q. Li [a], H. Hua [a,*], C. Xu [a], Q.B. Chen [a], S.Q. Zhang [a], C.Y. Song [b], J. Meng [a], X.G. Wu [c], S.P. Hu [c], H.Q. Zhang [c], W.Y. Liang [a], F.R. Xu [a], Z.H. Li [a], G.S. Li [c], C.Y. He [c], Y. Zheng [c], Y.L. Ye [a], D.X. Jiang [a], Y.Y. Cheng [a], C. He [a], R. Han [a], Z.H. Li [a], C.B. Li [c], H.W. Li [c], J.L. Wang [c], J.J. Liu [c], Y.H. Wu [c], P.W. Luo [c], S.H. Yao [c], B.B. Yu [c], X.P. Cao [c], H.B. Sun [d]

[a] School of Physics and State Key Laboratory of Nuclear Physics and Technology, Peking University, Beijing 100871, China
[b] School of Physics and Nuclear Energy Engineering, Beihang University, Beijing 100191, China
[c] China Institute of Atomic Energy, Beijing 102413, China
[d] College of Physics Science and Technology, Shenzhen University, Shenzhen 518086, China

ARTICLE INFO

*Article history:*
Received 10 May 2014
Accepted 22 May 2014
Available online 28 May 2014
Editor: V. Metag

*Keywords:*
Spectroscopy
$^{74}$Ge
Energy staggering
Triaxiality
Five-dimensional collective Hamiltonian
Covariant density functional

ABSTRACT

The first heavy ion fusion–evaporation reaction study for $^{74}$Ge has been performed through the reaction channel $^{70}$Zn($^7$Li, 2*np*)$^{74}$Ge at beam energies of 30 and 35 MeV. Previously known yrast band is extended to higher spins and five new collective bands are established. Based on comparison with the neighboring $^{72,76}$Ge isotopes, an intermediate pattern of energy staggering $S(I)$ is observed in the $\gamma$ band of $^{74}$Ge. The collective structure of $^{74}$Ge, including the excitation energies and transition probabilities of ground-state band and $\gamma$ band, is reproduced by the state-of-the-art five-dimensional collective Hamiltonian (5DCH) model constructed from the covariant density functional. By including the $^{72,76,78}$Ge isotopes, systematical investigation of the structure evolution in Ge isotopes is performed. Based on the systematic comparisons and analysis, the triaxial evolution with spin in $^{74}$Ge is revealed and $^{74}$Ge is found to be the crucial nucleus marking the triaxial evolution from soft to rigid in Ge isotopes.



## 1. Introduction

Being an extremely complicated quantum finite many-body system, the spatial distribution of an atomic nucleus exhibits a variety of intriguing geometric shapes. The possible shapes which the nucleus adopts result from the competition and delicate balance of the collective vibrational, rotational, and single-particle degrees of freedom. Most nuclei have been found to have axially symmetric shapes. With the breaking of axial symmetry of the quadrupole deformation, some nuclei appear to have triaxial shapes. The triaxial degree of freedom of a nucleus has led to many interesting phenomena including the $\gamma$ band [1], wobbling motion [1–3] as well as nuclear chirality [4–6], and continues to be a hot issue in nuclear structure physics.

One of nuclear regions with the triaxiality significantly involved is around neutron number $N \sim 40$. In particular, for the even–even Ge isotopes where a gradual shape transition around $N \sim 40$ has been suggested experimentally [7–21], the low-lying second excited $2^+$ states ($\gamma$ band-head) indicating the importance of the triaxiality have been observed in $^{70,72,74,76}$Ge isotopes [9–12]. The experimental analyses and theoretical calculations suggested that the low-lying structures of $^{70,72,74,76}$Ge isotopes have large $\gamma$ values ($\gamma \sim 30°$) [9–11,16,22–25]. It should be mentioned that whether the triaxiality in these nuclei is soft or rigid has not been discussed in these previous studies. To address this question, the energy staggering $S(I)$ of adjacent levels within $\gamma$ band [26,27] has been recently used to investigate the triaxial shape in $^{76}$Ge [28]. For a $\gamma$-rigid rotor, the levels of $\gamma$ band exhibit a $(2^+, 3^+)$, $(4^+, 5^+)$, $(6^+, 7^+)$, ... grouping, which is different from the $\gamma$-soft model pattern of $2^+$, $(3^+, 4^+)$, $(5^+, 6^+)$, ... grouping. Based on the analysis of $S(I)$ in the $\gamma$ band, $^{76}$Ge was proposed to be the lone instance of a nucleus with a rigid triaxial shape in this mass region, while the neighboring Se and Kr isotopes were suggested to have soft-triaxial shapes [28]. It is therefore very important to explore how the triaxiality evolves from $\gamma$ softness to $\gamma$ rigidness with spin and isospin in this mass region.

As a neighboring nucleus of $^{76}$Ge, the spectroscopy of $^{74}$Ge has been previously studied by many experiments [29]. Since few

① Physics Letters B,2014,734:308-313.

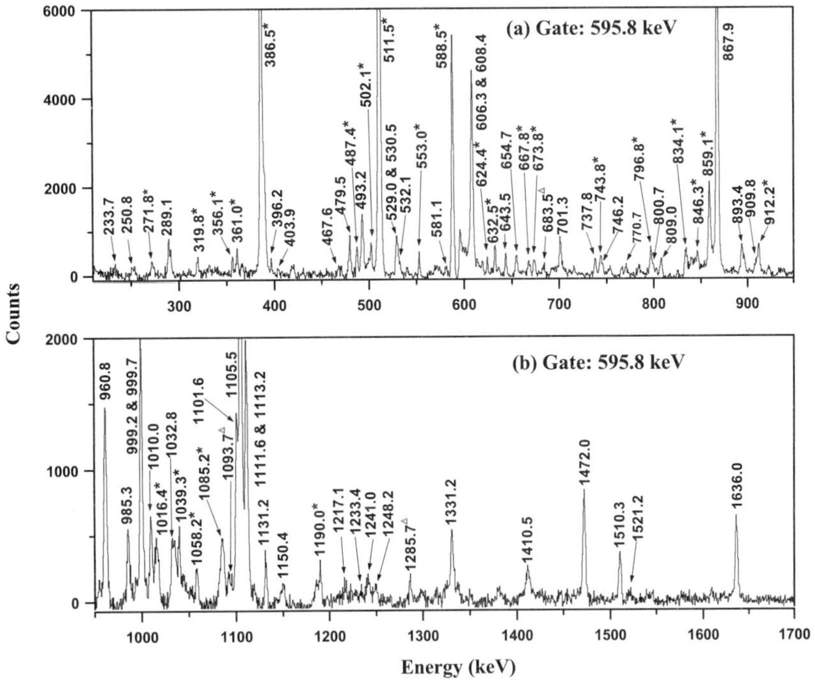


**Fig. 1.** Coincident $\gamma$-ray spectra with gating on 595.8 keV transition. The peaks marked with stars are known contaminants from other nuclei, and the peaks marked with triangles are the deexcited transitions from individual levels of $^{74}$Ge which are not included in the partial level scheme of Fig. 3.

suitable stable target/heavy-ion beam combinations are available to populate $^{74}$Ge via the fusion–evaporation reactions, the collective structure in $^{74}$Ge has not been well developed. So far, only the yrast band of $^{74}$Ge was established up to spin $8^+$ at 3681 keV via $^{192}$Os($^{82}$Se, X$\gamma$) deep-inelastic reaction [30,31]. Thus, extending the spectroscopic study to $^{74}$Ge would shed new light on the triaxial rigidness/softness and also the structure evolution in Ge isotopes.

In this letter, the first heavy ion fusion–evaporation reaction study for $^{74}$Ge through the reaction channel $^{70}$Zn($^{7}$Li, $2np$)$^{74}$Ge is reported. The collective structure of $^{74}$Ge is expanded significantly and the structure evolution in Ge isotopes is investigated in terms of the state-of-the-art five-dimensional collective Hamiltonian (5DCH) based on the covariant density functional theory (CDFT).

## 2. Experiment and results

The present experiment was performed at the HI-13 tandem facility of the China Institute of Atomic Energy (CIAE). The high-spin states of $^{74}$Ge were populated via the $^{70}$Zn($^{7}$Li, $2np$)$^{74}$Ge fusion–evaporation reaction at the beam energies of 30 and 35 MeV. In the first run with 30 MeV beam energy, the target thickness was 2.15 mg/cm$^2$ with 0.93 mg/cm$^2$ Au backing. The deexcitation $\gamma$ rays were detected by a $\gamma$ detector array which consists of 12 high-purity germanium (HPGe) detectors with BGO anti-Compton suppressors and two planar HPGe detectors. In the second run with 35 MeV beam energy, the target thickness was 3.48 mg/cm$^2$ with 15.75 mg/cm$^2$ Pb backing. The $\gamma$ detector array consists of 11 high-purity germanium (HPGe) detectors with BGO anti-Compton suppressors and two planar HPGe detectors. In both runs, the energy resolutions of these detectors were 2.0–3.0 keV at 1.33 MeV. All detectors were calibrated using the standard $^{152}$Eu and $^{133}$Ba $\gamma$-ray sources.

A total of $2.0 \times 10^8$ coincident events were collected, from which a symmetric $\gamma$–$\gamma$ matrix was built. The level scheme analysis was performed using the RADWARE program [32]. The typical $\gamma$-ray spectra gated on the 595.8 keV transition in $^{74}$Ge are shown in Fig. 1. In order to obtain the Directional Correlations of $\gamma$ rays deexciting Oriented states (DCO) intensity ratios to determine the multipolarities of $\gamma$-ray transitions, the detectors around 90.0° with respect to the beam direction were sorted against the detectors around 40.0° to produce a two-dimensional angular correlation matrix. To get clean DCO values for transitions in $^{74}$Ge, gates were set on uncontaminated stretched $E2$ transitions. In general, stretched quadrupole transitions were adopted if DCO ratios were larger than 1.0, and stretched dipole transitions were assumed if DCO ratios were less than 0.8. The DCO ratio is plotted as a function of $\gamma$-ray energy for most of the observed transitions in $^{74}$Ge in Fig. 2.

The partial level scheme of $^{74}$Ge deduced from the present work is shown in Fig. 3. It was constructed from $\gamma$–$\gamma$ coincident relationships, intensity balances, and DCO analyses. The only previous known yrast band (band 1) of $^{74}$Ge is extended from spin $8^+$ at 3680.8 keV to spin $12^+$ at 5921.0 keV. By requiring the coincidence with the known $\gamma$-ray transitions under spin $6^+$ of the yrast band in $^{74}$Ge, seven new coincident $\gamma$-ray transitions of 530.5, 581.1, 800.7, 1331.2, 1410.5, 1521.2 and 1636.0 keV are observed in the $\gamma$-ray spectra. Based on the DCO ratio analyses and coincident relationships, band 2 is firstly constructed in the present work. In the neighboring isotopes $^{66,68}$Ge, the continuation of the ground-state band has been observed [33,34] and was found to become the non-yrast band around spin $6^+$. The similar $\gamma$-ray transition sequence and the spin at which band crossing occurs as $^{66,68}$Ge

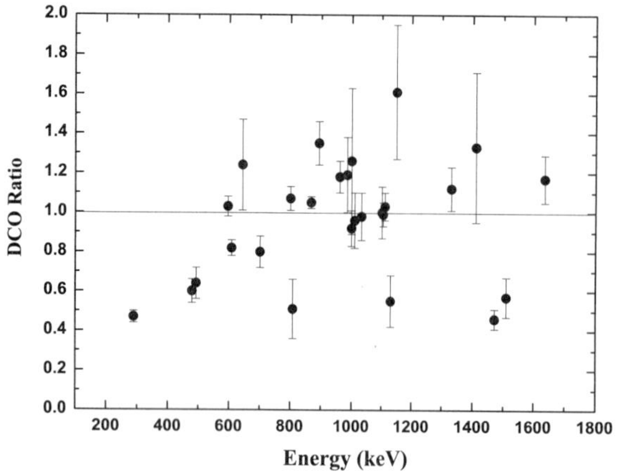


**Fig. 2.** The DCO ratio as a function of $\gamma$-ray energy for transitions in $^{74}$Ge.

indicate that the band 2 of $^{74}$Ge is the continuation of the ground-state band as well.

The $\gamma$ band (band 3) is newly established in the present work. The $2^+$ level at 1204.2 keV, which has been interpreted as the band-head of $\gamma$ band [11], is confirmed here. The levels at 1697.4 and 2165.0 keV in band 3 were reported in Refs. [35–39], and $(3)^+$ and $(3,4)^+$ were tentatively assigned to these two levels, respectively [29]. The present DCO ratio analyses for the intraband and interband deexcited transitions from these two levels support the previous $3^+$ and $4^+$ assignments to the 1697.4 and 2165.0 keV levels, respectively. The levels at 2697.1 and 3315.4 keV in band 3 have also been previously reported [36–40]. In Ref. [29], $2^+$ and $4^+$ were tentatively assigned to the 2697.1 and 3315.4 keV levels, respectively, while Kosyak et al. [35] suggested $5^+$ assignment for the 2697.1 keV level. According to the DCO values obtained in the current work, the two transitions of 999.7 and 1150.4 keV have quadrupole transition characters, which support the spin and parity assignments for the 2697.1 keV level by Kosyak et al. Therefore the 2697.1 and 3315.4 keV levels are more likely to be $5^+$ and $6^+$ states, respectively. Here, the $\gamma$-ray decay of 1113.2 keV for which the DCO ratio could not be extracted is also assumed to be a stretched $E2$ transition.

From a careful analysis of the coincident data, other three bands (bands 4, 5 and 6 in Fig. 3), are newly established in $^{74}$Ge. As compiled in Ref. [29], the $3^-$ level at 2935.7 keV (band-head of band 4) and the $4^+$ level at 2828.6 keV (band-head of band 5) have been identified in a variety of studies. The present DCO analyses further support the spin and parity assignments of these two levels. For band 6, the level at 2974.0 keV was previously reported with a tentative (3) assignment [29], while the level at 3224.8 keV was reported to be $4^+$ [29]. The coupling between bands 6a and 6b indicates that bands 6a and 6b may be the signature partners. Thus, the $3^+$ is tentatively assigned to the 2974.0 keV level. The

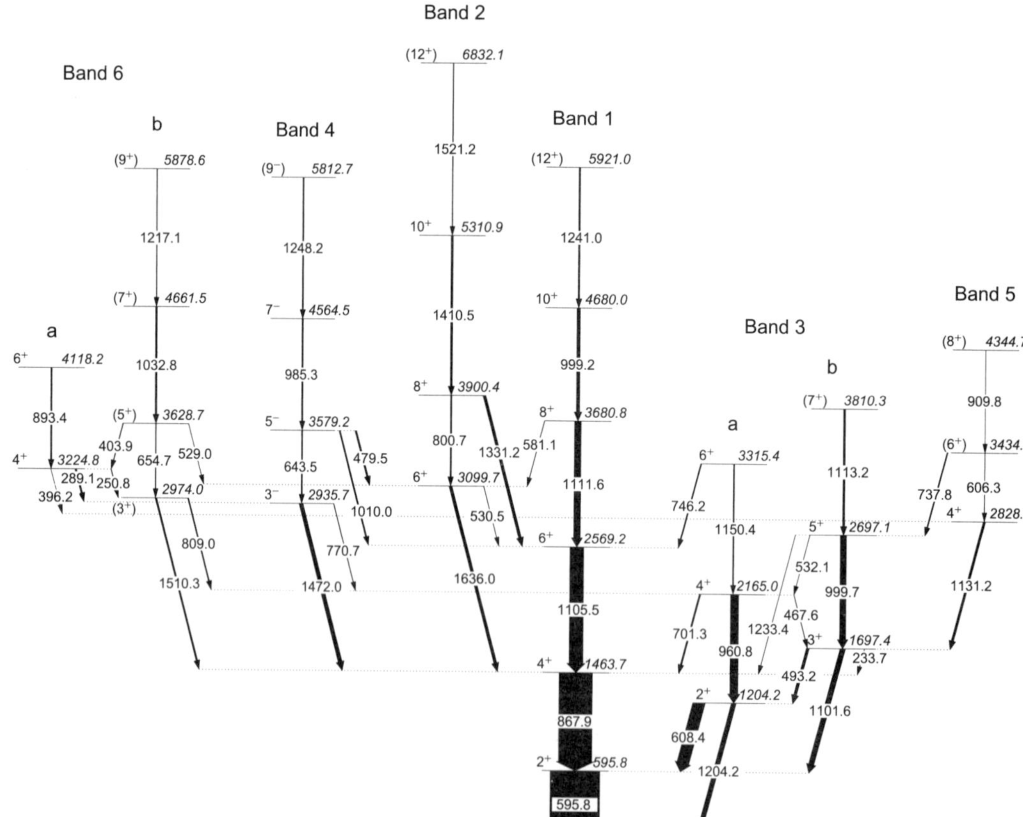


**Fig. 3.** Partial level scheme of $^{74}$Ge. Energies are in keV. The arrow widths are proportional to the observed $\gamma$-ray intensities.

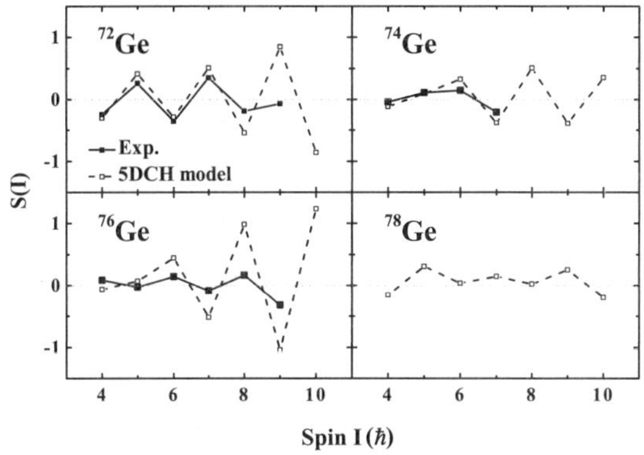


**Fig. 4.** The experimental staggering $S(I)$ of $^{72,74,76,78}$Ge isotopes in comparison with the 5DCH model calculations. The experimental data of $^{72}$Ge is taken from Ref. [41] and the data of $^{76}$Ge from Ref. [28].

orderings of transitions in bands 4, 5 and 6 are well defined due to the presence of the band-crossing transitions.

### 3. Discussion

The new structure information obtained presently for $^{74}$Ge, together with what known previously for neighboring Ge isotopes, allows a systematic study of the triaxial evolution in Ge isotopes. As mentioned in Refs. [26,27], the energy staggering

$$S(I) = \frac{[E(I) - E(I-1)] - [E(I-1) - E(I-2)]}{E(2_1^+)}$$

within the $\gamma$ band has been utilized as an important signature to distinguish the soft or rigid triaxiality. In Fig. 4, the experimental staggering $S(I)$ of $\gamma$ bands in $^{72,74,76}$Ge is plotted as a function of spin. It is shown that, below the spin $9\hbar$, both $^{72}$Ge and $^{76}$Ge exhibit pronounced oscillatory patterns but with the opposite phases. The staggering of $^{76}$Ge with positive $S(I)$ values at even spin and negative values at odd spin suggests that $^{76}$Ge has a rigid-triaxial shape [28], while the staggering of $^{72}$Ge follows the pattern expected for a $\gamma$-soft potential. The staggering of $^{74}$Ge does not show a simple oscillatory pattern with the increase of spin. At low spin ($I \leq 5\hbar$), its staggering resembles that of $^{72}$Ge, then changes to the same phase as that of $^{76}$Ge for higher spin states ($I > 5\hbar$). The intermediate staggering pattern observed in $^{74}$Ge implies that with the increase of spin, the triaxiality of $^{74}$Ge undergoes an evolution from $\gamma$-soft as in $^{72}$Ge to $\gamma$-rigid as in $^{76}$Ge.

To get a comprehensive understanding of the triaxiality and its rigidness/softness in Ge isotopes, the calculations of five-dimensional collective Hamiltonian (5DCH) model based on the covariant density functional theory (CDFT) have been performed [42]. The 5DCH model describes the nuclear collective excitations of quadrupole vibration and rotation with parameters determined by constrained self-consistent triaxial CDFT, and has given successful microscopic description for the nuclear shape transitions along with the isotopic and isotonic chains in different mass regions [43–47]. Starting from constrained triaxial CDFT calculations with the newly proposed point-coupling energy density functional PC-PK1 [48], the calculated potential energy surfaces (PESs) in the $\beta$-$\gamma$ plane for $^{74}$Ge and its neighboring isotopes $^{72,76,78}$Ge are shown in Fig. 5. It can be seen that for all these Ge isotopes the $\gamma$ degree of freedom plays an important role. With the increase of the neutron number, there exhibit two general trends in the PESs of Ge isotopes, i.e., from a triaxial to a prolate-like shape and from rather soft to rather rigid potential. In comparison with the $^{76,78}$Ge, the PESs around the ground states in $^{72,74}$Ge are less stiff in $\gamma$ direction and show relatively $\gamma$-soft shapes.

Fig. 6 displays the calculated spectra by 5DCH model for the ground-state, $\gamma$ and $\beta$ bands in $^{72,74,76,78}$Ge isotopes, and the corresponding intraband and interband transition probabilities, in comparison with the available experimental data. As shown in Fig. 6, the overall agreements between theoretical excitation energies and experimental data are good, especially for the low spin states. For example, the calculated $E(2_2^+)/E(2_1^+)$ ratios, 1.9, 1.9, 2.0 and 2.5 for $^{72,74,76,78}$Ge isotopes, are consistent with the experimental data 1.8, 2.0, 2.0 and 1.9, respectively. With the increase of the angular momentum, the deviations of the theoretical excitation energies from experimental data increase. In Fig. 7, the calculated and experimental angular moments as functions of rotational frequency for the ground-state and $\gamma$ bands of $^{72,74,76,78}$Ge isotopes are plotted. It can be seen that for the $^{74,76,78}$Ge, the calculated results agree with the experimental data at low rotational frequency. At high rotational frequency, the deviations of the theoretical results from experimental data become large. Around spin 8, the quasiparticle alignment characters are clearly shown in the $^{76,78}$Ge, where the ground-state band structures above band crossing have not been observed. For the $^{72}$Ge which have softer potential, the deviations are even larger for both ground-state and $\gamma$ bands. The major reason of the deviations could be due to the adiabatic approximation of the Hamiltonian in the 5DCH model, where the collective parameters such as the moments of inertia are calculated in the vicinity of zero rotational frequency. At high spin states of these Ge isotopes, especially the $^{72}$Ge whose soft potential is susceptible to the increase of angular momentum, this approximation becomes rough. Comparing with the experimental data at high spin states, the 5DCH calculations underestimate the moments of inertia. Moreover, since the quasiparticle alignments occur around spin $8^+$ in $^{72,76,78}$Ge, the deviations between the theoretical results and experimental data are enlarged. Using the variable moments of inertia with spin in the 5DCH model is expected to improve the agreements between theoretical results and experimental data. Such efforts are still on-going.

As shown in Fig. 6, the calculated transition probabilities of $^{72,74,76,78}$Ge isotopes well reproduce the experimental values

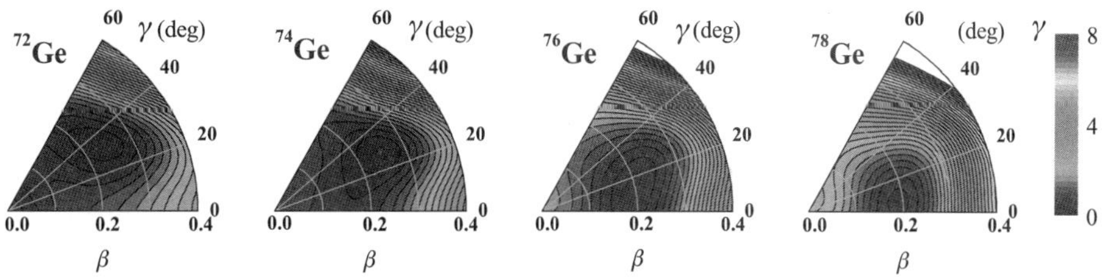


**Fig. 5.** (Color online.) The potential energy surfaces in the $\beta$-$\gamma$ plane ($0 \leq \gamma \leq 60°$) for $^{72,74,76,78}$Ge calculated by constrained triaxial covariant density functional theory with the newly proposed PC-PK1. The energy separation between each contour line is 250 keV.

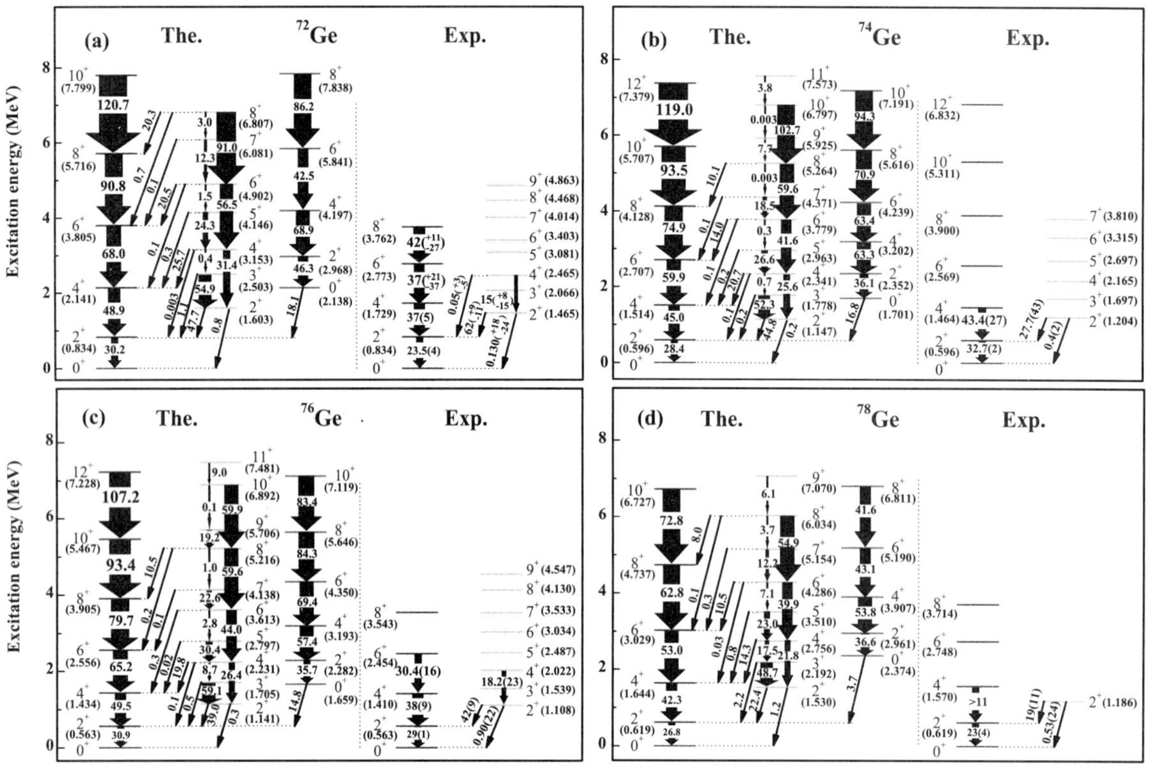


**Fig. 6.** (Color online.) The calculated excitation energies (in MeV) and the intraband and interband $B(E2)$ values (in W.u.) of the ground-state bands, $\gamma$ bands and $\beta$ bands in $^{72,74,76,78}$Ge isotopes by 5DCH model compared with the experimental data. The experimental $B(E2)$ values are taken from Refs. [8,10–12,49–51].

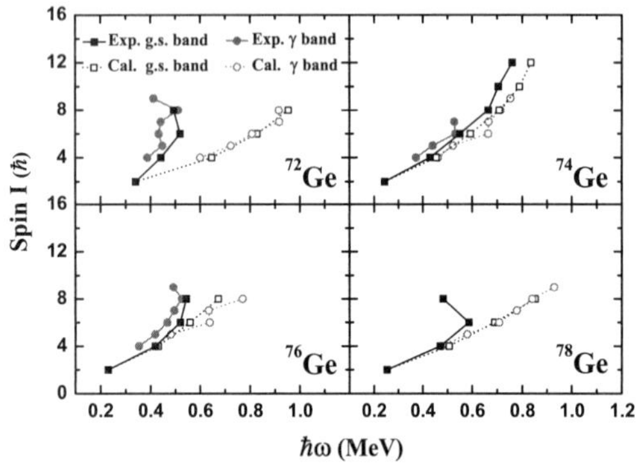


**Fig. 7.** (Color online.) Comparison of the 5DCH calculation with experimental data for $^{72,74,76,78}$Ge for the relation between spin I and $\hbar\omega$.

not only for intraband transitions within the ground-state band but also for transitions from the $\gamma$ band to the ground-state band. For the $^{74}$Ge, the calculated branching ratios $B(E2;2_2^+\rightarrow 0_1^+)/B(E2;2_2^+\rightarrow 2_1^+)=0.0045$ and $B(E2;4_1^+\rightarrow 2_1^+)/B(E2;2_1^+\rightarrow 0_1^+)=1.58$ are in good agreement with the available experimental data 0.0144(76) and 1.33(8), respectively. In Fig. 6, the calculated $\beta$ bands for $^{72,74,76,78}$Ge isotopes have also been presented to make prediction. Experimentally, the possible band-heads of $\beta$ bands in $^{72,74,76,78}$Ge isotopes have been summarized in Ref. [52]. Recent systematic Coulomb excitation studies [10–12] suggested that the 1st excited $0^+$ states of $^{72,74,76}$Ge are mainly the "intruder" states with almost spherical shapes. According to the present calculations, for the $^{72,74}$Ge, the observed 2nd excited $0^+$ states at 2.029 MeV ($^{72}$Ge), 1.725 MeV ($^{74}$Ge) are close to the theoretical values 2.138 MeV ($^{72}$Ge), 1.701 MeV ($^{74}$Ge), respectively. For the $^{76}$Ge, the calculated band-head energy 1.659 MeV of $\beta$ band has $\sim$ 1.2 MeV difference from the known 2nd excited $0^+$ state 2.898 MeV, while for the $^{78}$Ge, the calculated band-head energy 2.374 MeV of $\beta$ band locates between the known 1st (1.547 MeV) and 2nd (3.350 MeV) excited $0^+$ states. So far, the collective structures of $\beta$ bands have not been observed in these Ge isotopes. Thus, more studies on the $\beta$-band collective structures in $^{72,74,76,78}$Ge isotopes would further test the 5DCH model predictions and provide a comprehensive understanding the shape evolution along the Ge isotopic chain.

To further inspect the staggering behavior of $\gamma$ band in $^{72,74,76,78}$Ge isotopes, in Fig. 4, the resulting theoretical staggering values are compared with the experimental data. For the $^{74}$Ge, the calculations reproduce not only the evolution pattern, but also the magnitude of experimental staggering $S(I)$ very well. For spin $I\geq 6\hbar$, the predicted staggering of $^{74}$Ge begins to increase rapidly with spin and exhibits a pronounced oscillatory pattern. As demonstrated in the Bohr Hamiltonian and interacting boson approximation calculations [27], such pronounced oscillatory pattern at high spin region $I\geq 6\hbar$ is expected for the rigid-triaxial potential. The good agreement between the calculated staggering $S(I)$ and experimental results is also obtained for the $^{72}$Ge with spin up to $I=8$. For the $^{76}$Ge, the experimental oscillatory phases of the $S(I)$ are reproduced by the 5DCH model, but at high spin

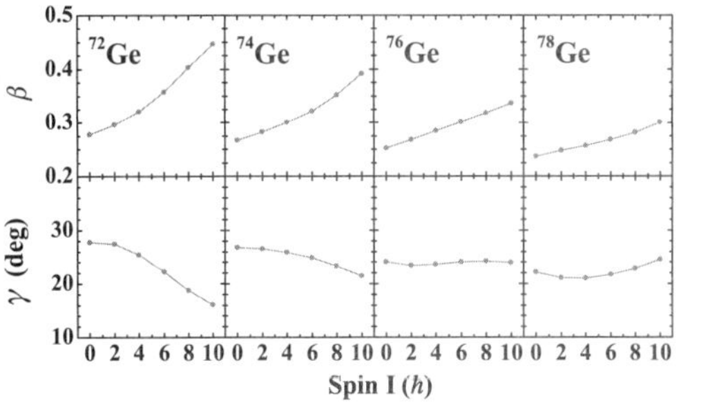


**Fig. 8.** The calculated deformation parameters $\langle\beta\rangle$ and $\langle\gamma\rangle$ as functions of spin for $^{72,74,76,78}$Ge isotopes by the 5DCH model based on CDFT.

region the 5DCH calculations overestimate the experimental $S(I)$ values.

With the 5DCH calculations, the expectation values of $\beta$ and $\gamma$ ($\langle\beta\rangle$ and $\langle\gamma\rangle$) for each given collective state can be obtained with the definition $\langle\beta\rangle = \sqrt{\langle\beta^2\rangle}$, $\langle\gamma\rangle = \arccos(\langle\beta^3\cos 3\gamma\rangle/\sqrt{\langle\beta^4\rangle\langle\beta^2\rangle})/3$, see Ref. [42] for more details. Fig. 8 displays the calculated deformation parameters $\langle\beta\rangle$ and $\langle\gamma\rangle$ as functions of spin for ground-state bands of $^{72,74,76,78}$Ge isotopes by the 5DCH model based on CDFT. The $\gamma$ expectation values for the ground states of $^{72,74,76,78}$Ge ($\gamma = 27.7°$, 26.7°, 24.0°, and 22.2°, respectively) are in good agreement with the available values ($\gamma = 28.5°$ ($^{72}$Ge), 26.5° ($^{74}$Ge), 27.3° ($^{76}$Ge) deduced from the experimental $Q_{2_1^+}$ and $B(E2; 2_1^+ \to 0_1^+)$ values in Coulomb excitation measurements [7,8], and $\gamma = 28.0°$ ($^{72}$Ge), 24.3° ($^{74}$Ge), 22.0° ($^{76}$Ge) deduced from the coupled-channel analyses of the $\alpha$ scattering measurements with the asymmetric rotor model [16]). It can be seen that $\gamma$ value of $^{72}$Ge decreases rapidly with spin and $\gamma$ value of $^{76}$Ge remains nearly constant, while the trend of $\gamma$ value of $^{74}$Ge lies in between. For the $^{78}$Ge, its $\gamma$ value is also relatively stable. These features can be understood from the soft triaxiality in $^{72}$Ge and rigid triaxiality in $^{76}$Ge (the PES along $\gamma$ direction in $^{78}$Ge is also rigid). For $^{72}$Ge with a $\gamma$ soft potential, its $\gamma$ deformation is susceptible to the increasing spin. For $^{76}$Ge with a rigid triaxial potential, its $\gamma$ deformation tends to be stable. For $^{74}$Ge, a transitional character is shown. Moreover, the $\beta$ values of $^{72,74,76,78}$Ge increase with spin in different slopes in accordance to the rigidness/softness of the nucleus.

## 4. Summary

The collective structure of $^{74}$Ge has been expanded significantly via $^{70}$Zn($^7$Li, $2np$)$^{74}$Ge fusion–evaporation reaction. The previously known yrast band is extended to higher spins and five new collective bands are established. The energy staggering $S(I)$ of adjacent levels within the $\gamma$ band, which is sensitive to structural changes, is used to investigate the triaxial rigidness/softness in $^{74}$Ge. In comparison with the pronounced oscillatory staggering patterns in neighboring isotopes $^{72,76}$Ge, the intermediate staggering pattern observed in $^{74}$Ge implies that with the increase of spin, the triaxiality of $^{74}$Ge undergoes an evolution from $\gamma$-soft as in $^{72}$Ge to $\gamma$-rigid as in $^{76}$Ge.

Starting from constrained triaxial CDFT calculations with the newly proposed point-coupling energy density functional PC-PK1, the collective structures of even–even $^{72,74,76,78}$Ge isotopes are discussed within the framework of the 5DCH model. The calculated potential energy surfaces around the ground states of $^{72,74,76,78}$Ge isotopes indicate that in comparison with the $^{76,78}$Ge, $^{72,74}$Ge are relatively $\gamma$-soft at low-lying states. The calculated 5DCH results based on CDFT reproduce the excitation spectra and transition probabilities for both the ground-state bands and $\gamma$ bands in these Ge isotopes, and a good agreement with the experimental energy staggering of $^{74}$Ge is also obtained. Based on the systematic comparisons and analysis, the triaxial evolution with spin in $^{74}$Ge is revealed and $^{74}$Ge is found to be the crucial nucleus marking the triaxial evolution from soft to rigid in Ge isotopes.

## Acknowledgements

This work is support by the Natural Science Foundation of China under Grant No. 11175003, No. 11235001, No. 11335002, No. 11320101004, No. 11375017, No. 11375015, No. 11345004, No. 11005004, and No. J1103206 and the Chinese Major State Basic Research Development Program under Grant No. 2013CB834400. The authors wish to thank Dr. Q.W. Fan for making the target and the staffs in the tandem accelerator laboratory at the China Institute of Atomic Energy (CIAE), Beijing.

## References


[1] A. Bohr, B.R. Mottelson, Nuclear Structure, vol. II, Benjamin, New York, 1975.
[2] S.W. Ødegård, et al., Phys. Rev. Lett. 86 (2001) 5866.
[3] D.R. Jensen, et al., Phys. Rev. Lett. 89 (2002), 142503.
[4] S. Frauendorf, J. Meng, Nucl. Phys. A 617 (1997) 131.
[5] S. Frauendorf, Rev. Mod. Phys. 73 (2001) 463.
[6] J. Meng, S.Q. Zhang, J. Phys. G, Nucl. Part. Phys. 37 (2010) 064025.
[7] R. Lecomte, et al., Phys. Rev. C 22 (1980) 1530.
[8] R. Lecomte, et al., Phys. Rev. C 22 (1980) 2420.
[9] M. Sugawara, et al., Eur. Phys. J. A 16 (2003) 409.
[10] B. Kotliński, et al., Nucl. Phys. A 519 (1990) 646.
[11] Y. Toh, et al., Eur. Phys. J. A 9 (2000) 353.
[12] Y. Toh, et al., J. Phys. G, Nucl. Part. Phys. 27 (2001) 1475.
[13] E.F. Aguilera, et al., Phys. Rev. C 41 (1990) 910.
[14] S. Sen, et al., Phys. Rev. C 31 (1985) 787.
[15] G. Szaloky, et al., Phys. Rev. C 18 (1978) 750.
[16] F. Ballester, et al., Nucl. Phys. A 490 (1988) 227.
[17] R. Lecomte, et al., Phys. Rev. C 25 (1982) 2812.
[18] D. Ardouin, et al., Phys. Rev. C 12 (1975) 1745.
[19] D. Ardouin, et al., Phys. Rev. C 18 (1978) 2739.
[20] C. Lebrun, et al., Phys. Rev. C 19 (1979) 1224.
[21] D. Ardouin, et al., Phys. Rev. C 22 (1980) 2253.
[22] W. Andrejtscheff, P. Petkov, Phys. Lett. B 329 (1994) 1.
[23] W.-T. Chou, et al., Phys. Rev. C 47 (1993) 157.
[24] Lu Guo, et al., Phys. Rev. C 76 (2007), 034317.
[25] S.F. Shen, et al., Phys. Rev. C 84 (2011), 044315.
[26] N.V. Zamfir, R.F. Casten, Phys. Lett. B 260 (1991) 265.
[27] E.A. McCutchan, et al., Phys. Rev. C 76 (2007), 024306.
[28] Y. Toh, et al., Phys. Rev. C 87 (2013), 041304(R).
[29] Balral Singh, Ameenah R. Farhan, Nucl. Data Sheets 107 (2006) 1923, and references therein.
[30] Evaluated Nuclear Structure Data File (ENSDF), http://www.nndc.bnl.gov/ensdf.
[31] Zs. Podolyák, et al., Int. J. Mod. Phys. E 13 (2004) 123.
[32] D.C. Radford, Nucl. Instrum. Methods Phys. Res., Sect. A 361 (1995) 297.
[33] E.A. Stefanova, et al., Phys. Rev. C 67 (2003), 054319.
[34] D. Ward, et al., Phys. Rev. C 63 (2000), 014301.
[35] Yu.G. Kosyak, et al., Bull. Russ. Acad. Sci., Phys. 67 (2003) 151.
[36] A. Hasselgren, Phys. Scr. 2 (1970) 23.
[37] C. Hofmeyr, et al., AIP Conf. Proc. 125 (1985) 378.
[38] R.E. Chrien, et al., Phys. Rev. C 9 (1974) 1839.
[39] D.C. Camp, et al., Nucl. Phys. A 163 (1971) 145.
[40] B. Schürmann, et al., Nucl. Phys. A 475 (1987) 361.
[41] D.G. Roux, et al., Eur. Phys. J. A 48 (2012) 99.
[42] T. Nikšić, et al., Phys. Rev. C 79 (2009), 034303.
[43] Z.P. Li, et al., Phys. Rev. C 79 (2009), 054301.
[44] Z.P. Li, et al., Phys. Rev. C 80 (2009), 061301(R);
Z.P. Li, et al., Phys. Rev. C 81 (2010), 034316.
[45] Z.P. Li, et al., Phys. Rev. C 84 (2011), 054304.
[46] Z.P. Li, et al., Phys. Lett. B 717 (2012) 470.
[47] C.Y. Song, et al., Sci. China, Phys. Mech. Astron. 54 (2011) 222.
[48] P.W. Zhao, et al., Phys. Rev. C 82 (2010), 054319.
[49] D. Abriola, A.A. Sonzogni, Nucl. Data Sheets 111 (2010) 1.
[50] Balraj Singh, Nucl. Data Sheets 74 (1995) 63.
[51] Ameenah R. Farhan, Balraj Singh, Nucl. Data Sheets 110 (2009) 1917.
[52] Mitsuo Sarai, At. Data Nucl. Data Tables 31 (1984) 399.

# Examination of the different roles of neutron transfer in the sub-barrier fusion reactions $^{32}S + ^{94,96}Zr$ and $^{40}Ca + ^{94,96}Zr$ ①

V. V. Sargsyan,[1,2] G. G. Adamian,[1] N. V. Antonenko,[1] W. Scheid,[3] and H. Q. Zhang[4]
[1]*Joint Institute for Nuclear Research, 141980 Dubna, Russia*
[2]*Yerevan State University, M. Manougian 1, 0025, Yerevan, Armenia*
[3]*Institut für Theoretische Physik der Justus-Liebig-Universität, D-35392 Giessen, Germany*
[4]*China Institute of Atomic Energy, P.O. Box 275, Beijing 102413, China*
(Received 22 August 2014; revised manuscript received 10 December 2014; published 26 January 2015)

The sub-barrier capture (fusion) reactions $^{32}S + ^{90,94,96}Zr$, $^{36}S + ^{90,96}Zr$, $^{40}Ca + ^{90,94,96}Zr$, and $^{48}Ca + ^{90,96}Zr$ with positive and negative $Q$ values for neutron transfer are studied with the quantum diffusion approach and the universal fusion function representation. For these systems, the $s$-wave capture probabilities are extracted from the experimental excitation functions and are also analyzed. Different effects of the positive $Q_{xn}$-value neutron transfer in the fusion enhancement are revealed in the relatively close reactions $^{32}S + ^{94,96}Zr$ and $^{40}Ca + ^{94,96}Zr$.

DOI: 10.1103/PhysRevC.91.014613 PACS number(s): 25.70.Jj, 24.10.−i, 24.60.−k

## I. INTRODUCTION

The nuclear deformation effects are identified as playing a major role in the magnitude of the sub-barrier fusion (capture) cross sections [1,2]. There are several experimental evidences which confirm the straightforward influence of nuclear deformation on the fusion. If the target nucleus is prolate in the ground state, the Coulomb field on its tips is lower than on its sides. Thus, the capture or fusion probability increases at energies below the barrier corresponding to the spherical nuclei.

The dynamics of neutron-transfer-mediated sub-barrier capture and fusion has not yet been revealed [2]. The cross section enhancement in the sub-barrier fusion of $^{58}Ni + ^{64}Ni$, with respect to $^{58}Ni + ^{58}Ni$ [3], is interpreted in Ref. [4] as a kinematic effect due to the positive $Q_{2n}$ value of the ground-state-to-ground-state two-neutron transfer ($2n$-transfer) channel. A correlation is observed between considerable sub-barrier fusion enhancement and positive $Q_{xn}$ values for neutron transfer in the reactions $^{40}Ca + ^{94,96}Zr$ [5–7] and $^{40}Ca + ^{116,124,132}Sn$ [8,9].

The importance of neutron transfer with positive $Q_{xn}$ values in nuclear fusion (capture) originates from the fact that neutrons are insensitive to the Coulomb barrier and their transfer starts at quite larger separations, before the projectile is captured by the target nucleus. It is generally thought that the sub-barrier capture (fusion) cross section increases because of the neutron transfer [5–20]. However, the reduced excitation functions for the reactions $^{16,17,18}O + ^{A}Sn$ ($A$ = 112, 116–120, 122, 124) [21], scaled to remove the effects of smoothly varying barrier parameters, do not show any strong dependence on the mass number of the target or the projectile. The relative changes are within a factor of 2 and are not correlated with the positive $Q_{xn}$ values of neutron-transfer channels in these reactions. As shown in Ref. [22], the neutron-transfer channels with positive $Q_{xn}$ value weakly influence the capture (fusion) cross section in the $^{60}Ni + ^{100}Mo$ reaction at sub-barrier energies. In the reactions $^{40}Ca + ^{116,124}Sn$ ($Q_{2n} > 0$) and $^{132}Sn, ^{130}Te + ^{58,64}Ni$ ($Q_{2n} > 0$) at energies above and a few MeV below the Coulomb barrier, the effect of transfer channels on the capture (fusion) is demonstrated to be very weak with no significant differences observed in the reduced excitation functions [8,23]. In comparison with the $^{16}O + ^{76}Ge$ reaction [24], the fusion enhancement due to the positive $Q_{2n}$ value is not revealed in the $^{18}O + ^{74}Ge$ reaction.

It is presently not clear why the neutron transfers with positive $Q_{xn}$ values play a decisive role in the fusion reactions $^{40}Ca + ^{48}Ca$, $^{58}Ni + ^{64}Ni$, $^{40}Ca + ^{94,96}Zr$, and $^{40}Ca + ^{116,124,132}Sn$ and weakly influence the fusion reactions $^{58,64}Ni + ^{132}Sn$, $^{58,64}Ni + ^{130}Te$, $^{60}Ni + ^{100}Mo$, $^{18}O + ^{74}Ge$, and $^{18}O + ^{A}Sn$ [2,25]. Although the enhancement appears to be related to the existence of large positive $Q_{xn}$ values for neutron transfer, it is not proportional to the magnitudes of those $Q_{xn}$ values, which are larger for $^{40}Ca + ^{96}Zr$ ($^{40}Ca + ^{132}Sn$ or $^{40}Ca + ^{124}Sn$) than for $^{40}Ca + ^{94}Zr$ ($^{40}Ca + ^{124}Sn$ or $^{40}Ca + ^{116}Sn$). The sub-barrier enhancements are similar in these reactions. So, the influence of neutron transfer on the capture process is not easily explained.

The quantum diffusion approach [26–30] was applied to study the role of neutron transfer with positive $Q_{xn}$ value in the capture (fusion) reactions at sub-, near- and above-barrier energies. A good agreement of the theoretical calculations with the experimental data was demonstrated. As found, the change of the capture cross section after the neutron transfer occurs due to the change of the deformations of nuclei [26–30]. Thus, the effect of neutron transfer is an indirect influence of quadrupole deformation. As demonstrated in Ref. [27], neutron transfer can weakly influence or even suppress the capture (fusion) cross section in some reactions. Later similar conclusions were pointed out in Ref. [31].

Applying the quantum diffusion approach [26–30] (Sec. IV), the universal fusion function representation [32,33] (Sec. II), and capture probabilities extracted from experimental excitation functions (Sec. III), we try to answer the question of how neutron transfer influences the sub-barrier capture cross section in the reactions $^{32}S + ^{90,94,96}Zr$, $^{36}S + ^{90,96}Zr$, $^{40}Ca + ^{90,94,96}Zr$, and $^{48}Ca + ^{90,96}Zr$ at near and sub-barrier energies. We show why the influence of positive-$Q_{xn}$-value neutron transfer is completely different in the relatively close reactions $^{32}S + ^{94,96}Zr$ and $^{40}Ca + ^{94,96}Zr$.

① Physical Review C,2015,91(1):014613-(1-7).

## II. EXPERIMENTAL REDUCED CAPTURE CROSS SECTIONS

To analyze the capture cross sections in the reactions with different Coulomb barrier heights $V_b$ and radius $R_b$ calculated in the case of spherical nuclei, it is useful to compare not the excitation functions, but the dependence of the dimensionless quantities $2E_{c.m.}\sigma_{cap}(E_{c.m.})/(\hbar\omega_b R_b^2)$ versus $x = (E_{c.m.} - V_b)/(\hbar\omega_b)$ or $(E_{c.m.} - V_b)$ [32,33]. Here, $\omega_b$ and $\mu$ are the frequency of an inverted-oscillator-approximated barrier and the reduced mass of the system, respectively. In the reactions, where the capture and fusion cross sections coincide, the comparison of experimental data with the universal fusion function [32,33] allows us to conclude about the role of static deformations of the colliding nuclei and the nucleon transfer between them in the capture cross section. Indeed, the universal function disregards these effects. To extract the values of $V_b$, $R_b$, and $\omega_b$ (Table I), we calculate the nucleus-nucleus interaction potential. The same potential is used within the quantum diffusion approach [26–30] (see Sec. IV).

For the reactions $^{40}$Ca + $^{90}$Zr, $^{48}$Ca + $^{90,96}$Zr, and $^{36}$S + $^{90,96}$Zr, with almost spherical nuclei and without neutron transfer (the negative $Q_{xn}$ values), the experimental cross sections are rather close and fall with almost the same rate as the universal fusion function (Fig. 1). For the reactions $^{40}$Ca + $^{94,96}$Zr with neutron transfer (the positive $Q_{xn}$ values), one can clearly see that the reduced cross sections strongly deviate from those for the reactions $^{40}$Ca + $^{90}$Zr, $^{36}$S + $^{90,96}$Zr, $^{48}$Ca + $^{90,96}$Zr, where neutron transfer is suppressed.

In the reactions $^{32}$S + $^{90,94,96}$Zr with the strongly deformed projectile $^{32}$S, the deviations of the reduced excitation functions from those in the reactions $^{36}$S + $^{90,96}$Zr (Fig. 1) are mainly caused by the static deformation effects. Despite the $Q_{xn}$ values for the neutron transfer range from negative ($^{32}$S + $^{90}$Zr)to large positive values ($^{32}$S + $^{94,96}$Zr), the reduced capture (fusion) cross sections appear to be almost the same. So, we observe the strong and weak influence of neutron transfer on the capture cross sections in the reactions $^{40}$Ca + $^{94,96}$Zr and $^{32}$S + $^{94,96}$Zr, respectively. The universal fusion function is mainly shown to discriminate the reactions $^{40}$Ca + $^{94,96}$Zr with neutron transfer from the reactions $^{40}$Ca + $^{90}$Zr, $^{48}$Ca + $^{90,96}$Zr, and $^{36}$S + $^{90,96}$Zr without neutron transfer and to demonstrate the similarity of the fusion enhancements in the reactions $^{32}$S + $^{94,96}$Zr and $^{32}$S + $^{90}$Zr with and without, respectively, neutron transfer. The fusion enhancement or hindrance in these reactions can be studied by the calculation of the dynamic polarization potential including contributions from inelastic excitations and nucleon transfer [1,37–39].

TABLE I. The barrier parameters used in Fig. 1.

| Reactions | $V_b$ (MeV) | $R_b$ (fm) | $\hbar\omega_b$ (MeV) |
|---|---|---|---|
| $^{32}$S + $^{90}$Zr | 79.6 | 11.1 | 3.35 |
| $^{32}$S + $^{94}$Zr | 77.0 | 11.2 | 3.35 |
| $^{32}$S + $^{96}$Zr | 76.5 | 11.3 | 3.36 |
| $^{36}$S + $^{90}$Zr | 77.2 | 11.3 | 3.22 |
| $^{36}$S + $^{96}$Zr | 75.2 | 11.5 | 3.36 |
| $^{40}$Ca + $^{90}$Zr | 96.2 | 11.3 | 3.34 |
| $^{40}$Ca + $^{94}$Zr | 95.2 | 11.4 | 3.31 |
| $^{40}$Ca + $^{96}$Zr | 94.2 | 11.5 | 3.25 |
| $^{48}$Ca + $^{90}$Zr | 94.5 | 11.6 | 3.12 |
| $^{48}$Ca + $^{96}$Zr | 92.9 | 11.7 | 3.07 |
| $^{40}$Ca + $^{40}$Ca | 53.3 | 10.5 | 3.20 |

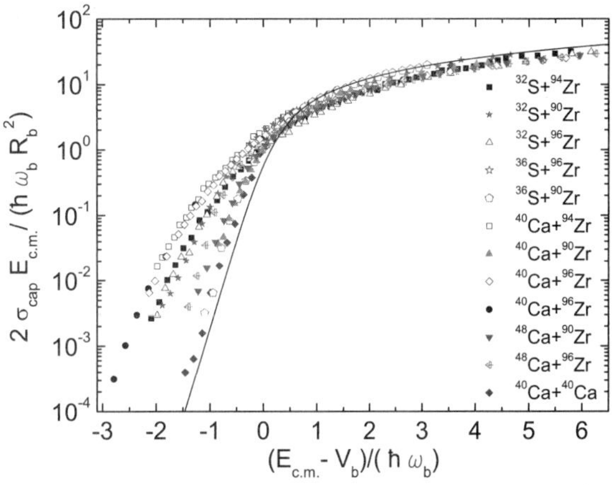


FIG. 1. (Color online) The experimental reduced fusion excitation functions $\frac{2E_{c.m.}}{\hbar\omega_b R_b^2}\sigma_{cap}(E_{c.m.})$ (symbols) [5–7,18,20,34–36] and the universal fusion function $F_0 = \ln\{1 + \exp[2\pi(E_{c.m.} - V_b)/(\hbar\omega_b)]\}$ (solid line) vs $\frac{E_{c.m.}-V_b}{\hbar\omega_b}$ for the reactions indicated.

## III. CAPTURE PROBABILITIES EXTRACTED FROM EXPERIMENTAL CAPTURE EXCITATION FUNCTIONS

Shifting the energy by the rotational energy $E_R(J) = \frac{\hbar^2 J(J+1)}{2\mu R_b^2}$ [40], one can approximate the angular momentum $J$ dependence of the transmission (capture) probability $P_{cap}(E_{c.m.}, J)$ at a given $E_{c.m.}$:

$$P_{cap}(E_{c.m.}, J) \approx P_{cap}[E_{c.m.} - E_R(J), J = 0]. \qquad (1)$$

If we use the formula for the capture cross section, convert the sum over the partial waves $J$ into an integral, and express $J$ by the variable $E = E_{c.m.} - E_R(J)$, we obtain the following simple expression:

$$\sigma_{cap}(E_{c.m.}) = \frac{\pi R_b^2}{E_{c.m.}} \int_0^{E_{c.m.}} dE\, P_{cap}(E, J = 0). \qquad (2)$$

Multiplying this equation by $E_{c.m.}/(\pi R_b^2)$ and differentiating over $E_{c.m.}$, one obtains [40]

$$P_{cap}(E_{c.m.}, J = 0) = \frac{1}{\pi R_b^2} \frac{d[E_{c.m.}\sigma_{cap}(E_{c.m.})]}{dE_{c.m.}}. \qquad (3)$$

One can see that $\frac{d[E_{c.m.}\sigma_{cap}(E_{c.m.})]}{dE_{c.m.}}$ has the meaning of the $s$-wave transmission in the entrance channel. Therefore, the $s$-wave capture probability can be extracted with satisfactory accuracy from the experimental capture cross sections $\sigma_{cap}(E_{c.m.})$ at energies near and below the Coulomb barrier. Note that at the energies considered the dependence of the Coulomb barrier radius on the angular momentum is very weak.

The extraction method just described requires some procedure to smooth the experimental data since the values of

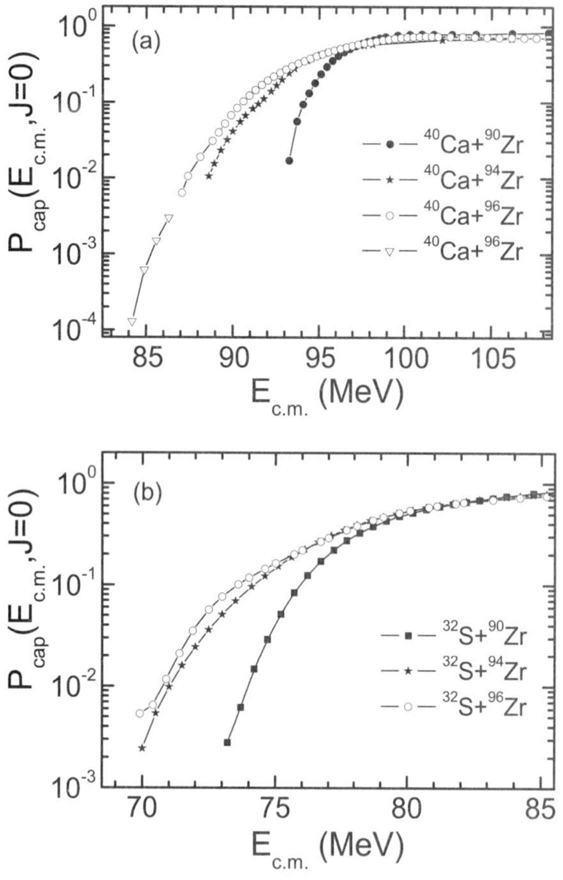


FIG. 2. The extracted $s$-wave capture probabilities for the reactions indicated by employing Eq. (3) (symbols connected by lines). The experimental capture (fusion) excitation functions used are from Refs. [5–7,18,20].

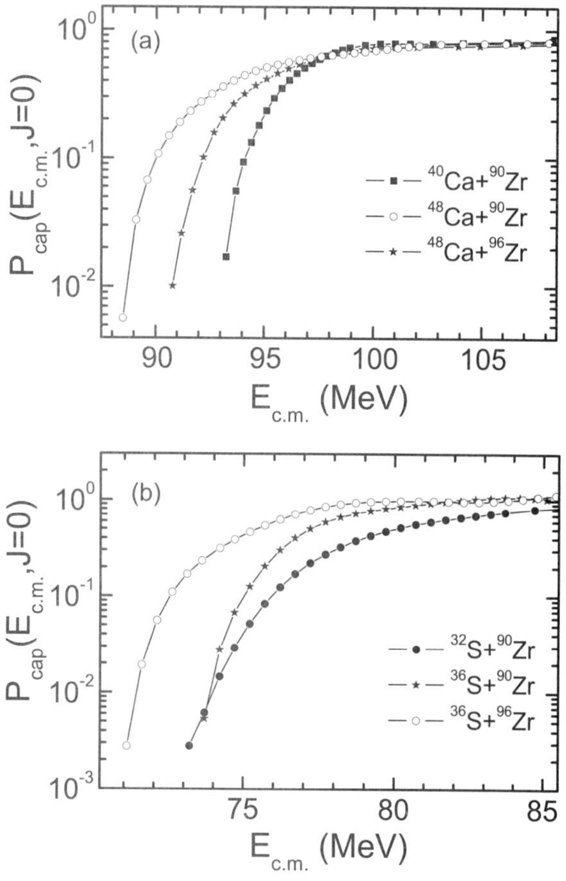


FIG. 3. The extracted $s$-wave capture probabilities for the reactions indicated by employing Eq. (3) (symbols connected by lines). The experimental capture (fusion) excitation functions used are from Refs. [5,18,34,35].

$E_{c.m.}\sigma_{cap}(E_{c.m.})$ have error bars. We spline the experimental points of $E_{c.m.}\sigma_{cap}(E_{c.m.})$ by the Bézier parametric curve [41].

In Figs. 2 and 3, the extracted capture probabilities $P_{cap}(E,J=0)$ demonstrate the influence of nucleon transfer on the capture (fusion) excitation function. In the reactions $^{40}$Ca + $^{90}$Zr and $^{48}$Ca + $^{90,96}$Zr with the negative $Q_{xn}$ values for nucleon transfer, the capture probability exhibits a steep falloff of the probability at low energies. However, the first derivatives of $P_{cap}(E,J=0)$ are almost the same. Conversely, the reactions $^{40}$Ca + $^{94,96}$Zr have positive $Q_{xn}$ values for neutron transfer. This leads to the smaller slope of probability functions at sub-barrier energies. The capture probabilities in the reactions $^{40}$Ca + $^{94,96}$Zr are close to each other.

Because the nucleus $^{36}$S is spherical, the slopes of functions $P_{cap}(E,J=0)$ for the reactions $^{36}$S + $^{90,96}$Zr are larger than those for the reactions $^{32}$S + $^{94,96}$Zr and $^{32}$S + $^{90}$Zr with the strongly deformed $^{32}$S. The slopes of functions $P_{cap}(E,J=0)$ are rather similar (Fig. 3) in the $^{32}$S + $^{90}$Zr reaction with the negative $Q_{xn}$ values for neutron transfer and in the reactions $^{32}$S + $^{94,96}$Zr (Fig. 2) with the positive $Q_{xn}$ values for neutron transfer. Thus, the enhancement of capture probability in these reactions has the same origin. It arises due to the large static deformations of nuclei $^{32,34}$ S and the neutron transfer is not responsible for the capture (fusion) enhancement.

As follows from the extracted capture probabilities, the experimental normalizations of the cross sections are different in the reactions $^{32}$S + $^{90,94,96}$Zr and $^{36}$S + $^{90,96}$Zr. One should think about the experimental reasons for such deviations.

## IV. CALCULATIONS WITHIN THE QUANTUM DIFFUSION APPROACH

In the quantum diffusion approach [26–30,42] the collisions of nuclei are described with a single relevant collective variable: the relative distance between the colliding nuclei. This approach takes into consideration the fluctuation and dissipation effects in collisions of heavy ions that model the coupling with various channels (for example, the noncollective single-particle excitations and low-lying collective dynamical modes of the target and the projectile). We have to mention that many quantum-mechanical and non-Markovian effects accompanying the passage through the potential barrier are taken into consideration in our formalism [26–30,42]. The nuclear deformation effects are taken into account through the dependence of the nucleus-nucleus potential on the deformations and mutual orientations of the colliding nuclei. To calculate the nucleus-nucleus interaction potential $V(R)$, we use the procedure presented in Refs. [26–30,42]. For the nuclear part of the nucleus-nucleus potential, a double-folding formalism with a Skyrme-type density-dependent effective nucleon-nucleon interaction is used. The parameters of the nucleus-nucleus interaction potential $V(R)$ are adjusted to describe the experimental data at energies above the Coulomb barrier corresponding to spherical nuclei. With this approach many heavy-ion capture reactions at energies above and well below the Coulomb barrier have been successfully described [26–30,42].

Following the hypothesis of Ref. [4], we assume that the sub-barrier capture in the reactions under consideration mainly depends on a $2n$ transfer with a positive $Q_{2n}$ value. Our assumption is that, just before the projectile is captured by the target nucleus (just before the crossing of the Coulomb barrier), which is a slow process, the $2n$ transfer ($Q_{2n} > 0$) occurs and leads to the population of the first-excited collective state in the recipient nucleus [43] (the donor nucleus remains in the ground state). The absolute values of the quadrupole deformation parameters $\beta_2$ in the $2^+$ state of even-even deformed nuclei are taken from Ref. [44]. For the nuclei deformed in the ground state, the $\beta_2$ in the first-excited collective state is similar to that in the ground state. For the double-magic and semimagic nuclei, we take $\beta_2 = 0$ in the ground state.

The motion to $N/Z$ equilibrium starts in the system before the capture occurs because it is energetically favorable in the dinuclear system in the vicinity of the Coulomb barrier. For the reactions under consideration, the average change of mass asymmetry is related to the $2n$ transfer. In these reactions, $Q_{2n} > Q_{1n}$ and during the capture $2n$ transfer is more probable than $1n$ transfer. After the $2n$ transfer the mass numbers, the deformation parameters of the interacting nuclei, and, correspondingly, the height $V_b$ and shape of the Coulomb barrier change. Then one can expect an enhancement or suppression of the capture. If after the neutron transfer the deformations of interacting nuclei increase (decrease), the capture probability increases (decreases). If after the transfer the deformations of interacting nuclei do not change, there is no effect of the neutron transfer on the capture. This scenario has been verified in the description of many reactions [26–30,42].

In Fig. 4 one can see a good agreement between the calculated and the experimental capture cross sections in the reactions $^{40}Ca + ^{94,96}Zr$ with the positive $Q$ values for neutron transfer and in the reactions $^{40}Ca + ^{90}Zr$ and $^{48}Ca + ^{90,96}Zr$ with negative $Q$ values for neutron transfer. The theoretical calculations describe the strong deviation of the slopes of excitation functions in the reactions $^{40}Ca + ^{94,96}Zr$ with positive $Q$ values for neutron transfer from those in the reactions $^{40}Ca + ^{90}Zr$ and $^{48}Ca + ^{90,96}Zr$, where the neutron transfers are suppressed because of negative $Q$ values (see Fig. 1). This means that the observed capture enhancements in the reactions $^{40}Ca + ^{94,96}Zr$ at sub-barrier energies are

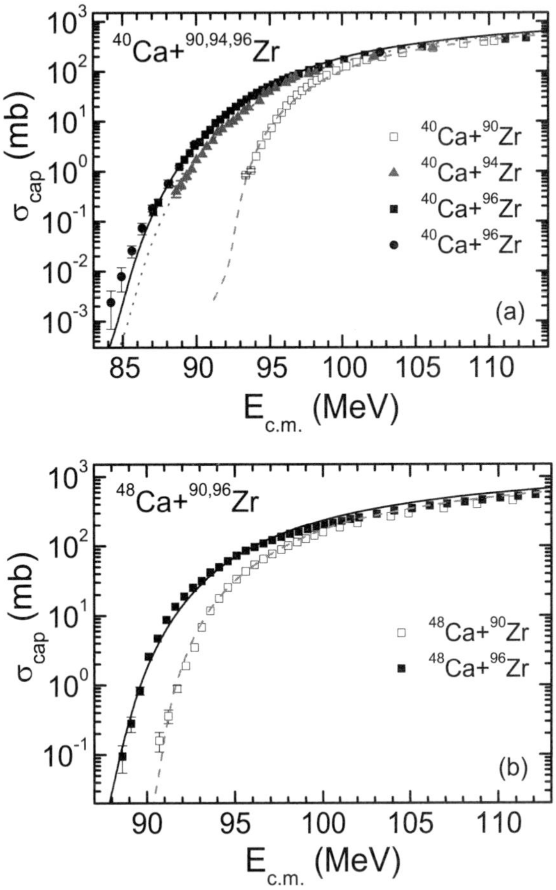


FIG. 4. (Color online) The calculated capture cross sections vs $E_{c.m.}$ for the reactions (a) $^{40}Ca + ^{96}Zr$ (solid line), $^{40}Ca + ^{94}Zr$ (dotted line), and $^{40}Ca + ^{90}Zr$ (dashed line) and (b) $^{48}Ca + ^{96}Zr$ (solid line) and $^{48}Ca + ^{90}Zr$ (dashed line). The error bars are shown if they are larger than the size of the symbols. The experimental data (symbols) are from Refs. [5–7,34].

TABLE II. The configurations before and after two-neutron transfer and the $Q_{2n}$ values for two-neutron transfer in the different reactions.

| Reactions with $2n$ transfer | $Q_{2n}$ (MeV) |
|---|---|
| $^{40}Ca(\beta_2 = 0) + ^{94}Zr(\beta_2 = 0.09) \rightarrow ^{42}Ca(\beta_2 = 0.25) + ^{92}Zr(\beta_2 = 0.1)$ | 4.9 |
| $^{40}Ca(\beta_2 = 0) + ^{96}Zr(\beta_2 = 0.08) \rightarrow ^{42}Ca(\beta_2 = 0.25) + ^{94}Zr(\beta_2 = 0.09)$ | 5.5 |
| $^{32}S(\beta_2 = 0.31) + ^{94}Zr(\beta_2 = 0.09) \rightarrow ^{34}S(\beta_2 = 0.25) + ^{92}Zr(\beta_2 = 0.1)$ | 5.1 |
| $^{32}S(\beta_2 = 0.31) + ^{96}Zr(\beta_2 = 0.08) \rightarrow ^{34}S(\beta_2 = 0.25) + ^{94}Zr(\beta_2 = 0.09)$ | 5.7 |

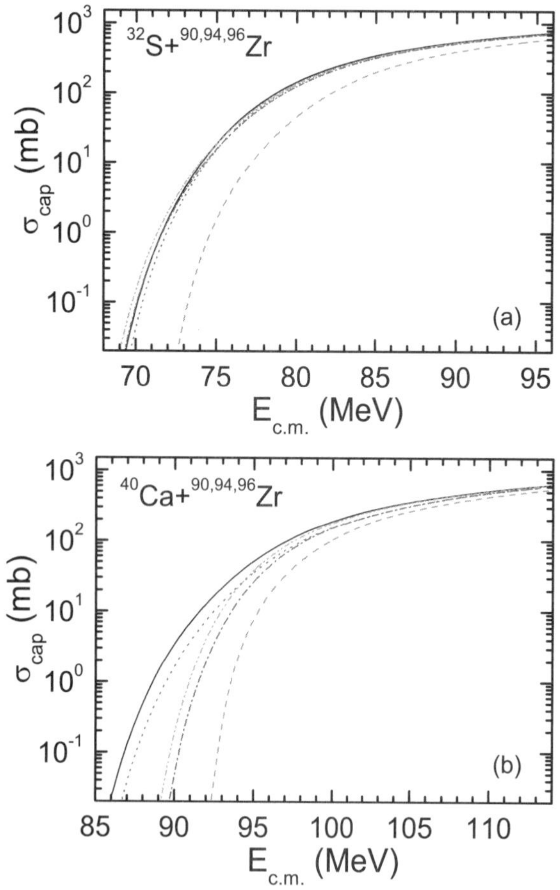


FIG. 5. (Color online) The calculated capture cross sections vs $E_{\mathrm{c.m.}}$ for the reactions (b) $^{40}$Ca + $^{96}$Zr (solid line), $^{40}$Ca + $^{94}$Zr (dotted line), and $^{40}$Ca + $^{90}$Zr (dashed line) and (a) $^{32}$S + $^{96}$Zr (solid line), $^{32}$S + $^{94}$Zr (dotted line), and $^{32}$S + $^{90}$Zr (dashed line). For the reactions $^{32}$S,$^{40}$Ca + $^{96}$Zr and $^{32}$S,$^{40}$Ca + $^{94}$Zr, the capture cross sections calculated without taking into consideration the neutron transfer are shown by dash-dot-dotted and dash-dotted [it is matched with the solid line in part (a)] lines, respectively.

related to the two-neutron transfer effect. After $2n$ transfer in the reactions $^{40}$Ca + $^{94,96}$Zr the deformation of the light nucleus strongly increases (see Table II) and, thus, the height of the Coulomb barrier decreases for some orientations and the capture cross section becomes larger at smaller $E_{\mathrm{c.m.}}$ (Fig. 4). In Fig. 4 one can see that the sub-barrier fusion (capture) cross section falls down from 10 to 1 mb at ~1.5 MeV for the reactions $^{48}$Ca + $^{90,96}$Zr and $^{40}$Ca + $^{90}$Zr and at about 3 MeV for the reactions $^{40}$Ca + $^{94,96}$Zr. So, because of the neutron-transfer effect the reactions $^{40}$Ca + $^{94,96}$Zr show large sub-barrier enhancements with respect to the reactions $^{48}$Ca + $^{90,96}$Zr and $^{40}$Ca + $^{90}$Zr (see Figs. 1 and 4). One can see in Fig. 5 that with decreasing the sub-barrier energy the cross sections calculated with and without $2n$ transfer strongly deviate. The slopes of the excitation functions in the reactions $^{40}$Ca + $^{94,96}$Zr are rather close because in both cases after the neutron transfer the nuclei have similar deformations. The relative enhancement of the sub-barrier fusion cross sections in the reactions $^{40}$Ca + $^{94,96}$Zr with respect to those in the reactions $^{48}$Ca + $^{90,96}$Zr and $^{40}$Ca + $^{90}$Zr is mainly related to the deformation of $^{42}$Ca in the $2^+$ state. Thus, the observed capture enhancement at sub-barrier energies in the reactions $^{40}$Ca + $^{94,96}$Zr is purely related to the transfer effects.

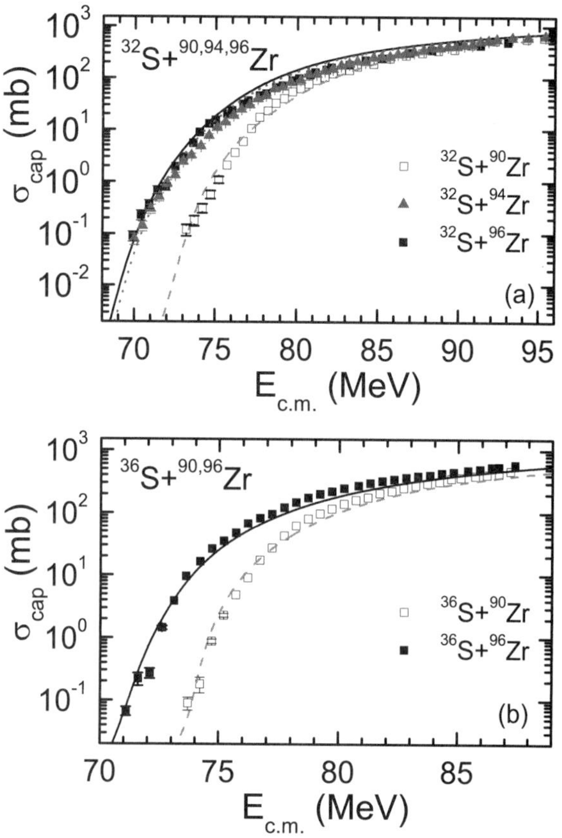


FIG. 6. (Color online) The calculated capture cross sections vs $E_{\mathrm{c.m.}}$ for the reactions (a) $^{32}$S + $^{96}$Zr (solid line), $^{32}$S + $^{94}$Zr (dotted line), and $^{32}$S + $^{90}$Zr (dashed line) and (b) $^{36}$S + $^{96}$Zr (solid line) and $^{36}$S + $^{90}$Zr (dashed line). The error bars are shown if they are larger than the size of the symbols. The experimental data (symbols) are from Refs. [18,20,35].

Because the sub-barrier enhancements are surprisingly similar for the two reactions $^{40}$Ca + $^{94,96}$Zr with different positive $Q$ values for neutron transfer, one can assume that the absolute value of the positive $Q$ value is rather unimportant for the capture following transfer. If the transfer is energetically favorable it occurs during the capture process. In this case the transfer influences the capture (fusion) through the change of the isotopic composition of interacting nuclei and, correspondingly, through the change of their deformations.

Figure 6 shows the capture (fusion) excitation functions for the reactions $^{32}$S + $^{90,94,96}$Zr and $^{36}$S + $^{90,96}$Zr. The $Q_{2n}$ values for the $2n$-transfer processes are positive (negative) for the reactions $^{32}S+^{94,96}Zr$ ($^{32}S+^{90}Zr$ and $^{36}S+^{90,96}Zr$). After the $2n$ transfer (before the capture) in the reactions $^{32}S+^{94,96}Zr$ (Figs. 4 and 6) the deformation of S slightly decreases (see Table II) and the values of the corresponding Coulomb barriers slightly increase. As a result, the transfer weakly suppresses the capture process at the sub-barrier energies. This suppression becomes stronger with decreasing energy. One can see in Fig. 5 that at energies above, near, and below the Coulomb barrier the cross sections with and without $2n$ transfer are almost similar in the reactions $^{32}S+^{94,96}Zr$. The relative enhancement of the sub-barrier fusion cross sections in the reactions $^{32}S+^{94,96}Zr$ with respect to that in the reactions $^{36}S+^{90,96}Zr$ is mainly related to the deformation of $^{34}S$ in the $2^+$ state. With respect to the reactions $^{36}S+^{94,96}Zr$ the enhancements of cross sections in the reactions $^{32}S+^{94,96}Zr$ and $^{32}S+^{90}Zr$ are similar because of the close deformations of interacting nuclei after neutron transfer. Therefore, the observed capture enhancement at sub-barrier energies in the reactions $^{32}S+^{94,96}Zr$ and $^{32}S+^{90}Zr$ is not related to the transfer effects but rather to the direct static deformation effects.

The barrier distribution is defined as

$$D(E_{c.m.}) = d^2[E_{c.m.}\sigma_{cap}(E_{c.m.})]/dE_{c.m.}^2. \quad (4)$$

In Fig. 7, the distributions $D$ are extracted from the experimental and theoretical excitation functions employing the point-difference approximation [5]:

$$D(E_{c.m.}) \approx \frac{2E_{c.m.}\sigma_{cap}(E_{c.m.}) - E_{c.m.}\sigma_{cap}(E_{c.m.}+\Delta E_{c.m.}) - E_{c.m.}\sigma_{cap}(E_{c.m.}-\Delta E_{c.m.})}{(\Delta E_{c.m.})^2}. \quad (5)$$

It is clear that with a small energy step $\Delta E_{c.m.}$ one can approximate the analytical derivative better. However, a large $\Delta E_{c.m.}$ reduces the experimental uncertainty of $D$ [5]. In Fig. 7, the barrier distribution is extracted with Eq. (5) for two values of $\Delta E_{c.m.}$, 1.75 and 4.9 MeV.

In Fig. 7, the calculated barrier distribution $D$ has one well-pronounced maximum at $E_{c.m.}=V_b$ like in the experiments [45] and perfectly fits the experimental data. Without neutron transfer we obtain a narrower barrier distribution for the $^{40}Ca+^{96}Zr$ reaction. After the $2n$ transfer (before the capture) in the $^{40}Ca+^{96}Zr$ reaction the deformations of the nuclei increase and, correspondingly, the width of the barrier distribution increases. This leads to the decrease or increase of the Coulomb barrier for the mutual orientations of deformed interacting nuclei. The tip-tip collision has the lowest Coulomb barrier, while the side-side collision results in its highest value. However, the average height of the Coulomb barrier remains the same and approximately corresponds to the Coulomb barrier for the spherical nuclei. Thus, the increase of the deformations of colliding nuclei causes a larger width of barrier distribution. If $E_{c.m.}$ is lower than the height of the Coulomb barrier at any orientation of colliding nuclei, an increase of their deformations due to the neutron transfer could result in the Coulomb barriers for some orientations that are lower than $E_{c.m.}$. This leads to fusion enhancement at this $E_{c.m.}$.

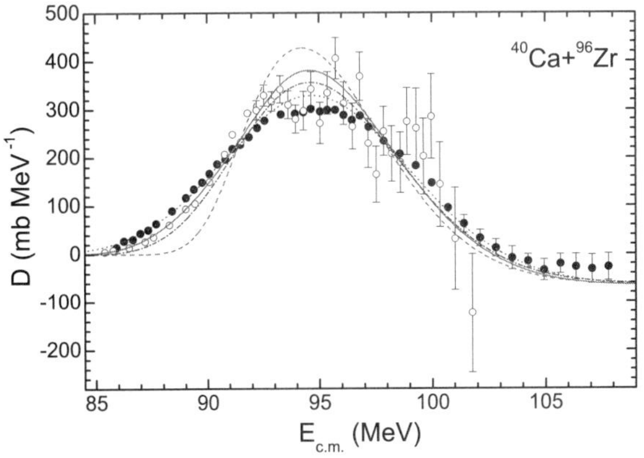


FIG. 7. (Color online) The calculated (lines) and experimental (symbols) fusion barrier distributions $D$ [Eq. (5)] for the $^{40}Ca+^{96}Zr$ reaction. The solid (dashed) (the energy increment is 1.75 MeV) and dotted (dash-dotted) (the energy increment is 4.9 MeV) lines show the values of $D$ calculated with (without) taking neutron transfer into consideration. The solid (the energy increment is 4.9 MeV) and open (the energy increment is 1.75 MeV) circles are extracted from the experimental excitation function [5].

Note that the extracted values of $D$ are very sensitive to the error bars in $\sigma_{cap}$. These error bars and their dependence on energy perhaps create random deviations of experimental points from the calculated curves at $E_{c.m.}>V_b$ in Fig. 7.

## V. SUMMARY

The quantum diffusion approach, the universal fusion function representation, and the extracted capture probabilities from the experimental excitation functions are applied to study the role of neutron transfer with positive $Q_{xn}$ values in the capture (fusion) reactions $^{40}Ca+^{94,96}Zr$ and $^{32}S+^{94,96}Zr$. We found that the change of the capture (fusion) cross section after the $2n$ transfer occurs due to the change of the deformations of nuclei. When after the neutron transfer the deformations of nuclei strongly (weakly) change, the neutron transfer strongly (weakly) influences the fusion cross section. We clearly showed that the neutron-transfer effects on the excitation functions in the reactions $^{40}Ca+^{94,96}Zr$ and $^{32}S+^{94,96}Zr$ are completely different. The calculations pointed to a strong increase of the fusion enhancement due to the neutron transfer for the systems with the spherical acceptor nuclei like in the case of the reactions $^{40}Ca+^{94,96}Zr$. In the reactions $^{32}S+^{94,96}Zr$ with the well-deformed acceptor nucleus $^{32}S$, the strong fusion enhancement arises due to the static deformation effects.

**ACKNOWLEDGMENTS**

We are grateful to C. J. Lin and A. M. Stefanini for providing us with their experimental data. G.G.A. and N.V.A. acknowledge the partial support from the Alexander von Humboldt-Stiftung (Bonn). This work was supported by the RFBR and the NSFC. The IN2P3 (France)-JINR (Dubna) Cooperation Programme is gratefully acknowledged.

[1] L. F. Canto, P. R. S. Gomes, R. Donangelo, and M. S. Hussein, Phys. Rep. **424**, 1 (2006), and references therein.
[2] B. B. Back, H. Esbensen, C. L. Jiang, and K. E. Rehm, Rev. Mod. Phys. **86**, 317 (2014), and references therein.
[3] M. Beckerman *et al.*, Phys. Rev. Lett. **45**, 1472 (1980); M. Beckerman, J. Ball, H. Enge, M. Salomaa, A. Sperduto, S. Gazes, A. DiRienzo, and J. D. Molitoris, Phys. Rev. C **23**, 1581 (1981); M. Beckerman, M. Salomaa, A. Sperduto, J. D. Molitoris, and A. DiRienzo, *ibid.* **25**, 837 (1982).
[4] R. A. Broglia, C. H. Dasso, S. Landowne, and A. Winther, Phys. Rev. C **27**, 2433 (1983); R. A. Broglia, C. H. Dasso, S. Landowne, and G. Pollarolo, Phys. Lett. B **133**, 34 (1983).
[5] H. Timmers *et al.*, Nucl. Phys. A **633**, 421 (1998); Phys. Lett. B **399**, 35 (1997).
[6] A. M. Stefanini *et al.*, Phys. Rev. C **76**, 014610 (2007).
[7] A. M. Stefanini *et al.*, Phys. Lett. B **728**, 639 (2014).
[8] F. Scarlassara *et al.*, Nucl. Phys. A **672**, 99 (2000).
[9] J. J. Kolata *et al.*, Phys. Rev. C **85**, 054603 (2012).
[10] R. Pengo *et al.*, Nucl. Phys. A **411**, 255 (1983).
[11] W. Henning, F. L. H. Wolfs, J. P. Schiffer, and K. E. Rehm, Phys. Rev. Lett. **58**, 318 (1987).
[12] P. H. Stelson, H. J. Kim, M. Beckerman, D. Shapira, and R. L. Robinson, Phys. Rev. C **41**, 1584 (1990).
[13] R. B. Roberts *et al.*, Phys. Rev. C **47**, R1831 (1993).
[14] A. M. Stefanini *et al.*, Phys. Rev. C **52**, R1727 (1995).
[15] A. A. Sonzogni, J. D. Bierman, M. P. Kelly, J. P. Lestone, J. F. Liang, and R. Vandenbosch, Phys. Rev. C **57**, 722 (1998).
[16] V. Tripathi *et al.*, Phys. Rev. C **65**, 014614 (2001).
[17] C. L. Jiang *et al.*, Phys. Rev. C **82**, 041601(R) (2010).
[18] H. Q. Zhang *et al.*, Phys. Rev. C **82**, 054609 (2010).
[19] Z. Kohley *et al.*, Phys. Rev. C **87**, 064612 (2013).
[20] H. M. Jia *et al.*, Phys. Rev. C **89**, 064605 (2014).
[21] P. Jacobs, Z. Fraenkel, G. Mamane, and L. Tserruya, Phys. Lett. B **175**, 271 (1986).
[22] F. Scarlassara *et al.*, EPJ Web Conf. **17**, 05002 (2011).
[23] Z. Kohley *et al.*, Phys. Rev. Lett. **107**, 202701 (2011); J. F. Liang, EPJ Web Conf. **17**, 02002 (2011); J. F. Liang, D. Shapira, C. J. Gross, R. L. Varner, J. R. Beene, P. E. Mueller, and D. W. Stracener, Phys. Rev. C **78**, 047601 (2008).
[24] H. M. Jia *et al.*, Phys. Rev. C **86**, 044621 (2012).
[25] C. L. Jiang, K. E. Rehm, B. B. Back, H. Esbensen, R. V. F. Janssens, A. M. Stefanini, and G. Montagnoli, Phys. Rev. C **89**, 051603(R) (2014).
[26] V. V. Sargsyan, G. G. Adamian, N. V. Antonenko, and W. Scheid, Eur. Phys. J. A **45**, 125 (2010); V. V. Sargsyan, G. G. Adamian, N. V. Antonenko, W. Scheid, and H. Q. Zhang, *ibid.* **47**, 38 (2011); J. Phys.: Conf. Ser. **282**, 012001 (2011); EPJ Web Conf. **17**, 04003 (2011); V. V. Sargsyan, G. G. Adamian, N. V. Antonenko, W. Scheid, C. J. Lin, and H. Q. Zhang, Phys. Rev. C **85**, 017603 (2012); V. V. Sargsyan, G. G. Adamian, N. V. Antonenko, W. Scheid, and H. Q. Zhang, *ibid.* **85**, 037602 (2012).
[27] V. V. Sargsyan, G. G. Adamian, N. V. Antonenko, W. Scheid, and H. Q. Zhang, Phys. Rev. C **84**, 064614 (2011); **85**, 024616 (2012).
[28] V. V. Sargsyan, G. G. Adamian, N. V. Antonenko, W. Scheid, and H. Q. Zhang, Phys. Rev. C **86**, 014602 (2012).
[29] V. V. Sargsyan, G. G. Adamian, N. V. Antonenko, W. Scheid, and H. Q. Zhang, Eur. Phys. J. A **49**, 54 (2013).
[30] V. V. Sargsyan, G. Scamps, G. G. Adamian, N. V. Antonenko, and D. Lacroix, Phys. Rev. C **88**, 064601 (2013).
[31] V. A. Rachkov, A. V. Karpov, A. S. Denikin, and V. I. Zagrebaev, Phys. Rev. C **90**, 014614 (2014).
[32] L. F. Canto, P. R. S. Gomes, J. Lubian, L. C. Chamon, and E. Crema, J. Phys. G **36**, 015109 (2009).
[33] L. F. Canto, P. R. S. Gomes, J. Lubian, L. C. Chamon, and E. Crema, Nucl. Phys. A **821**, 51 (2009).
[34] A. M. Stefanini *et al.*, Phys. Rev. C **73**, 034606 (2006).
[35] A. M. Stefanini *et al.*, Phys. Rev. C **62**, 014601 (2000).
[36] G. Montagnoli *et al.*, Phys. Rev. C **85**, 024607 (2012).
[37] R. A. Broglia, G. Pollarolo, and A. Winther, Nucl. Phys. A **361**, 307 (1981).
[38] C. C. Mahaux, H. Ngô, and G. R. Satchler, Nucl. Phys. A **449**, 354 (1986); G. R. Satchler, Phys. Rep. **199**, 147 (1991).
[39] W. Reisdorf, J. Phys. G: Nucl. Part. Phys. **20**, 1297 (1994).
[40] A. B. Balantekin, S. E. Koonin, and J. W. Negele, Phys. Rev. C **28**, 1565 (1983); A. B. Balantekin and P. E. Reimer, *ibid.* **33**, 379 (1986); A. B. Balantekin, A. J. DeWeerd, and S. Kuyucak, *ibid.* **54**, 1853 (1996).
[41] P. Henrici, *Essentials of Numerical Analysis* (Wiley & Sons, New York, 1982).
[42] R. A. Kuzyakin, V. V. Sargsyan, G. G. Adamian, N. V. Antonenko, E. E. Saperstein, and S. V. Tolokonnikov, Phys. Rev. C **85**, 034612 (2012).
[43] S. Szilner *et al.*, Phys. Rev. C **76**, 024604 (2007); **84**, 014325 (2011).
[44] S. Raman, C. W. Nestor, Jr., and P. Tikkanen, At. Data Nucl. Data Tables **78**, 1 (2001).
[45] A. M. Stefanini *et al.*, Phys. Rev. C **81**, 037601 (2010); **82**, 014614 (2010).

# Energy dependence of the optical potentials for the $^9$Be + $^{208}$Pb and $^9$Be + $^{209}$Bi systems at near-Coulomb-barrier energies ①

A. G´omez Camacho,[1] N. Yu,[2,3] H. Q. Zhang,[2] P. R. S. Gomes,[4] H. M. Jia,[4] J. Lubian,[2] and C. J. Lin[2]

[1]*Departamento de Aceleradores, Instituto Nacional de Investigaciones Nucleares, Apartado Postal 18-1027, C.P. 11801, México, D.F.*

[2]*China Institute of Atomic Energy, Beijin 102413, China*

[3]*Key Laboratory of Quark & Lepton Physics (MOE) and Institute of Particle Physics, Central China Normal University, Wuhan 430079, China*

[4]*Instituto de Fisica, Universidade Federal Fluminense, Avenida Litoranea s/n, Gragoatá, Niterói RJ 24210-340, Brazil*

(Received 27 February 2015; published 13 April 2015)

We analyze the energy dependence of the interacting optical potential, at near barrier energies, for two systems involving the weakly bound projectile $^9$Be and the heavy $^{208}$Pb and $^{209}$Bi targets, by the simultaneous fit of elastic scattering angular distributions and fusion excitation functions. The approach used consists of dividing the optical potential into two parts. A short-range potential $V_F + iW_F$ that is responsible for fusion, and a superficial potential $V_{\rm DR} + iW_{\rm DR}$ for direct reactions. It is found, for both systems studied, that the fusion imaginary potential $W_F$ presents the usual threshold anomaly (TA) observed in tightly bound systems, whereas the direct reaction imaginary potential $W_{\rm DR}$ shows a breakup threshold anomaly (BTA) behavior. Both potentials satisfy the dispersion relation. The direct reaction polarization potential predominates over the fusion potential and so a net overall behavior is found to follow the BTA phenomenon.

DOI: 10.1103/PhysRevC.91.044610 PACS number(s): 25.70.Bc, 24.10.Ht, 27.20.+n

## I. INTRODUCTION

Scattering and reaction mechanisms involving weakly bound nuclei, both stable and radioactive, have been extensively investigated in the last decade [1–6]. One very interesting subject in this field is the investigation of the energy dependence of the interaction optical potential at energies near the Coulomb barrier. In this energy region, the coupling of the elastic channel with other reaction channels may be very important. However, solving the coupled channel equations, when a large number of channels is involved, can become a hard task. An alternative approach, when one is only interested in the properties of the elastic channel, is to reduce the set of coupled equations to a single equation for the wave function in the elastic channel, by including a complex polarization potential, which accounts for the effects of channel couplings on the elastic channel. Then, the interaction potential can be written as a bare potential, energy independent, and a dynamic polarization potential, which is energy dependent. So, the behavior of the energy dependencies of the real and imaginary parts of the potential, at energies close to the Coulomb barrier and at the strong absorption radius, is related to the couplings between reaction channels at this energy region. In the scattering of tightly bound projectiles, the threshold anomaly (TA) is usually observed [7,8], characterized by the decreasing of the imaginary potential when the energy decreases towards the Coulomb barrier, corresponding to the closing of reaction channels and the decrease of the absorption of flux from the elastic channel. A dispersion relation [7,9] links the real and imaginary polarization potentials, and then the real potential takes a bell-shape form near the Coulomb barrier, increasing when the imaginary potential decreases, which corresponds to an attractive polarization potential that has, as a consequence, the lowering of the effective Coulomb barrier.

However, in the scattering of weakly bound nuclei the situation changes. These nuclei have a considerable probability of breaking up when they approach the parter nucleus. The breakup process is known to be very important even below the Coulomb barrier, and therefore the coupling to the breakup in these systems continues to be important at energies below the barrier, which can no longer be considered as the threshold for the occurrence of reactions. Furthermore, the polarization potential produced by the breakup, which populates continuum states, was shown to be repulsive [10–16], contrary to the attractive polarization potential from couplings to bound excited states. The repulsive character of the breakup polarization potential can also be observed in the study of fusion and quasielastic barrier distributions [17–21]. So, the imaginary part of the potential could increase at lower energies and, owing to the dispersion relation, the real part of the polarization potential would decrease. This phenomenon was named the "breakup threshold anomaly" (BTA) by Hussein *et al.* [22]. The net behavior of the energy dependence of the optical potential will depend on the competition between the attractive and repulsive polarization potentials produced by the different couplings.

So far, the energy dependence of the potential of several weakly bound systems has been investigated. For the $^6$Li projectiles, several elastic scattering experiments, with a wide variety of targets, from $^{27}$Al to $^{232}$Th, show the typical BTA behavior, with the increasing of the imaginary potential when the energy decreases. For the few experiments with the neutron halo $^6$He, proton halo $^8$B and no-halo $^7$Be radioactive projectiles, the same behavior is observed. For the $^7$Li projectile, although several systems have also been investigated, the situation is not so clear because $^7$Li has one

① Physical Review C,2015,91(4):044610-(1-6).

excited bound state and higher breakup threshold energy than all the above mentioned weakly bound nuclei. Thus, there is a strong competition between the repulsive polarization potential from the breakup and the attractive polarization potential from the inelastic excitation. The net result for most of the systems is that the imaginary potential remains almost constant with energy. This behavior is also a signature of the BTA, although not so clear as when the imaginary potential increases when the energy decreases.

For $^9$Be the situation is even less clear than for $^7$Li, because in some cases the real and imaginary potentials which fit the elastic scattering data do not obey the dispersion relation, as, for example, for the $^{208}$Pb [23,24] and $^{209}$Bi [24] targets. For these two systems, recent very precise elastic scattering measurements were performed [25]. However, the behavior of the energy dependence of the optical potential was not very clear, concerning the presence or not of the BTA. As there are fusion data available for these two systems [26–32], in the present work we aim to determine in an unambiguous way whether there is BTA or TA for those systems, by fitting simultaneously fusion and elastic scattering data and using a technique which was successfully applied to other nuclear systems [33–39]. It basically consists of splitting the dynamic polarization potential $U_N(r,E)$ into fusion $U_F(r,E)$ and direct reaction $U_{\rm DR}(r,E)$ parts. $U_F(r,E)$ is the polarization potential that emerges from couplings from the elastic incident channel to fusion, and $U_{\rm DR}(r,E)$ corresponds to couplings to direct reaction channels. For reactions with weakly bound projectiles, because of their small threshold energies, direct reactions correspond primarily to breakup at low energies.

It is important to point out that the technique described above, that is, of splitting the polarization potential into a fusion and direct reaction parts and then determining their respective energy dependence, is possible because of the fact that measurements of both elastic scattering and fusion cross section for energies around the barriers are available.

A brief description of the technique used in this work is given in Sec. II, the calculations and results are described in Sec. III, and a discussion and conclusions are presented in Sec. IV.

## II. BASIC FORMALISM

The interaction of the colliding nuclei $A_1$ and $A_2$ is described by the Hamiltonian,

$$H\chi_{\rm el}^{(+)}(k,r) = (T+V)\chi_{\rm el}^{(+)}(k,r), \tag{1}$$

where $T$ is the kinetic energy of the relative motion described by the elastic channel distorted wave function $\chi_{\rm el}^{(+)}(k,r)$. $\mathbf{k}$ and $\mathbf{r}$ correspond to the wave number and coordinate of the relative motion, respectively. $V$ represents the total interaction potential between the nuclei,

$$V(r,E) = -V_0(r) + V_{\rm Coul}(r) - U(r,E), \tag{2}$$

where $V_0(r)$ is the Hartree-Fock nuclear bare potential between the colliding ions, $V_{\rm Coul}(r)$ is their Coulomb interaction, and $U(r,E)$ is the energy-dependent dynamical nuclear polarization potential that emerges from couplings between the elastic and reaction channels.

The polarization potential $U(r,E)$ has real and imaginary parts,

$$U(r,E) = V(r,E) + iW(r,E), \tag{3}$$

where the imaginary polarization $W(r,E)$ accounts for all absorption processes that appear during the reaction. $V(r,E)$ is the real polarization potential that arises from causality arguments and produces changes in the real bare potential from couplings to nonelastic channels. As already mentioned in the introduction section, $V(r,E)$ and $W(r,E)$ are linked by the dispersion relation [7,9],

$$\Delta V(r,E) = \frac{\mathcal{P}}{\pi}\int_0^\infty \frac{W(r,E')}{E'-E}dE', \tag{4}$$

where $\mathcal{P}$ denotes the principal value. Furthermore, in the simultaneous $\chi^2$ analysis of elastic and fusion cross-section data, $W(r,E)$ is split into a fusion $W_F(r,E)$ and direct reaction $W_{\rm DR}(r,E)$ absorption processes, i.e.,

$$W(r,E) = W_F(r,E) + W_{\rm DR}(r,E). \tag{5}$$

A formal justification for splitting the total absorption potential $W(r,E)$ into a fusion and direct reaction absorption mechanisms is based on the expression derived in Refs. [40,41],

$$W_a = -{\rm Im}\langle\phi_{A1}\phi_{A2}|\nu_a\frac{1}{E-H+i\epsilon}\nu_a|\phi_{A1}\phi_{A2}\rangle, \tag{6}$$

where $a$ represents the incident elastic channel, $\nu_a$ the exact initial state interaction, and $\phi_{A1}$, $\phi_{A2}$ the initial states of the interacting nuclei $A_1$ and $A_2$. By introducing a complete set of final states $\sum_f |f\rangle\langle f| = 1$, of fusion $|f\rangle$ and direct reaction $|{\rm DR} >$ final states,

$$\sum_f |f\rangle\langle f| = \sum_F |F\rangle\langle F| + \sum_{\rm DR} |{\rm DR}\rangle\langle{\rm DR}|, \tag{7}$$

into Eq. (6) [42], one can observe that indeed Eq. (5) is satisfied. From the dispersion relation, fusion and direct reaction real polarization potentials $V_F(r,E)$ and $V_{\rm DR}(r,E)$ represent couplings between multistep fusion and direct reaction excitations to the elastic channel. Thus, fusion and direct reaction polarization potentials can be written as

$$U_F(r,E) = V_F(r,E) + iW_F(r,E), \tag{8}$$

$$U_{\rm DR}(r,E) = V_{\rm DR}(r,E) + iW_{\rm DR}(r,E). \tag{9}$$

Both dynamical polarization potentials $V_F(r,E)$ and $V_{\rm DR}(r,E)$ affect the nominal Coulomb barrier $V_B$ (given by the bare nuclear and Coulomb potentials). They can either rise or lower this barrier. This effect can be particularly important in reactions at energies around the barrier. The net effect on the barrier of $V = V_F + V_{\rm DR}$ characterizes the appearance of the TA or BTA of a given reacting system [39].

The fusion and direct reaction cross sections are calculated by the expectation values,

$$\sigma_{F,{\rm DR}}(E) = \frac{2}{\hbar v}\langle\chi_{\rm el}^{(+)}|W_{F,{\rm DR}}(E)|\chi_{\rm el}^{(+)}\rangle, \tag{10}$$

$v$ being the relative velocity between the reacting nuclei and $\chi_{\rm el}^{(+)}(r)$ the distorted wave function in the elastic channel. Then, the total reaction cross section can be written as

$$\sigma_R(E) = \sigma_F(E) + \sigma_{DR}(E). \qquad (11)$$

## III. DESCRIPTION AND RESULTS OF THE CALCULATIONS

### A. Simultaneous $\chi^2$ fitting of elastic scattering and fusion cross sections

The simultaneous analysis of elastic scattering angular distributions and fusion cross sections is based on finding the minimum $\chi^2$ value defined by

$$\frac{\chi^2}{N+1} = \frac{1}{N+1}\left\{\sum_{i=1}^{N}\frac{\left[\left(\frac{\sigma_{el}}{\sigma_{Ruth}}\right)_{th}(\theta_i) - \left(\frac{\sigma_{el}}{\sigma_{Ruth}}\right)_{exp}(\theta_i)\right]^2}{\left[\Delta\left(\frac{\sigma_{el}}{\sigma_{Ruth}}\right)_{exp}(\theta_i)\right]^2} + \frac{(\sigma_{F,th} - \sigma_{F,\exp})^2}{(\Delta\sigma_{F,\exp})^2}\right\}, \qquad (12)$$

where $N$ is the number of data points of measured elastic scattering angular distributions $(\frac{\sigma_{el}}{\sigma_{Ruth}})_{\exp}(\theta_i)$ at a given energy $E$, $\Delta(\frac{\sigma_{el}}{\sigma_{Ruth}})_{,}(\theta_i)$ are the corresponding experimental errors, $(\frac{\sigma_{el}}{\sigma_{Ruth}})_{th}(\theta_i)$ are the calculated values, $\sigma_{F,\exp}$ is the measured fusion cross section, $\Delta\sigma_{F,\exp}$ is its corresponding error bar, and $\sigma_{F,th}$ is the calculated fusion cross-section value.

For the nuclear systems $^9$Be $+^{208}$ Pb and $^9$Be $+^{209}$ Bi, we consider the elastic scattering angular distribution measurements of Yu *et al.* [25]. For the fusion cross-section data for $^9$Be $+^{208}$ Pb, those of Dasgupta *et al.* [26–28] are used. For fusion of $^9$Be $+^{209}$ Bi, different sets of data are employed. For the highest energies at $E_{\text{lab}} = 44{,}50$, and 60 MeV, data are from Dasgupta *et al.* [28]. For lower energies, three different sets of data are available. Yoshida *et al.* [29] measured the fusion cross sections in experiments performed at RIKEN and Tsukuba. Later, Signorini *et al.* [30] measured the same system at Munich. As the data did not quite agree with each other, an average between them was reported by Signorini *et al.* [31]. However, as pointed out in Ref. [28], in 2004 it was realized by Signorini *et al.* [32] that the effect of the target being inclined at 45° to the beam had not been taken into account in the RIKEN experiment, and therefore a normalization by a factor of $1/\sqrt{2}$ was required for those data. The renormalized data by Signorini *et al.* [31] are shown by the solid circles of Fig. 1. However, even with this renormalization, these data are still slightly below the tendency of data of Ref. [28] shown by the solid stars. Therefore, we have used an interpolation of these data shown by the solid line of Fig. 1. Furthermore, it should be mentioned that the energies where the elastic scattering cross sections have been measured are not the same where fusion cross sections have been measured. Thus, in Eq. (11) the values for fusion cross-section data $\sigma_{F,\exp}$ at the energies where elastic scattering were measured, are the values obtained from the interpolation of the data. These interpolations are shown by the lines of Fig. 1 for $^9$Be $+^{209}$ Bi and Fig. 2 for $^9$Be $+^{208}$ Pb.

The nuclear bare potential $V_0(r)$ of Eq. (2) is chosen as a volume Woods-Saxon potential with diffuseness $a_0$, reduced radius $r_0$, and strength $V_0$. These parameters are chosen so as to agree with the Coulomb barrier predicted by the Sao Paulo

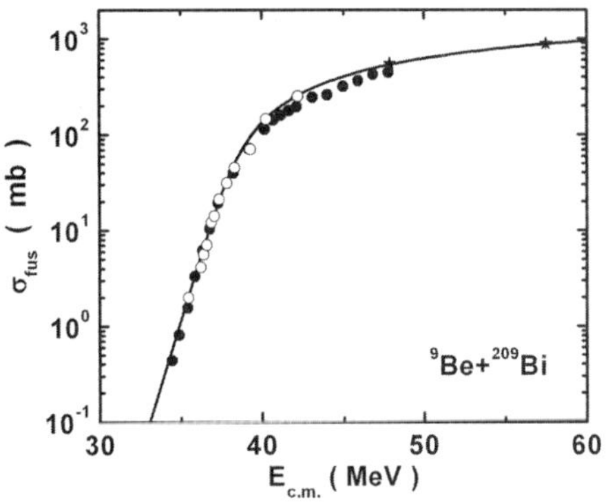


FIG. 1. Experimental fusion cross section for the $^9$Be $+^{209}$ Bi system by Signorini *et al.* [30] renormalized, as explained in the text (solid circles), and by Dasgupta *et al.* [28] (solid stars). The interpolation of these fusion data at energies where elastic scattering data were measured by Yu *et al.* [25] are represented by the solid curve. Fusion cross-section values obtained by the simultaneous $\chi^2$ fitting are represented by the empty circles.

potential [43]. Because the position $R_B$ and strength $V_B$ of the barriers for the systems $^9$Be $+^{209}$ Bi and $^9$Be $+^{208}$ Pb are very close to each other, we found that the values $V_0 = 120$ MeV, $a_0 = 0.7$ fm, and $r_0 = 1.1$ fm fit the barriers for both systems.

The real and imaginary fusion polarization potentials of Eqs. (8) and (9), $V_F(r,E)$ and $W_F(r,E)$ are chosen with volume Woods-Saxon shapes. To avoid the use of too many free parameters, for both nuclear systems, the diffuseness $a_F$ and reduced radius $r_F$ are fixed at 0.25 fm and 1.4 fm, respectively (a discussion about the large value 1.4 fm for the fusion reduced radius $r_F$ is given in Ref. [44]). Thus, the strengths $V_{F,0}(r)$ and $W_{F,0}(r)$ of the fusion potentials are determined by the $\chi^2$ fitting. On the other hand, the direct reaction polarization potentials $V_{DR}(r,E)$ and $W_{DR}(r,E)$ are chosen with surface geometry with common diffuseness and reduced

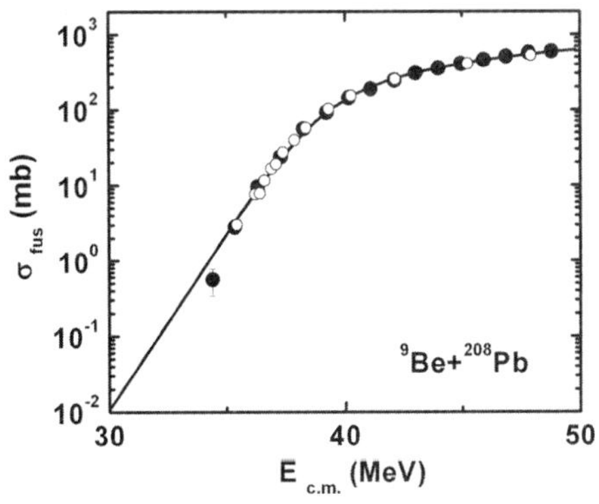


FIG. 2. Experimental fusion cross section for the $^9$Be $+^{208}$ Pb system by Dasgupta *et al.* [26–28] (solid circles). The interpolation of these fusion data at energies where elastic scattering data were measured by Yu *et al.* [25] are represented by the solid curve. Fusion cross-section values obtained by the simultaneous $\chi^2$ fitting are represented by the empty circles.

TABLE I. Calculated values for the optical potential strengths for $^{9}Be + ^{209}Bi$ and $^{9}Be + ^{208}Pb$. Energies and strengths in MeV.

| $^{9}Be + ^{209}Bi$ | $E_{lab}$ | $V_{0,F}$ | $W_{0,F}$ | $V_{0,DR}$ | $W_{0,DR}$ | $\chi^2/N$ |
|---|---|---|---|---|---|---|
| | 37 | 5.04 | 1.48 | −0.64 | 1.48 | 3.34 |
| | 37.8 | 5.43 | 1.97 | −0.27 | 0.969 | 6.65 |
| | 38 | 5.93 | 2.02 | −0.3193 | 0.882 | 2.62 |
| | 38.2 | 5.14 | 1.976 | −0.191 | 0.8249 | 5.00 |
| | 38.5 | 5.038 | 2.33 | −0.03 | 0.7833 | 2.08 |
| | 38.7 | 4.94 | 2.469 | −0.002 | 0.7639 | 1.33 |
| | 39 | 5.235 | 2.538 | 0.105 | 0.707 | 2.03 |
| | 39.5 | 4.71 | 2.96 | 0.089 | 0.7162 | 2.03 |
| | 40 | 4.84 | 3.16 | 0.07 | 0.7338 | 5.0 |
| | 41 | 4.15 | 3.26 | 0.084 | 0.7863 | 12.0 |
| | 42 | 4.0 | 3.1 | 0.24 | 0.8324 | 30.0 |
| | 44 | 3.8 | 3.2 | 0.134 | 0.8214 | 25.0 |
| $^{9}Be + ^{208}Pb$ | 37 | 3.57 | 0.714 | −0.738 | 1.483 | 7.0 |
| | 37.8 | 5.36 | 0.928 | −0.624 | 1.00 | 3.12 |
| | 38 | 5.71 | 1.26 | −0.29 | 0.916 | 3.38 |
| | 38.2 | 5.58 | 1.98 | −0.155 | 0.865 | 3.79 |
| | 38.5 | 5.55 | 1.87 | −0.025 | 0.831 | 3.55 |
| | 38.7 | 5.34 | 1.43 | −0.043 | 0.772 | 3.16 |
| | 39 | 5.42 | 2.86 | −0.049 | 0.784 | 7.5 |
| | 39.5 | 5.2 | 3.2 | −0.045 | 0.794 | 4.55 |
| | 40 | 5.0 | 4.28 | 0.0012 | 0.834 | 5.9 |
| | 41 | 3.57 | 6.43 | 0.07 | 0.815 | 4.47 |
| | 42 | 2.5 | 8.57 | 0.108 | 0.815 | 8.85 |
| | 44 | 1.143 | 7.78 | 0.096 | 0.796 | 3.61 |
| | 47.2 | 0.071 | 9.43 | 0.025 | 0.800 | 15.0 |
| | 50 | 0.143 | 6.85 | 0.0025 | 0.796 | 18.0 |

radii fixed at $a_{DR} = 0.8$ fm and $r_{DR} = 1.4$ fm. Therefore, the strengths $V_{DR,0}(r)$ and $W_{DR,0}(r)$ are calculated by the fitting process. Table I shows the potential strengths and $\chi^2$ values, as obtained by the simultaneous fitting of elastic scattering angular distributions and fusion cross sections, for $^{9}Be + ^{209}Bi$ and $^{9}Be + ^{208}Pb$ at the laboratory energies of Ref. [25]. The code OPTXSQ.2, developed by Udagawa and Tamura [42,45] is used in these calculations.

The solid lines in Fig. 3 show the results for the elastic scattering angular distributions for $^{9}Be + ^{209}Bi$ as obtained with the code FRESCO [46] with the parameters listed in Table I. In regard to the fusion cross section, the results of the simultaneous fitting are shown by the empty circles in Fig. 1. As for the reaction $^{9}Be + ^{208}Pb$, the lines in Fig. 4 present the results of elastic scattering as obtained with the FRESCO code with the potential strengths of Table I. The empty circles of Fig. 2 correspond to the values obtained for fusion by the $\chi^2$ analysis.

### B. Energy dependence of fusion and direct reaction polarization potentials

To determine whether the system $^{9}Be + ^{209}Bi$ and $^{9}Be + ^{208}Pb$ present the threshold anomaly or the breakup threshold anomaly, the polarization potentials $U_F(r,E)$ and $U_{DR}(r,E)$ should be evaluated at the strong absorption radius $R_{sa}$. For the energies of Table I, the average $R_{sa}$ for $^{9}Be + ^{209}Bi$ was

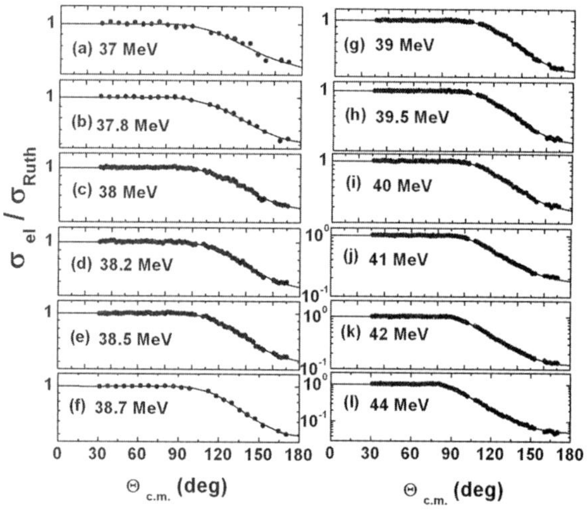


FIG. 3. (a)–(l) Elastic scattering angular distributions for $^{9}Be + ^{209}Bi$ at the energies shown, as obtained with parameters of Table I. Data are those of Ref. [25].

derived to be 12.94 fm, while 12.85 fm for $^{9}Be + ^{208}Pb$. The imaginary $W_F(E)$ and real $V_F(E)$ parts of the fusion polarization potential $U_F(E)$, as well as the direct reaction $W_{DR}(r,E)$ and $V_{DR}(E)$ parts of $U_{DR}(r,E)$ at $R_{sa}$, are shown in Fig. 5 for $^{9}Be + ^{209}Bi$ and in Fig. 6 for $^{9}Be + ^{208}Pb$. The circles of Figs. 5(a) and 5(b) represent, respectively, the imaginary and real fusion potentials, while the squares of Figs. 5(c) and 5(d) correspond to the surface direct reaction potentials. The linear fits of Fig. 5(a) for $W_F(E)$ are used in Eq. (4), for the dispersion relation, which gives the result presented by the solid line in Fig. 5(b). Similarly, the solid line of Fig. 5(d) is the result of the dispersion relation integration for $V_{DR}(E)$, using the linear fits in Fig. 5(c) for $W_{DR}(E)$. Figures 6(a)–6(d) show

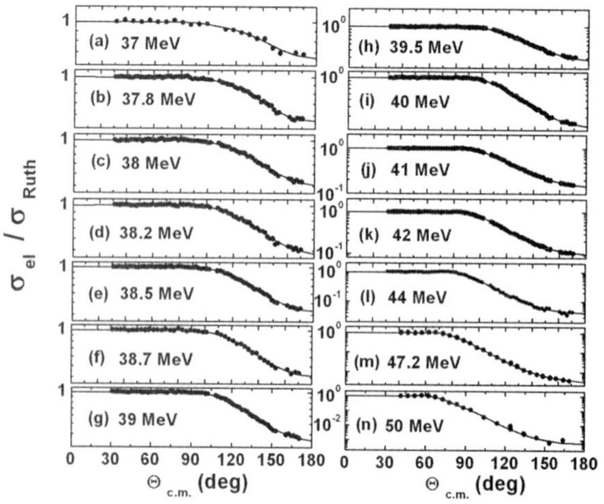


FIG. 4. (a)–(n) Elastic scattering angular distributions for $^{9}Be + ^{208}Pb$ at the energies shown, as obtained with parameters of Table I. Data are those of Ref. [25].

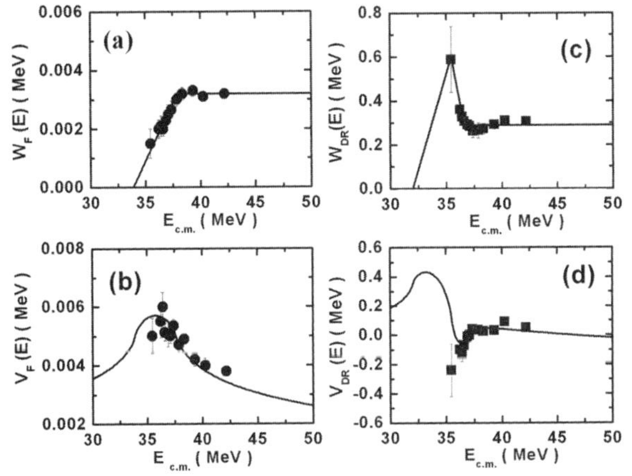


FIG. 5. Fusion [(a) and (b)] and direct reaction [(c) and (d)] polarization potentials for $^{9}$Be $+^{209}$ Bi at $R_{\text{sa}} = 12.94$ fm as obtained with potential parameters of Table I.

the corresponding results for the $^{9}$Be $+^{208}$ Pb system. The error bars in Figs. 5 and 6, are determined by varying $\chi^2$ value of Table I in one unit for both nuclear systems [47]. One can observe from Figs. 5 and 6 that the polarization potentials corresponding to direct reactions (DR) are much larger than those corresponding to fusion, for both systems. As a consequence, the net polarization potential is essentially the same as the DR, and for this reason they are not plotted in a separate figure.

It is important to notice in Figs. 5(a) and 6(a) that the threshold energies $E_{\text{thre}}$ at which $W_F(E_{\text{thre}}) = 0$ and $W_{\text{DR}}(E_{\text{thre}}) = 0$ are determined at the energy at which $S_{F,R}(E) = \sqrt{(E_{\text{c.m}}\sigma_{F,R})} = 0$ [48]. Those values were found to be around 0.87 $V_B$ for both systems. This confirms that the Coulomb barrier is not the threshold for reactions with weakly bound systems, where breakup is important even below the barrier.

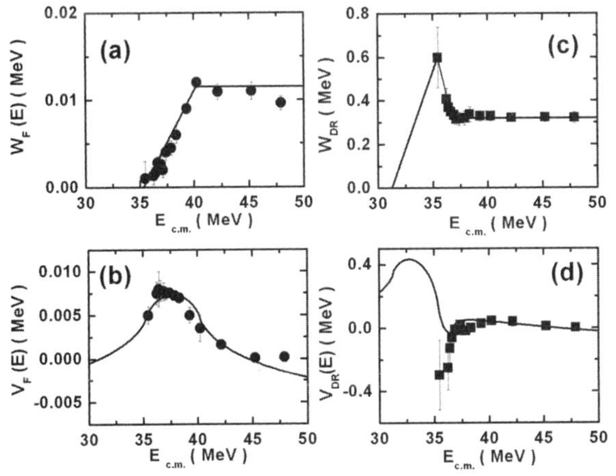


FIG. 6. Fusion [(a) and (b)] and direct reaction [(c) and (d)] polarization potentials for $^{9}$Be $+^{208}$ Pb at $R_{\text{sa}} = 12.85$ fm as obtained with potential parameters of Table I.

## IV. DISCUSSION AND CONCLUSIONS

We analyze the energy dependence of the interacting optical potential, at near barrier energies, for the systems $^{9}$Be $+$ $^{208}$Pb,$^{209}$Bi. Both systems have been previously investigated by the analysis of elastic scattering distributions, but no conclusive results concerning the presence of the usual threshold anomaly (TA) or the breakup threshold anomaly (BTA) could be obtained. In the present work we made the analysis by the simultaneous fit of elastic scattering angular distributions and fusion excitation functions. The approach used consists of dividing the optical potential into two parts: a short-range potential $V_F + iW_F$ related to fusion, and a superficial potential $V_{\text{DR}} + iW_{\text{DR}}$ related to direct reactions. The results show very clearly the BTA behavior for both systems. The fusion imaginary potential $W_F$ decreases as the energy decreases towards the barrier, a typical characteristics of the usual threshold anomaly (TA) observed in tightly bound systems. On the other hand, the direct reaction imaginary potential $W_{\text{DR}}$ increases as the energy decreases, a clear characteristic of the BTA. Both potentials satisfy the dispersion relation. It was found that the direct reaction polarization potential predominates over the fusion potential and so a net overall behavior is found to follow the BTA phenomenon. Some conclusions can be drawn from these results. The first one is concerned with the method of analysis used. One can see how powerful and more accurate is the simultaneous fit of elastic scattering and fusion cross sections, when compared with the analysis of just elastic scattering data, without the split of the polarization potential into a fusion and direct reaction parts. Concerning the results themselves, it is clear the presence of the BTA corresponds to breakup coupling effects. The breakup is the main direct reaction channel and the behavior of the real and imaginary DR and net polarization potentials are compatible with the repulsive character of the breakup polarization potential derived by other methods. Those results are also compatible with the observed suppression of fusion at energies slightly above the barrier, when compared with coupled channel calculations that do not take into account the breakup channel. It was also observed that the Coulomb barrier is not the threshold for breakup reactions because the imaginary potential vanishes at energies below it.

## ACKNOWLEDGMENTS

A.G.C. acknowledges financial support from Consejo Nacional de Ciencia y Tecnología, CONACYT, México. P.R.S.G. and J.L. acknowledge financial support from the Conselho Nacional de Desenvolvimento Cientifico e Tecnological (CNPq) and the Fundacao de Amparo a Pesquisa do Estado do Rio de Janeiro (FAPERJ). This work is supported by the National Key Basic Research Development Program of China under Grant No. 2013CB834404 and by National Natural Science Foundation of China under Grant No. 11375266. This work also benefited from discussions with Professor Paulo Gomes held at the CUSTIPEN.

[1] L. F. Canto, P. R. S. Gomes, R. Donangelo, and M. S. Hussein, Phys. Rep. **424**, 1 (2006).
[2] J. F. Liang and C. Signorini, Int. J. Mod. Phys. E **14**, 1121 (2005).
[3] N. Keeley, R. Raabe, N. Alamanos, and J. J. Sida, Prog. Part. Nucl. Phys. **59**, 579 (2007).
[4] N. Keeley, N. Alamanos, K. W. Kemper, and K. Rusek, Prog. Part. Nucl. Phys. **63**, 396 (2009).
[5] K. Hagino and N. Takigawa, Prog. Theor. Phys. **128**, 1001 (2012).
[6] B. B. Back, H. Esbensen, C. L. Jiang, and K. E. Rehm, Rev. Mod. Phys. **86**, 317 (2014).
[7] G. R. Satchler, Phys. Rep. **199**, 147 (1991).
[8] M. A. Nagarajan, C. C. Mahaux, and G. R. Satchler, Phys. Rev. Lett. **54**, 1136 (1985).
[9] C. Mahaux, H. Ngô, and G. R. Satchler, Nucl. Phys. A **449**, 354 (1986).
[10] J. Lubian and F. M. Nunes, J. Phys. G: Nucl. Part. Phys. **34**, 513 (2007).
[11] J. Lubian *et al.*, Nucl. Phys. A **791**, 24 (2007).
[12] V. N. Garcia, J. Lubian, P. R. S. Gomes, A. Gomez-Camacho, and L. F. Canto, Phys. Rev. C **80**, 037602 (2009).
[13] S. Santra, S. Kailas, K. Ramachandran, V. V. Parkar, V. Jha, B. J. Roy, and P. Shukla, Phys. Rev. C **83**, 034616 (2011).
[14] V. V. Parkar, V. Jha, S. K. Pandit, S. Santra, and S. Kailas, Phys. Rev. C **87**, 034602 (2013).
[15] J. Lubian, T. Correa, E. F. Aguilera, L. F. Canto, A. Gomez-Camacho, E. M. Quiroz, and P. R. S. Gomes, Phys. Rev. C **79**, 064605 (2009).
[16] N. Keeley, N. Alamanos, K. Rusek, and K. W. Kemper, Phys. Rev. C **71**, 014611 (2005).
[17] J. Lubian, T. Correa, P. R. S. Gomes, and L. F. Canto, Phys. Rev. C **78**, 064615 (2008).
[18] D. S. Monteiro *et al.*, Phys. Rev. C **79**, 014601 (2009).
[19] C. F. Palshetkar *et al.*, Phys. Rev. C **89**, 024607 (2014).
[20] H. M. Jia *et al.*, Phys. Rev. C **82**, 027602 (2010).
[21] C. J. Lin *et al.*, Nucl. Phys. A **787**, 281 (2007).
[22] M. S. Hussein, P. R. S. Gomes, J. Lubian, and L. C. Chamon, Phys. Rev. C **73**, 044610 (2006).
[23] R. J. Woolliscroft, B. R. Fulton, R. L. Cowin, M. Dasgupta, D. J. Hinde, C. R. Morton, and A. C. Berriman, Phys. Rev. C **69**, 044612 (2004).
[24] C. Signorini *et al.*, Phys. Rev. C **61**, 061603(R) (2000).
[25] N. Yu, H. Q. Zhang, H. M. Jia, S. T. Zhang, M. Ruan, F. Yang, Z. D. Wu, X. X. Xu, and C. L. Bai, J. Phys. G: Nucl. Part. Phys. **37**, 075108 (2010).
[26] M. Dasgupta *et al.*, Phys. Rev. Lett. **82**, 1395 (1999).
[27] M. Dasgupta *et al.*, Phys. Rev. C **70**, 024606 (2004).
[28] M. Dasgupta, D. J. Hinde, S. L. Sheehy, and B. Bouriquet, Phys. Rev. C **81**, 024608 (2010).
[29] A. Yoshida *et al.*, Phys. Lett. B **389**, 457 (1996).
[30] C. Signorini *et al.*, Eur. Phys. J. A **2**, 227 (1998).
[31] C. Signorini *et al.*, Eur. Phys. J. A **5**, 7 (1999).
[32] C. Signorini *et al.*, Nucl. Phys. A **735**, 329 (2004).
[33] W. Y. So, S. W. Hong, B. T. Kim, and T. Udagawa, Phys. Rev. C **69**, 064606 (2004).
[34] W. Y. So, S. W. Hong, B. T. Kim, and T. Udagawa, Phys. Rev. C **72**, 064602 (2005).
[35] W. Y. So, T. Udagawa, K. S. Kim, S. W. Hong, and B. T. Kim, Phys. Rev. C **75**, 024610 (2007).
[36] A. Gómez Camacho, P. R. S. Gomes, J. Lubian, and I. Padrón, Phys. Rev. C **77**, 054606 (2008).
[37] A. Gómez Camacho, P. R. S. Gomes, J. Lubian, and L. F. Canto, Phys. Rev. C **82**, 014616 (2010).
[38] A. Gómez Camacho, P. R. S. Gomes, and J. Lubian, Phys. Rev. C **82**, 067601 (2010).
[39] A. Gómez Camacho, E. F. Aguilera, J. Lubian, and P. R. S. Gomes, J. Phys. G: Nucl. Part. Phys. **40**, 035103 (2013).
[40] H. Feshbach, Ann. Phys. (NY) **19**, 287 (1962).
[41] K. Kawai, A. K. Kerman, and K. McVoy, Ann. Phys. (NY) **75**, 156 (1973).
[42] T. Udagawa, B. T. Kim, and T. Tamura, Phys. Rev. C **32**, 124 (1985).
[43] L. C. Chamon, D. Pereira, M. S. Hussein, M. A. Cândido Ribeiro, and D. Galetti, Phys. Rev. Lett. **79**, 5218 (1997); L. C. Chamon, B. V. Carlson, L. R. Gasques, D. Pereira, C. De Conti, M. A. G. Alvarez, M. S. Hussein, M. A. Cândido Ribeiro, E. S. Rossi, Jr., and C. P. Silva, Phys. Rev. C **66**, 014610 (2002).
[44] G. R. Satchler, M. A. Nagarajan, J. S. Lilley, and I. J. Thompson, Phys. Rev. C **41**, 1869 (1990).
[45] T. Udagawa and T. Tamura, Phys. Rev. C **29**, 1922 (1984).
[46] I. J. Thompson, Comput. Phys. Rep. **7**, 167 (1988).
[47] P. R. Bevington and D. K. Robinson, *Data Reduction and Error Analysis for the Physical Sciences*, 3rd ed. (McGraw Hill, New York, 2003).
[48] P. H. Stelson, H. J. Kim, M. Beckerman, D. Shapira, and R. L. Robinson, Phys. Rev. C **41**, 1584 (1990).

# Small suppression of the complete fusion of the $^6$Li + $^{96}$Zr system at near-barrier energies ①

S. P. Hu,[1,3] G. L. Zhang,[2] J. C. Yang,[2] H. Q. Zhang,[1] P. R. S. Gomes,[4] J. Lubian,[4] X. G. Wu,[1] J. Zhong,[1,3] C. Y. He,[1] Y. Zheng,[1] C. B. Li,[1] G. S. Li,[1] W. W. Qu,[2] F. Wang,[2] L. Zheng,[2] L. Yu,[2] Q. M. Chen,[1] P. W. Luo,[1,3] H. W. Li,[1,5] Y. H. Wu,[1,5] W. K. Zhou,[1] B. J. Zhu,[1] and H. B. Sun[3]

[1]*China Institute of Atomic Energy, Beijing 102413, China*
[2]*School of Physics and Nuclear Energy Engineering, Beihang University, Beijing 100191, China*
[3]*College of Physics Science and Technology, Shenzhen University, Shenzhen 518060, China*
[4]*Instituto de Física, Universidade Federal Fluminense, Avenida Litoranea s/n, Gragoatá, Niterói, Rio de Janeiro 24210-340, Brazil*
[5]*College of Physics, Jilin University, Changchun 130012, China*

(Received 24 December 2014; revised manuscript received 12 March 2015; published 30 April 2015)

The measurements of complete fusion cross sections for $^6$Li + $^{96}$Zr have been performed at energies around the Coulomb barrier by the online $\gamma$-ray method. The complete fusion cross sections at above-barrier energies were found to be suppressed by ~25%. A comparison of the systematics of complete fusion suppression with the existing data for $^6$Li+ heavy targets with the present results shows that the systematics of the suppression factor observed for $^6$Li-induced fusion in the heavy mass region may not be consistent in lighter target mass region.

DOI: 10.1103/PhysRevC.91.044619 PACS number(s): 25.60.Pj, 25.60.Gc, 25.70.Gh, 25.70.Jj

## I. INTRODUCTION

The investigation of the breakup effect of weakly bound nuclei on the fusion process has been an interesting research topic in the past several years [1,2]. Several experiments and theoretical calculations have focused on this subject. For tightly bound nuclei, the enhancement of fusion cross sections at sub-barrier energies has been successfully explained by one-dimensional barrier penetration models (1DBPM) coupling with inelastic excitations and transfer channels. However, the situation is more complicated when weakly bound nuclei are involved. Different processes can occur after the breakup of weakly bound nuclei (usually the projectiles). When all the fragments fuse with target nucleus, this process is called sequential complete fusion (SCF). When only part of the fragments fuses with the target nucleus, this process is called incomplete fusion (ICF). During the fusion process, the whole projectile can also fuse with the target nucleus without breakup, and this process is named direct complete fusion (DCF). Experimentally, the residues formed in SCF cannot be distinguished from ones from DCF, since the compound nucleus is the same. Therefore, in the experiment the complete fusion (CF) cross sections include the contributions of both SCF and DCF. The total fusion (TF) cross section is equal to the sum of CF and ICF, $\sigma_T = \sigma_{\mathrm{CF}} + \sigma_{\mathrm{ICF}}$.

Weakly bound nuclei include unstable and stable nuclei. Recently, with the availability of radioactive ion beam (RIB) facilities in a few laboratories, one can produce several kinds of unstable nuclei including neutron- and proton-rich nuclei. Experimental fusion cross sections of unstable nuclei with different target nuclei have been reported. However, owing to the low intensities of the presently available RIB, it is difficult to clearly explore the reaction mechanisms of nuclear systems with unstable nuclei. In comparison with RIB, the beam intensities of stable weakly bound nuclei such as $^{6,7}$Li and $^9$Be, which have significant breakup probability, are orders of magnitude higher. Precise fusion measurements have already been performed with those stable weakly bound nuclei, and the effect of breakup of those nuclei in the fusion process has been extensively studied. Such studies give an important step forward for understanding the influence of breakup in the fusion process. The reported results show that CF cross sections are suppressed at energies slightly above the Coulomb barrier in comparison with 1DBPM coupled-channel calculations, which do not take into account breakup channels. So, the usual conclusion is that this phenomenon of CF suppression arises from the influence of the breakup. Actually, it has been shown [3–5] that the breakup process produces repulsive polarization potential that increases the fusion barrier height and consequently suppresses CF cross section at near-barrier energies. On the other hand, the TF cross sections are not affected by the breakup at the same energy region [6–8], what means that part of the flux that would otherwise produce CF actually produces ICF of the weakly bound projectile. The systematic behavior of the CF cross section suppression of stable weakly bound nuclei, at energies slightly above the Coulomb barrier, has been investigated in some recent papers [9–14]. It was found that the CF suppression factors for reactions induced by the same projectile are independent of the charge of target nuclei and mainly depend only on the breakup threshold energy values of the projectile. The suppression factors found in each paper differ a little from each other, owing to the different bare potentials used in the calculations. Wang *et al.* [14], for $^6$Li with a breakup threshold energy of 1.474 MeV, found an average suppression around 40%. For $^7$Li, with threshold of 2.467 MeV, the suppression is around 33%, and for $^9$Be, with threshold of 1.573 MeV, the suppression is 32%. These results are somehow unexpected, since it is widely accepted that the Coulomb contribution to the total breakup should increase with the charge of the target ($Z_t$). Indeed, recently Otomar *et al.* [15] showed that the nuclear

---

① Physical Review C,2015,91(4):044619-(1-6).

component of the breakup of $^6$Li increases linearly with $A_t^{1/3}$ ($A_t$ is the mass of the target) for the same $E_{c.m.}/V_B$ energy, whereas the Coulomb component increases linearly with $Z_t$. The total breakup, including the interference between its two components, also increases with the target mass and charge [15]. These behaviors were explained by Hussein *et al.* [16]. A recent possible explanation for this apparent inconsistency of results was given in Refs. [14,17,18]. They claim that the breakup may be of two kinds: prompt and delayed, the first taking place when the projectile is approaching the target and the latter when it is already leaving the target region. As pointed out by Luong *et al.* [19], only the prompt breakup may affect the fusion process. Since in the calculations to derive breakup cross sections, such as the ones performed by Otomar *et al.* [15], they do not separate prompt and delayed breakups, this might explain the apparent contradiction of results. This explanation is based on recent very precise experimental results performed at The Australian National University, where they were able to distinguish prompt and delayed breakups by the determination of their time scales [19,20]. It was found that at sub-barrier energies the breakup following transfer of nucleons (delayed breakup) is dominant over the prompt breakup of $^{6,7}$Li. Also, Santra *et al.* [21] and Shrivastava *et al.* [22] performed experiments where it is found that the delayed breakup of $^6$Li, feeding the long lived resonance $3^+$ at 2.186 MeV of $^6$Li, predominates in relation to the direct prompt breakup.

Another possible explanation for the apparent independence of the CF suppression with the target mass, and not excluding the previous one, is that so far it was not possible to investigate the effect of breakup on the CF of medium and light targets, when the Coulomb breakup should be much smaller than for heavy targets. The reason for that is the lack of CF measurements of those systems, owing to the characteristics of the evaporation of the relatively light compound nuclei. While the evaporation of heavy systems occurs mainly by the emission of neutrons, for light systems there is a large probability of evaporation of charged particles, and consequently some of the residual nuclei of the CF and ICF coincide. This is the reason why one finds in literature only the measurement of TF of light weakly bound systems. In the present work we aim to explore this second possible explanation. The lightest target for which it was possible to measure CF induced by lithium isotopes is $^{90}$Zr [9]. The CF suppression found for this system is 34% or 40% if one follows the study of Wang *et al.* [14]. For CF induced by $^9$Be, the lightest target is $^{89}$Y [23], and the CF suppression was found to be 32%. For lighter targets, only TF cross sections were reported. For $^{6,7}$Li projectiles, TF were measured on the targets $^{12}$C, $^{27}$Al, $^{28}$Si, $^{59}$Co, and $^{64}$Ni [24–32]. For most of the tens of systems for which TF of stable weakly bound nuclei were measured, from light to heavy targets, the results of experiments and coupled channel calculations which do not include the breakup channel coincide [7,8,33]. Only for a few systems it is observed some suppression of TF [24,27,29,30,32]. However, some of these systems were measured by other groups and do not show any suppression [25,26,31]. In a recent and very interesting paper [28], an estimate of CF was obtained for the $^6$Li + $^{64}$Ni by measuring TF and using predictions from evaporation code PACE [34]. The derived CF suppression was 13 ± 7%, much smaller than the 40% suppression found for heavier targets. It is interesting to mention that Kumawat *et al.* [9], who plotted the CF of $^6$Li with several heavy targets, included the targets $^{28}$Si and $^{59}$Co, although only TF was obtained for those targets. To answer the question concerning how the breakup affects the CF cross section, one needs more experimental data on medium mass targets.

In this paper we present the measurement of fusion excitation function for the $^6$Li projectile on a $^{96}$Zr target by the online characteristic $\gamma$ spectrometry method. The present work can estimate the CF cross section by summing the cross sections of dominant neutron evaporation channels and obtain the TF cross sections by adding the contribution of ICF. The derived CF data may contribute to answer the question of suppression of CF cross section on medium mass and light mass targets at energies above the Coulomb barrier. This paper is organized as follows. In Sec. II the experimental details are introduced and the analysis of experimental results are given. In Sec. III the method of derivation of CF and ICF (and TF) is presented and the results are shown. In Sec. IV the coupling channel calculations and the discussion of the breakup effect on fusion are shown. The conclusion is given in Sec. V.

## II. EXPERIMENTAL DETAILS

The experiment was carried out with a $^6$Li$^{3+}$ beam at the HI-13 Tandem Accelerator of the China Institute of Atomic Energy (CIAE) in Beijing at bombarding energies from 16 to 28 MeV in steps of 2 MeV. The nominal Coulomb barrier is 17.38 MeV at the laboratory frame (16.36 MeV in the c.m. frame). A 99% enriched $^{96}$ZrO$_2$ metallic foil with 550 $\mu$g/cm$^2$ thickness and a 1.92 mg/cm$^2$ gold backing was used. The fusion excitation function was measured using the online characteristic $\gamma$ spectrometry method. The irradiation times lasted 1–2 h at all energies for the single $\gamma$-ray measurements. The beam current was varied from 5.7 to 14.0 enA, and the beam flux was recorded by a Faraday cup mounted behind the target using a precise current integrator device. Two Si(Au) surface barrier detectors were positioned at 30° with respect to the beam direction for verification of the beam intensity and normalization and centrality of the beam. An array consisting of 9 Compton-suppressed BGO-HPGe spectrometers and two planar HpGe detectors was used to detect online $\gamma$ rays emitted by the reaction products. The absolute efficiency and energy calibration of the detectors were achieved using a set of standard radioactive sources of $^{152}$Eu and $^{133}$Ba at the target position. The Versa Module Europa (VME)–based data acquisition system MIDAS was used to record the data. The total uncertainty in this experiment mainly came from the statistical errors associated with the yields of the $\gamma$ rays and from the systematic errors in the target thickness (1%) as well as the estimation of the beam intensity. The typical characteristic $\gamma$ spectrum for the $^6$Li+ $^{96}$Zr fusion system at $E_{lab}$ = 28 MeV is given in Fig. 1, where several identified channels via complete fusion are denoted.

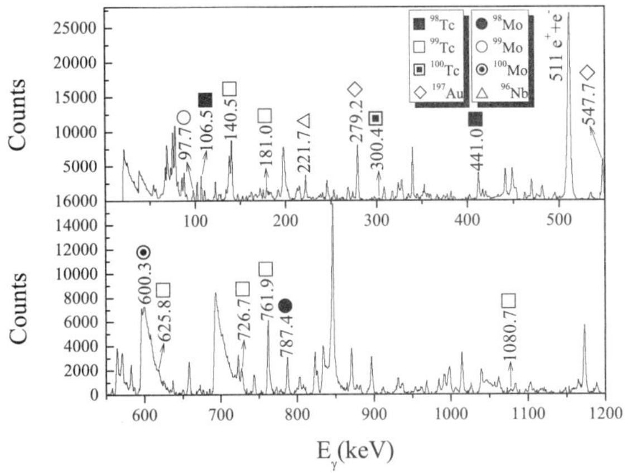


FIG. 1. Typical online $\gamma$-ray spectrum depicting the $\gamma$ lines of different evaporation residues via complete fusion in the $^{6}$Li + $^{96}$Zr system at the bombarding energy of 28 MeV.

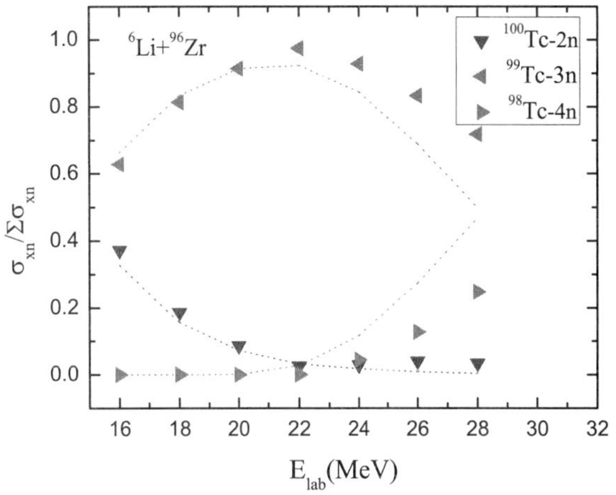


FIG. 2. (Color online) Ratio of individual channel cross sections to the CF cross sections as a function of beam energy for $^{6}$Li + $^{96}$Zr. The dot lines represent the theoretical estimation of PACE2.

### III. DERIVATION of FUSION CROSS SECTIONS

The compound nucleus formed following the collision of $^{6}$Li and $^{96}$Zr is $^{102}$Tc, which then decays predominantly by neutron evaporation, leading to different Tc isotopes. The dominant decay channels are observed to be $2n$, $3n$, and $4n$ evaporations at all energies, which agree well with a statistical model calculation using the code PACE2 [34]. The transitions feeding the ground state of the residues of CF, given in Table I, were identified and used in the calculations. For the $2n$ channel ($^{100}$Tc), the 300.4-keV transition is not to the ground state, but it is by far the highest intensity transition.

The fusion cross section for the online measurement is calculated using the relation

$$\sigma_\gamma = \frac{N_\gamma}{\varepsilon_\gamma N_B N_T}, \tag{1}$$

where $\varepsilon_\gamma$ is the absolute efficiency of all the detectors for the $\gamma$ lines, $N_B$ and $N_T$ represent the total number of beam particles incident on the target and the target atoms per unit area, respectively, and $N_\gamma$ denotes the yield of the $\gamma$-ray peak after correcting with the internal conversion. The cross sections of individual residues equal to the sum of cross sections of all observed ground-state feeding transitions. It is to be mentioned that the intensities of some transitions were too small to be observed; thus the fraction of these $\gamma$ rays is neglected for the present system. In order to obtain the relative contribution of other residue channels to CF, the statistical model code PACE2 was used for the calculations. The $L$ distribution obtained from the CCFULL [38] calculations was used as an input of PACE2 at each energy.

$R_\delta^{\text{theory}} = \Sigma_x \delta_{xn}^{\text{PACE2}}/\delta_{\text{fus}}^{\text{PACE2}}$ ($x = 2,3,4$) was calculated and the results indicate that the summed cross sections of $2n$, $3n$, and $4n$ channels contribute from 96.8% to 99.4% of the complete fusion cross section for the $^{6}$Li + $^{96}$Zr system. Figure 2 shows the individual $xn$ channel cross sections normalized to the CF cross sections for the reaction $^{6}$Li + $^{96}$Zr. A reasonable agreement between the $\sigma_{xn}^{\text{Pace}}$ and measured $\sigma_{xn}^{\text{Expt.}}$ is observed over the whole energy range. A better agreement with the relative percentage of the $3n$ and $4n$ channels might be obtained if we varied the level density parameter in the calculations. However, this procedure was not in the scope of the present work. As can be observed in Table II, the contributions of other evaporation residues to the total complete fusion are small and the total complete fusion

TABLE I. Characteristic $\gamma$ rays of $^{98}$Tc [35], $^{99}$Tc [36], and $^{100}$Tc [37] used in the calculation.

| Residual channels | Transition | $E_\gamma$ (keV) | $I_\gamma$ (%) |
|---|---|---|---|
| $^{98}$Tc ($4n$) | $7^+ \longrightarrow 6^+$ | 441.0 | 100 |
| | $7^+ \longrightarrow 6^+$ | 106.5 | 68.4 |
| $^{99}$Tc ($3n$) | $13/2^+ \longrightarrow 9/2^+$ | 761.9 | 100 |
| | $11/2^+ \longrightarrow 9/2^+$ | 726.7 | 31.4 |
| | $9/2^+ \longrightarrow 9/2^+$ | 625.8 | 12.8 |
| | $11/2^+ \longrightarrow 9/2^+$ | 1080.7 | 7.5 |
| | $5/2^+ \longrightarrow 9/2^+$ | 181.0 | 14.8 |
| | $7/2^+ \longrightarrow 9/2^+$ | 140.5 | 106.5 |
| $^{100}$Tc ($2n$) | $6^- \longrightarrow 6^+$ | 300.4 | 100 |

TABLE II. The cross sections for $2n$-ER, $3n$-ER, $4n$-ER, and total complete fusion with $R_\delta^{\text{theory}}$ obtained from PACE2 calculations.

| $E_{\text{lab}}$ (MeV) | $E_{\text{c.m.}}$ (MeV) | $\sigma_{2n+3n+4n}^{\text{Expt.}}$ | $R_\delta^{\text{theory}}$ (%) | $\delta_{\text{fus}}^{\text{exp}}$ (mb) |
|---|---|---|---|---|
| 28.0 | 26.4 | $762.68 \pm 48.28$ | 96.8 | $787.57 \pm 49.86$ |
| 26.0 | 24.5 | $752.22 \pm 47.70$ | 97.3 | $773.10 \pm 49.03$ |
| 24.0 | 22.6 | $560.05 \pm 35.96$ | 97.8 | $572.59 \pm 36.76$ |
| 22.0 | 20.7 | $324.58 \pm 20.78$ | 98.2 | $330.43 \pm 21.16$ |
| 20.0 | 18.8 | $236.27 \pm 15.82$ | 98.6 | $239.53 \pm 16.04$ |
| 18.0 | 16.9 | $73.30 \pm 5.35$ | 98.9 | $74.12 \pm 5.41$ |
| 16.0 | 15.1 | $10.64 \pm 1.52$ | 99.1 | $10.74 \pm 1.53$ |

TABLE III. Characteristic $\gamma$ rays used in the ICF calculation.

| Residual channels | Transition | $E_\gamma$ (keV) | $I_\gamma$ (%) |
|---|---|---|---|
| $^{98}$Mo | $2^+ \longrightarrow 0^+$ | 787.4 | 100 |
| $^{99}$Mo | $5/2^+ \longrightarrow 1/2^+$ | 97.7 | 75.1 (40) |
| $^{100}$Mo | $4^+ \longrightarrow 2^+$ | 600.3 | 100 |
| $^{96}$Nb | $7^+ \longrightarrow 6^+$ | 221.7 | 100 |

cross section was derived by $\delta_{\text{fus}}^{\text{exp}} = \Sigma\delta_{\text{xn}}^{\text{exp}}/R_\delta^{\text{theory}}$. A similar procedure was used to derive the ICF cross sections. However, for ICF we could only determine the lower limit for the cross sections, because some $\gamma$-ray lines corresponding to some evaporation channels were too weak above the background to be used for the cross section determination. Table III shows the characteristic $\gamma$ lines used to derive the ICF cross sections. The $^{98,99,100}$Mo nuclei are produced by neutron evaporation from the compound nucleus formed by absorption of an $\alpha$ particle by the target. The $^{96}$Nb nucleus is produced by neutron evaporation from the compound nucleus formed by absorption of a proton or deuteron by the target. Table IV shows the cross sections for each of those evaporation channels. Table V shows the total CF and the lower limits of ICF and TF for the $^6$Li + $^{96}$Zr system. Figure 3 shows the experimental excitation functions obtained of CF and the lower limits of ICF and TF in the present work, for the $^6$Li + $^{96}$Zr system. ICF and TF correspond actually to a lower limit of the cross sections, as explained before. The not very smooth behavior of the ICF excitation function is due to the relative larger fraction of the cross section corresponding to the nonmeasured $\gamma$ lines, which were more important at midenergies.

## IV. DISCUSSION OF THE EFFECT OF BREAKUP AND TRANSFER CHANNELS ON THE FUSION CROSS SECTION

To investigate the effect of the breakup and transfer channels on the CF cross section data, we performed coupled channel calculations (CC) without taking into account breakup and transfer channels. By doing so, we consider that the differences between theoretical predictions and experimental results are due to coupling effects of the channels not included in calculations. As coupling effects related with the structure of the colliding nuclei and transfer channels are important

TABLE IV. The lower limits of cross sections for each of ICF evaporation channels of $^6$Li+$^{96}$Zr system.

| $E_{\text{lab}}$ (MeV) | $\sigma_f$ ($^{98}$Mo) (mb) | $\sigma_f$ ($^{99}$Mo) (mb) | $\sigma_f$ ($^{100}$Mo) (mb) | $\sigma_f$ ($^{96}$Nb) (mb) |
|---|---|---|---|---|
| 28.0 | $68.61 \pm 4.24$ | $61.78 \pm 5.05$ | $16.85 \pm 1.96$ | $24.62 \pm 1.78$ |
| 26.0 | $52.20 \pm 3.36$ | $58.58 \pm 4.92$ | $23.61 \pm 2.19$ | $22.13 \pm 1.67$ |
| 24.0 | $27.89 \pm 1.97$ | $30.41 \pm 3.31$ | $10.05 \pm 1.47$ | $11.04 \pm 1.07$ |
| 22.0 | $9.14 \pm 0.75$ | $14.73 \pm 1.65$ | $8.06 \pm 0.85$ | $5.45 \pm 0.54$ |
| 20.0 | $8.44 \pm 0.93$ | $25.33 \pm 2.52$ | $9.98 \pm 1.17$ | $5.59 \pm 0.72$ |
| 18.0 | $4.55 \pm 0.55$ | $11.20 \pm 1.55$ | $3.86 \pm 0.70$ | $1.85 \pm 0.41$ |
| 16.0 | $1.55 \pm 0.30$ | $2.91 \pm 0.83$ | $2.85 \pm 0.47$ | $1.02 \pm 0.27$ |

TABLE V. The cross sections of CF, lower limits of cross sections of ICF and TF for $^6$Li+$^{96}$Zr system.

| $E_{\text{lab}}$ (MeV) | $\sigma_{\text{CF}}$ (mb) | $\sigma_{\text{ICF}}$ (mb) | $\sigma_{\text{TF}}$ (mb) |
|---|---|---|---|
| 28.0 | $787.57 \pm 49.86$ | $171.86 \pm 10.83$ | $959.43 \pm 51.02$ |
| 26.0 | $773.10 \pm 49.03$ | $156.52 \pm 10.02$ | $929.62 \pm 50.04$ |
| 24.0 | $572.59 \pm 36.76$ | $79.38 \pm 5.71$ | $651.97 \pm 37.21$ |
| 22.0 | $330.43 \pm 21.16$ | $37.38 \pm 2.76$ | $367.81 \pm 21.34$ |
| 20.0 | $239.53 \pm 16.04$ | $49.33 \pm 3.79$ | $288.86 \pm 16.48$ |
| 18.0 | $74.12 \pm 5.41$ | $21.46 \pm 2.09$ | $95.59 \pm 5.79$ |
| 16.0 | $10.74 \pm 1.53$ | $8.32 \pm 1.12$ | $19.07 \pm 1.90$ |

mostly at sub-barrier energies, the difference between data and coupled channels calculations will be attributed to the breakup process. In this kind of calculations, it is very important to adopt a reliable bare potential. For this reason we chose the widely used double-folding Sao Paulo potential (SPP) [39,40], which uses realistic densities and has no free parameters. In the coupled channel calculations, we included only the inelastic excitations of the targets. All coupled channel calculations were performed with the FRESCO code [41]. The $^{96}$Zr excited states included in the CC calculations were the $2^+$ and $3^-$ states at 1.76 and 1.90 MeV, respectively. The quadrupole deformation parameter used was $\beta_2 = 0.080$, taken from Ref. [42], and the octopole deformation parameter used was $\beta_3 = 0.235$, taken from Ref. [43]. The same values were assumed for nuclear and Coulomb deformations. For the real part of the optical potential the Sao Paulo potential was used [39,40]. For the imaginary part of the optical potential, we used a Woods-Saxon potential internal to the Coulomb barrier to account for the absorption of the flux that passes through or over the barrier (equivalent to the so-called ingoing wave boundary condition). The potential parameters were $W_0 = 50$ MeV, $r_0 = 1.06$ fm, and $a = 0.2$ fm for the depth, reduced radius, and diffuseness, respectively. We checked that the fusion cross section does not depend on the choice of these parameters,

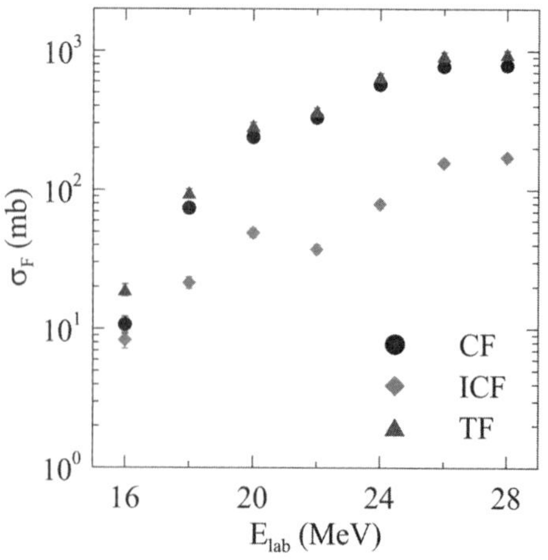


FIG. 3. (Color online) Measured complete, incomplete, and total fusion cross section at near the Coulomb barrier energies.

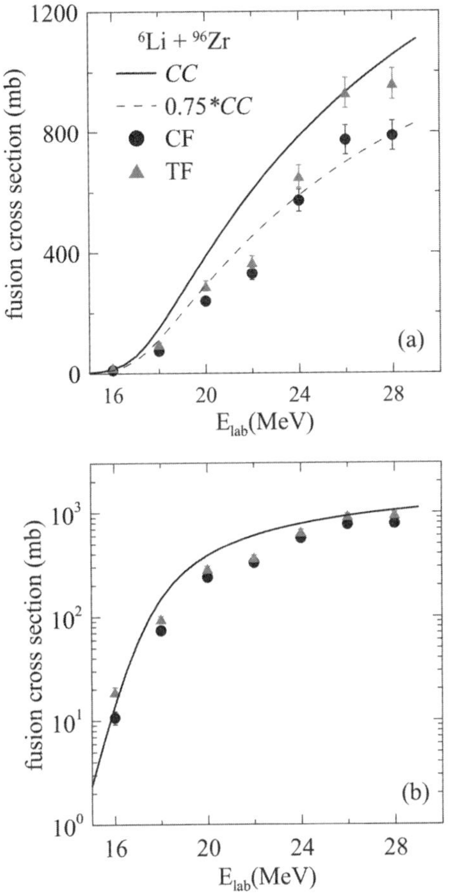


FIG. 4. (Color online) Complete and total fusion cross sections at energies near the Coulomb barrier for the $^6$Li + $^{96}$Zr system. The dashed line represents the coupled channel calculations multiplied by 0.75.

as long as the imaginary potential remains internal to the Coulomb barrier. In Figs. 4(a) and 4(b) we show the results of the calculations and the data for CF and TF in linear and logarithmic scales. The first is more suitable to observe the deviations at above-barrier energies, whereas the latter makes a zoom to observe the effects at low energies. One can observe in Fig. 4(a) that there is CF suppression of the order of 25%, at energies above the barrier, when compared with the coupled channel calculations. The lower limit of the TF cross section data is roughly in agreement with the calculations at the highest energies, which indicates that the ICF seems to be the responsible for the loss of flux going to CF, and consequently suppressing the CF at this energy regime. It is important to remember that the TF cross section may be larger than the derived one at some energies, as already explained in Sec. III.

One can observe that the CF suppression at energies slightly above the Coulomb barrier derived in the present work is smaller than the ones reported so far for the $^6$Li projectile on heavier targets and also for the $^{90}$Zr target. A possible reason for the difference concerning heavier targets has already been explored in the introduction of this paper: The small breakup probability for lighter targets may produce a smaller effect on the fusion cross section than for heavier targets. In the $^{90}$Zr measured by Kumawat *et al.* [9] by off-line $\gamma$ spectrometry method, they had larger uncertainties than us, since they could not measure all CF evaporation channels and therefore they had to rely strongly on predictions of the PACE code, which accounted for up to 40% of the derived CF cross sections. Our results are in reasonable agreement with the ones by Shaik *et al.* [28] for the $^6$Li+$^{64}$Ni system, although those results also depend relatively strongly on PACE predictions. It should be very important to compare the CF suppression obtained in the present work with those of the available CF data of the $^6$Li projectile with other targets, especially $^{90}$Zr, using the same interaction potential, in order to investigate whether the observed difference in the CF suppression is due to the different potentials used. Actually, those calculations were already performed and are published in Ref. [14], where Wang *et al.* report systematic CF behavior for different systems using the Sao Paulo potential. The suppression found $^6$Li-induced CF with heavy targets, including $^{90}$Zr, is 40%, with all systems fitting very well the 40% suppression curve.

## V. SUMMARY

We report the measurement of complete fusion cross sections for $^6$Li+$^{96}$Zr system at energies in the range from slightly below to slightly above the Coulomb barrier. The method used was the online $\gamma$-ray method, which allowed the measurement of almost 100% of the CF. Furthermore, we measured the incomplete fusion cross sections, although not very precisely, because some of the $\gamma$-ray lines could not be measured. The complete fusion cross section at above-barrier energies was found to be suppressed by ~25% when compared with coupled channel calculations that do not take into account the breakup and transfer couplings. This is a value smaller than the present systematic results available for heavier targets. We do not think that this an unexpected result, but rather a signature that the dynamic breakup effect on the complete fusion depends on the target charge and that the present accepted independence of the target charge is due to the lack of complete fusion data for light systems, for which the suppression should be smaller.

## ACKNOWLEDGMENTS

This work is supported by National Natural Science Foundation of China under Grants No. 11475013, No. 11035007, No. 11175011, No. 11375266, No. 11375267, No. 11305269, No. 11175259, No. 11475072, No.11405274, and No. 10775098, State Key Laboratory of Software Development Environment (SKLSDE-2014ZX-08), as well as the Fundamental Research Funds for the Central Universities and the Key Laboratory of High Precision Nuclear Spectroscopy, Institute of Modern Physics, Chinese Academy of Sciences. This work also benefited from discussions held at the CUSTIPEN. P.R.S.G. and J. Lubian thank the CNPq, CAPES, and FAPERJ for their financial support. The authors thank the crew of the HI-13 tandem accelerator at the China Institute of Atomic Energy for steady operation of the accelerator. We are also grateful to Q. W. Fan for preparing the target. S. P. Hu and G. L. Zhang contributed equally to this work.

[1] L. F. Canto, P. R. Gomes, R. Donangelo, and M. S. Hussein, Phys. Rep. **424**, 1 (2006).
[2] N. Keeley, R. Raabe, N. Alamanos, and J. L. Sida, Prog. Part. Nucl. Phys. **59**, 579 (2007).
[3] J. Lubian *et al.*, Nucl. Phys. A **791**, 24 (2007).
[4] J. Lubian *et al.*, Phys. Rev. C **79**, 064605 (2009).
[5] S. Santra, S. Kailas, K. Ramachandran, V. V. Parkar, V. Jha, B. J. Roy, and P. Shukla, Phys. Rev. C **83**, 034616 (2011).
[6] M. Dasgupta *et al.*, Phys. Rev. C **70**, 024606 (2004).
[7] L. F. Canto *et al.*, Nucl. Phys. A **821**, 51 (2009).
[8] P. R. S. Gomes, J. Lubian, and L. F. Canto, Phys. Rev. C **79**, 027606 (2009).
[9] H. Kumawat *et al.*, Phys. Rev. C **86**, 024607 (2012).
[10] M. K. Pradhan *et al.*, Phys. Rev. C **83**, 064606 (2011).
[11] V. V. Parkar *et al.*, Phys. Rev. C **82**, 054601 (2010).
[12] V. Jha, V. V. Parkar, and S. Kailas, Phys. Rev. C **89**, 034605 (2014).
[13] L. R. Gasques, D. J. Hinde, M. Dasgupta, A. Mukherjee, and R. G. Thomas, Phys. Rev. C **79**, 034605 (2009).
[14] B. Wang, W.-J. Zhao, P. R. S. Gomes, E.-G. Zhao, and S.-G. Zhou, Phys. Rev. C **90**, 034612 (2014).
[15] D. R. Otomar, P. R. S. Gomes, J. Lubian, L. F. Canto, and M. S. Hussein, Phys. Rev. C **87**, 014615 (2013).
[16] M. S. Hussein, P. R. S. Gomes, J. Lubian, D. R. Otomar, and L. F. Canto, Phys. Rev. C **88**, 047601 (2013).
[17] N. T. Zhang *et al.*, Phys. Rev. C **90**, 024621 (2014).
[18] Y. D. Fang *et al.*, Phys. Rev. C **91**, 014608 (2015).
[19] D. H. Luong *et al.*, Phys. Lett. B **695**, 105 (2011).
[20] D. H. Luong *et al.*, Phys. Rev. C **88**, 034609 (2013).
[21] S. Santra *et al.*, Phys. Lett. B **677**, 139 (2009).
[22] A. Shrivastava *et al.*, Phys. Lett. B **633**, 463 (2006).
[23] C. S. Palshetkar, S. Santra, A. Chatterjee *et al.*, Phys. Rev. C **82**, 044608 (2010).
[24] J. Takahashi *et al.*, Phys. Rev. Lett. **78**, 30 (1997).
[25] A. Mukherjee *et al.*, Nucl. Phys. A **596**, 299 (1996); **635**, 305 (1998).
[26] A. Mukherjee *et al.*, Phys. Lett. B **526**, 295 (2002).
[27] A. Pakou *et al.*, J. Phys. G: Nucl. Part. Phys. **31**, S1723 (2005).
[28] Md. Moin Shaikh *et al.*, Phys. Rev. C **90**, 024615 (2014).
[29] I. Padron *et al.*, Phys. Rev. C **66**, 044608 (2002).
[30] P. R. S. Gomes *et al.*, Phys. Lett. B **601**, 20 (2004).
[31] A. di Pietro *et al.*, Phys. Rev. C **87**, 064614 (2013).
[32] C. Beck *et al.*, Phys. Rev. C **67**, 054602 (2003).
[33] L. F. Canto *et al.*, J. Phys. G **36**, 015109 (2009).
[34] A. Gavron, Phys. Rev. C **21**, 230 (1980).
[35] H. B. Ding *et al.*, Chin. Phys. Lett. **27**, 072501 (2010).
[36] G. Kajrys, W. DelBianco, S. Pilotte, S. Landsberger, and S. Monaro, Phys. Rev. C **31**, 409 (1985).
[37] P. Joshi *et al.*, Eur. Phys. J. A **24**, 23 (2005).
[38] K. Hagino, N. Rowley, and A. T. Kruppa, Comp. Phys. Commun. **123**, 143 (1999).
[39] L. C. Chamon, D. Pereira, M. S. Hussein, M. A. Candido Ribeiro, and D. Galetti, Phys. Rev. Lett. **79**, 5218 (1997).
[40] L. C. Chamon *et al.*, Phys. Rev. C **66**, 014610 (2002).
[41] I. J. Thompson, Comp. Phys. Rep. **7**, 167 (1988).
[42] S. Raman, C. W. Nestor Jr., and P. Tikkanem, At. Data Nucl. Data Tables **78**, 1 (2001).
[43] T. Kibedi and R. H. Spear, At. Data Nucl. Data Tables **80**, 35 (2002).

# Coupling effects on the fusion of $^6$Li + $^{154}$Sm at energies slightly above the Coulomb barrier ①

C. L. Guo,[1] G. L. Zhang,[1] S. P. Hu,[2] J. C. Yang,[1] H. Q. Zhang,[2] P. R. S. Gomes,[4] J. Lubian,[4] X. G. Wu,[2] J. Zhong,[2,3] C.Y. He,[2] Y. Zheng,[2] C. B. Li,[2] G. S. Li,[2] W. W. Qu,[1] F. Wang,[1] L. Zheng,[1] L. Yu,[1] Q. M. Chen,[2] P. W. Luo,[2,3] H. W. Li,[2,5] Y.H. Wu,[2,5] W. K. Zhou,[2] B. J. Zhu,[2] and H. B. Sun[3]

[1]*School of Physics and Nuclear Energy Engineering, Beihang University, Beijing 100191, China*
[2]*China Institute of Atomic Energy, Beijing 102413, China*
[3]*College of Physics Science and Technology, Shenzhen University, Shenzhen 518060, China*
[4]*Instituto de Física, Universidade Federal Fluminense, Avenida Litoranea s/n, Gragoatá, Niterói, Rio de Janeiro 24210-340, Brazil*
[5]*College of Physics, Jilin University, Changchun 130012, China*
(Received 6 May 2015; published 14 July 2015)

Measurements of complete and incomplete fusion cross sections for $^6$Li+ $^{154}$Sm have been performed at energies above the Coulomb barrier by the online $\gamma$-ray method, to investigate the effect of breakup and inelastic couplings on the complete fusion (CF) of this weakly bound system. We show that inelastic excitation couplings have non-negligible effects, when compared with the breakup effect, for deformed nuclei at energies very close to the Coulomb barrier. The average CF suppression corresponding to dynamic breakup effects was found to be around 35%. The total fusion cross section is not affected by the breakup coupling. A comparison between the $^6$Li-induced CF suppression for three different samarium isotopes shows that the breakup effect is larger for the more spherical isotope.

DOI: 10.1103/PhysRevC.92.014615 PACS number(s): 25.60.Pj, 25.60.Gc, 25.70.Gh, 25.70.Mn

## I. INTRODUCTION

Samarium isotopes have been used in the investigation of fusion between heavy ions for a long time. The reason is that there are several stable samarium isotopes, ranging from the almost spherical $^{144}$Sm to $^{154}$Sm, which has a large static deformation. Odd stable isotopes also exist. The main topic investigated since the late 1970s is the influence of deformation in the sub-barrier fusion reactions. The pioneer work in this field was done by Stokstad *et al.* [1,2], on the sub-barrier fusion of the double-magic $^{16}$O with $^{144,148,150,152,154}$Sm. Some years later, di Gregorio *et al.* [3,4], also in collaboration with Stokstad, complemented those investigations by measuring sub-barrier fusion with $^{144,147,149}$Sm. Some of those systems were measured in the 1990s by the Australian group of Leigh *et al.* [5], in much more precise experiments, where fusion barrier distributions were also derived. Reisdorf *et al.* [6] measured fusion of $^{40}$Ar + $^{144,148,154}$Sm, and Gil *et al.* [7] and Gomes *et al.* [8] measured fusion of $^{28}$Si, $^{32}$S + $^{154}$Sm, respectively. More recently, fusion and quasifission of $^{40,48}$Ca + $^{144,154}$Sm were also measured [9,10]. From all those works and from others using different systems, it became very well demonstrated that couplings to inelastic channels enhance the fusion cross section at sub-barrier energies and that nuclei with large deformations, corresponding to very strong couplings to very low-lying excited states, present huge enhancements at this energy regime, compared with predictions from one-dimensional barrier penetration models (1DBPM). As the deformation increases, so does the enhancement. Maciel *et al.* [11] showed that transfer couplings do not affect the sub-barrier fusion of $^{16}$O with even Sm isotopes.

In most of the early works on sub-barrier fusion of Sm isotopes, the theory used to be compared with the data was very simple. The most used model was the Wong model [12], which has four free parameters: $V_B$, $R_B$, $\hbar w$, and $\beta_2$, where $V_B$ is the height of the Coulomb barrier, $R_B$ is its radius, $\hbar w$ is related to the barrier curvature (larger $\hbar w$ means thinner barrier), and $\beta_2$ is the quadrupole deformation of the nuclei. $V_B$ and $R_B$ were usually obtained by fitting the fusion data above the barrier and using semiclassical models. This procedure was based on the assumption that at energies above the barrier, there is no coupling-channel effect on the fusion cross section. Then, the other two parameters, $\hbar w$ and $\beta_2$, were derived by fitting the sub-barrier energy fusion data. Alternatively, the barrier parameters were derived from proximity potentials and very simplified coupled-channel calculations were used to analyze the sub-barrier energy data.

In recent years, fusion of weakly bound nuclei, both stable and radioactive, was intensively investigated [13], both experimentally and theoretically. The influence of the breakup of those nuclei on the fusion cross section was the main topic under study. Almost all targets used in the experiments were spherical or not very deformed. One of the main reasons for that was to avoid the investigation of a possible breakup effect in systems where the deformation effect on fusion might be much more important than the one under investigation, what could hide breakup effects, at least at sub-barrier energies. From the tens of published works and systems measured, systematic results could be obtained [14–19]. In all those works, fusion cross-sectional data were compared with theoretical predictions that do not take into account breakup and transfer couplings. Of course, if the theoretical calculations for fusion cross sections were complete, including couplings to all possible reaction channels, there should be no difference between their results and the data. However, such kinds of calculations are not available when weakly bound nuclei,

① Physical Review C,2015,92(1):014615-(1-8).

and consequently the breakup process, are involved. Even the most sophisticated continuum discretized coupled-channel calculations (CDCC) are not so complete. On the other hand, it is very useful and interesting to perform calculations that leave out some parameters, because in this way the differences between calculated fusion cross sections and the data can be attributed to those missing ingredients. This is the main reason why in most (or all) of the reported works involving the search of systematic effects of the breakup process on the fusion cross section, breakup couplings are not included in the calculations. They can predict only the fusion cross section in the absence of the breakup channel, or the total fusion cross section for the systems under investigation. As in most works, transfer channels are also not included in the calculations; the difference with the data is attributed to the combined effect of breakup plus transfer channels on the total fusion cross section.

Basically, the systematics shows some enhancement of the fusion cross section at sub-barrier energies and a new phenomenon, that is, the suppression of the complete fusion (CF) at energies slightly above the Coulomb barrier, when compared with coupled-channel calculations that do not include breakup and transfer channels. The amount of suppression seems to be independent of the target nuclei (so far, only medium and heavy target nuclei had complete fusion measured), but rather depends on the breakup threshold energy of the weakly bound projectile. This suppression ranges from about 20% to 40% for most of the systems involving the stable weakly bound nuclei $^{6,7}$Li and $^{9}$Be. The exact suppression factor may also vary in different works, depending on the bare potential used in the calculations. Of course, one cannot use fusion data above the barrier to derive the barrier parameters, as was used in the past; otherwise any effect above the barrier would be vanished out.

In a recent work by Wang *et al.* [17], no couplings to inelastic channels were considered in the calculations for the investigation of the fusion suppression above the barrier, because it was assumed that there were no inelastic coupling effects at this energy regime. Indeed, the systematics obtained for the fusion suppression were similar to those obtained in specific works when these couplings were taken into account. The suppression of fusion at energies near and above the barrier is attributed to breakup couplings because the breakup process produces repulsive polarization potentials [20–25], contrary to what happens in couplings to inelastic and transfer channels, where attractive polarization potentials are produced. When the fusion of one of the projectile fragments (produced by the projectile breakup), named incomplete fusion (ICF), is added to the complete fusion (CF), the total fusion (TF) obtained seems to be not affected by the breakup [13–16,26–28], since the data for all those systems agree with theoretical calculations that do not take into account the breakup couplings.

Concerning fusion of stable weakly bound projectile with samarium isotopes, there are two very interesting papers by Rath *et al.* [29,30] on $^{6}$Li + $^{144,152}$Sm, at energies below and above the barrier. The sub-barrier energy region was the main concern of the authors, and it was verified that the enhancement for the deformed $^{152}$Sm isotope is much stronger than for the vibrational-spherical $^{144}$Sm. The main reason, as expected, is the large deformation of $^{152}$Sm. At energies above the barrier, both systems show similar fusion suppression. The same conclusion was reached by Wang *et al.* [17] within the systematics for several $^{6}$Li-induced fusion with different targets, at energies above the barrier.

Since the fusion suppression above the barrier is not very large, from around 20% to 40%, we decided to investigate also the possible influence of inelastic couplings on fusion at this energy regime, in addition to the breakup effect. We performed experiments to measure fusion cross sections for the $^{6}$Li + $^{154}$Sm system at energies close to and above the barrier. These data are reported in the present work. The data for $^{6}$Li + $^{144,152}$Sm at energies above the barrier, previously reported by Rath *et al.* [29,30], are also used in the comparison of data with theory. We also try to disentangle the inelastic and breakup channel effects on the fusion for those spherical and deformed systems by enlarging the comparison of data with calculations at energies slightly above the barrier.

In Sec. II we present the theoretical comparison of coupled-channel calculations including inelastic excitations of the $^{144}$Sm and $^{154}$Sm targets with one-channel (no-coupling) calculations. In Sec. III we show the experimental setup and details of the experiment. In Sec. IV we present the derivation of fusion cross sections and the results obtained. In Sec. V we discuss the results and make comparison with theoretical predictions. In Sec. VI we compare the breakup effect for fusion of three samarium isotopes by using some previously published data. Finally, in Sec. VII we summarize and present some conclusions.

## II. INELASTIC COUPLING EFFECTS AT ENERGIES SLIGHTLY ABOVE THE BARRIER

Before starting the description of the experiment and comparison of fusion data with theoretical predictions, we report the theoretical investigation of possible effects of inelastic coupling on the $^{6}$Li fusion cross section at energies slightly above the Coulomb barrier, for the spherical-vibrational $^{144}$Sm and well-deformed $^{154}$Sm targets. As mentioned in the introduction section, although this effect is supposed to be negligible, we were curious about a possible nonvanishing effect not much smaller than the breakup effect on fusion at this energy region.

The calculations were performed using the double-folding Sao Paulo potential [31,32], which has been successfully used in recent years. Alternatively, the Akyü-Winther potential [33], an approximation of double-folding potential with an analytical form, could also be used, leading to similar results. Both potentials have no free parameters [34]. The code FRESCO [35] was used in the calculations. The no-coupling (one-channel) results are shown in Figs. 1(a) and 2(a) by the full curves for the $^{144}$Sm and $^{154}$Sm, respectively. The vertical arrows show the positions of the Coulomb barriers. The figures show energies from slightly below to slightly above the barrier, our region of interest.

For the coupled-channel calculations, the following excitations were considered: for $^{144}$Sm, the $2^+$ (1660 keV) and $3^-$ (1810 keV) states, with $\beta_2 = 0.087$ [36] and $\beta_3 = 0.15$

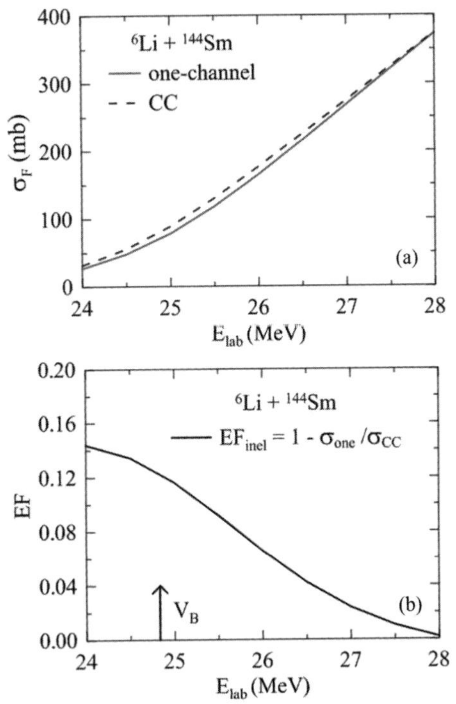


FIG. 1. (Color online) The calculation results of $^{6}$Li+ $^{144}$Sm system. (a) One-channel and coupling channel (CC). (b) The quantity $EF_{inel}$ as a function of energy; see text for details.

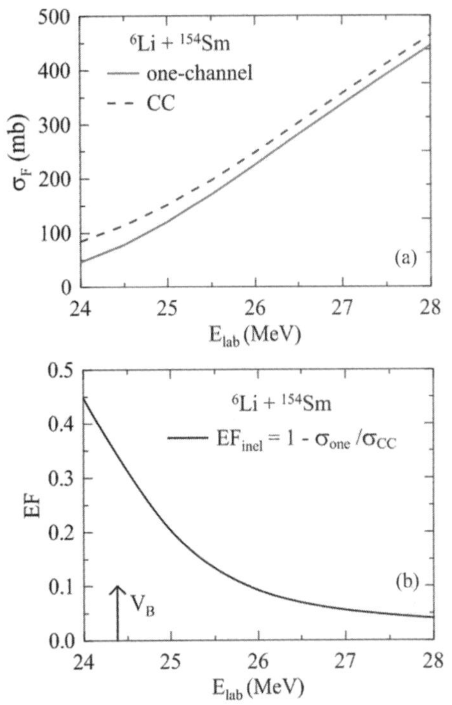


FIG. 2. (Color online) The calculation results of $^{6}$Li+ $^{154}$Sm. (a) One-channel and coupling channel (CC). (b) The quantity $EF_{inel}$ as a function of energy; see text for details.

[37], and for the deformed $^{154}$Sm, the $2^+$ (82 keV) and $4^+$ (267 keV) states, with $\beta_2 = 0.341$ [36] and $\beta_4 = 0.08$ [5]. No couplings corresponding to the $^{6}$Li projectile were included, since it has no bound state and its resonances are already connected to breakup couplings. The results are shown by the dashed curves in Figs. 1(a) and 2(a). One can observe that the effect is really negligible for the $^{144}$Sm, but not so much for the deformed $^{154}$Sm, for which the effect at sub-barrier energies is much more important than for the $^{144}$Sm isotope. The coupled-channel calculations are above the one-channel calculations. The effects can be more clearly identified when one plots the quantity $EF_{inel} = 1 - \sigma_{one}/\sigma_{CC}$, as shown in Figs. 1(b) and 2(b). For the $^{144}$Sm, the enhancement due to inelastic couplings is 12% at the barrier and drops to 1% at $1.13V_B$, whereas for the $^{154}$Sm, the enhancement is 30% at the barrier and 5% at $1.13V_B$. Since this is the energy region of most interest when one is investigating breakup effects on fusion, which is of the order of 20% to 40%, we observe that inelastic couplings should not be neglected, at least when one is dealing with highly deformed targets.

### III. EXPERIMENTAL DETAILS

The experiment was carried out with a $^{6}Li^{3+}$ beam at the HI-13 Tandem Accelerator of China Institute of Atomic Energy (CIAE) in Beijing at bombarding energies from 26 to 36 MeV in steps of 2 MeV. The nominal Coulomb barrier is ~24.9 MeV at the laboratory frame (~24.0 MeV in the c.m. frame). A 99% enriched $^{154}$Sm metallic foil with 1.98 mg/cm$^2$ thickness was used. The fusion excitation function was measured using the online characteristic $\gamma$ spectrometry method. The irradiation times lasted 1–2 h at all energies for the single $\gamma$-ray measurements. The beam current was varied from 1.9 to 5.0 pnA, and the beam flux was recorded by a Faraday cup mounted behind the target using a precise current integrator device. Two Si(Au) surface barrier detectors were positioned at 30° with respect to the beam direction for verification of the beam intensity, normalization, and centrality of the beam. An array consisting of nine Compton-suppressed BGO-HPGe spectrometers and two planar HPGe detectors was used to detect online $\gamma$ rays emitted by the reaction products. The absolute efficiency and energy calibration of the detectors were achieved using a set of standard radioactive sources of $^{152}$Eu and $^{133}$Ba at the target position. The Versa Module Europa (VME)–based data acquisition system MIDAS was used to record the data. The total uncertainty in this experiment mainly came from the statistical errors associated with the yields of the $\gamma$ rays and from the systematic errors in the target thickness as well as the estimation of the beam intensity. The typical characteristic $\gamma$ spectrum for the $^{6}$Li+ $^{154}$Sm fusion system at $E_{lab} = 32$ MeV is given in Fig. 3, where several identified channels via complete and incomplete fusions are denoted.

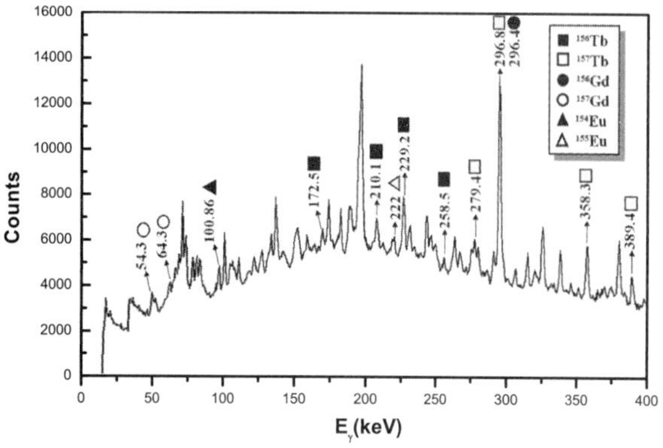


FIG. 3. Typical online $\gamma$-ray spectrum depicting the $\gamma$ lines of different evaporation residues via complete and incomplete fusions in the $^{6}$Li+ $^{154}$Sm system at the bombarding energy of 32 MeV.

## IV. DERIVATION OF FUSION CROSS SECTIONS

The compound nucleus formed following the collision of $^{6}$Li and $^{154}$Sm is $^{160}$Tb, which then decays predominantly by neutron evaporation, leading to different Tb isotopes. The dominant decay channels are observed to be $3n$ and $4n$ evaporations at all energies, which agree well with a statistical model calculation using the code PACE2 [38]. The transitions feeding the residue nuclei of CF, given in Table I, were identified and used in the calculations.

The fusion cross section for the online measurement is calculated using the relation

$$\sigma_{\gamma} = \frac{N_{\gamma}}{\varepsilon_{\gamma} N_B N_T}, \quad (1)$$

where $\varepsilon_{\gamma}$ is the absolute efficiency of all the detectors for the $\gamma$ lines, $N_B$ and $N_T$ represent the total number of beam particles incident on the target and the target atoms per unit area, respectively, and $N_{\gamma}$ denotes the yield of the $\gamma$-ray peak after correcting with the internal conversion. The cross sections of individual residues equal to the sum of cross sections of all observed ground-state feeding transitions. It is to be mentioned that the intensities of some transitions were too small to be observed, and thus the fraction of these $\gamma$-rays is neglected for the present system.

In order to obtain the relative contribution of other residue channels to CF, the statistical model code PACE2 was used for the calculations. The $L$ distribution obtained from the CCFULL [41] calculations was used as an input of PACE2 at each energy.

TABLE I. Characteristic $\gamma$ rays of $^{156}$Tb [39] and $^{157}$Tb [40] used in the CF calculation.

| Residual channels | Transitions | $E_{\gamma}$ (keV) | $I_{\gamma}$ (%) |
|---|---|---|---|
| $^{156}$Tb(4n) | $16^- \longrightarrow 15^-$ | 229.2 | 165 |
| $^{157}$Tb(3n) | $7/2^- \longrightarrow 5/2^+$ | 296.8 | 190 |

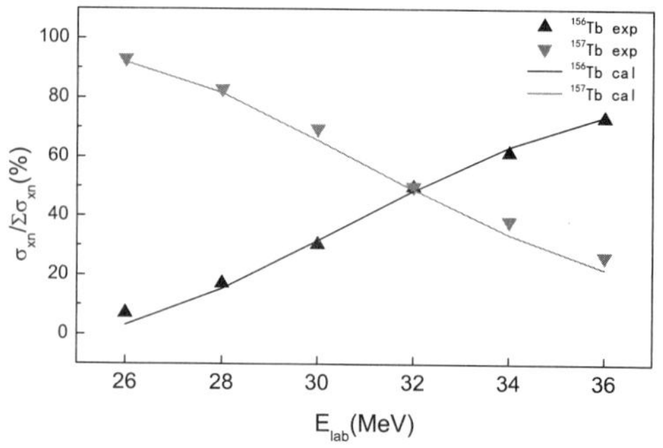


FIG. 4. (Color online) Ratio of individual channel cross sections to the CF cross sections as a function of beam energy for $^{6}$Li+ $^{154}$Sm. The solid lines represent the theoretical estimation of PACE2.

$R_{\delta}^{\text{theory}} = \Sigma_x \delta_{xn}^{\text{PACE2}} / \delta_{\text{fus}}^{\text{PACE2}}$ $(x = 3,4)$ was calculated and the results indicate that the summed cross sections of $3n$ and $4n$ channels contribute from 95.1% to 97.6% of the complete fusion cross section for the $^{6}$Li+ $^{154}$Sm system. Figure 4 shows the individual $xn$ channel cross sections normalized to the CF cross sections for the reaction $^{6}$Li+ $^{154}$Sm. A reasonable agreement between the $\delta_{xn}^{\text{Pace}}$ and measured $\delta_{xn}^{\text{Exp.}}$ is observed over the whole energy range. As can be observed in Table II, the contributions of other evaporation residues to the total complete fusion are small and the total complete fusion cross section was derived by $\sigma_{\text{fus}}^{\text{exp}} = \Sigma \sigma_{xn}^{\text{exp}} / R_{\delta}^{\text{theory}}$.

A similar procedure was used to derive the ICF cross sections. Although the main aim of this work is the measurement of CF cross section, our experimental method allows us to also measure the ICF. However, for ICF we could only determine the lower limits for the cross sections, because some $\gamma$ lines corresponding to some evaporation channels were too weak above the background to be used for the cross-section determination. Table III shows the characteristic $\gamma$ lines used to derive the ICF cross sections. The $^{156}$Gd nucleus is produced by neutron evaporation from the compound nucleus formed by absorption of an $\alpha$ particle by the target. The $^{154}$Eu nucleus is produced by neutron evaporation from the compound nucleus formed by absorption of a proton or deuteron by the target.

Table IV shows the cross sections for each of those evaporation channels. Table V shows the CF and the lower limits of ICF and TF for the $^{6}$Li + $^{154}$Sm system. Figure 5 shows the experimental excitation functions obtained of CF

TABLE II. The cross sections for $3n$-ER, $4n$-ER and total complete fusion with $R_{\delta}^{\text{theory}}$ obtained from PACE2 calculations.

| $E_{\text{lab}}$ (MeV) | $E_{\text{c.m.}}$ (MeV) | $\sigma_{3n+4n}^{\text{Exp.}}$ (mb) | $R_{\delta}^{\text{theory}}$ (%) | $\sigma_{\text{fus}}^{\text{exp}}$ (mb) |
|---|---|---|---|---|
| 36.0 | 34.6 | $718.25 \pm 37.83$ | 96.2% | $746.62 \pm 39.32$ |
| 34.0 | 32.7 | $646.04 \pm 28.90$ | 97.5% | $662.61 \pm 29.64$ |
| 32.0 | 30.8 | $496.49 \pm 22.91$ | 97.6% | $508.70 \pm 23.48$ |
| 30.0 | 28.9 | $409.53 \pm 18.19$ | 97.4% | $420.46 \pm 18.68$ |
| 28.0 | 27.0 | $247.39 \pm 13.03$ | 97.0% | $255.04 \pm 13.43$ |
| 26.0 | 25.0 | $112.10 \pm 7.19$ | 95.1% | $117.88 \pm 7.56$ |

TABLE III. Characteristic $\gamma$ rays of $^{156}$Gd [42] and $^{154}$Eu [43] used in the ICF calculation.

| Residual channels | Transitions | $E_\gamma$ (keV) | $I_\gamma$ |
|---|---|---|---|
| $^{156}$Gd | $6^+ \longrightarrow 4^+$ | 296.4 | 100% |
| $^{154}$Eu | $4^+ \longrightarrow 3^-$ | 100.86 | 713.3[a] |

[a]This value denotes the $\gamma$ intensity per $10^4$ neutron [43].

and the lower limits of ICF and TF in the present work, for the $^6$Li+ $^{154}$Sm system. ICF and TF correspond actually to the lower limits of the cross sections, as explained before. The not very smooth behavior of the ICF excitation function is due to the relative larger fraction of the cross section corresponding to the nonmeasured $\gamma$ lines, which were more important at midenergies.

## V. DISCUSSION OF THE COUPLING EFFECTS ON THE FUSION CROSS SECTION

In this section we compare the CF and lower limit of the TF cross sections with theoretical predictions, including or not the couplings to inelastic channels of the $^{154}$Sm target. It is important to mention again that in our calculations there are no free parameters, in a such way that their results are theoretical predictions rather than any kind of fit. The potential used was the double-folding Sao Paulo potential [31,32] and the description of the inelastic excitation couplings was already presented in Sec. II. We use linear scale plots, in order to observe the effects at energies above the barrier better than if we had used logarithmic scale, which is more suitable for the investigation of effects at sub-barrier energies. It is important to mention again that in the calculations, the breakup and transfer couplings were not taken into account. In this way, the difference between the experimental fusion cross sections (CF or TF) and the calculations is originated either by combined effects of breakup plus transfer plus inelastic excitations of the projectile or just the breakup plus transfer couplings, the latter corresponding to the calculations in which the inelastic excitations of the target nucleus was included in the coupled channel scheme.

Figure 6 shows the measured data for CF and the lower limit for the TF, in comparison with the predictions, including the couplings of inelastic excitations of the $^{154}$Sm. One can observe that the TF cross section is almost in agreement with the calculations. Actually, it is slightly below the calculations, which can be explained by the lack of the measurement of all $\gamma$-ray transitions corresponding to ICF, as already mentioned in Sec. IV. However, the results show that the missing contribution to ICF is very small. The behavior of the TF excitation function is in agreement with what was observed in several published papers [13–16,26–28]; that is, there is no effect of breakup couplings on the TF cross sections, which means there is no effect of breakup plus transfer couplings on the TF cross sections, since those are the channels not included in the coupled channel calculations. Since the transfer coupling at energies above the barrier is usually considered to be negligible, this means that the suppression of CF at energies above the barrier is attributed to the loss of flux from the elastic channel to the ICF process, which otherwise would go to CF.

TABLE IV. The lower limits of cross sections for each of ICF evaporation channels of $^6$Li+ $^{154}$Sm system.

| $E_{lab}$ (MeV) | $\sigma_f$ ($^{156}$Gd) (mb) | $\sigma_f$ ($^{154}$Eu) (mb) |
|---|---|---|
| 36.0 | 138.8 ± 3.23 | 170.03 ± 36.70 |
| 34.0 | 88.23 ± 2.02 | 175.17 ± 25.57 |
| 32.0 | 74.07 ± 1.91 | 181.71 ± 25.65 |
| 30.0 | 33.09 ± 1.45 | 146.55 ± 16.80 |
| 28.0 | 31.90 ± 1.94 | 111.77 ± 56.09 |
| 26.0 | 0 | 88.30 ± 88.30 |

TABLE V. The cross sections of CF and lower limits of cross sections of ICF and TF for $^6$Li+ $^{154}$Sm system.

| $E_{lab}$ (MeV) | $\sigma_{CF}$ (mb) | $\sigma_{ICF}$ ( mb) | $\sigma_{TF}$ (mb) |
|---|---|---|---|
| 36.0 | 746.62 ± 39.32 | 308.90 ± 36.84 | 1055.5 ± 53.88 |
| 34.0 | 662.61 ± 29.64 | 263.40 ± 25.65 | 926.01 ± 39.20 |
| 32.0 | 508.70 ± 23.48 | 255.78 ± 25.72 | 764.48 ± 34.83 |
| 30.0 | 420.46 ± 18.68 | 179.64 ± 16.86 | 600.10 ± 25.16 |
| 28.0 | 255.04 ± 13.43 | 143.67 ± 56.12 | 398.71 ± 57.70 |
| 26.0 | 117.88 ± 7.56 | 88.30 ± 88.30 | 206.18 ± 88.62 |

Concerning the CF excitation function, Fig. 6 shows that there is an average suppression of the order of 35%, compatible with the suppression found for several other systems including stable weakly bound projectiles [14–19].

In Fig. 7 we plot the CF suppression factor as a function of the center-of-mass energy divided by the Coulomb barrier energy. We show two quantities:

$SF_{one} = 1 - \frac{\sigma^{CF}_{exp}}{\sigma^{TF}_{one}}$ and $SF_{CC} = 1 - \frac{\sigma^{CF}_{exp}}{\sigma^{TF}_{CC}}$. $SF_{one}$ corresponds to the CF suppression in relation to calculations that do not take into account any couplings. So, this suppression corresponds to the overall coupling channels, including inelastic excitations of the target, transfer couplings, and breakup couplings. $SF_{CC}$

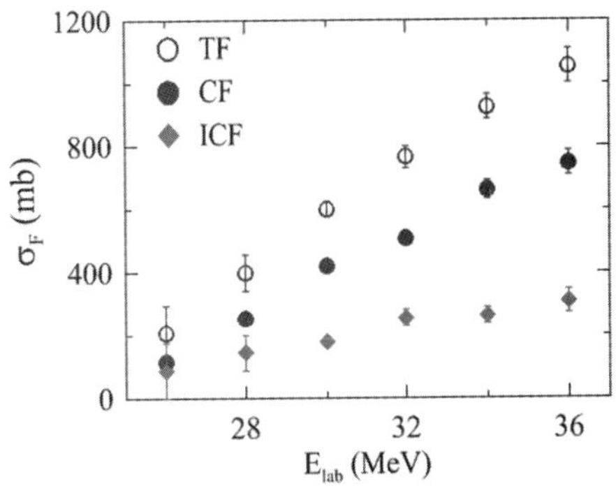


FIG. 5. (Color online) Measured complete, incomplete, and total fusion cross sections at energies above the Coulomb barrier.

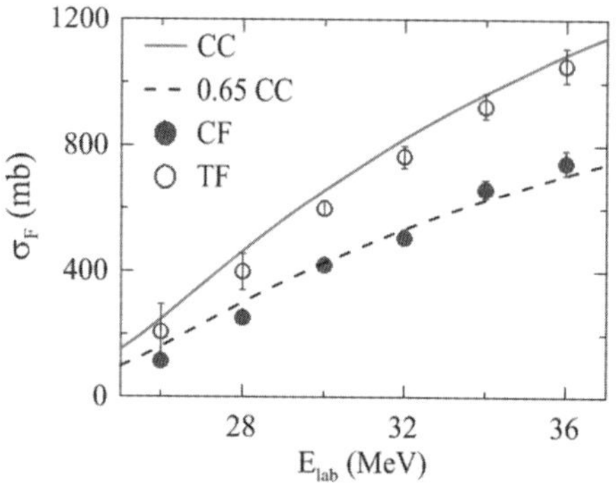


FIG. 6. (Color online) Measured complete and lower limit of total fusion cross sections. The full curve is the result of coupling-channel calculations including the target excited states. The dashed curve is the same full curve multiplied by 0.65, corresponding to an average CF suppression factor of 35%.

corresponds to the CF suppression in relation to calculations that take into account the inelastic excitation couplings. So, this suppression corresponds to the coupling of channels not included in the calculations, that is, transfer and breakup couplings. From now on, we will assume that this effect is attributed only to breakup couplings, although possible transfer coupling effects are included in it.

One can observe that, in agreement with what was shown in Fig. 2, the inelastic couplings are not negligible at energies very close to the Coulomb barrier. For the energies of $V_B/E_{c.m.}$ up to 1.2, a smaller suppression factor is observed in relation to the no-coupling calculations than with the calculations that consider inelastic couplings. This is explained by the enhancement in the CF cross section produced by inelastic excitations of the deformed target at energies close but above the barrier. In Sec. II we have shown that this effect is negligible for the spherical-vibrational $^{144}$Sm target. The reason for this enhancement may be understood by the attractive polarization potential produced by the inelastic excitations, which is much more intense for low-lying excitations (deformed nuclei) than for higher excitations. On the contrary, the breakup produces repulsive polarization potential and this potential is larger at energies close to the barrier than when the energy increases, as demonstrated in several published works on breakup threshold anomaly [44,45] in the elastic scattering of weakly bound nuclei. When the energy increases, the breakup polarization potential becomes approximately constant. One can observe a consequence of this behavior by the decrease of the CF suppression factor as the energy increases, shown in Fig. 7, and becoming roughly constant at larger energies. Similar behavior of the energy dependence of the CF suppression factors at energies above the barrier was shown for other weakly bound systems in previously reported works [26–28,46].

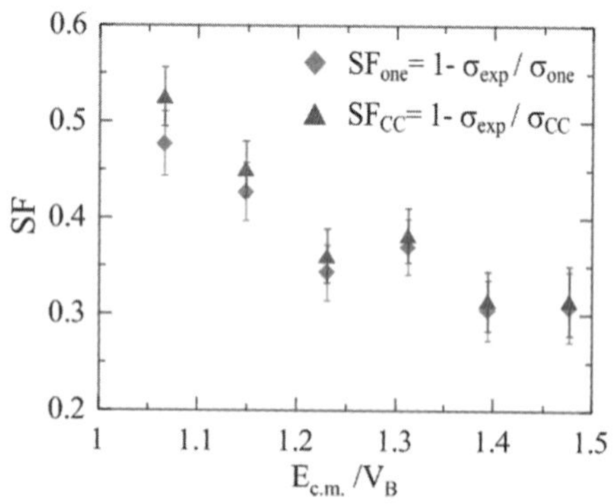


FIG. 7. (Color online) Complete fusion suppression factor as a function of energy. The diamonds (green online) are the suppression when compared with one-channel calculations, whereas the triangles (purple online) are the suppression compared with coupling-channel calculations including the target excited states.

## VI. COMPARISON OF THE BREAKUP COUPLING EFFECT ON CF CROSS SECTIONS FOR DIFFERENT SAMARIUM ISOTOPES

In this section we compare the effects of breakup couplings (named dynamical effects) on the CF of three samarium isotopes. The data for the $^6$Li + $^{144}$Sm and $^{152}$Sm are from Rath *et al.* [29,30]. Of course, when one wants to compare different systems in the same plot, some reduction procedure has to be performed, to wash out static effects such as different sizes and charges or specific properties related with possible diffuse densities of some nuclei.

Canto *et al.* [15] have shown that the reduction method that fully eliminates all the static effects is the one that plots two dimensionless quantities. In the vertical axis one plots $F(x) = (2E_{c.m.}/\pi R_B^2 \hbar\omega)\sigma_{fus}$, where $V_B$, $R_B$, and $\hbar w$ are the barrier height, radius, and the curvature of the Coulomb barrier, respectively. In the horizontal axis one uses the energy variable $x$, defined as $x = (E_{c.m.} - V_B)/\hbar w$. A benchmark curve written as $F_0(x) = \ln[1 + \exp(2\pi x)]$ is called universal fusion function (UFF). This method is inspired by the simple Wong model [12]. If the Wong model is valid and no coupling effect on the fusion cross section is present, the experimental fusion function coincides with the UFF curve. A renormalization of the experimental fusion function has to be made to take into account the possible failure of the Wong model (it is not valid for light systems at sub-barrier energies) and effects of some coupling channels [15]. Then the renormalized experimental fusion function becomes $\bar{F}_{exp} = F_{exp}\frac{F_0(x)}{F_{CC}(x)}$, where $F_{CC}$(x) is the fusion cross sections calculated by a more realistic potential and taking into account some coupling channels. When this renormalization of the data is performed, the difference between the UFF curve and the renormalized experimental fusion function corresponds to the coupling (dynamical) effects of the channels not included in the coupling-channel calculations.

In the present work, breakup and transfer channels were not included in the coupled-channel calculations. The inelastic excitation couplings for the $^{144}$Sm and $^{154}$Sm were already described in Sec. II. For $^{152}$Sm, the $2^+$ (121.8 keV) and $4^+$ (366.5 keV) states with $\beta_2 = 0.306$ [36] were considered.

The results are shown in Fig. 8. One can observe that the CF suppressions for the three systems are similar at energies very

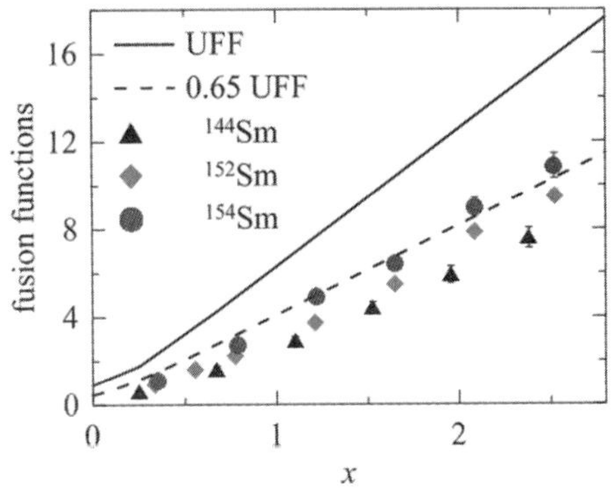


FIG. 8. (Color online) Renormalized experimental fusion functions for the CF of $^6$Li with three Sm isotopes. The full curve is the UFF. The suppression in relation to the UFF curve is attributed to dynamical effects due to breakup. See text for details.

close to the Coulomb barrier, but when the energy increases, the vibrational $^{144}$Sm isotope presents a larger suppression than the deformed $^{152}$Sm, and the smallest suppression is found for the most deformed $^{154}$Sm. Once again, it is important to mention that we have already taken into account the fact that as the mass $A$ is larger, the size of the system is larger. So, the effect shown in Fig. 8 is due to dynamic effects. The reason for this behavior has to be further investigated both theoretically and also by the measurement of fusion of other systems for which there are almost spherical and deformed isotopes, like Sm, or even to measure CF of Sm isotopes with other stable weakly bound nuclei.

## VII. SUMMARY

We report the measurement of complete fusion (CF) cross sections for $^6$Li+ $^{154}$Sm system at energies above the Coulomb barrier. The method used was the online $\gamma$-ray method, which allowed the measurement of almost 100% of the CF. Furthermore, we measured the lower limit of incomplete fusion cross sections, because some of the $\gamma$-ray lines could not be measured.

We investigated the effect of breakup and inelastic couplings on the CF cross section at energies above the Coulomb barrier. We have shown that inelastic excitation couplings have non-negligible effects, when compared with the breakup effect, for deformed nuclei at energies up to 20% above the Coulomb barrier. The CF suppression decreases when the energy increases above the barrier and reaches a constant average value of 35% from energies of the order of 30% above the barrier. These results are similar to the ones found for other weakly bound systems. We interpret that this breakup effect corresponds to the repulsive polarization potential produced by the breakup, which is larger at the barrier energy. The TF cross section is not affected by the breakup coupling. A comparison between the $^6$Li-induced CF suppression for three different samarium isotopes shows that the breakup effect (suppression) is larger for the more spherical isotope. This is a very interesting result that deserves further theoretical and experimental investigations.

## ACKNOWLEDGMENTS

This work is supported by National Natural Science Foundation of China under Grants No. 11475013, No. 11035007, No. 11175011, No. 11375266, No. 11375267, No. 11305269, No. 11175259, No. 11475072, No. 11405274, and No. 10775098 and State Key Laboratory of Software Development Environment (SKLSDE-2014ZX-08), as well as by the Fundamental Research Funds for the Central Universities and the Key Laboratory of High Precision Nuclear Spectroscopy, Institute of Modern Physics, Chinese Academy of Sciences. This work also benefited from discussions held at the CUSTIPEN. P. R. S. Gomes and J. Lubian thank the CNPq, CAPES, and FAPERJ for their financial support. The authors thank the crew of the HI-13 tandem accelerator at the China Institute of Atomic Energy for steady operation of the accelerator. We are also grateful to Q. W. Fan for preparing the target.

[1] R. G. Stokstad, Y. Eisen, S. Kaplanis, D. Pelte, U. Smilansky, and I. Tserruya, Phys. Rev. Lett. **41**, 465 (1978).
[2] R. G. Stokstad, Y. Eisen, S. Kaplanis, D. Pelte, U. Smilansky, and I. Tserruya, Phys. Rev. C **21**, 2427 (1980).
[3] D. E. Di Gregorio *et al.*, Phys. Lett. B **176**, 322 (1986).
[4] D. E. Di Gregorio *et al.*, Phys. Rev. C **39**, 516 (1989).
[5] J. R. Leigh *et al.*, Phys. Rev. C **52**, 3151 (1995).
[6] W. Reisdorf *et al.*, Nucl. Phys. A **438**, 212 (1985).
[7] S. Gil *et al.*, Phys. Rev. Lett. **65**, 3100 (1990).
[8] P. R. S. Gomes *et al.*, Phys. Rev. C **49**, 245 (1994).
[9] G. N. Knyazheva *et al.*, Phys. Rev. C **75**, 064602 (2007).
[10] A. M. Stefanini *et al.*, Eur. Phys. J. A **23**, 473 (2005).
[11] A. M. M. Maciel and P. R. S. Gomes, Phys. Rev. C **53**, 1981 (1996).
[12] C. Y. Wong, Phys. Rev. Lett. **31**, 766 (1973).
[13] L. F. Canto, P. R. S. Gomes, R. Donangelo, and M. S. Hussein, Phys. Rep. **424**, 1 (2006).
[14] L. F. Canto, P. R. S. Gomes, J. Lubian, L. C. Chamon, and E. Crema, Nucl. Phys. A **821**, 51 (2009).
[15] L. F. Canto, P. R. S. Gomes, J. Lubian, L. C. Chamon, and E. Crema, J. Phys. G **36**, 015109 (2009).
[16] P. R. S. Gomes, J. Lubian, and L. F. Canto, Phys. Rev. C **79**, 027606 (2009).
[17] B. Wang, W. J. Zhao, P. R. S. Gomes, E. G. Zhao, and S. G. Zhou, Phys. Rev. C **90**, 034612 (2014).
[18] P. R. S. Gomes, L. F. Canto, J. Lubian, and M. S. Hussein, Phys. Lett. B **695**, 320 (2011).
[19] P. R. S. Gomes, R. Linares, J. Lubian, C. C. Lopes, E. N. Cardozo, B. H. F. Pereira, and I. Padron, Phys. Rev. C **84**, 014615 (2011).
[20] N. Keeley, N. Alamanos, K. Rusek, and K. W. Kemper, Phys. Rev. C **71**, 014611 (2005).
[21] S. Santra, S. Kailas, K. Ramachandran, V. V. Parkar, V. Jha, B. J. Roy, and P. Shukla, Phys. Rev. C **83**, 034616 (2011).

[22] J. Lubian *et al.*, Nucl. Phys. A **791**, 24 (2007).
[23] J. Lubian, T. Correa, P. R. S. Gomes, and L. F. Canto, Phys. Rev. C **78**, 064615 (2008).
[24] J. Lubian, T. Correa, E. F. Aguilera, L. F. Canto, A. Gomez-Camacho, E. M. Quiroz, and P. R. S. Gomes, Phys. Rev. C **79**, 064605 (2009).
[25] V. V. Parkar, V. Jha, S. K. Pandit, S. Santra, and S. Kailas, Phys. Rev. C **87**, 034602 (2013).
[26] M. Dasgupta *et al.*, Phys. Rev. Lett. **82**, 1395 (1999).
[27] M. Dasgupta *et al.*, Phys. Rev. C **70**, 024606 (2004).
[28] S. Kumar and Y. G. Ma, Phys. Rev. C **91**, 034612 (2015).
[29] P. K. Rath *et al.*, Phys. Rev. C **79**, R051601 (2009).
[30] P. K. Rath *et al.*, Nucl. Phys. A **874**, 14 (2012).
[31] L. C. Chamon, D. Pereira, M. S. Hussein, M. A. Cándido Ribeiro, and D. Galetti, Phys. Rev. Lett. **79**, 5218 (1997).
[32] L. C. Chamon *et al.*, Phys. Rev. C **66**, 014610 (2002).
[33] O. Akyuz and A. Winther, in *Nuclear Structure of Heavy Ion Reactions*, edited by R. A. Broglia, C. H. Dasso, and R. A. Ricci (North Holland).
[34] L. F. Canto, P. R. S. Gomes, J. Lubian, M. S. Hussein, and P. Lotti, Eur. Phys. J. A **50**, 89 (2014).
[35] I. J. Thompson, Comp. Phys. Rev. Rep. **7**, 167 (1988).
[36] S. Raman, C. W. Nestor Jr., and P. Tikkanem, At. Data Nucl. Data Tables **78**, 1 (2001).
[37] T. Kibedi and R. H. Spear, At. Data Nucl. Data Tables **80**, 35 (2001).
[38] A. Gavron, Phys. Rev. C **21**, 230 (1980).
[39] R. Bengtsson *et al.*, Nucl. Phys. A **389**, 158 (1982).
[40] D. J. Hartley *et al.*, Phys. Rev. C **57**, 2944 (1998).
[41] K. Hagino, N. Rowley, and A. T. Kruppa, Comp. Phys. Commun. **123**, 143 (1999).
[42] M. Sagawara *et al.*, Nucl. Phys. A **686**, 29 (2001).
[43] W. Stö, D. Rabenstein, K. Schreckenbach, and T. von Egidy, Z. Phys. A **282**, 97 (1977).
[44] M. S. Hussein, P. R. S. Gomes, J. Lubian, and L. C. Chamon, Phys. Rev. C **73**, 044610 (2006).
[45] M. S. Hussein, P. R. S. Gomes, J. Lubian, and L. C. Chamon, Phys. Rev. C **76**, 019902(E) (2007).
[46] N. T. Zhang *et al.*, Phys. Rev. C **90**, 024621 (2014).

# Analysis of the Role of Neutron Transfer in Asymmetric Fusion Reactions at Subbarrier Energies ①

**A. A. Ogloblin[1], H. Q. Zhang[2], C. J. Lin[2], H. M. Jia[2], S. V. Khlebnikov[3], E. A. Kuzmin[1], A. N. Danilov[1], A. S. Demyanova[1], W. H. Trzaska[4], X. X. Xu[2], F. Yang[2], V. V. Sargsyan[5),6)*], G. G. Adamian[5], N. V. Antonenko[5], and W. Scheid[7]**

Received April 13, 2015

**Abstract**—The excitation functions were measured for the $^{28}Si + ^{208}Pb$ complete-fusion (capture) reaction at deep subbarrier energies. The results were compared with the cross sections predicted within the quantum diffusion approach. The role of neutron transfer in the case of positive $Q$ values in the $^{28}Si + ^{124}Sn$, $^{208}Pb$; $^{30}Si + ^{124}Sn$, $^{208}Pb$; $^{20}Ne + ^{208}Pb$; $^{40}Ca + ^{96}Zr$; and $^{134}Te + ^{40}Ca$ complete-fusion (capture) reactions is discussed.

**DOI:** 10.1134/S1063778815080116

## 1. INTRODUCTION

A significant role of the static deformation of nuclei and neutron transfer in subbarrier complete fusion (capture) was highlighted in a number of studies [1, 2]. There are several pieces of experimental evidence in support of the statement that nuclear deformations are of importance in fusion reactions. The effect of nuclear deformation is as follows. If a target nucleus is prolate in the ground state, the Coulomb barrier is lower at its tip than at its side. This leads to an increase in the fusion or capture probability at subbarrier energies in relation to the case of spherical nuclei. The role of neutron transfer in subbarrier fusion is less clear.

In the fusion (capture) of nuclei, the importance of the neutron-transfer processes where $Q$ values are positive is due to the fact that the transfer of neutrons, which are insensitive to the Coulomb barrier, may proceed over long distances before projectile capture by a target nucleus [3]. It is common practice to assume that the cross sections for subbarrier fusion increase owing to neutron transfer [4–9]. Nevertheless, available experimental data and theoretical investigations are insufficient for unambiguously determining the role of the neutron-transfer channel in fusion (capture) processes [10–21]. Therefore, further studies are required.

The quantum diffusion approach [22] was applied to studying the role of two-neutron transfer with a positive $Q_{2n}$ value in fusion (capture) reactions at subbarrier and near- and above-barrier energies. The results of respective theoretical calculations were found to agree well with experimental data. It was revealed that, upon neutron transfer, the capture cross section changes owing to the change in the nuclear deformation [16–20]. Thus, the neutron-transfer effect is an indirect effect of the quadrupole deformation of nuclei. Within the quantum diffusion approach [16], it was first predicted that neutron transfer may affect only slightly the fusion (capture) cross section or even reduce it.

Investigation into deep-subbarrier complete fusion may furnish new information about the mechanism of the inverse process—that is, cluster radioactivity [23–25]. For this reason, we have performed new measurements of the fusion–fission excitation function for the $^{28}Si + ^{208}Pb$ reaction at deep subbarrier energies.

In this article, we present the results of our measurements of the fusion–fission excitation function for the $^{28}Si + ^{208}Pb$ reaction and compare the results obtained for it with the respective theoretical prediction. The ensuing exposition is organized as follows.

[1]National Research Center Kurchatov Institute, pl. Akademika Kurchatova 1, Moscow, 123182 Russia.
[2]China Institute of Atomic Energy, Post Office Box 275, 102413, Beijing, China.
[3]Khlopin Radium Institute, Vtoroi Murinskii pr. 28 , Saint-Petersburg, 194021 Russia.
[4]Department of Physics, University of Jyväskylä, Survontie 9, FI-40500 Jyväskylä, Finland.
[5]Joint Institute for Nuclear Research, ul. Joliot-Curie 6, Dubna, Moscow oblast, 141980 Russia.
[6]Yerevan State University, Alek Manukyan Str. 1, Yerevan 0025, Republic of Armenia.
[7]Institüt für Theoretische Physik der Justus-Liebig-Universität, D-35392, Giessen, Germany.
*E-mail: sargsyan@theor.jinr.ru

① Physics of Atomic Nuclei,2015,78(9):895-902.

The experimental setup used and the details of our measurements are described in Section 2. A brief account of the quantum diffusion approach, which is employed to describe the resulting experimental data, is given in Section 3. The experimental data in question and the results of the respective theoretical calculations are analyzed in Section 4. The role of two-neutron transfer in subbarrier fusion (capture) for the case of a positive $Q_{2n}$ value is also discussed there. Our results are summarized in the Conclusions.

## 2. EXPERIMENTAL PROCEDURE

The experiment was performed at the HI-13 tandem accelerator of the China Institute of Atomic Energy (CIAE CAS, Beijing, China). A collimated $^{28}$Si ($q = 11^+$) beam of intensity 15 to 20 pnA was used to bombard a $^{208}$Pb target. The beam energy was varied in the range between 140 and 130 MeV (with a step of 2 MeV) and was changed toward smaller energies in order to reduce a magnetic hysteresis. A target 5 mm in diameter and 200 mg/cm$^2$ in thickness from lead enriched in the isotope $^{208}$Pb to 99.9% was evaporated onto a carbon-foil backing 30 mg/cm$^2$ thick.

The previous experiment devoted to studying the fusion–fission process in the $^{20}$Ne + $^{208}$Pb reaction and reported in [24] revealed that solid-state track detectors (SSTD) [26] are quite appropriate for measuring fusion–fission cross sections in the deep-subbarrier energy region. The layout of the experimental setup is shown in Fig. 1. In principle, an SSTD array may provide a nearly $4\pi$ acceptance. In our measurements, we employed a $2\pi$ acceptance, and this allowed us to measure cross sections down to a few microbarn units. Further, SSDTs from mica have the advantage that, after a special treatment, they are absolutely insensitive to light nuclei of mass number below 40. As a result, a huge background of elastically scattered $^{28}$Si ions was efficiently removed. In that case, the detection efficiency for fission fragments did not change and was about 100%. Some methodological problems concerning the use of SSTDs in studying fusion–fission reactions were tested in measurements with a $^{28}$Si beam at the Jyväskylä cyclotron (Finland).

Two silicon (Si) detectors oriented at angles of $\theta_{\text{lab}} = \pm 20°$ with respect to the beam axis were used to monitor Rutherford scattering and to provide a normalization of the fusion cross section. Additional two silicon detectors arranged at angles of $\pm 170°$ ensured the monitoring of fission fragments. The solid angles of the silicon detectors were calibrated with the aid of a standard $^{241}$Am alpha-particle source. Since evaporation residues could be neglected in the

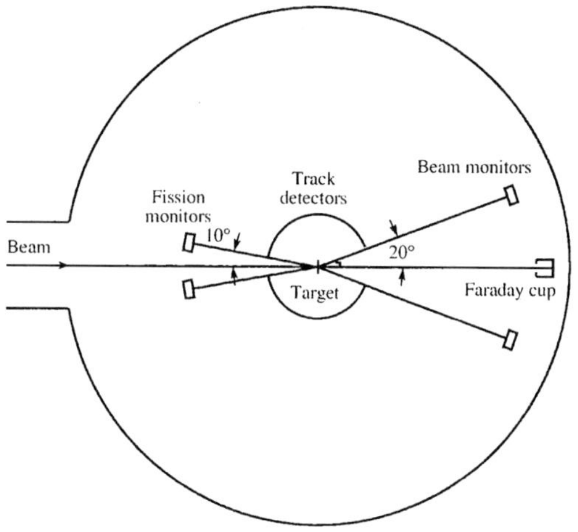


**Fig. 1.** Layout of the experimental setup used to measure the angular distribution of fission fragments (see main body of the text for explanations).

$^{28}$Si + $^{208}$Pb reaction, the measured fission cross sections were assumed to be equal to the fusion cross sections. The angle between the target and the beam axis was about 45°. The solid-state track detectors covered the angular range between $\pm 22°$ and $\pm 166°$ in the laboratory frame. The distance between the target and the solid-state track detector placed at the inner surface of a stainless-steel cylindrical holder was 6 cm. In order to separate the measured event from the background, the SSTD used was etched before irradiation. After irradiation, it was etched in a 40% HF solution at a temperature of 25°C for 1.5 h and was scanned under an optical microscope [27]. The respective angular resolution with allowance for beam deviations and a spot size was 1.4°.

The total fission cross sections were obtained by integrating the angular distributions of the fission products and performing a normalization to Rutherford scattering. In going over from the laboratory to the c.m. frame, we assumed the kinematics of fragments for symmetric fission at a kinetic energy that corresponds to Viola's systematics [28]. The experimental errors include the counting statistical errors and the the uncertainties in the target thickness, the angle, the solid angle, the extrapolation of the angular distribution, the transformation of the reference frame, and so on. The total statistical uncertainties in the data fall between 0.8% and 7.7%; for the fission cross sections, they are between 6% and 15%. The experimental excitation function for the fission reaction is shown in Fig. 2.

## 3. QUANTUM DIFFUSION APPROACH

Within the quantum diffusion approach [16–20, 22], projectile capture by a target nucleus is described

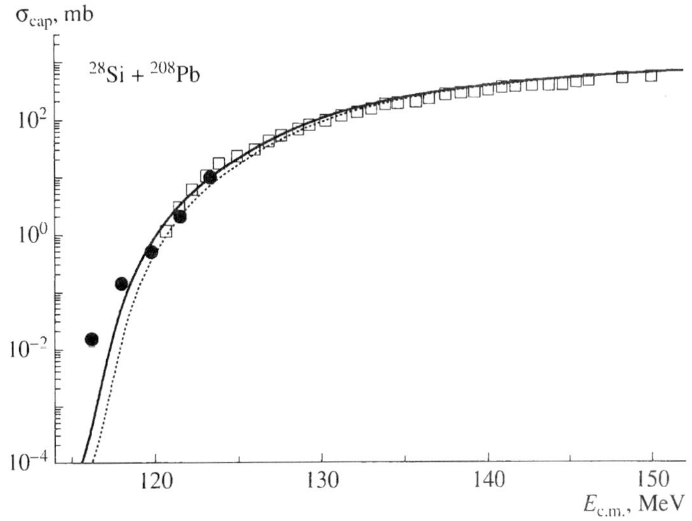


**Fig. 2.** Calculated (solid curve) fusion (capture) cross sections versus $E_{\rm c.m.}$ for the $^{28}$Si + $^{208}$Pb reaction. The displayed experimental data were obtained in (boxes) [34] and (circles) our present study. The dotted curve represents the excitation function calculated for the fusion reaction without allowance for the neutron-transfer effect.

in terms of one collective coordinate—the relative distance $R$ between the centers of mass of colliding nuclei. This approach takes into account fluctuation and dissipation effects in heavy-ion collisions. The effects in question simulate the coupling of the relative motion to various channels (for example, noncollective single-particle excitations and low-lying collective dynamical modes of nuclei). The effects of static deformations of nuclei are taken into account through the dependence of the nucleus–nucleus interaction potential on the deformation and relative orientation of colliding nuclei. It should be noted that various quantum-mechanical and non-Markov effects accompanying the passage through a potential barrier are taken into account within the quantum diffusion formalism [16, 22].

The capture cross section (cross section for the formation of a dinuclear system) is the sum of partial capture cross sections $\sigma_{\rm cap}(E_{\rm c.m.}, J)$ [16, 22]; that is,

$$\sigma_{\rm cap}(E_{\rm c.m.}) = \sum_J \sigma_{\rm cap}(E_{\rm c.m.}, J) \quad (1)$$

$$= \frac{\pi\hbar^2}{2\mu E_{\rm c.m.}} \sum_J (2J+1) \int_0^{\pi/2} d\theta_1 \sin(\theta_1)$$

$$\times \int_0^{\pi/2} d\theta_2 \sin(\theta_2) P_{\rm cap}(E_{\rm c.m.}, J, \theta_1, \theta_2),$$

where $\mu = m_0 A_1 A_2/(A_1 + A_2)$ is the reduced mass ($m_0$ is the nucleon mass) and where summation is performed over all possible values of the angular momentum $J$ at a fixed value of the c.m. projectile energy $E_{\rm c.m.}$. Knowing the nucleus–nucleus interaction potential for each orientation specified by the angles $\theta_i$ ($i = 1, 2$), we can determine the partial capture probability $P_{\rm cap}$, which is the probability for overcoming the potential barrier (that is, barrier penetrability) along the relative-motion coordinate at given values of $J$ and $E_{\rm c.m.}$. The probability $P_{\rm cap}$ can be obtained by integrating the propagator $G$ from the initial state $(R_0, P_0)$ at the instant $t = 0$ to the final state $(R, P)$ at the current instant $t$; that is,

$$P_{\rm cap} = \lim_{t\to\infty} \int_{-\infty}^{r_{\rm in}} dR \quad (2)$$

$$\times \int_{-\infty}^{\infty} dP\, G(R, P, t|R_0, P_0, 0)$$

$$= \lim_{t\to\infty} \frac{1}{2} {\rm erfc}\left[\frac{-r_{\rm in} + \overline{R(t)}}{\sqrt{\Sigma_{RR}(t)}}\right].$$

Here, use is made of the propagator

$$G = \pi^{-1} |\det \mathbf{\Sigma}^{-1}|^{1/2} \exp(-\mathbf{q}^T \mathbf{\Sigma}^{-1} \mathbf{q})$$

[$\mathbf{q}^T = [q_R, q_P]$, $q_R(t) = R - \overline{R(t)}$, $q_P(t) = P - \overline{P(t)}$, $\overline{R(t=0)} = R_0$, $\overline{P(t=0)} = P_0$, $\Sigma_{kk'}(t) = 2\overline{q_k(t) q_{k'}(t)}$, $\Sigma_{kk'}(t=0) = 0$, $\{k, k'\} = \{R, P\}$, and $P$ is the conjugate momentum], which was obtained for an inverted harmonic oscillator that is taken to approximate the nucleus–nucleus potential $V$ in the variable

$R$. The frequency $\omega$ of this oscillator, for which the inner turning point is denoted by $r_{\text{in}}$, is determined by equating to each other the classical action functionals for the harmonic-oscillator and original realistic potential barriers of the same height at fixed $J$. The use of this approximation for the reactions and energy range being considered is quite justified. We assume that the subbarrier-capture process depends primarily on one-neutron (if $Q_{1n} > Q_{2n}$) or two-neutron (if $Q_{2n} > Q_{1n}$) transfer at a positive $Q$ value. This transfer, which is a faster process than the relative motion of colliding nuclei, precedes projectile capture by the target nucleus (that is, it occurs before the passage of the Coulomb barrier) and leads to the population of the first excited $2^+$ state in the nucleus accepting neutron(s) [29] (in turn, the residue of the donor nucleus remains in the ground state). Thus, motion toward $N/Z$ equilibrium in the system begins before capture, since this is energetically favorable for a dinuclear system in the immediate vicinity of the Coulomb barrier. For the reactions being considered, the average change in the mass asymmetry is associated with the transfer of one or two neutrons ($1n$ or $2n$ transfer, respectively). Since, after the transfer process, the mass numbers, isotopic content, and deformation parameters of interacting nuclei change, along with the Coulomb barrier height $V_b = V(R_b)$ and shape, it would be natural to expect an enhancement, a weak change, or a suppression of capture. If, after neutron transfer, the deformations of interacting nuclei increase (decrease), the capture probability increases (decreases). If the isotopic dependence of the nucleus—nucleus potential is weak and if, after the transfer process, the deformations of interacting nuclei do not change—in other words, the nucleus—nucleus interaction potential undergoes virtually no change after neutron transfer—then we expect a weak effect of neutron transfer on the capture process. In contrast to the conclusions in [30], we assume that neutron transfers with negative $Q$ values do not play a significant role in the process under consideration. The present scenario was tested by describing many fusion (capture) reactions [16—20].

Since, for the reactions considered here, the capture cross section is equal to the complete-fusion cross section, we use the quantum diffusion approach to study the complete fusion process. In just the same way as in [22], all of the calculated results were obtained by using one parameter set. The coefficient of friction for the coordinate $R$ was set to the realistic value of $\hbar\lambda = 2$ MeV. This value is close to that which was calculated in the mean-field approximation [31, 32]. The nuclear part of the nucleus—nucleus interaction potential was calculated on the basis of the double-folding formalism with an effective density-dependent nucleon—nucleon interaction of the Skyrme type [16, 22].

The parameters of the nucleus—nucleus interaction potential $V(R)$ were fitted to experimental data for spherical nuclei at energies higher than the corresponding Coulomb barrier. The quadrupole-deformation parameters $\beta_2$ for even—even deformed nuclei in the ground state and in the first excited state were set to the values from [33]. For deformed nuclei, $\beta_2$ in the $2^+$ state is nearly coincident with $\beta_2$ in the ground state. For doubly magic and neighboring nuclei in the ground state, we set $\beta_2 = 0$. Because of the uncertainty in determining $\beta_2$ values for light nuclei in the ground state, they were extracted from a comparison of the calculated and experimental capture cross sections in [16].

## 4. RESULTS OF MEASUREMENTS AND CALCULATIONS

The excitation function measured in the $^{28}$Si + $^{208}$Pb fusion reaction is shown in Fig. 2, where the energy scale was corrected for the loss in the carbon backing (facing the beam) and for the target thickness. The highest energies were 40% higher than the Coulomb barrier. For the sake of comparison, earlier experimental data from [34] are also given in Fig. 2. They agree well with our experimental data at energies in the vicinity of the Coulomb barrier.

Agreement between the results of the calculations (solid curve) and the experimental data (symbols) is rather good (see Fig. 2). This is no so only for the the lowest (in energy) experimental point, where one can observe a sizable deviation of theoretical results from experimental data. At the present time, we do not understand the reason behind this deviation. It should be noted that the calculations were performed before the experiment; so that further experimental and theoretical studies are necessary for solving this problem. It seems that the systematic errors have a different effect on different experimental points. Additionally, longer irradiation is required for enlarging statistics at low energies.

Since the two-neutron-transfer process has a large positive $Q_{2n}$ value in the $^{28}$Si + $^{208}$Pb reaction, we present in Fig. 2 both the results of the calculations performed with allowance for the effect of static nuclear deformations alone (dotted curve) and the results of the calculations that additionally include two-neutron transfer (solid curve). After two-neutron transfer in the $^{28}$Si + $^{208}$Pb reaction, the deformation of the nuclei involved remains nearly unchanged (see table), and one can observe a weak dependence of the cross section on neutron transfer (Fig. 2). In Fig. 2, a constant shift in energy between

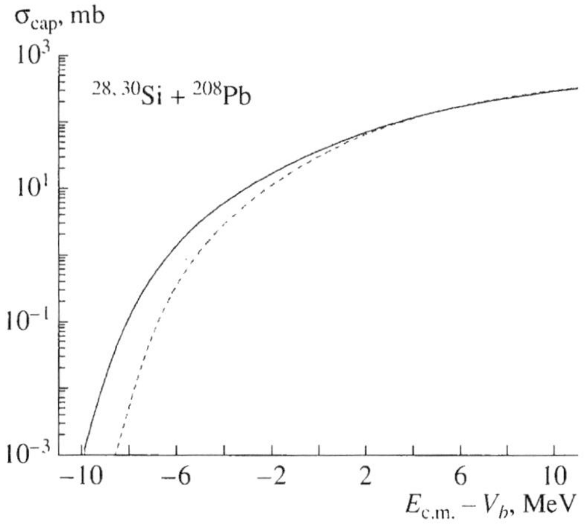


**Fig. 3.** Predicted fusion (capture) cross sections versus $E_{c.m.} - V_b$ for the (solid curve) $^{28}$Si + $^{208}$Pb and (dashed curve) $^{30}$Si + $^{208}$Pb reactions.

the excitation functions calculated with and without allowance for neutron transfer is due primarily to a small difference in the Coulomb barrier height between the $^{28}$Si + $^{208}$Pb and $^{30}$Si + $^{206}$Pb systems. Since the quadrupole-deformation parameters of the $^{28}$Si nucleus (in the ground state) and the $^{30}$Si nucleus (in an excited state) are identical and large, the enhancement of fusion (capture) stems predominantly from a direct static-deformation effect. The $^{28}$Si + $^{208}$Pb reaction is a good example of the situation where static deformations of interacting nuclei determine the cross section for subbarrier energies. Thus, the $^{28}$Si + $^{208}$Pb reaction is hardly

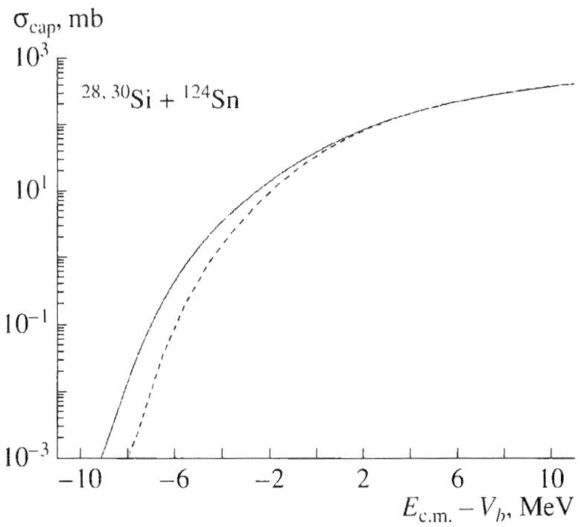


**Fig. 4.** Predicted fusion (capture) cross sections versus $E_{c.m.} - V_b$ for the (solid curve) $^{28}$Si + $^{124}$Sn and (dashed curve) $^{30}$Si + $^{124}$Sn reactions.

appropriate for studying the neutron-transfer effect on the absolute value of the fusion (capture) cross section.

However, Fig. 3 shows that the difference of the fusion (capture) cross sections in the subbarrier reactions $^{28}$Si + $^{208}$Pb and $^{30}$Si + $^{208}$Pb characterized by positive $Q_{2n}$ values is due to the fact that the process of two-neutron transfer leads to different changes in the deformations for the $^{28}$Si + $^{208}$Pb (see table) and $^{30}$Si + $^{208}$Pb → $^{32}$Si($\beta_2 = 0.22$) + $^{206}$Pb($\beta_2 = 0$) systems. A similar behavior can be observed in Fig. 4 for thc $^{28,30}$Si + $^{124}$Sn reactions characterized by positive $Q_{2n}$ values. Thus, a comparative study of these reactions may be a good test of the neutron-transfer effect.

After two-neutron transfer in the $^{20}$Ne + $^{208}$Pb, $^{134}$Te + $^{40}$Ca, and $^{40}$Ca + $^{96}$Zr reactions characterized by large positive $Q_{2n}$ values, the deformations of the nuclei involved grow, while the mass asymmetry in the systems becomes smaller. As a result, the Coulomb barrier becomes lower, which entails an increase in the capture cross section (see Figs. 5 and 6). The calculations that take into account $2n$-transfer effects faithfully reproduce experimental data [14, 15, 36]. It should be noted that the subbarrier-fusion excitation function for the $^{22}$Ne + $^{208}$Pb reaction characterized by a negative $Q_{2n}$ value is described well on the basis of the quantum diffusion model [22]. In order to illustrate the neutron-transfer effect, the results of the calculations performed without allowance for neutron transfer are shown in Figs. 5 and 6. The $^{40}$Ca + $^{96}$Zr and $^{40}$Ca + $^{90}$Zr reactions characterized

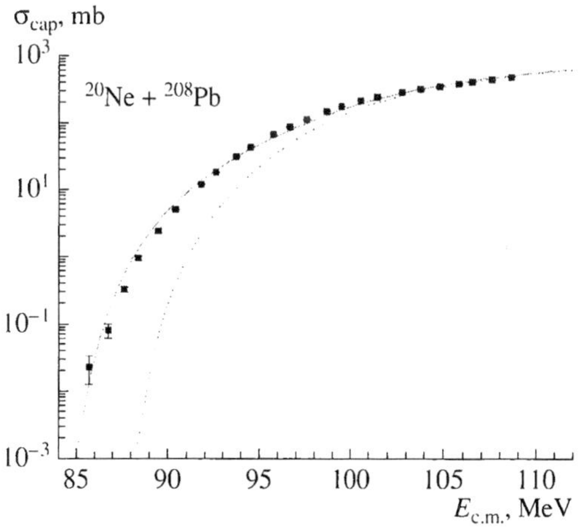


**Fig. 5.** Calculated fusion (capture) cross sections versus $E_{c.m.}$ for the $^{20}$Ne + $^{208}$Pb reaction (solid curve). The displayed experimental data (boxes) were borrowed from [36]. The dotted curve represents the excitation function calculated for the fusion reaction without neutron transfer.

Configurations before and after two-neutron transfer and $Q_{2n}$ values for two-neutron transfer in various reactions (the value of $\beta_2$ for the $^{28}$Si nucleus in the ground state was extracted in [17]; the value of $\beta_2$ for the $^{20}$Ne nucleus in the ground state was predicted in [35])

| Two-neutron-transfer reaction | $Q_{2n}$, MeV |
|---|---|
| $^{28}Si(\beta_2=0.3)+^{208}Pb(\beta_2=0)\to^{30}Si(\beta_2=0.32)+^{206}Pb(\beta_2=0)$ | 5.0 |
| $^{28}Si(\beta_2=0.3)+^{124}Sn(\beta_2=0.1)\to^{30}Si(\beta_2=0.32)+^{122}Sn(\beta_2=0.1)$ | 2.6 |
| $^{20}Ne(\beta_2=0.34)+^{208}Pb(\beta_2=0)\to^{22}Ne(\beta_2=0.56)+^{206}Pb(\beta_2=0)$ | 2.5 |
| $^{40}Ca(\beta_2=0)+^{96}Zr(\beta_2=0.08)\to^{42}Ca(\beta_2=0.25)+^{94}Zr(\beta_2=0.09)$ | 5.5 |
| $^{134}Te(\beta_2=0)+^{40}Ca(\beta_2=0)\to^{132}Te(\beta_2=0)+^{42}Ca(\beta_2=0.25)$ | 6.3 |

by negative $Q_{2n}$ values, so that neutron transfer in them is suppressed, were also considered (see Fig. 7). At energies above the Coulomb barrier, the cross sections calculated with and without allowance for two-neutron transfer are similar. One can see that there is an enhancement of capture in the $^{134}$Te + $^{40}$Ca and $^{40}$Ca + $^{96}$Zr reactions at subbarrier energies (see Figs. 6 and 7) because of the transfer of two neutrons. Neutron transfer leads to a strong change in $\beta_2$ in colliding nuclei. Since, in the $^{134}$Te + $^{40}$Ca and $^{40}$Ca + $^{96}$Zr reactions, the colliding nuclei are spherical or nearly spherical, we can state that, in these reactions, the enhancement of capture is due exclusively to the neutron-transfer effect. In the $^{20}$Ne + $^{208}$Pb reaction (see Fig. 5), a strong enhancement of the subbarrier cross section also occurs, but this is not a pure neutron-transfer effect since the $^{20}$Ne nucleus in the ground state is strongly deformed (see table).

It should be noted that the above experimental data cannot be explained without invoking neutron transfer. Within other models, there are no calculations that would reproduce, with a fixed set of parameters and under fixed assumptions, measured subbarrier cross sections for a wide variety of reactions.

## 5. CONCLUSIONS

The new measurements the fusion–fission excitation function for the $^{28}$Si + $^{208}$Pb reaction have been performed at deep-subbarrier energies. On the basis of a method that employs solid-state track detectors, we were able to measure cross sections that are as small as a few $\mu$b units, which is two orders of magnitude smaller than the cross sections measured thus far. The solid-state track detector used in our experiment is not sensitive to light nuclei (to $^{40}$Ar ions), and this improves substantially background

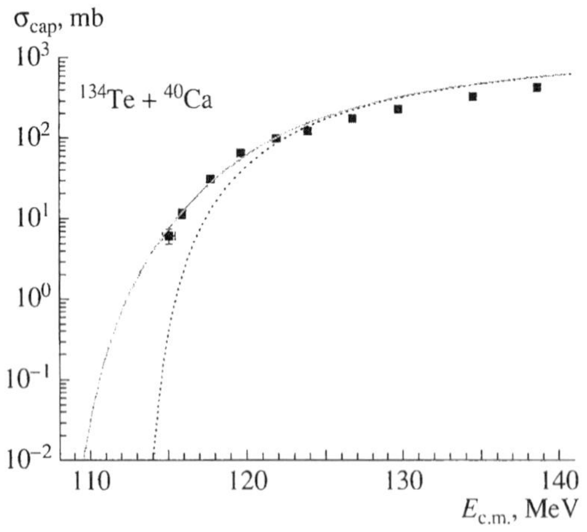


**Fig. 6.** As in Fig. 5, but for the $^{134}$Te + $^{40}$Ca reaction (solid curve). The dotted curve represents the fusion (capture) cross sections calculated without allowance for the neutron-transfer effect. The displayed experimental data (boxes) were borrowed from [14].

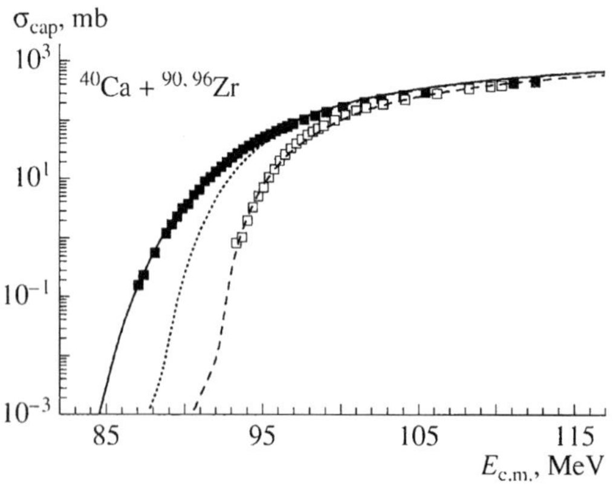


**Fig. 7.** As in Fig. 5, but for the $^{40}$Ca + $^{96}$Zr (solid curve) and $^{40}$Ca + $^{90}$Zr (dashed curve) reactions. The dotted curve represents the fusion (capture) excitation function calculated for the $^{40}$Ca + $^{96}$Zr reaction without allowance for neutron transfer. The displayed experimental data were borrowed from [9, 15].

conditions at subbarrier energies, where elastic scattering has a large cross section at forward scattering angles. For the $^{28}Si + ^{208}Pb$ reaction, the fusion cross section decreases by three orders of magnitude in the energy range of $E_{c.m.} = 123.3-114.6$ MeV. The cross sections predicted within the quantum diffusion approach were found to be in good agreement with experimental data. The observed sharp exponential decrease in the cross section as the subbarrier energy decreases is well reproduced.

Available experimental data are still insufficient for conclusively evaluating the role of neutron transfer in subbarrier fusion. An experiment with the $^{28}Si + ^{208}Pb$ reaction is also insufficient for resolving the question of how neutron transfer may affect the cross section for subbarrier fusion (complete capture). Within the quantum diffusion approach, we have found that the change in the capture cross section after neutron transfer is due to the change in the deformations of the nuclei involved. The $^{28}Si + ^{124}Sn, ^{208}Pb$ reactions are inappropriate for studying the effect of two-neutron transfer on the process of interest, since the deformations of participant nuclei before and after the transfer event are close, so that the static deformations of the nuclei do in fact determine the fusion (capture) cross sections. On the contrary, two-neutron transfer is the main reason behind a strong enhancement of subbarrier fusion in the $^{20}Ne + ^{208}Pb$, $^{40}Ca + ^{208}Pb$, $^{40}Ca + ^{96}Zr$, and $^{134}Te + ^{40}Ca$ reactions, which are good candidates for studying the role of neutron transfer since it leads to a strong change in the value of $\beta_2$ in one of the interacting partners.

Summarizing the results of all our calculations based on the quantum diffusion approach, we can arrive at the following conclusions on the role of neutron transfer with a positive $Q_{xn}$ value in capture (complete-fusion) reactions:

(i) If the accepter nucleus is spherical or slightly deformed (rather strongly bound) and if the donor nucleus is spherical or deformed, then neutron transfer may lead to a strong enhancement of capture (for example, in the $^{40}Ca + ^{94,96}Zr$, $^{116,124,132}Sn$, $^{154}Sm$; $^{58}Ni + ^{64}Ni$; and $^{40}Ca + ^{48}Ca$ reactions), a weak effect on the capture process, or even a weak suppression of the capture process (for example, in the $^{18}O + ^{92}Mo, ^{112,118,124}Sn$ reactions).

(ii) If the accepter nucleus is strongly deformed (rather loosely bound) and if the donor nucleus is spherical or deformed, then neutron transfer may lead to a weak effect on the capture process or even a weak suppression of the capture process (for example, in the $^{18}O + ^{74}Ge$; $^{60}Ni + ^{100}Mo$; $^{28}Si + ^{142}Ce$, $^{154}Sm$; and $^{32}S + ^{94,96}Zr$, $^{96-100}Mo$, $^{100-104}Ru$, $^{110}Pd$, $^{154}Sm$, $^{208}Pb$ reactions). In these reactions, which involve the strongly deformed nuclei of $^{28}Si$, $^{32}S$, and $^{74}Ge$, the enhancement of capture is due primarily to the static-deformation effect.

Thus, the cases where neutron transfer with a positive $Q_{xn}$ value has but a slight effect on the cross section or even suppresses the subbarrier-fusion (complete-fusion) cross sections should be thoroughly studied. We forecast a weak neutron-transfer effect in the $^{60,62}Ni + ^{150}Nd$; $^{18}O + ^{64}Ni$, $^{114,116,120,122,126}Sn$, $^{204,206}Pb$, $^{28}Si$; and $^{32}S + ^{116-134}Sn$, $^{148-152}Sm$ fusion reactions. We have shown that, within the quantum diffusion approach, the capture cross sections are nearly coincident in the following reaction pairs: $^{16}O + ^{52}Cr$ and $^{18}O + ^{50}Cr$; $^{16}O + ^{94}Mo$ and $^{18}O + ^{92}Mo$; and $^{16}O + ^{114,120,124,126}Sn$ and $^{18}O + ^{112,118,122,124}Sn$. For the $^{58,60,62}Ni + ^{150}Nd$ reactions characterized by positive $Q_{2n}$ values ($Q_{2n} = 8.2$, 6.0, and 4.1 MeV, respectively), we have predicted identical normalized cross sections for complete fusion (capture).

## ACKNOWLEDGMENTS

We are grateful to J. F. Liang, E. Piasecki, and A.M. Stefanini for placing their experimental data at our disposal.

The work of G.G. Adamian and N.V. Antonenko was supported in part by the Alexander von Humboldt foundation (Bonn). This work was supported by NSFC, Russian Foundation for Basic Research, and Russian Science Foundation and by a grant from the Joint Institute for Nuclear Research (JINR). We gratefully acknowledge the support of our study within the Program of the IN2P3(France)—JINR(Dubna) Cooperation.

## REFERENCES

1. L. F. Canto, P. R. S. Gomes, R. Donangelo, and M. S. Hussein, Phys. Rep. **424**, 1 (2006).
2. B. B. Back, H. Esbensen, C. L. Jiang, and K. E. Rehm, Rev. Mod. Phys. **86**, 317 (2014).
3. P. H. Stelson, H. J. Kim, M. Beckerman, et al., Phys. Rev. C **41**, 1584 (1990); C. L. Jiang, K. E. Rehm, J. Gehring, et al., Phys. Lett. B **337**, 59 (1994).
4. R. Pengo, D. Evers, K. E. G. Löbner, et al., Nucl. Phys. A **411**, 255 (1983).
5. R. B. Roberts, S. B. Gazes, J. E. Mason, et al., Phys. Rev. C **47**, R1831 (1993).
6. D. Ackermann, P. Bednarczyk, L. Corradi, et al., Nucl. Phys. A **609**, 91 (1996).
7. A. M. Stefanini, D. Ackermann, L. Corradi, et al., Phys. Rev. C **52**, R1727 (1995).
8. A. A. Sonzogni, J. D. Bierman, M. P. Kelly, et al., Phys. Rev. C **57**, 722 (1998).
9. H. Timmers, D. Ackermann, S. Beghini, et al., Nucl. Phys. A **633**, 421 (1998).

10. Z. Kohley, J. F. Liang, D. Shapira, et al., Phys. Rev. Lett. **107**, 202701 (2011).
11. A. M. Stefanini, G. Montagnoli, F. Scarlassara, et al., Eur. Phys. J. A **49**, 63 (2013).
12. H. M. Jia, C. J. Lin, F. Yang, et al., Phys. Rev. C **86**, 044621 (2012).
13. J. J. Kolata, A. Roberts, A. M. Howard, et al., Phys. Rev. C **85**, 054603 (2012).
14. Z. Kohley, J. F. Liang, D. Shapira, et al., Phys. Rev. C **87**, 064612 (2013).
15. A. M. Stefanini, G. Montagnoli, H. Esbensen, et al., Phys. Lett. B **728**, 639 (2014).
16. V. V. Sargsyan, G. G. Adamian, N. V. Antonenko, W. Scheid, and H. Q. Zhang, Phys. Rev. C **84**, 064614 (2011).
17. V. V. Sargsyan, G. G. Adamian, N. V. Antonenko, W. Scheid, and H. Q. Zhang, Phys. Rev. C **85**, 024616 (2012).
18. V. V. Sargsyan, G. G. Adamian, N. V. Antonenko, W. Scheid, and H. Q. Zhang, Eur. Phys. J. A **49**, 54 (2013).
19. V. V. Sargsyan, G. G. Adamian, N. V. Antonenko, W. Scheid, and H. Q. Zhang, Phys. Rev. C **86**, 014602 (2012).
20. V. V. Sargsyan, G. Scamps, G. G. Adamian, N. V. Antonenko, and D. Lacroix, Phys. Rev. C **88**, 064601 (2013).
21. C. L. Jiang, K. E. Rehm, B. B. Back, et al., Phys. Rev. C **89**, 051603(R) (2014).
22. V. V. Sargsyan, G. G. Adamian, N. V. Antonenko, and W. Scheid, Eur. Phys. J. A **45**, 125 (2010).
23. S. P. Tretyakova, A. A. Ogloblin, R. N. Sagaidak, et al., Nucl. Phys. A **734**, E33 (2004).
24. S. P. Tretyakova, A. A. Ogloblin, R. N. Sagaidak, et al., Nucl. Phys. A **738**, 487 (2004).
25. A. A. Ogloblin, S. P. Tretyakova, R. N. Sagaidak, et al., Nucl. Phys. A **738**, 313 (2004).
26. R. L. Flescher, P. B. Price, and R. M. Walker, *Nuclear Tracks in Solids: Principles and Applications* (Univ. of California Press, Berkeley, 1975).
27. H. Q. Zhang, J. C. Xu, Z. Liu, et al., Phys. Rev. C **42**, 1086 (1990).
28. V. E. Viola, K. Kwiatkowski, and M. Walker, Phys. Rev. C **31**, 1550 (1985).
29. S. Szilner, L. Corradi, F. Haas, et al., Phys. Rev. C **84**, 014325 (2011).
30. C. H. Dasso, S. Landowne, and A. Winther, Nucl. Phys. A **405**, 381 (1983).
31. G. G. Adamian, N. V. Antonenko, R. V. Jolos, and A. K. Nasirov, Phys. Part. Nucl. **25**, 583 (1994).
32. K. Washiyama, D. Lacroix, and S. Ayik, Phys. Rev. C **79**, 024609 (2009).
33. S. Raman, C. W. Nestor, Jr., and P. Tikkanen, At. Data Nucl. Data Tables **78**, 1 (2001).
34. D. J. Hinde, C. R. Morton, M. Dasgupta, et al., Nucl. Phys. A **592**, 271 (1995).
35. P. Möller, J. R. Nix, W. D. Myers, W. J. Swiatecki, At. Data Nucl. Data Tables **59**, 185 (1995).
36. E. Piasecki, L. Świderski, N. Keeley, et al., Phys. Rev. C **85**, 054608 (2012).

# Dark matter search results from the commissioning run of PandaX-II ①

Andi Tan,[2] Xiang Xiao,[1] Xiangyi Cui,[1] Xun Chen,[1] Yunhua Chen,[3] Deqing Fang,[4] Changbo Fu,[1] Karl Giboni,[1] Franco Giuliani,[1,5] Haowei Gong,[1] Shouyang Hu,[6] Xingtao Huang,[7] Xiangdong Ji,[1,5,2,‡] Yonglin Ju,[8] Siao Lei,[1] Shaoli Li,[1] Xiaomei Li,[6] Xinglong Li,[6] Hao Liang,[6] Qing Lin,[1,§] Huaxuan Liu,[8] Jianglai Liu,[1,*] Wolfgang Lorenzon,[9] Yugang Ma,[4] Yajun Mao,[10] Kaixuan Ni,[1,‖] Kirill Pushkin,[1,9] Xiangxiang Ren,[1] Michael Schubnell,[9] Manbin Shen,[3] Fang Shi,[1] Scott Stephenson,[9] Hongwei Wang,[4] Jiming Wang,[3] Meng Wang,[7] Qiuhong Wang,[4] Siguang Wang,[10] Xuming Wang,[1] Zhou Wang,[8] Shiyong Wu,[3] Mengjiao Xiao,[1] Pengwei Xie,[1,†] Binbin Yan,[7] Yong Yang,[1] Jianfeng Yue,[3] Xionghui Zeng,[3] Hongguang Zhang,[1] Hua Zhang,[8] Huanqiao Zhang,[6] Tao Zhang,[1] Li Zhao,[1] Jing Zhou,[6] and Xiaopeng Zhou[10]
(PandaX-II Collaboration)

[1]*INPAC and Department of Physics and Astronomy, Shanghai Jiao Tong University, Shanghai Laboratory for Particle Physics and Cosmology, Shanghai 200240, China*
[2]*Department of Physics, University of Maryland, College Park, Maryland 20742, USA*
[3]*Yalong River Hydropower Development Company, Ltd., 288 Shuanglin Road, Chengdu 610051, China*
[4]*Shanghai Institute of Applied Physics, Chinese Academy of Sciences, 201800 Shanghai, China*
[5]*Center of High Energy Physics, Peking University, Beijing 100871, China*
[6]*China Institute of Atomic Energy, Beijing 102413, China*
[7]*School of Physics and Key Laboratory of Particle Physics and Particle Irradiation (MOE), Shandong University, Jinan 250100, China*
[8]*School of Mechanical Engineering, Shanghai Jiao Tong University, Shanghai 200240, China*
[9]*Department of Physics, University of Michigan, Ann Arbor, Michigan 48109, USA*
[10]*School of Physics, Peking University, Beijing 100871, China*
(Received 24 February 2016; published 21 June 2016)

We present the results of a search for weakly interacting massive particles (WIMPs) from the commissioning run of the PandaX-II experiment located at the China Jinping Underground Laboratory. A WIMP search data set with an exposure of $306 \times 19.1$ kg-day was taken, while its dominant $^{85}$Kr background was used as the electron recoil calibration. No WIMP candidates are identified, and a 90% upper limit is set on the spin-independent elastic WIMP-nucleon cross section with a lowest excluded cross section of $2.97 \times 10^{-45}$ cm$^2$ at a WIMP mass of 44.7 GeV/c$^2$.

DOI: 10.1103/PhysRevD.93.122009

## I. INTRODUCTION

The particle physics nature of dark matter is one of most fundamental scientific questions. The leading candidates, weakly interacting massive particles (WIMPs), can be directly detected by looking for WIMP-nucleus scattering events in deep underground laboratories. In recent years, experiments using the so-called dual-phase xenon techniques have been continuously pushing the exclusion limits of the elastic WIMP-nucleon scattering cross section [1–5], into the parameter space predicted by various theoretical models [6].

The PandaX experiment located at China Jinping Underground Laboratory (CJPL) [7] is a dual-phase xenon direct dark matter detection experiment [8]. The first phase of the experiment, PandaX-I, with a 120 kg sensitive liquid xenon (LXe) target, performed the WIMP search in 2014 with a $54 \times 80.1$ kg-day exposure, producing a strong limit on the WIMP-nucleon cross section for a WIMP mass of less than 10 GeV/c$^2$ [9,10], strongly disfavoring all positive claims from other experiments [11–14]. The construction and installation of the second stage of the PandaX experiment, PandaX-II, with a half-ton scale LXe target, commenced after PandaX-I. In 2015, a series of engineering runs was carried out to test the new detector system. This is the largest running dual-phase xenon detector to date. A brief physics commissioning run was taken from November 21 to December 14, 2015, without dedicated electron recoil calibration and with a strong $^{85}$Kr background, based on which we report a WIMP search with a $306 \times 19.1$ kg-day exposure.

## II. PANDAX-II EXPERIMENT

PandaX-II reuses most of the infrastructures of PandaX-I. The most significant upgrades are the new inner vessel

*Corresponding author.
jianglai.liu@sjtu.edu.cn.
†Corresponding author.
willandy@sjtu.edu.cn.
‡PandaX-II Collaboration Spokesperson.
xdji@sjtu.edu.cn.
§Present address: Department of Physics, Columbia University.
‖Present address: Department of Physics, University of California, San Diego.

① Physical Review D,2016,93(12):122009-(1-7).

constructed from stainless steel with much lower radioactivity, reducing the $^{60}$Co activity by more than an order of magnitude, and a much larger xenon time projection chamber (TPC). The cylindrical TPC, as shown in Fig. 1, contains 580 kg LXe in the sensitive volume enclosed by polytetrafluoroethylene (PTFE) reflective panels with an inner diameter of 646 mm and a maximum drift length of 600 mm. The drift field is defined by a cathode mesh (200 $\mu$m wire diameter with 5 mm pitch) placed at the bottom of the TPC and gate grid (100 $\mu$m wire diameter with 5 mm pitch) 5.5 mm below the liquid level. The liquid level can be adjusted remotely via an overflow mechanism. The extraction field, which extracts electrons in liquid xenon into the gas region at the liquid-gas interface, is produced between the gate grid and the anode mesh located 5.5 mm above the liquid level with the same construction as the cathode. During the commissioning run, a voltage of −29 and −4.95 kV was applied to the cathode and gate, respectively, and the anode was kept at ground, resulting in a drift field of 393.5 V/cm (with spatial variation of about 0.77% in the fiducial volume) in LXe, and an extraction field of 4.4 kV/cm in the gaseous xenon right above the liquid surface. Right outside the side PTFE panels, 58 Cu shaping rings are mounted to guarantee the uniformity of the drift field. A skin (surface layer) LXe volume with a thickness of about 40 mm is confined between the inner PTFE and a layer of outer PTFE panels. Two identical arrays of photomultiplier tubes (PMTs) were placed above and below the TPC, respectively, each consisting of 55 Hamamatsu-R11410 3 in. PMTs, to detect scintillation photons in the sensitive volume. The top PMT array is placed 46 mm above the anode, and the bottom array is located 66 mm below the cathode. A screen grid (200 $\mu$m wire diameter with 5 mm pitch), set at the ground, is placed 6 mm above the bottom PMT array to shield the cathode high voltage. Two additional PMT arrays are located at the same heights as the 3 in. arrays, each with 24 Hamamatsu-R8520-406 1 in. PMTs, to produce veto signals in the skin volume to suppress background events due to ambient gamma rays. The PMT voltage divider for the 3 in. PMTs uses a split positive and negative high voltage (~ ± 650 V) scheme to reduce the relative potential to the ground [15]. The average random PMT rates ("dark count rate") for the R11410 PMTs were measured to be ~0.5 kHz, significantly improved from PandaX-I [16]. The same as in PandaX-I, the signals from each PMT are amplified by a factor of 10, then get fed into the 100 MHz digitizer channels.

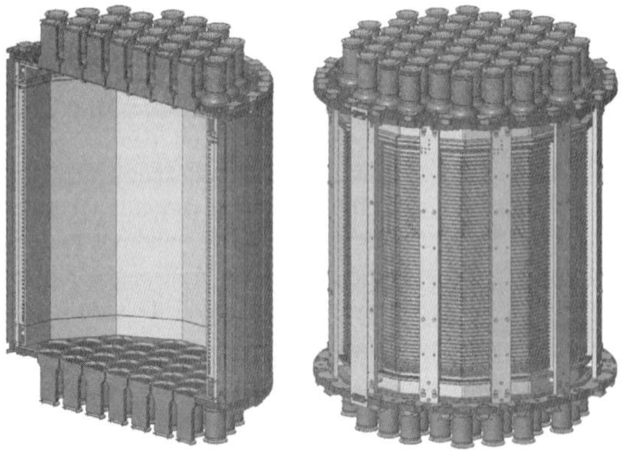

FIG. 1. Design drawings of PandaX-II TPC, left: cross sectional view with both inner and outer PTFE panels, right: full view with skin volume exposed. See the text for details.

## III. DATA PROCESSING AND SELECTION CUTS

The same data acquisition setup from PandaX-I is used for PandaX-II. Given the 60 cm depth of the TPC, the maximum time separation between the prompt photon signal in the liquid (S1) and the delayed proportional scintillation signal in the gas (S2) is estimated to be 350 $\mu$s. The length of each readout window is now 1 ms (200 $\mu$s in PandaX-I), with 500 $\mu$s before and after the trigger. The trigger is generated primarily on S2s for low-energy events $< 10$ keV$_{ee}$ electron equivalent energy [17] with a trigger threshold of 79 photoelectrons (PEs), and higher-energy events are mostly triggered by S1s.

The data processing and signal selection followed the same framework as in Ref. [10], converting information from the raw waveforms of individual PMTs into photoelectrons and timing for S1s and S2s, vertex position, etc. The distortion of the mean waveform amplitude when there is no signal (baseline) induced by some large signals is corrected in software. The single photoelectron gain (or PMT gain) is obtained by integrating the area of the waveform below the baseline for the single photoelectron signals. PMT gains are calibrated by activating the light-emitting diodes inside the detector twice a week. The average PMT gain is $1.1 \times 10^6$. After the gain correction, a threshold of 0.25 PE/sample in amplitude, roughly corresponding to a single channel threshold of 0.5 PE, is used for finding PMT hits from each waveform. Clusters of time correlated hits are grouped into individual signals, which are tagged into either the S1 signal, S2 signal, or noise based on the shape of the summed waveform over all channels. The discrimination between S1 and S2 signals relies on the full-width-10%-maximum and the "roughness" of the waveform. At least three PMT hits are required for a valid S1 signal to suppress random coincidence among PMTs. Veto PMTs hits are not used in the clustering. However, any hit in the veto array that occurs during the entire width of an S1 signal will veto an event. The threshold to generate a veto was estimated to be ~150 keV$_{ee}$ in the skin region from a comparison between the data and Monte Carlo (MC) simulation.

On average, the ratio of photoelectrons collected by the top and bottom PMT arrays is 1:2 for S1 and 2.2:1 for S2. To suppress random S1-like signals produced by the discharges on the electrodes or the so-called "gamma-X" events [18] in the charge-insensitive regions, both likely to happen close to the PMT arrays, selection cuts on the average photoelectrons per fired PMT as well as the ratio of max-to-total photoelectrons have been applied. Selection cuts are also set on the top-bottom ratio of S2 signals to remove spurious events located at the very edge and potential misidentified noises. In a given waveform, the maximum number of S1-like signals passing all quality cuts is limited to two, and the maximum one is chosen to pair with S2. To suppress events with incorrectly associated S1 and S2, the vertical location encoded by the top-bottom asymmetry in S1 is required to be consistent with that from the drift time. Finally, to avoid afterpulsing following an energetic event or discharge in the TPC, a $> 10$ ms separation between adjacent events is required in the dark matter data.

The horizontal vertex position is reconstructed based on the charge pattern of S2 on the top PMT array. Like in PandaX-I, both a center of gravity and a template matching reconstruction method are used and cross-checked. The average difference between the two is 10.8 mm within the fiducial volume (FV, defined later). This is a measure of the reconstruction uncertainty, which leads to an uncertainty in the fiducial volume determination. The vertical position is obtained by the drift time, i.e., the time difference between S2 and S1, taking a drift speed of 1.7 mm/$\mu$s estimated from a measured maximum drift time of 350 $\mu$s, also consistent with Ref. [19] under a drift field of 400 V/cm.

## IV. DETECTOR CALIBRATIONS

To calibrate the detector response, a neutron source ($^{252}$Cf) and two $\gamma$ sources ($^{60}$Co and $^{137}$Cs) were deployed through two PTFE tubes at different heights surrounding the inner vessel. Neutrons can excite xenon nuclei or produce metastable nuclear states, leading to deexciting $\gamma$ rays at 40 ($^{129}$Xe), 80 ($^{131}$Xe), 164 ($^{131m}$Xe), and 236 keV ($^{129m}$Xe). Photoabsorption $\gamma$ peaks were used to calibrate the detector response. The 164 keV $\gamma$ events were uniformly distributed in the detector and were used to produce a uniformity correction for the S1 and S2 signals. A 3D correction map was produced for S1. For the S2 signals, the vertical uniformity correction was obtained by fitting S2 vs the drift time using an exponential decay constant $\tau$, known as the electron lifetime. As expected, $\tau$ improved over time due to continuous xenon purification from 240 to 552 $\mu$s with an average of 324 $\mu$s during the entire run. The S2 distribution in the horizontal plane was used to produce a 2D correction map, independent of the drift time.

The above uniformity correction was applied to all events. For each event, the electron equivalent energy $E_{ee}$ can be reconstructed as

$$E_{ee} = W \times \left(\frac{\text{S1}}{\text{PDE}} + \frac{\text{S2}}{\text{EEE} \times \text{SEG}}\right), \qquad (1)$$

in which $W = 13.7$ eV is the average work function to produce either an electron or photon [20]. The photon-detection efficiency (PDE), the electron extraction efficiency (EEE), and the single-electron gain (SEG) in PE/e, are the three key detector parameters to be determined. To obtain the SEG, the smallest S2 signals in the data were identified as the single electron signals. Their photoelectron distribution was fit with a Gaussian function, from which SEG $= 22.1 \pm 0.7$ with a resolution $\sigma = 7.41$ PE/e was obtained. To extract the other two parameters, the peak values of S1/$E_{ee}$ and S2/$E_{ee}$ are plotted for all $\gamma$ peaks (Fig. 2), where the true energy of the $\gamma$s are taken as $E_{ee}$. A linear fit is then performed on the data points. The scattering of data points along the line indicates systematic effects such as the nonuniformity and nonlinearity in S1 and S2. The best-fit values, PDE $= 11.7\%$ and EEE $= 48.1\%$, were compared with those obtained by taking the ratio of the observed peaks in S1 and S2 to the expected yield of photons and electrons from the Noble Element Simulation Technique (NEST) model [20]. The difference leads to a relative uncertainty of 5.6% in PDE and 7.1% in EEE.

The detector response to the low-energy nuclear recoil (NR) events was calibrated using $^{252}$Cf data. The $\log_{10}$(S2/S1) vs S1 of the NR events is shown in Fig. 3. In total, 547 NR events are identified for S1 between 3 to 45 PE in the FV. The MC predictions of the NR signal distribution were obtained from a combination of a Geant4-based program and the NEST model with the extracted PDE, EEE, and SEG from calibration. In simulating photoelectrons, results from Ref. [21] were used to incorporate

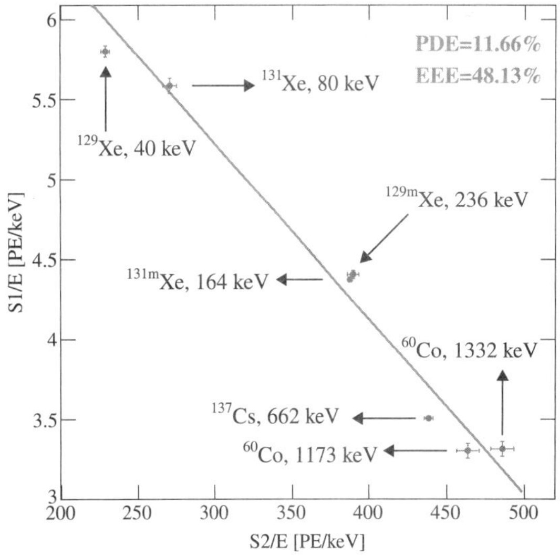


FIG. 2. Linear fit in S2/$E_{ee}$ vs S1/$E_{ee}$ for all $\gamma$ peaks. Each $\gamma$ peak was fit with a 2D Gaussian in the (S1, S2) plane with anticorrelation taken into account; only fit uncertainties are reflected on the data points.

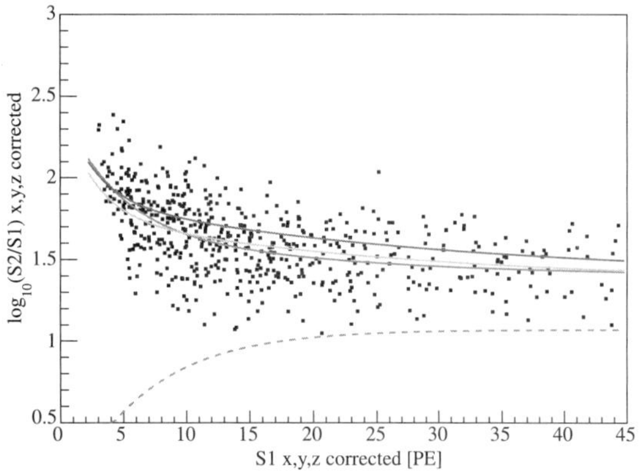


FIG. 3. The comparison of $^{252}$Cf neutron calibration data with the median from the original NEST model (blue line) and the tuned model (green line). A fit to the median of the data is given by the red line. The dashed red line is the NR 99.99% acceptance line based on the tuned MC model (without cuts and efficiency applied) to remove spurious "neutron-X" events with suppressed S2s due to charge loss in the inactive region.

double photoelectron emissions from the 3 in. PMTs. Vertical uniformity in S2 due to the electron lifetime in the data and the S2 trigger threshold were also considered in the MC. The median value of the MC is compared to the data in Fig. 3. A much better agreement can be achieved by tuning the ratio of the initial number of excitation and ionization by a factor of 1.5 in NEST. The width of the NR band in the tuned MC also agrees with the data. Therefore, we adopted the tuned MC as the default model to predict the WIMP NR distributions. The NR efficiency was evaluated by a comparison between the data and MC on the event 2D distribution in (S1, S2), leading to a parametrization,

$$\epsilon = 0.94[e^{-\frac{S1-6.21}{1.66}} + 1]^{-1}[e^{-\frac{S2_{raw}-79.3}{20.8}} + 1]^{-1}, \tag{2}$$

where $S2_{raw}$ is the raw S2 before the electron lifetime correction. The energy-independent factor, 0.94, was obtained by choosing high-energy NR events with S1 > 20 PE and within $\pm 3\sigma$ of the NR band and removing the selection cuts. We identified two major effects which accounted for the efficiency loss at low recoil energy. First, due to the high rate ($\sim$160 Hz) from the $^{252}$Cf calibration source, the efficiency is significantly reduced by the presence of random single electron S2 signals. If the real S1 is small and the single electron S2 is misidentified into multiple small S1 signals, the S1-S2 pairing algorithm would be ineffective, and the event would be vetoed. In addition, the loss due to the threefold PMT coincidence was also found to be significant due to multi-photoelectron emission in the R11410 phototubes [21]. The NR efficiency in Eq. (2) is conservatively taken as the dark matter detection efficiency.

In contrast, the NEST electron recoil (ER) model [22] appears to describe the low-energy data in the $\gamma$ calibration and WIMP search runs. However, inside the FV, the statistics of the low-energy events in $\gamma$ calibration runs were insufficient due to the self-shielding effect from LXe. We shall resort to the WIMP search data to model the ER distribution.

## V. BACKGROUNDS

As in Ref. [10], the background is categorized into three components: the ER, neutron, and accidental background.

The ER background consists of external background due to radioactivities in the detector materials and internal backgrounds due to krypton and radon. Before the detector assembly, the components were assayed with a high purity germanium counting station at CJPL. The assay results, tuned to fit the data in high energy, were used as the input of the Geant4-based MC to calculate the external ER background at low energy. In the FV, such background is expected to be 0.21 mDRU (1 milli-differential rate unit = $10^{-3}$/keV/kg/day).

In our data, a significant number of low-energy ER events were found, and they distributed uniformly in the detector. They were identified as $^{85}$Kr $\beta$-decay events (half-life 10.72 y) with a 99.563% probability of single $\beta$ emission and 0.434% $\beta-\gamma$ delayed-coincident emission. The krypton in xenon was likely introduced by an air leak during the previous fill and recuperation cycle. By fitting the low-energy ER events in the dark matter search data, the $^{85}$Kr was estimated to be 0.082 mBq/kg (1 Bq = 1 Becquerel = 1 decay/second) or 15.04 mDRU with 3% uncertainty. Assuming a concentration of $2\times10^{-11}$ in natural Kr, this leads to a Kr mole fraction of $437\pm13$ ppt in LXe, consistent with the offline gas sample measurement using the technique from Ref. [23]. The $\beta-\gamma$ analysis gave an independent estimate of $507\pm46$ ppt Kr concentration. The difference in the mean values from the two methods, or 17%, is taken as the systematics uncertainty of the krypton background.

The radon level in LXe can be evaluated by identifying $\beta-\alpha$ and $\alpha-\alpha$ coincidence events. $^{222}$Rn was estimated by the $^{214}$Bi-$^{214}$Po events to be 6.57 $\mu$Bq/kg in the FV. $^{220}$Rn was estimated by the $^{212}$Bi-$^{212}$Po and $^{220}$Rn-$^{216}$Po events to be 0.54 and 0.41 $\mu$Bq/kg in the FV, respectively.

Using MC, the contributions of low-energy background discussed above are summarized in Table I.

The neutron background can also be produced by the radioactivities of the detector components. In our case, the PTFE material was measured to contain 3 mBq/kg $^{238}$U, of which the ($\alpha$, n) neutrons dominate the neutron background rate. Using the SOURCES-4A code [24] with material radioactivities as inputs, the raw neutron rate and energy spectrum were determined. The neutron background was then calculated using the Geant4-NEST-based MC to be 0.06 events in the final data sets after all selection cuts, with a conservatively estimated uncertainty of 100%.

TABLE I. Summary of ER background from different components, including Rn, Kr, activated Xe, and other detector components. The uncertainty is dominated by the $^{85}$Kr (17%) based on two different analysis methods.

| Item | Background (mDRU) |
|---|---|
| Total | 15.33 |
| $^{85}$Kr | 15.04 |
| $^{222}$Rn | 0.075 |
| $^{220}$Rn | 0.021 |
| PMT arrays & bases | 0.097 |
| PTFE wall | 0.021 |
| Inner vessel | 0.045 |
| Others IV components | 0.026 |
| Cu outer vessel | 0.016 |

TABLE II. The expected background events in 19.1 live-day dark matter search data in the FV, before and after the NR median cut. The uncertainties of the total expected background in the table are obtained based on the 17%, 25%, and 100% uncertainties in the ER, accidental, and neutron background, respectively. Both the uncertainties from the ER rate (17%) and leakage fraction (50%) have been taken into account in that of the ER background below the NR median. See the text for details. The number of events from the data are shown in the last column.

| | ER | Accidental | Neutron | Total expected | Total observed |
|---|---|---|---|---|---|
| All | 611 | 5.9 | 0.13 | $617 \pm 104$ | 728 |
| Below NR median | 2.5 | 0.7 | 0.06 | $3.2 \pm 0.71$ | 2 |

The accidental background is produced by random coincidence of S1-like and S2-like signals. To evaluate it, dark matter search data were used to search for isolated S1 and S2 signals. Since single small S1s are below the trigger threshold, they were searched in the 350 $\mu$s pretrigger window of each event triggered by high-energy S1. The rate was determined to be $2.8 \pm 0.1$ Hz within the S1 range cut. In the same data set, 28,069 single S2 events were identified within the final S2 range cut and radius cut. When pairing the single S1 and S2 randomly in time, and with all coincidence selection cuts applied (which suppresses random events significiantly), 0.70 qualified accidental events were expected to survive with a 25% uncertainty estimated from the variation of S1 rates during the run.

The final expected background budget including ER, accidental, and neutron background is summarized in Table II.

## VI. FINAL CANDIDATES AND WIMP CROSS SECTION LIMIT

Only events with single S2 were selected into the final candidate set. The FV cut was determined to be within $r^2 < 60000$ mm$^2$ and 20 $\mu$s < drift time < 346 $\mu$s. The horizontal space facing the outermost ring of the 3 in. PMTs is removed to avoid leakage from poorly reconstructed events, and the vertical cut is asymmetric since the bottom array has been shielded by 66 mm of LXe. The vertex distributions in the data and MC are consistently flat within the FV. The amount of LXe in the cut is estimated to be $306 \pm 20$ kg where the uncertainty arises from the 10.8 mm uncertainty in position reconstruction.

A cut-based analysis was used to select a dark matter candidate only from the events below the NR median curve from the data and above the 99.99% NR acceptance curve from the NEST MC (shown in Fig. 3). To estimate the ER background leaking under the NR median curve (in the lack of dedicated ER calibration), we used the distribution of the dark matter search data in the [$\log_{10}(S2/S1)$, S1] plane above the 33.3%-NR-acceptance curve (1/3 of the NR events are located above it) for the NR events, performing Gaussian fits to the data. The Gaussian leakage fraction was estimated to be $0.4 \pm 0.2$% below the NR median curve, confirmed by repeating the same estimate but including also data below the 33.3%-NR-acceptance curve.

Based on the expected background, the final S1 range cut was chosen to be between 3 to 45 PE to give the optimal median sensitivity, corresponding to an average energy window between 1.3 to 8.7 keV$_{ee}$. S2s are required to be between 100 PE (raw) and 10,000 PE (uniformity corrected).

The event rates after various selection cuts are summarized in Table III. After the FV cut, 728 events are selected. The vertex distribution of all events before and after the FV cut is shown in Fig. 4.

The $\log_{10}(S2/S1)$ vs S1 distribution for the 728 candidates is shown in Fig. 5. Two events were found just below the NR median curve, with their vertices indicated in Fig. 4. Detailed examinations confirmed the high quality of these two events. The distribution of $\log_{10}(S2/S1)$ relative to the median of the data supports the assumption that the band has a Gaussian profile in the vertical direction, which is applied to estimate the ER leakage fraction.

The final 90% upper limit for the spin-independent isoscalar WIMP-nucleon cross section was calculated based on the two events and $3.2 \pm 0.71$ expected background events (Table II) using the CL$_S$ method [25,26] with

TABLE III. The event rate in the dark matter runs after various analysis cuts.

| Cut | No. Events | Rate (Hz) |
|---|---|---|
| All triggers | 4779083 | 2.89 |
| Single S2 cut | 1833756 | 1.11 |
| Quality cut | 1262906 | 0.76 |
| Skin veto cut | 1081044 | 0.65 |
| S1 range | 45883 | $2.77 \times 10^{-2}$ |
| S2 range | 29755 | $1.80 \times 10^{-2}$ |
| Fiducial volume | 728 | $4.40 \times 10^{-4}$ |

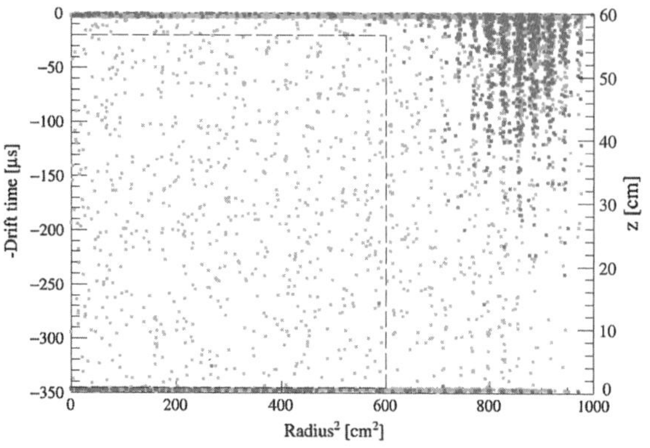


FIG. 4. Position distribution of events that pass all selection cuts (gray points) and those below the NR median (outside FV: red points; inside FV: green stars), with FV cuts indicated as the black dashed box. The red points clustered at the top, bottom, and upper right corner correspond to events in these locations losing electrons on the electrodes or PTFE wall, leading to a suppression of S2. The severe loss of S2 close to the bottom wall leads to a significant event inefficiency indicated by the lack of events in the lower right corner in the figure.

the same standard assumptions as in Ref. [10]. The final results are shown in Fig. 6, with recent results from PandaX-I [10], XENON100 [3], LUX [5], SuperCDMS [27], and DarkSide [28] overlain. Our upper limit lies within the $\pm 1\sigma$ sensitivity band and is more constraining due to the downward fluctuation of the background. In comparison, the upper limit computed based on the original NEST prediction is weakened by about a factor of 2 in the high-mass region but approaches a factor of 1.2 at low mass

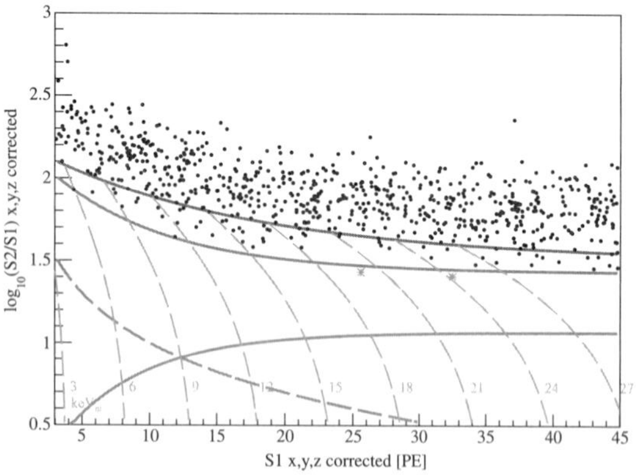


FIG. 5. The distribution of $\log_{10}(S2/S1)$ vs S1 for dark matter search data. The median of the NR calibration band is indicated as the red curve. The dashed magenta curve is the equivalent 100 PE cut on S2. The solid magenta and blue curves are the 99.99% and 33.3% NR acceptance curves, respectively. The gray dashed curves are the equal energy curves with NR energy indicated in the figures. The two data points located below the NR median curve are highlighted in green stars.

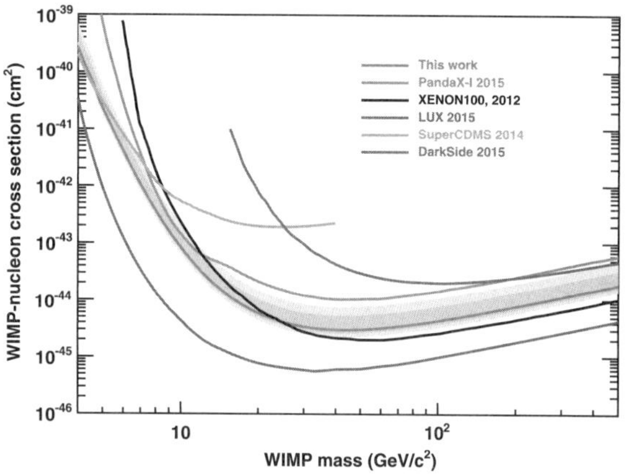


FIG. 6. The 90% C.L. upper limit for the spin-independent isoscalar WIMP-nucleon cross section from the PandaX-II commissioning run (red). A selected set of recent world results are plotted for comparison: PandaX-I final results [10] (magenta), XENON100 225 day results [3] (black), LUX 2015 results [5] (blue), SuperCDMS 2014 [27](orange), and DarkSide 2015 [28] results (brown). The $\pm 1\sigma$ and $2\sigma$ sensitivity bands are shown in green and yellow, respectively.

($\sim$10 GeV/$c^2$). The lowest cross section limit obtained is $2.97 \times 10^{-45}$ cm$^2$ at a WIMP mass of 44.7 GeV/$c^2$, which represents an improvement of more than a factor of 3 from PandaX-I and even more in the low WIMP mass region. The major improvements include the exposure (a factor of $\sim$1.35), the photon detection (PDE 11.7% vs 9.6%), the S2 selection cut (9.4 $e$ vs 19.7 $e$, although in PandaX-II, a significant depth dependent efficiency variation is present due to the electron lifetime), the S1 window ([3, 45] vs [2, 30] PE), and the expected background (3.2 vs 6.9 events). The cross section limit at WIMP masses of 10, 100, and 300 GeV/$c^2$ are $8.43 \times 10^{-44}$, $4.34 \times 10^{-45}$, and $1.13 \times 10^{-44}$ cm$^2$, respectively. At the low WIMP mass region down to 5 GeV/$c^2$, our exclusion limit is competitive with SuperCDMS [27]. At the high WIMP mass region, our results are within a factor of $\sim$1.5 to the final 225-day XENON100 results [3], although with only 19.1 days of live time. However, our results do not quite scale with the LUX results (with a factor of 2.4 of exposure) [5] primarily due to the high krypton background.

## VII. CONCLUSIONS AND OUTLOOK

In conclusion, we report the WIMP search results using the commissioning data of the PandaX-II experiment with an exposure of $306 \times 19.1$ kg-day. No dark matter candidates were identified above background, and a 90% upper limit was set on the spin-independent elastic WIMP-nucleon cross section with a lowest excluded value of $2.97 \times 10^{-45}$ cm$^2$ at a WIMP mass of 44.7 GeV/$c^2$, a significant step forward from PandaX-I. After a brief maintenance period to distill krypton from xenon, the experiment is expected to resume physics data taking in spring 2016 and soon to explore previously unattainable WIMP parameter space.


## ACKNOWLEDGMENTS

This project has been supported by a 985-III grant from Shanghai Jiao Tong University, grants from National Science Foundation of China (Grants No. 11435008, No. 11455001, No. 11505112, and No. 11525522), and a grant from the Office of Science and Technology in Shanghai Municipal Government (Grant No. 11DZ2260700). This work is supported in part by the Chinese Academy of Sciences Center for Excellence in Particle Physics. The project is also sponsored by Shandong University, Peking University, and the University of Maryland. We also would like to thank Dr. Xunhua Yuan and Chunfa Yao of China Iron and Steel Research Institute Group, and we are particularly indebted to Director De Yin from Taiyuan Iron and Steel (Group) Co., Ltd., for crucial help on nuclear-grade steel plates. Finally, we thank the following organizations and personnel for indispensable logistics and other support: the China Jinping Underground Laboratory administration, including directors Jianping Cheng and Kejun Kang and manager Jianmin Li, and the Yalong River Hydropower Development Company, Ltd.


---


[1] J. Angle *et al.* (XENON10 Collaboration), Phys. Rev. Lett. **107**, 051301 (2011) **110**, 249901(E) (2013).
[2] D. Yu. Akimov *et al.*, Phys. Lett. B **709**, 14 (2012).
[3] E. Aprile *et al.* (XENON100 Collaboration), Phys. Rev. Lett. **111**, 021301 (2013).
[4] D. S. Akerib *et al.* (LUX Collaboration), Phys. Rev. Lett. **112**, 091303 (2014).
[5] D. S. Akerib *et al.* (LUX Collaboration), Phys. Rev. Lett. **116**, 161301 (2016).
[6] P. Cushman *et al.*, Community Summer Study 2013: Snowmass on the Mississippi (CSS2013) Minneapolis, MN, 2013 (unpublished).
[7] Y.-C. Wu *et al.*, Chin. Phys. C **37**, 086001 (2013).
[8] X. Cao *et al.* (PandaX Collaboration), Sci. China Phys. Mech. Astron. **57**, 1476 (2014).
[9] M. Xiao *et al.* (PandaX Collaboration), Sci. China Phys. Mech. Astron. **57**, 2024 (2014).
[10] X. Xiao *et al.* (PandaX Collaboration), Phys. Rev. D **92**, 052004 (2015).
[11] R. Bernabei *et al.* (DAMA Collaboration), Eur. Phys. J. C **56**, 333 (2008).
[12] C. E. Aalseth *et al.* (CoGeNT Collaboration), Phys. Rev. Lett. **106**, 131301 (2011).
[13] G. Angloher *et al.*, Eur. Phys. J. C **72**, 1971 (2012).
[14] R. Agnese *et al.* (CDMS Collaboration), Phys. Rev. Lett. **111**, 251301 (2013).
[15] A. M. M. Elsied, K. L. Giboni, and X. Ji, J. Instrum. **10**, T01003 (2015).
[16] S. Li *et al.*, J. Instrum. **11**, T02005 (2016).
[17] X. Ren, X. Chen, X. Ji, S. Li, S. Lei, J. Liu, M. Wang, M. Xiao, P. Xie, and B. Yan, J. Instrum. **11**, T04002 (2016).
[18] J. Angle *et al.* (XENON Collaboration), Phys. Rev. Lett. **100**, 021303 (2008).
[19] K. Yoshino, U. Sowada, and W. F. Schmidt, Phys. Rev. A **14**, 438 (1976).
[20] B. Lenardo, K. Kazkaz, M. Szydagis, and M. Tripathi, IEEE Trans. Nucl. Sci. **62**, 3387 (2015).
[21] C. H. Faham, V. M. Gehman, A. Currie, A. Dobi, P. Sorensen, and R. J. Gaitskell, J. Instrum. **10**, P09010 (2015).
[22] From the spreadsheet at http://lux.physics.ucdavis.edu/szydagis/NEST_LXe_LYandQYields_VsFieldParticle_Calc_Site.xlsx.
[23] A. Dobi, C. G. Davis, C. Hall, T. Langford, S. Slutsky, and Y.-R. Yen, Nucl. Instrum. Methods Phys. Res., Sect. A **665**, 1 (2011).
[24] W. Wilson *et al.*, Los Alamos National Laboratory Technical Report LA-13639-MS, 1999.
[25] A. L. Read, J. Phys. G **28**, 2693 (2002).
[26] T. Junk, Nucl. Instrum. Methods Phys. Res., Sect. A **434**, 435 (1999).
[27] R. Agnese *et al.* (SuperCDMS Collaboration), Phys. Rev. Lett. **112**, 241302 (2014).
[28] P. Agnes *et al.* (DarkSide Collaboration), Phys. Rev. D **93**, 081101 (2016).

# Dark Matter Results from First 98.7 Days of Data from the PandaX-II Experiment①

Andi Tan,[2] Mengjiao Xiao,[1,2] Xiangyi Cui,[1] Xun Chen,[1] Yunhua Chen,[3] Deqing Fang,[4] Changbo Fu,[1] Karl Giboni,[1] Franco Giuliani,[1] Haowei Gong,[1] Xuyuan Guo,[3] Ke Han,[1] Shouyang Hu,[5] Xingtao Huang,[6] Xiangdong Ji,[1,7,2,‡] Yonglin Ju,[8] Siao Lei,[1] Shaoli Li,[1] Xiaomei Li,[5] Xinglong Li,[5] Hao Liang,[5] Qing Lin,[1,§] Huaxuan Liu,[8] Jianglai Liu,[1,*] Wolfgang Lorenzon,[9] Yugang Ma,[4] Yajun Mao,[10] Kaixuan Ni,[1,||] Xiangxiang Ren,[1] Michael Schubnell,[9] Manbin Shen,[3] Fang Shi,[1] Hongwei Wang,[4] Jimin Wang,[3] Meng Wang,[6] Qiuhong Wang,[4] Siguang Wang,[10] Xuming Wang,[1] Zhou Wang,[8] Shiyong Wu,[3] Xiang Xiao,[1] Pengwei Xie,[1,†] Binbin Yan,[6] Yong Yang,[1] Jianfeng Yue,[3] Xionghui Zeng,[3] Hongguang Zhang,[1] Hua Zhang,[8] Huanqiao Zhang,[5] Tao Zhang,[1] Li Zhao,[1] Jing Zhou,[5] Ning Zhou,[1,11] and Xiaopeng Zhou[10]

(PandaX-II Collaboration)

[1]*INPAC and Department of Physics and Astronomy, Shanghai Jiao Tong University, Shanghai Laboratory for Particle Physics and Cosmology, Shanghai 200240, China*
[2]*Department of Physics, University of Maryland, College Park, Maryland 20742, USA*
[3]*Yalong River Hydropower Development Company, Ltd., 288 Shuanglin Road, Chengdu 610051, China*
[4]*Shanghai Institute of Applied Physics, Chinese Academy of Sciences, 201800, Shanghai, China*
[5]*Key Laboratory of Nuclear Data, China Institute of Atomic Energy, Beijing 102413, China*
[6]*School of Physics and Key Laboratory of Particle Physics and Particle Irradiation (MOE), Shandong University, Jinan 250100, China*
[7]*Center of High Energy Physics, Peking University, Beijing 100871, China*
[8]*School of Mechanical Engineering, Shanghai Jiao Tong University, Shanghai 200240, China*
[9]*Department of Physics, University of Michigan, Ann Arbor, Michigan, 48109, USA*
[10]*School of Physics, Peking University, Beijing 100871, China*
[11]*Department of Physics, Tsinghua University, Beijing 100084, China*

(Received 26 July 2016; published 16 September 2016)

We report the weakly interacting massive particle (WIMP) dark matter search results using the first physics-run data of the PandaX-II 500 kg liquid xenon dual-phase time-projection chamber, operating at the China JinPing underground laboratory. No dark matter candidate is identified above background. In combination with the data set during the commissioning run, with a total exposure of $3.3 \times 10^4$ kg day, the most stringent limit to the spin-independent interaction between the ordinary and WIMP dark matter is set for a range of dark matter mass between 5 and 1000 $\mathrm{GeV}/c^2$. The best upper limit on the scattering cross section is found $2.5 \times 10^{-46}$ cm$^2$ for the WIMP mass 40 $\mathrm{GeV}/c^2$ at 90% confidence level.

DOI: 10.1103/PhysRevLett.117.121303

Weakly interacting massive particles, WIMPs in short, are a class of hypothetical particles that came into existence shortly after the big bang. The WIMPs could naturally explain the astronomical and cosmological evidences of dark matter in the Universe. The weak interactions between WIMPs and ordinary matter could lead to the recoils of atomic nuclei that produce detectable signals in deep-underground direct detection experiments. Over the past decade, the dual-phase xenon time-projection chambers (TPC) emerged as a powerful technology for WIMP searches both in scaling up the target mass, as well as in improving background rejection [1–3]. LUX, a dark matter search experiment with a 250 kg liquid xenon target, has recently reported the best limit of $6 \times 10^{-46}$ cm$^2$ on the WIMP-nucleon scattering cross section [4], with no positive signals observed. The PandaX-II experiment, a half-ton scale dual-phase xenon experiment at the China JinPing underground laboratory (CJPL), has recently reported the dark matter search results from its commissioning run (run 8, 19.1 live days) with a 5845 kg day exposure [5]. The data were contaminated with significant $^{85}$Kr background. After a krypton distillation campaign in early 2016, PandaX-II commenced physics data taking in March 2016. In this Letter, we report the combined WIMP search results using the data from the first physics run from March 9 to June 30, 2016 (run 9, 79.6 live days) and run 8, with a total of $3.3 \times 10^4$ kg day exposure, the largest reported WIMP data set among dual-phase xenon detectors in the world to date.

The PandaX-II detector has been described in detail in Ref. [5]. The liquid xenon target consists of a cylindrical TPC with dodecagonal cross section (opposite-side distance 646 mm), confined by the polytetrafluoroethylene (PTFE) reflective wall, and a vertical drift distance of 600 mm defined by the cathode mesh and gate grid located

① Physical Review Letters,2016,117(12):121303-(1-7).

at the bottom and top. For each physical event, the prompt scintillation photons ($S1$) and the delayed electroluminescence photons ($S2$) from the ionized electrons are collected by two arrays of 55 Hamamatsu R11410-20 photomultiplier tubes (PMTs) located at the top and bottom, respectively. This allows reconstruction of an event energy and position. A skin liquid xenon region outside of the PTFE wall was instrumented with 48 Hamamatsu R8520-406 1-inch PMTs serving as an active veto. The $\gamma$ background, which produces electron recoil (ER) events, can be distinguished from the dark matter nuclear recoil (NR) using the $S2$-to-$S1$ ratio.

During the data taking period in run 9, a few different TPC field settings were used at different running periods (Table I) to maximize the drift and electron extraction fields while avoiding spurious photons and electrons emission from the electrodes. In each period, calibration runs were taken to study the detector responses. The PMT gains were calibrated using the single photoelectrons (PEs) produced by the low-intensity blue-light pulses transmitted into the detector. To study the multiple PE production in R11410-20 by the approximately 178 nm photons in xenon [6], we measured the PE distributions for individual PMTs using low intensity ($<3$ PE) physical $S1$ signals. An average double PE fraction (DPF, defined as the ratio between the occurrence of double PE emission to the total occurrence of nonzero PEs) of $0.21 \pm 0.02$ was obtained. The position-dependent responses in $S1$ and $S2$ were calibrated using the 164 keV $\gamma$ peak from metastable $^{131\mathrm{m}}$Xe, produced by exposure to cosmic rays at ground and neutrons during NR calibration. Towards the end of run 9, the electron lifetime reached $940 \pm 50$ $\mu$s, compared to the maximum electron drift time 350 $\mu$s in the TPC. The nonuniformities for $S1$ (3D) and $S2$ (horizontal plane) were both measured to be less than 10% in standard deviation in the fiducial volume (FV, defined later). The photon detection efficiency (PDE), the electron extraction efficiency (EEE), and the single electron gain (SEG) and their uncertainties are also shown in Table I.

TABLE I. Summary of four settings in run 9 where $E_{\mathrm{drift}}$ and $E_{\mathrm{extract}}$ are the drift field in the liquid and electron extraction field in the gaseous xenon, respectively. The field values were calculated based on a COMSOL simulation. The fractional uncertainties of the PDE, EEE, and SEG are 5%, 6%, and 3%, respectively, for all settings. Only the average electron lifetime is given in the table, although the $S2$ vertical uniformity correction was performed for every data taking unit, typically lasting for 24 hours, based on the electron lifetime obtained therein.

| Setting | Live time (day) | $E_{\mathrm{drift}}$ (V/cm) | $E_{\mathrm{extract}}$ (kV/cm) | PDE (%) | EEE (%) | SEG PE/$e$ | $\tau_e$ ($\mu$s) |
|---|---|---|---|---|---|---|---|
| 1 | 7.76 | 397.3 | 4.56 | 11.76 | 46.04 | 24.4 | 348.2 |
| 2 | 6.82 | 394.3 | 4.86 | 11.76 | 54.43 | 26.9 | 393.1 |
| 3 | 1.17 | 391.9 | 5.01 | 11.76 | 59.78 | 26.7 | 409.0 |
| 4 | 63.85 | 399.3 | 4.56 | 11.76 | 46.04 | 24.4 | 679.6 |

The analysis reported in this Letter follows the procedure as in Ref. [5] with the following major differences. An improved position reconstruction was developed based on a data-driven photon acceptance function (PAF) similar to Ref. [7], leading to a better FV definition. We performed NR calibration runs using a low-intensity (approximately 2 Hz) $^{241}$Am-Be (AmBe) neutron source with improved statistics, and an ER calibration run by injecting tritiated methane [8], leading to a better understanding of the distributions of the NR and ER events. A boosted-decision-tree (BDT) cut method was developed to suppress accidental background by more than a factor of 3. Together with a much larger exposure and lower Kr background, these improvements account for the much more sensitive dark matter search results reported here.

The data quality cuts used in this analysis follow those in Refs. [9] and [5], including noise filters on ripplelike waveforms, cuts on $S1$ and $S2$ to remove events with abnormal PMT pattern or top/bottom ratio, and a 3-PMT coincidence and no-more-than two "$S1$-like" signals per event requirement to suppress random coincidence.

Most of external background events are located close to the detector boundary; therefore, a powerful background rejection demands good position reconstruction. In addition to the template matching (TM) algorithm in Ref. [9], a new algorithm was developed based on an iterative fitting of the position-dependent PAF for each PMT. For PMTs located close to the PTFE wall, the PAFs took into account effects due to photon reflections. In each iteration, the position was reconstructed by maximizing the charge likelihood according to the PAF obtained from the previous iteration, and the new position entered into the determination of the next PAF. Using this reconstruction, the Kr events in run 8 and the tritium calibration events in run 9 yielded good uniformity in the horizontal plane.

The ER and NR calibration events through tritiated methane and AmBe sources are shown in $\log_{10}(S2/S1)$ vs $S1$ in Fig. 1 after the dark matter selection cuts (Table IV). The AmBe calibration was carried out in between the dark matter running periods. A full Monte Carlo (MC) simulation based on GEANT4 [10,11] (v10.2) including neutron-gamma correlated emission from the source, detailed detector geometry, neutron propagation in, and interactions with the detector (following the recommended physics list [12]), and $S1$-$S2$ signal production (NEST-1.0-based [13]) was developed to compare to the data. According to the simulation, less than 10% of the low energy events are contaminated with multiple scattering in the dead region ("neutron $X$"). The data quality cuts mentioned above further suppress the neutron-$X$ events; therefore, the final sample was considered as a pure single-scatter NR sample at this stage. 3447 such events were collected for 6.8 days in total, with less than 1%

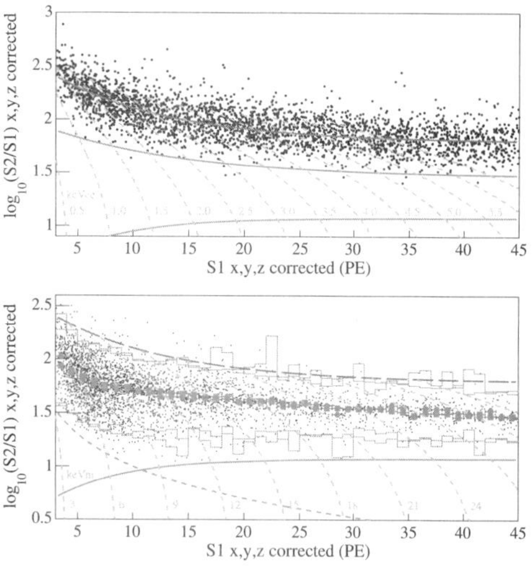


FIG. 1. Top: tritium calibration data in $\log_{10}(S2/S1)$ vs $S1$, and fits of medians of ER (blue) and NR (red) data. Bottom: AmBe calibration data in $\log_{10}(S2/S1)$ vs $S1$, together with medians from the data (red solid circles) and MC calculations (green squares), and the fit to ER medians (blue dashed). The 2.3 and 97.7 percentiles from the data (red lines) and MC calculations (green lines) are overlaid. The dashed magenta curve is the 100 PE selection cut for $S2$. In both panels, solid magenta curves represent the 99.9% NR acceptance curve from the MC calculations. The gray dashed curves represent the equal energy curves in ER and NR energy for the top and bottom panels, respectively.

contamination from the ER background. In the bottom panel of Fig. 1, the medians and widths of the NR data were compared to those obtained from the NEST-1.0 NR model [13] with detector parameters (PDE, EEE, SEG, and DPF) taken into account, and a good agreement is observed. The distributions in $S1$ and $S2$ were also compared to the MC calculation, a small discrepancy was observed in detailed shape for small $S1$ and $S2$. A tuning of the NEST model could improve the comparison (see Fig. 11 in Supplemental Material [14]) but worsen the agreement for medians of $\log_{10}(S2/S1)$ at low energy, which warrant further investigation. Following the standard practice, untuned NEST is used when reporting the official results. The corresponding efficiencies as functions of NR energy are shown in Fig. 2, which are later applied to calculate the dark matter detection efficiency.

At the end of run 9, tritiated methane with a specific activity of 0.1 mCi/mmol was administered into the detector through a liquid-nitrogen cold trap, a leak valve, and a 100 mL sample chamber under vacuum, which was flushed with xenon gas in the detector. We collected a total of 2807 tritium $\beta$-decay events. Among these, nine leaked below the median of the NR band, leading to a leakage fraction of $0.32\% \pm 0.11\%$.

During the krypton distillation campaign in early 2016, 1.1 ton of xenon was exposed to about one month of sea

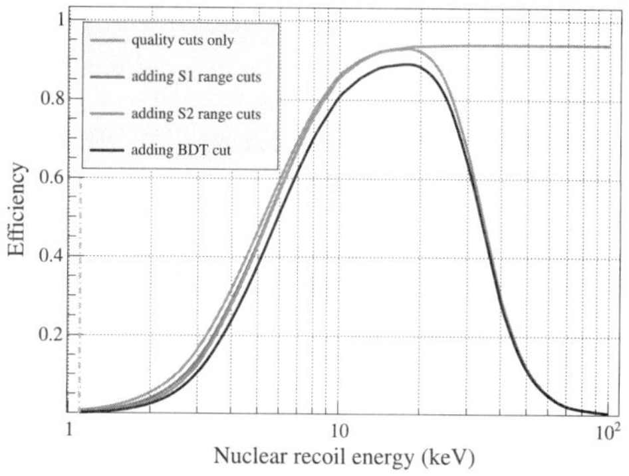


FIG. 2. The detection efficiencies as functions of the NR energy using untuned NEST model after successive applications of selections indicated in the legend. The BDT acceptance shown is determined by applying the BDT efficiency as a function of $S1$; the acceptance is virtually unchanged if the BDT efficiency is instead applied to $S2$. The dashed line at 1.1 keV$_{nr}$ indicates the cutoff used in the WIMP limit setting.

level cosmic ray radiation, leading to the production of $^{127}$Xe, which then decayed via electron capture (EC) to $^{127}$I producing characteristic ER energy deposition in the detector. The $^{127}$Xe level was identified by the 33 keV $K$-shell x ray (following EC), with a decay rate of about $1.1 \pm 0.3$ and $0.1 \pm 0.03$ mBq/kg at the beginning and end of run 9, respectively. In the low-energy region, $M$-shell and $L$-shell vacancies of $^{127}$I can produce 1.1 keV and 5.2 keV ER events in the detector, respectively. The background was estimated to be $0.37 \pm 0.05$ mDRU (1 mDRU $= 10^{-3}$ events/day/kg/keV$_{ee}$ where keV$_{ee}$ represents "electron equivalent" energy) below 10 keV$_{ee}$ based on the MC calculations by scaling the measured $K$-shell x ray rate, in good agreement with $0.42 \pm 0.08$ and $0.40 \pm 0.13$ mDRU obtained from the spectrum fit and time-dependence fit of the low energy events. We chose 0.42 mDRU as the nominal value with a systematic uncertainty of 25%. The krypton background level was estimated *in situ* using the $\beta$-$\gamma$ delayed coincidence from $^{85}$Kr decay. In total, 52 candidates were identified in run 9 within 329 kg of FV (discussed later) and no time dependence was observed, leading to an estimate of $44.5 \pm 6.2$ ppt of Kr in xenon assuming a $^{85}$Kr concentration of $2 \times 10^{-11}$ in natural Kr. This represents a factor of 10 reduction compared to the Kr level in Ref. [5].

The backgrounds due to radioimpurity of detector components shall be the same as those in Ref. [5], and so is the neutron background. The ER background due to Rn was estimated *in situ* using the $\beta$-$\alpha$ and $\alpha$-$\alpha$ delayed coincidence events. The $^{222}$Rn and $^{220}$Rn decays were estimated to be $8.6 \pm 4.6$ and $0.38 \pm 0.21$ $\mu$Bq/kg, respectively, consistent with the results in Ref. [5]. We also estimated the background from the $^{136}$Xe double-$\beta$ decay events and neutrinos (see Ref. [17] and references therein).

TABLE II. Summary of ER backgrounds from different components in run 8 and run 9. The fractional uncertainties for $^{85}$Kr and $^{127}$Xe are 17% and 0% for run 8 and 14% and 25% for run 9, respectively. The uncertainties for $^{222}$Rn and $^{220}$Rn in both runs are taken to be 54% and 55%, respectively. The fractional uncertainty due to detector materials is estimated to be 50% based on the systematic uncertainty of the absolute efficiency of the gamma counting station. Different from Ref. [5], values in the table are now folded with detection efficiency.

| Item | Run 8 (mDRU) | Run 9 (mDRU) |
|---|---|---|
| $^{85}$Kr | 11.7 | 1.19 |
| $^{127}$Xe | 0 | 0.42 |
| $^{222}$Rn | 0.06 | 0.13 |
| $^{220}$Rn | 0.02 | 0.01 |
| Detector material ER | 0.20 | 0.20 |
| Total | 12.0 | 1.95 |

The former produces an ER background of $0.10 \pm 0.01$ events per 10 000 kg day. The neutrino ER background is dominated by pp solar neutrinos and is estimated to be between 0.2 and 6.0 events per 10 000 kg day where the lower and upper values assume zero or the current experimental limit of the neutrino magnetic moment [18], respectively. The neutrino NR background was estimated to be $1 \times 10^{-3}$ events per 10 000 kg day. The final low energy background composition is summarized in Table II.

Similar to Ref. [9], the accidental background was computed by randomly pairing the isolated $S1$ (1.8 Hz) and $S2$ (approximately 1500/day) events within the dark matter selection range. The data quality cuts mentioned earlier suppressed this background to 33%, among which 15% is below the NR median. To optimize the rejection for such background, further cuts were developed based on the boosted-decision-tree (BDT) method [19], in which the below-NR-median AmBe calibration data and randomly paired $S1$-$S2$ signals were used as the input signal and background, respectively. The input data were split into two equal statistics sets, one for training and the other for test. The BDT cuts target, for example, events where the drift time and $S2$ width are inconsistent, or where the $S2$ shape indicates an $S2$ originating from the gate or gas regions. Thirteen variables entered into the training including the charge of $S1$, $S2$, and the drift time, the width, 10% width, rising slope, waveform asymmetry, and top/bottom ratio of the $S2$, ratio of maximum bottom channel to total, and top/bottom ratio of the $S1$, spikes within and spikes around the $S1$ (indicators of a $S2$ mis-ID), and the pre-$S2$ area in a window between 1.5 and 3 $\mu$s (tag of a gate event). After applying the BDT cuts to the accidental background surviving the data quality cuts, events below the NR median were strongly suppressed to 27%, while the overall AmBe NR efficiency was maintained at 93%. The uncertainty on the remaining accidental background was estimated to be 45% using the difference found in run 8 and run 9.

Similar to Ref. [5], the final $S1$ range cut was chosen to be between 3 to 45 PE, corresponding to an average energy window between 1.3 to 8.7 keV$_{ee}$ (4.6 to 35.0 keV$_{nr}$), and $S2$s were required to be between 100 PE (raw) and 10 000 PE (uniformity corrected). For all events with a single $S2$, the FV cut was determined based on the PAF-reconstructed position distribution. The selection criterion in the horizontal plane was taken to be $r < 268$ mm, using data with $S1$ outside of the dark matter search window (between 50 and 200 PE). The drift time was required to be between 18 to 310 $\mu$s, where the maximum drift time cut was to suppress the below-cathode $\gamma$ energy deposition (so-called "gamma $X$") from $^{127}$Xe decays. The liquid xenon mass was estimated to be $329 \pm 16$ kg, where the uncertainty was estimated based on the position difference between the PAF and TM methods, consistent with other estimates using the tritium event distribution and expected intrinsic resolution from the TM method. The vertical electric field deformation resulting from the accumulations of wall charges in the TPC [4] was estimated using the $^{210}$Po plate-out events from the PTFE wall. The reconstructed positions are 2.4 mm (18 $\mu$s) to 6.3 mm (310 $\mu$s) away from the geometrical wall, a combined effect from reconstruction and field distortion. Therefore we have made a conservative choice of the FV and neglected the field deformation therein. Under these cuts, the final expected background budget is summarized in Table III.

The event rates of run 9 after successive selections are summarized in Table IV. The skin veto selections are more effective than that in run 8 since the background was less dominated by the volume-uniform $^{85}$Kr $\beta$ decays. The vertex distribution of all events before and after the FV cut is shown in Fig. 3. Outside the FV, pileup of events near the cathode, the gate, and the wall were observed. After the FV cut, 389 events survived, and event distribution in radius

TABLE III. The expected background events in run 8 and run 9 in the FV, before and after the NR median cut. The fractional uncertainties of expected events in the table are 17% (run 8 ER), 12% (run 9 ER), 45% (accidental), and 100% (neutron), respectively. Both the uncertainties from the ER rate and leakage fraction, $0.32\% \pm 0.11\%$, were taken into account in estimating the uncertainty of ER background below the NR median. Number of events from the data are shown in the last column.

| | ER | Accidental | Neutron | Total expected | Total observed |
|---|---|---|---|---|---|
| Run 8 | 622.8 | 5.20 | 0.25 | $628 \pm 106$ | 734 |
| Below NR median | 2.0 | 0.33 | 0.09 | $2.4 \pm 0.8$ | 2 |
| Run 9 | 377.9 | 14.0 | 0.91 | $393 \pm 46$ | 389 |
| Below NR median | 1.2 | 0.84 | 0.35 | $2.4 \pm 0.7$ | 1 |

TABLE IV. The event rates in run 9 after various analysis selections.

| Cut | #Events | Rate (Hz) |
|---|---|---|
| All triggers | 24502402 | 3.56 |
| Single $S2$ cut | 9783090 | 1.42 |
| Quality cut | 5853125 | 0.85 |
| Skin veto cut | 5160513 | 0.75 |
| $S1$ range | 197208 | $2.87 \times 10^{-2}$ |
| $S2$ range | 131097 | $1.91 \times 10^{-2}$ |
| 18 $\mu$s FV cut | 21079 | $3.06 \times 10^{-3}$ |
| 310 $\mu$s FV cut | 7361 | $1.07 \times 10^{-3}$ |
| 268 mm FV cut | 398 | $5.79 \times 10^{-5}$ |
| BDT cut | 389 | $5.66 \times 10^{-5}$ |

square agree statistically with a flat distribution, indicating no effects from the electric field deformation due to wall charges. One event was found below the NR median curve, with its location indicated in Fig. 3. The $\log_{10}(S2/S1)$ vs $S1$ distribution for the 389 candidates is shown in Fig. 4. Being close to the NR median line, the single below-NR-median event is consistent with a leaked ER background.

The data in run 8 and run 9 were combined in the final analysis to obtain a new WIMP search limit. The run 8 data were reanalyzed with the updated reconstruction, and data selection cuts except that the vertical cuts were maintained from 20 to 346 $\mu$s (FV = 367 kg), since there was no gamma-$X$ contamination from $^{127}$Xe in run 8. This represents the largest dark-matter-search data set among dual-phase xenon detectors to date with an overall exposure of $3.3 \times 10^4$ kg day. A likelihood approach similar to that in Ref. [9] was used to fit the measured data distribution in $S1$ and $S2$. A parameterized tritium event distribution was used to simulate expected distributions for different ER background components, and that for accidentals was obtained from the data. The DM NR signals were simulated with the untuned NEST for different WIMP masses as the expected DM distributions, with the conservative low energy cutoff at 1.1 keV$_{nr}$ [4]. The entire data set was separated into 15 time bins to take into account the time dependent factors such as the electron lifetime, the background level, and other detector parameters (Table I). The scales of all five background components, $^{127}$Xe, $^{85}$Kr, other ER background (including Rn and material background), accidental, and neutron background, were defined as global nuisance parameters with their corresponding Gaussian penalty terms constructed based on systematic uncertainties in Tables II and III. The nominal rates for the latter four backgrounds were taken from Table II, and for $^{127}$Xe, the nominal rate was derived from the table to include the time dependence. The uncertainties for PDE, EEE, and SEG in the caption of Table I were verified to have small impact to the results and were neglected in the likelihood fit for simplicity.

To obtain the exclusion limit to spin-independent isoscalar WIMP-nucleon cross section, profile likelihood ratio [20,21] was constructed over grids of WIMP mass and cross section, and the final 90% confidence level (C.L.) cross section upper limits were calculated using the so-called CL$_s$ approach [22,23]. The final results are shown in Fig. 5, with results from XENON100 [15], PandaX-II run 8 [5] and LUX [4] overlaid. Our upper limits lie within the $\pm 1\sigma$ sensitivity band, consistent with statistical expectation based on Table III. The lowest cross section limit obtained is $2.5 \times 10^{-46}$ cm$^2$ at a WIMP mass of 40 GeV/$c^2$, which represents an improvement of more than a factor of 10 from Ref [5]. In the high WIMP mass region, our results are more than a factor of 2 more stringent than the LUX results [4]. Note that we have been generally conservative in officially reporting the first limits in this Letter. WIMP NR

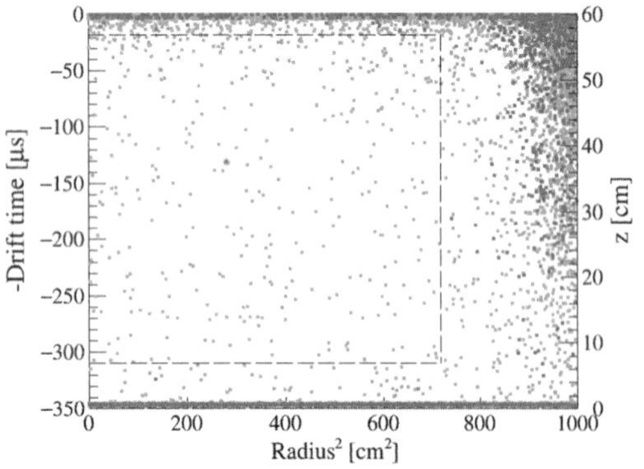


FIG. 3. Position distribution of events that pass all selections (gray points), and those below the NR median (outside FV: red points; inside FV: green star), with FV cuts indicated as the black dashed box.

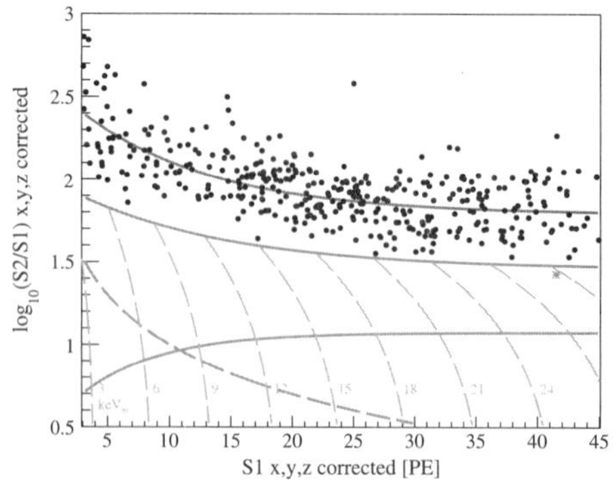


FIG. 4. The distribution of $\log_{10}(S2/S1)$ versus $S1$ for the dark matter search data. The median of the NR calibration band is indicated as the red curve. The dashed magenta curve represents the equivalent 100 PE cut on $S2$. The solid magenta curve is the 99.99% NR acceptance curve. The gray dashed curves represent the equal energy curves with NR energy indicated in the figures. The data point below the NR median curve is highlighted as a green star.

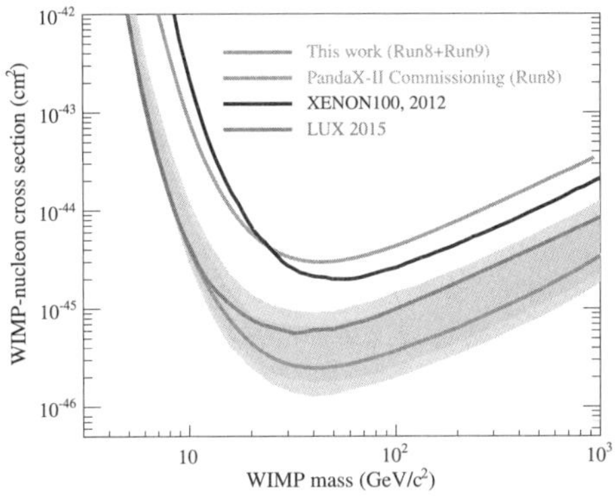


FIG. 5. The 90% C.L. upper limits for the spin-independent isoscalar WIMP-nucleon cross sections from the combination of PandaX-II run 8 and run 9 (red solid). Selected recent world results are plotted for comparison: PandaX-II run 8 results [5] (magenta), XENON100 225 day results [15] (black), and LUX 2015 results [4](blue). The 1 and 2-$\sigma$ sensitivity bands are shown in green and yellow, respectively.

modeling with a tuned NEST could result in an even more stringent limit (see Fig. 16 in Supplemental Material [14]), and a more elaborated treatment of FV cuts would also help.

In conclusion, we report the combined WIMP search results using data from run 8 and run 9 of the PandaX-II experiment with an exposure of $3.3 \times 10^4$ kg day. No dark matter candidates were identified above background and 90% upper limits were set on the spin-independent elastic WIMP-nucleon cross sections with a lowest excluded value of $2.5 \times 10^{-46}$ cm$^2$ at a WIMP mass of 40 GeV/$c^2$, the world's best reported limit so far. The result is complementary to the searches performed at the LHC, which have produced various WIMP-nucleon cross section limit in the range from $10^{-40}$ to $10^{-50}$ (cf. Refs. [24] and [25]), dependent on the dark matter production models. The PandaX-II experiment continues to take physics data to explore the previously unattainable WIMP parameter space.

This project has been supported by a 985-III grant from Shanghai Jiao Tong University, grants from National Science Foundation of China (Grants No. 11435008, No. 11455001, No. 11505112, and No. 11525522), a grant from the Ministry of Science and Technology of China (Grant No. 2016YFA0400301), and a grant from the Office of Science and Technology in Shanghai Municipal Government (Grant No. 11DZ2260700). This work is supported in part by the Chinese Academy of Sciences Center for Excellence in Particle Physics (CCEPP). The project is also sponsored by Shandong University, Peking University, and the University of Maryland. We also would like to thank Dr. Xunhua Yuan and Chunfa Yao of China Iron and Steel Research Institute Group, and we are particularly indebted to Director De Yin from Taiyuan Iron and Steel (Group) Co. LTD for crucial help on nuclear-grade steel plates. We also thank C. Hall for helping with specifics of tritium calibration. Finally, we thank the following organizations and personnel for indispensable logistics and other supports: the CJPL administration including directors Jianping Cheng and Kejun Kang and manager Jianmin Li, and the Yalong River Hydropower Development Company Ltd.

*Note added.*—As this manuscript is in the final production stage, a paper was submitted to the arXiv by the LUX collaboration on their dark matter search results with a similar exposure, which placed slightly stronger upper limit on the WIMP-nucleon cross section at $2.2 \times 10^{-46}$ cm$^2$ for a WIMP mass of 50 GeV/$c^2$ (see [26]).

[*]Corresponding author.
jianglai.liu@sjtu.edu.cn.
[†]Corresponding author.
willandy@sjtu.edu.cn.
[‡]PandaX-II Collaboration Spokesperson.
xdji@sjtu.edu.cn.
[§]Present address: Department of Physics, Columbia University.
[‖]Present address: Department of Physics, University of California, San Diego.

[1] E. Aprile, C. E. Dahl, L. de Viveiros, R. Gaitskell, K. L. Giboni, J. Kwong, P. Majewski, K. Ni, T. Shutt, and M. Yamashita, Phys. Rev. Lett. **97**, 081302 (2006).
[2] E. Aprile *et al.* (XENON100), Phys. Rev. Lett. **109**, 181301 (2012).
[3] D. Yu. Akimov *et al.*, Phys. Lett. B **709**, 14 (2012).
[4] D. S. Akerib *et al.* (LUX), Phys. Rev. Lett. **116**, 161301 (2016).
[5] A. Tan *et al.* (PandaX), Phys. Rev. D **93**, 122009 (2016).
[6] C. H. Faham, V. M. Gehman, A. Currie, A. Dobi, P. Sorensen, and R. J. Gaitskell, J. Instrum. **10**, P09010 (2015).
[7] V. Solovov, V. Belov *et al.*, IEEE Trans. Nucl. Sci. **59**, 3286 (2012).
[8] D. S. Akerib *et al.* (LUX), Phys. Rev. D **93**, 072009 (2016).
[9] X. Xiao *et al.* (PandaX), Phys. Rev. D **92**, 052004 (2015).
[10] S. Agostinelli *et al.* (GEANT4), Nucl. Instrum. Methods Phys. Res., Sect. A **506**, 250 (2003).
[11] J. Allison *et al.*, IEEE Trans. Nucl. Sci. **53**, 270 (2006).
[12] http://geant4.cern.ch/support/proc_mod_catalog/physics_lists/useCases.shtml.
[13] B. Lenardo, K. Kazkaz, M. Szydagis, and M. Tripathi, IEEE Trans. Nucl. Sci. **62**, 3387 (2015).
[14] Supplmental Material at for PandaX-II first data results, see http://link.aps.org/supplemental/10.1103/PhysRevLett.117.121303, which includes Refs. [4,5,15,16].
[15] E. Aprile *et al.* (XENON100), Phys. Rev. Lett. **111**, 021301 (2013).

[16] E. A. Bagnaschi *et al.*, Eur. Phys. J. C **75**, 500 (2015).
[17] J. Billard, E. Figueroa-Feliciano, and L. Strigari, Phys. Rev. D **89**, 023524 (2014).
[18] A. G. Beda, V. B. Brudanin, V. G. Egorov, D. V. Medvedev, V. S. Pogosov, E. A. Shevchik, M. V. Shirchenko, A. S. Starostin, and I. V. Zhitnikov, Phys. Part. Nucl. Lett. **10**, 139 (2013).
[19] B. P. Roe, H.-J. Yang, J. Zhu, Y. Liu, I. Stancu, and G. McGregor, Nucl. Instrum. Methods Phys. Res., Sect. A **543**, 577 (2005).
[20] G. Cowan, K. Cranmer, E. Gross, and O. Vitells, Eur. Phys. J. C **71**, 1554 (2011); **73**, 2501(E) (2013).
[21] E. Aprile *et al.* (XENON100), Phys. Rev. D **84**, 052003 (2011).
[22] A. L. Read, J. Phys. G **28**, 2693 (2002).
[23] T. Junk, Nucl. Instrum. Methods Phys. Res., Sect. A **434**, 435 (1999).
[24] G. Aad *et al.* (ATLAS), J. High Energy Phys. 11 (2015) 206.
[25] G. Aad *et al.* (ATLAS), Eur. Phys. J. C **75**, 299 (2015); **75**, 408(E) (2015).
[26] D. S. Akerib *et al.*, arXiv:1608.07648.

# Pygmy and giant dipole resonances in the nitrogen isotopes ①

Hai-Liang Ma,[1] Bao-Guo Dong,[1] Yu-Liang Yan,[1] Huan-Qiao Zhang,[1] Da-Qing Yuan,[1] Shen-Yun Zhu,[1] and Xi-Zhen Zhang[1]

[1] *Department of Nuclear Physics, China Institute of Atomic Energy, Post Office Box 275(18), Beijing 102413, China*
(Received 15 July 2015; revised manuscript received 25 November 2015; published 25 January 2016)

The configuration-interaction shell model with the WBP10 effective interaction has been used to investigate the pygmy and giant dipole resonances in the nitrogen isotopes. Large enhancement of low-lying dipole strength, i.e., pygmy dipole resonances (PDRs), is predicted in the neutron-rich $^{17,18,19,20}$N. The nature of the PDRs is analyzed via the transition densities and transition matrix elements. It turns out these PDRs involve a larger amount of excitations between the $2s1d$ and loosely bound $1f2p$ shells. Combining with the transition densities, it is concluded that the PDRs in $^{17,18,19,20}$N are collective and due to the oscillation between the excess neutrons and the isospin saturated core. The isospin dependence of energy splitting and sum rule of isospin doublets is discussed. The theoretical energy splitting of isospin doublets can significantly deviate from the systematic values when nucleus is far away from the $\beta$-stability line. The ratios of $T_<$ and $T_>$ energy-weighted sum rule (EWSR) are consistently larger than the systematic values, and it is noticed that the calculated EWSR ratio over the systematic ratio increases with increasing isospin almost linearly. We also calculated the photoabsorption cross sections for the nitrogen isotopes. We proposed the normalization factors for 0–1$\hbar\omega$ and 2–3$\hbar\omega$ calculations. After the normalization, the shell model has well reproduced the experimental photoabsorption cross sections in $^{14,15}$N, especially the detailed structure of resonances.

DOI: 10.1103/PhysRevC.93.014317

## I. INTRODUCTION

Isovector giant dipole resonance (GDR) is the most well-established collective oscillating mode throughout the mass table with large photoabsorption cross sections [1], exhausting most of the classical Thomas-Reich-Kuhn (TRK) sum rule [2,3]. Microscopically the GDR is described as a coherent superposition of particle-hole excitations resulting from the action of an electromagnetic operator on the nuclear ground state [4]. Another kind of electric dipole excitation with collective characteristics can be developed in nuclei with large neutron-proton excess; i.e., the less tightly bound nucleons can oscillate against the isospin saturated core [5–8]. This soft mode will result in a large enhancement of electric dipole response in the low-energy region, which exhausts only a few percent of the total energy-weighted sum rule (EWSR), hence named the pygmy dipole resonance (PDR). The significance of the PDRs is that not only do they provide a novel collective behavior in nuclear structure but also nucleon capture rates could be largely enhanced in the astrophysical $r$-process nucleosynthesis [9].

The PDRs in neutron-rich heavy and medium-heavy nuclei have been intensely studied by various approaches; see Ref. [7] for a review. The most widely used microscopical approaches are based on the relativistic and nonrelativistic mean-field or density functional theories plus (quasiparticle-)random-phase-approximation (RPA) [10–18]. Some of the calculations have also incorporated the phonon coupling [19] or the continuum states [20]. However, the collectivity of PDRs is still much debated. In heavy nuclei, the PDRs are predicted to be collective and due to the vibration of the excess neutrons against the inert isospin saturated core [21]. In light nuclei, not only can PDRs be developed by the collective soft mode [5,6], but also the fragmentation of the GDRs can shift the dipole strength to lower energies [21–23]. Relativistic and nonrelativistic theories have predicted these low-lying strengths to be of noncollective nature [19,21,24]. Moreover, the single-particle excitations near the threshold can enhance the dipole excitations [11,25,26]. The observed dipole strength at very low excitation energies for the one-neutron halo nuclei $^{11}$Be [27] and $^{19}$C [28] was interpreted as this threshold effect.

In light nuclei, another option to study the isovector dipole resonances is using the configuration-interaction shell model (SM) [29–31]. Decades ago it was already realized that "the gross structure of photo absorption curves in light nuclei (position and width of the main maximum, configurational and isospin splitting) can be well understood on the basis of the shell model if one takes into account the residual interaction between the nucleons" [29]. The configuration interaction is not included in the most widely used mean-field plus RPA approaches. However, it was shown that the phonon coupling, which can be seen as including the minimal configuration interaction in the mean-field-based theories, is crucial to obtain a reasonable result of PDRs in the study of neutron-rich oxygen isotopes [19]. It is convenient to take into account of multiple particle-hole excitations and configuration interactions in the shell model. For example, the PDRs in neutron-rich oxygen isotopes were predicted by the shell model [30] and then confirmed experimentally [22]. In order to get insight into the collectivity of the PDRs, authors in Ref. [23] have combined the shell-model transition densities and matrix elements, showing that the PDR in $^{17}$Ne is collective and due to the oscillation of the valence protons against the interior core, while in $^{18}$Ne the dipole resonance in the PDR region is noncollective and more likely to be the configuration splitting of the giant dipole resonances.

For an entire nuclear chain, it is also interesting to investigate the isospin dependence of electric dipole strength

① Physical Review C,2016,93(1):014317-(1-12).

as well as photoabsorption cross sections approaching the neutron drip line. The PDRs in some light-mass even-$Z$ nuclei, such as oxygen and carbon isotopes, have already been studied by the shell model in Refs. [30,31].

In this paper, the electric dipole strengths and photoabsorption cross sections in the odd-$Z$ nitrogen isotopes are investigated by the shell model in the *spsdpf* space with the WBP10 interaction [32]. The details of the calculation are given in Sec. II. In Sec. III, we give the neutron and proton separation energies for the entire nitrogen chain to check the appropriateness of the WBP10 interaction. The single-particle wave functions are checked by comparing the theoretical mass radius with the experimental values. Then the strengths of dipole responses in $^{14-20}$N are discussed in Sec. IV. The enhanced pygmy dipole resonances in the neutron-rich nitrogen isotopes are analyzed by looking into the transition densities and matrix elements. In Sec. V, the isospin dependence of sum rule and energy splitting for isospin doublets are discussed. The systematics of the PDRs in the odd-$Z$ nitrogen isotopes are compared with the even-$Z$ carbon and oxygen isotopes in Sec. VI. In Sec. VII, we give the photoabsorption cross sections in the nitrogen isotopes. Finally a summary will be given in Sec. VIII.

## II. CALCULATION DETAILS

In our shell-model calculations, the NUSHELL@MSU code [33] with the effective interaction WBP10 [32] in the $0s$-$0p$-$1s0d$-$1p0f$ model space is used. The Warburton-Brown interaction WBP10 was originally constructed by fitting energy levels in the 0–1$\hbar\omega$ space and has also been applied to study the energy spectra of $2p$-$2h$ states. In the WBP10 interaction, the coupling between the following multi-$\hbar\omega$ configurations is cut off: The two-body matrix elements for $1p$-$1h$ $2\hbar\omega$ excitations are all set equal to 0 due to the Hartree-Fock condition. The cross shell $2\hbar\omega$ two-body matrix elements between $0s^2$ and $0p^2$ have been also set equal to 0. The WBP10 interaction is enclosed in the NUSHELL@MSU package.

The standard Lawson method is used to remove center-of-mass spurious components in the wave function by adding a fictitious Hamiltonian, which acts only on the center-of-mass excitation [34,35].

The one-body transition density (OBTD) is the standard output of the shell-model code such as OXBASH and NUSHELL@MSU [33]. The OBTDs are unrelated to the radial wave function but related to the angular momentum part between the initial and final states. Thus the transition matrix element can be given by the transition operator and the transition density can be given by the density operator using the same OBTDs.

The reduced transition matrix element between the final state $|J_f\rangle$ and initial state $|J_i\rangle$ can be expressed by the OBTDs and reduced single-particle matrix elements of the valence orbitals,

$$\langle J_f||\hat{O}^\lambda||J_i\rangle = \sum_{k_\alpha k_\beta} \mathrm{OBTD}(fik_\alpha k_\beta\lambda)\langle k_\alpha||\hat{O}^\lambda||k_\beta\rangle, \quad (1)$$

where $J_i$ and $J_f$ include all the quantum numbers needed to distinguish the states, and OBTD is given by

$$\mathrm{OBTD}(fik_\alpha k_\beta\lambda) = \frac{\langle J_f||\left[a^+_{k_\alpha}\otimes\tilde{a}_{k_\beta}\right]^\lambda||J_i\rangle}{\sqrt{2\lambda+1}}. \quad (2)$$

The OBTD can also be defined to include the isospin freedom [36].

The radial transition densities are calculated with the same OBTDs [23],

$$\begin{aligned}\delta\rho_\lambda(r) =& \frac{\langle J_f||\sum_i \frac{1}{r^2}\delta(r-r_i)Y_\lambda||J_i\rangle}{\sqrt{2J_i+1}} \\ =& \frac{1}{\sqrt{2J_i+1}}\sum_{k_\alpha,k_\beta}\mathrm{OBTD}(fik_\alpha k_\beta\lambda) \\ &\times \langle k_\alpha|\left|\frac{1}{r^2}\delta(r-r')Y_\lambda\right||k_\beta\rangle, \end{aligned} \quad (3)$$

where

$$\langle k_\alpha|\left|\frac{1}{r^2}\delta(r-r')Y_\lambda\right||k_\beta\rangle = \psi_{k_\alpha}(r)\psi_{k_\beta}(r)\langle k_\alpha||Y_\lambda||k_\beta\rangle, \quad (4)$$

and $\psi_{k_\alpha}(r)$ is the radial wave function of the valence orbital $k_\alpha$.

In the calculations we use the *spsdpf* model space including excitations up to 2–3$\hbar\omega$ for $^{14}$N, $^{15}$N, and $^{16}$N. Other nuclei are studied in the *spsdpf* model space including 1$\hbar\omega$ excitations.

## III. THE PROPERTIES OF THE GROUND STATES IN THE NITROGEN CHAIN

The shell model with the WBP10 interaction has given the correct ground-state spins in $^{12-17}$N in the 0–1$\hbar\omega$ space. In $^{18}$N, experimentally the first excited state $2^-$ is of 0.1149 MeV above the ground state and the shell model has missed the order of these two states. In $^{19,20}$N the ground-state spins given by experiment are tentative. The values from the shell-model calculations are consistent with the experimental assumptions [37].

Figure 1 gives the proton and neutron separation energies of the ground states of the nitrogen chain. Charge independence and charge symmetry breaking are not included in the WBP10 effective interaction. To take into account the Coulomb effect on the proton separation energies, which is usually the main source of charge symmetry breaking, the normalized proton separation energies $S_p$ are also given in Fig. 1; i.e., they have subtracted the difference of $S_p - S_n$ in $^{14}$N. This difference, 2.943 MeV, is very close to the roughly estimated Coulomb barrier 2.987 MeV from the equation

$$U_{\mathrm{Coul.}} = \frac{kZ_1Z_2e^2}{R}, \quad (5)$$

where $Z_1 = 6$, $Z_2 = 1$, $ke^2 = 1.44$ MeV fm and $R = 1.2A^{1/3}$ fm. As can be seen from Fig. 1, the shell model with the WBP10 interaction has well reproduced the proton and neutron separation energies for the entire nitrogen chain, notably a drop in $^{16}$N in which only one neutron sits outside of the $N = 8$ closed shell.

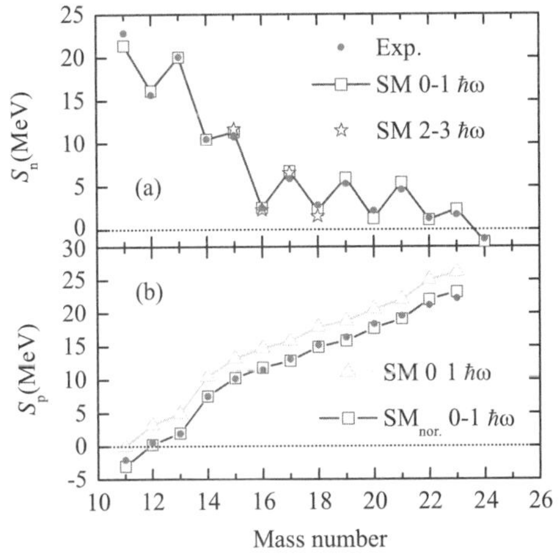


FIG. 1. Neutron and proton separation energies of the nitrogen isotopes. The solid circles are experimental values. The open squares and stars are the shell-model results in 0–1$\hbar\omega$ and 2–3$\hbar\omega$ spaces, respectively. In panel (b), the normalized proton separation energies which takes into account of the Coulomb barrier are also shown by open squares. The lines are only guides for the eyes.

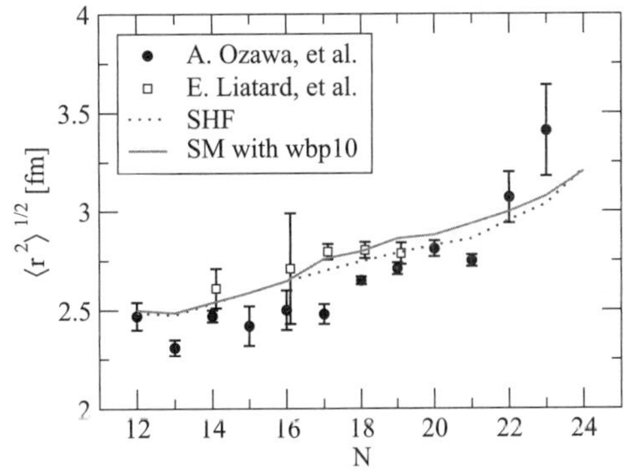


FIG. 2. Mass radii of the nitrogen isotopes. The solid cycles indicate the experimental data compiled by Ozawa *et al.*; see Ref. [40] and references in. The open squares indicate the experimental results given in Ref. [41]. The solid line gives the shell-model results in 0–1$\hbar\omega$ space using the SHF single-particle wave functions.

In this paper, the self-consistent Skyrme-Hartree-Fock (SHF) wave functions with the KDE0 interaction [38] are used in the calculation of electric dipole matrix elements. The KDE0 effective interaction has survived a series of tests and is recommended as one of several Skyrme parametrizations for future studies [39]. The SHF equations are solved in the coordinate space. The wave functions of the unoccupied states are obtained by solving the nuclear mean-field potential within a sphere of 15 fm in radius. And for each unbound orbital, the nuclear potential is stretched so that its energy is below the potential barrier and the root-mean-squares radius of this orbital is inside the barrier. To check the single-particle wave functions, the mass radii of the nitrogen isotopes are calculated and compared with the experimental data in Fig. 2. The results with the SHF approach are also presented. It is seen that the mass radii calculated by the shell model and the SHF approach are very close. The shell-model results for $^{17-23}$N are slightly larger than those from the SHF approach, largely due to the mixing of the orbitals which have long tails. Generally, two models have reproduced the trend of the experimental data. It seems the theoretical results are more in line with the experimental data given by Liatard *et al.* [41] for $^{16,17,18,19}$N, while these values in Ref. [40] are somewhat smaller. However, the experimental results deduced from total reaction cross sections exhibit significant negative isospin shifts at the shells, i.e., $N = 6$, 8, and 14 [40]. This feature is not reproduced by either model.

## IV. ELECTRIC DIPOLE STRENGTHS AND PYGMY DIPOLE RESONANCES IN NITROGEN ISOTOPES

The electric dipole transition strength $B(E1)$ is defined as

$$B(E1;\omega_n) = \sum_{\mu} \left|\langle n|\hat{O}_{\mu}^{\lambda+1}|\text{g.s.}\rangle\right|^2, \tag{6}$$

where the matrix element is calculated between the ground state ($|\text{g.s.}\rangle$) and the $n$th$E1$ excited shell-model state ($|n\rangle$) with the excitation energy $\hbar\omega_n$. For $E1$ transitions, the parities of initial and final states should be opposite in order to conserve the total parity. Because in Eq. (7) there are only isoscalar and isovector excitations, and the isospin of the nuclear ground state is normally its minimum value, i.e., $T = (N - Z)/2$, the electric-dipole absorption of photons by a nucleus can only lead to the states with isospin $T = T_z$ or $T = T_z + 1$ with the first possibility disappearing when $T_z = 0$.

To further remove the additional spurious components due to the usage of the Skyrme-Hartree-Fock wave functions, the center-of-mass removed dipole operator [42] is used in the calculation of the dipole transition strength,

$$\tilde{Q}_{\mu}^{\lambda=1} = e\frac{N}{A}\sum_{i}^{Z} r_i Y_{1\mu}(\hat{r}_i) - e\frac{Z}{A}\sum_{i}^{N} r_i Y_{1\mu}(\hat{r}_i), \tag{7}$$

where $Z$, $N$, and $A$ are proton, neutron, and mass numbers, respectively. The effectiveness of this method was demonstrated in Refs. [30,31]. To smooth out the discrete strengths, the transition strengths are averaged by a Lorentz-type factor $\rho(\omega)$,

$$\frac{d\bar{B}(E1;\omega)}{d\omega} = \int \sum_{n} B(E1;\omega_n) R(\omega - \omega_n) d\omega, \tag{8}$$

where $\omega$ is the photon energy and

$$R(\omega - \omega_n) = \frac{1}{\pi}\frac{\Gamma/2}{(\omega - \omega_n)^2 + \Gamma^2/4}. \tag{9}$$

In this paper, an arbitrary total width $\Gamma = 2$ MeV is used. In principle, the $R$-matrix theory can be used to calculate the partial and total width of resonances. However, the total absorption will remain practically unchanged because the calculated total width values are not much different from the fixed $\Gamma = 2$ MeV [43]. In this way, the response function is like the superposition of many isolated Breit-Wigner resonances.

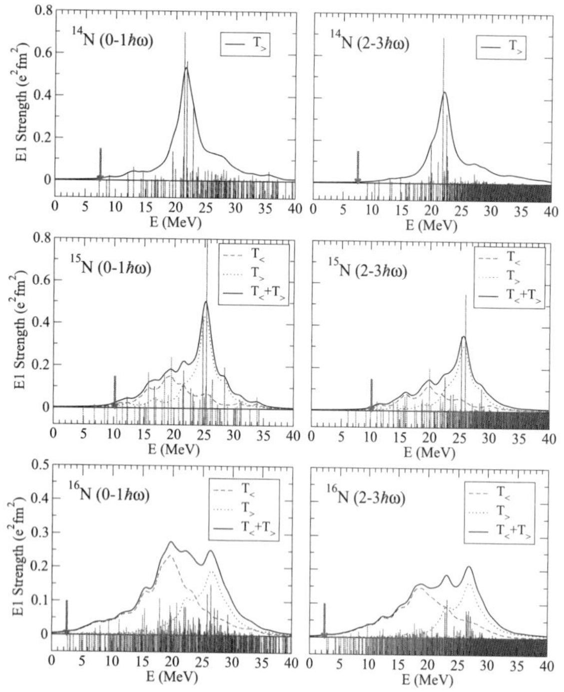


FIG. 3. The calculated electric dipole strengths from the excited to the ground states for $^{14,15,16}$N in the shell-model space up to 0–1$\hbar\omega$ and 2–3$\hbar\omega$ excitations. The thin drop lines are the discrete $B(E1)$ values in the shell-model calculations. The dashed (red), dotted (blue), and solid (black) lines represent the transitions from $T = T_z$, $T = T_z + 1$ states (labeled as $T_<$ and $T_>$) and their sums, respectively. The arrows separate the continuum from the discrete states.

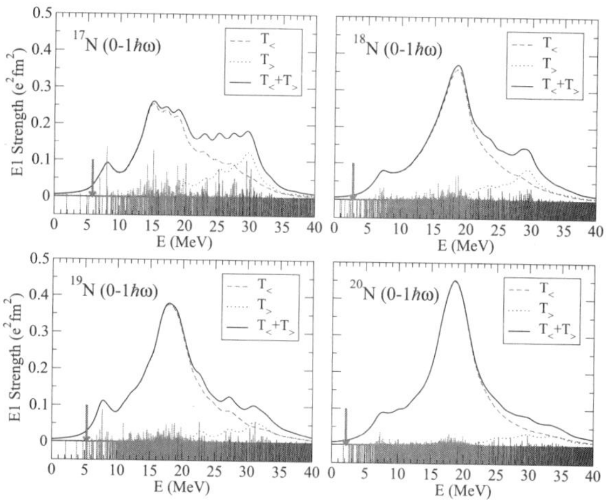


FIG. 4. Same as Fig. 3 but for $^{17-20}$N in the $spsdpf$ space up to 0–1$\hbar\omega$ excitations.

The electric dipole strengths from the excited to the ground states for $^{14,15,16}$N are shown in Fig. 3. The states of $T = T_z$ and $T = T_z + 1$ are denoted as $T_<$ and $T_>$. The general features by including 2–3$\hbar\omega$ excitations have been discussed in the study of oxygen and carbon isotopes [30,31]. It is indeed clearly seen that the peak strengths are reduced in the 2–3$\hbar\omega$ calculations, although the discrete level density generally increases. The remaining strength is pushed up beyond $E > 40$ MeV, similar to the discussions in the carbon isotopes [31]. Recent large-scale shell-model calculations in calcium isotopes by Y. Utsuno *et al.* [44] also suggest the inclusion of 3$\hbar\omega$. Figure 4 gives the electric dipole strengths for $^{17-20}$N in the 0–1$\hbar\omega$ space. Compared with the results of $^{14,15,16}$N in the same space, we can see that except for $^{15}$N, which has a neutron closed shell, the discrete level density generally increases with increasing isospin, and meanwhile discrete $B(E1)$ strengths becomes more spread out.

In $^{14}$N, only the de-excitation of $T_>$ states contributes to the dipole strength. The GDR is largely a single-peak shape. As isospin increases, the competition between the $T_<$ and the $T_>$ states gives the GDR more complex structure. If the GDR peaks of $T_<$ and $T_>$ have similar height, i.e., in $^{16,17}$N, a plateau is seen. As the isospin further increases, the $T_<$ one will dominate and then the GDR is largely a single peak again. For the further discussion on the splitting of isospin doublets, see Sec. V.

As can be seen from Fig. 3, in the low-energy region ($E <$ 10 MeV), very little dipole strength is seen in $^{14,15}$N, while some amount appears in $^{16}$N. As the nucleus is located further away from the $\beta$-stability line, it is seen in Fig. 4 that the low-lying dipole strength greatly increases in $^{17-20}$N. The picture remains largely the same if we use the harmonic oscillator wave function instead of the ones calculated by the SHF approach, although the pygmy strengths are lowered about $\sim$10%. It would be very interesting to investigate the nature of the enhanced pygmy strengths in $^{17-20}$N. To this end, the transition densities of those discrete levels which have prominent $B(E1)$ values in the PDR and GDR regions are drawn and shown in Figs. 5, 6, 7, and 8 for $^{17,18,19,20}$N, respectively. The common feature is that the transition densities near the GDR peaks have the opposite phase, i.e., the bulk protons and neutrons move against each other. In $^{19}$N, the transition densities at $E = 10.978$ MeV with $J_f^\pi = 5/2^+$ and $T = T_z$ are also of GDR type. However, for those states which contribute to the low-energy bump in Fig. 4, with the energies $E \lesssim 8$ MeV, the protons and neutrons move in phase in the nuclear interior, while they are gradually out of phase roughly beyond the mass radii. This scenario is similar to the observation of the mean-field plus RPA theory in neutron-rich oxygen isotopes that this is the typical pygmy resonances of the halo-skin neutrons oscillating against the inner core [21,45]. For these neutron-rich nuclei, the neutron wave functions of the weakly bound orbitals extend far away from the core; therefore long tails appear in the neutron transition densities of the PDR states. In contrast, the transition densities of GDR states show little tail beyond the $2\sqrt{\langle r^2\rangle} \sim 6$ fm.

In light nuclei the GDR is not completely collectivized [43]. The giant peak in $^{14}$N is dominated by the $2s1d \leftrightarrow 1p$, particularly $1d_{5/2} \leftrightarrow 1p_{3/2}$, transitions. In $^{15,16}$N, the GDRs are also largely $2s1d \leftrightarrow 1p$ transitions, only more diversified. From $^{17}$N to $^{20}$N, as the neutron Fermi level

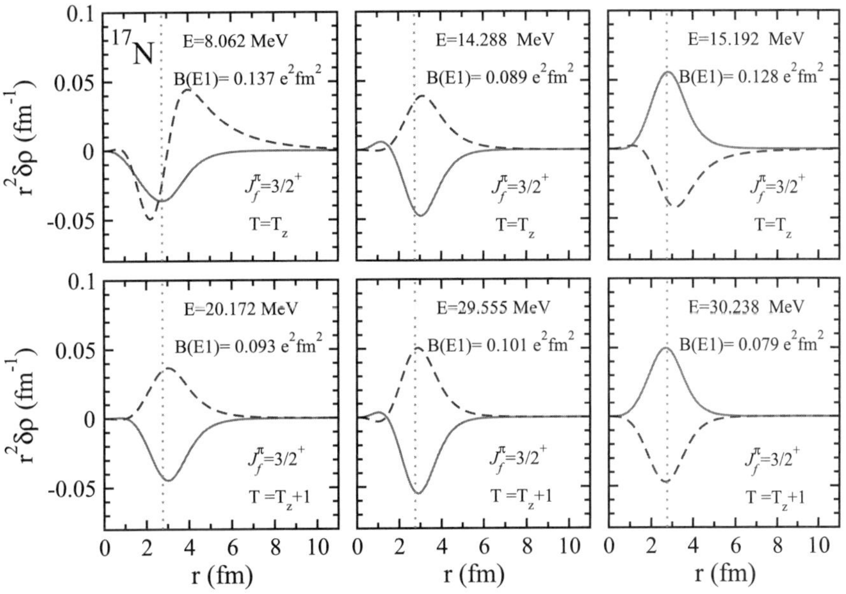


FIG. 5. Shell-model transition densities of discrete dipole transitions in $^{17}$N. The solid red and dashed blue lines are for proton and neutron, respectively. The dotted brown line gives the location of the mass radius in the shell-model calculations.

is approaching the $N = 20$ shell gap, although the GDRs are still largely the $2s1d \leftrightarrow 1p$ transitions, some amount of contribution comes from the $1f2p \leftrightarrow 2s1d$ transitions for the $T = T_z$ states. Meanwhile, because the proton number is less than 8 while the neutron number is larger than 8, only the $2s1d \leftrightarrow 1p$ transitions contribute to the GDRs for the $T = T_z + 1$ states. However, for the PDRs in $^{17-20}$N, the $1f2p \leftrightarrow 2s1d$ transitions seemingly play a larger role except for the $E = 7.743$ MeV state in $^{19}$N. Even in that case the $1f2p \leftrightarrow 2s1d$ transitions still contribute considerably. The matrix elements of transitions between the valence orbitals for the selected PDR states are shown Fig. 9. It is also seen that the PDRs are usually not dominated by one transition, which is distinctive from the GDRs in the light nuclei. If this is some collectivity suggested by authors in Ref. [23], then together with the discussions on the transition densities, the PDRs in

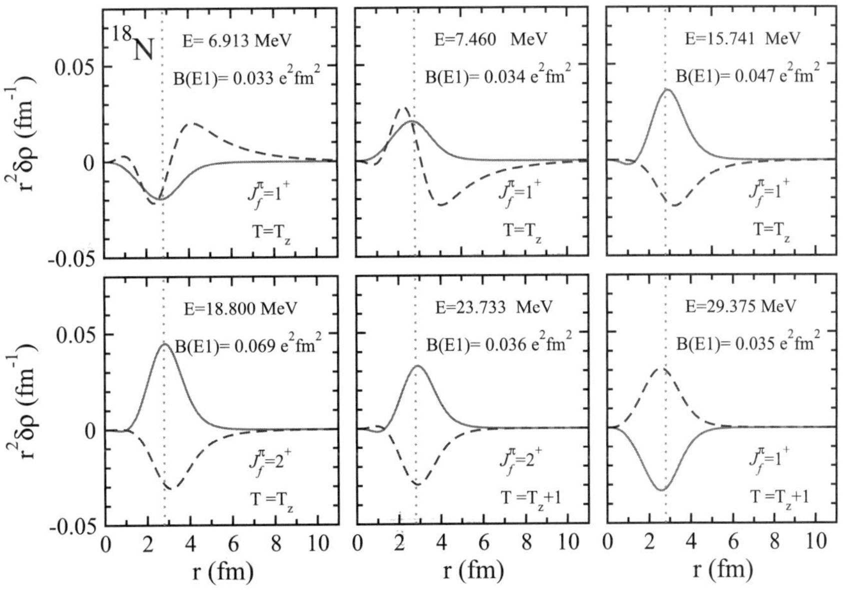


FIG. 6. Shell-model transition densities of discrete dipole transitions in $^{18}$N.

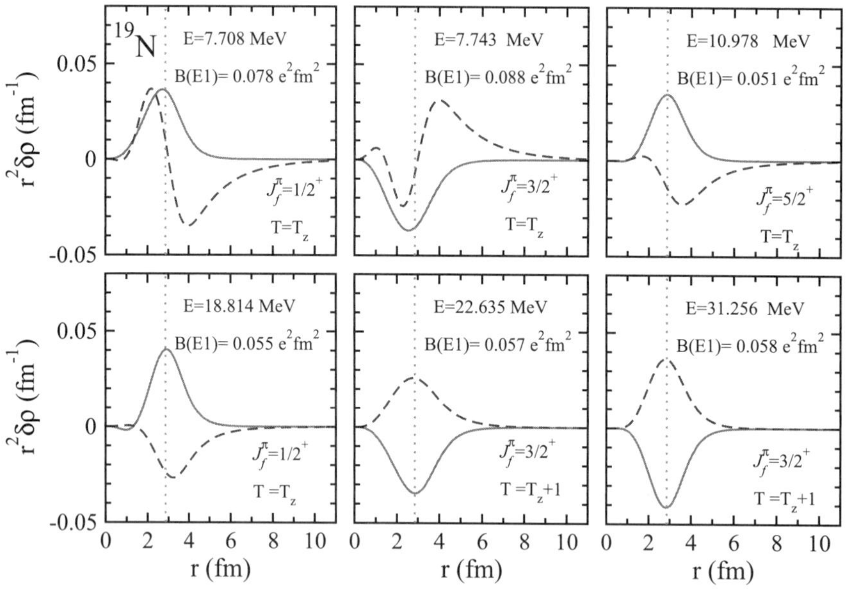


FIG. 7. Shell-model transition densities of discrete dipole transitions in $^{19}$N.

$^{17-20}$N are collective due to the soft mode between the excess neutrons and the core.

## V. SUM RULE AND SYSTEMATICS OF ISOSPIN DOUBLETS IN NITROGEN ISOTOPES

The sum rules are useful measures of the collectivity of the giant resonances. In Table I, the ground-state spins, the GDR peaks, the nonenergy-weighted sum rule (NESR), and the energy-weighted sum rule (EWSR) of dipole strengths in the nitrogen isotopes are shown. The total sum rule is obtained by summing up to 40 MeV. For the isovector GDR, the classical energy-weighted sum rule value is given by

$$S\,(\mathrm{TRK}) = \sum\!\!\!\!\!\!\int_n \hbar\omega_n \left|\langle n|\hat{O}_\mu^{\lambda=1}|\mathrm{g.s.}\rangle\right|^2 = \frac{\hbar^2}{2m}\frac{9}{4\pi}\frac{NZ}{A}$$

$$= 14.9\frac{NZ}{A}e^2\ \ (\mathrm{MeV\,fm^2}), \tag{10}$$

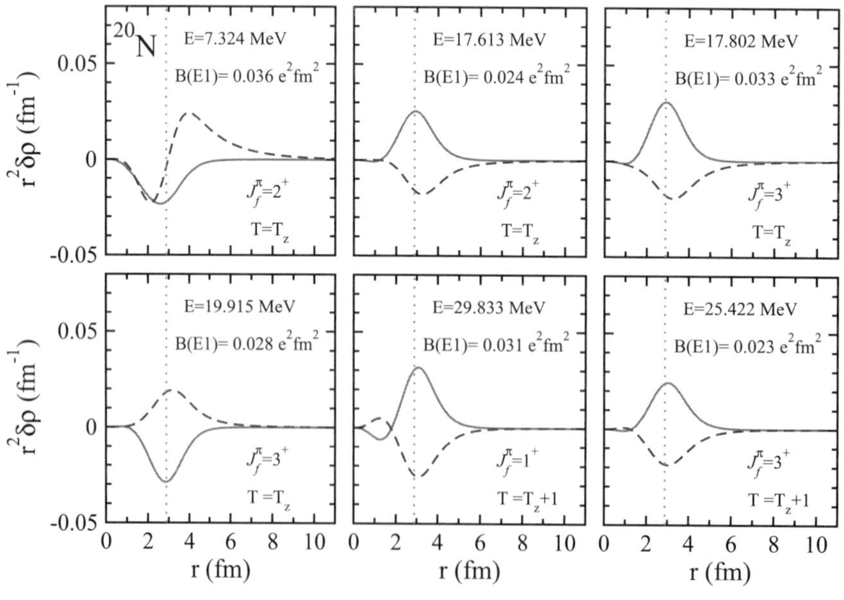


FIG. 8. Shell-model transition densities of discrete dipole transitions in $^{20}$N.

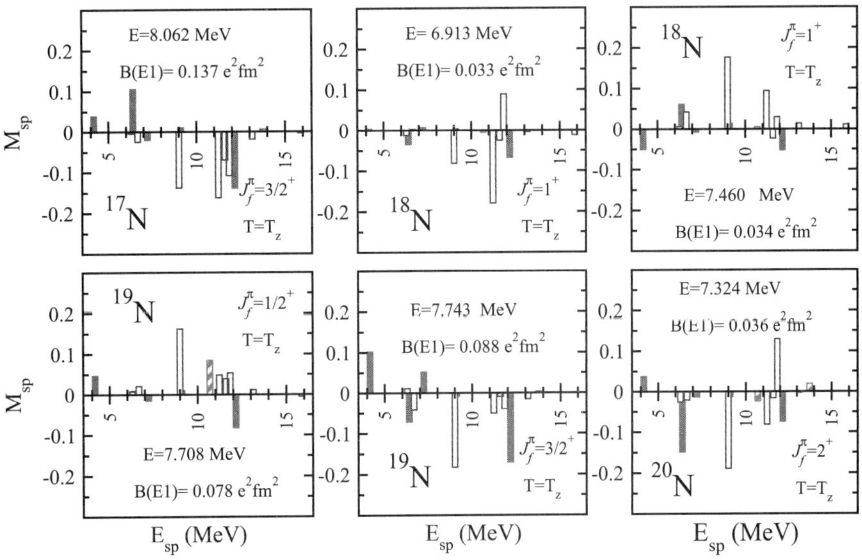


FIG. 9. Contributions to the total matrix elements of valence orbitals for the de-excitations from the selected PDR states in $^{17-20}$N. The horizontal axis is the single-particle excitation energies of valence orbitals. The magenta bars with slanted lines, the solid red bars, and the open blue bars indicate the transitions between the valence orbitals of $1s \leftrightarrow 1p$, $1p \leftrightarrow 2s1d$, and $2s1d \leftrightarrow 1f2p$, respectively.

neglecting the contributions of exchange terms. This sum rule is known as the Thomas-Reiche-Kuhn (TRK) sum rule.

It is seen from Table I that the GDR centroids of $^{14,15,16}$N are pushed up ~0.5 MeV with the inclusion of 2–3$\hbar\omega$ excitations. For the 0–1$\hbar\omega$ calculations, the GDR energies and the sum rules show some isospin dependency. To show this feature more clearly, the GDR energies and the splittings of the isospin doublets are drawn in Fig. 10. It is seen that the GDR energies for the $T_>$ states generally increase with increasing isospin, although the increasing shows some staggering with the neutron number. However, for the $T_<$ states, the variation of GDR energies with the isospin is more intricate, i.e., lacking clear isospin dependency. In contrast, the GDR energy for the heavy nuclei, where the transition of $T_<$ states dominates, is proportional to the linear combination of $A^{-1/6}$ and $A^{-1/3}$ [3,46]. In Fig. 10(b), the GDR energy differences between $T_<$ and $T_>$ states calculated by the shell model are compared with the systematics of energy displacement of dipole isospin doublets derived from the symmetry energy, i.e., Ref. [47],

$$E_> - E_< = \frac{60(T+1)}{A}\text{MeV}. \tag{11}$$

We can see that the trend of the shell-model results is consistent with the systematic splittings, especially near the $\beta$-stability line. The staggering on even-odd neutron number is also more apparent. However, when the nucleus is far away from the $\beta$-stability line, the systematic deviation from the values with Eq. (11) can be significant.

As discussed in the last section, the dipole responses are less enhanced in the 2–3$\hbar\omega$ space calculations than those in the 0–1$\hbar\omega$ space calculations. Correspondingly the NESR and EWSR values in the 2–3$\hbar\omega$ space calculations, as well as the EWSR values against the TRK sum rule, are also less enhanced, about 80% of those values in the 0–1$\hbar\omega$ calculations for $^{14,15,16}$N. In the normal shell-model calculations, the excitation of nucleons is restricted in several adjacent major shells, and thus a large number of configurations, although usually at higher energies, are neglected. The decorrelation of those configurations pushes the strengths to lower energies and hence enhances response functions.

In the 0–1$\hbar\omega$ space calculations, the EWSR values for the $T_>$ states are decreasing with increasing isospin, while it is vice versa for the $T_<$ states. However, the ratio of EWSR in the shell-model calculations over the TRK values remain largely stable around 1.4–1.5. In medium and heavy nuclei, the systematic ratio of EWSR values between the $T_<$ and $T_>$ states reads [48]

$$\frac{\text{EWSR}(T_>)}{\text{EWSR}(T_<)} = \frac{\sigma_>}{\sigma_<} = \frac{1}{T}\frac{1-\frac{3}{2}TA^{-2/3}}{1+\frac{3}{2}TA^{-2/3}}. \tag{12}$$

The shell-model EWSR ratios are compared with the systematic values in Fig. 11. We can see that generally the shell model has reproduced the trend of the systematic values throughout the entire nitrogen chain. However, the consistent overestimation of the EWSR ratios indicates that the enhancement of response functions are incoherent for the $T_<$ and $T_>$ states. In other words, the enhancement for the $T_>$ states are relatively larger than that for the $T_<$ states. Considering that only those states below 40 MeV have been included in the calculation of EWSR values, some amount of sum rule would be missing for the $T_>$ states (the EWSR values would be about 3%, 5% 9%, and 13% larger for $^{17,18,19,20}$N if we sum up to 50 MeV), then the overestimation of the ratio would be even larger. It is also interesting to notice that the calculated EWSR

TABLE I. Ground-state spins, nonenergy-weighted sum rule, and energy-weighted sum rule of $E1$ transitions in the nitrogen isotopes. The peak energies in the response function and the photoadsorption cross sections are usually very close, but if there are competing peaks, e.g., the $T_<$ states in $^{17}$N and the $T_>$ states in $^{20}$N, the chosen GDR peaks are set between the peaks. The total sum rule values are obtained by summing up to $E_x = 40$ MeV, while for the sum rule of the PDRs, the sums are extend to $E_x = 10$ and 15 MeV in the last two columns respectively. In $^{19,20}$N, the ground-state spins and parities are only tentatively set according to the shell-model calculation; also see the discussion in Ref. [37].

| Nuclides | $J^{\pi}_{\text{g.s.}}$ | Isospin | $E_{\text{peak}}$ (MeV) | NESR ($e^2$fm$^2$) | EWSR (MeV$e^2$fm$^2$) | $S$(TRK) (MeV$e^2$fm$^2$) | EWSR/TRK (%) | EWSR < 10 MeV) (MeV$e^2$fm$^2$) (%) | EWSR (<15 MeV) (MeV$e^2$fm$^2$) (%) |
|---|---|---|---|---|---|---|---|---|---|
| $^{14}$N($1\hbar\omega$) | $1^+$ | $T=1$ | 21.6 | 3.283 | 74.17 | 52.15 | 142.2 | 0.67(1.3) | 3.32(6.4) |
| $[(1+3)\hbar\omega]$ | | $T=1$ | 22.0 | 2.591 | 60.98 | 52.15 | 116.9 | 0.24(0.5) | 1.51(2.9) |
| $^{15}$N($1\hbar\omega$) | $1/2^-$ | $T_< = 1/2$ | 19.4 | 1.508 | 30.63 | | | 0.49 | 2.57 |
| | | $T_> = 3/2$ | 25.2 | 2.206 | 53.97 | | | 0.17 | 1.12 |
| | | Total | | 3.714 | 84.60 | 55.63 | 152.1 | 0.65(1.2) | 3.69(6.6) |
| $[(1+3)\hbar\omega]$ | $1/2^-$ | $T_< = 1/2$ | 19.9 | 1.244 | 25.65 | | | 0.33 | 2.41 |
| | | $T_> = 3/2$ | 25.7 | 1.654 | 41.59 | | | 0.10 | 0.73 |
| | | Total | | 2.898 | 67.24 | 55.63 | 120.9 | 0.43(0.8) | 3.14(5.6) |
| $^{16}$N($1\hbar\omega$) | $2^-$ | $T_< = 1$ | 19.6 | 2.339 | 48.85 | | | 1.46 | 5.79 |
| | | $T_> = 2$ | 26.5 | 1.504 | 38.49 | | | 0.09 | 0.51 |
| | | Total | | 3.843 | 87.34 | 58.67 | 148.9 | 1.55(2.6) | 6.30(10.7) |
| $[(1+3)\hbar\omega]$ | $2^-$ | $T_< = 1$ | 19.0 | 1.799 | 34.41 | | | 1.01 | 4.58 |
| | | $T_> = 2$ | 26.9 | 1.162 | 30.92 | | | 0.06 | 0.27 |
| | | Total | | 2.961 | 65.33 | 58.67 | 111.3 | 1.07(1.8) | 4.85(8.3) |
| $^{17}$N($1\hbar\omega$) | $1/2^-$ | $T_< = 3/2$ | 17.8 | 2.940 | 63.18 | | | 2.58 | 11.68 |
| | | $T_> = 5/2$ | 29.8 | 1.107 | 29.21 | | | 0.05 | 0.25 |
| | | Total | | 4.047 | 92.38 | 61.35 | 150.6 | 2.63(4.3) | 11.93(19.4) |
| $^{18}$N($1\hbar\omega$) | $1^-$ | $T_< = 2$ | 18.7 | 3.504 | 71.73 | | | 2.79 | 10.94 |
| | | $T_> = 3$ | 29.4 | 0.806 | 21.51 | | | 0.04 | 0.15 |
| | | Total | | 4.502 | 93.24 | 63.74 | 146.3 | 2.82(4.4) | 11.09(17.4) |
| $^{19}$N($1\hbar\omega$) | $(1/2^-)$ | $T_< = 5/2$ | 18.4 | 3.923 | 80.12 | | | 3.24 | 12.58 |
| | | $T_> = 7/2$ | 31.2 | 0.559 | 16.49 | | | 0.02 | 0.08 |
| | | Total | | 4.483 | 96.61 | 65.87 | 146.7 | 3.26(4.9) | 12.66(19.2) |
| $^{20}$N($1\hbar\omega$) | $(2^-)$ | $T_< = 3$ | 18.6 | 4.120 | 85.25 | | | 3.22 | 11.99 |
| | | $T_> = 4$ | 31.0 | 0.397 | 12.08 | | | 0.01 | 0.05 |
| | | Total | | 4.517 | 97.33 | 67.80 | 143.6 | 3.24(4.8) | 12.04(17.8) |

ratio over the systematic ratio is increasing with the increasing isospin almost linearly. The linearity would be even better if the sums are up to 50 MeV. There is no immediate explanation for this linearity; thus it poses an interesting question for theorists working on the shell model.

## VI. SYSTEMATIC COMPARISON OF PDRS IN NITROGEN, CARBON, AND OXYGEN ISOTOPES

In Sec. IV, it is shown that sizable pygmy dipole resonances appear in the low-energy region in $^{17,18,19,20}$N. In the last two columns of Table I, the EWSR values summing up to 10 MeV and their ratios to the classical TRK sum rule are given for the nitrogen isotopes. It is seen the EWSR of the PDRs exhausts nearly 5% of the classical sum rule. If we sum up to 12 MeV, the EWSR would exhaust 7.2%, 7.6%, 8.6%, and 8.2% for $^{17,18,19,20}$N and if we sum up to 15 MeV they will further increase to exhaust 19.4%, 17.4%, 19.2%, and 17.8% of the classical sum rule, respectively.

The evolution of PDRs in an isotopic chain has been discussed in several isotopes, such as C [31], O [19,21,30], Ca [10,49–51], Ni, Sn [16,21], and Pb [52]. It is also interesting to compare the PDRs of neighboring nuclei, since not only the neutron-proton disparity $N-Z$ but also the mass $A$ weights in EWSRs. In this paper, the dipole resonances of neighboring nuclei of nitrogen, i.e., the carbon and oxygen isotopes (including $^{19,21,23}$O, whose results were not provided in Ref. [30]), were recalculated using the KDE0 Skyrme parameters and the EWSR values are summed up to 10 and 15 MeV. The exhaustion of EWSR values in these isotopes is then compared in Fig. 12. For each isotopic chain, marked increases of EWSR in the low-energy region are first seen when the neutron-proton disparity $N-Z$ increases from zero. However, at some point ($N-Z \sim 2$–3 for summing up to 10 MeV, $N-Z \sim 3$–4 for summing up to 15 MeV), the exhaustion of EWSR values then seems to stop increasing steeply and even drops in some cases. Only for the sum up to 10 MeV does the EWSR pick up at very large $N-Z$. In neutron-rich oxygen isotopes, the experimental dipole strength

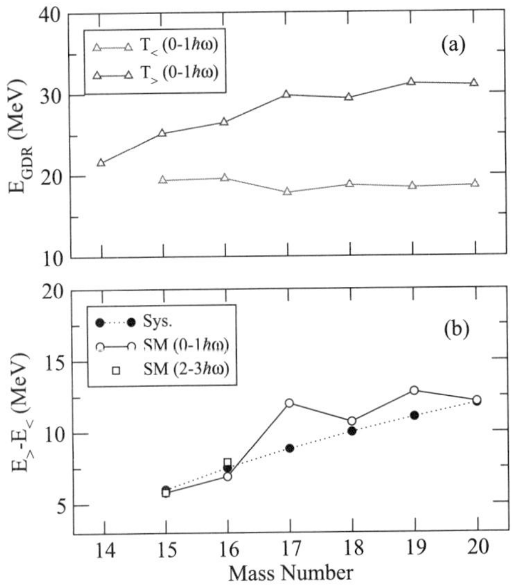


FIG. 10. (a) GDR energies and (b) splitting of isospin doublets in the nitrogen isotopes. The stars indicate the systematic values obtained from Eq. (11). The open circles and solid squares represent the shell-model results in the 0–$1\hbar\omega$ and 2–$3\hbar\omega$ spaces.

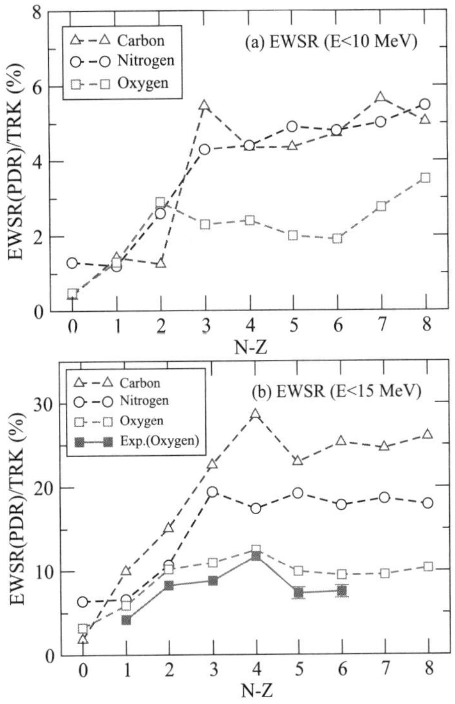


FIG. 12. The EWSR values of the PDRs in nitrogen, carbon, and oxygen isotopes. The EWSR values are summed up to (a) 10 and (b) 15 MeV. The experimental values of oxygen isotopes are taken from Ref. [22].

summed up to 15 MeV exhausts up to 12% of the classical sum rule [22], of which the trend is in good agreement with the shell-model results albeit general overshooting in the 0–$1\hbar\omega$ space. In Fig. 12(a) some twists can be seen at close shell nuclei $^{14}$C and $^{20}$C and $^{22}$O, mostly due to relative low-level density in the low-energy region. These twists are not obvious or even disappear in Fig. 12(b).

It is also interesting to note that the low-lying strengths of $^{15-18}$C are almost twice those in oxygen with the same $N-Z$. For the nitrogen isotopes the EWSR values summing up to 10 MeV are close to the carbon isotopes for $N-Z \geqslant 3$. However, by summing up to 15 MeV, the EWSR values show a clear tendency of decreasing with the increasing $Z$ with the same $N-Z$. There is another sum rule, named the energy-weighted cluster sum rule, which can be viewed as a measure of the adiabaticity between the giant and pygmy resonances [53]. Assuming that the nucleus $(A,Z)$ can be decomposed into two clusters with $(A_1,Z_1)$ and $(A_2,Z_2)$, the cluster sum rule is given by

$$S(\text{cluster}) = \frac{\hbar^2}{2m}\frac{9}{4\pi}\frac{(Z_1A_2 - Z_2A_1)^2}{AA_1A_2}. \tag{13}$$

If we take $(A_1 = 2Z, Z_1 = Z)$ as the core and $(A_2 = A - 2Z, Z_2 = 0)$ as the valence nucleons, then the ratio of cluster over TRK sum rules is given by

$$\frac{S(\text{cluster})}{S(\text{TRK})} = \frac{N-Z}{2N}. \tag{14}$$

Thus for nuclei with the same $N-Z$, the $S(\text{cluster})/S(\text{TRK})$ ratio will decrease with increasing $N$ or equivalently with increasing $Z$. The consistency between the EWSR values and the cluster sum rules supports the idea that the PDRs in the neutron-rich light mass nuclei, especially those with the closed proton shell, are caused by the soft mode where the excess neutrons oscillate against the isospin saturated core.

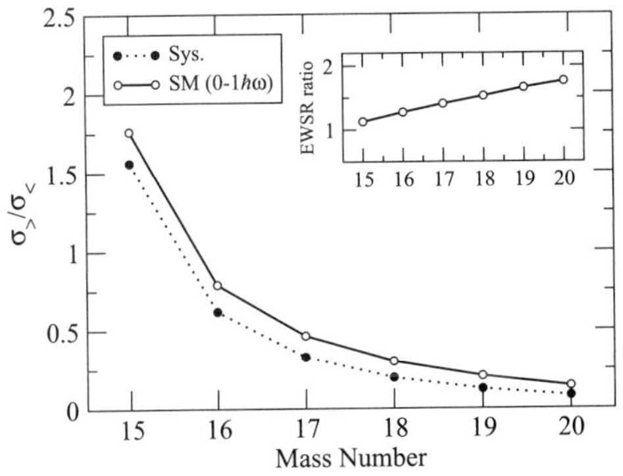


FIG. 11. Ratios of $T_<$ and $T_>$ EWSR values in the nitrogen isotopes. The subfigure shows the shell-model ratios over the systematic values.

## VII. PHOTOABSORPTION CROSS SECTIONS IN NITROGEN ISOTOPES

As far as only the dipole strength is concerned, the photoabsorption cross section can be expressed as follows:

$$\sigma(\omega)=\frac{16\pi^3}{9\hbar c}\omega\frac{d\bar{B}(E1;\omega)}{d\omega}. \tag{15}$$

As discussed in Sec. V, the dipole responses calculated in the restricted shell-model space result in an enhancement of EWSR compared with the classical TRK sum rule. In order to obtain a quantitative agreement with available experimental cross sections of $^{14,15}$N, the theoretical cross sections need to be renormalized. We introduce two renormalization factors for the $T_<$ and $T_>$ states respectively, i.e.,

$$\sigma(\omega)=\eta_<\sigma_<(\omega)+\eta_>\sigma_>(\omega). \tag{16}$$

In the 2–3$\hbar\omega$ space calculation of $^{15}$N, it is found the theoretical cross sections are very close to the experimental data for $E\lesssim 20$ MeV; see Fig. 13(d). It indicates that $\eta_<\approx 1$ in this case and the enhancement of EWSR mainly results from $T_>$ states. In Ref. [31], the authors analyzed the enhancement of EWSR in $^{12}$C where only $T_>$ states contribute to the photoabsorption cross sections. They estimated that $25\pm 10\%$ of the calculated strength obtained within the 2–3$\hbar\omega$ space should be in the energy region higher than 35 MeV, thus the calculated cross sections for $^{12}$C were multiplied by a factor 0.7. The cross sections for $^{14}$N also are reasonably reproduced with this reduction factor in the 2–3$\hbar\omega$ calculations; see Fig. 3(b). In the 0–1$\hbar\omega$ calculations, considering that the EWSR values are about 25% larger than the values in the 2–3$\hbar\omega$ space calculations, the $\eta_<$ value would be further reduced to $0.7/1.25=0.56$. A summary of reduction factors is given in Table II.

TABLE II. The reduction factors in the shell-model calculation of the photoabsorption cross sections.

| | $\eta_<$ | $\eta_>$ |
|---|---|---|
| 0–1$\hbar\omega$ | 0.8 | 0.56 |
| 2–3$\hbar\omega$ | 1.0 | 0.70 |

With the reduction factors discussed above, the theoretical photoabsorption cross sections in the $^{14,15,16}$N isotopes are compared with available experimental data in Fig. 13. After the normalization, both the 0–1$\hbar\omega$ and 2–3$\hbar\omega$ space calculations have reasonably well reproduced the experimental data in $^{14,15}$N. For $^{14}$N, there is only one giant peak, which is located at 22.2 MeV in the 2–3$\hbar\omega$ calculations, very close to the experimental one at 22.5 MeV. Both theoretical and experimental data show a high-energy tail (>25 MeV). In $^{15}$N, besides the giant peak, there are several fragmented bumps around 15.5 and 20 MeV, which are due to transition of $T_<$ states. This feature is also clearly seen in the experimental data. In $^{16}$N, the GDR peaks of $T_<$ and $T_>$ states are of similar

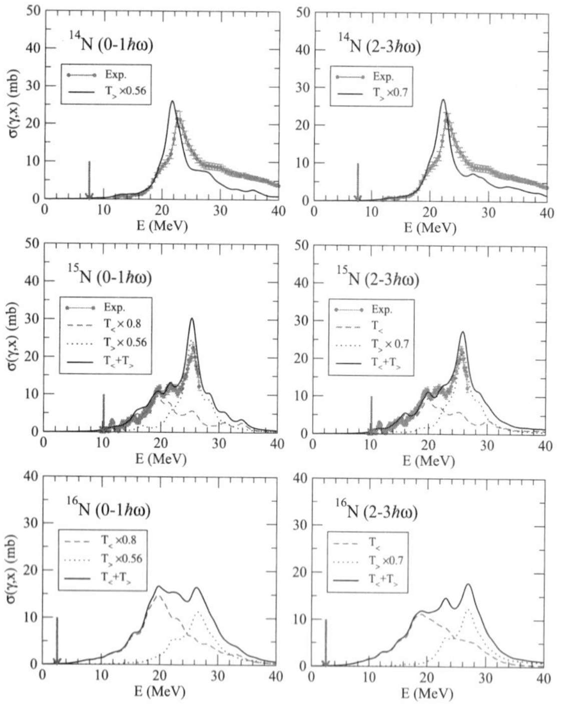


FIG. 13. Theoretical and experimental photo absorption cross sections in $^{14,15,16}$N. The solid lines with error bars are experimental data. The solid without error bars are total photoabsorption cross sections in the shell-model calculations, and dashed and dotted lines are contributions from $T_<$ and $T_>$ states. The experimental data of $^{14}$N are taken from the evaluated version [54], and we add 10% of the data as the error bars. The experimental data of $^{15}$N are taken from Ref. [55]. For the reduction factors in the legends, see the text for details.

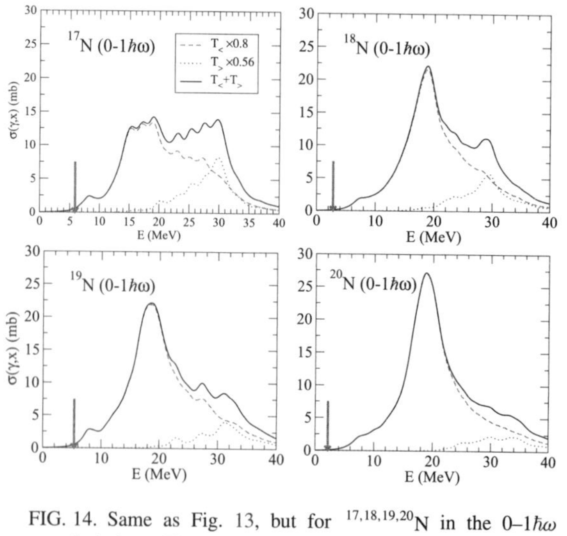


FIG. 14. Same as Fig. 13, but for $^{17,18,19,20}$N in the 0–1$\hbar\omega$ space calculations. The same set of reduction factors is used in all subfigures; see the text for details.

height. Correspondingly, the cross sections are more spread up than those in $^{14,15}$N. This feature will also be seen in $^{17}$N.

Figure 14 gives the normalized photoabsorption cross sections for $^{17,18,19,20}$N in the 0–$1\hbar\omega$ space calculations. Because different reduction factors are used for the $T_<$ and $T_>$ states, the GDRs are more increasingly dominated by the single $T_<$ peaks as the isospin increases. The overall peak height also increases with the increasing isospin, which is consistent with increasing TRK sum rule. The center of the PDR locates at $\sim 7$ MeV, a few MeVs to the neutron separation threshold for the even neutron $^{17,19}$N. Therefore, the astrophysical neutron capture cross sections for $^{16,18}$N can increase tremendously.

## VIII. SUMMARY

In summary, we have used the shell model to study the pygmy and giant dipole resonances in the nitrogen isotopes. The shell-model OBTDs and SHF single-particle wave functions were combined to to calculate matrix elements of electric dipole transitions. We checked the effective interaction and single-particle wave functions by comparing the nucleon separation energies and nuclear mass radii with available experimental data. The proton and neutron separation energies for the entire nitrogen chain are well reproduced by the WBP10 interaction. The SHF mean field was solved in the coordinate space to obtain the single-particle wave functions. The general trend of the experimental mass radii has been reproduced by combining shell model with the SHF single-particle wave functions, although the theory failed to reproduce the large negative isospin shifts at the shells of $N = 6$, 8, and 14.

Large enhancement of low-lying dipole strength, i.e., pygmy dipole resonances, was predicted in the neutron-rich $^{17,18,19,20}$N. The nature of these PDRs was analyzed via the transition densities and transition matrix elements. It turns out these PDRs involve a larger amount of excitations between the $2s1d$ and loosely bound $1f2p$ shells. Combined with the transition densities, we concluded that the PDRs in $^{17,18,19,20}$N are collective and due to the oscillation between the excess neutrons and the isospin saturated core, contrary to those states in the neutron-rich oxygen isotopes studied by the mean-field plus RPA approaches.

We also investigated the isospin dependence of energy splitting and sum rule of isospin doublets. It is shown that the splitting of GDR isospin doublets deviates from the systematic values when nucleus is away from the $\beta$-stability line. The ratio of $T_<$ and $T_>$ EWSR values are consistently larger than the systematic values, and it is noticed that the calculated EWSR ratio over the systematic ratio increases with increasing isospin almost linearly. How this linearity is explained poses a very interesting question to nuclear theorists.

The EWSRs of the PDRs in odd-$Z$ nitrogen were compared with those in the neighboring even-$Z$ carbon and oxygen. The exhaustion of the EWSRs summing up to 15 MeV shows a decreasing tendency with increasing $Z$ for neutron-rich nuclei with the same $N - Z$, which is consistent with tendency of the cluster sum rule over the classical sum rule. Thus it is also consistent with the suggestion that the PDRs in the light-mass neutron-rich nuclei are caused by the soft dipole mode.

The photoabsorption cross sections of the nitrogen isotopes were calculated from the electric dipole strengths. To mend the enhancement of transition strengths, normalization factors were proposed for the 0–$1\hbar\omega$ and 2–$3\hbar\omega$ calculations. After the normalization, the shell model has well reproduced the experimental photoabsorption cross sections in $^{14,15}$N, especially the detailed structure of resonances.

## ACKNOWLEDGMENTS

The authors acknowledge the support from the NSF of China under Contracts No. 11205245, No. 11375266, No. 10975189, and No. 11405273.

[1] S. S. Dietrich and B. L. Berman, At. Data Nucl. Data Tables **38**, 199 (1988).
[2] E. Lipparini and S. Stringari, Phys. Rep. **175**, 103 (1989).
[3] B. L. Berman and S. C. Fultz, Rev. Mod. Phys. **47**, 713 (1975).
[4] A. V. D. Woude, Prog. Part. Nucl. Phys. **18**, 217 (1987).
[5] P. G. Hansen and B. Jonson, Europhys. Lett. **4**, 409 (1987).
[6] T. Kobayashi, Nucl. Phys. A **553**, 465 (1993).
[7] N. Paar, D. Vretenar, E. Khan, and G. Colò, Rep. Prog. Phys. **70**, 691 (2007).
[8] D. Savran, T. Aumann, and A. Zilges, Prog. Part. Nucl. Phys. **70**, 210 (2013).
[9] S. Goriely, Phys. Lett. B **436**, 10 (1998).
[10] J. Chambers, E. Zaremba, J. P. Adams, and B. Castel, Phys. Rev. C **50**, R2671 (1994).
[11] I. Hamamoto, H. Sagawa, and X. Z. Zhang, Phys. Rev. C **57**, R1064 (1998).
[12] D. Vretenar, N. Paar, P. Ring, and G. A. Lalazissis, Phys. Rev. C **63**, 047301 (2001).
[13] N. Paar, P. Ring, T. Nikšić, and D. Vretenar, Phys. Rev. C **67**, 034312 (2003).
[14] L.-G. Cao and Z.-Y. Ma, Phys. Rev. C **71**, 034305 (2005).
[15] J. Liang, L.-G. Cao, and Z.-Y. Ma, Phys. Rev. C **75**, 054320 (2007).
[16] E. Litvinova, P. Ring, and V. Tselyaev, Phys. Rev. C **78**, 014312 (2008).
[17] J. Daoutidis and P. Ring, Phys. Rev. C **80**, 024309 (2009).
[18] M. Martini, S. Péru, and M. Dupuis, Phys. Rev. C **83**, 034309 (2011).
[19] G. Colò and P. F. Bortignon, Nucl. Phys. A **696**, 427 (2001).
[20] M. Matsuo, Nucl. Phys. A **696**, 371 (2001).
[21] D. Vretenar, N. Paar, P. Ring, and G. A. Lalazissis, Nucl. Phys. A **692**, 496 (2001).
[22] A. Leistenschneider *et al.*, Phys. Rev. Lett. **86**, 5442 (2001).
[23] H.-L. Ma, B.-G. Dong, Y.-L. Yan, H.-Q. Zhang, and X.-Z. Zhang, Phys. Rev. C **85**, 044307 (2012).
[24] D. Sarchi, P. Bortignon, and G. Colò, Phys. Lett. B **601**, 27 (2004).
[25] I. Hamamoto and X. Z. Zhang, Phys. Rev. C **58**, 3388 (1998).
[26] C. J. Lin, X. Z. Zhang, R. Zhang, Z. H. Liu, and H. Q. Zhang, Phys. Rev. C **76**, 044321 (2007).

[27] T. Nakamura *et al.*, Phys. Lett. B **331**, 296 (1994).
[28] T. Nakamura *et al.*, Phys. Rev. Lett. **83**, 1112 (1999).
[29] H. R. Kissener, R. A. Eramzhian, and H. U. Jäger, Nucl. Phys. A **207**, 78 (1973).
[30] H. Sagawa and T. Suzuki, Phys. Rev. C **59**, 3116 (1999).
[31] T. Suzuki, H. Sagawa, and K. Hagino, Phys. Rev. C **68**, 014317 (2003).
[32] E. K. Warburton and B. A. Brown, Phys. Rev. C **46**, 923 (1992).
[33] B. A. Brown and W. D. M. Rae, MSU-NSCL Report, 2007 (unpublished).
[34] D. Gloeckner and R. Lawson, Phys. Lett. B **53**, 313 (1974).
[35] R. D. Lawson, *Theory of the Nuclear Shell Model* (Clarendon Press, New York, 1980).
[36] B. A. Brown, Lecture Notes in Nuclear Structure Physics, 2005 (unpublished).
[37] C. S. Sumithrarachchi, D. W. Anthony, P. A. Lofy, and D. J. Morrissey, Phys. Rev. C **74**, 024322 (2006).
[38] B. K. Agrawal, S. Shlomo, and V. K. Au, Phys. Rev. C **72**, 014310 (2005).
[39] M. Dutra *et al.*, Phys. Rev. C **85**, 035201 (2012).
[40] A. Ozawa, T. Suzuki, and I. Tanihata, Nucl. Phys. A **693**, 32 (2001).
[41] E. Liatard *et al.*, Europhys. Lett. **13**, 401 (1990).
[42] A. Bohr and B. R. Mottelson, *Nuclear Structure*, Vol. 2 (Benjamin, Massachusetts, 1975).
[43] R. A. Eramzhyan, B. S. Ishkhanov, I. M. Kapitonov, and V. G. Neudatchin, Phys. Rep. **136**, 229 (1986).
[44] Y. Utsuno, N. Shimizu, T. Otsuka, S. Ebata, and M. Honma, Prog. Nucl. Energy **82**, 102 (2015).
[45] G. Co, V. De Donno, C. Maieron, M. Anguiano, and A. M. Lallena, Phys. Rev. C **80**, 014308 (2009).
[46] W. D. Myers and W. J. Swiatecki, Ann. Phys. **84**, 186 (1974).
[47] R. O. Akyüz and S. Fallieros, Phys. Rev. Lett. **27**, 1016 (1971).
[48] S. Fallieros and B. Goulard, Nucl. Phys. A **147**, 593 (1970).
[49] D. Gambacurta, M. Grasso, and F. Catara, Phys. Rev. C **84**, 034301 (2011).
[50] P. Papakonstantinou, H. Hergert, V. Ponomarev, and R. Roth, Phys. Lett. B **709**, 270 (2012).
[51] V. Derya *et al.*, Phys. Lett. B **730**, 288 (2014).
[52] N. Paar, T. Niki, D. Vretenar, and P. Ring, Phys. Lett. B **606**, 288 (2005).
[53] Y. Alhassid, M. Gai, and G. F. Bertsch, Phys. Rev. Lett. **49**, 1482 (1982).
[54] B. Ishkhanov *et al.*, R MSU-INP-2002-27/711, 2002 (unpublished); also see the CDFE database, http://cdfe.sinp.msu.ru, SUBENT: M0648001.
[55] A. D. Bates, R. P. Rassool, E. A. Milne, M. N. Thompson, and K. G. McNeill, Phys. Rev. C **40**, 506 (1989).

# Sterile Neutrino Search Using China Advanced Research Reactor ①

Gang Guo,[1] Fang Han,[1] Xiangdong Ji,[1] Jianglai Liu,[1] Zhaoxu Xi,[1] and Huanqiao Zhang[2]

[1]*INPAC, Department of Physics and Shanghai Key Laboratory for Particle Physics and Cosmology, Shanghai Jiao Tong University, Shanghai, China*

[2]*China Institute of Atomic Energy, Beijing, China*

(Dated: May 6, 2014)

## Abstract

We study the feasibility of a sterile neutrino search at the China Advanced Research Reactor by measuring $\bar{\nu}_e$ survival probability with a baseline of less than 15 m. Both hydrogen and deuteron have been considered as potential targets. The sensitivity to sterile-to-regular neutrino mixing is investigated under the "3(active)+1(sterile)" framework. We find that the mixing parameter $\sin^2(2\theta_{14})$ can be severely constrained by such measurement if the mass square difference $\Delta m^2_{14}$ is of the order of $\sim$1 eV$^2$.

PACS numbers: 14.60.Pq, 25.30.Pt, 28.41.-i

---

① ax Xiv:1303.0607v2.

## I. INTRODUCTION

Neutrino flavor mixing and oscillation, a direct consequence of non-zero neutrino masses, are well established by experimental data [1]. Most of the experimental data to date, including the recent discovery of $\theta_{13}$ [2–4] at nuclear reactors, can be described under the 3-flavor mixing framework [1].

Beyond the standard 3-flavor model, sterile neutrinos are postulated as a special type of (heavy) neutrinos that do not interact electromagnetically, weakly, or strongly, hence the name "sterile". Since 90's in the last century, there have been several neutrino oscillation experiments [5–8] which seemed to detect anomalies beyond the 3-flavor mixing. Quite recently, after a re-evaluation of the nuclear reactor flux prediction [9, 10], a global deficit (2-3 $\sigma$ level) is emerging in the measured flux from all short baseline reactor neutrino experiments [11]. Global fits under "3(active)+1(sterile)" (or "3+1" in short) framework favor a sizable $\sin^2 2\theta_{14} \sim 0.1$ and a mass splitting $\Delta m^2_{14}$ ranging from 1 $eV^2$ and above (see, e.g. [12, 13]).

Although somewhat non-standard, sterile neutrinos appear to be the simplest explanation of existing experimental anomalies. They are also candidates for warm or cold dark matter under many theoretical models [14].

Numbers of experiments are underway worldwide to search for normal-to-sterile neutrino oscillations [15], including several projects at nuclear reactors. In this paper, we evaluate the feasibility of carrying out a short baseline neutrino experiment using the upcoming state-of-art China Advanced Research Reactor (CARR) reactor [16] with a thermal power of $\sim 60$ $MW_{th}$.

## II. STERILE NEUTRINO SEARCH AT CARR

As will be demonstrated below, to search for eV-scale sterile neutrinos via reactor neutrinos (a few MeV in energy) disappearance, short baseline ($< 15$ m) is needed to have sufficient sensitivity. Due to safety regulations, it is nearly impossible to place the detector so close to commercial reactors ($\sim$$GW_{th}$). In addition, the core size ($\sim$3 meter) introduces smearing effects to the oscillation signal [17]. Compact research reactors ($\sim$0.1 $GW_{th}$), on the other hand, are more advantageous in these regards (with a cost of lower neutrino flux from the core).

### A. CARR experimental site

China Advanced Research Reactor (CARR), constructed at the China Institute of Atomic Energy in Beijing, China, is a tank-in-pool, inverse neutron trap type, light water cooled, heavy water reflected, multi-purpose research reactor [16]. The reactor body is immersed in a water pool with 16 m in depth and the core is located 12 m below the pool water surface. The reactor core is about 0.8 m in height and 0.4 m in diameter. CARR takes $U_3Si_2$-Al as the fuel meat, with a 20% enrichment of $^{235}$U in weight. With a thermal power of 60 MW, the maximum output thermal neutron flux is about $1.0 \times 10^{15}$n/cm$^2$/s.

CARR was designed as a general-purpose thermal neutron facility for material and biological researches, as well as for isotopic production/enrichment. At present, there are 9 horizontal and 21 vertical beam lines coupled to user equipments. On the ground level of the experimental hall (where horizontal beam lines are), the center of the reactor core is 120 cm above the floor. The outer diameter of the concrete shielding structure is 5.0 m. With this geometry, the closest radial location for a neutrino detector is about 7 m from the core.

### B. Neutrino flux and spectrum at CARR

Nuclear reactor is a very intense source of neutrinos. Pure electron antineutrinos $\bar{\nu}_e$s are produced via $\beta$-decay of fission fragments. For a 1 GW$_{\rm th}$ reactor, there are approximately $2 \times 10^{20}$ $\bar{\nu}_e$s emitted per second.

Fission nuclei are dominated by 4 isotopes, $^{235}$U, $^{238}$U, $^{239}$Pu, and $^{241}$Pu, while other isotopes contribute less than 0.1%. Direct theoretical calculation of the neutrino flux and energy spectrum bare large uncertainties (at the level of 10%) [9], primarily due to incomplete information from nuclear databases. On the other hand, for $^{235}$U, $^{239}$Pu, $^{241}$Pu, $\bar{\nu}_e$ energy spectra have been derived from measured electron spectra at ILL, with an average uncertainties less than 2%, mainly originated from the uncertainty due to the conversion from electron to neutrino spectra [18]. For $^{238}$U (fast neutron-induced fissions), only theoretical calculations exist at present [9, 19]. The isotopic concentration in fuel evolves with reactor operation time, so does the fission rate of each isotope. To predict neutrino flux at a given time, commercial reactor in particular, detailed core simulation is needed, which carries its own uncertainty. For research reactors like CARR, however, $^{235}$U enrichment is much higher than that of commercial reactors, fissions of which dominate the total fission rate. For simplicity, we shall ignore burnup effects and assume a pure $^{235}$U neutrino spectrum for CARR in the remainder of this work. The difference in shape between a real and a pure $^{235}$U will be considered as a shape uncertainty (bin-to-bin).

In this work, we adopted the simple parameterization in [20] for $^{235}$U neutrino energy spectrum,

$$f(E_\nu) = e^{0.870-0.160E_\nu-0.0910E_\nu^2}, \tag{1}$$

in units of $\bar{\nu}_e/(\text{MeV} \cdot \text{fission})$, also shown in Fig. 1.

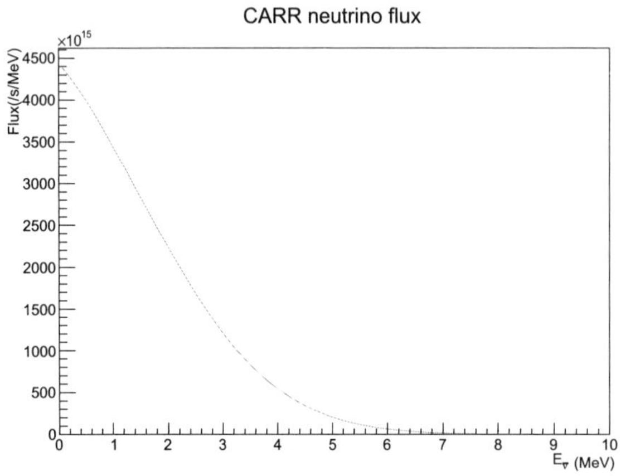


FIG. 1: Emitted neutrino flux (/s/MeV) at CARR assuming pure $^{235}$U fissions with the parametrization given in [20].

The energy release per fission for $^{235}$U is 201.7±0.6 MeV in [21] and 201.92±0.46 MeV in [22]. We take an average with $E_{re}$ = 201.8 MeV. For CARR ($P_{th}$ = 60 MW), the expected neutrino spectrum emitted from the core per unit time is:

$$F(E_\nu) = \frac{P_{th}}{E_{re}} \cdot f(E_\nu). \tag{2}$$

## III. $\bar{\nu}_e$ DETECTION

Neutrino-target interaction cross section is low, typically of the order of $10^{-44}$ cm$^2$. Background suppression is a key consideration of such experiments. On the other hand, short baseline requirement and space constraint dictate that the neutrino detector has to be placed above ground without large shielding structure. To supress background, we investigated three detection techniques, all with timing coincidence signatures.

### A. Inverse-$\beta$ decay with liquid scintillator

The classical method for detecting reactor $\bar{\nu}_e$ is the so-called inverse-$\beta$ decay (IBD),

$$\bar{\nu}_e + p \rightarrow e^+ + n\,. \tag{3}$$

Liquid scintillator (LS), usually with >10% hydrogen in mass (11% assumed in this study), is commonly used both as the target and detector for this reaction. The positron loses kinetic energy immediately and annihilates into two 511 keV gammas, emitting prompt scintillation lights. The neutron will undergo thermalization collisions with hydrogen, and eventually get captured, emitting gamma rays which are converted into delayed scintillation lights. The neutrino energy can be reconstructed via $E_{e^+} \simeq E_\nu - 1.8$ MeV, where $E_{e^+}$ and $E_\nu$ are the kinetic energy of the positron and neutrino, respectively. The detected prompt energy $E_p$, on the other hand, contains both the positron kinetic energy as well as the annihilation energy, i.e. $E_p = E_{e^+} + 1.022$ MeV. To enhance neutron detection efficiency and suppress background, most modern experiments adopt Gadolidium-doped LS (GdLS) – the ~8 MeV n-Gd capture gamma rays can be used as a clean neutron tag.

Taking into account higher order electroweak corrections, the cross section of the IBD is given in [23]. Folding it with reaction neutrino spectrum (Eqn. 2), detected neutrino spectrum (without oscillation) can be written as

$$N_{no-osc}(E_\nu) = \frac{N_p}{4\pi L^2}\epsilon(E_\nu)F(E_\nu) \times \sigma_{IBD}(E_\nu) \times T\,, \tag{4}$$

where $N_p$ is the number of target protons, $\epsilon(E_\nu)$ is the detector efficiency, and $T$ is the duration of the measurement. The resulting neutrino spectrum is shown in Fig. 2, where the 1.8 MeV reactor threshold of the IBD is manifest in the curve. To set the scale, the average detected neutrino rate (assuming 100% detection efficiency) is about 7000/MW/ton/year at 7 m. The oscillated neutrino rate and spectrum will deviate from this spectrum for a given set of oscillation parameters, as illustrated in Fig. 2.

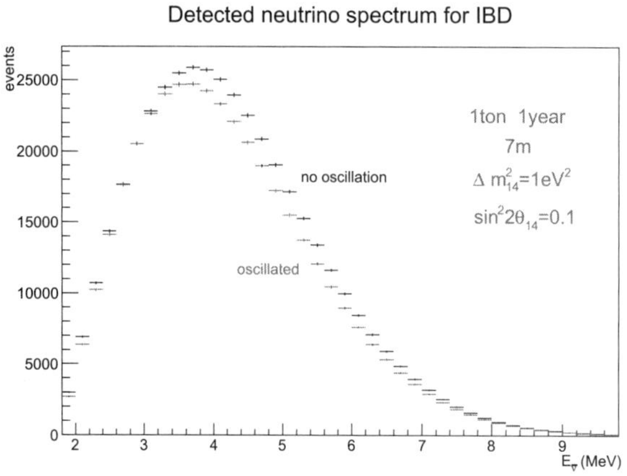


FIG. 2: Measured IBD neutrino spectrum without (black) and with (red) oscillation. Uncertainties are statistical only.

### B. IBD with light water

A common background for IBD detection with LS is the fast neutron background. The recoiling protons created by a fast neutron will scintillate and mimic the prompt energy from the IBD before the neutron get captured. Since CARR is a surface facility, fast neutrons background induced by comic muons and from the reactor itself may pose serious challenge to the experiment.

To mitigate this, if the target is water instead of scintillator, recoiling protons would not be able to make Čerenkov lights, therefore get rejected. The technology of Gadolinium-doping in water was proposed in 2004 [24] and has been under active development [25], so it would be possible to maintain this clean neutron capture tag. However to use this approach in reactor neutrino experiment there are two obvious challenges:

1. The amount of Čerenkov photons is much smaller compared to the scintillating photons. As a result, water detector has much worse intrinsic energy resolution compared to that of LS. We would have to increase the photocathode coverage to get a reasonable amount of photoelectrons (PEs).

2. The Čerenkov threshold for water is about 289 keV (positron kinetic energy). The (nonlinear) reconstruction from the visible Čerenkov lights to true neutrino energy will be quite different from the LS case.

A realistic estimate of the Čerenkov light yield is needed to address the first concern. Light yields for large water detectors are summarized in [1] with a range between 3-9 PE/MeV. Small detectors with less light attenuation and more reflections could end up with more lights. To test this, we performed a bench test using tagged cosmic ray impinging on an acrylic ball with 5 cm diameter containing pure water. The Čerenkov lights are viewed by four Hamamatsu R7725 photomultipliers close-by. The measured PE spectrum is shown in Fig. 3. The minimum ionization bump (~8 MeV) is located at ~33 PE. If we extrapolate this result (photocathode coverage of ~12%) to an experiment with >50% coverage, a light yield of 16 PE/MeV energy deposition would be attainable. The energy resolution would still be quite low compared to the LS, but it appears that a 30% resolution would be achievable at 1 MeV.

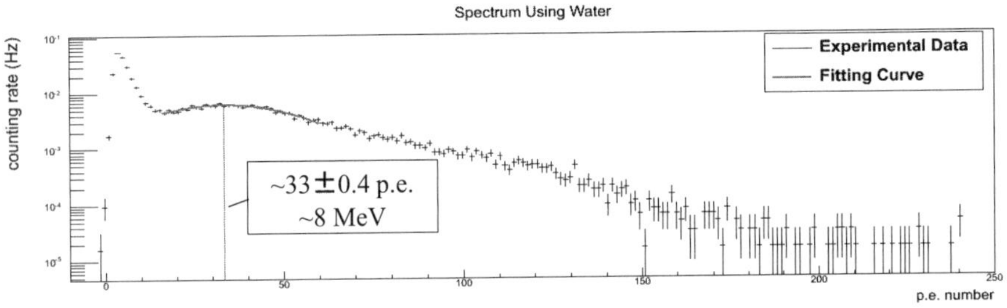


FIG. 3: Measured muon photoelectron spectrum with a prototype water detector. The solid angle coverage by photocathode is ~12%.

The second concern can only be addressed through comprehensive calibration. Not only one needs a careful calibration with gamma sources, but also electron sources (beta or conversion electrons) or positron sources to establish the energy nonlinearity. The elaborated calibration programs developed at SuperK [26] and SNO [27] provide invaluable guidance in this regard.

### C. $\bar{\nu}$-D with heavy water

Room gamma background, when in accidental coincidence with random (cosmic or reactor) neutron capture signals, can form IBD-like background. If such background is significant compared to the IBD signals, it may become a serious issue (although in principle such a background can be statistically subtracted).

To further suppress background, we have considered heavy water ($D_2O$) as a potential target. In 70's of the last century, Reines *et al.* pioneered $\nu$-D measurements at nuclear reactors [28]. Reactor $\bar{\nu}_e$s are detected via $\bar{\nu}_e$-deuteron charge current scattering:

$$\bar{\nu}_e + D \to n + n + e^+ \tag{5}$$

with the total kinetic energy of the positron given by

$$E_{e^+} \simeq E_\nu - 4\text{MeV} \tag{6}$$

The detection signal now becomes a triple coincidence between the prompt positron signal and two delayed neutron capture signals. Neutron captures on deuteron will give a single 6.25 MeV gamma ray. To avoid energy leakage for this high energy gamma, one could dope the heavy water with salt (NaCl) so that neutron capture on Clorine gives a total energy of $\sim$ 8.6 MeV, distributed in 2 or 3 gamma rays [29]. The signals produced by fast neutron will be singles, the same as in a water detector. Accidental backgrounds will be highly suppressed by the triple-coincidence requirement. It should be noted that $\bar{\nu}_e$ can also scatter off from D via neutral current channel, $\bar{\nu}_e + D \to n + p + \bar{\nu}_e$, but with no coincidence signature.

A tabulated charge-current $\bar{\nu}_e$D cross section can be found in [30]. The measured spectrum with no oscillations is now

$$N_{\text{no-osc}}(E_\nu) = \frac{N_D}{4\pi L^2}\epsilon(E_\nu)F(E_\nu) \times \sigma_{\nu-D}(E_\nu) \times T\,. \tag{7}$$

With a lower cross section and higher energy threshold, the total number of detected neutrino events at 7 m is about 92/year/MW/ton (100% detection efficiency), 2 orders of magnitude less than that of IBD. Illustrated in Fig. 4 is a comparison of a non-oscillation and oscillated spectrum. One should emphasize that the main advantage of $D_2O$ is its unique $\nu$-D charge current signature which may lead to a background-free measurement.

For reference, number of detected neutrino events at CARR using three different targets (1 ton·1 year·100% efficiency) at 7 m are tabulated in Table I.

## IV. BACKGROUND ESTIMATION

Direct determination of reactor-on background in the CARR experimental hall has yet to be performed, awaiting for the operation of the reactor. In this section, background estimation will be given based on current best knowledge at CARR and projections from other experiments, serving as a rough guidance to the design of the experiment.

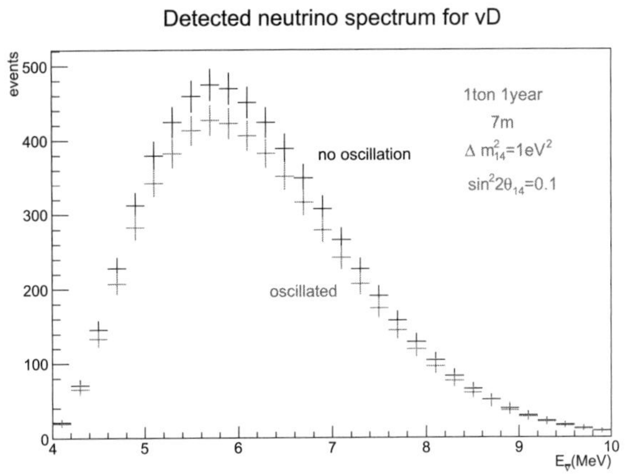


FIG. 4: Measured $\nu$-D charge current spectrum without (black) and with (red) oscillation. Error bars are statistical only for a 1-ton target at 7 m operating for a year.

| Target | Liquid scintillator | $H_2O$ | $D_2O$ |
|---|---|---|---|
| Non-osc (/ton/year) | 420129 | 369505 | 5515 |
| Osc (/ton/year) | 394667 | 345329 | 4998 |

TABLE I: Event rate at 7 m with 100% efficiency. Non-osc: $\sin^2 2\theta_{14}$=0; Osc: $\Delta m^2_{14} = 1$ eV$^2$, $\sin^2 2\theta_{14}$=0.1.

### A. Trigger rate

Gamma rays (external and internal) and cosmic muons are two major contributors to the detector raw trigger rate.

We have not made dedicated gamma spectrum measurement at CARR, but earlier commissioning run indicated that the dose rate was less than 3 $\mu$Sv/h, which translate to an upper limit of gamma flux of 150 Hz/cm$^2$, or $<\sim$7.5 MHz for a ton-scale detector. With a 20 cm of Pb shielding backed up by 5 cm of pure cooper, the external gamma rate can be cut down to <10 Hz (>1 MeV threshold). The internal gamma background can only be suppressed by careful material screening and selection. For reference, the internal background contributes to <70 Hz (0.7 MeV threshold) to the trigger rate of Daya Bay detector (20 ton). If we assume similar materials (stainless steel tank, acrylic vessel, etc), similar phototube coverage, and same GdLS in a ton-scale detector, the internal background would contribute to <10 Hz for the 1 MeV threshold.

The integral intensity of vertical muons at the sea level is about $60\text{m}^{-2}\text{s}^{-1}\text{sr}^{-1}$ [1]. The total area of the ton-scale detector seen by muons from all directions is estimated to be 2 $\text{m}^2$, leading to a trigger rate of at least 120 Hz. Muon-induced backgrounds and possible photomultiplier afterpulsing will also contribute to the trigger rate.

Conservatively, we estimate a raw trigger rate of <500 Hz, which can be comfortably handled by commercial electronics.

### B. Time-correlated background rate

As mentioned above, background in $\bar{\nu}$-D charge current channel is hugely suppressed by the triple coincidence requirement. Here we focus on the time-correlated background in the IBD channel. We divide the background into two categories: reactor-associated and reactor-independent. They can be further sub-divided into correlated and accidental background.

#### 1. *reactor-associated background*

On average, each fission produces 2-3 fission neutrons [31]. Thus for a 60 $\text{MW}_{th}$ reactor, the total fission neutron flux from the core is estimate to be $5 \times 10^{18}$/s. Most of reactor-associated background is due to neutrons from the reactor core as well as secondary gammas from neutron capture on metal or concrete surrounding the core. Since CARR is a neutron scattering facility with many neutron guides from the core, it is difficult to accurately estimate the neutron background at the detector location. As a start, we assumed an ideal spherical geometry and used a GEANT4-based toy Monte Carlo program to transport fission neutrons from the core through heavy water (1 m), water (1.65 m), and concrete shielding wall (2.1 m). The neutron spectrum emitting from the concrete wall is shown in Fig. 5 together with initial fission neutrons spectrum. The shielding factor for neutrons above 1 MeV is calculated to be $3.8 \times 10^{19}$ under this geometry. About one third of these residual fast neutrons carry a kinetic energy >4 MeV (corresponding to a prompt visible energy > 1 MeV). So without any neutron shielding around the detector, and taking into account the detector acceptance ($\sim 2 \times 10^{-3}$ at 7 m), we estimate a correlated rate of $< 1 \times 10^{-4}$/s, two order of magnitude lower than the IBD signal [42]. Pulse shape discrimination is reported to be able to distinguish nuclear recoil from electron recoil signals in LS [32, 33]. This could

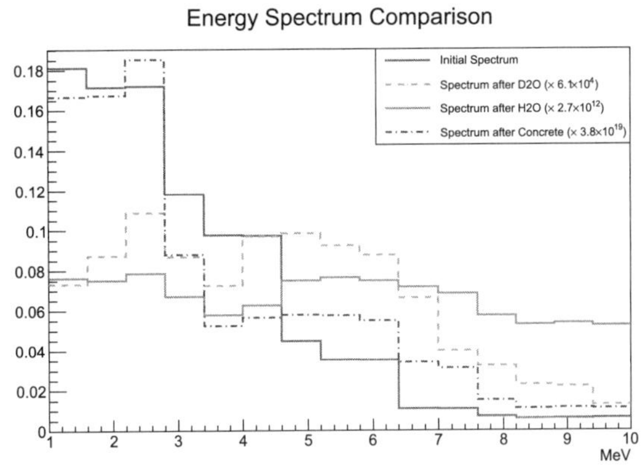


FIG. 5: Energy spectrum for the residual reactor fast neutron background predicted by a GEANT4 Monte Carlo.

lead to another powerful background suppression factor.

As mentioned earlier, fast neutron background is absent in the water and heavy water detectors. In all three detectors, slow neutrons will only make a single capture signal, contributing to accidental background only. Our high energy threshold on the delay-like events remove most gamma background from the natural radioactivity, but not single neutrons that captured in the target via n-Gd (LS or water) or n-Cl (heavy water) or high energy gamma rays caused by neutron captured on envioronmental metal materials (Fe/Cr/Ni etc.) [34]. It is difficult to estimate delay-like background without direct reactor-on measurement. Just for reference, the NUCIFIER experiment [43] estimated that such a background contribute to B/S of 1:1 for their IBDs [34] with 10 cm of Pb shielding. A 20 cm Pb shielding at CARR may further suppress this background.

It is interesting to note that other experiments at research reactors also have measured reactor-correlated background. For example, the ILL reactor neutrino experiment reported no such background [35].

*2. reactor-independent background*

As the detector is placed at the surface, the reactor-independent background is dominated by neutrons created by cosmic muons (LS detector). Muons can be separated in two categories: a) "LS muons" with long trajectories in the LS so the detector itself has 100% tagging efficiecy, b) "corner muons" with short or no trajectory in the LS therefore missed by the detector. Fast neutrons produced by corner muons will be untagged, producing dangerous background to the experiment.

To suppress untagged neutron background, we assume a simple outer muon veto system, e.g. two layers of plastic scintillator paddles, with an efficiency 95%. Let us further assume that the paddles cover an area of 4 $m^2$ on the surrounding dead materials or corners which would have been missed by a bare LS detector. For an area of 4 $m^2$, the muon rate is estimated to be $60 \times 4 = 240$ Hz. If we veto all IBD-like candidate within 200 $\mu$s to a muon detected by the paddles [2], additional deadtime introduced to the experiment is only 4.8%.

The residual fast neutron background in the detector after the paddle veto is estimated using empirical parameterization in [36]

$$N_n = 4.14 E_\mu^{0.74} \times 10^{-6}/(\mu \cdot \mathrm{g/cm^2}) . \tag{8}$$

where $E_\mu$ is the muon energy in GeV. Let us conservatively assume that the 5% unvetoed muons each have an effective path length of 100 $\mathrm{g/cm^2}$ in the detector (although they only hit the dead surounding material), we get an untagged spallation neutron rate of

$$240 \times 5\% \times 4.14 \times 4^{0.74} \times 10^{-6} \times 100 \sim 0.01\mathrm{Hz}$$

where surface muon average energy $\langle E_\mu \rangle \sim 4$ GeV [1] has been been assumed. This background is comparable to the IBD signal rate. Other background due to muons hitting outside the 4 $m^2$ area is expected to be small.

Cosmic ray induced fast neutrons in the LS can be further suppressed via following handles. First, neutron tagging efficiency can be improved by employing more layers of muon paddles. Second, as illustrated in [37], a model independent way to remove all reactor-independent background is to use the "reactor on−off". Third, as mentioned in Sec. IV B 1, pulse-shape discrimation technique may help to veto neutron recoil signals. For water and heavy water detectors, on the other hand, there is no correlated background of this nature.

Muon spallation on carbon in the liquid scintillator will produce beta-delayed neutron emitters $^9$Li or $^8$He, two classical correlated background ($\beta$=prompt, n=delayed) for the liquid scintillator-based experiments. Due to the long half-live (0.18 and 0.12 s), one can not tag them with parent muons nor is it practical to veto all muons for a long ~s time window. If we extrapolate from the fitted results at Daya Bay near site: ~30/day/20-ton for an average muon energy of 55 GeV and rate of 20 Hz [38], we get a surface rate of 1.3/day/ton assuming that the production yield shares the same $E_\mu^{0.74}$ dependence as the neutrons. This background is negligible compared to the IBD rate, and again, can be subtracted by reactor-off data.

## V. SENSITIVITY TO STERILE NEUTRINO SEARCH

In what follows, we investigate the sensitivity of these neutrino detector to potential anti-electron to sterile neutrino oscillations. For simplicity, we shall dwell in the 3(active)+1(sterile) framework. At short distance(<15 m) from the reactor, the oscillation from standard 3×3 mixing parameters can be neglected, so the electron anti-neutrino's survival probability is

$$P_{ee} = 1 - \sin^2 2\theta_{14} \sin^2(1.27\frac{L}{E_\nu}\Delta m_{14}^2) \tag{9}$$

in which $L$ is the baseline (distance from reactor core to detector) in meter, E is the neutrino energy in MeV, and $\Delta m_{14}^2$ is the mass square difference between $\nu_4$ and $\nu_1$ mass eigenstates in $eV^2$. Taking into account the oscillation, the detected neutrino spectrum for a perfect detector (Eqn. 4, 7) is modified into

$$N_{osc}(E_\nu) = P_{ee} N_{no-osc}(E_\nu) \tag{10}$$

In the reminder of this note, we assume a 60 $MW_{th}$ reactor, 1 year running time, 1 ton fiducial mass, and 100% detection efficiency as the default exposure. Results for different exposure can be projected straightforwardly.

### A. Detector Response Function

As mentioned in Sec. III A and III C, the positron kinetic energy $E_{e^+}$ is simply related to neutrino energy $E_\nu$. On the other hand, the detectable prompt energy of the three media is different. For LS, as mentioned in Sec. III A, we have $E_p = E_{e^+} + 1.022$ MeV. For water and heavy water detector, due to the Čerenkov threshold, the annihilation energy is hardly visible, so $E_p = E_{e^+}$. To get realistic visible energy spectrum, we convolve $E_p$ with a simple Gaussian smearing (resolution) and a step-wise threshold function, so

$$N_{vis}(E_{vis}) = \mathcal{T}(E_{vis}) \int N(E_p)\mathcal{G}(E_{vis} - E_p)dE_p\,. \tag{11}$$

In this expression, $\mathcal{G}(E_{vis}-E_p)$ is Gaussian with a width of $10\%/\sqrt{E_p}$ for liquid scintillator, and $30\%/\sqrt{E_p}$ for water and heavy water (Sec. III B), and

$$\begin{aligned}\mathcal{T}(E_{vis}) &= 1 \text{ LS} \\ &\left.\begin{aligned} &= 1(E_{vis} > 1\text{MeV}) \\ &= 0(E_{vis} < 1\text{MeV})\end{aligned}\right\} \text{water and heavy water}\,. \end{aligned} \tag{12}$$

$N(E_p)$ is the prompt energy spectrum assuming a perfect detector, i.e. $N_{no-osc}$ in Eqn. 4 or 7 for no oscillation hypothesis, or $N_{osc}$ in Eqn. 10 when disappearance is taken into account.

## B. $\chi^2$ Definition

The sensitivity of an given experimental setup to a given set of oscillation parameter $(\sin^2 2\theta_{14}, \Delta m_{14}^2)$, in short, is the power that one could differentiate the measured spectrum from a non-oscillation spectrum. Typically one defines a $\chi^2$ function as the measure of such difference. In this application, it should satisfy that 1) $\chi^2 = 0$ when $\theta_{14} = 0$, 2) for a given value of $\Delta m_{14}^2$, its variation w.r.t. $\sin^2 2\theta_{14}$ follows the standard $\chi^2$ distribution. Then to determine the exclusion limit to a given confidence integral (e.g. 95.5%), for each given $\Delta m_{14}^2$ we would scan over the value of $\sin^2 2\theta_{14}$ to generate measured spectrum, and determine the boundary of the corresponding $\chi^2$ (e.g. $\chi^2 = 4$).

Omitting background related systematics [44], the $\chi^2$ can be defined as [39]

$$\begin{aligned}\chi^2 = &\sum_{i=1,nbins} \frac{[N^i_{vis,osc} - N^i_{vis,no-osc}\cdot(1+\alpha+\frac{(L+\gamma)^2}{L^2}+f^i(\eta,\beta))]^2}{N^i_{vis,osc}[1+\sigma^2_{b2b}N^i_{vis,osc}]} \\ &+(\frac{\alpha}{\sigma_{norm}})^2+(\frac{\eta}{\sigma_{eshift}})^2+(\frac{\beta}{\sigma_{escale}})^2+(\frac{\gamma}{\sigma_L})^2\,.\end{aligned} \tag{13}$$

where $N^i_{vis,osc}$ and $N^i_{vis,no-osc}$, respectively, represent the $i$th energy bin in the visible energy spectrum (Eqn. 11) with and without oscillation. This is so-called "rate+shape" $\chi^2$. The following systematics have been considered (see also Table II): 1) a 3% normalization uncertainty $\sigma_{\text{norm}}$ (including reactor total neutrino flux, target protons, and detector efficiency) and its nuisance parameter $\alpha$; 2) energy non-linearity including a shift $\sigma_{\text{eshift}}$ (0.02 MeV) and a scale factor $\sigma_{\text{escale}}$ (1%), and their corresponding nuisance parameters $\eta$ and $\beta$; 3) 2% bin-to-bin uncorrelated shape uncertainties $\sigma_{b2b}$, which is added to the denominator of the first term for simplicity instead of introducing $N_{bins}$ of pull terms; $f^i(\eta,\beta)$ represents fractional change of counts in bin $i$ for a given set of parameter $(\eta, \beta)$ away from (0,0); 4) a 10 cm position accuracy of the center of the core $\sigma_L$, conservatively being assumed to be along the radial direction, and the corresponding nuisance parameter $\gamma$ [45]. The effects of detector resolution and threshold have been included automatically by using detected $N^i_{vis,osc}(E_{vis})$ and $N^i_{vis,non-osc}(E_{vis})$ (see Eqn. 12) in Eqn. 13. If one wants to perform a "rate-only" analysis, it is equivalent to using the above $\chi^2$ with a single visible energy bin and set $\eta$, $\beta$, and $\sigma_{b2b}$ to zero.

The impact of reactor flux can be further suppressed if we choose to use two identical detectors located at two different baselines, similar to the setup in the Daya Bay and RENO experiments [2, 3]. An earlier independent exploration on this approach can be found in [40]. In this case the $\chi^2$ can be redefined as

$$\chi^2 = \sum_{d=n,f;i=1,nbin} \frac{[N^{d,i}_{vis,osc} - N^{d,i}_{vis,no-osc} \cdot (1 + \alpha + \epsilon^d + \frac{(L^d+\gamma)^2}{(L^d)^2} + f^i(\eta^d, \beta^d))]^2}{N^{d,i}_{vis,osc}[1 + \sigma^2_{b2b} N^{d,i}_{vis,osc}]} \tag{14}$$

$$+(\frac{\alpha}{\sigma_{norm}})^2 + (\frac{\gamma}{\sigma_L})^2 + \sum_d [(\frac{\epsilon^d}{\sigma_{eff}})^2 + (\frac{\eta^d}{\sigma_{eshift}})^2 + (\frac{\beta^d}{\sigma_{escale}})^2],$$

in which the superscript $d$ runs between "near" and "far" to represent different quantities for the two detectors. We have also added a detector uncorrelated efficiency uncertainty $\sigma^d_{eff}$ (0.5%) and its corresponding nuisance parameter $\epsilon^d$. A summary of systematic components, the values, as well as whether they are correlated between the two detectors is given in Table II.

One should note that a couple of conservative approximations have been made in Eqn. 14. First, instead of introducing *nbins* nuisance parameters for the bin-to-bin shape uncertainties, we assumed that these uncertainties are also uncorrelated between the near and far detectors, and lump them to the denominator of the first term just like the statistical uncertainties. Second, we have omitted detector correlated energy shift and stretch, and have assume $\eta^d, \beta^d$ as detector uncorrelated nonlinearity. Both approximations have been verified to have negligible impact to $\theta_{14}$ sensitivity results.

### C. Baseline optimization

Reactor neutrinos have a energy spectrum ranged up to 9 MeV, as shown in Fig. 1. The IBD ($\bar{\nu}$-D) neutrinos has a energy peak at $E_\nu \simeq 3.7(5.7)$ MeV. If the true $\Delta m^2_{14}$ is around

| Systematic uncertainty | Value assumed | Nuisance parameter | Near-Far Correlated |
|---|---|---|---|
| Overall normalization $\sigma_{norm}$ | 3% | $\alpha$ | C |
| Detector relative efficiency $\sigma_{eff}$ | 0.5% | $\epsilon^d$ | U |
| Energy shift $\sigma_{eshift}$ | 0.02 MeV | $\eta^d$ | U |
| Energy scale $\sigma_{escale}$ | 1% | $\beta^d$ | U |
| Reactor spectrum shape $\sigma_{b2b}$ | 2% | - | U |
| Baseline $\sigma_L$ | 10 cm | $\gamma$ | C |

TABLE II: Summary of systematic effects included in the two-detector $\chi^2$ function in Eqn. 14. The last column indicates whether the component is correlated between the detectors: C=correlated, U=uncorrelated. Same systematic uncertainties are assumed for single-detector $\chi^2$ (Eqn. 13) except for the detector efficiency, which we have absorbed into the normalization uncertainty.

1 eV$^2$, as implied by the global analysis, naively one would put the detector close to the first oscillation maximum to maximize the analyzing power, i.e. $L_{osc} = \frac{\pi}{2}\frac{E_\nu}{1.27\Delta m^2_{14}}$, translating into 4.6 (7.0) m for IBD and $\bar{\nu}$-D CC neutrinos.

However, the above discussion is incomplete since we have omitted influence from statistics. The fact that the event rate is inversely proportional to $L^2$ makes the optimal baseline deviates from the naive oscillation maximum.

A more elaborated analysis was made by employing the $\chi^2$ definition from Sec. V B. We assumed a fix parameter pair ($\sin^2(2\theta_{14}) = 0.1$ and $\Delta m^2_{14} = 1$ eV$^2$), and our later conclusion does not change significantly with the value of $\sin^2(2\theta_{14})$. Energy thresholds in Eqn. 12 have been assumed, but for simplicity we assumed no energy smearing and set nuisance parameters for energy nonlinearity ($\eta, \beta$), baseline uncertainty ($\gamma$), and the bin-to-bin uncertainty $\sigma_{b2b}$ in Eqn. 13 to zeros. The optimal baseline was determined by scanning through baseline to find the maximum of $\chi^2$. In Fig. 6, the value of $\chi^2$ vs. baseline is shown for all three type of detectors with a "rate-only" or "rate+shape" analysis. Outside the 5-m shielding wall from the core, coincidentally we observe that 7 meter is sufficiently close to the best baseline for all three detection methods either in "rate+shape" or "rate only" analysis. $\chi^2$ map for different values of baseline and $\Delta m^2_{14}$ have also been shown in Fig. 7. One observes a general trend that the sensitivity for larger value of $\Delta m^2_{14}$ increases with decreasing far detector baseline, which is expected from the $L\Delta m^2/E$ dependence of the shape.

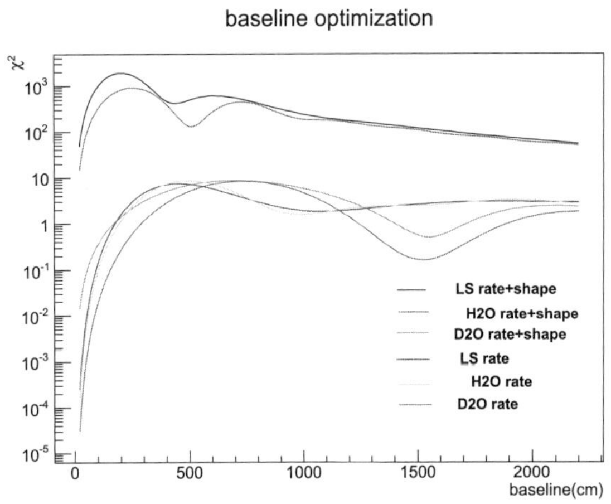


FIG. 6: Baseline optimization for single detector in "rate only" and "rate+shape" analyses for LS, light water and heavy water, with $\Delta m^2_{14} = 1$ eV$^2$ and $\sin^2 2\theta_{14} = 0.1$. See text for details.

For the two-detector scenario, since 7 m is approximately the closest distance that we can put the detector, we settle the near detector at this baseline. To determine the optimal baseline for the far detector, instead of using the two-detector $\chi^2$ in Eqn. 14 (in which one still has to input the expected "non-osc" reactor spectrum), we adopted an approach to construct a pure relative measurement. We used the one-detector $\chi^2$ in Eqn. 13, and demanded that $N^i_{vis,no-osc} = \frac{(L^n)^2}{(L^f)^2} N^{n,i}_{vis,osc}$, a scaled near detector spectrum. In general, this approach does not give the best sensitivity as it entirely omits the theoretical knowledge on reactor neutrino spectrum. On the other hand, the systematic uncertainty due to theoretical assumption is also completely avoided. The results of the baseline scan under this approach are shown in Fig. 8). The best far detector baseline is about 11 m for both LS and water in "rate+shape" analysis, and about 9 m for LS and 10 m for water in "rate only" analysis. The optimal baseline for heavy water is about 14 m for both analyses. For two-detector discussions in the rest of this paper, we will assume the optimal baselines in "rate+shape" analyses, i.e. a near detector at 7 m, and a far detector at 11 m (LS & water) or 14 m (heavy water) [46].

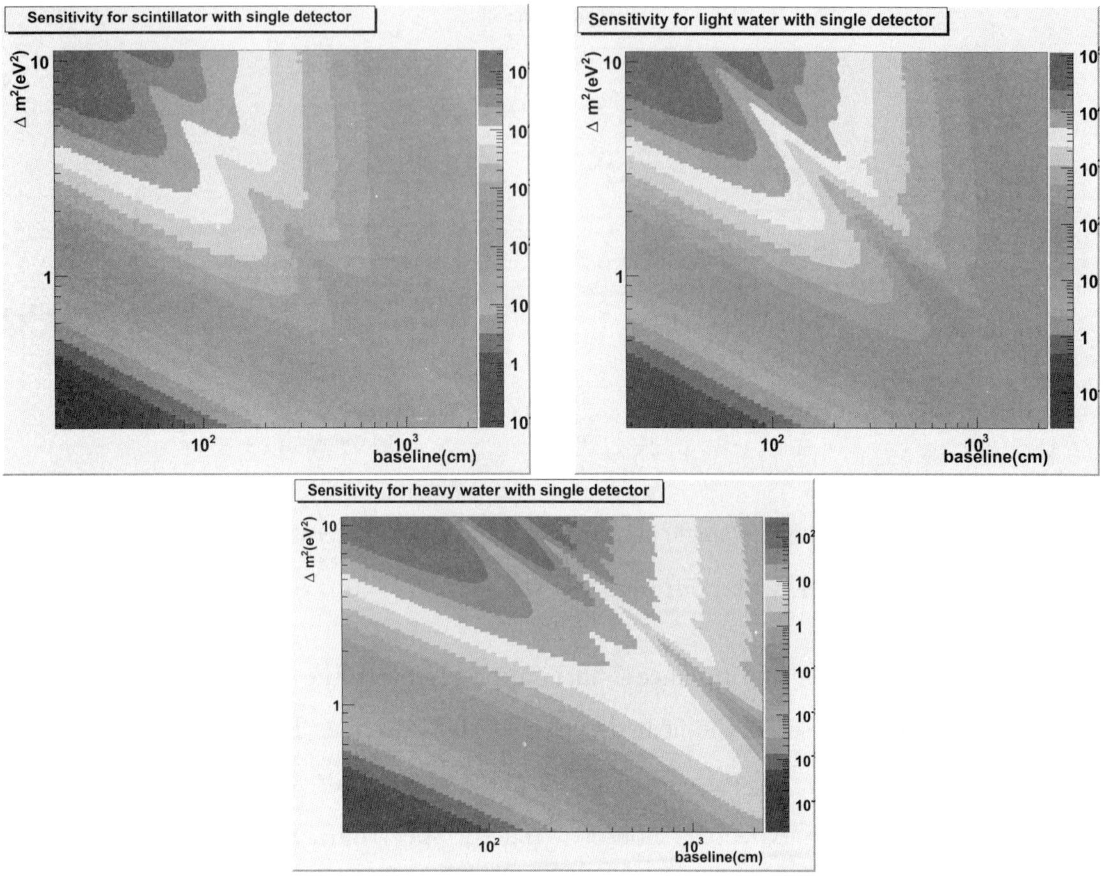


FIG. 7: $\chi^2$ map vs. baseline and $\Delta m_{14}^2$ for LS (top left), light water (top right) and heavy water (bottom) in "rate+shape" analysis. 3% normalization uncertainties has been considered in the $\chi^2$ calculation, but not other systematic uncertainties.

### D. Sensitivity results

#### 1. *Single detector*

Using the full $\chi^2$ definition in Eqn. 13, the 95.5% exclusion curves for the three detection methods are shown in Fig. 9 in the $(\sin^2 2\theta_{14}, \Delta m_{14}^2)$ plane.

With "rate-only" analysis, we observe that for all three techniques, the $2\sigma$ sensitivity limits are around 0.1 even at optimum $\Delta m_{14}^2$, due to the large normalization uncertainty. The sensitivity curves for LS and light water track with each other, although the latter is slightly worse due to a larger detection threshold. Both experiments are most sensitive to $\Delta m_{14}^2 \simeq 0.65$ eV$^2$. For $\Delta m_{14}^2$ larger than $\sim 3$ eV$^2$, the oscillation as a function of energy

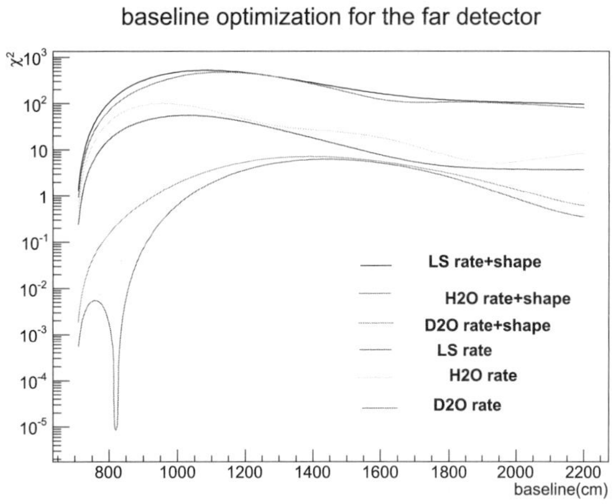


FIG. 8: Baseline optimization for far detector with the near one placed at 7 m from the core in "rate only" and "rate+shape" analyses for LS, light water and heavy water, with $\Delta m_{14}^2 = 1$ eV$^2$ and $\sin^2 2\theta_{14} = 0.1$. See text for details.

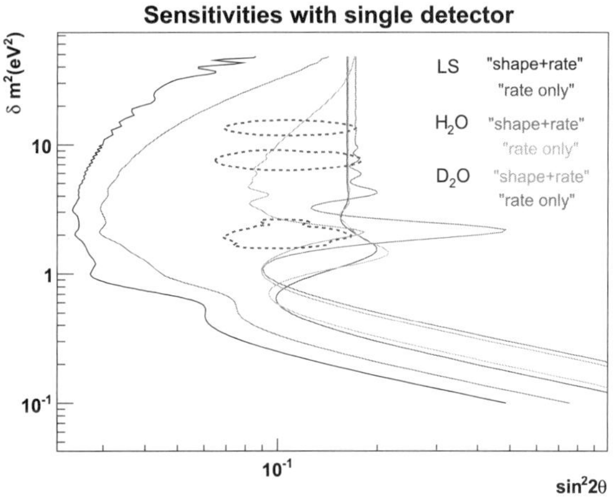


FIG. 9: Sensitivities for a single detector using LS, water and heavy water in "rate+shape" analysis. All systematics in Eqn. 13 have been considered. The dashed contours are the 68% confidence contours in [13] (only those with $\chi^2$ local minima $< 1$ are selected to indicate global fits' most favored parameter space and for visual clarity).

becomes so fast that it get smeared out by the energy resolution of the detector. In this case, one measures a constant deficit ($\propto 1/2\sin^2(2\theta_{14})$) independent of the baseline, giving rise to a constant sensitivity at large $\Delta m_{14}^2$. The heavy water sensitivity is not so much worse than the other two, as the dominating uncertainty comes from the normalization, not the statistics. The value of $\Delta m_{14}^2$ where the best sensitivity occurs is ~1 eV$^2$, higher than that of the IBD, due to higher reaction threshold (~4 MeV) thereby higher average detected neutrino energy.

The situation is drastically improved with a "rate+shape" analysis. All three exclusion curves moved to much smaller value of $\sin^2 2\theta_{14}$ in Fig. 9, LS and water in particular, as the constraints from the shape will seriously combat the large normalization uncertainty. It is also interesting to note that the value of $\Delta m_{14}^2$ where experiments are most sensitive to has undergone significant changes compared to that in "rate-only" analysis. This can also be understood as an effect from the shape constraints. For example, for IBD, at $\Delta m_{14}^2 \simeq 0.65$ eV$^2$ the overall disappearance in rate is the largest (on top of the 3% uncertainty in normalization), but the shape distortion is flatter compared to say $\Delta m_{14}^2 = 1$. Therefore it would be relatively easier to choose a normalization nuisance parameter to balance the spectrum distortion. For heavy water, the "rate+shape" analysis helps, but not as much as the IBD, as a result of lower statistics in each energy bin.

*2. Two detectors*

The sensitivity with two detectors can be investigated in a similar way using the $\chi^2$ in Eqn. 14. Conceptually, unlike the design of Daya Bay and RENO experiments [2, 3] (using well-known $\Delta m^2$), with an unknown $\Delta m_{14}^2$ the "rate-only" relative measurement becomes much dicier. For certain values of $\Delta m^2$, the normalized event rates at near and far sites would equal to each other therefore would cancel the sensitivity in the near/far ratio. Under this "unlucky" situation, one could still gain some sensitivity back by relying on the flux prediction, but the main purpose of two-detector design would be largely undermined.

The story is drastically different once the detector shape information is used, due to the $L/E$ dependence of oscillated spectrum. Within two-detector scenario, the sensitivity curves with "rate+shape" analysis are shown in Fig. 10 for LS, $H_2O$ and $D_2O$. One clearly observes an improved sensitivity compared to Fig. 9 for all detectors. This is anticipated, since the $\chi^2$ construction in Eqn. 14 has used information from both detectors as well as the flux prediction.

To study contribution from each systematic component, we compared the variation of the exclusion curve on $(\sin^2 2\theta_{14}, \Delta m_{14}^2)$ when "turning off" systematics one-by-one. The results

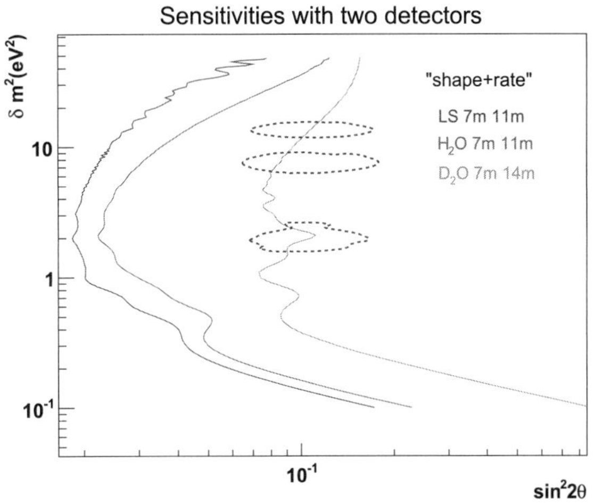


FIG. 10: Sensitivities for two identical detectors using LS, water and heavy water in "rate+shape" analysis. All systematics in Eqn. 14 have been considered. The dashed contours are the 68% confidence contours in [13] (only those with $\chi^2$ local minima $< 1$ are selected to indicate global fits' most favored parameter space and for visual clarity).

for the LS detector (most sensitive one) at $\Delta m^2_{14} = 1\ \mathrm{eV}^2$ is shown in Table III. Separated systematic uncertainties by taking the quadrature difference [47] are also tabulated in the table.

One sees that two-detector scheme not only improves the statistics, but also help to reduce the normalization uncertainty. The fact that the normalization uncertainty does not disappear completely is a result of the interplay between the rate and shape constraints. From experimental point of view, if detectors are constructed as movable, one could consider a "swap" between the near and far detectors in order to further suppress systematic uncertainties.

### E. Effects due to energy and baseline smearing

The systematic effects discussed above can all be captured in individual nuisance parameters – if known to infinite precision, they will not lead to biases in neutrino rate or spectrum. Another class of systematics introduce smearing to the oscillation signals; one loses sensitivity no matter how accurately the smearing is known. Such effects cannot be easily incorporated as nuisance parameters in $\chi^2$, therefore require separate evaluation. In

| Errors considered | Single detector | Two-detector |
|---|---|---|
| A+B+C+D+E+Stat. | 0.02748 | 0.02017 |
| A+B+C+D+Stat. | 0.02701 | 0.01967 |
| A+B+C+Stat. | 0.02680 | 0.01934 |
| A+B+Stat. | - | 0.01746 |
| A+Stat. | 0.02321 | 0.01691 |
| Stat. only | 0.01055 | 0.00885 |

| | Stat | Normalization | Efficiency | E stretch | E shift | Baseline |
|---|---|---|---|---|---|---|
| Single detector | 0.011 | 0.021 | - | 0.013 | 0.004 | 0.005 |
| Two-detector | 0.009 | 0.014 | 0.004 | 0.008 | 0.004 | 0.004 |

TABLE III: Upper table: 2-$\sigma$ sensitivity on $\sin^2 2\theta_{14}$ when adding in systematic effects one-by-one. Systematic uncertainties include: (A) normalization, (B) detection efficiency, (C) energy scale stretch, (D) energy scale shift, and (E) baseline uncertainty. The statistical and bin-to-bin shape uncertainties are always combined into a "stat" uncertainty. Target=LS. $\Delta m_{14}^2 = 1$ eV$^2$. Single detector: 7 m. Two-detector: near @ 7 m, far @ 11 m. Lower table: breakdown of uncertainties by taking the quadrature differences from the upper table. The efficiency uncertainty for a single detector has been included into the normalization uncertainty.

this section, we discuss two major smearing effects: energy resolution and baseline smearing. The GdLS target is chosen in the study.

### 1. *Energy resolution*

To extract the impact of energy resolution to $\sin^2 2\theta_{14}$, we recalculated the sensitivity with perfect detector resolution (i.e. no energy smearing), and compare it to that with realistic energy resolution given in Sec. V A. Simply taking the quadrature difference, the contribution to $\sin^2 2\theta_{14}$ sensitivity at $\Delta m_{14}^2 = 1$ eV$^2$ is less than $\sim 10^{-3}$ for both single and two-detector scenarios.

*2. Baseline smearing*

The distance $\bar{\nu}_e$ travels from its origin to IBD interaction point is smeared out due to finite-sized core and detector geometry. Several control rods are distributed in the core of CARR [41], therefore neutrino creation points can be approximated as uniform in a 40 cm diameter and 80 cm height cylinder. In Fig. 11 the baseline distribution for the near detector at 7 m is shown, assuming that the target region is a perfect cylinder with 1 m diameter and 1.5 m height. Obviously such distribution will cause a smearing to the L/E oscillation

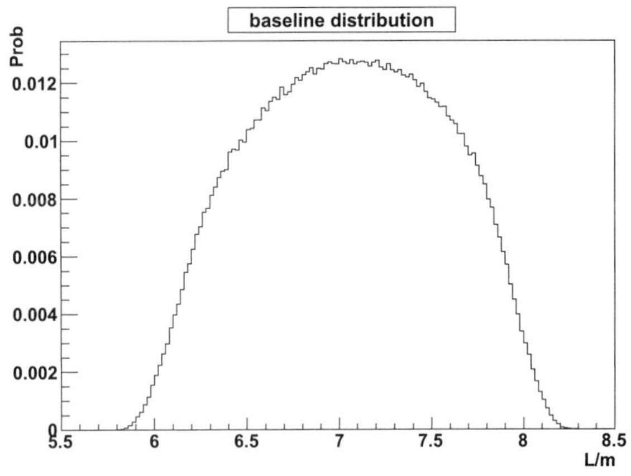


FIG. 11: Baseline distribution (PDF) for the near detector 7 m. See text for details.

signal. The contribution to $\sin^2 2\theta_{14}$ sensitivity was evaluated through the same quadrature difference procedure above. We obtain a loss of sensitivity of less than $2 \times 10^{-3}$ in $\sin^2 2\theta_{14}$ for both the single detector and two-detector scenarios for $\Delta m^2_{14} = 1\ \text{eV}^2$.

## VI. DISCUSSION AND CONCLUSION

Under the framework of "3+1" neutrino mixing, we have conducted a study of the sensitivities to $\sin^2 2\theta_{14}$ at short baseline (< 15m) to a research reactor (CARR) using three targets (LS, $H_2O$, and $D_2O$). This study suggests that in the absence of background, the LS detector has the best sensitivity due to higher IBD reaction rate and more superior energy resolution. For an experiment detecting $\bar{\nu}$−D CC scattering using heavy water, the event rate is far less, with a powerful suppression of potential background nevertheless. From the comparison between "rate-only" and "rate+shape" analyses, we conclude that the spectrum distortion provide crucial handle to oscillation therefore a key to the experiment design. To cancel uncertainties from the reactor flux prediction, we compared the performance of a single-detector and two-detector design. The latter leads to not only a better sensitivity but also a suppression of systematic uncertainty. Under the current best scenario (liquid scintillator, two-detector, no background, and "rate+shape" analysis), a ton-scale detector operating for a year can reach a sensitivity (95.5%) of $\sim$0.02 to $\sin^2 2\theta_{14}$ for $\Delta m_{14}^2 \sim$1 $\mathrm{eV}^2$, severely constraining the sterile-to-regular oscillation parameter space suggested by global analysis.

## VII. ACKNOWLEDGMENTS

This work was done with support from the Shuguang Foundation of Shanghai Grant Z1127941, and Shanghai Laboratory for Particle Physics and Cosmology at the Shanghai Jiao Tong University. The authors acknowledge Prof. Karsten Heeger from the Univ. of Wisconsin for an initial discussion on sterile neutrinos, and Profs. Weiping Liu and Dongfeng Chen from CIAE for introducing the CARR reactor to us. We also acknowledge Drs. Yufeng Li from IHEP and Bryce R Littlejohn from the Univ. of Cincinnati for helpful suggestions to the paper draft.

---

[1] J. Beringer *et al.* (Particle Data Group), Phys. Rev. D86, 010001 (2012)

[2] F. P. An *et al.* (Daya Bay Collaboration), Phys. Rev. Lett. 108 171803 (2012)

[3] J. K. Ahn *et al.* (RENO Collaboration), Phys. Rev. Lett. 108, 191802 (2012).

[4] *Y. Abe et al.* (Double Chooz Collaboration), Phys. Rev. Lett. 108, 131801, Phys. Rev. D 86, 052008 (2012)

[5] P. Anselmann *et al.* (GALLEX. Collaboration), Phys. Lett. B 342 (1995) 440; W. Hampel *et al.* (GALLEX Collaboration), Phys. Lett. B 420, 114 (1998); F. Kaether, W. Hampel, G. Heusser, J. Kiko, and T. Kirsten, Phys. Lett. B 685, 47 (2010).

[6] D. Abdurashitov, V. Gavrin, S. Girin, V. Gorbachev, T. V. Ibragimova, *et al.*, Phys. Rev. Lett. 77, 4708 (1996); J. Abdurashitov *et al.* (SAGE Collaboration), Phys. Rev. C 59, 2246 (1999); J. Abdurashitov, V. Gavrin, S. Girin, V. Gorbachev, P. Gurkina, *et al.*, Phys. Rev.

C 73, 045805 (2006); J. Abdurashitov *et al.* (SAGE Collaboration), Phys. Rev. C 80, 015807 (2009).

[7] A. Aguilar *et al.*,(LSND Collaboration), Phys. Rev. D 64, 112007 (2001).

[8] A. Aguilar-Arevalo *et al.* (MiniBooNE Collaboration), Phys. Rev. Lett. 102, 101802 (2009); A. Aguilar-Arevalo *et al.* (MiniBooNE Collaboration), Phys. Rev. Lett. 105, 181801 (2010).

[9] T. A. Mueller *et al.*, Phys. Rev. C 83, 054615 (2011);

[10] P. Huber, Phys. Rev. C 84, 024617 (2011).

[11] G. Mention, M. Fechner, T. Lasserre, T. Mueller, D. Lhuillier, *et al.*, Phys.Rev. D83, 073006 (2011).

[12] C. Giunti and M. Lavede, Phys. Rev. D 84, 093006 (2011).

[13] C. Giunti, M. Laveder, Y. F. Li, Q. Y. Liu, H. W. Long, Phys. Rev. D 86, 113014 (2013)

[14] See, e.g., T.Asaka and M. Shaposhnikov, Phys. Lett. B 620, 17 (2005).

[15] K. N. Abazajian et al, "Light Sterile Neutrinos: White Paper", arXiv:1204.5379, April 2012.

[16] C. T. Ye, China Advanced Research Reactor (CARR): A New Reactor to be Built in China for Neutron Scattering Studies, Physica B 241-243, 48 (1998).

[17] O. Yasuda, JHEP 1109:036 (2011).

[18] K. Schreckenbach, G. Colvin and F. von Feilitzsch, Phys. Lett. B160, 325 (1985); F. von Feilitzsch and K. Schreckenbach, Phys. Lett. B118 (1982); A. A. Hahn *et al.*, Phys. Lett. B218, 365 (1989).

[19] P. Vogel, G.K. Schenter, F.M. Mann and R.E. Schenter Phys. Rev. C 24, 1543 (1981); B. R. Davis, P. Vogel, F.M. Mann and R.E. Schenter, Phys. Rev. C19, 2259 (1979).

[20] P. Vogel and J. Engel, Phys. Rev. D 39, 3378 (1989).

[21] M. F. James, J. Nucl. Energy 23, 517 (1969).

[22] V. Kopeikin *et al.*, Phys. Atom. Nucl., 67, 1892 (2004).

[23] P. Vogel and J. F. Beacom, Phys. Rev. D 60, 053003 (1999).

[24] J. F. Beacom and M. R. Vagins, Phys. Rev. Lett., 93, 171101 (2004)

[25] Andrew Renshaw *et al.*, arXiv:1201.1017

[26] Super-Kamiokande Collaboration, M. Nakahata *et al.*, Nucl. Instr. Meth. A421 113-129 (1999); E. Blaufuss *et al.* Nucl. Instr. Meth. A 458, 636-647 (2001); F. Fukuda *et al.*, Nucl. Instrum. Meth. A501, 418-462 (2003).

[27] SNO Collaboration, J. Boger *et al.*, Nucl. Instrum. Meth. A449 172-207 (2000); A. W. P. Poon

*et al.*, Nucl. Instr. Meth. A 452, 15-129 (2000); M. R. Dragowsky *et al.*, Nucl. Instr. Meth. A 481, 284-296 (2002); N. Tagg *et al.*, Nucl. Instr. Meth. A 489, 92-102 (2002); B. A. Moffat *et al.*, Nucl. Instr. Meth. A 554, 255-265 (2005); K. Boudjemline *et al.*, Nucl. Instr. Meth. A 620, 171-181 (2010).

[28] E. Pasierb, H. S. Gurr, J. Lathrop, F. Reines and H. W. Sobel, Phys. Rev. Lett 43, 96 (1979).

[29] B. Aharmim *et al.*, SNO Collaboration, Phys. Rev.C 72, 055502 (2005).

[30] K. Kubodera and S. Nozawa, Int. J. Mod. Phys. E **3**, 101 (1994) [arXiv:nucl-th/9310014].

[31] J. Cao, [arXiv:1101.2266 [hep-ex]]

[32] H. O. Back *et al.* (Borexino Collaboration), Nucl. Instrum. Meth. A584, 98-113 (2008).

[33] G. Ranucci, A. Goretti, P. Lombardi, Nucl. Instrum. Meth. A412, 374-386 (1998).

[34] A. Porta *et al.* IEEE TRANSACTIONS ON NUCLEAR SCIENCE, VOL. 57, NO. 5, OCTOBER 2010.

[35] H. Kwon *et al.*, Phys. Rev. D 24, 1097 (1981)

[36] Y. F. Wang, V. Balic, G. Gratta, A. Fasso, S. Roesler and A. Ferrari, Phys. Rev. D 64, 013012 (2001).

[37] F. Ardellier *et al.* (Double Chooz Collaboration), hep-ex/0606025 (2006)

[38] F. P. An *et al.* (Daya Bay Collaboration), Chin. Phys. C 37, 80 (2013).

[39] See, e.g., P. Huber, M Lindner, T. Schwetz, and W. Winter, Nucl. Phys. B665, 487 (2003)

[40] K. M. Heeger, B. R. Littlejohn, H. P. Mumm and M. N. Tobin, Phys. Rev D 87, 073008, 2013

[41] Wenxi Tian *et al.*, Ann. Nucl. Energ., vol. 34, no. 4, pp. 288296 (2007)

[42] One should take this estimate under the caveat that the Monte Carlo had an oversimplified geometry. The real fast neutron background shall be directly measured.

[43] Very similar core design as CARR.

[44] Since we have no direct background measurement nor a shielding design yet, a particular choice of background would seem improper. We choose to present background-free scenario here, and instruct readers to bare this caveat in mind when reading the sensitivity curves.

[45] In principle the $\gamma$ term can be absorbed in the normalization uncertainty, but we leave them here to ease later discussion on two-detector sensitivity.

[46] The final optimization of the far detector baseline will have to take into account the actual background levels. We also have to make the analysis choice of either an absolute measurement using reactor flux calculation, or a pure near/far relative non-null search. Here we only present

a particular choice of the far detector location to illustrate the advantage of two-detector scheme.

[47] Although quadrature sum of these effects may not be strictly valid due to correlations, we take this approach to estimate the relative size of each component.

# Evolution of octupole correlations in $^{123}$Ba ①

X. C. Chen,[1] J. Zhao,[2,3] C. Xu,[1] H. Hua,[1] T. M. Shneidman,[2,4,5] S. G. Zhou,[2] X. G. Wu,[6] X. Q. Li,[1] S. Q. Zhang,[1] Z. H. Li,[1] W. Y. Liang,[1] J. Meng,[1] F. R. Xu,[1] B. Qi,[7] Y. L. Ye,[1] D. X. Jiang,[1] Y. Y. Cheng,[1] C. He,[1] J. J. Sun,[1] R. Han,[1] C. Y. Niu,[1] C. G. Li,[1] P. J. Li,[1] C. G. Wang,[1] H. Y. Wu,[1] Z. H. Li,[1] H. Zhou,[1] S. P. Hu,[6,8] H. Q. Zhang,[6] G. S. Li,[6] C. Y. He,[6] Y. Zheng,[6] C. B. Li,[6] H. W. Li,[6,9] Y. H. Wu,[6,9] P. W. Luo,[6,8] and J. Zhong[6,8]

[1] *School of Physics and State Key Laboratory of Nuclear Physics and Technology, Peking University, Beijing 100871, China*
[2] *Key Laboratory of Theoretical Physics, Institute of Theoretical Physics, Chinese Academy of Sciences, Beijing 100190, China*
[3] *Physics Department, Faculty of Science, University of Zagreb, Bijenicka 32, Zagreb 10000, Croatia*
[4] *Bogoliubov Laboratory of Theoretical Physics, Joint Institute for Nuclear Research, Dubna 141980, Russia*
[5] *Kazan Federal University, Kazan 420008, Russia*
[6] *China Institute of Atomic Energy, Beijing 102413, China*
[7] *Shandong Provincial Key Laboratory of Optical Astronomy and Solar-Terrestrial Environment, Institute of Space Sciences, Shandong University, Weihai 264209, Peoples Republic of China*
[8] *College of Physics Science and Technology, Shenzhen University, Shenzhen 518060, China*
[9] *College of Physics, Jilin University, Changchun 130012, China*
(Received 25 April 2016; published 1 August 2016)

High-spin states of $^{123}$Ba have been studied via the $^{108}$Cd($^{19}$F$,3np$)$^{123}$Ba fusion-evaporation reaction at a beam energy of 90 MeV. Several $E1$ transitions linking the positive-parity $\nu(d_{5/2}+g_{7/2})$ band and negative-parity $\nu h_{11/2}$ band are observed in $^{123}$Ba for the first time. Evidence for the existence of octupole correlations in $^{123}$Ba is presented based on the systematic comparisons of the $B(E1)/B(E2)$ branching ratios and the energy displacements in odd-$A$ Ba isotopes. The characteristics of octupole correlation in the odd-$A$ $^{123,125}$Ba are explained by the state-of-the-art multidimensionally-constrained relativistic mean-field model and cluster model based on the dinuclear system concept.

DOI: 10.1103/PhysRevC.94.021301

As an extremely complicated finite quantum many-body system, the spatial distribution of an atomic nucleus exhibits a variety of intriguing geometrical shapes. Most nuclei have been found to have axially symmetric shapes. With the breaking of reflection symmetry in the intrinsic frame, some nuclei appear to have octupole deformations, i.e., pearlike shapes [1]. The occurrence of octupole deformations can be ascribed to the strong coupling between orbitals around the Fermi surface with $\Delta\ell = \Delta j = 3$. One of the well-known nuclear regions with the octupole deformation is around the double octupole-driving numbers $Z = 56$ and $N = 88$ where the experimental evidence of octupole deformation or correlations has been identified in many neutron-rich Ba isotopes [1–11]. For the neutron-deficient Ba isotopes, the experimental signatures of octupole correlations, such as the enhanced $E1$ transitions between the opposite-parity bands, strong $E3$ transitions, and parity doublet bands, etc. [1], have been reported in even-$A$ $^{118,122-128}$Ba isotopes [12–17], which indicate octupole deformation or correlations also play an important role in the light Ba isotopes.

Although the rotational bands built on the different orbitals with different parities have been well established in the neutron-deficient odd-$A$ Ba isotopes so far, the experimental evidence for octupole correlations especially the evidence concerning enhanced $E1$ transitions between the opposite-parity bands, has been observed only in $^{125}$Ba [15,16]. Moreover, according to the empirical measurement of the strength of octupole correlations by the energy displacement between the opposite-parity states, these light Ba isotopes were found to have no static octupole deformation at low angular momenta, and rotation tends to drive these nuclei to static octupole deformation at medium angular momenta [17]. Due to the possible octupole deformation or correlation fluctuation at low angular momenta and the limited experimental information, to date the underlying reason of the evolution of octupole deformation or correlations with angular momentum in the $A \sim 130$ mass region still remains an open question. Thus, further searching for octupole correlations in the neutron-deficient odd-$A$ Ba isotopes and investigation on the effect of rotation on the octupole correlations are very valuable for systematic understanding the evolution of octupole degrees of freedom along with the neutron number in the long Ba isotopic chain as well as with the angular momentum.

In this Rapid Communication, we report the new results on the level structure of $^{123}$Ba. The observation of several new $E1$ transitions linking the positive-parity $\nu(d_{5/2}+g_{7/2})$ band and negative-parity $\nu h_{11/2}$ band provides evidence of octupole correlations in $^{123}$Ba. The characteristics of octupole correlations in the odd-$A$ Ba isotopes are discussed in terms of the state-of-the-art multidimensionally-constrained relativistic mean-field (MDC-RMF) model [18,19] and cluster model based on the dinuclear system (DNS) concept [20].

The experiment was performed at the HI-13 tandem facility of the China Institute of Atomic Energy (CIAE). The high-spin states of $^{123}$Ba were populated through the $^{108}$Cd($^{19}$F$,3np$)$^{123}$Ba reaction at a beam energy of 90 MeV.

① Physical Review C,2016,94(2):021301-(1-6).

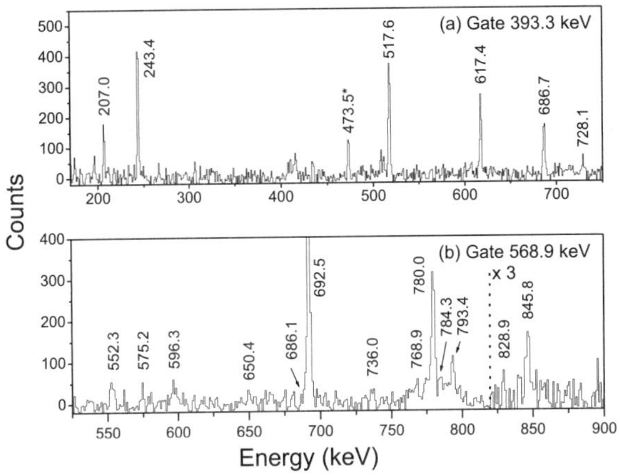


FIG. 1. Coincident $\gamma$-ray spectra with gating on (a) 393.3-keV transition in band 1 and (b) 568.9-keV transition in band 3. The peaks marked with stars are known contaminants from other nuclei.

The target was $^{108}$Cd with a thickness of 1.1 mg/cm$^2$. It was on a 14.0-mg/cm$^2$ Pb backing, which served to stop the recoil nuclei. The deexcited $\gamma$ rays emitted from the stopped recoil nuclei were detected by a $\gamma$-detector array of 11 high-purity germanium (HPGe) detectors with bismuth germanate anti-Compton suppressors. Two additional planar HPGe detectors were used to detect low-energy $\gamma$ rays. The energy resolutions of these detectors were 2.0–3.0 keV at 1.33 MeV.

A total of $6.1 \times 10^7$ coincident events were collected from which a symmetric $\gamma$-$\gamma$ matrix was built. The level scheme analysis was performed using the RADWARE software [21]. The $\gamma$-ray spectra gated on the known $\gamma$-ray transitions in $^{123}$Ba are shown in Fig. 1. In order to obtain the directional correlations of $\gamma$ rays deexciting oriented states (DCO) intensity ratios to determine the multipolarities of $\gamma$-ray transitions, the detectors around 90.0° with respect to the beam direction were sorted against the detectors around 40.0° to produce a two-dimensional angular correlation matrix. To get clean DCO values for transitions in $^{123}$Ba, gates were set on the uncontaminated stretched $E2$ transitions. In general, the stretched quadrupole transitions were adopted if the DCO ratios were larger than 1.0, and the stretched dipole transitions were assumed if the DCO ratios were less than 0.8. The DCO values obtained in the present measurement for previously assigned transitions in $^{123}$Ba were found to be consistent with the expected values.

The structure of $^{123}$Ba has been previously studied by many experiments, such as $^{94}$Mo($^{32}$S ,$n2p$)$^{123}$Ba , $^{74}$Se($^{52}$Cr , $n2p$)$^{123}$Ba, and $^{114}$Sn($^{12}$C ,$3n$)$^{123}$Ba fusion-evaporation reactions [22,23], and $^{123}$La $\beta$ decay [24]. The partial level scheme of $^{123}$Ba, deduced from the present Rapid Communication, is shown in Fig. 2. It was constructed from the $\gamma$-$\gamma$ coincidence relationships, intensity balances, and DCO analyses. The present analysis confirms most of the transitions found in the previous studies [22–24].

Band 1 built on the $1/2^+$ isomeric state of 120.9 keV has been identified up to $11/2^+$ in the $\beta$-decay study of $^{123}$La [24] and is suggested to be a rotational sequence based on the $\nu s_{1/2}$ orbital. As shown in Fig. 1(a), by requiring coincidence with the known $\gamma$-ray transitions under spin $11/2^+$ of band 1, four new coincident $\gamma$-ray transitions of 517.6, 617.4, 686.7, and 728.1 keV are observed. The DCO ratio analyses suggest that all these $\gamma$-ray transitions except the 728.1-keV transition have quadrupole transition characters. The $\gamma$-ray decay of 728.1 keV, whose DCO ratio could not be extracted, is also assumed to be a stretched $E2$ transition.

Band 2 built on the $\nu(d_{5/2} + g_{7/2})$ orbital has been established in Ref. [22]. The present analysis confirms the low-energy parts of states up to spins $17/2^+$ and $23/2^+$ for the positive and negative signature sequences, respectively. In Ref. [22], the excitation energy 2106 keV was assigned to the $21/2^+$ state, although it was found to decay to the $17/2^+$ state at 1482 keV via the 674-keV transition. In the present Rapid Communication, the transition with an energy of 673.5 keV is observed in coincidence with known $\gamma$-ray transitions under spin $17/2^+$ of band 2. Thus, the previous 2106-keV excitation energy of the $21/2^+$ state is modified to 2154.3 keV. Consequently, the 2816-keV excitation energy of the $25/2^+$ state is modified to 2863.7 keV. In Ref. [22], the excitation energies of the $27/2^+$ and $29/2^+$ states are tentative because of their weak deexcited transitions to the $23/2^+$ and $25/2^+$ states, respectively. In the present Rapid Communication, a new 673.4-keV transition is observed in coincidence with the known $\gamma$-ray transitions under spin $23/2^+$ of band 2. The DCO ratio analyses suggest that this $\gamma$-ray transition has quadrupole transition character. Therefore, the spin-parity $27/2^+$ is assigned to the 3189.4-keV level.

Band 3 built on the $\nu h_{11/2}$ orbital has been established up to $67/2^-$ in Ref. [22]. In the present Rapid Communication, band 3 is identified up to spins $35/2^-$. The obtained DCO values support the spin and parity assignments in Ref. [22]. More interestingly, six new interband transitions linking the positive-parity band (band 2) and negative-parity band (band 3) are observed for the first time. The observation of these interband transitions further confirms the validity of the present transition sequence in band 2.

One of the most important experimental evidences for octupole correlations is the observation of the enhanced $E1$ transitions between the opposite-parity bands. Here, these new observed $E1$ transitions between bands 2 and 3 imply that the octupole correlations may exist in $^{123}$Ba. To investigate the octupole correlations in $^{123}$Ba, the experimental $B(E1)/B(E2)$ branching ratios in $^{123}$Ba are extracted and compared with those in the neighboring isotope $^{125}$Ba [15] as well as those in the octupole-deformed isotope $^{145}$Ba [8] in Fig. 3. It can be seen that the deduced $B(E1)/B(E2)$ ratios in $^{123}$Ba are very similar to those in $^{125}$Ba but smaller than those in $^{145}$Ba at low angular momenta. With the increase in angular momentum, the $B(E1)/B(E2)$ ratios in $^{123}$Ba increase and become comparable with those in $^{145}$Ba around $27/2\hbar$. The enhanced $E1$ transitions observed in $^{123}$Ba suggest the occurrence of octupole correlations in this nucleus.

To evaluate the stability of the octupole deformations with spin variation, the energy displacements $\delta E(I) = E(I^-) - [(I+1)E(I-1)^+ + IE(I+1)^+]/(2I+1)$ between the opposite-parity bands in $^{123,125,145}$Ba are plotted in Fig. 4(a). In the limit of stable octupole deformation, the

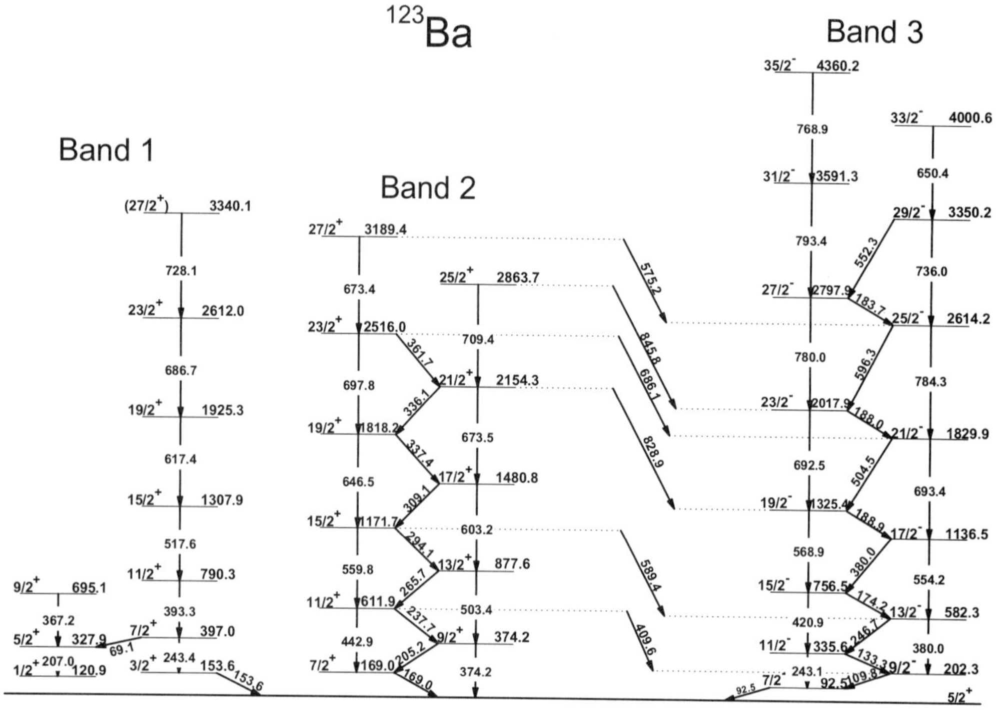


FIG. 2. Partial level scheme of $^{123}$Ba. Energies are in keV.

energy displacement $\delta E$ is close to zero [17,25]. As shown in Fig. 4(a), $^{123}$Ba has a similar energy displacement pattern as $^{125}$Ba. In contrast to a more regular trend of the energy displacements to zero in $^{145}$Ba with increasing spin, both energy displacements in $^{123}$Ba and $^{125}$Ba first slowly decrease until $19/2\hbar$, then increase and tend toward to zero.

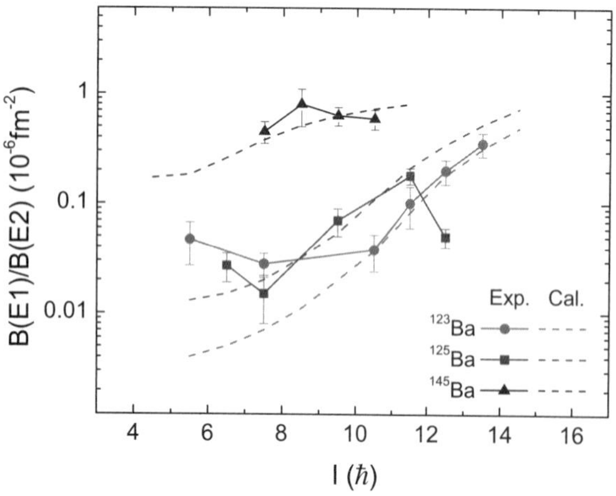


FIG. 3. The experimental $B(E1)/B(E2)$ ratios of $^{123,125,145}$Ba isotopes in comparison with the cluster model calculations. The experimental data of $^{125}$Ba are taken from Ref. [15], and the data of $^{145}$Ba are taken from Ref. [8].

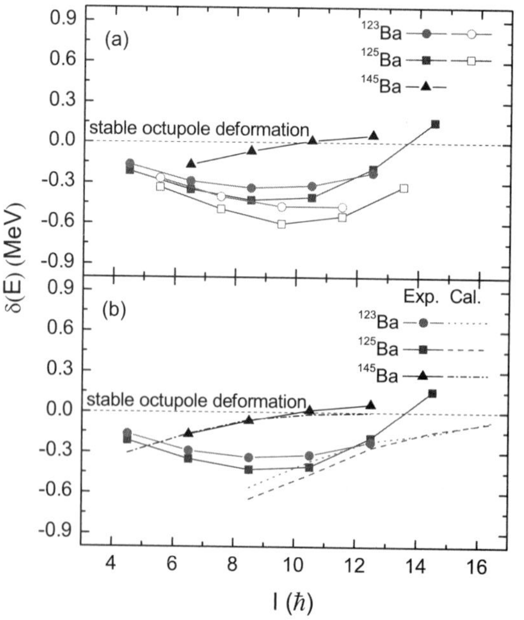


FIG. 4. (a) Experimental energy displacements $\delta E(I)$ between the opposite-parity bands as a function of spin in $^{123,125,145}$Ba. (b) Comparison of experimental and calculated energy displacements $\delta E(I)$ for the simplex quantum number $s = -i$ band structures of $^{123}$Ba, $^{125}$Ba [15], and $^{145}$Ba [8].

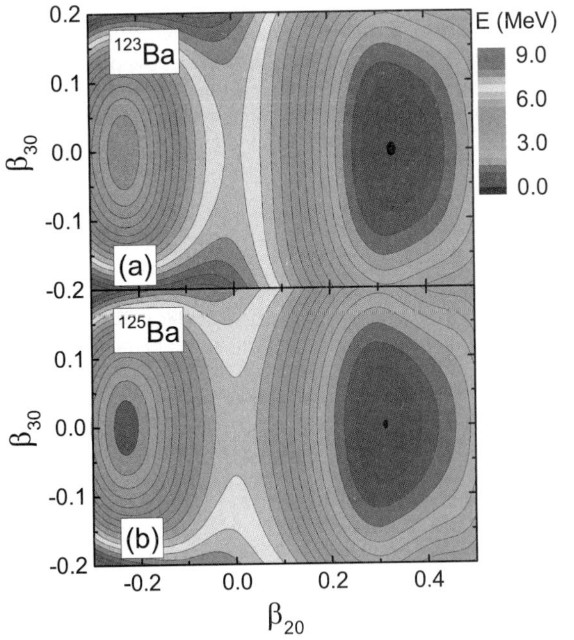


FIG. 5. The potential-energy surfaces for (a) $^{123}$Ba and (b) $^{125}$Ba calculated by the MDC-RMF model. The energies are normalized with respect to the ground state. The contour separation is 0.5 MeV.

To further illustrate the octupole correlations and the effect of rotation on the octupole correlations in the odd-$A$ Ba isotopes, calculations based on the state-of-the-art microscopic MDC-RMF model and cluster model have been performed. The MDC-RMF model [18,19,26,27] and cluster model based on the DNS concept [20,28,29] have been successfully applied to describe the properties of octupole deformation or correlations in actinides, lanthanides, and some medium mass nuclei. Recently, the MDC-RMF model has been used to describe the potential-energy surface of $^{78}$Br in which, for the first time, the evidence for octupole correlations in multiple chiral doublet bands was observed [30] and the value of the transitional octupole moment for $^{144}$Ba predicted by the cluster model [28] has also been confirmed in the experiment [11].

In the MDC-RMF model [18], all shape degrees of freedom $\beta_{\lambda\mu}$ with even $\mu$ are included self-consistently. The potential-energy surfaces on the $(\beta_{20},\beta_{30})$ plane for $^{123,125}$Ba calculated by the MDC-RMF with the PC-PK1 parametrization [31] are shown in Fig. 5. It can be seen that, although the minimum of the nuclear potential energy corresponds to the reflection symmetric shape, both potential-energy surfaces of $^{123,125}$Ba are very soft with respect to the shape degree of freedom $\beta_{30}$, which further support the existence of octupole correlations in $^{123,125}$Ba.

The cluster model is based on the assumption that cluster-type shapes are produced by the motion of the nuclear system in the mass-asymmetry coordinate [20]. The intrinsic nuclear wave function is thought as a superposition of the mononucleus and various cluster configurations. It was found that among the cluster components most contribution comes from the dinuclear system with the $\alpha$ particle as a light cluster. At low angular momenta the weight of the $\alpha$-cluster DNS is small. However, due to the fact that the moment of inertia of the $\alpha$-cluster DNS is larger than that of the mononucleus, the nuclear potential energy as a function of mass asymmetry becomes softer with the increase in angular momentum, and at a certain critical value $I_{\text{crit}}$, the $\alpha$ DNS is developed and consequently the reflection asymmetric minimum occurs. Thus, the nucleus can be characterized by the critical value $I_{\text{crit}}$ which describes the phase transition from a reflection-symmetry to a reflection-asymmetry shape. According to the calculations by the cluster model, the values of $I_{\text{crit}}$ for $^{123,125}$Ba isotopes are $13\hbar$ and $12\hbar$, respectively. These values are consistent with the observed spin region where the $B(E1)/B(E2)$ values of $^{123,125}$Ba remarkably increase and the energy displacements tend to zero. For the values of angular momenta close to or larger than $I_{\text{crit}}$, the DNS cluster model is capable of describing the peculiarities of alternate-parity bands. However, at low angular momenta, the parity splitting is mainly from the energy difference between single-particle orbitals of opposite parities, and at present, such effects are not included in this model.

In Figs. 3 and 4(b), the $B(E1)/B(E2)$ ratios and energy displacements calculated by the cluster model are compared with the experimental data for $^{123,125,145}$Ba, respectively. It can be seen that the overall agreements are good, especially for the $B(E1)/B(E2)$ ratios. As is explained above, at low angular momenta, the deviations of the theoretical results from experimental data for $^{123,125}$Ba are large. At medium angular momenta, the agreements between the experimental data and the theoretical results are rather good which further indicates that as the consequence of rotation, the static octupole deformation develops in $^{123,125}$Ba.

To summarize, high-spin states in $^{123}$Ba have been studied via the $^{108}$Cd($^{19}$F$,3np$)$^{123}$Ba fusion-evaporation reaction at a beam energy of 90 MeV. The previously known band 1 built on the $\nu s_{1/2}$ orbital is extended up to higher-spin states, while the high-spin levels of band 2 built on the $\nu(d_{5/2}+g_{7/2})$ orbital are modified. Several $E1$ transitions linking the positive-parity $\nu(d_{5/2}+g_{7/2})$ band and negative-parity $\nu h_{11/2}$ band are observed for the first time. Systematic comparisons of the $B(E1)/B(E2)$ branching ratios and the energy displacements between the opposite-parity bands in $^{123,125,145}$Ba give evidence for the existence of octupole correlations in $^{123}$Ba. According to the calculations by the MDC-RMF model and the cluster model based on the DNS concept, the odd-$A$ $^{123,125}$Ba at low angular momenta are very soft with respect to the reflection-asymmetric shape degree of freedom. With the increase in angular momentum, the reflection-asymmetry minima are predicted to develop around $13\hbar$ and $12\hbar$ for $^{123}$Ba and $^{125}$Ba, respectively. The characteristics of octupole correlations in the odd-$A$ Ba isotopes are explained by the theoretical calculations.

This work was supported by the Natural Science Foundation of China under Grants No. 11175003, No. 11235001, No. 11335002, No. 11320101004, No. 11375015, No. 11375017, No. 11120101005, No. 11275248, No. 11525524, and No.

J1103206 and the Chinese Major State Basic Research Development Program under Grant No. 2013CB834400. J. Zhao acknowledges support from the NEWFELPRO project of the Ministry of Science, Croatia, cofinanced through the Marie Curie FP7-PEOPLE-2011-COFUND program. T.M.S. acknowledges support from a CAS Fellowship for Young International Scientists (Grant No. 2013Y1JA0003) and the Russian Government Subsidy Program of the Competitive Growth of Kazan Federal University. The authors wish to thank Dr. Q. W. Fan for making the target and the staff at the tandem accelerator laboratory at the CIAE, Beijing. The computation of this work was supported by the HPC Cluster of SKLTP/ITP-CAS and the Supercomputing Center, CNIC of CAS.

---

[1] P. A. Butler and W. Nazarewicz, Rev. Mod. Phys. **68**, 349 (1996).

[2] J. H. Hamilton, A. V. Ramayya, S. J. Zhu, G. M. Ter-Akopian, Yu. Ts. Oganessian, J. D. Cole, J. O. Rasmussen, and M. A. Stoyer, Prog. Part. Nucl. Phys. **35**, 635 (1995).

[3] W. R. Phillips, I. Ahmad, H. Emling, R. Holzmann, R. V. F. Janssens, T.-L. Khoo, and M. W. Drigert, Phys. Rev. Lett. **57**, 3257 (1986).

[4] S. J. Zhu, Q. H. Lu, J. H. Hamilton, A. V. Ramayya, L. K. Peker, M. G. Wang, W. C. Ma, B. R. S. Babu, T. N. Ginter, J. Kormicki, D. Shi, J. K. Deng, W. Nazarewicz, J. O. Rasmussen, M. A. Stoyer, S. Y. Chu, K. E. Gregorich, M. F. Mohar, S. Asztalos, S. G. Prussin, J. D. Cole, R. Aryaeinejad, Y. K. Dardenne, M. Drigert, K. J. Moody, R. W. Loughed, J. F. Wild, N. R. Johnson, I. Y. Lee, F. K. McGowan, G. M. Ter-Akopian, and Yu. Ts. Oganessian, Phys. Lett. B **357**, 273 (1995).

[5] M. A. Jones, W. Urban, J. L. Durell, M. Leddy, W. R. Phillips, A. G. Smith, B. J. Varley, I. Ahmad, L. R. Morss, M. Bentaleb, E. Lubkiewicz, and N. Schulz, Nucl. Phys. A **605**, 133 (1996).

[6] W. Urban, M. A. Jones, J. L. Durell, M. Leddy, W. R. Phillips, A. G. Smith, B. J. Varley, I. Ahmad, L. R. Morss, M. Bentaleb, E. Lubkiewicz, and N. Schulz, Nucl. Phys. A **613**, 107 (1997).

[7] S. J. Zhu, M. G. Wang, J. H. Hamilton, A. V. Ramayya, B. R. S. Babu, W. C. Ma, G. L. Long, J. K. Deng, L. Y. Zhu, M. Li, T. N. Ginter, J. Kormicki, J. D. Cole, R. Aryaeinejad, Y. X. Dardenne, M. W. Drigert, J. O. Rasmussen, Yu. Ts. Oganessian, M. A. Stoyer, S. Y. Chu, K. E. Gregorich, M. F. Mohar, S. G. Prussin, I. Y. Lee, N. R. Johnson, and F. K. McGowan, Chin. Phys. Lett. **14**, 569 (1997).

[8] S. J. Zhu, J. H. Hamilton, A. V. Ramayya, E. F. Jones, J. K. Hwang, M. G. Wang, X. Q. Zhang, P. M. Gore, L. K. Peker, G. Drafta, B. R. S. Babu, W. C. Ma, G. L. Long, L. Y. Zhu, C. Y. Gan, L. M. Yang, M. Sakhaee, M. Li, J. K. Deng, T. N. Ginter, C. J. Beyer, J. Kormicki, J. D. Cole, R. Aryaeinejad, M. W. Drigert, J. O. Rasmussen, S. Asztalos, I. Y. Lee, A. O. Macchiavelli, S. Y. Chu, K. E. Gregorich, M. F. Mohar, G. M. Ter-Akopian, A. V. Daniel, Yu. Ts. Oganessian, R. Donangelo, M. A. Stoyer, R. W. Lougheed, K. J. Moody, J. F. Wild, S. G. Prussin, J. Kliman, and H. C. Griffin, Phys. Rev. C **60**, 051304(R) (1999).

[9] Y. X. Luo, J. O. Rasmussen, J. H. Hamilton, A. V. Ramayya, J. K. Hwang, C. J. Beyer, S. J. Zhu, J. Kormicki, X. Q. Zhang, E. F. Jones, P. M. Gore, T. N. Ginter, K. E. Gregorich, I.-Y. Lee, A. O. Macchiavelli, P. Zielinski, C. M. Folden III, P. Fallon, G. M. Ter-Akopian, Yu. Ts. Oganessian, A. V. Daniel, M. A. Stoyer, J. D. Cole, R. Donangelo, S. C. Wu, and S. J. Asztalos, Phys. Rev. C **66**, 014305 (2002).

[10] W. Urban, W. R. Phillips, I. Ahmad, J. Rekawek, A. Korgul, T. Rzaca-Urban, J. L. Durell, M. J. Leddy, A. G. Smith, B. J. Varley, N. Schulz, and L. R. Morss, Phys. Rev. C **66**, 044302 (2002).

[11] B. Bucher, S. Zhu, C. Y. Wu, R. V. F. Janssens, D. Cline, A. B. Hayes, M. Albers, A. D. Ayangeakaa, P. A. Butler, C. M. Campbell, M. P. Carpenter, C. J. Chiara, J. A. Clark, H. L. Crawford, M. Cromaz, H. M. David, C. Dickerson, E. T. Gregor, J. Harker, C. R. Hoffman, B. P. Kay, F. G. Kondev, A. Korichi, T. Lauritsen, A. O. Macchiavelli, R. C. Pardo, A. Richard, M. A. Riley, G. Savard, M. Scheck, D. Seweryniak, M. K. Smith, R. Vondrasek, and A. Wiens, Phys. Rev. Lett. **116**, 112503 (2016).

[12] S. J. Zhu, M. Sakhaee, L. M. Yang, C. Y. Gan, L. Y. Zhu, R. Q. Xu, Z. Jiang, Z. Zhang, G. L. Long, S. X. Wen, and X. G. Wu, Chin. Phys. Lett. **18**, 1027 (2001).

[13] P. D. Cottle, Z. Phys. A **338**, 281 (1991).

[14] J. F. Smith, C. J. Chiara, D. B. Fossan, G. J. Lane, J. M. Sears, I. Thorslund, H. Amro, C. N. Davids, R. V. F. Janssens, D. Seweryniak, I. M. Hibbert, R. Wadsworth, I. Y. Lee, and A. O. Macchiavelli, Phys. Rev. C **57**, R1037 (1998).

[15] P. Mason, G. Benzoni, A. Bracco, A. Camatib, H. Hübel, P. Bringel, A. Bürger, A. Neusser, G. Schönwasser, B. M. Nyakó, J. Timár, A. Algora, Zs. Dombrádi, J. Gál, G. Kalinka, J. Molnár, D. Sohler, L. Zolnai, K. Juhász, G. B. Hagemann, C. R. Hansen, B. Herskind, G. Sletten, M. Kmiecik, A. Maj, K. Zuber, F. Azaiez, K. Hauschild, A. Korichi, A. Lopez-Martens, J. Roccaz, S. Siem, F. Hannachi, J. N. Scheurer, P. Bednarczyk, Th. Byrski, D. Curien, O. Dorvaux, G. Duchêne, B. Gall, F. Khalfallah, I. Piqueras, J. Robin, S. B. Patel, O. A. Evans, C. M. Petrache, D. Petrache, G. La Rana, R. Moro, G. De Angelis, P. Falon, I.-Y. Lee, J. C. Lisle, B. Cederwall, K. Lagergen, R. M. Lieder, E. Podsvirova, H. Jäger, N. Redon, and A. Görgen, Phys. Rev. C **72**, 064315 (2005).

[16] P. Mason, G. Benzoni, A. Bracco, F. Camera, B. Million, O. Wieland, S. Leoni, A. K. Singh, A. Al-Khatib, H. Hübel, P. Bringel, A. Bürger, A. Neusser, G. Schönwasser, G. B. Hagemann, C. R. Hansen, B. Herskind, G. Sletten, A. Algora, Zs. Dombrádi, J. Gál, G. Kalinka, J. Molnár, B. M. Nyakó, D. Sohler, J. Timár, L. Zolnai, M. Kmiecik, A. Maj, J. Styczen, K. Zuber, F. Azaiez, K. Hauschild, A. Korichi, A. Lopez-Martens, J. Roccaz, S. Siem, F. Hannachi, J. N. Scheurer, P. Bednarczyk, Th. Byrski, D. Curien, O. Dorvaux, G. Duchêne, B. Gall, F. Khalfallah, I. Piqueras, J. Robin, K. Juhász, S. B. Patel, O. A. Evans, G. Rainovski, C. M. Petrache, D. Petrache, G. La Rana, R. Moro, G. De Angelis, P. Falon, I.-Y. Lee, J. C. Lisle, B. Cederwall, K. Lagergen, R. M. Lieder, E. Podsvirova, N. Redon, H. Jäger, N. Redon, and A. Görgen, J. Phys. G: Nucl. Part. Phys. **31**, S1729 (2005).

[17] P. D. Cottle, Phys. Rev. C **41**, 517 (1990).

[18] B. N. Lu, J. Zhao, E. G. Zhao, and S. G. Zhou, Phys. Rev. C **89**, 014323 (2014).

[19] S. G. Zhou, Phys. Scr. **91**, 063008 (2016).

[20] T. M. Shneidman, G. G. Adamian, N. V. Antonenko, R. V. Jolos, and W. Scheid, Phys. Rev. C **67**, 014313 (2003).

[21] D. Radford, Nucl. Instrum. Methods Phys. Res., Sect. A **361**, 297 (1995).

[22] R. Wyss, F. Lidén, J. Nyberg, A. Johnson, D. Love, A. Nelson, D. Banes, J. Simpson, A. Kirwan, and R. Bengtsson, Z. Phys. A **330**, 123 (1988).
[23] N. Yoshikawa, J. Gizon, and A. Gizon, J. Phys. **40**, 209 (1979).
[24] H. Iimura, M. Shibata, S.-i. Ichikawa, T. Sekine, M. Oshima, N. Shinohara, M. Miyachi, A. Osa, H. Yamamoto, and K. Kawade, J. Phys. Soc. Jpn. **60**, 3585 (1991).
[25] W. Nazarewicz and P. Olanders, Nucl. Phys. A **441**, 420 (1985).
[26] B. N. Lu, E. G. Zhao, and S. G. Zhou, Phys. Rev. C **85**, 011301(R) (2012).
[27] J. Zhao, B. N. Lu, E. G. Zhao, and S. G. Zhou, Phys. Rev. C **86**, 057304 (2012).
[28] T. M. Shneidman, R. V. Jolos, R. Krücken, A. Aprahamian, D. Cline, J. R. Cooper, M. Cromaz, R. M. Clark, C. Hutter, A. O. Macchiavelli, W. Scheid, M. A. Stoyer, and C. Y. Wu, Eur. Phys. J. A **25**, 387 (2005).
[29] G. G. Adamian, N. V. Antonenko, R. V. Jolos, and T. M. Shneidman, Phys. Rev. C **70**, 064318 (2004).
[30] C. Liu, S. Y. Wang, R. A. Bark, S. Q. Zhang, J. Meng, B. Qi, P. Jones, S. M. Wyngaardt, J. Zhao, C. Xu, S. G. Zhou, S. Wang, D. P. Sun, L. Liu, Z. Q. Li, N. B. Zhang, H. Jia, X. Q. Li, H. Hua, Q. B. Chen, Z. G. Xiao, H. J. Li, L. H. Zhu, T. D. Bucher, T. Dinoko, J. Easton, K. Juhász, A. Kamblawe, E. Khaleel, N. Khumalo, E. A. Lawrie, J. J. Lawrie, S. N. T. Majola, S. M. Mullins, S. Murray, J. Ndayishimye, D. Negi, S. P. Noncolela, S. S. Ntshangase, B. M. Nyakó, J. N. Orce, P. Papka, J. F. Sharpey-Schafer, O. Shirinda, P. Sithole, M. A. Stankiewicz, and M. Wiedeking, Phys. Rev. Lett. **116**, 112501 (2016).
[31] P. W. Zhao, Z. P. Li, J. M. Yao, and J. Meng, Phys. Rev. C **82**, 054319 (2010).

# 发表文章目录


1. 戴传曾，叶春堂，张焕乔，黄治俭，周友扑，朱家瑄，“跃进一号”中子晶体谱仪，原子能科学技术 2, 100 (1959).
2. 安万寿，张焕乔，杨继廉，朱家瑄，李光定，中子衍射仪的构造与性能，物理学报 17, 222 (1961).
3. 张焕乔，中子平面晶体谱仪的分辨函数，物理学报 19, 477 (1963).
4. 杨桢，张焕乔，周友扑，1960—1961 年观察到压电振荡对石英单晶片进行中子衍射的影响，物理学报 23, 447 (1974).
5. 张焕乔，张培恕，陈进贵，黄胜年，裂变中子对 $^{238}U$ 全截面的测量，原子能研究所 Z.K.Y.Y.C1. P0046 (1962).
6. 张焕乔，用电化法在铝上制备 $UO_2$ 涂层，原子能科学技术 6, 464 (1963).
7. 张焕乔，陈进贵，崔德惠，裂变谱中子对 $^{238}U$ 裂变截面的测量，中华人民共和国科学技术委员会原子能科学技术文献，原 30005/ 物中 001 (1963 年 3 月 1 日 ).
8. 张焕乔，崔文光，翟国良，用小立体角法测量 α 放射源的绝对强度，中国科学院原子能研究所 Z.K.Y.Y.I2 R0125 (1964 年 10 月 ).
9. 张焕乔，崔文光，翟国良，用小立体角法测量异形 α 放射源的绝对强度和均匀性，中国科学院原子能研究所 Z.K.Y.Y.I2 R0126 (1964 年 10 月 ).
10. 张焕乔，李泽，周书华，铀 -235 和钚 -239 裂变谱中子平均裂变截面的测量，中华人民共和国科学技术委员会科学技术研究报告，原 50004/ 物中 006 (1965 年 2 月 18 日 ).
11. 张焕乔，黄胜年，介绍一种新型的固体径迹探测器，原子能 6, 404 (1966).
12. 裂变中子数测量组，$^{240}Pu$ 自发裂变平均中子数的绝对测量，原子能科学技术 4, 285 (1975).
13. 裂变中子数测量组，$^{238}U$ 瞬发裂变平均中子数随入射能量变化的测量，原子能科学技术 4, 362 (1975).
14. 张焕乔，U-235 快中子裂变的平均裂变中子数的编评，中国科学院原子能研究所 科学技术报告 hsj-76041(bj)/ 内部 (1978 年 12 月 ).
15. 王正民，张焕乔，汪惠慈，陈朝清，用芪晶体闪烁谱仪测量快中子能谱，原子能科学技术资料选编第一辑，原子能出版社，P. 50, 1978.
16. 张焕乔，赵裕民，姚锦章，汪惠慈，天然硼和天然锂热中子吸收截面的测量，原子能科学技术资料选编第二辑，原子能出版社，P. 214, 1978.

17. 张焕乔，温同庆，$^{239}$Pu 快裂变室，原子能科学技术 2, 113 (1979).

18. 孙汉城，王正民，王大海，张焕乔，陈保林，戴能雄，崔云峰，2.06 MeV 氘核引起的 $^{7}$Li(d,n) 反应中子能谱，原子能科学技术 3, 137 (1979).

19. 张焕乔，刘祖华，$^{252}$Cf 自发裂变瞬发中子平均数及中子数目分布，原子核物理 1, 9 (1979).

20. 张焕乔，许谨诚，温同庆，$^{242}$Cm α 衰变和自发裂变半衰期的测定，原子核物理 1, 21 (1979).

21. 张焕乔，许谨诚，刘祖华，温同庆，丁声耀，陈志才，$^{239}$Pu 瞬发裂变中子平均数随入射快中子能量的变化，原子核物理 2, 29 (1980).

22. 刘祖华，张焕乔，$^{252}$Cf 长程 α 粒子伴随裂变瞬发中子数目分布，原子核物理 2, 53 (1980).

23. 许淑艳，张焕乔，许谨诚，刘祖华，用蒙特卡洛方法模拟大体积载钆液体闪烁中子探测器的效率曲线，原子能科学技术，6, 692(1980).

24. 张焕乔，刘祖华，丁声耀，刘绍明，$^{240}$Pu, $^{242}$Cm 和 $^{244}$Cm 自发裂变瞬发中子平均数及中子数目分布，原子核物理 3, 149 (1979).

25. 刘祖华，张焕乔，丁声耀，刘绍明，$^{252}$Cf 三分裂瞬发中子平均数与长程 α 粒子动能的关联，原子核物理 3, 281 (1981).

26. 张焕乔，丁声耀，刘祖华，刘绍明，唐孝威，李焕铁，$^{252}$Cf 自发裂变中高能 γ 射线的实验探索，科学通报 26, 255 (1981).

27. Zhang Huanqiao, Ding Shenyao, Liu Zuhua, Liu Shaoming, Tang Xiaowei, Li Huantie, Experimental search for high energy γ-rays in the spontaneous fission of $^{252}$Cf, KEXUE TONGBAO 26, 955 (1981).

28. 张焕乔，丁声耀，刘祖华，张贵山，刘绍明，唐孝威，李焕铁，$^{252}$Cf 自发裂变中高能 γ 射线的探索，高能物理与核物理 6, 491 (1982).

29. 张贵山，张焕乔，蒙特卡洛方法计算铅玻璃探测器对高能 γ 射线的探测效率，高能物理与核物理 7, 370 (1983).

30. Huanqiao Zhang, Zuhua Liu, Shenyao Ding, and Shaoming Liu, Measurement of average values and the distributions of prompt neutron numbers for spontaneous fission of $^{240}$Pu, $^{242}$Cm and $^{244}$Cm, Nucl. Sci. Engag. 86, 315 (1984).

31. 刘祖华，张焕乔，丁声耀，许谨诚，刘绍明，张其欣，在不同碎片质量比和总动能下 $^{252}$Cf 自发裂变瞬发中子多重性，原子核物理 6, 1 (1984).

32. 丁声耀，许谨诚，刘祖华，刘绍明，张焕乔，$^{252}$Cf 自发裂变 $\nu(Z)$ 的测量，原子核物理 6, 9 (1984).

33. 丁声耀，许谨诚，刘祖华，张其欣，刘绍明，张焕乔，$^{252}$Cf 自发裂变时瞬发中子的研究，原子核物理 6, 201 (1984).

34. Ding Shengyao, Xu Jincheng, Liu Zuhua, Zhang Qixin, Liu Shaoming, and Zhang Huanqiao, Study

of prompt neutron from $^{252}$Cf spontaneous fission fragments, Chinese Physics 5, 678 (1985).

35. 张贵山，张焕乔，能量从 10 keV 到 300 MeV 的电子和光子在物质中若干物理参数的计算程序，原子能科学技术 2, 159 (1985).

36. Zhang Huanqiao, Activities of transactinium isotope nuclear data at the Chinese Nuclear Data Centre (CNDC), IAEA-TECDOC-336, 1985, P. 335-342.

37. 许谨诚，张焕乔，刘祖华，裂变瞬发中子多重性研究，物理 20, 554 (1992).

38. 张焕乔，带电粒子裂变的进展，原子能研究所串列加速器物理工作研讨会资料，1981 年 9 月 .

39. G. Fortuna, G. Montagnoli, A. M. Stefanini, Huanqiao Zhang, S. Beghini, S. Lunardi, M. Morando, C. Signorini, Distribuzioni di massa del prodotti di fusione nelle reazioni $^{32,34}$S and $^{46,48}$Ti + $^{27}$Al, Bellettino della Societe Italiana di Fisica 127, 12 (1982).

40. H. Q. Zhang, G. Fortuna, A. M. Stefanini, C. Signorini, S. Beghini, S. Lunardi, W. Meczynski, M. Morando, Fusion-evaporation reactions in the $^{27}$Al + $^{46,48}$Ti systems, Bellettino della Societe Italliana di Fisica 130, 79 (1983).

41. G. Fortuna, C. Signorini, A. M. Stefanini, H. Q. Zhang, S. Beghini, S. Lunardi, W. Meczynski, M. Morando, Study of heavy-ion fusion-evaporation reactions at 0$^{o}$ by an electrostatic beam separator, INFN-LNL 1983, P. 76.

42. H. Q. Zhang, G. Fortuna, C. Signorini, A. M. Stefanini, S. Beghini, S. Lunardi, W. Mecznski, M, Morando, Fusion-evaporation process in $^{27}$Al + $^{46,47,48}$Ti systems, Proceedings of the International Conference on Nuclear Physics, Vol. 1. D64 (1983).

43. Liu Zuhua, Zhang Huanqiao, Xu Jincheng, and Liu Shaoming, Exchange processes in $^{6}$Li(α,d)$^{8}$Be reaction, Chinese Nuclear Physics 11, 9 (1989).

44. Liu Zuhua, Xu Jincheng, Zhang Huanqiao, and Liu Shaoming, The importance of exchange processes in the $^{6}$Li(α,p)$^{9}$Be reaction, Chinese Nuclear Physics 12, 253 (1989).

45. 钱兴，蔡薇，戴光西，张国保，靳根明，王大延，梁国照，张焕乔，许谨诚，刘祖华，徐侃，阮明，吕骏，零度附近蒸发剩余核的双鉴别系统，核电子学与探测技术 12, 142 (1992).

46. 王素芳，郑纪文，刘国兴，陈克良，白兴平，于遢，郑平子，张焕乔，许谨诚，刘祖华，徐侃，阮明，吕骏，$^{16}$O + $^{12}$C 全熔合反应激发函数的测量，高能物理与核物理 16, 453 (1992).

47. 王素芳，郑纪文，刘国兴，陈克良，白兴平，于遢，郑平子，张焕乔，许谨诚，刘祖华，徐侃，阮明，吕骏，$^{16}$O + $^{28}$Si 全熔合反应激发函数，高能物理与核物理 16, 640 (1992).

48. Zheng Jiwen, Zheng Pingzi, Liu Guoxing, Chen Keliang, Wang Sufang , Bai Xingping, Zhang Huanqiao, Xu Jincheng, Liu Zuhua, Ruan Ming, Lu Jun and Xu Kan, Gross Resonance-like Structure of the Complete Fusion Excitation Function for the $^{16}$O + $^{28}$Si Reaction, Chinese J. of

Nuclear Physics 15, 201 (1993).

49. 王素芳，郑纪文，刘国兴，陈克良，白兴平，郑平子，张焕乔，许谨诚，刘祖华，阮明，吕骏，徐侃，$^{16}O + ^{nat}S$ 全熔合反应激发函数，高能物理与核物理 18, 6 (1994).

50. 张焕乔，程业浩，赵葵，袁坚，陈泉，HI-13 串列加速器上核反应研究的进展，核物理动态 11, 17 (1994).

51. 刘国兴，王素芳，陈克良，白兴平，郑平子，张焕乔，许谨诚，刘祖华，阮明，吕骏，徐侃，$^{16}O + ^{24}Mg$ 全熔合反应激发函数的类共振结构，核物理动态 12, 20 (1995).

52. D. Ackermann, P. Bednarczyk, L. Corradi, D. R. Napoli, C. M. Petrache, P. Spolaore, A. M. Stefanini, H. Q. Zhang, F. Scarlassara, S. Beghini, G. Montagnoli, L. Muller, G. F. Segato, C. Signorini, Studies of Subbarrier Fusion in Heavy Ion Reactions Leading to $^{118,122,128}Ba$ as Compound Nuclei, Proceedings of the Second European Bienniel Workshop on Nuclear Physics, Megeve, England, 29 March-2 May, 1993, LNL-INFN (REP) 73/93.

53. A. M. Stefanini, D. Ackermann, L. Corradi, D. R. Napoli, C. Petrache, P. Spolaore, P. Bednarczyk, H. Q. Zhang, S. Beghini, G. Motagnali, L. Muller, F. Scarlassara, G. F. Segato, and F. Soramel, Influence of Complex Surface Vibrations On the Fusion of $^{58}Ni + ^{60}Ni$, Phys. Rev. Lett. 74, 864 (1995).

54. D. Ackemann, F. Scarlassara, P. Bednarczyk, S. Beghini, L. Corradi, G. Motagnoli, L. Muller, D. R. Napoli, C. Petrache, K. M. Varier, F. Soramel, P. Spolaore, A. M. Stefanini, G. F. Segato, C. Signorini, H. Q. Zhang, Mean angular momenta in heavy ion fusion, Nucl. Phys. A583, 129 (1995).

55. D. Ackemann, P. Bednarczyk, L. Corradi, D. R. Napoli, C. M. Petrache, P. Spolaore, A. M. Stefanini, K. M. Varier, H. Q. Zhang, F. Scarlassara, S. Beghini, G. Motagnoli, L. Muller, F. Segato, F. Soramel, C. Signorini, Cross Sections and Average Angular Momenta in the Fusion of $^{28}Si + ^{94,100}Mo$ and $^{58,64}Ni + ^{64}Ni$, Nucl. Phys. A609, 91(1996).

56. Huanqiao Zhang, Zuhua Liu, Jincheng Xu, Kan Xu, Jun Lu, and Ming Ruan, Test of the coupled channel model for sub-barrier fusion reaction, Towards a unified Picture of Nuclear Dynamics, International Symposium NIKKO'91, NIKKO, Japan, 1991, P. 1-7.

57. 林承键，许谨诚，张焕乔，刘祖华，杨峰，鹿立新，$^{19}F + ^{208}Pb$ 近垒及垒下准弹反应，高能物理与核物理 21, 872 (1997).

58. 张焕乔，杨峰，林承键，刘祖华，胡跃明，$^{16}O + ^{152}Sm$, $^{184}W$ 准弹和弹性散射的势垒分布，高能物理与和物理 22, 769 (1998).

59. Huanqiao Zhang, Feng Yang, Chengjian Lin, Zhua Liu, and Yueming Hu, Barrier distributions for $^{16}O + ^{152}Sm$ quasielastic and elastic scattering, Phys. Rev. C57, R1047 (1998).

60. C. Signorini, Z. H. Liu, Z. C. Li, K. E. G. Lobner, L. Muller, M. Ruan, K. Rudolph, F. Soramel, C.

Zotti, A. Andrighetto, L. Stroe, A. Vitturi, H. Q. Zhang, Does break-up affect $^{9}Be + ^{209}Bi$ fusion at barrier? Eur. Phys. J. A5, 7 (1999).

61. C. Signorini, Z. H. Liu, Z. C. Li, K. E. G. Lobner, L. Muller, M. Ruan, K. Rudolph, F. Soramel, C. Zotti, A. Andrighetto, L. Stroe, A. Vitturi, H. Q. Zhang, Fusion Barrier Distribution in $^{9}Be + ^{209}Bi$, Proceedings of Experimental Nuclear Physics in Europe (ENPE99), Sevilla Spain, June 1999, Editted by B. Rulio, M. Lozanu, and W. Gelletly, 1999, American Institute of Physics, P. 340.
62. Huanqiao Zhang, Jun Lu, Jincheng Xu, Zuhua Liu, Kan Xu, Ming Ruan, Sub-Barrier Fusion Reaction of $^{19}F + ^{232}Th$, Proceedings of the Symposium On Heavy-Ion Interactions Around The Coulomb Barrier, Legnaro, Italy, June 1–4, 1988, Lecture Notes In Physics 317, Springer-Verlag, Berlin, 1988, P. 173.
63. Zhang Huanqiao, Xu Jincheng, Liu Zuhua, Lu Jun, Xu Kan, Ruan Ming, Anomalous anisotropies of fission fragment angular distributions in subbarrier fusion-fission reaction, Proceedings of The International Summer School On Heavy Ion Reaction Theory, August 10-18, 1988, Lanzhou, China, World Scientific, 1988, P. 248-252.
64. Huanqiao Zhang, Jincheng Xu, Zuhua Liu, Jun Lu, Kan Hu, and Ming Ruan, Anomalous Anisotropies of Fission Fragment Angular Distributions in Sub-barrier Fusion-Fission Reaction, Phys. Lett. B218, 133 (1989).
65. Huanqiao Zhang, Zuhua Liu, Jincheng Xu, Kan Xu, Jun Lu, and Ming Ruan, Fission Fragment Angular Distributions For the $^{19}F + ^{208}Pb$ Near- and Sub-Barrier Fusion-Fission Reaction, Nucl. Phys. A512, 531 (1990).
66. Huanqiao Zhang, Jincheng Xu, Zuhua Liu, Jun Lu, Ming Ruan, and Kan Xu. Anomalous anisotropies of fission fragments for the $^{16}O + ^{232}Th$ sub-barrier fusion-fission reaction, Phys. Rev. C42, 1086 (1990).
67. Zuhua Liu, Huanqiao Zhang, Jincheng Xu, Kan Xu, Jun Lu, and Ming Ruan, Test of the coupled channels model for sub-barrier fusion-fission reactions, Phys. Rev. C42, 2752 (1990).
68. Zhang Huanqiao, Liu Zuhua, Xu Jincheng, Lu Jun, Ruan Ming, and Xu Kan, A Systematic Study of Anomalous Anisotropies of Fission Fragments In Near- and Sub-barrier Fusion-Fission Reactions, Proceedings of The International Symposium On Heavy Ion Physics and Its Applications, Lanzhou, China, October 8-12, 1990, World Scientific, 1991, P. 369-375.
69. 张焕乔，刘祖华，许谨诚，阮明，钱兴，徐侃，吕骏，$^{16}O+^{238}U$ 垒下熔合裂变碎片角分布，高能物理与核物理 16, 826 (1992).
70. Zhang Huanqiao, Liu Zuhua, Xu Jincheng, Qian Xing, Chen Shaolin, Lu Lixing, Fragment

Anisotropies of Complete Fusion-Fission at Subbarrier Energies for the $^{11}B$ + $^{238}U$ and $^{12}C$ + $^{237}Np$ Reactions, CHIN. PHYS. LETT. 9, 297 (1992).

71. Huanqiao Zhang, Zuhua Liu, Jincheng Xu, Jun Lu, Ming Ruan, and Kan Xu, Anomalous Anisotropies of Fission Fragments In Near- and Sub-Barrier Fusion-Fission Reactions, Nucl. Phys. A538, 229c (1992).

72. 谭继廉，李惠林，张金霞，张昭，宴太来，张焕乔，钱兴，刘祖华，许谨诚，大面积位置灵敏平行雪崩实及其应用，核电子学与探测技术 第 72 卷增刊，205-210 (1992 年 9 月).

73. Huanqiao Zhang, Zuhua Liu, Jincheng Xu, Xing Qian, Shaolin Chen, and Lixing Lu, Experimental evidence against a model incorporating fission before *K* equilibration, Phys.Rev. C47, 1309 (1993).

74. 钱兴，张焕乔，刘祖华，许谨诚，陈绍林，徐侃，鹿立新，84.0 MeV $^{16}O$ 轰击 $^{238}U$ 核的裂变碎片角关联的测量，高能物理与核物理 17, 173 (1993).

75. Huanqiao Zhang, Zuhua Liu, Jincheng Xu, Xing Qian, Yu Qiao, Chengjian Lin, and Kan Xu, Anomalous anisotropies of fission fragments in near- and sub-barrier complete fusion-fission reactions of $^{16}O$ + $^{232}Th$, $^{19}F$ + $^{232}Th$, and $^{16}O$ +$^{238}U$, Phys. Rev. C49, 926 (1994).

76. 钱兴，许谨诚，刘祖华，张焕乔，江栋兴，叶沿林，垒下 $^{16}O$ +$^{232}Th$ 裂变碎片角关联模拟，高能物理与核物理 18, 385 (1994).

77. Huanqiao Zhang, Zuhua Liu, Jincheng Xu, Xing Qian, Chengjian Lin, and Kan Xu, Anomalous Anisotropies of Fission Fragments In Near- and Sub-Barrier Complete Fusion-Fission Reactions, Proceedings of The Workshop On Heavy Ion Fusion: Exploring The Variety Of Nuclear Properties, Padova, Italy, May 25-27, World Scientific, 1994, P. 121-126.

78. Zuhua Liu, Huanqiao Zhang, Jincheng Xu, Xing Qian, Yu Qiao, Chengjian Lin, and Kan Xu, Signature of non-compound-nucleus fission at subbarrier energies, Phys. Rev. C50, 1717 (1994).

79. Liu Zuhua, Zhang Huanqiao, Xu Jincheng, Qian Xing, Qiao Yu, Lin Chengjian, and Xu Kan, Probing the Non-Equilibration Component of Tilting Spin Mode, Chinese J. of Nuclear Physics 16, 108 (1994).

80. Liu Zuhua, Zhang Huanqiao, Xu Jincheng, Qian Xing, Qiao Yu, Lin Chengjian, and Xu Kan, Interplay Between Scission-Point Model and Experimental Data for Sub-Barrier Fusion-Fission, Chinese J. of Nuclear Physics 16, 323 (1994).

81. 刘祖华，张焕乔，许谨诚，钱兴，林承键，徐侃，$^{16}O$ + $^{232}Th$ 垒下全熔合裂变，高能物理与核物理 18, 289 (1994).

82. 刘祖华，张焕乔，许谨诚，钱兴，乔愚，林承键，徐侃，垒下熔合裂变中观察到的异常，高能物理与核物理 19, 585 (1995).

83. Zuhua Liu, Huanqiao Zhang, Jincheng Xu, Xing Qian, Yu Qiao, and Chengjian Lin, Preequlibrium For Low Angular Momentum, Phys. Lett. B353, 173 (1995).

84. 刘祖华，张焕乔，许谨诚，钱兴，乔愚，林承键，预平衡裂变，高能物理与核物理 20, 107 (1996).

85. Zuhua Liu, Huanqiao Zhang, Jincheng Xu, Yu Qiao, Xing Qian, Chengjian Lin, and Kan Xu, Fission before *K* equilibration, Phys. Rev. C54, 761 (1996).

86. Zhang Huanqiao, Liu Zuhua, Xu Jincheng, Qian Xing, Qiao Yu, and Lin Chengjian, Systematic Study of Anomalous Anisotropies of Fission Fragments In Subbarrier Complete Fusion-Fission reactions, Nuclear Science And Techniques 8, 1 (1997).

87. 张焕乔，垒下重离子熔合裂变反应，原子核物理进展（第四章），上海科学技术出版社，1997, P. 206-249.

88. H. Q. Zhang, F. Yang, C. J. Lin, Z. H. Liu, Y. M. Hu, and Y. W. Wu, Barrier Distributions for Qasielastic and Elastic Scattering of $^{16}O$ + $^{152}Sm$, $^{164}W$, Nuclear Reaction Beyond, World Scientific Publishing, 2000, P. 95-105.

89. 刘祖华，张焕乔，许谨诚，吕骏，钱兴，阮明，乔愚，林承键，徐侃，垒下熔合裂变中观察到的异常，原子核物理评论 17, 1 (2000).

90. 刘祖华，林承键，张焕乔，立志常，杨峰，阮明，$^{13}C$ 激发态中子晕，科学通报 45, 1608-1612 (2000).

91. CHEN Dong-Feng, SUN Kai, YE Chun-Tang, ZHANG Huan-Qiao, SHEN Bao-Geng, ZHANG Jun-Xian, CHENG Zhao-Hua, YAN Qi-Wei, ZHANG Pan-Lin, Neutron diffraction on study of $Er_2Fe_{15}Al_{12}$ and $Er_2Fe_{12}Al_{15}$, Nuclear Science and Techniques 2000,11(1).

92. Liu Zu-Hua, Lin Cheng-Jian, Zhang Huan-Qiao, Li Zhi-Chang, Yang Feng, Ruan Ming, Neutron halo state of $^{13}C$, Chin. Sci. Bull. 46, 43 (2001).

93. C. J. Lin, J. Xu, H. Q. Zhang, Z. H. Liu, and L. X. Lu, Threshold anomaly in the $^{19}F$ + $^{208}Pb$, Phys. Rev. C63, 064606 (2001).

94. Lin Cheng-Jian, Liu Zu-Hua, Zhang Huan-Qiao, Wu Yue-Wei, Yang Feng, Ruan Ming, Excitation Halo States of $^{12}B$, CHIN. PHYS. LETT. 18, 118 (2001).

95. Lin Cheng-Jian, Liu Zu-Hua, Zhang Huan-Qiao, Wu Yue-Wei, Yang Feng, Ruan Ming, Excitation of the rms Radii of $^{13}C$, CHIN. PHYS. LETT. 18, 1446 (2001).

96. Z. H. Liu, C. J. Lin, H. Q. Zhang, Z. C. Li, J. S. Zhang, Y. W. Wu, F. Yang, M. Ruan, J. C. Liu, S. Y. Li, and Z. H. Peng, Asymptotic normalization coefficients and neutron halo of the excited states in $^{12}B$ and $^{13}C$, Phys. Rev. C64, 034312 (2001).

97. H. Q. Zhang, C. J. Lin, Z. H. Liu, Y. W. Wu, F. Yang, and M. Ruan, Asymptotic normalization

coefficients and neutron halo of the excited states in $^{12}B$ and $^{13}C$, Proceedings of The International Nuclear Physics, INPC2001, Berkeley, July 30-August 3, 2001, Nuclear Physics In 21$^{st}$ Century, AIP 810, 2002, P. 668-672.

98. C. J. Lin, H. Q. Zhang, Z. H. Liu, J. C. Xu, and F. Yang, The Effects of Deformed Projectile in Threshold Anomaly and Fusion Reaction, Proceedings of The International Nuclear Physics, INPC2001, Berkeley, July 30-August 3, 2001, Nuclear Physics In 21$^{st}$ Century, AIP 810, 2002, P. 599-603.

99. 刘祖华，林承键，张焕乔，李志常，张竞上，吴岳伟，杨峰，阮明，刘建成，李淑媛，彭绍华，核ANC 和激发态中子晕，高能物理与核物理 26, 696 (2002).

100. C. J. Lin, H. Q. Zhang, Z. H. Liu, J. C. Xu, and F. Yang, The Effects of Deformed Projectile in Threshold Anomaly and Fusion Reaction, J. of Nuclear and Radiochemical Sciences 3, 27 (2002).

101. H. Q. Zhang, Z. H. Liu, J. C. Xu, M. Ruan, C. J. Lin, Y. Qiao, and X. Qian, Systematic Study of Anomalous Fragment Anisotropies In Near- And Sub-Barrier Fusion-Fission Reactions, J. of Nuclear and Radiochemical Sciences 3, 99 (2002).

102. C. J. Lin, H. Q. Zhang, Z. H. Liu, Y. W. Wu, F. Yang, and M. Ruan, Scaling laws of valence nucleon distributions for single-particle states, Phys. Rev. C66, 067302-1-067302-4 (2002).

103. 林承键，张焕乔，刘祖华，吴岳伟，杨峰，阮明，单粒子势模型下价核子的密度分布，物理学报 52, 823-829 (2003).

104. WU kai-Su, CHEN Yong-Shou, LIU Zu-Hua, LIN Cheng-Jian, ZHANG Huan-Qiao, Calculation of Cross Sections of Radiation Halo Neutron Capture by $^{12}C$ in Stellar Energy with The Asyptotic Normalization Coefficient Method, CHIN. PHYS. LETT. 20, 49 (2003).

105. 吴岳伟，刘祖华，林承键，张焕乔，阮明，杨峰，李志常，刘建成，近垒能区 $^{6}Li + {}^{208}Pb$ 熔合激发函数的测量，高能物理与核物理 27, 399 (2003).

106. C. J. Lin, H. Q. Zhang, Z. H. Liu, Y. W. Wu, F. Yang, and M. Ruan, Nonresonant capture cross sections of $^{11}B(n, \gamma)^{12}B$ and $^{12}C(n, \gamma)^{13}C$, Phys. Rev. C68, 047601 (2003).

107. LIU Zu-Hua, ZHANG Xi-Zhen, ZHANG Huan-Qiao, Scaling Laws and Occurrence Conditions of Nuclear Halo, CHIN. PHYS. LETT. 20, 1017 (2003).

108. 刘祖华，张焕乔，二体和三体晕，中国科学 G33, 206-211 (2003).

109. Z. H. Liu, X. Z. Zhang, and H. Q. Zhang, Nuclear halo and its scaling laws, Phys. Rev. C68, 024305-1-024305-5 (2003).

110. Y. W. Wu, Z. H. Liu, C. J. Lin, H. Q. Zhang, M. Ruan, F. Yang, and Z. C. Li, Near barrier fusion excitation function of $^{6}Li + {}^{208}Pb$, Phys. Rev. C68, 044605 (2003).

111. Z. H. Liu, M. Ruan, Y. L. Zhao, H. Q. Zhang, F. Yang, Z. Y. Ma, C. J. Lin, B. Q. Chen, and Y. W. Wu, Evidence for enhancement of the total reaction cross sections for $^{27,28}$P with a $^{28}$Si target and examination of possibly relevant mechanisms, Phys. Rev. C69, 034326-1-034326-6 (2004).

112. LIU Zu-Hua, ZHANG Xi-Zhen, ZHANG Huan-Qiao, Direct Radiactive Capture of Neutron in Drip-Line Nuclei, CHIN. PHYS. LETT. 21, No.2, 273-275(2004).

113. LIU Zu-Hua, RUAN Ming, ZHAO Yao-Lin, ZHANG Huan-Qiao, YANG Feng, MA Zhong-Yu, LIN Cheng-Jian, CHEN Bao-Qiu, WU Yue-Wei, ZHAN Wen-Long, GUO Zhong-Yan, XIAO Guo-Qing, XU Hu-Shan, SUN Zhi-Yu, LI Jia-Xing, CHEN Zhi-Qiang, Possible Experimental Evidence of a Moderate proton Halo in $^{29}$S, CHIN. PHYS. LETT. 21, 1711-1713 (2004).

114. 刘祖华，阮明，赵耀林，张焕乔，杨峰，马中玉，林承键，陈保秋，吴岳伟，詹文龙，郭忠言，肖国清，徐瑚珊，孙志宇，李嘉兴，陈志强，$^{27,28}$P + $^{28}$Si 总反应截面增强及可能相关的机制，原子核物理评论 21, 266 (2004).

115. F. Scarlassara, G. Montagnoli, S. Beghini, R. Silvestri, A. H. Stefanini, L. Corradi, B. R. Behera, E. Fioretto, S. Szilner, M. Trotta, Y. W. Wu, Z. H. Liu, M. Ruan, F. Yang, H. Q. Zhang, Subbarrier Fusion and Barrier Distributions of $^{48}$Ca+$^{90,96}$Zr, Prog. Theor. Phys. Supplement No 154, 2004, P. 31-36.

116. ZHANG Chun-Lei, ZHANG Huan-Qiao, ZHANG Xi-Zhen, Dynamical Structure Of Nuclear Excitation In Continuum, CHIN. PHYS. LETT. 22, 1877 (2005).

117. ZHANG Huan-Qiao, LIU Zu-Hua, YANG Feng, LIN Cheng-Jian, RUAN Ming, WU Yue-Wei, LI Zhu-Xia, WU Xi-Zhen, ZHAO Kai, WANG Ning, Dynamical Effects On Sub-Barrier Fusion Of $^{48}$Ca + $^{90,96}$Zr, CHIN. PHYS. LETT. 22, 3048 (2005).

118. Z. H. Liu, C. Signorini, M. Mazzocco, M. Ruan, H. Q. Zhang, T. Glodariu, Y. W. Wu, F. Soramel, C. J. Lin, and F. Yang, Partial fusion of a weakly bound projectile with heavy target at energies above the Coulomb barrier, Eur. Phys. J. A26, 73-77 (2005).

119. H. Q. Zhang, Nuclear halo and its related reactions, J. of Nuclear and Radiochemical Sciences 7, R1-R12 (2006).

120. A. M. Stefanini, F. Scarlassara, S. Beghini, G. Montagnoli, R. Silvestri, M. Trotta, B. R. Behera, L. Corradi, E. Fioretto, A. Gadea, Y. W. Wu, S. Szilner, H. Q. Zhang, Z. H. Liu, M. Ruan, F. Yang, and N. Rowley, Fusion of $^{48}$Ca + $^{90,96}$Zr above and below the Coulomb barrier, Phys. Rev. C73, 034606(2006).

121. ZHANG Chun-Lei, ZHANG Huan-Qiao, LIN Cheng-Jian, RUAN Ming, LIU Zu-Hua, YANG Feng, WU Xiu-Kun, ZHOU Ping, AN Guang-Peng, JIA Hui-Ming, WU Zhen-Dong, XU Xin-Xing, BAI Chun-Lin, Unusual Threshold Anomaly in the $^{6}$Li + $^{208}$Pb, CHIN. PHYS. LETT. 23, 1146 (2006).

122. C. L. Zhang, H. Q. Zhang, X. Z. Zhang, H. Sagawa, and F. R. Xu, Polarization Charge of O isotopes, J. Phys. G: Nucl. Part. Phys. 32, 2261-2271(2006).

123. 吴秀坤，林承键，杨峰，刘祖华，张焕乔，张春雷，周平，近垒能区 $^{32}S + ^{90,96}Zr$ 势垒分布的研究，高能物理与核物理 30, 105 (2006).

124. C. J. Lin, F. Yang, P. Zhou, H. Q. Zhang, Z. H. Liu, M. Ruan, X. K. Wu, Optical Potential of Exotic Nuclear Systems Extracted from Transfer Reactions, FUSION06-Reactions Mechanisms and Nuclear Structure at the Coulomb Barrier, San Servolo, Venice, Italy, 19-23 March, 2006. Editors: Lorenzo Corradi et al., AIP CONFERENCE PROCEEDINGS 853 P. 81-85 (2006).

125. 赵凯，李祝霞，吴锡真，王宁，张英逊，田俊龙，张焕乔，刘祖华，$^{40,48}Ca+^{90,96}Zr$ 熔合反应动力学模型研究，高能物理与核物理 30 (1), 26-31 (2006).

126. C. J. Lin, H. Q. Zhang, F. Yang, M. Ruan, Z. H. Liu, X. K. Wu, P. Zhou, C. L. Zhang, G. L. Zhang, G. P. An, H. M. Jia, X. X. Xu, Effects of breakup of weakly bound projectile and neutron transfer on fusion reactions, The 6th China-Japan Joint Nuclear Physics Symposium, May 16-20, 2006, Shanghai, China. P.1-9 (2006).

127. ZHANG Gao-Long, ZHANG Huan-Qiao, LIU Zhu-Hua, ZHANG Chun-Lei, LIN Cheng-Jian, YANG Feng, An Guang-Peng, JIA Hui-Ming, WU Zhen-Dong, XU Xin-Xing, BAI Chun-Lin, YU Ning, Calculation of Interaction Potentials between Spherical and Deformed Nuclei, CHIN. PHYS. LETT. 24(2), 397(2007).

128. 张高龙，张焕乔，刘祖华，张春雷，林承键，杨峰，安广鹏，贾会明，吴振东，徐新星，白春林，喻宁，双折叠模型对相互作用势实部的计算，高能物理与核物理 31 (7), 634 (2007).

129. C. J. Lin, H. Q. Zhang, F. Yang, M. Ruan, Z. H. Liu, Y. W. Wu, X. K. Wu, P. Zhou, C. L. Zhang, G. L. Zhang, G. P. An, H. M. Jia, and X. X. Xu, Effects Of Breakup of Weakly Bound Nuclei and Neutron Transfer On Fusion Reactions Around Coulomb Barrier, Nucl. Phys. A787，281c-289c(2007).

130. C. J. Lin, X. Z. Zhang, R. Zhang, Z.H. Liu, and H. Q. Zhang, Low lying E1 strength in light drip-line nuclei, Phys. Rev. C76, 044321-1-044321-6 (2007).

131. C. J. Lin, G. L. Zhang, F. Yang, H. Q. Zhang, Z. H. Liu, C. L. Zhang, P. Zhou, X. K. Wu, X. X. Xu, G. P. An, H. M. Jia, Two proton simultaneous emission from $^{29}S$, The 23rd International Nuclear Physics Conference, Tokyo, Japan. June 3-7, 2007. PP. 403-405(2007).

132. C. J. Lin, X. X. Xu, G. L. Zhang, F. Yang, H. Q. Zhang, Z. H. Liu, C. L. Zhang, P. Zhou, X. K. Wu, G. P. An, H. M. Jia, H. S. Xu, G. Q. Xiao, W. L. Zhan, Z. Y. Guo, Z. Y. Sun, and Z. G. Hu, Two proton halo and two proton emission nucleus: $^{29}S$, Internatonal Conference on Proton Emitting Nuclei and related Topics, Lisbon, Portugal. June 17-23, 2007. AIP Conf. Proc. 961, 117-119 (2007).

133. F. Yang, C. J. Lin, X. K. Wu, H. Q. Zhang, C. L. Zhang, P. Zhou, and Z. H. Liu, Barrier distributions from $^{32}S$ + $^{90,96}Zr$ quasi-elastic scattering: Investigation of the role of neutron transfer in sub-barrier fusion reactions, Phys. Rev. C77, 014601-1-014601-5 (2008).

134. JIA Hui-Ming, LIN Cheng-Jian, ZHANG Huan-Qiao, LIU Zu-Hua, YANG Feng, JIA Fei, ZHANG Chun-Lei, AN Guang-Peng, WU Zhen-Dong, XU Xin-Xing, BAI Chun-Lin, YU Ning, Surface Diffuseness Anomaly in $^{16}O$ + $^{208}Pb$ Quasi-elastic Scattering at Backward Angle, CHIN. PHYS. LETT. 25, 2834-2836(2008).

135. AN Guang-Peng, LIN Cheng-Jian, ZHANG Huan-Qiao, LIU Zu-Hua, YANG Feng, ZHANG Gao-Long, ZHANG Chun-Lei, WU Zheng-Dong, JIA Fei, JIA Hui-Ming, XU Xin-Xing, BAI Chun-Lin, YU Ning, Optical Potential Parameters of Weakly Bound Nuclear System $^{17}F$ + $^{12}C$, CHIN. PHYS. LETT. 25, 4237-4239 (2008).

136. Wu Zheng-Dong, LIN Cheng-Jian, Zhang Huan-Qiao, LIU Zu-Hua, YANG FEng, ZHANG Gao-Long, ZHANG Chun-Lei, WU Zheng-Dong, JIA Fei, JIA Hui-Ming, XU Xin-Xing, BAI Chun-Lin, YU Ning, Optical Potential Parameters For Halo Nucleus System $^{6}He$ + $^{12}C$ From Transfer Reaction $^{11}B(^{7}Li, ^{6}He)$ $^{12}C$, CHINA. PHYS. LETT. 26, No. 2, 022503-1-022503-3 (2009).

137. JIA Fei, LIN Cheng-Jian, ZHANG Huan-Qiao, YANG Feng, JIA Hui-Ming, XU Xin-Xing, WU Zhen-Dong, LIU Zu-Hua, ZHANG Gao-Long, ZHANG Chun-Lei, Experimental Evidence of Two-Proton Emissions From $^{18}Ne$ Excited State, CHIN. PHYS. LETT. 26, No.3, 032301-1-032301-2 (2009).

138. Zhang Gao-Long, Zhang Huan-Qiao, Determination of α Preformation for Heavy Nuclei, Nucl. Phys. A 823，16-25（2009）.

139. C. L. Bai, H. Sagawa, H. Q. Zhang, X. Z. Zhang, G. Colo and F. R. Xu, Effect Of Tensor Correlations On Gammow-Teller In $^{90}Zr$ and $^{208}Pb$, Phys. Lett. B 675, 28(2009).

140. C. L. Bai, H. Q. Zhang, X. Z. Zhang, F. R. Xu, H. Sagawa, and G. Colo, Quenching of Gamow-Teller strength due to tensor correlations in $^{90}Zr$ and $^{208}Pb$, Phys. Rev. C79, 041301(R) (2009).

141. C. J. Lin, H. M. Jia, H. Q. Zhang, F. Yan, X. X. Xu, F. Jia, and Z. H. Liu, Systematic study of surface properties of potential with high precision larger-angular quasi-elastic scatterings, Phys. Rev. C79, 064603-1-064603-5(2009).

142. C. J. Lin, X. X. Xu, H. M. Jia, F. Yang, F. Jia, Z. H. Liu, H. Q. Zhang, H. S. Xu, Z. Y. Sun, J. S. Wang, Z. G. Hu, M. Wang, R. F. Chen, X. Y. Zhang, C. Li, X. G. Lei, Z. G. Xu, G. Q. Xiao, and W. L. Zhan, Experimental study of two-proton correlated emission from $^{29}S$ excited states, Phys. Rev. C80, 014310-1-014310-7 (2009).

143. G. L. Zhang, X. Y. Le, and H. Q. Zhang, Calculation of a preformation for nuclei near $N$=162 and $N$=184, Phys. Rev. C80, 064325-1-064325-5（2009）.

144. YU Ning, LIU Fu-Qing, ZHANG Huan-Qiao. Three-Body Faddeev Approach to Two-Proton Emission from $^{18}$Ne Excited State, CHIN. PHYS. LETT. 26(11), 112101-1-112101-3 (2009).

145. X. X. Xu, C. J. Lin, H. M. Jia, F. Jia, S. T. Zhang, Z. H. Liu, H. Q. Zhang, H. S. Xu, Z. Y. Sun, J. S. Wang, Z. G. Hu, M. Wang, R. F. Chen, X. Y. Zhang, et al., Two-proton Emission from $^{29}$S and $^{17}$Ne Excited States via Coulomb Excitation, International Conference on Nuclear Structure and Dynamics, Dubrovnik, Crodi. May 4-8, 2009.

146. H. Q. Zhang, C. L. Zhang, C. J. Lin, Z. H. Liu, F. Yang, A. K. Nasirov, G. Mandaglio, M. Manganaro, and G, Giardina, Competition between fusion-fission and quasifission process in the $^{32}$S+$^{182,184}$W, Phys. Rev. C81, 034611 (2010).

147. X. X. Xu, C. J. Lin, H. M. Jia, F. Yang, F. Jia, Z. D. Wu, S. T. Zhang, Z. H. Liu, H. Q. Zhang, H. S. Xu, Z. Y. Sun, J. S. Wang, Z. G. Hu, M. Wang, R. F. Chen, X. Y. Zhang, C. Li, X. G. Lei, Z. G. Xu, G. Q. Xiao, and W. L. Zhan, Investigation of two-proton emission from excited states of the odd-Z nucleus $^{28}$P by complete-kinematics measurements, Phys. Rev. C81, 054317-1-054317-5(2010).

148. N Yu, H Q Zhang, H M Jia, S T Zhang, M Ruan, F Yang, Z D Wu, X X Xu, and C L Bai, Unusual potential behavior for the weakly bound nucleus $^{9}$Be in elastic scattering from $^{208}$Pb and $^{209}$Bi near the threshold, J. Phys. G: Nucl. Part. 37, 075108 (2010).

149. C. L. Bai, H. Q. Zhang, H. Sagawa, X. Z. Zhang, G. Colo, and F. R. Xu, Effect of the Tensor Force on the Charge Exchange Spin-Dipole Excitations of $^{208}$Pb, Phys. Rev. Lett. 105, 072501-1-072501-4 (2010).

150. C. L. Bai, H. Q. Zhang, X. Z. Zhang, Tensor Effects on Spin-Dependent Charge-Exchange Transitions, Nucl. Phys. A834, 65-68c (2010).

151. H. M. Jia, C. J. Lin, H. Q. Zhang, F. Yan, Z. H. Liu, F. Jia, X. X. Xu, S. T. Zhang, and K. Hagino, Systematic study of the surface diffuseness of nuclear potential with high precision large-angle quasi-elastic scattering, Nucl. Phys. A834, 189-191c (2010).

152. C. L. Zhang, H. Q. Zhang, C. J. Lin, A. K. Nasinov, G.Mandaglio, M. Manganaro, G. Giardina, Compepttion between fusion-fission and quasifission processes in $^{32}$S + $^{184}$W, Nucl. Phys. A834, 201-204c (2010).

153. C. J. Lin, X. X. Xu, H. M. Jia, F. Yan, F. Jia, Z. D. Wu, S. T. Zhang, Z. H. Liu, H. Q. Zhang, H. S. Xu, Z. Y. Sun, J. S. Wang, Z. G. Hu, M. Wang, R. F. Chen, X. Y. Zhang, C. Li, X. G. Lei, Z. G. Xu, G. Q. Xiao,and W. L. Zhan, Experimental study of the two-proton correlated emission from the excited

states of $^{17,18}$Ne and $^{28,29}$S, Nucl. Phys. A834, 450-453c (2010).

154. H. Q. Zhang, C. L. Zhang, C. J. Lin, A. K. Nasinov, G. Mandaglio, M. Manganaro, G. Giardina, Fusion-Fission and quasifission compition in the $^{32}$S+$^{184}$W reaction, International Symposium on Quasifission Process in Heavy Ion Reactions, Nov. 8-9,Messina, Italy. APS , PP.012013-1-13 (2010).

155. ZHANG Huan-Qiao( 张焕乔 ), LIN Cheng-Jian（林承键）,YANG Feng( 杨峰 ), JIA Hui-Ming（贾会明）, ZHOU Ping( 周平 ), AN Guang-Peng( 安广鹏 ), ZHANG Chun-Lei( 张春雷 ), XU Xin-Xing( 徐新星 ).An electrostatic deflector for a fusion reaction, Chinese Physics C34 (10), 1628-1631(2010).

156. H. M. Jia, C. J. Lin, H. Q. Zhing, Z. H. Liu, N. Yu, F. Yang, F. Jia, X. X. Xu, Z. D. Wu, S. T. Zhang, and C. L. Bai, Barrier distribution from $^{9}$Be +$^{208}$Pb quasielastic scattering: breakup effects in the interaction processes, Phys. Rev. C82, 027602-1-027602-4 (2010).

157. H. Q. Zhang, C. J. Lin, F. Yang, H. M. Jia, X. X. Xu, Z. D. Wu, F. Jia, S. T. Zhang, Z. H. Liu, A. Richard, and C. Beck, Near-barrier fusion of $^{32}$S + $^{90,96}$Zr: The effect of multi-neutron transfers in sub-barrier fusion reactions, Phys. Rev. C82, 054609-1-054609-7(2010).

158. H. Q. Zhang, C. L. Zhang, H. M. Jia, C. J. Lin, F. Yang, Z. H. Liu, Z. D. Wu, F. Jia, X. X. Xu, A. Richard, A. K. Nasinov, G. Mandaglio, M. Manganaro, G. Giandina and K. Hagino, Studies of heavy ion reactions around Coulomb barrier, Nuclear Physics Trends:The 7$^{th}$ China-Japan Joint Nuclear Physics Symposium, edited by A. Ozawa and W. Liu,American Institute of Physics 978, P. 50-56, 2010.

159. BAI Chun-Lin ( 白春林 ), ZHANG Huan-Qiao ( 张焕乔 ), ZHANG Xi-Zhen ( 张锡珍 ), XU Fu-Rong ( 许甫荣 ), H. Sagawa, G. Colo, Effect of the Tensor Force on Charge-Exchange Spin-Dependent Multipole Excitations, CHIN. PHYS. LETT. 27(10), 102101-1-102101-4 (2010).

160. X. X. Xu, C. J. Lin, H. M. Hui, F. Yang, F. Jia, Z. D. Wu, S. T. Zhang, Z. H. Liu, H. Q. Zhang, H. S. Xu, Z. Y. Sun, J. S. Wang, Z. G. Hu, M. Wang, R. F. Chen, X. Y. Zhang, C. Li, X. G. Lei, Z. G. Xu, G. Q. Xiao, and W. L. Zhan, Observation of two-α emission from high-lying excited states of $^{18}$Ne by complete-kinematics measurements, Phys. Rev. C82, 064316-1-064316-5 (2010).

161. C. J. Lin, X. X. Xu, H. M. Jia, F. Yan, F. Jia, Z. D. Wu, S. T. Zhang, Z. H. Liu, H. Q. Zhang, H. S. Xu, Z. Y. Sun, J. S. Wang, Z. G. Hu, M. Wang, R. F. Chen, X. Y. Zhang, C. Li, X. G. Lei, Z. G. Xu, G. Q. Xiao,and W. L. Zhan, Recent experimental results of the two-proton correlated emission from the excited states of $^{17,18}$Ne and $^{28,29}$S, 4$^{th}$ International Conference on Proton Emitting Nuclei and Related Topics, June 6-10, 2011.

162. H. Q. Zhang , C. L. Zhang, C. J. Lin, A. K. Nasirov, G. Mandaglio, M. Manganaro, and Giardina,

Fusion-fission and quasi-fission competition in the $^{32}$S + $^{184}$W reaction, J. Phys. Conf. Ser. 282, 012013-1-14 (2011).

163. V. V. Sargsyan, G. G. Adamian, N. V. Antonenko, W. Scheid, and H. Q. Zhang, Sub-barrier capture with quantum diffusion approach: Actinide-based reactions, Eur. Phys. J. A47, 38-49 (2011).

164. C. L. Bai, H. Q. Zhang, H. Sagawa, X. Z. Zhang, G. Colo, and F. R. Xu, Spin-isospin excitations as quantitative constraints for the tensor force, Phys. Rev. C83, 054316 (2011).

165. ZHANG HuanQiao, LIN ChengJian, JIA HuiMing, ZHANG ChunLei, ZHANG GaoLong, YANG Fen, LIU ZuHua, AN GuangPeng, WU ZhenDong, XU XinXing, & JIA Fei, Studies of heavy ion reactions around the Coulomb barrier, SCIENCE CHINA , Physics, Mechanics & Astronomy, G54, Suppl. 1: 6-13 (2011).

166. LIN ChengJian, XU XinXing, JIA HuiMing, YANG Feng, JIA Fei, WU ZhenDong, ZHANG ShiTao, LIU ZuHua, ZHANG HuanQiao, XU HuShan, SUN ZhiYu, WANG JianSong, HU ZhengGuo, WANG Meng et al., Experimental research into the two-proton emission from the excited states of $^{17,18}$Ne and $^{29}$S, Science China Physics G. Mechanics & Astronomy 54(s1), 73-80 (2011).

167. H. Q. Zhang, C. L. Zhang, C. J. Lin, Z. H. Liu, F. Yang, A. K. Nasinov, G. Mandaglio, M. Minganaro, G. Giardina, Quasi-fission and Fusion-fission competition for the $^{32}$S + $^{184}$W reaction, Euro. Phys. J. Web of Conferences 17, 04002 (2011).

168. V. V. Sargsyan, R. A. Kuzyakin, G. G. Adamian, N. V. Antonenko, W. Scheid, and H. Q. Zhang, Sub-barrier capture with quantum diffusion approach, Eur. Phys. J. Web of Conferences 17, 04003 (2011).

169. C. J. Lin, H. M. Jia, H. Q. Zhang, F. Yang, X. X. Xu, Z. H. Liu, and S. T. Zhang, Nuclear reactions studied by quasi-elastic measurements with high precision at backward angles, Eur. Phys. J. Web of Conferences 17, 05005 (2011).

170. A. Richard, C. Beck, H. Q. Zhang, C. J. Lin, F. Yang, H. M. Jia, X. X. Xu, Z. D. Wu, F. Jia, S. T. Zhang, and Z. H. Liu, Multi-neutron transfer coupling in sub-barrier $^{32}$S + $^{90,96}$Zr fusion reactions, Eur. Phys. J. Web of Conferences 17, 08005 (2011). arXiv:1104.5333(2011).

171. C. J. Lin, X. X. Xu, H. M. Jia, F. Yang, F. Jia, Z. D. Wu, S. T. Zhang, Z. H. Liu, H. Q. Zhang, H. S. Xu, Z. Y. Sun, J. S. Wang, Z. G. Hu, M. Wang, R. F. Chen, X. F. Zhang, C. Li, X. G. Lei, Z. G. Hu, and G. Q. Xiao, Recent experimental results of two-proton correlated emission from the excited states of $^{17,18}$Ne and $^{29}$S, AIP Cof. Proc. 1409, 98-101 (2011).

172. C. L. Bai, H. Sagawa, G. Colo, H. Q. Zhang, and X. Z. Zhang, Spin-dipole excitations in $^{16}$O and

tensor correlations, Phys. Rev. C84, 044329 (2011).

173. V. V. Sargsyan, G. G. Adamian, N. V. Antonenko, W. Scheid, H. Q. Zhang, Effects of nuclear deformation and neutron transfer in capture processes, and fusion hindrance at deep sub-barrier energies, Phys. Rev. C84,064614-1-12 (2011).

174. ZHANG Zhi-Yuan, GAN Zai-Guo, MA Long, HUANG Ming-Hui, HUANG Tian-Heng, WU Xiao-Lei, JIA Guo-Bin, LI Guang-Shu, YU Lin, REN Zhong-Zhou, ZHOU Shan-Gui,ZHANG Yu-Hu, ZHOU Xiao-Hong, XU Hu-Shan, ZHANG Huan-Qiao (张焕乔), XIAO Guo-Qing, ZHAN Wen-Long, Observation of the superheavy Nuclide $^{271}$Ds, CHIN. PHYS. LETT. 29, No1, 012502 (2012).

175. Tian-Heng Huang, Zai-Guo Gan, Ming-Hui Huang, Long Ma, Zhi-Yuan Zhang, Xiao-Lei Wu, Guang-Shun Li, Zhong-Zhou Ren, Shan-Gui Zhou, Yu-Hu Zhang, Xiao-Hong Zhou, Hu-Shan Xu, Huan-Qiao Zhang, and Guo-Qing Xiao, Observation of superheavy nuclide $^{271}$Db based on the Gas-filled separator at IMP, 11$^{th}$ International Conference on Nucleus-Nucleus Collisions (NN2012), Journal of Physics Conference Series 430 (2013) 012005.

176. V. V. Sargsyan, G. G. Adamian, N. A. Antonenko, W. Scheid, C. J. Lin and H. Q. Zhang, Oblate-prolate deformation effect in capture reactions at sub-barrier energies, Phys. Rev. C85, 017603 (2012).

177. V. V. Sargsyan, G. G. Adamian, N. A. Antonenko, W. Scheid, and H. Q. Zhang, Role of neutron transfer in capture processes at sub-barrier energies, Phys. Rev. C85, 024616 (2012).

178. V. V. Sargsyan, G. G. Adamian, N. V. Antonenko, W. Scheid, C. J. Lin, and H. Q. Zhang, Deformation effects in the sub-barrier capture process, Phys. Rev. C85, 037602 (2012).

179. Hai-Ling Ma, Bao-Guo Dong, Yu-Liang Yan, Huan-Qiao Zhang, and Xi-Zhen Zhang, Proton pygmy dipole resonanceb in $^{17,18}$Ne: Collective versus noncollective excitations, Phys. Rev. C85, 044307 (2012).

180. G. L. Zhang, C. L. Zhang, H. Q. Zhang, C. J. Lin, D. Y. Pang, X. K. Wu, H. M. Jia, G. P. An, Z. D. Wu, X. X. Xu, F. Yang, Z. H. Liu, S. Kubono, H. Yamaguchi, S. Hayakawa, D. N. Binh, Y. K. Kwon, N. Iwasa, M. Mazzocco, M. La Commara, M. Romoli, and C. Signorini, Quasi-elastic scattering of the proton drip line nucleus $^{17}$F on $^{12}$C at 60MeV, Eur. Phys. J. A48, 65-1-7 (2012).

181. V. V. Sargsyan, G. G. Adamian, N. A. Antonenko, W. Scheid, and H. Q. Zhang, Influence of neutron transfer in reactions with weakly and strongly bound nuclei on the sub-barrier capture processes, Phys. Rev. C86, 014602 (2012).

182. ZHANG Qiao-Li, YUAN Da-Qing, ZHANG Huan-Qiao, FAN Ping, ZUO Yi, ZHENG Yong-Nan, K. Masuta, M. Fukuda, M. Mihara, T. Minamisono, A. Kitagawa, ZHU Sheng-Yun, Ab initio

calculation of electric field gradient at the site of P impurity in α− $Al_2O_3$ single crystal, CHIN. PHYS. LETT. 29，No 9（2012）092102.

183. V. V. Sargsyan, G. G. Adamian, N. V. Antonenko, W. Scheid, and H. Q. Zhang, Astrophysical *S* factor, logarithmic slope of the excitation function, and barrier distribution, Phys. Rev. C86, 034614(2012).

184. H. M. Jia, C. J. Lin, F. Yang, X. X. Xu, H. Q. Zhang, Z. H. Liu, L. Yang, S. T. Zhang, P. F. Bao, and L. J. Sun, Fusion of $^{16}O$ + $^{74}Ge$ and $^{18}O$ + $^{78}Ge$ systems and role of positive *Q* value neutron transfers, Phys. Rev. C86, 044621（2012）.

185. Xu Xinxing, Lin Chengjian, Jia Huiming, Yang Feng, Wu Zhendong, Zhang Shitao, Liu Zuhua, Zhang Huanqiao, Xu Hushan, Wang Jiansong, Hu Zhengguo, Wang Meng, Chen Ruofu, Zhang Xueying, Li Chen, Lei Xiangguo, Xu Zhiguo, and Xiao Guoqing, Experimental Study of Two-Alpha Emission from High-Lying Excited States of $^{17,18}Ne$, Plasma Sci. Technol., 14, 371 (2012).

186. Jia Huiming, Lin Chengjian, Zhang Huanqiao, Liu Zuhua, Yu Ning, Yang Feng, Xu Xinxing, Jia Fei, Wu Zhendong, and Zhang Shitao, Breakup Effect of Weakly Bound Projectile on the Barrier Distribution around Coulomb Barrier, Plasma Sci. Technol., 14, 390 (2012).

187. N. Yu, H. Q. Zhang, X. Z. Zhang, Vorticity of threshold strengths in neutron drip-line nuclei, J. Phys. G39, 105105 (2012).

188. V. V. Sargsyan, G. G. Adamian, N. V. Antonenko, W. Scheid, and H. Q. Zhang, Search of systematic behavior of breakup probability in reactions with weakly bound projectiles at energy around Coulomb barrier, Phys. Rev. C86, 054610 (2012).

189. V. V. Sargsyan, G. G. Adamian, N. V. Antonenko, W. Scheid, and H. Q. Zhang, Quasifission at extreme sub-barrier energies, Eur. Phys. J. A48, 188 (2012).

190. C. L. Bai, H. Q. Zhang, X. Z. Zhang, F. R. Xu, H. Sagawa, G. Colo, Tensor Effects on the Spin-Dependent Charge-Exchange Transition, Nuclear structure in China 2012, Editors J. Meng, C. W. Shen, E. G. Zhao and S. G. Zhou, World Scientific, P.1-8 (2013).

191. X. P. Yang, G. L. Zhang, and H. Q. Zhang, Systematic study of reaction functions of weakly bound nuclei, Phys. Rev. C87, 014603 92013).

192. V. V. Sargyan, G. G. Adamian, N. V. Antonenko, W. Schied, and H. Q. Zhang, Threshold energy for sub-barrier fusion hindrance phenomenon, Eur. Phys. J. A49, 19-26 (2013).

193. Bai C. L., Sagawa H., Sasano M., Uesaka T., Zhang H. Q., Zhang X. Z., Xu F. R., Role of *T*=0 pairing in Gamow-Teller in *N*=*Z* nuclei, Phys. Lett. B719, N1-3, 16-120 (2013).

194. C. J. Lin, H. Q. Zhang, H. M. Jia, F. Yang, Z. H. Liu, X. X. Xu, L. Yang, P. F. Bao, and L. J. Sun,

Fissions in $^{32}S+^{184}W$ and $^{34}S+^{186}W$ reactions at near- and sub-barrier energies, $11^{th}$ International Nucleus-Nucleus Collisions (NN2012), San Antonia, Texas, USA. Journal of Physics Conference Serices 420(2013)012126-1-7.

195. H. M. Jia, C. J. Lin, F. Yang, X. X. Xu, H. Q. Zhang, Z. H. Liu, L. Yang, S. T. Zhang, P. F. Bao and L. J. Sun, Near-barrier fusion of $^{32}S+^{90,96}Zr$, $^{16}O+^{76}Ge$ and $^{18}O+^{74}Ge$, $11^{th}$ International Conference on Nucleus-Nucleus Collisions (NN2012), San Antonia, Texas, USA. Journal of Physics Conference Serices 420(2013)012124-1-6.

196. L. Yang, C. J. Lin, H. M. Jia, X. X. Xu, F. Yang, H. Q. Zhang, Z. H. Liu, P. F. Bao and L. J. Sun, Energy dependence of phenomenological optical model potentials for the $^{7}Li+^{11}B$ reaction, Phys. Rev. C87, 047601-4 (2013).

197. V. V. Sargsyan, G. G. Adamian, N. V. Antonenko, W. Scheid, and H. Q. Zhang, Sub-barrier capture reactions with $^{16,18}O$ and $^{40,48}Ca$ beams, Eur. Phys. J. A (2013) 49: 54.

198. Hai-Ling Ma, Shun-He Yao, Bao-Guo Dong, Xiao-Guang Wu, Huan-Qiao Zhang, and Xi-Zhen Zhang, Risk of Misinterpretation of Nearly Degenerate Doublet Bands as Chiral Partners in Odd-Even $^{103,105,107}Ag$ and Odd-Odd $^{106}Ag$, Phys. Rev. C88, 034322 (2013).

199. X. X. Xu, C. J. Lin, H. M. Jia, F. Yang, H. Q. Zhang, Z. H. Liu, Z. D. Wu, L. Yang, P. F. Bao, L. J. Sun, H. S. Xu, J. S. Wang, Y. Y. Yang, Z. Y. Sun, Z. G. Hu, M. Wang, S. L. Jin, J. L. Han, N. T. Zhang, S. Z. Chen, X. G. Lei, M. R. Huang, P. Ma, J. B. Ma, Y. H. Zhang, X. H. Zhou, X. W. Ma, G. Q. Xiao, Correlations of two protons emitted from excited states of $^{29}S$ and $^{27}P$, Phys. Lett. B727(1-3), 126-129 (2013).

200. YAN Wenqi, HU Hailong, ZHANG Gaolong, LIN Chengjian, ZHANG Huanqiao, ZHANG Chunlei, JIA Huiming, AN Guanpeng, WU Zhendong, XU Xinxing, YANG Feng, LIU Zuhua, KUBONO S, YAMAGUCH H, HAYAKAWA S, BIND D, NUKWON Y K, IWASH N, MAZZOCCO M, COMMARA La M, ROMALI M, SIGNORINI C, Position calibration of silicon strip detector using quasi-elastic scattering of $^{16}O + ^{197}Au$, Nuclear Techniques 2013, 08.

201. L. Yang, C. J. Lin, H. M. Jia, X. X. Xu, F. Yang, Z. D. Wu, H. Q. Zhang, Z. H. Liu, P. F. Bao, L. J. Sun, and N. H. Ma, Optical model potentials for $^{6}He + ^{209}Bi$ from $^{208}Pb$ ($^{7}Li$,$^{6}He$) $^{209}Bi$ reaction analysis, Phys. Rev. C89, 044615 (2014).

202. C. J. Lin, H. M. Jia, F. Yang, X. X. Xu, H. Q. Zhang, Z. H. Liu, L. Yang, P. F. Bao and L. J. Sun, Nuclear Reaction studies at the China Institute of Atomic Energy, The $8^{th}$ China-Japan Joint Nuclear Physics Symposium (CJJNP2012), Octobler 15-19, 2012, Beijing, China. AIP Conf. Proc. 1533, P. 25-32 (2013).

203. 杨磊，林承键，杨峰，贾会明，徐新星，张焕乔，刘祖华，张世涛，包鹏飞，孙立杰，$^{7}$Li+$^{11}$B 体系的唯象光学势的研究，原子核物理评论 30(2), 117 (2013).

204. C. L. Bai, H. Q. Zhang, H. Sagawa, G. Colo, X. Z. Zhang, and F. R. Xu, Effects of Skyrme Tensor Force on the Spin-isospin Excitations, The 25$^{th}$ International Nuclear Physics Coference (INPC2013), June 2-7, 2013, Florence, Italy. EPJ Web of Conferences 66, 02004 (2014).

205. C. J. Lin, H. M. Jia, H. Q. Zhang, X. X. Xu, F. Yang, L. Yang, P. F. Bao, L. J. Sun, and Z. H. Liu, Sub-barrier Fusion and Neutron Transfer with Positive *Q*-value, The 25$^{th}$ International Nuclear Physics Coference (INPC2013), June 2-7, 2013, Florence, Italy. EPJ Web of Conferences 66. 03055 (2014).

206. V. V. Sargsyan, G. G. Adamian, N. V. Antonenko, W. Scheid, H. Q. Zhang, Derivation of breakup probabilities from experimental elastic backscattering data, Eur. Phys. J. A50, 71-1-3(2014).

207. S. P. Hu, H. L. Ma, X. P. Cao, X. G. Wu, H. Q. Zhang, H. Hua, J. J. Sun, H. B. Sun, C. Y. He, Y. Zheng, G. S. Li, C. B. Li, S. H. Yao, J. L. Wang, H. W. Li, Y. H. Wu, J. T. Liu, P. W. Luo, C. Xu, Y. Y. Chen, Multiple triaxial bands and abnormal signature inversion in $^{74}$As, Phys. Lett. B732, 59-64 (2014).

208. WU Zhen-Dong, YANG Lei, LIN Cheng-Jian, JIA Hui-Ming, YANG Feng, XU Xin-Xing, ZHANG Huan-Qiao, LIU Zu-Hua, BAO Peng-Fei, SUN Li-Jie, MA Nan-Ru, ZHENG Lei, A Sensitivity Test of Extracting the Optical Potential Parameters for $^{6}$He+$^{209}$Bi from the Transfer Reaction $^{208}$Pb($^{7}$Li,$^{6}$He)$^{209}$Bi, CHIN. PHYS. LETT., 31(9), 092401 (2014).

209. H. M. Jia, C. J. Lin, F. Yang, X. X. Xu, H. Q. Zhang, Z. H. Liu, Z. D. Wu, L. Yang, N. R. Ma, P. F. Bao, and L. J. Sun, Extracting the hexadecapole deformation from backword quasi-elastic scattering, Phys. Rev. C90, 031601(R) (2014).

210. BAO Peng-Fei, LIN Cheng-Jian, YANG Feng, GUO Zhao-Qiao, GUO Tian-Shu, YANG Lei, SUN Li-JIe, JIA Hui-Ming, XU Xin-Xing, MA Nan-Ru, ZHANG Huan-Qiao, LIU Zu-Hua, Development of large-area quadrant silicon detector for charged particles, Chinese Physics C, vol. 38, No. 12, 126001 (2014).

211. A. A. Ogloblin, H. Q. Zhang, C. J. Lin, H. M. Jia, S. V. Khlebnikov, E. A. Kuzmin, W. H. Trzaska, X. X. Xu, F. Yang, V. V. Sargsyan, G. G. Adamian, N. V. Antonenko, and W. Scheid, Role of neutron transfer in asymmetric fusion reactions at sub-barrier energies, Eur. Phys. J. A50, 157(2014).

212. C. L. Bai, H. Sagawa, G. Colo, Fujita, H. Q. Zhang, X. Z. Zhang, and F. R. Xu, Low-energy collective Gamow-Teller states and isoschalar pairing interaction, Phys. Rev. C90, 054335（2014）.

213. W. W. Ou, G. L. Zhang, H. Q. Zhang, Waski, Comparable studies of Coulomb barrier height for nuclear models applied to sub-barrier fusion. Phys. Rev. C90, 064603(2014).

214. J. J. Sun, Z. Shi, X. Q. Li, H. Hua, C. Xu, Q. B. Chen, S. Q. Zhang, C. Y. Song, J. Meng, X. G. Wu, S. P. Hu, H. Q. Zhang, W. Y. Liang, F. R. Xu, Z. H. Li, G. S. Li, C. Y. He, Y. Zheng, Y. L. Ye, D. X. Jiang, Y. Y. Cheng, C. He, R. Han, Z. LH. Li, C. B. Li, H. W. Li, J. L. Wang, J. J. Liu, Y. H. Wu, P. W. Luo, S. H. Yao, B. B. Yu, X. P. Cao, Spectroscopy of $^{74}$Ge: from soft to rigid triaxiality, Phys. Lett. B734, 308(2014).

215. V. V. Sargsyan, G. G. Adamian, N. V. Antonenko, W. Scheid, and H. Q. Zhang, Examination of the different roles of neutron transfer in the sub-barrier fusion reactions $^{32}$S+$^{94,96}$Zr and $^{40}$Ca+$^{94,96}$Zr, Phys. Rev. C91, 014613(2015).

216. 孙立杰，林承键，杨峰，郭昭乔，郭天舒，徐新星，包鹏飞，杨磊，贾会明，马南如，张焕乔，刘祖华，双面硅条探测器的研制与测试，原子能科学技术 49 卷 2 期，336-342（2015）.

217. A. Gomez Camacho，N. Yu, H. Q. Zhang, P. R. S. Gomes，H. M. Jia, J. Lubian, and C. J. Lin, Energy dependence of the optical potentials for the $^{9}$Be+$^{208}$Pb and $^{9}$Be+$^{209}$Bi systems at near-Coulomb-barrier energies, Phys. Rev. C91, 044610(2015).

218. S. P. Hu, G. L. Zhang, J. C. Yang, H. Q. Zhang, P. R. S. Gomes, J. Lubian, X. G. Wu, J. Zhong, C. Y. He, Y. Zheng, C. B. Li, G. S. Li, W. W. Qu, F. Wang, L. Zheng, L. Yu, Q. M. Chen, P. W. Luo, H. W. Li, Y. H. Wu, W. K. Zhou, B. J. Zhu, and H. B. Sun, Small suppression of the complete fusion of the $^{6}$Li+$^{96}$Zr system at near-barrier energies, Phys. Rev. C91, 044619(2015).

219. C. L. Guo, G. L. Zhang, S. P. Hu, J. C. Yang, H. Q. Zhang, P. R. S. Gomes, J. Lubian, X. G. Wu, J. Zhong, C. Y. He, Y. Zheng, C. B. Li, G. S. Li, W. W. Qu, F. Wang, L. Zheng, L. Yu, Q. M. Chen, P. W. Luo, H. W. Li, Y. H. Wu, W. K. Zhou, B. J. Zhu, and H. B. Sun, Coupling effects on the fusion of $^{6}$Li + $^{154}$Sm at energies slightly above the Coulomb barrier, Phys. Rev. C92, 014615(2015).

220. Ogloblin, H. Q. Zhang, C. J. Lin, H. M. Jia, S. V. Khlebnikov, E. A. Kuzmin, A. N. Danilov, A. S. Demyanova, W. H. Trzaska, X. X. Xu, F. Yang, V. V. Sargsyan, G. G. Adamian, N. V. Antonenko, and W. Scheid, Analysis of the role of Neutron Transfer in Asymmetric Fusion Reactions at Subbarrier Energies, Physics of Atomic Nuclei 78 (No.9), 895-902 (2015).

221. L. J. SUN , X. X. XU，C. J. LIN, J. S. D. D. QING, Z. H. LI, Y. T. WANG, J. LI, L. YANG, N. R. MA, K. WANG, H. L. ZHANG, H. W. WANG, C. LI, C. Z. SHI, M. W. NIE, X. F. LI, H. LI, J. B. MA, P. MA, S. L. JIN, M. R. HUANG, Z. BAI, J. G. WANG, F. YANG, H. M. JIA, H. Q. ZHANG, Z. H. LIU, P. F. BAO, D. X. WANG, Y. Y. YANG, Y. J. ZHOU, W. H. MA, J. CHEN, A detection system for charged-particle decay studies with a continuos-implantation method, Nuclear Instruments and Methods in Physics Research A 804 (2015)1-7.

222. Hai-Liang Ma, Bao-Guo Dong, Yu-Liang Yan, Huan-Qiao Zhang, Da-Qing Yuan, Shen-Yuan Zhu,

and Xi-Zhen Zhang, Pygmy and giant dipole resonances in the nitrogen isotopes, Phys. Rev. C93, 014317 (2016).

223. S. P. Hu, G. L. Zhang, J. C. Yang, H. Q. Zhang, P. R. S. Gomes, J. Lubian, J. L. Ferriera, X. G Wu, J. Zhong, C. Y. He, Y. Zheng, C. B. Li, G. S. Li, W. W. Qu, F. Wang, L. Zheng, L. Yu, Q. M. Chen, P. W. Luo, H. W. Li, Y. H. Wu, W. K. Zhou, B. J. Zhu, and H. B. Sun, One-neutron stripping processes to excited states of the $^{6}Li+^{96}Zr$ reaction at near-barrier energies, Phys. Rev. C 93, 014621 (2016).

224. H. M. Jia, C. J. Lin, L. Yang, X. X. Xu, N. R. Ma, L. J. Sun, F. Yang, Z. D. Wu, H. Q. Zhang, Z. H. Liu, D. X. Wang, A self-consistent method to analyze the effects of the positive $Q$-value neutron transfers on fusion, Phys. Lett. B755, 43-46 (2016).

225. Andi Tan, Xiang Xiao, Xiangyi Cui, Xun Chen, Yunhua Chen, Deqing Fang, Changbo Fu, Karl Giboni, Franco Giuliani, Haowei Gong, Shouyang Hu, Xingtao Huang, Xiangdong Ji,Yonglin Ju, Siao Lei, Shaoli Li, Xiaomei Li, Xinglong Li, Hao Liang, Qing Lin, Huaxuan Liu,Jianglai Liu, Wolfgang Lorenzon, Yugang Ma, Yajun Mao, Kaixuan Ni, Kirill Pushkin,Xiangxiang Ren, Michael Schubnell, Manbin Shen, Fang Shi, Scott Stephenson, Hongwei Wang, Jiming Wang, Meng Wang, Qiuhong Wang, Siguang Wang, Xuming Wang, Zhou Wang, Shiyong Wu, Mengjiao Xiao, Pengwei Xie, Binbin Yan, Yong Yang, Jianfeng Yue, Xionghui Zeng, Hongguang Zhang, Hua Zhang, Huanqiao Zhang, Tao Zhang, Li Zhao, Jing Zhou, and Xiaopeng Zhou, Dark Matter Search Results from the Commissioning Run of PandaX-II, Phys. Rev. D93, 1029-1035 (2016).

226. Andi Tan, Xiang Xiao, Xiangyi Cui, Xun Chen, Yunhua Chen, Deqing Fang, Changbo Fu, Karl Giboni, Franco Giuliani, Haowei Gong, Shouyang Hu, Xingtao Huang, Xiangdong Ji,Yonglin Ju, Siao Lei, Shaoli Li, Xiaomei Li, Xinglong Li, Hao Liang, Qing Lin, Huaxuan Liu,Jianglai Liu, Wolfgang Lorenzon, Yugang Ma, Yajun Mao, Kaixuan Ni, Kirill Pushkin,Xiangxiang Ren, Michael Schubnell, Manbin Shen, Fang Shi, Scott Stephenson, Hongwei Wang, Jiming Wang, Meng Wang, Qiuhong Wang, Siguang Wang, Xuming Wang, Zhou Wang, Shiyong Wu, Mengjiao Xiao, Pengwei Xie, Binbin Yan, Yong Yang, Jianfeng Yue, Xionghui Zeng, Hongguang Zhang, Hua Zhang, Huanqiao Zhang, Tao Zhang, Li Zhao, Jing Zhou, and Xiaopeng Zhou, Dark Matter Search Results from the Commissioning Run of PandaX-II, arXiv:Submit/1487446 [hep-ex] 21 Feb 2016.

227. Andi Tan, Xiang Xiao, Xiangyi Cui, Xun Chen, Yunhua Chen, Deqing Fang, Changbo Fu, Karl Giboni, Franco Giuliani, Haowei Gong, Shouyang Hu, Xingtao Huang, Xiangdong Ji,Yonglin Ju, Siao Lei, Shaoli Li, Xiaomei Li, Xinglong Li, Hao Liang, Qing Lin, Huaxuan Liu,Jianglai Liu, Wolfgang Lorenzon, Yugang Ma, Yajun Mao, Kaixuan Ni, Kirill Pushkin,Xiangxiang Ren, Michael Schubnell, Manbin Shen, Fang Shi, Scott Stephenson, Hongwei Wang, Jiming Wang, Meng Wang,

Qiuhong Wang, Siguang Wang, Xuming Wang, Zhou Wang, Shiyong Wu, Mengjiao Xiao, Pengwei Xie, Binbin Yan, Yong Yang, Jianfeng Yue, Xionghui Zeng, Hongguang Zhang, Hua Zhang, Huanqiao Zhang, Tao Zhang, Li Zhao, Jing Zhou, and Xiaopeng Zhou, Dark matter results from 98.7 days of data from the PandaX-II experiment, Phys. Rev. Lett. 117, 1036-1042 (2016).

228. Huan-Qiao Zhang, First measurement of strong interaction between antiprotons, National Science Review, 3: 154-156, 2016.

229. X. C. Chen, J. Zhao, C. Xu, H. Hua, T. M. Shneidman, S. G. Zhou, X. G. Wu, X. Q. Li, S. Q. Zhang, Z. H. Li, W. Y. Liang, J. Meng, F. R. Xu, B. Qi, Y. L. Ye, D. X. Jiang, Y. Y. Cheng, C. He, J. J. Sun, R. Han, C. Y. Niu, C. G. Li, P. J. Li, C. G. Wang, H. Y. Wu, Z. H. Li H. Zhou, S. P. HU, H. Q. Zhang, G. S. Li,C. Y. He, Y. Zheng, C. B. Li, H. W. Li, Y. H. Wu, P. W. Luo, and J. Zhong, Evolution of octupole correlations in $^{123}$Ba, Phys. Rev. C94, 021301(R) (2016).

230. Nan-Ru Ma, Hui-Ming Jia, Cheng-Jian Lin, Lei Yang, Xin-Xing Xu, Li-Jie Sun, Feng Yang, Zhen-Dong Wu, Huan-Qiao Zhang, Zu-Hua Liu, Dong-Xi Wang, "Self-consistent analysis of sub-barrier fusion enhancement effect in Ca+Ca and Ni+Ni" , Chin. Phys. C 40, 114001 (2016).

231. Nan-Ru Ma, Cheng-Jian Lin, Jian-Song Wang, Lei Yang, Dong-Xi Wang, Lei Zheng, Shi-Wei Xu, Li-Jie Sun, Hui-Ming Jia, Jun-Bing Ma, Peng Ma, Shi-Lun Jin, Zhen Bai, Yan-Yun Yang, Xin-Xing Xu, Gao-Long Zhang, Feng Yang, Jian-Jun He, Huan-Qiao Zhang, Zu-Hua Liu, "A multilayer ΔE-ER telescope for breakup reactions at energies around the Coulomb barrier", Chin. Phys. C 40, 116004 (2016).

232. H. Q. Zhang, C. J. Lin, H. M. Jia, L. Yang, X. X. Xu, F. Yang, Z. D. Wu, Z. H. Liu, N. R. Ma, L. J. Sun and D. X. Wang, "Sub-barrier backward quasielastic scattering: A probe of the hexadecapole deformation" , EPJ Web of Conf. 117, 04010 (2016)

233. H. M. Jia, C. J. Lin, L. Yang, X. X. Xu, N. R. Ma, L. J. Sun, F. Yang, Z. D. Wu, H. Q. Zhang, Z. H. Liu and D. X. Wang, "Studies for the effect of the positive $Q$-value neutron transfers on sub-barrier heavy-ion fusion" , EPJ Web of Conf. 117, 08014 (2016).

234. LIN Chengjian(林承键), XU Xinxing(徐新星), WANG Jiansong(王建松), SUN Lijie(孙立杰), JIA Huiming(贾会明), YANG Lei(杨磊), MA Peng(马朋), MA Junbing(马军兵), YANG Yanyun(杨彦云), JIN Shilun(金仕纶), HUANG Meirong(黄美容), BAI Zheng(白真), WU Zhendong(吴振东), YANG Feng(杨峰), HU Zhenguo(胡正国), WANG Meng(王猛), LEI Xiangguo (雷相国), ZHANG Huanqiao(张焕乔), XU Hushan(徐瑚珊), XIAO Guoqing(肖国青), "Proton and Two-proton Emissions from Proton-rich Nuclei with $10 \leqslant Z \leqslant 20$", 原子核物理评论 33 (2), 160-166 (2016).

235. SUN Lijie(孙立杰), XU Xinxing(徐新星), LIN Chengjian(林承键), WANG Jiansong(王

建松)，FANG Deqing(方德清)，LI Zhihuan(李智焕)，WANG Yuting(王玉廷)，LI Jing(李晶)，YANG Lei(杨磊)，MA Nanru(马南茹)，WANG Kang(王康)，ZANG Hongliang(臧宏亮)，WANG Hongwei(王宏伟)，LI Chen(李琛)，SHI Chenzhong(施晨钟)，NIE Maowu(聂茂武)，LI Xiufang(李秀芳)，LI He(李贺)，MA Junbing(马军兵)，MA Peng(马朋)，JIN Shilun(金仕纶)，HUANG Meirong(黄美容)，BAI Zhen(白真)，WANG Jianguo(王建国)，YANG Feng(杨峰)，JIA Huiming(贾会明)，ZHANG Huanqiao(张焕乔)，LIU Zuhua(刘祖华)，BAO Pengfei(包鹏飞)，WANG Dongxi(王东玺)，WU Zhendong(吴振东)，YANG Yanyun(杨彦云)，CHEN Zhiqiang(陈志强)，SU Jun(苏俊)，SHEN Yangping(谌阳平)，ZHOU Yuanjie(周远杰)，MA Weihu(马维虎)，CHEN Jie(陈杰)，"An Implantation and Detection System for Spectroscopy of $^{22,24}$Si"，原子核物理评论 33 (2)，230-234 (2016).

236. L. J. Sun, X. X. Xu, C. J. Lin, J. S. Wang, D. Q. Fang, Z. H. Li, Y. T. Wang, J. Li, L. Yang, N. R. Ma, K. Wang, H. L. Zang, H. T. Wang, C. Li, C. Z. Shi, M. W. Nie, X. F. Li, H. Li, J. B. Ma, P. Ma, S. L. Jin, M. R. Huang, Z. Bai, J. G. Wang, F. Yang, H. M. Jia, H. Q. Zhang, Z. H. Liu, P. F.Bap, D. X. Wang, Y. G. Ma, Y. Y. Yang, Y. J. Zhou, W. H. Ma, and J. Chen, Beta-decay study of $T_Z$=−2 proton-rich nucleus $^{20}$Mg, Phys. Rev. C 95, 014314(2017).

237. C. J. Lin, L. Yan, H. M. Jia, D. X. Wang,N. R. Ma, L. J. Sun, F. Yang, Z. D. Wu, X. X. Xu, H. Q. Zhang, and Z. H. Liu, The Threshold Anomaly of Optical Potentials and the Dispesion Relation for Weakly Bound Nuclear Systems, The 26$^{th}$ International Nuclear Physics Conference, 11-16 September, 2016, Adelaide, Australia. PoS. INPC_203.pdf. 2017.

238. X. X. Xu, C. J. Lin, L. J. Sun, J. S. Wang, Y. H. Lam, J. Lee, D. Q. Fang, Z. H. Li, N. A. Smimova, C. X. Yuan, L. Yang, Y. T. Wang, J. Li, N. R. Ma, K. Wang, H. L. Zang, H. W. Wang, C. Li, M. L. Liu, J. G. Wang, C. Z. Shi, M. W. Nie, X. F. Li, J. B. Ma, P. Ma, S. L. Jin, M. R. Huang, Z. Bai, F. Yang, H. M. Jia, Z. H. Liu, D. X. Wang, Y. Y. Yang, Y. T. Zhou, W. H. Ma, J. Chen, Z. H. Hu, M. Wang, Y. H. Zhang, X. W. Ma, X. H. Zhou, Y. G. Ma, H. S. Xu, G. Q. Xiao, H. Q. Zhang, Observation of β-delayed two-proton emission in the delay of $^{22}$Si, Phys. Lett. B766, 312- 316 (2017).

239. G. X. Zhang, G. L. Zhang, S. P. Hu, H. B. Sun, H. Q. Zhang, J. J. Valiente-Dobon, D. Testov, A. Goasduff, P. R. John, D. Mengoni, D. Bazzacco, E. T. Li, X. Hao, Comment on the level scheme of $^{92}$Mo (to be submitted to Phys. Rev. C).

240. V. V. Sargsyan, G. G. Adamian, N. V. Antonenko, W. Scheid, and H. Q. Zhang, Comparative analysis of the fusion reactions $^{48}$Ti + $^{58}$Fe and $^{58}$Ni + $^{54}$Fe (to be submitted to Phys. Rev. C).

241. A. Gomez Camacho, A. Diaz-Torres, J. Lubian, H. Q. Zhang, Shan-Gui Zhou, Effect of resonance states of $^{6}$Li on fusion with targets $^{144}$Sm and $^{154}$Sm (to be submitted to Phys. Rev. C).